チャート式® 解法と演習 数学Ⅲ+C

チャート研究所　編著

はじめに

CHART（チャート）とは何？

C.O.D.(*The Concise Oxford Dictionary*) には，CHART——Navigator's sea map, with coast outlines, rocks, shoals, *etc.* と説明してある。

海図——浪風荒き問題の海に船出する若き船人に捧げられた海図——問題海の全面をことごとく一眸の中に収め，もっとも安らかな航路を示し，あわせて乗り上げやすい暗礁や浅瀬を一目瞭然たらしめるCHART！

——昭和初年チャート式代数学巻頭言

本書では，このCHARTの意義に則り，下に示したチャート式編集方針で

問題の急所がどこにあるか，その解法をいかにして思いつくか

をわかりやすく示すことを主眼としています。

チャート式編集方針

1
基本となる事項を，定義や公式・定理という形で覚えるだけではなく，問題を解くうえで直接に役に立つ形でとらえるようにする。

▶

2
問題と基本となる事項の間につながりをつけることを考える——問題の条件を分析して既知の基本事項を結びつけて結論を導き出す。

▶

3
問題と基本となる事項を端的にわかりやすく示したものが CHART である。
CHART によって基本となる事項を問題に活かす。

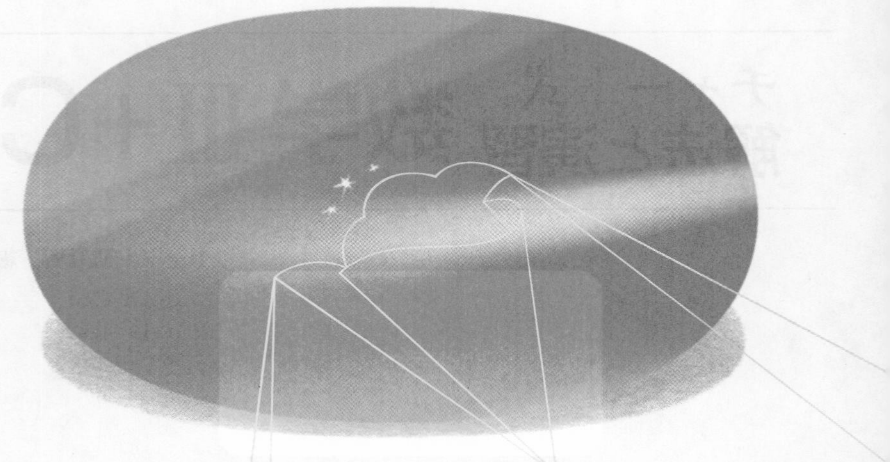

問.

「なりたい自分」から、
逆算しよう。

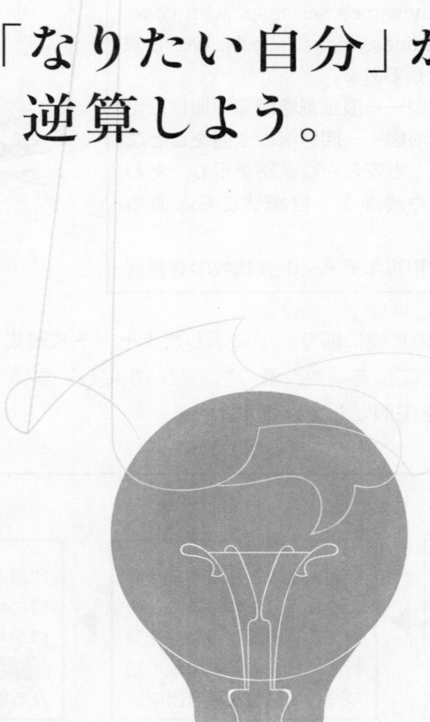

数字で表せない成長がある。

チャート式との学びの旅も、いよいよ最終章です。
これまでの旅路を振り返ってみよう。
大きな難題につまづいたり、思い通りの結果が出なかったり、
出口がなかなか見えず焦ることも、たくさんあったはず。
そんな長い学びの旅路の中で、君が得たものは何だろう。
それはきっと、たくさんの公式や正しい解法だけじゃない。
納得いくまで、自分の頭で考え抜く力。
自分の考えを、言葉と数字で表現する力。
難題を恐れず、挑み続ける力。
いまの君には、数学を通して大きな力が身についているはず。

磨いているのは「未来の問題」を解く力。

数年後、君はどんな大人になっていたいのだろう？
そのためには、どんな力が必要だろう？
チャート式との学びの先に待っているのは、君が主役の人生。
この先、知識や公式だけでは解けない問題にも直面するだろう。
だからいま、数学を一生懸命学んでほしい。
チャート式と身につけた君の力。
その力こそ、これから訪れる身の回りの小さな問題も、
社会に訪れる大きな難題も乗り越えて、
君が目指すゴールに向かって進み続ける助けになるから。

その答えが、
君の未来を前進させる解になる。

本書の構成

章トビラのページ

各章の始めに SELECTSTUDY と例題一覧を掲載。SELECTSTUDY は目的に応じて例題を選択しながら学習する際に使用。例題一覧は，各章で掲載している例題の全体像をつかむのに役立つ。問題ごとの難易度の比較などにも使用できる。

基本事項のページ

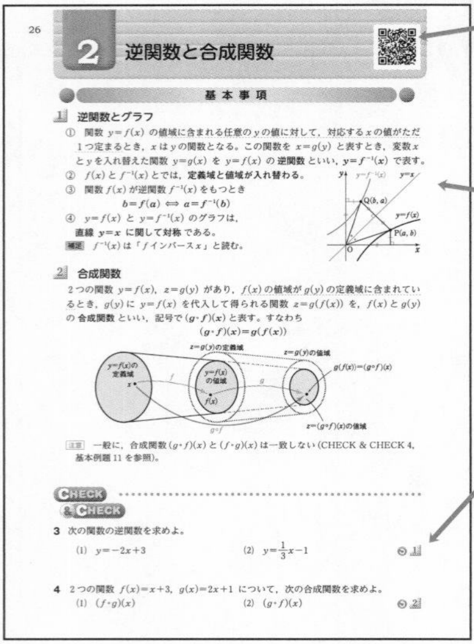

デジタルコンテンツ
各節の例題解説動画や，学習を補助するコンテンツにアクセスできる（詳細は，*p.* 8 を参照）。

基本事項
教科書の内容を中心に，定理・公式や重要な定義などをわかりやすくまとめた。
また，教科書で扱われていない内容に関しては解説・証明などを示した。

CHECK & CHECK
基本事項で得た知識をチェックしよう。
わからないときは ↻ に従って，基本事項を確認。答は巻末に掲載している。

例題のページ

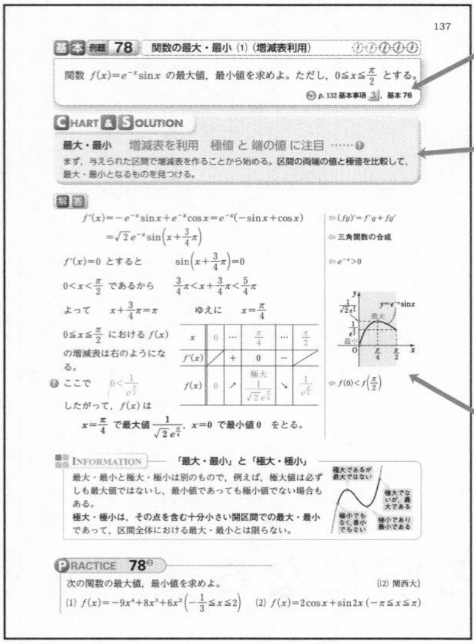

フィードバック・フォワード
関連する例題番号や基本事項を示した。

CHART & SOLUTION,
CHART & THINKING
問題の重点や急所はどこか，問題解法の方針の立て方，解法上のポイントとなる式は何かを示した。特に，CHART & THINKING では，考え方の糸口を示し，何に着目して方針を立てるかを説明した。

解答　自学自習できるようていねいな解答。解説図も豊富に取り入れた。
解答の左側に ❶ がついている部分は解答の中でも特に重要な箇所である。CHART & SOLUTION，CHART & THINKING の対応する ❶ の説明を振り返っておきたい。

基本 例題　基礎力を固めるための例題。教科書で扱われているタイプの問題が中心。
重要 例題　教科書ではあまり扱いのないタイプの問題や，代表的な入試問題が中心。
補充 例題　他科目の範囲など，教科書では扱いのない問題や，入試準備には不可欠な問題。

難易度　例題はタイトルの右に，PRACTICE，EXERCISES は問題番号の肩に示した。

，① … 教科書の例レベル
，② … 教科書の例題レベル
，③ … 教科書の節末，章末レベル
，④ … 入試の基本～標準レベル
，⑤ … 入試の標準～やや難レベル

POINT　定理や公式，重要な性質をまとめた。
INFORMATION　注意事項や参考事項をまとめた。
ピンポイント解説　つまずきやすい事柄について，かみ砕いてていねいに解説した。
PRACTICE　例題の反復練習問題が中心。例題が理解できたかチェックしよう。

コラムのページ

ズーム UP　考える力を特に必要とする例題について，更に詳しく解説。重要な内容の理解を深めるとともに，**思考力**，**判断力**，**表現力**を高めるのに有効なものを扱った。
振り返り　複数の例題で学んだ解法の特徴を横断的に解説した。解法を判断するときのポイントについて，理解を深められる。
まとめ　いろいろな場所で学んできた事柄を読みやすくまとめた。定理や公式をどのように使い分けるかなども扱った。
STEP UP　教科書で扱われていない内容のうち，特に注意すべき事柄を扱った。

EXERCISES のページ

各項目に，例題に関連する問題を取り上げた。難易度により，A 問題，B 問題の 2 レベルに分けているので，目的に合わせて取り組む問題を選ぶことができる。
A 問題　その項目で学習した内容の反復練習問題が中心。わからないときは ! に従って，例題を確認しよう。
B 問題　応用的な問題。中にはやや難しい問題もある。HINT を参考に挑戦してみよう。
HINT　主にB問題の指針となるものを示した。

Research＆Work のページ

各分野の学習内容に関連する重要なテーマを取り上げた。各テーマについて，例題や基本事項を振り返りながら解説した。また，基本的な問題として **確認**，やや発展的な問題として **やってみよう** を掲載した。これらの問題に取り組みながら理解を深めることができる。日常・社会的な事象を扱ったテーマや，デジタルコンテンツと連動する内容を扱ったテーマもある。更に，各テーマの最後に，仕上げ問題として **問題に挑戦** を掲載した。「大学入学共通テスト」につながる問題演習として取り組むこともできる（詳細は，$p.531$ を参照）。

CONTENTS

数学Ⅲ

1 関数

① 分数関数・無理関数 ……12
② 逆関数と合成関数 ……26

2 極限

③ 数列の極限 ……32
④ 無限級数 ……53
⑤ 関数の極限 ……69

3 微分法

⑥ 微分係数と導関数の計算 ……88
⑦ 三角，対数，指数関数の導関数……99
⑧ 関数のいろいろな表し方と導関数 ……108

4 微分法の応用

⑨ 接線と法線，平均値の定理 ……116
⑩ 関数の値の変化，最大と最小 ……131
⑪ 方程式・不等式への応用 ……158
⑫ 速度と近似式 ……170

5 積分法

⑬ 不定積分 ……180
⑭ 定積分とその基本性質 ……203
⑮ 定積分の置換積分法，部分積分法 ……208
⑯ 定積分で表された関数 ……221
⑰ 定積分と和の極限，不等式 ……230

6 積分法の応用

⑱ 面 積 ……242
⑲ 体 積 ……260
⑳ 種々の量の計算 ……278
㉑ 発展 微分方程式 ……284

数学C

1 平面上のベクトル

① ベクトルの演算 ……288
② ベクトルの成分 ……297
③ ベクトルの内積 ……305
④ 位置ベクトル，ベクトルと図形 ……323
⑤ ベクトル方程式 ……343

2 空間のベクトル

⑥ 空間の座標，空間のベクトル ……362
⑦ 空間のベクトルの成分，内積 ……369
⑧ 位置ベクトル，ベクトルと図形 ……381
⑨ 座標空間における図形，ベクトル方程式 ……398

3 複素数平面

⑩ 複素数平面 ……416
⑪ 複素数の極形式，ド・モアブルの定理 ……429
⑫ 複素数と図形 ……450

4 式と曲線

⑬ 2次曲線 ……476
⑭ 2次曲線と直線 ……492
⑮ 媒介変数表示 ……506
⑯ 極座標と極方程式 ……517

Research & Work ……531
CHECK & CHECK の解答 ……556
PRACTICE，EXERCISES の解答 ……570
Research & Work の解答 ……596
INDEX ……603

問題数（数学Ⅲ）	問題数（数学C）
① **例題 181** （基本 123，重要 56，補充 2）	① **例題 150** （基本 114，重要 34，補充 2）
② **CHECK & CHECK 39**	② **CHECK & CHECK 49**
③ **PR 181，EX 148**（A問題 70，B問題 78）	③ **PR 150，EX 137**（A問題 81，B問題 56）
④ **Research & Work 6**	④ **Research & Work 14**
（①，②，③，④ の合計 **555 題**）	（①，②，③，④ の合計 **500 題**）

※ Research & Work の問題数は，確認 (Q)，やってみよう (問)，問題に挑戦 の問題の合計。

コラムの一覧

ま …まとめ，振 …振り返り，S …STEP UP，ズ …ズーム UP　を表す。

ま　三角関数のいろいろな公式（数学Ⅱ）…… 10

数　学　Ⅲ

ズ　同値関係を考えた無理方程式・不等式の解法 …… 23
ズ　数列の極限 …… 43
S　極限や無限級数の話題 …… 60
ズ　極限値が存在するための条件 …… 73
ま　関数の極限の求め方 …… 79
S　数 e について …… 106
S　いろいろな曲線上の点における接線の方程式 …… 121
S　平均値の定理の証明 …… 127
S　ロピタルの定理 …… 129
ズ　グラフの凹凸，グラフのかき方 …… 143
S　漸近線の求め方 …… 145
ま　グラフのかき方 …… 152
ま　代表的な関数のグラフ …… 153
ま　無限大に発散するスピードの違い …… 162
ズ　置換積分法 ── 丸ごと置換 ── …… 185
振　不定積分の求め方 …… 200
ズ　定積分の置換積分法 …… 211
ズ　非回転体の体積の求め方 …… 263
S　バウムクーヘン分割による体積の計算 …… 268
S　パップス-ギュルダンの定理 …… 269
ま　体積の求め方 …… 271

数　学　C

S　1次独立と1次従属 …… 301
ズ　ベクトルの大きさの扱い方 …… 313
S　ベクトルによる三角形の面積公式の導出 …… 316
ズ　位置ベクトルの始点の選び方 …… 327
ズ　交点の位置ベクトルの求め方 …… 333
S　メネラウスの定理，チェバの定理を利用した交点の位置ベクトルの求め方 …… 334
ま　ベクトルの平面図形への応用 …… 337
S　正射影ベクトルの利用 …… 339
ま　平面上の点の存在範囲 …… 352
S　空間のベクトルの1次独立と1次従属 …… 367
S　外　積 …… 380
ズ　空間の位置ベクトルの考え方 …… 385
S　同じ平面上にある条件 …… 387
振　位置ベクトルの解法や同じ平面上にある条件について …… 390
ま　平面と空間の類似点と相違点1 …… 393
S　平面の方程式，直線の方程式 …… 410
ま　平面と空間の類似点と相違点2 …… 413
ズ　複素数平面上の点の位置関係 …… 423
ま　1の n 乗根の性質 …… 445
ズ　式の図形的な意味を考えて解く …… 457
振　複素数で図形をとらえる方法 …… 460
S　図形における複素数とベクトルの関係 …… 472
ま　放物線・楕円・双曲線の性質 …… 486
ズ　2次曲線の媒介変数表示 …… 511
S　エピサイクロイド・ハイポサイクロイド …… 515

デジタルコンテンツの活用方法

本書では，QR コード*からアクセスできるデジタルコンテンツを豊富に用意しています。これらを活用することで，わかりにくいところの理解を補ったり，学習したことを更に深めたりすることができます。

■ 解説動画

本書に掲載しているすべての例題（基本例題，重要例題，補充例題）の解説動画を配信しています。

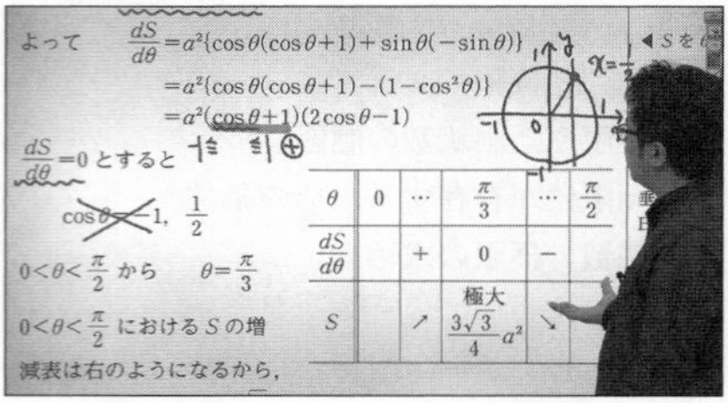

数学講師が丁寧に解説 しているので，本書と解説動画をあわせて学習することで，例題のポイントを確実に理解することができます。

例えば，

・例題を解いたあとに，その例題の理解を確認したいとき

・例題が解けなかったときや，解説を読んでも理解できなかったとき

といった場面で活用できます。

数学講師による解説を **いつでも，どこでも，何度でも** 視聴することができます。解説動画も活用しながら，チャート式とともに数学力を高めていってください。

■ サポートコンテンツ

本書に掲載した問題や解説の理解を深めるための補助的なコンテンツも用意しています。

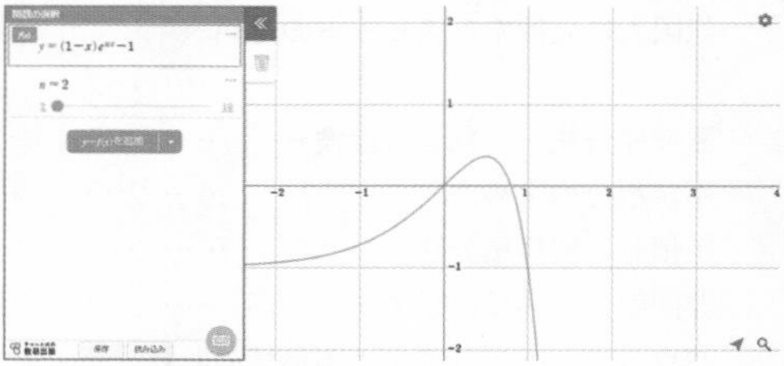

例えば，関数のグラフや図形の動きを考察する例題において，画面上で実際にグラフや図形を動かしてみることで，視覚的なイメージと数式を結びつけて学習できるなど，より深い理解につなげることができます。

<デジタルコンテンツのご利用について>

デジタルコンテンツはインターネットに接続できるコンピュータやスマートフォン等でご利用いただけます。下記の URL，右の QR コード，もしくは「基本事項」のページにある QR コードからアクセスできます。

数学Ⅲ　https://cds.chart.co.jp/books/lzcz4zaf97

数学C　https://cds.chart.co.jp/books/x2d4njtli1

※追加費用なしにご利用いただけますが，通信料はお客様のご負担となります。Wi-Fi 環境でのご利用をおすすめいたします。学校や公共の場では，マナーを守ってスマートフォンなどをご利用ください。

数学Ⅲ　数学C

＊　QR コードは，(株) デンソーウェーブの登録商標です。

※　上記コンテンツは，順次配信予定です。また，画像は製作中のものです。

本書の活用方法

■ 方法1「自学自習のため」の活用例

週末・長期休暇などの時間のあるときや受験勉強などで，本書の各ページに順々に取り組む場合は，次のようにして学習を進めるとよいでしょう。

第1ステップ …… **基本事項のページを読み，重要事項を確認。**
問題を解くうえでは，知識を整理しておくことが大切である。
CHECK & CHECK の問題を解いて，知識が身についたか確認するとよい。

⇩

第2ステップ ……**例題に取り組み解法を習得，PRACTICE を解いて理解の確認。**

① まず，**例題を自分で解いてみよう。**
➡ 何もわからなかったら，CHART & SOLUTION，CHART & THINKING を読んで糸口をつかもう。

⇩

② CHART & SOLUTION，CHART & THINKING を読んで，**解法やポイントを確認**し，自分の解答と見比べよう。
〈+α〉**INFORMATION** や **POINT** などの解説も読んで，応用力を身につけよう。
➡ ポイントを見抜く力をつけるために，CHART & SOLUTION，CHART & THINKING は必ず読もう。また，解答の右の ⇦ も理解の助けになる。

⇩

③ **PRACTICE** に取り組んで，そのページで学習したことを**再確認**しよう。
➡ わからなかったら，CHART & SOLUTION，CHART & THINKING をもう一度読み返そう。

⇩

第3ステップ …… **EXERCISES のページで腕試し。**
例題のページの勉強がひと通り終わったら取り組もう。

■ 方法2「解法を調べるため」の活用例（解法の辞書としての使い方）

どうやって解いたらいいかわからない問題が出てきたときは，同じ（似た）タイプの例題があるページを本書で探し，**解法をまねる** ことを考えてみましょう。

同じ（似た）タイプの例題があるページを見つけるには
目次（$p.6$）や **例題一覧**（各章の始め）を利用するとよいでしょう。

大切なこと 解法を調べる際，解答を読むだけでは実力は定着しません。
CHART & SOLUTION，CHART & THINKING もしっかり読んで，その問題の急所やポイントをつかんでおく ことを意識すると，実力の定着につながります。

■ 方法3「目的に応じた学習のため」の活用例

短期間で取り組みたいときや，順々に取り組む時間がとれないときは，**目的に応じた例題を選んで学習する** ことも1つの方法です。例題の種類（基本，重要，補充）や各章の始めの SELECT STUDY を参考に，目的に応じた問題に取り組むとよいでしょう。

まとめ　三角関数のいろいろな公式（数学Ⅱ）

数学Ⅱの「三角関数」で学んださまざまな公式は，数学Ⅲ，C を学ぶうえでよく利用されるため，ここに掲載しておく。公式の再確認のためのページとして活用して欲しい。（符号が紛らわしいものも多いので注意！）

1　半径が r，中心角が θ（ラジアン）である扇形の

弧の長さは　$l=r\theta$，面積は　$S=\dfrac{1}{2}r^2\theta=\dfrac{1}{2}rl$

2　**相互関係**　$\tan\theta=\dfrac{\sin\theta}{\cos\theta}$　　$\sin^2\theta+\cos^2\theta=1$　　$1+\tan^2\theta=\dfrac{1}{\cos^2\theta}$

$-1\leqq\sin\theta\leqq1$　　$-1\leqq\cos\theta\leqq1$

3　**三角関数の性質**　複号同順とする。

$\sin(-\theta)=-\sin\theta$　　$\cos(-\theta)=\cos\theta$　　$\tan(-\theta)=-\tan\theta$

$\sin(\pi\pm\theta)=\mp\sin\theta$　　$\cos(\pi\pm\theta)=-\cos\theta$　　$\tan(\pi\pm\theta)=\pm\tan\theta$

$\sin\left(\dfrac{\pi}{2}\pm\theta\right)=\cos\theta$　　$\cos\left(\dfrac{\pi}{2}\pm\theta\right)=\mp\sin\theta$　　$\tan\left(\dfrac{\pi}{2}\pm\theta\right)=\mp\dfrac{1}{\tan\theta}$

4　**加法定理**　複号同順とする。

$\sin(\alpha\pm\beta)=\sin\alpha\cos\beta\pm\cos\alpha\sin\beta$

$\cos(\alpha\pm\beta)=\cos\alpha\cos\beta\mp\sin\alpha\sin\beta$　　$\tan(\alpha\pm\beta)=\dfrac{\tan\alpha\pm\tan\beta}{1\mp\tan\alpha\tan\beta}$

5　**2倍角の公式**　**導き方**　加法定理の式で，$\beta=\alpha$ とおく。

$\sin2\alpha=2\sin\alpha\cos\alpha$

$\cos2\alpha=\cos^2\alpha-\sin^2\alpha=1-2\sin^2\alpha=2\cos^2\alpha-1$　　$\tan2\alpha=\dfrac{2\tan\alpha}{1-\tan^2\alpha}$

6　**半角の公式**　**導き方**　cos の 2 倍角の公式を変形して，α を $\dfrac{\alpha}{2}$ とおく。

$\sin^2\dfrac{\alpha}{2}=\dfrac{1-\cos\alpha}{2}$　　$\cos^2\dfrac{\alpha}{2}=\dfrac{1+\cos\alpha}{2}$　　$\tan^2\dfrac{\alpha}{2}=\dfrac{1-\cos\alpha}{1+\cos\alpha}$

7　**3倍角の公式**　**導き方**　$3\alpha=2\alpha+\alpha$ として，加法定理と 2 倍角の公式を利用。

$\sin3\alpha=3\sin\alpha-4\sin^3\alpha$　　$\cos3\alpha=-3\cos\alpha+4\cos^3\alpha$

8　**積 ⟶ 和の公式**

$\sin\alpha\cos\beta=\dfrac{1}{2}\{\sin(\alpha+\beta)+\sin(\alpha-\beta)\}$

$\cos\alpha\sin\beta=\dfrac{1}{2}\{\sin(\alpha+\beta)-\sin(\alpha-\beta)\}$

$\cos\alpha\cos\beta=\dfrac{1}{2}\{\cos(\alpha+\beta)+\cos(\alpha-\beta)\}$

$\sin\alpha\sin\beta=-\dfrac{1}{2}\{\cos(\alpha+\beta)-\cos(\alpha-\beta)\}$

9　**和 ⟶ 積の公式**

$\sin A+\sin B=2\sin\dfrac{A+B}{2}\cos\dfrac{A-B}{2}$

$\sin A-\sin B=2\cos\dfrac{A+B}{2}\sin\dfrac{A-B}{2}$

$\cos A+\cos B=2\cos\dfrac{A+B}{2}\cos\dfrac{A-B}{2}$

$\cos A-\cos B=-2\sin\dfrac{A+B}{2}\sin\dfrac{A-B}{2}$

10　**三角関数の合成**

$a\sin\theta+b\cos\theta=\sqrt{a^2+b^2}\sin(\theta+\alpha)$　　ただし　$\sin\alpha=\dfrac{b}{\sqrt{a^2+b^2}}$，$\cos\alpha=\dfrac{a}{\sqrt{a^2+b^2}}$

数学Ⅲ

第1章　関　数

1　分数関数・無理関数
2　逆関数と合成関数

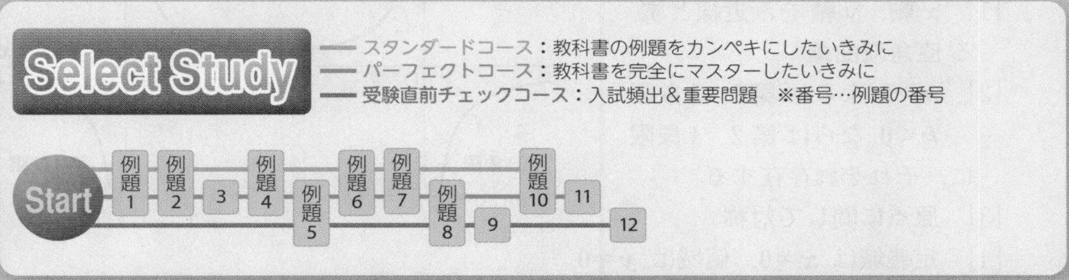

Select Study
スタンダードコース：教科書の例題をカンペキにしたいきみに
パーフェクトコース：教科書を完全にマスターしたいきみに
受験直前チェックコース：入試頻出＆重要問題　※番号…例題の番号
Start
例題1
例題2
3
例題4
例題5
例題6
例題7
例題8
9
例題10
11
12

■ 例題一覧

	種類	番号	例題タイトル	難易度
1	基本	1	分数関数のグラフ	2
	基本	2	分数関数の値域	2
	基本	3	分数関数の決定	3
	基本	4	分数方程式・不等式 (1)	2
	基本	5	分数方程式・不等式 (2)	3
	基本	6	無理関数のグラフと値域	2
	基本	7	無理方程式・不等式 (1)	2
	基本	8	無理方程式・不等式 (2)	3
	重要	9	無理方程式の解の個数	3
2	基本	10	逆関数の求め方とそのグラフ	2
	基本	11	合成関数	3
	重要	12	逆関数がもとの関数と一致する条件 $f^{-1}(x)=f(x)$	3

1 分数関数・無理関数

基本事項

1 分数関数とそのグラフ（k は 0 でない定数）

x の分数式で表される関数を，x の **分数関数** という。特に断りがない場合，分数関数の定義域は，分母を 0 にする x の値を除く実数 x 全体である。

① $y=\dfrac{k}{x}$ のグラフ

[1] **x 軸，y 軸** を漸近線とする **直角双曲線**

[2] **$k>0$** ならば **第 1，3 象限**
　　$k<0$ ならば **第 2，4 象限**
　に，それぞれ存在する。

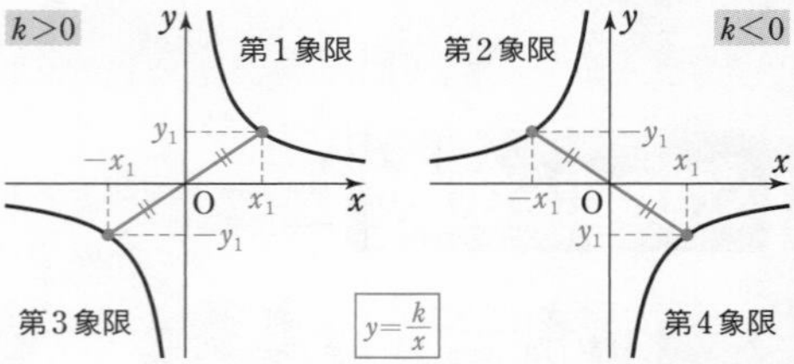

[3] **原点に関して対称**

[4] 定義域は **$x\neq0$**，値域は **$y\neq0$**

補足 直交する 2 つの漸近線をもつ双曲線を **直角双曲線** という。

② $y=\dfrac{k}{x-p}+q$ のグラフ

[1] $y=\dfrac{k}{x}$ のグラフを

　　x 軸方向に p，

　　y 軸方向に q

　だけ平行移動した直角双曲線

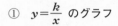

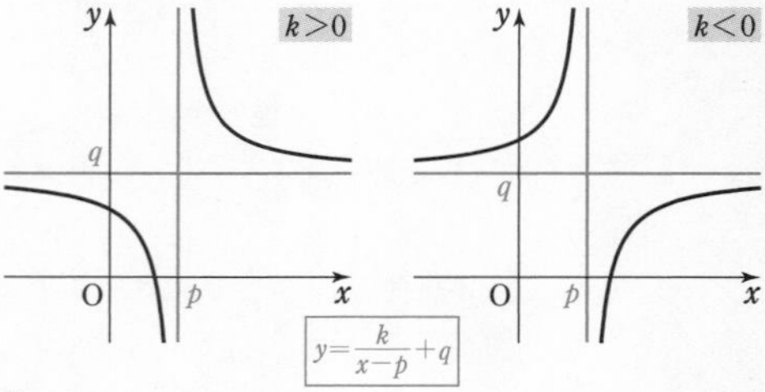

[2] 漸近線は 2 直線　**$x=p$，$y=q$**

[3] 定義域は **$x\neq p$**，値域は **$y\neq q$**

③ $y=\dfrac{ax+b}{cx+d}$ （$c\neq0$，$ad-bc\neq0$）のグラフ

基本形 $y=\dfrac{k}{x-p}+q$ （②）の形に変形する。

例 **変形の方法**

[1] 分子に分母と同じものを作り，分数を切り離す。

$$\frac{6x+5}{2x-1}=\frac{3(2x-1)+8}{2x-1}=\frac{3(2x-1)}{2x-1}+\frac{8}{2x-1}=3+\frac{8}{2x-1}=\frac{4}{x-\frac{1}{2}}+3$$

[2] 筆算により，分子を分母で割った商と余りを求める。

$$\frac{6x+5}{2x-1}=3+\frac{8}{2x-1}=\frac{4}{x-\frac{1}{2}}+3$$

$$\begin{array}{r} 3 \quad \cdots\text{商} \\ 2x-1\,\big)\,\overline{6x+5} \\ \underline{6x-3} \\ 8 \quad \cdots\text{余り} \end{array}$$

注意 本書では，分数関数について $y=\dfrac{k}{x-p}+q$ を **基本形** と表現する。

2 無理関数とそのグラフ（a は 0 でない定数）

根号 $\sqrt{\ }$ の中に文字を含む式を **無理式** といい，x についての無理式で表された関数を，x の **無理関数** という。特に断りがない場合，無理関数の定義域は，根号の中が 0 以上となる実数 x 全体である。

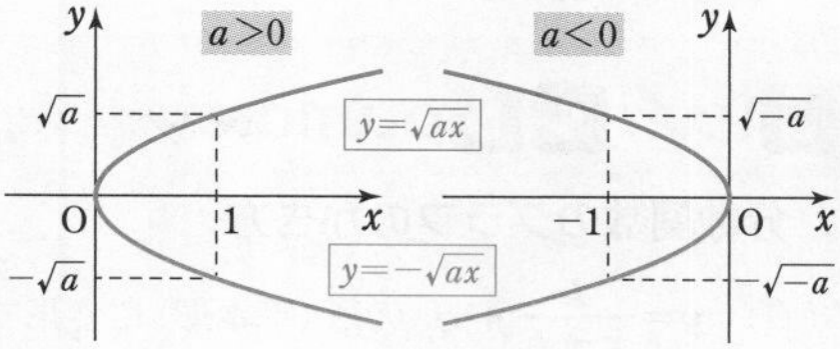

① $\boldsymbol{y=\sqrt{ax}}$ **のグラフ**

[1] 頂点が **原点**，軸が **x 軸** の **放物線 $y^2=ax$ の x 軸より上側の部分**。ただし，**原点を含む**（$y\geqq 0$ の部分）。

[2] $a>0$ のとき　　$a<0$ のとき
定義域は　$x\geqq 0$　　定義域は　$x\leqq 0$
値域は　$y\geqq 0$　　値域は　$y\geqq 0$
増加関数である　　減少関数である

② $\boldsymbol{y=-\sqrt{ax}}$ **のグラフ**　$y=\sqrt{ax}$ のグラフと **x 軸に関して対称**

補足　$y=\sqrt{ax}$ の両辺を 2 乗すると　$y^2=ax$ すなわち $x=\dfrac{y^2}{a}$ ……①
これは軸が x 軸，頂点が原点である放物線を表すから $y=\sqrt{ax}$ のグラフは，放物線①の $y\geqq 0$ の部分，すなわち，x 軸より上側の部分である。同様に，$y=-\sqrt{ax}$ のグラフは，放物線①の $y\leqq 0$ の部分，すなわち，x 軸より下側の部分である。（x 軸を軸とする放物線は数学C「式と曲線」で学習する。）

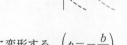

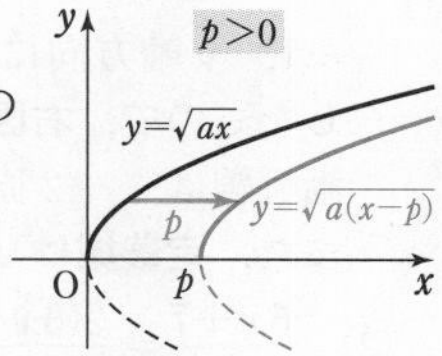

③ $\boldsymbol{y=\sqrt{a(x-p)}}$ **のグラフ**

[1] $y=\sqrt{ax}$ のグラフを **x 軸方向に p** だけ平行移動したもの

[2] $a>0$ のとき　　$a<0$ のとき
定義域は　$x\geqq p$　　定義域は　$x\leqq p$
値域は　$y\geqq 0$　　値域は　$y\geqq 0$
増加関数である　　減少関数である

④ $\boldsymbol{y=\sqrt{ax+b}}$ **のグラフ**　$\boldsymbol{y=\sqrt{a(x-p)}}$（③）の形に変形する。$\left(p=-\dfrac{b}{a}\right)$

例　$y=\sqrt{2x-6}$ は $y=\sqrt{2(x-3)}$ と変形することによって，$y=\sqrt{2x}$ を x 軸方向に 3 だけ平行移動した曲線であることが読みとれる。

CHECK & CHECK

1 次の関数のグラフをかけ。

(1) $y=\dfrac{3}{x}$　(2) $y=\dfrac{3}{x-2}$　(3) $y=\dfrac{3}{x}-1$　(4) $y=\dfrac{3}{x-2}-1$

→ 1

2 次の関数のグラフをかけ。

(1) $y=\sqrt{\dfrac{x}{2}}$　(2) $y=-\sqrt{\dfrac{x}{2}}$　(3) $y=\sqrt{-\dfrac{x}{2}}$　(4) $y=-\sqrt{-\dfrac{x}{2}}$

→ 2

基本 例題 1　分数関数のグラフ

次の関数のグラフをかけ。また，その定義域と値域を求めよ。

(1) $y=\dfrac{3x+2}{x+1}$　　(2) $y=\dfrac{6x+7}{3x-1}$

p.12 基本事項 1

CHART & SOLUTION

分数関数のグラフのかき方

① $y=\dfrac{k}{x-p}+q$ の形（基本形）に変形する。

② 漸近線 $x=p$，$y=q$ をかく。

③ 漸近線の交点 $(p,\ q)$ を原点とみて，$y=\dfrac{k}{x}$ のグラフをかく。

$y=\dfrac{k}{x}$

↓ 平行移動（x 軸方向に p，y 軸方向に q）

$y=\dfrac{k}{x-p}+q$

解答

(1) $\dfrac{3x+2}{x+1}=\dfrac{3(x+1)-1}{x+1}=-\dfrac{1}{x+1}+3$

よって，この関数のグラフは，

$y=-\dfrac{1}{x}$ のグラフを x 軸方向に -1，y 軸方向に 3 だけ平行移動したもので，**右図** のようになる。

漸近線は　2 直線 $x=-1$，$y=3$

また，**定義域は $x\neq-1$，値域は $y\neq3$** である。

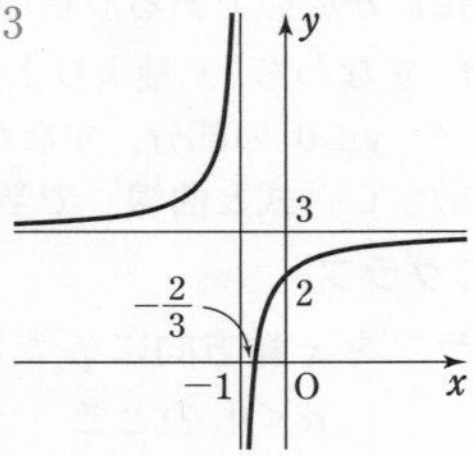

⇐ $y=0$ のとき　$x=-\dfrac{2}{3}$

$x=0$ のとき　$y=2$

ゆえに，軸との交点は

$\left(-\dfrac{2}{3},\ 0\right)$，$(0,\ 2)$

⇐ 点 $(-1,\ 3)$ を原点とみて，$y=-\dfrac{1}{x}$ のグラフをかく。

(2) $\dfrac{6x+7}{3x-1}=\dfrac{2(3x-1)+9}{3x-1}=\dfrac{9}{3x-1}+2$

$=\dfrac{3}{x-\frac{1}{3}}+2$

よって，この関数のグラフは，

$y=\dfrac{3}{x}$ のグラフを x 軸方向に $\dfrac{1}{3}$，y 軸方向に 2 だけ平行移動したもので，**右図** のようになる。

漸近線は　2 直線 $x=\dfrac{1}{3}$，$y=2$

また，**定義域は $x\neq\dfrac{1}{3}$，値域は $y\neq2$** である。

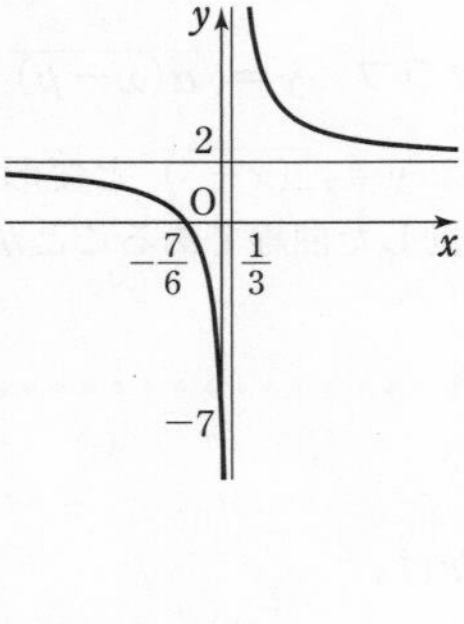

⇐ $y=0$ のとき　$x=-\dfrac{7}{6}$

$x=0$ のとき　$y=-7$

ゆえに，軸との交点は

$\left(-\dfrac{7}{6},\ 0\right)$，$(0,\ -7)$

⇐ 点 $\left(\dfrac{1}{3},\ 2\right)$ を原点とみて，$y=\dfrac{3}{x}$ のグラフをかく。

inf. (2) $y=\dfrac{9}{3x-1}+2$ の形までの変形だけでも，漸近線の方程式は

$3x-1=0$，$y=2$

として求められる。

PRACTICE 1②

次の関数のグラフをかけ。また，その定義域と値域を求めよ。

(1) $y=\dfrac{2x-1}{x-2}$　　(2) $y=\dfrac{-2x-7}{x+3}$　　(3) $y=\dfrac{3x+1}{2x-4}$

基本 例題 2 分数関数の値域

関数 $y=\dfrac{2x-1}{x-1}$ $(-1\leqq x\leqq 2)$ のグラフをかき，その値域を求めよ。

基本1

CHART & SOLUTION

変域に制限がある分数関数の値域

グラフから読みとる

① まず，基本形に変形し，漸近線を読みとる。
② 変域の端の x の値における y の値を求める。
③ 変域に対応した部分のグラフをかき，値域を読みとる。……❗

解答

$$\frac{2x-1}{x-1}=\frac{2(x-1)+1}{x-1}$$
$$=\frac{1}{x-1}+2$$

よって，漸近線は　2直線 $x=1$，$y=2$

$x=-1$ のとき　$y=\dfrac{2(-1)-1}{-1-1}=\dfrac{3}{2}$

$x=2$ のとき　$y=\dfrac{2\cdot 2-1}{2-1}=3$

❗ ゆえに，求めるグラフは **右図の太線部分** のようになる。
したがって，求める値域は，グラフから

$$\boldsymbol{y\leqq\frac{3}{2},\ 3\leqq y}$$

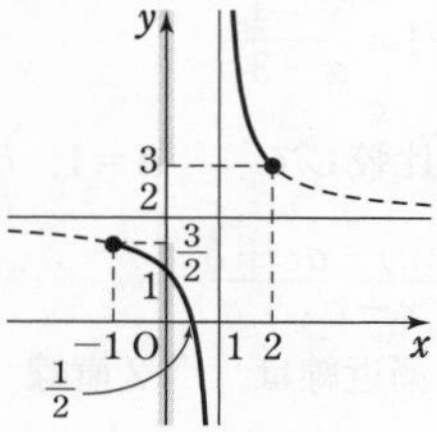

⇐ 実際に割り算をして変形してもよい。

$$\begin{array}{r} 2 \\ x-1\,\overline{)\,2x-1} \\ \underline{2x-2} \\ 1 \end{array}$$

⇐ グラフの端点の座標を求める。

PRACTICE 2②

次の関数のグラフをかき，その値域を求めよ。

(1) $y=\dfrac{-2x+7}{x-3}$ $(1\leqq x\leqq 4)$

(2) $y=\dfrac{x}{x-2}$ $(-1\leqq x\leqq 1)$

(3) $y=\dfrac{3x-2}{x+1}$ $(-2<x<1)$

(4) $y=\dfrac{-3x+8}{x+2}$ $(-3<x<0)$

基本 例題 3 分数関数の決定

関数 $y=\dfrac{ax+b}{x+c}$ のグラフが 2 直線 $x=3$, $y=1$ を漸近線とし，更に点 $(2,\ 2)$ を通るとき，定数 a, b, c の値を求めよ。 〔類 防衛大〕

p.12 基本事項 1，基本 1

CHART & SOLUTION

分数関数の決定　基本形 $y=\dfrac{k}{x-p}+q$ の利用

漸近線の条件から，この関数は $y=\dfrac{k}{x-3}+1$ と表すことができる。
通る点の条件から k の値を求める。

別解 まず，基本形 $y=\dfrac{k}{x-p}+q$ に変形する。

解答

漸近線の条件から，求める関数は $y=\dfrac{k}{x-3}+1$ $(k\neq 0)$ と表される。このグラフが点 $(2,\ 2)$ を通ることから

$$2=\frac{k}{2-3}+1 \qquad ゆえに \qquad k=-1$$

よって　$y=\dfrac{-1}{x-3}+1=\dfrac{x-4}{x-3}$

これと $y=\dfrac{ax+b}{x+c}$ を比較して　$\boldsymbol{a=1,\ b=-4,\ c=-3}$

別解 $\dfrac{ax+b}{x+c}=\dfrac{a(x+c)-ac+b}{x+c}=\dfrac{b-ac}{x+c}+a$

と変形できるから，漸近線は　2 直線 $x=-c$, $y=a$
よって，条件から　$-c=3$, $a=1$
すなわち　$\boldsymbol{a=1,\ c=-3}$
このとき，与えられた関数は　$y=\dfrac{x+b}{x-3}$
このグラフが点 $(2,\ 2)$ を通ることから　$2=\dfrac{2+b}{2-3}$
ゆえに　$\boldsymbol{b=-4}$

⇐ 2 直線 $x=p$, $y=q$ を漸近線にもつ双曲線は $y=\dfrac{k}{x-p}+q$

⇐ $2=-k+1$

⇐ $\dfrac{-1+(x-3)}{x-3}$

⇐ 分子に $x+c$ を作る要領で変形する。
$ax+b$
$=a(x+c)-ac+b$

⇐ $2=-2-b$

POINT

グラフの通過点と関数の値の関係

$y=f(x)$ のグラフが点 $(s,\ t)$ を通る $\Longleftrightarrow$ $t=f(s)$

PRACTICE 3③

$y=\dfrac{ax+b}{2x+c}$ のグラフが点 $(1,\ 2)$ を通り，2 直線 $x=2$, $y=1$ を漸近線とするとき，定数 a, b, c の値を求めよ。 〔奈良大〕

基本 例題 4　分数方程式・不等式 (1)

(1)　関数 $y=\dfrac{1}{x-2}$ のグラフと直線 $y=x$ の共有点の x 座標を求めよ。

(2)　不等式 (ア) $\dfrac{1}{x-2}>x$, (イ) $\dfrac{1}{x-2}\leqq x$ を解け。

基本 1

CHART & SOLUTION

グラフ利用の分数方程式・不等式の解法

共有点 ⟺ 実数解　　上下関係 ⟺ 不等式

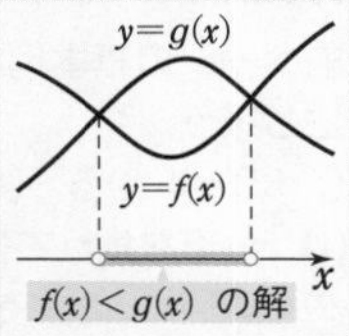

(1)　分数方程式 $\dfrac{1}{x-2}=x$ の実数解が共有点の x 座標である。

(2)　グラフの上下関係に着目して求める。……❗

(1), (2) ともに，**(分母)≠0** すなわち $x\neq2$ に注意する。

解答

$y=\dfrac{1}{x-2}$ ……①, $y=x$ ……② とする。

(1)　①, ② から　$\dfrac{1}{x-2}=x$　分母を払うと　$1=x(x-2)$

整理して　$x^2-2x-1=0$　これを解いて　$\boldsymbol{x=1\pm\sqrt{2}}$

これらは，$x-2\neq0$ を満たす。

❗ (2)　(ア)　$\dfrac{1}{x-2}>x$ の解は，①のグラフが②のグラフより上側にある x の値の範囲である。よって，図から求める x の値の範囲は　$\boldsymbol{x<1-\sqrt{2},\ 2<x<1+\sqrt{2}}$

❗ (イ)　$\dfrac{1}{x-2}\leqq x$ の解は，①のグラフが②のグラフより下側にある，または共有点をもつ x の値の範囲である。

よって，図から求める x の値の範囲は

$$\boldsymbol{1-\sqrt{2}\leqq x<2,\ 1+\sqrt{2}\leqq x}$$

inf. 分数式を含む方程式・不等式をそれぞれ **分数方程式・分数不等式** といい，その解を求めることを **解く** という。

⇦ 分母を 0 にしないか確認。

⇦ $x\neq2$ に注意！
$x=2$ は，関数①の定義域に含まれない（つまり，グラフが存在しない）。

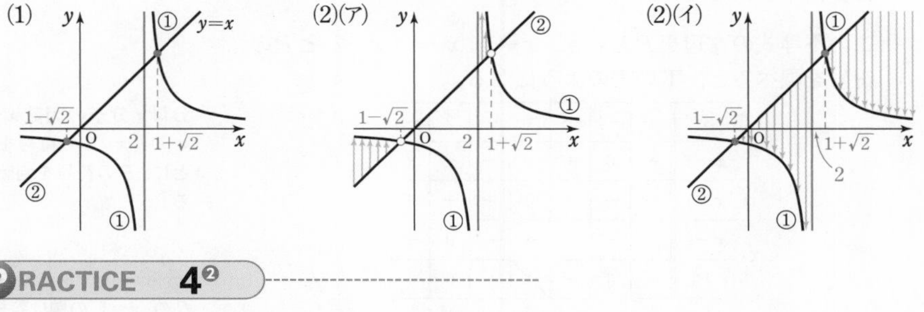

PRACTICE 4②

関数 $f(x)=\dfrac{3-2x}{x-4}$ がある。方程式 $f(x)=x$ の解を求めよ。

また，不等式 $f(x)\leqq x$ を解け。　〔南山大〕

基本 例題 5 分数方程式・不等式 (2)

次の方程式，不等式を解け。

(1) $\dfrac{2}{x(x+2)}-\dfrac{x}{2(x+2)}=0$　　(2) $x<\dfrac{2}{x-1}$

基本 4

CHART & SOLUTION

分数方程式・不等式の解法　(分母)≠0 に注意

前ページの基本例題 4 ではグラフを利用する解法を学んだが，この例題ではそれ以外の解法も扱う。

(分母)≠0 から (1) $x\neq0$, $x+2\neq0$　(2) $x-1\neq0$　であることに注意。

(1) 分母を払って多項式の方程式を導き，(分母)=0 の解を除く。

(2) 両辺に $x-1$ を掛け，$x(x-1)<2$ として，そのまま解答を進めてはいけない。$x-1$ の正負により，不等号の向きが変わるからである。

⟶ 分母を払わず，$\dfrac{A}{B}<0$ の形に整理して，**A，B の因数の符号から決定。**

別解 1　分母を払う前に，**$x-1$ の正負で場合分け** をして，2 次不等式を解く。

別解 2　場合分けを避けるために，(分母)^2　すなわち **$(x-1)^2$ (>0) を両辺に掛けて**，3 次不等式を解く。

別解 3　**グラフを利用** し，**上下関係** に注目 (基本例題 4 と同様の方針)。

解答

(1) $\dfrac{2}{x(x+2)}-\dfrac{x}{2(x+2)}=0$ の両辺に $2x(x+2)$ を掛けて分母を払うと　$4-x^2=0$　すなわち　$(x+2)(x-2)=0$

これを解いて　$x=-2,\ 2$

$x=-2$ は，もとの方程式の分母を 0 にするから適さない。

よって　$\boldsymbol{x=2}$

⇐ この確認が重要。

(2) $x-\dfrac{2}{x-1}<0$ から　$\dfrac{x(x-1)-2}{x-1}<0$

⇐ (分子)$=x^2-x-2$ $=(x+1)(x-2)$

ゆえに　$\dfrac{(x+1)(x-2)}{x-1}<0$

この不等式の左辺を P とおき，$x+1$，$x-1$，$x-2$ と P の符号を調べると，下の表のようになる。

x	$\cdots$	-1	$\cdots$	1	$\cdots$	2	$\cdots$
$x+1$	$-$	0	$+$	$+$	$+$	$+$	$+$
$x-1$	$-$	$-$	$-$	0	$+$	$+$	$+$
$x-2$	$-$	$-$	$-$	$-$	$-$	0	$+$
P	$-$	0	$+$	／	$-$	0	$+$

↑(分母)≠0

⇐ 分母・分子の因数 $x+1$，$x-1$，$x-2$ の符号をもとに，P の符号を判断する。

⇐ (分母)≠0 であるから，P の $x=1$ の欄は斜線。

よって，求める解は　$\boldsymbol{x<-1,\ 1<x<2}$

別解 1　[1]　$x-1>0$ すなわち $x>1$ のとき

$x(x-1)<2$

これを整理して　$x^2-x-2<0$

よって　$(x+1)(x-2)<0$

これを解いて　$-1<x<2$

$x>1$ との共通範囲を求めて　$1<x<2$

[2]　$x-1<0$ すなわち $x<1$ のとき

$x(x-1)>2$

これを整理して　$x^2-x-2>0$

よって　$(x+1)(x-2)>0$

これを解いて　$x<-1,\ 2<x$

$x<1$ との共通範囲を求めて　$x<-1$

[1], [2] から　$\boldsymbol{x<-1,\ 1<x<2}$

⇦ (1) と同じ方針。$x-1$ の正負によって不等号の向きが変わることに注意。

⇦ 不等号の向きが変わる。

別解 2　不等式の両辺に $(x-1)^2\ (>0)$ を掛けて

$x(x-1)^2<2(x-1)$

よって　$(x-1)\{x(x-1)-2\}<0$

ゆえに　$(x-1)(x+1)(x-2)<0$

よって　$\boldsymbol{x<-1,\ 1<x<2}$

これらは，$x \neq 1$ を満たす。

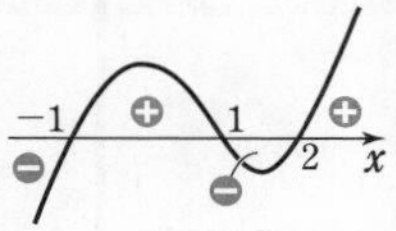

⇦ $x \neq 1$ から　$(x-1)^2>0$ よって，不等号の向きは変わらない。

⇦ 展開せず，まず共通因数でくくる。

⇦ x^3 の係数が正で，x 軸と異なる 3 点で交わる 3 次曲線をイメージして解を判断。

別解 3　$y=x$ ……①，$y=\dfrac{2}{x-1}$ ……② とする。

$x=\dfrac{2}{x-1}$ とおいて，分母を払うと

$x(x-1)=2$

整理して　$x^2-x-2=0$

因数分解して　$(x+1)(x-2)=0$

これを解いて　$x=-1,\ 2$

これらは，$x-1 \neq 0$ を満たす。

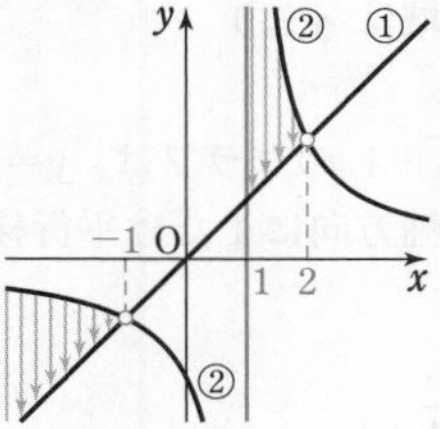

$x<\dfrac{2}{x-1}$ の解は，① のグラフが ② のグラフの下側にある x の値の範囲である。

よって，図から求める x の値の範囲は

$\boldsymbol{x<-1,\ 1<x<2}$

⇦ ① と ② の共有点の x 座標を求める。

⇦ 分母を 0 にしないか確認。

⇦ $x \neq 1$ に注意！ $x=1$ は関数 ② の定義域に含まれない（つまり，グラフが存在しない）。

PRACTICE 5③

次の方程式，不等式を解け。

(1)　$2-\dfrac{6}{x^2-9}=\dfrac{1}{x+3}$　　(2)　$\dfrac{5x-8}{x-2} \leqq x+2$

基本 例題 6 無理関数のグラフと値域

(1) 関数 $y=\sqrt{3-x}$ のグラフをかけ。また，その定義域と値域を求めよ。

(2) 関数 $y=\sqrt{2x+4}+1$ $(-1<x\leqq 1)$ のグラフをかき，その値域を求めよ。

p.13 基本事項 2

CHART & SOLUTION

無理関数の値域

グラフから読みとる

まずは $\boldsymbol{y=\sqrt{a(x-p)}+q}$ の形に変形する。

(1) 定義域は ($\sqrt{\ }$ **の中**)$\geqq 0$ **となる** x **の値全体** である。

(2) $y=\sqrt{a(x-p)}+q$ のグラフは，$y=\sqrt{ax}$ のグラフを x 軸方向に p，y 軸方向に q だけ平行移動したもの。

解法の手順は，$p.15$ 基本例題 2 と同様。

解答

(1) $\sqrt{3-x}=\sqrt{-(x-3)}$

よって，$y=\sqrt{3-x}$ のグラフは，$y=\sqrt{-x}$ のグラフを x 軸方向に 3 だけ平行移動したもので，**右図**のようになる。

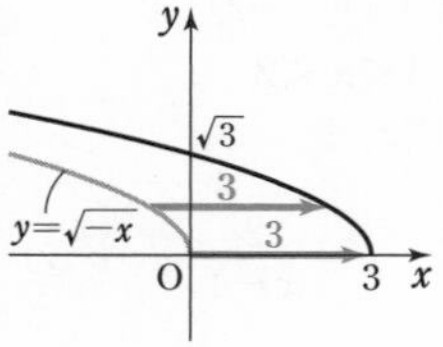

定義域は $x\leqq 3$，**値域は** $y\geqq 0$

⇐ 無理関数 $y=\sqrt{3-x}$ の定義域は，$3-x\geqq 0$ から $x\leqq 3$

(2) $\sqrt{2x+4}+1=\sqrt{2(x+2)}+1$

よって，$y=\sqrt{2x+4}+1$ のグラフは，$y=\sqrt{2x}$ のグラフを x 軸方向に -2，y 軸方向に 1 だけ平行移動したものである。

⇐ 無理関数 $y=\sqrt{2x+4}+1$ の定義域は，$2x+4\geqq 0$ から $x\geqq -2$

$x=-1$ のとき

$$y=\sqrt{2\cdot(-1)+4}+1=\sqrt{2}+1$$

$x=1$ のとき

$$y=\sqrt{2\cdot 1+4}+1=\sqrt{6}+1$$

⇐ グラフの端点の座標を求める。

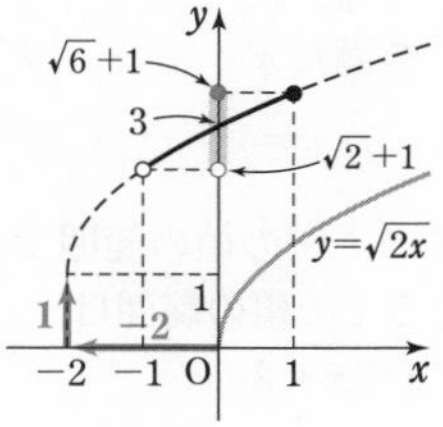

ゆえに，求めるグラフは **右図の実線部分** である。

よって，求める値域は，グラフから

$$\boldsymbol{\sqrt{2}+1<y\leqq\sqrt{6}+1}$$

PRACTICE 6②

(1) 次の関数のグラフをかけ。また，その定義域と値域を求めよ。

(ア) $y=-\sqrt{2(x+1)}$　　(イ) $y=\sqrt{3x+6}$

(2) 関数 $y=\sqrt{4-2x}+1$ $(-1\leqq x<1)$ のグラフをかき，その値域を求めよ。

基本 例題 7 無理方程式・不等式 (1)

(1) 関数 $y=\sqrt{x+6}$ のグラフと直線 $y=x$ の共有点の x 座標を求めよ。
(2) 不等式 $\sqrt{x+6}>x$ を解け。

基本 4, 6

CHART & SOLUTION

グラフ利用の無理方程式・不等式の解法

共有点 ⟺ 実数解　上下関係 ⟺ 不等式

基本例題 4 (分数方程式・不等式) と同様の方針により，グラフを利用する。

(1) 無理方程式 $\sqrt{x+6}=x$ の実数解が共有点の x 座標である。$\sqrt{\ \ }$ をなくすために両辺を 2 乗する。このとき，$A=B \Longrightarrow A^2=B^2$ **は成り立つが，逆は成り立たない** ($A=B$ と $A^2=B^2$ は同値ではない) ことに注意。⟶ 不適なものがあれば，除外する。

(2) (1) のグラフの上下関係に着目して求める。

解答

$y=\sqrt{x+6}$ ……①,
$y=x$ ……②

のグラフは，右図の実線部分のようになる。

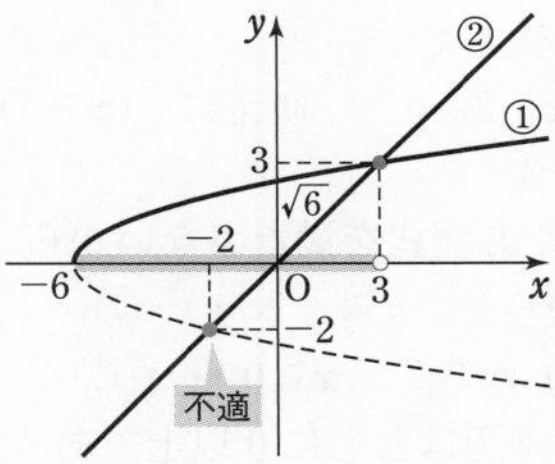

(1) ①, ② から

$\sqrt{x+6}=x$ ……③

両辺を 2 乗すると

$x+6=x^2$

整理して　$x^2-x-6=0$

ゆえに　$(x+2)(x-3)=0$

これを解いて　$x=-2,\ 3$

図から，$x=3$ が ③ の解である。

よって　$\boldsymbol{x=3}$

(2) $\sqrt{x+6}>x$ の解は，① のグラフが ② のグラフより上側にある x の値の範囲である。

よって，図から求める x の値の範囲は

$\boldsymbol{-6 \leqq x < 3}$

⇐ $y=\sqrt{x+6}$ のグラフは，$y=\sqrt{x}$ のグラフを x 軸方向に -6 だけ平行移動したもの。

inf. 無理式を含む方程式・不等式をそれぞれ **無理方程式・無理不等式** といい，その解を求めることを **解く** という。

⇐ $x=-2$ は不適であるから，除外する。これは $-\sqrt{x+6}=x$ の解。

⇐ 等号の有無に注意する。

PRACTICE 7②

(1) 関数 $y=\sqrt{4-x}$ のグラフと直線 $y=x-2$ の共有点の x 座標を求めよ。
(2) 不等式 $\sqrt{4-x}>x-2$ を解け。

基本 例題 8 無理方程式・不等式 (2)

次の方程式，不等式を解け。

(1) $\sqrt{10-x^2}=x+2$　　(2) $\sqrt{x+2}\leqq x$　　(3) $\sqrt{2x+6}>x+1$

基本 7

CHART & SOLUTION

グラフを用いない無理方程式・不等式の解法

2乗して $\sqrt{\ }$ をはずす　$\sqrt{A}\geqq 0$，$A\geqq 0$ に注意 ……!

方程式の場合 (1)　$A=B \Longrightarrow A^2=B^2$ は成り立つが，逆は成り立たない。前ページの基本例題7と同様に，$\sqrt{\ }$ をはずして得た解が最初の方程式を満たすかどうか確認する。

不等式の場合 (2), (3)　$A\geqq 0$，$B\geqq 0$ ならば $A>B \Longleftrightarrow A^2>B^2$ が成り立つ。両辺を2乗する前に条件を確認する。必要に応じて場合分け。

解答

! (1) 方程式の両辺を2乗して　$10-x^2=(x+2)^2$

整理すると　$x^2+2x-3=0$　ゆえに　$(x-1)(x+3)=0$

よって　$x=1,\ -3$

$x=-3$ は与えられた方程式を満たさないから　$\boldsymbol{x=1}$

⇐ $2x^2+4x-6=0$

⇐ $x=-3$ を代入すると (左辺)$=1$，(右辺)$=-1$

(2) $x+2\geqq 0$ であるから　$x\geqq -2$ …… ①

また，$x\geqq\sqrt{x+2}\geqq 0$ から　$x\geqq 0$ …… ②

このとき，不等式の両辺はともに0以上であるから，両辺

! を2乗して　$x+2\leqq x^2$　ゆえに　$(x+1)(x-2)\geqq 0$

よって　$x\leqq -1,\ 2\leqq x$ …… ③

求める解は，①，②，③ の共通範囲であるから　$\boldsymbol{x\geqq 2}$

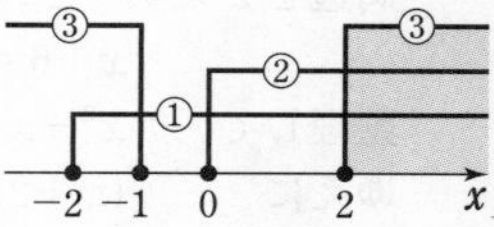

(3) $2x+6\geqq 0$ であるから　$x\geqq -3$ …… ①

[1] $x+1\geqq 0$ すなわち $x\geqq -1$ …… ② のとき

不等式の両辺はともに0以上であるから，両辺を2乗して

! $2x+6>(x+1)^2$　整理すると　$x^2<5$

これを解いて　$-\sqrt{5}<x<\sqrt{5}$ …… ③

①，②，③ の共通範囲を求めて　$-1\leqq x<\sqrt{5}$ … ④

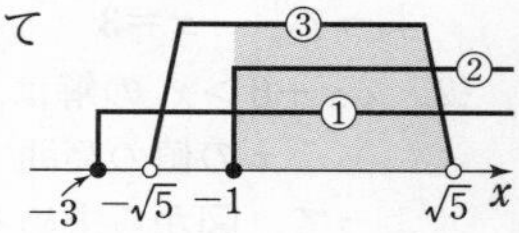

[2] $x+1<0$ すなわち $x<-1$ のとき

$\sqrt{2x+6}\geqq 0$，$x+1<0$ であるから，不等式は常に成り立つ。このとき，① との共通範囲は　$-3\leqq x<-1$ … ⑤

求める解は，④，⑤ を合わせた範囲であるから

$\boldsymbol{-3\leqq x<\sqrt{5}}$

⇐ [1] または [2] を満たす範囲。

PRACTICE 8③

次の方程式，不等式を解け。　[(2) 千葉工大]

(1) $2-x=\sqrt{16-x^2}$　(2) $\sqrt{x+3}=|2x|$　(3) $\sqrt{x}\leqq 6-x$　(4) $\sqrt{10-x^2}>x+2$

ズームUP 同値関係を考えた無理方程式・不等式の解法

命題「$A=B \Longrightarrow A^2=B^2$」は真ですが，その逆命題「$A^2=B^2 \Longrightarrow A=B$」は偽です。同じように，無理方程式 $\sqrt{A}=B$ と無理不等式 $\sqrt{A}<B$ は，それぞれの両辺を 2 乗した $A=B^2$，$A<B^2$ とは同値ではありません。では，更にどのような条件を付け加えれば同値な命題に書き換えることができるかをここで考えてみましょう。

$\sqrt{A}=B \iff A=B^2,\ B\geqq 0$

『$\sqrt{A}=B$』が成り立つとき　($\sqrt{}$ 内)$\geqq 0$ から　$A\geqq 0$

$\sqrt{}\geqq 0$ から　$B\geqq 0$

一方，『$A=B^2$』が成り立つとき　$B^2\geqq 0$ から　$A\geqq 0$

よって，『$\sqrt{A}=B$』と『$A=B^2$』が同値となるためには，『$A=B^2$』に $B\geqq 0$ の条件を付け加えればよい。

例　$\sqrt{10-x^2}=x+2 \iff 10-x^2=(x+2)^2$ …… ①　かつ　$x+2\geqq 0$ …… ②

①を整理して　$(x-1)(x+3)=0$

②から $x\geqq -2$ に適する解は　$\boldsymbol{x=1}$

$\sqrt{A}<B \iff A<B^2,\ A\geqq 0,\ B>0$

『$\sqrt{A}<B$』が成り立つとき　($\sqrt{}$ 内)$\geqq 0$ から　$A\geqq 0$

$0\leqq\sqrt{A}<B$ から　$B>0$

よって，『$\sqrt{A}<B$』と『$A<B^2$』が同値となるためには，『$A<B^2$』に $A\geqq 0$，$B>0$ の条件を付け加えればよい。

例　$\sqrt{x+2}\leqq x \iff x+2\leqq x^2$ …… ①　かつ $x+2\geqq 0$ …… ②　かつ $x\geqq 0$ …… ③

①を整理して　$(x+1)(x-2)\geqq 0$　これを解いて　$x\leqq -1,\ 2\leqq x$

②から　$x\geqq -2$

①，②，③の共通範囲を求めて　$\boldsymbol{x\geqq 2}$

$\sqrt{A}>B \iff$ [1] $B\geqq 0,\ A>B^2$ または [2] $B<0,\ A\geqq 0$

[1]　$B\geqq 0$ のとき　$A\geqq 0$，$B\geqq 0$ から，『$\sqrt{A}>B$』と『$A>B^2$』は同値

[2]　$B<0$ のとき　$A\geqq 0$ であれば $\sqrt{A}\geqq 0$，$B<0$ となり『$\sqrt{A}>B$』は常に成り立つ。

例　$\sqrt{2x+6}>x+1 \iff \begin{cases} [1]\ x+1\geqq 0,\ 2x+6>(x+1)^2 \\ [2]\ x+1<0,\ 2x+6\geqq 0 \end{cases}$

[1]を整理して　$x\geqq -1$　かつ　$x^2<5$　すなわち

$x\geqq -1$　かつ　$-\sqrt{5}<x<\sqrt{5}$

共通範囲を求めて　$-1\leqq x<\sqrt{5}$

[2]を整理して　$x<-1$ かつ $x\geqq -3$　共通範囲を求めて　$-3\leqq x<-1$

よって，[1]，[2]の範囲を合わせて　$\boldsymbol{-3\leqq x<\sqrt{5}}$

重要 例題 9　無理方程式の解の個数

方程式 $2\sqrt{x-1}=\frac{1}{2}x+k$ が異なる2つの実数解をもつように，実数 k の値の範囲を定めよ。　〔広島修道大〕

基本 7

CHART & SOLUTION

無理方程式の解の個数　グラフ利用

異なる2つの実数解 ⟺ 共有点が2個 を利用

① $y=2\sqrt{x-1}$ のグラフをかく。

⟶ $y=2\sqrt{x}$ のグラフを x 軸方向に1だけ平行移動したもの。

② 直線 $y=\frac{1}{2}x+k$ の傾きは $\frac{1}{2}$ で一定である。y 切片 k の値に応じて平行移動し，$y=2\sqrt{x-1}$ のグラフとの **共有点が2個** となるように，実数 k の値の範囲を定める。

特に，直線②が①のグラフに接するときや，①のグラフの端点を通るときの k の値に注目。……❗

解答

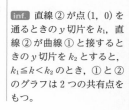

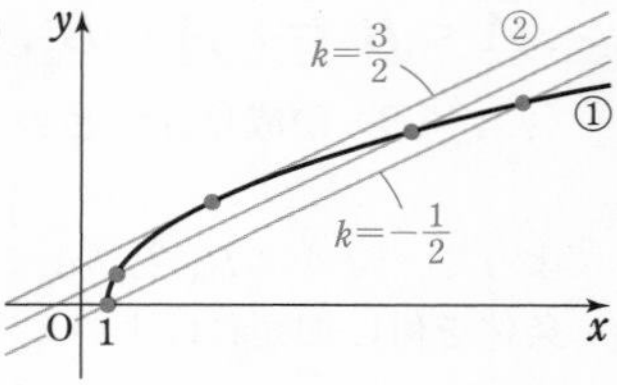

$y=2\sqrt{x-1}$ ……①，$y=\frac{1}{2}x+k$ ……② とし，曲線①と直線②の共有点が2個である条件を求める。

方程式から　$4\sqrt{x-1}=x+2k$

両辺を2乗すると　$16(x-1)=x^2+4kx+4k^2$

整理すると　$x^2+2(2k-8)x+4k^2+16=0$

この2次方程式の判別式を D とすると

$$\frac{D}{4}=(2k-8)^2-(4k^2+16)=-16(2k-3)$$

❗ 曲線①と直線②が接するとき，$D=0$ から　$k=\frac{3}{2}$

❗ また，直線②が曲線①の端点 $(1,\ 0)$ を通るとき

$$0=\frac{1}{2}\cdot1+k \qquad \text{ゆえに} \qquad k=-\frac{1}{2}$$

したがって，求める k の値の範囲は　$\boldsymbol{-\frac{1}{2}\leqq k<\frac{3}{2}}$

inf. 直線②が点 $(1,\ 0)$ を通るときの y 切片を k_1，直線②が曲線①と接するときの y 切片を k_2 とすると，$k_1\leqq k<k_2$ のとき，①と②のグラフは2つの共有点をもつ。

PRACTICE 9③

方程式 $\sqrt{x+1}-x-k=0$ を満たす実数解の個数が最も多くなるように，実数 k の値の範囲を定めよ。

EXERCISES　1 分数関数・無理関数

A

1❷ 次の関数の定義域を求めよ。

(1) $y=\dfrac{-2x+1}{x+1}$ $(-5\leqq y\leqq -3)$　　(2) $y=\dfrac{x+1}{2x+3}$ $(y\leqq 0,\ 1<y)$　　2

2❸ (1) 関数 $y=\dfrac{2x+c}{ax+b}$ のグラフが点 $\left(-2,\ \dfrac{9}{5}\right)$ を通り，2直線 $x=-\dfrac{1}{3}$，$y=\dfrac{2}{3}$ を漸近線にもつとき，定数 a，b，c の値を求めよ。

(2) 直線 $x=-3$ を漸近線とし，2点 $(-2,\ 3)$，$(1,\ 6)$ を通る直角双曲線をグラフにもつ関数を $y=\dfrac{ax+b}{cx+d}$ の形で表せ。　3

3❸ $-4\leqq x\leqq 0$ のとき，$y=\sqrt{a-4x}+b$ の最大値が5，最小値が3であるとき，$a=$ ア□，$b=$ イ□ となる。ただし，$a>0$ とする。〔久留米大〕　6

4❸ 次の方程式，不等式を解け。〔(1) 横浜市大，(2) 学習院大〕

(1) $\sqrt{\dfrac{1+x}{2}}=1-2x^2$　　(2) $\sqrt{2x^2+x-6}<x+2$　　8

B

5❸ 次の不等式を解け。〔(2) 武蔵工大〕

(1) $\dfrac{1}{x+3}\geqq\dfrac{1}{3-x}$　　(2) $\dfrac{3}{1+\dfrac{2}{x}}\geqq x^2$　　4, 5

6❹ (1) 実数 x に関する方程式 $\sqrt{x-1}-1=k(x-k)$ が解をもたないような負の数 k の値の範囲を求めよ。

(2) 方程式 $\sqrt{x+3}=-\dfrac{k}{x}$ がただ1つの実数解をもつように正の数 k の値を定めよ。〔防衛医大〕　9

7❹ $y=\dfrac{1}{x-1}$ と $y=-|x|+k$ のグラフが2個以上の点を共有する k の値の範囲を求めよ。〔法政大〕　9

HINT

5　2つのグラフの交点の x 座標を求め，図をかいてみる。上下関係 ⟺ 不等式

6　共有点 ⟺ 実数解 から，2つのグラフの共有点の個数で考える。

(1) 曲線 $y=\sqrt{x-1}-1$ の端点が，直線 $y=k(x-k)$ の上側にある。

(2) 2曲線 $y=\sqrt{x+3}$，$y=-\dfrac{k}{x}$ が1点で接する。

7　2つのグラフが接する(重解利用)場合が境目。

2 逆関数と合成関数

基本事項

1 逆関数とグラフ

① 関数 $y=f(x)$ の値域に含まれる任意の y の値に対して，対応する x の値がただ1つ定まるとき，x は y の関数となる。この関数を $x=g(y)$ と表すとき，変数 x と y を入れ替えた関数 $y=g(x)$ を $y=f(x)$ の **逆関数** といい，$\boldsymbol{y=f^{-1}(x)}$ で表す。

② $f(x)$ と $f^{-1}(x)$ とでは，**定義域と値域が入れ替わる**。

③ 関数 $f(x)$ が逆関数 $f^{-1}(x)$ をもつとき

$$\boldsymbol{b=f(a) \iff a=f^{-1}(b)}$$

④ $y=f(x)$ と $y=f^{-1}(x)$ のグラフは，**直線 $\boldsymbol{y=x}$ に関して対称** である。

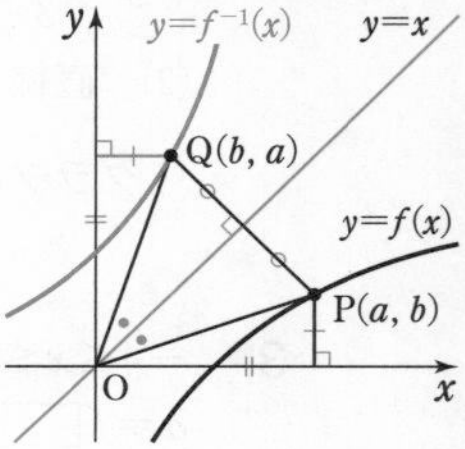

補足 $f^{-1}(x)$ は「f インバース x」と読む。

2 合成関数

2つの関数 $y=f(x)$，$z=g(y)$ があり，$f(x)$ の値域が $g(y)$ の定義域に含まれているとき，$g(y)$ に $y=f(x)$ を代入して得られる関数 $z=g(f(x))$ を，$f(x)$ と $g(y)$ の **合成関数** といい，記号で $\boldsymbol{(g\circ f)(x)}$ と表す。すなわち

$$\boldsymbol{(g\circ f)(x)=g(f(x))}$$

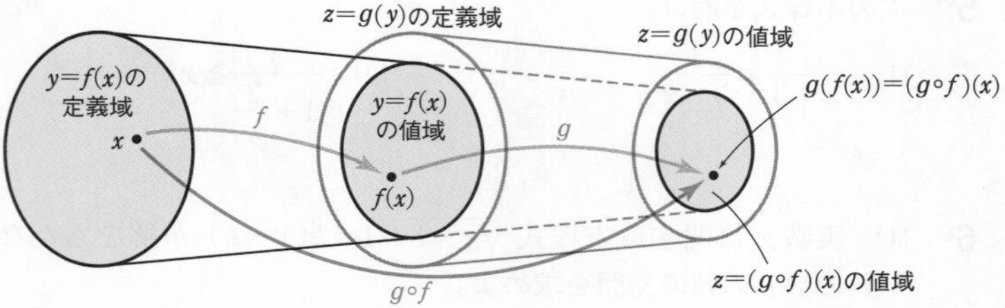

注意 一般に，合成関数 $(g\circ f)(x)$ と $(f\circ g)(x)$ は一致しない (CHECK & CHECK 4, 基本例題 11 を参照)。

CHECK & CHECK

3 次の関数の逆関数を求めよ。

(1) $y=-2x+3$　　(2) $y=\dfrac{1}{3}x-1$　　1

4 2つの関数 $f(x)=x+3$，$g(x)=2x+1$ について，次の合成関数を求めよ。

(1) $(f\circ g)(x)$　　(2) $(g\circ f)(x)$　　2

基本 例題 10 逆関数の求め方とそのグラフ

次の関数の逆関数を求めよ。また，そのグラフをかけ。

(1) $y=\log_3 x$　　(2) $y=\dfrac{2x-1}{x+1}$ $(x \geqq 0)$

p.26 基本事項 1

CHART & SOLUTION

逆関数　x について解いて，x と y の交換

1 定義域と値域に着目

2 グラフは直線 $y=x$ に関して対称

逆関数の求め方 ① 関係式 $y=f(x)$ を $x=g(y)$ の形に変形。……!
② x と y を入れ替えて，$y=g(x)$ とする。
③ $g(x)$ の定義域は，$f(x)$ の値域と同じにとる。

(2) 定義域に注意。⟶ まず，与えられた関数の値域を調べる。

解答

(1) $y=\log_3 x$ を x について解くと

! $x=3^y$

x と y を入れ替えて　$y=3^x$

グラフは **右図の太線部分**。

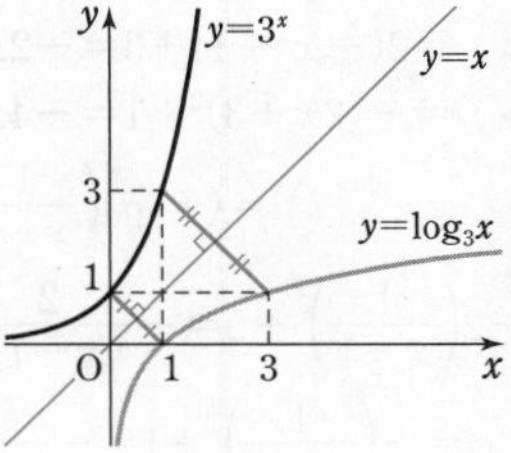

(2) $y=\dfrac{2x-1}{x+1}$ $(x \geqq 0)$ ……① を

変形して　$y=-\dfrac{3}{x+1}+2$

① の値域は　$-1 \leqq y<2$

① から　$(y-2)x=-y-1$

$y \neq 2$ であるから

! $x=-\dfrac{y+1}{y-2}$ $(-1 \leqq y<2)$

x と y を入れ替えて

$$y=-\frac{x+1}{x-2}\ (-1 \leqq x<2)$$

グラフは **右図の太線部分**。

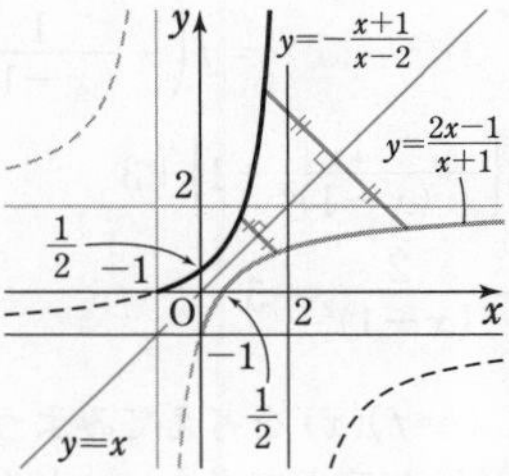

⇦ 数学Ⅱの復習
$a>0$，$a \neq 1$ のとき
$y=\log_a x \iff x=a^y$
指数関数 $y=a^x$ は対数関数 $y=\log_a x$ の逆関数。

⇦ $\dfrac{2x-1}{x+1}=\dfrac{2(x+1)-3}{x+1}$
$=-\dfrac{3}{x+1}+2$

⇦ $x=0$ のとき $y=-1$

⇦ ① の分母を払って
$y(x+1)=2x-1$ から
$xy-2x=-y-1$

⇦ $-\dfrac{x+1}{x-2}=\dfrac{-(x-2)-3}{x-2}$
$=-\dfrac{3}{x-2}-1$

PRACTICE 10②

次の関数の逆関数を求め，そのグラフをかけ。　[(3) 湘南工科大]

(1) $y=2^{x+1}$　　(2) $y=\dfrac{x-2}{x+2}$ $(x \geqq 0)$

(3) $y=-\dfrac{1}{4}x+1$ $(0 \leqq x \leqq 4)$　　(4) $y=x^2-2$ $(x \geqq 0)$

基本 例題 11 合成関数

関数 $f(x)=2x+3$, $g(x)=-x^2+1$, $h(x)=\dfrac{1}{x-1}$ について，次の合成関数を求めよ。

(1) $(f\circ g)(x)$　(2) $(g\circ f)(x)$　(3) $((f\circ g)\circ h)(x)$　(4) $(f\circ(g\circ h))(x)$

p.26 基本事項 2

CHART & SOLUTION

合成関数 $(g\circ f)(x)$

$(g\circ f)(x)=g(f(x))$　f，g の順序がポイント

(1) 合成関数 $(f\circ g)(x) \longrightarrow (f\circ g)(x)=f(g(x))$

$g(f(x))$ と間違えないように。　**$f(g(x))$** は $f(x)$ の x に $g(x)$ を代入。

$f(x)$，$g(x)$ の定義域は実数全体，$f(x)$ の値域は実数全体，$g(x)$ の値域は 1 以下の実数全体，$h(x)$ の値域は 0 以外の実数全体であるから，(1)～(4) のいずれの合成関数も存在する。

解答

(1) $(f\circ g)(x)=f(g(x))=2(-x^2+1)+3=\boldsymbol{-2x^2+5}$

(2) $(g\circ f)(x)=g(f(x))=-(2x+3)^2+1=\boldsymbol{-4x^2-12x-8}$

(3) $((f\circ g)\circ h)(x)=(f\circ g)(h(x))=(f\circ g)\left(\dfrac{1}{x-1}\right)$

$$=-2\left(\frac{1}{x-1}\right)^2+5=\boldsymbol{-\frac{2}{(x-1)^2}+5}$$

(4) $(g\circ h)(x)=g(h(x))=-\left(\dfrac{1}{x-1}\right)^2+1=-\dfrac{1}{(x-1)^2}+1$

よって

$$(f\circ(g\circ h))(x)=f((g\circ h)(x))=f\left(-\frac{1}{(x-1)^2}+1\right)$$

$$=2\left\{-\frac{1}{(x-1)^2}+1\right\}+3$$

$$=\boldsymbol{-\frac{2}{(x-1)^2}+5}$$

inf. (1)，(2) から
$f\circ g \neq g\circ f$
一般には，交換法則は成り立たない。

⇐ (1) から
$(f\circ g)(x)=-2x^2+5$

⇐ まず $(g\circ h)(x)$ を求める。

inf.
$(f\circ g)\circ h=f\circ(g\circ h)$
結合法則は常に成り立つ。
また，これを単に
$f\circ g\circ h$ と書く。

inf. 上の例題において，$(h\circ f)(x)$ を考えてみよう。$h(x)$ の定義域は $x\neq1$ であるから，$f(x)=1$ のとき，$(h\circ f)(x)$ は定義できない。しかし，$f(x)$ の定義域を $x\neq-1$ に制限し，$f(x)$ の値域を $x\neq1$ とすると，$(h\circ f)(x)$ を定義できる。このとき，

$(h\circ f)(x)=h(2x+3)=\dfrac{1}{2x+2}$ $(x\neq-1)$ である。

PRACTICE 11[3]

関数 $f(x)=1-2x$, $g(x)=\dfrac{1}{1-x}$, $h(x)=x(1-x)$ について，次の合成関数を求めよ。

(1) $(f\circ g)(x)$　(2) $(g\circ h)(x)$　(3) $(f\circ h\circ g)(x)$

重要 例題 12 逆関数がもとの関数と一致する条件 $f^{-1}(x)=f(x)$

関数 $y=\dfrac{x+4}{2x+p}$ $(p\neq 8)$ の逆関数がもとの関数と一致するとき，定数 p の値を求めよ。

基本 10

CHART & THINKING

関数 $f(x)$，$f^{-1}(x)$ が一致　$f(x)=f^{-1}(x)$ が恒等式

まず，逆関数 $f^{-1}(x)$ を求める。求め方は，基本例題 10 を参照。

2 つの関数 $f(x)$，$g(x)$ が一致する (等しい) とは，次の条件が成り立つことである。

[1] **定義域が一致する**　[2] **定義域のすべての x の値に対して $f(x)=g(x)$**

よって，$f(x)=f^{-1}(x)$ が **定義域で恒等式** となるための条件を求めよう。このとき，どのようなことに注意すればよいだろうか？ ⟶ [1] の条件を忘れないこと。……❗

解答

$y=\dfrac{x+4}{2x+p}$ ……① とする。　$y=\dfrac{x+4}{2x+p}=\dfrac{4-\dfrac{p}{2}}{2x+p}+\dfrac{1}{2}$

⇦ $x+4=\dfrac{1}{2}(2x+p)-\dfrac{p}{2}+4$

よって，関数 ① の値域は　$y\neq\dfrac{1}{2}$

① の分母を払うと　$y(2x+p)=x+4$

整理して　$(2y-1)x=-py+4$

$2y-1\neq 0$ であるから　$x=\dfrac{-py+4}{2y-1}$

inf. $p=8$ のとき $y=\dfrac{x+4}{2x+8}=\dfrac{x+4}{2(x+4)}=\dfrac{1}{2}$ (ただし，$x\neq -4$) となり，定数関数であるから，逆関数は存在しない。

よって，関数 ① の逆関数は　$y=\dfrac{-px+4}{2x-1}$ $\left(x\neq\dfrac{1}{2}\right)$ ……②

⇦ x と y を入れ替える。

ゆえに　$\dfrac{x+4}{2x+p}=\dfrac{-px+4}{2x-1}$

これが x についての恒等式となればよい。

分母を払って　$(x+4)(2x-1)=(-px+4)(2x+p)$

展開して　$2x^2+7x-4=-2px^2+(8-p^2)x+4p$

両辺の同じ次数の項の係数を比較して

$2=-2p$，$7=8-p^2$，$-4=4p$

これを解いて　$\boldsymbol{p=-1}$

inf. $x=0$ を代入して $\dfrac{4}{p}=-4$ すなわち $p=-1$ (必要条件) とし，十分条件であることを示してもよい (数値代入法)。

⇦ $p\neq 8$ に適する。

❗ このとき，① と ② の定義域はともに $x\neq\dfrac{1}{2}$ となり一致する。

⇦ **この確認を忘れずに！**

inf. 定義域が一致すること (必要条件) に着目し，必要条件から考えてもよい (解答編 PRACTICE 12 inf. 参照)。

PRACTICE 12③

関数 $y=\dfrac{ax-a+3}{x+2}$ $(a\neq 1)$ の逆関数がもとの関数と一致するとき，定数 a の値を求めよ。

EXERCISES　2 逆関数と合成関数

A

8❷ (1) 関数 $f(x)=\dfrac{ax+1}{2x+b}$ の逆関数を $g(x)$ とする。$f(2)=9$, $g(1)=-2$ のとき，定数 a, b の値を求めよ。

(2) $f(x)=a+\dfrac{b}{2x-1}$ の逆関数が $g(x)=c+\dfrac{2}{x-1}$ であるとき，定数 a, b, c の値を定めよ。〔広島文教女子大〕

p.26 1

9❸ $g(x)=\sqrt{x+1}$ のとき，不等式 $g^{-1}(x)\geqq g(x)$ を満たす x の値の範囲を求めよ。〔類 芝浦工大〕

p.26 1, 7

10❸ 関数 $f(x)=\dfrac{x+1}{-2x+3}$, $g(x)=\dfrac{ax-1}{bx+c}$ の合成関数 $(g\circ f)(x)=g(f(x))$ が $(g\circ f)(x)=x$ を満たすとき，定数 a, b, c の値を求めよ。

B

11❸ xy 座標平面上において，直線 $y=x$ に関して，曲線 $y=\dfrac{2}{x+1}$ と対称な曲線を C_1 とし，直線 $y=-1$ に関して，曲線 $y=\dfrac{2}{x+1}$ と対称な曲線を C_2 とする。曲線 C_2 の漸近線と曲線 C_1 との交点の座標をすべて求めると，□ である。〔関西大〕 10

12❹ $f(x)=\begin{cases} 2x+1 & (-1\leqq x\leqq 0) \\ -2x+1 & (0\leqq x\leqq 1)\end{cases}$ のように定義された関数 $f(x)$ について

(1) $y=(f\circ f)(x)$ のグラフをかけ。

(2) $(f\circ f)(a)=f(a)$ となる a の値を求めよ。〔武蔵工大〕 11

13❹ 実数 a, b, c, d が $ad-bc\neq 0$ を満たすとき，関数 $f(x)=\dfrac{ax+b}{cx+d}$ について，次の問いに答えよ。

(1) $f(x)$ の逆関数 $f^{-1}(x)$ を求めよ。

(2) $f^{-1}(x)=f(x)$ を満たし，$f(x)\neq x$ となる a, b, c, d の関係式を求めよ。〔東北大〕 12

HINT

11 $y=f(x)$ のグラフと逆関数 $y=f^{-1}(x)$ のグラフは，直線 $y=x$ に関して対称。

12 (1) 定義から，$-1\leqq f(x)\leqq 0$ のとき $(f\circ f)(x)=2f(x)+1$,
$0\leqq f(x)\leqq 1$ のとき $(f\circ f)(x)=-2f(x)+1$

(2) (1)のグラフと $y=f(x)$ のグラフの交点の x 座標が a

13 (2) $f^{-1}(x)=f(x)$ を多項式の形に変形する。

数学Ⅲ

第2章 極　限

3　数列の極限

4　無限級数

5　関数の極限

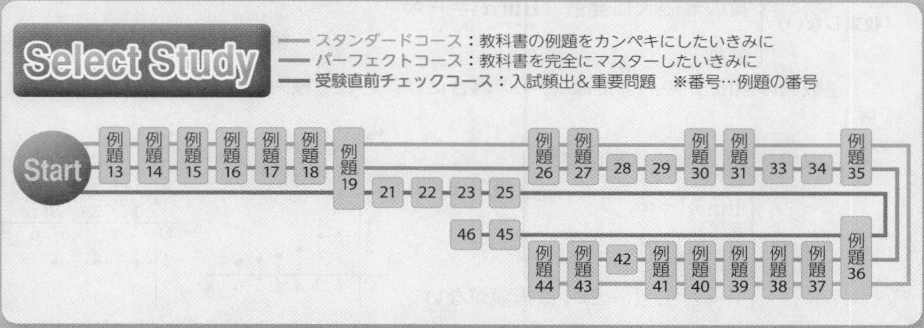

■ 例題一覧

	種類	番号	例題タイトル	難易度
3	基本	13	数列の極限（多項式・分数式）	1
	基本	14	数列の極限（無理式）	2
	基本	15	数列の極限（不等式の利用）(1)	2
	基本	16	r^n を含む不定形の極限	2
	基本	17	無限等比数列の収束条件	2
	基本	18	$\{r^n\}$ の極限（r の値で場合分け）	2
	基本	19	漸化式（隣接２項間）と極限	2
	重要	20	数列の極限（不等式の利用）(2)	3
	重要	21	漸化式（分数型）と極限	4
	重要	22	漸化式と極限（はさみうち）	4
	重要	23	漸化式（隣接３項間）と極限	3
	重要	24	図形に関する漸化式と極限	4
	重要	25	確率に関する漸化式と極限	4
4	基本	26	無限級数の収束・発散	2
	基本	27	無限等比級数の収束条件	2
	基本	28	無限等比級数の応用 (1)	3
	基本	29	無限等比級数の応用 (2)	3
	基本	30	無限級数が発散することの証明	2
	基本	31	２つの無限等比級数の和	2
	重要	32	部分和 S_{2n-1}，S_{2n} を考える	3
	重要	33	無限等比級数の応用 (3)	4
	重要	34	無限級数 Σnr^n	4
5	基本	35	関数の極限 (1)　$x \to a$	2
	基本	36	極限値から関数の係数決定	2
	基本	37	片側からの極限	2
	基本	38	関数の極限 (2)　$x \to \pm\infty$　その１	2
	基本	39	関数の極限 (3)　$x \to \pm\infty$　その２	2
	基本	40	関数の極限 (4)　はさみうちの原理	2
	基本	41	三角関数の極限	2
	基本	42	関数の極限の応用問題	3
	基本	43	関数の連続・不連続	2
	基本	44	中間値の定理	2
	重要	45	級数で表された関数のグラフと連続性	3
	重要	46	連続関数になるように係数決定	4

3 数列の極限

基本事項

1 数列の極限

数列 $\{a_n\}$（$n=1,\ 2,\ 3,\ \cdots\cdots$）は無限数列とする。

収束	値 α に収束	$\lim\limits_{n\to\infty} \boldsymbol{a_n}=\boldsymbol{\alpha}$（**極限値**）	**極限がある**
発散（**収束しない**）	正の無限大に発散	$\lim\limits_{n\to\infty} \boldsymbol{a_n}=\infty$	**極限がある**
	負の無限大に発散	$\lim\limits_{n\to\infty} \boldsymbol{a_n}=-\infty$	**極限がある**
	振動		**極限がない**

注意　数列の極限が ∞，または $-\infty$ の場合には，これを極限値とはいわない。

例

① 収束　$\lim\limits_{n\to\infty}\dfrac{1}{n}=0$　（極限値）　極限がある

② 発散　$\lim\limits_{n\to\infty} n^2=\infty$，$\lim\limits_{n\to\infty}(-n^3)=-\infty$　極限がある

$\{(-1)^n\}$，$\{(-2)^n\}$ は極限がない

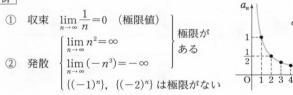

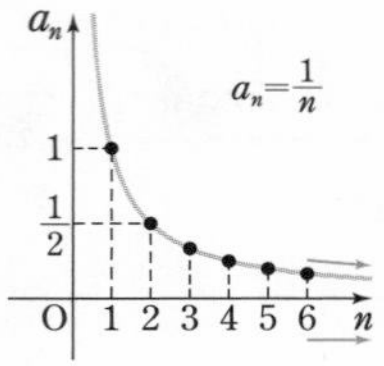

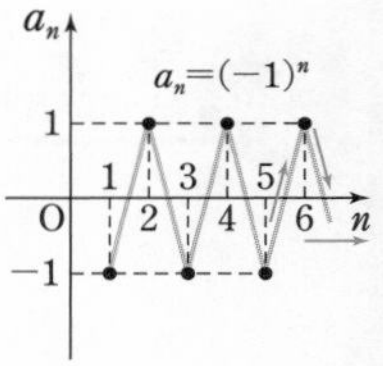

2 数列の極限の性質

数列 $\{a_n\}$，$\{b_n\}$ が収束して，$\lim\limits_{n\to\infty} a_n=\alpha$，$\lim\limits_{n\to\infty} b_n=\beta$ とする。

1　**定数倍**　$\lim\limits_{n\to\infty} \boldsymbol{ka_n}=\boldsymbol{k\alpha}$　（ただし，k は定数）

2　**和**　$\lim\limits_{n\to\infty}(\boldsymbol{a_n}+\boldsymbol{b_n})=\boldsymbol{\alpha}+\boldsymbol{\beta}$，　**差**　$\lim\limits_{n\to\infty}(\boldsymbol{a_n}-\boldsymbol{b_n})=\boldsymbol{\alpha}-\boldsymbol{\beta}$

3　$\lim\limits_{n\to\infty}(\boldsymbol{ka_n}+\boldsymbol{lb_n})=\boldsymbol{k\alpha}+\boldsymbol{l\beta}$　（ただし，k，l は定数）

4　**積**　$\lim\limits_{n\to\infty} \boldsymbol{a_n b_n}=\boldsymbol{\alpha\beta}$

5　**商**　$\lim\limits_{n\to\infty} \dfrac{\boldsymbol{a_n}}{\boldsymbol{b_n}}=\dfrac{\boldsymbol{\alpha}}{\boldsymbol{\beta}}$　（ただし，$\beta\neq 0$）

注意　上の性質 1 ～ 5 は，数列 $\{a_n\}$，$\{b_n\}$ が収束するという条件がないと成立しない場合がある。$\lim\limits_{n\to\infty} a_n=\infty$，$\lim\limits_{n\to\infty} b_n=\infty$ とすると，

和：$\lim\limits_{n\to\infty}(a_n+b_n)=\infty$，積：$\lim\limits_{n\to\infty} a_n b_n=\infty$，$k$ を定数として $\lim\limits_{n\to\infty}\dfrac{k}{a_n}=0$

は成り立つが，差：$\lim\limits_{n\to\infty}(a_n-b_n)$ や商 $\lim\limits_{n\to\infty}\dfrac{a_n}{b_n}$ についてはすぐには判断できない。

差：$\lim\limits_{n\to\infty}(a_n-b_n)=\infty-\infty=0$，商：$\lim\limits_{n\to\infty}\dfrac{a_n}{b_n}=\dfrac{\infty}{\infty}=1$ は誤り！

形式的に $\infty-\infty$，$\boldsymbol{0\times\infty}$，$\dfrac{\infty}{\infty}$，$\dfrac{\boldsymbol{0}}{\boldsymbol{0}}$ の形になる極限を **不定形の極限** といい，このままでは極限を判断することができない。

上の性質 1 ～ 5 は数列 $\{a_n\}$，$\{b_n\}$ が収束する条件のもとで成り立つことに注意。

3 数列の大小関係と極限

6 すべてのnについて $a_n \leqq b_n$ のとき

$\lim_{n\to\infty} a_n=\alpha$, $\lim_{n\to\infty} b_n=\beta$ ならば $\alpha \leqq \beta$

7 すべてのnについて $a_n \leqq b_n$ のとき

$\lim_{n\to\infty} a_n=\infty$ ならば $\lim_{n\to\infty} b_n=\infty$

8 すべてのnについて $a_n \leqq c_n \leqq b_n$ のとき

$\lim_{n\to\infty} a_n=\lim_{n\to\infty} b_n=\alpha$ ならば $\lim_{n\to\infty} c_n=\alpha$ ⇦ **はさみうちの原理**という。

注意 1. 条件の不等式が「すべてのn」で成り立たなくても，ある自然数n_0以上のnで常に成り立てば，上のことは成り立つ。

2. 条件の不等式の不等号が $\leqq$ でなく $<$（例えば8の条件が「$a_n<c_n<b_n$」）でも，上のことは成り立つ。なお，6において，常に $a_n<b_n$ であっても $\alpha<\beta$ とは限らず，$\alpha=\beta$ となることもありうる。$\left(\text{例. } a_n=\dfrac{1}{n+1},\ b_n=\dfrac{1}{n}\right)$

4 $\{n^k\}$ の極限（$k>0$ のとき）

$\lim_{n\to\infty} n^k=\infty$ $\lim_{n\to\infty} \dfrac{1}{n^k}=0$

5 無限等比数列 $\{r^n\}$ の極限

$\{r^n\}$ の極限

- $r>1$ のとき $\lim_{n\to\infty} r^n=\infty$
- $r=1$ のとき $\lim_{n\to\infty} r^n=1$
- $|r|<1$ のとき $\lim_{n\to\infty} r^n=0$
- $r \leqq -1$ のとき 極限はない（振動）

（$r=1$，$|r|<1$ の場合をまとめて）$-1<r\leqq 1$ のとき収束

注意 数列 $\{ar^{n-1}\}$ の収束条件は $a=0$ または $-1<r\leqq 1$

CHECK & CHECK

5 次の数列の極限を調べよ。

(1) $1,\ \dfrac{1}{2^2},\ \dfrac{1}{3^2},\ \dfrac{1}{4^2},\ \cdots\cdots$ (2) $2,\ 2\cdot 2^3,\ 2\cdot 3^3,\ 2\cdot 4^3,\ \cdots\cdots$

(3) $1+2,\ \dfrac{1}{2}+\dfrac{2}{2^3},\ \dfrac{1}{3}+\dfrac{2}{3^3},\ \cdots\cdots$ (4) $1,\ -2,\ 3,\ -4,\ 5,\ \cdots\cdots$

(5) $-1,\ \dfrac{1}{\sqrt{2}},\ -\dfrac{1}{\sqrt{3}},\ \dfrac{1}{\sqrt{4}},\ \cdots\cdots$

⇨ 1, 2

6 第n項が次の式で表される数列の極限を調べよ。

(1) 2^n (2) $\left(\dfrac{1}{3}\right)^n$ (3) $\left(-\dfrac{1}{4}\right)^n$ (4) $(-3)^n$

⇨ 5

7 次の数列の極限を調べよ。

(1) $1,\ 4,\ 16,\ 64,\ \cdots\cdots$ (2) $\dfrac{1}{2},\ \dfrac{1}{4},\ \dfrac{1}{8},\ \dfrac{1}{16},\ \cdots\cdots$

(3) $-\dfrac{1}{5},\ \dfrac{1}{25},\ -\dfrac{1}{125},\ \dfrac{1}{625},\ \cdots\cdots$

⇨ 5

基本 例題 13 数列の極限（多項式・分数式）

第 n 項が次の式で表される数列の極限を求めよ。

(1) n^2-n　　(2) $\dfrac{n+1}{3n^2-2}$　　(3) $\dfrac{5n^2}{-2n^2+1}$

p.32 基本事項 2

CHART & SOLUTION

数列の極限　極限が求められる形に変形

そのまま $n \longrightarrow \infty$ とすると，(1) $\infty-\infty$，(2)，(3) $\dfrac{\infty}{\infty}$ の **不定形の極限**。このままでは，極限を判断することはできないので，次のように変形し，極限を調べる。

(1)　n の多項式 …… n の **最高次の項をくくり出す。**

(2)，(3)　n の分数式 …… **分母の最高次の項で，分母・分子を割る。**

解答

(1) $\displaystyle\lim_{n\to\infty}(n^2-n)=\lim_{n\to\infty}n^2\left(1-\frac{1}{n}\right)=\infty$

⇐ $n^2 \longrightarrow \infty$，$\dfrac{1}{n} \longrightarrow 0$

(2) $\displaystyle\lim_{n\to\infty}\frac{n+1}{3n^2-2}=\lim_{n\to\infty}\frac{\frac{1}{n}+\frac{1}{n^2}}{3-\frac{2}{n^2}}=\mathbf{0}$

⇐ $\dfrac{1}{n}+\dfrac{1}{n^2} \longrightarrow 0$

⇐ $3-\dfrac{2}{n^2} \longrightarrow 3$

別解 $\displaystyle\lim_{n\to\infty}\frac{n+1}{3n^2-2}=\lim_{n\to\infty}\frac{n\left(1+\frac{1}{n}\right)}{n^2\left(3-\frac{2}{n^2}\right)}$

$\displaystyle=\lim_{n\to\infty}\frac{1}{n}\cdot\frac{1+\frac{1}{n}}{3-\frac{2}{n^2}}=\mathbf{0}$

⇐ 分母・分子それぞれの **最高次の項をくくり出す。**

(3) $\displaystyle\lim_{n\to\infty}\frac{5n^2}{-2n^2+1}=\lim_{n\to\infty}\frac{5}{-2+\frac{1}{n^2}}=-\frac{\mathbf{5}}{\mathbf{2}}$

注意　∞ どうしの，あるいは ∞ と他の数の和・差・積・商（$\infty+\infty$，$\infty-\infty$，$\infty\times0$ 等）は定義されていないので，答案にはこのような式を書いてはいけない。

補足　$\displaystyle\lim_{n\to\infty}a_n=\alpha$ を
$n \longrightarrow \infty$ のとき $a_n \longrightarrow \alpha$
と書くこともある。

PRACTICE 13[1]

第 n 項が次の式で表される数列の極限を求めよ。

(1) n^2-3n^3　　(2) $\dfrac{-2n+3}{4n-1}$　　(3) $\dfrac{n^2-1}{n+1}$　　(4) $\dfrac{4n^2+1}{3-4n^3}$

基本 例題 14 数列の極限（無理式）

第 n 項が次の式で表される数列の極限を求めよ。

(1) $\dfrac{\sqrt{3n^2+1}}{\sqrt{n^2+1}+\sqrt{n}}$　(2) $\dfrac{1}{n-\sqrt{n^2+n}}$　(3) $\sqrt{n-3}-\sqrt{n}$

基本 13

CHART & SOLUTION

無理式の極限　極限が求められる形に変形

そのまま $n \longrightarrow \infty$ とすると，(1) $\dfrac{\infty}{\infty}$，(2) $\dfrac{1}{\infty-\infty}$，(3) $\infty-\infty$ の **不定形の極限。**

多項式や分数式と同じように，極限が求められる形に変形する。

(1) **分母の最高次の項** とみなされる $\sqrt{n^2+1}$ の $\sqrt{n^2}$，すなわち n で **分母・分子を割る。**

(2), (3) $\infty-\infty$ の形を避けるため，有理化 を利用する。

(2) **分母を有理化** すると，$\dfrac{1}{\infty-\infty}$ の形から $\dfrac{\infty+\infty}{-\infty}$ の形に変形できる。あとは，**分母の最高次の項で，分母・分子を割る。**

(3) $\dfrac{\sqrt{n-3}-\sqrt{n}}{1}$ と考えて **分子を有理化** すると，$\infty-\infty$ の形から $\dfrac{-3}{\infty+\infty}$ の形に変形できる。

解答

(1) $\displaystyle\lim_{n\to\infty}\frac{\sqrt{3n^2+1}}{\sqrt{n^2+1}+\sqrt{n}}=\lim_{n\to\infty}\frac{\sqrt{3+\frac{1}{n^2}}}{\sqrt{1+\frac{1}{n^2}}+\sqrt{\frac{1}{n}}}=\sqrt{3}$

⇐ $\dfrac{\sqrt{3+0}}{\sqrt{1+0}+\sqrt{0}}$

(2) $\displaystyle\lim_{n\to\infty}\frac{1}{n-\sqrt{n^2+n}}=\lim_{n\to\infty}\frac{n+\sqrt{n^2+n}}{(n-\sqrt{n^2+n})(n+\sqrt{n^2+n})}$

⇐ 分母を有理化。

$\displaystyle=\lim_{n\to\infty}\frac{n+\sqrt{n^2+n}}{n^2-(n^2+n)}=\lim_{n\to\infty}\frac{n+\sqrt{n^2+n}}{-n}=\lim_{n\to\infty}\frac{1+\sqrt{1+\frac{1}{n}}}{-1}$
$=-2$

⇐ 分母・分子を分母の最高次の項 n で割る。

(3) $\displaystyle\lim_{n\to\infty}(\sqrt{n-3}-\sqrt{n})=\lim_{n\to\infty}\frac{(\sqrt{n-3}-\sqrt{n})(\sqrt{n-3}+\sqrt{n})}{\sqrt{n-3}+\sqrt{n}}$

⇐ 分子を有理化。

$\displaystyle=\lim_{n\to\infty}\frac{(n-3)-n}{\sqrt{n-3}+\sqrt{n}}=\lim_{n\to\infty}\frac{-3}{\sqrt{n-3}+\sqrt{n}}=0$

⇐ 分子が定数で，(分母) $\longrightarrow \infty$

PRACTICE 14[2]

第 n 項が次の式で表される数列の極限を求めよ。

(1) $\dfrac{4n-1}{2\sqrt{n}-1}$　(2) $\dfrac{1}{\sqrt{n^2+2n}-\sqrt{n^2-2n}}$　(3) $\sqrt{n}(\sqrt{n-3}-\sqrt{n})$

(4) $\dfrac{\sqrt{n+2}-\sqrt{n-2}}{\sqrt{n+1}-\sqrt{n-1}}$　(5) $\sqrt{n^2+2n+2}-\sqrt{n^2-n}$　(6) $n\left(\sqrt{4+\dfrac{1}{n}}-2\right)$

[(2) 東京電機大　(5) 京都産大　(6) 名古屋市大]

ピンポイント解説　不定形の極限の扱い方

基本例題 13，14 で取り上げた数列は，いずれも不定形であった。不定形は，そのままでは極限を判断することができない。例えば，例題 13 (1) n^2-n を，$n^2\longrightarrow\infty$，$n\longrightarrow\infty$ から　$n^2-n\longrightarrow 0$ としてはいけない。$\infty-\infty$ は不定形であるから，不定形でない形にもち込む必要がある。その方法について基本例題 13，14 で学んだが，今後，極限を学んでいくうえで基本となるから，ここで一度まとめておこう。なお，以下では k，l は定数とする。

⇐ 不定形については，$p.32$ 基本事項 2 も参照。

⇐ $\infty-\infty\longrightarrow 0$ としてはいけない。∞ は，数値や文字式のように扱うことはできない。

不定形かどうか迷いやすい例

$\infty+\infty$	は	∞
$\infty-\infty$	は	不定形
$\infty\times\infty$	は	∞
$\dfrac{\infty}{\infty}$	は	不定形
$0\times\infty$	は	不定形
$\dfrac{0}{\infty}$	は	0
$\dfrac{\infty}{0}$	は	∞
$\dfrac{0}{0}$	は	不定形
∞^0	は	不定形

● **多項式や分数式で表される数列**（基本例題 13）

① $\dfrac{\infty}{\infty}$ … **分母の最高次の項で分母・分子を割り，$\dfrac{k}{\infty}$，$\dfrac{\infty}{k}$ または $\dfrac{l}{k}$ の形をつくる。**

② $\infty-\infty$ … **最高次の項でくくり出し，$\infty\times k$ の形をつくる。**

● **$\sqrt{\ \ }$ を含む数列**（基本例題 14）

③ $\dfrac{\infty}{\infty}$ … **分母の最高次の項で分母・分子を割る。**（① と同じ）

④ **$\infty-\infty$ を含む** … 数列の一般項の ●－■ の部分について，

[1] ●と■の次数が異なれば最高次の項でくくり出す。（② と同じ）

[2] ●と■の次数が同じなら，**分母や分子の有理化をして，**$\dfrac{\infty}{\infty}$ の形を導き出す。あとは，③ と同じ。

[1] の例　$\displaystyle\lim_{n\to\infty}(\sqrt{2n-1}-n)=\lim_{n\to\infty}n\left(\sqrt{\frac{2}{n}-\frac{1}{n^2}}-1\right)=-\infty$

⇐ $\sqrt{2n-1}$ より n の方が次数が大きい。

[2] の例　$\displaystyle\lim_{n\to\infty}(\sqrt{n^2+2n-1}-n)=\lim_{n\to\infty}\frac{(\sqrt{n^2+2n-1}-n)(\sqrt{n^2+2n-1}+n)}{\sqrt{n^2+2n-1}+n}$

$$=\lim_{n\to\infty}\frac{2n-1}{\sqrt{n^2+2n-1}+n}=\lim_{n\to\infty}\frac{2-\dfrac{1}{n}}{\sqrt{1+\dfrac{2}{n}-\dfrac{1}{n^2}}+1}=1$$

⇐ $\infty-\infty$ の形がなくなった。

上の 2 つの例はどちらも形式的には $\infty-\infty$ の形だが，[2] の例について n でくくり出すと $\displaystyle\lim_{n\to\infty}n\left(\sqrt{1+\frac{2}{n}-\frac{1}{n^2}}-1\right)$ となり，$\infty\times 0$ の不定形となってしまう。

INFORMATION　発散するスピードの違いについて

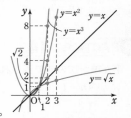

$n\longrightarrow\infty$ のとき，$\sqrt{n}$，n，n^2，n^3 はどれも正の無限大に発散する。しかし，無限大に発散するスピードには違いがあり，右図からわかるように，$\sqrt{n}$ より n の方が速く，n より n^2 の方が速く，n^2 より n^3 の方が速く，正の無限大に発散する（$p.162$ でも詳しく学習する）。一般に，正の無限大に発散する $n^●$ は，●の次数が大きいほど速く発散する。このことを背景に，式の形から極限を事前に予想してもよい。

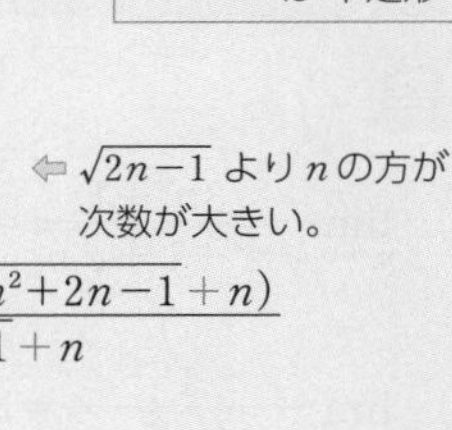

基本例題 13 (1)　n^2-n：n より n^2 の方が速く正の無限大に発散するから全体として正の無限大に発散。

基本 例題 15 数列の極限（不等式の利用）(1)

(1) 極限 $\displaystyle\lim_{n\to\infty}\frac{1}{n}\sin\frac{n\pi}{4}$ を求めよ。

(2) (ア) $h\geqq 0$ とする。n が正の整数のとき，二項定理を用いて不等式 $(1+h)^n\geqq 1+nh$ を証明せよ。

(イ) (ア)で示した不等式を用いて，$\displaystyle\lim_{n\to\infty}(1.001)^n=\infty$ を証明せよ。

p.33 基本事項 3，重要 20

CHART & SOLUTION

求めにくい極限 1 **はさみうちの原理を利用**

2 $a_n\leqq b_n$ **で** $a_n\longrightarrow\infty$ **ならば** $b_n\longrightarrow\infty$ ……❗

(1) $a_n\leqq\dfrac{1}{n}\sin\dfrac{n\pi}{4}\leqq b_n$ の形に変形して，はさみうちの原理を利用。その際，**かくれた条件 $-1\leqq\sin\theta\leqq 1$** を利用。

(2) 二項定理 $(a+b)^n={}_nC_0a^n+{}_nC_1a^{n-1}b+{}_nC_2a^{n-2}b^2+\cdots\cdots+{}_nC_nb^n$ において，$a=1$，$b=h$ を代入。

解答

❗ (1) $-1\leqq\sin\dfrac{n\pi}{4}\leqq 1$ より　$-\dfrac{1}{n}\leqq\dfrac{1}{n}\sin\dfrac{n\pi}{4}\leqq\dfrac{1}{n}$

⇐ 各辺に $\dfrac{1}{n}\ (>0)$ を掛ける。

ここで，$\displaystyle\lim_{n\to\infty}\left(-\frac{1}{n}\right)=0$，$\displaystyle\lim_{n\to\infty}\frac{1}{n}=0$ であるから

$$\lim_{n\to\infty}\frac{1}{n}\sin\frac{n\pi}{4}=\mathbf{0}$$

⇐ はさみうちの原理
$a_n\longrightarrow\alpha$，$b_n\longrightarrow\alpha$ のとき
$a_n\leqq c_n\leqq b_n$ ならば
$c_n\longrightarrow\alpha$

(2) (ア) 二項定理により

$$(1+h)^n=1+nh+\frac{n(n-1)}{2}h^2+\cdots\cdots+h^n$$

⇐ ＿＿＿ は 0 以上である。

$h\geqq 0$ であるから　$(1+h)^n\geqq 1+nh$

(イ) (ア)の結果において，$h=0.001$ とすると

$(1+0.001)^n\geqq 1+0.001n$

❗ $\displaystyle\lim_{n\to\infty}(1+0.001n)=\infty$ であるから　$\displaystyle\lim_{n\to\infty}(1.001)^n=\infty$

⇐ 2 の解法

POINT

$h\geqq 0$ **のとき**　$(1+h)^n\geqq 1+nh$

$(1+h)^n\geqq 1+nh+\dfrac{n(n-1)}{2}h^2$

PRACTICE 15②

(1) 極限 $\displaystyle\lim_{n\to\infty}\frac{1}{n+1}\cos\frac{n\pi}{3}$ を求めよ。

(2) 二項定理を用いて，$\displaystyle\lim_{n\to\infty}\frac{(1+h)^n}{n}=\infty$ を証明せよ。ただし，h は正の定数とする。

基本 例題 16 r^n を含む不定形の極限

第 n 項が次の式で表される数列の極限を求めよ。 〔(1) 湘南工科大〕

(1) $\dfrac{3^{n+1}-2^{n+1}}{3^n}$　(2) $\dfrac{4+2^{2n}}{3^n-2^n}$　(3) 2^n-3^n　(4) $\dfrac{3^n}{(-2)^n+1}$

p.33 基本事項 5

CHART & SOLUTION

不定形の極限　極限が求められる形に変形

これまでに学習した n の多項式・分数式の不定形の極限の式変形と同様に,

分数式の不定形 …… 分母の底の絶対値が最も大きい項で 分母・分子を割る

多項式の不定形 …… 底の絶対値が最も大きい項を くくり出す

●^{n}：底は●

の方針でいく。その際，変形のポイントは

$|r|<1$ のとき, $\lim\limits_{n\to\infty} r^n=0$

$r>1$ のとき $\lim\limits_{n\to\infty} r^n=\infty$ であるが, $\lim\limits_{n\to\infty}\dfrac{1}{r^n}=0$

$r<-1$ のとき $\{r^n\}$ の極限はないが, $\lim\limits_{n\to\infty}\dfrac{1}{r^n}=0$

（ともに, $|(\text{分母})|\longrightarrow\infty$）

(1) 分子が $\infty-\infty$ の不定形。分母の 3^n で分母・分子を割る。

(2) 分母が $\infty-\infty$ の不定形。分母の底の絶対値が大きい 3^n で分母・分子を割る。

(3) $\infty-\infty$ の不定形。底の絶対値が大きい 3^n をくくり出す。

(4) 分母が振動。分母・分子を $(-2)^n$ で割る。

解答

(1) $\dfrac{3^{n+1}-2^{n+1}}{3^n}=3-2\left(\dfrac{2}{3}\right)^n$

⇐ $\dfrac{3^{n+1}}{3^n}-\dfrac{2^{n+1}}{3^n}$

ここで, $\lim\limits_{n\to\infty}3=3$, $\lim\limits_{n\to\infty}\left(\dfrac{2}{3}\right)^n=0$ であるから

⇐ $\left|\dfrac{2}{3}\right|<1$

$$\lim_{n\to\infty}\frac{3^{n+1}-2^{n+1}}{3^n}=3-2\cdot0=\mathbf{3}$$

(2) $\lim\limits_{n\to\infty}\dfrac{4+2^{2n}}{3^n-2^n}=\lim\limits_{n\to\infty}\dfrac{4\left(\frac{1}{3}\right)^n+\left(\frac{4}{3}\right)^n}{1-\left(\frac{2}{3}\right)^n}=\boldsymbol{\infty}$

⇐ $\lim\limits_{n\to\infty}\left(\dfrac{1}{3}\right)^n=\lim\limits_{n\to\infty}\left(\dfrac{2}{3}\right)^n=0$
$\lim\limits_{n\to\infty}\left(\dfrac{4}{3}\right)^n=\infty$

(3) $\lim\limits_{n\to\infty}(2^n-3^n)=\lim\limits_{n\to\infty}3^n\left\{\left(\dfrac{2}{3}\right)^n-1\right\}=\boldsymbol{-\infty}$

⇐ $\lim\limits_{n\to\infty}3^n=\infty$
$\lim\limits_{n\to\infty}\left(\dfrac{2}{3}\right)^n=0$

(4) $\lim\limits_{n\to\infty}\dfrac{3^n}{(-2)^n+1}=\lim\limits_{n\to\infty}\dfrac{\left(-\frac{3}{2}\right)^n}{1+\left(-\frac{1}{2}\right)^n}$

$n\longrightarrow\infty$ のとき, $\left(-\dfrac{1}{2}\right)^n\longrightarrow0$ であり, 数列 $\left\{\left(-\dfrac{3}{2}\right)^n\right\}$ は振動する。よって, 数列 $\left\{\dfrac{3^n}{(-2)^n+1}\right\}$ は $n\longrightarrow\infty$ のとき振動するから **極限はない。**

⇐ $\left|-\dfrac{1}{2}\right|<1$, $-\dfrac{3}{2}<-1$

ピンポイント解説　無限等比数列について

無限等比数列 $\{r^n\}$ の極限について，r の値に応じて系統的に調べてみよう。

[1]　$r>1$ のとき

$r=1+h$ とおくと

$h>0,\ r^n=(1+h)^n$

基本例題 15 (2) (ア) と同様に　$(1+h)^n \geqq 1+nh$

$\lim_{n\to\infty}(1+nh)=\infty$ であるから　$\lim_{n\to\infty} r^n=\infty$

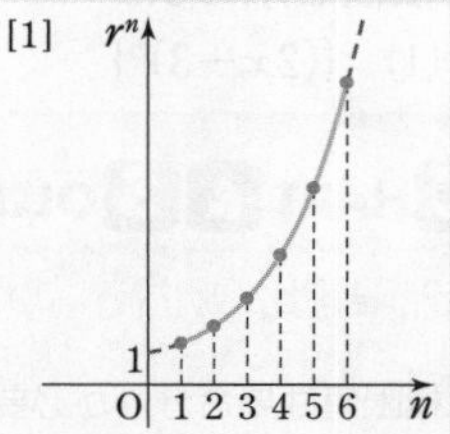

[2]　$r=1$ のとき

常に $r^n=1$ であるから　$\lim_{n\to\infty} r^n=1$

[3]　$0<r<1$ のとき

$r=\dfrac{1}{s}$ とおくと　$s>1,\ r^n=\dfrac{1}{s^n}$

[1] により，$\lim_{n\to\infty} s^n=\infty$ であるから　$\lim_{n\to\infty} r^n=\lim_{n\to\infty}\dfrac{1}{s^n}=0$

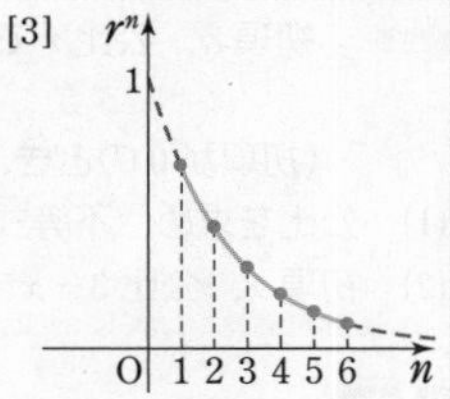

[4]　$r=0$ のとき

常に $r^n=0$ であるから　$\lim_{n\to\infty} r^n=0$

[5]　$-1<r<0$ のとき

$r=-s$ とおくと　$0<s<1,\ r^n=(-s)^n$

[3] から　$\lim_{n\to\infty} s^n=0$

よって　$\lim_{n\to\infty} r^n=\lim_{n\to\infty}(-s)^n=\lim_{n\to\infty}(-1)^n s^n=0$

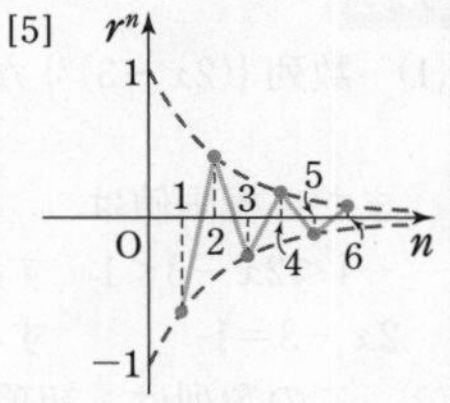

[6]　$r=-1$ のとき

$r^n=(-1)^n$ から，数列 $\{r^n\}$ は振動する。

すなわち，極限はない。

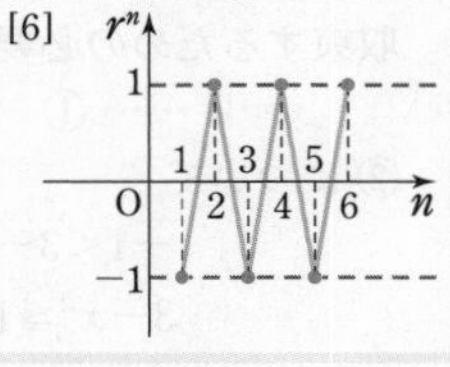

[7]　$r<-1$ のとき

$r=-s$ とおくと

$s>1,\ r^n=(-s)^n=(-1)^n s^n$

よって，r^n の符号は交互に変わり，[1] により，

$\lim_{n\to\infty} s^n=\infty$ であるから，数列 $\{r^n\}$ は振動する。

すなわち，極限はない。

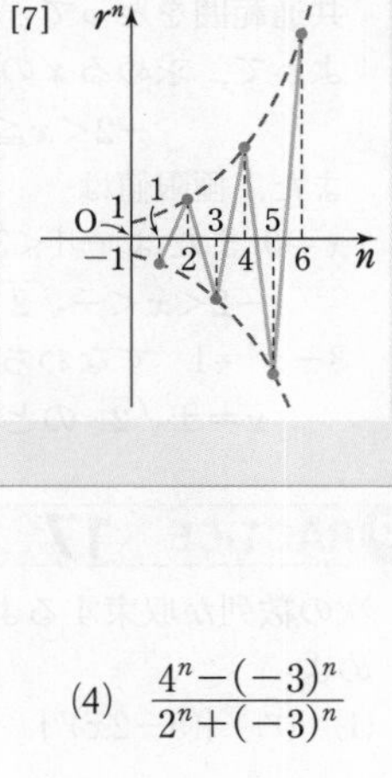

以上は，次のように 4 つの場合にまとめることができる。

数列 $\{r^n\}$ の極限

$r>1$　のとき	$\lim_{n\to\infty} r^n=\infty$	
$r=1$　のとき	$\lim_{n\to\infty} r^n=1$	$-1<r\leqq 1$ のとき収束する
$\|r\|<1$　のとき	$\lim_{n\to\infty} r^n=0$	
$r\leqq -1$ のとき	振動する（極限はない）	

PRACTICE 16②

第 n 項が次の式で表される数列の極限を求めよ。

(1) $\dfrac{5^n-10^n}{3^{2n}}$　(2) $\dfrac{3^{n-1}+4^{n+1}}{3^n-4^n}$　(3) $\dfrac{3^{n+1}+5^{n+1}+7^{n+1}}{3^n+5^n+7^n}$　(4) $\dfrac{4^n-(-3)^n}{2^n+(-3)^n}$

基本 例題 17 無限等比数列の収束条件

次の数列が収束するような実数 x の値の範囲を求めよ。また，そのときの極限値を求めよ。

(1) $\{(2x-3)^n\}$　　(2) $\{x(3-x^2)^{n-1}\}$

p.33 基本事項 5

CHART & SOLUTION

無限等比数列 $\{r^n\}$ が収束 $\iff$ $-1<r\leqq 1$

極限値は場合分けが必要 …… $\begin{cases} -1<r<1 \text{ のとき } r^n \longrightarrow 0 \\ r=1 \text{ のとき } r^n \longrightarrow 1 \end{cases}$

注意　初項 a，公比 r である無限等比数列 $\{ar^{n-1}\}$ の収束条件は，

$a=0$ または $-1<r\leqq 1$ である。

（初項が 0 のとき，数列は 0，0，…… となり，0 に収束する。）

(1) 公比を求め，不等式 $-1<$(公比)$\leqq 1$ を解く。

(2) 初項 x，公比 $3-x^2$ の無限等比数列である。初項の条件に注意。

解答

(1) 数列 $\{(2x-3)^n\}$ が収束するための必要十分条件は

$-1<2x-3\leqq 1$ すなわち $\mathbf{1<x\leqq 2}$

また，極限値は

$-1<2x-3<1$ すなわち $\mathbf{1<x<2}$ のとき $\mathbf{0}$

$2x-3=1$ すなわち $\mathbf{x=2}$ のとき $\mathbf{1}$

⇦ 公比は $2x-3$

⇦ $2<2x\leqq 4$
右の不等号 $\leqq$ に注意。

⇦ $-1<$(公比)<1

⇦ (公比)$=1$

(2) この数列は，初項 x，公比 $3-x^2$ の等比数列であるから，収束するための必要十分条件は

$x=0$ …… ①　または　$-1<3-x^2\leqq 1$ …… ②

② について

$-1<3-x^2$ から　$-2<x<2$

$3-x^2\leqq 1$ から　$x\leqq -\sqrt{2}$，$\sqrt{2}\leqq x$

共通範囲をとって　$-2<x\leqq -\sqrt{2}$，$\sqrt{2}\leqq x<2$

よって，求める x の値の範囲は，① との和集合で

$\mathbf{-2<x\leqq -\sqrt{2},\ x=0,\ \sqrt{2}\leqq x<2}$

また，極限値は

$x=0$ または $-1<3-x^2<1$ すなわち

$\mathbf{-2<x<-\sqrt{2},\ x=0,\ \sqrt{2}<x<2}$ のとき $\mathbf{0}$

$3-x^2=1$ すなわち

$\mathbf{x=\pm\sqrt{2}}$ のとき $\mathbf{\pm\sqrt{2}}$ （複号同順）

⇦ $A<B\leqq C \iff \begin{cases} A<B \\ B\leqq C \end{cases}$

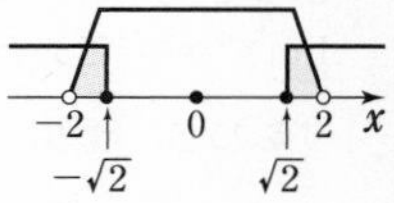

⇦ 数列 $\{ar^{n-1}\}$ の極限値は $a=0$ または $-1<r<1$ のとき 0，$r=1$ のとき a

⇦ $x=\pm\sqrt{2}$ のとき，初項 $\pm\sqrt{2}$，公比 1 の等比数列。

PRACTICE 17②

次の数列が収束するような実数 x の値の範囲を求めよ。また，そのときの極限値を求めよ。

(1) (ア) $\{(5-2x)^n\}$　(イ) $\{(x^2+x-1)^n\}$　(2) $\{x(x^2-2x)^{n-1}\}$

基本例題 18 $\{r^n\}$ の極限（r の値で場合分け）

$r \neq -1$ のとき，極限 $\lim_{n\to\infty}\dfrac{r^n-1}{r^n+1}$ を求めよ。

p. 33 基本事項 5，基本 16

CHART & SOLUTION

r^n を含む数列の極限　$r=\pm1$ が場合の分かれ目

r^n の極限は，r の値により異なるから **場合分け** して考える。
$\{r^n\}$ が収束する，すなわち，$|r|<1$ や $r=1$ のときは，与式のまま極限を考えることができる。
$|r|>1$ のとき，$\{r^n\}$ は収束しないが，$\left|\dfrac{1}{r}\right|<1$ から $\left\{\left(\dfrac{1}{r}\right)^n\right\}$ が収束することを利用する。基本例題 16 と同様に，**分母・分子を r^n で割って** から極限を考える。

解答

$|r|<1$ のとき　$\lim_{n\to\infty} r^n=0$

よって　$\lim_{n\to\infty}\dfrac{r^n-1}{r^n+1}=\dfrac{0-1}{0+1}=\mathbf{-1}$

$r=1$ のとき　$r^n=1$　よって　$\lim_{n\to\infty}\dfrac{r^n-1}{r^n+1}=\dfrac{1-1}{1+1}=\mathbf{0}$

$|r|>1$ のとき　$\left|\dfrac{1}{r}\right|<1$　ゆえに　$\lim_{n\to\infty}\left(\dfrac{1}{r}\right)^n=0$

よって　$\lim_{n\to\infty}\dfrac{r^n-1}{r^n+1}=\lim_{n\to\infty}\dfrac{1-\left(\dfrac{1}{r}\right)^n}{1+\left(\dfrac{1}{r}\right)^n}=\dfrac{1-0}{1+0}=\mathbf{1}$

inf. $r=-1$ のとき，n が奇数ならば $r^n=-1$ であるから，(分母)$=0$ となり $\dfrac{r^n-1}{r^n+1}$ が定義されない。

⇐ 分母・分子を r^n で割る。

INFORMATION　r^n の極限

この例題からわかるように，r^n を含む式の極限は，$r=\pm1$ を場合の分かれ目として場合分けして考えるのがポイントである。また，$|r|>1$ のとき，$\{r^n\}$ は収束しないが，$\left\{\left(\dfrac{1}{r}\right)^n\right\}$ が収束することは重要である。式変形の方法とともに覚えておこう。

なお，この例題では考える必要がなかったが，$r=-1$ のときは，$\{(-1)^n\}$，$\left\{\left(\dfrac{1}{-1}\right)^n\right\}$ はいずれも収束しない$\left(r=-1 \text{ のとき，} \dfrac{1}{r}=\dfrac{1}{-1}=-1 \text{ である}\right)$。ただし，$\{(-1)^{2n}\}$ は，$(-1)^{2n}=\{(-1)^2\}^n=1^n=1$ から，1 に収束する (PRACTICE 18 (2) 参照)。

PRACTICE 18[2]

(1) $r>-1$ のとき，極限 $\lim_{n\to\infty}\dfrac{r^n}{2+r^{n+1}}$ を求めよ。

(2) r は実数とするとき，極限 $\lim_{n\to\infty}\dfrac{r^{2n+1}}{2+r^{2n}}$ を求めよ。

基本 例題 19 漸化式（隣接 2 項間）と極限

次の条件によって定められる数列 $\{a_n\}$ の極限を求めよ。

$$a_1=1,\ a_{n+1}=\frac{2}{3}a_n+1$$

p.33 基本事項 5，数学B基本 30，重要 21, 23

CHART & SOLUTION

漸化式と数列の極限　一般項 a_n を n で表し，その極限を求める

数列が漸化式で定められているので，一般項を求めてからその極限を求める。
隣接 2 項間の漸化式であるから，a_{n+1}，a_n を α とおいた特性方程式 $\alpha=\frac{2}{3}\alpha+1$ の解を利用して，漸化式を $a_{n+1}-\alpha=\frac{2}{3}(a_n-\alpha)$ と変形する。このとき，数列 $\{a_n-\alpha\}$ は公比 $\frac{2}{3}$ の等比数列である。

解答

与えられた漸化式を変形すると　$a_{n+1}-3=\frac{2}{3}(a_n-3)$

また　$a_1-3=1-3=-2$

よって，数列 $\{a_n-3\}$ は，初項 -2，公比 $\frac{2}{3}$ の等比数列であるから　$a_n-3=(-2)\cdot\left(\frac{2}{3}\right)^{n-1}$

ゆえに　$a_n=3-2\left(\frac{2}{3}\right)^{n-1}$

ここで，$\lim_{n\to\infty}\left(\frac{2}{3}\right)^{n-1}=0$ であるから

$$\lim_{n\to\infty}a_n=\lim_{n\to\infty}\left\{3-2\left(\frac{2}{3}\right)^{n-1}\right\}=3$$

⇐ 特性方程式 $\alpha=\frac{2}{3}\alpha+1$ から　$\alpha=3$

⇐ $\left|\frac{2}{3}\right|<1$

inf.　2 項間漸化式 $a_{n+1}=pa_n+q$ $(p\neq1,\ q\neq0)$ …… ① から一般項を求める方法に，次のように階差数列の考えを利用する方法もある。

① で n の代わりに $n+1$ とおくと　$a_{n+2}=pa_{n+1}+q$ …… ②

②－① から　$a_{n+2}-a_{n+1}=p(a_{n+1}-a_n)$

ここで，$a_{n+1}-a_n=b_n$ とおくと，数列 $\{b_n\}$ は数列 $\{a_n\}$ の階差数列で，$b_{n+1}=pb_n$，$b_1=a_2-a_1$ から　$b_n=b_1\cdot p^{n-1}=(a_2-a_1)p^{n-1}$

よって，$n\geqq2$ のとき　$a_n=a_1+\sum_{k=1}^{n-1}b_k=a_1+(a_2-a_1)\sum_{k=1}^{n-1}p^{k-1}$

⇐ 詳しくは，新課程チャート式解法と演習数学B基本例題 30 の 別解 参照。

PRACTICE 19[2]

次の条件によって定められる数列 $\{a_n\}$ の極限を求めよ。

(1)　$a_1=1,\ a_{n+1}=-\frac{4}{5}a_n-\frac{18}{5}$　　(2)　$a_1=1,\ a_{n+1}=\frac{3}{2}a_n+\frac{1}{2}$

ズームUP 数列の極限

数列の極限について，これまで学んだ解法のポイントをまとめましょう。

数列の極限の求め方

1 極限が求められる形に変形 ← 基本例題 13，14 など

2 はさみうちの原理を利用 ← 基本例題 15

1 は，**不定形**$\left(\infty-\infty,\ \dfrac{\infty}{\infty}\text{ など}\right)$を**解消する** ために利用した。

2 は，上記以外で **極限を直接求めにくい場合** に利用した。

基本例題 19 のように，数列が漸化式で定められている場合でも，一般項を求めてから同じように考えればよい。また，後で学ぶ重要例題 22 のように，一般項を n の式で表すことが難しいときでも，2 の「はさみうちの原理」を利用して極限を求められる場合もある。

漸化式で極限をとると？

数列 $\{a_n\}$ が極限値 α に収束する，すなわち $\lim\limits_{n\to\infty} a_n=\alpha$ のとき，$\lim\limits_{n\to\infty} a_{n+1}=\alpha$ も成り立つ。したがって，基本例題 19 の漸化式において両辺，$n\longrightarrow\infty$ とした極限をとると

$$\lim_{n\to\infty} a_{n+1}=\lim_{n\to\infty}\left(\frac{2}{3}a_n+1\right) \text{ から } \quad \alpha=\frac{2}{3}\alpha+1 \quad (\leftarrow \text{特性方程式})$$

これを解くと，$\alpha=3$ となり，極限値と一致する。しかし，これは「極限値が存在するならば，その値は 3」ということであり，それが極限値として確かに存在することは保証されていないので，解答のように数列 $\{a_n\}$ の収束を調べることが必要になる。

PRACTICE 19 (2) の漸化式 $a_{n+1}=\dfrac{3}{2}a_n+\dfrac{1}{2}$ で，形式的に $n\longrightarrow\infty$ のとき $a_n\longrightarrow\alpha$ とすると，$\alpha=\dfrac{3}{2}\alpha+\dfrac{1}{2}$ から，$\alpha=-1$ となります。ところが，$a_1=1$ と漸化式から $a_n>0$ は明らかであり，極限が負の値であることは誤りであることがわかります。

極限をグラフで考える

基本例題 19 において，点 $(a_n,\ a_{n+1})$ は直線

$y=\dfrac{2}{3}x+1$ …① 上にある。更に，直線 $y=x$ …②

を考えて，まず点 $(a_1,\ a_1)$ からそのまま真上に移動すると直線 ① 上の最初の点 $(a_1,\ a_2)$ に到達する。そこから矢印に従って右へ移動すると直線 ② 上の点 $(a_2,\ a_2)$ へ，更に，そのまま真上に移動すると直線 ① 上の次の点 $(a_2,\ a_3)$ へ到達する。これを繰り返すと，右図のように，点 $(a_n,\ a_{n+1})$ はある点に近づいていくことがわかる。この点は直線 ① と直線 ② の交点 (3，3) である。これは，数列 $\{a_n\}$ の極限が 3 であることを示している。

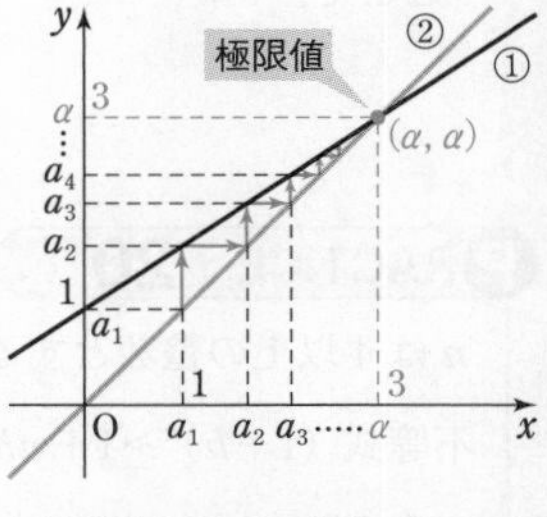

重要 例題 20　数列の極限（不等式の利用）(2)

n を正の整数とする。また，$x \geqq 0$ とする。　〔類　京都産大〕

(1) 不等式 $(1+x)^n \geqq 1+nx+\dfrac{n(n-1)}{2}x^2$ を用いて，$1+\sqrt{\dfrac{2}{n}}>n^{\frac{1}{n}}$ が成り立つことを証明せよ。

(2) $\displaystyle\lim_{n\to\infty} n^{\frac{1}{n}}$ の値を求めよ。

基本 15

CHART & THINKING

求めにくい極限　はさみうちの原理を利用 ……❗

(1) 与えられた不等式において $x=\sqrt{\dfrac{2}{n}}$ とおき

$a>0$，$b>0$，$n>0$ のとき　$a^n>b^n \iff a>b$　を利用。

(2) $n \longrightarrow \infty$ のとき，$n^{\frac{1}{n}}$ は ∞^0 の不定形となる（∞^0 も不定形の 1 つである）。

$n^{\frac{1}{n}}$ の極限は，直接は求めにくいから，はさみうちの原理を利用する。

そのために，$n^{\frac{1}{n}}$ をはさむ不等式をどのようにつくればよいか考えよう。(1) の結果から右側の不等式はつくれそうである。左側はどのようにすればよいだろうか？　不等式の左側の式，右側の式の極限が同じ極限値になるようにはさむことがポイントである。

解答

(1) $(1+x)^n \geqq 1+nx+\dfrac{n(n-1)}{2}x^2$ において $x=\sqrt{\dfrac{2}{n}}$ とおくと　$\left(1+\sqrt{\dfrac{2}{n}}\right)^n \geqq 1+\sqrt{2n}+(n-1)=n+\sqrt{2n}>n$

$1+\sqrt{\dfrac{2}{n}}>0$，$n>0$ であるから　$1+\sqrt{\dfrac{2}{n}}>n^{\frac{1}{n}}$

(2) $n \geqq 1$ であるから　$n^{\frac{1}{n}} \geqq 1^{\frac{1}{n}}=1$

❗ これと，(1) から　$1 \leqq n^{\frac{1}{n}}<1+\sqrt{\dfrac{2}{n}}$

ここで，$\displaystyle\lim_{n\to\infty}\left(1+\sqrt{\dfrac{2}{n}}\right)=1$ であるから

$$\lim_{n\to\infty} n^{\frac{1}{n}}=\mathbf{1}$$

inf. 与えられた不等式は二項定理から得られる。($p.37$ 参照)

⇐ **$a>0$，$b>0$，$n>0$ のとき** $a^n>b^n \iff a>b$

⇐ $a_n \leqq c_n < b_n$ でも，はさみうちの原理は使える。

⇐ $\displaystyle\lim_{n\to\infty}\sqrt{\dfrac{2}{n}}=0$

PRACTICE 20③

n は 4 以上の整数とする。

不等式 $(1+h)^n>1+nh+\dfrac{n(n-1)}{2}h^2+\dfrac{n(n-1)(n-2)}{6}h^3$ $(h>0)$ を用いて，次の極限を求めよ。

(1) $\displaystyle\lim_{n\to\infty}\dfrac{2^n}{n}$　　(2) $\displaystyle\lim_{n\to\infty}\dfrac{n^2}{2^n}$

重要 例題 21 漸化式（分数型）と極限

$a_1=3,\ a_{n+1}=\dfrac{3a_n-4}{a_n-1}\ (n\geqq 1)$ で定められる数列 $\{a_n\}$ について

(1) $b_n=a_n-2$ とおくとき，b_{n+1} を b_n で表せ。

(2) 第 n 項 a_n を n の式で表せ。

(3) $\{a_n\}$ の極限を求めよ。　〔類　東京女子大〕

基本 19

CHART & SOLUTION

分数式で表される漸化式　逆数を利用 ……!

(1)の誘導に従うと $b_{n+1}=\dfrac{b_n}{pb_n+q}$ の形の漸化式が導かれる。このタイプの漸化式は，$b_n\neq 0$ のとき，両辺の逆数をとると，$\dfrac{1}{b_{n+1}}=q\cdot\dfrac{1}{b_n}+p$ となる。更に，$\dfrac{1}{b_n}=c_n$ とおき換えれば，$c_{n+1}=qc_n+p$ の形になり，一般項を求めることができる。

解答

(1) $b_n=a_n-2$ とおくと　$a_n=b_n+2$

$a_{n+1}=\dfrac{3a_n-4}{a_n-1}$ に代入すると

$$b_{n+1}+2=\frac{3(b_n+2)-4}{(b_n+2)-1}=\frac{3b_n+2}{b_n+1}$$

よって　$b_{n+1}=\dfrac{3b_n+2}{b_n+1}-2=\boldsymbol{\dfrac{b_n}{b_n+1}}$ ……①

(2) $b_1=a_1-2=1>0$ であるから，① より　$b_n>0\ (n\geqq 1)$

! よって，① の両辺の逆数をとると　$\dfrac{1}{b_{n+1}}=\dfrac{1}{b_n}+1$

ここで，$\dfrac{1}{b_n}=c_n$ とおくと　$c_{n+1}=c_n+1,\ c_1=\dfrac{1}{b_1}=1$

ゆえに，数列 $\{c_n\}$ は，初項 1，公差 1 の等差数列であるから　$c_n=1+(n-1)\cdot 1=n$　よって　$b_n=\dfrac{1}{c_n}=\dfrac{1}{n}$

したがって　$a_n-2=\dfrac{1}{n}$　すなわち　$\boldsymbol{a_n=\dfrac{1}{n}+2}$

(3) (2) から　$\displaystyle\lim_{n\to\infty}a_n=\lim_{n\to\infty}\left(\frac{1}{n}+2\right)=\boldsymbol{2}$

別解 (1) $a_{n+1}-2$
$=\dfrac{3a_n-4}{a_n-1}-2$
$=\dfrac{3a_n-4-2(a_n-1)}{a_n-1}$
$=\dfrac{a_n-2}{(a_n-2)+1}$
よって　$\boldsymbol{b_{n+1}=\dfrac{b_n}{b_n+1}}$

inf. $\displaystyle\lim_{n\to\infty}a_n=\alpha$ と仮定すると，$\displaystyle\lim_{n\to\infty}a_{n+1}=\alpha$ であるから，漸化式の両辺で $n\longrightarrow\infty$ とすると
$\alpha=\dfrac{3\alpha-4}{\alpha-1}$
これから　$\alpha^2-4\alpha+4=0$
$(\alpha-2)^2=0$　ゆえに　$\alpha=2$
これが，(1)の $b_n=a_n-2$ とおく根拠となっている。

PRACTICE 21④

$a_1=2,\ a_{n+1}=\dfrac{5a_n-6}{2a_n-3}\ (n=1,\ 2,\ 3,\ \cdots\cdots)$ で定められる数列 $\{a_n\}$ について

(1) $b_n=\dfrac{a_n-1}{a_n-3}$ とおくとき，数列 $\{b_n\}$ の一般項を求めよ。

(2) 一般項 a_n と極限 $\displaystyle\lim_{n\to\infty}a_n$ を求めよ。

重要 例題 22 漸化式と極限（はさみうち）

$0<a_1<3$, $a_{n+1}=1+\sqrt{1+a_n}$ $(n=1,\ 2,\ 3,\ \cdots\cdots)$ によって定められる数列 $\{a_n\}$ について，次の (1), (2), (3) を示せ。 ［類 神戸大］

(1) $0<a_n<3$　(2) $3-a_{n+1}<\dfrac{1}{3}(3-a_n)$　(3) $\displaystyle\lim_{n\to\infty}a_n=3$

p.33 基本事項 3，基本 15

CHART & THINKING

求めにくい極限　はさみうちの原理を利用 ……❶

漸化式を変形して，一般項 a_n を n の式で表すのは難しい。小問ごとに，どのような方針をとればよいのか考えてみよう。

(1) すべての自然数 n についての成立を示すから，**数学的帰納法** を利用。そのために，何を仮定すればよいだろうか？

(2) (1) の結果を利用。与えられた漸化式をどのように使えばよいか考えてみよう。

(3) (1), (2) で示した不等式を利用し，**はさみうちの原理** を用いる。数列 $\{3-a_n\}$ の極限を求めればよい。

はさみうちの原理　すべての自然数 n について　$a_n \leqq c_n \leqq b_n$ のとき

$\displaystyle\lim_{n\to\infty}a_n=\lim_{n\to\infty}b_n=\alpha$　ならば　$\displaystyle\lim_{n\to\infty}c_n=\alpha$

(2) の不等式は繰り返し用いる。どのように利用すればよいか考えてみよう。

解答

(1) $0<a_n<3$ …… ① とする。 ⇐ 数学的帰納法で示す。

[1] $n=1$ のとき，条件から $0<a_1<3$ が成り立つ。

[2] $n=k$ のとき，① が成り立つと仮定すると

$0<a_k<3$

$n=k+1$ のとき

$3-a_{k+1}=3-(1+\sqrt{1+a_k})=2-\sqrt{1+a_k}$

⇐ $n=k+1$ のときも $0<a_{k+1}<3$ すなわち $0<a_{k+1}$ かつ $a_{k+1}<3$ が成り立つことを示す。

ここで，$0<a_k<3$ の仮定から　$1<1+a_k<4$

ゆえに　$1<\sqrt{1+a_k}<2$

よって，$2-\sqrt{1+a_k}>0$ であるから

$3-a_{k+1}>0$　すなわち　$a_{k+1}<3$

また，漸化式の形から明らかに　$0<a_{k+1}$

ゆえに，$0<a_{k+1}<3$ となり，$n=k+1$ のときにも ① は成り立つ。

[1], [2] から，すべての自然数 n に対して ① が成り立つ。

(2) $3-a_{n+1}=3-(1+\sqrt{1+a_n})=2-\sqrt{1+a_n}$ ⇐ 漸化式から。

$=\dfrac{(2-\sqrt{1+a_n})(2+\sqrt{1+a_n})}{2+\sqrt{1+a_n}}=\dfrac{4-(1+a_n)}{2+\sqrt{1+a_n}}$ ⇐ 分子を有理化。

$=\dfrac{1}{2+\sqrt{1+a_n}}(3-a_n)$ …… ② ⇐ $3-a_{n+1}$ と同形の $3-a_n$ が現れる。

ここで，(1)の結果より，$2+\sqrt{1+a_n}>3$ であるから

$$\frac{1}{2+\sqrt{1+a_n}}<\frac{1}{3} \quad \cdots\cdots ③$$

②，③から　$3-a_{n+1}<\frac{1}{3}(3-a_n)$

(3) (1)，(2)の結果から，$n\geqq 2$ のとき

$$0<3-a_n<\frac{1}{3}(3-a_{n-1})<\left(\frac{1}{3}\right)^2(3-a_{n-2})<\cdots\cdots$$
$$<\left(\frac{1}{3}\right)^{n-1}(3-a_1)$$

よって　$0<3-a_n<\left(\frac{1}{3}\right)^{n-1}(3-a_1)$

ここで，$\lim_{n\to\infty}\left(\frac{1}{3}\right)^{n-1}(3-a_1)=0$ であるから

$$\lim_{n\to\infty}(3-a_n)=0$$

したがって　$\lim_{n\to\infty}a_n=3$

⇦ $a_n>0$ から $\sqrt{1+a_n}>1$

⇦ $a>b>0$ のとき $\frac{1}{a}<\frac{1}{b}$

⇦ $3-a_{n-1}<\frac{1}{3}(3-a_{n-2})$
$3-a_{n-2}<\frac{1}{3}(3-a_{n-3})$
………
$3-a_2<\frac{1}{3}(3-a_1)$
を順に代入していく。

⇦ はさみうちの原理

INFORMATION　複雑な漸化式で定められた数列の極限

$a_{n+1}=1+\sqrt{1+a_n}$，$0<a_1<3$ で定義される数列 $\{a_n\}$ について，$\lim_{n\to\infty}a_n=\alpha$ であると仮定すると，$\lim_{n\to\infty}a_{n+1}=\alpha$ であることから，$\alpha=1+\sqrt{1+\alpha}$ が成り立つ。

これから，$\alpha-1=\sqrt{1+\alpha}$ であり，この式の両辺を 2 乗して整理すると　$\alpha^2-3\alpha=0$

ゆえに，$\alpha(\alpha-3)=0$，$\alpha>0$ から，$\alpha=3$ であると予想できる。

これを $p.43$ のズーム UP のようにグラフで確認してみると，右の図のように極限値が 3 となることが確かめられる。

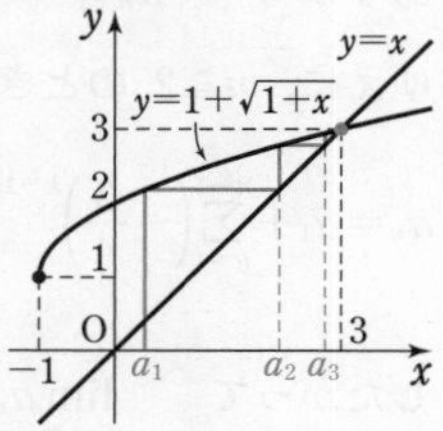

なお，この無理式で与えられた漸化式から一般項 a_n を求め，直接 $\lim_{n\to\infty}a_n=3$ であることを示すことは難しいので，$\lim_{n\to\infty}(3-a_n)=0$ を示そうとして(2)の誘導の不等式が与えられているのである。

PRACTICE 22④

$a_1=a$ $(0<a<1)$，$a_{n+1}=-\frac{1}{2}a_n{}^3+\frac{3}{2}a_n$ $(n=1,\ 2,\ 3,\ \cdots\cdots)$ によって定められる数列 $\{a_n\}$ について，次の(1)，(2)を示せ。また，(3)を求めよ。

(1) $0<a_n<1$

(2) $r=\frac{1-a_2}{1-a_1}$ のとき　$1-a_{n+1}\leqq r(1-a_n)$ $(n=1,\ 2,\ 3,\ \cdots\cdots)$

(3) $\lim_{n\to\infty}a_n$

［鳥取大］

重要 例題 23 漸化式(隣接3項間)と極限

次の条件によって定められる数列$\{a_n\}$の極限を求めよ。

$$a_1=0,\ a_2=1,\ a_{n+2}=\frac{1}{4}(a_{n+1}+3a_n)\quad (n=1,\ 2,\ 3,\ \cdots\cdots)$$

基本19，数学B重要41

CHART & THINKING

隣接3項間の漸化式であるから，一般項a_nを求められないか考えてみよう。
隣接3項間の漸化式は，どのように解けばよかっただろうか？
⟶ a_{n+2}をx^2，a_{n+1}をx，a_nを1におき換えたxの2次方程式(特性方程式)の2解をα，βとすると　$\boldsymbol{a_{n+2}-\alpha a_{n+1}=\beta(a_{n+1}-\alpha a_n)}$
これを利用しよう。一般項a_nをnで表したら，その極限を求めればよい。……❗

解答

漸化式は $a_{n+2}-a_{n+1}=-\frac{3}{4}(a_{n+1}-a_n)$ と変形できる。

また　$a_2-a_1=1-0=1$

よって，数列$\{a_{n+1}-a_n\}$は初項1，公比$-\frac{3}{4}$の等比数列であるから　$a_{n+1}-a_n=\left(-\frac{3}{4}\right)^{n-1}$

ゆえに，$n\geqq 2$ のとき

$$a_n=a_1+\sum_{k=1}^{n-1}\left(-\frac{3}{4}\right)^{k-1}=0+\frac{1-\left(-\frac{3}{4}\right)^{n-1}}{1-\left(-\frac{3}{4}\right)}=\frac{4}{7}\left\{1-\left(-\frac{3}{4}\right)^{n-1}\right\}$$

❗ したがって　$\lim_{n\to\infty}a_n=\lim_{n\to\infty}\frac{4}{7}\left\{1-\left(-\frac{3}{4}\right)^{n-1}\right\}=\boldsymbol{\frac{4}{7}}$

注意　この問題のように，単に数列$\{a_n\}$の極限を求めるときは，$n\geqq 2$ のときだけを考えてかまわない。つまり，$n=1$ のときの確認は必要ない。

別解　与えられた漸化式を変形して

$$a_{n+2}-a_{n+1}=-\frac{3}{4}(a_{n+1}-a_n),\quad a_{n+2}+\frac{3}{4}a_{n+1}=a_{n+1}+\frac{3}{4}a_n$$

ゆえに　$a_{n+1}-a_n=\left(-\frac{3}{4}\right)^{n-1}$，$a_{n+1}+\frac{3}{4}a_n=a_2+\frac{3}{4}a_1=1$

辺々引いて　$-\frac{7}{4}a_n=\left(-\frac{3}{4}\right)^{n-1}-1$

よって　$a_n=\frac{4}{7}\left\{1-\left(-\frac{3}{4}\right)^{n-1}\right\}$　ゆえに　$\lim_{n\to\infty}a_n=\boldsymbol{\frac{4}{7}}$

⇐ $x^2=\frac{1}{4}(x+3)$ を解くと
$4x^2=x+3$
$4x^2-x-3=0$
$(x-1)(4x+3)=0$
よって　$x=1,\ -\frac{3}{4}$
$\alpha=1$，$\beta=-\frac{3}{4}$ として変形。

⇐ 数列$\{a_n\}$の階差数列$\{b_n\}$がわかれば，$n\geqq 2$ のとき　$a_n=a_1+\sum_{k=1}^{n-1}b_k$

⇐「極限を求める」とは，$n\longrightarrow\infty$ の場合を考えることである。

⇐ 2番目の式は，上のCHART & THINKINGの式に $\alpha=-\frac{3}{4}$，$\beta=1$ を代入して得られる。

⇐ a_{n+1}を消去。

PRACTICE 23③

次の条件によって定められる数列$\{a_n\}$の極限を求めよ。

$$a_1=1,\ a_2=3,\ 4a_{n+2}=5a_{n+1}-a_n\quad (n=1,\ 2,\ 3,\ \cdots\cdots)$$

重要 例題 24 図形に関する漸化式と極限

図のような1辺の長さ a の正三角形ABCにおいて，頂点Aから辺BCに下ろした垂線の足を P_1 とする。P_1 から辺ABに下ろした垂線の足を Q_1，Q_1 から辺CAへの垂線の足を R_1，R_1 から辺BCへの垂線の足を P_2 とする。このような操作を繰り返すと，辺BC上に点 P_1，P_2，……，P_n，…… が定まる。このとき，P_n が近づいていく点を求めよ。

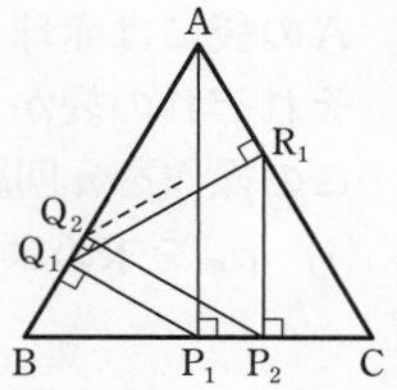

基本19，数学B基本36

CHART & SOLUTION

図形と極限　**n 番目と $(n+1)$ 番目の関係を調べて漸化式を作る**

$BP_n=x_n$ として，BP_{n+1}（すなわち x_{n+1}）を x_n で表す。直角三角形の辺の比を利用して進める。

解答

$BP_n=x_n$ とする。

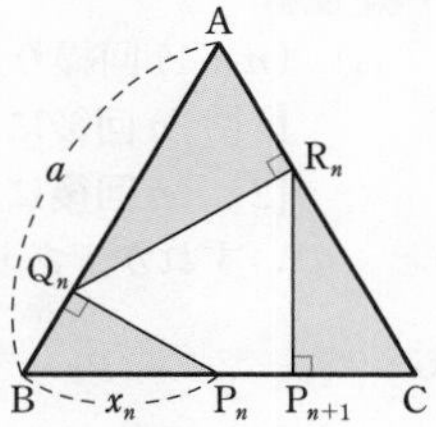

$$BQ_n=\frac{1}{2}BP_n=\frac{1}{2}x_n,\quad AR_n=\frac{1}{2}AQ_n=\frac{1}{2}\left(a-\frac{1}{2}x_n\right),$$

$$CR_n=CA-AR_n=a-\frac{1}{2}\left(a-\frac{1}{2}x_n\right)=\frac{a}{2}+\frac{1}{4}x_n,$$

$$CP_{n+1}=\frac{1}{2}CR_n=\frac{1}{2}\left(\frac{a}{2}+\frac{1}{4}x_n\right)=\frac{a}{4}+\frac{1}{8}x_n,$$

$$BP_{n+1}=BC-CP_{n+1}=a-\left(\frac{a}{4}+\frac{1}{8}x_n\right)=\frac{3}{4}a-\frac{1}{8}x_n$$

ゆえに　$x_{n+1}=-\frac{1}{8}x_n+\frac{3}{4}a$　　変形すると　$x_{n+1}-\frac{2}{3}a=-\frac{1}{8}\left(x_n-\frac{2}{3}a\right)$

↑ $\alpha=-\frac{1}{8}\alpha+\frac{3}{4}a$ の解は $\alpha=\frac{2}{3}a$

よって，数列 $\left\{x_n-\frac{2}{3}a\right\}$ は初項 $x_1-\frac{2}{3}a$，

公比 $-\frac{1}{8}$ の等比数列であり　$x_n-\frac{2}{3}a=\left(-\frac{1}{8}\right)^{n-1}\left(x_1-\frac{2}{3}a\right)$

ゆえに　$x_n=\left(-\frac{1}{8}\right)^{n-1}\left(x_1-\frac{2}{3}a\right)+\frac{2}{3}a$　　よって　$\lim_{n\to\infty}x_n=\frac{2}{3}a$

したがって，P_n が近づいていく点は **辺BCを2：1に内分する点** である。

PRACTICE 24④

1辺の長さが1である正三角形ABCの辺BC上に点 A_1 をとる。A_1 から辺ABに垂線 A_1C_1 を引き，点 C_1 から辺ACに垂線 C_1B_1 を引き，更に点 B_1 から辺BCに垂線 B_1A_2 を引く。これを繰り返し，辺BC上に点 A_1，A_2，……，A_n，……，辺AB上に点 C_1，C_2，……，C_n，……，辺AC上に点 B_1，B_2，……，B_n，…… をとる。このとき，$BA_n=x_n$ とする。

(1)　x_n，x_{n+1} が満たす漸化式を求めよ。　(2)　極限 $\lim_{n\to\infty}x_n$ を求めよ。

重要 例題 25 確率に関する漸化式と極限

Aの袋には赤球1個と黒球3個が，Bの袋には黒球だけが5個入っている。それぞれの袋から同時に1個ずつ球を取り出して入れ替える操作を繰り返す。この操作をn回繰り返した後にAの袋に赤球が入っている確率をa_nとする。

(1) a_nを求めよ。　　(2) $\lim_{n\to\infty} a_n$を求めよ。　〔類 名城大〕

基本19，重要24，数学B基本37

CHART & SOLUTION

確率の極限　n回後と$(n+1)$回後から漸化式を作る ……❶

n回後に，どちらに赤球があるかで場合分けして考える(右図参照)。n回後に赤球がAの袋にある確率はa_nであるから，Bの袋にある確率は$1-a_n$であることに注意し，a_{n+1}とa_nの漸化式を作る。

(赤球が)　n回後　$(n+1)$回後

Aにある　$a_n \xrightarrow{\times\frac{3}{4}} a_{n+1}$

Bにある　$1-a_n$ $\nearrow$ $\times\frac{1}{5}$

解答

(1) $(n+1)$回繰り返した後にAの袋に赤球が入っているのは

[1]　n回後にAの袋に赤球があり，$(n+1)$回目にAの袋から黒球が出る

[2]　n回後にBの袋に赤球があり，$(n+1)$回目にBの袋から赤球が出る

のいずれかであり，[1]，[2]は互いに排反であるから

❶ $$a_{n+1}=a_n\cdot\frac{3}{4}+(1-a_n)\cdot\frac{1}{5}=\frac{11}{20}a_n+\frac{1}{5}$$

$a_{n+1}=\frac{11}{20}a_n+\frac{1}{5}$ を変形すると　$a_{n+1}-\frac{4}{9}=\frac{11}{20}\left(a_n-\frac{4}{9}\right)$

数列$\left\{a_n-\frac{4}{9}\right\}$は，初項 $a_1-\frac{4}{9}=\frac{3}{4}-\frac{4}{9}=\frac{11}{36}$，公比$\frac{11}{20}$の

等比数列であるから　$a_n-\frac{4}{9}=\frac{11}{36}\left(\frac{11}{20}\right)^{n-1}$

よって　$\boldsymbol{a_n=\frac{11}{36}\left(\frac{11}{20}\right)^{n-1}+\frac{4}{9}}$

(2) $\lim_{n\to\infty} a_n=\lim_{n\to\infty}\left\{\frac{11}{36}\left(\frac{11}{20}\right)^{n-1}+\frac{4}{9}\right\}=\boldsymbol{\frac{4}{9}}$

⇐ 特性方程式 $\alpha=\frac{11}{20}\alpha+\frac{1}{5}$ の解は $\alpha=\frac{4}{9}$

⇐ $\lim_{n\to\infty}\left(\frac{11}{20}\right)^{n-1}=0$

PRACTICE 25④

三角形ABCの頂点を移動する動点Pがある。移動の向きについては，A ⟶ B，B ⟶ C，C ⟶ A を正の向き，A ⟶ C，C ⟶ B，B ⟶ A を負の向きと呼ぶことにする。硬貨を投げて，表が出たらPはそのときの位置にとどまり，裏が出たときはもう1度硬貨を投げ，表なら正の向きに，裏なら負の向きに隣の頂点に移動する。この操作を1回のステップとする。動点Pは初め頂点Aにあるものとする。n回目のステップの後にPがAにある確率をa_nとするとき，$\lim_{n\to\infty} a_n$を求めよ。

EXERCISES　　3 数列の極限

A

14② 次の極限を求めよ。

(1) $\lim_{n\to\infty}\frac{1\cdot2+2\cdot3+3\cdot4+\cdots\cdots+n\cdot(n+1)}{n^3}$

(2) $\lim_{n\to\infty}\frac{(n+1)^2+(n+2)^2+\cdots\cdots+(2n)^2}{1^2+2^2+\cdots\cdots+n^2}$　→13

15② 次の極限を求めよ。

(1) $\lim_{n\to\infty}(\sqrt{n^2+n}-\sqrt{n^2-n})$

(2) $\lim_{n\to\infty}n\left(\sqrt{n^2+an+b}-n-\frac{a}{2}\right)$　ただし，a，b は定数　→14

16③ 数列 $\{a_n\}$，$\{b_n\}$ について，次の事柄は正しいか。正しいものは証明し，正しくないものは，その反例をあげよ。ただし，α，β は定数とする。

(1) すべての n に対して $a_n \neq 0$ とする。このとき，$\lim_{n\to\infty}\frac{1}{a_n}=0$ ならば，$\lim_{n\to\infty}a_n=\infty$ である。

(2) すべての n に対して $a_n \neq 0$ とする。このとき，数列 $\{a_n\}$，$\{b_n\}$ がそれぞれ収束するならば，数列 $\left\{\frac{b_n}{a_n}\right\}$ は収束する。

(3) $\lim_{n\to\infty}a_n=\infty$，$\lim_{n\to\infty}b_n=\infty$ ならば，$\lim_{n\to\infty}(a_n-b_n)=0$ である。

(4) $\lim_{n\to\infty}a_n=\alpha$，$\lim_{n\to\infty}(a_n-b_n)=0$ ならば，$\lim_{n\to\infty}b_n=\alpha$ である。　→p.32 2

17③ 数列 $\left\{\left(\frac{x^2-3x-1}{x^2+x+1}\right)^n\right\}$ が収束するような実数 x の値の範囲を求めよ。また，そのときの極限値を求めよ。　→17

18③ p を実数の定数とし，次の式で定められる数列 $\{a_n\}$ を考える。

$$a_1=2,\ a_{n+1}=pa_n+2\ (n=1,\ 2,\ 3,\ \cdots\cdots)$$

数列 $\{a_n\}$ の一般項を求めよ。更に，この数列が収束するような p の値の範囲を求めよ。　〔愛媛大〕　→18, 19

B

19④ 座標平面上の点であって，x 座標，y 座標とも整数であるものを格子点と呼ぶ。0 以上の整数 n に対して，不等式 $|x|+|y|\leqq n$ を満たす格子点 $(x,\ y)$ の個数を a_n とおく。更に，$b_n=\sum_{k=0}^{n}a_k$ とおく。次のものを求めよ。

(1) a_n　(2) b_n　(3) $\lim_{n\to\infty}\frac{b_n}{n^3}$　〔会津大〕　→13

HINT

18 一般項を求めるときも，収束を調べるときも，p の値で場合分け。

19 (1) 不等式を表す領域は x 軸，y 軸に関して対称であるから，まず，$x>0$，$y>0$ の範囲の格子点の個数を考える。直線 $x=k$ 上に $(n-k)$ 個の格子点があるから，$x>0$，$y>0$ の範囲の格子点の個数は $\sum_{k=1}^{n-1}(n-k)$ である。後は軸上，原点を忘れないように。

B

20[3] $[x]$ は，実数 x に対して，$m \leqq x < m+1$ を満たす整数 m とする。このとき $\displaystyle\lim_{n\to\infty}\frac{[10^n\pi]}{10^n}$ を求めよ。 →15

21[4] 数列 $\{a_n\}$ は，$a_1=2$，$a_{n+1}=\sqrt{4a_n-3}$ $(n=1,\ 2,\ 3,\ \cdots\cdots)$ で定義されている。

(1) すべての自然数 n について，不等式 $2 \leqq a_n \leqq 3$ が成り立つことを証明せよ。

(2) すべての自然数 n について，不等式 $|a_{n+1}-3| \leqq \dfrac{4}{5}|a_n-3|$ が成り立つことを証明せよ。

(3) 極限 $\displaystyle\lim_{n\to\infty}a_n$ を求めよ。 〔信州大〕 →22

22[4] p，q を実数とし，数列 $\{a_n\}$，$\{b_n\}$ $(n=1,\ 2,\ 3,\ \cdots\cdots)$ を次のように定める。

$$\begin{cases} a_1=p,\ b_1=q \\ a_{n+1}=pa_n+qb_n \\ b_{n+1}=qa_n+pb_n \end{cases}$$

〔近畿大〕

(1) $p=3$，$q=-2$ とする。このとき，$a_n+b_n=$ ア□，$a_n-b_n=$ イ□ となり $a_n=$ ウ□，$b_n=$ エ□ となる。

(2) $p+q=1$ とする。このとき，a_n は p を用いて，$a_n=$ オ□ と表される。数列 $\{a_n\}$ が収束するための必要十分条件は カ□ $< p \leqq$ キ□ である。その極限値は カ□ $< p <$ キ□ のとき $\displaystyle\lim_{n\to\infty}a_n=$ ク□

$p=$ キ□ のとき $\displaystyle\lim_{n\to\infty}a_n=$ ケ□ である。

23[3] 1回の試行で事象 A の起こる確率が $p\ (0<p<1)$ であるとする。この試行を n 回行うときに奇数回 A が起こる確率を a_n とする。

(1) a_1，a_2，a_3 を p で表せ。　(2) $n \geqq 2$ のとき，a_n を a_{n-1} と p で表せ。

(3) a_n を n と p で表せ。　(4) $\displaystyle\lim_{n\to\infty}a_n$ を求めよ。 〔佐賀大〕 →25

24[4] 数列 $\{a_n\}$ が $a_n>0$ $(n=1,\ 2,\ \cdots\cdots)$，$\displaystyle\lim_{n\to\infty}\frac{-5a_n+3}{2a_n+1}=-1$ を満たすとき $\displaystyle\lim_{n\to\infty}a_n$ を求めよ。

HINT

20 $[x] \leqq x < [x]+1$ から　$x-1 < [x] \leqq x$　**はさみうちの原理** を利用する。

21 (1) 数学的帰納法を利用する。　(2) 漸化式を用いて式変形し，(1)の結果から，不等式を示す。　(3) (2)の結果を繰り返し用いて はさみうちの原理を利用。

22 (1) 2つの漸化式の辺々を加えると数列 $\{a_n+b_n\}$ の漸化式，辺々を引くと数列 $\{a_n-b_n\}$ の漸化式が得られる。(2)も同様。

23 (1) 反復試行の確率（数学A）

24 $\dfrac{-5a_n+3}{2a_n+1}=b_n$ とおいて，a_n を b_n で表す。

4 無限級数

基本事項

1 無限級数の収束・発散

無限数列　$a_1,\ a_2,\ a_3,\ \cdots\cdots,\ a_n,\ \cdots\cdots$

の各項を順に＋の記号で結んだ式

$$a_1+a_2+a_3+\cdots\cdots+a_n+\cdots\cdots$$

を **無限級数** という。無限級数の式を，$\sum_{n=1}^{\infty} a_n$ と書き表すこともある。

無限級数の収束，発散は，**部分和** を $S_n=a_1+a_2+\cdots\cdots+a_n$ とするとき，数列 $\{S_n\}$ の収束，発散から次のように定義する。

[1]　数列 $\{S_n\}$ **が収束して，**$\lim_{n\to\infty} S_n=\lim_{n\to\infty}\sum_{k=1}^{n} a_k=S$ **のとき，**$\sum_{n=1}^{\infty} a_n$ **は収束し，和は** S **である。**この和 S も $\sum_{n=1}^{\infty} a_n$ と書き表す。

[2]　数列 $\{S_n\}$ **が発散するとき，**$\sum_{n=1}^{\infty} a_n$ **は発散する。**

2 無限等比級数

無限等比級数 $\sum_{n=1}^{\infty} ar^{n-1}=a+ar+ar^2+\cdots\cdots+ar^{n-1}+\cdots\cdots$ の収束，発散は，次のようになる。

[1]　$\boldsymbol{a\neq 0}$ **のとき**

　　$|r|<1$ **ならば　収束し，その和は** $\dfrac{a}{1-r}$　　**すなわち**　$\sum_{n=1}^{\infty} ar^{n-1}=\dfrac{a}{1-r}$

　　$|r|\geqq 1$ **ならば　発散する。**

[2]　$\boldsymbol{a=0}$ **のとき　収束し，その和は 0**

注意　無限等比級数 $\sum_{n=1}^{\infty} ar^{n-1}$ の収束条件は　　**$a=0$ または $-1<r<1$**

無限等比数列 $\{ar^{n-1}\}$ の収束条件 $a=0$ または $-1<r\leqq 1$ と混同しないこと。

3 循環小数を分数で表す

循環小数を分数で表す方法は数学Ⅰで学習したが，数学Ⅲでは次のように無限等比級数の考えを利用する。

例　$0.\dot{3}\dot{4}=0.343434\cdots\cdots$

$$=0.34+0.0034+0.000034+\cdots\cdots$$

$$=\frac{34}{10^2}+\frac{34}{10^4}+\frac{34}{10^6}+\cdots\cdots$$

これは，初項 $\dfrac{34}{10^2}$，公比 $\dfrac{1}{10^2}$ の無限等比級数で，$\left|\dfrac{1}{10^2}\right|<1$ であるから収束して

$$0.\dot{3}\dot{4}=\frac{\frac{34}{10^2}}{1-\frac{1}{10^2}}=\frac{34}{10^2-1}=\frac{34}{99}$$

4 無限級数の性質

無限級数 $\sum_{n=1}^{\infty} a_n$ と $\sum_{n=1}^{\infty} b_n$ が収束して，$\sum_{n=1}^{\infty} a_n=S$，$\sum_{n=1}^{\infty} b_n=T$ とする。

1　**定数倍**　$\boldsymbol{\sum_{n=1}^{\infty} ka_n=kS}$　（ただし，k は定数）

2　**和**　$\boldsymbol{\sum_{n=1}^{\infty} (a_n+b_n)=S+T}$,

　差　$\boldsymbol{\sum_{n=1}^{\infty} (a_n-b_n)=S-T}$

3　$\boldsymbol{\sum_{n=1}^{\infty} (ka_n+lb_n)=kS+lT}$　（ただし，k，l は定数）

5 無限級数の収束・発散条件

1　**無限級数 $\boldsymbol{\sum_{n=1}^{\infty} a_n}$ が収束する $\Longrightarrow$ $\boldsymbol{\lim_{n\to\infty} a_n=0}$**

2　**数列 $\{a_n\}$ が 0 に収束しない $\Longrightarrow$ 無限級数 $\boldsymbol{\sum_{n=1}^{\infty} a_n}$ は発散する**

補足　**2は1の対偶である。また，1，2とも逆は成り立たない。**

解説　a_n を部分和 S_n と結びつけるには，数学Bで学んだ次の関係式を利用する。

$$\boldsymbol{S_n \text{ と } a_n \qquad a_n=S_n-S_{n-1} \quad (n \geqq 2)}$$

証明　1　無限級数 $\sum_{n=1}^{\infty} a_n$ が収束するとき，その和を S，第 n 項までの部分和を S_n とすると，数列 $\{S_n\}$ は S に収束する。$n \geqq 2$ のとき，$a_n=S_n-S_{n-1}$ であるから

$$\lim_{n\to\infty} a_n=\lim_{n\to\infty}(S_n-S_{n-1})=\lim_{n\to\infty} S_n-\lim_{n\to\infty} S_{n-1}$$
$$=S-S=0$$

2　2は1の対偶であるから，成り立つ。終

例　数列 $\left\{\frac{1}{n}\right\}$ について，$\lim_{n\to\infty}\frac{1}{n}=0$ であるが無限級数 $\sum_{n=1}^{\infty}\frac{1}{n}$ は正の無限大に発散する。

（p.68 EXERCISES 33 参照）

CHECK & CHECK

8　次のような無限等比級数の収束，発散を調べ，収束すればその和を求めよ。

(1)　初項 1，公比 $-\frac{\sqrt{2}}{2}$　　(2)　初項 $\sqrt{3}$，公比 $\sqrt{3}$

(3)　$1-2+4-8+\cdots\cdots$　　(4)　$12-6\sqrt{2}+6-3\sqrt{2}+\cdots\cdots$　→ 2

9　次の循環小数を分数で表せ。

(1)　$0.\dot{3}7\dot{0}$　　(2)　$0.0\dot{5}6\dot{7}$　　(3)　$6.2\dot{3}$　→ 3

基本 例題 26 無限級数の収束・発散

次の無限級数の収束，発散を調べ，収束するときはその和を求めよ。

(1) $\dfrac{1}{1\cdot4}+\dfrac{1}{4\cdot7}+\cdots\cdots+\dfrac{1}{(3n-2)(3n+1)}+\cdots\cdots$

(2) $\dfrac{1}{\sqrt{1}+\sqrt{3}}+\dfrac{1}{\sqrt{3}+\sqrt{5}}+\cdots\cdots+\dfrac{1}{\sqrt{2n-1}+\sqrt{2n+1}}+\cdots\cdots$

p.53 基本事項 1

CHART & SOLUTION

無限級数の収束・発散　まず，部分和 S_n を求める

$\sum_{n=1}^{\infty} a_n$ が収束 $\Longleftrightarrow$ $\{S_n\}$ が収束　　$\sum_{n=1}^{\infty} a_n$ が発散 $\Longleftrightarrow$ $\{S_n\}$ が発散

(1) 部分分数に分解する。　(2) 分母を有理化する。

解答

第 n 項までの部分和を S_n とする。

(1) 第 n 項は　$\dfrac{1}{(3n-2)(3n+1)}=\dfrac{1}{3}\left(\dfrac{1}{3n-2}-\dfrac{1}{3n+1}\right)$

よって　$S_n=\dfrac{1}{3}\left\{\left(1-\dfrac{1}{4}\right)+\left(\dfrac{1}{4}-\dfrac{1}{7}\right)+\cdots\cdots+\left(\dfrac{1}{3n-5}-\dfrac{1}{3n-2}\right)+\left(\dfrac{1}{3n-2}-\dfrac{1}{3n+1}\right)\right\}$

$=\dfrac{1}{3}\left(1-\dfrac{1}{3n+1}\right)$

ゆえに　$\lim_{n\to\infty} S_n=\lim_{n\to\infty}\dfrac{1}{3}\left(1-\dfrac{1}{3n+1}\right)=\dfrac{1}{3}$

したがって，この無限級数は **収束し，その和は $\dfrac{1}{3}$** である。

(2) 第 n 項は　$\dfrac{1}{\sqrt{2n-1}+\sqrt{2n+1}}=\dfrac{\sqrt{2n+1}-\sqrt{2n-1}}{2}$

よって　$S_n=\dfrac{\sqrt{3}-1}{2}+\dfrac{\sqrt{5}-\sqrt{3}}{2}+\cdots\cdots+\dfrac{\sqrt{2n+1}-\sqrt{2n-1}}{2}=\dfrac{\sqrt{2n+1}-1}{2}$

ゆえに　$\lim_{n\to\infty} S_n=\lim_{n\to\infty}\dfrac{\sqrt{2n+1}-1}{2}=\infty$

したがって，この無限級数は **発散する**。

⇐ 部分分数に分解する。$a\neq b$ のとき $\dfrac{1}{(x+a)(x+b)}=\dfrac{1}{b-a}\left(\dfrac{1}{x+a}-\dfrac{1}{x+b}\right)$

⇐ $\dfrac{1}{3n+1}\longrightarrow 0\ (n\longrightarrow\infty)$

⇐ 分母を有理化。

⇐ $\sqrt{2n+1}\longrightarrow\infty\ (n\longrightarrow\infty)$

PRACTICE 26❷

次の無限級数の収束，発散を調べ，収束するときはその和を求めよ。

(1) $\dfrac{1}{3\cdot5}+\dfrac{1}{5\cdot7}+\cdots\cdots+\dfrac{1}{(2n+1)(2n+3)}+\cdots\cdots$

(2) $\dfrac{1}{\sqrt{1}+\sqrt{4}}+\dfrac{1}{\sqrt{4}+\sqrt{7}}+\cdots\cdots+\dfrac{1}{\sqrt{3n-2}+\sqrt{3n+1}}+\cdots\cdots$

基本 例題 27　無限等比級数の収束条件

無限級数 $(x-4)+\dfrac{x(x-4)}{2x-4}+\dfrac{x^2(x-4)}{(2x-4)^2}+\cdots\cdots$ $(x \neq 2)$ について

(1) 無限級数が収束するときの実数 x の値の範囲を求めよ。

(2) 無限級数の和 $f(x)$ を求めよ。

p.53 基本事項 2，重要 45

CHART & SOLUTION

無限等比級数 $\sum_{n=1}^{\infty} ar^{n-1}$ の収束条件

[1] $a \neq 0$, $|r|<1$ のとき　収束し，和は $\dfrac{a}{1-r}$

[2] $a=0$ のとき　収束し，和は 0

(1) 与えられた無限級数は，初項 $x-4$，公比 $\dfrac{x}{2x-4}$ の無限等比級数である。

その収束条件は，上の [1]，[2] から　**|公比|<1 または (初項)=0**

(2) 上の [1] と [2] で和は異なるから，場合分けをして和を求める。

解答

(1) 与えられた無限級数は，初項 $x-4$，公比 $\dfrac{x}{2x-4}$ の無限等比級数であるから，収束するための必要十分条件は

$$\left|\frac{x}{2x-4}\right|<1 \quad \text{または} \quad x-4=0$$

$\left|\dfrac{x}{2x-4}\right|<1$ から　$|x|<|2x-4|$

よって　$|x|^2<|2x-4|^2$　ゆえに　$x^2<(2x-4)^2$

整理して　$(3x-4)(x-4)>0$

⇐ $\{(2x-4)+x\}\{(2x-4)-x\}>0$

これを解いて　$x<\dfrac{4}{3}$, $4<x$ ……①

$x-4=0$ から　$x=4$ ……②

よって，①，② から　$\boldsymbol{x<\dfrac{4}{3},\ 4 \leqq x}$

⇐ ① または ② を満たす範囲。

(2) $\boldsymbol{x=4}$ **のとき**　$\boldsymbol{f(x)=0}$

⇐ 初項 0 のとき和は 0

$\boldsymbol{x<\dfrac{4}{3},\ 4<x}$ **のとき**　$\boldsymbol{f(x)}=\dfrac{x-4}{1-\dfrac{x}{2x-4}}=\boldsymbol{2x-4}$

⇐ |公比|<1 のとき，和は $\dfrac{(\text{初項})}{1-(\text{公比})}$

PRACTICE 27②

無限級数 $x+\dfrac{x}{1+x}+\dfrac{x}{(1+x)^2}+\dfrac{x}{(1+x)^3}+\cdots\cdots$ $(x \neq -1)$ について

(1) 無限級数が収束するような実数 x の値の範囲を求めよ。

(2) 無限級数の和を $f(x)$ として，関数 $y=f(x)$ のグラフをかけ。　〔岡山理科大〕

ピンポイント解説　無限等比級数の収束条件について

● 無限等比数列と無限等比級数の収束条件の違い

無限等比数列　$a,\ ar,\ ar^2,\ ar^3,\ \cdots\cdots,\ ar^{n-1},\ \cdots\cdots$

$a=0$ のとき　　0 に収束

$-1<r<1$ のとき　　0 に収束

$r=1$ のとき　　a に収束

以上から，収束条件は　**$a=0$　または　$-1<r\leqq 1$**

無限等比級数　$a+ar+ar^2+ar^3+\cdots\cdots+ar^{n-1}+\cdots\cdots$

$a=0$ のとき　　0 に収束

$-1<r<1$ のとき　　$\dfrac{a}{1-r}$ に収束

以上から，収束条件は　**$a=0$　または　$-1<r<1$**　⇦ $r=1$ は含まない。

無限等比数列と無限等比級数の収束条件は，よく似ているが，公比の条件で $r=1$ を含むか含まないかという点が異なる。混同しないように注意しよう。

● 無限等比級数を考える流れ

無限級数の収束，発散については，次のように部分和 S_n から考える。

・数列 $\{S_n\}$ が収束するならば，無限級数も収束し，その和 S は部分和の極限値 $\lim_{n\to\infty} S_n$ である。

・数列 $\{S_n\}$ が発散するならば，無限級数も発散する。

無限等比級数の収束，発散についても，これをもとにして考えればよい。

［Ⅰ］ まず，部分和を考える

無限等比級数 $a+ar+ar^2+ar^3+\cdots\cdots+ar^{n-1}+\cdots\cdots$ (これを Ⓐ とする) の第 n 項までの部分和を S_n とすると，$S_n=a+ar+ar^2+ar^3+\cdots\cdots+ar^{n-1}$ であるから

$r\neq 1$ のとき　　$S_n=\dfrac{a(1-r^n)}{1-r}$　…… ①　⇦ 数学B「数列」で学習した等比数列の和

$r=1$ のとき　　$S_n=na$　…… ②

［Ⅱ］ 部分和から無限等比級数を考える

まずは，初項 a で場合分けすると

$a=0$ の場合，$S_n=0$ であるから，無限等比級数 Ⓐ は **収束し，$S=0$** である。

$a\neq 0$ の場合は，公比 r で更に場合分けすると

[1]　$-1<r<1$ $(|r|<1)$ ならば，① において，$\lim_{n\to\infty} r^n=0$ であるから

$$\lim_{n\to\infty} S_n=\frac{a}{1-r}$$

よって，無限等比級数 Ⓐ は **収束し**　$\boldsymbol{S=\dfrac{a}{1-r}}$

[2]　$r\leqq -1,\ 1<r$ ならば，数列 $\{r^n\}$ は発散するから，① において，数列 $\{S_n\}$ も発散する。よって，無限等比級数 Ⓐ は **発散する。**

[3]　$r=1$ ならば，② から，数列 $\{S_n\}$ は発散する。よって，無限等比級数 Ⓐ は **発散する。**　⇦ $r=1$ のとき，無限等比数列は a に収束するが，無限等比級数は発散する。

無限等比級数の収束条件や和は混乱しやすいから，無理に暗記するのではなく，等比数列の和に戻って考えられるようにしておこう。

基本 例題 28 無限等比級数の応用 (1)

定数 a, r は $a>0$, $0<r<1$ とする。xy 平面上で原点Oから x 軸の正の向きに a だけ進んだ点を A_1, A_1 で左に直角に曲がり ar だけ進んだ点を A_2, A_2 で右に直角に曲がり ar^2 だけ進んだ点を A_3 とする。このように OA_1, A_1A_2, A_2A_3, …… と方向を変えるたびに長さが r 倍となるように点 A_n を定めるとき，点 A_n が近づいていく点の座標を求めよ。

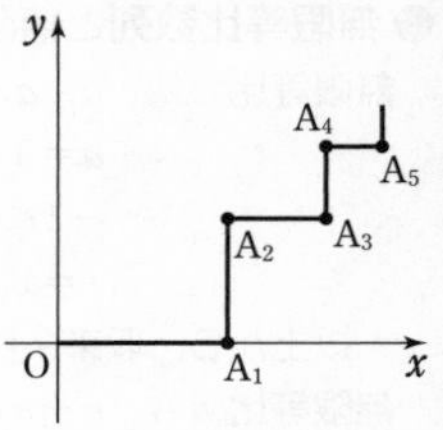

p.53 基本事項 2

CHART & SOLUTION

点 A_n が近づいていく点の座標を (α, β) とすると，α は x 軸方向の移動距離の総和，β は y 軸方向の移動距離の総和である。

α, β はそれぞれ **無限等比級数** で表されるから，公式を用いて和を求める。

無限等比級数の和は $\dfrac{(\text{初項})}{1-(\text{公比})}$

解答

求める座標を (α, β) とすると

$$\alpha = OA_1 + A_2A_3 + A_4A_5 + \cdots\cdots$$
$$= a + ar^2 + ar^4 + \cdots\cdots$$
$$\beta = A_1A_2 + A_3A_4 + A_5A_6 + \cdots\cdots$$
$$= ar + ar^3 + ar^5 + \cdots\cdots$$

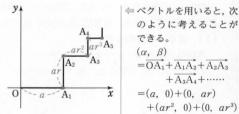

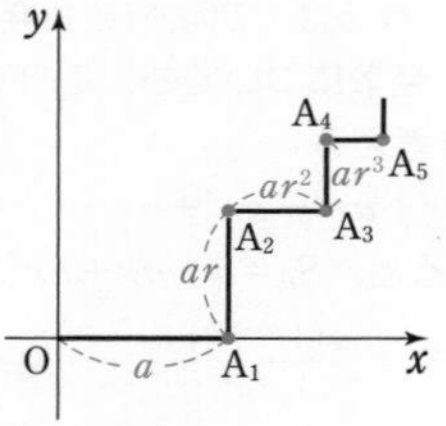

α, β はそれぞれ初項が，a, ar で，ともに公比 r^2 の無限等比級数で表される。

$0<r<1$ より $0<r^2<1$ であるから，これらの無限等比級数はともに収束して

$$\alpha = \frac{a}{1-r^2}, \qquad \beta = \frac{ar}{1-r^2}$$

よって，点 A_n は，点 $\left(\boldsymbol{\dfrac{a}{1-r^2}}, \boldsymbol{\dfrac{ar}{1-r^2}}\right)$ に近づいていく。

⇐ ベクトルを用いると，次のように考えることができる。
(α, β)
$= \overrightarrow{OA_1} + \overrightarrow{A_1A_2} + \overrightarrow{A_2A_3} + \overrightarrow{A_3A_4} + \cdots\cdots$
$= (a, 0) + (0, ar) + (ar^2, 0) + (0, ar^3) + \cdots\cdots$
$= (a + ar^2 + ar^4 + \cdots\cdots, ar + ar^3 + ar^5 + \cdots\cdots)$
これより，α と β を a と r で表すことができる。

PRACTICE 28③

k を $0<k<1$ なる定数とする。xy 平面上で動点Pは原点Oを出発して，x 軸の正の向きに1だけ進み，次に y 軸の正の向きに k だけ進む。更に，x 軸の負の向きに k^2 だけ進み，次に y 軸の負の向きに k^3 だけ進む。以下このように方向を変え，方向を変えるたびに進む距離が k 倍される運動を限りなく続けるときの，点Pが近づいていく点の座標は □ である。

〔東北学院大〕

基本 例題 29 無限等比級数の応用 (2)

$\angle XOY$ [$=60°$] の 2 辺 OX，OY に接する半径 1 の円の中心を O_1 とする。線分 OO_1 と円 O_1 との交点を中心とし，2 辺 OX，OY に接する円を O_2 とする。以下，同じようにして，順に円 O_3，……，O_n，……を作る。このとき，円 O_1，O_2，……の面積の総和を求めよ。

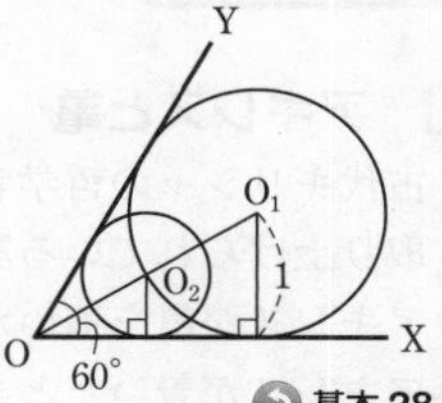

基本 28

CHART & SOLUTION

図形と極限

n 番目と $(n+1)$ 番目の関係を調べて漸化式を作る ……!

円 O_n，O_{n+1} の半径をそれぞれ r_n，r_{n+1} として，r_n と r_{n+1} の関係式（漸化式）を導く。直角三角形に注目するとよい。そして，数列 $\{r_n\}$ の一般項を求め，面積の総和を無限等比級数の和として求める。

解答

円 O_n の半径，面積を，それぞれ r_n，S_n とする。円 O_n は 2 辺 OX，OY に接しているので，円 O_n の中心 O_n は，2 辺 OX，OY から等距離にある。

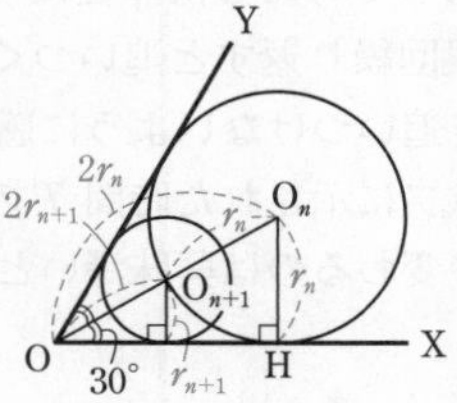

よって，点 O_n は $\angle XOY$ の二等分線上にある。

ゆえに，$\angle XOO_n=60°\div2=30°$ であるから　$OO_n=2r_n$

⇐ 円 O_n と OX との接点を H とすると，$\triangle O_nOH$ は 3 辺が $2:1:\sqrt{3}$ の比の直角三角形。これに着目して，r_{n+1} と r_n の関係を調べる。

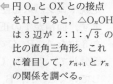

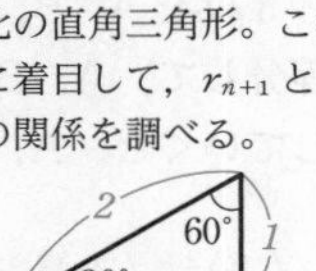

これと $O_nO_{n+1}=OO_n-OO_{n+1}$ から

$$r_n=2r_n-2r_{n+1}$$

! ゆえに　$r_{n+1}=\dfrac{1}{2}r_n$　また　$r_1=1$

よって　$r_n=\left(\dfrac{1}{2}\right)^{n-1}$　　したがって　$S_n=\pi r_n{}^2=\pi\left(\dfrac{1}{4}\right)^{n-1}$

ゆえに，円 O_1，O_2，……の面積の総和 $\displaystyle\sum_{n=1}^{\infty}S_n$ は，初項 π，公比 $\dfrac{1}{4}$ の無限等比級数である。$\left|\dfrac{1}{4}\right|<1$ であるから，無限等比級数は収束し，その和は

$$\frac{\pi}{1-\dfrac{1}{4}}=\frac{4}{3}\pi$$

⇐ $\dfrac{(初項)}{1-(公比)}$

PRACTICE 29③

正方形 S_n，円 C_n ($n=1$，2，……) を次のように定める。C_n は S_n に内接し，S_{n+1} は C_n に内接する。S_1 の 1 辺の長さを a とするとき，円周の総和は □ である。

［工学院大］

STEP UP 極限や無限級数の話題

1 アキレスと亀

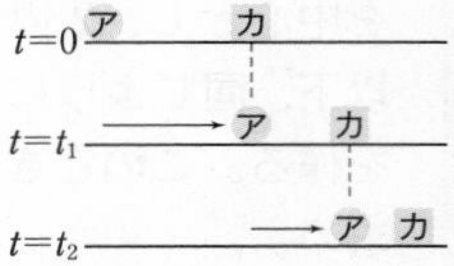

古代ギリシャの哲学者アリストテレスの「自然学」の中で取り上げられている話題を紹介しよう。俊足で有名な英雄アキレスが亀を追いかけるとする。亀が最初にいた地点にアキレスが着いたときには，亀は少し先に進んでいる。更に，その地点にアキレスが着いたときには，亀はまたその少し先に進んでいる。

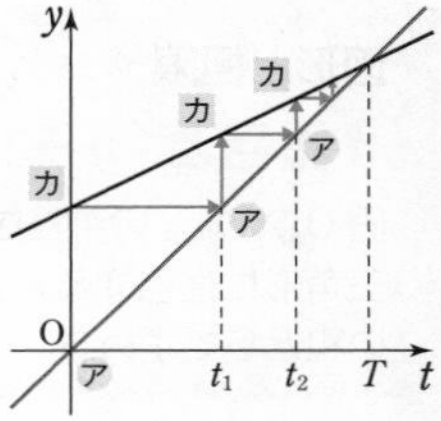

このように考えると，アキレスは亀に追いつくことはできないことになる。……本当だろうか？

右図は，横軸を時間，縦軸をアキレスと亀それぞれがいる地点の座標としたグラフである。なお，アキレスも亀もそれぞれ一定の速さで動くと仮定している。

最初に亀がいた地点にアキレスが着く時間が t_1 である。

t_1 の時間に亀がいる地点にアキレスが着く時間は t_2 である。

このように時間を区切って考える操作を繰り返すと，アキレスと亀の距離は縮まっていく。この操作を無限回繰り返すと追いつくわけであるが，現実的に無限回繰り返すことはできないので，追いつけないように感じられるかもしれない。

しかし，実際にはグラフに示された時間 T の地点でアキレスは亀に追いつくのである。考え方によって状況が変わるのは興味深いところである。

2 正方形の３等分

定規やコンパスを使わず正方形の折り紙を3等分する方法について考えてみよう。

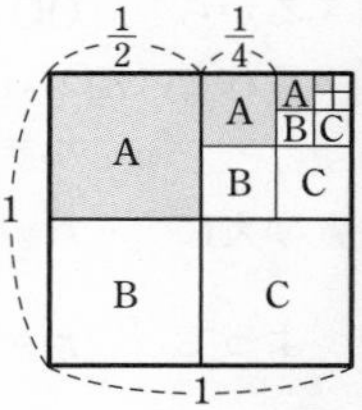

まず，面積が1の正方形の折り紙を田の字に4等分して，そのうち3枚をA，B，Cの3人に1枚ずつ配る。残りの1枚を同様に4等分して，A，B，Cに1枚ずつ配る。この作業を限りなく繰り返していくと，A，B，Cそれぞれが受け取る折り紙の面積の総和は

$$\left(\frac{1}{2}\right)^2+\left(\frac{1}{2^2}\right)^2+\left(\frac{1}{2^3}\right)^2+\cdots\cdots=\sum_{n=1}^{\infty}\left(\frac{1}{2^n}\right)^2=\sum_{n=1}^{\infty}\left(\frac{1}{2^2}\right)^n=\frac{\frac{1}{4}}{1-\frac{1}{4}}=\frac{1}{3}$$

この面積は，最初の折り紙の面積1を3等分したものと等しい。実際には，このような無限回の操作を行うことはできないが，数学的にはこのような3等分の方法も考えられるというのは面白いところである。

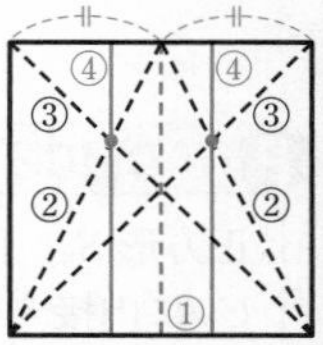

参考　実際に折り紙を3等分する折り方を紹介しておく。右図のように，折り目 ①，②，③ をつける。折り目 ② と ③ の交点を通り，① に平行になるようにつけた折り目 ④ は折り紙を3等分する。この方法では，三角形の重心が中線を2：1に内分する性質を利用している。

基本 例題 30 無限級数が発散することの証明

次の無限級数は発散することを示せ。

(1) $\frac{3}{2}+\frac{5}{4}+\frac{7}{6}+\frac{9}{8}+\cdots\cdots$　　(2) $\cos\pi+\cos 2\pi+\cos 3\pi+\cdots\cdots$

p.54 基本事項 5

CHART & SOLUTION

無限級数

1 $\lim_{n\to\infty} a_n \neq 0$ **なら無限級数は発散**

2 **部分和** S_n **を求めて** $n \longrightarrow \infty$

数列 $\{a_n\}$ **が 0 に収束しない** $\Longrightarrow$ **無限級数** $\sum_{n=1}^{\infty} a_n$ **は発散する**

これを利用して，与えられた無限級数が発散することを示す。すなわち，数列 $\{a_n\}$ が 0 以外の値に収束するか，発散 (∞，$-\infty$，振動) することを示す。

解答

(1) 第 n 項 a_n は　$a_n=\frac{2n+1}{2n}$

よって　$\lim_{n\to\infty} a_n=\lim_{n\to\infty}\frac{2n+1}{2n}=\lim_{n\to\infty}\left(1+\frac{1}{2n}\right)=1\neq 0$

ゆえに，数列 $\{a_n\}$ が 0 に収束しないから，与えられた無限級数は発散する。

別解　第 n 項までの部分和を S_n とすると

$$S_n=\frac{3}{2}+\frac{5}{4}+\frac{7}{6}+\cdots\cdots+\frac{2n+1}{2n}$$
$$>1+1+1+\cdots\cdots+1=n$$

$\lim_{n\to\infty} n=\infty$ であるから　$\lim_{n\to\infty} S_n=\infty$

よって，与えられた無限級数は発散する。

(2) 第 n 項 a_n は　$a_n=\cos n\pi$

ここで　n が奇数のとき　$\cos n\pi=-1$

　　　　n が偶数のとき　$\cos n\pi=1$

であるから，数列 $\{a_n\}$ は振動する。

すなわち，数列 $\{a_n\}$ が 0 に収束しないから，与えられた無限級数は発散する。

⇦ 1 の方針。

⇦ 2 の方針。

⇦ $n\geqq 1$ のとき $\frac{2n+1}{2n}=1+\frac{1}{2n}>1$

inf. (2) で以下のように ( ) でくくるのは誤り。
$1-1+1-1+\cdots$
$=(1-1)+(1-1)+\cdots$
$=0+0+\cdots=0$ ← 誤り
無限級数の式は勝手に ( ) でくくったりしてはいけない (PRACTICE 32 の inf. を参照)。

PRACTICE 30②

次の無限級数は発散することを示せ。

(1) $1+\frac{2}{3}+\frac{3}{5}+\frac{4}{7}+\cdots\cdots$　　(2) $\sin\frac{\pi}{2}+\sin\frac{3}{2}\pi+\sin\frac{5}{2}\pi+\cdots\cdots$

基本 例題 31　2つの無限等比級数の和

無限級数 $\left(1-\frac{1}{2}\right)+\left(\frac{1}{3}-\frac{1}{2^2}\right)+\left(\frac{1}{3^2}-\frac{1}{2^3}\right)+\cdots\cdots$ の和を求めよ。

p.54 基本事項 4，基本 26

CHART & SOLUTION

無限級数　まず部分和 S_n

この数列の各項は（　）でくくられた部分である。部分和 S_n は **有限** であるから，項の順序を変えて和を求めてよい。

注意　**無限** の場合は，無条件で項の順序を変えてはいけない（重要例題 32 参照）。

別解　無限級数 $\sum_{n=1}^{\infty} a_n$，$\sum_{n=1}^{\infty} b_n$ がともに **収束するとき**

$\sum_{n=1}^{\infty}(a_n+b_n)=\sum_{n=1}^{\infty}a_n+\sum_{n=1}^{\infty}b_n$ が成り立つことを利用。

解答

初項から第 n 項までの部分和を S_n とすると

$$S_n=\left(1+\frac{1}{3}+\frac{1}{3^2}+\cdots\cdots+\frac{1}{3^{n-1}}\right)-\left(\frac{1}{2}+\frac{1}{2^2}+\cdots\cdots+\frac{1}{2^n}\right)$$

$$=\frac{1-\left(\frac{1}{3}\right)^n}{1-\frac{1}{3}}-\frac{\frac{1}{2}\left\{1-\left(\frac{1}{2}\right)^n\right\}}{1-\frac{1}{2}}=\frac{3}{2}\left\{1-\left(\frac{1}{3}\right)^n\right\}-\left\{1-\left(\frac{1}{2}\right)^n\right\}$$

⇐ S_n は有限個の和であるから，左のように順序を変えて計算してもよい。

$\lim_{n\to\infty}S_n=\frac{3}{2}\cdot1-1=\frac{1}{2}$ であるから，求める和は $\boldsymbol{\frac{1}{2}}$

⇐ $n\longrightarrow\infty$ のとき $\left(\frac{1}{3}\right)^n\longrightarrow0$，$\left(\frac{1}{2}\right)^n\longrightarrow0$

別解　$\left(1-\frac{1}{2}\right)+\left(\frac{1}{3}-\frac{1}{2^2}\right)+\left(\frac{1}{3^2}-\frac{1}{2^3}\right)+\cdots\cdots=\sum_{n=1}^{\infty}\left(\frac{1}{3^{n-1}}-\frac{1}{2^n}\right)$

$\sum_{n=1}^{\infty}\frac{1}{3^{n-1}}$ は初項 1，公比 $\frac{1}{3}$ の無限等比級数であり，

$\sum_{n=1}^{\infty}\frac{1}{2^n}$ は初項 $\frac{1}{2}$，公比 $\frac{1}{2}$ の無限等比級数である。

inf.　無限等比級数の収束条件は $a=0$ または $|r|<1$
このとき和は $\frac{a}{1-r}$

公比について，$\left|\frac{1}{3}\right|<1$，$\left|\frac{1}{2}\right|<1$ であるから，これらの無限級数はともに収束して，それぞれの和は

⇐ 収束を確認する。

$$\sum_{n=1}^{\infty}\frac{1}{3^{n-1}}=\frac{1}{1-\frac{1}{3}}=\frac{3}{2},\quad \sum_{n=1}^{\infty}\frac{1}{2^n}=\frac{\frac{1}{2}}{1-\frac{1}{2}}=1$$

よって　$\sum_{n=1}^{\infty}\left(\frac{1}{3^{n-1}}-\frac{1}{2^n}\right)=\frac{3}{2}-1=\boldsymbol{\frac{1}{2}}$

PRACTICE 31[2]

次の無限級数の和を求めよ。

(1) $\left(1+\frac{2}{3}\right)+\left(\frac{1}{3}+\frac{2^2}{3^2}\right)+\left(\frac{1}{3^2}+\frac{2^3}{3^3}\right)+\cdots\cdots$　　(2) $\frac{3^2-2}{4}+\frac{3^3-2^2}{4^2}+\frac{3^4-2^3}{4^3}+\cdots\cdots$

重要例題 32　部分和 S_{2n-1}，S_{2n} を考える

無限級数 $1-\frac{1}{3}+\frac{1}{2}-\frac{1}{3^2}+\frac{1}{2^2}-\frac{1}{3^3}+\cdots\cdots$ の和を求めよ。

基本 31

CHART & THINKING

無限級数　まず部分和 S_n

基本例題 31 と同じと考えて，第 n 項を $\left(\frac{1}{2^{n-1}}-\frac{1}{3^n}\right)$ とし，和 S を右のように求めてはいけない。ここでは，(　) がついていないから，やはり，S_n を求めて $n\longrightarrow\infty$ の方針で解く。ところが，S_n は奇数項までと偶数項までで異なるから，n の式では 1 通りに表されない。

$$S=\frac{1}{1-\frac{1}{2}}-\frac{\frac{1}{3}}{1-\frac{1}{3}}$$

よって，S_{2n-1}，S_{2n} の場合に分けて調べる。S_{2n-1} は S_{2n} を用いて表すことを考えよう。

[1]　$\lim_{n\to\infty}S_{2n-1}=\lim_{n\to\infty}S_{2n}=S$ ならば　$\lim_{n\to\infty}S_n=S$

[2]　$\lim_{n\to\infty}S_{2n-1}\neq\lim_{n\to\infty}S_{2n}$　ならば　$\{S_n\}$ は発散

注意　無限級数の計算では，勝手に (　) でくくったり，項の順序を変えてはならない！

解答

この無限級数の第 n 項までの部分和を S_n とする。

$$S_{2n}=1-\frac{1}{3}+\frac{1}{2}-\frac{1}{3^2}+\frac{1}{2^2}-\frac{1}{3^3}+\cdots\cdots+\frac{1}{2^{n-1}}-\frac{1}{3^n}$$

$$=\left(1+\frac{1}{2}+\frac{1}{2^2}+\cdots\cdots+\frac{1}{2^{n-1}}\right)-\left(\frac{1}{3}+\frac{1}{3^2}+\frac{1}{3^3}+\cdots\cdots+\frac{1}{3^n}\right)$$

$$=\frac{1-\left(\frac{1}{2}\right)^n}{1-\frac{1}{2}}-\frac{\frac{1}{3}\left\{1-\left(\frac{1}{3}\right)^n\right\}}{1-\frac{1}{3}}=2\left(1-\frac{1}{2^n}\right)-\frac{1}{2}\left(1-\frac{1}{3^n}\right)$$

よって　$\lim_{n\to\infty}S_{2n}=2-\frac{1}{2}=\frac{3}{2}$

また　$\lim_{n\to\infty}S_{2n-1}=\lim_{n\to\infty}\left(S_{2n}+\frac{1}{3^n}\right)=\lim_{n\to\infty}S_{2n}+\lim_{n\to\infty}\frac{1}{3^n}=\lim_{n\to\infty}S_{2n}$

$\lim_{n\to\infty}S_{2n}=\lim_{n\to\infty}S_{2n-1}=\frac{3}{2}$ であるから，求める和は　$\frac{3}{2}$

⇐ 部分和（有限個の和）なら (　) でくくってよい。

⇐ 初項 1，公比 $\frac{1}{2}$ の等比数列の和。

⇐ 初項 $\frac{1}{3}$，公比 $\frac{1}{3}$ の等比数列の和。

⇐ $\lim_{n\to\infty}\frac{1}{2^n}=0$，$\lim_{n\to\infty}\frac{1}{3^n}=0$

⇐ $S_{2n-1}=S_{2n}-a_{2n}=S_{2n}-\left(-\frac{1}{3^n}\right)$

$\{S_{2n}\}$ も $\left\{\frac{1}{3^n}\right\}$ も収束する。

inf.　この例題の無限級数 $a_1+b_1+a_2+b_2+\cdots\cdots+a_n+b_n+\cdots\cdots$ の和は，無限級数 $(a_1+b_1)+(a_2+b_2)+\cdots\cdots+(a_n+b_n)+\cdots\cdots$ の和と同じ結果になる。結果が異なる場合については，PRACTICE 32 の解答編の inf. や EXERCISES 30 を参照。

PRACTICE 32[3]

次の無限級数の和を求めよ。

(1)　$\frac{1}{2}+\frac{1}{3}+\frac{1}{2^2}+\frac{1}{3^2}+\frac{1}{2^3}+\frac{1}{3^3}+\cdots\cdots$　(2)　$1+\frac{1}{2}+\frac{1}{3}+\frac{1}{4}+\frac{1}{9}+\frac{1}{8}+\frac{1}{27}+\cdots\cdots$

重要 例題 33　無限等比級数の応用 (3)

面積 1 の正三角形 A_0 から始めて，図のように図形 A_1, A_2, …… を作る。ここで A_{n+1} は，A_n の各辺の三等分点を頂点にもつ正三角形を A_n の外側につけ加えてできる図形である。

(1) 図形 A_n の辺の数を求めよ。

(2) 図形 A_n の面積を S_n とするとき，$\lim_{n\to\infty} S_n$ を求めよ。　〔類 香川大〕

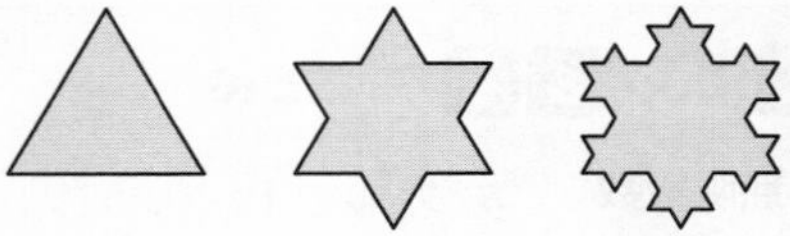

A_0　　A_1　　A_2

基本 29

CHART & SOLUTION

無限等比級数と図形　n 番目から $(n+1)$ 番目の変化を漸化式で表す

(1) 図形 A_n の辺の数 a_n がどのくらい増えて図形 A_{n+1} の辺の数 a_{n+1} になるかを考えて，**a_n と a_{n+1} の関係式を求める。**

(2) 図形 A_n の外側につけ加える正三角形の個数は，図形 A_n の辺の数の a_n 個である。つけ加える正三角形 1 個あたりの面積は **(面積比)=(相似比)^2** を利用して求められる。これらを用いると，**S_n と S_{n+1} の関係式を求める** ことができる。

注意　第 0 項から定義された数列が現れるので，漸化式を解く際には要注意。例えば，数列 a_0, a_1, a_2, …… が公比 r の等比数列のとき，一般項は $a_n=a_0\cdot r^n$ $(n\geqq 0)$ となる。(該当箇所には (＊) をつけた。これらについては右ページの INFORMATION 参照。)

解答

(1) 図形 A_n の辺の数を a_n とする。図形 A_n のそれぞれの辺が 4 つの辺に分かれて図形 A_{n+1} ができるから

$$a_{n+1}=4\cdot a_n \ (n\geqq 0)$$

$a_0=3$ であるから　　$a_n=\mathbf{3\cdot 4^n}$ …… ①　(＊)

⇐ 図形 A_n の 1 辺　図形 A_{n+1} 4 辺に増加

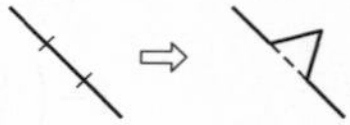

(2) 図形 A_n の外側につけ加える正三角形の 1 つを B_n とし，B_n の面積を T_n とする。図形 A_{n+1} は図形 A_n に正三角形 B_n を a_n 個つけ加えて作るから，面積について

$$S_{n+1}=S_n+a_n\cdot T_n \text{ …… ②}$$ が成り立つ。

ここで，B_{n+1} の 1 辺の長さは B_n の 1 辺の長さの $\frac{1}{3}$ に等しい。よって，面積比は　$T_n : T_{n+1}=1 : \left(\frac{1}{3}\right)^2$

ゆえに　$T_{n+1}=\frac{1}{9}T_n$ $(n\geqq 0)$

また，$T_0=\left(\frac{1}{3}\right)^2 S_0=\frac{1}{9}$ であるから

$$T_n=\frac{1}{9}\cdot\left(\frac{1}{9}\right)^n=\left(\frac{1}{9}\right)^{n+1} \text{ …… ③　(＊)}$$

② に ①，③ を代入して

$$S_{n+1}=S_n+3\cdot 4^n\cdot\left(\frac{1}{9}\right)^{n+1}=S_n+\frac{1}{3}\left(\frac{4}{9}\right)^n$$

⇐

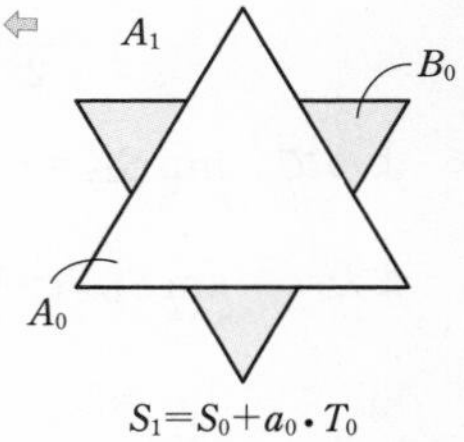

$S_1=S_0+a_0\cdot T_0$

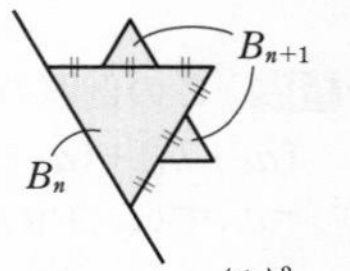

$T_n : T_{n+1}=1 : \left(\frac{1}{3}\right)^2$

⇐ $S_{n+1}-S_n=\frac{1}{3}\left(\frac{4}{9}\right)^n$

よって，$n \geqq 1$ のとき

$$S_n = S_0 + \sum_{k=0}^{n-1}(S_{k+1} - S_k) = 1 + \sum_{k=0}^{n-1}\frac{1}{3}\left(\frac{4}{9}\right)^k \quad (*)$$

$$= 1 + \frac{1}{3}\cdot\frac{1-\left(\frac{4}{9}\right)^n}{1-\frac{4}{9}} = 1 + \frac{1}{3}\cdot\frac{9}{5}\left\{1-\left(\frac{4}{9}\right)^n\right\}$$

ゆえに　$\displaystyle\lim_{n\to\infty} S_n = \lim_{n\to\infty}\left[1+\frac{1}{3}\cdot\frac{9}{5}\left\{1-\left(\frac{4}{9}\right)^n\right\}\right] = 1+\frac{1}{3}\cdot\frac{9}{5} = \mathbf{\frac{8}{5}}$

⇐ $S_n = S_0 + (S_1 - S_0) + \cdots\cdots + (S_n - S_{n-1})$
なお，
$S_n = S_1 + \sum_{k=1}^{n-1}(S_{k+1} - S_k)$
としてもよいが，その場合 S_1 の値を求める必要がある。

INFORMATION ── 第 0 項から始まる数列

第 0 項が定義された数列 $\{a_n\}$：a_0，a_1，a_2，a_3，……，a_n，…… を考える。

[1]　公差 d の等差数列　$a_n = a_0 + nd$ $(n \geqq 0)$

[2]　公比 r の等比数列　$a_n = a_0 \cdot r^n$ $(n \geqq 0)$

[1]
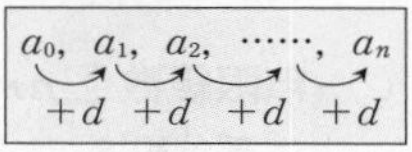

[2]
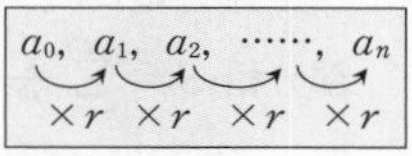

[3]　第 0 項から第 n 項までの和

$$S_n = a_0 + a_1 + a_2 + \cdots\cdots + a_n = \sum_{k=0}^{n} a_k$$

Σ の公式を利用するには，$S_n = a_0 + \sum_{k=1}^{n} a_k$ と変形すると考えやすい。

[4]　階差数列　$a_{n+1} - a_n = b_n$ とおくと，$n \geqq 1$ のとき

$$a_n = a_0 + (a_1 - a_0) + (a_2 - a_1) + \cdots\cdots + (a_n - a_{n-1})$$
$$= a_0 + \sum_{k=0}^{n-1}(a_{k+1} - a_k) = a_0 + \sum_{k=0}^{n-1} b_k$$

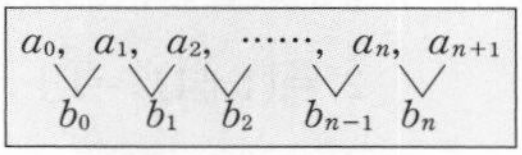

注意　第 0 項から始まる数列が与えられた場合，安易に公式を使おうとせず，意味をきちんととらえて計算するように心掛けよう。

inf.　この例題の図形 A_n で $n \longrightarrow \infty$ とした図形を **コッホ雪片** という。
参考までに，コッホ雪片の周の長さを考えてみよう。図形 A_n の 1 辺の長さを b_n とする。
正三角形 A_0 の面積が 1 より，$\frac{1}{2}\times b_0 \times \frac{\sqrt{3}}{2}b_0 = 1$ であるから　$b_0 = \frac{2}{\sqrt[4]{3}}$
右図より，$b_n = \frac{1}{3}b_{n-1}$ であるから　$b_n = \left(\frac{1}{3}\right)^n b_0$　よって　$b_n = \frac{2}{\sqrt[4]{3}}\left(\frac{1}{3}\right)^n$

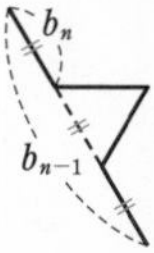

A_n の周の長さは a_nb_n であるから，① より　$a_nb_n = 3\cdot 4^n \cdot \frac{2}{\sqrt[4]{3}}\left(\frac{1}{3}\right)^n = \frac{6}{\sqrt[4]{3}}\left(\frac{4}{3}\right)^n$

$1 < \frac{4}{3}$ から　$\displaystyle\lim_{n\to\infty} a_nb_n = \lim_{n\to\infty}\frac{6}{\sqrt[4]{3}}\left(\frac{4}{3}\right)^n = \infty$　よって，周の長さは正の無限大に発散する。

PRACTICE 33[4]

二等辺三角形 ABC に図のように正方形 DEFG が内接している。AB＝AC＝a，BC＝2 とするとき

(1)　正方形 DEFG の面積 S_1 を求めよ。

(2)　二等辺三角形 ADG に内接する正方形 D′E′F′G′ の面積を S_2，二等辺三角形 AD′G′ に内接する正方形の面積を S_3，以下同様に正方形を作っていき，その面積を S_4，S_5，…… とする。このとき，無限級数 $S_1 + S_2 + S_3 + S_4 + S_5 + \cdots\cdots$ の和 S_∞ を求めよ。　［お茶の水大］

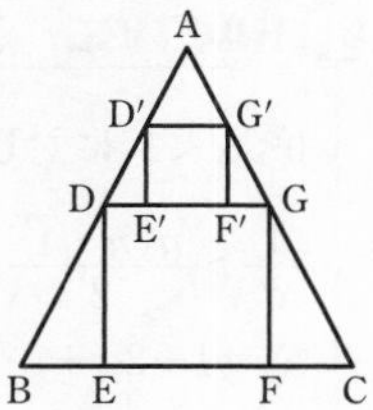

重要 例題 34　無限級数 $\sum nr^n$

次の (1), (2) が成り立つことを示せ。

(1) $\displaystyle\lim_{n\to\infty}\frac{n}{2^n}=0$　　(2) $\displaystyle\sum_{n=1}^{\infty}\frac{n}{2^n}=2$　〔類 工学院大〕

重要 20, 数学B基本 22

CHART & SOLUTION

(1) **求めにくい極限**　はさみうちの原理を利用

二項定理を用いて，$\dfrac{n}{2^n}$ をはさみうちにする（重要例題 20 を参照）。

(2) **無限級数 $\sum nr^n$**　$S-rS$ を作る（r は公比）

まず **部分和 S_n** を求め，$n\longrightarrow\infty$ の極限をとる。

部分和 $S_n=\displaystyle\sum_{k=1}^{n}\frac{k}{2^k}=\sum_{k=1}^{n}\frac{k}{2}\left(\frac{1}{2}\right)^{k-1}$ は，$S_n-\dfrac{1}{2}S_n$ を作って求める。

解答

(1) $n\geqq2$ のとき，二項定理により

$$2^n=(1+1)^n=1+n+\frac{n(n-1)}{2}+\cdots\cdots>\frac{n(n-1)}{2}$$

⇐ ${}_nC_0\cdot1^n+{}_nC_1\cdot1^{n-1}\cdot1+{}_nC_2\cdot1^{n-2}\cdot1^2+\cdots\cdots>{}_nC_2\cdot1^{n-2}\cdot1^2$

よって　$0<\dfrac{n}{2^n}<\dfrac{2}{n-1}$

ここで，$\displaystyle\lim_{n\to\infty}\frac{2}{n-1}=0$ であるから　$\displaystyle\lim_{n\to\infty}\frac{n}{2^n}=0$

⇐ はさみうちの原理

(2)　$S_n=\dfrac{1}{2}+\dfrac{2}{2^2}+\dfrac{3}{2^3}+\cdots\cdots+\dfrac{n}{2^n}$ とすると

$\dfrac{1}{2}S_n=\qquad\dfrac{1}{2^2}+\dfrac{2}{2^3}+\cdots\cdots+\dfrac{n-1}{2^n}+\dfrac{n}{2^{n+1}}$

よって　$S_n-\dfrac{1}{2}S_n=\dfrac{1}{2}+\dfrac{1}{2^2}+\dfrac{1}{2^3}+\cdots\cdots+\dfrac{1}{2^n}-\dfrac{n}{2^{n+1}}$

⇐ ＿＿の部分は，初項 $\dfrac{1}{2}$，公比 $\dfrac{1}{2}$，項数 n の等比数列の和。

ゆえに　$\dfrac{1}{2}S_n=\dfrac{1}{2}\cdot\dfrac{1-\left(\dfrac{1}{2}\right)^n}{1-\dfrac{1}{2}}-\dfrac{n}{2^{n+1}}=1-\dfrac{1}{2^n}-\dfrac{n}{2^{n+1}}$

したがって　$\displaystyle\sum_{n=1}^{\infty}\frac{n}{2^n}=\lim_{n\to\infty}S_n=\lim_{n\to\infty}\left(2-\frac{1}{2^{n-1}}-\frac{n}{2^n}\right)=2$

⇐ (1) の結果を利用。

PRACTICE 34[4]

$0<x<1$ に対して，$\dfrac{1}{x}=1+h$ とおくと，$h>0$ である。二項定理を用いて，$\dfrac{1}{x^n}>\dfrac{n(n-1)}{2}h^2$ $(n\geqq2)$ が示されるから，$\displaystyle\lim_{n\to\infty}nx^n=$ ア□ である。したがって，$S_n=1+2x+\cdots\cdots+nx^{n-1}$ とおくと，$\displaystyle\lim_{n\to\infty}S_n=$ イ□ である。〔芝浦工大〕

EXERCISES　4 無限級数

A

25[3] 次の無限級数の和を求めよ。 ［(2) 芝浦工大］

(1) $\displaystyle\sum_{n=2}^{\infty}\frac{\log_{10}\left(1+\frac{1}{n}\right)}{\log_{10}n\log_{10}(n+1)}$　(2) $\displaystyle\sum_{n=1}^{\infty}\frac{n}{(4n^2-1)^2}$

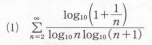

→ 26

26[2] 次の無限級数の和を求めよ。 ［(3) 近畿大］

(1) $\displaystyle\sum_{n=0}^{\infty}\frac{1}{3^n}$　(2) $\displaystyle\sum_{n=0}^{\infty}\frac{1}{5^n}\cos n\pi$　(3) $\displaystyle\sum_{n=0}^{\infty}\frac{1}{7^n}\sin\frac{n\pi}{2}$

→ p.53 2

27[3] 1個のサイコロを1回目にAが投げ，2回目にBが投げ，以下，この順番でA，Bが交互にサイコロを投げる。このとき，先に1または2の目を出した者を勝者とする。

(1) 3回目にAが勝つ確率を求めよ。

(2) $(2n-1)$ 回目までにAが勝つ確率を p_n とするとき，$\displaystyle\lim_{n\to\infty}p_n$ を求めよ。

［東京理科大］ → p.53 2

28[3] $0\leqq x\leqq 2\pi$ を満たす実数 x と自然数 n に対して，$S_n=\displaystyle\sum_{k=1}^{n}(\cos x-\sin x)^k$ と定める。数列 $\{S_n\}$ が収束する x の範囲を求め，x がその範囲にあるときに極限値 $\displaystyle\lim_{n\to\infty}S_n$ を求めよ。 ［名古屋工大］ → 27

29[3] $B_0C_0=1$，$\angle A=\theta$，$\angle B_0=90^\circ$ の直角三角形 AB_0C_0 の内部に，正方形 $B_0B_1C_1D_1$，$B_1B_2C_2D_2$，$B_2B_3C_3D_3$，…… を限りなく作る。
n 番目の正方形 $B_{n-1}B_nC_nD_n$ の1辺の長さを a_n，面積を S_n とすると，1以上の各自然数 k に対し $a_k=ra_{k-1}$ が成り立つ。ただし，$a_0=1$ とする。

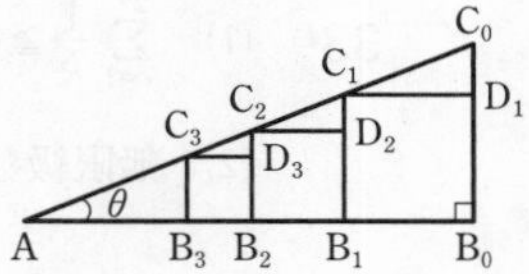

(1) r を $\tan\theta$ を使って表せ。

(2) $0<r<1$ を利用して，無限級数の和 $S_1+S_2+S_3+\cdots\cdots$ を $\tan\theta$ を使って表せ。 ［大阪産大］ → 29

B

30[3] 次の無限級数の収束，発散を調べ，収束するときはその和を求めよ。

(1) $\left(\frac{1}{2}-\frac{2}{3}\right)+\left(\frac{2}{3}-\frac{3}{4}\right)+\left(\frac{3}{4}-\frac{4}{5}\right)+\cdots\cdots$

(2) $\frac{1}{2}-\frac{2}{3}+\frac{2}{3}-\frac{3}{4}+\frac{3}{4}-\frac{4}{5}+\cdots\cdots$

(3) $2-\frac{3}{2}+\frac{3}{2}-\frac{4}{3}+\frac{4}{3}-\cdots\cdots-\frac{n+1}{n}+\frac{n+1}{n}-\frac{n+2}{n+1}+\cdots\cdots$

→ 30, 31, 32

HINT

30 (1)，(2) は同じ級数のように見えても異なるものである。
(1) ( ) 内が1つの項。
(2)，(3) S_{2n-1}，S_{2n} の極限を比べる。

2章 4 無限級数

B

31③ nを正の整数とし，rを $r>1$ を満たす実数とする。

$$a_1r+a_2r^2+\cdots\cdots+a_nr^n=(-1)^n$$

を満たす数列$\{a_n\}$について

(1) a_1，a_2，a_3をrを用いて表せ。

(2) $n\geqq 2$ のとき，a_nをrを用いて表せ。

(3) 無限級数の和 $a_1+a_2+\cdots\cdots+a_n+\cdots\cdots$ を求めよ。〔群馬大〕

→ p.53 2

32③ 原点をOとする座標平面において，点P_0を原点Oとし，点P_nと$\overrightarrow{r_n}$を

$$\overrightarrow{r_n}=\overrightarrow{P_{n-1}P_n}=\left(\frac{1}{2^{n-1}}\cos\frac{(n-1)\pi}{2},\ \frac{1}{2^{n-1}}\sin\frac{(n-1)\pi}{2}\right)\ (n=1,\ 2,\ 3,\ \cdots\cdots)$$

によって順次定める。

(1) $\overrightarrow{r_1}$，$\overrightarrow{r_2}$を求めよ。

(2) $\overrightarrow{r_n}=(x_n,\ y_n)$ $(n=1,\ 2,\ 3,\ \cdots\cdots)$ とする。$k=1,\ 2,\ 3,\ \cdots\cdots$ に対し

(ア) x_{2k+1}をx_{2k-1}で表せ。また，x_{2k}を求めよ。

(イ) y_{2k+2}をy_{2k}で表せ。また，y_{2k-1}を求めよ。

(3) $n\longrightarrow\infty$ のとき，点P_nが限りなく近づく点の座標を求めよ。

〔類 金沢工大〕 → 28, 32

33④ (1) $\displaystyle\sum_{k=1}^{2^n}\frac{1}{k}\geqq\frac{n}{2}+1$ を証明せよ。

(2) 無限級数 $1+\dfrac{1}{2}+\dfrac{1}{3}+\cdots\cdots+\dfrac{1}{n}+\cdots\cdots$ は発散することを証明せよ。

→ p.54 5

34④ 1辺の長さ1の正四面体の4つの頂点をA_0，B_0，C_0，D_0とする。この正四面体の各面$\triangle A_0B_0C_0$，$\triangle A_0B_0D_0$，$\triangle A_0C_0D_0$，$\triangle B_0C_0D_0$の重心をそれぞれD_1，C_1，B_1，A_1とする。正四面体$A_1B_1C_1D_1$についても，同じように各面の重心をとり，それをD_2，C_2，B_2，A_2として，正四面体$A_2B_2C_2D_2$を作る。以下同じように正四面体$A_nB_nC_nD_n$ $(n=3,\ 4,\ 5,\ \cdots\cdots)$を作り，その体積を$V_n$とする。このとき，次の問いに答えよ。〔青山学院大〕

(1) V_0を求めよ。 (2) V_1を求めよ。

(3) 極限 $\displaystyle\lim_{n\to\infty}(V_0+V_1+V_2+\cdots\cdots+V_n)$ の値を求めよ。 → 29, 33

HINT

31 (2) $n\geqq 2$ のとき $a_nr^n=(a_1r+a_2r^2+\cdots\cdots+a_nr^n)-(a_1r+a_2r^2+\cdots\cdots+a_{n-1}r^{n-1})$

32 (3) $\overrightarrow{OP_n}=\overrightarrow{r_1}+\overrightarrow{r_2}+\cdots\cdots+\overrightarrow{r_n}$ である。また，極限はP_{2n}とP_{2n+1}の場合に分けて考える。

33 (1) 数学的帰納法によって証明。

(2) $n\geqq 2^m$ とすると $\displaystyle\sum_{k=1}^{n}\frac{1}{k}\geqq\sum_{k=1}^{2^m}\frac{1}{k}\geqq\frac{m}{2}+1$

34 (1) A_0から$\triangle B_0C_0D_0$に下ろした垂線の足は$\triangle B_0C_0D_0$の重心A_1である。

(2) 正四面体$A_0B_0C_0D_0$と$A_1B_1C_1D_1$の相似比を求める。**(体積比)=(相似比)**^{3} を利用。

5 関数の極限

基本事項

1 関数の極限

① 関数の極限 $\begin{cases} 1\text{つの有限な値} \cdots\cdots \text{極限値} \\ \infty \\ -\infty \\ \text{極限はない} \end{cases}$

- 1つの有限な値 …… 極限値 } 極限がある
- ∞, $-\infty$ } 極限値はない } 極限がある
- 極限はない …………………… 極限がない

② **右側極限** $\displaystyle\lim_{x\to a+0} f(x)$　$x>a$ の範囲で，$x \longrightarrow a$ のときの $f(x)$ の極限

左側極限 $\displaystyle\lim_{x\to a-0} f(x)$　$x<a$ の範囲で，$x \longrightarrow a$ のときの $f(x)$ の極限

注意　$a=0$ の場合は簡単に $x \longrightarrow +0$，$x \longrightarrow -0$ と書く。

2 関数の極限の性質

$\displaystyle\lim_{x\to a} f(x)=\alpha$，$\displaystyle\lim_{x\to a} g(x)=\beta$（$\alpha$，$\beta$ は有限な値）とする。

1　$\displaystyle\lim_{x\to a}\{kf(x)+lg(x)\}=k\alpha+l\beta$　（ただし，k，l は定数）

2　積　$\displaystyle\lim_{x\to a} f(x)g(x)=\alpha\beta$　　3　商　$\displaystyle\lim_{x\to a}\frac{f(x)}{g(x)}=\frac{\alpha}{\beta}$　（ただし，$\beta \neq 0$）

注意　以上のことは，$x \longrightarrow a$ を $x \longrightarrow \infty$，$x \longrightarrow -\infty$ としても成り立つ。

3 指数関数，対数関数の極限

① 指数関数 $y=a^x$ について

$a>1$ のとき　$\displaystyle\lim_{x\to\infty} a^x=\infty$，$\displaystyle\lim_{x\to-\infty} a^x=0$

$0<a<1$ のとき　$\displaystyle\lim_{x\to\infty} a^x=0$，$\displaystyle\lim_{x\to-\infty} a^x=\infty$

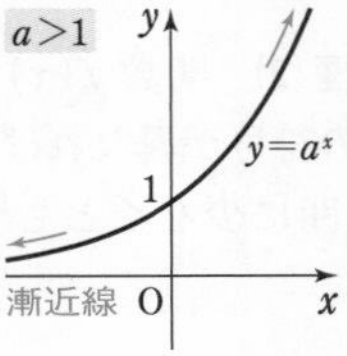

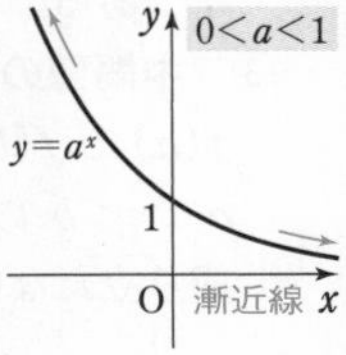

② 対数関数 $y=\log_a x$ について

$a>1$ のとき　$\displaystyle\lim_{x\to\infty}\log_a x=\infty$，

$\displaystyle\lim_{x\to+0}\log_a x=-\infty$

$0<a<1$ のとき　$\displaystyle\lim_{x\to\infty}\log_a x=-\infty$，

$\displaystyle\lim_{x\to+0}\log_a x=\infty$

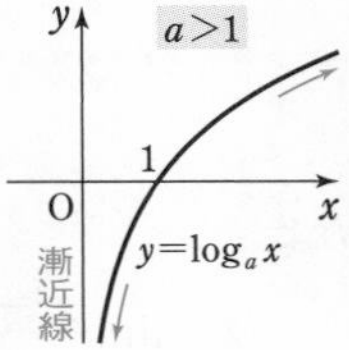

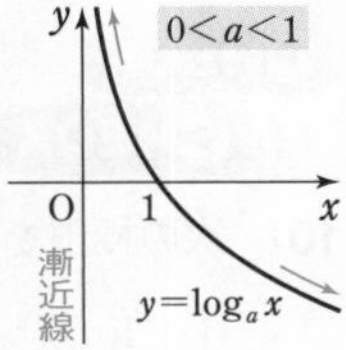

4 関数の極限の大小関係

① $\displaystyle\lim_{x\to a} f(x)=\alpha$，$\displaystyle\lim_{x\to a} g(x)=\beta$ とする。　← 1，2 は，$x \longrightarrow a+0$，$x \longrightarrow a-0$ でも成り立つ。

1　**$x=a$ の近くで，常に $f(x) \leqq g(x)$ ならば　$\alpha \leqq \beta$**

2　**$x=a$ の近くで，常に $f(x) \leqq h(x) \leqq g(x)$ かつ $\alpha=\beta$ ならば**

　　$\displaystyle\lim_{x\to a} h(x)=\alpha$　（はさみうちの原理）

② **十分大きい x で常に $f(x) \leqq g(x)$ かつ $\displaystyle\lim_{x\to\infty} f(x)=\infty$ ならば　$\displaystyle\lim_{x\to\infty} g(x)=\infty$**

5 三角関数の極限 （x の単位はラジアン）

$$\lim_{x\to 0}\frac{\sin x}{x}=1,\quad \lim_{x\to 0}\frac{x}{\sin x}=1,\quad \lim_{x\to 0}\frac{\tan x}{x}=1$$

証明　$\displaystyle\lim_{x\to 0}\frac{\tan x}{x}=\lim_{x\to 0}\frac{\sin x}{x}\cdot\frac{1}{\cos x}=1\cdot\frac{1}{\cos 0}=1$

6 関数の連続・不連続

① **$x=a$ で連続**　関数 $f(x)$ において，その定義域内の x の値 a に対して，極限値 $\displaystyle\lim_{x\to a}f(x)$ が存在し，かつ $\displaystyle\lim_{x\to a}f(x)=f(a)$ が成り立つとき，$f(x)$ は $x=a$ で **連続** であるという。このとき，$y=f(x)$ のグラフは $x=a$ でつながっている。

② **不連続**　関数 $f(x)$ が $x=a$ で連続でないとき，$f(x)$ は $x=a$ で **不連続** であるという。このとき，$y=f(x)$ のグラフは $x=a$ で切れている。

③ 関数 $f(x)$，$g(x)$ がともに $x=a$ で連続ならば，次の関数も $x=a$ で連続。

1　$kf(x)+lg(x)$　（k，l は定数）　　2　$f(x)g(x)$　　3　$\dfrac{f(x)}{g(x)}$　（$g(a)\neq 0$）

7 連続関数の性質

① **最大値・最小値の定理**　閉区間で連続な関数は，その区間で最大値および最小値をもつ。

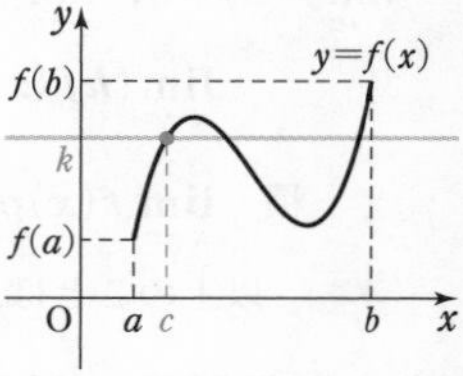

② **中間値の定理**(1)　関数 $f(x)$ が閉区間 $[a,\ b]$ で連続で，$f(a)\neq f(b)$ ならば，$f(a)$ と $f(b)$ の間の任意の値 k に対して　$f(c)=k$，$a<c<b$　を満たす実数 c が少なくとも1つある。

③ **中間値の定理**(2)　関数 $f(x)$ が閉区間 $[a,\ b]$ で連続で，$f(a)$ と $f(b)$ の符号が異なれば，方程式 $f(x)=0$ は $a<x<b$ の範囲に少なくとも1つの実数解をもつ（逆は成り立たない）。

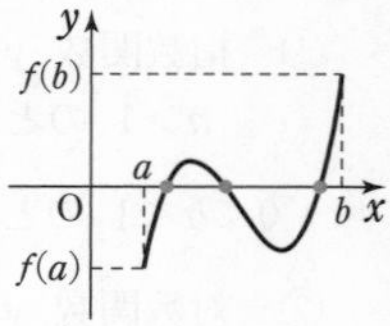

CHECK & CHECK

10　次の極限を求めよ。

(1) $\displaystyle\lim_{x\to 2}x^2$　　(2) $\displaystyle\lim_{x\to 1}\frac{x^2-x+3}{x+1}$　　(3) $\displaystyle\lim_{x\to -3}\frac{1}{(x+3)^2}$　　(4) $\displaystyle\lim_{x\to -\infty}x^3$

→ 1, 2

11　次の極限を求めよ。

(1) $\displaystyle\lim_{x\to\infty}(\sqrt{2})^x$　　(2) $\displaystyle\lim_{x\to\infty}\left(\frac{2}{3}\right)^x$　　(3) $\displaystyle\lim_{x\to\infty}\log_3\frac{x^2}{x+1}$　→ 3

12　次の極限を求めよ。

(1) $\displaystyle\lim_{x\to 0}\frac{\sin x}{3x}$　　(2) $\displaystyle\lim_{x\to 0}\frac{3x^2}{\sin^2 x}$　　(3) $\displaystyle\lim_{x\to\infty}\tan\frac{1}{x}$　→ 5

基本 例題 35 関数の極限 (1) $x \longrightarrow a$ ⓹⓹⓹⓹⓹

次の極限を求めよ。 [(3) 北見工大]

(1) $\displaystyle\lim_{x\to-1}\frac{x^2-x-2}{x^3+1}$ (2) $\displaystyle\lim_{x\to0}\frac{1}{x}\left(\frac{2}{x-2}+1\right)$

(3) $\displaystyle\lim_{x\to0}\frac{\sqrt{1+x}-\sqrt{1-x}}{x}$

p.69 基本事項 1, 2, 基本 13,14

CHART & SOLUTION

関数の極限を求める式変形 ($x \longrightarrow a$)

1 約分 2 くくり出し

すべて $\frac{0}{0}$ の形となる **不定形の極限** である。数列の場合 (基本例題 13, 14) と同じように，**極限が求められる形に変形** する。

(1) 分母・分子に $x=-1$ を代入すると 0 であるから，ともに因数 $x+1$ をもつ。よって，$x+1$ で **約分** すると，極限が求められる形になる。

(2) ( ) 内を通分すると，分子に x が現れ，x で **約分** できる。

(3) 分子の無理式を **有理化** すると，分子に x が現れ，x で **約分** できる。

解答

(1) $\displaystyle\lim_{x\to-1}\frac{x^2-x-2}{x^3+1}=\lim_{x\to-1}\frac{(x+1)(x-2)}{(x+1)(x^2-x+1)}$

$\displaystyle=\lim_{x\to-1}\frac{x-2}{x^2-x+1}=\mathbf{-1}$

⇦ $x \longrightarrow -1$ は，x が -1 と異なる値をとりながら -1 に近づくのだから，$x \neq -1$ として変形してよい。

(2) $\displaystyle\lim_{x\to0}\frac{1}{x}\left(\frac{2}{x-2}+1\right)=\lim_{x\to0}\left\{\frac{1}{x}\cdot\frac{2+(x-2)}{x-2}\right\}=\lim_{x\to0}\frac{x}{x(x-2)}$

$\displaystyle=\lim_{x\to0}\frac{1}{x-2}=\mathbf{-\frac{1}{2}}$

(3) $\displaystyle\lim_{x\to0}\frac{\sqrt{1+x}-\sqrt{1-x}}{x}=\lim_{x\to0}\frac{(1+x)-(1-x)}{x(\sqrt{1+x}+\sqrt{1-x})}$

$\displaystyle=\lim_{x\to0}\frac{2x}{x(\sqrt{1+x}+\sqrt{1-x})}$

$\displaystyle=\lim_{x\to0}\frac{2}{\sqrt{1+x}+\sqrt{1-x}}=\frac{2}{2}=\mathbf{1}$

⇦ 分子の有理化

PRACTICE 35②

次の極限を求めよ。 [(4) 防衛大]

(1) $\displaystyle\lim_{x\to-1}\frac{x^3+3x^2-2}{2x^2+x-1}$ (2) $\displaystyle\lim_{x\to2}\frac{1}{x-2}\left(\frac{4}{x}-2\right)$

(3) $\displaystyle\lim_{x\to1}\frac{x-1}{\sqrt{2+x}-\sqrt{4-x}}$ (4) $\displaystyle\lim_{x\to1}\frac{\sqrt{3x+1}-2}{\sqrt{2x-1}-1}$

基本 例題 36 極限値から関数の係数決定

次の等式が成り立つように，定数 a，b の値を定めよ。〔青山学院大〕

$$\lim_{x\to 3}\frac{\sqrt{3x+a}-b}{x-3}=\frac{3}{8}$$

基本 35

CHART & SOLUTION

極限値から係数決定

(分母) ⟶ 0 ならば (分子) ⟶ 0 (必要条件) ……!

$\lim_{x\to 3}(x-3)=0$ であるから　$\lim_{x\to 3}(\sqrt{3x+a}-b)=\lim_{x\to 3}\frac{\sqrt{3x+a}-b}{x-3}\cdot(x-3)=\frac{3}{8}\cdot 0=0$

よって，$\lim_{x\to 3}(\sqrt{3x+a}-b)=0$ であることが **必要条件**。これから，例えば b を a で表し，等式を満たす a，b の値を求めると，これは **必要十分条件**。

解答

$$\lim_{x\to 3}\frac{\sqrt{3x+a}-b}{x-3}=\frac{3}{8}\quad\cdots\cdots ①$$

が成り立つとする。$\lim_{x\to 3}(x-3)=0$ であるから

$$\lim_{x\to 3}(\sqrt{3x+a}-b)=0$$

! よって，$\sqrt{9+a}-b=0$ となり　$b=\sqrt{9+a}$ ……②

このとき　$\lim_{x\to 3}\frac{\sqrt{3x+a}-b}{x-3}=\lim_{x\to 3}\frac{\sqrt{3x+a}-\sqrt{9+a}}{x-3}$

$$=\lim_{x\to 3}\frac{(3x+a)-(9+a)}{(x-3)(\sqrt{3x+a}+\sqrt{9+a})}$$

$$=\lim_{x\to 3}\frac{3}{\sqrt{3x+a}+\sqrt{9+a}}=\frac{3}{2\sqrt{9+a}}$$

$\frac{3}{2\sqrt{9+a}}=\frac{3}{8}$ のとき ① が成り立つから　$\boldsymbol{a=7}$

このとき，② から　$\boldsymbol{b=4}$

⇦ **必要条件**
$\lim_{x\to 3}(\sqrt{3x+a}-b)\neq 0$ とすると，極限値が存在しない。

⇦ 分子を有理化。

⇦ $2\sqrt{9+a}=8$ から $9+a=16$

POINT

$$\lim_{x\to a}\frac{f(x)}{g(x)}=\alpha \text{ かつ } \lim_{x\to a}g(x)=0 \text{ ならば } \lim_{x\to a}f(x)=0$$

証明　$\lim_{x\to a}\frac{f(x)}{g(x)}=\alpha$ かつ $\lim_{x\to a}g(x)=0$ から

$$\lim_{x\to a}f(x)=\lim_{x\to a}\frac{f(x)}{g(x)}\cdot g(x)=\lim_{x\to a}\frac{f(x)}{g(x)}\cdot\lim_{x\to a}g(x)=\alpha\cdot 0=0$$

PRACTICE 36②

次の等式が成り立つように，定数 a，b の値を定めよ。

(1) $\lim_{x\to 2}\frac{x^2+ax+12}{x^2-5x+6}=b$ 〔日本女子大〕　(2) $\lim_{x\to 1}\frac{a\sqrt{x+5}-b}{x-1}=4$ 〔関東学院大〕

ズームUP 極限値が存在するための条件

なぜ分子について，極限 $\lim_{x \to 3}(\sqrt{3x+a}-b)=0$ を考えるのでしょうか？

極限値の式から条件を取り出す

これまで極限を求めるときには，不定形を解消するように変形をしていたが，逆に，分母が 0 に収束するような式の極限値が存在するためには，$\frac{0}{0}$ の形の不定形である必要がある。

$\lim_{x \to 3}\frac{\sqrt{3x+a}-b}{x-3}=\frac{3}{8}$
(分母) ⟶ 0 のときは，
(分子) ⟶ 0 でないと，
発散してしまいます！

必要条件と十分条件について詳しく見てみよう

(分子) ⟶ 0 として得られた関係式 $b=\sqrt{9+a}$ は等式 ① が成り立つための必要条件であり，十分条件ではない。これは，次のように考えることができる。
(分子) ⟶ 0 となることを示した式を改めて見てみよう。

$$\lim_{x \to 3}(\sqrt{3x+a}-b)=\lim_{x \to 3}\frac{\sqrt{3x+a}-b}{x-3}\cdot(x-3)=\frac{3}{8}\cdot 0=0$$

つまり，(分子) ⟶ 0 は $\frac{\sqrt{3x+a}-b}{x-3}$ が $x \longrightarrow 3$ のとき **極限値をもつ（有限な値に収束する）ための条件** であり，その値が $\frac{3}{8}$ であることには関係なく成り立つ。

（0 を掛けているから，$\frac{3}{8}$ の部分が $\frac{3}{8}$ 以外の値でも成り立つ。）

そのため，(分子) ⟶ 0 として得られた $b=\sqrt{9+a}$ が成り立っていても，$\lim_{x \to 3}\frac{\sqrt{3x+a}-b}{x-3}=\frac{3}{8}$ が成り立つとは限らない。

解答の後半では，$b=\sqrt{9+a}$ を用いて $\lim_{x \to 3}\frac{\sqrt{3x+a}-b}{x-3}$ が実際に $\frac{3}{8}$ となる a，b を求めている。これは十分条件であり，$b=\sqrt{9+a}$ も満たす。
したがって，必要十分条件であり，求める値となる。

極限における式変形のポイント

この例題において，a と b の関係式を求めるときに，

$$\lim_{x \to 3}(\sqrt{3x+a}-b)=\lim_{x \to 3}\frac{\sqrt{3x+a}-b}{x-3}\cdot(x-3)=\frac{3}{8}\cdot 0=0$$

のように変形を行った。このように，極限における式変形のポイントは，**収束する部分が現れるように変形をする** ことである。

今後よく用いる変形の方法なので，必ず覚えておきましょう。

基本 例題 37 片側からの極限

次の場合の極限を調べよ。

(1) $x \longrightarrow 2$ のときの $\dfrac{x-3}{x-2}$　　(2) $x \longrightarrow 0$ のときの $\dfrac{x}{|x|}$

p.69 基本事項 1

CHART & SOLUTION

右側・左側の極限に分ける

$$\lim_{x\to a+0} f(x)=\lim_{x\to a-0} f(x)=\alpha \iff \lim_{x\to a} f(x)=\alpha$$

$\displaystyle\lim_{x\to a+0} f(x) \neq \lim_{x\to a-0} f(x) \iff x \longrightarrow a$ **のときの** $f(x)$ **の極限はない**

(2) 絶対値は場合に分けて，絶対値記号をはずして考える。

$a \geqq 0$ のとき $|a|=a$，$a<0$ のとき $|a|=-a$

解答

(1) $x>2$ のとき　$x-2>0$

$x \longrightarrow 2+0$ のとき $x-3 \longrightarrow -1$

よって　$\displaystyle\lim_{x\to 2+0}\frac{x-3}{x-2}=-\infty$

$x<2$ のとき　$x-2<0$

$x \longrightarrow 2-0$ のとき $x-3 \longrightarrow -1$

よって　$\displaystyle\lim_{x\to 2-0}\frac{x-3}{x-2}=\infty$

ゆえに，$x \longrightarrow 2$ のときの $\dfrac{x-3}{x-2}$ の **極限はない。**

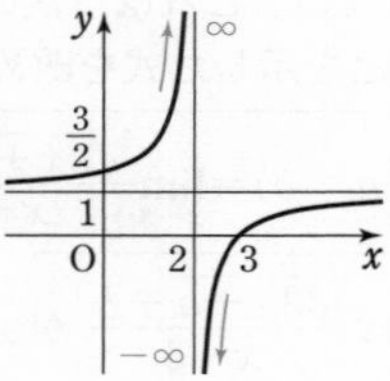

(2) $x>0$ のとき

$$\lim_{x\to+0}\frac{x}{|x|}=\lim_{x\to+0}\frac{x}{x}=\lim_{x\to+0}1=1$$

$x<0$ のとき

$$\lim_{x\to-0}\frac{x}{|x|}=\lim_{x\to-0}\frac{x}{-x}=\lim_{x\to-0}(-1)=-1$$

ゆえに，$x \longrightarrow 0$ のときの $\dfrac{x}{|x|}$ の **極限はない。**

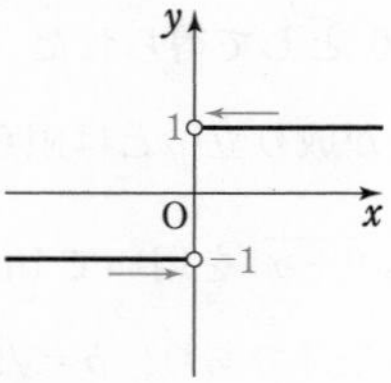

(1) $y=\dfrac{x-3}{x-2}=-\dfrac{1}{x-2}+1$

inf. 解答には書けないが $\dfrac{x-3}{x-2}$ は，$x \longrightarrow 2+0$ のとき $\dfrac{-1}{+0}=-\infty$，$x \longrightarrow 2-0$ のとき $\dfrac{-1}{-0}=\infty$ と考えることもできる。

(2) $y=\dfrac{x}{|x|}=\begin{cases} 1 & (x>0) \\ -1 & (x<0) \end{cases}$

PRACTICE 37[2]

次の関数について $x \longrightarrow 1-0$，$x \longrightarrow 1+0$，$x \longrightarrow 1$ のときの極限をそれぞれ調べよ。

(1) $\dfrac{x^2}{x-1}$　　(2) $\dfrac{x}{(x-1)^2}$　　(3) $\dfrac{|x-1|}{x^3-1}$

基本 例題 38 関数の極限 (2) $x \longrightarrow \pm\infty$ その1

次の極限を求めよ。

(1) $\displaystyle\lim_{x\to\infty}(x^3-3x^2+5)$　　(2) $\displaystyle\lim_{x\to-\infty}\frac{x^2+3x}{x-2}$

(3) $\displaystyle\lim_{x\to-\infty}\frac{2^{-x}}{3^x+3^{-x}}$　　(4) $\displaystyle\lim_{x\to\infty}\{\log_3(9x^2+4)-\log_3(x^2+2x)\}$

p. 69 基本事項 1, 2, 基本 13, 16, 35

CHART & SOLUTION

関数の極限 ($x \longrightarrow \pm\infty$)　極限が求められる形に変形

(1), (4) $\infty-\infty$, (2), (3) $\dfrac{\infty}{\infty}$ の **不定形** であるから，極限が求められる形に変形。

(1) 最高次の項 x^3 を **くくり出す。**

(2) 分母の最高次の項 x で分母・分子を **割る。**

(3) $x \longrightarrow -\infty$ は，$x=-t$ とおいて，$t \longrightarrow \infty$ の極限におき換えると考えやすい。

(4) $\log_a M-\log_a N=\log_a\dfrac{M}{N}$ を利用して，$\log_3 f(x)$ の形にまとめてから，$f(x)$ の極限を考える。

解答

(1) $\displaystyle\lim_{x\to\infty}(x^3-3x^2+5)=\lim_{x\to\infty}x^3\left(1-\frac{3}{x}+\frac{5}{x^3}\right)=\infty$

(2) $\displaystyle\lim_{x\to-\infty}\frac{x^2+3x}{x-2}=\lim_{x\to-\infty}\frac{x+3}{1-\dfrac{2}{x}}=-\infty$

← 分母・分子を分母の最高次の項 x で割る。

(3) $x=-t$ とおくと，$x \longrightarrow -\infty$ のとき $t \longrightarrow \infty$ であるから

$$\lim_{x\to-\infty}\frac{2^{-x}}{3^x+3^{-x}}=\lim_{t\to\infty}\frac{2^t}{3^{-t}+3^t}=\lim_{t\to\infty}\frac{\left(\dfrac{2}{3}\right)^t}{\left(\dfrac{1}{3}\right)^{2t}+1}=\frac{0}{0+1}=\mathbf{0}$$

← 分母・分子を 3^t で割る。$x \longrightarrow \infty$ のとき $a>1$ ならば $a^x \longrightarrow \infty$，$0<a<1$ ならば $a^x \longrightarrow 0$

(4) $\displaystyle\lim_{x\to\infty}\{\log_3(9x^2+4)-\log_3(x^2+2x)\}$

$$=\lim_{x\to\infty}\log_3\frac{9x^2+4}{x^2+2x}=\lim_{x\to\infty}\log_3\frac{9+\dfrac{4}{x^2}}{1+\dfrac{2}{x}}$$

← 真数の分母・分子を x^2 で割る。

$=\log_3 9=\mathbf{2}$

← $\log_3 9=\log_3 3^2$

PRACTICE 38②

次の極限を求めよ。

(1) $\displaystyle\lim_{x\to-\infty}(x^3-2x)$　　(2) $\displaystyle\lim_{x\to\infty}\frac{5-2x^3}{3x+x^3}$

(3) $\displaystyle\lim_{x\to-\infty}\frac{4^x-3^x}{4^x+3^x}$　　(4) $\displaystyle\lim_{x\to\infty}\{\log_2(x^2+5x)-\log_2(4x^2+1)\}$

基本 例題 39 関数の極限 (3) $x \longrightarrow \pm\infty$ その 2

次の極限を求めよ。 ［(2) 愛媛大］

(1) $\displaystyle\lim_{x\to\infty}(\sqrt{x^2-2x}-x)$　　(2) $\displaystyle\lim_{x\to-\infty}(\sqrt{9x^2+x}+3x)$

基本 14, 38

CHART & SOLUTION

無理式の不定形の極限　有理化して極限が求められる形に変形

(1), (2) はともに $\infty-\infty$ の **不定形** の無理式であるから，まず分子の **有理化** を行い，分母・分子を x で割れば極限が求められる形に変形できる。

(2) は，$x=-t$ のおき換えによって，$t \longrightarrow \infty$ を考えるのが安全。

別解　おき換えを行わない解法。変形の際，$\boldsymbol{x<0}$ **のとき** $\boldsymbol{\sqrt{x^2}=|x|=-x}$ に注意して変形する必要がある。$\longrightarrow$ おき換えによる解法が安全，としているのはこのため。

解答

(1) $\displaystyle\lim_{x\to\infty}(\sqrt{x^2-2x}-x)=\lim_{x\to\infty}\frac{(x^2-2x)-x^2}{\sqrt{x^2-2x}+x}$

$\displaystyle=\lim_{x\to\infty}\frac{-2x}{\sqrt{x^2-2x}+x}=\lim_{x\to\infty}\frac{-2}{\sqrt{1-\frac{2}{x}}+1}=\frac{-2}{1+1}=\boldsymbol{-1}$

⇦ 分母・分子に $\sqrt{x^2-2x}+x$ を掛ける。

⇦ 分母・分子を x で割る。$x \longrightarrow \infty$ のとき $x>0$ から $\dfrac{\sqrt{x^2-2x}}{x}=\dfrac{\sqrt{x^2-2x}}{\sqrt{x^2}}$

(2) $x=-t$ とおくと，$x \longrightarrow -\infty$ のとき　$t \longrightarrow \infty$ $(t>0)$

よって　$\displaystyle\lim_{x\to-\infty}(\sqrt{9x^2+x}+3x)=\lim_{t\to\infty}(\sqrt{9t^2-t}-3t)$

$\displaystyle=\lim_{t\to\infty}\frac{(9t^2-t)-9t^2}{\sqrt{9t^2-t}+3t}=\lim_{t\to\infty}\frac{-t}{\sqrt{9t^2-t}+3t}$

$\displaystyle=\lim_{t\to\infty}\frac{-1}{\sqrt{9-\frac{1}{t}}+3}=\frac{-1}{3+3}=\boldsymbol{-\frac{1}{6}}$

⇦ 分母・分子を t で割る。

別解　$x<0$ のとき，$\sqrt{x^2}=-x$ であるから

$\displaystyle\lim_{x\to-\infty}(\sqrt{9x^2+x}+3x)=\lim_{x\to-\infty}\frac{(9x^2+x)-9x^2}{\sqrt{9x^2+x}-3x}$

$\displaystyle=\lim_{x\to-\infty}\frac{x}{\sqrt{9x^2+x}-3x}=\lim_{x\to-\infty}\frac{1}{-\sqrt{9+\frac{1}{x}}-3}$

$\displaystyle=\frac{1}{-3-3}=\boldsymbol{-\frac{1}{6}}$

⇦ $x<0$ のとき $\sqrt{x^2}=|x|=-x$

⇦ $\sqrt{9x^2+x}=\sqrt{x^2\left(9+\frac{1}{x}\right)}$ $=|x|\sqrt{9+\frac{1}{x}}$ $=-x\sqrt{9+\frac{1}{x}}$ として，分母・分子を x で割る。

PRACTICE 39②

次の極限を求めよ。 ［(2) 宮崎大］

(1) $\displaystyle\lim_{x\to\infty}(\sqrt{x^2+2x}-\sqrt{x^2-1})$　　(2) $\displaystyle\lim_{x\to-\infty}(\sqrt{x^2+x+1}-\sqrt{x^2+1})$

基本 例題 40　関数の極限 (4) はさみうちの原理

次の極限を求めよ。ただし，$[x]$ は実数 x を超えない最大の整数を表す。

(1) $\displaystyle\lim_{x\to 0} x^3\sin\frac{1}{x}$　　(2) $\displaystyle\lim_{x\to\infty}\frac{[x]}{x}$

p. 69 基本事項 4，基本 15

CHART & SOLUTION

求めにくい極限　はさみうちの原理を利用 ……!

(1) $0\leqq\left|\sin\dfrac{1}{x}\right|\leqq 1$ であるから，$x\neq 0$ より　$0\leqq\left|x^3\sin\dfrac{1}{x}\right|\leqq|x^3|$

これに，**はさみうちの原理** を適用。

(2) 記号 [ ] は **ガウス記号** といい，式で表すと，次のようになる。

$n\leqq x<n+1$ (n は整数) のとき　$[x]=n$

よって　**$[x]\leqq x<[x]+1$**　　ゆえに　$x-1<[x]\leqq x$

解答

(1) $0\leqq\left|\sin\dfrac{1}{x}\right|\leqq 1$ であるから，$x\neq 0$ より

! $0\leqq|x^3|\left|\sin\dfrac{1}{x}\right|\leqq|x^3|$　　よって　$0\leqq\left|x^3\sin\dfrac{1}{x}\right|\leqq|x^3|$

$\displaystyle\lim_{x\to 0}|x^3|=0$ であるから　$\displaystyle\lim_{x\to 0}\left|x^3\sin\frac{1}{x}\right|=0$

よって　$\displaystyle\lim_{x\to 0}x^3\sin\frac{1}{x}=\mathbf{0}$

(2) $[x]\leqq x<[x]+1$ から　$x-1<[x]\leqq x$

! よって，$x>0$ のとき　$\dfrac{x-1}{x}<\dfrac{[x]}{x}\leqq 1$

$\displaystyle\lim_{x\to\infty}\frac{x-1}{x}=\lim_{x\to\infty}\left(1-\frac{1}{x}\right)=1$ であるから　$\displaystyle\lim_{x\to\infty}\frac{[x]}{x}=\mathbf{1}$

⇐ $x\longrightarrow 0$ であるから，$x\neq 0$ としてよい。

⇐ $|x^3|>0$

⇐ **はさみうちの原理**

⇐ $|A|=0 \Longleftrightarrow A=0$ と同様に $\displaystyle\lim_{x\to a}|f(x)|=0 \Longleftrightarrow \lim_{x\to a}f(x)=0$

⇐ **はさみうちの原理**

参考　$n\leqq x<n+1$ (n は整数) のとき　$[x]=n$ であるから，$y=\dfrac{[x]}{x}$ は

$0<x<1$ のとき　$y=\dfrac{0}{x}=0$，$1\leqq x<2$ のとき　$y=\dfrac{1}{x}$，

$2\leqq x<3$ のとき　$y=\dfrac{2}{x}$，………

となることから，右の図のようなグラフになる。

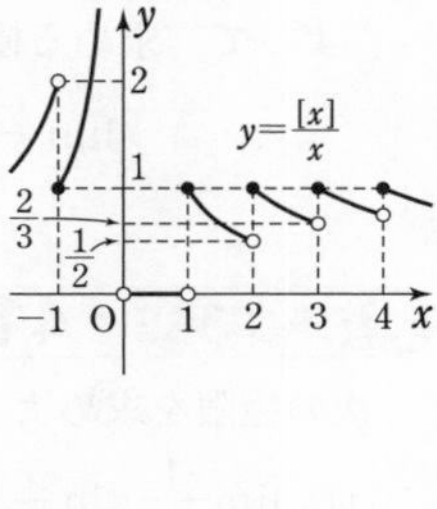

PRACTICE 40 ②

次の極限を求めよ。ただし，$[x]$ は実数 x を超えない最大の整数を表す。

(1) $\displaystyle\lim_{x\to\infty}\frac{\cos x}{x}$　　(2) $\displaystyle\lim_{x\to\infty}\frac{x+[x]}{x+1}$

基本 例題 41 三角関数の極限

次の極限を求めよ。

(1) $\displaystyle\lim_{x\to 0}\frac{\sin 3x}{2x}$　　(2) $\displaystyle\lim_{x\to 0}\frac{x\sin x}{1-\cos x}$　　(3) $\displaystyle\lim_{x\to\frac{\pi}{2}}\frac{\cos x}{2x-\pi}$

p.70 基本事項 5

CHART & SOLUTION

三角関数の極限　$\displaystyle\lim_{x\to 0}\frac{\sin x}{x}=1$ が使える形に変形

いずれも $\frac{0}{0}$ の不定形。$\displaystyle\lim_{x\to 0}\frac{\sin■}{■}=1$ $(x\longrightarrow 0$ のとき $■\longrightarrow 0)$ の形を作る。

(1) $x\longrightarrow 0$ のとき $\dfrac{\sin 3x}{x}\longrightarrow 1$ ではなく $\dfrac{\sin 3x}{3x}\longrightarrow 1$ であることに注意。

(2) 分母・分子に $1+\cos x$ を掛ける。$\longrightarrow$ **$1-\cos x$ と $1+\cos x$ はペアで扱う。**

(3) $x\longrightarrow\dfrac{\pi}{2}$ は $x-\dfrac{\pi}{2}\longrightarrow 0$ と考え，$x-\dfrac{\pi}{2}=t$ とおき換える。

解答

(1) $\displaystyle\lim_{x\to 0}\frac{\sin 3x}{2x}=\lim_{x\to 0}\frac{3}{2}\cdot\frac{\sin 3x}{3x}=\frac{3}{2}\cdot 1=\frac{3}{2}$

(2) $\displaystyle\lim_{x\to 0}\frac{x\sin x}{1-\cos x}=\lim_{x\to 0}\frac{x\sin x(1+\cos x)}{(1-\cos x)(1+\cos x)}$

$\displaystyle=\lim_{x\to 0}\frac{x\sin x(1+\cos x)}{\sin^2 x}$

$\displaystyle=\lim_{x\to 0}\frac{x}{\sin x}\cdot(1+\cos x)$

$=1\cdot(1+1)=2$

(3) $x-\dfrac{\pi}{2}=t$ とおくと　$x\longrightarrow\dfrac{\pi}{2}$ のとき　$t\longrightarrow 0$

また　$\cos x=\cos\left(t+\dfrac{\pi}{2}\right)=-\sin t,\ 2x-\pi=2t$

よって，求める極限は

$$\lim_{t\to 0}\frac{-\sin t}{2t}=\lim_{t\to 0}\left(-\frac{1}{2}\right)\cdot\frac{\sin t}{t}=-\frac{1}{2}\cdot 1=-\frac{1}{2}$$

inf. $\dfrac{\sin\boxed{3x}}{\boxed{2x}}$ において □ の部分が異なるから，(与式)$=1$ とするのは誤り！

⇐ $\displaystyle\lim_{x\to 0}\frac{x}{\sin x}=1$

⇐ $\displaystyle\lim_{t\to 0}\frac{\sin t}{t}=1$

PRACTICE 41②

次の極限を求めよ。　〔(3) 摂南大　(4) 静岡理工科大　(5) 成蹊大〕

(1) $\displaystyle\lim_{x\to 0}\frac{1}{4x}\sin\frac{x}{5}$　　(2) $\displaystyle\lim_{x\to 0}\frac{x\sin 3x}{\sin^2 5x}$　　(3) $\displaystyle\lim_{x\to 0}\frac{\sin(x^2)}{1-\cos x}$

(4) $\displaystyle\lim_{x\to\pi}\frac{\sin(\sin x)}{\sin x}$　　(5) $\displaystyle\lim_{x\to\frac{\pi}{4}}\frac{\sin x-\cos x}{x-\frac{\pi}{4}}$　　(6) $\displaystyle\lim_{x\to 0}\frac{\sin x^\circ}{x}$

まとめ 関数の極限の求め方

ここまで，不定形の極限を求めるためにいろいろな式変形の方法を学んだが，基本的な解法の手順についてまとめてみよう。

1 $\dfrac{0}{0}$ の不定形 …… 分母・分子を因数分解して，0 になる共通因数を約分する
無理式は分母または分子を有理化して約分する

$p.71$ 基本例題 35 (1) $\displaystyle\lim_{x\to-1}\frac{x^2-x-2}{x^3+1}=\lim_{x\to-1}\frac{(x+1)(x-2)}{(x+1)(x^2-x+1)}$

$\displaystyle=\lim_{x\to-1}\frac{x-2}{x^2-x+1}=-1$

$p.71$ 基本例題 35 (3) $\displaystyle\lim_{x\to0}\frac{\sqrt{1+x}-\sqrt{1-x}}{x}=\lim_{x\to0}\frac{(1+x)-(1-x)}{x(\sqrt{1+x}+\sqrt{1-x})}$

$\displaystyle=\lim_{x\to0}\frac{2x}{x(\sqrt{1+x}+\sqrt{1-x})}=\lim_{x\to0}\frac{2}{\sqrt{1+x}+\sqrt{1-x}}=1$

2 $\infty-\infty$，$\dfrac{\infty}{\infty}$ の不定形 …… 最高次の項をくくり出す
分母の最高次の項で分母・分子を割る

$p.75$ 基本例題 38 (1) $\displaystyle\lim_{x\to\infty}(x^3-3x^2+5)=\lim_{x\to\infty}x^3\left(1-\frac{3}{x}+\frac{5}{x^3}\right)=\infty$

$p.75$ 基本例題 38 (2) $\displaystyle\lim_{x\to-\infty}\frac{x^2+3x}{x-2}=\lim_{x\to-\infty}\frac{x+3}{1-\frac{2}{x}}=-\infty$

3 $\displaystyle\lim_{x\to0}\frac{\sin■}{■}=1$ （三角関数の $\dfrac{0}{0}$ の不定形）…… ■の部分をそろえる式変形

$p.78$ 基本例題 41 (1) $\displaystyle\lim_{x\to0}\frac{\sin3x}{2x}=\lim_{x\to0}\frac{3}{2}\cdot\frac{\sin3x}{3x}=\frac{3}{2}\cdot1=\frac{3}{2}$

4 おき換え …… $x=-t$，$x-\alpha=t$ などのおき換えにより，考えやすい極限に式変形
$x\longrightarrow-\infty$ のとき，$x=-t$ とおくと $t\longrightarrow\infty$ であることを利用。

$p.76$ 基本例題 39 (2) $\displaystyle\lim_{x\to-\infty}(\sqrt{9x^2+x}+3x)=\lim_{t\to\infty}(\sqrt{9t^2-t}-3t)=\lim_{t\to\infty}\frac{-t}{\sqrt{9t^2-t}+3t}$

$\displaystyle=\lim_{t\to\infty}\frac{-1}{\sqrt{9-\frac{1}{t}}+3}=\frac{-1}{3+3}=-\frac{1}{6}$

5 はさみうちの原理 …… 求めにくい極限を，極限が等しい関数ではさむ

$p.77$ 基本例題 40 (1) $0\leqq\left|\sin\dfrac{1}{x}\right|\leqq1$，$|x^3|>0$ から $0\leqq\left|x^3\sin\dfrac{1}{x}\right|\leqq|x^3|$

$\displaystyle\lim_{x\to0}|x^3|=0$ から $\displaystyle\lim_{x\to0}\left|x^3\sin\frac{1}{x}\right|=0$

すなわち $\displaystyle\lim_{x\to0}x^3\sin\frac{1}{x}=0$

基本 例題 42 関数の極限の応用問題

Oを原点とする座標平面上に2点A(2, 0), B(0, 1)がある。線分AB上に点Pをとり，∠AOP$=\theta$ $\left(0<\theta<\dfrac{\pi}{2}\right)$ とするとき，極限値 $\displaystyle\lim_{\theta\to+0}\frac{\mathrm{AP}}{\theta}$ を求めよ。

〔類 福島県立医大〕

基本 41

CHART & THINKING

三角関数の極限 $\displaystyle\lim_{x\to0}\frac{\sin x}{x}=1$ が使える形に変形

問題文を式で表す。$\theta\longrightarrow+0$ の極限を求めるのであるから，APをθで表すことを考える。その際 $\dfrac{\sin\theta}{\theta}\longrightarrow1$ を利用するためには，APがどのような式で表せると都合がよいだろうか？

$\longrightarrow$ AP$=\sin\theta\times$● の形になると，$\dfrac{\mathrm{AP}}{\theta}=\dfrac{\sin\theta}{\theta}\times$● となり，$\dfrac{\sin\theta}{\theta}$ を含むことができる。

また，$\sin\theta$に関する式であるから，正弦定理の利用を考えよう。

解答

△OAPにおいて，正弦定理により

$$\frac{\mathrm{AP}}{\sin\theta}=\frac{2}{\sin\angle\mathrm{OPA}}\ \cdots\cdots ①$$

∠OAP$=\alpha$ とすると

$$\sin\angle\mathrm{OPA}=\sin\{\pi-(\theta+\alpha)\}=\sin(\theta+\alpha)$$

よって，①から

$$\mathrm{AP}=\frac{2\sin\theta}{\sin(\theta+\alpha)}$$

ゆえに
$$\lim_{\theta\to+0}\frac{\mathrm{AP}}{\theta}=\lim_{\theta\to+0}\frac{\sin\theta}{\theta}\cdot\frac{2}{\sin(\theta+\alpha)}=1\cdot\frac{2}{\sin\alpha}=\frac{2}{\frac{1}{\sqrt{5}}}=2\sqrt{5}$$

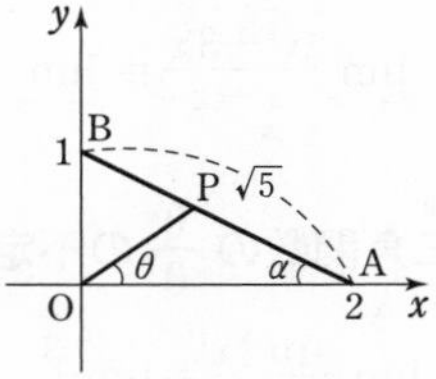

inf. 正弦定理

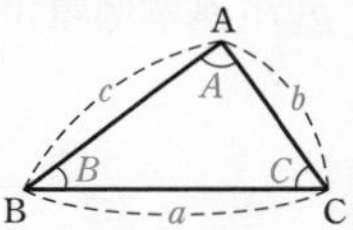

$$\frac{a}{\sin A}=\frac{b}{\sin B}=\frac{c}{\sin C}$$

⇐ $\sin\alpha=\dfrac{\mathrm{BO}}{\mathrm{AB}}=\dfrac{1}{\sqrt{5}}$

PRACTICE 42③

点Oを中心とし，長さ$2r$の線分ABを直径とする円の周上を動く点Pがある。△ABPの面積をS_1，扇形OPBの面積をS_2とするとき，次の問いに答えよ。

(1) ∠PAB$=\theta$ $\left(0<\theta<\dfrac{\pi}{2}\right)$ とするとき，S_1とS_2を求めよ。

(2) PがBに限りなく近づくとき，$\dfrac{S_1}{S_2}$ の極限値を求めよ。 〔日本女子大〕

基本 例題 43 関数の連続・不連続

次の関数 $f(x)$ が，$x=0$ で連続であるか不連続であるかを調べよ。ただし，$[x]$（ガウス記号）は実数 x を超えない最大の整数を表す。

(1) $f(x)=x^3$ (2) $f(x)=x^2\ (x\neq 0),\ f(0)=1$

(3) $f(x)=[\cos x]$

p.70 基本事項 6

CHART & SOLUTION

$f(x)$ が $x=a$ で連続 $\iff \lim_{x\to a} f(x)=f(a)$

$f(x)$ が $x=a$ で不連続 $\iff x\longrightarrow a$ のときの $f(x)$ の極限値がない

または $\lim_{x\to a} f(x)\neq f(a)$

$\lim_{x\to a} f(x)$，$f(a)$ を別々に計算して一致するかどうかをみる。

解答

(1) $\lim_{x\to 0} f(x)=0$，$f(0)=0$ から $\lim_{x\to 0} f(x)=f(0)$

よって，関数 $f(x)$ は $x=0$ で **連続** である。

(2) $\lim_{x\to 0} f(x)=0$，$f(0)=1$ から

$\lim_{x\to 0} f(x)\neq f(0)$

よって，関数 $f(x)$ は $x=0$ で **不連続** である。

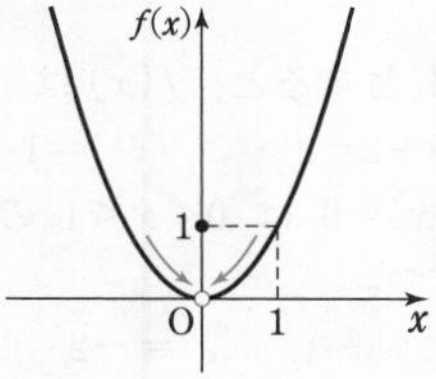

(3) $-\frac{\pi}{2}\leqq x\leqq\frac{\pi}{2}$，$x\neq 0$ とすると $0\leqq\cos x<1$

よって $[\cos x]=0$

ゆえに $\lim_{x\to 0}[\cos x]=0$

また $f(0)=[1]=1$

よって $\lim_{x\to 0} f(x)\neq f(0)$

したがって，関数 $f(x)$ は $x=0$ で **不連続** である。

(1)

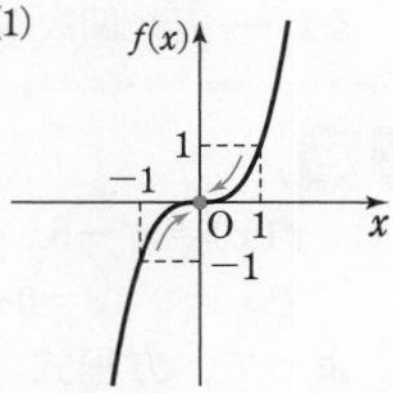

⇦ グラフでは，$x=0$ でつながっているかどうかをみる。

(3)

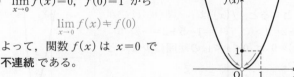

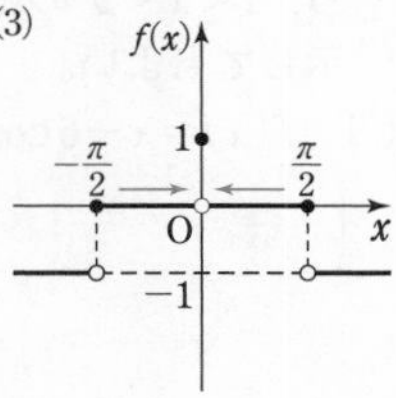

PRACTICE 43[2]

次の関数 $f(x)$ が，連続であるか不連続であるかを調べよ。ただし，$[x]$ は実数 x を超えない最大の整数を表す。

(1) $f(x)=\dfrac{x+1}{x^2-1}$ (2) $f(x)=\log_2|x|$ (3) $f(x)=[\sin x]$ $(0\leqq x\leqq 2\pi)$

基本 例題 44 中間値の定理

(1) 方程式 $x^4-5x+2=0$ は，少なくとも1つの実数解をもつことを示せ。

(2) 方程式 $x-6\cos x=0$ は，$-\frac{2}{3}\pi<x<-\frac{\pi}{3}$，$-\frac{\pi}{3}<x<\pi$ の範囲に，それぞれ実数解をもつことを示せ。

p.70 基本事項 7

CHART & SOLUTION

実数解の存在

異符号になる2数を見つける　連続が条件 ……❶

中間値の定理 $p.70$ 基本事項 7 ③ を利用。

(1) $f(x)=x^4-5x+2$ とすると，$f(x)$ は x の多項式で表された関数であるから連続関数（4次関数）。よって，$f(a)f(b)<0$ となる適当な閉区間 $[a,\ b]$ を見つければ，方程式 $f(x)=0$ は $a<x<b$ の範囲に少なくとも1つの実数解をもつ。

(2) 関数 $y=x$，$y=\cos x$ は連続関数であるから，関数 $f(x)=x-6\cos x$ も連続関数である。⟵ 連続関数の差は連続関数。

解答

(1) $f(x)=x^4-5x+2$ とすると，$f(x)$ は閉区間 $[0,\ 1]$ で連続で

❶ $f(0)=0-0+2=2>0$，$f(1)=1-5+2=-2<0$

よって，方程式 $f(x)=0$ は $0<x<1$ の範囲に少なくとも1つの実数解をもつ。

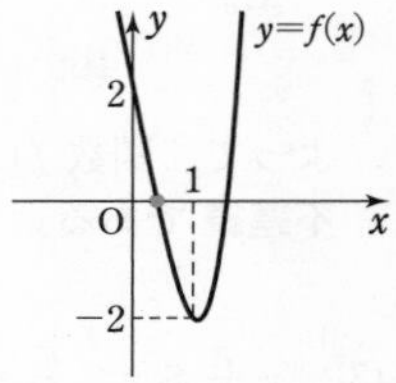

inf. 閉区間 $[1,\ 2]$ で連続，$f(1)=-2<0$，$f(2)=8>0$ から，$1<x<2$ の範囲に少なくとも1つの実数解をもつ，と示してもよい。

(2) $f(x)=x-6\cos x$ とすると，$f(x)$ は閉区間 $\left[-\frac{2}{3}\pi,\ -\frac{\pi}{3}\right]$，$\left[-\frac{\pi}{3},\ \pi\right]$ で連続で

❶ $f\left(-\frac{2}{3}\pi\right)=\frac{9-2\pi}{3}>0$，$f\left(-\frac{\pi}{3}\right)=-\left(\frac{\pi}{3}+3\right)<0$，

$f(\pi)=\pi+6>0$

よって，方程式 $f(x)=0$ は $-\frac{2}{3}\pi<x<-\frac{\pi}{3}$，$-\frac{\pi}{3}<x<\pi$ の範囲に，それぞれ実数解をもつ。

⇐ $y=x$，$y=\cos x$ が区間 $\left[-\frac{2}{3}\pi,\ -\frac{\pi}{3}\right]$，$\left[-\frac{\pi}{3},\ \pi\right]$ で連続であることから（$p.70$ 基本事項 6 ③ 参照）。

PRACTICE 44②

(1) 方程式 $x^5-2x^4+3x^3-4x+5=0$ は実数解をもつことを示せ。

(2) 次の方程式は，与えられた区間に実数解をもつことを示せ。

(ア) $\sin x=x-1$　$(0,\ \pi)$　　(イ) $20\log_{10}x-x=0$　$(1,\ 10)$，$(10,\ 100)$

重要 例題 45 級数で表された関数のグラフと連続性

x は実数とする。無限級数

$$x^2+x+\frac{x^2+x}{x^2+x+1}+\frac{x^2+x}{(x^2+x+1)^2}+\cdots\cdots+\frac{x^2+x}{(x^2+x+1)^{n-1}}+\cdots\cdots$$

について，次の問いに答えよ。 ［類 東北学院大］

(1) この無限級数が収束するような x の値の範囲を求めよ。

(2) x が (1) の範囲にあるとき，この無限級数の和を $f(x)$ とする。関数 $y=f(x)$ のグラフをかき，その連続性について調べよ。

基本 27, 43

CHART & SOLUTION

(1) 無限等比級数 $\sum_{n=1}^{\infty} ar^{n-1}$ の **収束条件** は $\boldsymbol{a=0}$ **または** $\boldsymbol{-1<r<1}$

和は $\boldsymbol{a=0}$ **のとき 0，** $\boldsymbol{-1<r<1}$ **のとき** $\boldsymbol{\frac{a}{1-r}}$

(2) 和 $f(x)$ を求めてグラフをかき，連続性を調べる。なお，関数 $f(x)$ の定義域は，$f(x)$ の値が定まるような x の値の範囲であり，これは (1) で求めている。

解答

(1) この無限級数は，初項 x^2+x，公比 $\frac{1}{x^2+x+1}$ の無限等比級数である。収束するための条件は

$$x^2+x=0 \quad \text{または} \quad -1<\frac{1}{x^2+x+1}<1$$

⇐ 初項が 0 または $-1<$(公比)<1

$x^2+x=0$ すなわち $x(x+1)=0$ から $x=-1,\ 0$

また，$x^2+x+1=\left(x+\frac{1}{2}\right)^2+\frac{3}{4}>0$ であるから

$-1<\frac{1}{x^2+x+1}$ は常に成り立つ。$\frac{1}{x^2+x+1}<1$ から $1<x^2+x+1$

よって $x^2+x>0$ ゆえに $x<-1,\ 0<x$

以上により，求める x の値の範囲は $\boldsymbol{x\leqq-1,\ 0\leqq x}$

(2) $x=-1,\ 0$ のとき $f(x)=0$

$x<-1,\ 0<x$ のとき $f(x)=\dfrac{x^2+x}{1-\dfrac{1}{x^2+x+1}}=x^2+x+1$

ゆえに，グラフは **右の図** のようになる。

よって $\boldsymbol{x<-1,\ 0<x}$ **で連続；** $\boldsymbol{x=-1,\ 0}$ **で不連続**

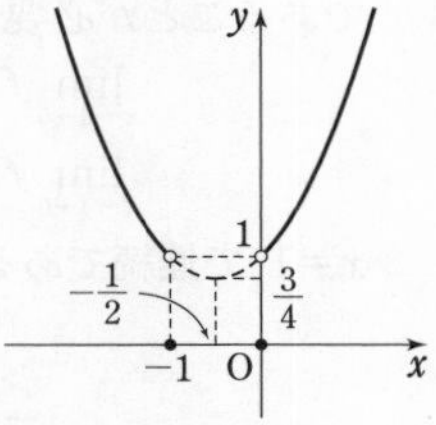

PRACTICE 45③

x は実数とする。次の無限級数が収束するとき，その和を $f(x)$ とする。関数 $y=f(x)$ のグラフをかき，その連続性について調べよ。

(1) $x+\frac{x}{1+x}+\frac{x}{(1+x)^2}+\cdots\cdots+\frac{x}{(1+x)^{n-1}}+\cdots\cdots$

(2) $x^2+\frac{x^2}{1+2x^2}+\frac{x^2}{(1+2x^2)^2}+\cdots\cdots+\frac{x^2}{(1+2x^2)^{n-1}}+\cdots\cdots$

重要例題 46 連続関数になるように係数決定

(1) a は 0 でない定数とする。$x \geqq 0$ のとき,

$f(x)=\lim_{n\to\infty}\dfrac{x^{2n+1}+(a-1)x^n-1}{x^{2n}-ax^n-1}$ を求めよ。

(2) 関数 $f(x)$ が $x \geqq 0$ において連続になるように, a の値を定めよ。

〔東北工大〕 基本 18, 43

CHART & SOLUTION

(1) **x^n の極限　$x=\pm1$ が場合の分かれ目**

$x \geqq 0$ であるから, $x=1$ で場合分けをする。

(2) 連続かどうかが不明な $x=1$ で連続になるような条件を考える。

$x=c$ で連続 $\Longleftrightarrow$ $\lim_{x\to c-0} f(x)=\lim_{x\to c+0} f(x)=f(c)$

解答

(1) **$x>1$ のとき**

$$f(x)=\lim_{n\to\infty}\frac{x+\dfrac{a-1}{x^n}-\dfrac{1}{x^{2n}}}{1-\dfrac{a}{x^n}-\dfrac{1}{x^{2n}}}=\frac{x+0-0}{1-0-0}=\boldsymbol{x}$$

$x=1$ のとき

$$f(1)=\lim_{n\to\infty}\frac{1^{2n+1}+(a-1)\cdot1^n-1}{1^{2n}-a\cdot1^n-1}=\frac{\boldsymbol{1-a}}{\boldsymbol{a}}$$

$0 \leqq x<1$ のとき

$$f(x)=\frac{0+0-1}{0-0-1}=\boldsymbol{1}$$

(2) $f(x)$ は $0 \leqq x<1$, $1<x$ において, それぞれ連続である。ゆえに, $x \geqq 0$ において連続となるためには, $x=1$ で連続であることが必要十分条件である。ここで

$$\lim_{x\to1-0} f(x)=\lim_{x\to1-0}1=1,$$
$$\lim_{x\to1+0} f(x)=\lim_{x\to1+0}x=1$$

$x=1$ で連続である条件は

$$\lim_{x\to1-0} f(x)=\lim_{x\to1+0} f(x)=f(1)$$

よって　$1=\dfrac{1-a}{a}$　　これを解いて　$\boldsymbol{a=\dfrac{1}{2}}$

⇦ $\dfrac{\infty}{\infty}$ の不定形。分母の最高次の項 x^{2n} で分母・分子を割る。

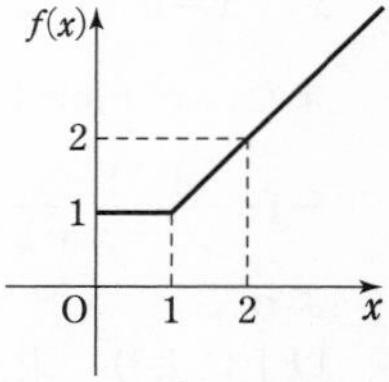

⇦ $x\longrightarrow1-0$ のとき $0 \leqq x<1$ であるから $f(x)=1$
$x\longrightarrow1+0$ のとき $x>1$ であるから $f(x)=x$

PRACTICE 46④

(1) $f(x)=\lim_{n\to\infty}\dfrac{x^{2n}-x^{2n-1}+ax^2+bx}{x^{2n}+1}$ を求めよ。

(2) 上で定めた関数 $f(x)$ がすべての x について連続であるように, 定数 a, b の値を定めよ。

〔公立はこだて未来大〕

EXERCISES　5 関数の極限

A

35❷ 次の極限を求めよ。〔(1) 京都産大, (2) 東京電機大〕

(1) $\displaystyle\lim_{x\to1}\frac{\sqrt[3]{x}-1}{x-1}$　(2) $\displaystyle\lim_{x\to0}\frac{\sqrt{x^2-x+1}-1}{\sqrt{1+x}-\sqrt{1-x}}$

➡35

36❸ (1) $\displaystyle\lim_{x\to0}\frac{\sqrt{1+x}-(a+bx)}{x^2}$ が有限な値となるように定数 a, b の値を定め, 極限値を求めよ。

(2) $\displaystyle\lim_{x\to0}\frac{x\sin x}{a+b\cos x}=1$ が成り立つように定数 a, b の値を定めよ。

➡36

37❷ 次の極限を求めよ。〔(1) 愛媛大, (2) 職能開発大〕

(1) $\displaystyle\lim_{x\to3+0}\frac{9-x^2}{\sqrt{(3-x)^2}}$　(2) $\displaystyle\lim_{x\to\infty}\left\{\frac{1}{2}\log_3 x+\log_3(\sqrt{3x+1}-\sqrt{3x-1})\right\}$

➡37, 38

38❷ 次の極限を求めよ。

(1) $\displaystyle\lim_{t\to2\pi}\frac{\sin t}{t^2-4\pi^2}$ 〔東京電機大〕　(2) $\displaystyle\lim_{x\to0}\frac{1-\cos 2x}{x\tan\frac{x}{2}}$ 〔大阪工大〕

(3) $\displaystyle\lim_{x\to0}\frac{\sin\left(\sin\frac{x}{\pi}\right)}{x}$ 〔関西大〕　(4) $\displaystyle\lim_{x\to-0}\frac{\sqrt{1-\cos x}}{x}$

➡41

39❷ $f(0)=-\frac{1}{2}$, $f\left(\frac{1}{3}\right)=\frac{1}{2}$, $f\left(\frac{1}{2}\right)=\frac{1}{3}$, $f\left(\frac{2}{3}\right)=\frac{3}{4}$, $f\left(\frac{3}{4}\right)=\frac{4}{5}$, $f(1)=\frac{5}{6}$ で, $f(x)$ が連続のとき, $f(x)-x=0$ は $0\leqq x\leqq1$ に少なくとも何個の実数解をもつか。〔東北学院大〕

➡44

B

40❸ 次の 2 つの性質をもつ多項式 $f(x)$ を定めよ。

$$\lim_{x\to\infty}\frac{f(x)}{x^2-1}=1\qquad\lim_{x\to1}\frac{f(x)}{x^2-1}=1$$

〔法政大〕

➡36

41❹ 定数 a, b に対して, $\displaystyle\lim_{x\to\infty}\{\sqrt{4x^2+5x+6}-(ax+b)\}=0$ が成り立つとき, $(a,\ b)=$ □ である。〔関西大〕

➡36

HINT

40 極限値 $\displaystyle\lim_{x\to\infty}\frac{f(x)}{x^2-1}$ が存在するから, $f(x)$ は 2 次以下の多項式。

41 a の値について, 与式が不定形でない場合と不定形となる場合に分ける。不定形となる場合は, 極限が求められる形に変形して考える。

B

42❸ (1) 極限 $\lim_{x\to\infty}(2^x+3^x)^{\frac{1}{x}}$ を求めよ。

(2) 極限 $\lim_{x\to\infty}\log_x(x^a+x^b)$ を求めよ。 〔(2) 類 早稲田大〕

→ 40

43❹ xy 平面上の 3 点 O(0, 0), A(1, 0), B(0, 1) を頂点とする △OAB を点 O の周りに θ ラジアン回転させ，得られる三角形を △OA′B′ とする。ただし，$0<\theta<\frac{\pi}{2}$ とし，回転の向きは時計の針の回る向きと反対とする。
△OA′B′ の $x\geqq 0$, $y\geqq 0$ の部分の面積を $S(\theta)$ とするとき，次の問いに答えよ。 〔武蔵工大〕

(1) $S(\theta)$ を θ で表せ。　(2) $\lim_{\theta\to\frac{\pi}{2}}\dfrac{S(\theta)}{\frac{\pi}{2}-\theta}$ を求めよ。

→ 42

44❹ O を原点とする xy 平面の第 1 象限に $\mathrm{OP_1}=1$ を満たす点 $\mathrm{P_1}(x_1,\ y_1)$ をとる。このとき，線分 $\mathrm{OP_1}$ と x 軸とのなす角を $\theta\left(0<\theta<\frac{\pi}{2}\right)$ とする。
点 $(0,\ x_1)$ を中心とする半径 x_1 の円と，線分 $\mathrm{OP_1}$ との交点を $\mathrm{P_2}(x_2,\ y_2)$ $(x_2>0)$ とする。次に，点 $(0,\ x_2)$ を中心とする半径 x_2 の円と，線分 $\mathrm{OP_1}$ との交点を $\mathrm{P_3}(x_3,\ y_3)$ $(x_3>0)$ とする。以下同様にして，点 $\mathrm{P}_n(x_n,\ y_n)$ $(x_n>0)$, $(n=1,\ 2,\ \cdots\cdots)$ を定める。 〔東京農工大〕

(1) x_2 を θ を用いて表せ。　(2) x_n を θ を用いて表せ。

(3) $\theta\fallingdotseq\frac{\pi}{4}$ のとき，極限値 $\lim_{n\to\infty}\sum_{k=1}^{n}x_k$ を求めよ。

(4) (3) で得られた値を $f(\theta)$ とおく。$\lim_{\theta\to\frac{\pi}{4}+0}f(\theta)$ および $\lim_{\theta\to\frac{\pi}{2}-0}f(\theta)$ を求め，$f(\theta)=1$ を満たす θ が区間 $\frac{\pi}{4}<\theta<\frac{\pi}{2}$ の中に少なくとも 1 つあることを示せ。

→ 33,44

45❹ k を自然数とする。級数 $\sum_{n=1}^{\infty}\{(\cos x)^{n-1}-(\cos x)^{n+k-1}\}$ がすべての実数 x に対して収束するとき，級数の和を $f(x)$ とする。 〔東京学芸大〕

(1) k の条件を求めよ。

(2) 関数 $f(x)$ は $x=0$ で連続でないことを示せ。

→ 43,46

HINT

42 (1) 3^x でくくって $\left(\frac{2}{3}\right)^x$ を作る。**求めにくい極限** ⟶ はさみうち

43 (2) $\frac{\pi}{2}-\theta=t$ とおき換える。

44 (3) 無限等比級数の和。 (4) 中間値の定理を利用。

45 (1) 与えられた級数が無限等比級数となることを導く。
(2) $x=0$ で連続でない ⟶ $\lim_{x\to 0}f(x)\neq f(0)$ を示す。

第3章

数学III

微分法

6　微分係数と導関数の計算

7　三角，対数，指数関数の導関数

8　関数のいろいろな表し方と導関数

Select Study

— スタンダードコース：教科書の例題をカンペキにしたいきみに

— パーフェクトコース：教科書を完全にマスターしたいきみに

— 受験直前チェックコース：入試頻出＆重要問題　※番号…例題の番号

■ 例題一覧

	種類	番号	例題タイトル	難易度
6	基本	47	関数の連続性と微分可能性	2
	基本	48	定義による導関数の計算	2
	基本	49	積・商の導関数	2
	基本	50	合成関数の微分法	2
	基本	51	逆関数の微分法	2
	基本	52	x^p（p は有理数）の導関数	2
	基本	53	導関数と恒等式	3
	重要	54	微分係数の定義を利用した極限（1）	3
	重要	55	微分可能であるための条件	4
7	基本	56	三角関数の導関数	2
	基本	57	対数関数の導関数	2
	基本	58	対数微分法	2
	基本	59	指数関数の導関数	2
	基本	60	e の定義を利用した極限	3
	重要	61	微分係数の定義を利用した極限（2）	3
8	基本	62	第2次導関数と等式	2
	基本	63	第 n 次導関数	3
	基本	64	$F(x,\ y)=0$ と導関数	2
	基本	65	媒介変数表示と導関数	2
	重要	66	種々の関数の導関数，第2次導関数	3

6 微分係数と導関数の計算

基本事項

1 微分係数と導関数

① **微分係数**　関数 $f(x)$ の $\boldsymbol{x=a}$ における微分係数 $\boldsymbol{f'(a)}$ は

$$f'(a)=\lim_{h\to 0}\frac{f(a+h)-f(a)}{h}=\lim_{x\to a}\frac{f(x)-f(a)}{x-a}$$

$f'(a)$ が存在するとき，$f(x)$ は $x=a$ で **微分可能** であるという。

② **微分可能と連続**　**$f(x)$ が $x=a$ で微分可能ならば，**
$f(x)$ は $x=a$ で連続である。ただし，逆は成り立たない。

③ **導関数の定義**　$f'(x)=\lim_{h\to 0}\dfrac{f(x+h)-f(x)}{h}=\lim_{\Delta x\to 0}\dfrac{\Delta y}{\Delta x}$

2 導関数の公式

関数 $f(x)$，$g(x)$ はともに微分可能であるとする。

① **導関数の性質**　k，l を定数とする。

1　**定数倍**　$\{kf(x)\}'=kf'(x)$

2　**和・差**　$\{f(x)+g(x)\}'=f'(x)+g'(x)$，$\{f(x)-g(x)\}'=f'(x)-g'(x)$

3　$\{kf(x)+lg(x)\}'=kf'(x)+lg'(x)$

② **積の導関数**　$\{f(x)g(x)\}'=f'(x)g(x)+f(x)g'(x)$

③ **商の導関数**　$\left\{\dfrac{f(x)}{g(x)}\right\}'=\dfrac{f'(x)g(x)-f(x)g'(x)}{\{g(x)\}^2}$　特に　$\left\{\dfrac{1}{g(x)}\right\}'=-\dfrac{g'(x)}{\{g(x)\}^2}$

④ **合成関数の導関数**　$y=f(u)$ が u の関数として微分可能，$u=g(x)$ が x の関数として微分可能であるとする。このとき，合成関数 $y=f(g(x))$ は x の関数として微分可能で　$\dfrac{dy}{dx}=\dfrac{dy}{du}\cdot\dfrac{du}{dx}$　すなわち　$\{f(g(x))\}'=f'(g(x))g'(x)$

特に　$\{f(ax+b)\}'=af'(ax+b)$，$[\{f(x)\}^n]'=n\{f(x)\}^{n-1}f'(x)$

（a，b は定数，n は整数）

⑤ **逆関数の導関数**　$\dfrac{dy}{dx}=\dfrac{1}{\dfrac{dx}{dy}}$

⑥ **x^p の導関数**　p が有理数のとき　$(x^p)'=px^{p-1}$

注意　p が実数のときも $(x^p)'=px^{p-1}$ が成り立つ（p.99 基本事項 3 参照）。

CHECK & CHECK

13　次の関数を微分せよ。ただし，(2) については積の導関数の公式，(4) については合成関数の導関数の公式を用いよ。

(1)　$y=3x^4+2x^3-x-2$　　(2)　$y=(2x-1)(4x+1)$

(3)　$y=\dfrac{1}{5x+3}$　　(4)　$y=(2x+3)^2$

↻ 2

基本 例題 47 関数の連続性と微分可能性

関数 $f(x)=|x|(x+2)$ は $x=0$ で連続であるか。また，$x=0$ で微分可能であるか。

p.88 基本事項 1

CHART & SOLUTION

関数 $f(x)$ の連続性・微分可能性

$x=0$ で連続 $\iff \lim_{x\to 0} f(x)=f(0)$

$x=0$ で微分可能 $\iff f'(0)$ が存在 ……!

よって，後半は $f'(0)=\lim_{h\to 0}\dfrac{f(0+h)-f(0)}{h}$ **が存在するかどうか** を調べればよい。

$h\longrightarrow +0$，$h\longrightarrow -0$ の場合で，関数の式が異なることに注意して極限を調べる。

解答

$$f(x)=\begin{cases} x(x+2) & (x\geqq 0 \text{ のとき}) \\ -x(x+2) & (x<0 \text{ のとき}) \end{cases}$$

⇐ $|x|=\begin{cases} x & (x\geqq 0) \\ -x & (x<0) \end{cases}$ を用いて，まず絶対値記号をはずす。

ゆえに $\lim_{x\to+0} f(x)=\lim_{x\to+0} x(x+2)=0$

$\lim_{x\to-0} f(x)=\lim_{x\to-0} \{-x(x+2)\}=0$

よって $\lim_{x\to 0} f(x)=0$

また $f(0)=0$

⇐ $f(0)=|0|(0+2)=0$

ゆえに $\lim_{x\to 0} f(x)=f(0)$

したがって，$f(x)$ は **$x=0$ で連続である。**

次に，$h\neq 0$ のとき

$$\lim_{h\to+0}\frac{f(0+h)-f(0)}{h}=\lim_{h\to+0}\frac{h(h+2)-0}{h}=2$$

$$\lim_{h\to-0}\frac{f(0+h)-f(0)}{h}=\lim_{h\to-0}\frac{-h(h+2)-0}{h}=-2$$

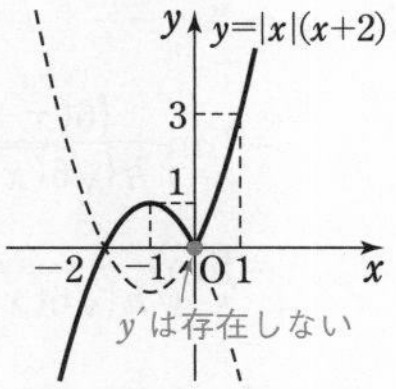

! $\lim_{h\to+0}\dfrac{f(0+h)-f(0)}{h}\neq\lim_{h\to-0}\dfrac{f(0+h)-f(0)}{h}$ であるから，

⇐ 右側極限と左側極限が異なる。

$f'(0)$ は存在しない。

よって，$f(x)$ は **$x=0$ で微分可能でない。**

PRACTICE 47②

次の関数は $x=0$ で連続であるか。また，$x=0$ で微分可能であるか。

(1) $f(x)=\begin{cases} x^3+7 & (x\geqq 0) \\ x+7 & (x<0) \end{cases}$

(2) $f(x)=\begin{cases} \sin x & (x\geqq 0) \\ \dfrac{1}{2}x^2+x & (x<0) \end{cases}$

基本 例題 48 定義による導関数の計算 ①①①①①

次の関数の導関数を，定義に従って求めよ。

(1) $y=\dfrac{x}{x-1}$　　(2) $y=\sqrt{6x+5}$

p.88 基本事項 1

CHART & SOLUTION

定義による導関数の計算

$$f'(x)=\lim_{h\to 0}\frac{f(x+h)-f(x)}{h}$$

「定義に従って」導関数を求める場合は，上の式を用いた極限の計算を行う。不定形の極限になるので，0 になる因数が約分できるように **因数分解** や **有理化** の式変形を考える。

解答

(1) $y'=\lim_{h\to 0}\dfrac{1}{h}\left\{\dfrac{x+h}{(x+h)-1}-\dfrac{x}{x-1}\right\}$

$=\lim_{h\to 0}\dfrac{1}{h}\cdot\dfrac{(x+h)(x-1)-x(x+h-1)}{(x+h-1)(x-1)}$

$=\lim_{h\to 0}\dfrac{1}{h}\cdot\dfrac{-h}{(x+h-1)(x-1)}$

$=\lim_{h\to 0}\left\{-\dfrac{1}{(x+h-1)(x-1)}\right\}=-\dfrac{\mathbf{1}}{(\boldsymbol{x}-\mathbf{1})^2}$

(2) $y'=\lim_{h\to 0}\dfrac{\sqrt{6(x+h)+5}-\sqrt{6x+5}}{h}$

$=\lim_{h\to 0}\dfrac{\{6(x+h)+5\}-(6x+5)}{h\{\sqrt{6(x+h)+5}+\sqrt{6x+5}\}}$

$=\lim_{h\to 0}\dfrac{6h}{h\{\sqrt{6(x+h)+5}+\sqrt{6x+5}\}}$

$=\lim_{h\to 0}\dfrac{6}{\sqrt{6(x+h)+5}+\sqrt{6x+5}}=\dfrac{\mathbf{3}}{\sqrt{\mathbf{6}\boldsymbol{x}+\mathbf{5}}}$

⇐ $y'=\lim_{h\to 0}\dfrac{1}{h}\{f(x+h)-f(x)\}$

⇐ 通分して計算。

⇐ h を約分。

⇐ 分母・分子に $\sqrt{6(x+h)+5}+\sqrt{6x+5}$ を掛けて分子の有理化。

⇐ h を約分。

INFORMATION

与えられた関数の導関数を求めることは，後で学ぶ公式を利用するのが普通である。しかし，重要例題 54，55 のように，極限値の計算や微分係数を求める際に，導関数の定義を用いることがあるので，しっかり覚えておこう。

PRACTICE 48②

次の関数の導関数を，定義に従って求めよ。

(1) $y=\dfrac{1}{x^2}$　　(2) $y=\sqrt{x^2+1}$

基本 例題 49 積・商の導関数

次の関数を微分せよ。

(1) $y=2x^4-7x^3+5x+3$　(2) $y=(x^2+3x-1)(x^2+x+2)$

(3) $y=\dfrac{1+x^2}{1-x^2}$　(4) $y=\dfrac{5x^3+2x^2-3x+1}{x^2}$

p.88 基本事項 2

CHART & SOLUTION

積の導関数　$\{f(x)g(x)\}'=f'(x)g(x)+f(x)g'(x)$

商の導関数　$\left\{\dfrac{f(x)}{g(x)}\right\}'=\dfrac{f'(x)g(x)-f(x)g'(x)}{\{g(x)\}^2}$

特に　$\left\{\dfrac{1}{g(x)}\right\}'=-\dfrac{g'(x)}{\{g(x)\}^2}$

$(x^n)'=nx^{n-1}$ と上記の公式を利用して計算する。

解答

(1) $y'=2\cdot4x^3-7\cdot3x^2+5\cdot1=\boldsymbol{8x^3-21x^2+5}$

(2) $y'=(x^2+3x-1)'(x^2+x+2)+(x^2+3x-1)(x^2+x+2)'$
$=(2x+3)(x^2+x+2)+(x^2+3x-1)(2x+1)$
$=(2x^3+5x^2+7x+6)+(2x^3+7x^2+x-1)$
$=\boldsymbol{4x^3+12x^2+8x+5}$

(3) $y'=\dfrac{(1+x^2)'(1-x^2)-(1+x^2)(1-x^2)'}{(1-x^2)^2}$
$=\dfrac{2x(1-x^2)-(1+x^2)(-2x)}{(1-x^2)^2}$
$=\dfrac{2x(1-x^2+1+x^2)}{(1-x^2)^2}=\boldsymbol{\dfrac{4x}{(1-x^2)^2}}$

別解　$y=\dfrac{-(1-x^2)+2}{1-x^2}=-1+\dfrac{2}{1-x^2}$ であるから

$y'=-\dfrac{2(1-x^2)'}{(1-x^2)^2}=-\dfrac{2(-2x)}{(1-x^2)^2}=\boldsymbol{\dfrac{4x}{(1-x^2)^2}}$

(4) $y'=\left(5x+2-\dfrac{3}{x}+\dfrac{1}{x^2}\right)'=5+\dfrac{3}{x^2}-\dfrac{2}{x^3}=\boldsymbol{\dfrac{5x^3+3x-2}{x^3}}$

別解　$y'=\dfrac{(15x^2+4x-3)\cdot x^2-(5x^3+2x^2-3x+1)\cdot 2x}{(x^2)^2}$
$=\dfrac{5x^4+3x^2-2x}{x^4}=\boldsymbol{\dfrac{5x^3+3x-2}{x^3}}$

⇐ $(x^n)'=nx^{n-1}$
(定数)$'=0$

inf. ●の符号に注意！
$(fg)'=f'g+fg'$
$\left(\dfrac{f}{g}\right)'=\dfrac{f'g-fg'}{g^2}$

⇐ $\left(\dfrac{f}{g}\right)'=\dfrac{f'g-fg'}{g^2}$

⇐ 分子の次数を下げる。

⇐ $\left(\dfrac{1}{g}\right)'=-\dfrac{g'}{g^2}$

⇐ いきなり商の導関数の公式を用いるよりも，計算量が少ない。

PRACTICE 49②

次の関数を微分せよ。

(1) $y=3x^5-2x^3+1$　(2) $y=(x^2-x+1)(2x^3-3)$　(3) $y=\dfrac{x+1}{x-1}$

(4) $y=\dfrac{1-x^3}{1+x^6}$　(5) $y=\dfrac{x+2}{x^3+8}$　(6) $y=\dfrac{5x^3-4x^2+1}{x^3}$

基本 例題 50 合成関数の微分法

次の関数を微分せよ。

(1) $y=(x^2+3x+1)^3$　　(2) $y=\left(\dfrac{x^2}{2x-3}\right)^4$

p.88 基本事項 2

CHART & SOLUTION

合成関数の微分

1 $\dfrac{dy}{dx}=\dfrac{dy}{du}\cdot\dfrac{du}{dx}$

2 $\{f(g(x))\}'=f'(g(x))\cdot g'(x)$　$g'(x)$ を落とさない

(1) $u=x^2+3x+1$ とすると　$y=u^3$

まず，y を u で微分。次に，u を x で微分したものを掛ける。慣れてきたら，(1) の inf. や (2) の解答のように ( ) の中を u とせずに微分してよい。

$y=\square^n$ のとき
$y'=n\square^{n-1}\cdot(\square)'$

解答

(1) $u=x^2+3x+1$ とすると $y=u^3$ である。

このとき　$\dfrac{dy}{du}=3u^2$，$\dfrac{du}{dx}=2x+3$

よって　$\dfrac{dy}{dx}=\dfrac{dy}{du}\cdot\dfrac{du}{dx}=3u^2(2x+3)$

すなわち　$y'=\boldsymbol{3(2x+3)(x^2+3x+1)^2}$

inf. $y'=3(x^2+3x+1)^2(x^2+3x+1)'$
$=\boldsymbol{3(2x+3)(x^2+3x+1)^2}$　と解答してよい。

(2) $y'=4\left(\dfrac{x^2}{2x-3}\right)^3\left(\dfrac{x^2}{2x-3}\right)'$

$=4\left(\dfrac{x^2}{2x-3}\right)^3\cdot\dfrac{2x(2x-3)-x^2\cdot 2}{(2x-3)^2}=\boldsymbol{\dfrac{8x^7(x-3)}{(2x-3)^5}}$

別解 $y=\{x^2(2x-3)^{-1}\}^4=x^8(2x-3)^{-4}$ と変形できるから

$y'=(x^8)'(2x-3)^{-4}+x^8\{(2x-3)^{-4}\}'$
$=8x^7\cdot(2x-3)^{-4}+x^8\cdot(-4)(2x-3)^{-5}\cdot 2$
$=8x^7(2x-3)^{-5}\{(2x-3)-x\}$
$=8x^7(2x-3)^{-5}(x-3)=\boldsymbol{\dfrac{8x^7(x-3)}{(2x-3)^5}}$

⇐ ( ) の中を u とする。
$y'=3(x^2+3x+1)^{3-1}$
としては **誤り**。

⇐ u を x^2+3x+1 に戻す。

⇐ $y=\square^4$ の形であるから
$y'=4\square^3\cdot(\square)'$

⇐ $(ab)^n=a^nb^n$

⇐ $(fg)'=f'g+fg'$

⇐ $8x^7(2x-3)^{-5}$ でくくる。

⇐ 分数式に変形する。

PRACTICE 50②

次の関数を微分せよ。

(1) $y=(x^2-2x-4)^3$　(2) $y=\{(x-1)(x^2+2)\}^4$　(3) $y=\dfrac{1}{(x^2+1)^3}$

(4) $y=\dfrac{(x+1)(x-3)}{(x-5)^3}$　(5) $y=\left(\dfrac{x}{x^2+1}\right)^4$

基本 例題 51 逆関数の微分法 ②②②②②

関数 $x=y^2+2y+1\ (y<-1)$ について，$\dfrac{dy}{dx}$ を x の関数で表せ。

p.88 基本事項 2

CHART & SOLUTION

逆関数の微分　$x=f(y)$ のとき　$\dfrac{dy}{dx}=\dfrac{1}{\frac{dx}{dy}}$

$x=y^2+2y+1\ (y<-1)$ を y について微分して，上の公式を適用。
$\dfrac{dy}{dx}$ は y の式であるから，y を x で表して代入すれば，$\dfrac{dy}{dx}$ を x で表すことができる。
⟶ $x=y^2+2y+1$ を y の 2 次方程式と考えて解く。
別解 1　y を x で表してから x で微分してもよい（基本例題 52 を参照）。
別解 2　関数の式を x について微分する解法。詳しくは基本例題 64 を参照。

解答

$x=y^2+2y+1$ を y について微分すると　$\dfrac{dx}{dy}=2y+2$

よって，$y+1\neq0$ から　$\dfrac{dy}{dx}=\dfrac{1}{\frac{dx}{dy}}=\dfrac{1}{2(y+1)}$ ……①

一方，$x=(y+1)^2$，$y+1<0$ であるから　$y+1=-\sqrt{x}$

① に代入して　$\dfrac{dy}{dx}=\dfrac{1}{2(-\sqrt{x})}=-\dfrac{1}{2\sqrt{x}}$

別解 1　$y<-1$ であるから　$y=-\sqrt{x}-1$

したがって　$\dfrac{dy}{dx}=(-\sqrt{x}-1)'=(-x^{\frac{1}{2}}-1)'$

$$=-\frac{1}{2}\cdot x^{\frac{1}{2}-1}=-\frac{1}{2}x^{-\frac{1}{2}}=-\frac{1}{2\sqrt{x}}$$

別解 2　$x=y^2+2y+1\ (y<-1)$ の両辺を x について微分すると　$1=2y\dfrac{dy}{dx}+2\dfrac{dy}{dx}$

すなわち　$2(y+1)\dfrac{dy}{dx}=1$

よって，$y\neq-1$ から　$\dfrac{dy}{dx}=\dfrac{1}{2(y+1)}$　以下，同様。

⇐ $y<-1$ より $y+1\neq0$

⇐ $y+1=\pm\sqrt{x}$

inf. 問題文が単に「$\dfrac{dy}{dx}$ を求めよ。」であれば $\dfrac{1}{2(y+1)}$ のままでもよい。

⇐ $x^{\frac{1}{2}}$ の微分は基本例題 52 を参照。

⇐ 右辺も x で微分するから，合成関数の微分より $\dfrac{d}{dx}y^2=\dfrac{d}{dy}y^2\cdot\dfrac{dy}{dx}$ などとなる。この解法は基本例題 64 で詳しく学ぶ。

PRACTICE 51②

関数 $x=y^2-y+1\ \left(y>\dfrac{1}{2}\right)$ について，$\dfrac{dy}{dx}$ を x の関数で表せ。

基本 例題 **52** x^p（p は有理数）の導関数 ◯◯◯◯◯

次の関数を微分せよ。

(1) $y=x^{\frac{3}{5}}$ (2) $y=\dfrac{1}{\sqrt[3]{x^2+1}}$ (3) $y=\sqrt[4]{2x+1}$

○ p. 88 基本事項 **2**

CHART & SOLUTION

x^p（p は有理数）の微分 p が有理数のとき $(x^p)'=px^{p-1}$

(2) $\sqrt[m]{x^n}=x^{\frac{n}{m}}$ （m, n は正の整数, $m\geqq2$）

(2), (3) 合成関数の微分 を利用。

解答

(1) $y'=(x^{\frac{3}{5}})'=\dfrac{3}{5}x^{\frac{3}{5}-1}=\boldsymbol{\dfrac{3}{5}x^{-\frac{2}{5}}}$ $\left(\boldsymbol{\dfrac{3}{5\sqrt[5]{x^2}}}$ でもよい$\right)$

$\Leftarrow$ 計算結果は原則, 与えられた式の形に合わせて表す。

(2) $y'=\left(\dfrac{1}{\sqrt[3]{x^2+1}}\right)'=\{(x^2+1)^{-\frac{1}{3}}\}'$

$=-\dfrac{1}{3}(x^2+1)^{-\frac{1}{3}-1}(x^2+1)'$

$=-\dfrac{1}{3}(x^2+1)^{-\frac{4}{3}}\cdot2x$

$=-\dfrac{2x}{3\sqrt[3]{(x^2+1)^4}}=\boldsymbol{-\dfrac{2x}{3(x^2+1)\sqrt[3]{x^2+1}}}$

$\Leftarrow u=x^2+1$ とすると
$y=u^{-\frac{1}{3}}$ よって
$y'=-\dfrac{1}{3}u^{-\frac{4}{3}}\cdot\dfrac{du}{dx}$

$\Leftarrow \sqrt[3]{A^4}=\sqrt[3]{A^3\cdot A}$
$=A\sqrt[3]{A}$

(3) $y'=(\sqrt[4]{2x+1})'=\{(2x+1)^{\frac{1}{4}}\}'$

$=\dfrac{1}{4}(2x+1)^{\frac{1}{4}-1}(2x+1)'=\dfrac{1}{4}(2x+1)^{-\frac{3}{4}}\cdot2$

$=\boldsymbol{\dfrac{1}{2\sqrt[4]{(2x+1)^3}}}$

$\Leftarrow u=2x+1$ とすると
$y=u^{\frac{1}{4}}$ よって
$y'=\dfrac{1}{4}u^{\frac{1}{4}-1}\cdot\dfrac{du}{dx}$

別解 $y=\sqrt[4]{2x+1}$ の両辺を 4 乗すると $y^4=2x+1$

両辺を x について微分すると

$4y^3\cdot\dfrac{dy}{dx}=2$ よって $\dfrac{dy}{dx}=\dfrac{1}{2y^3}$

$y=\sqrt[4]{2x+1}$ を代入して $\dfrac{dy}{dx}=\dfrac{1}{2\sqrt[4]{(2x+1)^3}}$

$\Leftarrow$ 基本例題 64 参照。

$\Leftarrow$ 左辺は合成関数の微分を利用。
$\dfrac{d}{dx}y^4=\dfrac{d}{dy}y^4\cdot\dfrac{dy}{dx}$

INFORMATION — x^p の導関数

p が無理数のときも $(x^p)'=px^{p-1}$ が成り立つ。（p.99 基本事項 **3** 参照）

PRACTICE **52**②

次の関数を微分せよ。

[(3) 信州大]

(1) $y=x^2\sqrt{x}$ (2) $y=\dfrac{1}{\sqrt[3]{x^2}}$ $(x>0)$ (3) $y=x^3\sqrt{1+x^2}$

基本 例題 53 導関数と恒等式

$f(x)$ を 2 次以上の多項式とする。

(1) $f(x)$ を $(x-a)^2$ で割ったときの余りを a, $f(a)$, $f'(a)$ を用いて表せ。

(2) $f(x)$ が $(x-a)^2$ で割り切れるための条件を求めよ。 p.88 基本事項 2

CHART & SOLUTION

多項式 $f(x)$ を 2 次式 $(x-a)^2$ で割った余りは **1 次式または定数** であるから

$$f(x)=(x-a)^2Q(x)+px+q \quad (Q(x) \text{ は商}, \ p, \ q \text{ は定数})$$

と表される。ただし，これだけでは条件式が足りない（文字 p, q に対し式は 1 つ)。問題文に「$f'(a)$」とあるから，この式の両辺を x で微分し **$f'(x)=\cdots\cdots$** の式を作ると，もう 1 つ式が得られる。……❗

なお，右辺の $(x-a)^2Q(x)$ の微分は積の微分を用いる。

(2) 割り切れる $\Longleftrightarrow$ 余りが 0

解答

(1) 多項式 $f(x)$ を 2 次式 $(x-a)^2$ で割った商を $Q(x)$，余りを $px+q$ とすると

$$f(x)=(x-a)^2Q(x)+px+q \quad \cdots\cdots ①$$

両辺を x で微分して

❗ $$f'(x)=2(x-a)Q(x)+(x-a)^2Q'(x)+p \quad \cdots\cdots ②$$

①，② に $x=a$ を代入して

$$f(a)=pa+q, \ f'(a)=p$$

これから $p=f'(a)$, $q=f(a)-af'(a)$

よって，求める余りは **$f'(a)x+f(a)-af'(a)$**

(2) (1) の結果から，割り切れるためには常に

$$f'(a)x+f(a)-af'(a)=0$$

が成り立てばよいから

$$f'(a)=0 \quad \text{かつ} \quad f(a)-af'(a)=0$$

よって，求める条件は **$f(a)=f'(a)=0$**

⇐ 2 次式で割った余りは 1 次式または定数。

⇐ $\{(x-a)^2Q(x)\}'$
$=\{(x-a)^2\}'Q(x)$
$+(x-a)^2Q'(x)$

⇐ $f'(a)(x-a)+f(a)$ でもよい。

⇐ $Ax+B=0$ が x についての恒等式 $\Longleftrightarrow A=B=0$

INFORMATION ── $(x-a)^2$ で割り切れるための条件

この例題から，2 次以上の多項式 $f(x)$ を $(x-a)^2$ で割ったときの余りは

$$f'(a)(x-a)+f(a)$$

$(x-a)^2$ で割り切れるための必要十分条件は

$$f(a)=f'(a)=0$$

であることがわかる。この事実は重要なので記憶しておこう。

PRACTICE 53③

$f(x)=ax^{n+1}+bx^n+1$（n は自然数）が $(x-1)^2$ で割り切れるように，定数 a, b を n で表せ。 ［類 岡山理科大］

3章 6 微分係数と導関数の計算

重要 例題 54 微分係数の定義を利用した極限 (1)

a は定数とし，関数 $f(x)$ は $x=a$ で微分可能とする。このとき，次の極限を a，$f'(a)$ などを用いて表せ。

(1) $\displaystyle\lim_{h\to 0}\frac{f(a+2h)-f(a)}{h}$　　(2) $\displaystyle\lim_{x\to a}\frac{af(x)-xf(a)}{x-a}$

p.88 基本事項 1，基本 48

CHART & THINKING

微分係数の定義

$$f'(a)=\lim_{h\to 0}\frac{f(a+h)-f(a)}{h}\ \cdots\cdots ①,\quad f'(a)=\lim_{x\to a}\frac{f(x)-f(a)}{x-a}\ \cdots\cdots ②$$

(1)，(2) はともに $\frac{0}{0}$ の形の不定形である。微分係数の定義式に似ているが，そのまま利用はできない。どのように式変形をすれば微分係数の定義式を利用できるだろうか？

(1) ① の定義式を利用するには，問題の分母がどうなればよいのだろうか？

⟶ $\displaystyle\lim_{h\to 0}\frac{f(a+●)-f(a)}{●}$ の●が同じ式になるように変形する。

(2) ② の定義式を利用するために，与式を $\displaystyle\lim_{x\to a}\frac{f(x)-f(a)}{x-a}$ を含む形に変形する。

⟶ 分子において，$af(a)$ を引いて加える。

解答

(1) $\displaystyle\lim_{h\to 0}\frac{f(a+2h)-f(a)}{h}=\lim_{h\to 0}2\cdot\frac{f(a+2h)-f(a)}{2h}$

$\displaystyle=2\lim_{h\to 0}\frac{f(a+2h)-f(a)}{2h}=\boldsymbol{2f'(a)}$

別解　$2h=t$ とおくと，$h\longrightarrow 0$ のとき $t\longrightarrow 0$ であるから

$\displaystyle(\text{与式})=\lim_{t\to 0}\frac{f(a+t)-f(a)}{\frac{t}{2}}=2\lim_{t\to 0}\frac{f(a+t)-f(a)}{t}$

$=\boldsymbol{2f'(a)}$

(2) $\displaystyle\lim_{x\to a}\frac{af(x)-xf(a)}{x-a}=\lim_{x\to a}\frac{a\{f(x)-f(a)\}+af(a)-xf(a)}{x-a}$

$\displaystyle=\lim_{x\to a}\frac{a\{f(x)-f(a)\}-(x-a)f(a)}{x-a}$

$\displaystyle=\lim_{x\to a}\left\{a\cdot\frac{f(x)-f(a)}{x-a}-f(a)\right\}=\boldsymbol{af'(a)-f(a)}$

inf. $\displaystyle\frac{f(a+\boxed{2h})-f(a)}{\boxed{h}}$ において □ の部分が異なるから，**(与式)$=f'(a)$ とするのは誤り！**

⇦ $\displaystyle\lim_{■\to□}\frac{f(■)-f(□)}{■-□}$ の形を作るように式変形。

PRACTICE 54③

a は定数とし，関数 $f(x)$ は $x=a$ で微分可能とする。このとき，次の極限を a，$f'(a)$ などを用いて表せ。

(1) $\displaystyle\lim_{h\to 0}\frac{f(a+3h)-f(a+h)}{h}$　　(2) $\displaystyle\lim_{x\to a}\frac{a^2f(x)-x^2f(a)}{x-a}$

重要 例題 55 微分可能であるための条件

関数 $f(x)=\begin{cases} ax^2+bx-2 & (x\geqq 1) \\ x^3+(1-a)x^2 & (x<1) \end{cases}$ が $x=1$ で微分可能となるように定数 a, b の値を定めよ。 〔芝浦工大〕 基本 47

CHART & SOLUTION

$f(x)$ が $x=1$ で微分可能 $\iff$ $f'(1)=\lim_{h\to 0}\dfrac{f(1+h)-f(1)}{h}$ が存在

まず，**微分可能** $\Longrightarrow$ **連続** であるから，関数 $f(x)$ が $x=1$ で連続である条件より，a と b の関係式が導かれる（**必要条件**）。
続いて，微分可能性について考えると，$x\geqq 1$，$x<1$ で $f(x)$ を表す式が異なるから，
$\lim_{h\to +0}\dfrac{f(1+h)-f(1)}{h}$（右側微分係数），$\lim_{h\to -0}\dfrac{f(1+h)-f(1)}{h}$（左側微分係数）が **ともに存在** して，**この2つの値が一致** すればよい。……❗

解答

関数 $f(x)$ が $x=1$ で微分可能であるとき，$f(x)$ は $x=1$ で連続であるから

$$\lim_{x\to 1+0}(ax^2+bx-2)=\lim_{x\to 1-0}\{x^3+(1-a)x^2\}=f(1)$$

よって　$a+b-2=2-a$

ゆえに　$2a+b=4$ ……①

また　$\lim_{h\to +0}\dfrac{f(1+h)-f(1)}{h}$

$$=\lim_{h\to +0}\frac{a(1+h)^2+b(1+h)-2-(a+b-2)}{h}$$

$$=\lim_{h\to +0}(2a+b+ah)=2a+b=4$$

$$\lim_{h\to -0}\frac{f(1+h)-f(1)}{h}$$

$$=\lim_{h\to -0}\frac{\{(1+h)^3+(1-a)(1+h)^2\}-(a+b-2)}{h}$$

$$=\lim_{h\to -0}\left\{h^2+(4-a)h+5-2a+\frac{4-2a-b}{h}\right\}$$

$$=\lim_{h\to -0}\{h^2+(4-a)h+5-2a\}=5-2a$$

❗ したがって，$f'(1)$ が存在する条件は　$4=5-2a$

ゆえに　$a=\dfrac{1}{2}$　このとき，① から　$b=3$

⇐ 微分可能 $\Longrightarrow$ 連続
逆は 成り立たない。
$x=1$ で連続であることから，a と b の関係式を導く。

⇐ **必要条件**

⇐ 右側微分係数

⇐ (分子)$=(2a+ah+b)h$

⇐ ① から。

⇐ 左側微分係数

⇐ (分子)
$=h^3+(4-a)h^2$
$+(5-2a)h$
$+4-2a-b$

⇐ **必要十分条件**

PRACTICE 55 ④

$x>1$ のとき $f(x)=\dfrac{ax+b}{x+1}$，$x\leqq 1$ のとき $f(x)=x^2+1$ である関数 $f(x)$ が，$x=1$ で微分係数をもつとき，定数 a，b の値を求めよ。 〔防衛大〕

EXERCISES　6 微分係数と導関数の計算

A

46❷ $x \neq 0$ のとき $f(x)=\dfrac{x}{1+2^{\frac{1}{x}}}$，$x=0$ のとき $f(x)=0$ である関数は，$x=0$ で連続であるが微分可能ではないことを証明せよ。 →47

47❸ (1) u，v，w が x の関数で微分可能であるとき，次の公式を証明せよ。

$$(uvw)'=u'vw+uv'w+uvw'$$

(2) 上の公式を用いて，次の関数を微分せよ。

(ア) $y=(x+1)(x-2)(x-3)$　(イ) $y=(x^2-1)(x^2+2)(x-2)$ →49

48❷ 次の関数を微分せよ。

(1) $y=(x^2-2)^3$　(2) $y=(1+x)^3(3-2x)^4$

(3) $y=\sqrt{\dfrac{x+1}{x-3}}$　(4) $y=\dfrac{\sqrt{x+1}-\sqrt{x-1}}{\sqrt{x+1}+\sqrt{x-1}}$ →49, 50, 52

B

49❸ 次の関数は $x=0$ で連続であるが微分可能ではないことを示せ。

$$f(x)=\begin{cases} 0 & (x=0) \\ x\sin\dfrac{1}{x} & (x\neq 0) \end{cases}$$

→47

50❸ $f(x)=\dfrac{1}{1+x^2}$ のとき，$\displaystyle\lim_{x\to 0}\frac{f(3x)-f(\sin x)}{x}=$ ア□，$f'(0)=$ イ□ である。 →54

51❸ (1) $x\neq 1$ のとき，和 $1+x+x^2+\cdots\cdots+x^n$ を求めよ。

(2) (1)で求めた結果を x の関数とみて微分することにより，$x\neq 1$ のとき，和 $1+2x+3x^2+\cdots\cdots+nx^{n-1}$ を求めよ。　〔類 東北学院大〕 →p.88 2

52❹ すべての実数 x の値において微分可能な関数 $f(x)$ は次の 2 つの条件を満たすものとする。

(A) すべての実数 x，y に対して $f(x+y)=f(x)+f(y)+8xy$

(B) $f'(0)=3$

ここで，$f'(a)$ は関数 $f(x)$ の $x=a$ における微分係数である。

(1) $f(0)=$ ア□　(2) $\displaystyle\lim_{y\to 0}\frac{f(y)}{y}=$ イ□

(3) $f'(1)=$ ウ□　(4) $f'(-1)=-$ エ□

〔類 東京理科大〕 →54

HINT

49　$x=0$ で連続 $\Longleftrightarrow \displaystyle\lim_{x\to 0}f(x)=f(0)$　求めにくい極限は，はさみうちの原理を用いる。

50　$f'(\square)=\displaystyle\lim_{\blacksquare\to\square}\frac{f(\blacksquare)-f(\square)}{\blacksquare-\square}$ が使える形に式変形する。

51　(1) 等比数列の和を考える。

52　(2)〜(4) $\displaystyle\lim_{y\to\square}\frac{f(\square+y)-f(\square)}{y}=f'(\square)$ を利用する。

7 三角，対数，指数関数の導関数

基本事項

1 三角関数の導関数

$$(\sin x)'=\cos x \qquad (\cos x)'=-\sin x \qquad (\tan x)'=\frac{1}{\cos^2 x}$$

注意 角の単位は弧度法によるものとする。

2 対数関数の導関数

① **自然対数の底 e の定義**　$e=\lim_{h\to 0}(1+h)^{\frac{1}{h}}$ $(e=2.71828182845\cdots\cdots)$

② **対数関数の導関数**　$a>0,\ a\neq 1$ とする。

$$(\log x)'=\frac{1}{x} \qquad (\log_a x)'=\frac{1}{x\log a}$$

$$(\log|x|)'=\frac{1}{x} \qquad (\log_a|x|)'=\frac{1}{x\log a}$$

注意 微分法や積分法では，自然対数の場合に底 e を省略して，単に $\log x$ と書く。

3 x^{α} の導関数

$x>0$，α が実数のとき　$(x^{\alpha})'=\alpha x^{\alpha-1}$

証明 （対数微分法による証明。基本例題 58 参照。）
$y=x^{\alpha}$ の両辺の自然対数をとると　$\log y=\alpha\log x$
両辺を x で微分すると　$\dfrac{y'}{y}=\alpha\cdot\dfrac{1}{x}$
よって　$y'=\alpha\cdot\dfrac{1}{x}\cdot x^{\alpha}=\alpha x^{\alpha-1}$

4 指数関数の導関数

$$(e^x)'=e^x \qquad (a^x)'=a^x\log a \ (a>0,\ a\neq 1)$$

CHECK & CHECK

14 次の関数を微分せよ。

(1) $y=5\sin x$　(2) $y=\dfrac{\cos x}{2}$　(3) $y=2\tan x$

→ 1

15 次の関数を微分せよ。

(1) $y=2\log x$　(2) $y=\log_3 x$
(3) $y=3e^x$　(4) $y=2^x$

→ 2，4

基本 例題 56 三角関数の導関数

次の関数を微分せよ。

(1) $y=\sin(3x+2)$　　(2) $y=\dfrac{\tan x}{x}$　　(3) $y=\sin x\cos^2 x$

p.99 基本事項 1

CHART & SOLUTION

三角関数の微分

$$(\sin x)'=\cos x,\ (\cos x)'=-\sin x,\ (\tan x)'=\frac{1}{\cos^2 x}$$

これらの導関数の公式を用いて計算する。

(1) 合成関数の微分。 $\{f(ax+b)\}'=af'(ax+b)$

(2) 商の微分。 (3) 積の微分で，合成関数を含む。

解答

(1) $y'=\{\cos(3x+2)\}\cdot(3x+2)'=\mathbf{3\cos(3x+2)}$

⇐ $\{\sin(\square)\}'\cdot(\square)'$

(2) $y'=\dfrac{(\tan x)'\cdot x-\tan x\cdot(x)'}{x^2}=\dfrac{\frac{1}{\cos^2 x}\cdot x-\tan x\cdot 1}{x^2}$

$=\dfrac{1}{x\cos^2 x}-\dfrac{\tan x}{x^2}$

⇐ $\left(\dfrac{f}{g}\right)'=\dfrac{f'g-fg'}{g^2}$

(3) $y'=(\sin x)'\cos^2 x+\sin x\cdot(\cos^2 x)'$

$=\cos x\cdot\cos^2 x+\sin x\cdot 2\cos x(-\sin x)$

$=\mathbf{\cos^3 x-2\sin^2 x\cos x}$ ❶

⇐ $(fg)'=f'g+fg'$

⇐ $\cos^2 x=(\cos x)^2$, $(u^2)'=2u\cdot u'$

INFORMATION 三角関数を微分した結果の式に関する注意

$\sin^2 x$ や $\cos^2 x$ の微分では，**三角関数の相互関係** や **2倍角・半角の公式** を用いて変形してから微分することもある。

例えば，上の(3)では $y=\sin x(1-\sin^2 x)=\sin x-\sin^3 x$ であるから

$y'=(\sin x-\sin^3 x)'=\cos x-3\sin^2 x\cos x$ ❷

❶，❷ は異なるように見えるが，$\sin^2 x=1-\cos^2 x$ を用いて変形すると，ともに $3\cos^3 x-2\cos x$ となる。このように，三角関数を微分すると，導関数がいろいろな形で表されることがある。上の例では，❶，❷ のどちらを答としてもよい。ただし，$\sin^2 x+\cos^2 x=1$ が現れているなど，更に簡単にできる場合は変形しておく。

PRACTICE 56❷

次の関数を微分せよ。ただし，a は定数とする。

(1) $y=2x-\cos x$　　(2) $y=\sin x^2-\tan x$　　(3) $y=x^2\sin(3x+5)$

(4) $y=\sin^3(2x+1)$　　(5) $y=\dfrac{1}{\sqrt{\tan x}}$　　(6) $y=\sin ax\cdot\cos ax$

[(3) 琉球大 (4) 北見工大 (5) 東京電機大 (6) 富山大]

基本 例題 57 対数関数の導関数

次の関数を微分せよ。

(1) $y=\log(1-3x)$　　(2) $y=\log_2(2x+1)$

(3) $y=\log\left|\dfrac{x}{1+\cos x}\right|$　　(4) $y=\log\dfrac{1}{\cos x}$

p.99 基本事項 2

CHART & SOLUTION

対数関数の微分　$(\log x)'=\dfrac{1}{x}$,　$(\log_a x)'=\dfrac{1}{x\log a}$,

$(\log|x|)'=\dfrac{1}{x}$,　$(\log_a|x|)'=\dfrac{1}{x\log a}$

上の公式と合成関数の微分を組み合わせて計算。
特に，$\{f(ax+b)\}'=af'(ax+b)$ を利用。

解答

(1) $y'=\dfrac{1}{1-3x}\cdot(1-3x)'=\dfrac{3}{3x-1}$

(2) $y'=\dfrac{1}{(2x+1)\log 2}\cdot(2x+1)'=\dfrac{2}{(2x+1)\log 2}$

(3) $y'=\{\log|x|-\log|1+\cos x|\}'$

$=\dfrac{1}{x}-\dfrac{-\sin x}{1+\cos x}=\dfrac{1+\cos x+x\sin x}{x(1+\cos x)}$

別解 $y'=\dfrac{1+\cos x}{x}\left(\dfrac{x}{1+\cos x}\right)'$

$=\dfrac{1+\cos x}{x}\cdot\dfrac{1\cdot(1+\cos x)-x(-\sin x)}{(1+\cos x)^2}$

$=\dfrac{1+\cos x+x\sin x}{x(1+\cos x)}$

(4) $y'=(-\log\cos x)'=-\dfrac{-\sin x}{\cos x}=\tan x$

⇐ $(\log x)'=\dfrac{1}{x}$

⇐ $(\log_a x)'=\dfrac{1}{x\log a}$

⇐ $\{\log|1+\cos x|\}'=\dfrac{1}{1+\cos x}\cdot(1+\cos x)'$

⇐ $u=\dfrac{x}{1+\cos x}$ とすると $y=\log|u|$
よって　$y'=\dfrac{1}{u}\cdot\dfrac{du}{dx}$

⇐ $\log\dfrac{1}{p}=-\log p$

POINT

$\{\log f(x)\}'=\dfrac{f'(x)}{f(x)}$　　特に　$\{\log(ax+b)\}'=\dfrac{a}{ax+b}$

PRACTICE 57②

次の関数を微分せよ。　[(2) 類 信州大]

(1) $y=\log(x^3+1)$　　(2) $y=\sqrt[3]{x+1}\log_{10}x$

(3) $y=\log|\tan x|$　　(4) $y=\log\dfrac{1+\sin x}{1-\sin x}$

基本 例題 58 対数微分法 ②②②②②

次の関数を微分せよ。 [(2) 山形大]

(1) $y=\sqrt[5]{\dfrac{x+3}{(x+1)^3}}$　　(2) $y=x^{x+1}$ $(x>0)$

基本 57

CHART & SOLUTION

対数微分法　両辺の対数をとって微分する

両辺の絶対値の自然対数をとると，積 ⟶ 和，商 ⟶ 差，p 乗 ⟶ p 倍 となるから微分の計算がスムーズにできる。その際，y は x の関数であるから，合成関数の微分法（基本例題 50 参照）から

$$(\log|y|)'=\frac{d}{dx}\log|y|=\frac{d}{dy}\log|y|\cdot\frac{dy}{dx}=\frac{1}{y}\cdot y'=\frac{y'}{y}$$

であることに注意する。このような微分法を **対数微分法** という。

(1) 真数は正でなければならないから，**絶対値の自然対数をとる。**

(2) $(x^{x+1})'=(x+1)x^x$ は **誤り！**　$y=f(x)^{g(x)}$ $(f(x)>0)$ の形なので，両辺の自然対数をとると $\log y=g(x)\log f(x)$　この式の両辺を x で微分する。

解答

(1) 両辺の絶対値の自然対数をとると

$$\log|y|=\frac{1}{5}(\log|x+3|-3\log|x+1|)$$

⇦ $\log\left|\sqrt[5]{\dfrac{x+3}{(x+1)^3}}\right|=\log\left(\dfrac{|x+3|}{|x+1|^3}\right)^{\frac{1}{5}}$

両辺を x で微分すると

$$\frac{y'}{y}=\frac{1}{5}\left(\frac{1}{x+3}-\frac{3}{x+1}\right)=\frac{1}{5}\cdot\frac{x+1-3(x+3)}{(x+3)(x+1)}$$

$$=-\frac{2(x+4)}{5(x+1)(x+3)}$$

⇦ 両辺に y を掛ける前に，右辺を整理しておくとよい。

よって　$y'=\sqrt[5]{\dfrac{x+3}{(x+1)^3}}\left\{-\dfrac{2(x+4)}{5(x+1)(x+3)}\right\}$

$$=-\frac{2(x+4)}{5(x+1)\sqrt[5]{(x+1)^3(x+3)^4}}$$

⇦ $y'=-\dfrac{2}{5}\cdot\dfrac{(x+3)^{\frac{1}{5}}}{(x+1)^{\frac{3}{5}}}\times\dfrac{x+4}{(x+1)(x+3)}=-\dfrac{2}{5}\cdot\dfrac{x+4}{(x+1)^{\frac{8}{5}}(x+3)^{\frac{4}{5}}}$

(2) $x>0$ であるから　$y>0$

よって，両辺の自然対数をとると

$$\log y=(x+1)\log x$$

両辺を x で微分すると

$$\frac{y'}{y}=1\cdot\log x+(x+1)\cdot\frac{1}{x}=\log x+1+\frac{1}{x}$$

⇦ $(fg)'=f'g+fg'$

ゆえに　$y'=\left(\log x+\dfrac{1}{x}+1\right)x^{x+1}$

PRACTICE 58②

次の関数を微分せよ。

(1) $y=\sqrt[3]{x^2(x+1)}$　　(2) $y=x^{\log x}$ $(x>0)$

基本 例題 59 指数関数の導関数

次の関数を微分せよ。

(1) $y=e^{5x}$　(2) $y=2^{-x}$　(3) $y=x\cdot 3^x$

(4) $y=e^x\cos x$　(5) $y=\dfrac{e^{3x}}{1+\log x}$

p.99 基本事項 4

CHART & SOLUTION

指数関数の微分　$(e^x)'=e^x$, $(a^x)'=a^x\log a$

上の公式を用いて計算する。

(1), (2) 合成関数の微分。(3), (4) 積の微分。(5) 商の微分。

解答

(1) $y'=e^{5x}\cdot(5x)'$
$=\mathbf{5e^{5x}}$

← $u=5x$ とすると $y=e^u$
よって $y'=e^u\cdot\dfrac{du}{dx}$

(2) $y'=2^{-x}(\log 2)\cdot(-x)'$
$=\mathbf{-2^{-x}\log 2}$

← $u=-x$ とすると $y=2^u$
よって $y'=2^u\log 2\cdot\dfrac{du}{dx}$

(3) $y'=(x)'3^x+x(3^x)'$
$=3^x+x\cdot 3^x\log 3$
$=\mathbf{3^x(x\log 3+1)}$

← $(fg)'=f'g+fg'$

(4) $y'=(e^x)'\cos x+e^x(\cos x)'$
$=e^x\cos x+e^x(-\sin x)$
$=\mathbf{e^x(\cos x-\sin x)}$

← $(fg)'=f'g+fg'$
← $(\cos x)'=-\sin x$

(5) $y'=\dfrac{(e^{3x})'(1+\log x)-e^{3x}(1+\log x)'}{(1+\log x)^2}$

$=\dfrac{3e^{3x}(1+\log x)-e^{3x}\cdot\dfrac{1}{x}}{(1+\log x)^2}$

$=\mathbf{\dfrac{e^{3x}(3x+3x\log x-1)}{x(1+\log x)^2}}$

← $\left(\dfrac{f}{g}\right)'=\dfrac{f'g-fg'}{g^2}$
← $(\log x)'=\dfrac{1}{x}$

POINT

$\{e^{f(x)}\}'=e^{f(x)}\cdot f'(x)$　特に　$(e^{ax+b})'=ae^{ax+b}$

PRACTICE 59②

次の関数を微分せよ。

(1) $y=x^3e^{-x}$　(2) $y=2^{\sin x}$　〔北見工大〕

(3) $y=e^{3x}\sin 2x$　〔近畿大〕　(4) $y=e^{\frac{1}{x}}$　〔関西大〕

基本 例題 60　e の定義を利用した極限

$\lim_{h\to 0}(1+h)^{\frac{1}{h}}=e$ であることを用いて，次の極限を求めよ。

(1) $\lim_{x\to 0}(1+2x)^{\frac{1}{x}}$　(2) $\lim_{x\to 0}(1-2x)^{\frac{1}{x}}$　(3) $\lim_{x\to \infty}\left(1+\frac{4}{x}\right)^{x}$

p.99 基本事項 2

CHART & SOLUTION

e の定義 $\lim_{h\to 0}(1+h)^{\frac{1}{h}}=e$ の利用

おき換えを利用して，$\lim_{h\to 0}(1+h)^{\frac{1}{h}}$ の形を作る

(1) $2x=h$　(2) $-2x=h$　(3) $\frac{4}{x}=h$　とおく。

注意　(1)で $x\longrightarrow 0$ のとき $2x\longrightarrow 0$ から $\lim_{x\to 0}(1+2x)^{\frac{1}{x}}=e$ とするのは **誤り**！

$(1+●)^{\frac{1}{●}}$ $(●\longrightarrow 0)$ の●は同じものでなければならない。

解答

(1) $2x=h$ とおくと　$\frac{1}{x}=\frac{2}{h}$

また，$x\longrightarrow 0$ のとき $h\longrightarrow 0$ であるから

$$\lim_{x\to 0}(1+2x)^{\frac{1}{x}}=\lim_{h\to 0}(1+h)^{\frac{2}{h}}=\lim_{h\to 0}\{(1+h)^{\frac{1}{h}}\}^2=e^2$$

(2) $-2x=h$ とおくと　$\frac{1}{x}=-\frac{2}{h}$

また，$x\longrightarrow 0$ のとき $h\longrightarrow 0$ であるから

$$\lim_{x\to 0}(1-2x)^{\frac{1}{x}}=\lim_{h\to 0}(1+h)^{-\frac{2}{h}}=\lim_{h\to 0}\{(1+h)^{\frac{1}{h}}\}^{-2}=e^{-2}$$

(3) $\frac{4}{x}=h$ とおくと　$x=\frac{4}{h}$

また，$x\longrightarrow \infty$ のとき $h\longrightarrow +0$ であるから

$$\lim_{x\to \infty}\left(1+\frac{4}{x}\right)^{x}=\lim_{h\to +0}(1+h)^{\frac{4}{h}}=\lim_{h\to +0}\{(1+h)^{\frac{1}{h}}\}^4=e^4$$

別解　(1) $\lim_{x\to 0}(1+2x)^{\frac{1}{x}}=\lim_{x\to 0}\{(1+2x)^{\frac{1}{2x}}\}^2=e^2$

(2) $\lim_{x\to 0}(1-2x)^{\frac{1}{x}}=\lim_{x\to 0}[\{1+(-2x)\}^{\frac{1}{-2x}}]^{-2}=e^{-2}$

⇐ おき換え

⇐ $(1+●)^{\frac{1}{●}}$ $(●\longrightarrow 0)$ が出てくる形に変形。

⇐ $\frac{1}{e^2}$ でもよい。

別解 はおき換えずに求める解法。　の部分が同じものになるように変形する。

PRACTICE 60③

$\lim_{h\to 0}(1+h)^{\frac{1}{h}}=e$ であることを用いて，次の極限を求めよ。

(1) $\lim_{x\to \infty}\left(1-\frac{3}{x}\right)^{x}$　(2) $\lim_{x\to 0}\frac{\log_2(1+x)}{x}$　〔会津大〕

(3) $\lim_{x\to \infty}\left(\frac{x}{x+1}\right)^{x}$　(4) $\lim_{x\to \infty}x\{\log(2x+1)-\log 2x\}$

重要 例題 61 微分係数の定義を利用した極限 (2)

次の極限を求めよ。

(1) $\displaystyle\lim_{x\to 0}\frac{e^x-1}{x}$　　(2) $\displaystyle\lim_{x\to 0}\frac{\log\cos x}{x}$　〔防衛医大〕

p.99 基本事項 1, 2, 4, 重要 54

CHART & SOLUTION

求めにくい極限

微分係数の定義 $\displaystyle f'(a)=\lim_{x\to a}\frac{f(x)-f(a)}{x-a}$ を利用

$x\longrightarrow 0$ のときの極限を考えるから，分子が $f(x)-f(0)$ の形になるように，$f(x)$ を定めるのがカギ。……❗

(1) $f(x)=e^x$ とすると　$f(0)=1$

(2) $f(x)=\log\cos x$ とすると　$f(0)=0$

解答

❗ (1) $f(x)=e^x$ とすると

$$\lim_{x\to 0}\frac{e^x-1}{x}=\lim_{x\to 0}\frac{f(x)-f(0)}{x-0}=f'(0)$$

⇐ $1=e^0=f(0)$

$f'(x)=e^x$ であるから　$f'(0)=e^0=1$

⇐ $(e^x)'=e^x$

よって　$\displaystyle\lim_{x\to 0}\frac{e^x-1}{x}=\mathbf{1}$

inf. $\displaystyle\lim_{x\to 0}\frac{e^x-1}{x}=1$ は，極限を計算するときに，公式として用いてよい。

別解　$e^x-1=y$ とおくと　$x=\log(1+y)$

$x\longrightarrow 0$ のとき $y\longrightarrow 0$ であるから

$$\lim_{x\to 0}\frac{e^x-1}{x}=\lim_{y\to 0}\frac{y}{\log(1+y)}=\lim_{y\to 0}\frac{1}{\frac{1}{y}\log(1+y)}$$

$$=\lim_{y\to 0}\frac{1}{\log(1+y)^{\frac{1}{y}}}=\frac{1}{\log e}=\mathbf{1}$$

❗ (2) $f(x)=\log\cos x$ とすると

$$\lim_{x\to 0}\frac{\log\cos x}{x}=\lim_{x\to 0}\frac{f(x)-f(0)}{x-0}=f'(0)$$

⇐ $0=\log 1=f(0)$

$f'(x)=\dfrac{1}{\cos x}\cdot(\cos x)'=-\dfrac{\sin x}{\cos x}$ であるから　$f'(0)=0$

⇐ $(\log x)'=\dfrac{1}{x}$
$(\cos x)'=-\sin x$

よって　$\displaystyle\lim_{x\to 0}\frac{\log\cos x}{x}=\mathbf{0}$

PRACTICE 61[3]

次の極限を求めよ。〔(2) 京都産大 (3) 東京理科大〕

(1) $\displaystyle\lim_{x\to 0}\frac{2^x-1}{x}$　(2) $\displaystyle\lim_{x\to 2}\frac{1}{x-2}\log\frac{x}{2}$　(3) $\displaystyle\lim_{x\to 0}\frac{e^x-e^{-x}}{x}$　(4) $\displaystyle\lim_{x\to 0}\frac{e^{x^2}-1}{1-\cos x}$

STEP UP 数 e について

$p.99$ において **自然対数の底 e** を $\boldsymbol{e=\lim_{h\to 0}(1+h)^{\frac{1}{h}}}$ ……① と定義した。実際にこの極限の存在を示すことや，e の値を計算することは高校数学の範囲ではできないが，$\boldsymbol{e=2.71828182845\cdots\cdots}$ **に収束** し，π と同様に **無理数である** ことが知られていて，**ネイピアの数** とも呼ばれている。e を含む関数の微分については $(e^x)'=e^x$，$(\log x)'=\dfrac{1}{x}$ という，簡単な（覚えやすい）結果になる。

参考　$y=(1+h)^{\frac{1}{h}}$ のグラフをコンピュータを用いてかくと右図のようになる。$h=0$ では関数の値が存在しないが，$h\longrightarrow +0$，$h\longrightarrow -0$ の極限はともにグラフの○の点に近づくことがわかる。

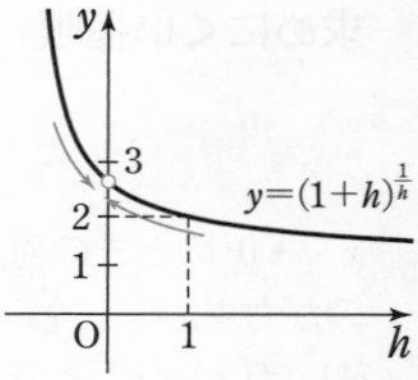

1　e についてのいろいろな極限

定義から，$e=\lim_{h\to +0}(1+h)^{\frac{1}{h}}=\lim_{h\to -0}(1+h)^{\frac{1}{h}}$ が成り立つ。ここで，$\dfrac{1}{h}=x$ とおくと $h\longrightarrow +0$ のとき $x\longrightarrow\infty$，$h\longrightarrow -0$ のとき $x\longrightarrow -\infty$ であることから

$\boldsymbol{e=\lim_{x\to +\infty}\left(1+\frac{1}{x}\right)^x=\lim_{x\to -\infty}\left(1+\frac{1}{x}\right)^x}$ ……② となる。また，数列 $\left\{\left(1+\dfrac{1}{n}\right)^n\right\}$ についても，その極限は e であることがわかる $\left(h=\dfrac{1}{n}\right.$ とおくと ① の形になる$\left.\right)$。

このように，e についてはいろいろな表現があり，重要例題 61 (1) で示した $\lim_{x\to 0}\dfrac{e^x-1}{x}=1$ といった性質もある。ここで，これまで学んだ内容をまとめておこう。

e の性質のまとめ

① $\boldsymbol{\lim_{h\to 0}(1+h)^{\frac{1}{h}}=e}$　（e の定義）　② $\boldsymbol{\lim_{x\to\infty}\left(1+\frac{1}{x}\right)^x=e,\ \lim_{x\to -\infty}\left(1+\frac{1}{x}\right)^x=e}$

③ $\boldsymbol{\lim_{n\to\infty}\left(1+\frac{1}{n}\right)^n=e}$　（数列の収束）　④ $\boldsymbol{\lim_{x\to 0}\frac{e^x-1}{x}=1}$　（重要例題 61 (1)）

2　e と接線の傾き

指数関数 $f(x)=a^x$ $(a>0)$ の導関数は，定義により

$$f'(x)=\lim_{h\to 0}\frac{f(x+h)-f(x)}{h}=\lim_{h\to 0}\frac{a^{x+h}-a^x}{h}$$

$$=a^x\lim_{h\to 0}\frac{a^h-1}{h}=a^x\lim_{h\to 0}\frac{a^{0+h}-a^0}{h}=a^x f'(0)$$

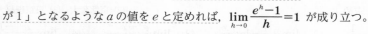

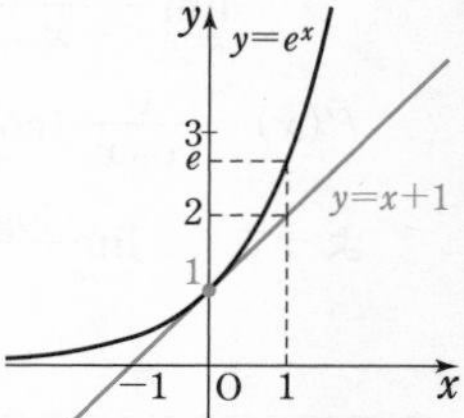

次章で詳しく学ぶが，$f'(0)$ は $y=a^x$ のグラフ上の $x=0$ の点における接線の傾きを表し，「$f'(0)=1$ すなわち 傾きが 1」となるような a の値を e と定めれば，$\boldsymbol{\lim_{h\to 0}\frac{e^h-1}{h}=1}$ が成り立つ。

このように，接線の傾きを利用した e の導入の仕方もある。

EXERCISES　　7 三角，対数，指数関数の導関数

A

53❷ 次の関数を微分せよ。

(1) $y=e^{-x}\cos x$　　(2) $y=\log(x+\sqrt{x^2+1})$

(3) $y=\log\dfrac{1+\sin x}{\cos x}$ 〔大阪工大〕　(4) $y=e^{\sin 2x}\tan x$ 〔岡山理科大〕

(5) $y=\dfrac{(x+1)^2}{(x+2)^3(x+3)^4}$　　(6) $y=x^{\sin x}$ $(x>0)$ 〔信州大〕

➡ 56〜59

54❸ 定数 a, b, c に対して $f(x)=(ax^2+bx+c)e^{-x}$ とする。すべての実数 x に対して $f'(x)=f(x)+xe^{-x}$ を満たすとき，a, b, c を求めよ。

〔横浜市大〕 ➡ 59

55❸ $\sqrt{1+e^x}=t$ とおいて，$y=\log\dfrac{\sqrt{1+e^x}-1}{\sqrt{1+e^x}+1}$ を微分せよ。 ➡ 57, 59

B

56❹ 次の極限を求めよ。ただし，$a>0$ とする。

(1) $\displaystyle\lim_{x\to 0}\frac{1-\cos 2x}{x\log(1+x)}$　　(2) $\displaystyle\lim_{x\to\frac{1}{4}}\frac{\tan(\pi x)-1}{4x-1}$ 〔立教大〕

(3) $\displaystyle\lim_{x\to a}\frac{a^2\sin^2 x-x^2\sin^2 a}{x-a}$ 〔立教大〕　(4) $\displaystyle\lim_{h\to 0}\frac{e^{(h+1)^2}-e^{h^2+1}}{h}$ 〔法政大〕

➡ 60, 61

57❺ 関数 $f(x)$ はすべての実数 s, t に対して $f(s+t)=f(s)e^t+f(t)e^s$ を満たし，更に $x=0$ で微分可能で $f'(0)=1$ とする。

(1) $f(0)$ を求めよ。　　(2) $\displaystyle\lim_{h\to 0}\frac{f(h)}{h}$ を求めよ。

(3) 関数 $f(x)$ はすべての x で微分可能であることを，微分の定義に従って示せ。更に $f'(x)$ を $f(x)$ を用いて表せ。

(4) 関数 $g(x)$ を $g(x)=f(x)e^{-x}$ で定める。$g'(x)$ を計算して，関数 $f(x)$ を求めよ。

〔東京理科大〕 ➡ 61

HINT

56 (1) $\displaystyle\lim_{x\to 0}\frac{\sin x}{x}=1$, $\displaystyle\lim_{x\to 0}(1+x)^{\frac{1}{x}}=e$

(2)〜(4) $\displaystyle\lim_{x\to a}\frac{f(x)-f(a)}{x-a}=\lim_{h\to 0}\frac{f(a+h)-f(a)}{h}=f'(a)$ が使える形に式変形する。

57 (3) $\displaystyle\lim_{h\to 0}\frac{e^h-1}{h}=1$ と (2) の結果を利用する。

8 関数のいろいろな表し方と導関数

基本事項

1 高次導関数

① $f'(x)$ の導関数を **第2次導関数** といい，$\boldsymbol{y''}$，$\boldsymbol{f''(x)}$，$\boldsymbol{\dfrac{d^2y}{dx^2}}$，$\boldsymbol{\dfrac{d^2}{dx^2}f(x)}$ などの記号で表す。

$f''(x)$ の導関数を **第3次導関数** といい，$\boldsymbol{y'''}$，$\boldsymbol{f'''(x)}$，$\boldsymbol{\dfrac{d^3y}{dx^3}}$，$\boldsymbol{\dfrac{d^3}{dx^3}f(x)}$ などの記号で表す。

② $f(x)$ が n 回微分可能であるとき，$f(x)$ を n 回微分して得られる関数を $f(x)$ の **第 n 次導関数** といい，$\boldsymbol{y^{(n)}}$，$\boldsymbol{f^{(n)}(x)}$，$\boldsymbol{\dfrac{d^ny}{dx^n}}$，$\boldsymbol{\dfrac{d^n}{dx^n}f(x)}$ などの記号で表す。

注意　$y^{(1)}$，$y^{(2)}$，$y^{(3)}$ は，それぞれ y'，y''，y''' を表す。

2 方程式 $F(x,\ y)=0$ で表された関数の導関数

[1]　y が x の関数のとき　$\dfrac{d}{dx}f(y)=\dfrac{d}{dy}f(y)\cdot\dfrac{dy}{dx}$

[2]　$F(x,\ y)=0$ で表された x の関数 y の導関数を求めるには $F(x,\ y)=0$ の両辺を x で微分する。このとき，[1] を利用する。

解説　$\dfrac{dy}{dx}$ を求めるのに，$y=f(x)$ の形にしてから微分することは，一般にやさしくない（変形が難しかったり，できない場合がある）。そこで，$F(x,\ y)=0$ の両辺を x で微分して，これから y' を求める。

3 媒介変数で表された関数の導関数

曲線が変数 t によって $x=f(t)$，$y=g(t)$ の形に表されるとき，これをその曲線の **媒介変数表示** といい，t を **媒介変数** または **パラメータ** という。

$x=f(t)$，$y=g(t)$ のとき　$\boldsymbol{\dfrac{dy}{dx}=\dfrac{\dfrac{dy}{dt}}{\dfrac{dx}{dt}}=\dfrac{g'(t)}{f'(t)}}$　$\left(\dfrac{dx}{dt}\neq 0\right)$

CHECK & CHECK

16　次の関数の第3次導関数を求めよ。

(1)　$y=\sin 2x$　　(2)　$y=\sqrt{x}$　　(3)　$y=e^{3x}$　1

17　$x=t+1$，$y=t^2-2t$ のとき，$\dfrac{dy}{dx}$ を t を用いて表せ。　3

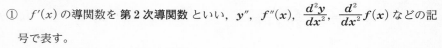

基本 例題 62 第2次導関数と等式

$f(x)=e^{2x}\sin x$ に対して $f''(x)=af(x)+bf'(x)$ となるような定数 a, b の値を求めよ。 〔駒澤大〕

p.108 基本事項 1

CHART & SOLUTION

第2次導関数 $f(x) \xrightarrow{\text{微分}} f'(x) \xrightarrow{\text{微分}} f''(x)$

$f(x)$ を微分して $f'(x)$，その $f'(x)$ を更に微分して $f''(x)$ を求める。これらを与えられた等式に代入したものが **x の恒等式** になるので，数値代入法で解決。

解答

$f(x)=e^{2x}\sin x$

よって $f'(x)=2e^{2x}\sin x+e^{2x}\cos x$

$=e^{2x}(2\sin x+\cos x)$

⇐ $(e^{2x})'\sin x+e^{2x}(\sin x)'$

また $f''(x)=2e^{2x}(2\sin x+\cos x)+e^{2x}(2\cos x-\sin x)$

$=e^{2x}(3\sin x+4\cos x)$

⇐ $(e^{2x})'(2\sin x+\cos x)+e^{2x}(2\sin x+\cos x)'$

これらを $f''(x)=af(x)+bf'(x)$ に代入すると

$e^{2x}(3\sin x+4\cos x)$

$=ae^{2x}\sin x+be^{2x}(2\sin x+\cos x)$

$e^{2x}\neq 0$ であるから

$3\sin x+4\cos x=a\sin x+b(2\sin x+\cos x)$ ……①

① が x の恒等式であるから，$x=0$ を代入して $4=b$

また，$x=\dfrac{\pi}{2}$ を代入して $3=a+2b$

⇐ 数値代入法
① が恒等式 ⟹ ① に $x=0$, $\dfrac{\pi}{2}$ を代入しても成り立つ。

これを解いて $a=-5$, $b=4$

このとき (① の右辺)$=-5\sin x+4(2\sin x+\cos x)$

$=$(① の左辺)

⇐ 逆の確認。

したがって **$a=-5$, $b=4$**

別解 $f'(x)=2e^{2x}\sin x+e^{2x}\cos x=2f(x)+e^{2x}\cos x$

であるから

$f''(x)=2f'(x)+2e^{2x}\cos x-e^{2x}\sin x$ ……①

⇐ $f''(x)$ を $f(x)$, $f'(x)$ で表す方針。

① に，$e^{2x}\cos x=f'(x)-2f(x)$, $e^{2x}\sin x=f(x)$ を代入して

$f''(x)=2f'(x)+2\{f'(x)-2f(x)\}-f(x)$

$=-5f(x)+4f'(x)$

$f''(x)=af(x)+bf'(x)$ と比較すると，求める a, b の値は

$a=-5$, $b=4$

inf. $f''(x)=-5f(x)+4f'(x)$ のように，関数 $f(x)$ の導関数を含む等式を **微分方程式** という（$p.284$ 参照）。

PRACTICE 62②

$y=e^{-x}\sin x$ のとき，$y''+$ア[ ]$y'+$イ[ ]$y=0$ である。 〔法政大〕

基本 例題 63 第 n 次導関数

$y=\cos x$ のとき，$y^{(n)}=\cos\left(x+\dfrac{n\pi}{2}\right)$ であることを証明せよ。

p. 108 基本事項 1

CHART & SOLUTION

自然数 n の問題　数学的帰納法で証明

自然数 n に関する命題であるから，数学的帰納法で証明すればよい。
$y^{(k+1)}=\{y^{(k)}\}'$ である。…… ❗

解答

$y^{(n)}=\cos\left(x+\dfrac{n\pi}{2}\right)$ …… ① とする。

[1]　$n=1$ のとき

$$y^{(1)}=y'=-\sin x=\cos\left(x+\frac{\pi}{2}\right)$$

よって，① は成り立つ。

[2]　$n=k$ のとき ① が成り立つと仮定すると

$$y^{(k)}=\cos\left(x+\frac{k\pi}{2}\right)$$

$n=k+1$ のとき

❗
$$y^{(k+1)}=\{y^{(k)}\}'=\left\{\cos\left(x+\frac{k\pi}{2}\right)\right\}'=-\sin\left(x+\frac{k\pi}{2}\right)$$

$$=\cos\left\{\left(x+\frac{k\pi}{2}\right)+\frac{\pi}{2}\right\}=\cos\left\{x+\frac{(k+1)\pi}{2}\right\}$$

よって，$n=k+1$ のときにも ① は成り立つ。

[1]，[2] から，すべての自然数 n について ① は成り立つ。

参考
$y^{(1)}=-\sin x=\cos\left(x+\dfrac{\pi}{2}\right)$
$y^{(2)}=-\cos x=\cos(x+\pi)$
$y^{(3)}=\sin x=\cos\left(x+\dfrac{3\pi}{2}\right)$
$y^{(4)}=\cos x=\cos(x+2\pi)$
……
から $y^{(n)}=\cos\left(x+\dfrac{n\pi}{2}\right)$ が推測できる。

⇐ $(\cos u)'=(-\sin u)\cdot u'$

⇐ $-\sin\theta=\cos\left(\theta+\dfrac{\pi}{2}\right)$

INFORMATION 第 n 次導関数

上の例題と同様に，次のことが成り立つことが証明できる。

・$y=x^{\alpha}$ のとき　$\boldsymbol{y^{(n)}=\alpha(\alpha-1)(\alpha-2)\cdots\cdots(\alpha-n+1)x^{\alpha-n}}$

　特に $\alpha=n$ (自然数) なら　$y=x^n$ のとき　$\boldsymbol{y^{(n)}=n!}$

・$y=e^x$ のとき　$\boldsymbol{y^{(n)}=e^x}$

・$y=\sin x$ のとき　$\boldsymbol{y^{(n)}=\sin\left(x+\dfrac{n\pi}{2}\right)}$

・$y=\cos x$ のとき　$\boldsymbol{y^{(n)}=\cos\left(x+\dfrac{n\pi}{2}\right)}$

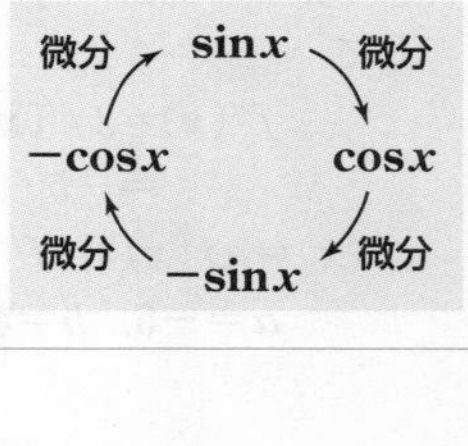

PRACTICE 63③

次の関数の第 n 次導関数を求めよ。ただし，a は定数とする。

(1)　$y=xe^{ax}$　　(2)　$y=\sin ax$

基本 例題 64 $F(x,\ y)=0$ と導関数

次の方程式で定められる x の関数 y について，$\dfrac{dy}{dx}$ を求めよ。

(1) $x^2+y^2=9$　　(2) $xy=a$（a は 0 でない定数）

p.108 基本事項 2

CHART & SOLUTION

関数 $F(x,\ y)=0$ の微分

y を x の関数と考え，両辺を x で微分する

$\dfrac{d}{dx}f(y)=\dfrac{d}{dy}f(y)\cdot\dfrac{dy}{dx}$ を利用して，両辺を x で微分し，$\dfrac{dy}{dx}$ について解く。

解答

(1) $x^2+y^2=9$ の両辺を x で微分すると　$2x+2y\cdot\dfrac{dy}{dx}=0$

よって，$y\neq0$ のとき　$\dfrac{dy}{dx}=-\dfrac{x}{y}$

(2) $xy=a$ の両辺を x で微分すると　$1\cdot y+x\cdot\dfrac{dy}{dx}=0$

よって　$\dfrac{dy}{dx}=-\dfrac{y}{x}$

(1)

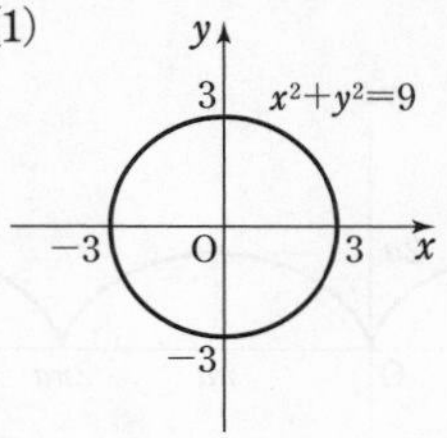

(2)

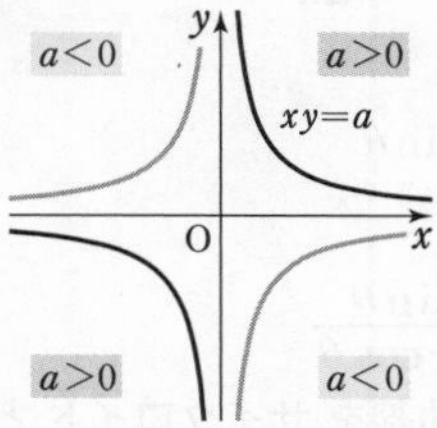

⇦ どの変数について微分するかを明記する。

$\dfrac{d}{dx}y^2=\dfrac{d}{dy}y^2\cdot\dfrac{dy}{dx}$

(1) $y=0$ すなわち $x=\pm3$ のとき $\dfrac{dy}{dx}$ は存在しない。

(2) $a\neq0$ から $x\neq0,\ y\neq0$

よって，$\dfrac{dy}{dx}$ はこの場合，常に存在する。

INFORMATION　陽関数と陰関数

$F(x,\ y)=0$ の形の式において，y を x の関数と考えたとき，これを **陰関数** ということがある。これに対して，$y=f(x)$ の形で与えられた関数を **陽関数** という。

陰関数 y の導関数 $\dfrac{dy}{dx}$ を x だけの式で表すには

(1) $y^2=9-x^2$ から　$y=\pm\sqrt{9-x^2}$　　(2) $xy=a$ から　$y=\dfrac{a}{x}$

を結果に代入するか，この形に変形してから x で微分すればよい。

PRACTICE 64②

次の方程式で定められる x の関数 y について，$\dfrac{dy}{dx}$ を求めよ。

(1) $y^2=2x$　　(2) $4x^2-y^2-4x+5=0$　　(3) $\sqrt{x}+\sqrt{y}=1$

基本 例題 65 媒介変数表示と導関数

(1) $x=\sqrt{1-t^2}$, $y=t^2+2$ のとき, $\dfrac{dy}{dx}$ を t の関数として表せ。

(2) $a>0$ とする。$x=a(\theta-\sin\theta)$, $y=a(1-\cos\theta)$ のとき, $\dfrac{dy}{dx}$ を θ の関数として表せ。

p.108 基本事項 3

CHART & SOLUTION

媒介変数で表された関数の微分

$x=f(t)$, $y=g(t)$ のとき $\qquad \dfrac{dy}{dx}=\dfrac{\dfrac{dy}{dt}}{\dfrac{dx}{dt}}=\dfrac{g'(t)}{f'(t)}$

まず, (1) は $\dfrac{dx}{dt}$, $\dfrac{dy}{dt}$, (2) は $\dfrac{dx}{d\theta}$, $\dfrac{dy}{d\theta}$ を, それぞれ求める。

解答

(1) $t\neq\pm1$ のとき $\qquad \dfrac{dx}{dt}=\dfrac{-2t}{2\sqrt{1-t^2}}=-\dfrac{t}{\sqrt{1-t^2}}$, $\dfrac{dy}{dt}=2t$

よって, $t\neq0$, $t\neq\pm1$ のとき $\qquad \dfrac{dy}{dx}=\dfrac{2t}{-\dfrac{t}{\sqrt{1-t^2}}}=\boldsymbol{-2\sqrt{1-t^2}}$

(2) $\dfrac{dx}{d\theta}=a(1-\cos\theta)$, $\dfrac{dy}{d\theta}=a\sin\theta$

よって, $\cos\theta\neq1$ のとき

$$\frac{dy}{dx}=\frac{a\sin\theta}{a(1-\cos\theta)}=\boldsymbol{\frac{\sin\theta}{1-\cos\theta}}$$

(2)

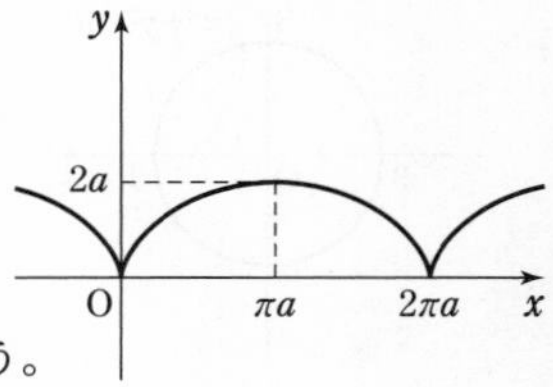

inf. (2) の媒介変数表示が表す曲線を **サイクロイド** という。

INFORMATION 媒介変数の消去

上の例題 (1) において, 媒介変数 t を消去した上で $\dfrac{dy}{dx}$ を求めることができる。
2 式から t を消去すると $y=-x^2+3$ 　この式を x で微分すると $\dfrac{dy}{dx}=-2x$
t の関数として表すと $\dfrac{dy}{dx}=-2\sqrt{1-t^2}$ と求められる。ただし, 媒介変数で表された関数の中には上の例題 (2) のように, 媒介変数を消去して直接 x と y の関係式を導くのが困難なものもあるため, 上記の解法を身につけておく必要がある。

PRACTICE 65②

次の関数について, $\dfrac{dy}{dx}$ を求めよ。ただし, (1) は θ の関数, (2) は t の関数として表せ。

(1) $x=a\cos^3\theta$, $y=a\sin^3\theta$ $(a>0)$ 　　(2) $x=\dfrac{1+t^2}{1-t^2}$, $y=\dfrac{2t}{1-t^2}$

重要 例題 66 種々の関数の導関数，第 2 次導関数 ①①①①①

(1) $y=\tan x\ \left(0<x<\dfrac{\pi}{2}\right)$ の逆関数を $y=g(x)$ とするとき，$g'(x)$ を x の式で表せ。

(2) $x=3t^3$，$y=9t+1$ のとき，$\dfrac{d^2y}{dx^2}$ を t の式で表せ。

基本 51, 65

CHART & THINKING

(1) 高校数学の範囲では，$y=\tan x$ の逆関数は求められない。
逆関数の性質 $\boldsymbol{y=f^{-1}(x) \iff x=f(y)}$ を利用して求めることを考えてみよう。

(2) まず，$\dfrac{dy}{dx}$ を $\dfrac{dx}{dt}$，$\dfrac{dy}{dt}$ から求めてみよう。$\dfrac{dy}{dx}$ は t の関数になるから，合成関数の微分法を利用して $\boldsymbol{\dfrac{d^2y}{dx^2}=\dfrac{d}{dx}\left(\dfrac{dy}{dx}\right)=\dfrac{d}{dt}\left(\dfrac{dy}{dx}\right)\cdot\dfrac{dt}{dx}}$ として計算する。

注意 $\dfrac{d^2y}{dx^2}$ は $\dfrac{d^2y}{dt^2}\Big/\dfrac{d^2x}{dt^2}$ ではない。

解答

(1) $0<x<\dfrac{\pi}{2}$ のとき　$\tan x>0$

よって，$y=g(x)$ において，$x>0$，$0<y<\dfrac{\pi}{2}$ であり，

$x=\tan y$ が成り立つ。

← $f(x)=\tan x$ とすると $g^{-1}(x)=f(x)$ $y=g(x)$ において $x=g^{-1}(y)=f(y)=\tan y$

ゆえに　$\boldsymbol{g'(x)}=\dfrac{dy}{dx}=\dfrac{1}{\dfrac{dx}{dy}}=\dfrac{1}{\dfrac{1}{\cos^2 y}}$

$=\cos^2 y=\dfrac{1}{1+\tan^2 y}=\boldsymbol{\dfrac{1}{1+x^2}}$

(2) $\dfrac{dx}{dt}=9t^2$，$\dfrac{dy}{dt}=9$

← (2) $\dfrac{d^2y}{dx^2}$ は $\dfrac{d}{dt}\left(\dfrac{1}{t^2}\right)$ ではないことに注意する。

よって，$t\neq 0$ のとき　$\dfrac{dy}{dx}=\dfrac{9}{9t^2}=\dfrac{1}{t^2}$

ゆえに　$\boldsymbol{\dfrac{d^2y}{dx^2}}=\dfrac{d}{dx}\left(\dfrac{dy}{dx}\right)=\dfrac{d}{dx}\left(\dfrac{1}{t^2}\right)$

← $\dfrac{dy}{dx}$ を x で微分。

$=\dfrac{d}{dt}\left(\dfrac{1}{t^2}\right)\cdot\dfrac{dt}{dx}$

← 合成関数の微分。

$=-\dfrac{2}{t^3}\cdot\dfrac{1}{9t^2}=\boldsymbol{-\dfrac{2}{9t^5}}$

← $\dfrac{dt}{dx}=\dfrac{1}{\dfrac{dx}{dt}}$

PRACTICE 66③

(1) $y=\sin x\ \left(0<x<\dfrac{\pi}{2}\right)$ の逆関数を $y=g(x)$ とするとき，$g'(x)$ を x の式で表せ。

(2) $x=1-\sin t$，$y=t-\cos t$ のとき，$\dfrac{d^2y}{dx^2}$ を t の式で表せ。

EXERCISES　8 関数のいろいろな表し方と導関数

A

58❷ 関数 $y=xe^{ax}$ が $y''+4y'+4y=0$ を満たすとき，定数 a の値を求めよ。
➡ 62

59❷ $y=\log x$ のとき，$y^{(n)}=(-1)^{n-1}\cdot\dfrac{(n-1)!}{x^n}$ であることを証明せよ。➡ 63

60❷ 次の関数について，$\dfrac{dy}{dx}$ を求めよ。

(1) $x^{\frac{1}{3}}+y^{\frac{1}{3}}=a^{\frac{1}{3}}$ $(a>0)$　　(2) $x=\dfrac{e^t+e^{-t}}{2}$，$y=\dfrac{e^t-e^{-t}}{2}$

(3) $\begin{cases} x=a(\cos t+t\sin t) \\ y=a(\sin t-t\cos t) \end{cases}$ (a は 0 でない定数)
➡ 64, 65

61❸ $x^2-y^2=a^2$ のとき，$\dfrac{d^2y}{dx^2}$ を x と y を用いて表せ。ただし，a は定数とする。
➡ 64, 66

B

62❹ x の多項式 $f(x)$ が $xf''(x)+(1-x)f'(x)+3f(x)=0$，$f(0)=1$ を満たすとき，$f(x)$ を求めよ。　〔類 神戸大〕

63❹ 関数 $f(x)$ の逆関数を $g(x)$ とし，$f(x)$，$g(x)$ は 2 回微分可能とする。$f(1)=2$，$f'(1)=2$，$f''(1)=3$ のとき，$g''(2)$ の値を求めよ。　〔防衛医大〕
➡ 51, 66

64❺ $f(x)=x^3e^x$ とする。

(1) $f'(x)$ を求めよ。

(2) 定数 a_n，b_n，c_n により

$$f^{(n)}(x)=(x^3+a_nx^2+b_nx+c_n)e^x \ (n=1,\ 2,\ 3,\ \cdots\cdots)$$

と表すとき，a_{n+1} を a_n で，また，b_{n+1} を a_n および b_n で表せ。

(3) (2) で定めた数列 $\{a_n\}$，$\{b_n\}$ の一般項を求めよ。　〔大同工大〕

HINT

61 $\dfrac{d^2y}{dx^2}=\dfrac{d}{dx}\left(\dfrac{dy}{dx}\right)$ を利用。まず，$x^2-y^2=a^2$ の両辺を x で微分する。

62 $f(x)$ の最高次の項を ax^n $(a\neq 0)$ とおいて，第 1 式の左辺の次数に注目。

63 $y=g(x)$ とすると，条件から $x=f(y)$ である。$g'(x)$ と $g''(x)$ を，それぞれ $f'(y)$，$f''(y)$ で表すことを考える。

64 (2) $f^{(n)}(x)$ を微分して得られる $f^{(n+1)}(x)$ の式と，$f^{(n)}(x)$ の n を $n+1$ におき換えた式を比較して，数列 $\{a_n\}$，$\{b_n\}$ の漸化式を作る。

第4章

数学Ⅲ

微分法の応用

9　接線と法線，平均値の定理

10　関数の値の変化，最大と最小

11　方程式・不等式への応用

12　速度と近似式

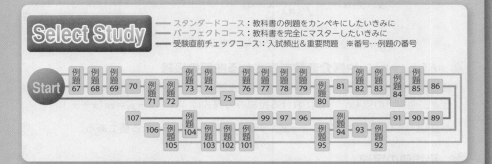

Select Study

— スタンダードコース：教科書の例題をカンペキにしたいきみに

— パーフェクトコース：教科書を完全にマスターしたいきみに

— 受験直前チェックコース：入試頻出＆重要問題　※番号…例題の番号

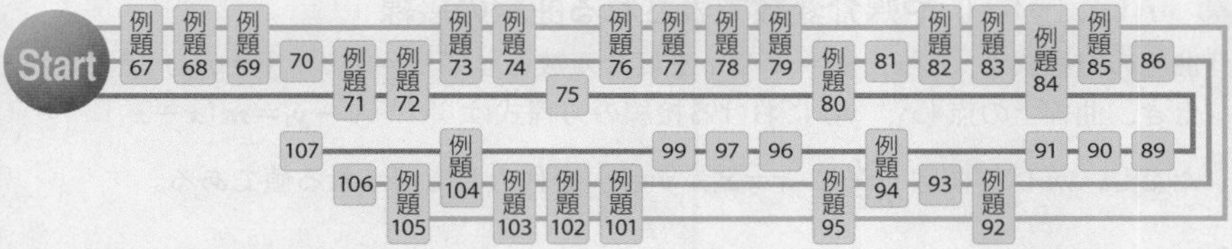

■ 例題一覧

	種類	番号	例題タイトル	難易度
9	基本	67	曲線上の点における接線と法線	2
	基本	68	曲線外の点から引いた接線	2
	基本	69	$F(x,\ y)=0$ で表された曲線の接線	2
	基本	70	媒介変数で表された曲線の接線	3
	基本	71	共通接線 (1)	3
	基本	72	共通接線 (2)	3
	基本	73	平均値の定理	1
	基本	74	平均値の定理と不等式	2
	重要	75	平均値の定理と極限	4
10	基本	76	関数の極値 (1)	2
	基本	77	極値から係数決定	2
	基本	78	関数の最大・最小 (1)	2
	基本	79	関数の最大・最小 (2)	2
	基本	80	最大値・最小値から係数決定	3
	基本	81	平面図形に関する最大・最小	3
	基本	82	曲線の凹凸，変曲点	2
	基本	83	関数のグラフ (1)	2
	基本	84	関数のグラフ (2)	2
	基本	85	関数の極値 (2)	2
	基本	86	変曲点とグラフの対称性	3
	重要	87	関数のグラフ (3)	3
	重要	88	陰関数のグラフ	4
	重要	89	媒介変数で表された関数のグラフ	4
	重要	90	極値をもつための条件	4
	重要	91	空間図形に関する最大・最小	4
11	基本	92	不等式の証明 (1)	2
	基本	93	不等式の証明 (2)	3
	基本	94	不等式の証明と極限	3
	基本	95	方程式の実数解	2
	重要	96	2変数の不等式の証明	4
	重要	97	不等式が常に成り立つための条件	4
	重要	98	曲線外から曲線に引ける接線の本数	3
	重要	99	関数の増減を利用した大小比較	4
	重要	100	不等式の証明と数学的帰納法	5
12	基本	101	直線上の点の運動	2
	基本	102	平面上の点の運動	2
	基本	103	等速円運動	2
	基本	104	速度の応用問題	3
	基本	105	近似式と近似値の計算	2
	基本	106	微小変化に対応する変化	3
	重要	107	いろいろな量の変化率	3

9 接線と法線，平均値の定理

基本事項

1 接線と法線の方程式

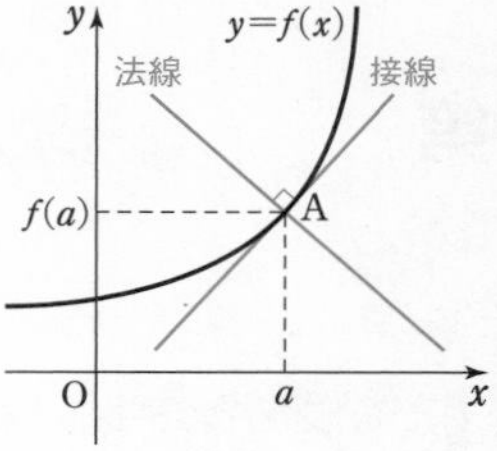

曲線 $y=f(x)$ 上の点 $\mathrm{A}(a,\ f(a))$ における

① **接線の方程式**

$$\boldsymbol{y-f(a)=f'(a)(x-a)}$$

② **法線の方程式**

$$\boldsymbol{y-f(a)=-\frac{1}{f'(a)}(x-a)}$$

ただし　$f'(a)\neq 0$

注意　$f'(a)=0$ のとき，点Aにおける法線の方程式は $\boldsymbol{x=a}$ である。

2 $F(x,\ y)=0$ や媒介変数で表される曲線の接線

曲線の方程式が，$F(x,\ y)=0$ や t を媒介変数として $x=f(t)$，$y=g(t)$ で表されるとき，曲線上の点 $(x_1,\ y_1)$ における接線の方程式は　　$\boldsymbol{y-y_1=m(x-x_1)}$

ただし，m は導関数 $\dfrac{dy}{dx}$ に $x=x_1$，$y=y_1$ を代入して得られる値である。

3 平均値の定理

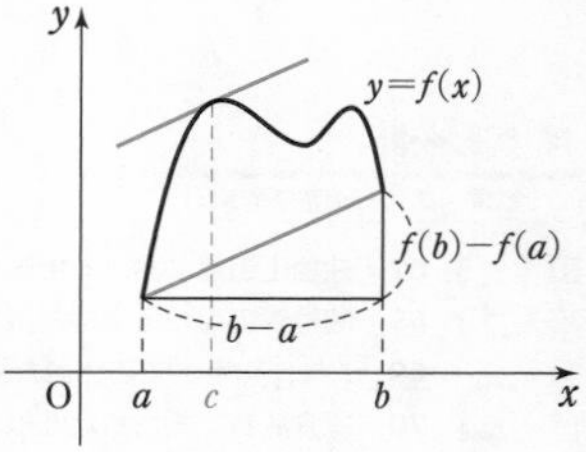

① 関数 $f(x)$ が区間 $[a,\ b]$ で連続で，区間 $(a,\ b)$ で微分可能ならば，

$$\boldsymbol{\frac{f(b)-f(a)}{b-a}=f'(c),\ a<c<b}$$

を満たす実数 c が存在する。

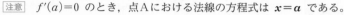

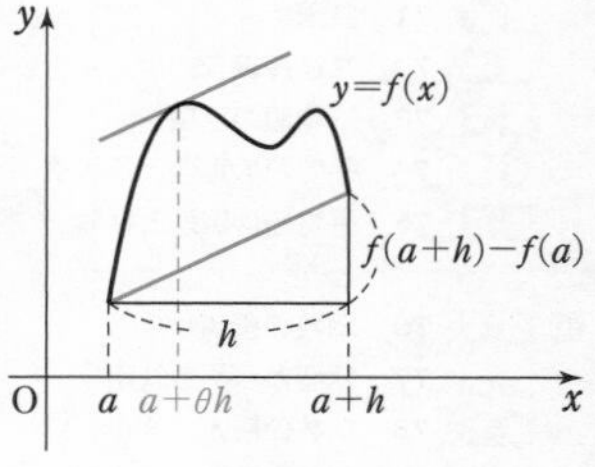

② 関数 $f(x)$ が区間 $[a,\ a+h]$ で連続，区間 $(a,\ a+h)$ で微分可能ならば，

$$\boldsymbol{f(a+h)=f(a)+hf'(a+\theta h),\ 0<\theta<1}$$

を満たす実数 θ が存在する。

解説　① で $b-a=h$，$\dfrac{c-a}{b-a}=\theta$ とおくと，$0<\theta<1$，$c=a+\theta h$ となり，② が得られる。

CHECK & CHECK

18　次の曲線上の，与えられた点における接線と法線の方程式を求めよ。

(1)　$y=x^3-3x^2$，$(1,\ -2)$　　(2)　$y=\cos x$，$\left(\dfrac{\pi}{3},\ \dfrac{1}{2}\right)$

(3)　$y=\log x$，$(2,\ \log 2)$　　(4)　$y=e^x$，$(3,\ e^3)$

↻ 1

基本 例題 67 曲線上の点における接線と法線

(1) 曲線 $y=\dfrac{1}{x}$ 上の点 $\left(\dfrac{1}{3},\ 3\right)$ における接線と法線の方程式を求めよ。

(2) 曲線 $y=\log(x+e)$ に接し，傾きが e である直線の方程式を求めよ。

p.116 基本事項 1

CHART & SOLUTION

接線の傾き＝微分係数

(1) 曲線 $y=f(x)$ 上の点 $(a,\ f(a))$ における

接線 の方程式は $\boldsymbol{y-f(a)=f'(a)(x-a)}$

法線 の方程式は $\boldsymbol{y-f(a)=-\dfrac{1}{f'(a)}(x-a)}$ ただし $f'(a)\neq 0$

まず，$y=f(x)$ として導関数 $f'(x)$ を求めることから始める。

(2) この問題では接点の座標が与えられていない。まず，接線の傾きから接点の x 座標を求める。すなわち，接点の x 座標を a として $(x=a$ における微分係数$)=($接線の傾き$)$ の方程式を解く。

解答

(1) $f(x)=\dfrac{1}{x}$ とすると $f'(x)=-\dfrac{1}{x^2}$ であるから $f'\left(\dfrac{1}{3}\right)=-9$

接線の方程式は $y-3=-9\left(x-\dfrac{1}{3}\right)$ すなわち $\boldsymbol{y=-9x+6}$

法線の方程式は $y-3=-\dfrac{1}{-9}\left(x-\dfrac{1}{3}\right)$ すなわち $\boldsymbol{y=\dfrac{1}{9}x+\dfrac{80}{27}}$

(2) $y=\log(x+e)$ を微分すると $y'=\dfrac{1}{x+e}$

ここで，接点の x 座標を a とすると，接線の傾きが e であるから $\dfrac{1}{a+e}=e$ すなわち $a=\dfrac{1}{e}-e$

ゆえに，求める接線の方程式は

$$y-\log\frac{1}{e}=e\left\{x-\left(\frac{1}{e}-e\right)\right\}$$ ⇐ $y-f(a)=f'(a)(x-a)$

整理して $\boldsymbol{y=ex+e^2-2}$ ⇐ $\log\dfrac{1}{e}=-1$

PRACTICE 67❷

(1) 次の曲線上の点Aにおける接線と法線の方程式を求めよ。

(ア) $y=e^{-x}-1$，$A(-1,\ e-1)$　(イ) $y=\dfrac{x}{2x+1}$，$A\left(1,\ \dfrac{1}{3}\right)$

(2) 曲線 $y=\tan x$ $\left(0\leqq x<\dfrac{\pi}{2}\right)$ に接し，傾きが 4 である直線の方程式を求めよ。

［(1) (ア) 類 神奈川工科大 (イ) 東京電機大 (2) 類 東京電機大］

基本 例題 68 曲線外の点から引いた接線

曲線 $y=\log x+1$ に，原点から引いた接線の方程式と接点の座標を求めよ。

基本 67

CHART & SOLUTION

曲線外の点Cから引いた接線

曲線上の接線が点Cを通る と考える

原点は与えられた曲線上の点ではない。よって，曲線 $y=f(x)$ 上の点 $(a,\ f(a))$ における接線 $\boldsymbol{y-f(a)=f'(a)(x-a)}$ が原点を通ると考えて，a の値を求めればよい。

解答

$f(x)=\log x+1$ とすると

$$f'(x)=\frac{1}{x}$$

ここで，接点の座標を $(a,\ \log a+1)$ とすると，接線の方程式は

$$y-(\log a+1)=\frac{1}{a}(x-a)$$

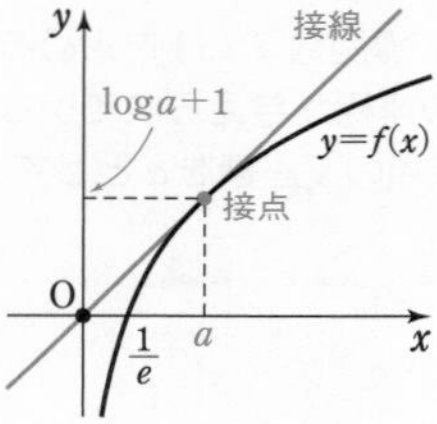

すなわち　$y=\dfrac{1}{a}x+\log a$　…… ①

この直線が原点 $(0,\ 0)$ を通るから

$$0=\frac{1}{a}\cdot 0+\log a$$

よって　$\log a=0$　　ゆえに　$a=1$

したがって，求める **接線の方程式は**，① から　$\boldsymbol{y=x}$

また，**接点の座標は**　$\boldsymbol{(1,\ 1)}$

⇐ 接点の x 座標を a とすると y 座標は $f(a)=\log a+1$

⇐ 接線の方程式 $y-f(a)=f'(a)(x-a)$

⇐ $a=e^0$ から。

⇐ $a=1$ を ① に代入。

ピンポイント解説　接線の解法における注意点

次のように，問題文の表現で状況が異なるから十分注意しよう（数学Ⅱでも学習した）。

点A における 接線　…… **Aは接点**　←この接線は1本

点B を通る／から引いた 接線 …… **Bは接点であるとは限らない**

↑接線は1本とは限らない

PRACTICE 68②

次の曲線に，与えられた点から引いた接線の方程式と接点の座標を求めよ。

(1)　$y=\sqrt{x}$，$(-2,\ 0)$　　(2)　$y=\dfrac{1}{x}+2$，$(1,\ -1)$

基本 例題 69　$F(x,\ y)=0$ で表された曲線の接線

楕円 $\dfrac{x^2}{9}+\dfrac{y^2}{4}=1$ 上の点 $A\left(-\sqrt{5},\ \dfrac{4}{3}\right)$ における接線の方程式を求めよ。

p.116 基本事項 2，基本 64, 67

CHART & SOLUTION

接線の傾き ＝ 微分係数

まず，楕円の方程式の **両辺を x で微分** して，y' を求める。

解答

$\dfrac{x^2}{9}+\dfrac{y^2}{4}=1$ の両辺を x で微分すると

$$\frac{2x}{9}+\frac{2y}{4}\cdot y'=0$$

← $\dfrac{d}{dx}y^2=\dfrac{d}{dy}y^2\cdot\dfrac{dy}{dx}$

よって，$y\neq0$ のとき　$y'=-\dfrac{4x}{9y}$

← $y=0$ のとき y' は存在しないが，接線は存在する（直線 $x=\pm3$）。

ゆえに，点Aにおける接線の傾きは

$$-\frac{4\cdot(-\sqrt{5})}{9\cdot\frac{4}{3}}=\frac{\sqrt{5}}{3}$$

← y' の式に $x=-\sqrt{5}$，$y=\dfrac{4}{3}$ を代入。

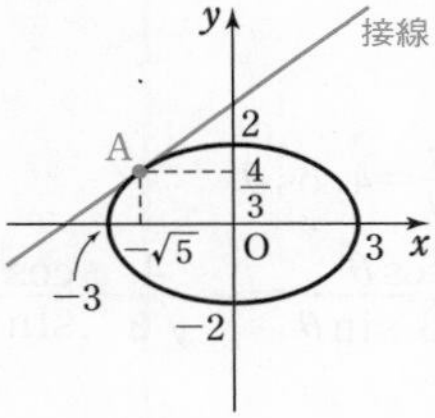

したがって，求める接線の方程式は

$y-\dfrac{4}{3}=\dfrac{\sqrt{5}}{3}(x+\sqrt{5})$　すなわち　$\boldsymbol{y=\dfrac{\sqrt{5}}{3}x+3}$

← 点 $(x_1,\ y_1)$ を通り，傾き m の直線の方程式は $y-y_1=m(x-x_1)$

INFORMATION　楕円の接線の方程式

楕円 $\dfrac{x^2}{a^2}+\dfrac{y^2}{b^2}=1$ 上の点 $(x_1,\ y_1)$ における接線の方程式は，$\dfrac{x_1x}{a^2}+\dfrac{y_1y}{b^2}=1$ で表される。

この公式を利用すると　$\dfrac{-\sqrt{5}\,x}{9}+\dfrac{\frac{4}{3}y}{4}=1$　すなわち　$-\sqrt{5}\,x+3y=9$

したがって　$y=\dfrac{\sqrt{5}}{3}x+3$

曲線の接線の方程式は，上の解答のように導関数 y' から接線の傾き（微分係数）を求める方法以外に，公式を利用して求められる場合がある。しかし，数学Cの内容であるので，詳細は p.121 STEP UP を参照。

PRACTICE 69②

次の曲線上の点Aにおける接線の方程式を求めよ。　［(1) 類 近畿大］

(1) $\dfrac{x^2}{16}+\dfrac{y^2}{25}=1$，$A\left(\sqrt{7},\ \dfrac{15}{4}\right)$　　(2) $2x^2-y^2=1$，$A(1,\ 1)$

(3) $3y^2=4x$，$A(6,\ -2\sqrt{2})$

基本 例題 70 媒介変数で表された曲線の接線

$x=\sqrt{3}\cos\theta$, $y=4\sin\theta$ で表された楕円がある。この楕円上の $\theta=-\dfrac{\pi}{6}$ に対応する点における接線の方程式を求めよ。 〔類 自治医大〕

p.116 基本事項 2，基本 65, 67

CHART & SOLUTION

接線の傾き ＝ 微分係数

$\dfrac{dy}{dx}=\dfrac{dy}{d\theta}\Big/\dfrac{dx}{d\theta}$ により，まず，接線の傾きを求める。

解答

$\dfrac{dx}{d\theta}=-\sqrt{3}\sin\theta$, $\dfrac{dy}{d\theta}=4\cos\theta$

よって $\dfrac{dy}{dx}=\dfrac{4\cos\theta}{-\sqrt{3}\sin\theta}=-\dfrac{4}{\sqrt{3}}\cdot\dfrac{\cos\theta}{\sin\theta}$

ゆえに，接線の傾きは $-\dfrac{4}{\sqrt{3}}\cdot\dfrac{\cos\left(-\frac{\pi}{6}\right)}{\sin\left(-\frac{\pi}{6}\right)}=4$

また，$\theta=-\dfrac{\pi}{6}$ のとき

$$x=\sqrt{3}\cos\left(-\frac{\pi}{6}\right)=\frac{3}{2},\quad y=4\sin\left(-\frac{\pi}{6}\right)=-2$$

したがって，求める接線の方程式は $y+2=4\left(x-\dfrac{3}{2}\right)$

すなわち $\boldsymbol{y=4x-8}$

⇐ $\dfrac{dy}{dx}=\dfrac{\frac{dy}{d\theta}}{\frac{dx}{d\theta}}$

⇐ $\theta=-\dfrac{\pi}{6}$ に対応する点における接線の傾き。

⇐ 接点の x 座標，y 座標を求める。

⇐ 点 $(x_1,\ y_1)$ を通り，傾き m の直線の方程式は $y-y_1=m(x-x_1)$

INFORMATION 媒介変数 θ の消去

$\cos\theta=\dfrac{x}{\sqrt{3}}$, $\sin\theta=\dfrac{y}{4}$ を $\sin^2\theta+\cos^2\theta=1$ に代入して $\dfrac{x^2}{3}+\dfrac{y^2}{16}=1$

$\theta=-\dfrac{\pi}{6}$ のとき $x=\dfrac{3}{2}$, $y=-2$

楕円の接線の方程式の公式（右ページ参照）を利用すると，点 $\left(\dfrac{3}{2},\ -2\right)$ における接線の方程式は $\dfrac{\frac{3}{2}x}{3}+\dfrac{-2y}{16}=1$ すなわち $4x-y=8$

PRACTICE 70③

次の曲線について，（ ）に指定された t の値に対応する点における接線の方程式を求めよ。

(1) $\begin{cases}x=2t\\ y=3t^2+1\end{cases}$ $(t=1)$

(2) $\begin{cases}x=\cos 2t\\ y=\sin t+1\end{cases}$ $\left(t=-\dfrac{\pi}{6}\right)$

STEP UP いろいろな曲線上の点における接線の方程式

いろいろな曲線上の点 $(x_1,\ y_1)$ における接線の方程式は，次の表のようになる。(詳しくは数学Cで学習する)

	標 準 形	接線の方程式
放物線	$y^2=4px$	$y_1y=2p(x+x_1)$
	$x^2=4py$	$x_1x=2p(y+y_1)$
楕　円	$\dfrac{x^2}{a^2}+\dfrac{y^2}{b^2}=1$	$\dfrac{x_1x}{a^2}+\dfrac{y_1y}{b^2}=1$
双曲線	$\dfrac{x^2}{a^2}-\dfrac{y^2}{b^2}=\pm1$	$\dfrac{x_1x}{a^2}-\dfrac{y_1y}{b^2}=\pm1$ (複号同順)

証明▶ [1]　放物線 $y^2=4px$ …… ① の両辺を x で微分して

$$2yy'=4p$$

$y\neq0$ のとき，$y'=\dfrac{2p}{y}$ であるから，点 $(x_1,\ y_1)$ における接線の方程式は，$y_1\neq0$ のとき　$y-y_1=\dfrac{2p}{y_1}(x-x_1)$

すなわち　$y_1y=2p(x-x_1)+y_1^2$ …… ②

点 $(x_1,\ y_1)$ は ① 上の点であるから　$y_1^2=4px_1$

これを ② に代入して　$y_1y=2p(x-x_1)+4px_1$

すなわち　$\boldsymbol{y_1y=2p(x+x_1)}$ …… ③

$y_1=0$ のとき，$x_1=0$ で接線の方程式は　$x=0$

これは，③ で $x_1=0$，$y_1=0$ とすると得られる。

放物線の方程式が $x^2=4py$ の場合も同様に示すことができる。

[2]　楕円，双曲線の標準形の方程式はいずれも

$Ax^2+By^2=1$ …… ①　と表される。

両辺を x で微分して　$2Ax+2Byy'=0$

$y\neq0$ のとき，$y'=-\dfrac{Ax}{By}$ であるから，点 $(x_1,\ y_1)$ における接線の方程式は，$y_1\neq0$ のとき

$$y-y_1=-\frac{Ax_1}{By_1}(x-x_1)$$

すなわち　$Ax_1x+By_1y=Ax_1^2+By_1^2$ …… ②

点 $(x_1,\ y_1)$ は ① 上の点であるから　$Ax_1^2+By_1^2=1$

これを ② に代入して　$\boldsymbol{Ax_1x+By_1y=1}$ …… ③

$y_1=0$ のとき，① から　$Ax_1^2=1$

ゆえに　$x_1=\pm\dfrac{1}{\sqrt{A}}$ $(A>0)$

点 $\left(\pm\dfrac{1}{\sqrt{A}},\ 0\right)$ における接線の方程式は　$x=\pm\dfrac{1}{\sqrt{A}}$ (複号同順)

これは，③ で $x_1=\pm\dfrac{1}{\sqrt{A}}$，$y_1=0$ とすると得られる。

注意　$A<0$，$B>0$ のときは，常に $y_1\neq0$ である。

⇐ $\dfrac{d}{dx}y^2=\dfrac{d}{dy}y^2\cdot\dfrac{dy}{dx}$

⇐ $y^2=4px$ の y^2 を y_1y，$2x$ を x_1+x におき換えたもの。

⇐ [2]　楕円は
$A=\dfrac{1}{a^2}$，$B=\dfrac{1}{b^2}$
双曲線は
$A=\dfrac{1}{a^2}$，$B=-\dfrac{1}{b^2}$
または
$A=-\dfrac{1}{a^2}$，$B=\dfrac{1}{b^2}$

⇐ $Ax^2+By^2=1$ の x^2 を x_1x，y^2 を y_1y におき換えたもの。

基本 例題 71 共通接線 (1)(2曲線が接する)

2つの曲線 $y=kx^3-1$, $y=\log x$ が共有点Pをもち，点Pにおいて共通の接線をもつとき，定数 k の値とその接線の方程式を求めよ。〔類 北里大〕

基本 67，基本 72

CHART & SOLUTION

2曲線 $y=f(x)$, $y=g(x)$ が $x=p$ の点で接する条件

$f(p)=g(p)$ かつ $f'(p)=g'(p)$

2つの曲線 $y=f(x)$ と $y=g(x)$ が共有点で共通の接線をもつためには，共有点の x 座標を p とすると

接点を共有する $\iff f(p)=g(p)$

接線の傾きが一致する $\iff f'(p)=g'(p)$

の2つの条件が成り立てばよい。

なお，1つの直線が2つの曲線に同時に接するとき，この直線を2つの曲線の **共通接線** という。

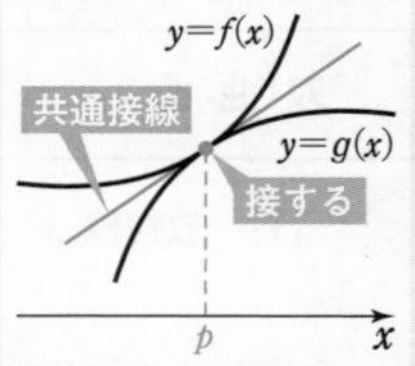

解答

$f(x)=kx^3-1$, $g(x)=\log x$ とすると

$$f'(x)=3kx^2,\quad g'(x)=\frac{1}{x}$$

共有点Pの x 座標を p とすると，点Pにおいて共通の接線をもつための条件は

⇐ $g(x)=\log x$ の定義域は $x>0$ ゆえに $p>0$

$$f(p)=g(p) \quad かつ \quad f'(p)=g'(p)$$

よって $kp^3-1=\log p$ ……① ⇐ $f(p)=g(p)$

$3kp^2=\dfrac{1}{p}$ ……② ⇐ $f'(p)=g'(p)$

② から $kp^3=\dfrac{1}{3}$ ……③

③ を ① に代入して $-\dfrac{2}{3}=\log p$ ⇐ $\dfrac{1}{3}-1=\log p$

よって $p=e^{-\frac{2}{3}}$ ⇐ $p>0$ を満たす。

ゆえに，③ から $\boldsymbol{k=\dfrac{1}{3(e^{-\frac{2}{3}})^3}=\dfrac{e^2}{3}}$

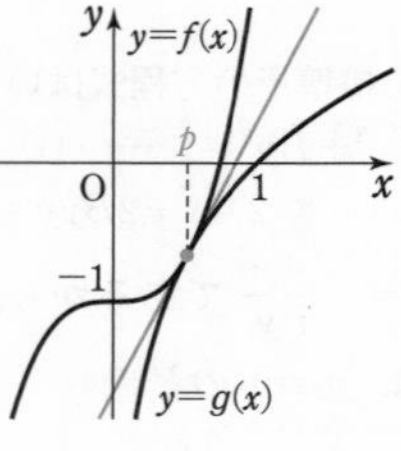

また，共通の接線の方程式は $y-\log e^{-\frac{2}{3}}=e^{\frac{2}{3}}(x-e^{-\frac{2}{3}})$

すなわち $\boldsymbol{y=e^{\frac{2}{3}}x-\dfrac{5}{3}}$

⇐ $y-g(p)=g'(p)(x-p)$
$y-f(p)=f'(p)(x-p)$
から求めてもよい。

PRACTICE 71③

ある直線が2つの曲線 $y=ax^2$ と $y=\log x$ に同じ点で接するとき，定数 a の値とその接線の方程式を求めよ。〔類 東京電機大〕

基本 例題 72 共通接線 (2)(2曲線に接する直線)

2つの曲線 $y=e^x$, $y=\log(x+2)$ の両方に接する直線の方程式を求めよ。

基本 67, 71

CHART & SOLUTION

2曲線 $y=f(x)$, $y=g(x)$ の両方に接する直線

$y=f(x)$ 上の点 $(s,\ f(s))$ における接線の方程式と，$y=g(x)$ 上の点 $(t,\ g(t))$ における接線の方程式をそれぞれ求め，これらが一致すると考える。

$\longrightarrow$ 2直線 $y=mx+n$ と $y=m'x+n'$ が一致

$\iff$ $m=m'$ かつ $n=n'$

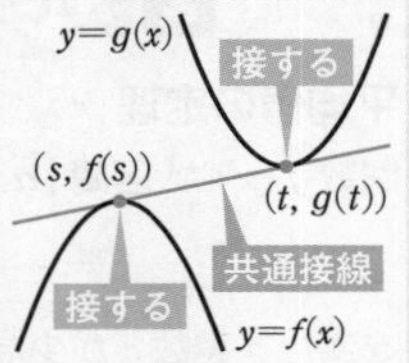

解答

$y=e^x$ ……① から　$y'=e^x$

よって，曲線①上の点 $(s,\ e^s)$ における接線の方程式は

$y-e^s=e^s(x-s)$

すなわち　$y=e^sx-e^s(s-1)$ ……②

また，$y=\log(x+2)$ ……③ から　$y'=\dfrac{1}{x+2}$

よって，曲線③上の点 $(t,\ \log(t+2))$ における接線の方程式は　$y-\log(t+2)=\dfrac{1}{t+2}(x-t)$

すなわち　$y=\dfrac{1}{t+2}x-\dfrac{t}{t+2}+\log(t+2)$ ……④

直線②，④が一致するための条件は

$e^s=\dfrac{1}{t+2}$ ……⑤,

$e^s(s-1)=\dfrac{t}{t+2}-\log(t+2)$ ……⑥

⑤から　$t+2=\dfrac{1}{e^s}$　よって　$t=\dfrac{1}{e^s}-2$

⑥に代入して　$e^s(s-1)=e^s\left(\dfrac{1}{e^s}-2\right)-\log\dfrac{1}{e^s}$

よって　$e^s(s-1)=(1-2e^s)+s$

ゆえに　$(e^s-1)(s+1)=0$

これを解いて　$e^s=1$ または $s=-1$ すなわち $s=0,\ -1$

これらを②に代入して，求める直線の方程式は

$s=0$ のとき　$\boldsymbol{y=x+1}$,　$s=-1$ のとき　$\boldsymbol{y=\dfrac{x}{e}+\dfrac{2}{e}}$

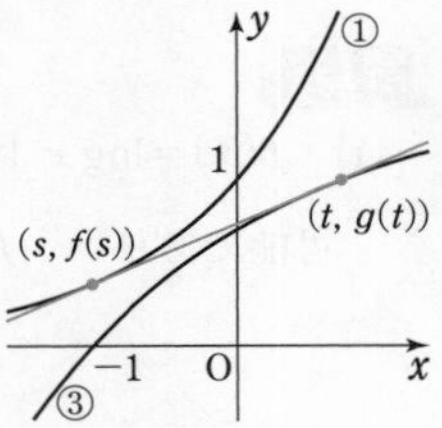

⇐ ②，④の接線の方程式は $y=$●$x+$■ の形にしておく(傾きと y 切片に注目するため)。

⇐ ②，④の傾きと y 切片がそれぞれ一致。

⇐ $se^s+e^s-1-s=0$
$e^s(s+1)-(s+1)=0$

PRACTICE 72③

2つの曲線 $y=-x^2$, $y=\dfrac{1}{x}$ の両方に接する直線の方程式を求めよ。

基本 例題 73 平均値の定理

次の関数 $f(x)$ と区間について，平均値の定理の条件を満たす c の値を求めよ。

(1) $f(x)=\log x\quad[1,\ e]$　　(2) $f(x)=x^3+3x\quad[1,\ 4]$

p.116 基本事項 3

CHART & SOLUTION

平均値の定理

関数 $f(x)$ が 区間 $[a,\ b]$ で連続，区間 $(a,\ b)$ で微分可能 ならば

$$\frac{f(b)-f(a)}{b-a}=f'(c),\ a<c<b$$

を満たす実数 c が少なくとも 1 つ存在する。

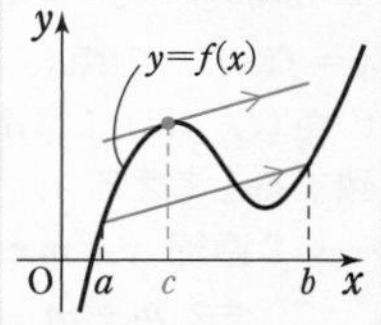

(1) $f'(x)$ を求め，定理の式に $a=1,\ b=e$ を代入し c を求める。

(2) (1) と同様だが，c が 2 つ以上のときは $a<c<b$ を確認する。

解答

(1) $f(x)=\log x$ は，区間 $[1,\ e]$ で連続，区間 $(1,\ e)$ で微分可能であり　$f'(x)=\dfrac{1}{x}$

$$\frac{f(e)-f(1)}{e-1}=f'(c),\ 1<c<e$$

を満たす c の値は，$\dfrac{1-0}{e-1}=\dfrac{1}{c}$ から　$\boldsymbol{c=e-1}$

(2) $f(x)=x^3+3x$ は，区間 $[1,\ 4]$ で連続，区間 $(1,\ 4)$ で微分可能であり　$f'(x)=3x^2+3$

$$\frac{f(4)-f(1)}{4-1}=f'(c),\ 1<c<4$$

を満たす c の値は，$\dfrac{76-4}{3}=3c^2+3$ から　$c^2=7$

これを解いて　$c=\pm\sqrt{7}$

$1<c<4$ であるから　$\boldsymbol{c=\sqrt{7}}$

⇐ 平均値の定理が適用できるための**条件を忘れずに述べる。**

⇐ $1<c<e$ を満たす。

⇐ $24=3c^2+3$

INFORMATION　$a<c<b$ の確認について

平均値の定理より，$a<c<b$ を満たす c は少なくとも 1 つ存在するから，(1) のように **c の値がただ 1 つ得られる場合は，$a<c<b$ を確認する必要はない。**

PRACTICE 73[1]

次の関数 $f(x)$ と区間について，平均値の定理の条件を満たす c の値を求めよ。

(1) $f(x)=2x^2-3\quad[a,\ b]$　　(2) $f(x)=e^{-x}\quad[0,\ 1]$

(3) $f(x)=\dfrac{1}{x}\quad[2,\ 4]$　　(4) $f(x)=\sin x\quad[0,\ 2\pi]$

基本 例題 74 平均値の定理と不等式 ②②②②②

平均値の定理を用いて，次のことを証明せよ。

$e^{-2}<a<b<1$ のとき　　$a-b<b\log b-a\log a<b-a$

基本 73

CHART & SOLUTION

差 $f(b)-f(a)$ を含む不等式　平均値の定理を利用

① 連続，微分可能　② $a<c<b$ を忘れずに

証明すべき不等式の各辺を $b-a\,(>0)$ で割ると，$-1<\dfrac{b\log b-a\log a}{b-a}<1$ となる。

$f(x)=x\log x$ とすると，……部分は $\dfrac{f(b)-f(a)}{b-a}$ の形をしているから，平均値の定理を適用すると，$-1<f'(c)<1$ を示せばよいことがわかる。

解答

$f(x)=x\log x$ とすると，$f(x)$ は $x>0$ で微分可能であり

$$f'(x)=1\cdot\log x+x\cdot\frac{1}{x}=\log x+1$$

区間 $[a,\ b]$ において，平均値の定理を用いると

$$\frac{b\log b-a\log a}{b-a}=\log c+1 \quad \cdots\cdots ①$$

$$a<c<b \quad \cdots\cdots ②$$

を満たす実数 c が存在する。

② と条件 $e^{-2}<a<b<1$ から　　$e^{-2}<c<1$

ゆえに　　$-2<\log c<0$

よって　　$-1<\log c+1<1$

これに ① を代入して　　$-1<\dfrac{b\log b-a\log a}{b-a}<1$

$b-a>0$ であるから

$$-(b-a)<b\log b-a\log a<b-a$$

すなわち　　$a-b<b\log b-a\log a<b-a$

⇐ 条件の確認。なお **微分可能ならば連続** であるから，連続については言及しなくてもよい。本問は $x>0$ で微分可能であるから，$x>0$ で連続。

⇐ $\log e^{-2}=-2$，$\log 1=0$

⇐ 各辺に $b-a\,(>0)$ を掛けた。

PRACTICE 74②

平均値の定理を用いて，次のことを証明せよ。

(1) $a<b$ のとき　　$e^{a}(b-a)<e^{b}-e^{a}<e^{b}(b-a)$

(2) $0<a<b$ のとき　　$1-\dfrac{a}{b}<\log\dfrac{b}{a}<\dfrac{b}{a}-1$　　［類 群馬大］

(3) $a>0$ のとき　　$\dfrac{1}{a+1}<\dfrac{\log(a+1)}{a}<1$

重要 例題 75　平均値の定理と極限

平均値の定理を用いて，極限 $\lim_{x\to 0}\dfrac{\cos x-\cos x^2}{x-x^2}$ を求めよ。

基本 73, 74

CHART & SOLUTION

差 $f(b)-f(a)$ には 平均値の定理を利用

$f(x)=\cos x$ とすると，分子は差 $f(x)-f(x^2)$ の形になっている。よって，前ページ同様，平均値の定理を利用する方針で進める。なお，平均値の定理を適用する区間は $x\longrightarrow +0$ と $x\longrightarrow -0$ のときで異なるから注意が必要である。

解答

$f(x)=\cos x$ とすると，$f(x)$ はすべての実数 x で微分可能であり　$f'(x)=-\sin x$

⇐ 平均値の定理が適用できるための条件。

[1]　$x\longrightarrow +0$ のとき，$x^2<x$ であるから，区間 $[x^2,\ x]$ において平均値の定理を用いると

$$\frac{\cos x-\cos x^2}{x-x^2}=-\sin c,\quad x^2<c<x$$

を満たす実数 c が存在する。

⇐ $0<x<1$ のとき $x^2-x=x(x-1)<0$　$x\longrightarrow +0$ のときを考えるから，$0<x<1$ としてよい。

$\lim_{x\to +0}x^2=0$，$\lim_{x\to +0}x=0$ であるから　$\lim_{x\to +0}c=0$

⇐ はさみうちの原理

よって　$\lim_{x\to +0}\dfrac{\cos x-\cos x^2}{x-x^2}=\lim_{x\to +0}(-\sin c)=-\sin 0=0$

[2]　$x\longrightarrow -0$ のとき，$x<x^2$ であるから，区間 $[x,\ x^2]$ において平均値の定理を用いると

$$\frac{\cos x^2-\cos x}{x^2-x}=-\sin c,\quad x<c<x^2$$

を満たす実数 c が存在する。

⇐ $x<0$ のとき，$x^2>0$ であるから　$x<x^2$

$\lim_{x\to -0}x=0$，$\lim_{x\to -0}x^2=0$ であるから　$\lim_{x\to -0}c=0$

⇐ はさみうちの原理

よって　$\lim_{x\to -0}\dfrac{\cos x-\cos x^2}{x-x^2}=\lim_{x\to -0}\dfrac{\cos x^2-\cos x}{x^2-x}$

$=\lim_{x\to -0}(-\sin c)=-\sin 0=0$

[1]，[2] から　$\lim_{x\to 0}\dfrac{\cos x-\cos x^2}{x-x^2}=\mathbf{0}$

⇐ 左側極限と右側極限が一致。

PRACTICE 75④

平均値の定理を用いて，次の極限を求めよ。

(1)　$\lim_{x\to\infty}x\{\log(2x+1)-\log 2x\}$　　(2)　$\lim_{x\to 0}\dfrac{e^{\sin x}-e^x}{\sin x-x}$

STEP UP 平均値の定理の証明

平均値の定理の図形的な意味は

連続かつ微分可能な関数のグラフ上に2点A，Bをとるとき，直線ABと平行な接線を，A，B間の曲線上のある1点において引くことができる

ということである。

これが成り立つことは，図から直感的には明らかであるが，厳密には次に示す「ロルの定理」を用いて証明される。

① ロルの定理

関数 $f(x)$ が区間 $[a,\ b]$ で連続，区間 $(a,\ b)$ で微分可能なとき $f(a)=f(b)$ ならば $f'(c)=0$，$a<c<b$ を満たす実数 c が存在する。

証明▶ [1] $f(a)=f(b)=0$ である場合

(ア) 区間 $[a,\ b]$ で常に $f(x)=0$ のとき

常に $f'(x)=0$ となり，定理は成り立つ。

(イ) $f(x)>0$ となる x の値があるとき

$f(x)$ は区間 $[a,\ b]$ で連続であるから，この区間の点 $x=c$ で最大値をとる。

$f(c)>0$，$f(a)=f(b)=0$ であるから，c は a，b のどちらでもない。

したがって　$a<c<b$

$f(c)$ は最大値であるから，$|\Delta x|$ が十分小さいとき　$f(c+\Delta x)\leqq f(c)$

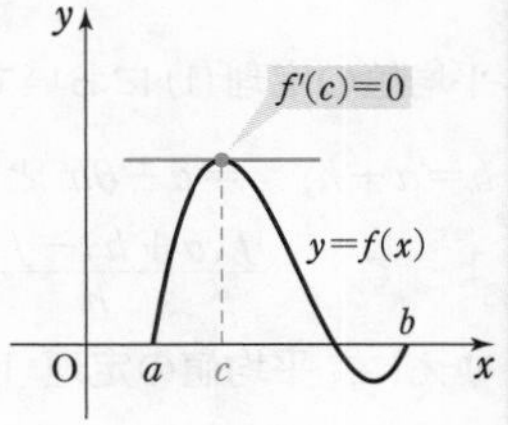

よって　$\Delta y=f(c+\Delta x)-f(c)\leqq 0$

ゆえに　$\Delta x>0$ ならば　$\dfrac{\Delta y}{\Delta x}\leqq 0$　よって　$\displaystyle\lim_{\Delta x\to+0}\frac{\Delta y}{\Delta x}\leqq 0$

$\Delta x<0$ ならば　$\dfrac{\Delta y}{\Delta x}\geqq 0$　よって　$\displaystyle\lim_{\Delta x\to-0}\frac{\Delta y}{\Delta x}\geqq 0$

$f(x)$ は区間 $(a,\ b)$ で微分可能であるから

$$\lim_{\Delta x\to+0}\frac{\Delta y}{\Delta x}=\lim_{\Delta x\to-0}\frac{\Delta y}{\Delta x}=\lim_{\Delta x\to 0}\frac{\Delta y}{\Delta x}=0$$

すなわち $f'(c)=0$ である。

(ウ) $f(x)<0$ となる x の値があるとき

$f(x)$ が最小値をとるときの x の値 c について，(イ)と同様に考えると，$a<c<b$，$f'(c)=0$ である。

[2] 一般に $f(a)=f(b)$ である場合

$g(x)=f(x)-f(a)$ とすると，$f(a)=f(b)$ から　$g(a)=g(b)=0$

よって，[1]と同様にして $g'(c)=0$，$a<c<b$ であるような実数 c が存在する。

$f'(c)=g'(c)=0$ であるから，ロルの定理が成り立つ。

② 平均値の定理 (1)

関数 $f(x)$ が区間 $[a,\ b]$ で連続，区間 $(a,\ b)$ で微分可能ならば

$\dfrac{f(b)-f(a)}{b-a}=f'(c)$，$a<c<b$ を満たす実数 c が存在する。

証明▶ $\dfrac{f(b)-f(a)}{b-a}=k$ ……① とおき

$F(x)=f(x)-f(a)-k(x-a)$ を考えると

$F(a)=f(a)-f(a)-k(a-a)=0$

また，① から

$F(b)=f(b)-f(a)-k(b-a)=0$

よって，ロルの定理により

$F'(c)=0$，$a<c<b$ を満たす実数 c

が存在する。

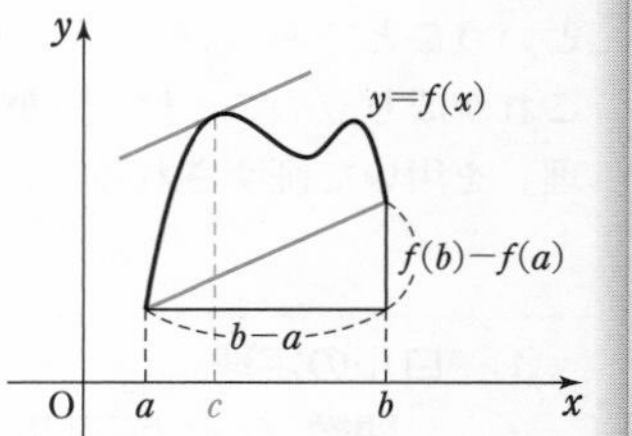

$F'(x)=f'(x)-k$ であるから

$F'(c)=f'(c)-k=0$

よって　$f'(c)=k$

これを ① に代入して，平均値の定理 (1) が成り立つ。

注意　ロルの定理は，平均値の定理 (1) の特別な場合である。

平均値の定理 (1) において，c は a と b の間にあるから，$b-a=h$，$\dfrac{c-a}{b-a}=\theta$ とおくと $b=a+h$，$c=a+\theta h$ となる。

よって　$\dfrac{f(a+h)-f(a)}{h}=f'(a+\theta h)$，$a<a+\theta h<a+h$

ゆえに，平均値の定理 (1) は次のようにも表される。

③ 平均値の定理 (2)

関数 $f(x)$ が区間 $[a,\ a+h]$ で連続，区間 $(a,\ a+h)$ で微分可能ならば

$f(a+h)=f(a)+hf'(a+\theta h)$，$0<\theta<1$ を満たす実数 θ が存在する。

例　$f(x)=\sqrt{x}$，$a=1$，$h=3$ とすると　$f'(x)=\dfrac{1}{2\sqrt{x}}$

$f(1+3)=f(1)+3f'(1+3\theta)$ から

$2=1+\dfrac{3}{2\sqrt{1+3\theta}}$

よって　$\sqrt{1+3\theta}=\dfrac{3}{2}$

両辺を 2 乗して　$1+3\theta=\dfrac{9}{4}$

これを解いて　$\theta=\dfrac{5}{12}$　($0<\theta<1$ を満たす)

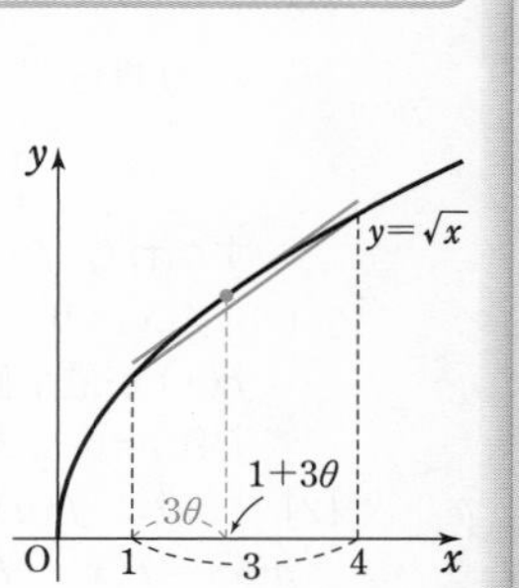

STEP UP ロピタルの定理

ここでは，$\frac{0}{0}$ や $\frac{\infty}{\infty}$ などの不定形の極限の計算に役立つ定理を紹介しておこう。

ロピタルの定理

関数 $f(x)$，$g(x)$ が $x=a$ を含む区間で連続，a 以外では微分可能で
$\lim_{x\to a} f(x)=\lim_{x\to a} g(x)=0$，$g'(x)\neq 0$ のとき

$$\lim_{x\to a}\frac{f'(x)}{g'(x)}=l \text{（有限確定値）ならば} \lim_{x\to a}\frac{f(x)}{g(x)}=l$$

注意　$\lim_{x\to a} f(x)=0$，$\lim_{x\to a} g(x)=0$ の代わりに $\lim_{x\to a}|f(x)|=\infty$，$\lim_{x\to a}|g(x)|=\infty$ としても，上の関係は成り立つ。また，$x=a$ で微分可能であっても，もちろん成り立つ。

解説　平均値の定理の一般化である次の定理を利用する。

$f(x)$，$g(x)$ が $a\leqq x\leqq b$ で連続，$a<x<b$ で微分可能かつ，$g(a)\neq g(b)$ ならば
$\frac{f(b)-f(a)}{g(b)-g(a)}=\frac{f'(c)}{g'(c)}$，$a<c<b$ を満たす定数 c が存在する。

（この証明は $F(x)=f(x)-f(a)-k\{g(x)-g(a)\}$，$k=\frac{f(b)-f(a)}{g(b)-g(a)}$ とおくと $F(a)=F(b)=0$ で，ロルの定理により $F'(c)=0$ を満たす c が存在することから得られる。）

この定理を用いると，$\lim_{x\to a} f(x)=\lim_{x\to a} g(x)=0$ のとき $f(a)=g(a)=0$ であるから

$$\frac{f(x)}{g(x)}=\frac{f(x)-f(a)}{g(x)-g(a)}=\frac{f'(c)}{g'(c)} \quad a<c<x \text{ または } x<c<a$$

$x\longrightarrow a$ のとき $c\longrightarrow a$ となるから　$\lim_{x\to a}\frac{f(x)}{g(x)}=\lim_{c\to a}\frac{f'(c)}{g'(c)}$

よって　$\lim_{x\to a}\frac{f(x)}{g(x)}=\lim_{x\to a}\frac{f'(x)}{g'(x)}=l$

例　$\lim_{x\to 0}(e^x-1)=0$，$\lim_{x\to 0}\sin 3x=0$ であるから

$$\lim_{x\to 0}\frac{e^x-1}{\sin 3x}=\lim_{x\to 0}\frac{(e^x-1)'}{(\sin 3x)'}=\lim_{x\to 0}\frac{e^x}{3\cos 3x}=\frac{e^0}{3\cos 0}=\frac{1}{3}$$

INFORMATION　ロピタルの定理の注意点

1. $x\longrightarrow a+0$，$x\longrightarrow a-0$ の場合も $f(x)$，$g(x)$ の微分可能な範囲を適当に変更して同様なことが成り立つ。
2. ロピタルの定理は利用価値が高い定理であるが，高校で学習する内容に含まれていないので，答案としてではなく **検算** として役立てるとよい。

問題　ロピタルの定理を用いて，次の極限を求めよ。

(1) $\lim_{x\to 1}\frac{x^3-1}{2x^2-3x+1}$　(2) $\lim_{x\to 1}\frac{\sin \pi x}{x-1}$　(3) $\lim_{x\to 0}\frac{x-\tan x}{x^3}$

(4) $\lim_{x\to\infty} x(1-e^{\frac{1}{x}})$　(5) $\lim_{x\to +0} x\log x$

（問題の解答は解答編 $p.115$ にある）

EXERCISES　　9 接線と法線，平均値の定理

A

65❷ (1) 曲線 $y=\log(\log x)$ の $x=e^2$ における接線の方程式を求めよ。

(2) 曲線 $2x^2-2xy+y^2=5$ 上の点 $(1,\ 3)$ における接線の方程式を求めよ。

(3) t を媒介変数として，$\begin{cases} x=e^t \\ y=e^{-t^2} \end{cases}$ で表される曲線を C とする。

曲線 C 上の $t=1$ に対応する点における接線の方程式を求めよ。

〔(2) 東京理科大　(3) 類 東京理科大〕 ➡ 67, 69, 70

66❷ 2つの曲線 $y=x^2+ax+b$，$y=\dfrac{c}{x}+2$ は，点 $(2,\ 3)$ で交わり，この点における接線は互いに直交するという。定数 a，b，c の値を求めよ。

➡ 67, 71

B

67❸ (1) 曲線 $y=\dfrac{1}{2}(e^x+e^{-x})$ 上の点Pにおける接線の傾きが1になるとき，点Pの y 座標を求めよ。 〔法政大〕

(2) 曲線 $y=x\cos x$ の接線で，原点を通るものをすべて求めよ。

〔武蔵工大〕 ➡ 67, 68

68❹ 原点を P_1，曲線 $y=e^x$ 上の点 $(0,\ 1)$ を Q_1 とし，以下順に，この曲線上の点 Q_{n-1} における接線と x 軸との交点 $(x_n,\ 0)$ を P_n，曲線上の点 $(x_n,\ e^{x_n})$ を Q_n とする $(n=2,\ 3,\ 4,\ \cdots\cdots)$。$x_n=$ ア $\square$ であり，三角形 $P_nQ_nP_{n+1}$ の面積を S_n とすると $\displaystyle\sum_{n=1}^{\infty}S_n=$ イ $\square$ である。 〔中央大〕 ➡ 29, 67

69❹ 曲線 $\sqrt[3]{x}+\sqrt[3]{y}=1$ $(x\geqq 0,\ y\geqq 0)$ の概形は右図のようになる。この曲線上の点で座標軸上にはない点Pにおける接線が x 軸，y 軸と交わる点をそれぞれA，Bとするとき，OA+OB の最小値を求めよ。ただし，Oは原点とする。 〔類 筑波大〕 ➡ 69

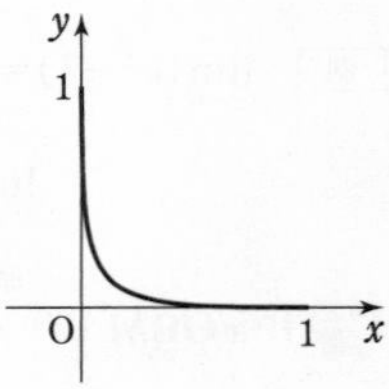

70❹ 極限 $\displaystyle\lim_{x\to 0}\frac{\sin x-\sin(\sin x)}{\sin x-x}$ を求めよ。 〔類 芝浦工大〕 ➡ 75

HINT

67 (1) $y'=1$ となる x の値は，$\dfrac{1}{2}\left(e^x-\dfrac{1}{e^x}\right)=1$ の解。$e^x>0$ に注意。

(2) 曲線上の点 $(a,\ a\cos a)$ における接線のうち，原点を通るものを求める。

68 $Q_n(x_n,\ e^{x_n})$ における接線の方程式を求めることにより，x_{n+1} と x_n の漸化式を作る。

69 まず，$\sqrt[3]{x}+\sqrt[3]{y}=1$ の両辺を x で微分。次に，$P(x_1,\ y_1)$ $(0<x_1<1,\ 0<y_1<1)$ として，点Pにおける接線の方程式を求める。

OA+OB の最小値は，**2次関数の最小値の問題** に帰着 ⟶ 2次式を平方完成する。

70 平均値の定理を用いる。

10 関数の値の変化，最大と最小

基本事項

1 関数の増減

関数 $f(x)$ が区間 $[a,\ b]$ で連続で，区間 $(a,\ b)$ で微分可能であるとする。

1　区間 $(a,\ b)$ で常に $\boldsymbol{f'(x)>0}$ ならば，$f(x)$ は区間 $[a,\ b]$ で **増加** する。
2　区間 $(a,\ b)$ で常に $\boldsymbol{f'(x)<0}$ ならば，$f(x)$ は区間 $[a,\ b]$ で **減少** する。
3　区間 $(a,\ b)$ で常に $\boldsymbol{f'(x)=0}$ ならば，$f(x)$ は区間 $[a,\ b]$ で **定数** である。

上の 3 を用いると，更に次のことが導かれる。

関数 $f(x)$, $g(x)$ がともに区間 $[a,\ b]$ で連続で，区間 $(a,\ b)$ で微分可能であるとき，区間 $(a,\ b)$ で常に $g'(x)=f'(x)$ ならば，次のことが成り立つ。
区間 $[a,\ b]$ で　$g(x)=f(x)+C$　　ただし，C は定数

注意　1，2 については，**逆は成り立たない**。すなわち，$f(x)$ がある区間で増加するからといって，その区間で常に $f'(x)>0$ とは限らない。減少するときも同様。
例えば，$f(x)=x^3$ は区間 $[-1,\ 1]$ で増加するが，$f'(0)=0$ である。

2 関数の極大と極小

① **定義**

関数 $f(x)$ が連続で，$x=a$ を含む十分小さい開区間において

「$x \neq a$ ならば $f(x)<f(a)$」であるとき
$f(x)$ は $x=a$ で **極大**，$f(a)$ を **極大値**

「$x \neq a$ ならば $f(x)>f(a)$」であるとき
$f(x)$ は $x=a$ で **極小**，$f(a)$ を **極小値**

という。

極大値と極小値をまとめて **極値** という。

② 関数 $f(x)$ が $x=a$ を境目として
増加から減少に移ると $f(a)$ は極大値
減少から増加に移ると $f(a)$ は極小値

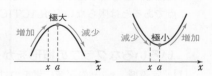

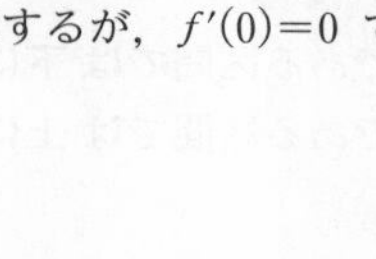

③ **極値をとるための必要条件**

関数 $f(x)$ が $x=a$ で微分可能であるとき

$f(x)$ が $x=a$ で極値をとるならば　$\boldsymbol{f'(a)=0}$

ただし，逆は成り立たない。すなわち，$f'(a)=0$ であっても，$f(x)$ が $x=a$ で極値をとるとは限らない。例えば，$f(x)=x^3$ については $f'(0)=0$ であるが，$x=0$ の前後で $f'(x)=3x^2>0$ であるから $x=0$ で極値をとらない。

注意　微分不可能な点で極値をとることもある（基本例題 76 (3) 参照）。

3 関数の最大と最小

区間 $[a,\ b]$ で連続な関数 $f(x)$ の最大値・最小値は

[1]　$a \leqq x \leqq b$ における $f(x)$ の極大値・極小値

[2]　区間の両端の値 $f(a)$, $f(b)$

を比較して求める。

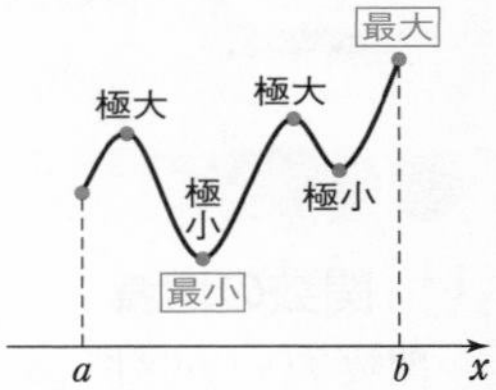

注意　区間 $(a,\ b)$ における $f(x)$ の最大値，最小値を求めるには，$f(x)$ の極値と $\lim\limits_{x \to a+0} f(x)$, $\lim\limits_{x \to b-0} f(x)$ の値を比較する必要がある。また，区間 $(a,\ \infty)$ の場合は，$\lim\limits_{x \to \infty} f(x)$ とも比較する。

なお，開区間においては，最大値や最小値が存在しない場合もある。

4 曲線の凹凸・変曲点

関数 $f(x)$ は第 2 次導関数 $f''(x)$ をもつとする。

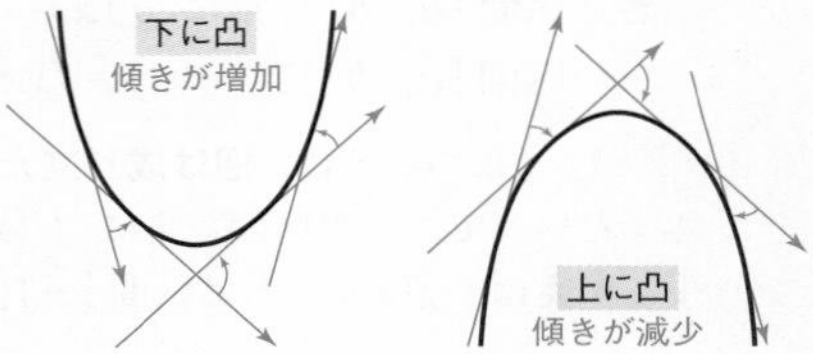

① **曲線の凹凸**

曲線 $y=f(x)$ は

$f''(x)>0$ である区間では **下に凸**,

$f''(x)<0$ である区間では **上に凸**

である。

② **変曲点**

曲線の凹凸が入れ替わる境目の点を **変曲点** という。

$f''(a)=0$ のとき，$x=a$ の前後で $f''(x)$ の符号が変わるならば，点 $(a,\ f(a))$ は曲線の変曲点である。

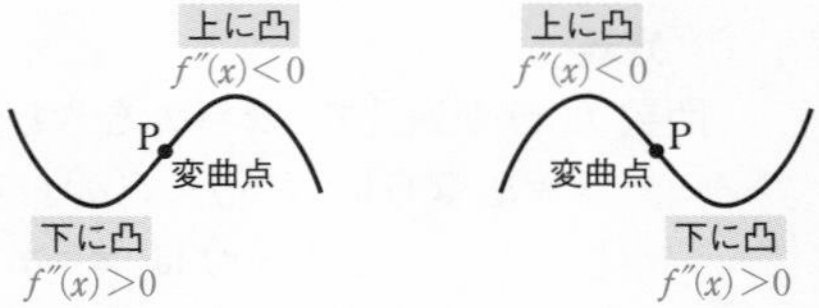

③ **変曲点であるための必要条件**

点 $(a,\ f(a))$ が曲線 $y=f(x)$ の変曲点ならば　　**$f''(a)=0$**

ただし，逆は成り立たない。すなわち，$f''(a)=0$ であっても，点 $(a,\ f(a))$ が変曲点であるとは限らない (PRACTICE 82 (1) 参照)。

5 いろいろなグラフの概形をかく手順

[1]　**定義域**　x, y の変域に気をつけて，まず，グラフの存在範囲を求める。

[2]　**対称性**　x 軸，y 軸，原点に関して対称ではないか？
　　そのほか，点・直線に関して対称ではないか？　を調べる。

[3]　**増減・極値**　y' の符号の変化を調べる。

[4]　**凹凸・変曲点**　y'' の符号の変化を調べる。

[5]　**漸近線**　$x \longrightarrow \pm\infty$ のときの y や，$y \longrightarrow \pm\infty$ となる x を調べる。

[6]　**座標軸との交点**　$x=0$ のときの y の値，$y=0$ のときの x の値を求める。

6 漸近線

関数 $y=f(x)$ のグラフの漸近線についてまとめると次の表のようになる。
詳しい解説は，$p.145$ の STEP UP を参照。

極　限 (いずれかが成り立つとき)	$\lim_{x\to\infty} f(x)=b$ $\lim_{x\to-\infty} f(x)=b$	$\lim_{x\to a+0} f(x)=\infty$ $\lim_{x\to a-0} f(x)=\infty$ $\lim_{x\to a+0} f(x)=-\infty$ $\lim_{x\to a-0} f(x)=-\infty$	$\lim_{x\to\infty}\{f(x)-(ax+b)\}=0$ $\lim_{x\to-\infty}\{f(x)-(ax+b)\}=0$
漸近線	$\boldsymbol{y=b}$	$\boldsymbol{x=a}$	$\boldsymbol{y=ax+b}$
グラフの例	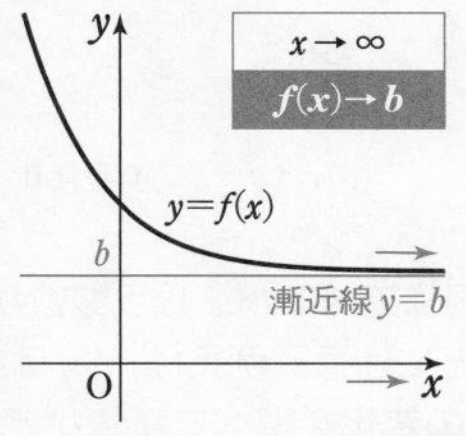	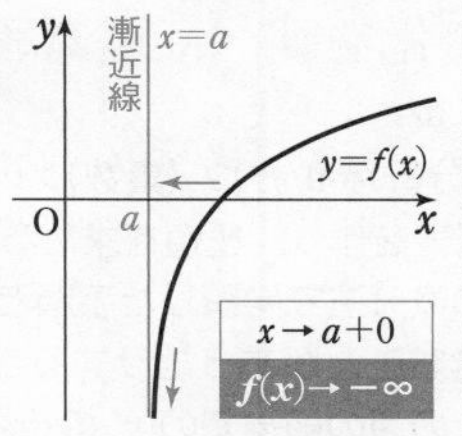	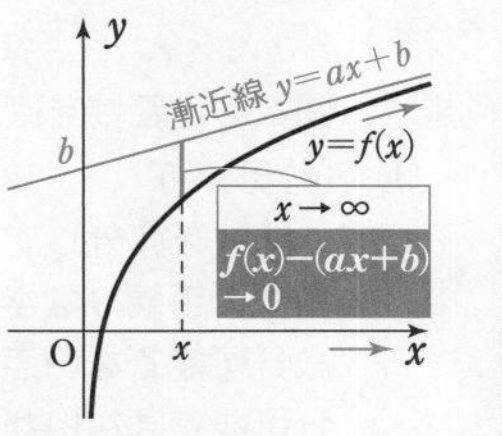

7 第 2 次導関数と極値

$x=a$ を含むある区間で $f''(x)$ は連続であるとする。

1　$\boldsymbol{f'(a)=0}$ **かつ** $\boldsymbol{f''(a)<0}$
ならば，$f(a)$ は **極大値**

2　$\boldsymbol{f'(a)=0}$ **かつ** $\boldsymbol{f''(a)>0}$
ならば，$f(a)$ は **極小値**

x	$\cdots$	a	$\cdots$
$f''(x)$	$-$	$-$	$-$
$f'(x)$	$+$	0	$-$
$f(x)$	↗	極大	↘

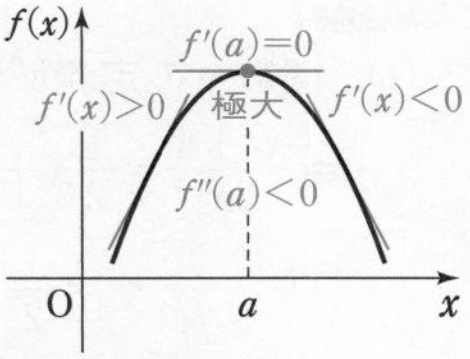

$x=a$ で極大となる場合の増減表とグラフ

CHECK & CHECK

19　次の関数の増減を調べよ。

(1)　$y=3^x+x$　　(2)　$y=\dfrac{1}{x}-\sqrt{x}$

(3)　$y=2\sin x-3x\ (0\leqq x\leqq 2\pi)$　　→ 1

20　次の関数の極値を求めよ。

(1)　$y=x^4-2x^2+1$　　(2)　$y=xe^x$　　→ 2

21　関数 $y=\dfrac{1}{x-2}-x$ のグラフの漸近線を求めよ。　→ 6

22　第 2 次導関数を利用して，関数 $y=x^3-3x+1$ の極値を求めよ。　→ 7

基本 例題 76 関数の極値 (1)（基本）

次の関数の極値を求めよ。

(1) $y=\dfrac{x^2+4}{2x}$　　(2) $y=\dfrac{\log x}{x^2}$　　(3) $y=|x|\sqrt{x+3}$

p.131 基本事項 1，2

CHART & SOLUTION

関数の極値の求め方

① $f'(x)=0$ となる x の値を求める

② $f'(x)$ の符号の変化を調べ，増減表を作る

まず，関数の定義域を確認する。

(1) (分母)$\neq 0$　　(2) (分母)$\neq 0$ かつ (真数)>0　　(3) ($\sqrt{}$ の中)$\geqq 0$

そして，関数を微分して増減表を作り，極値を求める。

注意　解法の手順は数学Ⅱの微分法で学習した手順と同様であるが，扱う関数が増えたり，微分可能でない点を含むことがあったりすることに注意。例えば，(3) は $x=0$ で微分可能ではないが，その点の前後での y' の符号の変化を調べて極値かどうか判断する必要がある。

解答

(1) 関数 y の定義域は $x\neq 0$ である。

$y=\dfrac{x^2+4}{2x}=\dfrac{1}{2}x+\dfrac{2}{x}$ であるから

$$y'=\frac{1}{2}+2\cdot\left(-\frac{1}{x^2}\right)=\frac{x^2-4}{2x^2}=\frac{(x+2)(x-2)}{2x^2}$$

$y'=0$ とすると　$x=-2,\ 2$

y の増減表は次のようになる。

x	$\cdots$	-2	$\cdots$	0	$\cdots$	2	$\cdots$
y'	$+$	0	$-$	／	$-$	0	$+$
y	↗	極大 -2	↘	／	↘	極小 2	↗

よって，y は

$x=-2$ で極大値 -2，$x=2$ で極小値 2

をとる。

(2) 関数 y の定義域は $x>0$ である。

$$y'=\frac{\frac{1}{x}\cdot x^2-(\log x)\cdot 2x}{(x^2)^2}=\frac{1-2\log x}{x^3}$$

$y'=0$ とすると　$\log x=\dfrac{1}{2}$

ゆえに　$x=\sqrt{e}$

⇐ (分子の次数)＜(分母の次数) の形に変形する。
y' の計算は，商の微分法から
$y'=\dfrac{2x\cdot 2x-(x^2+4)\cdot 2}{(2x)^2}=\dfrac{2x^2-8}{4x^2}=\dfrac{x^2-4}{2x^2}$
としてもよい。

⇐ 極値を与える x の値も書くようにする。

⇐ $y=\dfrac{1}{x^2}\cdot\log x$ とみて，
$y'=-\dfrac{2}{x^3}\log x+\dfrac{1}{x^2}\cdot\dfrac{1}{x}=\dfrac{1-2\log x}{x^3}$
としてもよい。

y の増減表は次のようになる。

x	0	$\cdots$	$\sqrt{e}$	$\cdots$
y'	／	$+$	0	$-$
y	／	↗	極大 $\frac{1}{2e}$	↘

よって，y は $\boldsymbol{x=\sqrt{e}}$ **で極大値** $\boldsymbol{\frac{1}{2e}}$ をとる。

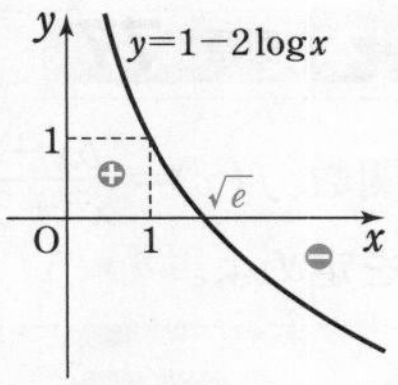

⇦ 極小値はなし。

(3) 関数 y の定義域は $x+3\geqq 0$ から $x\geqq -3$ である。

$x\geqq 0$ のとき　$y=x\sqrt{x+3}$

$x>0$ において　$y'=\sqrt{x+3}+\dfrac{x}{2\sqrt{x+3}}=\dfrac{3(x+2)}{2\sqrt{x+3}}$

⇦ $y'=\dfrac{\sqrt{x+3}\cdot 2\sqrt{x+3}+x}{2\sqrt{x+3}}$
$=\dfrac{2(x+3)+x}{2\sqrt{x+3}}$

よって，$x>0$ では，常に　$y'>0$

$-3\leqq x<0$ のとき　$y=-x\sqrt{x+3}$

$-3<x<0$ において　$y'=-\dfrac{3(x+2)}{2\sqrt{x+3}}$

$y'=0$ とすると　$x=-2$

以上から，y の増減表は次のようになる。

x	-3	$\cdots$	-2	$\cdots$	0	$\cdots$
y'	／	$+$	0	$-$	／	$+$
y	0	↗	極大 2	↘	極小 0	↗

よって，y は

$\boldsymbol{x=-2}$ **で極大値 2**，$\boldsymbol{x=0}$ **で極小値 0** をとる。

(3) $f(x)=|x|\sqrt{x+3}$
とすると
$\displaystyle\lim_{x\to+0}\frac{f(x)-0}{x-0}=\sqrt{3}$
$\displaystyle\lim_{x\to-0}\frac{f(x)-0}{x-0}=-\sqrt{3}$
から，$f(x)$ は $x=0$ で微分可能ではない。

参考　グラフの概形はそれぞれ次のようになる。

(1)　$y=\dfrac{x^2+4}{2x}$

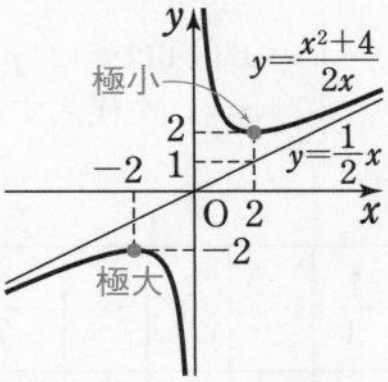

(2)　$y=\dfrac{\log x}{x^2}$

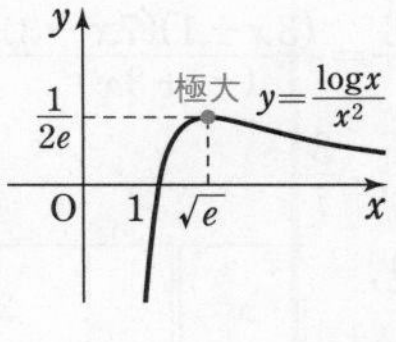

(3)　$y=|x|\sqrt{x+3}$

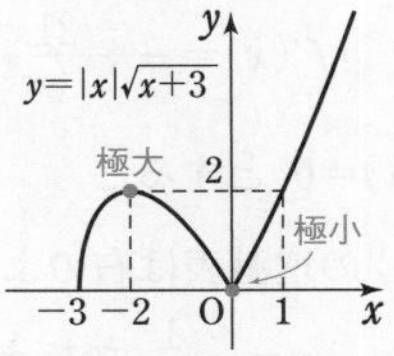

(3) のように，微分可能でない点でも極値をとることがある ので注意しよう。

PRACTICE 76❷

次の関数の極値を求めよ。

(1)　$y=\dfrac{1}{x^2+x+1}$　(2)　$y=\dfrac{3x-1}{x^3+1}$　(3)　$y=xe^{-x^2}$

(4)　$y=|x-1|e^x$　(5)　$y=(1-\sin x)\cos x\ (0\leqq x\leqq 2\pi)$

基本 例題 77 極値から係数決定

関数 $f(x)=\dfrac{px+q}{x^2+3x}$ が $x=-\dfrac{1}{3}$ で極値 -9 をとるように，定数 p，q の値を定めよ。 〔室蘭工大〕

p.131 基本事項 2，基本 76

CHART & SOLUTION

$f(x)$ が $x=\alpha$ で極値をとる $\Longrightarrow$ $f'(\alpha)=0$ （逆は成り立たない）

$f(x)$ が $x=-\dfrac{1}{3}$ で極値 -9 をとる $\longrightarrow$ $f'\left(-\dfrac{1}{3}\right)=0$，$f\left(-\dfrac{1}{3}\right)=-9$

ただし，$f'\left(-\dfrac{1}{3}\right)=0$ であるからといって，$x=-\dfrac{1}{3}$ で極値をとるとは限らない（**必要条件**）。

解答の「逆に」以下で **十分条件であることを確認** する。……❗

解答

$x^2+3x=x(x+3)$ から，$f(x)$ の定義域は　$x\neq-3$，$x\neq0$

$$f'(x)=\frac{p(x^2+3x)-(px+q)(2x+3)}{(x^2+3x)^2}=-\frac{px^2+2qx+3q}{(x^2+3x)^2}{}^{*}$$

$f(x)$ は $x=-\dfrac{1}{3}$ で微分可能であるから，$f(x)$ が $x=-\dfrac{1}{3}$ で極値 -9 をとるならば　$f'\left(-\dfrac{1}{3}\right)=0$，$f\left(-\dfrac{1}{3}\right)=-9$

$f'\left(-\dfrac{1}{3}\right)=0$ から　$p+21q=0$ ……①

$f\left(-\dfrac{1}{3}\right)=-9$ から　$p-3q=-24$ ……②

①，② を解いて　$p=-21$，$q=1$

❗ 逆に，$p=-21$，$q=1$ のとき

$$f(x)=\frac{-21x+1}{x^2+3x},$$

$$f'(x)=-\frac{-21x^2+2x+3}{(x^2+3x)^2}=\frac{(3x+1)(7x-3)}{(x^2+3x)^2}$$

$f'(x)=0$ とすると　$x=-\dfrac{1}{3}$，$\dfrac{3}{7}$

$f(x)$ の増減表は右のようになり，確かに $x=-\dfrac{1}{3}$ で極大値 -9 をとる。

したがって　**$p=-21$，$q=1$**

x	$\cdots$	-3	$\cdots$	$-\frac{1}{3}$	$\cdots$	0	$\cdots$	$\frac{3}{7}$	$\cdots$
$f'(x)$	$+$	／	$+$	0	$-$	／	$-$	0	$+$
$f(x)$	↗	／	↗	極大 -9	↘	／	↘	極小	↗

⇐ (分母)$\neq0$

⇐ $\left(\dfrac{f}{g}\right)'=\dfrac{f'g-fg'}{g^2}$

⇐ **必要条件**

⇐ $p\left(-\dfrac{1}{3}\right)^2+2q\left(-\dfrac{1}{3}\right)+3q=0$

⇐ $\dfrac{p\left(-\frac{1}{3}\right)+q}{\left(-\frac{1}{3}\right)^2+3\cdot\left(-\frac{1}{3}\right)}=-9$

⇐ 求めた p，q が **十分条件であることを確認。**

⇐ $f'(x)$ は $*$ に $p=-21$，$q=1$ を代入するとよい。

PRACTICE 77②

関数 $f(x)=\dfrac{ax+b}{x^2+1}$ が $x=\sqrt{3}$ で極大値 $\dfrac{1}{2}$ をとるように，定数 a，b の値を定めよ。

基本 例題 78 関数の最大・最小 (1)（増減表利用）

関数 $f(x)=e^{-x}\sin x$ の最大値，最小値を求めよ。ただし，$0\leqq x\leqq\dfrac{\pi}{2}$ とする。

p.132 基本事項 3，基本 76

CHART & SOLUTION

最大・最小　増減表を利用　極値 と 端の値 に注目 ……!

まず，与えられた区間で増減表を作ることから始める。**区間の両端の値と極値を比較して，最大・最小となるものを見つける。**

解答

$$f'(x)=-e^{-x}\sin x+e^{-x}\cos x=e^{-x}(-\sin x+\cos x)$$
$$=\sqrt{2}\,e^{-x}\sin\left(x+\frac{3}{4}\pi\right)$$

⇐ $(fg)'=f'g+fg'$

⇐ 三角関数の合成

$f'(x)=0$ とすると　$\sin\left(x+\dfrac{3}{4}\pi\right)=0$

⇐ $e^{-x}>0$

$0<x<\dfrac{\pi}{2}$ であるから　$\dfrac{3}{4}\pi<x+\dfrac{3}{4}\pi<\dfrac{5}{4}\pi$

よって　$x+\dfrac{3}{4}\pi=\pi$　ゆえに　$x=\dfrac{\pi}{4}$

$0\leqq x\leqq\dfrac{\pi}{2}$ における $f(x)$ の増減表は右のようになる。

x	0	…	$\dfrac{\pi}{4}$	…	$\dfrac{\pi}{2}$
$f'(x)$		+	0	−	
$f(x)$	0	↗	極大 $\dfrac{1}{\sqrt{2}\,e^{\frac{\pi}{4}}}$	↘	$\dfrac{1}{e^{\frac{\pi}{2}}}$

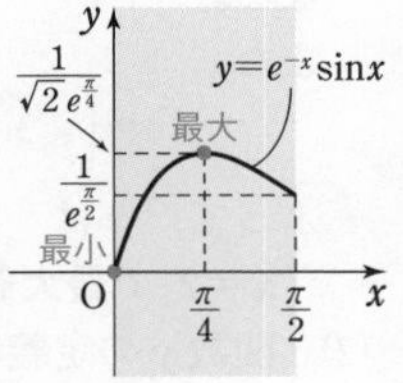

! ここで　$0<\dfrac{1}{e^{\frac{\pi}{2}}}$

⇐ $f(0)<f\left(\dfrac{\pi}{2}\right)$

したがって，$f(x)$ は

$x=\dfrac{\pi}{4}$ で最大値 $\dfrac{1}{\sqrt{2}\,e^{\frac{\pi}{4}}}$，$x=0$ で最小値 0　をとる。

INFORMATION　「最大・最小」と「極大・極小」

最大・最小と極大・極小は別のもので，例えば，極大値は必ずしも最大値ではないし，最小値であっても極小値でない場合もある。

極大・極小は，その点を含む十分小さい開区間での最大・最小であって，区間全体における最大・最小とは限らない。

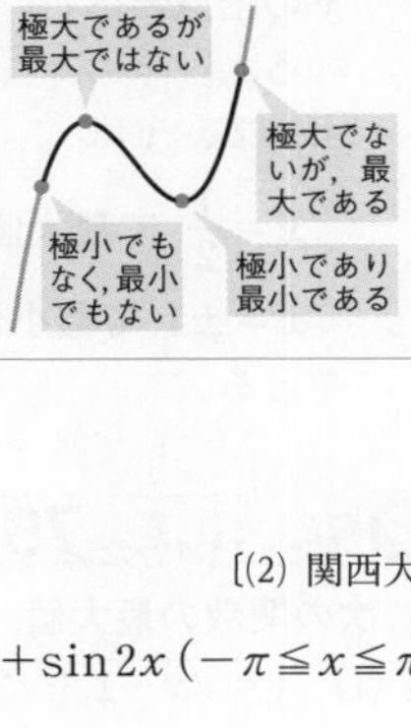

PRACTICE 78②

次の関数の最大値，最小値を求めよ。　［(2) 関西大］

(1) $f(x)=-9x^4+8x^3+6x^2\left(-\dfrac{1}{3}\leqq x\leqq 2\right)$　(2) $f(x)=2\cos x+\sin 2x\ (-\pi\leqq x\leqq\pi)$

基本 例題 79 関数の最大・最小 (2)(端点なども検討)

次の関数の最大値，最小値とそのときの x の値を求めよ。

(1) $y=\dfrac{2(x-1)}{x^2-2x+2}$ 〔東京女子医大〕 (2) $y=(x+1)\sqrt{1-x^2}$ 〔類 長岡技科大〕

基本 78

CHART & SOLUTION

最大・最小　増減表を利用　極値 と 端の値 に注目

(1) $x^2-2x+2=(x-1)^2+1>0$ から，定義域は実数全体 $(-\infty<x<\infty)$。
よって，**端の値** としては $\displaystyle\lim_{x\to\pm\infty} y$ にも注目。

解答

(1) $y'=\dfrac{2(x^2-2x+2)-2(x-1)(2x-2)}{(x^2-2x+2)^2}=-\dfrac{2x(x-2)}{(x^2-2x+2)^2}$

⇐ 分母は常に正。

$y'=0$ とすると　$x=0,\ 2$

⇐ $2x(x-2)=0$

y の増減表は右のようになる。

x	$\cdots$	0	$\cdots$	2	$\cdots$
y'	$-$	0	$+$	0	$-$
y	↘	極小 -1	↗	極大 1	↘

また

$\displaystyle\lim_{x\to-\infty} y=0,\ \lim_{x\to\infty} y=0$

⇐ $y=\dfrac{2\left(\frac{1}{x}-\frac{1}{x^2}\right)}{1-\frac{2}{x}+\frac{2}{x^2}}$ から。

よって，y は

$x=2$ で最大値 1，$x=0$ で最小値 -1 をとる。

(1)

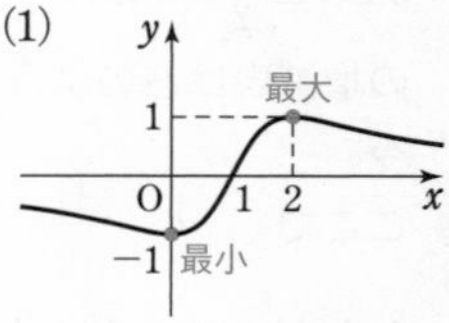

(2) 関数 y の定義域は，$1-x^2\geqq 0$ から　$-1\leqq x\leqq 1$

$-1<x<1$ のとき

$$y'=1\cdot\sqrt{1-x^2}+(x+1)\cdot\frac{-2x}{2\sqrt{1-x^2}}$$

$$=-\frac{2x^2+x-1}{\sqrt{1-x^2}}=-\frac{(x+1)(2x-1)}{\sqrt{1-x^2}}$$

$y'=0$ とすると　$x=\dfrac{1}{2}$

y の増減表は右のようになる。

x	-1	$\cdots$	$\frac{1}{2}$	$\cdots$	1
y'	／	$+$	0	$-$	／
y	0	↗	極大 $\frac{3\sqrt{3}}{4}$	↘	0

よって，y は

$x=\dfrac{1}{2}$ で最大値 $\dfrac{3\sqrt{3}}{4}$，

$x=\pm1$ で最小値 0

をとる。

(2)

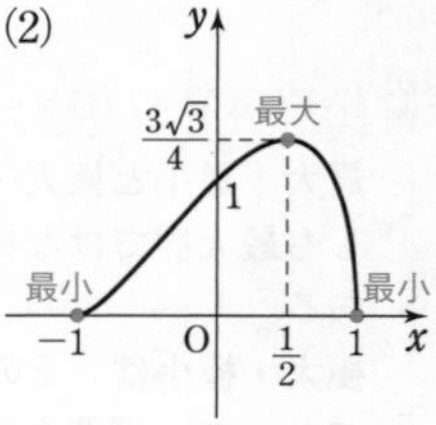

PRACTICE 79②

次の関数の最大値，最小値を求めよ。

(1) $y=\sqrt{x-1}+\sqrt{2-x}$ 〔東京電機大〕 (2) $y=x\log x-2x$ 〔類 京都産大〕

基本 例題 80 最大値・最小値から係数決定 ③

関数 $y=e^x\{2x^2-(p+4)x+p+4\}$ $(-1\leqq x\leqq 1)$ の最大値が 7 であるとき，正の定数 p の値を求めよ。

基本 78

CHART & SOLUTION

最大・最小　増減表を利用　極値 と 端の値 に注目

$y'=0$ を満たす x の値に注意して，**場合分け** をして増減表を作る。

解答

$$y'=e^x\{2x^2-(p+4)x+p+4\}+e^x\{4x-(p+4)\}$$
$$=x(2x-p)e^x$$

⇐ $(fg)'=f'g+fg'$

$y'=0$ とすると　　$x=0,\ \dfrac{p}{2}$

⇐ $x=0$ は定義域内にある。$x=\dfrac{p}{2}(>0)$ が $0<x<1$ にあるか，$x\geqq 1$ にあるかで**場合分け** して増減表を作る。

[1]　$\dfrac{p}{2}\geqq 1$ すなわち $p\geqq 2$ のとき

$-1\leqq x\leqq 1$ における y の増減表は右のようになり，$x=0$ で極大かつ最大となる。

x	-1	$\cdots$	0	$\cdots$	1
y'		$+$	0	$-$	
y		↗	極大 $p+4$	↘	

よって　　$p+4=7$

⇐ (最大値)$=7$

ゆえに　　$p=3$

これは $p\geqq 2$ を満たす。

[2]　$0<\dfrac{p}{2}<1$ すなわち $0<p<2$ のとき

$-1\leqq x\leqq 1$ における y の増減表は次のようになる。

x	-1	$\cdots$	0	$\cdots$	$\dfrac{p}{2}$	$\cdots$	1
y'		$+$	0	$-$	0	$+$	
y		↗	極大 $p+4$	↘	極小	↗	$2e$

$x=0$ で $y=p+4<6$，　$x=1$ で $y=2e<6$

よって，最大値が 7 になることはない。

⇐ 最大になりうるのは $x=0$ (極大) または $x=1$ (端点) のとき。$e=2.718\cdots\cdots$ から $e<3$

[1]，[2] から　　$\boldsymbol{p=3}$

PRACTICE 80③

関数 $f(x)=\dfrac{a\sin x}{\cos x+2}$ $(0\leqq x\leqq\pi)$ の最大値が $\sqrt{3}$ となるように定数 a の値を定めよ。

［信州大］

基本 例題 81　平面図形に関する最大・最小

a を正の定数とする。台形 ABCD が AD∥BC，
AB＝AD＝CD＝a，BC＞a を満たしているとき，
台形 ABCD の面積 S の最大値を求めよ。

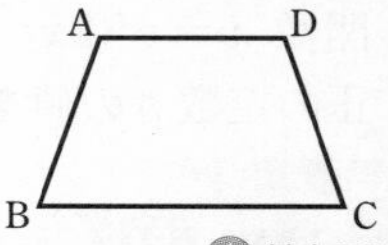

〔類　日本女子大〕

基本 78

CHART & THINKING

文章題の解法

最大・最小を求めたい量を式で表しやすいように変数を選ぶ

与えられた図形は，AB＝DC の等脚台形である。何を変数としたらよいだろうか？
⟶ **∠ABC＝∠DCB＝θ** として，面積 S を a と θ で表す。変数 θ のとりうる範囲を求めておくこと。

解答

∠ABC＝∠DCB＝θ とすると

$$0<\theta<\frac{\pi}{2}$$

⇐ BC＞AB＝AD＝CD から　$0<\theta<\dfrac{\pi}{2}$

このとき

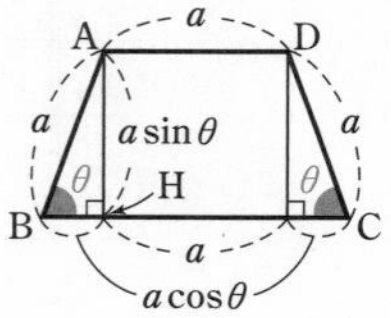

$$S=\frac{1}{2}\{a+(2a\cos\theta+a)\}\cdot a\sin\theta$$
$$=a^2\sin\theta(\cos\theta+1)$$

⇐ $\dfrac{1}{2}$×(上底＋下底)×高さ

$$\frac{dS}{d\theta}=a^2\{\cos\theta(\cos\theta+1)+\sin\theta(-\sin\theta)\}$$
$$=a^2\{\cos\theta(\cos\theta+1)-(1-\cos^2\theta)\}$$
$$=a^2(\cos\theta+1)(2\cos\theta-1)$$

$\dfrac{dS}{d\theta}=0$ とすると　　$\cos\theta=-1,\ \dfrac{1}{2}$

$0<\theta<\dfrac{\pi}{2}$ から　　$\theta=\dfrac{\pi}{3}$

$0<\theta<\dfrac{\pi}{2}$ における S の増減表は右のようになるから，
S は $\theta=\dfrac{\pi}{3}$ で最大値 $\boldsymbol{\dfrac{3\sqrt{3}}{4}a^2}$ をとる。

θ	0	$\cdots$	$\dfrac{\pi}{3}$	$\cdots$	$\dfrac{\pi}{2}$
$\dfrac{dS}{d\theta}$	／	$+$	0	$-$	／
S	／	↗	極大 $\dfrac{3\sqrt{3}}{4}a^2$	↘	／

inf. 次のような方針でも解ける。
頂点Aから辺 BC に垂線 AH を下ろして，BH＝x とすると

$$S=\frac{1}{2}\{a+(2x+a)\}\times\sqrt{a^2-x^2}$$
$$=(x+a)\sqrt{a^2-x^2}$$

これを x の関数と考え，

$$S'=-\frac{(2x-a)(x+a)}{\sqrt{a^2-x^2}}$$

から，$0<x<a$ の範囲で増減を調べる。

PRACTICE 81[3]

AB＝AC＝1 である二等辺三角形 ABC に内接する円の面積を最大にする底辺の長さを求めよ。

〔類　東京理科大〕

基本 例題 82 曲線の凹凸，変曲点

次の曲線の凹凸を調べ，変曲点を求めよ。

(1) $y=x^4-2x^3+2x-1$　　(2) $y=x+\sin 2x$ $(0<x<\pi)$

p.132 基本事項 4

CHART & SOLUTION

曲線の凹凸と変曲点　y'' の符号を利用

$y''>0$ である区間では　下に凸，$y''<0$ である区間では　上に凸

変曲点（曲線の凹凸が入れ替わる境目の点）の候補は $y''=0$ となる点。

解答

(1) $y'=4x^3-6x^2+2$

$y''=12x^2-12x=12x(x-1)$

$y''=0$ とすると　$x=0,\ 1$

y'' の符号と曲線の凹凸は次の表のようになる。

x	…	0	…	1	…
y''	+	0	−	0	+
y	下に凸	変曲点	上に凸	変曲点	下に凸

よって　**$x<0,\ 1<x$ で下に凸；$0<x<1$ で上に凸**

変曲点は　点 $(0,\ -1)$，$(1,\ 0)$

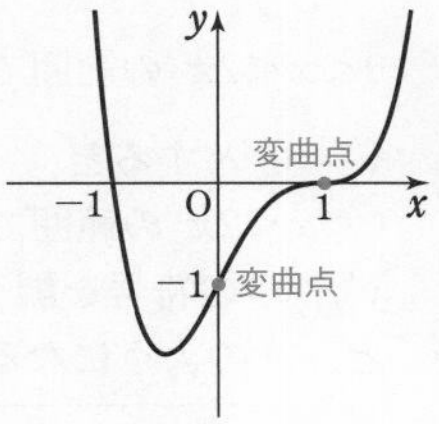

(2) $y'=1+2\cos 2x$

$y''=2(-2\sin 2x)=-4\sin 2x$

$y''=0$ とすると　$\sin 2x=0$

$0<x<\pi$ から　$x=\frac{\pi}{2}$

y'' の符号と曲線の凹凸は次の表のようになる。

x	0	…	$\frac{\pi}{2}$	…	π
y''	／	−	0	+	／
y	／	上に凸	変曲点	下に凸	／

よって　**$0<x<\frac{\pi}{2}$ で上に凸，$\frac{\pi}{2}<x<\pi$ で下に凸**

変曲点は　点 $\left(\frac{\pi}{2},\ \frac{\pi}{2}\right)$

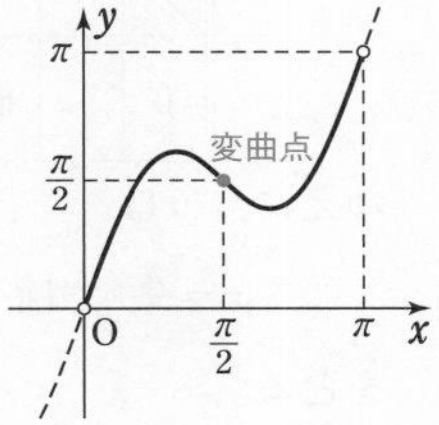

inf. **変曲点 ⟹ $y''=0$ は成り立つが，逆は成り立たない。すなわち，$y''=0$ を満たす点が変曲点とは限らない。**
(PRACTICE 82 (1) 参照)

PRACTICE 82②

次の曲線の凹凸を調べ，変曲点があれば求めよ。

(1) $y=3x^5-5x^4-5x+3$　　(2) $y=\log(1+x^2)$　　(3) $y=xe^x$

基本 例題 83 関数のグラフ (1)

$0 \leqq x \leqq 2\pi$ のとき，関数 $y=x-\sqrt{2}\sin x$ の増減，グラフの凹凸を調べてグラフの概形をかけ。

p.132 基本事項 5，基本 82

CHART & SOLUTION

グラフのかき方　増減表を作る

定義域，対称性，増減・極値（y' の符号），凹凸・変曲点（y'' の符号），漸近線（詳しくは，p.145 の STEP UP を参照），座標軸との交点（$y=0$，$x=0$ の解）などを調べてかく。

解答

$$y'=1-\sqrt{2}\cos x,\ y''=\sqrt{2}\sin x$$

⇐ まず，y'，y'' を求める。

$y'=0$ とすると　$\cos x=\dfrac{1}{\sqrt{2}}$

⇐ $0<x<2\pi$ の範囲で $y'=0$，$y''=0$ を解く。

$0<x<2\pi$ の範囲でこれを解くと　$x=\dfrac{\pi}{4}$，$\dfrac{7}{4}\pi$

$y''=0$ とすると　$\sin x=0$

$0<x<2\pi$ の範囲でこれを解くと　$x=\pi$

y'，y'' の符号を調べて，y の増減，グラフの凹凸を表にすると，次のようになる。

x	0	…	$\frac{\pi}{4}$	…	π	…	$\frac{7}{4}\pi$	…	2π
y'		−	0	+	+	+	0	−	
y''		+	+	+	0	−	−	−	
y	0	↘(下に凸)	極小	↗(下に凸)	変曲点 π	↗(上に凸)	極大	↘(上に凸)	2π

ゆえに，y は

$$x=\frac{\pi}{4}\ で極小値\ \frac{\pi}{4}-1,\ x=\frac{7}{4}\pi\ で極大値\ \frac{7}{4}\pi+1$$

をとる。

以上から，グラフの概形は **右図** のようになる。

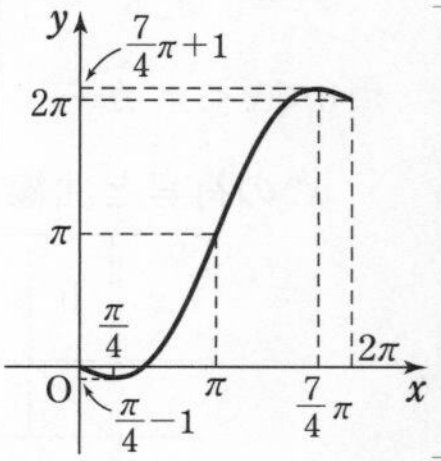

INFORMATION

上の表で，↗(下に凸) は **下に凸で増加**，↘(下に凸) は **下に凸で減少**，↗(上に凸) は **上に凸で増加**，↘(上に凸) は **上に凸で減少** を表す。

PRACTICE 83 ②

次の関数の増減，グラフの凹凸を調べてグラフの概形をかけ。

(1) $y=\dfrac{1}{4}x^4+\dfrac{1}{3}x^3-8x^2-16x$　　(2) $y=x-\sqrt{x-1}$ $(x \geqq 1)$

ズームUP グラフの凹凸，グラフのかき方

関数のグラフは，その関数の特徴を一目で捉えることができるものなので，グラフの概形をかく場合は，その特徴がわかるようにかく必要があります。ここでは，数学Ⅱでは取り扱わなかった変曲点や漸近線を考えながらグラフをかくときの注意点について考えてみましょう。

$f''(x)$ の符号とグラフの凹凸

関数 $f(x)$ の増減は，その導関数 $f'(x)$ の符号変化によって調べることができた。
これと同様に，導関数 $f'(x)$ の増減は，第 2 次導関数 $f''(x)$ の符号変化によって調べることができる。これを利用すると，ある区間で

$f''(x)>0 \Longrightarrow f'(x)$ が増加 $\Longrightarrow$ 接線の傾きが増加 $\Longrightarrow$ グラフは **下に凸**

$f''(x)<0 \Longrightarrow f'(x)$ が減少 $\Longrightarrow$ 接線の傾きが減少 $\Longrightarrow$ グラフは **上に凸**

となることがわかる。$f'(x)$ と $f''(x)$ の符号の組み合わせを考えると，次の 4 通りあり，それぞれの場合で関数の増減およびグラフの凹凸が区別できる。

x	…	p	…
$f'(x)$	$-$	0	$+$
$f''(x)$	$+$	$+$	$+$
$f(x)$	↳		⤴

x	…	p	…
$f'(x)$	$+$	0	$-$
$f''(x)$	$-$	$-$	$-$
$f(x)$	↱		⤵

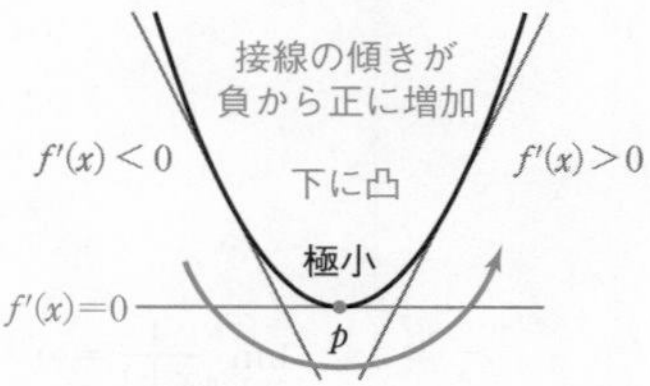

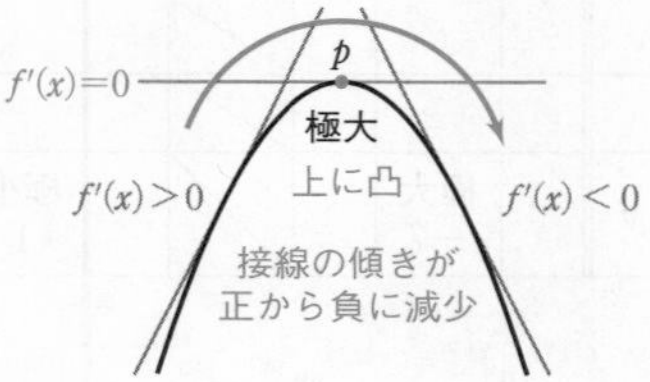

増減や凹凸を表にまとめる

関数の増減やグラフの凹凸を表にまとめるときは，まず定義域の端点，定義域から除かれる x の値，定義域内で $f'(x)=0$，$f''(x)=0$ となる x の値，これらすべての値をもとに表の x の欄を区切る。
次に，区切られた表内の $f'(x)$ と $f''(x)$ の欄に $+$，$-$ および 0 の値を記入し，$f(x)$ の増減を上の 4 通りの組み合わせにしたがって，↳，⤴，↱，⤵ を記入する。

グラフを手際よくかくには

作った表をもとに，まず x 軸，y 軸と原点をとり，その座標平面上に極値を与える点や変曲点，軸との交点，漸近線などを先にかいておく。そして，それらの点や線を目標に，凹凸を意識しながら，滑らかになるように曲線をかくとよいだろう。
左ページのグラフでは，漸近線や対称性を利用しなかったが，それらの知識は例題 84，88，89 などを通じて身に付けてほしい。

基本 例題 84 関数のグラフ (2)

関数 $y=\dfrac{x^2-x+2}{x+1}$ の増減，グラフの凹凸，漸近線を調べて，グラフの概形をかけ。

p.132，133 基本事項 5，6，基本 83

CHART & SOLUTION

漸近線の求め方　分母 ⟶ 0，x ⟶ ±∞ の極限を考える

$\displaystyle\lim_{x\to a+0} f(x)=\pm\infty$ または $\displaystyle\lim_{x\to a-0} f(x)=\pm\infty$ …… 直線 $x=a$ が漸近線

$\displaystyle\lim_{x\to\pm\infty}\{f(x)-(ax+b)\}=0$ …… 直線 $y=ax+b$ が漸近線 …… ❶

解答

関数 y の定義域は $x\neq-1$ である。

$$y=\frac{(x+1)(x-2)+4}{x+1}=x-2+\frac{4}{x+1}$$ であるから

$$y'=1-\frac{4}{(x+1)^2}=\frac{(x+3)(x-1)}{(x+1)^2},\quad y''=\frac{8}{(x+1)^3}$$

$y'=0$ とすると　$x=-3,\ 1$

よって，y の増減とグラフの凹凸は，次の表のようになる。

x	…	-3	…	-1	…	1	…
y'	+	0	−	／	−	0	+
y''	−	−	−	／	+	+	+
y	↗	極大 -7	↘	／	↘	極小 1	↗

また　$\displaystyle\lim_{x\to-1+0} y=\lim_{x\to-1+0}\left(x-2+\frac{4}{x+1}\right)=\infty,\quad \lim_{x\to-1-0} y=-\infty$

ゆえに，**直線 $x=-1$** はこの曲線の漸近線である。

❶ 更に　$\displaystyle\lim_{x\to\infty}\{y-(x-2)\}=\lim_{x\to\infty}\frac{4}{x+1}=0$

同様に　$\displaystyle\lim_{x\to-\infty}\{y-(x-2)\}=0$

よって，**直線 $y=x-2$** もこの曲線の漸近線である。

以上から，グラフの概形は **右図** のようになる。

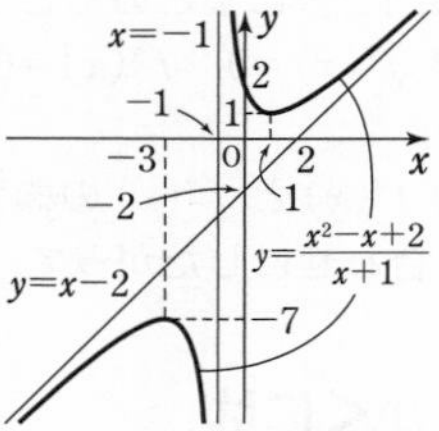

⇐ (分母)$\neq0$

⇐ (分子の次数)<(分母の次数) の形に。この変形は，漸近線を求めるときにも役立つ。

⇐ y'' は $\left\{1-\dfrac{4}{(x+1)^2}\right\}'$ と考える。

⇐ $\displaystyle\lim_{x\to-1+0}\frac{4}{x+1}=\infty$

$\displaystyle\lim_{x\to-1-0}\frac{4}{x+1}=-\infty$

⇐ $y=x-2+\dfrac{4}{x+1}$ から。

$\displaystyle\lim_{x\to\pm\infty}\frac{y}{x}=1$ と $\displaystyle\lim_{x\to\pm\infty}(y-1\cdot x)=-2$ から漸近線の傾きと y 切片を求めてもよい。(右ページ参照)

PRACTICE 84②

次の関数の増減，グラフの凹凸，漸近線を調べて，グラフの概形をかけ。

(1) $y=x-\dfrac{1}{x}$　　(2) $y=\dfrac{x}{x^2+1}$　　(3) $y=e^{-\frac{x^2}{4}}$

STEP UP 漸近線の求め方

曲線上の点が限りなく遠ざかるにつれて，曲線がある一定の直線に限りなく近づくとき，この直線を曲線の **漸近線** という。$p.133$ 基本事項 6 にまとめられているが，ここでは，もう少し深く考えてみよう。

1 x 軸に平行な漸近線 $(y=b)$ …… $x \longrightarrow \pm\infty$ の極限を調べる

例 曲線 $y=\dfrac{2x^2}{x^2+1}$ について

$\lim\limits_{x\to\infty} y=\lim\limits_{x\to\infty}\dfrac{2}{1+\dfrac{1}{x^2}}=\dfrac{2}{1+0}=2$ から，

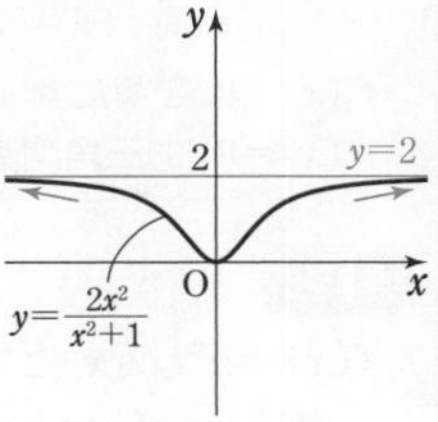

直線 $y=2$ は漸近線である。同様に，$\lim\limits_{x\to-\infty} y=2$ でもあるから，$x<0$ の部分でも $y=2$ が漸近線である。

一般に，b が定数のとき

$\lim\limits_{x\to\infty} f(x)=b$ **または** $\lim\limits_{x\to-\infty} f(x)=b \Longrightarrow$ **直線** $y=b$ **は漸近線。**

2 y 軸に平行な漸近線 $(x=a)$ …… $x \longrightarrow a\pm 0$ の極限を調べる

a の値は，分数関数などのように分母を 0 とする x の値（定義域から除かれる点）をとることが多い。

例 曲線 $y=\dfrac{x^2}{x-1}$ について，定義域は $x \neq 1$ であるから

$\lim\limits_{x\to1+0} y=\lim\limits_{x\to1+0}\dfrac{x^2}{x-1}=\infty$，$\lim\limits_{x\to1-0} y=\lim\limits_{x\to1-0}\dfrac{x^2}{x-1}=-\infty$

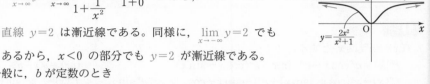

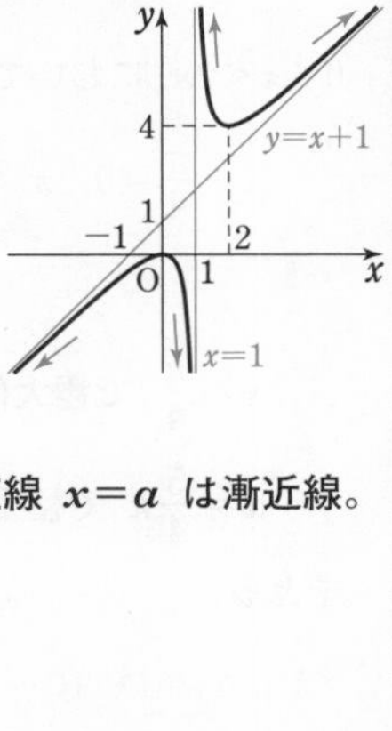

ゆえに，直線 $x=1$ は漸近線である。

一般に，a が定数のとき

$\lim\limits_{x\to a\pm0} f(x)=\pm\infty$ **の複号任意でいずれかが成り立つ** $\Longrightarrow$ **直線** $x=a$ **は漸近線。**

3 両軸に平行ではない漸近線 $(y=ax+b)$

(1) $f(x)=g(x)+ax+b$，$\lim\limits_{x\to\pm\infty} g(x)=0$ **の形に式変形**

例 2 の 例 の曲線について，$y=\dfrac{1}{x-1}+x+1$ と変形できるから

$\lim\limits_{x\to\pm\infty}\{y-(x+1)\}=\lim\limits_{x\to\pm\infty}\dfrac{1}{x-1}=0$ 　よって，直線 $y=x+1$ は漸近線である。

(2) **漸近線が** $y=ax+b$ **ならば** $\lim\limits_{x\to\pm\infty}\dfrac{f(x)}{x}=a$，$\lim\limits_{x\to\pm\infty}\{f(x)-ax\}=b$

証明 $\lim\limits_{x\to\infty}\{f(x)-(ax+b)\}=0$ ならば 　$\lim\limits_{x\to\infty}\{f(x)-ax\}=b$

したがって，$\lim\limits_{x\to\infty}\left\{\dfrac{f(x)}{x}-a\right\}=\lim\limits_{x\to\infty}\dfrac{1}{x}\cdot\{f(x)-ax\}=0$ から 　$\lim\limits_{x\to\infty}\dfrac{f(x)}{x}=a$

$\lim\limits_{x\to-\infty}\{f(x)-(ax+b)\}=0$ のときも上と同様に示すことができる。

（具体例は EXERCISES 74 (4) の解答（解答編 $p.157$）を参照。）

基本 例題 85 関数の極値 (2)（第 2 次導関数の利用）

第 2 次導関数を利用して，関数 $f(x)=e^x\cos x$ $(0\leqq x\leqq 2\pi)$ の極値を求めよ。

p. 133 基本事項 7

CHART & SOLUTION

1　$f'(a)=0$ かつ $f''(a)<0 \Longrightarrow f(a)$ は極大値

2　$f'(a)=0$ かつ $f''(a)>0 \Longrightarrow f(a)$ は極小値

$f'(x)=0$ を満たす x の値を $f''(x)$ に代入して $f''(x)$ の符号を調べる。本問では，方程式 $f'(x)=0$ は**三角関数の合成を利用**して解くとよい。

解答

$f(x)=e^x\cos x$ とする。

$f'(x)=e^x\cos x-e^x\sin x=e^x(\cos x-\sin x)$

$f''(x)=e^x(\cos x-\sin x)+e^x(-\sin x-\cos x)=-2e^x\sin x$

$f'(x)=0$ とすると　$\sin x-\cos x=0$

すなわち　$\sqrt{2}\sin\left(x-\dfrac{\pi}{4}\right)=0$

$0<x<2\pi$ において，$-\dfrac{\pi}{4}<x-\dfrac{\pi}{4}<\dfrac{7}{4}\pi$ であるから

$x-\dfrac{\pi}{4}=0,\ \pi$　すなわち　$x=\dfrac{\pi}{4},\ \dfrac{5}{4}\pi$

$f''\left(\dfrac{\pi}{4}\right)=-\sqrt{2}\,e^{\frac{\pi}{4}}<0$，$f''\left(\dfrac{5}{4}\pi\right)=\sqrt{2}\,e^{\frac{5}{4}\pi}>0$ であるから

$x=\dfrac{\pi}{4}$ で極大値 $f\left(\dfrac{\pi}{4}\right)=e^{\frac{\pi}{4}}\cos\dfrac{\pi}{4}=\dfrac{1}{\sqrt{2}}e^{\frac{\pi}{4}}$，

$x=\dfrac{5}{4}\pi$ で極小値 $f\left(\dfrac{5}{4}\pi\right)=e^{\frac{5}{4}\pi}\cos\dfrac{5}{4}\pi=-\dfrac{1}{\sqrt{2}}e^{\frac{5}{4}\pi}$

をとる。

⇦ $(uv)'=u'v+uv'$

⇦ $f''(x)=-2e^x\sin x$ は，連続関数である。明らかな場合，答案では省略してもよいが，このチェックは忘れずに。

⇦ $f''(x)$ の符号を調べるだけならば，**増減表を作らなくてもすむ。**

INFORMATION　$f''(x)$ を利用した極値の判定

$p.133$ の基本事項 7 を利用すると，$f'(a)=0$ となる a の値に対して，増減表を作らずに $f''(a)$ の符号を調べるだけで，$f(a)$ の値が極大値か極小値かを判定できる。
しかし，$f'(a)=0$ かつ $f''(a)=0$ のときは判定できない。

例　$f(x)=x^4$ のとき，$f'(0)=f''(0)=0$ だが $f(0)$ は極小値である。
　　$f(x)=x^3$ のとき，$f'(0)=f''(0)=0$ だが $f(0)$ は極値ではない。

このようなときや，$f''(x)$ を求める計算が煩雑になる場合は，増減表を用いた方法で極値を求めればよい。

PRACTICE 85②

第 2 次導関数を利用して，次の関数の極値を求めよ。

(1)　$y=(\log x)^2$　　(2)　$y=xe^{-\frac{x^2}{2}}$　　(3)　$y=x-2+\sqrt{4-x^2}$

基本 例題 86 変曲点とグラフの対称性

e は自然対数の底とし，$f(x)=e^{x+a}-e^{-x+b}+c$（a，b，c は定数）とするとき，曲線 $y=f(x)$ はその変曲点に関して対称であることを示せ。 基本 82

CHART & THINKING

まず，変曲点 $(p,\ q)$ を求める。次に証明であるが，点 $(p,\ q)$ のままでは計算が面倒。どのように示したらよいだろうか？

⟶ 曲線 $y=f(x)$ が点 $(p,\ q)$ に関して対称であることを，曲線 $y=f(x)$ を x 軸方向に $-p$，y 軸方向に $-q$ だけ平行移動した曲線 $y=f(x+p)-q$ が原点に関して対称であることで示す。

$g(x)$ は奇関数

曲線 $y=g(x)$ が原点に関して対称 $\iff g(-x)=-g(x)$

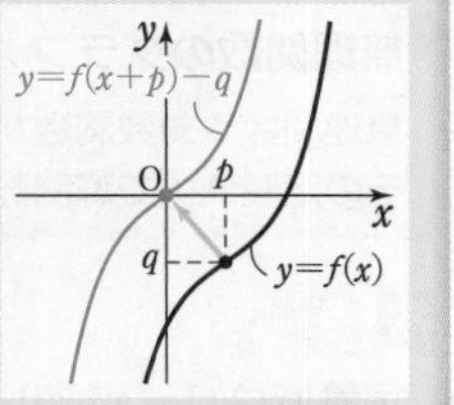

解答

$y'=e^{x+a}+e^{-x+b}$，　$y''=e^{x+a}-e^{-x+b}$

$y''=0$ とすると　$e^{x+a}=e^{-x+b}$

ゆえに　$x+a=-x+b$　よって　$x=\dfrac{b-a}{2}$

（← $e^{\alpha}=e^{\beta} \iff \alpha=\beta$）

ここで，$p=\dfrac{b-a}{2}$ とする。

$x>p$ のとき，$2x>2p=b-a$ から　$x+a>-x+b$

（← このとき　$y''>0$）

$x<p$ のとき，$2x<2p=b-a$ から　$x+a<-x+b$

（← このとき　$y''<0$）

y'' の符号の変化は右の表のようになる。

x	$\cdots$	p	$\cdots$
y''	$-$	0	$+$
y	上に凸	c	下に凸

$f(p)=e^{p+a}-e^{-p+b}+c=c$

（← $x=p$ は $e^{x+a}-e^{-x+b}=0$ の解であるから $e^{p+a}-e^{-p+b}=0$）

変曲点は　点 $(p,\ c)$

曲線 $y=f(x)$ を x 軸方向に $-p$，y 軸方向に $-c$ だけ平行移動すると

$$y=f(x+p)-c=e^{x+p+a}-e^{-(x+p)+b}+c-c$$
$$=e^{x+\frac{a+b}{2}}-e^{-x+\frac{a+b}{2}}$$

（← 曲線 $y=f(x)$ を x 軸方向に s，y 軸方向に t だけ平行移動した曲線の方程式は
$y-t=f(x-s)$）

この曲線の方程式を $y=g(x)$ とすると

$$g(-x)=e^{-x+\frac{a+b}{2}}-e^{x+\frac{a+b}{2}}=-\left(e^{x+\frac{a+b}{2}}-e^{-x+\frac{a+b}{2}}\right)$$

よって，$g(-x)=-g(x)$ が成り立つから，曲線 $y=g(x)$ は原点に関して対称である。

ゆえに，曲線 $y=f(x)$ はその変曲点 $(p,\ c)$ に関して対称である。

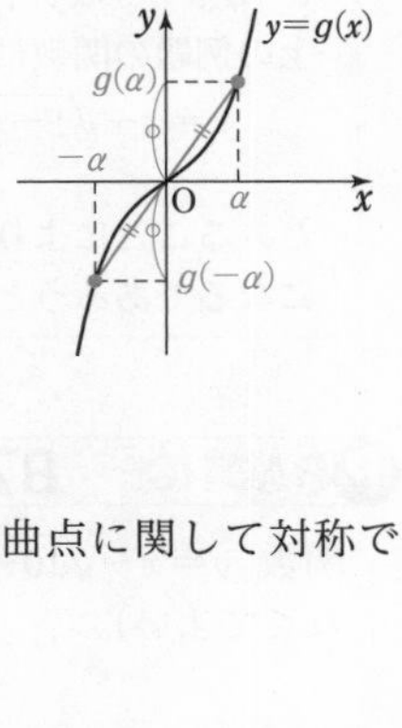

PRACTICE 86③

$f(x)=\log\dfrac{x+a}{3a-x}$ $(a>0)$ とする。$y=f(x)$ のグラフはその変曲点に関して対称であることを示せ。

重要 例題 87 関数のグラフ (3)

関数 $y=x+\sqrt{1-x^2}$ の増減，極値を調べて，そのグラフの概形をかけ (凹凸は調べなくてよい)。

p.132 基本事項 5，基本 83

CHART & SOLUTION

無理関数のグラフ　定義域をまず調べる

無理関数や対数関数が与えられた場合，最初に定義域を確認する。
その定義域内で導関数を求め，関数の増減や極値を求める。

解答

定義域は $1-x^2 \geqq 0$ から　$-1 \leqq x \leqq 1$

⇐ ($\sqrt{\quad}$ の中)$\geqq 0$

$-1<x<1$ のとき　$y'=1-\dfrac{x}{\sqrt{1-x^2}}=\dfrac{\sqrt{1-x^2}-x}{\sqrt{1-x^2}}$

⇐ $(\sqrt{f(x)})'=\dfrac{f'(x)}{2\sqrt{f(x)}}$

$y'=0$ とすると，$\sqrt{1-x^2}-x=0$
から　$\sqrt{1-x^2}=x$　……①

⇐ ①の左辺は 0 以上であるから右辺の x も 0 以上。

両辺を 2 乗して　$1-x^2=x^2$

すなわち　$x^2=\dfrac{1}{2}$

① より $x \geqq 0$ であるから

$x=\dfrac{1}{\sqrt{2}}$

x	-1	$\cdots$	$\dfrac{1}{\sqrt{2}}$	$\cdots$	1
y'	／	$+$	0	$-$	／
y	-1	↗	極大 $\sqrt{2}$	↘	1

y の増減表は右上のようになり，
$x=\dfrac{1}{\sqrt{2}}$ で極大値 $\sqrt{2}$ をとる。
以上から，グラフの概形は **右図** のようになる。

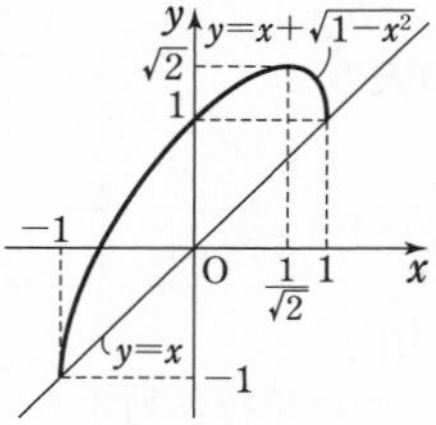

⇐ $\lim\limits_{x \to 1-0} y'=-\infty$
$\lim\limits_{x \to -1+0} y'=\infty$
から，端点では直線 $x=1$，$x=-1$ にそれぞれ接するようにかく。

INFORMATION　2 つのグラフの和

$y=f(x)+g(x)$ のグラフは，2 つのグラフ $y=f(x)$ と $y=g(x)$ を xy 平面上で加えたものと考えることができる。
上の例題の関数については，式を

$y=x+\sqrt{1-x^2}$　←関数 $y=x$ (線分) と $y=\sqrt{1-x^2}$ (半円) の和

とみることにより，グラフの概形は右図の赤い実線のようになるであろうと予想できる。

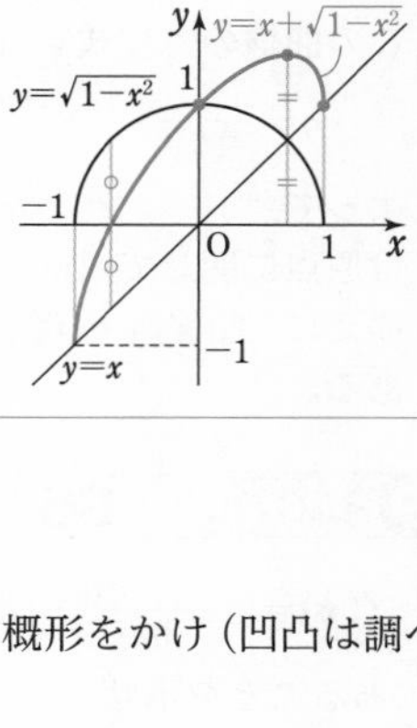

PRACTICE 87 ③

関数 $y=x-\sqrt{10-x^2}$ の増減，極値を調べて，そのグラフの概形をかけ (凹凸は調べなくてよい)。

重要 例題 88 陰関数のグラフ

方程式 $y^2=x^2(x+1)$ が定める x の関数 y のグラフの概形をかけ（凹凸は調べなくてよい）。

p.132 基本事項 5，基本 76

CHART & SOLUTION

対称性に注目してグラフをかく

陰関数（p.111 参照）の形のままではグラフがかけないから，まず $y=f(x)$ の形にする。
$y=\pm\sqrt{x^2(x+1)}$ であるから，$\boldsymbol{y=x\sqrt{x+1}}$ **のグラフをかき，対称性を利用して**求めるグラフをかく。……❗

解答

$y^2\geqq 0$ であるから　$x^2(x+1)\geqq 0$　よって　$x\geqq -1$

❗ また，y を $-y$ におき換えても $y^2=x^2(x+1)$ は成り立つから，グラフは x 軸に関して対称である。

$y=\pm\sqrt{x^2(x+1)}$ であるから，グラフは，$y=x\sqrt{x+1}$ と $y=-x\sqrt{x+1}$ のグラフを合わせたものである。

まず，$y=x\sqrt{x+1}$ ……① のグラフを考える。

$y=0$ のとき　$x=-1,\ 0$

ゆえに，原点 $(0,\ 0)$ と点 $(-1,\ 0)$ を通る。

$x>-1$ のとき　$y'=1\cdot(x+1)^{\frac{1}{2}}+x\cdot\frac{1}{2}(x+1)^{-\frac{1}{2}}$

$$=\sqrt{x+1}+\frac{x}{2\sqrt{x+1}}=\frac{3x+2}{2\sqrt{x+1}}$$

$y'=0$ とすると　$x=-\frac{2}{3}$

よって，関数 ① の増減表は右のようになる。更に，

$\lim_{x\to\infty}y=\infty$，$\lim_{x\to -1+0}y'=-\infty$

であるから，$y=x\sqrt{x+1}$ のグラフの概形は〔図 1〕のようになる。

ゆえに，求めるグラフの概形は〔**図 2**〕のようになる。

x	-1	$\cdots$	$-\frac{2}{3}$	$\cdots$
y'	／	$-$	0	$+$
y	0	↘	極小 $-\frac{2\sqrt{3}}{9}$	↗

⇐ $x^2\geqq 0$ から　$x+1\geqq 0$

inf. $y''=\frac{3x+4}{4(x+1)\sqrt{x+1}}$

$x>-1$ のとき　$y''>0$

よって，y のグラフは下に凸である。

〔図1〕

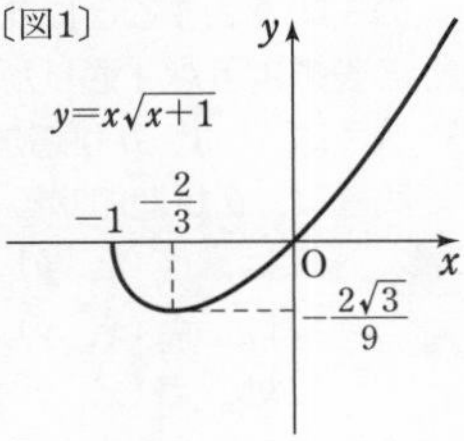

〔図2〕

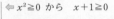

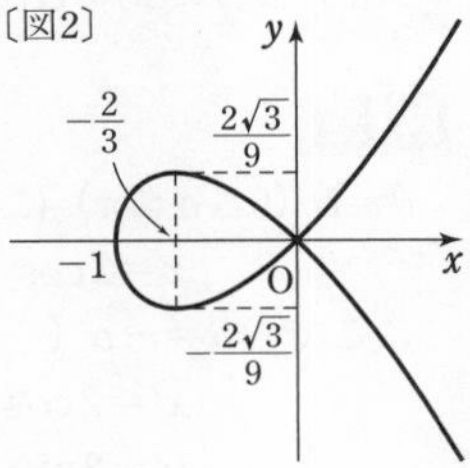

inf. $\lim_{x\to -1+0}y'=-\infty$ であるから，$x\longrightarrow -1+0$ のときのグラフは x 軸に垂直に入るようにかく（詳しくは解答編 p.130 PRACTICE 88 (1) の inf. 参照）。

PRACTICE 88④

次の方程式が定める x の関数 y のグラフの概形をかけ（凹凸も調べよ）。

(1)　$4x^2-y^2=x^4$　　(2)　$\sqrt[3]{x^2}+\sqrt[3]{y^2}=1$

重要 例題 89　媒介変数で表された関数のグラフ

曲線 $\begin{cases} x=2\cos\theta \\ y=2\sin 2\theta \end{cases}$ $(-\pi \leqq \theta \leqq \pi)$ の概形をかけ (凹凸は調べなくてよい)。

基本 83

CHART & SOLUTION

媒介変数で表された関数のグラフ

$\dfrac{dx}{d\theta}$, $\dfrac{dy}{d\theta}$ から点 $(x,\ y)$ の動きを追う

θ が消去できる場合は，前ページの重要例題 88 のように概形をかくことができるが，いつも媒介変数が消去できるとは限らない。

このような場合，**媒介変数 θ の値に対する x，y の値の増減を調べて，点 $(x,\ y)$ の動きを追えばよい。**

x が増加するとき $\left(\dfrac{dx}{d\theta}>0\ のとき\right)$「→」，　x が減少するとき $\left(\dfrac{dx}{d\theta}<0\ のとき\right)$「←」

y が増加するとき $\left(\dfrac{dy}{d\theta}>0\ のとき\right)$「↑」，　y が減少するとき $\left(\dfrac{dy}{d\theta}<0\ のとき\right)$「↓」

の矢印で表すことにすると，点 $(x,\ y)$ の動きは，x，y の増減の組み合わせによって，右下の表のような 4 通りが考えられる。

例えば ↗ は，θ が増加するとき点 $(x,\ y)$ が右上の方向に動くことを示している。

同様に，θ が増加するとき

↖ は，点 $(x,\ y)$ が左上の方向に，

↘ は，点 $(x,\ y)$ が右下の方向に，

↙ は，点 $(x,\ y)$ が左下の方向に，

それぞれ動くことを示している。

x	→	←	→	←
y	↑	↑	↓	↓
点 $(x,\ y)$	↗	↖	↘	↙

また，曲線の **対称性** も調べ，利用する。

解答

$\theta=\alpha$ $(0\leqq\alpha\leqq\pi)$ に対応する点の座標を $(x,\ y)$ とすると

$$x=2\cos\alpha,\ y=2\sin 2\alpha$$

ここで，$\theta=-\alpha$ $(-\pi\leqq-\alpha\leqq 0)$ に対応する点 $(x',\ y')$ は

$$x'=2\cos(-\alpha)=2\cos\alpha=x$$

$$y'=2\sin(-2\alpha)=-2\sin 2\alpha=-y$$

点 $(x,\ y)$ と点 $(x,\ -y)$ は x 軸に関して対称な点であるから，曲線の $0\leqq\theta\leqq\pi$ に対応する部分と $-\pi\leqq\theta\leqq 0$ に対応する部分は，x 軸に関して対称であることがわかる。

したがって，まずは $0\leqq\theta\leqq\pi$ ……① の範囲で考える。

$$\frac{dx}{d\theta}=-2\sin\theta,$$

$$\frac{dy}{d\theta}=4\cos 2\theta$$

⇐ まず，対称性について考察する。

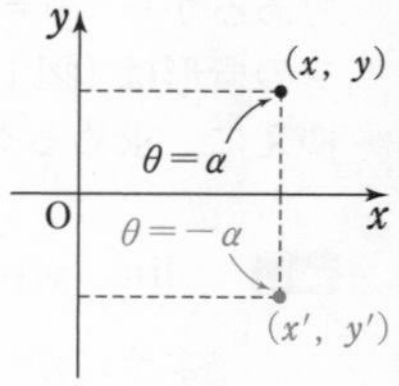

⇐ 更に，y 軸対称でもあることを調べて，$0\leqq\theta\leqq\dfrac{\pi}{2}$ の範囲で考えることもできる (右ページの 参考 [2] 参照)。

① の範囲で，$\frac{dx}{d\theta}=0$ を満たす θ の値は　　$\theta=0,\ \pi$

$\frac{dy}{d\theta}=0$ を満たす θ の値は　　$\theta=\frac{\pi}{4},\ \frac{3}{4}\pi$

よって，① の範囲における点 $(x,\ y)$ の動きは次の表のようになる。

θ	0	$\cdots$	$\frac{\pi}{4}$	$\cdots$	$\frac{3}{4}\pi$	$\cdots$	π
$\frac{dx}{d\theta}$	0	$-$	$-$	$-$	$-$	$-$	0
x	2	←	$\sqrt{2}$	←	$-\sqrt{2}$	←	-2
$\frac{dy}{d\theta}$	$+$	$+$	0	$-$	0	$+$	$+$
y	0	↑	2	↓	-2	↑	0
グラフ		↖		↙		↖	

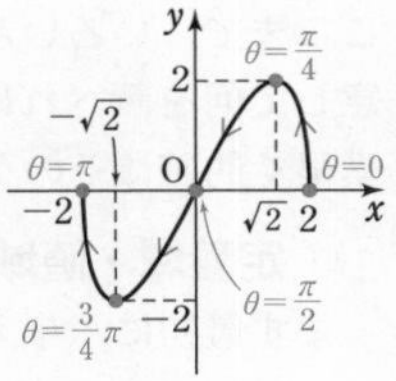

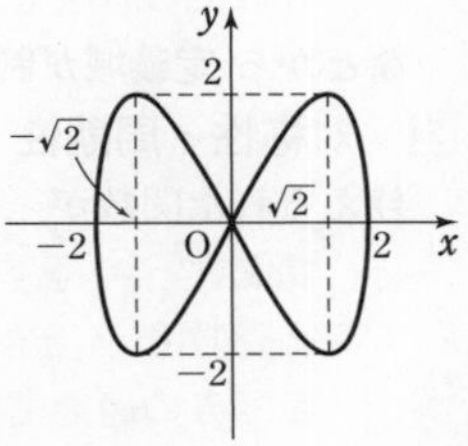

ゆえに，対称性を考えると，曲線の概形は **右図** のようになる。

参考　[1]　$x=2\cos\theta,\ y=2\sin 2\theta$ から θ を消去すると

$$y^2=4\sin^2 2\theta=16\sin^2\theta\cos^2\theta=16(1-\cos^2\theta)\cos^2\theta$$
$$=16\left(1-\frac{x^2}{4}\right)\cdot\frac{x^2}{4}=x^2(4-x^2)$$

すなわち，$4x^2-y^2=x^4$ より，PRACTICE 88 (1) と同じ曲線であることがわかる。

[2]　$\theta=\alpha-\pi\ \left(0\leqq\alpha\leqq\frac{\pi}{2}\right)$ に対応する点の座標を $(x'',\ y'')$ とすると

$$x''=2\cos(\alpha-\pi)=-2\cos\alpha=-x,$$
$$y''=2\sin(2\alpha-2\pi)=2\sin 2\alpha=y$$

より，点 $(x,\ y)$ と点 $(x'',\ y'')$ は y 軸に関して対称であるから，例題の曲線は，その曲線の $0\leqq\theta\leqq\frac{\pi}{2}$ に対応する部分を x 軸，y 軸，原点に関して対称に折り返したものと考えてもよい。

[3]　$\frac{dy}{dx}=\frac{\frac{dy}{d\theta}}{\frac{dx}{d\theta}}$ から，次のことがわかる。

$\frac{dy}{d\theta}\neq 0,\ \frac{dx}{d\theta}=0$ のとき，すなわち，$\theta=0,\ \pm\pi$ の点では，接線の傾きは存在しないから，曲線は直線 $x=\pm 2$ に接する。

$\frac{dy}{d\theta}=0,\ \frac{dx}{d\theta}\neq 0$ のとき，すなわち，$\theta=\pm\frac{\pi}{4},\ \pm\frac{3}{4}\pi$ の点では，接線の傾きは 0 であるから，曲線は直線 $y=\pm 2$ に接する。

PRACTICE 89④

曲線 $\begin{cases} x=\sin\theta \\ y=\cos 3\theta \end{cases}$ $(-\pi\leqq\theta\leqq\pi)$ の概形をかけ（凹凸は調べなくてよい）。

まとめ グラフのかき方

ここまで，いろいろな関数のグラフをかくことを学習してきたが，どのようなことに注意して何を調べればよいのかをまとめる。もちろん，これらすべてを調べる必要はなく，素早く的確にそのグラフの特徴を示すものを調べられるようにすればよい。

1 定義域・値域

まず最初に，与えられた関数の定義域を調べることが大切である。特に，

分数関数は（分母）$\neq 0$，無理関数は（$\sqrt{}$ の中）$\geqq 0$，対数関数は（真数）>0

などから **定義域が制限される** 場合が多いので注意が必要である。

2 対称性・周期性

与えられた関数が

偶関数（$\Longleftrightarrow$ $f(-x)=f(x)$）ならば，y 軸対称

奇関数（$\Longleftrightarrow$ $f(-x)=-f(x)$）ならば，原点対称

周期 p の周期関数（$\Longleftrightarrow$ $f(x+p)=f(x)$）ならば，同じパターンの繰り返し

のグラフになる。これを利用すると x の範囲を絞ることができるので，手際よく増減表が作成できる。また，線対称となる対称軸や，点対称の中心となる点が存在するかどうかも調べるとよい。

3 増減と極値

第 1 次導関数 $f'(x)$ を計算し，$f'(x)=0$ を満たす x の値や定義域から除かれる x の値で区切った増減表を作る。その際，問題で与えられた定義域や関数から制限される定義域に限定した範囲の増減表でよい。

また，$x=f(\theta)$，$y=g(\theta)$ などのように媒介変数で表されている場合は，$\dfrac{dx}{d\theta}$，$\dfrac{dy}{d\theta}$ の符号変化を表にして点 $(x,\ y)$ の動きを調べる（重要例題 89 参照）。

4 凹凸と変曲点

第 2 次導関数 $f''(x)$ を計算し，増減表と同じ要領で凹凸についても表にまとめる。凹凸も調べることで，より細かくグラフの特徴をとらえることができる。

5 漸近線の有無

分数関数には漸近線が存在する場合が多い。x 軸に平行な漸近線は $\displaystyle\lim_{x\to\pm\infty} f(x)$ の極限から求める。また，y 軸に平行な漸近線は，例えば定義域から除かれている値 $x=a$ の前後における $\displaystyle\lim_{x\to a\pm 0} f(x)$ の極限から求める。

なお，**グラフより漸近線を先にかく** ようにすると，正確なグラフをかく目安になる。

6 座標軸との共有点や不連続となる点

y 軸との共有点の座標は，$f(0)$ の値から簡単に求められるが，x 軸との共有点の座標は $y=0$ とおいた方程式 $f(x)=0$ を解く必要がある。その方程式が簡単に解ける場合は調べるようにし，座標の値をグラフに書き入れるようにする。

問題　関数 $y=\dfrac{(x+1)^3}{x^2}$ の増減，グラフの凹凸，漸近線を調べて，グラフの概形をかけ。

（問題の解答は解答編 $p.132$ にある）

まとめ 代表的な関数のグラフ

1 媒介変数で表示される有名な曲線 (詳しくは数学Cで学習する)

$a>0$ とする。

曲線名	媒介変数表示	その他の表し方	関連例題
① アステロイド	$\begin{cases} x=a\cos^3\theta \\ y=a\sin^3\theta \end{cases}$	$\sqrt[3]{x^2}+\sqrt[3]{y^2}=\sqrt[3]{a^2}$ または $(a^2-x^2-y^2)^3=27a^2x^2y^2$	PRACTICE 88 (2)
② サイクロイド	$\begin{cases} x=a(\theta-\sin\theta) \\ y=a(1-\cos\theta) \end{cases}$		例題 65 (2), 176
③ カージオイド	$\begin{cases} x=a(2\cos\theta-\cos 2\theta) \\ y=a(2\sin\theta-\sin 2\theta) \end{cases}$	極方程式 $r=a(1+\cos\theta)$	例題 160, 163

①
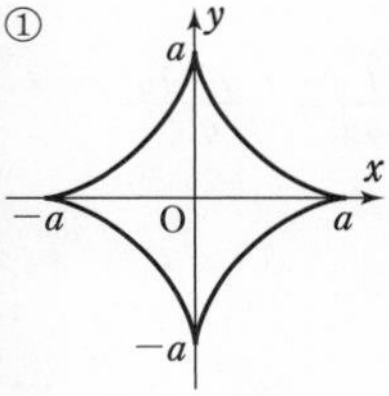

②
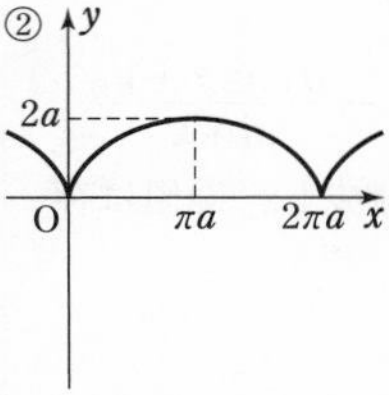

③
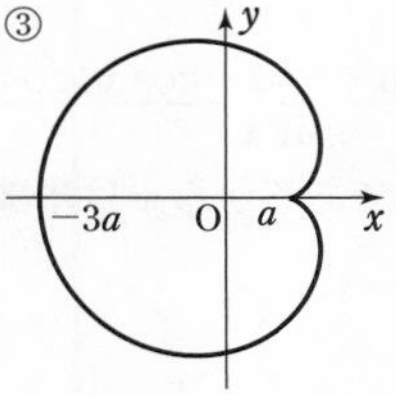

③′
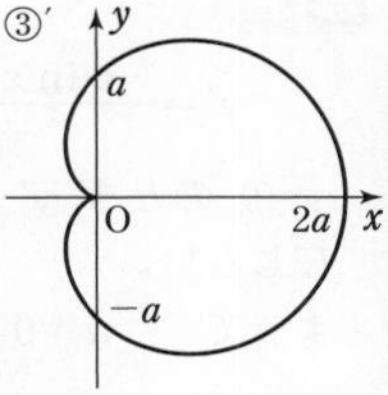

注意 ③ のカージオイドは，媒介変数表示 (図 ③) と極方程式 (図 ③′) で，曲線の向きや位置が異なる。

2 有名な極限と関連した曲線

⟵ $p.162$ も参照。

関数	有名な極限	関連する関数の増加の度合い	関連例題
④ $y=\dfrac{\log x}{x}$	$\displaystyle\lim_{x\to\infty}\frac{\log x}{x}=0$	x は $\log x$ よりも増加の仕方が急激	例題 94, 99
⑤ $y=xe^x$	$\displaystyle\lim_{x\to-\infty} xe^x=0$	e^x は x よりも増加の仕方が急激	例題 98
⑥ $y=xe^{-x}$	$\displaystyle\lim_{x\to\infty} xe^{-x}=0$	e^x は x よりも増加の仕方が急激	

④
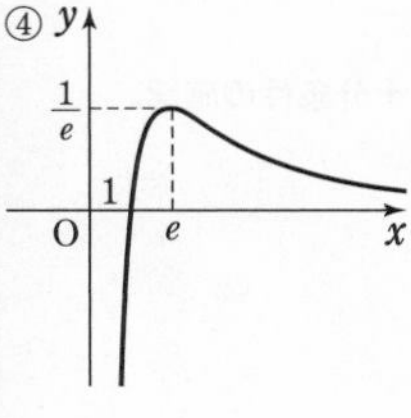

⑤
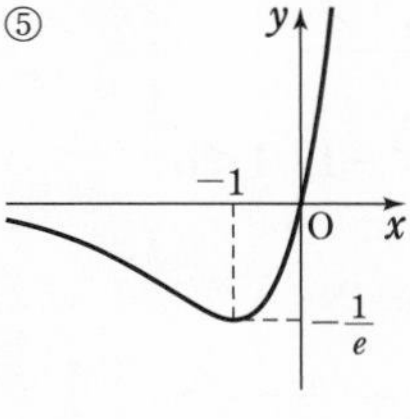

⑥
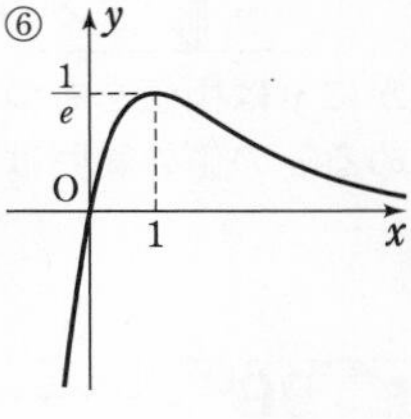

重要例題 90 極値をもつための条件

$0<x<\pi$ の範囲で定義された関数 $y=\dfrac{a+\cos x}{\sin x}$ が極値をもつように，実数 a の値の範囲を定めよ。 〔高知女子大〕

p.131 基本事項 2，基本 76，77

CHART & SOLUTION

微分可能な関数 $f(x)$ が極値をもつ

$\Longleftrightarrow \begin{cases} [1] & f'(x)=0 \text{ を満たす } x \text{ が存在する} \\ [2] & \text{その前後で } f'(x) \text{ の符号が変わる} \end{cases}$

そこで，まず $f'(x)=0$ が $0<x<\pi$ で解をもつための条件を求め (**必要条件**)，その解の前後で $f'(x)$ の符号を調べる (**十分条件**)。……❗

解答

$$y'=\frac{-\sin x\cdot\sin x-(a+\cos x)\cos x}{\sin^2 x}=-\frac{a\cos x+1}{\sin^2 x}$$

⇐ $\left(\dfrac{f}{g}\right)'=\dfrac{f'g-fg'}{g^2}$

$a=0$ のとき $y'<0$ であるから y は単調に減少し，極値は存在しない。

よって　$a\neq 0$

$y'=0$ とすると　$\cos x=-\dfrac{1}{a}$ ……①

⇐ $0<x<\pi$ のとき $\cos x$ は単調に減少するから，① の解が存在するならば1つだけである。

$0<x<\pi$ のとき $|\cos x|<1$ であるから，① の解が存在する条件は　$\left|-\dfrac{1}{a}\right|<1$　ゆえに　$|a|>1$

したがって　$a<-1,\ 1<a$

⇐ **必要条件。**

❗ 逆に，このとき，① を満たす x の値を $\alpha\ (0<\alpha<\pi)$ として，y の増減表を作ると次のようになる。

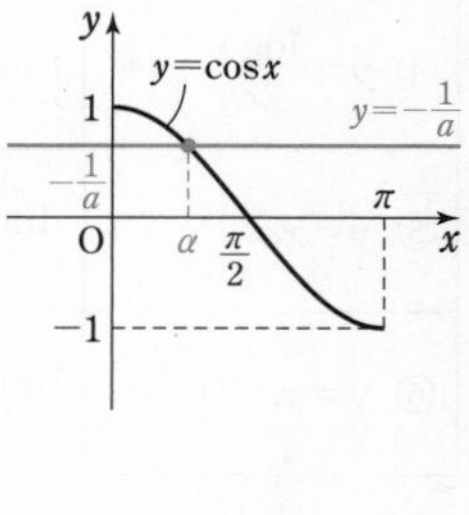

$a>1$ のとき

x	0	…	α	…	π
y'		$-$	0	$+$	
y		↘	極小	↗	

$a<-1$ のとき

x	0	…	α	…	π
y'		$+$	0	$-$	
y		↗	極大	↘	

ゆえに，確かに y は極値をもつ。

⇐ **十分条件の確認。**

よって，求める a の値の範囲は　$\boldsymbol{a<-1,\ 1<a}$

PRACTICE 90④

関数 $f(x)=a\sin x+b\cos x+x$ が極値をもつように，定数 a，b の条件を定めよ。

重要 例題 91　空間図形に関する最大・最小

半径1の球に外接する直円錐について

(1)　直円錐の底面の半径をxとするとき，その高さをxを用いて表せ。

(2)　このような直円錐の体積の最小値を求めよ。　〔類　東京学芸大〕　基本 81

CHART & SOLUTION

文章題の解法　変数を適当に選び，関係式を作って解く
変数のとりうる値の範囲に注意

立体の問題は，断面で考える。この問題では，直円錐の頂点と底面の円の中心を通る平面で切った **断面図** をかく。

解答

(1)　直円錐の高さをhとする。

球の中心をOとして，直円錐をその頂点と底面の円の中心を通る平面で切ったとき，切り口の△ABC，および球と△ABCとの接点D，Eを右の図のように定める。

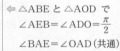

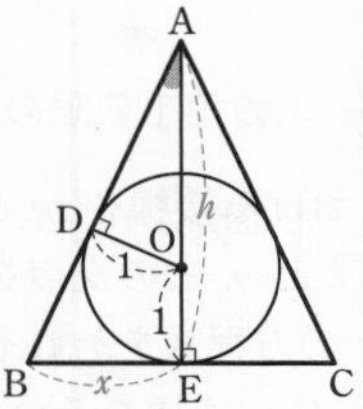

△ABE∽△AOD であるから

$$AE : AD = BE : OD$$

ここで　$AD=\sqrt{AO^2-OD^2}=\sqrt{(h-1)^2-1^2}=\sqrt{h^2-2h}$

よって　$h : \sqrt{h^2-2h} = x : 1$

$x>1$ であるから　$\boldsymbol{h=\dfrac{2x^2}{x^2-1}}$

(2)　体積をVとすると　$V=\dfrac{\pi}{3}x^2h=\dfrac{2\pi}{3}\cdot\dfrac{x^4}{x^2-1}$　$(x>1)$

$$V'=\frac{2\pi}{3}\cdot\frac{4x^3(x^2-1)-x^4\cdot 2x}{(x^2-1)^2}=\frac{4\pi}{3}\cdot\frac{x^3(x^2-2)}{(x^2-1)^2}$$
$$=\frac{4\pi}{3}\cdot\frac{x^3(x-\sqrt{2})(x+\sqrt{2})}{(x^2-1)^2}$$

$V'=0$ とすると　$x=\sqrt{2}$

よって，Vは右の増減表から

$\boldsymbol{x=\sqrt{2}}$ **で最小値** $\boldsymbol{\dfrac{8}{3}\pi}$ をとる。

x	1	…	$\sqrt{2}$	…
V'		−	0	+
V		↘	$\frac{8}{3}\pi$	↗

inf. 最初から体積を1文字の変数で表すことは難しい。体積を求めるのに必要な値を複数の文字を使って表し，相似や合同などの条件から文字を減らす。

⇐ △ABE と △AOD で
$\angle AEB=\angle ADO=\dfrac{\pi}{2}$
$\angle BAE=\angle OAD$（共通）

⇐ $h^2=x^2(h^2-2h)$
$h\neq 0$ から $h=x^2(h-2)$
よって　$(x^2-1)h=2x^2$

⇐ 円錐の体積は $\dfrac{1}{3}\times\pi x^2\times h$
x（1変数）の式に直す。

PRACTICE 91④

体積が $\dfrac{\sqrt{2}}{3}\pi$ の直円錐において，直円錐の側面積の最小値を求めよ。ただし直円錐とは，底面の円の中心と頂点とを結ぶ直線が，底面に垂直である円錐のことである。

〔札幌医大〕

EXERCISES　10 関数の値の変化，最大と最小

A

71❷ 次の関数の極値を求めよ。 〔(1),(3) 日本女子大〕

(1) $y=\dfrac{2x+1}{x^2+2}$　(2) $y=|x|e^{-x}$　(3) $y=\sin^3x+\cos^3x$ ➲76

72❷ 次の関数の最大値，最小値を求めよ。

(1) $f(x)=\dfrac{x}{4}+\dfrac{1}{x+1}$ $(0\leqq x\leqq 4)$

(2) $f(\theta)=(1-\cos\theta)\sin\theta$ $(0\leqq\theta\leqq\pi)$ 〔武蔵工大〕

(3) $f(x)=\dfrac{\log x}{x^n}$　ただし，n は正の整数 ➲78, 79

73❸ 曲線 $y=\dfrac{1}{x}$ 上の第 1 象限の点 $\left(p,\ \dfrac{1}{p}\right)$ における接線を ℓ，$y=-\dfrac{1}{x}$ 上の点 $(-1,\ 1)$ における接線を m とする。ℓ と x 軸との交点を A，m と x 軸との交点を B，ℓ と m との交点を C とする。

(1) ℓ と m の方程式をそれぞれ求めよ。

(2) A，B，C の座標をそれぞれ求めよ。

(3) 三角形 ABC の面積の最大値を求めよ。 〔東京電機大〕 ➲81

74❸ 次の関数の増減，グラフの凹凸，漸近線を調べて，グラフの概形をかけ。

(1) $y=(x-1)\sqrt{x+2}$　(2) $y=x+\cos x$ $(0\leqq x\leqq 2\pi)$

(3) $y=\dfrac{x-1}{x^2}$ 〔弘前大〕　(4) $y=3x-\sqrt{x^2-1}$ ➲83, 84

75❸ 関数 $f(x)=\dfrac{2x^2+x-2}{x^2+x-2}$ について，次のものを求めよ。

(1) 関数 $f(x)$ の極値

(2) 曲線 $y=f(x)$ の漸近線

(3) 曲線 $y=f(x)$ と直線 $y=k$ が 1 点だけを共有するときの k の値

〔福島大〕 ➲76, 84

B

76❹ $x>1$ で定義される 2 つの関数 $f(x)=(\log x)\cdot\log(\log x)$ と $g(x)=(\log x)^{\log x}$ を考える。導関数 $f'(x)$ と $g'(x)$ を求めると，$f'(x)=$ ア□，$g'(x)=$ イ□ である。また，$g(x)$ の最小値は ウ□ である。

〔南山大〕 ➲58, 78

EXERCISES　10 関数の値の変化，最大と最小

B

77❸ $1 \leqq x \leqq 2$ の範囲で，x の関数 $f(x)=ax^2+(2a-1)x-\log x$ $(a>0)$ の最小値を求めよ。 〔芝浦工大〕 →78

78❹ a，b は定数で，$a>0$ とする。関数 $f(x)=\dfrac{x-b}{x^2+a}$ の最大値が $\dfrac{1}{6}$，最小値が $-\dfrac{1}{2}$ であるとき，a，b のそれぞれの値を求めよ。 〔弘前大〕 →80

79❹ 1辺の長さが1の正三角形OABの2辺OA，OB上にそれぞれ点P，Qがある。三角形OPQの面積が三角形OABの面積のちょうど半分になるとき，長さPQのとりうる値の範囲を求めよ。 〔東京都立大〕 →81

80❸ (1) 関数 $f(x)=\dfrac{e^{kx}}{x^2+1}$ $(k>0)$ が極値をもつとき，k のとりうる値の範囲を求めよ。 〔名城大〕

(2) 曲線 $y=(x^2+ax+3)e^x$ が変曲点をもつように，定数 a の値の範囲を定めよ。また，そのときの変曲点は何個できるか。

(3) a を実数とする。関数 $f(x)=ax+\cos x+\dfrac{1}{2}\sin 2x$ が極値をもたないように，a の値の範囲を定めよ。 〔神戸大〕 →82, 90

81❺ 空間の3点を $\mathrm{A}(-1,\ 0,\ 1)$，$\mathrm{P}(\cos\theta,\ \sin\theta,\ 0)$，$\mathrm{Q}(-\cos\theta,\ -\sin\theta,\ 0)$ $(0 \leqq \theta \leqq 2\pi)$ とし，点Aから直線PQへ下ろした垂線の足をHとする。

(1) θ が $0 \leqq \theta \leqq 2\pi$ の範囲で動くとき，Hの軌跡の方程式を求めよ。

(2) θ が $0 \leqq \theta \leqq 2\pi$ の範囲で動くとき，△APQの周の長さ l の最大値を求めよ。 〔中央大〕 →91

HINT

76 (イ) $\log g(x)$ を考えて，対数微分法を利用。

77 $f'(x)=0$ となる x の値が $1 \leqq x \leqq 2$ の区間内にあるかどうかで a の値による場合分け。

78 $f'(x)=0$ の異なる2つの実数解を α，β $(\alpha<\beta)$ として増減表を作る。2次方程式の解と係数の関係を利用。

79 三角形の面積の公式，余弦定理を利用。

80 (1) $f'(x)=0$ を満たす x が存在し，その前後で $f'(x)$ の符号が変わる条件を考える。

(2) $y''=0$ を満たす x が存在し，その前後で y'' の符号が変わる条件を考える。

(3) すべての x について，$f'(x) \geqq 0$ または $f''(x) \leqq 0$ が成り立つことが条件。

81 (1) Hの座標は θ で表される。

(2) $l=\mathrm{AP}+\mathrm{AQ}+\mathrm{PQ}$　l は1つの三角関数だけで表される。

11 方程式・不等式への応用

基本事項

1 不等式 $f(x)>g(x)$ の証明

$F(x)=f(x)-g(x)$ とし，**$F(x)$ の増減を調べて**，$F(x)>0$ を証明する。

① **$\{F(x)$ の最小値$\}>0$** を示す。

② $x>a$ において，$F(x)$ が **常に増加** かつ **$F(a)\geqq 0$** ならば　$F(x)>0$

注意　証明する不等式が $f(x)\geqq g(x)$ である場合は，不等号が $>$ の代わりに $\geqq$ となるなど，種々変わってくるので，細かいところ（特に $=$ の成立するところ）に十分注意する。

例　①　$x\geqq 0$ において

$\{F(x)$ の最小値$\}>0$

よって，$x\geqq 0$ のとき

$F(x)>0$

②　$x>a$ において

$F'(x)>0$ かつ $F(a)=0$ のとき

$x>a$ において　$F(x)>0$

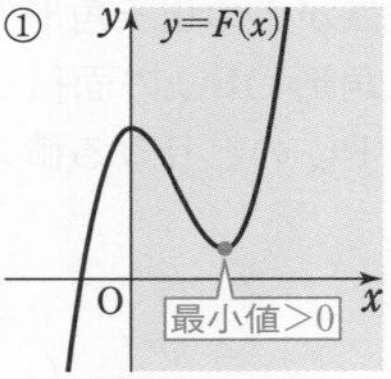

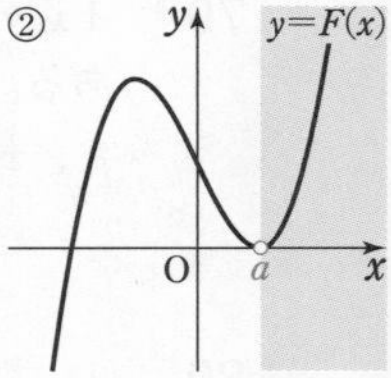

2 方程式の実数解とグラフ

① $f(x)=0$ の実数解 $\Longleftrightarrow$ 曲線 $y=f(x)$ と直線 $y=0$（x 軸）の共有点の x 座標

② $f(x)=a$ の実数解 $\Longleftrightarrow$ 曲線 $y=f(x)$ と直線 $y=a$ の共有点の x 座標

③ $f(x)=g(x)$ の実数解 $\Longleftrightarrow$ 2 曲線 $y=f(x)$，$y=g(x)$ の共有点の x 座標

$\Longleftrightarrow$ $F(x)=f(x)-g(x)$ とするとき，曲線 $y=F(x)$ と x 軸の共有点の x 座標

3 方程式の実数解の個数

① $f(x)$ が区間 $[a,\ b]$ で連続であって，かつ，$f(a)f(b)<0$ ならば，方程式 $f(x)=0$ は $a<x<b$ の範囲に少なくとも 1 つの実数解をもつ。

② ①において，$f(x)$ が常に増加するか，または常に減少するならば実数解はただ 1 つである。

注意　いずれも逆は成り立たない。

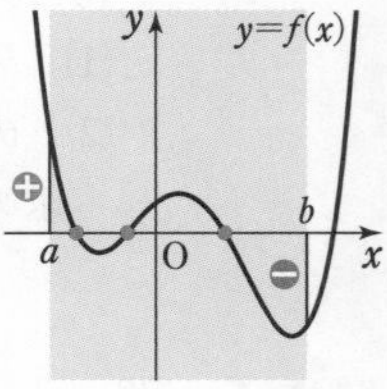

CHECK & CHECK

23 (1) 方程式 $2x^4+6x^2-1=0$ の実数解の個数を求めよ。

(2) 方程式 $x+\sin x+1=0$ が，区間 $\left(-\dfrac{\pi}{2},\ 0\right)$ にただ 1 つの実数解をもつことを示せ。

→ 2，3

基本 例題 92 不等式の証明 (1)

(1) $x>0$ のとき，$\log x \leqq \dfrac{x}{e}$ が成り立つことを証明せよ。〔大阪工大〕

(2) $x>0$ のとき，$\log(1+x)<x-\dfrac{x^2}{2}+\dfrac{x^3}{3}$ が成り立つことを証明せよ。

〔昭和大〕 p.158 基本事項 1

CHART & SOLUTION

大小比較　差を作る

1　$\{f(x)-g(x)$ の最小値$\}>0$ を示す

2　常に増加ならば出発点で >0

$f(x)=$(右辺)$-$(左辺) とし，$x>0$ における $f(x)$ の増減を調べ，$f(x)\geqq 0$ などを示す。
(2) では常に $f'(x)>0$ であるから，2 の方針で示す。

解答

(1) $f(x)=\dfrac{x}{e}-\log x$ とすると　$f'(x)=\dfrac{1}{e}-\dfrac{1}{x}=\dfrac{x-e}{ex}$

⇦ $f(x)=$(右辺)$-$(左辺) とする。

$x>0$ のとき，$f'(x)=0$ とすると　$x=e$
$f(x)$ の増減表は右のようになり，$x=e$ で最小値 0 をとる。

x	0	…	e	…
$f'(x)$		$-$	0	$+$
$f(x)$		↘	極小 0	↗

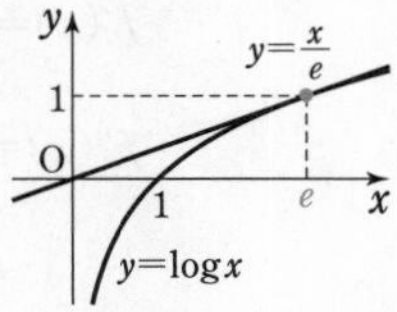

よって，$x>0$ のとき

$f(x)\geqq 0$　すなわち　$\log x \leqq \dfrac{x}{e}$

⇦ (最小値)$\geqq 0$

(2) $f(x)=\left(x-\dfrac{x^2}{2}+\dfrac{x^3}{3}\right)-\log(1+x)$ とすると

$$f'(x)=1-x+x^2-\frac{1}{1+x}=\frac{(1+x)(1-x+x^2)-1}{1+x}$$

$$=\frac{x^3}{1+x}$$

⇦ $f'(x)=\dfrac{1+x^3-1}{1+x}$

$x>0$ のとき　$f'(x)>0$

⇦ $x>0$ から $x^3>0$，$1+x>0$

よって，$f(x)$ は $x\geqq 0$ で増加する。
ゆえに，$x>0$ のとき　$f(x)>f(0)=0$

注意　$x>0$ で考えているが，$f(x)$ は $x=0$ でも定義されるから，$f(0)=0$ を用いてよい。

したがって，$x>0$ のとき　$\log(1+x)<x-\dfrac{x^2}{2}+\dfrac{x^3}{3}$

PRACTICE 92②

(1) $x>0$ のとき，$2x-x^2<\log(1+x)^2<2x$ が成り立つことを示せ。

(2) $x>a$ (a は定数) のとき，$x-a>\sin^2 x-\sin^2 a$ が成り立つことを示せ。

基本 例題 93 不等式の証明 (2)

$x>0$ のとき，$\sqrt{1+x}>1+\frac{1}{2}x-\frac{1}{8}x^2$ が成り立つことを示せ。

基本 92

CHART & SOLUTION

大小比較　差を作る

1 $\{f(x)-g(x)$ の最小値$\}>0$ を示す

2 常に増加ならば出発点で >0

3 $f'(x)$ でわからなければ $f''(x)$ を調べる

$f(x)=\sqrt{1+x}-\left(1+\frac{1}{2}x-\frac{1}{8}x^2\right)$ として $f'(x)$ を求めても，$f'(x)$ の符号の変化を調べるのは難しい（inf. を参照）。このような場合は **$f''(x)$ を求めて $f'(x)$ の値の変化を調べる** とよい。⟶ 3 の方針

解答

$f(x)=\sqrt{1+x}-\left(1+\frac{1}{2}x-\frac{1}{8}x^2\right)$ とすると

$$f'(x)=\frac{1}{2\sqrt{1+x}}-\left(\frac{1}{2}-\frac{1}{4}x\right)$$

$$f''(x)=-\frac{1}{4(\sqrt{1+x})^3}+\frac{1}{4}$$

$$=\frac{(\sqrt{1+x})^3-1}{4(\sqrt{1+x})^3}$$

よって，$x>0$ のとき $f''(x)>0$ であるから，$f'(x)$ は $x\geqq 0$ で増加し　　$f'(x)>f'(0)$

$f'(0)=0$ であるから，$x>0$ のとき　　$f'(x)>0$

ゆえに，$f(x)$ は $x\geqq 0$ で増加し

$$f(x)>f(0)$$

$f(0)=0$ であるから，$x>0$ のとき　　$f(x)>0$

したがって　　$\sqrt{1+x}>1+\frac{1}{2}x-\frac{1}{8}x^2$

inf. $f'(x)=0$ とすると $\frac{1}{2\sqrt{1+x}}=\frac{1}{2}-\frac{1}{4}x$ から

$2=(2-x)\sqrt{1+x}$ ……①

両辺を 2 乗して整理すると

$x^2(x-3)=0$

$x>0$ とすると　$x=3$

これは ① を満たさない。

ゆえに，$x>0$ のとき $f'(x)=0$ を満たす x は存在しない。

したがって，$f'(x)$ は $x>0$ において，連続であるから，常に正または負の値をとることになる。ここで，$f'(3)=\frac{1}{2}>0$ であることから，$x>0$ のとき常に $f'(x)>0$ である。

PRACTICE 93③

$x>0$ のとき，$e^x>x^2$ が成り立つことを示せ。

基本 例題 94 不等式の証明と極限

(1) $x>0$ のとき，$\sqrt{x}>\log x$ であることを示せ。

(2) (1) を利用して，$\lim_{x\to\infty}\dfrac{\log x}{x}=0$ を示せ。

基本 92

CHART & SOLUTION

求めにくい極限　はさみうちの原理を利用

(1) $f(x)=$(左辺)$-$(右辺) とし，$f(x)>0$ を示せばよい。$f(x)$ の増減表を作り，(最小値)>0 を示す。

(2) (1) の不等式を利用して，$\dfrac{\log x}{x}$ を不等式ではさむ。

解答

(1) $f(x)=\sqrt{x}-\log x \ (x>0)$ とすると

$$f'(x)=\frac{1}{2\sqrt{x}}-\frac{1}{x}=\frac{\sqrt{x}-2}{2x}$$

$f'(x)=0$ とすると
$\sqrt{x}=2$
これを解いて　$x=4$
$x>0$ における $f(x)$ の増減表は右のようになる。

x	0	$\cdots$	4	$\cdots$
$f'(x)$		$-$	0	$+$
$f(x)$		↘	極小 $2-\log 4$	↗

$x>0$ のとき　$f(x)\geqq f(4)=2-\log 4=\log e^2-\log 4>0$

よって，$x>0$ のとき　$\sqrt{x}>\log x$

(2) $x\longrightarrow\infty$ について考えるから，$x>1$ としてよい。

このとき，(1) から　$0<\log x<\sqrt{x}$

各辺を $x\,(>0)$ で割ると　$0<\dfrac{\log x}{x}<\dfrac{1}{\sqrt{x}}$

$\lim_{x\to\infty}\dfrac{1}{\sqrt{x}}=0$ であるから　$\lim_{x\to\infty}\dfrac{\log x}{x}=0$

CHART 大小比較　差を作る

⇐ $2=2\log e=\log e^2$
また，$2<e<3$ であるから　$4<e^2<9$

⇐ はさみうちの原理

INFORMATION

例題で証明した $\lim_{x\to\infty}\dfrac{\log x}{x}=0$ において，$\log x=t$ とおくと $x=e^t$ であり，

$x\longrightarrow\infty$ のとき $t\longrightarrow\infty$ であるから，$\lim_{t\to\infty}\dfrac{t}{e^t}=0$ すなわち $\lim_{x\to\infty}\dfrac{x}{e^x}=0$ も成り立つ。

この 2 つの極限はよく使われるので覚えておくとよい。次ページも参照。

PRACTICE 94③

(1) $0<x<\pi$ のとき，不等式 $x\cos x<\sin x$ が成り立つことを示せ。

(2) (1)の結果を用いて $\lim_{x\to+0}\dfrac{x-\sin x}{x^2}$ を求めよ。　［類　岐阜薬大］

まとめ 無限大に発散するスピードの違い

5つの関数 $\log x$, $\sqrt{x}$, x, x^2, e^x は，どれも $x \longrightarrow \infty$ のとき正の無限大に発散する。しかし，右のグラフを見てもわかるように，関数の値が大きくなっていくスピードには差がある。
例えば，$x=10$ のとき，$\log 10 \fallingdotseq 2.3$，$\sqrt{10} \fallingdotseq 3.2$ であるのに対して，$10^2=100$，$e^{10} \fallingdotseq 22000$ でかなりの開きがある。
そこで，本書では，2つの関数 $f(x)$，$g(x)$ について，

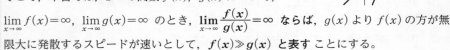

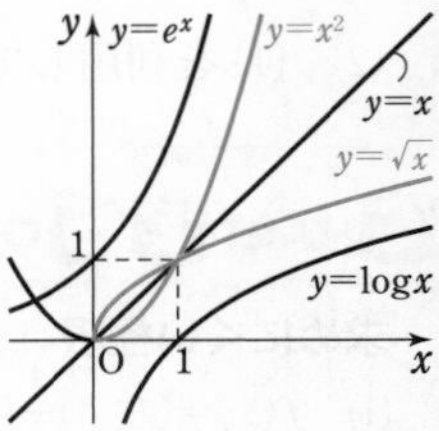

$\lim\limits_{x\to\infty} f(x)=\infty$，$\lim\limits_{x\to\infty} g(x)=\infty$ のとき，$\boldsymbol{\lim\limits_{x\to\infty}\dfrac{f(x)}{g(x)}=\infty}$ **ならば**，$g(x)$ より $f(x)$ の方が無限大に発散するスピードが速いとして，$\boldsymbol{f(x) \gg g(x)}$ **と表す** ことにする。

[1]　$x>0$ のとき，$e^x>x^2$ が成り立つ (PRACTICE 93 参照)。

よって，$\dfrac{e^x}{x}>x$ であり，$\lim\limits_{x\to\infty} x=\infty$ であるから

$$\lim_{x\to\infty}\frac{e^x}{x}=\infty \quad \cdots\cdots ①$$

したがって，e^x と x^p $(p>0)$ のスピードを比較すると，① から

$$\lim_{x\to\infty}\frac{e^x}{x^p}=\lim_{x\to\infty}\left(\frac{e^{\frac{x}{p}}}{x}\right)^p=\lim_{x\to\infty}\left(\frac{e^{\frac{x}{p}}}{\frac{x}{p}\cdot p}\right)^p=\lim_{x\to\infty}\left(\frac{e^{\frac{x}{p}}}{\frac{x}{p}}\right)^p\cdot\frac{1}{p^p}=\infty$$

⬅ $\lim\limits_{■\to\infty}\dfrac{e^{■}}{■}=\infty$

ゆえに　　$\boldsymbol{e^x \gg x^p}$

[2]　x^p と x^q $(0<q<p)$ のスピードを比較すると，$p-q>0$ から

$$\lim_{x\to\infty}\frac{x^p}{x^q}=\lim_{x\to\infty} x^{p-q}=\infty$$

ゆえに　　$\boldsymbol{x^p \gg x^q}$

[3]　$\sqrt{x}$ と $\log x$ のスピードを比較すると，$\log x=t$ とおくとき $x=e^t$ であり，$x \longrightarrow \infty$ のとき $t \longrightarrow \infty$ である。

したがって，① から

$$\lim_{x\to\infty}\frac{\sqrt{x}}{\log x}=\lim_{t\to\infty}\frac{\sqrt{e^t}}{t}=\lim_{t\to\infty}\frac{e^{\frac{t}{2}}}{\frac{t}{2}}\cdot\frac{1}{2}=\infty$$

⬅ $\lim\limits_{■\to\infty}\dfrac{e^{■}}{■}=\infty$

ゆえに　　$\boldsymbol{\sqrt{x} \gg \log x}$

[1]，[2]，[3] の結果から，5つの関数の間には

$$\boldsymbol{e^x \gg x^2 \gg x \gg \sqrt{x} \gg \log x}$$

の関係が成り立つことがわかる。
なお，一般に $x \longrightarrow \infty$ のとき ∞ に発散する関数について

指数関数 ≫ 関数 x^{α} $(\alpha>0)$ ≫ 対数関数

の関係があることが知られている。

ポイント

基本 例題 95 方程式の実数解

x に関する方程式 $(x^2+2x-2)e^{-x}+a=0$ の異なる実数解の個数を求めよ。

ただし，a は定数であり，$\lim_{x\to\infty}\frac{x^2}{e^x}=0$ とする。 〔福島大〕

p.158 基本事項 2

CHART & SOLUTION

方程式 $f(x)=a$ の実数解の個数

曲線 $y=f(x)$ と直線 $y=a$ の共有点の個数を調べる ……!

方程式を $f(x)=a$ の形にして，動く部分と固定部分を分離すると考えやすい。つまり，曲線 $y=f(x)$ は固定し，直線 $y=a$（x 軸に平行な直線）を動かすと考える。

解答

方程式を変形すると　$-(x^2+2x-2)e^{-x}=a$

$f(x)=-(x^2+2x-2)e^{-x}$ とすると

$$f'(x)=-(2x+2)e^{-x}+(x^2+2x-2)e^{-x}$$
$$=(x+2)(x-2)e^{-x}$$

$f'(x)=0$ とすると　$x=-2,\ 2$

よって，$f(x)$ の増減表は次のようになる。

x	$\cdots$	-2	$\cdots$	2	$\cdots$
$f'(x)$	$+$	0	$-$	0	$+$
$f(x)$	↗	極大 $2e^2$	↘	極小 $-\frac{6}{e^2}$	↗

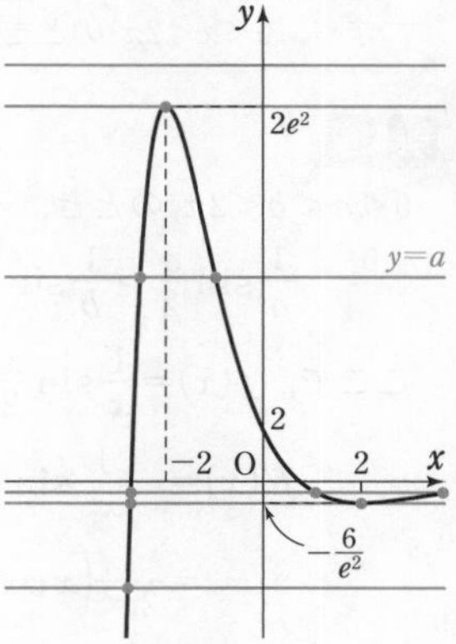

ここで　$\lim_{x\to\infty}f(x)=\lim_{x\to\infty}\frac{x^2}{e^x}\left(-1-\frac{2}{x}+\frac{2}{x^2}\right)=0$

また，$x=-t$ とおくと

$$\lim_{x\to-\infty}f(x)=\lim_{t\to\infty}t^2e^t\left(-1+\frac{2}{t}+\frac{2}{t^2}\right)=-\infty$$

⇐ $x\longrightarrow-\infty$ のとき $-(x^2+2x-2)\longrightarrow-\infty$, $e^{-x}\longrightarrow\infty$ から，$f(x)\longrightarrow-\infty$ と考えてもよい。

よって，$y=f(x)$ のグラフは右上の図のようになる。

! このグラフと直線 $y=a$ の共有点の個数が，方程式の異なる実数解の個数と一致するから

$a>2e^2$ のとき　0個；　$a<-\frac{6}{e^2}$, $a=2e^2$ のとき　1個；

$a=-\frac{6}{e^2}$, $0\leqq a<2e^2$ のとき　2個；

$-\frac{6}{e^2}<a<0$ のとき　3個

⇐ 直線 $y=a$ を上下に動かしながら，共有点の個数を調べる。$f(x)$ が極大・極小となる点を直線 $y=a$ が通るときの a の値と $a=0$（漸近線）が，実数解の個数の境目。

PRACTICE 95②

3次方程式 $x^3-kx+2=0$（k は定数）の異なる実数解の個数を求めよ。 〔類 山口大〕

重要 例題 96 2変数の不等式の証明

$0<a<b<2\pi$ のとき，不等式 $b\sin\frac{a}{2}>a\sin\frac{b}{2}$ が成り立つことを証明せよ。

基本 92, 93

CHART & SOLUTION

2変数 a，b の不等式の証明問題であるが，本問では左右にそれぞれある変数 a，b を，左辺には a のみ，右辺には b のみが集まるように変形して，同じ関数で表せないかを考える。
不等式の両辺を $ab\,(>0)$ で割ると

$$b\sin\frac{a}{2}>a\sin\frac{b}{2} \xrightarrow{\text{変形}} \frac{1}{a}\sin\frac{a}{2}>\frac{1}{b}\sin\frac{b}{2}$$

$F(a,\ b)>F(b,\ a)$ の形　　**$f(a)>f(b)$ の形**

よって，$f(x)=\frac{1}{x}\sin\frac{x}{2}$ とすると，示すべき不等式は　$f(a)>f(b)$ $(0<a<b<2\pi)$
つまり，$0<x<2\pi$ のとき $f(x)$ が単調減少となることを示せばよい。

解答

$0<a<b<2\pi$ のとき，不等式の両辺を $ab\,(>0)$ で割ると

$$\frac{1}{a}\sin\frac{a}{2}>\frac{1}{b}\sin\frac{b}{2}$$

⇐ この不等式が成り立つことを証明する。

ここで，$f(x)=\frac{1}{x}\sin\frac{x}{2}$ とすると

$$f'(x)=-\frac{1}{x^2}\sin\frac{x}{2}+\frac{1}{2x}\cos\frac{x}{2}$$
$$=\frac{1}{2x^2}\left(x\cos\frac{x}{2}-2\sin\frac{x}{2}\right)$$

⇐ $(uv)'=u'v+uv'$

$g(x)=x\cos\frac{x}{2}-2\sin\frac{x}{2}$ とすると

$$g'(x)=\cos\frac{x}{2}-\frac{x}{2}\sin\frac{x}{2}-\cos\frac{x}{2}=-\frac{x}{2}\sin\frac{x}{2}$$

⇐ $f'(x)$ の式の＿＿は符号が調べにくいから，$g(x)=$＿＿ として $g'(x)$ の符号を調べる。

$0<x<2\pi$ のとき，$0<\frac{x}{2}<\pi$ であるから　$g'(x)<0$

⇐ $0<\frac{x}{2}<\pi$ のとき $-\frac{x}{2}<0$，$\sin\frac{x}{2}>0$

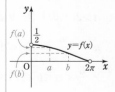

よって，$g(x)$ は $0\leqq x\leqq 2\pi$ で単調に減少する。
また，$g(0)=0$ であるから，$0<x<2\pi$ において
　$g(x)<0$　すなわち　$f'(x)<0$
よって，$f(x)$ は $0<x<2\pi$ で単調に減少する。
ゆえに，$0<a<b<2\pi$ のとき　$\frac{1}{a}\sin\frac{a}{2}>\frac{1}{b}\sin\frac{b}{2}$

すなわち　$b\sin\frac{a}{2}>a\sin\frac{b}{2}$

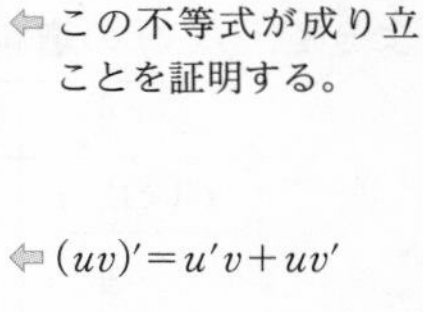

PRACTICE 96④

$e<a<b$ のとき，不等式 $a^b>b^a$ が成り立つことを証明せよ。　〔類 長崎大〕

重要例題 97 不等式が常に成り立つための条件

すべての正の数 x について不等式 $kx^3 \geqq \log x$ が成り立つような定数 k の値の範囲を求めよ。 〔類 岡山理科大〕

基本 92, 95

CHART & SOLUTION

常に成り立つ不等式

常に $f(x) \leqq k \iff \{f(x)$ の最大値$\} \leqq k$

方程式の場合（基本例題 95）と同様に k を分離すると

$$x>0 \text{ のとき } kx^3 \geqq \log x \iff k \geqq \frac{\log x}{x^3}$$

よって，$\left(\dfrac{\log x}{x^3} \text{ の最大値}\right) \leqq k$ となるような k の値の範囲を求める。

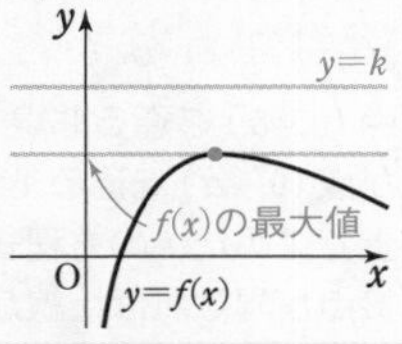

解答

$x>0$ のとき，不等式 $kx^3 \geqq \log x$ は $k \geqq \dfrac{\log x}{x^3}$ と同値である。

$f(x)=\dfrac{\log x}{x^3}$ とすると

$$f'(x)=\frac{\frac{1}{x}\cdot x^3-(\log x)\cdot 3x^2}{x^6}=\frac{1-3\log x}{x^4}$$

$f'(x)=0$ とすると $\log x=\dfrac{1}{3}$

ゆえに $x=\sqrt[3]{e}$

$x>0$ における $f(x)$ の増減表は右のようになる。

x	0	$\cdots$	$\sqrt[3]{e}$	$\cdots$
$f'(x)$	／	$+$	0	$-$
$f(x)$	／	↗	極大	↘

よって，$f(x)$ は $x=\sqrt[3]{e}$ で極大かつ最大となり，最大値は

$$f(\sqrt[3]{e})=\frac{\log \sqrt[3]{e}}{(\sqrt[3]{e})^3}=\frac{1}{3e}$$

すべての正の数 x について不等式が成り立つための必要十分条件は，k の値が $f(x)$ の最大値と等しいか，または最大値より大きいことであるから

$$k \geqq \frac{1}{3e}$$

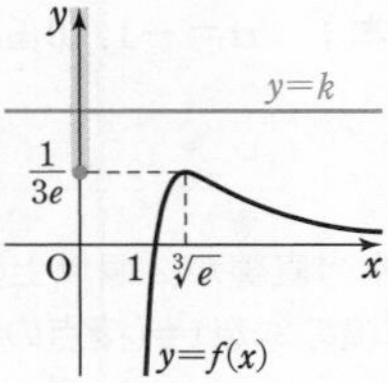

⇐ 不等式の両辺を $x^3\ (>0)$ で割る。

⇐ $\left(\dfrac{f}{g}\right)'=\dfrac{f'g-fg'}{g^2}$

⇐ $x=e^{\frac{1}{3}}$

⇐ $0<x<\sqrt[3]{e}$ のとき $\log x<\dfrac{1}{3}$，$x>\sqrt[3]{e}$ のとき $\log x>\dfrac{1}{3}$ に注意して増減表を作る。

PRACTICE 97[4]

a を正の定数とする。不等式 $a^x \geqq x$ が任意の正の実数 x に対して成り立つような a の値の範囲を求めよ。 〔神戸大〕

重要 例題 98　曲線外から曲線に引ける接線の本数

$f(x)=-e^x$ とする。実数 a に対して，点 $(0,\ a)$ を通る曲線 $y=f(x)$ の接線の本数を求めよ。ただし，$\lim_{x\to-\infty} xe^x=0$ を用いてもよい。〔類 東京電機大〕

基本 95

CHART & SOLUTION

接点が異なると，接線が異なる

点 $(0,\ a)$ を通る曲線 $y=f(x)$ の接線 ⟹ **曲線 $y=f(x)$ 上の点 $(t,\ f(t))$ における接線が点 $(0,\ a)$ を通る** と考えて，t の方程式を導く。
上で求めた t の方程式の実数解の個数を調べる。この問題の場合，$y=-e^x$ のグラフから，接点が異なれば接線が異なることがわかる。よって，t の方程式の実数解の個数が接線の本数に一致する。実数解の個数は，**定数 a を分離** して $a=g(t)$ の形にして，$y=g(t)$ のグラフを利用する。

解答

$f(x)=-e^x$ から　　$f'(x)=-e^x$
よって，曲線上の点 $(t,\ f(t))$ における接線 ℓ の方程式は
　$y-(-e^t)=-e^t(x-t)$　すなわち　$y=-e^tx+(t-1)e^t$
この接線 ℓ が点 $(0,\ a)$ を通るとき　　$a=(t-1)e^t$
ここで，$g(t)=(t-1)e^t$ とすると　　$g'(t)=e^t+(t-1)e^t=te^t$
$g'(t)=0$ とすると　　$t=0$
$g(t)$ の増減表は右のようになる。

t	$\cdots$	0	$\cdots$
$g'(t)$	$-$	0	$+$
$g(t)$	↘	-1	↗

また　$\lim_{t\to\infty} g(t)=\lim_{t\to\infty}(t-1)e^t=\infty$，
　$\lim_{t\to-\infty} g(t)=\lim_{t\to-\infty}(t-1)e^t=\lim_{t\to-\infty}(te^t-e^t)=0$
ゆえに，$y=g(t)$ のグラフの概形は右図のようになる。
$y=-e^x$ のグラフから，接点が異なれば接線も異なる。
よって，$a=g(t)$ を満たす実数解の個数が，接線の本数に一致するから，求める接線の本数は

$a<-1$ のとき 0 本；　$a=-1,\ 0\leqq a$ のとき 1 本；　$-1<a<0$ のとき 2 本

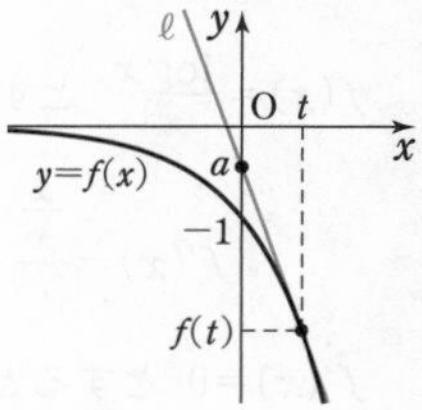

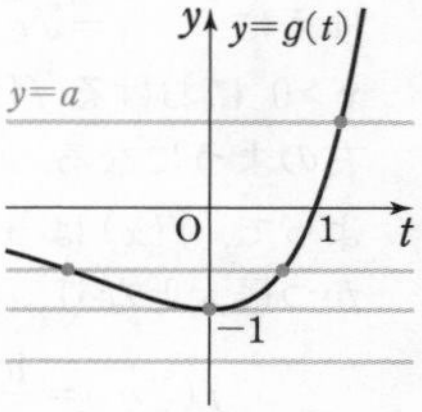

INFORMATION

曲線によっては，1 本の直線が 2 個以上の点で接する場合がある。
このような場合，(接線の本数)=(接点の個数) は成り立たない。

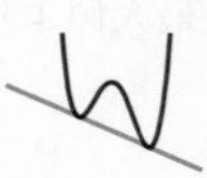

PRACTICE 98③

$f(x)=-\log x$ とする。実数 a に対して，点 $(a,\ 0)$ を通る曲線 $y=f(x)$ の接線の本数を求めよ。ただし，$\lim_{x\to+0} x\log x=0$ を用いてもよい。

重要例題 99 関数の増減を利用した大小比較

(1) 関数 $f(x)=\dfrac{\log x}{x}$ $(x>0)$ の極値を求めよ。

(2) e^{π} と π^{e} の大小を比較せよ。 ［類 鳥取大］ 基本 92

CHART & SOLUTION

大小比較　関数の増減を利用

(1) $f'(x)$ から増減表を作り，極値を求める。

(2) このままでは大小の比較ができない。(1) が利用できないか考える ((1) は (2) のヒント)。
2 つの数の自然対数を考えると，e^{π} と π^{e} の大小は $\pi\log e$ と $e\log\pi$ の大小と一致する。また，これらをそれぞれ $e\pi\,(>0)$ で割った $\dfrac{\log e}{e}$ と $\dfrac{\log\pi}{\pi}$ の大小とも一致する。
$\dfrac{\log e}{e}=f(e)$，$\dfrac{\log\pi}{\pi}=f(\pi)$ であるから，(1) を利用して大小を比較すればよい。

解答

(1) $f'(x)=\dfrac{\frac{1}{x}\cdot x-\log x\cdot 1}{x^2}=\dfrac{1-\log x}{x^2}$

$f'(x)=0$ とすると，$1-\log x=0$
から　$x=e$
$f(x)$ の増減表は右のようになる。
したがって，$f(x)$ は

$x=e$ で極大値 $\dfrac{1}{e}$ をとる。

x	0	$\cdots$	e	$\cdots$
$f'(x)$	／	$+$	0	$-$
$f(x)$	／	↗	$\dfrac{1}{e}$	↘

(2) (1) から，関数 $f(x)$ は $x\geqq e$ で減少する。

$e<\pi$ であるから　$f(e)>f(\pi)$

したがって　$\dfrac{\log e}{e}>\dfrac{\log\pi}{\pi}$

$e>0$，$\pi>0$ より　$\pi\log e>e\log\pi$

すなわち　$\log e^{\pi}>\log\pi^{e}$

よって　$\boldsymbol{e^{\pi}>\pi^{e}}$

inf. $y=f(x)$ のグラフは下のようになる。
なお $\displaystyle\lim_{x\to+0}\frac{\log x}{x}=-\infty$，
$\displaystyle\lim_{x\to\infty}\frac{\log x}{x}=0$
(基本例題 94 参照)

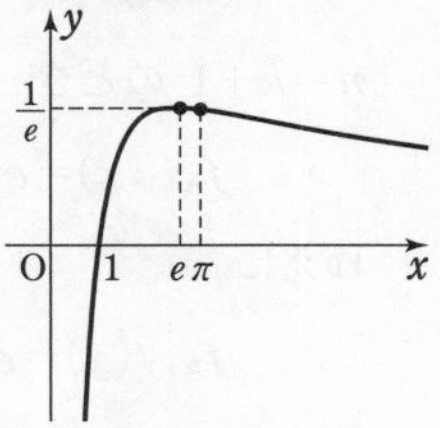

⇐ 底 e は 1 より大きい。

INFORMATION

この例題のポイントは，比較する 2 つの数 (e^{π} と π^{e}) を，これらと **大小関係が変わらない** 関数 $f(x)$ の 2 つの値 ($f(e)$ と $f(\pi)$) で大小比較を行ったことである。
なお，コンピュータを用いて計算すると　$e^{\pi}=23.14069\cdots\cdots$，$\pi^{e}=22.45915\cdots\cdots$

PRACTICE 99 ④

(1) 関数 $f(x)=x^{\frac{1}{x}}$ $(x>0)$ の極値を求めよ。 (2) $e^3>3^e$ であることを証明せよ。

重要 例題 100 不等式の証明と数学的帰納法

n は自然数とする。数学的帰納法によって，次の不等式を証明せよ。

$$e^x > 1 + x + \frac{x^2}{2!} + \frac{x^3}{3!} + \cdots\cdots + \frac{x^n}{n!} \quad (x>0)$$

基本 92

CHART & SOLUTION

大小比較　差を作る　常に増加ならば出発点で >0

$n=1$，$n=k+1$ の場合の証明において微分法を活用し，上の方針で解決。

解答

$$f_n(x) = e^x - \left(1 + \frac{x}{1!} + \frac{x^2}{2!} + \cdots\cdots + \frac{x^n}{n!}\right)$$

とすると，$f_n(x)$ は連続関数である。

不等式 $f_n(x)>0$ …… ① を示せばよい。

[1] $n=1$ のとき　$f_1(x)=e^x-(1+x)$，$f_1'(x)=e^x-1$

$x>0$ のとき，$e^x>1$ であるから　$f_1'(x)>0$

よって，$f_1(x)$ は $x \geqq 0$ で増加する。

$f_1(0)=0$ であるから，$x>0$ のとき　$f_1(x)>0$

ゆえに，$n=1$ のとき不等式 ① は成り立つ。

[2] $n=k$ のとき，不等式 ① が成り立つと仮定すると

$$f_k(x) = e^x - \left(1 + \frac{x}{1!} + \frac{x^2}{2!} + \cdots\cdots + \frac{x^k}{k!}\right) > 0 \quad \cdots\cdots ②$$

$n=k+1$ のとき

$$f_{k+1}(x) = e^x - \left\{1 + \frac{x}{1!} + \frac{x^2}{2!} + \frac{x^3}{3!} + \cdots\cdots + \frac{x^{k+1}}{(k+1)!}\right\}$$

ゆえに

$$f_{k+1}'(x) = e^x - \left\{0 + 1 + \frac{2x}{2!} + \frac{3x^2}{3!} + \cdots\cdots + \frac{(k+1)x^k}{(k+1)!}\right\}$$

$$= e^x - \left(1 + \frac{x}{1!} + \frac{x^2}{2!} + \cdots\cdots + \frac{x^k}{k!}\right) = f_k(x)$$

② から，$x>0$ のとき　$f_{k+1}'(x)=f_k(x)>0$

よって，$f_{k+1}(x)$ は $x \geqq 0$ で増加する。

$f_{k+1}(0)=0$ であるから，$x>0$ のとき　$f_{k+1}(x)>0$

ゆえに，$n=k+1$ のときも不等式 ① は成り立つ。

[1]，[2] から，すべての自然数 n について，不等式 ① は成り立つ。

⇐ $x>a$ のとき $f'(x)>0$ ならば　$f(x)>f(a)$

inf. この例題の結果から

$$e^x > \frac{x^{n+1}}{(n+1)!}$$

ゆえに　$\dfrac{e^x}{x^n} > \dfrac{x}{(n+1)!}$

$\displaystyle\lim_{x\to\infty} \frac{x}{(n+1)!} = \infty$ から

$$\lim_{x\to\infty} \frac{e^x}{x^n} = \infty$$

PRACTICE 100 ⑤

(1) $x \geqq 1$ のとき，$x\log x \geqq (x-1)\log(x+1)$ が成り立つことを示せ。

(2) 自然数 n に対して，$(n!)^2 \geqq n^n$ が成り立つことを示せ。　〔名古屋市大〕

EXERCISES　11 方程式・不等式への応用

A

82③ $0 \leqq x \leqq \dfrac{\pi}{3}$ において，不等式 $\dfrac{x^2}{2} \leqq \log\dfrac{1}{\cos x} \leqq x^2$ を証明せよ。 →93

83③ (1) $x \geqq 0$ のとき，不等式 $x-\dfrac{x^3}{6} \leqq \sin x \leqq x$ を証明せよ。

(2) k を定数とする。(1)の結果を用いて $\displaystyle\lim_{x\to+0}\left(\frac{1}{\sin x}-\frac{1}{x+kx^2}\right)$ を求めよ。

→94

84③ 関数 $f(x)=\dfrac{x^3}{x^2-2}$ について，次の問いに答えよ。

(1) 導関数 $f'(x)$ を求めよ。

(2) 関数 $y=f(x)$ のグラフの概形をかけ。

(3) k を定数とするとき，x についての方程式 $x^3-kx^2+2k=0$ の異なる実数解の個数を調べよ。 ［名城大］ →95

B

85④ 次の不等式が成り立つことを証明せよ。 ［学習院大］

(1) $x>0$ のとき $\dfrac{1}{x}\log(1+x)>1+\log\dfrac{2}{x+2}$

(2) n が正の整数のとき $e-\left(1+\dfrac{1}{n}\right)^n<\dfrac{e}{2n+1}$ →93

86④ k を実数の定数とする。方程式 $4\cos^2 x+3\sin x-k\cos x-3=0$ の $-\pi<x\leqq\pi$ における解の個数を求めよ。 ［静岡大］ →95

87④ $(\sqrt{5})^{\sqrt{7}}$ と $(\sqrt{7})^{\sqrt{5}}$ の大小を比較せよ。必要ならば $2.7<e$ を用いてもよい。 ［類 京都府医大］ →96, 99

88③ (1) 関数 $f(x)=\dfrac{1}{x}\log(1+x)$ を微分せよ。

(2) $0<x<y$ のとき $\dfrac{1}{x}\log(1+x)>\dfrac{1}{y}\log(1+y)$ が成り立つことを示せ。

(3) $\left(\dfrac{1}{11}\right)^{\frac{1}{10}}$，$\left(\dfrac{1}{13}\right)^{\frac{1}{12}}$，$\left(\dfrac{1}{15}\right)^{\frac{1}{14}}$ を大きい方から順に並べよ。［愛媛大］ →99

HINT

85 (1) そのまま $f(x)=$(左辺)$-$(右辺) としたのでは証明しにくい。
$x>0$ から，不等式は両辺に x を掛けても同値であることを利用する。
(2) (1)で $x=\dfrac{1}{n}$ とおく。

86 方程式を $f(x)=k$ の形に変形し，曲線 $y=f(x)$ と直線 $y=k$ の共有点の個数を調べる。場合分けに注意。

87 2数をそれぞれ $\dfrac{1}{\sqrt{5}\sqrt{7}}$ 乗し，更に自然対数をとって比較する。

88 (3) (2)を利用して $-f(10)$，$-f(12)$，$-f(14)$ の大小を比較する。

12 速度と近似式

基本事項

1 直線上の点の運動

数直線上を運動する点Pの時刻 t における座標 x が $x=f(t)$ で表されるとき

① **速度** $v=\dfrac{dx}{dt}=f'(t)$　　**加速度** $\alpha=\dfrac{dv}{dt}=\dfrac{d^2x}{dt^2}=f''(t)$

② **速さ** $|v|$　　**加速度の大きさ** $|\alpha|$

2 平面上の点の運動

座標平面上を運動する点 $\mathrm{P}(x,\ y)$ の時刻 t における x 座標，y 座標が t の関数であるとき

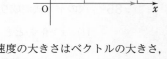

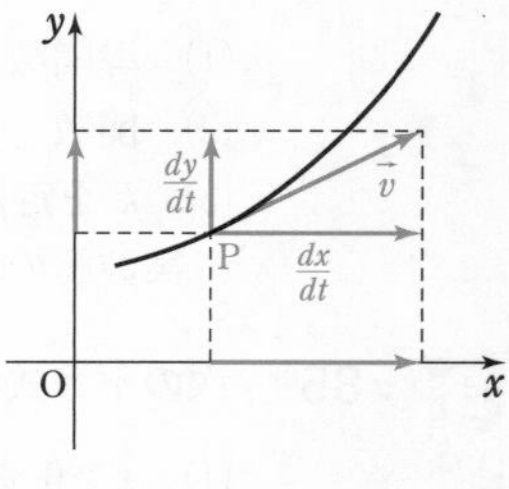

① **速度** $\vec{v}=\left(\dfrac{dx}{dt},\ \dfrac{dy}{dt}\right)$　　**加速度** $\vec{\alpha}=\left(\dfrac{d^2x}{dt^2},\ \dfrac{d^2y}{dt^2}\right)$

② **速さ**　$|\vec{v}|=\sqrt{\left(\dfrac{dx}{dt}\right)^2+\left(\dfrac{dy}{dt}\right)^2}$

加速度の大きさ　$|\vec{\alpha}|=\sqrt{\left(\dfrac{d^2x}{dt^2}\right)^2+\left(\dfrac{d^2y}{dt^2}\right)^2}$

注意　速度，加速度はベクトルである。一方，速さ，加速度の大きさはベクトルの大きさ，すなわち 0 以上の値である。

3 近似式

① 1　$h\fallingdotseq 0$ のとき　$f(a+h)\fallingdotseq f(a)+f'(a)h$
　 2　$x\fallingdotseq 0$ のとき　$f(x)\fallingdotseq f(0)+f'(0)x$
　（1 次の近似式）

② $y=f(x)$ において，x の増分 Δx に対する y の増分を Δy とすると
$\Delta x\fallingdotseq 0$ のとき　$\Delta y\fallingdotseq y'\Delta x$

解説　② 詳しくは $p.176$ INFORMATION 参照。

CHECK & CHECK

24 数直線上を運動する点Pの座標 x が時刻 t の関数として，次の式で表されるとき，$t=2$ における速度，加速度をそれぞれ求めよ。

(1) $x=t^3-3$　　(2) $x=3\cos\left(\pi t-\dfrac{\pi}{2}\right)$　　→ 1

25 座標平面上を運動する点Pの座標が時刻 t の関数として，次の式で表されるとき，$t=1$ における速さ，加速度の大きさをそれぞれ求めよ。

(1) $x=t^2,\ y=2t$　　(2) $x=t,\ y=e^{-2t}$　　→ 2

26 (1) $h\fallingdotseq 0$ のとき，$\log|a+h|$ について，1 次の近似式を作れ。

(2) $x\fallingdotseq 0$ のとき，e^{-x} について，1 次の近似式を作れ。　　→ 3

基本 例題 101 直線上の点の運動

数直線上を運動する点Pの時刻 t における座標が $x=t^3-6t^2-15t$ $(t\geqq 0)$ で表されるとき，次のものを求めよ。

(1) $t=3$ におけるPの速度，速さ，加速度

(2) Pが運動の向きを変えるときの，Pの座標

p.170 基本事項 1

CHART & SOLUTION

直線上を動く点の速度・加速度

$$x=f(t)\xrightarrow{t\text{で微分}}v=\frac{dx}{dt}=f'(t)\xrightarrow{t\text{で微分}}\alpha=\frac{d^2x}{dt^2}=f''(t)$$

位置　　速度　　加速度

(2) 運動の **向きが変わる** ⟶ 速度 v の **符号が変わる**。

解答

(1) 時刻 t におけるPの速度を v，加速度を α とすると

$$v=\frac{dx}{dt}=3t^2-12t-15=3(t+1)(t-5)$$

$$\alpha=\frac{dv}{dt}=6t-12=6(t-2)$$

よって，$t=3$ のとき

速度 $v=-24$，　速さ $|v|=24$，　加速度 $\alpha=6$

(2) Pが運動の向きを変えるのは，v の符号が変わるときであるから，$v=0$ とすると　$(t+1)(t-5)=0$

$t\geqq 0$ であるから　$t=5$

$0\leqq t<5$ のとき　$v<0$，　$t>5$ のとき　$v>0$

よって，Pが運動の向きを変える t の値は　$t=5$

このときのPの座標は　$\boldsymbol{x=5^3-6\cdot 5^2-15\cdot 5=-100}$

⇐ $\dfrac{dv}{dt}=\dfrac{d^2x}{dt^2}$

⇐ (速さ)$=|v|$
速さを **速度の大きさ** ということもある。

INFORMATION

上の例題の点Pは，時刻 t の経過にともない，次のように運動している。

$0<t<5$ のとき …… $v<0$ ⟶ x が減少する方向
すなわち，負の方向に動く。

$t>5$ のとき …… $v>0$ ⟶ x が増加する方向
すなわち，正の方向に動く。

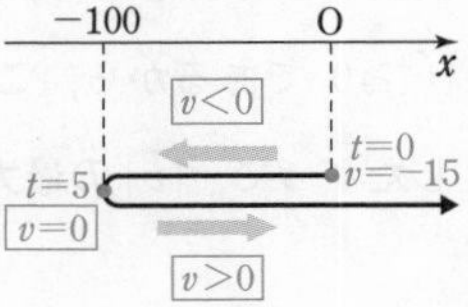

PRACTICE 101②

数直線上を運動する点Pの時刻 t における位置 x が $x=-2t^3+3t^2+8$ $(t\geqq 0)$ で与えられている。Pが原点Oから正の方向に最も離れるときの速度と加速度を求めよ。

基本 例題 102 平面上の点の運動

座標平面上を運動する点Pの座標 $(x,\ y)$ が，時刻 t の関数として $x=\sin t$, $y=\dfrac{1}{2}\cos 2t$ で表されるとき，Pの速度ベクトル $\vec{v}$，加速度ベクトル $\vec{\alpha}$，$|\vec{v}|$ の最大値を求めよ。

p.170 基本事項 2

CHART & SOLUTION

平面上を動く点の速度・加速度

1. 時刻 t の関数 x，y の関係式 ⟶ そのまま t で微分
2. 位置 $(x,\ y)$ ⟶(微分) 速度 $(x',\ y')$ ⟶(微分) 加速度 $(x'',\ y'')$

$|\vec{v}|$ の最大値は，$|\vec{v}|\geqq 0$ から，$|\vec{v}|^2$ の最大値を考えるとよい。

解答

$\dfrac{dx}{dt}=\cos t$，$\dfrac{dy}{dt}=-\sin 2t$

よって　$\boldsymbol{\vec{v}=(\cos t,\ -\sin 2t)}$ ……①

⇐ $\vec{v}=\left(\dfrac{dx}{dt},\ \dfrac{dy}{dt}\right)$

また　$\dfrac{d^2x}{dt^2}=\dfrac{d}{dt}\left(\dfrac{dx}{dt}\right)=(\cos t)'=-\sin t$,

$\dfrac{d^2y}{dt^2}=\dfrac{d}{dt}\left(\dfrac{dy}{dt}\right)=(-\sin 2t)'=-2\cos 2t$

ゆえに　$\boldsymbol{\vec{\alpha}=(-\sin t,\ -2\cos 2t)}$

⇐ $\vec{\alpha}=\left(\dfrac{d^2x}{dt^2},\ \dfrac{d^2y}{dt^2}\right)$

次に，① から

$|\vec{v}|^2=(\cos t)^2+(-\sin 2t)^2=\cos^2 t+\sin^2 2t$
$=\cos^2 t+(2\sin t\cos t)^2=\cos^2 t(1+4\sin^2 t)$
$=(1-\sin^2 t)(1+4\sin^2 t)$

⇐ $|\vec{v}|=\sqrt{\left(\dfrac{dx}{dt}\right)^2+\left(\dfrac{dy}{dt}\right)^2}$

ここで，$\sin^2 t=s$ とおくと

$|\vec{v}|^2=(1-s)(1+4s)=-4s^2+3s+1=-4\left(s-\dfrac{3}{8}\right)^2+\dfrac{25}{16}$

$0\leqq s\leqq 1$ であるから，$s=\dfrac{3}{8}$ のとき $|\vec{v}|^2$ は最大値 $\dfrac{25}{16}$ をとる。

$|\vec{v}|\geqq 0$ であるから，このとき $|\vec{v}|$ も最大となる。

したがって，$|\vec{v}|$ の最大値は　$\sqrt{\dfrac{25}{16}}=\boldsymbol{\dfrac{5}{4}}$

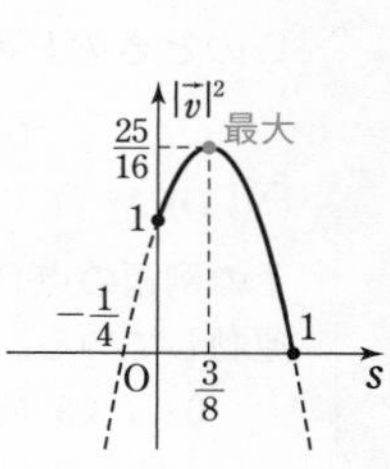

PRACTICE 102②

座標平面上を運動する点Pの座標 $(x,\ y)$ が，時刻 t の関数として $x=\dfrac{1}{2}\sin 2t$, $y=\sqrt{2}\cos t$ で表されるとき，Pの速度ベクトル $\vec{v}$，加速度ベクトル $\vec{\alpha}$，$|\vec{v}|$ の最小値を求めよ。

基本 例題 103 等速円運動

動点Pが，原点Oを中心とする半径 r の円周上を，点 $A(r,\ 0)$ から出発して，OP が1秒間に角 ω の割合で回転するように等速円運動をしている。出発してから t 秒後の点Pの座標を $P(x,\ y)$ とするとき，次の問いに答えよ。

(1) 点Pの速度 $\vec{v}$ と速さを求めよ。

(2) 速度 $\vec{v}$ と $\overrightarrow{OP}$ は垂直であることを示せ。

基本 102

CHART & SOLUTION

$$(x,\ y) \xrightarrow{t\text{で微分}} \left(\frac{dx}{dt},\ \frac{dy}{dt}\right) \xrightarrow{t\text{で微分}} \left(\frac{d^2x}{dt^2},\ \frac{d^2y}{dt^2}\right)$$

位置　　　速度　　　加速度

(2) $\vec{v} \neq \vec{0}$，$\overrightarrow{OP} \neq \vec{0}$ のとき　$\vec{v} \perp \overrightarrow{OP} \iff \vec{v}\cdot\overrightarrow{OP}=0$

解答

(1) t 秒後において，動径 OP と x 軸の正の部分とのなす角は ωt であるから，$x=r\cos\omega t$，$y=r\sin\omega t$ と表される。

$\dfrac{dx}{dt}=-r\omega\sin\omega t$，$\dfrac{dy}{dt}=r\omega\cos\omega t$ であるから

$$\boldsymbol{\vec{v}=(-r\omega\sin\omega t,\ r\omega\cos\omega t)} \quad \cdots\cdots ①$$

また　$|\vec{v}|=\sqrt{(-r\omega\sin\omega t)^2+(r\omega\cos\omega t)^2}$

$=\sqrt{r^2\omega^2(\sin^2\omega t+\cos^2\omega t)}=\boldsymbol{r|\omega|}$

(2) $x=r\cos\omega t$，$y=r\sin\omega t$ から　$\overrightarrow{OP}=(x,\ y)$

また，① から　$\vec{v}=(-\omega y,\ \omega x)$

ゆえに　$\vec{v}\cdot\overrightarrow{OP}=-\omega y\cdot x+\omega x\cdot y=0$

$\vec{v}\neq\vec{0}$，$\overrightarrow{OP}\neq\vec{0}$ であるから　$\vec{v}\perp\overrightarrow{OP}$

⇐ 動径 OP の回転角の速さ ω を **角速度** という。

⇐ $\vec{v}=\left(\dfrac{dx}{dt},\ \dfrac{dy}{dt}\right)$

⇐ $|\vec{v}|=\sqrt{\left(\dfrac{dx}{dt}\right)^2+\left(\dfrac{dy}{dt}\right)^2}$

⇐ $\vec{a}=(a_1,\ a_2)$，$\vec{b}=(b_1,\ b_2)$ のとき $\vec{a}\cdot\vec{b}=a_1b_1+a_2b_2$

INFORMATION ― 等速円運動

(2) で示した $\vec{v}\perp\overrightarrow{OP}$ から，$\vec{v}$ の向きは円の接線方向である。

また　$\dfrac{d^2x}{dt^2}=(-r\omega\sin\omega t)'=-r\omega^2\cos\omega t=-\omega^2x$

$\dfrac{d^2y}{dt^2}=(r\omega\cos\omega t)'=-r\omega^2\sin\omega t=-\omega^2y$

であるから，点Pの加速度ベクトル $\vec{\alpha}$ は

$$\vec{\alpha}=-\omega^2(x,\ y)=-\omega^2\overrightarrow{OP}=\omega^2\overrightarrow{PO}$$

よって，$\vec{\alpha}$ の向きは円の中心に向かっている。

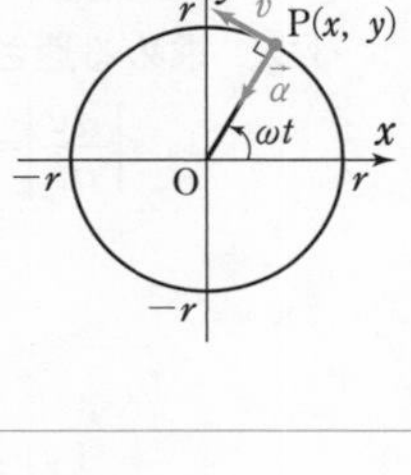

PRACTICE 103②

座標平面上を運動する点Pの座標 $(x,\ y)$ が，時刻 t の関数として $x=\omega t-\sin\omega t$，$y=1-\cos\omega t$ で表されるとき，点Pの速さを求めよ。また，点Pが最も速く動くときの速さを求めよ。

基本 例題 104 速度の応用問題

平地に垂直に立っている壁に長さ 10 m のはしごが立てかけてある。いま，はしごの下端Aが 3 m/s の速さで地面を滑って壁から離れていくとする。点Aが壁から 6 m 離れた瞬間における，このはしごの上端Bが壁に沿って滑り下りる速さを求めよ。

p.170 基本事項 1

CHART & SOLUTION

位置 $\xrightarrow[\text{微分}]{}$ 速度

点Bから平地へ垂線 BO を引く。**三平方の定理**により，OA の長さ x と，OB の長さ y (x, y は時刻 t の関数) の関係式を作り，この式の両辺を t で微分すると $\dfrac{dy}{dt}$ が出てくる。…… ❗

解答

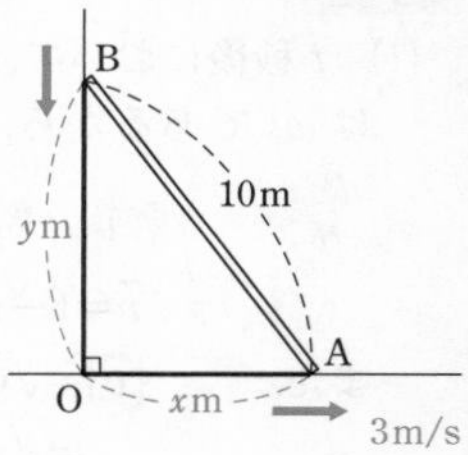

点Bから壁に沿って平地へ引いた垂線を BO とする。
OA $=x$ (m)，OB $=y$ (m) とすると，これらは時刻 t (秒) の関数で，次の関係式が成り立つ。

$$x^2+y^2=100 \quad \cdots\cdots ①$$

この両辺を t で微分すると

❗ $$2x\cdot\frac{dx}{dt}+2y\cdot\frac{dy}{dt}=0$$

よって $\dfrac{dy}{dt}=-\dfrac{x}{y}\cdot\dfrac{dx}{dt}$

$x=6$ のとき，① から $y^2=100-x^2=100-36=64$

$y>0$ であるから $y=8$

条件から $\dfrac{dx}{dt}=3$

⇐ Aの速さが 3 m/s であり，$\dfrac{dx}{dt}>0$ である。

ゆえに，Bが滑り下りる速度は

$$\frac{dy}{dt}=-\frac{6}{8}\cdot 3=-\frac{9}{4}$$

よって，求める速さは

$$\left|\frac{dy}{dt}\right|=\frac{9}{4}\ \text{(m/s)}$$

⇐ (Bの速さ)＝|Bの速度|

PRACTICE 104③

水面から 30 m の高さで水面に垂直な岸壁の上から，長さ 58 m の綱で船を引き寄せる。4 m/s の速さで綱をたぐるとき，2 秒後の船の速さを求めよ。

基本 例題 105 近似式と近似値の計算

(1) $x \fallingdotseq 0$ のとき，次の関数について，1次の近似式を作れ。
(ア) $(1+2x)^p$ （p は有理数） (イ) $\log(e+x)$
(2) $\sin 59^\circ$ の近似値を，1次の近似式を用いて，小数第3位まで求めよ。ただし，$\sqrt{3}=1.732$，$\pi=3.142$ とする。

p.170 基本事項 3

CHART & SOLUTION

近似式 1 $h \fallingdotseq 0$ のとき $f(a+h) \fallingdotseq f(a)+f'(a)h$
2 $x \fallingdotseq 0$ のとき $f(x) \fallingdotseq f(0)+f'(0)x$

1と2は，どちらを用いてもよい。与えられた関数を $f(a+x)$ と見れば1，$f(x)$ と見れば2の形になる（解答は1の方針）。

解答

(1) (ア) $f(x)=x^p$ とすると $f'(x)=px^{p-1}$
よって $f(1)=1$，$f'(1)=p$
$x \fallingdotseq 0$ のとき，$2x \fallingdotseq 0$ であるから
$$(1+2x)^p \fallingdotseq f(1)+f'(1)\cdot 2x = \mathbf{1+2px}$$

(イ) $f(x)=\log x$ とすると $f'(x)=\dfrac{1}{x}$
よって $f(e)=1$，$f'(e)=\dfrac{1}{e}$
ゆえに，$x \fallingdotseq 0$ のとき
$$\log(e+x) \fallingdotseq f(e)+f'(e)x = \mathbf{1+\frac{x}{e}}$$

(2) $\sin 59^\circ=\sin(60^\circ-1^\circ)=\sin\left(\dfrac{\pi}{3}-\dfrac{\pi}{180}\right)$
$f(x)=\sin x$ とすると $f'(x)=\cos x$
よって $f\left(\dfrac{\pi}{3}\right)=\dfrac{\sqrt{3}}{2}$，$f'\left(\dfrac{\pi}{3}\right)=\dfrac{1}{2}$ ゆえに
$$\sin 59^\circ=\sin\left(\frac{\pi}{3}-\frac{\pi}{180}\right) \fallingdotseq f\left(\frac{\pi}{3}\right)+f'\left(\frac{\pi}{3}\right)\cdot\left(-\frac{\pi}{180}\right)$$
$$=\frac{\sqrt{3}}{2}-\frac{1}{2}\cdot\frac{\pi}{180} \fallingdotseq \frac{1.732}{2}-\frac{3.142}{360}$$
$$\fallingdotseq 0.8660-0.0087=0.8573 \fallingdotseq \mathbf{0.857}$$

(1) 別解 2の方針
(ア) $f(x)=(1+2x)^p$ とすると
$f'(x)=2p(1+2x)^{p-1}$
よって
$f(0)=1$，$f'(0)=2p$
ゆえに $f(x) \fallingdotseq \mathbf{1+2px}$
(イ) $f(x)=\log(e+x)$ とすると
$f'(x)=\dfrac{1}{e+x}$
よって
$f(0)=1$，$f'(0)=\dfrac{1}{e}$
ゆえに $f(x) \fallingdotseq \mathbf{1+\dfrac{x}{e}}$

注意 (2) 1行目
度数法のままでは，導関数の公式を使うことができないから，まず弧度法に直す。

PRACTICE 105②

(1) $x \fallingdotseq 0$ のとき，次の関数について，1次の近似式を作れ。
(ア) $\dfrac{1}{2+x}$ (イ) $\sqrt{1-x}$ (ウ) $\sin x$ (エ) $\tan\left(\dfrac{x}{2}-\dfrac{\pi}{4}\right)$
(2) 次の値の近似値を，1次の近似式を用いて，小数第3位まで求めよ。ただし，$\sqrt{3}=1.732$，$\pi=3.142$ とする。
(ア) $\cos 61^\circ$ (イ) $\tan 29^\circ$ (ウ) $\sqrt{50}$ (エ) $\sqrt[3]{997}$

基本 例題 106 微小変化に対応する変化

半径 10 cm の球の半径が 0.03 cm 増加するとき，この球の表面積および体積はそれぞれ，どれだけ増加するか。$\pi=3.14$ として小数第 2 位まで求めよ。

p.170 基本事項 3

CHART & SOLUTION

$\varDelta x$ に対応する $\varDelta y$ の近似値

$\varDelta x \fallingdotseq 0$ のとき　$\varDelta y \fallingdotseq y'\varDelta x$

(y の変化)≒(微分係数)×(x の微小変化)

半径を x cm として，球の表面積 S，体積 V を x で表し，近似式 $\boldsymbol{\varDelta S \fallingdotseq S'\varDelta x}$，$\boldsymbol{\varDelta V \fallingdotseq V'\varDelta x}$ を適用。

解答

半径が x cm の球の表面積を $S\,\mathrm{cm}^2$，体積を $V\,\mathrm{cm}^3$ とすると

$$S=4\pi x^2,\quad V=\frac{4}{3}\pi x^3$$

よって　$S'=8\pi x$，$V'=4\pi x^2$

$\varDelta x \fallingdotseq 0$ のとき

$$\varDelta S \fallingdotseq S'\varDelta x=8\pi x\cdot\varDelta x$$
$$\varDelta V \fallingdotseq V'\varDelta x=4\pi x^2\cdot\varDelta x$$

$\pi=3.14$，$x=10$，$\varDelta x=0.03$ とすると

$$\varDelta S \fallingdotseq 8\times3.14\times10\times0.03=7.536$$
$$\varDelta V \fallingdotseq 4\times3.14\times10^2\times0.03=37.68$$

ゆえに，**表面積は約 7.54 cm²，体積は約 37.68 cm³** 増加する。

inf. 半径が r である球の表面積を S，体積を V とすると

$$S=4\pi r^2,\quad V=\frac{4}{3}\pi r^3$$

⇦ 10 cm に対して，0.03 cm は十分小さいと考えてよい。

INFORMATION

近似式 $f(a+h)\fallingdotseq f(a)+f'(a)h$ を変形すると

$$f(a+h)-f(a)\fallingdotseq f'(a)h$$

つまり，関数 $y=f(x)$ において，x が a から微小な量 h だけ変化すると，y の変化量 $f(a+h)-f(a)$ は，ほぼ $f'(a)h$ に等しいことがいえる。

よって，$h=\varDelta x$，$f(a+h)-f(a)=\varDelta y$ とおくと

$$\varDelta x \fallingdotseq 0 \text{ のとき}\quad \varDelta y \fallingdotseq y'\varDelta x$$

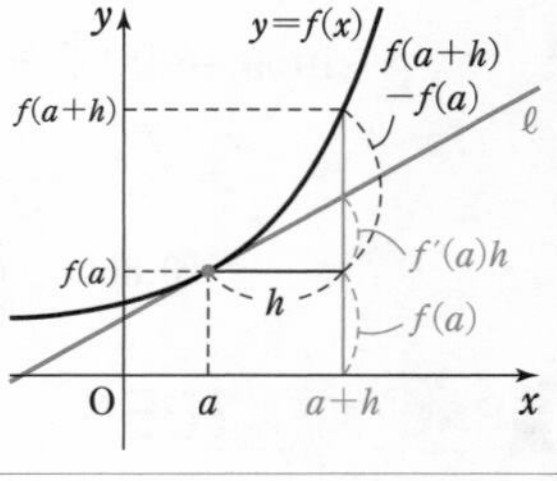

PRACTICE 106 ③

1 辺が 5 cm の立方体の各辺の長さを，すべて 0.02 cm ずつ小さくすると，立方体の表面積および体積はそれぞれ，どれだけ減少するか。小数第 2 位まで求めよ。

重要 例題 107 いろいろな量の変化率

右の図のような四角錐を逆さまにした容器がある。深さ 4 cm のところでの水平断面は 1 辺 3 cm の正方形である。この容器に $9\,\text{cm}^3/\text{s}$ で静かに水を入れるとき，水の深さが 2 cm になる瞬間の水面が上昇する速さは何 cm/s か。 〔類 自治医大〕 基本 106

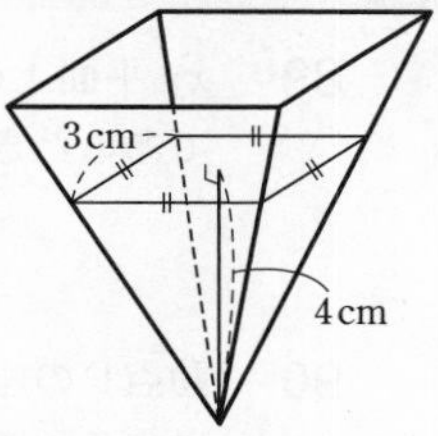

CHART & THINKING

いろいろな量の変化率

時間によって変化する量の変化率は，時刻 t で微分して表される。本問では水の体積 V が増加する割合（速度）が $\dfrac{dV}{dt}=9$ で与えられている。

求めたいものは，水の深さ $h=2$ のときの水の深さ h が増加する速度，すなわち $\dfrac{dh}{dt}$ であるが，h はどのような式で表されるだろうか？

⟶ h を t で表すよりも，V と h の関係式を作り，時刻 t で微分する（**合成関数の微分**）方法が有効である。

解答

水を入れ始めてから t 秒後における水の体積を $V\,\text{cm}^3$，深さを $h\,\text{cm}$，水面の正方形の 1 辺の長さを $a\,\text{cm}$ とする。

$9\,\text{cm}^3/\text{s}$ で体積が増加するから $\dfrac{dV}{dt}=9$ …… ①

$a:3=h:4$ であるから $a=\dfrac{3}{4}h$

よって $V=\dfrac{1}{3}a^2h=\dfrac{3}{16}h^3$ …… ②

両辺を t で微分して $\dfrac{dV}{dt}=\dfrac{9}{16}h^2\cdot\dfrac{dh}{dt}$

① を代入して $9=\dfrac{9}{16}h^2\cdot\dfrac{dh}{dt}$ ゆえに $\dfrac{dh}{dt}=\dfrac{16}{h^2}$

よって，$h=2$ のときに水面が上昇する速さは

$$\left|\frac{dh}{dt}\right|=\left|\frac{16}{2^2}\right|=\mathbf{4\,(cm/s)}$$

別解 $V=9t$ であるから ② に代入して整理すると

$t=\dfrac{1}{48}h^3$

両辺を t で微分して

$1=\dfrac{1}{16}h^2\cdot\dfrac{dh}{dt}$

$h=2$ のとき

$\dfrac{dh}{dt}=4$

注意 ② を h で微分して $h=2$ を代入するのは誤り。「1 秒あたりの変化率」を求めるのであるから，**時刻 t で微分する。**

PRACTICE 107③

表面積が $4\pi\,\text{cm}^2/\text{s}$ の一定の割合で増加している球がある。半径が 10 cm になった瞬間において，以下のものを求めよ。

(1) 半径の増加する速度 (2) 体積の増加する速度 〔工学院大〕

EXERCISES　12 速度と近似式

A

89 ② xy 平面上の動点 $\mathrm{P}(x,\ y)$ の時刻 t における位置が $x=2\sin t,\ y=\cos 2t$ であるとき，点Pの速度の大きさの最大値はいくらか。　〔防衛医大〕

→102

90 ③ 動点Pの座標 $(x,\ y)$ が時刻 t の関数として，$x=e^t\cos t,\ y=e^t\sin t$ で表されるとき，速度 $\vec{v}$ の大きさと加速度 $\vec{\alpha}$ の大きさを求めよ。また，速度ベクトル $\vec{v}$ と位置ベクトル $\overrightarrow{\mathrm{OP}}$ とのなす角 $\theta\ (0\leqq\theta\leqq\pi)$ を求めよ。

〔類 武蔵工大〕 →103

91 ③ (1) $\displaystyle\lim_{x\to 0}\frac{1+ax-\sqrt{1+x}}{x^2}=\frac{1}{8}$ が成り立つように定数 a の値を定めよ。

(2) (1)の結果を用いて，$x\fallingdotseq 0$ のとき，$\sqrt{1+x}$ の近似式を作れ。また，その近似式を利用して $\sqrt{102}$ の近似値を求めよ。

→36, 105

B

92 ③ x 軸上の点 $\mathrm{P}(\alpha,\ 0)$ に点Qを次のように対応させる。
曲線 $y=\sin x$ 上のPと同じ x 座標をもつ点 $(\alpha,\ \sin\alpha)$ におけるこの曲線の法線と x 軸との交点をQとする。

(1) 点Qの座標を求めよ。

(2) 点Pが x 軸上を原点 $(0,\ 0)$ から点 $(\pi,\ 0)$ に向かって毎秒 π の速さで移動するとき，点Qの t 秒後の速さ $v(t)$ を求めよ。

(3) $\displaystyle\lim_{t\to\frac{1}{2}}\frac{v(t)}{\left(t-\frac{1}{2}\right)^2}$ を求めよ。　〔東京学芸大〕 →102

93 ④ xy 平面上を動く点 $\mathrm{P}(x,\ y)$ の時刻 t における座標を $x=5\cos t,\ y=4\sin t$ とし，速度を $\vec{v}$ とする。2点 $\mathrm{A}(3,\ 0)$，$\mathrm{B}(-3,\ 0)$ をとるとき，$\angle\mathrm{APB}$ の2等分線は $\vec{v}$ に垂直であることを証明せよ。　〔類 山形大〕

→102

HINT

90　ベクトルのなす角は内積 $\vec{a}\cdot\vec{b}=|\vec{a}||\vec{b}|\cos\theta$ を利用。

91　(1) $\dfrac{1+ax-\sqrt{1+x}}{x^2}$ の **分子を有理化** する。

(2) (後半) $\sqrt{102}$ を近似式が使えるように $p\sqrt{1+q}$ の形にする。

92　(1) $\cos\alpha=0$，$\cos\alpha\neq 0$ で場合分けして考える。

(2) t 秒後の点Pの座標は，$(\pi t,\ 0)$ と表される。(1)の結果を利用。

(3) $t-\dfrac{1}{2}=\theta$ とおくと $t\longrightarrow\dfrac{1}{2}$ のとき　$\theta\longrightarrow 0$

93　$\angle\mathrm{APB}$ の2等分線に平行なベクトルは $\dfrac{\overrightarrow{\mathrm{PA}}}{|\overrightarrow{\mathrm{PA}}|}+\dfrac{\overrightarrow{\mathrm{PB}}}{|\overrightarrow{\mathrm{PB}}|}$ で表される。

数学Ⅲ

第5章 積分法

13 不定積分
14 定積分とその基本性質
15 定積分の置換積分法，部分積分法
16 定積分で表された関数
17 定積分と和の極限，不等式

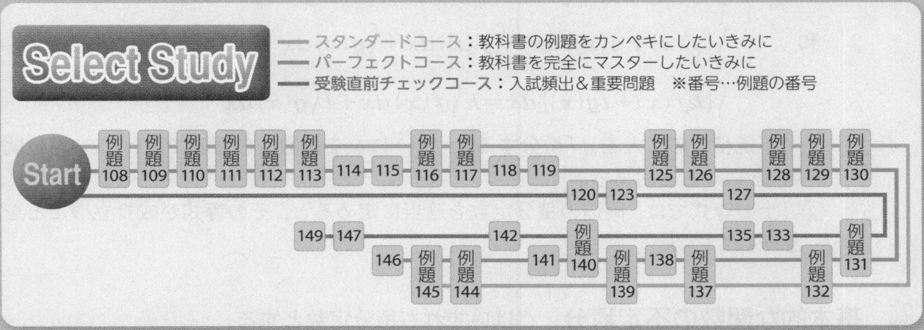

■ 例題一覧

	種類	番号	例題タイトル	難易度
13	基本	108	不定積分の基本計算	1
	基本	109	$f(ax+b)$ の不定積分	1
	基本	110	不定積分の置換積分法 (1)	2
	基本	111	不定積分の置換積分法 (2)	2
	基本	112	不定積分の部分積分法 (1)	2
	基本	113	不定積分の部分積分法 (2)	3
	基本	114	分数関数の不定積分	2
	基本	115	無理関数の不定積分 (1)	3
	基本	116	三角関数の不定積分 (1)	2
	基本	117	三角関数の不定積分 (2)	2
	基本	118	指数，対数関数の不定積分 (置換積分法)	3
	基本	119	導関数から関数の決定	2
	重要	120	三角関数の不定積分 (3)	3
	重要	121	不定積分の部分積分法 (3)	3
	重要	122	不定積分と漸化式	4
	重要	123	無理関数の不定積分 (2)	4
	重要	124	三角関数の不定積分 (4)	4
14	基本	125	定積分の基本計算	1
	基本	126	絶対値を含む関数の定積分	2
	重要	127	文字を含む三角関数の定積分	3
15	基本	128	定積分の置換積分法 (1)	2
	基本	129	定積分の置換積分法 (2)	2
	基本	130	定積分の置換積分法 (3)	2
	基本	131	偶関数・奇関数の定積分	1
	基本	132	定積分の部分積分法 (1)	2
	重要	133	定積分の部分積分法 (2)	3
	重要	134	定積分の計算 (等式利用)	4
	重要	135	三角関数の定積分 (特殊な置換積分)	4
	重要	136	定積分と漸化式	4
16	基本	137	定積分で表された関数の微分	2
	基本	138	定積分で表された関数の極値	3
	基本	139	定積分を含む関数 (1)	2
	基本	140	定積分を含む関数 (2)	3
	基本	141	定積分で表された関数の最大・最小 (1)	3
	重要	142	定積分で表された関数の最大・最小 (2)	4
	重要	143	定積分と極限	4
17	基本	144	定積分と和の極限 (1)	2
	基本	145	定積分と不等式の証明 (1)	2
	基本	146	定積分と不等式の証明 (2)	3
	重要	147	定積分と和の極限 (2)	3
	重要	148	シュワルツの不等式	4
	重要	149	数列の和の極限と定積分	4
	重要	150	定積分の漸化式と極限	5

13 不定積分

基本事項

1 不定積分とその基本性質

① **定義** $F'(x)=f(x)$ のとき

$$\int f(x)\,dx=F(x)+C \quad (C\text{は積分定数})$$

② **基本性質** k, l を定数とする。

1 **定数倍** $\int kf(x)\,dx=k\int f(x)\,dx$

2 **和** $\int\{f(x)+g(x)\}\,dx=\int f(x)\,dx+\int g(x)\,dx$

3 $\int\{kf(x)+lg(x)\}\,dx=k\int f(x)\,dx+l\int g(x)\,dx$

注意 ① 不定積分のことを，「微分すると $f(x)$ になる関数」の意味で $f(x)$ の **原始関数** ということもある。

② 上の等式では，両辺の積分定数を適当に定めると，その等式が成り立つことを意味している。

2 基本的な関数の不定積分 Cはいずれも積分定数とする。

① **x^α の関数** $\alpha \neq -1$ のとき $\int x^\alpha dx=\dfrac{1}{\alpha+1}x^{\alpha+1}+C$

$\alpha=-1$ のとき $\int \dfrac{1}{x}\,dx=\log|x|+C$

② **三角関数** $\int \sin x\,dx=-\cos x+C$ $\quad\int \cos x\,dx=\sin x+C$

$\int \dfrac{dx}{\cos^2 x}=\tan x+C$ $\quad\int \dfrac{dx}{\sin^2 x}=-\dfrac{1}{\tan x}+C$

③ **指数関数** $\int e^x dx=e^x+C$ $\quad\int a^x dx=\dfrac{a^x}{\log a}+C$ $(a>0,\ a\neq 1)$

3 置換積分法 Cはいずれも積分定数とする。

① **$f(ax+b)$ の不定積分**

$F'(x)=f(x)$, $a\neq 0$ とするとき $\int f(ax+b)\,dx=\dfrac{1}{a}F(ax+b)+C$

② **置換積分法**

1 $\int f(x)\,dx=\int f(g(t))g'(t)\,dt$ $\quad$ ただし $x=g(t)$

2 $\int f(g(x))g'(x)\,dx=\int f(u)\,du$ $\quad$ ただし $g(x)=u$

3 $\int \dfrac{g'(x)}{g(x)}\,dx=\log|g(x)|+C$

解説　②　1　$x=g(t)$ とすると　$\dfrac{dx}{dt}=g'(t)$

これを，形式的に $dx=g'(t)dt$ と書くことがある。そこで，左辺において，$f(x)=f(g(t))$，$dx=g'(t)dt$ とおき換える。

2　被積分関数が $f(g(x))g'(x)$ の形のとき，$g(x)=u$ とすると　$g'(x)=\dfrac{du}{dx}$

そこで，1と同様に，$f(g(x))=f(u)$，$g'(x)dx=du$ とおき換える。

特に $g(x)=ax+b$ のとき，$u=ax+b$ とすると $\dfrac{du}{dx}=a$ から　$dx=\dfrac{1}{a}du$

よって，$\displaystyle\int f(ax+b)\,dx=\int f(u)\cdot\frac{1}{a}du$ から ① が得られる。

3　2において，$f(u)=\dfrac{1}{u}$ の場合である。

例　$\displaystyle\int \tan x\,dx=\int\frac{\sin x}{\cos x}dx=\int\frac{-(\cos x)'}{\cos x}dx=-\log|\cos x|+C$　（C は積分定数）

4 部分積分法

① $\displaystyle\int f(x)g'(x)\,dx=f(x)g(x)-\int f'(x)g(x)\,dx$

② $\displaystyle\int f(x)\,dx=xf(x)-\int xf'(x)\,dx$

解説　②　① で $g(x)=x$ とすると，$g'(x)=1$ であるから ② が得られる。

例　$\displaystyle\int \log x\,dx=\int 1\cdot\log x\,dx=x\log x-\int x\cdot\frac{1}{x}dx=x\log x-x+C$　（Cは積分定数）

注意　不定積分におけるCは積分定数を表すが，本書では今後はその断りを省略する。実際の答案では必ず書くようにしよう。

CHECK & CHECK

27　次の不定積分を求めよ。

(1) $\displaystyle\int\frac{1}{x+1}dx+\int\frac{x}{x+1}dx$　　(2) $\displaystyle\int(x^3-e^x)\,dx+\int(-x^3+2x+e^x)\,dx$

(3) $\displaystyle 3\int(x^2+\sin x)\,dx-2\int(x^2+2\cos x)\,dx+\int(4\cos x-3\sin x)\,dx$

↻ 1

28　次の不定積分を求めよ。

(1) $\displaystyle\int\frac{dx}{x^2}$　　(2) $\displaystyle\int 3x\sqrt{x}\,dx$　　(3) $\displaystyle\int\frac{2}{x}dx$

(4) $\displaystyle\int 3\sin x\,dx$　　(5) $\displaystyle\int\frac{dx}{1-\sin^2 x}$　　(6) $\displaystyle\int 3^x dx$

↻ 2

基本 例題 108 不定積分の基本計算

次の不定積分を求めよ。

(1) $\int(2x^4-3x^2+4)\,dx$　　(2) $\int\dfrac{x^2-4x+2}{x^2}\,dx$

(3) $\int(4\sin x-5\cos x)\,dx$　　(4) $\int(e^x+2^{x+1})\,dx$

p. 180 基本事項 1, 2

CHART & SOLUTION

不定積分の計算　被積分関数を変形して，公式が使える形にする

(1), (3), (4)　そのままの形で，次の公式を適用。

$$\int\{kf(x)+lg(x)\}\,dx=k\int f(x)\,dx+l\int g(x)\,dx \quad (k,\ l \text{ は定数})$$

(2)　商の形で表されているものは，和・差の形に変形する。

$$\frac{x^2-4x+2}{x^2}=1-\frac{4}{x}+2x^{-2} \qquad \longleftarrow \frac{1}{x^p}=x^{-p}$$

解答

(1) $\int(2x^4-3x^2+4)\,dx=2\int x^4dx-3\int x^2dx+4\int dx$

$=2\cdot\dfrac{x^5}{5}-3\cdot\dfrac{x^3}{3}+4\cdot x+C=\boldsymbol{\dfrac{2}{5}x^5-x^3+4x+C}$

(2) $\int\dfrac{x^2-4x+2}{x^2}\,dx=\int\left(1-\dfrac{4}{x}+\dfrac{2}{x^2}\right)dx$

$=\int dx-4\int\dfrac{dx}{x}+2\int x^{-2}dx=\boldsymbol{x-4\log|x|-\dfrac{2}{x}+C}$

(3) $\int(4\sin x-5\cos x)\,dx=4\int\sin x\,dx-5\int\cos x\,dx$

$=\boldsymbol{-4\cos x-5\sin x+C}$

(4) $\int(e^x+2^{x+1})\,dx=\int(e^x+2\cdot2^x)\,dx=\int e^xdx+2\int 2^xdx$

$=e^x+2\cdot\dfrac{2^x}{\log 2}+C=\boldsymbol{e^x+\dfrac{2^{x+1}}{\log 2}+C}$

inf. x^α の不定積分
次数は $+1 \longrightarrow \alpha+1$
係数は $\dfrac{1}{\alpha+1}$
$\alpha=-1$ すなわち $\dfrac{1}{x}$ は
特別扱いで $\log|x|+C$

⇐ $\int x^{-2}dx=\dfrac{x^{-2+1}}{-2+1}+C$

(4)　$(2^{x+1})'=2^{x+1}\log 2$ から
$\int 2^{x+1}dx=\int\dfrac{(2^{x+1})'}{\log 2}dx$
$=\dfrac{2^{x+1}}{\log 2}+C$
と求めてもよい。

inf.　積分は微分の逆の計算であるから，求めた不定積分を微分して検算 することができる。

積　分
$$\int \boxed{f(x)}\,dx=\boxed{F(x)+C}$$
微　分
(検算)

PRACTICE 108❶

次の不定積分を求めよ。

(1) $\int\dfrac{x^4-x^3+x-1}{x^2}\,dx$　　(2) $\int\dfrac{(\sqrt[3]{x}-1)^2}{\sqrt{x}}\,dx$　　(3) $\int\dfrac{3+\cos^3x}{\cos^2x}\,dx$

(4) $\int\dfrac{1}{\tan^2x}\,dx$　　(5) $\int\left(2e^x-\dfrac{3}{x}\right)dx$

基本 例題 109 $f(ax+b)$ の不定積分

次の不定積分を求めよ。

(1) $\displaystyle\int\sqrt{(2x+1)^3}\,dx$　　(2) $\displaystyle\int\sin(3x+2)\,dx$

(3) $\displaystyle\int\frac{1}{1-3x}\,dx$　　(4) $\displaystyle\int 2^{4x-1}\,dx$

p.180 基本事項 3

CHART & SOLUTION

この例題の関数は，すべて $f(ax+b)$ の形。a に注意して積分する。

$F'(x)=f(x)$，$a\neq 0$ とするとき

$$\int f(ax+b)\,dx=\frac{1}{a}F(ax+b)+C$$ ← $\frac{1}{a}$ を忘れずに！

(1) $f(x)=x^{\frac{3}{2}}$ とすると $f(2x+1)$ の不定積分を考える。(2)～(4) も同様。

解答

(1) $\displaystyle\int\sqrt{(2x+1)^3}\,dx=\int(2x+1)^{\frac{3}{2}}dx=\frac{1}{2}\cdot\frac{2}{5}(2x+1)^{\frac{5}{2}}+C$

$\displaystyle=\boldsymbol{\frac{1}{5}(2x+1)^2\sqrt{2x+1}+C}$

(2) $\displaystyle\int\sin(3x+2)\,dx=\frac{1}{3}\{-\cos(3x+2)\}+C$

$\displaystyle=\boldsymbol{-\frac{1}{3}\cos(3x+2)+C}$

(3) $\displaystyle\int\frac{1}{1-3x}\,dx=\frac{1}{-3}\cdot\log|1-3x|+C=\boldsymbol{-\frac{1}{3}\log|1-3x|+C}$

(4) $\displaystyle\int 2^{4x-1}dx=\frac{1}{4}\cdot\frac{2^{4x-1}}{\log 2}+C=\boldsymbol{\frac{2^{4x-3}}{\log 2}+C}$

⇐ $\frac{1}{2}$ を忘れずに掛ける。

⇐ $(2x+1)^{\frac{5}{2}}$
$=(2x+1)^2\cdot(2x+1)^{\frac{1}{2}}$

⇐ $f(x)=\sin x$ とすると $f(3x+2)$ の積分。
x の係数 3 に注意。

⇐ $f(x)=\dfrac{1}{x}$，$a=-3$

⇐ $f(x)=2^x$，$a=4$
$\dfrac{2^{4x-1}}{4}=\dfrac{2^{4x-1}}{2^2}=2^{4x-3}$

INFORMATION

本書では，明らかな場合は，不定積分に付加する積分定数を「(Cは積分定数)」と断らずに，単にCとだけ書く。また，何個も出てくる場合は，C，C_1，C_2，…… のように表し，この場合も明らかであれば，積分定数と断らないことがある。しかし，実際の答案では，必ず，忘れずに断り書きをつけること。

本書では略すが，答案では C は積分定数 と必ず断ること。

PRACTICE 109[1]

次の不定積分を求めよ。

(1) $\displaystyle\int\frac{1}{(2x+3)^3}\,dx$　　(2) $\displaystyle\int\sqrt[4]{(2-3x)^3}\,dx$

(3) $\displaystyle\int\frac{1}{e^{3x-1}}\,dx$　　(4) $\displaystyle\int\frac{1}{\cos^2(2-4x)}\,dx$

基本例題 110 不定積分の置換積分法 (1) (丸ごと置換)

次の不定積分を求めよ。

(1) $\displaystyle\int\frac{x}{(3x-1)^2}dx$　　(2) $\displaystyle\int\frac{x}{\sqrt{2x+1}}dx$

p.180 基本事項 3

CHART & SOLUTION

置換積分法 の公式 $\displaystyle\int f(x)\,dx=\int f(g(t))g'(t)\,dt\ \ (x=g(t))$ ……（＊）を用いる。

一般に $(\square)^\alpha$ の形は $\square=t$ とおいて積分することが多いが，特に $\sqrt{\triangle}$ の形は $\sqrt{\triangle}=t$（丸ごと置換）**とおく** 方が計算しやすいことが多い。

解答

(1) $3x-1=t$ とおくと　$x=\dfrac{t+1}{3},\ dx=\dfrac{1}{3}dt$

よって　$\displaystyle\int\frac{x}{(3x-1)^2}dx=\int\frac{\frac{t+1}{3}}{t^2}\cdot\frac{1}{3}dt=\frac{1}{9}\int\frac{t+1}{t^2}dt$

$\displaystyle=\frac{1}{9}\int\left(\frac{1}{t}+\frac{1}{t^2}\right)dt=\frac{1}{9}\left(\log|t|-\frac{1}{t}\right)+C$

$\displaystyle=\boldsymbol{\frac{1}{9}\left(\log|3x-1|-\frac{1}{3x-1}\right)+C}$

(2) $\sqrt{2x+1}=t$ とおくと　$2x+1=t^2$

よって　$x=\dfrac{t^2-1}{2},\ dx=t\,dt$

ゆえに　$\displaystyle\int\frac{x}{\sqrt{2x+1}}dx=\int\frac{\frac{t^2-1}{2}}{t}\cdot t\,dt=\frac{1}{2}\int(t^2-1)\,dt$

$\displaystyle=\frac{1}{2}\left(\frac{t^3}{3}-t\right)+C=\frac{1}{6}t(t^2-3)+C$

$\displaystyle=\frac{1}{6}\sqrt{2x+1}(2x+1-3)+C=\boldsymbol{\frac{1}{3}(x-1)\sqrt{2x+1}+C}$

⇐ $\dfrac{dx}{dt}=\dfrac{1}{3}$ から。

⇐ 積分できる形に変形。

⇐ t を x の式に戻す。

⇐ 丸ごと置換

⇐ $\dfrac{dx}{dt}=t$ から。

⇐ t の多項式。
丸ごと置換せず，$2x+1=t$ とおくと無理関数の積分となり，計算が煩雑。右ページのズームUPも参照。

INFORMATION　置換積分の記法について

$x=g(t)$ のとき $\dfrac{dx}{dt}=g'(t)$ である。$\dfrac{dx}{dt}$ を形式的に分数のように扱って分母を払うと $dx=g'(t)\,dt$ となる。この記法を用いると上の公式（＊）において，**形式的に x を $g(t)$ に，dx を $g'(t)\,dt$ におき換えてよい** ことを表している。

PRACTICE 110②

次の不定積分を求めよ。

(1) $\displaystyle\int\frac{x-1}{(2x+1)^2}dx$　　(2) $\displaystyle\int\frac{9x}{\sqrt{3x-1}}dx$　　(3) $\displaystyle\int x\sqrt{x-2}\,dx$

ズームUP 置換積分法 ―丸ごと置換―

どの部分を置換したらよいかがわかりません。

p.180 の基本事項の基本的な関数の不定積分のほかに，工夫すると積分の計算がらくにできる方法の 1 つとして，置換積分法がある。

どの部分を置換するか？

基本例題 110 (2) では，$\sqrt{2x+1}=t$ と，$\sqrt{\ }$ の式を **丸ごと置換** したが，$\sqrt{\ }$ の中を置換して計算することもできる。

(2) の 別解　$2x+1=t$ とおくと　$x=\dfrac{t-1}{2}$，$dx=\dfrac{1}{2}dt$　← $\dfrac{dx}{dt}=\dfrac{1}{2}$

よって

$$\int\frac{x}{\sqrt{2x+1}}dx=\int\frac{\frac{t-1}{2}}{\sqrt{t}}\cdot\frac{1}{2}dt=\frac{1}{4}\int\frac{t-1}{\sqrt{t}}dt$$

$$=\frac{1}{4}\int\left(t^{\frac{1}{2}}-t^{-\frac{1}{2}}\right)dt$$

$$=\frac{1}{4}\left(\frac{2}{3}t^{\frac{3}{2}}-2t^{\frac{1}{2}}\right)+C$$

$$=\frac{1}{4}\cdot\frac{2}{3}t^{\frac{1}{2}}(t-3)+C$$

← $\dfrac{2}{3}t^{\frac{1}{2}}$ でくくる。

$$=\frac{1}{6}\sqrt{2x+1}\{(2x+1)-3\}+C$$

← x の式に戻す。

$$=\boldsymbol{\frac{1}{3}(x-1)\sqrt{2x+1}+C}$$

このようにしても計算できる。しかし，$\sqrt{\ }$ を含む式 (無理関数) の積分の計算が必要になり，煩雑さを感じるのではないだろうか。

2 つの解法を比較すると，丸ごと置換による解法がスムーズに計算ができることがわかりますね。

dx，dt の記法について

$\dfrac{dx}{dt}$ は本来分数を表すものではないが，形式的に分数のように扱うことができる。

すなわち，分母を払って，(dx を含む式)=(dt を含む式) の形に表すことで，積分の式に代入するように扱うことができる。便利な記法であるから，このような記法とともに置換積分の計算方法を身に付けよう。

基本 例題 111 不定積分の置換積分法 (2) ($f(g(x))g'(x)$ の不定積分)

次の不定積分を求めよ。

(1) $\int \sin^2 x \cos x\,dx$ (2) $\int x(x^2+1)^3 dx$ (3) $\int \frac{2x+4}{x^2+4x+1}dx$

p.180 基本事項 3

CHART & SOLUTION

置換積分法 $g(x)$ と $g'(x)$ を発見する

被積分関数が $f(g(x))g'(x)$ の形であることを発見すれば，$g(x)=u$ とおき換えて，公式 $\int f(g(x))g'(x)\,dx=\int f(u)\,du$ が利用できる。

(1) $\sin^2 x\cos x=(\sin x)^2(\sin x)'$ から $g(x)=\sin x$

(2) $x(x^2+1)^3=\frac{1}{2}(x^2+1)^3(x^2+1)'$ から $g(x)=x^2+1$

(3) $(x^2+4x+1)'=2x+4$ であるから $\frac{g'(x)}{g(x)}$ の形。

$\longrightarrow \int \frac{g'(x)}{g(x)}dx=\log|g(x)|+C$ を利用。

$f(■)■'$ なら ■$=u$ とおく

解答

(1) $\sin x=u$ とおくと，$\cos x\,dx=du$ であるから

$$\int \sin^2 x\cos x\,dx=\int u^2 du=\frac{1}{3}u^3+C$$

$$=\frac{1}{3}\sin^3 x+C$$

← $\frac{du}{dx}=(\sin x)'=\cos x$ から $du=\cos x\,dx$

(2) $x^2+1=u$ とおくと，$2x\,dx=du$ であるから

$$\int x(x^2+1)^3 dx=\frac{1}{2}\int (x^2+1)^3\cdot 2x\,dx$$

$$=\frac{1}{2}\int u^3 du=\frac{1}{2}\cdot\frac{1}{4}u^4+C$$

$$=\frac{1}{8}(x^2+1)^4+C$$

(3) $$\int \frac{2x+4}{x^2+4x+1}dx=\int \frac{(x^2+4x+1)'}{x^2+4x+1}dx$$

$$=\log|x^2+4x+1|+C$$

別解 (3)

$x^2+4x+1=u$ とおくと $(2x+4)\,dx=du$ であるから

$$\int \frac{2x+4}{x^2+4x+1}dx$$

$$=\int \frac{1}{u}du=\log|u|+C$$

$$=\log|x^2+4x+1|+C$$

PRACTICE 111 ②

次の不定積分を求めよ。 〔(4) 信州大 (6) 東京電機大〕

(1) $\int (2x+1)(x^2+x-2)^3 dx$ (2) $\int \frac{2x+3}{\sqrt{x^2+3x-4}}dx$ (3) $\int x\cos(1+x^2)\,dx$

(4) $\int e^x(e^x+1)^2 dx$ (5) $\int \frac{\tan x}{\cos x}dx$ (6) $\int \frac{1-\tan x}{1+\tan x}dx$

基本 例題 112 不定積分の部分積分法 (1) (基本)

次の不定積分を求めよ。

(1) $\int x\cos 3x\,dx$　　(2) $\int \log(x+2)\,dx$

p.181 基本事項 4

CHART & SOLUTION

部分積分法　関数を積 fg' に分解，$f'g$ が積分できる形に

公式 $\int f(x)g'(x)\,dx = f(x)g(x) - \int f'(x)g(x)\,dx$ を利用。

（$f(x)$ はそのまま→$f(x)$，$g'(x)$ は積分→$g(x)$；$f(x)$ は微分→$f'(x)$，$g(x)$ はそのまま→$g(x)$）

このとき，微分して簡単になるものを $f(x)$，積分しやすいものを $g'(x)$ とするとよい。

(1) x と $\cos 3x$ のうち，微分して簡単になるのは x
　$\longrightarrow$ $f(x)=x$，$g'(x)=\cos 3x$ とする。

(2) $\log(x+2)\times 1$ と見ると，$\log(x+2)$ と 1 のうち，積分しやすいのは 1
　$\longrightarrow$ $f(x)=\log(x+2)$，$g'(x)=1$ とする。

解答

(1) $\int x\cos 3x\,dx = \int x\left(\frac{1}{3}\sin 3x\right)'dx$

$= x\cdot\frac{1}{3}\sin 3x - \int 1\cdot\frac{1}{3}\sin 3x\,dx$

$= \frac{x}{3}\sin 3x - \frac{1}{3}\cdot\frac{1}{3}(-\cos 3x) + C$

$= \boldsymbol{\frac{x}{3}\sin 3x + \frac{1}{9}\cos 3x + C}$

⇐ $f=x$，$g'=\cos 3x$ とすると $f'=1$，$g=\frac{1}{3}\sin 3x$

⇐ ＿＿ は $f(ax+b)$ の形の積分。

(2) $\int \log(x+2)\,dx = \int\{\log(x+2)\}(x+2)'\,dx$

$= \{\log(x+2)\}(x+2) - \int\frac{1}{x+2}\cdot(x+2)\,dx$

$= \boldsymbol{(x+2)\log(x+2) - x + C}$

⇐ $f=\log(x+2)$，$g'=1$ とすると $f'=\frac{1}{x+2}$，$g=x+2$

POINT　部分積分法では，**$f(x)$，$g(x)$ の定め方** がポイントとなる。一般には，
(多項式)×(三角・指数関数) の場合 … 微分して次数が下がる多項式を $f(x)$
(多項式)×(対数関数) の場合 … 微分して分数関数になる対数関数を $f(x)$
とするとよい。

PRACTICE 112②

次の不定積分を求めよ。

(1) $\int x\sin 2x\,dx$　　(2) $\int\frac{x}{\cos^2 x}\,dx$　　(3) $\int\frac{1}{2\sqrt{x}}\log x\,dx$　　(4) $\int(2x+1)e^{-x}\,dx$

基本 例題 113　不定積分の部分積分法 (2)（2 回利用）

次の不定積分を求めよ。

(1) $\int x^2\cos x\,dx$　　(2) $\int x^2e^{-x}dx$

基本 112，重要 121

CHART & SOLUTION

式の変形や置換積分法ではうまく計算できない積の形の積分では，

部分積分法　関数を積 fg' に分解，$f'g$ が積分できる形に

この例題では，**部分積分法を 2 回適用** する。

(1) x^2 と $\cos x$ のうち，微分して簡単になるのは x^2

⟶ $f(x)=x^2$，$g'(x)=\cos x$ とし，$f(x)$ の次数を下げる。

(2) x^2 と e^{-x} のうち，微分して簡単になるのは x^2

⟶ $f(x)=x^2$，$g'(x)=e^{-x}$ とし，$f(x)$ の次数を下げる。

解答

(1) $\int x^2\cos x\,dx=\int x^2(\sin x)'\,dx$

$=x^2\sin x-\int 2x\sin x\,dx$

$=x^2\sin x-2\int x(-\cos x)'\,dx$

$=x^2\sin x-2\left\{-x\cos x-\int 1\cdot(-\cos x)\,dx\right\}$

$=x^2\sin x-2(-x\cos x+\sin x)+C$

$=\boldsymbol{x^2\sin x+2x\cos x-2\sin x+C}$

(2) $\int x^2e^{-x}dx=\int x^2(-e^{-x})'\,dx$

$=x^2(-e^{-x})-\int 2x(-e^{-x})\,dx$

$=-x^2e^{-x}+2\int xe^{-x}dx$

$=-x^2e^{-x}+2\int x(-e^{-x})'\,dx$

$=-x^2e^{-x}+2\left(-xe^{-x}-\int 1\cdot(-e^{-x})\,dx\right)$

$=-x^2e^{-x}-2xe^{-x}-2e^{-x}+C$

$=\boldsymbol{-(x^2+2x+2)e^{-x}+C}$

⇦ $f=x^2$，$g'=\cos x$

⇦ $f=x$，$g'=\sin x$ …… f の次数を下げる。

⇦ $f=x^2$，$g'=e^{-x}$

⇦ $f=x$，$g'=e^{-x}$ …… f の次数を下げる。

inf. 途中に出てくる積分定数は省略して最後にまとめて C としている。

PRACTICE 113③

次の不定積分を求めよ。

(1) $\int x^2\sin x\,dx$　　(2) $\int x^2e^{2x}dx$　　(3) $\int(\log x)^2dx$

基本 例題 114 分数関数の不定積分

次の不定積分を求めよ。

(1) $\displaystyle\int\frac{x^2+1}{x+1}dx$　　(2) $\displaystyle\int\frac{-x+5}{x^2-x-2}dx$

数学Ⅱ基本 19

CHART & SOLUTION

分数関数の積分

1 分子の次数を下げる　2 部分分数に分解する

(1) 分数式は（**分子の次数**）<（**分母の次数**）の形にする。

$\dfrac{x^2+1}{x+1}=\dfrac{(x^2-1)+2}{x+1}=x-1+\dfrac{2}{x+1}$ ⟵ 積分できる

(2) 分母が因数分解できるから，**部分分数に分解する**。……❗

$\boldsymbol{\dfrac{-x+5}{x^2-x-2}=\dfrac{a}{x-2}+\dfrac{b}{x+1}}$ とおき，これを x の恒等式とみて，定数 a，b の値を決める。

解答

(1) $\displaystyle\int\frac{x^2+1}{x+1}dx=\int\frac{(x+1)(x-1)+2}{x+1}dx=\int\left(x-1+\frac{2}{x+1}\right)dx$

$\quad=\boldsymbol{\dfrac{x^2}{2}-x+2\log|x+1|+C}$

(2) 分母を因数分解し

❗ $\dfrac{-x+5}{(x-2)(x+1)}=\dfrac{a}{x-2}+\dfrac{b}{x+1}$

とおいて，両辺に $(x-2)(x+1)$ を掛けると

$-x+5=a(x+1)+b(x-2)$

整理して　$-x+5=(a+b)x+a-2b$

これが x についての恒等式である条件は

$a+b=-1$，$a-2b=5$

これを解いて　$a=1$，$b=-2$

よって　$\displaystyle\int\frac{-x+5}{x^2-x-2}dx=\int\left(\frac{1}{x-2}-\frac{2}{x+1}\right)dx$

$=\log|x-2|-2\log|x+1|+C$

$=\log|x-2|-\log(x+1)^2+C$

$=\boldsymbol{\log\dfrac{|x-2|}{(x+1)^2}+C}$

⇐ 1 分子の次数を下げる
分子 x^2+1 を分母 $x+1$ で割ると商 $x-1$，余り 2

⇐ 2 部分分数に分解する
詳しくは「チャート式解法と演習数学Ⅱ」の $p.32$，38 を参照。

⇐ 係数比較法。数値代入法により求めてもよい。

⇐ $(x+1)^2>0$ であるから，絶対値は不要。

PRACTICE 114②

次の不定積分を求めよ。

(1) $\displaystyle\int\frac{x^2+x}{x-1}dx$　　(2) $\displaystyle\int\frac{x}{x^2+x-6}dx$

基本 例題 115 無理関数の不定積分 (1)

次の不定積分を求めよ。

(1) $\displaystyle\int\frac{x}{\sqrt{x+1}+1}dx$ (2) $\displaystyle\int\frac{1}{x\sqrt{x+1}}dx$

基本 110

CHART & SOLUTION

無理関数の積分

1 無理式 ⟶ まず有理化

2 無理式は丸ごと置換

(1) 分母を **有理化** して，積分できる形にする。

(2) $x+1=t$ とおいて積分することもできるが，$\boldsymbol{\sqrt{x+1}=t}$ (丸ごと置換) **とおく** 方がスムーズ。(基本例題 110 (2) を参照。)

解答

(1) $\displaystyle\int\frac{x}{\sqrt{x+1}+1}dx=\int\frac{x(\sqrt{x+1}-1)}{(x+1)-1}dx$

$\displaystyle=\int(\sqrt{x+1}-1)dx$

$\displaystyle=\boldsymbol{\frac{2}{3}(x+1)\sqrt{x+1}-x+C}$

⇐ **分母を有理化**

⇐ $\sqrt{x+1}=(x+1)^{\frac{1}{2}}$ から $\displaystyle\int\sqrt{x+1}\,dx=\frac{2}{3}(x+1)^{\frac{3}{2}}+C$

(2) $\sqrt{x+1}=t$ とおくと $x=t^2-1$，$dx=2t\,dt$

よって $\displaystyle\int\frac{dx}{x\sqrt{x+1}}=\int\frac{2t}{(t^2-1)t}dt$

$\displaystyle=\int\frac{2}{t^2-1}dt$

$\displaystyle=\int\left(\frac{1}{t-1}-\frac{1}{t+1}\right)dt$

$=\log|t-1|-\log|t+1|+C$

$\displaystyle=\log\left|\frac{t-1}{t+1}\right|+C$

$\displaystyle=\boldsymbol{\log\frac{|\sqrt{x+1}-1|}{\sqrt{x+1}+1}+C}$

⇐ **丸ごと置換**
$x+1=t$ とおくと
$\displaystyle\int\frac{dx}{x\sqrt{x+1}}=\int\frac{dt}{(t-1)\sqrt{t}}$
となり，計算が煩雑。

⇐ $\displaystyle\frac{2}{t^2-1}=\frac{2}{(t+1)(t-1)}=\frac{(t+1)-(t-1)}{(t+1)(t-1)}=\frac{1}{t-1}-\frac{1}{t+1}$

⇐ $\sqrt{x+1}+1>0$ であるから，分母の絶対値は不要。

PRACTICE 115③

次の不定積分を求めよ。

(1) $\displaystyle\int\frac{x}{\sqrt{x+2}-\sqrt{2}}dx$ (2) $\displaystyle\int\frac{x+1}{x\sqrt{2x+1}}dx$ (3) $\displaystyle\int\frac{2x}{\sqrt{x^2+1}-x}dx$

基本 例題 116 三角関数の不定積分 (1)(次数を下げる)

次の不定積分を求めよ。

(1) $\int \cos^2 x\,dx$　　(2) $\int \sin^3 x\,dx$　　(3) $\int \sin 3x \cos 2x\,dx$

数学II p.224 まとめ，重要 127

CHART & SOLUTION

三角関数の積分　次数を下げて，1 次の形にする

(1) **2 倍角の公式**　(2) **3 倍角の公式**　(3) **積 ⟶ 和の公式**

を用いて式変形すると，sin や cos の 1 次式の和になり積分できる。

解答

(1) $\int \cos^2 x\,dx = \int \frac{1}{2}(1+\cos 2x)\,dx = \boldsymbol{\frac{1}{2}x + \frac{1}{4}\sin 2x + C}$

⇐ **2 倍角の公式**
$\cos 2x = 2\cos^2 x - 1$
から $\cos^2 x = \frac{1+\cos 2x}{2}$

(2) $\sin 3x = 3\sin x - 4\sin^3 x$ から

$$\sin^3 x = \frac{1}{4}(3\sin x - \sin 3x)$$

⇐ **3 倍角の公式** から。

よって　$\int \sin^3 x\,dx = \frac{1}{4}\int (3\sin x - \sin 3x)\,dx$

$$= \boldsymbol{-\frac{3}{4}\cos x + \frac{1}{12}\cos 3x + C}$$

(3) $\int \sin 3x \cos 2x\,dx = \frac{1}{2}\int (\sin 5x + \sin x)\,dx$

$$= \boldsymbol{-\frac{1}{10}\cos 5x - \frac{1}{2}\cos x + C}$$

⇐ **積 ⟶ 和の公式**
$\sin 3x \cos 2x$
$= \frac{1}{2}\{\sin(3x+2x) + \sin(3x-2x)\}$

inf. (2) は，置換積分法によって次のように計算する方法もある。

(p.192 基本例題 117，p.195 重要例題 120 参照)

$\cos x = t$ とおくと　$-\sin x\,dx = dt$

よって　$\int \sin^3 x\,dx = \int \sin^2 x \cdot \sin x\,dx = \int (1-\cos^2 x)\sin x\,dx = \int (1-t^2)\cdot(-1)\,dt$

$$= \frac{t^3}{3} - t + C = \boldsymbol{\frac{1}{3}\cos^3 x - \cos x + C}$$

(2) の結果と違うように見えるが，3 倍角の公式 $\cos 3x = -3\cos x + 4\cos^3 x$ を用いて計算すると，これらは同じ関数であることがわかる。

PRACTICE 116②

次の不定積分を求めよ。

(1) $\int \frac{\sin^2 x}{1+\cos x}\,dx$　　(2) $\int \cos 4x \cos 2x\,dx$　　(3) $\int \sin 3x \sin 2x\,dx$

(4) $\int \cos^4 x\,dx$　　(5) $\int \sin^3 x \cos^3 x\,dx$　　(6) $\int \left(\tan x + \frac{1}{\tan x}\right)^2 dx$

基本 例題 117 三角関数の不定積分 (2)（置換積分法）

次の不定積分を求めよ。

(1) $\displaystyle\int\frac{1}{\cos x}dx$ (2) $\displaystyle\int\frac{\sin x-\sin^3 x}{1+\cos x}dx$

基本 111

CHART & SOLUTION

三角関数の積分 $f(■)■'$ の形に直して，■$=t$ と置換

(1) $\displaystyle\frac{1}{\cos x}=\frac{\cos x}{\cos^2 x}=\frac{1}{1-\sin^2 x}\cdot\cos x$

$f(\sin x)\cos x$ の形 $\longrightarrow$ $\sin x=t$ とおく。

(2) $\displaystyle\frac{\sin x-\sin^3 x}{1+\cos x}=\frac{(1-\sin^2 x)\sin x}{1+\cos x}=\frac{\cos^2 x}{1+\cos x}\cdot\sin x$

$f(\cos x)\sin x$ の形 $\longrightarrow$ $\cos x=t$ とおく。

解答

(1) $\sin x=t$ とおくと $\cos x\,dx=dt$

よって $\displaystyle\int\frac{1}{\cos x}dx=\int\frac{\cos x}{\cos^2 x}dx=\int\frac{\cos x}{1-\sin^2 x}dx$

$\displaystyle=\int\frac{1}{1-t^2}dt=\frac{1}{2}\int\left(\frac{1}{1+t}+\frac{1}{1-t}\right)dt$ ⇐ $\displaystyle\frac{1}{2}\cdot\frac{(1-t)+(1+t)}{(1+t)(1-t)}$

$\displaystyle=\frac{1}{2}(\log|1+t|-\log|1-t|)+C$ ⇐ $\displaystyle\frac{1}{2}\log\left|\frac{1+t}{1-t}\right|+C$

$\displaystyle=\boldsymbol{\frac{1}{2}\log\frac{1+\sin x}{1-\sin x}+C}$ ⇐ $\cos x\neq 0$ から $1+\sin x>0$, $1-\sin x>0$ よって，真数は正。

(2) $\cos x=t$ とおくと $-\sin x\,dx=dt$

よって $\displaystyle\int\frac{\sin x-\sin^3 x}{1+\cos x}dx=\int\frac{\cos^2 x}{1+\cos x}\cdot\sin x\,dx$

$\displaystyle=-\int\frac{t^2}{1+t}dt=-\int\left(t-1+\frac{1}{1+t}\right)dt$ ⇐ 分子の次数を下げる。

$\displaystyle=-\frac{1}{2}t^2+t-\log|1+t|+C$

$\displaystyle=\boldsymbol{-\frac{1}{2}\cos^2 x+\cos x-\log(1+\cos x)+C}$ ⇐ $1+\cos x\neq 0$ から $1+\cos x>0$ よって，真数は正。

PRACTICE 117 ②

次の不定積分を求めよ。 ［(2) 関西学院大］

(1) $\displaystyle\int\sin x\cos^5 x\,dx$ (2) $\displaystyle\int\frac{\sin x\cos x}{2+\cos x}dx$ (3) $\displaystyle\int\cos^3 2x\,dx$

(4) $\displaystyle\int(\cos x+\sin^2 x)\sin x\,dx$ (5) $\displaystyle\int\frac{\tan^2 x}{\cos^2 x}dx$

基本 例題 118 指数，対数関数の不定積分（置換積分法） ①①①①①

次の不定積分を求めよ。

(1) $\displaystyle\int\frac{\log x}{x(\log x+1)^2}dx$　　(2) $\displaystyle\int\frac{e^{3x}}{(e^x+1)^2}dx$

p.180 基本事項 3

CHART & SOLUTION

指数，対数関数の積分　丸ごとの置換あり

$(e^x)'=e^x$，$(\log x)'=\dfrac{1}{x}$ を利用して置換積分できないかと考える。

(1) $\boldsymbol{\log x+1=t}$（丸ごと置換）**とおく**と　$\dfrac{1}{x}dx=dt$

(2) $e^x=t$ とおいてもよいが，$\boldsymbol{e^x+1=t}$ **とおく**方が計算がらく。

解答

(1) $\log x+1=t$ とおくと　$\log x=t-1$，$\dfrac{1}{x}dx=dt$

⇐ $\dfrac{1}{x}=\dfrac{dt}{dx}$

よって

$$\int\frac{\log x}{x(\log x+1)^2}dx=\int\frac{t-1}{t^2}dt$$
$$=\int\left(\frac{1}{t}-\frac{1}{t^2}\right)dt$$
$$=\log|t|+\frac{1}{t}+C$$
$$=\boldsymbol{\log|\log x+1|+\frac{1}{\log x+1}+C}$$

(2) $e^x+1=t$ とおくと　$e^x=t-1$，$e^xdx=dt$

⇐ $e^x=\dfrac{dt}{dx}$

よって

$$\int\frac{e^{3x}}{(e^x+1)^2}dx=\int\frac{(t-1)^2}{t^2}dt$$

⇐ $e^{3x}dx=e^{2x}\cdot e^xdx$
$=(t-1)^2dt$

$$=\int\left(1-\frac{2}{t}+\frac{1}{t^2}\right)dt$$
$$=t-2\log|t|-\frac{1}{t}+C_1$$
$$=e^x+1-2\log(e^x+1)-\frac{1}{e^x+1}+C_1$$

⇐ $e^x+1>0$

$$=\boldsymbol{e^x-2\log(e^x+1)-\frac{1}{e^x+1}+C}$$

⇐ $1+C_1$ を改めて C とおく。

PRACTICE 118③

次の不定積分を求めよ。　［(1) 信州大　(3) 愛知工大］

(1) $\displaystyle\int\frac{1}{x(\log x)^2}dx$　(2) $\displaystyle\int\frac{\sqrt{\log x}}{x}dx$　(3) $\displaystyle\int\frac{1}{e^x+2}dx$　(4) $\displaystyle\int\frac{e^{3x}}{\sqrt{e^x+1}}dx$

基本 例題 119 導関数から関数の決定 ①①①①①

(1) $f'(x)=xe^x$, $f(1)=2$ を満たす関数 $f(x)$ を求めよ。

(2) $f(x)$ は $x>0$ で定義された微分可能な関数とする。

曲線 $y=f(x)$ 上の点 (x, y) における接線の傾きが $\dfrac{1}{x}$ で表される曲線のうちで，点 $(e, 2)$ を通るものを求めよ。

p.180 基本事項 1

CHART & SOLUTION

導関数から関数の決定　積分は微分の逆演算

$$F'(x)=f(x) \underset{\text{微分}}{\overset{\text{積分}}{\rightleftarrows}} \int f(x)\,dx=F(x)+C$$

(1) $f(x)=\int xe^x\,dx$

なお，右辺の積分定数 C は，$f(1)=2$（これを **初期条件** という）で決まる。

(2) (接線の傾き)=(微分係数)　　よって　$f'(x)=\dfrac{1}{x}$

点 $(e, 2)$ を通る $\Longleftrightarrow$ $f(e)=2$（初期条件）$\longrightarrow$ 積分定数 C が決まる。

解答

(1) $f(x)=\int xe^x\,dx=\int x(e^x)'\,dx=xe^x-\int (x)'e^x dx$　　⇐ 部分積分法

$=xe^x-\int e^x dx=(x-1)e^x+C$　（C は積分定数）　　⇐ $\int e^x dx=e^x+C$

$f(1)=2$ であるから　$C=2$

ゆえに　$\boldsymbol{f(x)=(x-1)e^x+2}$

(2) 曲線 $y=f(x)$ 上の点 (x, y) における接線の傾きは

$f'(x)$ であるから　$f'(x)=\dfrac{1}{x}$　$(x>0)$

よって　$f(x)=\int \dfrac{dx}{x}=\log x+C$　（C は積分定数）　　⇐ $x>0$ であるから $|x|=x$

この曲線が点 $(e, 2)$ を通るから

$2=\log e+C$　　ゆえに　$C=1$　　⇐ $f(e)=2$, $\log e=1$

したがって，求める曲線の方程式は　$\boldsymbol{y=\log x+1}$

PRACTICE 119②

(1) $x>0$ で定義された関数 $f(x)$ は $f'(x)=ax-\dfrac{1}{x}$（a は定数），$f(1)=a$, $f(e)=0$ を満たすとする。$f(x)$ を求めよ。　〔名城大〕

(2) 曲線 $y=f(x)$ 上の点 (x, y) における接線の傾きが 2^x であり，かつ，この曲線が原点を通るとき，$f(x)$ を求めよ。ただし，$f(x)$ は微分可能とする。

重要 例題 120　三角関数の不定積分 (3) (n 乗)

次の不定積分を求めよ。

(1) $\int\cos^5 x\,dx$　　(2) $\int\sin^6 x\,dx$

基本 111, 116, 117, 重要 122

CHART & SOLUTION

sin, cos の n 乗の積分

n が奇数 ⟶ f(■)■′ の形へ
n が偶数 ⟶ 次数を下げる ……!

(1) $\cos^5 x=\cos^4 x\cos x=(1-\sin^2 x)^2\cos x$ と変形すると $f(\sin x)(\sin x)'$ の形になる。
⟶ $\sin x=t$ とおく。

(2) n が偶数のときは, (1) のようにはいかない。
2 倍角の公式, 3 倍角の公式, 積 ⟶ 和の公式 などを利用して次数を下げる。

解答

(1) $\sin x=t$ とおくと, $\cos x\,dx=dt$ であるから

$$\int\cos^5 x\,dx=\int(1-\sin^2 x)^2\cos x\,dx=\int(1-t^2)^2dt$$
$$=\int(1-2t^2+t^4)\,dt=t-\frac{2}{3}t^3+\frac{t^5}{5}+C$$
$$=\sin x-\frac{2}{3}\sin^3 x+\frac{1}{5}\sin^5 x+C$$

(2) $\sin^6 x=(\sin^3 x)^2=\left\{\frac{1}{4}(3\sin x-\sin 3x)\right\}^2$

$$=\frac{1}{16}(9\sin^2 x-6\sin x\sin 3x+\sin^2 3x)$$
$$=\frac{9}{32}(1-\cos 2x)+\frac{3}{16}(\cos 4x-\cos 2x)+\frac{1}{32}(1-\cos 6x)$$

よって

$$\int\sin^6 x\,dx=\frac{1}{32}\int(10-15\cos 2x+6\cos 4x-\cos 6x)\,dx$$
$$=\frac{5}{16}x-\frac{15}{64}\sin 2x+\frac{3}{64}\sin 4x-\frac{1}{192}\sin 6x+C$$

inf. (1) は基本例題 117, (2) は基本例題 116 も合わせて参照してほしい。

⇐ 3 倍角の公式
$\sin 3x=3\sin x-4\sin^3 x$

⇐ 2 倍角の公式
$\cos 2x=1-2\sin^2 x$
積 ⟶ 和の公式
$\sin\alpha\sin\beta=-\frac{1}{2}\{\cos(\alpha+\beta)-\cos(\alpha-\beta)\}$

5章 13 不定積分

PRACTICE 120③

次の不定積分を求めよ。

(1) $\int\sin^5 x\,dx$　　(2) $\int\tan^3 x\,dx$　　(3) $\int\cos^6 x\,dx$

重要 例題 121 不定積分の部分積分法 (3)(同形出現)

$I=\int e^x \sin x\,dx$，$J=\int e^x \cos x\,dx$ であるとき

(1) $I=e^x \sin x-J$，$J=e^x \cos x+I$ が成り立つことを証明せよ。

(2) I，J を求めよ。

基本 112, 113

CHART & SOLUTION

積の積分 ⟶ 部分積分　sin，cos はペアで考える

(1) $e^x \sin x=(e^x)' \sin x$，$e^x \cos x=(e^x)' \cos x$ と考えて **部分積分法** を利用。

(2) (1)の I，J についての連立方程式を解く。

解答

(1) $\int e^x \sin x\,dx=\int (e^x)' \sin x\,dx=e^x \sin x-\int e^x \cos x\,dx$

$\int e^x \cos x\,dx=\int (e^x)' \cos x\,dx=e^x \cos x-\int e^x(-\sin x)\,dx$

すなわち　$I=e^x \sin x-J$　…… ①

$J=e^x \cos x+I$　…… ②

(2) ①，② から J を消去して　$I=e^x \sin x-e^x \cos x-I$

①，② から I を消去して　$J=e^x \cos x+e^x \sin x-J$

ゆえに，積分定数も考えて

$$\boldsymbol{I=\frac{1}{2}e^x(\sin x-\cos x)+C_1}$$

$$\boldsymbol{J=\frac{1}{2}e^x(\sin x+\cos x)+C_2}$$

⇦ 部分積分法

⇦ 部分積分法

別解 (1) $(e^x \sin x)'$
$=e^x \sin x+e^x \cos x$，
$(e^x \cos x)'$
$=e^x \cos x-e^x \sin x$
これらの両辺を x で積分すると　$e^x \sin x=I+J$
$e^x \cos x=-I+J$
ゆえに，与式が成り立つ。

INFORMATION　同形出現の部分積分

例えば I のみを求める場合は，部分積分法を 2 回用いて，同じ形を作るよう工夫する。

$\int e^x \sin x\,dx=e^x \sin x-\int e^x \cos x\,dx=e^x \sin x-\left\{e^x \cos x-\int e^x(-\sin x)\,dx\right\}$

$=e^x \sin x-e^x \cos x-\int e^x \sin x\,dx$　⇦ 同形出現

積分定数も考えて　$\int e^x \sin x\,dx=\frac{1}{2}e^x(\sin x-\cos x)+C$

のように計算してもよい(J についても同様)。

PRACTICE 121③

$I=\int (e^x+e^{-x}) \sin x\,dx$，$J=\int (e^x-e^{-x}) \cos x\,dx$ であるとき，等式

$I=(e^x-e^{-x}) \sin x-J$，$J=(e^x+e^{-x}) \cos x+I$ が成り立つことを証明し，I，J を求めよ。

重要 例題 122 不定積分と漸化式 ④

$I_n=\int\sin^n x\,dx$ とする。次の等式が成り立つことを証明せよ。ただし，n は2以上の整数とし，$\sin^0 x=1$ とする。

$$I_n=\frac{1}{n}\{-\sin^{n-1}x\cos x+(n-1)I_{n-2}\}$$

重要120，重要136

CHART & SOLUTION

積の積分 ⟶ 部分積分　sin，cos はペアで考える

$I_n=(\sin^n x$ の積分) であるから　$I_{n-2}=(\sin^{n-2}x$ の積分)

$\sin^n x=\sin x\cdot\sin^{n-1}x=(-\cos x)'\sin^{n-1}x$ と変形し，**部分積分法** を利用すると $\sin^{n-2}x$ と $\sin^n x$ の積分が現れ，I_{n-2} と I_n が結びつく。

解答

$$I_n=\int\sin^n x\,dx=\int\sin x\cdot\sin^{n-1}x\,dx$$

$$=\int(-\cos x)'\sin^{n-1}x\,dx$$

⇐ 部分積分法

$$=(-\cos x)\sin^{n-1}x-\int(-\cos x)(n-1)\sin^{n-2}x\cos x\,dx$$

⇐ $(\sin^{n-1}x)'=(n-1)\sin^{n-2}x(\sin x)'$

$$=-\sin^{n-1}x\cos x+(n-1)\int\sin^{n-2}x\cos^2 x\,dx$$

$$=-\sin^{n-1}x\cos x+(n-1)\int\sin^{n-2}x(1-\sin^2 x)\,dx$$

⇐ $\cos^2 x=1-\sin^2 x$

$$=-\sin^{n-1}x\cos x+(n-1)\left(\int\sin^{n-2}x\,dx-\int\sin^n x\,dx\right)$$

⇐ 同形出現

$$=-\sin^{n-1}x\cos x+(n-1)I_{n-2}-(n-1)I_n$$

よって　$nI_n=-\sin^{n-1}x\cos x+(n-1)I_{n-2}$

したがって　$I_n=\frac{1}{n}\{-\sin^{n-1}x\cos x+(n-1)I_{n-2}\}$

PRACTICE 122 ④

n は2以上の整数とする。次の等式が成り立つことを証明せよ。ただし，$\cos^0 x=1$，$\tan^0 x=1$ とする。

(1) $\int\cos^n x\,dx=\frac{1}{n}\left\{\sin x\cos^{n-1}x+(n-1)\int\cos^{n-2}x\,dx\right\}$

(2) $\int\tan^n x\,dx=\frac{1}{n-1}\tan^{n-1}x-\int\tan^{n-2}x\,dx$

重要例題 123　無理関数の不定積分 (2)（特殊な置換積分）

(1) 不定積分 $\int\frac{1}{\sqrt{x^2+1}}dx$ を $\sqrt{x^2+1}+x=t$ の置換により求めよ。

(2) (1)の結果を利用して，不定積分 $\int\sqrt{x^2+1}\,dx$ を求めよ。

基本 115

CHART & SOLUTION

おき換えが指定された不定積分　指定された文字で総入れ替え

(1) 無理関数 $\sqrt{x^2+a}$ の形を含む（ここでは $a=1$）不定積分は $x=\tan t$ と置換しても求められるが，計算が煩雑。与えられた置換に従って計算しよう。
（なお，tan で置換する解法は基本例題 130 で学習する。）

(2) $\sqrt{x^2+1}=(x)'\sqrt{x^2+1}$ として部分積分法を利用。⟶ 同形出現

解答

(1) $\sqrt{x^2+1}+x=t$ とおくと　$\left(\frac{x}{\sqrt{x^2+1}}+1\right)dx=dt$

よって，$\frac{x+\sqrt{x^2+1}}{\sqrt{x^2+1}}dx=dt$ から　$\frac{1}{\sqrt{x^2+1}}dx=\frac{1}{t}dt$

⇐ $x+\sqrt{x^2+1}=t$ から $\frac{t}{\sqrt{x^2+1}}dx=dt$

したがって

$$\int\frac{1}{\sqrt{x^2+1}}dx=\int\frac{1}{t}dt=\log t+C=\boldsymbol{\log(\sqrt{x^2+1}+x)+C}$$

⇐ $\sqrt{x^2+1}>|x|$ から $t>0$

(2) $\int\sqrt{x^2+1}\,dx=\int(x)'\sqrt{x^2+1}\,dx=x\sqrt{x^2+1}-\int\frac{x^2}{\sqrt{x^2+1}}dx$

⇐ 部分積分法

また　$\int\frac{x^2}{\sqrt{x^2+1}}dx=\int\frac{(x^2+1)-1}{\sqrt{x^2+1}}dx$

$$=\int\sqrt{x^2+1}\,dx-\int\frac{1}{\sqrt{x^2+1}}dx$$

⇐ 同形出現

よって

$$\int\sqrt{x^2+1}\,dx=x\sqrt{x^2+1}-\left(\int\sqrt{x^2+1}\,dx-\int\frac{1}{\sqrt{x^2+1}}dx\right)$$

(1)から　$2\int\sqrt{x^2+1}\,dx=x\sqrt{x^2+1}+\log(\sqrt{x^2+1}+x)+C_1$

ゆえに

$$\int\sqrt{x^2+1}\,dx=\boldsymbol{\frac{1}{2}\{x\sqrt{x^2+1}+\log(\sqrt{x^2+1}+x)\}+C}$$

⇐ $\frac{C_1}{2}=C$ とおく。

PRACTICE 123[4]

(1) 不定積分 $\int\frac{1}{\sqrt{x^2+2x+2}}dx$ を $\sqrt{x^2+a}+x=t$（a は定数）の置換により求めよ。

(2) (1)の結果を利用して，不定積分 $\int\sqrt{x^2+2x+2}\,dx$ を求めよ。

重要 例題 124　三角関数の不定積分 (4)（特殊な置換積分）

(1) $\tan\dfrac{x}{2}=t$ とおくとき，$\sin x$，$\dfrac{dx}{dt}$ を t で表せ。

(2) (1) を利用して，不定積分 $\displaystyle\int\frac{dx}{\sin x+1}$ を求めよ。

基本 117

CHART & SOLUTION

おき換えが指定された不定積分　指定された文字で総入れ替え

(1) の誘導に従い，$\sin x$，$\dfrac{dx}{dt}$ を t で表し，$\displaystyle\int\frac{dx}{\sin x+1}$ を t で置換積分する。

$\sin x$ を t で表すには，$\sin\theta\cos\theta=\tan\theta\cos^2\theta=\dfrac{\tan\theta}{1+\tan^2\theta}$ の変形を利用する。

解答

(1) $\boldsymbol{\sin x}=2\sin\dfrac{x}{2}\cos\dfrac{x}{2}=2\tan\dfrac{x}{2}\cos^2\dfrac{x}{2}$

$=2\tan\dfrac{x}{2}\cdot\dfrac{1}{1+\tan^2\dfrac{x}{2}}=\boldsymbol{\dfrac{2t}{1+t^2}}$

また，$t=\tan\dfrac{x}{2}$ の両辺を x で微分すると

$$\frac{dt}{dx}=\frac{1}{\cos^2\frac{x}{2}}\cdot\frac{1}{2}=\frac{1}{2}\left(1+\tan^2\frac{x}{2}\right)=\frac{1+t^2}{2}$$

よって　$\boldsymbol{\dfrac{dx}{dt}=\dfrac{2}{1+t^2}}$

(2) (1) から　$\displaystyle\int\frac{dx}{\sin x+1}=\int\frac{1}{\frac{2t}{1+t^2}+1}\cdot\frac{2}{1+t^2}dt$

$\displaystyle=\int\frac{2}{(1+t)^2}dt=-\frac{2}{1+t}+C=\boldsymbol{-\frac{2}{1+\tan\frac{x}{2}}+C}$

⇐ $\sin 2\theta=2\sin\theta\cos\theta$
$\sin\theta=\tan\theta\cos\theta$
$1+\tan^2\theta=\dfrac{1}{\cos^2\theta}$

⇐ $\{\tan f(x)\}'=\dfrac{1}{\cos^2 f(x)}\cdot f'(x)$

⇐ $\dfrac{dx}{dt}=\dfrac{1}{\frac{dt}{dx}}$

⇐ $\dfrac{1}{\frac{2t}{1+t^2}+1}\cdot\dfrac{2}{1+t^2}=\dfrac{2}{2t+1+t^2}=\dfrac{2}{(1+t)^2}$

INFORMATION　三角関数の積分の置換積分

一般に，x の三角関数の積分は，$\boldsymbol{\tan\dfrac{x}{2}=t}$ **と置換** すると

$$\sin x=\frac{2t}{1+t^2},\ \cos x=\frac{1-t^2}{1+t^2},\ \tan x=\frac{2t}{1-t^2},\ dx=\frac{2}{1+t^2}dt$$

により，t の分数関数の積分で表すことができる。（解答編 $p.191$ 補足 参照。）

PRACTICE 124④

$\tan\dfrac{x}{2}=t$ とおくことにより，不定積分 $\displaystyle\int\frac{5}{3\sin x+4\cos x}dx$ を求めよ。〔類　埼玉大〕

振り返り 不定積分の求め方

微分法では積・商の公式があったのに，積分法では積 $\int fg\,dx$，商 $\int \frac{f}{g}\,dx$ のすべての場合に使えるような公式はないのでしょうか？

積分法には積・商の公式はありません。また，すべての関数が積分できるとは限りません。したがって，それぞれの関数の特長を利用して積分するということになります。積分の計算方法のポイントを確認しましょう。

● 不定積分の計算の基本

不定積分の求め方のポイントについて，これまでに学習した内容をまとめておこう。
なお，a，b は定数，n は自然数，C は積分定数を表し，$F'(x)=f(x)$ とする。

1 不定積分の定義 $\displaystyle\int f(x)\,dx=F(x)+C$

2 基本的な関数の不定積分 …… 必ず覚えよう！

$\alpha \neq -1$ のとき $\displaystyle\int x^{\alpha}dx=\frac{1}{\alpha+1}x^{\alpha+1}+C$，　$\displaystyle\int \frac{1}{x}dx=\log|x|+C$

$\displaystyle\int \sin x\,dx=-\cos x+C$，　$\displaystyle\int \cos x\,dx=\sin x+C$，　$\displaystyle\int \frac{dx}{\cos^2 x}=\tan x+C$

$\displaystyle\int e^x dx=e^x+C$，　$\displaystyle\int a^x dx=\frac{a^x}{\log a}+C$ $(a>0,\ a\neq 1)$

3 置換積分法・部分積分法 …… 必ず利用できるようにしよう！

$\displaystyle\int f(ax+b)\,dx=\frac{1}{a}F(ax+b)+C$ $(a\neq 0)$

⟶ 基本 109

$x=g(t) \Longrightarrow \displaystyle\int f(x)\,dx=\int f(g(t))g'(t)\,dt$

⟶ 基本 110

$g(x)=u \Longrightarrow \displaystyle\int f(g(x))g'(x)\,dx=\int f(u)\,du$

⟶ 基本 111 (1), (2)

$\displaystyle\int \frac{f'(x)}{f(x)}dx=\log|f(x)|+C$

⟶ 基本 111 (3)

$\displaystyle\int f(x)g'(x)\,dx=f(x)g(x)-\int f'(x)g(x)\,dx$

⟶ 基本 112 (1), 113

$\displaystyle\int f(x)\,dx=xf(x)-\int xf'(x)\,dx$

⟶ 基本 112 (2)

● いろいろな関数の不定積分

積分できる形への変形の方法や，**置換積分にもち込む**ためのポイントをまとめておく。

1 分数関数

(1) 分子の次数が分母の次数以上の場合は，割り算により商と余りを求め，**(分子の次数)<(分母の次数)** となるように変形する。 ⟶ 基本 114 (1)

(2) 分母が複数の因数の積の形のときは，**部分分数に分解**する。 ⟶ 基本 114 (2)

例 (1) $\displaystyle\frac{3x^2-x+2}{x+1}=3x-4+\frac{6}{x+1}$　(2) $\displaystyle\frac{4x+5}{(x+2)(x-1)}=\frac{1}{x+2}+\frac{3}{x-1}$

2 無理関数

(1) 分母が無理式のときは，**分母を有理化** する。 ⟶ 基本 115 (1)

(2) $\sqrt{ax+b}$ を含む形は，$\boldsymbol{\sqrt{ax+b}=t}$ **とおいて置換積分** する。 ⟶ 基本 115 (2)

この場合，$x=\dfrac{t^2-b}{a}$，$dx=\dfrac{2t}{a}dt$ から，t についての多項式または分数式で表される関数の積分になる。

例 (1) $\dfrac{x}{\sqrt{x+1}+1}=\dfrac{x(\sqrt{x+1}-1)}{(\sqrt{x+1})^2-1^2}=\sqrt{x+1}-1$

(2) $I=\displaystyle\int\frac{1}{x\sqrt{x+1}}dx$，$\sqrt{x+1}=t$ とおくと，$x=t^2-1$，$dx=2t\,dt$ であるから

$$I=\int\frac{2t}{(t^2-1)t}dt=\int\frac{1}{(t+1)(t-1)}dt=\cdots\cdots$$

3 三角関数

(1) **次数を下げて 1 次式に変形** する。 ⟶ 基本 116

その際，次の公式がよく利用される。

半角，2 倍角，3 倍角の公式

$$\sin^2 x=\frac{1-\cos 2x}{2},\quad \cos^2 x=\frac{1+\cos 2x}{2},\quad \sin x\cos x=\frac{1}{2}\sin 2x$$

$$\sin^3 x=\frac{1}{4}(3\sin x-\sin 3x),\quad \cos^3 x=\frac{1}{4}(3\cos x+\cos 3x)$$

積 ⟶ 和の公式

$$\sin\alpha\cos\beta=\frac{1}{2}\{\sin(\alpha+\beta)+\sin(\alpha-\beta)\}$$

$$\cos\alpha\cos\beta=\frac{1}{2}\{\cos(\alpha+\beta)+\cos(\alpha-\beta)\}$$

$$\sin\alpha\sin\beta=-\frac{1}{2}\{\cos(\alpha+\beta)-\cos(\alpha-\beta)\}$$

(2) $f(\sin x)\cos x$，$f(\cos x)\sin x$，$\dfrac{f(\tan x)}{\cos^2 x}$ の形は，それぞれ

$\boldsymbol{\sin x=t}$，$\boldsymbol{\cos x=t}$，$\boldsymbol{\tan x=t}$ **とおいて置換積分** する。 ⟶ 基本 117

例 (1) $\sin 3x\cos 2x=\dfrac{1}{2}\{\sin(3x+2x)+\sin(3x-2x)\}=\dfrac{1}{2}(\sin 5x+\sin x)$

(2) $I=\displaystyle\int\frac{1}{\cos x}dx$，$\sin x=t$ とおくと，$\cos x\,dx=dt$ であるから

$$I=\int\frac{1}{\cos x}\cdot\frac{\cos x\,dx}{\cos x}=\int\frac{\cos x\,dx}{1-\sin^2 x}=\int\frac{dt}{1-t^2}=\cdots\cdots$$

4 指数関数・対数関数

(1) $\boldsymbol{e^x=t}$ **または** $\boldsymbol{\log x=t}$ **とおいて置換積分** する。 ⟶ 基本 118

なお，$e^x+c=t$，$\log x+c=t$ のように，定数まで含めて **丸ごと置換** した方がスムーズに計算できることも多い。

(2) 積の形は **部分積分** する。 ⟶ 基本 112 (2), 基本 113 (2)

$e^xf(x)$ の形は $(e^x)'\cdot f(x)$，$f(x)\log x$ の形は $F'(x)\cdot\log x$ と見て部分積分するのが基本。$\log f(x)$ の形は $(x)'\cdot\log f(x)$ と見れば部分積分できる。

EXERCISES　13 不定積分

A

94[3] 次の不定積分を求めよ。

(1) $\displaystyle\int\frac{x}{(1+x^2)^3}dx$　　(2) $\displaystyle\int\frac{2x+1}{x^2(x+1)}dx$

(3) $\displaystyle\int(x+1)^2\log x\,dx$　〔日本女子大〕　(4) $\displaystyle\int\frac{1}{e^x-e^{-x}}dx$　〔信州大〕

(5) $\displaystyle\int e^{\sin x}\sin 2x\,dx$　　(6) $\displaystyle\int e^{\sqrt{x}}dx$　〔広島市大〕

→110〜118

B

95[3] 次の不定積分を求めよ。

(1) $\displaystyle\int\frac{1}{\cos^4 x}dx$　(2) $\displaystyle\int\tan^4 x\,dx$　(3) $\displaystyle\int\frac{\cos^2 x}{1-\cos x}dx$　→117, 120

96[3] 不定積分 $\displaystyle\int(\cos x)e^{ax}dx$ を求めよ。　〔信州大〕　→121

97[4] n を自然数とする。

(1) $t=\tan x$ と置換することで，不定積分 $\displaystyle\int\frac{dx}{\sin x\cos x}$ を求めよ。

(2) 関数 $\displaystyle\frac{1}{\sin x\cos^{n+1}x}$ の導関数を求めよ。

(3) 部分積分法を用いて

$$\int\frac{dx}{\sin x\cos^n x}=-\frac{1}{(n+1)\cos^{n+1}x}+\int\frac{dx}{\sin x\cos^{n+2}x}$$

が成り立つことを証明せよ。　〔類 横浜市大〕　→124

98[5] 実数全体で定義された微分可能な関数 $f(x)$ が，次の 2 つの条件 (A), (B) を満たしている。

(A) すべての x について，$f(x)>0$ である。

(B) すべての x, y について，$f(x+y)=f(x)f(y)e^{-xy}$ が成り立つ。

(1) $f(0)=1$ を示せ。

(2) $g(x)=\log f(x)$ とする。このとき，$g'(x)=f'(0)-x$ が成り立つことを示せ。

(3) $f'(0)=2$ となるような $f(x)$ を求めよ。　〔筑波大〕

HINT

94 (1), (4), (5), (6) は置換積分，(2), (4) は部分分数に分解して積分，(3), (5), (6) は部分積分。

95 (1) $\displaystyle\frac{1}{\cos^4 x}=(\tan^2 x+1)\cdot\frac{1}{\cos^2 x}$　(2) $\displaystyle\tan^4 x=\tan^2 x\left(\frac{1}{\cos^2 x}-1\right)$

(3) **(分子の次数)<(分母の次数)** の形に変形。

96 部分積分法を 2 回適用すると，同形が出現する。

97 (3) (2) の結果と $\displaystyle(\tan x)'=\frac{1}{\cos^2 x}$ を利用して部分積分する。

98 (1) (B) で x, y に適当な数を代入。

(2) $g'(x)$ の定義の式を利用。

14 定積分とその基本性質

基本事項

1 定積分とその基本性質

① **定義** ある区間で連続な関数 $f(x)$ の原始関数の1つを $F(x)$ とし，a，b をその区間に含まれる任意の値とするとき

$$\int_a^b f(x)\,dx=\Big[F(x)\Big]_a^b=F(b)-F(a)$$

② **基本性質** k，l を定数とする。

$$\int_a^b f(x)\,dx=\int_a^b f(t)\,dt$$ **定積分の値は積分変数の文字に無関係**

1 **定数倍** $\displaystyle\int_a^b kf(x)\,dx=k\int_a^b f(x)\,dx$

2 **和** $\displaystyle\int_a^b \{f(x)+g(x)\}\,dx=\int_a^b f(x)\,dx+\int_a^b g(x)\,dx$

3 $\displaystyle\int_a^b \{kf(x)+lg(x)\}\,dx=k\int_a^b f(x)\,dx+l\int_a^b g(x)\,dx$

4 $\displaystyle\int_a^a f(x)\,dx=0$ 5 $\displaystyle\int_b^a f(x)\,dx=-\int_a^b f(x)\,dx$

6 $\displaystyle\int_a^b f(x)\,dx=\int_a^c f(x)\,dx+\int_c^b f(x)\,dx$

2 絶対値のついた関数の定積分

$a\leqq x\leqq c$ のとき $f(x)\geqq 0$，$c\leqq x\leqq b$ のとき $f(x)\leqq 0$

ならば $\displaystyle\int_a^b |f(x)|\,dx=\int_a^c f(x)\,dx+\int_c^b \{-f(x)\}\,dx$

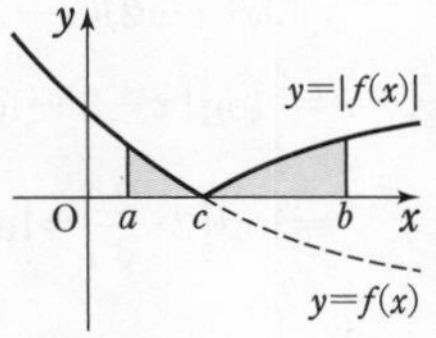

CHECK & CHECK

29 次の定積分を求めよ。

(1) $\displaystyle\int_2^4 \sqrt{x}\,dx$ (2) $\displaystyle\int_{-1}^1 e^x dx$ (3) $\displaystyle\int_1^3 \frac{dx}{x}$

(4) $\displaystyle\int_0^{\pi} \cos t\,dt$ (5) $\displaystyle\int_0^{2\pi} \sin 2x\,dx$

➡ 1

30 次の定積分を求めよ。

(1) $\displaystyle\int_1^2 \frac{xe^x}{x-3}\,dx-\int_1^2 \frac{3e^x}{x-3}\,dx$ (2) $\displaystyle\int_2^2 \frac{\sin 2x}{x^4}\,dx$

(3) $\displaystyle\int_{-2}^1 e^x dx+\int_1^3 e^x dx$

➡ 1

基本 例題 125 定積分の基本計算 ⑩⑩⑩⑩⑩

次の定積分を求めよ。

(1) $\displaystyle\int_1^4 \frac{(x+1)^2}{\sqrt{x}}\,dx$　　(2) $\displaystyle\int_0^1 \frac{1}{(x-2)(x-3)}\,dx$　　(3) $\displaystyle\int_0^{\pi} \sin x\cos 2x\,dx$

p. 203 基本事項 1

CHART & SOLUTION

定積分の計算

① $f(x)$ の原始関数 $F(x)$ を求める

② $\Big[F(x)\Big]_a^b=F(b)-F(a)$ を計算する

(2) 部分分数に分解する。　(3) 積 ⟶ 和の公式を利用。

解答

(1) $\displaystyle\int_1^4 \frac{(x+1)^2}{\sqrt{x}}\,dx=\int_1^4 \left(x^{\frac{3}{2}}+2x^{\frac{1}{2}}+x^{-\frac{1}{2}}\right)dx$

$\displaystyle=\left[\frac{2}{5}x^2\sqrt{x}+\frac{4}{3}x\sqrt{x}+2\sqrt{x}\right]_1^4$

$\displaystyle=\left(\frac{64}{5}+\frac{32}{3}+4\right)-\left(\frac{2}{5}+\frac{4}{3}+2\right)=\mathbf{\frac{356}{15}}$

⇐ $\dfrac{x^2+2x+1}{x^{\frac{1}{2}}}=x^{\frac{3}{2}}+2x^{\frac{1}{2}}+x^{-\frac{1}{2}}$

⇐ この場合，$x^2\sqrt{x}$，$x\sqrt{x}$，$\sqrt{x}$ の各項ごとに $F(4)-F(1)$ の計算をしてもよい。

(2) $\displaystyle\int_0^1 \frac{1}{(x-2)(x-3)}\,dx=\int_0^1\left(\frac{1}{x-3}-\frac{1}{x-2}\right)dx$

$\displaystyle=\Big[\log|x-3|-\log|x-2|\Big]_0^1=\left[\log\left|\frac{x-3}{x-2}\right|\right]_0^1=\log 2-\log\frac{3}{2}$

$\displaystyle=\log\left(2\cdot\frac{2}{3}\right)=\mathbf{\log\frac{4}{3}}$

⇐ 部分分数に分解する。

(3) $\displaystyle\int_0^{\pi}\sin x\cos 2x\,dx=\frac{1}{2}\int_0^{\pi}(\sin 3x-\sin x)\,dx$

$\displaystyle=\frac{1}{2}\left(-\frac{1}{3}\Big[\cos 3x\Big]_0^{\pi}+\Big[\cos x\Big]_0^{\pi}\right)$

$\displaystyle=\frac{1}{2}\left\{-\frac{1}{3}(-1-1)+(-1-1)\right\}=\frac{1}{2}\left(-\frac{4}{3}\right)=\mathbf{-\frac{2}{3}}$

⇐ $\sin\alpha\cos\beta$
$=\dfrac{1}{2}\{\sin(\alpha+\beta)+\sin(\alpha-\beta)\}$
$\sin(-x)=-\sin x$

PRACTICE 125❶

次の定積分を求めよ。

(1) $\displaystyle\int_1^3 \frac{(x^2-1)^2}{x^4}\,dx$　　(2) $\displaystyle\int_1^3 \frac{dx}{x^2-4x}$　　(3) $\displaystyle\int_0^1 \frac{x^2+2}{x+2}\,dx$　〔信州大〕

(4) $\displaystyle\int_0^1 (e^{2x}-e^{-x})^2dx$　　(5) $\displaystyle\int_0^{2\pi}\cos^4 x\,dx$　　(6) $\displaystyle\int_{\frac{\pi}{6}}^{\frac{\pi}{2}}\sin x\sin 3x\,dx$　〔中央大〕

基本 例題 126 絶対値を含む関数の定積分

次の定積分を求めよ。

(1) $\int_0^2 |e^x-2|dx$ (2) $\int_0^\pi |\sin x\cos x|dx$

p.203 基本事項 2

CHART & SOLUTION

絶対値 場合に分ける

$\int_a^b |f(x)|dx$ の絶対値記号をはずす **場合の分かれ目** は，積分区間 $[a,\ b]$ 内で $f(x)=0$ を満たす x の値。絶対値記号をはずしたら，**$f(x)$ の正・負の境目で積分区間を分割** して定積分を計算する。……❶

解答

(1) $e^x-2=0$ とすると，$e^x=2$ から $x=\log 2$

$0\leqq x\leqq \log 2$ のとき，$e^x-2\leqq 0$ から $|e^x-2|=-(e^x-2)$

$\log 2\leqq x\leqq 2$ のとき，$e^x-2\geqq 0$ から $|e^x-2|=e^x-2$

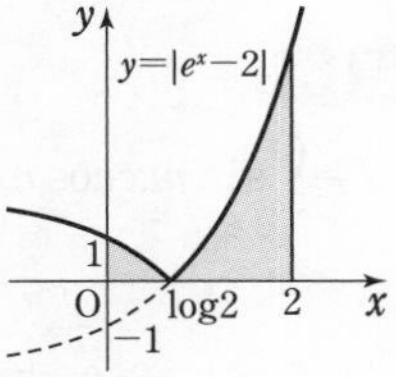

❶ よって $\int_0^2 |e^x-2|dx=\int_0^{\log 2}\{-(e^x-2)\}dx+\int_{\log 2}^2 (e^x-2)dx$

$=-\Big[e^x-2x\Big]_0^{\log 2}+\Big[e^x-2x\Big]_{\log 2}^2$

$=-\{(2-2\log 2)-1\}+\{(e^2-4)-(2-2\log 2)\}$ ⇐ $e^{\log M}=M$

$=\boldsymbol{e^2+4\log 2-7}$

(2) $\int_0^\pi |\sin x\cos x|dx=\frac{1}{2}\int_0^\pi |\sin 2x|dx$

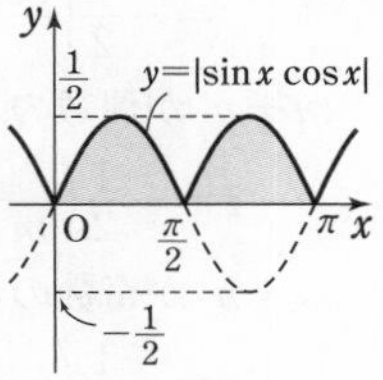

$\sin 2x=0$ とすると，$0\leqq x\leqq \pi$ から $x=0,\ \frac{\pi}{2},\ \pi$

$0\leqq x\leqq \frac{\pi}{2}$ のとき，$\sin 2x\geqq 0$ から $|\sin 2x|=\sin 2x$

$\frac{\pi}{2}\leqq x\leqq \pi$ のとき，$\sin 2x\leqq 0$ から $|\sin 2x|=-\sin 2x$

よって

❶ $\int_0^\pi |\sin x\cos x|dx=\frac{1}{2}\left\{\int_0^{\frac{\pi}{2}}\sin 2x\,dx+\int_{\frac{\pi}{2}}^\pi (-\sin 2x)dx\right\}$ ⇐ $\int \sin x\,dx=-\cos x+C$

$=\frac{1}{2}\left\{\left[-\frac{\cos 2x}{2}\right]_0^{\frac{\pi}{2}}+\left[\frac{\cos 2x}{2}\right]_{\frac{\pi}{2}}^\pi\right\}=\frac{1}{2}\left\{\left(\frac{1}{2}+\frac{1}{2}\right)+\left(\frac{1}{2}+\frac{1}{2}\right)\right\}$

$=\boldsymbol{1}$

PRACTICE 126②

次の定積分を求めよ。

(1) $\int_{\frac{1}{e}}^e |\log x|dx$ (2) $\int_{-2}^3 \sqrt{|x-2|}\,dx$

重要 例題 127 文字を含む三角関数の定積分

次のことを証明せよ。ただし，m，n は自然数とする。

$$\int_0^{\pi}\sin mx\cos nx\,dx=\begin{cases}0 & (m+n\ \text{が偶数})\\ \dfrac{2m}{m^2-n^2} & (m+n\ \text{が奇数})\end{cases}$$

基本 116

CHART & SOLUTION

三角関数の積分　次数を下げて，1 次の形にする

積 ⟶ 和の公式 から　$\sin mx\cos nx=\dfrac{1}{2}\{\sin(\underline{m+n})x+\sin(\underline{m-n})x\}$

＿＿の部分に文字が含まれていることに注意！

m，n は自然数であるから　$m+n\neq 0$

そこで，まずは $m-n\neq \mathbf{0}$ の場合と $m-n=\mathbf{0}$ の **場合に分ける**。……❗

解答

$I=\displaystyle\int_0^{\pi}\sin mx\cos nx\,dx$ とする。

$$\sin mx\cos nx=\frac{1}{2}\{\sin(m+n)x+\sin(m-n)x\}$$

⇐ 積 ⟶ 和の公式

❗ [1]　$m-n\neq 0$ すなわち $m\neq n$ のとき

$$I=-\frac{1}{2}\left[\frac{\cos(m+n)x}{m+n}+\frac{\cos(m-n)x}{m-n}\right]_0^{\pi}$$

$$=-\frac{1}{2}\left\{\frac{\cos(m+n)\pi}{m+n}+\frac{\cos(m-n)\pi}{m-n}-\frac{2m}{m^2-n^2}\right\}$$

⇐ $\cos\{(\text{偶数})\cdot\pi\}=1$
$\cos\{(\text{奇数})\cdot\pi\}=-1$

$m+n$ が偶数のとき，$m-n$ も偶数で

$$I=-\frac{1}{2}\left(\frac{1}{m+n}+\frac{1}{m-n}-\frac{2m}{m^2-n^2}\right)=0$$

$m+n$ が奇数のとき，$m-n$ も奇数で

$$I=-\frac{1}{2}\left(-\frac{1}{m+n}-\frac{1}{m-n}-\frac{2m}{m^2-n^2}\right)=\frac{2m}{m^2-n^2}$$

⇐ $m+n$ が偶数
⟺ m，n はともに偶数またはともに奇数
⟺ $m-n$ が偶数
$m+n$ が奇数
⟺ m と n の一方が偶数でもう一方が奇数
⟺ $m-n$ が奇数
このようなとき，
「$m+n$ と $m-n$ の **偶奇は一致** する。」
という。

❗ [2]　$m-n=0$ すなわち $m=n$ のとき

$$I=\frac{1}{2}\int_0^{\pi}\sin 2nx\,dx=\left[-\frac{\cos 2nx}{4n}\right]_0^{\pi}=0$$

このとき，$m+n$ は偶数である。

以上により，$m+n$ が偶数のとき　$I=0$

$m+n$ が奇数のとき　$I=\dfrac{2m}{m^2-n^2}$

PRACTICE 127③

m，n が自然数のとき，定積分 $I=\displaystyle\int_0^{2\pi}\cos mx\cos nx\,dx$ を求めよ。〔類 北海道大〕

EXERCISES　14 定積分とその基本性質

A

99❷ 次の定積分を求めよ。　［(3) 信州大］

(1) $\displaystyle\int_0^1 \sqrt{e^{1-t}}\,dt$　(2) $\displaystyle\int_{-\frac{\pi}{3}}^{\frac{\pi}{3}} \tan^2 x\,dx$　(3) $\displaystyle\int_0^{\pi} \sqrt{1-\cos x}\,dx$　➡125

100❸ (1) 定積分 $\displaystyle\int_0^1 \frac{2x+1}{(x+1)^2(x-2)}\,dx$ を求めよ。　［中央大］

(2) $\displaystyle\frac{d}{dx}\left\{\frac{(Ax+B)e^x}{x^2+4x+6}\right\}=\frac{x^3e^x}{(x^2+4x+6)^2}$ が成り立つような定数 A と B が存在することを示し，定積分 $\displaystyle\int_0^3 \frac{x^3e^x}{(x^2+4x+6)^2}\,dx$ を求めよ。　［姫路工大］

➡114, 125

101❸ (1) 定積分 $\displaystyle\int_0^{\frac{\pi}{2}} \left|\cos x-\frac{1}{2}\right| dx$ を求めよ。　［琉球大］

(2) 定積分 $\displaystyle\int_0^{\pi} |\sin x-\sqrt{3}\cos x|\,dx$ を求めよ。

(3) $0<x<\pi$ において，$\sin x+\sin 2x=0$ を満たす x を求めよ。また，定積分 $\displaystyle\int_0^{\pi} |\sin x+\sin 2x|\,dx$ を求めよ。　➡126

102❸ $\displaystyle I=\int_0^{\frac{\pi}{6}} \frac{\cos x}{\sqrt{3}\cos x+\sin x}\,dx$，$\displaystyle J=\int_0^{\frac{\pi}{6}} \frac{\sin x}{\sqrt{3}\cos x+\sin x}\,dx$ とするとき，

$\sqrt{3}I+J=$ ア［　　］ である。

また，$I-\sqrt{3}J=\Big[\log$ イ［　　］$\Big]_0^{\frac{\pi}{6}}=$ ウ［　　］ となる。

ゆえに，$I=$ エ［　　］ である。　［類 玉川大］

B

103❹ N を自然数とし，関数 $f(x)$ を $\displaystyle f(x)=\sum_{k=1}^{N}\cos(2k\pi x)$ と定める。

(1) m，n を整数とするとき，$\displaystyle\int_0^{2\pi}\cos(mx)\cos(nx)\,dx$ を求めよ。

(2) $\displaystyle\int_0^1 \cos(4\pi x)f(x)\,dx$ を求めよ。　［類 滋賀大］　➡127

HINT

99 (3) 半角の公式を用いると $\displaystyle\sqrt{1-\cos x}=\sqrt{2\cdot\frac{1-\cos x}{2}}=\sqrt{2\sin^2\frac{x}{2}}$

102 $I-\sqrt{3}J$ は $\displaystyle\int_0^{\frac{\pi}{6}}\frac{f'(x)}{f(x)}\,dx$ の形。

103 (1) 積 ⟶ 和の公式を用いて式変形する。$m+n$，$m-n$ が 0，0 以外の場合で積分の値を求める。

(2) 積分範囲が (1) と同じになるようそろえ，(1) の結果を利用する。

15 定積分の置換積分法，部分積分法

基本事項

1 定積分の置換積分法

関数 $f(x)$ は区間 $[a,\ b]$ で連続であるとし，x が微分可能な関数 $g(t)$ を用いて $x=g(t)$ と表され，$a=g(\alpha)$，$b=g(\beta)$ であるとする。このとき，次の公式が成り立つ。

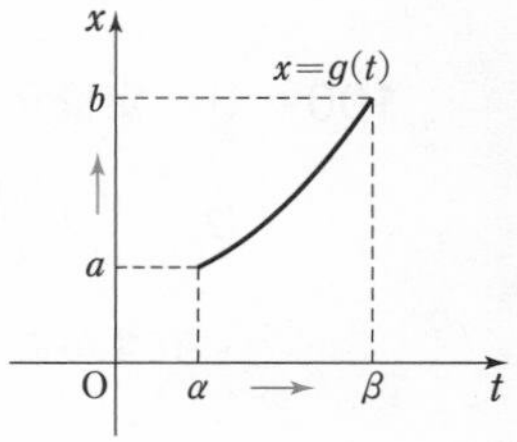

[1] $\displaystyle\int_a^b \boldsymbol{f(x)\,dx}=\int_\alpha^\beta \boldsymbol{f(g(t))g'(t)\,dt}$

x	$a\longrightarrow b$
t	$\alpha\longrightarrow\beta$

上式で，x と t を入れ替えると

[2] $\displaystyle\int_a^b \boldsymbol{f(g(x))g'(x)\,dx}=\int_\alpha^\beta \boldsymbol{f(t)\,dt}$

解説　$f(x)$ の原始関数を $F(x)$ とすると，$\dfrac{d}{dt}F(g(t))=f(g(t))g'(t)$ から

$$\int_\alpha^\beta f(g(t))g'(t)\,dt=\Big[F(g(t))\Big]_\alpha^\beta=F(g(\beta))-F(g(\alpha))=F(b)-F(a)=\Big[F(x)\Big]_a^b$$
$$=\int_a^b f(x)\,dx$$

2 偶関数・奇関数の定積分

1　**偶関数**　$f(-x)=f(x)$ のとき

$$\int_{-a}^a \boldsymbol{f(x)\,dx}=2\int_0^a \boldsymbol{f(x)\,dx}$$

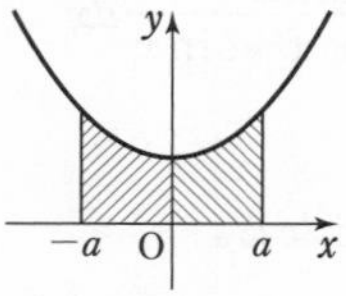

2　**奇関数**　$f(-x)=-f(x)$ のとき

$$\int_{-a}^a \boldsymbol{f(x)\,dx}=0$$

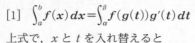

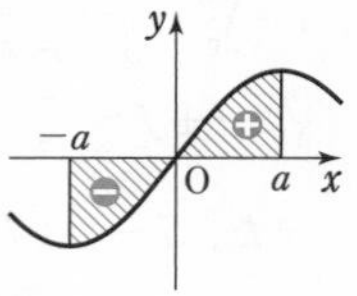

3 定積分の部分積分法

① $\displaystyle\int_a^b \boldsymbol{f(x)g'(x)\,dx}=\Big[\boldsymbol{f(x)g(x)}\Big]_a^b-\int_a^b \boldsymbol{f'(x)g(x)\,dx}$

② $\displaystyle\int_a^b \boldsymbol{f(x)\,dx}=\Big[\boldsymbol{xf(x)}\Big]_a^b-\int_a^b \boldsymbol{xf'(x)\,dx}$

解説　②　①で $g(x)=x$ とすると，$g'(x)=1$ であるから②が得られる。

CHECK & CHECK

31　次の定積分を求めよ。

(1) $\displaystyle\int_{-\frac{\pi}{6}}^{\frac{\pi}{6}}\cos 2x\,dx$　　(2) $\displaystyle\int_{-\frac{\pi}{4}}^{\frac{\pi}{4}}\tan x\,dx$

(3) $\displaystyle\int_{-\sqrt{2}}^{\sqrt{2}}(x^5-4x^3+3x^2-x+2)\,dx$

→ 2

基本 例題 128 定積分の置換積分法 (1)(丸ごと置換)

次の定積分を求めよ。

(1) $\int_0^1 x\sqrt{1-x^2}\,dx$　(2) $\int_1^2 \frac{x-1}{x^2-2x+2}\,dx$　(3) $\int_1^e \frac{\log x}{x}\,dx$

p.208 基本事項 1

CHART & SOLUTION

定積分の置換積分法　おき換えたまま計算　積分区間の対応に注意

① **x の式の一部を t とおき，** $\frac{dx}{dt}$ を求める（または $dx=●dt$ の形に書き表す)。

② x の積分区間に対応した **t の積分区間** を求める。

③ 与式を **t の定積分** で表し，t のままで計算する。

別解 (2) 公式 $\int \frac{g'(x)}{g(x)}dx=\log|g(x)|+C$ を用いて計算してもよい。

解答

(1) $\sqrt{1-x^2}=t$ とおくと，$1-x^2=t^2$ から

$-2x\,dx=2t\,dt$　よって　$x\,dx=-t\,dt$

x と t の対応は右のようになる。

x	$0\longrightarrow 1$
t	$1\longrightarrow 0$

ゆえに　$\int_0^1 x\sqrt{1-x^2}\,dx=\int_1^0 t\cdot(-t)\,dt=\int_0^1 t^2dt=\left[\frac{t^3}{3}\right]_0^1=\mathbf{\frac{1}{3}}$

⇐ $1-x^2=t$ とおいても計算できるが，丸ごとおき換える方がスムーズ。

⇐ $\int_b^a f(x)\,dx=-\int_a^b f(x)\,dx$

(2) $x^2-2x+2=t$ とおくと　$2(x-1)\,dx=dt$

よって　$(x-1)\,dx=\frac{1}{2}dt$

x と t の対応は右のようになる。

x	$1\longrightarrow 2$
t	$1\longrightarrow 2$

ゆえに　$\int_1^2 \frac{x-1}{x^2-2x+2}\,dx=\int_1^2 \frac{1}{t}\cdot\frac{1}{2}\,dt=\frac{1}{2}\Big[\log t\Big]_1^2$

$=\frac{1}{2}(\log 2-\log 1)=\mathbf{\frac{1}{2}\log 2}$

別解 (2) (与式)

$=\frac{1}{2}\int_1^2 \frac{(x^2-2x+2)'}{x^2-2x+2}\,dx$

$=\frac{1}{2}\Big[\log(x^2-2x+2)\Big]_1^2$

$=\mathbf{\frac{1}{2}\log 2}$

(3) $\log x=t$ とおくと　$\frac{1}{x}dx=dt$

x と t の対応は右のようになる。

x	$1\longrightarrow e$
t	$0\longrightarrow 1$

よって　$\int_1^e \frac{\log x}{x}\,dx=\int_0^1 t\,dt=\left[\frac{t^2}{2}\right]_0^1=\mathbf{\frac{1}{2}}$

inf. 定積分の置換積分は不定積分とは異なり，変数を元に戻す必要はない。($p.211$ ズーム UP 参照)

PRACTICE 128②

次の定積分を求めよ。

(1) $\int_0^1 \frac{x}{\sqrt{2-x^2}}\,dx$

(2) $\int_1^e 5^{\log x}dx$　〔横浜国大〕

(3) $\int_0^{\frac{\pi}{2}} \frac{\sin 2x}{3+\cos^2 x}\,dx$　〔青山学院大〕

(4) $\int_0^{\frac{\pi}{2}} \sin^2 x\cos^3 x\,dx$　〔青山学院大〕

基本 例題 129 定積分の置換積分法 (2) $(x=a\sin\theta)$

次の定積分を求めよ。

(1) $\displaystyle\int_0^1\sqrt{4-x^2}\,dx$　　(2) $\displaystyle\int_0^1\frac{dx}{\sqrt{4-x^2}}$

基本 128

CHART & SOLUTION

定積分の置換積分法　$\sqrt{a^2-x^2}$ には $x=a\sin\theta$ とおく ……❶

(1), (2) の不定積分は，いずれも高校の教科書に出てくる関数では表せない。
しかし，定積分は上の置換によって計算することができる。

解答

❶ $x=2\sin\theta$ とおくと　$dx=2\cos\theta\,d\theta$
x と θ の対応は右のようにとれる。

x	$0\longrightarrow 1$
θ	$0\longrightarrow \frac{\pi}{6}$

$0\leqq\theta\leqq\dfrac{\pi}{6}$ のとき，$\cos\theta>0$ であるから

$$\sqrt{4-x^2}=\sqrt{4(1-\sin^2\theta)}=\sqrt{4\cos^2\theta}=2\cos\theta$$

(1) $\displaystyle\int_0^1\sqrt{4-x^2}\,dx=\int_0^{\frac{\pi}{6}}(2\cos\theta)\cdot 2\cos\theta\,d\theta=4\int_0^{\frac{\pi}{6}}\cos^2\theta\,d\theta$

$$=4\int_0^{\frac{\pi}{6}}\frac{1+\cos 2\theta}{2}\,d\theta=2\Big[\theta+\frac{1}{2}\sin 2\theta\Big]_0^{\frac{\pi}{6}}$$

$$=\boldsymbol{\frac{\pi}{3}+\frac{\sqrt{3}}{2}}$$

(2) $\displaystyle\int_0^1\frac{dx}{\sqrt{4-x^2}}=\int_0^{\frac{\pi}{6}}\frac{1}{2\cos\theta}\cdot 2\cos\theta\,d\theta=\int_0^{\frac{\pi}{6}}d\theta=\Big[\theta\Big]_0^{\frac{\pi}{6}}=\boldsymbol{\frac{\pi}{6}}$

inf. x の区間に対応する θ の区間は 1 通りではないが，**最も簡単な区間をとる**。右ページのズーム UP も参照。

⇐ 三角関数の次数を下げる。

INFORMATION　定積分と図形の面積

(1) で $y=\sqrt{4-x^2}$ のグラフは半径 2 の半円である。
よって，(1) の定積分は右の図の色を塗った部分の面積を表すから，その値は

$$(\text{扇形 OAB})+(\text{直角三角形 OBC})$$
$$=\frac{1}{2}\cdot 2^2\cdot\frac{\pi}{6}+\frac{1}{2}\cdot 1\cdot\sqrt{3}=\frac{\pi}{3}+\frac{\sqrt{3}}{2}$$

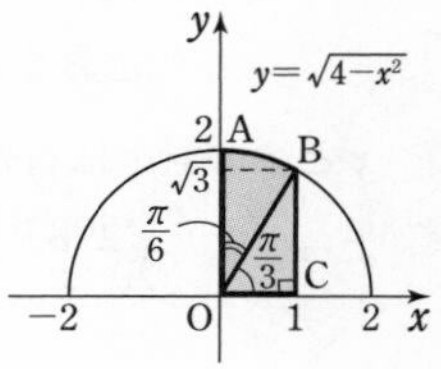

PRACTICE 129❷

次の定積分を求めよ。

(1) $\displaystyle\int_{-1}^{\frac{\sqrt{3}}{2}}\sqrt{1-x^2}\,dx$　　(2) $\displaystyle\int_0^2\frac{dx}{\sqrt{16-x^2}}$　　(3) $\displaystyle\int_0^{\frac{1}{2}}\frac{x^2}{\sqrt{1-x^2}}\,dx$

ズームUP 定積分の置換積分法

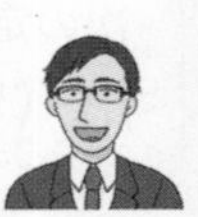

ここでは，定積分における置換積分法について，不定積分の場合との違いに着目しながら考えてみましょう。

定積分では積分区間の変化に注意！

定積分の置換積分法では次の①，②の点が不定積分の場合と異なる。

① 定積分では，**おき換えによって積分区間も変化する** ことに注意が必要である。x の式を t でおき換えたら，右のような積分区間の **対応表を作成** し，積分区間を変えて計算する。

x	$a \longrightarrow b$
t	$\alpha \longrightarrow \beta$

② 不定積分では，積分計算の後におき換えた文字を元の文字に戻す必要があったが，定積分ではその必要はない。

$\Big[F(g(t))\Big]_{\alpha}^{\beta}=\cdots\cdots$ の計算で，積分変数 t に α，β を代入するためである。

対応区間のとり方

おき換える関数が sin などの周期関数である場合，x の区間に対応する区間は1通りとは限らない。

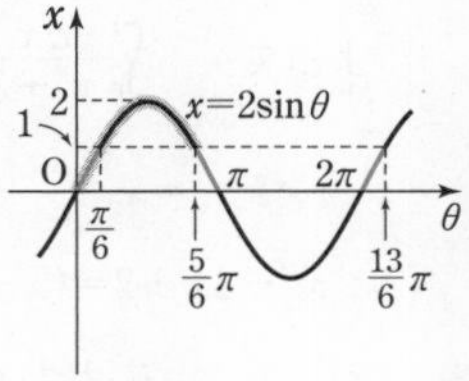

例えば，基本例題129の $x=2\sin\theta$ のおき換えで $0\leqq x\leqq 1$ に対応する区間は

$$\pi\geqq\theta\geqq\frac{5}{6}\pi,\quad 0\leqq\theta\leqq\frac{5}{6}\pi,\quad 2\pi\leqq\theta\leqq\frac{13}{6}\pi$$

などのいずれでもよいが，対応区間を広くとると計算が煩雑になってしまう場合がある。例として対応区間を $0\leqq\theta\leqq\frac{5}{6}\pi$ ととると，次のように場合分けが生じる。

$$\int_0^1\sqrt{4-x^2}\,dx=4\int_0^{\frac{\pi}{2}}\cos^2\theta\,d\theta+4\int_{\frac{\pi}{2}}^{\frac{5}{6}\pi}(-\cos^2\theta)\,d\theta=\cdots\cdots$$

したがって，**簡潔に計算できるような対応区間をとる** とよい。

定積分におけるおき換えの方法について

不定積分で学習した置換積分のおき換えの方法は定積分でも有用であるが，定積分でよく用いるおき換えの方法がある。特に，

$\sqrt{a^2-x^2}$ **には** $x=a\sin\theta$ **とおく** ⬅ 左ページの基本例題129で学習。

$\dfrac{1}{x^2+a^2}$ **には** $x=a\tan\theta$ **とおく** ⬅ 次ページの基本例題130で学習。

は，必ず記憶しておかなければならないおき換えの方法である。

しかし，これらのおき換えを行うと，$\sqrt{}$ が消えて式がきれいな形になる，あるいは，約分される項がうまい具合に出てくる，といったことがわかると思う。

基本例題129，130などを通じて，定積分の計算方法を身に付けてほしい。

基本例題 130 定積分の置換積分法 (3) ($x=a\tan\theta$)

次の定積分を求めよ。

(1) $\displaystyle\int_0^1 \frac{dx}{x^2+3}$　　(2) $\displaystyle\int_1^2 \frac{dx}{x^2-2x+2}$

基本 129

CHART & SOLUTION

定積分の置換積分法　$\dfrac{1}{x^2+a^2}$ には $x=a\tan\theta$ とおく ……❶

p.210 基本例題 129 と同様，これらの関数の不定積分は高校の教科書に出てくる関数では表せないが，上の置換によって定積分の計算はできる。

(2)　$x^2-2x+2=(x-1)^2+1$ から，$x-1=\tan\theta$ とおく。

解答

❶ (1)　$x=\sqrt{3}\tan\theta$ とおくと　$dx=\dfrac{\sqrt{3}}{\cos^2\theta}d\theta$

x と θ の対応は右のようにとれる。

x	$0 \longrightarrow 1$
θ	$0 \longrightarrow \frac{\pi}{6}$

よって　$\displaystyle\int_0^1 \frac{dx}{x^2+3}$

$\displaystyle=\int_0^{\frac{\pi}{6}} \frac{1}{3(\tan^2\theta+1)}\cdot\frac{\sqrt{3}}{\cos^2\theta}d\theta=\int_0^{\frac{\pi}{6}}\frac{\sqrt{3}}{3}d\theta=\boldsymbol{\frac{\sqrt{3}}{18}\pi}$

(2)　$x^2-2x+2=(x-1)^2+1$ と変形できるから，

❶ $x-1=\tan\theta$ とおくと　$dx=\dfrac{1}{\cos^2\theta}d\theta$

x と θ の対応は右のようにとれる。

x	$1 \longrightarrow 2$
θ	$0 \longrightarrow \frac{\pi}{4}$

よって　$\displaystyle\int_1^2 \frac{dx}{x^2-2x+2}=\int_1^2\frac{dx}{(x-1)^2+1}$

$\displaystyle=\int_0^{\frac{\pi}{4}}\frac{1}{\tan^2\theta+1}\cdot\frac{1}{\cos^2\theta}d\theta=\int_0^{\frac{\pi}{4}}d\theta=\boldsymbol{\frac{\pi}{4}}$

inf.　例えば，(1) で x の区間に対応する θ を $0\longrightarrow\frac{7}{6}\pi$ とした場合，左の計算と異なる結果になるが，これは誤りである。
区間 $\left[0,\ \frac{7}{6}\pi\right]$ において，**$\theta=\frac{\pi}{2}$ で $\tan\theta$ が定義されない** ことが誤りの原因。
$x=a\tan\theta$ では，原則，$-\frac{\pi}{2}<\theta<\frac{\pi}{2}$ で考える。

INFORMATION　$\dfrac{1}{ax^2+bx+c}$ ($a\neq0$) の定積分

$D=b^2-4ac$ とおくと

[1]　$D>0$ のとき，分母$=a(x-\alpha)(x-\beta)$ となる $\longrightarrow$ 部分分数に分解する
[2]　$D=0$ のとき，分母$=a(x-\alpha)^2$　となる $\longrightarrow$ $(x-\alpha)^{-2}$ の積分
[3]　$D<0$ のとき，分母$=a\{(x-p)^2+q^2\}$ となる $\longrightarrow$ $x-p=q\tan\theta$ に置換

PRACTICE 130 ❷

次の定積分を求めよ。

(1) $\displaystyle\int_{-1}^{\sqrt{3}} \frac{dx}{x^2+1}$　　(2) $\displaystyle\int_0^1 \frac{dx}{x^2+x+1}$

基本 例題 131 偶関数・奇関数の定積分

次の定積分を求めよ。

(1) $\displaystyle\int_{-\frac{\pi}{2}}^{\frac{\pi}{2}}\cos^3 x\,dx$ (2) $\displaystyle\int_{-e}^{e} xe^{x^2}dx$

p. 208 基本事項 2

CHART & SOLUTION

$\displaystyle\int_{-a}^{a}$ の定積分 偶関数は $2\displaystyle\int_{0}^{a}$，奇関数は 0

偶関数 $f(-x)=f(x)$ ：グラフは y 軸対称

奇関数 $f(-x)=-f(x)$：グラフは原点対称

解答

(1) $f(x)=\cos^3 x$ とすると

$$f(-x)=\cos^3(-x)=\cos^3 x=f(x)$$

よって，$f(x)$ は偶関数である。$I=\displaystyle\int_{-\frac{\pi}{2}}^{\frac{\pi}{2}}\cos^3 x\,dx$ とすると

$$I=2\int_{0}^{\frac{\pi}{2}}\cos^3 x\,dx=2\int_{0}^{\frac{\pi}{2}}(1-\sin^2 x)\cos x\,dx$$

$\sin x=t$ とおくと $\cos x\,dx=dt$

x と t の対応は右のようになる。

x	$0 \longrightarrow \frac{\pi}{2}$
t	$0 \longrightarrow 1$

ゆえに $\displaystyle I=2\int_{0}^{1}(1-t^2)\,dt=2\left[t-\frac{t^3}{3}\right]_0^1$

$$=2\left(1-\frac{1}{3}\right)=\mathbf{\frac{4}{3}}$$

別解 （解答の 3 行目までは同じ。）3 倍角の公式から

$$I=2\int_{0}^{\frac{\pi}{2}}\cos^3 x\,dx=2\int_{0}^{\frac{\pi}{2}}\frac{\cos 3x+3\cos x}{4}dx$$

$$=\frac{1}{2}\left[\frac{1}{3}\sin 3x+3\sin x\right]_0^{\frac{\pi}{2}}=\frac{1}{2}\left(-\frac{1}{3}+3\right)=\mathbf{\frac{4}{3}}$$

(2) $f(x)=xe^{x^2}$ とすると

$$f(-x)=(-x)e^{(-x)^2}=-xe^{x^2}=-f(x)$$

よって，$f(x)$ は奇関数であるから $\displaystyle\int_{-e}^{e}xe^{x^2}dx=\mathbf{0}$

(1) $y=\cos^3 x$ のグラフは y 軸対称。

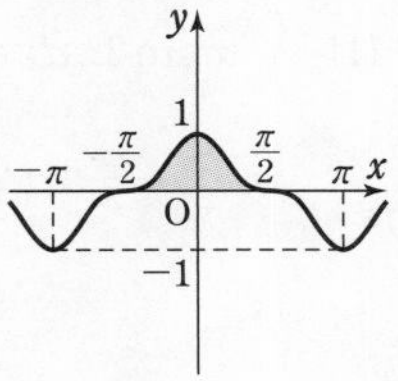

(2) $y=xe^{x^2}$ のグラフは原点対称。

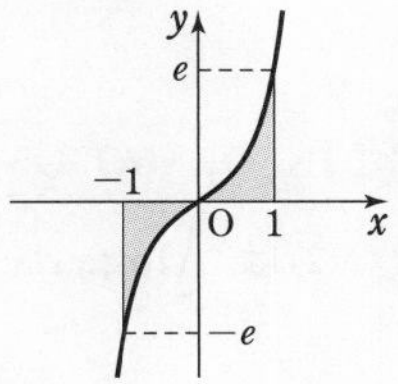

5章 15 定積分の置換積分法，部分積分法

PRACTICE 131 ①

次の定積分を求めよ。

(1) $\displaystyle\int_{-a}^{a}x^3\sqrt{a^2-x^2}\,dx$ (2) $\displaystyle\int_{-\pi}^{\pi}\cos x\sin^3 x\,dx$

(3) $\displaystyle\int_{-\frac{\pi}{4}}^{\frac{\pi}{4}}\sin^4 x\cos x\,dx$ (4) $\displaystyle\int_{-1}^{1}(e^x-e^{-x}-1)\,dx$

基本 例題 132 定積分の部分積分法 (1)(基本)

次の定積分を求めよ。

(1) $\displaystyle\int_0^{\frac{\pi}{3}} x\sin 2x\,dx$ 〔大阪工大〕 (2) $\displaystyle\int_1^e \log x\,dx$

p.208 基本事項 3

CHART & SOLUTION

部分積分法 関数を積 fg' に分解，$f'g$ が積分できる形に

$$\int_a^b f(x)g'(x)\,dx=\Big[f(x)g(x)\Big]_a^b-\int_a^b f'(x)g(x)\,dx$$

微分して簡単になるものを $f(x)$，積分しやすいものを $g'(x)$ とする。

(1) 微分して簡単になるのは x ⟶ $f(x)=x$，$g'(x)=\sin 2x$ とする。

(2) $\log x=(\log x)\times 1$ と見る。⟶ $f(x)=\log x$，$g'(x)=1$ とする。

解答

(1) $\displaystyle\int_0^{\frac{\pi}{3}} x\sin 2x\,dx=\int_0^{\frac{\pi}{3}} x\left(-\frac{1}{2}\cos 2x\right)'dx$

$\displaystyle=\left[x\left(-\frac{1}{2}\cos 2x\right)\right]_0^{\frac{\pi}{3}}-\int_0^{\frac{\pi}{3}} 1\cdot\left(-\frac{1}{2}\cos 2x\right)dx$

$\displaystyle=\frac{\pi}{3}\left(-\frac{1}{2}\right)\left(-\frac{1}{2}\right)+\frac{1}{2}\int_0^{\frac{\pi}{3}}\cos 2x\,dx$

$\displaystyle=\frac{\pi}{12}+\frac{1}{2}\left[\frac{1}{2}\sin 2x\right]_0^{\frac{\pi}{3}}=\frac{\pi}{12}+\frac{1}{2}\cdot\frac{1}{2}\cdot\frac{\sqrt{3}}{2}$

$\displaystyle=\boldsymbol{\frac{\pi}{12}+\frac{\sqrt{3}}{8}}$

⇐ $f=x$，$g'=\sin 2x$ とすると $f'=1$，$g=-\dfrac{1}{2}\cos 2x$

(2) $\displaystyle\int_1^e \log x\,dx=\int_1^e (\log x)(x)'\,dx=\Big[x\log x\Big]_1^e-\int_1^e \frac{1}{x}\cdot x\,dx$

$\displaystyle=e-\int_1^e dx=e-\Big[x\Big]_1^e=e-(e-1)=\mathbf{1}$

⇐ $f=\log x$，$g'=1$ とすると $f'=\dfrac{1}{x}$，$g=x$

INFORMATION

(2) は，$\displaystyle\boldsymbol{\int\log x\,dx=x\log x-x+C}$ を公式として用いてもよい。

$$\int_1^e \log x\,dx=\Big[x\log x-x\Big]_1^e=(e-e)-(0-1)=\mathbf{1}$$

PRACTICE 132❷

次の定積分を求めよ。

(1) $\displaystyle\int_0^1 (1-x)e^x\,dx$ 〔摂南大〕 (2) $\displaystyle\int_1^e (x-1)\log x\,dx$ 〔東京電機大〕

(3) $\displaystyle\int_0^1 xe^{-2x}\,dx$ 〔横浜国大〕 (4) $\displaystyle\int_0^{\pi} x\cos\frac{x+\pi}{4}\,dx$ 〔愛媛大〕

重要 例題 133　定積分の部分積分法 (2)（2 回利用，同形出現）

次の定積分を求めよ。

(1) $\int_2^3 (x^2+5)e^x dx$　〔東京電機大〕　(2) $\int_0^\pi e^x \sin x\, dx$　〔福島大〕

基本 113，重要 121，基本 132

CHART & SOLUTION

部分積分の 2 回利用　次数下げ または 同形出現

(1) 2 次式は 2 回微分すると定数になるから，$(e^x)'=e^x$ として 2 回部分積分。

(2) 2 回部分積分すると同形が出現する。$e^x\sin x=(e^x)'\sin x$ と考えて部分積分。

別解では，$e^x\sin x=e^x(-\cos x)'$ と考えて部分積分しているが，どちらの解法でもよい。

解答

(1) $\int_2^3 (x^2+5)e^x dx=\int_2^3 (x^2+5)(e^x)' dx$

$=\left[(x^2+5)e^x\right]_2^3-\int_2^3 2xe^x dx=14e^3-9e^2-2\int_2^3 x(e^x)' dx$

$=14e^3-9e^2-2\left\{\left[xe^x\right]_2^3-\int_2^3 e^x dx\right\}$

$=14e^3-9e^2-2(3e^3-2e^2)+2\left[e^x\right]_2^3$

$=\mathbf{10e^3-7e^2}$

inf. 定積分の部分積分は，不定積分を求めてから上端・下端の値を代入してもよいが，解答のように順次値を代入して式を簡単にして計算してもよい。

(2) $I=\int_0^\pi e^x \sin x\, dx$ とすると

$I=\int_0^\pi e^x \sin x\, dx=\int_0^\pi (e^x)'\sin x\, dx$　⇐ 部分積分法

$=\left[e^x\sin x\right]_0^\pi-\int_0^\pi e^x\cos x\, dx=0-\int_0^\pi (e^x)'\cos x\, dx$

$=-\left[e^x\cos x\right]_0^\pi-\int_0^\pi e^x\sin x\, dx=e^\pi+1-I$　⇐ 同形出現

よって　$I=\dfrac{\mathbf{e^\pi+1}}{\mathbf{2}}$

別解　$I=\int_0^\pi e^x\sin x\, dx=\int_0^\pi e^x(-\cos x)' dx=\left[e^x(-\cos x)\right]_0^\pi-\int_0^\pi e^x(-\cos x)\, dx$

$=e^\pi+1+\int_0^\pi e^x(\sin x)' dx=e^\pi+1+\left[e^x\sin x\right]_0^\pi-\int_0^\pi e^x\sin x\, dx=e^\pi+1-I$

よって　$I=\dfrac{\mathbf{e^\pi+1}}{\mathbf{2}}$

PRACTICE 133③

次の定積分を求めよ。

(1) $\int_{-1}^1 (1-x^2)e^{-2x} dx$　〔横浜国大〕　(2) $\int_0^\pi e^{-x}\cos x\, dx$

重要 例題 134 定積分の計算（等式利用）

x の関数 $f(x)$ が閉区間 $[0,\ 1]$ で連続である。

(1)　$x=\pi-t$ とおくことによって，次の等式が成立することを示せ。

$$\int_{\frac{\pi}{2}}^{\pi} xf(\sin x)\,dx=\int_0^{\frac{\pi}{2}}(\pi-x)f(\sin x)\,dx$$

(2)　等式 $\int_0^{\pi} xf(\sin x)\,dx=\pi\int_0^{\frac{\pi}{2}} f(\sin x)\,dx$ が成立することを示せ。

(3)　$\int_0^{\pi} x\sin^2 x\,dx$ の値を求めよ。　〔神戸商船大〕

基本 128

CHART & SOLUTION

(1)　おき換えが指定されているから，それに従って置換積分する。
また，**定積分の値は，積分変数の文字に無関係。**

(3)　(2) を利用して，$xf(\sin x)$ の定積分を $f(\sin x)$ の定積分に変形する。

解答

(1)　$x=\pi-t$ とおくと　$dx=-dt$

x と t の対応は右のようになる。

x	$\frac{\pi}{2}\longrightarrow\pi$
t	$\frac{\pi}{2}\longrightarrow 0$

よって　$\displaystyle\int_{\frac{\pi}{2}}^{\pi} xf(\sin x)\,dx$

$$=\int_{\frac{\pi}{2}}^{0}(\pi-t)f(\sin(\pi-t))\cdot(-1)\,dt$$

$$=\int_0^{\frac{\pi}{2}}(\pi-t)f(\sin t)\,dt=\int_0^{\frac{\pi}{2}}(\pi-x)f(\sin x)\,dx$$

(2)　$\displaystyle\int_0^{\pi} xf(\sin x)\,dx=\int_0^{\frac{\pi}{2}} xf(\sin x)\,dx+\int_{\frac{\pi}{2}}^{\pi} xf(\sin x)\,dx$

$$=\int_0^{\frac{\pi}{2}} xf(\sin x)\,dx+\int_0^{\frac{\pi}{2}}(\pi-x)f(\sin x)\,dx$$

$$=\int_0^{\frac{\pi}{2}} xf(\sin x)\,dx+\int_0^{\frac{\pi}{2}}\pi f(\sin x)\,dx-\int_0^{\frac{\pi}{2}} xf(\sin x)\,dx=\pi\int_0^{\frac{\pi}{2}} f(\sin x)\,dx$$

(3)　$\displaystyle\int_0^{\pi} x\sin^2 x\,dx=\pi\int_0^{\frac{\pi}{2}}\sin^2 x\,dx=\frac{\pi}{2}\int_0^{\frac{\pi}{2}}(1-\cos 2x)\,dx$

$$=\frac{\pi}{2}\left[x-\frac{1}{2}\sin 2x\right]_0^{\frac{\pi}{2}}=\boldsymbol{\frac{\pi^2}{4}}$$

inf.　(1)　**定積分の値は，積分変数の文字に無関係**であるから，最後に t を x におき換えてよい。

⇐ $\sin(\pi-t)=\sin t$

⇐ $\int_0^{\pi}=\int_0^{\frac{\pi}{2}}+\int_{\frac{\pi}{2}}^{\pi}$

⇐ (1) を利用。

⇐ (2) を利用。$f(x)=x^2$ すなわち $f(\sin x)=\sin^2 x$ とする。
$\sin^2 x$ は **次数を下げる。**

PRACTICE 134④

$f(x)$ が $0\leqq x\leqq 1$ で連続な関数であるとき $\displaystyle\int_0^{\pi} xf(\sin x)\,dx=\frac{\pi}{2}\int_0^{\pi} f(\sin x)\,dx$ が成立することを示し，これを用いて定積分 $\displaystyle\int_0^{\pi}\frac{x\sin x}{3+\sin^2 x}\,dx$ を求めよ。　〔信州大〕

重要 例題 135 三角関数の定積分（特殊な置換積分）

$x=\frac{\pi}{2}-t$ とおいて，定積分 $I=\int_0^{\frac{\pi}{2}}\frac{\sin x}{\sin x+\cos x}dx$ を求めよ。〔山梨医大〕

重要 134

CHART & SOLUTION

三角関数の定積分　sin と cos はペアで考える

$\sin\left(\frac{\pi}{2}-t\right)=\cos t$，$\cos\left(\frac{\pi}{2}-t\right)=\sin t$ となるから，おき換えにより I のペアとなる定積分

$J=\int_0^{\frac{\pi}{2}}\frac{\cos x}{\cos x+\sin x}dx$ が得られる。

I と J を加えたり引いたりして，簡単な定積分にならないかと考える。

解答

$x=\frac{\pi}{2}-t$ とおくと　$dx=(-1)dt$

x と t の対応は右のようになる。

x	$0\longrightarrow\frac{\pi}{2}$
t	$\frac{\pi}{2}\longrightarrow 0$

$\sin\left(\frac{\pi}{2}-t\right)=\cos t$，$\cos\left(\frac{\pi}{2}-t\right)=\sin t$ であるから

$$I=\int_{\frac{\pi}{2}}^{0}\frac{\sin\left(\frac{\pi}{2}-t\right)}{\sin\left(\frac{\pi}{2}-t\right)+\cos\left(\frac{\pi}{2}-t\right)}\cdot(-1)dt$$

$$=-\int_{\frac{\pi}{2}}^{0}\frac{\cos t}{\cos t+\sin t}dt=\int_0^{\frac{\pi}{2}}\frac{\cos x}{\cos x+\sin x}dx$$

$J=\int_0^{\frac{\pi}{2}}\frac{\cos x}{\sin x+\cos x}dx$ とすると

$$I+J=\int_0^{\frac{\pi}{2}}\frac{\sin x+\cos x}{\sin x+\cos x}dx=\int_0^{\frac{\pi}{2}}dx=\frac{\pi}{2}$$

$I=J$ であるから　$2I=\frac{\pi}{2}$　　よって　$\boldsymbol{I=\frac{\pi}{4}}$

別解 おき換えの指示がなければ，最初に

$J=\int_0^{\frac{\pi}{2}}\frac{\cos x}{\sin x+\cos x}dx$

とおいて

$I+J=\int_0^{\frac{\pi}{2}}dx=\frac{\pi}{2}$ と

$J-I$

$=\int_0^{\frac{\pi}{2}}\frac{\cos x-\sin x}{\sin x+\cos x}dx$

$=\int_0^{\frac{\pi}{2}}\frac{(\sin x+\cos x)'}{\sin x+\cos x}dx$

$=\Big[\log(\sin x+\cos x)\Big]_0^{\frac{\pi}{2}}$

$=0$

を連立させて解いてもよい。

INFORMATION

一般に，定積分 $\int_0^a f(x)dx$ において，$x=a-t$ とおくと

$dx=(-1)dt$ から

x	$0\longrightarrow a$
t	$a\longrightarrow 0$

$$\int_0^a f(x)dx=\int_a^0 f(a-t)\cdot(-1)dt=\int_0^a f(a-x)dx$$

PRACTICE 135 ④

$\frac{\pi}{2}-x=t$ とおいて，$\int_0^{\frac{\pi}{2}}\left(\frac{x\sin x}{1+\cos x}+\frac{x\cos x}{1+\sin x}\right)dx$ を求めよ。

5章 15 定積分の置換積分法，部分積分法

重要 例題 136 定積分と漸化式

$I_n=\int_0^{\frac{\pi}{2}}\sin^n x\,dx$, $J_n=\int_0^{\frac{\pi}{2}}\cos^n x\,dx$ (n は 0 以上の整数) とする。

(1) $\sin^0 x=1$, $\cos^0 x=1$ とするとき，次の等式が成り立つことを証明せよ。

[1] $I_n=J_n$ $(n\geqq 0)$

[2] $I_0=\frac{\pi}{2}$, $n\geqq 1$ のとき $I_{2n}=\frac{2n-1}{2n}\cdot\frac{2n-3}{2n-2}\cdot\cdots\cdots\cdot\frac{3}{4}\cdot\frac{1}{2}\cdot\frac{\pi}{2}$

(2) (1)の結果を利用して，定積分 $\int_0^{\frac{\pi}{2}}\cos^6 x\,dx$ を求めよ。

重要 122, 135

CHART & SOLUTION

定積分と漸化式　部分積分を利用して漸化式を作る ……❶

(1) [1] $\sin\left(\frac{\pi}{2}-\theta\right)=\cos\theta$ を利用して置換積分。sin と cos を入れ替える。

[2] $\sin^n x=\sin^{n-1}x(-\cos x)'$ として部分積分し，I_{2n} と I_{2n-2} の関係式を求める (重要例題 122 参照)。

解答

(1) [1] $n=0$ のとき，$I_0=J_0=\int_0^{\frac{\pi}{2}}dx$ であるから成り立つ。

$n\geqq 1$ のとき，$x=\frac{\pi}{2}-t$ とおくと

$$dx=(-1)\cdot dt$$

x と t の対応は右のようになる。

x	$0\longrightarrow\frac{\pi}{2}$
t	$\frac{\pi}{2}\longrightarrow 0$

⇐ 置換積分法

したがって

$$I_n=\int_0^{\frac{\pi}{2}}\sin^n x\,dx=\int_{\frac{\pi}{2}}^0\sin^n\left(\frac{\pi}{2}-t\right)(-1)\,dt$$

$$=-\int_{\frac{\pi}{2}}^0\cos^n t\,dt=\int_0^{\frac{\pi}{2}}\cos^n t\,dt=\int_0^{\frac{\pi}{2}}\cos^n x\,dx=J_n$$

⇐ $\sin\left(\frac{\pi}{2}-t\right)=\cos t$, $-\int_b^a f(t)\,dt=\int_a^b f(t)\,dt$

⇐ 定積分の値は，積分変数の文字に無関係。

よって　$I_n=J_n$　$(n\geqq 0)$

[2] $n=0$ のとき，$I_0=\int_0^{\frac{\pi}{2}}dx=\Big[x\Big]_0^{\frac{\pi}{2}}=\frac{\pi}{2}$ から成り立つ。

$n\geqq 1$ のとき　$I_{2n}=\int_0^{\frac{\pi}{2}}\sin^{2n}x\,dx=\int_0^{\frac{\pi}{2}}\sin^{2n-1}x\sin x\,dx$

$$=\int_0^{\frac{\pi}{2}}\sin^{2n-1}x(-\cos x)'\,dx$$

⇐ 部分積分法

$$=\Big[\sin^{2n-1}x(-\cos x)\Big]_0^{\frac{\pi}{2}}$$

$$-\int_0^{\frac{\pi}{2}}(2n-1)\sin^{2n-2}x\cos x\cdot(-\cos x)\,dx$$

$=0+(2n-1)\int_0^{\frac{\pi}{2}}\sin^{2n-2}x(1-\sin^2x)\,dx$

$=(2n-1)\left(\int_0^{\frac{\pi}{2}}\sin^{2n-2}x\,dx-\int_0^{\frac{\pi}{2}}\sin^{2n}x\,dx\right)$

$=(2n-1)(I_{2n-2}-I_{2n})$

よって　$2nI_{2n}=(2n-1)I_{2n-2}$

これから

$I_{2n}=\dfrac{2n-1}{2n}I_{2n-2}=\dfrac{2n-1}{2n}\cdot\dfrac{2n-3}{2n-2}I_{2n-4}=\cdots\cdots$

$=\dfrac{2n-1}{2n}\cdot\dfrac{2n-3}{2n-2}\cdot\cdots\cdots\cdot\dfrac{3}{4}\cdot\dfrac{1}{2}\cdot I_0$

$=\dfrac{2n-1}{2n}\cdot\dfrac{2n-3}{2n-2}\cdot\cdots\cdots\cdot\dfrac{3}{4}\cdot\dfrac{1}{2}\cdot\dfrac{\pi}{2}\quad(n\geqq1)$

以上から，[2] は成り立つ。

(2) (1) の結果から

$\int_0^{\frac{\pi}{2}}\cos^6x\,dx=J_6=I_6=\dfrac{5}{6}\cdot\dfrac{3}{4}\cdot\dfrac{1}{2}\cdot\dfrac{\pi}{2}=\mathbf{\dfrac{5}{32}\pi}$

⇐ $\cos^2x=1-\sin^2x$

⇐ **同形出現**

⇐ I_{2n} と I_{2n-2} の関係式が求められた。

⇐ $I_{2n-2}=\dfrac{2n-3}{2n-2}I_{2n-4}$，……，$I_2=\dfrac{1}{2}I_0$ を順々に代入する。

INFORMATION　三角関数の n 乗の定積分

n を 0 以上の整数とする。また，$\sin^0x=\cos^0x=1$ とする。

定積分 $I_n=\int_0^{\frac{\pi}{2}}\sin^nx\,dx$，$J_n=\int_0^{\frac{\pi}{2}}\cos^nx\,dx$ について，重要例題 136，PRACTICE 136 で示したことをまとめると次のようになる。

1　$I_n=J_n$　すなわち　$\int_0^{\frac{\pi}{2}}\sin^nx\,dx=\int_0^{\frac{\pi}{2}}\cos^nx\,dx$

2　$I_0=\int_0^{\frac{\pi}{2}}\sin^0x\,dx=\dfrac{\pi}{2}$，$I_1=\int_0^{\frac{\pi}{2}}\sin x\,dx=1$

3　$n\geqq2$ のとき　$I_n=\dfrac{n-1}{n}I_{n-2}$

n が偶数のとき　$I_n=\dfrac{n-1}{n}\cdot\dfrac{n-3}{n-2}\cdot\cdots\cdots\cdot\dfrac{3}{4}\cdot\dfrac{1}{2}\cdot\dfrac{\pi}{2}$

n が奇数のとき　$I_n=\dfrac{n-1}{n}\cdot\dfrac{n-3}{n-2}\cdot\cdots\cdots\cdot\dfrac{4}{5}\cdot\dfrac{2}{3}\cdot1$

PRACTICE 136④

$I_n=\int_0^{\frac{\pi}{2}}\sin^nx\,dx$ (n は 1 以上の整数) とする。

(1)　次の等式が成り立つことを証明せよ。

$I_1=1$，$n\geqq2$ のとき　$I_{2n-1}=\dfrac{2n-2}{2n-1}\cdot\dfrac{2n-4}{2n-3}\cdot\cdots\cdots\cdot\dfrac{4}{5}\cdot\dfrac{2}{3}\cdot1$

(2)　(1) を利用して，次の定積分を求めよ。

(ア) $\int_0^{\frac{\pi}{2}}\sin^7x\,dx$　　(イ) $\int_0^{\frac{\pi}{2}}\sin^3x\cos^2x\,dx$

EXERCISES　15 定積分の置換積分法，部分積分法

A

104② 次の定積分を求めよ。 ［(1) 横浜国大 (2) 慶応大 (3) 東京理科大］

(1) $\displaystyle\int_1^4 \frac{dx}{\sqrt{3-\sqrt{x}}}$　(2) $\displaystyle\int_e^{e^e} \frac{\log(\log x)}{x\log x}dx$　(3) $\displaystyle\int_0^1 \frac{dx}{2+3e^x+e^{2x}}$

→ 128

105③ 次の定積分を求めよ。 ［(1), (2) 横浜国大 (3) 立教大］

(1) $\displaystyle\int_0^1 \frac{x+1}{(x^2+1)^2}dx$　(2) $\displaystyle\int_0^{\frac{1}{2}} x^2\sqrt{1-x^2}\,dx$　(3) $\displaystyle\int_0^{\frac{\pi}{2}} x^2\cos^2 x\,dx$

→ 129, 130, 132

B

106④ 定積分 $\displaystyle\int_0^1 \frac{dx}{x^3+8}$ を求めよ。 → 114, 130

107④ (1) 等式 $\displaystyle\int_{-1}^0 \frac{x^2}{1+e^x}dx=\int_0^1 \frac{x^2}{1+e^{-x}}dx$ を示せ。

(2) 定積分 $\displaystyle\int_{-1}^1 \frac{x^2}{1+e^x}dx$ を求めよ。 → 134

108④ (1) $X=\cos\left(\dfrac{x}{2}-\dfrac{\pi}{4}\right)$ とおくとき，$1+\sin x$ を X を用いて表せ。

(2) 不定積分 $\displaystyle\int \frac{dx}{1+\sin x}$ を求めよ。

(3) 定積分 $\displaystyle\int_0^{\frac{\pi}{2}} \frac{x}{1+\sin x}dx$ を求めよ。 ［類 横浜市大］ → 135

109④ a，b は定数，m，n は 0 以上の整数とし，$I(m,\ n)=\displaystyle\int_a^b (x-a)^m(x-b)^n dx$ とする。

(1) $I(m,\ 0)$，$I(1,\ 1)$ の値を求めよ。

(2) $I(m,\ n)$ を $I(m+1,\ n-1)$，m，n で表せ。ただし，n は自然数とする。

(3) $I(5,\ 5)$ の値を求めよ。 ［類 群馬大］

110⑤ $I_{m,n}=\displaystyle\int_0^{\frac{\pi}{2}} \sin^m x\cos^n x\,dx$ （m，n は 0 以上の整数）とする。

(1) $\sin^0 x=1$，$\cos^0 x=1$ とするとき，次の等式が成り立つことを証明せよ。

[1] $I_{m,n}=I_{n,m}$ $(m\geqq 0,\ n\geqq 0)$　[2] $I_{m,n}=\dfrac{n-1}{m+n}I_{m,n-2}$ $(n\geqq 2)$

(2) (1)の結果を利用して，定積分 $\displaystyle\int_0^{\frac{\pi}{2}} \sin^3 x\cos^6 x\,dx$ の値を求めよ。 → 136

HINT

106 まず (分母)$=(x+2)(x^2-2x+4)$ として部分分数に分解する。

107 (1) $x=-t$ とおき，置換積分を利用。 (2) (1)の結果を利用。

108 (1) 半角の公式 $\cos^2\theta=\dfrac{1+\cos 2\theta}{2}$ を利用。

(3) (2)の結果から，$\dfrac{x}{1+\sin x}=x\cdot\dfrac{1}{1+\sin x}$ として，部分積分法を利用。

109 (2) 部分積分を利用する。 (3) (1)，(2)の結果を利用する。

110 (1) [1] $x=\dfrac{\pi}{2}-t$ とおく置換積分。sin と cos を入れ替える。

[2] $\sin^m x\cos^n x=(\sin^m x\cos x)\cos^{n-1}x=\left(\dfrac{\sin^{m+1}x}{m+1}\right)'\cos^{n-1}x$ として部分積分。

16 定積分で表された関数

基本事項

1 定積分で表された関数

x は t に無関係な変数，また a，b は定数とする。

① $\displaystyle\int_a^b f(x,\ t)dt$，$\displaystyle\int_a^x f(t)dt$ などは積分変数 t に無関係で，x の関数である。

② $\displaystyle\frac{d}{dx}\int_a^x f(t)dt=f(x)$

$\displaystyle\frac{d}{dx}\int_{h(x)}^{g(x)} f(t)dt=f(g(x))g'(x)-f(h(x))h'(x)$

解説 ① $\displaystyle\int_a^b f(t)dt$ は，積分変数 t には無関係な定数である。つまり，定積分を計算すると t は消えてなくなる。また，定積分 $\displaystyle\int_a^b f(x,\ t)dt$ では，定積分を計算すると積分変数 t は消えるが，x は残って x の関数となる。

② の証明

$f(t)$ の原始関数の 1 つを $F(t)$，すなわち $f(t)=F'(t)$ とすると

$$\frac{d}{dx}\int_{h(x)}^{g(x)} f(t)dt=\frac{d}{dx}\{F(g(x))-F(h(x))\}$$ ⬅ 合成関数の微分

$$=F'(g(x))g'(x)-F'(h(x))h'(x)$$

$=$(右辺) 終

この式で $g(x)=x$，$h(x)=a$ (定数) の場合が，$\displaystyle\frac{d}{dx}\int_a^x f(t)dt=f(x)$ である。

例 $g(x)=x$，$h(x)=-x$ の場合

$$\frac{d}{dx}\int_{-x}^{x} f(t)dt=f(x)\cdot(x)'-f(-x)\cdot(-x)'=f(x)+f(-x)$$

$g(x)=x^2$，$h(x)=3x$ の場合

$$\frac{d}{dx}\int_{3x}^{x^2} f(t)dt=f(x^2)\cdot(x^2)'-f(3x)\cdot(3x)'=2xf(x^2)-3f(3x)$$

CHECK & CHECK

32 次の関数を x で微分せよ。ただし，a は定数とする。

(1) $\displaystyle\int_1^x \frac{1}{t+1}dt$ $(x>-1)$ (2) $\displaystyle\int_3^x e^{3t}dt$

(3) $\displaystyle\int_x^a \sin 2t\,dt$ (4) $\displaystyle\int_2^3 \frac{\cos 3t}{2t^2+1}dt$

↻ 1

基本 例題 137 定積分で表された関数の微分

次の関数を x で微分せよ。

(1) $f(x)=\int_0^x(x+t)e^t dt$　　(2) $f(x)=\int_x^{x^2}t\log t\,dt$ $(x>0)$

p. 221 基本事項 1

CHART & SOLUTION

定積分で表された関数の導関数

1　$\dfrac{d}{dx}\int_a^x f(t)\,dt=f(x)$　（a は定数）……❗

2　$\dfrac{d}{dx}\int_{h(x)}^{g(x)} f(t)\,dt=f(g(x))g'(x)-f(h(x))h'(x)$

(1) まずは，積分変数 t 以外の **変数 x は定数扱い** にして $\int$ の前に出す。

(2) 上の公式 2 を直接用いて計算してもよいが，ここでは基本的な考え方を確認しながら少し詳しく解いてみよう。

解答

(1) $\int_0^x(x+t)e^t dt=x\int_0^x e^t dt+\int_0^x te^t dt$ であるから

❗ $f'(x)=(x)'\int_0^x e^t dt+x\left(\dfrac{d}{dx}\int_0^x e^t dt\right)+\dfrac{d}{dx}\int_0^x te^t dt$

$=\int_0^x e^t dt+x\cdot e^x+xe^x=\Big[e^t\Big]_0^x+2xe^x$

$=e^x-1+2xe^x=\boldsymbol{(2x+1)e^x-1}$

(2) $F'(t)=t\log t$ とすると

$f(x)=\int_x^{x^2}t\log t\,dt=\Big[F(t)\Big]_x^{x^2}$

$=F(x^2)-F(x)$

よって　$f'(x)=\dfrac{d}{dx}\int_x^{x^2}t\log t\,dt$

$=\{F(x^2)-F(x)\}'=F'(x^2)\cdot(x^2)'-F'(x)$

$=(x^2\log x^2)\cdot 2x-x\log x$

$=2x^3\cdot 2\log x-x\log x$

$=\boldsymbol{x(4x^2-1)\log x}$

⇐ x は定数とみて，定積分の前に出す。

⇐ $x\int_0^x e^t dt$ の微分は，積の導関数の公式を利用。

inf. 定積分を計算し，$f(x)=(2x-1)e^x-x+1$ を求めてから $f'(x)$ を求めてもよいが，回り道。

⇐ 合成関数の微分

⇐ 上の公式 2 を直接用いると，下から 3 行目の式が得られる。

PRACTICE 137❷

次の関数を x で微分せよ。

(1) $\int_0^x x\sqrt{t}\,dt$ $(x>0)$　　(2) $\int_x^{2x+1}\dfrac{1}{t^2+1}dt$　［類 筑波大］

(3) $\int_{-x}^{\sqrt{x}}t\cos t\,dt$　［明星大］　(4) $\int_0^x(x-t)^2\sin t\,dt$　［類 東京女子大］

基本 例題 138 定積分で表された関数の極値

関数 $f(x)=\int_0^x (1-t^2)e^t dt$ の極値を求めよ。〔東京商船大〕

基本 137

CHART & SOLUTION

定積分で表された関数の導関数

$$\frac{d}{dx}\int_a^x g(t)dt = g(x) \quad (a\text{ は定数})$$

上の公式を用いて $f'(x)$ を求め，その符号を調べて，増減表を作る。
右辺の定積分は，部分積分法を用いて計算できる。

解答

$$f'(x)=\frac{d}{dx}\int_0^x (1-t^2)e^t dt=(1-x^2)e^x$$

$f'(x)=0$ とすると，
$1-x^2=0$ から
$x=\pm 1$
よって，$f(x)$ の増減表は右のようになる。

x	$\cdots$	-1	$\cdots$	1	$\cdots$
$f'(x)$	$-$	0	$+$	0	$-$
$f(x)$	↘	極小	↗	極大	↘

⇐ $e^x>0$ であるから，$f'(x)$ の符号は $1-x^2$ の符号と一致する。

また　$f(x)=\int_0^x (1-t^2)(e^t)' dt$

$$=\Big[(1-t^2)e^t\Big]_0^x + 2\int_0^x te^t dt$$

$$=(1-x^2)e^x - 1 + 2\left(\Big[te^t\Big]_0^x - \int_0^x e^t dt\right)$$

$$=(1-x^2)e^x - 1 + 2xe^x - 2(e^x-1)$$

$$=(-x^2+2x-1)e^x+1$$

$$=-(x-1)^2e^x+1$$

⇐ 部分積分法

⇐ 部分積分を繰り返す。

inf. $f(x)$ を求めてから，その導関数 $f'(x)$ を求めてもよい。

よって　$f(1)=1$，$f(-1)=1-\frac{4}{e}$

ゆえに，**$x=1$ で極大値 1，$x=-1$ で極小値 $1-\frac{4}{e}$ をとる。**

INFORMATION

関数が下の PRACTICE 138 のような形で与えられたときは，積分変数以外の文字 x を積分の外に出してから $f'(x)$ を求める (基本例題 137 (1) 参照)。なお，関数 $f(x)$ を求める際，問題で与えられた定積分を計算するよりも，最初に求めた $f'(x)$ の不定積分を考える方が計算しやすくなっている場合もある (PRACTICE 138 参照)。

PRACTICE 138③

関数 $f(x)=\int_{\frac{\pi}{3}}^x (t-x)\sin t\,dt \left(-\frac{\pi}{2}<x<\frac{\pi}{2}\right)$ の極値を求めよ。

基本 例題 139 定積分を含む関数 (1)（定数型）

$f(x)=\cos x+\int_0^{\frac{\pi}{3}} f(t)\tan t\,dt$ を満たす関数 $f(x)$ を求めよ。〔東北学院大〕

p.221 基本事項 1

CHART & SOLUTION

定積分の扱い $\int_a^b f(t)\,dt$ は定数 ⟶ 文字でおき換え

$\int_0^{\frac{\pi}{3}} f(t)\tan t\,dt$ はこれから求めようとしている関数 $f(t)$ を含んでいるから，直接計算できない。しかし，$\int_0^{\frac{\pi}{3}} f(t)\tan t\,dt$ **は定数（x には無関係）**であるから

$\int_0^{\frac{\pi}{3}} f(t)\tan t\,dt=a$（定数）とおけて，$f(x)=\cos x+a$ と表される。

したがって，$\int_0^{\frac{\pi}{3}} (\cos t+a)\tan t\,dt=a$ から a の値を求めることができる。

解答

$\int_0^{\frac{\pi}{3}} f(t)\tan t\,dt=a$ とおくと　$f(x)=\cos x+a$

よって　$\int_0^{\frac{\pi}{3}} f(t)\tan t\,dt=\int_0^{\frac{\pi}{3}} (\cos t+a)\tan t\,dt$

$$=\int_0^{\frac{\pi}{3}} (\sin t+a\tan t)\,dt$$

$$=\Big[-\cos t-a\log(\cos t)\Big]_0^{\frac{\pi}{3}}$$

$$=\left(-\frac{1}{2}-a\log\frac{1}{2}\right)-(-1)$$

$$=\frac{1}{2}+a\log 2$$

ゆえに　$\frac{1}{2}+a\log 2=a$　すなわち　$a=\frac{1}{2(1-\log 2)}$

したがって　$\boldsymbol{f(x)=\cos x+\frac{1}{2(1-\log 2)}}$

⇦ $\int_0^{\frac{\pi}{3}} f(t)\tan t\,dt$ は定数。

⇦ $f(t)=\cos t+a$

⇦ $\cos t\tan t=\sin t$

⇦ $\tan t=-\frac{(\cos t)'}{\cos t}$ から
$\int \tan t\,dt$
$=-\log|\cos t|+C$
$0\leqq t\leqq\frac{\pi}{3}$ で $\cos t>0$

⇦ $(1-\log 2)a=\frac{1}{2}$ から。

PRACTICE 139②

次の等式を満たす関数 $f(x)$ を求めよ。

(1) $f(x)=x^2+\int_0^1 f(t)e^t\,dt$

(2) $f(x)=\sin x-\int_0^{\frac{\pi}{3}}\left\{f(t)-\frac{\pi}{3}\right\}\sin t\,dt$

(3) $f(x)=e^x\int_0^1 \{f(t)\}^2\,dt$

〔(1), (3) 武蔵工大　(2) 愛媛大〕

基本 例題 140 定積分を含む関数 (2) (変数型)

関数 $f(x)$ は微分可能で $f(x)=x^2e^{-x}+\int_0^x e^{t-x}f(t)\,dt$ を満たすものとする。

(1) $f(0)$, $f'(0)$ を求めよ。 (2) $f'(x)$ を求めよ。

(3) $f(x)$ を求めよ。 ［埼玉大］

p.221 基本事項 1，基本 137

CHART & SOLUTION

定積分の扱い $\dfrac{d}{dx}\int_a^x f(t)\,dt=f(x)$

$\int_a^x f(t)\,dt$ を含む等式では，両辺を x について微分するとよい。

(1) 与式で $x=0$ とすると，$f(0)$ の値を求められる。また，与式の両辺を x で微分すると，左辺は $f'(x)$ になるから，$x=0$ を代入すると $f'(0)$ の値を求められる。いずれの場合も，$\int_a^a f(x)\,dx=0$ であることを利用する。

解答

$f(x)=x^2e^{-x}+e^{-x}\int_0^x e^tf(t)\,dt$ …… ① とする。

⇐ $e^{t-x}=e^{-x}e^t$

(1) ① に $x=0$ を代入して **$f(0)=0$**

⇐ $\int_a^a f(x)\,dx=0$

① の両辺を x で微分して

$$f'(x)=(x^2)'e^{-x}+x^2(e^{-x})'+(e^{-x})'\int_0^x e^tf(t)\,dt+e^{-x}\left(\int_0^x e^tf(t)\,dt\right)'$$

$$=2xe^{-x}-x^2e^{-x}-e^{-x}\int_0^x e^tf(t)\,dt+f(x) \quad \cdots\cdots ②$$

⇐ 積の微分法

⇐ $\left(\int_0^x e^tf(t)\,dt\right)'=e^xf(x)$

② に $x=0$ を代入して **$f'(0)=f(0)=0$**

(2) ② から $f'(x)=2xe^{-x}-\left(x^2e^{-x}+e^{-x}\int_0^x e^tf(t)\,dt\right)+f(x)$

よって，① から **$f'(x)=2xe^{-x}-f(x)+f(x)=2xe^{-x}$**

(3) (2) から $f(x)=\int 2xe^{-x}\,dx=2\int x(-e^{-x})'\,dx$

$$=2\left(-xe^{-x}+\int e^{-x}\,dx\right)=-2(x+1)e^{-x}+C$$

⇐ 不定積分の部分積分

⇐ C は積分定数

(1) より，$f(0)=0$ であるから $C=2$

したがって **$f(x)=-2(x+1)e^{-x}+2$**

PRACTICE 140③

連続な関数 $f(x)$ が $\int_a^x (x-t)f(t)\,dt=2\sin x-x+b$ $\left(a,\ b\text{ は定数で，}0\leqq a\leqq\dfrac{\pi}{2}\right)$ を満たすとする。次のものを求めよ。

(1) $\int_a^x f(t)\,dt$ (2) $f(x)$ (3) 定数 a, b の値 ［類 岩手大］

基本 例題 141 定積分で表された関数の最大・最小 (1)

積分 $\int_0^{\frac{\pi}{2}}(\sin x-kx)^2dx$ の値を最小にする実数 k の値と，そのときの積分値を求めよ。 〔関西学院大〕 基本 125

CHART & SOLUTION

まずは，定積分の計算を行う。積分変数は x であるから，**k は定数** として扱う。定積分の計算を行い得られた式は，**k の 2 次式** になる。
⟶ **平方完成** して **基本形 $r(a-p)^2+q$ に変形** し，最小値を調べる。

解答

$I=\int_0^{\frac{\pi}{2}}(\sin x-kx)^2dx$ とすると

$$I=\int_0^{\frac{\pi}{2}}(\sin^2x-2kx\sin x+k^2x^2)\,dx$$
$$=\int_0^{\frac{\pi}{2}}\sin^2x\,dx-2k\int_0^{\frac{\pi}{2}}x\sin x\,dx+k^2\int_0^{\frac{\pi}{2}}x^2dx$$

inf. 計算式が長くなるときは，別々に抜き出して計算するとよい。

ここで

$$\int_0^{\frac{\pi}{2}}\sin^2x\,dx=\int_0^{\frac{\pi}{2}}\frac{1-\cos 2x}{2}dx=\left[\frac{1}{2}x-\frac{\sin 2x}{4}\right]_0^{\frac{\pi}{2}}=\frac{\pi}{4}$$

⇐ **半角の公式** を用いて次数を下げる。

$$\int_0^{\frac{\pi}{2}}x\sin x\,dx=\int_0^{\frac{\pi}{2}}x(-\cos x)'dx$$
$$=\Big[x(-\cos x)\Big]_0^{\frac{\pi}{2}}-\int_0^{\frac{\pi}{2}}1\cdot(-\cos x)\,dx$$
$$=\Big[\sin x\Big]_0^{\frac{\pi}{2}}=1$$

⇐ **部分積分法**

$$\int_0^{\frac{\pi}{2}}x^2dx=\left[\frac{x^3}{3}\right]_0^{\frac{\pi}{2}}=\frac{\pi^3}{24}$$

ゆえに　$I=\frac{\pi}{4}-2k\cdot1+k^2\cdot\frac{\pi^3}{24}=\frac{\pi^3}{24}\left(k-\frac{24}{\pi^3}\right)^2+\frac{\pi}{4}-\frac{24}{\pi^3}$

⇐ k の 2 次式を **平方完成** する。

よって，$\boldsymbol{k=\frac{24}{\pi^3}}$ で最小値 $\boldsymbol{\frac{\pi}{4}-\frac{24}{\pi^3}}$ をとる。

INFORMATION

本問では定積分の値が k の **2 次式** になるから，**平方完成** して **基本形に変形** したが，一般には **2 次式以外の形** になることもありうる。その場合は **微分して増減を調べる** ことになる (次ページの重要例題 142 参照)。

PRACTICE 141③

定積分 $\int_0^1(\sqrt{1-x}-ax+1)^2dx$ (a は定数) を最小とする a の値を求めよ。 〔神奈川大〕

重要 例題 142　定積分で表された関数の最大・最小 (2)

実数 t が $1\leqq t\leqq e$ の範囲を動くとき，$S(t)=\int_0^1|e^x-t|dx$ の最大値と最小値を求めよ。　〔類　首都大東京〕

基本 126，141

CHART & THINKING

場合の分かれ目はどこか？

⟶ 場合の分かれ目は (| |内の式)=0 から　$e^x-t=0$

よって　$x=\log t$

求めた $x=\log t$ は，積分区間内にあるか？

⟶ 条件 $1\leqq t\leqq e$ より $0\leqq\log t\leqq 1$ であるから，$\log t$ は積分区間 $0\leqq x\leqq 1$ の内部にある。

よって，積分区間 $0\leqq x\leqq 1$ を分割して定積分を計算する。

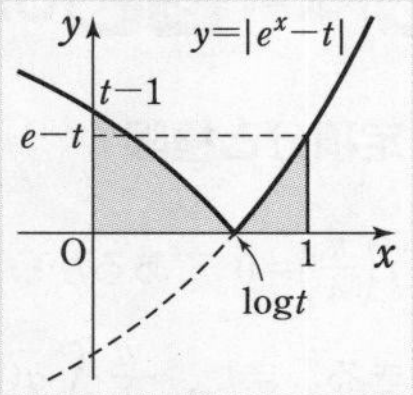

解答

$e^x-t=0$ とすると　$x=\log t$

$1\leqq t\leqq e$ であるから　$0\leqq\log t\leqq 1$

ゆえに，$0\leqq x\leqq\log t$ のとき　$|e^x-t|=-(e^x-t)$，

$\log t\leqq x\leqq 1$ のとき　$|e^x-t|=e^x-t$

よって　$S(t)=\int_0^{\log t}\{-(e^x-t)\}dx+\int_{\log t}^1(e^x-t)dx$

$=-\Big[e^x-tx\Big]_0^{\log t}+\Big[e^x-tx\Big]_{\log t}^1$

$=-2(e^{\log t}-t\log t)+1+e-t$

$=2t\log t-3t+e+1$

ゆえに　$S'(t)=2\log t+2t\cdot\frac{1}{t}-3=2\log t-1$

$S'(t)=0$ とすると　$\log t=\frac{1}{2}$

よって　$t=e^{\frac{1}{2}}=\sqrt{e}$

$1\leqq t\leqq e$ における $S(t)$ の増減表は右のようになる。

t	1	…	$\sqrt{e}$	…	e
$S'(t)$		−	0	+	
$S(t)$	$e-2$	↘	極小	↗	1

ここで　$e-2<1$，

$S(\sqrt{e})=2\sqrt{e}\log\sqrt{e}-3\sqrt{e}+e+1=e-2\sqrt{e}+1$

よって，$S(t)$ は

$t=e$ のとき最大値 1，

$t=\sqrt{e}$ のとき最小値 $e-2\sqrt{e}+1$　をとる。

⇐ 場合の分かれ目は，積分区間内にある。

⇐ $-\Big[F(x)\Big]_a^c+\Big[F(x)\Big]_c^b$
$=-2F(c)+F(a)+F(b)$

⇐ $e^{\log p}=p$

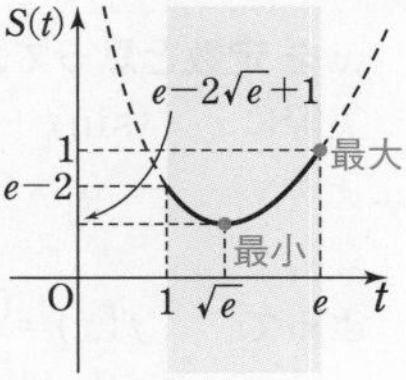

⇐ $e=2.718\cdots\cdots$

⇐ $\log\sqrt{e}=\frac{1}{2}$

PRACTICE 142[4]

実数 $a>0$ について，$I(a)=\int_1^e|\log ax|dx$ とする。$I(a)$ の最小値，およびそのときの a の値を求めよ。　〔類　北海道大〕

重要 例題 143 定積分と極限

$f(x)=\int_{\frac{\pi}{4}}^{x}(\sin t+\cos t)^4 dt$ とするとき，$\displaystyle\lim_{x\to\frac{\pi}{4}}\frac{f(x)}{x-\frac{\pi}{4}}$ を求めよ。

〔類 名古屋工大〕 p.88 基本事項 1，基本 137

CHART & SOLUTION

定積分と極限 $\displaystyle\lim_{x\to a}\frac{f(x)-f(a)}{x-a}=f'(a)$ **の利用**

$f\left(\frac{\pi}{4}\right)=0$ であるから，極限は $\frac{0}{0}$ の不定形であるが，式の形から **微分係数の定義** が利用できる。また，$\frac{d}{dx}\int_a^x g(t)\,dt=g(x)$ も利用。

解答

$f(x)=\int_{\frac{\pi}{4}}^{x}(\sin t+\cos t)^4 dt$ から　　$f'(x)=(\sin x+\cos x)^4$

また，$f\left(\frac{\pi}{4}\right)=0$ であるから

$$\lim_{x\to\frac{\pi}{4}}\frac{f(x)}{x-\frac{\pi}{4}}=\lim_{x\to\frac{\pi}{4}}\frac{f(x)-f\left(\frac{\pi}{4}\right)}{x-\frac{\pi}{4}}=f'\left(\frac{\pi}{4}\right)=(\sqrt{2})^4=\mathbf{4}$$

⇐ $\frac{d}{dx}\int_a^x g(t)\,dt=g(x)$

⇐ $\int_a^a f(t)\,dt=0$

⇐ $\displaystyle\lim_{x\to a}\frac{f(x)-f(a)}{x-a}=f'(a)$

INFORMATION ―― 定積分を計算すると……

x を **定数と思ってまず積分** すると，$f(x)$ が求められる。

実際に　$(\sin t+\cos t)^4=(\sin^2 t+2\sin t\cos t+\cos^2 t)^2=(1+\sin 2t)^2$

$$=1+2\sin 2t+\sin^2 2t=1+2\sin 2t+\frac{1-\cos 4t}{2}$$

よって　$f(x)=\int_{\frac{\pi}{4}}^{x}\left(\frac{3}{2}+2\sin 2t-\frac{\cos 4t}{2}\right)dt=\left[\frac{3}{2}t-\cos 2t-\frac{1}{8}\sin 4t\right]_{\frac{\pi}{4}}^{x}$

$$=\frac{3}{2}\left(x-\frac{\pi}{4}\right)-\cos 2x-\frac{1}{8}\sin 4x$$

しかし，lim の計算が解答と比べ大変である。

PRACTICE 143 ④

次の極限を求めよ。

(1) $\displaystyle\lim_{x\to 0}\frac{1}{x}\int_0^x 2te^{t^2}dt$ 〔類 香川大〕　(2) $\displaystyle\lim_{x\to 1}\frac{1}{x-1}\int_1^x\frac{1}{\sqrt{t^2+1}}dt$ 〔東京電機大〕

EXERCISES　16 定積分で表された関数

A

111③ (1) $f(x)=\int_0^x (x-y)\cos y\,dy$ に対して，$f'\left(\dfrac{\pi}{2}\right)=$ $\boxed{}$ である。

〔大阪電通大〕

(2) $f(x)=\int_{-x}^{x}\dfrac{\cos t}{1+e^t}dt$ とするとき

[1] 導関数 $f'(x)$ を求めよ。　[2] 関数 $f(x)$ を求めよ。〔琉球大〕

137

112③ 連続な関数 $f(x)$ が関係式 $f(x)=e^x\int_0^1\dfrac{1}{e^t+1}dt+\int_0^1\dfrac{f(t)}{e^t+1}dt$ を満たすとき，$f(x)$ を求めよ。〔京都工繊大〕 139

113③ $a_n=\int_n^{n+1}\dfrac{1}{x}dx$ とおくとき $\lim\limits_{n\to\infty}e^{na_n}=$ $\boxed{}$ である。〔立教大〕

B

114③ $F(x)=\int_0^x tf(x-t)\,dt$ ならば，$F''(x)=f(x)$ となることを証明せよ。

〔富山医薬大〕 137

115③ 等式 $f(x)=(2x-k)e^x+e^{-x}\int_0^x f(t)e^t dt$ が成り立つような連続関数 $f(x)$ を求めよ。ただし，k は定数である。〔類 島根医大〕 140

116③ 定積分 $\int_0^1(\cos\pi x-ax-b)^2dx$ の値を最小にする定数 a，b の値，およびその最小の値を求めよ。〔弘前大〕 141

117④ α，β は $0\leqq\alpha<\beta\leqq\dfrac{\pi}{2}$ を満たす実数とする。$\alpha\leqq t\leqq\beta$ となる t に対して，$S(t)=\int_\alpha^\beta|\sin x-\sin t|\,dx$ とする。$S(t)$ を最小にする t の値を求めよ。

〔琉球大〕 142

HINT

114　$\dfrac{d}{dx}\int_0^x tf(x-t)\,dt$ は，そのままでは計算できない。まずは $x-t=u$ と置換する。

115　両辺を x で微分した式ともとの式から $f'(x)$ が求まる。

116　まず，$(\cos\pi x-ax-b)^2$ を展開して積分。a，b について平方完成。

117　**絶対値** 場合に分ける　積分区間を $\alpha\leqq x\leqq t$ と $t\leqq x\leqq\beta$ に分けて絶対値をはずす。

17 定積分と和の極限，不等式

基本事項

1 定積分と和の極限（区分求積法）

関数 $f(x)$ が区間 $[a,\ b]$ で連続であるとき，この区間を n 等分して両端と分点を順に $a=x_0,\ x_1,\ x_2,$ ……，$x_n=b$ とし，$\dfrac{b-a}{n}=\Delta x$ とすると，

$x_k=a+k\Delta x$ で

$$\lim_{n\to\infty}\sum_{k=0}^{n-1}f(x_k)\Delta x=\lim_{n\to\infty}\sum_{k=1}^{n}f(x_k)\Delta x=\int_a^b f(x)\,dx$$

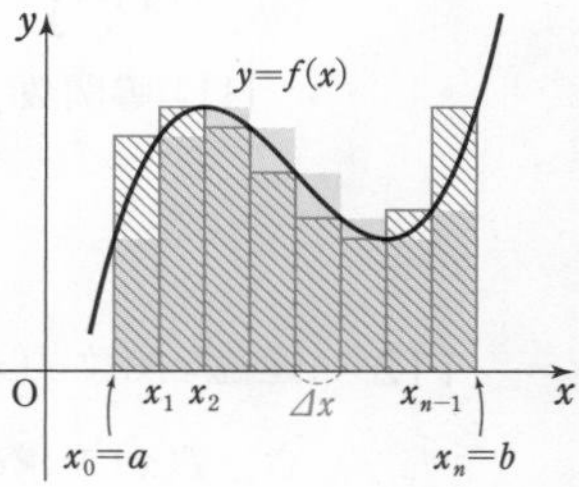

特に，$a=0$，$b=1$ とすると $\Delta x=\dfrac{1}{n}$，$x_k=\dfrac{k}{n}$ となり

$$\lim_{n\to\infty}\frac{1}{n}\sum_{k=0}^{n-1}f\left(\frac{k}{n}\right)=\lim_{n\to\infty}\frac{1}{n}\sum_{k=1}^{n}f\left(\frac{k}{n}\right)=\int_0^1 f(x)\,dx$$

が成り立つ。

補足 区間 $[a,\ b]$ を $2n$ 等分した場合も，上と同じように

$a=x_0,\ x_1,\ x_2,$ ……，$x_{2n}=b$ とし，$\dfrac{b-a}{2n}=\Delta x$，$x_k=a+k\Delta x$ で

$$\lim_{n\to\infty}\sum_{k=0}^{2n-1}f(x_k)\Delta x=\lim_{n\to\infty}\sum_{k=1}^{2n}f(x_k)\Delta x=\int_a^b f(x)\,dx$$

区間 $[a,\ b]$ を $3n$ 等分，$4n$ 等分，…… とした場合も同様に考える。

2 定積分と不等式

① 区間 $[a,\ b]$ で連続な関数 $f(x)$ について

$$f(x)\geqq 0 \quad ならば \quad \int_a^b f(x)\,dx\geqq 0$$

等号は，常に $f(x)=0$ のときに成り立つ。

② 区間 $[a,\ b]$ で連続な関数 $f(x)$，$g(x)$ について

$$f(x)\geqq g(x) \quad ならば \quad \int_a^b f(x)\,dx\geqq\int_a^b g(x)\,dx$$

等号は，常に $f(x)=g(x)$ のときに成り立つ。

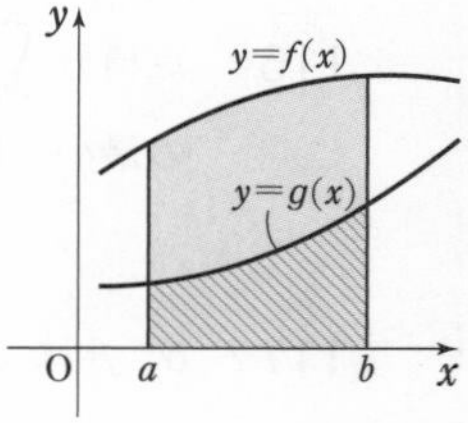

CHECK & CHECK

33 区間 $[1,\ 2]$ で $\dfrac{1}{x^2}\leqq\dfrac{1}{x}$ が成り立つことを利用して，不等式 $\dfrac{1}{2}<\log 2$ を証明せよ。

2

基本 例題 144 定積分と和の極限 (1)

次の極限値を求めよ。 〔(2) 類 摂南大〕

(1) $\lim_{n\to\infty}\left(\frac{1}{2n+1}+\frac{1}{2n+2}+\cdots\cdots+\frac{1}{3n}\right)$

(2) $\lim_{n\to\infty}\frac{\pi}{n^2}\sum_{k=1}^{n}k\sin\frac{3k}{n}\pi$

p.230 基本事項 1

CHART & SOLUTION

定積分を利用した和の極限

$$\lim_{n\to\infty}\frac{1}{n}\sum_{k=1}^{n}f\left(\frac{k}{n}\right)=\int_0^1 f(x)\,dx$$ **が利用できるように式を変形**

与式を $\frac{1}{n}\sum_{k=1}^{n}f\left(\frac{k}{n}\right)$ の形にするために，$\frac{1}{n}$ をくくり出し，和の部分の第 k 項が $f\left(\frac{k}{n}\right)$ の形となるような関数 $f(x)$ を見つける。

解答

(1) $(\text{与式})=\lim_{n\to\infty}\sum_{k=1}^{n}\frac{1}{2n+k}$

$=\lim_{n\to\infty}\frac{1}{n}\sum_{k=1}^{n}\frac{1}{2+\frac{k}{n}}$

$=\int_0^1\frac{1}{2+x}dx=\Big[\log(2+x)\Big]_0^1$

$=\log 3-\log 2=\boldsymbol{\log\frac{3}{2}}$

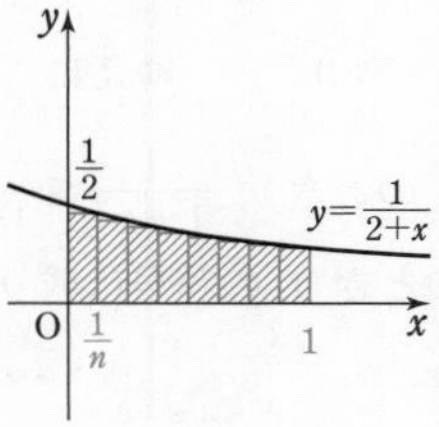

⇐ $\frac{1}{n}$ をくくり出す。

$f(x)=\frac{1}{2+x}$

	$\int_0^1$	$f(x)$	dx
対応	↕	↕	↕
	$\sum_{k=1}^{n}$	$f\left(\frac{k}{n}\right)$	$\frac{1}{n}$

(2) $(\text{与式})=\pi\lim_{n\to\infty}\frac{1}{n}\sum_{k=1}^{n}\frac{k}{n}\sin\left(3\pi\cdot\frac{k}{n}\right)$

$=\pi\int_0^1 x\sin 3\pi x\,dx=\pi\int_0^1 x\left(-\frac{1}{3\pi}\cos 3\pi x\right)'dx$

$=\pi\left(\left[-\frac{1}{3\pi}x\cos 3\pi x\right]_0^1+\int_0^1\frac{1}{3\pi}\cos 3\pi x\,dx\right)$

$=\pi\left(\frac{1}{3\pi}+\frac{1}{3\pi}\left[\frac{1}{3\pi}\sin 3\pi x\right]_0^1\right)=\boldsymbol{\frac{1}{3}}$

⇐ $\frac{1}{n}$ をくくり出す。

$f(x)=x\sin 3\pi x$

⇐ **部分積分法**

⇐ $\Big[x\cos 3\pi x\Big]_0^1=-1$

⇐ $\Big[\sin 3\pi x\Big]_0^1=0$

PRACTICE 144②

次の極限値を求めよ。

(1) $\lim_{n\to\infty}\frac{1}{n\sqrt{n}}(\sqrt{2}+\sqrt{4}+\cdots\cdots+\sqrt{2n})$ 〔芝浦工大〕

(2) $\lim_{n\to\infty}\frac{\pi}{n}\sum_{k=1}^{n}\cos\frac{k\pi}{2n}$

(3) $\lim_{n\to\infty}\left(\frac{1}{n^2+1^2}+\frac{2}{n^2+2^2}+\frac{3}{n^2+3^2}+\cdots\cdots+\frac{n}{n^2+n^2}\right)$ 〔日本女子大〕

(4) $\lim_{n\to\infty}\left(\frac{n+1}{n^2}\log\frac{n+1}{n}+\frac{n+2}{n^2}\log\frac{n+2}{n}+\cdots\cdots+\frac{n+n}{n^2}\log\frac{n+n}{n}\right)$ 〔日本女子大〕

基本 例題 145 定積分と不等式の証明 (1)

(1) $0 \leqq x \leqq 1$ のとき，不等式 $\dfrac{1}{1+x^2} \leqq \dfrac{1}{1+x^4}$ が成り立つことを示せ。

(2) 不等式 $\dfrac{\pi}{4} < \displaystyle\int_0^1 \frac{dx}{1+x^4} < 1$ を示せ。〔類 静岡大〕

p.230 基本事項 2

CHART & SOLUTION

(2) これまで学んできた知識では $\displaystyle\int_0^1 \frac{1}{1+x^4}dx$ の計算ができない。そこで

$$f(x) \geqq g(x) \text{ ならば } \int_a^b f(x)\,dx \geqq \int_a^b g(x)\,dx$$

（等号は，常に $f(x)=g(x)$ のときに成り立つ）

を (1) の結果に適用する。

解答

(1) $0 \leqq x \leqq 1$ のとき　$(1+x^2)-(1+x^4)=x^2(1-x^2) \geqq 0$

よって　$1+x^2 \geqq 1+x^4 > 0$　　ゆえに　$\dfrac{1}{1+x^2} \leqq \dfrac{1}{1+x^4}$

⇦ $x^2 \geqq 0$，$1-x^2 \geqq 0$

⇦ $a \geqq b > 0$ のとき $\dfrac{1}{a} \leqq \dfrac{1}{b}$

(2) (1) から，$0 \leqq x \leqq 1$ のとき　$\dfrac{1}{1+x^2} \leqq \dfrac{1}{1+x^4} \leqq 1$　…… ①

ただし，$0 < x < 1$ のとき ① の等号は成り立たない。

よって　$\displaystyle\int_0^1 \frac{dx}{1+x^2} < \int_0^1 \frac{dx}{1+x^4} < \int_0^1 dx$　…… ②

⇦ $\int$小$<\int$大　等号は成り立たない。

$I=\displaystyle\int_0^1 \frac{dx}{1+x^2}$ において，$x=\tan\theta$ とおくと

$\dfrac{1}{1+x^2}=\dfrac{1}{1+\tan^2\theta}=\cos^2\theta$，$dx=\dfrac{1}{\cos^2\theta}d\theta$

x と θ の対応は右のようにとれる。

x	$0 \longrightarrow 1$
θ	$0 \longrightarrow \dfrac{\pi}{4}$

⇦ $\dfrac{1}{x^2+a^2}$ には $x=a\tan\theta$

ゆえに　$I=\displaystyle\int_0^{\frac{\pi}{4}} \cos^2\theta \cdot \frac{1}{\cos^2\theta}d\theta=\int_0^{\frac{\pi}{4}} d\theta=\Big[\theta\Big]_0^{\frac{\pi}{4}}=\frac{\pi}{4}$

また　$\displaystyle\int_0^1 dx=\Big[x\Big]_0^1=1$

これらを ② に代入すると　$\dfrac{\pi}{4} < \displaystyle\int_0^1 \frac{dx}{1+x^4} < 1$

inf. 本問では，(1) が (2) のヒントになっている。(2) のみが出題された場合は $f(x) \leqq \dfrac{1}{1+x^4} \leqq g(x)$ かつ $\displaystyle\int_0^1 f(x)\,dx=\frac{\pi}{4}$，$\displaystyle\int_0^1 g(x)\,dx=1$ を満たす $f(x)$，$g(x)$ を見つける必要がある。

PRACTICE 145②

(1) 定積分 $\displaystyle\int_0^{\frac{1}{\sqrt{2}}} \frac{1}{\sqrt{1-x^2}}dx$ の値を求めよ。

(2) n を 2 以上の自然数とするとき，次の不等式が成り立つことを示せ。

$$\frac{1}{\sqrt{2}} \leqq \int_0^{\frac{1}{\sqrt{2}}} \frac{1}{\sqrt{1-x^n}}dx \leqq \frac{\pi}{4}$$

基本 例題 146 定積分と不等式の証明 (2)

$n \geqq 2$ とする。定積分を利用して，次の不等式を証明せよ。

$$\frac{1}{1^2}+\frac{1}{2^2}+\frac{1}{3^2}+\cdots\cdots+\frac{1}{n^2}<2-\frac{1}{n}$$

〔類 京都産大〕

基本 145

CHART & THINKING

定積分と不等式

数列の和 $\frac{1}{1^2}+\frac{1}{2^2}+\frac{1}{3^2}+\cdots\cdots+\boxed{\frac{1}{n^2}}$ は簡単な式で表されない。

⟶ 定積分の助けを借りてみよう。右の図の **曲線** $y=\boxed{\frac{1}{x^2}}$ **の下側の面積** と **階段状の面積を比較** して，不等式を証明できないだろうか？

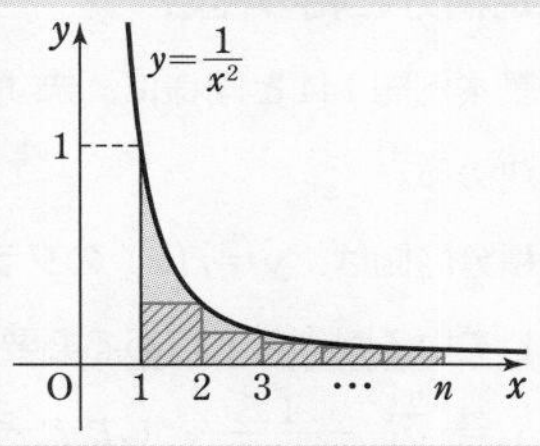

解答

自然数 k に対して，$k \leqq x \leqq k+1$ のとき　$\frac{1}{(k+1)^2} \leqq \frac{1}{x^2}$

常には $\frac{1}{(k+1)^2}=\frac{1}{x^2}$ でないから

$$\int_k^{k+1}\frac{dx}{(k+1)^2}<\int_k^{k+1}\frac{dx}{x^2}$$

ゆえに　$\frac{1}{(k+1)^2}<\int_k^{k+1}\frac{dx}{x^2}$

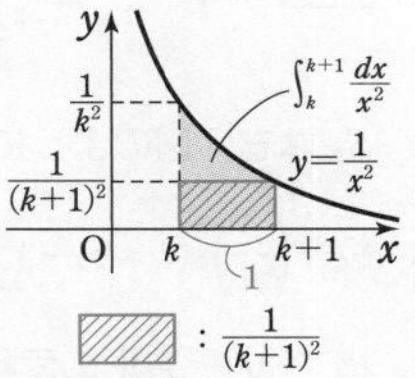

$k=1,\ 2,\ 3,\ \cdots\cdots,\ n-1$ として辺々を加えると，$n \geqq 2$ のとき

$$\sum_{k=1}^{n-1}\frac{1}{(k+1)^2}<\sum_{k=1}^{n-1}\int_k^{k+1}\frac{dx}{x^2}$$

ここで　$\sum_{k=1}^{n-1}\int_k^{k+1}\frac{dx}{x^2}=\int_1^n\frac{dx}{x^2}\,^{*}=\left[-\frac{1}{x}\right]_1^n=1-\frac{1}{n}$

ゆえに　$\sum_{k=1}^{n-1}\frac{1}{(k+1)^2}<1-\frac{1}{n}$

よって　$\frac{1}{2^2}+\frac{1}{3^2}+\frac{1}{4^2}+\cdots\cdots+\frac{1}{n^2}<1-\frac{1}{n}$

両辺に 1 を加えて

$$1+\frac{1}{2^2}+\frac{1}{3^2}+\cdots\cdots+\frac{1}{n^2}<2-\frac{1}{n}$$

inf. 数学的帰納法でも証明できる。

$*\int_1^2+\int_2^3+\cdots\cdots+\int_{n-1}^n=\int_1^n$

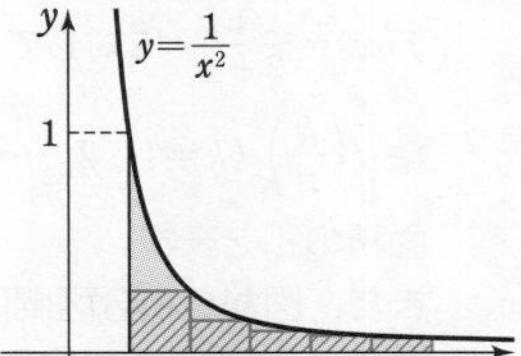

PRACTICE 146③

不等式 $\frac{1}{n}+\log n \leqq \sum_{k=1}^{n}\frac{1}{k} \leqq 1+\log n$ を証明せよ。

重要 例題 147 定積分と和の極限 (2)

極限値 $S=\lim_{n\to\infty}\sum_{k=n+1}^{3n}\frac{1}{2n+k}$ を求めよ。

基本 144

CHART & SOLUTION

定積分と和の極限

基本例題 144 と同様に，まず，$\frac{1}{n}$ をくくり出して，$\frac{1}{n}\sum_{k=l}^{m}f\left(\frac{k}{n}\right)$ の形になるように $f(x)$ を決める。

積分区間は，$y=f(x)$ のグラフをかいて，$\frac{1}{n}\sum_{k=l}^{m}f\left(\frac{k}{n}\right)$ がどのような長方形の面積の和を表しているか考えて定める必要がある。

$S_n=\sum_{k=n+1}^{3n}\frac{1}{2n+k}$ としたとき，S_n の変形の仕方により $f(x)$ や積分区間が異なるので，いくつか解法を見てみよう。

解法 1　$S_n=\frac{1}{n}\sum_{k=n+1}^{3n}\frac{1}{2+\frac{k}{n}}$ と変形すると，

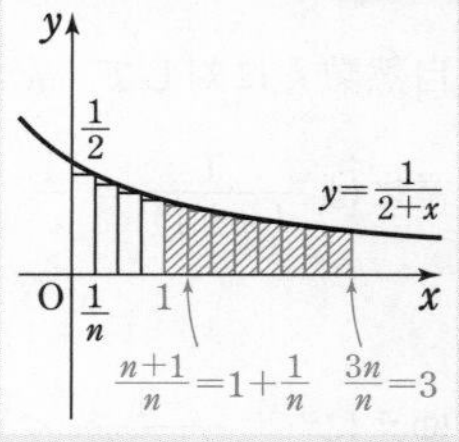

S_n は右の図のように，$f(x)=\frac{1}{2+x}$ に対して

縦 $f\left(\frac{k}{n}\right)$ $(k=n+1,\ n+2,\ \cdots\cdots,\ 3n)$，

横 $\frac{1}{n}$ の長方形の面積の和を表す。

また，図から積分区間は $[1,\ 3]$ となる。

解法 2　和が 1 から始まるように変数をおき換える。

$$S_n=\sum_{k=1}^{2n}\frac{1}{3n+k}=\frac{1}{n}\sum_{k=1}^{2n}\frac{1}{3+\frac{k}{n}}$$

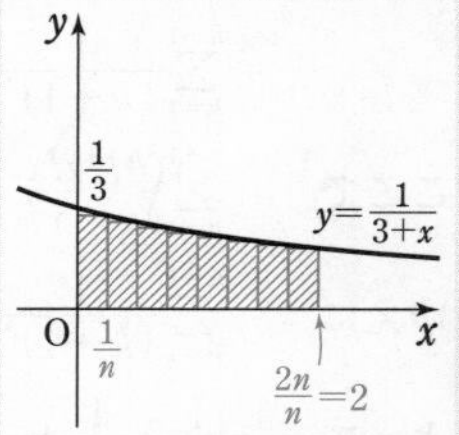

と変形できるから，S_n は右の図のように，

$f(x)=\frac{1}{3+x}$ に対して

縦 $f\left(\frac{k}{n}\right)$ $(k=1,\ 2,\ \cdots\cdots,\ 2n)$，横 $\frac{1}{n}$ の長方形の面積の和を表す。

また，図から積分区間は $[0,\ 2]$ となる。

補足 （変数のおき換えの計算）

$i=k-n$ とおくと，$k=n+1$ のとき $i=1$，$k=3n$ のとき $i=2n$ であるから

$$S_n=\sum_{i=1}^{2n}\frac{1}{2n+(n+i)}=\sum_{i=1}^{2n}\frac{1}{3n+i}$$

この式の i を改めて k とおくと得られる。

解答のように，具体的に項を書き出して考えてもよい。

解法 3　解法 1 において，$\sum_{k=n+1}^{3n}=\sum_{k=1}^{3n}-\sum_{k=1}^{n}$ であることを利用する。

解答

$S_n=\sum_{k=n+1}^{3n}\frac{1}{2n+k}$ とする。

解法 1　$S_n=\frac{1}{n}\sum_{k=n+1}^{3n}\frac{1}{2+\frac{k}{n}}$

⇐ $\frac{1}{n}$ をくくり出す。

S_n は右の図の斜線部分の長方形の面積の和を表すから

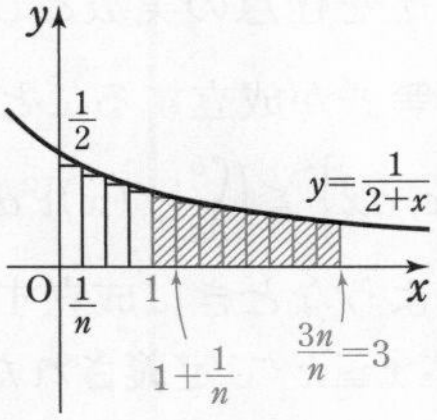

⇐ $f(x)=\frac{1}{2+x}$ とすると縦 $f\left(\frac{k}{n}\right)$ $(k=n+1,\ n+2,\ \cdots\cdots,\ 3n)$，横 $\frac{1}{n}$ の長方形の面積の和。

$$S=\lim_{n\to\infty}S_n$$

$$=\lim_{n\to\infty}\frac{1}{n}\sum_{k=n+1}^{3n}\frac{1}{2+\frac{k}{n}}$$

$$=\int_1^3\frac{1}{2+x}dx=\Big[\log(2+x)\Big]_1^3=\log5-\log3=\boldsymbol{\log\frac{5}{3}}$$

⇐ $\log M-\log N=\log\frac{M}{N}$

解法 2　$S_n=\frac{1}{2n+(n+1)}+\frac{1}{2n+(n+2)}+\cdots\cdots+\frac{1}{2n+3n}$

$$=\frac{1}{3n+1}+\frac{1}{3n+2}+\cdots\cdots+\frac{1}{3n+2n}$$

$$=\sum_{k=1}^{2n}\frac{1}{3n+k}=\frac{1}{n}\sum_{k=1}^{2n}\frac{1}{3+\frac{k}{n}}$$

inf. **解法 2** について，CHART&SOLUTION の **補足** のように変数をおき換えて考えてもよい。

⇐ $\frac{1}{n}$ をくくり出す。

S_n は右の図の斜線部分の長方形の面積の和を表すから

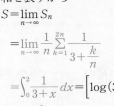

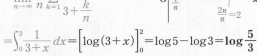

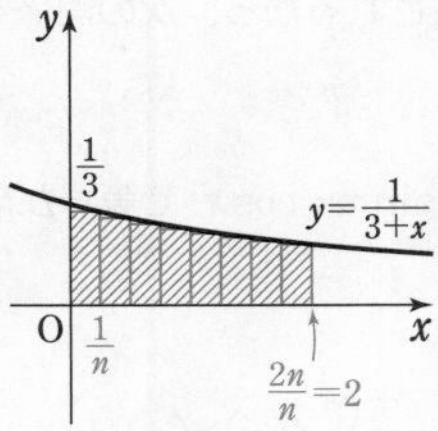

⇐ $f(x)=\frac{1}{3+x}$ とすると縦 $f\left(\frac{k}{n}\right)$ $(k=1,\ 2,\ \cdots\cdots,\ 2n)$，横 $\frac{1}{n}$ の長方形の面積の和。

$$S=\lim_{n\to\infty}S_n$$

$$=\lim_{n\to\infty}\frac{1}{n}\sum_{k=1}^{2n}\frac{1}{3+\frac{k}{n}}$$

$$=\int_0^2\frac{1}{3+x}dx=\Big[\log(3+x)\Big]_0^2=\log5-\log3=\boldsymbol{\log\frac{5}{3}}$$

解法 3　$S_n=\frac{1}{n}\sum_{k=1}^{3n}\frac{1}{2+\frac{k}{n}}-\frac{1}{n}\sum_{k=1}^{n}\frac{1}{2+\frac{k}{n}}$ であるから

⇐ S_n を $k=1$ からの和で表す。

$$S=\lim_{n\to\infty}\left(\frac{1}{n}\sum_{k=1}^{3n}\frac{1}{2+\frac{k}{n}}-\frac{1}{n}\sum_{k=1}^{n}\frac{1}{2+\frac{k}{n}}\right)$$

$$=\int_0^3\frac{dx}{2+x}-\int_0^1\frac{dx}{2+x}=\Big[\log(2+x)\Big]_0^3-\Big[\log(2+x)\Big]_0^1$$

$$=(\log5-\log2)-(\log3-\log2)=\boldsymbol{\log\frac{5}{3}}$$

PRACTICE 147[3]

次の極限値を求めよ。　［(1) 摂南大　(2) 類 東京理科大］

(1) $\lim_{n\to\infty}\frac{1}{n}\left\{\left(\frac{1}{n}\right)^2+\left(\frac{2}{n}\right)^2+\left(\frac{3}{n}\right)^2+\cdots\cdots+\left(\frac{3n}{n}\right)^2\right\}$　(2) $\lim_{n\to\infty}\frac{1}{n}\sum_{k=n+1}^{2n}\frac{n+1}{n+k}$

重要 例題 148 シュワルツの不等式

(1) $f(x)$，$g(x)$ はともに区間 $a \leqq x \leqq b$ $(a<b)$ で定義された連続な関数とする。このとき，t を任意の実数として $\int_a^b \{f(x)+tg(x)\}^2 dx$ を考えることにより，次の不等式が成立することを示せ。

$$\left\{\int_a^b f(x)g(x)\,dx\right\}^2 \leqq \left(\int_a^b \{f(x)\}^2 dx\right)\left(\int_a^b \{g(x)\}^2 dx\right) \quad \cdots\cdots Ⓐ$$

また，等号はどのようなときに成立するかを述べよ。

(2) $f(x)$ は区間 $0 \leqq x \leqq \pi$ で定義された連続関数で

$$\left\{\int_0^\pi (\sin x+\cos x)f(x)\,dx\right\}^2 = \pi\int_0^\pi \{f(x)\}^2 dx,\ および\ f(0)=1$$

を満たしている。このとき，$f(x)$ を求めよ。 〔類 防衛医大〕

p.230 基本事項 2

CHART & SOLUTION

(1) 不等式Ⓐを **シュワルツの不等式** という。

$\{f(x)+tg(x)\}^2 \geqq 0$ から　$\int_a^b \{f(x)+tg(x)\}^2 dx \geqq 0$

左辺は t の2次式で表されるから，次の関係を利用。

$pt^2+2qt+r \geqq 0$（t は任意の実数）$\iff p>0,\ \dfrac{D}{4} \leqq 0$ または $p=q=0,\ r \geqq 0$

(2) (1)において $g(x)=\sin x+\cos x$ で等号が成り立つ場合。

解答

(1) $p=\int_a^b \{g(x)\}^2 dx$，$q=\int_a^b f(x)g(x)\,dx$，$r=\int_a^b \{f(x)\}^2 dx$ とおく。

⇐ $q^2 \leqq rp$ を証明する。

[1] 常に $f(x)=0$ または $g(x)=0$ のとき

不等式Ⓐの両辺はともに0となり，Ⓐが成り立つ。

⇐ $\int_a^b 0\,dx=0$

[2] [1]の場合以外のとき

⇐ $p \neq 0$，$r \neq 0$

t を任意の実数とすると

$$\int_a^b \{f(x)+tg(x)\}^2 dx = \int_a^b [\{f(x)\}^2+2tf(x)g(x)+t^2\{g(x)\}^2]\,dx$$
$$= t^2\int_a^b \{g(x)\}^2 dx + 2t\int_a^b f(x)g(x)\,dx + \int_a^b \{f(x)\}^2 dx$$
$$= pt^2+2qt+r$$

$\{f(x)+tg(x)\}^2 \geqq 0$ であるから　$\int_a^b \{f(x)+tg(x)\}^2 dx \geqq 0$

すなわち，任意の実数 t に対して $pt^2+2qt+r \geqq 0$ ……① が成り立つ。

ここで $p>0$ から，t の2次方程式 $pt^2+2qt+r=0$ の判別式を D とすると，不等式①が常に成り立つ条件は

$D \leqq 0$

⇐ $\{g(x)\}^2 \geqq 0$ から $p=\int_a^b \{g(x)\}^2 dx \geqq 0$
$p \neq 0$ から　$p>0$

$\dfrac{D}{4}=q^2-pr$ であるから　$q^2-pr\leqq 0$

ゆえに　$q^2\leqq pr$

[1], [2] から　$q^2\leqq pr$

すなわち，不等式 Ⓐ が成り立つ。

また，[2] において，不等式 Ⓐ で等号が成り立つとすると，$\dfrac{D}{4}=0$ から，2 次方程式 $pt^2+2qt+r=0$ が重解 $t=\alpha$ をもつ。

よって，$p\alpha^2+2q\alpha+r=0$ から

$$\int_a^b\{f(x)+\alpha g(x)\}^2dx=0 \quad \cdots\cdots Ⓑ$$

$f(x)$，$g(x)$ はともに連続関数であるから $f(x)+\alpha g(x)$ も連続関数であり，Ⓑ から，区間 $a\leqq x\leqq b$ で常に 0，すなわちこの区間で，常に $f(x)=-\alpha g(x)$ である。

これと [1] から，不等式 Ⓐ において **等号が成り立つのは，区間 $a\leqq x\leqq b$ で常に $f(x)=0$ または常に $g(x)=0$ または $f(x)=kg(x)$ となる定数 k が存在するとき** に限る。

(2)　$g(x)=\sin x+\cos x$ とすると

$$\int_0^{\pi}\{g(x)\}^2dx=\int_0^{\pi}(1+\sin 2x)\,dx=\left[x-\frac{1}{2}\cos 2x\right]_0^{\pi}=\pi$$

よって，$\left\{\displaystyle\int_0^{\pi}(\sin x+\cos x)f(x)\,dx\right\}^2=\pi\displaystyle\int_0^{\pi}\{f(x)\}^2dx$ から

$$\left\{\int_0^{\pi}f(x)g(x)\,dx\right\}^2=\left(\int_0^{\pi}\{f(x)\}^2dx\right)\left(\int_0^{\pi}\{g(x)\}^2dx\right)$$

これは，(1) の不等式で等号が成り立つ場合であり，区間 $0\leqq x\leqq\pi$ で $f(x)$，$g(x)$ が常には 0 でないから

$$f(x)=kg(x)=k(\sin x+\cos x)\quad (k\text{ は定数})$$

と表される。

$f(0)=1$ から　$k=1$

ゆえに　$\boldsymbol{f(x)=\sin x+\cos x}$

⇐ 等号が成り立つ条件。

⇐ $\{f(x)+\alpha g(x)\}^2\geqq 0$ であるから，Ⓑ が成り立つのは常に $\{f(x)+\alpha g(x)\}^2=0$ のとき。

⇐ $-\alpha=k$ とおく。

⇐ $(\sin x+\cos x)^2$ $=1+2\sin x\cos x$ $=1+\sin 2x$，$\left[x-\dfrac{1}{2}\cos 2x\right]_0^{\pi}$ $=\left(\pi-\dfrac{1}{2}\right)-\left(0-\dfrac{1}{2}\right)$

⇐ $f(0)=1$ から。

⇐ (1) の等号成立条件から。

PRACTICE 148④

(1)　$f(t)$ と $g(t)$ を t の関数とする。x と p を実数とするとき，$\displaystyle\int_{-1}^{x}\{f(t)+pg(t)\}^2dt$ の性質を用いて，次の不等式を導け。

$$\left\{\int_{-1}^{x}f(t)g(t)\,dt\right\}^2\leqq\left(\int_{-1}^{x}\{f(t)\}^2dt\right)\left(\int_{-1}^{x}\{g(t)\}^2dt\right)$$

(2)　(1) を利用して，

$$\left\{-\frac{1}{\pi}(x+1)\cos\pi x+\frac{1}{\pi^2}\sin\pi x\right\}^2\leqq\frac{1}{3}(x+1)^3\left(\frac{x+1}{2}-\frac{1}{4\pi}\sin 2\pi x\right)$$ を示せ。

重要 例題 149 数列の和の極限と定積分

Oを中心とする半径1の円 C の内部に中心と異なる定点Aがある。半直線OAと C との交点を P_0 とし，P_0 を起点として C の周を n 等分する点を反時計回りに順に P_0，P_1，P_2，……，$P_n=P_0$ とする。
Aと P_k の距離を $\overline{AP_k}$ とするとき，$\displaystyle\lim_{n\to\infty}\frac{1}{n}\sum_{k=1}^{n}\overline{AP_k}^2$ を求めよ。
ただし，$\overline{OA}=a$ とする。 〔群馬大〕

基本 144

CHART & SOLUTION

定積分を利用した和の極限 $\displaystyle\lim_{n\to\infty}\frac{1}{n}\sum_{k=1}^{n}f\left(\frac{k}{n}\right)=\int_0^1 f(x)\,dx$

求められているのは $\displaystyle\lim_{n\to\infty}\frac{1}{n}\sum_{k=1}^{n}\square$ の形の極限であるから，$\overline{AP_k}^2$ を $f\left(\dfrac{k}{n}\right)$ の形の式で表すことを，まず考える。

解答

Oを原点，直線OAを x 軸とし，定点Aの座標を $A(a,\ 0)$ とする。反時計方向に P_0 から P_k まで測った角は $\angle P_0OP_k=\dfrac{2k\pi}{n}$ であるから，P_k の座標は $\left(\cos\dfrac{2k\pi}{n},\ \sin\dfrac{2k\pi}{n}\right)$

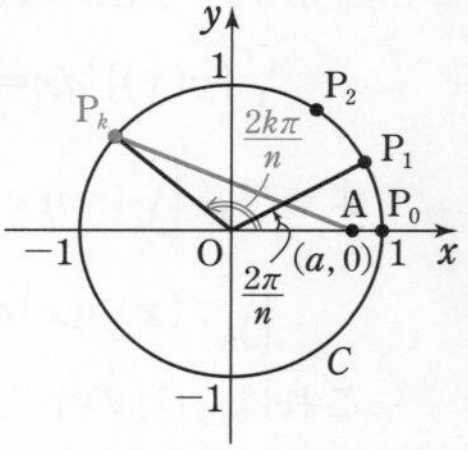

よって
$$\overline{AP_k}^2=\left(\cos\frac{2k\pi}{n}-a\right)^2+\left(\sin\frac{2k\pi}{n}\right)^2$$
$$=a^2-2a\cos\frac{2k\pi}{n}+\cos^2\frac{2k\pi}{n}+\sin^2\frac{2k\pi}{n}$$
$$=a^2+1-2a\cos\frac{2k\pi}{n}$$

ゆえに
$$\lim_{n\to\infty}\frac{1}{n}\sum_{k=1}^{n}\overline{AP_k}^2=\lim_{n\to\infty}\frac{1}{n}\sum_{k=1}^{n}\left(a^2+1-2a\cos\frac{2k\pi}{n}\right)$$
$$=a^2+1-2a\lim_{n\to\infty}\frac{1}{n}\sum_{k=1}^{n}\cos\left(2\pi\cdot\frac{k}{n}\right)$$
$$=a^2+1-2a\int_0^1\cos 2\pi x\,dx$$
$$=a^2+1-2a\left[\frac{1}{2\pi}\sin 2\pi x\right]_0^1=\boldsymbol{a^2+1}$$

⇐ $\displaystyle\frac{1}{n}\sum_{k=1}^{n}(a^2+1)$
$=\dfrac{1}{n}\cdot n(a^2+1)$
$=a^2+1$

PRACTICE 149 ④

曲線 $y=\sqrt{4-x}$ を C とする。$t\ (2\leqq t\leqq 3)$ に対して，曲線 C 上の点 $(t,\ \sqrt{4-t})$ と原点，点 $(t,\ 0)$ の3点を頂点とする三角形の面積を $S(t)$ とする。区間 $[2,\ 3]$ を n 等分し，その端点と分点を小さい方から順に $t_0=2$，t_1，t_2，……，t_{n-1}，$t_n=3$ とするとき，極限値 $\displaystyle\lim_{n\to\infty}\frac{1}{n}\sum_{k=1}^{n}S(t_k)$ を求めよ。 〔類 茨城大〕

重要 例題 150 定積分の漸化式と極限

自然数 n に対して，$I(n)=\int_0^1 x^n e^{-x^2}dx$ とする。

(1) 等式 $I(n+2)=-\frac{1}{2}e^{-1}+\frac{n+1}{2}I(n)$ が成り立つことを示せ。

(2) 不等式 $0\leqq I(n)\leqq\frac{1}{n+1}$ が成り立つことを示せ。

(3) $\lim_{n\to\infty} nI(n)$ を求めよ。 〔お茶の水大〕

基本 145

CHART & SOLUTION

求めにくい極限　はさみうちの原理を利用

(3) $nI(n)$ を n の式で表すことは難しい。しかし，(1) を利用して $nI(n)$ を $I(n+2)$ と n とで表すことができる。更に (2) から，はさみうちの原理によって $\lim_{n\to\infty} I(n)$ が求められる。

解答

(1) $I(n+2)=\int_0^1 x^{n+2}e^{-x^2}dx=\int_0^1 x^{n+1}\cdot xe^{-x^2}dx$

$$=\left[x^{n+1}\cdot\left(-\frac{1}{2}e^{-x^2}\right)\right]_0^1-\int_0^1(n+1)x^n\cdot\left(-\frac{1}{2}e^{-x^2}\right)dx$$

$$=-\frac{1}{2}e^{-1}+\frac{n+1}{2}I(n)$$

⇐ 部分積分法 $xe^{-x^2}=\left(-\frac{1}{2}e^{-x^2}\right)'$

(2) 区間 [0, 1] において，$0\leqq x^n e^{-x^2}\leqq x^n$ であるから

$0\leqq\int_0^1 x^n e^{-x^2}dx\leqq\int_0^1 x^n dx$　　よって　$0\leqq I(n)\leqq\frac{1}{n+1}$

⇐ $0\leqq x\leqq 1$ のとき $0<e^{-1}\leqq e^{-x^2}\leqq 1$，$x^n\geqq 0$

(3) (2) において，$\lim_{n\to\infty}\frac{1}{n+1}=0$ から　$\lim_{n\to\infty} I(n)=0$

⇐ はさみうちの原理

また，(1) から　$I(n)=\frac{2}{n+1}\left\{I(n+2)+\frac{1}{2e}\right\}$

よって　$\lim_{n\to\infty} nI(n)=\lim_{n\to\infty}\frac{2}{1+\frac{1}{n}}\left\{I(n+2)+\frac{1}{2e}\right\}=\boldsymbol{\frac{1}{e}}$

⇐ $\lim_{n\to\infty} I(n+2)=\lim_{n\to\infty} I(n)=0$

PRACTICE 150⑤

自然数 $n=1, 2, 3, \cdots\cdots$ に対して，$I_n=\int_0^1\frac{x^n}{1+x}dx$ とする。

(1) I_1 を求めよ。更に，すべての自然数 n に対して，$I_n+I_{n+1}=\frac{1}{n+1}$ が成り立つことを示せ。

(2) 不等式 $\frac{1}{2(n+1)}\leqq I_n\leqq\frac{1}{n+1}$ が成り立つことを示せ。

(3) これらの結果を使って，$\log 2=\lim_{n\to\infty}\sum_{k=1}^{n}\frac{(-1)^{k-1}}{k}$ が成り立つことを示せ。〔琉球大〕

EXERCISES　17 定積分と和の極限，不等式

A

118[3] 次の極限値を求めよ。　［(1)，(3) 岐阜大　(2) 近畿大　(4) 電通大］

(1) $\displaystyle\lim_{n\to\infty}\sum_{k=1}^{n}\frac{n}{k^2+n^2}$　(2) $\displaystyle\lim_{n\to\infty}\frac{\pi}{n}\sum_{k=1}^{n}\cos^2\frac{k\pi}{6n}$

(3) $\displaystyle\lim_{n\to\infty}\sum_{k=1}^{n}\frac{n^2}{(k+n)^2(k+2n)}$　(4) $\displaystyle\lim_{n\to\infty}\sum_{k=n+1}^{2n}\frac{n}{k^2+3kn+2n^2}$

144, 147

119[3] (1) 不定積分 $\displaystyle\int\log\frac{1}{1+x}dx$ を求めよ。

(2) 極限 $\displaystyle\lim_{n\to\infty}\sum_{k=1}^{n}\log\left(1-\frac{k}{n+k}\right)^{\frac{1}{n}}$ を求めよ。　〔類 京都教育大〕 144

120[3] 自然数 n に対して，$2\sqrt{n+1}-2<1+\dfrac{1}{\sqrt{2}}+\dfrac{1}{\sqrt{3}}+\cdots\cdots+\dfrac{1}{\sqrt{n}}\leqq 2\sqrt{n}-1$
が成り立つことを示せ。　〔お茶の水大〕 146

B

121[4] (1) $0<x<\dfrac{\pi}{2}$ のとき，$\dfrac{2}{\pi}x<\sin x$ が成り立つことを示せ。

(2) $\displaystyle\lim_{r\to\infty}r\int_0^{\frac{\pi}{2}}e^{-r^2\sin x}dx$ を求めよ。　〔琉球大〕 145

122[4] (1) $\displaystyle\lim_{n\to\infty}\frac{1}{n}\left(\sum_{k=n+1}^{2n}\log k-n\log n\right)=\int_1^2\log x\,dx$ を示せ。

(2) $\displaystyle\lim_{n\to\infty}\left\{\frac{(2n)!}{n!\,n^n}\right\}^{\frac{1}{n}}$ を求めよ。　〔北海道大〕 147

123[5] 半径1の円に内接する正 n 角形が xy 平面上にある。1つの辺ABが x 軸に含まれている状態から始めて，正 n 角形を図のように x 軸上をすべらないように転がし，再び点Aが x 軸に含まれる状態まで続ける。点Aが描く軌跡の長さを $L(n)$ とする。

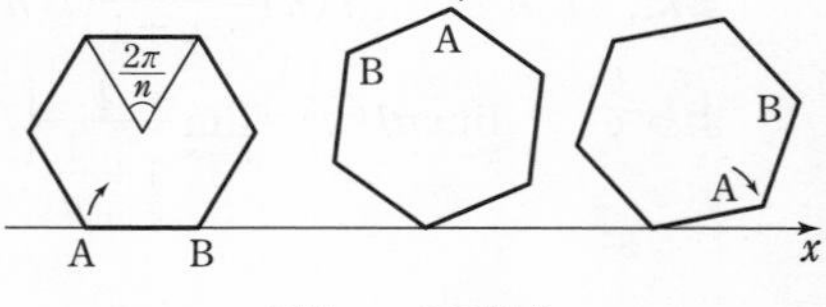

図は $n=6$ の場合

(1) $L(6)$ を求めよ。　(2) $\displaystyle\lim_{n\to\infty}L(n)$ を求めよ。

〔北海道大〕 149

HINT

121 (1) $f(x)=\sin x-\dfrac{2}{\pi}x$ の増減を調べる。　(2) **はさみうちの原理** を利用。

122 (1) $\displaystyle\sum_{k=n+1}^{2n}\log k-n\log n=\sum_{k=1}^{n}\{\log(n+k)-\log n\}$　(2) 自然対数をとる。

123 (1) 点Aの軌跡は，点A以外の頂点を中心とした円弧をつなげたものである。

数学Ⅲ

第6章 積分法の応用

18 面積
19 体積
20 種々の量の計算
21 発展 微分方程式

Select Study

— スタンダードコース：教科書の例題をカンペキにしたいきみに
— パーフェクトコース：教科書を完全にマスターしたいきみに
— 受験直前チェックコース：入試頻出＆重要問題　※番号…例題の番号

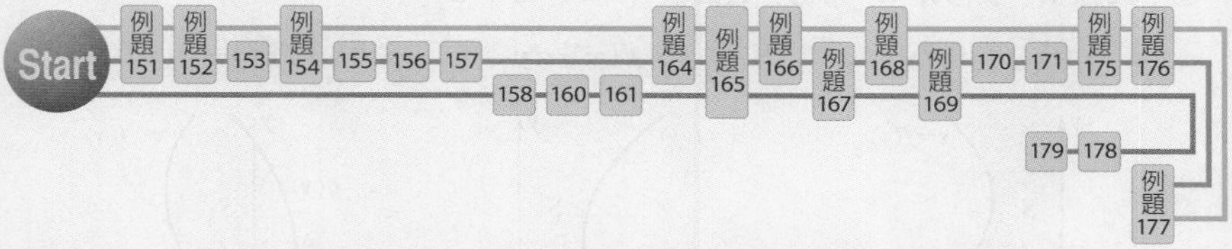

■ 例題一覧

	種類	番号	例題タイトル	難易度
18	基本	151	曲線と x 軸の間の面積	2
	基本	152	2つの曲線の間の面積	2
	基本	153	接線と曲線の間の面積	3
	基本	154	曲線 $x=f(y)$ と面積	2
	基本	155	曲線 $F(x,\ y)=0$ と面積	3
	基本	156	媒介変数表示の曲線と面積 (1)	2
	基本	157	面積から関数の係数決定	3
	重要	158	面積の等分 (係数決定)	3
	重要	159	面積の最大・最小	3
	重要	160	媒介変数表示の曲線と面積 (2)	4
	重要	161	面積と数列の和の極限	4
	重要	162	回転移動を利用して面積を求める	4
	重要	163	極方程式で表された曲線と面積	4
19	基本	164	断面積と立体の体積 (1)	2
	基本	165	断面積と立体の体積 (2)	2
	基本	166	x 軸の周りの回転体の体積 (1)	2
	基本	167	x 軸の周りの回転体の体積 (2)	3
	基本	168	y 軸の周りの回転体の体積 (1)	2
	基本	169	y 軸の周りの回転体の体積 (2)	3
	基本	170	回転体の体積 (媒介変数)	3
	基本	171	容器からこぼれ出た水の量	3
	重要	172	直線の周りの回転体の体積	5
	重要	173	連立不等式で表される立体の体積	5
	重要	174	空間の直線を回転してできる立体の体積	5
20	基本	175	数直線上を運動する点と道のり	2
	基本	176	座標平面上を運動する点と道のり	2
	基本	177	曲線の長さ (1)	2
	重要	178	曲線の長さ (2)	5
	重要	179	量と積分	4
21	補充	180	微分方程式の解法の基本	3
	補充	181	条件を満たす曲線群	3

18 面　積

基本事項

1 面積

① 曲線 $y=f(x)$, $y=g(x)$ と面積（$a<b$ とする）

$$S=\int_a^b f(x)\,dx \qquad S=\int_a^b \{-f(x)\}\,dx \qquad S=\int_a^b \{f(x)-g(x)\}\,dx$$

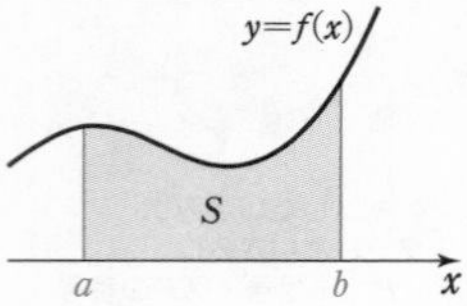

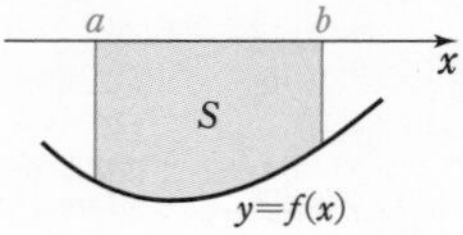

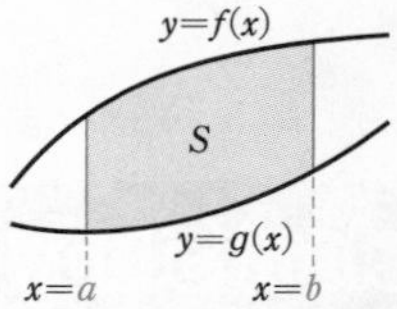

② 曲線 $x=f(y)$, $x=g(y)$ と面積（$c<d$ とする）

$$S=\int_c^d f(y)\,dy \qquad S=\int_c^d \{-f(y)\}\,dy \qquad S=\int_c^d \{f(y)-g(y)\}\,dy$$

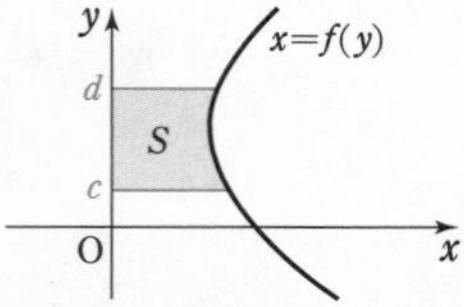

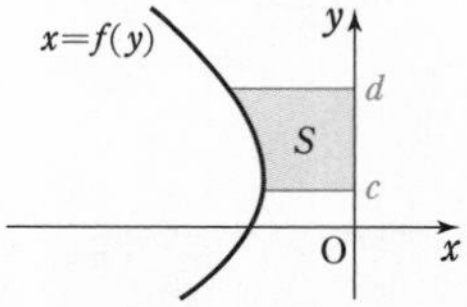

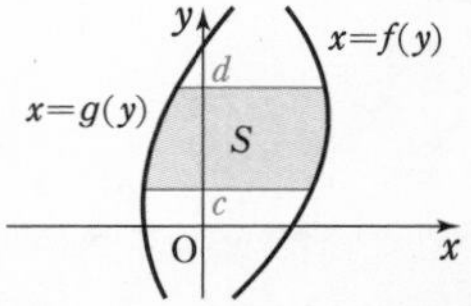

注意　面積の求め方は，基本的には数学Ⅱで学んだ方法と同じであるが，扱う曲線の種類が増えている。

2 媒介変数で表された曲線と面積

曲線の方程式が媒介変数 t によって $x=f(t)$, $y=g(t)$ で表されるとき，**曲線と x 軸と 2 直線 $x=a$, $x=b$ ($a<b$) で囲まれた部分の面積 S は**，常に $y\geqq 0$ なら

$$S=\int_a^b y\,dx=\int_\alpha^\beta g(t)f'(t)\,dt \qquad a=f(\alpha),\ b=f(\beta)$$

解説　面積をまず $S=\int_a^b y\,dx$ の形に表し，この積分を $y=g(t)$, $dx=f'(t)dt$, $a=f(\alpha)$, $b=f(\beta)$ ［置換積分法の要領］として計算する。

CHECK & CHECK

34　次の曲線と直線で囲まれた部分の面積 S を求めよ。

(1) $y=\sqrt{x}$, x 軸, $x=1$, $x=2$　　(2) $y=\sqrt{x}$, y 軸, $y=2$

1

35　2 つの曲線 $y=e^x$, $y=\dfrac{1}{x+1}$ と直線 $x=1$ で囲まれた部分の面積 S を求めよ。

1

基本 例題 151　曲線と x 軸の間の面積

曲線 $y=(3-x)e^x$ と x 軸，直線 $x=0$，$x=2$ で囲まれた部分の面積 S を求めよ。

p. 242 基本事項 1

CHART & SOLUTION

面積の計算　まず，グラフをかく

①　積分区間の決定　　②　上下関係を調べる

曲線と x 軸の共有点と **上下関係** を調べ，**積分区間** と被積分関数を決定する。
定積分を計算して面積を求める。

解答

曲線 $y=(3-x)e^x$ と x 軸の共有点の x 座標は，方程式
$(3-x)e^x=0$ を解いて　　$x=3$

⇦ $e^x>0$ から　$3-x=0$

$y=(3-x)e^x$ を微分すると

$$y'=-e^x+(3-x)e^x=(2-x)e^x$$

$y'=0$ とすると　　$x=2$
y の増減表は右のようになる。

x	$\cdots$	2	$\cdots$
y'	$+$	0	$-$
y	↗	極大	↘

$0\leqq x\leqq 2$ のとき $y>0$ であるから

⇦ $0<x<2$ のとき，$y'>0$ で $x=0$ のとき $y=3$ よって，$0\leqq x\leqq 2$ のとき $y>0$

$$S=\int_0^2(3-x)e^x dx$$
$$=\int_0^2(3-x)(e^x)'dx$$
$$=\Big[(3-x)e^x\Big]_0^2-\int_0^2(-1)e^x dx$$
$$=e^2-3+\int_0^2 e^x dx$$
$$=e^2-3+\Big[e^x\Big]_0^2$$
$$=e^2-3+e^2-1$$
$$=\mathbf{2e^2-4}$$

⇦ 部分積分法

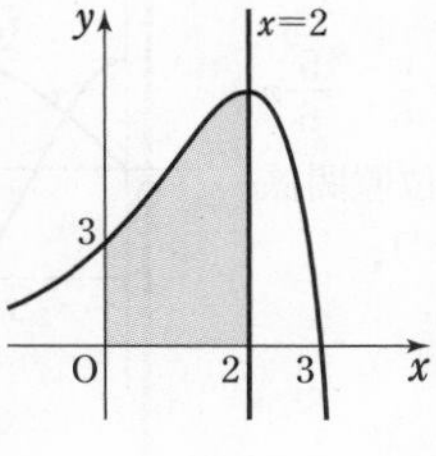

INFORMATION

面積の計算は積分区間と曲線の上下関係がわかればできるので，実際の答案にグラフをかくときは，厳密でなくてもよい。例えば上の例題では「$0\leqq x\leqq 2$ のとき常に $y>0$」と断って，すぐに面積 S の計算を始めてもよい。

PRACTICE 151②

次の曲線と x 軸で囲まれた部分の面積 S を求めよ。

(1)　$y=2\sin x-\sin 2x\ (0\leqq x\leqq 2\pi)$　　(2)　$y=10-9e^{-x}-e^x$

基本 例題 152 2つの曲線の間の面積

次の2つの曲線で囲まれた部分の面積 S を求めよ。

$y=\sin x$, $y=\cos 2x$ $(0 \leqq x \leqq \pi)$ 〔関東学院大〕

p.242 基本事項 1，基本 151

CHART & SOLUTION

面積の計算　まず，グラフをかく

① 積分区間の決定　② 上下関係を調べる

本問では，2つの曲線の共有点と上下関係を調べる。

$\int_\alpha^\beta\{(\text{上の曲線})-(\text{下の曲線})\}dx$ を計算して，面積を求める。

なお，グラフの **対称性** に着目すると計算がスムーズになることもある（inf. 参照)。

解答

2つの曲線の共有点の x 座標は，方程式 $\sin x=\cos 2x$ の解である。

方程式を変形して　$\sin x=1-2\sin^2 x$

よって　$2\sin^2 x+\sin x-1=0$

ゆえに　$(\sin x+1)(2\sin x-1)=0$

$0 \leqq x \leqq \pi$ から　$\sin x=\dfrac{1}{2}$

これを解いて　$x=\dfrac{\pi}{6}, \dfrac{5}{6}\pi$

よって，2つの曲線の位置関係は，右の図のようになり，

$\dfrac{\pi}{6} \leqq x \leqq \dfrac{5}{6}\pi$ のとき

$\sin x \geqq \cos 2x$

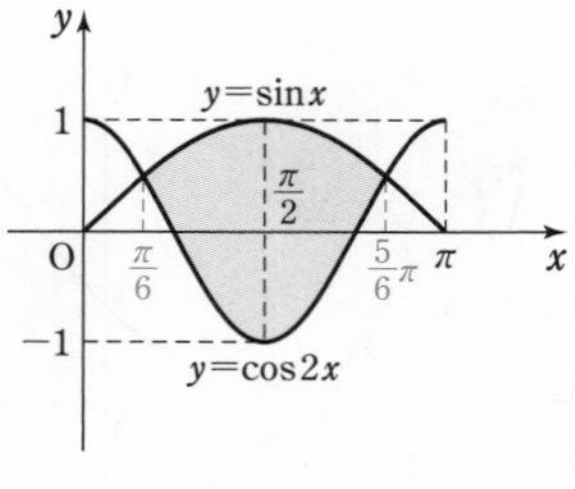

したがって，求める面積 S は

$$S=\int_{\frac{\pi}{6}}^{\frac{5}{6}\pi}(\sin x-\cos 2x)dx=\left[-\cos x-\frac{1}{2}\sin 2x\right]_{\frac{\pi}{6}}^{\frac{5}{6}\pi}$$

$$=\left(\frac{\sqrt{3}}{2}+\frac{\sqrt{3}}{4}\right)-\left(-\frac{\sqrt{3}}{2}-\frac{\sqrt{3}}{4}\right)=\mathbf{\frac{3\sqrt{3}}{2}}$$

⇐ 2倍角の公式を利用して，$\sin x$ で表す。

⇐ $0 \leqq x \leqq \pi$ のとき $\sin x+1 \neq 0$

inf. 面積 S は，直線 $x=\dfrac{\pi}{2}$ に関して **対称** であるから

$S=2\int_{\frac{\pi}{6}}^{\frac{\pi}{2}}(\sin x-\cos 2x)dx$

としてもよい。

PRACTICE 152②

次の曲線や直線によって囲まれた部分の面積 S を求めよ。

(1) $y=\sin x$, $y=\sin 3x$ $(0 \leqq x \leqq \pi)$ 〔日本女子大〕

(2) $y=xe^x$, $y=e^x$, y 軸

基本 例題 153 接線と曲線の間の面積

$a>0$ とし，座標平面上の点 $A(a,\ 0)$ から曲線 $C:y=\dfrac{1}{x}$ に引いた接線 ℓ の方程式を求めよ。また，曲線 C と接線 ℓ，および直線 $x=a$ で囲まれた部分の面積 S を求めよ。 〔類 香川大〕 基本 68, 152

CHART & SOLUTION

接線と曲線の間の面積の計算　接線を求め，グラフをかく

① 積分区間の決定，② 上下関係を調べる という手順はこれまでと同様。曲線上にない点Aから引いた接線は，曲線上の点における接線が点Aを通ると考える。

解答

(1) 接点の座標を $\left(t,\ \dfrac{1}{t}\right)$ とする。

$y'=-\dfrac{1}{x^2}$ から，接線の方程式は $y-\dfrac{1}{t}=-\dfrac{1}{t^2}(x-t)$

すなわち $y=-\dfrac{1}{t^2}x+\dfrac{2}{t}$ ……①

これが点 $A(a,\ 0)$ を通るから $0=-\dfrac{1}{t^2}a+\dfrac{2}{t}$

両辺に t^2 を掛けて $0=-a+2t$ よって $t=\dfrac{a}{2}$

ゆえに，接線 ℓ の方程式は，① から $\boldsymbol{y=-\dfrac{4}{a^2}x+\dfrac{4}{a}}$

(2) C と ℓ の位置関係は，右の図のようになり，$\dfrac{a}{2}\leqq x\leqq a$ のとき

$-\dfrac{4}{a^2}x+\dfrac{4}{a}\leqq\dfrac{1}{x}$

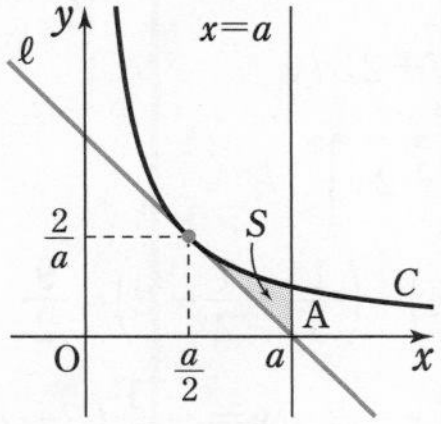

よって，求める面積 S は

$S=\displaystyle\int_{\frac{a}{2}}^{a}\frac{1}{x}dx-\frac{1}{2}\left(a-\frac{a}{2}\right)\cdot\frac{2}{a}$

$=\Big[\log x\Big]_{\frac{a}{2}}^{a}-\dfrac{1}{2}=\log a-\log\dfrac{a}{2}-\dfrac{1}{2}$

$=\log a-(\log a-\log 2)-\dfrac{1}{2}=\boldsymbol{\log 2-\dfrac{1}{2}}$

⇐ 曲線 $y=f(x)$ 上の $x=t$ の点における接線の方程式は $y-f(t)=f'(t)(x-t)$

inf. (2) 面積を求めるために解答にグラフをかくときは，曲線と接線との上下関係と，共有点の x 座標がわかる程度でよい。

⇐ $a>0$ から $\dfrac{a}{2}<a$

⇐ $S=$ 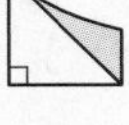 $-$ 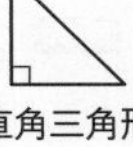

(直角三角形)

inf. 点Aの位置によらず，面積 S は一定となる。

PRACTICE 153 ③

点 $(0,\ 1)$ から曲線 $C:y=e^{ax}+1$ に引いた接線を ℓ とする。ただし，$a>0$ とする。

(1) 接線 ℓ の方程式を求めよ。

(2) 曲線 C と接線 ℓ，および y 軸とで囲まれる部分の面積を求めよ。 〔類 久留米大〕

基本 例題 154 曲線 $x=f(y)$ と面積

曲線 $x=y^2-1$ と直線 $x-y-1=0$ で囲まれた部分の面積 S を求めよ。

p.242 基本事項 1

CHART & SOLUTION

面積の計算　まず，グラフをかく

$x=y^2-1$ であるから **y 軸方向の積分** を考える。

2曲線 $x=f(y)$，$x=g(y)$ が $y=c$，$y=d$ $(c<d)$ で交わり，

区間 $c \leqq y \leqq d$ で常に $f(y) \geqq g(y)$

のとき，2曲線で囲まれた部分の面積 S は

$$S=\int_c^d \{f(y)-g(y)\}dy$$

解答

曲線 $x=y^2-1$ と直線 $x-y-1=0$ すなわち $x=y+1$ の共有点の y 座標は，方程式 $y^2-1=y+1$ の解である。

よって　$y^2-y-2=0$　　⇐ $(y+1)(y-2)=0$

これを解いて　$y=-1,\ 2$

グラフは右の図のようになり，

$-1 \leqq y \leqq 2$ のとき

$y+1 \geqq y^2-1$

ゆえに，求める面積 S は

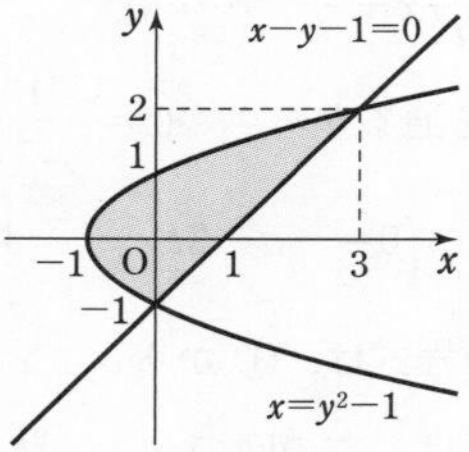

$$S=\int_{-1}^{2}\{(y+1)-(y^2-1)\}dy$$

$$=\int_{-1}^{2}(-y^2+y+2)dy$$

$$=\left[-\frac{y^3}{3}+\frac{y^2}{2}+2y\right]_{-1}^{2}$$

$$=\left(-\frac{8}{3}+2+4\right)-\left(\frac{1}{3}+\frac{1}{2}-2\right)=\mathbf{\frac{9}{2}}$$

別解　公式 $\int_\alpha^\beta (x-\alpha)(x-\beta)dx=-\frac{1}{6}(\beta-\alpha)^3$ を用いて

$$S=-\int_{-1}^{2}(y+1)(y-2)dy=-\left(-\frac{1}{6}\right)\{2-(-1)\}^3=\mathbf{\frac{9}{2}}$$

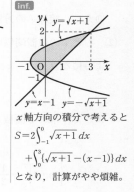

inf.

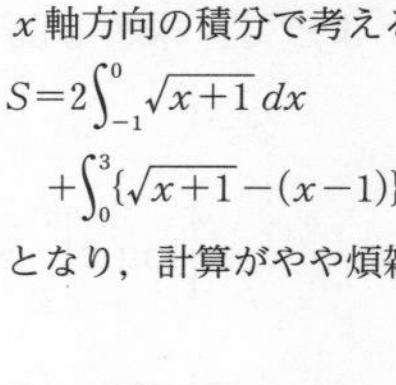

x 軸方向の積分で考えると

$S=2\int_{-1}^{0}\sqrt{x+1}\,dx$

$+\int_0^3\{\sqrt{x+1}-(x-1)\}dx$

となり，計算がやや煩雑。

PRACTICE 154②

次の曲線と直線で囲まれた部分の面積 S を求めよ。

(1) $x=-1-y^2$，$y=-1$，$y=2$，y 軸

(2) $y^2=x$，$x+y-6=0$

(3) $y=\log(1-x)$，$y=-1$，y 軸

基本 例題 155 曲線 $F(x, y)=0$ と面積

曲線 $2x^2+2xy+y^2=1$ によって囲まれた部分の面積 S を求めよ。

重要 88，基本 152

CHART & SOLUTION

曲線 $F(x, y)=0$ と面積

$y=$(x の式) と変形したグラフを考える

与えられた曲線の方程式を $y=f(x)$ の形に変形し，定義域や増減を調べてグラフをかく。**対称性** も利用する。

注意 **x 軸対称：$f(x, -y)=f(x, y)$　y 軸対称：$f(-x, y)=f(x, y)$**
原点対称：$f(-x, -y)=f(x, y)$

解答

$2x^2+2xy+y^2=1$ から　$y^2+2xy+2x^2-1=0$

y について解くと　$y=-x\pm\sqrt{x^2-(2x^2-1)}$
$=-x\pm\sqrt{1-x^2}$

⇐ y について整理し，解の公式を用いて解く。

$f(x)=-x+\sqrt{1-x^2}$，$g(x)=-x-\sqrt{1-x^2}$ とする。

$1-x^2\geqq 0$ であるから，$f(x)$ と $g(x)$ の定義域は　$-1\leqq x\leqq 1$

$$f'(x)=-1+\frac{-2x}{2\sqrt{1-x^2}}=-\frac{\sqrt{1-x^2}+x}{\sqrt{1-x^2}}$$

⇐ $(\sqrt{1-x^2})'=\{(1-x^2)^{\frac{1}{2}}\}'$
$=\frac{1}{2}(1-x^2)^{-\frac{1}{2}}\cdot(1-x^2)'$

$f'(x)=0$ とすると　$\sqrt{1-x^2}=-x$　……①

両辺を 2 乗して　$1-x^2=x^2$　よって　$x=\pm\frac{1}{\sqrt{2}}$

① を満たすものは　$x=-\frac{1}{\sqrt{2}}$

$f(x)$ の増減表は右のようになる。

x	-1	$\cdots$	$-\frac{1}{\sqrt{2}}$	$\cdots$	1
$f'(x)$		$+$	0	$-$	
$f(x)$	1	↗	極大 $\sqrt{2}$	↘	-1

また　$g(-x)=-(-x)-\sqrt{1-(-x)^2}$
$=x-\sqrt{1-x^2}=-f(x)$

よって，$y=f(x)$ のグラフと $y=g(x)$ のグラフは原点に関して対称であるから，曲線の概形は，図のようになる。

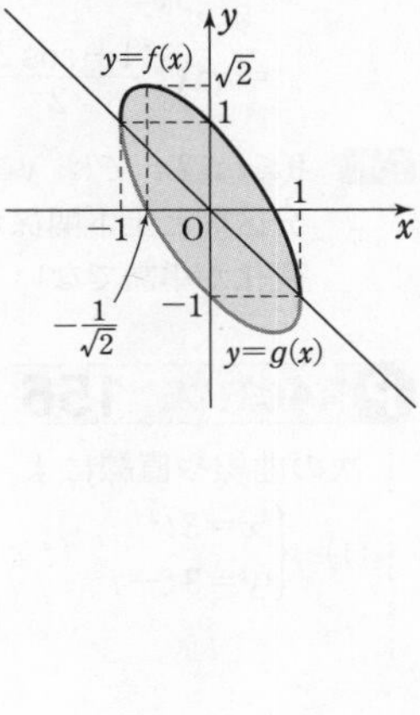

定義域内では，$f(x)\geqq g(x)$ であるから，求める面積 S は

$$S=\int_{-1}^{1}\{f(x)-g(x)\}dx=2\int_{-1}^{1}\sqrt{1-x^2}\,dx$$

$\int_{-1}^{1}\sqrt{1-x^2}\,dx$ は，半径 1 の円の面積の $\frac{1}{2}$ を表すから

$$S=2\cdot\pi\cdot1^2\cdot\frac{1}{2}=\boldsymbol{\pi}$$

PRACTICE 155③

曲線 $(x^2-2)^2+y^2=4$ で囲まれた部分の面積 S を求めよ。

6章 18 面積

基本 例題 156 媒介変数表示の曲線と面積 (1)

曲線 $x=a(t+\sin t)$, $y=a(1-\cos t)$ $(0\leqq t\leqq 2\pi)$ と x 軸で囲まれた部分の面積 S を求めよ。ただし，$a>0$ とする。

重要 89，p.242 基本事項 2

CHART & SOLUTION

$x=f(t)$，$y=g(t)$ で表された曲線と面積

① 曲線と x 軸の共有点の x 座標（$y=0$ となる t の値）を求める。

② t の値の変化に伴う x の変化や y の符号を調べる。

③ 面積を定積分で表す。計算の際は，次の **置換積分法** を用いる。

$$S=\int_a^b y\,dx=\int_\alpha^\beta g(t)f'(t)\,dt \quad a=f(\alpha),\ b=f(\beta)$$

解答

$0\leqq t\leqq 2\pi$ ……① の範囲で $y=0$ となる t の値は，

$1-\cos t=0$ から　$t=0,\ 2\pi$

$t=0$ のとき　$x=0$，　$t=2\pi$ のとき　$x=2\pi a$

$x=a(t+\sin t)$ から　$\dfrac{dx}{dt}=a(1+\cos t)$ ……②

$y=a(1-\cos t)$ から　$\dfrac{dy}{dt}=a\sin t$

$0<t<2\pi$ の範囲で $\dfrac{dy}{dt}=0$ とすると　$t=\pi$

t	0	…	π	…	2π
$\dfrac{dx}{dt}$	／	+	0	+	／
x	0	→	πa	→	$2\pi a$
$\dfrac{dy}{dt}$	／	+	0	−	／
y	0	↑	$2a$	↓	0

よって，x，y の値の変化は右上のようになり，

$0<t<2\pi$ のとき $\dfrac{dx}{dt}\geqq 0$，① のとき $y\geqq 0$ である。

ゆえに，この曲線の概形は右の図のようになる。

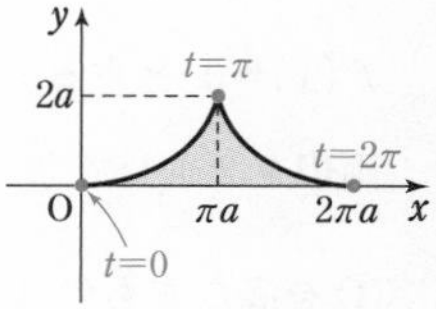

② より，$dx=a(1+\cos t)dt$ であるから，求める面積 S は

$$S=\int_0^{2\pi a} y\,dx=\int_0^{2\pi} a(1-\cos t)\cdot a(1+\cos t)\,dt$$

$$=a^2\int_0^{2\pi}(1-\cos^2 t)\,dt=a^2\int_0^{2\pi}\sin^2 t\,dt$$

$$=a^2\int_0^{2\pi}\frac{1-\cos 2t}{2}\,dt=\frac{a^2}{2}\left[t-\frac{1}{2}\sin 2t\right]_0^{2\pi}=\boldsymbol{\pi a^2}$$

⇐ 置換積分により，t の積分に直す。x と t の対応は次のようになる。

x	$0\longrightarrow 2\pi a$
t	$0\longrightarrow 2\pi$

inf. $0\leqq t\leqq 2\pi$ では $y\geqq 0$ であり，曲線は x 軸の上側にあるから，グラフをかかずに，積分区間と上下関係から面積を計算してもよい。ただし，重要例題 160 のように，x の変化が単調でないこともあるので注意が必要である。

PRACTICE 156②

次の曲線や直線によって囲まれた部分の面積 S を求めよ。

(1) $\begin{cases} x=3t^2 \\ y=3t-t^3 \end{cases}$ $(t\geqq 0)$，x 軸　〔類 宇都宮大〕

(2) $\begin{cases} x=t-\sin t \\ y=1-\cos t \end{cases}$ $(0\leqq t\leqq \pi)$，x 軸，$x=\pi$　〔筑波大〕

基本 例題 157 面積から関数の係数決定

r を正の定数とする。2 曲線 $y=r\sin x$, $y=\cos x$ $\left(0\leqq x\leqq\dfrac{\pi}{2}\right)$ の共有点の x 座標を α とし，この 2 曲線と y 軸で囲まれた図形の面積を S とする。

(1) S を α と r の式で表せ。　(2) $\sin^2\alpha$ を α を用いずに r の式で表せ。

(3) $S=\dfrac{1}{2}$ となるような r の値を求めよ。〔類 大阪工大〕

基本 152

CHART & SOLUTION

(1) グラフをかき，2 曲線の上下関係を調べ，面積を求める。

(2) α は 2 曲線の共有点の x 座標であるから　$r\sin\alpha=\cos\alpha$

(3) (2) の結果を利用し S を r の式で表すことによって，r の値を求める。

解答

(1) 右の図から

$$S=\int_0^\alpha(\cos x-r\sin x)\,dx=\Big[\sin x+r\cos x\Big]_0^\alpha=\boldsymbol{\sin\alpha+r\cos\alpha-r}$$

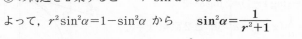

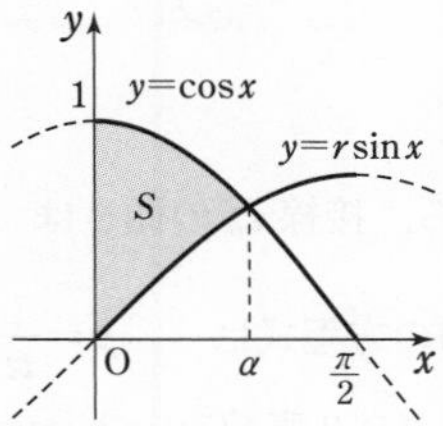

⇐ $0\leqq x\leqq\alpha\left(<\dfrac{\pi}{2}\right)$ のとき $r\sin x\leqq\cos x$

(2) α は 2 曲線 $y=r\sin x$ と $y=\cos x$ の共有点の x 座標であるから

$r\sin\alpha=\cos\alpha$ ……①

① の両辺を 2 乗すると　$r^2\sin^2\alpha=\cos^2\alpha$

よって，$r^2\sin^2\alpha=1-\sin^2\alpha$ から　$\boldsymbol{\sin^2\alpha=\dfrac{1}{r^2+1}}$

⇐ $\cos^2\alpha=1-\sin^2\alpha$ を用いて，r と $\sin^2\alpha$ の式に変形する。

(3) (2) から　$\cos^2\alpha=1-\sin^2\alpha=\dfrac{r^2}{r^2+1}$

$r>0$, $0<\alpha<\dfrac{\pi}{2}$ から　$\sin\alpha=\dfrac{1}{\sqrt{r^2+1}}$, $\cos\alpha=\dfrac{r}{\sqrt{r^2+1}}$

(1) から　$S=\dfrac{1}{\sqrt{r^2+1}}+\dfrac{r^2}{\sqrt{r^2+1}}-r=\sqrt{r^2+1}-r$

⇐ S は $\sin\alpha$, $\cos\alpha$ と r で表されているから，$\sin\alpha$, $\cos\alpha$ を r で表して，S の式に代入する。

$S=\dfrac{1}{2}$ から　$\sqrt{r^2+1}-r=\dfrac{1}{2}$　すなわち　$\sqrt{r^2+1}=\dfrac{1}{2}+r$

両辺を 2 乗して整理すると　$\boldsymbol{r=\dfrac{3}{4}}$　($r>0$ を満たす。)

⇐ $r^2+1=\dfrac{1}{4}+r+r^2$

PRACTICE 157③

$0\leqq x\leqq\dfrac{\pi}{2}$ の範囲で，2 曲線 $y=\tan x$, $y=a\sin 2x$ と x 軸で囲まれた図形の面積が 1 となるように，正の実数 a の値を定めよ。〔群馬大〕

重要 例題 158 面積の等分（係数決定）

曲線 $y=\log x$ 上の点 $(a,\ \log a)$ において接線 ℓ_a を引く。

(1) ℓ_a と平行な直線で，点 $(1,\ 0)$ を通るものを求めよ。

(2) 曲線 $y=\log x$ および 2 直線 $x=3,\ y=0$ で囲まれた部分の面積が，(1) で求めた直線によって，2 等分されるときの a の値を求めよ。〔室蘭工大〕

基本 151, 157

CHART & THINKING

面積の等分

右の図のように，全体の面積を S，各部分の面積を S_1，S_2 とすると，問題の条件は $S_1=S_2$ であるが，S_2 を求めるのが少し煩雑。$S_1=S_2$ となる条件を，計算がらくになるように別の表現にできないだろうか？

⟶ $S=2S_1$ と考えるとよい。

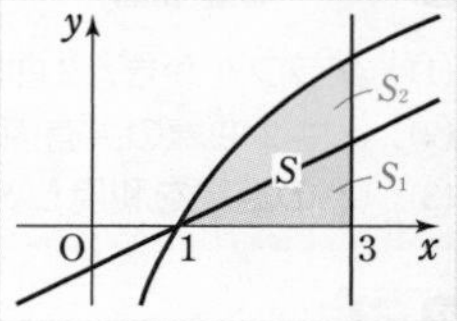

解答

(1) $y'=\dfrac{1}{x}$ であるから，接線 ℓ_a の傾きは　$\dfrac{1}{a}\ (a>0)$

よって，求める直線の方程式は　$\boldsymbol{y=\dfrac{1}{a}(x-1)}$

⇐ 点 $(1,\ 0)$ を通るから $y-0=\dfrac{1}{a}(x-1)$

(2) 曲線 $y=\log x$ および 2 直線 $x=3,\ y=0$ で囲まれた部分の面積を S とすると

$$S=\int_1^3 \log x\,dx=\Big[x\log x-x\Big]_1^3$$
$$=3\log 3-3-(\log 1-1)=3\log 3-2$$

(1) で求めた直線 $y=\dfrac{1}{a}(x-1)\ (a>0)$ と 2 直線 $x=3$，$y=0$ で囲まれた部分の面積を S_1 とすると

$$S_1=\frac{1}{2}\cdot(3-1)\cdot\frac{1}{a}(3-1)=\frac{2}{a}$$

よって，$S=2S_1$ とすると，$3\log 3-2=\dfrac{4}{a}$ から

$$\boldsymbol{a=\frac{4}{3\log 3-2}}$$

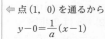

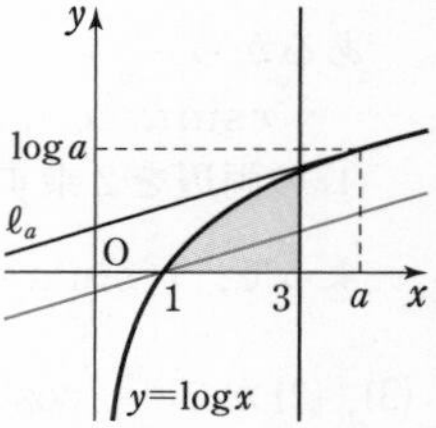

⇐ 直角三角形の面積

⇐ $S_1+S_2=S$，$S_1=S_2$ から　$S=2S_1$

PRACTICE 158 ③

a は $0<a<2$ を満たす定数とする。$0\leqq x\leqq\dfrac{\pi}{2}$ のとき，曲線 $y=\sin 2x$ と x 軸で囲まれた部分の面積を，曲線 $y=a\sin x$ が 2 等分するように a の値を定めよ。

重要 例題 159 面積の最大・最小

曲線 $C: y=\sin x\ \left(0 \leqq x \leqq \frac{\pi}{2}\right)$ 上に点 $(a,\ \sin a)\ \left(0<a<\frac{\pi}{2}\right)$ をとる。$0 \leqq x \leqq a$ の範囲で，2 つの直線 $x=0$，$y=\sin a$ と曲線 C で囲まれた部分の面積を S_1 とする。また，$a \leqq x \leqq \frac{\pi}{2}$ の範囲で，2 つの直線 $x=\frac{\pi}{2}$，$y=\sin a$ と曲線 C で囲まれた部分の面積を S_2 とする。

(1) S_1，S_2 を a の式で表せ。

(2) a が $0<a<\frac{\pi}{2}$ の範囲を動くとき，S_1+S_2 の最小値を求めよ。

〔京都産大〕 基本 81, 152

CHART & SOLUTION

(1) $0 \leqq x \leqq a$ のとき $\sin a \geqq \sin x$，$a \leqq x \leqq \frac{\pi}{2}$ のとき $\sin x \geqq \sin a$

(2) S_1+S_2 を a の関数と考え，微分して増減表を作り，極値を求める。

解答

(1) 曲線 C は右の図のようになるから

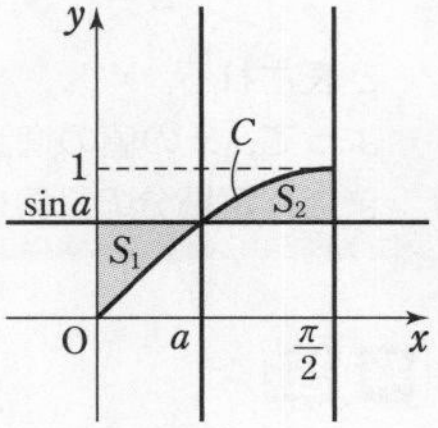

$$S_1=\int_0^a(\sin a-\sin x)\,dx=\Big[x\sin a+\cos x\Big]_0^a$$

$$=\boldsymbol{a\sin a+\cos a-1}$$

$$S_2=\int_a^{\frac{\pi}{2}}(\sin x-\sin a)\,dx=\Big[-\cos x-x\sin a\Big]_a^{\frac{\pi}{2}}$$

$$=\boldsymbol{\cos a+\left(a-\frac{\pi}{2}\right)\sin a}$$

(2) $S_1+S_2=2\cos a+\left(2a-\frac{\pi}{2}\right)\sin a-1$　　$f(a)=S_1+S_2$ とすると

$$f'(a)=-2\sin a+2\sin a+\left(2a-\frac{\pi}{2}\right)\cos a=\left(2a-\frac{\pi}{2}\right)\cos a$$

$0<a<\frac{\pi}{2}$ において $\cos a>0$ であるから，$f'(a)=0$ とすると　　$a=\frac{\pi}{4}$

$0<a<\frac{\pi}{2}$ における増減表は右のようになるから，

a	0	…	$\frac{\pi}{4}$	…	$\frac{\pi}{2}$
$f'(a)$	／	−	0	+	／
$f(a)$	／	↘	極小	↗	／

$f(a)$ は $\boldsymbol{a=\frac{\pi}{4}}$ **で最小値** $f\left(\frac{\pi}{4}\right)=\boldsymbol{\sqrt{2}-1}$ をとる。

PRACTICE 159[3]

曲線 $C: y=xe^{-x}$ 上の点Pにおいて接線 ℓ を引く。Pの x 座標 t が $0 \leqq t \leqq 1$ にあるとき，曲線 C と 3 つの直線 ℓ，$x=0$，$x=1$ で囲まれた 2 つの部分の面積の和の最小値を求めよ。 〔類 岐阜大〕

重要例題 160 媒介変数表示の曲線と面積 (2)

媒介変数 t によって，$x=2\cos t-\cos 2t$,
$y=2\sin t-\sin 2t$ $(0\leqq t\leqq \pi)$ と表される右図の曲線と，
x 軸で囲まれた図形の面積 S を求めよ。

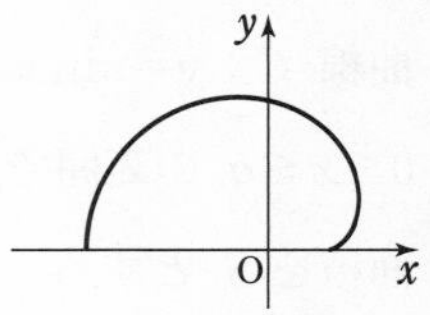

基本 156

CHART & SOLUTION

基本例題 156 では，t の変化に伴って x は常に増加したが，
この問題では x の変化が単調でないところがある。
右の図のように，$t=0$ のときの点を A，x 座標が最大となる点を B ($t=t_0$ で x 座標が最大になるとする)，$t=\pi$ のときの点を C とする。
この問題では点 B を境目として x が増加から減少に変わり，x 軸方向について見たときに曲線が往復する区間がある。
したがって，曲線 AB を y_1，曲線 BC を y_2 とすると，求める面積 S は

$$S=\int_{-3}^{x_0} y_2\,dx-\int_{1}^{x_0} y_1\,dx \quad \cdots\cdots \text{!}$$

と表される。

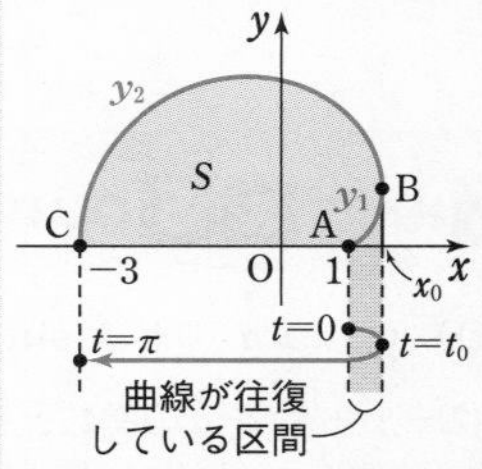

よって，x の値の増減を調べ，x 座標が最大となるときの t の値を求めて S の式を立てる。
また，定積分の計算は，置換積分法により x の積分から t の積分に直して計算するとよい。

解答

図から，$0\leqq t\leqq \pi$ では常に　$y\geqq 0$

また　$y=2\sin t-\sin 2t=2\sin t-2\sin t\cos t$
$=2\sin t(1-\cos t)$

よって，$y=0$ とすると

$\sin t=0$　または　$\cos t=1$

$0\leqq t\leqq \pi$ から　$t=0,\ \pi$

次に，$x=2\cos t-\cos 2t$ から

$$\frac{dx}{dt}=-2\sin t+2\sin 2t$$
$$=-2\sin t+2(2\sin t\cos t)$$
$$=2\sin t(2\cos t-1)$$

$0<t<\pi$ において $\dfrac{dx}{dt}=0$ とすると，$\sin t>0$ であるから

$\cos t=\dfrac{1}{2}$　ゆえに　$t=\dfrac{\pi}{3}$

よって，x の値の増減は右の表のようになる。

t	0	…	$\frac{\pi}{3}$	…	π
$\frac{dx}{dt}$	／	+	0	−	／
x	1	→	$\frac{3}{2}$	←	−3

inf. $0\leqq t\leqq \pi$ のとき $\sin t\geqq 0$，$\cos t\leqq 1$ から
$y=2\sin t(1-\cos t)\geqq 0$
としても，$y\geqq 0$ がわかる。

ゆえに，$0 \leqq t \leqq \frac{\pi}{3}$ における y を y_1，$\frac{\pi}{3} \leqq t \leqq \pi$ における y を y_2 とすると，求める面積 S は

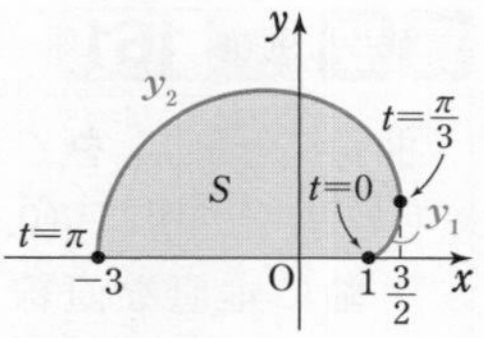

❗ $$S=\int_{-3}^{\frac{3}{2}} y_2\,dx-\int_{1}^{\frac{3}{2}} y_1\,dx$$

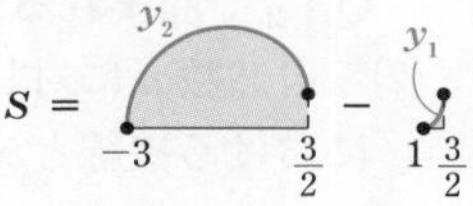

ここで，$0 \leqq t \leqq \frac{\pi}{3}$ において，

$x=1$ のとき　$t=0$，　$x=\frac{3}{2}$ のとき　$t=\frac{\pi}{3}$

であるから　$\int_{1}^{\frac{3}{2}} y_1\,dx=\int_{0}^{\frac{\pi}{3}} y\frac{dx}{dt}\,dt$

また，$\frac{\pi}{3} \leqq t \leqq \pi$ において，

$x=\frac{3}{2}$ のとき　$t=\frac{\pi}{3}$，　$x=-3$ のとき　$t=\pi$

であるから　$\int_{-3}^{\frac{3}{2}} y_2\,dx=\int_{\pi}^{\frac{\pi}{3}} y\frac{dx}{dt}\,dt$

よって

$$S=\int_{-3}^{\frac{3}{2}} y_2\,dx-\int_{1}^{\frac{3}{2}} y_1\,dx=\int_{\pi}^{\frac{\pi}{3}} y\frac{dx}{dt}\,dt-\int_{0}^{\frac{\pi}{3}} y\frac{dx}{dt}\,dt$$

$$=\int_{\pi}^{\frac{\pi}{3}} y\frac{dx}{dt}\,dt+\int_{\frac{\pi}{3}}^{0} y\frac{dx}{dt}\,dt=\int_{\pi}^{0} y\frac{dx}{dt}\,dt$$

$$=\int_{\pi}^{0}(2\sin t-\sin 2t)(-2\sin t+2\sin 2t)\,dt$$

$$=\int_{\pi}^{0}(-2\sin^2 2t+6\sin 2t\sin t-4\sin^2 t)\,dt$$

$$=2\int_{0}^{\pi}(\sin^2 2t-3\sin 2t\sin t+2\sin^2 t)\,dt$$

ここで

$$\int_{0}^{\pi}\sin^2 2t\,dt=\int_{0}^{\pi}\frac{1-\cos 4t}{2}\,dt=\frac{1}{2}\left[t-\frac{1}{4}\sin 4t\right]_{0}^{\pi}=\frac{\pi}{2}$$

$$\int_{0}^{\pi}3\sin 2t\sin t\,dt=3\int_{0}^{\pi}2\sin t\cos t\cdot\sin t\,dt$$

$$=6\int_{0}^{\pi}\sin^2 t\cos t\,dt=6\int_{0}^{\pi}\sin^2 t(\sin t)'\,dt=6\left[\frac{1}{3}\sin^3 t\right]_{0}^{\pi}=0$$

$$\int_{0}^{\pi}2\sin^2 t\,dt=2\int_{0}^{\pi}\frac{1-\cos 2t}{2}\,dt=\left[t-\frac{1}{2}\sin 2t\right]_{0}^{\pi}=\pi$$

したがって　$S=2\left(\frac{\pi}{2}-0+\pi\right)=\mathbf{3\pi}$

注意　y_1 と y_2 は，x の式としては異なるから，$\int_{-3}^{\frac{3}{2}} y_2dx-\int_{1}^{\frac{3}{2}} y_1dx=\int_{-3}^{1} y\,dx$ としてはいけない。一方，t の式としては同じ $y(=2\sin t-\sin 2t)$ で表される。

⇐ $\int_a^b f(x)\,dx=-\int_b^a f(x)\,dx$
$\int_a^c f(x)\,dx+\int_c^b f(x)\,dx=\int_a^b f(x)\,dx$

⇐ $\int_a^b f(x)\,dx=-\int_b^a f(x)\,dx$

⇐ $\sin^2\theta=\frac{1-\cos 2\theta}{2}$

inf. 積 ⟶ 和の公式から
$\int_0^{\pi} 3\sin 2t\sin t\,dt$
$=-\frac{3}{2}\int_0^{\pi}(\cos 3t-\cos t)\,dt$
$=-\frac{3}{2}\left[\frac{1}{3}\sin 3t-\sin t\right]_0^{\pi}$
$=0$
としてもよい。

inf. この例題の曲線は，**カージオイド** の一部分である（$p.153$ まとめ参照）。

6章 18 面積

PRACTICE 160④

媒介変数 t によって，$x=2t+t^2$，$y=t+2t^2$ $(-2 \leqq t \leqq 0)$ と表される曲線と，y 軸で囲まれた図形の面積 S を求めよ。

重要 例題 161 面積と数列の和の極限

曲線 $y=e^{-x}$ を C とする。

(1) C 上の点 $P_1(0,\ 1)$ における接線と x 軸との交点を Q_1 とし，Q_1 を通り x 軸に垂直な直線と C との交点を P_2 とする。C および 2 つの線分 P_1Q_1，Q_1P_2 で囲まれる部分の面積 S_1 を求めよ。

(2) 自然数 n に対して，P_n から Q_n，P_{n+1} を次のように定める。C 上の点 P_n における接線と x 軸との交点を Q_n とし，Q_n を通り x 軸に垂直な直線と C との交点を P_{n+1} とする。C および 2 つの線分 P_nQ_n，Q_nP_{n+1} で囲まれる部分の面積 S_n を求めよ。

(3) 無限級数 $\sum_{n=1}^{\infty} S_n$ の和を求めよ。　　〔類　長岡技科大〕

基本 153

CHART & SOLUTION

(1) 曲線 $y=f(x)$ 上の $x=a$ の点における接線の方程式は

$$\boldsymbol{y-f(a)=f'(a)(x-a)}$$

面積 S_1 は，O を原点として

（C および 3 つの線分 P_1O，OQ_1，Q_1P_2 で囲まれる部分）$-$（$\triangle OP_1Q_1$）

と考えると求めやすい。

(2) $P_n(a_n,\ e^{-a_n})$ とすると，点 P_n における接線と x 軸との交点の x 座標，すなわち，点 Q_n の x 座標が，点 P_{n+1} の x 座標 a_{n+1} と等しいことから，数列 $\{a_n\}$ の 2 項間漸化式を作ることができる。

これから一般項 a_n が求まり，(1) と同様に定積分を計算することで，面積 S_n を求めることができる。

(3) 数列 $\{S_n\}$ は等比数列となるから，無限等比級数の和を考えることになる。

解答

(1) $y=e^{-x}$ から　　$y'=-e^{-x}$

よって，点 $P_1(0,\ 1)$ における接線の方程式は

$$y-1=-(x-0)$$

すなわち　$y=-x+1$

$y=-x+1$ で $y=0$ とすると

$$x=1$$

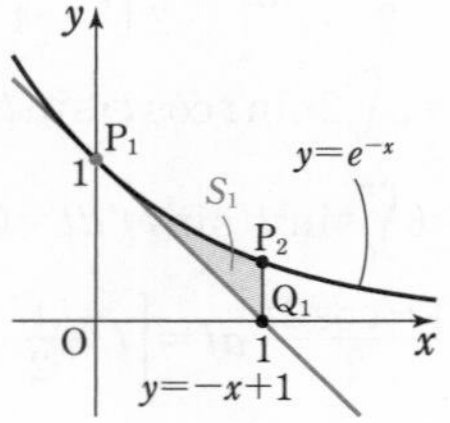

⇦ $y-f(a)=f'(a)(x-a)$

ゆえに，点 Q_1 の座標は　　$Q_1(1,\ 0)$

よって，求める面積 S_1 は，右上の図より

$$S_1=\int_0^1 e^{-x}dx-\frac{1}{2}\cdot1\cdot1$$

$$=\Big[-e^{-x}\Big]_0^1-\frac{1}{2}=-e^{-1}+1-\frac{1}{2}$$

$$=\boldsymbol{\frac{e-2}{2e}}$$

inf. S_1 の計算は

$$S_1=\int_0^1\{e^{-x}-(-x+1)\}dx$$

$$=\Big[-e^{-x}+\frac{1}{2}x^2-x\Big]_0^1$$

$$=\boldsymbol{\frac{e-2}{2e}}$$

としてもよい。

(2) $P_n(a_n,\ e^{-a_n})$ とすると，点 P_n における接線の方程式は

$$y-e^{-a_n}=-e^{-a_n}(x-a_n)$$

$y=0$ とすると

$$-e^{-a_n}=-e^{-a_n}(x-a_n)$$

$e^{-a_n}\neq 0$ であるから

$$1=x-a_n$$

よって　$x=a_n+1$

ゆえに，点 Q_n の座標は

$$Q_n(a_n+1,\ 0)$$

Q_n と P_{n+1} の x 座標は等しいから

$$a_{n+1}=a_n+1$$

数列 $\{a_n\}$ は，初項 $a_1=0$，公差 1 の等差数列であるから

$$a_n=0+(n-1)\cdot 1=n-1$$

よって　$S_n=\int_{n-1}^{n} e^{-x}dx-\dfrac{1}{2}\cdot\{n-(n-1)\}\cdot e^{-(n-1)}$

$$=\Bigl[-e^{-x}\Bigr]_{n-1}^{n}-\frac{1}{2}e^{-n+1}$$

$$=-e^{-n}+e^{-n+1}-\frac{1}{2}e^{-n+1}$$

$$=-e^{-n}+\frac{1}{2}e^{-n+1}$$

$$=e^{-n}\left(-1+\frac{1}{2}e\right)$$

$$=\boldsymbol{\frac{e-2}{2}e^{-n}}$$

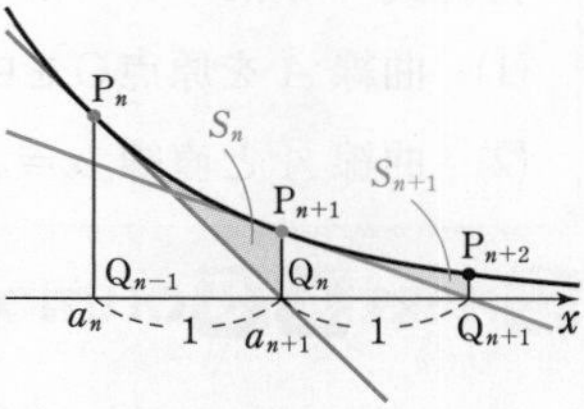

⇦ $y-f(a)=f'(a)(x-a)$

⇦ $P_{n+1}(a_{n+1},\ e^{-a_{n+1}})$ である。

⇦ 初項 a，公差 d の等差数列の一般項は
$a_n=a+(n-1)d$

(3) (1)，(2) から，無限級数 $\displaystyle\sum_{n=1}^{\infty} S_n$ は，初項 $\dfrac{e-2}{2e}$，公比 $\dfrac{1}{e}$ の無限等比級数である。

公比について，$\left|\dfrac{1}{e}\right|<1$ であるから収束して，その和は

$$\sum_{n=1}^{\infty} S_n=\frac{\dfrac{e-2}{2e}}{1-\dfrac{1}{e}}=\boldsymbol{\frac{e-2}{2(e-1)}}$$

⇦ 初項 a，公比 r の無限等比級数は，$|r|<1$ のとき収束し，その和 S は
$S=\dfrac{a}{1-r}$

PRACTICE 161④

n は自然数とする。$(n-1)\pi\leqq x\leqq n\pi$ の範囲で，曲線 $y=x\sin x$ と x 軸によって囲まれた部分の面積を S_n とする。

(1) S_n を n の式で表せ。　　(2) 無限級数 $\displaystyle\sum_{n=1}^{\infty}\frac{1}{S_nS_{n+1}}$ の和を求めよ。

重要 例題 162　回転移動を利用して面積を求める

方程式 $\sqrt{2}(x-y)=(x+y)^2$ で表される曲線 A について，次のものを求めよ。

(1) 曲線 A を原点Oを中心として $\dfrac{\pi}{4}$ だけ回転させてできる曲線の方程式

(2) 曲線 A と直線 $x=\sqrt{2}$ で囲まれる図形の面積 S

基本 154，数学C重要 124

CHART & SOLUTION

(1) 曲線 A 上の点 $(X,\ Y)$ を原点を中心として $\dfrac{\pi}{4}$ だけ回転した点 $(x,\ y)$ に対し，**X，Y をそれぞれ x，y で表す。**
それには，複素数平面上の点の回転を利用 するとよい
（「チャート式解法と演習数学C」重要例題 124 参照）。

$$(X,\ Y)\ \underset{-\frac{\pi}{4}\text{ 回転}}{\overset{\frac{\pi}{4}\text{ 回転}}{\rightleftarrows}}\ (x,\ y)$$

(2) **図形の回転で図形の面積は変わらない** ことに注目。曲線 A，直線 $x=\sqrt{2}$ ともに原点を中心として $\dfrac{\pi}{4}$ だけ回転した図形の面積を考える。……❗

解答

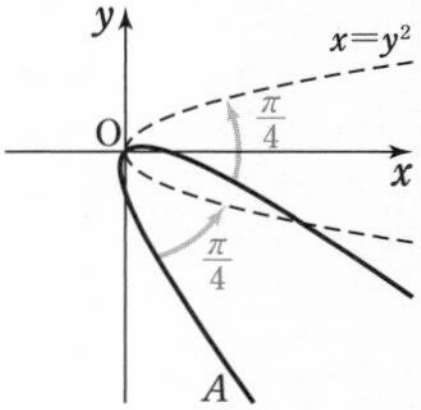

(1) 曲線 A 上の点 $(X,\ Y)$ を原点を中心として $\dfrac{\pi}{4}$ だけ回転した点の座標を $(x,\ y)$ とする。
複素数平面上で，$\mathrm{P}(X+Yi)$，$\mathrm{Q}(x+yi)$ とすると，点Qを原点を中心として $-\dfrac{\pi}{4}$ だけ回転した点がPであるから

$$X+Yi=\left\{\cos\left(-\frac{\pi}{4}\right)+i\sin\left(-\frac{\pi}{4}\right)\right\}(x+yi)$$

これから　$X=\dfrac{1}{\sqrt{2}}(x+y)$ ……①，$Y=\dfrac{1}{\sqrt{2}}(-x+y)$

これらを $\sqrt{2}(X-Y)=(X+Y)^2$ に代入すると　$2x=(\sqrt{2}y)^2$

⇐ $X-Y=\sqrt{2}x$，$X+Y=\sqrt{2}y$

すなわち　$\boldsymbol{x=y^2}$　これが求める曲線の方程式である。

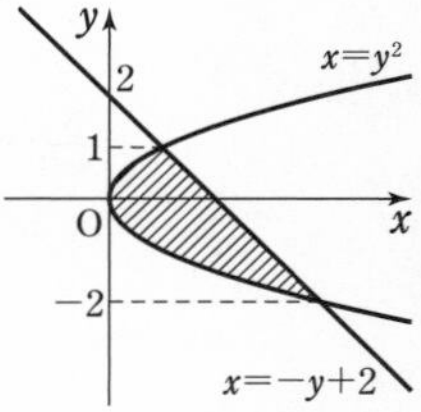

❗ (2) ① を $X=\sqrt{2}$ に代入して整理すると　$x=-y+2$
これは，直線 $x=\sqrt{2}$ を原点を中心として $\dfrac{\pi}{4}$ だけ回転した直線の方程式である。
直線 $x=-y+2$ と曲線 $x=y^2$ の交点の y 座標は，方程式 $-y+2=y^2$ を解いて　$y=-2,\ 1$

よって　$S=\displaystyle\int_{-2}^{1}(-y+2-y^2)\,dy=-\int_{-2}^{1}(y+2)(y-1)\,dy$

$=-\left(-\dfrac{1}{6}\right)\{1-(-2)\}^3=\boldsymbol{\dfrac{9}{2}}$

⇐ $\displaystyle\int_{\alpha}^{\beta}(y-\alpha)(y-\beta)\,dy=-\frac{(\beta-\alpha)^3}{6}$

PRACTICE 162④

a は1より大きい定数とする。曲線 $x^2-y^2=2$ と直線 $x=\sqrt{2}a$ で囲まれた図形の面積 S を，原点を中心とする $\dfrac{\pi}{4}$ の回転移動を考えることにより求めよ。〔類 早稲田大〕

重要 例題 163 極方程式で表された曲線と面積

極方程式 $r=f(\theta)$ $(\alpha \leqq \theta \leqq \beta)$ で表される曲線上の点と極Oを結んだ線分が通過する領域の面積は $S=\dfrac{1}{2}\displaystyle\int_\alpha^\beta r^2 d\theta$ と表される。これを用いて，極方程式 $r=2(1+\cos\theta)$ $\left(0 \leqq \theta \leqq \dfrac{\pi}{2}\right)$ で表される曲線上の点と極Oを結んだ線分が通過する領域の面積を求めよ。

CHART & SOLUTION

$r=2(1+\cos\theta)$ で表された曲線は**カージオイド**である（$p.153$ まとめ参照）。
$r=2(1+\cos\theta)$ において
$\theta=0$ のとき $r=4$，$\theta=\dfrac{\pi}{3}$ のとき $r=3$，$\theta=\dfrac{\pi}{2}$ のとき $r=2$
よって，求める図形の面積は右の図の赤い部分の面積である。

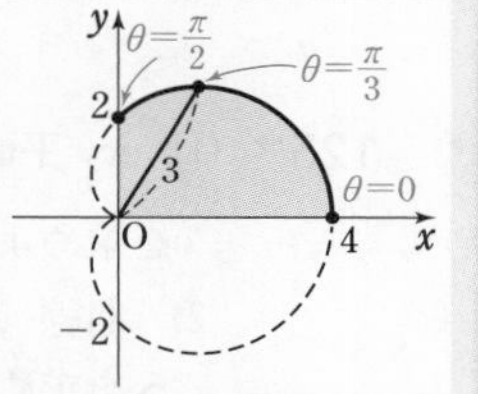

解答

曲線の極方程式は $r=2(1+\cos\theta)$ であるから，求める面積は

$$\frac{1}{2}\int_0^{\frac{\pi}{2}} r^2 d\theta=\frac{1}{2}\int_0^{\frac{\pi}{2}} 4(1+2\cos\theta+\cos^2\theta)\,d\theta$$
$$=\int_0^{\frac{\pi}{2}}(2+4\cos\theta+2\cos^2\theta)\,d\theta$$
$$=\int_0^{\frac{\pi}{2}}(2+4\cos\theta+1+\cos 2\theta)\,d\theta$$
$$=\left[3\theta+4\sin\theta+\frac{1}{2}\sin 2\theta\right]_0^{\frac{\pi}{2}}=\boldsymbol{\frac{3}{2}\pi+4}$$

⇐ $\cos^2\theta=\dfrac{1+\cos 2\theta}{2}$

INFORMATION 上の例題の面積公式 $S=\dfrac{1}{2}\displaystyle\int_\alpha^\beta r^2 d\theta$ について

以下（厳密な証明ではない）のようにすると，公式が直観的に理解できる。$\alpha \leqq \theta \leqq \beta$ に対し $f(\theta)>0$ であるとき，右の図のように θ の増分 $\Delta\theta$，S の増分 ΔS をとらえると

$$\Delta S=\frac{1}{2}r^2(\Delta\theta)$$ ←― 半径 r，中心角 $\Delta\theta$ の扇形の面積で近似

よって　$S=\displaystyle\int_\alpha^\beta \frac{1}{2}r^2 d\theta=\boldsymbol{\frac{1}{2}\int_\alpha^\beta r^2 d\theta}$　←― $\dfrac{\Delta S}{\Delta\theta}=\dfrac{1}{2}r^2$

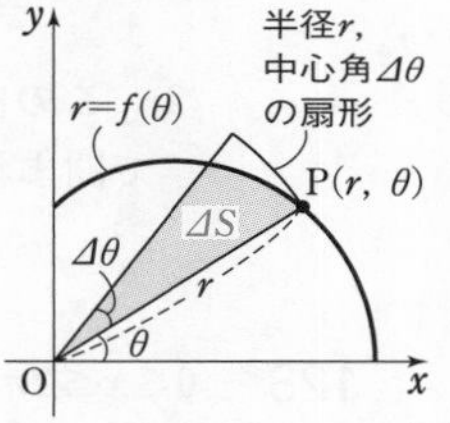

PRACTICE 163④

例題で与えられた面積公式を利用して，極方程式 $r=1+\sin\dfrac{\theta}{2}$ $(0 \leqq \theta \leqq \pi)$ で表される曲線 C と x 軸で囲まれる領域の面積を求めよ。

EXERCISES

A

124❷　2 つの曲線

$$C_1:y=2\sin x-\tan x\ \left(0\leqq x<\frac{\pi}{2}\right),\ C_2:y=2\cos x-1\ \left(0\leqq x<\frac{\pi}{2}\right)$$

について

(1)　C_1 と C_2 の共有点の座標を求めよ。

(2)　C_1 と C_2 で囲まれた図形の面積を求めよ。　〔類 青山学院大〕 152

125❸ (1)　xy 平面上の $y=\dfrac{1}{x}$, $y=ax$, $y=bx$ のグラフで囲まれた部分の面積 S を求めよ。ただし，$x>0$, $a>b>0$ とする。　〔信州大〕

(2)　曲線 $\sqrt[3]{x}+\sqrt[3]{y}=1$ $(x\geqq 0,\ y\geqq 0)$ と x 軸，y 軸で囲まれた部分の面積 S を求めよ。 152, 155

126❸ (1)　関数 $f(x)=xe^{-2x}$ の極値と曲線 $y=f(x)$ の変曲点の座標を求めよ。

(2)　曲線 $y=f(x)$ 上の変曲点における接線，曲線 $y=f(x)$ および直線 $x=3$ で囲まれた部分の面積 S を求めよ。　〔類 日本女子大〕 153

127❸　媒介変数 t によって表される座標平面上の次の曲線を考える。

$$x=t-\sin t,\ y=\cos t$$

ここで，t は $0\leqq t\leqq 2\pi$ という範囲を動くものとする。これは，右図のような曲線である。

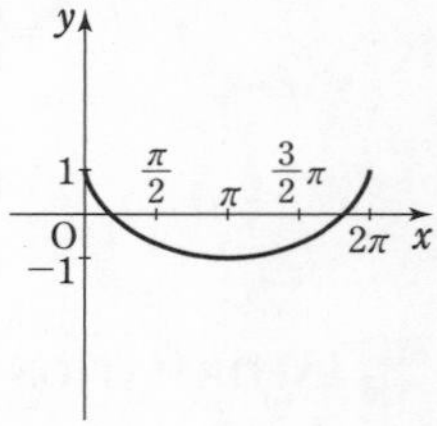

(1)　この曲線と x 軸との交点の x 座標の値を求めよ。

(2)　この曲線と x 軸および 2 直線 $x=0$, $x=2\pi$ で囲まれた 3 つの部分の面積の和を求めよ。　〔北見工大〕 156

128❸　$0\leqq x\leqq 2\pi$ における $y=\sin x$ のグラフを C_1, $y=2\cos x$ のグラフを C_2 とする。

(1)　C_1 と C_2 の概形を同じ座標平面上にかけ (C_1 と C_2 の交点の座標は求めなくてよい)。

(2)　C_1 と C_2 のすべての交点の y 座標を求めよ (x 座標は求めなくてよい)。

(3)　$0\leqq x\leqq 2\pi$ において，C_1, C_2, 2 直線 $x=0$, $x=2\pi$ で囲まれた 3 つの部分の面積の和を求めよ。 152, 157

EXERCISES

B

129③ 2つの楕円 $x^2+\dfrac{y^2}{3}=1$，$\dfrac{x^2}{3}+y^2=1$ で囲まれる共通部分の面積を求めよ。

〔山口大〕 →155

130④ 座標平面上で，t を媒介変数として表される曲線

$$C: x=a\cos t,\ y=b\sin t\ (a>0,\ b>0,\ 0\leqq t\leqq 2\pi)$$

について，次の各問いに答えよ。

(1) x，y の満たす関係式を求めよ。

(2) $0\leqq x\leqq a\cos\theta\ \left(0<\theta<\dfrac{\pi}{2}\right)$ において，曲線 C，y 軸および直線 $x=a\cos\theta$ によって囲まれる部分の面積 $S(\theta)$ を求めよ。

(3) 極限値 $\displaystyle\lim_{\theta\to\frac{\pi}{2}-0}\frac{S(\theta)}{\frac{\pi}{2}-\theta}$ を求めよ。 〔宮崎大〕 →156

131③ k を正の数とする。2つの曲線 $C_1: y=k\cos x$，$C_2: y=\sin x$ を考える。C_1 と C_2 は $0\leqq x\leqq 2\pi$ の範囲に交点が2つあり，それらの x 座標をそれぞれ α, $\beta\,(\alpha<\beta)$ とする。区間 $\alpha\leqq x\leqq\beta$ において，2つの曲線 C_1，C_2 で囲まれた図形を D とし，その面積を S とする。更に D のうち，$y\geqq 0$ の部分の面積を S_1，$y\leqq 0$ の部分の面積を S_2 とする。

(1) $\cos\alpha$，$\sin\alpha$，$\cos\beta$，$\sin\beta$ をそれぞれ k を用いて表せ。

(2) S を k を用いて表せ。

(3) $3S_1=S_2$ となるように k の値を定めよ。 〔類 茨城大〕 →157, 158

132⑤ 次の問いに答えよ。

(1) 不定積分 $\displaystyle\int e^{-x}\sin x\,dx$ を求めよ。

(2) $n=0$，1，2，…… に対し，$2n\pi\leqq x\leqq(2n+1)\pi$ の範囲で，x 軸と曲線 $y=e^{-x}\sin x$ で囲まれる図形の面積を S_n とする。S_n を n で表せ。

(3) (2) で求めた S_n について，$\displaystyle\sum_{n=0}^{\infty}S_n$ を求めよ。 →121, 161

HINT

129 求める部分は x 軸，y 軸および直線 $y=x$ に関して対称である。

130 (3) $\displaystyle\lim_{u\to+0}\frac{\sin u}{u}=1$ が使える形に変形する。

131 (1) C_1 と C_2 の交点の x 座標 α，β は，方程式 $k\cos x=\sin x$ の解であり，これを三角関数の合成を利用して解く。

132 (1) 部分積分法を2回適用する。

(2) $2n\pi\leqq x\leqq(2n+1)\pi$ において $y\geqq 0$

19 体積

基本事項

1 立体の体積

ある立体の，$x=a$，$x=b$ $(a<b)$ における x 軸に垂直な 2 つの平面の間に挟まれた部分の体積を V とする。このとき $a \leqq x \leqq b$ として，x 軸に垂直で，x 軸との交点の座標が x である平面でこの立体を切ったときの断面積を $S(x)$ とすると

$$V=\int_a^b S(x)\,dx \quad (a<b)$$

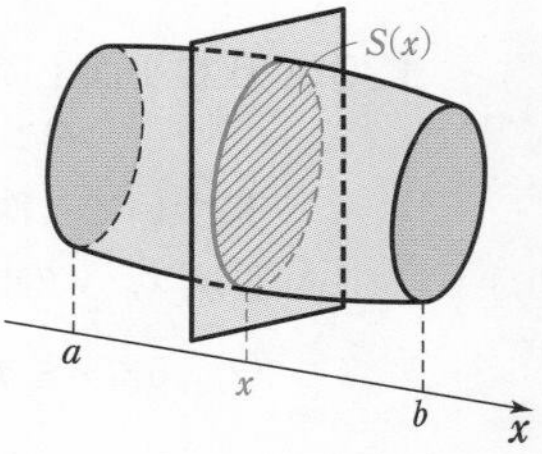

2 回転体の体積（x 軸の周り）

曲線 $y=f(x)$ と x 軸と 2 直線 $x=a$，$x=b$ $(a<b)$ で囲まれた部分を，x 軸の周りに 1 回転してできる回転体の体積 V は

$$V=\pi\int_a^b \{f(x)\}^2 dx=\pi\int_a^b y^2 dx \quad (a<b)$$

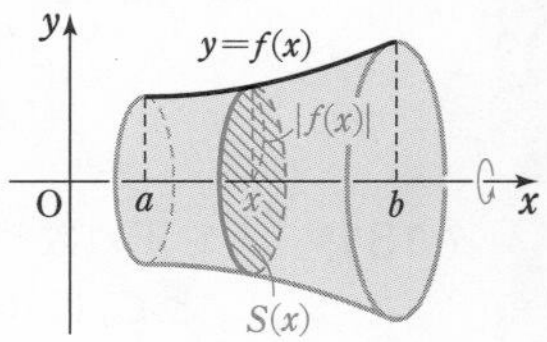

3 回転体の体積（y 軸の周り）

曲線 $x=g(y)$ と y 軸と 2 直線 $y=c$，$y=d$ $(c<d)$ で囲まれた部分を，y 軸の周りに 1 回転してできる回転体の体積 V は

$$V=\pi\int_c^d \{g(y)\}^2 dy=\pi\int_c^d x^2 dy \quad (c<d)$$

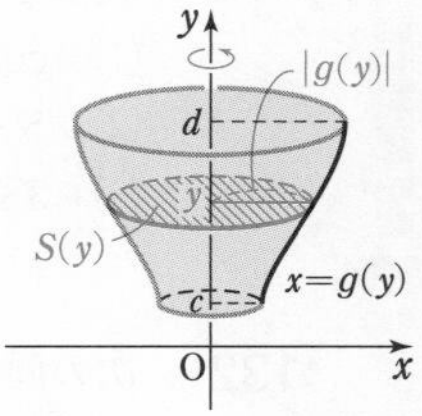

CHECK & CHECK

36 次の曲線と直線に囲まれた部分を，x 軸の周りに 1 回転してできる立体の体積 V を求めよ。

(1) $y=e^x$，x 軸，$x=0$，$x=1$　　(2) $y=x^2-x$，x 軸

→ 2

37 次の曲線と直線に囲まれた部分を，y 軸の周りに 1 回転してできる立体の体積 V を求めよ。

(1) $x=y^2-1$，y 軸　　(2) $x=\sqrt{y+1}$，y 軸，$y=2$

→ 3

基本 例題 164 断面積と立体の体積 (1)

x 軸上に点 $\mathrm{P}(x,\ 0)$ $(-1 \leqq x \leqq 1)$ をとる。Pを通り x 軸に垂直な直線と曲線 $y=4-x^2$ との交点をQとし，線分 PQ を1辺とする正三角形 PQR を x 軸に垂直な平面内に作る。Pが点 $(-1,\ 0)$ から点 $(1,\ 0)$ まで移動するとき，正三角形 PQR が通過してできる立体の体積 V を求めよ。

p. 260 基本事項 1

CHART & SOLUTION

立体の体積　まず，断面積をつかむ

① 簡単な図をかいて，立体のようすをつかむ。
② 立体の **断面積 $S(x)$** を求める。…… 本問の場合，断面は正三角形。
③ **積分区間** を定め，$V=\int_a^b S(x)\,dx$ により，体積を求める。

解答

点 $\mathrm{P}(x,\ 0)$ に対する正三角形 PQR の面積を $S(x)$ とすると

$$S(x)=\frac{\sqrt{3}}{4}\mathrm{PQ}^2=\frac{\sqrt{3}}{4}(4-x^2)^2$$

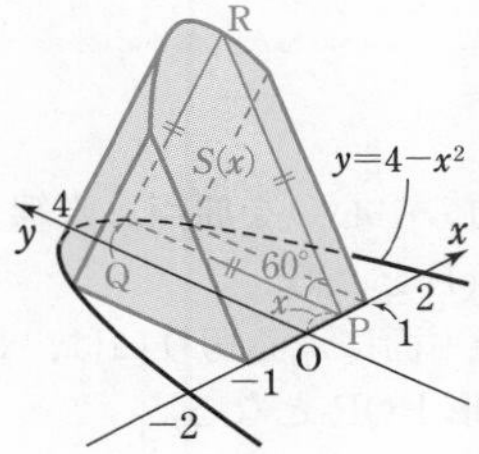

⇐ $S(x)=\frac{1}{2}\mathrm{PQ}^2\sin 60^\circ=\frac{1}{2}\mathrm{PQ}^2\cdot\frac{\sqrt{3}}{2}$

したがって，求める体積 V は

$$V=\int_{-1}^{1} S(x)\,dx$$
$$=2\int_0^1 \frac{\sqrt{3}}{4}(16-8x^2+x^4)\,dx=\frac{\sqrt{3}}{2}\left[16x-\frac{8}{3}x^3+\frac{x^5}{5}\right]_0^1$$
$$=\frac{\sqrt{3}}{2}\left(16-\frac{8}{3}+\frac{1}{5}\right)=\boldsymbol{\frac{203\sqrt{3}}{30}}$$

⇐ $S(-x)=S(x)$ から $S(x)$ は偶関数。

INFORMATION　積分とその記号 $\int$ の意味

積分は英語で integral といい，その動詞である integrate は「積み上げる・集める」という意味である。上の例題で $S(x)\,dx$ は，右の図のような薄い正三角柱の体積を表し，これを $x=-1$ の部分から $x=1$ の部分まで積み上げる［積分記号 $\int$ は和 (sum) を表している］と考えるとよい。

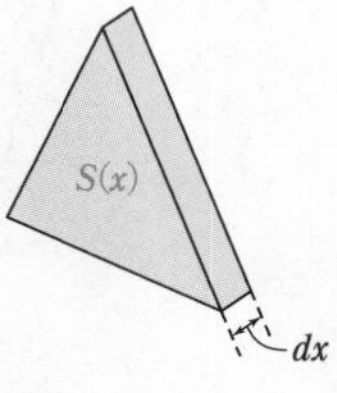

PRACTICE 164②

関数 $y=\sin x$ $(0 \leqq x \leqq \pi)$ の表す曲線上に点Pがある。点Pを通り y 軸に平行な直線が x 軸と交わる点をQとする。線分 PQ を1辺とする正方形を xy 平面の一方の側に垂直に作る。点Pの x 座標が 0 から π まで変わるとき，この正方形が通過してできる立体の体積 V を求めよ。

基本 例題 165 断面積と立体の体積 (2)

底面の半径が a で高さも a である直円柱がある。
この底面の直径 AB を含み底面と 30° の傾きをなす平面で，直円柱を 2 つの立体に分けるとき，小さい方の立体の体積 V を求めよ。

基本 164

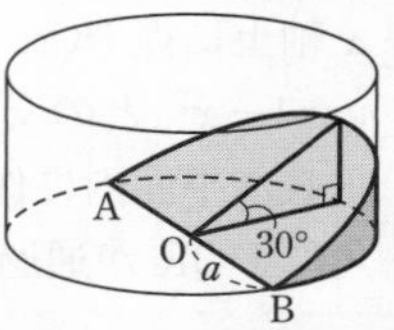

CHART & THINKING

立体の体積　まず，断面積をつかむ

基本例題 164 と同様に，断面積 $S(x)$ を求めて積分する方針で進める。右の図のように座標軸を定めると，それぞれの軸に対して垂直な平面で切ったときの断面は，

x 軸のとき直角三角形，y 軸のとき長方形，z 軸のとき弓形

となる。どのような平面で立体を切ると断面積が計算しやすいだろうか？

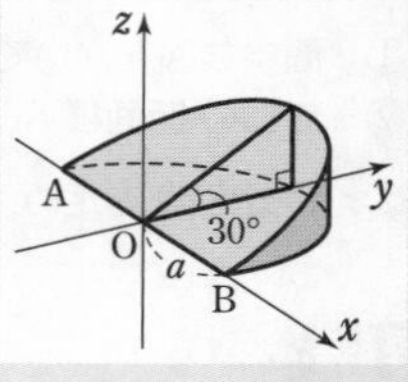

解答

右の図のように，底面の中心Oを原点，直線 AB を x 軸にとり，線分 AB 上に点Pをとる。
Pを通り x 軸に垂直な平面による切り口は，$\angle P=30°$，$\angle Q=90°$ の直角三角形 PQR となる。
点Pの x 座標を x とすると

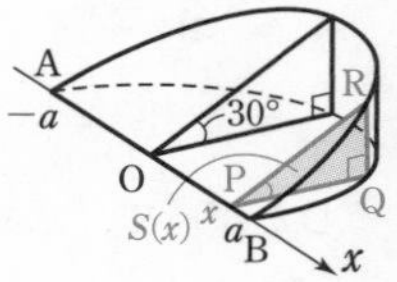

$$PQ=\sqrt{a^2-x^2},\quad QR=PQ\tan 30°=\frac{1}{\sqrt{3}}\cdot\sqrt{a^2-x^2}$$

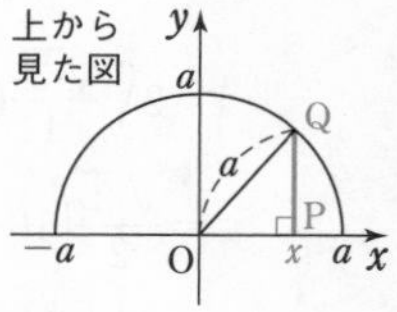

よって，△PQR の面積を $S(x)$ とすると

$$S(x)=\frac{1}{2}PQ\cdot QR=\frac{1}{2\sqrt{3}}(a^2-x^2)$$

したがって，求める体積 V は

$$V=\int_{-a}^{a}\frac{1}{2\sqrt{3}}(a^2-x^2)\,dx=\int_0^a\frac{1}{\sqrt{3}}(a^2-x^2)\,dx$$

$$=\frac{1}{\sqrt{3}}\left[a^2x-\frac{x^3}{3}\right]_0^a=\frac{2\sqrt{3}}{9}a^3$$

⇐ $f(x)$ が偶関数のとき
$\int_{-a}^{a}f(x)\,dx=2\int_0^a f(x)\,dx$

PRACTICE 165[2]

底面の半径 a，高さ $2a$ の直円柱を底面の直径を含み底面に垂直な平面で切って得られる半円柱がある。底面の直径を AB，上面の半円の弧の中点をCとして，3 点 A, B, C を通る平面でこの半円柱を 2 つに分けるとき，その下側の立体の体積 V を求めよ。

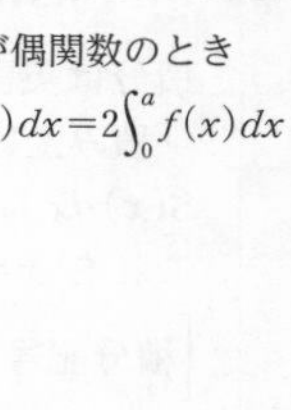

ズームUP 非回転体の体積の求め方

立体の体積を求める基本的な考え方

基本例題 164，165 で体積を求めたような立体を非回転体という。次のページ以降では回転体の体積の求め方を学習するが，どちらの場合も基本的な考え方は同じである。
直観的に，面積は **線分を積み上げる（積分）** ことによって求められ，体積は **面積を積み上げる** ことによって求められると考えてよい。

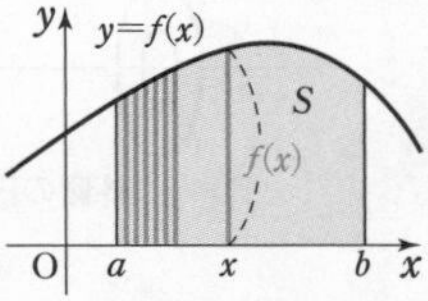

$S=\int_a^b f(x)\,dx$
線分の長さ$f(x)$を積分する

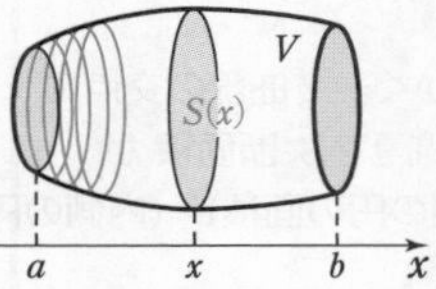

$V=\int_a^b S(x)\,dx$
断面積$S(x)$を積分する

このように，体積は **断面積を積分する** ことで求めることができるから，定積分が簡単に計算できるような断面積のとり方がポイントとなる。

他の断面を考える

基本例題 164 は正三角形を積み上げてできる立体を考えたから，その正三角形を断面とみるのが自然であるが，基本例題 165 は解答の方法以外にもいくつかの切断の方法が考えられる。下の図のように，y 軸に垂直な平面による断面は長方形となり，z 軸に垂直な平面による断面は弓形（扇形の一部）になる。

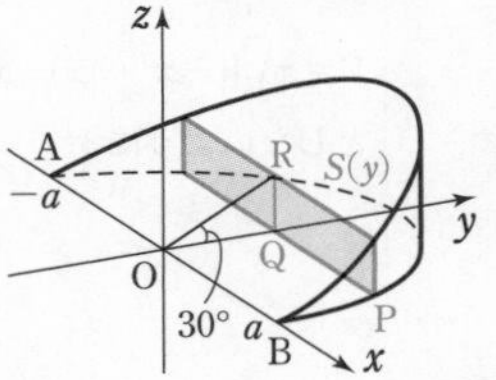

y 軸に垂直な平面で切る
→断面は長方形

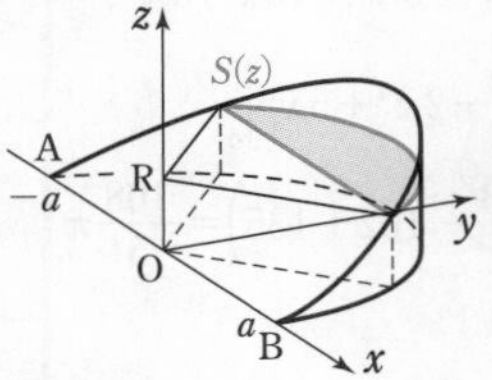

z 軸に垂直な平面で切る
→断面は弓形

y 軸に垂直な平面で切断する方法で体積を求めてみよう。
y 軸上に点Qをとり，$OQ=y$，断面積を $S(y)$ とすると

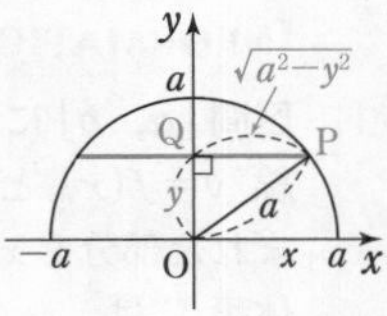

$$S(y)=2PQ\cdot QR=2\sqrt{a^2-y^2}\cdot\frac{1}{\sqrt{3}}y$$
$$=\frac{2}{\sqrt{3}}y\sqrt{a^2-y^2}$$

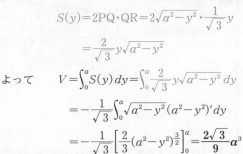

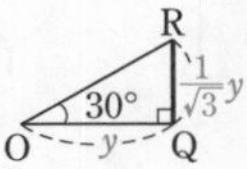

よって　$V=\int_0^a S(y)\,dy=\int_0^a \frac{2}{\sqrt{3}}y\sqrt{a^2-y^2}\,dy$

$$=-\frac{1}{\sqrt{3}}\int_0^a\sqrt{a^2-y^2}\,(a^2-y^2)'\,dy$$
$$=-\frac{1}{\sqrt{3}}\left[\frac{2}{3}(a^2-y^2)^{\frac{3}{2}}\right]_0^a=\boldsymbol{\frac{2\sqrt{3}}{9}a^3}$$

このように，別の切り方でも体積が求められる。しかし，切り方によっては定積分の計算が難しくなる（計算できない場合もある）ので注意が必要である。
z 軸に垂直な平面で切断する方法は解答編 $p.256$ 補足 を参照。

基本 例題 166 x 軸の周りの回転体の体積 (1)

放物線 $y=-x^2+4x$ と直線 $y=x$ で囲まれた部分を，x 軸の周りに 1 回転してできる立体の体積 V を求めよ。

p.260 基本事項 2

CHART & SOLUTION

回転体の体積　まず，グラフをかく

① 積分区間の決定　② 断面積をつかむ

まず，グラフをかく。2 曲線の交点の x 座標を求め，積分区間を決定する。この問題では **断面積** が

$S(x)=$(外側の円の面積)$-$(内側の円の面積)

となることに注意。

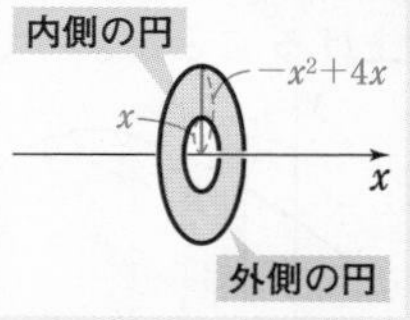

解答

$-x^2+4x=x$ とすると，$x(x-3)=0$

から　$x=0,\ 3$

$0\leqq x\leqq 3$ では $-x^2+4x\geqq x\geqq 0$ であるから

$$V=\pi\int_0^3\{(-x^2+4x)^2-x^2\}\,dx$$

$$=\pi\int_0^3(x^4-8x^3+15x^2)\,dx$$

$$=\pi\left[\frac{x^5}{5}-2x^4+5x^3\right]_0^3$$

$$=\pi\left(\frac{243}{5}-162+135\right)=\boldsymbol{\frac{108}{5}\pi}$$

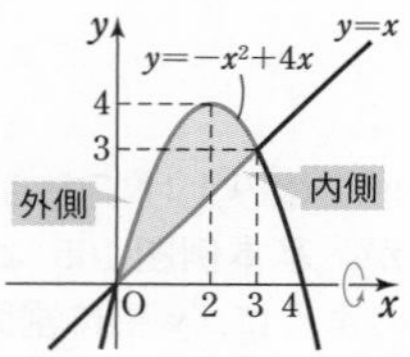

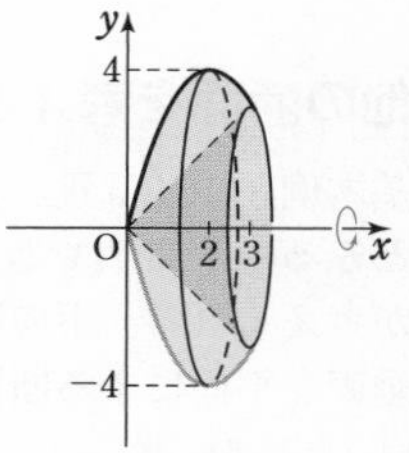

$V=\pi\int_0^3\{(-x^2+4x)-x\}^2dx$ としないように！

INFORMATION　2 曲線間の図形の回転体

区間 $[a,\ b]$ において，$f(x)\geqq g(x)\geqq 0$ のとき，2 曲線 $y=f(x)$ と $y=g(x)$ と 2 直線 $x=a$，$x=b$ で囲まれた部分を x 軸の周りに 1 回転してできる回転体の体積 V は

$$V=\pi\int_a^b[\{f(x)\}^2-\{g(x)\}^2]\,dx$$

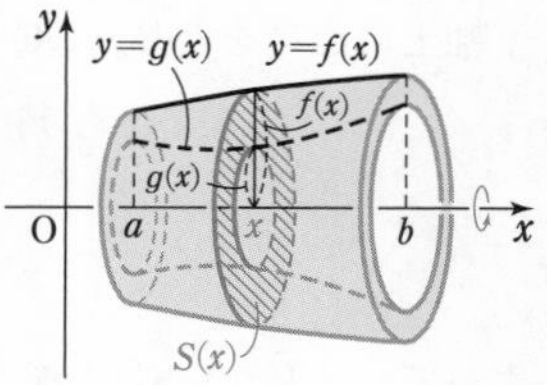

PRACTICE 166②

次の曲線や直線で囲まれた部分を，x 軸の周りに 1 回転してできる立体の体積 V を求めよ。

(1) $y=2\sin 2x,\ y=\tan x\ \left(0\leqq x<\dfrac{\pi}{2}\right)$　(2) $y=\cos x\ \left(0\leqq x\leqq\dfrac{\pi}{2}\right),\ y=-\dfrac{2}{\pi}x+1$

基本 例題 167 x 軸の周りの回転体の体積 (2)

放物線 $y=x^2-2x$ と直線 $y=-x+2$ で囲まれた部分を x 軸の周りに1回転してできる立体の体積 V を求めよ。

基本 166

CHART & SOLUTION

回転体の体積 回転体では図形を回転軸の一方に集結

まず，放物線 $y=x^2-2x$ と直線 $y=-x+2$ をかくと〔図1〕のようになる。ここで，放物線と直線で囲まれた部分は **x 軸をまたいでおり**，これを x 軸の周りに1回転してできる立体は，〔図2〕の赤色または青色の部分を x 軸の周りに1回転してできる立体と同じものになる。基本例題166と異なり，この場合は x 軸の下側（または上側）の部分を x 軸に関して対称に折り返した図形を合わせて考える必要があることに注意！

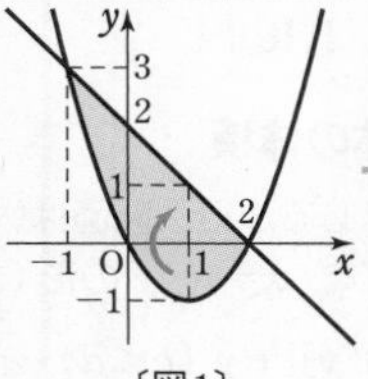

〔図1〕

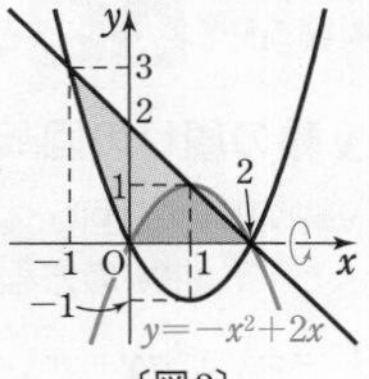

〔図2〕

解答

$x^2-2x=-x+2$ とすると，$x^2-x-2=0$ から　$x=-1,\ 2$

放物線 $y=x^2-2x$ の x 軸より下側の部分を，x 軸に関して対称に折り返すと右の図のようになり，題意の回転体の体積は，図の赤い部分を x 軸の周りに1回転すると得られる。このとき，折り返してできる放物線 $y=-x^2+2x$ と直線 $y=-x+2$ の交点の x 座標は，$-x^2+2x=-x+2$ を解いて　$x=1,\ 2$

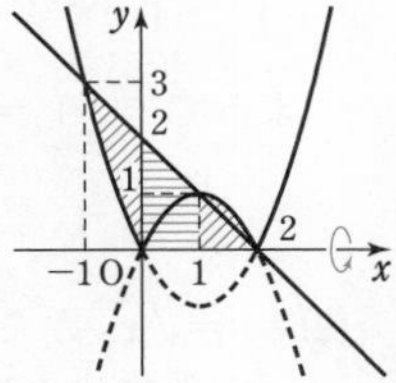

よって

$$V=\pi\int_{-1}^{0}\{(-x+2)^2-(x^2-2x)^2\}dx+\pi\int_0^1(-x+2)^2dx$$
$$+\pi\int_1^2(-x^2+2x)^2dx$$
$$=\pi\int_{-1}^{0}(-x^4+4x^3-3x^2-4x+4)\,dx+\pi\int_0^1(x-2)^2dx$$
$$+\pi\int_1^2(x^4-4x^3+4x^2)\,dx$$
$$=\pi\left[-\frac{x^5}{5}+x^4-x^3-2x^2+4x\right]_{-1}^{0}+\pi\left[\frac{(x-2)^3}{3}\right]_0^1$$
$$+\pi\left[\frac{x^5}{5}-x^4+\frac{4}{3}x^3\right]_1^2$$
$$=\frac{19}{5}\pi+\frac{7}{3}\pi+\frac{8}{15}\pi=\frac{100}{15}\pi=\boldsymbol{\frac{20}{3}\pi}$$

⇐ 次の3つの図形に分けて体積を計算する。

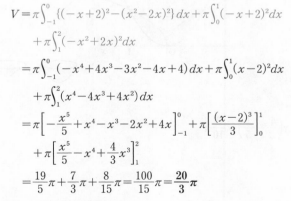

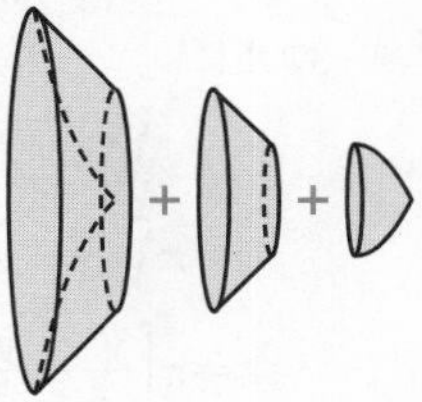

PRACTICE 167③

不等式 $-\sin x \leqq y \leqq \cos 2x$，$0\leqq x\leqq\dfrac{\pi}{2}$ で定められる領域を x 軸の周りに1回転してできる立体の体積 V を求めよ。　〔類 神戸大〕

基本 例題 168 y 軸の周りの回転体の体積 (1)

次の回転体の体積 V を求めよ。

(1) 楕円 $\dfrac{x^2}{9}+\dfrac{y^2}{4}=1$ を y 軸の周りに1回転してできる回転体

(2) 2曲線 $y=x^2$, $y=\sqrt{x}$ で囲まれた部分を y 軸の周りに1回転してできる回転体

p. 260 基本事項 3

CHART & SOLUTION

y 軸の周りの回転体の体積　まず，グラフをかく

y 軸の周りの回転体であるから，断面は円で断面積は πx^2

よって，曲線の方程式を $x=g(y)$ の形 (または，直接 $x^2=$ の形) に変形して

$V=\pi\displaystyle\int_c^d x^2dy=\pi\int_c^d\{g(y)\}^2dy$ $(c<d)$ を計算する。

解答

(1) $x=0$ とすると　$y=\pm 2$

$\dfrac{x^2}{9}+\dfrac{y^2}{4}=1$ から　$x^2=9-\dfrac{9}{4}y^2$

よって　$V=\pi\displaystyle\int_{-2}^2 x^2dy=2\pi\int_0^2\left(9-\frac{9}{4}y^2\right)dy$

$=2\pi\left[9y-\dfrac{3}{4}y^3\right]_0^2=\boldsymbol{24\pi}$

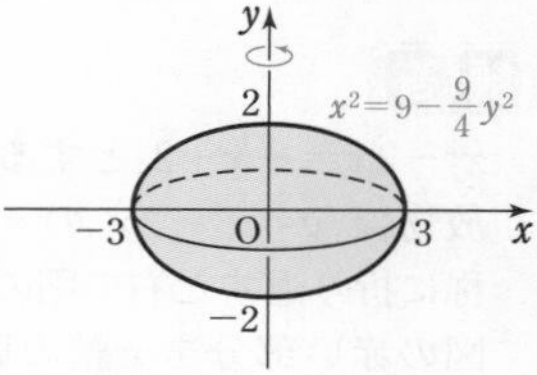

(2) $y=\sqrt{x}$ から　$x=y^2$

$y=x^2$ に代入して　$y=y^4$

よって　$y(y^3-1)=0$

y は実数であるから

$y=0,\ 1$

ゆえに

$V=\pi\displaystyle\int_0^1(\sqrt{y})^2dy-\pi\int_0^1(y^2)^2dy$

$=\pi\displaystyle\int_0^1(y-y^4)dy$

$=\pi\left[\dfrac{y^2}{2}-\dfrac{y^5}{5}\right]_0^1=\pi\left(\dfrac{1}{2}-\dfrac{1}{5}\right)=\boldsymbol{\dfrac{3}{10}\pi}$

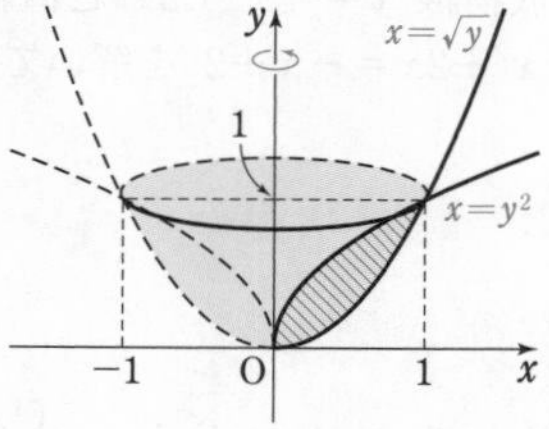

⇐ 交点の y 座標を求める。

⇐ 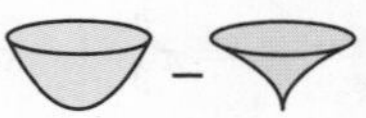

PRACTICE 168 ②

次の曲線や直線で囲まれた部分を y 軸の周りに1回転してできる回転体の体積 V を求めよ。 [(2) 類 早稲田大]

(1) $y=\log(x^2+1)$ $(0\leqq x\leqq 1)$, $y=\log 2$, y 軸　　(2) $y=e^x$, $y=e$, y 軸

基本 例題 169 y 軸の周りの回転体の体積 (2)

曲線 $y=\cos x$ $(0\leqq x\leqq \pi)$, $y=-1$, y 軸で囲まれた部分を y 軸の周りに1回転してできる立体の体積 V を求めよ。

基本 168

CHART & SOLUTION

y 軸の周りの回転体の体積　$x=g(y)$ のとき　$V=\pi\displaystyle\int_c^d x^2dy$ $(c<d)$

高校数学の範囲では，$y=\cos x$ を x について解くことができない。
$x=g(y)$ が求められない，あるいは求めにくいときは **置換積分法** を利用して，積分変数を x に変更することにより体積を求める。…… ❗

解答

右の図から，体積は

$$V=\pi\int_{-1}^{1}x^2dy$$

$y=\cos x$ から　$dy=-\sin x\,dx$

y と x の対応は次のようにとれる。

y	$-1\longrightarrow 1$
x	$\pi\longrightarrow 0$

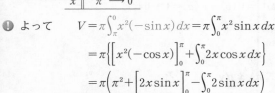

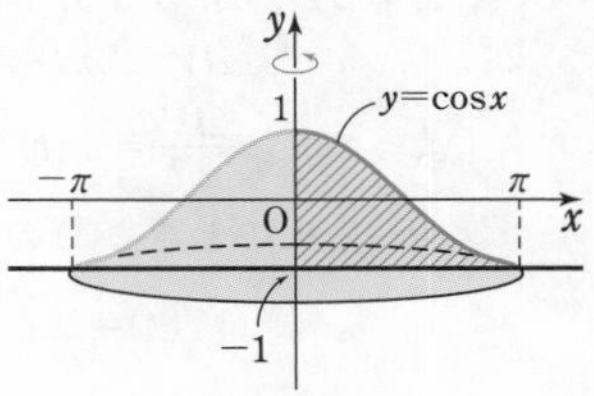

❗ よって

$$V=\pi\int_{\pi}^{0}x^2(-\sin x)\,dx=\pi\int_0^{\pi}x^2\sin x\,dx$$　⇐ 置換積分法

$$=\pi\left\{\Big[x^2(-\cos x)\Big]_0^{\pi}+\int_0^{\pi}2x\cos x\,dx\right\}$$　⇐ 部分積分法

$$=\pi\left(\pi^2+\Big[2x\sin x\Big]_0^{\pi}-\int_0^{\pi}2\sin x\,dx\right)$$　⇐ 更に 部分積分法

$$=\pi\left(\pi^2+\Big[2\cos x\Big]_0^{\pi}\right)=\boldsymbol{\pi^3-4\pi}$$

inf. 区間 $[a,\ b]$ において，$y=f(x)$ が増加または減少関数のとき

$$\int_c^d x^2dy=\int_a^b x^2f'(x)\,dx$$

y	$c\longrightarrow d$
x	$a\longrightarrow b$

$x=g(y)$ が求められないときは，上の公式を利用して求めるとよい。

PRACTICE 169③

(1) 曲線 $y=x^3-2x^2+3$ と x 軸，y 軸で囲まれた部分を y 軸の周りに1回転してできる立体の体積 V を求めよ。

(2) 関数 $f(x)=xe^x+\dfrac{e}{2}$ について，曲線 $y=f(x)$ と y 軸および直線 $y=f(1)$ で囲まれた図形を y 軸の周りに1回転してできる立体の体積 V を求めよ。

［(2) 類 東京理科大］

6章 19 体積

STEP UP バウムクーヘン分割による体積の計算

y 軸の周りの回転体の体積に関して，一般に次のことが成り立つ。

> **区間 $[a,\ b]\ (0 \leqq a < b)$ において $f(x) \geqq 0$ であるとき，曲線 $y=f(x)$，x 軸，直線 $x=a$，$x=b$ で囲まれた部分を y 軸の周りに 1 回転してできる立体の体積 V は**
>
> $$V=2\pi\int_a^b xf(x)\,dx \quad \cdots\cdots \text{Ⓐ}$$

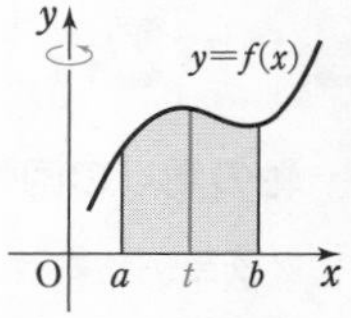

証明▶ $a \leqq t \leqq b$ とし，曲線 $y=f(x)$ と 2 直線 $x=a$，$x=t$，x 軸で囲まれた部分を，y 軸の周りに 1 回転してできる立体の体積を $V(t)$ とする。$\Delta t>0$ のとき，$\Delta V=V(t+\Delta t)-V(t)$ とすると，Δt が十分小さいときは

$$\Delta V \fallingdotseq 2\pi t\cdot f(t)\cdot \Delta t$$ ⬅ 右下の板状の直方体の体積。

よって　$$\frac{\Delta V}{\Delta t} \fallingdotseq 2\pi tf(t) \quad \cdots\cdots ①$$ （$\Delta t<0$ のときも ① は成立。）

$\Delta t \longrightarrow 0$ のとき，① の両辺の差は 0 に近づくから

$$V'(t)=\lim_{\Delta t\to 0}\frac{\Delta V}{\Delta t}=2\pi tf(t)$$

よって　$$\int_a^b 2\pi tf(t)\,dt=\Bigl[V(t)\Bigr]_a^b=V(b)-V(a)=V-0=V$$

↑円筒の側面積を積分。

ゆえに，Ⓐ が成り立つ。

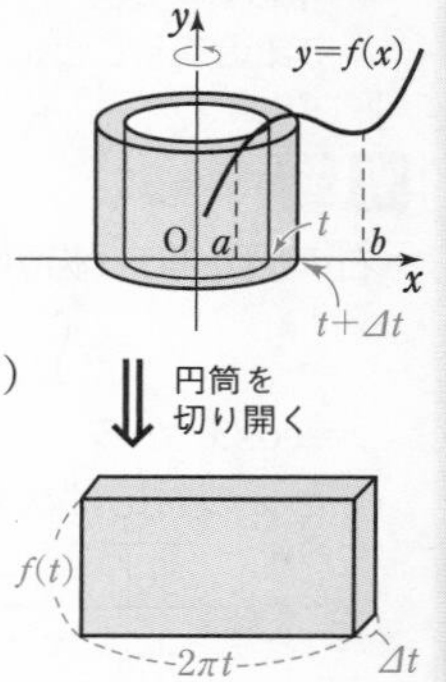

注意　$p.260$ 基本事項 3 で扱った公式 $\pi\int_c^d x^2dy$ は，回転体を y 軸に垂直な平面による円板で分割して積分にもち込むことで導かれる（［図 1］参照)。これに対して，上の証明では，回転体を（幅 Δt の）円筒で分割して積分にもち込む，という考え方で公式 Ⓐ を導いている（［図 2］参照)。

〔図1〕

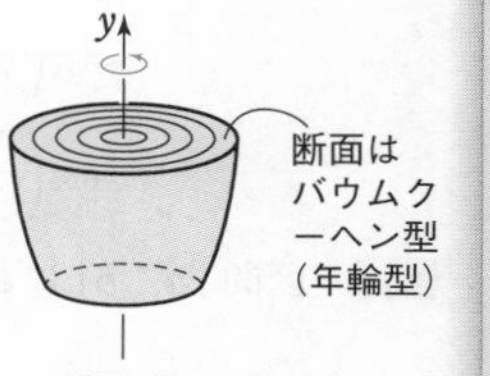

〔図2〕

例　$p.267$ の基本例題 169 について，公式 Ⓐ を利用すると次のようになる。

$f(x)=\cos x-(-1)=\cos x+1$ として

$$V=2\pi\int_0^\pi x(\cos x+1)\,dx=2\pi\int_0^\pi x\cos x\,dx+2\pi\int_0^\pi x\,dx$$

$$=2\pi\Bigl[x\sin x\Bigr]_0^\pi-2\pi\int_0^\pi \sin x\,dx+\pi\Bigl[x^2\Bigr]_0^\pi$$

$$=2\pi\Bigl[\cos x\Bigr]_0^\pi+\pi^3=\boldsymbol{\pi^3-4\pi}$$

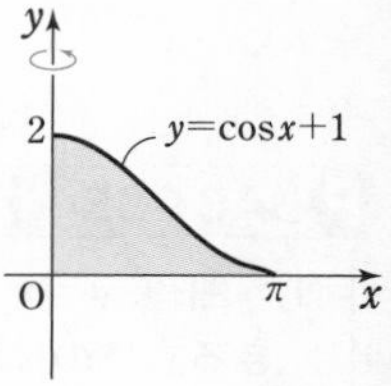

問題　$y=\sin x\ (0 \leqq x \leqq \pi)$ と x 軸で囲まれた部分を y 軸の周りに 1 回転してできる立体の体積 V を公式 Ⓐ を利用しない方法と，利用する方法の 2 通りで求めよ。

（問題 の解答は解答編 $p.261$ にある）

STEP UP パップス-ギュルダンの定理

ここでは，回転体の体積の計算に役立つ定理を紹介しておこう。

平面上の曲線で囲まれた図形 A が，この平面上にあって A と交わらない1つの直線を軸として1回転してできる立体の体積は，A の重心が描く円周の長さと A の面積との積に等しい。

〔応用例〕1. 円 $x^2+(y-2)^2=1$ を x 軸の周りに1回転してできる回転体(円環体)の体積 V は，定理から

$$V=(2\pi\cdot 2)\cdot(\pi\cdot 1^2)=\boldsymbol{4\pi^2}$$

別解 定理を使わないで，体積を計算すると

$$V=2\pi\int_0^1\{(2+\sqrt{1-x^2})^2-(2-\sqrt{1-x^2})^2\}dx$$

$$=16\pi\int_0^1\sqrt{1-x^2}\,dx=16\pi\cdot\frac{1}{4}\pi\cdot 1^2=\boldsymbol{4\pi^2}$$

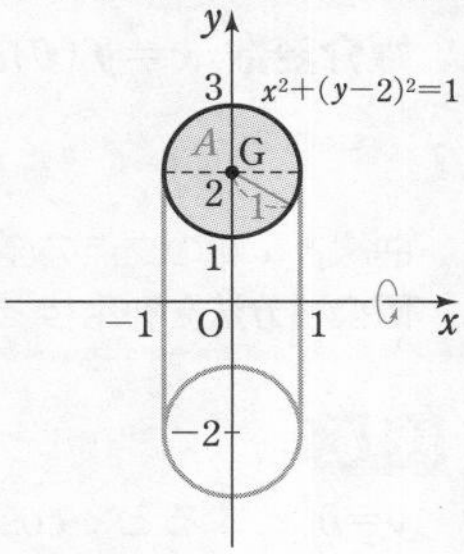

〔応用例〕2. 曲線 $y=\sin x$ $(0\leqq x\leqq\pi)$ と x 軸で囲まれた図形 A を y 軸の周りに1回転してできる回転体の体積を V とする。
図形 A の面積 S は

$$S=\int_0^{\pi}\sin x\,dx=\Big[-\cos x\Big]_0^{\pi}=2$$

A の重心Gの x 座標は $x=\dfrac{\pi}{2}$ であるから ⬅ 図形 A は直線 $x=\dfrac{\pi}{2}$ に関して左右対称。

$$V=\left(2\pi\cdot\frac{\pi}{2}\right)\cdot 2=\boldsymbol{2\pi^2}$$

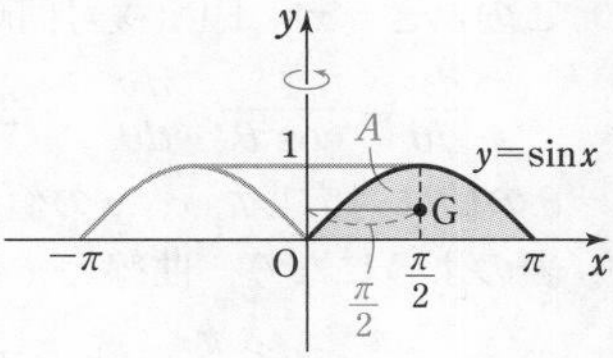

INFORMATION

上に示した **パップス-ギュルダンの定理** (証明略) を使うと，回転体の体積が簡単に求められる場合がある。
答案には使えないが，覚えておくと **検算** に役立つことがある。

問題 右図の斜線部分は，$0\leqq x\leqq\dfrac{\pi}{2}$ において，曲線 $y=\sin x$ と曲線 $y=1-\cos x$ で囲まれた図形である。

(1) この図形の面積 S を求めよ。

(2) この図形を x 軸の周りに1回転させたときにできる立体の体積 V を求めよ。

(3) (1)と(2)で求めた S，V について，

$$V=S\times\left\{\text{図形の点対称の中心}\left(\frac{\pi}{4},\ \frac{1}{2}\right)\text{が1回転の間に動いた距離}\right\}$$

という関係が成り立つことを示せ。 〔類 図書館情報大〕

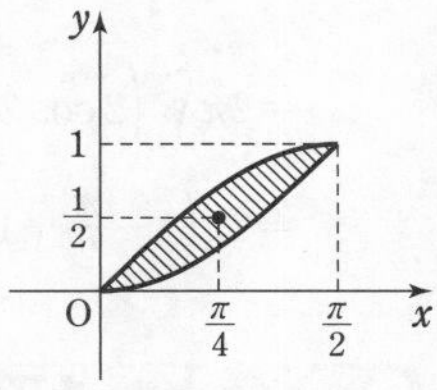

(問題の解答は解答編 $p.261$ にある)

基本 例題 170 回転体の体積（媒介変数）

曲線 $x=\tan\theta$, $y=\cos 2\theta$ $\left(-\frac{\pi}{2}<\theta<\frac{\pi}{2}\right)$ と x 軸で囲まれる部分を，x 軸の周りに1回転してできる立体の体積 V を求めよ。〔類 東京都立大〕

基本 156, 166

CHART & SOLUTION

媒介変数 $x=f(\theta)$, $y=g(\theta)$ で表された曲線と体積 V

$$V=\pi\int_a^b y^2dx=\pi\int_\alpha^\beta \{g(\theta)\}^2 f'(\theta)\,d\theta \qquad a=f(\alpha),\ b=f(\beta)$$

曲線と x 軸の交点の座標を求め，θ の値の変化に伴う x, y の値の変化を調べる。
置換積分法を利用 すると，媒介変数 θ のままで計算できる。

解答

$y=0$ とすると　$\cos 2\theta=0$ $(-\pi<2\theta<\pi)$

ゆえに　$2\theta=\pm\frac{\pi}{2}$　すなわち　$\theta=\pm\frac{\pi}{4}$

このとき　$x=\pm1$（複号同順）

$$\frac{dx}{d\theta}=\frac{1}{\cos^2\theta},\quad \frac{dy}{d\theta}=-2\sin 2\theta$$

θ の値に対応した x, y の値の変化は右の表のようになり，曲線と x 軸で囲まれるのは $-\frac{\pi}{4}\leqq\theta\leqq\frac{\pi}{4}$ のときである。

θ	$-\frac{\pi}{2}$	$\cdots$	$-\frac{\pi}{4}$	$\cdots$	0	$\cdots$	$\frac{\pi}{4}$	$\cdots$	$\frac{\pi}{2}$
$\frac{dx}{d\theta}$		$+$	$+$	$+$	$+$	$+$	$+$	$+$	
x		$\rightarrow$	-1	$\rightarrow$	0	$\rightarrow$	1	$\rightarrow$	
$\frac{dy}{d\theta}$		$+$	$+$	$+$	0	$-$	$-$	$-$	
y		$\uparrow$	0	$\uparrow$	1	$\downarrow$	0	$\downarrow$	

x	$-1\longrightarrow 1$
θ	$-\frac{\pi}{4}\longrightarrow\frac{\pi}{4}$

また　$dx=\frac{1}{\cos^2\theta}d\theta$

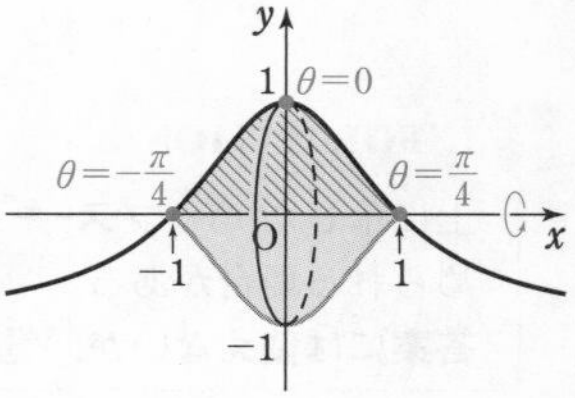

よって，求める体積 V は

$$V=\pi\int_{-1}^1 y^2dx=\pi\int_{-\frac{\pi}{4}}^{\frac{\pi}{4}}\cos^2 2\theta\cdot\frac{1}{\cos^2\theta}d\theta$$

$$=\pi\int_{-\frac{\pi}{4}}^{\frac{\pi}{4}}(2\cos^2\theta-1)^2\cdot\frac{1}{\cos^2\theta}d\theta=2\pi\int_0^{\frac{\pi}{4}}\left(4\cos^2\theta-4+\frac{1}{\cos^2\theta}\right)d\theta$$

⇦ 曲線は y 軸に関して対称。

$$=2\pi\int_0^{\frac{\pi}{4}}\left(2\cos 2\theta-2+\frac{1}{\cos^2\theta}\right)d\theta=2\pi\Big[\sin 2\theta-2\theta+\tan\theta\Big]_0^{\frac{\pi}{4}}$$

⇦ $\cos^2\theta=\frac{1+\cos 2\theta}{2}$

$$=2\pi\left(1-\frac{\pi}{2}+1\right)=\boldsymbol{\pi(4-\pi)}$$

PRACTICE 170③

曲線 C：$x=\cos t$, $y=2\sin^3 t$ $\left(0\leqq t\leqq\frac{\pi}{2}\right)$ がある。〔大阪工大〕

(1) 曲線 C と x 軸および y 軸で囲まれる図形の面積を求めよ。

(2) (1) で考えた図形を y 軸の周りに1回転させて得られる回転体の体積を求めよ。

まとめ 体積の求め方

これまで学んだ体積の求め方について，まとめておこう。

1 基本 …… 断面積をつかむ

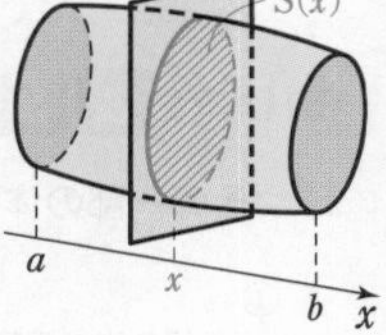

x 軸に垂直な平面で切ったときの断面積が，x についての関数 $S(x)$ で表されるとき，2 つの平面 $x=a$，$x=b$ $(a<b)$ の間にある立体の体積 V は

$$V=\int_a^b S(x)\,dx$$

→ 基本 164, 165

2 x 軸の周りの回転体

$S(x)=\pi y^2$
$\quad=\pi\{f(x)\}^2$

から

$$V=\pi\int_a^b y^2dx$$
$$=\pi\int_a^b \{f(x)\}^2dx$$

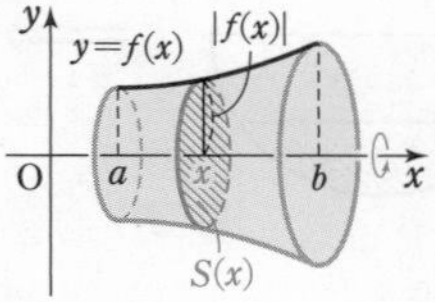

→ CHECK&CHECK 36

3 y 軸の周りの回転体

$S(y)=\pi x^2$
$\quad=\pi\{g(y)\}^2$

から

$$V=\pi\int_c^d x^2dy$$
$$=\pi\int_c^d \{g(y)\}^2dy$$

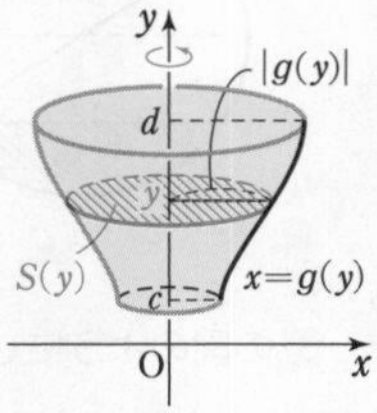

→ CHECK&CHECK 37，基本 168 (1)

注意　y 軸の周りの回転体で，曲線の方程式が $y=f(x)$ の形で与えられている場合

(1)　x について解いて $x=g(y)$ とし，3 の解法を利用する。

(2)　$dy=f'(x)dx$ から $V=\pi\int_\alpha^\beta x^2f'(x)dx$ の置換積分法を利用する。 → 基本 169

4 2 曲線で囲まれる部分の回転体

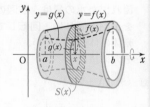

$a\leqq x\leqq b$ において，$f(x)\geqq g(x)\geqq 0$ のとき，2 曲線 $y=f(x)$ と $y=g(x)$，および 2 直線 $x=a$ と $x=b$ で囲まれた図形を x 軸の周りに 1 回転してできる回転体の体積 V は

$$V=\pi\int_a^b \{f(x)\}^2dx-\pi\int_a^b \{g(x)\}^2dx$$
$$=\pi\int_a^b [\{f(x)\}^2-\{g(x)\}^2]\,dx$$

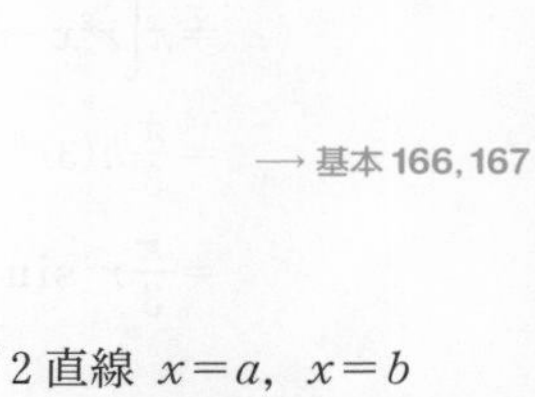

注意　$V=\pi\int_a^b \{f(x)-g(x)\}^2dx$ ではないことに注意！ → 基本 166, 167

5 媒介変数で表された場合

媒介変数で表された曲線 $x=f(\theta)$，$y=g(\theta)$ と x 軸および 2 直線 $x=a$，$x=b$ $(a<b)$ とで囲まれた図形を x 軸の周りに 1 回転してできる回転体の体積 V は

x	$a\longrightarrow b$
θ	$\alpha\longrightarrow\beta$

$$V=\pi\int_a^b y^2dx=\pi\int_\alpha^\beta y^2\frac{dx}{d\theta}d\theta=\pi\int_\alpha^\beta \{g(\theta)\}^2f'(\theta)\,d\theta$$

（ただし，$a=f(\alpha)$，$b=f(\beta)$）

→ 基本 170

基本 例題 171 容器からこぼれ出た水の量

水を満たした半径 r の半球形の容器がある。これを静かに角 α だけ傾けたとき，こぼれ出た水の量を r, α で表せ。（α は弧度法で表された角とする。）

基本 166

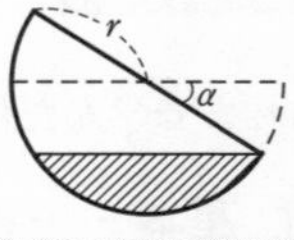

CHART & SOLUTION

球やその一部の体積を求めるには，円の回転体の体積を利用 する。……❗

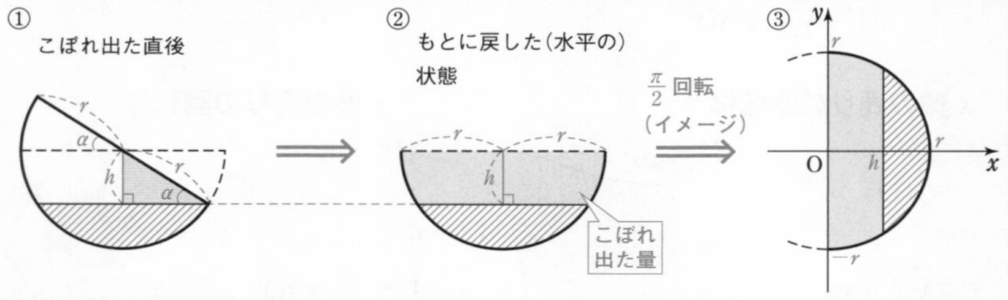

③ の図のようにして，座標を利用する と，求める水の量を定積分で計算できる。
　　↑計算がしやすいように x 軸，y 軸を定める。

また，① の図に注目すると，水面の下がった量 h は r, α で表される（三角関数を利用）。

解答

図のように座標軸をとる。

水がこぼれ出た後，水面が h だけ下がったとすると　　$h=r\sin\alpha$

流れ出た水の量は，右図の赤い部分を x 軸の周りに 1 回転してできる回転体の体積に等しい。

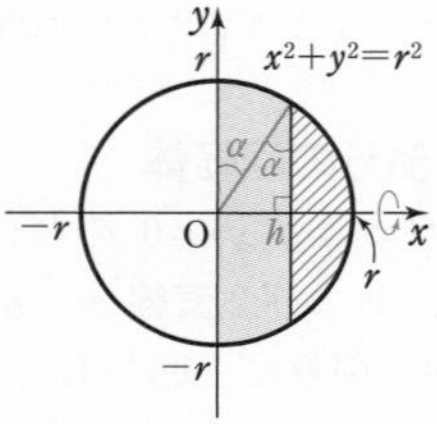

⇐ CHART&SOLUTION の ① の図で，灰色に塗った直角三角形に注目。

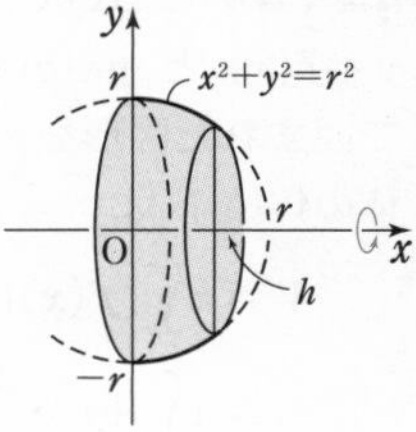

その体積は

❗
$$\pi\int_0^h y^2dx=\pi\int_0^h(r^2-x^2)\,dx$$
$$=\pi\left[r^2x-\frac{x^3}{3}\right]_0^h=\pi\left(r^2h-\frac{h^3}{3}\right)$$
$$=\frac{\pi}{3}h(3r^2-h^2)=\frac{\pi}{3}r\sin\alpha(3r^2-r^2\sin^2\alpha)$$
$$=\boldsymbol{\frac{\pi}{3}r^3\sin\alpha(3-\sin^2\alpha)}$$

⇐ $h=r\sin\alpha$ を代入。

PRACTICE 171 ③

水を満たした半径 2 の半球形の容器がある。これを静かに角 α 傾けたとき，水面が h だけ下がり，こぼれ出た水の量と容器に残った水の量の比が 11：5 になった。h と α の値を求めよ。ただし，α は弧度法で答えよ。　　〔類　筑波大〕

重要 例題 172　直線の周りの回転体の体積

曲線 $y=-\sqrt{2}x^2+x$ …… ① と直線 $y=-x$ …… ② とで囲まれる部分を，直線 ② の周りに 1 回転してできる立体の体積 V を求めよ。　〔類 大阪電通大〕

基本 165, 166

CHART & THINKING

回転体の体積　断面積をつかむ

回転軸は直線 ② であるから，今までのように座標軸に対して垂直な平面で立体を切った断面ではだめ。どのような平面で立体を切ると断面積の計算がしやすいだろうか？

⟶ 直線 ② を新しく t 軸として，t 軸に垂直な平面で切断したときの断面積を考えるとよい。

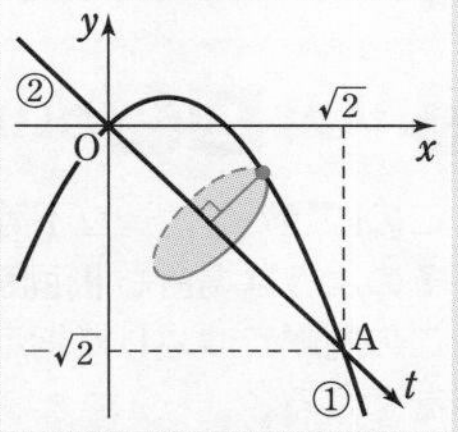

解答

曲線 ① と直線 ② の交点の x 座標は，

$-\sqrt{2}x^2+x=-x$ の解であるから，

これを解いて　　$x=0,\ \sqrt{2}$

① 上に点 $P(x,\ -\sqrt{2}x^2+x)$ $(0\leqq x\leqq\sqrt{2})$ をとり，P から直線 ② に垂線 PH を引く。

$PH=h,\ OH=t$ とする。

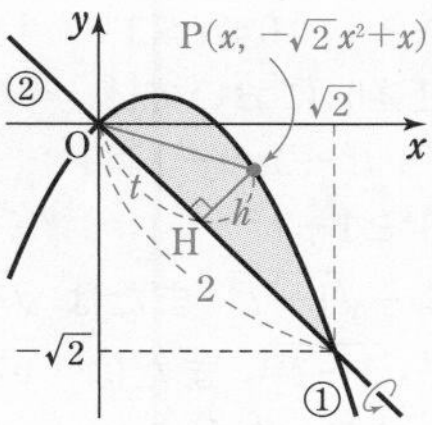

このとき　$h=\dfrac{|x+(-\sqrt{2}x^2+x)|}{\sqrt{1^2+1^2}}=|-x^2+\sqrt{2}x|$

また，△OPH は直角三角形であるから，$OH^2=OP^2-PH^2$

より　　$t^2=\{x^2+(-\sqrt{2}x^2+x)^2\}-(x^4-2\sqrt{2}x^3+2x^2)$
$\quad=x^4$

$t\geqq 0$ であるから　　$t=x^2$

よって　　$dt=2x\,dx$

t と x の対応は右のようになるから

t	$0\longrightarrow 2$
x	$0\longrightarrow\sqrt{2}$

$$V=\pi\int_0^2 h^2dt=\pi\int_0^{\sqrt{2}}(-x^2+\sqrt{2}x)^2\cdot 2x\,dx$$
$$=2\pi\int_0^{\sqrt{2}}(x^5-2\sqrt{2}x^4+2x^3)\,dx$$
$$=2\pi\left[\frac{x^6}{6}-\frac{2\sqrt{2}}{5}x^5+\frac{x^4}{2}\right]_0^{\sqrt{2}}=2\pi\left(\frac{4}{3}-\frac{16}{5}+2\right)=\boldsymbol{\frac{4}{15}\pi}$$

inf. 体積を求める手順
図より $\pi\int_a^b h^2dt$ が体積であるから，直線 ② 上の積分区間 $[a,\ b]$ を求め，次に h，dt を x で表すことを考える。

⇐ 点 $(x_1,\ y_1)$ と直線 $ax+by+c=0$ との距離 d は
$$d=\frac{|ax_1+by_1+c|}{\sqrt{a^2+b^2}}$$

⇐ $A(\sqrt{2},\ -\sqrt{2})$ とすると $OA=2$ から，t 軸の積分区間は $[0,\ 2]$，断面積は πh^2 である。
この t についての積分を，置換積分の要領で x の積分に直して計算する。

PRACTICE 172 ⑤

曲線 $C：y=x^3$ 上に 2 点 $O(0,\ 0)$，$A(1,\ 1)$ をとる。曲線 C と線分 OA で囲まれた部分を，直線 OA の周りに 1 回転してできる回転体の体積 V を求めよ。

重要 例題 173 連立不等式で表される立体の体積

xyz 空間において，次の連立不等式が表す立体を考える。

$$0 \leqq x \leqq 1,\ 0 \leqq y \leqq 1,\ 0 \leqq z \leqq 1,\ x^2+y^2+z^2-2xy-1 \geqq 0$$

(1) この立体を平面 $z=t$ で切ったときの断面を xy 平面に図示し，この断面の面積 $S(t)$ を求めよ。

(2) この立体の体積 V を求めよ。 〔北海道大〕 基本 165

CHART & SOLUTION

この問題では，連立不等式から立体のようすがイメージできない。
そのような場合も **断面積** を求め，**積分** すればよい。
この問題では，(1) で指定されているように，z 軸に垂直な平面 $z=t$ で切ったときの切断面を考える。

解答

(1) $0 \leqq z \leqq 1$ であるから　$0 \leqq t \leqq 1$

$x^2+y^2+z^2-2xy-1 \geqq 0$ において，$z=t$ とすると

$$x^2+y^2+t^2-2xy-1 \geqq 0$$

よって　$(y-x)^2 \geqq 1-t^2$

すなわち　$y-x \leqq -\sqrt{1-t^2}$ または $\sqrt{1-t^2} \leqq y-x$

ゆえに　$y \leqq x-\sqrt{1-t^2}$ または $y \geqq x+\sqrt{1-t^2}$

よって，平面 $z=t$ で切ったときの断面は，**右図の斜線部分** である。
ただし，**境界線を含む**。

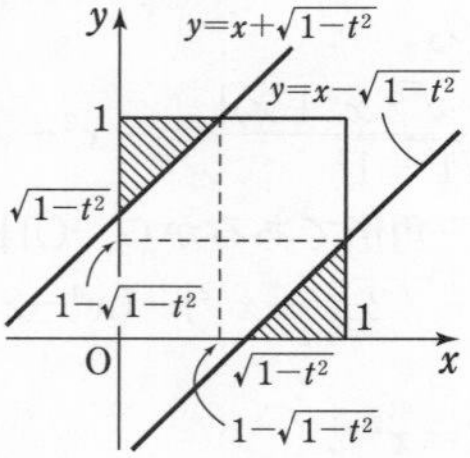

また　$\boldsymbol{S(t)}=2\cdot\frac{1}{2}(1-\sqrt{1-t^2})^2$

$$=\boldsymbol{(1-\sqrt{1-t^2})^2}$$

(2) $V=\int_0^1 S(t)\,dt=\int_0^1(1-\sqrt{1-t^2})^2 dt$

$$=\int_0^1(2-t^2-2\sqrt{1-t^2})\,dt=\left[2t-\frac{t^3}{3}\right]_0^1-2\int_0^1\sqrt{1-t^2}\,dt$$

$\int_0^1\sqrt{1-t^2}\,dt$ は半径が 1 の四分円の面積を表すから

$$V=2-\frac{1}{3}-2\cdot\frac{1}{4}\cdot\pi\cdot1^2=\boldsymbol{\frac{5}{3}-\frac{\pi}{2}}$$

⇐ $z=t$ を代入すれば，断面の関係式（xy 平面に平行な平面上）がわかる。

⇐ $X^2 \geqq A^2$ $(A \geqq 0)$
$\iff X \leqq -A,\ A \leqq X$

⇐ $T=\sqrt{1-t^2}$ とおくと，断面は直線 $y=x+T$ の上側，$y=x-T$ の下側で，$0 \leqq x \leqq 1$, $0 \leqq y \leqq 1$, $0 \leqq T \leqq 1$ である。

⇐ 2 つの合同な直角二等辺三角形の面積の合計。

⇐ 積分区間は $0 \leqq t \leqq 1$

⇐ $t=\sin\theta$ の置換積分法より，図形的意味を考えた方が早い。

PRACTICE 173[5]

r を正の実数とする。xyz 空間において，連立不等式

$$x^2+y^2 \leqq r^2,\ y^2+z^2 \geqq r^2,\ z^2+x^2 \leqq r^2$$

を満たす点全体からなる立体の体積を，平面 $x=t$ $(0 \leqq t \leqq r)$ による切り口を考えることにより求めよ。

重要 例題 174 空間の直線を回転してできる立体の体積

座標空間内の 2 点 A(0, 1, 0), B(1, 0, 2) を通る直線を ℓ とし，直線 ℓ を x 軸の周りに 1 回転して得られる図形を M とする。

(1) x 座標の値が t であるような直線 ℓ 上の点Pの座標を求めよ。

(2) 図形 M と 2 つの平面 $x=0$ と $x=1$ で囲まれた立体の体積を求めよ。

〔類 北海道大〕 基本 165, 166

CHART & SOLUTION

回転体の体積　断面積をつかむ

(1) 直線 ℓ と平面 $x=t$ の交点の座標を求めるには，直線 ℓ のベクトル方程式（「チャート式解法と演習数学C」第 2 章参照）を利用する。2 点 $A(\vec{a})$, $B(\vec{b})$ を通る直線のベクトル方程式は

$$\vec{p}=\vec{a}+s(\vec{b}-\vec{a}) \quad (s\text{ は実数})$$

(2) 図形 M を点Pを通り x 軸に垂直な平面 $x=t$ で切ると，断面は点Pと x 軸の距離を半径とする円である。……❗

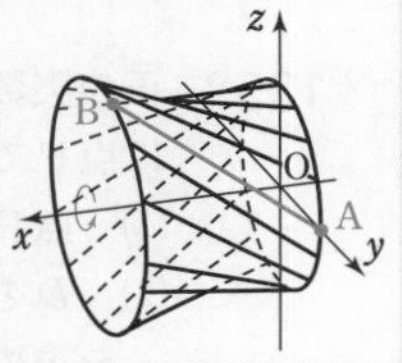

解答

(1) 直線 ℓ 上の点Cは，Oを原点，s を実数として，

$\overrightarrow{OC}=\overrightarrow{OA}+s\overrightarrow{AB}$ と表され

$\overrightarrow{OC}=(0,\ 1,\ 0)+s(1,\ -1,\ 2)$

$=(s,\ 1-s,\ 2s)$

よって，x 座標が t である点P の座標は，$s=t$ として

$P(t,\ 1-t,\ 2t)$

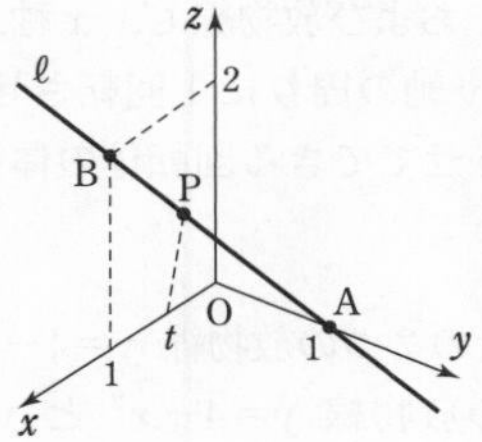

(1) 左では丁寧に示したが，$\overrightarrow{OA}=(0,\ 1,\ 0)$
$\overrightarrow{AB}=(1,\ -1,\ 2)$
から，$\overrightarrow{OA}+t\overrightarrow{AB}$ の x 成分が t となることに着目し，最初から
$\overrightarrow{OP}=\overrightarrow{OA}+t\overrightarrow{AB}$
としてもよい。

❗ (2) 図形 M を平面 $x=t$ で切ったときの断面は，

中心が点 $(t,\ 0,\ 0)$，半径 $\sqrt{(1-t)^2+(2t)^2}$ の円

である。ゆえに，その断面積を $S(t)$ とすると

$$S(t)=\pi(5t^2-2t+1)$$

よって，求める体積 V は

$$V=\int_0^1 S(t)\,dt=\pi\int_0^1(5t^2-2t+1)\,dt$$

$$=\pi\left[\frac{5}{3}t^3-t^2+t\right]_0^1=\frac{5}{3}\pi$$

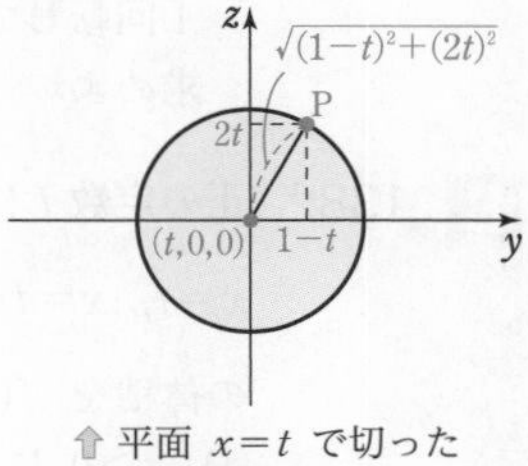

⇧ 平面 $x=t$ で切ったときの断面

6章 19 体積

PRACTICE 174 ⑤

xyz 空間において，2 点 P(1, 0, 1), Q(−1, 1, 0) を考える。線分 PQ を x 軸の周りに 1 回転して得られる立体を S とする。立体 S と，2 つの平面 $x=1$ および $x=-1$ で囲まれる立体の体積を求めよ。

〔類 早稲田大〕

EXERCISES　19 体 積

A

133❷ 座標空間において，2つの不等式 $x^2+y^2 \leqq 1$，$0 \leqq z \leqq 3$ を同時に満たす円柱がある。y 軸を含み xy 平面と $\frac{\pi}{4}$ の角度をなし，点 $(1,\ 0,\ 1)$ を通る平面でこの円柱を2つの立体に分けるとき，点 $(1,\ 0,\ 0)$ を含む立体の体積 V を求めよ。　〔類 立命館大〕 164, 165

134❸ $\alpha>0$ とする。2つの曲線 $y=x^{\alpha}$ と $y=x^{2\alpha}$ $(x \geqq 0)$ で囲まれる図形を D とする。α を $\alpha>0$ の範囲で動かすとき，D を x 軸の周りに1回転させてできる立体の体積 V の最大値を求めよ。　〔類 名古屋市大〕 166

135❸ 正の実数 a に対し，曲線 $y=e^{ax}$ を C とする。原点を通る直線 ℓ が曲線 C に点Pで接している。C，ℓ および y 軸で囲まれた図形を D とする。
(1) 点Pの座標を a を用いて表せ。
(2) D を y 軸の周りに1回転してできる回転体の体積が 2π のとき，a の値を求めよ。　〔類 東京電機大〕 168

136❷ a，b は正の実数とする。放物線 $C：y=ax^2$，y 軸，直線 $y=ab^2$ で囲まれる領域 A，および放物線 C，x 軸，直線 $x=b$ で囲まれる領域 B がある。領域 A を y 軸の周りに1回転させてできる回転体と領域 B を x 軸の周りに1回転させてできる回転体の体積が等しいとき，a と b の間に成り立つ関係を求めよ。 168

137❸ 座標平面上の2つの放物線 $y=4-x^2$ と $y=ax^2$ $(a>0)$ について
(1) 2つの放物線 $y=4-x^2$ と $y=ax^2$ および x 軸で囲まれた図形を y 軸の周りに1回転してできる回転体の体積 V_1 を求めよ。
(2) 2つの放物線 $y=4-x^2$ と $y=ax^2$ で囲まれた図形を y 軸の周りに1回転してできる回転体の体積を V_2 とする。$V_1=V_2$ のとき，a の値を求めよ。　〔類 信州大〕 168

B

138❹ 正の定数 t について，xy 平面上の曲線 $y=\log x$ と x 軸および2直線 $x=t$，$x=t+\frac{3}{2}$ で囲まれた図形を，x 軸の周りに1回転してできる立体の体積を $V(t)$ とする。
(1) $t>0$ において $V(t)$ が最小になる t の値を求めよ。
(2) $t>0$ における $V(t)$ の最小値を求めよ。 166

HINT

133　y 軸に垂直な平面で切ったときの断面は直角二等辺三角形である。

137　(2) 放物線 $y=4-x^2$ と x 軸で囲まれた図形を y 軸の周りに1回転してできる回転体の体積を V とすると，$V_1=V_2$ のとき $V=V_1+V_2=2V_1$ となる。V_2 を計算する必要がない。

138　(1) $\frac{d}{dt}\int_{h(t)}^{g(t)} f(x)\,dx=f(g(t))g'(t)-f(h(t))h'(t)$ （$p.221$ 参照）を利用。

EXERCISES 19 体　積

B

139④ $0 \leqq x \leqq \pi$ において，2 曲線 $y=\sin\left|x-\frac{\pi}{2}\right|$，$y=\cos 2x$ で囲まれた図形を D とする。

(1) D の面積を求めよ。

(2) D を x 軸の周りに 1 回転させてできる回転体の体積 V を求めよ。

〔名古屋工大〕 →167

140④ 座標平面上の曲線 C を，媒介変数 $0 \leqq t \leqq 1$ を用いて $\begin{cases} x=1-t^2 \\ y=t-t^3 \end{cases}$ と定める。

(1) 曲線 C の概形をかけ。

(2) 曲線 C と x 軸で囲まれた部分が，y 軸の周りに 1 回転してできる回転体の体積を求めよ。 〔神戸大〕 →168, 170

141⑤ xy 平面上の $x \geqq 0$ の範囲で，直線 $y=x$ と曲線 $y=x^n$ ($n=2,\ 3,\ 4,\ \cdots\cdots$) により囲まれる部分を D とする。D を直線 $y=x$ の周りに回転してできる回転体の体積を V_n とするとき

(1) V_n を求めよ。　　(2) $\lim_{n\to\infty} V_n$ を求めよ。 〔横浜国大〕 →172

142⑤ (1) 平面で，辺の長さが 4 の正方形の辺に沿って，半径 $r\,(r \leqq 1)$ の円の中心が 1 周するとき，この円が通過する部分の面積 $S(r)$ を求めよ。

(2) 空間で，辺の長さが 4 の正方形の辺に沿って，半径 1 の球の中心が 1 周するとき，この球が通過する部分の体積 V を求めよ。 〔滋賀医大〕

143⑤ xyz 空間内に 2 点 $\mathrm{P}(u,\ u,\ 0)$，$\mathrm{Q}(u,\ 0,\ \sqrt{1-u^2})$ を考える。u が 0 から 1 まで動くとき，線分 PQ が通過してできる曲面を S とする。

(1) 点 $(u,\ 0,\ 0)$ $(0 \leqq u \leqq 1)$ と線分 PQ の距離を求めよ。

(2) 曲面 S を x 軸の周りに 1 回転させて得られる立体の体積 V を求めよ。

〔東北大〕 →174

HINT

139 (2) 回転体では図形を一方に集結　x 軸より下側の部分を対称移動して考える。

140 (1) $\frac{dx}{dt}$，$\frac{dy}{dt}$ を求め，t の値に対する x，y それぞれの増減を調べる。

141 (1) 曲線 $y=x^n$ 上の点 $\mathrm{P}(x,\ x^n)$ から直線 $y=x$ に垂線 PH を引く。
PH$=h$，OH$=t$ $(0 \leqq t \leqq \sqrt{2})$ とすると，$V=\pi\int_0^{\sqrt{2}} h^2 dt$ と表せる。

142 (2) 正方形を xy 平面上に置き，立体の平面 $z=t$ $(-1 \leqq t \leqq 1)$ による切断面の面積を t の式で表せばよい。切断面は，円が通過してできる立体である。(1) の結果を利用する。

143 (2) 平面 $x=u$ による断面を考える。線分 PQ を点 $\mathrm{O}'(u,\ 0,\ 0)$ の周りに回転させた断面はドーナツ状になる。断面積を求めるには内側の半径と外側の半径が必要であり，内側の半径は (1) の点 O′ と線分 PQ の距離である。外側の半径は O′P と O′Q の長い方である。

20 種々の量の計算

基本事項

1 速度と位置，道のり

① **数直線上を運動する点と道のり**

数直線上を運動する点Pの時刻 t における座標を $x=f(t)$，速度を v とすると

[1] Pの $t=t_1$ から $t=t_2$ までの位置の変化量は $\quad f(t_2)-f(t_1)=\displaystyle\int_{t_1}^{t_2} v\,dt$

[2] 時刻 $t=t_2$ におけるPの座標は $\quad x=f(t_2)=f(t_1)+\displaystyle\int_{t_1}^{t_2} v\,dt$

[3] 時刻 t_1 から t_2 までにPが通過する道のり s は $\quad s=\displaystyle\int_{t_1}^{t_2} |v|\,dt$

② **座標平面上を運動する点と道のり**

座標平面上を運動する点Pの時刻 t における座標を
(x, y)，速度を $\vec{v}$ とすると，時刻 t_1 から t_2 までにPが
通過する道のり s は

$$s=\int_{t_1}^{t_2}\sqrt{\left(\frac{dx}{dt}\right)^2+\left(\frac{dy}{dt}\right)^2}\,dt=\int_{t_1}^{t_2}|\vec{v}|\,dt$$

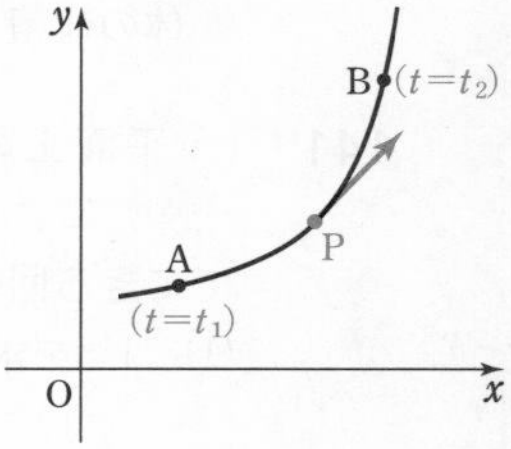

2 曲線の長さ

① **媒介変数表示された曲線の長さ**

曲線 $x=f(t)$, $y=g(t)$ $(a\leqq t\leqq b)$ の長さ L は

$$L=\int_a^b\sqrt{\left(\frac{dx}{dt}\right)^2+\left(\frac{dy}{dt}\right)^2}\,dt=\int_a^b\sqrt{\{f'(t)\}^2+\{g'(t)\}^2}\,dt$$

② **曲線 $y=f(x)$ の長さ**

曲線 $y=f(x)$ $(a\leqq x\leqq b)$ の長さ L は

$$L=\int_a^b\sqrt{1+\{f'(x)\}^2}\,dx=\int_a^b\sqrt{1+y'^2}\,dx$$

CHECK
& CHECK ・・

38 数直線上を運動する点Pの時刻 t における速度 v が $v=t^3$ で与えられ，$t=0$ のときPは原点にいる。

(1) $t=2$ のときのPの座標 x を求めよ。

(2) $t=0$ から $t=2$ までのPの道のり s を求めよ。　　　　　　　⊝ **1**

39 (1) 曲線 $x=t^2$, $y=t^3$ $(0\leqq t\leqq\sqrt{5})$ の弧の長さ L を求めよ。

(2) 曲線 $y=\sqrt{x^3}$ $(0\leqq x\leqq 5)$ の弧の長さ L を求めよ。　　　⊝ **2**

基本 例題 175 数直線上を運動する点と道のり

原点を出発して x 軸上を運動する点Pの時刻 t における速度 v が $v=\sqrt{3}\sin\pi t+\cos\pi t$ で与えられ，$t=0$ のときPは原点にいる。

(1) 点Pが出発後初めて停止する瞬間の点Pの座標を求めよ。

(2) 出発後 $t=2$ までに，点Pの動いた道のりを求めよ。 p.278 基本事項 1

CHART & SOLUTION

点Pの位置 ⟶ $x_0+\int_0^t v\,dt$ $\left(\begin{array}{l}\text{例題では}\\ x_0=0,\ t\geqq 0\end{array}\right)$　　**道のり** ⟶ $\int_0^t |v|\,dt$

v の正負と，時刻 t との関係をつかむ。それには，与えられた v の式は，このままでは扱いにくい。よって，**三角関数の合成** により v を変形し，v のグラフをかいてみるとわかりやすい。

解答

(1) $v=\sqrt{3}\sin\pi t+\cos\pi t=2\sin\pi\left(t+\dfrac{1}{6}\right)$

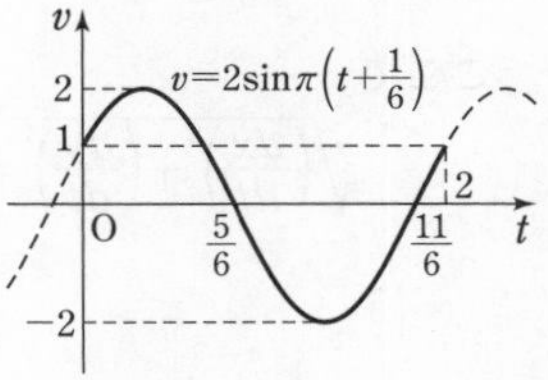

この関数のグラフは右の図のようになる。

点Pが出発後初めて停止する時刻は $v=0$ となる t の最小値 ($t\geqq 0$) であり，$\pi\left(t+\dfrac{1}{6}\right)=\pi$ から　　$t=\dfrac{5}{6}$

よって，そのときの点Pの座標 x は

$$x=0+\int_0^{\frac{5}{6}} v\,dt=2\int_0^{\frac{5}{6}}\sin\pi\left(t+\frac{1}{6}\right)dt=2\int_{\frac{\pi}{6}}^{\pi}\frac{1}{\pi}\sin\theta\,d\theta$$

$$=\frac{2}{\pi}\Big[-\cos\theta\Big]_{\frac{\pi}{6}}^{\pi}=\frac{2}{\pi}\left(1+\frac{\sqrt{3}}{2}\right)=\boldsymbol{\frac{2+\sqrt{3}}{\pi}}$$

⇐ $\pi\left(t+\dfrac{1}{6}\right)=\theta$ とおくと

$\pi\,dt=d\theta$

t	$0\longrightarrow\frac{5}{6}$
θ	$\frac{\pi}{6}\longrightarrow\pi$

(2) 求める道のりを s とすると

$$s=\int_0^2|v|\,dt=\int_0^2\left|2\sin\pi\left(t+\frac{1}{6}\right)\right|dt=2\int_{\frac{\pi}{6}}^{\frac{13}{6}\pi}\frac{1}{\pi}|\sin\theta|\,d\theta$$

$$=\frac{2}{\pi}\left(\int_{\frac{\pi}{6}}^{\pi}\sin\theta\,d\theta-\int_{\pi}^{2\pi}\sin\theta\,d\theta+\int_{2\pi}^{\frac{13}{6}\pi}\sin\theta\,d\theta\right)$$

$$=\frac{2}{\pi}\left(\Big[-\cos\theta\Big]_{\frac{\pi}{6}}^{\pi}+\Big[\cos\theta\Big]_{\pi}^{2\pi}+\Big[-\cos\theta\Big]_{2\pi}^{\frac{13}{6}\pi}\right)=\frac{2}{\pi}\cdot 4=\boldsymbol{\frac{8}{\pi}}$$

⇐ $\dfrac{\pi}{6}\leqq\theta\leqq\pi$,
$2\pi\leqq\theta\leqq\dfrac{13}{6}\pi$ のとき
$\sin\theta\geqq 0$
$\pi\leqq\theta\leqq 2\pi$ のとき
$\sin\theta\leqq 0$

PRACTICE 175②

x 軸上を動く2点P，Qが同時に原点を出発して，t 秒後の速度はそれぞれ $\sin\pi t$, $2\sin 2\pi t$ (cm/s) である。

(1) 出発してから2点が重なるのは何秒後か。

(2) 出発してから初めて2点が重なるまでにQが動いた道のりを求めよ。

基本 例題 176　座標平面上を運動する点と道のり

xy 平面上を運動する点Pの時刻 t における座標が $x=t-\sin t$, $y=1-\cos t$ で表されている。$t=0$ から $t=\pi$ までに点Pが動く道のり s を求めよ。

p.278 基本事項 1，基本 175

CHART & SOLUTION

道のり は |速度| の定積分

位置 $\overset{\text{微分}}{\underset{\text{積分}}{\rightleftarrows}}$ 速度 $\overset{\text{微分}}{\underset{\text{積分}}{\rightleftarrows}}$ 加速度　の関係に注意。

解答

$$\frac{dx}{dt}=1-\cos t,\ \frac{dy}{dt}=\sin t$$

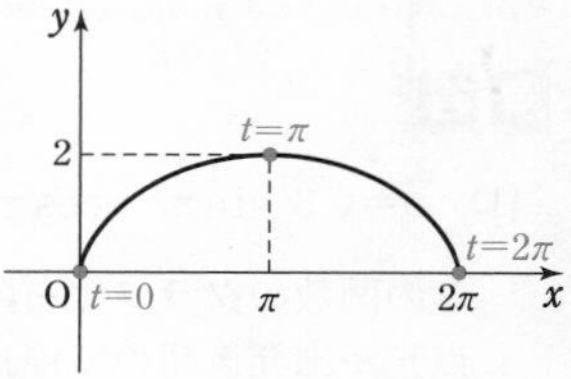

よって　$s=\int_0^\pi\sqrt{\left(\frac{dx}{dt}\right)^2+\left(\frac{dy}{dt}\right)^2}\,dt$

ここで

$$\sqrt{\left(\frac{dx}{dt}\right)^2+\left(\frac{dy}{dt}\right)^2}=\sqrt{(1-\cos t)^2+\sin^2 t}$$
$$=\sqrt{1-2\cos t+\cos^2 t+\sin^2 t}$$

⇐ $\sin^2 t+\cos^2 t=1$

$$=\sqrt{2(1-\cos t)}$$
$$=\sqrt{2\cdot 2\sin^2\frac{t}{2}}$$

⇐ 半角の公式

$$=\sqrt{\left(2\sin\frac{t}{2}\right)^2}$$
$$=\left|2\sin\frac{t}{2}\right|$$

$0\leqq t\leqq\pi$ のとき，$\sin\frac{t}{2}\geqq 0$ であるから

$$s=\int_0^\pi 2\sin\frac{t}{2}\,dt=2\left[-2\cos\frac{t}{2}\right]_0^\pi=4$$

inf. 点 $\mathrm{P}(x,\ y)$ の描く曲線は，**サイクロイド** (p.153 参照) である。

PRACTICE 176②

xy 平面上を運動する点Pの時刻 t における座標が $x=\frac{1}{2}t^2-4t$, $y=-\frac{1}{3}t^3+4t^2-16t$ であるとする。このとき，加速度の大きさが最小となる時刻 T を求めよ。また，この T に対して $t=0$ から $t=T$ までの間に点Pが動く道のり s を求めよ。

基本 例題 177 曲線の長さ (1)

次の曲線の長さ L を求めよ。

(1) $x=a(t-\sin t)$, $y=a(1-\cos t)$ $(a>0,\ 0\leqq t\leqq 2\pi)$

(2) $y=\dfrac{3}{2}\left(e^{\frac{x}{3}}+e^{-\frac{x}{3}}\right)$ $(-6\leqq x\leqq 6)$

p.278 基本事項 2，基本 176

CHART & SOLUTION

曲線の長さ

(1) $L=\displaystyle\int_a^b\sqrt{\left(\frac{dx}{dt}\right)^2+\left(\frac{dy}{dt}\right)^2}\,dt$ を利用。t の範囲に注意。

(2) $L=\displaystyle\int_a^b\sqrt{1+y'^2}\,dx$ を利用。

解答

(1) $\dfrac{dx}{dt}=a(1-\cos t)$, $\dfrac{dy}{dt}=a\sin t$

よって $\left(\dfrac{dx}{dt}\right)^2+\left(\dfrac{dy}{dt}\right)^2=a^2\{(1-\cos t)^2+\sin^2 t\}$

$$=2a^2(1-\cos t)=4a^2\sin^2\frac{t}{2}\ *$$

$0\leqq t\leqq 2\pi$ のとき，$\sin\dfrac{t}{2}\geqq 0$ であるから

$$L=\int_0^{2\pi}\sqrt{4a^2\sin^2\frac{t}{2}}\,dt=2a\int_0^{2\pi}\sin\frac{t}{2}\,dt$$

$$=2a\left[-2\cos\frac{t}{2}\right]_0^{2\pi}=\boldsymbol{8a}$$

(2) $y'=\dfrac{3}{2}\left(\dfrac{1}{3}e^{\frac{x}{3}}-\dfrac{1}{3}e^{-\frac{x}{3}}\right)=\dfrac{1}{2}\left(e^{\frac{x}{3}}-e^{-\frac{x}{3}}\right)$

よって $1+y'^2=1+\left\{\dfrac{1}{2}\left(e^{\frac{x}{3}}-e^{-\frac{x}{3}}\right)\right\}^2=\dfrac{1}{4}\left(e^{\frac{x}{3}}+e^{-\frac{x}{3}}\right)^2$

ゆえに $L=\displaystyle\int_{-6}^{6}\frac{1}{2}\left(e^{\frac{x}{3}}+e^{-\frac{x}{3}}\right)dx$

$$=\frac{1}{2}\cdot 2\int_0^6\left(e^{\frac{x}{3}}+e^{-\frac{x}{3}}\right)dx$$

$$=\left[3\left(e^{\frac{x}{3}}-e^{-\frac{x}{3}}\right)\right]_0^6=\boldsymbol{3\left(e^2-\frac{1}{e^2}\right)}$$

＊後で $\sqrt{\ }$ が出てくるので $(\ \ )^2$ の形に変形しておく。p.280 基本例題 176 と同様の式変形。

inf. (1)の曲線は **サイクロイド** である (p.153 参照)。
(2)の曲線の一般形
$y=\dfrac{a}{2}\left(e^{\frac{x}{a}}+e^{-\frac{x}{a}}\right)$ $(a>0)$
これを **カテナリー**（**懸垂線**（けんすいせん））といい，ロープを，両端を持ってつり下げたときにできる曲線であり，y 軸に関して対称（偶関数）である。

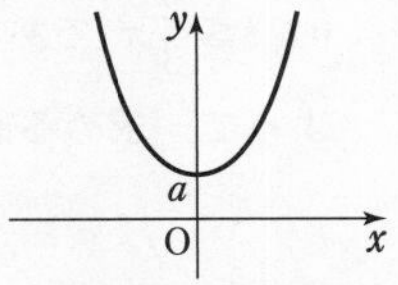

カテナリー（懸垂線）

PRACTICE 177②

次の曲線の長さ L を求めよ。

(1) $\begin{cases}x=e^t\cos t\\ y=e^t\sin t\end{cases}$ $\left(0\leqq t\leqq\dfrac{\pi}{2}\right)$ 〔類 横浜国大〕 (2) $y=\dfrac{x^3}{3}+\dfrac{1}{4x}$ $(1\leqq x\leqq 3)$

重要 例題 178 曲線の長さ (2)

円 $C: x^2+y^2=9$ の内側を半径1の円Dが滑らずに転がる。時刻 t において，Dは点$(3\cos t,\ 3\sin t)$ でCに接している。

(1) 時刻 $t=0$ において，点$(3,\ 0)$にあったD上の点Pの時刻tにおける座標$(x(t),\ y(t))$を求めよ。ただし，$0 \leqq t \leqq \frac{2}{3}\pi$ とする。

(2) (1)の範囲で点Pの描く曲線の長さを求めよ。　〔類　早稲田大〕

基本 177

CHART & SOLUTION

(1) ベクトルを利用。円Dの中心をQとすると $\overrightarrow{OP}=\overrightarrow{OQ}+\overrightarrow{QP}$（Oは原点），更に円$D$と円$C$の接点をTとすると，$\overrightarrow{QP}$ とx軸の正の向きとのなす角は　$t-\angle PQT$

(2) 求める長さは　$\int_0^{\frac{2}{3}\pi}\sqrt{\{x'(t)\}^2+\{y'(t)\}^2}\,dt$

解答

(1) A(3, 0), T$(3\cos t,\ 3\sin t)$ とする。
DとCがTで接しているとき，Dの中心Qの座標は$(2\cos t,\ 2\sin t)$である。また，$\overparen{TP}=\overparen{TA}=3t$ より$\angle PQT=3t$ であるから，$\overrightarrow{QP}$ がx軸の正の向きとなす角は　$t-3t=-2t$　　Oを原点とすると

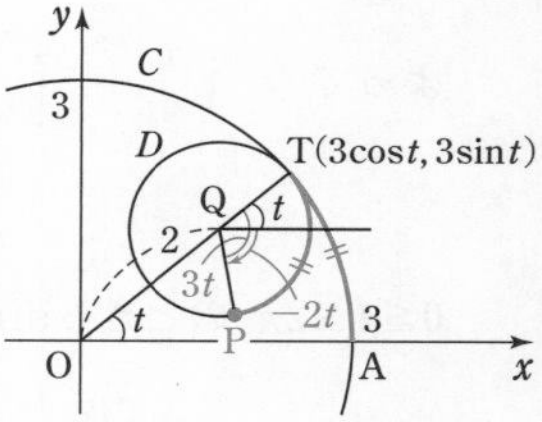

$$\overrightarrow{OP}=\overrightarrow{OQ}+\overrightarrow{QP}$$
$$=(2\cos t,\ 2\sin t)+(\cos(-2t),\ \sin(-2t))$$
$$=\boldsymbol{(2\cos t+\cos 2t,\ 2\sin t-\sin 2t)}$$

(2) $x'(t)=-2\sin t-2\sin 2t$, $y'(t)=2\cos t-2\cos 2t$ から

$$\{x'(t)\}^2+\{y'(t)\}^2=4(\sin^2 t+2\sin t\sin 2t+\sin^2 2t)$$
$$+4(\cos^2 t-2\cos t\cos 2t+\cos^2 2t)$$
$$=4(2-2\cos 3t)=16\sin^2\frac{3}{2}t$$

$0 \leqq t \leqq \frac{2}{3}\pi$ であるから　$\sin\frac{3}{2}t \geqq 0$

よって，求める曲線の長さは

$$\int_0^{\frac{2}{3}\pi}\sqrt{16\sin^2\frac{3}{2}t}\,dt=\int_0^{\frac{2}{3}\pi}4\sin\frac{3}{2}t\,dt$$
$$=4\cdot\frac{2}{3}\left[-\cos\frac{3}{2}t\right]_0^{\frac{2}{3}\pi}=\boldsymbol{\frac{16}{3}}$$

inf. 半径r，中心角θの弧の長さは$r\theta$

⇐ $\sin^2\theta+\cos^2\theta=1$
$\cos t\cos 2t-\sin t\sin 2t$
$=\cos(t+2t)$

inf. $x'(t)$
$=-2\sin t(1+2\cos t)<0$
$\left(0<t<\frac{2}{3}\pi\right)$ より，$x(t)$は積分区間で単調に減少するから，Pは曲線上の同じ部分を2度通ることはない。

PRACTICE 178[5]

Cを，原点を中心とする単位円とする。長さ2πのひもの一端を点A(1, 0)に固定し，他の一端Pは初め$P_0(1,\ 2\pi)$に置く。この状態から，ひもをぴんと伸ばしたままPを反時計回りに動かしてCに巻きつけるとき，PがP_0から出発してAに到達するまでに描く曲線の長さを求めよ。　〔東京電機大〕

重要 例題 179 量と積分

(1) 曲線 $y=e^{x^2}$ を y 軸の周りに1回転してできる容器に深さが h になるまで水を注いだときの，水の体積を V とする。V を h の式で表せ。

(2) (1)の容器に単位時間あたり2の割合で水を注ぐとき，水の体積が π となった瞬間の水面の上昇する速さを求めよ。

重要107，基本168,176

CHART & SOLUTION

(1) V は回転体の体積。

深さ h ⟶ 座標では $h+1$ であることに注意。

(2) 水面の上昇する速さ ⟶ $\dfrac{dh}{dt}$

h を t で表すのは難しそうなので，$\dfrac{dV}{dt}=\dfrac{dV}{dh}\cdot\dfrac{dh}{dt}$ を利用して求める。

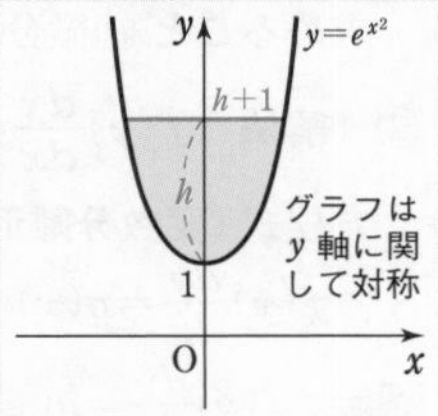

解答

(1) $y=e^{x^2}$ から　$x^2=\log y$

よって　$V=\pi\displaystyle\int_1^{h+1}x^2dy=\pi\int_1^{h+1}\log y\,dy$

$=\pi\Big[y\log y-y\Big]_1^{h+1}$

$=\pi\{(h+1)\log(h+1)-(h+1)-(\log 1-1)\}$

$=\boldsymbol{\pi\{(h+1)\log(h+1)-h\}}$

⇐ $\displaystyle\int\log x\,dx$
$=x\log x-x+C$

(2) $V=\pi$ のとき，(1)から　$(h+1)\log(h+1)-h=1$

$h+1>0$ であるから　$\log(h+1)=1$

よって　$\dfrac{dV}{dh}=\pi\left(\dfrac{d}{dh}\displaystyle\int_1^{h+1}\log y\,dy\right)$

$=\pi\log(h+1)=\pi$

$\dfrac{dV}{dt}=\dfrac{dV}{dh}\cdot\dfrac{dh}{dt}=2$ から　$\boldsymbol{\dfrac{dh}{dt}=\dfrac{2}{\pi}}$

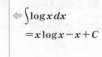

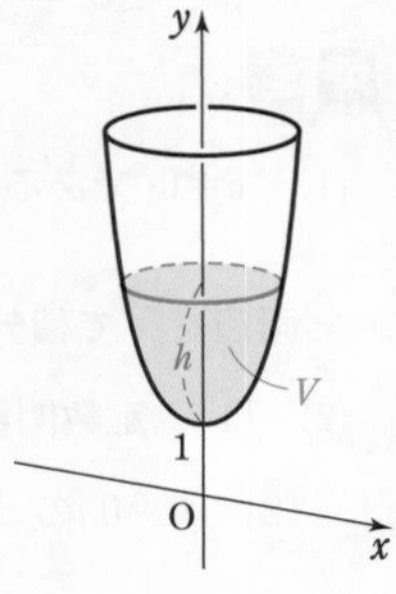

PRACTICE 179④

関数 $f(x)$ を $f(x)=\begin{cases}0 & (0\leqq x<1)\\ \log x & (1\leqq x)\end{cases}$ と定める。曲線 $y=f(x)$ を y 軸の周りに1回転して容器を作る。この容器に単位時間あたり a の割合で水を静かに注ぐ。水を注ぎ始めてから時間 t だけ経過したときに，水面の高さが h，水面の半径が r，水面の面積が S，水の体積が V になったとする。〔香川大〕

(1) V を h を用いて表せ。

(2) h，r，S の時間 t に関する変化率 $\dfrac{dh}{dt}$，$\dfrac{dr}{dt}$，$\dfrac{dS}{dt}$ をそれぞれ a，h を用いて表せ。

21 発展 微分方程式

補充事項

1 微分方程式の解法

① **定義** x の未知の関数 y について，x と y および y の導関数を含む等式を関数 y に関する **微分方程式**，微分方程式を満たす関数 y を **微分方程式の解**，すべての解を求めることを **微分方程式を解く** という。

② **解法** $f(y)\dfrac{dy}{dx}=g(x)$ の形 $\left[(y\text{の式})\dfrac{dy}{dx}=(x\text{の式})\text{ の形}\right]$ に式変形できる微分方程式（**変数分離形** という）は，その両辺を x で積分して解くことができる。

$$f(y)\frac{dy}{dx}=g(x) \Longrightarrow \int f(y)\,dy=\int g(x)\,dx \qquad \text{特に} \quad y'=g(x) \Longrightarrow y=\int g(x)\,dx$$

解説 $f(y)\dfrac{dy}{dx}=g(x)$ の両辺を x で積分すると $\displaystyle\int f(y)\frac{dy}{dx}dx=\int g(x)\,dx$

置換積分法の公式により，左辺は $\displaystyle\int f(y)\,dy$ となる。

補充 例題 180 微分方程式の解法の基本

次の微分方程式を解け。

(1) $xy'=2$　　(2) $y'=2y$

p. 284 補充事項 1

解答

(1) $x\neq 0$ であるから　$y'=\dfrac{2}{x}$

← $x=0$ とすると方程式が成り立たない。

両辺を x で積分して　$\displaystyle y=\int\frac{2}{x}dx=2\log|x|+C=\boldsymbol{\log x^2+C}$，**$C$ は任意の定数**

(2) [1] 定数関数 $y=0$ は明らかに解である。

← $y=0$ ならば $y'=0$

[2] $y\neq 0$ のとき，方程式を変形して　$\dfrac{1}{y}\cdot\dfrac{dy}{dx}=2$

両辺を x で積分して　$\displaystyle\int\frac{1}{y}\cdot\frac{dy}{dx}dx=\int 2\,dx$　すなわち　$\displaystyle\int\frac{dy}{y}=2\int dx$

よって　$\log|y|=2x+C_1$，C_1 は任意の定数

ゆえに　$y=\pm e^{2x+C_1}=\pm e^{C_1}e^{2x}$

ここで，$\pm e^{C_1}=C$ とおくと，$C\neq 0$ であるから

$y=Ce^{2x}$，C は 0 以外の任意の定数

[2] において $C=0$ とすると，[1] の解 $y=0$ が得られる。

以上により，求める解は　$\boldsymbol{y=Ce^{2x}}$，**C は任意の定数**

inf. 一般に，k を定数とするとき，微分方程式 $y'=ky$ の解は $y=Ce^{kx}$，C は任意の定数である。

PRACTICE 180③

次の微分方程式を解け。

(1) $x^2y'=1$　　(2) $y'=4xy^2$　　(3) $y'=y\cos x$

補充 例題 181 条件を満たす曲線群

第1象限にある曲線 $y=f(x)$ 上の点 $\mathrm{P}(x_1,\ f(x_1))$ における接線と，x 軸，y 軸との交点をそれぞれ A，B とすると，点Pは常に線分 AB の中点になるという。このような曲線のうちで，点 $(1,\ 2)$ を通るものの方程式を求めよ。

p. 284 補充事項 1

CHART & SOLUTION

初期条件が与えられた微分方程式

曲線 $y=f(x)$ が点 $(a,\ b)$ を通る $\iff b=f(a)$

与えられた条件から，関数 $y=f(x)$ に関する微分方程式を作成して解く。

$f(y)y'=g(x) \Longrightarrow \int f(y)\,dy=\int g(x)\,dx$ の計算で出てくる定数 C を，与えられた条件（初期条件）によって決定する。

解答

点Pにおける接線の方程式 $y-f(x_1)=f'(x_1)(x-x_1)$ において $f'(x_1)\neq 0$ であるから

← x 軸と点Aで交わるから。

$$\mathrm{A}\left(x_1-\frac{f(x_1)}{f'(x_1)},\ 0\right),\ \mathrm{B}(0,\ f(x_1)-x_1f'(x_1))$$

← $y=0$ を代入してA，$x=0$ を代入してBの座標を求める。

点 $\mathrm{P}(x_1,\ f(x_1))$ が線分 AB の中点であるから

$$x_1=\frac{1}{2}\left\{x_1-\frac{f(x_1)}{f'(x_1)}\right\},\quad f(x_1)=\frac{f(x_1)-x_1f'(x_1)}{2}$$

整理すると，いずれも $x_1f'(x_1)=-f(x_1)$ となる。

これが任意の x_1 について成り立つから，関数 $y=f(x)$ は微分方程式 $xy'=-y$ を満たす。

$x>0,\ y>0$ であるから $\quad \dfrac{y'}{y}=-\dfrac{1}{x}$

← 曲線は第1象限にある。

ゆえに，$\displaystyle\int\frac{dy}{y}=-\int\frac{dx}{x}$ から

$\log y=-\log x+C$，C は任意の定数

← $x>0,\ y>0$

$x=1$ のとき $y=2$ であるから $\quad \log 2=C$

← 初期条件から C を決定。

よって，$\log y=-\log x+\log 2=\log\dfrac{2}{x}$ から $\quad \boldsymbol{y=\dfrac{2}{x}\ (x>0)}$

PRACTICE 181 ③

点 $(1,\ 1)$ を通る曲線 C 上の点をPとする。点Pにおける曲線 C の接線と，点Pを通り x 軸に垂直な直線，および x 軸で囲まれる三角形の面積が，点Pの位置にかかわらず常に $\dfrac{1}{2}$ となるとき，曲線 C の方程式を求めよ。

EXERCISES　20 種々の量の計算，21 発展 微分方程式

A

144❸ 座標平面上を動く点Pの座標 $(x,\ y)$ が時刻 t（t はすべての実数値をとる）を用いて $x=6e^t$，$y=e^{3t}+3e^{-t}$ で与えられている。

(1) 与えられた式から t を消去して，x と y の満たす方程式 $y=f(x)$ を導け。

(2) 点Pの軌跡を図示せよ。　(3) 時刻 t での点Pの速度 $\vec{v}$ を求めよ。

(4) 時刻 $t=0$ から $t=3$ までに点Pの動く道のりを求めよ。 ➲176

145❸ 次の微分方程式を解け。

(1) $y^2-y-y'=0$　(2) $3xy'=(3-x)y$ ➲180

B

146❺ xy 平面上に原点Oを中心とする半径1の円 C がある。半径 $\dfrac{1}{n}$（n は自然数）の円 C_n が，C に外接しながら滑ることなく反時計回りに転がるとき，C_n 上の点Pの軌跡を考える。ただし，最初Pは点A$(1,\ 0)$ に一致していたとする。

(1) Oを端点とし C_n の中心を通る半直線が，x 軸の正の向きとなす角が θ となるときのPの座標を n と θ で表せ。

(2) Pが初めてAに戻るまでのPの軌跡の長さ l_n を求めよ。

(3) (2)で求めた l_n に対し，$\lim_{n\to\infty} l_n$ を求めよ。　〔横浜国大〕 ➲178

147❹ xy 平面を水平にとり，xz 平面において関数 $z=f(x)$ を

$$f(x)=\begin{cases}0 & (0\leqq x\leqq 1)\\ x^2-1 & (1\leqq x\leqq 3)\end{cases}$$

で定義する。曲線 $z=f(x)$ を z 軸の周りに回転してできる容器について考える。ただし，この容器に関する長さの単位は cm である。この容器に毎秒 $\pi\,\mathrm{cm}^3$ の割合で水を注ぐとき，次の問いに答えよ。

(1) 注水し始めてからこの容器がいっぱいになるまでの時間は ア□ 秒である。

(2) 注水し始めてから4秒後の水面が上昇する速さは イ□ cm/秒である。

(3) 注水し始めてから4秒後の水面の半径が増大する速さは ウ□ cm/秒である。 ➲179

148❺ $f'(x)=g(x)$，$g'(x)=f(x)$，$f(0)=1$，$g(0)=0$ を満たす関数 $f(x)$，$g(x)$ を求めよ。 ➲p.284 1

HINT

146 (1) 円 C_n の中心をBとすると，$\angle\mathrm{AOB}=\theta$ のとき

$$\overrightarrow{\mathrm{OP}}=\overrightarrow{\mathrm{OB}}+\overrightarrow{\mathrm{BP}}=\left(1+\frac{1}{n}\right)(\cos\theta,\ \sin\theta)-\frac{1}{n}(\cos(n+1)\theta,\ \sin(n+1)\theta)$$

147 (1) 底面から水面までの高さが h cm のときの水の体積 V を h を用いて表す。

(2) (4秒後の水面が上昇する速さ)$=\left(t=4 \text{ のときの} \left|\dfrac{dh}{dt}\right|\right)$

(3) 底面から水面までの高さが h cm のときの水面の半径を r とすると　$h=r^2-1$

148 $f(x)+g(x)=u$，$f(x)-g(x)=v$ とおいて，関数 u，v の満たす微分方程式を求める。

第 1 章

数学C

平面上のベクトル

1　ベクトルの演算
2　ベクトルの成分
3　ベクトルの内積
4　位置ベクトル，ベクトルと図形
5　ベクトル方程式

Select Study

— スタンダードコース：教科書の例題をカンペキにしたいきみに
— パーフェクトコース：教科書を完全にマスターしたいきみに
— 大学入学共通テスト準備・対策コース　※基例…基本例題，番号…基本例題の番号

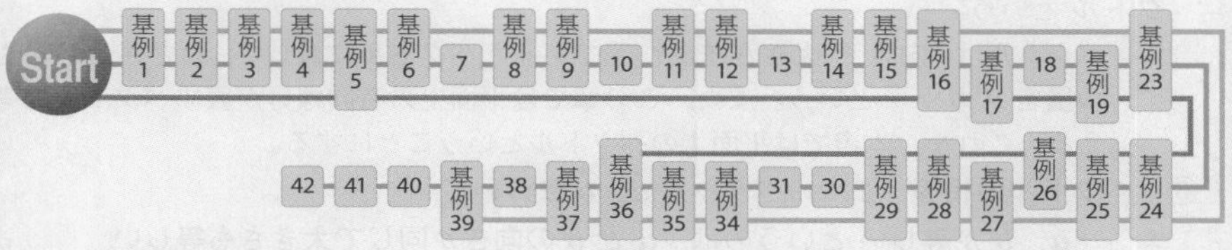

■ 例題一覧

	種類	番号	例題タイトル	難易度
1	基本	1	ベクトルの加法・減法・実数倍	①
	基本	2	ベクトルの合成，等式の証明	①
	基本	3	ベクトルの演算	②
	基本	4	ベクトルの平行	②
	基本	5	ベクトルの分解	②
2	基本	6	ベクトルの分解（成分）	②
	基本	7	ベクトルの成分による演算	③
	基本	8	ベクトルの成分と平行条件	②
	基本	9	平行四辺形の辺とベクトル	②
	基本	10	ベクトルの大きさの最小値（成分）	③
3	基本	11	三角形と内積	②
	基本	12	内積の計算，ベクトルのなす角	②
	基本	13	なす角からベクトルを求める	③
	基本	14	ベクトルの垂直と成分	②
	基本	15	内積の性質，垂直条件となす角	②
	基本	16	内積と大きさ	②
	基本	17	ベクトルの大きさとなす角，垂直条件	③
	基本	18	ベクトルの大きさの最小値（内積）	③
	基本	19	三角形の面積	③
	重要	20	内積と不等式	③
	重要	21	ベクトルの大きさと絶対不等式	④
	重要	22	内積を利用した最大・最小問題	④

	種類	番号	例題タイトル	難易度
4	基本	23	分点，重心の位置ベクトル	②
	基本	24	分点に関する等式の証明	②
	基本	25	内心の位置ベクトル	②
	基本	26	ベクトルの等式と三角形の面積比	③
	基本	27	共点条件	②
	基本	28	共線条件	②
	基本	29	交点の位置ベクトル（1）	②
	基本	30	線分の垂直に関する証明	③
	基本	31	線分の平方に関する証明	③
	重要	32	垂心の位置ベクトル	④
	重要	33	内積と三角形の形状	④
5	基本	34	直線の媒介変数表示	①
	基本	35	直線のベクトル方程式	②
	基本	36	交点の位置ベクトル（2）	②
	基本	37	平面上の点の存在範囲（1）	②
	基本	38	平面上の点の存在範囲（2）	③
	基本	39	内積と直線，２直線のなす角	②
	基本	40	垂線の足の座標	③
	基本	41	円のベクトル方程式	③
	基本	42	円の接線のベクトル方程式	③
	重要	43	平面上の点の存在範囲（3）	④
	重要	44	ベクトルと軌跡	④

1 ベクトルの演算

基本事項

1 有向線分とベクトル

① **有向線分**（ゆうこう）　線分 AB において，点Aから点Bへの向きを指定したとき，これを **有向線分** AB という。有向線分 AB において A をその **始点**，B をその **終点** という。また，線分 AB の長さを，有向線分 AB の **大きさ** または長さという。

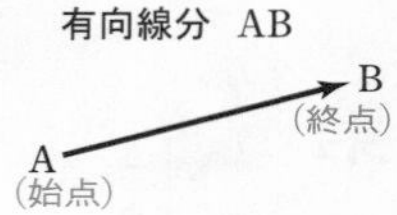

② **ベクトル**　有向線分の位置の違いを無視して，その向きと大きさだけに着目したものを **ベクトル** という。有向線分 AB が表すベクトルを $\overrightarrow{\mathbf{AB}}$，ベクトル $\overrightarrow{\mathrm{AB}}$ の大きさを $|\overrightarrow{\mathbf{AB}}|$ と書く。ベクトルは，1つの文字と矢印を用いて，$\vec{a}$，$\vec{b}$ のように表すこともある。$\vec{a}$ の大きさは $|\vec{a}|$ と書く。また，大きさが1であるベクトルを **単位ベクトル** という。

注意　ベクトルは，**向き** と **大きさ** をもつ量である。ベクトルに対して，**大きさ** だけをもつ量を **スカラー** という。また，この章では平面上の有向線分が表すベクトルを考える。これを，本書では平面上のベクトルということにする。

③ **ベクトルの相等**　2つのベクトル $\vec{a}$，$\vec{b}$ について

　　$\vec{a}$，$\vec{b}$ が等しい というのは，**$\vec{a}$ と $\vec{b}$ の向きが同じで大きさも等しい**

ことであり，これを $\vec{a}=\vec{b}$ で表す。

2 ベクトルの演算

大きさが0のベクトルを **零（れい）ベクトル** または **ゼロベクトル** といい，$\vec{0}$ と表す。零ベクトルの向きは考えない。
また，ベクトル $\vec{a}$ と大きさが等しく，向きが反対のベクトルを，$\vec{a}$ の **逆ベクトル** といい，$-\vec{a}$ で表す。

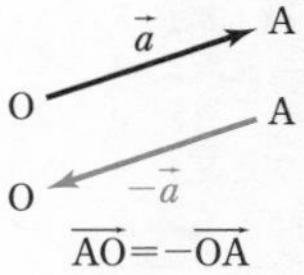

① **ベクトルの加法・減法・実数倍**

ベクトルの加法　$\vec{a}+\vec{b}$　$\overrightarrow{\mathrm{OA}}+\overrightarrow{\mathrm{AC}}=\overrightarrow{\mathrm{OC}}$

ベクトルの減法　$\vec{a}-\vec{b}$　$\overrightarrow{\mathrm{OA}}-\overrightarrow{\mathrm{OB}}=\overrightarrow{\mathrm{BA}}$

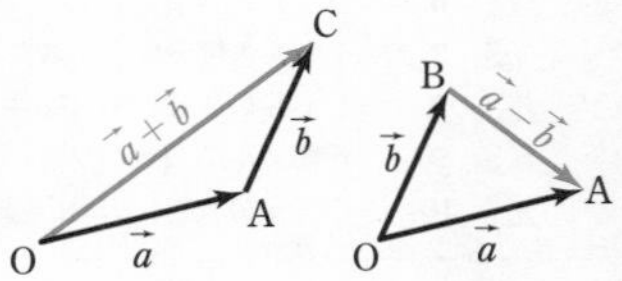

ベクトルの実数倍　$k\vec{a}$（k は実数）

　大きさは　$|\vec{a}|$ の $|k|$ 倍
　向きは　　$k>0$ なら $\vec{a}$ と同じ
　　　　　　$k<0$ なら $\vec{a}$ と反対
　特に，$k=0$ ならば $0\vec{a}=\vec{0}$

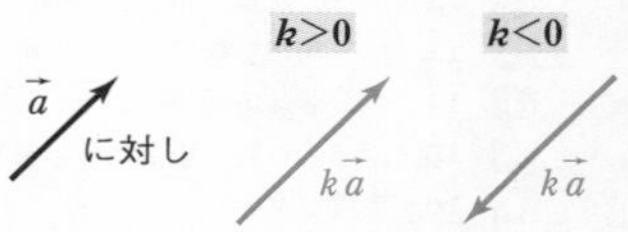

② **逆ベクトルと零ベクトルの性質**

1　$\vec{a}+(-\vec{a})=\vec{0}$　　　2　$\vec{a}+\vec{0}=\vec{a}$

③ **ベクトルの加法の性質**

1　**交換法則**　$\vec{a}+\vec{b}=\vec{b}+\vec{a}$

2　**結合法則**　$(\vec{a}+\vec{b})+\vec{c}=\vec{a}+(\vec{b}+\vec{c})$

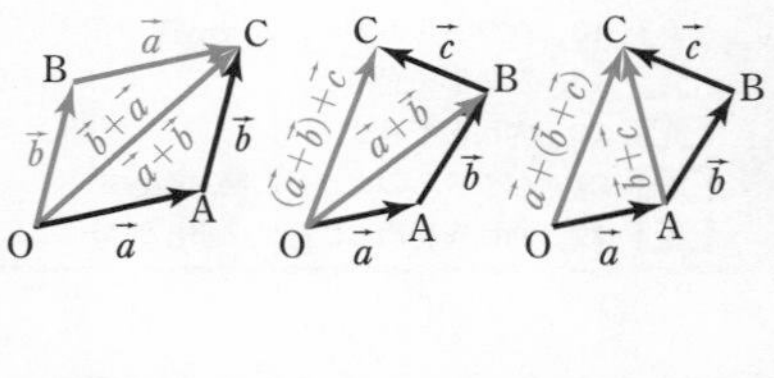

④ **ベクトルの実数倍の性質** k, l を実数とするとき

1 $\boldsymbol{k(l\vec{a})=(kl)\vec{a}}$　　2 $\boldsymbol{(k+l)\vec{a}=k\vec{a}+l\vec{a}}$　　3 $\boldsymbol{k(\vec{a}+\vec{b})=k\vec{a}+k\vec{b}}$

3 ベクトルの平行，分解

① **ベクトルの平行**

$\vec{0}$ でない 2 つのベクトル $\vec{a}$, $\vec{b}$ は，向きが同じか反対のとき，$\vec{a}$ と $\vec{b}$ は **平行** であるといい，$\boldsymbol{\vec{a}/\!/\vec{b}}$ と書く。

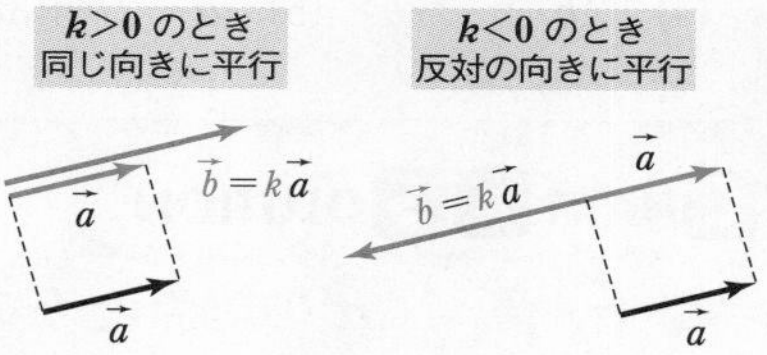

ベクトルの平行条件 は次のようになる。

$\vec{a}\neq\vec{0}$, $\vec{b}\neq\vec{0}$ のとき

$\boldsymbol{\vec{a}/\!/\vec{b} \iff \vec{b}=k\vec{a}}$ **となる実数 $\boldsymbol{k}$ がある**

また，$\vec{a}\neq\vec{0}$ のとき，$\vec{a}$ と平行な単位ベクトルは，$\dfrac{\vec{a}}{|\vec{a}|}$ と $-\dfrac{\vec{a}}{|\vec{a}|}$ である。

注意　ベクトル $\vec{a}$ に対して，例えば，$\dfrac{1}{3}\vec{a}$ を $\dfrac{\vec{a}}{3}$，$-\dfrac{1}{3}\vec{a}$ を $-\dfrac{\vec{a}}{3}$ と書くこともある。

② **ベクトルの分解** $\vec{a}\neq\vec{0}$, $\vec{b}\neq\vec{0}$, $\vec{a}\not\parallel\vec{b}$ ($\vec{a}$ と $\vec{b}$ が平行でない) とする。

平面上におけるこのような 2 つのベクトル $\vec{a}$, $\vec{b}$ は **1 次独立** であるという ($p.301$ 参照)。

このとき，平面上の任意のベクトル $\vec{p}$ は，次の形に，ただ 1 通りに表される。

$\boldsymbol{\vec{p}=s\vec{a}+t\vec{b}}$　　ただし，s, t は実数

このことから，k, l, m, n を実数として，次の性質が成り立つ。

$\boldsymbol{k\vec{a}+l\vec{b}=m\vec{a}+n\vec{b} \iff k=m,\ l=n}$

特に $\boldsymbol{k\vec{a}+l\vec{b}=\vec{0} \iff k=l=0}$

CHECK & CHECK

1 右の図のベクトル $\vec{a}$～$\vec{j}$ について

(1) 向きが同じベクトル

(2) 大きさが等しいベクトル

(3) 等しいベクトル

の組を，それぞれ答えよ。 ⊃ 1

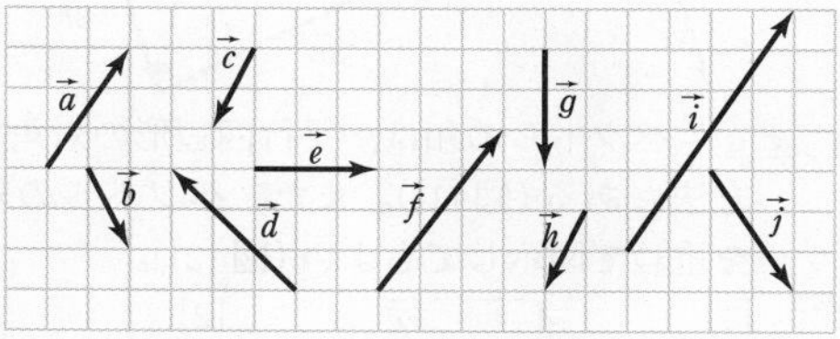

2 右の図のベクトル $\vec{a}$, $\vec{b}$, $\vec{c}$ について，次のベクトルをそれぞれ図示せよ。

(1) $\vec{a}+\vec{b}$　(2) $\vec{a}-\vec{c}$　(3) $3\vec{b}$　(4) $-2\vec{c}$ ⊃ 2

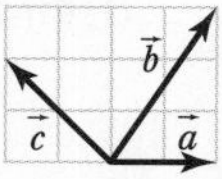

3 平行四辺形 ABCD の対角線の交点を E とし，$\overrightarrow{\mathrm{AE}}=\vec{a}$, $\overrightarrow{\mathrm{BE}}=\vec{b}$ とするとき，ベクトル $\overrightarrow{\mathrm{EA}}$, $\overrightarrow{\mathrm{DE}}$, $\overrightarrow{\mathrm{AC}}$ を $\vec{a}$, $\vec{b}$ を用いて表せ。 ⊃ 2

4 $|\vec{a}|=3$ のとき，$\vec{a}$ と平行な単位ベクトルを求めよ。 ⊃ 3

基本 例題 1 ベクトルの加法・減法・実数倍

右の図で与えられた 3 つのベクトル $\vec{a}$, $\vec{b}$, $\vec{c}$ について，次のベクトルを図示せよ。

(1) $\vec{a}+\vec{b}$　(2) $\vec{b}-\vec{c}$　(3) $\vec{a}+\vec{b}+\vec{c}$

(4) $2\vec{b}$　(5) $\vec{a}-2\vec{b}+3\vec{c}$

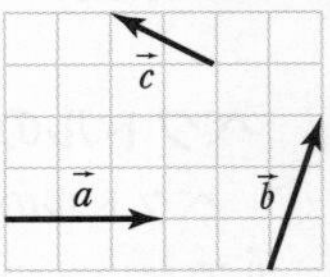

p. 288，289 基本事項 2

CHART & SOLUTION

和 $\vec{a}+\vec{b}$　$\vec{a}$ の終点と $\vec{b}$ の始点を重ねる

差 $\vec{a}-\vec{b}$　$\vec{a}+(-\vec{b})$ として図示する

差 $\vec{a}-\vec{b}$ について，参考 (図 [2]) のように，$\vec{a}$ と $\vec{b}$ の始点 (参考では，$\vec{b}$ と $\vec{c}$ の始点) を重ねて図示してもよいが，その場合，ベクトル $\vec{a}-\vec{b}$ の向きを間違えやすい。そこで $\vec{a}$ と $-\vec{b}$ の和として図示する。

注意　本書では，有向線分 AB が表すベクトル $\overrightarrow{AB}$ に対し，有向線分 AB の始点 A，終点 B をそれぞれ **ベクトル $\overrightarrow{AB}$ の始点，終点** とよぶことにする。

解答

(1)～(5) ［図］

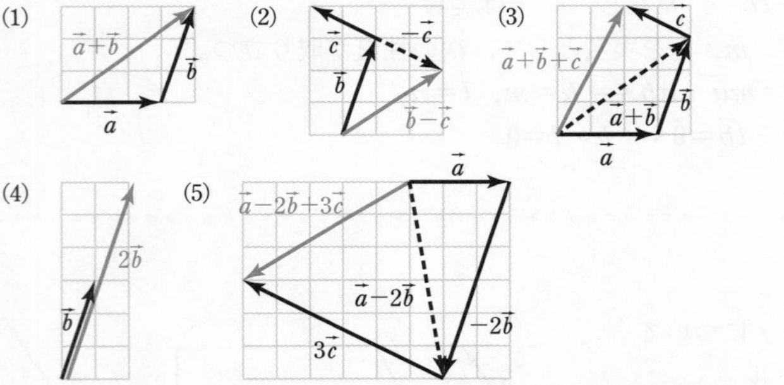

(5) $-2\vec{b}$ は，$\vec{b}$ と反対の向きで大きさが 2 倍であるベクトル。
まず，$\vec{a}-2\vec{b}$ を $\vec{a}+(-2\vec{b})$ として図示する。次に，$(\vec{a}-2\vec{b})+3\vec{c}$ を図示する。

参考　ベクトルの和は，平行四辺形の対角線として図示する方法もある (図 [1])。また，ベクトルの差は，始点どうしを重ねて図示してもよい (図 [2])。

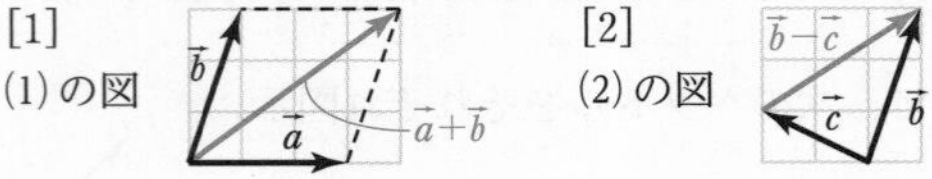

inf. ベクトルの加法によって，始点にある点が終点に移動すると考えると図示しやすい。

(1)

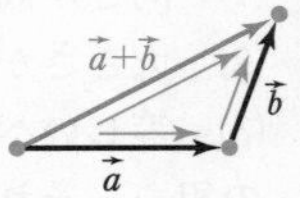

(5)の $\vec{a}-2\vec{b}$

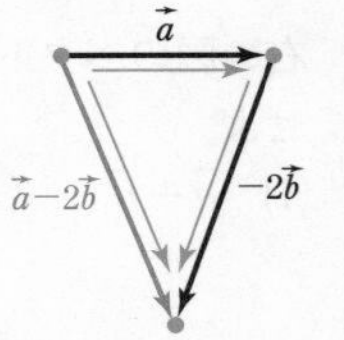

PRACTICE 1[1]

上の例題の $\vec{a}$, $\vec{b}$, $\vec{c}$ について，次のベクトルを図示せよ。

(1) $\vec{a}+\vec{c}$　(2) $-3\vec{c}$　(3) $-\vec{a}+3\vec{b}-2\vec{c}$

基本例題 2 ベクトルの合成，等式の証明 ①①①①①

次の等式が成り立つことを証明せよ。

(1) $\overrightarrow{AB}-\overrightarrow{DB}+\overrightarrow{DC}=\overrightarrow{AC}$ (2) $\overrightarrow{PS}+\overrightarrow{QR}=\overrightarrow{PR}+\overrightarrow{QS}$

p.288，289 基本事項 2

CHART & SOLUTION

ベクトルの等式の証明

1 左辺または右辺の一方を変形して他方を導く

2 (左辺)−(右辺)$=\vec{0}$ であることを示す

数学Ⅱの等式の証明と同様に考える（数学Ⅱ基本例題 23 参照）。

(1) は 1 の方針。(2) は 2 の方針。証明の際には，以下の性質を利用する。

[合成] $\overrightarrow{A\square}+\overrightarrow{\square B}=\overrightarrow{AB}$ $\overrightarrow{\square B}-\overrightarrow{\square A}=\overrightarrow{AB}$ （□は同じ点）

[向き変え] $\overrightarrow{BA}=-\overrightarrow{AB}$

[$\overrightarrow{PP}=\vec{0}$] 同じ文字が並ぶと $\vec{0}$

解答

(1) $\overrightarrow{AB}-\overrightarrow{DB}+\overrightarrow{DC}=(\overrightarrow{AB}+\overrightarrow{BD})+\overrightarrow{DC}$ ⇐向き変え

$=\overrightarrow{AD}+\overrightarrow{DC}=\overrightarrow{AC}$ ⇐合成

したがって $\overrightarrow{AB}-\overrightarrow{DB}+\overrightarrow{DC}=\overrightarrow{AC}$

(2) $\overrightarrow{PS}+\overrightarrow{QR}-(\overrightarrow{PR}+\overrightarrow{QS})=\overrightarrow{PS}+\overrightarrow{QR}-\overrightarrow{PR}-\overrightarrow{QS}$ ⇐(左辺)−(右辺)

$=\overrightarrow{PS}+\overrightarrow{QR}+\overrightarrow{RP}+\overrightarrow{SQ}$ ⇐向き変え

$=(\overrightarrow{PS}+\overrightarrow{SQ})+(\overrightarrow{QR}+\overrightarrow{RP})$ ……(＊) ⇐合成

$=\overrightarrow{PQ}+\overrightarrow{QP}=\overrightarrow{PP}=\vec{0}$ ⇐同じ文字が並ぶ……零ベクトル

したがって $\overrightarrow{PS}+\overrightarrow{QR}=\overrightarrow{PR}+\overrightarrow{QS}$

別解 $\overrightarrow{PS}+\overrightarrow{QR}-(\overrightarrow{PR}+\overrightarrow{QS})=\overrightarrow{PS}+\overrightarrow{QR}-\overrightarrow{PR}-\overrightarrow{QS}$

$=(\overrightarrow{PS}-\overrightarrow{PR})+(\overrightarrow{QR}-\overrightarrow{QS})$ ⇐ $\overrightarrow{\square B}-\overrightarrow{\square A}=\overrightarrow{AB}$ （□は同じ点）

$=\overrightarrow{RS}+\overrightarrow{SR}=\overrightarrow{RR}=\vec{0}$

したがって $\overrightarrow{PS}+\overrightarrow{QR}=\overrightarrow{PR}+\overrightarrow{QS}$

INFORMATION ― ベクトルの合成での補足

合成について，次の等式が成り立つ。

$\overrightarrow{A\square}+\overrightarrow{\square\triangle}+\overrightarrow{\triangle A}=\vec{0}$ （つぎ足して戻れば $\vec{0}$）

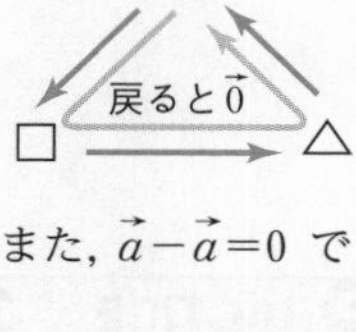

ただし，□，△ はそれぞれ同じ点。これを用いて，上の解答の(＊)において，$\overrightarrow{PS}+\overrightarrow{SQ}+\overrightarrow{QR}+\overrightarrow{RP}=\vec{0}$ と考えてもよい。

なお，この等式の右辺の $\vec{0}$ を 0 と書き間違えないように注意する。また，$\vec{a}-\vec{a}=0$ ではなく $\vec{a}-\vec{a}=\vec{0}$ であることも同様である。

PRACTICE 2①

次の等式が成り立つことを証明せよ。

$\overrightarrow{AB}+\overrightarrow{DC}+\overrightarrow{EF}=\overrightarrow{DB}+\overrightarrow{EC}+\overrightarrow{AF}$

基本 例題 3 ベクトルの演算

(1) $2(2\vec{a}-\vec{b})-3(\vec{a}-2\vec{b})$ を簡単にせよ。

(2) (ア) $2\vec{a}-3\vec{x}=\vec{x}-\vec{a}+2\vec{b}$ を満たす $\vec{x}$ を，$\vec{a}$，$\vec{b}$ を用いて表せ。

(イ) $\vec{x}+2\vec{y}=\vec{a}$，$2\vec{x}-\vec{y}=\vec{b}$ を満たす $\vec{x}$，$\vec{y}$ を，$\vec{a}$，$\vec{b}$ を用いて表せ。

p.288，289 基本事項 2

CHART & SOLUTION

ベクトルの演算

数式と同じように計算

ベクトルの加法・減法・実数倍について，数式と同じような計算法則が成り立つから，数式の場合と同じように計算すればよい。

(1) $2(2a-b)-3(a-2b)$ を整理する要領で。

(2) (ア) x の方程式 $2a-3x=x-a+2b$ を解く要領で。

(イ) x，y の連立方程式 $x+2y=a$，$2x-y=b$ を解く要領で。

解答

(1) $2(2\vec{a}-\vec{b})-3(\vec{a}-2\vec{b})=4\vec{a}-2\vec{b}-3\vec{a}+6\vec{b}$

$=(4-3)\vec{a}+(-2+6)\vec{b}$

$=\boldsymbol{\vec{a}+4\vec{b}}$

(2) (ア) $2\vec{a}-3\vec{x}=\vec{x}-\vec{a}+2\vec{b}$ から

$-3\vec{x}-\vec{x}=-\vec{a}+2\vec{b}-2\vec{a}$

よって　$-4\vec{x}=-3\vec{a}+2\vec{b}$

ゆえに　$\boldsymbol{\vec{x}=\frac{3}{4}\vec{a}-\frac{1}{2}\vec{b}}$

(イ) $\vec{x}+2\vec{y}=\vec{a}$ …… ①，$2\vec{x}-\vec{y}=\vec{b}$ …… ② とする。

①＋②×2 から　$5\vec{x}=\vec{a}+2\vec{b}$　　⇦ $\vec{y}$ を消去。

よって　$\boldsymbol{\vec{x}=\frac{1}{5}\vec{a}+\frac{2}{5}\vec{b}}$

①×2−② から　$5\vec{y}=2\vec{a}-\vec{b}$　　⇦ $\vec{x}$ を消去。

ゆえに　$\boldsymbol{\vec{y}=\frac{2}{5}\vec{a}-\frac{1}{5}\vec{b}}$

ベクトルの実数倍の性質
$k(l\vec{a})=(kl)\vec{a}$
$(k+l)\vec{a}=k\vec{a}+l\vec{a}$
$k(\vec{a}+\vec{b})=k\vec{a}+k\vec{b}$
ただし，k，l は実数。

PRACTICE 3[2]

(1) $\frac{1}{3}(\vec{a}-2\vec{b})-\frac{1}{2}(-\vec{a}+3\vec{b})$ を簡単にせよ。

(2) (ア) $2(\vec{x}-3\vec{a})+3(\vec{x}-2\vec{b})=\vec{0}$ を満たす $\vec{x}$ を，$\vec{a}$，$\vec{b}$ を用いて表せ。

(イ) $3\vec{x}+2\vec{y}=\vec{a}$，$2\vec{x}-3\vec{y}=\vec{b}$ を満たす $\vec{x}$，$\vec{y}$ を，$\vec{a}$，$\vec{b}$ を用いて表せ。

基本 例題 4 ベクトルの平行

(1) $\overrightarrow{OA}=\vec{a}$, $\overrightarrow{OB}=\vec{b}$, $\overrightarrow{OP}=-2\vec{a}+\vec{b}$, $\overrightarrow{OQ}=3\vec{a}-4\vec{b}$ であるとき，$\overrightarrow{PQ} /\!/ \overrightarrow{AB}$ であることを示せ。ただし，$\vec{a} \neq \vec{b}$ とする。

(2) $|\vec{a}|=8$ のとき，$\vec{a}$ と平行で大きさが 2 であるベクトルを求めよ。

p. 289 基本事項 3

CHART & SOLUTION

ベクトル $\vec{a}$，$\vec{b}$ の平行条件 （$\vec{a} \neq \vec{0}$，$\vec{b} \neq \vec{0}$）

$\vec{a} /\!/ \vec{b} \iff \vec{b}=k\vec{a}$ となる実数 k がある ……!

(1) $\overrightarrow{PQ}=k\overrightarrow{AB}$ となる実数 k があることを示す。
また，証明の際には，次の性質を利用する。
［分割］ $\overrightarrow{AB}=\overrightarrow{\square B}-\overrightarrow{\square A}$ （□は同じ点）

(2) $\vec{a} \neq \vec{0}$ のとき，$\vec{a}$ と平行な単位ベクトルは，$\dfrac{\vec{a}}{|\vec{a}|}$ と $-\dfrac{\vec{a}}{|\vec{a}|}$ の 2 つある。
（↑ $\vec{a}$ と同じ向き　↑ $\vec{a}$ と反対の向き）

単位ベクトルの大きさは 1 であるから，大きさが 2 であるベクトルは，2 倍すると得られる。

解答

(1) $\overrightarrow{AB}=\overrightarrow{OB}-\overrightarrow{OA}$
$=\vec{b}-\vec{a}$ ……①
$\overrightarrow{PQ}=\overrightarrow{OQ}-\overrightarrow{OP}$
$=(3\vec{a}-4\vec{b})-(-2\vec{a}+\vec{b})$
$=5\vec{a}-5\vec{b}$
$=-5(\vec{b}-\vec{a})$ ……②

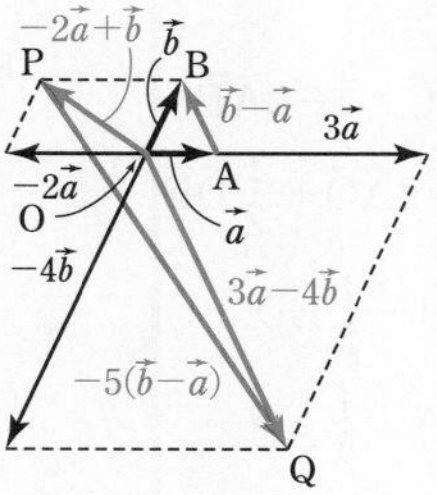

! ①，② から $\overrightarrow{PQ}=-5\overrightarrow{AB}$
また $\overrightarrow{AB} \neq \vec{0}$，$\overrightarrow{PQ} \neq \vec{0}$
したがって $\overrightarrow{PQ} /\!/ \overrightarrow{AB}$

(2) $\vec{a}$ と平行な単位ベクトルは，$\dfrac{\vec{a}}{|\vec{a}|}$ と $-\dfrac{\vec{a}}{|\vec{a}|}$ であり，$|\vec{a}|=8$
であるから $\dfrac{\vec{a}}{8}$，$-\dfrac{\vec{a}}{8}$
よって，$\vec{a}$ と平行で大きさが 2 であるベクトルは
$$2\times\frac{\vec{a}}{8}=\frac{1}{4}\vec{a},\quad 2\times\left(-\frac{\vec{a}}{8}\right)=-\frac{1}{4}\vec{a}$$

⇐ $\overrightarrow{AB}$ を分割。
⇐ $\overrightarrow{PQ}$ を分割。
⇐ $\vec{a} \neq \vec{b}$ であるから $\vec{b}-\vec{a} \neq \vec{0}$
⇐ 単位ベクトルを 2 倍する。

PRACTICE 4②

(1) $\overrightarrow{OA}=2\vec{a}$，$\overrightarrow{OB}=3\vec{b}$，$\overrightarrow{OP}=5\vec{a}-4\vec{b}$，$\overrightarrow{OQ}=\vec{a}+2\vec{b}$ であるとき，$\overrightarrow{PQ} /\!/ \overrightarrow{AB}$ であることを示せ。ただし，$2\vec{a} \neq 3\vec{b}$ とする。

(2) $|\vec{a}|=10$ のとき，$\vec{a}$ と平行で大きさが 4 であるベクトルを求めよ。

基本 例題 5　ベクトルの分解

正六角形 ABCDEF において，辺 DE の中点を M とする。このとき，
$\overrightarrow{CF}=$ ア□ $\overrightarrow{AB}$，$\overrightarrow{AM}=$ イ□ $\overrightarrow{AB}+$ ウ□ $\overrightarrow{AF}$ である。

p.288，289 基本事項 2，3

CHART & SOLUTION

ベクトルの表示の基本

	しりとりの形	差の形	
分割	$\overrightarrow{AB}=\overrightarrow{A\square}+\overrightarrow{\square B}$（しりとり）	$\overrightarrow{AB}=\overrightarrow{\square B}-\overrightarrow{\square A}$	（□は同じ点）

ベクトルの分割には「しりとりの形」と「差の形」の 2 つのパターンがある。この例題では，しりとりの形で分割する。差の形での分割は基本例題 4 (1) を参照。
正六角形 ABCDEF の対角線 AD，BE，CF の交点を O とすると，
正六角形の性質から

$$\overrightarrow{AB}=\overrightarrow{FO}=\overrightarrow{OC}=\overrightarrow{ED},\ \overrightarrow{AF}=\overrightarrow{BO}=\overrightarrow{OE}=\overrightarrow{CD},$$
$$\overrightarrow{AO}=\overrightarrow{OD}=\overrightarrow{BC}=\overrightarrow{FE}$$

が成り立つ。

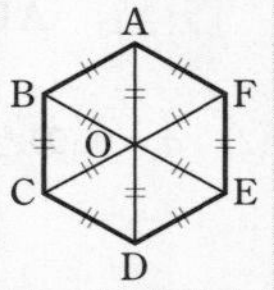

解答

この正六角形の対角線 AD，BE，CF の交点を O とすると

$$\overrightarrow{CF}=2\overrightarrow{CO}=-2\overrightarrow{OC}=\ ^{ア}-2\overrightarrow{AB}$$

$$\overrightarrow{AM}=\overrightarrow{AD}+\overrightarrow{DM}=2\overrightarrow{AO}+\frac{1}{2}\overrightarrow{DE}$$
$$=2(\overrightarrow{AB}+\overrightarrow{BO})-\frac{1}{2}\overrightarrow{ED}$$
$$=2(\overrightarrow{AB}+\overrightarrow{AF})-\frac{1}{2}\overrightarrow{AB}$$
$$=\left(2-\frac{1}{2}\right)\overrightarrow{AB}+2\overrightarrow{AF}=\ ^{イ}\frac{3}{2}\overrightarrow{AB}+\ ^{ウ}2\overrightarrow{AF}$$

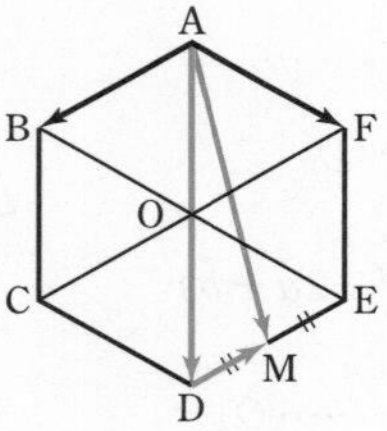

⇐ 向き変え

⇐ しりとりで分割

⇐ $\overrightarrow{DE}=-\overrightarrow{ED}$（向き変え）

別解 1　$\overrightarrow{AM}=\overrightarrow{AF}+\overrightarrow{FE}+\overrightarrow{EM}=\overrightarrow{AF}+\overrightarrow{AO}+\frac{1}{2}\overrightarrow{ED}$
$$=\overrightarrow{AF}+(\overrightarrow{AB}+\overrightarrow{BO})+\frac{1}{2}\overrightarrow{AB}$$
$$=\overrightarrow{AF}+\overrightarrow{AB}+\overrightarrow{AF}+\frac{1}{2}\overrightarrow{AB}=\ ^{イ}\frac{3}{2}\overrightarrow{AB}+\ ^{ウ}2\overrightarrow{AF}$$

別解 2　$\overrightarrow{AM}=\overrightarrow{AB}+\overrightarrow{BO}+\overrightarrow{OE}+\overrightarrow{EM}$
$$=\overrightarrow{AB}+\overrightarrow{AF}+\overrightarrow{AF}+\frac{1}{2}\overrightarrow{AB}$$
$$=\ ^{イ}\frac{3}{2}\overrightarrow{AB}+\ ^{ウ}2\overrightarrow{AF}$$

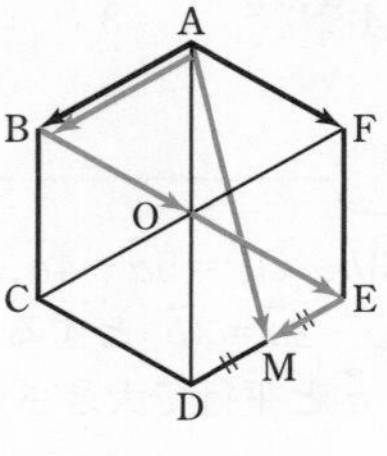

inf. 左の他にも
$\overrightarrow{AM}=\overrightarrow{AE}+\overrightarrow{EM}$
$=(\overrightarrow{AO}+\overrightarrow{AF})+\frac{1}{2}\overrightarrow{ED}$
$=\cdots\cdots$
などのようにしてもよい。
また，$\overrightarrow{AB}\neq\vec{0}$，$\overrightarrow{AF}\neq\vec{0}$，$\overrightarrow{AB}\not\parallel\overrightarrow{AF}$ であるから，$\overrightarrow{AM}$ は，$\overrightarrow{AB}$，$\overrightarrow{AF}$ を用いて，ただ 1 通りに表される。

ピンポイント解説　ベクトルの変形

ここでは，ベクトルの計算でポイントとなる変形について整理しておく。それぞれの変形について，図形的なイメージとセットで理解しておこう。
なお，次の等式の中で，□ や △ はどのような点をもってきてもよいことを意味する。

1　合成

しりとりの形
$\overrightarrow{\mathrm{A}\square}+\overrightarrow{\square\mathrm{B}}=\overrightarrow{\mathrm{AB}}$ ……①

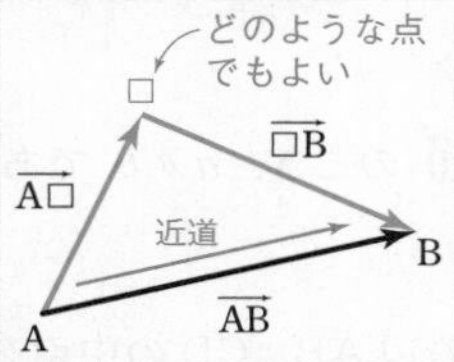

差の形
$\overrightarrow{\square\mathrm{B}}-\overrightarrow{\square\mathrm{A}}=\overrightarrow{\mathrm{AB}}$ ……②

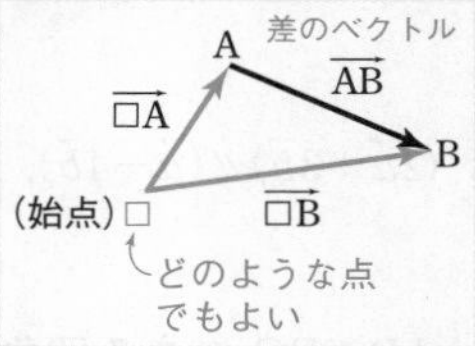

①は，しりとりのようにベクトルをつないでいくと，スタートとゴールを結ぶベクトルが得られることを意味する。途中，どのような点を通ってもよい。また，次の式に示すように，途中の点が複数あっても結果は同様である。

$$\overrightarrow{\mathrm{A}\square}+\overrightarrow{\square\triangle}+\overrightarrow{\triangle\mathrm{B}}=\overrightarrow{\mathrm{AB}}$$

②は，始点が同じ 2 つのベクトルの差は，1 つのベクトルに合成されることを意味する。差の形は，どちらを前にするか後ろにするかで迷いやすい。後ろから前を引くと覚えてもよい。

$$\overrightarrow{\square\mathrm{B}}-\overrightarrow{\square\mathrm{A}}=\overrightarrow{\mathrm{AB}}$$
後　　前　前後

2　分割

しりとりの形
$\overrightarrow{\mathrm{AB}}=\overrightarrow{\mathrm{A}\square}+\overrightarrow{\square\mathrm{B}}$ ……③

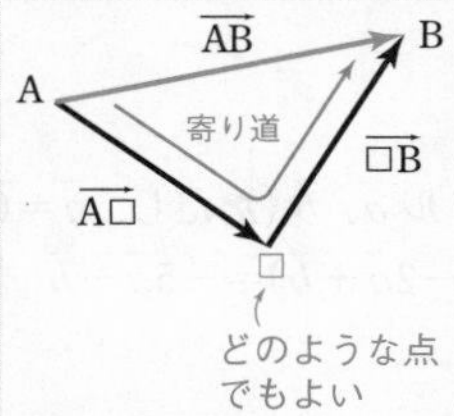

差の形
$\overrightarrow{\mathrm{AB}}=\overrightarrow{\square\mathrm{B}}-\overrightarrow{\square\mathrm{A}}$ ……④

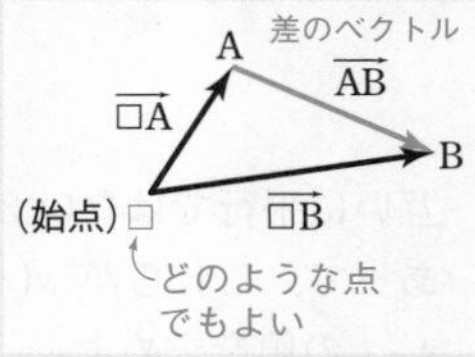

2 は 1 の左辺と右辺を入れ替えたものである。③は，ベクトルは始点と終点で決まるから，途中で寄り道をしてもよいことを示している。④は，□ はどのような点でもよいから，あるベクトルは始点が同じ 2 つのベクトルの差で表せることを示している。始点をそろえることはベクトルを扱ううえで重要である。

3　向き変え　$\overrightarrow{\square\triangle}=-\overrightarrow{\triangle\square}$
始点と終点を入れ替えると，マイナスがつく。

4　$\overrightarrow{\square\square}=\vec{0}$
同じ文字が並ぶと，零ベクトルになる。$\vec{0}$ は矢印をつけ忘れないように注意しよう。

PRACTICE 5[2]

正六角形 ABCDEF において，辺 CD の中点を Q とし，辺 BC の中点を R とする。
$\overrightarrow{\mathrm{AB}}=\vec{a}$，$\overrightarrow{\mathrm{AF}}=\vec{b}$ とするとき，次のベクトルを $\vec{a}$，$\vec{b}$ を用いて表せ。

(1) $\overrightarrow{\mathrm{FE}}$　(2) $\overrightarrow{\mathrm{AC}}$　(3) $\overrightarrow{\mathrm{AQ}}$　(4) $\overrightarrow{\mathrm{RQ}}$

EXERCISES　　1 ベクトルの演算

A

1[2] (1) $\vec{x}=3\vec{a}-\vec{b}+2\vec{c}$, $\vec{y}=2\vec{a}+5\vec{b}-\vec{c}$ のとき，$7(2\vec{x}-3\vec{y})-5(3\vec{x}-5\vec{y})$ を $\vec{a}$，$\vec{b}$，$\vec{c}$ を用いて表せ。

(2) $2\vec{x}+5\vec{y}=\vec{a}$，$3\vec{x}-2\vec{y}=\vec{b}$ を満たす $\vec{x}$，$\vec{y}$ を $\vec{a}$，$\vec{b}$ を用いて表せ。

➡3

2[3] $(2\vec{a}+3\vec{b})/\!/(\vec{a}-4\vec{b})$，$\vec{a}\neq\vec{0}$，$\vec{b}\neq\vec{0}$ のとき，$\vec{a}/\!/\vec{b}$ であることを示せ。➡4

3[2] AD$\not\parallel$BC である四角形 ABCD の辺 AB，CD の中点をそれぞれ P，Q とし，$\overrightarrow{AD}=\vec{a}$，$\overrightarrow{BC}=\vec{b}$，$\overrightarrow{BD}=\vec{c}$ とする。

(1) $\overrightarrow{BQ}$ を $\vec{b}$，$\vec{c}$ を用いて表せ。　(2) $\overrightarrow{PQ}$ を $\vec{a}$，$\vec{b}$ を用いて表せ。➡5

4[2] (1) 平行四辺形 ABCD の辺 AB を 2：1 に内分する点をEとし，BD と EC の交点をFとするとき，$\overrightarrow{AF}$ を $\overrightarrow{AB}$ と $\overrightarrow{AD}$ を用いて表せ。

〔東京電機大〕

(2) 正六角形 ABCDEF において，$\overrightarrow{FB}$ を $\overrightarrow{AB}$，$\overrightarrow{AC}$ を用いて表せ。

〔類 立教大〕

➡5

B

5[3] 互いに平行ではない 2 つのベクトル $\vec{a}$，$\vec{b}$（ただし，$\vec{a}\neq\vec{0}$，$\vec{b}\neq\vec{0}$ とする）があって，これらが $s(\vec{a}+3\vec{b})+t(-2\vec{a}+\vec{b})=-5\vec{a}-\vec{b}$ を満たすとき，実数 s，t の値を求めよ。

➡ p.289 3

6[4] 平面上に 1 辺の長さが 1 の正五角形があり，その頂点を順に A，B，C，D，E とする。次の問いに答えよ。

(1) 辺 BC と線分 AD は平行であることを示せ。

(2) 線分 AC と線分 BD の交点を F とする。四角形 AFDE はどのような形であるか，その名称と理由を答えよ。

(3) 線分 AF と線分 CF の長さの比を求めよ。

(4) $\overrightarrow{AB}=\vec{a}$，$\overrightarrow{BC}=\vec{b}$ とするとき，$\overrightarrow{CD}$ を $\vec{a}$ と $\vec{b}$ で表せ。〔鳥取大〕

➡4, 5

HINT

5　左辺を $\vec{a}$，$\vec{b}$ について整理する。

6　(1) 正五角形の外接円を考えて，円周角の定理を利用する。

(3) △BCF と △DAF に着目して考える。

2 ベクトルの成分

基本事項

1 ベクトルの成分，成分による演算

① 座標平面の原点をOとし，ベクトル $\vec{a}$ に対して $\vec{a}=\overrightarrow{\mathrm{OA}}$ となる点Aをとり，Aの座標を $(a_1,\ a_2)$ とするとき，$\vec{a}$ は次のように表される。

基本ベクトル表示 $\boldsymbol{\vec{a}=a_1\vec{e_1}+a_2\vec{e_2}}$

$\vec{e_1}=(1,\ 0)$，$\vec{e_2}=(0,\ 1)$ を **基本ベクトル** という。

成分表示 $\boldsymbol{\vec{a}=(a_1,\ a_2)}$

a_1 を **x 成分**，a_2 を **y 成分**といい，まとめて $\vec{a}$ の **成分** という。

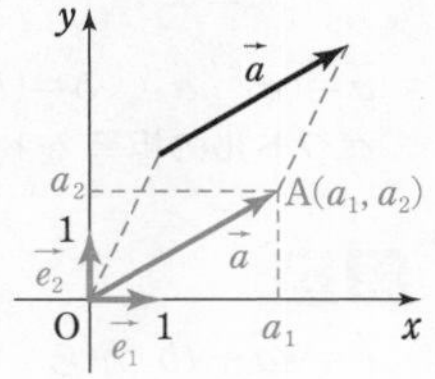

$\vec{a}=a_1\vec{e_1}+a_2\vec{e_2}$
$\vec{a}$ は $\vec{e_1}$，$\vec{e_2}$ を用いてただ1通りに表される。

② **相等** $\vec{a}=(a_1,\ a_2)$，$\vec{b}=(b_1,\ b_2)$ について

$\boldsymbol{\vec{a}=\vec{b} \iff a_1=b_1,\ a_2=b_2}$

特に $\vec{a}=\vec{0} \iff a_1=0,\ a_2=0$

③ **大きさ** $\vec{a}=(a_1,\ a_2)$ のとき $\boldsymbol{|\vec{a}|=\sqrt{a_1{}^2+a_2{}^2}}$

④ **演算** k，l を実数とするとき

1 $\boldsymbol{(a_1,\ a_2)+(b_1,\ b_2)=(a_1+b_1,\ a_2+b_2)}$

2 $\boldsymbol{(a_1,\ a_2)-(b_1,\ b_2)=(a_1-b_1,\ a_2-b_2)}$

3 $\boldsymbol{k(a_1,\ a_2)=(ka_1,\ ka_2)}$

一般に $\boldsymbol{k(a_1,\ a_2)+l(b_1,\ b_2)=(ka_1+lb_1,\ ka_2+lb_2)}$

2 点の座標とベクトルの成分

2点 $\mathrm{A}(a_1,\ a_2)$，$\mathrm{B}(b_1,\ b_2)$ について

$\boldsymbol{\overrightarrow{\mathrm{AB}}=(b_1-a_1,\ b_2-a_2)}$

ベクトル $\overrightarrow{\mathrm{AB}}$ の大きさ

$\boldsymbol{|\overrightarrow{\mathrm{AB}}|=\sqrt{(b_1-a_1)^2+(b_2-a_2)^2}}$ ←2点A，B間の距離

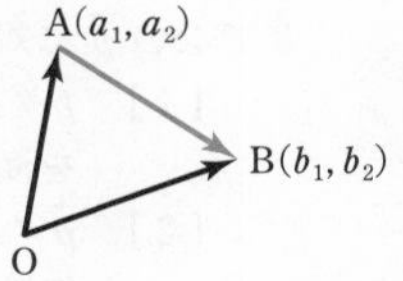

CHECK & CHECK

5 $\vec{a}=(1,\ -2)$，$\vec{b}=(-2,\ 3)$ のとき，次のベクトルの成分とその大きさを求めよ。

(1) $2\vec{a}$　　(2) $3\vec{b}$　　1

6 $\vec{a}=(-2,\ 1)$，$\vec{b}=(2,\ -3)$ のとき，次のベクトルを成分で表せ。

(1) $\vec{a}+\vec{b}$　　(2) $3\vec{a}-2\vec{b}$　　(3) $3(2\vec{a}-\vec{b})-4(\vec{a}-\vec{b})$

1

7 次の2点A，Bについて，ベクトル $\overrightarrow{\mathrm{AB}}$ を成分で表せ。また，その大きさを求めよ。

(1) $\mathrm{A}(2,\ 3)$，$\mathrm{B}(4,\ 7)$　　(2) $\mathrm{A}(-1,\ 4)$，$\mathrm{B}(5,\ -2)$　　2

基本 例題 6 ベクトルの分解（成分）

$\vec{a}=(2,\ 3)$，$\vec{b}=(3,\ -1)$，$\vec{c}=(13,\ 3)$ であるとき，$\vec{c}=s\vec{a}+t\vec{b}$ を満たす実数 s，t の値を求めよ。

p.297 基本事項 1

CHART & SOLUTION

ベクトルの相等

対応する成分が等しい

$\vec{a}=(a_1,\ a_2)$，$\vec{b}=(b_1,\ b_2)$ について　$\vec{a}=\vec{b} \Longleftrightarrow a_1=b_1,\ a_2=b_2$

ベクトルの相等 を利用して，**連立方程式** を作り，これを解いて s，t を求める。

解答

$\vec{c}=s\vec{a}+t\vec{b}$ から

$$(13,\ 3)=s(2,\ 3)+t(3,\ -1)$$
$$=(2s+3t,\ 3s-t)$$

よって　$2s+3t=13,\ 3s-t=3$

これを解いて　$s=2,\ t=3$

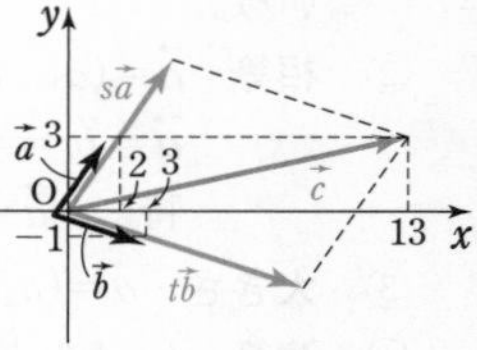

INFORMATION　$\vec{a}\neq\vec{0}$，$\vec{b}\neq\vec{0}$，$\vec{a}\parallel\vec{b}$ のときのベクトルの表現

$\vec{a}\neq\vec{0}$，$\vec{b}\neq\vec{0}$，$\vec{a}\nparallel\vec{b}$ のとき，任意のベクトル $\vec{p}$ は $\vec{p}=s\vec{a}+t\vec{b}$ の形に，ただ1通りに表すことができる（p.301 参照）。

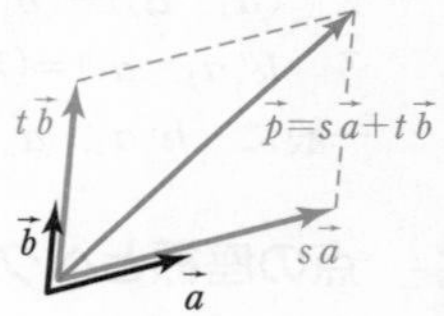

では，$\vec{a}\parallel\vec{b}$ の場合はどうなるか考えてみよう。

以下，$\vec{a}\neq\vec{0}$，$\vec{b}\neq\vec{0}$，$\vec{a}\parallel\vec{b}$ とする。

$\vec{0}$ でない $\vec{p}$ に対して，

[1]　$\vec{p}\nparallel\vec{a}$ ならば，$\vec{p}=s\vec{a}+t\vec{b}$ …… ①
を満たす実数 s，t はない。

[2]　$\vec{p}\parallel\vec{a}$ ならば，① を満たす実数 s，t は無数にある。
例えば，$\vec{a}=(1,\ 2)$，$\vec{b}=2\vec{a}=(2,\ 4)$，$\vec{p}=3\vec{a}=(3,\ 6)$ とすると，① から
$$s+2t=3,\ 2s+4t=6$$
よって　$s+2t=3$
これを満たす $(s,\ t)$ は $(1,\ 1)$，$(-1,\ 2)$ などがあり，1通りに定まらない。

[1]

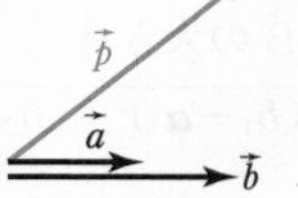

$\vec{a}$ と $\vec{b}$ に平行でない $\vec{p}$ は表せない。

[2]

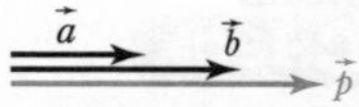

$\vec{a}$ と $\vec{b}$ に平行な $\vec{p}$ の表し方は無数にある。

PRACTICE 6②

(1) $\vec{a}=(3,\ 2)$，$\vec{b}=(0,\ -1)$ のとき，$\vec{c}=(6,\ 1)$ を $\vec{a}$ と $\vec{b}$ で表せ。〔(1) 湘南工科大〕

(2) $\vec{a}=(-1,\ 2)$，$\vec{b}=(-5,\ -6)$ のとき，$\vec{c}=\left(\dfrac{5}{2},\ -7\right)$ を $\vec{a}$ と $\vec{b}$ で表せ。

基本 例題 7 ベクトルの成分による演算 ①①①①①

(1) 2つのベクトル $\vec{x}$, $\vec{y}$ において, $2\vec{x}-\vec{y}=(4,\ 1)$, $3\vec{x}-2\vec{y}=(7,\ 0)$ のとき, $\vec{x}$ と $\vec{y}$ を求めよ。

(2) $\vec{a}=(2,\ 2)$, $\vec{b}=(5,\ -3)$ とする。2つの等式 $\vec{x}+4\vec{y}=\vec{a}$, $\vec{x}-2\vec{y}=\vec{b}$ を満たす $\vec{x}$, $\vec{y}$ を成分で表せ。

p.297 基本事項 1, 基本 3

CHART & SOLUTION

連立方程式を解く要領で進める

(1) x, y の連立方程式を解く要領で, $\vec{x}$, $\vec{y}$ を $(4,\ 1)$, $(7,\ 0)$ を用いて表す。

(2) x, y の連立方程式を解く要領で $\vec{x}$, $\vec{y}$ を $\vec{a}$, $\vec{b}$ を用いて表す。

解答

(1) $2\vec{x}-\vec{y}=(4,\ 1)$ …… ①,
$3\vec{x}-2\vec{y}=(7,\ 0)$ …… ② とする。

$$\begin{array}{rl} & 4\vec{x}-2\vec{y}=2(4,\ 1) \\ -) & 3\vec{x}-2\vec{y}=(7,\ 0) \\ \hline & \vec{x} \qquad =2(4,\ 1)-(7,\ 0) \end{array}$$

①×2−② から

$$\vec{x}=2(4,\ 1)-(7,\ 0)$$
$$=(\mathbf{1},\ \mathbf{2})$$

← $\vec{y}$ を消去。

よって, ① から

$$\vec{y}=2\vec{x}-(4,\ 1)=2(1,\ 2)-(4,\ 1)$$
$$=(\mathbf{-2},\ \mathbf{3})$$

(2) $\vec{x}+4\vec{y}=\vec{a}$ …… ①, $\vec{x}-2\vec{y}=\vec{b}$ …… ② とする。

①+②×2 から $3\vec{x}=\vec{a}+2\vec{b}$

← $\vec{y}$ を消去。

よって $\vec{x}=\dfrac{1}{3}(\vec{a}+2\vec{b})=\dfrac{1}{3}\{(2,\ 2)+2(5,\ -3)\}$

$$=\left(\mathbf{4},\ -\frac{\mathbf{4}}{\mathbf{3}}\right)$$

①−② から $6\vec{y}=\vec{a}-\vec{b}$

← $\vec{x}$ を消去。

よって $\vec{y}=\dfrac{1}{6}(\vec{a}-\vec{b})=\dfrac{1}{6}\{(2,\ 2)-(5,\ -3)\}$

$$=\left(-\frac{\mathbf{1}}{\mathbf{2}},\ \frac{\mathbf{5}}{\mathbf{6}}\right)$$

inf. (2) $\vec{x}+4\vec{y}=(2,\ 2)$, $\vec{x}-2\vec{y}=(5,\ -3)$ として, (1) と同じように解いてもよい。

PRACTICE 7③

(1) 2つのベクトル $\vec{x}$, $\vec{y}$ において, $\vec{x}+2\vec{y}=(-2,\ -4)$, $2\vec{x}+\vec{y}=(5,\ -2)$ のとき, $\vec{x}$ と $\vec{y}$ を求めよ。

(2) $\vec{a}=(2,\ -1)$, $\vec{b}=(3,\ 11)$ とする。2つの等式 $2\vec{x}-\vec{y}=\vec{a}+\vec{b}$, $-\vec{x}+2\vec{y}=3\vec{a}-\vec{b}$ を満たす $\vec{x}$, $\vec{y}$ を成分で表せ。

基本 例題 8　ベクトルの成分と平行条件

2 つのベクトル $\vec{a}=(3,\ -4)$, $\vec{b}=(-2t+3,\ 3t-7)$ が平行になるように，t の値を定めよ。

p.297 基本事項 1

CHART & SOLUTION

ベクトルの平行

2 つのベクトル $\vec{a}=(a_1,\ a_2)$, $\vec{b}=(b_1,\ b_2)$ $(\vec{a}\neq\vec{0},\ \vec{b}\neq\vec{0})$ について

1. $\vec{a}\,/\!/\,\vec{b} \iff \vec{b}=k\vec{a}$ となる実数 k がある ……!
2. $\vec{a}\,/\!/\,\vec{b} \iff a_1b_2-a_2b_1=0$

(2の証明は INFORMATION を参照。)

1の方針では t と k の連立方程式，2の方針（別解）では t の方程式から t の値を求めればよい。

解答

! $\vec{a}\neq\vec{0}$, $\vec{b}\neq\vec{0}$ であるから，$\vec{a}\,/\!/\,\vec{b}$ になるのは，$\vec{b}=k\vec{a}$ となる実数 k が存在するときである。

$(-2t+3,\ 3t-7)=(3k,\ -4k)$ から

$-2t+3=3k$ ……①，$3t-7=-4k$ ……②

①×4＋②×3 から　$t-9=0$

よって　$t=9$　このとき　$k=-5$

別解　$\vec{a}\neq\vec{0}$, $\vec{b}\neq\vec{0}$ であるから，$\vec{a}\,/\!/\,\vec{b}$ になるための条件は

! $3\times(3t-7)-(-4)\times(-2t+3)=0$

よって　$9t-21-8t+12=0$

ゆえに　$t-9=0$　したがって　$t=9$

⇐ $-2t+3=0$ かつ $3t-7=0$ となる t はないから　$\vec{b}\neq\vec{0}$

⇐ x 成分，y 成分がそれぞれ等しい。

⇐ ①，② から，t の値が決まれば k の値も定まるので，k の値は必ずしも求めなくてもよい。

⇐ $a_1b_2-a_2b_1=0$

INFORMATION　$\vec{a}\,/\!/\,\vec{b} \iff a_1b_2-a_2b_1=0$ $(\vec{a}\neq\vec{0},\ \vec{b}\neq\vec{0})$ の証明

$\vec{a}\,/\!/\,\vec{b} \iff \vec{b}=k\vec{a} \iff (b_1,\ b_2)=k(a_1,\ a_2) \iff b_1=ka_1,\ b_2=ka_2$ であるから，

「$b_1=ka_1,\ b_2=ka_2 \iff a_1b_2-a_2b_1=0$」…… Ⓐ を証明する。

[1]　(Ⓐ の ⟹)　$b_1=ka_1$, $b_2=ka_2$ とすると　$a_1b_2-a_2b_1=a_1\times ka_2-a_2\times ka_1=0$

[2]　(Ⓐ の ⟸)　$a_1b_2-a_2b_1=0$ …… Ⓑ とすると

$a_1=0$ のとき　$a_2\neq0$ で，Ⓑ から　$b_1=0$　$\dfrac{b_2}{a_2}=k$ とおくと　$b_1=ka_1$, $b_2=ka_2$

$a_1\neq0$ のとき　Ⓑ から　$b_2=\dfrac{b_1}{a_1}a_2$　$\dfrac{b_1}{a_1}=k$ とおくと　$b_1=ka_1$, $b_2=ka_2$

したがって　$\vec{a}\,/\!/\,\vec{b} \iff a_1b_2-a_2b_1=0$

PRACTICE 8②

(1)　2 つのベクトル $\vec{a}=(-3,\ 2)$, $\vec{b}=(5t+3,\ -t+5)$ が平行になるように，t の値を定めよ。

(2)　$\vec{a}=(x,\ -1)$, $\vec{b}=(2,\ -3)$ について，$\vec{b}-\vec{a}$ と $\vec{a}+3\vec{b}$ が平行になるように，x の値を定めよ。

STEP UP 1次独立と1次従属

2個のベクトル $\vec{a}$，$\vec{b}$ を用いて，$s\vec{a}+t\vec{b}$ (s，t は実数) の形に表されたベクトルを，$\vec{a}$，$\vec{b}$ の **1次結合** という。そして

$$s\vec{a}+t\vec{b}=\vec{0} \quad \text{ならば} \quad s=t=0$$

が成り立つとき，これら2個のベクトル $\vec{a}$，$\vec{b}$ は **1次独立** であるという。また，1次独立でないベクトルは，**1次従属** であるという。

例えば，$\vec{a}=(2,\ 1)$，$\vec{b}=(1,\ -1)$，$\vec{c}=(4,\ 2)$ のとき

$s\vec{a}+t\vec{b}=\vec{0} \Longrightarrow (2s+t,\ s-t)=(0,\ 0)$ ⇐ $\vec{a}\nparallel\vec{b}$

$\Longrightarrow 2s+t=0,\ s-t=0$

$\Longrightarrow s=t=0$

よって，$\vec{a}$ と $\vec{b}$ は1次独立である。

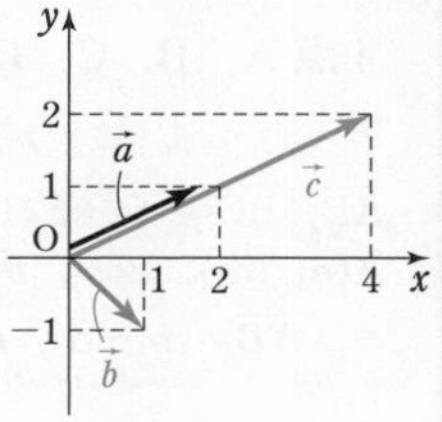

$s\vec{a}+t\vec{c}=\vec{0} \Longrightarrow (2s+4t,\ s+2t)=(0,\ 0)$ ⇐ $\vec{a}\parallel\vec{c}$

$\Longrightarrow 2s+4t=0,\ s+2t=0$

$\Longrightarrow s=-2k,\ t=k$ (k は任意の実数)

よって，$\vec{a}$ と $\vec{c}$ は1次従属である。

一般に，2つのベクトル $\vec{a}$，$\vec{b}$ について，次のことが成り立つ。

$\vec{a}$ と $\vec{b}$ が1次独立 $\Longleftrightarrow$ $\vec{a}\neq\vec{0}$，$\vec{b}\neq\vec{0}$，$\vec{a}\nparallel\vec{b}$

また，2つのベクトル $\vec{a}$，$\vec{b}$ が1次独立であるとき，3つ目のベクトル $\vec{c}$ をどのようにとっても，$\vec{a}$，$\vec{b}$，$\vec{c}$ は1次従属になる。

$\vec{a}$ と $\vec{b}$ が1次独立のとき，任意の $\vec{c}$ は，$\vec{a}$ と $\vec{b}$ の1次結合で表される。

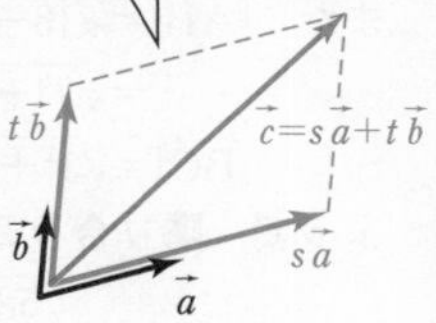

証明　$\vec{a}$，$\vec{b}$ が1次独立であるとき，同じ平面上の $\vec{c}$ は $\vec{c}=s\vec{a}+t\vec{b}$ の形に，ただ1通りに表される。変形して

$$s\vec{a}+t\vec{b}+(-1)\vec{c}=\vec{0}$$

$s\vec{a}+t\vec{b}+u\vec{c}=\vec{0}$ を満たす同時には0でない s，t，u が存在するから，$\vec{a}$，$\vec{b}$，$\vec{c}$ は1次従属である。

⇐ 3つ以上のベクトルに関する1次独立および1次従属については，下の inf. を参照。

$p.289$，298 で学んだことと合わせ，次のことは重要であるから，ここにまとめておく。

平面上で $\vec{a}\neq\vec{0}$，$\vec{b}\neq\vec{0}$，$\vec{a}\nparallel\vec{b}$ のとき，次のことが成り立つ。

① **任意のベクトル $\vec{p}$ は $\vec{p}=s\vec{a}+t\vec{b}$ の形に，ただ1通りに表される。**

② **$s\vec{a}+t\vec{b}=\vec{0} \Longleftrightarrow s=t=0$**

inf.　n 個のベクトル $\vec{a_1}$，$\vec{a_2}$，……，$\vec{a_n}$ と n 個の実数 k_1，k_2，……，k_n について

$$k_1\vec{a_1}+k_2\vec{a_2}+\cdots\cdots+k_n\vec{a_n}=\vec{0} \quad \text{ならば} \quad k_1=k_2=\cdots\cdots=k_n=0$$

が成り立つとき，これら n 個のベクトルは **1次独立** であるという。また，1次独立でないベクトルは，**1次従属** であるという。

基本 例題 9 平行四辺形の辺とベクトル

4 点 A(−1, 1), B(6, 4), C(7, 6), D(a, b) を頂点とする四角形 ABCD が平行四辺形になるように，a，b の値を定めよ。また，このとき，平行四辺形 ABCD の隣り合う 2 辺の長さと対角線の長さを，それぞれ求めよ。

p. 297 基本事項 1，2，基本 49

CHART & SOLUTION

4 点 A，B，C，D が一直線上にないとき

四角形 ABCD が平行四辺形 $\Longleftrightarrow \overrightarrow{AD}=\overrightarrow{BC}$

$\overrightarrow{AD}$，$\overrightarrow{BC}$ をそれぞれ成分で表し，a，b の値を求める。

A(a_1, a_2)，B(b_1, b_2) のとき

$$\overrightarrow{AB}=(b_1-a_1,\ b_2-a_2),\quad AB=|\overrightarrow{AB}|=\sqrt{(b_1-a_1)^2+(b_2-a_2)^2}$$

解答

四角形 ABCD が平行四辺形になるのは，$\overrightarrow{AD}=\overrightarrow{BC}$ のときであるから

$$(a-(-1),\ b-1)=(7-6,\ 6-4)$$

よって　$a+1=1$，$b-1=2$

したがって　$\boldsymbol{a=0}$，$\boldsymbol{b=3}$

また　$|\overrightarrow{AB}|=\sqrt{\{6-(-1)\}^2+(4-1)^2}$

$=\sqrt{7^2+3^2}=\sqrt{58}$

$|\overrightarrow{BC}|=\sqrt{1^2+2^2}=\sqrt{5}$

よって，**隣り合う 2 辺の長さは**

$\sqrt{58}$，$\sqrt{5}$

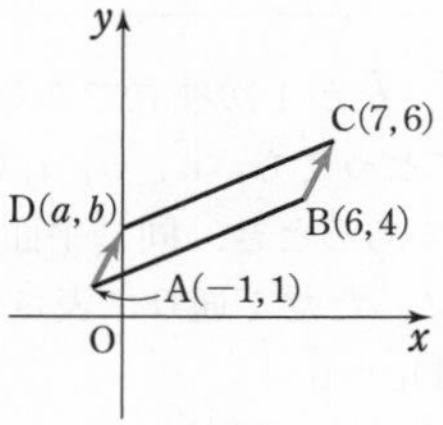

対角線の長さは $|\overrightarrow{AC}|$，$|\overrightarrow{BD}|$ である。

$|\overrightarrow{AC}|=\sqrt{\{7-(-1)\}^2+(6-1)^2}=\sqrt{8^2+5^2}=\sqrt{89}$

$|\overrightarrow{BD}|=\sqrt{(0-6)^2+(3-4)^2}=\sqrt{(-6)^2+(-1)^2}=\sqrt{37}$

したがって，**対角線の長さは**　$\sqrt{89}$，$\sqrt{37}$

⇐ $\overrightarrow{AB}=\overrightarrow{DC}$ から考えてもよい。

⇐ $\overrightarrow{AD}$ の成分は
(D の x 座標 − A の x 座標，D の y 座標 − A の y 座標)
「後 (終点) − 前 (始点)」ととらえると覚えやすい。

⇐ 隣り合う 2 辺の長さは $|\overrightarrow{AB}|$，$|\overrightarrow{BC}|$ である。

inf. 平面上の異なる 4 点 A，B，C，D が一直線上にあり，$\overrightarrow{AD}=\overrightarrow{BC}$ を満たす場合，4 点 A，B，C，D を結んでも四角形はできない。

INFORMATION　4 点 A，B，C，D を頂点とする平行四辺形

上の例題で，「平行四辺形 ABCD」というと 1 つに決まるが，「4 点 A，B，C，D を頂点とする平行四辺形」というと 1 つには決まらずに，全部で 3 つの平行四辺形が考えられる (EXERCISES 12 参照)。

PRACTICE 9❷

4 点 A(−2, 3), B(2, x), C(8, 2), D(y, 7) を頂点とする四角形 ABCD が平行四辺形になるように，x，y の値を定めよ。また，このとき，平行四辺形 ABCD の対角線の交点を E として，線分 BE の長さを求めよ。

基本 例題 10 ベクトルの大きさの最小値（成分）

$\vec{a}=(2,\ 1)$, $\vec{b}=(-4,\ 3)$ がある。実数 t を変化させるとき，$\vec{c}=\vec{a}+t\vec{b}$ の大きさの最小値と，そのときの t の値を求めよ。〔類 関東学院大〕

p.297 基本事項 1，基本 18，50

CHART & SOLUTION

$|\vec{a}+t\vec{b}|$ の最小値

$|\vec{a}+t\vec{b}|^2$ の最小値を考える

$|\vec{a}+t\vec{b}|$ を t で表すと $\sqrt{\ }$ が現れるから，そのままでは扱いにくい。
$|\vec{a}+t\vec{b}|\geqq 0$ であるから，次のことが成り立つ。

$|\vec{a}+t\vec{b}|^2$ が最小となるとき，$|\vec{a}+t\vec{b}|$ も最小となる

このことを利用して，まず，$|\vec{a}+t\vec{b}|^2$（**t の 2 次式**）の最小値を求める。
2 次式の最小値 ⟶ 2 次式を平方完成して基本形に変形

解答

$\vec{c}=\vec{a}+t\vec{b}=(2,\ 1)+t(-4,\ 3)=(2-4t,\ 1+3t)$

よって　$|\vec{c}|^2=(2-4t)^2+(1+3t)^2$
$=25t^2-10t+5$
$=25\left(t-\frac{1}{5}\right)^2+4$

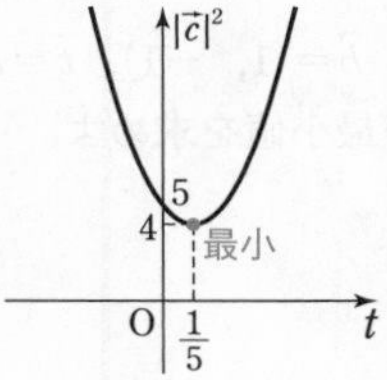

ゆえに，$|\vec{c}|^2$ は $t=\frac{1}{5}$ のとき最小値 4 をとる。
$|\vec{c}|\geqq 0$ であるから，このとき $|\vec{c}|$ も最小となる。
したがって，$|\vec{c}|$ は $t=\frac{1}{5}$ のとき **最小値 $\sqrt{4}=2$** をとる。

⇦ 2 次式は基本形へ
$25t^2-10t+5$
$=25\left(t^2-\frac{2}{5}t\right)+5$
$=25\left\{\left(t-\frac{1}{5}\right)^2-\left(\frac{1}{5}\right)^2\right\}+5$
$=25\left(t-\frac{1}{5}\right)^2-25\left(\frac{1}{5}\right)^2+5$

⇦ この断りは重要。

注意　ベクトルの大きさの最小値を求める問題は基本例題 18 でも学ぶ。

INFORMATION ―― $|\vec{a}+t\vec{b}|$ の最小値の図形的意味

$\vec{a}=\overrightarrow{OA}$, $\vec{b}=\overrightarrow{OB}$, $\vec{c}=\vec{a}+t\vec{b}=\overrightarrow{OC}$ とする。
t が変化するとき，点Cは，点Aを通り $\vec{b}$ に平行な直線 ℓ 上を動く。⟵ p.343 の基本事項 1 参照。
したがって，$|\vec{c}|=|\vec{a}+t\vec{b}|=|\overrightarrow{OC}|$ が最小になるのは，$\overrightarrow{OC}\perp\ell$ のときである。すなわち，点Cが，原点Oから直線 ℓ に下ろした垂線と直線 ℓ の交点Hに一致するときであり，このとき OH=2 となる。

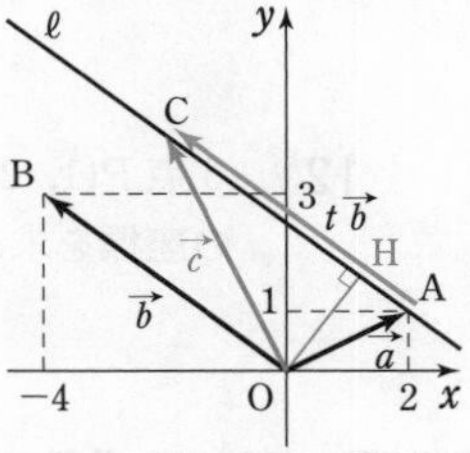

PRACTICE 10③

2 つのベクトル $\vec{a}=(11,\ -2)$ と $\vec{b}=(-4,\ 3)$ に対して $\vec{c}=\vec{a}+t\vec{b}$ とおく。実数 t が変化するとき，$|\vec{c}|$ の最小値は ア□，そのときの t の値は イ□ である。〔摂南大〕

EXERCISES　　2 ベクトルの成分

A

7[2] ベクトル $\vec{a}=(1,\ -2)$，$\vec{b}=(1,\ 1)$ に対し，ベクトル $t\vec{a}+\vec{b}$ の大きさが $\sqrt{5}$ となる t の値を求めよ。 → p.297 1

8[2] $\vec{a}=(1,\ 1)$，$\vec{b}=(1,\ 3)$ とする。

(1) $\vec{c}=(-4,\ 3)$ を $k\vec{a}+l\vec{b}$ (k，l は実数) の形に表せ。

(2) $\vec{x}+2\vec{y}=\vec{a}$，$\vec{x}-3\vec{y}=\vec{b}$ を満たす $\vec{x}$，$\vec{y}$ を成分で表せ。 → 6, 7

9[3] 平面ベクトル $\vec{a}=(1,\ 3)$，$\vec{b}=(2,\ 8)$，$\vec{c}=(x,\ y)$ がある。$\vec{c}$ は $2\vec{a}+\vec{b}$ に平行で，$|\vec{c}|=\sqrt{53}$ である。このとき，x，y の値を求めよ。 〔岩手大〕 → 8

10[3] $\vec{a}=(2,\ 3)$，$\vec{b}=(1,\ -1)$，$\vec{t}=\vec{a}+k\vec{b}$ とする。$-2\leqq k\leqq 2$ のとき，$|\vec{t}|$ の最大値および最小値を求めよ。 〔東京電機大〕 → 10

B

11[3] 座標平面上に 3 定点 A，B，C と動点 P があって，$\overrightarrow{AB}=(3,\ 1)$，$\overrightarrow{BC}=(1,\ 2)$ であり，$\overrightarrow{AP}$ が実数 t を用いて $\overrightarrow{AP}=(2t,\ 3t)$ と表されるとき

(1) $\overrightarrow{PB}$，$\overrightarrow{PC}$ を求めよ。

(2) $\overrightarrow{PC}$ が $\overrightarrow{AB}$ と平行であるときの t の値を求めよ。

(3) $\overrightarrow{PA}$ と $\overrightarrow{PB}$ の大きさが等しいときの t の値を求めよ。 〔新潟大〕 → 8

12[3] 3 点 P(1, 2)，Q(3, −2)，R(4, 1) を頂点とする平行四辺形の第 4 の頂点 S の座標を求めよ。 → 9

HINT

11 (1) **分割 ⟶ 成分の計算**

(2) $\vec{0}$ でない 2 つのベクトル $\vec{a}=(a_1,\ a_2)$，$\vec{b}=(b_1,\ b_2)$ について，次のことを利用。

$$\vec{a}\parallel\vec{b} \iff \vec{b}=k\vec{a}\ (k\text{ は実数}) \iff a_1b_2-a_2b_1=0$$

(3) $|\overrightarrow{PA}|=|\overrightarrow{PB}| \iff |\overrightarrow{PA}|^2=|\overrightarrow{PB}|^2$

12 頂点の順序に指定がないから，3 通り (四角形 PQRS，PQSR，PSQR) の場合がある。
四角形 ABCD が平行四辺形 $\iff$ $\overrightarrow{AD}=\overrightarrow{BC}$ を利用。

3 ベクトルの内積

基本事項

1 ベクトルの内積の定義

$\vec{0}$ でない 2 つのベクトル $\vec{a}$ と $\vec{b}$ の **なす角** を θ とするとき，$|\vec{a}||\vec{b}|\cos\theta$ を $\vec{a}$ と $\vec{b}$ の **内積** といい，$\vec{a}\cdot\vec{b}$ で表す。すなわち，内積 $\vec{a}\cdot\vec{b}$ は

$$\vec{a}\cdot\vec{b}=|\vec{a}||\vec{b}|\cos\theta \qquad \text{ただし}\quad 0^\circ \leqq \theta \leqq 180^\circ$$

$\vec{a}=\vec{0}$ または $\vec{b}=\vec{0}$ のときは $\vec{a}\cdot\vec{b}=0$ と定める。

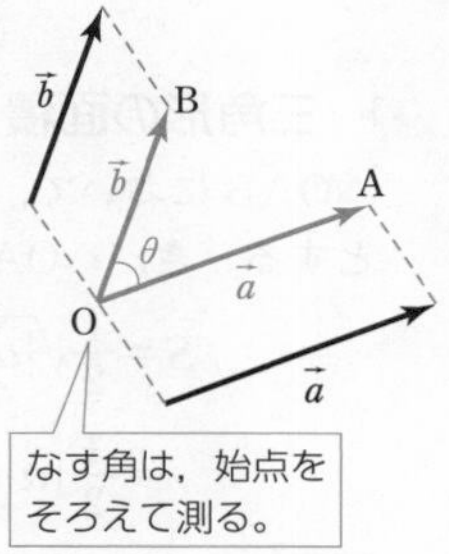

注意　2 つのベクトルの内積は，ベクトルではなく実数（スカラー）である。
内積 $\vec{a}\cdot\vec{b}$ は $\vec{a}\vec{b}$ と書いてはいけない。「・」を省略しないこと。また，「×」を用いて $\vec{a}\times\vec{b}$ と書いてはいけない。

2 内積と成分

$\vec{a}=(a_1,\ a_2)$，$\vec{b}=(b_1,\ b_2)$ とする。

1　**内積**　$\vec{a}\cdot\vec{b}=a_1b_1+a_2b_2$

2　**なす角の余弦**　$\vec{a}\neq\vec{0}$，$\vec{b}\neq\vec{0}$ のとき，$\vec{a}$ と $\vec{b}$ のなす角を θ とすると

$$\cos\theta=\frac{\vec{a}\cdot\vec{b}}{|\vec{a}||\vec{b}|}=\frac{a_1b_1+a_2b_2}{\sqrt{a_1^2+a_2^2}\sqrt{b_1^2+b_2^2}} \qquad \text{ただし}\quad 0^\circ\leqq\theta\leqq180^\circ$$

3 内積と平行・垂直条件

$\vec{a}\neq\vec{0}$，$\vec{b}\neq\vec{0}$，$\vec{a}=(a_1,\ a_2)$，$\vec{b}=(b_1,\ b_2)$ とする。

[1]　**平行条件**　$\vec{a}\parallel\vec{b} \iff \vec{a}\cdot\vec{b}=\pm|\vec{a}||\vec{b}| \iff a_1b_2-a_2b_1=0$

[2]　**垂直条件**　$\vec{a}\perp\vec{b} \iff \vec{a}\cdot\vec{b}=0 \qquad \iff a_1b_1+a_2b_2=0$

解説　内積の定義　$\vec{a}\cdot\vec{b}=|\vec{a}||\vec{b}|\cos\theta=a_1b_1+a_2b_2$　から導かれる。

[1]　**平行条件**

$$\begin{aligned}\vec{a}\parallel\vec{b} &\iff \vec{a} \text{ と } \vec{b} \text{ のなす角 } \theta \text{ が } 0^\circ \text{（同じ向き）または } 180^\circ \text{（反対向き）}\\ &\iff \cos\theta=1 \quad \text{または} \quad \cos\theta=-1\\ &\iff \vec{a}\cdot\vec{b}=|\vec{a}||\vec{b}| \quad \text{または} \quad \vec{a}\cdot\vec{b}=-|\vec{a}||\vec{b}|\end{aligned}$$

また，$\vec{a}\cdot\vec{b}=\pm|\vec{a}||\vec{b}|$ より，$(\vec{a}\cdot\vec{b})^2-|\vec{a}|^2|\vec{b}|^2=0$ であるから

$$\begin{aligned}(a_1b_1+a_2b_2)^2-(a_1^2+a_2^2)(b_1^2+b_2^2)&=-(a_1^2b_2^2-2a_1a_2b_1b_2+a_2^2b_1^2)\\ &=-(a_1b_2-a_2b_1)^2=0\end{aligned}$$

したがって　$a_1b_2-a_2b_1=0$（$p.300$ も参照）

[2]　**垂直条件**　$\vec{0}$ でない 2 つのベクトル $\vec{a}$，$\vec{b}$ のなす角 θ が $\theta=90^\circ$ のとき，$\vec{a}$ と $\vec{b}$ は **垂直** であるといい，$\vec{a}\perp\vec{b}$ と書く。

$$\begin{aligned}\vec{a}\perp\vec{b} &\iff \vec{a} \text{ と } \vec{b} \text{ のなす角 } \theta \text{ が } 90^\circ\\ &\iff \cos\theta=0\\ &\iff \vec{a}\cdot\vec{b}=0\\ &\iff a_1b_1+a_2b_2=0\end{aligned}$$

4 内積の性質

1 $\vec{a}\cdot\vec{a}=|\vec{a}|^2$

2 $\vec{a}\cdot\vec{b}=\vec{b}\cdot\vec{a}$

3 $(\vec{a}+\vec{b})\cdot\vec{c}=\vec{a}\cdot\vec{c}+\vec{b}\cdot\vec{c}$

4 $\vec{a}\cdot(\vec{b}+\vec{c})=\vec{a}\cdot\vec{b}+\vec{a}\cdot\vec{c}$

5 $(k\vec{a})\cdot\vec{b}=\vec{a}\cdot(k\vec{b})=k(\vec{a}\cdot\vec{b})$ $[=k\vec{a}\cdot\vec{b}]$ ただし，k は実数。

補足 1より，$\vec{a}\cdot\vec{a}\geqq 0$，$|\vec{a}|=\sqrt{\vec{a}\cdot\vec{a}}$ が成り立つ。
なお，$\vec{a}\cdot\vec{a}$ を $\vec{a}^2$ とは書かないことに注意。

5 三角形の面積

△OAB において，$\overrightarrow{\mathrm{OA}}=\vec{a}=(a_1,\ a_2)$，$\overrightarrow{\mathrm{OB}}=\vec{b}=(b_1,\ b_2)$
とするとき，△OAB の面積 S は

$$S=\frac{1}{2}\sqrt{|\vec{a}|^2|\vec{b}|^2-(\vec{a}\cdot\vec{b})^2}$$

$$=\frac{1}{2}|a_1b_2-a_2b_1|$$

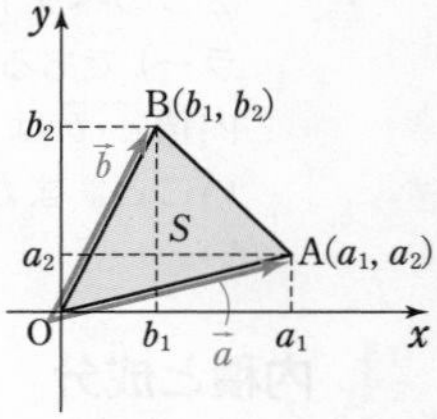

証明は $p.316$ STEP UP 参照。

補足 頂点がいずれも原点ではない △PQR の場合には，1つの頂点をベクトルの始点にとって考えればよい。例えば，点Pを始点として，$\overrightarrow{\mathrm{PQ}}=\vec{x}=(x_1,\ x_2)$，
$\overrightarrow{\mathrm{PR}}=\vec{y}=(y_1,\ y_2)$ とすると，面積 S は

$$S=\frac{1}{2}\sqrt{|\vec{x}|^2|\vec{y}|^2-(\vec{x}\cdot\vec{y})^2}=\frac{1}{2}|x_1y_2-x_2y_1|$$

CHECK & CHECK

8 次のベクトル $\vec{a}$，$\vec{b}$ について，内積 $\vec{a}\cdot\vec{b}$ を求めよ。

(1) $|\vec{a}|=1$，$|\vec{b}|=3$ で $\vec{a}$ と $\vec{b}$ のなす角が $60°$

(2) $|\vec{a}|=2$，$|\vec{b}|=4$ で $\vec{a}$ と $\vec{b}$ のなす角が $135°$ 　1

9 次の2つのベクトル $\vec{a}$，$\vec{b}$ の内積を求めよ。

(1) $\vec{a}=(1,\ -2)$，$\vec{b}=(6,\ 3)$　　(2) $\vec{a}=(\sqrt{3},\ -3)$，$\vec{b}=(0,\ 1)$ 　2

10 次の2つのベクトル $\vec{a}$，$\vec{b}$ のなす角 θ を求めよ。

(1) $\vec{a}=(3,\ 1)$，$\vec{b}=(1,\ 2)$　　(2) $\vec{a}=(1,\ -\sqrt{3})$，$\vec{b}=(2,\ 0)$

(3) $\vec{a}=(2,\ 3)$，$\vec{b}=\left(-\frac{3}{4},\ \frac{1}{2}\right)$　　(4) $\vec{a}=(1,\ -2)$，$\vec{b}=(-\sqrt{2},\ 2\sqrt{2})$

2

11 次の2つのベクトルが垂直になるような x の値を求めよ。

(1) $\vec{a}=(3,\ 2)$，$\vec{b}=(x,\ 6)$　　(2) $\vec{a}=(3,\ x)$，$\vec{b}=(-1,\ \sqrt{3})$ 　3

基本 例題 11 三角形と内積

$\angle A=90°$, $AB=1$, $BC=2$ の $\triangle ABC$ において，次の内積を求めよ。

(1) $\overrightarrow{BA}\cdot\overrightarrow{BC}$　　(2) $\overrightarrow{AB}\cdot\overrightarrow{BC}$　　(3) $\overrightarrow{AC}\cdot\overrightarrow{CA}$

p.305 基本事項 1

CHART & SOLUTION

内積（2つのベクトルの始点が異なる場合）

なす角 θ は始点をそろえて測る ……❗

例えば，(2) で $\overrightarrow{AB}$ と $\overrightarrow{BC}$ のなす角を $\angle ABC$ と考えるのは誤りである。このような場合，2つのベクトル $\overrightarrow{AB}$, $\overrightarrow{BC}$ の始点をそろえてから，なす角を求める。

解答

$\angle A=90°$, $AB=1$, $BC=2$ から

$\angle B=60°$, $AC=\sqrt{3}$

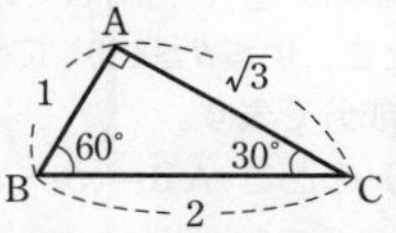

(1) $\overrightarrow{BA}$ と $\overrightarrow{BC}$ のなす角は 60° であるから

$\overrightarrow{BA}\cdot\overrightarrow{BC}=|\overrightarrow{BA}||\overrightarrow{BC}|\cos 60°$

$=1\times 2\times\dfrac{1}{2}=\mathbf{1}$

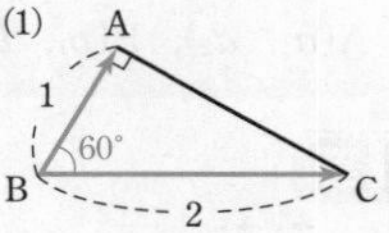

❗ (2) 図のように $\overrightarrow{AB}=\overrightarrow{BD}$ となる点Dをとる。$\overrightarrow{AB}$ と $\overrightarrow{BC}$ のなす角（$\overrightarrow{BD}$ と $\overrightarrow{BC}$ のなす角）は 120° であるから

$\overrightarrow{AB}\cdot\overrightarrow{BC}=|\overrightarrow{AB}||\overrightarrow{BC}|\cos 120°$

$=1\times 2\times\left(-\dfrac{1}{2}\right)=\mathbf{-1}$

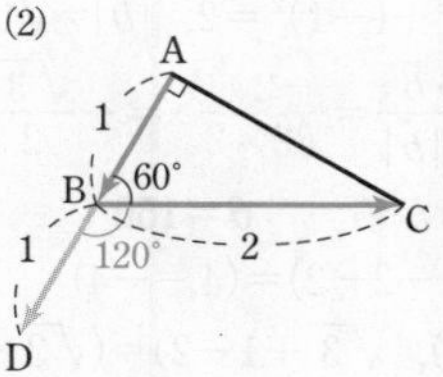

⇐ 始点をBにそろえる。

inf. $\overrightarrow{BC}=\overrightarrow{AD'}$ となる点 D′ をとって（始点をAにそろえる）なす角を求めても結果は同じ。

別解 (2) $\overrightarrow{AB}\cdot\overrightarrow{BC}$

$=(-\overrightarrow{BA})\cdot\overrightarrow{BC}$

$=-|\overrightarrow{BA}||\overrightarrow{BC}|\cos 60°$

$=-1\times 2\times\dfrac{1}{2}=-1$

❗ (3) 図のように $\overrightarrow{AC}=\overrightarrow{CE}$ となる点Eをとる。$\overrightarrow{AC}$ と $\overrightarrow{CA}$ のなす角（$\overrightarrow{CE}$ と $\overrightarrow{CA}$ のなす角）は 180° であるから

$\overrightarrow{AC}\cdot\overrightarrow{CA}=|\overrightarrow{AC}||\overrightarrow{CA}|\cos 180°$

$=\sqrt{3}\times\sqrt{3}\times(-1)$

$=\mathbf{-3}$

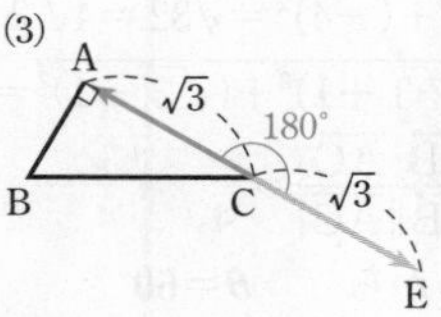

⇐ 始点をCにそろえる。

⇐ なす角は 0° ではない。

別解 (3) $\overrightarrow{AC}\cdot\overrightarrow{CA}$

$=\overrightarrow{AC}\cdot(-\overrightarrow{AC})$

$=-|\overrightarrow{AC}|^2=-3$

PRACTICE 11②

$\triangle ABC$ において，$AB=\sqrt{2}$, $BC=\sqrt{3}+1$, $CA=2$, $\angle B=45°$, $\angle C=30°$ であるとき，次の内積を求めよ。

(1) $\overrightarrow{BA}\cdot\overrightarrow{BC}$　　(2) $\overrightarrow{CA}\cdot\overrightarrow{CB}$　　(3) $\overrightarrow{AB}\cdot\overrightarrow{BC}$　　(4) $\overrightarrow{BC}\cdot\overrightarrow{CA}$

基本 例題 12 内積の計算，ベクトルのなす角

(1) $\vec{a}=(\sqrt{3},\ -1)$，$\vec{b}=(-1,\ \sqrt{3})$ のとき，$\vec{a}$，$\vec{b}$ の内積と，そのなす角 θ を求めよ。

(2) 3点 A$(-1,\ 2)$，B$(3,\ -2)$，C$(\sqrt{3},\ \sqrt{3}+1)$ について，$\overrightarrow{AB}$，$\overrightarrow{AC}$ の内積と，そのなす角 θ を求めよ。

p.305 基本事項 2

CHART & SOLUTION

成分による内積 $\vec{a}=(a_1,\ a_2)$，$\vec{b}=(b_1,\ b_2)$ とし，$\vec{a}$，$\vec{b}$ のなす角を θ とする。

$$\vec{a}\cdot\vec{b}=a_1b_1+a_2b_2 \quad \cdots\cdots Ⓐ \qquad \cos\theta=\frac{\vec{a}\cdot\vec{b}}{|\vec{a}||\vec{b}|} \quad \cdots\cdots Ⓑ$$

成分が与えられたベクトルの内積は Ⓐ を利用して計算する。
また，ベクトルのなす角 θ は Ⓑ を利用して，三角方程式 $\cos\theta=\alpha$ $(-1\leqq\alpha\leqq1)$ を解く問題に帰着させる。このとき，**$0°\leqq\theta\leqq180°$** に注意する。

(2) まず，$\overrightarrow{AB}$，$\overrightarrow{AC}$ を成分で表す。
A$(a_1,\ a_2)$，B$(b_1,\ b_2)$ のとき **$\overrightarrow{AB}=(b_1-a_1,\ b_2-a_2)$**

解答

(1) $\vec{a}\cdot\vec{b}=\sqrt{3}\times(-1)+(-1)\times\sqrt{3}=\mathbf{-2\sqrt{3}}$

また $|\vec{a}|=\sqrt{(\sqrt{3})^2+(-1)^2}=2$，$|\vec{b}|=\sqrt{(-1)^2+(\sqrt{3})^2}=2$

よって $\cos\theta=\dfrac{\vec{a}\cdot\vec{b}}{|\vec{a}||\vec{b}|}=\dfrac{-2\sqrt{3}}{2\times2}=-\dfrac{\sqrt{3}}{2}$

$0°\leqq\theta\leqq180°$ であるから $\mathbf{\theta=150°}$

(2) $\overrightarrow{AB}=(3-(-1),\ -2-2)=(4,\ -4)$

$\overrightarrow{AC}=(\sqrt{3}-(-1),\ \sqrt{3}+1-2)=(\sqrt{3}+1,\ \sqrt{3}-1)$

よって $\overrightarrow{AB}\cdot\overrightarrow{AC}=4\times(\sqrt{3}+1)+(-4)\times(\sqrt{3}-1)=\mathbf{8}$

また $|\overrightarrow{AB}|=\sqrt{4^2+(-4)^2}=\sqrt{32}=4\sqrt{2}$

$|\overrightarrow{AC}|=\sqrt{(\sqrt{3}+1)^2+(\sqrt{3}-1)^2}=\sqrt{8}=2\sqrt{2}$

ゆえに $\cos\theta=\dfrac{\overrightarrow{AB}\cdot\overrightarrow{AC}}{|\overrightarrow{AB}||\overrightarrow{AC}|}=\dfrac{8}{4\sqrt{2}\times2\sqrt{2}}=\dfrac{1}{2}$

$0°\leqq\theta\leqq180°$ であるから $\mathbf{\theta=60°}$

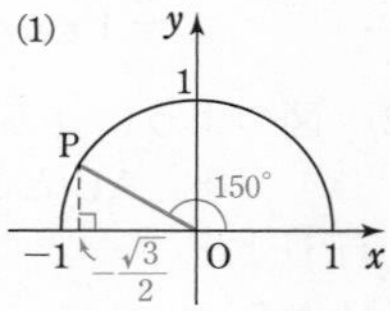

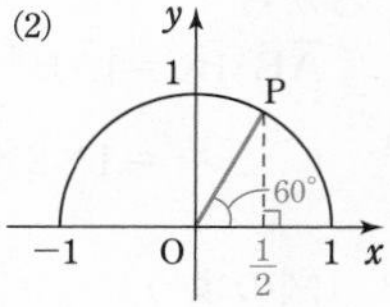

PRACTICE 12②

(1) $\vec{a}=(\sqrt{6},\ \sqrt{2})$，$\vec{b}=(1,\ \sqrt{3})$ のとき，$\vec{a}$，$\vec{b}$ の内積と，そのなす角 θ を求めよ。

(2) $\vec{a}=(2,\ 4)$，$\vec{b}=(2,\ -6)$ のとき，$\vec{a}$，$\vec{b}$ の内積と，そのなす角 θ を求めよ。

(3) 3点 A$(-3,\ 4)$，B$(2\sqrt{3}-2,\ \sqrt{3}+2)$，C$(-4,\ 6)$ について，$\overrightarrow{AB}$，$\overrightarrow{AC}$ の内積と，そのなす角 θ を求めよ。

基本 例題 13 なす角からベクトルを求める

(1) p を正の数とし，ベクトル $\vec{a}=(1,\ 1)$ と $\vec{b}=(1,\ -p)$ があるとする。いま，$\vec{a}$ と $\vec{b}$ のなす角が $60°$ のとき，p の値を求めよ。〔(1) 立教大〕

(2) $\vec{a}=(1,\ -2)$，$\vec{b}=(m,\ n)$ (m と n は正の数) について，$|\vec{b}|=\sqrt{10}$ であり，$\vec{a}$ と $\vec{b}$ のなす角は $135°$ である。このとき，m，n の値を求めよ。基本 12

CHART & SOLUTION

なす角からベクトルを求める $\vec{a}=(a_1,\ a_2)$，$\vec{b}=(b_1,\ b_2)$ とする。

内積を $\vec{a}\cdot\vec{b}=|\vec{a}||\vec{b}|\cos\theta$，$\vec{a}\cdot\vec{b}=a_1b_1+a_2b_2$ の2通りで表す

内積を2通りの方法で表し，これらを等しいとおいた方程式を解けばよい。

(1) では p，(2) では m，n が正の数であることに注意する。

解答

(1) $\vec{a}\cdot\vec{b}=1\times1+1\times(-p)=1-p$ ⇐ 成分による表現。

$|\vec{a}|=\sqrt{1^2+1^2}=\sqrt{2}$，$|\vec{b}|=\sqrt{1^2+(-p)^2}=\sqrt{1+p^2}$

$\vec{a}\cdot\vec{b}=|\vec{a}||\vec{b}|\cos 60°$ から $1-p=\sqrt{2}\sqrt{1+p^2}\times\dfrac{1}{2}$ …… ① ⇐ 定義による表現。

① の両辺を2乗して整理すると $p^2-4p+1=0$ ⇐ $(1-p)^2=\dfrac{1}{2}(1+p^2)$ を整理する。

よって $p=2\pm\sqrt{3}$

ここで，① より，$1-p>0$ であるから $0<p<1$ ⇐ $\sqrt{1+p^2}>0$ であるから，① の右辺は正。よって，① の左辺も正であり，$1-p>0$

ゆえに $\boldsymbol{p=2-\sqrt{3}}$

(2) $|\vec{b}|=\sqrt{10}$ から $|\vec{b}|^2=10$

よって $m^2+n^2=10$ …… ①

$|\vec{a}|=\sqrt{1^2+(-2)^2}=\sqrt{5}$ であるから

$\vec{a}\cdot\vec{b}=|\vec{a}||\vec{b}|\cos 135°=\sqrt{5}\times\sqrt{10}\times\left(-\dfrac{1}{\sqrt{2}}\right)=-5$ ⇐ 定義による表現。

また，$\vec{a}\cdot\vec{b}=1\times m+(-2)\times n=m-2n$ であるから ⇐ 成分による表現。

$m-2n=-5$ ゆえに $m=2n-5$ …… ②

② を ① に代入すると $(2n-5)^2+n^2=10$

整理すると $5n^2-20n+15=0$

よって $n^2-4n+3=0$ ゆえに $(n-1)(n-3)=0$

よって $n=1,\ 3$

② から $n=1$ のとき $m=-3$，$n=3$ のとき $m=1$ ⇐ $m=-3<0$ から不適。

m，n は正の数であるから $\boldsymbol{m=1,\ n=3}$

PRACTICE 13③

(1) $\overrightarrow{OA}=(x,\ 1)$，$\overrightarrow{OB}=(2,\ 1)$ について，$\overrightarrow{OA}$，$\overrightarrow{OB}$ のなす角が $45°$ であるとき，x の値を求めよ。

(2) $\vec{a}=(2,\ -1)$，$\vec{b}=(m,\ n)$ について，$|\vec{b}|=2\sqrt{5}$ であり，$\vec{a}$ と $\vec{b}$ のなす角は $60°$ である。このとき，m，n の値を求めよ。

基本 例題 14 ベクトルの垂直と成分

(1) 2つのベクトル $\vec{a}=(x-1,\ 3)$，$\vec{b}=(1,\ x+1)$ が垂直になるような x の値を求めよ。

(2) ベクトル $\vec{p}=(2,\ 1)$ に垂直で，大きさ $\sqrt{15}$ のベクトル $\vec{q}$ を求めよ。

p. 305 基本事項 3

CHART & SOLUTION

ベクトルの垂直　(内積)＝0 ……❶

注意　$\vec{0}$ でない2つのベクトルのなす角が $90°$ のとき，2つのベクトルは **垂直** であるという。よって，「(内積)＝0 ⟹ 垂直」は，2つのベクトルがともに $\vec{0}$ でないときに限り成り立つ。

(2) $\vec{q}=(x,\ y)$ として，大きさの条件，垂直条件から x，y の条件式を求める。

解答

❶ (1) $\vec{a}\neq\vec{0}$，$\vec{b}\neq\vec{0}$ から，$\vec{a}\perp\vec{b}$ であるための条件は　$\vec{a}\cdot\vec{b}=0$

ここで　$\vec{a}\cdot\vec{b}=(x-1)\times1+3\times(x+1)=4x+2$

よって　$4x+2=0$　　ゆえに　$\boldsymbol{x=-\dfrac{1}{2}}$

← (1) $(x-1,\ 3)\neq\vec{0}$，$(1,\ x+1)\neq\vec{0}$ である。

❶ (2) $\vec{q}=(x,\ y)$ とする。$\vec{p}\perp\vec{q}$ であるから　$\vec{p}\cdot\vec{q}=0$

よって　$2\times x+1\times y=0$

ゆえに　$y=-2x$ ……①

また，$|\vec{q}|=\sqrt{15}$ であるから　$x^2+y^2=15$ ……②

① を ② に代入すると　$x^2+(-2x)^2=15$

整理すると　$x^2=3$　　よって　$x=\pm\sqrt{3}$

① から　$y=\mp2\sqrt{3}$ (複号同順)

したがって　$\boldsymbol{\vec{q}=(\sqrt{3},\ -2\sqrt{3}),\ (-\sqrt{3},\ 2\sqrt{3})}$

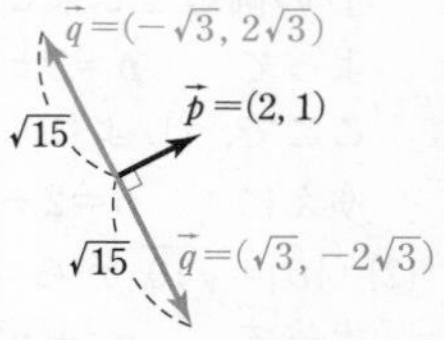

注意　互いに逆向きの2つのベクトルが答えになる。

別解　$\vec{p}=(2,\ 1)$ に垂直なベクトルの1つは $\vec{u}=(-1,\ 2)$ である。

← $\vec{p}=(a,\ b)\neq\vec{0}$ と $\vec{q}=(-b,\ a)$ は垂直である。このことを利用する。

$|\vec{u}|=\sqrt{5}$ であるから，$\vec{u}$ と平行な単位ベクトルは

$$\frac{1}{\sqrt{5}}\vec{u}=\left(-\frac{1}{\sqrt{5}},\ \frac{2}{\sqrt{5}}\right),\ -\frac{1}{\sqrt{5}}\vec{u}=\left(\frac{1}{\sqrt{5}},\ -\frac{2}{\sqrt{5}}\right)$$

← $\dfrac{\vec{u}}{|\vec{u}|}$，$-\dfrac{\vec{u}}{|\vec{u}|}$

よって，求めるベクトル $\vec{q}$ は，

$$\sqrt{15}\left(-\frac{1}{\sqrt{5}},\ \frac{2}{\sqrt{5}}\right),\ \sqrt{15}\left(\frac{1}{\sqrt{5}},\ -\frac{2}{\sqrt{5}}\right)$$

← 大きさが1である単位ベクトルを $\sqrt{15}$ 倍にのばすと，その大きさは $\sqrt{15}$ である。

すなわち　$\boldsymbol{\vec{q}=(-\sqrt{3},\ 2\sqrt{3}),\ (\sqrt{3},\ -2\sqrt{3})}$

PRACTICE 14[2]

(1) 2つのベクトル $\vec{a}=(x+1,\ x)$，$\vec{b}=(x,\ x-2)$ が垂直になるような x の値を求めよ。

(2) ベクトル $\vec{a}=(1,\ -3)$ に垂直である単位ベクトルを求めよ。

基本 例題 15 内積の性質，垂直条件となす角

(1) 等式 $|2\vec{a}+3\vec{b}|^2+|2\vec{a}-3\vec{b}|^2=2(4|\vec{a}|^2+9|\vec{b}|^2)$ を証明せよ。

(2) $|\vec{a}|=2$, $|\vec{b}|=3$ で，$\vec{a}-\vec{b}$ と $6\vec{a}+\vec{b}$ が垂直であるとき，$\vec{a}$ と $\vec{b}$ のなす角 θ を求めよ。

[(2) 武蔵大] p.305, 306 基本事項 2, 3, 4

CHART & SOLUTION

等式の証明

複雑な式を変形して簡単な式へ

垂直条件 $\vec{a}\neq\vec{0}$, $\vec{b}\neq\vec{0}$ のとき

$\vec{a}\perp\vec{b} \iff \vec{a}\cdot\vec{b}=0$

(1) 右辺をこれ以上変形することは難しい。左辺を変形して右辺を導く。
$|\vec{p}|^2=\vec{p}\cdot\vec{p}$ を利用。

(2) まず，内積 $\vec{a}\cdot\vec{b}$ の値を求める。
$(\vec{a}-\vec{b})\perp(6\vec{a}+\vec{b}) \longrightarrow (\vec{a}-\vec{b})\cdot(6\vec{a}+\vec{b})=0$ を利用。

解答

(1) (左辺)$=|2\vec{a}+3\vec{b}|^2+|2\vec{a}-3\vec{b}|^2$

$=(2\vec{a}+3\vec{b})\cdot(2\vec{a}+3\vec{b})+(2\vec{a}-3\vec{b})\cdot(2\vec{a}-3\vec{b})$

$=4|\vec{a}|^2+12\vec{a}\cdot\vec{b}+9|\vec{b}|^2+4|\vec{a}|^2-12\vec{a}\cdot\vec{b}+9|\vec{b}|^2$

$=8|\vec{a}|^2+18|\vec{b}|^2$

$=2(4|\vec{a}|^2+9|\vec{b}|^2)=$(右辺)

よって $|2\vec{a}+3\vec{b}|^2+|2\vec{a}-3\vec{b}|^2=2(4|\vec{a}|^2+9|\vec{b}|^2)$

⇐ $(2a+3b)^2+(2a-3b)^2$ と同じように計算。（詳しくは，p.313 のズームUPを参照。）

(2) $(\vec{a}-\vec{b})\perp(6\vec{a}+\vec{b})$ であるから

$(\vec{a}-\vec{b})\cdot(6\vec{a}+\vec{b})=0$

⇐ (内積)$=0$

よって $6|\vec{a}|^2-5\vec{a}\cdot\vec{b}-|\vec{b}|^2=0$

$|\vec{a}|=2$, $|\vec{b}|=3$ を代入して

$6\times2^2-5\vec{a}\cdot\vec{b}-3^2=0$

ゆえに $\vec{a}\cdot\vec{b}=3$

したがって $\cos\theta=\dfrac{\vec{a}\cdot\vec{b}}{|\vec{a}||\vec{b}|}=\dfrac{3}{2\times3}=\dfrac{1}{2}$

$0^\circ\leqq\theta\leqq180^\circ$ であるから $\boldsymbol{\theta=60^\circ}$

PRACTICE 15 ②

(1) 等式 $\left|\dfrac{1}{2}\vec{a}-\dfrac{1}{3}\vec{b}\right|^2+\left|\dfrac{1}{2}\vec{a}+\dfrac{1}{3}\vec{b}\right|^2=\dfrac{1}{2}|\vec{a}|^2+\dfrac{2}{9}|\vec{b}|^2$ を証明せよ。

(2) $|\vec{a}|=1$, $|\vec{b}|=1$ で，$-3\vec{a}+2\vec{b}$ と $\vec{a}+4\vec{b}$ が垂直であるとき，$\vec{a}$ と $\vec{b}$ のなす角 θ を求めよ。

基本 例題 16 内積と大きさ

(1) $|\vec{a}|=3$, $|\vec{b}|=4$, $\vec{a}\cdot\vec{b}=-1$ のとき，$|\vec{a}+\vec{b}|$ を求めよ。 [(1) 東京電機大]

(2) 2つのベクトル $\vec{a}$, $\vec{b}$ が $|\vec{a}|=2$, $|\vec{b}|=\sqrt{3}$, $|\vec{a}-\vec{b}|=1$ を満たすとき，$|2\vec{a}-3\vec{b}|$ の値を求めよ。 [(2) 岡山理科大]

p.306 基本事項 4

CHART & SOLUTION

ベクトルの大きさと内積

$|\vec{p}|$ は $|\vec{p}|^2=\vec{p}\cdot\vec{p}$ として扱う ……❗

(1) $|\vec{a}+\vec{b}|^2=(\vec{a}+\vec{b})\cdot(\vec{a}+\vec{b})$ として $|\vec{a}+\vec{b}|^2$ を求める。

(2) (1)と同様に，求めるもの $|2\vec{a}-3\vec{b}|$ を2乗すると，$\vec{a}\cdot\vec{b}$ の値が必要になる。そこで，まず条件 $|\vec{a}-\vec{b}|=1$ を2乗した式から $\vec{a}\cdot\vec{b}$ の値を求める。

解答

❗ (1) $|\vec{a}+\vec{b}|^2=(\vec{a}+\vec{b})\cdot(\vec{a}+\vec{b})$

$=|\vec{a}|^2+2\vec{a}\cdot\vec{b}+|\vec{b}|^2$

$=3^2+2(-1)+4^2$

$=23$

$|\vec{a}+\vec{b}|\geqq 0$ であるから

$|\vec{a}+\vec{b}|=\sqrt{23}$

⇐ $|\vec{p}|^2=\vec{p}\cdot\vec{p}$

⇐ $(a+b)^2=a^2+2ab+b^2$ と同じように計算。

注意 $\vec{a}\cdot\vec{a}$ は $(\vec{a})^2$ としないように！

❗ (2) $|\vec{a}-\vec{b}|^2=(\vec{a}-\vec{b})\cdot(\vec{a}-\vec{b})$

$=|\vec{a}|^2-2\vec{a}\cdot\vec{b}+|\vec{b}|^2$

$|\vec{a}|=2$, $|\vec{b}|=\sqrt{3}$, $|\vec{a}-\vec{b}|=1$ であるから

$1^2=2^2-2\vec{a}\cdot\vec{b}+(\sqrt{3})^2$

したがって $\vec{a}\cdot\vec{b}=3$

⇐ $|\vec{p}|^2=\vec{p}\cdot\vec{p}$

⇐ $(a-b)^2=a^2-2ab+b^2$ と同じように計算。

❗ ここで $|2\vec{a}-3\vec{b}|^2=(2\vec{a}-3\vec{b})\cdot(2\vec{a}-3\vec{b})$

$=4|\vec{a}|^2-12\vec{a}\cdot\vec{b}+9|\vec{b}|^2$

$|\vec{a}|=2$, $|\vec{b}|=\sqrt{3}$, $\vec{a}\cdot\vec{b}=3$ であるから

$|2\vec{a}-3\vec{b}|^2=4\times2^2-12\times3+9\times(\sqrt{3})^2$

$=7$

$|2\vec{a}-3\vec{b}|\geqq 0$ であるから

$|2\vec{a}-3\vec{b}|=\sqrt{7}$

⇐ $|\vec{p}|^2=\vec{p}\cdot\vec{p}$

⇐ $(2a-3b)^2=4a^2-12ab+9b^2$ と同じように計算。

PRACTICE 16 ❷

(1) $|\vec{a}|=2$, $|\vec{b}|=3$ で $\vec{a}$ と $\vec{b}$ のなす角が 120° であるとき，$|3\vec{a}-\vec{b}|$ を求めよ。

(2) $|\vec{a}|=|\vec{a}-2\vec{b}|=2$, $|\vec{b}|=1$ のとき，$|2\vec{a}+3\vec{b}|$ を求めよ。

ズームUP ベクトルの大きさの扱い方

基本例題 16 では，ベクトルの大きさ $|\vec{p}|$ を 2 乗した $|\vec{p}|^2$ として扱っています。この考え方について詳しく検討してみましょう。

ベクトルの大きさは 2 乗するのが原則である

基本例題 16 のような，ベクトルの和や差の大きさを求める問題では，$|\vec{a}+\vec{b}|$ や $|2\vec{a}-3\vec{b}|$ はこのままではこれ以上簡単にならない。そこで，ベクトルの大きさを 2 乗して考えるとよい。例えば，$|\vec{a}+\vec{b}|$ について

$$|\vec{a}+\vec{b}|^2=(\vec{a}+\vec{b})\cdot(\vec{a}+\vec{b})$$
$$=|\vec{a}|^2+2\vec{a}\cdot\vec{b}+|\vec{b}|^2 \quad \cdots\cdots ①$$

として変形し，問題で与えられた条件 ($|\vec{a}|$，$|\vec{b}|$，$\vec{a}\cdot\vec{b}$ の値など) を利用する。

このような「$|\vec{p}|$ は $|\vec{p}|^2=\vec{p}\cdot\vec{p}$ として扱う」考え方は，ベクトルの問題を解くときに非常に有効である。

$|\vec{p}|^2$ の変形には内積が出てくることに注意！

上の例のように $|\vec{a}+\vec{b}|^2$ の変形は，通常の文字式 $(a+b)^2$ の展開と同じ要領で計算できる。また，次のように変形した式も似た形になる。

$$(sa+tb)^2=s^2a^2+2stab+t^2b^2$$
⇐ 多項式の展開。

$$|s\vec{a}+t\vec{b}|^2=(s\vec{a}+t\vec{b})\cdot(s\vec{a}+t\vec{b})$$
$$=s^2|\vec{a}|^2+2st\vec{a}\cdot\vec{b}+t^2|\vec{b}|^2 \quad \cdots\cdots ②$$
⇐ ベクトルの大きさの 2 乗の計算。

ここで，展開の公式と比べて a^2 と $|\vec{a}|^2$，ab と $\vec{a}\cdot\vec{b}$，b^2 と $|\vec{b}|^2$ の表現が違うことに注意しよう。また，①，② で変形した式では $\vec{a}$，$\vec{b}$ の内積 $\vec{a}\cdot\vec{b}$ が現れるから，

ベクトルの和や差の大きさを 2 乗することで
内積の関係式をとり出すことができる。

このことは重要なポイントである。

ベクトルの成分が与えられている場合は？

基本例題 10 は，$|\vec{a}+t\vec{b}|$ の最小値を求める問題であった。この問題では成分が，$\vec{a}=(2,\ 1)$，$\vec{b}=(-4,\ 3)$ と与えられており，次のように計算できる。

$$\vec{a}+t\vec{b}=(2,\ 1)+t(-4,\ 3)=(2-4t,\ 1+3t)$$

であるから

$$|\vec{a}+t\vec{b}|=\sqrt{(2-4t)^2+(1+3t)^2}=\cdots\cdots=\sqrt{25\left(t-\frac{1}{5}\right)^2+4}$$

$\sqrt{\ }$ が現れるから，扱いにくそうですね。

成分の場合も，大きさの 2 乗で考えると式が扱いやすくなります。このように，**ベクトルの大きさは 2 乗したものを考える**のが原則ですので，必ず覚えておきましょう。

基本 例題 17 ベクトルの大きさとなす角，垂直条件 ③③③③③

(1) $|\vec{a}|=1$，$|\vec{b}|=3$，$|\vec{a}-\vec{b}|=\sqrt{13}$ のとき，$\vec{a}$ と $\vec{b}$ のなす角 θ を求めよ。

(2) ベクトル $\vec{a}$，$\vec{b}$ について，$|\vec{a}|=3$，$|\vec{b}|=1$，$|\vec{a}-2\vec{b}|=2$ とする。t を実数として，$\vec{a}-t\vec{b}$ と $\vec{a}+\vec{b}$ が垂直になるとき，t の値を求めよ。

p.305，306 基本事項 2，3，4，基本 16

CHART & SOLUTION

ベクトルの大きさの扱い $|\vec{p}|$ は $|\vec{p}|^2$ として扱う

(1) は 2 つのベクトルのなす角を求める問題，(2) は 2 つのベクトルが垂直となる条件を求める問題であり，それぞれ基本例題 15 (2)，基本例題 14 で学んだ。しかし，本問では，ベクトルの大きさについての条件が与えられているから，基本例題 16 (2) と同様に**ベクトルの大きさの 2 乗を考え，内積 $\vec{a}\cdot\vec{b}$ の値を求める**ことから始める。……❗

(1) $|\vec{a}-\vec{b}|=\sqrt{13}$ から　$|\vec{a}|^2-2\vec{a}\cdot\vec{b}+|\vec{b}|^2=13$

(2) $|\vec{a}-2\vec{b}|=2$ から　$|\vec{a}|^2-4\vec{a}\cdot\vec{b}+4|\vec{b}|^2=4$

解答

(1) $|\vec{a}-\vec{b}|^2=|\vec{a}|^2-2\vec{a}\cdot\vec{b}+|\vec{b}|^2$

$=1^2-2\vec{a}\cdot\vec{b}+3^2=10-2\vec{a}\cdot\vec{b}$

$|\vec{a}-\vec{b}|=\sqrt{13}$ より，$|\vec{a}-\vec{b}|^2=13$ であるから

$10-2\vec{a}\cdot\vec{b}=13$

❗ よって　$\vec{a}\cdot\vec{b}=-\dfrac{3}{2}$

したがって　$\cos\theta=\dfrac{\vec{a}\cdot\vec{b}}{|\vec{a}||\vec{b}|}=\dfrac{-\frac{3}{2}}{1\times3}=-\dfrac{1}{2}$

$0°\leqq\theta\leqq180°$ であるから　$\boldsymbol{\theta=120°}$

(2) $|\vec{a}-2\vec{b}|^2=|\vec{a}|^2-4\vec{a}\cdot\vec{b}+4|\vec{b}|^2$

$=3^2-4\vec{a}\cdot\vec{b}+4\times1^2=13-4\vec{a}\cdot\vec{b}$

$|\vec{a}-2\vec{b}|^2=2^2$ であるから　$13-4\vec{a}\cdot\vec{b}=4$

❗ よって　$\vec{a}\cdot\vec{b}=\dfrac{9}{4}$　……①

また，$(\vec{a}-t\vec{b})\perp(\vec{a}+\vec{b})$ から　$(\vec{a}-t\vec{b})\cdot(\vec{a}+\vec{b})=0$

すなわち　$|\vec{a}|^2+(1-t)\vec{a}\cdot\vec{b}-t|\vec{b}|^2=0$

① から　$3^2+(1-t)\times\dfrac{9}{4}-t\times1^2=0$　ゆえに　$\boldsymbol{t=\dfrac{45}{13}}$

inf. (1) $\vec{a}=\overrightarrow{OA}$，$\vec{b}=\overrightarrow{OB}$ とすると OA=1，OB=3，AB$=|\overrightarrow{AB}|=|\vec{b}-\vec{a}|$ $=|\vec{a}-\vec{b}|=\sqrt{13}$

本問の場合，△OAB に余弦定理を適用（下参照）しても θ の値が求められる。

$\cos\theta=\dfrac{1^2+3^2-(\sqrt{13})^2}{2\times1\times3}$

⇐ $|\vec{a}-2\vec{b}|=2$ は $|\vec{a}-2\vec{b}|^2=2^2$ として扱う。

⇐ (内積)=0

PRACTICE 17③

(1) $|\vec{a}|=4$，$|\vec{b}|=\sqrt{3}$，$|2\vec{a}-5\vec{b}|=\sqrt{19}$ のとき，$\vec{a}$，$\vec{b}$ のなす角 θ を求めよ。

(2) $|\vec{a}|=3$，$|\vec{b}|=2$，$|\vec{a}-2\vec{b}|=\sqrt{17}$ のとき，$\vec{a}+\vec{b}$ と $\vec{a}+t\vec{b}$ が垂直であるような実数 t の値を求めよ。

基本 例題 18 ベクトルの大きさの最小値（内積）

$|\vec{a}|=2$, $|\vec{b}|=3$, $\vec{a}\cdot\vec{b}=-3$ のとき，$P=|\vec{a}+t\vec{b}|$ を最小にする実数 t の値と，そのときの最小値を求めよ。

基本 10, 16

CHART & SOLUTION

$|\vec{a}+t\vec{b}|$ の最小値

$|\vec{a}+t\vec{b}|^2$ の最小値を考える

基本例題 10 と似た問題であるが，この問題では，ベクトルの成分ではなく，大きさや内積の値が与えられている。P^2 を計算することで，t の 2 次式で表すことができる。

解答

$P=|\vec{a}+t\vec{b}|$ から

$$P^2=|\vec{a}|^2+2t\vec{a}\cdot\vec{b}+t^2|\vec{b}|^2$$

$|\vec{a}|=2$, $|\vec{b}|=3$, $\vec{a}\cdot\vec{b}=-3$ であるから

$$P^2=2^2+2t\times(-3)+t^2\times3^2$$
$$=9t^2-6t+4$$
$$=9\left(t-\frac{1}{3}\right)^2+3$$

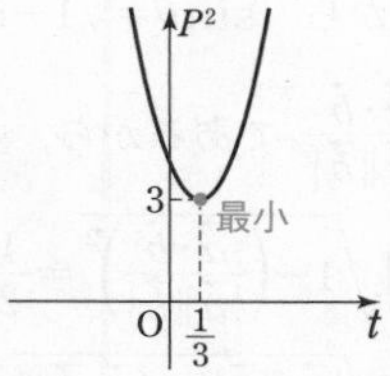

よって，P^2 は $t=\frac{1}{3}$ のとき最小値 3 をとる。

$P\geqq0$ であるから，このとき P も最小となる。

したがって，P は $t=\frac{1}{3}$ のとき **最小値 $\sqrt{3}$** をとる。

⇦ $9t^2-6t+4$
$=9\left(t^2-\frac{2}{3}t\right)+4$
$=9\left\{\left(t-\frac{1}{3}\right)^2-\left(\frac{1}{3}\right)^2\right\}+4$
$=9\left(t-\frac{1}{3}\right)^2-9\left(\frac{1}{3}\right)^2+4$

inf. $(\vec{a}+t\vec{b})\perp\vec{b}$ となるとき，$|\vec{a}+t\vec{b}|$ は最小になる。図形的意味は $p.303$ 参照。

INFORMATION —— $|\vec{a}+t\vec{b}|^2$ の求め方

〔方法 1〕 基本例題 10 のように，$\vec{a}$, $\vec{b}$ の成分表示が与えられている場合には，$\vec{a}+t\vec{b}$ を成分表示し，$|\vec{a}+t\vec{b}|^2$ を t の式で表す。

〔方法 2〕 基本例題 18 のように，$|\vec{a}|$, $|\vec{b}|$, $\vec{a}\cdot\vec{b}$ が与えられている場合には，$|\vec{a}+t\vec{b}|^2=|\vec{a}|^2+2t\vec{a}\cdot\vec{b}+t^2|\vec{b}|^2$ ……① を用いて t の式で表す。

基本例題 10 を〔方法 2〕で解くと，$\vec{a}=(2,\ 1)$, $\vec{b}=(-4,\ 3)$ から

$|\vec{a}|=\sqrt{5}$, $|\vec{b}|=5$, $\vec{a}\cdot\vec{b}=-5$

これを ① に代入して t の式で表す。

PRACTICE 18③

ベクトル $\vec{a}$, $\vec{b}$ について，$|\vec{a}|=2$, $|\vec{b}|=1$, $|\vec{a}+3\vec{b}|=3$ とする。このとき，内積 $\vec{a}\cdot\vec{b}$ の値は $\vec{a}\cdot\vec{b}=$ ア[ ] である。また t が実数全体を動くとき $|\vec{a}+t\vec{b}|$ の最小値は イ[ ] である。

〔慶応大〕

STEP UP ベクトルによる三角形の面積公式の導出

$p.306$ 基本事項 5 で示した三角形の面積を求める公式を証明しよう。公式は 2 通りあり，前半でベクトルによる式，後半でベクトルの成分による式を扱う。

△OAB において，$\overrightarrow{\mathrm{OA}}=\vec{a}$，$\overrightarrow{\mathrm{OB}}=\vec{b}$ のとき，
△OAB の面積 S は

$$S=\frac{1}{2}\sqrt{|\vec{a}|^2|\vec{b}|^2-(\vec{a}\cdot\vec{b})^2}$$

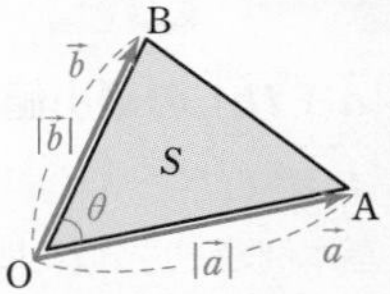

証明▶ $\angle\mathrm{AOB}=\theta$ $(0°<\theta<180°)$ とすると　$S=\frac{1}{2}\mathrm{OA}\cdot\mathrm{OB}\sin\theta=\frac{1}{2}|\vec{a}||\vec{b}|\sin\theta$

$\sin\theta>0$ であるから　$\sin\theta=\sqrt{1-\cos^2\theta}$　よって　$S=\frac{1}{2}|\vec{a}||\vec{b}|\sqrt{1-\cos^2\theta}$

また，$\cos\theta=\dfrac{\vec{a}\cdot\vec{b}}{|\vec{a}||\vec{b}|}$ であるから，これを代入すると　⇐ 内積の定義から。

$$S=\frac{1}{2}|\vec{a}||\vec{b}|\sqrt{1-\left(\frac{\vec{a}\cdot\vec{b}}{|\vec{a}||\vec{b}|}\right)^2}=\frac{1}{2}|\vec{a}||\vec{b}|\sqrt{\frac{(|\vec{a}||\vec{b}|)^2-(\vec{a}\cdot\vec{b})^2}{(|\vec{a}||\vec{b}|)^2}}$$
$$=\frac{1}{2}|\vec{a}||\vec{b}|\frac{\sqrt{|\vec{a}|^2|\vec{b}|^2-(\vec{a}\cdot\vec{b})^2}}{|\vec{a}||\vec{b}|}=\frac{1}{2}\sqrt{|\vec{a}|^2|\vec{b}|^2-(\vec{a}\cdot\vec{b})^2}$$

次のように，ベクトルの成分が与えられている場合は，三角形の面積も成分で表される。

△OAB において，$\overrightarrow{\mathrm{OA}}=\vec{a}=(a_1,\ a_2)$，$\overrightarrow{\mathrm{OB}}=\vec{b}=(b_1,\ b_2)$
のとき，△OAB の面積 S は

$$S=\frac{1}{2}|a_1b_2-a_2b_1|$$

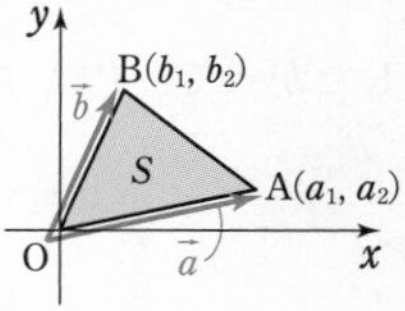

証明▶ $|\vec{a}|^2=a_1^2+a_2^2$，$|\vec{b}|^2=b_1^2+b_2^2$，$\vec{a}\cdot\vec{b}=a_1b_1+a_2b_2$ であるから

$$|\vec{a}|^2|\vec{b}|^2-(\vec{a}\cdot\vec{b})^2=(a_1^2+a_2^2)(b_1^2+b_2^2)-(a_1b_1+a_2b_2)^2$$
$$=a_1^2b_2^2-2a_1a_2b_1b_2+a_2^2b_1^2=(a_1b_2-a_2b_1)^2$$

よって，前半の公式から　$S=\frac{1}{2}\sqrt{(a_1b_2-a_2b_1)^2}=\frac{1}{2}|a_1b_2-a_2b_1|$

$\vec{a}$ と $\vec{b}$ が平行であるときは，$a_1b_2-a_2b_1=0$ が成り立つ（$p.305$ 基本事項 3 参照）から，この公式から $S=0$ となる。これは，$\vec{a}$ と $\vec{b}$ が平行であるとき，3 点 O，A，B が一直線上にあり，△OAB ができないことからもわかる。

なお，前半で示した公式 $S=\frac{1}{2}\sqrt{|\vec{a}|^2|\vec{b}|^2-(\vec{a}\cdot\vec{b})^2}$ は，第 2 章で学習する空間におけるベクトルについても，同様の公式が成り立つ。

また，後半で示した $S=\frac{1}{2}|a_1b_2-a_2b_1|$ は，数学Ⅱ「図形と方程式」でも学んでいる。

基本 例題 19 三角形の面積

(1) △OAB において，$|\overrightarrow{OA}|=3$，$|\overrightarrow{OB}|=4$，$\overrightarrow{OA}\cdot\overrightarrow{OB}=6$ のとき，△OAB の面積 S を求めよ。

(2) 3 点 O(0, 0)，A(4, 2)，B(3, 5) を頂点とする △OAB の面積 S を求めよ。

(3) 3 点 P(4, 2)，Q(−1, 3)，R(−2, −2) を頂点とする △PQR の面積 S を求めよ。

p.306 基本事項 5，p.316 STEP UP

CHART & SOLUTION

三角形の面積

△OAB において，$\overrightarrow{OA}=\vec{a}=(a_1,\ a_2)$，$\overrightarrow{OB}=\vec{b}=(b_1,\ b_2)$ とすると，△OAB の面積 S は

$S=\dfrac{1}{2}\sqrt{|\vec{a}|^2|\vec{b}|^2-(\vec{a}\cdot\vec{b})^2}$ ……Ⓐ または $S=\dfrac{1}{2}|a_1b_2-a_2b_1|$ ……Ⓑ

(3) $\overrightarrow{PQ}$，$\overrightarrow{PR}$ を求めてから面積公式を適用する。p.306 基本事項 5 の 補足 参照。

解答

(1) $\overrightarrow{OA}=\vec{a}$，$\overrightarrow{OB}=\vec{b}$ とすると　$|\vec{a}|=3$，$|\vec{b}|=4$，$\vec{a}\cdot\vec{b}=6$

よって　$S=\dfrac{1}{2}\sqrt{3^2\times4^2-6^2}=\dfrac{1}{2}\sqrt{108}=\mathbf{3\sqrt{3}}$

⇐ Ⓐ を利用。

(2) $\overrightarrow{OA}=\vec{a}$，$\overrightarrow{OB}=\vec{b}$ とすると　$\vec{a}=(4,\ 2)$，$\vec{b}=(3,\ 5)$

よって　$S=\dfrac{1}{2}|4\times5-2\times3|=\dfrac{1}{2}|14|=\mathbf{7}$

⇐ Ⓑ を利用。

別解　$|\vec{a}|^2=4^2+2^2=20$，$|\vec{b}|^2=3^2+5^2=34$，
$\vec{a}\cdot\vec{b}=4\times3+2\times5=22$

⇐ Ⓐ を利用。

よって　$S=\dfrac{1}{2}\sqrt{20\times34-22^2}=\dfrac{1}{2}\sqrt{196}=\mathbf{7}$

⇐ $\sqrt{196}=\sqrt{14^2}$

(3) $\overrightarrow{PQ}=(-1-4,\ 3-2)=(-5,\ 1)$，
$\overrightarrow{PR}=(-2-4,\ -2-2)=(-6,\ -4)$ であるから

$S=\dfrac{1}{2}|(-5)\times(-4)-1\times(-6)|=\dfrac{1}{2}|26|=\mathbf{13}$

⇐ 3 点 P，Q，R はいずれも O(0, 0) ではないから，P を始点としたベクトルを考える。

別解　$\overrightarrow{PQ}=(-5,\ 1)$，$\overrightarrow{PR}=(-6,\ -4)$ であるから
$|\overrightarrow{PQ}|^2=(-5)^2+1^2=26$，$|\overrightarrow{PR}|^2=(-6)^2+(-4)^2=52$，
$\overrightarrow{PQ}\cdot\overrightarrow{PR}=(-5)\times(-6)+1\times(-4)=26$

よって

$S=\dfrac{1}{2}\sqrt{|\overrightarrow{PQ}|^2|\overrightarrow{PR}|^2-(\overrightarrow{PQ}\cdot\overrightarrow{PR})^2}=\dfrac{1}{2}\sqrt{26\times52-26^2}=\mathbf{13}$

⇐ $\dfrac{1}{2}\sqrt{26^2\times(2-1)}$

PRACTICE 19③

(1) △OAB において，$|\overrightarrow{OA}|=2\sqrt{3}$，$|\overrightarrow{OB}|=5$，$\overrightarrow{OA}\cdot\overrightarrow{OB}=-15$ のとき，△OAB の面積 S を求めよ。

(2) 3 点 O(0, 0)，A(1, 2)，B(3, 4) を頂点とする △OAB の面積 S を求めよ。

(3) 3 点 P(2, 8)，Q(0, −2)，R(6, 4) を頂点とする △PQR の面積 S を求めよ。

重要 例題 20　内積と不等式

次の不等式を証明せよ。

(1) $|\vec{a}\cdot\vec{b}|\leqq|\vec{a}||\vec{b}|$　　(2) $|\vec{a}|-|\vec{b}|\leqq|\vec{a}+\vec{b}|\leqq|\vec{a}|+|\vec{b}|$

p.305 基本事項 1

CHART & SOLUTION

不等式の証明 $A\geqq0,\ B\geqq0$ のとき $A\leqq B \Leftrightarrow A^2\leqq B^2$ ……!

(1) 内積の定義を利用するか，または成分を用いて証明する。成分を用いて証明するときは，$|\vec{a}\cdot\vec{b}|^2\leqq(|\vec{a}||\vec{b}|)^2$ を示す。

(2) まず，右側の不等式 $|\vec{a}+\vec{b}|\leqq|\vec{a}|+|\vec{b}|$ を証明する。途中，(1)の結果が利用できる部分がある。左側の不等式 $|\vec{a}|-|\vec{b}|\leqq|\vec{a}+\vec{b}|$ は，先に示した右側の不等式を利用して示すとよい。

解答

(1) $\vec{a}=\vec{0}$ または $\vec{b}=\vec{0}$ のとき，$\vec{a}\cdot\vec{b}=0$，$|\vec{a}||\vec{b}|=0$ であるから　$|\vec{a}\cdot\vec{b}|=|\vec{a}||\vec{b}|$

$\vec{a}\neq\vec{0}$，$\vec{b}\neq\vec{0}$ のとき，$\vec{a}$ と $\vec{b}$ のなす角を θ とすると

$\vec{a}\cdot\vec{b}=|\vec{a}||\vec{b}|\cos\theta$，$-1\leqq\cos\theta\leqq1$

ゆえに　$|\vec{a}\cdot\vec{b}|=|\vec{a}||\vec{b}||\cos\theta|\leqq|\vec{a}||\vec{b}|$

よって，$|\vec{a}\cdot\vec{b}|\leqq|\vec{a}||\vec{b}|$ が成り立つ。

別解　$\vec{a}=(a,\ b)$，$\vec{b}=(c,\ d)$ とすると

$(|\vec{a}||\vec{b}|)^2-|\vec{a}\cdot\vec{b}|^2=(a^2+b^2)(c^2+d^2)-(ac+bd)^2$

$=a^2d^2+b^2c^2-2acbd=(ad-bc)^2\geqq0$

! よって　$|\vec{a}\cdot\vec{b}|^2\leqq(|\vec{a}||\vec{b}|)^2$

$|\vec{a}\cdot\vec{b}|\geqq0$，$|\vec{a}||\vec{b}|\geqq0$ であるから　$|\vec{a}\cdot\vec{b}|\leqq|\vec{a}||\vec{b}|$

(2) (1)から　$(|\vec{a}|+|\vec{b}|)^2-|\vec{a}+\vec{b}|^2$

$=|\vec{a}|^2+2|\vec{a}||\vec{b}|+|\vec{b}|^2-(|\vec{a}|^2+2\vec{a}\cdot\vec{b}+|\vec{b}|^2)$

$=2(|\vec{a}||\vec{b}|-\vec{a}\cdot\vec{b})\geqq0$

! ゆえに　$|\vec{a}+\vec{b}|^2\leqq(|\vec{a}|+|\vec{b}|)^2$

$|\vec{a}|+|\vec{b}|\geqq0$，$|\vec{a}+\vec{b}|\geqq0$ であるから

$|\vec{a}+\vec{b}|\leqq|\vec{a}|+|\vec{b}|$ ……①

①において，$\vec{a}$ を $\vec{a}+\vec{b}$，$\vec{b}$ を $-\vec{b}$ とすると

$|\vec{a}+\vec{b}-\vec{b}|\leqq|\vec{a}+\vec{b}|+|-\vec{b}|$

よって　$|\vec{a}|\leqq|\vec{a}+\vec{b}|+|\vec{b}|$

ゆえに　$|\vec{a}|-|\vec{b}|\leqq|\vec{a}+\vec{b}|$ ……②

①，②から　$|\vec{a}|-|\vec{b}|\leqq|\vec{a}+\vec{b}|\leqq|\vec{a}|+|\vec{b}|$

(1) $\vec{a}=\vec{0}$ または $\vec{b}=\vec{0}$ のとき，なす角 θ が定義できないから，別に処理する。

⇐ $|\cos\theta|\leqq1$

⇐ 等号が成り立つのは，$\vec{a}=\vec{0}$ または $\vec{b}=\vec{0}$ または $\vec{a}\parallel\vec{b}$ のとき。

inf. $|\vec{a}\cdot\vec{b}|\leqq|\vec{a}||\vec{b}|$ は $-|\vec{a}||\vec{b}|\leqq\vec{a}\cdot\vec{b}\leqq|\vec{a}||\vec{b}|$ と表すこともできる。

⇐ $|\vec{a}+\vec{b}|^2=(\vec{a}+\vec{b})\cdot(\vec{a}+\vec{b})$

⇐ (1)から $\vec{a}\cdot\vec{b}\leqq|\vec{a}\cdot\vec{b}|\leqq|\vec{a}||\vec{b}|$

⇐ $|-\vec{b}|=|\vec{b}|$

inf. $|\vec{a}+\vec{b}|\leqq|\vec{a}|+|\vec{b}|$ を **ベクトルの三角不等式** ということがある。

PRACTICE 20③

不等式 $|3\vec{a}+2\vec{b}|\leqq3|\vec{a}|+2|\vec{b}|$ を証明せよ。

重要 例題 21 ベクトルの大きさと絶対不等式

$|\vec{a}|=1$, $|\vec{b}|=2$, $\vec{a}\cdot\vec{b}=\sqrt{2}$ とするとき，$|k\vec{a}+t\vec{b}|>1$ がすべての実数 t に対して成り立つような実数 k の値の範囲を求めよ。

基本 18

CHART & SOLUTION

$|\vec{p}|$ は $|\vec{p}|^2$ として扱う

$|k\vec{a}+t\vec{b}|>1$ は $|k\vec{a}+t\vec{b}|^2>1^2$ ……① と同値である。① を計算して整理すると，(t についての 2 次式) >0 の形になる。

この式に対し，数学 I で学習した次のことを利用し，k の値の範囲を求める。

t の 2 次不等式 $at^2+bt+c>0$ がすべての実数 t について成り立つ
$\iff a>0$ かつ $b^2-4ac<0$

解答

$|k\vec{a}+t\vec{b}|\geqq 0$ であるから，$|k\vec{a}+t\vec{b}|>1$ は
$|k\vec{a}+t\vec{b}|^2>1$ ……① と同値である。

⇐ $A>0$, $B>0$ のとき $A>B \iff A^2>B^2$

ここで　$|k\vec{a}+t\vec{b}|^2=k^2|\vec{a}|^2+2kt\vec{a}\cdot\vec{b}+t^2|\vec{b}|^2$

$|\vec{a}|=1$, $|\vec{b}|=2$, $\vec{a}\cdot\vec{b}=\sqrt{2}$ であるから

$$|k\vec{a}+t\vec{b}|^2=k^2+2\sqrt{2}\,kt+4t^2$$

よって，① から　$k^2+2\sqrt{2}\,kt+4t^2>1$

すなわち　$4t^2+2\sqrt{2}\,kt+k^2-1>0$ ……②

⇐ 問題の不等式の条件は ② がすべての実数 t に対して成り立つこと。

② がすべての実数 t に対して成り立つための条件は，t の 2 次方程式 $4t^2+2\sqrt{2}\,kt+k^2-1=0$ の判別式を D とすると，t^2 の係数は正であるから　$D<0$

⇐ $D<0$ が条件。

ここで　$\dfrac{D}{4}=(\sqrt{2}\,k)^2-4\times(k^2-1)=-2k^2+4$

よって　$-2k^2+4<0$　ゆえに　$k^2-2>0$

⇐ $(k+\sqrt{2})(k-\sqrt{2})>0$

したがって　$\boldsymbol{k<-\sqrt{2},\ \sqrt{2}<k}$

INFORMATION　2 次関数のグラフによる考察

上の CHART & SOLUTION で扱った絶対不等式は，関数 $y=at^2+bt+c$ のグラフが常に「 t 軸より上側」にある，として考えるとわかりやすい。

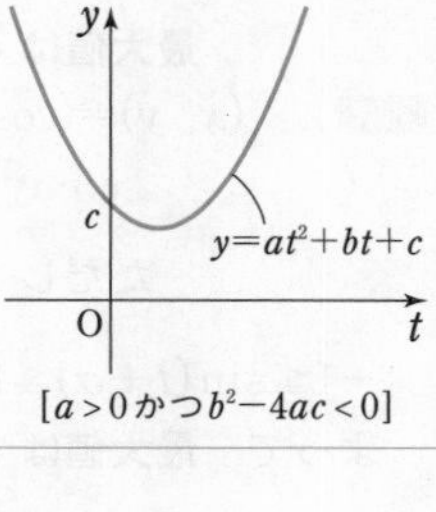

$[a>0$ かつ $b^2-4ac<0]$

PRACTICE 21④

$|\vec{a}|=2$, $|\vec{b}|=1$, $|\vec{a}-\vec{b}|=\sqrt{3}$ とするとき，$|k\vec{a}+t\vec{b}|\geqq 2$ がすべての実数 t に対して成り立つような実数 k の値の範囲を求めよ。

重要 例題 22 内積を利用した最大・最小問題

(1) xy 平面上に点 A(2, 3) をとり，更に単位円 $x^2+y^2=1$ 上に点 P(x, y) をとる。また，原点をOとする。2つのベクトル $\overrightarrow{OA}$, $\overrightarrow{OP}$ のなす角を θ とするとき，内積 $\overrightarrow{OA}\cdot\overrightarrow{OP}$ を θ のみで表せ。

(2) 実数 x, y が条件 $x^2+y^2=1$ を満たすとき，$2x+3y$ の最大値，最小値を求めよ。

基本 11, 12

CHART & THINKING

x, y の1次式の最大・最小の問題や不等式の問題
$\vec{p}$ と $\vec{q}$ のなす角を θ として　$\vec{p}\cdot\vec{q}=|\vec{p}||\vec{q}|\cos\theta$　の利用が有効

(1) $|\overrightarrow{OA}|$ の値は計算できる。点Pは単位円上の点であるから，$|\overrightarrow{OP}|$ は？

(2) (1) は (2) のヒント　A(2, 3)，P(x, y) に着目すると，$2x+3y$ は何を表すだろうか？ かくれた条件 $-1\leqq\cos\theta\leqq1$ の利用も考えてみよう。

解答

(1) $|\overrightarrow{OA}|=\sqrt{2^2+3^2}=\sqrt{13}$，$|\overrightarrow{OP}|=1$ から　$\boldsymbol{\overrightarrow{OA}\cdot\overrightarrow{OP}=\sqrt{13}\cos\theta}$

⇐ $\overrightarrow{OA}\cdot\overrightarrow{OP}=|\overrightarrow{OA}||\overrightarrow{OP}|\cos\theta$

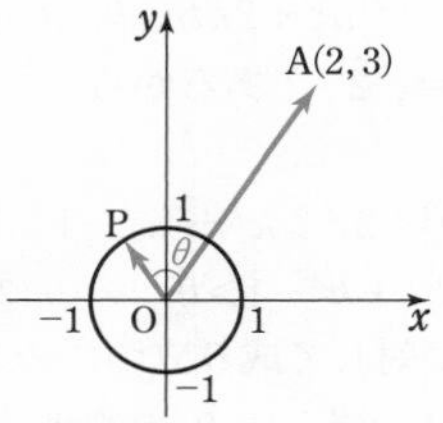

(2) $x^2+y^2=1$ を満たす x, y に対し，$\overrightarrow{OP}=(x, y)$，$\overrightarrow{OA}=(2, 3)$ とする。$\overrightarrow{OA}$，$\overrightarrow{OP}$ のなす角を θ とすると，(1) から

$$2x+3y=\overrightarrow{OA}\cdot\overrightarrow{OP}=\sqrt{13}\cos\theta$$

$0°\leqq\theta\leqq180°$ より，$-1\leqq\cos\theta\leqq1$ であるから

$2x+3y$ の **最大値は $\sqrt{13}$，最小値は $-\sqrt{13}$**

⇐ $-|\overrightarrow{OA}||\overrightarrow{OP}|\leqq\overrightarrow{OA}\cdot\overrightarrow{OP}\leqq|\overrightarrow{OA}||\overrightarrow{OP}|$ を直接利用してもよい。($-\sqrt{13}\leqq\overrightarrow{OA}\cdot\overrightarrow{OP}\leqq\sqrt{13}$)

別解 1　$2x+3y=k$ とおく。この式と $x^2+y^2=1$ から y を消去して　$13x^2-4kx+k^2-9=0$ ……①

⇐ $y=-\frac{2}{3}x+\frac{1}{3}k$ を $x^2+y^2=1$ に代入，整理。

x は実数であるから，① の判別式 D について　$\frac{D}{4}\geqq0$

⇐ $\frac{D}{4}=9(13-k^2)\geqq0$

よって，$-\sqrt{13}\leqq k\leqq\sqrt{13}$ から

最大値は $\sqrt{13}$，最小値は $-\sqrt{13}$

別解 2　$(x, y)=(\cos t, \sin t)$ $(0°\leqq t<360°)$ と表されるから

$$2x+3y=2\cos t+3\sin t=\sqrt{13}\sin(t+\alpha)$$

ただし　$\sin\alpha=\frac{2}{\sqrt{13}}$，$\cos\alpha=\frac{3}{\sqrt{13}}$

⇐ 三角関数の合成(数学Ⅱ) $2\cos t+3\sin t=\sqrt{2^2+3^2}\sin(t+\alpha)$

$-1\leqq\sin(t+\alpha)\leqq1$ から　$-\sqrt{13}\leqq2x+3y\leqq\sqrt{13}$

よって　**最大値は $\sqrt{13}$，最小値は $-\sqrt{13}$**

PRACTICE 22④

実数 x, y, a, b が条件 $x^2+y^2=1$ および $a^2+b^2=2$ を満たすとき，$ax+by$ の最大値，最小値を求めよ。

EXERCISES　3 ベクトルの内積

A

13[2] 1辺の長さが1の正六角形ABCDEFがある。このとき，内積 $\overrightarrow{AC}\cdot\overrightarrow{AD}$ を求めよ。〔中央大〕 11

14[3] 2つのベクトル $\vec{a}=(1,\ t)$ と $\vec{b}=\left(1,\ \dfrac{t}{3}\right)$ のなす角が 30° であるとき，t の値を求めよ。ただし，$t>0$ とする。〔岩手大〕 13

15[2] 2つのベクトル $\vec{a}=(-1,\ 2)$，$\vec{b}=(x,\ 1)$ について

(1) $2\vec{a}-3\vec{b}$ と $\vec{a}+2\vec{b}$ が垂直になるように x の値を定めよ。

(2) $2\vec{a}-3\vec{b}$ と $\vec{a}+2\vec{b}$ が平行になるように x の値を定めよ。 8, 14

16[3] ともに零ベクトルでない2つのベクトル $\vec{a}$，$\vec{b}$ が $3|\vec{a}|=|\vec{b}|$ であり，$3\vec{a}-2\vec{b}$ と $15\vec{a}+4\vec{b}$ が垂直であるとき，$\vec{a}$，$\vec{b}$ のなす角 $\theta\ (0^\circ\leqq\theta\leqq180^\circ)$ を求めよ。〔長崎大〕 17

17[3] 2つのベクトル $\vec{a}$，$\vec{b}$ が $|\vec{a}+\vec{b}|=4$，$|\vec{a}-\vec{b}|=3$ を満たすとき

(1) $\vec{a}\cdot\vec{b}$ を求めよ。

(2) $|\sqrt{3}\,\vec{a}+\vec{b}|^2+|\vec{a}-\sqrt{3}\,\vec{b}|^2$ を求めよ。

(3) t を実数とするとき，$|t\vec{a}+\vec{b}|^2+|\vec{a}+t\vec{b}|^2$ の最小値と，そのときの t の値を求めよ。〔類 北海道薬大〕 16, 18

18[3] $\triangle$OABにおいて，$|\overrightarrow{OA}|=3$，$|\overrightarrow{OB}|=1$ である。また，点Cは $\overrightarrow{OC}=\overrightarrow{OA}+2\overrightarrow{OB}$，$|\overrightarrow{OC}|=\sqrt{7}$ を満たす。

(1) 内積 $\overrightarrow{OA}\cdot\overrightarrow{OB}$ を求めよ。　(2) $\triangle$OABの面積を求めよ。

16, 19

EXERCISES　　3 ベクトルの内積

B

19④ $\vec{0}$ でない2つのベクトル $\vec{a}$ と $\vec{b}$ において $\vec{a}+2\vec{b}$ と $\vec{a}-2\vec{b}$ が垂直で，$|\vec{a}+2\vec{b}|=2|\vec{b}|$ とする。

(1) $\vec{a}$ と $\vec{b}$ のなす角 $\theta\,(0°\leqq\theta\leqq180°)$ を求めよ。

(2) $|\vec{a}|=1$ のとき，$\left|t\vec{a}+\dfrac{1}{t}\vec{b}\right|$ $(t>0)$ の最小値を求めよ。〔群馬大〕

➡ 15, 18

20③ $\triangle$ABC について，$\overrightarrow{AB}$，$\overrightarrow{BC}$，$\overrightarrow{CA}$ に関する内積を，それぞれ $\overrightarrow{AB}\cdot\overrightarrow{BC}=x$，$\overrightarrow{BC}\cdot\overrightarrow{CA}=y$，$\overrightarrow{CA}\cdot\overrightarrow{AB}=z$ とおく。$\triangle$ABC の面積を x，y，z を使って表せ。

〔類 大分大〕 ➡ 19

21④ 平面上のベクトル $\vec{a}$，$\vec{b}$ が $|2\vec{a}+\vec{b}|=2$，$|3\vec{a}-5\vec{b}|=1$ を満たすように動くとき，$|\vec{a}+\vec{b}|$ のとりうる値の範囲を求めよ。〔類 名城大〕 ➡ 20

22④ 2つのベクトル $\vec{a}$，$\vec{b}$ は $|\vec{a}|=2$，$|\vec{b}|=3$，$|\vec{a}+\vec{b}|=4$ を満たすとする。$P=|\vec{a}+t\vec{b}|$ の値を最小にする実数 t の値は ア□ であり，そのときの P の最小値は イ□ である。また，すべての実数 t に対して $|k\vec{a}+t\vec{b}|>1$ が成り立つとき，実数 k のとりうる値の範囲は ウ□ である。〔類 北里大〕

➡ 18, 21

23④ 平面上の点 $(a,\ b)$ は円 $x^2+y^2-100=0$ 上を動き，点 $(c,\ d)$ は円 $x^2+y^2-6x-8y+24=0$ 上を動くものとする。

(1) $ac+bd=0$ を満たす $(a,\ b)$ と $(c,\ d)$ の例を1組あげよ。

(2) $ac+bd$ の最大値を求めよ。〔埼玉大〕 ➡ 22

HINT

19 (2) (相加平均)≧(相乗平均) を用いる。

20 $\overrightarrow{AB}=\vec{b}$，$\overrightarrow{AC}=\vec{c}$ とおき，$\triangle$ABC の面積を $\vec{b}$，$\vec{c}$ で表す。

21 条件を扱いやすくするため，$2\vec{a}+\vec{b}=\vec{p}$，$3\vec{a}-5\vec{b}=\vec{q}$ とおく。

22 (前半) $|\vec{a}+t\vec{b}|$ の最小値 $\longrightarrow$ $|\vec{a}+t\vec{b}|^2$ の最小値を考える。

(後半) $at^2+bt+c>0$ がすべての実数 t について成り立つ

$\iff$ $a>0$ かつ $b^2-4ac<0$

23 P$(a,\ b)$，Q$(c,\ d)$ とすると $ac+bd=\overrightarrow{OP}\cdot\overrightarrow{OQ}$

4 位置ベクトル，ベクトルと図形

基本事項

1 位置ベクトル

位置ベクトルが $\vec{p}$ である点Pを $\mathbf{P}(\vec{p})$ で表す。

また，2点 $\mathrm{A}(\vec{a})$，$\mathrm{B}(\vec{b})$ に対し，ベクトル $\overrightarrow{\mathrm{AB}}$ は次のように表される。

$$\overrightarrow{\mathrm{AB}}=\overrightarrow{\mathrm{OB}}-\overrightarrow{\mathrm{OA}}=\vec{b}-\vec{a}$$

① **分点の位置ベクトル** 2点 $\mathrm{A}(\vec{a})$，$\mathrm{B}(\vec{b})$ に対して，線分 AB を $m:n$ に内分する点Pと外分する点Qの位置ベクトルを，それぞれ $\vec{p}$，$\vec{q}$ とすると

$$\vec{p}=\frac{n\vec{a}+m\vec{b}}{m+n},\qquad \vec{q}=\frac{-n\vec{a}+m\vec{b}}{m-n}$$

特に，線分 AB の中点Mの位置ベクトルを $\vec{m}$ とすると $\vec{m}=\dfrac{\vec{a}+\vec{b}}{2}$

② **三角形の重心の位置ベクトル** 3点 $\mathrm{A}(\vec{a})$，$\mathrm{B}(\vec{b})$，$\mathrm{C}(\vec{c})$ を頂点とする △ABC の重心Gの位置ベクトルを $\vec{g}$ とすると $\vec{g}=\dfrac{\vec{a}+\vec{b}+\vec{c}}{3}$

③ **共点条件** 異なる3本以上の直線が1点で交わるとき，これらの直線は **共点** であるという。2点P，Qが一致することを示すには，2点P，Qの位置ベクトルが一致することを示す。

$$\overrightarrow{\mathrm{OP}}=\overrightarrow{\mathrm{OQ}} \iff \text{2点P，Qは一致する}$$

注意 位置ベクトルにおける点Oは平面上のどこに定めてもよい。**以後，特に断らない限り，1つ定めた点Oに関する位置ベクトルを考える。**

2 共線条件

異なる3個以上の点が同じ直線上にあるとき，これらの点は **共線** であるという。

点Cが直線 AB 上にある

$\iff \overrightarrow{\mathrm{AC}}=k\overrightarrow{\mathrm{AB}}$ となる実数 k がある

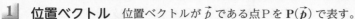

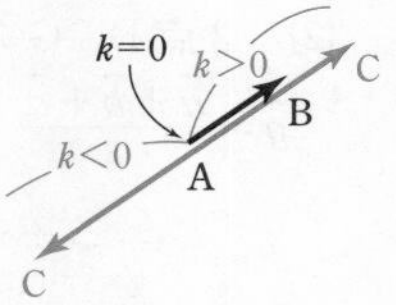

補足 $\overrightarrow{\mathrm{AC}}=k\overrightarrow{\mathrm{AB}}$ の式を始点をOとして変形すると

$\overrightarrow{\mathrm{OC}}-\overrightarrow{\mathrm{OA}}=k(\overrightarrow{\mathrm{OB}}-\overrightarrow{\mathrm{OA}})$

整理して $\overrightarrow{\mathrm{OC}}=(1-k)\overrightarrow{\mathrm{OA}}+k\overrightarrow{\mathrm{OB}}$

$1-k=s$，$k=t$ とおくと $\overrightarrow{\mathrm{OC}}=s\overrightarrow{\mathrm{OA}}+t\overrightarrow{\mathrm{OB}}$，$s+t=1$

これについては，$p.343$ 以降の「ベクトル方程式」の節で詳しく学習する。

CHECK & CHECK

12 2点 $\mathrm{A}(\vec{a})$，$\mathrm{B}(\vec{b})$ を結ぶ線分 AB について，次の点の位置ベクトルを $\vec{a}$，$\vec{b}$ を用いて表せ。

(1) 1：3 に内分する点　　(2) 1：3 に外分する点

→ 1

13 次の3点が一直線上にあるように，x，y の値を定めよ。

(1) A(2, 4)，B(4, 8)，C(x, −3)　　(2) A(6, −1)，B(2, 3)，C(−1, y)

→ 2

基本 例題 23 分点，重心の位置ベクトル

3 点 $A(\vec{a})$, $B(\vec{b})$, $C(\vec{c})$ を頂点とする △ABC について，次の点の位置ベクトルを $\vec{a}$, $\vec{b}$, $\vec{c}$ を用いて表せ。

(1) 辺 BC の中点をMとするとき，線分 AM を 2：3 に内分する点 N

(2) △ABC の重心をGとするとき，線分 AG を 5：3 に外分する点D

p. 323 基本事項 1

CHART & SOLUTION

線分 AB を $m:n$ に内分する点 $P(\vec{p})$，$m:n$ に外分する点 $Q(\vec{q})$

$$\vec{p}=\frac{n\vec{a}+m\vec{b}}{m+n},\quad \vec{q}=\frac{-n\vec{a}+m\vec{b}}{m-n}$$

内分の場合の「n」を「$-n$」におき換えたものが外分の場合である。
なお，位置ベクトルを考える問題では，点Oをどこに定めてもよい。点Oの位置は気にせず，上の公式を適用する。

解答

(1) 2 点 M, N の位置ベクトルを，それぞれ $\vec{m}$, $\vec{n}$ とする。

$\vec{m}=\dfrac{\vec{b}+\vec{c}}{2}$ であるから

$$\vec{n}=\frac{3\vec{a}+2\vec{m}}{2+3}$$
$$=\frac{1}{5}\left\{3\vec{a}+2\left(\frac{1}{2}\vec{b}+\frac{1}{2}\vec{c}\right)\right\}$$
$$=\frac{3}{5}\vec{a}+\frac{1}{5}\vec{b}+\frac{1}{5}\vec{c}$$

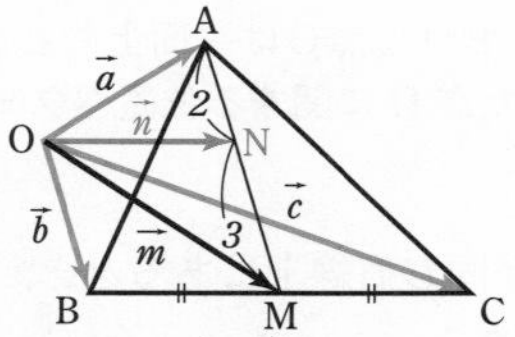

⇐ 辺 BC の中点 M の位置ベクトルは $\dfrac{\vec{b}+\vec{c}}{2}$

⇐ 点Nは線分 AM を 2：3 に **内分** する点。

(2) 2 点 D, G の位置ベクトルを，それぞれ $\vec{d}$, $\vec{g}$ とする。

$\vec{g}=\dfrac{\vec{a}+\vec{b}+\vec{c}}{3}$ であるから

$$\vec{d}=\frac{-3\vec{a}+5\vec{g}}{5-3}$$
$$=\frac{1}{2}\left\{-3\vec{a}+5\left(\frac{1}{3}\vec{a}+\frac{1}{3}\vec{b}+\frac{1}{3}\vec{c}\right)\right\}$$
$$=-\frac{2}{3}\vec{a}+\frac{5}{6}\vec{b}+\frac{5}{6}\vec{c}$$

⇐ △ABC の重心の位置ベクトルは $\dfrac{\vec{a}+\vec{b}+\vec{c}}{3}$

⇐ 点Dは線分 AG を 5：3 に **外分** する点。

PRACTICE 23[2]

3 点 $A(\vec{a})$, $B(\vec{b})$, $C(\vec{c})$ を頂点とする △ABC の辺 BC を 2：1 に外分する点を D，辺 AB の中点をEとする。線分 ED を 1：2 に内分する点をF，△AEF の重心をGとするとき，点F，Gの位置ベクトルを $\vec{a}$, $\vec{b}$, $\vec{c}$ を用いて表せ。

ピンポイント解説　内分点と外分点の位置ベクトル

2 点 $A(\vec{a})$，$B(\vec{b})$ に対して，線分 AB を $m:n$ に内分する点 $P(\vec{p})$，$m:n$ に外分する点 $Q(\vec{q})$ の位置ベクトルをそれぞれ求めてみよう。

内分　$AP:PB=m:n$

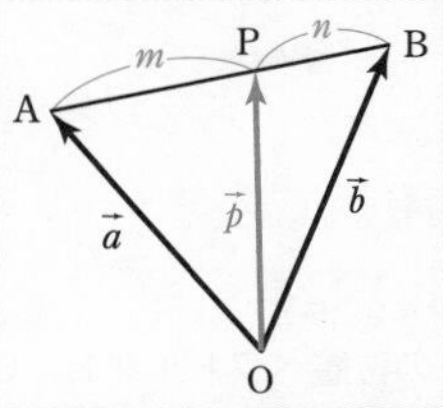

$AP:AB=m:(m+n)$ であるから

$$\overrightarrow{AP}=\frac{m}{m+n}\overrightarrow{AB}$$

よって　$\vec{p}-\vec{a}=\frac{m}{m+n}(\vec{b}-\vec{a})$

$$\vec{p}=\left(1-\frac{m}{m+n}\right)\vec{a}+\frac{m}{m+n}\vec{b}$$

$$=\boldsymbol{\frac{n\vec{a}+m\vec{b}}{m+n}} \quad \cdots\cdots ①$$

外分　$AQ:QB=m:n$

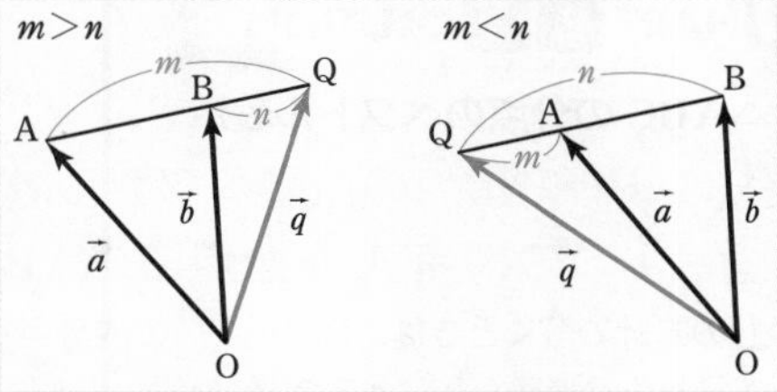

$m>n$ のとき

$AQ:AB=m:(m-n)$ であるから

$$\overrightarrow{AQ}=\frac{m}{m-n}\overrightarrow{AB}$$

よって　$\vec{q}-\vec{a}=\frac{m}{m-n}(\vec{b}-\vec{a})$

$$\vec{q}=\left(1-\frac{m}{m-n}\right)\vec{a}+\frac{m}{m-n}\vec{b}$$

$$=\boldsymbol{\frac{-n\vec{a}+m\vec{b}}{m-n}} \quad \cdots\cdots ②$$

外分点 $Q(\vec{q})$ の位置ベクトルについては，$m<n$ のときも，$BQ:BA=n:(n-m)$ を利用することにより $\vec{q}$ は ② で表される。

内分点の公式は次のように覚えておくとよい。

　分母は比の和　　　$m+n$

　分子はたすき掛け　$n\vec{a}+m\vec{b}$

$m:n$ に外分するときは，「$m:(-n)$ に内分する」と考えて，① を適用すればよい。

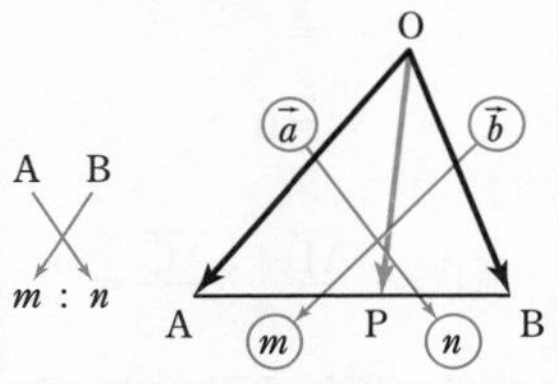

また，数学Ⅱ「図形と方程式」では，次のことを学んでいる。数直線上の 2 点 $A(a)$，$B(b)$ に対して，線分 AB を $m:n$ に内分する点を $P(p)$，$m:n$ に外分する点を $Q(q)$ とすると，

$$p=\frac{na+mb}{m+n},\quad q=\frac{-na+mb}{m-n}$$

これらは，ベクトルの内分点の公式 ①，外分点の公式 ② とそれぞれ同じような形をしている。まとめて覚えておこう。

inf.　①，② において，$\vec{a}$ と $\vec{b}$ の係数の和は，それぞれ

$$\vec{p}:\frac{n}{m+n}+\frac{m}{m+n}=1,\qquad \vec{q}:\frac{-n}{m-n}+\frac{m}{m-n}=1$$

であるから，ともに 1 となる。

よって，$\vec{p}$，$\vec{q}$ は，適当な実数 s を用いて，$(1-s)\vec{a}+s\vec{b}$ と表すことができる（p.333 参照）。

内分のときは $0<s<1$，外分で $m>n$ のときは $s>1$，$m<n$ のときは $s<0$ である。

基本 例題 24 分点に関する等式の証明

△ABC の辺 BC, CA, AB を 5：3 に内分する点を，それぞれ D, E, F とするとき，$\overrightarrow{AD}+\overrightarrow{BE}+\overrightarrow{CF}=\vec{0}$ であることを証明せよ。 p.323 基本事項 1

CHART & SOLUTION

△ABC の分点のベクトル表示

1 3つの頂点の位置ベクトル $\vec{a}$, $\vec{b}$, $\vec{c}$ を用いて表す

2 1つの頂点 A を始点に，$\overrightarrow{AB}$, $\overrightarrow{AC}$ を用いて表す

1の方針で解くときは，Dが辺 BC の内分点であるから，Dの位置ベクトルをB，Cの位置ベクトルで表す。E，Fも同様。

2の方針で解くときは，$\overrightarrow{BE}=\overrightarrow{AE}-\overrightarrow{AB}$ のように，まず始点をAにそろえる。その後で，$\overrightarrow{AB}$, $\overrightarrow{AC}$ が現れるように変形すればよい。

解答

方針1

6点 A, B, C, D, E, F の位置ベクトルを，それぞれ $\vec{a}$, $\vec{b}$, $\vec{c}$, $\vec{d}$, $\vec{e}$, $\vec{f}$ とすると

$$\vec{d}=\frac{3\vec{b}+5\vec{c}}{5+3},\quad \vec{e}=\frac{3\vec{c}+5\vec{a}}{5+3},\quad \vec{f}=\frac{3\vec{a}+5\vec{b}}{5+3}$$

よって $\overrightarrow{AD}+\overrightarrow{BE}+\overrightarrow{CF}=(\vec{d}-\vec{a})+(\vec{e}-\vec{b})+(\vec{f}-\vec{c})$

$$=\frac{3\vec{b}+5\vec{c}}{8}-\vec{a}+\frac{3\vec{c}+5\vec{a}}{8}-\vec{b}+\frac{3\vec{a}+5\vec{b}}{8}-\vec{c}$$

$$=\vec{0}$$

⇐ $\overrightarrow{AD}=\vec{d}-\vec{a}$
$\overrightarrow{BE}=\vec{e}-\vec{b}$
$\overrightarrow{CF}=\vec{f}-\vec{c}$

方針2

$$\overrightarrow{AD}=\frac{3\overrightarrow{AB}+5\overrightarrow{AC}}{5+3}=\frac{3}{8}\overrightarrow{AB}+\frac{5}{8}\overrightarrow{AC}$$

$$\overrightarrow{BE}=\overrightarrow{AE}-\overrightarrow{AB}=\frac{3}{8}\overrightarrow{AC}-\overrightarrow{AB}$$

$$\overrightarrow{CF}=\overrightarrow{AF}-\overrightarrow{AC}=\frac{5}{8}\overrightarrow{AB}-\overrightarrow{AC}$$

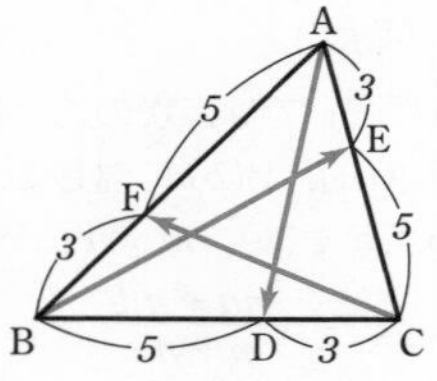

ゆえに

$$\overrightarrow{AD}+\overrightarrow{BE}+\overrightarrow{CF}=\left(\frac{3}{8}-1+\frac{5}{8}\right)\overrightarrow{AB}+\left(\frac{5}{8}+\frac{3}{8}-1\right)\overrightarrow{AC}$$

$$=\vec{0}$$

inf. 5：3 でなくても，一般に，三角形の各辺を $m:n\ (m>0,\ n>0)$ に内分する点 D, E, F に対して $\overrightarrow{AD}+\overrightarrow{BE}+\overrightarrow{CF}=\vec{0}$ が成り立つ。

PRACTICE 24②

三角形 ABC の内部に点Pがある。AP と辺 BC の交点をQとするとき，BQ：QC＝1：2，AP：PQ＝3：4 であるなら，等式 $4\overrightarrow{PA}+2\overrightarrow{PB}+\overrightarrow{PC}=\vec{0}$ が成り立つことを証明せよ。

ズームUP 位置ベクトルの始点の選び方

基本例題 24 について，方針 1 と方針 2 にはどのような考え方の違いがあるのでしょうか。

方針 1 → 図形上にない点を始点にとる

1 の方針による解答では，図形上にない点を始点に定めた位置ベクトルを考えた。この方法では「どの点も対等に考えることができる」というメリットがある。

例えば，△ABC の重心Gの位置ベクトルを $\vec{g}$ とすると

$$\vec{g}=\frac{\vec{a}+\vec{b}+\vec{c}}{3}$$

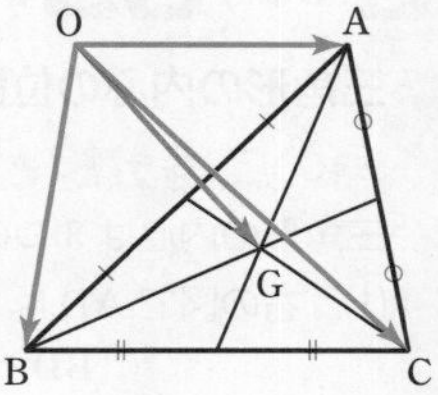

となる。この式の右辺は，三角形の各頂点の位置ベクトルの和を 3 で割っているから，重心Gは「各頂点の平均」の位置にあることがわかりやすい。

ここで，始点をAとして重心Gの位置ベクトルを表すと

$$\overrightarrow{AG}=\frac{\overrightarrow{AA}+\overrightarrow{AB}+\overrightarrow{AC}}{3}$$

$$=\frac{\overrightarrow{AB}+\overrightarrow{AC}}{3}$$

⇐ $\overrightarrow{AA}=\vec{0}$

となる。この式が重心の位置ベクトルを表すことを見抜くには，慣れが必要だろう。

補足 点Aの位置ベクトルを，点Oを始点とした位置ベクトル $\overrightarrow{OA}$ と表すことと，$\vec{a}$ とおいて表すことは，いずれも同じ意味である。

方針 2 → 図形上の特定の点を始点にとる

2 の方針による解答では，頂点Aという図形上の点を始点に位置ベクトルを考えた。この方法では「図形上の特定の点から見た位置を図形的にとらえる」ことができるメリットがある。

例えば，点 A，B，C に $\overrightarrow{AC}=2\overrightarrow{AB}$ という関係があるとき，「点Aから点Bを見たとき，点Cは同じ方向に，その 2 倍の距離の位置にある」ということがわかる。それにより，点 A，B，C は一直線上にあることがいえる（基本例題 28 で詳しく学ぶ）。

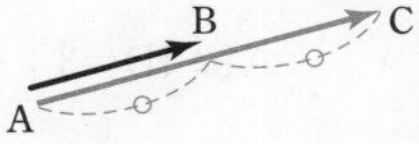

また，複数の直線の交点の位置ベクトルを求める際にも，図形上の点を始点とした位置ベクトルを考えることが多い（基本例題 29 などで学ぶ）。

基本例題 24 では，1，2 どちらの方針でも計算量に大きな差はないが，1 の方針では，どの点についても対等に扱え，基本的な計算を進めることで解くことができる。2 の方針では，点Aの位置ベクトルが $\vec{0}$ になり，他のベクトルを $\overrightarrow{AB}$，$\overrightarrow{AC}$ で表せばよいから，計算の見通しを立てやすい。

位置ベクトルの考え方に慣れるまでは難しく感じるかもしれません。この問題で示すことは何か，どのように始点をとるのがよいか，といったことを考えながら学習に取り組みましょう。

基本 例題 25 内心の位置ベクトル

3 点 A($\vec{a}$), B($\vec{b}$), C($\vec{c}$) を頂点とする △ABC において，AB=5，BC=6，CA=3 である。また，∠A の二等分線と辺 BC の交点をDとする。

(1) 点Dの位置ベクトルを $\vec{d}$ とするとき，$\vec{d}$ を $\vec{b}$，$\vec{c}$ で表せ。

(2) △ABC の内心 I の位置ベクトルを $\vec{i}$ とするとき，$\vec{i}$ を $\vec{a}$，$\vec{b}$，$\vec{c}$ で表せ。

p. 323 基本事項 1

CHART & SOLUTION

三角形の内心の位置ベクトル

角の二等分線と線分比の関係を利用

三角形の内心は 3 つの内角の二等分線の交点である。

(1) 右の図で AD は **∠A の二等分線であるから**

BD : DC = AB : AC

(2) ∠C の二等分線と AD の交点が内心 I であるから

AI : ID = CA : CD

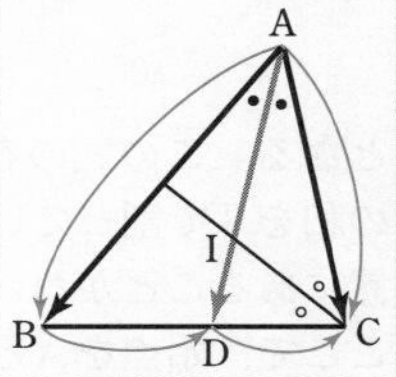

解答

(1) AD は ∠A の二等分線であるから

BD : DC = AB : AC = 5 : 3

よって $\vec{d}=\dfrac{3\vec{b}+5\vec{c}}{5+3}=\dfrac{3}{8}\vec{b}+\dfrac{5}{8}\vec{c}$

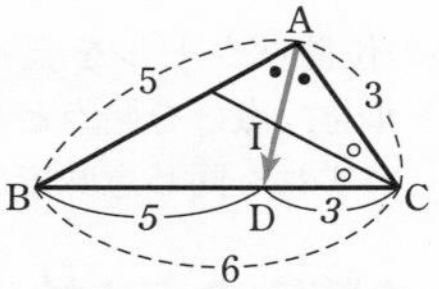

(2) △ABC の内心 I は線分 AD 上にあり，CI は ∠C を 2 等分するから　AI : ID = CA : CD

(1) より，$CD=\dfrac{3}{5+3}BC=\dfrac{3}{8}\times 6=\dfrac{9}{4}$ であるから

$AI : ID = 3 : \dfrac{9}{4} = 4 : 3$　よって $\vec{i}=\dfrac{3\vec{a}+4\vec{d}}{4+3}=\dfrac{3\vec{a}+4\vec{d}}{7}$

(1) から　$\vec{i}=\dfrac{1}{7}\left\{3\vec{a}+4\left(\dfrac{3}{8}\vec{b}+\dfrac{5}{8}\vec{c}\right)\right\}=\dfrac{3}{7}\vec{a}+\dfrac{3}{14}\vec{b}+\dfrac{5}{14}\vec{c}$

⇐ 角の二等分線と線分比。

⇐ 線分 AB を $m : n$ に内分する点 P($\vec{p}$) は $\vec{p}=\dfrac{n\vec{a}+m\vec{b}}{m+n}$

⇐ BD : DC = 5 : 3

inf. ∠B の二等分線を考えても，同様に解答できる。

INFORMATION 内心の位置ベクトル

A($\vec{a}$), B($\vec{b}$), C($\vec{c}$) を頂点とする △ABC において，BC=l，CA=m，AB=n であるとき，△ABC の内心 I($\vec{i}$) は $\vec{i}=\dfrac{l\vec{a}+m\vec{b}+n\vec{c}}{l+m+n}$ と表される。

証明は解答編 PRACTICE 25 の続きを参照。

PRACTICE 25 ②

3 点 A($\vec{a}$), B($\vec{b}$), C($\vec{c}$) を頂点とする △ABC において，AB=6，BC=8，CA=7 である。また，∠B の二等分線と辺 AC の交点をDとする。

(1) 点Dの位置ベクトルを $\vec{d}$ とするとき，$\vec{d}$ を $\vec{a}$，$\vec{c}$ で表せ。

(2) △ABC の内心 I の位置ベクトルを $\vec{i}$ とするとき，$\vec{i}$ を $\vec{a}$，$\vec{b}$，$\vec{c}$ で表せ。

基本 例題 26　ベクトルの等式と三角形の面積比

三角形 ABC と点 P があり，$4\overrightarrow{PA}+5\overrightarrow{PB}+3\overrightarrow{PC}=\vec{0}$ を満たしている。

(1) 点 P の位置をいえ。

(2) 面積比 △PBC : △PCA : △PAB を求めよ。　〔類 神戸薬大〕

p.323 基本事項 1，数学A基本 70，重要 62

CHART & SOLUTION

$a\overrightarrow{PA}+b\overrightarrow{PB}+c\overrightarrow{PC}=\vec{0}$ の問題

変形して，$\overrightarrow{AP}=k\left(\dfrac{n\overrightarrow{AB}+m\overrightarrow{AC}}{m+n}\right)$ の形にする

(1) **点Aを始点とする位置ベクトル** で考える。

(2) **三角形の面積比 ⟶ 等高なら底辺の比，等底なら高さの比** を利用する。
△ABC の面積を S とおいて，各三角形の面積を S で表す。

解答

(1) 等式から　$-4\overrightarrow{AP}+5(\overrightarrow{AB}-\overrightarrow{AP})+3(\overrightarrow{AC}-\overrightarrow{AP})=\vec{0}$

ゆえに　$\overrightarrow{AP}=\dfrac{5\overrightarrow{AB}+3\overrightarrow{AC}}{12}$

$=\dfrac{2}{3}\times\dfrac{5\overrightarrow{AB}+3\overrightarrow{AC}}{8}$

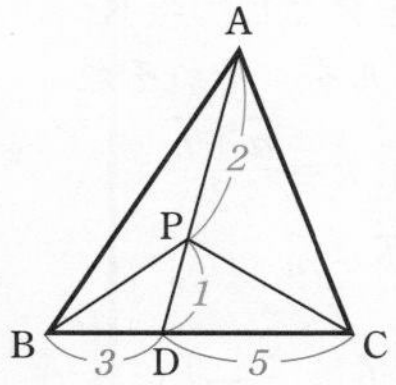

ここで，$\overrightarrow{AD}=\dfrac{5\overrightarrow{AB}+3\overrightarrow{AC}}{8}$ とおくと，点Dは線分 BC を 3 : 5 に内分する点であり　$\overrightarrow{AP}=\dfrac{2}{3}\overrightarrow{AD}$　よって　AP : PD = 2 : 1

ゆえに，点Pは，**線分 BC を 3 : 5 に内分する点を D としたとき，線分 AD を 2 : 1 に内分する点** である。

(2) △ABC の面積を S とすると

$\triangle PBC=\dfrac{1}{1+2}\triangle ABC=\dfrac{1}{3}S$,

$\triangle PCA=\dfrac{2}{2+1}\triangle ADC=\dfrac{2}{3}\times\dfrac{5}{3+5}\triangle ABC=\dfrac{5}{12}S$,

$\triangle PAB=\dfrac{2}{2+1}\triangle ABD=\dfrac{2}{3}\times\dfrac{3}{3+5}\triangle ABC=\dfrac{1}{4}S$

よって　$\triangle PBC:\triangle PCA:\triangle PAB=\dfrac{1}{3}S:\dfrac{5}{12}S:\dfrac{1}{4}S$

$=\mathbf{4:5:3}$

⇐ 分割　$\overrightarrow{PB}=\overrightarrow{\square B}-\overrightarrow{\square P}$　□ は同じ点

⇐ $5\overrightarrow{AB}+3\overrightarrow{AC}$ において，$\overrightarrow{AB}$，$\overrightarrow{AC}$ の係数の和は　5+3=8
よって　$\overrightarrow{AP}=k\left(\dfrac{5\overrightarrow{AB}+3\overrightarrow{AC}}{8}\right)$ の形に変形する。

⇐ 点Dは問題文にある点ではないから，解答のようにDの位置を説明する必要がある。

inf. △ABC と点 P に対し，$a\overrightarrow{PA}+b\overrightarrow{PB}+c\overrightarrow{PC}=\vec{0}$ を満たす正の数 a，b，c が存在するとき，次のことが知られている。
(1) **点 P は △ABC の内部にある。**
(2) **△PBC : △PCA : △PAB = $a:b:c$**
(解答編 PRACTICE 26 の 補足 参照。)

PRACTICE 26③

三角形 ABC と点 P があり，$2\overrightarrow{PA}+6\overrightarrow{PB}+5\overrightarrow{PC}=\vec{0}$ を満たしている。

(1) 点 P の位置をいえ。　(2) 面積比 △PBC : △PCA : △PAB を求めよ。

基本 例題 27 共点条件

四角形ABCDの辺AB，BC，CD，DAの中点を，それぞれK，L，M，Nとし，対角線AC，BDの中点を，それぞれS，Tとする。

(1) 頂点A，B，C，Dの位置ベクトルを，それぞれ$\vec{a}$，$\vec{b}$，$\vec{c}$，$\vec{d}$とするとき，線分KMの中点の位置ベクトルを$\vec{a}$，$\vec{b}$，$\vec{c}$，$\vec{d}$を用いて表せ。

(2) 線分LN，STの中点の位置ベクトルをそれぞれ$\vec{a}$，$\vec{b}$，$\vec{c}$，$\vec{d}$を用いて表すことにより，3つの線分KM，LN，STは1点で交わることを示せ。

p.323 基本事項 1

CHART & SOLUTION

点の一致は 位置ベクトルの一致 で示す

(2) 3つの線分のそれぞれの中点が一致することを示す(**共点条件**)。

点P($\vec{p}$)，Q($\vec{q}$)，R($\vec{r}$)が一致 $\iff \vec{p}=\vec{q}=\vec{r}$

補足 共点とは，異なる3本以上の直線が1点で交わることである。

解答

(1) 線分KMの中点をPとし，点K，M，Pの位置ベクトルを，それぞれ$\vec{k}$，$\vec{m}$，$\vec{p}$とすると $\vec{k}=\dfrac{\vec{a}+\vec{b}}{2}$，

$\vec{m}=\dfrac{\vec{c}+\vec{d}}{2}$，$\vec{p}=\dfrac{\vec{k}+\vec{m}}{2}$

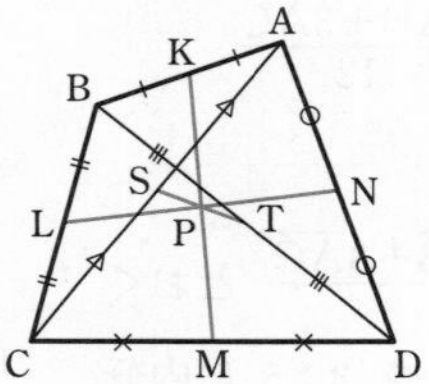

よって $\vec{p}=\dfrac{1}{2}\left(\dfrac{\vec{a}+\vec{b}}{2}+\dfrac{\vec{c}+\vec{d}}{2}\right)$

$=\dfrac{\vec{a}+\vec{b}+\vec{c}+\vec{d}}{4}$ ……①

⇐ 2点A($\vec{a}$)，B($\vec{b}$)を結ぶ線分ABの中点の位置ベクトルは $\dfrac{\vec{a}+\vec{b}}{2}$

(2) 線分LNの中点をQとし，点L，N，Qの位置ベクトルを，それぞれ$\vec{l}$，$\vec{n}$，$\vec{q}$とすると

$\vec{q}=\dfrac{\vec{l}+\vec{n}}{2}=\dfrac{1}{2}\left(\dfrac{\vec{b}+\vec{c}}{2}+\dfrac{\vec{d}+\vec{a}}{2}\right)=\dfrac{\vec{a}+\vec{b}+\vec{c}+\vec{d}}{4}$ ……②

⇐ $\vec{l}=\dfrac{\vec{b}+\vec{c}}{2}$，$\vec{n}=\dfrac{\vec{d}+\vec{a}}{2}$

線分STの中点をRとし，点S，T，Rの位置ベクトルを，それぞれ$\vec{s}$，$\vec{t}$，$\vec{r}$とすると

$\vec{r}=\dfrac{\vec{s}+\vec{t}}{2}=\dfrac{1}{2}\left(\dfrac{\vec{a}+\vec{c}}{2}+\dfrac{\vec{b}+\vec{d}}{2}\right)=\dfrac{\vec{a}+\vec{b}+\vec{c}+\vec{d}}{4}$ ……③

⇐ $\vec{s}=\dfrac{\vec{a}+\vec{c}}{2}$，$\vec{t}=\dfrac{\vec{b}+\vec{d}}{2}$

①～③より，3つの線分KM，LN，STの中点の位置ベクトルが一致するから，3つの線分は1点で交わる。

⇐ 3つの線分のそれぞれの中点で交わる。

PRACTICE 27②

正六角形OPQRSTにおいて $\overrightarrow{OP}=\vec{p}$，$\overrightarrow{OQ}=\vec{q}$ とする。

(1) $\overrightarrow{OR}$，$\overrightarrow{OS}$，$\overrightarrow{OT}$を，それぞれ$\vec{p}$，$\vec{q}$を用いて表せ。

(2) △OQSの重心G_1と△PRTの重心G_2は一致することを証明せよ。

基本 例題 28 共線条件

平行四辺形 ABCD において，対角線 AC を 2：3 に内分する点を L，辺 AB を 2：3 に内分する点を M，線分 MC を 4：15 に内分する点をNとするとき，3点 D，L，N は一直線上にあることを証明せよ。

p.323 基本事項 2

CHART & SOLUTION

3点 P，Q，R が一直線上にある

$\iff \overrightarrow{PR}=k\overrightarrow{PQ}$ を満たす実数 k がある ……❗

$\overrightarrow{DN}=k\overrightarrow{DL}$（$k$ は実数）となることを示す。

平行四辺形の 1 つの頂点を始点とする位置ベクトルを用いると考えやすい。

補足 共線とは，異なる 3 個以上の点が同じ直線上にあることである。

解答

$\overrightarrow{DA}=\vec{a}$，$\overrightarrow{DC}=\vec{c}$ とすると $\overrightarrow{DL}=\dfrac{3\vec{a}+2\vec{c}}{2+3}$ …… ①

⇐ $\overrightarrow{DL}$，$\overrightarrow{DN}$ について考えるから，頂点Dを始点とするベクトル $\overrightarrow{DA}=\vec{a}$，$\overrightarrow{DC}=\vec{c}$ を用いて $\overrightarrow{DL}$，$\overrightarrow{DN}$ を表す。

$\overrightarrow{DM}=\overrightarrow{DA}+\overrightarrow{AM}=\vec{a}+\dfrac{2}{5}\vec{c}$ であるから

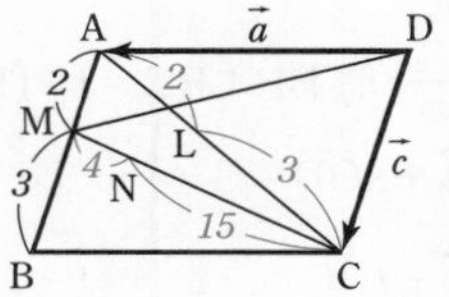

$$\overrightarrow{DN}=\frac{15\overrightarrow{DM}+4\overrightarrow{DC}}{4+15}$$

$$=\frac{15\left(\vec{a}+\frac{2}{5}\vec{c}\right)+4\vec{c}}{19}$$

$$=\frac{15\vec{a}+10\vec{c}}{19}=\frac{5}{19}(3\vec{a}+2\vec{c}) \quad \cdots\cdots ②$$

❗ ①，② から $\overrightarrow{DN}=\dfrac{25}{19}\overrightarrow{DL}$

したがって，3点 D，L，N は一直線上にある。

⇐ $3\vec{a}+2\vec{c}=5\overrightarrow{DL}$ から
$\overrightarrow{DN}=\dfrac{5}{19}\times 5\overrightarrow{DL}$
$\overrightarrow{DL}=\dfrac{19}{25}\overrightarrow{DN}$ でもよい。

INFORMATION 平行条件と共線条件の違い

（平行） $\overrightarrow{PQ}/\!/\overrightarrow{ST} \iff \overrightarrow{ST}=k\overrightarrow{PQ}$ …… ① を満たす実数 k がある

（共線） 3点 A，B，C が一直線上にある

$\iff \overrightarrow{AC}=k\overrightarrow{AB}$ …… ② を満たす実数 k がある

① と ② の式は似ているが，② では左辺と右辺のベクトルにおいて $\overrightarrow{AC}=k\overrightarrow{AB}$ のように必ず同じ点を含んでいる。同じ点を含んでいれば，$\overrightarrow{AC}=k\overrightarrow{CB}$ のような形でもよい。

PRACTICE 28②

平行四辺形 ABCD において，対角線 BD を 9：10 に内分する点を P，辺 AB を 3：2 に内分する点を Q，線分 QD を 1：2 に内分する点をRとするとき，3点 C，P，R は一直線上にあることを証明せよ。

基本 例題 29　交点の位置ベクトル (1)

△OAB において，辺 OA を 1：2 に内分する点を C，辺 OB を 2：1 に内分する点を D とする。線分 AD と線分 BC の交点を P とし，直線 OP と辺 AB の交点を Q とする。$\overrightarrow{OA}=\vec{a}$，$\overrightarrow{OB}=\vec{b}$ とするとき，次のベクトルを $\vec{a}$，$\vec{b}$ を用いて表せ。

(1)　$\overrightarrow{OP}$　　(2)　$\overrightarrow{OQ}$

p.289 基本事項 3，p.323 基本事項 1，基本 36, 57

CHART & SOLUTION

交点の位置ベクトル　2通りに表し　係数比較

(1)　AP：PD$=s:(1-s)$，BP：PC$=t:(1-t)$ として，点 P を

線分 AD における内分点，線分 BC における内分点

の 2 通りにとらえ，$\overrightarrow{OP}$ を 2 通りに表す。

(2)　点 Q は直線 OP 上にあるから，$\overrightarrow{OQ}=k\overrightarrow{OP}$（$k$ は実数）と表される。(1) と同様に，点 Q を **線分 AB における内分点，直線 OP 上の点** の 2 通りにとらえ，$\overrightarrow{OQ}$ を 2 通りに表す。

解答

(1)　AP：PD$=s:(1-s)$，BP：PC$=t:(1-t)$ とすると

$\overrightarrow{OP}=(1-s)\overrightarrow{OA}+s\overrightarrow{OD}=(1-s)\vec{a}+\frac{2}{3}s\vec{b}$ ……①

$\overrightarrow{OP}=(1-t)\overrightarrow{OB}+t\overrightarrow{OC}=\frac{1}{3}t\vec{a}+(1-t)\vec{b}$ ……②

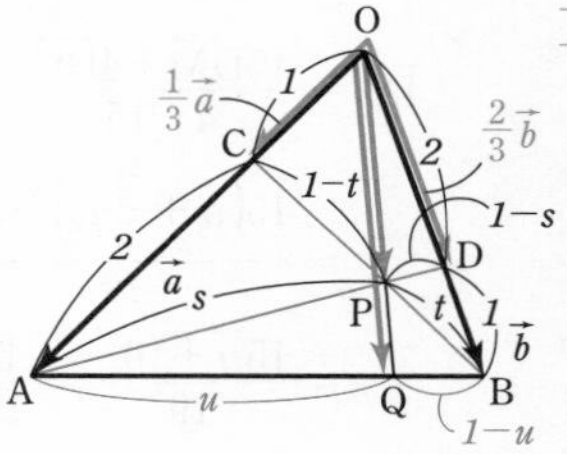

①，② から　$(1-s)\vec{a}+\frac{2}{3}s\vec{b}=\frac{1}{3}t\vec{a}+(1-t)\vec{b}$

$\vec{a}\neq\vec{0}$，$\vec{b}\neq\vec{0}$，$\vec{a}\not\parallel\vec{b}$ であるから　$1-s=\frac{1}{3}t$，$\frac{2}{3}s=1-t$

これを解くと　$s=\frac{6}{7}$，$t=\frac{3}{7}$　　ゆえに　$\boldsymbol{\overrightarrow{OP}=\frac{1}{7}\vec{a}+\frac{4}{7}\vec{b}}$

(2)　AQ：QB$=u:(1-u)$ とすると　$\overrightarrow{OQ}=(1-u)\vec{a}+u\vec{b}$

また，点 Q は直線 OP 上にあるから，$\overrightarrow{OQ}=k\overrightarrow{OP}$（$k$ は実数）とすると，(1) より　$\overrightarrow{OQ}=k\left(\frac{1}{7}\vec{a}+\frac{4}{7}\vec{b}\right)=\frac{1}{7}k\vec{a}+\frac{4}{7}k\vec{b}$

よって　$(1-u)\vec{a}+u\vec{b}=\frac{1}{7}k\vec{a}+\frac{4}{7}k\vec{b}$

$\vec{a}\neq\vec{0}$，$\vec{b}\neq\vec{0}$，$\vec{a}\not\parallel\vec{b}$ であるから　$1-u=\frac{1}{7}k$，$u=\frac{4}{7}k$

これを解くと　$k=\frac{7}{5}$，$u=\frac{4}{5}$　　ゆえに　$\boldsymbol{\overrightarrow{OQ}=\frac{1}{5}\vec{a}+\frac{4}{5}\vec{b}}$

注意　**左の解答の赤破線の断りを必ず明記する。**

inf.　メネラウスの定理，チェバの定理を用いた別解は，p.334 の STEP UP 参照。
また，ベクトル方程式から「係数の和が 1」を用いる解法は次節で扱う（基本例題 36 の inf. 参照）。

PRACTICE 29②

△OAB において，辺 OA を 2：3 に内分する点を C，辺 OB を 4：5 に内分する点を D とする。線分 AD と BC の交点を P とし，直線 OP と辺 AB との交点を Q とする。$\overrightarrow{OA}=\vec{a}$，$\overrightarrow{OB}=\vec{b}$ とするとき，$\overrightarrow{OP}$，$\overrightarrow{OQ}$ をそれぞれ $\vec{a}$，$\vec{b}$ を用いて表せ。〔類　近畿大〕

ズームUP 交点の位置ベクトルの求め方

基本例題 29 のような，線分の交点の位置ベクトルを求める方法について じっくり考えてみましょう。

交点の位置ベクトルは，2 通りに表し係数比較で求める

点Pは△OAB の内部の点であるから，始めから $\overrightarrow{OA}$，$\overrightarrow{OB}$ で表すのは難しい。
そこで，点Pが線分 AD と BC の交点であることから，Pは AD 上にも BC 上にもあると考える。すなわち，

点Pは線分 AD 上にある
⟶ $\overrightarrow{OP}$ を $\overrightarrow{OA}$，$\overrightarrow{OD}$ で表す ……Ⓐ
点Pは線分 BC 上にある
⟶ $\overrightarrow{OP}$ を $\overrightarrow{OB}$，$\overrightarrow{OC}$ で表す ……Ⓑ

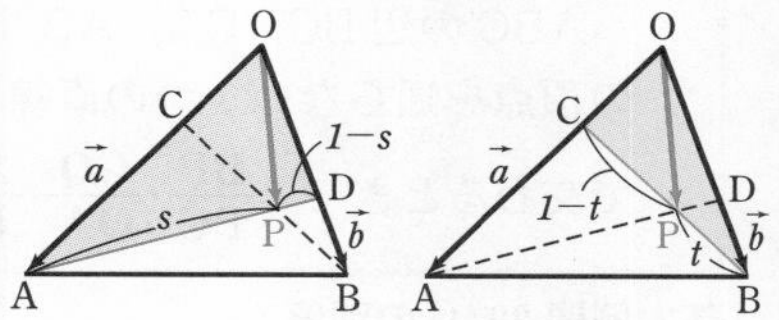

と考えてみよう。
ただし，点Pが線分 AD，BC 上のどの位置にあるかわからないから，
AP：PD$=s:(1-s)$，BP：PC$=t:(1-t)$ のように，内分比を文字でおく。
Ⓐについては，$\overrightarrow{OP}$ を s，$\overrightarrow{OA}$，$\overrightarrow{OD}$ で表すことができるが，$\overrightarrow{OD}$ は $\overrightarrow{OB}$ で表されるから，$\overrightarrow{OP}$ を s，$\overrightarrow{OA}$，$\overrightarrow{OB}$ で表すことができる。Ⓑについても同様に考えると，$\overrightarrow{OP}$ は $\overrightarrow{OA}$，$\overrightarrow{OB}$，すなわち $\vec{a}$，$\vec{b}$ を用いて 2 通りに表すことができる。
ここで，$p.301$ で学んだ次のことを思い出そう。

> $\vec{a}\neq\vec{0}$，$\vec{b}\neq\vec{0}$，$\vec{a}\not\parallel\vec{b}$ である（$\vec{a}$，$\vec{b}$ が 1 次独立である）とき，
> 平面上の任意のベクトル $\vec{p}$ は $\vec{p}=s\vec{a}+t\vec{b}$ の形に，ただ 1 通りに表される。

「ただ 1 通りに表される」ということは，2 通りに表したとき，$\vec{a}$，$\vec{b}$ の係数がそれぞれ等しいことを意味する。よって，基本例題 29 の解答の ①，② から $\vec{a}$，$\vec{b}$ の係数を比較して実数 s，t の値を求めることができる。このため，**係数を比較するとき** には「**$\vec{a}\neq\vec{0}$，$\vec{b}\neq\vec{0}$，$\vec{a}\not\parallel\vec{b}$ であるから**」の断りを必ず明記しよう。

内分比を $s:(1-s)$ とする理由は？

点Pが線分 AD を $m:n$ に内分する，すなわち AP：PD$=m:n$ であるとしよう。
このとき，$\overrightarrow{OP}$ は

$$\overrightarrow{OP}=\frac{n\overrightarrow{OA}+m\overrightarrow{OD}}{m+n}=\frac{n}{m+n}\overrightarrow{OA}+\frac{m}{m+n}\overrightarrow{OD}$$

となる。ここで，$\overrightarrow{OA}$ と $\overrightarrow{OD}$ の係数の和を考えると　$\dfrac{n}{m+n}+\dfrac{m}{m+n}=1$

$\dfrac{m}{m+n}=s$ とおくと，$\dfrac{n}{m+n}=1-s$ であり，$\overrightarrow{OP}=(1-s)\overrightarrow{OA}+s\overrightarrow{OD}$ となる。以上から，1 つの文字 s で内分比を表すことができることがわかった（$p.325$ の inf. 参照）。
また，ベクトルの係数を比較するときには，文字が少ない方が計算しやすい。
このような理由で，AP：PD$=m:n$ ではなく AP：PD$=s:(1-s)$ としているのである。今後よく使う表し方であるから，この方法も必ず身に付けておこう。

STEP UP メネラウスの定理，チェバの定理を利用した交点の位置ベクトルの求め方

基本例題 29 のタイプの問題の解法として，「**2 通りに表し係数比較**」以外に **メネラウスの定理**，**チェバの定理**（数学Aの「図形の性質」で学ぶ）を用いた解法がある。

1 メネラウスの定理の利用

メネラウスの定理

△ABC の辺 BC，CA，AB またはその延長が，三角形の頂点を通らない 1 つの直線と，それぞれ点 P，Q，R で交わるとき　$\dfrac{\mathbf{BP}}{\mathbf{PC}}\cdot\dfrac{\mathbf{CQ}}{\mathbf{QA}}\cdot\dfrac{\mathbf{AR}}{\mathbf{RB}}=\mathbf{1}$

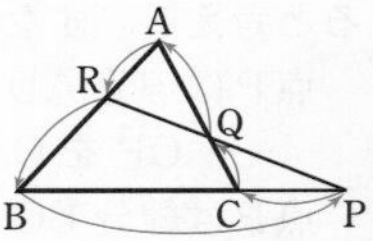

基本例題 29 (1) の別解

△OAD と直線 BC について，メネラウスの定理により

$\dfrac{OC}{CA}\cdot\dfrac{AP}{PD}\cdot\dfrac{DB}{BO}=1$

よって　$\dfrac{1}{2}\cdot\dfrac{AP}{PD}\cdot\dfrac{1}{3}=1$　　ゆえに　$\dfrac{AP}{PD}=6$

よって　AP : PD = 6 : 1

ゆえに　$\overrightarrow{\mathbf{OP}}=\dfrac{\overrightarrow{OA}+6\overrightarrow{OD}}{6+1}=\dfrac{\vec{a}+6\times\frac{2}{3}\vec{b}}{7}=\dfrac{\mathbf{1}}{\mathbf{7}}\vec{a}+\dfrac{\mathbf{4}}{\mathbf{7}}\vec{b}$

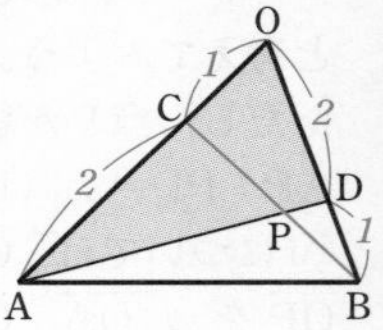

2 チェバの定理の利用

チェバの定理

△ABC の 3 頂点 A，B，C と，三角形の辺上にもその延長上にもない点Oを結ぶ直線が，辺 BC，CA，AB またはその延長と交わるとき，交点をそれぞれ P，Q，R とすると　$\dfrac{\mathbf{BP}}{\mathbf{PC}}\cdot\dfrac{\mathbf{CQ}}{\mathbf{QA}}\cdot\dfrac{\mathbf{AR}}{\mathbf{RB}}=\mathbf{1}$

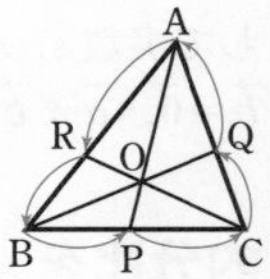

基本例題 29 (2) の別解

△OAB においてチェバの定理により　$\dfrac{OC}{CA}\cdot\dfrac{AQ}{QB}\cdot\dfrac{BD}{DO}=1$

よって　$\dfrac{1}{2}\cdot\dfrac{AQ}{QB}\cdot\dfrac{1}{2}=1$　　ゆえに　$\dfrac{AQ}{QB}=4$

よって　AQ : QB = 4 : 1

ゆえに　$\overrightarrow{\mathbf{OQ}}=\dfrac{\overrightarrow{OA}+4\overrightarrow{OB}}{4+1}=\dfrac{\mathbf{1}}{\mathbf{5}}\vec{a}+\dfrac{\mathbf{4}}{\mathbf{5}}\vec{b}$

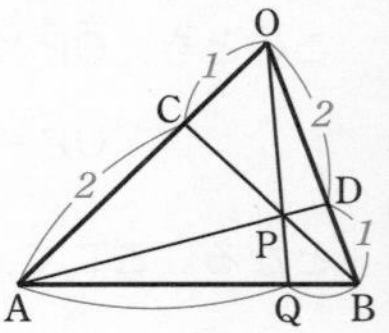

基本例題 29 の解答では文字を 2 つおいて係数比較をしたが，(1) では AP : PD（あるいは BP : PC），(2) では AQ : QB といった **内分比がわかればよい** ので，図形の性質を用いた解法も有用である。

基本 例題 30 線分の垂直に関する証明

正三角形でない鋭角三角形ABCの外心をO，重心をGとし，線分OGのGを越える延長上にOH=3OGとなる点Hをとる。
このとき，AH⊥BC，BH⊥CA，CH⊥AB であることを証明せよ。

p.305 基本事項 3，p.323 基本事項 1，基本 61

CHART & SOLUTION

垂直に関する証明　垂直　内積=0 を利用 ……❗

$\overrightarrow{AH}\cdot\overrightarrow{BC}=0$，$\overrightarrow{BH}\cdot\overrightarrow{CA}=0$，$\overrightarrow{CH}\cdot\overrightarrow{AB}=0$ を示す。また，**外心の性質 OA=OB=OC** や，OH，OGなども出てくるから，**点Oを始点とする位置ベクトル** で考える。

解答

$\overrightarrow{OA}=\vec{a}$，$\overrightarrow{OB}=\vec{b}$，$\overrightarrow{OC}=\vec{c}$ とする。

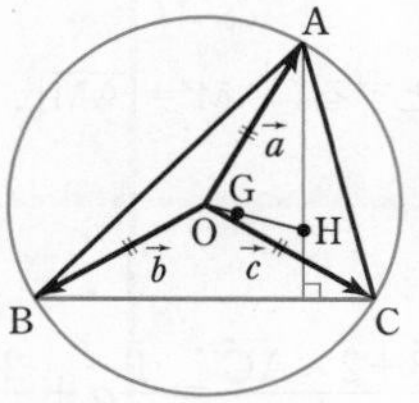

Oは△ABCの外心であるから

OA=OB=OC

よって $|\vec{a}|=|\vec{b}|=|\vec{c}|$

⇐ 外心は，△ABCの外接円の中心であるから，OA，OB，OCの長さはすべて外接円の半径と等しい。

Gは△ABCの重心であるから

$$\overrightarrow{OG}=\frac{\vec{a}+\vec{b}+\vec{c}}{3}$$

ゆえに $\overrightarrow{AH}=\overrightarrow{OH}-\overrightarrow{OA}=3\overrightarrow{OG}-\overrightarrow{OA}=(\vec{a}+\vec{b}+\vec{c})-\vec{a}=\vec{b}+\vec{c}$　⇐ $\overrightarrow{OH}=3\overrightarrow{OG}$

❗ よって $\overrightarrow{AH}\cdot\overrightarrow{BC}=(\vec{b}+\vec{c})\cdot(\vec{c}-\vec{b})=|\vec{c}|^2-|\vec{b}|^2=0$　⇐ $|\vec{c}|=|\vec{b}|$

$\overrightarrow{AH}\neq\vec{0}$，$\overrightarrow{BC}\neq\vec{0}$ であるから　$\overrightarrow{AH}\perp\overrightarrow{BC}$

⇐ $\overrightarrow{AH}=\vec{0}$ のとき，$\vec{b}+\vec{c}=\vec{0}$ より外心Oは辺BCの中点であるから，∠A=90°（直角三角形）となり，不適。

したがって　AH⊥BC

更に $\overrightarrow{BH}=\overrightarrow{OH}-\overrightarrow{OB}=3\overrightarrow{OG}-\overrightarrow{OB}=(\vec{a}+\vec{b}+\vec{c})-\vec{b}=\vec{a}+\vec{c}$

$\overrightarrow{CH}=\overrightarrow{OH}-\overrightarrow{OC}=3\overrightarrow{OG}-\overrightarrow{OC}=(\vec{a}+\vec{b}+\vec{c})-\vec{c}=\vec{a}+\vec{b}$

❗ ゆえに $\overrightarrow{BH}\cdot\overrightarrow{CA}=(\vec{a}+\vec{c})\cdot(\vec{a}-\vec{c})=|\vec{a}|^2-|\vec{c}|^2=0$　⇐ $|\vec{a}|=|\vec{c}|$

❗ $\overrightarrow{CH}\cdot\overrightarrow{AB}=(\vec{a}+\vec{b})\cdot(\vec{b}-\vec{a})=|\vec{b}|^2-|\vec{a}|^2=0$　⇐ $|\vec{b}|=|\vec{a}|$

$\overrightarrow{BH}\neq\vec{0}$，$\overrightarrow{CA}\neq\vec{0}$，$\overrightarrow{CH}\neq\vec{0}$，$\overrightarrow{AB}\neq\vec{0}$ であるから

$\overrightarrow{BH}\perp\overrightarrow{CA}$，$\overrightarrow{CH}\perp\overrightarrow{AB}$

よって　BH⊥CA，CH⊥AB

inf. この例題の点Hは△ABCの **垂心** となる。

inf.　外心，重心，垂心を通る直線（この問題の直線OH）を **オイラー線** という。なお，正三角形の外心，内心，重心，垂心は一致するため，正三角形ではオイラー線は定義できない。

PRACTICE 30③

三角形OABにおいて，OA=6，OB=5，AB=4 である。辺OAを 5：3 に内分する点をC，辺OBを $t:(1-t)$ に内分する点をDとし，辺BCと辺ADの交点をHとする。$\vec{a}=\overrightarrow{OA}$，$\vec{b}=\overrightarrow{OB}$ とするとき，次の問いに答えよ。

(1) $\vec{a}\cdot\vec{b}$ の値を求めよ。　(2) $\vec{a}\perp\overrightarrow{BC}$ であることを示せ。

(3) $\vec{b}\perp\overrightarrow{AD}$ となるときの t の値を求めよ。

(4) $\vec{b}\perp\overrightarrow{AD}$ であるとき，$\overrightarrow{OH}\perp\overrightarrow{AB}$ となることを示せ。　〔高知大〕

基本 例題 31 線分の平方に関する証明

(1) △ABC の辺 BC を 2：1 に内分する点をPとする。

(ア) $\overrightarrow{AB}=\vec{a}$，$\overrightarrow{AC}=\vec{b}$ とするとき，ベクトル $\overrightarrow{AP}$ を $\vec{a}$，$\vec{b}$ を用いて表せ。

(イ) $3AB^2+6AC^2=9AP^2+2BC^2$ が成り立つことを示せ。 〔(1) 八戸工大〕

(2) △ABC において，辺 BC の中点をMとするとき，等式 $AB^2+AC^2=2(AM^2+BM^2)$ が成り立つことを証明せよ。

p.306 基本事項 4，p.323 基本事項 1

CHART & SOLUTION

線分の長さ，(線分)^2 の問題

内積を利用　$AB^2=|\overrightarrow{AB}|^2=\overrightarrow{AB}\cdot\overrightarrow{AB}$

(1) (イ) $AP^2=|\overrightarrow{AP}|^2$，$BC^2=|\overrightarrow{BC}|^2$ として，$9AP^2+2BC^2$ を $\vec{a}$，$\vec{b}$ を用いて表す。その際，(ア) を利用する。

(2) $\overrightarrow{AB}=\vec{a}$，$\overrightarrow{AC}=\vec{b}$ とする。$AM^2=|\overrightarrow{AM}|^2$，$BM^2=|\overrightarrow{BM}|^2$ として，$2(AM^2+BM^2)$ を $\vec{a}$，$\vec{b}$ を用いて表す。

解答

(1) (ア) $\overrightarrow{AP}=\dfrac{1\times\overrightarrow{AB}+2\times\overrightarrow{AC}}{2+1}=\dfrac{1}{3}\vec{a}+\dfrac{2}{3}\vec{b}$

(イ) $9AP^2+2BC^2=9|\overrightarrow{AP}|^2+2|\overrightarrow{BC}|^2$

$=9\left|\dfrac{1}{3}\vec{a}+\dfrac{2}{3}\vec{b}\right|^2+2|\vec{b}-\vec{a}|^2$

$=9\left(\dfrac{1}{9}|\vec{a}|^2+\dfrac{4}{9}\vec{a}\cdot\vec{b}+\dfrac{4}{9}|\vec{b}|^2\right)+2(|\vec{b}|^2-2\vec{a}\cdot\vec{b}+|\vec{a}|^2)$

$=3|\vec{a}|^2+6|\vec{b}|^2=3AB^2+6AC^2$

(2) $\overrightarrow{AB}=\vec{a}$，$\overrightarrow{AC}=\vec{b}$ とすると

$\overrightarrow{AM}=\dfrac{\overrightarrow{AB}+\overrightarrow{AC}}{2}=\dfrac{1}{2}\vec{a}+\dfrac{1}{2}\vec{b}$，

$\overrightarrow{BM}=\dfrac{1}{2}\overrightarrow{BC}=\dfrac{1}{2}\vec{b}-\dfrac{1}{2}\vec{a}$

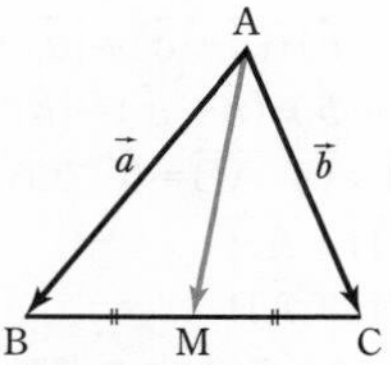

よって

$2(AM^2+BM^2)=2(|\overrightarrow{AM}|^2+|\overrightarrow{BM}|^2)$

$=2\left(\left|\dfrac{1}{2}\vec{a}+\dfrac{1}{2}\vec{b}\right|^2+\left|\dfrac{1}{2}\vec{b}-\dfrac{1}{2}\vec{a}\right|^2\right)$

$=2\left(\dfrac{1}{4}|\vec{a}|^2+\dfrac{1}{2}\vec{a}\cdot\vec{b}+\dfrac{1}{4}|\vec{b}|^2+\dfrac{1}{4}|\vec{b}|^2-\dfrac{1}{2}\vec{a}\cdot\vec{b}+\dfrac{1}{4}|\vec{a}|^2\right)$

$=|\vec{a}|^2+|\vec{b}|^2=AB^2+AC^2$

(1)(イ) (ア)の利用を考え，等式の右辺を変形する。

⇐ $9\left|\dfrac{1}{3}\vec{a}+\dfrac{2}{3}\vec{b}\right|^2$
$=\left(3\left|\dfrac{1}{3}\vec{a}+\dfrac{2}{3}\vec{b}\right|\right)^2$
$=|\vec{a}+2\vec{b}|^2$
$=|\vec{a}|^2+4\vec{a}\cdot\vec{b}+4|\vec{b}|^2$
と計算してもよい。

(2) 考えやすい点Aを始点とする。

inf. $\left|\dfrac{1}{2}\vec{a}+\dfrac{1}{2}\vec{b}\right|^2$
$=\left(\dfrac{1}{2}|\vec{a}+\vec{b}|\right)^2$
$=\dfrac{1}{4}(|\vec{a}|^2+2\vec{a}\cdot\vec{b}+|\vec{b}|^2)$
と計算してもよい。

⇐ (2) の結果を **中線定理** という。

PRACTICE 31③

△ABC において，辺 BC を 1：3 に内分する点をDとするとき，等式 $3AB^2+AC^2=4(AD^2+3BD^2)$ が成り立つことを証明せよ。

まとめ　ベクトルの平面図形への応用

図形の問題を解決する方法として

「三角形や円の基本定理（数学Aの図形の性質）を利用する」，

「座標（数学Ⅱの図形と方程式）で考える」，

「ベクトルを用いる」

の3つがある。ここでは，これまでに学んだ「ベクトルを用いる」方法についてまとめる。**ベクトルで考えるときの基本は，2つのベクトル $\vec{a}$，$\vec{b}$ $(\vec{a}\neq\vec{0},\ \vec{b}\neq\vec{0},\ \vec{a}\not\parallel\vec{b})$ を用いて各ベクトルを $s\vec{a}+t\vec{b}$ の形にすることである。**

図形の問題をベクトルを用いて解く手順は，以下の [1]～[3] のようになる。

[1]　基準となる2つのベクトルを定める。または，図形上の各点の位置ベクトルを定める。問題文で与えられている場合もある。

[2]　与えられた条件をもとに，ベクトルの式を変形する。

[3]　ベクトルによって示された結論を図形に対応させる。

[1]～[3] の手順において，以下の対応を利用する。

図形とベクトルの対応

① **点Pが線分ABを $m:n$ に内分する**　$\iff$　$\overrightarrow{\square\mathrm{P}}=\dfrac{n\overrightarrow{\square\mathrm{A}}+m\overrightarrow{\square\mathrm{B}}}{m+n}$ （□は同じ点）

点Qが線分ABを $m:n$ に外分する　$\iff$　$\overrightarrow{\square\mathrm{Q}}=\dfrac{-n\overrightarrow{\square\mathrm{A}}+m\overrightarrow{\square\mathrm{B}}}{m-n}$ （□は同じ点）

➡ 基本例題 23，24，25，26 参照

② **2点P，Qが一致する**　$\iff$　$\overrightarrow{\square\mathrm{P}}=\overrightarrow{\square\mathrm{Q}}$ （□は同じ点）　➡ 基本例題 27 参照

③ **平行 AB∥CD**　$\iff$　$\overrightarrow{\mathrm{AB}}=k\overrightarrow{\mathrm{CD}}$ となる実数 k が存在。

➡ 基本例題 4，8 参照

特に平行かつ長さが等しい AB∥CD，AB=CD　$\iff$　$\overrightarrow{\mathrm{AB}}=\pm\overrightarrow{\mathrm{CD}}$

④ **垂直 AB⊥CD**　$\iff$　$\overrightarrow{\mathrm{AB}}\cdot\overrightarrow{\mathrm{CD}}=0$ $(\overrightarrow{\mathrm{AB}}\neq\vec{0},\ \overrightarrow{\mathrm{CD}}\neq\vec{0})$

➡ 基本例題 30 参照

⑤ **点Cが直線AB上にある**　$\iff$　$\overrightarrow{\mathrm{AC}}=k\overrightarrow{\mathrm{AB}}$ となる実数 k が存在。

➡ 基本例題 28 参照

図形とベクトルの対応において，次のような性質もある。

⑥ $\mathrm{AB}^2=|\overrightarrow{\mathrm{AB}}|^2=\overrightarrow{\mathrm{AB}}\cdot\overrightarrow{\mathrm{AB}}$　➡ 基本例題 31 参照

⑦ Oを原点とし，点Aの座標が $(a,\ b)$，点Pの座標が $(x,\ y)$ のとき

$ax+by=\overrightarrow{\mathrm{OA}}\cdot\overrightarrow{\mathrm{OP}}$　➡ 重要例題 22 参照

重要 例題 32 垂心の位置ベクトル

△OAB において，OA=4，OB=5，AB=6 とし，垂心をHとする。また，$\overrightarrow{OA}=\vec{a}$，$\overrightarrow{OB}=\vec{b}$ とする。

(1) 内積 $\vec{a}\cdot\vec{b}$ を求めよ。　　(2) $\overrightarrow{OH}$ を $\vec{a}$，$\vec{b}$ を用いて表せ。

p.305 基本事項 3，基本 30

CHART & SOLUTION

三角形の垂心　3頂点から下ろした垂線の交点

垂直　内積=0 を利用

(1) $|\overrightarrow{AB}|^2=|\vec{b}-\vec{a}|^2$ の展開式を考える。

(2) OA⊥BH，OB⊥AH であるから　$\overrightarrow{OA}\cdot\overrightarrow{BH}=0$，$\overrightarrow{OB}\cdot\overrightarrow{AH}=0$

$\overrightarrow{OH}=s\vec{a}+t\vec{b}$ として，この条件を利用し，s，t を求める。

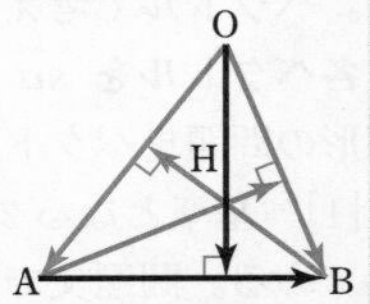

解答

(1) $|\overrightarrow{AB}|^2=|\vec{b}-\vec{a}|^2=|\vec{b}|^2-2\vec{a}\cdot\vec{b}+|\vec{a}|^2$

$|\overrightarrow{AB}|=6$，$|\vec{a}|=4$，$|\vec{b}|=5$ であるから

$6^2=5^2-2\vec{a}\cdot\vec{b}+4^2$　　よって　$\boldsymbol{\vec{a}\cdot\vec{b}=\frac{5}{2}}$

⇐ $2\vec{a}\cdot\vec{b}=5$

(2) $\overrightarrow{OH}=s\vec{a}+t\vec{b}$（$s$，$t$ は実数）とする。

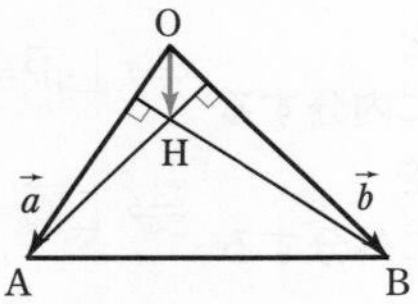

Hは垂心であるから　$\overrightarrow{OA}\perp\overrightarrow{BH}$

よって　$\overrightarrow{OA}\cdot\overrightarrow{BH}=0$

⇐ (内積)=0

ゆえに　$\vec{a}\cdot\{s\vec{a}+(t-1)\vec{b}\}=0$

⇐ $\overrightarrow{BH}=\overrightarrow{OH}-\overrightarrow{OB}=s\vec{a}+t\vec{b}-\vec{b}$

よって　$s|\vec{a}|^2+(t-1)\vec{a}\cdot\vec{b}=0$

$|\vec{a}|=4$，$\vec{a}\cdot\vec{b}=\frac{5}{2}$ であるから　$16s+\frac{5}{2}(t-1)=0$

ゆえに　$32s+5t-5=0$ …… ①

また，$\overrightarrow{OB}\perp\overrightarrow{AH}$ から　$\overrightarrow{OB}\cdot\overrightarrow{AH}=0$

⇐ (内積)=0

ゆえに　$\vec{b}\cdot\{(s-1)\vec{a}+t\vec{b}\}=0$

⇐ $\overrightarrow{AH}=\overrightarrow{OH}-\overrightarrow{OA}=s\vec{a}+t\vec{b}-\vec{a}$

よって　$(s-1)\vec{a}\cdot\vec{b}+t|\vec{b}|^2=0$

$|\vec{b}|=5$，$\vec{a}\cdot\vec{b}=\frac{5}{2}$ であるから　$\frac{5}{2}(s-1)+25t=0$

ゆえに　$s+10t-1=0$ …… ②

①，② を解くと　$s=\frac{1}{7}$，$t=\frac{3}{35}$

よって　$\boldsymbol{\overrightarrow{OH}=\frac{1}{7}\vec{a}+\frac{3}{35}\vec{b}}$

inf. △OAB は直角三角形ではないから，垂心 H は頂点 O，A，B のいずれとも一致しない。

PRACTICE 32[4]

△OAB において，OA=7，OB=5，AB=8 とし，垂心をHとする。また，$\overrightarrow{OA}=\vec{a}$，$\overrightarrow{OB}=\vec{b}$ とする。

(1) 内積 $\vec{a}\cdot\vec{b}$ を求めよ。　　(2) $\overrightarrow{OH}$ を $\vec{a}$，$\vec{b}$ を用いて表せ。

STEP UP 正射影ベクトルの利用

ベクトルの正射影ベクトル

$\overrightarrow{OA}=\vec{a}$, $\overrightarrow{OB}=\vec{b}$ とし，$\vec{a}$, $\vec{b}$ のなす角を θ とする。点Bから直線 OA に垂線 BH を下ろしたとき，$\overrightarrow{OH}$ を $\overrightarrow{OB}$ の $\overrightarrow{OA}$ への**正射影ベクトル** という。

$0°\leqq\theta<90°$ のとき

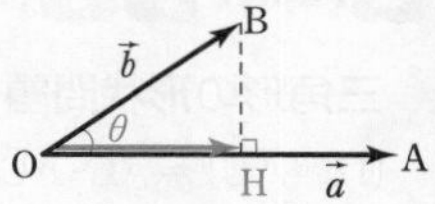

$90°\leqq\theta\leqq180°$ のとき

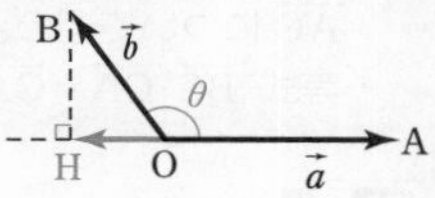

$\overrightarrow{OA}$ と $\overrightarrow{OB}$ の内積は　$\overrightarrow{OA}\cdot\overrightarrow{OB}=|\overrightarrow{OA}||\overrightarrow{OB}|\cos\theta$

$0°\leqq\theta<90°$ のとき，$OH=|\overrightarrow{OB}|\cos\theta$ であるから

$$\overrightarrow{OA}\cdot\overrightarrow{OB}=OA\times OH \quad \cdots\cdots ①$$

$90°\leqq\theta\leqq180°$ のとき，$|\overrightarrow{OB}|\cos\theta\leqq0$ であるが，これを符号を含んだ長さと考えると $OH=|\overrightarrow{OB}|\cos\theta$ となり，① が成り立つ。よって，内積 $\overrightarrow{OA}\cdot\overrightarrow{OB}$ の図形的意味は，線分 OA の長さと，線分 OH の長さの積である，といえる。

また，$\overrightarrow{OH}$ は，$\vec{a}$ と同じ向きの単位ベクトル $\dfrac{\vec{a}}{|\vec{a}|}$ を $|\vec{b}|\cos\theta$ 倍（$90°\leqq\theta\leqq180°$ のときは 0 以下）したベクトルであるから

$$\overrightarrow{OH}=|\vec{b}|\cos\theta\times\frac{\vec{a}}{|\vec{a}|}=\frac{|\vec{a}||\vec{b}|\cos\theta}{|\vec{a}|^2}\vec{a}=\frac{\vec{a}\cdot\vec{b}}{|\vec{a}|^2}\vec{a}$$

重要例題 32 (2) を正射影ベクトルを用いて解く

左ページの重要例題 32 (2) を，正射影ベクトルを用いて解いてみよう。

$|\vec{a}|=4$, $|\vec{b}|=5$, $\vec{a}\cdot\vec{b}=\dfrac{5}{2}$ である。点Aから辺 OB に垂線 AP を，点Bから辺 OA に垂線 BQ を下ろすと

$$\overrightarrow{OP}=\frac{\vec{a}\cdot\vec{b}}{|\vec{b}|^2}\vec{b}=\frac{1}{10}\vec{b},\quad \overrightarrow{OQ}=\frac{\vec{a}\cdot\vec{b}}{|\vec{a}|^2}\vec{a}=\frac{5}{32}\vec{a} \quad \cdots\cdots (*)$$

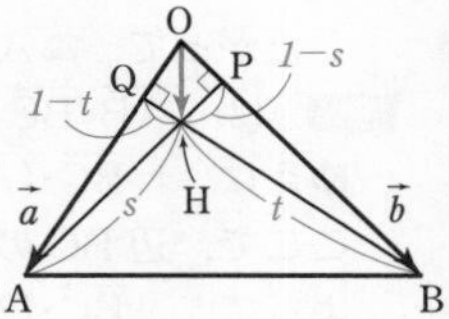

AH : HP $=s:(1-s)$ とすると

$$\overrightarrow{OH}=(1-s)\overrightarrow{OA}+s\overrightarrow{OP}=(1-s)\vec{a}+\frac{1}{10}s\vec{b} \quad \cdots\cdots ①$$

BH : HQ $=t:(1-t)$ とすると

$$\overrightarrow{OH}=(1-t)\overrightarrow{OB}+t\overrightarrow{OQ}=\frac{5}{32}t\vec{a}+(1-t)\vec{b} \quad \cdots\cdots ②$$

⇦ $\overrightarrow{OH}$ を 2 通りで表して係数比較（$p.332$ 基本例題 29 参照）。

①, ② から　$(1-s)\vec{a}+\dfrac{1}{10}s\vec{b}=\dfrac{5}{32}t\vec{a}+(1-t)\vec{b}$

$\vec{a}\neq\vec{0}$, $\vec{b}\neq\vec{0}$, $\vec{a}\not\parallel\vec{b}$ であるから　$1-s=\dfrac{5}{32}t$, $\dfrac{1}{10}s=1-t$

これを解くと　$s=\dfrac{6}{7}$, $t=\dfrac{32}{35}$　　よって　$\boldsymbol{\overrightarrow{OH}=\dfrac{1}{7}\vec{a}+\dfrac{3}{35}\vec{b}}$

補足　(*) の式から，OP : PB $=1:9$，OQ : QA $=5:27$ がわかる。
これらとメネラウスの定理から，AH : HP（あるいは BH : HQ）を求める方針でもよい。

1章 4 位置ベクトル，ベクトルと図形

重要例題 33 内積と三角形の形状

△ABC が次の等式を満たすとき，△ABC はどんな形の三角形か。

(1) $\overrightarrow{AB}\cdot\overrightarrow{AC}=|\overrightarrow{AC}|^2$　　(2) $\overrightarrow{AB}\cdot\overrightarrow{BC}=\overrightarrow{BC}\cdot\overrightarrow{CA}=\overrightarrow{CA}\cdot\overrightarrow{AB}$

基本 30，31

CHART & THINKING

三角形の形状問題　2辺ずつの長さの関係，2辺のなす角を調べる

(1) $|\overrightarrow{AC}|^2=\overrightarrow{AC}\cdot\overrightarrow{AC}$ と考えよう。与式の右辺を左辺に移項すると，(ベクトルの内積)$=0$ の式になる。内積$=0 \Longleftrightarrow$ 垂直か $\vec{0}$ が利用できないだろうか？

(2) 等式 $\overrightarrow{AB}\cdot\overrightarrow{BC}=\overrightarrow{BC}\cdot\overrightarrow{CA}$ をAを始点とする $\overrightarrow{AB}$，$\overrightarrow{AC}$ を用いて表し，整理すると，$\overrightarrow{AB}$，$\overrightarrow{AC}$ についてどのような関係がわかるだろうか？
等式 $\overrightarrow{BC}\cdot\overrightarrow{CA}=\overrightarrow{CA}\cdot\overrightarrow{AB}$ については，B を始点として同様に考えてみよう。

解答

(1) $\overrightarrow{AB}\cdot\overrightarrow{AC}=|\overrightarrow{AC}|^2$ から　$\overrightarrow{AB}\cdot\overrightarrow{AC}-\overrightarrow{AC}\cdot\overrightarrow{AC}=0$

ゆえに　$(\overrightarrow{AB}-\overrightarrow{AC})\cdot\overrightarrow{AC}=0$

$\overrightarrow{AB}-\overrightarrow{AC}=\overrightarrow{CB}$ であるから　$\overrightarrow{CB}\cdot\overrightarrow{AC}=0$

$\overrightarrow{CB}\neq\vec{0}$，$\overrightarrow{AC}\neq\vec{0}$ であるから

$\overrightarrow{CB}\perp\overrightarrow{AC}$　すなわち　$CB\perp AC$

したがって，△ABC は **∠C＝90° の直角三角形** である。

(2) $\overrightarrow{AB}\cdot\overrightarrow{BC}=\overrightarrow{BC}\cdot\overrightarrow{CA}$ から　$\overrightarrow{BC}\cdot(\overrightarrow{AB}+\overrightarrow{AC})=0$

よって　$(\overrightarrow{AC}-\overrightarrow{AB})\cdot(\overrightarrow{AB}+\overrightarrow{AC})=0$

ゆえに　$|\overrightarrow{AC}|^2-|\overrightarrow{AB}|^2=0$

よって　$|\overrightarrow{AC}|^2=|\overrightarrow{AB}|^2$　すなわち　$AC=AB$ …… ①

また，$\overrightarrow{BC}\cdot\overrightarrow{CA}=\overrightarrow{CA}\cdot\overrightarrow{AB}$ から，上と同様にして

$BA=BC$ …… ②　　①，② から　$AB=BC=CA$

したがって，△ABC は **正三角形** である。

> ⇐ $|\overrightarrow{AC}|^2=\overrightarrow{AC}\cdot\overrightarrow{AC}$
> ⇐ $bc-c^2=0$ から $(b-c)c=0$ と似た計算。
> ⇐ $\overrightarrow{CA}=-\overrightarrow{AC}$
> ⇐ $\overrightarrow{BC}=\overrightarrow{AC}-\overrightarrow{AB}$
> ⇐ $(a+b)(a-b)=a^2-b^2$ の要領で計算。
> ⇐ $\overrightarrow{CA}\cdot(\overrightarrow{BA}+\overrightarrow{BC})=0$
> よって $(\overrightarrow{BA}-\overrightarrow{BC})\cdot(\overrightarrow{BA}+\overrightarrow{BC})=0$

別解 (2) $\overrightarrow{AB}\cdot\overrightarrow{BC}=\overrightarrow{BC}\cdot\overrightarrow{CA}$ から　$\overrightarrow{BC}\cdot(\overrightarrow{AB}-\overrightarrow{CA})=0$

ゆえに　$\overrightarrow{BC}\cdot(\overrightarrow{AB}+\overrightarrow{AC})=0$

ここで，辺 BC の中点を M とすると　$\overrightarrow{AB}+\overrightarrow{AC}=2\overrightarrow{AM}$

よって　$\overrightarrow{BC}\cdot(2\overrightarrow{AM})=0$

$\overrightarrow{BC}\neq\vec{0}$，$\overrightarrow{AM}\neq\vec{0}$ であるから

$\overrightarrow{BC}\perp\overrightarrow{AM}$　すなわち　$BC\perp AM$

したがって，AM は辺 BC の垂直二等分線であるから，

△ABC は AB＝AC の二等辺三角形である。

同様に，$\overrightarrow{BC}\cdot\overrightarrow{CA}=\overrightarrow{CA}\cdot\overrightarrow{AB}$ から　$BA=BC$

よって，△ABC は **正三角形** である。

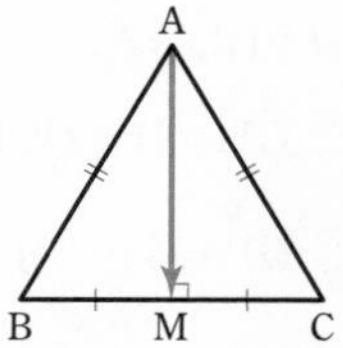

PRACTICE 33④

次の等式を満たす △ABC は，どんな形の三角形か。

$$\overrightarrow{AB}\cdot\overrightarrow{AB}=\overrightarrow{AB}\cdot\overrightarrow{AC}+\overrightarrow{BA}\cdot\overrightarrow{BC}+\overrightarrow{CA}\cdot\overrightarrow{CB}$$

EXERCISES　4 位置ベクトル，ベクトルと図形

A

24❸ △OAB において，OA=3，OB=4，AB=2 である。∠AOB の二等分線と辺 AB との交点をCとし，∠OAB の二等分線と線分 OC との交点をIとする。また，辺 AO を 1：4 に外分する点をDとする。

(1) $\overrightarrow{OI}$ を $\overrightarrow{OA}$，$\overrightarrow{OB}$ を用いて表せ。　(2) 内積 $\overrightarrow{OA}\cdot\overrightarrow{OB}$ の値を求めよ。

(3) △ADI の面積を求めよ。〔芝浦工大〕

→ 25, 26

25❸ △ABC の周囲の長さが 36，△ABC に内接する円の半径が 3 であるとする。点Qが $6\overrightarrow{AQ}+3\overrightarrow{BQ}+2\overrightarrow{CQ}=\vec{0}$ を満たすとき，△QBC の面積を求めよ。

〔名古屋市大〕

→ 26

26❸ AD∥BC，BC=2AD である四角形 ABCD がある。点P，Q が

$$\overrightarrow{PA}+2\overrightarrow{PB}+3\overrightarrow{PC}=\vec{0},\ \overrightarrow{QA}+\overrightarrow{QC}+\overrightarrow{QD}=\vec{0}$$

を満たすとき，次の問いに答えよ。

(1) AB と PQ が平行であることを示せ。

(2) 3点P，Q，D が一直線上にあることを示せ。〔滋賀大〕

→ 4, 28

27❸ $0<k<1$，$0<l<1$ とする。鋭角三角形 OAB の辺 OA を $k:(1-k)$ に内分する点をP，辺 OB を $l:(1-l)$ に内分する点をQ，AQ と BP の交点をRとおく。$\overrightarrow{OA}=\vec{a}$，$\overrightarrow{OB}=\vec{b}$ とする。

(1) $\overrightarrow{OP}$，$\overrightarrow{OQ}$ をそれぞれ $\vec{a}$，$\vec{b}$ を用いて表せ。

(2) $\overrightarrow{OR}$ を $\vec{a}$，$\vec{b}$ を用いて表せ。〔類 高知大〕

→ 29

28❸ 三角形 ABC の外接円の中心をDとし，点Aと異なる点Eは $\overrightarrow{DA}+\overrightarrow{DB}+\overrightarrow{DC}=\overrightarrow{DE}$ を満たすとする。また，頂点Aと辺 BC の中点を通る直線が頂点Bと辺 CA の中点を通る直線と交わる点をFとする。

(1) $\overrightarrow{AF}+\overrightarrow{BF}+\overrightarrow{CF}=\vec{0}$ が成り立つことを示せ。

(2) 直線 AE は直線 BC と垂直に交わることを示せ。

(3) 点Eと点Fが異なるとき，線分の長さの比 DF：EF を求めよ。

(4) 点Eと点Fが等しいとき，辺の長さの比 AB：AC を求めよ。

→ 30

29❸ 点Oを中心とする円を考える。この円の円周上に3点A，B，Cがあって，$\overrightarrow{OA}+\overrightarrow{OB}+\overrightarrow{OC}=\vec{0}$ を満たしている。このとき，三角形 ABC は正三角形であることを証明せよ。

→ 33

EXERCISES　4 位置ベクトル，ベクトルと図形

B

30④ $BC=a$, $CA=b$, $AB=c$ である $\triangle ABC$ と点Pについて，Pが $\triangle ABC$ の内心のとき，$a\overrightarrow{PA}+b\overrightarrow{PB}+c\overrightarrow{PC}=\vec{0}$ が成り立つことを証明せよ。

→ 24, 25

31⑤ 一直線上にない3点A，B，Cの位置ベクトルをそれぞれ $\vec{a}$, $\vec{b}$, $\vec{c}$ とする。$0<t<1$ を満たす実数 t に対して，$\triangle ABC$ の辺BC，CA，ABを $t:(1-t)$ に内分する点をそれぞれD，E，Fとする。また，線分BEとCFの交点をG，線分CFとADの交点をH，線分ADとBEの交点をIとする。

(1) 実数 x, y, z が $x+y+z=0$, $x\vec{a}+y\vec{b}+z\vec{c}=\vec{0}$ を満たすとき，$x=y=z=0$ となることを示せ。

(2) 点Gの位置ベクトル $\vec{g}$ を，$\vec{a}$, $\vec{b}$, $\vec{c}$, t で表せ。

(3) 3点G，H，Iが一致するような t の値を求めよ。　〔類 東北大〕

→ 27, 29

32④ 三角形OABにおいて $OA=4$, $OB=5$, $AB=6$ とする。三角形OABの外心をHとするとき，$\overrightarrow{OH}$ を $\overrightarrow{OA}$, $\overrightarrow{OB}$ を用いて表せ。　〔類 早稲田大〕

→ 32

33④ 四角形ABCDと点Oがあり，$\overrightarrow{OA}=\vec{a}$, $\overrightarrow{OB}=\vec{b}$, $\overrightarrow{OC}=\vec{c}$, $\overrightarrow{OD}=\vec{d}$ とおく。$\vec{a}+\vec{c}=\vec{b}+\vec{d}$ かつ $\vec{a}\cdot\vec{c}=\vec{b}\cdot\vec{d}$ のとき，この四角形の形を調べよ。

〔類 学習院大〕

→ 33

34④ 平面上で点Oを中心とした半径1の円周上に相異なる2点A，Bをとる。点O，A，Bは一直線上にないものとする。$\vec{a}=\overrightarrow{OA}$, $\vec{b}=\overrightarrow{OB}$ とし，$\vec{a}$ と $\vec{b}$ の内積を α とおく。$0<t<1$ に対して，線分ABを $t:(1-t)$ に内分する点をCとする。点P，Qを

$$\overrightarrow{OP}=2\overrightarrow{OA}+\overrightarrow{OC},\quad \overrightarrow{OQ}=\overrightarrow{OB}+\overrightarrow{OC}$$

となるようにとり，直線OQと直線ABの交点をDとする。

(1) $\overrightarrow{OD}$ を求めよ。

(2) 三角形OADの面積を t と α を用いて表せ。

(3) $\overrightarrow{OP}$ と $\overrightarrow{OQ}$ が直交するような t の値がただ1つ存在するための必要十分条件を α を用いて表せ。　〔名古屋工大〕

HINT

30　角の二等分線と線分比の関係を利用する。

31　(3) 点Hの位置ベクトルを $\vec{a}$, $\vec{b}$, $\vec{c}$, t で表して，点Gの位置ベクトルと一致するときの t の値を求める。

32　辺OA，辺OBの中点をそれぞれM，Nとすると，Hは三角形OABの外心であるから
$OA\perp MH$, $OB\perp NH$

33　$\vec{a}+\vec{c}=\vec{b}+\vec{d}$, $\vec{a}\cdot\vec{c}=\vec{b}\cdot\vec{d}$ から $\vec{d}$ を消去する。

34　(3) **垂直　内積＝0 を利用**
まず t の2次方程式を導く。その方程式が $0<t<1$ において，ただ1つの解をもてばよい。

5 ベクトル方程式

基本事項

1 直線のベクトル方程式

直線上の任意の点Pの位置ベクトルを $\vec{p}$ とし，s と t を実数の変数とする。

① **ベクトル $\vec{d}$ に平行な直線**

定点 $A(\vec{a})$ を通り，$\vec{0}$ でないベクトル $\vec{d}$ に平行な直線のベクトル方程式は　　$\vec{p}=\vec{a}+t\vec{d}$

$\vec{d}$ を直線の **方向ベクトル** といい，t を **媒介**(ばいかい)**変数** または **パラメータ** という。$\vec{p}=(x,\ y)$, $\vec{a}=(x_1,\ y_1)$, $\vec{d}=(l,\ m)$ とすると，次のように表される。

$$\begin{cases} x=x_1+lt \\ y=y_1+mt \end{cases}$$

これを **直線の媒介変数表示** という。

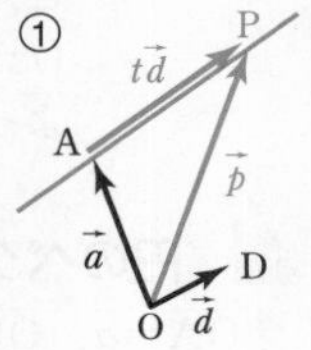

② **異なる2点を通る直線**

異なる2点 $A(\vec{a})$，$B(\vec{b})$ を通る直線のベクトル方程式は

$\vec{p}=(1-t)\vec{a}+t\vec{b}$　または

$\vec{p}=s\vec{a}+t\vec{b}$，$s+t=1$（係数の和が1）

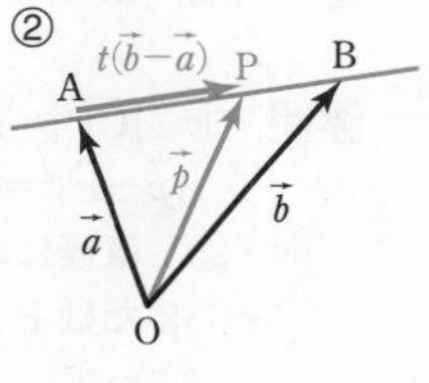

③ **ベクトル $\vec{n}$ に垂直な直線**

点 $A(\vec{a})$ を通り，$\vec{0}$ でないベクトル $\vec{n}$ に垂直な直線のベクトル方程式は　　$\vec{n}\cdot(\vec{p}-\vec{a})=0$

$\vec{n}$ を直線の **法線ベクトル** という。

直線の法線ベクトルについて，次のことが成り立つ。

1　点 $A(x_1,\ y_1)$ を通り，$\vec{n}=(a,\ b)$ が法線ベクトルである直線の方程式は　　$a(x-x_1)+b(y-y_1)=0$

2　**直線 $ax+by+c=0$ において，$\vec{n}=(a,\ b)$ はその法線ベクトルの1つである。**

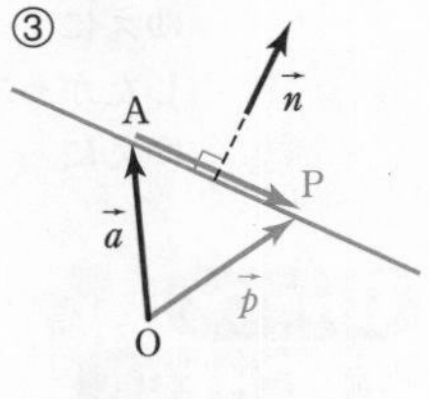

2 平面上の点の存在範囲

$\overrightarrow{OA}=\vec{a}$，$\overrightarrow{OB}=\vec{b}$，$\overrightarrow{OP}=\vec{p}$ とし，$\vec{a}\neq\vec{0}$，$\vec{b}\neq\vec{0}$，$\vec{a}\not\parallel\vec{b}$，$\vec{p}=s\vec{a}+t\vec{b}$ とする。
また，s，t を実数の変数とする。s，t に条件があると，次のような図形を表す。

① **直線AB　$s+t=1$**　　特に　**線分AB　$s+t=1$，$s\geqq0$，$t\geqq0$**

② **三角形OABの周および内部**　　$0\leqq s+t\leqq1$，$s\geqq0$，$t\geqq0$

③ **平行四辺形OACBの周および内部**　　$0\leqq s\leqq1$，$0\leqq t\leqq1$

解説 ②　$s+t=k$，$0\leqq k\leqq1$ とし，$s=s'k$，$t=t'k$ とすると

$\vec{p}=s'(k\vec{a})+t'(k\vec{b})$　　$s'+t'=1$，$s'\geqq0$，$t'\geqq0$

ここで，$A'(k\vec{a})$，$B'(k\vec{b})$ とし，k を定数（$k>0$）とすると，点Pは線分ABと平行な線分A′B′上を動く。そして，k が $0<k\leqq1$ で動くと，点A′は線分OA上（点Oを除く）を，点B′は線分OB上（点Oを除く）を動く。

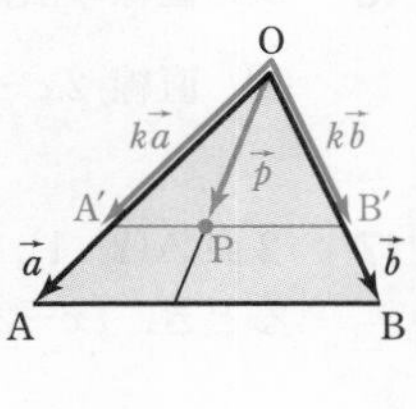

また，$k=0$ のとき，点Pは点Oと一致する。

よって，$0 \leqq k \leqq 1$ のとき，点Pは△OABの周および内部を動く。

特に，$s+t<1$，$s>0$，$t>0$ ならば，点Pの存在範囲は△OABの内部である。

③　s を固定して，$\overrightarrow{\mathrm{OA'}}=s\overrightarrow{\mathrm{OA}}$ とすると $\overrightarrow{\mathrm{OP}}=\overrightarrow{\mathrm{OA'}}+t\overrightarrow{\mathrm{OB}}$　ここで，**t を $0 \leqq t \leqq 1$ の範囲で変化させる** と，点Pは右の図の線分 A′C′ 上を動く。そして，**s を $0 \leqq s \leqq 1$ の範囲で変化させる** と，線分 A′C′ は線分 OB から線分 AC まで動く（ただし，$\overrightarrow{\mathrm{OC}}=\overrightarrow{\mathrm{OA}}+\overrightarrow{\mathrm{OB}}$）。

③

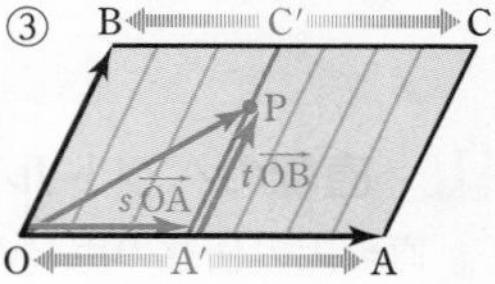

よって，点Pは平行四辺形OACBの周および内部を動く。

3　円のベクトル方程式

$\overrightarrow{\mathrm{OA}}=\vec{a}$，$\overrightarrow{\mathrm{OB}}=\vec{b}$，$\overrightarrow{\mathrm{OC}}=\vec{c}$，$\overrightarrow{\mathrm{OP}}=\vec{p}$ とし，Pは円周上の任意の点とする。

①　中心C，半径 r の円のベクトル方程式は

$$|\vec{p}-\vec{c}|=r,\ (\vec{p}-\vec{c})\cdot(\vec{p}-\vec{c})=r^2$$

②　線分 AB を直径とする円のベクトル方程式は

$$(\vec{p}-\vec{a})\cdot(\vec{p}-\vec{b})=0$$

①

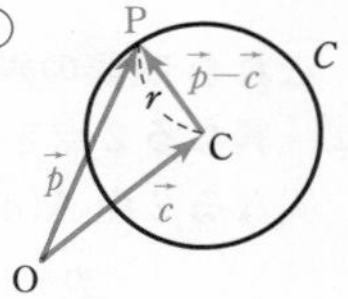

解説　①　$|\overrightarrow{\mathrm{CP}}|=r$ から　　$|\vec{p}-\vec{c}|=r$

$|\vec{p}-\vec{c}|^2=r^2$ から　　$(\vec{p}-\vec{c})\cdot(\vec{p}-\vec{c})=r^2$

②　直径に対する円周角は直角であるから，AP⊥BP またはPがA，Bのいずれかと一致する。

よって　　$\overrightarrow{\mathrm{AP}}\perp\overrightarrow{\mathrm{BP}}$ または $\overrightarrow{\mathrm{AP}}=\vec{0}$ または $\overrightarrow{\mathrm{BP}}=\vec{0}$

ゆえに　　$\overrightarrow{\mathrm{AP}}\cdot\overrightarrow{\mathrm{BP}}=0$

したがって　$(\overrightarrow{\mathrm{OP}}-\overrightarrow{\mathrm{OA}})\cdot(\overrightarrow{\mathrm{OP}}-\overrightarrow{\mathrm{OB}})=0$

ゆえに　　$(\vec{p}-\vec{a})\cdot(\vec{p}-\vec{b})=0$

②

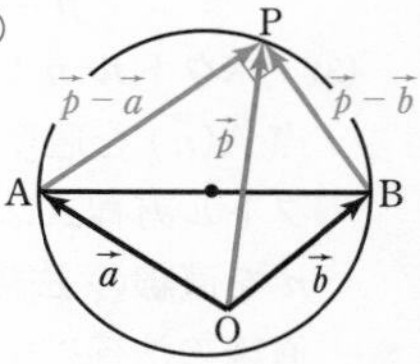

CHECK & CHECK

14　次の直線の媒介変数表示を，媒介変数を t として求めよ。

(1)　点 A(1, 1) を通り，ベクトル $\vec{d}=(-2,\ 1)$ に平行な直線

(2)　点 B(−4, 3) を通り，ベクトル $\vec{d}=(5,\ 6)$ に平行な直線　　➲ 1

15　次の点Aを通り，ベクトル $\vec{n}$ に垂直な直線の方程式を求めよ。

(1)　A(2, −1)，$\vec{n}=(3,\ 4)$　　(2)　A(1, 3)，$\vec{n}=(-1,\ 2)$　　➲ 1

16　次の直線の法線ベクトルを1つ求めよ。

(1)　直線 $2x-3y+1=0$　　(2)　直線 $y=-\dfrac{1}{2}x+3$　　➲ 1

17　2点 A(2, 1)，B(−8, 7) を結ぶ線分 AB を直径とする円周上の点を $\mathrm{P}(x,\ y)$ とするとき，$(x-2)(x+$ ア［　］$)+(y-$ イ［　］$)(y-7)=0$ が成り立つ。　　➲ 3

基本 例題 34 直線の媒介変数表示 ①①①①①

次の直線の媒介変数表示を，媒介変数を t として求めよ。また，t を消去した式で表せ。

(1) 点 A(4, 2) を通り，ベクトル $\vec{d}=(-1,\ 3)$ に平行な直線

(2) 2 点 A(1, 3)，B(4, 5) を通る直線

p.343 基本事項 1

CHART & SOLUTION

直線の媒介変数表示

1 点 $A(\vec{a})$ を通り，$\vec{d}$ に平行 $\longrightarrow$ $\vec{p}=\vec{a}+t\vec{d}$

2 異なる2点 $A(\vec{a})$，$B(\vec{b})$ を通る $\longrightarrow$ $\vec{p}=(1-t)\vec{a}+t\vec{b}$

(1) は 1，(2) は 2 の方針で解けばよい。ベクトル方程式の両辺の成分を比較し，x，y をそれぞれ t の式で表す。また，2 式から t を消去すると，x と y の 1 次方程式，すなわち直線の方程式が得られる。

解答

直線上の任意の点を $P(x,\ y)$，t を媒介変数とする。

(1) $(x,\ y)=(4,\ 2)+t(-1,\ 3)=(4-t,\ 2+3t)$

⇐ $\vec{p}=\vec{a}+t\vec{d}$ に $\vec{p}=(x,\ y)$，$\vec{a}=(4,\ 2)$，$\vec{d}=(-1,\ 3)$ を代入。

よって，媒介変数表示は $\begin{cases} \boldsymbol{x=4-t} & \cdots\cdots ① \\ \boldsymbol{y=2+3t} & \cdots\cdots ② \end{cases}$

①×3+② から $3x+y=14$

⇐ t を消去。

よって $\boldsymbol{3x+y-14=0}$

(2) $(x,\ y)=(1-t)(1,\ 3)+t(4,\ 5)=(1+3t,\ 3+2t)$

⇐ $\vec{p}=(1-t)\vec{a}+t\vec{b}$ に $\vec{p}=(x,\ y)$，$\vec{a}=(1,\ 3)$，$\vec{b}=(4,\ 5)$ を代入。

よって，媒介変数表示は $\begin{cases} \boldsymbol{x=1+3t} & \cdots\cdots ① \\ \boldsymbol{y=3+2t} & \cdots\cdots ② \end{cases}$

①×2−②×3 から $2x-3y=-7$

⇐ t を消去。

よって $\boldsymbol{2x-3y+7=0}$

inf. (2) を数学Ⅱの問題として解くと，2 点 (1, 3)，(4, 5) を通る直線は

$$y-3=\frac{5-3}{4-1}(x-1) \qquad すなわち \qquad y=\frac{2}{3}x+\frac{7}{3}$$

INFORMATION ベクトルの成分を縦に書く方法

(1) の式を $\begin{pmatrix} x \\ y \end{pmatrix}=\begin{pmatrix} 4 \\ 2 \end{pmatrix}+t\begin{pmatrix} -1 \\ 3 \end{pmatrix}$ のように，ベクトルの成分を縦に書く方法もある。

縦に書くと，x 成分，y 成分がそれぞれ同じ高さになり見やすい，という利点がある。特に，第 2 章で学ぶ空間のベクトルは，成分が 3 つになるため，より見やすくなる。

PRACTICE 34①

次の直線の媒介変数表示を，媒介変数を t として求めよ。また，t を消去した式で表せ。

(1) 点 A(3, 1) を通り，ベクトル $\vec{d}=(1,\ -2)$ に平行な直線

(2) 2 点 A(3, 6)，B(0, 2) を通る直線

基本 例題 35 直線のベクトル方程式

△OAB において，辺 OA を 2：1 に内分する点を C，辺 OB を 2：1 に外分する点を D とする。$\overrightarrow{OA}=\vec{a}$，$\overrightarrow{OB}=\vec{b}$ とするとき，次の直線のベクトル方程式を求めよ。

(1) 直線 CD　　　(2) A を通り，CD に平行な直線

p.343 基本事項 1

CHART & SOLUTION

直線のベクトル方程式

1 点 A($\vec{a}$) を通り，$\vec{d}$ に平行 ⟶ $\vec{p}=\vec{a}+t\vec{d}$

2 異なる 2 点 A($\vec{a}$)，B($\vec{b}$) を通る ⟶ $\vec{p}=(1-t)\vec{a}+t\vec{b}$

前ページの基本例題 34 と異なり，この問題ではベクトルの成分が与えられていない。そのため，この問題では $\vec{p}=\cdots\cdots$ の形で答えることに注意する。

(1) 2 点 C，D を通る直線と考え，2 を用いる。

(2) $\overrightarrow{CD}$ を方向ベクトルと考え，1 を用いる。

解答

直線上の任意の点を P($\vec{p}$)，t を媒介変数とする。

(1) $\overrightarrow{OC}=\dfrac{2}{3}\overrightarrow{OA}=\dfrac{2}{3}\vec{a}$

$\overrightarrow{OD}=2\overrightarrow{OB}=2\vec{b}$

よって，求める直線のベクトル方程式は

$$\vec{p}=(1-t)\overrightarrow{OC}+t\overrightarrow{OD}$$
$$=\boldsymbol{\frac{2}{3}(1-t)\vec{a}+2t\vec{b}}$$

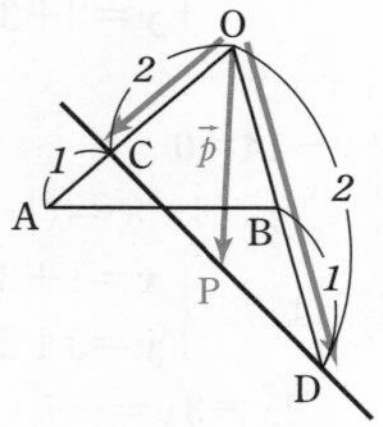

⇐ $\vec{p}=t\overrightarrow{OC}+(1-t)\overrightarrow{OD}$ としてもよい。

(2) $\overrightarrow{CD}=\overrightarrow{OD}-\overrightarrow{OC}=2\vec{b}-\dfrac{2}{3}\vec{a}$

⇐ まず，方向ベクトルを求める。

よって，求める直線のベクトル方程式は

$$\vec{p}=\overrightarrow{OA}+t\overrightarrow{CD}=\vec{a}+t\left(2\vec{b}-\frac{2}{3}\vec{a}\right)$$
$$=\boldsymbol{\left(1-\frac{2}{3}t\right)\vec{a}+2t\vec{b}}$$

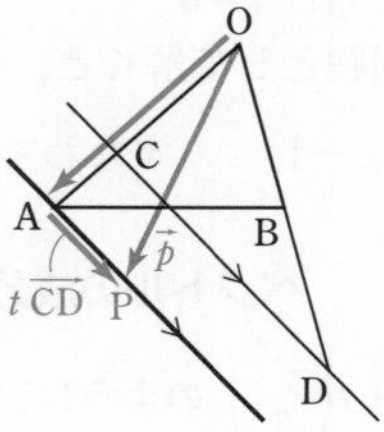

inf. $t=3s$ として，$\vec{p}=(1-2s)\vec{a}+6s\vec{b}$ と表してもよい。

PRACTICE 35②

△OAB において，辺 OA の中点を C，辺 OB を 1：3 に外分する点を D とする。$\overrightarrow{OA}=\vec{a}$，$\overrightarrow{OB}=\vec{b}$ とするとき，次の直線のベクトル方程式を求めよ。

(1) 直線 CD　　　(2) A を通り，CD に平行な直線

ピンポイント解説　直線のベクトル方程式と共線条件

$p.323$ 基本事項，$p.331$ 例題 28 では，共線条件について，2 点 A，B が異なるとき

点Pが直線 AB 上にある $\iff$ $\overrightarrow{\mathrm{AP}}=k\overrightarrow{\mathrm{AB}}$ となる実数 k がある

ということを学習した。

共線条件は，

$\overrightarrow{\mathrm{AP}}=k\overrightarrow{\mathrm{AB}}$（$k$ は実数）…… ①

と簡潔な形で表されるが，次の ②～⑤［直線のベクトル方程式など］のように，別の形で表すこともできる。つまり，① と ②～⑤ はすべて同じ意味である。したがって，直線のベクトル方程式は表し方が何通りもあるが，必要以上に難しく考えなくてよい。迷ったら ① から考えるなど，自分なりの解決方法を身につけておこう。

> k，m，n，s，t は実数とする。
>
> ② $\overrightarrow{\mathrm{OP}}=\overrightarrow{\mathrm{OA}}+k\overrightarrow{\mathrm{AB}}$
> ［点Aを通り，方向ベクトルが $\overrightarrow{\mathrm{AB}}$ である直線のベクトル方程式］
>
> ③ $\overrightarrow{\mathrm{OP}}=(1-t)\overrightarrow{\mathrm{OA}}+t\overrightarrow{\mathrm{OB}}$　［2 点 A，B を通る直線のベクトル方程式］
>
> ④ $\overrightarrow{\mathrm{OP}}=s\overrightarrow{\mathrm{OA}}+t\overrightarrow{\mathrm{OB}},\ s+t=1$　［2 点 A，B を通る直線のベクトル方程式］
>
> ⑤ $\overrightarrow{\mathrm{OP}}=\dfrac{n\overrightarrow{\mathrm{OA}}+m\overrightarrow{\mathrm{OB}}}{m+n}$　［線分 AB における分点の位置ベクトル］

解説　① $\overrightarrow{\mathrm{AP}}=k\overrightarrow{\mathrm{AB}} \iff \overrightarrow{\mathrm{OP}}-\overrightarrow{\mathrm{OA}}=k\overrightarrow{\mathrm{AB}}$

$\iff \overrightarrow{\mathrm{OP}}=\overrightarrow{\mathrm{OA}}+k\overrightarrow{\mathrm{AB}}$　…… ②

① $\overrightarrow{\mathrm{AP}}=k\overrightarrow{\mathrm{AB}} \iff \overrightarrow{\mathrm{OP}}-\overrightarrow{\mathrm{OA}}=k(\overrightarrow{\mathrm{OB}}-\overrightarrow{\mathrm{OA}})$

$\iff \overrightarrow{\mathrm{OP}}=(1-k)\overrightarrow{\mathrm{OA}}+k\overrightarrow{\mathrm{OB}}$

k を t におき換えて

$\iff \overrightarrow{\mathrm{OP}}=(1-t)\overrightarrow{\mathrm{OA}}+t\overrightarrow{\mathrm{OB}}$　…… ③

$1-t=s$ とおくと

$\iff \overrightarrow{\mathrm{OP}}=s\overrightarrow{\mathrm{OA}}+t\overrightarrow{\mathrm{OB}},\ s+t=1$

…… ④

$t=\dfrac{m}{m+n}$ とおくと

③ $\overrightarrow{\mathrm{OP}}=(1-t)\overrightarrow{\mathrm{OA}}+t\overrightarrow{\mathrm{OB}}$

$\iff \overrightarrow{\mathrm{OP}}=\left(1-\dfrac{m}{m+n}\right)\overrightarrow{\mathrm{OA}}+\dfrac{m}{m+n}\overrightarrow{\mathrm{OB}}$

$\iff \overrightarrow{\mathrm{OP}}=\dfrac{n\overrightarrow{\mathrm{OA}}+m\overrightarrow{\mathrm{OB}}}{m+n}$　…… ⑤

① $\overrightarrow{\mathrm{AP}}=k\overrightarrow{\mathrm{AB}}$

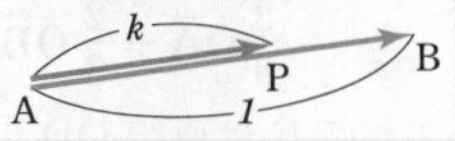

② $\overrightarrow{\mathrm{OP}}=\overrightarrow{\mathrm{OA}}+k\overrightarrow{\mathrm{AB}}$

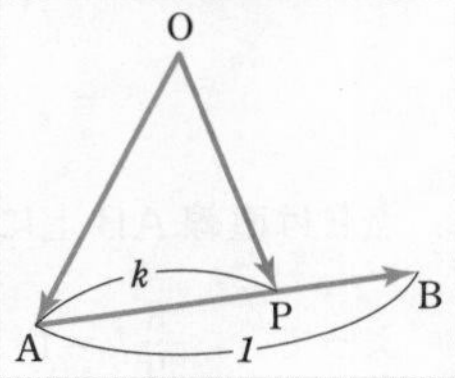

③ $\overrightarrow{\mathrm{OP}}=(1-t)\overrightarrow{\mathrm{OA}}+t\overrightarrow{\mathrm{OB}}$

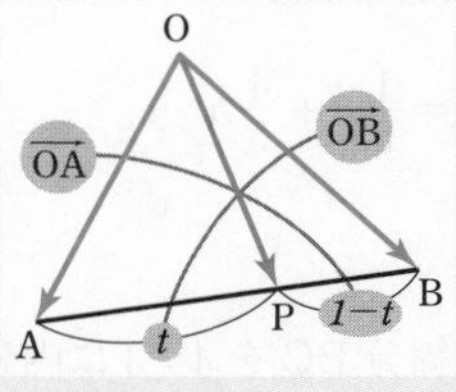

④ $\overrightarrow{\mathrm{OP}}=s\overrightarrow{\mathrm{OA}}+t\overrightarrow{\mathrm{OB}}$

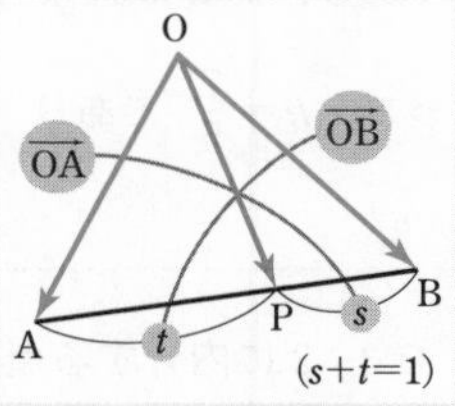

⑤ $\overrightarrow{\mathrm{OP}}=\dfrac{n\overrightarrow{\mathrm{OA}}+m\overrightarrow{\mathrm{OB}}}{m+n}$

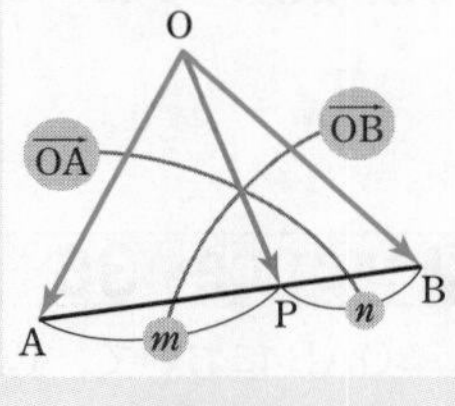

基本 例題 36 交点の位置ベクトル (2)

△OAB において，辺 OA を 2：1 に内分する点をC，線分 BC を 1：2 に内分する点をDとし，直線 OD と辺 AB の交点をEとする。次のベクトルを $\overrightarrow{OA}$，$\overrightarrow{OB}$ を用いて表せ。

(1) $\overrightarrow{OD}$ (2) $\overrightarrow{OE}$

p. 343 基本事項 1，基本 29

CHART & SOLUTION

交点の位置ベクトル 「係数の和が 1」の利用 ……❗

(2) 点Eは直線 OD 上にあるから，$\overrightarrow{OE}=k\overrightarrow{OD}$ となる実数 k がある。
また，点Eが直線 AB 上にあり，$\overrightarrow{OE}=s\overrightarrow{OA}+t\overrightarrow{OB}$ の形で表されるとき，$s+t=1$ となることを利用して k の値を求める。

解答

(1) BD：DC＝1：2 であるから

$$\overrightarrow{OD}=\frac{2\overrightarrow{OB}+\overrightarrow{OC}}{1+2}=\frac{1}{3}\left(2\overrightarrow{OB}+\frac{2}{3}\overrightarrow{OA}\right)$$

$$=\frac{2}{9}\overrightarrow{OA}+\frac{2}{3}\overrightarrow{OB}$$

⇐ $\overrightarrow{OC}=\frac{2}{3}\overrightarrow{OA}$

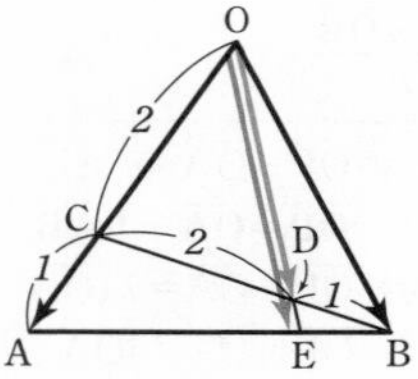

(2) 点Eは直線 OD 上にあるから，
$\overrightarrow{OE}=k\overrightarrow{OD}$ (k は実数) とすると，

(1) から $\overrightarrow{OE}=k\left(\frac{2}{9}\overrightarrow{OA}+\frac{2}{3}\overrightarrow{OB}\right)$

$$=\frac{2}{9}k\overrightarrow{OA}+\frac{2}{3}k\overrightarrow{OB} \quad \cdots\cdots ①$$

⇐ 3点 O，D，E は一直線上にある。

❗ 点Eは直線 AB 上にあるから $\frac{2}{9}k+\frac{2}{3}k=1$

⇐ $\overrightarrow{OE}=s\overrightarrow{OA}+t\overrightarrow{OB}$，$s+t=1$（係数の和が 1）

よって $\frac{8}{9}k=1$ ゆえに $k=\frac{9}{8}$

① に代入して $\overrightarrow{OE}=\frac{1}{4}\overrightarrow{OA}+\frac{3}{4}\overrightarrow{OB}$

⇐ 点Eは辺 AB を 3：1 に内分する。

inf. 基本例題 29 (2) を「係数の和が 1」を用いて解くと，次のようになる。
$\overrightarrow{OQ}=k\overrightarrow{OP}=\frac{1}{7}k\vec{a}+\frac{4}{7}k\vec{b}$ であり，点Qは直線 AB 上にあるから

$\frac{1}{7}k+\frac{4}{7}k=1$ よって，$k=\frac{7}{5}$ であり $\overrightarrow{OQ}=\frac{1}{5}\vec{a}+\frac{4}{5}\vec{b}$

PRACTICE 36②

△OAB において，辺 OA を 3：2 に内分する点をC，線分 BC を 4：3 に内分する点をDとし，直線 OD と辺 AB の交点をEとする。次のベクトルを $\overrightarrow{OA}$，$\overrightarrow{OB}$ を用いて表せ。

(1) $\overrightarrow{OD}$ (2) $\overrightarrow{OE}$

基本 例題 37 平面上の点の存在範囲 (1)

△OAB において，次の式を満たす点Pの存在範囲を求めよ。

(1) $\overrightarrow{OP}=s\overrightarrow{OA}+t\overrightarrow{OB}$，$s+t=3$，$s\geqq 0$，$t\geqq 0$

(2) $\overrightarrow{OP}=s\overrightarrow{OA}+t\overrightarrow{OB}$，$2s+t=3$，$s\geqq 0$，$t\geqq 0$

p. 343 基本事項 2

CHART & SOLUTION

$\overrightarrow{OP}=s\overrightarrow{OA}+t\overrightarrow{OB}$ である点 P の存在範囲

$s+t=k$ を変形して $=1$（係数の和が 1）の形に導く

(1) 条件より，$\dfrac{s}{3}+\dfrac{t}{3}=1$ であるから，$\overrightarrow{OP}=\dfrac{s}{3}(3\overrightarrow{OA})+\dfrac{t}{3}(3\overrightarrow{OB})$ とし，

$\overrightarrow{OP}=s'\overrightarrow{OA'}+t'\overrightarrow{OB'}$，$s'+t'=1$，$s'\geqq 0$，$t'\geqq 0$ の形にする。

(2) $2s+t=3$ の両辺を 3 で割り，(1) と同様に考える。

解答

(1) $s+t=3$ から　$\dfrac{s}{3}+\dfrac{t}{3}=1$

また　$\overrightarrow{OP}=s\overrightarrow{OA}+t\overrightarrow{OB}$

$=\dfrac{s}{3}(3\overrightarrow{OA})+\dfrac{t}{3}(3\overrightarrow{OB})$

ここで，$\dfrac{s}{3}=s'$，$\dfrac{t}{3}=t'$ とおくと

$\overrightarrow{OP}=s'(3\overrightarrow{OA})+t'(3\overrightarrow{OB})$，$s'+t'=1$，$s'\geqq 0$，$t'\geqq 0$

よって，**$3\overrightarrow{OA}=\overrightarrow{OA'}$，$3\overrightarrow{OB}=\overrightarrow{OB'}$ となる点 A′，B′ をとると**，点Pの存在範囲は **線分 A′B′** である。

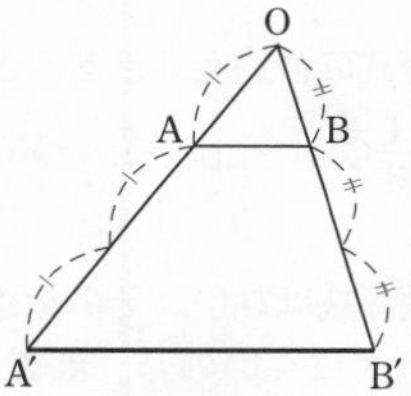

$\overrightarrow{OP}=◎\overrightarrow{OA'}+▲\overrightarrow{OB'}$
◎＋▲＝1，◎≧0，▲≧0
この形を意識して変形する。

注意　$s\geqq 0$，$t\geqq 0$ の条件がなければ，点Pの存在範囲は **直線** A′B′ となる。

(2) $2s+t=3$ から　$\dfrac{2}{3}s+\dfrac{t}{3}=1$

また　$\overrightarrow{OP}=s\overrightarrow{OA}+t\overrightarrow{OB}$

$=\dfrac{2}{3}s\left(\dfrac{3}{2}\overrightarrow{OA}\right)+\dfrac{t}{3}(3\overrightarrow{OB})$

ここで，$\dfrac{2}{3}s=s'$，$\dfrac{t}{3}=t'$ とおくと

$\overrightarrow{OP}=s'\left(\dfrac{3}{2}\overrightarrow{OA}\right)+t'(3\overrightarrow{OB})$，$s'+t'=1$，$s'\geqq 0$，$t'\geqq 0$

よって，**$\dfrac{3}{2}\overrightarrow{OA}=\overrightarrow{OA'}$，$3\overrightarrow{OB}=\overrightarrow{OB'}$ となる点 A′，B′ をとると**，点Pの存在範囲は **線分 A′B′** である。

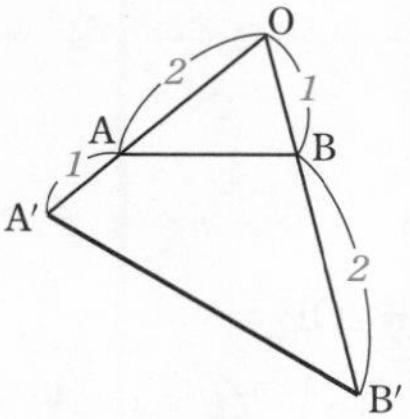

$\overrightarrow{OP}=◎\overrightarrow{OA'}+▲\overrightarrow{OB'}$
◎＋▲＝1，◎≧0，▲≧0
この形を意識して変形する。

⇦ $\dfrac{3}{2}$OA＝OA′ から
OA：OA′＝2：3

PRACTICE 37[2]

△OAB において，次の式を満たす点Pの存在範囲を求めよ。

(1) $\overrightarrow{OP}=s\overrightarrow{OA}+t\overrightarrow{OB}$，$s+t=\dfrac{1}{3}$，$s\geqq 0$，$t\geqq 0$

(2) $\overrightarrow{OP}=s\overrightarrow{OA}+t\overrightarrow{OB}$，$3s+2t=4$，$s\geqq 0$，$t\geqq 0$

基本 例題 38 平面上の点の存在範囲 (2)

△OAB において，次の式を満たす点Pの存在範囲を求めよ。

(1) $\overrightarrow{OP}=s\overrightarrow{OA}+t\overrightarrow{OB}$，$0\leqq s+t\leqq\frac{1}{3}$，$s\geqq 0$，$t\geqq 0$

(2) $\overrightarrow{OP}=s\overrightarrow{OA}+t\overrightarrow{OB}$，$1\leqq s\leqq 2$，$0\leqq t\leqq 1$

p.343，344 基本事項 2，基本 37，重要 43

CHART & SOLUTION

$\overrightarrow{OP}=s\overrightarrow{OA}+t\overrightarrow{OB}$ である点Pの存在範囲

1 $0\leqq s+t\leqq k$ を変形して $\leqq 1$ を導く

2 まず s を固定して，t を動かす

(1) $\overrightarrow{OP}$=●$\overrightarrow{OA'}$+▲$\overrightarrow{OB'}$，0≦●+▲≦1，●≧0，▲≧0 のとき，点Pの存在範囲は △OA′B′ の周および内部である。この形を意識して条件式を変形する。

条件をみると，係数の和に関する不等式が $0\leqq s+t\leqq\frac{1}{3}$ であるから，右辺を1にすることを考える。この不等式の各辺を3倍すると，$0\leqq 3s+3t\leqq 1$ であるから，

$\overrightarrow{OP}=3s\left(\frac{1}{3}\overrightarrow{OA}\right)+3t\left(\frac{1}{3}\overrightarrow{OB}\right)$ とし，$\overrightarrow{OP}=s'\overrightarrow{OA'}+t'\overrightarrow{OB'}$，$0\leqq s'+t'\leqq 1$，$s'\geqq 0$，$t'\geqq 0$ の形にする。

(2) 係数 s と t の間に関係式はない。そのため，s と t は互いに無関係に動く。同時に2つの値を変化させると考えにくいので，まず s を固定して t のみを変化させたときの点Pの描く図形を考える。次に，s を変化させて，その図形がどのような範囲を動くか調べる。

別解 $\overrightarrow{OP}$=●$\overrightarrow{OA'}$+▲$\overrightarrow{OB'}$，0≦●≦1，0≦▲≦1 の形のとき，点Pの存在範囲は OA′，OB′ を隣り合う2辺とする平行四辺形の周および内部であるから，この形を導いて考える。

解答

(1) $0\leqq s+t\leqq\frac{1}{3}$ から　$0\leqq 3s+3t\leqq 1$

⇐ 3を掛けて ≦1 の形にする。

また　$\overrightarrow{OP}=s\overrightarrow{OA}+t\overrightarrow{OB}$

$=3s\left(\frac{1}{3}\overrightarrow{OA}\right)+3t\left(\frac{1}{3}\overrightarrow{OB}\right)$

⇐ $3s$，$3t$ が係数となるように $\overrightarrow{OP}$ の式を変形する。

ここで，$3s=s'$，$3t=t'$ とおくと

$\overrightarrow{OP}=s'\left(\frac{1}{3}\overrightarrow{OA}\right)+t'\left(\frac{1}{3}\overrightarrow{OB}\right)$，

$0\leqq s'+t'\leqq 1$，$s'\geqq 0$，$t'\geqq 0$

⇐ $s\geqq 0$，$t\geqq 0$ のとき $3s\geqq 0$，$3t\geqq 0$

よって，$\frac{1}{3}\overrightarrow{OA}=\overrightarrow{OA'}$，$\frac{1}{3}\overrightarrow{OB}=\overrightarrow{OB'}$ となる点 A′，B′ をとると，点Pの存在範囲は **△OA′B′ の周および内部** である。

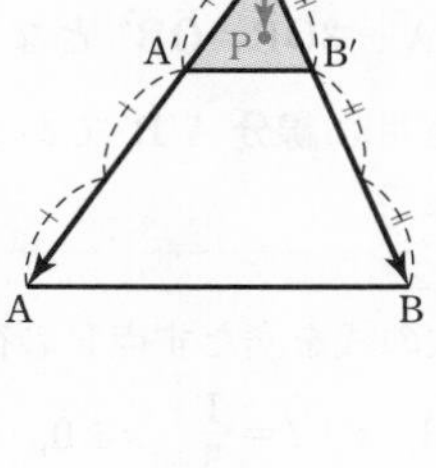

⇐ A′，B′ の位置を明示しておく。

(2) s を固定して，$\overrightarrow{OA'}=s\overrightarrow{OA}$ とすると

$\overrightarrow{OP}=\overrightarrow{OA'}+t\overrightarrow{OB}$

ここで，t を $0 \leqq t \leqq 1$ の範囲で変化させると，点Pは右の図の線分 A′C′ 上を動く。

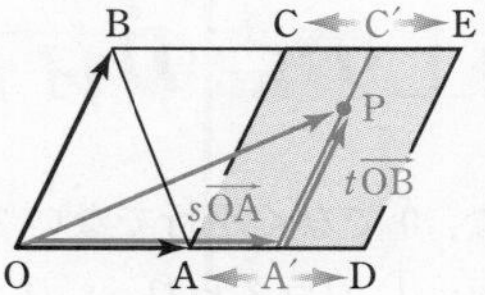

⇐ s と t は無関係に動く。そこで，まず s を固定して t を動かし，Pの動く範囲（線分 A′C′）を考える。次に，s を動かすとどうなるかを考える。

ただし，$\overrightarrow{OC'}=\overrightarrow{OA'}+\overrightarrow{OB}$ である。

次に，s を $1 \leqq s \leqq 2$ の範囲で変化させると，線分 A′C′ は図の線分 AC から DE まで平行に動く。

ただし，$\overrightarrow{OC}=\overrightarrow{OA}+\overrightarrow{OB}$，$\overrightarrow{OD}=2\overrightarrow{OA}$，$\overrightarrow{OE}=\overrightarrow{OD}+\overrightarrow{OB}$ である。

よって，**$\overrightarrow{OA}+\overrightarrow{OB}=\overrightarrow{OC}$，$2\overrightarrow{OA}=\overrightarrow{OD}$，$2\overrightarrow{OA}+\overrightarrow{OB}=\overrightarrow{OE}$ となる点C，D，E をとると**，点Pの存在範囲は **平行四辺形 ADEC の周および内部** である。

別解 $0 \leqq s-1 \leqq 1$ から，

$s-1=s'$

とすると

$\overrightarrow{OP}=(s'+1)\overrightarrow{OA}+t\overrightarrow{OB}$

$=(s'\overrightarrow{OA}+t\overrightarrow{OB})+\overrightarrow{OA}$

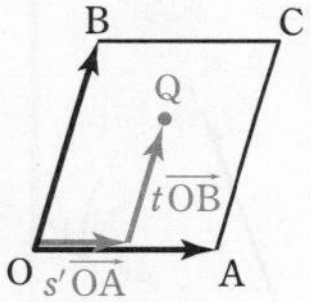

⇐ $0 \leqq$ ◎ $\leqq 1$ の形を作る。

⇐ $s=s'+1$

⇐ $+\overrightarrow{OA}$ の部分はあとで考える。

ここで，

$\overrightarrow{OQ}=s'\overrightarrow{OA}+t\overrightarrow{OB}$

とおくと，$0 \leqq s' \leqq 1$，$0 \leqq t \leqq 1$ から，点Qの存在範囲は平行四辺形 OACB の周および内部である。

ただし，$\overrightarrow{OC}=\overrightarrow{OA}+\overrightarrow{OB}$ である。

$\overrightarrow{OP}=\overrightarrow{OQ}+\overrightarrow{OA}$

であるから，点Pの存在範囲は，平行四辺形 OACB の周および内部を $\overrightarrow{OA}$ だけ平行移動したものである。

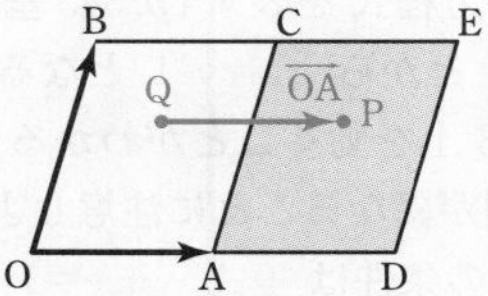

⇐ 点Qの存在範囲全体を $\overrightarrow{OA}$ だけ平行移動したものが点Pの存在範囲となる。

よって，**$\overrightarrow{OA}+\overrightarrow{OB}=\overrightarrow{OC}$，$2\overrightarrow{OA}=\overrightarrow{OD}$，$2\overrightarrow{OA}+\overrightarrow{OB}=\overrightarrow{OE}$ となる点C，D，E をとると**，点Pの存在範囲は **平行四辺形 ADEC の周および内部** である。

PRACTICE 38③

△OAB において，次の式を満たす点Pの存在範囲を求めよ。

(1) $\overrightarrow{OP}=s\overrightarrow{OA}+t\overrightarrow{OB}$，$0 \leqq s+t \leqq 4$，$s \geqq 0$，$t \geqq 0$

(2) $\overrightarrow{OP}=s\overrightarrow{OA}+t\overrightarrow{OB}$，$2 \leqq s \leqq 3$，$0 \leqq t \leqq 2$

まとめ　平面上の点の存在範囲

基本例題 37, 38 のような，$\vec{0}$ でなく平行でない 2 つのベクトル $\overrightarrow{\mathrm{OA}}$, $\overrightarrow{\mathrm{OB}}$ によって，点P が $\overrightarrow{\mathrm{OP}}=s\overrightarrow{\mathrm{OA}}+t\overrightarrow{\mathrm{OB}}$ ……① で与えられ，s, t の条件式による点Pの存在範囲を考察する問題では，① や s, t の条件式を変形し（その際，**おき換え** も有効)，次の 1 ～ 4 のいずれかにあてはまらないかと考えてみるとよい。ポイントは，1 ～ 3 のタイプは $=1$ や $\leqq 1$ の形を導く こと，4 のタイプは，s（または t）を固定 して考えることである。

基本の4タイプ

1　$s+t=1$（係数の和が 1）　⟺　直線 AB
2　$s+t=1$, $s\geqq 0$, $t\geqq 0$　⟺　線分 AB
3　$0\leqq s+t\leqq 1$, $s\geqq 0$, $t\geqq 0$　⟺　△OAB の周および内部
4　$0\leqq s\leqq 1$, $0\leqq t\leqq 1$　⟺　平行四辺形 OACB の周および内部

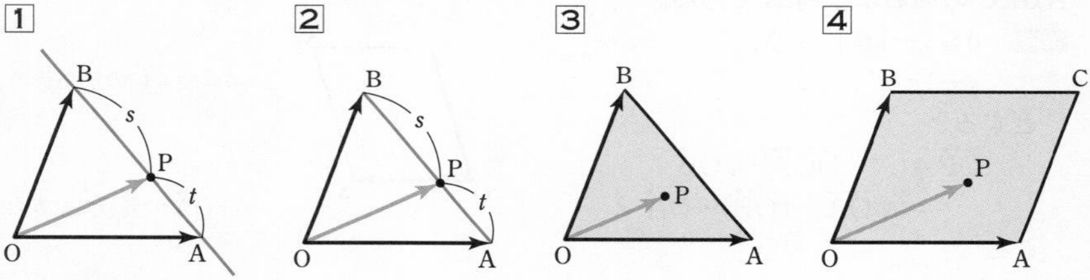

1 ～ 4 の条件式はそれぞれ形が似ている。それらの違いを詳しく見てみよう。

［1 と 2 について］　$s+t=1$ であるから，$s=1-t$ であり，これを ① に代入すると $\overrightarrow{\mathrm{OP}}=(1-t)\overrightarrow{\mathrm{OA}}+t\overrightarrow{\mathrm{OB}}$ となる。1 では，t の値はすべての実数をとるから，**点A，B を通る直線のベクトル方程式** を表す（$p.343$ 基本事項 1 ② 参照)。2 では，$s\geqq 0$ から $1-t\geqq 0$ であり，$t\geqq 0$ とから $0\leqq t\leqq 1$ となる。また，$\overrightarrow{\mathrm{OP}}=\overrightarrow{\mathrm{OA}}+t\overrightarrow{\mathrm{AB}}$ と変形できるから，点Pは **線分 AB** 上を動くことがわかる（$0\leqq t\leqq 1$ に注意)。1 と 2 では，s と t のとりうる値の範囲が異なることに注意しよう。

［2 と 3 について］　2 の条件は 等式 $s+t=1$ であり，結果は **線分** になる。3 の条件は 不等式 $0\leqq s+t\leqq 1$ であり，結果は **三角形の周および内部** になる。条件の形と結果の図形をあわせて覚えておこう。

［3 と 4 について］　条件はいずれも不等式であるが，4 は s の条件と t の条件がそれぞれ独立して与えられている。結果の違いも大切であるが，$p.343$, 344 基本事項 2 の 解説 にあるような，考え方の違いをおさえておこう。

参考　$\overrightarrow{\mathrm{OP}}=s\overrightarrow{\mathrm{OA}}+t\overrightarrow{\mathrm{OB}}$ と $s+t=k$ という条件が与えられたとき，s, t の符号，k と 1 との大小により，点Pの存在範囲は右のようになる。例えば，$s>0$, $t>0$, $k<1$ ならば，点Pは △OAB の内部；$s>0$, $t>0$ ならば，点Pは ∠AOB の内部にある。

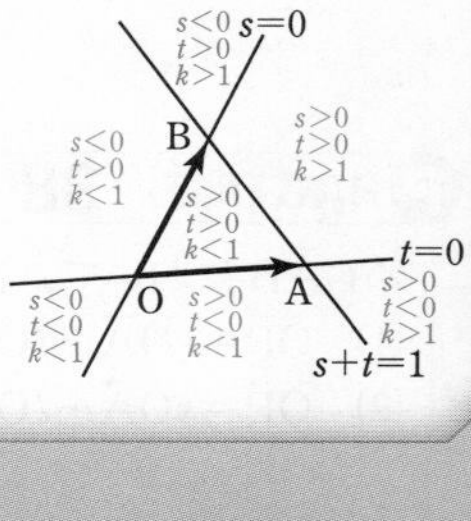

基本 例題 39 内積と直線，2直線のなす角

(1) 3点 $A(-1,\ 4)$，$B(-4,\ -3)$，$C(8,\ 3)$ について，点Aを通り，BCに垂直な直線の方程式を求めよ。

(2) 直線 $\ell_1:x-\sqrt{3}y+3=0$ と直線 $\ell_2:\sqrt{3}x+3y+1=0$ とがなす鋭角 α を求めよ。

p.343 基本事項 1

CHART & SOLUTION

(1) 直線上の点をPとすると

$\overrightarrow{AP}=\vec{0}$ または $\overrightarrow{BC}\perp\overrightarrow{AP}$

(2) 交わる2直線 ℓ_1，ℓ_2 が垂直でないとき，その法線ベクトルをそれぞれ $\vec{n_1}$，$\vec{n_2}$ とし，$\vec{n_1}$ と $\vec{n_2}$ のなす角を θ とする。

2直線 ℓ_1，ℓ_2 のなす鋭角は

$0°<\theta<90°$ のとき θ

$90°<\theta<180°$ のとき $180°-\theta$

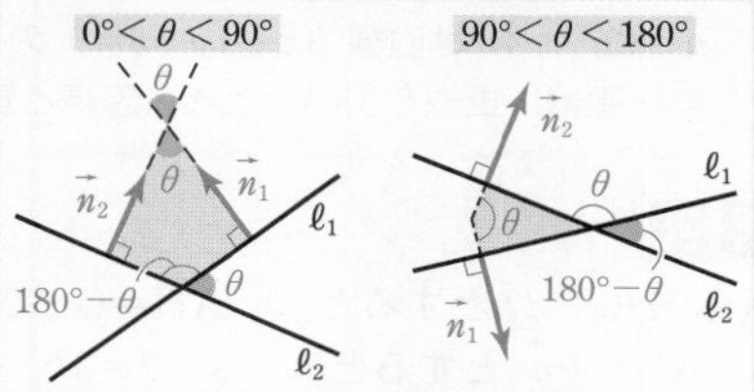

解答

(1) 求める直線は，点Aを通り，$\overrightarrow{BC}=(12,\ 6)$ に垂直な直線であるから，直線上の点を $P(x,\ y)$ とすると

$$\overrightarrow{BC}\cdot\overrightarrow{AP}=0$$

$\overrightarrow{AP}=(x+1,\ y-4)$ であるから

$$12(x+1)+6(y-4)=0$$

すなわち　$\boldsymbol{2x+y-2=0}$

(2) 2直線 ℓ_1，ℓ_2 の法線ベクトルは，それぞれ $\vec{m}=(1,\ -\sqrt{3})$，$\vec{n}=(\sqrt{3},\ 3)$ とおける。

$\vec{m}$ と $\vec{n}$ のなす角を $\theta\ (0°\leqq\theta\leqq180°)$ とすると

$$\cos\theta=\frac{\vec{m}\cdot\vec{n}}{|\vec{m}||\vec{n}|}=\frac{-2\sqrt{3}}{2\times2\sqrt{3}}=-\frac{1}{2}$$

$0°\leqq\theta\leqq180°$ であるから　$\theta=120°$

したがって　$\boldsymbol{\alpha}=180°-\theta\boldsymbol{=60°}$

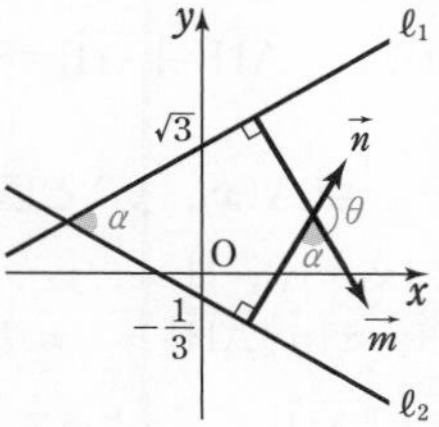

⇐ 2つの場合がある。

[1] PがAと一致する。$\overrightarrow{AP}=\vec{0}$

[2] PがAと一致しない。$\overrightarrow{BC}\perp\overrightarrow{AP}$

[1]，[2] のどちらの場合も $\overrightarrow{BC}\cdot\overrightarrow{AP}=0$ となる。

inf. 2直線 ℓ_1，ℓ_2 の方向ベクトルは，それぞれ $\vec{v_1}=(\sqrt{3},\ 1)$，$\vec{v_2}=(3,\ -\sqrt{3})$ とおける。$\vec{v_1}$ と $\vec{v_2}$ のなす角 θ' について考えてもよい。法線ベクトルのなす角 θ と同様に

$0°\leqq\theta'\leqq90°$ なら $\alpha=\theta'$

$90°<\theta'\leqq180°$ なら $\alpha=180°-\theta'$

PRACTICE 39②

(1) 3点 $A(1,\ 2)$，$B(2,\ 3)$，$C(-1,\ 2)$ について，点Aを通り，BCに垂直な直線の方程式を求めよ。

(2) 2直線 $x-2y+3=0$，$6x-2y-5=0$ のなす鋭角 α を求めよ。

基本 例題 40　垂線の足の座標

点 $A(2,\ -1)$ から直線 $3x-4y+5=0$ に垂線を引き，交点をHとする。
(1) $\vec{n}=(3,\ -4)$ に対して $\overrightarrow{AH}=k\vec{n}$ を満たす実数 k の値を求めよ。
(2) 点 H の座標を求めよ。
(3) 線分 AH の長さを求めよ。

基本 39

CHART & SOLUTION

垂線の足の座標　法線ベクトル利用

(1) 垂線の方向ベクトルと直線の法線ベクトルは平行である。
$\vec{n}=(3,\ -4)$ は直線 $3x-4y+5=0$ の法線ベクトルであるから $\vec{n} /\!/ \overrightarrow{AH}$

注意　直線に垂線を引いたとき，直線と垂線の交点を **垂線の足** という。

解答

(1) $H(s,\ t)$ とすると　$\overrightarrow{AH}=(s-2,\ t+1)$
$\overrightarrow{AH}=k\vec{n}$ とすると　$s-2=3k,\ t+1=-4k$
よって　$s=3k+2$ …… ①，$t=-4k-1$ …… ②
また　$3s-4t+5=0$
これに ①，② を代入して整理すると　$25k+15=0$
したがって　$\boldsymbol{k=-\dfrac{3}{5}}$

(2) $k=-\dfrac{3}{5}$ のとき，①，② から　$s=\dfrac{1}{5},\ t=\dfrac{7}{5}$
よって　$\boldsymbol{H\left(\dfrac{1}{5},\ \dfrac{7}{5}\right)}$

(3) $|\overrightarrow{AH}|=\left|-\dfrac{3}{5}\vec{n}\right|$ から　$AH=|\overrightarrow{AH}|=\dfrac{3}{5}\sqrt{3^2+(-4)^2}=\boldsymbol{3}$

(1) $\vec{n} /\!/ \overrightarrow{AH}$ であるから $\overrightarrow{AH}=k\vec{n}$ と表される。

⇐ Hは直線 $3x-4y+5=0$ 上の点。

inf. 下の公式を用いると
$AH=\dfrac{|3\times2-4\times(-1)+5|}{\sqrt{3^2+(-4)^2}}=3$

INFORMATION　点 $A(x_1,\ y_1)$ と直線 $ax+by+c=0$ の距離 d

この例題において，$A(x_1,\ y_1)$，$H(x_2,\ y_2)$，$\vec{n}=(a,\ b)$，直線 $ax+by+c=0$ とする。
$\vec{n} /\!/ \overrightarrow{AH}$ から　$\vec{n}\cdot\overrightarrow{AH}=\pm|\vec{n}||\overrightarrow{AH}|$ ← $\vec{n}$ と $\overrightarrow{AH}$ のなす角は 0° または 180°
ゆえに　$|\vec{n}\cdot\overrightarrow{AH}|=|\vec{n}||\overrightarrow{AH}|$　　よって　$|\overrightarrow{AH}|=\dfrac{|\vec{n}\cdot\overrightarrow{AH}|}{|\vec{n}|}$ ← $|\vec{n}|=\sqrt{a^2+b^2}$
ここで　$|\vec{n}\cdot\overrightarrow{AH}|=|a(x_2-x_1)+b(y_2-y_1)|=|-ax_1-by_1+ax_2+by_2|$
$ax_2+by_2+c=0$ から　$|\vec{n}\cdot\overrightarrow{AH}|=|-ax_1-by_1-c|=|ax_1+by_1+c|$
ゆえに，点 $A(x_1,\ y_1)$ と直線 $ax+by+c=0$ の距離 $d\,(=AH)$ は

$$\boldsymbol{d=\frac{|ax_1+by_1+c|}{\sqrt{a^2+b^2}}}$$
（数学Ⅱ 図形と方程式 参照）

PRACTICE 40③

点 $A(-1,\ 2)$ から直線 $x-3y+2=0$ に垂線を引き，この直線との交点をHとする。点 H の座標と線分 AH の長さをベクトルを用いて求めよ。

基本 例題 41 円のベクトル方程式

平面上の異なる2つの定点O，Aと任意の点Pに対し，次のベクトル方程式はどのような図形を表すか。

(1) $|2\overrightarrow{OP}-\overrightarrow{OA}|=4$ (2) $\overrightarrow{OP}\cdot\overrightarrow{OP}=\overrightarrow{OP}\cdot\overrightarrow{OA}$

p.344 基本事項 3，重要 44

CHART & SOLUTION

円のベクトル方程式

1 (ベクトルの大きさ)＝一定 を導く

2 (内積)＝0 を導く

1 動点と定点(円の中心)の距離が一定であることを示す。

2 動点と2定点(直径の両端)を結んでできる2つの線分が直交することを示す。

解答

(1) $|2\overrightarrow{OP}-\overrightarrow{OA}|=4$ を変形すると

$$2\left|\overrightarrow{OP}-\frac{1}{2}\overrightarrow{OA}\right|=4$$

すなわち $\left|\overrightarrow{OP}-\frac{1}{2}\overrightarrow{OA}\right|=2$

ゆえに，**線分OAの中点を中心とする半径2の円** を表す。

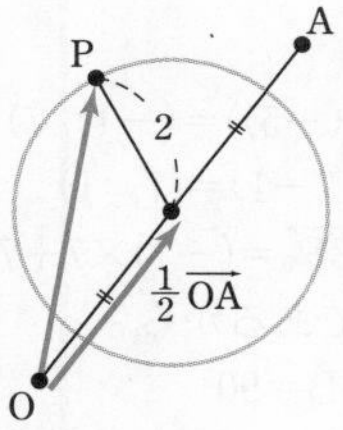

(1) 1の方針。

⇐ $\overrightarrow{OP}$ の係数を1にするための変形。

⇐ 線分OAの中点をBとすると $|\overrightarrow{OP}-\overrightarrow{OB}|=2$ よって，$|\overrightarrow{BP}|=2$ (一定) と表すことができる。

(2) $\overrightarrow{OP}\cdot\overrightarrow{OP}=\overrightarrow{OP}\cdot\overrightarrow{OA}$ を変形すると

$\overrightarrow{OP}\cdot\overrightarrow{OP}-\overrightarrow{OP}\cdot\overrightarrow{OA}=0$

よって $\overrightarrow{OP}\cdot(\overrightarrow{OP}-\overrightarrow{OA})=0$

すなわち $\overrightarrow{OP}\cdot\overrightarrow{AP}=0$

ゆえに

$\overrightarrow{OP}=\vec{0}$ または $\overrightarrow{AP}=\vec{0}$ または $\overrightarrow{OP}\perp\overrightarrow{AP}$

よって，**線分OAを直径とする円** を表す。

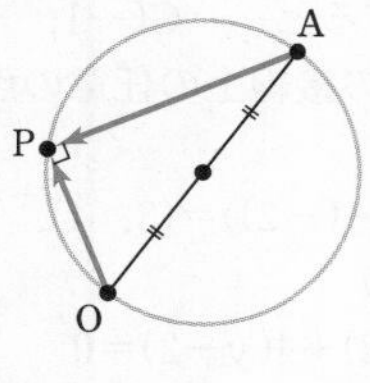

(2) 2の方針。

⇐ (内積)＝0

⇐ $\overrightarrow{OP}\perp\overrightarrow{AP}$ のとき，点Pは線分OAを直径とする円周上(点O，Aを除く)にある。

PRACTICE 41③

(1) 平面上の異なる2つの定点A，Bと任意の点Pに対し，ベクトル方程式 $|3\overrightarrow{OA}+2\overrightarrow{OB}-5\overrightarrow{OP}|=5$ はどのような図形を表すか。

(2) 平面上に点Pと△ABCがある。条件 $2\overrightarrow{PA}\cdot\overrightarrow{PB}=3\overrightarrow{PA}\cdot\overrightarrow{PC}$ を満たす点Pの集合を求めよ。

基本 例題 42 円の接線のベクトル方程式

2 点 $A(3,\ -5)$, $B(-5,\ 1)$ を直径の両端とする円を C とする。

(1) 点 $P_0(2,\ 2)$ は円 C 上の点であることを，ベクトルを用いて示せ。

(2) 点 P_0 における円 C の接線の方程式を，ベクトルを用いて求めよ。

基本 39

CHART & SOLUTION

円の接線　接線⊥半径 に注目 ……!

(1) 直径 に対する円周角は 直角

$\longrightarrow AP_0\perp BP_0$ を示す。

(2) 円の接線は，接点と円の中心を結ぶ直線に垂直である。円 C の中心を $C(\vec{c})$ として，円 C 上の点 $P_0(\vec{p_0})$ における接線上の任意の点を $P(\vec{p})$ とすると，**接線のベクトル方程式** は

$$(\vec{p_0}-\vec{c})\cdot(\vec{p}-\vec{p_0})=0$$

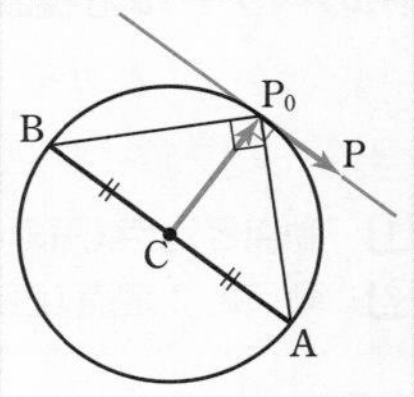

解答

(1) $\overrightarrow{AP_0}=(2-3,\ 2-(-5))=(-1,\ 7)$

$\overrightarrow{BP_0}=(2-(-5),\ 2-1)=(7,\ 1)$

よって　$\overrightarrow{AP_0}\cdot\overrightarrow{BP_0}=(-1)\times7+7\times1=0$

$\overrightarrow{AP_0}\neq\vec{0}$, $\overrightarrow{BP_0}\neq\vec{0}$ であるから　$\overrightarrow{AP_0}\perp\overrightarrow{BP_0}$

すなわち　$\angle AP_0B=90^\circ$

したがって，点 P_0 は円 C 上の点である。

(2) 円の中心をCとすると　$C(-1,\ -2)$

点 P_0 における円 C の接線上の任意の点 $P(x,\ y)$ に対して

! $\overrightarrow{CP_0}\cdot\overrightarrow{P_0P}=0$ ……①

$\overrightarrow{CP_0}=(2-(-1),\ 2-(-2))=(3,\ 4)$, $\overrightarrow{P_0P}=(x-2,\ y-2)$

であるから，① より

$3(x-2)+4(y-2)=0$

したがって，点 P_0 における円 C の接線の方程式は

$$\boldsymbol{3x+4y-14=0}$$

2 点 $A(\vec{a})$, $B(\vec{b})$ を直径の両端とする円のベクトル方程式は

$(\vec{p}-\vec{a})\cdot(\vec{p}-\vec{b})=0$

$\vec{p}=(x,\ y)$, $\vec{a}=(3,\ -5)$, $\vec{b}=(-5,\ 1)$ として整理すると　$(x+1)^2+(y+2)^2=25$

⇐ Cは線分 AB の中点。

⇐ $P=P_0$ なら $\overrightarrow{P_0P}=\vec{0}$

$P\neq P_0$ なら $\overrightarrow{CP_0}\perp\overrightarrow{P_0P}$

INFORMATION　円の接線の方程式

円 $(x-a)^2+(y-b)^2=r^2\ (r>0)$ 上の点 $(x_0,\ y_0)$ における接線の方程式は

$$(\boldsymbol{x_0-a})(\boldsymbol{x-a})+(\boldsymbol{y_0-b})(\boldsymbol{y-b})=\boldsymbol{r^2}$$

(証明は，解答編 $p.320$ を参照。)

PRACTICE 42[3]

2 点 $A(6,\ 6)$, $B(0,\ -2)$ を直径の両端とする円を C とする。

(1) 点 $P_0(-1,\ 5)$ は円 C 上の点であることを，ベクトルを用いて示せ。

(2) 点 P_0 における円 C の接線の方程式を，ベクトルを用いて求めよ。

重要例題 43 平面上の点の存在範囲 (3)

△OAB において，次の式を満たす点Pの存在範囲を求めよ。

(1) $\overrightarrow{OP}=s\overrightarrow{OA}+t\overrightarrow{OB}$，$1\leqq s+t\leqq 3$，$s\geqq 0$，$t\geqq 0$

(2) $\overrightarrow{OP}=(s+t)\overrightarrow{OA}+t\overrightarrow{OB}$，$0\leqq s\leqq 1$，$0\leqq t\leqq 1$

p.343，344 基本事項 2，基本 38

CHART & THINKING

基本例題 38 と似た問題であるが，条件式が少し異なる。

(1) 係数の和に関する不等式 $1\leqq s+t\leqq 3$ は，**0≦(係数の和)≦1 の形** にできそうにない。そこで，$s+t=k$ とおくと，$1\leqq k\leqq 3$ となる。p.343，344 基本事項 2 ② と同様に，**kを固定して** 考えてみよう。

$\overrightarrow{OP}=\frac{s}{k}(k\overrightarrow{OA})+\frac{t}{k}(k\overrightarrow{OB})$，$\frac{s}{k}\geqq 0$，$\frac{t}{k}\geqq 0$，$\frac{s}{k}+\frac{t}{k}=1$ であるから，これは線分を表す。

次に，$1\leqq k\leqq 3$ の範囲で **kを動かす** と，線分はどのような範囲を動くだろうか？

(2) $\overrightarrow{OA}$，$\overrightarrow{OB}$ いずれの係数にも t が含まれている。そこで条件式を s，t について整理すると

$\overrightarrow{OP}=s\overrightarrow{OA}+t(\overrightarrow{OA}+\overrightarrow{OB})$，$0\leqq s\leqq 1$，$0\leqq t\leqq 1$

$\overrightarrow{OA}+\overrightarrow{OB}=\overrightarrow{OC}$ とおけば，点Pはどのような範囲に存在するだろうか？ （p.343，344 基本事項 2 ③ 参照)。

解答

(1) $s+t=k$ として固定する。このとき，$\frac{s}{k}+\frac{t}{k}=1$ である

⇐ $1\leqq k\leqq 3$

から，$k\overrightarrow{OA}=\overrightarrow{OA'}$，$k\overrightarrow{OB}=\overrightarrow{OB'}$，$\frac{s}{k}=s'$，$\frac{t}{k}=t'$ とすると

⇐ $\overrightarrow{OP}=\frac{s}{k}(k\overrightarrow{OA})+\frac{t}{k}(k\overrightarrow{OB})$

$$\overrightarrow{OP}=s'\overrightarrow{OA'}+t'\overrightarrow{OB'},\ s'+t'=1,\ s'\geqq 0,\ t'\geqq 0$$

よって，点Pは線分 A'B' 上を動く。

次に，$1\leqq k\leqq 3$ の範囲で k を変化させると，線分 A'B' は図の線分 AB から CD まで平行に動く。

ただし，$\overrightarrow{OC}=3\overrightarrow{OA}$，$\overrightarrow{OD}=3\overrightarrow{OB}$ である。

よって，**$3\overrightarrow{OA}=\overrightarrow{OC}$，$3\overrightarrow{OB}=\overrightarrow{OD}$ となる点 C，D をとると，** 点Pの存在範囲は **台形 ACDB の周および内部** である。

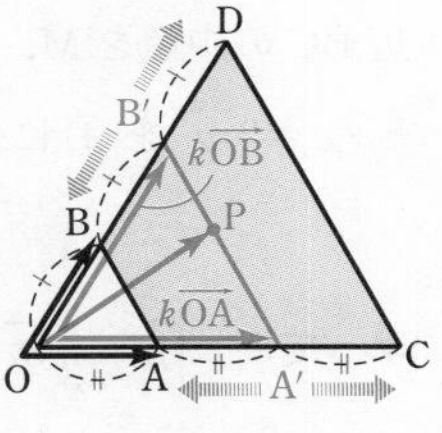

(2) $\overrightarrow{OP}=s\overrightarrow{OA}+t(\overrightarrow{OA}+\overrightarrow{OB})$

$\overrightarrow{OA}+\overrightarrow{OB}=\overrightarrow{OC}$ とすると

$$\overrightarrow{OP}=s\overrightarrow{OA}+t\overrightarrow{OC},\ 0\leqq s\leqq 1,\ 0\leqq t\leqq 1$$

よって，**$\overrightarrow{OA}+\overrightarrow{OB}=\overrightarrow{OC}$，$2\overrightarrow{OA}+\overrightarrow{OB}=\overrightarrow{OD}$ となる点 C，D をとると，** 点Pの存在範囲は **平行四辺形 OADC の周および内部** である。

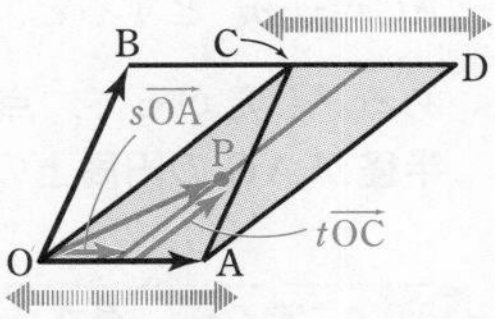

PRACTICE 43 ④

△OAB において，次の式を満たす点Pの存在範囲を求めよ。

(1) $\overrightarrow{OP}=s\overrightarrow{OA}+t\overrightarrow{OB}$，$1\leqq s+2t\leqq 2$，$s\geqq 0$，$t\geqq 0$

(2) $\overrightarrow{OP}=s\overrightarrow{OA}+(s-t)\overrightarrow{OB}$，$0\leqq s\leqq 1$，$0\leqq t\leqq 1$

重要 例題 44 ベクトルと軌跡

平面上の △ABC は $\overrightarrow{BA}\cdot\overrightarrow{CA}=0$ を満たしている。この平面上の点Pが条件 $\overrightarrow{AP}\cdot\overrightarrow{BP}+\overrightarrow{BP}\cdot\overrightarrow{CP}+\overrightarrow{CP}\cdot\overrightarrow{AP}=0$ を満たすとき，P はどのような図形上の点であるか。 〔岡山理科大〕

基本 41

CHART & SOLUTION

△ABC の問題　A を始点とする位置ベクトルで表す

条件式の中の各ベクトルを，A を始点として，ベクトルの差に分割して整理する。ベクトル方程式に帰着できないかと考える。

解答

$\overrightarrow{BA}\cdot\overrightarrow{CA}=0$ から，△ABC は ∠A=90° の直角三角形である。

$\overrightarrow{AB}=\vec{b}$，$\overrightarrow{AC}=\vec{c}$，$\overrightarrow{AP}=\vec{p}$ とすると，条件の等式から

$$\vec{p}\cdot(\vec{p}-\vec{b})+(\vec{p}-\vec{b})\cdot(\vec{p}-\vec{c})+(\vec{p}-\vec{c})\cdot\vec{p}=0$$

$\overrightarrow{BA}\cdot\overrightarrow{CA}=0$ から　$\vec{b}\cdot\vec{c}=0$

よって　$|\vec{p}|^2-\vec{b}\cdot\vec{p}+|\vec{p}|^2-\vec{c}\cdot\vec{p}-\vec{b}\cdot\vec{p}+|\vec{p}|^2-\vec{c}\cdot\vec{p}=0$

整理すると　$3|\vec{p}|^2-2(\vec{b}+\vec{c})\cdot\vec{p}=0$

ゆえに　$|\vec{p}|^2-\dfrac{2}{3}(\vec{b}+\vec{c})\cdot\vec{p}=0$

よって　$|\vec{p}|^2-\dfrac{2}{3}(\vec{b}+\vec{c})\cdot\vec{p}+\left(\dfrac{1}{3}|\vec{b}+\vec{c}|\right)^2=\left(\dfrac{1}{3}|\vec{b}+\vec{c}|\right)^2$

ゆえに　$\left|\vec{p}-\dfrac{1}{3}(\vec{b}+\vec{c})\right|^2=\left|\dfrac{\vec{b}+\vec{c}}{3}\right|^2$ ……①

辺 BC の中点を M，$\overrightarrow{AM}=\vec{m}$ とすると　$\vec{m}=\dfrac{\vec{b}+\vec{c}}{2}$

$\vec{b}+\vec{c}=2\vec{m}$ を①に代入すると

$$\left|\vec{p}-\frac{2}{3}\vec{m}\right|^2=\left|\frac{2}{3}\vec{m}\right|^2$$

よって　$\left|\vec{p}-\dfrac{2}{3}\vec{m}\right|=\left|\dfrac{2}{3}\vec{m}\right|$

$\overrightarrow{AG}=\dfrac{2}{3}\vec{m}$ とすると，G は線分 AM を 2：1 に内分する点である。したがって，**点 P は △ABC の重心 G を中心とし，半径が AG の円周上の点** である。

⇐ $\overrightarrow{BA}\perp\overrightarrow{CA}$

⇐ A を始点とする位置ベクトルで表す。

⇐ $\overrightarrow{AB}\cdot\overrightarrow{AC}=0$

⇐ 2 次式の平方完成と同様に変形する。

⇐ M も定点である。

inf.　G は △ABC の重心である。

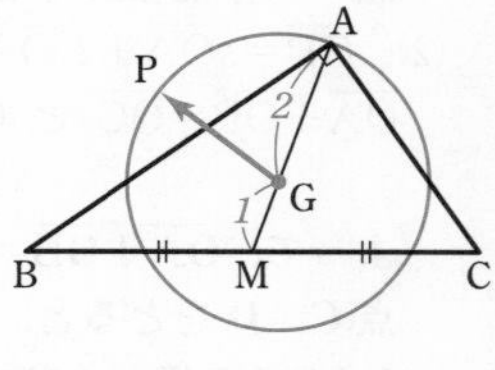

PRACTICE 44④

平面上に，異なる 2 定点 O，A と，線分 OA を直径とする円 C を考える。また，円 C 上に点Bをとり，$\overrightarrow{OA}=\vec{a}$，$\overrightarrow{OB}=\vec{b}$ とする。

(1)　この平面上で，$\overrightarrow{OP}\cdot\overrightarrow{AP}+\overrightarrow{AP}\cdot\overrightarrow{BP}+\overrightarrow{BP}\cdot\overrightarrow{OP}=0$ を満たす点Pの全体よりなる円の中心を D，半径を r とする。$\overrightarrow{OD}$ および r を，$\vec{a}$ と $\vec{b}$ を用いて表せ。

(2)　(1) において，点Bが円 C 上を動くとき，点Dはどんな図形を描くか。 〔岡山大〕

EXERCISES　　5 ベクトル方程式

A

35[3] Oを原点とするとき，ベクトル $\overrightarrow{OA}=\vec{a}$，$\overrightarrow{OB}=\vec{b}$ のなす角の二等分線のベクトル方程式は，t を変数として，$\vec{p}=t\left(\dfrac{\vec{a}}{|\vec{a}|}+\dfrac{\vec{b}}{|\vec{b}|}\right)$ で表されることを証明せよ。

35

36[3] 三角形OABで，辺OAを2：1に内分する点をL，辺OBの中点をM，辺ABを2：3に内分する点をNとする。線分LMとONの交点をPとする。$\vec{a}=\overrightarrow{OA}$，$\vec{b}=\overrightarrow{OB}$ とするとき，$\overrightarrow{ON}$ と $\overrightarrow{OP}$ を $\vec{a}$，$\vec{b}$ を用いて表せ。〔琉球大〕

36

37[3] O(0, 0)，A(2, 4)，B(−2, 2) とする。実数 s，t が次の条件を満たしながら変化するとき，$\overrightarrow{OP}=s\overrightarrow{OA}+t\overrightarrow{OB}$ を満たす点Pの存在範囲を図示せよ。

(1) $s=0$，$t\geqq 0$　　(2) $s+4t=2$　　(3) $2s+t\leqq\dfrac{1}{2}$，$s\geqq 0$，$t\geqq 0$

37, 38

38[3] 平面上に三角形ABCがある。実数 k に対して，点Pが $\overrightarrow{PA}+\overrightarrow{PC}=k\overrightarrow{AB}$ を満たすとする。点Pが三角形ABCの内部(辺上を含まない)にあるような k の値の範囲を求めよ。〔福井県大〕

p.352

39[3] △ABCにおいて AC=BC とする。$\overrightarrow{CA}=\vec{a}$，$\overrightarrow{CB}=\vec{b}$，$\overrightarrow{CP}=\vec{p}$ とし，t を任意の実数とすると $\vec{p}=\dfrac{1}{2}\vec{a}+t(\vec{a}+\vec{b})$ は，辺ACの中点を通り，辺ABに垂直な直線を表すベクトル方程式であることを示せ。

39

40[3] 平面上に定点 $A(\vec{a})$，$B(\vec{b})$ があり，$|\vec{a}-\vec{b}|=5$，$|\vec{a}|=3$，$|\vec{b}|=6$ を満たしているとき，次の問いに答えよ。

(1) 内積 $\vec{a}\cdot\vec{b}$ を求めよ。

(2) 点 $P(\vec{p})$ に関するベクトル方程式 $|\vec{p}-\vec{a}+\vec{b}|=|2\vec{a}+\vec{b}|$ で表される円の中心の位置ベクトルと半径を求めよ。

(3) 点 $P(\vec{p})$ に関するベクトル方程式 $(\vec{p}-\vec{a})\cdot(2\vec{p}-\vec{b})=0$ で表される円の中心の位置ベクトルと半径を求めよ。〔東北学院大〕

41

EXERCISES　　5 ベクトル方程式

A

41[3] Oを原点とする座標平面上に，半径 r，中心の位置ベクトル $\overrightarrow{OA}$ の円 C を考え，その円周上の点Pの位置ベクトルを $\overrightarrow{OP}$ とする。また，円 C の外部に点Bを考え，その位置ベクトルを $\overrightarrow{OB}$ とする。更に，点Bと点Pの中点をQ，その位置ベクトルを $\overrightarrow{OQ}$，点Pが円周上を動くとき点Qが描く図形を D とする。

(1) 円 C を表すベクトル方程式を求めよ。

(2) 図形 D を表すベクトル方程式を求めよ。〔山梨大〕

→ 41

42[3] 平面上に △OAB があり，OA=5，OB=8，AB=7 とする。s，t を実数として，点Pを $\overrightarrow{OP}=s\overrightarrow{OA}+t\overrightarrow{OB}$ で定める。

(1) △OAB の面積 S を求めよ。

(2) $s \geqq 0$，$t \geqq 0$，$1 \leqq s+t \leqq 2$ のとき，点Pの存在範囲の面積を T とする。面積比 $S:T$ を求めよ。〔類 摂南大〕

→ 19, 43

43[3] △ABC を1辺の長さが1の正三角形とする。△ABC を含む平面上の点Pが $\overrightarrow{AP}\cdot\overrightarrow{BP}-\overrightarrow{BP}\cdot\overrightarrow{CP}+\overrightarrow{CP}\cdot\overrightarrow{AP}=0$ を満たして動くとき，Pが描く図形を求めよ。〔埼玉大〕

→ 44

B

44[5] 原点をOとする。x 軸上に定点 A$(k,\ 0)$ $(k>0)$ がある。いま，平面上に動点Pを $\overrightarrow{OP} \neq \vec{0}$，$\overrightarrow{OP}\cdot(\overrightarrow{OA}-\overrightarrow{OP})=0$，$0^\circ \leqq \angle POA < 90^\circ$ となるようにとるとき

(1) 点 P$(x,\ y)$ の軌跡の方程式を x，y を用いて表せ。

(2) $|\overrightarrow{OP}||\overrightarrow{OA}-\overrightarrow{OP}|$ の最大値とこのときの ∠POA を求めよ。〔埼玉工大〕

→ 41

45[4] Oを原点，A(2, 1)，B(1, 2)，$\overrightarrow{OP}=s\overrightarrow{OA}+t\overrightarrow{OB}$ (s，t は実数) とする。s，t が次の関係を満たしながら変化するとき，点Pの描く図形を図示せよ。

(1) $1 \leqq s \leqq 2$，$0 \leqq t \leqq 1$　　(2) $1 \leqq s+t \leqq 2$，$s \geqq 0$，$t \geqq 0$

→ 38, 43

HINT

44 (1) **内積=0 ⟺ 垂直か $\vec{0}$**

(2) $\angle POA=\theta$ とすると $|\overrightarrow{OP}|=k\cos\theta$，$|\overrightarrow{OA}-\overrightarrow{OP}|=k\sin\theta$

45 (1) まず s を **固定** ⟶ t を **動かす**。次に s を $1 \leqq s \leqq 2$ で **動かす**。

(2) $s+t=k$ として k を **固定** ⟶ =1 として，s，t を動かすと線分上を動く。次に k を $1 \leqq k \leqq 2$ で **動かす**。

第2章

数学C

空間のベクトル

6　空間の座標，空間のベクトル
7　空間のベクトルの成分，内積
8　位置ベクトル，ベクトルと図形
9　座標空間における図形，ベクトル方程式

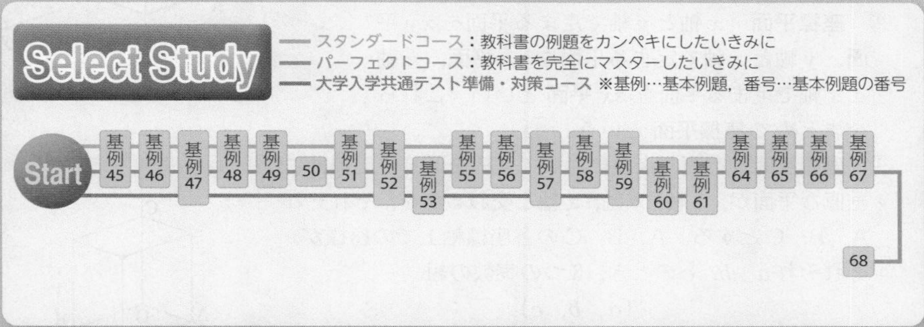

■ 例題一覧

	種類	番号	例題タイトル	難易度
6	基本	45	空間の点の座標	①
	基本	46	空間の２点間の距離	②
	基本	47	平行六面体とベクトル	②
7	基本	48	空間のベクトルの分解（成分）	②
	基本	49	平行四辺形と空間のベクトル	②
	基本	50	ベクトルの大きさの最小値（空間）	③
	基本	51	空間図形とベクトルの内積となす角	②
	基本	52	空間ベクトルの垂直	②
	基本	53	三角形の面積（空間）	③
	重要	54	ベクトルと座標軸のなす角	③
8	基本	55	共点条件（空間）	②
	基本	56	共線条件（空間）	②
	基本	57	交点の位置ベクトル（空間）	③
	基本	58	同じ平面上にある条件（共面条件）	②
	基本	59	直線と平面の交点の位置ベクトル	③
	基本	60	平面に下ろした垂線（1）……（座標あり）	③
	基本	61	垂直条件，線分の長さ	③
	重要	62	ベクトルの等式と四面体の体積比	③
	重要	63	平面に下ろした垂線（2）……（座標なし）	④
9	基本	64	分点の座標（空間）	①
	基本	65	座標平面に平行な平面	①
	基本	66	球面の方程式（1）	②
	基本	67	球面とその切り口	②
	基本	68	直線のベクトル方程式（空間）	③
	重要	69	球面の方程式（2）	③
	重要	70	３点を通る平面上の点	③
	重要	71	２直線の交点，直線と球面の交点	③
	重要	72	２直線の最短距離	④
	重要	73	直線と平面のなす角	④
	補充	74	平面の方程式	③
	補充	75	直線の方程式（空間）	③

6 空間の座標，空間のベクトル

基本事項

1 空間の点の座標

① **座標軸**　空間に点Oをとり，Oで互いに直交する3本の数直線を，右の図のように定める。これらを，それぞれ **x 軸**，**y 軸**，**z 軸** といい，まとめて **座標軸** という。また，点Oを **原点** という。

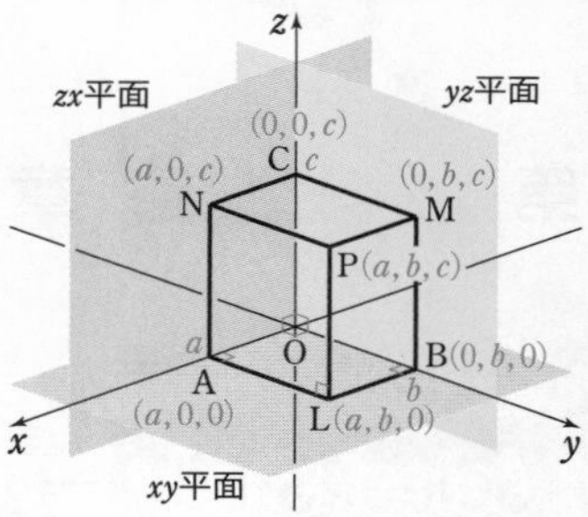

② **座標平面**　x 軸と y 軸で定まる平面を **xy 平面**，y 軸と z 軸で定まる平面を **yz 平面**，z 軸と x 軸で定まる平面を **zx 平面** といい，これらをまとめて **座標平面** という。

③ **座標空間**　空間の点Pに対して，Pを通り各座標軸に垂直な平面が，x 軸，y 軸，z 軸と交わる点を，それぞれA，B，Cとする。A，B，Cの各座標軸上での座標が，それぞれ a，b，c のとき，3つの実数の組

$$(a,\ b,\ c)$$

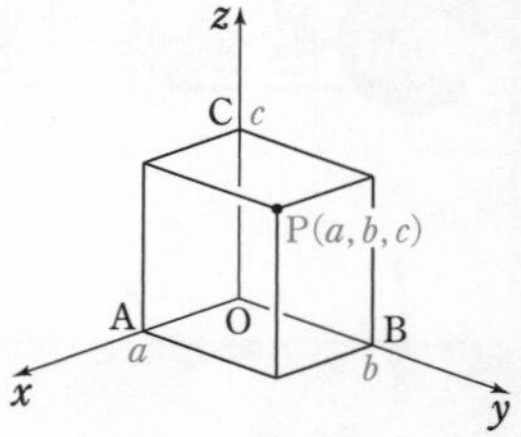

を点Pの **座標** といい，a，b，c をそれぞれ点Pの **x 座標**，**y 座標**，**z 座標** という。この点Pを **P$(a,\ b,\ c)$** と書くことがある。原点Oと，右の図の点A，B，Cの座標は

O$(0,\ 0,\ 0)$，A$(a,\ 0,\ 0)$，B$(0,\ b,\ 0)$，C$(0,\ 0,\ c)$

である。

座標の定められた空間を **座標空間** という。

2 2点間の距離

2点A$(a_1,\ a_2,\ a_3)$，B$(b_1,\ b_2,\ b_3)$について，A，B間の距離は

$$\mathbf{AB}=\sqrt{(b_1-a_1)^2+(b_2-a_2)^2+(b_3-a_3)^2}$$

特に，原点Oと点P$(a,\ b,\ c)$の距離は　$\mathbf{OP}=\sqrt{a^2+b^2+c^2}$

解説　座標空間において，2点をA$(a_1,\ a_2,\ a_3)$，B$(b_1,\ b_2,\ b_3)$とする。点Aを通り各座標平面に平行な3つの平面と，点Bを通り各座標平面に平行な3つの平面でできる直方体ACDE−FGBHにおいて

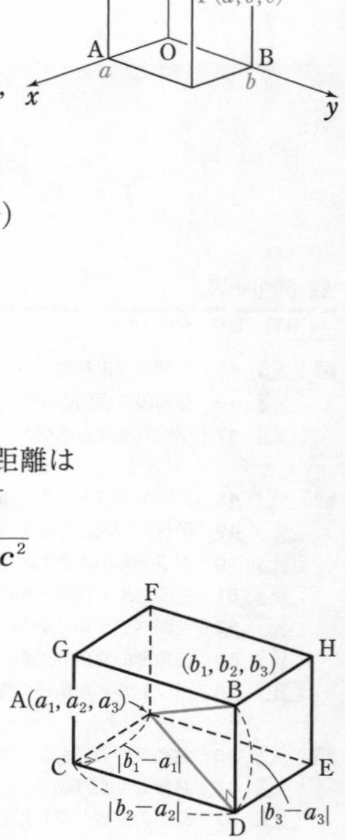

AC$=|b_1-a_1|$，CD$=|b_2-a_2|$，DB$=|b_3-a_3|$

であるから　$\mathrm{AB}^2=\mathrm{AD}^2+\mathrm{DB}^2=(\mathrm{AC}^2+\mathrm{CD}^2)+\mathrm{DB}^2$

$$=(b_1-a_1)^2+(b_2-a_2)^2+(b_3-a_3)^2$$

AB>0 から，2点A，B間の距離は

$$\mathrm{AB}=\sqrt{(b_1-a_1)^2+(b_2-a_2)^2+(b_3-a_3)^2}$$

3 空間のベクトル

① **空間のベクトルの演算法則**

空間のベクトルの加法，減法，実数倍や単位ベクトル，逆ベクトル，零ベクトルなどの定義は，平面上のベクトルの場合（$p.288$, 289 参照）と同様である。更に，平面上のベクトルについて成り立つ性質は，空間のベクトルに対してもそのまま成り立つから，次のことが成り立つ。

1 **交換法則** $\vec{a}+\vec{b}=\vec{b}+\vec{a}$ **結合法則** $(\vec{a}+\vec{b})+\vec{c}=\vec{a}+(\vec{b}+\vec{c})$

2 $\vec{a}+(-\vec{a})=\vec{0}$, $\vec{a}+\vec{0}=\vec{a}$, $\vec{a}-\vec{b}=\vec{a}+(-\vec{b})$

3 k, l を実数とするとき

$k(l\vec{a})=(kl)\vec{a}$, $(k+l)\vec{a}=k\vec{a}+l\vec{a}$, $k(\vec{a}+\vec{b})=k\vec{a}+k\vec{b}$

② **空間のベクトルの平行条件**

$\vec{a}\neq\vec{0}$, $\vec{b}\neq\vec{0}$ のとき　$\vec{a}\,/\!/\,\vec{b} \iff \vec{b}=k\vec{a}$ **となる実数** k **がある**

③ **ベクトルの合成・分割，向き変え，零ベクトル**（□は同じ点）

1 合成 $\overrightarrow{\mathrm{A}\square}+\overrightarrow{\square\mathrm{B}}=\overrightarrow{\mathrm{AB}}$, $\overrightarrow{\square\mathrm{B}}-\overrightarrow{\square\mathrm{A}}=\overrightarrow{\mathrm{AB}}$

2 分割 $\overrightarrow{\mathrm{AB}}=\overrightarrow{\mathrm{A}\square}+\overrightarrow{\square\mathrm{B}}$, $\overrightarrow{\mathrm{AB}}=\overrightarrow{\square\mathrm{B}}-\overrightarrow{\square\mathrm{A}}$

3 向き変え $\overrightarrow{\mathrm{BA}}=-\overrightarrow{\mathrm{AB}}$

4 零ベクトル $\overrightarrow{\mathrm{AA}}=\vec{0}$

4 ベクトルの分解（空間）

4点O，A，B，Cが同じ平面上にないとき，任意の点をPとし，$\overrightarrow{\mathrm{OA}}=\vec{a}$, $\overrightarrow{\mathrm{OB}}=\vec{b}$, $\overrightarrow{\mathrm{OC}}=\vec{c}$, $\overrightarrow{\mathrm{OP}}=\vec{p}$ とする（s, t, u, s', t', u' は実数）。

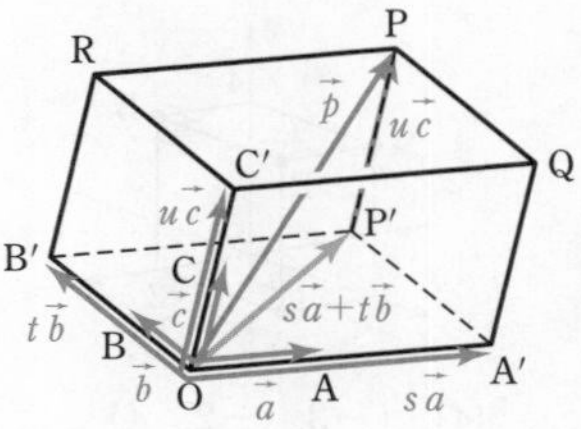

① 空間の任意のベクトル $\vec{p}$ は $\vec{p}=s\vec{a}+t\vec{b}+u\vec{c}$ の形に，ただ1通りに表される。

② $s\vec{a}+t\vec{b}+u\vec{c}=s'\vec{a}+t'\vec{b}+u'\vec{c}$

$\iff s=s',\ t=t',\ u=u'$

特に　$s\vec{a}+t\vec{b}+u\vec{c}=\vec{0} \iff s=t=u=0$

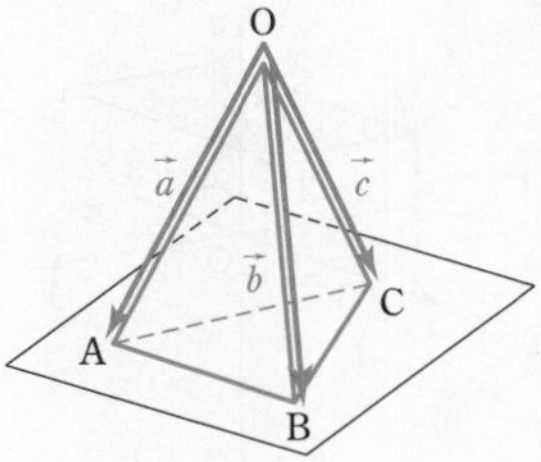

補足 「4点O，A，B，Cが同じ平面上にないとき」というのは，O，A，B，Cを頂点とする四面体を作ることができる場合をいう。また，このとき「$\vec{a}$, $\vec{b}$, $\vec{c}$ は同じ平面上にない」ともいう。この $\vec{a}$, $\vec{b}$, $\vec{c}$ は **1次独立** である（$p.367$ STEP UP 参照）。

CHECK & CHECK

18 次の2点間の距離を求めよ。

(1) (0, 0, 0), (3, −4, 2)　(2) (4, −1, 3), (−2, 2, 5)　→ 2

19 四面体ABCDについて，次の等式が成り立つことを示せ。

(1) $\overrightarrow{\mathrm{AD}}+\overrightarrow{\mathrm{BC}}-\overrightarrow{\mathrm{BD}}-\overrightarrow{\mathrm{AC}}=\vec{0}$　(2) $\overrightarrow{\mathrm{AD}}-\overrightarrow{\mathrm{AB}}=\overrightarrow{\mathrm{CD}}-\overrightarrow{\mathrm{CB}}$　→ 3

基本 例題 45　空間の点の座標

点P(3, 2, 4) に対して，次の座標を求めよ。

(1)　点Pから xy 平面，yz 平面，zx 平面に垂線を下ろし，各平面との交点を，それぞれ A，B，C とするとき，3点 A，B，C の座標。

(2)　点Pと (ア) yz 平面 (イ) z 軸 (ウ) 原点 に関して対称な点の座標。

p.362 基本事項 1

CHART & SOLUTION

空間の点の座標と対称な点の座標

座標の符号の変化に注意

(1)　点Pから xy 平面に垂線を下ろす ⟶ z 座標が 0 で，x，y 座標は同じ。

(2)　(ア)　点Pと yz 平面に対称な点 ⟶ x 座標の符号を変える。y，z 座標は同じ。

(イ)　点Pと z 軸に対称な点 ⟶ x，y 座標の符号を変える。z 座標は同じ。

解答

(1)　**A(3, 2, 0)，**
B(0, 2, 4)，
C(3, 0, 4)

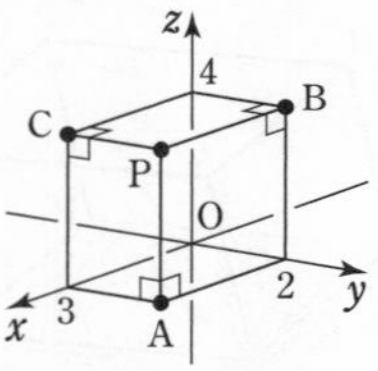

(2)　(ア)　**(−3, 2, 4)**

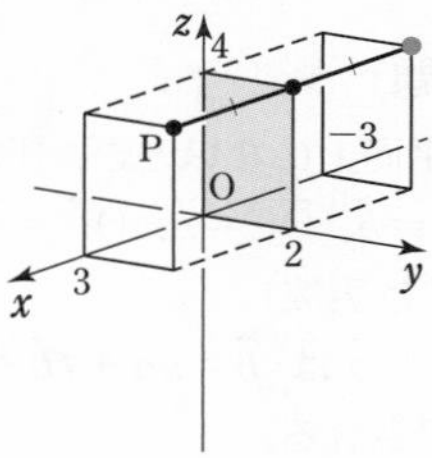

(イ)　**(−3, −2, 4)**

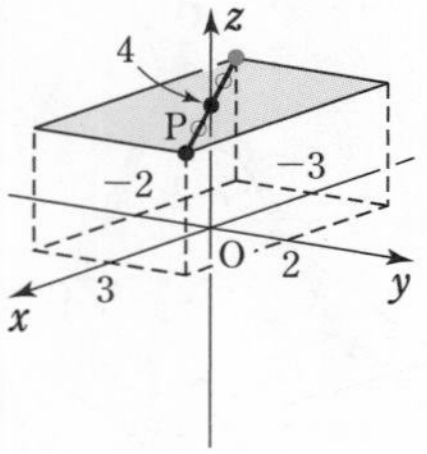

(ウ)　**(−3, −2, −4)**

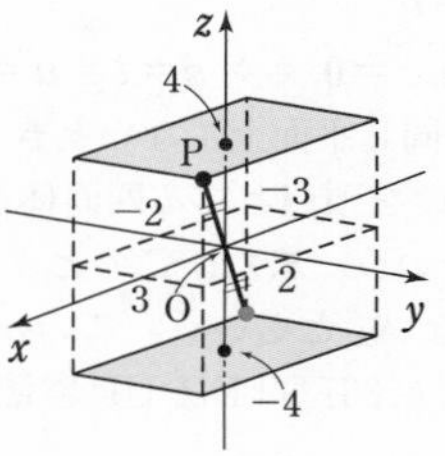

(1)　座標平面上の点は
xy 平面……$(a, b, 0)$
yz 平面……$(0, b, c)$
zx 平面……$(a, 0, c)$
と表される。

(2)　(ア)　x 座標を異符号に。
(イ)　x，y 座標を異符号に。
(ウ)　x，y，z 座標をすべて異符号に。
対称な点の符号の変化について，解答編 PRACTICE 45 の inf. にまとめてある。

PRACTICE 45[1]

(1)　点P(2, 3, −1) から xy 平面，yz 平面，zx 平面に垂線を下ろし，各平面との交点を，それぞれ A，B，C とするとき，3点 A，B，C の座標を求めよ。

(2)　点Q(−3, 4, 2) と (ア) xy 平面 (イ) yz 平面 (ウ) zx 平面 (エ) x 軸 (オ) y 軸 (カ) z 軸 (キ) 原点 に関して対称な点の座標をそれぞれ求めよ。

基本 例題 46 空間の2点間の距離

3点 O(0, 0, 0), A(−1, 0, 2), B(2, 1, −1) について
(1) 2点A, B間の距離を求めよ。
(2) 2点A, Bから等距離にある z 軸上の点Pの座標を求めよ。
(3) 3点O, A, Bから等距離にある xy 平面上の点Qの座標を求めよ。

p.362 基本事項 2

CHART & SOLUTION

空間の2点間の距離　距離は2乗の形で扱う ……!

(1) 公式 $\mathrm{AB}=\sqrt{(b_1-a_1)^2+(b_2-a_2)^2+(b_3-a_3)^2}$ を用いる。
(2) Pは z 軸上の点 ⟶ P(0, 0, z) とする。条件から AP=BP であるが, 2乗の形 $\mathrm{AP}^2=\mathrm{BP}^2$ とすると扱いやすい。
(3) Qは xy 平面上の点 ⟶ Q(x, y, 0) とする。条件から OQ=AQ=BQ であるから
$\mathrm{OQ}^2=\mathrm{AQ}^2$, $\mathrm{OQ}^2=\mathrm{BQ}^2$

解答

(1) $\mathrm{AB}=\sqrt{\{2-(-1)\}^2+(1-0)^2+(-1-2)^2}=\sqrt{19}$

! (2) P(0, 0, z) とすると, AP=BP から　$\mathrm{AP}^2=\mathrm{BP}^2$
よって　$\{0-(-1)\}^2+(0-0)^2+(z-2)^2=(0-2)^2+(0-1)^2+\{z-(-1)\}^2$
整理すると　$6z=-1$　よって　$z=-\dfrac{1}{6}$
したがって　$\mathbf{P}\left(0,\ 0,\ -\dfrac{1}{6}\right)$

(3) Q(x, y, 0) とする。条件から　OQ=AQ=BQ
! OQ=AQ から　$\mathrm{OQ}^2=\mathrm{AQ}^2$
よって　$x^2+y^2=\{x-(-1)\}^2+y^2+(0-2)^2$
整理すると　$2x+5=0$　…… ①
! OQ=BQ から　$\mathrm{OQ}^2=\mathrm{BQ}^2$
よって　$x^2+y^2=(x-2)^2+(y-1)^2+\{0-(-1)\}^2$
整理すると　$2x+y-3=0$　…… ②
①, ② を解いて　$x=-\dfrac{5}{2}$, $y=8$
したがって　$\mathbf{Q}\left(-\dfrac{5}{2},\ 8,\ 0\right)$

⇐ AP>0, BP>0 から AP=BP ⟺ $\mathrm{AP}^2=\mathrm{BP}^2$

⇐ $1+(z-2)^2=4+1+(z+1)^2$

⇐ OQ>0, AQ>0 から OQ=AQ ⟺ $\mathrm{OQ}^2=\mathrm{AQ}^2$

⇐ $\mathrm{AQ}^2=\mathrm{BQ}^2$ を計算してもよいが, 原点Oを含む方が計算しやすいことが多い。なお, $\mathrm{AQ}^2=\mathrm{BQ}^2$ を計算すると
$6x+2y-1=0$

PRACTICE 46②

3点 A(3, 0, −2), B(−1, 2, 3), C(2, 1, 0) について
(1) 2点A, Bから等距離にある y 軸上の点Pの座標を求めよ。
(2) 3点A, B, Cから等距離にある yz 平面上の点Qの座標を求めよ。

基本 例題 47 平行六面体とベクトル

平行六面体 ABCD-EFGH において，$\overrightarrow{AB}=\vec{a}$，$\overrightarrow{AD}=\vec{b}$，$\overrightarrow{AE}=\vec{c}$ とする。

(1) $\overrightarrow{AC}$，$\overrightarrow{AF}$，$\overrightarrow{AG}$，$\overrightarrow{DF}$，$\overrightarrow{BH}$ を，それぞれ $\vec{a}$，$\vec{b}$，$\vec{c}$ を用いて表せ。

(2) 等式 $\overrightarrow{AG}-\overrightarrow{BH}=\overrightarrow{DF}-\overrightarrow{CE}$ が成り立つことを証明せよ。 p.363 基本事項 3

CHART & SOLUTION

平行六面体に関するベクトル

ベクトルの分割，向き変えを活用

分割　$\overrightarrow{AB}=\overrightarrow{A\square}+\overrightarrow{\square B}$（しりとり）　$\overrightarrow{AB}=\overrightarrow{\square B}-\overrightarrow{\square A}$

向き変え　$\overrightarrow{BA}=-\overrightarrow{AB}$

平行六面体 とは，右の図のような，向かい合った 3 組の面がそれぞれ平行であるような六面体のことで，**すべての面が** 平行四辺形 である。

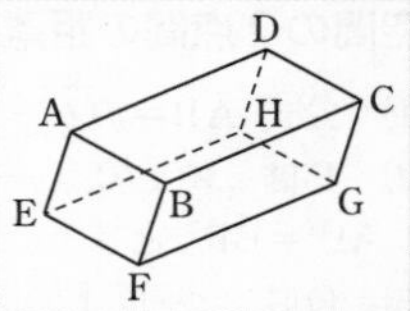

解答

(1) $\overrightarrow{AC}=\overrightarrow{AB}+\overrightarrow{AD}=\boldsymbol{\vec{a}+\vec{b}}$

$\overrightarrow{AF}=\overrightarrow{AB}+\overrightarrow{AE}=\boldsymbol{\vec{a}+\vec{c}}$

$\overrightarrow{AG}=\overrightarrow{AB}+\overrightarrow{BC}+\overrightarrow{CG}$
$=\overrightarrow{AB}+\overrightarrow{AD}+\overrightarrow{AE}$
$=\boldsymbol{\vec{a}+\vec{b}+\vec{c}}$

$\overrightarrow{DF}=\overrightarrow{DC}+\overrightarrow{CB}+\overrightarrow{BF}$
$=\overrightarrow{AB}-\overrightarrow{AD}+\overrightarrow{AE}$
$=\boldsymbol{\vec{a}-\vec{b}+\vec{c}}$

$\overrightarrow{BH}=\overrightarrow{BA}+\overrightarrow{AD}+\overrightarrow{DH}$
$=-\overrightarrow{AB}+\overrightarrow{AD}+\overrightarrow{AE}$
$=\boldsymbol{-\vec{a}+\vec{b}+\vec{c}}$

(2) $\overrightarrow{CE}=\overrightarrow{CD}+\overrightarrow{DA}+\overrightarrow{AE}$
$=-\overrightarrow{AB}-\overrightarrow{AD}+\overrightarrow{AE}$
$=-\vec{a}-\vec{b}+\vec{c}$

よって，(1) から

$\overrightarrow{AG}-\overrightarrow{BH}=(\vec{a}+\vec{b}+\vec{c})-(-\vec{a}+\vec{b}+\vec{c})=2\vec{a}$

$\overrightarrow{DF}-\overrightarrow{CE}=(\vec{a}-\vec{b}+\vec{c})-(-\vec{a}-\vec{b}+\vec{c})=2\vec{a}$

したがって　$\overrightarrow{AG}-\overrightarrow{BH}=\overrightarrow{DF}-\overrightarrow{CE}$

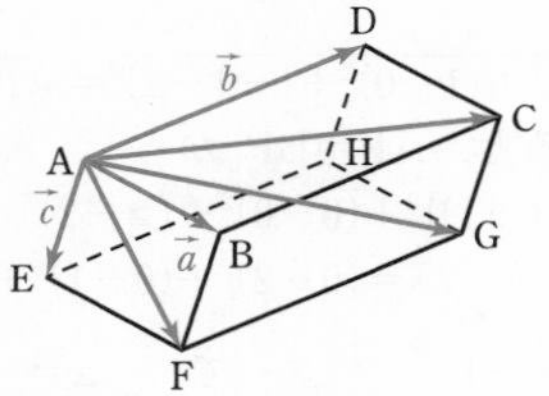

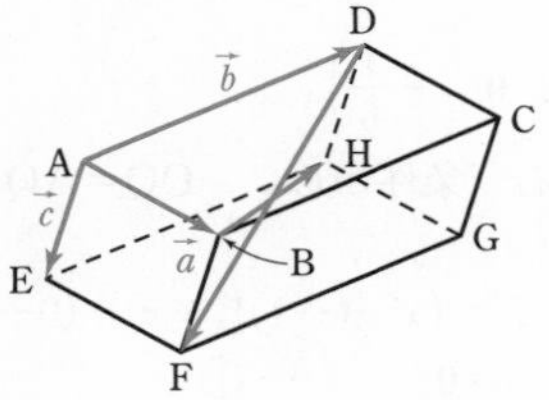

⇐ 平行四辺形を利用。

⇐ $\overrightarrow{AG}=\overrightarrow{A\square}+\overrightarrow{\square\triangle}+\overrightarrow{\triangle G}$（しりとり式）で表す。

⇐ $\overrightarrow{DF}=\overrightarrow{AF}-\overrightarrow{AD}$ と考えてもよい。

⇐ $\overrightarrow{BH}=\overrightarrow{AH}-\overrightarrow{AB}$ $=(\overrightarrow{AD}+\overrightarrow{AE})-\overrightarrow{AB}$ と考えてもよい。

⇐ (1) は (2) のヒント
(1) と同じように，基本になるベクトル $\vec{a}$，$\vec{b}$，$\vec{c}$ の計算で証明すると見通しがよい。

PRACTICE 47②

平行六面体 ABCD-EFGH において，$\overrightarrow{AB}=\vec{a}$，$\overrightarrow{AD}=\vec{b}$，$\overrightarrow{AE}=\vec{c}$ とする。

(1) $\overrightarrow{AH}$，$\overrightarrow{CE}$ を，それぞれ $\vec{a}$，$\vec{b}$，$\vec{c}$ を用いて表せ。

(2) 等式 $\overrightarrow{AG}+\overrightarrow{BH}+\overrightarrow{CE}+\overrightarrow{DF}=4\overrightarrow{AE}$ が成り立つことを証明せよ。

(3) 等式 $3\overrightarrow{BH}+2\overrightarrow{DF}=2\overrightarrow{AG}+3\overrightarrow{CE}+2\overrightarrow{BC}$ が成り立つことを証明せよ。

STEP UP 空間のベクトルの1次独立と1次従属

第1章では，平面ベクトルの1次独立と1次従属について学んだ(p.301 STEP UP参照)。空間ベクトルにおいても，平面上のときと同様に，次のように定義される。

> 3個のベクトル $\vec{a}$，$\vec{b}$，$\vec{c}$ と実数 s，t，u に対して
> $$s\vec{a}+t\vec{b}+u\vec{c}=\vec{0} \quad \text{ならば} \quad s=t=u=0$$
> が成り立つとき，これら3個のベクトル $\vec{a}$，$\vec{b}$，$\vec{c}$ は **1次独立** であるという。
> また，1次独立でないベクトルは，**1次従属** であるという。

また，空間において，同じ平面上にないベクトル $\vec{a}$，$\vec{b}$，$\vec{c}$ に対して次のことが成り立つ。

① **任意のベクトル $\vec{p}$ は $\vec{p}=s\vec{a}+t\vec{b}+u\vec{c}$ の形に，ただ1通りに表される。**
② $s\vec{a}+t\vec{b}+u\vec{c}=\vec{0} \iff s=t=u=0$

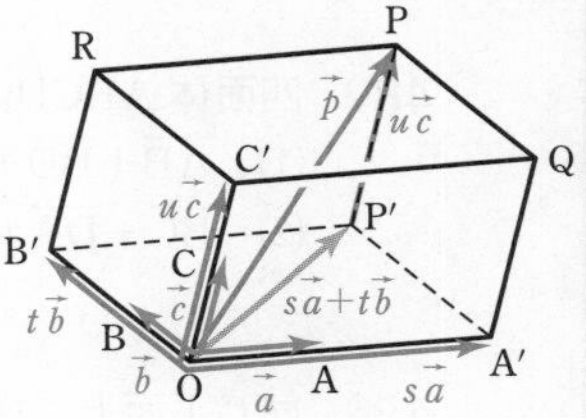

(①の 証明) $\vec{a}=\overrightarrow{\mathrm{OA}}$，$\vec{b}=\overrightarrow{\mathrm{OB}}$，$\vec{c}=\overrightarrow{\mathrm{OC}}$ とし，
$\vec{p}=\overrightarrow{\mathrm{OP}}$ となる点Pをとる。3辺がそれぞれ直線OA，OB，OC上にあり，Pを1つの頂点とする右の図のような平行六面体OA′P′B′-C′QPRを作る。
点P′は，3点O，A，Bの定める平面上にあるから，
$\overrightarrow{\mathrm{OP'}}=s\vec{a}+t\vec{b}$ となる実数 s，t がただ1組ある。
また，P′P∥OC′，P′P=OC′ であるから，
$\overrightarrow{\mathrm{P'P}}=\overrightarrow{\mathrm{OC'}}=u\vec{c}$ となる実数 u がただ1つある。
よって　$\overrightarrow{\mathrm{OP}}=\overrightarrow{\mathrm{OP'}}+\overrightarrow{\mathrm{P'P}}=s\vec{a}+t\vec{b}+u\vec{c}$
ゆえに，**$\vec{p}=s\vec{a}+t\vec{b}+u\vec{c}$ となる実数 s，t，u がただ1通りに定まる。**

一般に，空間では3つのベクトル $\vec{a}$，$\vec{b}$，$\vec{c}$ について
$$\vec{a},\ \vec{b},\ \vec{c} \text{ が1次独立} \iff \vec{a},\ \vec{b},\ \vec{c} \text{ が同じ平面上にない}$$
が成り立つ。このことから，$\vec{a}$，$\vec{b}$，$\vec{c}$ が1次独立であるとき，$\vec{a}=\overrightarrow{\mathrm{OA}}$，$\vec{b}=\overrightarrow{\mathrm{OB}}$，$\vec{c}=\overrightarrow{\mathrm{OC}}$ とすると，4点O，A，B，Cは同じ平面上にないことがわかる。このとき，4点O，A，B，Cを頂点とする立体は四面体になる。
また，$\vec{a}$，$\vec{b}$，$\vec{c}$ はどれも $\vec{0}$ でなく，どの2つのベクトルも平行でない。

1次独立

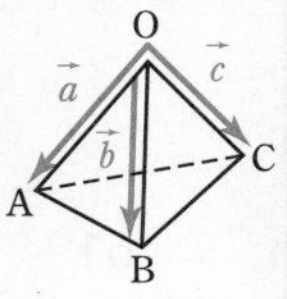

なお，$\vec{0}$ でないベクトル $\vec{a}$，$\vec{b}$，$\vec{c}$ が1次従属であるとき，$\vec{a}=\overrightarrow{\mathrm{OA}}$，$\vec{b}=\overrightarrow{\mathrm{OB}}$，$\vec{c}=\overrightarrow{\mathrm{OC}}$ とすると，4点O，A，B，Cは1つの平面上にある。このとき，この平面上にない点Pの位置ベクトル $\vec{p}$ を $\vec{p}=s\vec{a}+t\vec{b}+u\vec{c}$ の形に表すことはできない。

1次従属

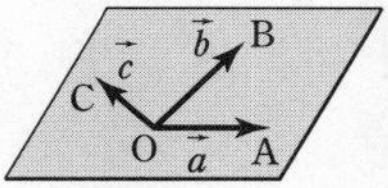

次のことは特に重要なので，最後にまとめておく。しっかり押さえておこう。

> **平面上では，** 任意のベクトル $\vec{p}$ は1次独立な **2つのベクトル** $\vec{a}$，$\vec{b}$ を用いて，
> $\vec{p}=s\vec{a}+t\vec{b}$ の形に ただ1通り に表すことができる。
> **空間では，** 任意のベクトル $\vec{p}$ は1次独立な **3つのベクトル** $\vec{a}$，$\vec{b}$，$\vec{c}$ を用いて，
> $\vec{p}=s\vec{a}+t\vec{b}+u\vec{c}$ の形に ただ1通り に表すことができる。

EXERCISES　6 空間の座標，空間のベクトル

A

46[2] 点Oを原点とする空間に，3点 A(1, 2, 0)，B(0, 2, 3)，C(1, 0, 3) がある。このとき，四面体 OABC の体積を求めよ。 〔群馬大〕

→ 45

47[2] 空間において，3点 A(5, 0, 1)，B(4, 2, 0)，C(0, 1, 5) を頂点とする三角形 ABC がある。

(1) 線分 AB，BC，CA の長さを求めよ。

(2) 三角形 ABC の面積 S を求めよ。 〔類 長崎大〕

→ 46

48[2] 四面体 ABCD において，次の等式が成り立つことを示せ。

(1) $\overrightarrow{AB}+\overrightarrow{BD}+\overrightarrow{DC}+\overrightarrow{CA}=\vec{0}$

(2) $\overrightarrow{BC}-\overrightarrow{DA}=\overrightarrow{AC}-\overrightarrow{DB}$

→ 47

49[3] 同じ平面上にない異なる4点 O，A，B，C があり，2点 P，Q に対し $\overrightarrow{OP}=\overrightarrow{OA}-\overrightarrow{OB}$，$\overrightarrow{OQ}=-5\overrightarrow{OC}$ のとき，$k\overrightarrow{OP}+\overrightarrow{OQ}=-3\overrightarrow{OA}+3\overrightarrow{OB}+l\overrightarrow{OC}$ を満たす実数 k，l の値を求めよ。

→ p.363 4

B

50[3] 3点 A(2, −1, 3)，B(5, 2, 3)，C(2, 2, 0) について

(1) 3点 A，B，C を頂点とする三角形は正三角形であることを示せ。

(2) 正四面体の3つの頂点が A，B，C であるとき，第4の頂点Dの座標を求めよ。

→ 46

51[3] 平行六面体 ABCD-EFGH において，
$\overrightarrow{AC}=\vec{p}$，$\overrightarrow{AF}=\vec{q}$，$\overrightarrow{AH}=\vec{r}$ とするとき，
$\overrightarrow{AB}$，$\overrightarrow{AD}$，$\overrightarrow{AE}$，$\overrightarrow{AG}$
を，それぞれ $\vec{p}$，$\vec{q}$，$\vec{r}$ を用いて表せ。

→ 47

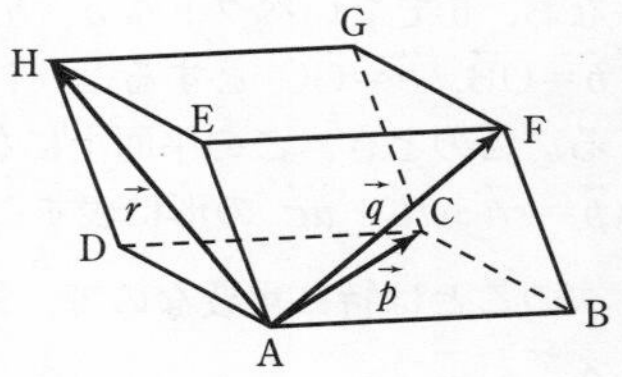

HINT

49 $p.363$ 基本事項 4 ② の性質を利用する。なお，$\overrightarrow{OA}$，$\overrightarrow{OB}$，$\overrightarrow{OC}$ は1次独立である。

50 (1) AB=BC=CA を示す。

(2) D(x, y, z) として，AD=BD=CD から x，y，z を求める。正四面体の1辺の長さは (1) を利用する。

51 直接 $\overrightarrow{AB}$，$\overrightarrow{AD}$，$\overrightarrow{AE}$ を $\vec{p}$，$\vec{q}$，$\vec{r}$ を用いて表すことは難しい。そこで $\vec{p}$，$\vec{q}$，$\vec{r}$ をそれぞれ $\overrightarrow{AB}$，$\overrightarrow{AD}$，$\overrightarrow{AE}$ を用いて表してみる。

7 空間のベクトルの成分，内積

基本事項

1 空間のベクトルの成分

① **ベクトルの表示**

$\vec{a}$ の成分表示 $\vec{a}=(a_1,\ a_2,\ a_3)$　この $a_1,\ a_2,\ a_3$ を，それぞれ $\vec{a}$ の **x 成分**，**y 成分**，**z 成分** といい，まとめて $\vec{a}$ の **成分** という。

零ベクトルの成分表示は　$\vec{0}=(0,\ 0,\ 0)$

② **ベクトルの相等，大きさ**

相等　$\vec{a}=(a_1,\ a_2,\ a_3)$，$\vec{b}=(b_1,\ b_2,\ b_3)$ について

$\vec{a}=\vec{b} \iff a_1=b_1,\ a_2=b_2,\ a_3=b_3$

大きさ　$\vec{a}=(a_1,\ a_2,\ a_3)$ のとき　$|\vec{a}|=\sqrt{a_1^2+a_2^2+a_3^2}$

③ **成分によるベクトルの演算**　$k,\ l$ を実数とする。

1　$(a_1,\ a_2,\ a_3)+(b_1,\ b_2,\ b_3)=(a_1+b_1,\ a_2+b_2,\ a_3+b_3)$

2　$(a_1,\ a_2,\ a_3)-(b_1,\ b_2,\ b_3)=(a_1-b_1,\ a_2-b_2,\ a_3-b_3)$

3　$k(a_1,\ a_2,\ a_3)=(ka_1,\ ka_2,\ ka_3)$

一般に　$k(a_1,\ a_2,\ a_3)+l(b_1,\ b_2,\ b_3)=(ka_1+lb_1,\ ka_2+lb_2,\ ka_3+lb_3)$

参考　① 座標軸に関する **基本ベクトル** を

$\vec{e_1}=(1,\ 0,\ 0)$，$\vec{e_2}=(0,\ 1,\ 0)$，$\vec{e_3}=(0,\ 0,\ 1)$

とすると，$\vec{a}=(a_1,\ a_2,\ a_3)$ は

$\vec{a}=a_1\vec{e_1}+a_2\vec{e_2}+a_3\vec{e_3}$ (**基本ベクトル表示**)

とも表される。

$\vec{a}=a_1\vec{e_1}+a_2\vec{e_2}+a_3\vec{e_3}$，

$\vec{b}=b_1\vec{e_1}+b_2\vec{e_2}+b_3\vec{e_3}$ のとき

$\vec{a}=\vec{b} \iff a_1=b_1,\ a_2=b_2,\ a_3=b_3$

($p.363$ 基本事項 4 参照)

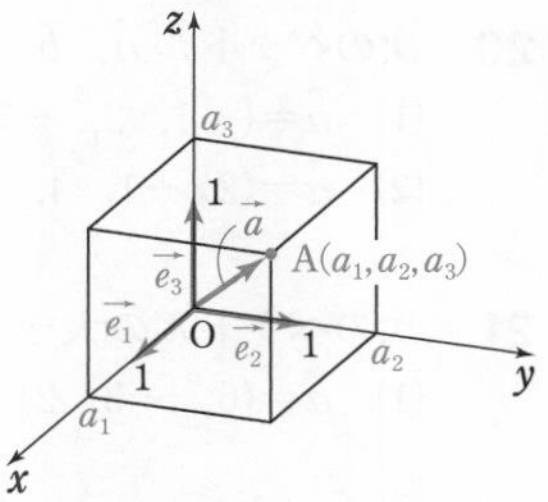

$\vec{a}=a_1\vec{e_1}+a_2\vec{e_2}+a_3\vec{e_3}$
$\vec{a}$ は，$\vec{e_1}$，$\vec{e_2}$，$\vec{e_3}$ を用いて，ただ1通りに表される。

2 座標空間の点とベクトル

2点 A$(a_1,\ a_2,\ a_3)$，B$(b_1,\ b_2,\ b_3)$ について

$\overrightarrow{\mathrm{AB}}=(b_1-a_1,\ b_2-a_2,\ b_3-a_3)$

ベクトル $\overrightarrow{\mathrm{AB}}$ の大きさ

$|\overrightarrow{\mathrm{AB}}|=\sqrt{(b_1-a_1)^2+(b_2-a_2)^2+(b_3-a_3)^2}$　←2点 A，B 間の距離

3 空間のベクトルの内積　平面上のベクトルの内積と同様に定義される。

① **定義**　$\vec{0}$ でない2つのベクトル $\vec{a}$ と $\vec{b}$ のなす角を θ とすると

$\vec{a}\cdot\vec{b}=|\vec{a}||\vec{b}|\cos\theta$　ただし　$0^\circ \leqq \theta \leqq 180^\circ$

$\vec{a}=\vec{0}$ または $\vec{b}=\vec{0}$ のときは $\vec{a}\cdot\vec{b}=0$ と定める。

② **成分表示** $\vec{a}=(a_1,\ a_2,\ a_3)$, $\vec{b}=(b_1,\ b_2,\ b_3)$ のとき

1 **内積** $\vec{a}\cdot\vec{b}=a_1b_1+a_2b_2+a_3b_3$

2 **なす角の余弦** $\vec{a}\neq\vec{0}$, $\vec{b}\neq\vec{0}$ のとき, $\vec{a}$ と $\vec{b}$ のなす角を θ とすると

$$\cos\theta=\frac{\vec{a}\cdot\vec{b}}{|\vec{a}||\vec{b}|}=\frac{a_1b_1+a_2b_2+a_3b_3}{\sqrt{a_1^2+a_2^2+a_3^2}\sqrt{b_1^2+b_2^2+b_3^2}}$$ ただし $0°\leqq\theta\leqq180°$

3 **垂直条件** $\vec{a}\neq\vec{0}$, $\vec{b}\neq\vec{0}$ のとき

$$\vec{a}\perp\vec{b}\iff\vec{a}\cdot\vec{b}=0\iff a_1b_1+a_2b_2+a_3b_3=0$$

③ **内積の演算法則** 平面上のベクトルと同様の性質が成り立つ($p.306$ 参照)。

1 $\vec{a}\cdot\vec{a}=|\vec{a}|^2$　　2 $\vec{a}\cdot\vec{b}=\vec{b}\cdot\vec{a}$

3 $(\vec{a}+\vec{b})\cdot\vec{c}=\vec{a}\cdot\vec{c}+\vec{b}\cdot\vec{c}$　　4 $\vec{a}\cdot(\vec{b}+\vec{c})=\vec{a}\cdot\vec{b}+\vec{a}\cdot\vec{c}$

5 $(k\vec{a})\cdot\vec{b}=\vec{a}\cdot(k\vec{b})=k(\vec{a}\cdot\vec{b})$ $[=k\vec{a}\cdot\vec{b}]$ ただし, k は実数

補足 重要例題 20 で示した $|\vec{a}\cdot\vec{b}|\leqq|\vec{a}||\vec{b}|$, $|\vec{a}+\vec{b}|\leqq|\vec{a}|+|\vec{b}|$ などは, 空間のベクトルでも成り立つ。
また, 空間内の △OAB において, $\overrightarrow{OA}=\vec{a}$, $\overrightarrow{OB}=\vec{b}$ とすると, △OAB の面積 S は平面のときと同様に次の式で表される。

$$S=\frac{1}{2}\sqrt{|\vec{a}|^2|\vec{b}|^2-(\vec{a}\cdot\vec{b})^2}$$

CHECK & CHECK

20 次のベクトル $\vec{a}$, $\vec{b}$ が等しくなるように, x, y, z の値を定めよ。
(1) $\vec{a}=(-1,\ 2,\ -3)$, $\vec{b}=(x-2,\ y+3,\ -z-4)$
(2) $\vec{a}=(2x-1,\ 4,\ 3z)$, $\vec{b}=(3,\ 3y+1,\ 2-z)$ → 1

21 次のベクトルの大きさを求めよ。
(1) $\vec{a}=(6,\ -3,\ 2)$　　(2) $\vec{b}=(7,\ 1,\ -5)$ → 1

22 $\vec{a}=(2,\ -1,\ 3)$, $\vec{b}=(-2,\ -3,\ 1)$ であるとき, 次のベクトルを成分で表せ。
(1) $\vec{a}+\vec{b}$　　(2) $\vec{a}-\vec{b}$　　(3) $2\vec{a}$
(4) $2\vec{a}+3\vec{b}$　　(5) $5\vec{b}-4\vec{a}$ → 1

23 A(3, −1, 2), B(1, 2, 3), C(2, 3, 1) について, $\overrightarrow{AB}$, $\overrightarrow{BC}$, $\overrightarrow{CA}$ を成分で表し, 大きさを求めよ。 → 2

24 次の 2 つのベクトル $\vec{a}$ と $\vec{b}$ の内積を求めよ。
(1) $\vec{a}=(-2,\ 1,\ 2)$, $\vec{b}=(1,\ -1,\ 0)$
(2) $\vec{a}=(2,\ 3,\ -4)$, $\vec{b}=(-1,\ 2,\ 1)$ → 3

25 空間の 3 点 L(2, 1, 0), M(1, 2, 0), N(2, 2, 1) に対して, ∠LMN の大きさを求めよ。 → 3

基本 例題 48　空間のベクトルの分解（成分）

$\vec{a}=(1,\ 3,\ 2)$, $\vec{b}=(0,\ 1,\ -1)$, $\vec{c}=(5,\ 1,\ 3)$ であるとき，ベクトル $\vec{d}=(7,\ 6,\ 8)$ を，$s\vec{a}+t\vec{b}+u\vec{c}$ (s, t, u は実数）の形に表せ。

p.369 基本事項 1，基本 6

CHART & SOLUTION

ベクトルの相等

対応する成分が等しい

$\vec{a}=(a_1,\ a_2,\ a_3)$, $\vec{b}=(b_1,\ b_2,\ b_3)$ について

$\vec{a}=\vec{b} \iff a_1=b_1,\ a_2=b_2,\ a_3=b_3$

平面の場合（基本例題 6）と方針は同じ。次の手順で進める。

① $\vec{d}=s\vec{a}+t\vec{b}+u\vec{c}$ として，**両辺の x 成分，y 成分，z 成分が等しい** とする。

② s, t, u の **連立方程式** を解く。

解答

$$s\vec{a}+t\vec{b}+u\vec{c}=s(1,\ 3,\ 2)+t(0,\ 1,\ -1)+u(5,\ 1,\ 3)$$
$$=(s+5u,\ 3s+t+u,\ 2s-t+3u)$$

$\vec{d}=s\vec{a}+t\vec{b}+u\vec{c}$ とすると

$$(7,\ 6,\ 8)=(s+5u,\ 3s+t+u,\ 2s-t+3u)$$

よって　$s+5u=7$ ……①

$3s+t+u=6$ ……②

$2s-t+3u=8$ ……③

②+③ から　$5s+4u=14$ ……④

①×5−④ から　$21u=21$

ゆえに　$u=1$

よって，① から　$s=2$

更に，② から　$t=-1$

したがって　$\boldsymbol{\vec{d}=2\vec{a}-\vec{b}+\vec{c}}$

$k(a_1,\ a_2,\ a_3)$
$=(ka_1,\ ka_2,\ ka_3)$
ただし，k は実数。
$(a_1,\ a_2,\ a_3)+(b_1,\ b_2,\ b_3)$
$=(a_1+b_1,\ a_2+b_2,\ a_3+b_3)$

inf. $s\vec{a}+t\vec{b}+u\vec{c}=\vec{0}$ とすると，$s=t=u=0$ である。このことから，$\vec{a}$, $\vec{b}$, $\vec{c}$ は **1 次独立** であることがわかる。
したがって，任意のベクトル $\vec{p}$ は $\vec{p}=s\vec{a}+t\vec{b}+u\vec{c}$ の形に，ただ 1 通りに表される。例題の
$\vec{d}=2\vec{a}-\vec{b}+\vec{c}$
は，その例である。
（p.363 基本事項 4，p.367 STEP UP 参照。）

PRACTICE 48②

$\vec{a}=(1,\ 2,\ -5)$, $\vec{b}=(2,\ 3,\ 1)$, $\vec{c}=(-1,\ 0,\ 1)$ であるとき，次のベクトルを，それぞれ $s\vec{a}+t\vec{b}+u\vec{c}$ (s, t, u は実数）の形に表せ。

(1) $\vec{d}=(1,\ 5,\ -2)$　　(2) $\vec{e}=(3,\ 4,\ 7)$

基本 例題 49 平行四辺形と空間のベクトル

4点 A$(-1,\ 1,\ 1)$, B$(1,\ -1,\ 1)$, C$(1,\ 1,\ -1)$, D$(a,\ b,\ c)$ を頂点とする四角形ABCDが平行四辺形になるように，a, b, c の値を定めよ。また，このとき，平行四辺形ABCDの隣り合う2辺の長さと対角線の長さを，それぞれ求めよ。

p.369 基本事項 1，2，基本 9

CHART & SOLUTION

四角形ABCDが平行四辺形
$\iff \overrightarrow{AD}=\overrightarrow{BC}$

平面の場合と同様に，平行四辺形になるための条件
「1組の対辺が平行で長さが等しい」を利用する。
2点 A$(a_1,\ a_2,\ a_3)$, B$(b_1,\ b_2,\ b_3)$ について
$$AB=|\overrightarrow{AB}|=\sqrt{(b_1-a_1)^2+(b_2-a_2)^2+(b_3-a_3)^2}$$

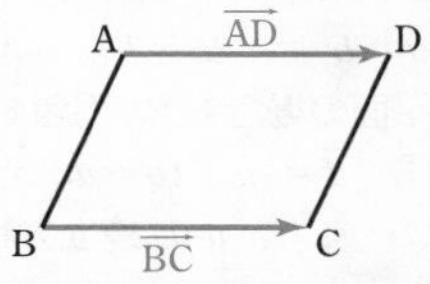

解答

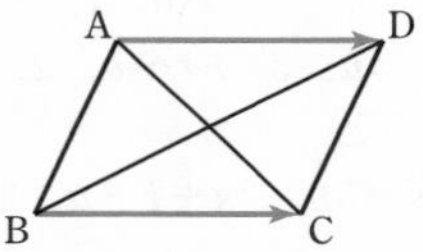

四角形ABCDが平行四辺形になるのは，$\overrightarrow{AD}=\overrightarrow{BC}$ のときであるから
$$(a-(-1),\ b-1,\ c-1)$$
$$=(1-1,\ 1-(-1),\ -1-1)$$
よって　$a+1=0$, $b-1=2$, $c-1=-2$

ゆえに　$\boldsymbol{a=-1,\ b=3,\ c=-1}$

また　$|\overrightarrow{AB}|=\sqrt{\{1-(-1)\}^2+(-1-1)^2+(1-1)^2}$
$$=\sqrt{2^2+(-2)^2+0^2}=2\sqrt{2}$$
$$|\overrightarrow{BC}|=\sqrt{0^2+2^2+(-2)^2}=2\sqrt{2}$$

よって，**隣り合う2辺の長さは　$2\sqrt{2}$, $2\sqrt{2}$**

対角線の長さは $|\overrightarrow{AC}|$, $|\overrightarrow{BD}|$ である。
$$|\overrightarrow{AC}|=\sqrt{\{1-(-1)\}^2+(1-1)^2+(-1-1)^2}$$
$$=\sqrt{2^2+0^2+(-2)^2}=2\sqrt{2}$$
$$|\overrightarrow{BD}|=\sqrt{(-1-1)^2+\{3-(-1)\}^2+(-1-1)^2}$$
$$=\sqrt{(-2)^2+4^2+(-2)^2}=2\sqrt{6}$$

したがって，**対角線の長さは　$2\sqrt{2}$, $2\sqrt{6}$**

⇦ 平行四辺形であるための条件を $\overrightarrow{AB}=\overrightarrow{DC}$ としてもよい。

⇦ 成分を比較する。

⇦ D$(-1,\ 3,\ -1)$

⇦ AB, BC が隣り合う辺。

inf. この結果から △ABC は正三角形であり，平行四辺形ABCDはひし形であることがわかる。

PRACTICE 49[2]

4点 A$(1,\ 2,\ -1)$, B$(3,\ 5,\ 3)$, C$(5,\ 0,\ 1)$, D$(a,\ b,\ c)$ を頂点とする四角形ABDCが平行四辺形になるように，a, b, c の値を定めよ。また，このとき，平行四辺形ABDCの隣り合う2辺の長さと対角線の長さを，それぞれ求めよ。

基本 例題 50 ベクトルの大きさの最小値（空間）

$\vec{a}=(3,\ 4,\ 4)$，$\vec{b}=(2,\ 3,\ -1)$ がある。実数 t を変化させるとき，$\vec{c}=\vec{a}+t\vec{b}$ の大きさの最小値と，そのときの t の値を求めよ。 基本 10

CHART & SOLUTION

$|\vec{a}+t\vec{b}|$ の最小値

$|\vec{a}+t\vec{b}|^2$ の最小値を考える

平面上のベクトルの大きさの最小値の求め方と同様（基本例題 10 参照）。

$|\vec{c}|$ の最小値 ⟶ $|\vec{c}|^2$（t の 2 次式）の最小値を求める。

解答

$\vec{c}=\vec{a}+t\vec{b}=(3,\ 4,\ 4)+t(2,\ 3,\ -1)$
$=(3+2t,\ 4+3t,\ 4-t)$

よって

$|\vec{c}|^2=(3+2t)^2+(4+3t)^2+(4-t)^2$
$=14t^2+28t+41$
$=14(t+1)^2+27$

⇐ $14(t^2+2t)+41$
$=14\{(t+1)^2-1^2\}+41$
$=14(t+1)^2-14+41$

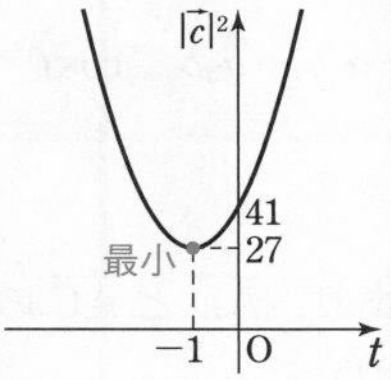

ゆえに，$|\vec{c}|^2$ は $t=-1$ のとき最小値 27 をとる。

$|\vec{c}|\geqq 0$ であるから，このとき $|\vec{c}|$ も最小となる。

⇐ この断りは重要。

したがって，$|\vec{c}|$ は **$t=-1$ のとき最小値 $\sqrt{27}=3\sqrt{3}$** をとる。

INFORMATION　$|\vec{a}+t\vec{b}|$ の最小値の図形的意味

上の例題を座標空間において図形的に考えてみよう。

$\vec{a}=\overrightarrow{OA}$，$\vec{b}=\overrightarrow{OB}$，$\vec{c}=\overrightarrow{OC}$ とすると，t が変化するとき，C は点 A(3, 4, 4) を通り，$\vec{b}$ に平行な直線 ℓ 上を動く。

$|\vec{c}|$ は，$t=-1$ のとき最小となるが，このとき $\vec{c}=(1,\ 1,\ 5)$ である。これは原点 O から直線 ℓ に垂線 OH を下ろしたとき，H の座標が (1, 1, 5) で，$|\vec{c}|$ の最小値が $\mathrm{OH}=\sqrt{1^2+1^2+5^2}=\sqrt{27}=3\sqrt{3}$ であることを意味する。

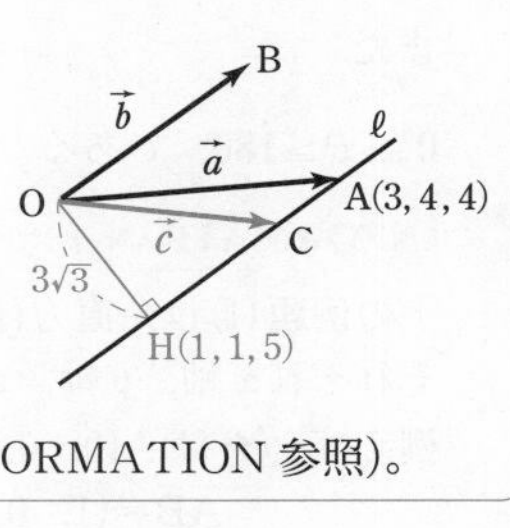

このことは，座標平面においても同様である（$p.303$ の INFORMATION 参照）。

PRACTICE 50③

$\vec{a}=(1,\ -1,\ 2)$，$\vec{b}=(1,\ 1,\ -1)$ とする。$\vec{a}+t\vec{b}$（t は実数）の大きさの最小値とそのときの t の値を求めよ。〔北見工大〕

2章 7 空間のベクトルの成分，内積

基本 例題 51 空間図形とベクトルの内積となす角

(1) AB=1, AD=$\sqrt{3}$, AE=1 の直方体 ABCD-EFGH について，次の内積を求めよ。

(ア) $\overrightarrow{AD}\cdot\overrightarrow{EG}$　　(イ) $\overrightarrow{AB}\cdot\overrightarrow{CH}$

(2) $\vec{a}=(1,\ 1,\ 0)$, $\vec{b}=(2,\ 1,\ -2)$ の内積となす角 θ を求めよ。

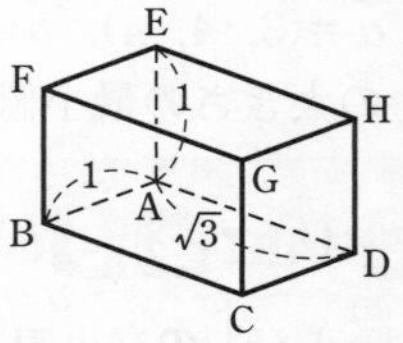

p.369, 370 基本事項 3

CHART & SOLUTION

内積　なす角 θ は始点をそろえて測る

内積と成分　平面の内積に z 成分の積をプラス

(1) (ア) 始点をAにそろえる。　(イ) 始点をCにそろえる。

(2) $\vec{a}=(a_1,\ a_2,\ a_3)$, $\vec{b}=(b_1,\ b_2,\ b_3)$ のとき

$$\vec{a}\cdot\vec{b}=a_1b_1+a_2b_2+a_3b_3,\quad \cos\theta=\frac{\vec{a}\cdot\vec{b}}{|\vec{a}||\vec{b}|}$$

解答

(1) (ア) $\overrightarrow{EG}=\overrightarrow{AC}$ であり，$\overrightarrow{AD}$ と $\overrightarrow{AC}$ のなす角は 30°, $|\overrightarrow{AC}|=2$ であるから

$\overrightarrow{AD}\cdot\overrightarrow{EG}=\overrightarrow{AD}\cdot\overrightarrow{AC}=|\overrightarrow{AD}||\overrightarrow{AC}|\cos 30^\circ=\sqrt{3}\times 2\times\frac{\sqrt{3}}{2}=\mathbf{3}$

(イ) $\overrightarrow{AB}=\overrightarrow{CI}$ となる点 I をとる。

$\overrightarrow{CI}$ と $\overrightarrow{CH}$ のなす角は 135°, $|\overrightarrow{CH}|=\sqrt{2}$ であるから

$\overrightarrow{AB}\cdot\overrightarrow{CH}=\overrightarrow{CI}\cdot\overrightarrow{CH}=|\overrightarrow{CI}||\overrightarrow{CH}|\cos 135^\circ$

$=1\times\sqrt{2}\times\left(-\frac{1}{\sqrt{2}}\right)=\mathbf{-1}$

(2) 内積は　$\vec{a}\cdot\vec{b}=1\times 2+1\times 1+0\times(-2)=\mathbf{3}$

また　$\cos\theta=\frac{\vec{a}\cdot\vec{b}}{|\vec{a}||\vec{b}|}=\frac{3}{\sqrt{1^2+1^2+0^2}\sqrt{2^2+1^2+(-2)^2}}=\frac{1}{\sqrt{2}}$

$0^\circ\leqq\theta\leqq 180^\circ$ であるから　$\boldsymbol{\theta=45^\circ}$

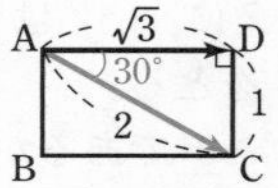

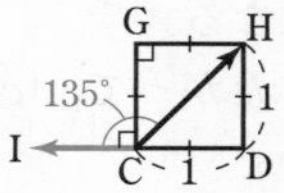

inf. (1)(イ)は始点をAにそろえて考えてもよい。

INFORMATION　成分を利用する解法

上の例題(1)は，直方体 ABCD-EFGH の頂点Aを原点とし，直線 AB, AD, AE を，それぞれ x 軸，y 軸，z 軸にとって，ベクトルの成分で解くことができる。

例えば，(イ)は A(0, 0, 0), B(1, 0, 0), C(1, $\sqrt{3}$, 0), H(0, $\sqrt{3}$, 1) から

$\overrightarrow{AB}=(1,\ 0,\ 0)$, $\overrightarrow{CH}=(-1,\ 0,\ 1)$

よって　$\overrightarrow{AB}\cdot\overrightarrow{CH}=1\times(-1)+0\times 0+0\times 1=\mathbf{-1}$

PRACTICE 51②

(1) 上の例題(1)において，内積 $\overrightarrow{AE}\cdot\overrightarrow{CF}$ を求めよ。

(2) $\vec{a}=(2,\ -3,\ -1)$, $\vec{b}=(-1,\ -2,\ -3)$ の内積となす角 θ を求めよ。

基本 例題 52　空間ベクトルの垂直

2つのベクトル $\vec{a}=(2,\ 1,\ -2)$，$\vec{b}=(3,\ 4,\ 0)$ の両方に垂直で，大きさが $\sqrt{5}$ のベクトル $\vec{p}$ を求めよ。

p.369，370 基本事項 3，基本 14

CHART & SOLUTION

ベクトルの垂直　内積利用

$\vec{p}=(x,\ y,\ z)$ とおいて　$\vec{a}\cdot\vec{p}=0$，$\vec{b}\cdot\vec{p}=0$，$|\vec{p}|=\sqrt{5}$

これらから，x，y，z の式を導き，それらを連立させる。

解答

$\vec{p}=(x,\ y,\ z)$ とする。

$\vec{a}\perp\vec{p}$ より $\vec{a}\cdot\vec{p}=0$ であるから　$2x+y-2z=0$　……①

$\vec{b}\perp\vec{p}$ より $\vec{b}\cdot\vec{p}=0$ であるから　$3x+4y=0$　……②

$|\vec{p}|^2=(\sqrt{5})^2$ であるから　$x^2+y^2+z^2=5$　……③

①，②から，y，z を x で表すと　$y=-\dfrac{3}{4}x$，$z=\dfrac{5}{8}x$

これらを③に代入すると　$x^2+\left(-\dfrac{3}{4}x\right)^2+\left(\dfrac{5}{8}x\right)^2=5$

整理すると　$\dfrac{125}{64}x^2=5$　すなわち　$x=\pm\dfrac{8}{5}$

$x=\dfrac{8}{5}$ のとき　$y=-\dfrac{6}{5}$，$z=1$

$x=-\dfrac{8}{5}$ のとき　$y=\dfrac{6}{5}$，$z=-1$

したがって　$\vec{p}=\left(\dfrac{8}{5},\ -\dfrac{6}{5},\ 1\right)$，$\left(-\dfrac{8}{5},\ \dfrac{6}{5},\ -1\right)$

⇐ 垂直 ⟹ (内積)＝0

⇐ $|\vec{p}|^2=x^2+y^2+z^2$

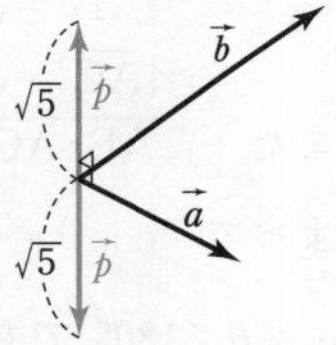

$\vec{p}$ を求めるのに，$\vec{a}$ と $\vec{b}$ の外積を用いる方法もある（p.380 STEP UP 参照）。

補足　上の答えを $\vec{p}=\left(\pm\dfrac{8}{5},\ \mp\dfrac{6}{5},\ \pm1\right)$（複号同順）と書いてもよい。

INFORMATION　直線と平面の垂直

数学Aの内容であるが，直線と平面の垂直について，ここで確認しておこう。

直線と平面の垂直

直線 h が，平面 α 上のすべての直線に垂直であるとき，直線 h は α に **垂直** である，または α に **直交** するといい，$h\perp\alpha$ と書く。また，このとき，h を平面 α の **垂線** という。

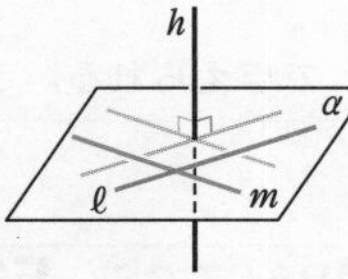

［定理］　**直線 h が，平面 α 上の交わる2直線 ℓ，m に垂直ならば，直線 h は平面 α に垂直である。**

したがって，上の例題で $\vec{a}=\overrightarrow{OA}$，$\vec{b}=\overrightarrow{OB}$ とすると，$\vec{p}$ は平面 OAB と垂直である。

PRACTICE 52②

座標空間に4点 O(0, 0, 0)，A(3, −2, −1)，B(1, 1, 1)，C(−1, 4, 2) がある。$\overrightarrow{OA}$，$\overrightarrow{BC}$ のどちらにも垂直で大きさが $3\sqrt{3}$ であるベクトル $\vec{p}$ を求めよ。　［類 慶応大］

基本 例題 53 三角形の面積（空間）

3点 A(−3, 1, 2), B(−2, 3, 1), C(−1, 2, 3) について，∠BAC$=\theta$ とおく。ただし，$0°<\theta<180°$ とする。

(1) θ を求めよ。　　(2) △ABC の面積を求めよ。

p.369, 370 基本事項 3

CHART & SOLUTION

(1) **なす角　内積利用**

まず，$\cos\theta$ を求める。

(2) △ABC の面積 ⟶ (1) で ∠BAC を求めているから，次の公式を利用。

$$\triangle ABC=\frac{1}{2}|\overrightarrow{AB}||\overrightarrow{AC}|\sin\theta$$

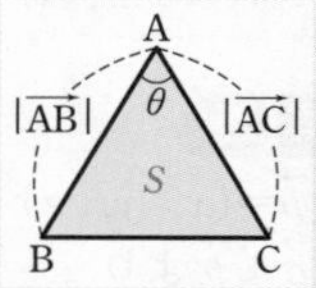

解答

(1) $\overrightarrow{AB}=(1,\ 2,\ -1)$, $\overrightarrow{AC}=(2,\ 1,\ 1)$ であるから

$|\overrightarrow{AB}|=\sqrt{1^2+2^2+(-1)^2}=\sqrt{6}$

$|\overrightarrow{AC}|=\sqrt{2^2+1^2+1^2}=\sqrt{6}$

また　$\overrightarrow{AB}\cdot\overrightarrow{AC}=1\times2+2\times1+(-1)\times1=3$

よって　$\cos\theta=\dfrac{\overrightarrow{AB}\cdot\overrightarrow{AC}}{|\overrightarrow{AB}||\overrightarrow{AC}|}=\dfrac{3}{\sqrt{6}\times\sqrt{6}}=\dfrac{3}{6}=\dfrac{1}{2}$

$0°<\theta<180°$ であるから　$\boldsymbol{\theta=60°}$

(2) △ABC の面積を S とおくと，(1) から

$S=\dfrac{1}{2}|\overrightarrow{AB}||\overrightarrow{AC}|\sin 60°=\dfrac{1}{2}\times\sqrt{6}\times\sqrt{6}\times\dfrac{\sqrt{3}}{2}=\boldsymbol{\dfrac{3\sqrt{3}}{2}}$

⇐ 2点 $P(x_1,\ y_1,\ z_1)$, $Q(x_2,\ y_2,\ z_2)$ について $\overrightarrow{PQ}=(x_2-x_1,\ y_2-y_1,\ z_2-z_1)$

別解 (2) 下の INFORMATION の公式を用いると，△ABC の面積は

$\dfrac{1}{2}\sqrt{(\sqrt{6})^2\cdot(\sqrt{6})^2-3^2}$

$=\dfrac{3\sqrt{3}}{2}$

INFORMATION ── 三角形の面積の公式

平面上で考えた（p.306 基本事項 5，p.316 STEP UP 参照）ように，空間でも△PQR の面積は，$\overrightarrow{PQ}=\vec{x}$, $\overrightarrow{PR}=\vec{y}$ とすると

$$\triangle PQR=\frac{1}{2}\sqrt{|\vec{x}|^2|\vec{y}|^2-(\vec{x}\cdot\vec{y})^2}$$

で与えられる。これに当てはめて上の例題の面積を求めてもよい（別解 参照）。

PRACTICE 53③

(1) 3点 A(5, 4, 7), B(3, 4, 5), C(1, 2, 1) について，∠ABC$=\theta$ とおく。ただし，$0°<\theta<180°$ とする。このとき，θ および △ABC の面積を求めよ。

(2) 空間の3点 O(0, 0, 0), A(1, 2, p), B(3, 0, −4) について

(ア) 上の INFORMATION の公式を用いて，△OAB の面積を p で表せ。

(イ) △OAB の面積が $5\sqrt{2}$ で，$p>0$ のとき，p の値を求めよ。　［(2) 類 立教大］

重要例題 54　ベクトルと座標軸のなす角

(1) $\vec{a}=(\sqrt{2},\ \sqrt{2},\ 2)$ と $\vec{b}=(-1,\ p,\ \sqrt{2})$ のなす角が 60° であるとき，p の値を求めよ。

(2) (1)の $\vec{b}$ と z 軸の正の向きのなす角 θ を求めよ。

基本 13，51

CHART & THINKING

ベクトルと座標軸のなす角

座標軸の向きの基本ベクトルを考える ……!

(1) 内積を 2 通りの方法で表し，p についての方程式を解く。
⟶ 内積には，どのような表し方の種類があっただろうか？
（p.309 基本例題 13 参照）

(2) z 軸の正の向きと同じ向きをもつベクトルを，成分で表すとどうなるだろうか？　計算をラクにするため，大きさが 1 である基本ベクトル $\vec{e_3}$ を考えよう。

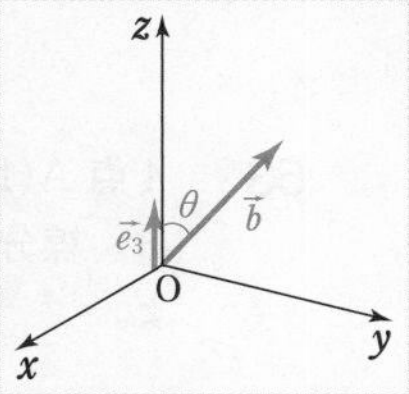

解答

(1) $\vec{a}\cdot\vec{b}=\sqrt{2}\times(-1)+\sqrt{2}\times p+2\times\sqrt{2}=\sqrt{2}(p+1)$　⇐ 成分による表現。

$|\vec{a}|=\sqrt{(\sqrt{2})^2+(\sqrt{2})^2+2^2}=2\sqrt{2}$

$|\vec{b}|=\sqrt{(-1)^2+p^2+(\sqrt{2})^2}=\sqrt{p^2+3}$

$\vec{a}\cdot\vec{b}=|\vec{a}||\vec{b}|\cos 60^\circ$ から　⇐ 定義による表現。

$$\sqrt{2}(p+1)=2\sqrt{2}\sqrt{p^2+3}\times\frac{1}{2}$$

すなわち　$p+1=\sqrt{p^2+3}$　…… ①

① の両辺を 2 乗すると

$$p^2+2p+1=p^2+3$$

よって　$\boldsymbol{p=1}$　　これは ① を満たす。

⇐ (① の右辺)>0 より $p+1>0$ であるから $p>-1$

(2) z 軸の正の向きと同じ向きのベクトルの 1 つは

! $\vec{e_3}=(0,\ 0,\ 1)$

(1) より，$|\vec{b}|=2$ であり，$\vec{b}\cdot\vec{e_3}=\sqrt{2}$，$|\vec{e_3}|=1$ であるから

⇐ $\vec{b}$ と $\vec{e_3}$ の内積は，$\vec{b}$ の z 成分となる。

$$\cos\theta=\frac{\vec{b}\cdot\vec{e_3}}{|\vec{b}||\vec{e_3}|}=\frac{\sqrt{2}}{2\times1}=\frac{1}{\sqrt{2}}$$

$0^\circ\leqq\theta\leqq180^\circ$ であるから　$\boldsymbol{\theta=45^\circ}$

PRACTICE 54③

(1) $\vec{a}=(-4,\ \sqrt{2},\ 0)$ と $\vec{b}=(\sqrt{2},\ p,\ -1)$ $(p>0)$ のなす角が 120° であるとき，p の値を求めよ。

(2) (1)の $\vec{b}$ と y 軸の正の向きのなす角 θ を求めよ。

EXERCISES 7 空間のベクトルの成分，内積

A

52② $\vec{e_1}=(1,\ 0,\ 0)$，$\vec{e_2}=(0,\ 1,\ 0)$，$\vec{e_3}=(0,\ 0,\ 1)$ とし，$\vec{a}=\left(0,\ \frac{1}{2},\ \frac{1}{2}\right)$，$\vec{b}=\left(\frac{1}{2},\ 0,\ \frac{1}{2}\right)$，$\vec{c}=\left(\frac{1}{2},\ \frac{1}{2},\ 0\right)$ とするとき，$\vec{e_1}$，$\vec{e_2}$，$\vec{e_3}$ をそれぞれ $\vec{a}$，$\vec{b}$，$\vec{c}$ を用いて表せ。また，$\vec{d}=(3,\ 4,\ 5)$ を $\vec{a}$，$\vec{b}$，$\vec{c}$ を用いて表せ。

〔近畿大〕

48

53② 4点 A(1, −2, −3)，B(2, 1, 1)，C(−1, −3, 2)，D(3, −4, −1) がある。線分 AB，AC，AD を3辺にもつ平行六面体の他の頂点の座標を求めよ。

〔類 防衛大〕

47, 49

54③ $\vec{a}=(0,\ 1,\ 2)$，$\vec{b}=(2,\ 4,\ 6)$ とする。$-1\leqq t\leqq 1$ である実数 t に対し $\vec{x}=\vec{a}+t\vec{b}$ の大きさが最大，最小になるときの $\vec{x}$ を，それぞれ求めよ。

50

55② $\vec{a}=(1,\ 2,\ -3)$，$\vec{b}=(-1,\ 2,\ 1)$，$\vec{c}=(-1,\ 6,\ x)$，$\vec{d}=(l,\ m,\ n)$ とする。ただし，$\vec{d}$ は $\vec{a}$，$\vec{b}$ および $\vec{c}$ のどれにも垂直な単位ベクトルで，$lmn>0$ である。

(1) m の値を求めよ。

(2) x の値を求めよ。

(3) $\vec{c}$ を $\vec{a}$ と $\vec{b}$ を用いて表せ。

〔成蹊大〕

48, 52

56③ 3点 A(2, 0, 0)，B(12, 5, 10)，C(p, 1, 8) がある。
内積 $\overrightarrow{AB}\cdot\overrightarrow{AC}=45$ であるとき，$p=$ ア□ となる。このとき，AC の長さは イ□，△ABC の面積は ウ□ となる。また，$p=$ ア□ のとき，3点 A，B，C から等距離にある zx 平面上の点Qの座標は エ□ である。

〔立命館大〕

46, 53

EXERCISES　7 空間のベクトルの成分，内積

A

57❷ $\vec{e_1}$, $\vec{e_2}$, $\vec{e_3}$ を，それぞれ x 軸，y 軸，z 軸に関する基本ベクトルとし，ベクトル $\vec{a}=\left(-\frac{3}{\sqrt{2}},\ -\frac{3}{2},\ \frac{3}{2}\right)$ と $\vec{e_1}$, $\vec{e_2}$, $\vec{e_3}$ のなす角を，それぞれ α, β, γ とする。

(1) $\cos\alpha$, $\cos\beta$, $\cos\gamma$ の値を求めよ。

(2) α, β, γ を求めよ。

51, 54

58❸ $\vec{a}=(3,\ 4,\ 5)$, $\vec{b}=(7,\ 1,\ 0)$ のとき，$\vec{a}+t\vec{b}$ と $\vec{b}+t\vec{a}$ のなす角が $120°$ となるような実数 t の値を求めよ。

54

B

59❸ 空間内に 3 点 $A(1,\ -1,\ 1)$, $B(-1,\ 2,\ 2)$, $C(2,\ -1,\ -1)$ がある。このとき，ベクトル $\vec{r}=\overrightarrow{OA}+x\overrightarrow{AB}+y\overrightarrow{AC}$ の大きさの最小値を求めよ。

〔信州大〕

50

60❹ $\overrightarrow{OP}=(2\cos t,\ 2\sin t,\ 1)$, $\overrightarrow{OQ}=(-\sin 3t,\ \cos 3t,\ -1)$ とする。ただし，$-180°\leqq t\leqq 180°$，O は原点とする。

(1) 点Pと点Qの距離が最小となる t と，そのときの点Pの座標を求めよ。

(2) $\overrightarrow{OP}$ と $\overrightarrow{OQ}$ のなす角が $0°$ 以上 $90°$ 以下となる t の範囲を求めよ。

〔北海道大〕

50, 51

61❹ 座標空間に点 $A(1,\ 1,\ 1)$，点 $B(-1,\ 2,\ 3)$ がある。

(1) 2 点 A，B と，xy 平面上の動点Pに対して，AP+PB の最小値を求めよ。

(2) 2 点 A，B と点 $C(t,\ -1,\ 4)$ について，△ABC の面積 $S(t)$ の最小値を求めよ。

53

HINT

59 $|\vec{r}|^2$ は x, y の 2 次式で表される。そこで，まず y を定数と考えて x について平方完成し，残った y の 2 次式を平方完成する。

60 (1) $|\overrightarrow{PQ}|^2$ を t を用いて表す。

(2) $\overrightarrow{OP}$ と $\overrightarrow{OQ}$ のなす角を θ とすると，$0°\leqq\theta\leqq 90°$ となるのは，$\cos\theta\geqq 0$ のときである。

61 (1) xy 平面に関して点Aと対称な点を A′ とすると，線分 A′B の長さが AP+PB の最小値である。

2章 7 空間のベクトルの成分，内積

STEP UP 外　積

1　外積の定義

$\overrightarrow{\mathrm{OA}}=\vec{a}$，$\overrightarrow{\mathrm{OB}}=\vec{b}$ とする。$\vec{a}$ と $\vec{b}$ について，$\vec{a}$，$\vec{b}$ が作る（線分 OA，OB を隣り合う 2 辺とする）平行四辺形の面積 S を大きさとし，$\vec{a}$ と $\vec{b}$ の両方に垂直なベクトルを $\vec{a}$ と $\vec{b}$ の **外積** という。

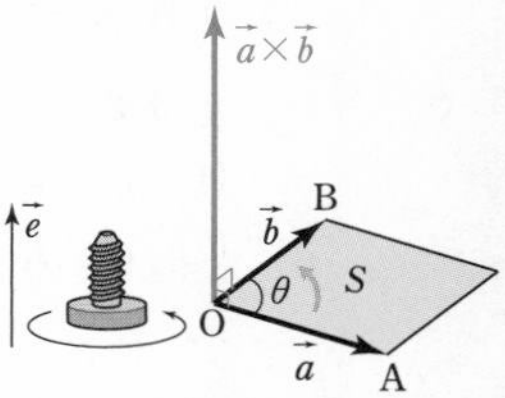

外積は「$\vec{\boldsymbol{a}}\times\vec{\boldsymbol{b}}$」で表し，次のように定義する。

$$\vec{a}\times\vec{b}=(|\vec{a}||\vec{b}|\sin\theta)\vec{e} \quad \cdots\cdots Ⓐ$$

ただし，θ は，$\vec{a}$ と $\vec{b}$ のなす角とする。また，$\vec{e}$ は，A から B に向かって右ねじを回すときのねじの進む向きと同じ向きの単位ベクトルとする。

外積の性質

① $\vec{a}\times\vec{b}$ はベクトルで，$\vec{a}$，$\vec{b}$ の両方に垂直
② $\vec{a}\times\vec{b}$ の向きは A から B に右ねじを回すときに進む向き
③ $|\vec{a}\times\vec{b}|$ は $\vec{a}$，$\vec{b}$ が作る平行四辺形の面積に等しい

内積との比較
◀$\vec{a}\cdot\vec{b}$ は値（スカラー）で，向きはない。
◀$|\vec{a}|$ は線分 OA の長さ

補足　右上の図の青い平行四辺形の面積は　$2\triangle\mathrm{OAB}=2\times\dfrac{1}{2}|\vec{a}||\vec{b}|\sin\theta=|\vec{a}||\vec{b}|\sin\theta$

2　外積の成分表示

1 で $\vec{a}\times\vec{b}$ を Ⓐ のように定義したが，次の Ⓑ のように，$\vec{a}\times\vec{b}$ を成分によって表現することもできる。

$\vec{a}=(a_1,\ a_2,\ a_3)$，$\vec{b}=(b_1,\ b_2,\ b_3)$ とするとき

$$\vec{\boldsymbol{a}}\times\vec{\boldsymbol{b}}=(\boldsymbol{a_2b_3-a_3b_2,\ a_3b_1-a_1b_3,\ a_1b_2-a_2b_1}) \quad \cdots\cdots Ⓑ$$

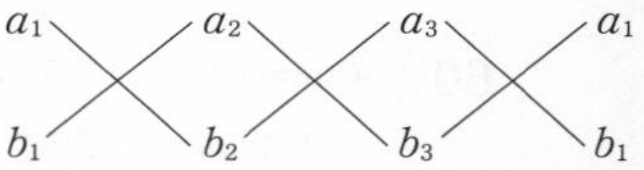

$a_1b_2-a_2b_1$　$a_2b_3-a_3b_2$　$a_3b_1-a_1b_3$
（z 成分）　（x 成分）　（y 成分）

なお，外積については次のことも成り立つ。これは成分表示 Ⓑ を利用しても示されるし，定義 Ⓐ をもとに図形的に考えても成り立つことがわかる。

外積の性質

④ $\vec{a}\times\vec{a}=\vec{0}$
⑤ $\vec{b}\times\vec{a}=-(\vec{a}\times\vec{b})$
⑥ $\vec{a}\times(\vec{b}+\vec{c})=\vec{a}\times\vec{b}+\vec{a}\times\vec{c}$

内積との比較
◀$\vec{a}\cdot\vec{a}=|\vec{a}|^2$
◀$\vec{b}\cdot\vec{a}=\vec{a}\cdot\vec{b}$
◀$\vec{a}\cdot(\vec{b}+\vec{c})=\vec{a}\cdot\vec{b}+\vec{a}\cdot\vec{c}$

参考　例題 52（$p.375$）を，Ⓑ を用いて解いてみよう。

$\vec{a}=(2,\ 1,\ -2)$，$\vec{b}=(3,\ 4,\ 0)$ の両方に垂直なベクトル $\vec{q}$ を Ⓑ から求めると

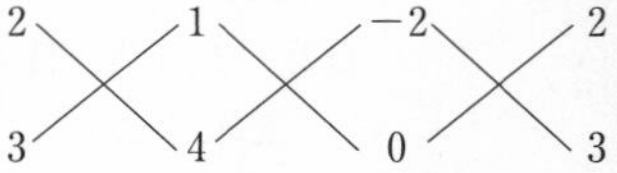

8−3　0−(−8)　−6−0
=5　=8　=−6

$\vec{q}=(8,\ -6,\ 5)$　⟵ 計算は右図を参照。

$|\vec{q}|=\sqrt{8^2+(-6)^2+5^2}=5\sqrt{5}$ であるから

$$\vec{\boldsymbol{p}}=\pm\sqrt{5}\times\frac{\vec{q}}{|\vec{q}|}=\pm\sqrt{5}\times\frac{1}{5\sqrt{5}}(8,\ -6,\ 5)$$　⟵ 問題の条件から $|\vec{p}|=\sqrt{5}$

$$=\left(\frac{\boldsymbol{8}}{\boldsymbol{5}},\ -\frac{\boldsymbol{6}}{\boldsymbol{5}},\ \boldsymbol{1}\right),\ \left(-\frac{\boldsymbol{8}}{\boldsymbol{5}},\ \frac{\boldsymbol{6}}{\boldsymbol{5}},\ \boldsymbol{-1}\right)$$　⟵ $\vec{q}$ と同じ向きと反対の向きの 2 つあることに注意。

8 位置ベクトル，ベクトルと図形

基本事項

1 位置ベクトルと内分点・外分点

位置ベクトルが $\vec{p}$ である点を $P(\vec{p})$ と表す。
空間においても，平面上の場合と同様に，次のことが成り立つ。
$A(\vec{a})$，$B(\vec{b})$，$C(\vec{c})$ に対して

1 $\overrightarrow{AB}=\vec{b}-\vec{a}$

2 線分 AB を $m:n$ に内分する点，$m:n$ に外分する点の位置ベクトルは

内分 … $\dfrac{n\vec{a}+m\vec{b}}{m+n}$　　外分 … $\dfrac{-n\vec{a}+m\vec{b}}{m-n}$

特に，線分 AB の中点の位置ベクトルは $\dfrac{\vec{a}+\vec{b}}{2}$

3 △ABC の重心Gの位置ベクトル $\vec{g}$ は $\vec{g}=\dfrac{\vec{a}+\vec{b}+\vec{c}}{3}$

2 ベクトルと図形

① **共点条件**　異なる 3 本以上の直線が 1 点で交わるとき，これらの直線は **共点** であるという。2 点 P，Q が一致することを示すには，2 点 P，Q の位置ベクトルが一致することを示す。

$\overrightarrow{OP}=\overrightarrow{OQ} \iff$ **2 点 P，Q は一致する**

② **共線条件**　異なる 3 個以上の点が同じ直線上にあるとき，これらの点は **共線** であるという。

点 C が直線 AB 上にある

$\iff \overrightarrow{AC}=k\overrightarrow{AB}$ **となる実数 k がある**

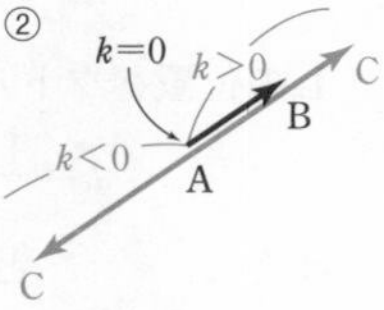

③ **共面条件**　異なる 4 個以上の点が同じ平面上にあるとき，これらの点は **共面** であるという。
一直線上にない 3 点 A，B，C の定める平面 ABC がある。

点 P が平面 ABC 上にある

$\iff \overrightarrow{CP}=s\overrightarrow{CA}+t\overrightarrow{CB}$ **となる実数 s，t がある** (p.387 STEP UP 参照。)

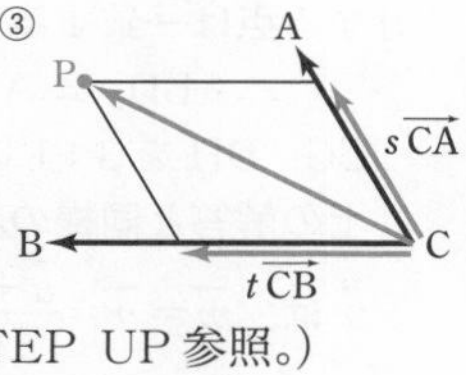

CHECK & CHECK

26 直方体 OABC-DEFG において，$\overrightarrow{OA}=\vec{a}$，$\overrightarrow{OC}=\vec{c}$，$\overrightarrow{OD}=\vec{d}$ とする。次の点の位置ベクトルを $\vec{a}$，$\vec{c}$，$\vec{d}$ を用いて表せ。

(1) 線分 EF を 2：1 に内分する点P

(2) 線分 CE を 1：2 に外分する点Q

→ 1

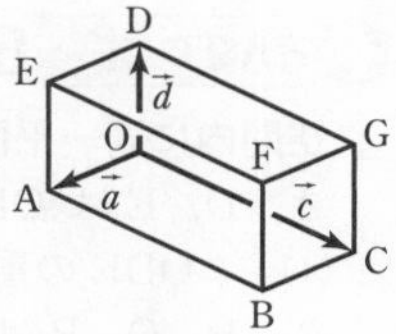

27 空間の 3 点 A(3, 2, 6)，B(5, −1, 4)，C(x, y, 0) が一直線上にあるとき $x=$ア□，$y=$イ□ である。

→ 2

基本 例題 55 共点条件（空間）

四面体 ABCD において △BCD，△ACD の重心をそれぞれ E，F とする。線分 AE，BF をそれぞれ 3：1 に内分する点は一致することを示せ。

p. 381 基本事項 1，2，基本 24, 27

CHART & SOLUTION

共点条件　位置ベクトルの一致で示す ……❗

A($\vec{a}$)，B($\vec{b}$)，C($\vec{c}$)，D($\vec{d}$) として，線分 AE，BF をそれぞれ 3：1 に内分する点の位置ベクトルを $\vec{a}$，$\vec{b}$，$\vec{c}$，$\vec{d}$ で表し，それらが一致することを示す。

解答

6 点 A，B，C，D，E，F の位置ベクトルをそれぞれ $\vec{a}$，$\vec{b}$，$\vec{c}$，$\vec{d}$，$\vec{e}$，$\vec{f}$ とする。また，線分 AE，BF を 3：1 に内分する点を，それぞれ K，L とする。

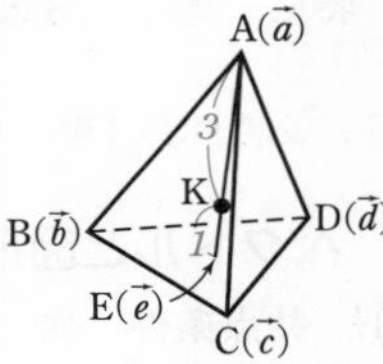

点 E，F は，それぞれ △BCD，△ACD の重心であるから

$$\vec{e}=\frac{\vec{b}+\vec{c}+\vec{d}}{3},\ \vec{f}=\frac{\vec{a}+\vec{c}+\vec{d}}{3}$$

よって，K の位置ベクトル $\vec{k}$ は

$$\vec{k}=\frac{1\times\vec{a}+3\times\vec{e}}{3+1}=\frac{\vec{a}+\vec{b}+\vec{c}+\vec{d}}{4}$$

L の位置ベクトル $\vec{l}$ は

$$\vec{l}=\frac{1\times\vec{b}+3\times\vec{f}}{3+1}=\frac{\vec{a}+\vec{b}+\vec{c}+\vec{d}}{4}$$

❗ ゆえに，$\vec{k}=\vec{l}$ となり，線分 AE，BF をそれぞれ 3：1 に内分する点は一致する。

参考　△ABD，△ABC の重心をそれぞれ G，H とし，線分 CG，DH を 3：1 に内分する点をそれぞれ M，N とすると，上の解答と同様の計算により，M，N の位置ベクトル $\vec{m}$，$\vec{n}$ は，$\vec{m}=\vec{n}=\dfrac{\vec{a}+\vec{b}+\vec{c}+\vec{d}}{4}$ となり，4 点 K，L，M，N は一致することが示される。この点を **四面体 ABCD の重心** という。

inf. 四面体 ABCD の分点のベクトル表示には次の 2 つの方法がある。（基本例題 24 とそのズーム UP 参照。）

1　4 つの頂点の位置ベクトル $\vec{a}$，$\vec{b}$，$\vec{c}$，$\vec{d}$ を用いて表す。

2　1 つの頂点 A を始点に，$\overrightarrow{AB}$，$\overrightarrow{AC}$，$\overrightarrow{AD}$ を用いて表す。

左の解答は 1 の方針。

PRACTICE 55 ②

空間内に同一平面上にない 4 点 O，A，B，C がある。$\overrightarrow{OA}=\vec{a}$，$\overrightarrow{OB}=\vec{b}$，$\overrightarrow{OC}=\vec{c}$ とおき，D，E は $\overrightarrow{OD}=\vec{a}+\vec{b}$，$\overrightarrow{OE}=\vec{a}+\vec{c}$ を満たす点とする。

(1) △ODE の重心を G とおくとき，$\overrightarrow{OG}$ を $\vec{a}$，$\vec{b}$，$\vec{c}$ を用いて表せ。

(2) P，Q，R はそれぞれ $3\overrightarrow{AG}=\overrightarrow{AP}$，$3\overrightarrow{DG}=\overrightarrow{DQ}$，$3\overrightarrow{EG}=\overrightarrow{ER}$ を満たす点とする。このとき，$\overrightarrow{OP}$，$\overrightarrow{OQ}$，$\overrightarrow{OR}$ を $\vec{a}$，$\vec{b}$，$\vec{c}$ を用いて表せ。

(3) O，B，C はそれぞれ線分 QR，PR，PQ の中点であることを示せ。　〔山形大〕

基本 例題 56 共線条件（空間）

平行六面体 ABCD-EFGH において，辺 AB，AD の中点を，それぞれ P，Q とし，平行四辺形 EFGH の対角線の交点を R とすると，平行六面体の対角線 AG は △PQR の重心 K を通ることを証明せよ。

p. 381 基本事項 1，2，基本 28

CHART & SOLUTION

点 C が直線 AB 上にある
⟺ $\overrightarrow{AC}=k\overrightarrow{AB}$ となる実数 k がある ……❗

直線 AG は点 K を通る

⟶ 点 K が直線 AG 上にある。（3 点 A，K，G が共線）

⟶ $\overrightarrow{AG}=k\overrightarrow{AK}$ となる実数 k がある。

まず，A を始点とする位置ベクトル $\overrightarrow{AB}$，$\overrightarrow{AD}$，$\overrightarrow{AE}$ を，それぞれ $\vec{b}$，$\vec{d}$，$\vec{e}$ として，$\overrightarrow{AK}$，$\overrightarrow{AG}$ を $\vec{b}$，$\vec{d}$，$\vec{e}$ を用いて表す。

解答

$\overrightarrow{AB}=\vec{b}$，$\overrightarrow{AD}=\vec{d}$，$\overrightarrow{AE}=\vec{e}$ とすると

$$\overrightarrow{AP}=\frac{\vec{b}}{2},\quad \overrightarrow{AQ}=\frac{\vec{d}}{2}$$

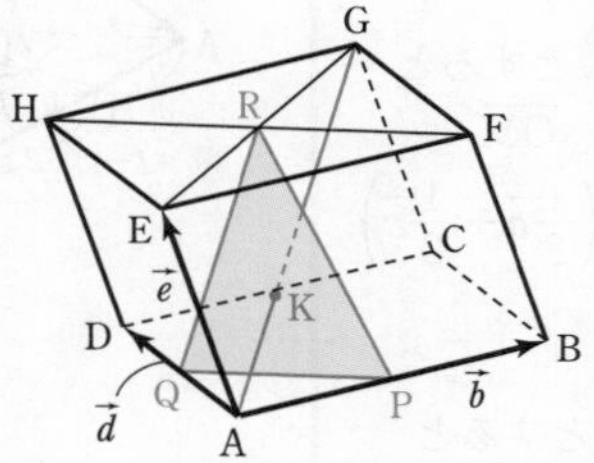

また

$$\overrightarrow{AG}=\overrightarrow{AB}+\overrightarrow{BC}+\overrightarrow{CG}$$
$$=\vec{b}+\vec{d}+\vec{e}$$

点 R は対角線 EG の中点であるから $\overrightarrow{AR}=\dfrac{\overrightarrow{AE}+\overrightarrow{AG}}{2}=\dfrac{\vec{b}+\vec{d}+2\vec{e}}{2}$

ゆえに，△PQR の重心 K について

$$\overrightarrow{AK}=\frac{\overrightarrow{AP}+\overrightarrow{AQ}+\overrightarrow{AR}}{3}=\frac{1}{3}\left(\frac{\vec{b}}{2}+\frac{\vec{d}}{2}+\frac{\vec{b}+\vec{d}+2\vec{e}}{2}\right)$$
$$=\frac{\vec{b}+\vec{d}+\vec{e}}{3}$$

❗ よって $\overrightarrow{AG}=3\overrightarrow{AK}$

したがって，3 点 A，K，G は一直線上にある。

すなわち，対角線 AG は △PQR の重心 K を通る。

⇦ 4 点 A，B，D，E は同じ平面上にない。
よって，任意の点の位置ベクトル（A を始点とする）は，ただ 1 通りに
$s\vec{b}+t\vec{d}+u\vec{e}$
（s，t，u は実数）
の形に表される。
（p. 367 STEP UP 参照）

⇦ $\overrightarrow{AE}+\overrightarrow{AG}$
$=\vec{e}+(\vec{b}+\vec{d}+\vec{e})$

⇦ $\overrightarrow{AG}=k\overrightarrow{AK}$ で $k=3$

PRACTICE 56[2]

平行六面体 ABCD-EFGH で △BDE，△CHF の重心をそれぞれ P，Q とするとき，4 点 A，P，Q，G が一直線上にあることを証明せよ。

基本 例題 57 交点の位置ベクトル（空間）

四面体OABCにおいて，$\overrightarrow{OA}=\vec{a}$，$\overrightarrow{OB}=\vec{b}$，$\overrightarrow{OC}=\vec{c}$ とする。線分ABを1：2に内分する点をL，線分BCの中点をMとする。線分AMと線分CLの交点をPとするとき，$\overrightarrow{OP}$ を $\vec{a}$，$\vec{b}$，$\vec{c}$ を用いて表せ。

p.363 基本事項 4，p.381 基本事項 1，基本 29，基本 59

CHART & SOLUTION

交点の位置ベクトル　2通りに表し　係数比較 …… ❗

平面の場合（基本例題29）と同様に，AP：PM$=s:(1-s)$，CP：PL$=t:(1-t)$ として，点Pを **線分AMにおける内分点，線分CLにおける内分点** の2通りにとらえ，$\overrightarrow{OP}$ を2通りに表す。

解答

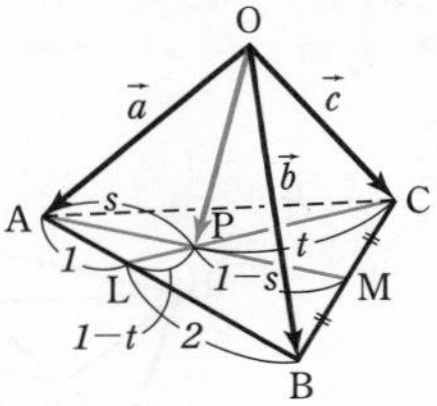

$$\overrightarrow{OL}=\frac{2\overrightarrow{OA}+\overrightarrow{OB}}{1+2}=\frac{2}{3}\vec{a}+\frac{1}{3}\vec{b}$$

$$\overrightarrow{OM}=\frac{\overrightarrow{OB}+\overrightarrow{OC}}{2}=\frac{1}{2}\vec{b}+\frac{1}{2}\vec{c}$$

AP：PM$=s:(1-s)$ とすると

❗ $\overrightarrow{OP}=(1-s)\overrightarrow{OA}+s\overrightarrow{OM}$

$=(1-s)\vec{a}+s\left(\frac{1}{2}\vec{b}+\frac{1}{2}\vec{c}\right)$

$=(1-s)\vec{a}+\frac{1}{2}s\vec{b}+\frac{1}{2}s\vec{c}$ …… ①

CP：PL$=t:(1-t)$ とすると

❗ $\overrightarrow{OP}=(1-t)\overrightarrow{OC}+t\overrightarrow{OL}=(1-t)\vec{c}+t\left(\frac{2}{3}\vec{a}+\frac{1}{3}\vec{b}\right)$

$=\frac{2}{3}t\vec{a}+\frac{1}{3}t\vec{b}+(1-t)\vec{c}$ …… ②

①，② から　$(1-s)\vec{a}+\frac{1}{2}s\vec{b}+\frac{1}{2}s\vec{c}=\frac{2}{3}t\vec{a}+\frac{1}{3}t\vec{b}+(1-t)\vec{c}$

4点O，A，B，Cは同じ平面上にないから

$$1-s=\frac{2}{3}t,\ \frac{1}{2}s=\frac{1}{3}t,\ \frac{1}{2}s=1-t$$

$1-s=\frac{2}{3}t$ と $\frac{1}{2}s=\frac{1}{3}t$ を連立して解くと　$s=\frac{1}{2}$，$t=\frac{3}{4}$

これは，$\frac{1}{2}s=1-t$ を満たす。ゆえに　$\boldsymbol{\overrightarrow{OP}=\frac{1}{2}\vec{a}+\frac{1}{4}\vec{b}+\frac{1}{4}\vec{c}}$

別解 △ABMと直線LCにメネラウスの定理を用いると $\frac{AL}{LB}\cdot\frac{BC}{CM}\cdot\frac{MP}{PA}=1$

よって　$\frac{1}{2}\cdot\frac{2}{1}\cdot\frac{MP}{PA}=1$

ゆえに，MP＝PA となり，Pは線分AMの中点である。

よって

$$\overrightarrow{OP}=\frac{\overrightarrow{OA}+\overrightarrow{OM}}{2}=\frac{\vec{a}+\frac{\vec{b}+\vec{c}}{2}}{2}=\frac{1}{2}\vec{a}+\frac{1}{4}\vec{b}+\frac{1}{4}\vec{c}$$

⇐ 同じ平面上にない4点O，A($\vec{a}$)，B($\vec{b}$)，C($\vec{c}$) に対し，次のことが成り立つ。
$s\vec{a}+t\vec{b}+u\vec{c}=s'\vec{a}+t'\vec{b}+u'\vec{c}$
$\Leftrightarrow$
$s=s'$，$t=t'$，$u=u'$（s，t，u，s'，t'，u' は実数）

PRACTICE 57③

四面体OABCの辺AB，BC，CAを 3：2，2：3，1：4 に内分する点を，それぞれD，E，Fとする。CDとEFの交点をHとし，$\overrightarrow{OA}=\vec{a}$，$\overrightarrow{OB}=\vec{b}$，$\overrightarrow{OC}=\vec{c}$ とする。このとき，ベクトル $\overrightarrow{OH}$ を $\vec{a}$，$\vec{b}$，$\vec{c}$ を用いて表せ。

ズームUP 空間の位置ベクトルの考え方

平面上のベクトルの基本例題 29 でも「2 通りに表し係数比較する」解法を学びましたが，この解法は空間でも同じように使えるのですね。

ベクトルは，平面と空間で同じように使える解法が多いのですが，注意しなければならないこともあります。ここでは，平面と空間の類似点，相違点について考えてみましょう。

ベクトルを 2 通りに表す

第 1 章の基本例題 29 で学んだように，ベクトルを 2 通りに表して，係数比較で求める解法は，空間の位置ベクトルを求める問題でも有効である。
この問題では，点 P が線分 AM 上にも CL 上にもあると考えて，$\overrightarrow{\mathrm{OP}}$ を 2 通りに表す。
内分比を

$$\mathrm{AP}:\mathrm{PM}=s:(1-s),\qquad \mathrm{CP}:\mathrm{PL}=t:(1-t)$$

とするのも，基本例題 29 などと同様である。
なお，空間の問題であるから，$\overrightarrow{\mathrm{OP}}$ は 3 つのベクトル $\vec{a}$，$\vec{b}$，$\vec{c}$ で表される。これは平面上の場合と異なる点であるから注意しよう。

空間の場合の 1 次独立の条件

上で述べた「2 通りに表し係数比較する」解法は，ベクトルが 1 次独立であることがポイントである。
ここで，平面上の場合と空間の場合の 1 次独立について，確認しておこう。

平面上のベクトルの 1 次独立
$\vec{a}\neq\vec{0}$，$\vec{b}\neq\vec{0}$，$\vec{a}\not\parallel\vec{b}$ のとき（$\vec{0}$ でない $\vec{a}$，$\vec{b}$ が平行でないとき），$\vec{a}$，$\vec{b}$ は 1 次独立であるという。

空間のベクトルの 1 次独立
$\vec{a}$，$\vec{b}$，$\vec{c}$ が同じ平面上にないとき，$\vec{a}$，$\vec{b}$，$\vec{c}$ は 1 次独立であるという。

平面

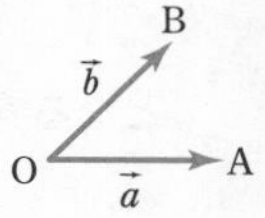

空間

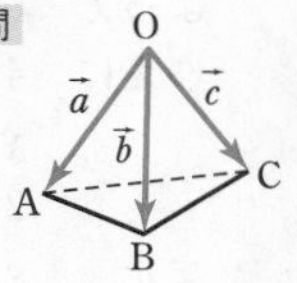

平面上の 1 次独立の条件は「$\vec{a}$，$\vec{b}$ が同じ直線上にないとき」と言い換えることができる。この表現は，空間の場合の 1 次独立の条件と似た表現である。
なお，空間では「$\vec{a}$，$\vec{b}$，$\vec{c}$ が $\vec{0}$ ではなく，互いに平行でないとき」という条件では，1 次独立とは限らないので注意しよう。
例えば，右の図の立方体で，$\vec{a}$，$\vec{b}$，$\vec{c}$ は $\vec{a}\neq\vec{0}$，$\vec{b}\neq\vec{0}$，$\vec{c}\neq\vec{0}$，$\vec{a}\not\parallel\vec{b}$，$\vec{b}\not\parallel\vec{c}$，$\vec{c}\not\parallel\vec{a}$ であるが，$\vec{a}$，$\vec{b}$，$\vec{c}$ は同じ平面上にあるから **1 次独立ではない**（右の図の $\vec{p}$ は，$\vec{p}=s\vec{a}+t\vec{b}+u\vec{c}$ の形に表すことはできない）。

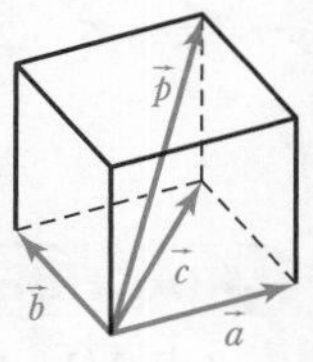

基本 例題 58 同じ平面上にある条件（共面条件）

3 点 A(2, 2, 0), B(5, 7, 2), C(1, 3, 0) の定める平面 ABC 上に点 P(4, y, 2) があるとき，y の値を求めよ。

p.381 基本事項 2

CHART & SOLUTION

点 P が平面 ABC 上にある条件

1 $\overrightarrow{CP}=s\overrightarrow{CA}+t\overrightarrow{CB}$ となる実数 s, t がある

2 $\vec{p}=s\vec{a}+t\vec{b}+u\vec{c}$, $s+t+u=1$ となる実数 s, t, u がある

1, 2 いずれの方針も，ベクトルを成分で表して比較する。
2 については次のページの STEP UP を参照。

解答

$\overrightarrow{CP}=(3,\ y-3,\ 2)$, $\overrightarrow{CA}=(1,\ -1,\ 0)$, $\overrightarrow{CB}=(4,\ 4,\ 2)$ に対して，$\overrightarrow{CP}=s\overrightarrow{CA}+t\overrightarrow{CB}$ となる実数 s, t があるから　⇐ 1 の方針。

$$(3,\ y-3,\ 2)=s(1,\ -1,\ 0)+t(4,\ 4,\ 2)$$

すなわち　$(3,\ y-3,\ 2)=(s+4t,\ -s+4t,\ 2t)$

よって　$3=s+4t$ ……①，　⇐ 対応する成分が等しい。

$y-3=-s+4t$ ……②，

$2=2t$ ……③

①，③ を解くと　$s=-1$, $t=1$　⇐ y を含まない ① と ③ から，まず s, t を求める。

② に代入して　$y-3=-(-1)+4\times1=5$

したがって　$\boldsymbol{y=8}$

別解　原点を O とし，$\overrightarrow{OP}=\vec{p}$, $\overrightarrow{OA}=\vec{a}$, $\overrightarrow{OB}=\vec{b}$, $\overrightarrow{OC}=\vec{c}$ とする。点 P が平面 ABC 上にあるための条件は　⇐ 2 の方針。

$$\vec{p}=s\vec{a}+t\vec{b}+u\vec{c},\quad s+t+u=1$$

⇐ $s+t+u=1$（係数の和が 1）を忘れないように。$\vec{p}=s\vec{a}+t\vec{b}+(1-s-t)\vec{c}$ としてもよい（次のページの STEP UP 参照）。

となる実数 s, t, u があることである。ゆえに

$$(4,\ y,\ 2)=s(2,\ 2,\ 0)+t(5,\ 7,\ 2)+u(1,\ 3,\ 0)$$

よって　$(4,\ y,\ 2)=(2s+5t+u,\ 2s+7t+3u,\ 2t)$

ゆえに　$4=2s+5t+u$ ……①，

$y=2s+7t+3u$ ……②，

$2=2t$ ……③

また　$s+t+u=1$ ……④

①，③，④ を解いて　$s=-1$, $t=1$, $u=1$　⇐ ①，③，④ から，s, t, u の値を求め，② に代入する。

よって，② から　$\boldsymbol{y}=2\times(-1)+7\times1+3\times1=\boldsymbol{8}$

PRACTICE 58②

3 点 A(1, 1, 0), B(3, 4, 5), C(1, 3, 6) の定める平面 ABC 上に点 P(4, 5, z) があるとき，z の値を求めよ。

STEP UP 同じ平面上にある条件

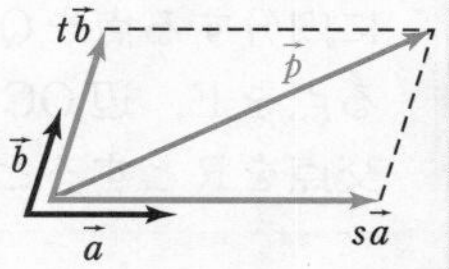

平面上の任意のベクトル $\vec{p}$ は，その平面上の 2 つのベクトル $\vec{a}$，$\vec{b}$ ($\vec{a}\neq\vec{0}$，$\vec{b}\neq\vec{0}$，$\vec{a}\not\parallel\vec{b}$) を用いて次のように表すことができる。

$$\vec{p}=s\vec{a}+t\vec{b}\ (s,\ t \text{ は実数}) \quad \cdots\cdots ①$$

一直線上にない 3 点 A($\vec{a}$)，B($\vec{b}$)，C($\vec{c}$) で定まる平面を α とする。
点 P($\vec{p}$) が平面 α 上にあるとき，① と同様に，次のように表すことができる。

$$\overrightarrow{\mathrm{CP}}=s\overrightarrow{\mathrm{CA}}+t\overrightarrow{\mathrm{CB}}\ (s,\ t \text{ は実数}) \quad \cdots\cdots ②$$

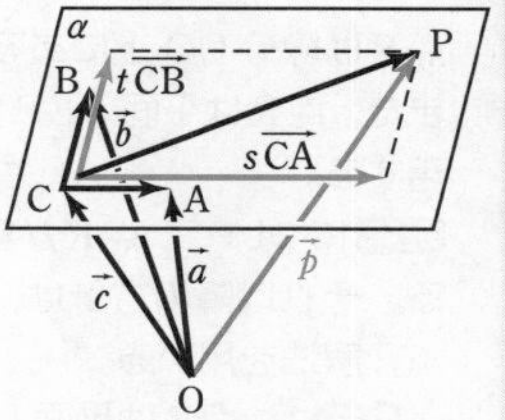

② を位置ベクトルを用いて表すと

$$\vec{p}-\vec{c}=s(\vec{a}-\vec{c})+t(\vec{b}-\vec{c})$$

よって　$\vec{p}=s\vec{a}+t\vec{b}+(1-s-t)\vec{c}$

ここで，$1-s-t=u$ とおくと

$$\vec{p}=s\vec{a}+t\vec{b}+u\vec{c},\ s+t+u=1 \quad \cdots\cdots ③$$

逆に，$\vec{p}$ が ③ の形で表されるとき，上の計算を逆にたどって ② が示され，点 P は平面 α 上にある。

したがって，次のことが成り立つ。

> 一直線上にない 3 点 A($\vec{a}$)，B($\vec{b}$)，C($\vec{c}$) の定める平面を α とする。
>
> **点 P($\vec{p}$) が平面 α 上にある**
> **⟺ $\overrightarrow{\mathrm{CP}}=s\overrightarrow{\mathrm{CA}}+t\overrightarrow{\mathrm{CB}}$ となる実数 s，t がある**
> **⟺ $\vec{p}=s\vec{a}+t\vec{b}+u\vec{c}$，$s+t+u=1$（係数の和が 1）となる実数 s，t，u がある**

なお，この **同じ平面上にある条件**（**共面条件**）は，第 1 章「平面上のベクトル」で学んだ，平面上における共線条件を空間の場合に発展させたものと考えることができる。

平面上における共線条件：(p.347 ピンポイント解説参照)
点 P($\vec{p}$) が 2 点 A($\vec{a}$)，B($\vec{b}$) を通る直線 AB 上にある
⟺ $\overrightarrow{\mathrm{AP}}=k\overrightarrow{\mathrm{AB}}$ となる実数 k がある
⟺ $\vec{p}=s\vec{a}+t\vec{b}$，$s+t=1$（係数の和が 1）となる実数 s，t がある

また，$\vec{p}=s\vec{a}+t\vec{b}+u\vec{c}$，$s+t+u=1$ を，3 点 A($\vec{a}$)，B($\vec{b}$)，C($\vec{c}$) を通る **平面のベクトル方程式** という (p.398 参照)。

基本 例題 59 直線と平面の交点の位置ベクトル

四面体OABCにおいて，辺ABを1：2に内分する点をP，線分PCを2：3に内分する点をQとする。また，辺OAの中点をD，辺OBを2：1に内分する点をE，辺OCを1：2に内分する点をFとする。平面DEFと線分OQの交点をRとするとき，OR：OQを求めよ。

基本 57, 58, p.387 STEP UP

CHART & SOLUTION

直線と平面の交点の位置ベクトル

点Pが平面ABC上にある
$\iff \overrightarrow{OP}=s\overrightarrow{OA}+t\overrightarrow{OB}+u\overrightarrow{OC},\ s+t+u=1$

点Rは線分OQ上にあるから，$\overrightarrow{OR}=k\overrightarrow{OQ}$（$k$は実数）と表される。
また，点Rは平面DEF上にあるから，$\overrightarrow{OR}$を$\overrightarrow{OD}$，$\overrightarrow{OE}$，$\overrightarrow{OF}$で表して，**(係数の和)=1** を利用する。

別解について，点Rが線分OQ上にあるから，$\overrightarrow{OR}=k\overrightarrow{OQ}$と表すことは，解答と同じである。それ以降の方針は，それぞれ次の通りであるが，いずれも「2通りに表し係数比較する」解法を用いる。

別解1　点Rは平面DEF上にあるから，$\overrightarrow{OR}=s\overrightarrow{OD}+t\overrightarrow{OE}+u\overrightarrow{OF}$，$s+t+u=1$ を利用。$\overrightarrow{OR}$を$\overrightarrow{OA}$，$\overrightarrow{OB}$，$\overrightarrow{OC}$で2通りに表し係数比較する。

別解2　点Rは平面DEF上にあるから，$\overrightarrow{DR}=s\overrightarrow{DE}+t\overrightarrow{DF}$（$s$，$t$は実数）を利用。$\overrightarrow{OR}$を$\overrightarrow{OD}$，$\overrightarrow{OE}$，$\overrightarrow{OF}$で2通りに表し係数比較する。

解答

$$\overrightarrow{OQ}=\frac{3\overrightarrow{OP}+2\overrightarrow{OC}}{2+3}=\frac{3}{5}\cdot\frac{2\overrightarrow{OA}+\overrightarrow{OB}}{1+2}+\frac{2}{5}\overrightarrow{OC}$$
$$=\frac{2}{5}\overrightarrow{OA}+\frac{1}{5}\overrightarrow{OB}+\frac{2}{5}\overrightarrow{OC}$$

⇐ $\overrightarrow{OP}=\dfrac{2\overrightarrow{OA}+\overrightarrow{OB}}{1+2}$

点Rは線分OQ上にあるから，$\overrightarrow{OR}=k\overrightarrow{OQ}$（$k$は実数）とすると

$$\overrightarrow{OR}=k\overrightarrow{OQ}=k\left(\frac{2}{5}\overrightarrow{OA}+\frac{1}{5}\overrightarrow{OB}+\frac{2}{5}\overrightarrow{OC}\right)$$
$$=\frac{2}{5}k\overrightarrow{OA}+\frac{1}{5}k\overrightarrow{OB}+\frac{2}{5}k\overrightarrow{OC}\ \cdots\cdots(*)$$

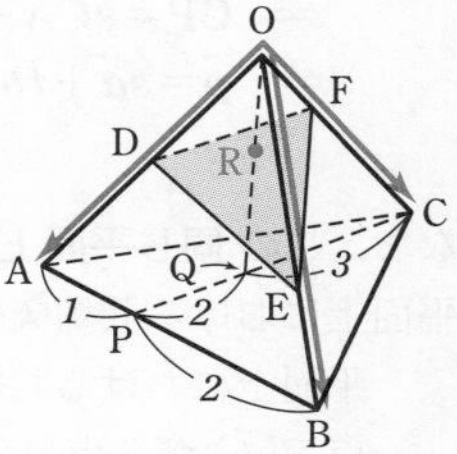

$\overrightarrow{OD}=\dfrac{1}{2}\overrightarrow{OA}$，$\overrightarrow{OE}=\dfrac{2}{3}\overrightarrow{OB}$，$\overrightarrow{OF}=\dfrac{1}{3}\overrightarrow{OC}$ であるから

$$\overrightarrow{OR}=\frac{2}{5}k(2\overrightarrow{OD})+\frac{1}{5}k\left(\frac{3}{2}\overrightarrow{OE}\right)+\frac{2}{5}k(3\overrightarrow{OF})$$
$$=\frac{4}{5}k\overrightarrow{OD}+\frac{3}{10}k\overrightarrow{OE}+\frac{6}{5}k\overrightarrow{OF}\ \cdots\cdots(**)$$

⇐ 点Rは平面DEF上にあるから，$\overrightarrow{OR}$を$\overrightarrow{OD}$，$\overrightarrow{OE}$，$\overrightarrow{OF}$で表す。

点Rは平面DEF上にあるから　$\dfrac{4}{5}k+\dfrac{3}{10}k+\dfrac{6}{5}k=1$

⇐ (係数の和)=1

よって　$k=\dfrac{10}{23}$　　ゆえに　**OR：OQ**$=\dfrac{10}{23}$**：1=10：23**

⇐ OR：OQ$=k:1$

別解 1 （$\overrightarrow{OR}$ を $\overrightarrow{OA}$，$\overrightarrow{OB}$，$\overrightarrow{OC}$ で 2 通りに表す解法）

[(＊) までは同じ。]

点Rは平面 DEF 上にあるから，s，t，u を実数として

$$\overrightarrow{OR}=s\overrightarrow{OD}+t\overrightarrow{OE}+u\overrightarrow{OF},\quad s+t+u=1$$

と表される。

ここで，$\overrightarrow{OD}=\frac{1}{2}\overrightarrow{OA}$，$\overrightarrow{OE}=\frac{2}{3}\overrightarrow{OB}$，$\overrightarrow{OF}=\frac{1}{3}\overrightarrow{OC}$ であるから

$$\overrightarrow{OR}=\frac{1}{2}s\overrightarrow{OA}+\frac{2}{3}t\overrightarrow{OB}+\frac{1}{3}u\overrightarrow{OC}\quad\cdots\cdots ①$$

(＊)，① から

$$\frac{2}{5}k\overrightarrow{OA}+\frac{1}{5}k\overrightarrow{OB}+\frac{2}{5}k\overrightarrow{OC}=\frac{1}{2}s\overrightarrow{OA}+\frac{2}{3}t\overrightarrow{OB}+\frac{1}{3}u\overrightarrow{OC}$$

4 点 O，A，B，C は同じ平面上にないから

$$\frac{2}{5}k=\frac{1}{2}s,\quad \frac{1}{5}k=\frac{2}{3}t,\quad \frac{2}{5}k=\frac{1}{3}u$$

ゆえに　　$s=\frac{4}{5}k$，$t=\frac{3}{10}k$，$u=\frac{6}{5}k$

これらを $s+t+u=1$ に代入して　$\frac{4}{5}k+\frac{3}{10}k+\frac{6}{5}k=1$

よって　　$k=\frac{10}{23}$　　（以下同じ。）

別解 2 （$\overrightarrow{OR}$ を $\overrightarrow{OD}$，$\overrightarrow{OE}$，$\overrightarrow{OF}$ で 2 通りに表す解法）

[(＊＊) までは同じ。]

点Rは平面 DEF 上にあるから，s，t を実数として

$$\overrightarrow{DR}=s\overrightarrow{DE}+t\overrightarrow{DF}$$

と表される。

ゆえに　　$\overrightarrow{OR}-\overrightarrow{OD}=s(\overrightarrow{OE}-\overrightarrow{OD})+t(\overrightarrow{OF}-\overrightarrow{OD})$

よって　　$\overrightarrow{OR}=(1-s-t)\overrightarrow{OD}+s\overrightarrow{OE}+t\overrightarrow{OF}$　……②

(＊＊)，② から

$$\frac{4}{5}k\overrightarrow{OD}+\frac{3}{10}k\overrightarrow{OE}+\frac{6}{5}k\overrightarrow{OF}=(1-s-t)\overrightarrow{OD}+s\overrightarrow{OE}+t\overrightarrow{OF}$$

4 点 O，D，E，F は同じ平面上にないから

$$\frac{4}{5}k=1-s-t,\quad \frac{3}{10}k=s,\quad \frac{6}{5}k=t$$

ゆえに　$\frac{4}{5}k=1-\frac{3}{10}k-\frac{6}{5}k$　　よって　　$k=\frac{10}{23}$

（以下同じ。）

⇐ 点Pが平面 ABC 上にある
$\Longleftrightarrow \overrightarrow{OP}=s\overrightarrow{OA}+t\overrightarrow{OB}+u\overrightarrow{OC}$，$s+t+u=1$
これを点Rと平面 DEF に適用する。

⇐ この断りは重要。

⇐ **共面条件**
点Pが平面 ABC 上にある
$\Longleftrightarrow \overrightarrow{CP}=s\overrightarrow{CA}+t\overrightarrow{CB}$ となる実数 s，t がある

⇐ この断りは重要。

補足 別解 は解法比較のために紹介した。特に，別解 2 は左ページの解答と比べてかなり手間がかかる。この問題では，左ページの解法が有効といえる。

PRACTICE 59[3]

四面体 OABC において，辺 AB の中点をP，線分 PC を 2：1 に内分する点をQとする。また，辺 OA を 3：2 に内分する点をD，辺 OB を 2：1 に内分する点をE，辺 OC を 1：2 に内分する点をFとする。平面 DEF と線分 OQ の交点をRとするとき，OR：OQ を求めよ。

振り返り　位置ベクトルの解法や同じ平面上にある条件について

例題 58，59 には別解もありましたが，どれを使うか迷いそうです。

内容に大きな違いはなく，どれを使ってもよいといえます。表現の違いや特徴について，みていきましょう。

● 位置ベクトルの解法

空間において，直線と直線，または直線と平面の交点の位置ベクトルを求めるときに，次の 2 つの方法があることを学んだ。

① (係数の和)=1 を利用する方法　　**② 2 通りに表し係数比較する方法**

ベクトルが　$\overrightarrow{\mathrm{OP}}=●\overrightarrow{\mathrm{OA}}+▲\overrightarrow{\mathrm{OB}}+■\overrightarrow{\mathrm{OC}}$　(**●，▲，■ は k の式**)

の形で表されるときは，① の方法が有効であることが多い。**例題 59** の本解 (ここでは，例題の 1 つ目の解答を本解と呼ぶことにする) では，① を用いている。まず，点Rが線分 OQ 上にあることから，$\overrightarrow{\mathrm{OR}}$ を $\overrightarrow{\mathrm{OA}}$，$\overrightarrow{\mathrm{OB}}$，$\overrightarrow{\mathrm{OC}}$ で表し，それを $\overrightarrow{\mathrm{OD}}$，$\overrightarrow{\mathrm{OE}}$，$\overrightarrow{\mathrm{OF}}$ の式に直している，すなわち　$\overrightarrow{\mathrm{OR}}=\frac{4}{5}k\overrightarrow{\mathrm{OD}}+\frac{3}{10}k\overrightarrow{\mathrm{OE}}+\frac{6}{5}k\overrightarrow{\mathrm{OF}}$ ← すべての係数を k で表す。

を導いている。確かに，係数はいずれも k の式で表されており，**(係数の和)=1** を利用すると k の方程式が得られ，これを解くことで k の値を求めることができる。

一方，別解 1，別解 2 ではいずれも ② を用いている。別解 1 は 4 文字 (k，s，t，u) を，別解 2 は 3 文字 (k，s，t) を使うが，本解では 1 文字 (k) だけを使う。このように，② の方が扱う文字の種類が多くなりやすい。このため，計算に手間がかかる場合がある。

● 同じ平面上にある条件の扱い方

例題 58 では，点Pが平面 ABC 上にある条件を表すのに，

本解では　$\overrightarrow{\mathrm{CP}}=s\overrightarrow{\mathrm{CA}}+t\overrightarrow{\mathrm{CB}}$　…… Ⓐ，

別解では　$\overrightarrow{\mathrm{OP}}=s\overrightarrow{\mathrm{OA}}+t\overrightarrow{\mathrm{OB}}+u\overrightarrow{\mathrm{OC}}$，$s+t+u=1$　…… Ⓑ

を用いている。Ⓑ の形は Ⓐ より文字の種類は多くなるが，成分の問題の場合，各点の座標をそのまま使うことができるというメリットがある。$p.387$ の STEP UP で示したように，いずれも実質的には同じであるから，問題に応じて計算しやすい形を用いるようにしよう。

● ベクトルのよさ

これまでの学習で，ベクトルについては平面上の場合と空間の場合で計算法則に大きな違いはないことがわかったと思う。「**2 通りに表し係数比較する**」解法は，1 次独立の条件に細かい違いはある ($p.385$ 参照) が，平面上の場合と空間の場合でよく似ているといえる。また，**(係数の和)=1** の解法は，平面では「点が同じ直線上にある」，空間では「点が同じ平面上にある」と条件に違いはあるが，扱い方は同様である。

図形の問題においては，問題の条件から正しく図をかくことが難しい場合もあるが，問題の条件をベクトルを用いた数式で表すことは難しくないことが多い。図形が複雑になる問題でも，ベクトルを用いて計算を進めることによって問題を解くことができる。これはベクトルのよさといえるだろう。

基本 例題 60　平面に下ろした垂線 (1)……(座標あり)

3点 A(2, 0, 0), B(0, 4, 0), C(0, 0, 6) を通る平面を α とし, 原点Oから平面 α に下ろした垂線と α の交点をHとする。点Hの座標を求めよ。

基本 58, 59, 重要 70

CHART & SOLUTION

平面に垂直な直線

OH⊥(平面 ABC) のとき $\overrightarrow{OH}\cdot\overrightarrow{AB}=0$, $\overrightarrow{OH}\cdot\overrightarrow{AC}=0$ ……❗

点Hは平面 ABC 上にあるから, $\overrightarrow{OH}$ は
$\overrightarrow{OH}=s\overrightarrow{OA}+t\overrightarrow{OB}+u\overrightarrow{OC}$, $s+t+u=1$ と表される。
また, OH⊥(平面 ABC) のとき, $\overrightarrow{OH}$ と平面 ABC 上にあるベクトルは垂直であるから,
$\overrightarrow{OH}\cdot\overrightarrow{AB}=0$, $\overrightarrow{OH}\cdot\overrightarrow{AC}=0$ を利用して s, t, u を求める。
(直線と平面の垂直については ($p.375$ の INFORMATION 参照。)

解答

点Hは平面 α 上にあるから, s, t, u を実数として

$$\overrightarrow{OH}=s\overrightarrow{OA}+t\overrightarrow{OB}+u\overrightarrow{OC},\quad s+t+u=1$$

と表される。

よって　$\overrightarrow{OH}=s(2,\ 0,\ 0)+t(0,\ 4,\ 0)+u(0,\ 0,\ 6)$
$=(2s,\ 4t,\ 6u)$

また　$\overrightarrow{AB}=(-2,\ 4,\ 0)$, $\overrightarrow{AC}=(-2,\ 0,\ 6)$

OH⊥(平面 α) であるから　$\overrightarrow{OH}\perp\overrightarrow{AB}$, $\overrightarrow{OH}\perp\overrightarrow{AC}$

❗ よって, $\overrightarrow{OH}\cdot\overrightarrow{AB}=0$ から　$2s\times(-2)+4t\times4+6u\times0=0$

すなわち　$-4s+16t=0$　……①

❗ また, $\overrightarrow{OH}\cdot\overrightarrow{AC}=0$ から　$2s\times(-2)+4t\times0+6u\times6=0$

すなわち　$-4s+36u=0$　……②

①, ② から　$t=\dfrac{s}{4}$, $u=\dfrac{s}{9}$

⇐ t, u をそれぞれ s で表す。

$s+t+u=1$ に代入して　$s+\dfrac{s}{4}+\dfrac{s}{9}=1$

ゆえに　$s=\dfrac{36}{49}$　　よって　$t=\dfrac{9}{49}$, $u=\dfrac{4}{49}$

このとき　$\overrightarrow{OH}=\left(\dfrac{72}{49},\ \dfrac{36}{49},\ \dfrac{24}{49}\right)$

したがって　$\mathrm{H}\left(\dfrac{72}{49},\ \dfrac{36}{49},\ \dfrac{24}{49}\right)$

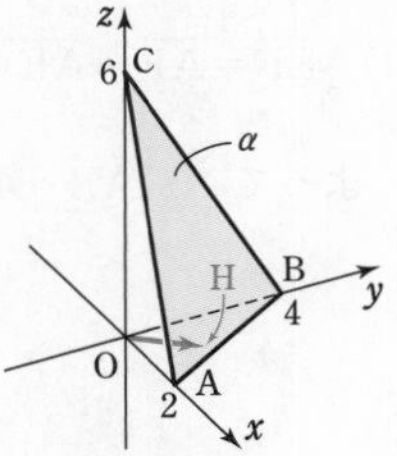

PRACTICE 60③

原点をOとし, A(2, 0, 0), B(0, 4, 0), C(0, 0, 3) とする。原点から3点 A, B, C を含む平面に垂線 OH を下ろしたとき, 次のものを求めよ。

(1) 点Hの座標　　(2) △ABC の面積

基本 例題 61 垂直条件，線分の長さ

1 辺の長さが 1 の正四面体 ABCD において，辺 AB，CD の中点を，それぞれ E，F とする。
(1) $AB\perp EF$ が成り立つことを証明せよ。
(2) △BCD の重心を G とするとき，線分 EG の長さを求めよ。

p.381 基本事項 1，基本 30，重要 63

CHART & SOLUTION

垂直に関する証明　垂直　内積＝0 を利用

(1) $\overrightarrow{AB}\neq\vec{0}$，$\overrightarrow{EF}\neq\vec{0}$ であるから，$\overrightarrow{AB}\cdot\overrightarrow{EF}=0$ を示す。基本例題 30 と同様。
(2) 線分 EG の長さを求めるから，まず $|\overrightarrow{EG}|^2$ を計算する。
$|\vec{p}+\vec{q}+\vec{r}|^2=|\vec{p}|^2+|\vec{q}|^2+|\vec{r}|^2+2\vec{p}\cdot\vec{q}+2\vec{q}\cdot\vec{r}+2\vec{r}\cdot\vec{p}$ であることに注意。

解答

$\overrightarrow{AB}=\vec{b}$，$\overrightarrow{AC}=\vec{c}$，$\overrightarrow{AD}=\vec{d}$ とする。

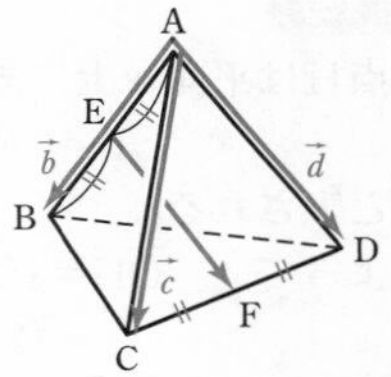

(1) $\overrightarrow{EF}=\overrightarrow{AF}-\overrightarrow{AE}=\dfrac{\vec{c}+\vec{d}}{2}-\dfrac{1}{2}\vec{b}=\dfrac{1}{2}(\vec{c}+\vec{d}-\vec{b})$

よって　$\overrightarrow{AB}\cdot\overrightarrow{EF}=\vec{b}\cdot\dfrac{1}{2}(\vec{c}+\vec{d}-\vec{b})$

$=\dfrac{1}{2}(\vec{b}\cdot\vec{c}+\vec{b}\cdot\vec{d}-\vec{b}\cdot\vec{b})$

$=\dfrac{1}{2}(|\vec{b}||\vec{c}|\cos 60^\circ+|\vec{b}||\vec{d}|\cos 60^\circ-|\vec{b}|^2)$　⇐ $\vec{b}$ と $\vec{c}$，$\vec{b}$ と $\vec{d}$ のなす角はともに 60°

$=\dfrac{1}{2}\left(1\times1\times\dfrac{1}{2}+1\times1\times\dfrac{1}{2}-1^2\right)=0$　⇐ $|\vec{b}|=|\vec{c}|=|\vec{d}|=1$，$\cos 60^\circ=\dfrac{1}{2}$

$\overrightarrow{AB}\neq\vec{0}$，$\overrightarrow{EF}\neq\vec{0}$ より $\overrightarrow{AB}\perp\overrightarrow{EF}$ であるから　$AB\perp EF$

(2) $\overrightarrow{EG}=\overrightarrow{AG}-\overrightarrow{AE}=\dfrac{\vec{b}+\vec{c}+\vec{d}}{3}-\dfrac{1}{2}\vec{b}=\dfrac{1}{6}(-\vec{b}+2\vec{c}+2\vec{d})$　⇐ $\overrightarrow{AG}=\dfrac{\vec{b}+\vec{c}+\vec{d}}{3}$

から　$|\overrightarrow{EG}|^2=\left|\dfrac{1}{6}(-\vec{b}+2\vec{c}+2\vec{d})\right|^2=\dfrac{1}{36}|-\vec{b}+2\vec{c}+2\vec{d}|^2$　⇐ $(x+y+z)^2=x^2+y^2+z^2+2xy+2yz+2zx$ と同じように計算。

$=\dfrac{1}{36}(|\vec{b}|^2+4|\vec{c}|^2+4|\vec{d}|^2-4\vec{b}\cdot\vec{c}+8\vec{c}\cdot\vec{d}-4\vec{d}\cdot\vec{b})$

$=\dfrac{1}{36}\left(1+4+4-4\times\dfrac{1}{2}+8\times\dfrac{1}{2}-4\times\dfrac{1}{2}\right)=\dfrac{1}{4}$　⇐ $\vec{c}\cdot\vec{d}=|\vec{c}||\vec{d}|\cos 60^\circ=\dfrac{1}{2}$

$|\overrightarrow{EG}|\geqq 0$ であるから　$EG=|\overrightarrow{EG}|=\boldsymbol{\dfrac{1}{2}}$

PRACTICE 61③

1 辺の長さが 2 の正四面体 ABCD において，辺 AD，BC の中点を，それぞれ E，F とする。
(1) $EF\perp BC$ が成り立つことを証明せよ。
(2) △ABC の重心を G とするとき，線分 EG の長さを求めよ。

まとめ　平面と空間の類似点と相違点 1

これまでに学んだ平面上のベクトルと空間のベクトルの性質を，比較しながらまとめよう。以下，k，s，t，u は実数とする。

	平面上のベクトル	空間のベクトル	補　足
1次独立の条件	平面上の $\vec{0}$ でない 2 つのベクトル $\vec{a}$，$\vec{b}$ が平行でないとき (同じ直線上にないとき)，**1 次独立** である。 このとき，平面上のベクトル $\vec{p}$ は $\vec{p}=s\vec{a}+t\vec{b}$ の形で，ただ 1 通りに表される。 ⇒ p.289 基本事項 3，p.301 STEP UP	空間の $\vec{0}$ でない 3 つのベクトル $\vec{a}$，$\vec{b}$，$\vec{c}$ が同じ平面上にないとき，**1 次独立** である。 このとき，空間のベクトル $\vec{p}$ は $\vec{p}=s\vec{a}+t\vec{b}+u\vec{c}$ の形で，ただ 1 通りに表される。 ⇒ p.363 基本事項 4，p.367 STEP UP	平面と空間での 1 次独立の条件の違いに注意する。また，1 次独立のとき，係数比較ができることにも注意。
大きさ・内積	$\vec{a}=(a_1,\ a_2)$，$\vec{b}=(b_1,\ b_2)$，$\vec{a}$，$\vec{b}$ のなす角を θ とすると $\vec{a}$ の大きさは $\|\vec{a}\|=\sqrt{a_1{}^2+a_2{}^2}$ $\vec{a}$ と $\vec{b}$ の内積は $\vec{a}\cdot\vec{b}=\|\vec{a}\|\|\vec{b}\|\cos\theta$ $=a_1b_1+a_2b_2$ ⇒ p.297 基本事項 1，p.305 基本事項 1，2	$\vec{a}=(a_1,\ a_2,\ a_3)$，$\vec{b}=(b_1,\ b_2,\ b_3)$，$\vec{a}$，$\vec{b}$ のなす角を θ とすると $\vec{a}$ の大きさは $\|\vec{a}\|=\sqrt{a_1{}^2+a_2{}^2+a_3{}^2}$ $\vec{a}$ と $\vec{b}$ の内積は $\vec{a}\cdot\vec{b}=\|\vec{a}\|\|\vec{b}\|\cos\theta$ $=a_1b_1+a_2b_2+a_3b_3$ ⇒ p.369，370 基本事項 1，3	内積の定義の式は平面，空間で同じ。また，成分表示は，空間では z 成分が追加される。
三角形の面積	平面上にある △OAB で，$\overrightarrow{OA}=\vec{a}=(a_1,\ a_2)$，$\overrightarrow{OB}=\vec{b}=(b_1,\ b_2)$ とすると △OAB の面積 S は $S=\dfrac{1}{2}\sqrt{\|\vec{a}\|^2\|\vec{b}\|^2-(\vec{a}\cdot\vec{b})^2}$ $=\dfrac{1}{2}\|a_1b_2-a_2b_1\|$ ⇒ p.306 基本事項 5，p.316 STEP UP	空間内にある △OAB で，$\overrightarrow{OA}=\vec{a}$，$\overrightarrow{OB}=\vec{b}$ とすると △OAB の面積 S は $S=\dfrac{1}{2}\sqrt{\|\vec{a}\|^2\|\vec{b}\|^2-(\vec{a}\cdot\vec{b})^2}$ ⇒ p.370 基本事項 3	ベクトルによる式は，平面・空間で同じ形である。また，平面の場合の成分による式は数学Ⅱでも学ぶ。
共線・共面条件	(平面における**共線条件**) 点 P が直線 AB 上にある $\iff$ $\overrightarrow{AP}=k\overrightarrow{AB}$ となる実数 k がある $\iff$ $\overrightarrow{OP}=s\overrightarrow{OA}+t\overrightarrow{OB}$，$s+t=1$ ……(＊) ⇒ p.323 基本事項 2，p.343 基本事項 1	(空間における**共面条件**) 点 P が平面 ABC 上にある $\iff$ $\overrightarrow{CP}=s\overrightarrow{CA}+t\overrightarrow{CB}$ となる実数 s，t がある $\iff$ $\overrightarrow{OP}=s\overrightarrow{OA}+t\overrightarrow{OB}+u\overrightarrow{OC}$，$s+t+u=1$ ……(＊) ⇒ p.381 基本事項 2，p.387 STEP UP	(＊)の表し方は，ともに**(係数の和)＝1** であることに注意する。

重要例題 62 ベクトルの等式と四面体の体積比

四面体 OABC と点 P について $10\overrightarrow{OP}+5\overrightarrow{AP}+9\overrightarrow{BP}+8\overrightarrow{CP}=\vec{0}$ が成り立つ。

(1) 点 P はどのような位置にあるか。

(2) 四面体 OABC，PABC の体積をそれぞれ V_1，V_2 とするとき，$V_1:V_2$ を求めよ。

p.381 基本事項 1，基本 26

CHART & SOLUTION

ベクトルの等式から位置を求める問題

内分点，外分点の公式にあてはめる

(1) 平面の場合 (基本例題 26) と同様に，内分点，外分点の公式にあてはまるようにベクトルの等式を変形する。

(2) 底面 △ABC が共通であるから，高さの比から求める。

解答

(1) $10\overrightarrow{OP}+5\overrightarrow{AP}+9\overrightarrow{BP}+8\overrightarrow{CP}=\vec{0}$ から

$10\overrightarrow{OP}+5(\overrightarrow{OP}-\overrightarrow{OA})+9(\overrightarrow{OP}-\overrightarrow{OB})+8(\overrightarrow{OP}-\overrightarrow{OC})=\vec{0}$

ゆえに　$32\overrightarrow{OP}=5\overrightarrow{OA}+9\overrightarrow{OB}+8\overrightarrow{OC}$

よって　$\overrightarrow{OP}=\dfrac{1}{32}(5\overrightarrow{OA}+9\overrightarrow{OB}+8\overrightarrow{OC})$　……(*)

線分 BC を 8：9 に内分する点を D とすると

$$\overrightarrow{OP}=\frac{1}{32}\left(5\overrightarrow{OA}+17\times\frac{9\overrightarrow{OB}+8\overrightarrow{OC}}{17}\right)=\frac{1}{32}(5\overrightarrow{OA}+17\overrightarrow{OD})$$

線分 AD を 17：5 に内分する点を E とすると

$$\overrightarrow{OP}=\frac{1}{32}\times22\times\frac{5\overrightarrow{OA}+17\overrightarrow{OD}}{22}=\frac{11}{16}\overrightarrow{OE}$$

したがって，点 P は，**線分 BC を 8：9 に内分する点を D，線分 AD を 17：5 に内分する点を E とすると，線分 OE を 11：5 に内分する点** である。

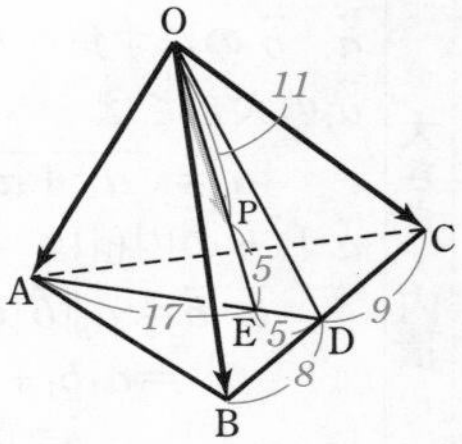

(2) 四面体 OABC の底面を △ABC，高さを h_1，四面体 PABC の底面を △ABC，高さを h_2 とすると

$V_1:V_2=h_1:h_2=\mathrm{OE}:\mathrm{PE}$

ゆえに，(1) から　$\boldsymbol{V_1:V_2=16:5}$

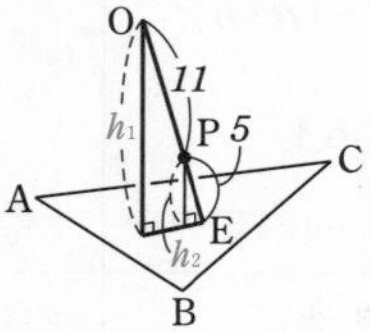

inf. (1) 答えの表し方は 1 通りではない。(*) を以下のように変形して位置を求めてもよい。
線分 AB を 9：5 に内分する点を F とすると

$\overrightarrow{OP}=\dfrac{1}{32}(14\overrightarrow{OF}+8\overrightarrow{OC})$

線分 FC を 8：14 に内分する点を G とすると

$\overrightarrow{OP}=\dfrac{1}{32}\times22\overrightarrow{OG}=\dfrac{11}{16}\overrightarrow{OG}$

このとき，点 G と左の解答の点 E は一致する。

PRACTICE 62③

四面体 OABC と点 P について $7\overrightarrow{OP}+2\overrightarrow{AP}+4\overrightarrow{BP}+5\overrightarrow{CP}=\vec{0}$ が成り立つ。

(1) 点 P はどのような位置にあるか。

(2) 四面体 OABC，PABC の体積をそれぞれ V_1，V_2 とするとき，$V_1:V_2$ を求めよ。

重要 例題 63 平面に下ろした垂線 (2)……(座標なし)

$\angle AOB=\angle BOC=45°$, $\angle AOC=60°$, $OA=OC=1$, $OB=\sqrt{2}$ である四面体 OABC において，頂点 O から平面 ABC に垂線 OH を下ろす。垂線 OH の長さを求めよ。

基本 60, 61

CHART & THINKING

点 H は平面 ABC 上にあるから，

$\overrightarrow{OH}=s\overrightarrow{OA}+t\overrightarrow{OB}+u\overrightarrow{OC}$, $s+t+u=1$

と表される。また，OH⊥(平面 ABC) から，$\overrightarrow{OH}$ についてどのような関係式が得られるだろうか？　その関係式から，s, t, u の値を求めよう。

解答

$\overrightarrow{OA}=\vec{a}$, $\overrightarrow{OB}=\vec{b}$, $\overrightarrow{OC}=\vec{c}$ とする。

点 H は平面 ABC 上にあるから，s, t, u を実数として

$$\overrightarrow{OH}=s\vec{a}+t\vec{b}+u\vec{c},\ s+t+u=1$$

と表される。OH⊥(平面 ABC) から

$$\overrightarrow{OH}\perp\overrightarrow{AB},\ \overrightarrow{OH}\perp\overrightarrow{AC}$$

よって　$(s\vec{a}+t\vec{b}+u\vec{c})\cdot(\vec{b}-\vec{a})=0$ ……①

$(s\vec{a}+t\vec{b}+u\vec{c})\cdot(\vec{c}-\vec{a})=0$ ……②

ここで　$|\vec{a}|^2=|\vec{c}|^2=1$, $|\vec{b}|^2=2$, $\vec{a}\cdot\vec{b}=1\times\sqrt{2}\times\cos 45°=1$,

$\vec{b}\cdot\vec{c}=\sqrt{2}\times1\times\cos 45°=1$, $\vec{c}\cdot\vec{a}=1\times1\times\cos 60°=\frac{1}{2}$

① から　$-s|\vec{a}|^2+t|\vec{b}|^2+(s-t)\vec{a}\cdot\vec{b}+u\vec{b}\cdot\vec{c}-u\vec{c}\cdot\vec{a}=0$

ゆえに　$t+\frac{1}{2}u=0$ ……③

② から　$-s|\vec{a}|^2+u|\vec{c}|^2+(s-u)\vec{a}\cdot\vec{c}+t\vec{b}\cdot\vec{c}-t\vec{a}\cdot\vec{b}=0$

よって　$s-u=0$ ……④

③, ④ および $s+t+u=1$ を解いて　$s=\frac{2}{3}$, $t=-\frac{1}{3}$, $u=\frac{2}{3}$

ゆえに　$\overrightarrow{OH}=\frac{2}{3}\vec{a}-\frac{1}{3}\vec{b}+\frac{2}{3}\vec{c}$

よって　$|\overrightarrow{OH}|^2=\frac{1}{9}|2\vec{a}-\vec{b}+2\vec{c}|^2=\frac{1}{9}(4|\vec{a}|^2+|\vec{b}|^2+4|\vec{c}|^2-4\vec{a}\cdot\vec{b}-4\vec{b}\cdot\vec{c}+8\vec{c}\cdot\vec{a})$

$=\frac{1}{9}\left(4\times1+2+4\times1-4\times1-4\times1+8\times\frac{1}{2}\right)=\frac{2}{3}$

$|\overrightarrow{OH}|\geqq0$ であるから　$OH=|\overrightarrow{OH}|=\sqrt{\frac{2}{3}}=\frac{\sqrt{6}}{3}$

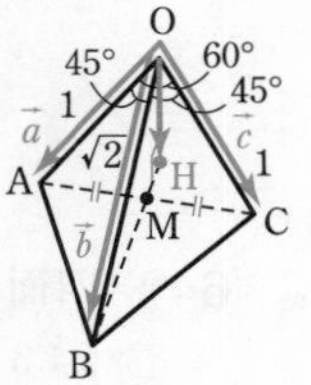

inf. 辺 AC の中点を M とすると

$\overrightarrow{OH}=\frac{4}{3}\cdot\frac{\vec{a}+\vec{c}}{2}-\frac{1}{3}\vec{b}$

$=\frac{4}{3}\overrightarrow{OM}-\frac{1}{3}\overrightarrow{OB}$

$=\frac{-\overrightarrow{OB}+4\overrightarrow{OM}}{4-1}$

よって，H は線分 BM を 4：1 に外分する点である。

PRACTICE 63[4]

$\angle AOB=\angle AOC=60°$, $\angle BOC=90°$, $OB=OC=1$, $OA=2$ である四面体 OABC において，頂点 O から平面 ABC に垂線 OH を下ろす。垂線 OH の長さを求めよ。

2章 8 位置ベクトル，ベクトルと図形

A

62❷ 四面体ABCDにおいて，△BCDの重心をEとし，線分AEを3：1に内分する点をGとする。このとき，等式 $\overrightarrow{AG}+\overrightarrow{BG}+\overrightarrow{CG}+\overrightarrow{DG}=\vec{0}$ が成り立つことを証明せよ。

→47, p.381 1

63❷ 四面体ABCDにおいて，辺AB，CB，CD，ADを $t:(1-t)$ $[0<t<1]$ に内分する点を，それぞれP，Q，R，Sとする。

(1) 四角形PQRSは平行四辺形であることを示せ。

(2) $AC\perp BD$ ならば，四角形PQRSは長方形であることを示せ。

→49, p.381 1

64❸ 四面体OABCにおいて，辺OAを1：2に内分する点をD，線分BDを5：3に内分する点をE，線分CEを3：1に内分する点をF，直線OFと平面ABCの交点をPとする。$\overrightarrow{OA}=\vec{a}$，$\overrightarrow{OB}=\vec{b}$，$\overrightarrow{OC}=\vec{c}$ とするとき

(1) $\overrightarrow{OP}$ を $\vec{a}$，$\vec{b}$，$\vec{c}$ を用いて表せ。

(2) OF：FP を求めよ。

→59

65❸ 1辺の長さが1の正四面体PABCにおいて，辺PA，BC，PB，ACの中点をそれぞれK，L，M，Nとする。線分KL，MNの中点をそれぞれQ，Rとし，△ABCの重心をGとする。また，$\overrightarrow{PA}=\vec{a}$，$\overrightarrow{PB}=\vec{b}$，$\overrightarrow{PC}=\vec{c}$ とおく。

(1) $\overrightarrow{PQ}$，$\overrightarrow{PR}$ を $\vec{a}$，$\vec{b}$，$\vec{c}$ を用いて表し，点QとRが一致することを示せ。

(2) 3点P，Q，Gが同一直線上にあることを示せ。また，PQ：QG を求めよ。

(3) $PG\perp AB$ を示せ。

〔大分大〕

→55, 56, 61

66❸ 直方体の隣り合う3辺をOA，OB，OCとし，$\overrightarrow{OD}=\overrightarrow{OA}+\overrightarrow{OB}+\overrightarrow{OC}$ を満たす頂点をDとする。線分ODが平面ABCと直交するとき，この直方体は立方体であることを証明せよ。

〔東京学芸大〕

→60, 61

EXERCISES　8 位置ベクトル，ベクトルと図形

B

67[3] 空間内に四面体ABCDがある。辺ABの中点をM，辺CDの中点をNとする。tを0でない実数とし，点Gを $\overrightarrow{GA}+\overrightarrow{GB}+(t-2)\overrightarrow{GC}+t\overrightarrow{GD}=\vec{0}$ を満たす点とする。

(1) $\overrightarrow{DG}$を$\overrightarrow{DA}$，$\overrightarrow{DB}$，$\overrightarrow{DC}$で表せ。

(2) 点Gは点Nと一致しないことを示せ。

(3) 直線NGと直線MCは平行であることを示せ。〔東北大〕

→55

68[4] 座標空間に4点A(2, 1, 0)，B(1, 0, 1)，C(0, 1, 2)，D(1, 3, 7)がある。3点A，B，Cを通る平面に関して点Dと対称な点をEとするとき，点Eの座標を求めよ。〔京都大〕

→60

69[4] 正四面体ABCDの辺AB，CDの中点をそれぞれM，Nとし，線分MNの中点をG，∠AGBをθとする。このとき，$\cos\theta$の値を求めよ。〔熊本大〕

→61

70[5] 1辺の長さが1である正四面体の頂点をO，A，B，Cとする。

(1) Oを原点に，Aを(1, 0, 0)に重ね，Bをxy平面上に，Cを $x>0$，$y>0$，$z>0$ の部分におく。頂点B，Cの座標を求めよ。

(2) $\overrightarrow{OA}$と$\overrightarrow{OB}$，および$\overrightarrow{OB}$と$\overrightarrow{OC}$のなす角を，それぞれ2等分する2つのベクトルのなす角をθとするとき，$\cos\theta$の値を求めよ。〔室蘭工大〕

HINT

67 (2) (1)の結果を利用。点Gと点Nが一致しない ⟺ $\overrightarrow{DG}$と$\overrightarrow{DN}$が一致しない

68 平面 ABC⊥DE であり，線分DEの中点が平面ABC上にある。

69 内積 $\overrightarrow{GA}\cdot\overrightarrow{GB}=|\overrightarrow{GA}||\overrightarrow{GB}|\cos\theta$ を利用する。$\overrightarrow{GA}\cdot\overrightarrow{GB}$，$|\overrightarrow{GA}|$，$|\overrightarrow{GB}|$の値が必要である。なお，正四面体の1辺の長さを$4a$とし，$\overrightarrow{AB}=4\vec{b}$，$\overrightarrow{AC}=4\vec{c}$，$\overrightarrow{AD}=4\vec{d}$ と表すと，見通しよく計算できる。

70 (2) △OAB，△OBCは正三角形。線分ABの中点をM，線分BCの中点をNとすると，∠MON$=\theta$ である。

9 座標空間における図形，ベクトル方程式

基本事項

1 内分点，外分点の座標　2 点 $A(a_1,\ a_2,\ a_3)$，$B(b_1,\ b_2,\ b_3)$ を結ぶ線分 AB を

$m:n$ に内分する点の座標は $\left(\boldsymbol{\dfrac{na_1+mb_1}{m+n},\ \dfrac{na_2+mb_2}{m+n},\ \dfrac{na_3+mb_3}{m+n}}\right)$

$m:n$ に外分する点の座標は $\left(\boldsymbol{\dfrac{-na_1+mb_1}{m-n},\ \dfrac{-na_2+mb_2}{m-n},\ \dfrac{-na_3+mb_3}{m-n}}\right)$

補足　$A(a_1,\ a_2,\ a_3)$，$B(b_1,\ b_2,\ b_3)$，$C(c_1,\ c_2,\ c_3)$ とすると

△ABC の重心の座標は $\left(\boldsymbol{\dfrac{a_1+b_1+c_1}{3},\ \dfrac{a_2+b_2+c_2}{3},\ \dfrac{a_3+b_3+c_3}{3}}\right)$

2 座標平面に平行な平面の方程式

点 $P(a,\ b,\ c)$ を通り，座標平面に平行な平面の方程式は

yz 平面に平行……　$\boldsymbol{x=a}$，zx 平面に平行……　$\boldsymbol{y=b}$，xy 平面に平行……　$\boldsymbol{z=c}$

特に，xy 平面，yz 平面，zx 平面の方程式は，それぞれ $z=0$，$x=0$，$y=0$ である。

3 球面の方程式　空間において，定点Cからの距離が一定の値 r であるような点の全体を，C を中心とする半径 r の **球面**，または単に **球** という。

① 点 $(a,\ b,\ c)$ を中心とする半径 r の球面の方程式は

$$\boldsymbol{(x-a)^2+(y-b)^2+(z-c)^2=r^2}$$

特に，原点を中心とする半径 r の球面の方程式は　$\boldsymbol{x^2+y^2+z^2=r^2}$

② 一般形　$\boldsymbol{x^2+y^2+z^2+Ax+By+Cz+D=0}$　ただし $A^2+B^2+C^2>4D$

解説　② ① の方程式 $(x-a)^2+(y-b)^2+(z-c)^2=r^2$ を展開して整理すると

$$x^2+y^2+z^2-2ax-2by-2cz+a^2+b^2+c^2-r^2=0$$

$-2a=A$，$-2b=B$，$-2c=C$，$a^2+b^2+c^2-r^2=D$ とおくと

$$x^2+y^2+z^2+Ax+By+Cz+D=0$$

ただし，$a^2+b^2+c^2-D=\dfrac{A^2}{4}+\dfrac{B^2}{4}+\dfrac{C^2}{4}-D=r^2>0$ から　$A^2+B^2+C^2>4D$

4 平面のベクトル方程式　平面上の任意の点を $P(\vec{p})$，s，t，u を実数とする。

① 一直線上にない 3 点 $A(\vec{a})$，$B(\vec{b})$，$C(\vec{c})$ の定める平面のベクトル方程式は

$\boldsymbol{\vec{p}=s\vec{a}+t\vec{b}+u\vec{c},\ s+t+u=1}$；または $\boldsymbol{\vec{p}=s\vec{a}+t\vec{b}+(1-s-t)\vec{c}}$

② 点 $A(\vec{a})$ を通り，$\vec{0}$ でないベクトル $\vec{n}$ に垂直な平面 α のベクトル方程式は

$\boldsymbol{\vec{n}\cdot(\vec{p}-\vec{a})=0}$

(① については，$p.387$ で扱っている。)

解説　② 点Pが平面 α 上にある

$\iff \vec{n}\perp\overrightarrow{AP}$ または $\overrightarrow{AP}=\vec{0}$

$\iff \vec{n}\cdot\overrightarrow{AP}=0$

ここで，$\overrightarrow{OA}=\vec{a}$，$\overrightarrow{OP}=\vec{p}$ であるから

$\vec{n}\cdot(\vec{p}-\vec{a})=0$

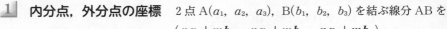

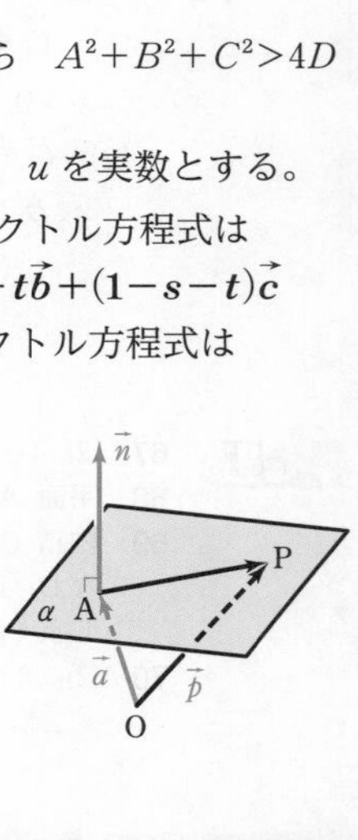

5 空間における直線のベクトル方程式

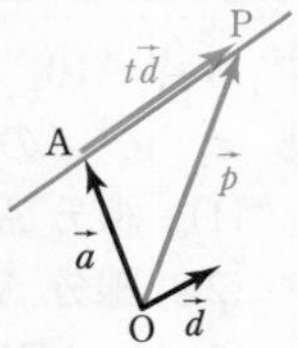

s, t は実数の変数とし，直線上の任意の点を $\mathrm{P}(\vec{p})$ とする。

① 点 $\mathrm{A}(\vec{a})$ を通り，$\vec{0}$ でないベクトル $\vec{d}$ に平行な直線のベクトル方程式は

$$\boldsymbol{\vec{p}=\vec{a}+t\vec{d}}$$

② 異なる 2 点 $\mathrm{A}(\vec{a})$, $\mathrm{B}(\vec{b})$ を通る直線のベクトル方程式は

$$\boldsymbol{\vec{p}=(1-t)\vec{a}+t\vec{b}} \quad \text{または} \quad \boldsymbol{\vec{p}=s\vec{a}+t\vec{b},\ s+t=1}$$

(以上のことは，平面上の直線のベクトル方程式と同様である ⟶ $p.343$ 1 参照)

$\mathrm{A}(x_1,\ y_1,\ z_1)$, $\mathrm{B}(x_2,\ y_2,\ z_2)$ を定点，$\mathrm{P}(x,\ y,\ z)$ を直線上の点とし，t を実数の変数とする。

③ 点Aを通り，$\vec{d}=(l,\ m,\ n)$ に平行な直線の媒介変数表示は

$$\boldsymbol{x=x_1+lt,\ y=y_1+mt,\ z=z_1+nt}$$

④ 異なる 2 点 A，B を通る直線の媒介変数表示は

$$\boldsymbol{x=(1-t)x_1+tx_2,\ y=(1-t)y_1+ty_2,\ z=(1-t)z_1+tz_2}$$

解説 ③ ① のベクトル方程式 $\vec{p}=\vec{a}+t\vec{d}$ において，$\vec{p}=(x,\ y,\ z)$, $\vec{a}=(x_1,\ y_1,\ z_1)$ として成分で表すと $(x,\ y,\ z)=(x_1,\ y_1,\ z_1)+t(l,\ m,\ n)$
$=(x_1+lt,\ y_1+mt,\ z_1+nt)$

よって $x=x_1+lt,\ y=y_1+mt,\ z=z_1+nt$

④ ③ において，$\vec{d}=\overrightarrow{\mathrm{AB}}=(x_2-x_1,\ y_2-y_1,\ z_2-z_1)$ と考える。

6 球面のベクトル方程式

球面上の任意の点を $\mathrm{P}(\vec{p})$ とする。

① 中心が $\mathrm{C}(\vec{c})$，半径 r の球面のベクトル方程式は

$$\boldsymbol{|\vec{p}-\vec{c}|=r} \quad \text{または} \quad \boldsymbol{(\vec{p}-\vec{c})\cdot(\vec{p}-\vec{c})=r^2}$$

② $\mathrm{A}(\vec{a})$, $\mathrm{B}(\vec{b})$ とし，線分 AB を直径とする球面のベクトル方程式は

$$\boldsymbol{(\vec{p}-\vec{a})\cdot(\vec{p}-\vec{b})=0}$$

(以上のことは，平面上の円のベクトル方程式と同様である ⟶ $p.344$ 3 参照)

CHECK & CHECK

28 3 点 $\mathrm{A}(7,\ -1,\ 2)$, $\mathrm{B}(-3,\ 5,\ 4)$, $\mathrm{C}(5,\ -7,\ 0)$ に対して，次の各点の座標を求めよ。 1

(1) 線分 AB の中点　(2) 線分 AB を 2：1 に内分する点，外分する点

(3) 線分 AB を 1：2 に内分する点，外分する点　(4) 三角形 ABC の重心

29 次のような球面の方程式を求めよ。

(1) 中心が原点，半径が 2　(2) 中心が $(1,\ -2,\ 3)$，半径が 5 3

30 次の直線の媒介変数表示を，媒介変数を t として求めよ。

(1) 点 $\mathrm{A}(-2,\ 1,\ 3)$ を通り，ベクトル $\vec{d}=(1,\ 3,\ -4)$ に平行な直線

(2) 2 点 $\mathrm{A}(2,\ -4,\ 3)$, $\mathrm{B}(3,\ -1,\ 5)$ を通る直線 5

基本 例題 64　分点の座標（空間）

3点 A(0, 3, 7)，B(x, y, z)，C(2, −4, −1) について，次の条件を満たす x, y, z の値を求めよ。
(1)　線分 AB を 2：1 に内分する点の座標が (2, −1, 3)
(2)　線分 AB を 3：2 に外分する点の座標が (15, 12, −23)
(3)　△ABC の重心の座標が (1, −2, 3)

p. 398 基本事項 1

CHART & SOLUTION

2点 A(a_1, a_2, a_3)，B(b_1, b_2, b_3) を結ぶ線分 AB を m：n に分ける点の座標は $\left(\dfrac{na_1+mb_1}{m+n}, \dfrac{na_2+mb_2}{m+n}, \dfrac{na_3+mb_3}{m+n}\right)$

(1)　2：1 に内分 ⟶ $m=2$, $n=1$　とおく。
(2)　3：2 に外分 ⟶ $m=3$, $n=-2$ とおく。
　$m=-3$, $n=2$ とおいてもよいが，(分母)>0 の方が計算しやすい。
(3)　A(a_1, a_2, a_3)，B(b_1, b_2, b_3)，C(c_1, c_2, c_3) のとき，△ABC の重心の座標は
$\left(\dfrac{a_1+b_1+c_1}{3}, \dfrac{a_2+b_2+c_2}{3}, \dfrac{a_3+b_3+c_3}{3}\right)$

解答

(1)　$\left(\dfrac{1\times0+2\times x}{2+1}, \dfrac{1\times3+2\times y}{2+1}, \dfrac{1\times7+2\times z}{2+1}\right)$
この座標が (2, −1, 3) に等しい。
よって　　$x=3$, $y=-3$, $z=1$

(2)　$\left(\dfrac{-2\times0+3\times x}{3+(-2)}, \dfrac{-2\times3+3\times y}{3+(-2)}, \dfrac{-2\times7+3\times z}{3+(-2)}\right)$
この座標が (15, 12, −23) に等しい。
よって　　$x=5$, $y=6$, $z=-3$

(3)　$\left(\dfrac{0+x+2}{3}, \dfrac{3+y+(-4)}{3}, \dfrac{7+z+(-1)}{3}\right)$
この座標が (1, −2, 3) に等しい。
よって　　$x=1$, $y=-5$, $z=3$

⇐ $\dfrac{2x}{3}=2$, $\dfrac{3+2y}{3}=-1$, $\dfrac{7+2z}{3}=3$

別解 (2)　P(15, 12, −23) とすると，B は線分 AP を 1：2 に内分する点。
$x=\dfrac{2\times0+1\times15}{1+2}=5$
$y=\dfrac{2\times3+1\times12}{1+2}=6$
$z=\dfrac{2\times7+1\times(-23)}{1+2}=-3$

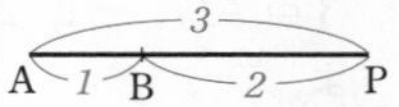

PRACTICE 64①

3点 A(−3, 0, 4)，B(x, y, z)，C(5, −1, 2) について，次の条件を満たす x, y, z の値を求めよ。
(1)　線分 AB を 1：2 に内分する点の座標が (−1, 1, 3)
(2)　線分 AB を 3：4 に外分する点の座標が (−3, −6, 4)
(3)　△ABC の重心の座標が (1, 1, 3)

基本 例題 65 座標平面に平行な平面

(1) 点 A(1, 3, −2) を通る，次のような平面の方程式を，それぞれ求めよ。
(ア) xy 平面に平行　(イ) yz 平面に平行　(ウ) zx 平面に平行
(2) 点 B(2, −1, 3) を通る，次のような平面の方程式を，それぞれ求めよ。
(ア) x 軸に垂直　(イ) y 軸に垂直　(ウ) z 軸に垂直

p.398 基本事項 2

CHART & SOLUTION

座標平面に平行な平面の方程式

点 P(a, b, c) を通り，座標平面に平行な平面の方程式は

yz 平面に平行 ⟶ $x=a$,　zx 平面に平行 ⟶ $y=b$,　xy 平面に平行 ⟶ $z=c$

(2) x 軸，y 軸，z 軸に垂直な平面は，それぞれ yz 平面，zx 平面，xy 平面に平行である。

解答

(1) (ア) $z=-2$　(イ) $x=1$　(ウ) $y=3$

(2) 求める平面は点 B(2, −1, 3) を通り，(ア) yz 平面，(イ) zx 平面，(ウ) xy 平面に平行であるから

(ア) $x=2$　(イ) $y=-1$　(ウ) $z=3$

参考　求める平面を図示すると，次のようになる。

(ア)

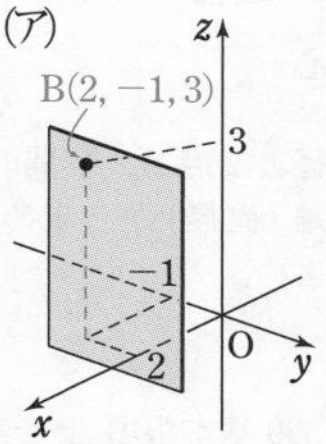

(イ)

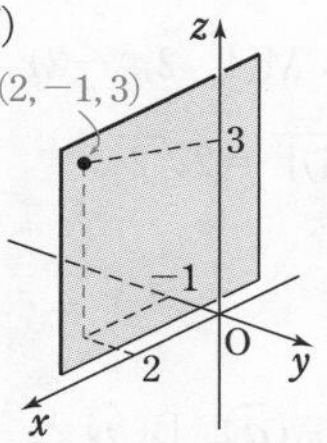

(ウ)

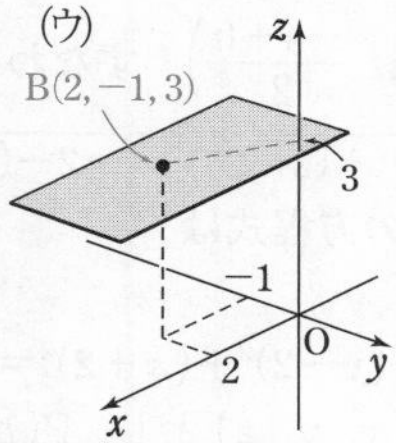

inf. (2) (ア)で求める平面と x 軸との交点の座標は (2, 0, 0)
(イ)で求める平面と y 軸との交点の座標は (0, −1, 0)
(ウ)で求める平面と z 軸との交点の座標は (0, 0, 3)

注意　例えば，方程式 $x=1$ は，座標空間では平面を表すが，座標平面では直線を表すことに注意しよう。

INFORMATION ── 座標軸に垂直な平面の方程式

点 P(a, b, c) を通り，x 軸に垂直な平面を α とする。α と x 軸との交点Aの座標は (a, 0, 0) で，α は x 座標が常に a (y, z 座標は任意) である点全体の集合であるから，**平面 α の方程式は $x=a$** である。同様に考えて，点Pを通り y 軸に垂直な **平面 β の方程式は $y=b$** であり，点Pを通り z 軸に垂直な **平面 γ の方程式は $z=c$** である。

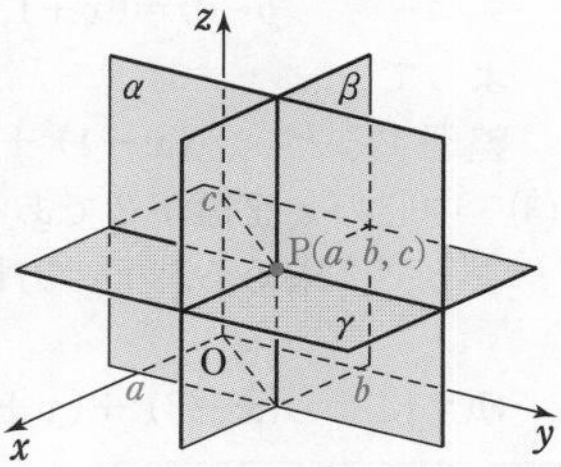

PRACTICE 65[1]

(1) 点 A(−2, 1, 0) を通り，yz 平面に平行な平面の方程式を求めよ。
(2) 点 B(3, 2, −4) を通り，zx 平面に平行な平面の方程式を求めよ。
(3) 点 C(0, 3, −2) を通り，z 軸に垂直な平面の方程式を求めよ。

基本 例題 66 球面の方程式 (1)

次の球面の方程式を求めよ。

(1) 点 A(1, −2, 3) を中心とし，点 B(2, −1, −1) を通る球面

(2) 2 点 A(3, 2, −4), B(−1, 2, 0) を直径の両端とする球面

(3) 点 (3, −5, 2) を中心とし，xy 平面に接する球面

p. 398 基本事項 3，重要 71

CHART & SOLUTION

球面の方程式　半径と中心で決定

(1) 半径は線分 AB の長さ。

(2) 中心は線分 AB の中点 M，半径は線分 AM の長さ。

別解　球面のベクトル方程式 $(\vec{p}-\vec{a})\cdot(\vec{p}-\vec{b})=0$ を利用。

(3) xy 平面に接する ⟶ 半径は中心の z 座標からわかる。

解答

(1) $AB=\sqrt{(2-1)^2+\{-1-(-2)\}^2+(-1-3)^2}=3\sqrt{2}$

よって，求める球面の方程式は

$$(x-1)^2+\{y-(-2)\}^2+(z-3)^2=(3\sqrt{2})^2$$

ゆえに　$\boldsymbol{(x-1)^2+(y+2)^2+(z-3)^2=18}$

⇐ 半径

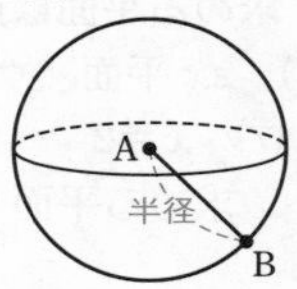

(2) 線分 AB の中点 M が球面の中心であるから

$$M\left(\frac{3-1}{2},\ \frac{2+2}{2},\ \frac{-4+0}{2}\right)\quad すなわち\quad M(1,\ 2,\ -2)$$

⇐ 中心

また　$AM=\sqrt{(1-3)^2+(2-2)^2+\{-2-(-4)\}^2}=2\sqrt{2}$

⇐ 半径。2 点 A，B 間の距離 (直径) から求めてもよい。

よって，求める球面の方程式は

$$(x-1)^2+(y-2)^2+\{z-(-2)\}^2=(2\sqrt{2})^2$$

ゆえに　$\boldsymbol{(x-1)^2+(y-2)^2+(z+2)^2=8}$

別解　球面上の点を P(x, y, z) とし，P($\vec{p}$)，A($\vec{a}$)，B($\vec{b}$) とすると　$\vec{p}-\vec{a}=(x-3,\ y-2,\ z+4)$,
$\vec{p}-\vec{b}=(x+1,\ y-2,\ z)$

⇐ p. 399 基本事項 6 を参照。

⇐ $(\vec{p}-\vec{a})\cdot(\vec{p}-\vec{b})=0$ に代入する。

よって　$(x-3)(x+1)+(y-2)(y-2)+(z+4)z=0$

整理すると　$\boldsymbol{(x-1)^2+(y-2)^2+(z+2)^2=8}$

(3) 中心の z 座標が 2 であるから，球面の半径は 2

よって，求める球面の方程式は

$$(x-3)^2+\{y-(-5)\}^2+(z-2)^2=2^2$$

ゆえに　$\boldsymbol{(x-3)^2+(y+5)^2+(z-2)^2=4}$

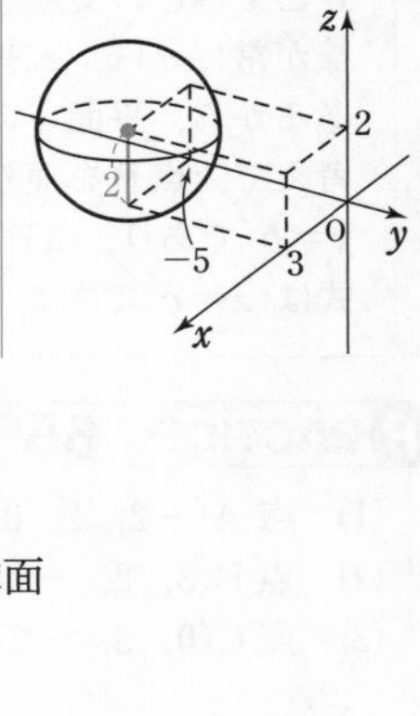

PRACTICE 66②

次の球面の方程式を求めよ。

(1) 点 A(3, 0, 2) を中心とし，点 B(1, $\sqrt{5}$, 4) を通る球面

(2) 2 点 A(−1, 1, 2), B(5, 7, −4) を直径の両端とする球面

(3) 点 (2, −3, 1) を中心とし，zx 平面に接する球面

基本 例題 67 球面とその切り口 ⊘⊘⊘⊘⊘

中心が $(1,\ a,\ 2)$，半径が 6 の球面が zx 平面と交わってできる円の半径が $3\sqrt{3}$ であるという。a の値を求めよ。 p.398 基本事項 2，3

CHART & SOLUTION

球面と座標平面の交わり

座標平面の方程式を代入する

球面 $(x-a)^2+(y-b)^2+(z-c)^2=r^2$ と zx 平面が交わってできる図形 C は右の図の太実線の部分である。その図形上の点の y 座標はすべて 0 であるから，C の方程式は球面の方程式に $y=0$ を代入したものとなる。

よって，C の方程式は

$$(x-a)^2+(z-c)^2=r^2-b^2,\ y=0$$

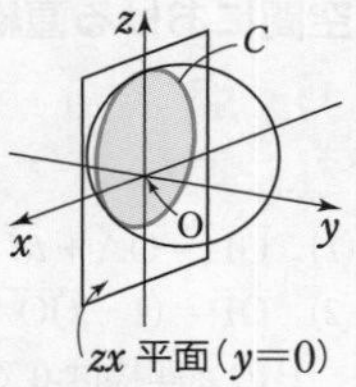

注意　C の方程式に $y=0$ を書き忘れないように。

解答

中心が $(1,\ a,\ 2)$，半径が 6 の球面の方程式は

$$(x-1)^2+(y-a)^2+(z-2)^2=6^2$$

この球面と zx 平面 $(y=0)$ が交わってできる図形の方程式は

$$(x-1)^2+(0-a)^2+(z-2)^2=6^2,\ y=0$$

すなわち

$$(x-1)^2+(z-2)^2=6^2-a^2,\ y=0$$

これは，$6^2-a^2>0$ のとき，zx 平面上で中心が $(1,\ 0,\ 2)$，半径が $\sqrt{6^2-a^2}$ の円を表す。

その半径が $3\sqrt{3}$ であるから　　$6^2-a^2=(3\sqrt{3})^2$

すなわち　　$a^2=9$

ゆえに　　$\boldsymbol{a=\pm3}$

別解　球の中心と zx 平面の距離は $|a|$ である。

よって，三平方の定理から　　$|a|^2+(3\sqrt{3})^2=6^2$

ゆえに　　$a^2=9$

よって　　$\boldsymbol{a=\pm3}$

⇐ 上の方程式に zx 平面の方程式 $y=0$ を代入。

inf. 球面が xy 平面と交わってできる図形（円）の方程式は，球面の方程式に $z=0$ を代入したものとなる。
yz 平面の場合は $x=0$ を代入。

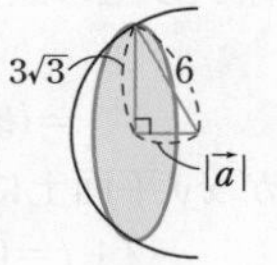

PRACTICE 67②

(1) 中心が $(-1,\ 3,\ 2)$，半径が 5 の球面が xy 平面，yz 平面，zx 平面と交わってできる図形の方程式をそれぞれ求めよ。

(2) 中心が $(1,\ -2,\ 3a)$，半径が $\sqrt{13}$ の球面が xy 平面と交わってできる円の半径が 2 であるという。a の値を求めよ。また，この円の中心の座標を求めよ。

基本 例題 68 直線のベクトル方程式(空間)

(1) 点 A(2, 3, 1) を通り，$\vec{d}=(-1,\ -2,\ 2)$ に平行な直線 ℓ に，原点Oから垂線 OH を下ろす。点 H の座標を求めよ。

(2) 2 点 A(3, −1, 2), B(1, −2, 3) を通る直線と xy 平面との交点の座標を求めよ。

p. 399 基本事項 5，基本 34, 35，重要 71, 72, 73

CHART & SOLUTION

空間における直線のベクトル方程式

1 点 $A(\vec{a})$ を通り，$\vec{d}$ に平行 $\longrightarrow$ $\vec{p}=\vec{a}+t\vec{d}$

2 異なる 2 点 $A(\vec{a})$, $B(\vec{b})$ を通る $\longrightarrow$ $\vec{p}=(1-t)\vec{a}+t\vec{b}$

(1) $\overrightarrow{OH}=\overrightarrow{OA}+t\vec{d}$ と表す(1 の方針)。また，$\overrightarrow{OH}\cdot\vec{d}=0$ から t の値を求める。

(2) $\overrightarrow{OP}=(1-t)\overrightarrow{OA}+t\overrightarrow{OB}$ と表す (2 の方針)。点Pが xy 平面上にあるとき，Pの z 座標は 0 であることから，t の値を求める。

解答

(1) 点 H は直線 ℓ 上にあるから，t を媒介変数とすると

$\overrightarrow{OH}=\overrightarrow{OA}+t\vec{d}$ と表される。

ここで，$\overrightarrow{OA}=(2,\ 3,\ 1)$, $\vec{d}=(-1,\ -2,\ 2)$ であるから

$$\overrightarrow{OH}=(2,\ 3,\ 1)+t(-1,\ -2,\ 2)$$
$$=(2-t,\ 3-2t,\ 1+2t)$$

また，OH は直線 ℓ への垂線であるから　$\overrightarrow{OH}\perp\vec{d}$

よって　$\overrightarrow{OH}\cdot\vec{d}=0$

ゆえに　$(2-t)\times(-1)+(3-2t)\times(-2)+(1+2t)\times 2=0$

これを解いて　$t=\dfrac{2}{3}$　このとき　$\overrightarrow{OH}=\left(\dfrac{4}{3},\ \dfrac{5}{3},\ \dfrac{7}{3}\right)$

したがって，点 H の座標は　$\left(\dfrac{4}{3},\ \dfrac{5}{3},\ \dfrac{7}{3}\right)$

(2) 直線 AB 上の点を P(x, y, z)，t を媒介変数とすると

$$\overrightarrow{OP}=(1-t)\overrightarrow{OA}+t\overrightarrow{OB}$$
$$=(3-2t,\ -1-t,\ 2+t)$$

点Pが xy 平面上にあるとき，Pの z 座標は 0 であるから

$$2+t=0$$

よって　$t=-2$　このとき　$\overrightarrow{OP}=(7,\ 1,\ 0)$

したがって，求める座標は　**(7, 1, 0)**

(1)

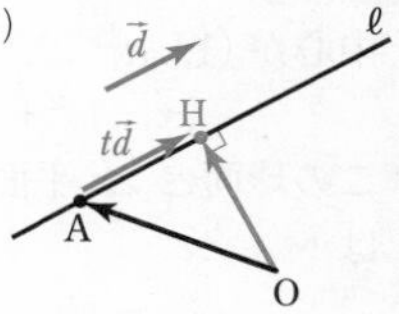

⇐ 整理すると $-6+9t=0$

⇐ $\overrightarrow{OP}=\overrightarrow{OA}+t\overrightarrow{AB}$ としてもよい。

⇐ xy 平面の方程式は $z=0$

PRACTICE 68[3]

(1) 点 A(2, −1, 0) を通り，$\vec{d}=(-2,\ 1,\ 2)$ に平行な直線 ℓ に，原点Oから垂線 OH を下ろす。点 H の座標を求めよ。

(2) 2 点 A(3, 1, −1), B(−2, −3, 2) を通る直線と，xy 平面，yz 平面，zx 平面との交点の座標をそれぞれ求めよ。

重要 例題 69 球面の方程式 (2)

(1) 次の方程式はどんな図形を表すか。

$$x^2+y^2+z^2+6x-3y+z+11=0$$

(2) 4 点 (0, 0, 0), (6, 0, 0), (0, 4, 0), (0, 0, −8) を通る球面の中心の座標と半径を求めよ。

p. 398 基本事項 3

CHART & SOLUTION

球面の方程式 ($r>0$, $A^2+B^2+C^2>4D$ とする)

1 **中心が $(a,\ b,\ c)$, 半径が $r \iff (x-a)^2+(y-b)^2+(z-c)^2=r^2$**

2 **一般形 $x^2+y^2+z^2+Ax+By+Cz+D=0$**

(1) $(x-a)^2+(y-b)^2+(z-c)^2=r^2$ の形に変形する。

(2) 条件の 4 点の座標に 0 が多いから, 2 の一般形から求めるとよい。そして, (1) のように変形する。

解答

(1) 与えられた式を変形すると

$$(x^2+6x+3^2)+\left\{y^2-3y+\left(\frac{3}{2}\right)^2\right\}+\left\{z^2+z+\left(\frac{1}{2}\right)^2\right\}$$
$$=-11+3^2+\left(\frac{3}{2}\right)^2+\left(\frac{1}{2}\right)^2$$

ゆえに $(x+3)^2+\left(y-\frac{3}{2}\right)^2+\left(z+\frac{1}{2}\right)^2=\left(\frac{1}{\sqrt{2}}\right)^2$

したがって **中心 $\left(-3,\ \frac{3}{2},\ -\frac{1}{2}\right)$, 半径 $\frac{1}{\sqrt{2}}$ の球面**

(2) 球面の方程式を $x^2+y^2+z^2+Ax+By+Cz+D=0$ とすると

$D=0$, $36+6A+D=0$, $16+4B+D=0$, $64-8C+D=0$

ゆえに $A=-6$, $B=-4$, $C=8$

したがって, 球面の方程式は

$$x^2+y^2+z^2-6x-4y+8z=0$$

これを変形して

$$(x^2-6x+3^2)+(y^2-4y+2^2)+(z^2+8z+4^2)=3^2+2^2+4^2$$

よって $(x-3)^2+(y-2)^2+(z+4)^2=(\sqrt{29})^2$

ゆえに **中心の座標は (3, 2, −4), 半径は $\sqrt{29}$**

(1) x, y, z の 2 次式をそれぞれ平方完成する。

⇦ 平方完成の際に加えられた定数項を右辺にも加える。

⇦ 2 の方針。

⇦ 4 点の x 座標, y 座標, z 座標をそれぞれ代入する。

inf. この問題の場合, 中心の座標を $(a,\ b,\ c)$ として, 中心と 4 点の距離が等しいことから求めてもよい。

PRACTICE 69[③]

(1) 方程式 $x^2+y^2+z^2-x-4y+3z+4=0$ はどんな図形を表すか。

(2) 4 点 O(0, 0, 0), A(0, 2, 3), B(1, 0, 3), C(1, 2, 0) を通る球面の中心の座標と半径を求めよ。

[(2) 類 九州大]

重要例題 70　3点を通る平面上の点 ④

3点 A(1, −1, 0), B(3, 1, 2), C(3, 3, 0) の定める平面を α とする。点 P(x, y, z) が α 上にあるとき, x, y, z が満たす関係式を求めよ。

p. 398 基本事項 4, 基本 60

CHART & SOLUTION

3点 A, B, C が定める平面 α 上にある点 P(x, y, z)

1　点 A($\vec{a}$) を通り, $\vec{n}$ に垂直 ⟶ $\vec{n}\cdot(\vec{p}-\vec{a})=0$

2　$\overrightarrow{OP}=s\overrightarrow{OA}+t\overrightarrow{OB}+u\overrightarrow{OC}$, $s+t+u=1$ を満たす

平面 α に垂直なベクトル (法線ベクトル) $\vec{n}$ は $\vec{n}\perp\overrightarrow{AB}$, $\vec{n}\perp\overrightarrow{AC}$ から求められる。
この $\vec{n}$ に対し, $\vec{n}\cdot\overrightarrow{AP}=0$ から x, y, z の関係式を求める (1 の方針)。
別解 は 2 の方針。s, t, u を x, y, z で表し, $s+t+u=1$ に代入する。

解答

平面 α の法線ベクトルを $\vec{n}=(a,\ b,\ c)$ $(\vec{n}\neq\vec{0})$ とする。
ここで　$\overrightarrow{AB}=(2,\ 2,\ 2)$, $\overrightarrow{AC}=(2,\ 4,\ 0)$
$\vec{n}\perp\overrightarrow{AB}$ から　$\vec{n}\cdot\overrightarrow{AB}=0$　よって　$2a+2b+2c=0$ ……①
$\vec{n}\perp\overrightarrow{AC}$ から　$\vec{n}\cdot\overrightarrow{AC}=0$　よって　$2a+4b=0$ ……②
② から　$a=-2b$　これと ① から　$c=b$
ゆえに　$\vec{n}=b(-2,\ 1,\ 1)$
$\vec{n}\neq\vec{0}$ であるから, $b=1$ として　$\vec{n}=(-2,\ 1,\ 1)$ ……(*)
点Pは平面 α 上にあるから　$\vec{n}\cdot\overrightarrow{AP}=0$
$\overrightarrow{AP}=(x-1,\ y-(-1),\ z-0)=(x-1,\ y+1,\ z)$ であるから

$$-2\times(x-1)+1\times(y+1)+1\times z=0$$

したがって　$\mathbf{2x-y-z-3=0}$

別解　原点をOとする。点Pは平面 α 上にあるから, s, t, u を実数として

$\overrightarrow{OP}=s\overrightarrow{OA}+t\overrightarrow{OB}+u\overrightarrow{OC}$, $s+t+u=1$ と表される。

よって　$(x,\ y,\ z)=s(1,\ -1,\ 0)+t(3,\ 1,\ 2)+u(3,\ 3,\ 0)$
$=(s+3t+3u,\ -s+t+3u,\ 2t)$

ゆえに　$x=s+3t+3u$, $y=-s+t+3u$, $z=2t$

s, t, u について解くと $s=\dfrac{x-y-z}{2}$, $t=\dfrac{z}{2}$, $u=\dfrac{x+y-2z}{6}$

$s+t+u=1$ に代入して整理すると　$\mathbf{2x-y-z-3=0}$

⇐ 1 の方針。
$\vec{n}$ を成分表示する。

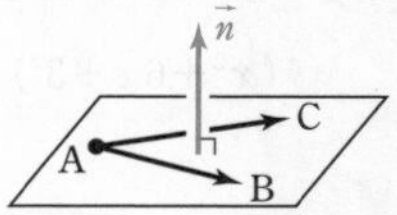

inf. 一般に, 平面に垂直な直線をその平面の **法線** といい, 平面に垂直なベクトルをその平面の **法線ベクトル** という。

(*) において, $\vec{n}\neq\vec{0}$ であれば, b はどの値でもよい。一般に, **1つの平面の法線ベクトルは無数にある。**

⇐ x, y, z の関係式を求めたいから, s, t, u を x, y, z で表し, $s+t+u=1$ に代入する。

PRACTICE 70③

次の3点の定める平面を α とする。点 P(x, y, z) が α 上にあるとき, x, y, z が満たす関係式を求めよ。
(1) (1, 2, 4), (−2, 0, 3), (4, 5, −2)　　(2) (2, 0, 0), (0, 3, 0), (0, 0, 4)

重要例題 71　2直線の交点，直線と球面の交点

(1)　点 $(1,\ 2,\ -3)$ を通り，$\vec{a}=(3,\ -1,\ 2)$ に平行な直線 ℓ と，点 $(4,\ -3,\ 1)$ を通り，$\vec{b}=(3,\ 7,\ -2)$ に平行な直線 m の交点の座標を求めよ。

(2)　点 $(6,\ 3,\ -4)$ を通り，ベクトル $(-1,\ 1,\ 4)$ に平行な直線 ℓ と，点 $(2,\ 4,\ 6)$ を中心とする半径3の球面との交点の座標を求めよ。 基本 66, 68

CHART & SOLUTION

直線上の点に関する問題　媒介変数表示が有効

(1)　まず，2直線をそれぞれ媒介変数 $s,\ t$ を用いて表し，$x,\ y,\ z$ 成分がそれぞれ一致するときの $s,\ t$ の値を求め，その値を代入して求める。

(2)　直線 ℓ を媒介変数 t で表し，球面の方程式に代入する。

解答

(1)　$s,\ t$ を媒介変数とすると，2直線 $\ell,\ m$ の媒介変数表示は

$\ell:(x,\ y,\ z)=(1,\ 2,\ -3)+s(3,\ -1,\ 2)$

$m:(x,\ y,\ z)=(4,\ -3,\ 1)+t(3,\ 7,\ -2)$

すなわち　$\ell:x=1+3s,\ y=2-s,\ z=-3+2s$

$m:x=4+3t,\ y=-3+7t,\ z=1-2t$

この2直線が交わるとき　$1+3s=4+3t$ ……①，

$2-s=-3+7t$ ……②，$-3+2s=1-2t$ ……③

を同時に満たす実数 $s,\ t$ が存在する。

①，②を解いて　$s=\dfrac{3}{2},\ t=\dfrac{1}{2}$　これは，③を満たす。

よって，求める交点の座標は　$\left(\dfrac{11}{2},\ \dfrac{1}{2},\ 0\right)$

(2)　t を媒介変数とすると，直線 ℓ の媒介変数表示は

$(x,\ y,\ z)=(6,\ 3,\ -4)+t(-1,\ 1,\ 4)$

すなわち　$x=6-t,\ y=3+t,\ z=-4+4t$ ……①

点 $(2,\ 4,\ 6)$ を中心とする半径3の球面の方程式は

$(x-2)^2+(y-4)^2+(z-6)^2=9$ ……②

①を②に代入すると $(4-t)^2+(-1+t)^2+(-10+4t)^2=9$

整理すると　$t^2-5t+6=0$　ゆえに　$t=2,\ 3$

よって，交点の座標は

$t=2$ のとき　$(x,\ y,\ z)=(4,\ 5,\ 4)$

$t=3$ のとき　$(x,\ y,\ z)=(3,\ 6,\ 8)$

(1)　直線 ℓ 上の点を $P(\vec{p})$，直線 m 上の点を $Q(\vec{q})$，$\vec{c}=(1,\ 2,\ -3)$，$\vec{d}=(4,\ -3,\ 1)$ とすると $\vec{p}=\vec{c}+s\vec{a},\ \vec{q}=\vec{d}+t\vec{b}$

⇐ 方程式が3つで，変数が2つであるから，①，②から求めた値が③を満たすことを確認する。なお，③を満たさないときは2直線は交わらないときである（重要例題72参照）。

⇐ 直線の媒介変数表示の式に $t=2,\ 3$ を代入する。

PRACTICE 71[3]

(1)　直線 $\ell:(x,\ y,\ z)=(-5,\ 3,\ 3)+s(1,\ -2,\ 2)$ と直線 $m:(x,\ y,\ z)=(0,\ 3,\ 2)+t(3,\ 4,\ -5)$ の交点の座標を求めよ。

(2)　2点 $A(2,\ 4,\ 0)$，$B(0,\ -5,\ 6)$ を通る直線 ℓ と，点 $(0,\ 2,\ 0)$ を中心とする半径2の球面との共有点の座標を求めよ。

重要例題 72　2直線の最短距離

2点 A(1, 3, 0), B(0, 4, −1) を通る直線を ℓ とし，点 C(−1, 3, 2) を通り，$\vec{d}=(-1,\ 2,\ 0)$ に平行な直線を m とする。
(1) ℓ と m は交わらないことを示せ。
(2) ℓ 上の点Pと m 上の点Qの距離PQの最小値を求めよ。

基本 68，重要 71

CHART & SOLUTION

直線上の点に関する問題　媒介変数表示が有効

(1) 重要例題 71 (1) と同様に，2直線を媒介変数 s, t を用いて表す。交わらないことを示すには，x, y, z 成分がそれぞれ等しいとおいたとき，3つの式を満たす s, t が存在しないことをいえばよい。
(2) PQ^2 を s, t の2次式で表し，平方完成する。

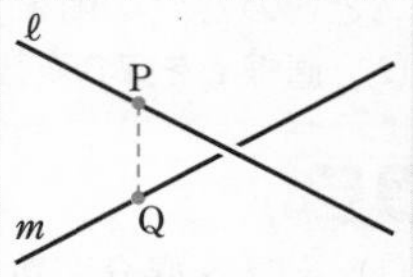

解答

(1) s を媒介変数とすると，直線 ℓ の媒介変数表示は

$$(x,\ y,\ z)=(1-s)(1,\ 3,\ 0)+s(0,\ 4,\ -1)$$

すなわち　$\ell：x=1-s,\ y=3+s,\ z=-s$　……①

また，t を媒介変数とすると，直線 m の媒介変数表示は

$$(x,\ y,\ z)=(-1,\ 3,\ 2)+t(-1,\ 2,\ 0)$$

すなわち　$m：x=-1-t,\ y=3+2t,\ z=2$　……②

ℓ と m が交わるとすると，①，② から

$$1-s=-1-t,\ 3+s=3+2t,\ -s=2$$

これらを同時に満たす s, t は存在しない。
よって，ℓ と m は交わらない。

(2) (1) から，$P(1-s,\ 3+s,\ -s)$, $Q(-1-t,\ 3+2t,\ 2)$ とおける。

よって　$PQ^2=(-2-t+s)^2+(2t-s)^2+(2+s)^2$
$=3s^2-6st+5t^2+4t+8$
$=3(s-t)^2+2(t+1)^2+6$

ゆえに，PQ^2 は $s=t$ かつ $t=-1$ すなわち $s=t=-1$ から，**P(2, 2, 1), Q(0, 1, 2)** のとき 最小値 6 をとる。
$PQ>0$ であるから，このとき PQ は **最小値 $\sqrt{6}$** をとる。

⇐ $\vec{p}=(1-s)\vec{a}+s\vec{b}$
ただし，$A(\vec{a})$, $B(\vec{b})$。

⇐ $\vec{p}=\vec{c}+t\vec{d}$
ただし，$C(\vec{c})$。

⇐ 第1式，第3式から $s=-2$, $t=-4$ であるが，これは第2式を満たさない。

⇐ まず，s の式とみて平方完成，次に t について平方完成する。

⇐ $s-t=0$ かつ $t+1=0$ のとき最小。

PRACTICE 72 ④

2点 A(1, 1, −1), B(0, 2, 1) を通る直線を ℓ，2点 C(2, 1, 1), D(3, 0, 2) を通る直線を m とする。
(1) ℓ と m は交わらないことを示せ。
(2) ℓ 上の点Pと m 上の点Qの距離PQの最小値を求めよ。

重要 例題 73　直線と平面のなす角

点 $P(1,\ 2,\ \sqrt{6})$ を通り，$\vec{d}=(1,\ -1,\ -\sqrt{6})$ に平行な直線を ℓ とする。
(1)　直線 ℓ と xy 平面の交点 A の座標を求めよ。
(2)　点 P から xy 平面に垂線 PH を下ろしたとき，点 H の座標を求めよ。
(3)　直線 ℓ と xy 平面のなす鋭角 θ を求めよ。

基本 68

CHART & THINKING

直線と平面のなす角

(3)　直線 ℓ と xy 平面の交点をAとし，直線 ℓ 上の点Pから xy 平面に垂線 PH を下ろすと，直線 ℓ と xy 平面のなす角 θ は ∠PAH である。△PAH に着目して，∠PAH を求めよう。△PAH はどのような三角形だろうか？

別解　平面の法線ベクトルと，直線の方向ベクトルを考える方法もある。

解答

(1)　Oを原点とする。点 A は直線 ℓ 上の点であるから

$$\overrightarrow{OA}=\overrightarrow{OP}+t\vec{d}=(1+t,\ 2-t,\ \sqrt{6}-\sqrt{6}\,t)$$

と表される。ただし，t は実数である。
点Aは xy 平面上にあるから，Aの z 座標は0である。
よって　$\sqrt{6}-\sqrt{6}\,t=0$　　ゆえに　$t=1$
このとき　$\overrightarrow{OA}=(2,\ 1,\ 0)$
よって，求める座標は　**A(2, 1, 0)**

(2)　点Pから xy 平面に垂線を下ろすと，z 座標が0になるから　**H(1, 2, 0)**

(3)　$AH=\sqrt{(1-2)^2+(2-1)^2+0^2}=\sqrt{2}$,
$AP=\sqrt{(1-2)^2+(2-1)^2+(\sqrt{6}-0)^2}=2\sqrt{2}$

であるから　$\cos\theta=\dfrac{AH}{AP}=\dfrac{\sqrt{2}}{2\sqrt{2}}=\dfrac{1}{2}$

$0°<\theta<90°$ であるから　$\boldsymbol{\theta=60°}$

別解　xy 平面は $\vec{n}=(0,\ 0,\ 1)$ に垂直で，直線 ℓ は $\vec{d}=(1,\ -1,\ -\sqrt{6})$ に平行である。$\vec{n}$ と $\vec{d}$ のなす角を θ_1 とすると　$\cos\theta_1=\dfrac{\vec{n}\cdot\vec{d}}{|\vec{n}||\vec{d}|}=\dfrac{-\sqrt{6}}{1\times2\sqrt{2}}=-\dfrac{\sqrt{3}}{2}$

$0°\leqq\theta_1\leqq180°$ であるから　$\theta_1=150°$
よって　$\boldsymbol{\theta=\theta_1-90°=60°}$

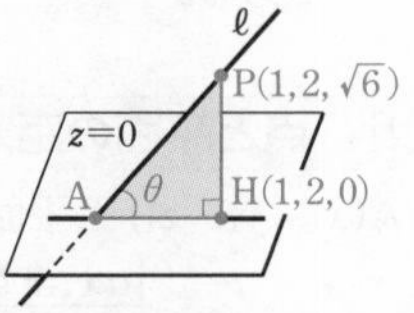

注意　直線 AH を，直線 ℓ の xy 平面上への正射影という。
解答編 PRACTICE 73 の inf. も参照。

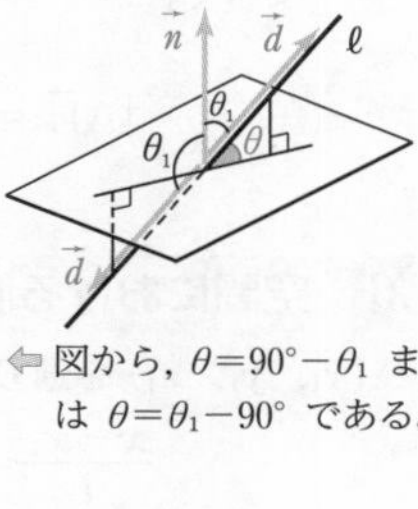

⇦ 図から，$\theta=90°-\theta_1$ または $\theta=\theta_1-90°$ である。

PRACTICE 73④

点 $P(-2,\ 3,\ 1)$ を通り，$\vec{d}=(2,\ 1,\ -3)$ に平行な直線を ℓ とする。
(1)　直線 ℓ と xy 平面の交点 A の座標を求めよ。
(2)　点 P から xy 平面に垂線 PH を下ろしたときの，点 H の座標を求めよ。
(3)　直線 ℓ と xy 平面のなす鋭角を θ とするとき，$\cos\theta$ の値を求めよ。

STEP UP 平面の方程式，直線の方程式

ここで扱う平面の方程式，直線の方程式は学習指導要領の範囲外の内容であるから，場合によっては省略してよい。

[1] 平面の方程式

① 点 $A(x_1,\ y_1,\ z_1)$ を通り，$\vec{0}$ でないベクトル $\vec{n}=(a,\ b,\ c)$ に垂直な平面の方程式は

$$\boldsymbol{a(x-x_1)+b(y-y_1)+c(z-z_1)=0}$$

② 一般形　$\boldsymbol{ax+by+cz+d=0}$　ただし $(a,\ b,\ c)\neq(0,\ 0,\ 0)$

解説　① 平面のベクトル方程式 $\vec{n}\cdot(\vec{p}-\vec{a})=0$ において，$\vec{p}=(x,\ y,\ z)$ とすると

$a(x-x_1)+b(y-y_1)+c(z-z_1)=0$

② ① の方程式を展開し，$-ax_1-by_1-cz_1=d$ とおくと

$ax+by+cz+d=0$

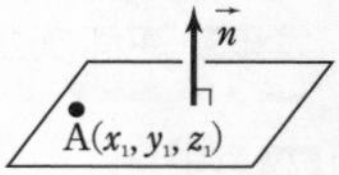

補足　**$\vec{n}=(a,\ b,\ c)$ は平面 $ax+by+cz+d=0$ の法線ベクトル**である。

[2] 点と平面の距離

点 $A(x_1,\ y_1,\ z_1)$ と平面 α：$ax+by+cz+d=0$ の距離は

$$\boldsymbol{\frac{|ax_1+by_1+cz_1+d|}{\sqrt{a^2+b^2+c^2}}}$$

証明▶ 点 A から平面 α に下ろした垂線を AH とすると，$\overrightarrow{AH}$ は $\vec{n}=(a,\ b,\ c)$ に平行であるから，$\overrightarrow{AH}=t\vec{n}$（$t$ は実数）と表される。

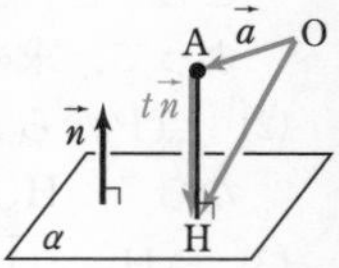

ここで，$\vec{p}=(x,\ y,\ z)$ とすると平面 α の方程式は

$\vec{n}\cdot\vec{p}+d=0$

$\vec{a}=(x_1,\ y_1,\ z_1)$ とすると $\overrightarrow{OH}=\vec{a}+t\vec{n}$ となり，点 H は平面 α 上にあるから

$\vec{n}\cdot(\vec{a}+t\vec{n})+d=0$　　　ゆえに　　$\vec{n}\cdot\vec{a}+t|\vec{n}|^2+d=0$

よって，$t=\dfrac{-\vec{n}\cdot\vec{a}-d}{|\vec{n}|^2}$ となり，点 A と平面 α の距離，すなわち $|\overrightarrow{AH}|$ は

$$|\overrightarrow{AH}|=|t||\vec{n}|=\frac{|\vec{n}\cdot\vec{a}+d|}{|\vec{n}|}=\frac{|ax_1+by_1+cz_1+d|}{\sqrt{a^2+b^2+c^2}}$$

[3] 空間における直線の方程式

点 $A(x_1,\ y_1,\ z_1)$ を通り，$\vec{d}=(l,\ m,\ n)$ に平行な直線の方程式は

$$\boldsymbol{\frac{x-x_1}{l}=\frac{y-y_1}{m}=\frac{z-z_1}{n}}\qquad \text{ただし}\quad lmn\neq0$$

解説　$p.399$ 基本事項 5 ③ の式 $x=x_1+lt,\ y=y_1+mt,\ z=z_1+nt$ をそれぞれ t について解くと　$t=\dfrac{x-x_1}{l},\ t=\dfrac{y-y_1}{m},\ t=\dfrac{z-z_1}{n}$

これらの右辺を等号でつなぐと得られる。

補充 例題 74 平面の方程式

点 A$(-1,\ 3,\ -2)$ とする。
(1) 点Aを通り，$\vec{n}=(4,\ -1,\ 3)$ に垂直な平面の方程式を求めよ。
(2) 平面 α：$2x-y+2z-7=0$ に平行で，点Aを通る平面を β とする。平面 β と点 B$(-1,\ -5,\ 3)$ の距離を求めよ。

p. 410 STEP UP

CHART & SOLUTION

平面の方程式

点 $(x_1,\ y_1,\ z_1)$ を通り，$\vec{n}=(a,\ b,\ c)$ に垂直な平面の方程式は

$$a(x-x_1)+b(y-y_1)+c(z-z_1)=0 \quad \cdots\cdots !$$

点と平面の距離

点 $(x_1,\ y_1,\ z_1)$ と平面 $ax+by+cz+d=0$ の距離は

$$\frac{|ax_1+by_1+cz_1+d|}{\sqrt{a^2+b^2+c^2}}$$

(2) まず，平面 β の方程式を求める。平面 β は平面 α に垂直なベクトル $\vec{n}$ と垂直であることを利用する。

解答

(1) A$(-1,\ 3,\ -2)$ を通り，$\vec{n}=(4,\ -1,\ 3)$ に垂直な平面の方程式は

! $$4\{x-(-1)\}+(-1)(y-3)+3\{z-(-2)\}=0$$

よって　$\boldsymbol{4x-y+3z+13=0}$

(2) 平面 α はベクトル $\vec{n}=(2,\ -1,\ 2)$ に垂直な平面で，平面 β は α と平行であるから，平面 β は $\vec{n}$ に垂直な平面である。また，平面 β は A$(-1,\ 3,\ -2)$ を通るから，平面 β の方程式は　$2\{x-(-1)\}+(-1)(y-3)+2\{z-(-2)\}=0$

⇐ 平面 α の方程式の x，y，z の係数を順に並べたものが $\vec{n}$ である。

よって　$2x-y+2z+9=0$

ゆえに，求める距離は

$$\frac{|2\times(-1)-(-5)+2\times3+9|}{\sqrt{2^2+(-1)^2+2^2}}=\frac{|18|}{\sqrt{9}}=6$$

⇐ 点と平面の距離。

inf. 平面の方程式の公式や，点と平面の距離の公式を用いない解法もある。解答編 PRACTICE 74 の 補足 参照。

PRACTICE 74③

点 A$(2,\ -4,\ 3)$ とする。
(1) 点Aを通り，$\vec{n}=(1,\ -3,\ -5)$ に垂直な平面の方程式を求めよ。
(2) 平面 α：$x-y-2z+1=0$ に平行で，点Aを通る平面を β とする。平面 β と点 P$(1,\ -4,\ 2)$ の距離を求めよ。

補充 例題 75 直線の方程式（空間）

(1) 点 $(-2,\ 5,\ 1)$ を通り，$\vec{d}=(2,\ 4,\ -3)$ に平行な直線の方程式を求めよ。ただし，媒介変数を用いずに表せ。

(2) 直線 $\dfrac{x+1}{3}=y+2=\dfrac{z-1}{2}$ と平面 $3x-2y-4z+6=0$ の交点の座標を求めよ。

p. 410 STEP UP

CHART & SOLUTION

空間における直線の方程式

(1) p. 410 STEP UP で示した公式 $\dfrac{x-x_1}{l}=\dfrac{y-y_1}{m}=\dfrac{z-z_1}{n}$ (ただし，$lmn\neq0$) を用いる。

(2) 直線の方程式を $=t$ とおき，$x,\ y,\ z$ を t で表す。それを平面の方程式に代入する。

解答

(1) 求める直線の方程式は $\dfrac{x-(-2)}{2}=\dfrac{y-5}{4}=\dfrac{z-1}{-3}$

よって $\boldsymbol{\dfrac{x+2}{2}=\dfrac{y-5}{4}=\dfrac{z-1}{-3}}$

別解 $(x,\ y,\ z)=(-2,\ 5,\ 1)+t(2,\ 4,\ -3)$ から ⇐ 公式を用いない解法。

$x=-2+2t$ ……①，$y=5+4t$ ……②，$z=1-3t$ ……③

①，②，③ から $t=\dfrac{x+2}{2}$，$t=\dfrac{y-5}{4}$，$t=\dfrac{z-1}{-3}$ ⇐ それぞれを $t=$…… の形に表す。

よって $\boldsymbol{\dfrac{x+2}{2}=\dfrac{y-5}{4}=\dfrac{z-1}{-3}}$

(2) $\dfrac{x+1}{3}=y+2=\dfrac{z-1}{2}=t$ とおくと ⇐ 比例式は文字でおく。

$x=3t-1,\ y=t-2,\ z=2t+1$ ……① ⇐ 直線を媒介変数表示の形にする。

これを $3x-2y-4z+6=0$ に代入すると

$3(3t-1)-2(t-2)-4(2t+1)+6=0$

よって $-t+3=0$ ゆえに $t=3$

① に代入して $x=8,\ y=1,\ z=7$

よって，求める座標は **(8, 1, 7)**

PRACTICE 75[3]

(1) 次の直線の方程式を求めよ。ただし，媒介変数を用いずに表せ。

(ア) 点 $(5,\ 7,\ -3)$ を通り，$\vec{d}=(1,\ 5,\ -4)$ に平行な直線

(イ) 2 点 A$(1,\ 2,\ 3)$，B$(-3,\ -1,\ 4)$ を通る直線

(2) 直線 $\dfrac{x+3}{2}=\dfrac{y-1}{-4}=\dfrac{z+2}{3}$ と平面 $2x+y-3z-4=0$ の交点の座標を求めよ。

まとめ 平面と空間の類似点と相違点2

平面上のベクトルと空間のベクトルの性質を学んできたが，$p.393$ の まとめ 以外のことについて，比較しながらまとめよう。

	平面上のベクトル	空間のベクトル	補　足
円・球面の方程式	点 $(a,\ b)$ を中心とする半径 r の円の方程式は $(\boldsymbol{x}-\boldsymbol{a})^2+(\boldsymbol{y}-\boldsymbol{b})^2=\boldsymbol{r}^2$ 中心が $C(\vec{c})$，半径 r の円のベクトル方程式は $\lvert\vec{p}-\vec{c}\rvert=r$ ⇨ $p.344$ 基本事項 3	点 $(a,\ b,\ c)$ を中心とする半径 r の球面の方程式は $(\boldsymbol{x}-\boldsymbol{a})^2+(\boldsymbol{y}-\boldsymbol{b})^2+(\boldsymbol{z}-\boldsymbol{c})^2=\boldsymbol{r}^2$ 中心が $C(\vec{c})$，半径 r の球面のベクトル方程式は $\lvert\vec{p}-\vec{c}\rvert=r$ ⇨ $p.398$，399 基本事項 3，6	空間の場合は z 座標が追加される。 ベクトル方程式の形は同じである。
ベクトル方程式	点 $A(\vec{a})$ を通り，$\vec{d}\ (\neq\vec{0})$ に平行な直線のベクトル方程式は $\vec{p}=\vec{a}+t\vec{d}$　…… ① 点 $A(\vec{a})$ を通り，$\vec{n}\ (\neq\vec{0})$ に垂直な直線のベクトル方程式は $\vec{n}\cdot(\vec{p}-\vec{a})=0$　…… ② ⇨ $p.343$ 基本事項 1	点 $A(\vec{a})$ を通り，$\vec{d}\ (\neq\vec{0})$ に平行な直線のベクトル方程式は $\vec{p}=\vec{a}+t\vec{d}$　…… ① 点 $A(\vec{a})$ を通り，$\vec{n}\ (\neq\vec{0})$ に垂直な平面のベクトル方程式は $\vec{n}\cdot(\vec{p}-\vec{a})=0$　…… ② ⇨ $p.398$，399 基本事項 4，5	① は平面，空間どちらでも直線を表す。 ② は平面では直線，空間では平面を表す。
1次方程式の表す図形	点 $A(x_1,\ y_1)$ と直線 $ax+by+c=0$ の距離は $\dfrac{\lvert ax_1+by_1+c\rvert}{\sqrt{a^2+b^2}}$ 直線 $ax+by+c=0$ に垂直なベクトル $\vec{n}$ は $\vec{n}=(a,\ b)$ ⇨ $p.343$ 基本事項 1	点 $A(x_1,\ y_1,\ z_1)$ と平面 $ax+by+cz+d=0$ の距離は $\dfrac{\lvert ax_1+by_1+cz_1+d\rvert}{\sqrt{a^2+b^2+c^2}}$ 平面 $ax+by+cz+d=0$ に垂直なベクトル $\vec{n}$ は $\vec{n}=(a,\ b,\ c)$ ⇨ $p.410$ STEP UP	点と直線の距離，点と平面の距離の公式は形がよく似ている。 また，垂直なベクトルの成分は，ともに係数を順に並べたものである。

※円の方程式，点と直線の距離は数学Ⅱ「図形と方程式」で学ぶ。

このページや，$p.393$ まとめ で紹介したもの以外にも，平面と空間で比較できるものもある。
例えば，内分点や外分点の式では，それぞれの成分は平面と空間で同じ形をしている。
よく似ているもの，似ているが少し異なるものは，関連付けることで理解が深まる。
これは，定理や公式だけでなく，これまでの例題で学習した問題解法にもあてはまる。
学習を振り返るときには，このようなことを意識するとよいだろう。

EXERCISES　9 座標空間における図形，ベクトル方程式

A

71❷ (1) 点 A(1, −2, 3) に関して，点 P(−3, 4, 1) と対称な点の座標を求めよ。

(2) A(1, 1, 4)，B(−1, 1, 2)，C(x, y, z)，D(1, 3, 2) を頂点とする四面体において，△BCD の重心 G と点 A を結ぶ線分 AG を 3:1 に内分する点の座標が (0, 2, 3) のとき，x，y，z の値を求めよ。

→64

72❸ 次の球面の方程式を求めよ。

(1) 中心が (−3, 1, 3) で，2 つの座標平面に接する球面

(2) 点 (−2, 2, 4) を通り，3 つの座標平面に接する球面

(3) 中心が y 軸上にあり，2 点 (2, 2, 4)，(1, 1, 2) を通る球面

→66

73❸ (1) 中心が (2, −3, 4)，半径が r の球面が xy 平面と交わってできる円の半径が 3 であるという。r の値を求めよ。

(2) 中心が (−1, 5, 3)，半径が 4 の球面が平面 $x=1$ と交わってできる円の中心の座標と半径を求めよ。

(3) 中心が (1, −3, 2)，原点を通る球面が平面 $z=k$ と交わってできる円の半径が $\sqrt{5}$ であるという。k の値を求めよ。

→67

B

74❸ 空間の 4 点 A(1, 2, 3)，B(2, 3, 1)，C(3, 1, 2)，D(1, 1, 1) に対し，2 点 A，B を通る直線を ℓ，2 点 C，D を通る直線を m とする。

(1) ℓ，m のベクトル方程式を求めよ。

(2) ℓ と m のどちらにも直交する直線を n とするとき，ℓ と n の交点 E の座標および m と n の交点 F の座標を求めよ。　〔旭川医大〕

→68, 72

75❹ (1) xy 平面上の 3 点 O(0, 0)，A(2, 1)，B(1, 2) を通る円の方程式を求めよ。

(2) t が実数全体を動くとき，xyz 空間内の点 ($t+2$, $t+2$, t) がつくる直線を ℓ とする。3 点 O(0, 0, 0)，A′(2, 1, 0)，B′(1, 2, 0) を通り，中心を C(a, b, c) とする球面 S が直線 ℓ と共有点をもつとき，a，b，c の満たす条件を求めよ。　〔北海道大〕

HINT

74 (2) ℓ，m の方向ベクトルをそれぞれ $\vec{a}$，$\vec{b}$ とすると　$\vec{a}\cdot\overrightarrow{FE}=0$，$\vec{b}\cdot\overrightarrow{FE}=0$

75 (1) 求める円の方程式を $x^2+y^2+lx+my+n=0$ とおく。

(2) 3 点 O，A′，B′ は xy 平面上にあるから，この 3 点を通る円は，((1) で求めた方程式) かつ $z=0$ で表される。また，球面 S の中心 C から xy 平面上に垂線を下ろすと，3 点 O，A′，B′ を通る円の中心を通る。

第3章

数学C

複素数平面

10 複素数平面
11 複素数の極形式，ド・モアブルの定理
12 複素数と図形

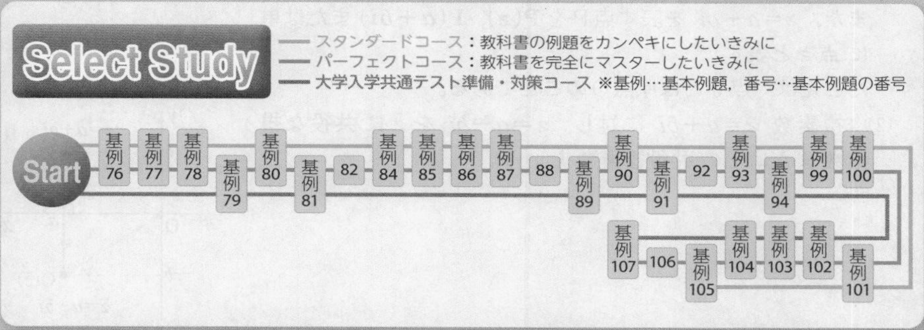

■ 例題一覧

	種類	番号	例題タイトル	難易度
10	基本	76	複素数の和・差・実数倍の図示	1
	基本	77	原点 O を含む3点が一直線上にある条件	2
	基本	78	共役複素数の性質 (1)	2
	基本	79	共役複素数の性質 (2)	3
	基本	80	2点間の距離	2
	基本	81	複素数の絶対値と共役複素数 (1)	3
	基本	82	複素数の絶対値と共役複素数 (2)	3
	重要	83	複素数の実数条件	4
11	基本	84	複素数の極形式 (1)	1
	基本	85	複素数の積・商	1
	基本	86	極形式の利用	2
	基本	87	原点を中心とする回転	2
	基本	88	原点以外の点を中心とする回転	3
	基本	89	回転の図形への利用	3
	基本	90	ド・モアブルの定理	1
	基本	91	複素数の n 乗の計算 (1)	3
	基本	92	複素数の n 乗の計算 (2)	3
	基本	93	1の n 乗根	2
	基本	94	複素数の n 乗根	3
	重要	95	$z^n=1$ の虚数解の分数列の和	4
	重要	96	1の5乗根の利用	4
	重要	97	複素数の極形式 (2)	4
	重要	98	複素数の漸化式	4
12	基本	99	内分点・外分点，重心を表す複素数	1
	基本	100	方程式・不等式の表す図形	2
	基本	101	方程式の表す図形	2
	基本	102	$w=f(z)$ の表す図形 (1)	3
	基本	103	$w=f(z)$ の表す図形 (2)	3
	基本	104	複素数の絶対値の最大値・最小値	3
	基本	105	線分のなす角，平行・垂直	2
	基本	106	三角形の形状 (1)	3
	基本	107	三角形の形状 (2)	3
	重要	108	直線の方程式	3
	重要	109	$w=f(z)$ の表す図形 (3)	4
	重要	110	不等式の表す領域	4
	重要	111	図形への応用	3
	重要	112	三角形の垂心	4
	重要	113	複素数平面上の点列	4

10 複素数平面

基本事項

注意　1～3 における a, b, c, d は実数を表すものとする。

1 複素数平面

① 複素数 $z=a+bi$ に対して，座標平面上の点 $\mathrm{P}(a,\ b)$ を対応させるとき，この平面を **複素数平面**（または **複素平面**）といい，x 軸を **実軸**，y 軸を **虚軸** という。

また，$z=a+bi$ を表す点Pを $\mathbf{P}(z)$，$\mathbf{P}(a+bi)$ または単に **点 z** と表す。

たとえば，点0とは原点Oのことである。

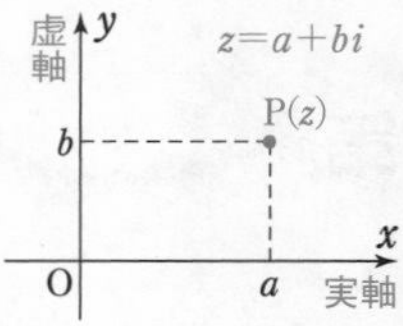

② 複素数 $z=a+bi$ に対し，$\overline{z}=a-bi$ を z に **共役な複素数** または z の **共役複素数** という。

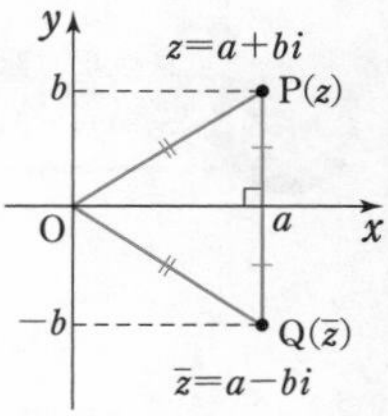

2 複素数の和，差の図示，実数倍

① **複素数の和，差の図示**

2つの複素数 $\alpha=a+bi$, $\beta=c+di$ について

和：$\alpha+\beta=(a+c)+(b+d)i$

であるから，点 $\alpha+\beta$ は，点 α を実軸方向に c，虚軸方向に d だけ平行移動した点である。

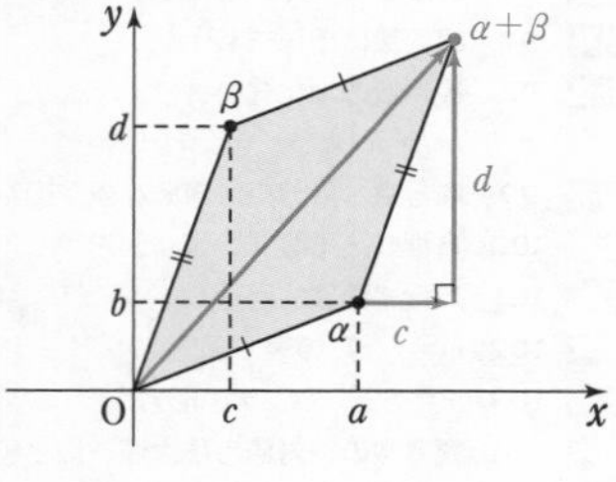

原点Oを点 β に移す平行移動によって点 α が移る点が対応する。

差：$\alpha-\beta=(a-c)+(b-d)i$

であるから，点 $\alpha-\beta$ は，点 α を実軸方向に $-c$，虚軸方向に $-d$ だけ平行移動した点である。

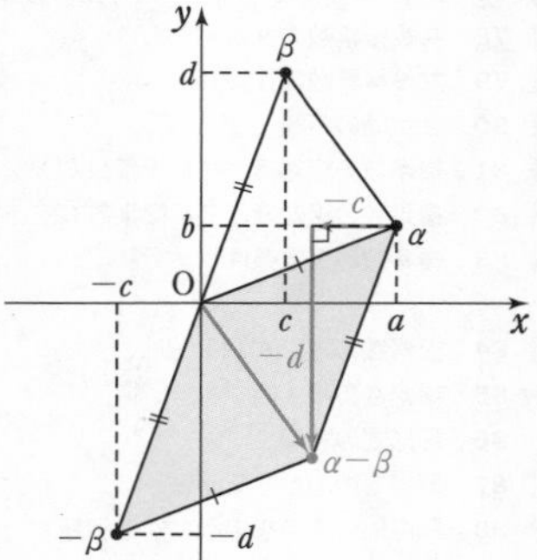

点 β を原点Oに移す平行移動によって点 α が移る点が対応する。

複素数平面上での和 $\alpha+\beta$，差 $\alpha-\beta=\alpha+(-\beta)$ の表す点は，上図のように平行四辺形と関連づけて考えるとよい。

② **複素数の実数倍**

実数 k と複素数 $\alpha=a+bi$ について，$k\alpha=ka+kbi$ である。また，$\alpha\neq 0$ のとき，次のことが成り立つ。

3 点 0，α，β が一直線上にある

$\Longleftrightarrow$ $\beta=k\alpha$ を満たす実数 k が存在する

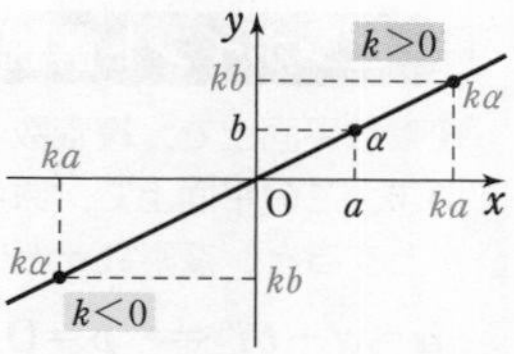

3 共役複素数の性質

z，α，β を複素数とする。

① 実数の条件・純虚数の条件　　**z が実数 $\Longleftrightarrow$ $\bar{z}=z$**

z が純虚数 $\Longleftrightarrow$ $\bar{z}=-z$　　ただし，**$z\neq 0$**

② [1] **$z+\bar{z}$ は実数**

[2] $\overline{\alpha+\beta}=\bar{\alpha}+\bar{\beta}$　　[3] $\overline{\alpha-\beta}=\bar{\alpha}-\bar{\beta}$

[4] $\overline{\alpha\beta}=\bar{\alpha}\,\bar{\beta}$　　[5] $\overline{\left(\dfrac{\alpha}{\beta}\right)}=\dfrac{\bar{\alpha}}{\bar{\beta}}$　$(\beta\neq 0)$

[6] $\bar{\bar{\alpha}}=\alpha$

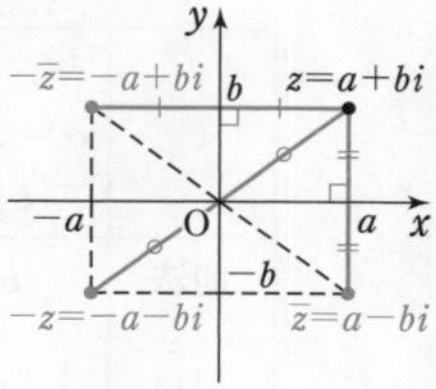

4 複素数の絶対値

① 複素数 $z=a+bi$ に対し，$\sqrt{a^2+b^2}$ を z の **絶対値** といい，$|z|$ で表す。

すなわち　　$|z|=|a+bi|=\sqrt{a^2+b^2}$

（$|z|$ は原点Oと点 z との距離である）

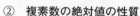

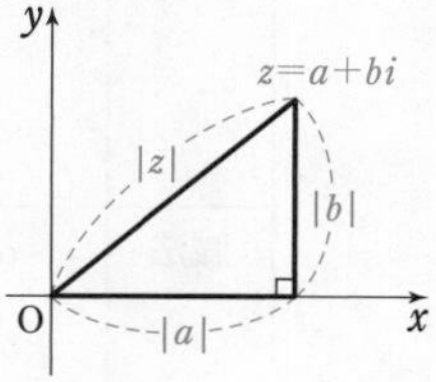

② **複素数の絶対値の性質**

[1] $|z|=0 \Longleftrightarrow z=0$　　[2] $|z|=|-z|=|\bar{z}|$

[3] $z\bar{z}=|z|^2$　　[4] $|\alpha\beta|=|\alpha||\beta|$　　[5] $\left|\dfrac{\alpha}{\beta}\right|=\dfrac{|\alpha|}{|\beta|}$　$(\beta\neq 0)$

③ 2 点 A(α)，B(β) とすると，2 点間の距離　　**AB$=|\beta-\alpha|$**

CHECK & CHECK

31 複素数平面上に，次の複素数を表す点を図示せよ。

(1) A$(2+3i)$　(2) B$(-3-4i)$　(3) C(5)　(4) D$(-2i)$　→ 1

32 $z=3+2i$ とする。複素数平面上に点 $\bar{z}$，点 $-z$，点 $-\bar{z}$ を図示し，点 z との位置関係を答えよ。　→ 1

33 次の複素数の絶対値を求めよ。

(1) $-2+i$　(2) $\dfrac{1}{2}-\dfrac{\sqrt{3}}{2}i$　(3) $1-\sqrt{2}$　(4) $-5i$　→ 4

34 次の 2 点間の距離を求めよ。

(1) A$(2+3i)$，B$(-4+5i)$　(2) A$(-2+i)$，B$(3-4i)$　→ 4

ピンポイント解説　複素数平面と平面上のベクトル

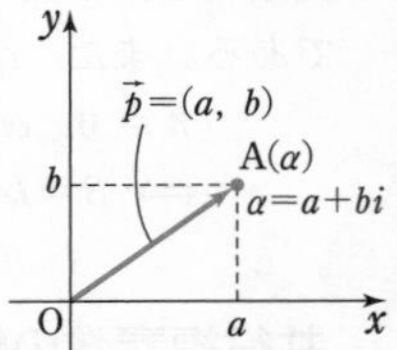

複素数平面上で，複素数 $\alpha=a+bi$ を表す点を $\mathrm{A}(\alpha)$ とする。
いま，この平面上で，原点 O に関する点 A の位置ベクトルを $\vec{p}$ とすると，複素数 α と位置ベクトル $\vec{p}$ は互いに対応している。

$\alpha=a+bi \iff \vec{p}=\overrightarrow{\mathrm{OA}}=(a,\ b)$　[1対1に対応]

よって，複素数 α を，複素数平面上の「点を表す」ととらえるだけではなく，ベクトルのように「向き」と「大きさ」を表すもの，ととらえることも，複素数平面の問題を考えるうえでは大切である。

ここでは，加法・減法・実数倍，および 2 点間の距離について，複素数平面と平面上のベクトルの対応関係について整理しておく。ベクトルの考え方も参考にしながら，複素数平面の問題に取り組むとよいだろう。

	複素数平面	平面上のベクトル
	複素数平面 $\alpha=a+bi$，$\beta=c+di$ に対して，$\mathrm{A}(\alpha)$，$\mathrm{B}(\beta)$ とする。	**平面上のベクトル** $\overrightarrow{\mathrm{OA}}=(a,\ b)$，$\overrightarrow{\mathrm{OB}}=(c,\ d)$ とする。
加法	$\boldsymbol{\alpha+\beta=(a+c)+(b+d)i}$ 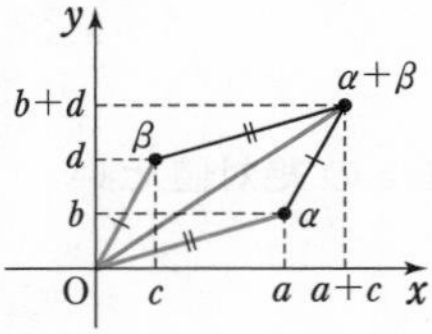	$\boldsymbol{\overrightarrow{\mathrm{OA}}+\overrightarrow{\mathrm{OB}}=(a+c,\ b+d)}$ 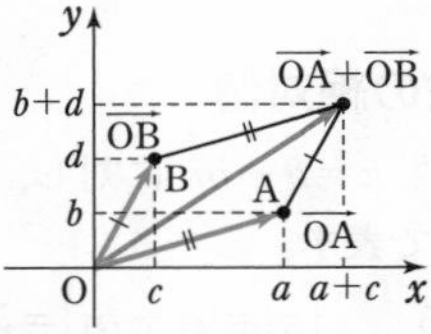
減法	$\boldsymbol{\alpha-\beta=(a-c)+(b-d)i}$ 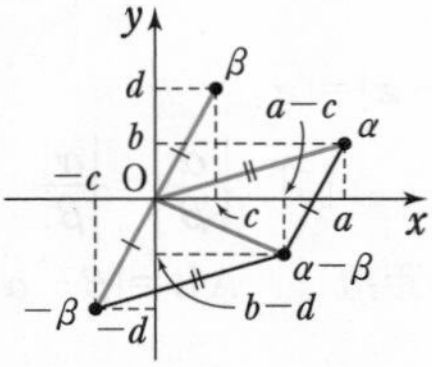	$\boldsymbol{\overrightarrow{\mathrm{OA}}-\overrightarrow{\mathrm{OB}}=(a-c,\ b-d)}$ 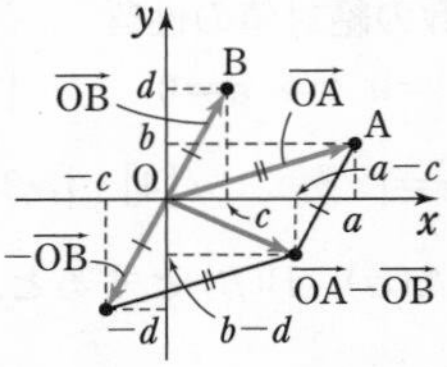
実数倍	$\boldsymbol{k\alpha=ka+kbi}$ 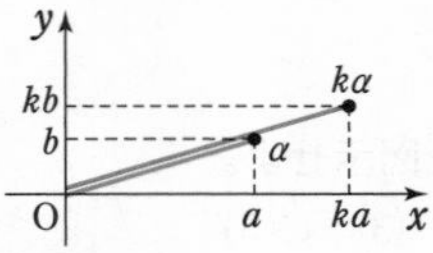	$\boldsymbol{k\overrightarrow{\mathrm{OA}}=(ka,\ kb)}$ 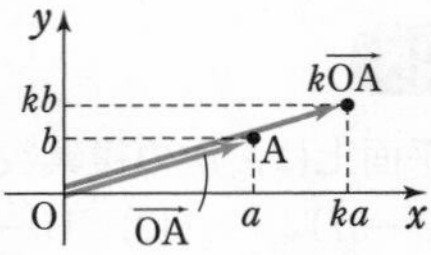
2 点間の距離	$\mathrm{AB}=\lvert\beta-\alpha\rvert$ $=\sqrt{(c-a)^2+(d-b)^2}$ 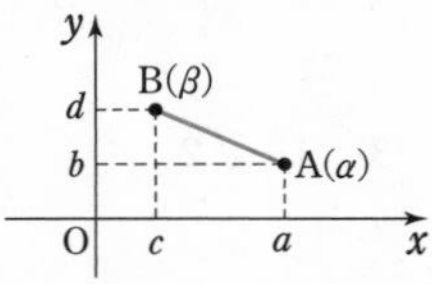	$\mathrm{AB}=\lvert\overrightarrow{\mathrm{AB}}\rvert=\lvert\overrightarrow{\mathrm{OB}}-\overrightarrow{\mathrm{OA}}\rvert$ $=\sqrt{(c-a)^2+(d-b)^2}$ 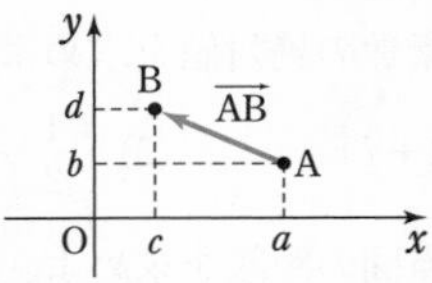

基本 例題 76 複素数の和・差・実数倍の図示 ①①①①①

複素数平面上において，2点 α, β が右の図のように与えられているとき，次の点を図示せよ。

(1) $\alpha+\beta$　　(2) $\alpha-\beta$　　(3) 2β

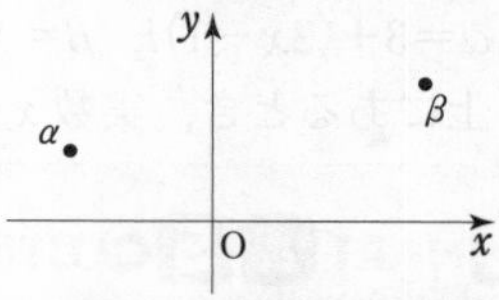

p.416, 417 基本事項 2

CHART & SOLUTION

複素数の和・差　複素数の和・差は平行移動

(1) 点 $\alpha+\beta$ は，原点Oを点 β に移す平行移動 $(+\beta)$ によって点 α が移る点である。

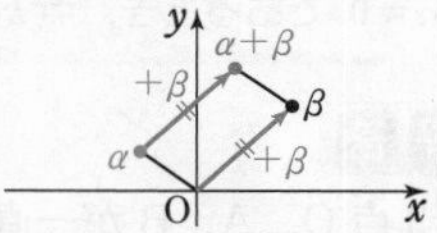

(2) 点 $\alpha-\beta$ は，点 β を原点Oに移す平行移動 $(-\beta)$ によって点 α が移る点である。

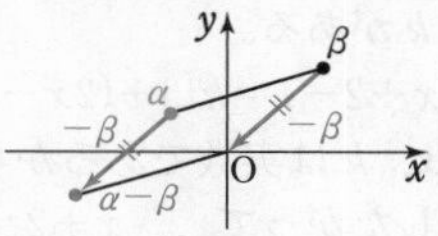

(3) 点 2β は，原点Oを点 β に移す平行移動 $(+\beta)$ によって点 β が移る点である。

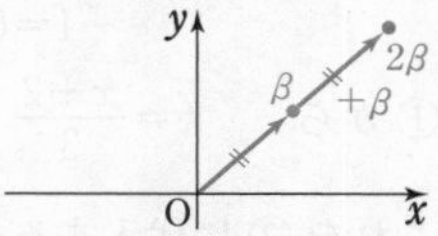

解答

(1) から (3) の各点は，下図のようになる。

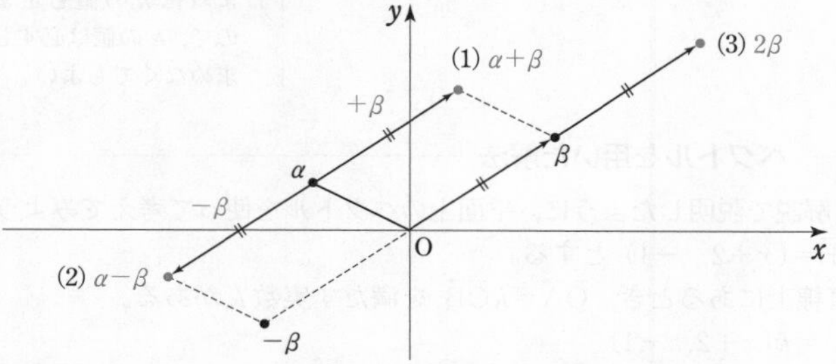

⇦点 $-\beta$ は点 β と原点に関して対称な点であることを利用して
$\alpha-\beta=\alpha+(-\beta)$
と考え，原点Oを点 $-\beta$ に移す平行移動を点 α に行う。

inf. (1) について，3点 $A(\alpha)$, $B(\beta)$, $C(\alpha+\beta)$ をとると，$\overrightarrow{OC}=\overrightarrow{OA}+\overrightarrow{OB}$ を満たしている。(2), (3) もベクトルと関連付けて考えてみよう（$p.418$ ピンポイント解説参照）。

PRACTICE 76①

複素数平面上において，2点 α, β が右の図のように与えられているとき，次の点を図示せよ。

(1) $\alpha+\beta$　　(2) $-\alpha+\beta$　　(3) -2β

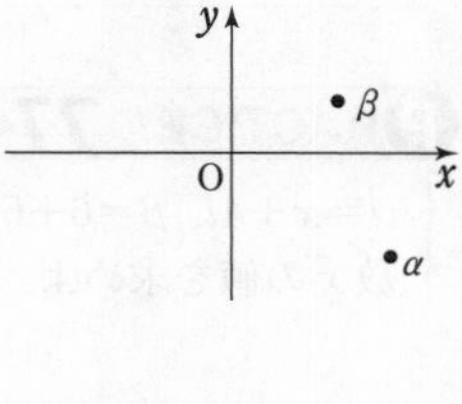

基本 例題 77 原点Oを含む3点が一直線上にある条件 ⑦⑦⑦⑦⑦

$\alpha=3+(2x-1)i$, $\beta=x+2-i$ とする。2点 A(α), B(β) と原点Oが一直線上にあるとき，実数 x の値を求めよ。 ➲ p.416, 417 基本事項 2 ，➲ 基本 105

CHART & SOLUTION

3点が一直線上にある条件

3点 0, α, β が一直線上にある
$\iff$ $\beta=k\alpha$ を満たす実数 k が存在する

複素数 $\alpha=a+bi$ について，$k\alpha=ka+kbi$ であるから，
$\alpha\neq0$ であるとき，点 $k\alpha$ は2点 0, α を通る直線上にある。

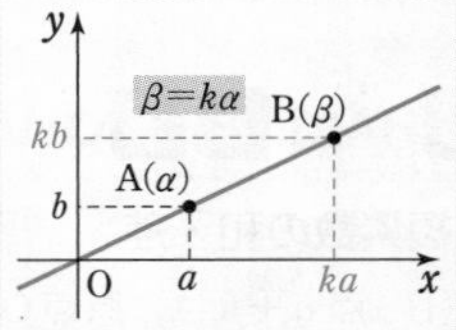

解答

3点 O, A, B が一直線上にあるとき $\beta=k\alpha$ を満たす実数 k がある。

$x+2-i=k\{3+(2x-1)i\}$ から　$x+2-i=3k+(2x-1)ki$

x, k は実数であるから，$x+2$, $3k$, $(2x-1)k$ は実数である。 ⇐ この断り書きは重要。

したがって　$x+2=3k$ …… ①,
　　　　　　$-1=(2x-1)k$ …… ②

⇐ 複素数の相等
a, b, c, d が実数で，$a+bi=c+di$ ならば
$a=c$ かつ $b=d$
実部　虚部

① から　$k=\dfrac{x+2}{3}$

これを ② に代入すると　$-1=(2x-1)\cdot\dfrac{x+2}{3}$

よって　$2x^2+3x+1=0$　ゆえに　$(x+1)(2x+1)=0$

これを解いて　$\boldsymbol{x=-1,\ -\dfrac{1}{2}}$　また　$k=\dfrac{1}{3},\ \dfrac{1}{2}$

⇐ ①, ② から，x の値が決まれば k の値も定まるので，k の値は必ずしも求めなくてもよい。

INFORMATION ベクトルを用いた解法

$p.418$ のピンポイント解説で説明したように，平面上のベクトルを使って考えてみよう。
$\overrightarrow{\mathrm{OA}}=(3,\ 2x-1)$, $\overrightarrow{\mathrm{OB}}=(x+2,\ -1)$ とする。
3点 O, A, B が一直線上にあるとき，$\overrightarrow{\mathrm{OA}}=k\overrightarrow{\mathrm{OB}}$ を満たす実数 k がある。
よって　$(3,\ 2x-1)=k(x+2,\ -1)$
ゆえに　$3=k(x+2)$ …… ①, $2x-1=-k$ …… ②
② から　$k=-2x+1$　これを ① に代入して　$3=(-2x+1)(x+2)$
整理すると　$2x^2+3x+1=0$　これ以降は，上の解答と同様である。

PRACTICE 77②

$\alpha=x+4i$, $\beta=6+6xi$ とする。2点 A(α), B(β) と原点Oが一直線上にあるとき，実数 x の値を求めよ。

基本 例題 78 共役複素数の性質 (1)

(1) 複素数 z が，$3z+2\overline{z}=10-3i$ を満たすとき，共役複素数の性質を利用して，z を求めよ。

(2) a，b，c，d は実数とする。3 次方程式 $ax^3+bx^2+cx+d=0$ が虚数 α を解にもつとき，共役複素数 $\overline{\alpha}$ も解にもつことを示せ。 p.417 基本事項 3

CHART & SOLUTION

複素数の等式　両辺の共役複素数を考える

(1) 共役複素数の性質を利用して z と $\overline{z}$ の式を 2 つ作る。z と $\overline{z}$ の連立方程式と考え，z を求める。

(2) $x=\alpha$ が方程式 $f(x)=0$ の解 $\iff$ $f(\alpha)=0$
$\longrightarrow$ $f(\overline{\alpha})=0$ が成り立つことを示せばよい。

解答

(1) $3z+2\overline{z}=10-3i$ ……① とする。

①の両辺の共役複素数を考えると　$\overline{3z+2\overline{z}}=\overline{10-3i}$

よって　$\overline{3z}+\overline{2\overline{z}}=10+3i$

ゆえに　$3\overline{z}+2z=10+3i$

すなわち　$2z+3\overline{z}=10+3i$ ……②

①×3−②×2 から　$5z=10-15i$

ゆえに　$\boldsymbol{z=2-3i}$

(2) 3 次方程式 $ax^3+bx^2+cx+d=0$ が虚数 α を解にもつから $a\alpha^3+b\alpha^2+c\alpha+d=0$ が成り立つ。

両辺の共役複素数を考えると　$\overline{a\alpha^3+b\alpha^2+c\alpha+d}=\overline{0}$

よって　$\overline{a\alpha^3}+\overline{b\alpha^2}+\overline{c\alpha}+\overline{d}=0$

ゆえに　$a\overline{\alpha^3}+b\overline{\alpha^2}+c\overline{\alpha}+d=0$

すなわち　$a(\overline{\alpha})^3+b(\overline{\alpha})^2+c\overline{\alpha}+d=0$

これは，$x=\overline{\alpha}$ が 3 次方程式 $ax^3+bx^2+cx+d=0$ の解であることを示している。

よって，3 次方程式 $ax^3+bx^2+cx+d=0$ が虚数 α を解にもつとき，共役複素数 $\overline{\alpha}$ も解にもつ。

⇐ 共役複素数の性質を利用。
α，β を複素数とすると
$\overline{\alpha+\beta}=\overline{\alpha}+\overline{\beta}$
更に，k を実数とすると
$\overline{k\alpha}=k\overline{\alpha}$，$\overline{\overline{\alpha}}=\alpha$

⇐ $x=\alpha$ が解 $\iff$ α を代入すると成り立つ。

⇐ a，b，c，d は実数であるから
$\overline{a}=a$，$\overline{b}=b$，$\overline{c}=c$，$\overline{d}=d$，$\overline{0}=0$
また　$\overline{\alpha^n}=(\overline{\alpha})^n$

INFORMATION　実数係数の方程式の性質

実数係数の n 次方程式が $x=\alpha$ を虚数解にもつとき，共役複素数 $x=\overline{\alpha}$ も方程式の解である。

PRACTICE 78②

(1) 複素数 z が，$z-3\overline{z}=2+20i$ を満たすとき，共役複素数の性質を利用して，z を求めよ。

(2) a，b，c は実数とする。5 次方程式 $ax^5+bx^2+c=0$ が虚数 α を解にもつとき，共役複素数 $\overline{\alpha}$ も解にもつことを示せ。

基本 例題 79 共役複素数の性質 (2)

定数 α は複素数とする。 [(1) 岡山大]

(1) 任意の複素数 z に対して，$z\bar{z}+\alpha\bar{z}+\bar{\alpha}z$ は実数であることを示せ。

(2) $\alpha\bar{z}$ が実数でない複素数 z に対して，$\alpha\bar{z}-\bar{\alpha}z$ は純虚数であることを示せ。

● p.417 基本事項 3，基本 78，● 重要 83

CHART & SOLUTION

複素数 z の実数，純虚数条件 共役複素数を利用

z が実数 $\iff \bar{z}=z$ ……●

z が純虚数 $\iff \bar{z}=-z$ ただし，$z\neq0$ ……●

(1) $w=z\bar{z}+\alpha\bar{z}+\bar{\alpha}z$ とおいて，$\bar{w}=w$ を示す。

(2) $v=\alpha\bar{z}-\bar{\alpha}z$ とおいて，$\bar{v}=-v$ かつ $v\neq0$ を示す。

解答

(1) $w=z\bar{z}+\alpha\bar{z}+\bar{\alpha}z$ とする。……①

両辺の共役複素数を考えると

$\bar{w}=\overline{z\bar{z}+\alpha\bar{z}+\bar{\alpha}z}$

ここで （右辺）$=\overline{z\bar{z}}+\overline{\alpha\bar{z}}+\overline{\bar{\alpha}z}=z\bar{z}+\bar{\alpha}z+\alpha\bar{z}$

$=z\bar{z}+\alpha\bar{z}+\bar{\alpha}z=w$

したがって，$\bar{w}=w$ であるから，$z\bar{z}+\alpha\bar{z}+\bar{\alpha}z$ は実数である。

⇦ 共役複素数の性質を利用。α，β を複素数とすると $\overline{\alpha+\beta}=\bar{\alpha}+\bar{\beta}$，$\overline{\bar{\alpha}}=\alpha$

別解 （① までは上と同じ）

$(z+\alpha)(\bar{z}+\bar{\alpha})=z\bar{z}+\alpha\bar{z}+\bar{\alpha}z+\alpha\bar{\alpha}$ から

$w=(z+\alpha)(\bar{z}+\bar{\alpha})-\alpha\bar{\alpha}$

$=(z+\alpha)\overline{(z+\alpha)}-\alpha\bar{\alpha}$

$=|z+\alpha|^2-|\alpha|^2$

したがって，$z\bar{z}+\alpha\bar{z}+\bar{\alpha}z$ は実数である。

⇦ $\alpha\bar{\alpha}=|\alpha|^2$ を用いた別解。

⇦ $|z+\alpha|^2$，$|\alpha|^2$ はともに実数である。

(2) $v=\alpha\bar{z}-\bar{\alpha}z$ とする。

$\alpha\bar{z}$ が実数ではないから $\overline{\alpha\bar{z}}\neq\alpha\bar{z}$

よって $\bar{\alpha}z\neq\alpha\bar{z}$ ゆえに $\alpha\bar{z}-\bar{\alpha}z\neq0$

すなわち $v\neq0$

$v=\alpha\bar{z}-\bar{\alpha}z$ の両辺の共役複素数を考えると $\bar{v}=\overline{\alpha\bar{z}-\bar{\alpha}z}$

ここで （右辺）$=\overline{\alpha\bar{z}}-\overline{\bar{\alpha}z}=-\alpha\bar{z}+\bar{\alpha}z=-v$

したがって，$\bar{v}=-v$ かつ $v\neq0$ であるから，$\alpha\bar{z}-\bar{\alpha}z$ は純虚数である。

⇦ $\alpha\bar{z}$ が実数 $\iff \overline{\alpha\bar{z}}=\alpha\bar{z}$ であるから，$\alpha\bar{z}$ が実数でない $\iff \overline{\alpha\bar{z}}\neq\alpha\bar{z}$

PRACTICE 79③

(1) $z\bar{z}=1$ のとき，$z+\dfrac{1}{z}$ は実数であることを示せ。 [類 琉球大]

(2) z^3 が実数でない複素数 z に対して，$z^3-(\bar{z})^3$ は純虚数であることを示せ。

ズーム UP 複素数平面上の点の位置関係

複素数平面上の点 z に関して，点 $\overline{z}$，$-z$，$-\overline{z}$ などがどのような位置にあるかがとらえられると，z の実数条件や純虚数条件などが理解できます。

4点 z，$\overline{z}$，$-z$，$-\overline{z}$ の位置関係

$z=a+bi$（a，b は実数）とおくと

$$\overline{z}=\overline{a+bi}=a-bi,\quad -z=-(a+bi)=-a-bi,\quad -\overline{z}=-(a-bi)=-a+bi$$

であるから，4点は右図のような位置関係にある。

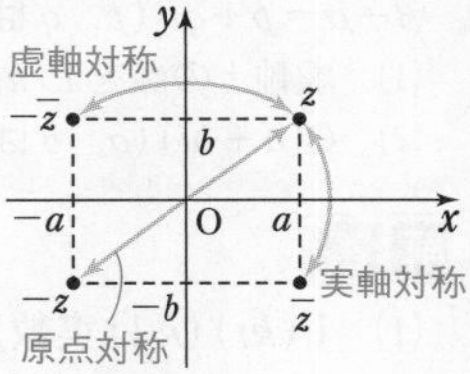

これから，

点 z と点 $\overline{z}$ は実軸に関して対称
点 z と点 $-\overline{z}$ は虚軸に関して対称
点 z と点 $-z$ は原点に関して対称

となることがわかる。

複素数 z の実数条件と純虚数条件

$z=a+bi$（a，b は実数）とする。

・z が実数 $\Longleftrightarrow$ $\overline{z}=z$

$\overline{z}=z$ が成り立つとき，$a-bi=a+bi$ から　　$-b=b$　すなわち　$b=0$

よって，$z=a$ となり，z は実数となる。

これを複素数平面上で考えると，点 z と点 $\overline{z}$ は実軸に関して対称な2点であり，この2点が一致するのは，**実軸上の点だけである** から，z は実数である。

・z が純虚数 $\Longleftrightarrow$ $\overline{z}=-z$ かつ $z\neq 0$

$\overline{z}=-z$ かつ $z\neq 0$ が成り立つとき，$a-bi=-a-bi$ から

$a=-a$　すなわち　$a=0$

よって，$z=bi$ となり，$z\neq 0$ より $b\neq 0$ であるから z は純虚数となる。

これを複素数平面上で考えると，点 $\overline{z}$ と点 $-z$ は虚軸に関して対称な2点であり，この2点が一致するのは，**虚軸上の点だけである**。このうち，原点O以外の点は純虚数である。よって，z は純虚数である。

$z=a+bi$（a，b は実数）と表す方法もあります。前ページの **例題 79** で $\alpha=a+bi$，$z=p+qi$（a，b，p，q は実数）とおくと，次のようになります。

(1)　$z\overline{z}+\alpha\overline{z}+\overline{\alpha}z=(p+qi)(p-qi)+(a+bi)(p-qi)+(a-bi)(p+qi)$

$=(p^2+q^2)+\{(ap+bq)-(aq-bp)i\}+\{(ap+bq)+(aq-bp)i\}$

$=p^2+q^2+2(ap+bq)$

$p^2+q^2+2(ap+bq)$ は実数であるから，$z\overline{z}+\alpha\overline{z}+\overline{\alpha}z$ は実数である。

(2)　$\alpha\overline{z}=(a+bi)(p-qi)=(ap+bq)-(aq-bp)i$

$\alpha\overline{z}$ は実数でないから　　$aq-bp\neq 0$ …… ①

$\alpha\overline{z}-\overline{\alpha}z=(a+bi)(p-qi)-(a-bi)(p+qi)$

$=\{(ap+bq)-(aq-bp)i\}-\{(ap+bq)+(aq-bp)i\}=-2(aq-bp)i$

① より，$\alpha\overline{z}-\overline{\alpha}z\neq 0$ であるから，$\alpha\overline{z}-\overline{\alpha}z$ は純虚数である。

基本 例題 80 2点間の距離

3点 $A(5+4i)$，$B(3-2i)$，$C(1+2i)$ について，次の点を表す複素数を求めよ。
(1) 2点A，Bから等距離にある虚軸上の点P
(2) 3点A，B，Cから等距離にある点Q

p.417 基本事項 4

CHART & SOLUTION

複素数平面上の2点 $A(\alpha)$，$B(\beta)$ 間の距離 $AB=|\beta-\alpha|$

$\beta-\alpha=p+qi$（p，q は実数）のとき $|\beta-\alpha|=|p+qi|=\sqrt{p^2+q^2}$

(1) 虚軸上の点を $P(ki)$（k は実数）とおき $AP=BP$

(2) $Q(a+bi)$（a，b は実数）とおき $AQ=BQ=CQ$

解答

(1) $P(ki)$（k は実数）とすると

$$AP^2=|ki-(5+4i)|^2=|(-5)+(k-4)i|^2$$
$$=(-5)^2+(k-4)^2=k^2-8k+41$$
$$BP^2=|ki-(3-2i)|^2=|(-3)+(k+2)i|^2$$
$$=(-3)^2+(k+2)^2=k^2+4k+13$$

$AP=BP$ より $AP^2=BP^2$ であるから

$k^2-8k+41=k^2+4k+13$ これを解いて $k=\dfrac{7}{3}$

したがって，点Pを表す複素数は $\boldsymbol{\dfrac{7}{3}i}$

⇐「k は実数」の断りは重要。

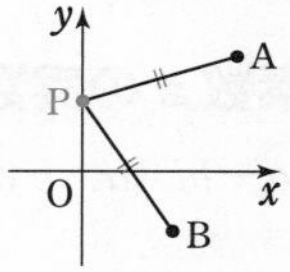

⇐ $AP\geqq0$，$BP\geqq0$ のとき $AP=BP \iff AP^2=BP^2$

(2) $Q(a+bi)$（a，b は実数）とすると

$$AQ^2=|(a+bi)-(5+4i)|^2=|(a-5)+(b-4)i|^2$$
$$=(a-5)^2+(b-4)^2$$
$$BQ^2=|(a+bi)-(3-2i)|^2=|(a-3)+(b+2)i|^2$$
$$=(a-3)^2+(b+2)^2$$
$$CQ^2=|(a+bi)-(1+2i)|^2=|(a-1)+(b-2)i|^2$$
$$=(a-1)^2+(b-2)^2$$

$AQ=BQ$ より $AQ^2=BQ^2$ であるから

$$(a-5)^2+(b-4)^2=(a-3)^2+(b+2)^2$$

整理すると $a+3b=7$ …… ①

$BQ=CQ$ より $BQ^2=CQ^2$ であるから

$$(a-3)^2+(b+2)^2=(a-1)^2+(b-2)^2$$

整理すると $a-2b=2$ …… ②

①，② を解くと $a=4$，$b=1$

したがって，点Qを表す複素数は $\boldsymbol{4+i}$

⇐「a，b は実数」の断りは重要。

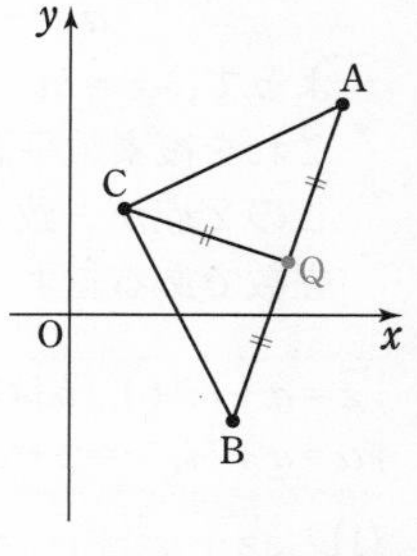

inf. △ABC は ∠C が直角の直角（二等辺）三角形であるので，求める点は辺ABの中点である。

PRACTICE 80[2]

3点 $A(-2-2i)$，$B(5-3i)$，$C(2+6i)$ について，次の点を表す複素数を求めよ。
(1) 2点A，Bから等距離にある虚軸上の点P
(2) 3点A，B，Cから等距離にある点Q

基本 例題 81 複素数の絶対値と共役複素数 (1)

$|z|=1$ かつ $|z+i|=\sqrt{3}$ を満たす複素数 z について，次の値を求めよ。
(1) $z\overline{z}$　　(2) $z-\overline{z}$　　(3) z

p.417 基本事項 3，4

CHART & SOLUTION

複素数の絶対値　$|\alpha|$ は $|\alpha|^2$ として扱う　$|\alpha|^2=\alpha\overline{\alpha}$ ……❗

(1) $z\overline{z}=|z|^2$　(2) $(z+i)\overline{(z+i)}=|z+i|^2$ の利用。
(3) (1), (2) の結果から，z についての2次方程式を導き，解く。
別解　$z=a+bi$ (a, b は実数) とおき，a, b の値を求める。

解答

❗ (1) $z\overline{z}=|z|^2=1^2=\mathbf{1}$

(2) $|z+i|=\sqrt{3}$ から　$|z+i|^2=3$

❗ よって　$(z+i)\overline{(z+i)}=3$　⇐ $|z+i|^2=(z+i)\overline{(z+i)}$

すなわち　$(z+i)(\overline{z}-i)=3$　⇐ $\overline{z+i}=\overline{z}+\overline{i}=\overline{z}-i$

展開すると　$z\overline{z}-iz+i\overline{z}+1=3$　⇐ $i^2=-1$

$z\overline{z}=1$ を代入して整理すると　$i(z-\overline{z})=-1$

よって　$\boldsymbol{z-\overline{z}}=\dfrac{-1}{i}=\dfrac{-i}{i^2}=\boldsymbol{i}$

(3) $z\neq0$ であるから，(1) の結果より　$\overline{z}=\dfrac{1}{z}$　⇐ $|z|=1$ から　$z\neq0$

inf. $|z|=1$ のとき，$\overline{z}=\dfrac{1}{z}$ の関係はよく利用される。

これを (2) の結果に代入して　$z-\dfrac{1}{z}=i$

両辺に z を掛けて整理すると　$z^2-iz-1=0$

よって　$\left(z-\dfrac{i}{2}\right)^2-\left(\dfrac{i}{2}\right)^2-1=0$

ゆえに　$\left(z-\dfrac{i}{2}\right)^2=\dfrac{3}{4}$　すなわち　$z-\dfrac{i}{2}=\pm\dfrac{\sqrt{3}}{2}$

したがって　$\boldsymbol{z=\dfrac{\sqrt{3}}{2}+\dfrac{1}{2}i,\ -\dfrac{\sqrt{3}}{2}+\dfrac{1}{2}i}$

別解　$z=a+bi$ (a, b は実数) とおく。　⇐「a, b は実数」の断りは重要。

$\overline{z}=a-bi$ であるから　$z-\overline{z}=a+bi-(a-bi)=2bi$

(2) より，$z-\overline{z}=i$ であるから　$b=\dfrac{1}{2}$　⇐ $2bi=i$

また，$|z|=1$ であるから　$a^2+b^2=1$　⇐ $|z|^2=a^2+b^2$

$b=\dfrac{1}{2}$ を代入して　$a^2=\dfrac{3}{4}$　よって　$a=\pm\dfrac{\sqrt{3}}{2}$

したがって　$\boldsymbol{z=\dfrac{\sqrt{3}}{2}+\dfrac{1}{2}i,\ -\dfrac{\sqrt{3}}{2}+\dfrac{1}{2}i}$

PRACTICE 81 ③

$|z|=5$ かつ $|z+5|=2\sqrt{5}$ を満たす複素数 z について，次の値を求めよ。
(1) $z\overline{z}$　　(2) $z+\overline{z}$　　(3) z

3章 10 複素数平面

基本 例題 82 複素数の絶対値と共役複素数 (2)

α, β は複素数とする。

(1) $|\alpha|=|\beta|=2$, $\alpha+\beta+2=0$ のとき，$\alpha\beta$, $\alpha^3+\beta^3$ の値を求めよ。

(2) $|\alpha|=|\beta|=|\alpha-\beta|=2$ のとき，$|\alpha+\beta|$ の値を求めよ。

p.417 基本事項 3 ，基本 78, 81

CHART & SOLUTION

複素数の絶対値　$|\alpha|$ は $|\alpha|^2$ として扱う　$|\alpha|^2=\alpha\overline{\alpha}$

(1) $|\alpha|=k$ (k は 0 でない実数) のとき，$|\alpha|^2=\alpha\overline{\alpha}$ から $\alpha\overline{\alpha}=k^2$　すなわち　$\overline{\alpha}=\dfrac{k^2}{\alpha}$

「**複素数の等式**　両辺の共役複素数を考える」(基本例題 78 参照) により，$\alpha+\beta+2=0$ の両辺の共役複素数を考える。$\overline{\alpha}=\dfrac{4}{\alpha}$, $\overline{\beta}=\dfrac{4}{\beta}$ から，$\overline{\alpha}$, $\overline{\beta}$ を消去し，α, β の式を導く。

(2) $|\alpha+\beta|^2$ を計算すると，$|\alpha|^2$, $|\beta|^2$, $\alpha\overline{\beta}+\overline{\alpha}\beta$ で表される。$\alpha\overline{\beta}+\overline{\alpha}\beta$ は $|\alpha-\beta|=2$ の両辺を 2 乗して求めることができる。

解答

(1) $|\alpha|^2=2^2$ から　$\alpha\overline{\alpha}=4$　ゆえに　$\overline{\alpha}=\dfrac{4}{\alpha}$ …… ①

$|\beta|^2=2^2$ から　$\beta\overline{\beta}=4$　ゆえに　$\overline{\beta}=\dfrac{4}{\beta}$ …… ②

$\alpha+\beta+2=0$ の両辺の共役複素数を考えると

$\overline{\alpha+\beta+2}=\overline{0}$　すなわち　$\overline{\alpha}+\overline{\beta}+2=0$

①, ② を代入して　$\dfrac{4}{\alpha}+\dfrac{4}{\beta}+2=0$

ゆえに　$4\beta+4\alpha+2\alpha\beta=0$　よって　$\alpha\beta=-2(\alpha+\beta)$

$\alpha+\beta=-2$ であるから　$\boldsymbol{\alpha\beta=-2\cdot(-2)=4}$

また　$\boldsymbol{\alpha^3+\beta^3}=(\alpha+\beta)^3-3\alpha\beta(\alpha+\beta)$

$=(-2)^3-3\cdot4\cdot(-2)=\mathbf{16}$

(2) $|\alpha-\beta|^2=(\alpha-\beta)(\overline{\alpha-\beta})=(\alpha-\beta)(\overline{\alpha}-\overline{\beta})$

$=\alpha\overline{\alpha}-\alpha\overline{\beta}-\overline{\alpha}\beta+\beta\overline{\beta}=|\alpha|^2-\alpha\overline{\beta}-\overline{\alpha}\beta+|\beta|^2$

条件より，$|\alpha|^2=|\beta|^2=|\alpha-\beta|^2=4$ であるから

$4=4-\alpha\overline{\beta}-\overline{\alpha}\beta+4$　ゆえに　$\alpha\overline{\beta}+\overline{\alpha}\beta=4$

よって　$|\alpha+\beta|^2=(\alpha+\beta)(\overline{\alpha+\beta})=(\alpha+\beta)(\overline{\alpha}+\overline{\beta})$

$=\alpha\overline{\alpha}+\alpha\overline{\beta}+\overline{\alpha}\beta+\beta\overline{\beta}$

$=|\alpha|^2+\alpha\overline{\beta}+\overline{\alpha}\beta+|\beta|^2=4+4+4=12$

したがって　$\boldsymbol{|\alpha+\beta|=\sqrt{12}=2\sqrt{3}}$

⇐ $\alpha\overline{\alpha}=|\alpha|^2$

⇐ $\beta\overline{\beta}=|\beta|^2$

⇐ $\overline{\alpha+\beta}=\overline{\alpha}+\overline{\beta}$

⇐ 両辺に $\alpha\beta$ を掛ける。

⇐ 条件 $\alpha+\beta+2=0$ から。

⇐ 対称式 $\alpha^3+\beta^3$ は基本対称式 $\alpha+\beta$ と $\alpha\beta$ で表す。

inf. $|\alpha|=|\beta|=|\alpha-\beta|=2$ から，複素数平面上の 3 点 0, α, β は 1 辺の長さが 2 の正三角形をなす。

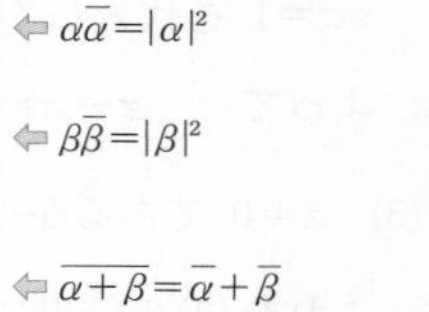

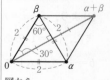

図から

$|\alpha+\beta|=2\times\sqrt{3}=2\sqrt{3}$

PRACTICE 82③

α, β は複素数とする。

(1) $|\alpha|=|\beta|=1$, $\alpha-\beta+1=0$ のとき，$\alpha\beta$, $\dfrac{\alpha}{\beta}+\dfrac{\beta}{\alpha}$ の値を求めよ。

(2) $|\alpha|=|\beta|=|\alpha-\beta|=1$ のとき，$|2\beta-\alpha|$ の値を求めよ。

重要 例題 83 複素数の実数条件

絶対値が1で，z^3-z が実数であるような複素数 z を求めよ。

基本 79, 81, 82

CHART & SOLUTION

複素数の実数条件　α が実数 $\Longleftrightarrow$ $\overline{\alpha}=\alpha$

z と $\overline{z}$ の和と積の値から z と $\overline{z}$ を解にもつ2次方程式を作る。

解答

$|z|=1$ から　$|z|^2=1$　ゆえに　$z\overline{z}=1$

また，z^3-z は実数であるから

$\overline{z^3-z}=z^3-z$

ここで，$\overline{z^3-z}=\overline{z^3}-\overline{z}=(\overline{z})^3-\overline{z}$ から

$(\overline{z})^3-\overline{z}=z^3-z$

したがって　$z^3-(\overline{z})^3-(z-\overline{z})=0$

$(左辺)=(z-\overline{z})\{z^2+z\overline{z}+(\overline{z})^2\}-(z-\overline{z})$

$=(z-\overline{z})\{z^2+1+(\overline{z})^2-1\}$

$=(z-\overline{z})\{z^2+(\overline{z})^2\}$

よって　$(z-\overline{z})\{z^2+(\overline{z})^2\}=0$

ゆえに　$z=\overline{z}$　または　$z^2+(\overline{z})^2=0$

[1]　$z=\overline{z}$ のとき

z は実数である。

よって，$|z|=1$ から

$z=\pm1$

[2]　$z^2+(\overline{z})^2=0$ のとき

$(z+\overline{z})^2-2z\overline{z}=0$

ゆえに　$(z+\overline{z})^2=2$

よって　$z+\overline{z}=\pm\sqrt{2}$

$z+\overline{z}=\sqrt{2}$ のとき，$z\overline{z}=1$ から，2数 z, $\overline{z}$ は2次方程式

$t^2-\sqrt{2}\,t+1=0$ の解である。よって　$t=\dfrac{\sqrt{2}\pm\sqrt{2}\,i}{2}$

$z+\overline{z}=-\sqrt{2}$ のときも同様にして2数 z, $\overline{z}$ は2次方程式

$t^2+\sqrt{2}\,t+1=0$ の解である。よって　$t=\dfrac{-\sqrt{2}\pm\sqrt{2}\,i}{2}$

[1]，[2] から　$\boldsymbol{z=\pm1,\ \dfrac{\sqrt{2}\pm\sqrt{2}\,i}{2},\ \dfrac{-\sqrt{2}\pm\sqrt{2}\,i}{2}}$

⇐ $z\overline{z}=|z|^2$

⇐ α が実数 $\Longleftrightarrow$ $\overline{\alpha}=\alpha$

⇐ $\overline{\alpha-\beta}=\overline{\alpha}-\overline{\beta}$
$\overline{\alpha^n}=(\overline{\alpha})^n$

⇐ a^3-b^3
$=(a-b)(a^2+ab+b^2)$

⇐ $z\overline{z}=1$

inf. $z=a+bi$ (a, b は実数) とおき，z^3-z に代入する方針でもよい。
$|z|=1$ から $a^2+b^2=1$ …… ①
$z^3-z=(a^3-3ab^2-a)$
$+(3a^2b-b^3-b)i$
これの虚部が0であるから
$b(3a^2-b^2-1)=0$ …… ②
①，② から
$(a,\ b)=(\pm1,\ 0)$,
$\left(\pm\dfrac{\sqrt{2}}{2},\ \pm\dfrac{\sqrt{2}}{2}\right)$
(複号任意)

⇐ $t^2-(和)t+(積)=0$

⇐ 解の公式を利用。

PRACTICE 83[4]

$z+\dfrac{4}{z}$ が実数であり，かつ $|z-2|=2$ であるような複素数 z を求めよ。　〔一橋大〕

EXERCISES　10 複素数平面

A

76❷ a, b は実数とし, $z=a+bi$ とするとき, 次の式を z と $\overline{z}$ を用いて表せ。
(1) a　(2) b　(3) $a-b$　(4) a^2-b^2
→ p.416 1

77❷ 複素数 z が $z^2=-3+4i$ を満たすとき z の絶対値は ア□ であり, z の共役複素数 $\overline{z}$ を z を用いて表すと $\overline{z}=\dfrac{イ□}{z}$ である(ただし i は虚数単位)。また, $(z+\overline{z})^2$ の値は ウ□ である。〔関西学院大〕
→ p.417 3, 4

78❷ a, b は実数とし, 3次方程式 $x^3+ax^2+bx+1=0$ が虚数解 α をもつとする。このとき, α の共役複素数 $\overline{\alpha}$ もこの方程式の解になることを示せ。また, 3つ目の解 β, および係数 a, b を α, $\overline{\alpha}$ を用いて表せ。〔類 防衛医大〕
→ 78

79❸ $|z|=|w|=1$, $zw\neq1$ を満たす複素数 z, w に対して, $\dfrac{z-w}{1-zw}$ は実数であることを証明せよ。
→ 79

80❸ 虚数 z について, $z+\dfrac{1}{z}$ が実数であるとき, $|z|$ を求めよ。
→ 79

B

81❸ 複素数 z が $|z-1|=|z+i|$, $2|z-i|=|z+2i|$ をともに満たすとき, z の値を求めよ。〔日本女子大〕
→ 81

82❹ 絶対値が1より小さい複素数 α, β に対して, 不等式 $\left|\dfrac{\alpha-\beta}{1-\overline{\alpha}\beta}\right|<1$ が成り立つことを示せ。ただし, $\overline{\alpha}$ は α の共役複素数を表す。〔学習院大〕
→ 81

HINT

79 複素数の実数条件 $\overline{\left(\dfrac{z-w}{1-zw}\right)}=\dfrac{z-w}{1-zw}$ が成り立つことを示す。
81 $z=a+bi$ (a, b は実数) として計算する。
82 $\left|\dfrac{\alpha-\beta}{1-\overline{\alpha}\beta}\right|<1$ を示すには, $|\alpha-\beta|^2<|1-\overline{\alpha}\beta|^2$ を示せばよい。

11 複素数の極形式，ド・モアブルの定理

基本事項

1 極形式

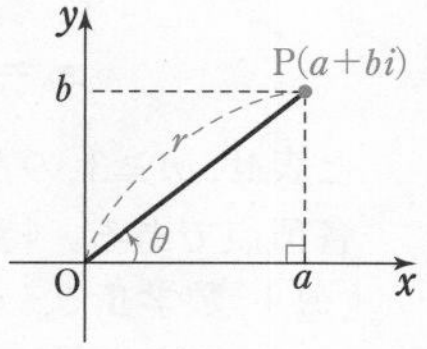

複素数平面上で，0 でない複素数 $z=a+bi$ を表す点をPとする。OP$=r$，半直線 OP を，実軸の正の部分を始線とした動径と考えて，動径 OP の表す角を θ とする。

$r=\sqrt{a^2+b^2}$，$a=r\cos\theta$，$b=r\sin\theta$ であるから，0 でない複素数 z は次の形にも表される。

$$\boldsymbol{z=r(\cos\theta+i\sin\theta)}$$

これを複素数 z の **極形式** という。$\boldsymbol{r=|z|}$ であり，θ を z の **偏角** といい $\boldsymbol{\arg z}$ と表す。偏角 θ は，$0\leqq\theta<2\pi$ または $-\pi<\theta\leqq\pi$ の範囲でただ1通りに定まる。z の偏角の1つを θ_0 とすると，$\arg z=\theta_0+2n\pi$（n は整数）である。

注意　$z=0$ のとき，偏角が定まらないから，その極形式は考えない。

2 極形式で表された複素数の積と商

$\alpha=r_1(\cos\theta_1+i\sin\theta_1)$，$\beta=r_2(\cos\theta_2+i\sin\theta_2)$（$r_1>0$，$r_2>0$）とする。

① 複素数 α，β の **積の極形式**　$\boldsymbol{\alpha\beta=r_1r_2\{\cos(\theta_1+\theta_2)+i\sin(\theta_1+\theta_2)\}}$
　$\boldsymbol{|\alpha\beta|=|\alpha||\beta|}$，$\boldsymbol{\arg\alpha\beta=\arg\alpha+\arg\beta}$

② 複素数 α，β の **商の極形式**　$\boldsymbol{\dfrac{\alpha}{\beta}=\dfrac{r_1}{r_2}\{\cos(\theta_1-\theta_2)+i\sin(\theta_1-\theta_2)\}}$
　$\boldsymbol{\left|\dfrac{\alpha}{\beta}\right|=\dfrac{|\alpha|}{|\beta|}}$，$\boldsymbol{\arg\dfrac{\alpha}{\beta}=\arg\alpha-\arg\beta}$

注意　偏角についての等式では，2π の整数倍の違いは無視して考える。

3 原点を中心とする回転

① $\alpha=\cos\theta+i\sin\theta$ と z に対して，**点 αz は，点 z を原点を中心として θ だけ回転した点** である。
また，$\overline{\alpha}=\cos\theta-i\sin\theta=\cos(-\theta)+i\sin(-\theta)$ から，**点 $\overline{\alpha}z$ は，点 z を原点を中心として $-\theta$ だけ回転した点** である。
　← $\cos(-\theta)=\cos\theta$，$\sin(-\theta)=-\sin\theta$

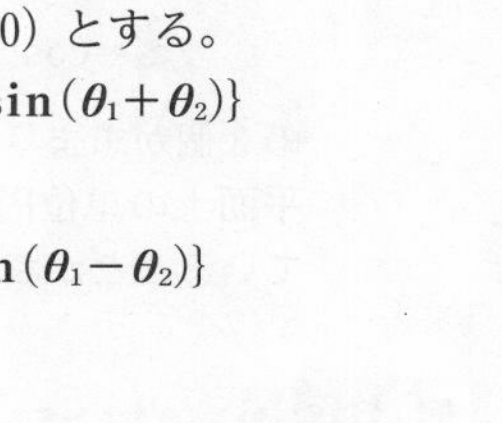

② $\beta=r(\cos\theta+i\sin\theta)$（$r>0$）と z に対して，**点 βz は，点 z を原点を中心として θ だけ回転し，更に原点からの距離を r 倍した点** である。
また，**点 $\overline{\beta}z$ は，点 z を原点を中心として $-\theta$ だけ回転し，更に原点からの距離を r 倍した点** である。

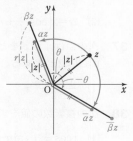

解説　② 積 βz について，その絶対値と偏角は，次のようになる。

$|\beta z|=|\beta||z|=r|z|$，
$\arg\beta z=\arg\beta+\arg z=\arg z+\theta$

4 ド・モアブルの定理

n が整数のとき　$(\cos\theta+i\sin\theta)^n=\cos n\theta+i\sin n\theta$

5 1の n 乗根

複素数 α と2以上の整数 n に対して，方程式 $z^n=\alpha$ の解を，α の **n 乗根** という。

1の n 乗根は n 個あり，それらを z_k とすると

$$z_k=\cos\frac{2k\pi}{n}+i\sin\frac{2k\pi}{n}\quad (k=0,\ 1,\ 2,\ \cdots\cdots,\ n-1)$$

と表せ，$n\geqq3$ のとき，複素数平面上で，z_k を表す点は，単位円に内接する正 n 角形の各頂点である。特に，頂点の1つは実軸上の点1である。

例　数学IIで，$x^3=1$ の虚数解の1つを ω とすると，1の3乗根は1，ω，ω^2 であることを学習した（新課程チャート式解法と演習数学II $p.102$ 基本例題60を参照）。
これを複素数平面上で考えてみると，方程式 $z^3=1$ の解は

$$z_k=\cos\frac{2k\pi}{3}+i\sin\frac{2k\pi}{3}\quad (k=0,\ 1,\ 2)$$

から

$$z_0=\cos0+i\sin0=1$$

$$z_1=\cos\frac{2}{3}\pi+i\sin\frac{2}{3}\pi=-\frac{1}{2}+\frac{\sqrt{3}}{2}i$$

$$z_2=\cos\frac{4}{3}\pi+i\sin\frac{4}{3}\pi=-\frac{1}{2}-\frac{\sqrt{3}}{2}i$$

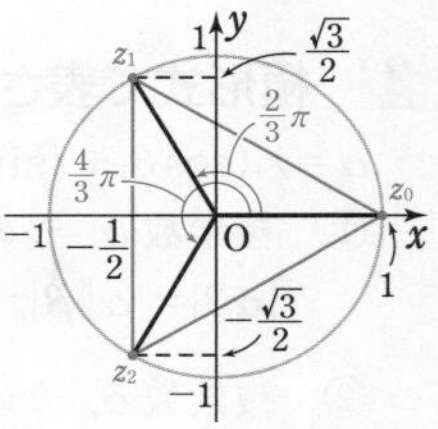

の3個が求まり，右の図のように，この3つの解は複素数平面上の単位円に内接する正三角形の3つの頂点となっていることがわかる。

CHECK & CHECK

35　次の複素数を極形式で表せ。ただし，偏角は $0\leqq\theta<2\pi$ とする。

(1) $1-i$　　(2) $-2i$　　(3) $-\sqrt{3}+3i$　→ 1

36　次の複素数の積 $\alpha\beta$，商 $\dfrac{\alpha}{\beta}$ を求めよ。

(1) $\alpha=\cos\dfrac{2}{3}\pi+i\sin\dfrac{2}{3}\pi,\ \beta=\cos\dfrac{\pi}{6}+i\sin\dfrac{\pi}{6}$

(2) $\alpha=2\left(\cos\dfrac{\pi}{4}+i\sin\dfrac{\pi}{4}\right),\ \beta=3\left(\cos\dfrac{5}{12}\pi+i\sin\dfrac{5}{12}\pi\right)$　→ 2

37　次の点は，点 z をどのように回転した点か。ただし，回転の角 θ の範囲は $0\leqq\theta<2\pi$ とする。

(1) $\dfrac{1-\sqrt{3}i}{2}z$　　(2) $-iz$　→ 3

38　次の複素数の値を求めよ。

(1) $\left(\cos\dfrac{\pi}{3}+i\sin\dfrac{\pi}{3}\right)^6$　　(2) $\left\{2\left(\cos\dfrac{\pi}{10}+i\sin\dfrac{\pi}{10}\right)\right\}^5$　→ 4

基本 例題 84 複素数の極形式 (1)

次の複素数を極形式で表せ。ただし，偏角 θ の範囲は $0 \leqq \theta < 2\pi$ とする。

(1) $\cos\frac{5}{6}\pi - i\sin\frac{5}{6}\pi$ (2) $z=\cos\frac{\pi}{5}+i\sin\frac{\pi}{5}$ のとき $2\bar{z}$

p. 429 基本事項 1, 2, 重要 97

CHART & SOLUTION

$a+bi$ の極形式表示 点 $a+bi$ を図示して考える

(1) 極形式は，$r(\cos● + i\sin●)$ の形である（i の前の符号は $+$）から，与式は極形式ではないことに注意。まず，数値に直してから極形式にする。

別解 三角関数の公式を利用（$p.446$ 重要例題 97 でも扱う）。

(2) 複素数平面上に点 $2\bar{z}$ を図示すると考えやすい。……❗

解答

(1) $\cos\frac{5}{6}\pi - i\sin\frac{5}{6}\pi$

$=-\frac{\sqrt{3}}{2}-\frac{1}{2}i$

$=\cos\frac{7}{6}\pi+i\sin\frac{7}{6}\pi$

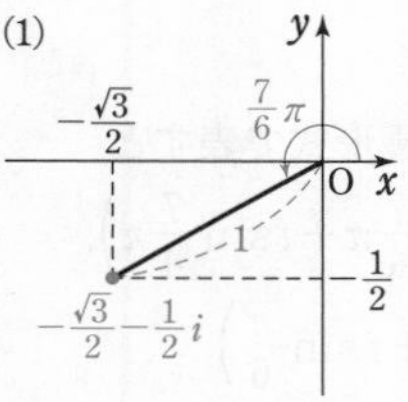

別解 $\cos\frac{5}{6}\pi - i\sin\frac{5}{6}\pi$

$=\cos\left(-\frac{5}{6}\pi\right)+i\sin\left(-\frac{5}{6}\pi\right)$

$=\cos\frac{7}{6}\pi+i\sin\frac{7}{6}\pi$

⇐ $\sin(-\theta)=-\sin\theta$
$\cos(-\theta)=\cos\theta$
偏角 θ が $0 \leqq \theta < 2\pi$ を満たすように変形する。
$-\frac{5}{6}\pi+2\pi=\frac{7}{6}\pi$

(2) z の絶対値は

$\sqrt{\cos^2\frac{\pi}{5}+\sin^2\frac{\pi}{5}}=1$，偏角は $\frac{\pi}{5}$

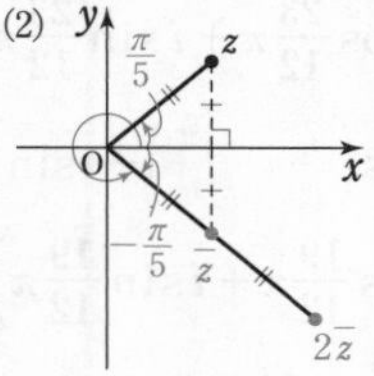

❗ 点 $2\bar{z}$ は，点 z を実軸に関して対称移動し，原点からの距離を 2 倍した点である。

よって，$2\bar{z}$ の絶対値は 2，偏角は

$$-\frac{\pi}{5}+2\pi=\frac{9}{5}\pi$$

⇐ 偏角 θ が $0 \leqq \theta < 2\pi$ を満たすようにする。

したがって $2\bar{z}=2\left(\cos\frac{9}{5}\pi+i\sin\frac{9}{5}\pi\right)$

PRACTICE 84[1]

次の複素数を極形式で表せ。ただし，偏角 θ の範囲は $0 \leqq \theta < 2\pi$ とする。

(1) $2\left(\sin\frac{\pi}{3}+i\cos\frac{\pi}{3}\right)$ (2) $z=\cos\frac{12}{7}\pi+i\sin\frac{12}{7}\pi$ のとき $-3z$

3章 11 複素数の極形式，ド・モアブルの定理

基本 例題 85 複素数の積・商

$\alpha=1-i$, $\beta=\sqrt{3}+i$ とする。ただし，偏角は $0\leqq\theta<2\pi$ とする。

(1) $\alpha\beta$, $\dfrac{\alpha}{\beta}$ をそれぞれ極形式で表せ。 (2) $\arg\beta^4$, $\left|\dfrac{\alpha}{\beta^4}\right|$ をそれぞれ求めよ。

p.429 基本事項 1, 2

CHART & SOLUTION

複素数 α, β の積と商　まず α, β を極形式で表す

$\alpha=r_1(\cos\theta_1+i\sin\theta_1)$, $\beta=r_2(\cos\theta_2+i\sin\theta_2)$ のとき

積　$\alpha\beta=r_1r_2\{\cos(\theta_1+\theta_2)+i\sin(\theta_1+\theta_2)\}$
　絶対値 は 掛ける，偏角 は 加える

商　$\dfrac{\alpha}{\beta}=\dfrac{r_1}{r_2}\{\cos(\theta_1-\theta_2)+i\sin(\theta_1-\theta_2)\}$
　絶対値 は 割る，偏角 は 引く

……❗

解答

(1) α, β をそれぞれ極形式で表すと

$$\alpha=\sqrt{2}\left(\cos\frac{7}{4}\pi+i\sin\frac{7}{4}\pi\right),$$
$$\beta=2\left(\cos\frac{\pi}{6}+i\sin\frac{\pi}{6}\right)$$

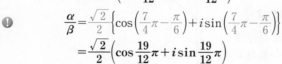

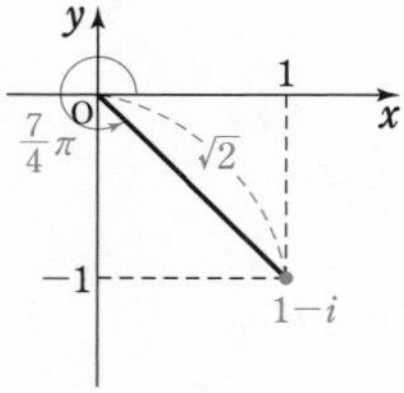

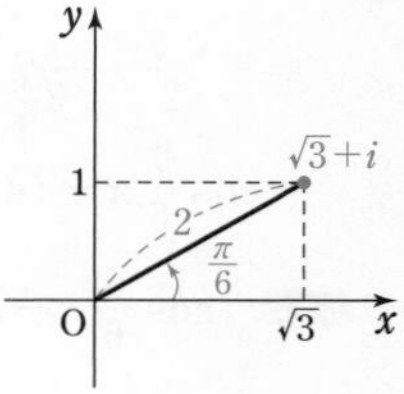

よって

❗ $$\boldsymbol{\alpha\beta}=\sqrt{2}\cdot2\left\{\cos\left(\frac{7}{4}\pi+\frac{\pi}{6}\right)+i\sin\left(\frac{7}{4}\pi+\frac{\pi}{6}\right)\right\}$$
$$=\boldsymbol{2\sqrt{2}\left(\cos\frac{23}{12}\pi+i\sin\frac{23}{12}\pi\right)},$$

⇐ $\dfrac{7}{4}\pi+\dfrac{\pi}{6}=\dfrac{23}{12}\pi$

❗ $$\boldsymbol{\frac{\alpha}{\beta}}=\frac{\sqrt{2}}{2}\left\{\cos\left(\frac{7}{4}\pi-\frac{\pi}{6}\right)+i\sin\left(\frac{7}{4}\pi-\frac{\pi}{6}\right)\right\}$$
$$=\boldsymbol{\frac{\sqrt{2}}{2}\left(\cos\frac{19}{12}\pi+i\sin\frac{19}{12}\pi\right)}$$

⇐ $\dfrac{7}{4}\pi-\dfrac{\pi}{6}=\dfrac{19}{12}\pi$

(2) (1)より $\arg\beta=\dfrac{\pi}{6}$ であるから　$\boldsymbol{\arg\beta^4}=4\arg\beta=\boldsymbol{\dfrac{2}{3}\pi}$

⇐ $\arg\beta^4=\arg(\beta\cdot\beta\cdot\beta\cdot\beta)$
$=4\arg\beta$

(1)より $|\alpha|=\sqrt{2}$, $|\beta|=2$ であるから

$$\boldsymbol{\left|\frac{\alpha}{\beta^4}\right|}=\frac{|\alpha|}{|\beta^4|}=\frac{|\alpha|}{|\beta|^4}=\frac{\sqrt{2}}{2^4}=\boldsymbol{\frac{\sqrt{2}}{16}}$$

inf. $(\sqrt{3}+i)^4$ や $\dfrac{1-i}{(\sqrt{3}+i)^4}$ を計算してから，絶対値や偏角を求めるのは大変。

PRACTICE 85[1]

$\alpha=-2+2i$, $\beta=-3-3\sqrt{3}i$ とする。ただし，偏角は $0\leqq\theta<2\pi$ とする。

(1) $\alpha\beta$, $\dfrac{\alpha}{\beta}$ をそれぞれ極形式で表せ。 (2) $\arg\alpha^3$, $\left|\dfrac{\alpha^3}{\beta}\right|$ をそれぞれ求めよ。

基本 例題 86 極形式の利用

$1+\sqrt{3}i$, $1+i$ を極形式で表すことにより, $\cos\dfrac{\pi}{12}$, $\sin\dfrac{\pi}{12}$ の値をそれぞれ求めよ。

基本 84, 85

CHART & SOLUTION

三角関数の値　偏角に着目する

$\alpha=1+\sqrt{3}i$, $\beta=1+i$ とすると　$\arg\alpha=\dfrac{\pi}{3}$, $\arg\beta=\dfrac{\pi}{4}$　←解答の図参照。
arg● は ● の偏角のこと。

$\dfrac{\pi}{12}=\dfrac{\pi}{3}-\dfrac{\pi}{4}$ であるから　$\dfrac{\pi}{12}=\boldsymbol{\arg\alpha-\arg\beta=\arg\dfrac{\alpha}{\beta}}$

よって, $\dfrac{\alpha}{\beta}$ を極形式で表すと　$\dfrac{\alpha}{\beta}=r\left(\cos\dfrac{\pi}{12}+i\sin\dfrac{\pi}{12}\right)$　$[r>0]$

また, $\dfrac{\alpha}{\beta}=\dfrac{1+\sqrt{3}i}{1+i}$ を変形して $a+bi$ の形にすると, $\dfrac{\alpha}{\beta}$ が **極形式と $a+bi$ の 2 通りの形で表されたことになる** から, それぞれの実部と虚部を **比較** する。

解答

$1+\sqrt{3}i$, $1+i$ をそれぞれ極形式で表すと

$$1+\sqrt{3}i=2\left(\frac{1}{2}+\frac{\sqrt{3}}{2}i\right)=2\left(\cos\frac{\pi}{3}+i\sin\frac{\pi}{3}\right)$$

$$1+i=\sqrt{2}\left(\frac{1}{\sqrt{2}}+\frac{1}{\sqrt{2}}i\right)=\sqrt{2}\left(\cos\frac{\pi}{4}+i\sin\frac{\pi}{4}\right)$$

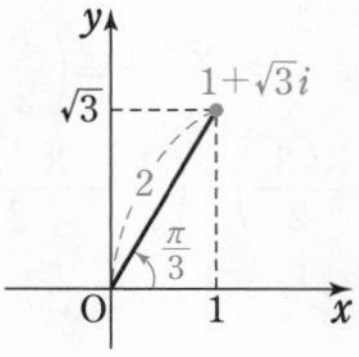

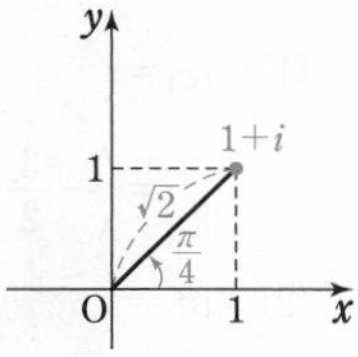

ゆえに

$$\frac{1+\sqrt{3}i}{1+i}=\frac{2}{\sqrt{2}}\left\{\cos\left(\frac{\pi}{3}-\frac{\pi}{4}\right)+i\sin\left(\frac{\pi}{3}-\frac{\pi}{4}\right)\right\}$$

$$=\sqrt{2}\left(\cos\frac{\pi}{12}+i\sin\frac{\pi}{12}\right)\quad\cdots\cdots①$$

⇐ 極形式の形。

また

$$\frac{1+\sqrt{3}i}{1+i}=\frac{(1+\sqrt{3}i)(1-i)}{(1+i)(1-i)}=\frac{1-i+\sqrt{3}i+\sqrt{3}}{1+1}$$

$$=\frac{\sqrt{3}+1}{2}+\frac{\sqrt{3}-1}{2}i\quad\cdots\cdots②$$

⇐ $a+bi$ の形。

よって, ①, ② から

$$\sqrt{2}\cos\frac{\pi}{12}=\frac{\sqrt{3}+1}{2},\quad \sqrt{2}\sin\frac{\pi}{12}=\frac{\sqrt{3}-1}{2}$$

⇐ ①, ② の実部どうし, 虚部どうしがそれぞれ等しい。

したがって

$$\boldsymbol{\cos\frac{\pi}{12}}=\frac{\sqrt{3}+1}{2\sqrt{2}}=\boldsymbol{\frac{\sqrt{6}+\sqrt{2}}{4}},$$

$$\boldsymbol{\sin\frac{\pi}{12}}=\frac{\sqrt{3}-1}{2\sqrt{2}}=\boldsymbol{\frac{\sqrt{6}-\sqrt{2}}{4}}$$

⇐ この値は三角関数の加法定理から導くこともできる。覚えておくと便利である。

PRACTICE 86②

$1+i$, $\sqrt{3}+i$ を極形式で表すことにより, $\cos\dfrac{5}{12}\pi$, $\sin\dfrac{5}{12}\pi$ の値をそれぞれ求めよ。

基本 例題 87 原点を中心とする回転

$z=-3+i$ とする。

(1) 点 z を原点を中心として $\frac{\pi}{3}$ だけ回転した点を表す複素数 w_1 を求めよ。

(2) 点 z を原点を中心として $-\frac{\pi}{4}$ だけ回転し，原点からの距離を $\sqrt{2}$ 倍した点を表す複素数 w_2 を求めよ。

p.429 基本事項 3

CHART & SOLUTION

原点を中心として θ だけ回転し，原点からの距離を r 倍

$r(\cos\theta+i\sin\theta)$ を掛ける

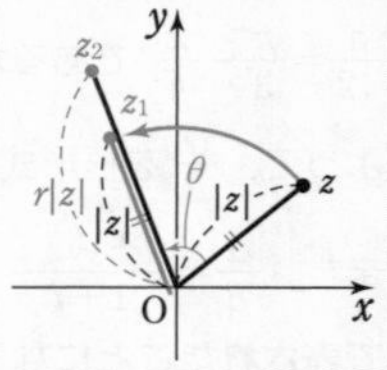

点 z を原点を中心として θ だけ回転した点 z_1 は

$$z_1=(\cos\theta+i\sin\theta)z$$

点 z を原点を中心として θ だけ回転し，原点からの距離を r 倍した点 z_2 は $\quad z_2=r(\cos\theta+i\sin\theta)z$

解答

(1) $\boldsymbol{w_1}=\left(\cos\frac{\pi}{3}+i\sin\frac{\pi}{3}\right)z=\left(\frac{1}{2}+\frac{\sqrt{3}}{2}i\right)(-3+i)$

$=\boldsymbol{\left(-\frac{3}{2}-\frac{\sqrt{3}}{2}\right)+\left(\frac{1}{2}-\frac{3\sqrt{3}}{2}\right)i}$

⇐ 絶対値が 1 で，偏角が $\frac{\pi}{3}$ の複素数を z に掛ける。

(2) $\boldsymbol{w_2}=\sqrt{2}\left\{\cos\left(-\frac{\pi}{4}\right)+i\sin\left(-\frac{\pi}{4}\right)\right\}z$

$=\sqrt{2}\left(\frac{1}{\sqrt{2}}-\frac{1}{\sqrt{2}}i\right)(-3+i)$

$=\boldsymbol{-2+4i}$

⇐ 絶対値が $\sqrt{2}$ で，偏角が $-\frac{\pi}{4}$ の複素数を z に掛ける。

INFORMATION ― 図形への利用

上の例題において，原点を O，P(z)，Q(w_1)，R(w_2) とすると，$\angle\text{POQ}=\frac{\pi}{3}$，OP=OQ から，△OPQ は正三角形であることがわかる。また，$\angle\text{POR}=\frac{\pi}{4}$，OP : OR=1 : $\sqrt{2}$ から，△OPR は OP=PR の直角二等辺三角形であることがわかる（p.436 基本例題 89 参照）。

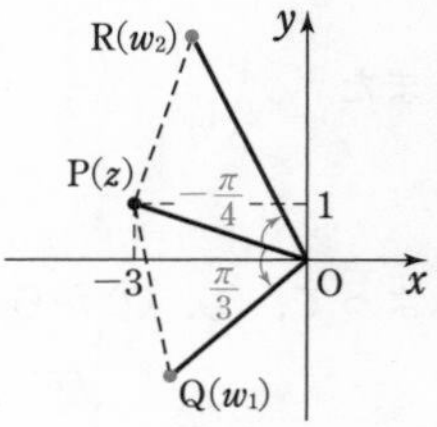

PRACTICE 87②

$z=4-2i$ とする。

(1) 点 z を原点を中心として $-\frac{\pi}{2}$ だけ回転した点を表す複素数 w_1 を求めよ。

(2) 点 z を原点を中心として $\frac{\pi}{3}$ だけ回転し，原点からの距離を $\frac{1}{2}$ 倍した点を表す複素数 w_2 を求めよ。

基本 例題 88 原点以外の点を中心とする回転 ②②②②②

$\alpha=1+2i$, $\beta=-1+4i$ とする。点 β を，点 α を中心として $\dfrac{\pi}{3}$ だけ回転した点を表す複素数 γ を求めよ。

基本 87

CHART & SOLUTION

原点以外の点が回転の中心　回転の中心が原点となるように平行移動

点 β を点 α を中心として θ だけ回転した点を表す複素数 γ を求める手順は次の通り。

[1]　点 α が原点に移るような平行移動 $(-\alpha)$ で，点 β を平行移動した点を β' とすると

$$\beta'=\beta-\alpha$$

[2]　点 β' を，原点を中心として θ だけ回転した点を γ' とすると

$$\gamma'=(\cos\theta+i\sin\theta)\beta'$$

[3]　点 γ' を [1] の逆の平行移動 $(+\alpha)$ で元に戻した点が求める点 γ である。

$$\gamma=\gamma'+\alpha$$

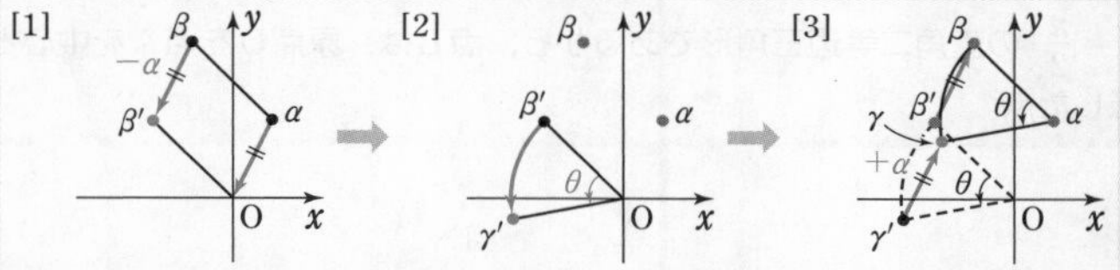

解答

点 α が原点 O に移るような平行移動で，点 β, γ がそれぞれ β', γ' に移るとすると

$$\beta'=\beta-\alpha=(-1+4i)-(1+2i)=-2+2i$$

$$\gamma'=\gamma-\alpha$$

⇐ [1] $-\alpha$ の平行移動。

点 γ' は，点 β' を原点 O を中心として $\dfrac{\pi}{3}$ だけ回転した点であるから

$$\gamma'=\left(\cos\frac{\pi}{3}+i\sin\frac{\pi}{3}\right)(-2+2i)=\left(\frac{1}{2}+\frac{\sqrt{3}}{2}i\right)(-2+2i)$$

$$=(-1-\sqrt{3})+(1-\sqrt{3})i$$

⇐ [2] 原点を中心とした $\dfrac{\pi}{3}$ の回転移動。

よって　$\boldsymbol{\gamma}=\gamma'+\alpha=(-1-\sqrt{3})+(1-\sqrt{3})i+(1+2i)$

$$=\boldsymbol{-\sqrt{3}+(3-\sqrt{3})i}$$

⇐ [3] 元に戻す $+\alpha$ の平行移動。

INFORMATION　原点以外の点を中心とする回転

CHART & SOLUTION の [1] ～ [3] から，点 β を，点 α を中心として θ だけ回転した点 γ は　$\boldsymbol{\gamma=(\cos\theta+i\sin\theta)(\beta-\alpha)+\alpha}$

PRACTICE 88③

$\alpha=2+i$, $\beta=4+5i$ とする。点 β を，点 α を中心として $\dfrac{\pi}{4}$ だけ回転した点を表す複素数 γ を求めよ。

基本 例題 89 回転の図形への利用

原点をOとする。

(1) A$(5+2i)$ とする。△OAB が正三角形となるような点Bを表す複素数 w を求めよ。

(2) A$(2+3i)$ とする。△OAB が OA＝AB の直角二等辺三角形となるような点Bを表す複素数 β を求めよ。

基本 87，88

CHART & SOLUTION

複素数平面上の三角形　2辺のなす角と長さの比に注目

(1) 点Bは，点Aを原点Oを中心として $\pm\frac{\pi}{3}$ だけ回転した点。

(2) OA＝AB の直角二等辺三角形であるから，点Bは，点Aを原点Oを中心として $\pm\frac{\pi}{4}$ だけ回転して，原点からの距離を $\sqrt{2}$ 倍した点。

別解 $\angle A=\frac{\pi}{2}$ の直角二等辺三角形であるから，点Bは，原点Oを点Aを中心として $\pm\frac{\pi}{2}$ だけ回転した点。

解答

(1) 点Bは，点Aを原点Oを中心として $\frac{\pi}{3}$ または $-\frac{\pi}{3}$ だけ回転した点である。

[1] $\frac{\pi}{3}$ だけ回転した場合

$$w=\left(\cos\frac{\pi}{3}+i\sin\frac{\pi}{3}\right)(5+2i)=\left(\frac{1}{2}+\frac{\sqrt{3}}{2}i\right)(5+2i)$$
$$=\boldsymbol{\left(\frac{5}{2}-\sqrt{3}\right)+\left(1+\frac{5\sqrt{3}}{2}\right)i}$$

[2] $-\frac{\pi}{3}$ だけ回転した場合

$$w=\left\{\cos\left(-\frac{\pi}{3}\right)+i\sin\left(-\frac{\pi}{3}\right)\right\}(5+2i)$$
$$=\left(\frac{1}{2}-\frac{\sqrt{3}}{2}i\right)(5+2i)=\boldsymbol{\left(\frac{5}{2}+\sqrt{3}\right)+\left(1-\frac{5\sqrt{3}}{2}\right)i}$$

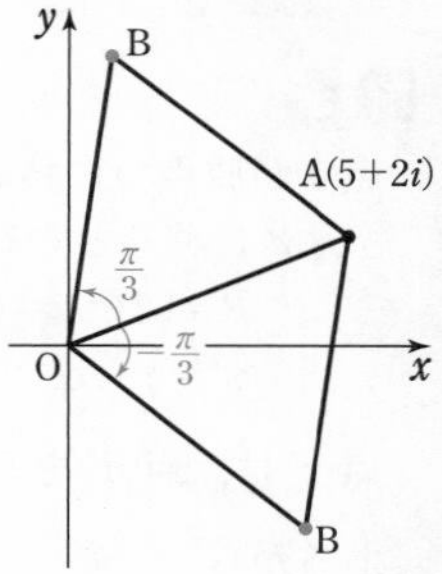

(2) 点Bは，点Aを原点Oを中心として $\frac{\pi}{4}$ または $-\frac{\pi}{4}$ だけ回転し，原点からの距離を $\sqrt{2}$ 倍した点である。

[1] $\frac{\pi}{4}$ だけ回転した場合

$$\beta=\sqrt{2}\left(\cos\frac{\pi}{4}+i\sin\frac{\pi}{4}\right)(2+3i)$$
$$=\sqrt{2}\left(\frac{1}{\sqrt{2}}+\frac{1}{\sqrt{2}}i\right)(2+3i)$$
$$=\boldsymbol{-1+5i}$$

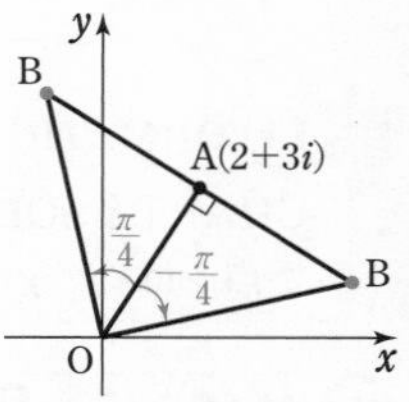

[2] $-\dfrac{\pi}{4}$ だけ回転した場合

$$\beta=\sqrt{2}\left\{\cos\left(-\frac{\pi}{4}\right)+i\sin\left(-\frac{\pi}{4}\right)\right\}(2+3i)$$

$$=\sqrt{2}\left(\frac{1}{\sqrt{2}}-\frac{1}{\sqrt{2}}i\right)(2+3i)=\boldsymbol{5+i}$$

別解　点Bは，原点Oを点Aを中心として $\dfrac{\pi}{2}$ または $-\dfrac{\pi}{2}$ だけ回転した点である。

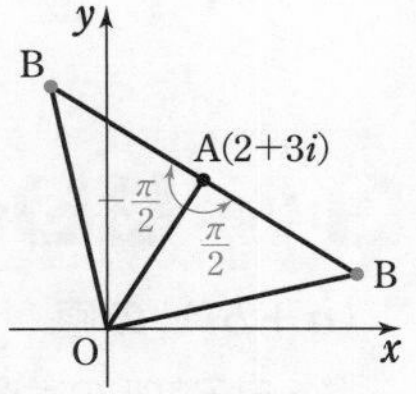

点Aが原点に移るような平行移動で，点O，Bがそれぞれ点O′，B′に移るとすると　　O′$(-2-3i)$，B′$(\beta-(2+3i))$

点B′は，点O′を原点Oを中心として $\dfrac{\pi}{2}$ または $-\dfrac{\pi}{2}$ だけ回転した点であるから

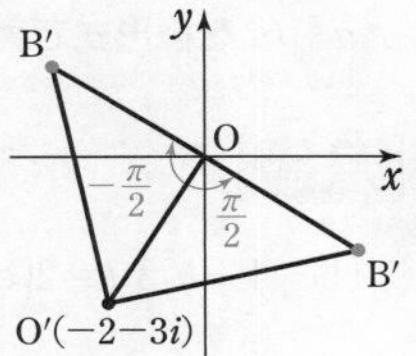

$$\beta-(2+3i)=\left\{\cos\left(\pm\frac{\pi}{2}\right)+i\sin\left(\pm\frac{\pi}{2}\right)\right\}(-2-3i)$$

$$=\pm i(-2-3i)=\pm3\mp2i \text{（複号はすべて同順）}$$

よって　　$\boldsymbol{\beta=-1+5i,\ 5+i}$

INFORMATION　△OABが直角二等辺三角形になる場合

上の例題(2)では OA＝AB の条件が与えられていたが，この条件がない場合，△OABが直角二等辺三角形になるのは下の図のように6通り考えられる。

[1] AO＝AB，∠A＝90° の直角二等辺三角形

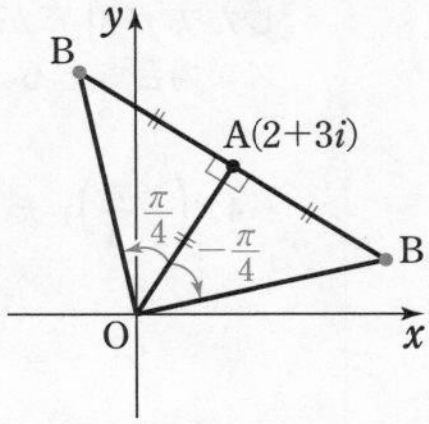

点Bは，点Aを原点Oを中心として $\pm\dfrac{\pi}{4}$ 回転し，原点からの距離を $\sqrt{2}$ 倍した点。

[2] OA＝OB，∠O＝90° の直角二等辺三角形

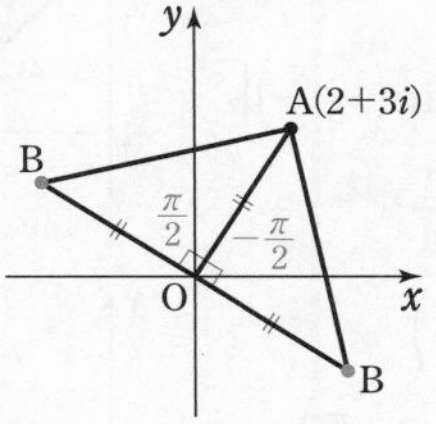

点Bは，点Aを原点Oを中心として $\pm\dfrac{\pi}{2}$ 回転した点。

[3] BA＝BO，∠B＝90° の直角二等辺三角形

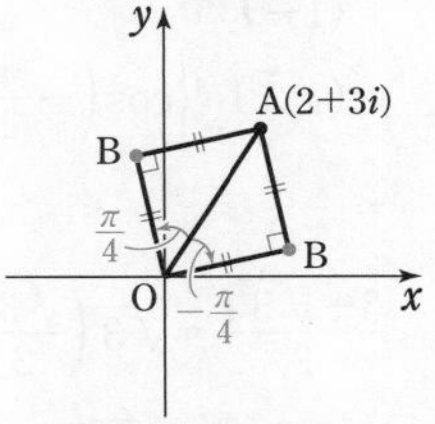

点Bは，点Aを原点Oを中心として $\pm\dfrac{\pi}{4}$ 回転し，原点からの距離を $\dfrac{1}{\sqrt{2}}$ 倍した点。

PRACTICE 89③

原点をOとする。

(1) A$(5-\sqrt{3}i)$ とする。△OABが正三角形となるような点Bを表す複素数 w を求めよ。　〔類 千葉工大〕

(2) A$(-1+2i)$ とする。△OABが直角二等辺三角形となるような点Bを表す複素数 β を求めよ。

基本 例題 90 ド・モアブルの定理

次の複素数の値を求めよ。 [(1) 類 京都産大]

(1) $(1+\sqrt{3}\,i)^6$　　(2) $(1-i)^{-4}$　　(3) $\left(\dfrac{3+\sqrt{3}\,i}{2}\right)^8$

p.430 基本事項 4，基本 84

CHART & SOLUTION

$(a+bi)^n$ の値　ド・モアブルの定理の利用 …… ❗

ド・モアブルの定理から　$\{r(\cos\theta+i\sin\theta)\}^n=r^n(\cos n\theta+i\sin n\theta)$ （n は整数）

$a+bi$ を極形式で表してから計算。　絶対値は n 乗　偏角は n 倍

解答

(1) $1+\sqrt{3}\,i=2\left(\cos\dfrac{\pi}{3}+i\sin\dfrac{\pi}{3}\right)$ から

$\boldsymbol{(1+\sqrt{3}\,i)^6}=2^6\left(\cos\dfrac{\pi}{3}+i\sin\dfrac{\pi}{3}\right)^6$

❗ $=64(\cos 2\pi+i\sin 2\pi)$

$=\boldsymbol{64}$

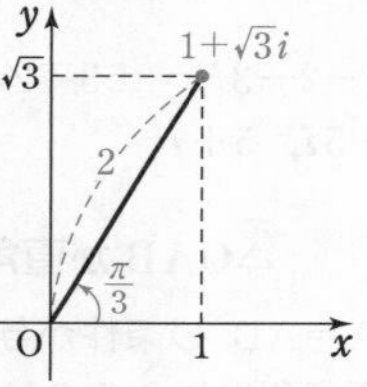

⇐ $1+\sqrt{3}\,i$ を極形式で表す。

⇐ $6\times\dfrac{\pi}{3}=2\pi$

(2) $1-i=\sqrt{2}\left\{\cos\left(-\dfrac{\pi}{4}\right)+i\sin\left(-\dfrac{\pi}{4}\right)\right\}$

から

$\boldsymbol{(1-i)^{-4}}$

$=(\sqrt{2})^{-4}\left\{\cos\left(-\dfrac{\pi}{4}\right)+i\sin\left(-\dfrac{\pi}{4}\right)\right\}^{-4}$

❗ $=\dfrac{1}{4}(\cos\pi+i\sin\pi)=\boldsymbol{-\dfrac{1}{4}}$

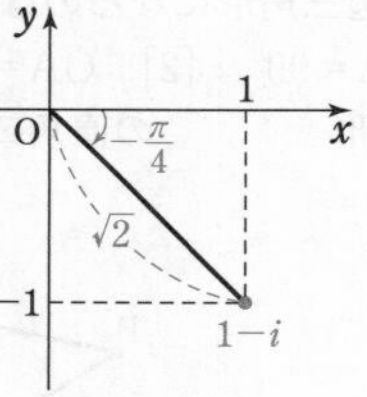

⇐ 偏角は $0\leqq\theta<2\pi$ の範囲で表す場合が多いが，$-\pi<\theta\leqq\pi$ の範囲で表した方が計算がスムーズな場合もある。

⇐ $-4\times\left(-\dfrac{\pi}{4}\right)=\pi$

(3) $\dfrac{3+\sqrt{3}\,i}{2}=\sqrt{3}\left(\dfrac{\sqrt{3}}{2}+\dfrac{1}{2}i\right)$

$=\sqrt{3}\left(\cos\dfrac{\pi}{6}+i\sin\dfrac{\pi}{6}\right)$

から

$\boldsymbol{\left(\dfrac{3+\sqrt{3}\,i}{2}\right)^8}$

❗ $=(\sqrt{3})^8\left(\cos\dfrac{\pi}{6}+i\sin\dfrac{\pi}{6}\right)^8=3^4\left(\cos\dfrac{4}{3}\pi+i\sin\dfrac{4}{3}\pi\right)$

$=81\left(-\dfrac{1}{2}-\dfrac{\sqrt{3}}{2}i\right)=\boldsymbol{-\dfrac{81}{2}-\dfrac{81\sqrt{3}}{2}i}$

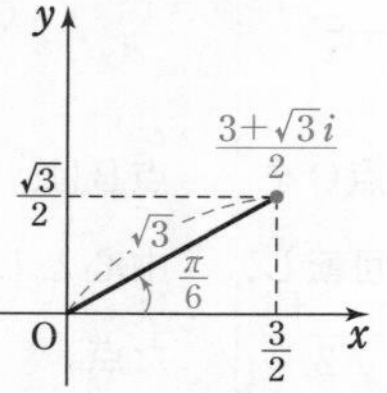

⇐ $8\times\dfrac{\pi}{6}=\dfrac{4}{3}\pi$

PRACTICE 90 ①

次の複素数の値を求めよ。

(1) $(\sqrt{3}-i)^4$　　(2) $\left(\dfrac{2}{-1+i}\right)^{-6}$　　(3) $\left(\dfrac{-\sqrt{6}+\sqrt{2}\,i}{4}\right)^8$

基本 例題 91 複素数の n 乗の計算 (1)

複素数 $z=\dfrac{1+i}{\sqrt{3}+i}$ について，z^n が正の実数となるような最小の正の整数 n を求めよ。 〔類 日本女子大〕 基本 85，90

CHART & SOLUTION

複素数の累乗　ド・モアブルの定理

分母を実数化するとうまくいかない。分母・分子をそれぞれ極形式で表してから，$\dfrac{1+i}{\sqrt{3}+i}$ を極形式で表す（$p.432$ 基本例題 85 (1) 参照)。

$z^n=r^n(\cos n\theta+i\sin n\theta)$ が正の実数 $\iff$ $\cos n\theta>0$ かつ $\sin n\theta=0$ ……❶

解答

$1+i$，$\sqrt{3}+i$ をそれぞれ極形式で表すと

$$1+i=\sqrt{2}\left(\cos\frac{\pi}{4}+i\sin\frac{\pi}{4}\right),$$

$$\sqrt{3}+i=2\left(\cos\frac{\pi}{6}+i\sin\frac{\pi}{6}\right)$$

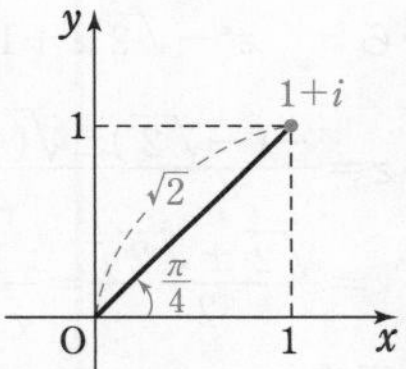

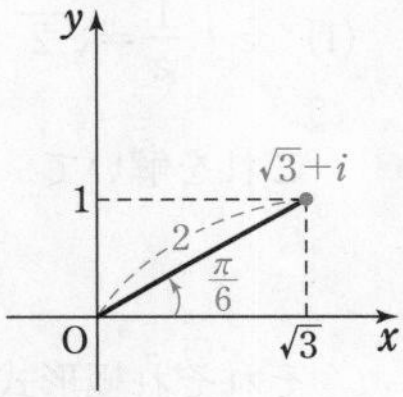

よって

$$z=\frac{\sqrt{2}}{2}\left\{\cos\left(\frac{\pi}{4}-\frac{\pi}{6}\right)+i\sin\left(\frac{\pi}{4}-\frac{\pi}{6}\right)\right\}$$

$$=\frac{\sqrt{2}}{2}\left(\cos\frac{\pi}{12}+i\sin\frac{\pi}{12}\right)$$

⇐ $\dfrac{\pi}{4}-\dfrac{\pi}{6}=\dfrac{\pi}{12}$

ゆえに　$z^n=\left(\dfrac{\sqrt{2}}{2}\right)^n\left(\cos\dfrac{\pi}{12}+i\sin\dfrac{\pi}{12}\right)^n$

$$=\left(\frac{\sqrt{2}}{2}\right)^n\left(\cos\frac{n}{12}\pi+i\sin\frac{n}{12}\pi\right)$$

⇐ ド・モアブルの定理

❶ z^n が正の実数となるとき　$\cos\dfrac{n}{12}\pi>0$，$\sin\dfrac{n}{12}\pi=0$

⇐ $\sin\theta=0$ の解は $\theta=k\pi$（k は整数）
[1] $\theta=2m\pi$（m は整数）のとき $\cos\theta=1>0$
[2] $\theta=(2m+1)\pi$（m は整数）のとき $\cos\theta=-1<0$

ゆえに　$\dfrac{n}{12}\pi=2m\pi$（m は整数）

よって　$n=24m$

したがって，n が最小の正の整数となるのは $m=1$ のときであるから　$\boldsymbol{n=24}$

PRACTICE 91 ③

複素数 $z=\dfrac{-1+i}{1+\sqrt{3}i}$ について，z^n が実数となるような最小の正の整数 n を求めよ。

基本 例題 92　複素数の n 乗の計算 (2)

複素数 z が $z+\dfrac{1}{z}=\sqrt{2}$ を満たす。

(1) z を極形式で表せ。　(2) $z^{20}+\dfrac{1}{z^{20}}$ の値を求めよ。　〔中部大〕

基本 90

CHART & SOLUTION

複素数の累乗　ド・モアブルの定理

(1) 条件式を変形し，z の 2 次方程式を導く。⟶ 解の公式から z を求める。
⟶ この解を極形式で表す。

(2) ド・モアブルの定理を適用して z^{20} の値を求める。

解答

(1) $z+\dfrac{1}{z}=\sqrt{2}$ から　$z^2-\sqrt{2}z+1=0$

⇐ 両辺に z を掛けて整理。

これを解いて　$z=\dfrac{-(-\sqrt{2})\pm\sqrt{(-\sqrt{2})^2-4\cdot1\cdot1}}{2}$

⇐ 解の公式を利用。

$=\dfrac{\sqrt{2}\pm\sqrt{2}i}{2}=\dfrac{1}{\sqrt{2}}\pm\dfrac{1}{\sqrt{2}}i$

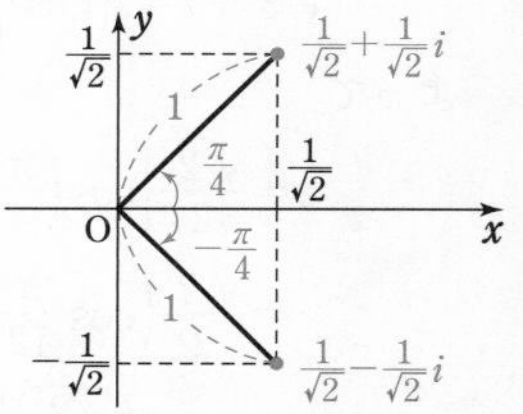

それぞれ極形式で表すと

$$z=\frac{1}{\sqrt{2}}+\frac{1}{\sqrt{2}}i=\cos\frac{\pi}{4}+i\sin\frac{\pi}{4}$$

$$z=\frac{1}{\sqrt{2}}-\frac{1}{\sqrt{2}}i=\cos\left(-\frac{\pi}{4}\right)+i\sin\left(-\frac{\pi}{4}\right)$$

(2) [1] $z=\dfrac{1}{\sqrt{2}}+\dfrac{1}{\sqrt{2}}i$ のとき

$$z^{20}=\left(\cos\frac{\pi}{4}+i\sin\frac{\pi}{4}\right)^{20}=\cos5\pi+i\sin5\pi=-1$$

よって　$z^{20}+\dfrac{1}{z^{20}}=-1+\dfrac{1}{-1}=-2$

[2] $z=\dfrac{1}{\sqrt{2}}-\dfrac{1}{\sqrt{2}}i$ のとき

$$z^{20}=\left\{\cos\left(-\frac{\pi}{4}\right)+i\sin\left(-\frac{\pi}{4}\right)\right\}^{20}$$
$$=\cos(-5\pi)+i\sin(-5\pi)=-1$$

よって　$z^{20}+\dfrac{1}{z^{20}}=-1+\dfrac{1}{-1}=-2$

以上から　$z^{20}+\dfrac{1}{z^{20}}=-2$

別解 (2) 条件式から

$\left(z+\dfrac{1}{z}\right)^2=(\sqrt{2})^2$

$z^2+2+\dfrac{1}{z^2}=2$

ゆえに　$z^2+\dfrac{1}{z^2}=0$

両辺に z^2 を掛けて

$z^4=-1$

よって

$z^{20}+\dfrac{1}{z^{20}}=(z^4)^5+\dfrac{1}{(z^4)^5}$

$=(-1)^5+\dfrac{1}{(-1)^5}$

$=-1-1=-2$

PRACTICE 92 ③

複素数 z が $z+\dfrac{1}{z}=\sqrt{3}$ を満たすとき，$z^{10}+\dfrac{1}{z^{10}}$ の値を求めよ。　〔京都産大〕

基本 例題 93 1の n 乗根

極形式を用いて，方程式 $z^3=1$ を解け。

p.430 基本事項 5，基本 90

CHART & SOLUTION

複素数の累乗　ド・モアブルの定理

[1] $|z|=1$ より $r=1$ であるから，$z=\cos\theta+i\sin\theta$ とおく。
[2] 方程式 $z^n=\alpha$ の両辺を極形式で表す。
[3] 両辺の偏角を比較する。
偏角は $\arg\alpha+2k\pi$ (k は整数) とする。……❗
[4] $0\leqq\theta<2\pi$ の範囲にある偏角 θ の値を書き上げる。

解答

$z^3=1$ から　$|z|^3=1$　よって　$|z|=1$

⇐ $r=1$

したがって，z の極形式を $z=\cos\theta+i\sin\theta$ $(0\leqq\theta<2\pi)$
とすると　$z^3=\cos3\theta+i\sin3\theta$

⇐ ド・モアブルの定理

また，1 を極形式で表すと　$1=\cos0+i\sin0$
よって，方程式は　$\cos3\theta+i\sin3\theta=\cos0+i\sin0$
❗ 両辺の偏角を比較すると

$$3\theta=0+2k\pi\ (k\text{ は整数})\quad \text{すなわち}\quad \theta=\frac{2k\pi}{3}$$

⇐ $3\theta=0$ だけではない。$+2k\pi$ を忘れずに！

よって　$z=\cos\dfrac{2k\pi}{3}+i\sin\dfrac{2k\pi}{3}$ ……①

$0\leqq\theta<2\pi$ の範囲では　$k=0,\ 1,\ 2$
① で $k=0,\ 1,\ 2$ としたときの z をそれぞれ $z_0,\ z_1,\ z_2$ とすると　$z_0=\cos0+i\sin0=1$,

$$z_1=\cos\frac{2}{3}\pi+i\sin\frac{2}{3}\pi=-\frac{1}{2}+\frac{\sqrt{3}}{2}i,$$

$$z_2=\cos\frac{4}{3}\pi+i\sin\frac{4}{3}\pi=-\frac{1}{2}-\frac{\sqrt{3}}{2}i$$

したがって，求める解は　$\boldsymbol{z=1,\ -\dfrac{1}{2}+\dfrac{\sqrt{3}}{2}i,\ -\dfrac{1}{2}-\dfrac{\sqrt{3}}{2}i}$

inf. 「極形式を用いて」と指示がない場合
$z^3-1=0$ から　$(z-1)(z^2+z+1)=0$
よって　$z=1,\ \dfrac{-1\pm\sqrt{3}i}{2}$
と解くこともできる。

inf. $z^3=1$ の解を複素数平面上に図示すると，下図のようになる（p.430 基本事項 5 例 を参照）。解を表す点 $z_0,\ z_1,\ z_2$ は単位円に内接する正三角形の頂点である。

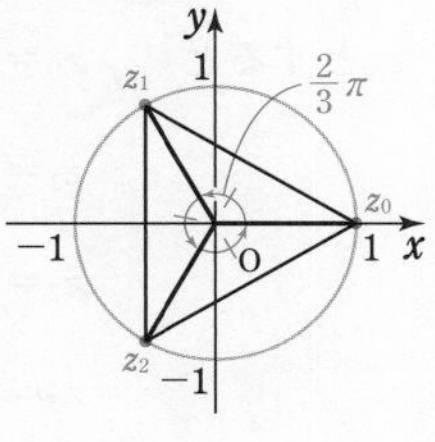

PRACTICE 93②

極形式を用いて，次の方程式を解け。
(1) $z^6=1$　　(2) $z^8=1$

基本 例題 94 複素数の n 乗根

方程式 $z^4=-8+8\sqrt{3}i$ を解け。

基本 93

CHART & SOLUTION

α の n 乗根　絶対値と偏角を比べる

基本的な考え方や解答の手順は，前ページの基本例題 93 と同じ。
ただし，本問では $|z|\neq 1$ であるから，手順 [1] では $z=r(\cos\theta+i\sin\theta)$ $(r>0)$ とおく。
ド・モアブルの定理を利用すると，$z^4=r^4(\cos 4\theta+i\sin 4\theta)$ となるから，$-8+8\sqrt{3}i$ を極形式で表し，両辺の絶対値と偏角を比較する。
偏角を比較するとき $+2k\pi$ (k は整数) を忘れないよう注意。

解答

z の極形式を $z=r(\cos\theta+i\sin\theta)$ $(r>0,\ 0\leqq\theta<2\pi)$ とすると　$z^4=r^4(\cos 4\theta+i\sin 4\theta)$

⇐ ド・モアブルの定理

また，$-8+8\sqrt{3}i$ を極形式で表すと

$$-8+8\sqrt{3}i=16\left(\cos\frac{2}{3}\pi+i\sin\frac{2}{3}\pi\right)$$

⇐ $8(-1+\sqrt{3}i)$ $=8\cdot 2\left(-\frac{1}{2}+\frac{\sqrt{3}}{2}i\right)$

よって，方程式は

$$r^4(\cos 4\theta+i\sin 4\theta)=16\left(\cos\frac{2}{3}\pi+i\sin\frac{2}{3}\pi\right)$$

両辺の絶対値と偏角を比較すると

$$r^4=16,\quad 4\theta=\frac{2}{3}\pi+2k\pi\ (k\text{ は整数})$$

⇐ $4\theta=\frac{2}{3}\pi$ だけではない。$+2k\pi$ を忘れずに！

$r>0$ であるから　$r=2$　　また　$\theta=\frac{\pi}{6}+\frac{k\pi}{2}$

⇐ $r^n=a$ $(a>0)$ の正の解は　$r=\sqrt[n]{a}$

よって　$z=2\left\{\cos\left(\frac{\pi}{6}+\frac{k\pi}{2}\right)+i\sin\left(\frac{\pi}{6}+\frac{k\pi}{2}\right)\right\}$ ……①

$0\leqq\theta<2\pi$ の範囲では　$k=0,\ 1,\ 2,\ 3$

① で $k=0,\ 1,\ 2,\ 3$ としたときの z をそれぞれ $z_0,\ z_1,\ z_2,\ z_3$ とすると

$$z_0=2\left(\cos\frac{\pi}{6}+i\sin\frac{\pi}{6}\right)=\sqrt{3}+i,$$
$$z_1=2\left(\cos\frac{2}{3}\pi+i\sin\frac{2}{3}\pi\right)=-1+\sqrt{3}i,$$
$$z_2=2\left(\cos\frac{7}{6}\pi+i\sin\frac{7}{6}\pi\right)=-\sqrt{3}-i,$$
$$z_3=2\left(\cos\frac{5}{3}\pi+i\sin\frac{5}{3}\pi\right)=1-\sqrt{3}i$$

したがって，求める解は

$$\boldsymbol{z=\pm(\sqrt{3}+i),\ \pm(1-\sqrt{3}i)}$$

inf. 点 z_0～z_3 を複素数平面上に図示すると，下図のようになる。
解を表す点 $z_0,\ z_1,\ z_2,\ z_3$ は原点を中心とする半径 2 の円に内接する正方形の頂点である。また，$z_2=-z_0$，$z_3=-z_1$ である。

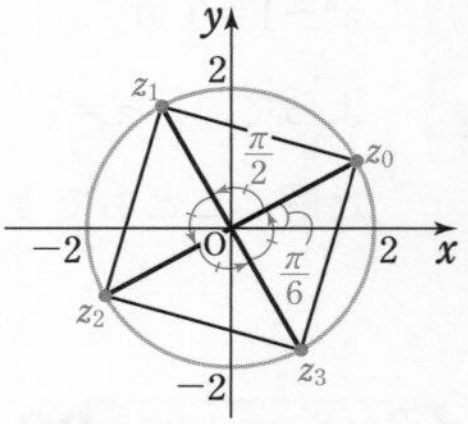

PRACTICE 94③

次の方程式を解け。
(1)　$z^3=8i$　　(2)　$z^2=2(1+\sqrt{3}i)$　　[(1) 東北学院大]

重要 例題 95 $z^n=1$ の虚数解の分数列の和

複素数 z を $z=\cos\dfrac{2}{7}\pi+i\sin\dfrac{2}{7}\pi$ とおく。

(1) z^7 の値を求めよ。

(2) $\dfrac{1}{1-z^k}+\dfrac{1}{1-z^{7-k}}$ の値を求めよ。ただし，k は $1\leqq k\leqq 6$ の範囲の自然数である。

(3) $\displaystyle\sum_{k=1}^{6}\frac{1}{1-z^k}$ の値を求めよ。

CHART & THINKING

複素数 $z=\cos\dfrac{2\pi}{n}+i\sin\dfrac{2\pi}{n}$ は1の n 乗根

(1) ド・モアブルの定理を適用。

(2) z を直接代入すると計算が面倒である。そこで，(1)の結果を利用したい。どのように式を変形すればよいだろうか？

(3) (2)の結果を利用したい。和を書き並べて，(2)を利用できる組合せを考えよう。

解答

(1) $z^7=\left(\cos\dfrac{2}{7}\pi+i\sin\dfrac{2}{7}\pi\right)^7=\cos 2\pi+i\sin 2\pi=\mathbf{1}$

⇐ ド・モアブルの定理

(2) $\dfrac{1}{1-z^k}+\dfrac{1}{1-z^{7-k}}=\dfrac{1}{1-z^k}+\dfrac{z^k}{z^k-z^7}$

$=\dfrac{1}{1-z^k}+\dfrac{z^k}{z^k-1}=\dfrac{1-z^k}{1-z^k}=\mathbf{1}$

⇐ $z^7=1$ を利用するために，$\dfrac{1}{1-z^{7-k}}$ の分母・分子に z^k を掛ける。

別解 $\dfrac{1}{1-z^k}+\dfrac{1}{1-z^{7-k}}=\dfrac{1-z^{7-k}+1-z^k}{(1-z^k)(1-z^{7-k})}$

$=\dfrac{2-z^k-z^{7-k}}{1-z^k-z^{7-k}+z^7}=\dfrac{2-z^k-z^{7-k}}{2-z^k-z^{7-k}}=\mathbf{1}$

⇐ 通分して式を整理してもよい。

⇐ 分母を展開して $z^7=1$ を代入。

(3) $\displaystyle\sum_{k=1}^{6}\frac{1}{1-z^k}$

$=\dfrac{1}{1-z}+\dfrac{1}{1-z^2}+\dfrac{1}{1-z^3}+\dfrac{1}{1-z^4}+\dfrac{1}{1-z^5}+\dfrac{1}{1-z^6}$

$=\left(\dfrac{1}{1-z}+\dfrac{1}{1-z^6}\right)+\left(\dfrac{1}{1-z^2}+\dfrac{1}{1-z^5}\right)+\left(\dfrac{1}{1-z^3}+\dfrac{1}{1-z^4}\right)$

$=1+1+1=\mathbf{3}$

⇐ (2)が利用できるように，組合せを工夫。(2)の $k=1,\ 2,\ 3$ の場合になる。

別解 $\displaystyle\sum_{k=1}^{6}\frac{1}{1-z^k}=\sum_{k=1}^{3}\left(\frac{1}{1-z^k}+\frac{1}{1-z^{7-k}}\right)=\sum_{k=1}^{3}1=3\cdot 1=\mathbf{3}$

⇐ $\displaystyle\sum_{k=1}^{3}\frac{1}{1-z^{7-k}}=\frac{1}{1-z^6}+\frac{1}{1-z^5}+\frac{1}{1-z^4}$

PRACTICE 95[4]

$\alpha=\cos\dfrac{2\pi}{5}+i\sin\dfrac{2\pi}{5}$ のとき，次の式の値を求めよ。

(1) α^5

(2) $\dfrac{1}{1-\alpha}+\dfrac{1}{1-\alpha^2}+\dfrac{1}{1-\alpha^3}+\dfrac{1}{1-\alpha^4}$

重要 例題 96　1 の 5 乗根の利用

複素数 $\alpha\ (\alpha \neq 1)$ を 1 の 5 乗根とする。

(1) $\alpha^4+\alpha^3+\alpha^2+\alpha+1=0$ であることを示せ。

(2) (1) を利用して，$t=\alpha+\overline{\alpha}$ は $t^2+t-1=0$ を満たすことを示せ。

(3) (2) を利用して，$\cos\frac{2}{5}\pi$ の値を求めよ。　〔類 金沢大〕

CHART & SOLUTION

1 の 5 乗根 α　$\alpha^5=1$ を満たす解

(1) 因数分解 $x^n-1=(x-1)(x^{n-1}+x^{n-2}+\cdots\cdots+x+1)$ を利用。

(2) $\alpha^5=1$ のとき，$|\alpha^5|=1 \iff |\alpha|^5=1 \iff |\alpha|=1$ ($|\alpha|$ は実数)　$|\alpha|=1$ のとき $\alpha\overline{\alpha}=1$

(3) $\alpha^5=1$ の 1 つの虚数解を $\alpha=\cos\frac{2}{5}\pi+i\sin\frac{2}{5}\pi$ とおいてみる。

解答

(1) $\alpha^5=1$ から　$\alpha^5-1=0$

よって　$(\alpha-1)(\alpha^4+\alpha^3+\alpha^2+\alpha+1)=0$

$\alpha\neq1$ であるから　$\alpha^4+\alpha^3+\alpha^2+\alpha+1=0$

(2) $\alpha^5=1$ から　$|\alpha|^5=1$　よって　$|\alpha|=1$

ゆえに　$|\alpha|^2=1$　すなわち $\alpha\overline{\alpha}=1$　よって $\overline{\alpha}=\frac{1}{\alpha}$

したがって，$t=\alpha+\overline{\alpha}$ から

$$t^2+t-1=(\alpha+\overline{\alpha})^2+(\alpha+\overline{\alpha})-1=\left(\alpha+\frac{1}{\alpha}\right)^2+\left(\alpha+\frac{1}{\alpha}\right)-1$$

$$=\alpha^2+2+\frac{1}{\alpha^2}+\alpha+\frac{1}{\alpha}-1=\frac{\alpha^4+\alpha^3+\alpha^2+\alpha+1}{\alpha^2}=0$$

(3) $\alpha=\cos\frac{2}{5}\pi+i\sin\frac{2}{5}\pi$ とすると，$\frac{2}{5}\pi\times5=2\pi$ であるから，α は $\alpha^5=1$，$\alpha\neq1$ を満たす。

$\overline{\alpha}=\cos\frac{2}{5}\pi-i\sin\frac{2}{5}\pi$，$t=\alpha+\overline{\alpha}$ から　$t=2\cos\frac{2}{5}\pi$

(2) から，$t^2+t-1=0$ であるから　$t=\frac{-1\pm\sqrt{1^2-4\cdot1\cdot(-1)}}{2}=\frac{-1\pm\sqrt{5}}{2}$

$t>0$ であるから　$t=2\cos\frac{2}{5}\pi=\frac{-1+\sqrt{5}}{2}$

ゆえに　$\cos\frac{2}{5}\pi=\frac{-1+\sqrt{5}}{4}$

別解 (1) $\alpha\neq1$ より，等比数列の和の公式から
$1+\alpha+\alpha^2+\alpha^3+\alpha^4$
$=\frac{1-\alpha^5}{1-\alpha}=\frac{1-1}{1-\alpha}=0$

⇐ $\alpha\overline{\alpha}=|\alpha|^2$

⇐ (1) より $\alpha^4+\alpha^3+\alpha^2+\alpha+1=0$

⇐ $\cos\frac{2}{5}\pi+i\sin\frac{2}{5}\pi$ は 1 の 5 乗根の 1 つ。

⇐ $\alpha+\overline{\alpha}=2\times(\alpha$ の実部$)$

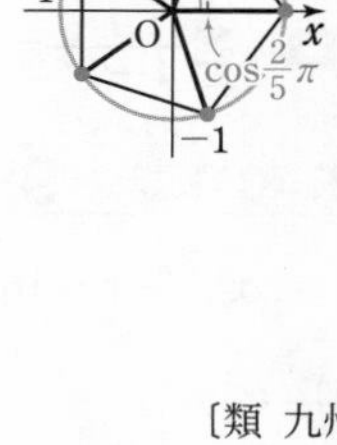

PRACTICE 96④

複素数 α を $\alpha=\cos\frac{2\pi}{7}+i\sin\frac{2\pi}{7}$ とおく。

(1) $\alpha^6+\alpha^5+\alpha^4+\alpha^3+\alpha^2+\alpha$ の値を求めよ。

(2) $t=\alpha+\overline{\alpha}$ とおくとき，t^3+t^2-2t の値を求めよ。　〔類 九州大〕

まとめ　1の n 乗根の性質

$p.430$ 基本事項 5，$p.441$ 基本例題 93，$p.443$，444 重要例題 95，96 において1の3乗根，5乗根，7乗根について扱った。ここでは，1の n 乗根についての性質をまとめてみよう。

1　$z^n=1$ の解は，1，α，α^2，α^3，……，α^{n-1} の n 個あり，すべて異なる。

$z^n=1$ から　$|z|^n=1$　　よって　$|z|=1$

ゆえに，$z=\cos\theta+i\sin\theta\ (0\leqq\theta<2\pi)$ とおくと

$$z^n=(\cos\theta+i\sin\theta)^n=\cos n\theta+i\sin n\theta$$

また，1を極形式で表すと　$1=\cos 0+i\sin 0$

よって，方程式は　$\cos n\theta+i\sin n\theta=\cos 0+i\sin 0$

両辺の偏角を比較すると　$n\theta=0+2k\pi$（k は整数）　ゆえに　$\theta=\dfrac{2k\pi}{n}$

逆に，k を整数として，$\boldsymbol{z_k=\cos\dfrac{2k\pi}{n}+i\sin\dfrac{2k\pi}{n}}$ とおくと，$(z_k)^n=1$ が成り立つから，z_k は1の n 乗根である。

ここで，$\alpha=z_1$ とおくと

$$\alpha^k=\left(\cos\frac{2\pi}{n}+i\sin\frac{2\pi}{n}\right)^k=\cos\frac{2k}{n}\pi+i\sin\frac{2k}{n}\pi=z_k\ (k=0,\ 1,\ 2,\ \cdots\cdots,\ n-1)$$

……①

よって，1，α，α^2，α^3，……，α^{n-1} はすべて $z^n=1$ の解であり，偏角が

$$0,\ \frac{2\pi}{n},\ \frac{4\pi}{n},\ \frac{6\pi}{n},\ \cdots\cdots,\ \frac{2(n-1)\pi}{n}\left(<\frac{2n\pi}{n}=2\pi\right)$$

であるからすべて異なる。

2　$\alpha^{n-1}+\alpha^{n-2}+\alpha^{n-3}+\cdots\cdots+1=0$

α は $z^n=1$ の解であるから　$\alpha^n=1$　　よって　$\alpha^n-1=0$

ゆえに　$(\alpha-1)(\alpha^{n-1}+\alpha^{n-2}+\alpha^{n-3}+\cdots\cdots+1)=0$

$\alpha\neq1$ であるから　$\alpha^{n-1}+\alpha^{n-2}+\alpha^{n-3}+\cdots\cdots+1=0$

3　複素数平面上で α^k を表す点は，点1を1つの頂点として単位円に内接する正 n 角形の各頂点である。

① から $|\alpha^k|=1$ である。

また，$\alpha=z_1=\cos\dfrac{2\pi}{n}+i\sin\dfrac{2\pi}{n}$ であり

$$\alpha^{k+1}=\alpha^k\cdot\alpha$$

であるから，点 α^{k+1} は，点 α^k を原点を中心として $\dfrac{2\pi}{n}$ だけ回転した点である。

よって，右図のようになる。

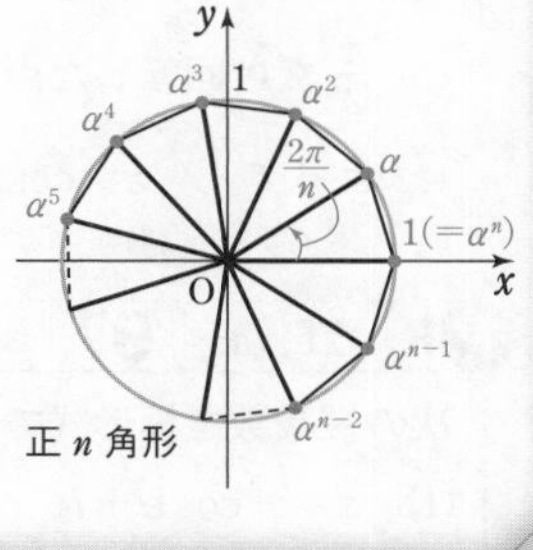

正 n 角形

重要 例題 97 複素数の極形式 (2)

次の複素数を極形式で表せ。ただし，偏角 θ は $0\leqq\theta<2\pi$ とする。

(1) $z=\cos\alpha-i\sin\alpha\ (0<\alpha<2\pi)$ (2) $z=\sin\alpha+i\cos\alpha\ \left(0\leqq\alpha<\dfrac{\pi}{2}\right)$

基本 84

CHART & SOLUTION

極形式 $r(\cos●+i\sin●)$ の形　三角関数の公式を利用

(1) 虚部の符号 − を + に ⟶ $\sin(-\theta)=-\sin\theta$ を利用
実部も虚部に偏角を合わせる ⟶ $\cos(-\theta)=\cos\theta$ を利用

(2) 実部は sin を cos に，虚部は cos を sin に
⟶ $\cos\left(\dfrac{\pi}{2}-\theta\right)=\sin\theta,\ \sin\left(\dfrac{\pi}{2}-\theta\right)=\cos\theta$ を利用

別解 与えられた複素数と $z_0=\cos\alpha+i\sin\alpha$ との図形的な位置関係から偏角を求める。

解答

(1) $|z|=\sqrt{(\cos\alpha)^2+(-\sin\alpha)^2}=1$

⇐ z の絶対値は 1。

また，$\cos\alpha=\cos(-\alpha)$，$-\sin\alpha=\sin(-\alpha)$ であるから

$$\cos\alpha-i\sin\alpha=\cos(-\alpha)+i\sin(-\alpha)$$
$$=\boldsymbol{\cos(2\pi-\alpha)+i\sin(2\pi-\alpha)}\ \cdots\cdots ①$$

⇐ $-\alpha$ は偏角 θ の条件 $0\leqq\theta<2\pi$ を満たさない。

$0<\alpha<2\pi$ より，$0<2\pi-\alpha<2\pi$ であるから，① は求める極形式である。

(2) $|z|=\sqrt{(\sin\alpha)^2+(\cos\alpha)^2}=1$

⇐ z の絶対値は 1。

また，$\sin\alpha=\cos\left(\dfrac{\pi}{2}-\alpha\right)$，$\cos\alpha=\sin\left(\dfrac{\pi}{2}-\alpha\right)$ であるから

$$\sin\alpha+i\cos\alpha=\boldsymbol{\cos\left(\frac{\pi}{2}-\alpha\right)+i\sin\left(\frac{\pi}{2}-\alpha\right)}\ \cdots\cdots ②$$

$0\leqq\alpha<\dfrac{\pi}{2}$ より，$0<\dfrac{\pi}{2}-\alpha\leqq\dfrac{\pi}{2}$ であるから，② は求める極形式である。

別解 $z_0=\cos\alpha+i\sin\alpha$ とおく。

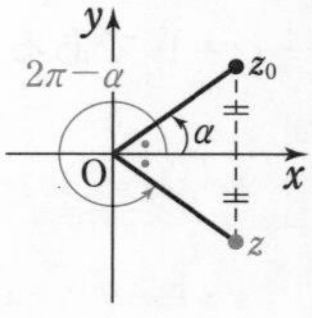

(1) $z=\overline{z_0}$ より，z と z_0 は実軸に関して対称であるから，
z の絶対値は 1，偏角は $2\pi-\alpha$
よって $z=\boldsymbol{\cos(2\pi-\alpha)+i\sin(2\pi-\alpha)}$

(2) $z=i(\cos\alpha-i\sin\alpha)=i\overline{z_0}$ より，z は $\overline{z_0}$ を原点Oを中心として $\dfrac{\pi}{2}$ だけ回転した点であるから，z の絶対値は 1，偏角は $\dfrac{\pi}{2}-\alpha$
よって $z=\boldsymbol{\cos\left(\dfrac{\pi}{2}-\alpha\right)+i\sin\left(\dfrac{\pi}{2}-\alpha\right)}$

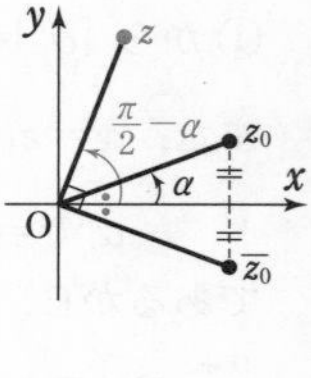

PRACTICE 97④

次の複素数を極形式で表せ。ただし，偏角 θ は $0\leqq\theta<2\pi$ とする。

(1) $z=-\cos\alpha+i\sin\alpha\ (0\leqq\alpha<\pi)$ (2) $z=\sin\alpha-i\cos\alpha\ \left(0\leqq\alpha<\dfrac{\pi}{2}\right)$

重要 例題 98 複素数の漸化式

$z_1=3$ および，漸化式 $z_{n+1}=(1+i)z_n+i$ $(n\geqq 1)$ によって定まる複素数からなる数列 $\{z_n\}$ について，以下の問いに答えよ。

(1) z_n を求めよ。　(2) z_{21} を求めよ。

基本 90，数学B基本 30

CHART & SOLUTION

漸化式 $z_{n+1}=pz_n+q$ $(p\neq 1,\ q\neq 0)$ 特性方程式 $\alpha=p\alpha+q$ の利用

(1) 項に複素数を含む数列であっても，数学Bの数列の漸化式で学んだことと同様に考えることができる。

$z_{n+1}=pz_n+q$ の形
⟶ 特性方程式 $\alpha=p\alpha+q$ の解 α を用いて，関係式を
$z_{n+1}-\alpha=p(z_n-\alpha)$ に変形

数列 $\{z_n-\alpha\}$ は初項 $z_1-\alpha$，公比 p の等比数列であるから
$z_n-\alpha=(z_1-\alpha)p^{n-1}$

$$\begin{array}{rl} & z_{n+1}=pz_n+q \\ -) & \alpha=p\alpha+q \\ \hline & z_{n+1}-\alpha=p(z_n-\alpha) \end{array}$$

(2) 複素数の累乗 p^{n-1} はド・モアブルの定理を利用。

解答

(1) $z_{n+1}=(1+i)z_n+i$ を変形すると

$$z_{n+1}+1=(1+i)(z_n+1)$$

また　$z_1+1=3+1=4$

よって，数列 $\{z_n+1\}$ は，初項 4，公比 $1+i$ の等比数列であるから

$$z_n+1=4(1+i)^{n-1}$$

ゆえに　$\boldsymbol{z_n=4(1+i)^{n-1}-1}$

(2) (1) から　$z_{21}=4(1+i)^{20}-1$

$1+i$ を極形式で表すと

$$1+i=\sqrt{2}\left(\cos\frac{\pi}{4}+i\sin\frac{\pi}{4}\right)$$

よって　$z_{21}=4(\sqrt{2})^{20}\left(\cos\frac{\pi}{4}+i\sin\frac{\pi}{4}\right)^{20}-1$
$=4\cdot 2^{10}(\cos 5\pi+i\sin 5\pi)-1$
$=\boldsymbol{-4097}$

⇐ $\alpha=(1+i)\alpha+i$ の解は $\alpha=-1$

$$\begin{array}{rl} & z_{n+1}=(1+i)z_n+i \\ -) & \alpha=(1+i)\alpha+i \\ \hline & z_{n+1}-\alpha=(1+i)(z_n-\alpha) \end{array}$$

⇐ ド・モアブルの定理
$(\sqrt{2})^{20}=(2^{\frac{1}{2}})^{20}=2^{10}=1024$

PRACTICE 98④

次の複素数の数列を考える。$\begin{cases} z_1=1 \\ z_{n+1}=\dfrac{1}{2}(1+i)z_n+\dfrac{1}{2} & (n=1,\ 2,\ 3,\ \cdots\cdots) \end{cases}$

(1) $z_{n+1}-\alpha=\dfrac{1}{2}(1+i)(z_n-\alpha)$ となる定数 α の値を求めよ。

(2) z_{17} を求めよ。　〔類　福島大〕

3章 11 複素数の極形式，ド・モアブルの定理

EXERCISES　11 複素数の極形式，ド・モアブルの定理

A

83② i を虚数単位とし，$\alpha=\sqrt{3}+i$，$\beta=(\sqrt{3}-1)+(\sqrt{3}+1)i$ とおく。このとき，$\dfrac{\beta}{\alpha}$ の偏角は ア［　］であり，β の偏角は イ［　］である。ただし，複素数 z の偏角 θ は，$0\leqq\theta<2\pi$ の範囲で考える。　〔関西大〕 ➡85

84③ (1) 点 A(2, 1) を，原点を中心として $\dfrac{\pi}{3}$ だけ回転した点Bの座標を求めよ。

(2) 点 A(2, 1) を，点Pを中心として $\dfrac{\pi}{3}$ だけ回転した点の座標は $Q\left(\dfrac{3}{2}-\dfrac{3\sqrt{3}}{2},\ -\dfrac{1}{2}+\dfrac{\sqrt{3}}{2}\right)$ であった。点Pの座標を求めよ。

〔類 佐賀大〕 ➡87, 88

85③ 複素数平面上で，$-1+2i$，$3+i$ を表す点をそれぞれ A，B とするとき，線分 AB を1辺とする正方形 ABCD の頂点 C，D を表す複素数を求めよ。

➡89

86② ド・モアブルの定理を用いて，次の等式を証明せよ。

(1) $\sin 2\theta=2\sin\theta\cos\theta$，$\cos 2\theta=\cos^2\theta-\sin^2\theta$

(2) $\sin 3\theta=3\sin\theta-4\sin^3\theta$，$\cos 3\theta=4\cos^3\theta-3\cos\theta$　➡p.430 4

87③ 次の計算をせよ。

$\dfrac{2+\sqrt{3}-i}{2+\sqrt{3}+i}=$ ア［　］，$\left(\dfrac{2+\sqrt{3}-i}{2+\sqrt{3}+i}\right)^3=$ イ［　］，$\left(\dfrac{2+\sqrt{3}-i}{2+\sqrt{3}+i}\right)^{2024}=$ ウ［　］

➡90

88③ 複素数 z が $|z|=1$ を満たすとき，$\left|z^3-\dfrac{1}{z^3}\right|$ の最大値は ア［　］である。また，最大値をとるときの z のうち，$0<\arg z<\dfrac{\pi}{2}$ を満たすものの偏角は，$\arg z=$ イ［　］である。　〔立教大〕 ➡90

EXERCISES　11 複素数の極形式，ド・モアブルの定理

B

89③ $P=\left(\dfrac{-1+\sqrt{3}\,i}{2}\right)^n+\left(\dfrac{-1-\sqrt{3}\,i}{2}\right)^n$ の値を求めよ。ただし，n は正の整数とする。

→ 91

90④ 等式 $(i-\sqrt{3})^m=(1+i)^n$ を満たす自然数 m，n のうち，m が最小となるときの m，n の値を求めよ。ただし，i は虚数単位である。〔九州大〕

→ 90, 94

91④ $\alpha=\dfrac{\sqrt{3}}{2}+\dfrac{1}{2}i$，$\beta=\dfrac{1}{2}+\dfrac{\sqrt{3}}{2}i$ とする。

また，$\gamma_n=\alpha^n+\beta^n$ $(n=1,\ 2,\ \cdots\cdots,\ 12)$ とおく。

(1) γ_3 の値を求めよ。　　(2) $\displaystyle\sum_{n=1}^{12}\gamma_n$ の値を求めよ。

(3) p，q を自然数とし，$p+q=12$ を満たすならば，γ_p と γ_q は共役複素数になることを証明せよ。〔立命館大〕

→ 95

92⑤ 次の複素数を極形式で表せ。ただし，偏角 θ は $0\leqq\theta<2\pi$ とする。

$1+\cos\alpha+i\sin\alpha$ $(0\leqq\alpha<\pi)$

→ 97

93⑤ 次の漸化式で定義される複素数の数列

$$z_1=1,\quad z_{n+1}=\frac{1+\sqrt{3}\,i}{2}z_n+1\quad (n=1,\ 2,\ \cdots\cdots)$$

を考える。ただし，i は虚数単位である。

(1) z_2，z_3 を求めよ。

(2) 上の漸化式を $z_{n+1}-\alpha=\dfrac{1+\sqrt{3}\,i}{2}(z_n-\alpha)$ と表したとき，複素数 α を求めよ。

(3) 一般項 z_n を求めよ。

(4) $z_n=-\dfrac{1-\sqrt{3}\,i}{2}$ となるような自然数 n をすべて求めよ。

〔北海道大〕

→ 98

HINT

89 $\dfrac{-1+\sqrt{3}\,i}{2}$，$\dfrac{-1-\sqrt{3}\,i}{2}$ を極形式で表して，ド・モアブルの定理を用いる。n の値によって場合を分ける。

90 両辺を極形式で表し，両辺の絶対値と偏角を比較する。

91 (2) $\alpha^n=1$，$\beta^n=1$ となる n を考える。

(3) γ_p と γ_q の関係を考えるので，$\overline{\gamma_q}$ を p を用いて表すことを考える。

92 半角の公式，2倍角の公式を利用して，$r(\cos\theta+i\sin\theta)$ $(r>0,\ 0\leqq\theta<2\pi)$ の形に変形する。

93 (2) α は特性方程式 $\alpha=\dfrac{1+\sqrt{3}\,i}{2}\alpha+1$ の解である。

(4) $z_n=-\dfrac{1-\sqrt{3}\,i}{2}$ の式を整理して，両辺の偏角を比較する。

12 複素数と図形

基本事項

1 線分の内分点，外分点

複素数平面上において，2 点 A(α)，B(β) を結ぶ線分 AB を $m:n$ に内分する点を C(γ)，$m:n$ に外分する点を D(δ) とすると

内分点　$\boldsymbol{\gamma=\dfrac{n\alpha+m\beta}{m+n}}$，　外分点　$\boldsymbol{\delta=\dfrac{-n\alpha+m\beta}{m-n}}$

特に，線分 AB の中点を表す複素数は　$\boldsymbol{\dfrac{\alpha+\beta}{2}}$

また，3 点 A(α)，B(β)，C(γ) を頂点とする △ABC の重心を表す複素数は

$\boldsymbol{\dfrac{\alpha+\beta+\gamma}{3}}$

2 方程式・不等式の表す図形

複素数平面上の異なる 2 点を A(α)，B(β) とする。

① 方程式 $|z-\alpha|=|z-\beta|$ を満たす点 P(z) 全体の集合は

線分 AB の垂直二等分線

② 方程式 $|z-\alpha|=r$ ($r>0$) を満たす点 P(z) 全体の集合は

点Aを中心とする半径 r の円

また，不等式 $|z-\alpha|\leqq r$ ($r>0$) を満たす点 P(z) 全体の集合は

点Aを中心とする半径 r の円の周および内部

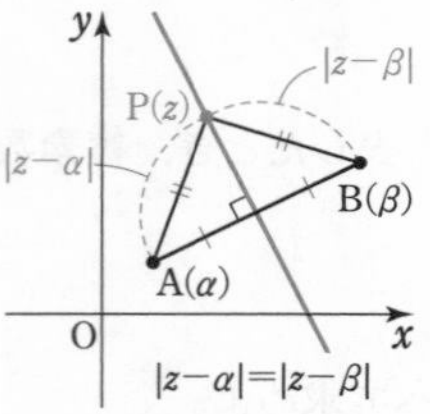

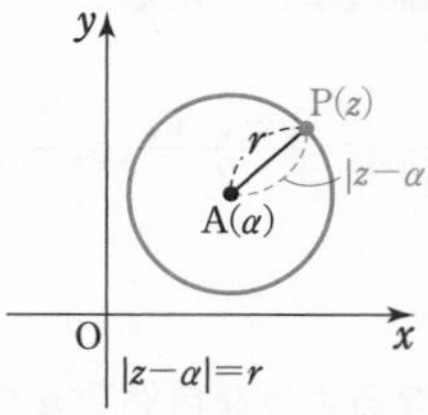

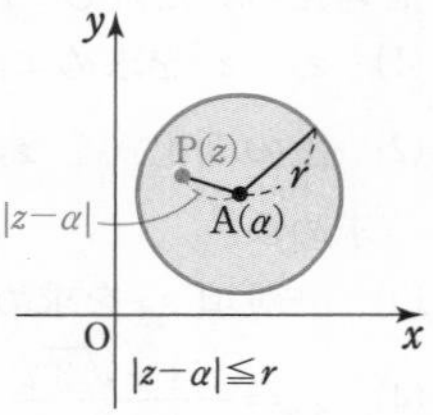

③ 方程式 $n|z-\alpha|=m|z-\beta|$ ($m>0$，$n>0$，$m\neq n$) を満たす点 P(z) 全体の集合は，**線分 AB を $m:n$ の比に内分する点と外分する点を直径の両端とする円** である。

解説　$n|z-\alpha|=m|z-\beta| \iff n\mathrm{AP}=m\mathrm{BP} \iff \mathrm{AP}:\mathrm{BP}=m:n$

すなわち，点 P(z) は 2 点 A(α)，B(β) からの距離の比が一定である。線分 AB を $m:n$ の比に内分する点を C(γ)，外分する点を D(δ) とすると，点 P(z) 全体の集合は，2 点 C，D を直径の両端とする円である (この円を **アポロニウスの円** という)。

なお，$m=n$ のとき，点 P(z) 全体の集合は，線分 AB の垂直二等分線である。　⟵① に該当

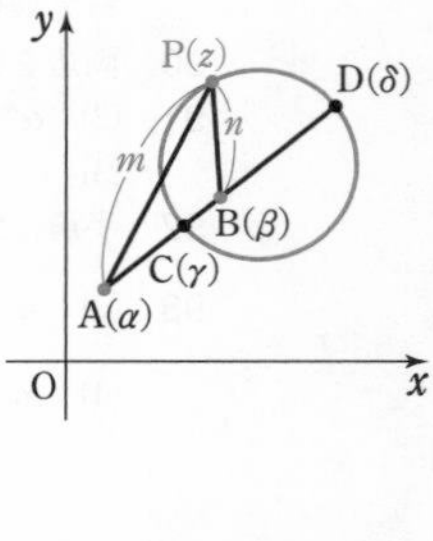

3 半直線のなす角，平行・垂直

複素数平面上の異なる4点を A(α), B(β), C(γ), D(δ) とする。点Aを中心として半直線 AB を半直線 AC の位置まで回転させたときの角 θ を，<u>半直線 AB から半直線 AC までの回転角</u>という。以下，$-\pi < \theta \le \pi$ で考えるものとする。

① $\theta = \arg\dfrac{\gamma-\alpha}{\beta-\alpha}$, $\angle\text{BAC} = \left|\arg\dfrac{\gamma-\alpha}{\beta-\alpha}\right|$

② 3点 A，B，C が一直線上にある
$\iff \dfrac{\gamma-\alpha}{\beta-\alpha}$ が実数 $[\theta=0,\ \pi]$

③ $\text{AB}\perp\text{AC} \iff \dfrac{\gamma-\alpha}{\beta-\alpha}$ が純虚数 $\left[\theta=\pm\dfrac{\pi}{2}\right]$

④ $\text{AB}/\!/\text{CD} \iff \dfrac{\delta-\gamma}{\beta-\alpha}$ が実数，$\text{AB}\perp\text{CD} \iff \dfrac{\delta-\gamma}{\beta-\alpha}$ が純虚数

解説 回転角 θ を $\angle\beta\alpha\gamma$ と表すことにする。ここで，この $\angle\beta\alpha\gamma$ は向きを含めて考えた角である。すなわち，半直線 AB から半直線 AC へ回転する角の向きが反時計回りのとき $\angle\beta\alpha\gamma$ は正の角，時計回りのとき $\angle\beta\alpha\gamma$ は負の角となる。また，$\angle\beta\alpha\gamma = -\angle\gamma\alpha\beta$ が成り立つ。
点 A(α) が原点 O(0) に移るような平行移動で点 B(β) が点 B'(β') に，点 C(γ) が点 C'(γ') に移るとすると
$$\beta' = \beta-\alpha,\ \gamma' = \gamma-\alpha$$
よって $\angle\beta\alpha\gamma = \angle\beta'0\gamma' = \arg\gamma' - \arg\beta'$
$$= \arg\dfrac{\gamma'}{\beta'} = \arg\dfrac{\gamma-\alpha}{\beta-\alpha}$$

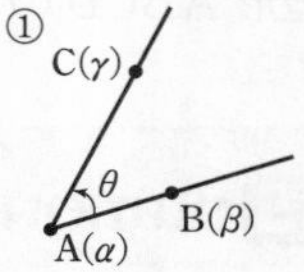

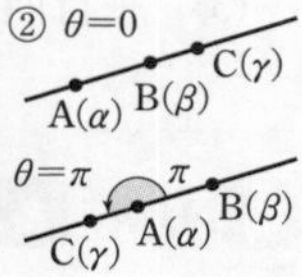

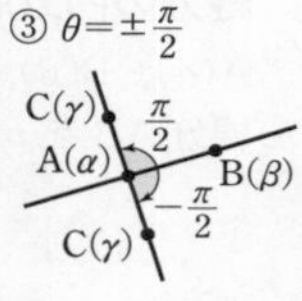

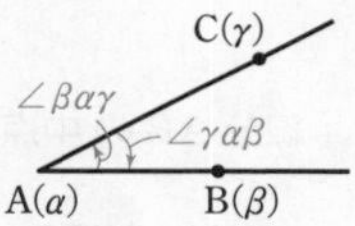

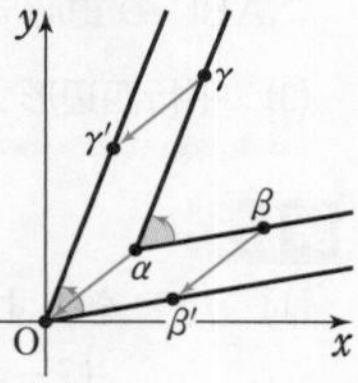

注意 $\angle\beta\alpha\gamma = -\angle\gamma\alpha\beta$ などの等式は，2π の整数倍の違いを除いて考えている。

※この項目では，特に断らない限り，図形は複素数平面上で考える。

CHECK & CHECK ・・・・・・・・・・・・・・・・・・・・・・・・・・・・・・・・

39 次の点を表す複素数を求めよ。
(1) 2点 A($-3+6i$), B($5-8i$) を結ぶ線分 AB の中点
(2) 2点 A($2-3i$), B($-7+3i$) を結ぶ線分 AB を 2:1 の比に内分する点P，外分する点Q ↻ **1**

40 次の方程式を満たす点 z 全体の集合は，どのような図形か。
(1) $|z-1|=|z-i|$ (2) $|z-1+i|=2$ ↻ **2**

41 $\alpha=1+i$, $\beta=3+2i$, $\gamma=2+4i$ に対して，$\angle\beta\alpha\gamma$ の値を求めよ。ただし，$-\pi < \angle\beta\alpha\gamma \le \pi$ とする。 ↻ **3**

42 複素数平面上に3点 A($3-2i$), B($5+6i$), C($7+ci$) がある。次のそれぞれの条件を満たすように，実数 c の値を定めよ。
(1) 3点 A，B，C が一直線上にある。 (2) $\text{AB}\perp\text{AC}$ ↻ **3**

基本 例題 99 内分点・外分点，重心を表す複素数

3 点 $A(7-4i)$，$B(2+6i)$，$C(-6+i)$ について，次の点を表す複素数を求めよ。

(1) 線分 AB を 3：2 に内分する点P (2) 線分 BC を 1：2 に外分する点Q
(3) 平行四辺形 ABCD の頂点D (4) △ABC の重心G

p. 450 基本事項 1

CHART & SOLUTION

線分の内分点・外分点・中点，三角形の重心を表す複素数

$A(\alpha)$，$B(\beta)$，$C(\gamma)$ とする。

線分 AB を $m：n$ に内分する点を表す複素数，外分する点を表す複素数

内分点 $\dfrac{n\alpha+m\beta}{m+n}$ 外分点 $\dfrac{-n\alpha+m\beta}{m-n}$ ……❗

n を $-n$ におき換える

線分 AB の **中点** を表す複素数 $\dfrac{\alpha+\beta}{2}$

△ABC の **重心** を表す複素数 $\dfrac{\alpha+\beta+\gamma}{3}$

(3) **平行四辺形 ABCD ⟺ 対角線 AC，BD の中点が一致**

解答

(1) 点Pを表す複素数は

❗ $$\frac{2(7-4i)+3(2+6i)}{3+2}=\frac{20+10i}{5}=\mathbf{4+2i}$$

⇐ $m=3$，$n=2$

(2) 点Qを表す複素数は

❗ $$\frac{-2(2+6i)+1\cdot(-6+i)}{1-2}=-(-10-11i)=\mathbf{10+11i}$$

⇐ **1：2 に外分 ⟶ 1：(−2) に内分** と考えるとよい。

(3) 点 $D(z)$ とすると，線分 AC と線分 BD の中点が一致するから $\dfrac{(7-4i)+(-6+i)}{2}=\dfrac{(2+6i)+z}{2}$

⇐ 2 本の対角線が互いに他を 2 等分する。

ゆえに $1-3i=2+6i+z$ よって $z=\mathbf{-1-9i}$

別解 $(7-4i)-(2+6i)=5-10i$ ⇐ $\overrightarrow{BA}=\overrightarrow{OA}-\overrightarrow{OB}$

ゆえに $z=(-6+i)+(5-10i)$ ⇐ $\overrightarrow{OD}=\overrightarrow{OC}+\overrightarrow{CD}$

$=\mathbf{-1-9i}$ $=\overrightarrow{OC}+\overrightarrow{BA}$

(4) 重心Gを表す複素数は

$$\frac{(7-4i)+(2+6i)+(-6+i)}{3}=\frac{3+3i}{3}=\mathbf{1+i}$$

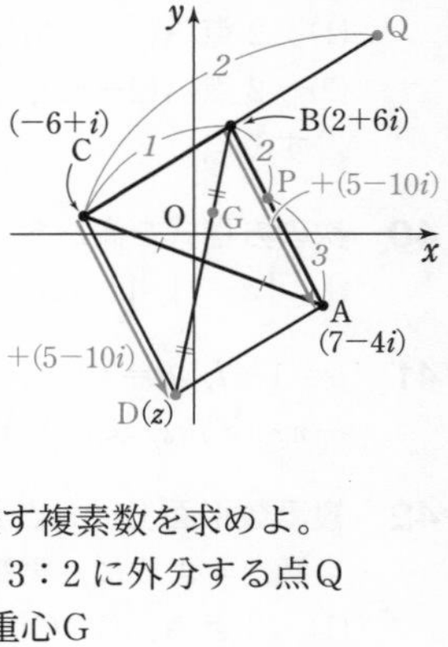

PRACTICE 99❶

3 点 $A(-6i)$，$B(2-4i)$，$C(7+3i)$ について，次の点を表す複素数を求めよ。

(1) 線分 AB を 2：1 に内分する点P (2) 線分 BC を 3：2 に外分する点Q
(3) 平行四辺形 ADBC の頂点D (4) △ABC の重心G

基本 例題 100 方程式・不等式の表す図形

次の方程式・不等式を満たす点 z 全体の集合は，どのような図形か。

(1) $|iz-1|=|z-1|$　　(2) $(2z+1)(2\overline{z}+1)=4$

(3) $z+\overline{z}=2$　　(4) $|z+2-i|\leqq 1$

p.450 基本事項 2

CHART & SOLUTION

方程式・不等式の表す図形　等式のもつ図形的意味をとらえる

① 方程式 $|z-\alpha|=|z-\beta|$ を満たす点 z 全体の集合は
　2点 α, β を結ぶ線分の垂直二等分線

② 方程式 $|z-\alpha|=r\ (r>0)$ を満たす点 z 全体の集合は
　点 α を中心とする半径 r の円

$|z-\alpha|$ は2点 z, α 間の距離

(1), (2) 方程式を ① または ② のような形に変形する。……!

(3) $|\ \ |$ の形を作り出すことは難しい。⟶ **$z=x+yi$** (x, y は実数) とする。

(4) ③ 不等式 $|z-\alpha|\leqq r\ (r>0)$ を満たす点 z 全体の集合は
　点 α を中心とする半径 r の円の周および内部

解答

(1) $|iz-1|=|i(z+i)|=|i||z+i|=|z+i|$ であるから，方程式は　$|z-(-i)|=|z-1|$　　⇐ z の係数を1にする。 ⇐ ① の形

したがって　**2点 $-i$, 1 を結ぶ線分の垂直二等分線**

(2) 方程式から $(2z+1)\overline{(2z+1)}=4$　ゆえに $|2z+1|^2=2^2$　　⇐ $\alpha\overline{\alpha}=|\alpha|^2$

よって　$|2z+1|=2$　すなわち　$\left|z-\left(-\dfrac{1}{2}\right)\right|=1$　　⇐ ② の形

したがって　**点 $-\dfrac{1}{2}$ を中心とする半径1の円**

(3) $z=x+yi$ (x, y は実数) とすると $\overline{z}=x-yi$ であるから

$(x+yi)+(x-yi)=2$　　よって　$x=1$　　⇐ $2x=2$

ゆえに　$z=1+yi$　　⇐ y は任意の実数

したがって　**点1を通り，実軸に垂直な直線**　　⇐「点1を通り，虚軸に平行な直線」と答えてもよい。

(4) $|z+2-i|\leqq 1$ から　$|z-(-2+i)|\leqq 1$

よって　**点 $-2+i$ を中心とする半径1の円の周および内部**

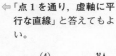

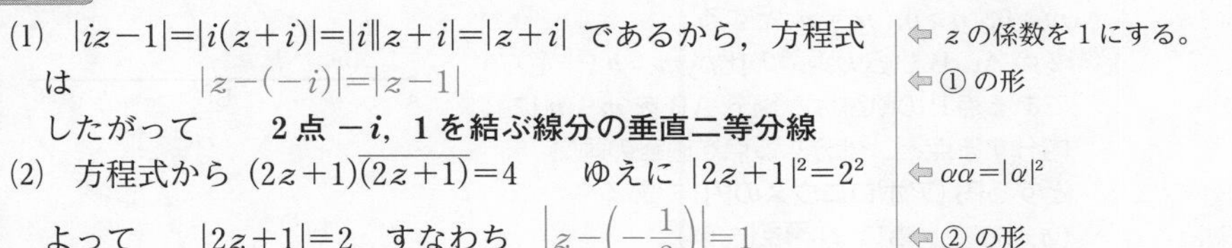

PRACTICE 100②

次の方程式・不等式を満たす点 z 全体の集合は，どのような図形か。

(1) $|2z+4|=|2iz+1|$　　(2) $(3z+i)(3\overline{z}-i)=9$

(3) $z-\overline{z}=2i$　　(4) $|z+2i|<3$

3章 12 複素数と図形

基本 例題 101 方程式の表す図形

次の方程式を満たす点 z 全体の集合は，どのような図形か。

$$|z-2i|=2|z+i|$$

p.450 基本事項 2

CHART & SOLUTION

複素数の絶対値

$|z|$ は $|z|^2$ として扱う

$n|z-\alpha|=m|z-\beta|$ $(m\neq n)$ の形の方程式は，両辺を 2 乗して，

$|z-●|=▲$ の形を導く。……❗

⟶ 点 z 全体の集合は中心が点●，半径が▲の円。

その式変形の際は，共役な複素数の性質

$$z\overline{z}=|z|^2,\ \overline{\alpha+\beta}=\overline{\alpha}+\overline{\beta},\ \overline{\alpha-\beta}=\overline{\alpha}-\overline{\beta}$$

を使う。

別解 1　$z=x+yi$ (x, y は実数) とすることによって，$|z-2i|^2=2^2|z+i|^2$ から x, y の方程式を導く。

別解 2　等式の図形的な意味を考える。
すなわち，次のことを利用する。
$m>0$, $n>0$, $m\neq n$ とする。
2 点 A，B からの距離の比が $m:n$ (一定) である点Pの軌跡は，線分 AB を $m:n$ に内分する点と，外分する点を直径の両端とする円 (アポロニウスの円) である (p.450 基本事項 2 解説 参照)。

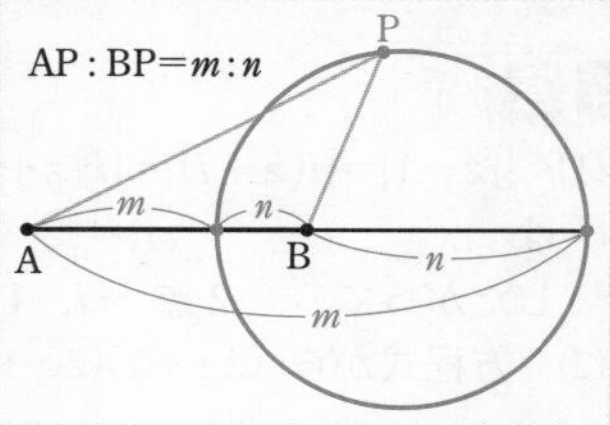

解答

$|z-2i|=2|z+i|$ の両辺を 2 乗して

$$|z-2i|^2=2^2|z+i|^2$$

よって　$(z-2i)\overline{(z-2i)}=4(z+i)\overline{(z+i)}$　⇐ $|\alpha|^2=\alpha\overline{\alpha}$

ゆえに　$(z-2i)(\overline{z}+2i)=4(z+i)(\overline{z}-i)$　⇐ $\overline{z-2i}=\overline{z}-\overline{2i}=\overline{z}+2i$, $\overline{z+i}=\overline{z}+\overline{i}=\overline{z}-i$

両辺を展開すると

$$z\overline{z}+2iz-2i\overline{z}+4=4z\overline{z}-4iz+4i\overline{z}+4$$

⇐ $3z\overline{z}-6iz+6i\overline{z}=0$

整理して　$z\overline{z}-2iz+2i\overline{z}=0$

よって　$(z+2i)(\overline{z}-2i)-4=0$　⇐ $z\overline{z}+\alpha z+\beta\overline{z}=(z+\beta)(\overline{z}+\alpha)-\alpha\beta$

ゆえに　$(z+2i)(\overline{z}-2i)=4$

よって　$(z+2i)\overline{(z+2i)}=4$

すなわち　$|z+2i|^2=4$　⇐ $\alpha\overline{\alpha}=|\alpha|^2$

❗ したがって　$|z+2i|=2$

よって，点 z 全体の集合は

点 $-2i$ を中心とする半径 2 の円

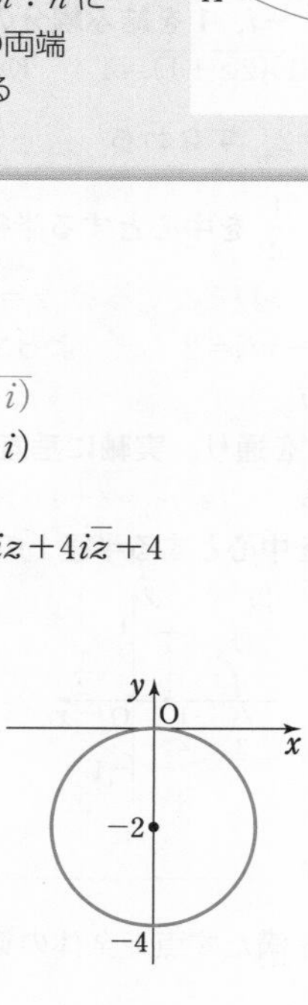

別解 1　$z=x+yi$ (x, y は実数) とすると

$$|z-2i|^2=|x+(y-2)i|^2=x^2+(y-2)^2$$
$$|z+i|^2=|x+(y+1)i|^2=x^2+(y+1)^2$$

← a, b が実数のとき $|a+bi|=\sqrt{a^2+b^2}$

これらを $|z-2i|^2=\{2|z+i|\}^2$ に代入すると

$$x^2+(y-2)^2=4\{x^2+(y+1)^2\}$$

展開して　$x^2+y^2-4y+4=4x^2+4y^2+8y+4$

← $3x^2+3y^2+12y=0$

すなわち　$x^2+y^2+4y=0$

← $x^2+(y+2)^2-2^2=0$

変形すると　$x^2+(y+2)^2=4$

これは，座標平面上で，点 $(0,\ -2)$ を中心とする半径 2 の円を表す。

よって，複素数平面上の点 z 全体の集合は

点 $-2i$ を中心とする半径 2 の円

別解 2　A$(2i)$, B$(-i)$, P(z) とすると，$|z-2i|=2|z+i|$ から　AP＝2BP

← $|z-2i|$ は 2 点 A，P 間の距離，$|z+i|$ は 2 点 B，P 間の距離を表す。

よって　AP：BP＝2：1

線分 AB を 2：1 に内分する点を C(α)，外分する点を D(β) とすると，点 P 全体は，2 点 C，D を直径の両端とする円である。

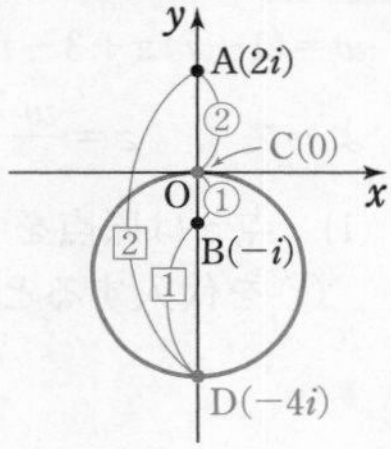

$$\alpha=\frac{1\cdot 2i+2(-i)}{2+1}=0$$

$$\beta=\frac{-1\cdot 2i+2(-i)}{2-1}=-4i$$

ゆえに，点 z 全体の集合は

2 点 0，$-4i$ を直径の両端とする円

← このような答え方でもよい。

注意　円の中心は，線分 CD の中点であるから

点 $\dfrac{0+(-4i)}{2}$　すなわち　点 $-2i$

円の半径は　$\dfrac{\text{CD}}{2}=\dfrac{|-4i-0|}{2}=\dfrac{4}{2}=2$

となり，本解，別解 1 の結果と一致していることがわかる。

PRACTICE 101②

次の方程式を満たす点 z 全体の集合は，どのような図形か。

$$|z-3i|=2|z+3|$$

基本 例題 102　$w=f(z)$ の表す図形 (1)

点 z が次の図形上を動くとき，$w=(1+i)z+3-i$ で表される点 w は，どのような図形を描くか。

(1)　原点を中心とする半径1の円

(2)　2点1，i を結ぶ線分の垂直二等分線

基本 100

CHART & SOLUTION

$w=f(z)$ の表す図形　z を w の式で表し，z の条件式に代入

[1]　$w=$(z の式) を $z=$(w の式) で表す。

[2]　$z=$(w の式) を z の条件式に代入し，w の等式を導く。

この問題における z が満たす条件は　(1)　$|z|=1$　(2)　$|z-1|=|z-i|$

解答

$w=(1+i)z+3-i$ から　$(1+i)z=w-(3-i)$

←z について解く。

よって　$z=\dfrac{w-(3-i)}{1+i}$ ……①

(1)　点 z は原点を中心とする半径1の円上を動くから　$|z|=1$

←点 α を中心とする半径 r の円は　$|z-\alpha|=r$

①を代入すると

$$\left|\frac{w-(3-i)}{1+i}\right|=1$$

すなわち　$\dfrac{|w-(3-i)|}{|1+i|}=1$

←$\left|\dfrac{\alpha}{\beta}\right|=\dfrac{|\alpha|}{|\beta|}$

$|1+i|=\sqrt{2}$ であるから

←$|1+i|=\sqrt{1^2+1^2}=\sqrt{2}$

$$|w-(3-i)|=\sqrt{2}$$

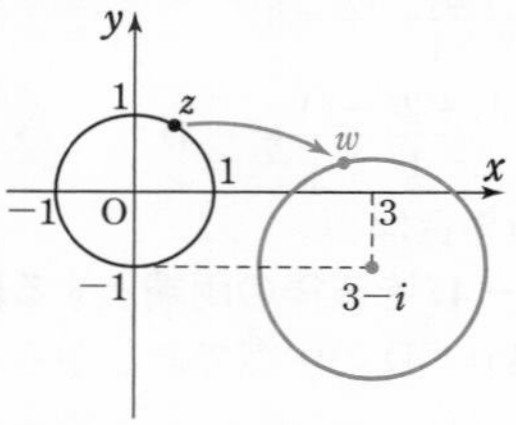

よって，点 w は **点 $3-i$ を中心とする半径 $\sqrt{2}$ の円** を描く。

(2)　点 z は2点1，i を結ぶ線分の垂直二等分線上を動くから

$$|z-1|=|z-i|$$

←2点 α，β を結ぶ線分の垂直二等分線は　$|z-\alpha|=|z-\beta|$

①を代入すると

$$\left|\frac{w-(3-i)}{1+i}-1\right|=\left|\frac{w-(3-i)}{1+i}-i\right|$$

←左辺の$|\ \ |$の中 $=\dfrac{w-3+i-(1+i)}{1+i}$　両辺に $|1+i|$ を掛けて変形してもよい。

すなわち　$\left|\dfrac{w-4}{1+i}\right|=\left|\dfrac{w-2}{1+i}\right|$

ゆえに　$|w-4|=|w-2|$

よって，点 w は **2点4，2を結ぶ線分の垂直二等分線** を描く。

←「**点3を通り実軸に垂直な直線**」と答えてもよい。

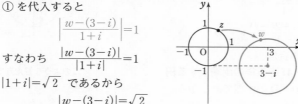

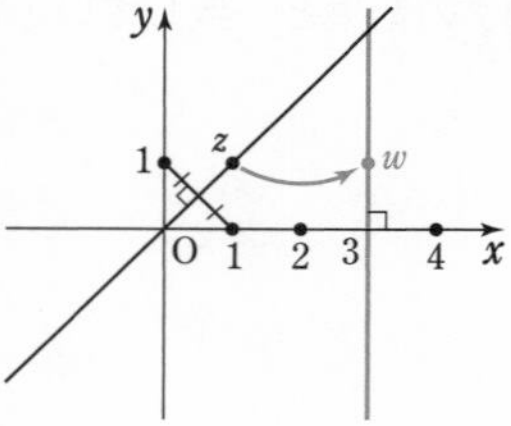

PRACTICE 102③

点 z が次の図形上を動くとき，$w=(-\sqrt{3}+i)z+1+i$ で表される点 w は，どのような図形を描くか。

(1)　点 $-1+\sqrt{3}i$ を中心とする半径 $\dfrac{1}{2}$ の円

(2)　2点2，$1+\sqrt{3}i$ を結ぶ線分の垂直二等分線

ズームUP 式の図形的な意味を考えて解く

これまでに学んだ次のことを用いると，基本例題 102 を図形的にとらえることができます。その方法について，くわしくみてみましょう。

- **和 $z+\alpha$ が表す点は，原点Oを点 α に移す平行移動によって，点 z が移る点である。**

p.416 基本事項 2 ①

- **積 $r(\cos\theta+i\sin\theta)z$ が表す点は，点 z を原点Oを中心として θ だけ回転し，更に原点からの距離を r 倍した点である。**

p.429 基本事項 3 ②

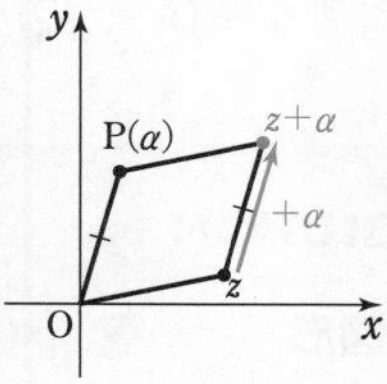

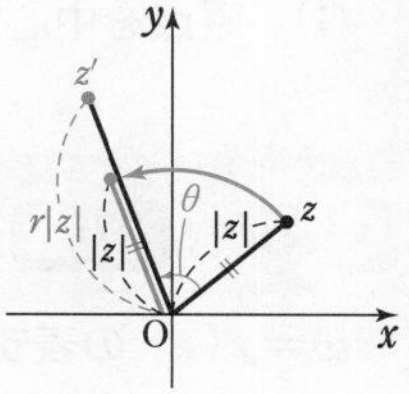

複素数の式は，その図形的な意味を見極める

基本例題 102 では，$w=(1+i)z+3-i=\sqrt{2}\left(\cos\frac{\pi}{4}+i\sin\frac{\pi}{4}\right)z+3-i$ であるから，

点 w は，点 z に対して，次の [1]，[2]，[3] の順に **回転・拡大・平行移動** を行うと得られる点である。

[1]　原点を中心として $\frac{\pi}{4}$ だけ回転　⟶ 点 z が点 $\left(\cos\frac{\pi}{4}+i\sin\frac{\pi}{4}\right)z(=z_1)$ に。

[2]　原点からの距離を $\sqrt{2}$ 倍に拡大 ⟶ 点 z_1 が点 $\sqrt{2}\,z_1(=z_2)$ に。

[3]　実軸方向に 3，虚軸方向に -1 だけ平行移動

　　⟶ 点 z_2 が点 $z_2+3-i(=w)$ に。

点 z 全体の集合の図形に対して，[1]，[2]，[3] の移動を考えると，次のようになる。

(1)　[1] の回転により，円 $|z|=1$ は円 $|z|=1$ 自身に移る。

[2] の拡大により，円 $|z|=1$ は半径が $\sqrt{2}$ 倍に拡大され，円 $|z|=\sqrt{2}$ に移る。

[3] の平行移動により，円 $|z|=\sqrt{2}$ の中心は点 $3-i$ に移るから，

円 $|w-(3-i)|=\sqrt{2}$ が点 w の描く図形である。

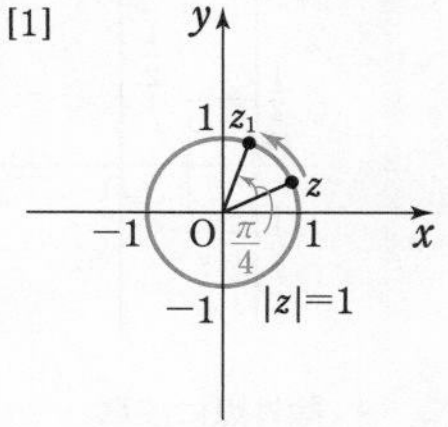

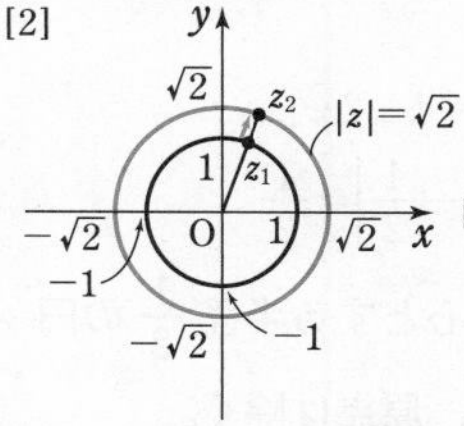

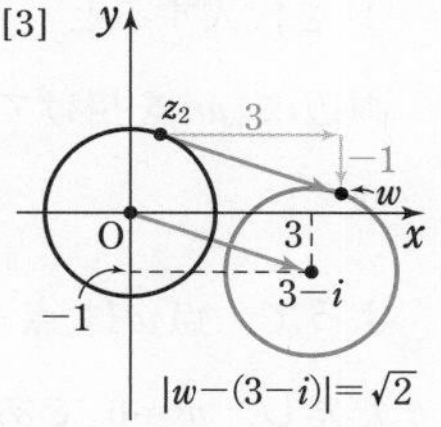

(2)　[1] の回転により，直線 $|z-1|=|z-i|$ は虚軸に移る。

[2] の拡大により，虚軸は虚軸自身に移る。

[3] の平行移動により，虚軸は **点 3 を通り実軸に垂直な直線** に移る。これが点 w の描く図形である。

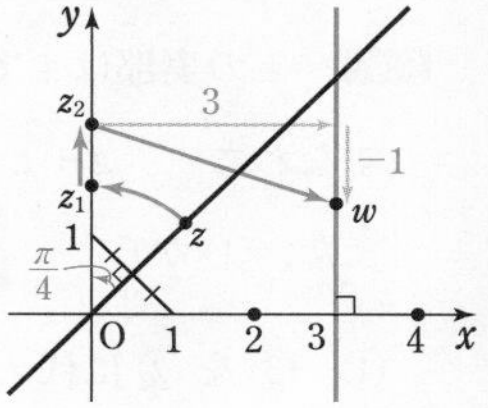

基本 例題 103　$w=f(z)$ の表す図形 (2)

点 z が次の図形上を動くとき，$w=\dfrac{1}{z}$ で表される点 w は，どのような図形を描くか。

(1)　原点を中心とする半径 $\dfrac{1}{2}$ の円　(2)　点 1 を通り，実軸に垂直な直線

基本 102

CHART & SOLUTION

$w=f(z)$ の表す図形　z を w の式で表し，z の条件式に代入

方針は $p.456$ 基本例題 102 と同じ。$z=$(w の式) を z の条件式に代入する。
なお，(分母)$\neq 0$ であるから，$z\neq 0$，$w\neq 0$ となることに注意。

解答

$w=\dfrac{1}{z}$ から　　$wz=1$

$w\neq 0$ であるから　　$z=\dfrac{1}{w}$ ……①

⇐ $w=\dfrac{1}{z}$ の式の形からもわかるように，$w=0$ となるような z は存在しない。

(1)　点 z は原点を中心とする半径 $\dfrac{1}{2}$ の円上を動くから

$$|z|=\frac{1}{2}$$

① を代入すると　　$\left|\dfrac{1}{w}\right|=\dfrac{1}{2}$　　ゆえに　　$|w|=2$

よって，点 w は **原点を中心とする半径 2 の円** を描く。

(1)

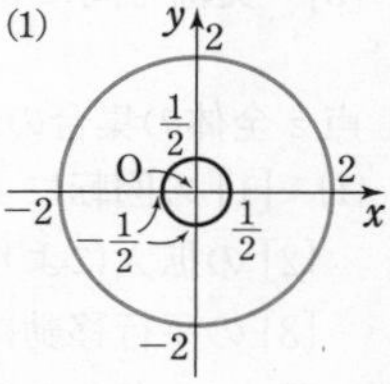

(2)　点 z は 2 点 0, 2 を結ぶ線分の垂直二等分線上を動くから

$$|z|=|z-2|$$

① を代入すると　　$\left|\dfrac{1}{w}\right|=\left|\dfrac{1}{w}-2\right|$

両辺に $|w|$ を掛けて　　$1=|1-2w|$

ゆえに　　$\left|w-\dfrac{1}{2}\right|=\dfrac{1}{2}$

よって，点 w は **点 $\dfrac{1}{2}$ を中心とする半径 $\dfrac{1}{2}$ の円** を描く。

ただし，$w\neq 0$ であるから，原点は除く。

(2)

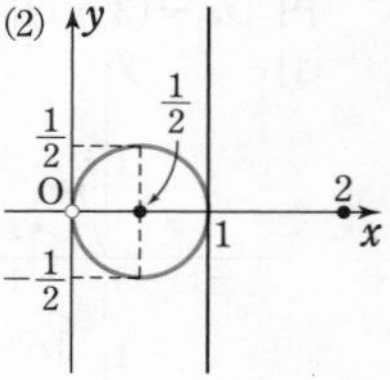

⇐ 除外点に注意。

別解　z の実部は 1 であるから　　$\dfrac{z+\overline{z}}{2}=1$

すなわち　　$z+\overline{z}=2$ ……②

また，① から　　$\overline{z}=\dfrac{1}{\overline{w}}$ ……③

①，③ を ② に代入すると　　$\dfrac{1}{w}+\dfrac{1}{\overline{w}}=2$

両辺に $w\overline{w}$ を掛けて　　$2w\overline{w}-w-\overline{w}=0$

⇐ $z=x+yi$ (x，y は実数) とすると　$\overline{z}=x-yi$
よって　$z+\overline{z}=2x$
ゆえに，z の実部は
$x=\dfrac{z+\overline{z}}{2}$

よって　$w\overline{w}-\frac{1}{2}w-\frac{1}{2}\overline{w}=0$　⇐ $w\overline{w}$ の係数を1にする。

ゆえに　$\left(w-\frac{1}{2}\right)\left(\overline{w}-\frac{1}{2}\right)-\frac{1}{4}=0$　⇐ $w\overline{w}+\alpha w+\beta\overline{w}$ $=(w+\beta)(\overline{w}+\alpha)-\alpha\beta$

よって　$\left(w-\frac{1}{2}\right)\overline{\left(w-\frac{1}{2}\right)}=\frac{1}{4}$

したがって　$\left|w-\frac{1}{2}\right|^2=\frac{1}{4}$　すなわち　$\left|w-\frac{1}{2}\right|=\frac{1}{2}$　⇐ $\alpha\overline{\alpha}=|\alpha|^2$

よって，点wは **点 $\frac{1}{2}$ を中心とする半径 $\frac{1}{2}$ の円** を描く。

ただし，$w\neq 0$ であるから，**原点は除く**。　⇐ 除外点に注意。

INFORMATION　$w=\frac{1}{z}$ の表す図形

$z\neq 0$ のとき，$w=\frac{1}{z}$ から　$|w|=\frac{1}{|z|}$

また　$w=\frac{1}{z}=\frac{1}{z\overline{z}}\overline{z}=\frac{1}{|z|^2}\overline{z}$

よって，**点wは，点zを実軸に関して対称移動し，その点と原点を通り原点を端点とする半直線上で原点からの距離が $\frac{1}{|z|}$ の位置にある点** である。

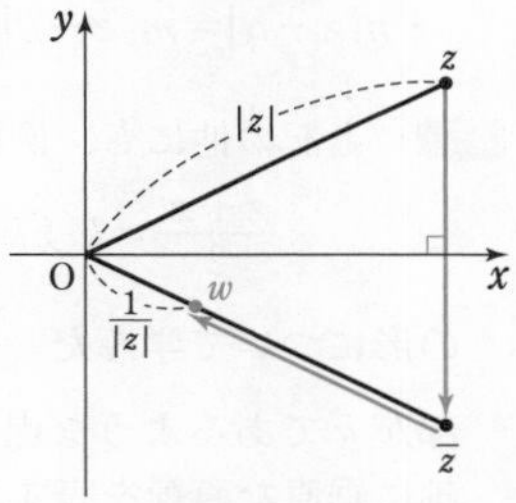

このことを用いると，(1) における点wの描く図形を次のように調べることもできる。

① 円 $|z|=\frac{1}{2}$ を実軸に関して対称移動すると，
　円 $|z|=\frac{1}{2}$ 自身に移る。

② $|z|=\frac{1}{2}$ から　$\frac{1}{|z|}=2$
　よって，円 $|w|=2$ が点wの描く図形である。

参考　O(0)，A(z)，B(w) とすると，$\mathrm{OA}\cdot\mathrm{OB}=|z||w|=|z|\cdot\frac{1}{|z|}=1$ が成り立っている。
一般に，中心O，半径rの円Oがあり，Oとは異なる点Pに対し，Oを端点とする半直線上OP上の点P′を，$\mathrm{OP}\cdot\mathrm{OP}'=r^2$ となるように定めるとき，点Pに点P′を対応させることを円Oに関する **反転** という。この用語を用いると，$w=\frac{1}{z}$ のとき，点zに実軸に関する対称移動を行い，更に単位円に関する反転を行うと得られる点が点wであるといえる。

PRACTICE 103③

点zが次の図形上を動くとき，$w=\frac{1}{z}$ で表される点wはどのような図形を描くか。

(1) 原点を中心とする半径3の円　　(2) 点 $\frac{i}{2}$ を通り，虚軸に垂直な直線

振り返り　複素数で図形をとらえる方法

例題 100～103 のような図形問題にはさまざまな解き方があるようですが，どれを使えばよいか迷ってしまいます。

等式の図形的意味をとらえることが基本となります。ここでは，それ以外の解決方法とともに整理しておきましょう。

1 複素数 z のまま扱う

複素数平面で等式が表す図形について考えるときは，等式を複素数 z のままで扱うことにより **等式のもつ図形的な意味をとらえる** ことが基本である。z のままで扱うことができれば，計算の手間が減り，解答が簡潔になる場合が多い。一方，次に示すような，等式が表す図形の特徴を押さえ，複素数特有の式変形に慣れておく必要がある。

● $|z-\alpha|=|z-\beta|$ …… **2 点 α，β を結ぶ線分の垂直二等分線**

・$|\ \ |$ の中の z の係数を 1 にすることが式変形のポイント。(⟶ 例題 100 (1))

● $|z-\alpha|=r$ …… **点 α を中心とする半径 r の円**　⟵ $|z-\alpha|<r$ のときは円の内部を表す。

・$(z-\alpha)\overline{(z-\alpha)}=r^2$ の形をめざすことが式変形のポイント。(⟶ 例題 100 (2))

・$n|z-\alpha|=m|z-\beta|$ の形から円を判断することもできる［アポロニウスの円］。

(⟶ 例題 101 別解 2)

inf.　上記の他にも，例題 103 (2) 別解 で，

$$\frac{z+\overline{z}}{2}=k\ (k \text{ は実数})\ \cdots\cdots (*)$$

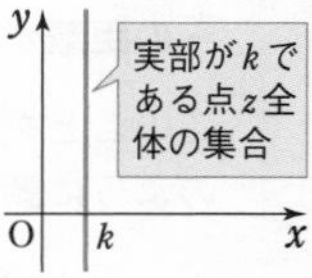

の形について学んだ。$\dfrac{z+\overline{z}}{2}$ は z の実部であるから，(＊) は実部が k であるような点 z 全体の集合，すなわち，点 k を通り実軸に垂直な直線を表す。試しに，これを用いて例題 100 (3) を解くと次のようになる。

例題 100 (3) の 別解　$z+\overline{z}=2$ から　$\dfrac{z+\overline{z}}{2}=1$　よって，z の実部は 1 である。

したがって　**点 1 を通り，実軸に垂直な直線**

$p.453$ の解答と比較すると，この別解の方が簡潔に解答できますね。

2 極形式 $z=r(\cos\theta+i\sin\theta)$ を利用する

極形式を用いると，拡大や回転が扱いやすくなる場合が多い。(⟶ $p.457$ ズーム UP)
一方，式が複雑な場合は三角関数の計算が面倒になることがある。
なお，極形式は長さの比や偏角を求めるのに有効な形であるから，このあとの例題 105～107 で学ぶような，線分のなす角や平行・垂直に関する問題，あるいは三角形の形状を調べる問題でも活躍する。

3 $z=x+yi$ (x，y は実数) とおいて実数の関係式で扱う

この扱い方は，慣れている実数で考えることができるので，計算の方針が立てやすいことが，最大のメリットである。ただし，計算は煩雑になることが多い。(⟶ 例題 101 別解 1)

例題 100 では (1), (2), (4) も，$z=x+yi$ (x, y は実数) とおいて解くことができますが，1 の複素数 z のまま扱う方法と比べると，計算量は多くなります。

基本 例題 104 複素数の絶対値の最大値・最小値 ②②②②②

複素数 z が $|z-3-4i|=2$ を満たすとき，$|z|$ の最大値と，そのときの z の値を求めよ。

p.450 基本事項 2，重要 109

CHART & THINKING

方程式の表す図形　等式のもつ図形的意味をとらえる

z は方程式 $|z-3-4i|=2$ を満たすから，点 z はどのような図形の上に存在するだろうか？一方，$|z|$ は原点Oと点 z との距離である。図形の上で点 z を動かしてみて，原点と点 z の距離が最大になるのはどこかを調べよう。実際に図をかいて考えることが大切である。

解答

方程式を変形すると

$$|z-(3+4i)|=2$$

よって，点 $P(z)$ は点 $C(3+4i)$ を中心とする半径2の円周上の点である。

$|z|$ は原点Oと点 z との距離であるから，$|z|$ が最大となるのは，右図から，3点O，C，Pがこの順で一直線上にあるときである。

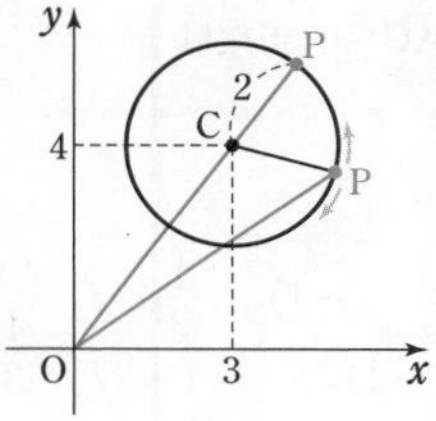

よって，求める **最大値** は

$$OC+CP=|3+4i|+2$$
$$=\sqrt{3^2+4^2}+2$$
$$=5+2$$
$$=\mathbf{7}$$

このとき，OP：OC＝7：5 であるから，求める z の値は

$$z=\frac{7}{5}(3+4i)$$
$$=\mathbf{\frac{21}{5}+\frac{28}{5}i}$$

⇐ $|z-\alpha|=r$ の形に変形。点 z は中心が点 α，半径 r の円周上に存在する。

⇐ 点Pを円周上の点とすると　$OC+CP \geqq OP$ 等号が成り立つとき，OPは最大となる。

⇐ (線分OCの長さ)＋(円の半径)

⇐ 点Pは線分OCを7：2に外分すると考えてもよい。

inf. 上の例題では，原点Oと点 z との距離 $|z|$ を考えたが，下のPRACTICE 104では $\mathrm{AB}=|\beta-\alpha|$ を用いて，ある点と点 z との距離を考える必要がある。
ちなみに，上の例題で，$|z|$ が最小となるのは3点O，P，Cがこの順で一直線上にあるときであり，最小値は $5-2=3$ である。
また，そのときの z の値は $z=\frac{3}{5}(3+4i)=\frac{9}{5}+\frac{12}{5}i$ である。

PRACTICE 104③

複素数 z が $|z-i|=1$ を満たすとき，$|z+\sqrt{3}|$ の最大値および最小値と，そのときの z の値をそれぞれ求めよ。

基本 例題 105 線分のなす角，平行・垂直

$\alpha=-1$，$\beta=2i$，$\gamma=a-i$ とし，複素数平面上で3点を $\mathrm{A}(\alpha)$，$\mathrm{B}(\beta)$，$\mathrm{C}(\gamma)$ とする。ただし，a は実数の定数とする。

(1) $a=-\dfrac{2}{3}$ のとき，$\angle\mathrm{BAC}$ の大きさを求めよ。

(2) 3点A，B，Cが一直線上にあるように a の値を定めよ。

(3) 2直線AB，ACが垂直であるように a の値を定めよ。 p.451 基本事項 3

CHART & SOLUTION

線分のなす角，平行・垂直　$\dfrac{\gamma-\alpha}{\beta-\alpha}$ の値に着目

(1) $\angle\mathrm{BAC}=\left|\arg\dfrac{\gamma-\alpha}{\beta-\alpha}\right|$ から $\dfrac{\gamma-\alpha}{\beta-\alpha}$ を計算し，極形式で表す。

(2) $\dfrac{\gamma-\alpha}{\beta-\alpha}$ が実数（$\angle\mathrm{BAC}=0$ または π）　(3) $\dfrac{\gamma-\alpha}{\beta-\alpha}$ が純虚数 $\left(\angle\mathrm{BAC}=\dfrac{\pi}{2}\right)$

解答

(1) $\dfrac{\gamma-\alpha}{\beta-\alpha}=\dfrac{\left(-\frac{2}{3}-i\right)-(-1)}{2i-(-1)}=\dfrac{\frac{1}{3}-i}{1+2i}=\dfrac{1}{3}\cdot\dfrac{(1-3i)(1-2i)}{(1+2i)(1-2i)}$ ⇐ 分母の実数化

$=\dfrac{1}{3}(-1-i)=\dfrac{\sqrt{2}}{3}\left(-\dfrac{1}{\sqrt{2}}-\dfrac{1}{\sqrt{2}}i\right)=\dfrac{\sqrt{2}}{3}\left\{\cos\left(-\dfrac{3}{4}\pi\right)+i\sin\left(-\dfrac{3}{4}\pi\right)\right\}$

したがって　$\angle\mathrm{BAC}=\left|-\dfrac{3}{4}\pi\right|=\boldsymbol{\dfrac{3}{4}\pi}$ ⇐ $\angle\mathrm{BAC}=\left|\arg\dfrac{\gamma-\alpha}{\beta-\alpha}\right|$

(2) $\dfrac{\gamma-\alpha}{\beta-\alpha}=\dfrac{(a-i)-(-1)}{2i-(-1)}=\dfrac{(a+1)-i}{1+2i}$

$=\dfrac{\{(a+1)-i\}(1-2i)}{(1+2i)(1-2i)}=\dfrac{(a-1)-(2a+3)i}{5}$ ……①

3点A，B，Cが一直線上にあるための条件は，①が実数となることであるから　$2a+3=0$　　よって　$\boldsymbol{a=-\dfrac{3}{2}}$

⇐ $z=x+yi$（x，y は実数）において
$y=0 \iff z$ は実数
$x=0$ かつ $y\neq0 \iff z$ は純虚数

(3) 2直線AB，ACが垂直であるための条件は，①が純虚数となることであるから　$a-1=0$ かつ $2a+3\neq0$

よって　$\boldsymbol{a=1}$ ⇐ $2a+3\neq0$ を満たす。

PRACTICE 105②

(1) 複素数平面上の3点 $\mathrm{A}(-1+2i)$，$\mathrm{B}(2+i)$，$\mathrm{C}(1-2i)$ に対し，$\angle\mathrm{BAC}$ の大きさを求めよ。

(2) $\alpha=2+i$，$\beta=3+2i$，$\gamma=a+3i$ とし，複素数平面上で3点を $\mathrm{A}(\alpha)$，$\mathrm{B}(\beta)$，$\mathrm{C}(\gamma)$ とする。ただし，a は実数の定数とする。

(ア) 3点A，B，Cが一直線上にあるように a の値を定めよ。

(イ) 2直線AB，ACが垂直であるように a の値を定めよ。

基本 例題 106 三角形の形状 (1)

複素数平面上の 3 点 A(α), B(β), C(γ) を頂点とする △ABC について，等式 $\beta-\alpha=(1+\sqrt{3}i)(\gamma-\alpha)$ が成り立つとき，△ABC の 3 つの内角の大きさを求めよ。

基本 105

CHART & SOLUTION

三角形の形状　2辺の比とその間の角の大きさを求める

等式は $\dfrac{\beta-\alpha}{\gamma-\alpha}=1+\sqrt{3}i$ と変形できるから，$1+\sqrt{3}i$ を極形式で表す。

・$\left|\dfrac{\beta-\alpha}{\gamma-\alpha}\right|=\dfrac{|\beta-\alpha|}{|\gamma-\alpha|}=\dfrac{\text{AB}}{\text{AC}}$ ⟶ 2 辺 AB，AC の長さの比

・$\arg\dfrac{\beta-\alpha}{\gamma-\alpha}$ から ∠CAB ⟶ 2 辺 AB，AC の間の角の大きさ

} ……❗

この 2 つを調べることにより，△ABC の形状がわかる。

解答

3 点 A，B，C は三角形の頂点であるから，$\gamma-\alpha \neq 0$ である。

$\beta-\alpha=(1+\sqrt{3}i)(\gamma-\alpha)$ から

$$\frac{\beta-\alpha}{\gamma-\alpha}=1+\sqrt{3}i=2\left(\cos\frac{\pi}{3}+i\sin\frac{\pi}{3}\right)$$

⇐ $1+\sqrt{3}i$ を極形式で表す。

❗ よって，$\left|\dfrac{\beta-\alpha}{\gamma-\alpha}\right|=\dfrac{|\beta-\alpha|}{|\gamma-\alpha|}=\dfrac{\text{AB}}{\text{AC}}$ から　$\dfrac{\text{AB}}{\text{AC}}=2$

⇐ $\left|\dfrac{\alpha}{\beta}\right|=\dfrac{|\alpha|}{|\beta|}$

ゆえに　AB：AC＝2：1

❗ また，$\arg\dfrac{\beta-\alpha}{\gamma-\alpha}=\dfrac{\pi}{3}$ から　$\angle\text{CAB}=\dfrac{\pi}{3}$

ゆえに，△ABC の内角の大きさは

$$\angle\mathbf{A}=\frac{\pi}{3},\quad \angle\mathbf{B}=\frac{\pi}{6},\quad \angle\mathbf{C}=\frac{\pi}{2}$$

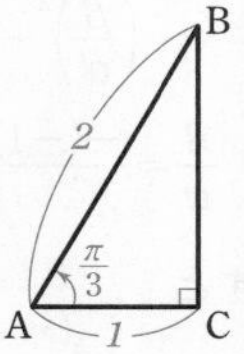

⇐ AB：AC＝2：1 かつ $\angle\text{CAB}=\dfrac{\pi}{3}$ から，△ABC は $\angle\text{ACB}=\dfrac{\pi}{2}$ の直角三角形である。

INFORMATION　図形の形状は「点の回転」を考える

$p.435$ 基本例題 88「原点以外の点を中心とする回転」を参照。
与式を変形すると，$\beta-\alpha=2\left(\cos\dfrac{\pi}{3}+i\sin\dfrac{\pi}{3}\right)(\gamma-\alpha)$ となる。この式から点 B(β) は，点 C(γ) を点 A(α) を中心として $\dfrac{\pi}{3}$ だけ回転し，点 A からの距離を 2 倍にした点であることがわかる。すなわち，AB＝2AC，$\angle\text{BAC}=\dfrac{\pi}{3}$ であることが読み取れる。

PRACTICE 106③

複素数平面上の 3 点 A(α), B(β), C(γ) を頂点とする △ABC について，次の等式が成り立つとき，△ABC はどのような三角形か。

(1) $\beta(1-i)=\alpha-\gamma i$　　(2) $2(\alpha-\beta)=(1+\sqrt{3}i)(\gamma-\beta)$

(3) $(\alpha-\beta)(3+\sqrt{3}i)=4(\gamma-\beta)$

基本 例題 107　三角形の形状 (2)

3 点 O(0), A(α), B(β) を頂点とする △OAB について，等式 $\alpha^2-\alpha\beta+\beta^2=0$ が成り立つとき，次の問いに答えよ。

(1) $\dfrac{\beta}{\alpha}$ の値を求めよ。　　(2) △OAB はどのような三角形か。

基本 106

CHART & THINKING

(α, β の 2 次式)=0 と三角形の形状問題　$\dfrac{\beta}{\alpha}$ の大きさと偏角を求める

(1) $\alpha^2\neq0$ であるから，条件式の両辺を α^2 で割ると，$\dfrac{\beta}{\alpha}$ についての 2 次方程式が得られる。

(2) 2 辺 OA，OB の長さの比とその間の角の大きさから，△OAB の形状がわかる。本問で扱うのは，0, α, β の 3 点であるから，$\dfrac{\beta}{\alpha}=\dfrac{\beta-0}{\alpha-0}$ と考えれば，前ページの基本例題 106 と同様に解くことができる。(1) で求めた $\dfrac{\beta}{\alpha}$ に対して何をすればよいかを考えよう。

解答

(1) $\alpha\neq0$ より $\alpha^2\neq0$ であるから，等式 $\alpha^2-\alpha\beta+\beta^2=0$ の両辺を α^2 で割ると　$1-\dfrac{\beta}{\alpha}+\left(\dfrac{\beta}{\alpha}\right)^2=0$

すなわち　$\left(\dfrac{\beta}{\alpha}\right)^2-\dfrac{\beta}{\alpha}+1=0$

$\dfrac{\beta}{\alpha}$ について解くと　$\boldsymbol{\dfrac{\beta}{\alpha}}=\dfrac{-(-1)\pm\sqrt{(-1)^2-4\cdot1\cdot1}}{2\cdot1}=\boldsymbol{\dfrac{1\pm\sqrt{3}\,i}{2}}$

(2) $\dfrac{\beta}{\alpha}$ を極形式で表すと　$\dfrac{\beta}{\alpha}=\cos\left(\pm\dfrac{\pi}{3}\right)+i\sin\left(\pm\dfrac{\pi}{3}\right)$ (複号同順)

$\left|\dfrac{\beta}{\alpha}\right|=\dfrac{|\beta|}{|\alpha|}=\dfrac{OB}{OA}$ から　$\dfrac{OB}{OA}=1$

よって　OA=OB

また，$\arg\dfrac{\beta}{\alpha}=\pm\dfrac{\pi}{3}$ から

$\angle AOB=\dfrac{\pi}{3}$

ゆえに，△OAB は **正三角形** である。

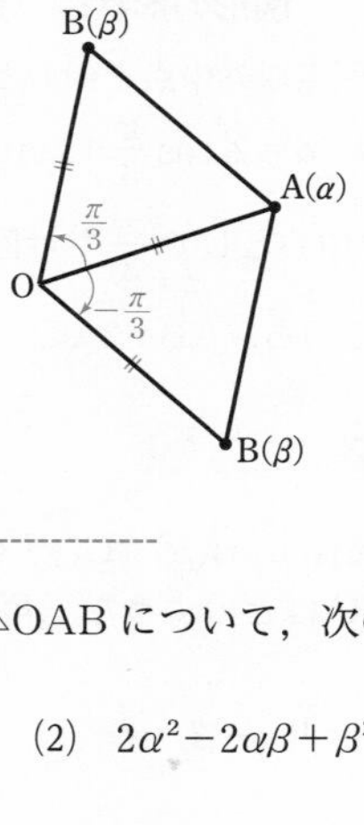

⇐ 等式を α の 2 次方程式とみて，解の公式から α を β で表してもよい。

⇐ $\dfrac{\beta}{\alpha}$ の 2 次方程式とみて，解の公式を利用。

⇐ $\beta=\left\{\cos\left(\pm\dfrac{\pi}{3}\right)+i\sin\left(\pm\dfrac{\pi}{3}\right)\right\}\alpha$ (複号同順) と表せるから，点 B は，点 A を原点を中心として，$\pm\dfrac{\pi}{3}$ だけ回転した点である。これから，△OAB が正三角形であることがわかる。

PRACTICE 107③

3 点 O(0), A(α), B(β) を頂点とする △OAB について，次の等式が成り立つとき，△OAB はどのような三角形か。

(1) $3\alpha^2+\beta^2=0$　　(2) $2\alpha^2-2\alpha\beta+\beta^2=0$

重要 例題 108 直線の方程式

α を複素数の定数とする。(1), (2) の直線上の点Pを表す複素数 z は，等式 $\overline{\alpha}z+\alpha\overline{z}-2=0$ を満たす。α の値をそれぞれ求めよ。

(1)　2点 $A(-1)$，$B(1+2i)$ を通る直線上の点P

(2)　中心が $C(2+3i)$，半径が $2\sqrt{2}$ の円周上の点 $D(i)$ における接線上の点P

基本 105

CHART & SOLUTION

異なる3点 $A(\alpha)$，$B(\beta)$，$P(z)$ について

3点A，B，Pが一直線上にある $\iff \dfrac{z-\alpha}{\beta-\alpha}$ が実数

2直線AB，APが垂直に交わる $\iff \dfrac{z-\alpha}{\beta-\alpha}$ が純虚数 ……❗

(1) $\dfrac{z-\alpha}{\beta-\alpha}$ が実数 $\iff \overline{\left(\dfrac{z-\alpha}{\beta-\alpha}\right)}=\dfrac{z-\alpha}{\beta-\alpha}$　　(2) 接線⊥半径 であるから　CD⊥DP

解答

(1)　3点A，B，Pは一直線上にあるから，

$\dfrac{z-(-1)}{1+2i-(-1)}=\dfrac{z+1}{2+2i}$ は実数である。

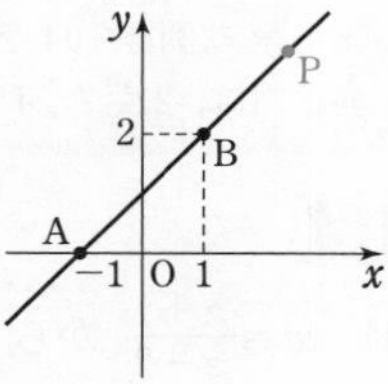

❗ ゆえに　$\overline{\left(\dfrac{z+1}{2+2i}\right)}=\dfrac{z+1}{2+2i}$　すなわち　$\dfrac{\overline{z}+1}{1-i}=\dfrac{z+1}{1+i}$

両辺に $(1-i)(1+i)$ を掛けて　$(1+i)(\overline{z}+1)=(1-i)(z+1)$

整理して　$(-1+i)z+(1+i)\overline{z}+2i=0$

両辺に i を掛けて　$(-i+i^2)z+(i+i^2)\overline{z}+2i^2=0$

よって　$(-1-i)z+(-1+i)\overline{z}-2=0$

⇦ 点Pが点A，Bに一致する場合も含まれる。

$\overline{-1+i}=-1-i$ であるから　$\boldsymbol{\alpha=-1+i}$

(2)　CD⊥DP であるから，$\dfrac{z-i}{2+3i-i}=\dfrac{z-i}{2+2i}$ は純虚数である。

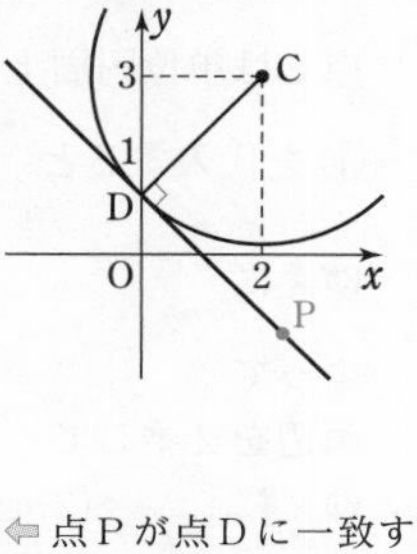

❗ ゆえに　$\dfrac{z-i}{2+2i}+\overline{\left(\dfrac{z-i}{2+2i}\right)}=0$ かつ $\dfrac{z-i}{2+2i}\neq 0$

すなわち　$\dfrac{z-i}{1+i}+\dfrac{\overline{z}+i}{1-i}=0$ ……① かつ $z\neq i$

① の両辺に $(1+i)(1-i)$ を掛けて

$(1-i)(z-i)+(1+i)(\overline{z}+i)=0$

整理して　$(1-i)z+(1+i)\overline{z}-2=0$ （$z=i$ のときも成立）

⇦ 点Pが点Dに一致する場合も含まれる。

$\overline{1+i}=1-i$ であるから　$\boldsymbol{\alpha=1+i}$

PRACTICE 108③

$\alpha=\dfrac{1}{2}+\dfrac{\sqrt{3}}{6}i$ とし，複素数 1，α に対応する複素数平面上の点をそれぞれP，Qとすると，直線PQは複素数 β を用いて，方程式 $\beta z+\overline{\beta}\overline{z}+1=0$ で表される。この β を求めよ。〔類 早稲田大〕

重要 例題 109 $w=f(z)$ の表す図形 (3)

(1) 複素数平面上の点 z が単位円周上を動くとき，$w=\dfrac{z+1}{z-2}$ で表される点 w の描く図形を求めよ。

(2) $z\neq 1$ である複素数 z に対して，$w=\dfrac{z+1}{1-z}$ とする。点 z が複素数平面上の虚軸上を動くとき，次の問いに答えよ。

(ア) 点 w の描く図形を求めよ。

(イ) $|w+i+1|$ の最大値と最小値を求めよ。 ［(2) 類 静岡大］

基本 102, 103, 104

CHART & THINKING

$w=f(z)$ の表す図形

z を w の式で表し，z の条件式に代入

基本例題 102，103 と同様，$z=$(w の式) を z の条件式に代入する。

(2) (ア) 「z が虚軸上を動く」という条件を z の式で表すとどうなるだろうか？

(イ) 基本例題 104 を参照。$|w+i+1|=|w-(-1-i)|$ から，P(w)，A($-1-i$) とすると，これは，2 点 A，P 間の距離を表す。AP の最大値・最小値について，図をかいて考えよう。

解答

(1) $w=\dfrac{z+1}{z-2}$ から　$(z-2)w=z+1$

ゆえに　$(w-1)z=2w+1$

ここで，$w=1$ とすると，$0=3$ となり不合理である。

よって，$w\neq 1$ であるから　$z=\dfrac{2w+1}{w-1}$ ……①

点 z は単位円周上を動くから　$|z|=1$

① を代入すると　$\left|\dfrac{2w+1}{w-1}\right|=1$

ゆえに　$\dfrac{|2w+1|}{|w-1|}=1$

よって　$|2w+1|=|w-1|$ ……②

両辺を 2 乗して　$|2w+1|^2=|w-1|^2$

ゆえに　$(2w+1)\overline{(2w+1)}=(w-1)\overline{(w-1)}$

よって　$(2w+1)(2\overline{w}+1)=(w-1)(\overline{w}-1)$

整理して　$w\overline{w}+w+\overline{w}=0$

ゆえに　$(w+1)(\overline{w}+1)=1$ すなわち $(w+1)\overline{(w+1)}=1$

よって　$|w+1|^2=1$

ゆえに　$|w+1|=1$

したがって，点 w は **点 -1 を中心とする半径 1 の円** を描く。

⇐「$w=$」の式を「$z=$」の式に変形する。

⇐ $w-1=0$ の可能性があるから，直ちに $w-1$ で割ってはいけない。

⇐ z の条件式。

⇐ $\left|\dfrac{\alpha}{\beta}\right|=\dfrac{|\alpha|}{|\beta|}$

⇐ $|\alpha|^2=\alpha\overline{\alpha}$

別解 （② までは同じ。アポロニウスの円を利用。）

$2\left|w+\frac{1}{2}\right|=|w-1|$ から　$\left|w+\frac{1}{2}\right|:|w-1|=1:2$

$A\left(-\frac{1}{2}\right)$, B(1), P($w$) とすると　AP : BP＝1 : 2

よって，点Pが描く図形は，線分 AB を 1 : 2 に内分する点Cと外分する点Dを直径の両端とする円である。

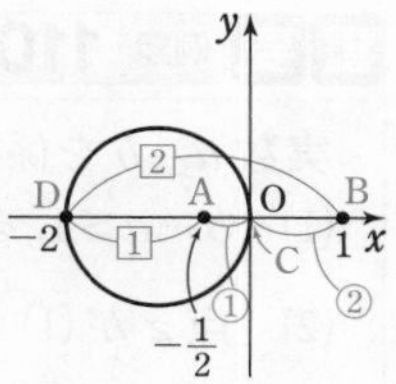

C(0)，D(−2) であるから，点 w は **点 −1 を中心とする半径 1 の円** を描く。

(2) ㋐ $w=\frac{z+1}{1-z}$ から　$(1-z)w=z+1$

ゆえに　$(w+1)z=w-1$

ここで，$w=-1$ とすると，$0=-2$ となり不合理である。

よって，$w \neq -1$ であるから　$z=\frac{w-1}{w+1}$ …… ③

点 z が虚軸上を動くとき　$z+\overline{z}=0$

③ を代入すると　$\frac{w-1}{w+1}+\overline{\left(\frac{w-1}{w+1}\right)}=0$

ゆえに　$\frac{w-1}{w+1}+\frac{\overline{w}-1}{\overline{w}+1}=0$

両辺に $(w+1)(\overline{w}+1)$ を掛けて

$(\overline{w}+1)(w-1)+(w+1)(\overline{w}-1)=0$

整理して　$w\overline{w}=1$　すなわち　$|w|=1$ …… ④

したがって，点 w は **点 0 を中心とする半径 1 の円** を描く。

ただし，$w \neq -1$ であるから，点 −1 を除く。

⇐「$w=$」の式を「$z=$」の式に変形する。

⇐ この確認が，後で意味をもつ。

⇐ $z=bi$ (b は実数) から $z+\overline{z}=bi-bi=0$

inf. 点 z が虚軸上を動くことを　$|z-1|=|z+1|$ などと表し，これに ③ を代入してもよい。

⇐ $w\overline{w}=|w|^2$ から $|w|^2=1$

⇐ 除外点に注意。

㋑ P(w)，A($-1-i$) とすると

$|w+i+1|=\text{AP}$

円 ④ の中心は，点 O(0) であるから，$|w+i+1|$ が最大となるのは，右図より，3 点 A，O，P がこの順で一直線上にあるときである。

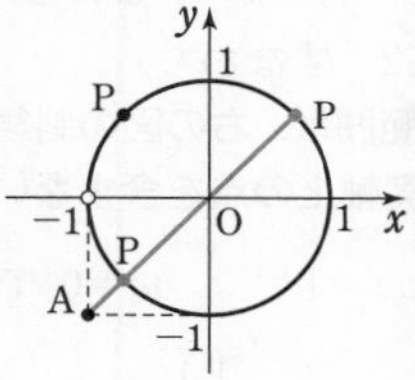

よって，求める **最大値** は

$\text{AO}+\text{OP}=|-1-i|+1=\sqrt{2}+1$

また，$|w+i+1|$ が最小となるのは，図から，3 点 A，P，O がこの順で一直線上にあるときである。

よって，求める **最小値** は　$\text{AO}-\text{OP}=\sqrt{2}-1$

⇐ $|w+i+1|=|w-(-i-1)|$

⇐ 点Pを円周上の点とすると　AO＋OP≧AP 等号が成り立つとき，AP は最大となる。

⇐ $|-1-i|=\sqrt{1^2+1^2}$

PRACTICE 109④

−1 と異なる複素数 z に対し，複素数 w を $w=\frac{z}{z+1}$ で定める。

(1) 点 z が原点を中心とする半径 1 の円上を動くとき，点 w の描く図形を求めよ。

(2) 点 z が虚軸上を動くとき，点 w の描く図形を求めよ。〔類　新潟大〕

重要 例題 110 不等式の表す領域

実数 a, b を係数とする x の 2 次方程式 $x^2+ax+b=0$ が虚数解 z をもつ。

(1) $b-a\leqq 1$ を満たすとき，点 z の存在範囲を複素数平面上に図示せよ。

(2) 点 z が (1) で求めた存在範囲を動くとき，$w=\dfrac{1}{z}$ で定まる点 w の存在範囲を複素数平面上に図示せよ。　〔類 電通大〕

基本 100, 103

CHART & SOLUTION

複素数平面上の領域の問題

$|z-\alpha|\leqq r$ $(r>0)$　点 α を中心とする半径 r の円周および内部

$|z-\alpha|\geqq r$ $(r>0)$　点 α を中心とする半径 r の円周および外部

(1) z の共役複素数 $\overline{z}$ も方程式の解である。解と係数の関係から，a, b を z, $\overline{z}$ を用いて表し，不等式に代入する。

(2) $z=$(w の式) で表し，(1) で求めた z の不等式に代入する。

解答

(1) a, b は実数であるから，z の共役複素数 $\overline{z}$ も 2 次方程式 $x^2+ax+b=0$ の解である。

解と係数の関係から　$z+\overline{z}=-a$, $z\overline{z}=b$

$b-a\leqq 1$ に代入すると　$z\overline{z}+z+\overline{z}\leqq 1$

よって　$(z+1)(\overline{z}+1)\leqq 2$　すなわち　$(z+1)\overline{(z+1)}\leqq 2$

ゆえに　$|z+1|^2\leqq 2$　すなわち　$|z+1|\leqq\sqrt{2}$

よって，点 z の存在範囲は，**右の図の斜線部分**。ただし，z は虚数であるから，**実軸上の点を含まない。境界線は，実軸との交点を除いて他は含む。**

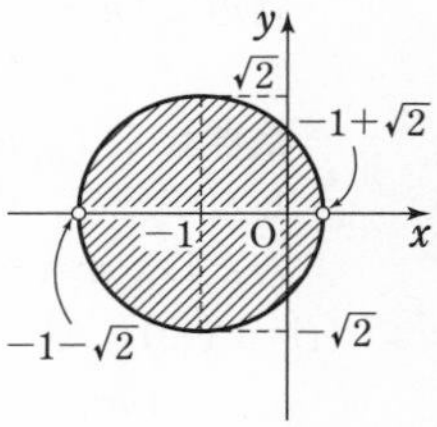

(2) $w=\dfrac{1}{z}$ から　$wz=1$　$w\neq 0$ であるから　$z=\dfrac{1}{w}$

$|z+1|\leqq\sqrt{2}$ に代入して　$\left|\dfrac{1}{w}+1\right|\leqq\sqrt{2}$

ゆえに　$|1+w|\leqq\sqrt{2}\,|w|$　すなわち　$|1+w|^2\leqq 2|w|^2$

よって　$(w+1)(\overline{w}+1)\leqq 2w\overline{w}$

ゆえに　$w\overline{w}-w-\overline{w}+1\geqq 2$　すなわち　$(w-1)(\overline{w}-1)\geqq 2$

よって　$|w-1|^2\geqq 2$　すなわち　$|w-1|\geqq\sqrt{2}$

したがって，点 w の存在範囲は，**右の図の斜線部分**。ただし，w は虚数であるから，**実軸上の点を含まない。境界線は，実軸との交点を除いて他は含む。**

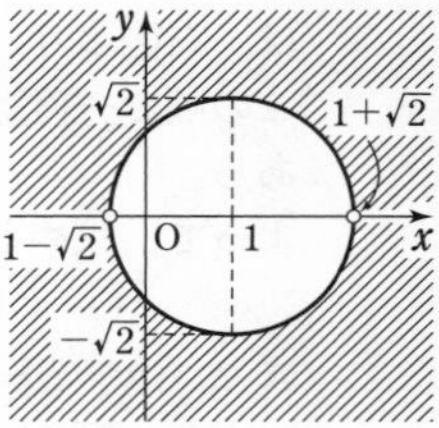

PRACTICE 110[4]

複素数 z の実部を Rez で表す。このとき，次の領域を複素数平面上に図示せよ。

(1) $|z|>1$ かつ Re$z<\dfrac{1}{2}$ を満たす点 z の領域

(2) $w=\dfrac{1}{z}$ とする。点 z が (1) で求めた領域を動くとき，点 w が動く領域

重要例題 111 図形への応用 ④

右の図のように，△ABC の 2 辺 AB，AC を 1 辺とする正方形 ABDE，ACFG をこの三角形の外側に作るとき，次の問いに答えよ。

(1) 複素数平面上で A(0)，B(β)，C(γ) とするとき，点 E，G を表す複素数を求めよ。

(2) 辺 BC の中点を M とするとき，2AM=EG，AM⊥EG であることを証明せよ。

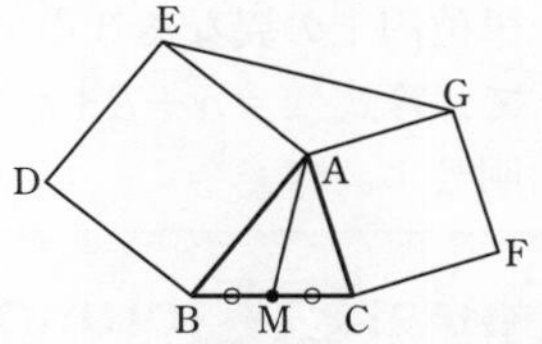

基本 105

CHART & SOLUTION

(1) 点 A を原点とする複素数平面で考えているから，2 つの正方形に注目すると

点 E は，点 B を点 A(**原点**)を中心として $-\dfrac{\pi}{2}$ 回転 した点 ⟶ $-i$ を掛ける

点 G は，点 C を点 A(**原点**)を中心として $\dfrac{\pi}{2}$ 回転 した点 ⟶ i を掛ける

(2) 線分 AM，EG の長さの比，垂直条件を考えるため，E(u)，G(v)，M(δ) として，複素数 $\dfrac{v-u}{\delta-0}$ を調べる。

解答

(1) 点 E は，点 B(β) を原点 A を中心として $-\dfrac{\pi}{2}$ だけ回転した点であるから，点 E を表す複素数は　$-\beta i$

点 G は，点 C(γ) を原点 A を中心として $\dfrac{\pi}{2}$ だけ回転した点であるから，点 G を表す複素数は　γi

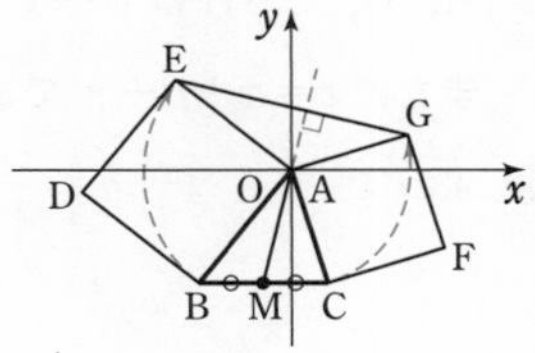

(2) M(δ) とすると　$\delta=\dfrac{\beta+\gamma}{2}$

E(u)，G(v) とすると

$$\frac{v-u}{\delta-0}=\frac{\gamma i-(-\beta i)}{\frac{\beta+\gamma}{2}}=\frac{2i(\beta+\gamma)}{\beta+\gamma}=2i \quad \cdots\cdots ①$$

⇐ $\dfrac{v-u}{\delta-0}$ の大きさと偏角を調べる。

ゆえに，$\left|\dfrac{v-u}{\delta-0}\right|=\dfrac{|v-u|}{|\delta|}=\dfrac{\text{EG}}{\text{AM}}$ から　$\dfrac{\text{EG}}{\text{AM}}=2$

⇐ $\left|\dfrac{\alpha}{\beta}\right|=\dfrac{|\alpha|}{|\beta|}$

すなわち　2AM=EG

また，① より，$\dfrac{v-u}{\delta-0}$ は純虚数であるから　AM⊥EG

PRACTICE 111 ③

線分 AB 上(ただし，両端を除く)に 1 点 O をとり，線分 AO，OB をそれぞれ 1 辺とする正方形 AOCD と正方形 OBEF を，線分 AB の同じ側に作る。このとき，複素数平面を利用して，AF⊥BC であることを証明せよ。

重要 例題 112 三角形の垂心

単位円上の異なる3点 $A(\alpha)$, $B(\beta)$, $C(\gamma)$ と，この円上にない点 $H(z)$ について，等式 $z=\alpha+\beta+\gamma$ が成り立つとき，Hは △ABC の垂心であることを証明せよ。

〔類 九州大〕 重要 111

CHART & SOLUTION

△ABC の垂心がH ⟺ AH⊥BC，BH⊥CA

例えば，AH⊥BC を次のように，複素数を利用して示す。

$$\mathrm{AH}\perp\mathrm{BC} \iff \frac{\gamma-\beta}{z-\alpha}\text{ が純虚数} \iff \frac{\gamma-\beta}{z-\alpha}+\overline{\left(\frac{\gamma-\beta}{z-\alpha}\right)}=0 \quad\cdots\cdots !$$

また，3点A，B，Cは単位円上にあるから

$$|\alpha|=|\beta|=|\gamma|=1 \iff \alpha\overline{\alpha}=\beta\overline{\beta}=\gamma\overline{\gamma}=1$$

これと $z=\alpha+\beta+\gamma$ から得られる $z-\alpha=\beta+\gamma$ を用いて，! を β，γ だけの式に変形して証明する。

解答

3点 $A(\alpha)$, $B(\beta)$, $C(\gamma)$ は単位円上にあるから

$$|\alpha|=|\beta|=|\gamma|=1 \quad \text{すなわち} \quad \alpha\overline{\alpha}=\beta\overline{\beta}=\gamma\overline{\gamma}=1$$

⇐ $|\alpha|^2=|\beta|^2=|\gamma|^2=1$

$\alpha\neq0$，$\beta\neq0$，$\gamma\neq0$ であるから $\overline{\alpha}=\dfrac{1}{\alpha}$，$\overline{\beta}=\dfrac{1}{\beta}$，$\overline{\gamma}=\dfrac{1}{\gamma}$

A，B，C，Hはすべて異なる点であるから $\dfrac{\gamma-\beta}{z-\alpha}\neq0$

⇐ $w=\dfrac{\gamma-\beta}{z-\alpha}$ とおくと，AH⊥BC ⟺ $w\neq0$ かつ $\overline{w}=-w$

また，$z=\alpha+\beta+\gamma$ であるから $z-\alpha=\beta+\gamma$

! よって

$$\frac{\gamma-\beta}{z-\alpha}+\overline{\left(\frac{\gamma-\beta}{z-\alpha}\right)}=\frac{\gamma-\beta}{\beta+\gamma}+\overline{\frac{\gamma-\beta}{\beta+\gamma}}=\frac{\gamma-\beta}{\beta+\gamma}+\frac{\overline{\gamma}-\overline{\beta}}{\overline{\beta}+\overline{\gamma}}$$

$$=\frac{\gamma-\beta}{\beta+\gamma}+\frac{\frac{1}{\gamma}-\frac{1}{\beta}}{\frac{1}{\beta}+\frac{1}{\gamma}}$$

⇐ $\overline{\beta}=\dfrac{1}{\beta}$，$\overline{\gamma}=\dfrac{1}{\gamma}$

$$=\frac{\gamma-\beta}{\beta+\gamma}+\frac{\beta-\gamma}{\beta+\gamma}$$

$$=0$$

よって，$\dfrac{\gamma-\beta}{z-\alpha}$ は純虚数である。

ゆえに　AH⊥BC

同様にして　BH⊥CA

⇐ 上の式で，α が β，β が γ，γ が α に入れ替わる。

したがって，Hは △ABC の垂心である。

PRACTICE 112④

異なる3点 $O(0)$，$A(\alpha)$，$B(\beta)$ を頂点とする △OAB の内心を $P(z)$ とする。このとき，z は等式 $z=\dfrac{|\beta|\alpha+|\alpha|\beta}{|\alpha|+|\beta|+|\beta-\alpha|}$ を満たすことを示せ。

重要 例題 113 複素数平面上の点列

右の図のように，複素数平面の原点を P_0 とし，P_0 から実軸の正の方向に 1 進んだ点を P_1 とする。

次に，P_1を中心として $\frac{\pi}{4}$ 回転して向きを変え，$\frac{1}{\sqrt{2}}$ 進んだ点を P_2 とする。以下同様に，P_n に到達した後，$\frac{\pi}{4}$ 回転してから前回進んだ距離の $\frac{1}{\sqrt{2}}$ 倍進んで到達する点を P_{n+1} とする。

このとき，点 P_{10} が表す複素数を求めよ。〔日本女子大〕 重要 98

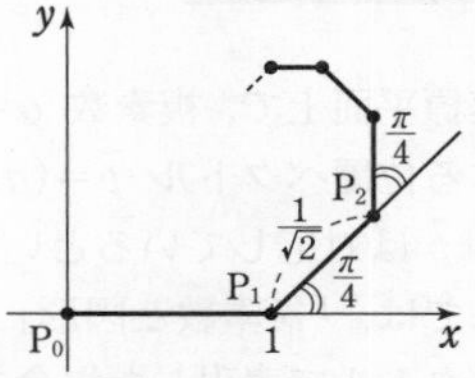

CHART & SOLUTION

回転と拡大・縮小を繰り返す点の移動

極形式で表し，漸化式をつくる

$P_n(z_n)$ とし，$w_n=z_{n+1}-z_n$ とすると，右図から

$$w_{n+1}=\frac{1}{\sqrt{2}}\left(\cos\frac{\pi}{4}+i\sin\frac{\pi}{4}\right)w_n$$

これを数列 $\{w_n\}$ に関する漸化式と考えて解く。

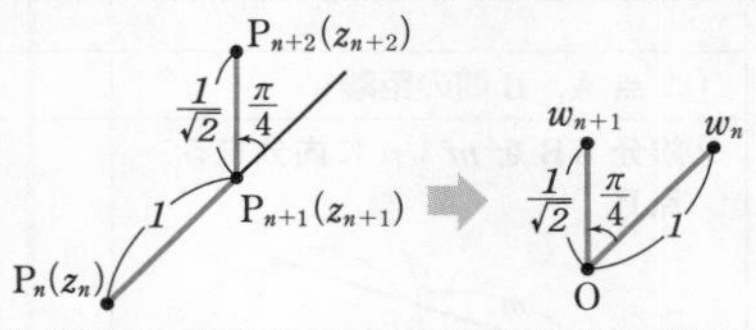

解答

n を 0 以上の整数，点 P_n を表す複素数を z_n とし，$w_n=z_{n+1}-z_n$ とする。

点 w_{n+1} は，点 w_n を原点を中心として $\frac{\pi}{4}$ だけ回転し，原点からの距離を $\frac{1}{\sqrt{2}}$ 倍した点であるから，$\frac{1}{\sqrt{2}}\left(\cos\frac{\pi}{4}+i\sin\frac{\pi}{4}\right)=\alpha$ とおくと

$w_{n+1}=\alpha w_n$ 　よって　$w_n=\alpha^n w_0$

⇐ 漸化式を用いて
$w_n=\alpha w_{n-1}=\alpha\cdot\alpha w_{n-2}$
$=\alpha^2\cdot\alpha w_{n-3}=\cdots=\alpha^n w_0$

ここで　$w_0=z_1-z_0=1-0=1$

ゆえに　$w_n=\alpha^n$　すなわち　$z_{n+1}-z_n=\alpha^n$

よって　$z_{10}=z_1+\sum_{k=1}^{9}\alpha^k=1+\frac{\alpha(1-\alpha^9)}{1-\alpha}=\frac{1-\alpha+\alpha-\alpha^{10}}{1-\alpha}=\frac{1-\alpha^{10}}{1-\alpha}$

ここで　$\alpha^{10}=\left(\frac{1}{\sqrt{2}}\right)^{10}\left\{\cos\left(\frac{\pi}{4}\times 10\right)+i\sin\left(\frac{\pi}{4}\times 10\right)\right\}=\left(\frac{1}{2}\right)^5\left(\cos\frac{5}{2}\pi+i\sin\frac{5}{2}\pi\right)=\frac{i}{32}$

ゆえに　$z_{10}=\left(1-\frac{i}{32}\right)\div\left(1-\frac{1+i}{2}\right)=\frac{32-i}{32}\cdot\frac{2}{1-i}=\frac{32-i}{32}(1+i)=\boldsymbol{\frac{33+31i}{32}}$

PRACTICE 113④

複素数平面上で原点Oから実軸上を 2 進んだ点を P_0 とする。次に，P_0 を中心として進んできた方向に対して $\frac{\pi}{3}$ 回転して向きを変え，1 進んだ点を P_1 とする。以下同様に，P_n に到達した後，進んできた方向に対して $\frac{\pi}{3}$ 回転してから前回進んだ距離の $\frac{1}{2}$ 倍進んで到達した点を P_{n+1} とする。点 P_8 が表す複素数を求めよ。

STEP UP 図形における複素数とベクトルの関係

座標平面上で，複素数 $\alpha=a+bi$ に対して点 $(a,\ b)$ を対応させることは，原点を始点とする位置ベクトル $\vec{p}=(a,\ b)$ を考えることに似ている。つまり，複素数 α と位置ベクトル $\vec{p}$ は対応しているといえる。このことは，$p.418$ のピンポイント解説でも述べた。ここでは，「複素数と図形」の単元で扱った図形の性質について，複素数で表現した場合とベクトルで表現した場合を，次のようにまとめた。

なお，複素数平面上で4点A，B，C，Pを表す複素数をそれぞれ α，β，γ，z とし，平面上の4点A，B，C，Pの位置ベクトルをそれぞれ $\vec{a}$，$\vec{b}$，$\vec{c}$，$\vec{p}$ とする。このとき，例えば $\beta-\alpha$ は $\overrightarrow{\mathrm{AB}}=\vec{b}-\vec{a}$ に対応する複素数である。

ただし，⑦，⑧ において k は実数である。更に，⑧ において $k\neq 0$ である。

	複素数	ベクトル
①2点A，B間の距離	$\lvert\beta-\alpha\rvert$	$\lvert\vec{b}-\vec{a}\rvert$
②線分ABを $m:n$ に内分する点P 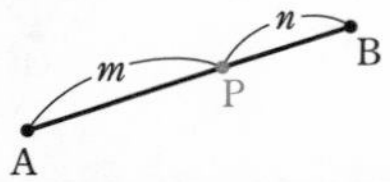	$z=\dfrac{n\alpha+m\beta}{m+n}$	$\vec{p}=\dfrac{n\vec{a}+m\vec{b}}{m+n}$
③四角形ABCPが平行四辺形（PBとACの中点が一致）	$\dfrac{z+\beta}{2}=\dfrac{\alpha+\gamma}{2}$	$\dfrac{\vec{p}+\vec{b}}{2}=\dfrac{\vec{a}+\vec{c}}{2}$
④△ABCの重心が点P	$z=\dfrac{\alpha+\beta+\gamma}{3}$	$\vec{p}=\dfrac{\vec{a}+\vec{b}+\vec{c}}{3}$
⑤線分ABの垂直二等分線上の点P 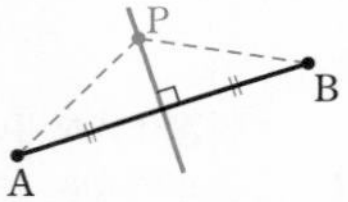	$\lvert z-\alpha\rvert=\lvert z-\beta\rvert$	$\lvert\vec{p}-\vec{a}\rvert=\lvert\vec{p}-\vec{b}\rvert$
⑥点Aを中心とする半径 r の円周上の点P	$\lvert z-\alpha\rvert=r$	$\lvert\vec{p}-\vec{a}\rvert=r$
⑦3点A，B，Pが一直線上 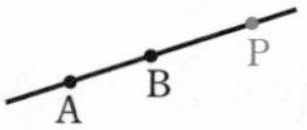	$z-\alpha=k(\beta-\alpha)$ $\iff \dfrac{z-\alpha}{\beta-\alpha}$ は実数	$\vec{p}-\vec{a}=k(\vec{b}-\vec{a})$
⑧AB⊥CP 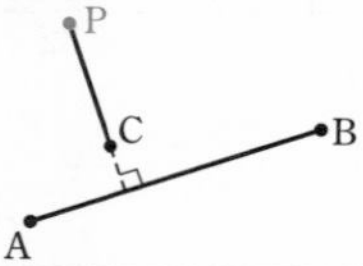	$z-\gamma=ki(\beta-\alpha)$ $\iff \dfrac{z-\gamma}{\beta-\alpha}$ は純虚数	$(\vec{b}-\vec{a})\cdot(\vec{p}-\vec{c})=0$

なお，$\lvert\alpha+\beta\rvert$ と $\lvert\vec{a}+\vec{b}\rvert$ については，次のような違いがあるので，気をつけよう。

複素数　$\lvert\alpha+\beta\rvert^2=(\alpha+\beta)(\overline{\alpha}+\overline{\beta})=\lvert\alpha\rvert^2+\alpha\overline{\beta}+\overline{\alpha}\beta+\lvert\beta\rvert^2$

ベクトル　$\lvert\vec{a}+\vec{b}\rvert^2=(\vec{a}+\vec{b})\cdot(\vec{a}+\vec{b})=\lvert\vec{a}\rvert^2+2\vec{a}\cdot\vec{b}+\lvert\vec{b}\rvert^2$

EXERCISES　12 複素数と図形

A

94❷ c を実数とする。x についての2次方程式 $x^2+(3-2c)x+c^2+5=0$ が2つの解 α, β をもつとする。複素数平面上の3点 α, β, c^2 が三角形の3頂点になり，その三角形の重心は0であるという。c を求めよ。 →99

95❸ 複素数平面上の3点 A(α), W(w), Z(z) は原点 O(0) と異なり，

$\alpha=-\dfrac{1}{2}+\dfrac{\sqrt{3}}{2}i$, $w=(1+\alpha)z+1+\overline{\alpha}$ とする。2直線 OW, OZ が垂直であるとき，次の問いに答えよ。［類 山形大］

(1) $|z-\alpha|$ の値を求めよ。

(2) △OAZ が直角三角形になるときの複素数 z を求めよ。 →89, 102

96❸ (1) $z+\dfrac{1}{z}$ が実数となるような複素数 z が表す複素数平面上の点全体は，どのような図形を表すか。

(2) $z+\dfrac{1}{z}$ が実数となる複素数 z と，$\left|w-\left(\dfrac{8}{3}+2i\right)\right|=\dfrac{2}{3}$ を満たす複素数 w について，$|z-w|$ の最小値を求めよ。［類 名古屋工大］ →79, 100, 104

97❸ i を虚数単位とし，k を実数とする。$\alpha=-1+i$ であり，点 z は複素数平面上で原点を中心とする単位円上を動く。［類 鳥取大］

(1) $w_1=\dfrac{\alpha+z}{i}$ とする。点 w_1 が描く図形を求めよ。

(2) w_2 は等式 $w_2\overline{\alpha}-\overline{w_2}\alpha+ki=0$ を満たす。点 w_2 の軌跡が，(1)で求めた点 w_1 の軌跡と共有点をもつ場合の k の最大値を求めよ。 →100, 102

98❸ 互いに異なる3つの複素数 α, β, γ の間に，
等式 $\alpha^3-3\alpha^2\beta+3\alpha\beta^2-\beta^3=8(\beta^3-3\beta^2\gamma+3\beta\gamma^2-\gamma^3)$ が成り立つとする。

(1) $\dfrac{\alpha-\beta}{\gamma-\beta}$ を求めよ。

(2) 3点 α, β, γ が一直線上にないとき，それらを頂点とする三角形はどのような三角形か。［神戸大］ →107

B

99❸ 複素数の偏角 θ はすべて $0\leqq\theta<2\pi$ とする。$\alpha=2\sqrt{2}(1+i)$ とし，等式 $|z-\alpha|=2$ を満たす複素数 z を考える。［類 センター試験］ →91, 104

(1) $|z|$ の最大値を求めよ。

(2) z の中で偏角が最大となるものを β とおくとき，β の値，β の偏角を求めよ。

(3) $1\leqq n\leqq 100$ の範囲で，β^n が実数になる整数 n の個数を求めよ。

HINT

97 (2) $w_2=x+yi$ (x, y は実数) とおく。

99 (2) △OAB に着目し，$\dfrac{\beta}{\alpha}$ を極形式で表すことにより，β の値を求める。

B

100[3] 0でない複素数 $z=x+yi$ について，$z+\dfrac{4}{z}$ が実数で，更に不等式 $2\leqq z+\dfrac{4}{z}\leqq 5$ を満たすとき，点 $(x,\ y)$ が存在する範囲を xy 座標平面上に図示せよ。　〔類 関西大〕 →110

101[3] 複素数 z が $|z|\leqq 1$ を満たすとする。$w=z-\sqrt{2}$ で表される複素数 w について，次の問いに答えよ。

(1) 複素数平面上で，点 w はどのような図形を描くか。図示せよ。

(2) w^2 の絶対値を r，偏角を θ とするとき，r と θ の範囲をそれぞれ求めよ。ただし，$0\leqq\theta<2\pi$ とする。　〔類 東京学芸大〕 →110

102[3] 複素数平面上の4点 A(α)，B(β)，C(γ)，D(δ) を頂点とする四角形ABCDを考える。ただし，四角形ABCDは，すべての内角が180°より小さい四角形（凸四角形）であるとする。また，四角形ABCDの頂点は反時計回りにA，B，C，Dの順に並んでいるとする。四角形ABCDの外側に，4辺AB，BC，CD，DAをそれぞれ斜辺とする直角二等辺三角形APB，BQC，CRD，DSAを作る。

(1) 点Pを表す複素数を求めよ。

(2) 四角形PQRSが平行四辺形であるための必要十分条件は，四角形ABCDがどのような四角形であることか答えよ。

(3) 四角形PQRSが平行四辺形であるならば，四角形PQRSは正方形であることを示せ。 →111

103[4] 複素数平面上で，$z_0=2(\cos\theta+i\sin\theta)\ \left(0<\theta<\dfrac{\pi}{2}\right)$，$z_1=\dfrac{1-\sqrt{3}\,i}{4}z_0$，$z_2=-\dfrac{1}{z_0}$ を表す点を，それぞれ P_0，P_1，P_2 とする。

(1) z_1 を極形式で表せ。　　(2) z_2 を極形式で表せ。

(3) 原点O，P_0，P_1，P_2 の4点が同一円周上にあるときの z_0 の値を求めよ。

〔岡山大〕 →94, 105

HINT

100　$z=r(\cos\theta+i\sin\theta)$ または $z=x+yi$ として，$z+\dfrac{4}{z}$ が実数であるための条件を求め，不等式に代入する。

101　(1)は(2)のヒント　まず，w の絶対値を R，偏角を α として，(1)の図から，R，α の値の範囲を考える。

103　(3)　4点O，P_0，P_1，P_2 を頂点とする四角形が円に内接するから，対角の和は π（180°）である。この条件を満たす角を調べるために，まず $\triangle OP_0P_1$ の形状に着目する。

第4章

数学C

式と曲線

13　2次曲線
14　2次曲線と直線
15　媒介変数表示
16　極座標と極方程式

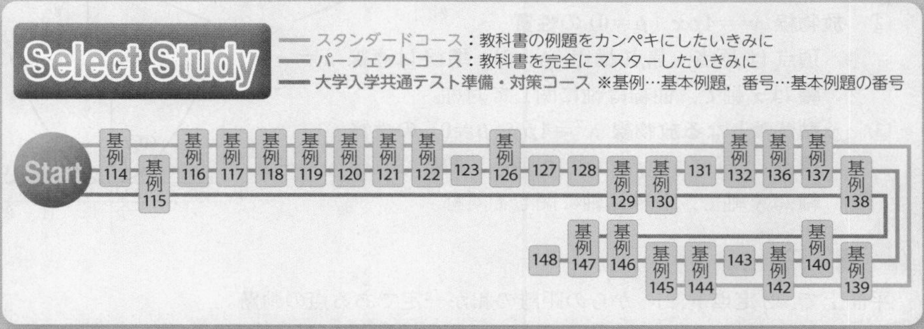

■ 例題一覧

	種類	番号	例題タイトル	難易度
13	基本	114	放物線の概形，放物線の方程式	1
	基本	115	円の中心の軌跡	3
	基本	116	楕円の概形	1
	基本	117	楕円の方程式	2
	基本	118	円と楕円	2
	基本	119	内分点，外分点の軌跡	2
	基本	120	双曲線の概形	1
	基本	121	双曲線の方程式	2
	基本	122	2次曲線の平行移動	2
	基本	123	2次曲線上の点と定点の距離	3
	重要	124	2次曲線の回転移動	4
	重要	125	複素数平面上の2次曲線の方程式	4
14	基本	126	2次曲線と直線の共有点	2
	基本	127	共有点の個数	3
	基本	128	弦の中点・長さ	3
	基本	129	弦の中点の軌跡	3
	基本	130	2次曲線に引いた接線	3
	基本	131	2次曲線の接線と証明	3
	基本	132	離心率	2
	重要	133	2つの2次曲線の共有点	4
	重要	134	2次曲線上の点と直線の距離	4
	重要	135	2接線の交点の軌跡	5
15	基本	136	曲線の媒介変数表示(1)	1
	基本	137	曲線の媒介変数表示(2)	2
	基本	138	曲線の媒介変数表示(3)	3
	基本	139	媒介変数の利用(軌跡)	2
	基本	140	媒介変数の利用(最大・最小)	3
	重要	141	エピサイクロイドの媒介変数表示	4
16	基本	142	極座標と直交座標	1
	基本	143	距離・三角形の面積(極座標)	3
	基本	144	直交座標の方程式→極方程式	2
	基本	145	極方程式→直交座標の方程式	2
	基本	146	円・直線の極方程式	3
	基本	147	2次曲線の極方程式	3
	基本	148	極方程式と軌跡	3
	重要	149	レムニスケートの極方程式	3
	重要	150	図形への応用(極座標)	4

13 2次曲線

基本事項

1 放物線

平面上で，定点Fからの距離と，Fを通らない定直線ℓからの距離が等しい点の軌跡。

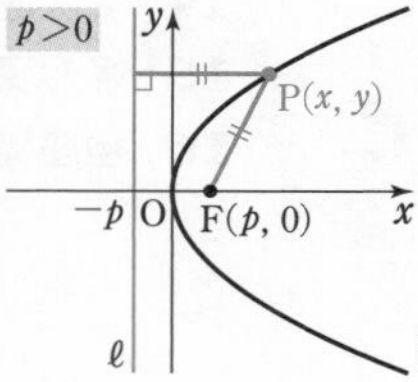

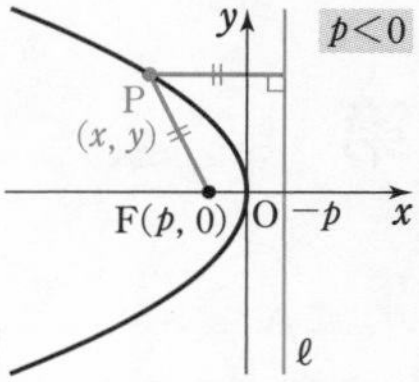

① **$y^2=4px$** ($p \neq 0$) を放物線の方程式の **標準形** という。

② **放物線 $y^2=4px$ ($p \neq 0$) の性質**

1 **頂点** は **原点**，**焦点** は点 $(p,\ 0)$，**準線** は直線 $x=-p$

2 **軸** はx軸で，曲線は軸に関して対称。

③ **y軸が軸となる放物線 $x^2=4py$ ($p \neq 0$) の性質**

1 **頂点** は **原点**，**焦点** は点 $(0,\ p)$，**準線** は直線 $y=-p$

2 **軸** はy軸で，曲線は軸に関して対称。

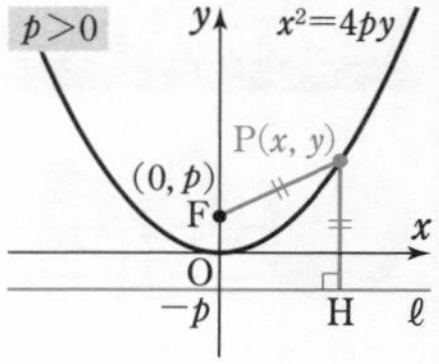

2 楕円

平面上で，2定点F，F′からの距離の和が一定である点の軌跡。

① $\dfrac{x^2}{a^2}+\dfrac{y^2}{b^2}=1$ ($a>b>0$) を楕円の方程式の **標準形** という。

② **楕円 $\dfrac{x^2}{a^2}+\dfrac{y^2}{b^2}=1$ ($a>b>0$) の性質**

1 **中心** は **原点**，**長軸** の長さ $2a$，**短軸** の長さ $2b$

2 **焦点** は2点 $\mathrm{F}(\sqrt{a^2-b^2},\ 0)$, $\mathrm{F}'(-\sqrt{a^2-b^2},\ 0)$

3 曲線はx軸，y軸，原点に関して対称。

4 楕円上の任意の点から2つの焦点までの距離の **和は $2a$**

5 円 $x^2+y^2=a^2$ をx軸をもとにして **y軸方向に $\dfrac{b}{a}$ 倍に縮小** した曲線（$p.482$ 参照）。

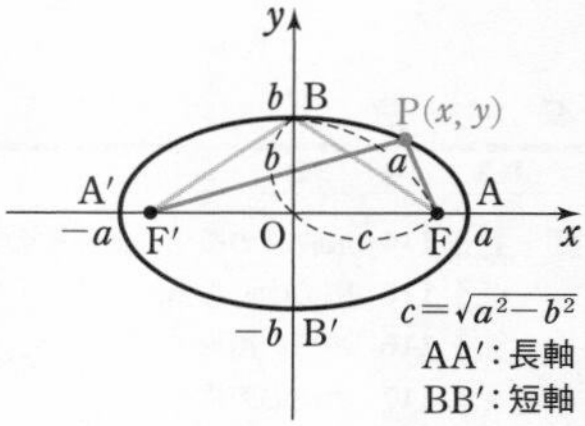

補足　上図の4点A，A′，B，B′を楕円の **頂点** という。

③ **焦点がy軸上にある楕円 $\dfrac{x^2}{a^2}+\dfrac{y^2}{b^2}=1$ ($b>a>0$) の性質**

1 **中心** は **原点**，**長軸** の長さ $2b$，**短軸** の長さ $2a$

2 **焦点** は2点 $\mathrm{F}(0,\ \sqrt{b^2-a^2})$，$\mathrm{F}'(0,\ -\sqrt{b^2-a^2})$

3 曲線はx軸，y軸，原点に関して対称。

4 楕円上の任意の点から2つの焦点までの距離の **和は $2b$**

5 円 $x^2+y^2=a^2$ をx軸をもとにして **y軸方向に $\dfrac{b}{a}$ 倍に拡大** した曲線。

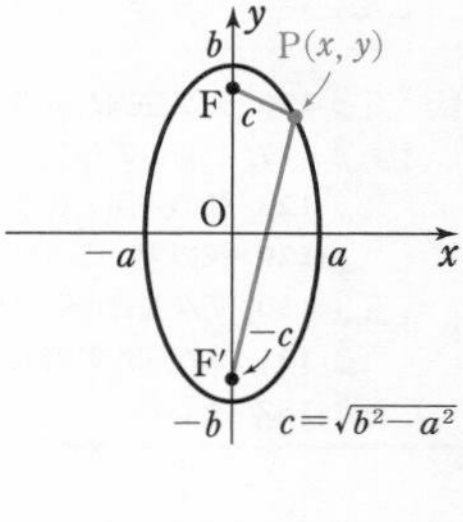

3 双曲線

平面上で，2 定点 F，F′ からの距離の差が 0 でなく一定である点の軌跡。

① $\dfrac{x^2}{a^2}-\dfrac{y^2}{b^2}=1$ $(a>0,\ b>0)$ を双曲線の方程式の **標準形** という。

② **双曲線 $\dfrac{x^2}{a^2}-\dfrac{y^2}{b^2}=1$ $(a>0,\ b>0)$ の性質**

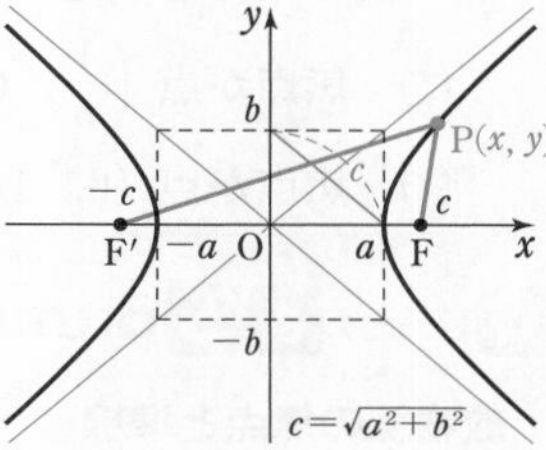

1 **中心** は **原点**，**頂点** は 2 点 $(a,\ 0)$，$(-a,\ 0)$

2 **焦点** は 2 点 $\mathrm{F}(\sqrt{a^2+b^2},\ 0)$，$\mathrm{F}'(-\sqrt{a^2+b^2},\ 0)$

3 曲線は x 軸，y 軸，原点に関して対称。

4 漸近線は 2 直線 $y=\pm\dfrac{b}{a}x$

$$\left(\frac{x}{a}-\frac{y}{b}=0,\ \frac{x}{a}+\frac{y}{b}=0\right)$$

5 双曲線上の任意の点から 2 つの焦点までの距離の **差は $2a$**

③ **焦点が y 軸上にある双曲線 $\dfrac{x^2}{a^2}-\dfrac{y^2}{b^2}=-1$ $(a>0,\ b>0)$ の性質**

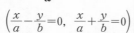

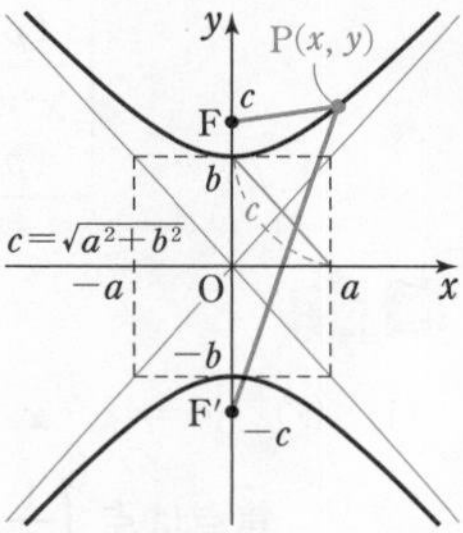

1 **中心** は **原点**，**頂点** は 2 点 $(0,\ b)$，$(0,\ -b)$

2 **焦点** は 2 点 $\mathrm{F}(0,\ \sqrt{a^2+b^2})$，$\mathrm{F}'(0,\ -\sqrt{a^2+b^2})$

3 曲線は x 軸，y 軸，原点に関して対称。

4 漸近線は 2 直線 $y=\pm\dfrac{b}{a}x$ $\left(\dfrac{x}{a}-\dfrac{y}{b}=0,\ \dfrac{x}{a}+\dfrac{y}{b}=0\right)$

5 双曲線上の任意の点から 2 つの焦点までの距離の
差は $2b$

④ 直交する漸近線をもつ双曲線を **直角双曲線** という。

4 2 次曲線の平行移動

① 曲線 $F(x,\ y)=0$ を x 軸方向に p，y 軸方向に q だけ平行移動して得られる曲線の方程式は $\qquad F(x-p,\ y-q)=0$

② 方程式が標準形で表される 2 次曲線を平行移動したときの曲線の方程式は

$$ax^2+cy^2+dx+ey+f=0$$

の形で表される。

解説 ② 2 次曲線を平行移動だけでなく，回転・対称移動すると，一般には

$$ax^2+bxy+cy^2+dx+ey+f=0$$

の形で表される。**平行移動だけなら xy の項は現れない。**

CHECK & CHECK

43 次の 2 次曲線の焦点の座標を求めよ。

(1) $y^2=8x$ (2) $\dfrac{x^2}{(\sqrt{3})^2}+y^2=1$ (3) $\dfrac{x^2}{3^2}+\dfrac{y^2}{5^2}=1$

(4) $\dfrac{x^2}{4^2}-\dfrac{y^2}{3^2}=1$ (5) $x^2-9y^2=-9$

1 ～ 3

基本 例題 114 放物線の概形，放物線の方程式

(1) 次の放物線の焦点，準線を求めよ。また，その概形をかけ。

(ア) $y^2=2x$　(イ) $y^2=-12x$　(ウ) $y=-\dfrac{1}{8}x^2$

(2) 次の条件を満たす放物線の方程式を求めよ。

(ア) 焦点が点 $\left(\dfrac{1}{6},\ 0\right)$，準線が直線 $x=-\dfrac{1}{6}$

(イ) 焦点が点 $(0,\ 4)$，準線が直線 $y=-4$

p.476 基本事項 1

CHART & SOLUTION

放物線の焦点と準線

$y^2=4●x$ または $x^2=4●y$ の形に変形

放物線	焦　点	準　線	軸
$y^2=4px$ $(p\neq0)$	$(p,\ 0)$ ……x軸上	直線 $x=-p$	x軸 $(y=0)$
$x^2=4py$ $(p\neq0)$	$(0,\ p)$ ……y軸上	直線 $y=-p$	y軸 $(x=0)$

解答

(1) (ア) $y^2=4\cdot\dfrac{1}{2}x$ から

焦点は点 $\left(\dfrac{1}{2},\ 0\right)$，準線は 直線 $x=-\dfrac{1}{2}$，概形は 下図。　⇐ $p=\dfrac{1}{2}$

(イ) $y^2=4\cdot(-3)x$ から

焦点は点 $(-3,\ 0)$，準線は 直線 $x=3$，概形は 下図。　⇐ $p=-3$

(ウ) $x^2=-8y$ すなわち $x^2=4\cdot(-2)y$ から

焦点は点 $(0,\ -2)$，準線は 直線 $y=2$，概形は 下図。　⇐ $p=-2$

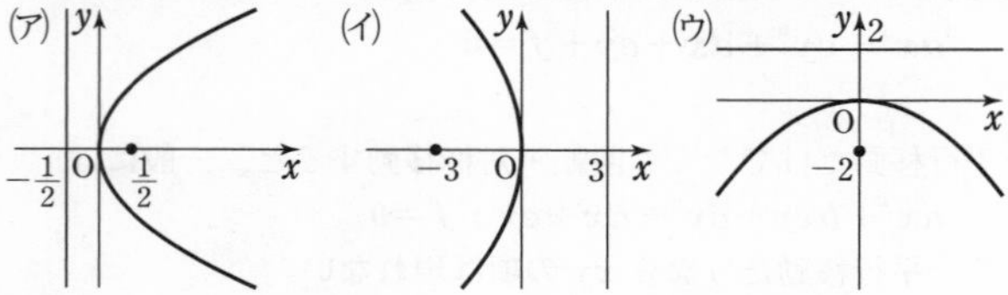

(2) (ア) $y^2=4px$ に $p=\dfrac{1}{6}$ を代入して　$\boldsymbol{y^2=\dfrac{2}{3}x}$　⇐ (ア) 焦点が x軸 上にある。

(イ) $x^2=4py$ に $p=4$ を代入して　$\boldsymbol{x^2=16y}$　⇐ (イ) 焦点が y軸 上にある。

PRACTICE 114①

(1) 放物線 $y^2=7x$ の焦点，準線を求めよ。また，その概形をかけ。

(2) 焦点が点 $(0,\ -1)$，準線が直線 $y=1$ の放物線の方程式を求めよ。

基本 例題 115 円の中心の軌跡

点 A(2, 0) を中心とする半径 1 の円と直線 $x=-1$ の両方に接し，点Aを内部に含まない円の中心の軌跡を求めよ。

p.476 基本事項 1

CHART & SOLUTION

2つの円の位置関係

2つの円の 中心間の距離と半径の和・差 の関係をチェック

2つの円が接するとき，外接する場合と内接する場合の 2 通りの場合がある。

この例題では，外接する場合であるから

(中心間の距離)=(半径の和) …… ❗

として，x，y の関係式を導く。

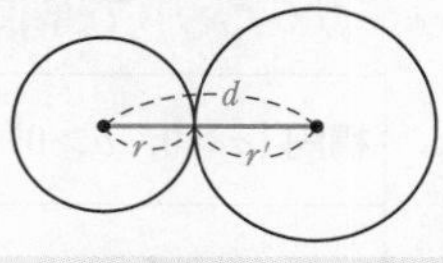

解答

点 A(2, 0) を中心とする半径 1 の円を C_1 とする。
また，円 C_1 と直線 $x=-1$ の両方に接し，点Aを内部に含まない円を C_2 とする。
円 C_2 の中心を $P(x, y)$ とし，点Pから直線 $x=-1$ に下ろした垂線を PH とすると　$PH=|x+1|$
右の図より $x>-1$ であるから　$PH=x+1$
円 C_2 は点Aを内部に含まないから，2つの円 C_1，C_2 は外接して

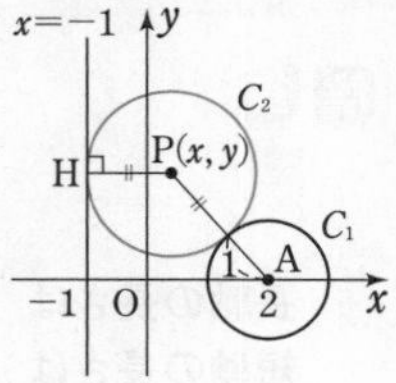

❗　　$AP=PH+1$

よって　$\sqrt{(x-2)^2+y^2}=x+2$

両辺を2乗して　$(x-2)^2+y^2=(x+2)^2$

ゆえに　$y^2=8x$

したがって，求める軌跡は　**放物線 $y^2=8x$**

⇐ AP=(C_2 の半径)+(C_1 の半径)

⇐ $x+2>0$ であるから両辺を2乗しても同値。

注意　上の解答では，逆の確認（軌跡上の点が条件を満たすことの確認）は省略した。以後，本書では軌跡の問題における逆の確認を省略することがある。

INFORMATION ―― 図形的な考察

点Pと直線 $x=-2$ の距離は AP と一致することから，点Pの軌跡は **点 A を焦点，直線 $x=-2$ を準線とする放物線** であることがわかる。

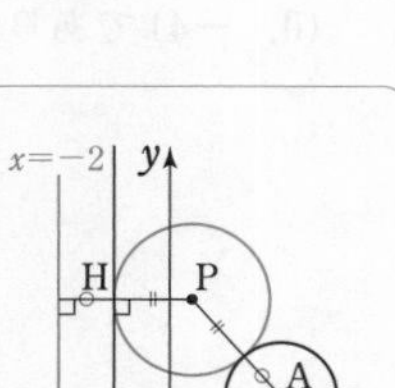

PRACTICE 115③

円 $(x-3)^2+y^2=1$ に外接し，直線 $x=-2$ にも接するような円の中心の軌跡を求めよ。

基本 例題 116 楕円の概形

次の楕円の長軸・短軸の長さ，焦点を求めよ。また，その概形をかけ。

(1) $\dfrac{x^2}{18}+\dfrac{y^2}{9}=1$　　(2) $25x^2+9y^2=225$

p.476 基本事項 2

CHART & SOLUTION

楕円 $\dfrac{x^2}{a^2}+\dfrac{y^2}{b^2}=1$ の焦点

a，b の大小で判断

楕円 ($a>0$，$b>0$)	焦　点	長軸，短軸の長さ	2つの焦点までの距離の和（一定）
$a>b$	$(\pm\sqrt{a^2-b^2},\ 0)$ ……x軸上	長軸：$2a$，短軸：$2b$	$2a$
$a<b$	$(0,\ \pm\sqrt{b^2-a^2})$ ……y軸上	長軸：$2b$，短軸：$2a$	$2b$

解答

(1) $\dfrac{x^2}{(3\sqrt{2})^2}+\dfrac{y^2}{3^2}=1$ であるから

長軸の長さは　$2\cdot3\sqrt{2}=\mathbf{6\sqrt{2}}$

短軸の長さは　$2\cdot3=\mathbf{6}$

$\sqrt{(3\sqrt{2})^2-3^2}=3$ から，**焦点は2点**

(3, 0)，(−3, 0) であり，概形は **右図**。

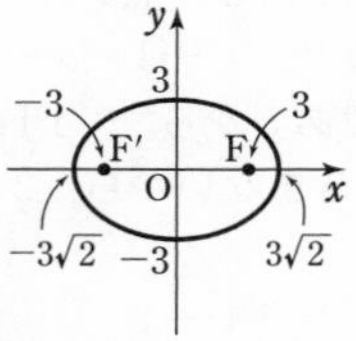

⇐ $3\sqrt{2}>3$ であるから **x軸上** に焦点をもつ楕円。

(2) $25x^2+9y^2=225$ を変形すると，

$\dfrac{x^2}{3^2}+\dfrac{y^2}{5^2}=1$ であるから

長軸の長さは　$2\cdot5=\mathbf{10}$

短軸の長さは　$2\cdot3=\mathbf{6}$

$\sqrt{5^2-3^2}=4$ から，**焦点は2点 (0, 4)，(0, −4)** であり，概形は **右図**。

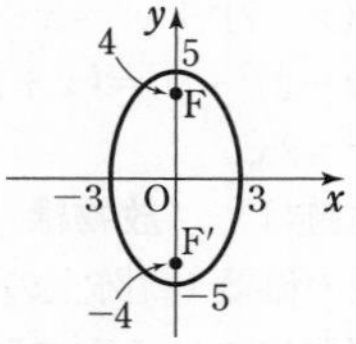

⇐ 両辺を 225 で割って $f(x,\ y)=1$ の形にする。

⇐ $3<5$ であるから **y軸上** に焦点をもつ楕円。

PRACTICE 116[1]

次の楕円の長軸・短軸の長さ，焦点を求めよ。また，その概形をかけ。

(1) $\dfrac{x^2}{4}+\dfrac{y^2}{8}=1$　　(2) $3x^2+5y^2=30$

基本 例題 117 楕円の方程式

2 点 $(2,\ 0)$, $(-2,\ 0)$ を焦点とし，焦点からの距離の和が $2\sqrt{5}$ である楕円の方程式を求めよ。

p.476 基本事項 2，基本 116

CHART & SOLUTION

楕円 $\dfrac{x^2}{a^2}+\dfrac{y^2}{b^2}=1\ (a>b>0)$

焦点 $(\pm\sqrt{a^2-b^2},\ 0)$，**距離の和** $2a$ ……❗

焦点が x 軸上にあり，中心が原点であるから，求める楕円の方程式は

$\dfrac{x^2}{a^2}+\dfrac{y^2}{b^2}=1\ (a>b>0)$ とおける。

別解 焦点を F，F′ とする。楕円上の点を $P(x,\ y)$ とおき，$PF+PF'=2\sqrt{5}$ から軌跡の方程式を求める。

解答

2 点 $(2,\ 0)$，$(-2,\ 0)$ を焦点とする楕円の方程式は

$$\frac{x^2}{a^2}+\frac{y^2}{b^2}=1\ (a>b>0)$$

と表される。

⇐ 焦点が x 軸上にあるから $a>b$

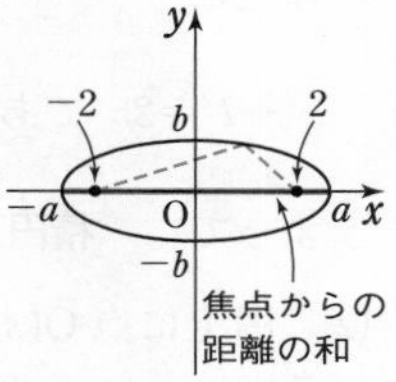

焦点からの距離の和が $2\sqrt{5}$ であるから

❗ $2a=2\sqrt{5}$ 　よって　$a=\sqrt{5}$，$a^2=5$

❗ 焦点の座標から　$\sqrt{a^2-b^2}=2$

ゆえに　$b^2=a^2-2^2=5-4=1$

よって，求める楕円の方程式は　$\dfrac{x^2}{5}+y^2=1$

別解 $F(2,\ 0)$，$F'(-2,\ 0)$，楕円上の点を $P(x,\ y)$ とする。

$PF+PF'=2\sqrt{5}$ であるから

$$\sqrt{(x-2)^2+y^2}+\sqrt{(x+2)^2+y^2}=2\sqrt{5}$$

⇐ 2 点 F，F′ は焦点であるから　$PF+PF'=2\sqrt{5}$

よって　$\sqrt{(x-2)^2+y^2}=2\sqrt{5}-\sqrt{(x+2)^2+y^2}$

⇐ $\sqrt{■}+\sqrt{□}=●$ の両辺を 2 乗すると計算が煩雑。

両辺を 2 乗すると

$$(x-2)^2+y^2=20-4\sqrt{5}\sqrt{(x+2)^2+y^2}+(x+2)^2+y^2$$

整理して　$\sqrt{5}\sqrt{(x+2)^2+y^2}=2x+5$

更に，両辺を 2 乗して　$5\{(x+2)^2+y^2\}=(2x+5)^2$

⇐ $5x^2+20x+20+5y^2=4x^2+20x+25$

整理して　$x^2+5y^2=5$

ゆえに，求める楕円の方程式は　$\dfrac{x^2}{5}+y^2=1$

PRACTICE 117②

2 点 $(2\sqrt{2},\ 0)$，$(-2\sqrt{2},\ 0)$ を焦点とし，焦点からの距離の和が 6 である楕円の方程式を求めよ。

基本 例題 118 円と楕円 ②②②②②

円 $x^2+y^2=25$ を次のように縮小または拡大すると，どんな曲線になるか。

(1) x 軸をもとにして y 軸方向に $\frac{2}{5}$ 倍

(2) y 軸をもとにして x 軸方向に 2 倍

↻ p.476 基本事項 2

CHART & SOLUTION

軌跡

1 軌跡上の動点 $(x,\ y)$ の関係式を導く

2 条件でつなぎの文字を消去する

軌跡の問題と同じ要領で解けばよい。円上の点を Q$(s,\ t)$，点Qが移る曲線上の点の座標を P$(x,\ y)$ とする。⟶ $s,\ t$ を $x,\ y$ で表し，$s,\ t$ を消去して，$x,\ y$ の関係式を導く。…… ❗

解答

(1) 円上に点 Q$(s,\ t)$ をとり，Q が移る点を P$(x,\ y)$ とすると　$x=s,\ y=\frac{2}{5}t$

ゆえに　$s=x,\ t=\frac{5}{2}y$

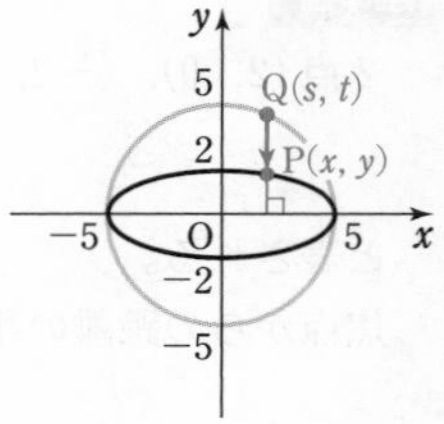

❗ $s^2+t^2=25$ であるから　$x^2+\left(\frac{5}{2}y\right)^2=25$

よって　楕円 $\boldsymbol{\frac{x^2}{25}+\frac{y^2}{4}=1}$

(2) 円上に点 Q$(s,\ t)$ をとり，Q が移る点を P$(x,\ y)$ とすると　$x=2s,\ y=t$

ゆえに　$s=\frac{x}{2},\ t=y$

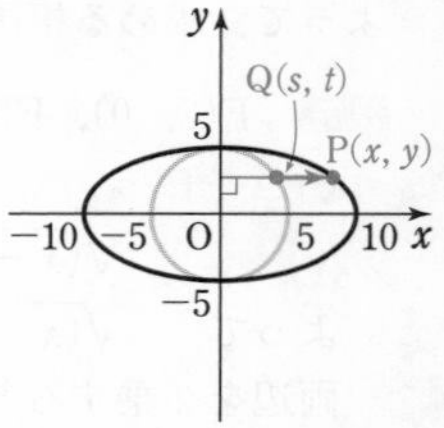

❗ $s^2+t^2=25$ であるから　$\left(\frac{x}{2}\right)^2+y^2=25$

よって　楕円 $\boldsymbol{\frac{x^2}{100}+\frac{y^2}{25}=1}$

INFORMATION ―― 円と楕円

一般に，楕円は直径をもとにして

円を一定方向に，一定の比率で拡大または縮小したもの

としてとらえることができる。

また，円は楕円の特別な場合であると考えることができる。

PRACTICE 118 ②

円 $x^2+y^2=4$ を y 軸をもとにして x 軸方向に $\frac{5}{2}$ 倍に拡大した曲線の方程式を求めよ。

基本 例題 119 内分点，外分点の軌跡

長さが 8 の線分 AB の端点Aは x 軸上を，端点Bは y 軸上を動くとき，線分 AB を 3 : 5 に内分する点Pの軌跡を求めよ。

基本 118

CHART & THINKING

軌跡

1 軌跡上の動点 $(x,\ y)$ の関係式を導く

2 条件でつなぎの文字を消去する

前ページの基本例題 118 と同様の方針。点Pの座標を $(x,\ y)$ とする。点A，Bの座標をつなぎの文字 s，t で表すことを考えよう。点Aは x 軸上，点Bは y 軸上を動くことに着目すると，それぞれの座標はどのように表されるだろうか？

⟶ $A(s,\ 0)$，$B(0,\ t)$ とすればよい。あとは，s，t を x，y で表し，s，t を消去する。 ……❗

2 点 $A(x_1,\ y_1)$，$B(x_2,\ y_2)$ に対して，線分 AB を $m:n$ に内分する点の座標は

$$\left(\frac{nx_1+mx_2}{m+n},\ \frac{ny_1+my_2}{m+n}\right)$$

解答

2 点 A，B の座標を，それぞれ $(s,\ 0)$，$(0,\ t)$ とすると，$AB^2=8^2$ であるから

$$s^2+t^2=8^2 \quad \cdots\cdots ①$$

点Pの座標を $(x,\ y)$ とすると，点Pは線分 AB を 3 : 5 に内分するから

$$x=\frac{5}{8}s,\quad y=\frac{3}{8}t$$

ゆえに $s=\dfrac{8}{5}x,\quad t=\dfrac{8}{3}y$

❗ これらを ① に代入すると $\left(\dfrac{8}{5}x\right)^2+\left(\dfrac{8}{3}y\right)^2=8^2$

すなわち $\dfrac{x^2}{5^2}+\dfrac{y^2}{3^2}=1$

よって，点Pの軌跡は，**楕円 $\dfrac{x^2}{25}+\dfrac{y^2}{9}=1$** である。

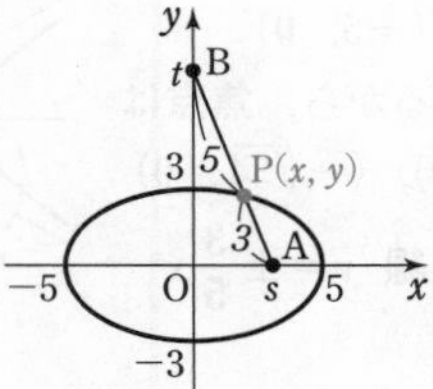

⇐ 左の図は，点Pが第 1 象限にある場合の図である。点Pは第 2 象限（下図参照），第 3 象限，第 4 象限および x 軸，y 軸上にも存在する。例えば，$A(8,\ 0)$，$B(0,\ 0)$ とすると，Pの座標は $(5,\ 0)$ となる（下図参照）。

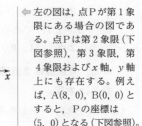

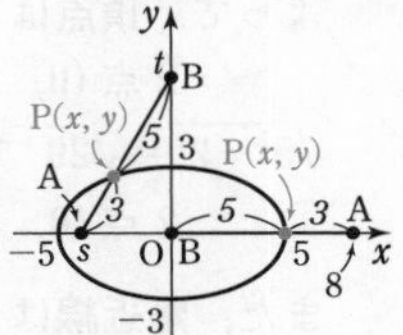

PRACTICE 119❷

長さが 3 の線分 AB の端点Aは x 軸上を，端点Bは y 軸上を動くとき，線分 AB を 1 : 2 に外分する点Pの軌跡を求めよ。

基本 例題 120 双曲線の概形

次の双曲線の頂点と焦点，および漸近線を求めよ。また，その概形をかけ。

(1) $\dfrac{x^2}{25}-\dfrac{y^2}{9}=1$　　(2) $4x^2-25y^2=-100$

p.477 基本事項 3

CHART & SOLUTION

双曲線 $\dfrac{x^2}{a^2}-\dfrac{y^2}{b^2}=\pm1$ の焦点　右辺の符号で判断

双曲線 $(a>0,\ b>0)$	焦点	2つの焦点までの距離の差（一定）	漸近線
$\dfrac{x^2}{a^2}-\dfrac{y^2}{b^2}=1$	$(\pm\sqrt{a^2+b^2},\ 0)$ ……x軸上	$2a$	2直線 $\begin{cases} y=\dfrac{b}{a}x \\ y=-\dfrac{b}{a}x \end{cases}$
$\dfrac{x^2}{a^2}-\dfrac{y^2}{b^2}=-1$	$(0,\ \pm\sqrt{a^2+b^2})$ ……y軸上	$2b$	

解答

(1) $\dfrac{x^2}{5^2}-\dfrac{y^2}{3^2}=1$ であるから，**頂点は**

2点 $(5,\ 0)$，$(-5,\ 0)$

$\sqrt{5^2+3^2}=\sqrt{34}$ であるから，**焦点は**

2点 $(\sqrt{34},\ 0)$，$(-\sqrt{34},\ 0)$

また，**漸近線は2直線 $y=\pm\dfrac{3}{5}x$**

概形は **右図**。

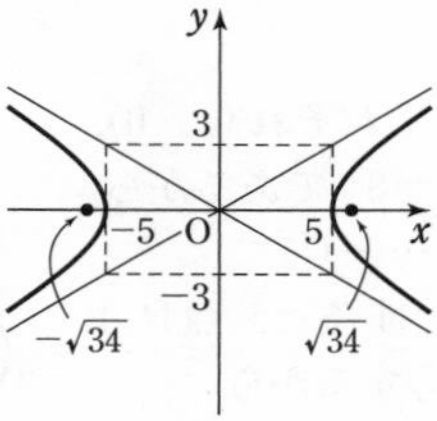

⇐ 右辺が1であるから **x軸上** に焦点をもつ双曲線。

⇐ グラフは，まず漸近線をかくとよい。

⇐ $\dfrac{x}{5}-\dfrac{y}{3}=0$，$\dfrac{x}{5}+\dfrac{y}{3}=0$ でもよい。

(2) $4x^2-25y^2=-100$ を変形して　$\dfrac{x^2}{5^2}-\dfrac{y^2}{2^2}=-1$

よって，**頂点は**

2点 $(0,\ 2)$，$(0,\ -2)$

$\sqrt{5^2+2^2}=\sqrt{29}$ であるから，**焦点は**

2点 $(0,\ \sqrt{29})$，$(0,\ -\sqrt{29})$

また，**漸近線は2直線 $y=\pm\dfrac{2}{5}x$**

概形は **右図**。

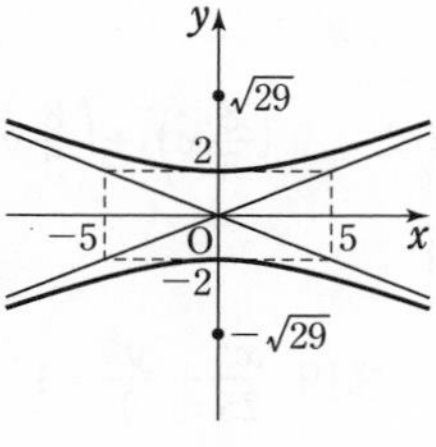

⇐ 右辺が −1 であるから **y軸上** に焦点をもつ双曲線。

⇐ グラフは，まず漸近線をかくとよい。

⇐ $\dfrac{x}{5}-\dfrac{y}{2}=0$，$\dfrac{x}{5}+\dfrac{y}{2}=0$ でもよい。

inf. 双曲線 $\dfrac{x^2}{a^2}-\dfrac{y^2}{b^2}=\pm1$ の漸近線は，$=\pm1$ を $=0$ におき換えた $\dfrac{x^2}{a^2}-\dfrac{y^2}{b^2}=0$ と同値。

$$\frac{x^2}{a^2}-\frac{y^2}{b^2}=0 \iff \left(\frac{x}{a}-\frac{y}{b}\right)\left(\frac{x}{a}+\frac{y}{b}\right)=0 \iff \frac{x}{a}-\frac{y}{b}=0,\ \frac{x}{a}+\frac{y}{b}=0 \iff y=\frac{b}{a}x,\ y=-\frac{b}{a}x$$

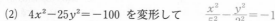

PRACTICE 120[1]

次の双曲線の頂点と焦点，および漸近線を求めよ。また，その概形をかけ。

(1) $\dfrac{x^2}{4}-\dfrac{y^2}{4}=1$　　(2) $25x^2-9y^2=-225$

基本 例題 121 双曲線の方程式

(1) 2 点 $(6,\ 0)$, $(-6,\ 0)$ を焦点とし，焦点からの距離の差が 10 である双曲線の方程式を求めよ。

(2) 2 直線 $y=2x$, $y=-2x$ を漸近線にもち，2 点$(0,\ 5)$, $(0,\ -5)$ を焦点とする双曲線の方程式を求めよ。

p.477 基本事項 3, 基本 120

CHART & SOLUTION

双曲線の方程式 ① $\dfrac{x^2}{a^2}-\dfrac{y^2}{b^2}=1$ ② $\dfrac{x^2}{a^2}-\dfrac{y^2}{b^2}=-1$

焦点の位置から判断

(1) 焦点が x 軸上にある ⟶ ① の形

(2) 焦点が y 軸上にある ⟶ ② の形

解答

(1) 2 点 $(6,\ 0)$, $(-6,\ 0)$ を焦点とする双曲線の方程式は

$$\frac{x^2}{a^2}-\frac{y^2}{b^2}=1\ (a>0,\ b>0)$$

と表される。

焦点からの距離の差が 10 であるから $2a=10$

よって $a=5$, $a^2=25$

焦点の座標から $\sqrt{a^2+b^2}=6$

ゆえに $b^2=6^2-a^2=36-25=11$

よって，求める双曲線の方程式は $\boldsymbol{\dfrac{x^2}{25}-\dfrac{y^2}{11}=1}$

(2) 2 点 $(0,\ 5)$, $(0,\ -5)$ を焦点とする双曲線の方程式は

$$\frac{x^2}{a^2}-\frac{y^2}{b^2}=-1\ (a>0,\ b>0)$$

と表される。漸近線の傾きが ± 2 であるから

$\dfrac{b}{a}=2$ すなわち $b=2a$ …… ①

焦点の座標から $\sqrt{a^2+b^2}=5$ …… ②

①, ② から $a^2+(2a)^2=5^2$ ゆえに $a^2=5$, $b^2=20$

よって，求める双曲線の方程式は $\boldsymbol{\dfrac{x^2}{5}-\dfrac{y^2}{20}=-1}$

⇐ 焦点が **x 軸** 上にあるから，① の形。

⇐ ① の形のとき，焦点からの距離の差は $2a$

⇐ 焦点は 2 点 $(\sqrt{a^2+b^2},\ 0)$, $(-\sqrt{a^2+b^2},\ 0)$

⇐ 焦点が **y 軸** 上にあるから，② の形。

⇐ 漸近線の方程式は $y=\pm\dfrac{b}{a}x$

⇐ ② から $a^2+b^2=5^2$ ① を代入して $5a^2=25$

PRACTICE 121 ②

(1) 2 点 $(0,\ 5)$, $(0,\ -5)$ を焦点とし，焦点からの距離の差が 8 である双曲線の方程式を求めよ。

(2) 2 直線 $y=\dfrac{\sqrt{7}}{3}x$, $y=-\dfrac{\sqrt{7}}{3}x$ を漸近線にもち，2 点 $(0,\ 4)$, $(0,\ -4)$ を焦点とする双曲線の方程式を求めよ。

まとめ 放物線・楕円・双曲線の性質

	方程式	焦点F, F′など	対称性	性質	概形
放物線	$y^2=4px$ $(p\neq 0)$	F$(p,\ 0)$ 準線：$x=-p$ 軸：x軸 頂点：原点	x軸に関して対称。	放物線上の点Pから焦点と準線までの距離が等しい。	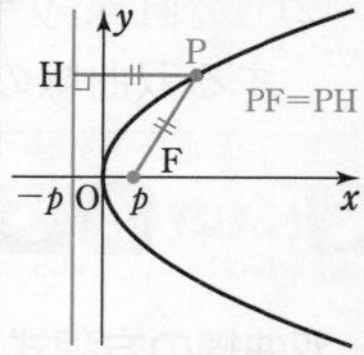
	$x^2=4py$ $(p\neq 0)$	F$(0,\ p)$ 準線：$y=-p$ 軸：y軸 頂点：原点	y軸に関して対称。		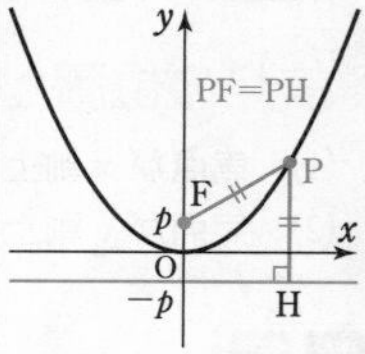
楕円	$\dfrac{x^2}{a^2}+\dfrac{y^2}{b^2}=1$ $(a>b>0)$	F$(\sqrt{a^2-b^2},\ 0)$ F′$(-\sqrt{a^2-b^2},\ 0)$ 長軸の長さ：$2a$ 短軸の長さ：$2b$	x軸，y軸，原点に関して対称。	楕円上の点Pと2つの焦点までの距離の和が一定で$2a$に等しい。	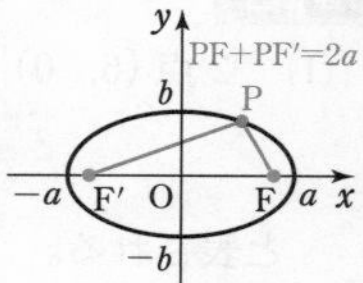
	$\dfrac{x^2}{a^2}+\dfrac{y^2}{b^2}=1$ $(b>a>0)$	F$(0,\ \sqrt{b^2-a^2})$ F′$(0,\ -\sqrt{b^2-a^2})$ 長軸の長さ：$2b$ 短軸の長さ：$2a$		楕円上の点Pと2つの焦点までの距離の和が一定で$2b$に等しい。	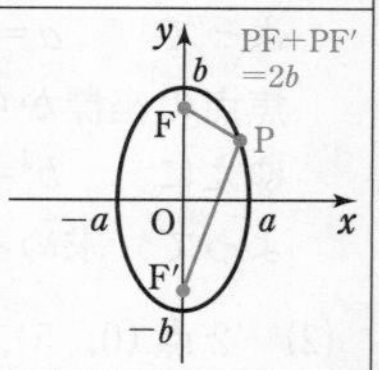
双曲線	$\dfrac{x^2}{a^2}-\dfrac{y^2}{b^2}=1$ $(a>0,\ b>0)$	F$(\sqrt{a^2+b^2},\ 0)$ F′$(-\sqrt{a^2+b^2},\ 0)$ 漸近線：$y=\pm\dfrac{b}{a}x$	x軸，y軸，原点に関して対称。	双曲線上の点Pと2つの焦点までの距離の差が0でなく一定で$2a$に等しい。	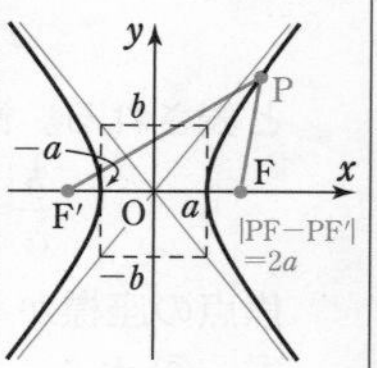
	$\dfrac{x^2}{a^2}-\dfrac{y^2}{b^2}=-1$ $(a>0,\ b>0)$	F$(0,\ \sqrt{a^2+b^2})$ F′$(0,\ -\sqrt{a^2+b^2})$ 漸近線：$y=\pm\dfrac{b}{a}x$		双曲線上の点Pと2つの焦点までの距離の差が0でなく一定で$2b$に等しい。	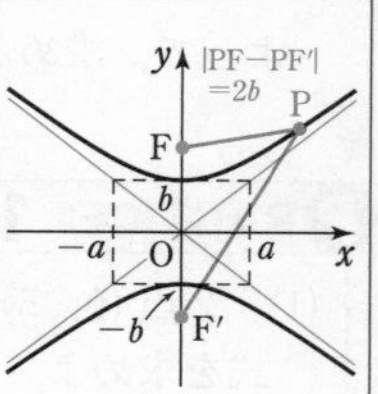

基本 例題 122 2次曲線の平行移動

(1) 楕円 $4x^2+5y^2=20$ を x 軸方向に -3，y 軸方向に -1 だけ平行移動した楕円の方程式を求めよ。また，焦点の座標を求めよ。

(2) 曲線 $9x^2-4y^2-54x-24y+9=0$ の概形をかけ。

p.477 基本事項 4

CHART & SOLUTION

曲線 $ax^2+cy^2+dx+ey+f=0$

標準形に向かって変形　2次の項に着目

(2) 2次の項が $9x^2-4y^2$ であるから，双曲線を平行移動したものと考えられる。よって，x，y のそれぞれについて平方完成し，$\dfrac{(x-p)^2}{A}-\dfrac{(y-q)^2}{B}=1$（または $=-1$）の形に変形。

注意　グラフの平行移動と点の平行移動を混同しない。

解答

(1) $4\{x-(-3)\}^2+5\{y-(-1)\}^2=20$ から

$4(x+3)^2+5(y+1)^2=20$ すなわち $\dfrac{(x+3)^2}{5}+\dfrac{(y+1)^2}{4}=1$

楕円 $\dfrac{x^2}{5}+\dfrac{y^2}{4}=1$ の焦点は2点 $(1,\ 0)$，$(-1,\ 0)$ であるから，これを x 軸方向に -3，y 軸方向に -1 だけ平行移動して，求める焦点の座標は　2点 $(-2,\ -1)$，$(-4,\ -1)$

← x を $x-(-3)$，y を $y-(-1)$ におき換える。

← $\sqrt{a^2-b^2}=\sqrt{5-4}=1$

← 点 $(x,\ y)$ を x 軸方向に p，y 軸方向に q だけ平行移動した点の座標は $(x+p,\ y+q)$

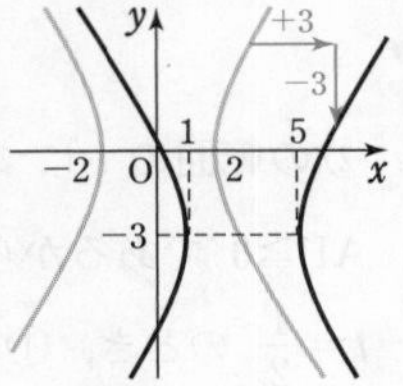

(2) 与えられた方程式を変形すると

$$9(x^2-6x+3^2)-9\cdot3^2-4(y^2+6y+3^2)+4\cdot3^2+9=0$$

よって　$9(x-3)^2-4(y+3)^2=36$

ゆえに　$\dfrac{(x-3)^2}{4}-\dfrac{(y+3)^2}{9}=1$

よって，与えられた曲線は，双曲線 $\dfrac{x^2}{4}-\dfrac{y^2}{9}=1$ を x 軸方向に3，y 軸方向に -3 だけ平行移動した双曲線である。

この双曲線の中心は $(3,\ -3)$，漸近線は $y=\pm\dfrac{3}{2}(x-3)-3$ で，概形は右図のようになる。

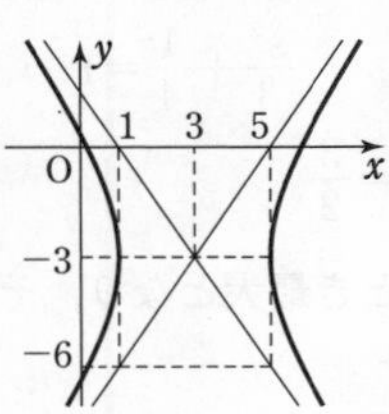

← 双曲線 $\dfrac{x^2}{4}-\dfrac{y^2}{9}=1$ について　中心 $(0,\ 0)$，漸近線 $y=\pm\dfrac{3}{2}x$

PRACTICE 122②

(1) 楕円 $12x^2+3y^2=36$ を x 軸方向に1，y 軸方向に -2 だけ平行移動した楕円の方程式を求めよ。また，焦点の座標を求めよ。

(2) 次の曲線の焦点の座標を求め，概形をかけ。

(ア) $25x^2-4y^2+100x-24y-36=0$　(イ) $y^2-4x-2y-7=0$

(ウ) $4x^2+9y^2-8x+36y+4=0$

基本 例題 123　2次曲線上の点と定点の距離

楕円 $C: \frac{x^2}{3}+y^2=1$ 上の $x \geqq 0$ の範囲にある点をPとする。点Pと定点 A$(0,\ -1)$ の距離を最大にするPの座標と，そのときの距離を求めよ。

CHART & SOLUTION

曲線上の点と定点の距離の最大値・最小値　(距離)^2 の式で考える

曲線上の点 P$(s,\ t)$ の満たす条件から，(距離)^2 すなわち AP^2 は t の2次式で表される（Pの x 座標についての条件 $s \geqq 0$ に注意)。
よって，**t の2次関数の最大値問題**（t の値の範囲に注意）…… !
として解くことができる。

解答

P$(s,\ t)$ とする。ただし，$s \geqq 0$ とする。
点Pは楕円 C 上の点であるから

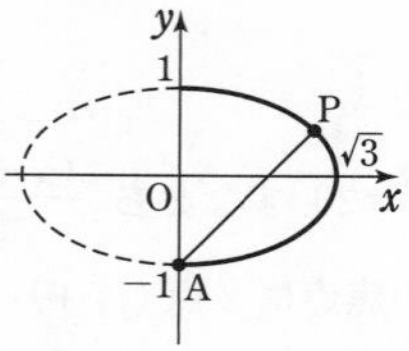

$$\frac{s^2}{3}+t^2=1 \quad \cdots\cdots ①$$

よって　$s^2=3(1-t^2)$

$s^2 \geqq 0$ であるから　$3(1-t^2) \geqq 0$

ゆえに　$-1 \leqq t \leqq 1$ …… ②

⇐ $s^2 \geqq 0$ から t のとりうる値の範囲を求める。

したがって

$$\begin{aligned}\mathrm{AP}^2&=s^2+(t+1)^2\\&=3(1-t^2)+(t+1)^2\\&=-2t^2+2t+4\\&=-2\left(t-\frac{1}{2}\right)^2+\frac{9}{2}\end{aligned}$$

!

⇐ 2次関数の最大・最小は $y=a(x-p)^2+q$ の形に変形して考える。

② の範囲の t について，AP^2 は $t=\frac{1}{2}$ で最大値 $\frac{9}{2}$ をとる。

$\mathrm{AP} \geqq 0$ であるから，AP^2 が最大のとき，AP も最大となる。

$t=\frac{1}{2}$ のとき，① から　$\frac{s^2}{3}+\frac{1}{4}=1$

$s \geqq 0$ であるから　$s=\frac{3}{2}$

ゆえに，**P$\left(\frac{3}{2},\ \frac{1}{2}\right)$** のとき最大となり，そのときの **距離は**

$$\sqrt{\frac{9}{2}}=\frac{3\sqrt{2}}{2}$$

PRACTICE 123 ③

双曲線 $x^2-\frac{y^2}{2}=1$ 上の点Pと点 $(0,\ 3)$ の距離を最小にするPの座標と，そのときの距離を求めよ。

重要 例題 124 2次曲線の回転移動

(1) 点 $P(X,\ Y)$ を，原点を中心として角 θ だけ回転した点を $Q(x,\ y)$ とするとき，X，Y を x，y，θ で表せ。

(2) 曲線 $5x^2+2\sqrt{3}\,xy+7y^2=16$ を，原点を中心として $\dfrac{\pi}{6}$ だけ回転移動した曲線の方程式を求めよ。 〔(2) 類 慶応大〕

p.429 基本事項 3，基本 87

CHART & SOLUTION

回転移動　複素数平面で考える

座標平面上の点（●，■）を，複素数平面上の点 ●＋■i とみる。

複素数平面上で，点 z を原点を中心として θ だけ回転した点は　点 $(\cos\theta+i\sin\theta)z$

(1) 点Pは点Qを，原点を中心として $-\theta$ だけ回転した点と考える。

(2) 回転前の曲線上の点を $P(X,\ Y)$ とすると　$5X^2+2\sqrt{3}\,XY+7Y^2=16$

このX，Yに，(1) で求めたX，Yの式を代入し，x と y の関係式を導く。

解答

(1) 複素数平面上において，点 $Q(x+yi)$ を原点を中心として $-\theta$ だけ回転した点が $P(X+Yi)$ であるから

$$X+Yi=\{\cos(-\theta)+i\sin(-\theta)\}(x+yi)$$
$$=(\cos\theta-i\sin\theta)(x+yi)$$
$$=(x\cos\theta+y\sin\theta)+(-x\sin\theta+y\cos\theta)i$$

したがって　$\boldsymbol{X=x\cos\theta+y\sin\theta,\ Y=-x\sin\theta+y\cos\theta}$

(2) 点 $(X,\ Y)$ を，原点を中心として $\dfrac{\pi}{6}$ だけ回転した点の座標を $(x,\ y)$ とすると，(1) から

$$X=x\cos\frac{\pi}{6}+y\sin\frac{\pi}{6}=\frac{1}{2}(\sqrt{3}\,x+y) \quad \cdots\cdots ①$$

$$Y=-x\sin\frac{\pi}{6}+y\cos\frac{\pi}{6}=\frac{1}{2}(-x+\sqrt{3}\,y) \quad \cdots\cdots ②$$

点 $(X,\ Y)$ を曲線 $5x^2+2\sqrt{3}\,xy+7y^2=16$ 上の点とすると

$$5X^2+2\sqrt{3}\,XY+7Y^2=16$$

これに，①，② の式を代入して

$$5\left\{\frac{1}{2}(\sqrt{3}\,x+y)\right\}^2+2\sqrt{3}\cdot\frac{1}{2}(\sqrt{3}\,x+y)\cdot\frac{1}{2}(-x+\sqrt{3}\,y)+7\left\{\frac{1}{2}(-x+\sqrt{3}\,y)\right\}^2=16$$

ゆえに　$\boldsymbol{\dfrac{x^2}{4}+\dfrac{y^2}{2}=1}$

$(X,\ Y)\ \underset{-\theta\text{回転}}{\overset{\theta\text{回転}}{\rightleftarrows}}\ (x,\ y)$

⇐ $\cos(-\theta)=\cos\theta$，$\sin(-\theta)=-\sin\theta$

inf. (1) は
$x+yi=(\cos\theta+i\sin\theta)\times(X+Yi)$
から
$\begin{cases} x=X\cos\theta-Y\sin\theta \\ y=X\sin\theta+Y\cos\theta \end{cases}$
として，X，Y について解くと計算量が多くなる。そのため，解答では $-\theta$ の回転を考えている。
また，三角関数の加法定理（数学Ⅱ）を用いた 別解 も考えられる。解答編 PRACTICE 124 の inf. 参照。

PRACTICE 124④

曲線 $x^2-2\sqrt{3}\,xy+3y^2+6\sqrt{3}\,x-10y+12=0$ を，原点を中心として $-\dfrac{\pi}{6}$ だけ回転した曲線の方程式を求め，それを図示せよ。

重要 例題 125　複素数平面上の 2 次曲線の方程式

複素数 $z=x+yi$（x，y は実数，i は虚数単位）が次の条件を満たすとき，x，y の満たす方程式を求めよ。また，その方程式が表す図形の概形を xy 平面上に図示せよ。

(1)　$|z+3|+|z-3|=12$　　　(2)　$|2z|=|z+\overline{z}+4|$

基本 101, 114, 117

CHART & SOLUTION

複素数平面上の 2 次曲線

1　式の形から 2 次曲線の定義を読み取る

2　$z=x+yi$（x，y は実数）とおいて，x，y の関係式を求める

(1)　P(z)，F(3)，F′(-3) とすると　PF+PF′=12 ［楕円の定義］（**方針 1**）

(2)　$z=x+yi$ を代入して x，y の関係式を求める（**方針 2**）。

解答

(1)　P(z)，F(3)，F′(-3) とすると

$$|z+3|=|z-(-3)|=\text{PF}',\ |z-3|=\text{PF}$$

よって　　PF+PF′=12

したがって，点 P の軌跡は 2 点 F，F′ を焦点とする楕円である。ゆえに，xy 平面上において求める楕円の方程式は

$$\frac{x^2}{a^2}+\frac{y^2}{b^2}=1\ (a>b>0)$$

と表される。距離の和が 12 であるから　　$2a=12$

よって　　$a=6,\ a^2=36$

2 点 F，F′ を焦点とするから　　$\sqrt{a^2-b^2}=3$

ゆえに　　$b^2=a^2-3^2=36-9=27$

よって，求める x，y の満たす方程式は　　$\boldsymbol{\dfrac{x^2}{36}+\dfrac{y^2}{27}=1}$

概形は **右図** のようになる。

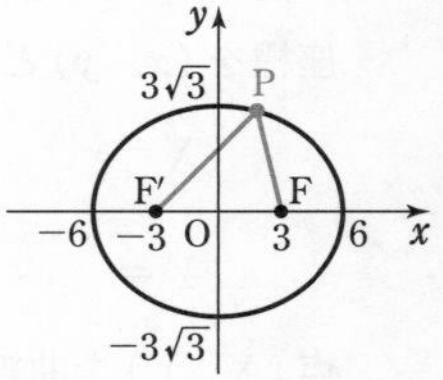

(2)　両辺を 2 乗して　　$|2z|^2=|z+\overline{z}+4|^2$

$z=x+yi$ から　　$|2z|^2=4|z|^2=4(x^2+y^2)$

$$|z+\overline{z}+4|^2=|(x+yi)+(x-yi)+4|^2=|2(x+2)|^2=4(x+2)^2$$

したがって　　$4(x^2+y^2)=4(x+2)^2$

求める x，y の満たす方程式は　　$\boldsymbol{y^2=4(x+1)}$

概形は **右図** のようになる。

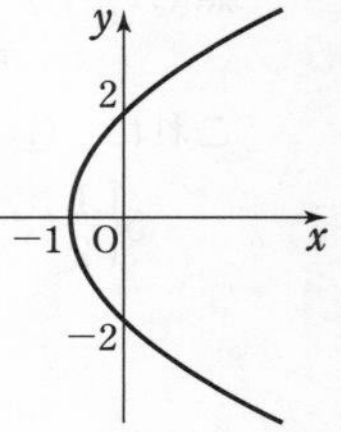

⇐ A(α)，B(β) のとき AB=$|\beta-\alpha|$

⇐ 2 定点からの距離の和が一定 ⟶ 楕円

⇐ 焦点が **x 軸** 上で中心が原点

PRACTICE 125 [4]

複素数 $z=x+yi$（x，y は実数，i は虚数単位）が次の条件を満たすとき，x，y の満たす方程式を求めよ。また，その方程式が表す図形の概形を xy 平面上に図示せよ。

(1)　$|z-4i|+|z+4i|=10$　　　(2)　$(z+\overline{z})^2=2(1+|z|^2)$　　　［(1) 芝浦工大］

EXERCISES　13 2次曲線

A

104❷ (1) 中心は原点で，長軸は x 軸上，短軸は y 軸上にあり，2点 $(-4,\ 0)$, $(2,\ \sqrt{3})$ を通る楕円の方程式を求めよ。

(2) 中心が原点で，焦点が x 軸上にあり，2点 $\left(\frac{5}{2},\ -3\right)$, $(4,\ 4\sqrt{3})$ を通る双曲線の方程式を求めよ。

(3) 直交する漸近線をもつ双曲線を直角双曲線という。中心が原点，1つの焦点が $(0,\ 4)$ である直角双曲線の方程式を求めよ。 116, 121

105❷ 双曲線 $x^2-2y^2=-4$ を，点 $(-3,\ 1)$ に関して対称に移動して得られる曲線の方程式を求めよ。 118, 119

106❸ $a>0$ とする。放物線 $y=x^2$ と $ax=y^2+by$ が焦点を共有するとき，定数 a, b の値を求めよ。 114, 122

107❸ 2点 $(-5,\ 2)$, $(1,\ 2)$ からの距離の和が10である点の軌跡を求めよ。 117, 122

108❸ 放物線 $y^2=4x$ 上の点Pと，定点 $A(a,\ 0)$ の距離の最小値を求めよ。ただし，a は定数とする。 123

B

109❸ 方程式 $2x^2-8x+y^2-6y+11=0$ が表す2次曲線を C_1 とする。

(1) C_1 の焦点の座標を求め，概形をかけ。

(2) a, b, c $(c>0)$ を定数とし，方程式 $(x-a)^2-\frac{(y-b)^2}{c^2}=1$ が表す双曲線を C_2 とする。C_1 の2つの焦点と C_2 の2つの焦点が正方形の4つの頂点となるとき，a, b, c の値を求めよ。 ［類 名城大］ 116

110❹ 双曲線上の任意の点Pから2つの漸近線に垂線PQ, PRを引くと，線分の長さの積PQ・PRは一定であることを証明せよ。 120

111❸ 座標平面上の2点 $A(x,\ y)$, $B(xy^2-2y,\ 2x+y^3)$ について，点Aが楕円 $\frac{x^2}{3}+y^2=1$ 上を動くとき，内積 $\overrightarrow{OA}\cdot\overrightarrow{OB}$ の最大値を求めよ。ただし，Oは原点である。 ［武蔵工大］ 123

112❹ 平面上に，点 $A(1,\ 0)$ を通り傾き m_1 の直線 ℓ_1 と点 $B(-1,\ 0)$ を通り傾き m_2 の直線 ℓ_2 とがある。2直線 ℓ_1, ℓ_2 が $m_1m_2=k$, $k\neq0$ を満たしながら動くとき，ℓ_1 と ℓ_2 の交点の軌跡を求めよ。 ［類 秋田大］

HINT

109 (2) 正方形の対角線の性質に着目する。

110 双曲線の方程式を $\frac{x^2}{a^2}-\frac{y^2}{b^2}=1$ $(a>0,\ b>0)$ とし，点と直線の距離の公式を利用。

111 $\overrightarrow{OA}\cdot\overrightarrow{OB}$ を x を用いて表し，基本形に変形する。

112 2直線 ℓ_1, ℓ_2 の交点を $P(X,\ Y)$ として，X, Y の関係式を求める。

14 2次曲線と直線

基本事項

1 2次曲線と直線の共有点

2次曲線 $F(x, y)=0$ ……① と 直線 $ax+by+c=0$ ……② について，2次曲線と直線の共有点の座標は，①と②の連立方程式の実数解で与えられる。

[1] ①と②から1変数を消去して得られる方程式が2次方程式の場合，その判別式をDとする。

(ア) $D>0$（異なる2組の実数解をもつ） ⟺ **2点で交わる**

(イ) $D=0$（1組の実数解［重解］をもつ） ⟺ **1点で接する**

(ウ) $D<0$（実数解をもたない） ⟺ **共有点がない**

[2] ①と②から1変数を消去して得られる方程式が1次方程式の場合

(エ) （1組の実数解をもつ） ⟺ **1点で交わる**

2 2次曲線の接線

曲線上の点 (x_1, y_1) における接線の方程式（$p\neq 0$, $a>0$, $b>0$）

1 **放物線** $y^2=4px$ ⟶ $y_1y=2p(x+x_1)$

$x^2=4py$ ⟶ $x_1x=2p(y+y_1)$

2 **楕　円** $\dfrac{x^2}{a^2}+\dfrac{y^2}{b^2}=1$ ⟶ $\dfrac{x_1x}{a^2}+\dfrac{y_1y}{b^2}=1$

3 **双曲線** $\dfrac{x^2}{a^2}-\dfrac{y^2}{b^2}=\pm 1$ ⟶ $\dfrac{x_1x}{a^2}-\dfrac{y_1y}{b^2}=\pm 1$（複号同順）

3 2次曲線と離心率 e

楕円・双曲線も，放物線と同じように，定点Fと定直線ℓからの距離の比が一定である点の軌跡として定義できる。すなわち，点Pからℓに引いた垂線をPHとするとき PF：PH$=e$：1（eは正の定数）を満たす点Pの軌跡は，Fを1つの焦点とする2次曲線で，ℓを準線，eを2次曲線の **離心率** という。このとき，eの値によって2次曲線は，次のように分類される。

$0<e<1$ のとき　楕円

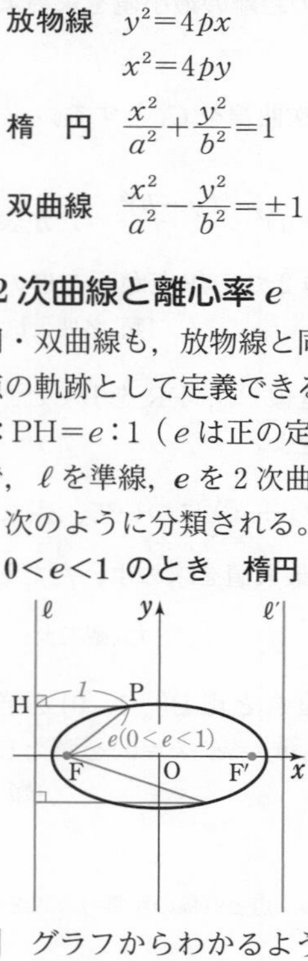

$e=1$ のとき　放物線

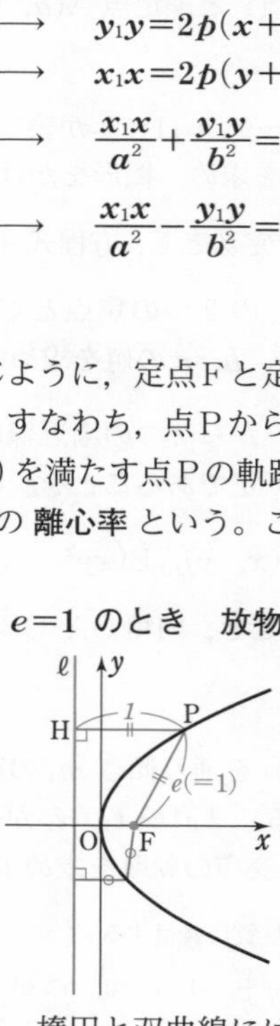

$e>1$ のとき　双曲線

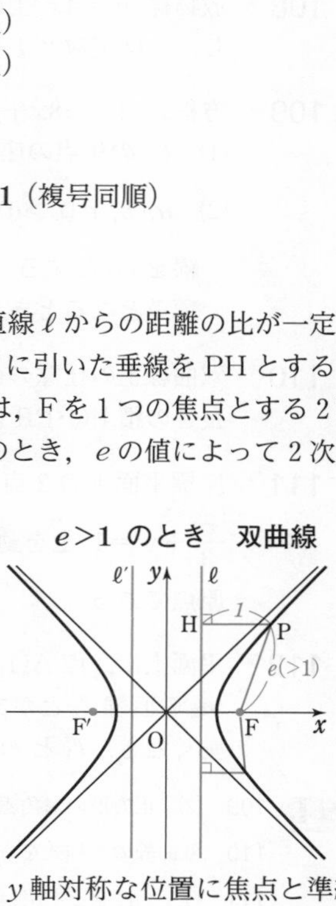

注意　グラフからわかるように，楕円と双曲線には，y軸対称な位置に焦点と準線がもう1つずつある。

解説 座標平面上で，ℓ を y 軸 $(x=0)$，$\mathrm{F}(c,\ 0)$ $(c>0)$，$\mathrm{P}(x,\ y)$ とし，P から y 軸に引いた垂線を PH とすると　$\dfrac{\mathrm{PF}}{\mathrm{PH}}=\dfrac{\sqrt{(x-c)^2+y^2}}{|x|}=e$

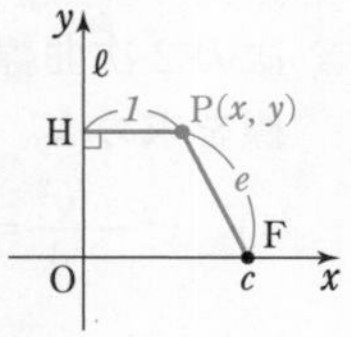

よって　$\sqrt{(x-c)^2+y^2}=e|x|$

両辺を 2 乗して整理すると

$$(1-e^2)x^2-2cx+y^2+c^2=0 \quad \cdots\cdots Ⓐ$$

[1]　**$e=1$ のとき**

Ⓐ から　$y^2=2c\left(x-\dfrac{c}{2}\right)$ ⋯⋯ ①

曲線 ① を x 軸方向に $-\dfrac{c}{2}$ だけ平行移動して $c=2p$ とおくと

$\boldsymbol{y^2=4px}$，　**焦点** $\boldsymbol{(p,\ 0)}$，　**準線：$\boldsymbol{x=-p}$**

[2]　$e\neq1$ のとき

Ⓐ から　$(1-e^2)\left(x-\dfrac{c}{1-e^2}\right)^2+y^2=\dfrac{(ce)^2}{1-e^2}$ ⋯⋯ ②

曲線 ② を x 軸方向に $-\dfrac{c}{1-e^2}$ だけ平行移動すると

$$(1-e^2)x^2+y^2=\frac{(ce)^2}{1-e^2} \quad \cdots\cdots ③$$

$0<e<1$ のとき

$a=\dfrac{ce}{1-e^2}$，$b=\dfrac{ce}{\sqrt{1-e^2}}$ とおくと，③ から

$\boldsymbol{\dfrac{x^2}{a^2}+\dfrac{y^2}{b^2}=1}$ **$(a>b>0)$**，

焦点 $(-ae,\ 0)$，

準線：$x=-\dfrac{a}{e}$，$e=\dfrac{\sqrt{a^2-b^2}}{a}$

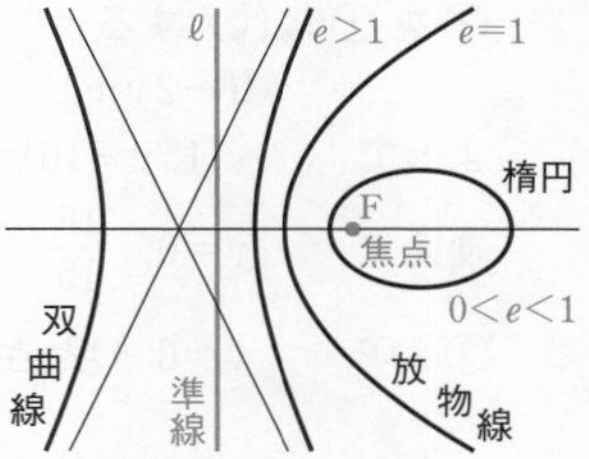

$e>1$ のとき

$a=\dfrac{ce}{e^2-1}$，$b=\dfrac{ce}{\sqrt{e^2-1}}$ とおくと，③ から

$\boldsymbol{\dfrac{x^2}{a^2}-\dfrac{y^2}{b^2}=1}$ **$(a>0,\ b>0)$，焦点 $(ae,\ 0)$，準線：$x=\dfrac{a}{e}$，**

$e=\dfrac{\sqrt{a^2+b^2}}{a}$

CHECK & CHECK

44　次の 2 次曲線と直線の共有点の個数を調べよ。

(1)　$2x^2+y^2=1$，$x+y=1$　　(2)　$y^2=2x$，$2x-2y+1=0$

↻ 1

45　次の楕円，双曲線上の与えられた点における接線の方程式を求めよ。

(1)　$y^2=8x$　$(2,\ 4)$　　(2)　$\dfrac{x^2}{3}+\dfrac{y^2}{6}=1$　$(1,\ 2)$

(3)　$2x^2-y^2=1$　$(\sqrt{2},\ -\sqrt{3})$

↻ 2

基本 例題 126 2次曲線と直線の共有点

次の2次曲線と直線は共有点をもつか。共有点をもつ場合には，その点の座標を求めよ。

(1) $x^2-\dfrac{y^2}{4}=1$, $x+2y=1$　　(2) $\dfrac{x^2}{2}+\dfrac{y^2}{3}=1$, $2x-y=4$

p.492 基本事項 1

CHART & SOLUTION

2次曲線と直線の共有点　共有点 ⟺ 実数解

1変数を消去して考える。このとき，計算しやすい方の変数を消去すること。
(1), (2) ともに，1変数を消去すると2次方程式が得られる。

解答

(1) $x^2-\dfrac{y^2}{4}=1$ から $4x^2-y^2=4$ …①

$x+2y=1$ から $x=-2y+1$ …②

② を ① に代入すると

$4(-2y+1)^2-y^2=4$

よって　$y(15y-16)=0$

ゆえに　$y=0,\ \dfrac{16}{15}$

② から　$y=0$ のとき $x=1$,　$y=\dfrac{16}{15}$ のとき $x=-\dfrac{17}{15}$

したがって，2つの共有点 $(1,\ 0)$, $\left(-\dfrac{17}{15},\ \dfrac{16}{15}\right)$ をもつ。

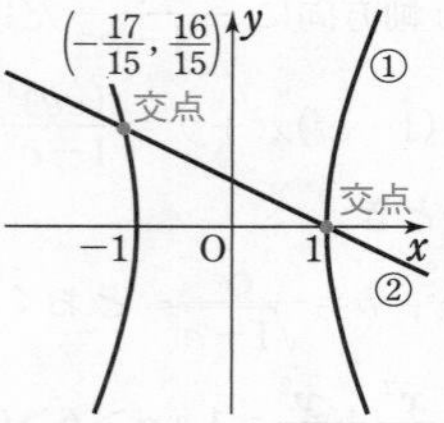

← 計算しやすいように，x を消去する。
$y=-\dfrac{1}{2}x+\dfrac{1}{2}$ を ① に代入すると，計算が煩雑。

← 双曲線 ① と直線 ② は異なる2点で交わる。

(2) $\dfrac{x^2}{2}+\dfrac{y^2}{3}=1$ から $3x^2+2y^2=6$ …①

$2x-y=4$ から　$y=2x-4$ …②

② を ① に代入すると

$3x^2+2(2x-4)^2=6$

整理すると　$11x^2-32x+26=0$

この2次方程式の判別式を D とすると

$\dfrac{D}{4}=(-16)^2-11\cdot26=-30<0$

よって，**共有点をもたない**。

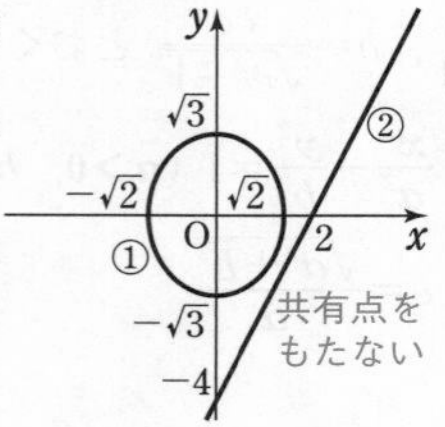

← 計算しやすいように，y を消去する。
$x=\dfrac{1}{2}y+2$ を ① に代入すると，計算が煩雑。

← $D<0$ であるから，実数解をもたない。

PRACTICE 126②

次の2次曲線と直線は共有点をもつか。共有点をもつ場合には，交点・接点の別とその点の座標を求めよ。

(1) $9x^2+4y^2=36$, $x-y=3$　　(2) $y^2=-4x$, $y=2x-3$

(3) $x^2-4y^2=-1$, $x+2y=3$　　(4) $3x^2+y^2=12$, $x-y=4$

基本 例題 127 共有点の個数

楕円 $\dfrac{x^2}{9}+\dfrac{y^2}{4}=1$ と直線 $y=mx+3$ の共有点の個数は，定数 m の値によってどのように変わるか。

p. 492 基本事項 1，基本 126，重要 133

CHART & SOLUTION

2次曲線と直線の共有点の個数　共有点の個数 ⟶ 判別式

2次曲線の方程式と直線の方程式から1変数を消去して得られる2次方程式について，その判別式 D の符号で共有点の個数を判断。

$D>0$ のとき2個，$D=0$ のとき1個，$D<0$ のとき0個

解答

$\dfrac{x^2}{9}+\dfrac{y^2}{4}=1$ から　$4x^2+9y^2=36$ …… ①

$y=mx+3$ …… ② を ① に代入して整理すると

$(4+9m^2)x^2+54mx+45=0$ …… ③

m は実数であるから　$4+9m^2\neq 0$

よって，2次方程式 ③ の判別式を D とすると

$$\frac{D}{4}=(27m)^2-(4+9m^2)\cdot 45=9\{81m^2-5(4+9m^2)\}$$

$$=36(9m^2-5)=36(3m+\sqrt{5})(3m-\sqrt{5})$$

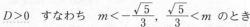

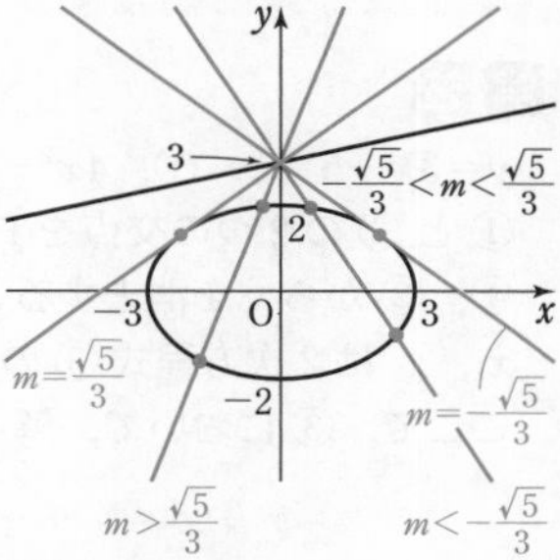

楕円 ① と直線 ② の共有点の個数は，2次方程式 ③ の実数解の個数と一致する。したがって

$D>0$　すなわち　$m<-\dfrac{\sqrt{5}}{3}$，$\dfrac{\sqrt{5}}{3}<m$ のとき

① と ② は異なる2点で交わる

$D=0$　すなわち　$m=\pm\dfrac{\sqrt{5}}{3}$ のとき

① と ② は1点で接する

$D<0$　すなわち　$-\dfrac{\sqrt{5}}{3}<m<\dfrac{\sqrt{5}}{3}$ のとき

① と ② の共有点はない

よって　$m<-\dfrac{\sqrt{5}}{3}$，$\dfrac{\sqrt{5}}{3}<m$ のとき2個，

$m=\pm\dfrac{\sqrt{5}}{3}$ のとき1個，

$-\dfrac{\sqrt{5}}{3}<m<\dfrac{\sqrt{5}}{3}$ のとき0個

⇐ $D>0 \iff$ 異なる2つの実数解をもつ

⇐ $D=0 \iff$ 重解をもつ

⇐ $D<0 \iff$ 実数解をもたない

PRACTICE 127③

曲線 $3x^2+12ax+4y^2=0$ と，直線 $x+2y=6$ の共有点の個数を調べよ。

基本 例題 128　弦の中点・長さ　①①①①①

直線 $y=3x-5$ が，双曲線 $4x^2-y^2=4$ によって切り取られる線分の中点の座標，および長さを求めよ。

CHART & SOLUTION

弦の中点・長さ　解と係数の関係を利用

直線と双曲線の方程式から 2 つの交点の座標を直接求める方法もあるが，計算が煩雑になることが多い。ここでは 2 式から y を消去して得られる 2 次方程式の解と係数の関係を用いて求める。

解と係数の関係

2 次方程式 $ax^2+bx+c=0$ の 2 つの解を α，βとすると　$\alpha+\beta=-\dfrac{b}{a}$，$\alpha\beta=\dfrac{c}{a}$

線分の長さには　$(\beta-\alpha)^2=(\alpha+\beta)^2-4\alpha\beta$ を利用。

解答

$y=3x-5$ ……①，$4x^2-y^2=4$ ……② とする。

①と②の 2 つの交点を $P(x_1,\ y_1)$，$Q(x_2,\ y_2)$ とする。

①，②から y を消去すると　$5x^2-30x+29=0$ ……③

x_1，x_2 は 2 次方程式③の異なる 2 つの実数解である。

ここで，③において，解と係数の関係から

$$x_1+x_2=6 \ \cdots\cdots ④,\quad x_1x_2=\frac{29}{5} \ \cdots\cdots ⑤$$

線分 PQ の中点の座標は　$\left(\dfrac{x_1+x_2}{2},\ 3\cdot\dfrac{x_1+x_2}{2}-5\right)$

④を代入して　$(3,\ 4)$

また　$PQ^2=(x_2-x_1)^2+(y_2-y_1)^2=(x_2-x_1)^2+9(x_2-x_1)^2$

$=10(x_2-x_1)^2=10\{(x_1+x_2)^2-4x_1x_2\}$

④，⑤を代入して　$PQ^2=10\left(6^2-4\cdot\dfrac{29}{5}\right)=128$

よって　$PQ=\sqrt{128}=8\sqrt{2}$

曲線が切り取る直線の部分(線分)を**弦**という。

⇐ $4x^2-(3x-5)^2=4$

⇐ $\dfrac{D}{4}=(-15)^2-5\cdot29$
$=80>0$

⇐ $x_1+x_2=-\dfrac{-30}{5}$

⇐ 線分 PQ の中点は直線 $y=3x-5$ 上にある。

⇐ $y_2-y_1=(3x_2-5)-(3x_1-5)=3(x_2-x_1)$

INFORMATION　線分 PQ の長さ

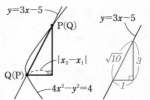

直線 $y=3x-5$ の傾きを利用して求めることもできる。

右の図から　$PQ=\sqrt{1^2+3^2}\,|x_2-x_1|=\sqrt{10}\,|x_2-x_1|$

$(x_2-x_1)^2=(x_1+x_2)^2-4x_1x_2=\dfrac{64}{5}$ から　$|x_2-x_1|=\dfrac{8}{\sqrt{5}}$

よって　$PQ=\sqrt{10}\cdot\dfrac{8}{\sqrt{5}}=8\sqrt{2}$

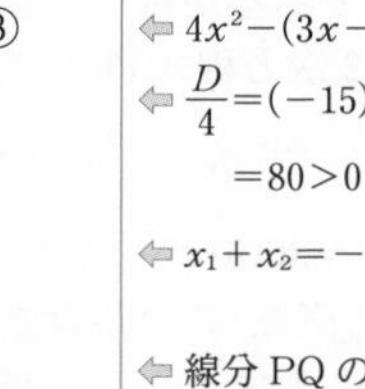

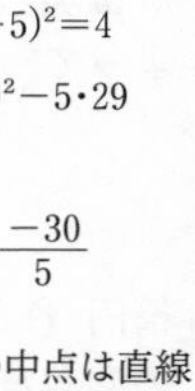

PRACTICE 128③

次の 2 次曲線と直線が交わってできる弦の中点の座標と長さを求めよ。

(1)　$y^2=8x$，$x-y=3$　(2)　$x^2+4y^2=4$，$x+3y=1$　(3)　$x^2-2y^2=1$，$2x-y=3$

基本 例題 129　弦の中点の軌跡

楕円 $x^2+4y^2=4$ と直線 $y=x+k$ が異なる2点P，Qで交わるとする。
(1) 定数 k のとりうる値の範囲を求めよ。
(2) 線分PQの中点Rの軌跡を求めよ。

基本 127,128

CHART & SOLUTION

弦の中点の軌跡　解と係数の関係を利用

(1) 異なる2点で交わる ⟶ 楕円と直線の方程式から導かれる x の2次方程式が異なる2つの実数解をもつ条件
(2) R$(x,\ y)$ とする。(1)で求めた2次方程式の解を α，β として **解と係数の関係** を利用。x，y を k の式で表す。
k を消去して，x，y の関係式を導く。…… !

解答

(1) $y=x+k$ を $x^2+4y^2=4$ に代入して　$x^2+4(x+k)^2=4$
ゆえに　$5x^2+8kx+4k^2-4=0$ …… ①
楕円と直線が異なる2点で交わるから，2次方程式①の判別式を D とすると　$D>0$
ここで　$\dfrac{D}{4}=(4k)^2-5(4k^2-4)=-4(k^2-5)$
よって　$k^2-5<0$　　ゆえに　$-\sqrt{5}<k<\sqrt{5}$

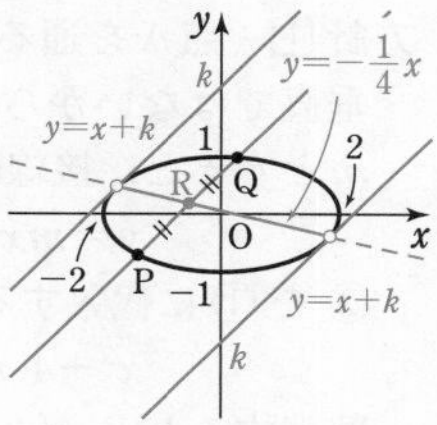

(2) k が(1)で求めた範囲にあるとき，方程式①は異なる2つの実数解 α，β をもち，これらはP，Qの x 座標である。
ここで，R$(x,\ y)$ とすると，①において，解と係数の関係から　$x=\dfrac{\alpha+\beta}{2}=-\dfrac{4}{5}k$ …… ②

⇐ $\alpha+\beta=-\dfrac{8}{5}k$

$y=x+k=-\dfrac{4}{5}k+k=\dfrac{k}{5}$ …… ③

⇐ 点Rは直線 $y=x+k$ 上にある。

! ②から　$k=-\dfrac{5}{4}x$ …… ④

これを③に代入すると　$y=-\dfrac{1}{4}x$

また，(1)と④から　$-\dfrac{4\sqrt{5}}{5}<x<\dfrac{4\sqrt{5}}{5}$

⇐ $-\sqrt{5}<-\dfrac{5}{4}x<\sqrt{5}$

したがって，求める軌跡は

直線 $y=-\dfrac{1}{4}x$ の $-\dfrac{4\sqrt{5}}{5}<x<\dfrac{4\sqrt{5}}{5}$ の部分

PRACTICE 129③

双曲線 $x^2-3y^2=3$ と直線 $y=x+k$ がある。
(1) 双曲線と直線が異なる2点で交わるような，定数 k の値の範囲を求めよ。
(2) 双曲線が直線から切り取る線分の中点の軌跡を求めよ。

基本 例題 130　2 次曲線に引いた接線

点 A(0, 5) から楕円 $x^2+4y^2=20$ に引いた接線の方程式を求めよ。

$p.492$ 基本事項 1, 2, 重要 135

CHART & SOLUTION

2 次曲線の曲線外から引いた接線

1　接点 ⟺ 重解 ⟶ 判別式 $D=0$ ……❗

2　2 次曲線の接線の公式を利用

接する ⟶ x（または y）の 2 次方程式が重解をもつ（**方針 1**）。⟶ 接線を $y=mx+5$ とおく。

$p.492$ の公式 $\dfrac{x_1x}{a^2}+\dfrac{y_1y}{b^2}=1$ を用いて解く方法もある（**方針 2**）。⟶ 接点を $(x_1,\ y_1)$ とおく。

解答

$x^2+4y^2=20$ …… ① とする。

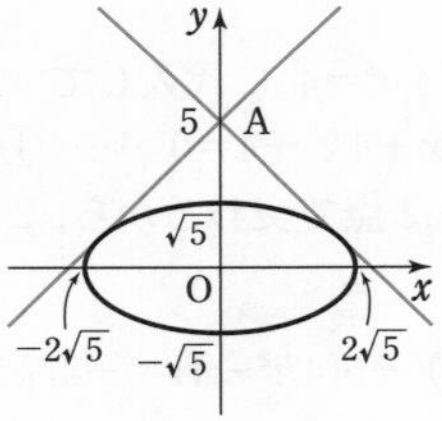

方針 1　点Aを通る接線は，x 軸に垂直ではないから，接線の傾きを m とすると，接線の方程式は

$$y=mx+5 \quad \cdots\cdots ②$$

← 直線 ② は点 (0, 5) を通る直線のうち，x 軸に垂直な直線 $x=0$ は表せないため，接線が x 軸に垂直でないことを確認する。x 軸に垂直な接線がある場合は解答編 PRACTICE 130 を参照。

② を ① に代入すると

$$x^2+4(mx+5)^2=20$$

整理すると　$(4m^2+1)x^2+40mx+80=0$

← $4m^2+1 \neq 0$

この 2 次方程式の判別式を D とすると

$$\frac{D}{4}=(20m)^2-(4m^2+1)\cdot 80=80(m+1)(m-1)$$

❗ 直線 ② が楕円 ① に接する条件は，$D=0$ から　$m=\pm 1$

よって，接線の方程式は　$\boldsymbol{y=x+5,\ y=-x+5}$

← 接点の x 座標は，$5x^2\pm 40x+80=0$ の重解で $x=\mp 4$（複号同順）

方針 2　接点の座標を $P(x_1,\ y_1)$ とすると，点 P は楕円 ① 上の点であるから

$$x_1{}^2+4y_1{}^2=20 \quad \cdots\cdots ②$$

楕円 ① 上の点 P における接線の方程式は　$x_1x+4y_1y=20$

← $\dfrac{x_1x}{20}+\dfrac{y_1y}{5}=1$

点Aを通るから　$x_1\cdot 0+4y_1\cdot 5=20$

よって　$y_1=1$

これを ② に代入すると　$x_1{}^2=16$

ゆえに　$x_1=\pm 4$

よって，接線の方程式は　$\boldsymbol{y=x+5,\ y=-x+5}$

← $\pm 4x+4y=20$

PRACTICE 130 ❸

点 A(1, 4) から双曲線 $4x^2-y^2=4$ に引いた接線の方程式を求めよ。また，その接点の座標を求めよ。

基本 例題 131 2次曲線の接線と証明

放物線 $y^2=4px$ $(p>0)$ 上の点 $P(x_1,\ y_1)$ における接線と x 軸との交点をT，放物線の焦点をFとすると，$\angle PTF=\angle TPF$ であることを証明せよ。ただし，$x_1>0$，$y_1>0$ とする。 p.492 基本事項 2

CHART & THINKING

放物線の接線に成り立つ性質　2次曲線の接線の公式を利用

点 $(x_1,\ y_1)$ における接線の方程式は　$y_1y=2p(x+x_1)$ ⟵ p.492 参照

座標平面上では，角より距離の方が扱いやすい場合が多いことをふまえて，方針を考えてみよう。△FPT に着目すると，$\angle PTF=\angle TPF$ のとき，△FPT はどのような三角形だろうか？ ……❗

解答

点Pにおける接線の方程式は　$y_1y=2p(x+x_1)$ …… ①

点Pは放物線上の点であるから　$y_1{}^2=4px_1$

また，焦点Fの座標は $(p,\ 0)$ であるから

$$\begin{aligned}FP&=\sqrt{(x_1-p)^2+y_1{}^2}\\&=\sqrt{(x_1-p)^2+4px_1}\\&=\sqrt{(x_1+p)^2}\\&=x_1+p\end{aligned}$$

⇐ $x_1+p>0$

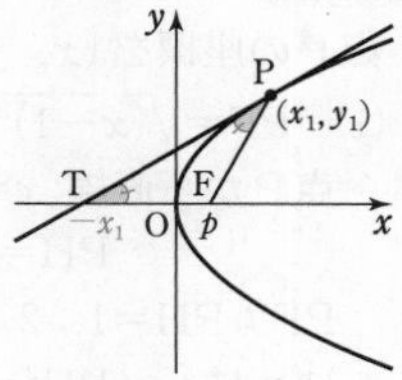

Tの x 座標は，接線 ① に $y=0$ を代入して　$x=-x_1$

ゆえに　$FT=p-(-x_1)=p+x_1$

❗ よって，FP=FT となり，△FPT は二等辺三角形であるから

$\angle PTF=\angle TPF$

INFORMATION ―― 放物線の焦点の性質

図のように接線を ST とする。

接点Pを通り x 軸に平行な半直線 PQ を引く。

このとき，上の例題から　$\angle SPQ=\angle PTF=\angle TPF$

すなわち，QP と FP は，接線 ST と等しい角をなす。

ゆえに，図のように，内側が放物線状の鏡に，軸に平行に進む光線が当たって反射すると，すべて放物線の焦点Fに集まることがわかる。電波を受信するパラボラアンテナは，放物線を軸の周りに1回転してできる面の形をしている（放物線：parabola）。身の回りで数学が活用されている例の1つである。

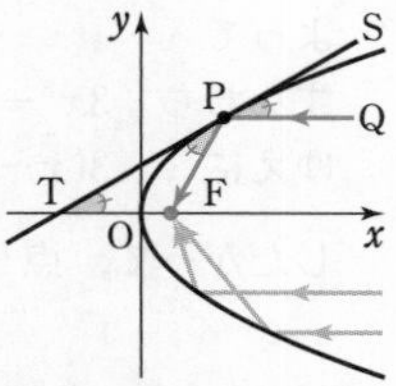

PRACTICE 131 ③

双曲線 $\dfrac{x^2}{16}-\dfrac{y^2}{9}=1$ 上の点 $P(x_1,\ y_1)$ における接線は，点Pと2つの焦点F，F′ とを結んでできる $\angle FPF'$ を2等分することを証明せよ。ただし，$x_1>0$，$y_1>0$ とする。

基本 例題 132 離心率

次の条件を満たす点Pの軌跡を求めよ。

(1) 点F(1, 0) と直線 $x=4$ からの距離の比が1：2であるような点P

(2) 点F(1, 0) と直線 $x=4$ からの距離の比が2：1であるような点P

p.492 基本事項 3

CHART & SOLUTION

軌跡

軌跡上の動点 (x, y) の関係式を導く ……❶

点 $P(x, y)$ から直線 $x=4$ に下ろした垂線をPHとするとき，PF, PH を x, y を用いて表す。

解答

点Pの座標を (x, y) とする。

(1) $PF=\sqrt{(x-1)^2+y^2}$

点Pから直線 $x=4$ に下ろした垂線をPHとすると

$PH=|x-4|$

PF：PH=1：2 であるから　　$PH=2PF$

ゆえに　　$PH^2=4PF^2$

❶ よって　　$(x-4)^2=4\{(x-1)^2+y^2\}$

ゆえに　　$3x^2+4y^2=12$

したがって，点Pの軌跡は　　**楕円 $\frac{x^2}{4}+\frac{y^2}{3}=1$**

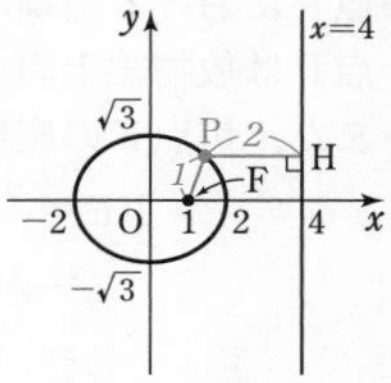

inf. 離心率は $\frac{1}{2}$

$0<\frac{1}{2}<1$ であるから，Pの軌跡は楕円である。

p.492 の基本事項 3 参照。

(2) (1)と同様にして，PF：PH=2：1 であるから

$2PH=PF$

ゆえに　　$4PH^2=PF^2$

❶ よって　　$4(x-4)^2=(x-1)^2+y^2$

すなわち　　$3x^2-30x-y^2+63=0$

ゆえに　　$3(x-5)^2-y^2=12$

したがって，点Pの軌跡は　　**双曲線 $\frac{(x-5)^2}{4}-\frac{y^2}{12}=1$**

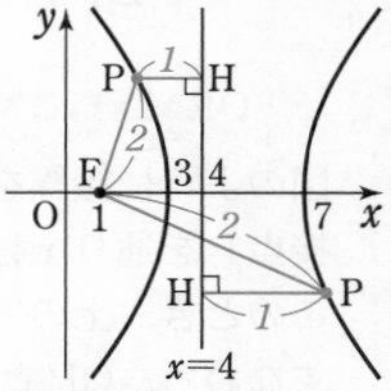

inf. 離心率は2

2>1 であるから，Pの軌跡は双曲線である。

PRACTICE 132❷

次の条件を満たす点Pの軌跡を求めよ。

(1) 点F(9, 0) と直線 $x=4$ からの距離の比が3：2であるような点P

(2) 点F(6, 0) と直線 $x=2$ からの距離が等しい点P

重要 例題 133 2つの2次曲線の共有点

放物線 $y=x^2+k$ が楕円 $x^2+4y^2=4$ と異なる4点で交わるための定数 k の値の範囲を求めよ。

基本 127，数学 I 基本 97

CHART & THINKING

2つの曲線の共有点　共有点 ⟺ 実数解

曲線と曲線の共有点についても，2次曲線と直線の共有点の問題（基本例題 127）と同じ方針で解決できる。

放物線 $y=x^2+k$，楕円 $x^2+4y^2=4$ はともに y 軸に関して対称であるから，その交点も y 軸に関して対称であることに着目。

⟶ 異なる4点で交わるとき，2つの曲線の方程式から x を消去して得られる y の2次方程式の実数解は，どのような条件を満たせばよいだろうか？　実数解の個数やその値の範囲について，グラフをかいて考えよう。……❗

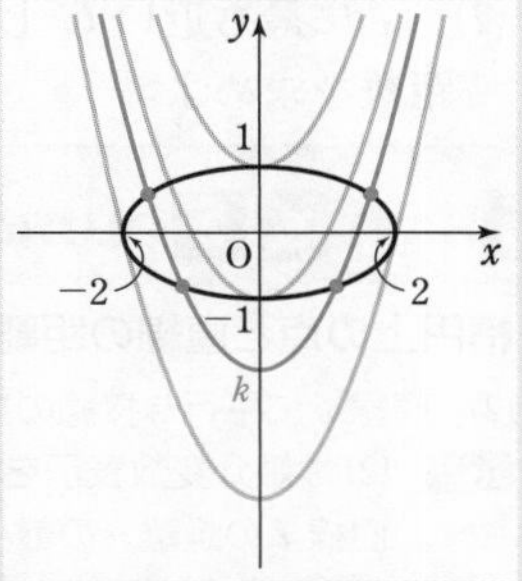

解答

$x^2=y-k$ を $x^2+4y^2=4$ に代入して整理すると

$$4y^2+y-(k+4)=0 \quad \cdots\cdots ①$$

$x^2=4-4y^2 \geqq 0$ から　　$-1 \leqq y \leqq 1$

放物線 $y=x^2+k$ と楕円 $x^2+4y^2=4$ は y 軸に関して対称であるから，2つの曲線が異なる4点で交わる条件は，① が $-1<y<1$ において異なる2つの実数解をもつことである。

よって，① の判別式を D，左辺を $f(y)$ とすると，次のことが同時に成り立つ。

[1] $D>0$

[2] 放物線 $z=f(y)$ の軸が $-1<y<1$ の範囲にある

[3] $f(1)>0$　　[4] $f(-1)>0$

[1] $D=1^2-4\cdot4\{-(k+4)\}=16k+65$

$D>0$ から　　$k>-\dfrac{65}{16}$ ……②

[2] 軸は直線 $y=-\dfrac{1}{8}$

軸は常に $-1<y<1$ の範囲にある。

[3] $f(1)=1-k$　　$f(1)>0$ から　　$k<1$ ……③

[4] $f(-1)=-1-k$　　$f(-1)>0$ から　　$k<-1$ ……④

②，③，④ の共通範囲を求めて　　$-\dfrac{65}{16}<k<-1$

⇦ 左の解答では，＿＿を2次関数 $z=f(y)$ のグラフが $-1<y<1$ で y 軸と異なる2つの交点をもつ条件と読み換えて解いている（このような考え方は数学 I で学んだ）。

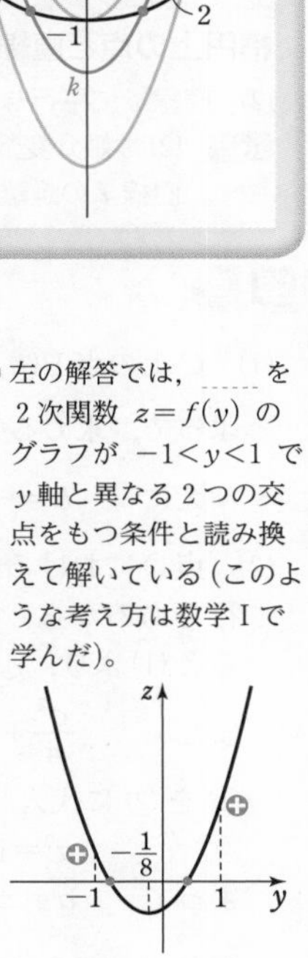

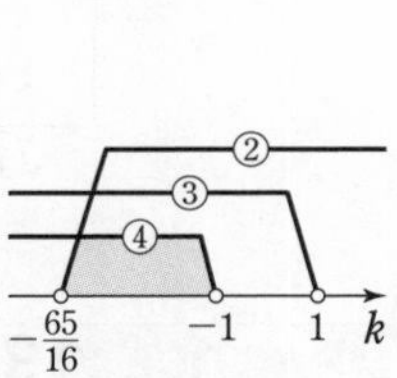

PRACTICE 133④

放物線 $y=x^2+k$ が双曲線 $x^2-4y^2=4$ と異なる4点で交わるための定数 k の値の範囲を求めよ。

重要 例題 134　2 次曲線上の点と直線の距離

楕円 $C:\dfrac{x^2}{4}+y^2=1$ と，直線 $\ell: x-2\sqrt{3}\,y+8=0$ について

(1) C 上の点 $\mathrm{P}(a,\ b)$ における接線が ℓ に平行であるための $a,\ b$ が満たすべき条件を求めよ。

(2) ℓ に最も近い C 上の点をQとするとき，Qの座標およびQから ℓ までの距離を求めよ。

$p.492$ 基本事項 2

CHART & SOLUTION

楕円上の点と直線の距離　直線に平行な接線を利用する

(2) 直線 ℓ に平行な接線の接点と直線 ℓ の距離が求める距離。…… ❗

inf. (2) は媒介変数表示を利用しても解くことができる。その場合，点 $(2\cos\theta,\ \sin\theta)$ と直線 ℓ の距離 d の最小値を求める ($p.513$ 参照)。

解答

(1) C 上の点 $\mathrm{P}(a,\ b)$ における接線の方程式は $\dfrac{a}{4}x+by=1$

よって，求める条件は　$\dfrac{a}{4}\cdot(-2\sqrt{3})-1\cdot b=0$

ゆえに　$\boldsymbol{b=-\dfrac{\sqrt{3}}{2}a}$ …… ①

(2) 点Qにおける接線は ℓ に平行であるから，$\mathrm{Q}(a,\ b)$ とすると (1) より，① が成り立つ。

また　$\dfrac{a^2}{4}+b^2=1$ …… ②

① を ② に代入して整理すると

$a^2=1$

よって　$a=\pm1$

図から，点Qの座標は　$\boldsymbol{\left(-1,\ \dfrac{\sqrt{3}}{2}\right)}$

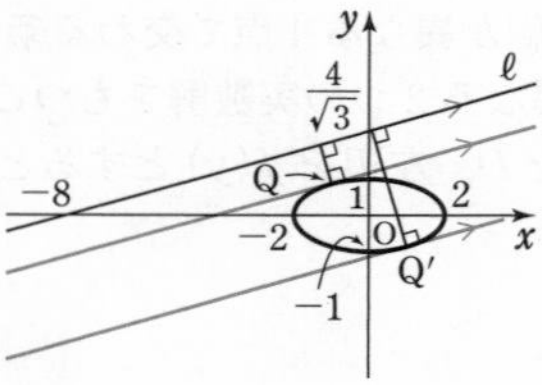

❗ 点Qから直線 $\ell: x-2\sqrt{3}\,y+8=0$ までの距離は

$$\frac{\left|-1-2\sqrt{3}\cdot\dfrac{\sqrt{3}}{2}+8\right|}{\sqrt{1^2+(-2\sqrt{3})^2}}=\boldsymbol{\frac{4}{\sqrt{13}}}$$

⇐ 2 直線 $a_1x+b_1y+c_1=0$，$a_2x+b_2y+c_2=0$ が平行 $\iff a_1b_2-a_2b_1=0$

⇐ $\sqrt{3}\,a+2b=0$ でもよい。

⇐ Qは C 上の点。

⇐ $\mathrm{Q}'\left(1,\ -\dfrac{\sqrt{3}}{2}\right)$ は最も離れた点。

⇐ 点 $(p,\ q)$ と直線 $ax+by+c=0$ の距離は $\dfrac{|ap+bq+c|}{\sqrt{a^2+b^2}}$

PRACTICE 134 ④

楕円 $\dfrac{x^2}{3}+y^2=1$ …… ① と，直線 $x+\sqrt{3}\,y=3\sqrt{3}$ …… ② について

(1) 直線 ② に平行な，楕円 ① の接線の方程式を求めよ。

(2) 楕円 ① 上の点Pと直線 ② の距離の最大値 M と最小値 m を求めよ。

重要 例題 135　2接線の交点の軌跡

楕円 $\dfrac{x^2}{17}+\dfrac{y^2}{8}=1$ の外部の点 $\mathrm{P}(a,\ b)$ から，この楕円に引いた2本の接線が直交するような点Pの軌跡を求めよ。　〔東京工大〕　基本 130

CHART & THINKING

2次曲線の接線　接点 ⟺ 重解 ⟶ 判別式 $D=0$

点 $\mathrm{P}(a,\ b)$ を通る直線 $y=m(x-a)+b$ を楕円の方程式に代入して得られる x の2次方程式の解について，どのようなことが成り立つだろうか？　⟶ 基本例題130を振り返ろう。

直交 ⟺ 傾きの積が -1 と **解と係数の関係** を用いることに注意。

解答

[1]　$a=\pm\sqrt{17}$ のとき　　$b=\pm2\sqrt{2}$（複号任意）

[2]　$a\neq\pm\sqrt{17}$ のとき

点Pを通る傾き m の直線の方程式は　$y=m(x-a)+b$

これを楕円の方程式に代入して y を消去すると

$$\frac{x^2}{17}+\frac{\{mx+(b-ma)\}^2}{8}=1$$

整理すると

$$(17m^2+8)x^2+34m(b-ma)x+17\{(b-ma)^2-8\}=0$$

この2次方程式の判別式を D とすると

$$\frac{D}{4}=\{17m(b-ma)\}^2-17(17m^2+8)\{(b-ma)^2-8\}$$

$$=17\{17m^2(b-ma)^2-17m^2(b-ma)^2+17m^2\cdot8-8(b-ma)^2+8^2\}$$

$$=17\cdot8\{17m^2-(b-ma)^2+8\}$$

$$=17\cdot8\{(17-a^2)m^2+2abm+8-b^2\}$$

$D=0$ から　$(17-a^2)m^2+2abm+8-b^2=0$ ……①

m の2次方程式①の2つの解を $\alpha,\ \beta$ とすると　$\alpha\beta=-1$

解と係数の関係から　$\alpha\beta=\dfrac{8-b^2}{17-a^2}$

ゆえに　$\dfrac{8-b^2}{17-a^2}=-1$　すなわち　$8-b^2=-(17-a^2)$

よって　$a^2+b^2=25$ ……②

②は，$(a,\ b)=(\pm\sqrt{17},\ \pm2\sqrt{2})$（複号任意）のときも成り立つ。以上から，求める軌跡は　**円 $x^2+y^2=25$**

⇐ 2本の接線のうち1本が x 軸に垂直な場合。

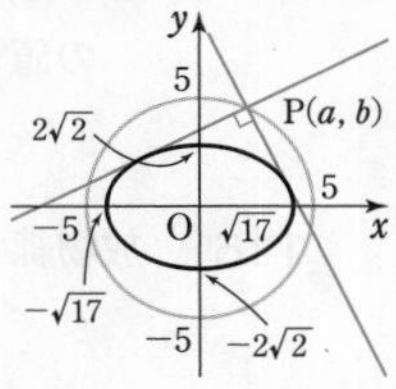

⇐ $(b-ma)$ のまま計算すると，判別式の計算がスムーズになる。

⇐ 直交 ⟺ 傾きの積が -1
①の2つの実数解 $\alpha,\ \beta$ が点Pから引いた2本の接線の傾きを表す。

PRACTICE 135[5]

$a>0,\ b>0$ とする。楕円 $\dfrac{x^2}{a^2}+\dfrac{y^2}{b^2}=1$ の外部の点Pから，この楕円に引いた2本の接線が直交するとき，次の設問に答えよ。

(1)　2つの接線が x 軸または y 軸に平行になる点Pの座標を求めよ。

(2)　点Pの軌跡を求めよ。　〔類 広島修道大〕

EXERCISES　14　2次曲線と直線

A

113[2] 点 $(2,\ 0)$ を通る傾きが m の直線と楕円 $4x^2+y^2=1$ が，異なる 2 点で交わるとき，m の値の範囲を求めよ。 →127

114[3] 直線 $y=2x+k$ が楕円 $4x^2+9y^2=36$ によって切り取られる線分の長さが 4 となるとき，定数 k の値と線分の中点の座標を求めよ。 →128

115[3] 楕円 $C:\dfrac{x^2}{4}+y^2=1$ について

(1) C 上の点 $(a,\ b)$ における接線の方程式を a，b を用いて表せ。

(2) y 軸上の点 $\mathrm{P}(0,\ t)$ (ただし，$t>1$) から C へ引いた 2 本の接線と x 軸との交点の x 座標を t を用いて表せ。

(3) (2) の 2 本の接線と x 軸で囲まれた三角形が，正三角形になるときの t の値と，その正三角形の面積を求めよ。 〔東京電機大〕 →130

116[3] 放物線 $y=x^2$ と楕円 $x^2+\dfrac{y^2}{5}=1$ の共通接線の方程式を求めよ。 →130

117[2] $a>0$ とし，点 $\mathrm{P}(x,\ y)$ は，y 軸からの距離 d_1 と点 $(2,\ 0)$ からの距離 d_2 が $ad_1=d_2$ を満たすものとする。a が次の値のとき，点 $\mathrm{P}(x,\ y)$ の軌跡を求めよ。 〔札幌医大〕

(1) $a=\dfrac{1}{2}$　　(2) $a=1$　　(3) $a=2$ →132

B

118[3] 双曲線 $C:\dfrac{x^2}{a^2}-\dfrac{y^2}{b^2}=1$ $(a>0,\ b>0)$ の上に点 $\mathrm{P}(x_1,\ y_1)$ をとる。ただし，$x_1>a$ とする。点 P における C の接線と 2 直線 $x=a$ および $x=-a$ の交点をそれぞれ Q，R とする。線分 QR を直径とする円は C の 2 つの焦点を通ることを示せ。 〔弘前大〕 →131

119[4] 原点 O において直交する 2 直線と放物線 $y^2=4px$ $(p>0)$ との交点のうち，原点 O 以外の 2 つの交点を P，Q とするとき，直線 PQ は常に x 軸上の定点を通ることを示せ。 →126

HINT

118　線分 QR を直径とする円の方程式を求めるために，その円の中心の座標と半径を求める。

119　原点を通る直交する 2 直線を $y=mx$，$y=-\dfrac{1}{m}x$ $(m\neq 0)$ として，放物線との交点 P，Q の座標を m を用いて表す。

EXERCISES　　14　2次曲線と直線

B **120**④ $a>0$, $b>0$ とする。点Pが円 $x^2+y^2=a^2$ の周上を動くとき，Pの y 座標だけを $\dfrac{b}{a}$ 倍した点Qの軌跡を C_1 とする。k を定数として，直線 $y=x+k$ に関して C_1 と対称な曲線を C_2 とする。

(1) C_1 を表す方程式を求めよ。　(2) C_2 を表す方程式を求めよ。

(3) 直線 $y=x+k$ と C_2 が共有点をもたないとき，k の値の範囲を求めよ。

〔室蘭工大〕 ➡ 118, 127

121④ 直線 ℓ：$y=-2x+10$ と楕円 C：$\dfrac{x^2}{4}+\dfrac{y^2}{a^2}=1$ を考える。ただし，a は正の数とする。

(1) 楕円 C の接線で直線 ℓ に平行なものの方程式を求めよ。

(2) 点Pが楕円 C 上を動くとき，点Pと直線 ℓ との距離の最小値が $\sqrt{5}$ になるように a の値を定めよ。

➡ 134

122④ Oを原点とする座標平面における曲線 C：$\dfrac{x^2}{4}+y^2=1$ 上に，点 $\mathrm{P}\left(1,\ \dfrac{\sqrt{3}}{2}\right)$ をとる。

(1) C の接線で直線OPに平行なものをすべて求めよ。

(2) 点Qが C 上を動くとき，△OPQの面積の最大値と，最大値を与えるQの座標をすべて求めよ。

〔岡山大〕 ➡ 134

123④ 放物線 C：$y=x^2$ 上の異なる2点 $\mathrm{P}(t,\ t^2)$，$\mathrm{Q}(s,\ s^2)$ $(s<t)$ における接線の交点を $\mathrm{R}(X,\ Y)$ とする。

〔筑波大〕

(1) X，Y を t，s を用いて表せ。

(2) 点P，Qが $\angle\mathrm{PRQ}=\dfrac{\pi}{4}$ を満たしながら C 上を動くとき，点Rは双曲線上を動くことを示し，かつ，その双曲線の方程式を求めよ。

➡ 135

124④ 楕円 $Ax^2+By^2=1$ に，この楕円外の点 $\mathrm{P}(x_0,\ y_0)$ から引いた2本の接線の2つの接点をQ，Rとする。次のことを示せ。

(1) 直線QRの方程式は $Ax_0x+By_0y=1$ である。

(2) 楕円 $Ax^2+By^2=1$ 外にあって，直線QR上にある点Sからこの楕円に引いた2本の接線の2つの接点を通る直線 ℓ は，点Pを通る。

HINT

120 (2) 曲線 C_1 上の点を $\mathrm{Q}(s,\ t)$ とし，移る点を $\mathrm{R}(x,\ y)$ とすると，線分QRの中点 $\left(\dfrac{s+x}{2},\ \dfrac{t+y}{2}\right)$ は直線 $y=x+k$ 上にある。

121 (2) 楕円と直線 ℓ の位置関係を考える。また，(1)で求めた直線の y 切片に着目する。

122 (1) 接点を $(a,\ b)$ として，接線の傾きと，直線OPの傾きに着目する。

123 (2) 点P，点Qにおける接線と，x 軸の正の向きとのなす角をそれぞれ α，β として，加法定理を利用する。

124 $Ax^2+By^2=1$ 上の点 $(x',\ y')$ における接線の方程式は　$\boldsymbol{Ax'x+By'y=1}$

15 媒介変数表示

基本事項

1 媒介変数表示

平面上の曲線が1つの変数 t によって

$$x=f(t),\ \ y=g(t)$$

の形に表されたとき，これをその **曲線の媒介変数表示** といい，t を **媒介変数** (パラメータ) という。

2 2次曲線の媒介変数表示

放物線 $y^2=4px$ $\begin{cases} \boldsymbol{x=pt^2} \\ \boldsymbol{y=2pt} \end{cases}$　　楕 円 $\dfrac{x^2}{a^2}+\dfrac{y^2}{b^2}=1$ $\begin{cases} \boldsymbol{x=a\cos\theta} \\ \boldsymbol{y=b\sin\theta} \end{cases}$

円 $x^2+y^2=a^2$ $\begin{cases} \boldsymbol{x=a\cos\theta} \\ \boldsymbol{y=a\sin\theta} \end{cases}$　　双曲線 $\dfrac{x^2}{a^2}-\dfrac{y^2}{b^2}=1$ $\begin{cases} \boldsymbol{x=\dfrac{a}{\cos\theta}} \\ \boldsymbol{y=b\tan\theta} \end{cases}$

円 $\boldsymbol{x^2+y^2=a^2}$　　楕円 $\boldsymbol{\dfrac{x^2}{a^2}+\dfrac{y^2}{b^2}=1}$　　双曲線 $\boldsymbol{\dfrac{x^2}{a^2}-\dfrac{y^2}{b^2}=1}$

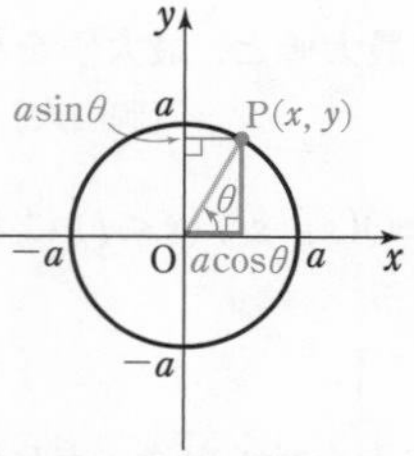

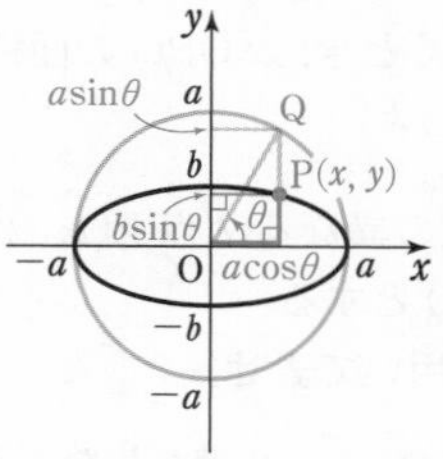

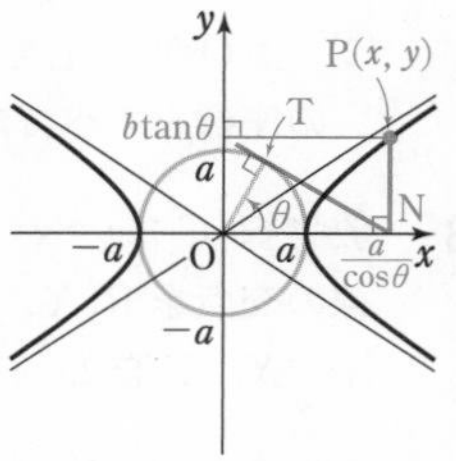

解説　放物線 $\boldsymbol{y^2=4px}$

y 軸に垂直な直線 $y=2pt$ との交点を $\mathrm{P}(x,\ y)$ とすると

$$x=pt^2,\ y=2pt$$

例　放物線 $y^2=8x$ を媒介変数 t を用いて表すと

$$\begin{cases} x=2t^2 \\ y=4t \end{cases}$$

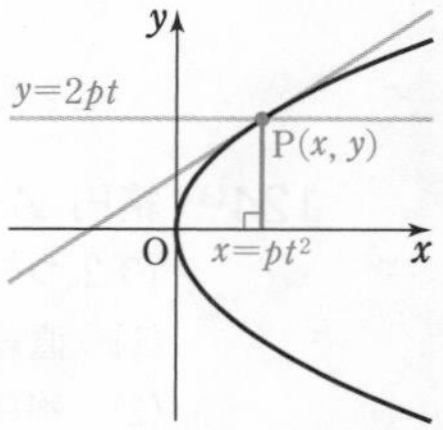

3 曲線 $\boldsymbol{x=f(t),\ y=g(t)}$ の平行移動

曲線 $x=f(t),\ y=g(t)$ を，x 軸方向に p，y 軸方向に q だけ平行移動した曲線の媒介変数表示は　　$\boldsymbol{x=f(t)+p,\ y=g(t)+q}$

解説　曲線 $x=f(t),\ y=g(t)$ 上の点 $(X,\ Y)$ を x 軸方向に p，y 軸方向に q だけ平行移動した点を $(x,\ y)$ とすると

$$x=X+p=f(t)+p,\ \ y=Y+q=g(t)+q$$

4 いろいろな媒介変数表示

① 円　$(x-a)^2+(y-b)^2=r^2$ $(r>0)$　　$\boldsymbol{x=a+r\cos\theta,\ y=b+r\sin\theta}$

② 楕　円　$\dfrac{x^2}{a^2}+\dfrac{y^2}{b^2}=1$　　$\boldsymbol{x=\dfrac{a(1-t^2)}{1+t^2},\ y=\dfrac{2bt}{1+t^2}}$

③ 双曲線　$\dfrac{x^2}{a^2}-\dfrac{y^2}{b^2}=1$　　$\boldsymbol{x=\dfrac{a(1+t^2)}{1-t^2},\ y=\dfrac{2bt}{1-t^2}}$

④ サイクロイド (円の半径が a)　　$\boldsymbol{x=a(\theta-\sin\theta),\ y=a(1-\cos\theta)}$

解説　① **円**　中心 $(a,\ b)$ が原点にくるように平行移動すると　$x^2+y^2=r^2$

ゆえに　$x=r\cos\theta,\ y=r\sin\theta$

これを，x 軸方向に a，y 軸方向に b だけ平行移動して

$x=a+r\cos\theta,\ y=b+r\sin\theta$

④ **サイクロイド**　半径 a の円が定直線 (x 軸) に接しながら，滑ることなく回転するとき，円周上の定点Pが描く曲線を **サイクロイド** という。サイクロイドの媒介変数表示は次の 補足 のように示される。

補足　点Pの最初の位置を原点Oとし，円が角 θ だけ回転したときの点Pの座標を $(x,\ y)$ とする。右の図のように円の中心をC，x 軸との接点をT，PからCTと x 軸に下ろした垂線の足をそれぞれQ，Rとすると，$\angle PCQ=\theta$ より

$OT=\overset{\frown}{PT}=a\theta$

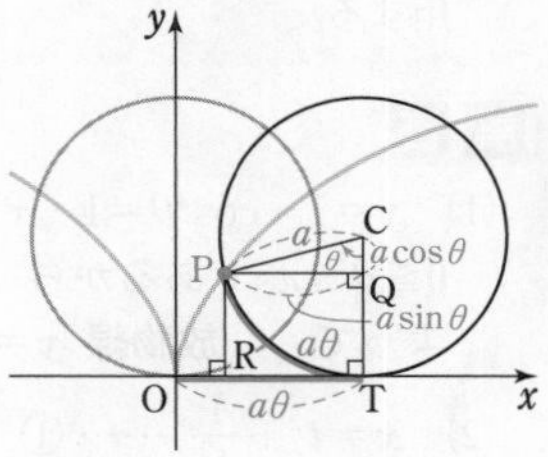

また，△PQC において

$PQ=RT=a\sin\theta,\ CQ=a\cos\theta$

したがって

$x=OR=OT-RT=a\theta-a\sin\theta=a(\theta-\sin\theta)$

$y=PR=QT=CT-CQ=a-a\cos\theta=a(1-\cos\theta)$

よって，サイクロイドの媒介変数表示は　$\boldsymbol{x=a(\theta-\sin\theta),\ y=a(1-\cos\theta)}$

θ の定義域をすべての実数で考えるとサイクロイドの概形は右の図のようになり，周期が $2\pi a$ の周期関数である。

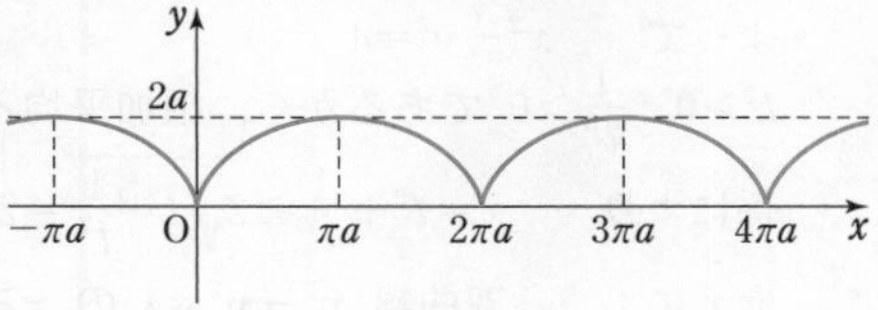

CHECK & CHECK

46 次のように媒介変数表示される曲線について，t を消去して $x,\ y$ の方程式を求めよ。

(1) $x=3t+1,\ y=2t-1$　　(2) $x=t-1,\ y=t^2-2t$　　1

47 角 θ を媒介変数として，次の2次曲線を表せ。

(1) $x^2+y^2=16$　　(2) $x^2+y^2=5$　　(3) $\dfrac{x^2}{4}+y^2=1$

(4) $9x^2+4y^2=36$　　(5) $\dfrac{x^2}{16}-\dfrac{y^2}{9}=1$　　(6) $4x^2-y^2=4$　　2

基本 例題 136 曲線の媒介変数表示 (1)

θ, t は媒介変数とする。次の式で表される図形はどのような曲線を描くか。

(1) $\begin{cases} x=\cos\theta \\ y=\sin^2\theta \end{cases}$ $(0\leqq\theta\leqq\pi)$　　(2) $x=t^2+\dfrac{1}{t^2}$, $y=t^2-\dfrac{1}{t^2}$ $(t\neq0)$

(3) $x=\sqrt{t}$, $y=2\sqrt{1-t}$

p. 506 基本事項 1

CHART & SOLUTION

媒介変数で表されている曲線

媒介変数を消去して，x, y だけの式へ

(1), (3) **θ, t を消去。ただし，x, y の変域に注意。**

(2) **t^2 を消去。**t^2 と $\dfrac{1}{t^2}$ の連立方程式と考え，t^2 と $\dfrac{1}{t^2}$ を x, y の式で表し，$t^2\cdot\dfrac{1}{t^2}=1$ を利用する。

解答

(1) $y=1-\cos^2\theta=1-x^2$

$0\leqq\theta\leqq\pi$ であるから　$-1\leqq\cos\theta\leqq1$

よって　**放物線 $y=1-x^2$ の $-1\leqq x\leqq1$ の部分**

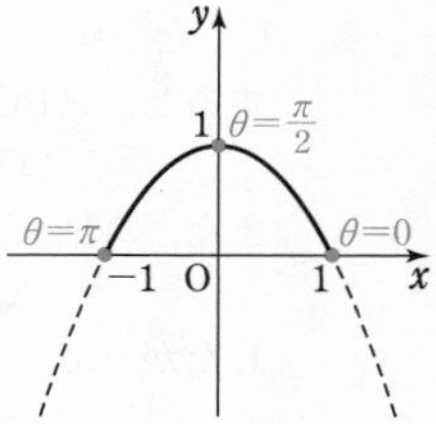

(2) $x=t^2+\dfrac{1}{t^2}$ ……①，$y=t^2-\dfrac{1}{t^2}$ ……②

①+② から　$x+y=2t^2$

①−② から　$x-y=\dfrac{2}{t^2}$

ゆえに　$(x+y)(x-y)=2t^2\cdot\dfrac{2}{t^2}=4$

よって　$x^2-y^2=4$

$t^2>0$, $\dfrac{1}{t^2}>0$ であるから，相加平均と相乗平均の大小関係により　$x=t^2+\dfrac{1}{t^2}\geqq2\sqrt{t^2\cdot\dfrac{1}{t^2}}=2$

ゆえに　**双曲線 $x^2-y^2=4$ の $x\geqq2$ の部分**

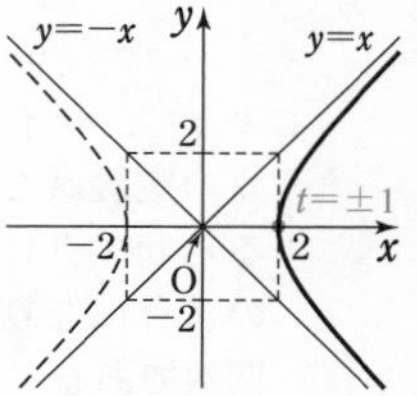

(3) $x=\sqrt{t}$ から　$x^2=t$

$y=2\sqrt{1-t}$ から　$y^2=4(1-t)$

ゆえに　$x^2+\dfrac{y^2}{4}=1$

また，$\sqrt{t}\geqq0$, $\sqrt{1-t}\geqq0$ であるから　$x\geqq0$, $y\geqq0$

よって　**楕円 $x^2+\dfrac{y^2}{4}=1$ の $x\geqq0$, $y\geqq0$ の部分**

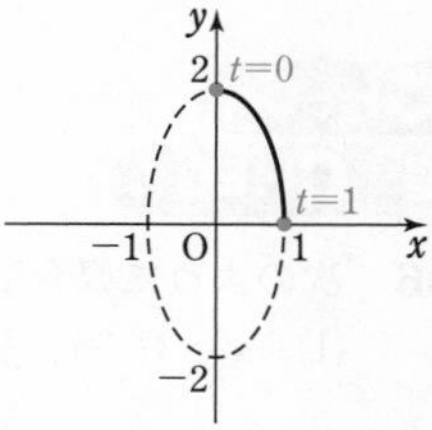

PRACTICE 136①

θ, t は媒介変数とする。次の式で表される図形はどのような曲線を描くか。

(1) $\begin{cases} x=\sin\theta+\cos\theta \\ y=\sin\theta\cos\theta \end{cases}$ $(0\leqq\theta\leqq\pi)$　　(2) $x=\dfrac{1}{2}(3^t+3^{-t})$, $y=\dfrac{1}{2}(3^t-3^{-t})$

基本 例題 137 曲線の媒介変数表示 (2)

θ は媒介変数とする。次の式で表される図形はどのような曲線を描くか。

(1) $x=3\cos\theta-4,\ y=\sin\theta+2$

(2) $x=\dfrac{2}{\cos\theta}+1,\ y=3\tan\theta-4$

p.506 基本事項 1，基本 136

CHART & SOLUTION

媒介変数で表されている曲線

媒介変数を消去して，x，y だけの式へ

(1) $\sin\theta$, $\cos\theta$ を x, y で表し，$\sin^2\theta+\cos^2\theta=1$ に代入。

(2) $\tan\theta$, $\dfrac{1}{\cos\theta}$ を x, y で表し，$1+\tan^2\theta=\dfrac{1}{\cos^2\theta}$ に代入。

解答

(1) $x=3\cos\theta-4$ から　$\cos\theta=\dfrac{x+4}{3}$ ……①

$y=\sin\theta+2$ から　$\sin\theta=y-2$ ……②

①，② を $\sin^2\theta+\cos^2\theta=1$ に代入して

$$(y-2)^2+\left(\frac{x+4}{3}\right)^2=1$$

よって　**楕円 $\dfrac{(x+4)^2}{9}+(y-2)^2=1$**

(1)

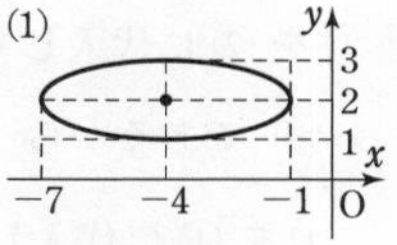

⇦ θ を消去。

(2) $x=\dfrac{2}{\cos\theta}+1$ から　$\dfrac{1}{\cos\theta}=\dfrac{x-1}{2}$ ……①

$y=3\tan\theta-4$ から　$\tan\theta=\dfrac{y+4}{3}$ ……②

①，② を $1+\tan^2\theta=\dfrac{1}{\cos^2\theta}$ に代入して

$$1+\left(\frac{y+4}{3}\right)^2=\left(\frac{x-1}{2}\right)^2$$

よって　**双曲線 $\dfrac{(x-1)^2}{4}-\dfrac{(y+4)^2}{9}=1$**

(2)

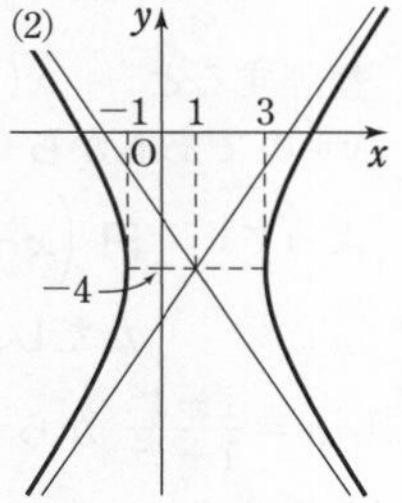

⇦ θ を消去。

inf. x，y の変域は，グラフの変域と一致するので，特に断らなくてよい。

PRACTICE 137②

θ は媒介変数とする。次の式で表される図形はどのような曲線を描くか。

(1) $x=2\cos\theta+3,\ y=3\sin\theta-2$

(2) $x=2\tan\theta-1,\ y=\dfrac{\sqrt{2}}{\cos\theta}+2$

基本 例題 138 曲線の媒介変数表示 (3)

t は媒介変数とする。次の式で表される図形はどのような曲線を描くか。

(1) $x=\dfrac{1}{1+t^2},\ y=\dfrac{t}{1+t^2}$　　(2) $x=\dfrac{1-t^2}{1+t^2},\ y=\dfrac{4t}{1+t^2}$

p.506 基本事項 1，基本 136

CHART & SOLUTION

媒介変数で表されている曲線 (分数式)

媒介変数を消去して，x，y だけの式へ

t を x で表して y の式に代入する方針では大変。ここでは，$t=(x,\ y$ の式$)$，$t^2=(x,\ y$ の式$)$ として t を消去する。ただし，除外点があるので要注意。例えば，(1) では　点 $(0,\ 0)$

解答

(1) $x=\dfrac{1}{1+t^2}$ ……①，$y=\dfrac{t}{1+t^2}$ ……② とする。

① を ② に代入して　$y=tx$

$x\neq 0$ であるから　$t=\dfrac{y}{x}$

これを ① に代入して t を消去すると　$x=\dfrac{1}{1+\left(\dfrac{y}{x}\right)^2}$

整理すると　$x(x^2-x+y^2)=0$

$x\neq 0$ であるから　$x^2-x+y^2=0$

よって　**円 $\left(x-\dfrac{1}{2}\right)^2+y^2=\dfrac{1}{4}$**

ただし，点 $(0,\ 0)$ を除く。

(2) $x=\dfrac{1-t^2}{1+t^2}$ から　$(1+t^2)x=1-t^2$

よって　$(1+x)t^2=1-x$

$x\neq -1$ であるから　$t^2=\dfrac{1-x}{1+x}$ ……①

また，$y=\dfrac{4t}{1+t^2}$ から　$t=\dfrac{1+t^2}{4}y=\dfrac{y}{2(1+x)}$ ……②

①，② から t を消去して　$\left\{\dfrac{y}{2(1+x)}\right\}^2=\dfrac{1-x}{1+x}$

ゆえに　$4x^2+y^2=4$

よって　**楕円 $x^2+\dfrac{y^2}{4}=1$　ただし，点 $(-1,\ 0)$ を除く。**

⇐ 2 式を比較して $y=t\cdot\dfrac{1}{1+t^2}=tx$ とみることがポイント。

inf. 恒等式 $\left(\dfrac{1}{1+t^2}\right)^2+\left(\dfrac{t}{1+t^2}\right)^2=\dfrac{1}{1+t^2}$ を利用する解法もある (解答編 PRACTICE 138 別解 を参照)。

⇐ 円の方程式に $x=0$ を代入すると　$y=0$

⇐ この式に $x=-1$ を代入すると $0=2$ となり，不合理である。

⇐ ① から $1+t^2=1+\dfrac{1-x}{1+x}=\dfrac{2}{1+x}$

⇐ 楕円の方程式に $x=-1$ を代入すると　$y=0$

PRACTICE 138 ③

t は媒介変数とする。$x=\dfrac{1+t^2}{1-t^2}$，$y=\dfrac{4t}{1-t^2}$ で表される図形はどのような曲線を描くか。

ズームUP 2次曲線の媒介変数表示

2次曲線の媒介変数表示には，基本例題 137 のように三角関数で表す方法と，基本例題 138 のように分数関数で表す方法があります。この 2 つの方法について考えてみましょう。

● $\tan\dfrac{\theta}{2}=t$ のおき換えの意味

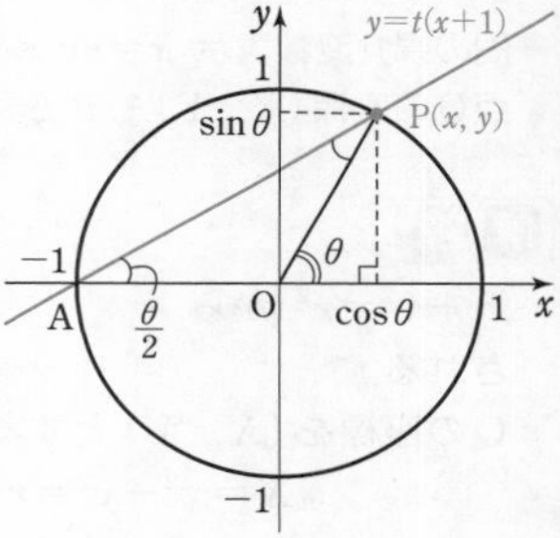

原点を中心とする単位円上に点 A$(-1,\ 0)$ と点Aとは異なる点 P$(x,\ y)$ をとり，OP と x 軸の正の向きとのなす角を θ とすると，

$x=\cos\theta$，$y=\sin\theta$ ……① が成り立つ（①は単位円上の点を三角関数で表した媒介変数表示）。

ここで，直線 AP の傾きを t とすると $t=\tan\dfrac{\theta}{2}$ である。点Pは

円 $x^2+y^2=1$，直線 $y=t(x+1)$

の交点であるから，2 式から y を消去して

$$x^2+t^2(x+1)^2=1 \quad \text{すなわち} \quad (x^2-1)+t^2(x+1)^2=0$$

$x\neq-1$ から，両辺を $x+1$ で割って　$(x-1)+t^2(x+1)=0$

x について整理して　$(1+t^2)x=1-t^2$　$1+t^2\neq0$ から　$x=\dfrac{1-t^2}{1+t^2}$ ……②

直線の方程式に代入して　$y=t\left(\dfrac{1-t^2}{1+t^2}+1\right)=\dfrac{2t}{1+t^2}$ ……③

①，②，③ から，$\tan\dfrac{\theta}{2}=t$ とおくことにより，単位円上の点 P$(x,\ y)$ は

$$\boldsymbol{x=\cos\theta=\frac{1-t^2}{1+t^2},\ \ y=\sin\theta=\frac{2t}{1+t^2}} \quad \cdots\cdots (*)$$

と表せることがわかる。ただし，単位円上の点 $(-1,\ 0)$ を除く。

● 楕円と双曲線の媒介変数表示

楕円 $\dfrac{x^2}{a^2}+\dfrac{y^2}{b^2}=1$ と双曲線 $\dfrac{x^2}{a^2}-\dfrac{y^2}{b^2}=1$ の三角関数による媒介変数表示

$\begin{cases} x=a\cos\theta \\ y=b\sin\theta \end{cases}$，$\begin{cases} x=\dfrac{a}{\cos\theta} \\ y=b\tan\theta \end{cases}$ （$p.506$ 基本事項 2 参照）それぞれに $(*)$ を代入すると

楕　円：$\boldsymbol{x=\dfrac{a(1-t^2)}{1+t^2}}$，$\boldsymbol{y=\dfrac{2bt}{1+t^2}}$　⟵ 基本例題 138 (2) では，$a=1$，$b=2$

双曲線：$x=a\cdot\dfrac{1+t^2}{1-t^2}=\boldsymbol{\dfrac{a(1+t^2)}{1-t^2}}$，$y=b\cdot\dfrac{\sin\theta}{\cos\theta}=b\cdot\dfrac{\frac{2t}{1+t^2}}{\frac{1-t^2}{1+t^2}}=\boldsymbol{\dfrac{2bt}{1-t^2}}$

となることがわかる（$p.507$ 基本事項 4 ②，③ 参照）。

基本 例題 139 媒介変数の利用（軌跡）

定円 $x^2+y^2=r^2$ の周上を点 $\mathrm{P}(x,\ y)$ が動くとき，座標が $(x^2-y^2,\ 2xy)$ である点Qはどのような曲線上を動くか。

p. 506 基本事項 2，基本 137

CHART & SOLUTION

媒介変数の利用

2次曲線上の点は媒介変数表示が有効

円の媒介変数表示 $x=r\cos\theta,\ y=r\sin\theta$ を利用する。

点Qの座標 $(X,\ Y)$ も θ で表してから，媒介変数 θ を消去して $X,\ Y$ の関係式を導く。

解答

$x^2+y^2=r^2$ から $x=r\cos\theta,\ y=r\sin\theta\ (0\leqq\theta<2\pi)$ と表される。

⇐ 円の媒介変数表示。

Qの座標を $(X,\ Y)$ とすると

$$X=x^2-y^2=r^2(\cos^2\theta-\sin^2\theta)$$
$$=r^2\cos2\theta$$
$$Y=2xy=2r\cos\theta\cdot r\sin\theta$$
$$=r^2\sin2\theta$$

⇐ $X=\bigcirc\cos\triangle$，$Y=\square\sin\triangle$ の形 ⟶ **$\sin^2\triangle+\cos^2\triangle=1$ の活用。**

よって　$X^2+Y^2=r^4(\cos^2 2\theta+\sin^2 2\theta)=r^4,\ 0\leqq2\theta<4\pi$

ゆえに，点Qは　**円 $x^2+y^2=(r^2)^2$**　の周上を動く。

別解　Qの座標を $(X,\ Y)$ とすると　$X=x^2-y^2,\ Y=2xy$

$$X^2+Y^2=(x^2-y^2)^2+(2xy)^2=x^4+2x^2y^2+y^4$$
$$=(x^2+y^2)^2=(r^2)^2$$

よって，点Qは　**円 $x^2+y^2=(r^2)^2$**　の周上を動く。

INFORMATION　点Pと点Qの動きについて

$0\leqq\theta\leqq\pi$ のとき，
Pは点 $(r,\ 0)$ から点 $(0,\ r)$ を経て点 $(-r,\ 0)$ まで動く。このとき，Qは点 $(r^2,\ 0)$ から点 $(-r^2,\ 0)$ を経て1周する。Pが残りの半円周上を動くと，Qは同じ運動を繰り返す。
つまり，**Qは全体で2周する。**

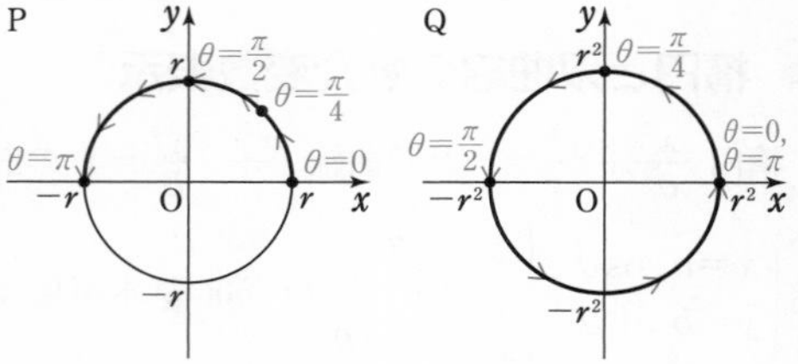

PRACTICE 139②

円 $x^2+y^2=4$ の周上を点 $\mathrm{P}(x,\ y)$ が動くとき，座標が $\left(\dfrac{x^2}{2}-y^2+3,\ \dfrac{5}{2}xy-1\right)$ である点Qはどのような曲線上を動くか。

基本 例題 140 媒介変数の利用（最大・最小）

x，y が $2x^2+3y^2=1$ を満たす実数のとき，x^2-y^2+xy の最大値を求めよ。

［早稲田大］ p.506 基本事項 2

CHART & THINKING

2次曲線上の点における式の値の最大・最小

2次曲線上の点は媒介変数表示が有効

x，y が満たす方程式は，楕円を表すことに着目。⟶ 点 $(x,\ y)$ は楕円上を動くことがわかる。前ページの基本例題 139 と同様，媒介変数表示を利用すると，x，y はどのように表されるだろうか？ ……❗

それを x^2-y^2+xy に代入して得られる三角関数の式について最大値を求めよう。三角関数の合成を用いることに注意。

解答

楕円 $2x^2+3y^2=1$ 上の点 $(x,\ y)$ は

❗ $$x=\frac{1}{\sqrt{2}}\cos\theta,\ y=\frac{1}{\sqrt{3}}\sin\theta\ (0\leqq\theta<2\pi)$$

と表されるから

$$x^2-y^2+xy=\left(\frac{1}{\sqrt{2}}\cos\theta\right)^2-\left(\frac{1}{\sqrt{3}}\sin\theta\right)^2+\frac{1}{\sqrt{2}}\cos\theta\cdot\frac{1}{\sqrt{3}}\sin\theta$$

$$=\frac{1}{2}\cos^2\theta-\frac{1}{3}\sin^2\theta+\frac{1}{\sqrt{6}}\sin\theta\cos\theta$$

$$=\frac{1}{2}\cdot\frac{1+\cos2\theta}{2}-\frac{1}{3}\cdot\frac{1-\cos2\theta}{2}+\frac{1}{2\sqrt{6}}\sin2\theta$$

$$=\frac{\sqrt{6}}{12}\sin2\theta+\frac{5}{12}\cos2\theta+\frac{1}{12}$$

$$=\frac{\sqrt{31}}{12}\sin(2\theta+\alpha)+\frac{1}{12}$$

ただし　$\sin\alpha=\dfrac{5}{\sqrt{31}}$，$\cos\alpha=\dfrac{\sqrt{6}}{\sqrt{31}}$

$0\leqq\theta<2\pi$ であるから　$\alpha\leqq2\theta+\alpha<4\pi+\alpha$

よって　$-1\leqq\sin(2\theta+\alpha)\leqq1$

ゆえに，求める最大値は　$\boldsymbol{\dfrac{\sqrt{31}+1}{12}}$

⇐ $\dfrac{x^2}{\left(\frac{1}{\sqrt{2}}\right)^2}+\dfrac{y^2}{\left(\frac{1}{\sqrt{3}}\right)^2}=1$

⇐ $\cos^2\theta=\dfrac{1+\cos2\theta}{2}$，$\sin^2\theta=\dfrac{1-\cos2\theta}{2}$，$\sin\theta\cos\theta=\dfrac{1}{2}\sin2\theta$

⇐ $\sqrt{6}\sin2\theta+5\cos2\theta=\sqrt{6+25}\sin(2\theta+\alpha)$

⇐ 例えば，$2\theta+\alpha=\dfrac{\pi}{2}$ のとき，すなわち $\theta=\dfrac{\pi}{4}-\dfrac{\alpha}{2}$ のとき最大となる。

PRACTICE 140 ③

x，y が $\dfrac{x^2}{24}+\dfrac{y^2}{4}=1$ を満たす実数のとき，$x^2+6\sqrt{2}xy-6y^2$ の最小値とそのときの x，y の値を求めよ。

重要 例題 141 エピサイクロイドの媒介変数表示 ④④④④④

座標平面上に，原点Oを中心とする半径2の固定された円 C と，それに外側から接しながら回転する半径1の円 C' がある。円 C' の中心が $(3,\ 0)$ にあるときの C' 側の接点に印Pをつけ，円 C' を円 C に接しながら滑らずに回転させる。円 C' の中心 C′ がOの周りを θ だけ回転したときの点Pの座標を $(x,\ y)$ とする。このとき，点Pの描く曲線を，媒介変数 θ で表せ。

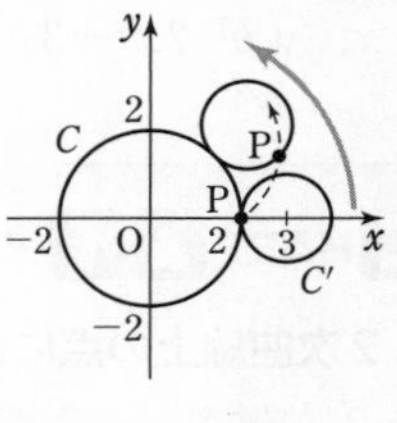

p.507 基本事項 4

CHART & THINKING

まず，**図をかいて考えよう。**中心 C′ がOの周りを θ だけ回転したときの円 C と C' の接点をT，A(2, 0) とする。滑らずに回転するから，$\overparen{\mathrm{PT}}=\overparen{\mathrm{AT}}$ であることに着目（解答の図参照）。
扇形（半径 r，中心角 θ ラジアン）の弧の長さは　$\boldsymbol{r\theta}$
点Pの座標は，ベクトルを利用 して考えよう。⟶ 座標 $(x,\ y)$ は，$\overrightarrow{\mathrm{OP}}$ の成分とみればよい。また，$\overrightarrow{\mathrm{OP}}=\overrightarrow{\mathrm{OC'}}+\overrightarrow{\mathrm{C'P}}$ と分割すると，点 C′ は点Oを中心とする円周上を，点Pは円 C' 上を動くから，$\overrightarrow{\mathrm{OC'}}$，$\overrightarrow{\mathrm{C'P}}$ の成分はそれぞれ円の媒介変数表示を用いて表すことができる。どのように表すことができるだろうか？
特に，$\overrightarrow{\mathrm{C'P}}$ の成分について，線分 C′P の x 軸の正方向からの回転角を θ を用いて表すことに注意。……❗

解答

円 C' の中心 C′ がOの周りを θ だけ回転したときの円 C と C' の接点をTとし，A(2, 0) とする。

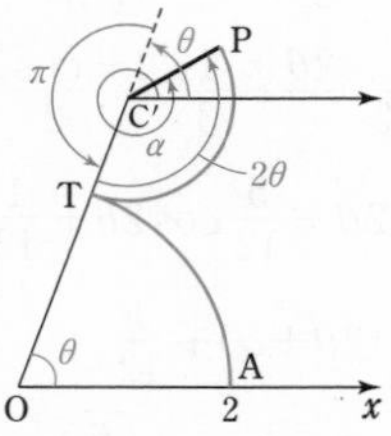

$\overparen{\mathrm{PT}}=\overparen{\mathrm{AT}}=2\theta$，$\mathrm{PC'}=1$ から
$\angle \mathrm{TC'P}=2\theta$
よって，線分 C′P の x 軸の正方向からの回転角 α は　$\alpha=\theta+\pi+2\theta=3\theta+\pi$ ❗
P$(x,\ y)$ とすると　$\overrightarrow{\mathrm{OP}}=(x,\ y)$，$\overrightarrow{\mathrm{OC'}}=(3\cos\theta,\ 3\sin\theta)$，
$\overrightarrow{\mathrm{C'P}}=(\cos(3\theta+\pi),\ \sin(3\theta+\pi))$
$\overrightarrow{\mathrm{OP}}=\overrightarrow{\mathrm{OC'}}+\overrightarrow{\mathrm{C'P}}$ であるから

$$\begin{cases} \boldsymbol{x}=3\cos\theta+\cos(3\theta+\pi)=\boldsymbol{3\cos\theta-\cos 3\theta} \\ \boldsymbol{y}=3\sin\theta+\sin(3\theta+\pi)=\boldsymbol{3\sin\theta-\sin 3\theta} \end{cases}$$

inf. 点Pの軌跡は下図の赤線である。

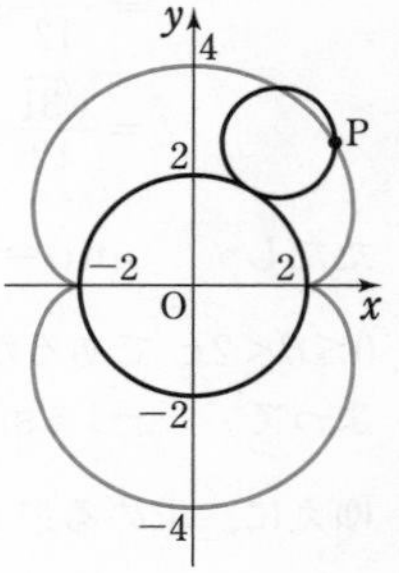

PRACTICE 141④

座標平面上の円 $C:x^2+y^2=9$ の内側を半径1の円 D が滑らずに転がる。時刻 t において D は点 $(3\cos t,\ 3\sin t)$ で C に接しているとする。
時刻 $t=0$ において点 $(3,\ 0)$ にあった D 上の点Pの時刻 t における座標 $(x(t),\ y(t))$ を求めよ。ただし，$0\leqq t\leqq\dfrac{2}{3}\pi$ とする。〔早稲田大〕

STEP UP エピサイクロイド・ハイポサイクロイド

原点Oを中心とした半径aの定円に，半径bの円Cが外接しながら滑ることなく回転するときの円C上の定点Pの軌跡を**エピ（外）サイクロイド**（例題141）といい，半径bの円Cが内接しながら滑ることなく回転するときの円C上の定点Pの軌跡を**ハイポ（内）サイクロイド**（PRACTICE 141）という。前ページと同様に考えると，これらの曲線の媒介変数表示は，次のようになる。

円Cの中心Cが原点を中心としてθだけ回転したときの接点をTとし，$\mathrm{P}(x,\ y)$，$\mathrm{A}(a,\ 0)$とする。

$\overset{\frown}{\mathrm{PT}}=\overset{\frown}{\mathrm{AT}}=a\theta$，$\mathrm{PC}=b$ から　　$\angle\mathrm{TCP}=\dfrac{a}{b}\theta$

① **外接する場合　($a>0$，$b>0$)　エピサイクロイド**

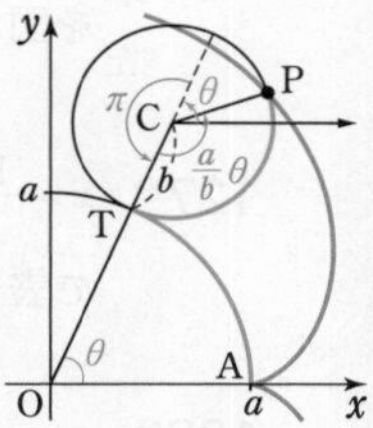

線分CPのx軸の正方向からの角αは　$\alpha=\theta+\pi+\dfrac{a}{b}\theta=\dfrac{a+b}{b}\theta+\pi$

ゆえに　$\overrightarrow{\mathrm{OC}}=((a+b)\cos\theta,\ (a+b)\sin\theta)$，

$\overrightarrow{\mathrm{CP}}=(b\cos\alpha,\ b\sin\alpha)=\left(-b\cos\dfrac{a+b}{b}\theta,\ -b\sin\dfrac{a+b}{b}\theta\right)$

$\overrightarrow{\mathrm{OP}}=\overrightarrow{\mathrm{OC}}+\overrightarrow{\mathrm{CP}}$ であるから　$\begin{cases} \boldsymbol{x=(a+b)\cos\theta-b\cos\dfrac{a+b}{b}\theta} \\ \boldsymbol{y=(a+b)\sin\theta-b\sin\dfrac{a+b}{b}\theta} \end{cases}$

② **内接する場合　($a>b>0$，$a\neq 2b$)　ハイポサイクロイド**

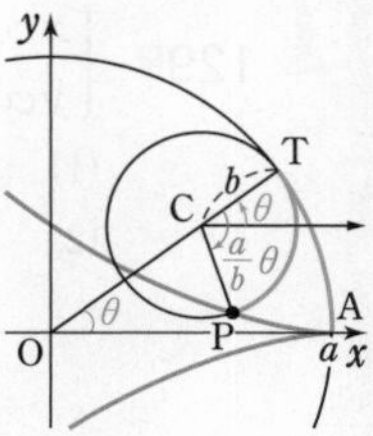

線分CPのx軸の正方向からの角αは　$\alpha=\theta-\dfrac{a}{b}\theta=-\dfrac{a-b}{b}\theta$

ゆえに　$\overrightarrow{\mathrm{OC}}=((a-b)\cos\theta,\ (a-b)\sin\theta)$，

$\overrightarrow{\mathrm{CP}}=(b\cos\alpha,\ b\sin\alpha)=\left(b\cos\dfrac{a-b}{b}\theta,\ -b\sin\dfrac{a-b}{b}\theta\right)$

$\overrightarrow{\mathrm{OP}}=\overrightarrow{\mathrm{OC}}+\overrightarrow{\mathrm{CP}}$ であるから　$\begin{cases} \boldsymbol{x=(a-b)\cos\theta+b\cos\dfrac{a-b}{b}\theta} \\ \boldsymbol{y=(a-b)\sin\theta-b\sin\dfrac{a-b}{b}\theta} \end{cases}$

①で $a=b$ の場合 $\begin{cases} x=2a\cos\theta-a\cos 2\theta \\ y=2a\sin\theta-a\sin 2\theta \end{cases}$

カージオイド または **心臓形** という。

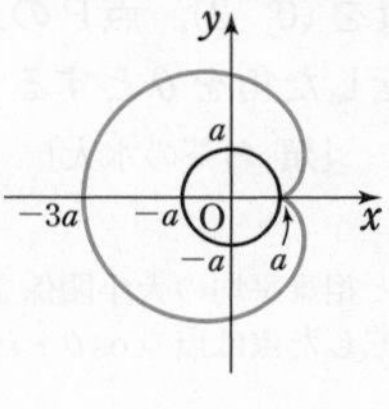

②で $a=4b$ の場合 $\begin{cases} x=3b\cos\theta+b\cos 3\theta \\ y=3b\sin\theta-b\sin 3\theta \end{cases}$

アステロイド または **星芒形**（せいぼうけい） という。

3倍角の公式を用いて整理すると

$\begin{cases} x=4b\cos^3\theta \\ y=4b\sin^3\theta \end{cases}$

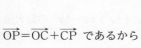

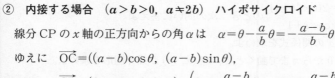

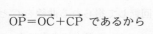

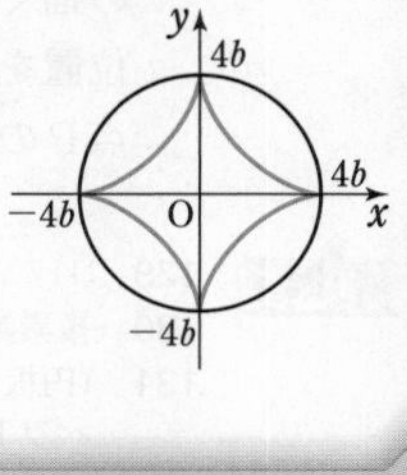

EXERCISES 15 媒介変数表示

A

125❷ 媒介変数 t を用いて $x=3\left(t+\frac{1}{t}\right)+1$, $y=t-\frac{1}{t}$ と表される曲線は双曲線である。

(1) この双曲線について，中心と頂点，および漸近線を求めよ。

(2) この曲線の概形をかけ。 〔東北学院大〕 ➔136

126❸ a を正の定数とする。媒介変数表示

$$x=a(1+\sin 2\theta),\ y=\sqrt{2}\,a(\cos\theta-\sin\theta)\quad\left(-\frac{\pi}{4}\leqq\theta\leqq\frac{\pi}{4}\right)$$

で表される曲線を C とする。θ を消去して，x と y の方程式を求め，曲線 C を図示せよ。 〔類 兵庫県大〕 ➔137

127❸ $x=\dfrac{1+4t+t^2}{1+t^2}$, $y=\dfrac{3+t^2}{1+t^2}$ で媒介変数表示された曲線 C を x, y の方程式で表せ。 〔鳥取大〕 ➔138

128❸ x, y が $x^2+4y^2=16$ を満たす実数のとき，$x^2+4\sqrt{3}xy-4y^2$ の最大値・最小値とそのときの x, y の値を求めよ。 ➔140

B

129❸ $\begin{cases} x\cos^2 t=2(\cos^4 t+1) \\ y\cos t=\cos^2 t+1 \end{cases}$ のとき，次の問いに答えよ。

(1) y と x の関係式を求めよ。

(2) t が 0 から π まで動くとき，点 $(x,\ y)$ が描く図形を求めよ。

➔136

130❹ 楕円 $x^2+\frac{y^2}{3}=1$ を原点Oの周りに $\frac{\pi}{4}$ だけ回転して得られる曲線を C とする。点 $(x,\ y)$ が曲線 C 上を動くとき，$k=x+2y$ の最大値を求めよ。

〔類 高知大〕 ➔124, 140

131❹ 半径 2 の円板が x 軸上を正の方向に滑らずに回転するとき，円板上の点Pの描く曲線 C を考える。円板の中心の最初の位置を $(0,\ 2)$，点Pの最初の位置を $(0,\ 1)$ とし，円板がその中心の周りに回転した角を θ とするとき，点Pの座標を θ を用いて表せ。 〔類 お茶の水大〕 ➔141

HINT

129 (1) x, y をそれぞれ $\cos t$ を用いて表す。(2) 相加平均と相乗平均の大小関係を利用。

130 複素数平面で考える。点 z を原点を中心として θ だけ回転した点は点 $(\cos\theta+i\sin\theta)z$

131 (円板が x 軸を滑らず移動した距離)＝(回転した円周)
ベクトルを用いて考える。

16 極座標と極方程式

基本事項

1 極座標

平面上に点Oと半直線OXを定めると，平面上の任意の点Pの位置は，OPの長さ r と，OXから半直線OPへ測った角 θ で決まる。ただし，θ は弧度法で表した一般角である。このとき，2つの数の組 $(r,\ \theta)$ を点Pの **極座標** といい，定点Oを **極**，半直線OXを **始線**，角 θ を **偏角** という。

なお，極Oの極座標は，θ を任意の値として $(0,\ \theta)$ と定める。

極座標では，$(r,\ \theta)$ と $(r,\ \theta+2n\pi)$ [n は整数] は **同じ点** を表す。したがって，ある点Pの極座標は1通りには定まらない。しかし，極O以外の点に対して，$0\leqq\theta<2\pi$ と制限すると **Pの極座標は1通りに定まる。**

2 極座標と直交座標

原点Oを極，x 軸の正の部分を始線とする。

点Pの直交座標を $(x,\ y)$，極座標を $(r,\ \theta)$ とすると

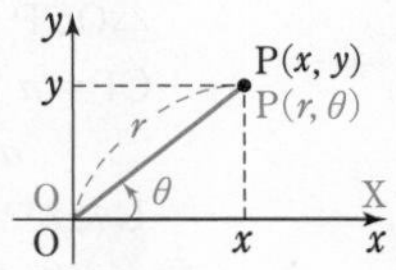

1 $\begin{cases} x=r\cos\theta \\ y=r\sin\theta \end{cases}$

2 $\begin{cases} r=\sqrt{x^2+y^2} \\ r\neq0 \text{ のとき} \quad \cos\theta=\dfrac{x}{r},\ \sin\theta=\dfrac{y}{r} \end{cases}$

補足　これまで用いてきた x 座標と y 座標の組 $(x,\ y)$ で表した座標を **直交座標** という。

3 2点間の距離，三角形の面積

Oを極とする極座標で表された2点 $A(r_1,\ \theta_1)$，$B(r_2,\ \theta_2)$ [$r_1>0,\ r_2>0,\ \theta_2\geqq\theta_1$] に対して

① 2点A，B間の距離　　$AB=\sqrt{r_1{}^2+r_2{}^2-2r_1r_2\cos(\theta_2-\theta_1)}$

② 三角形OABの面積 S　　$S=\dfrac{1}{2}r_1r_2|\sin(\theta_2-\theta_1)|$

解説　図をかくと，右の図のようになり，△OABにおいて
$\angle AOB=\theta_2-\theta_1$ [$\theta_2-\theta_1>\pi$ のときは $2\pi-(\theta_2-\theta_1)$]，
$OA=r_1$，$OB=r_2$ となる。

① 辺ABの長さについては，余弦定理
[$c^2=a^2+b^2-2ab\cos C$ の形] が成り立ち，上の公式が導かれる。

② 三角形の面積 S については，面積公式
$\left[S=\dfrac{1}{2}ab\sin C \text{ の形}\right]$ が成り立ち，上の公式が導かれる。

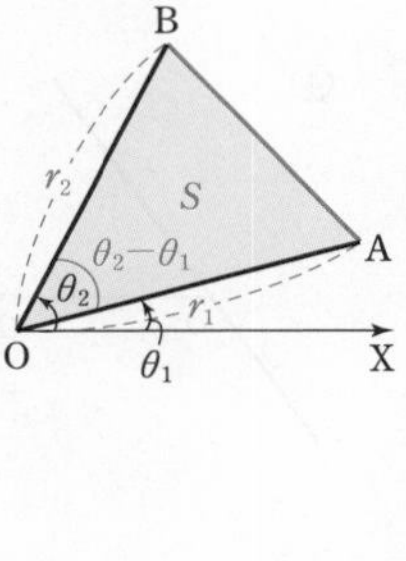

4 円，直線の極方程式

① 中心が極O，半径がaの円　　$\boldsymbol{r=a}$

② 中心が$(a,\ 0)$，半径がaの円　　$\boldsymbol{r=2a\cos\theta}$

③ 中心が$(r_0,\ \theta_0)$，半径がaの円　　$\boldsymbol{r^2+r_0{}^2-2rr_0\cos(\theta-\theta_0)=a^2}$

④ 極Oを通り，始線とαの角をなす直線　$\boldsymbol{\theta=\alpha}$

⑤ 点A$(a,\ \alpha)$を通り，OAに垂直な直線　$\boldsymbol{r\cos(\theta-\alpha)=a}$　$(\boldsymbol{a>0})$

注意　極方程式では $r<0$ の場合も考える。
すなわち，$r>0$ のとき，極座標が$(-r,\ \theta)$である点は，極座標が$(r,\ \theta+\pi)$である点と考える。

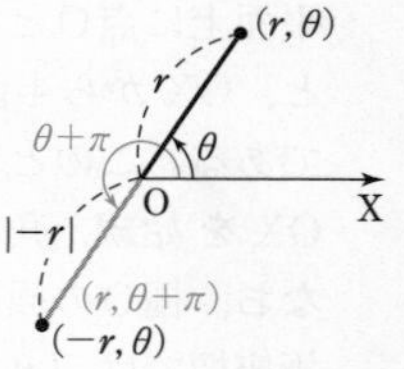

解説　以下，極をOとする。

② 円周上の点をP$(r,\ \theta)$とし，点A$(2a,\ 0)$をとる。

$\angle\mathrm{OPA}=\dfrac{\pi}{2}$ から　　$\mathrm{OP}=\mathrm{OA}\cos\theta$

したがって，極方程式は　　$\boldsymbol{r=2a\cos\theta}$

注意　例えば，$\dfrac{\pi}{2}<\theta<\dfrac{3}{2}\pi$ のとき，$\cos\theta<0$ となるが，このときは $r<0$ と考える。$\theta=\dfrac{\pi}{2}$，$\dfrac{3}{2}\pi$ のとき，$r=0$ となるから極を含む。

③ 円の中心の極座標をC$(r_0,\ \theta_0)$，円周上の点をP$(r,\ \theta)$とする。

△OCPにおいて余弦定理から　　$\mathrm{CP}^2=\mathrm{OP}^2+\mathrm{OC}^2-2\mathrm{OP}\cdot\mathrm{OC}\cos\angle\mathrm{COP}$

$\mathrm{CP}=a$，$\mathrm{OP}=r$，$\mathrm{OC}=r_0$，$\angle\mathrm{COP}=|\theta-\theta_0|$ であるから

$$a^2=r^2+r_0{}^2-2rr_0\cos|\theta-\theta_0|$$

したがって，極方程式は　　$\boldsymbol{r^2+r_0{}^2-2rr_0\cos(\theta-\theta_0)=a^2}$

④ 直線上の点をP$(r,\ \theta)$とする。

rの値に関わらず $\theta=\alpha$ で一定であるから，極方程式は　　$\boldsymbol{\theta=\alpha}$

⑤ 直線上の点をP$(r,\ \theta)$とする。

$\angle\mathrm{OAP}=\dfrac{\pi}{2}$ から　　$\mathrm{OA}=\mathrm{OP}\cos\angle\mathrm{AOP}$　　ゆえに　　$\mathrm{OA}=\mathrm{OP}\cos|\theta-\alpha|$

したがって，極方程式は　　$\boldsymbol{r\cos(\theta-\alpha)=a}$　$(\boldsymbol{a>0})$

注意　$\theta=\alpha$ のとき，$r=a$ から，点Pは点Aに一致する。

①

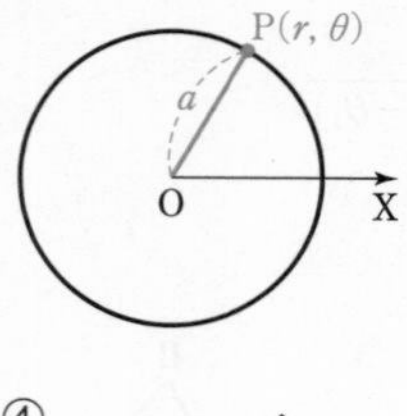

②

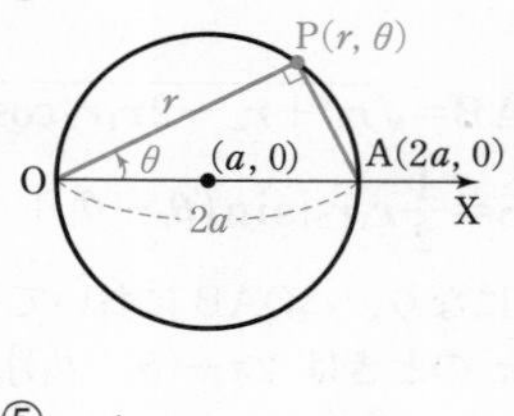

③

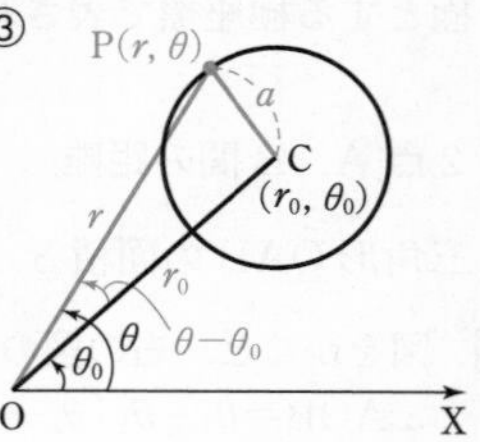

④

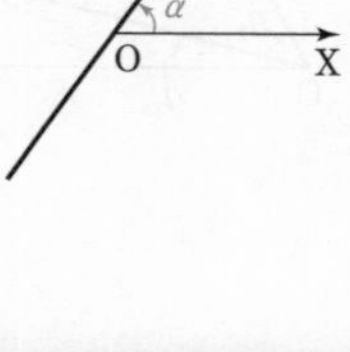

⑤

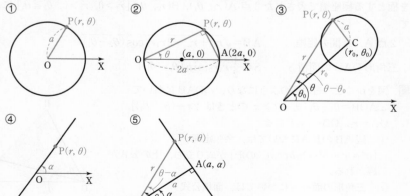

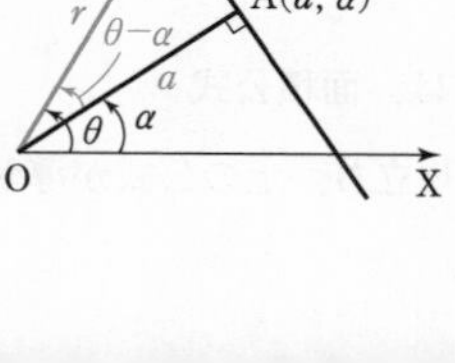

5 2次曲線の極方程式

極座標が $(a,\ 0)$ である点Aを通り，始線 OX に垂直な直線を ℓ とする。点Pから ℓ に下ろした垂線をPHとするとき，離心率 $e=\dfrac{\mathrm{OP}}{\mathrm{PH}}$（$p.492$ 基本事項 3 参照）の値が一定であるような点Pの軌跡は2次曲線になり，その極方程式は

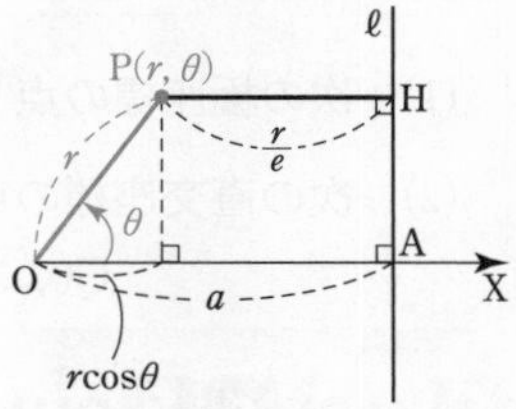

$$r=\frac{ea}{1+e\cos\theta}$$

であり，**$0<e<1$ のとき楕円，$e=1$ のとき放物線，$e>1$ のとき双曲線** を表す。

証明　$\mathrm{OP}:\mathrm{PH}=e:1$，$\mathrm{OP}=r$ より　　$r:\mathrm{PH}=e:1$　　ゆえに　　$\mathrm{PH}=\dfrac{r}{e}$

また　　$\mathrm{PH}=\mathrm{OA}-r\cos\theta=a-r\cos\theta$

よって　$\dfrac{r}{e}=a-r\cos\theta$　すなわち　$r(1+e\cos\theta)=ea$

ゆえに　　$r=\dfrac{ea}{1+e\cos\theta}$

参考　媒介変数や極方程式で表された曲線には，次のようなものがある。式から曲線の概形をつかむのは難しいことが多いが，グラフを作成する機能を備えたコンピュータを利用すれば概形を知ることができる。

① **リサージュ曲線　$x=\sin at$，$y=\sin bt$**（a，b は有理数）　⟶ 図①

② **アルキメデスの渦巻線　$r=a\theta$**（$a>0$，$\theta\geqq0$）　⟶ 図②

③ **正葉曲線　$r=\sin a\theta$**（a は有理数）　⟶ 図③

④ **リマソン　$r=a+b\cos\theta$**（$b>0$）　⟶ 図④

⑤ **カージオイド（心臓形）　$r=a(1+\cos\theta)$**（$a>0$）　⟶ 図⑤

　　↑④で $a=b$ の場合

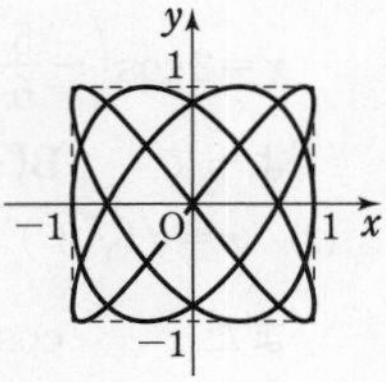

図①（$a=3$，$b=4$）

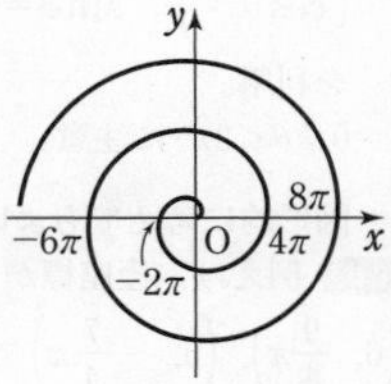

図②（$a=2$）

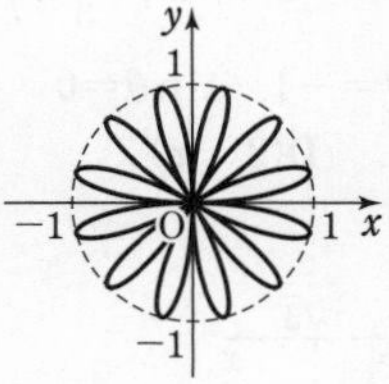

図③（$a=6$）

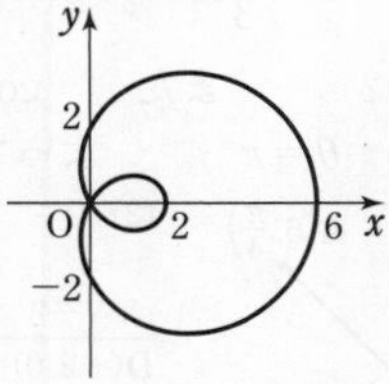

図④（$a=2$，$b=4$）

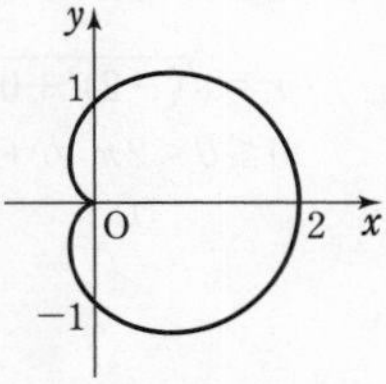

図⑤（$a=1$）

CHECK & CHECK

48　極座標で表された次の点の位置を図示せよ。

$$\mathrm{A}\left(3,\ \frac{\pi}{6}\right),\quad \mathrm{B}\left(2,\ \frac{3}{4}\pi\right),\quad \mathrm{C}\left(1,\ -\frac{2}{3}\pi\right)$$
1

49　次の極方程式で表される曲線を図示せよ。

(1)　$r=3$　　(2)　$\theta=\dfrac{\pi}{3}$　　(3)　$r=4\cos\theta$
4

基本 例題 142 極座標と直交座標

(1) 次の極座標の点 A，B の直交座標を求めよ。$A\left(6,\ \dfrac{\pi}{4}\right)$，$B\left(2,\ -\dfrac{5}{6}\pi\right)$

(2) 次の直交座標の点 C，D の極座標 $(r,\ \theta)$ $[0 \leqq \theta < 2\pi]$ を求めよ。

$C(\sqrt{3},\ -3)$，$D(-2,\ 0)$

p.517 基本事項 1，2

CHART & SOLUTION

極座標 $(r,\ \theta)$ と直交座標 $(x,\ y)$

$$x = r\cos\theta,\ y = r\sin\theta,\ r = \sqrt{x^2+y^2}$$

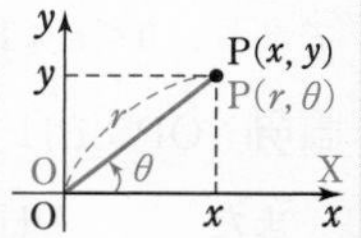

(1) $x = r\cos\theta$，$y = r\sin\theta$ により，$(x,\ y)$ を定める。

(2) $r = \sqrt{x^2+y^2}$，$\cos\theta = \dfrac{x}{r}$，$\sin\theta = \dfrac{y}{r}$ により，$(r,\ \theta)$ を定める（ただし，$r \neq 0$）。

解答

(1) $x = 6\cos\dfrac{\pi}{4} = 3\sqrt{2}$，$y = 6\sin\dfrac{\pi}{4} = 3\sqrt{2}$

よって　**$A(3\sqrt{2},\ 3\sqrt{2})$**

$x = 2\cos\left(-\dfrac{5}{6}\pi\right) = -\sqrt{3}$，$y = 2\sin\left(-\dfrac{5}{6}\pi\right) = -1$

よって　**$B(-\sqrt{3},\ -1)$**

(2) $r = \sqrt{(\sqrt{3})^2 + (-3)^2} = 2\sqrt{3}$

また　$\cos\theta = \dfrac{1}{2}$，$\sin\theta = -\dfrac{\sqrt{3}}{2}$

$0 \leqq \theta < 2\pi$ から　$\theta = \dfrac{5}{3}\pi$　よって　**$C\left(2\sqrt{3},\ \dfrac{5}{3}\pi\right)$**

$r = \sqrt{(-2)^2 + 0^2} = 2$　また　$\cos\theta = -1$，$\sin\theta = 0$

$0 \leqq \theta < 2\pi$ から　$\theta = \pi$　よって　**$D(2,\ \pi)$**

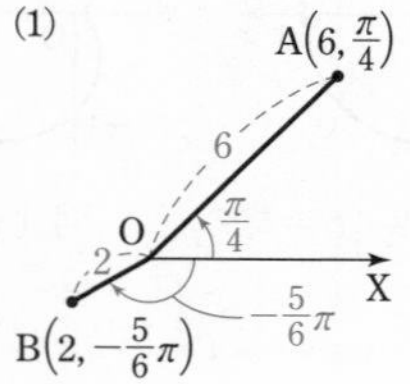

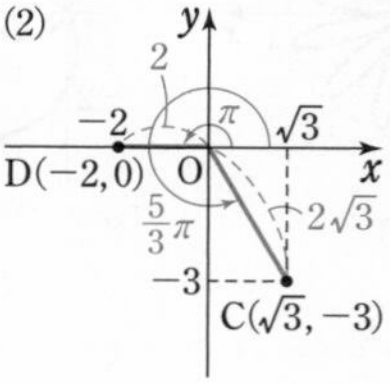

⇐ A，B は $\begin{cases} x = r\cos\theta \\ y = r\sin\theta \end{cases}$ を利用。

⇐ C，D は $\begin{cases} r = \sqrt{x^2+y^2} \\ \cos\theta = \dfrac{x}{r},\ \sin\theta = \dfrac{y}{r} \end{cases}$ を利用。

$0 \leqq \theta < 2\pi$ に注意。

⇐ 図形的に考えてもよい。

inf. 例えば，極座標が $\left(6,\ \dfrac{9}{4}\pi\right)$，$\left(6,\ -\dfrac{7}{4}\pi\right)$ である点はAと同じ位置にある。しかし，極座標 $(r,\ \theta)$ は，偏角を $0 \leqq \theta < 2\pi$ のように制限すると1通りに定まる。

PRACTICE 142[1]

(1) 次の極座標の点 A，B の直交座標を求めよ。　$A\left(4,\ \dfrac{5}{4}\pi\right)$，$B\left(3,\ -\dfrac{\pi}{2}\right)$

(2) 次の直交座標の点 C，D の極座標 $(r,\ \theta)$ $[0 \leqq \theta < 2\pi]$ を求めよ。

$C\left(\dfrac{\sqrt{2}}{2},\ -\dfrac{\sqrt{2}}{2}\right)$，$D(-2,\ -2\sqrt{3})$

基本 例題 143 距離・三角形の面積（極座標）

極がOの極座標に関して，2点 $A\left(2,\ \dfrac{\pi}{6}\right)$，$B\left(4,\ \dfrac{5}{6}\pi\right)$ がある。

(1) 線分 AB の長さを求めよ。　　(2) △OAB の面積を求めよ。

p.517 基本事項 3

CHART & SOLUTION

極座標と三角形

極座標のまま図示して考える

△OAB において

$AB^2=OA^2+OB^2-2OA\cdot OB\cos\angle AOB$　余弦定理

$\triangle OAB=\dfrac{1}{2}OA\cdot OB\sin\angle AOB$　三角形の面積

解答

△OAB において

$OA=2,\ OB=4,$

$\angle AOB=\dfrac{5}{6}\pi-\dfrac{\pi}{6}=\dfrac{2}{3}\pi$

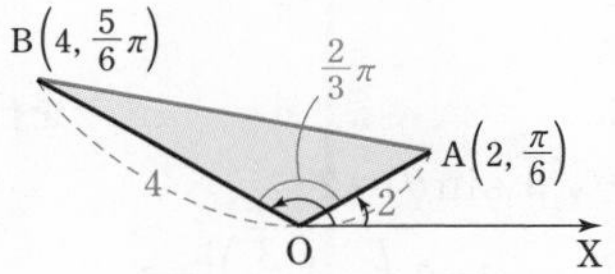

(1) 余弦定理により

$$AB^2=2^2+4^2-2\cdot2\cdot4\cos\frac{2}{3}\pi=28$$

ゆえに　$AB=\sqrt{28}=\mathbf{2\sqrt{7}}$

⇐ $AB^2=OA^2+OB^2$ $-2OA\cdot OB\cos\angle AOB$

(2) △OAB の面積 S は　$S=\dfrac{1}{2}\cdot2\cdot4\sin\dfrac{2}{3}\pi=\mathbf{2\sqrt{3}}$

INFORMATION　極座標で表しにくいものについて

上のように，線分 AB の長さは極座標のまま求めることができる。しかし，線分 AB の中点など，極座標で表しにくいものは，A，B の極座標を **直交座標で表す** と考えやすい。例えば，この例題において，線分 AB の中点の極座標は以下のようにして求められる。

2点 A，B の直交座標は　$A(\sqrt{3},\ 1)$，$B(-2\sqrt{3},\ 2)$

⟶ 線分 AB の中点の直交座標は　$\left(-\dfrac{\sqrt{3}}{2},\ \dfrac{3}{2}\right)$

⟶ 線分 AB の中点の極座標は　$\left(\sqrt{3},\ \dfrac{2}{3}\pi\right)$

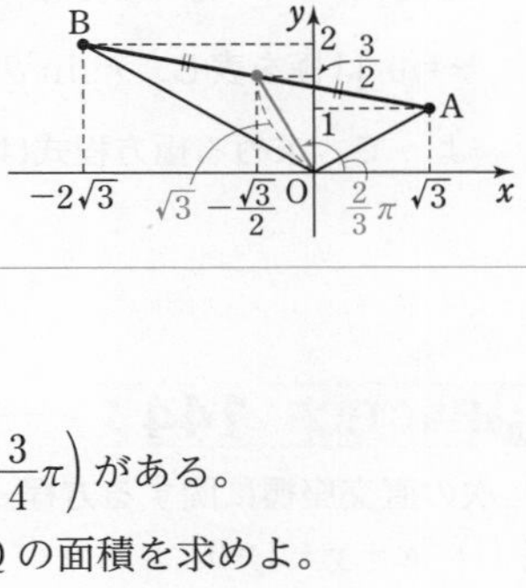

PRACTICE 143③

Oを極とし，極座標に関して2点 $P\left(3,\ \dfrac{5}{12}\pi\right)$，$Q\left(2,\ \dfrac{3}{4}\pi\right)$ がある。

(1) 2点 P，Q 間の距離を求めよ。　(2) △OPQ の面積を求めよ。

4章 16 極座標と極方程式

基本 例題 144 直交座標の方程式 ⟶ 極方程式

次の直交座標に関する方程式を，極方程式で表せ。

(1) $x-\sqrt{3}\,y-2=0$　　(2) $x^2+y^2=-2x$　　(3) $y^2=4x$

p.517 基本事項 2

CHART & SOLUTION

直交座標の方程式 ⟶ 極方程式

$$x=r\cos\theta,\ y=r\sin\theta,\ x^2+y^2=r^2$$

x，y を消去して，r，θ だけの関係式を導く。また，得られた極方程式が三角関数の加法定理などを用いることで，より簡単な方程式になるときは，そのように変形する。

(1) では途中で，$r(a\cos\theta+b\sin\theta)=c$ の形の極方程式が得られる。このとき，三角関数の合成を用いても簡単な形になるが，加法定理 $\cos(\alpha-\beta)=\cos\alpha\cos\beta+\sin\alpha\sin\beta$ を利用すると，$r\cos(\theta-\alpha)=d$ の形となり，表す図形がわかりやすい。

(2), (3) では **$r=0$ が極を表す** ことに注意し，他方に含まれていることを確認する。

解答

(1) $x-\sqrt{3}\,y-2=0$ に $x=r\cos\theta$，$y=r\sin\theta$ を代入すると

$$r(\cos\theta-\sqrt{3}\sin\theta)=2$$

ゆえに　$r\left\{\cos\theta\cdot\dfrac{1}{2}+\sin\theta\cdot\left(-\dfrac{\sqrt{3}}{2}\right)\right\}=1$

よって，求める極方程式は　$\boldsymbol{r\cos\left(\theta-\dfrac{5}{3}\pi\right)=1}$

⇐ $r\cos\theta-\sqrt{3}\,r\sin\theta-2=0$

⇐ $\dfrac{1}{\sqrt{1^2+(-\sqrt{3})^2}}=\dfrac{1}{2}$，$\dfrac{-\sqrt{3}}{\sqrt{1^2+(-\sqrt{3})^2}}=-\dfrac{\sqrt{3}}{2}$

(2) $x^2+y^2=-2x$ に $x^2+y^2=r^2$，$x=r\cos\theta$ を代入すると

$$r(r+2\cos\theta)=0$$

ゆえに　$r=0$　または　$r=-2\cos\theta$

$r=0$ は極を表し，$r=-2\cos\theta$ は極 $\left(0,\ \dfrac{\pi}{2}\right)$ を通る。

よって，求める極方程式は　$\boldsymbol{r=-2\cos\theta}$

⇐ $r^2=-2r\cos\theta$

⇐ 極Oの極座標は $(0,\ \theta)$　θ は任意の数。

(3) $y^2=4x$ に $x=r\cos\theta$，$y=r\sin\theta$ を代入すると

$$r(r\sin^2\theta-4\cos\theta)=0$$

ゆえに　$r=0$　または　$r\sin^2\theta=4\cos\theta$

$r=0$ は極を表し，$r\sin^2\theta=4\cos\theta$ は極 $\left(0,\ \dfrac{\pi}{2}\right)$ を通る。

よって，求める極方程式は　$\boldsymbol{r\sin^2\theta=4\cos\theta}$

⇐ $r^2\sin^2\theta=4r\cos\theta$

PRACTICE 144②

次の直交座標に関する方程式を，極方程式で表せ。

(1) $x+y+2=0$　　(2) $x^2+y^2-4y=0$　　(3) $x^2-y^2=-4$

基本 例題 145 極方程式 ⟶ 直交座標の方程式

Oを極とする次の極方程式の表す曲線を，直交座標に関する方程式で表し，xy 平面上に図示せよ。

(1) $\dfrac{1}{r}=\cos\theta+2\sin\theta$　　(2) $r^2\sin 2\theta=-2$

(3) $r^2(3\sin^2\theta+1)=4$

p.517 基本事項 2，基本 144

CHART & SOLUTION

極方程式 ⟶ 直交座標の方程式

$$r\cos\theta=x,\ r\sin\theta=y,\ r^2=x^2+y^2$$

を用いて，x，y だけの関係式を導く。

(1) 両辺を r 倍する。(2) $\sin 2\theta=2\sin\theta\cos\theta$

解答

(1) $\dfrac{1}{r}=\cos\theta+2\sin\theta$ の両辺を r 倍して

$1=r\cos\theta+2r\sin\theta$

$r\cos\theta=x$，$r\sin\theta=y$ を代入すると　$1=x+2y$

よって　$\boldsymbol{y=-\dfrac{1}{2}x+\dfrac{1}{2}}$，**下図**

⇐ $r\cos\theta$，$r\sin\theta$ の形を作る。

(2) 極方程式の左辺を変形すると

$r^2\sin 2\theta=r^2\cdot 2\sin\theta\cos\theta=2r\cos\theta\cdot r\sin\theta$

よって　$2r\cos\theta\cdot r\sin\theta=-2$

$r\cos\theta=x$，$r\sin\theta=y$ を代入すると　$2xy=-2$

ゆえに　$\boldsymbol{xy=-1}$，**下図**

⇐ 2倍角の公式。

(3) $3(r\sin\theta)^2+r^2=4$

$r\sin\theta=y$，$r^2=x^2+y^2$ を代入すると　$3y^2+(x^2+y^2)=4$

ゆえに　$x^2+4y^2=4$

すなわち　$\boldsymbol{\dfrac{x^2}{4}+y^2=1}$，**下図**

⇐ $r\sin\theta$，r^2 の形を作る。

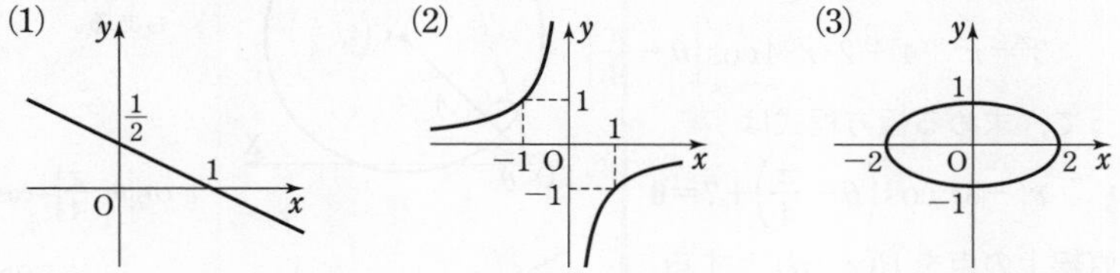

PRACTICE 145②

次の極方程式を，直交座標に関する方程式で表し，xy 平面上に図示せよ。

(1) $r^2(7\cos^2\theta+9)=144$　　(2) $r=2\cos\left(\theta-\dfrac{\pi}{3}\right)$　　[(1) 奈良教育大]

基本 例題 146 円・直線の極方程式

Oを極とする極座標において，次の円，直線の極方程式を求めよ。

(1) 中心が $C\left(2, \dfrac{\pi}{6}\right)$，極を通る円　(2) 中心が $C\left(4, \dfrac{\pi}{4}\right)$，半径3の円

(3) 点 $A\left(2, \dfrac{\pi}{3}\right)$ を通り，OA に垂直な直線

p.518 基本事項 4

CHART & SOLUTION

円，直線の極方程式

図形上の点 $P(r, \theta)$ をとり一定なものに注目 ……!

まず，極座標のまま図示して考える。その際，直角三角形を手掛かりに点Pが動いても常に一定である辺の長さや，角の大きさに注目する。

別解　極座標を直交座標で考え，直交座標での方程式を作り，
$r^2=x^2+y^2$，$x=r\cos\theta$，$y=r\sin\theta$ を代入する。……!

解答

(1) 円周上の点を $P(r, \theta)$ とする。
点 $A\left(4, \dfrac{\pi}{6}\right)$ をとると，線分 OA は

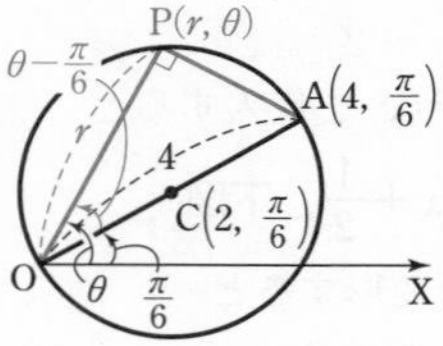

! この円の直径であるから $\angle OPA=\dfrac{\pi}{2}$

ゆえに　$OP=OA\cos\angle AOP$

$=OA\cos\left|\theta-\dfrac{\pi}{6}\right|$

よって，求める極方程式は　$\boldsymbol{r=4\cos\left(\theta-\dfrac{\pi}{6}\right)}$

(2) 円周上の点を $P(r, \theta)$ とする。△OCP において余弦定理から　$CP^2=OP^2+OC^2-2OP\cdot OC\cos\angle COP$

! $CP=3$，$OP=r$，$OC=4$，

$\angle COP=\left|\theta-\dfrac{\pi}{4}\right|$ であるから

$3^2=r^2+4^2-2\cdot r\cdot 4\cos\left|\theta-\dfrac{\pi}{4}\right|$

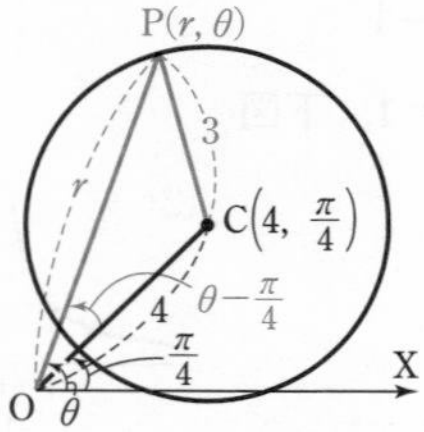

よって，求める極方程式は

$\boldsymbol{r^2-8r\cos\left(\theta-\dfrac{\pi}{4}\right)+7=0}$

(3) 直線上の点を $P(r, \theta)$ とする。

! $\angle OAP=\dfrac{\pi}{2}$ から

$OA=OP\cos\angle AOP$

$=OP\cos\left|\theta-\dfrac{\pi}{3}\right|$

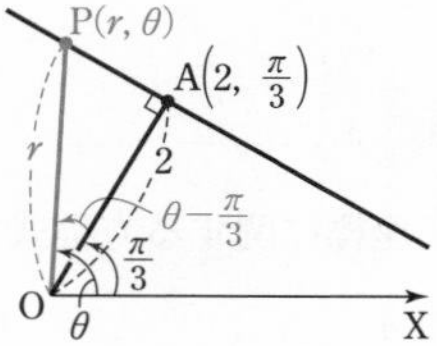

⇐ 図形上の点Pの極座標を (r, θ) とおくことからスタート。

⇐ $\angle OPA=\dfrac{\pi}{2}$ で常に一定。

⇐ $\angle AOP=\dfrac{\pi}{6}-\theta$ の場合もある。

⇐ $\cos\left|\theta-\dfrac{\pi}{6}\right|=\cos\left\{\pm\left(\theta-\dfrac{\pi}{6}\right)\right\}$
$=\cos\left(\theta-\dfrac{\pi}{6}\right)$

⇐ $CP=3$ で常に一定。

⇐ $\angle COP=\dfrac{\pi}{4}-\theta$ の場合もある。

⇐ $\cos\left|\theta-\dfrac{\pi}{4}\right|=\cos\left\{\pm\left(\theta-\dfrac{\pi}{4}\right)\right\}$
$=\cos\left(\theta-\dfrac{\pi}{4}\right)$

⇐ $\angle OAP=\dfrac{\pi}{2}$ で常に一定。

⇐ $\angle AOP=\dfrac{\pi}{3}-\theta$ の場合もある。

よって，求める極方程式は　$r\cos\left(\theta-\frac{\pi}{3}\right)=2$

⇐ $\cos\left|\theta-\frac{\pi}{3}\right|=\cos\left\{\pm\left(\theta-\frac{\pi}{3}\right)\right\}=\cos\left(\theta-\frac{\pi}{3}\right)$

別解　それぞれ直交座標で考える。

(1)　$2\cos\frac{\pi}{6}=\sqrt{3}$, $2\sin\frac{\pi}{6}=1$ であるから，中心の座標は $(\sqrt{3},\ 1)$ で，半径は 2 である。

⇐ 中心の極座標は $\left(2,\ \frac{\pi}{6}\right)$ 極を通るから，半径は 2 。

よって，方程式は　$(x-\sqrt{3})^2+(y-1)^2=2^2$

展開して　$(x^2+y^2)-2\sqrt{3}x-2y=0$

$x^2+y^2=r^2$, $x=r\cos\theta$, $y=r\sin\theta$ を代入して整理すると　$r(r-2\sqrt{3}\cos\theta-2\sin\theta)=0$

よって　$r=0$ または $r-2\sqrt{3}\cos\theta-2\sin\theta=0$ …①

① を変形して　$r=2(\sqrt{3}\cos\theta+\sin\theta)=4\cos\left(\theta-\frac{\pi}{6}\right)$

⇐ $\sqrt{3}\cos\theta+\sin\theta=2\left(\cos\theta\cos\frac{\pi}{6}+\sin\theta\sin\frac{\pi}{6}\right)=2\cos\left(\theta-\frac{\pi}{6}\right)$

$r=0$ は上式に含まれるから，求める極方程式は

$$\boldsymbol{r=4\cos\left(\theta-\frac{\pi}{6}\right)}$$

(2)　$4\cos\frac{\pi}{4}=2\sqrt{2}$, $4\sin\frac{\pi}{4}=2\sqrt{2}$ であるから，中心の座標は　$(2\sqrt{2},\ 2\sqrt{2})$

よって，方程式は　$(x-2\sqrt{2})^2+(y-2\sqrt{2})^2=3^2$

⇐ 半径は 3

展開して　$(x^2+y^2)-4\sqrt{2}x-4\sqrt{2}y+7=0$

$x^2+y^2=r^2$, $x=r\cos\theta$, $y=r\sin\theta$ を代入して整理すると　$r^2-4\sqrt{2}r(\cos\theta+\sin\theta)+7=0$

よって，求める極方程式は　$\boldsymbol{r^2-8r\cos\left(\theta-\frac{\pi}{4}\right)+7=0}$

⇐ $\cos\theta+\sin\theta=\sqrt{2}\left(\cos\theta\cos\frac{\pi}{4}+\sin\theta\sin\frac{\pi}{4}\right)=\sqrt{2}\cos\left(\theta-\frac{\pi}{4}\right)$

(3)　$2\cos\frac{\pi}{3}=1$, $2\sin\frac{\pi}{3}=\sqrt{3}$ であるから，点Aの座標は $(1,\ \sqrt{3})$

ゆえに，直線 OA の傾きは $\sqrt{3}$ であるから，求める直線の傾きは $-\frac{1}{\sqrt{3}}$ である。よって，方程式は

⇐ 求める直線の傾きを a とすると　$\sqrt{3}a=-1$　よって　$a=-\frac{1}{\sqrt{3}}$

$$y-\sqrt{3}=-\frac{1}{\sqrt{3}}(x-1)\quad すなわち\quad x+\sqrt{3}y=4$$

$x=r\cos\theta$, $y=r\sin\theta$ を代入して

$$r\cos\theta+\sqrt{3}r\sin\theta=4$$

よって，求める極方程式は　$\boldsymbol{r\cos\left(\theta-\frac{\pi}{3}\right)=2}$

⇐ $\cos\theta+\sqrt{3}\sin\theta=2\left(\cos\theta\cdot\cos\frac{\pi}{3}+\sin\theta\sin\frac{\pi}{3}\right)=2\cos\left(\theta-\frac{\pi}{3}\right)$

PRACTICE 146③

Oを極とする極座標において，次の円，直線の極方程式を求めよ。

(1)　極Oと点 $A\left(4,\ \frac{\pi}{3}\right)$ を直径の両端とする円

(2)　中心が $C\left(6,\ \frac{\pi}{4}\right)$，半径 4 の円　(3)　点 $A\left(\sqrt{3},\ \frac{\pi}{6}\right)$ を通り，OA に垂直な直線

基本 例題 147　2次曲線の極方程式

(1) 極座標が $(3,\ 0)$ である点Aを通り，始線に垂直な直線を ℓ とする。極Oを焦点，ℓ を準線とする放物線の極方程式を求めよ。

(2) 極方程式 $r=\dfrac{1}{2+\sqrt{3}\cos\theta}$ の表す曲線を直交座標に関する方程式で表し，それを図示せよ。　[(2) 琉球大]

p.492 基本事項 3，p.519 基本事項 5，基本 145

CHART & SOLUTION

2次曲線の極方程式

1 曲線上の点 $(r,\ \theta)$ をとり，2次曲線の定義に注目

2 直交座標で考える

(1) 放物線上の点の極座標を $(r,\ \theta)$ とし，求める放物線の満たすべき条件から r，θ の関係式を導く。

(2) 極方程式 ⟶ 直交座標の方程式
$r\cos\theta=x$，$r^2=x^2+y^2$ を代入し，x，y だけの関係式を導く。……❗

解答

(1) 放物線上の点Pの極座標を $(r,\ \theta)$ とし，点Pから準線 ℓ に下ろした垂線をPHとすると　OP＝PH

OP＝r，PH＝$3-r\cos\theta$ であるから　$r=3-r\cos\theta$

ゆえに　$(1+\cos\theta)r=3$

$1+\cos\theta\neq0$ であるから　$\boldsymbol{r=\dfrac{3}{1+\cos\theta}}$

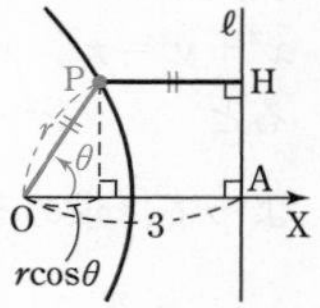

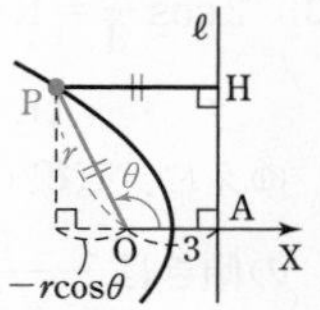

(2) $r=\dfrac{1}{2+\sqrt{3}\cos\theta}$ から　$2r=1-\sqrt{3}\,r\cos\theta$

❗ $r\cos\theta=x$ を代入すると　$2r=1-\sqrt{3}\,x$

両辺を2乗すると

$4r^2=1-2\sqrt{3}\,x+3x^2$

❗ $r^2=x^2+y^2$ を代入すると

$x^2+2\sqrt{3}\,x+4y^2-1=0$

ゆえに　$(x+\sqrt{3})^2+4y^2=4$

よって　$\boldsymbol{\dfrac{(x+\sqrt{3})^2}{4}+y^2=1}$，**右図**

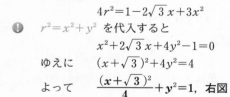

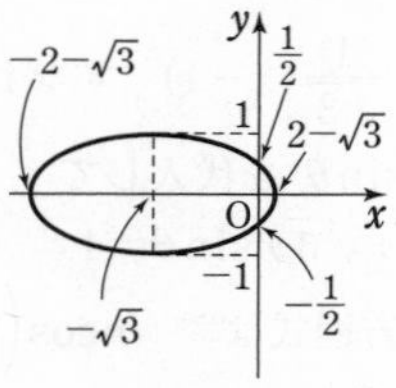

PRACTICE 147③

極方程式 $r=\dfrac{\sqrt{6}}{2+\sqrt{6}\cos\theta}$ の表す曲線を，直交座標に関する方程式で表し，その概形を図示せよ。

基本 例題 148 極方程式と軌跡

直線 $r\cos\left(\theta-\dfrac{2}{3}\pi\right)=\sqrt{3}$ 上の動点Pと極Oを結ぶ線分 OP を1辺とする正三角形 OPQ を作る。Qの軌跡の極方程式を求めよ。

CHART & SOLUTION

軌跡

1 軌跡上の動点 $(r,\ \theta)$ の関係式を導く

2 条件でつなぎの文字を消す ……❗

直線上の点を $P(s,\ \alpha)$，頂点Qを $Q(r,\ \theta)$ とする。

⟶ $s,\ \alpha,\ r,\ \theta$ の関係式を求め，$s,\ \alpha$ を消去する。

正三角形は2つできることに注意。

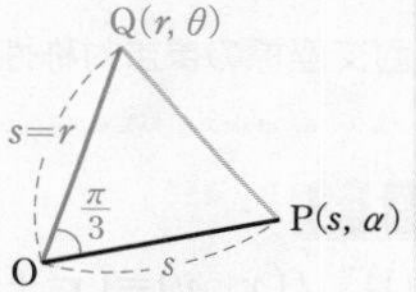

解答

点Pの極座標を $(s,\ \alpha)$，点Qの極座標を $(r,\ \theta)$ とする。

点Pは与えられた直線上にあるから

$$s\cos\left(\alpha-\frac{2}{3}\pi\right)=\sqrt{3}\ \cdots\cdots ①$$

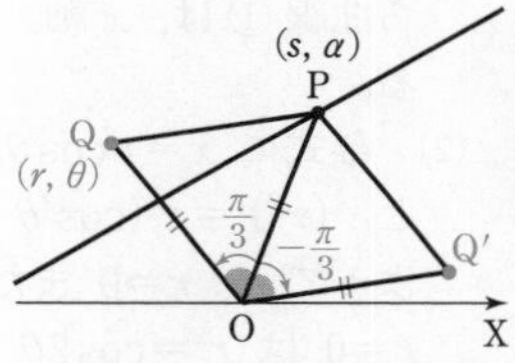

△OPQ は正三角形であるから　　OQ=OP，$\angle POQ=\dfrac{\pi}{3}$

よって　　$(r,\ \theta)=\left(s,\ \alpha+\dfrac{\pi}{3}\right),\ \left(s,\ \alpha-\dfrac{\pi}{3}\right)$

ゆえに　　$(s,\ \alpha)=\left(r,\ \theta-\dfrac{\pi}{3}\right),\ \left(r,\ \theta+\dfrac{\pi}{3}\right)$

❗ $(s,\ \alpha)=\left(r,\ \theta-\dfrac{\pi}{3}\right)$ のとき，① から

$$r\cos(\theta-\pi)=\sqrt{3}$$

❗ $(s,\ \alpha)=\left(r,\ \theta+\dfrac{\pi}{3}\right)$ のとき，① から

$$r\cos\left(\theta-\frac{\pi}{3}\right)=\sqrt{3}$$

したがって，点Qの軌跡の極方程式は

$$\boldsymbol{r\cos\theta=-\sqrt{3},\ r\cos\left(\theta-\frac{\pi}{3}\right)=\sqrt{3}}$$

⇐ 正三角形は上図のように2つ考えられる。

⇐ $\theta=\alpha+\dfrac{\pi}{3}$ から $\alpha=\theta-\dfrac{\pi}{3}$

$\alpha=\theta+\dfrac{\pi}{3}$ も同様。

⇐ $\alpha=\theta-\dfrac{\pi}{3}$ から $\alpha-\dfrac{2}{3}\pi=\theta-\pi$

⇐ $\alpha=\theta+\dfrac{\pi}{3}$ から $\alpha-\dfrac{2}{3}\pi=\theta-\dfrac{\pi}{3}$

PRACTICE 148[3]

極座標が $\left(1,\ \dfrac{\pi}{2}\right)$ である点を通り，始線 OX に平行な直線 ℓ 上に点Pをとり，点Qを△OPQ が正三角形となるように定める。ただし，△OPQ の頂点 O，P，Q はこの順で時計回りに並んでいるものとする。

(1) 点Pが直線 ℓ 上を動くとき，点Qの軌跡を極方程式で表せ。

(2) (1) で求めた極方程式を直交座標についての方程式で表せ。

重要 例題 149 レムニスケートの極方程式

曲線 $(x^2+y^2)^2=x^2-y^2$ について，次の問いに答えよ。
(1) 与えられた曲線が x 軸，y 軸，原点に関して対称であることを示せ。
(2) 与えられた曲線の極方程式を求め，概形をかけ。

基本 144

CHART & SOLUTION

座標の選定　対称性 ⟶ 直交座標，概形 ⟶ 極座標

直交座標のまま対称性を調べ，その結果 $0\leqq\theta\leqq\dfrac{\pi}{2}$ の範囲の極座標で概形を調べる。

解答

(1) $f(x,\ y)=(x^2+y^2)^2-(x^2-y^2)$ とすると，与えられた曲線の方程式は　$f(x,\ y)=0$ ……①

$f(x,\ -y)=f(-x,\ y)=f(-x,\ -y)=f(x,\ y)$ であるから曲線①は，x 軸，y 軸，原点に関してそれぞれ対称である。

(2) 与式に $x=r\cos\theta$，$y=r\sin\theta$，$x^2+y^2=r^2$ を代入すると　$(r^2)^2=r^2(\cos^2\theta-\sin^2\theta)$　ゆえに　$r^2(r^2-\cos 2\theta)=0$

よって　$r=0$ または $r^2=\cos 2\theta$

$r=0$ は $r^2=\cos 2\theta$ に含まれるから，求める極方程式は

$$\boldsymbol{r^2=\cos 2\theta}$$

曲線①の対称性から，$r\geqq0$，$0\leqq\theta\leqq\dfrac{\pi}{2}$ の範囲で考える。

また，$r^2\geqq0$ から　$\cos 2\theta\geqq0$

ゆえに，曲線の存在範囲は　$0\leqq\theta\leqq\dfrac{\pi}{4}$

θ	0	$\dfrac{\pi}{12}$	$\dfrac{\pi}{8}$	$\dfrac{\pi}{6}$	$\dfrac{\pi}{4}$
r^2	1	$\dfrac{\sqrt{3}}{2}$	$\dfrac{\sqrt{2}}{2}$	$\dfrac{1}{2}$	0

これらをもとにして，第1象限における曲線①をかき，それと x 軸，y 軸，原点に関して対称な曲線もかき加えると，曲線の概形は **右の図** のようになる。

曲線 $f(x,\ y)=0$ について
$f(x,\ -y)=f(x,\ y)$
⟶ x 軸に関して対称
$f(-x,\ y)=f(x,\ y)$
⟶ y 軸に関して対称
$f(-x,\ -y)=f(x,\ y)$
⟶ 原点に関して対称

⇐ $\cos^2\theta-\sin^2\theta=\cos 2\theta$

⇐ $x\geqq0$，$y\geqq0$ の範囲で考える。

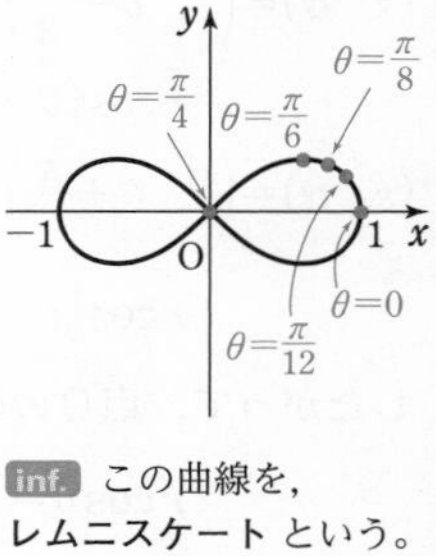

inf. この曲線を，**レムニスケート** という。

PRACTICE 149③

$a>0$ とする。極方程式 $r=a(1+\cos\theta)$ $(0\leqq\theta<2\pi)$ で表される曲線 K（**心臓形，カージオイド**）について，次の問いに答えよ。
(1) 曲線 K は直線 $\theta=0$ に関して対称であることを示せ。
(2) 曲線 $C：r=a\cos\theta$ はどんな曲線か。
(3) $0\leqq\theta_1\leqq\pi$ である任意の θ_1 に対し，直線 $\theta=\theta_1$ と曲線 C および曲線 K との交点を考えることにより，曲線 K の概形をかけ。

重要 例題 150　図形への応用（極座標）

焦点Fを極とする放物線 C の極方程式を $r=\dfrac{2p}{1-\cos\theta}$ $(p>0)$ とする。これを用いて，C の2つの弦 PQ，RS がともにFを通り互いに直交するとき，$\dfrac{1}{\mathrm{PQ}}+\dfrac{1}{\mathrm{RS}}$ の値は一定であることを証明せよ。

基本 147

CHART & THINKING

図形への応用（極座標）　r，θ の特長を活かす

弦 PQ，RS が直交するという条件に着目。点Fで直交するから，点Fを極とする極座標で考えよう。点Pの偏角を θ とすると，Q，R，S の偏角はどのように表すことができるだろうか？ ……❗

解答

$\mathrm{PQ}\perp\mathrm{RS}$ であるから，$\mathrm{P}(r_1,\ \theta)$，

❗ $\mathrm{Q}(r_2,\ \theta+\pi)$，$\mathrm{R}\left(r_3,\ \theta+\dfrac{\pi}{2}\right)$，

❗ $\mathrm{S}\left(r_4,\ \theta+\dfrac{3}{2}\pi\right)$ と表される。

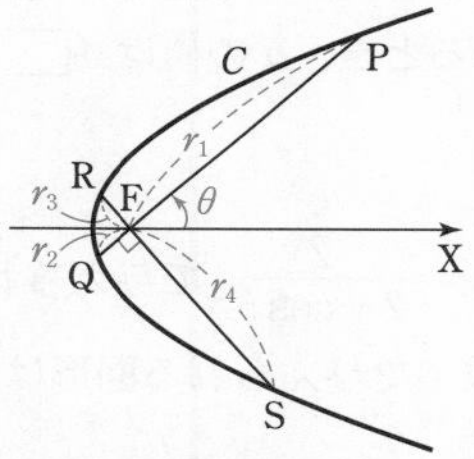

（ただし，$r_1>0$，$r_2>0$，$r_3>0$，$r_4>0$）

⇐ $\mathrm{S}\left(r_4,\ \theta+\dfrac{\pi}{2}+\pi\right)$

また，$\cos(\theta+\pi)=-\cos\theta$，

$\cos\left(\theta+\dfrac{\pi}{2}\right)=-\sin\theta$，$\cos\left(\theta+\dfrac{3}{2}\pi\right)=\sin\theta$ であるから

⇐ $\cos(\alpha+\beta)$
$=\cos\alpha\cos\beta$
$-\sin\alpha\sin\beta$

$$r_1=\frac{2p}{1-\cos\theta},\ r_2=\frac{2p}{1+\cos\theta},\ r_3=\frac{2p}{1+\sin\theta},\ r_4=\frac{2p}{1-\sin\theta}$$

⇐ 4点 P，Q，R，S は放物線 C 上にある。

ゆえに

$$\mathrm{PQ}=r_1+r_2=\frac{2p}{1-\cos\theta}+\frac{2p}{1+\cos\theta}=\frac{4p}{1-\cos^2\theta}=\frac{4p}{\sin^2\theta},$$

⇐ PQ＝FP＋FQ

$$\mathrm{RS}=r_3+r_4=\frac{2p}{1+\sin\theta}+\frac{2p}{1-\sin\theta}=\frac{4p}{1-\sin^2\theta}=\frac{4p}{\cos^2\theta}$$

⇐ RS＝FR＋FS

よって　$\dfrac{1}{\mathrm{PQ}}+\dfrac{1}{\mathrm{RS}}=\dfrac{\sin^2\theta+\cos^2\theta}{4p}=\dfrac{1}{4p}$（一定）

PRACTICE 150 ④

Oを中心とする楕円の1つの焦点をFとする。この楕円上の4点をP，Q，R，Sとするとき，次のことを証明せよ。

(1)　$\angle\mathrm{POQ}=\dfrac{\pi}{2}$ のとき　$\dfrac{1}{\mathrm{OP}^2}+\dfrac{1}{\mathrm{OQ}^2}$ は一定

(2)　焦点Fを極とする楕円の極方程式を $r(1+e\cos\theta)=l$ $(0<e<1,\ l>0)$ とする。弦 PQ，RS が，焦点Fを通り直交しているとき $\dfrac{1}{\mathrm{PF}\cdot\mathrm{QF}}+\dfrac{1}{\mathrm{RF}\cdot\mathrm{SF}}$ は一定

EXERCISES　16 極座標と極方程式

A

132③ 極座標で表された3点 $A\left(4,\ -\dfrac{\pi}{3}\right)$, $B\left(3,\ \dfrac{\pi}{3}\right)$, $C\left(2,\ \dfrac{3}{4}\pi\right)$ を頂点とする三角形ABCの面積を求めよ。 →143

133② $\dfrac{\pi}{2} \leqq \theta \leqq \dfrac{3}{4}\pi$ のとき，極方程式 $r=2(\cos\theta+\sin\theta)$ の表す曲線の長さを求めよ。 〔防衛大〕 →145

134③ 極座標が (1, 0) である点をA，極座標が $\left(\sqrt{3},\ \dfrac{\pi}{2}\right)$ である点をBとする。このとき，極Oを通り，線分ABに垂直な直線 ℓ の極方程式は ア[　　] である。また，a を正の定数とし，極方程式 $r=a\cos\theta$ で表される曲線が直線ABと接するとき，a の値は イ[　　] である。 〔北里大〕 →146

B

135③ 極方程式 $r=\dfrac{2}{2+\cos\theta}$ で与えられる図形と，等式 $|z|+\left|z+\dfrac{4}{3}\right|=\dfrac{8}{3}$ を満たす複素数 z で与えられる図形は同じであることを示し，この図形の概形をかけ。 〔山形大〕 →100, 147

136③ 点Aの極座標を (2, 0)，極Oと点Aを結ぶ線分を直径とする円 C の周上の任意の点をQとする。点Qにおける円 C の接線に極Oから下ろした垂線の足をPとする。点Pの極座標を $(r,\ \theta)$ とするとき，その軌跡の極方程式を求めよ。ただし，$0 \leqq \theta < \pi$ とする。 →148

137④ $a>0$ を定数として，極方程式 $r=a(1+\cos\theta)$ により表される曲線 C_a を考える。
点Pが曲線 C_a 上を動くとき，極座標が $(2a,\ 0)$ の点とPとの距離の最大値を求めよ。

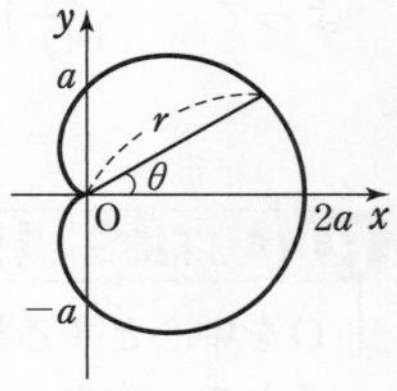

HINT

135 極方程式を直交座標で表して考える。複素数平面上で，等式 $|z-\alpha|+|z-\beta|=k\ (k>0)$ を満たす点 z は，2点 α, β からの距離の和が k である図形上にある。
136 円の中心Cから直線OPに下ろした垂線の足をHとすると　OC=CQ=HP=1
137 A(2a, 0), P(r, θ) とし，A，Pを直交座標で表して考える。

Research&Work

● ここで扱うテーマについて

各分野の学習内容に関連する重要なテーマを取り上げました。各分野の学習をひと通り終えた後に取り組み，学習内容の理解を深めましょう。

■テーマ一覧

数学Ⅲ	数学C
① 微分法と極限の応用 ② 立体の体積（断面積をつかむ）	① ベクトルの式を満たす点の存在範囲と斜交座標 ② 空間図形とベクトル ③ 複素数平面の応用 ④ 2 次曲線の考察

● 各テーマの構成について

各テーマは，解説（前半 2 ページ）と 問題に挑戦（後半 2 ページ）の計 4 ページで構成されています。

[1] 解説　各テーマについて，これまでに学んだことを振り返りながら，解説しています。また，基本的な問題として **確認**，やや発展的な問題として **やってみよう** を掲載しています。説明されている内容の確認を終えたら，これらの問題に取り組み，きちんと理解できているかどうかを確かめましょう。わからないときは，↻ で示された箇所に戻って復習することも大切です。

[2] 問題に挑戦　そのテーマの総仕上げとなる問題を掲載しています。前半の 解説 で学んだことも活用しながらチャレンジしましょう。大学入学共通テストにつながる問題演習として取り組むこともできます。

※ デジタルコンテンツについて

問題と関連するデジタルコンテンツを用意したテーマもあります。関数のグラフを動かすことにより，問題で取り上げた内容を確認することができます。該当箇所に掲載した QR コードから，コンテンツに直接アクセスできます。
なお，下記の URL，または，右の QR コードから，Research & Work で用意したデジタルコンテンツの一覧にアクセスできます。

数学Ⅲ　数学C

数学Ⅲ　https://cds.chart.co.jp/books/lzcz4zaf97/sublist/9000000000
数学C　https://cds.chart.co.jp/books/x2d4njtli1/sublist/9000000000

Research & Work 1 数学Ⅲ 微分法と極限の応用

1 微分法と不等式

数学Ⅲ「微分法の応用」では，方程式や不等式に関するさまざまな解法を学んだ。どの解法においても，関数を導入して増減やグラフを考えることが重要になる。例えば，不等式 $f(x)>g(x)$ の証明問題では，次のことがポイントとなる。

大小比較　差を作る　数学Ⅲ例題 92
1 $\{f(x)-g(x)$ の最小値$\}>0$ を示す　2 常に増加ならば出発点で >0

関数 $F(x)=f(x)-g(x)$ を導入し，$F(x)$ の増減を調べる。グラフを用いると，関数 $F(x)$ のグラフと直線 $y=0$（x 軸）の上下関係について考えることになる。このポイントをふまえて，次の「確認」に取り組んでみよう。

確認

Q1　$x\geqq 0$ のとき，$x-\dfrac{x^3}{6}\leqq \sin x\leqq x-\dfrac{x^3}{6}+\dfrac{x^5}{120}$ が成り立つことを示せ。

inf.　関数 $f(x)$ を次のような無限級数の形（すなわち多項式）に表すことを考えよう。

$$f(x)=c_0+c_1x+c_2x^2+c_3x^3+\cdots\cdots+c_kx^k+\cdots\cdots \quad \cdots\cdots ①$$

このように表すことができるとき　$f(0)=c_0$

また　$f'(x)=c_1+2c_2x+3c_3x^2+\cdots\cdots+kc_kx^{k-1}+\cdots\cdots$

$f''(x)=2c_2+3\cdot 2c_3x+\cdots\cdots+k(k-1)c_kx^{k-2}+\cdots\cdots$

$f'''(x)=3\cdot 2c_3+\cdots\cdots+k(k-1)(k-2)c_kx^{k-3}+\cdots\cdots$

$\cdots\cdots$

であるから，① の両辺を k 回（$k=1,\ 2,\ \cdots\cdots$）微分したものにおいて，$x=0$ とすると

$f^{(k)}(0)=k!\,c_k$　　よって　$c_k=\dfrac{f^{(k)}(0)}{k!}$（$k=1,\ 2,\ \cdots\cdots$）

ゆえに　$f(x)=f(0)+\dfrac{f'(0)}{1!}x+\dfrac{f''(0)}{2!}x^2+\cdots\cdots+\dfrac{f^{(k)}(0)}{k!}x^k+\cdots\cdots \quad \cdots\cdots ②$

例　$f(x)=\sin x$ を ② の形に表してみよう。まず　$f(0)=0$

また，$f'(x)=\cos x$，$f''(x)=-\sin x$，$f'''(x)=-\cos x$，$f^{(4)}(x)=\sin x$，$f^{(5)}(x)=\cos x$

であるから　$f'(0)=1$，$f''(0)=0$，$f'''(0)=-1$，$f^{(4)}(0)=0$，$f^{(5)}(0)=1$

よって　$\sin x=0+\dfrac{1}{1!}x+\dfrac{0}{2!}x^2+\dfrac{-1}{3!}x^3+\dfrac{0}{4!}x^4+\dfrac{1}{5!}x^5+\cdots\cdots$

ゆえに　$\sin x=x-\dfrac{x^3}{6}+\dfrac{x^5}{120}+\cdots\cdots$

←上の「確認」は，この無限級数の形の式をもとに出題されている。

右図は $y=x-\dfrac{x^3}{6}$，$y=x-\dfrac{x^3}{6}+\dfrac{x^5}{120}$，$y=\sin x$ のグラフを示したものであり，$y=x-\dfrac{x^3}{6}+\dfrac{x^5}{120}$ のグラフの方が $y=\sin x$ に近いことがわかる。

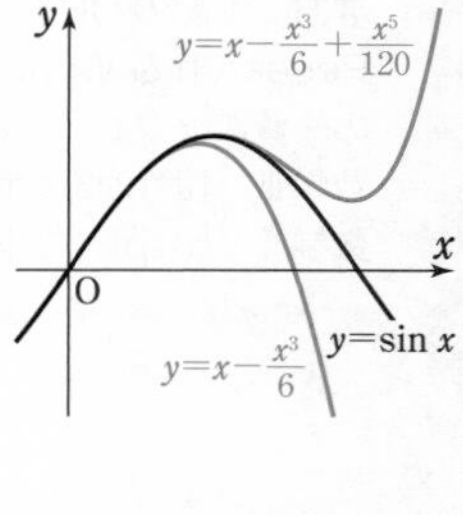

注意　② の第 2 項までをとったものが 1 次の近似式となっている。　p.170 基本事項

2 微分法と方程式，極限の応用

続いて，方程式への応用について考えてみよう。

【例】 自然数 n に対し，方程式 $\frac{1}{x^n}-\log x-\frac{1}{e}=0$ を考える。ただし，対数は自然対数であり，e はその底とする。

(1) この方程式は，$1<x<e^{\frac{1}{n}}$ においてただ1つの実数解をもつことを示せ。

(2) (1)の実数解を x_n とする。このとき，$\lim_{n\to\infty} x_n=1$ を示せ。

(1) $f(x)=\frac{1}{x^n}-\log x-\frac{1}{e}$ として，$f(x)$ の増減を調べると，$x\geqq 1$ で減少することがわかる。よって，$1<x<e^{\frac{1}{n}}$ においてただ1つの実数解をもつとき，$f(x)$ のグラフは右図のようになるから，$f(1)>0$，$f(e^{\frac{1}{n}})<0$ を示せばよい。

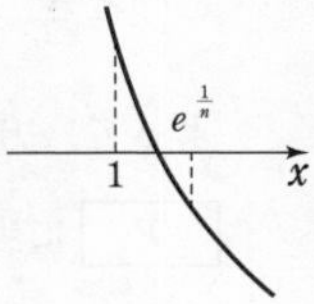

(2) 方程式を解くことは困難なので，$\lim_{n\to\infty} x_n$ を直接求めることはできそうにない。このようなときは，次のことを考える。

求めにくい極限　はさみうちの原理を利用　数学Ⅲ例題 15，40

つまり，「● ⟶ 1」かつ「■ ⟶ 1」となるような ●，■ を見つけて，● $\leqq x_n \leqq$ ■ の不等式を作ればよい。→(1)の結果が利用できそうである。

【例】の解答 (1) $f(x)=\frac{1}{x^n}-\log x-\frac{1}{e}$ とすると　$f'(x)=-\frac{n}{x^{n+1}}-\frac{1}{x}$

よって，$x\geqq 1$ のとき　$f'(x)<0$　⟵ $-\frac{n}{x^{n+1}}<0$，$-\frac{1}{x}<0$

ゆえに，$f(x)$ は $x\geqq 1$ で減少する。

$2<e<3$ であるから　$f(1)=1-\frac{1}{e}=\frac{e-1}{e}>0$

また，n は自然数であるから　$f(e^{\frac{1}{n}})=\frac{1}{e}-\frac{1}{n}-\frac{1}{e}=-\frac{1}{n}<0$

よって，方程式は $1<x<e^{\frac{1}{n}}$ においてただ1つの実数解をもつ。

(2) (1)から　$1<x_n<e^{\frac{1}{n}}$

$\lim_{n\to\infty} e^{\frac{1}{n}}=1$ であるから　$\lim_{n\to\infty} x_n=1$　⟵ はさみうちの原理

(2)から，$n\longrightarrow\infty$ のとき，方程式の実数解は1に限りなく近づくことがわかる。

関数グラフソフト

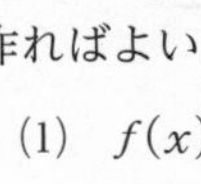

上の【例】について，$f(x)$ のグラフの様子をグラフソフトにより確認できます。n の値を変化させたとき，グラフと x 軸の共有点の位置がどのようになるか確かめましょう。なお，n は自然数以外の値もとりながら変化するようになっています。また，次の「やってみよう」もソフトを用意しているので，解答した後に使ってみましょう。

やってみよう

問1 n を2以上の自然数とするとき，方程式 $(1-x)e^{nx}-1=0$ について考える。ただし，e は自然対数の底とする。

(1) この方程式は，$0<x<1$ においてただ1つの実数解をもつことを示せ。

(2) (1)の実数解を x_n とする。$\lim_{n\to\infty} x_n$ を求めよ。

● 問題に挑戦 ●

1　a を $0<a<\dfrac{\pi}{2}$ を満たす定数とし，方程式

$$x(1-\cos x)=\sin(x+a) \quad \cdots\cdots ①$$

について考える。

(1)　n を自然数とし，$f(x)=x(1-\cos x)-\sin(x+a)$ とする。

このとき，$2n\pi<x<2n\pi+\dfrac{\pi}{2}$ における，関数 $f(x)$ のグラフの概形は［ア］である。

よって，方程式 ① は $2n\pi<x<2n\pi+\dfrac{\pi}{2}$ においてただ1つの実数解をもつ。

［ア］に当てはまる最も適当なものを，次の⓪～③のうちから1つ選べ。

⓪

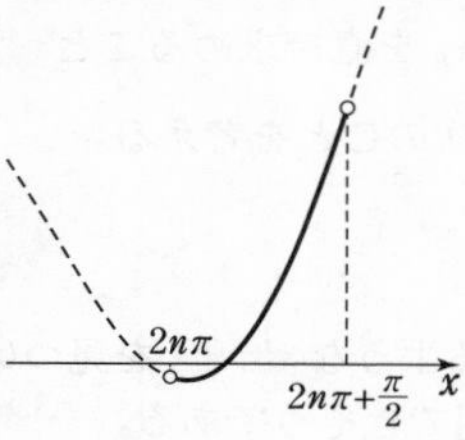

①

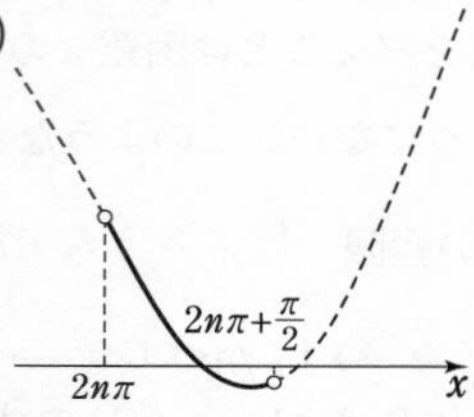

②

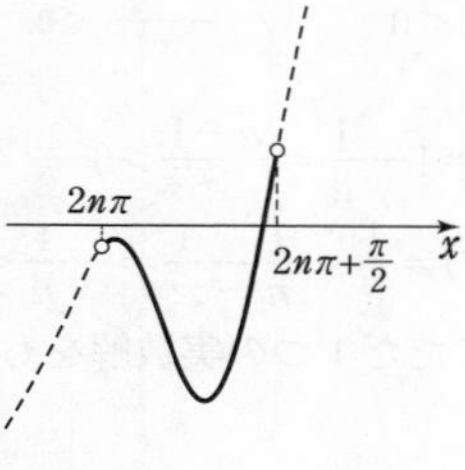

③

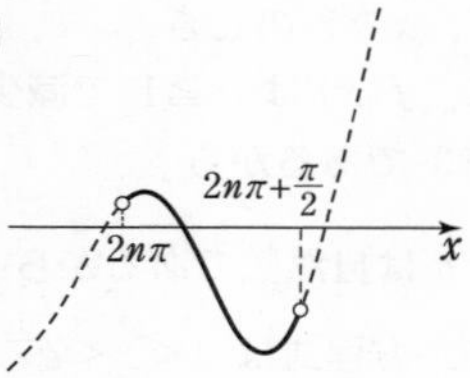

(2) (1)の実数解を x_n とするとき，極限 $\lim_{n\to\infty}(x_n-2n\pi)$ を求めよう。

$y_n=x_n-2n\pi$ とすると　$x_n=y_n+2n\pi$

x_n は ① の解であるから　$x_n(1-\cos x_n)=\sin(x_n+a)$

よって　$(y_n+2n\pi)(1-\cos y_n)=\sin(y_n+a)$　…… ②

② において，$\sin(y_n+a)\leqq 1$，$2n\pi<y_n+2n\pi$ を用いることにより

$$\lim_{n\to\infty}(1-\cos y_n)=\boxed{\text{イ}}$$

ゆえに　$\lim_{n\to\infty}(x_n-2n\pi)=\boxed{\text{ウ}}$

(3) 次に，極限 $\lim_{n\to\infty} n(x_n-2n\pi)^2$ を求めよう。

② の両辺を $1-\cos y_n$ で割ると

$$y_n+2n\pi=\frac{\sin(y_n+a)}{1-\cos y_n}$$

ゆえに　$n=\dfrac{\sin(y_n+a)}{2\pi(1-\cos y_n)}-\dfrac{y_n}{2\pi}$

よって　$\lim_{n\to\infty} ny_n{}^2=\boxed{\text{エ}}$　すなわち　$\lim_{n\to\infty} n(x_n-2n\pi)^2=\boxed{\text{エ}}$

$\boxed{\text{エ}}$ の解答群

⓪ $\dfrac{\sin a}{2\pi}$　① $\dfrac{\sin a}{\pi}$　② $\dfrac{2\sin a}{\pi}$

③ $\dfrac{\cos a}{2\pi}$　④ $\dfrac{\cos a}{\pi}$　⑤ $\dfrac{2\cos a}{\pi}$

⑥ $\dfrac{1}{2\pi}$　⑦ $\dfrac{1}{\pi}$　⑧ $\dfrac{2}{\pi}$

Research & Work

Research & Work 2 数学Ⅲ 立体の体積（断面積をつかむ）

積分を用いて立体の体積を求めるときの解法のポイントは，次の通りである。

立体の体積　断面積をつかむ　$p.271$ まとめ

これは，回転体や非回転体を問わず，どのような立体においても共通することであるからしっかり押さえておきたい。ここでは，やや複雑な立体の問題に取り組みながら，断面積のつかみ方について理解を深めていこう。

1 非回転体の体積

[問題]　切り口が半径 a の直円柱が 2 つあり，これらの直円柱の中心軸が互いに垂直になるように交わっているとする。交わっている部分（共通部分）の体積を求めよ。

共通部分のようすをイメージすることは難しい。このようなときは，断面積をつかんで，積分の計算により立体の体積を求めればよい。
共通部分の体積であるから，まずは 2 つの円柱それぞれの断面をとり，断面の共通部分を考える。
各円柱の断面の共通部分は，円柱の共通部分の断面である。その断面積を積分すればよい。
ここでは，2 つの中心軸が作る平面からの距離が x である平面で切った断面を考えよう。その断面は，幅が一定の帯になる。よって，帯が重なっている部分の面積を考える。

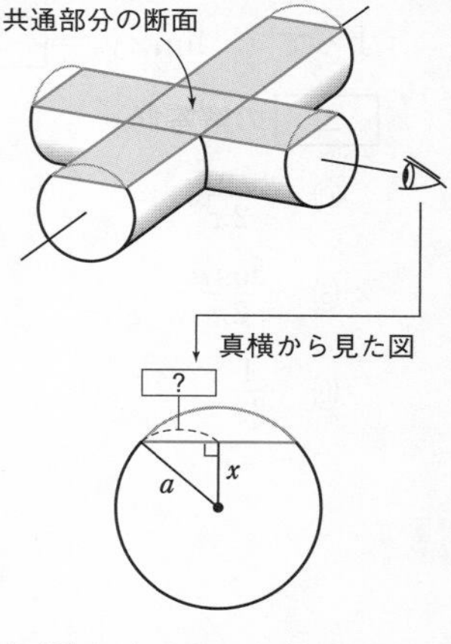

注意　立体を切る方向に注意。この問題では，2 つの中心軸が作る平面に平行な平面で切るとよいが，垂直な平面で切ると，断面は円と帯の共通部分となり，断面積を求めるのが難しくなる。

確認　Q 2　**[問題]** を解け。

2 回転体の体積

【例】　xyz 空間に 3 点 P(1, 1, 0), Q(−1, 1, 0), R(−1, 1, 2) をとる。△PQR を z 軸の周りに 1 回転させてできる立体の体積を求めよ。

まずは，図をかいて △PQR と回転軸（z 軸）の位置関係を把握しよう。△PQR と z 軸が同じ平面上にないので，回転体のようすをイメージすることは難しい。よって，回転体の断面積をつかもう。回転体の断面積では，**回転軸に垂直な平面で切ったときの断面** を考えることがポイントである。この **【例】** では，z 軸が回転軸であるから，z 軸に垂直な平面 $z=t$ で切ったときの断面積を調べる。

このとき，まず回転させる前の図形（ここでは△PQR）を平面 $z=t$ で切った切り口を考える。△PQR を平面 $z=t$ で切った切り口は，右図の線分 AB のようになる。この線分を z 軸の周りに 1 回転させてできる図形の面積が回転体の断面積である。

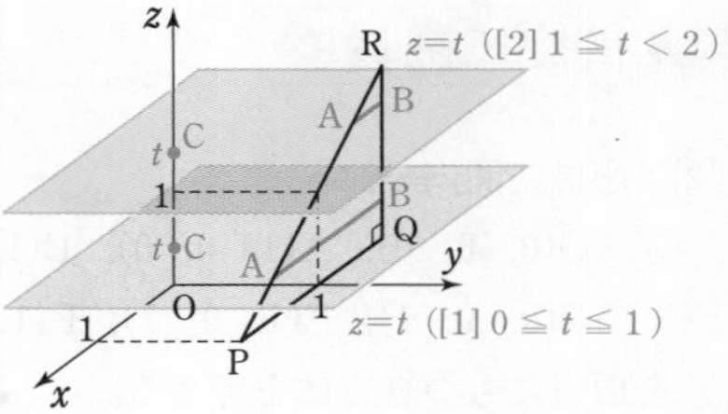

また，断面積を求めるときは，回転軸から最も遠い点と最も近い点までの距離を押さえる。断面積は

（外側の円の面積）−（内側の円の面積）　⟵ 回転軸が断面と交わる場合は，外側の円のみ（最も遠い点のみ）を考えればよい。

となる。

更に，この【例】では，$t=1$ で場合分けをする必要があることに注意。

【例】の解答　平面 $z=t$ $(0\leqq t<2)$ と辺 PR，QR との交点をそれぞれ A，B とすると，辺 QR は z 軸と平行であるから　　B$(-1,\ 1,\ t)$

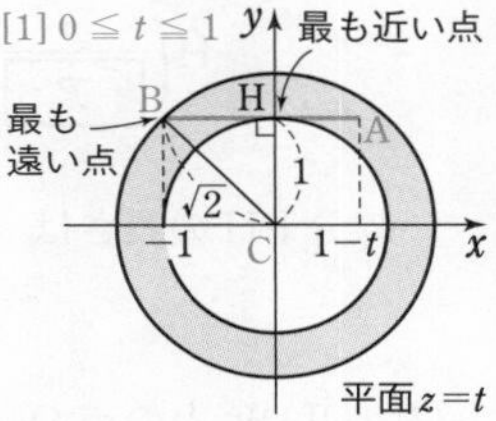

また，PQ=QR，∠PQR=90° であるから

$$AB=RB=2-t$$　⟵ △ABR は直角二等辺三角形。

ゆえに，点 A の x 座標は

$$-1+(2-t)=1-t$$

よって　　A$(1-t,\ 1,\ t)$

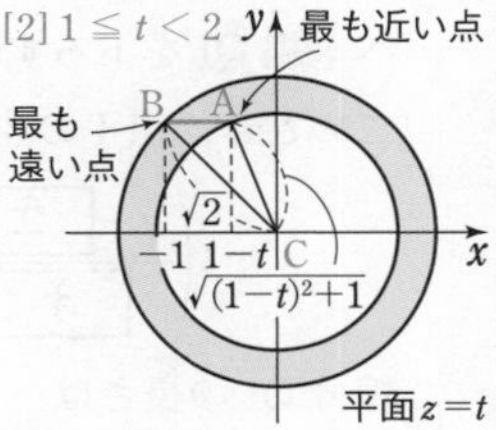

線分 AB を，平面 $z=t$ 上で z 軸の周りに 1 回転させてできる図形の面積を $S(t)$ とする。

C$(0,\ 0,\ t)$ とすると

$$AC=\sqrt{(1-t)^2+1},\ BC=\sqrt{2}$$

$0\leqq t<2$ において　　$1\leqq AC\leqq\sqrt{2}=BC$

また，点 C から直線 AB に垂線 CH を下ろすと

$$CH=1$$

点 H が線分 AB 上にあるのは，$0\leqq 1-t\leqq 1$　⟵ 0≦(点 A の x 座標)≦1

すなわち $0\leqq t\leqq 1$ のときである。

[1]　$0\leqq t\leqq 1$ のとき　　$S(t)=\pi\cdot BC^2-\pi\cdot CH^2=\pi\cdot(\sqrt{2})^2-\pi\cdot 1^2$
$=\pi$

[2]　$1\leqq t<2$ のとき　　$S(t)=\pi\cdot BC^2-\pi\cdot AC^2=\pi\cdot(\sqrt{2})^2-\pi\cdot(\sqrt{(1-t)^2+1})^2$
$=\pi(-t^2+2t)$

$t=2$ のとき　　$S(t)=0$　　これは [2] に含めてよい。

よって，求める体積は

$$\int_0^2 S(t)\,dt=\int_0^1\pi\,dt+\int_1^2\pi(-t^2+2t)\,dt=\pi+\pi\left[-\frac{t^3}{3}+t^2\right]_1^2=\boldsymbol{\frac{5}{3}\pi}$$

やってみよう

問2　座標空間において，平面 $z=1$ 上に，点 C$(0,\ 0,\ 1)$ を中心とする半径 1 の円板 C がある。円板 C を x 軸の周りに 1 回転させてできる立体の体積を求めよ。

● 問題に挑戦 ●

2 座標空間内で，

O(0, 0, 0)，A(1, 0, 0)，B(1, 1, 0)，C(0, 1, 0)，
D(0, 0, 1)，E(1, 0, 1)，F(1, 1, 1)，G(0, 1, 1)

を頂点にもつ立方体を考える。

この立方体を対角線 OF の周りに 1 回転させてできる回転体 K の体積を求めよう。

(1) 辺 OD 上の点 $\mathrm{P}(0,\ 0,\ p)\ (0<p\leqq 1)$ から直線 OF へ垂線 PH を下ろす。

このとき，点Hの座標は

$$\mathrm{H}\left(\frac{p}{\boxed{\text{ア}}},\ \frac{p}{\boxed{\text{ア}}},\ \frac{p}{\boxed{\text{ア}}}\right)$$

線分 PH の長さは　$\mathrm{PH}=\dfrac{\sqrt{\boxed{\text{イ}}}}{\boxed{\text{ウ}}}p$

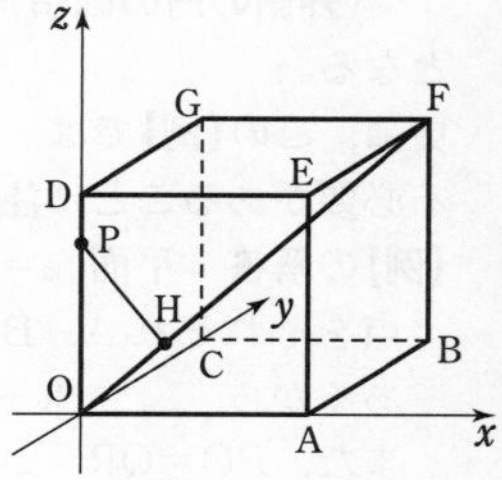

(2) 辺 DE 上の点 $\mathrm{Q}(q,\ 0,\ 1)\ (0\leqq q\leqq 1)$ から直線 OF へ垂線 QI を下ろす。

このとき，点 I の座標は

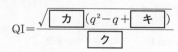

$$\mathrm{I}\left(\frac{q+\boxed{\text{エ}}}{\boxed{\text{オ}}},\ \frac{q+\boxed{\text{エ}}}{\boxed{\text{オ}}},\ \frac{q+\boxed{\text{エ}}}{\boxed{\text{オ}}}\right)$$

線分 QI の長さは

$$\mathrm{QI}=\frac{\sqrt{\boxed{\text{カ}}\,(q^2-q+\boxed{\text{キ}})}}{\boxed{\text{ク}}}$$

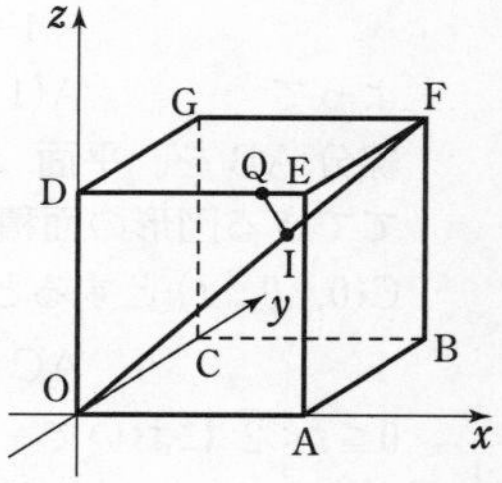

(3) 原点Oから点F方向へ線分OF上を距離 $u\,(0\leqq u\leqq\sqrt{3})$ だけ進んだ点をUとする。点Uを通り直線OFに垂直な平面で K を切ったときの断面の円の半径 r を，u の関数として表そう。

ここで，点D，Eから直線OFへ下ろした垂線を，それぞれDS，ETとする。

[1] $0\leqq \mathrm{OU}\leqq \mathrm{OS}$ のとき

Uを通りOFに垂直な平面で立方体を切断したときの断面上で，点Uからの距離が最大になるのは点Pであるから

$$r=\mathrm{PU}$$

よって　$r=\sqrt{\boxed{\text{ケ}}}\,u$

[2] $\mathrm{OS}\leqq \mathrm{OU}\leqq \mathrm{OT}$ のとき

[1]と同様に立方体を切断したときの断面上で，点Uからの距離が最大になるのは点Qであるから

$$r=\mathrm{QU}$$

よって　$r=\sqrt{\boxed{\text{コ}}\left(u^2-\sqrt{\boxed{\text{サ}}}\,u+\boxed{\text{シ}}\right)}$

[3] $\mathrm{OT}\leqq \mathrm{OU}\leqq \mathrm{OF}$ のとき

回転体 K が，線分OFの中点を通りOFに垂直な平面に関して対称な図形であることから，[1]の結果を利用して

$$r=\sqrt{\boxed{\text{ケ}}}\left(\sqrt{\boxed{\text{ス}}}-u\right)$$

(4) (3)から，回転体 K の体積を V とすると

$$V=\frac{\sqrt{\boxed{\text{セ}}}}{\boxed{\text{ソ}}}\pi$$

Research & Work

Research & Work 1 数学C ベクトルの式を満たす点の存在範囲と斜交座標

1 平面上の点の存在範囲の復習

平面上の△OABにおいて，$\overrightarrow{OP}=s\overrightarrow{OA}+t\overrightarrow{OB}$（$s$，$t$ は実数）を満たす点Pの存在範囲は，s，t の条件式によって，次の4つのタイプに分けられる。

1. **$s+t=1$（係数の和が1） $\Longleftrightarrow$ 直線AB**
2. **$s+t=1$，$s\geqq 0$，$t\geqq 0$ $\Longleftrightarrow$ 線分AB**
3. **$0\leqq s+t\leqq 1$，$s\geqq 0$，$t\geqq 0$ $\Longleftrightarrow$ △OABの周および内部**
4. **$0\leqq s\leqq 1$，$0\leqq t\leqq 1$ $\Longleftrightarrow$ 平行四辺形OACBの周および内部**
   （ただし，点Cは $\overrightarrow{OC}=\overrightarrow{OA}+\overrightarrow{OB}$ を満たす点）

数学C例題37，38

問題で与えられる s，t の条件式を変形して，上の4つのタイプのいずれかの形を導くことが解法のポイントである。復習のために，次の「確認」に取り組んでみよう。

確認 Q1 △OABにおいて，次の式を満たす点Pの存在範囲を求めよ。

(1) $\overrightarrow{OP}=s\overrightarrow{OA}+t\overrightarrow{OB}$，$3s+4t=4$

(2) $\overrightarrow{OP}=s\overrightarrow{OA}+3t\overrightarrow{OB}$，$0\leqq 2s+5t\leqq 1$，$s\geqq 0$，$t\geqq 0$

2 座標平面での考察

ここでは，座標平面を用いて点の存在範囲について考えてみよう。

例 OA＝OB＝1，∠AOB＝90° の直角二等辺三角形OABにおいて，

$\overrightarrow{OP}=x\overrightarrow{OA}+y\overrightarrow{OB}$，$0\leqq x+y\leqq 1$，$x\geqq 0$，$y\geqq 0$（$x$，$y$ は実数）

を満たす点Pの存在範囲を考えよう。

Oを原点とする座標平面上で，

$\overrightarrow{OA}=(1,\ 0)$，$\overrightarrow{OB}=(0,\ 1)$

とすることができるから

$\overrightarrow{OP}=x(1,\ 0)+y(0,\ 1)=(x,\ y)$

すなわち，座標平面上で点Pの座標は $(x,\ y)$ である。

よって，点Pの存在範囲は，連立不等式 $0\leqq x+y\leqq 1$，$x\geqq 0$，$y\geqq 0$ の表す領域であるから，これを図示すると**右図の斜線部分**となる。**ただし，境界線を含む。**

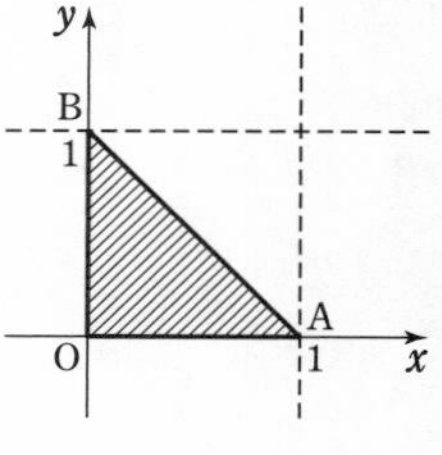

この領域は，△OABの周および内部（上の 3 のタイプ）に他ならない。

上の 例 の△OABは，OA＝OB＝1，∠AOB＝90° の直角二等辺三角形という形状をしており，これは直交座標で扱うのに都合がよい。

OA≠1，OB≠1，∠AOB≠90° の場合には，次ページで紹介する斜交座標を用いる。

座標平面を導入することによって，数学Ⅱ「図形と方程式」で学習した内容を用いて考えることができます。

3 斜交座標

平面上で1次独立なベクトル $\overrightarrow{OA}$, $\overrightarrow{OB}$ を定めると，任意の点Pは

$\overrightarrow{OP}=s\overrightarrow{OA}+t\overrightarrow{OB}$ (s, t は実数) …… Ⓐ

の形にただ1通りに表される。p.301

このとき，実数の組 $(s,\ t)$ を **斜交座標** といい，Ⓐ によって定まる点Pを P$(s,\ t)$ で表す (図1)。特に，$\overrightarrow{OA}\perp\overrightarrow{OB}$, $|\overrightarrow{OA}|=|\overrightarrow{OB}|=1$ のときの斜交座標は，$\overrightarrow{OA}$ の延長を x 軸，$\overrightarrow{OB}$ の延長を y 軸にとった xy 座標 (直交座標) になる (図2)。

[図1] 斜交座標

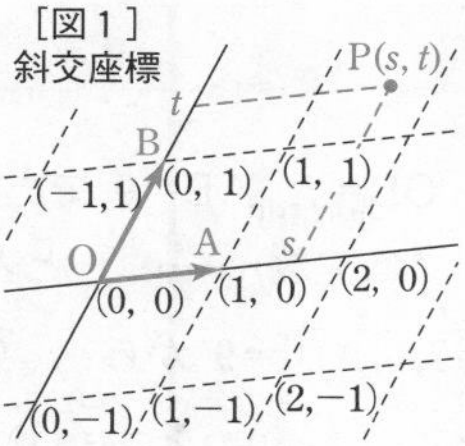

[図2] 直交座標

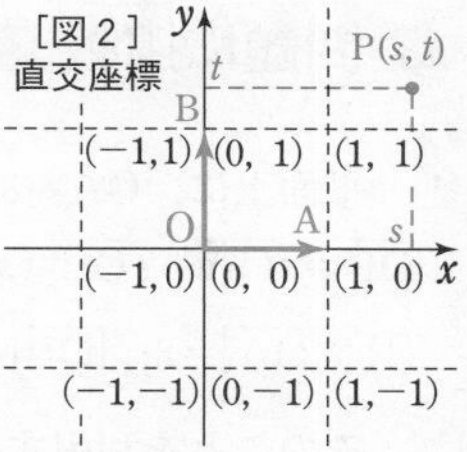

斜交座標が定められた平面は，「直交座標平面を斜めから見たもの」というイメージでとらえることができる。そこで，ある条件を満たして動く点Pが，直交座標平面上で直線を描くならば，斜交座標平面上でも直線を描くことになる。

図4は，図3 (直交座標) に示した点，線分，三角形を斜交座標に映したものである。この図からわかるように，直交座標と斜交座標の変換によって図形の長さや角度は変わるが，図形の位置，長さの比などは変わらない。

[図3] 直交座標

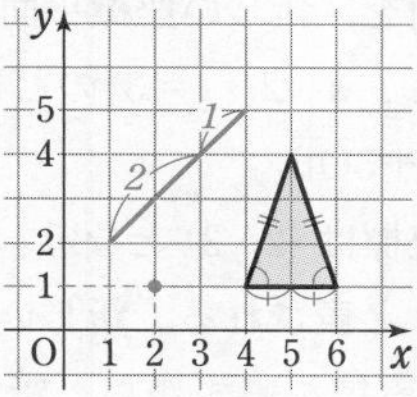

[図4] 斜交座標

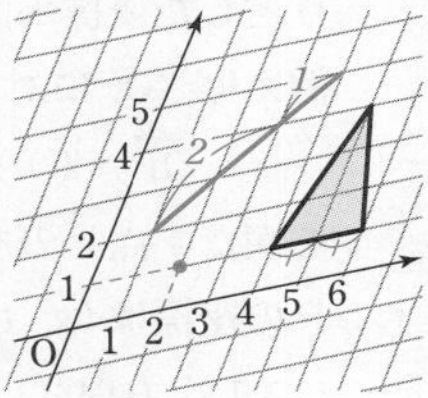

具体的に例題について考えてみよう。

● **数学C基本例題 37 (2)**

$\overrightarrow{OP}=s\overrightarrow{OA}+t\overrightarrow{OB}$, $2s+t=3$, $s\geqq0$, $t\geqq0$ ……(＊) すなわち P$(s,\ t)$, $2s+t=3$, $s\geqq0$, $t\geqq0$ を満たす点Pは，直交座標平面上では直線 $2x+y=3$ の $x\geqq0$, $y\geqq0$ を満たす部分にある。この直線と座標軸との交点を C$\left(\dfrac{3}{2},\ 0\right)$, D$(0,\ 3)$ とする。

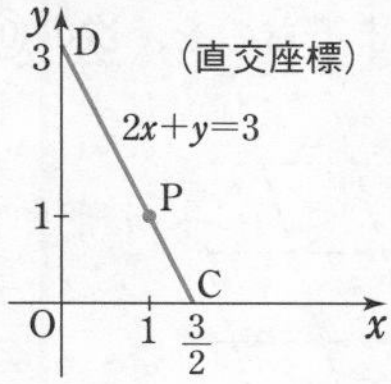

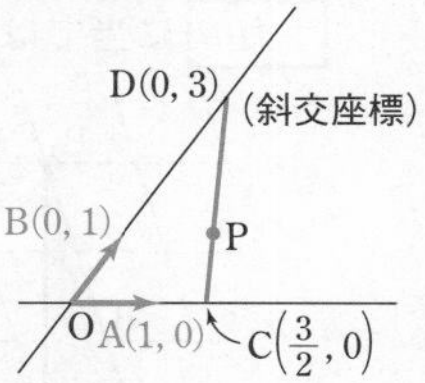

これに対して，斜交座標平面上で同じ座標をもつ点C，Dを考えると

$$\overrightarrow{OA}=\frac{2}{3}\overrightarrow{OC},\quad \overrightarrow{OB}=\frac{1}{3}\overrightarrow{OD}$$

よって，点Pの条件式 (＊) は

$$\overrightarrow{OP}=\frac{2}{3}s\overrightarrow{OC}+\frac{t}{3}\overrightarrow{OD},\quad \frac{2}{3}s+\frac{t}{3}=1,\quad \frac{2}{3}s\geqq0,\quad \frac{t}{3}\geqq0$$

となり，点Pの存在範囲は線分 CD である。

点P$(s,\ t)$ の条件が s と t の1次方程式または1次不等式で与えられたとき，上と同様，

[1] s を x, t を y におき換えた方程式 (不等式) の表す図形を直交座標平面上で考える

[2] [1] の図形をそのまま斜交座標平面上の直線，線分，領域に読み替える

という手順で点Pの存在範囲を求めることができる。

やってみよう

問1 Oを原点，A$(1,\ 0)$, B$(0,\ 1)$, $\overrightarrow{OP}=x\overrightarrow{OA}+y\overrightarrow{OB}$ (x, y は実数) とする。x, y が $2\leqq x+2y\leqq4$, $x\geqq0$, $y\geqq0$ を満たしながら変化するとき，点Pの存在範囲を xy 座標平面上に図示せよ。

● 問題に挑戦 ●

1 平面上に，OA＝8，OB＝7，AB＝9 である△OABと点Pがあり，$\overrightarrow{\mathrm{OP}}$ が，
$\overrightarrow{\mathrm{OP}}=s\overrightarrow{\mathrm{OA}}+t\overrightarrow{\mathrm{OB}}$（$s$，$t$ は実数）……① と表されているとする。

(1) $|\overrightarrow{\mathrm{OA}}|=8$，$|\overrightarrow{\mathrm{OB}}|=7$，$|\overrightarrow{\mathrm{AB}}|=9$ から　$\overrightarrow{\mathrm{OA}}\cdot\overrightarrow{\mathrm{OB}}=$ [アイ]

このことを利用すると，△OABの面積 S は $S=$ [ウエ] $\sqrt{\text{[オ]}}$ と求められる。

(2) s，t が

$s\geqq 0$，$t\geqq 0$，$s+3t\leqq 3$ ……②

を満たしながら動くとする。このときの点Pの存在範囲の面積 T を S を用いて表したい。次のような新しい座標平面を用いる方法によって考えてみよう。

直線OA，OBを座標軸とし，辺OA，辺OBの長さを1目盛りとした座標平面を，新しい座標平面と呼ぶこととする。

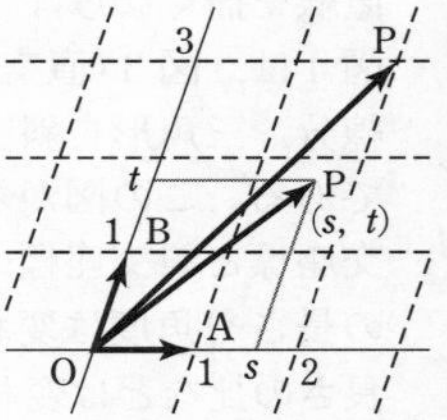

例えば，① に対し，$s=2$，$t=3$ のとき

$\overrightarrow{\mathrm{OP}}=2\overrightarrow{\mathrm{OA}}+3\overrightarrow{\mathrm{OB}}$

を満たす点Pの座標は $(2,\ 3)$ となる。つまり，① を満たす点Pの座標は $(s,\ t)$ と表される。新しい座標平面上において，s，t の1次方程式は直線を表すから，新しい座標平面上に直線 $s=0$，$t=0$，$s+3t=3$ をかくことにより，連立不等式 ② を満たす点Pの存在範囲を図示すると，図 [カ] の影をつけた部分のようになる。ただし，境界線を含む。また，$\mathrm{A_3}$，$\mathrm{B_3}$ はそれぞれ $3\overrightarrow{\mathrm{OA}}=\overrightarrow{\mathrm{OA_3}}$，$3\overrightarrow{\mathrm{OB}}=\overrightarrow{\mathrm{OB_3}}$ を満たす点である。よって，$T=$ [キ] S である。

[カ] に当てはまるものを，次の⓪～③のうちから1つ選べ。

⓪
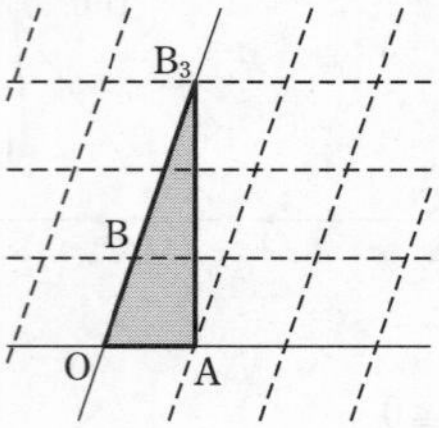

①
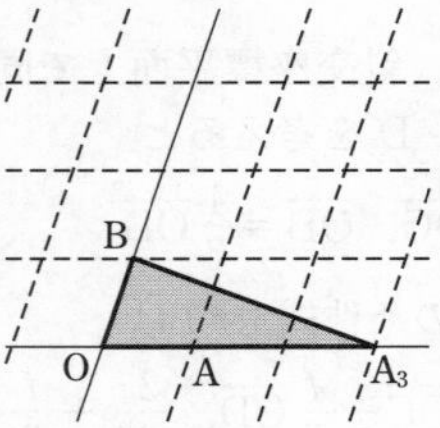

②
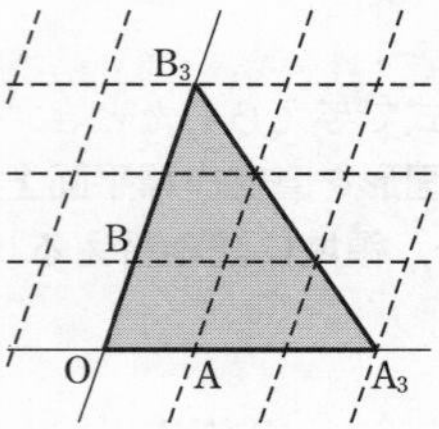

③
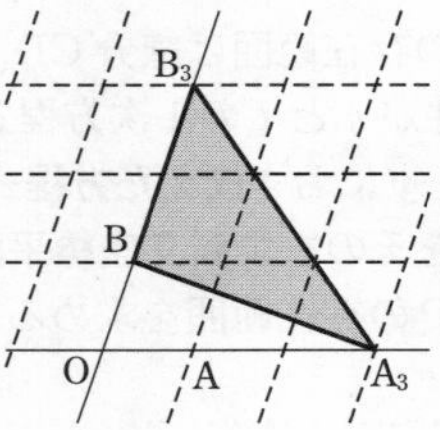

(3) s, t が

$$s \geqq 0,\ t \geqq 0,\ s+3t \leqq 3,\ 1 \leqq 2s+t \leqq 2 \ \cdots\cdots ③$$

を満たしながら動くとする。このときの点Pの存在範囲の面積 U を求めたい。

連立不等式③を，次の(i)，(ii)のように分けて考える。

(i) $s \geqq 0,\ t \geqq 0,\ s+3t \leqq 3$　　(ii) $s \geqq 0,\ t \geqq 0,\ 1 \leqq 2s+t \leqq 2$

連立不等式(ii)を満たす点Pの存在範囲を新しい座標平面上に図示すると，図 [ク] の影をつけた部分のようになる。ただし，境界線を含む。また，A_1，B_1 はそれぞれ $\frac{1}{2}\overrightarrow{OA}=\overrightarrow{OA_1}$，$\frac{1}{2}\overrightarrow{OB}=\overrightarrow{OB_1}$ を満たす点であり，A_2，B_2 はそれぞれ $2\overrightarrow{OA}=\overrightarrow{OA_2}$，$2\overrightarrow{OB}=\overrightarrow{OB_2}$ を満たす点である。

求める面積 U は，(i)と(ii)の共通部分の面積であるから　　$U=\dfrac{[ケ]}{[コサ]}S$

よって　　$U=\dfrac{[シス]\sqrt{[セ]}}{[ソ]}$

[ク] に当てはまるものを，次の⓪～③のうちから1つ選べ。

⓪

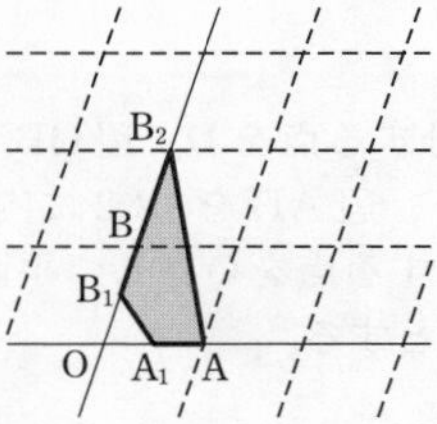

①

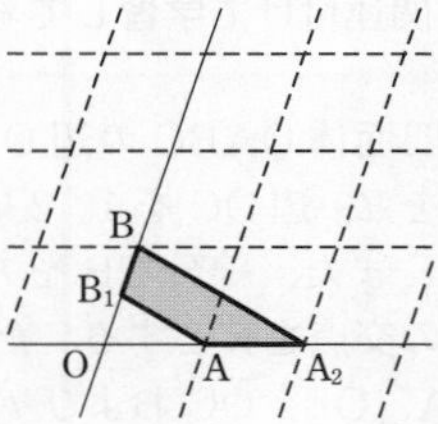

②

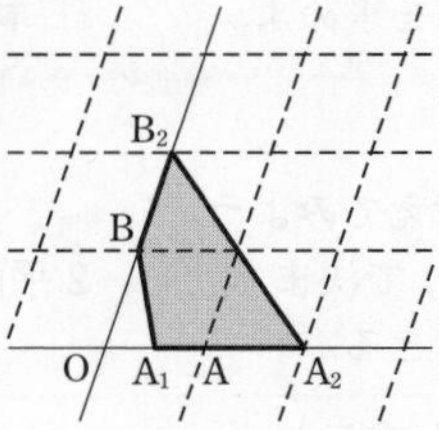

③

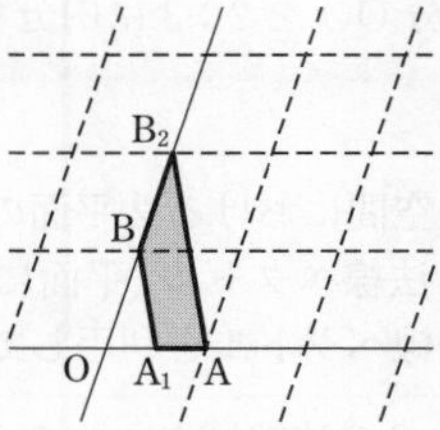

Research & Work

Research & Work 2 数学C 空間図形とベクトル

空間図形の問題を考えるとき，ベクトルは大変役に立つ道具となる。ここでは，まず空間図形に関するベクトルの重要な解法を振り返る。これは確実に使えるようになってほしい。続いて，空間における2平面に関して，やや発展的な事柄を取り上げる。混乱しやすい内容を含むので，これについても理解を深めておこう。

1 位置ベクトルの解法の復習

直線と平面の交点の位置ベクトルを求めるとき，次の2つの方法があることを学んだ。

1 (係数の和)=1 を利用する方法　　**2 2通りに表し係数比較する方法**

$p.390$ 振り返り

問題で扱われる空間図形は，四面体，四角錐，平行六面体などさまざまであるが，図形に関する条件をベクトルを用いた数式で表し，ベクトルの係数を求めるという流れは同様である。計算の手間や条件の表しやすさに応じて，2つの方法のうちいずれかを選べばよい。なお，これらの方法の要点は，**平面上** で交点の位置ベクトルを求めるときにも共通する。関連付けて学習しておこう。

確認 Q2　四面体OABCの辺OAを1：1に内分する点をD，辺OBを2：1に内分する点をE，辺OCを1：2に内分する点をF，辺ABを1：2に内分する点をPとする。また，線分CPを $t:(1-t)$ に内分する点をQとし，平面DEFと線分OQとの交点をRとする。ただし，$0<t<1$ とする。

(1) $\overrightarrow{OQ}$ を $\overrightarrow{OA}$，$\overrightarrow{OB}$，$\overrightarrow{OC}$ および t を用いて表せ。

(2) 点Rが線分OQを2：3に内分するとき，t の値を求めよ。　〔日本女子大〕

2 2平面の関係

テーマを変えて，空間における2平面の関係について考えてみよう。
平面は通る1点と法線ベクトル(平面に垂直なベクトル)で決まるから，2平面の平行，垂直，なす角は法線ベクトルを利用して考えることができる。

異なる2平面 α，β の法線ベクトルをそれぞれ $\vec{m}$，$\vec{n}$ とすると

① **平行条件** $\alpha /\!/ \beta$ ……$\vec{m} /\!/ \vec{n}$　すなわち　$\vec{m}=k\vec{n}$ **となる実数 k がある**

② **垂直条件** $\alpha \perp \beta$ ……$\vec{m} \perp \vec{n}$　すなわち　$\vec{m}\cdot\vec{n}=0$

③ α，β のなす角を $\theta\,(0^\circ \leqq \theta \leqq 90^\circ)$ とすると　$\cos\theta=\dfrac{|\vec{m}\cdot\vec{n}|}{|\vec{m}||\vec{n}|}$

① 平行

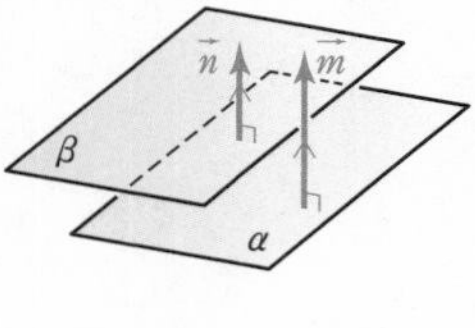

② 垂直

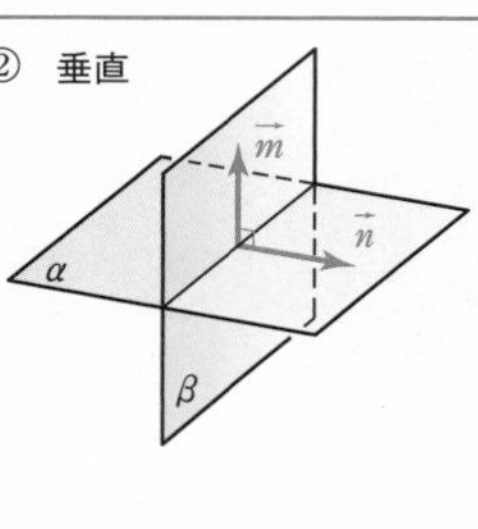

③

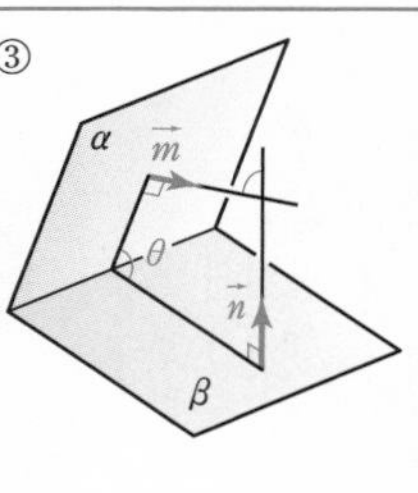

補足　交わる2平面の共有点全体を2平面の **交線** といい，交線上の点から，交線に対し垂直に引いた平面上の2直線のなす角 θ を，2平面の **なす角** という。また，$\theta=90°$ のとき，2平面は **垂直** であるという。なお，2平面が共有点をもたないとき，2平面は **平行** であるという。

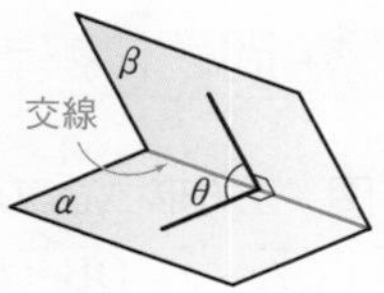

注意　右図のように，交線上の点を通る2本の直線は何通りも引くことができるが，垂直に引いた2直線のなす角以外は，2平面のなす角ではない。図形をイメージするときに混乱しやすいので要注意である。

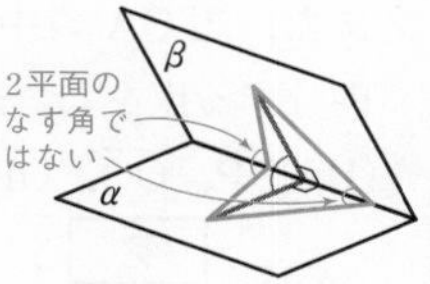

具体的に2平面のなす角を求めてみよう。　←平面の方程式については，$p.410$ 参照。

例　2平面 $\alpha: x-2y+z=7$，$\beta: x+y-2z=14$ のなす角 θ を求めよう。ただし，$0°\leqq\theta\leqq90°$ とする。

$\vec{m}=(1,\ -2,\ 1)$，$\vec{n}=(1,\ 1,\ -2)$ とすると，$\vec{m}$，$\vec{n}$ は，それぞれ平面 α，β の法線ベクトルである。

$\vec{m}$，$\vec{n}$ のなす角を θ_1 $(0°\leqq\theta_1\leqq180°)$ とすると

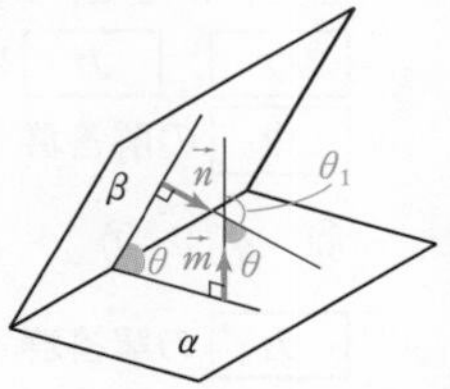

$$\cos\theta_1=\frac{\vec{m}\cdot\vec{n}}{|\vec{m}||\vec{n}|}$$

←θ_1 は $90°$ 以下とは限らないから分子に絶対値記号を付けていない。

$$=\frac{1\times1+(-2)\times1+1\times(-2)}{\sqrt{1^2+(-2)^2+1^2}\sqrt{1^2+1^2+(-2)^2}}$$

$$=\frac{-3}{\sqrt{6}\sqrt{6}}=-\frac{1}{2}$$

$0°\leqq\theta_1\leqq180°$ であるから　　$\theta_1=120°$

よって，2平面 α，β のなす角 θ は　　$\theta=180°-120°=\mathbf{60°}$

←法線ベクトルのなす角 θ_1 が $90°$ より大きい場合，2平面のなす角は $180°-\theta_1$

確認

Q3　次の2平面のなす角 θ を求めよ。ただし，$0°\leqq\theta\leqq90°$ とする。

(1)　$3x-4y+5z=2$，$x+7y-10z=0$

(2)　$2x-y-2z=3$，$x-y=5$

やってみよう

問2　図の平行六面体BDGF-OCEAの辺OCを3：1に内分する点をP，辺BFを2：1に内分する点をQ，辺EGを1：1に内分する点をRとする。$\vec{a}=\overrightarrow{OA}$，$\vec{b}=\overrightarrow{OB}$，$\vec{c}=\overrightarrow{OC}$，$\vec{p}=\overrightarrow{OP}$，$\vec{q}=\overrightarrow{OQ}$，$\vec{r}=\overrightarrow{OR}$ とおくとき，次の問いに答えよ。

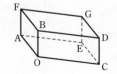

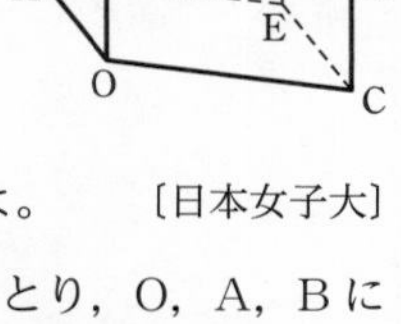

(1)　$\vec{p}$，$\vec{q}$，$\vec{r}$ を $\vec{a}$，$\vec{b}$，$\vec{c}$ の式で表せ。

(2)　平面PQRと辺FGの交点をXとするとき，FX：XGを求めよ。　〔日本女子大〕

問3　Oを原点とする座標空間に2点A$(1,\ 0,\ 1)$，B$(0,\ 1,\ \sqrt{2})$ をとり，O，A，Bによって定められる平面を α とする。平面 α と xy 平面のなす角 θ を求めよ。ただし，$0°\leqq\theta\leqq90°$ とする。

● 問題に挑戦 ●

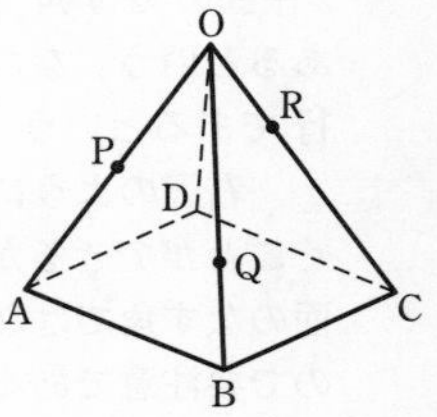

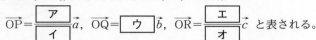

2　正方形 ABCD を底面とする正四角錐 O-ABCD において，
$\overrightarrow{OA}=\vec{a}$，$\overrightarrow{OB}=\vec{b}$，$\overrightarrow{OC}=\vec{c}$，$\overrightarrow{OD}=\vec{d}$ とする。
また，辺 OA の中点を P，辺 OB を $q:(1-q)\ (0<q<1)$ に内分する点を Q，辺 OC を 1：2 に内分する点を R とする。

(1)　$\overrightarrow{OP}$，$\overrightarrow{OQ}$，$\overrightarrow{OR}$ はそれぞれ $\vec{a}$，$\vec{b}$，$\vec{c}$ を用いて

$\overrightarrow{OP}=\dfrac{\boxed{\text{ア}}}{\boxed{\text{イ}}}\vec{a}$，$\overrightarrow{OQ}=\boxed{\text{ウ}}\,\vec{b}$，$\overrightarrow{OR}=\dfrac{\boxed{\text{エ}}}{\boxed{\text{オ}}}\vec{c}$ と表される。

また，$\vec{d}$ を $\vec{a}$，$\vec{b}$，$\vec{c}$ を用いて表すと，$\vec{d}=\boxed{\text{カ}}$ となる。

$\boxed{\text{ウ}}$，$\boxed{\text{カ}}$ に当てはまるものを，次の解答群から 1 つずつ選べ。

$\boxed{\text{ウ}}$ **の解答群**

⓪ q　① $-q$　② $(1-q)$　③ $(q-1)$　④ $\dfrac{q}{1+q}$　⑤ $\dfrac{1-q}{1+q}$

$\boxed{\text{カ}}$ **の解答群**

⓪ $\vec{a}+\vec{b}+\vec{c}$　① $\vec{a}+\vec{b}-\vec{c}$　② $\vec{a}-\vec{b}+\vec{c}$　③ $-\vec{a}+\vec{b}+\vec{c}$
④ $\vec{a}-\vec{b}-\vec{c}$　⑤ $-\vec{a}+\vec{b}-\vec{c}$　⑥ $-\vec{a}-\vec{b}+\vec{c}$　⑦ $-\vec{a}-\vec{b}-\vec{c}$

(2)　平面 PQR と直線 OD が交わるとき，その交点を X とする。

$q=\dfrac{2}{3}$ のとき，点 X が辺 OD に対してどのような位置にあるのかを調べよう。

(i)　$\overrightarrow{OX}=k\vec{d}$（$k$ は実数）とおき，次の **方針 1** または **方針 2** を用いて k の値を求める。

方針 1

点 X は平面 PQR 上にあることから，実数 α，β を用いて

$$\overrightarrow{PX}=\alpha\overrightarrow{PQ}+\beta\overrightarrow{PR}$$

と表される。よって，$\overrightarrow{OX}$ を $\vec{a}$，$\vec{b}$，$\vec{c}$ と実数 α，β を用いて表すと，

$\overrightarrow{OX}=\boxed{\text{キ}}\,\vec{a}+\boxed{\text{ク}}\,\vec{b}+\boxed{\text{ケ}}\,\vec{c}$ となる。

また，$\overrightarrow{OX}=k\vec{d}=k\left(\boxed{\text{カ}}\right)$ であることから，$\overrightarrow{OX}$ は $\vec{a}$，$\vec{b}$，$\vec{c}$ と実数 k を用いて表すこともできる。

この 2 通りの表現を用いて，k の値を求める。

方針 2

$\overrightarrow{\mathrm{OX}}=k\vec{d}=k\left(\boxed{\text{カ}}\right)$ であることから，$\overrightarrow{\mathrm{OX}}$ を $\overrightarrow{\mathrm{OP}}$，$\overrightarrow{\mathrm{OQ}}$，$\overrightarrow{\mathrm{OR}}$ と実数 α'，β'，γ' を用いて　$\overrightarrow{\mathrm{OX}}=\alpha'\overrightarrow{\mathrm{OP}}+\beta'\overrightarrow{\mathrm{OQ}}+\gamma'\overrightarrow{\mathrm{OR}}$ と表すと

$\alpha'=\boxed{\text{コ}}k$，$\beta'=\dfrac{\boxed{\text{サシ}}}{\boxed{\text{ス}}}k$，$\gamma'=\boxed{\text{セ}}k$ となる。

点Xは平面PQR上にあるから，$\alpha'+\beta'+\gamma'=\boxed{\text{ソ}}$ が成り立つ。
この等式を用いて k の値を求める。

$\boxed{\text{キ}}$ ～ $\boxed{\text{ケ}}$ に当てはまるものを，次の解答群から１つずつ選べ。

$\boxed{\text{キ}}$ ～ $\boxed{\text{ケ}}$ **の解答群**（同じものを繰り返し選んでもよい。）

⓪ $\dfrac{1}{2}\alpha$　① $\dfrac{1}{3}\alpha$　② $\dfrac{2}{3}\alpha$　③ $\dfrac{1}{2}\beta$　④ $\dfrac{1}{3}\beta$　⑤ $\dfrac{2}{3}\beta$

⑥ $\dfrac{1-\alpha-\beta}{2}$　⑦ $\dfrac{1-\alpha-\beta}{3}$　⑧ $\dfrac{2(1-\alpha-\beta)}{3}$

(ii) **方針 1** または **方針 2** を用いて，k の値を求めると，$k=\dfrac{\boxed{\text{タ}}}{\boxed{\text{チ}}}$ である。

よって，点Xは辺ODを $\boxed{\text{ツ}}:\boxed{\text{テ}}$ に内分する位置にあることがわかる。

(3) 平面PQRが直線ODと交わるとき，$\overrightarrow{\mathrm{OX}}=x\vec{d}$（$x$ は実数）とおくと，x は q を用いて $x=\dfrac{q}{\boxed{\text{ト}}q-\boxed{\text{ナ}}}$ と表される。

(4) 平面PQRと辺ODについて，次のようになる。

$q=\dfrac{1}{4}$ のとき，平面PQRは $\boxed{\text{ニ}}$。

$q=\dfrac{1}{5}$ のとき，平面PQRは $\boxed{\text{ヌ}}$。

$q=\dfrac{1}{6}$ のとき，平面PQRは $\boxed{\text{ネ}}$。

$\boxed{\text{ニ}}$ ～ $\boxed{\text{ネ}}$ に当てはまるものを，次の解答群から１つずつ選べ。

$\boxed{\text{ニ}}$ ～ $\boxed{\text{ネ}}$ **の解答群**（同じものを繰り返し選んでもよい。）

⓪ 辺ODと点Oで交わる　① 辺ODと点Dで交わる
② 辺OD（両端を除く）と交わる　③ 辺ODのOを越える延長と交わる
④ 辺ODのDを越える延長と交わる　⑤ 直線ODと平行である

Research &Work 3 数学C 複素数平面の応用

1 複素数平面における回転と拡大

図形問題を考えるための道具として，三角比，座標平面，ベクトル，複素数平面など，さまざまなものを学んできた。それぞれに特徴があり，問題に応じて使い分ける必要がある。複素数平面は，図形の回転や拡大を扱う場合に特に役立つことが多い。次に示すように回転や拡大は複素数の積として表されるので，この性質を利用する。

$$z'=r(\cos\theta+i\sin\theta)z$$

原点からの距離を r 倍に拡大・縮小（r）　原点を中心として θ だけ回転（$\cos\theta+i\sin\theta$）

p.457 ズーム UP

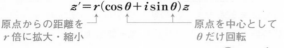

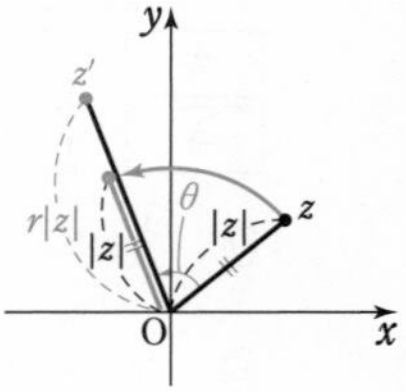

上の式は，複素数を掛けることにより，図形を回転・拡大させることができる，ということを意味しており，これはベクトルなどの他の道具にはない特色といえる。

なお，回転・拡大を考えるときは，複素数は極形式で扱うことが多い。

それでは，この回転・拡大の考え方を使って，次の「確認」に取り組んでみよう。

確認 Q4　O を原点とする複素数平面上で，複素数 α，β を表す点をそれぞれ A，B とする。ただし，$\alpha\neq0$，$\beta\neq0$ である。△OAB が必ず直角二等辺三角形となるような α，β の関係式を，次のうちから 2 つ選べ。

① $\alpha+\beta=0$　② $|\alpha|=|\beta|$　③ $\beta=i\alpha$

④ $\beta=\left(\dfrac{1+\sqrt{3}i}{2}\right)\alpha$　⑤ $\beta=(1-i)\alpha$

2 複素数の漸化式

ここでは，項に複素数を含む数列の問題について考えてみよう。複素数の数列でも，数学B「数列」で学んだことをそのまま使えばよい。

例1　複素数 z_n について，漸化式

$$z_{n+1}=wz_n\ (n=1,\ 2,\ 3,\ \cdots\cdots)\quad\cdots\cdots ①$$

によって定められる数列 $\{z_n\}$ がある。

漸化式 ① から，数列 $\{z_n\}$ は初項 z_1，公比 w の等比数列であることがわかる。

よって，$\{z_n\}$ の一般項は

$$z_n=z_1w^{n-1}$$

ここで，$z_1=\cos\alpha+i\sin\alpha$，$w=r(\cos\theta+i\sin\theta)$ とすると，z_n の絶対値と偏角は

$$\begin{aligned}|z_n|&=|z_1w^{n-1}|\\&=|z_1||w|^{n-1} \quad \longleftarrow |z_1|=1,\ |w|=r\\&=r^{n-1} \quad \longrightarrow \text{絶対値は 積（累乗）}\end{aligned}$$

$$\begin{aligned}\arg z_n&=\arg(z_1w^{n-1})\\&=\arg z_1+(n-1)\arg w \quad \longleftarrow \arg z_1=\alpha,\ \arg w=\theta\\&=\alpha+(n-1)\theta \quad \longrightarrow \text{偏角は 和}\end{aligned}$$

複素数平面上で数列の各項 z_1, z_2, z_3, …… を表す点が，どのような位置にあるかをとらえることも大切である。
漸化式 ① の場合，z_n と z_{n+1} の位置関係は，前ページの **1** で取り上げた回転・拡大によって順に定められる（右図参照）。

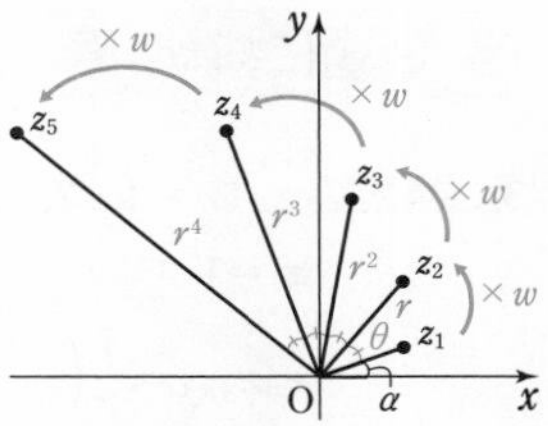

（α, θ は鋭角，$r>1$ の場合）

3　1 の n 乗根に関する考察

2 をふまえて，1 の n 乗根について考えてみよう。
1 の n 乗根には，次のような性質があることを学んだ。

> **[1]**　$z^n=1$ の解は，1, α, α^2, α^3, ……, α^{n-1} の n 個あり，すべて異なる。
> **[2]**　$\alpha^{n-1}+\alpha^{n-2}+\alpha^{n-3}+\cdots\cdots+1=0$
> **[3]**　複素数平面上で α^k を表す点は，点 1 を 1 つの頂点として単位円に内接する正 n 角形の各頂点である。
> p.445 まとめ

[1] について，$z^n=1$ の解（1 の n 乗根）は，等比数列の項をなしていることがわかる。これは，① において，$w=\alpha$, $z_1=1$ としたときの漸化式 $z_{n+1}=\alpha z_n$ …… ② によって定められる等比数列の項のうち最初の n 項である，と考えることもできる。
ここで，② において

$$\alpha=\cos\frac{2\pi}{n}+i\sin\frac{2\pi}{n}$$

←$\left(\cos\frac{2\pi}{n}+i\sin\frac{2\pi}{n}\right)^n=\cos 2\pi+i\sin 2\pi=1$ から，$\cos\frac{2\pi}{n}+i\sin\frac{2\pi}{n}$ は 1 の n 乗根である。

とすると

$$z_{n+1}=\left(\cos\frac{2\pi}{n}+i\sin\frac{2\pi}{n}\right)z_n \quad \cdots\cdots ③$$

よって，点 z_{n+1} は，点 z_n を原点を中心として $\frac{2\pi}{n}$ だけ回転した点である。$z_1=1$ であることに注意すると，③ から定められる数列の各項を表す点は，上の [3] で示したような，正 n 角形の各頂点となることがわかる。

例2　③ において，$n=6$ とすると

$$z_{n+1}=\left(\cos\frac{\pi}{3}+i\sin\frac{\pi}{3}\right)z_n$$

このとき，z_1, z_2, z_3, …… を表す点は右図のように正六角形の頂点となる。数列の各項 z_1, z_2, z_3, …… を表す点を順にとっていくと，$z_7=z_1$ となり，単位円上をちょうど 1 周する。これ以降，点 z_8, z_9, …… をとっていっても，すでに描かれた点と一致することになる。

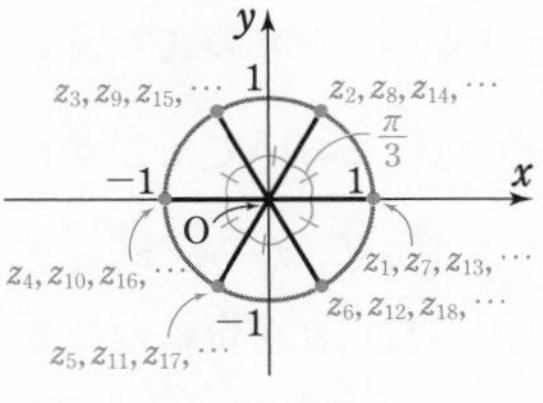

やってみよう

問4　複素数からなる数列 $\{z_n\}$ が，次の条件により定められている。

$$z_1=1,\ z_{n+1}=\left(\cos\frac{2}{5}\pi+i\sin\frac{2}{5}\pi\right)z_n \quad (n=1,\ 2,\ 3,\ \cdots\cdots)$$

(1)　複素数平面上の点 z_1 と点 z_{101} が一致することを示せ。
(2)　$\sum_{n=1}^{101} z_n$ の値を求めよ。

Research & Work

● 問題に挑戦 ●

3 複素数 z_n $(n=1,\ 2,\ 3,\ \cdots\cdots)$ が次の式を満たしている。

$$z_1=1$$

$$z_nz_{n+1}=\frac{1}{2}\left(\frac{1+\sqrt{3}i}{2}\right)^{n-1} \quad (n=1,\ 2,\ 3,\ \cdots\cdots) \quad \cdots\cdots ①$$

(1) ① において，$n=1$ のとき　$z_1z_2=\frac{1}{2}\left(\frac{1+\sqrt{3}i}{2}\right)^0$

$z_1=1$ であるから　$z_2=\frac{1}{2}$

また，① において，$n=2$ のとき　$z_2z_3=\frac{1}{2}\left(\frac{1+\sqrt{3}i}{2}\right)$

よって　$z_3=$ [ア]

同様に，z_4，z_5 の値を求めると　$z_4=$ [イ]，　$z_5=$ [ウ]

[ア] ～ [ウ] **の解答群**（同じものを繰り返し選んでもよい。）

⓪ 0　① $\frac{1}{2}$　② 1　③ $\frac{1+\sqrt{3}i}{4}$　④ $\frac{1+\sqrt{3}i}{2}$

⑤ $\frac{-1+\sqrt{3}i}{4}$　⑥ $\frac{-1+\sqrt{3}i}{2}$　⑦ $\frac{1-\sqrt{3}i}{4}$　⑧ $\frac{1-\sqrt{3}i}{2}$

(2) Oを原点とする複素数平面で，z_1，z_2，z_3，z_4，z_5 を表す点を，それぞれ A，B，C，D，E とする。次の⓪～⑤のうち，正しいものは [エ] と [オ] である。

[エ]，[オ] **の解答群**（解答の順序は問わない。）

⓪ △ABC は正三角形である。　① △BCD は正三角形である。

② △OCE は直角三角形である。　③ △BCE は直角三角形である。

④ 四角形 ABDC は平行四辺形である。　⑤ 四角形 AOEC は平行四辺形である。

(3) z_n を n の式で表そう。

① において n を $n+1$ とすると　$z_{n+1}z_{n+2}=\frac{1}{2}\left(\frac{1+\sqrt{3}i}{2}\right)^n$　$\cdots\cdots$ ②

①，② から，z_{n+2} を z_n で表すと　$z_{n+2}=$ [カ] z_n

[1] n が奇数のとき

$n=2m-1$ $(m=1,\ 2,\ 3,\ \cdots\cdots)$ とおくと　$z_{2(m+1)-1}=$ [カ] z_{2m-1}

よって　$z_n=z_{2m-1}=($[カ]$)^{[キ]}$

[2] n が偶数のとき

$n=2m$ $(m=1,\ 2,\ 3,\ \cdots\cdots)$ とおくと　$z_{2(m+1)}=$ [カ] z_{2m}

よって　$z_n=z_{2m}=\frac{1}{[ク]}($[カ]$)^{[ケ]}$

カ の解答群

⓪ $\frac{1+\sqrt{3}i}{4}$　① $\frac{1+\sqrt{3}i}{2}$　② $\frac{-1+\sqrt{3}i}{4}$　③ $\frac{-1+\sqrt{3}i}{2}$

④ $\frac{1-\sqrt{3}i}{4}$　⑤ $\frac{1-\sqrt{3}i}{2}$　⑥ $\frac{-1-\sqrt{3}i}{4}$　⑦ $\frac{-1-\sqrt{3}i}{2}$

キ, ケ の解答群（同じものを繰り返し選んでもよい。）

⓪ $n-1$　① n　② $n+1$　③ $\frac{n-1}{2}$

④ $\frac{n}{2}$　⑤ $\frac{n+1}{2}$　⑥ $\frac{n}{2}-1$　⑦ $\frac{n}{2}+1$

(4) $n=1,\ 2,\ 3,\ \cdots\cdots$ について，複素数平面上で z_n を表す点を図示していくと，複素数平面上には全部で コサ 個の点が描かれる。ただし，同じ位置にある点は1個と数えるものとする。

(5) $\sum_{n=1}^{1010} z_n$ の値を求めよう。

$\alpha=\frac{1+\sqrt{3}i}{2}$ とおくと，$\alpha^6=$ シ，$\alpha \neq 1$ であるから

$$1+\alpha+\alpha^2+\alpha^3+\alpha^4+\alpha^5=\boxed{ス}$$

1010 を コサ で割った余りに着目することにより，$\sum_{n=1}^{1010} z_n$ の値を求めると

$$\sum_{n=1}^{1010} z_n=\frac{\boxed{セ}}{\boxed{ソ}}$$

Research & Work 4 数学C 2次曲線の考察

1 2次曲線について

円，楕円，双曲線，放物線は，それぞれ次のような x，y の2次方程式で表される。

円　$x^2+y^2=r^2$ $(r>0)$

楕円　$\dfrac{x^2}{a^2}+\dfrac{y^2}{b^2}=1$ $(a>0,\ b>0,\ a\neq b)$　←$a=b$ のときは，円を表す。円は楕円の特別な場合といえる。

双曲線　$\dfrac{x^2}{a^2}-\dfrac{y^2}{b^2}=\pm1$ $(a>0,\ b>0)$

放物線　$y^2=4px$ $(p\neq0)$，$x^2=4py$ $(p\neq0)$

これらの曲線をまとめて2次曲線という。

上記のように表される2次曲線を平行移動したときの曲線の方程式は

$$\boldsymbol{ax^2+cy^2+dx+ey+f=0} \quad \cdots\cdots ①$$

p.477 基本事項

の形で表される。

① が2次曲線を表すとき，曲線の特徴(円の半径，楕円や双曲線の焦点などの情報)を調べるためには平方完成をすることが基本となる。ただし，① の形からでも，次のように考えることはできる。

・$a=c$ のとき，① は円を表す。
・$ac>0$ のとき(a と c が同符号のとき)，① は楕円を表す。
・$ac<0$ のとき(a と c が異符号のとき)，① は双曲線を表す。
・a または c いずれか一方のみが0のとき，① は放物線を表す。←a，c ともに0のときは，直線を表し，2次曲線とはならない。
・曲線が原点 $(0,\ 0)$ を通る $\iff f=0$

① で係数を変化させたときの曲線の様子について，具体例で考えてみよう。

例　① において，c，d，e，f の値を $c=f=1$，$d=e=2$ とすると

$$ax^2+y^2+2x+2y+1=0$$

$a=0$ とすると　$y^2+2x+2y+1=0$　すなわち　$x=-\dfrac{1}{2}y^2-y-\dfrac{1}{2}$

これは放物線を表す。

$a\neq0$ のとき，x，y それぞれについて平方完成し，右辺が1となるように整理すると

$$\frac{\left(x+\frac{1}{a}\right)^2}{\frac{1}{a^2}}+\frac{(y+1)^2}{\frac{1}{a}}=1 \quad \cdots\cdots Ⓐ$$

←楕円または双曲線の標準形を意識した変形。

Ⓐ において，$a=1$ とすると　$(x+1)^2+(y+1)^2=1$

よって，① は円を表す。←中心 $(-1,\ -1)$，半径1の円

$0<a<1$，$1<a$ のとき，Ⓐ において，$\left(x+\dfrac{1}{a}\right)^2$ の係数，$(y+1)^2$ の係数は異なる値をとり，かつ，ともに正となる。よって，① は楕円を表す。

$a<0$ のとき，Ⓐ において，$\left(x+\dfrac{1}{a}\right)^2$ の係数は正，$(y+1)^2$ の係数は負となる。

よって，① は双曲線を表す。

①で，a，c，d，e，fを変化させたときの曲線の様子について，グラフソフトを使って確認できます。数値を変えて試してみましょう。なお，①の係数とソフトで設定されている係数の文字は異なることにご注意ください。

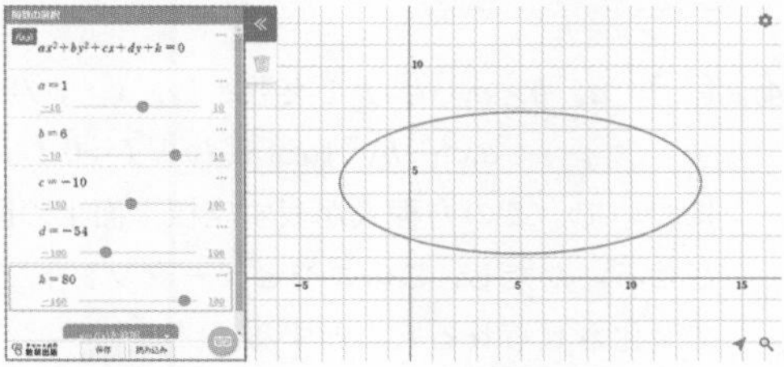

確認 Q5 x，yの方程式 $ax^2+cy^2+dx+ey+f=0$ について，係数a，c，d，e，fが次の値のとき，方程式が表す曲線の概形をかけ。

(1) $a=3$，$c=-7$，$d=-6$，$e=0$，$f=24$

(2) $a=0$，$c=1$，$d=1$，$e=-4$，$f=8$

2 2次曲線の回転移動について

$p.489$ 重要例題124では，複素数平面の知識を用いて2次曲線を回転させる方法について学習した。この例題の内容は，曲線 $5x^2+2\sqrt{3}xy+7y^2=16$ ……(∗) を，原点を中心として $\dfrac{\pi}{6}$ だけ回転すると，楕円 $\dfrac{x^2}{4}+\dfrac{y^2}{2}=1$ となる，ということだった。回転して得られた曲線が楕円であるから，もとの曲線(∗)も楕円であることがわかる。つまり，x，yの2次方程式にxyの項を含む場合にも，その方程式は2次曲線を表すことがある。

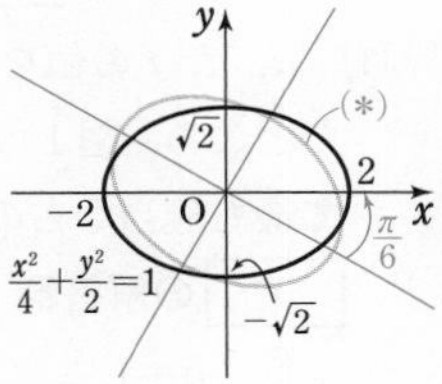

一般に，2次曲線の方程式は次のような形に表される。

$$ax^2+bxy+cy^2+dx+ey+f=0 \quad \cdots\cdots ②$$

⊃ $p.477$ 基本事項

これは，①の式に **xyの項が追加** された形である。

②が2次曲線を表すとき，平行移動，対称移動，原点を中心とする回転移動を組み合わせて，標準形に直すことができることが知られている。

参考 ②が2次曲線を表すとき，次のように分類できることが知られている。

$b^2-4ac<0 \iff$ 楕円　　特に　$a=c$，$b=0 \iff$ 円

$b^2-4ac>0 \iff$ 双曲線

$b^2-4ac=0 \iff$ 放物線

やってみよう

問5 eを定数とし，曲線 $2x^2+y^2+8x+ey+6=0$ をCとする。eの値を変化させたときの曲線Cについて，正しいものを次のうちからすべて選べ。

① 曲線Cは，双曲線となることがある。

② 曲線Cの2つの焦点を通る直線は，常にy軸に平行である。

③ 曲線Cは，常にx軸と2つの共有点をもつ。

● 問題に挑戦 ●

4 〔1〕 a, b, c, d, f を実数とし，x, y の方程式

$$ax^2+by^2+cx+dy+f=0$$

について，この方程式が表す座標平面上の図形をコンピュータソフトを用いて表示させる。ただし，このコンピュータソフトでは a, b, c, d, f の値は十分に広い範囲で変化させられるものとする。

図 1

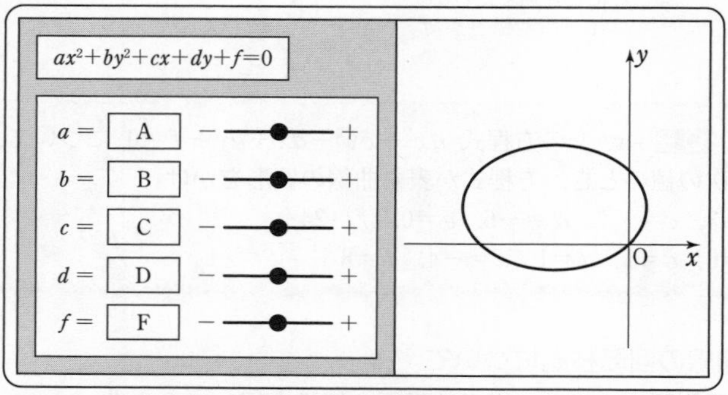

(1) a, d, f の値を $a=2$, $d=-10$, $f=0$ とし，更に，b, c にある値をそれぞれ入れたところ，図 1 のような楕円が表示された。このときの b, c の値の組み合わせとして最も適当なものは，次の⓪～⑦のうち ［ア］ である。

［ア］ の解答群

⓪ $b=1$,	$c=9$	① $b=1$,	$c=-9$
② $b=-1$,	$c=9$	③ $b=-1$,	$c=-9$
④ $b=4$,	$c=9$	⑤ $b=4$,	$c=-9$
⑥ $b=-4$,	$c=9$	⑦ $b=-4$,	$c=-9$

(2) 係数 a, b, d, f は (1) のときの値のまま変えずに，係数 c の値だけを変化させたとき，座標平面上には ［イ］。

また，係数 a, c, d, f は (1) のときの値のまま変えずに，係数 b の値だけを $b\geqq 0$ の範囲で変化させたとき，座標平面上には ［ウ］。

［イ］，［ウ］ の解答群（同じものを繰り返し選んでもよい。）

⓪ つねに楕円のみが現れ，円は現れない

① 楕円，円が現れ，他の図形は現れない

② 楕円，円，放物線が現れ，他の図形は現れない

③ 楕円，円，双曲線が現れ，他の図形は現れない

④ 楕円，円，双曲線，放物線が現れ，他の図形は現れない

⑤ 楕円，円，双曲線，放物線が現れ，また他の図形が現れることもある

［2］ 次に，x，y の2次方程式が xy の項を含む場合を考えよう。

a，b，c，f を実数とし，x，y の方程式

$$ax^2+bxy+cy^2+f=0$$

について，この方程式が表す座標平面上の図形をコンピュータソフトを用いて表示させる。ただし，このコンピュータソフトでは a，b，c，f の値は十分に広い範囲で変化させられるものとする。また，a，b，c，f にある値を入力したとき，楕円が表示される場合は，図2のように楕円の長軸と短軸も表示されるものとする。

図2

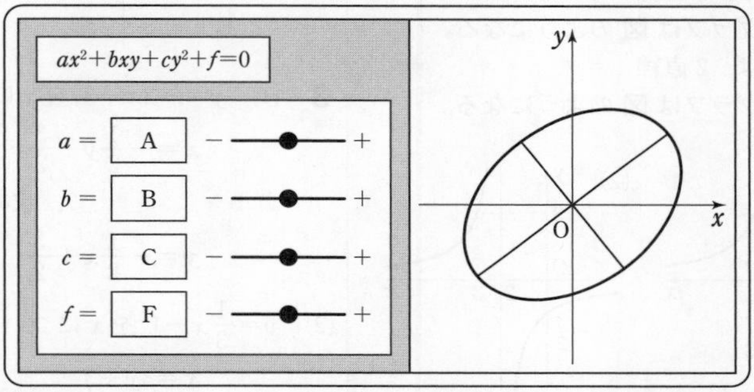

a，b，c，f の値を $a=2$，$b=1$，$c=2$，$f=-15$ とすると，原点Oを中心とし，長軸と短軸が座標軸と重ならない楕円が表示された。この楕円を C とする。また，楕円 C を，原点を中心として角 $\theta\left(0<\theta\leqq\dfrac{\pi}{2}\right)$ だけ回転して得られる楕円を D とする。

楕円 D の長軸と短軸が座標軸に重なるとき，D の方程式の係数 a，b，c，f の値を求めよう。

楕円 $C:2x^2+xy+2y^2-15=0$ を，原点を中心として角 θ だけ回転したとき，C 上の点 $\mathrm{P}(X,\ Y)$ が点 $\mathrm{Q}(x,\ y)$ に移るとする。このとき，X，Y は x，y，θ により，

$X=x\cos\theta+y\sin\theta$，$Y=-x\sin\theta+y\cos\theta$ ……① と表すことができる。

また，点Pは C 上にあるから　　$2X^2+XY+2Y^2-15=0$ ……②

①，②から求めた x，y の関係式が楕円 D の方程式である。この方程式において，xy の項の係数が0になるとき，方程式は $Ax^2+By^2=1$ の形になるから，D の長軸と短軸は座標軸と重なる。

このとき　　$\theta=\dfrac{\pi}{\boxed{\text{エ}}}$

以上から，求める a，b，c，f の値の組み合わせの1つは

$$a=\frac{1}{\boxed{\text{オカ}}},\quad b=0,\quad c=\frac{1}{\boxed{\text{キ}}},\quad f=-1$$

であることがわかる。

CHECK & CHECK の解答（数学Ⅲ）

◎ CHECK & CHECK 問題の詳しい解答を示し，最終の答の数値などは太字で示した。

1 (1) 漸近線は，x 軸と y 軸。
よって，グラフは **図** のようになる。
(2) 漸近線は，2 直線 $x=2$，$y=0$
よって，グラフは **図** のようになる。
(3) 漸近線は，2 直線 $x=0$，$y=-1$
よって，グラフは **図** のようになる。
(4) 漸近線は，2 直線 $x=2$，$y=-1$
よって，グラフは **図** のようになる。

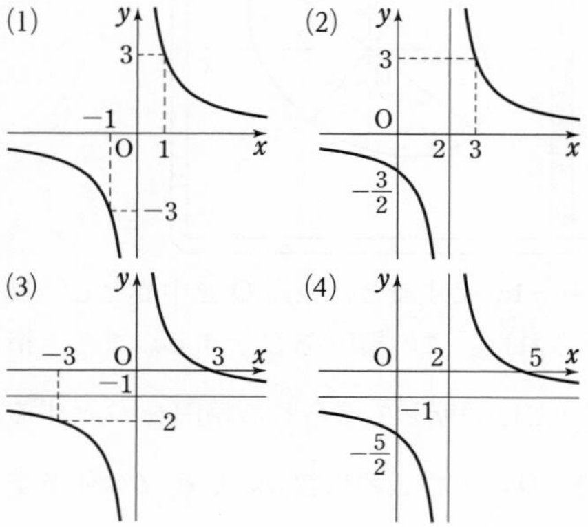

2 (1) 放物線 $x=2y^2$ の $y\geqq 0$ の部分であるから，グラフは **図** のようになる。
(2) (1)のグラフと x 軸に関して対称なグラフ〔**図**〕
(3) (1)のグラフと y 軸に関して対称なグラフ〔**図**〕
(4) (1)のグラフと原点に関して対称なグラフ〔**図**〕

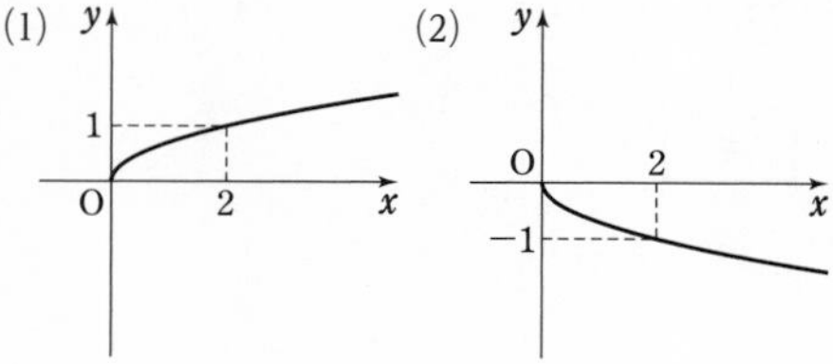

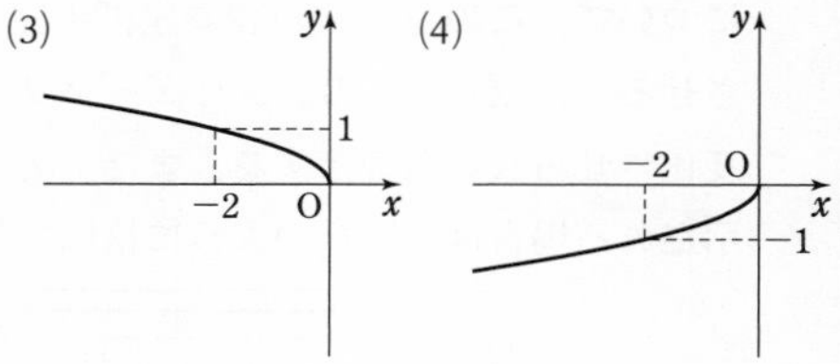

3 (1) $y=-2x+3$ を x について解くと

$$x=-\frac{1}{2}y+\frac{3}{2}$$

x と y を入れ替えて，求める逆関数は

$$\boldsymbol{y=-\frac{1}{2}x+\frac{3}{2}}$$

(2) $y=\frac{1}{3}x-1$ を x について解くと

$$x=3y+3$$

x と y を入れ替えて，求める逆関数は

$$\boldsymbol{y=3x+3}$$

4 (1)

$$\begin{aligned}(f\circ g)(x)=f(g(x))&=f(2x+1)\\&=(2x+1)+3\\&=\boldsymbol{2x+4}\end{aligned}$$

(2)

$$\begin{aligned}(g\circ f)(x)=g(f(x))&=g(x+3)\\&=2(x+3)+1\\&=\boldsymbol{2x+7}\end{aligned}$$

5 (1) 第 n 項は $\frac{1}{n^2}$

$\lim_{n\to\infty}\frac{1}{n^2}=0$ であるから **0 に収束**

(2) 第 n 項は $2n^3$

$\lim_{n\to\infty}2n^3=\infty$ であるから **∞ に発散**

(3) 第 n 項は $\frac{1}{n}+\frac{2}{n^3}$

$$\lim_{n\to\infty}\left(\frac{1}{n}+\frac{2}{n^3}\right)=\lim_{n\to\infty}\frac{1}{n}+\lim_{n\to\infty}\frac{2}{n^3}=0+0=0$$

よって，**0 に収束**

(4) 第 n 項は $(-1)^{n-1}n$
よって，数列は振動し，**極限はない。**

(5) 第 n 項は $(-1)^n\frac{1}{\sqrt{n}}$

$\lim_{n\to\infty}\frac{1}{\sqrt{n}}=0$ であるから

$$\lim_{n\to\infty}\frac{(-1)^n}{\sqrt{n}}=0$$

よって，**0 に収束**

6 (1) $|2|>1$ であるから　$\lim_{n\to\infty}2^n=\infty$

(2) $\left|\frac{1}{3}\right|<1$ であるから　$\lim_{n\to\infty}\left(\frac{1}{3}\right)^n=\mathbf{0}$

(3) $\left|-\frac{1}{4}\right|<1$ であるから　$\lim_{n\to\infty}\left(-\frac{1}{4}\right)^n=\mathbf{0}$

(4) $-3<-1$ であるから，数列 $\{(-3)^n\}$ は振動し，**極限はない。**

7 (1) 第 n 項は　4^{n-1}

$4>1$ であるから　$\lim_{n\to\infty}4^{n-1}=\infty$

(2) 第 n 項は　$\left(\frac{1}{2}\right)^n$

$\left|\frac{1}{2}\right|<1$ であるから　$\lim_{n\to\infty}\left(\frac{1}{2}\right)^n=\mathbf{0}$

(3) 第 n 項は　$\left(-\frac{1}{5}\right)^n$

$\left|-\frac{1}{5}\right|<1$ であるから　$\lim_{n\to\infty}\left(-\frac{1}{5}\right)^n=\mathbf{0}$

8 (1) 初項が 1，公比について

$\left|-\frac{\sqrt{2}}{2}\right|<1$ であるから，**収束** して，その和は

$$\frac{1}{1-\left(-\frac{\sqrt{2}}{2}\right)}=\frac{2}{2+\sqrt{2}}$$

$$=\frac{2(2-\sqrt{2})}{(2+\sqrt{2})(2-\sqrt{2})}=\mathbf{2-\sqrt{2}}$$

(2) 初項が $\sqrt{3}$，公比について $|\sqrt{3}|>1$ であるから，**発散する。**

(3) 初項が 1，公比を r とすると

$$r=(-2)\div1=-2$$

$|r|=|-2|>1$ であるから，**発散する。**

(4) 初項が 12，公比を r とすると

$$r=(-6\sqrt{2})\div12=-\frac{\sqrt{2}}{2}$$

$|r|=\left|-\frac{\sqrt{2}}{2}\right|<1$ であるから，**収束** して，その和は

$$\frac{12}{1-\left(-\frac{\sqrt{2}}{2}\right)}=\frac{24}{2+\sqrt{2}}$$

$$=\frac{24(2-\sqrt{2})}{(2+\sqrt{2})(2-\sqrt{2})}=\mathbf{12(2-\sqrt{2})}$$

9 (1) $0.\dot{3}7\dot{0}=0.370+0.000370+0.000000370+\cdots\cdots$

これは，初項 0.370，公比 0.001 の無限等比級数で，$|0.001|<1$ であるから収束して

$$0.\dot{3}7\dot{0}=\frac{0.370}{1-0.001}=\frac{370}{999}=\mathbf{\frac{10}{27}}$$

(2) $0.0\dot{5}6\dot{7}=0.0567+0.0000567+0.0000000567+\cdots\cdots$

これは，初項 0.0567，公比 0.001 の無限等比級数で，$|0.001|<1$ であるから収束して

$$0.0\dot{5}6\dot{7}=\frac{0.0567}{1-0.001}=\frac{567}{9990}=\mathbf{\frac{21}{370}}$$

(3) $6.2\dot{3}=6.2+0.03+0.003+0.0003+\cdots\cdots$

この右辺の第 2 項以下は，初項 0.03，公比 0.1 の無限等比級数で，$|0.1|<1$ であるから収束して

$$6.2\dot{3}=6.2+\frac{0.03}{1-0.1}=\frac{62}{10}+\frac{3}{90}$$

$$=\frac{62}{10}+\frac{1}{30}=\mathbf{\frac{187}{30}}$$

10 (1) $\lim_{x\to2}x^2=2^2=4$

(2) $\lim_{x\to1}\frac{x^2-x+3}{x+1}=\frac{1^2-1+3}{1+1}=\mathbf{\frac{3}{2}}$

(3) $\lim_{x\to-3}(x+3)=0$，$\frac{1}{(x+3)^2}>0$ であるから

$$\lim_{x\to-3}\frac{1}{(x+3)^2}=\infty$$

(4) $\lim_{x\to-\infty}x^3=-\infty$

(3)

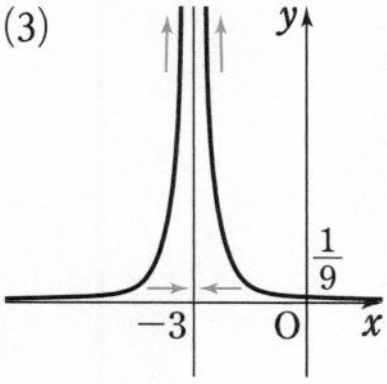

(4)

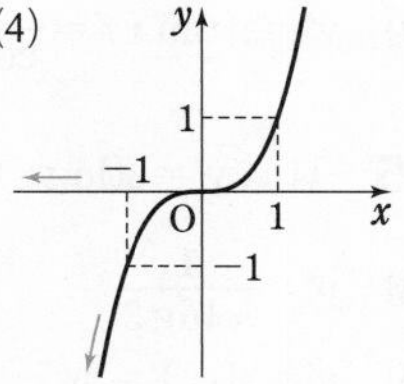

11 (1) 底について，$\sqrt{2}>1$ であるから

$$\lim_{x\to\infty}(\sqrt{2})^x=\infty$$

(2) 底について，$0<\frac{2}{3}<1$ であるから

$$\lim_{x\to\infty}\left(\frac{2}{3}\right)^x=\mathbf{0}$$

(3) 真数について

$$\lim_{x\to\infty}\frac{x^2}{x+1}=\lim_{x\to\infty}\frac{x}{1+\frac{1}{x}}=\infty$$

底について，$3>1$ であるから

$$\lim_{x\to\infty}\log_3\frac{x^2}{x+1}=\infty$$

12 (1) $\lim_{x\to 0}\frac{\sin x}{3x}=\lim_{x\to 0}\frac{1}{3}\cdot\frac{\sin x}{x}$

$=\frac{1}{3}\lim_{x\to 0}\frac{\sin x}{x}=\frac{1}{3}\cdot 1=\boldsymbol{\frac{1}{3}}$

(2) $\lim_{x\to 0}\frac{3x^2}{\sin^2 x}=\lim_{x\to 0}3\left(\frac{x}{\sin x}\right)^2$

$=3\lim_{x\to 0}\left(\frac{x}{\sin x}\right)^2=3\cdot 1^2=\mathbf{3}$

(3) $x\longrightarrow\infty$ のとき $\frac{1}{x}\longrightarrow 0$ であるから

$$\lim_{x\to\infty}\tan\frac{1}{x}=\mathbf{0}$$

13 (1) $y'=3\cdot 4x^3+2\cdot 3x^2-1$

$=\boldsymbol{12x^3+6x^2-1}$

(2) $y'=(2x-1)'(4x+1)+(2x-1)(4x+1)'$

$=2(4x+1)+(2x-1)\cdot 4$

$=\boldsymbol{16x-2}$

(3) $y'=-\frac{(5x+3)'}{(5x+3)^2}=\boldsymbol{-\frac{5}{(5x+3)^2}}$

(4) $y'=2(2x+3)\cdot(2x+3)'$

$=2(2x+3)\cdot 2=\boldsymbol{8x+12}$

14 (1) $y'=5(\sin x)'=\boldsymbol{5\cos x}$

(2) $y'=\frac{(\cos x)'}{2}=\boldsymbol{-\frac{\sin x}{2}}$

(3) $y'=2(\tan x)'=\boldsymbol{\frac{2}{\cos^2 x}}$

15 (1) $y'=2(\log x)'=\boldsymbol{\frac{2}{x}}$

(2) $y'=\boldsymbol{\frac{1}{x\log 3}}$

(3) $y'=3(e^x)'=\boldsymbol{3e^x}$

(4) $y'=\boldsymbol{2^x\log 2}$

16 (1) $y'=\cos 2x\cdot(2x)'=2\cos 2x$

$y''=2(-\sin 2x)\cdot(2x)'$

$=-4\sin 2x$

よって　$y'''=-4\cos 2x\cdot(2x)'$

$=\boldsymbol{-8\cos 2x}$

(2) $y'=(x^{\frac{1}{2}})'=\frac{1}{2}x^{-\frac{1}{2}}$

$y''=\frac{1}{2}\left(-\frac{1}{2}\right)x^{-\frac{3}{2}}=-\frac{1}{4}x^{-\frac{3}{2}}$

よって　$y'''=-\frac{1}{4}\left(-\frac{3}{2}\right)x^{-\frac{5}{2}}$

$=\boldsymbol{\frac{3}{8x^2\sqrt{x}}}$

(3) $y'=e^{3x}\cdot(3x)'=3e^{3x}$

$y''=3e^{3x}\cdot(3x)'=9e^{3x}$

よって　$y'''=9e^{3x}\cdot(3x)'=\boldsymbol{27e^{3x}}$

17 $\frac{dx}{dt}=1,\ \frac{dy}{dt}=2t-2$ であるから

$$\boldsymbol{\frac{dy}{dx}}=\frac{\frac{dy}{dt}}{\frac{dx}{dt}}=\frac{2t-2}{1}=\boldsymbol{2t-2}$$

18 (1) $y'=3x^2-6x$

点 $(1,\ -2)$ における接線の傾きは

$3\cdot 1^2-6\cdot 1=-3$

よって，接線の方程式は

$y-(-2)=-3(x-1)$

すなわち　$\boldsymbol{y=-3x+1}$

また，法線の方程式は

$y-(-2)=-\frac{1}{-3}(x-1)$

すなわち　$\boldsymbol{y=\frac{1}{3}x-\frac{7}{3}}$

(2) $y'=-\sin x$

点 $\left(\frac{\pi}{3},\ \frac{1}{2}\right)$ における接線の傾きは

$-\sin\frac{\pi}{3}=-\frac{\sqrt{3}}{2}$

よって，接線の方程式は

$y-\frac{1}{2}=-\frac{\sqrt{3}}{2}\left(x-\frac{\pi}{3}\right)$

すなわち　$\boldsymbol{y=-\frac{\sqrt{3}}{2}x+\frac{\sqrt{3}}{6}\pi+\frac{1}{2}}$

また，法線の方程式は

$y-\frac{1}{2}=-\frac{1}{-\frac{\sqrt{3}}{2}}\left(x-\frac{\pi}{3}\right)$

すなわち　$\boldsymbol{y=\frac{2\sqrt{3}}{3}x-\frac{2\sqrt{3}}{9}\pi+\frac{1}{2}}$

(3) $y'=\frac{1}{x}$

点$(2,\ \log 2)$における接線の傾きは　$\frac{1}{2}$

よって，接線の方程式は

$$y-\log 2=\frac{1}{2}(x-2)$$

すなわち　**$y=\frac{1}{2}x+\log 2-1$**

また，法線の方程式は

$$y-\log 2=-\frac{1}{\frac{1}{2}}(x-2)$$

すなわち　**$y=-2x+\log 2+4$**

(4) $y'=e^x$

点$(3,\ e^3)$における接線の傾きは　e^3

よって，接線の方程式は

$$y-e^3=e^3(x-3)$$

すなわち　**$y=e^3x-2e^3$**

また，法線の方程式は

$$y-e^3=-\frac{1}{e^3}(x-3)$$

すなわち　**$y=-\frac{1}{e^3}x+e^3+\frac{3}{e^3}$**

19 (1) $y'=3^x\log 3+1$

ここで，$3^x>0$，$\log 3>0$ であるから，常に

$$y'>0$$

よって，**実数全体で増加** する。

(2) $y'=-\frac{1}{x^2}-\frac{1}{2\sqrt{x}}$

ここで，関数 y の定義域 $x>0$ において

$-\frac{1}{x^2}<0$，$-\frac{1}{2\sqrt{x}}<0$ であるから，常に

$$y'<0$$

よって，**$x>0$ で減少** する。

(3) $y'=2\cos x-3$

ここで，$-1\leqq\cos x\leqq 1\ (0\leqq x\leqq 2\pi)$ であるから，常に　$y'<0$

よって，**$0\leqq x\leqq 2\pi$ で減少** する。

20 (1) $y'=4x^3-4x=4x(x+1)(x-1)$

$y'=0$ とすると　$x=-1,\ 0,\ 1$

ゆえに，y の増減表は次のようになる。

x	$\cdots$	-1	$\cdots$	0	$\cdots$	1	$\cdots$
y'	$-$	0	$+$	0	$-$	0	$+$
y	↘	極小 0	↗	極大 1	↘	極小 0	↗

よって，y は

$x=-1$ で極小値 0，
$x=0$　で極大値 1，
$x=1$　で極小値 0 をとる。

(2) $y'=e^x+xe^x=(x+1)e^x$

$y'=0$ とすると　$x=-1$

ゆえに，y の増減表は次のようになる。

x	$\cdots$	-1	$\cdots$
y'	$-$	0	$+$
y	↘	極小 $-\frac{1}{e}$	↗

よって，y は

$x=-1$ で極小値 $-\frac{1}{e}$ をとる。

21 $\lim_{x\to 2+0} y=\lim_{x\to 2+0}\left(\frac{1}{x-2}-x\right)=\infty$，

$\lim_{x\to 2-0} y=\lim_{x\to 2-0}\left(\frac{1}{x-2}-x\right)=-\infty$

よって，**直線 $x=2$** は漸近線である。

更に　$\lim_{x\to\pm\infty}(y+x)=\lim_{x\to\pm\infty}\frac{1}{x-2}=0$

よって，**直線 $y=-x$** も漸近線である。

22 $f(x)=x^3-3x+1$ とする。

$f'(x)=3x^2-3=3(x+1)(x-1)$
$f''(x)=6x$

$f'(x)=0$ とすると　$x=-1,\ 1$

$f''(-1)=-6<0$，$f''(1)=6>0$ であるから

$x=-1$ で極大値 $f(-1)=3$，
$x=1$ で極小値 $f(1)=-1$ をとる。

23 (1) $f(x)=2x^4+6x^2-1$ とすると

$f'(x)=8x^3+12x=4x(2x^2+3)$

$f'(x)=0$ とすると　$x=0$

よって，$f(x)$ の増減表は次のようになる。

x	$\cdots$	0	$\cdots$
$f'(x)$	$-$	0	$+$
$f(x)$	↘	-1	↗

また　$\lim_{x \to -\infty} f(x)=\infty$，$\lim_{x \to \infty} f(x)=\infty$

よって，$y=f(x)$ のグラフと x 軸の共有点は　2個

ゆえに，方程式 $2x^4+6x^2-1=0$ の実数解は　**2個**

(2)　$f(x)=x+\sin x+1$ とすると，$f(x)$ は $-\frac{\pi}{2} \leqq x \leqq 0$ で連続である。

また　$f\left(-\frac{\pi}{2}\right)f(0)=-\frac{\pi}{2}\cdot 1=-\frac{\pi}{2}<0$

区間 $\left(-\frac{\pi}{2},\ 0\right)$ において

$f'(x)=1+\cos x>0$

であるから，$f(x)$ は常に増加する。

よって，中間値の定理から，方程式 $x+\sin x+1=0$ は区間 $\left(-\frac{\pi}{2},\ 0\right)$ にただ1つの実数解をもつ。

24　時刻 t におけるPの速度を v，加速度を α とする。

(1)　$v=\frac{dx}{dt}=3t^2$，$\alpha=\frac{dv}{dt}=6t$

よって，$t=2$ のとき

Pの **速度** は　$3\cdot 2^2=\mathbf{12}$

Pの **加速度** は　$6\cdot 2=\mathbf{12}$

(2)　$v=\frac{dx}{dt}=-3\left\{\sin\left(\pi t-\frac{\pi}{2}\right)\right\}\cdot\pi$

$=-3\pi\sin\left(\pi t-\frac{\pi}{2}\right)$

$\alpha=\frac{dv}{dt}=-3\pi\left\{\cos\left(\pi t-\frac{\pi}{2}\right)\right\}\cdot\pi$

$=-3\pi^2\cos\left(\pi t-\frac{\pi}{2}\right)$

よって，$t=2$ のとき

Pの **速度** は　$-3\pi\sin\frac{3}{2}\pi=\mathbf{3\pi}$

Pの **加速度** は　$-3\pi^2\cos\frac{3}{2}\pi=\mathbf{0}$

25　(1)　$\frac{dx}{dt}=2t$，$\frac{dy}{dt}=2$

また　$\frac{d^2x}{dt^2}=2$，$\frac{d^2y}{dt^2}=0$

よって，$t=1$ のとき

Pの **速さ** は　$\sqrt{(2\cdot 1)^2+2^2}=\mathbf{2\sqrt{2}}$

Pの **加速度の大きさ** は　$\sqrt{2^2+0^2}=\mathbf{2}$

(2)　$\frac{dx}{dt}=1$，$\frac{dy}{dt}=-2e^{-2t}$

また　$\frac{d^2x}{dt^2}=0$，$\frac{d^2y}{dt^2}=4e^{-2t}$

よって，$t=1$ のとき

Pの **速さ** は

$\sqrt{1^2+\left(-\frac{2}{e^2}\right)^2}=\sqrt{\frac{e^4+4}{e^4}}=\mathbf{\frac{\sqrt{e^4+4}}{e^2}}$

Pの **加速度の大きさ** は

$\sqrt{0^2+\left(\frac{4}{e^2}\right)^2}=\mathbf{\frac{4}{e^2}}$

26　(1)　$f(x)=\log|x|$ とすると $f'(x)=\frac{1}{x}$

よって　$f(a)=\log|a|$，$f'(a)=\frac{1}{a}$

ゆえに，$h\fallingdotseq 0$ のとき

$\mathbf{\log|a+h|}=f(a+h)\fallingdotseq f(a)+f'(a)h$

$=\mathbf{\log|a|+\frac{h}{a}}$

(2)　$f(x)=e^{-x}$ とすると　$f'(x)=-e^{-x}$

よって　$f(0)=1$，$f'(0)=-1$

ゆえに，$x\fallingdotseq 0$ のとき

$\mathbf{e^{-x}}=f(x)\fallingdotseq f(0)+f'(0)x=\mathbf{1-x}$

27　**C は積分定数とする。**

(1)　$\int\frac{1}{x+1}dx+\int\frac{x}{x+1}dx$

$=\int\frac{x+1}{x+1}dx=\int dx=\mathbf{x+C}$

(2)　$\int(x^3-e^x)dx+\int(-x^3+2x+e^x)dx$

$=\int 2x\,dx=\mathbf{x^2+C}$

(3)　(与式)

$=\int(3x^2+3\sin x)dx-\int(2x^2+4\cos x)dx$

$+\int(4\cos x-3\sin x)dx$

$=\int x^2dx=\mathbf{\frac{x^3}{3}+C}$

28　**C は積分定数とする。**

(1)　$\int\frac{dx}{x^2}=\int x^{-2}dx=\frac{x^{-1}}{-1}+C=\mathbf{-\frac{1}{x}+C}$

(2)　$\int 3x\sqrt{x}\,dx=3\int x^{\frac{3}{2}}dx=3\cdot\frac{x^{\frac{5}{2}}}{\frac{5}{2}}+C$

$=\mathbf{\frac{6}{5}x^2\sqrt{x}+C}$

(3) $\int\frac{2}{x}dx=2\int\frac{dx}{x}=\mathbf{2\log|x|+C}$

(4) $\int 3\sin x\,dx=3\int\sin x\,dx$

$=3(-\cos x)+C$

$=\mathbf{-3\cos x+C}$

(5) $\int\frac{dx}{1-\sin^2 x}=\int\frac{dx}{\cos^2 x}=\mathbf{\tan x+C}$

(6) $\int 3^x dx=\mathbf{\frac{3^x}{\log 3}+C}$

29 (1) $\int_2^4\sqrt{x}\,dx=\int_2^4 x^{\frac{1}{2}}dx=\left[\frac{2}{3}x^{\frac{3}{2}}\right]_2^4$

$=\frac{2}{3}\cdot 8-\frac{2}{3}\cdot 2\sqrt{2}$

$=\mathbf{\frac{4}{3}(4-\sqrt{2})}$

(2) $\int_{-1}^1 e^x dx=\left[e^x\right]_{-1}^1=e-e^{-1}=\mathbf{e-\frac{1}{e}}$

(3) $\int_1^3\frac{dx}{x}=\left[\log x\right]_1^3=\log 3-0=\mathbf{\log 3}$

(4) $\int_0^\pi\cos t\,dt=\left[\sin t\right]_0^\pi=0-0=\mathbf{0}$

(5) $\int_0^{2\pi}\sin 2x\,dx=\left[\frac{1}{2}(-\cos 2x)\right]_0^{2\pi}$

$=-\frac{1}{2}\cos 4\pi+\frac{1}{2}\cos 0=\mathbf{0}$

30 (1) $\int_1^2\frac{xe^x}{x-3}dx-\int_1^2\frac{3e^x}{x-3}dx$

$=\int_1^2\frac{xe^x-3e^x}{x-3}dx=\int_1^2\frac{(x-3)e^x}{x-3}dx$

$=\int_1^2 e^x dx=\left[e^x\right]_1^2=e^2-e=\mathbf{e(e-1)}$

(2) 積分区間の上端と下端が等しい。

よって　$\int_2^2\frac{\sin 2x}{x^4}dx=\mathbf{0}$

(3) $\int_{-2}^1 e^x dx+\int_1^3 e^x dx=\int_{-2}^3 e^x dx=\left[e^x\right]_{-2}^3$

$=\mathbf{e^3-\frac{1}{e^2}}$

31 (1) $f(x)=\cos 2x$ とすると

$f(-x)=\cos(-2x)=\cos 2x=f(x)$

よって，$f(x)$ は偶関数であるから

$\int_{-\frac{\pi}{6}}^{\frac{\pi}{6}}\cos 2x\,dx=2\int_0^{\frac{\pi}{6}}\cos 2x\,dx$

$=2\left[\frac{1}{2}\sin 2x\right]_0^{\frac{\pi}{6}}=\mathbf{\frac{\sqrt{3}}{2}}$

(2) $f(x)=\tan x$ とすると

$f(-x)=\tan(-x)=-\tan x=-f(x)$

よって，$f(x)$ は奇関数であるから

$\int_{-\frac{\pi}{4}}^{\frac{\pi}{4}}\tan x\,dx=\mathbf{0}$

(3) $x^5-4x^3+3x^2-x+2$

$=(x^5-4x^3-x)+(3x^2+2)$

x^5-4x^3-x は奇関数，$3x^2+2$ は偶関数であるから

$\int_{-\sqrt{2}}^{\sqrt{2}}(x^5-4x^3+3x^2-x+2)dx$

$=2\int_0^{\sqrt{2}}(3x^2+2)dx$

$=2\left[x^3+2x\right]_0^{\sqrt{2}}$

$=2(2\sqrt{2}+2\sqrt{2})$

$=\mathbf{8\sqrt{2}}$

32 (1) $\frac{d}{dx}\int_1^x\frac{1}{t+1}dt=\mathbf{\frac{1}{x+1}}$

(2) $\frac{d}{dx}\int_3^x e^{3t}dt=\mathbf{e^{3x}}$

(3) $\frac{d}{dx}\int_x^a\sin 2t\,dt=-\frac{d}{dx}\int_a^x\sin 2t\,dt$

$=\mathbf{-\sin 2x}$

(4) $\int_2^3\frac{\cos 3t}{2t^2+1}dt$ は定数であるから

$\frac{d}{dx}\int_2^3\frac{\cos 3t}{2t^2+1}dt=\mathbf{0}$

33 $1\leqq x\leqq 2$ のとき，$0<x\leqq x^2$ であるから

$\frac{1}{x^2}\leqq\frac{1}{x}$ ……①

ただし，$1<x<2$ のとき ① の等号は成り立たない。

ゆえに　$\int_1^2\frac{1}{x^2}dx<\int_1^2\frac{1}{x}dx$

ここで　$\int_1^2\frac{1}{x^2}dx=\left[-\frac{1}{x}\right]_1^2$

$=-\frac{1}{2}+1=\frac{1}{2}$

$\int_1^2\frac{1}{x}dx=\left[\log x\right]_1^2$

$=\log 2-\log 1=\log 2$

よって　$\frac{1}{2}<\log 2$

34 (1) $1 \leqq x \leqq 2$ のとき $y \geqq 0$ である。
よって

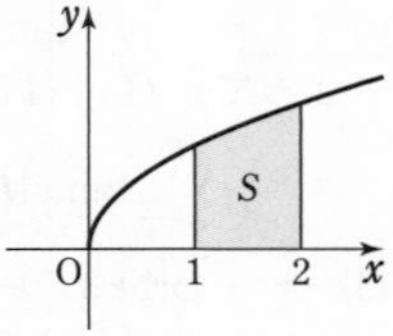

$$S=\int_1^2 \sqrt{x}\,dx$$
$$=\left[\frac{2}{3}x\sqrt{x}\right]_1^2$$
$$=\boldsymbol{\frac{2}{3}(2\sqrt{2}-1)}$$

(2) $y=\sqrt{x}$ を変形して $x=y^2$ $(y \geqq 0)$
グラフは図のようになり，$0 \leqq y \leqq 2$ のとき $x \geqq 0$ である。

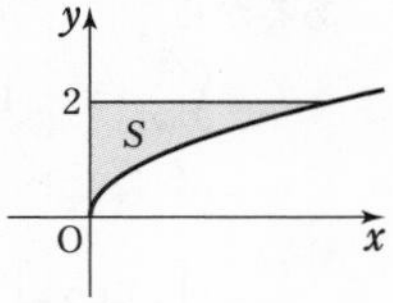

よって
$$S=\int_0^2 y^2 dy$$
$$=\left[\frac{y^3}{3}\right]_0^2=\boldsymbol{\frac{8}{3}}$$

別解　曲線 $y=\sqrt{x}$ と直線 $y=2$ で囲まれた部分の面積を考える。
2つのグラフの交点の x 座標は
$$\sqrt{x}=2$$
よって　　$x=4$
グラフは図のようになり，$0 \leqq x \leqq 4$ のとき $\sqrt{x} \leqq 2$ である。

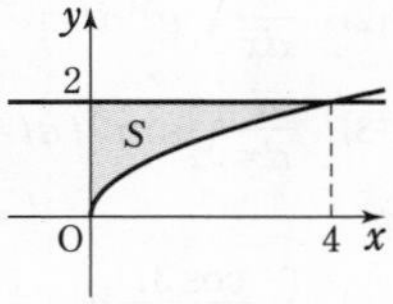

よって
$$S=\int_0^4 (2-\sqrt{x})\,dx$$
$$=\left[2x-\frac{2}{3}x\sqrt{x}\right]_0^4$$
$$=8-\frac{2}{3}\cdot 4\cdot 2=\boldsymbol{\frac{8}{3}}$$

35 2つのグラフは図のようになり，$0 \leqq x \leqq 1$ のとき
$$\frac{1}{x+1} \leqq e^x$$

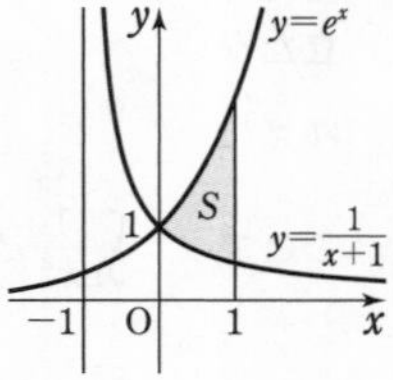

よって
$$S=\int_0^1 \left(e^x-\frac{1}{x+1}\right)dx$$
$$=\Big[e^x-\log(x+1)\Big]_0^1$$
$$=(e-\log 2)-(e^0-\log 1)$$
$$=\boldsymbol{e-\log 2-1}$$

36 (1) グラフは図のようになる。
よって

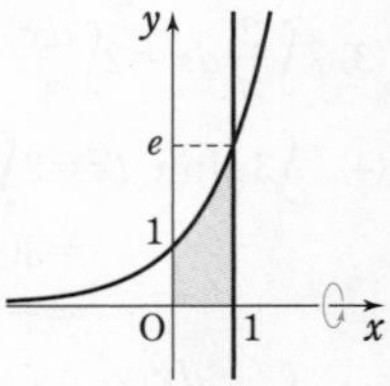

$$V=\pi\int_0^1 y^2 dx$$
$$=\pi\int_0^1 (e^x)^2 dx$$
$$=\pi\int_0^1 e^{2x} dx$$
$$=\pi\left[\frac{1}{2}e^{2x}\right]_0^1$$
$$=\pi\left(\frac{e^2}{2}-\frac{1}{2}\right)$$
$$=\boldsymbol{\frac{\pi}{2}(e^2-1)}$$

(2) $x^2-x=0$ とすると　$x(x-1)=0$
よって　$x=0,\ 1$
ゆえに，グラフは図のようになる。

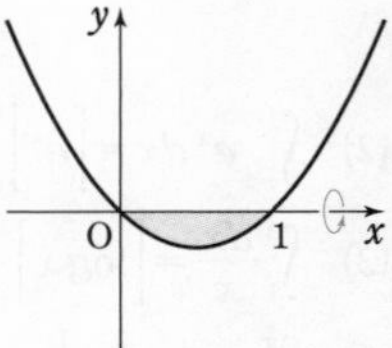

よって
$$V=\pi\int_0^1 y^2 dx=\pi\int_0^1 (x^2-x)^2 dx$$
$$=\pi\int_0^1 (x^4-2x^3+x^2)\,dx$$
$$=\pi\left[\frac{x^5}{5}-\frac{x^4}{2}+\frac{x^3}{3}\right]_0^1$$
$$=\pi\left(\frac{1}{5}-\frac{1}{2}+\frac{1}{3}\right)$$
$$=\boldsymbol{\frac{\pi}{30}}$$

37 (1) $y^2-1=0$ とすると　$(y+1)(y-1)=0$
よって　$y=-1,\ 1$
ゆえに，グラフは図のようになる。

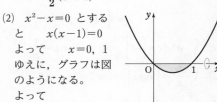

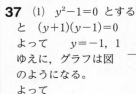

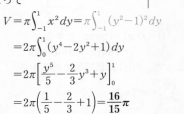

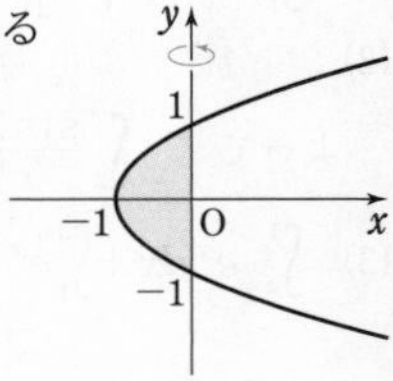

よって
$$V=\pi\int_{-1}^1 x^2 dy=\pi\int_{-1}^1 (y^2-1)^2 dy$$
$$=2\pi\int_0^1 (y^4-2y^2+1)\,dy$$
$$=2\pi\left[\frac{y^5}{5}-\frac{2}{3}y^3+y\right]_0^1$$
$$=2\pi\left(\frac{1}{5}-\frac{2}{3}+1\right)=\boldsymbol{\frac{16}{15}\pi}$$

(2)　曲線 $x=\sqrt{y+1}$ と直線 $y=2$ の交点の x 座標は
$x=\sqrt{2+1}=\sqrt{3}$
ゆえに，グラフは図のようになる。

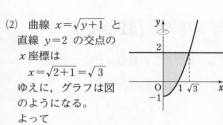

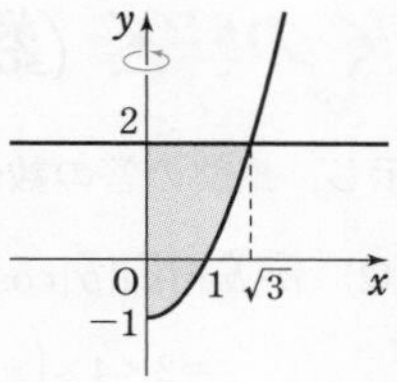

よって

$$V=\pi\int_{-1}^{2}x^2dy=\pi\int_{-1}^{2}(\sqrt{y+1})^2dy$$
$$=\pi\int_{-1}^{2}(y+1)dy=\pi\left[\frac{y^2}{2}+y\right]_{-1}^{2}$$
$$=\pi\left\{4-\left(-\frac{1}{2}\right)\right\}=\boldsymbol{\frac{9}{2}\pi}$$

38　(1)　$t=0$ のときPは原点にいるから
$$x=0+\int_0^2 t^3dt=\left[\frac{t^4}{4}\right]_0^2=\mathbf{4}$$

(2)　$s=\int_0^2|t^3|dt=\int_0^2 t^3dt=\left[\frac{t^4}{4}\right]_0^2=\mathbf{4}$

39　(1)　$\frac{dx}{dt}=2t,\ \frac{dy}{dt}=3t^2$

よって　$L=\int_0^{\sqrt{5}}\sqrt{(2t)^2+(3t^2)^2}\,dt$
$$=\int_0^{\sqrt{5}}\sqrt{4t^2+9t^4}\,dt$$
$$=\int_0^{\sqrt{5}}3t\sqrt{t^2+\frac{4}{9}}\,dt$$

$s=t^2+\frac{4}{9}$ とおくと
$ds=2t\,dt$

t	$0\ \to\ \sqrt{5}$
s	$\frac{4}{9}\ \to\ \frac{49}{9}$

ゆえに　$L=\frac{3}{2}\int_{\frac{4}{9}}^{\frac{49}{9}}\sqrt{s}\,ds=\frac{3}{2}\left[\frac{2}{3}\sqrt{s^3}\right]_{\frac{4}{9}}^{\frac{49}{9}}$
$$=\sqrt{\left(\frac{49}{9}\right)^3}-\sqrt{\left(\frac{4}{9}\right)^3}$$
$$=\frac{343}{27}-\frac{8}{27}=\boldsymbol{\frac{335}{27}}$$

(2)　$y'=(x^{\frac{3}{2}})'=\frac{3}{2}x^{\frac{1}{2}}$

ゆえに　$L=\int_0^5\sqrt{1+\left(\frac{3}{2}x^{\frac{1}{2}}\right)^2}\,dx$
$$=\int_0^5\sqrt{1+\frac{9}{4}x}\,dx$$
$$=\frac{4}{9}\left[\frac{2}{3}\sqrt{\left(1+\frac{9}{4}x\right)^3}\right]_0^5$$
$$=\frac{8}{27}\left\{\left(\frac{49}{4}\right)^{\frac{3}{2}}-1\right\}=\frac{8}{27}\cdot\frac{343-8}{8}$$
$$=\boldsymbol{\frac{335}{27}}$$

inf.　「$x=t^2,\ y=t^3\ (0\leqq t\leqq\sqrt{5})$」
$\Longleftrightarrow$「$y=\sqrt{x^3}\ (0\leqq x\leqq 5)$」であるから，(1)と(2)は同じ弧の長さを求めている。

答
CHECK & CHECK

CHECK & CHECK の解答（数学C）

◎ CHECK & CHECK 問題の詳しい解答を示し，最終の答の数値などは太字で示した。

1 (1) $\boldsymbol{\vec{a}}$ と $\boldsymbol{\vec{i}}$，$\boldsymbol{\vec{c}}$ と $\boldsymbol{\vec{h}}$

(2) $\boldsymbol{\vec{a}}$ と $\boldsymbol{\vec{j}}$，$\boldsymbol{\vec{b}}$ と $\boldsymbol{\vec{c}}$ と $\boldsymbol{\vec{h}}$，$\boldsymbol{\vec{e}}$ と $\boldsymbol{\vec{g}}$

(3) $\boldsymbol{\vec{c}}$ と $\boldsymbol{\vec{h}}$

2 ［図］ (1) (2) (3) (4)

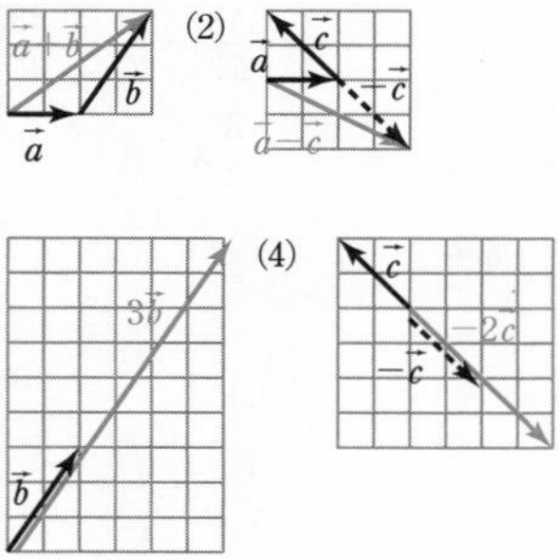

3 $\overrightarrow{\mathrm{EA}}=-\overrightarrow{\mathrm{AE}}=\boldsymbol{-\vec{a}}$

$\overrightarrow{\mathrm{DE}}=-\overrightarrow{\mathrm{BE}}=\boldsymbol{-\vec{b}}$

$\overrightarrow{\mathrm{AC}}=2\overrightarrow{\mathrm{AE}}=\boldsymbol{2\vec{a}}$

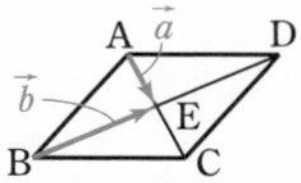

4 $|\vec{a}|=3$ であるから，求めるベクトルは

$$\boldsymbol{\frac{1}{3}\vec{a},\ -\frac{1}{3}\vec{a}}$$

5 (1) $2\vec{a}=2(1,\ -2)=\boldsymbol{(2,\ -4)}$

よって $|2\vec{a}|=\sqrt{2^2+(-4)^2}=\boldsymbol{2\sqrt{5}}$

(2) $3\vec{b}=3(-2,\ 3)=\boldsymbol{(-6,\ 9)}$

よって $|3\vec{b}|=\sqrt{(-6)^2+9^2}=\boldsymbol{3\sqrt{13}}$

6 (1) $\vec{a}+\vec{b}=(-2,\ 1)+(2,\ -3)$

$=\boldsymbol{(0,\ -2)}$

(2) $3\vec{a}-2\vec{b}=3(-2,\ 1)-2(2,\ -3)$

$=(-6,\ 3)-(4,\ -6)$

$=\boldsymbol{(-10,\ 9)}$

(3) $3(2\vec{a}-\vec{b})-4(\vec{a}-\vec{b})$

$=6\vec{a}-3\vec{b}-4\vec{a}+4\vec{b}$

$=2\vec{a}+\vec{b}=2(-2,\ 1)+(2,\ -3)$

$=(-4,\ 2)+(2,\ -3)=\boldsymbol{(-2,\ -1)}$

7 (1) $\overrightarrow{\mathrm{AB}}=(4-2,\ 7-3)=\boldsymbol{(2,\ 4)}$

よって $|\overrightarrow{\mathrm{AB}}|=\sqrt{2^2+4^2}=\boldsymbol{2\sqrt{5}}$

(2) $\overrightarrow{\mathrm{AB}}=(5-(-1),\ -2-4)=\boldsymbol{(6,\ -6)}$

よって $|\overrightarrow{\mathrm{AB}}|=\sqrt{6^2+(-6)^2}=\boldsymbol{6\sqrt{2}}$

8 (1) $\vec{a}\cdot\vec{b}=|\vec{a}||\vec{b}|\cos 60°$

$$=1\times3\times\frac{1}{2}=\boldsymbol{\frac{3}{2}}$$

(2) $\vec{a}\cdot\vec{b}=|\vec{a}||\vec{b}|\cos 135°$

$$=2\times4\times\left(-\frac{\sqrt{2}}{2}\right)$$

$=\boldsymbol{-4\sqrt{2}}$

9 (1) $\vec{a}\cdot\vec{b}=1\times6+(-2)\times3=\boldsymbol{0}$

(2) $\vec{a}\cdot\vec{b}=\sqrt{3}\times0+(-3)\times1=\boldsymbol{-3}$

10 (1) $$\cos\theta=\frac{\vec{a}\cdot\vec{b}}{|\vec{a}||\vec{b}|}$$

$$=\frac{3\times1+1\times2}{\sqrt{3^2+1^2}\times\sqrt{1^2+2^2}}=\frac{1}{\sqrt{2}}$$

$0°\leqq\theta\leqq180°$ であるから $\boldsymbol{\theta=45°}$

(2) $$\cos\theta=\frac{\vec{a}\cdot\vec{b}}{|\vec{a}||\vec{b}|}$$

$$=\frac{1\times2+(-\sqrt{3})\times0}{\sqrt{1^2+(-\sqrt{3})^2}\times\sqrt{2^2+0^2}}=\frac{1}{2}$$

$0°\leqq\theta\leqq180°$ であるから $\boldsymbol{\theta=60°}$

(3) $$\cos\theta=\frac{\vec{a}\cdot\vec{b}}{|\vec{a}||\vec{b}|}$$

$$=\frac{2\times\left(-\frac{3}{4}\right)+3\times\frac{1}{2}}{\sqrt{2^2+3^2}\times\sqrt{\left(-\frac{3}{4}\right)^2+\left(\frac{1}{2}\right)^2}}=0$$

$0°\leqq\theta\leqq180°$ であるから $\boldsymbol{\theta=90°}$

(4) $$\cos\theta=\frac{\vec{a}\cdot\vec{b}}{|\vec{a}||\vec{b}|}$$

$$=\frac{1\times(-\sqrt{2})+(-2)\times2\sqrt{2}}{\sqrt{1^2+(-2)^2}\times\sqrt{(-\sqrt{2})^2+(2\sqrt{2})^2}}=-1$$

$0°\leqq\theta\leqq180°$ であるから $\boldsymbol{\theta=180°}$

11 (1) $\vec{a}\perp\vec{b}$ であるための条件は

$\vec{a}\cdot\vec{b}=0$

ここで $\vec{a}\cdot\vec{b}=3\times x+2\times6=3x+12$

よって $3x+12=0$

ゆえに $\boldsymbol{x=-4}$

(2) $\vec{a}\perp\vec{b}$ であるための条件は $\vec{a}\cdot\vec{b}=0$

ここで $\vec{a}\cdot\vec{b}=3\times(-1)+x\times\sqrt{3}$

$=\sqrt{3}x-3$

よって $\sqrt{3}x-3=0$

ゆえに $\boldsymbol{x=\sqrt{3}}$

12 (1) $$\frac{3\vec{a}+\vec{b}}{1+3}=\boldsymbol{\frac{3}{4}\vec{a}+\frac{1}{4}\vec{b}}$$

(2) $\dfrac{-3\vec{a}+\vec{b}}{1-3}=\dfrac{3}{2}\vec{a}-\dfrac{1}{2}\vec{b}$

13 3点A, B, Cが一直線にあるとき, $\overrightarrow{AC}=k\overrightarrow{AB}$ となる実数kがある。

(1) $\overrightarrow{AB}=(2,\ 4)$, $\overrightarrow{AC}=(x-2,\ -7)$

$\overrightarrow{AC}=k\overrightarrow{AB}$ とすると

$(x-2,\ -7)=k(2,\ 4)$

よって　$x-2=2k$ …… ①

$-7=4k$ …… ②

② から　$k=-\dfrac{7}{4}$　これを ① に代入して

$x-2=-\dfrac{7}{2}$　　よって　$\boldsymbol{x=-\dfrac{3}{2}}$

(2) $\overrightarrow{AB}=(-4,\ 4)$, $\overrightarrow{AC}=(-7,\ y+1)$

$\overrightarrow{AC}=k\overrightarrow{AB}$ とすると

$(-7,\ y+1)=k(-4,\ 4)$

よって　$-7=-4k$ …… ①

$y+1=4k$ …… ②

① から　$k=\dfrac{7}{4}$　これを ② に代入して

$y+1=7$　　よって　$\boldsymbol{y=6}$

14 直線上の任意の点をP$(x,\ y)$, tを媒介変数とする。

(1) $(x,\ y)=(1,\ 1)+t(-2,\ 1)$

$=(1-2t,\ 1+t)$

よって　$\begin{cases}\boldsymbol{x=1-2t}\\ \boldsymbol{y=1+t}\end{cases}$

(2) $(x,\ y)=(-4,\ 3)+t(5,\ 6)$

$=(-4+5t,\ 3+6t)$

よって　$\begin{cases}\boldsymbol{x=-4+5t}\\ \boldsymbol{y=3+6t}\end{cases}$

15 直線上の任意の点をP$(x,\ y)$とすると $\vec{n}\cdot\overrightarrow{AP}=0$

(1) $\overrightarrow{AP}=(x-2,\ y+1)$ から

$3(x-2)+4(y+1)=0$

よって　$\boldsymbol{3x+4y-2=0}$

(2) $\overrightarrow{AP}=(x-1,\ y-3)$ から

$-(x-1)+2(y-3)=0$

よって　$\boldsymbol{x-2y+5=0}$

16 (1) $\boldsymbol{(2,\ -3)}$

(2) 式を変形すると　$x+2y-6=0$

よって　$\boldsymbol{(1,\ 2)}$

17 $(x,\ y)-(2,\ 1)=(x-2,\ y-1)$, $(x,\ y)-(-8,\ 7)=(x+8,\ y-7)$ から

$(x-2)(x+{}^{ア}\boldsymbol{8})+(y-{}^{イ}\boldsymbol{1})(y-7)=0$

18 (1) $\sqrt{3^2+(-4)^2+2^2}=\boldsymbol{\sqrt{29}}$

(2) $\sqrt{(-2-4)^2+\{2-(-1)\}^2+(5-3)^2}$

$=\sqrt{(-6)^2+3^2+2^2}=\sqrt{49}=\boldsymbol{7}$

19 (1) $\overrightarrow{AD}+\overrightarrow{BC}-\overrightarrow{BD}-\overrightarrow{AC}$

$=\overrightarrow{AD}+\overrightarrow{BC}+\overrightarrow{DB}+\overrightarrow{CA}$

$=(\overrightarrow{AD}+\overrightarrow{DB})+(\overrightarrow{BC}+\overrightarrow{CA})$

$=\overrightarrow{AB}+\overrightarrow{BA}=\overrightarrow{AA}=\vec{0}$

(2) $\overrightarrow{AD}-\overrightarrow{AB}-(\overrightarrow{CD}-\overrightarrow{CB})$

$=\overrightarrow{AD}+\overrightarrow{BA}+\overrightarrow{DC}+\overrightarrow{CB}$

$=(\overrightarrow{BA}+\overrightarrow{AD})+(\overrightarrow{DC}+\overrightarrow{CB})$

$=\overrightarrow{BD}+\overrightarrow{DB}=\overrightarrow{BB}=\vec{0}$

よって　$\overrightarrow{AD}-\overrightarrow{AB}=\overrightarrow{CD}-\overrightarrow{CB}$

別解　$\overrightarrow{AD}-\overrightarrow{AB}=\overrightarrow{BD}$, $\overrightarrow{CD}-\overrightarrow{CB}=\overrightarrow{BD}$ であるから　$\overrightarrow{AD}-\overrightarrow{AB}=\overrightarrow{CD}-\overrightarrow{CB}$

20 (1) $-1=x-2$, $2=y+3$, $-3=-z-4$ を解いて　$\boldsymbol{x=1,\ y=-1,\ z=-1}$

(2) $2x-1=3$, $4=3y+1$, $3z=2-z$ を解いて　$\boldsymbol{x=2,\ y=1,\ z=\dfrac{1}{2}}$

21 (1) $|\vec{a}|=\sqrt{6^2+(-3)^2+2^2}=\sqrt{49}=\boldsymbol{7}$

(2) $|\vec{b}|=\sqrt{7^2+1^2+(-5)^2}=\sqrt{75}=\boldsymbol{5\sqrt{3}}$

22 (1) $\vec{a}+\vec{b}=(2,\ -1,\ 3)+(-2,\ -3,\ 1)$

$=\boldsymbol{(0,\ -4,\ 4)}$

(2) $\vec{a}-\vec{b}=(2,\ -1,\ 3)-(-2,\ -3,\ 1)$

$=\boldsymbol{(4,\ 2,\ 2)}$

(3) $2\vec{a}=2(2,\ -1,\ 3)=\boldsymbol{(4,\ -2,\ 6)}$

(4) $2\vec{a}+3\vec{b}$

$=2(2,\ -1,\ 3)+3(-2,\ -3,\ 1)$

$=(4,\ -2,\ 6)+(-6,\ -9,\ 3)$

$=\boldsymbol{(-2,\ -11,\ 9)}$

(5) $5\vec{b}-4\vec{a}$

$=5(-2,\ -3,\ 1)-4(2,\ -1,\ 3)$

$=(-10,\ -15,\ 5)-(8,\ -4,\ 12)$

$=\boldsymbol{(-18,\ -11,\ -7)}$

23 $\overrightarrow{AB}=(1-3,\ 2-(-1),\ 3-2)$

$=\boldsymbol{(-2,\ 3,\ 1)}$

よって　$|\overrightarrow{AB}|=\sqrt{(-2)^2+3^2+1^2}=\boldsymbol{\sqrt{14}}$

$\overrightarrow{BC}=(2-1,\ 3-2,\ 1-3)=\boldsymbol{(1,\ 1,\ -2)}$

よって　$|\overrightarrow{BC}|=\sqrt{1^2+1^2+(-2)^2}=\boldsymbol{\sqrt{6}}$

$\overrightarrow{CA}=(3-2,\ -1-3,\ 2-1)=\boldsymbol{(1,\ -4,\ 1)}$

よって　$|\overrightarrow{CA}|=\sqrt{1^2+(-4)^2+1^2}=\boldsymbol{3\sqrt{2}}$

24 (1) $\vec{a}\cdot\vec{b}=-2\times1+1\times(-1)+2\times0$

$=\mathbf{-3}$

(2) $\vec{a}\cdot\vec{b}=2\times(-1)+3\times2+(-4)\times1=\mathbf{0}$

25 $\overrightarrow{\mathrm{ML}}=(2-1,\ 1-2,\ 0-0)$

$=(1,\ -1,\ 0)$,

$\overrightarrow{\mathrm{MN}}=(2-1,\ 2-2,\ 1-0)=(1,\ 0,\ 1)$

よって

$$\cos\angle\mathrm{LMN}=\frac{\overrightarrow{\mathrm{ML}}\cdot\overrightarrow{\mathrm{MN}}}{|\overrightarrow{\mathrm{ML}}||\overrightarrow{\mathrm{MN}}|}$$

$$=\frac{1\times1+(-1)\times0+0\times1}{\sqrt{1^2+(-1)^2+0^2}\sqrt{1^2+0^2+1^2}}=\frac{1}{2}$$

$0^\circ\leqq\angle\mathrm{LMN}\leqq180^\circ$ から $\angle\mathrm{LMN}=\mathbf{60^\circ}$

26 (1) $\overrightarrow{\mathrm{OP}}=\dfrac{\overrightarrow{\mathrm{OE}}+2\overrightarrow{\mathrm{OF}}}{2+1}=\dfrac{1}{3}\overrightarrow{\mathrm{OE}}+\dfrac{2}{3}\overrightarrow{\mathrm{OF}}$

$=\dfrac{1}{3}(\vec{a}+\vec{d})+\dfrac{2}{3}(\vec{a}+\vec{c}+\vec{d})$

$=\boldsymbol{\vec{a}+\dfrac{2}{3}\vec{c}+\vec{d}}$

別解 $\overrightarrow{\mathrm{OP}}$ を分割して考えると

$\overrightarrow{\mathrm{OP}}=\overrightarrow{\mathrm{OA}}+\overrightarrow{\mathrm{AE}}+\overrightarrow{\mathrm{EP}}=\vec{a}+\vec{d}+\dfrac{2}{3}\overrightarrow{\mathrm{EF}}$

$=\boldsymbol{\vec{a}+\dfrac{2}{3}\vec{c}+\vec{d}}$

(2) $\overrightarrow{\mathrm{OQ}}=\dfrac{-2\overrightarrow{\mathrm{OC}}+\overrightarrow{\mathrm{OE}}}{1-2}=2\overrightarrow{\mathrm{OC}}-\overrightarrow{\mathrm{OE}}$

$=2\vec{c}-(\vec{a}+\vec{d})$

$=\boldsymbol{-\vec{a}+2\vec{c}-\vec{d}}$

27 3点A, B, Cが一直線上にあるとき, $\overrightarrow{\mathrm{AC}}=k\overrightarrow{\mathrm{AB}}$ となる実数kがある。

$\overrightarrow{\mathrm{AC}}=k\overrightarrow{\mathrm{AB}}$ から

$(x-3,\ y-2,\ -6)=k(2,\ -3,\ -2)$

よって

$x-3=2k,\ y-2=-3k,\ -6=-2k$

これを解くと

$k=3,\ x=$ ア $\mathbf{9}$, $y=$ イ $\mathbf{-7}$

28 (1) $\left(\dfrac{7-3}{2},\ \dfrac{-1+5}{2},\ \dfrac{2+4}{2}\right)$

すなわち $(\mathbf{2,\ 2,\ 3})$

(2) **2:1 に内分する点の座標は**

$\left(\dfrac{1\cdot7+2\cdot(-3)}{2+1},\ \dfrac{1\cdot(-1)+2\cdot5}{2+1},\ \dfrac{1\cdot2+2\cdot4}{2+1}\right)$

すなわち $\left(\boldsymbol{\dfrac{1}{3},\ 3,\ \dfrac{10}{3}}\right)$

2:1 に外分する点の座標は

$\left(\dfrac{-1\cdot7+2\cdot(-3)}{2-1},\ \dfrac{-1\cdot(-1)+2\cdot5}{2-1},\ \dfrac{-1\cdot2+2\cdot4}{2-1}\right)$

すなわち $(\mathbf{-13,\ 11,\ 6})$

(3) **1:2 に内分する点の座標は**

$\left(\dfrac{2\cdot7+1\cdot(-3)}{1+2},\ \dfrac{2\cdot(-1)+1\cdot5}{1+2},\ \dfrac{2\cdot2+1\cdot4}{1+2}\right)$

すなわち $\left(\boldsymbol{\dfrac{11}{3},\ 1,\ \dfrac{8}{3}}\right)$

1:2 に外分する点の座標は

$\left(\dfrac{-2\cdot7+1\cdot(-3)}{1-2},\ \dfrac{-2\cdot(-1)+1\cdot5}{1-2},\ \dfrac{-2\cdot2+1\cdot4}{1-2}\right)$

すなわち $(\mathbf{17,\ -7,\ 0})$

(4) 三角形ABCの重心の座標は

$\left(\dfrac{7+(-3)+5}{3},\ \dfrac{-1+5+(-7)}{3},\ \dfrac{2+4+0}{3}\right)$

すなわち $(\mathbf{3,\ -1,\ 2})$

29 (1) $\boldsymbol{x^2+y^2+z^2=4}$

(2) $(x-1)^2+\{y-(-2)\}^2+(z-3)^2=5^2$

よって $\boldsymbol{(x-1)^2+(y+2)^2+(z-3)^2=25}$

30 直線上の任意の点を$\mathrm{P}(x,\ y,\ z)$, tを媒介変数とする。

(1) $(x,\ y,\ z)=(-2,\ 1,\ 3)+t(1,\ 3,\ -4)$

$=(-2+t,\ 1+3t,\ 3-4t)$

よって $\begin{cases}\boldsymbol{x=-2+t}\\ \boldsymbol{y=1+3t}\\ \boldsymbol{z=3-4t}\end{cases}$

(2) $(x,\ y,\ z)$

$=(1-t)(2,\ -4,\ 3)+t(3,\ -1,\ 5)$

$=(2+t,\ -4+3t,\ 3+2t)$

よって $\begin{cases}\boldsymbol{x=2+t}\\ \boldsymbol{y=-4+3t}\\ \boldsymbol{z=3+2t}\end{cases}$

別解 $\overrightarrow{\mathrm{AB}}=(3-2,\ -1-(-4),\ 5-3)$

$=(1,\ 3,\ 2)$

よって $(x,\ y,\ z)$

$=\overrightarrow{\mathrm{OA}}+t\overrightarrow{\mathrm{AB}}$

$=(2,\ -4,\ 3)+t(1,\ 3,\ 2)$

$=(2+t,\ -4+3t,\ 3+2t)$

ゆえに $\begin{cases}\boldsymbol{x=2+t}\\ \boldsymbol{y=-4+3t}\\ \boldsymbol{z=3+2t}\end{cases}$

31

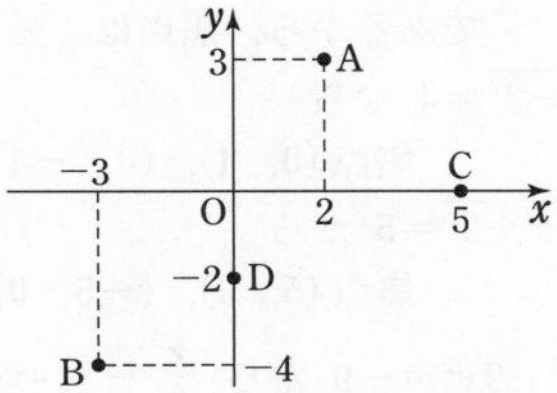

32

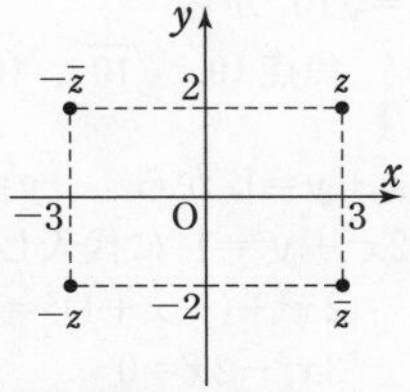

点 $\bar{z}$ は点 z と実軸に関して対称。
点 $-z$ は点 z と原点に関して対称。
点 $-\bar{z}$ は点 z と虚軸に関して対称。

33 (1) $|-2+i|=\sqrt{(-2)^2+1^2}=\boldsymbol{\sqrt{5}}$

(2) $\left|\frac{1}{2}-\frac{\sqrt{3}}{2}i\right|=\sqrt{\left(\frac{1}{2}\right)^2+\left(-\frac{\sqrt{3}}{2}\right)^2}=\boldsymbol{1}$

(3) $|1-\sqrt{2}|=\boldsymbol{\sqrt{2}-1}$

(4) $|-5i|=\sqrt{0^2+(-5)^2}=\boldsymbol{5}$

34 (1) $\mathrm{AB}=|(-4+5i)-(2+3i)|$
$=|-6+2i|=\sqrt{(-6)^2+2^2}$
$=\boldsymbol{2\sqrt{10}}$

(2) $\mathrm{AB}=|(3-4i)-(-2+i)|=|5-5i|$
$=\sqrt{5^2+(-5)^2}=\boldsymbol{5\sqrt{2}}$

35 (1) 絶対値は　$\sqrt{1^2+(-1)^2}=\sqrt{2}$

偏角 θ は　$\cos\theta=\frac{1}{\sqrt{2}}$, $\sin\theta=-\frac{1}{\sqrt{2}}$

$0\leqq\theta<2\pi$ では　$\theta=\frac{7}{4}\pi$

よって　$\boldsymbol{1-i=\sqrt{2}\left(\cos\frac{7}{4}\pi+i\sin\frac{7}{4}\pi\right)}$

(2) 絶対値は　$\sqrt{0^2+(-2)^2}=2$

偏角 θ は　$\cos\theta=0$, $\sin\theta=\frac{-2}{2}=-1$

$0\leqq\theta<2\pi$ では　$\theta=\frac{3}{2}\pi$

よって　$\boldsymbol{-2i=2\left(\cos\frac{3}{2}\pi+i\sin\frac{3}{2}\pi\right)}$

(3) 絶対値は　$\sqrt{(-\sqrt{3})^2+3^2}=2\sqrt{3}$

偏角 θ は　$\cos\theta=\frac{-\sqrt{3}}{2\sqrt{3}}=-\frac{1}{2}$,

$\sin\theta=\frac{3}{2\sqrt{3}}=\frac{\sqrt{3}}{2}$

$0\leqq\theta<2\pi$ では　$\theta=\frac{2}{3}\pi$

よって

$\boldsymbol{-\sqrt{3}+3i=2\sqrt{3}\left(\cos\frac{2}{3}\pi+i\sin\frac{2}{3}\pi\right)}$

36 (1) $\boldsymbol{\alpha\beta}$

$=\cos\left(\frac{2}{3}\pi+\frac{\pi}{6}\right)+i\sin\left(\frac{2}{3}\pi+\frac{\pi}{6}\right)$

$=\cos\frac{5}{6}\pi+i\sin\frac{5}{6}\pi=\boldsymbol{-\frac{\sqrt{3}}{2}+\frac{1}{2}i}$

$\boldsymbol{\frac{\alpha}{\beta}}=\cos\left(\frac{2}{3}\pi-\frac{\pi}{6}\right)+i\sin\left(\frac{2}{3}\pi-\frac{\pi}{6}\right)$

$=\cos\frac{\pi}{2}+i\sin\frac{\pi}{2}=\boldsymbol{i}$

(2) $\boldsymbol{\alpha\beta}$

$=2\cdot3\left\{\cos\left(\frac{\pi}{4}+\frac{5}{12}\pi\right)+i\sin\left(\frac{\pi}{4}+\frac{5}{12}\pi\right)\right\}$

$=6\left(\cos\frac{2}{3}\pi+i\sin\frac{2}{3}\pi\right)=\boldsymbol{-3+3\sqrt{3}\,i}$

$\boldsymbol{\frac{\alpha}{\beta}}=\frac{2}{3}\left\{\cos\left(\frac{\pi}{4}-\frac{5}{12}\pi\right)+i\sin\left(\frac{\pi}{4}-\frac{5}{12}\pi\right)\right\}$

$=\frac{2}{3}\left\{\cos\left(-\frac{\pi}{6}\right)+i\sin\left(-\frac{\pi}{6}\right)\right\}$

$=\boldsymbol{\frac{\sqrt{3}}{3}-\frac{1}{3}i}$

37 (1) $\frac{1-\sqrt{3}\,i}{2}=\cos\frac{5}{3}\pi+i\sin\frac{5}{3}\pi$ で

あるから，**点 z を原点を中心として $\frac{5}{3}\pi$ だけ回転した点** である。

(2) $-i=\cos\frac{3}{2}\pi+i\sin\frac{3}{2}\pi$ であるから，**点 z を原点を中心として $\frac{3}{2}\pi$ だけ回転した点** である。

38 (1) $\left(\cos\frac{\pi}{3}+i\sin\frac{\pi}{3}\right)^6$

$=\cos2\pi+i\sin2\pi=\boldsymbol{1}$

(2) $\left\{2\left(\cos\frac{\pi}{10}+i\sin\frac{\pi}{10}\right)\right\}^5$

$=2^5\left(\cos\frac{\pi}{2}+i\sin\frac{\pi}{2}\right)=\boldsymbol{32i}$

39 (1) $\frac{(-3+6i)+(5-8i)}{2}=\frac{2-2i}{2}$

$=\mathbf{1-i}$

(2) 点Pを表す複素数は

$\frac{1\cdot(2-3i)+2\cdot(-7+3i)}{2+1}=\frac{-12+3i}{3}$

$=\mathbf{-4+i}$

点Qを表す複素数は

$\frac{-1\cdot(2-3i)+2\cdot(-7+3i)}{2-1}=\mathbf{-16+9i}$

40 (1) **点 z 全体は，2 点 1，i を結ぶ線分の垂直二等分線。**

(2) **点 z 全体は，点 $1-i$ を中心とする半径 2 の円。**

41 $\frac{\gamma-\alpha}{\beta-\alpha}=\frac{1+3i}{2+i}=\frac{(1+3i)(2-i)}{(2+i)(2-i)}$

$=\frac{5+5i}{5}=1+i$

$1+i$ を極形式で表すと

$1+i=\sqrt{2}\left(\cos\frac{\pi}{4}+i\sin\frac{\pi}{4}\right)$

よって　　$\angle\beta\alpha\gamma=\boldsymbol{\frac{\pi}{4}}$

42 $\alpha=3-2i$, $\beta=5+6i$, $\gamma=7+ci$ とすると

$\frac{\gamma-\alpha}{\beta-\alpha}=\frac{(7+ci)-(3-2i)}{(5+6i)-(3-2i)}=\frac{4+(c+2)i}{2+8i}$

$=\frac{\{4+(c+2)i\}(1-4i)}{2(1+4i)(1-4i)}$

$=\frac{4(c+3)+(c-14)i}{34}$

(1) 3 点 A，B，C が一直線上にあるための条件は，$\frac{\gamma-\alpha}{\beta-\alpha}$ が実数となることである。

ゆえに　　$c-14=0$　　よって　　$\mathbf{c=14}$

(2) AB⊥AC であるための条件は，$\frac{\gamma-\alpha}{\beta-\alpha}$ が純虚数となることである。

ゆえに　　$c+3=0$ かつ $c-14\neq 0$

よって　　$\mathbf{c=-3}$

43 (1) $y^2=8x$ を変形して

$y^2=4\cdot 2x$

よって　　**焦点 $(2,\ 0)$**

(2) $\sqrt{3}>1$ であるから，焦点は x 軸上にある。

$\sqrt{(\sqrt{3})^2-1^2}=\sqrt{2}$ から

焦点 $(\sqrt{2},\ 0)$，$(-\sqrt{2},\ 0)$

(3) $3<5$ であるから，焦点は y 軸上にある。

$\sqrt{5^2-3^2}=4$ から

焦点 $(0,\ 4)$，$(0,\ -4)$

(4) $\sqrt{4^2+3^2}=5$ から

焦点 $(5,\ 0)$，$(-5,\ 0)$

(5) $x^2-9y^2=-9$ から $\frac{x^2}{3^2}-y^2=-1$

$\sqrt{3^2+1^2}=\sqrt{10}$ から

焦点 $(0,\ \sqrt{10})$，$(0,\ -\sqrt{10})$

44 (1) $x+y=1$ から　　$y=-x+1$

これを $2x^2+y^2=1$ に代入して

$2x^2+(-x+1)^2=1$

よって　　$3x^2-2x=0$

ゆえに　　$x(3x-2)=0$

よって　　$x=0,\ \frac{2}{3}$

したがって，共有点は　　**2 個**

(2) $2x-2y+1=0$ から　　$2x=2y-1$

これを $y^2=2x$ に代入して

$y^2=2y-1$

よって　　$y^2-2y+1=0$

ゆえに　　$(y-1)^2=0$

よって　　$y=1$

したがって，共有点は　　**1 個**

45 (1) $4\cdot y=2\cdot 2(x+2)$

すなわち　　$\mathbf{y=x+2}$

(2) $\frac{1\cdot x}{3}+\frac{2\cdot y}{6}=1$

すなわち　　$\mathbf{x+y-3=0}$

(3) $2\cdot\sqrt{2}\cdot x-(-\sqrt{3})\cdot y=1$

すなわち　　$\mathbf{2\sqrt{2}x+\sqrt{3}y-1=0}$

46 (1) $x=3t+1$ から　　$t=\frac{1}{3}x-\frac{1}{3}$

$y=2t-1$ に代入して

$y=2\left(\frac{1}{3}x-\frac{1}{3}\right)-1$

よって　　**直線 $\boldsymbol{y=\frac{2}{3}x-\frac{5}{3}}$**

(2) $x=t-1$ から　　$t=x+1$

$y=t^2-2t$ に代入して

$y=(x+1)^2-2(x+1)$

よって　　**放物線 $\boldsymbol{y=x^2-1}$**

47 (1) $\boldsymbol{x=4\cos\theta,\ y=4\sin\theta}$

(2) $\boldsymbol{x=\sqrt{5}\cos\theta,\ y=\sqrt{5}\sin\theta}$

(3) $\boldsymbol{x=2\cos\theta,\ y=\sin\theta}$

(4) $9x^2+4y^2=36$ の両辺を 36 で割って

$$\frac{x^2}{4}+\frac{y^2}{9}=1$$

よって　$\boldsymbol{x=2\cos\theta,\ y=3\sin\theta}$

(5) $\boldsymbol{x=\dfrac{4}{\cos\theta},\ y=3\tan\theta}$

(6) $4x^2-y^2=4$ の両辺を 4 で割って

$$x^2-\frac{y^2}{4}=1$$

よって　$\boldsymbol{x=\dfrac{1}{\cos\theta},\ y=2\tan\theta}$

48 〔図〕

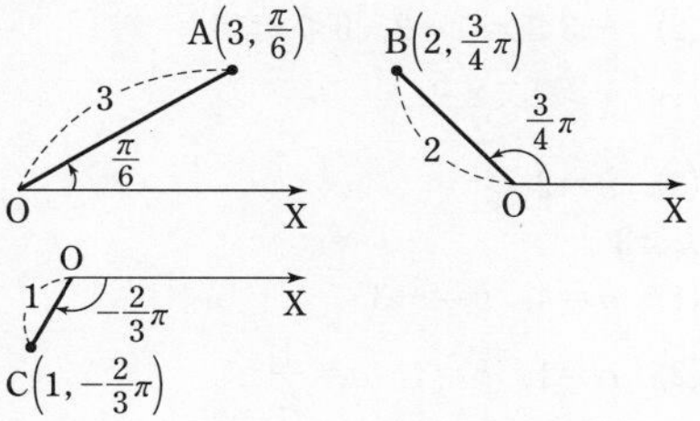

49 (1) 中心が極 O, 半径が 3 の円 〔図〕

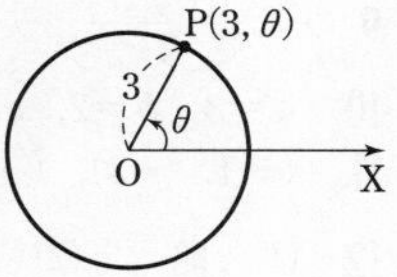

(2) 極Oを通り，始線と $\dfrac{\pi}{3}$ の角をなす直線 〔図〕

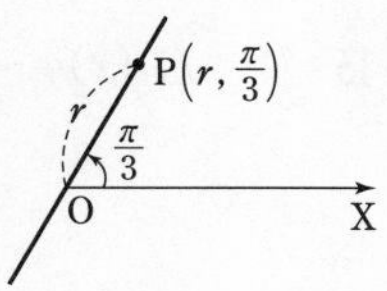

(3) $r=4\cos\theta$ を変形して　$r=2\cdot 2\cos\theta$
よって，中心が (2, 0)，半径が 2 の円 〔図〕

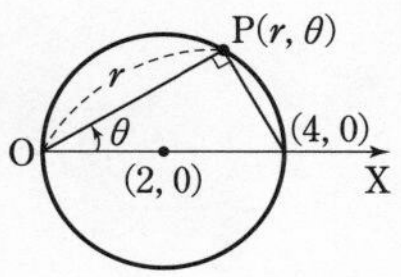

PRACTICE，EXERCISES の解答（数学Ⅲ）

PRACTICE，EXERCISES について，問題の要求している答の数値のみをあげ，図・証明は省略した。

第1章　関　数

●PRACTICE の解答

1　図略
(1)　定義域は $x \neq 2$，値域は $y \neq 2$
(2)　定義域は $x \neq -3$，値域は $y \neq -2$
(3)　定義域は $x \neq 2$，値域は $y \neq \dfrac{3}{2}$

2　図略　(1)　$y \leqq -\dfrac{5}{2}$，$-1 \leqq y$
(2)　$-1 \leqq y \leqq \dfrac{1}{3}$　(3)　$y < \dfrac{1}{2}$，$8 < y$
(4)　$y < -17$，$4 < y$

3　$a=2$，$b=-6$，$c=-4$

4　$x=-1$，3；$-1 \leqq x \leqq 3$，$4 < x$

5　(1)　$x=\dfrac{7}{2}$　(2)　$1 \leqq x < 2$，$4 \leqq x$

6　図略
(1)　(ア)　定義域は $x \geqq -1$，
値域は $y \leqq 0$
(イ)　定義域は $x \geqq -2$，
値域は $y \geqq 0$
(2)　$\sqrt{2}+1 < y \leqq \sqrt{6}+1$

7　(1)　$x=3$　(2)　$x<3$

8　(1)　$x=1-\sqrt{7}$　(2)　$x=-\dfrac{3}{4}$，1
(3)　$0 \leqq x \leqq 4$　(4)　$-\sqrt{10} \leqq x < 1$

9　$1 \leqq k < \dfrac{5}{4}$

10　図略　(1)　$y=\log_2 x - 1$
(2)　$y=\dfrac{-2x-2}{x-1}$ $(-1 \leqq x < 1)$
(3)　$y=-4x+4$ $(0 \leqq x \leqq 1)$
(4)　$y=\sqrt{x+2}$

11　(1)　$(f \circ g)(x)=\dfrac{x+1}{x-1}$
(2)　$(g \circ h)(x)=\dfrac{1}{x^2-x+1}$
(3)　$(f \circ h \circ g)(x)=\dfrac{x^2+1}{(x-1)^2}$

12　$a=-2$

●EXERCISES の解答

1　(1)　$-4 \leqq x \leqq -2$
(2)　$-2 < x < -\dfrac{3}{2}$，$-\dfrac{3}{2} < x \leqq -1$

2　(1)　$a=3$，$b=1$，$c=-5$
(2)　$y=\dfrac{7x+17}{x+3}$

3　(ア)　9　(イ)　0

4　(1)　$x=-\dfrac{1}{2}$，$\dfrac{-1+\sqrt{5}}{4}$　(2)　$\dfrac{3}{2} \leqq x < 5$

5　(1)　$-3 < x \leqq 0$，$3 < x$
(2)　$-3 \leqq x < -2$，$0 < x \leqq 1$

6　(1)　$k < \dfrac{1-\sqrt{5}}{2}$
(2)　$k=2$

7　$k \geqq 3$

8　(1)　$a=4$，$b=-3$
(2)　$a=1$，$b=4$，$c=\dfrac{1}{2}$

9　$x \geqq \dfrac{1+\sqrt{5}}{2}$

10　$a=3$，$b=2$，$c=1$

11　$(-1,\ -3)$，$(-2,\ -2)$

12　(1)　略　(2)　$a=\pm 1$，$\pm\dfrac{1}{3}$

13　(1)　$f^{-1}(x)=\dfrac{-dx+b}{cx-a}$　(2)　$a+d=0$

第2章　極　限

●PRACTICE の解答

13 (1) $-\infty$　(2) $-\frac{1}{2}$
(3) ∞　(4) 0

14 (1) ∞　(2) $\frac{1}{2}$　(3) $-\frac{3}{2}$
(4) 2　(5) $\frac{3}{2}$　(6) $\frac{1}{4}$

15 (1) 0　(2) 略

16 (1) $-\infty$　(2) -4　(3) 7
(4) 極限はない

17 (1) (ア) $2\leqq x<3$；$2<x<3$ のとき 0，$x=2$ のとき 1
(イ) $-2\leqq x<-1$，$0<x\leqq 1$；$-2<x<-1$，$0<x<1$ のとき 0；$x=1$，-2 のとき 1
(2) $1-\sqrt{2}\leqq x<1$，$1<x\leqq 1+\sqrt{2}$；$1-\sqrt{2}<x<1$，$1<x<1+\sqrt{2}$ のとき 0；$x=1\pm\sqrt{2}$ のとき $1\pm\sqrt{2}$（複号同順）

18 (1) $|r|<1$ のとき 0，$r=1$ のとき $\frac{1}{3}$，$r>1$ のとき $\frac{1}{r}$
(2) $|r|<1$ のとき 0，$r=1$ のとき $\frac{1}{3}$，$r=-1$ のとき $-\frac{1}{3}$，$|r|>1$ のとき r

19 (1) -2　(2) ∞

20 (1) ∞　(2) 0

21 (1) $b_n=-(-3)^{n-1}$
(2) $a_n=\frac{3(-3)^{n-1}+1}{(-3)^{n-1}+1}$，$\lim_{n\to\infty}a_n=3$

22 (1) 略　(2) 略　(3) 1

23 $\frac{11}{3}$

24 (1) $x_{n+1}=-\frac{1}{8}x_n+\frac{3}{4}$　(2) $\frac{2}{3}$

25 $\frac{1}{3}$

26 (1) 収束，$\frac{1}{6}$　(2) 発散する

27 (1) $x<-2$，$0\leqq x$　(2) 略

28 $\left(\frac{1}{1+k^2},\ \frac{k}{1+k^2}\right)$

29 $(2+\sqrt{2})\pi a$

30 略

31 (1) $\frac{7}{2}$　(2) 8

32 (1) $\frac{3}{2}$　(2) $\frac{5}{2}$

33 (1) $\frac{4(a^2-1)}{(2+\sqrt{a^2-1})^2}$
(2) $\frac{a^2-1}{1+\sqrt{a^2-1}}$

34 (ア) 0　(イ) $\frac{1}{(1-x)^2}$

35 (1) 1　(2) -1
(3) $\sqrt{3}$　(4) $\frac{3}{4}$

36 (1) $a=-8$，$b=4$
(2) $a=8\sqrt{6}$，$b=48$

37 (1) $\lim_{x\to 1-0}\frac{x^2}{x-1}=-\infty$，$\lim_{x\to 1+0}\frac{x^2}{x-1}=\infty$，$x\longrightarrow 1$ のときの $\frac{x^2}{x-1}$ の極限はない
(2) $\lim_{x\to 1-0}\frac{x}{(x-1)^2}=\infty$，$\lim_{x\to 1+0}\frac{x}{(x-1)^2}=\infty$，$\lim_{x\to 1}\frac{x}{(x-1)^2}=\infty$
(3) $\lim_{x\to 1-0}\frac{|x-1|}{x^3-1}=-\frac{1}{3}$，$\lim_{x\to 1+0}\frac{|x-1|}{x^3-1}=\frac{1}{3}$，$x\longrightarrow 1$ のときの $\frac{|x-1|}{x^3-1}$ の極限はない

38 (1) $-\infty$　(2) -2
(3) -1　(4) -2

39 (1) 1　(2) $-\frac{1}{2}$

40 (1) 0　(2) 2

41 (1) $\frac{1}{20}$　(2) $\frac{3}{25}$　(3) 2
(4) 1　(5) $\sqrt{2}$　(6) $\frac{\pi}{180}$

42 (1) $S_1=r^2\sin 2\theta$，$S_2=r^2\theta$
(2) 2

43 (1) $x<-1$，$-1<x<1$，$1<x$ で連続

(2) $x<0$, $0<x$ で連続

(3) $0 \leqq x<\frac{\pi}{2}$, $\frac{\pi}{2}<x<\pi$,

$\pi<x<2\pi$ で連続；

$x=\frac{\pi}{2}$, π, 2π で不連続

44 略

45 (1) $x<-2$, $0<x$ で連続；$x=0$ で不連続；図略

(2) $x<0$, $0<x$ で連続；$x=0$ で不連続；図略

46 (1) $x<-1$ のとき $f(x)=1-\frac{1}{x}$,

$x=-1$ のとき $f(-1)=\frac{a-b+2}{2}$,

$-1<x<1$ のとき $f(x)=ax^2+bx$,

$x=1$ のとき $f(1)=\frac{a+b}{2}$,

$1<x$ のとき $f(x)=1-\frac{1}{x}$

(2) $a=1$, $b=-1$

●EXERCISES の解答

14 (1) $\frac{1}{3}$　(2) 7

15 (1) 1　(2) $\frac{b}{2}-\frac{a^2}{8}$

16 (1) 正しくない。(反例) $a_n=-n$

(2) 正しくない。

(反例) $a_n=\frac{1}{n^2}$, $b_n=\frac{1}{n}$

(3) 正しくない。

(反例) $a_n=n+1$, $b_n=n$

(4) 正しい。証明略

17 $-\frac{1}{2} \leqq x<0$, $1<x$；

$-\frac{1}{2}<x<0$, $1<x$ のとき 0；

$x=-\frac{1}{2}$ のとき 1

18 $p=1$ のとき　$a_n=2n$,

$p \neq 1$ のとき　$a_n=\frac{2(p^n-1)}{p-1}$；

$-1<p<1$

19 (1) $2n^2+2n+1$

(2) $\frac{(n+1)(2n^2+4n+3)}{3}$

(3) $\frac{2}{3}$

20 π

21 (1), (2) 略　(3) 3

22 (ア) 1　(イ) 5^n　(ウ) $\frac{5^n+1}{2}$

(エ) $\frac{-5^n+1}{2}$　(オ) $\frac{(2p-1)^n+1}{2}$

(カ) 0　(キ) 1　(ク) $\frac{1}{2}$　(ケ) 1

23 (1) $a_1=p$, $a_2=2p(1-p)$,

$a_3=p(4p^2-6p+3)$

(2) $a_n=(1-2p)a_{n-1}+p$

(3) $a_n=\frac{1}{2}\{1-(1-2p)^n\}$

(4) $\frac{1}{2}$

24 $\frac{4}{3}$

25 (1) $\frac{1}{\log_{10}2}$　(2) $\frac{1}{8}$

26 (1) $\dfrac{3}{2}$ (2) $\dfrac{5}{6}$ (3) $\dfrac{7}{50}$

27 (1) $\dfrac{4}{27}$ (2) $\dfrac{3}{5}$

28 $0<x<\dfrac{\pi}{2}$，$\pi<x<\dfrac{3}{2}\pi$；

$\displaystyle\lim_{n\to\infty}S_n=\frac{\cos x-\sin x}{1-\cos x+\sin x}$

29 (1) $r=\dfrac{1}{\tan\theta+1}$

(2) $S_1+S_2+S_3+\cdots\cdots$

$=\dfrac{1}{\tan\theta(\tan\theta+2)}$

30 (1) 収束，$-\dfrac{1}{2}$

(2) 発散する

(3) 発散する

31 (1) $a_1=-\dfrac{1}{r}$，$a_2=\dfrac{2}{r^2}$，$a_3=-\dfrac{2}{r^3}$

(2) $a_n=2\left(-\dfrac{1}{r}\right)^n$ (3) $\dfrac{-r+1}{r(r+1)}$

32 (1) $\vec{r_1}=(1,\ 0)$，$\vec{r_2}=\left(0,\ \dfrac{1}{2}\right)$

(2) (ア) $x_{2k+1}=-\dfrac{1}{4}x_{2k-1}$，$x_{2k}=0$

(イ) $y_{2k+2}=-\dfrac{1}{4}y_{2k}$，$y_{2k-1}=0$

(3) $\left(\dfrac{4}{5},\ \dfrac{2}{5}\right)$

33 略

34 (1) $\dfrac{\sqrt{2}}{12}$ (2) $\dfrac{\sqrt{2}}{324}$ (3) $\dfrac{9\sqrt{2}}{104}$

35 (1) $\dfrac{1}{3}$ (2) $-\dfrac{1}{2}$

36 (1) $a=1$，$b=\dfrac{1}{2}$ のとき極限値 $-\dfrac{1}{8}$

(2) $a=2$，$b=-2$

37 (1) -6 (2) $-\dfrac{1}{2}$

38 (1) $\dfrac{1}{4\pi}$ (2) 4

(3) $\dfrac{1}{\pi}$ (4) $-\dfrac{\sqrt{2}}{2}$

39 4 個

40 $f(x)=x^2-1$

41 $(a,\ b)=\left(2,\ \dfrac{5}{4}\right)$

42 (1) 3

(2) $a<b$ のとき b，$a>b$ のとき a，$a=b$ のとき a

43 (1) $S(\theta)=\dfrac{\cos\theta}{2(\sin\theta+\cos\theta)}$

(2) $\dfrac{1}{2}$

44 (1) $x_2=\cos\theta\sin 2\theta$

(2) $x_n=\cos\theta\sin^{n-1}2\theta$

(3) $\dfrac{\cos\theta}{1-\sin 2\theta}$

(4) $\displaystyle\lim_{\theta\to\frac{\pi}{4}+0}f(\theta)=\infty$，$\displaystyle\lim_{\theta\to\frac{\pi}{2}-0}f(\theta)=0$；

証明略

45 (1) k が偶数 (2) 略

第3章　微分法

●PRACTICE の解答

47 (1) 連続である，微分可能でない
(2) 連続である，微分可能である

48 (1) $-\dfrac{2}{x^3}$　(2) $\dfrac{x}{\sqrt{x^2+1}}$

49 (1) $15x^4-6x^2$
(2) $10x^4-8x^3+6x^2-6x+3$
(3) $-\dfrac{2}{(x-1)^2}$
(4) $\dfrac{3x^2(x^6-2x^3-1)}{(1+x^6)^2}$
(5) $-\dfrac{2(x-1)}{(x^2-2x+4)^2}$
(6) $\dfrac{4}{x^2}-\dfrac{3}{x^4}$ $\left(\dfrac{4x^2-3}{x^4}\text{ でもよい}\right)$

50 (1) $6(x-1)(x^2-2x-4)^2$
(2) $4(x-1)^3(x^2+2)^3(3x^2-2x+2)$
(3) $-\dfrac{6x}{(x^2+1)^4}$
(4) $\dfrac{-x^2-6x+19}{(x-5)^4}$
(5) $-\dfrac{4x^3(x+1)(x-1)}{(x^2+1)^5}$

51 $\dfrac{dy}{dx}=\dfrac{1}{\sqrt{4x-3}}$

52 (1) $\dfrac{5}{2}x\sqrt{x}$
(2) $-\dfrac{2}{3x\sqrt[3]{x^2}}$
(3) $\dfrac{4x^4+3x^2}{\sqrt{1+x^2}}$

53 $a=n$，$b=-n-1$

54 (1) $2f'(a)$
(2) $a^2f'(a)-2af(a)$

55 $a=6$，$b=-2$

56 (1) $2+\sin x$
(2) $2x\cos x^2-\dfrac{1}{\cos^2 x}$
(3) $2x\sin(3x+5)+3x^2\cos(3x+5)$
(4) $6\sin^2(2x+1)\cos(2x+1)$
(5) $-\dfrac{1}{2\sqrt{\sin^3 x\cos x}}$
(6) $a\cos 2ax$

57 (1) $\dfrac{3x^2}{x^3+1}$
(2) $\dfrac{x\log x+3(x+1)}{3x\sqrt[3]{(x+1)^2}\log 10}$
(3) $\dfrac{1}{\sin x\cos x}$
(4) $\dfrac{2}{\cos x}$

58 (1) $\dfrac{3x+2}{3\sqrt[3]{x(x+1)^2}}$
(2) $2x^{\log x-1}\log x$

59 (1) $x^2(3-x)e^{-x}$
(2) $2^{\sin x}\cos x\log 2$
(3) $e^{3x}(3\sin 2x+2\cos 2x)$
(4) $-\dfrac{e^{\frac{1}{x}}}{x^2}$

60 (1) e^{-3} $\left(\dfrac{1}{e^3}\text{ でもよい}\right)$
(2) $\dfrac{1}{\log 2}$　(3) $\dfrac{1}{e}$　(4) $\dfrac{1}{2}$

61 (1) $\log 2$　(2) $\dfrac{1}{2}$
(3) 2　(4) 2

62 (ア) 2　(イ) 2

63 (1) $y^{(n)}=a^{n-1}(n+ax)e^{ax}$
(2) $y^{(n)}=a^n\sin\left(ax+\dfrac{n\pi}{2}\right)$

64 (1) $\dfrac{dy}{dx}=\dfrac{1}{y}$
(2) $\dfrac{dy}{dx}=\dfrac{4x-2}{y}$
(3) $\dfrac{dy}{dx}=-\sqrt{\dfrac{y}{x}}$

65 (1) $\dfrac{dy}{dx}=-\tan\theta$
(2) $\dfrac{dy}{dx}=\dfrac{1+t^2}{2t}$

66 (1) $g'(x)=\dfrac{1}{\sqrt{1-x^2}}$
(2) $\dfrac{d^2y}{dx^2}=\dfrac{1+\sin t}{\cos^3 t}$

●EXERCISES の解答

46 略

47 (1) 略
(2) (ア) $3x^2-8x+1$
(イ) $5x^4-8x^3+3x^2-4x-2$

48 (1) $6x(x^2-2)^2$
(2) $(x+1)^2(2x-3)^3(14x-1)$
(3) $-\dfrac{2}{\sqrt{(x+1)(x-3)^3}}$
(4) $1-\dfrac{x}{\sqrt{x^2-1}}$

49 略

50 (ア) 2　(イ) 0

51 (1) $\dfrac{1-x^{n+1}}{1-x}$
(2) $\dfrac{nx^{n+1}-(n+1)x^n+1}{(1-x)^2}$

52 (1) (ア) 0　(2) (イ) 3
(3) (ウ) 11　(4) (エ) 5

53 (1) $-e^{-x}(\sin x+\cos x)$
(2) $\dfrac{1}{\sqrt{x^2+1}}$
(3) $\dfrac{1}{\cos x}$
(4) $e^{\sin 2x}\left(2\cos 2x\tan x+\dfrac{1}{\cos^2 x}\right)$
(5) $-\dfrac{(x+1)(5x^2+14x+5)}{(x+2)^4(x+3)^5}$
(6) $x^{\sin x}\left(\cos x\log x+\dfrac{\sin x}{x}\right)$

54 $a=0,\ b=-\dfrac{1}{2},\ c=\dfrac{1}{4}$

55 $\dfrac{1}{\sqrt{1+e^x}}$

56 (1) 2
(2) $\dfrac{\pi}{2}$
(3) $2a\sin a(a\cos a-\sin a)$
(4) $2e$

57 (1) 0　(2) 1
(3) 証明略，$f'(x)=f(x)+e^x$
(4) $g'(x)=1,\ f(x)=xe^x$

58 $a=-2$

59 略

60 (1) $\dfrac{dy}{dx}=-\sqrt[3]{\left(\dfrac{y}{x}\right)^2}$
(2) $\dfrac{dy}{dx}=\dfrac{x}{y}$
(3) $\dfrac{dy}{dx}=\tan t$

61 $\dfrac{d^2y}{dx^2}=\dfrac{y^2-x^2}{y^3}$

62 $f(x)=-\dfrac{1}{6}x^3+\dfrac{3}{2}x^2-3x+1$

63 $-\dfrac{3}{8}$

64 (1) $(x^3+3x^2)e^x$
(2) $a_{n+1}=a_n+3,\ b_{n+1}=2a_n+b_n$
(3) $a_n=3n,\ b_n=3n(n-1)$

第4章　微分法の応用

●PRACTICE の解答

67　(1)　(ア)　接線の方程式は

$y=-ex-1$,

法線の方程式は

$y=\dfrac{x}{e}+\dfrac{1}{e}+e-1$

(イ)　接線の方程式は

$y=\dfrac{1}{9}x+\dfrac{2}{9}$,

法線の方程式は

$y=-9x+\dfrac{28}{3}$

(2)　$y=4x+\sqrt{3}-\dfrac{4}{3}\pi$

68　(1)　$y=\dfrac{\sqrt{2}}{4}x+\dfrac{\sqrt{2}}{2}$，$(2,\ \sqrt{2})$

(2)　$y=-x$，$(-1,\ 1)$；

$y=-9x+8$，$\left(\dfrac{1}{3},\ 5\right)$

69　(1)　$y=-\dfrac{5\sqrt{7}}{12}x+\dfrac{20}{3}$

(2)　$y=2x-1$

(3)　$y=-\dfrac{\sqrt{2}}{6}x-\sqrt{2}$

70　(1)　$y=3x-2$

(2)　$y=\dfrac{1}{2}x+\dfrac{1}{4}$

71　$a=\dfrac{1}{2e}$，$y=e^{-\frac{1}{2}}x-\dfrac{1}{2}$

72　$y=-4x+4$

73　(1)　$c=\dfrac{a+b}{2}$

(2)　$c=1-\log(e-1)$

(3)　$c=2\sqrt{2}$

(4)　$c=\dfrac{\pi}{2}$，$\dfrac{3}{2}\pi$

74　略

75　(1)　$\dfrac{1}{2}$　　(2)　1

問題 *p.*129　(1)　3　　(2)　$-\pi$　　(3)　$-\dfrac{1}{3}$

(4)　-1　　(5)　0

76　(1)　$x=-\dfrac{1}{2}$ で極大値 $\dfrac{4}{3}$

(2)　$x=1$ で極大値 1

(3)　$x=-\dfrac{1}{\sqrt{2}}$ で極小値 $-\dfrac{1}{\sqrt{2e}}$,

$x=\dfrac{1}{\sqrt{2}}$ で極大値 $\dfrac{1}{\sqrt{2e}}$

(4)　$x=0$ で極大値 1,

$x=1$ で極小値 0

(5)　$x=\dfrac{11}{6}\pi$ で極大値 $\dfrac{3\sqrt{3}}{4}$,

$x=\dfrac{7}{6}\pi$ で極小値 $-\dfrac{3\sqrt{3}}{4}$

77　$a=\sqrt{3}$，$b=-1$

78　(1)　$x=1$ で最大値 5,

$x=2$ で最小値 -56

(2)　$x=\dfrac{\pi}{6}$ で最大値 $\dfrac{3\sqrt{3}}{2}$,

$x=\dfrac{5}{6}\pi$ で最小値 $-\dfrac{3\sqrt{3}}{2}$

79　(1)　$x=\dfrac{3}{2}$ で最大値 $\sqrt{2}$,

$x=1$，2 で最小値 1

(2)　$x=e$ で最小値 $-e$,

最大値はない

80　$a=3$

81　$\sqrt{5}-1$

82　(1)　$x<0$，$0<x<1$ で上に凸；$1<x$ で下に凸；変曲点 $(1,\ -4)$

(2)　$x<-1$，$1<x$ で上に凸；

$-1<x<1$ で下に凸；

変曲点 $(-1,\ \log 2)$，$(1,\ \log 2)$

(3)　$x<-2$ で上に凸；$-2<x$ で下に凸；変曲点 $(-2,\ -2e^{-2})$

83，84　略

85　(1)　$x=1$ で極小値 0

(2)　$x=1$ で極大値 $\dfrac{1}{\sqrt{e}}$,

$x=-1$ で極小値 $-\dfrac{1}{\sqrt{e}}$

(3)　$x=\sqrt{2}$ で極大値 $2(\sqrt{2}-1)$

86～89　略

問題 *p.*152　略

90　$a^2+b^2>1$

91　$\sqrt{3}\pi$

92，93　略

94 (1) 略　(2) 0

95 $k<3$ のとき1個,
$k=3$ のとき2個,
$k>3$ のとき3個

96 略

97 $a \geqq e^{\frac{1}{e}}$

98 $a>1$ のとき0本；
$a=1$, $a \leqq 0$ のとき1本；
$0<a<1$ のとき2本

99 (1) $x=e$ で極大値 $e^{\frac{1}{e}}$　(2) 略

100 略

101 速度は0, 加速度は -6

102 $\vec{v}=(\cos 2t,\ -\sqrt{2}\sin t)$,
$\vec{\alpha}=(-2\sin 2t,\ -\sqrt{2}\cos t)$,
$|\vec{v}|$ の最小値は $\dfrac{\sqrt{3}}{2}$

103 点Pの速さは $2|\omega|\left|\sin\dfrac{\omega t}{2}\right|$,
点Pが最も速く動くときの速さは
$2|\omega|$

104 5 m/s

105 (1) (ア) $\dfrac{1}{2+x} \fallingdotseq \dfrac{1}{2}-\dfrac{x}{4}$
(イ) $\sqrt{1-x} \fallingdotseq 1-\dfrac{x}{2}$
(ウ) $\sin x \fallingdotseq x$
(エ) $\tan\left(\dfrac{x}{2}-\dfrac{\pi}{4}\right) \fallingdotseq -1+x$
(2) (ア) 0.485　(イ) 0.554
(ウ) 7.071　(エ) 9.990

106 表面積は約 1.20 cm^2,
体積は約 1.50 cm^3

107 (1) $\dfrac{1}{20}$ cm/s　(2) 20π cm^3/s

●EXERCISES の解答

65 (1) $y=\dfrac{1}{2e^2}x-\dfrac{1}{2}+\log 2$
(2) $y=\dfrac{1}{2}x+\dfrac{5}{2}$
(3) $y=-\dfrac{2}{e^2}x+\dfrac{3}{e}$

66 $a=-2$, $b=3$, $c=2$

67 (1) $\sqrt{2}$　(2) $y=x$, $y=-x$

68 (ア) $1-n$　(イ) $\dfrac{e}{2(e-1)}$

69 $\dfrac{1}{2}$

70 -1

71 (1) $x=1$ で極大値1,
$x=-2$ で極小値 $-\dfrac{1}{2}$
(2) $x=1$ で極大値 $\dfrac{1}{e}$,
$x=0$ で極小値0
(3) $x=2n\pi$, $\dfrac{\pi}{2}+2n\pi$ で極大値1；
$x=\dfrac{5}{4}\pi+2n\pi$ で極大値 $-\dfrac{1}{\sqrt{2}}$；
$x=\dfrac{\pi}{4}+2n\pi$ で極小値 $\dfrac{1}{\sqrt{2}}$；
$x=\pi+2n\pi$, $\dfrac{3}{2}\pi+2n\pi$ で極小値
-1（n は整数）

72 (1) $x=4$ で最大値 $\dfrac{6}{5}$,
$x=1$ で最小値 $\dfrac{3}{4}$
(2) $\theta=\dfrac{2}{3}\pi$ で最大値 $\dfrac{3\sqrt{3}}{4}$,
$\theta=0$, π で最小値0
(3) $x=e^{\frac{1}{n}}$ で最大値 $\dfrac{1}{ne}$,
最小値はない

73 (1) $\ell : y=-\dfrac{1}{p^2}x+\dfrac{2}{p}$,
$m : y=x+2$
(2) $A(2p,\ 0)$, $B(-2,\ 0)$,
$C\left(\dfrac{2p(1-p)}{p^2+1},\ \dfrac{2(p+1)}{p^2+1}\right)$
(3) $p=1$ で最大値4

74 略

75 (1) $x=0$ で極大値 1,

$x=4$ で極小値 $\dfrac{17}{9}$

(2) 直線 $x=-2$, $x=1$, $y=2$

(3) $k=1$, $\dfrac{17}{9}$, 2

76 (ア) $\dfrac{\log(\log x)+1}{x}$

(イ) $\dfrac{(\log x)^{\log x}\{\log(\log x)+1\}}{x}$

(ウ) $\left(\dfrac{1}{e}\right)^{\frac{1}{e}}$

77 $0<a\leqq\dfrac{1}{4}$ のとき $x=2$ で最小値

$8a-\log 2-2$,

$\dfrac{1}{4}<a<\dfrac{1}{2}$ のとき $x=\dfrac{1}{2a}$ で最小値

$-\dfrac{1}{4a}+\log 2a+1$,

$\dfrac{1}{2}\leqq a$ のとき $x=1$ で最小値 $3a-1$

78 $a=3$, $b=1$

79 $\dfrac{\sqrt{2}}{2}\leqq \mathrm{PQ}\leqq\dfrac{\sqrt{3}}{2}$

80 (1) $0<k<1$

(2) $a<-2$, $2<a$; 2 個

(3) $a\leqq-\dfrac{9}{8}$, $2\leqq a$

81 (1) $\left(x+\dfrac{1}{2}\right)^2+y^2=\dfrac{1}{4}$, $z=0$

(2) $\theta=\dfrac{\pi}{2}$, $\dfrac{3}{2}\pi$ で最大値 $2\sqrt{3}+2$

82 略

83 (1) 略

(2) k

84 (1) $f'(x)=\dfrac{x^4-6x^2}{(x^2-2)^2}$

(2) 略

(3) $k<-\dfrac{3\sqrt{6}}{2}$, $\dfrac{3\sqrt{6}}{2}<k$ のとき 3 個,

$k=\pm\dfrac{3\sqrt{6}}{2}$ のとき 2 個,

$-\dfrac{3\sqrt{6}}{2}<k<\dfrac{3\sqrt{6}}{2}$ のとき 1 個

85 略

86 $k<-\sqrt{3}$ のとき 2 個,

$k=-\sqrt{3}$ のとき 3 個,

$-\sqrt{3}<k<0$ のとき 4 個,

$k=0$ のとき 3 個,

$0<k<\sqrt{3}$ のとき 4 個,

$k=\sqrt{3}$ のとき 3 個,

$\sqrt{3}<k$ のとき 2 個

87 $(\sqrt{5})^{\sqrt{7}}<(\sqrt{7})^{\sqrt{5}}$

88 (1) $f'(x)=\dfrac{x-(1+x)\log(1+x)}{x^2(1+x)}$

(2) 略

(3) $\left(\dfrac{1}{15}\right)^{\frac{1}{14}}$, $\left(\dfrac{1}{13}\right)^{\frac{1}{12}}$, $\left(\dfrac{1}{11}\right)^{\frac{1}{10}}$

89 $\dfrac{5}{2}$

90 $|\vec{v}|=\sqrt{2}\,e^t$, $|\vec{\alpha}|=2e^t$, $\theta=\dfrac{\pi}{4}$

91 (1) $\dfrac{1}{2}$

(2) $\sqrt{1+x}\fallingdotseq 1+\dfrac{1}{2}x-\dfrac{1}{8}x^2$, 10.0995

92 (1) $\left(\alpha+\dfrac{1}{2}\sin 2\alpha,\ 0\right)$

(2) $v(t)=\pi(1+\cos 2\pi t)$

(3) $2\pi^3$

93 略

第5章　積分法

●PRACTICE の解答

注意　以下，C は積分定数とする。

108
(1) $\dfrac{x^3}{3}-\dfrac{x^2}{2}+\log|x|+\dfrac{1}{x}+C$
(2) $\dfrac{6}{7}x\sqrt[6]{x}-\dfrac{12}{5}\sqrt[6]{x^5}+2\sqrt{x}+C$
(3) $3\tan x+\sin x+C$
(4) $-\dfrac{1}{\tan x}-x+C$
(5) $2e^x-3\log|x|+C$

109
(1) $-\dfrac{1}{4(2x+3)^2}+C$
(2) $-\dfrac{4}{21}(2-3x)\sqrt[4]{(2-3x)^3}+C$
(3) $-\dfrac{1}{3}e^{-3x+1}+C$
(4) $-\dfrac{1}{4}\tan(2-4x)+C$

110
(1) $\dfrac{1}{4}\left(\log|2x+1|+\dfrac{3}{2x+1}\right)+C$
(2) $\dfrac{2}{3}(3x+2)\sqrt{3x-1}+C$
(3) $\dfrac{2}{15}(3x+4)(x-2)\sqrt{x-2}+C$

111
(1) $\dfrac{1}{4}(x^2+x-2)^4+C$
(2) $2\sqrt{x^2+3x-4}+C$
(3) $\dfrac{1}{2}\sin(1+x^2)+C$
(4) $\dfrac{1}{3}(e^x+1)^3+C$
(5) $\dfrac{1}{\cos x}+C$
(6) $\log|\cos x+\sin x|+C$

112
(1) $-\dfrac{1}{2}x\cos 2x+\dfrac{1}{4}\sin 2x+C$
(2) $x\tan x+\log|\cos x|+C$
(3) $\sqrt{x}(\log x-2)+C$
(4) $-(2x+3)e^{-x}+C$

113
(1) $-x^2\cos x+2x\sin x+2\cos x+C$
(2) $\dfrac{1}{4}(2x^2-2x+1)e^{2x}+C$
(3) $x(\log x)^2-2x\log x+2x+C$

114
(1) $\dfrac{1}{2}x^2+2x+2\log|x-1|+C$
(2) $\dfrac{1}{5}\log|x+3|^3(x-2)^2+C$

115
(1) $\dfrac{2}{3}(x+2)\sqrt{x+2}+\sqrt{2}\,x+C$
(2) $\sqrt{2x+1}+\log\dfrac{|\sqrt{2x+1}-1|}{\sqrt{2x+1}+1}+C$
(3) $\dfrac{2}{3}(x^2+1)\sqrt{x^2+1}+\dfrac{2}{3}x^3+C$

116
(1) $x-\sin x+C$
(2) $\dfrac{1}{12}\sin 6x+\dfrac{1}{4}\sin 2x+C$
(3) $-\dfrac{1}{10}\sin 5x+\dfrac{1}{2}\sin x+C$
(4) $\dfrac{3}{8}x+\dfrac{1}{4}\sin 2x+\dfrac{1}{32}\sin 4x+C$
(5) $\dfrac{1}{192}\cos 6x-\dfrac{3}{64}\cos 2x+C$
(6) $\tan x-\dfrac{1}{\tan x}+C$

117
(1) $-\dfrac{1}{6}\cos^6 x+C$
(2) $2\log(2+\cos x)-\cos x+C$
(3) $\dfrac{1}{2}\sin 2x-\dfrac{1}{6}\sin^3 2x+C$
(4) $\dfrac{1}{3}\cos^3 x-\dfrac{1}{2}\cos^2 x-\cos x+C$
(5) $\dfrac{1}{3}\tan^3 x+C$

118
(1) $-\dfrac{1}{\log x}+C$
(2) $\dfrac{2}{3}\log x\sqrt{\log x}+C$
(3) $\dfrac{1}{2}x-\dfrac{1}{2}\log(e^x+2)+C$
(4) $\dfrac{2}{15}(3e^{2x}-4e^x+8)\sqrt{e^x+1}+C$

119
(1) $f(x)=\dfrac{x^2+1}{e^2+1}-\log x$
(2) $f(x)=\dfrac{1}{\log 2}(2^x-1)$

120
(1) $-\dfrac{1}{5}\cos^5 x+\dfrac{2}{3}\cos^3 x-\cos x+C$
(2) $\log|\cos x|+\dfrac{1}{2\cos^2 x}+C$
(3) $\dfrac{5}{16}x+\dfrac{15}{64}\sin 2x+\dfrac{3}{64}\sin 4x$
$+\dfrac{1}{192}\sin 6x+C$

121 証明略,
$I=\frac{1}{2}\{e^{x}(\sin x-\cos x)$
$\quad -e^{-x}(\sin x+\cos x)\}+C_1$,
$J=\frac{1}{2}\{e^{x}(\sin x+\cos x)$
$\quad -e^{-x}(\sin x-\cos x)\}+C_2$

122 略

123 (1) $\log(\sqrt{x^2+2x+2}+x+1)+C$
(2) $\frac{1}{2}\{(x+1)\sqrt{x^2+2x+2}$
$\quad +\log(\sqrt{x^2+2x+2}+x+1)\}+C$

124 $\log\left|\dfrac{2\tan\frac{x}{2}+1}{\tan\frac{x}{2}-2}\right|+C$

125 (1) $\frac{80}{81}$
(2) $-\frac{1}{2}\log 3$
(3) $-\frac{3}{2}+6\log\frac{3}{2}$
(4) $\frac{1}{4}e^4-2e-\frac{1}{2e^2}+\frac{9}{4}$
(5) $\frac{3}{4}\pi$
(6) $-\frac{\sqrt{3}}{16}$

126 (1) $2-\frac{2}{e}$ (2) 6

127 $m\neq n$ のとき 0, $m=n$ のとき π

128 (1) $\sqrt{2}-1$ (2) $\frac{5e-1}{\log 5+1}$
(3) $\log\frac{4}{3}$ (4) $\frac{2}{15}$

129 (1) $\frac{5}{12}\pi+\frac{\sqrt{3}}{8}$ (2) $\frac{\pi}{6}$
(3) $\frac{\pi}{12}-\frac{\sqrt{3}}{8}$

130 (1) $\frac{7}{12}\pi$ (2) $\frac{\sqrt{3}}{9}\pi$

131 (1) 0 (2) 0
(3) $\frac{1}{10\sqrt{2}}$ (4) -2

132 (1) $e-2$ (2) $\frac{e^2-3}{4}$
(3) $-\frac{3}{4e^2}+\frac{1}{4}$ (4) $4\pi-8\sqrt{2}$

133 (1) $\frac{1}{4}e^2+\frac{3}{4e^2}$ (2) $\frac{e^{-\pi}+1}{2}$

134 証明略, $\frac{\pi}{4}\log 3$

135 $\frac{\pi}{2}\log 2$

136 (1) 略
(2) (ア) $\frac{16}{35}$ (イ) $\frac{2}{15}$

137 (1) $\frac{5}{3}x\sqrt{x}$
(2) $-\frac{x(x+2)}{(2x^2+2x+1)(x^2+1)}$
(3) $\frac{1}{2}\cos\sqrt{x}-x\cos x$
(4) $2x-2\sin x$

138 $x=\frac{\pi}{3}$ で極大値 0, $x=-\frac{\pi}{3}$ で極小値 $\frac{\pi}{3}-\sqrt{3}$

139 (1) $f(x)=x^2-1$
(2) $f(x)=\sin x+\frac{\sqrt{3}}{12}$
(3) $f(x)=0$ または $f(x)=\frac{2}{e^2-1}e^x$

140 (1) $\int_a^x f(t)\,dt=2\cos x-1$
(2) $f(x)=-2\sin x$
(3) $a=\frac{\pi}{3}$, $b=\frac{\pi}{3}-\sqrt{3}$

141 $a=\frac{23}{10}$

142 $a=\frac{2}{e+1}$ のとき最小値
$(e+1)\log\frac{2}{e+1}+e$

143 (1) 0 (2) $\frac{1}{\sqrt{2}}$

144 (1) $\frac{2\sqrt{2}}{3}$ (2) 2
(3) $\frac{1}{2}\log 2$ (4) $2\log 2-\frac{3}{4}$

145 (1) $\frac{\pi}{4}$ (2) 略

146 略

147 (1) 9 (2) $\log\frac{3}{2}$

148 略

149 $\frac{28\sqrt{2}-17}{15}$

150 (1) $1-\log 2$，証明略

(2), (3) 略

●EXERCISES の解答

94 (1) $-\frac{1}{4(1+x^2)^2}+C$

(2) $\log\left|\frac{x}{x+1}\right|-\frac{1}{x}+C$

(3) $\frac{x(x^2+3x+3)}{3}\log x-\frac{x^3}{9}-\frac{x^2}{2}-x+C$

(4) $\frac{1}{2}\log\frac{|e^x-1|}{e^x+1}+C$

(5) $2e^{\sin x}(\sin x-1)+C$

(6) $2e^{\sqrt{x}}(\sqrt{x}-1)+C$

95 (1) $\frac{1}{3}\tan^3 x+\tan x+C$

(2) $\frac{1}{3}\tan^3 x-\tan x+x+C$

(3) $-x-\sin x-\frac{1}{\tan x}-\frac{1}{\sin x}+C$

96 $\frac{1}{a^2+1}e^{ax}(\sin x+a\cos x)+C$

97 (1) $\log|\tan x|+C$

(2) $\frac{1}{\sin^2 x\cos^n x}+\frac{n+1}{\cos^{n+2}x}$

(3) 略

98 (1), (2) 略

(3) $f(x)=e^{2x-\frac{x^2}{2}}$

99 (1) $2(\sqrt{e}-1)$

(2) $2\left(\sqrt{3}-\frac{\pi}{3}\right)$

(3) $2\sqrt{2}$

100 (1) $\frac{1}{6}-\frac{10}{9}\log 2$

(2) 証明略，$\frac{1}{2}$

101 (1) $\sqrt{3}-1-\frac{\pi}{12}$

(2) 4

(3) $x=\frac{2}{3}\pi$，定積分は $\frac{5}{2}$

102 (ア) $\frac{\pi}{6}$

(イ) $(\sqrt{3}\cos x+\sin x)$

(ウ) $\log\frac{2}{\sqrt{3}}$

(エ) $\frac{1}{4}\left(\frac{\sqrt{3}}{6}\pi+\log\frac{2}{\sqrt{3}}\right)$

103 (1) $m=n=0$ のとき 2π,
$m\neq 0$ かつ $m=-n$ のとき π,
$m=n\neq 0$ のとき π,
$m\neq \pm n$ のとき 0

(2) $\dfrac{1}{2}$

104 (1) $\dfrac{28\sqrt{2}}{3}-\dfrac{32}{3}$

(2) $\dfrac{1}{2}$

(3) $\dfrac{1}{2}\log\dfrac{4e(e+2)}{3(e+1)^2}$

105 (1) $\dfrac{1}{2}+\dfrac{\pi}{8}$

(2) $\dfrac{\pi}{48}-\dfrac{\sqrt{3}}{64}$

(3) $\dfrac{\pi^3-6\pi}{48}$

106 $\dfrac{1}{24}\log 3+\dfrac{\sqrt{3}}{72}\pi$

107 (1) 略 (2) $\dfrac{1}{3}$

108 (1) $1+\sin x=2X^2$

(2) $\tan\left(\dfrac{x}{2}-\dfrac{\pi}{4}\right)+C$

(3) $\log 2$

109 (1) $I(m,\ 0)=\dfrac{(b-a)^{m+1}}{m+1}$,
$I(1,\ 1)=-\dfrac{(b-a)^3}{6}$

(2) $I(m,\ n)=-\dfrac{n}{m+1}I(m+1,\ n-1)$

(3) $-\dfrac{(b-a)^{11}}{2772}$

110 (1) 略 (2) $\dfrac{2}{63}$

111 (1) 1
(2) [1] $f'(x)=\cos x$
[2] $f(x)=\sin x$

112 $f(x)=(e^x+1)\log\dfrac{2e}{e+1}$

113 e

114 略

115 $f(x)=2(2x-k-1)e^x+k+2$

116 $a=-\dfrac{24}{\pi^2}$, $b=\dfrac{12}{\pi^2}$ で最小値 $-\dfrac{48}{\pi^4}+\dfrac{1}{2}$

117 $t=\dfrac{\alpha+\beta}{2}$

118 (1) $\dfrac{\pi}{4}$

(2) $\dfrac{\pi}{2}+\dfrac{3\sqrt{3}}{4}$

(3) $\dfrac{1}{2}+\log\dfrac{3}{4}$

(4) $\log\dfrac{9}{8}$

119 (1) $-(1+x)\log(1+x)+x+C$
(2) $1-2\log 2$

120 略

121 (1) 略 (2) 0

122 (1) 略 (2) $\dfrac{4}{e}$

123 (1) $\dfrac{4+2\sqrt{3}}{3}\pi$ (2) 8

第6章　積分法の応用

●PRACTICE の解答

151　(1)　8　(2)　$20\log 3-16$

152　(1)　$\dfrac{4(2\sqrt{2}-1)}{3}$　(2)　$e-2$

153　(1)　$y=aex+1$　(2)　$\dfrac{e-2}{2a}$

154　(1)　6　(2)　$\dfrac{125}{6}$　(3)　$\dfrac{1}{e}$

155　$\dfrac{32}{3}$

156　(1)　$\dfrac{36\sqrt{3}}{5}$　(2)　$\dfrac{3}{2}\pi$

157　$a=\dfrac{e}{2}$

158　$a=2-\sqrt{2}$

159　$t=\dfrac{1}{2}$ のとき最小値 $\dfrac{2}{e}+\dfrac{1}{2\sqrt{e}}-1$

160　4

161　(1)　$S_n=(2n-1)\pi$　(2)　$\dfrac{1}{2\pi^2}$

162　$2a\sqrt{a^2-1}-2\log(a+\sqrt{a^2-1})$

163　$\dfrac{3}{4}\pi+2$

164　$\dfrac{\pi}{2}$

165　$\dfrac{4}{3}a^3$

166　(1)　$\pi\left(\pi-\dfrac{3\sqrt{3}}{4}\right)$　(2)　$\dfrac{\pi^2}{12}$

167　$\dfrac{\pi(2\pi+3\sqrt{3})}{16}$

168　(1)　$(1-\log 2)\pi$　(2)　$(e-2)\pi$

169　(1)　$\dfrac{8}{5}\pi$　(2)　$\pi(4-e)$

問題 *p.*268　$2\pi^2$

問題 *p.*269　(1)　$2-\dfrac{\pi}{2}$　(2)　$\pi\left(2-\dfrac{\pi}{2}\right)$
(3)　略

170　(1)　$\dfrac{3}{8}\pi$　(2)　$\dfrac{4}{5}\pi$

171　$h=1$，$\alpha=\dfrac{\pi}{6}$

172　$\dfrac{4\sqrt{2}}{105}\pi$

173　$\left(8\sqrt{2}-\dfrac{32}{3}\right)r^3$

174　$\dfrac{4}{3}\pi$

175　(1)　$\dfrac{2}{3}n$ 秒後（$n=1$，2，……）
(2)　$\dfrac{5}{2\pi}$ cm

176　$T=4$，$s=\dfrac{17\sqrt{17}-1}{3}$

177　(1)　$\sqrt{2}(e^{\frac{\pi}{2}}-1)$　(2)　$\dfrac{53}{6}$

178　$2\pi^2$

179　(1)　$V=\dfrac{\pi}{2}(e^{2h}-1)$
(2)　$\dfrac{dh}{dt}=\dfrac{a}{\pi e^{2h}}$，$\dfrac{dr}{dt}=\dfrac{a}{\pi e^{h}}$，
$\dfrac{dS}{dt}=2a$

180　(1)　$y=-\dfrac{1}{x}+C$（C は任意の定数）
(2)　$y=0$，$y=-\dfrac{1}{2x^2+C}$
（C は任意の定数）
(3)　$y=Ce^{\sin x}$（C は任意の定数）

181　$y=-\dfrac{1}{x-2}$，$y=\dfrac{1}{x}$

●EXERCISES の解答

124 (1) $\left(\frac{\pi}{3},\ 0\right)$, $\left(\frac{\pi}{4},\ \sqrt{2}-1\right)$

(2) $\frac{\pi}{12}-\frac{1}{2}\log 2+2\sqrt{2}-\sqrt{3}-1$

125 (1) $\frac{1}{2}\log\frac{a}{b}$ (2) $\frac{1}{20}$

126 (1) $x=\frac{1}{2}$ で極大値 $\frac{1}{2e}$, $\left(1,\ \frac{1}{e^2}\right)$

(2) $\frac{3e^4-7}{4e^6}$

127 (1) $x=\frac{\pi}{2}-1,\ \frac{3}{2}\pi+1$ (2) 4

128 (1) 略 (2) $y=\pm\frac{2}{\sqrt{5}}$

(3) $4\sqrt{5}$

129 $\frac{2\sqrt{3}}{3}\pi$

130 (1) $\frac{x^2}{a^2}+\frac{y^2}{b^2}=1$

(2) $ab\left(\frac{\pi}{2}-\theta+\frac{1}{2}\sin 2\theta\right)$

(3) $2ab$

131 (1) $\cos\alpha=\frac{1}{\sqrt{1+k^2}}$,

$\sin\alpha=\frac{k}{\sqrt{1+k^2}}$,

$\cos\beta=-\frac{1}{\sqrt{1+k^2}}$,

$\sin\beta=-\frac{k}{\sqrt{1+k^2}}$

(2) $S=2\sqrt{1+k^2}$

(3) $k=\frac{4+\sqrt{7}}{3}$

132 (1) $-\frac{1}{2}e^{-x}(\sin x+\cos x)+C$

(2) $S_n=\frac{1}{2}\{e^{-(2n+1)\pi}+e^{-2n\pi}\}$

(3) $\frac{e^{\pi}}{2(e^{\pi}-1)}$

133 $\frac{2}{3}$

134 $(3-2\sqrt{2})\pi$

135 (1) $\left(\frac{1}{a},\ e\right)$ (2) $a=\sqrt{\frac{3-e}{3}}$

136 $ab=\frac{5}{2}$

137 (1) $\frac{8a}{a+1}\pi$ (2) $a=1$

138 (1) $t=\frac{1}{2}$

(2) $\pi\left\{\frac{3}{2}(\log 2)^2-5\log 2+3\right\}$

139 (1) 2 (2) $\frac{\pi}{8}(2\pi+3\sqrt{3})$

140 (1) 略 (2) $\frac{32}{105}\pi$

141 (1) $\frac{\sqrt{2}(n-1)^2}{3(n+2)(2n+1)}\pi$ (2) $\frac{\sqrt{2}}{6}\pi$

142 (1) $32r+(\pi-4)r^2$ (2) $\frac{52\pi-16}{3}$

143 (1) $u\sqrt{1-u^2}$ (2) $\left(\frac{1}{5}+\frac{\sqrt{2}}{3}\right)\pi$

144 (1) $y=\frac{x^3}{216}+\frac{18}{x}$ $(x>0)$ (2) 略

(3) $\vec{v}=(6e^t,\ 3e^{3t}-3e^{-t})$

(4) $e^9-3e^{-3}+2$

145 (1) $y=0,\ y=\frac{1}{1-Ce^x}$

(C は任意の定数)

(2) $y=Cxe^{-\frac{x}{3}}$ (C は任意の定数)

146 (1) $\left(\frac{n+1}{n}\cos\theta-\frac{1}{n}\cos(n+1)\theta,\ \frac{n+1}{n}\sin\theta-\frac{1}{n}\sin(n+1)\theta\right)$

(2) $\frac{8(n+1)}{n}$ (3) 8

147 (1) (ア) 40 (2) (イ) $\frac{1}{3}$

(3) (ウ) $\frac{\sqrt{3}}{18}$

148 $f(x)=\frac{e^x+e^{-x}}{2}$, $g(x)=\frac{e^x-e^{-x}}{2}$

PRACTICE, EXERCISES の解答（数学C）

PRACTICE, EXERCISES について，問題の要求している答の数値のみをあげ，図・証明は省略した。

第1章　平面上のベクトル

●PRACTICE の解答

1, 2　略

3　(1)　$\frac{5}{6}\vec{a}-\frac{13}{6}\vec{b}$

(2)　(ア)　$\vec{x}=\frac{6}{5}\vec{a}+\frac{6}{5}\vec{b}$

(イ)　$\vec{x}=\frac{3}{13}\vec{a}+\frac{2}{13}\vec{b}$,

$\vec{y}=\frac{2}{13}\vec{a}-\frac{3}{13}\vec{b}$

4　(1)　略

(2)　$\frac{2}{5}\vec{a}$,　$-\frac{2}{5}\vec{a}$

5　(1)　$\overrightarrow{FE}=\vec{a}+\vec{b}$　(2)　$\overrightarrow{AC}=2\vec{a}+\vec{b}$

(3)　$\overrightarrow{AQ}=2\vec{a}+\frac{3}{2}\vec{b}$　(4)　$\overrightarrow{RQ}=\frac{1}{2}\vec{a}+\vec{b}$

6　(1)　$\vec{c}=2\vec{a}+3\vec{b}$　(2)　$\vec{c}=-\frac{25}{8}\vec{a}+\frac{1}{8}\vec{b}$

7　(1)　$\vec{x}=(4,\ 0)$,　$\vec{y}=(-3,\ -2)$

(2)　$\vec{x}=\left(\frac{13}{3},\ 2\right)$,　$\vec{y}=\left(\frac{11}{3},\ -6\right)$

8　(1)　$t=-3$　(2)　$x=\frac{2}{3}$

9　$x=-2$,　$y=4$,　$\mathrm{BE}=\frac{\sqrt{85}}{2}$

10　(ア)　5　(イ)　2

11　(1)　$\sqrt{3}+1$　(2)　$3+\sqrt{3}$

(3)　$-\sqrt{3}-1$　(4)　$-3-\sqrt{3}$

12　(1)　$\vec{a}\cdot\vec{b}=2\sqrt{6}$,　$\theta=30°$

(2)　$\vec{a}\cdot\vec{b}=-20$,　$\theta=135°$

(3)　$\overrightarrow{AB}\cdot\overrightarrow{AC}=-5$,　$\theta=120°$

13　(1)　$x=\frac{1}{3}$

(2)　$(m,\ n)=(2+\sqrt{3},\ -1+2\sqrt{3})$,

$(2-\sqrt{3},\ -1-2\sqrt{3})$

14　(1)　$x=0,\ \frac{1}{2}$

(2)　$\left(\frac{3}{\sqrt{10}},\ \frac{1}{\sqrt{10}}\right)$,　$\left(-\frac{3}{\sqrt{10}},\ -\frac{1}{\sqrt{10}}\right)$

15　(1)　略　(2)　$\theta=60°$

16　(1)　$3\sqrt{7}$　(2)　$\sqrt{37}$

17　(1)　$\theta=30°$　(2)　$t=-\frac{11}{6}$

18　(ア)　$-\frac{2}{3}$　(イ)　$\frac{4\sqrt{2}}{3}$

19　(1)　$\frac{5\sqrt{3}}{2}$　(2)　1

(3)　24

20　略

21　$k\leqq-\frac{2}{\sqrt{3}}$,　$\frac{2}{\sqrt{3}}\leqq k$

22　最大値は $\sqrt{2}$，最小値は $-\sqrt{2}$

23　点Fは $\frac{1}{3}\vec{a}+\frac{2}{3}\vec{c}$,

点Gは $\frac{11}{18}\vec{a}+\frac{1}{6}\vec{b}+\frac{2}{9}\vec{c}$

24　略

25　(1)　$\vec{d}=\frac{4}{7}\vec{a}+\frac{3}{7}\vec{c}$

(2)　$\vec{i}=\frac{8}{21}\vec{a}+\frac{1}{3}\vec{b}+\frac{2}{7}\vec{c}$

26　(1)　線分 BC を 5：6 に内分する点をDとしたとき，線分 AD を 11：2 に内分する点

(2)　2：6：5

27　(1)　$\overrightarrow{OR}=2\vec{q}-2\vec{p}$,　$\overrightarrow{OS}=2\vec{q}-3\vec{p}$,

$\overrightarrow{OT}=\vec{q}-2\vec{p}$

(2)　略

28　略

29　$\overrightarrow{OP}=\frac{10}{37}\vec{a}+\frac{12}{37}\vec{b}$,　$\overrightarrow{OQ}=\frac{5}{11}\vec{a}+\frac{6}{11}\vec{b}$

30　(1)　$\vec{a}\cdot\vec{b}=\frac{45}{2}$　(2)　略

(3)　$t=\frac{9}{10}$　(4)　略

31　略

32　(1)　$\vec{a}\cdot\vec{b}=5$

(2)　$\overrightarrow{OH}=\frac{1}{12}\vec{a}+\frac{11}{60}\vec{b}$

33　$\angle C=90°$ の直角三角形

34 (1) $x=3+t,\ y=1-2t;\ 2x+y-7=0$
(2) $x=3-3t,\ y=6-4t;\ 4x-3y+6=0$

35 直線上の任意の点を $\mathrm{P}(\vec{p})$，t を媒介変数とする。
(1) $\vec{p}=\frac{1}{2}(1-t)\vec{a}-\frac{1}{2}t\vec{b}$
(2) $\vec{p}=\left(1-\frac{1}{2}t\right)\vec{a}-\frac{1}{2}t\vec{b}$

36 (1) $\overrightarrow{\mathrm{OD}}=\frac{12}{35}\overrightarrow{\mathrm{OA}}+\frac{3}{7}\overrightarrow{\mathrm{OB}}$
(2) $\overrightarrow{\mathrm{OE}}=\frac{4}{9}\overrightarrow{\mathrm{OA}}+\frac{5}{9}\overrightarrow{\mathrm{OB}}$

37 (1) $\frac{1}{3}\overrightarrow{\mathrm{OA}}=\overrightarrow{\mathrm{OA'}}$，$\frac{1}{3}\overrightarrow{\mathrm{OB}}=\overrightarrow{\mathrm{OB'}}$ となる点 A′，B′ をとると，線分 A′B′
(2) $\frac{4}{3}\overrightarrow{\mathrm{OA}}=\overrightarrow{\mathrm{OA'}}$，$2\overrightarrow{\mathrm{OB}}=\overrightarrow{\mathrm{OB'}}$ となる点 A′，B′ をとると，線分 A′B′

38 (1) $4\overrightarrow{\mathrm{OA}}=\overrightarrow{\mathrm{OA'}}$，$4\overrightarrow{\mathrm{OB}}=\overrightarrow{\mathrm{OB'}}$ となる点 A′，B′ をとると，△OA′B′ の周および内部
(2) $2\overrightarrow{\mathrm{OA}}=\overrightarrow{\mathrm{OC}}$，$3\overrightarrow{\mathrm{OA}}=\overrightarrow{\mathrm{OD}}$，$3\overrightarrow{\mathrm{OA}}+2\overrightarrow{\mathrm{OB}}=\overrightarrow{\mathrm{OE}}$，$2\overrightarrow{\mathrm{OA}}+2\overrightarrow{\mathrm{OB}}=\overrightarrow{\mathrm{OF}}$ となる点 C，D，E，F をとると，平行四辺形 CDEF の周および内部

39 (1) $3x+y-5=0$ (2) $\alpha=45°$

40 $\mathrm{H}\left(-\frac{1}{2},\ \frac{1}{2}\right)$，$\mathrm{AH}=\frac{\sqrt{10}}{2}$

41 (1) 線分 AB を 2：3 に内分する点を中心とする半径 1 の円
(2) 辺 BC を 3：2 に外分する点を D とすると，線分 AD を直径とする円

42 (1) 略 (2) $4x-3y+19=0$

43 (1) $\frac{1}{2}\overrightarrow{\mathrm{OB}}=\overrightarrow{\mathrm{OC}}$，$2\overrightarrow{\mathrm{OA}}=\overrightarrow{\mathrm{OD}}$ となる点 C，D をとると，台形 ADBC の周および内部
(2) $\overrightarrow{\mathrm{OA}}+\overrightarrow{\mathrm{OB}}=\overrightarrow{\mathrm{OC}}$，$-\overrightarrow{\mathrm{OB}}=\overrightarrow{\mathrm{OD}}$ となる点 C，D をとると，平行四辺形 ODAC の周および内部

44 (1) $\overrightarrow{\mathrm{OD}}=\frac{\vec{a}+\vec{b}}{3}$，$r=\frac{|\vec{a}|}{3}$
(2) 線分 OA の中点を中心とし，半径 $\frac{1}{6}$OA の円

●EXERCISES の解答

1 (1) $5\vec{a}+21\vec{b}-6\vec{c}$
(2) $\vec{x}=\frac{2}{19}\vec{a}+\frac{5}{19}\vec{b}$，$\vec{y}=\frac{3}{19}\vec{a}-\frac{2}{19}\vec{b}$

2 略

3 (1) $\overrightarrow{\mathrm{BQ}}=\frac{1}{2}\vec{b}+\frac{1}{2}\vec{c}$
(2) $\overrightarrow{\mathrm{PQ}}=\frac{1}{2}\vec{a}+\frac{1}{2}\vec{b}$

4 (1) $\overrightarrow{\mathrm{AF}}=\frac{3}{4}\overrightarrow{\mathrm{AB}}+\frac{1}{4}\overrightarrow{\mathrm{AD}}$
(2) $\overrightarrow{\mathrm{FB}}=3\overrightarrow{\mathrm{AB}}-\overrightarrow{\mathrm{AC}}$

5 $s=-1,\ t=2$

6 (1) 略
(2) ひし形，平行四辺形かつ AE＝ED
(3) $\mathrm{AF}:\mathrm{CF}=1:\frac{\sqrt{5}-1}{2}$
(4) $\overrightarrow{\mathrm{CD}}=-\vec{a}+\frac{\sqrt{5}-1}{2}\vec{b}$

7 $t=-\frac{3}{5},\ 1$

8 (1) $\vec{c}=-\frac{15}{2}\vec{a}+\frac{7}{2}\vec{b}$
(2) $\vec{x}=\left(1,\ \frac{9}{5}\right)$，$\vec{y}=\left(0,\ -\frac{2}{5}\right)$

9 $(x,\ y)=(2,\ 7),\ (-2,\ -7)$

10 $k=-2$ のとき最大値 5，
$k=\frac{1}{2}$ のとき最小値 $\frac{5\sqrt{2}}{2}$

11 (1) $\overrightarrow{\mathrm{PB}}=(3-2t,\ 1-3t)$，
$\overrightarrow{\mathrm{PC}}=(4-2t,\ 3-3t)$
(2) $t=\frac{5}{7}$ (3) $t=\frac{5}{9}$

12 (2, 5)，(6, −3)，(0, −1)

13 3

14 $\sqrt{3}$

15 (1) $x=\frac{-1\pm\sqrt{145}}{12}$ (2) $x=-\frac{1}{2}$

16 120°

17 (1) $\frac{7}{4}$ (2) 50
(3) $t=-\frac{7}{25}$ のとき最小値 $\frac{288}{25}$

18 (1) $-\frac{3}{2}$ (2) $\frac{3\sqrt{3}}{4}$

19 (1) $\theta=120^\circ$

(2) $t=\frac{1}{\sqrt{2}}$ のとき最小値 $\frac{1}{\sqrt{2}}$

20 $\triangle ABC=\frac{1}{2}\sqrt{xy+yz+zx}$

21 $\frac{15}{13}\leqq|\vec{a}+\vec{b}|\leqq\frac{17}{13}$

22 (ア) $-\frac{1}{6}$ (イ) $\frac{\sqrt{15}}{2}$

(ウ) $k<-\frac{2\sqrt{15}}{15},\ \frac{2\sqrt{15}}{15}<k$

23 (1) $(a,\ b)=(5\sqrt{2},\ -5\sqrt{2})$,
$(c,\ d)=(3,\ 3)$ (解答は他にもある)

(2) 60

24 (1) $\overrightarrow{OI}=\frac{4}{9}\overrightarrow{OA}+\frac{1}{3}\overrightarrow{OB}$ (2) $\frac{21}{2}$

(3) $\frac{\sqrt{15}}{12}$

25 $\frac{324}{11}$

26 略

27 (1) $\overrightarrow{OP}=k\vec{a},\ \overrightarrow{OQ}=l\vec{b}$

(2) $\overrightarrow{OR}=\frac{k(1-l)}{1-kl}\vec{a}+\frac{l(1-k)}{1-kl}\vec{b}$

28 (1), (2) 略 (3) 1：2 (4) 1：1

29, 30 略

31 (1) 略

(2) $\vec{g}=\frac{t(1-t)}{1-t+t^2}\vec{a}+\frac{t^2}{1-t+t^2}\vec{b}+\frac{(1-t)^2}{1-t+t^2}\vec{c}$

(3) $t=\frac{1}{2}$

32 $\overrightarrow{OH}=\frac{3}{7}\overrightarrow{OA}+\frac{16}{35}\overrightarrow{OB}$

33 長方形

34 (1) $\overrightarrow{OD}=\frac{1-t}{2}\vec{a}+\frac{1+t}{2}\vec{b}$

(2) $\frac{1+t}{4}\sqrt{1-\alpha^2}$

(3) $\alpha=-\frac{5}{11}$ または $-1<\alpha\leqq-\frac{1}{2}$

35 略

36 $\overrightarrow{ON}=\frac{3}{5}\vec{a}+\frac{2}{5}\vec{b},\ \overrightarrow{OP}=\frac{6}{17}\vec{a}+\frac{4}{17}\vec{b}$

37 略

38 $-1<k<0$ **39** 略

40 (1) $\vec{a}\cdot\vec{b}=10$

(2) 円の中心の位置ベクトルは $\vec{a}-\vec{b}$,
半径は $4\sqrt{7}$

(3) 円の中心の位置ベクトルは $\frac{2\vec{a}+\vec{b}}{4}$,
半径は $\sqrt{2}$

41 (1) $|\overrightarrow{OP}-\overrightarrow{OA}|=r$

(2) $\left|\overrightarrow{OQ}-\frac{1}{2}(\overrightarrow{OA}+\overrightarrow{OB})\right|=\frac{r}{2}$

42 (1) $10\sqrt{3}$ (2) 1：3

43 Aを中心とする半径 $\frac{\sqrt{2}}{2}$ の円

44 (1) $\left(x-\frac{k}{2}\right)^2+y^2=\left(\frac{k}{2}\right)^2$ $(x\neq0)$

(2) 最大値は $\frac{k^2}{2}$, $\angle POA=45^\circ$

45 略

第2章　空間のベクトル

●PRACTICE の解答

45 (1) A(2, 3, 0), B(0, 3, −1), C(2, 0, −1)
(2) (ア) (−3, 4, −2) (イ) (3, 4, 2)
(ウ) (−3, −4, 2)
(エ) (−3, −4, −2)
(オ) (3, 4, −2) (カ) (3, −4, 2)
(キ) (3, −4, −2)

46 (1) $\left(0,\ \dfrac{1}{4},\ 0\right)$ (2) $\left(0,\ -21,\ \dfrac{17}{2}\right)$

47 (1) $\overrightarrow{AH}=\vec{b}+\vec{c}$, $\overrightarrow{CE}=-\vec{a}-\vec{b}+\vec{c}$
(2), (3) 略

48 (1) $\vec{d}=\vec{a}+\vec{b}+2\vec{c}$
(2) $\vec{e}=-\vec{a}+2\vec{b}$

49 $a=7$, $b=3$, $c=5$,
隣り合う2辺の長さは $\sqrt{29}$, $2\sqrt{6}$；
対角線の長さは $\sqrt{73}$, $\sqrt{33}$

50 $t=\dfrac{2}{3}$ のとき最小値 $\dfrac{\sqrt{42}}{3}$

51 (1) 1　(2) $\theta=60°$

52 $\vec{p}=(1,\ -1,\ 5),\ (-1,\ 1,\ -5)$

53 (1) $\theta=150°$, 面積は $2\sqrt{3}$
(2) (ア) $\dfrac{1}{2}\sqrt{9p^2+24p+116}$ (イ) $p=2$

54 (1) $p=1$　(2) $\theta=60°$

55 (1) $\overrightarrow{OG}=\dfrac{1}{3}(2\vec{a}+\vec{b}+\vec{c})$
(2) $\overrightarrow{OP}=\vec{b}+\vec{c}$, $\overrightarrow{OQ}=-\vec{b}+\vec{c}$, $\overrightarrow{OR}=\vec{b}-\vec{c}$
(3) 略

56 略

57 $\overrightarrow{OH}=\dfrac{2}{15}\vec{a}+\dfrac{1}{5}\vec{b}+\dfrac{2}{3}\vec{c}$

58 $z=6$

59 OR：OQ＝36：91

60 (1) $H\left(\dfrac{72}{61},\ \dfrac{36}{61},\ \dfrac{48}{61}\right)$
(2) $\sqrt{61}$

61 (1) 略　(2) 1

62 (1) 線分BC を 5：4 に内分する点をD, 線分AD を 9：2 に内分する点をEとすると, 線分OE を 11：7 に内分する点
(2) $V_1：V_2=18：7$

63 $\dfrac{\sqrt{10}}{5}$

64 (1) $x=3$, $y=3$, $z=1$
(2) $x=-3$, $y=2$, $z=4$
(3) $x=1$, $y=4$, $z=3$

65 (1) $x=-2$　(2) $y=2$
(3) $z=-2$

66 (1) $(x-3)^2+y^2+(z-2)^2=13$
(2) $(x-2)^2+(y-4)^2+(z+1)^2=27$
(3) $(x-2)^2+(y+3)^2+(z-1)^2=9$

67 (1) 順に
$(x+1)^2+(y-3)^2=21$, $z=0$；
$(y-3)^2+(z-2)^2=24$, $x=0$；
$(x+1)^2+(z-2)^2=16$, $y=0$
(2) $a=\pm1$, 中心(1, −2, 0)

68 (1) $\left(\dfrac{8}{9},\ -\dfrac{4}{9},\ \dfrac{10}{9}\right)$
(2) 順に, $\left(\dfrac{4}{3},\ -\dfrac{1}{3},\ 0\right)$, $\left(0,\ -\dfrac{7}{5},\ \dfrac{4}{5}\right)$, $\left(\dfrac{7}{4},\ 0,\ -\dfrac{1}{4}\right)$

69 (1) 中心 $\left(\dfrac{1}{2},\ 2,\ -\dfrac{3}{2}\right)$, 半径 $\dfrac{\sqrt{10}}{2}$ の球面
(2) 中心の座標は $\left(\dfrac{1}{2},\ 1,\ \dfrac{3}{2}\right)$, 半径は $\dfrac{\sqrt{14}}{2}$

70 (1) $5x-7y-z+13=0$
(2) $6x+4y+3z-12=0$

71 (1) (−3, −1, 7)
(2) $\left(\dfrac{18}{11},\ \dfrac{26}{11},\ \dfrac{12}{11}\right)$

72 (1) 略
(2) $P\left(\dfrac{1}{2},\ \dfrac{3}{2},\ 0\right)$, Q(1, 2, 0) のとき最小値 $\dfrac{\sqrt{2}}{2}$

73 (1) $A\left(-\dfrac{4}{3},\ \dfrac{10}{3},\ 0\right)$
(2) H(−2, 3, 0)
(3) $\dfrac{\sqrt{70}}{14}$

74 (1) $x-3y-5z+1=0$

(2) $\dfrac{\sqrt{6}}{6}$

75 (1) (ア) $x-5=\dfrac{y-7}{5}=\dfrac{z+3}{-4}$

(イ) $\dfrac{x-1}{-4}=\dfrac{y-2}{-3}=z-3$

(2) $\left(-\dfrac{11}{3},\ \dfrac{7}{3},\ -3\right)$

●EXERCISES の解答

46 2

47 (1) $AB=\sqrt{6}$, $BC=\sqrt{42}$, $CA=\sqrt{42}$

(2) $S=\dfrac{9\sqrt{3}}{2}$

48 略

49 $k=-3$, $l=-5$

50 (1) 略 (2) $(1,\ 3,\ 4)$, $(5,\ -1,\ 0)$

51 $\overrightarrow{AB}=\dfrac{1}{2}(\vec{p}+\vec{q}-\vec{r})$,

$\overrightarrow{AD}=\dfrac{1}{2}(\vec{p}-\vec{q}+\vec{r})$,

$\overrightarrow{AE}=\dfrac{1}{2}(-\vec{p}+\vec{q}+\vec{r})$,

$\overrightarrow{AG}=\dfrac{1}{2}(\vec{p}+\vec{q}+\vec{r})$

52 $\vec{e_1}=-\vec{a}+\vec{b}+\vec{c}$, $\vec{e_2}=\vec{a}-\vec{b}+\vec{c}$,
$\vec{e_3}=\vec{a}+\vec{b}-\vec{c}$, $\vec{d}=6\vec{a}+4\vec{b}+2\vec{c}$

53 $(0,\ 0,\ 6)$, $(4,\ -1,\ 3)$,
$(2,\ -2,\ 8)$, $(1,\ -5,\ 4)$

54 最大になるとき $\vec{x}=(2,\ 5,\ 8)$,
最小になるとき $\vec{x}=\left(-\dfrac{4}{7},\ -\dfrac{1}{7},\ \dfrac{2}{7}\right)$

55 (1) $m=\dfrac{1}{\sqrt{21}}$ (2) $x=-1$

(3) $\vec{c}=\vec{a}+2\vec{b}$

56 (ア) -2 (イ) 9 (ウ) $45\sqrt{2}$

(エ) $\left(\dfrac{49}{8},\ 0,\ \dfrac{57}{8}\right)$

57 (1) 順に, $-\dfrac{1}{\sqrt{2}}$, $-\dfrac{1}{2}$, $\dfrac{1}{2}$

(2) $\alpha=135°$, $\beta=120°$, $\gamma=60°$

58 $t=-2,\ -\dfrac{1}{2}$

59 $x=\dfrac{4}{9}$, $y=\dfrac{5}{9}$ のとき最小値 $\dfrac{\sqrt{6}}{3}$

60 (1) $t=-45°$ のとき
$P(\sqrt{2},\ -\sqrt{2},\ 1)$,
$t=135°$ のとき
$P(-\sqrt{2},\ \sqrt{2},\ 1)$

(2) $-75° \leqq t \leqq -15°$, $105° \leqq t \leqq 165°$

61 (1) $\sqrt{21}$

(2) $t=-\dfrac{3}{5}$ のとき最小値 $\dfrac{21\sqrt{5}}{10}$

62, 63 略

64 (1) $\overrightarrow{OP}=\frac{5}{22}\vec{a}+\frac{9}{22}\vec{b}+\frac{4}{11}\vec{c}$

(2) OF：FP＝11：5

65 (1) $\overrightarrow{PQ}=\frac{1}{4}(\vec{a}+\vec{b}+\vec{c})$,

$\overrightarrow{PR}=\frac{1}{4}(\vec{a}+\vec{b}+\vec{c})$，証明略

(2) 証明略，PQ：QG＝3：1　(3) 略

66 略

67 (1) $\overrightarrow{DG}=\frac{1}{2t}\overrightarrow{DA}+\frac{1}{2t}\overrightarrow{DB}+\frac{t-2}{2t}\overrightarrow{DC}$

(2), (3) 略

68 $(-5,\ 3,\ 1)$

69 $\cos\theta=-\frac{1}{3}$

70 (1) $B\left(\frac{1}{2},\ \frac{\sqrt{3}}{2},\ 0\right)$,

$C\left(\frac{1}{2},\ \frac{\sqrt{3}}{6},\ \frac{\sqrt{6}}{3}\right)$

(2) $\cos\theta=\frac{5}{6}$

71 (1) $(5,\ -8,\ 5)$

(2) $x=-1,\ y=3,\ z=4$

72 (1) $(x+3)^2+(y-1)^2+(z-3)^2=9$

(2) $(x+2)^2+(y-2)^2+(z-2)^2=4$,

$(x+6)^2+(y-6)^2+(z-6)^2=36$

(3) $x^2+(y-9)^2+z^2=69$

73 (1) $r=5$

(2) 中心の座標は $(1,\ 5,\ 3)$,

半径は $2\sqrt{3}$

(3) $k=-1,\ 5$

74 (1) $s,\ t$ を実数とする。

ℓ のベクトル方程式は

$x=1+s,\ y=2+s,\ z=3-2s$

m のベクトル方程式は

$x=3+2t,\ y=1,\ z=2+t$

(2) 点Eの座標は $\left(\frac{3}{2},\ \frac{5}{2},\ 2\right)$,

点Fの座標は $\left(\frac{9}{5},\ 1,\ \frac{7}{5}\right)$

75 (1) $x^2+y^2-\frac{5}{3}x-\frac{5}{3}y=0$

(2) $a=b=\frac{5}{6}$ かつ

$\left(c\leqq\frac{1}{3}\right.$ または $\left.\frac{13}{3}\leqq c\right)$

第3章　複素数平面

●PRACTICE の解答

76 略

77 $x=\pm2$

78 (1) $z=-1+5i$　(2) 略

79 略

80 (1) $-13i$　(2) $2+i$

81 (1) 25　(2) -6

(3) $-3+4i,\ -3-4i$

82 (1) $\alpha\beta=-1,\ \frac{\alpha}{\beta}+\frac{\beta}{\alpha}=1$　(2) $\sqrt{3}$

83 $z=4,\ 1\pm\sqrt{3}i$

84 (1) $2\left(\cos\frac{\pi}{6}+i\sin\frac{\pi}{6}\right)$

(2) $3\left(\cos\frac{5}{7}\pi+i\sin\frac{5}{7}\pi\right)$

85 (1) $\alpha\beta=12\sqrt{2}\left(\cos\frac{\pi}{12}+i\sin\frac{\pi}{12}\right)$,

$\frac{\alpha}{\beta}=\frac{\sqrt{2}}{3}\left(\cos\frac{17}{12}\pi+i\sin\frac{17}{12}\pi\right)$

(2) $\arg\alpha^3=\frac{\pi}{4},\ \left|\frac{\alpha^3}{\beta}\right|=\frac{8\sqrt{2}}{3}$

86 $\cos\frac{5}{12}\pi=\frac{\sqrt{6}-\sqrt{2}}{4}$,

$\sin\frac{5}{12}\pi=\frac{\sqrt{6}+\sqrt{2}}{4}$

87 (1) $-2-4i$

(2) $\left(1+\frac{\sqrt{3}}{2}\right)+\left(-\frac{1}{2}+\sqrt{3}\right)i$

88 $2-\sqrt{2}+(1+3\sqrt{2})i$

89 (1) $4+2\sqrt{3}i,\ 1-3\sqrt{3}i$

(2) $-2-i,\ 2+i,\ -3+i,\ 1+3i$,

$-\frac{3}{2}+\frac{i}{2},\ \frac{1}{2}+\frac{3}{2}i$

90 (1) $-8-8\sqrt{3}i$

(2) $\frac{1}{8}i$　(3) $-\frac{1}{32}+\frac{\sqrt{3}}{32}i$

91 $n=12$

92 $z^{10}+\frac{1}{z^{10}}=1$

93 (1) $z=\pm1,\ \pm\frac{1}{2}\pm\frac{\sqrt{3}}{2}i$ (複号任意)

(2) $z=\pm1,\ \pm\frac{1}{\sqrt{2}}\pm\frac{1}{\sqrt{2}}i$ (複号任意),

$\pm i$

94 (1) $z=\pm\sqrt{3}+i,\ -2i$
(2) $z=\pm(\sqrt{3}+i)$

95 (1) 1 (2) 2

96 (1) -1 (2) 1

97 (1) $\cos(\pi-\alpha)+i\sin(\pi-\alpha)$
(2) $\cos\left(\alpha+\frac{3}{2}\pi\right)+i\sin\left(\alpha+\frac{3}{2}\pi\right)$

98 (1) $\alpha=\frac{1+i}{2}$
(2) $z_{17}=\frac{257+255i}{512}$

99 (1) $\frac{4-14i}{3}$ (2) $17+17i$
(3) $-5-13i$ (4) $3-\frac{7}{3}i$

100 (1) 2点 -2, $\frac{i}{2}$ を結ぶ線分の垂直二等分線
(2) 点 $-\frac{i}{3}$ を中心とする半径1の円
(3) 点 i を通り，虚軸に垂直な直線
(4) 点 $-2i$ を中心とする半径3の円の内部

101 点 $-4-i$ を中心とする半径 $2\sqrt{2}$ の円

102 (1) 点 $1-3i$ を中心とする半径1の円
(2) 点 i を通り，虚軸に垂直な直線

103 (1) 原点を中心とする半径 $\frac{1}{3}$ の円
(2) 点 $-i$ を中心とする半径1の円。ただし，原点は除く

104 $z=\frac{\sqrt{3}}{2}+\frac{3}{2}i$ のとき最大値3
$z=-\frac{\sqrt{3}}{2}+\frac{1}{2}i$ のとき最小値1

105 (1) $\frac{\pi}{4}$
(2) (ア) $a=4$ (イ) $a=0$

106 (1) BA＝BC の直角二等辺三角形
(2) 正三角形
(3) $\angle A=\frac{\pi}{3}$, $\angle B=\frac{\pi}{6}$, $\angle C=\frac{\pi}{2}$ の直角三角形

107 (1) $\angle O=\frac{\pi}{2}$, $\angle A=\frac{\pi}{3}$, $\angle B=\frac{\pi}{6}$ の直角三角形
(2) AO＝AB の直角二等辺三角形

108 $\beta=-\frac{1}{2}+\frac{\sqrt{3}}{2}i$

109 (1) 点0と点1を結ぶ線分の垂直二等分線
(2) 点 $\frac{1}{2}$ を中心とする半径 $\frac{1}{2}$ の円。ただし，点1を除く

110〜112 略

113 $\frac{513}{256}+\frac{171\sqrt{3}}{256}i$

●EXERCISES の解答

76 (1) $a=\frac{1}{2}z+\frac{1}{2}\overline{z}$

(2) $b=-\frac{1}{2}iz+\frac{1}{2}i\overline{z}$

(3) $a-b=\frac{1}{2}(1+i)z+\frac{1}{2}(1-i)\overline{z}$

(4) $a^2-b^2=\frac{1}{2}z^2+\frac{1}{2}(\overline{z})^2$

77 (ア) $\sqrt{5}$　(イ) 5　(ウ) 4

78 証明略，$\beta=-\frac{1}{\alpha\overline{\alpha}}$,

$a=\frac{1}{\alpha\overline{\alpha}}-(\alpha+\overline{\alpha})$，$b=\alpha\overline{\alpha}-\frac{\alpha+\overline{\alpha}}{\alpha\overline{\alpha}}$

79 略

80 1

81 $z=0$，$-2+2i$

82 略

83 (ア) $\frac{\pi}{4}$　(イ) $\frac{5}{12}\pi$

84 (1) $\left(1-\frac{\sqrt{3}}{2},\ \frac{1}{2}+\sqrt{3}\right)$

(2) $(1,\ -2)$

85 $C(4+5i)$，$D(6i)$
または　$C(2-3i)$，$D(-2-2i)$

86 略

87 (ア) $\frac{\sqrt{3}}{2}-\frac{1}{2}i$　(イ) $-i$

(ウ) $-\frac{1}{2}+\frac{\sqrt{3}}{2}i$

88 (ア) 2　(イ) $\frac{\pi}{6}$

89 n が 3 の倍数のとき 2,
3 の倍数でないとき -1

90 $m=6$，$n=12$

91 (1) $i-1$　(2) 0　(3) 略

92 $2\cos\frac{\alpha}{2}\left(\cos\frac{\alpha}{2}+i\sin\frac{\alpha}{2}\right)$

93 (1) $z_2=\frac{3+\sqrt{3}i}{2}$，$z_3=1+\sqrt{3}i$

(2) $\alpha=\frac{1+\sqrt{3}i}{2}$

(3) $z_n=\frac{1-\sqrt{3}i}{2}\left(\frac{1+\sqrt{3}i}{2}\right)^{n-1}+\frac{1+\sqrt{3}i}{2}$

(4) $n=6k+5$ (k は 0 以上の整数)

94 $c=1$

95 (1) 1

(2) $z=-\frac{1\pm\sqrt{3}}{2}+\frac{\mp1+\sqrt{3}}{2}i$

(複号同順)

96 (1) 実軸および原点を中心とする半径 1 の円。ただし，原点を除く

(2) $\frac{4}{3}$

97 (1) 点 $1+i$ を中心とする半径 1 の円

(2) $4+2\sqrt{2}$

98 (1) $\frac{\alpha-\beta}{\gamma-\beta}=-2$，$1\pm\sqrt{3}i$

(2) $\angle A=\frac{\pi}{6}$，$\angle B=\frac{\pi}{3}$，$\angle C=\frac{\pi}{2}$ の直角三角形

99 (1) 6

(2) $\beta=\frac{3\sqrt{2}-\sqrt{6}}{2}+\frac{3\sqrt{2}+\sqrt{6}}{2}i$,

$\arg\beta=\frac{5}{12}\pi$

(3) 8 個

100 略

101 (1) 略

(2) $3-2\sqrt{2}\leqq r\leqq 3+2\sqrt{2}$；

$0\leqq\theta\leqq\frac{\pi}{2}$，$\frac{3}{2}\pi\leqq\theta<2\pi$

102 (1) $\frac{1+i}{2}\alpha+\frac{1-i}{2}\beta$

(2) 平行四辺形　(3) 略

103 (1) $z_1=\cos\left(\theta-\frac{\pi}{3}\right)+i\sin\left(\theta-\frac{\pi}{3}\right)$

(2) $z_2=\frac{1}{2}\{\cos(\pi-\theta)+i\sin(\pi-\theta)\}$

(3) $z_0=\frac{\sqrt{6}}{2}+\frac{\sqrt{10}}{2}i$

第4章　式と曲線

●PRACTICE の解答

114　(1)　$\left(\frac{7}{4},\ 0\right)$，$x=-\frac{7}{4}$，図略

(2)　$x^2=-4y$

115　放物線 $y^2=12x$

116　図略

(1)　長軸の長さ $4\sqrt{2}$
短軸の長さ 4
焦点 $(0,\ 2)$，$(0,\ -2)$

(2)　長軸の長さ $2\sqrt{10}$
短軸の長さ $2\sqrt{6}$
焦点 $(2,\ 0)$，$(-2,\ 0)$

117　$\frac{x^2}{9}+y^2=1$

118　$\frac{x^2}{25}+\frac{y^2}{4}=1$

119　楕円 $\frac{x^2}{36}+\frac{y^2}{9}=1$

120　(1)　頂点 $(2,\ 0)$，$(-2,\ 0)$
焦点 $(2\sqrt{2},\ 0)$，$(-2\sqrt{2},\ 0)$
漸近線 $y=\pm x$，図略

(2)　頂点 $(0,\ 5)$，$(0,\ -5)$
焦点 $(0,\ \sqrt{34})$，$(0,\ -\sqrt{34})$
漸近線 $y=\pm\frac{5}{3}x$，図略

121　(1)　$\frac{x^2}{9}-\frac{y^2}{16}=-1$

(2)　$\frac{x^2}{9}-\frac{y^2}{7}=-1$

122　(1)　$\frac{(x-1)^2}{3}+\frac{(y+2)^2}{12}=1$；
$(1,\ 1)$，$(1,\ -5)$

(2)　図略

(ア)　$(\sqrt{29}-2,\ -3)$，
$(-\sqrt{29}-2,\ -3)$

(イ)　$(-1,\ 1)$

(ウ)　$(\sqrt{5}+1,\ -2)$，
$(-\sqrt{5}+1,\ -2)$

123　$\mathrm{P}(-\sqrt{3},\ 2)$ または $\mathrm{P}(\sqrt{3},\ 2)$ のときで距離は 2

124　$(y-\sqrt{3})^2=-x$，図略

125　図略

(1)　$\frac{x^2}{9}+\frac{y^2}{25}=1$

(2)　$x^2-y^2=1$

126　(1)　2つの交点 $(0,\ -3)$，$\left(\frac{24}{13},\ -\frac{15}{13}\right)$

(2)　共有点をもたない

(3)　1つの交点 $\left(\frac{4}{3},\ \frac{5}{6}\right)$

(4)　接点 $(1,\ -3)$

127　$a<-1$，$3<a$ のとき共有点は 2 個
$a=-1$，3 のとき共有点は 1 個
$-1<a<3$ のとき共有点は 0 個

128　(1)　$(7,\ 4)$，$8\sqrt{5}$

(2)　$\left(\frac{4}{13},\ \frac{3}{13}\right)$，$\frac{8\sqrt{30}}{13}$

(3)　$\left(\frac{12}{7},\ \frac{3}{7}\right)$，$\frac{2\sqrt{55}}{7}$

129　(1)　$k<-\sqrt{2}$，$\sqrt{2}<k$

(2)　直線 $y=\frac{1}{3}x$ の $x<-\frac{3\sqrt{2}}{2}$，
$\frac{3\sqrt{2}}{2}<x$ の部分

130　接線の方程式が $x=1$ のとき，
接点 $(1,\ 0)$；
接線の方程式が $y=\frac{5}{2}x+\frac{3}{2}$ のとき，
接点 $\left(-\frac{5}{3},\ -\frac{8}{3}\right)$

131　略

132　(1)　双曲線 $\frac{x^2}{36}-\frac{y^2}{45}=1$

(2)　放物線 $y^2=8(x-4)$

133　$k<-\frac{63}{16}$

134　(1)　$x+\sqrt{3}y=\sqrt{6}$，
$x+\sqrt{3}y=-\sqrt{6}$

(2)　$M=\frac{3\sqrt{3}+\sqrt{6}}{2}$，
$m=\frac{3\sqrt{3}-\sqrt{6}}{2}$

135　(1)　$(\pm a,\ \pm b)$（複号任意）

(2)　円 $x^2+y^2=a^2+b^2$

136　(1)　放物線 $y=\frac{1}{2}x^2-\frac{1}{2}$ の
$-1\leqq x\leqq\sqrt{2}$ の部分

(2)　双曲線 $x^2-y^2=1$ の $x\geqq1$ の部分

137　(1)　楕円 $\frac{(x-3)^2}{4}+\frac{(y+2)^2}{9}=1$

(2) 双曲線 $\frac{(x+1)^2}{4}-\frac{(y-2)^2}{2}=-1$

138 双曲線 $x^2-\frac{y^2}{4}=1$

ただし，点 $(-1,\ 0)$ を除く

139 楕円 $\frac{(x-2)^2}{9}+\frac{(y+1)^2}{25}=1$

140 $(x,\ y)=(-\sqrt{6},\ \sqrt{3}),$

$(\sqrt{6},\ -\sqrt{3})$

のとき最小値 -48

141 $(x(t),\ y(t))$

$=(2\cos t+\cos 2t,\ 2\sin t-\sin 2t)$

142 (1) $\mathrm{A}(-2\sqrt{2},\ -2\sqrt{2})$, $\mathrm{B}(0,\ -3)$

(2) $\mathrm{C}\left(1,\ \frac{7}{4}\pi\right)$, $\mathrm{D}\left(4,\ \frac{4}{3}\pi\right)$

143 (1) $\sqrt{7}$ (2) $\frac{3\sqrt{3}}{2}$

144 (1) $r\cos\left(\theta-\frac{5}{4}\pi\right)=\sqrt{2}$

(2) $r=4\sin\theta$

(3) $r^2\cos 2\theta=-4$

145 (1) $\frac{x^2}{9}+\frac{y^2}{16}=1$，図略

(2) $x^2+y^2-x-\sqrt{3}\,y=0$，図略

146 (1) $r=4\cos\left(\theta-\frac{\pi}{3}\right)$

(2) $r^2-12r\cos\left(\theta-\frac{\pi}{4}\right)+20=0$

(3) $r\cos\left(\theta-\frac{\pi}{6}\right)=\sqrt{3}$

147 $\frac{(x-3)^2}{6}-\frac{y^2}{3}=1$，図略

148 (1) $r\sin\left(\theta+\frac{\pi}{3}\right)=1$

(2) $\sqrt{3}\,x+y=2$

149 (1) 略

(2) 点 $\left(\frac{a}{2},\ 0\right)$ を中心とし，半径 $\frac{a}{2}$ の円

(3) 略

150 略

●EXERCISES の解答

104 (1) $\frac{x^2}{16}+\frac{y^2}{4}=1$

(2) $\frac{x^2}{4}-\frac{y^2}{16}=1$

(3) $\frac{x^2}{8}-\frac{y^2}{8}=-1$

105 $\frac{(x+6)^2}{4}-\frac{(y-2)^2}{2}=-1$

106 $a=\frac{1}{2}$，$b=-\frac{1}{2}$

107 楕円 $\frac{(x+2)^2}{25}+\frac{(y-2)^2}{16}=1$

108 $a\leqq 2$ のとき　最小値 $|a|$

$a>2$ のとき　最小値 $2\sqrt{a-1}$

109 (1) 焦点は 2 点 $(2,\ \sqrt{3}+3)$,

$(2,\ -\sqrt{3}+3)$；図略

(2) $a=2$，$b=3$，$c=\sqrt{2}$

110 略

111 $\frac{9}{8}$

112 $k>0$ のとき

双曲線 $x^2-\frac{y^2}{k}=1$ $(x\neq\pm 1)$

$k<0$ のとき

楕円 $x^2+\frac{y^2}{-k}=1$ $(x\neq\pm 1)$

113 $-\frac{2}{\sqrt{15}}<m<\frac{2}{\sqrt{15}}$

114 $k=\frac{2\sqrt{10}}{3}$ のとき，中点の座標は

$\left(-\frac{3\sqrt{10}}{10},\ \frac{\sqrt{10}}{15}\right)$；

$k=-\frac{2\sqrt{10}}{3}$ のとき，中点の座標は

$\left(\frac{3\sqrt{10}}{10},\ -\frac{\sqrt{10}}{15}\right)$

115 (1) $\frac{ax}{4}+by=1$

(2) $\pm\frac{2t}{\sqrt{t^2-1}}$

(3) $t=\sqrt{13}$，面積は $\frac{13}{\sqrt{3}}$

116 $y=2\sqrt{5}\,x-5$，$y=-2\sqrt{5}\,x-5$

117 (1) 楕円 $\dfrac{\left(x-\dfrac{8}{3}\right)^2}{\dfrac{16}{9}}+\dfrac{y^2}{\dfrac{4}{3}}=1$

(2) 放物線 $x=\dfrac{1}{4}y^2+1$

(3) 双曲線 $\dfrac{\left(x+\dfrac{2}{3}\right)^2}{\dfrac{16}{9}}-\dfrac{y^2}{\dfrac{16}{3}}=1$

118, 119 略

120 (1) $\dfrac{x^2}{a^2}+\dfrac{y^2}{b^2}=1$

(2) $\dfrac{(x+k)^2}{b^2}+\dfrac{(y-k)^2}{a^2}=1$

(3) $k<-\sqrt{a^2+b^2}$, $\sqrt{a^2+b^2}<k$

121 (1) $y=-2x+\sqrt{a^2+16}$,
$y=-2x-\sqrt{a^2+16}$

(2) $a=3$

122 (1) $\sqrt{3}\,x-2y=4$, $-\sqrt{3}\,x+2y=4$

(2) 最大値 1,
Qの座標$\left(\sqrt{3},\ -\dfrac{1}{2}\right)$, $\left(-\sqrt{3},\ \dfrac{1}{2}\right)$

123 (1) $X=\dfrac{s+t}{2}$, $Y=st$

(2) 証明略,
$2x^2-2\left(y+\dfrac{3}{4}\right)^2=-1$ $\left(y<-\dfrac{1}{4}\right)$

124 略

125 (1) 中心 (1, 0);頂点 (7, 0), (−5, 0)
漸近線 $y=\dfrac{1}{3}x-\dfrac{1}{3}$, $y=-\dfrac{1}{3}x+\dfrac{1}{3}$

(2) 略

126 $x=-\dfrac{1}{2a}y^2+2a$, 図略

127 $\dfrac{(x-1)^2}{4}+(y-2)^2=1$
ただし, 点 (1, 1) を除く

128 $(x,\ y)=(2\sqrt{3},\ 1)$, $(-2\sqrt{3},\ -1)$ で
最大値 32,
$(x,\ y)=(-2,\ \sqrt{3})$, $(2,\ -\sqrt{3})$ で
最小値 −32

129 (1) $y^2=\dfrac{1}{2}x+2$

(2) 放物線 $y^2=\dfrac{1}{2}x+2$ の $x\geqq 4$ の部分

130 $\sqrt{6}$

131 $(2\theta-\sin\theta,\ 2-\cos\theta)$

132 $\dfrac{-\sqrt{2}+12\sqrt{3}+7\sqrt{6}}{4}$

133 $\dfrac{\sqrt{2}}{2}\pi$

134 (ア) $\theta=\dfrac{\pi}{6}$ (イ) $-6+4\sqrt{3}$

135 略

136 $r=1+\cos\theta$

137 $\dfrac{4}{\sqrt{3}}a$

Research & Work の解答（数学Ⅲ）

◎ **確認** と **やってみよう** は詳しい解答を示し，最終の答の数値などを太字で示した。
また，**問題に挑戦** は，最終の答の数値のみを示した。詳しい解答を別冊解答編に掲載している。

1 微分法と極限の応用

Q1 $f(x)=\sin x-\left(x-\dfrac{x^3}{6}\right)$ とすると

$$f'(x)=\cos x-1+\frac{x^2}{2},$$
$$f''(x)=-\sin x+x,$$
$$f'''(x)=-\cos x+1$$

$f'''(x)\geqq 0$ であるから，$f''(x)$ は $x\geqq 0$ で増加し　$f''(x)\geqq f''(0)$

$f''(0)=0$ であるから，$x\geqq 0$ のとき
$$f''(x)\geqq 0$$
よって，$f'(x)$ は $x\geqq 0$ で増加し
$$f'(x)\geqq f'(0)$$
$f'(0)=0$ であるから，$x\geqq 0$ のとき
$$f'(x)\geqq 0$$
よって，$f(x)$ は $x\geqq 0$ で増加し
$$f(x)\geqq f(0)$$
$f(0)=0$ であるから，$x\geqq 0$ のとき
$$f(x)\geqq 0 \quad \cdots\cdots ①$$
ゆえに，$x\geqq 0$ のとき　$\sin x\geqq x-\dfrac{x^3}{6}$

次に，$g(x)=x-\dfrac{x^3}{6}+\dfrac{x^5}{120}-\sin x$ とすると
$$g'(x)=1-\frac{x^2}{2}+\frac{x^4}{24}-\cos x,$$
$$g''(x)=-x+\frac{x^3}{6}+\sin x=f(x)$$
① より，$x\geqq 0$ のとき $g''(x)\geqq 0$ であるから，$g'(x)$ は $x\geqq 0$ で増加し　$g'(x)\geqq g'(0)$

$g'(0)=0$ であるから，$x\geqq 0$ のとき
$$g'(x)\geqq 0$$
よって，$g(x)$ は $x\geqq 0$ で増加し
$$g(x)\geqq g(0)$$
$g(0)=0$ であるから，$x\geqq 0$ のとき
$$g(x)\geqq 0$$
ゆえに，$x\geqq 0$ のとき
$$x-\frac{x^3}{6}+\frac{x^5}{120}\geqq \sin x$$
以上から　$x-\dfrac{x^3}{6}\leqq \sin x\leqq x-\dfrac{x^3}{6}+\dfrac{x^5}{120}$

問1 (1)　$f(x)=(1-x)e^{nx}-1$ とすると
$$f'(x)=-e^{nx}+(1-x)\cdot ne^{nx}$$
$$=-\{nx-(n-1)\}e^{nx}$$
$f'(x)=0$ とすると　$x=\dfrac{n-1}{n}$

$n\geqq 2$ から　$0<\dfrac{n-1}{n}<1$

よって，$0\leqq x\leqq 1$ における $f(x)$ の増減表は次のようになる。

x	0	$\cdots$	$\dfrac{n-1}{n}$	$\cdots$	1
$f'(x)$	／	$+$	0	$-$	／
$f(x)$	0	↗	極大	↘	-1

ここで　$f\left(\dfrac{n-1}{n}\right)>0$，$f(1)<0$

よって，$0<x<1$ において $y=f(x)$ のグラフと x 軸は，ただ1つの共有点をもつ。
ゆえに，方程式は $0<x<1$ においてただ1つの実数解をもつ。

(2)　(1) から　$\dfrac{n-1}{n}<x_n<1$

$\displaystyle\lim_{n\to\infty}\frac{n-1}{n}=\lim_{n\to\infty}\left(1-\frac{1}{n}\right)=1$ であるから
$$\lim_{n\to\infty}x_n=\mathbf{1}$$

（問題に挑戦） 1

(1)　(ア) ⓪　　(2)　(イ) 0　(ウ) 0　　(3)　(エ) ①

（1 の詳しい解答は解答編 $p.510$～ 参照）

[2] 立体の体積（断面積をつかむ）

Q2　2つの中心軸が作る平面からの距離が x である平面で切った断面を考える。

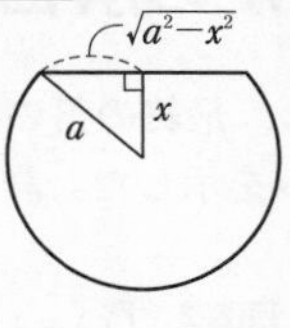

幅 $2\sqrt{a^2-x^2}$ の帯が垂直に交わっているから，

その共通部分は1辺の長さが $2\sqrt{a^2-x^2}$ の正方形である。

断面の正方形の面積は

$$(2\sqrt{a^2-x^2})^2=4(a^2-x^2)$$

よって，求める体積を V とすると，対称性から

$$V=2\int_0^a 4(a^2-x^2)\,dx=8\left[a^2x-\frac{x^3}{3}\right]_0^a$$

$$=\boldsymbol{\frac{16}{3}a^3}$$

問2　右図のように，平面 $x=t$ $(-1<t<1)$ と円板 C の周との交点をそれぞれA，Bとし，線分ABの中点をDとすると

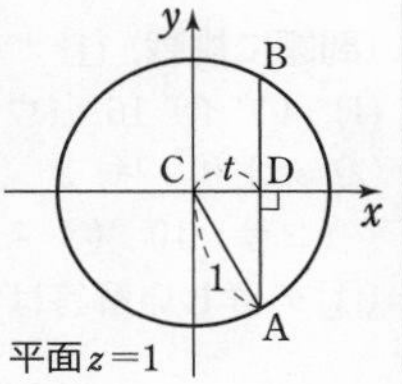

$$\mathrm{AD}^2=1-t^2$$

また，x 軸上の点 $(t,\ 0,\ 0)$ をEとする。

C を x 軸の周りに1回転させてできる立体を，平面 $x=t$ で切った断面の図形は，線分ABを平面 $x=t$ 上で x 軸の周りに1回転させてできる図形であり，右図の斜線部分である。

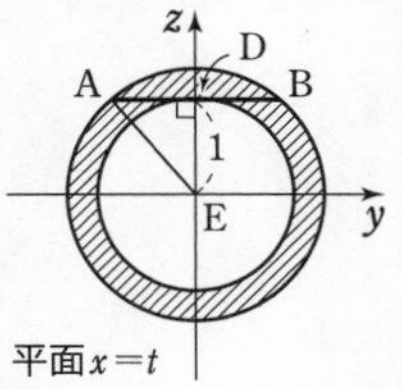

斜線部分の面積は

$$\pi(\mathrm{AE}^2-\mathrm{ED}^2)=\pi\{(\mathrm{AD}^2+\mathrm{ED}^2)-\mathrm{ED}^2\}$$

$$=\pi\cdot\mathrm{AD}^2=\pi(1-t^2)\quad\cdots①$$

$t=\pm1$ のとき，断面積は0であるから，①は成り立つ。

よって，求める体積を V とすると

$$V=\int_{-1}^1\pi(1-t^2)\,dt=2\int_0^1\pi(1-t^2)\,dt$$

$$=2\pi\left[t-\frac{t^3}{3}\right]_0^1=\boldsymbol{\frac{4}{3}\pi}$$

（問題に挑戦）[2]

(1)　(ア) 3　(イ) 6　(ウ) 3

(2)　(エ) 1　(オ) 3　(カ) 6　(キ) 1　(ク) 3

(3)　(ケ) 2　(コ) 2　(サ) 3　(シ) 1　(ス) 3

(4)　(セ) 3　(ソ) 3

（[2] の詳しい解答は解答編 $p.513$～ 参照）

Research & Work の解答（数学C）

◎ **確認** と **やってみよう** は詳しい解答を示し，最終の答の数値などを太字で示した。
また，**問題に挑戦** は，最終の答の数値のみを示した。詳しい解答を別冊解答編に掲載している。

1 ベクトルの式を満たす点の存在範囲と斜交座標

Q1 (1) $3s+4t=4$ から $\frac{3}{4}s+t=1$

また $\overrightarrow{OP}=s\overrightarrow{OA}+t\overrightarrow{OB}$

$=\frac{3}{4}s\left(\frac{4}{3}\overrightarrow{OA}\right)+t\overrightarrow{OB}$

ここで，$\frac{3}{4}s=s'$ とおくと

$\overrightarrow{OP}=s'\left(\frac{4}{3}\overrightarrow{OA}\right)+t\overrightarrow{OB}$，$s'+t=1$

よって，

$\frac{4}{3}\overrightarrow{OA}=\overrightarrow{OA'}$ となる点 A′ をとると，
点Pの存在範囲は
直線 A′B である。

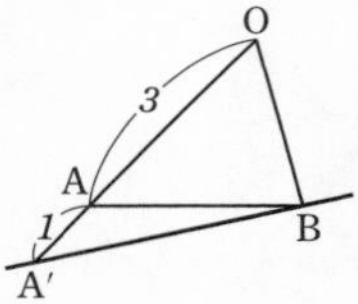

(2) $\overrightarrow{OP}=s\overrightarrow{OA}+3t\overrightarrow{OB}$

$=2s\left(\frac{1}{2}\overrightarrow{OA}\right)+5t\left(\frac{3}{5}\overrightarrow{OB}\right)$

ここで，$2s=s'$，$5t=t'$ とおくと

$\overrightarrow{OP}=s'\left(\frac{1}{2}\overrightarrow{OA}\right)+t'\left(\frac{3}{5}\overrightarrow{OB}\right)$，

$0\leqq s'+t'\leqq1$，$s'\geqq0$，$t'\geqq0$

よって，

$\frac{1}{2}\overrightarrow{OA}=\overrightarrow{OA'}$，

$\frac{3}{5}\overrightarrow{OB}=\overrightarrow{OB'}$ となる点 A′，B′ をとると，
点Pの存在範囲は
△OA′B′ の周および内部 である。

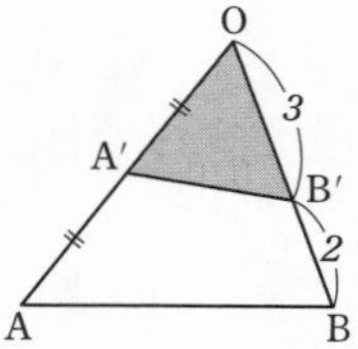

問1 $\overrightarrow{OA}=(1,\ 0)$，$\overrightarrow{OB}=(0,\ 1)$ から
$\overrightarrow{OP}=x(1,\ 0)+y(0,\ 1)=(x,\ y)$

ゆえに，座標平面上で点Pの座標は $(x,\ y)$ である。

よって，点Pの存在範囲は，連立不等式
$2\leqq x+2y\leqq4$，$x\geqq0$，$y\geqq0$ の表す領域であるから，これを図示すると **右図の斜線部分** となる。ただし，**境界線を含む**。

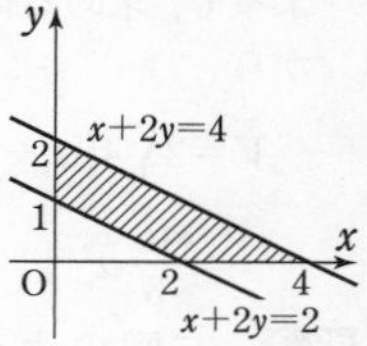

（問題に挑戦）1

(1) （アイ）16 （ウエ）12 (オ) 5

(2) (カ) ① (キ) 3 (3) (ク) ③ (ケ) 9
（コサ）10 （シス）54 (セ) 5 (ソ) 5

(1 の詳しい解答は解答編 p.518～ 参照)

2 空間図形とベクトル

Q 2

(1) $\overrightarrow{\mathrm{OP}}=\dfrac{2\overrightarrow{\mathrm{OA}}+\overrightarrow{\mathrm{OB}}}{1+2}$

$=\dfrac{2}{3}\overrightarrow{\mathrm{OA}}+\dfrac{1}{3}\overrightarrow{\mathrm{OB}}$

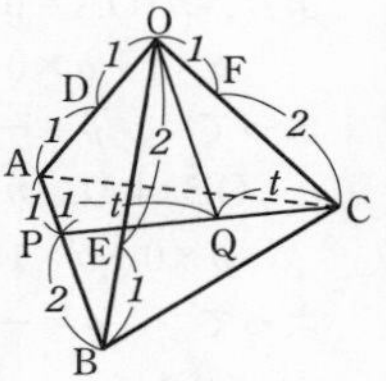

よって

$\overrightarrow{\mathbf{OQ}}$

$=t\overrightarrow{\mathrm{OP}}+(1-t)\overrightarrow{\mathrm{OC}}$

$=\boldsymbol{\dfrac{2}{3}t\overrightarrow{\mathrm{OA}}+\dfrac{1}{3}t\overrightarrow{\mathrm{OB}}+(1-t)\overrightarrow{\mathrm{OC}}}$

(2) 条件から　$\overrightarrow{\mathrm{OR}}=\dfrac{2}{5}\overrightarrow{\mathrm{OQ}}$

(1)の結果から

$\overrightarrow{\mathrm{OR}}=\dfrac{4}{15}t\overrightarrow{\mathrm{OA}}+\dfrac{2}{15}t\overrightarrow{\mathrm{OB}}+\dfrac{2}{5}(1-t)\overrightarrow{\mathrm{OC}}$

$\overrightarrow{\mathrm{OA}}=2\overrightarrow{\mathrm{OD}}$,

$\overrightarrow{\mathrm{OB}}=\dfrac{3}{2}\overrightarrow{\mathrm{OE}}$,

$\overrightarrow{\mathrm{OC}}=3\overrightarrow{\mathrm{OF}}$ であるから

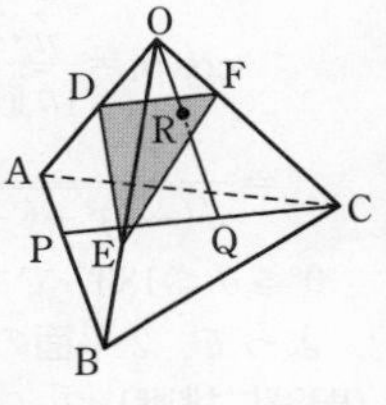

$\overrightarrow{\mathrm{OR}}=\dfrac{8}{15}t\overrightarrow{\mathrm{OD}}+\dfrac{t}{5}\overrightarrow{\mathrm{OE}}$

$+\dfrac{6}{5}(1-t)\overrightarrow{\mathrm{OF}}$

点Rは平面DEF上にあるから

$$\frac{8}{15}t+\frac{t}{5}+\frac{6}{5}(1-t)=1$$

したがって　$t=\boldsymbol{\dfrac{3}{7}}$

Q 3 (1) $\vec{m}=(3,\ -4,\ 5)$, $\vec{n}=(1,\ 7,\ -10)$ とすると，$\vec{m}$, $\vec{n}$ はそれぞれ平面 $3x-4y+5z=2$, $x+7y-10z=0$ の法線ベクトルである。

$\vec{m}$, $\vec{n}$ のなす角を θ_1 $(0°\leqq\theta_1\leqq180°)$ とすると

$$\cos\theta_1=\frac{\vec{m}\cdot\vec{n}}{|\vec{m}||\vec{n}|}$$

$$=\frac{3\times1+(-4)\times7+5\times(-10)}{\sqrt{3^2+(-4)^2+5^2}\sqrt{1^2+7^2+(-10)^2}}$$

$$=\frac{-75}{5\sqrt{2}\times5\sqrt{6}}=-\frac{\sqrt{3}}{2}$$

$0°\leqq\theta_1\leqq180°$ であるから　$\theta_1=150°$

よって，2平面のなす角 θ は

$\theta=180°-150°=\mathbf{30°}$

(2) $\vec{m}=(2,\ -1,\ -2)$, $\vec{n}=(1,\ -1,\ 0)$ とすると，$\vec{m}$, $\vec{n}$ はそれぞれ平面 $2x-y-2z=3$, $x-y=5$ の法線ベクトルである。

$\vec{m}$, $\vec{n}$ のなす角を θ_2 $(0°\leqq\theta_2\leqq180°)$ とすると

$$\cos\theta_2=\frac{\vec{m}\cdot\vec{n}}{|\vec{m}||\vec{n}|}$$

$$=\frac{2\times1+(-1)\times(-1)+(-2)\times0}{\sqrt{2^2+(-1)^2+(-2)^2}\sqrt{1^2+(-1)^2+0^2}}$$

$$=\frac{1}{\sqrt{2}}$$

$0°\leqq\theta_2\leqq180°$ であるから　$\theta_2=45°$

よって，2平面のなす角 θ は　$\theta=\mathbf{45°}$

問2 (1) $\vec{p}=\frac{3}{4}\vec{c}$

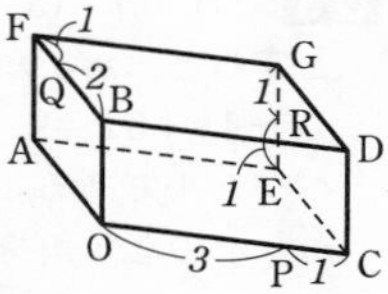

$\vec{q}=\overrightarrow{OB}+\overrightarrow{BQ}$

$=\frac{2}{3}\vec{a}+\vec{b}$

$\vec{r}=\overrightarrow{OA}+\overrightarrow{AE}+\overrightarrow{ER}$

$=\vec{a}+\frac{1}{2}\vec{b}+\vec{c}$

(2) 点Xは平面PQR上にあるから，s, t, u を実数として

$\overrightarrow{OX}=s\vec{p}+t\vec{q}+u\vec{r}$, $s+t+u=1$

と表される。このとき，(1)から

$$\overrightarrow{OX}=\left(\frac{2}{3}t+u\right)\vec{a}+\left(t+\frac{1}{2}u\right)\vec{b}+\left(\frac{3}{4}s+u\right)\vec{c} \quad \cdots\cdots ①$$

また，点Xは直線FG上にあるから，k を実数として，$\overrightarrow{FX}=k\overrightarrow{FG}$ と表される。

よって

$$\overrightarrow{OX}=\overrightarrow{OA}+\overrightarrow{AF}+\overrightarrow{FX}=\overrightarrow{OA}+\overrightarrow{AF}+k\overrightarrow{FG}$$
$$=\vec{a}+\vec{b}+k\vec{c} \quad \cdots\cdots ②$$

①，②から

$$\left(\frac{2}{3}t+u\right)\vec{a}+\left(t+\frac{1}{2}u\right)\vec{b}+\left(\frac{3}{4}s+u\right)\vec{c}$$
$$=\vec{a}+\vec{b}+k\vec{c}$$

4点O, A, B, Cは同じ平面上にないから

$\frac{2}{3}t+u=1$ ……③,

$t+\frac{1}{2}u=1$ ……④,

$\frac{3}{4}s+u=k$ ……⑤

③，④から　$t=\frac{3}{4}$, $u=\frac{1}{2}$

$s+t+u=1$ であるから　$s=-\frac{1}{4}$

⑤から　$k=\frac{5}{16}$　　よって　$\overrightarrow{FX}=\frac{5}{16}\overrightarrow{FG}$

ゆえに　FX：XG=**5：11**

問3 平面αの法線ベクトルを $\vec{n}=(p,\ q,\ r)\ (\vec{n}\neq\vec{0})$ とすると，$\vec{n}\perp\overrightarrow{OA}$ より，$\vec{n}\cdot\overrightarrow{OA}=0$ であるから

$p\times1+q\times0+r\times1=0$

よって　$p=-r$ ……①

$\vec{n}\perp\overrightarrow{OB}$ より，$\vec{n}\cdot\overrightarrow{OB}=0$ であるから

$p\times0+q\times1+r\times\sqrt{2}=0$

よって　$q=-\sqrt{2}r$ ……②

①，②から　$\vec{n}=r(-1,\ -\sqrt{2},\ 1)$

$\vec{n}\neq\vec{0}$ であるから，$r=1$ として

$\vec{n}=(-1,\ -\sqrt{2},\ 1)$

また，xy平面の法線ベクトルを $\vec{n'}$ とすると　$\vec{n'}=(0,\ 0,\ 1)$

$\vec{n}$ と $\vec{n'}$ のなす角を $\theta_1\ (0^\circ\leqq\theta_1\leqq180^\circ)$ とすると

$$\cos\theta_1=\frac{\vec{n}\cdot\vec{n'}}{|\vec{n}||\vec{n'}|}$$
$$=\frac{1}{\sqrt{(-1)^2+(-\sqrt{2})^2+1^2}\cdot1}=\frac{1}{2}$$

$0^\circ\leqq\theta_1\leqq180^\circ$ であるから　$\theta_1=60^\circ$

よって，2平面のなす角θは　$\theta=$**60°**

(問題に挑戦) [2]

(1) (ア) 1 (イ) 2 (ウ) ⓪ (エ) 1 (オ) 3 (カ) ②

(2) (キ) ⑥ (ク) ② (ケ) ④ (コ) 2

(サシ) −3 (ス) 2 (セ) 3 (ソ) 1 (タ) 2

(チ) 7 (ツ) 2 (テ) 5

(3) (ト) 5 (ナ) 1

(4) (ニ) ① (ヌ) ⑤ (ネ) ③

([2]の詳しい解答は解答編 p.523～ 参照)

3 複素数平面の応用

Q4 ① $\alpha+\beta=0$ から $\dfrac{\alpha+\beta}{2}=0$

よって，線分 AB の中点はOである。
ゆえに，△OAB は直角二等辺三角形ではない。

② $|\alpha|=|\beta|$ から，2点 A，B は原点Oを中心とする同じ円周上に存在するが，
△OAB が直角二等辺三角形となるとは限らない。

③ $\beta=i\alpha$ より $\beta=\left(\cos\dfrac{\pi}{2}+i\sin\dfrac{\pi}{2}\right)\alpha$ であるから，点Bは，点Aを原点Oを中心として $\dfrac{\pi}{2}$ だけ回転した点である。
よって，△OAB は直角二等辺三角形である。

④ $\beta=\left(\dfrac{1+\sqrt{3}i}{2}\right)\alpha$ より
$\beta=\left(\cos\dfrac{\pi}{3}+i\sin\dfrac{\pi}{3}\right)\alpha$ であるから，点Bは，点Aを原点Oを中心として $\dfrac{\pi}{3}$ だけ回転した点である。
よって，△OAB は正三角形である。

⑤ $\beta=(1-i)\alpha=\sqrt{2}\left(\dfrac{1}{\sqrt{2}}-\dfrac{i}{\sqrt{2}}\right)\alpha$ より
$\beta=\sqrt{2}\left\{\cos\left(-\dfrac{\pi}{4}\right)+i\sin\left(-\dfrac{\pi}{4}\right)\right\}\alpha$ であるから，点Bは，点Aを原点Oを中心として $-\dfrac{\pi}{4}$ だけ回転し，Oからの距離を $\sqrt{2}$ 倍した点である。
よって，△OAB は直角二等辺三角形である。

以上から ③，⑤

問4 条件から，数列 $\{z_n\}$ は初項 $z_1=1$，公比 $\cos\dfrac{2}{5}\pi+i\sin\dfrac{2}{5}\pi$ の等比数列であるから

$$z_n=\left(\cos\frac{2}{5}\pi+i\sin\frac{2}{5}\pi\right)^{n-1} \quad \cdots\cdots ①$$

(1) ① から $z_{101}=\left(\cos\dfrac{2}{5}\pi+i\sin\dfrac{2}{5}\pi\right)^{100}$
$=\cos 40\pi+i\sin 40\pi=1$

$z_1=1$ であるから，点 z_1 と点 z_{101} は一致する。

(2) $\alpha=\cos\dfrac{2}{5}\pi+i\sin\dfrac{2}{5}\pi$ とすると

$$\alpha^5=\left(\cos\frac{2}{5}\pi+i\sin\frac{2}{5}\pi\right)^5=\cos 2\pi+i\sin 2\pi=1$$

ゆえに　$\alpha^5-1=0$
よって　$(\alpha-1)(\alpha^4+\alpha^3+\alpha^2+\alpha+1)=0$
$\alpha\neq1$ から　$\alpha^4+\alpha^3+\alpha^2+\alpha+1=0$
両辺に α^{5l}（l は 0 以上の整数）を掛けると

$$\alpha^{5l+4}+\alpha^{5l+3}+\alpha^{5l+2}+\alpha^{5l+1}+\alpha^{5l}=0$$

① より，$z_n=\alpha^{n-1}$ であるから

$$z_{5l+5}+z_{5l+4}+z_{5l+3}+z_{5l+2}+z_{5l+1}=0$$

よって　$\displaystyle\sum_{n=1}^{101}z_n$

$$=(z_1+z_2+z_3+z_4+z_5)+(z_6+z_7+z_8+z_9+z_{10})+\cdots\cdots+(z_{96}+z_{97}+z_{98}+z_{99}+z_{100})+z_{101}$$
$$=z_{101}$$

(1) より，$z_{101}=1$ であるから　$\displaystyle\sum_{n=1}^{101}z_n=\mathbf{1}$

(問題に挑戦) 3

(1) (ア) ④　(イ) ③　(ウ) ⑥
(2) (エ) ③　(オ) ⑤ ［または (エ) ⑤　(オ) ③］
(3) (カ) ①　(キ) ③　(ク) 2　(ケ) ⑥
(4) (コサ) 12
(5) (シ) 1　(ス) 0　(セ) 3　(ソ) 2
（3 の詳しい解答は解答編 $p.527$～ 参照）

答 Research & Work

4 2次曲線の考察

Q5 (1) 方程式は

$$3x^2-7y^2-6x+24=0$$

変形すると

$$3(x-1)^2-3-7y^2+24=0$$

ゆえに $\dfrac{(x-1)^2}{7}-\dfrac{y^2}{3}=-1$

よって，この方程式は，双曲線 $\dfrac{x^2}{7}-\dfrac{y^2}{3}=-1$ を x 軸方向に1だけ平行移動した双曲線を表す。

この双曲線の中心は $(1,\ 0)$，漸近線は

$$y=\pm\frac{\sqrt{21}}{7}(x-1)$$

で，概形は **右図** のようになる。

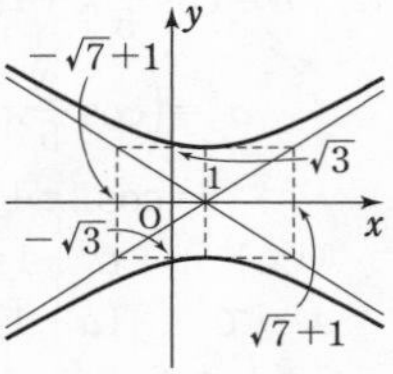

(2) 方程式は $y^2+x-4y+8=0$

変形すると $(y-2)^2-4+x+8=0$

ゆえに $(y-2)^2=-(x+4)$

よって，この方程式は，放物線 $y^2=-x$ を x 軸方向に -4，y 軸方向に2だけ平行移動した放物線を表す。

この放物線の頂点は $(-4,\ 2)$，軸は $y=2$ で，概形は **右図** のようになる。

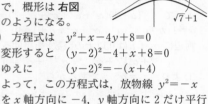

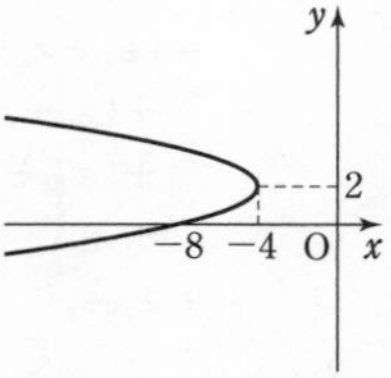

問5 ① 与えられた方程式を変形すると

$$2(x+2)^2+\left(y+\frac{e}{2}\right)^2=\frac{e^2}{4}+2$$

ゆえに $\dfrac{(x+2)^2}{\dfrac{e^2}{8}+1}+\dfrac{\left(y+\dfrac{e}{2}\right)^2}{\dfrac{e^2}{4}+2}=1$ ……①

①において $\dfrac{e^2}{8}+1>0,\ \dfrac{e^2}{4}+2>0$

よって

$$\frac{e^2}{4}+2>\frac{1}{2}\left(\frac{e^2}{4}+2\right)=\frac{e^2}{8}+1 \quad \cdots\cdots ②$$

すなわち $\dfrac{e^2}{8}+1\neq\dfrac{e^2}{4}+2$

以上から，e の値によらず，①は楕円を表す。よって，正しくない。

② ②から，楕円 C の長軸は y 軸に平行である。

したがって，2つの焦点を通る直線は，y 軸に平行である。よって，正しい。

③ 与えられた方程式において，$y=0$ とすると $2x^2+8x+6=0$

よって $(x+1)(x+3)=0$

ゆえに，曲線 C は，e の値によらず，2点 $(-1,\ 0)$，$(-3,\ 0)$ を通る。

よって，正しい。

以上から，正しいものは ②，③

(問題に挑戦) 4

[1] (1) (ア) ④ (2) (イ) ⓪ (ウ) ②

[2] (エ) 4 (オカ) 10 (キ) 6

(4の詳しい解答は解答編 $p.531$～ 参照)

INDEX

1. 用語の掲載ページ(右側の数字)を示した。
2. 主に初出のページを示した。関連するページを合わせて示したところもある。

【あ行】

アステロイド 515
アポロニウスの円 450
アルキメデスの渦巻線 519
１次結合 301
１次従属 301
１次独立 289, 301, 363
１次の近似式 170
位置ベクトル 323, 381
陰関数 111
上に凸 132
x 座標 362
x 軸 362
x 成分 297, 369
xy 平面 362
n 乗根 430
エピサイクロイド 514, 515
円のベクトル方程式 344
大きさ 288, 297, 369
同じ平面上にある条件 387

【か行】

カージオイド 515, 528
外積 380
回転体 260
外分点 (複素数平面) 450
ガウス記号 77
角速度 173
加速度 170
カテナリー 281
加法 (複素数平面) 418
加法 (ベクトル) 288
奇関数 208, 213
基本ベクトル 297, 369
基本ベクトル表示 297, 369
逆関数 26
逆関数の導関数 88
逆ベクトル 288
球面 398
球面のベクトル方程式 399
球面の方程式 398
共線 (ベクトル) 323
共線条件 323, 381
共通接線 122
共点条件 323, 381
共面 381
共面条件 381, 387
共役な複素数 416
共役複素数 416
極 517
極形式 429
極限 32
極限値 32
極座標 517
極小 131
極小値 131
曲線の長さ 278
極大 131
極大値 131
極値 131
極方程式 518
虚軸 416
近似式 170
偶関数 208, 213
区分求積法 230
結合法則 (ベクトル) 288, 363
原始関数 180
減少 131
懸垂線 281
原点 362
減法 (複素数平面) 418
減法 (ベクトル) 288
交換法則 (ベクトル) 288, 363
高次導関数 108
合成 (ベクトル) 291, 363
合成関数 26
合成関数の導関数 88

【さ行】

サイクロイド 507
最大値・最小値の定理 70
座標 362
座標空間 362
座標軸 362
座標平面 362
三角関数の極限 70
三角関数の導関数 99
軸（放物線） 476
指数関数の極限 69
指数関数の導関数 99
始線 517
自然対数 99
下に凸 132
実軸 416
実数倍（複素数平面） 417
実数倍（ベクトル） 288
始点 288
斜交座標 541
重心の位置ベクトル 323, 381
収束 32
収束条件（無限等比級数） 56
収束条件（無限等比数列） 40
終点 288
シュワルツの不等式 236
循環小数 53
純虚数 417
準線 476
焦点 476, 477
商の導関数 88
初期条件 194
心臓形 515, 528
振動 32
垂線の足 354
垂直（ベクトル） 305
垂直条件（ベクトル） 305, 370
正射影ベクトル 339
成分 297
成分表示 297, 369
星芒形 515
正葉曲線 519
積 ⟶ 和の公式 201
積の導関数 88
積分定数 180
接する 492
接線（2次曲線） 492
接線（微分法） 116
接線のベクトル方程式 356
接線の方程式（2次曲線） 492
接線の方程式（微分法） 116
絶対値 417
zx 平面 362
z 座標 362
z 軸 362
z 成分 369
ゼロベクトル 288
漸近線（2次曲線） 477
漸近線（微分法） 133, 145
増加 131
双曲線 477
速度 170

【た行】

第 n 次導関数 108, 110
第3次導関数 108
対数関数の極限 69
対数関数の導関数 99
対数微分法 102
体積 260
第2次導関数 108
楕円 476
単位ベクトル 288
短軸 476
断面積 260
チェバの定理 334
置換積分法 180, 208
中間値の定理 70
中心 476, 477
長軸 476
頂点 476, 477
直線の媒介変数表示 343
直線のベクトル方程式 343, 399
直線の方程式（空間） 410
直角双曲線 12, 477
定積分 203
点と直線の距離 354
点と平面の距離 410
導関数の公式 88
導関数の定義 88
同形出現 196
ド・モアブルの定理 430

【な行】

内積 305, 369
内分点（複素数平面） 450
なす角（ベクトル） 305
なす角の余弦（ベクトル） 305, 370
2次曲線 476
2点間の距離 362
ネイピアの数 106

【は行】

媒介変数（関数） 108
媒介変数（曲線） 506
媒介変数（ベクトル） 343
媒介変数表示（関数） 108
媒介変数表示（曲線） 506
ハイポサイクロイド 515
バウムクーヘン分割 268
はさみうちの原理 33
発散 32
パップス-ギュルダンの定理 269
速さ 170
パラメータ 343
非回転体 263
微小変化 176
左側極限 69
微分可能 88
微分係数 88
微分方程式 284
微分方程式の解 284
微分方程式を解く 284
標準形 476, 477
複素数平面 416
複素平面 416
不定形の極限 32, 71
不定積分 180
部分積分法 181, 208
部分和 53
不連続 70
分解 289, 363
分割 293, 363
分数関数 12
分数関数のグラフ 12
分数不等式 17, 18
分数方程式 17, 18
分点の位置ベクトル 323
平均値の定理 116, 128
平行（ベクトル） 289
平行条件（ベクトル） 289, 305, 363
平行六面体 366
平面のベクトル方程式 398
平面の方程式 398, 410
ベクトル 288
ベクトルの相等 288, 369
偏角（極形式） 429
偏角（極座標） 517
変曲点 132
変数分離形 284
方向ベクトル 343
法線（ベクトル） 406
法線の方程式 116
法線ベクトル 343, 406
放物線 476

【ま行】

右側極限 69
道のり 278
向き 288
向き変え 291, 363
無限級数 53
無限数列 32
無限等比級数 53
無限等比数列 33
無理関数 13
無理関数のグラフ 13
無理式 13
無理不等式 21, 22
無理方程式 21, 22
メネラウスの定理 334
面積 242

【や行】

有向線分 288
陽関数 111

【ら行】

リサージュ曲線 519
離心率 492
リマソン 519
零ベクトル 288, 363
レムニスケート 528
連続 70
ロピタルの定理 129
ロルの定理 127

【わ行】

和（無限級数） 53
y 座標 362
y 軸 362
y 成分 297, 369
yz 平面 362

【記号】

$f^{-1}(x)$ 26
$(g\circ f)(x)$ 26
$\lim_{n\to\infty} a_n=\alpha$ 32
$\sum_{n=1}^{\infty} a_n$ 53
$\lim_{x\to a+0} f(x)$ 69
$\lim_{x\to a-0} f(x)$ 69
$f'(x)$ 88
e 99, 106
y'', $f''(x)$, $\frac{d^2y}{dx^2}$, $\frac{d^2}{dx^2}f(x)$ 108
y''', $f'''(x)$, $\frac{d^3y}{dx^3}$, $\frac{d^3}{dx^3}f(x)$ 108
$y^{(n)}$, $f^{(n)}(x)$, $\frac{d^ny}{dx^n}$, $\frac{d^n}{dx^n}f(x)$ 108
⤷, ⤴, ↱, ⤵ 143
$\int f(x)\,dx$ 180
$\int_a^b f(x)\,dx$ 203
$\Big[F(x)\Big]_a^b$ 203
$\vec{a}$ 288
$\overrightarrow{\mathrm{AB}}$ 288
$|\vec{a}|$ 288
$\vec{a}=\vec{b}$ 288
$-\vec{a}$ 288
$\vec{0}$ 288
$\vec{a}+\vec{b}$ 288
$\vec{a}-\vec{b}$ 288
$k\vec{a}$ 288
$\vec{a} /\!/ \vec{b}$ 289
$\vec{a}\cdot\vec{b}$ 305
$\vec{a}\perp\vec{b}$ 305
$\mathrm{P}(\vec{p})$ 323
$\mathrm{P}(a,\ b,\ c)$ 362
$h\perp\alpha$ 375
$\mathrm{P}(z)$ 416
$\mathrm{P}(a+bi)$ 416
$|z|$ 417
$\arg z$ 429

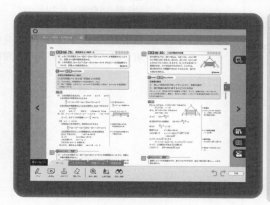

●編著者
チャート研究所

●表紙・カバーデザイン
有限会社アーク・ビジュアル・ワークス

●本文デザイン
デザイン・プラス・プロフ株式会社

●イラスト（先生，生徒）
有限会社アラカグラフィクス

初版　新制
第１刷　1996年11月１日　発行
改訂版
第１刷　1999年10月１日　発行
新課程
第１刷　2004年９月１日　発行
改訂版
第１刷　2008年９月１日　発行
新課程
第１刷　2023年11月１日　発行
第２刷　2023年11月10日　発行

編集・制作　チャート研究所
発行者　星野 泰也

ISBN978-4-410-10734-4

※解答・解説は数研出版株式会社が作成したものです。

チャート式® 解法と演習 数学Ⅲ+C

発行所
数研出版株式会社

〒101-0052 東京都千代田区神田小川町２丁目３番地３
〔振替〕00140-4-118431
〒604-0861 京都市中京区烏丸通竹屋町上る大倉町205番地
〔電話〕代表（075）231-0161
ホームページ　https://www.chart.co.jp
印刷　寿印刷株式会社
乱丁本・落丁本はお取り替えします。　230902

1　平面上のベクトル

1　ベクトルの演算

❑ **ベクトルの演算の基本**

$\overrightarrow{\mathrm{A}\square}+\overrightarrow{\square\mathrm{B}}=\overrightarrow{\mathrm{AB}}$，$\overrightarrow{\square\mathrm{A}}-\overrightarrow{\square\mathrm{B}}=\overrightarrow{\mathrm{BA}}$

$\overrightarrow{\square\blacktriangle}=-\overrightarrow{\blacktriangle\square}$，$\overrightarrow{\square\square}=\vec{0}$

❑ **ベクトルの平行，分解**

▷ベクトルの平行条件　($\vec{a}\neq\vec{0}$，$\vec{b}\neq\vec{0}$ のとき)

$\vec{a}\parallel\vec{b}\iff\vec{b}=k\vec{a}$ となる実数 k がある

▷ベクトルの分解　$\vec{a}\neq\vec{0}$，$\vec{b}\neq\vec{0}$，$\vec{a}\not\parallel\vec{b}$ のとき，任意のベクトル $\vec{p}$ は，実数 s，t を用いてただ1通りに $\vec{p}=s\vec{a}+t\vec{b}$ の形に表される。

2　ベクトルの成分

❑ **ベクトルの相等，大きさ**

▷相等　$(a_1,\ a_2)=(b_1,\ b_2)\iff a_1=b_1,\ a_2=b_2$

▷大きさ　$\vec{a}=(a_1,\ a_2)$ のとき

$|\vec{a}|=\sqrt{a_1{}^2+a_2{}^2}$

❑ **点の座標とベクトルの成分**

▷$\overrightarrow{\mathrm{AB}}$ の成分と大きさ

$\mathrm{A}(a_1,\ a_2)$，$\mathrm{B}(b_1,\ b_2)$ のとき

$\overrightarrow{\mathrm{AB}}=(b_1-a_1,\ b_2-a_2)$

$|\overrightarrow{\mathrm{AB}}|=\sqrt{(b_1-a_1)^2+(b_2-a_2)^2}$

3　ベクトルの内積

❑ **内積の定義，内積と成分**　$\vec{a}\neq\vec{0}$，$\vec{b}\neq\vec{0}$，$\vec{a}$ と $\vec{b}$ のなす角を θ $(0°\leqq\theta\leqq180°)$ とする。

▷内積の定義　$\vec{a}\cdot\vec{b}=|\vec{a}||\vec{b}|\cos\theta$

▷内積と成分

$\vec{a}=(a_1,\ a_2)$，$\vec{b}=(b_1,\ b_2)$ のとき

$\vec{a}\cdot\vec{b}=a_1b_1+a_2b_2$

$$\cos\theta=\frac{\vec{a}\cdot\vec{b}}{|\vec{a}||\vec{b}|}=\frac{a_1b_1+a_2b_2}{\sqrt{a_1{}^2+a_2{}^2}\sqrt{b_1{}^2+b_2{}^2}}$$

❑ **内積と平行・垂直条件**

$\vec{a}=(a_1,\ a_2)\neq\vec{0}$，$\vec{b}=(b_1,\ b_2)\neq\vec{0}$ とする。

▷平行条件　$\vec{a}\parallel\vec{b}\iff a_1b_2-a_2b_1=0$

▷垂直条件　$\vec{a}\perp\vec{b}\iff\vec{a}\cdot\vec{b}=0\iff a_1b_1+a_2b_2=0$

4　ベクトルと平面図形

❑ **位置ベクトルと共点条件**

▷分点の位置ベクトル　2点 $\mathrm{A}(\vec{a})$，$\mathrm{B}(\vec{b})$ に対し，線分 AB を $m:n$ に分ける点の位置ベクトル

内分 …… $\dfrac{n\vec{a}+m\vec{b}}{m+n}$，外分 …… $\dfrac{-n\vec{a}+m\vec{b}}{m-n}$

▷共点条件

$\overrightarrow{\mathrm{OP}}=\overrightarrow{\mathrm{OQ}}$ なら，2点 P，Q は一致する。

❑ **ベクトル方程式**

▷直線のベクトル方程式　s，t を実数とする。

・点 $\mathrm{A}(\vec{a})$ を通り，$\vec{d}\,(\neq\vec{0})$ に平行な直線のベクトル方程式　$\vec{p}=\vec{a}+t\vec{d}$

・異なる2点 $\mathrm{A}(\vec{a})$，$\mathrm{B}(\vec{b})$ を通る直線のベクトル方程式　$\vec{p}=(1-t)\vec{a}+t\vec{b}$　または

$\vec{p}=s\vec{a}+t\vec{b}$，$s+t=1$

▷内積による直線のベクトル方程式

・点 $\mathrm{A}(\vec{a})$ を通り，$\vec{n}\,(\neq\vec{0})$ に垂直な直線のベクトル方程式　$\vec{n}\cdot(\vec{p}-\vec{a})=0$

▷平面上の点の存在範囲　△OAB に対して，$\overrightarrow{\mathrm{OP}}=s\overrightarrow{\mathrm{OA}}+t\overrightarrow{\mathrm{OB}}$ のとき，点Pの存在範囲は

①　直線 AB $\iff s+t=1$

特に　線分 AB $\iff s+t=1,\ s\geqq0,\ t\geqq0$

②　△OAB の周および内部

$\iff 0\leqq s+t\leqq1,\ s\geqq0,\ t\geqq0$

③　平行四辺形 OACB の周および内部

$\iff 0\leqq s\leqq1,\ 0\leqq t\leqq1$

▷円のベクトル方程式　中心 $\mathrm{C}(\vec{c})$，半径 r の円のベクトル方程式　$|\vec{p}-\vec{c}|=r$

❑ **ベクトルの応用**

▷共線条件

・点Cが直線 AB 上にある

$\iff\overrightarrow{\mathrm{AC}}=k\overrightarrow{\mathrm{AB}}$ となる実数 k がある

・点Pが直線 AB 上にある

$\iff\overrightarrow{\mathrm{OP}}=s\overrightarrow{\mathrm{OA}}+t\overrightarrow{\mathrm{OB}}$，$s+t=1$ となる実数 s，t がある

2　空間のベクトル

1　ベクトルの分解，成分

❑ **ベクトルの分解，相等，大きさ**

▷ベクトルの分解

同じ平面上にない4点 O，A，B，C に対して $\overrightarrow{\mathrm{OA}}=\vec{a}$，$\overrightarrow{\mathrm{OB}}=\vec{b}$，$\overrightarrow{\mathrm{OC}}=\vec{c}$ とすると，任意のベクトル $\vec{p}$ は実数 s，t，u を用いてただ1通りに $\vec{p}=s\vec{a}+t\vec{b}+u\vec{c}$ の形に表される。

▷相等　$(a_1,\ a_2,\ a_3)=(b_1,\ b_2,\ b_3)$

$\iff a_1=b_1,\ a_2=b_2,\ a_3=b_3$

▷大きさ

$\vec{a}=(a_1,\ a_2,\ a_3)$ のとき　$|\vec{a}|=\sqrt{a_1{}^2+a_2{}^2+a_3{}^2}$

▷$\overrightarrow{\mathrm{AB}}$ の成分と大きさ

$\mathrm{A}(a_1,\ a_2,\ a_3)$，$\mathrm{B}(b_1,\ b_2,\ b_3)$ のとき

$\overrightarrow{\mathrm{AB}}=(b_1-a_1,\ b_2-a_2,\ b_3-a_3)$

$|\overrightarrow{\mathrm{AB}}|=\sqrt{(b_1-a_1)^2+(b_2-a_2)^2+(b_3-a_3)^2}$

2 ベクトルの内積，ベクトルの応用

□ ベクトルの内積

▷内積と成分

$\vec{a}=(a_1,\ a_2,\ a_3)$，$\vec{b}=(b_1,\ b_2,\ b_3)$ のとき

$$\vec{a}\cdot\vec{b}=a_1b_1+a_2b_2+a_3b_3$$

□ ベクトルの応用

▷同じ平面上にある条件　s，t，u を実数とする。

点 $P(\vec{p})$ が 3 点 $A(\vec{a})$，$B(\vec{b})$，$C(\vec{c})$ の定める平面上にある

$$\iff \overrightarrow{CP}=s\overrightarrow{CA}+t\overrightarrow{CB}$$

$$\iff \vec{p}=s\vec{a}+t\vec{b}+u\vec{c},\ s+t+u=1$$

▷球面の方程式

・点 $(a,\ b,\ c)$ を中心とする，半径 r の球面

$$(x-a)^2+(y-b)^2+(z-c)^2=r^2$$

・一般形　$x^2+y^2+z^2+hx+ky+lz+d=0$

ただし　$h^2+k^2+l^2-4d>0$

・中心が $C(\vec{c})$，半径が r の球面のベクトル方程式　$|\vec{p}-\vec{c}|=r$

□ ベクトル方程式

▷直線のベクトル方程式　s，t を実数とする。

・点 $A(\vec{a})$ を通り，$\vec{d}(\neq\vec{0})$ に平行な直線のベクトル方程式　$\vec{p}=\vec{a}+t\vec{d}$

・異なる 2 点 $A(\vec{a})$，$B(\vec{b})$ を通る直線のベクトル方程式　$\vec{p}=(1-t)\vec{a}+t\vec{b}$　または

$\vec{p}=s\vec{a}+t\vec{b}$，$s+t=1$

▷直線の媒介変数表示　t を実数とする。

・点 $A(x_1,\ y_1,\ z_1)$ を通り，$\vec{d}=(l,\ m,\ n)$ に平行な直線の媒介変数表示

$$x=x_1+lt,\ y=y_1+mt,\ z=z_1+nt$$

・異なる 2 点 $A(x_1,\ y_1,\ z_1)$，$B(x_2,\ y_2,\ z_2)$ を通る直線の媒介変数表示

$$x=(1-t)x_1+tx_2,$$
$$y=(1-t)y_1+ty_2,$$
$$z=(1-t)z_1+tz_2$$

3 複素数平面

1 複素数平面

▷絶対値と 2 点間の距離

① 定義　$z=a+bi$ に対し　$|z|=\sqrt{a^2+b^2}$

② 絶対値の性質　z，α，β は複素数とする。

$$|z|=0 \iff z=0$$

$$|z|=|-z|=|\overline{z}|,\qquad z\overline{z}=|z|^2$$

$$|\alpha\beta|=|\alpha||\beta|\qquad \left|\frac{\alpha}{\beta}\right|=\frac{|\alpha|}{|\beta|}\ (\beta\neq0)$$

③ 2 点 α，β 間の距離　$|\beta-\alpha|$

2 複素数の極形式

複素数平面上で，$O(0)$，$P(z)$，$z=a+bi\ (\neq0)$，$OP=r$，OP と実軸の正の部分とのなす角が θ のとき　$z=r(\cos\theta+i\sin\theta)\ (r>0)$

▷複素数の乗法，除法

$z_1=r_1(\cos\theta_1+i\sin\theta_1)$，$z_2=r_2(\cos\theta_2+i\sin\theta_2)$ とする。ただし，$r_1>0$，$r_2>0$ とする。

① 複素数の乗法

$$z_1z_2=r_1r_2\{\cos(\theta_1+\theta_2)+i\sin(\theta_1+\theta_2)\}$$

$$|z_1z_2|=|z_1||z_2|,\qquad \arg z_1z_2=\arg z_1+\arg z_2$$

② 複素数の除法（$z_2\neq0$ とする）

$$\frac{z_1}{z_2}=\frac{r_1}{r_2}\{\cos(\theta_1-\theta_2)+i\sin(\theta_1-\theta_2)\}$$

$$\left|\frac{z_1}{z_2}\right|=\frac{|z_1|}{|z_2|},\qquad \arg\frac{z_1}{z_2}=\arg z_1-\arg z_2$$

▷複素数の乗法と回転　$P(z)$，$r>0$ とする。

点 $r(\cos\theta+i\sin\theta)z$ は，点 P を原点 O を中心として角 θ だけ回転し，OP を r 倍した点である。

3 ド・モアブルの定理

▷ド・モアブルの定理　n が整数のとき

$$(\cos\theta+i\sin\theta)^n=\cos n\theta+i\sin n\theta$$

▷1 の n 乗根　1 の n 乗根は n 個あり，それらを $z_k\ (k=0,\ 1,\ 2,\ \cdots\cdots,\ n-1)$ とすると

$$z_k=\cos\frac{2k\pi}{n}+i\sin\frac{2k\pi}{n}$$

$n\geqq3$ のとき，点 $z_k\ (k=0,\ 1,\ 2,\ \cdots\cdots,\ n-1)$ は点 1 を 1 つの頂点として，単位円に内接する正 n 角形の頂点である。

4 複素数と図形

点 $A(\alpha)$，$B(\beta)$，$C(\gamma)$，$D(\delta)$，$P(z_1)$，$Q(z_2)$，$R(z_3)$，$P'(w_1)$，$Q'(w_2)$，$R'(w_3)$ は互いに異なる点とする。

▷線分 AB の内分点，外分点

$m:n$ に内分する点　$\dfrac{n\alpha+m\beta}{m+n}$　　中点　$\dfrac{\alpha+\beta}{2}$

$m:n$ に外分する点　$\dfrac{-n\alpha+m\beta}{m-n}$

▷方程式の表す図形

・$|z-\alpha|=r\ (r>0)$ は　中心 A，半径 r の円

・$n|z-\alpha|=m|z-\beta|\ (n>0,\ m>0)$ は

$m=n$ なら　線分 AB の垂直二等分線

$m\neq n$ なら　線分 AB を $m:n$ に内分する点と外分する点を直径の両端とする円（アポロニウスの円）

PRACTICE, EXERCISES の解答（数学Ⅲ）

注意　・PRACTICE，EXERCISES の全問題文と解答例を掲載した。
・必要に応じて，HINT として，解答の前に問題の解法の手がかりや方針を示した。
また，inf. として，補足事項や注意事項を示したところもある。
・主に本冊の CHART＆SOLUTION，CHART＆THINKING に対応した箇所を赤字で示した。

PR ②1　次の関数のグラフをかけ。また，その定義域と値域を求めよ。

(1) $y=\dfrac{2x-1}{x-2}$　(2) $y=\dfrac{-2x-7}{x+3}$　(3) $y=\dfrac{3x+1}{2x-4}$

(1) $\dfrac{2x-1}{x-2}=\dfrac{2(x-2)+3}{x-2}=\dfrac{3}{x-2}+2$

よって，この関数のグラフは，$y=\dfrac{3}{x}$ のグラフを x 軸方向に 2，y 軸方向に 2 だけ平行移動したもので，**右図** のようになる。

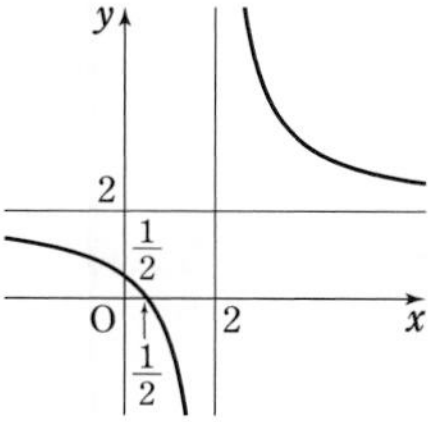

漸近線は　2 直線 $x=2$，$y=2$

また，**定義域は $x \neq 2$，値域は $y \neq 2$** である。

⇦$y=0$ のとき　$x=\dfrac{1}{2}$

$x=0$ のとき　$y=\dfrac{1}{2}$

ゆえに，軸との交点は

$\left(\dfrac{1}{2},\ 0\right)$，$\left(0,\ \dfrac{1}{2}\right)$

⇦点 (2，2) を原点とみて，$y=\dfrac{3}{x}$ のグラフをかく。

(2) $\dfrac{-2x-7}{x+3}=\dfrac{-2(x+3)-1}{x+3}$

$=-\dfrac{1}{x+3}-2$

よって，この関数のグラフは，$y=-\dfrac{1}{x}$ のグラフを x 軸方向に -3，y 軸方向に -2 だけ平行移動したもので，**右図** のようになる。

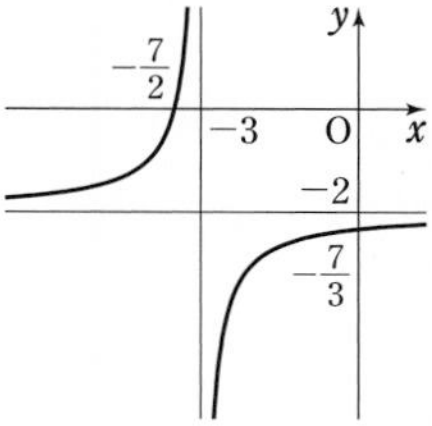

漸近線は　2 直線 $x=-3$，$y=-2$

また，**定義域は $x \neq -3$，値域は $y \neq -2$** である。

⇦$y=0$ のとき　$x=-\dfrac{7}{2}$

$x=0$ のとき　$y=-\dfrac{7}{3}$

ゆえに，軸との交点は

$\left(-\dfrac{7}{2},\ 0\right)$，$\left(0,\ -\dfrac{7}{3}\right)$

⇦点 $(-3,\ -2)$ を原点とみて，$y=-\dfrac{1}{x}$ のグラフをかく。

(3) $\dfrac{3x+1}{2x-4}=\dfrac{\frac{3}{2}(2x-4)+7}{2x-4}=\dfrac{7}{2x-4}+\dfrac{3}{2}=\dfrac{\frac{7}{2}}{x-2}+\dfrac{3}{2}$

よって，この関数のグラフは，$y=\dfrac{7}{2x}$ のグラフを x 軸方向に 2，y 軸方向に $\dfrac{3}{2}$ だけ平行移動したもので，**右図** のようになる。

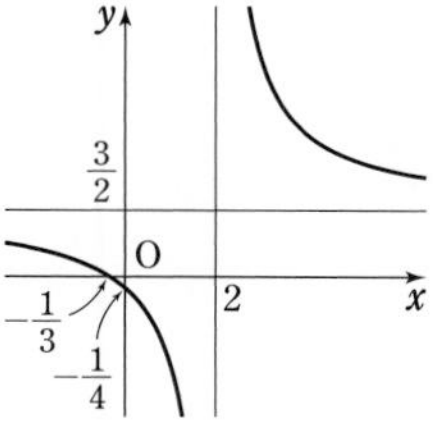

漸近線は　2 直線 $x=2$，$y=\dfrac{3}{2}$

また，**定義域は $x \neq 2$，値域は $y \neq \dfrac{3}{2}$** である。

⇦$y=0$ のとき　$x=-\dfrac{1}{3}$

$x=0$ のとき　$y=-\dfrac{1}{4}$

ゆえに，軸との交点は

$\left(-\dfrac{1}{3},\ 0\right)$，$\left(0,\ -\dfrac{1}{4}\right)$

⇦$y=\dfrac{\frac{7}{2}}{x}=\dfrac{7}{2x}$

⇦点 $\left(2,\ \dfrac{3}{2}\right)$ を原点とみて，$y=\dfrac{7}{2x}$ のグラフをかく。

PR ②2

次の関数のグラフをかき，その値域を求めよ。

(1) $y=\dfrac{-2x+7}{x-3}$ $(1\leqq x\leqq 4)$ (2) $y=\dfrac{x}{x-2}$ $(-1\leqq x\leqq 1)$

(3) $y=\dfrac{3x-2}{x+1}$ $(-2<x<1)$ (4) $y=\dfrac{-3x+8}{x+2}$ $(-3<x<0)$

(1) $\dfrac{-2x+7}{x-3}=\dfrac{-2(x-3)+1}{x-3}$

$=\dfrac{1}{x-3}-2$

⇦実際に割り算をして変形してもよい。

よって，漸近線は　2 直線 $x=3$，$y=-2$

$x=1$ のとき

$y=\dfrac{-2\cdot1+7}{1-3}=-\dfrac{5}{2}$

⇦グラフの端点の座標を求める。

$x=4$ のとき

$y=\dfrac{-2\cdot4+7}{4-3}=-1$

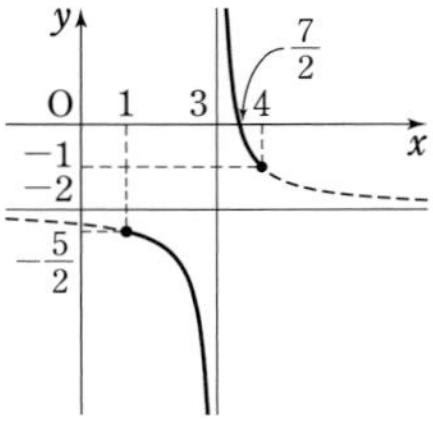

ゆえに，求めるグラフは **右図の太線部分** のようになる。

よって，求める値域は，グラフから

$\boldsymbol{y\leqq-\dfrac{5}{2},\ -1\leqq y}$

(2) $\dfrac{x}{x-2}=\dfrac{(x-2)+2}{x-2}$

$=\dfrac{2}{x-2}+1$

⇦実際に割り算をして変形してもよい。

よって，漸近線は　2 直線 $x=2$，$y=1$

$x=-1$ のとき

$y=\dfrac{-1}{-1-2}=\dfrac{1}{3}$

⇦グラフの端点の座標を求める。

$x=1$ のとき

$y=\dfrac{1}{1-2}=-1$

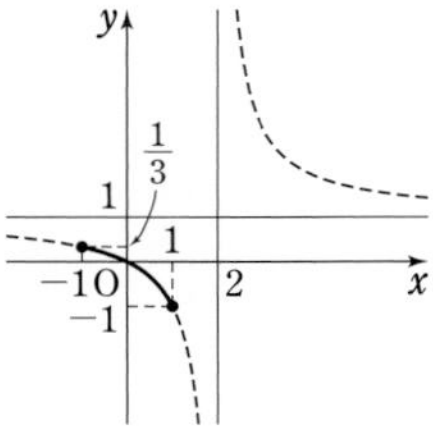

ゆえに，求めるグラフは **右図の太線部分** のようになる。

よって，求める値域は，グラフから

$\boldsymbol{-1\leqq y\leqq\dfrac{1}{3}}$

(3) $\dfrac{3x-2}{x+1}=\dfrac{3(x+1)-5}{x+1}$

$=-\dfrac{5}{x+1}+3$

⇦実際に割り算をして変形してもよい。

よって，漸近線は　2 直線 $x=-1$，$y=3$

$x=-2$ のとき

$y=\dfrac{3(-2)-2}{-2+1}=8$

⇦グラフの端点の座標を求める。

$x=1$ のとき

$$y=\frac{3\cdot 1-2}{1+1}=\frac{1}{2}$$

ゆえに，求めるグラフは **右図の太線部分** のようになる。

よって，求める値域は，グラフから

$$\boldsymbol{y<\frac{1}{2},\ 8<y}$$

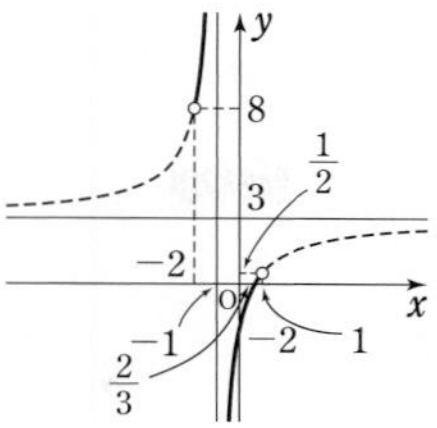

(4)　$\dfrac{-3x+8}{x+2}=\dfrac{-3(x+2)+14}{x+2}$

$$=\frac{14}{x+2}-3$$

⇐実際に割り算をして変形してもよい。

よって，漸近線は　2 直線 $x=-2,\ y=-3$

$x=-3$ のとき

⇐グラフの端点の座標を求める。

$$y=\frac{-3(-3)+8}{-3+2}=-17$$

$x=0$ のとき

$$y=\frac{-3\cdot 0+8}{0+2}=4$$

ゆえに，求めるグラフは **右図の太線部分** のようになる。

よって，求める値域は，グラフから

$$\boldsymbol{y<-17,\ 4<y}$$

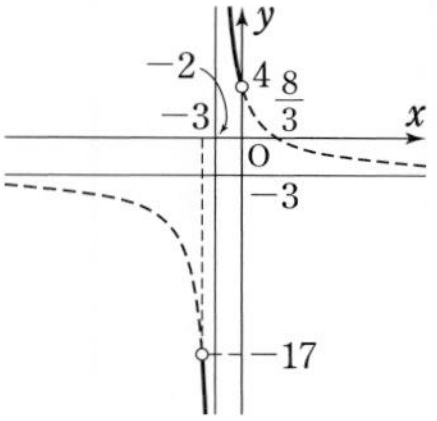

PR
③3

$y=\dfrac{ax+b}{2x+c}$ のグラフが点 (1, 2) を通り，2 直線 $x=2,\ y=1$ を漸近線とするとき，定数 $a,\ b,\ c$ の値を求めよ。 〔奈良大〕

漸近線の条件から，求める関数は $y=\dfrac{k}{x-2}+1\ (k\neq 0)$ と表される。このグラフが点 (1, 2) を通ることから

⇐**2 直線 $x=p,\ y=q$ を漸近線にもつ双曲線は $y=\dfrac{k}{x-p}+q$**

$$2=\frac{k}{1-2}+1 \qquad \text{ゆえに} \qquad k=-1$$

⇐$2=-k+1$

よって　$y=\dfrac{-1}{x-2}+1=\dfrac{x-3}{x-2}$

⇐$\dfrac{-1+(x-2)}{x-2}$

これと $y=\dfrac{ax+b}{2x+c}$ を比較するために，$y=\dfrac{x-3}{x-2}$ の分母と分子を 2 倍すると　$y=\dfrac{2x+(-6)}{2x+(-4)}$

よって　$\boldsymbol{a=2,\ b=-6,\ c=-4}$

別解　$\dfrac{ax+b}{2x+c}=\dfrac{\frac{a}{2}(2x+c)-\frac{ac}{2}+b}{2x+c}$

$$=\frac{b-\frac{ac}{2}}{2x+c}+\frac{a}{2}$$

と変形できるから，漸近線は　2 直線 $x=-\frac{c}{2}$，$y=\frac{a}{2}$

よって，条件から　$-\frac{c}{2}=2$，$\frac{a}{2}=1$

すなわち　$\boldsymbol{a=2,\ c=-4}$

このとき，与えられた関数は　$y=\frac{2x+b}{2x-4}$

このグラフが点 (1, 2) を通ることから　$2=\frac{2\cdot1+b}{2\cdot1-4}$

ゆえに　$\boldsymbol{b=-6}$

inf.　$k\neq0$ のとき $y=\frac{ax+b}{cx+d}$ と $y=\frac{kax+kb}{kcx+kd}$ は同じ関数を表す。

よって，$\boldsymbol{\frac{ax+b}{cx+d}=\frac{a'x+b'}{c'x+d'}}$ **が恒等式**であるからといって

$a=a'$，$b=b'$，$c=c'$，$d=d'$ が成り立つとは限らない。

一般に $\boldsymbol{a'=ka,\ b'=kb,\ c'=kc,\ d'=kd\ (k\neq0)}$ である。

⇐$2=\frac{2+b}{-2}$
よって　$2+b=-4$

⇐例えば
$\frac{3x-2}{2x-1}=\frac{6x-4}{4x-2}$

PR ②4

関数 $f(x)=\frac{3-2x}{x-4}$ がある。方程式 $f(x)=x$ の解を求めよ。また，不等式 $f(x)\leqq x$ を解け。〔南山大〕

$y=f(x)$ ……①，$y=x$ ……② とする。

$f(x)=x$ から　$\frac{3-2x}{x-4}=x$

分母を払うと　$3-2x=x(x-4)$

整理して　$x^2-2x-3=0$

因数分解して　$(x+1)(x-3)=0$

これを解いて　$\boldsymbol{x=-1,\ 3}$

これらは，$x-4\neq0$ を満たす。

また　$f(x)=\frac{3-2x}{x-4}=-\frac{5}{x-4}-2$

不等式 $f(x)\leqq x$ の解は，① のグラフが ② のグラフより下側にある，または共有点をもつ x の値の範囲である。

よって，図から求める x の値の範囲は

$\boldsymbol{-1\leqq x\leqq3,\ 4<x}$

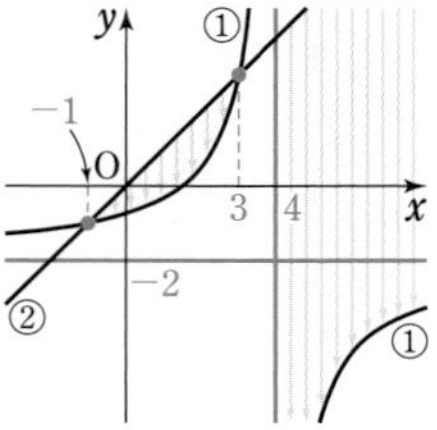

⇐分母を 0 にしないか確認。

⇐漸近線は，2 直線
$x=4$，$y=-2$

⇐$x\neq4$ に注意！
$x=4$ は関数 ① の定義域に含まれない (つまり，グラフが存在しない)。

PR ③5

次の方程式，不等式を解け。

(1) $2-\frac{6}{x^2-9}=\frac{1}{x+3}$　　(2) $\frac{5x-8}{x-2}\leqq x+2$

(1)　$2-\frac{6}{(x+3)(x-3)}=\frac{1}{x+3}$ の両辺に $(x+3)(x-3)$ を掛けて分母を払うと　$2(x^2-9)-6=x-3$

これを整理して　$2x^2-x-21=0$

すなわち　$(x+3)(2x-7)=0$

これを解いて　$x=-3,\ \frac{7}{2}$

$x=-3$ は，もとの方程式の分母を 0 にするから適さない。

よって　$\boldsymbol{x=\frac{7}{2}}$

(2)　$x+2-\frac{5x-8}{x-2}\geqq 0$ から　$\frac{(x+2)(x-2)-(5x-8)}{x-2}\geqq 0$

ゆえに　$\frac{(x-1)(x-4)}{x-2}\geqq 0$

この不等式の左辺を P とおき，$x-1$，$x-2$，$x-4$ と P の符号を調べると，下の表のようになる。

x	$\cdots$	1	$\cdots$	2	$\cdots$	4	$\cdots$
$x-1$	$-$	0	$+$	$+$	$+$	$+$	$+$
$x-2$	$-$	$-$	$-$	0	$+$	$+$	$+$
$x-4$	$-$	$-$	$-$	$-$	$-$	0	$+$
P	$-$	0	$+$	／	$-$	0	$+$

よって，求める解は　$\boldsymbol{1\leqq x<2,\ 4\leqq x}$

別解 1　[1]　$x-2>0$ すなわち $x>2$ のとき

$5x-8\leqq(x+2)(x-2)$

これを整理して　$x^2-5x+4\geqq 0$

よって　$(x-1)(x-4)\geqq 0$

これを解いて　$x\leqq 1,\ 4\leqq x$

$x>2$ との共通範囲を求めて　$4\leqq x$

[2]　$x-2<0$ すなわち $x<2$ のとき

$5x-8\geqq(x+2)(x-2)$

これを整理して　$x^2-5x+4\leqq 0$

よって　$(x-1)(x-4)\leqq 0$

これを解いて　$1\leqq x\leqq 4$

$x<2$ との共通範囲を求めて　$1\leqq x<2$

[1]，[2] から　$\boldsymbol{1\leqq x<2,\ 4\leqq x}$

別解 2　不等式の両辺に $(x-2)^2\ (>0)$ を掛けて

$(5x-8)(x-2)\leqq(x+2)(x-2)^2$

よって　$(x-2)\{(x+2)(x-2)-(5x-8)\}\geqq 0$

ゆえに　$(x-2)(x-1)(x-4)\geqq 0$

よって　$1\leqq x\leqq 2,\ 4\leqq x$

$x\neq 2$ であるから，求める解は

$\boldsymbol{1\leqq x<2,\ 4\leqq x}$

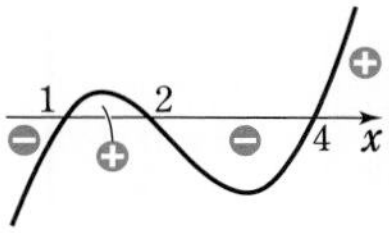

別解 3　$y=\frac{5x-8}{x-2}$ …… ①，$y=x+2$ …… ② とする。

⇦ 1 ╳ 3 ⟶ 6
　 2 　 -7 ⟶ -7
　 2 　 -21 　 -1

⇦この確認が重要。

⇦(分子)
$=x^2-4-5x+8$
$=x^2-5x+4$
$=(x-1)(x-4)$

⇦(分母)$\neq 0$ であるから，P の $x=2$ の欄は斜線。

⇦(1) と同じ方針。
$x-2$ の正負によって不等号の向きが変わることに注意。

⇦不等号の向きが変わる。

⇦$x\neq 2$ から $(x-2)^2>0$

⇦展開せず，まず共通因数でくくる。

⇦x^3 の係数が正で，x 軸と異なる 3 点で交わる 3 次曲線をイメージして，解を判断。

$\dfrac{5x-8}{x-2}=x+2$ とおいて，分母を払うと　$5x-8=(x+2)(x-2)$

整理して　$x^2-5x+4=0$

因数分解して　$(x-1)(x-4)=0$

これを解いて　$x=1,\ 4$

これらは，$x-2\neq 0$ を満たす。

また　$y=\dfrac{5x-8}{x-2}=\dfrac{5(x-2)+2}{x-2}=\dfrac{2}{x-2}+5$

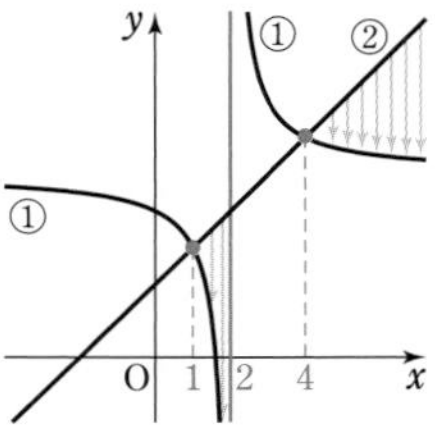

$\dfrac{5x-8}{x-2}\leqq x+2$ の解は，① のグラフが ② のグラフの下側にある，または共有点をもつ x の値の範囲である。

よって，図から求める x の値の範囲は

$1\leqq x<2,\ 4\leqq x$

⇐① と ② の共有点の x 座標を求める。

⇐分母を 0 にしないか確認。

⇐$x\neq 2$ に注意！
$x=2$ は関数 ① の定義域に含まれない（つまり，グラフが存在しない）。

PR ②6

(1) 次の関数のグラフをかけ。また，その定義域と値域を求めよ。
(ア) $y=-\sqrt{2(x+1)}$　　(イ) $y=\sqrt{3x+6}$

(2) 関数 $y=\sqrt{4-2x}+1$ $(-1\leqq x<1)$ のグラフをかき，その値域を求めよ。

(1) (ア) $y=-\sqrt{2(x+1)}$ のグラフは，$y=-\sqrt{2x}$ のグラフを x 軸方向に -1 だけ平行移動したもので，**右図** のようになる。

定義域は $x\geqq -1$，値域は $y\leqq 0$

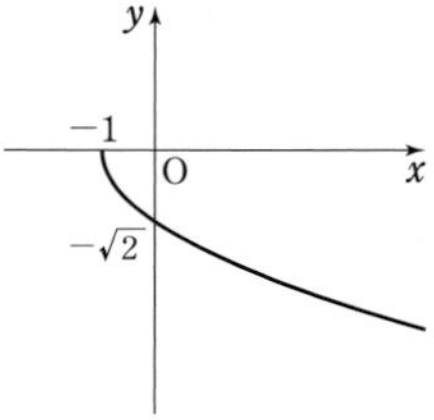

⇐無理関数 $y=-\sqrt{2(x+1)}$ の定義域は，$x+1\geqq 0$ から $x\geqq -1$

(イ) $\sqrt{3x+6}=\sqrt{3(x+2)}$

よって，$y=\sqrt{3x+6}$ のグラフは，$y=\sqrt{3x}$ のグラフを x 軸方向に -2 だけ平行移動したもので，**右図** のようになる。

定義域は $x\geqq -2$，値域は $y\geqq 0$

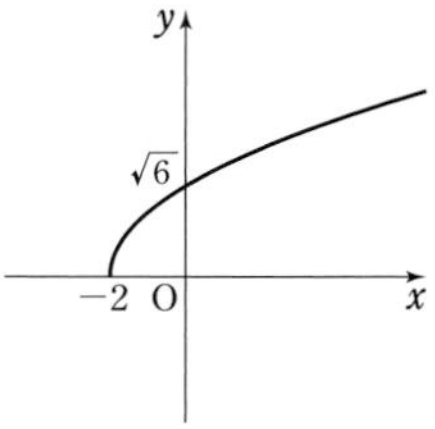

⇐無理関数 $y=\sqrt{3x+6}$ の定義域は，$3x+6\geqq 0$ から　$x\geqq -2$

(2) $\sqrt{4-2x}+1=\sqrt{-2(x-2)}+1$

よって，$y=\sqrt{4-2x}+1$ のグラフは，$y=\sqrt{-2x}$ のグラフを x 軸方向に 2，y 軸方向に 1 だけ平行移動したものである。

$x=-1$ のとき

$y=\sqrt{4-2(-1)}+1=\sqrt{6}+1$

$x=1$ のとき

$y=\sqrt{4-2\cdot 1}+1=\sqrt{2}+1$

ゆえに，求めるグラフは **右図の実線部分** である。

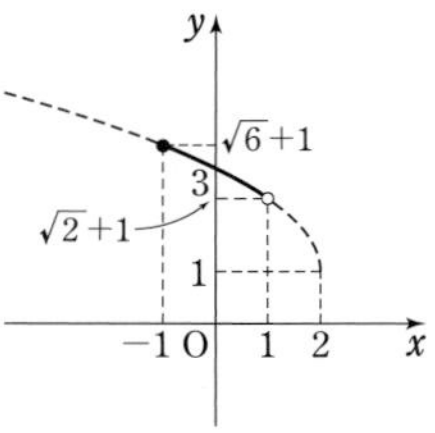

⇐無理関数 $y=\sqrt{4-2x}+1$ の定義域は，$4-2x\geqq 0$ から $x\leqq 2$

⇐グラフの端点の座標を求める。

よって，求める値域は，グラフから

$$\sqrt{2}+1<y\leqq\sqrt{6}+1$$

PR ②7

(1) 関数 $y=\sqrt{4-x}$ のグラフと直線 $y=x-2$ の共有点の x 座標を求めよ。
(2) 不等式 $\sqrt{4-x}>x-2$ を解け。

$y=\sqrt{4-x}$ ……①，$y=x-2$ ……② のグラフは，次図の実線部分のようになる。

(1) ①，② から

$\sqrt{4-x}=x-2$ ……③

両辺を2乗すると　$4-x=(x-2)^2$

整理して　$x^2-3x=0$

ゆえに　$x(x-3)=0$

これを解いて　$x=0,\ 3$

図から，$x=3$ が ③ の解である。

よって　$\boldsymbol{x=3}$

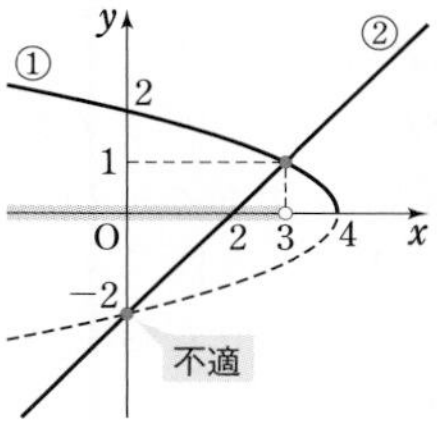

⇐$y=\sqrt{4-x}$ のグラフは，$y=\sqrt{-x}$ のグラフを x 軸方向に4だけ平行移動したもの。

⇐$x=0$ は $-\sqrt{4-x}=x-2$ の解。

(2) $\sqrt{4-x}>x-2$ の解は，① のグラフが ② のグラフより上側にある x の値の範囲である。

よって，図から求める x の値の範囲は　$\boldsymbol{x<3}$

⇐等号の有無に注意する。

PR ③8

次の方程式，不等式を解け。　〔(2) 千葉工大〕

(1) $2-x=\sqrt{16-x^2}$　　(2) $\sqrt{x+3}=|2x|$
(3) $\sqrt{x}\leqq 6-x$　　(4) $\sqrt{10-x^2}>x+2$

(1) 方程式の両辺を2乗して　$(2-x)^2=16-x^2$

整理すると　$x^2-2x-6=0$

⇐$2x^2-4x-12=0$

これを解いて　$x=1\pm\sqrt{7}$

$x=1+\sqrt{7}$ は与えられた方程式を満たさないから

⇐$x=1+\sqrt{7}$ を代入すると (左辺)<0，(右辺)>0

$$\boldsymbol{x=1-\sqrt{7}}$$

(2) 方程式の両辺を2乗して　$x+3=4x^2$

⇐$|2x|^2=(2x)^2$

整理すると　$4x^2-x-3=0$

ゆえに　$(4x+3)(x-1)=0$　　よって　$x=-\dfrac{3}{4},\ 1$

これらはともに与えられた方程式を満たすから

$$\boldsymbol{x=-\frac{3}{4},\ 1}$$

(3) $x\geqq 0$ ……① また，$6-x\geqq\sqrt{x}\geqq 0$ から　$x\leqq 6$ ……②

このとき，不等式の両辺はともに0以上であるから，両辺を2乗して　$(6-x)^2\geqq x$

整理すると　$x^2-13x+36\geqq 0$

ゆえに　$(x-4)(x-9)\geqq 0$

よって　$x\leqq 4,\ 9\leqq x$ ……③

求める解は，①，②，③ の共通範囲であるから　$\boldsymbol{0\leqq x\leqq 4}$

CHART
$\sqrt{A}\geqq 0$，$A\geqq 0$ に注意

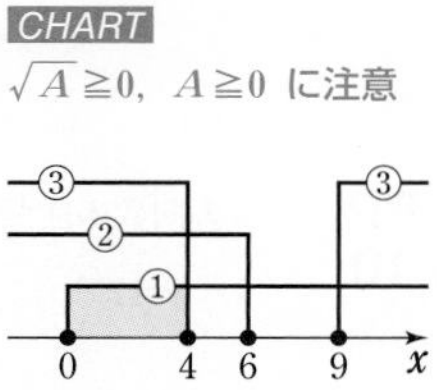

(4)　$10-x^2 \geqq 0$ であるから　　$x^2-10 \leqq 0$

よって　　$-\sqrt{10} \leqq x \leqq \sqrt{10}$ ……①

⇐$(x+\sqrt{10})(x-\sqrt{10}) \leqq 0$

[1]　$x+2 \geqq 0$ すなわち $x \geqq -2$ ……② のとき

不等式の両辺はともに 0 以上であるから，両辺を 2 乗して

$$10-x^2>(x+2)^2$$

⇐$2x^2+4x-6<0$

整理すると　　$x^2+2x-3<0$

ゆえに　　$(x+3)(x-1)<0$

よって　　$-3<x<1$ ……③

①，②，③ の共通範囲を求めて　　$-2 \leqq x < 1$ ……④

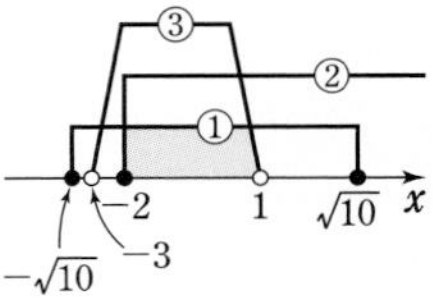

[2]　$x+2<0$ すなわち $x<-2$ のとき

$\sqrt{10-x^2} \geqq 0$，$x+2<0$ であるから，不等式は常に成り立つ。

このとき，① との共通範囲は　　$-\sqrt{10} \leqq x < -2$ ……⑤

求める解は，④，⑤ を合わせた範囲であるから

⇐[1] または [2] を満たす範囲。

$$\boldsymbol{-\sqrt{10} \leqq x < 1}$$

PR ③9　方程式 $\sqrt{x+1}-x-k=0$ を満たす実数解の個数が最も多くなるように，実数 k の値の範囲を定めよ。

$y=\sqrt{x+1}$ ……①，$y=x+k$ ……② とする。

方程式 $\sqrt{x+1}-x-k=0$ すなわち $\sqrt{x+1}=x+k$ の実数解の個数は，曲線 ① と直線 ② の共有点の個数と一致する。

方程式から　　$\sqrt{x+1}=x+k$

両辺を 2 乗すると　　$x+1=x^2+2kx+k^2$

整理すると　　$x^2+(2k-1)x+k^2-1=0$

この 2 次方程式の判別式を D とすると

$$D=(2k-1)^2-4(k^2-1)$$
$$=-4k+5$$

⇐$4k^2-4k+1-4k^2+4$

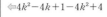

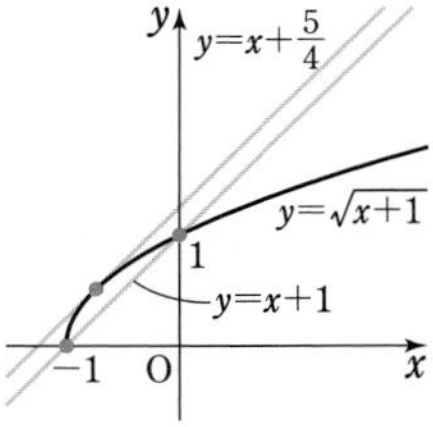

曲線 ① と直線 ② が接するとき，

$D=0$ から　　$k=\dfrac{5}{4}$

また，直線 ② が曲線 ① の端点 $(-1,\ 0)$ を通るとき

$$0=-1+k \qquad ゆえに \qquad k=1$$

図より，方程式の実数解の個数が最も多いのは 2 個のときである。

したがって，求める k の値の範囲は　　$\boldsymbol{1 \leqq k < \dfrac{5}{4}}$

PR ②10　次の関数の逆関数を求め，そのグラフをかけ。　〔(3) 湘南工科大〕

(1)　$y=2^{x+1}$　　(2)　$y=\dfrac{x-2}{x+2}$ $(x \geqq 0)$

(3)　$y=-\dfrac{1}{4}x+1$ $(0 \leqq x \leqq 4)$　　(4)　$y=x^2-2$ $(x \geqq 0)$

(1)　$y=2^{x+1}$ ……①　とする。

①を x について解くと，

$\log_2 y=x+1$ から

$x=\log_2 y-1$ $(y>0)$

x と y を入れ替えて　$\boldsymbol{y=\log_2 x-1}$

グラフは **右図の太線部分**。

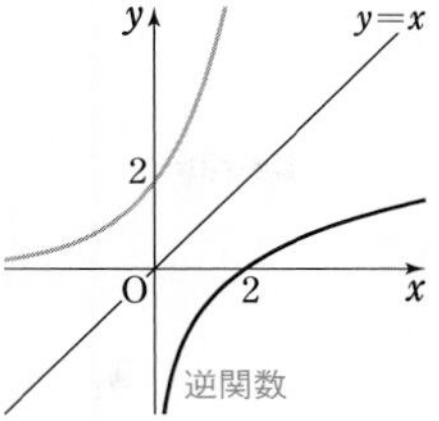

⇐ $y=a^x \iff \log_a y=x$

⇐真数は正であるから，最終の答に $x>0$ は不要。

(2)　$y=\dfrac{x-2}{x+2}$ $(x\geqq 0)$ ……①

を変形して　$y=-\dfrac{4}{x+2}+1$

①の値域は　$-1\leqq y<1$

①から　$x(y-1)=-2y-2$

$y\neq 1$ であるから

$x=\dfrac{-2y-2}{y-1}$ $(-1\leqq y<1)$

x と y を入れ替えて

$\boldsymbol{y=\dfrac{-2x-2}{x-1}}$ $\boldsymbol{(-1\leqq x<1)}$

グラフは **右図の太線部分**。

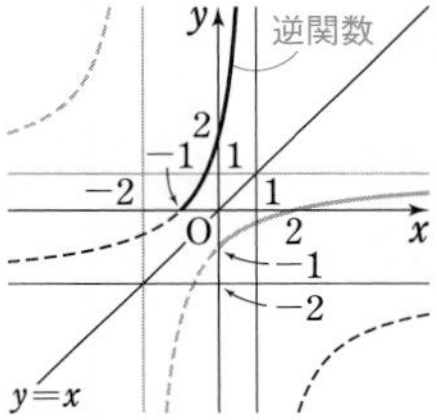

⇐ $\dfrac{x-2}{x+2}=\dfrac{(x+2)-4}{x+2}$
$=-\dfrac{4}{x+2}+1$

⇐ $x=0$ のとき $y=-1$

⇐ $(x+2)y=x-2$
よって　$xy+2y=x-2$

⇐ $\dfrac{-2x-2}{x-1}$
$=\dfrac{-2(x-1)-4}{x-1}$
$=-\dfrac{4}{x-1}-2$

(3)　$y=-\dfrac{1}{4}x+1$ $(0\leqq x\leqq 4)$ ……①　とする。

①の値域は　$0\leqq y\leqq 1$

①を x について解くと

$x=-4y+4$ $(0\leqq y\leqq 1)$

x と y を入れ替えて

$\boldsymbol{y=-4x+4}$ $\boldsymbol{(0\leqq x\leqq 1)}$

グラフは **右図の太線部分**。

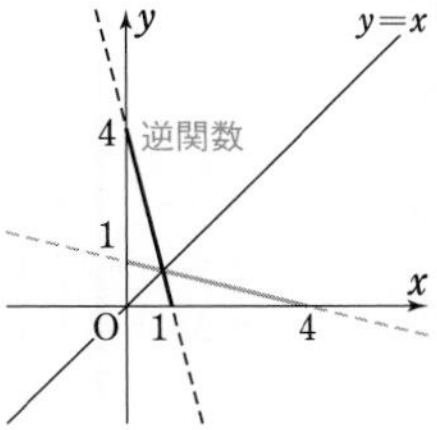

⇐①の両辺に4を掛けると　$4y=-x+4$

(4)　$y=x^2-2$ $(x\geqq 0)$ ……①　とする。

①の値域は　$y\geqq -2$

①を x について解くと

$x=\sqrt{y+2}$ $(y\geqq -2)$

x と y を入れ替えて　$\boldsymbol{y=\sqrt{x+2}}$

グラフは **右図の太線部分**。

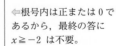

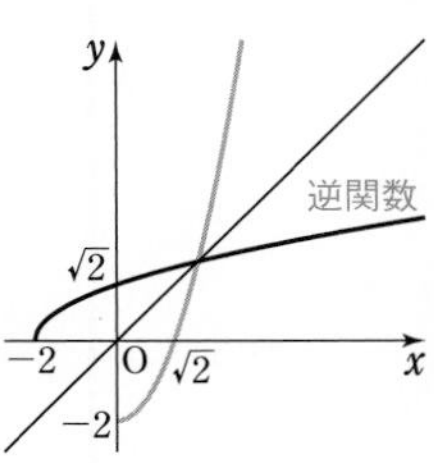

⇐根号内は正または0であるから，最終の答に $x\geqq -2$ は不要。

inf.　$y=x^2-2$ を x について解くと，

$x=\pm\sqrt{y+2}$ となる。

この場合，y の値を定めても x の値はただ1つに定まらない。

よって，関数 $y=x^2-2$ は逆関数をもたない。

ただし，(4)のように定義域を制限すると，逆関数をもつ場合もある。

PR ③11 関数 $f(x)=1-2x$, $g(x)=\dfrac{1}{1-x}$, $h(x)=x(1-x)$ について，次の合成関数を求めよ。
(1) $(f\circ g)(x)$　(2) $(g\circ h)(x)$　(3) $(f\circ h\circ g)(x)$

(1) $(\boldsymbol{f\circ g})(\boldsymbol{x})=f(g(x))=1-2\cdot\dfrac{1}{1-x}=\boldsymbol{\dfrac{x+1}{x-1}}$

⇐$\dfrac{(1-x)-2}{1-x}=\dfrac{-1-x}{1-x}$

(2) $(\boldsymbol{g\circ h})(\boldsymbol{x})=g(h(x))=\dfrac{1}{1-x(1-x)}=\boldsymbol{\dfrac{1}{x^2-x+1}}$

⇐$\dfrac{1}{1-(x-x^2)}=\dfrac{1}{1-x+x^2}$

(3) $(h\circ g)(x)=h(g(x))=\dfrac{1}{1-x}\left(1-\dfrac{1}{1-x}\right)=-\dfrac{x}{(1-x)^2}$

⇐まず，$(h\circ g)(x)$ を求める。
先に $(f\circ h)(x)$ を求めて $(f\circ h)(g(x))$ を計算してもよい。

よって

$$(\boldsymbol{f\circ h\circ g})(\boldsymbol{x})=f((h\circ g)(x))=f\left(-\frac{x}{(1-x)^2}\right)$$
$$=1-2\left\{-\frac{x}{(1-x)^2}\right\}=\frac{(x-1)^2+2x}{(x-1)^2}$$
$$=\boldsymbol{\frac{x^2+1}{(x-1)^2}}$$

⇐$\dfrac{x^2-2x+1+2x}{(x-1)^2}$

PR ③12 関数 $y=\dfrac{ax-a+3}{x+2}$ $(a\neq 1)$ の逆関数がもとの関数と一致するとき，定数 a の値を求めよ。

$y=\dfrac{ax-a+3}{x+2}$ …… ① とする。

$$y=\frac{ax-a+3}{x+2}=\frac{-3a+3}{x+2}+a$$

⇐$ax-a+3$
$=a(x+2)-3a+3$

よって，関数 ① の値域は　$y\neq a$

① の分母を払うと　$y(x+2)=ax-a+3$

整理して　$(y-a)x=-2y-a+3$

$y-a\neq 0$ であるから　$x=\dfrac{-2y-a+3}{y-a}$

inf.　$a=1$ のとき $y=\dfrac{x+2}{x+2}=1$ (ただし，$x\neq -2$) となり，定数関数であるから，逆関数は存在しない。

よって，関数 ① の逆関数は

$$y=\frac{-2x-a+3}{x-a}\quad (x\neq a)\ \cdots\cdots ②$$

⇐x と y を入れ替える。

ゆえに　$\dfrac{ax-a+3}{x+2}=\dfrac{-2x-a+3}{x-a}$

これが x についての恒等式となればよい。

分母を払って　$(ax-a+3)(x-a)=(-2x-a+3)(x+2)$

展開して

$$ax^2-(a^2+a-3)x+a^2-3a=-2x^2-(a+1)x-2a+6$$

両辺の同じ次数の項の係数を比較して

$a=-2$,
$a^2+a-3=a+1$,
$a^2-3a=-2a+6$

⇐$a^2=4$ よって $a=\pm 2$
⇐$(a+2)(a-3)=0$

これを解いて　$\boldsymbol{a=-2}$

⇐$a\neq 1$ に適する。

このとき，① と ② の定義域はともに $x\neq -2$ となり，一致する。

⇐**この確認を忘れずに！**

別解 (② までは解答と同じ)

関数 ① の定義域は $x \neq -2$, 値域は $y \neq a$

ゆえに, ① の逆関数の定義域は $x \neq a$

⇐① の値域が ① の逆関数の定義域となる。

よって, 関数 ① とその逆関数が一致するためには

$$a=-2$$

⇐① と ① の逆関数の定義域が一致(必要条件)。

このとき, ① の逆関数は $y=\dfrac{-2x+5}{x+2}$ となり, 関数 ① に一致する。

⇐十分条件

よって, 求める定数 a の値は $\boldsymbol{a=-2}$

inf. 本冊 $p.29$ 重要例題 12 において, PRACTICE 12 別解 と同様の解法で解くと, 以下のようになる。

(本冊 $p.29$ ② までは解答と同じ)

関数 ① の定義域は $x \neq -\dfrac{p}{2}$, 値域は $y \neq \dfrac{1}{2}$

ゆえに, ① の逆関数の定義域は $x \neq \dfrac{1}{2}$

⇐① の値域が ① の逆関数の定義域となる。

よって, 関数 ① とその逆関数が一致するためには

$$-\frac{p}{2}=\frac{1}{2}$$

⇐① と ① の逆関数の定義域が一致(必要条件)。

ゆえに $p=-1$

このとき, ① の逆関数は $y=\dfrac{x+4}{2x-1}$ となり, 関数 ① に一致する。

⇐十分条件

よって, 求める定数 p の値は $\boldsymbol{p=-1}$

EX ②1

次の関数の定義域を求めよ。

(1) $y=\dfrac{-2x+1}{x+1}\ (-5\leqq y\leqq -3)$ (2) $y=\dfrac{x+1}{2x+3}\ (y\leqq 0,\ 1<y)$

(1) $\dfrac{-2x+1}{x+1}=\dfrac{-2(x+1)+3}{x+1}=\dfrac{3}{x+1}-2$

⇐漸近線は，2 直線 $x=-1,\ y=-2$

$y=-5$ のとき $\dfrac{-2x+1}{x+1}=-5$

よって $-2x+1=-5(x+1)$ ゆえに $x=-2$

⇐$3x=-6$ ゆえに $x=-2$

$y=-3$ のとき $\dfrac{-2x+1}{x+1}=-3$

よって $-2x+1=-3(x+1)$

ゆえに $x=-4$

⇐$x=-3-1$

よって，この関数のグラフは右図の実線部分である。

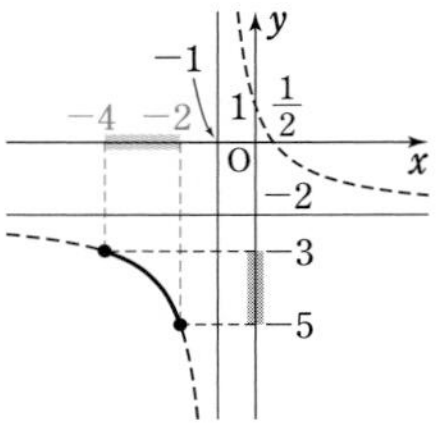

したがって，求める定義域は，グラフから

$-4\leqq x\leqq -2$

(2) $\dfrac{x+1}{2x+3}=\dfrac{\frac{1}{2}x+\frac{1}{2}}{x+\frac{3}{2}}=\dfrac{\frac{1}{2}\left(x+\frac{3}{2}\right)-\frac{3}{4}+\frac{1}{2}}{x+\frac{3}{2}}$

$=-\dfrac{\frac{1}{4}}{x+\frac{3}{2}}+\dfrac{1}{2}$

⇐漸近線は，2 直線 $x=-\dfrac{3}{2},\ y=\dfrac{1}{2}$

$y=0$ のとき $x+1=0$

ゆえに $x=-1$

$y=1$ のとき $\dfrac{x+1}{2x+3}=1$

よって $x+1=2x+3$

ゆえに $x=-2$

⇐$x=1-3$

よって，この関数のグラフは右図の実線部分である。

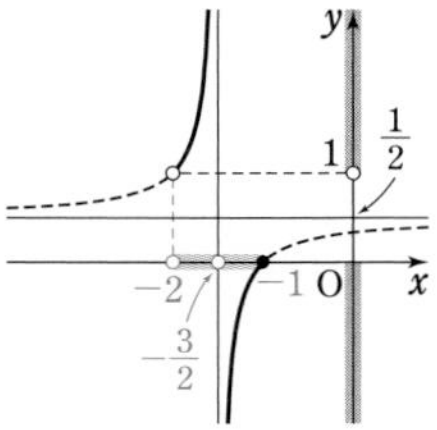

$x\neq -\dfrac{3}{2}$ であるから，求める定義域は，グラフより

$-2<x<-\dfrac{3}{2},\ -\dfrac{3}{2}<x\leqq -1$

⇐(分母)≠0 であるから，分母が 0 となる $x=-\dfrac{3}{2}$ は定義域から除いて考える。

EX ③2

(1) 関数 $y=\dfrac{2x+c}{ax+b}$ のグラフが点 $\left(-2,\ \dfrac{9}{5}\right)$ を通り，2 直線 $x=-\dfrac{1}{3},\ y=\dfrac{2}{3}$ を漸近線にもつとき，定数 $a,\ b,\ c$ の値を求めよ。

(2) 直線 $x=-3$ を漸近線とし，2 点 $(-2,\ 3),\ (1,\ 6)$ を通る直角双曲線をグラフにもつ関数を $y=\dfrac{ax+b}{cx+d}$ の形で表せ。

(1)　漸近線の条件から，求める関数は

$$y=\dfrac{k}{x+\dfrac{1}{3}}+\dfrac{2}{3}\quad(k\neq0)$$

⇐ $y=\dfrac{k}{x-p}+q$ のグラフの漸近線は，2 直線　$x=p,\ y=q$

と表される。このグラフが点 $\left(-2,\ \dfrac{9}{5}\right)$ を通ることから

$$\dfrac{9}{5}=\dfrac{k}{-2+\dfrac{1}{3}}+\dfrac{2}{3}\quad\text{すなわち}\quad\dfrac{9}{5}=-\dfrac{3}{5}k+\dfrac{2}{3}$$

⇐ $\dfrac{3}{5}k=-\dfrac{17}{15}$

これを解いて　　$k=-\dfrac{17}{9}$

よって　　$y=-\dfrac{17}{9}\cdot\dfrac{1}{x+\dfrac{1}{3}}+\dfrac{2}{3}$　すなわち　$y=\dfrac{2x-5}{3x+1}$

⇐ $y=-\dfrac{17}{9x+3}+\dfrac{2}{3}$
$=\dfrac{-17+2(3x+1)}{3(3x+1)}$
$=\dfrac{3(2x-5)}{3(3x+1)}$

これと $y=\dfrac{2x+c}{ax+b}$ を比較して　　$a=3,\ b=1,\ c=-5$

別解　$a=0$ とすると，与えられた関数は 1 次関数となるから
不適。よって　　$a\neq0$

$$\dfrac{2x+c}{ax+b}=\dfrac{c-\dfrac{2b}{a}}{ax+b}+\dfrac{2}{a}=\dfrac{ac-2b}{a(ax+b)}+\dfrac{2}{a}$$
$$=\dfrac{1}{a^2}\cdot\dfrac{ac-2b}{x+\dfrac{b}{a}}+\dfrac{2}{a}$$

⇐
$$\begin{array}{r}\dfrac{2}{a}\\[2pt]ax+b\,\overline{)\,2x+c}\\ \underline{2x+\dfrac{2b}{a}}\\ c-\dfrac{2b}{a}\end{array}$$

と変形できるから，漸近線は　　2 直線 $x=-\dfrac{b}{a},\ y=\dfrac{2}{a}$

よって，条件から　　$-\dfrac{b}{a}=-\dfrac{1}{3},\ \dfrac{2}{a}=\dfrac{2}{3}$

すなわち　$a=3,\ b=1$

このとき，与えられた関数は　　$y=\dfrac{2x+c}{3x+1}$

このグラフが点 $\left(-2,\ \dfrac{9}{5}\right)$ を通ることから

$$\dfrac{9}{5}=\dfrac{2\cdot(-2)+c}{3\cdot(-2)+1}$$

⇐ $\dfrac{9}{5}=\dfrac{-4+c}{-5}$
よって　$-9=-4+c$

ゆえに　　$c=-5$

(2)　漸近線の条件から，求める関数は $k,\ q$ を定数として

$$y=\dfrac{k}{x+3}+q\quad(k\neq0)\ \cdots\cdots①$$

⇐漸近線は直線 $x=-3$

と表される。このグラフが 2 点 $(-2,\ 3),\ (1,\ 6)$ を通ること
から　　　　$3=k+q,\ 6=\dfrac{k}{4}+q$

⇐ $\begin{cases}k+q=3\\ k+4q=24\end{cases}$
の連立方程式を解く。

これを解くと　　$k=-4,\ q=7$

これらを ① に代入して

$$y=\dfrac{-4}{x+3}+7\quad\text{すなわち}\quad y=\dfrac{7x+17}{x+3}$$

⇐ $\dfrac{-4+7(x+3)}{x+3}$

別解　$c=0$ とすると，与えられた関数は 1 次関数となるから不適。

よって　　$c \neq 0$

$$\frac{ax+b}{cx+d}=\frac{\frac{a}{c}(cx+d)-\frac{ad}{c}+b}{cx+d}=\frac{b-\frac{ad}{c}}{cx+d}+\frac{a}{c}$$

と変形できるから，漸近線は　　2 直線 $x=-\frac{d}{c}$，$y=\frac{a}{c}$

よって，条件から

$$-\frac{d}{c}=-3 \quad \text{すなわち} \quad d=3c$$

このとき，与えられた関数は　　$y=\frac{ax+b}{cx+3c}$

このグラフが 2 点 $(-2,\ 3)$，$(1,\ 6)$ を通ることから

$$3=\frac{-2a+b}{c},\quad 6=\frac{a+b}{4c}$$

それぞれ整理して

$2a-b=-3c$ ……①

$a+b=24c$ ……②

①，② から　　$a=7c$，$b=17c$

よって，求める関数は $c \neq 0$ から

$$\boldsymbol{y}=\frac{7cx+17c}{cx+3c}=\boldsymbol{\frac{7x+17}{x+3}}$$

⇐①＋② から　$3a=21c$
よって　$a=7c$
② に代入して
$7c+b=24c$
よって　$b=17c$

EX ③3

$-4 \leqq x \leqq 0$ のとき，$y=\sqrt{a-4x}+b$ の最大値が 5，最小値が 3 であるとき，$a=$ ア□，$b=$ イ□ となる。ただし，$a>0$ とする。〔久留米大〕

$y=\sqrt{a-4x}+b$ は減少関数であるから

$x=-4$ のとき最大となり　　$\sqrt{a+16}+b=5$

$x=0$ のとき最小となり　　$\sqrt{a}+b=3$

よって　　$\sqrt{a+16}-5=\sqrt{a}-3$

すなわち　　$\sqrt{a+16}=\sqrt{a}+2$ ……①

両辺を 2 乗すると　$a+16=a+4\sqrt{a}+4$　　ゆえに　$\sqrt{a}=3$

よって　　$a=$ ア**9**　　これは ① を満たす。

ゆえに　　$b=3-\sqrt{a}=3-3=$ イ**0**

⇐$y=\sqrt{-4\left(x-\frac{a}{4}\right)}+b$ から，グラフは次のようになる。

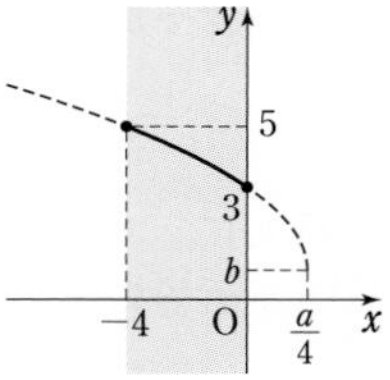

EX ③4

次の方程式，不等式を解け。〔(1) 横浜市大，(2) 学習院大〕

(1) $\sqrt{\frac{1+x}{2}}=1-2x^2$　　(2) $\sqrt{2x^2+x-6}<x+2$

(1) $\sqrt{\frac{1+x}{2}}=1-2x^2$ が成り立つとき

$\frac{1+x}{2}=(1-2x^2)^2$ ……①　かつ　$1-2x^2 \geqq 0$ ……②

① を整理すると　　$8x^4-8x^2-x+1=0$

ここで，$P(x)=8x^4-8x^2-x+1$ とおくと

$$P(1)=0,\ P\left(-\frac{1}{2}\right)=0$$

よって，$P(x)$ は $(x-1)(2x+1)$ を因数にもつから

$$(x-1)(2x+1)(4x^2+2x-1)=0$$

したがって　　$x=-\frac{1}{2},\ 1,\ \frac{-1\pm\sqrt{5}}{4}$

② より $-\frac{\sqrt{2}}{2}\leqq x\leqq\frac{\sqrt{2}}{2}$ であるから

$$\boldsymbol{x=-\frac{1}{2},\ \frac{-1+\sqrt{5}}{4}}$$

⇦① の 4 つの解がもとの方程式を満たすか確かめてもよい。しかし，それは面倒なので，同値関係から ② を考えている(本冊 $p.23$ 参照)。

⇦
```
 8  0 -8 -1  1 |1
    8  8  0 -1
 8  8  0 -1  0 |-1/2
   -4 -2  1
2)8 4 -2  0
  4 2 -1
```

(2)　$2x^2+x-6\geqq0$ であるから　　$(x+2)(2x-3)\geqq0$

よって　　$x\leqq-2,\ \frac{3}{2}\leqq x$ …… ①

また，$x+2>\sqrt{2x^2+x-6}\geqq0$ から　　$x+2>0$

よって　　$x>-2$ …… ②

①，② から　　$x\geqq\frac{3}{2}$ …… ③

このとき，不等式の両辺はともに 0 以上であるから，両辺を 2 乗して　　$(x+2)(2x-3)<(x+2)^2$

③ より $x+2>0$ であるから　　$2x-3<x+2$

ゆえに　　$x<5$ …… ④

求める解は，③，④ の共通範囲であるから　　$\boldsymbol{\frac{3}{2}\leqq x<5}$

CHART
$\sqrt{A}\geqq0$，$A\geqq0$ に注意

⇦$x+2>0$ から，不等式の両辺を $x+2$ で割ることができ，不等号の向きは変わらない。

EX ③5

次の不等式を解け。

(1)　$\frac{1}{x+3}\geqq\frac{1}{3-x}$　　(2)　$\frac{3}{1+\frac{2}{x}}\geqq x^2$　　〔(2) 武蔵工大〕

(1)　$y=\frac{1}{x+3}$ …… ①，$y=\frac{1}{3-x}=-\frac{1}{x-3}$ …… ② とする。

$\frac{1}{x+3}=\frac{1}{3-x}$ とおいて，分母を払うと　　$3-x=x+3$

これを解いて　　$x=0$

これは，$x+3\neq0$，$3-x\neq0$ を満たす。

よって，① と ② のグラフは右図のようになる。

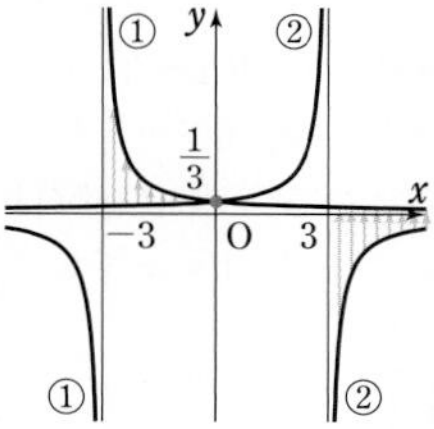

求める不等式の解は，① のグラフが ② のグラフより上側にある，または共有点をもつ x の値の範囲である。

よって，図から求める x の値の範囲は

$$\boldsymbol{-3<x\leqq0,\ 3<x}$$

⇦① と ② の共有点の x 座標を求める。

⇦分母を 0 にしないか確認。

⇦$x\neq\pm3$ に注意！
$x=-3$ は関数 ① の定義域に含まれず，$x=3$ は関数 ② の定義域に含まれない(つまり，グラフが存在しない)。

別解　不等式の両辺に $(x+3)^2(x-3)^2\ (>0)$ を掛けて

$$(x+3)(x-3)^2 \geqq -(x+3)^2(x-3)$$

よって　$(x+3)(x-3)\{(x-3)+(x+3)\} \geqq 0$

ゆえに　$2x(x+3)(x-3) \geqq 0$

よって　$-3 \leqq x \leqq 0,\ 3 \leqq x$

$x \neq \pm 3$ であるから，求める解は

$$\boldsymbol{-3 < x \leqq 0,\ 3 < x}$$

⇐$x \neq \pm 3$ から $(x+3)^2(x-3)^2>0$

⇐展開せず，まず共通因数でくくる。

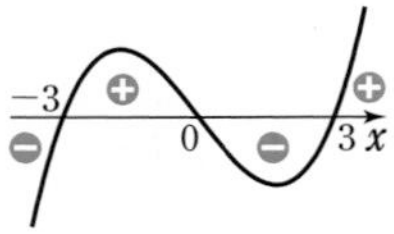

⇐x^3 の係数が正で，x 軸と異なる 3 点で交わる 3 次曲線をイメージして解を判断。

(2)　$\dfrac{3}{1+\dfrac{2}{x}} = \dfrac{3x}{x+2} = \dfrac{3(x+2)-6}{x+2}$

$= -\dfrac{6}{x+2} + 3\ (x \neq 0,\ x \neq -2)$

⇐$x \neq 0$ を忘れないように。

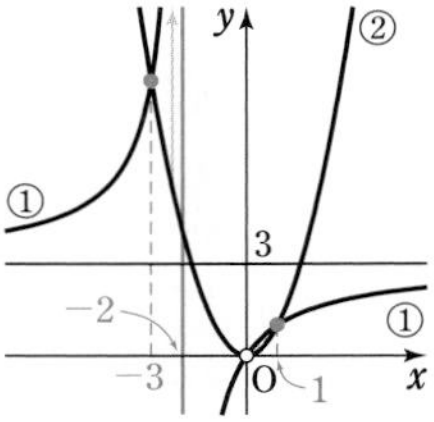

$y = \dfrac{3x}{x+2}\ (x \neq 0)$ …… ①,

$y = x^2$ …… ②

とする。

$\dfrac{3x}{x+2} = x^2$ とおいて，分母を払うと

⇐① と ② の共有点の x 座標を求める。

$$3x = x^2(x+2)$$

$x \neq 0$ から　$3 = x(x+2)$

整理して　$x^2+2x-3=0$

因数分解すると　$(x+3)(x-1)=0$

これを解いて　$x=-3,\ 1$

これらは，$x \neq 0,\ x \neq -2$ を満たす。

⇐分母を 0 にしないか確認。

求める不等式の解は，① のグラフが ② のグラフより上側にある，または共有点をもつ x の値の範囲である。

よって，図から求める x の値の範囲は

$$\boldsymbol{-3 \leqq x < -2,\ 0 < x \leqq 1}$$

⇐$x \neq 0,\ x \neq -2$ に注意！ $x=0,\ -2$ は関数 ① の定義域に含まれない（つまり，グラフが存在しない）。

別解　不等式は $\dfrac{3x}{x+2} \geqq x^2$ と式変形できる。

不等式の両辺に $(x+2)^2(>0)$ を掛けて

$$3x(x+2) \geqq x^2(x+2)^2$$

⇐$x \neq -2$ から $(x+2)^2>0$

よって　$x(x+2)\{x(x+2)-3\} \leqq 0$

⇐展開せず，まず共通因数でくくる。

ゆえに　$x(x+2)(x-1)(x+3) \leqq 0$

よって　$-3 \leqq x \leqq -2,\ 0 \leqq x \leqq 1$

$x \neq 0,\ x \neq -2$ であるから，求める解は

$$\boldsymbol{-3 \leqq x < -2,\ 0 < x \leqq 1}$$

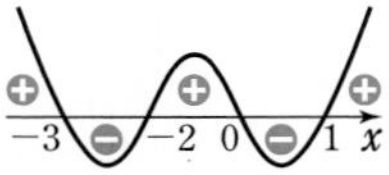

⇐x^4 の係数が正で，x 軸と異なる 4 点で交わる 4 次曲線をイメージして解を判断。

EX
④**6**

(1)　実数 x に関する方程式 $\sqrt{x-1}-1=k(x-k)$ が解をもたないような負の数 k の値の範囲を求めよ。

(2)　方程式 $\sqrt{x+3}=-\dfrac{k}{x}$ がただ1つの実数解をもつように正の数 k の値を定めよ。〔防衛医大〕

(1)　$\sqrt{x-1}-1=k(x-k)$ $(k<0)$ が解をもたない条件は，曲線 $y=\sqrt{x-1}-1$ と直線 $y=k(x-k)$ が共有点をもたないことである。
すなわち，点 $(1,\ -1)$ が直線 $y=k(x-k)$ の上側にあればよい。
よって　　$-1>k(1-k)$
ゆえに　　$k^2-k-1>0$
したがって　　$k<\dfrac{1-\sqrt{5}}{2},\ \dfrac{1+\sqrt{5}}{2}<k$
$k<0$ であるから　　$\boldsymbol{k<\dfrac{1-\sqrt{5}}{2}}$

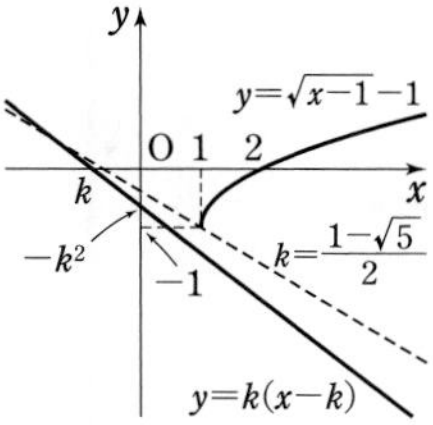

inf.　$y=\sqrt{x-1}-1$ のグラフは，点 $(1,\ -1)$ を端点として右上がり，一方 $k<0$ から，直線 $y=k(x-k)$ は右下がりである。(図)

(2)　$\sqrt{x+3}=-\dfrac{k}{x}$ $(k>0)$ がただ1つの実数解をもつ条件は，2曲線 $y=\sqrt{x+3}$ と $y=-\dfrac{k}{x}$ が $-3<x<0$ で接することである。

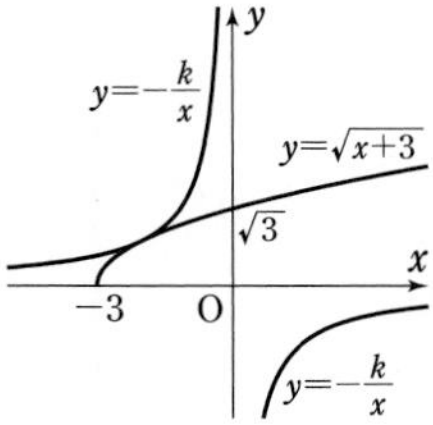

⇐ $x>0$ のとき $-\dfrac{k}{x}<0,\ \sqrt{x+3}>0$ であるから，2曲線は共有点をもたない。

与えられた方程式の両辺を2乗すると　　$x+3=\left(-\dfrac{k}{x}\right)^2$
分母を払って整理すると　　$x^3+3x^2=k^2$
$y=x^3+3x^2$ とすると　　$y'=3x^2+6x=3x(x+2)$
$y'=0$ とすると　　$x=0,\ -2$

x	$\cdots$	-2	$\cdots$	0	$\cdots$
y'	$+$	0	$-$	0	$+$
y	↗	極大 4	↘	極小 0	↗

別解　**2曲線が接する ⟺ $f(p)=g(p)$ かつ $f'(p)=g'(p)$** を利用して解いてもよい。(本冊 $p.122$ 参照)

増減表から，$y=x^3+3x^2$ のグラフは右図のようになる。
このグラフと直線 $y=k^2$ との共有点が $-3<x<0$ の範囲にただ1つ存在すればよい。
よって　　$k^2=4$
$k>0$ であるから　　$\boldsymbol{k=2}$

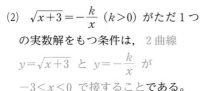

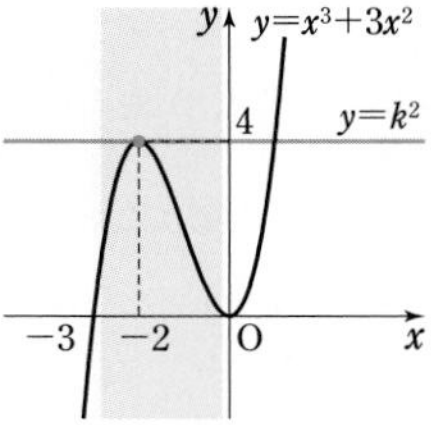

⇐ $y=0$ とすると $x^2(x+3)=0$ から $x=0,\ -3$

EX ④7

$y=\dfrac{1}{x-1}$ と $y=-|x|+k$ のグラフが2個以上の点を共有する k の値の範囲を求めよ。

〔法政大〕

HINT　2つのグラフが接する（重解利用）場合が境目。

$$y=-|x|+k=\begin{cases}-x+k & (x\geqq 0)\\ x+k & (x<0)\end{cases}$$

⇐$y=-|x|+k$ の絶対値記号をはずす。グラフを利用し，k の値を変化させてみる。
例えば $k=-1$ のとき，直線 $y=-x-1\ (x\geqq 0)$ と曲線は点 $(0,\ -1)$ を共有点にもつから $k\leqq -1$ のとき共有点は1個　など。

$y=\dfrac{1}{x-1}$ と $y=-|x|+k$ のグラフは右図のようになる。

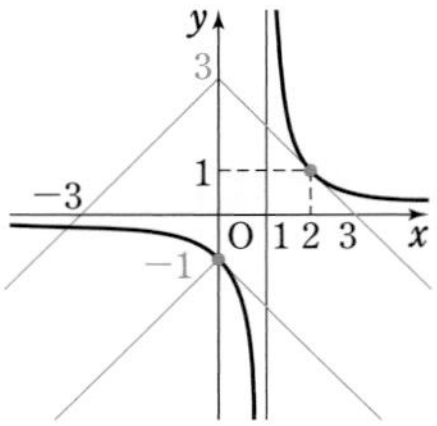

ここで，$-x+k=\dfrac{1}{x-1}$ とおいて，

分母を払うと　$(-x+k)(x-1)=1$

整理すると

$$x^2-(k+1)x+k+1=0$$

この2次方程式の判別式を D とすると

$$D=\{-(k+1)\}^2-4(k+1)$$
$$=(k+1)(k-3)$$

⇐$(k+1)\{(k+1)-4\}$

$y=\dfrac{1}{x-1}$ と $y=-x+k$ のグラフが接するとき，

$D=0$ から　$k=-1,\ 3$

$y=\dfrac{1}{x-1}$ と $y=-|x|+k$ のグラフが2個以上の点を共有する k の値の範囲は，グラフから　$\boldsymbol{k\geqq 3}$

EX ②8

(1)　関数 $f(x)=\dfrac{ax+1}{2x+b}$ の逆関数を $g(x)$ とする。$f(2)=9$，$g(1)=-2$ のとき，定数 a，b の値を求めよ。

〔広島工大〕

(2)　$f(x)=a+\dfrac{b}{2x-1}$ の逆関数が $g(x)=c+\dfrac{2}{x-1}$ であるとき，定数 a，b，c の値を定めよ。

〔広島文教女子大〕

HINT　(1)　$\boldsymbol{b=f(a)\iff a=f^{-1}(b)}$ を利用すると，逆関数を求めなくても，a，b の値は求められる。
(2)　$f(x)$ と $g(x)$ では定義域と値域が入れ替わることに着目。

(1)　$f(2)=9$ から　$9=\dfrac{2a+1}{4+b}$

よって　$2a-9b=35$ ……①

また，$g(1)=-2$ から　$f(-2)=1$

⇐$f^{-1}(1)=-2 \iff f(-2)=1$

ゆえに　$1=\dfrac{-2a+1}{-4+b}$

よって　$2a+b=5$ ……②

①，② から　$\boldsymbol{a=4,\ b=-3}$

(2)　関数 $y=f(x)$ について

定義域は $x \neq \frac{1}{2}$，値域は $y \neq a$

関数 $y=g(x)$ について

定義域は $x \neq 1$，値域は $y \neq c$

$g(x)$ は $f(x)$ の逆関数であるから，定義域と値域が入れ替わり，$\frac{1}{2}=c$，$a=1$ であることが必要。

このとき，$g(x)=\frac{1}{2}+\frac{2}{x-1}$ において　　$g(5)=1$

よって，$f(1)=5$ であるから　　$1+\frac{b}{2\cdot1-1}=5$

ゆえに　　$b=4$

したがって　　$\boldsymbol{a=1,\ b=4,\ c=\frac{1}{2}}$

逆に，このとき，$g(x)$ は $f(x)$ の逆関数になる。

⇦与えられた関数より，定義域と値域がわかるから，PRACTICE 12 のように解く必要はない。

inf.　この解答で $g(5)=1$ から $f(1)=5$ としたが，これは $g(x)$ については，1 以外の x の値なら何でもよい。分数の形が出てこない例として $x=5$ の場合を考えたのである。

EX ③9　$g(x)=\sqrt{x+1}$ のとき，不等式 $g^{-1}(x) \geqq g(x)$ を満たす x の値の範囲を求めよ。〔類 芝浦工大〕

$y=g(x)$ …… ①，$y=g^{-1}(x)$ …… ② とする。

$y=\sqrt{x+1}$ $(y \geqq 0)$ の両辺を 2 乗すると

$y^2=x+1$

整理して　　$x=y^2-1$

よって　　$g^{-1}(x)=x^2-1$ $(x \geqq 0)$

2 曲線 ①, ② は直線 $y=x$ に関して対称であるから，不等式の解は曲線 ② が直線 $y=x$ より上側にある，または共有点をもつ x の値の範囲である。

ここで，$x^2-1=x$ とおくと　　$x^2-x-1=0$

これを解いて　　$x=\frac{1\pm\sqrt{5}}{2}$

このうち，$x \geqq 0$ を満たすものは

$x=\frac{1+\sqrt{5}}{2}$

よって，図から求める x の値の範囲は

$\boldsymbol{x \geqq \frac{1+\sqrt{5}}{2}}$

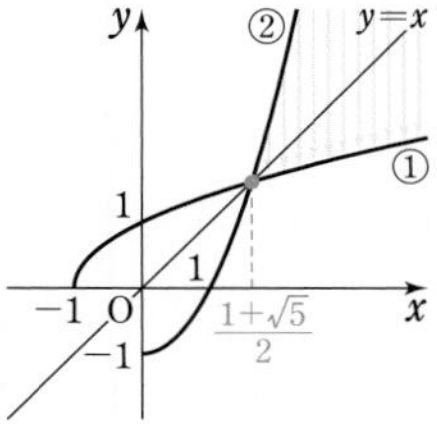

inf.　$y=\sqrt{x+1}$ の逆関数は　$y=x^2-1$ $(x \geqq 0)$
したがって，不等式
$x^2-1 \geqq \sqrt{x+1}$ $(x \geqq 0)$
を解いてもよいのだが，左のように考える方がはるかにスムーズである。

⇦① と ② の共有点の x 座標を求める。

⇦曲線 ② の定義域は
$x \geqq 0$

EX ③10

関数 $f(x)=\dfrac{x+1}{-2x+3}$，$g(x)=\dfrac{ax-1}{bx+c}$ の合成関数 $(g\circ f)(x)=g(f(x))$ が $(g\circ f)(x)=x$ を満たすとき，定数 a，b，c の値を求めよ。

$$(g\circ f)(x)=\frac{a\cdot\dfrac{x+1}{-2x+3}-1}{b\cdot\dfrac{x+1}{-2x+3}+c}=\frac{a(x+1)-(-2x+3)}{b(x+1)+c(-2x+3)}$$

$$=\frac{(a+2)x+a-3}{(b-2c)x+b+3c}$$

⇦分母・分子に $-2x+3$ を掛ける。

$(g\circ f)(x)=x$ であるから，次の恒等式が成り立つ。

$$(b-2c)x^2+(b+3c)x=(a+2)x+a-3$$

よって　$b-2c=0$，$b+3c=a+2$，$a-3=0$

⇦同じ次数の項の係数を比較。

これを解いて　$\boldsymbol{a=3}$，$\boldsymbol{b=2}$，$\boldsymbol{c=1}$

EX ③11

xy 座標平面上において，直線 $y=x$ に関して，曲線 $y=\dfrac{2}{x+1}$ と対称な曲線を C_1 とし，直線 $y=-1$ に関して，曲線 $y=\dfrac{2}{x+1}$ と対称な曲線を C_2 とする。曲線 C_2 の漸近線と曲線 C_1 との交点の座標をすべて求めると，□ である。〔関西大〕

曲線 C_1 は，$y=\dfrac{2}{x+1}$ の逆関数のグラフである。

⇦$y=f(x)$ のグラフと逆関数 $y=f^{-1}(x)$ のグラフは直線 $y=x$ に関して対称。

$y=\dfrac{2}{x+1}$ の値域は　$y\neq 0$

$y=\dfrac{2}{x+1}$ から　$(x+1)y=2$　よって　$yx=2-y$

$y\neq 0$ であるから　$x=\dfrac{2}{y}-1$

ゆえに，$y=\dfrac{2}{x+1}$ の逆関数は　$y=\dfrac{2}{x}-1$ ……①

⇦$x=\dfrac{2}{y}-1$ において，x と y を入れ替える。

また，$y=\dfrac{2}{x+1}$ のグラフを y 軸方向に 1 だけ平行移動した曲線の方程式は　$y-1=\dfrac{2}{x+1}$　すなわち　$y=\dfrac{2}{x+1}+1$

⇦この平行移動により，直線 $y=-1$ は x 軸に移る。

これを x 軸に関して対称移動した曲線の方程式は

$-y=\dfrac{2}{x+1}+1$　すなわち　$y=-\dfrac{2}{x+1}-1$

⇦y を $-y$ におき換える。

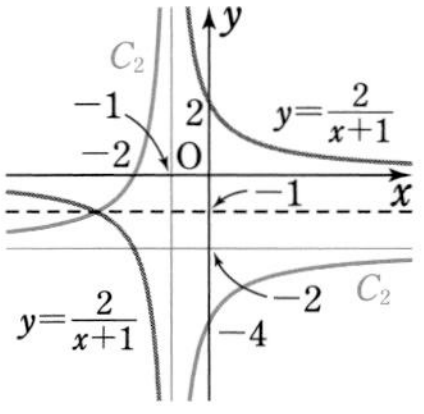

これを y 軸方向に -1 だけ平行移動した曲線 C_2 の方程式は

$y-(-1)=-\dfrac{2}{x+1}-1$　すなわち　$y=-\dfrac{2}{x+1}-2$

よって，曲線 C_2 の漸近線は直線 $x=-1$ と直線 $y=-2$ である。

① において $x=-1$ とすると　$y=-3$

$y=-2$ とすると　$x=-2$

したがって，曲線 C_2 の漸近線と曲線 C_1 の交点の座標は

$(\boldsymbol{-1},\ \boldsymbol{-3})$，$(\boldsymbol{-2},\ \boldsymbol{-2})$

EX ④12

$f(x)=\begin{cases} 2x+1 & (-1 \leqq x \leqq 0) \\ -2x+1 & (0 \leqq x \leqq 1) \end{cases}$ のように定義された関数 $f(x)$ について

(1) $y=(f\circ f)(x)$ のグラフをかけ。

(2) $(f\circ f)(a)=f(a)$ となる a の値を求めよ。〔武蔵工大〕

(1) $f(x)=\begin{cases} 2x+1 & (-1 \leqq x \leqq 0) \\ -2x+1 & (0 \leqq x \leqq 1) \end{cases}$

$y=f(x)$ のグラフは図 [1] のようになる。

[1]

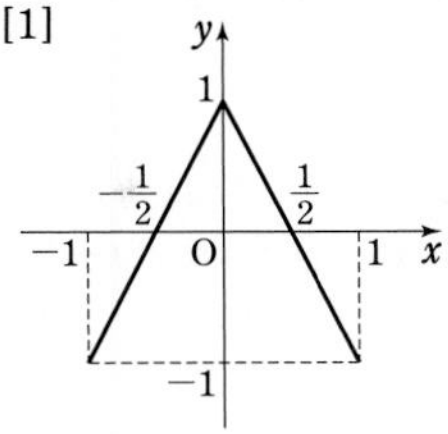

また，$f(x)$ の定義から

$-1 \leqq f(x) \leqq 0$ のとき

$(f\circ f)(x)=f(f(x))$
$=2f(x)+1$

$0 \leqq f(x) \leqq 1$ のとき

$(f\circ f)(x)=-2f(x)+1$

図 [1] のグラフから，関数 $y=(f\circ f)(x)$ は

$-1 \leqq x \leqq -\frac{1}{2}$ のとき

$y=2(2x+1)+1=4x+3$

⇦$-1 \leqq f(x) \leqq 0$ から $y=2f(x)+1$

$-\frac{1}{2} \leqq x \leqq 0$ のとき

$y=-2(2x+1)+1=-4x-1$

⇦$0 \leqq f(x) \leqq 1$ から $y=-2f(x)+1$

$0 \leqq x \leqq \frac{1}{2}$ のとき

⇦$0 \leqq f(x) \leqq 1$

$y=-2(-2x+1)+1$
$=4x-1$

$\frac{1}{2} \leqq x \leqq 1$ のとき

⇦$-1 \leqq f(x) \leqq 0$

$y=2(-2x+1)+1$
$=-4x+3$

以上から，求めるグラフは **図 [2]**

[2]

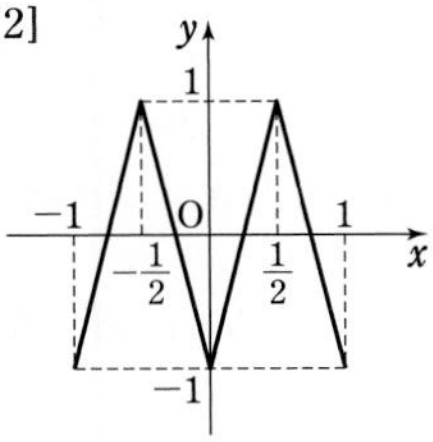

(2) (1) の図 [2] のグラフと図 [1] のグラフの交点の x 座標が求める a の値である。

図 [3] から，$\boldsymbol{a=\pm 1}$　および

$-4a-1=2a+1$ から　$\boldsymbol{a=-\frac{1}{3}}$，

$4a-1=-2a+1$ から　$\boldsymbol{a=\frac{1}{3}}$

[3]

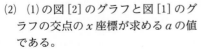

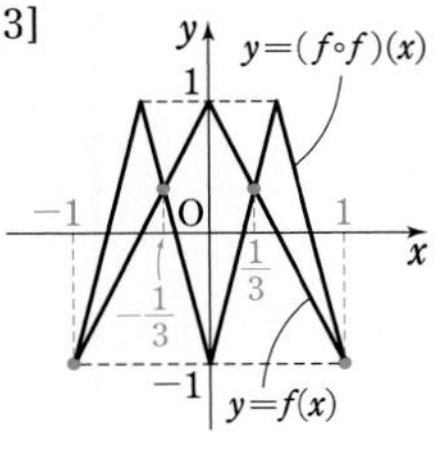

EX ④13 実数 a, b, c, d が $ad-bc\neq0$ を満たすとき，関数 $f(x)=\dfrac{ax+b}{cx+d}$ について，次の問いに答えよ。

(1) $f(x)$ の逆関数 $f^{-1}(x)$ を求めよ。

(2) $f^{-1}(x)=f(x)$ を満たし，$f(x)\neq x$ となる a, b, c, d の関係式を求めよ。〔東北大〕

(1) $y=\dfrac{ax+b}{cx+d}$ とする。

分母を払うと　$(cx+d)y=ax+b$

整理すると　$(cy-a)x=-dy+b$ …… ①

⇦ x について整理。

ここで　$cy-a=\dfrac{c(ax+b)}{cx+d}-a$

$=\dfrac{c(ax+b)-a(cx+d)}{cx+d}$

$=\dfrac{bc-ad}{cx+d}$

$ad-bc\neq0$ であるから

⇦問題文の条件から。

$\dfrac{bc-ad}{cx+d}\neq0$　すなわち　$cy-a\neq0$

よって，① から　$x=\dfrac{-dy+b}{cy-a}$

⇦① の両辺を $cy-a$ ($\neq0$) で割る。

x と y を入れ替えて　$y=\dfrac{-dx+b}{cx-a}$

したがって，求める逆関数は　$\boldsymbol{f^{-1}(x)=\dfrac{-dx+b}{cx-a}}$

(2) $f^{-1}(x)=f(x)$ から　$\dfrac{-dx+b}{cx-a}=\dfrac{ax+b}{cx+d}$

分母を払うと　$(cx+d)(-dx+b)=(ax+b)(cx-a)$

よって　$(ax+b)(cx-a)+(cx+d)(dx-b)=0$

ゆえに

$acx^2-a^2x+bcx-ab+cdx^2-bcx+d^2x-bd=0$

x について整理すると

$(ac+cd)x^2-(a^2-d^2)x-ab-bd=0$

よって　$(a+d)\{cx^2-(a-d)x-b\}=0$ …… ②

ここで　$f(x)\neq x$ すなわち $\dfrac{ax+b}{cx+d}\neq x$ から

⇦ $ax+b\neq x(cx+d)$

$cx^2-(a-d)x-b\neq0$

したがって，② から求める関係式は　$\boldsymbol{a+d=0}$

PR ①13

第 n 項が次の式で表される数列の極限を求めよ。

(1) n^2-3n^3 (2) $\dfrac{-2n+3}{4n-1}$ (3) $\dfrac{n^2-1}{n+1}$ (4) $\dfrac{4n^2+1}{3-4n^3}$

(1) $\displaystyle\lim_{n\to\infty}(n^2-3n^3)=\lim_{n\to\infty}n^3\left(\frac{1}{n}-3\right)=-\infty$

(2) $\displaystyle\lim_{n\to\infty}\frac{-2n+3}{4n-1}=\lim_{n\to\infty}\frac{-2+\frac{3}{n}}{4-\frac{1}{n}}=-\frac{2}{4}=-\boldsymbol{\frac{1}{2}}$

(3) $\displaystyle\lim_{n\to\infty}\frac{n^2-1}{n+1}=\lim_{n\to\infty}\frac{(n+1)(n-1)}{n+1}=\lim_{n\to\infty}(n-1)=\infty$

(4) $\displaystyle\lim_{n\to\infty}\frac{4n^2+1}{3-4n^3}=\lim_{n\to\infty}\frac{\frac{4}{n}+\frac{1}{n^3}}{\frac{3}{n^3}-4}=\mathbf{0}$

⇐ $n^3\longrightarrow\infty$
$\dfrac{1}{n}-3\longrightarrow-3$

⇐**分母の最高次の項 n で，分母・分子を割る。**

別解 (3) $\dfrac{n-\frac{1}{n}}{1+\frac{1}{n}}\longrightarrow\infty$ $(n\longrightarrow\infty)$ としてもよい。

⇐ $\dfrac{0+0}{0-4}$

PR ②14

第 n 項が次の式で表される数列の極限を求めよ。

(1) $\dfrac{4n-1}{2\sqrt{n}-1}$ (2) $\dfrac{1}{\sqrt{n^2+2n}-\sqrt{n^2-2n}}$ (3) $\sqrt{n}(\sqrt{n-3}-\sqrt{n})$

(4) $\dfrac{\sqrt{n+2}-\sqrt{n-2}}{\sqrt{n+1}-\sqrt{n-1}}$ (5) $\sqrt{n^2+2n+2}-\sqrt{n^2-n}$ (6) $n\left(\sqrt{4+\dfrac{1}{n}}-2\right)$

［(2) 東京電機大 (5) 京都産大 (6) 名古屋市大］

(1) $\displaystyle\lim_{n\to\infty}\frac{4n-1}{2\sqrt{n}-1}=\lim_{n\to\infty}\frac{(2\sqrt{n}+1)(2\sqrt{n}-1)}{2\sqrt{n}-1}$
$\displaystyle=\lim_{n\to\infty}(2\sqrt{n}+1)=\infty$

(2) $\displaystyle\lim_{n\to\infty}\frac{1}{\sqrt{n^2+2n}-\sqrt{n^2-2n}}$
$\displaystyle=\lim_{n\to\infty}\frac{\sqrt{n^2+2n}+\sqrt{n^2-2n}}{(\sqrt{n^2+2n}-\sqrt{n^2-2n})(\sqrt{n^2+2n}+\sqrt{n^2-2n})}$
$\displaystyle=\lim_{n\to\infty}\frac{\sqrt{n^2+2n}+\sqrt{n^2-2n}}{(n^2+2n)-(n^2-2n)}=\lim_{n\to\infty}\frac{\sqrt{n^2+2n}+\sqrt{n^2-2n}}{4n}$
$\displaystyle=\lim_{n\to\infty}\frac{1}{4}\left(\sqrt{1+\frac{2}{n}}+\sqrt{1-\frac{2}{n}}\right)=\boldsymbol{\frac{1}{2}}$

(3) $\displaystyle\lim_{n\to\infty}\sqrt{n}(\sqrt{n-3}-\sqrt{n})$
$\displaystyle=\lim_{n\to\infty}\frac{\sqrt{n}(\sqrt{n-3}-\sqrt{n})(\sqrt{n-3}+\sqrt{n})}{\sqrt{n-3}+\sqrt{n}}$
$\displaystyle=\lim_{n\to\infty}\frac{\sqrt{n}\{(n-3)-n\}}{\sqrt{n-3}+\sqrt{n}}=\lim_{n\to\infty}\frac{-3\sqrt{n}}{\sqrt{n-3}+\sqrt{n}}$
$\displaystyle=\lim_{n\to\infty}\frac{-3}{\sqrt{1-\frac{3}{n}}+1}=-\boldsymbol{\frac{3}{2}}$

(4) $\displaystyle\lim_{n\to\infty}\frac{\sqrt{n+2}-\sqrt{n-2}}{\sqrt{n+1}-\sqrt{n-1}}$
$\displaystyle=\lim_{n\to\infty}\frac{(\sqrt{n+2}-\sqrt{n-2})(\sqrt{n+2}+\sqrt{n-2})(\sqrt{n+1}+\sqrt{n-1})}{(\sqrt{n+1}-\sqrt{n-1})(\sqrt{n+1}+\sqrt{n-1})(\sqrt{n+2}+\sqrt{n-2})}$

⇐分子を因数分解。

別解 分母の最高次の項とみなされる $\sqrt{n}$ で，分母・分子を割る。
$\displaystyle\lim_{n\to\infty}\frac{4n-1}{2\sqrt{n}-1}$
$\displaystyle=\lim_{n\to\infty}\frac{4\sqrt{n}-\frac{1}{\sqrt{n}}}{2-\frac{1}{\sqrt{n}}}=\infty$

⇐**分母を有理化。**

⇐ $\dfrac{1}{4}(\sqrt{1+0}+\sqrt{1-0})$

⇐ $\dfrac{\sqrt{n-3}-\sqrt{n}}{1}$ と考えて，**分子**の $\sqrt{n-3}-\sqrt{n}$ **を有理化。**

⇐ $\dfrac{-3}{\sqrt{1-0}+1}$

⇐ $\sqrt{n+2}-\sqrt{n-2}$ および $\sqrt{n+1}-\sqrt{n-1}$ を有理化。

$$=\lim_{n\to\infty}\frac{\{(n+2)-(n-2)\}(\sqrt{n+1}+\sqrt{n-1})}{\{(n+1)-(n-1)\}(\sqrt{n+2}+\sqrt{n-2})}$$

$$=\lim_{n\to\infty}\frac{4(\sqrt{n+1}+\sqrt{n-1})}{2(\sqrt{n+2}+\sqrt{n-2})}$$

$$=\lim_{n\to\infty}\frac{2\left(\sqrt{1+\frac{1}{n}}+\sqrt{1-\frac{1}{n}}\right)}{\sqrt{1+\frac{2}{n}}+\sqrt{1-\frac{2}{n}}}=\mathbf{2}$$

⇐ $\frac{2(\sqrt{1+0}+\sqrt{1-0})}{\sqrt{1+0}+\sqrt{1-0}}$

(5) $\lim_{n\to\infty}(\sqrt{n^2+2n+2}-\sqrt{n^2-n})$

$$=\lim_{n\to\infty}\frac{(\sqrt{n^2+2n+2}-\sqrt{n^2-n})(\sqrt{n^2+2n+2}+\sqrt{n^2-n})}{\sqrt{n^2+2n+2}+\sqrt{n^2-n}}$$

$$=\lim_{n\to\infty}\frac{(n^2+2n+2)-(n^2-n)}{\sqrt{n^2+2n+2}+\sqrt{n^2-n}}$$

$$=\lim_{n\to\infty}\frac{3n+2}{\sqrt{n^2+2n+2}+\sqrt{n^2-n}}$$

$$=\lim_{n\to\infty}\frac{3+\frac{2}{n}}{\sqrt{1+\frac{2}{n}+\frac{2}{n^2}}+\sqrt{1-\frac{1}{n}}}=\mathbf{\frac{3}{2}}$$

⇐ $\frac{\sqrt{n^2+2n+2}-\sqrt{n^2-n}}{1}$ と考えて，**分子** の $\sqrt{n^2+2n+2}-\sqrt{n^2-n}$ **を有理化。**

⇐ $\frac{3+0}{\sqrt{1+0+0}+\sqrt{1-0}}$

(6) $\lim_{n\to\infty}n\left(\sqrt{4+\frac{1}{n}}-2\right)=\lim_{n\to\infty}\frac{n\left(\sqrt{4+\frac{1}{n}}-2\right)\left(\sqrt{4+\frac{1}{n}}+2\right)}{\sqrt{4+\frac{1}{n}}+2}$

$$=\lim_{n\to\infty}\frac{n\left\{\left(4+\frac{1}{n}\right)-4\right\}}{\sqrt{4+\frac{1}{n}}+2}$$

$$=\lim_{n\to\infty}\frac{1}{\sqrt{4+\frac{1}{n}}+2}=\mathbf{\frac{1}{4}}$$

⇐ $\frac{n\left(\sqrt{4+\frac{1}{n}}-2\right)}{1}$ と考えて，**分子** の $\sqrt{4+\frac{1}{n}}-2$ **を有理化。**

inf. $n\left(\sqrt{4+\frac{1}{n}}-2\right)$
$=\sqrt{4n^2+n}-2n$
$=\frac{n}{\sqrt{4n^2+n}+2n}$
としてもよい。

PR ②15

(1) 極限 $\lim_{n\to\infty}\frac{1}{n+1}\cos\frac{n\pi}{3}$ を求めよ。

(2) 二項定理を用いて，$\lim_{n\to\infty}\frac{(1+h)^n}{n}=\infty$ を証明せよ。ただし，h は正の定数とする。

(1) $-1\leqq\cos\frac{n\pi}{3}\leqq 1$ より

$$-\frac{1}{n+1}\leqq\frac{1}{n+1}\cos\frac{n\pi}{3}\leqq\frac{1}{n+1}$$

ここで，$\lim_{n\to\infty}\left(-\frac{1}{n+1}\right)=0$，$\lim_{n\to\infty}\frac{1}{n+1}=0$ であるから

$$\lim_{n\to\infty}\frac{1}{n+1}\cos\frac{n\pi}{3}=\mathbf{0}$$

⇐各辺に $\frac{1}{n+1}$ (>0) を掛ける。

⇐**はさみうちの原理**

(2) 二項定理により

$$(1+h)^n=1+nh+\frac{n(n-1)}{2}h^2+\cdots\cdots+h^n$$

$h>0$ であるから

$$(1+h)^n \geqq 1+nh+\frac{n(n-1)}{2}h^2 > \frac{n(n-1)}{2}h^2$$

⇐本冊 $p.37$ POINT 参照。

よって　$\dfrac{(1+h)^n}{n} > \dfrac{n-1}{2}h^2$

$\displaystyle\lim_{n\to\infty}\frac{n-1}{2}h^2=\infty$ であるから

$$\lim_{n\to\infty}\frac{(1+h)^n}{n}=\infty$$

⇐$a_n<b_n$ で $\displaystyle\lim_{n\to\infty}a_n=\infty$ ならば $\displaystyle\lim_{n\to\infty}b_n=\infty$

PR ②16　第 n 項が次の式で表される数列の極限を求めよ。

(1) $\dfrac{5^n-10^n}{3^{2n}}$　(2) $\dfrac{3^{n-1}+4^{n+1}}{3^n-4^n}$　(3) $\dfrac{3^{n+1}+5^{n+1}+7^{n+1}}{3^n+5^n+7^n}$　(4) $\dfrac{4^n-(-3)^n}{2^n+(-3)^n}$

(1) $\displaystyle\lim_{n\to\infty}\frac{5^n-10^n}{3^{2n}}=\lim_{n\to\infty}\frac{5^n-10^n}{9^n}=\lim_{n\to\infty}\left\{\left(\frac{5}{9}\right)^n-\left(\frac{10}{9}\right)^n\right\}=\mathbf{-\infty}$

⇐$\displaystyle\lim_{n\to\infty}\left(\frac{5}{9}\right)^n=0$
$\displaystyle\lim_{n\to\infty}\left(\frac{10}{9}\right)^n=\infty$

(2) $\displaystyle\lim_{n\to\infty}\frac{3^{n-1}+4^{n+1}}{3^n-4^n}=\lim_{n\to\infty}\frac{\frac{1}{3}\left(\frac{3}{4}\right)^n+4}{\left(\frac{3}{4}\right)^n-1}=\mathbf{-4}$

⇐$\displaystyle\lim_{n\to\infty}\left(\frac{3}{4}\right)^n=0$

(3) $\displaystyle\lim_{n\to\infty}\frac{3^{n+1}+5^{n+1}+7^{n+1}}{3^n+5^n+7^n}=\lim_{n\to\infty}\frac{3\left(\frac{3}{7}\right)^n+5\left(\frac{5}{7}\right)^n+7}{\left(\frac{3}{7}\right)^n+\left(\frac{5}{7}\right)^n+1}=\mathbf{7}$

⇐$\displaystyle\lim_{n\to\infty}\left(\frac{3}{7}\right)^n=0$
$\displaystyle\lim_{n\to\infty}\left(\frac{5}{7}\right)^n=0$

(4) $\displaystyle\lim_{n\to\infty}\frac{4^n-(-3)^n}{2^n+(-3)^n}=\lim_{n\to\infty}\frac{\left(-\frac{4}{3}\right)^n-1}{\left(-\frac{2}{3}\right)^n+1}$

⇐分母の底の絶対値が大きい $(-3)^n$ で分母・分子を割る。

$n\longrightarrow\infty$ のとき，$\left(-\dfrac{2}{3}\right)^n\longrightarrow 0$ であり，数列 $\left\{\left(-\dfrac{4}{3}\right)^n\right\}$ は振動する。

⇐$\left|-\dfrac{2}{3}\right|<1$，$-\dfrac{4}{3}<-1$

よって，数列 $\left\{\dfrac{4^n-(-3)^n}{2^n+(-3)^n}\right\}$ は $n\longrightarrow\infty$ のとき振動するから

極限はない。

PR ②17　次の数列が収束するような実数 x の値の範囲を求めよ。また，そのときの極限値を求めよ。

(1) (ア) $\{(5-2x)^n\}$　(イ) $\{(x^2+x-1)^n\}$　(2) $\{x(x^2-2x)^{n-1}\}$

(1) (ア) 数列 $\{(5-2x)^n\}$ が収束するための必要十分条件は

$-1<5-2x\leqq 1$　すなわち　$\mathbf{2\leqq x<3}$

⇐公比は $5-2x$

⇐数列 $\{r^n\}$ の収束条件は $-1<r\leqq 1$

また，極限値は

$-1<5-2x<1$　すなわち　$\mathbf{2<x<3}$ **のとき　0**

⇐$-1<$(公比)<1

$5-2x=1$　すなわち　$\mathbf{x=2}$ 　**のとき　1**

⇐(公比)$=1$

(イ) 数列 $\{(x^2+x-1)^n\}$ が収束するための必要十分条件は

$-1<x^2+x-1\leqq 1$

すなわち　$x^2+x>0$ …… ①　かつ　$x^2+x-2\leqq 0$ …… ②

① から　$x(x+1)>0$

よって　$x<-1,\ 0<x$ ……③

② から　$(x-1)(x+2)\leqq 0$

よって　$-2\leqq x\leqq 1$ ……④

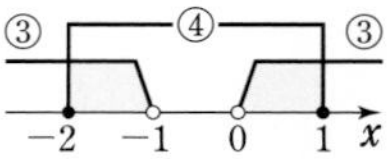

③，④ の共通範囲をとって　$\boldsymbol{-2\leqq x<-1,\ 0<x\leqq 1}$

また，極限値は

$-1<x^2+x-1<1$ すなわち $\boldsymbol{-2<x<-1,\ 0<x<1}$ **のとき　0**

⇦$-1<$(公比)<1

$x^2+x-1=1$　すなわち $\boldsymbol{x=1,\ -2}$ **のとき　1**

⇦(公比)$=1$

(2)　この数列は，初項 x，公比 x^2-2x の等比数列であるから，収束するための必要十分条件は

$x=0$ ……①　または　$-1<x^2-2x\leqq 1$ ……②

⇦数列 $\{ar^{n-1}\}$ の収束条件は
$a=0$ または $-1<r\leqq 1$

② について

$-1<x^2-2x$ から　$(x-1)^2>0$

よって　$x=1$ を除くすべての実数 ……③

$x^2-2x\leqq 1$ から　$x^2-2x-1\leqq 0$

$x^2-2x-1=0$ とおくと　$x=1\pm\sqrt{2}$

よって　$1-\sqrt{2}\leqq x\leqq 1+\sqrt{2}$ ……④

③，④ の共通範囲をとって

$1-\sqrt{2}\leqq x<1,\ 1<x\leqq 1+\sqrt{2}$

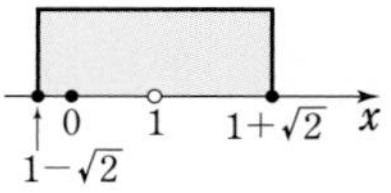

この範囲に ① は含まれているから，求める x の値の範囲は

$\boldsymbol{1-\sqrt{2}\leqq x<1,\ 1<x\leqq 1+\sqrt{2}}$

また，極限値は

$\boldsymbol{1-\sqrt{2}<x<1,\ 1<x<1+\sqrt{2}}$ **のとき　0**

$\boldsymbol{x=1\pm\sqrt{2}}$ **のとき　$\boldsymbol{1\pm\sqrt{2}}$（複号同順）**

⇦$x=1\pm\sqrt{2}$ のとき，初項 $1\pm\sqrt{2}$，**公比 1** の等比数列。

PR
②**18**

(1)　$r>-1$ のとき，極限 $\displaystyle\lim_{n\to\infty}\frac{r^n}{2+r^{n+1}}$ を求めよ。

(2)　r は実数とするとき，極限 $\displaystyle\lim_{n\to\infty}\frac{r^{2n+1}}{2+r^{2n}}$ を求めよ。

HINT　(2)　$r=-1$ のとき，$r^{2n}=(-1)^{2n}=\{(-1)^2\}^n=1^n=1$ である。

(1)　**$\boldsymbol{|r|<1}$ のとき**　$\displaystyle\lim_{n\to\infty}r^n=0,\ \lim_{n\to\infty}r^{n+1}=0$

CHART
$r=\pm 1$ が場合の分かれ目

(1)　$r>-1$ であるから
$|r|<1$，$r=1$，
$r>1$
の場合に分けて考える。

よって　$\displaystyle\lim_{n\to\infty}\frac{r^n}{2+r^{n+1}}=\frac{0}{2+0}=\boldsymbol{0}$

$\boldsymbol{r=1}$ のとき　$r^n=r^{n+1}=1$

よって　$\displaystyle\lim_{n\to\infty}\frac{r^n}{2+r^{n+1}}=\frac{1}{2+1}=\boldsymbol{\frac{1}{3}}$

$\boldsymbol{r>1}$ のとき　$\displaystyle\left|\frac{1}{r}\right|<1$　ゆえに　$\displaystyle\lim_{n\to\infty}\left(\frac{1}{r}\right)^{n+1}=0$

よって　$\displaystyle\lim_{n\to\infty}\frac{r^n}{2+r^{n+1}}=\lim_{n\to\infty}\frac{\frac{1}{r}}{2\left(\frac{1}{r}\right)^{n+1}+1}=\frac{\frac{1}{r}}{2\cdot 0+1}=\boldsymbol{\frac{1}{r}}$

⇦分母・分子を r^{n+1} で割る。

(2) **$|r|<1$ のとき**　$\lim_{n\to\infty} r^{2n}=0$，$\lim_{n\to\infty} r^{2n+1}=0$

よって　$\lim_{n\to\infty}\dfrac{r^{2n+1}}{2+r^{2n}}=\dfrac{0}{2+0}=\mathbf{0}$

$r=1$ のとき　$r^{2n}=r^{2n+1}=1$

よって　$\lim_{n\to\infty}\dfrac{r^{2n+1}}{2+r^{2n}}=\dfrac{1}{2+1}=\mathbf{\dfrac{1}{3}}$

$r=-1$ のとき　$r^{2n}=(-1)^{2n}=\{(-1)^2\}^n=1^n=1$,
$r^{2n+1}=r^{2n}\cdot r=1\cdot(-1)=-1$

⇐$\{(-1)^n\}$ は振動するが，$\{(-1)^{2n}\}$ は収束する。

よって　$\lim_{n\to\infty}\dfrac{r^{2n+1}}{2+r^{2n}}=\dfrac{-1}{2+1}=-\mathbf{\dfrac{1}{3}}$

$|r|>1$ のとき　$\left|\dfrac{1}{r}\right|<1$　ゆえに　$\lim_{n\to\infty}\left(\dfrac{1}{r}\right)^{2n}=0$

よって　$\lim_{n\to\infty}\dfrac{r^{2n+1}}{2+r^{2n}}=\lim_{n\to\infty}\dfrac{r}{2\left(\dfrac{1}{r}\right)^{2n}+1}=\dfrac{r}{2\cdot 0+1}=\boldsymbol{r}$

⇐分母・分子を r^{2n} で割る。

PR ②19

次の条件によって定められる数列 $\{a_n\}$ の極限を求めよ。

(1) $a_1=1$，$a_{n+1}=-\dfrac{4}{5}a_n-\dfrac{18}{5}$　　(2) $a_1=1$，$a_{n+1}=\dfrac{3}{2}a_n+\dfrac{1}{2}$

(1) 与えられた漸化式を変形すると　$a_{n+1}+2=-\dfrac{4}{5}(a_n+2)$

⇐特性方程式 $\alpha=-\dfrac{4}{5}\alpha-\dfrac{18}{5}$ を解くと　$\alpha=-2$

また　$a_1+2=1+2=3$

よって，数列 $\{a_n+2\}$ は初項 3，公比 $-\dfrac{4}{5}$ の等比数列であるから　$a_n+2=3\left(-\dfrac{4}{5}\right)^{n-1}$

ゆえに　$a_n=3\left(-\dfrac{4}{5}\right)^{n-1}-2$

ここで，$\lim_{n\to\infty}\left(-\dfrac{4}{5}\right)^{n-1}=0$ であるから

⇐$\left|-\dfrac{4}{5}\right|<1$

$$\lim_{n\to\infty}a_n=\lim_{n\to\infty}\left\{3\left(-\frac{4}{5}\right)^{n-1}-2\right\}=\mathbf{-2}$$

(2) 与えられた漸化式を変形すると　$a_{n+1}+1=\dfrac{3}{2}(a_n+1)$

⇐特性方程式 $\alpha=\dfrac{3}{2}\alpha+\dfrac{1}{2}$ を解くと　$\alpha=-1$

また　$a_1+1=1+1=2$

よって，数列 $\{a_n+1\}$ は初項 2，公比 $\dfrac{3}{2}$ の等比数列であるから　$a_n+1=2\left(\dfrac{3}{2}\right)^{n-1}$

ゆえに　$a_n=2\left(\dfrac{3}{2}\right)^{n-1}-1$

したがって　$\lim_{n\to\infty}a_n=\lim_{n\to\infty}\left\{2\left(\dfrac{3}{2}\right)^{n-1}-1\right\}=\boldsymbol{\infty}$

⇐$\dfrac{3}{2}>1$

PR ③20

n は 4 以上の整数とする。
不等式 $(1+h)^n>1+nh+\frac{n(n-1)}{2}h^2+\frac{n(n-1)(n-2)}{6}h^3$ $(h>0)$ を用いて，次の極限を求めよ。

(1) $\lim_{n\to\infty}\frac{2^n}{n}$　　(2) $\lim_{n\to\infty}\frac{n^2}{2^n}$

与えられた不等式において，$h=1$ とすると

$$2^n>1+n+\frac{n(n-1)}{2}+\frac{n(n-1)(n-2)}{6} \quad \cdots\cdots ①$$

(1) ① から　$2^n>\frac{n(n-1)}{2}$

両辺を n で割ると　$\frac{2^n}{n}>\frac{n-1}{2}$

$\lim_{n\to\infty}\frac{n-1}{2}=\infty$ であるから　$\lim_{n\to\infty}\frac{2^n}{n}=\infty$

(2) ① から　$2^n>\frac{n(n-1)(n-2)}{6}$

両辺の逆数をとると　$\frac{1}{2^n}<\frac{6}{n(n-1)(n-2)}$

両辺に n^2 を掛けると　$\frac{n^2}{2^n}<\frac{6n^2}{n(n-1)(n-2)}$

よって　$0<\frac{n^2}{2^n}<\frac{6n}{n^2-3n+2}$

ここで，$\lim_{n\to\infty}\frac{6n}{n^2-3n+2}=\lim_{n\to\infty}\frac{\frac{6}{n}}{1-\frac{3}{n}+\frac{2}{n^2}}=0$ であるから

$$\lim_{n\to\infty}\frac{n^2}{2^n}=\mathbf{0}$$

inf. 与えられた不等式は $(1+h)^n=\sum_{r=0}^{n}{}_n\mathrm{C}_r h^r$ (二項定理) から得られる。

⇐ $n>0$ であるから不等号の向きは変わらない。

⇐ **$a_n>b_n$ で $\lim_{n\to\infty}b_n=\infty$ ならば $\lim_{n\to\infty}a_n=\infty$**

⇐ $a>b>0$ のとき $\frac{1}{a}<\frac{1}{b}$

⇐ $n^2>0$ であるから不等号の向きは変わらない。

⇐ $(n-1)(n-2)=n^2-3n+2$

⇐ **はさみうちの原理**

PR ④21

$a_1=2$，$a_{n+1}=\frac{5a_n-6}{2a_n-3}$ $(n=1,\ 2,\ 3,\ \cdots\cdots)$ で定められる数列 $\{a_n\}$ について

(1) $b_n=\frac{a_n-1}{a_n-3}$ とおくとき，数列 $\{b_n\}$ の一般項を求めよ。

(2) 一般項 a_n と極限 $\lim_{n\to\infty}a_n$ を求めよ。

(1) $b_{n+1}=\frac{a_{n+1}-1}{a_{n+1}-3}=\frac{\frac{5a_n-6}{2a_n-3}-1}{\frac{5a_n-6}{2a_n-3}-3}=\frac{5a_n-6-(2a_n-3)}{5a_n-6-3(2a_n-3)}$

$=\frac{3a_n-3}{-a_n+3}=-3\cdot\frac{a_n-1}{a_n-3}=-3b_n$

また　$b_1=\frac{a_1-1}{a_1-3}=\frac{2-1}{2-3}=-1$

よって，数列 $\{b_n\}$ は初項 -1，公比 -3 の等比数列であるから

$$\boldsymbol{b_n}=-1\cdot(-3)^{n-1}=\boldsymbol{-(-3)^{n-1}}$$

inf. $\lim_{n\to\infty}a_n=\alpha$ と仮定すると，$\lim_{n\to\infty}a_{n+1}=\alpha$ であるから，漸化式より

$\alpha=\frac{5\alpha-6}{2\alpha-3}$

これから

$\alpha^2-4\alpha+3=0$

$(\alpha-1)(\alpha-3)=0$

ゆえに　$\alpha=1,\ 3$

これが，(1) の $b_n=\frac{a_n-1}{a_n-3}$ とおく根拠となっている。

(2)　$b_n=\frac{a_n-1}{a_n-3}$ から　　$(a_n-3)b_n=a_n-1$

したがって　　$(b_n-1)a_n=3b_n-1$

$b_n \neq 1$ であるから　　$a_n=\frac{3b_n-1}{b_n-1}$

よって，(1) の結果を代入して

$$\boldsymbol{a_n}=\frac{-3(-3)^{n-1}-1}{-(-3)^{n-1}-1}=\boldsymbol{\frac{3(-3)^{n-1}+1}{(-3)^{n-1}+1}}$$

ゆえに　　$\lim_{n\to\infty}\boldsymbol{a_n}=\lim_{n\to\infty}\frac{3(-3)^{n-1}+1}{(-3)^{n-1}+1}=\lim_{n\to\infty}\frac{3+\left(-\frac{1}{3}\right)^{n-1}}{1+\left(-\frac{1}{3}\right)^{n-1}}$

$$=\frac{3+0}{1+0}=\boldsymbol{3}$$

⇐$b_n=1$ のとき $0\cdot a_n=2$ となり不適。

⇐$a_n=\frac{1-(-3)^n}{1+(-3)^{n-1}}$ でもよい。

⇐$\left|-\frac{1}{3}\right|<1$

PR ④22

$a_1=a$ $(0<a<1)$, $a_{n+1}=-\frac{1}{2}a_n{}^3+\frac{3}{2}a_n$ $(n=1,\ 2,\ 3,\ \cdots\cdots)$ によって定められる数列 $\{a_n\}$ について，次の (1), (2) を示せ。また，(3) を求めよ。

(1)　$0<a_n<1$

(2)　$r=\frac{1-a_2}{1-a_1}$ のとき　$1-a_{n+1} \leqq r(1-a_n)$ $(n=1,\ 2,\ 3,\ \cdots\cdots)$

(3)　$\lim_{n\to\infty}a_n$　〔鳥取大〕

HINT　(2)　$r-\frac{1-a_{n+1}}{1-a_n} \geqq 0$ を示す。$a_n<a_{n+1}$ であることを示すことがポイント。

(1)　$0<a_n<1$ …… ① とする。

[1]　$n=1$ のとき　　$a_1=a$, $0<a<1$ から ① は成り立つ。

[2]　$n=k$ のとき，① が成り立つと仮定すると

$$0<a_k<1$$

$n=k+1$ のとき

$$a_{k+1}=\frac{1}{2}a_k(3-a_k{}^2)>0$$

$$1-a_{k+1}=1+\frac{1}{2}a_k{}^3-\frac{3}{2}a_k$$

$$=\frac{1}{2}(a_k-1)^2(a_k+2)>0 \quad \cdots\cdots ②$$

よって，$0<a_{k+1}<1$ であるから，$n=k+1$ のときにも ① は成り立つ。

[1], [2] から，すべての自然数 n に対して ① が成り立つ。

⇐$0<a_k{}^2<1$

⇐$\frac{1}{2}(a_k{}^3-3a_k+2)$ を因数定理を用いて因数分解する。$a_k-1<0$ から $(a_k-1)^2>0$

(2)　② から　　$\frac{1-a_{n+1}}{1-a_n}=\frac{1}{2}(1-a_n)(2+a_n)$

ゆえに　　$r=\frac{1-a_2}{1-a_1}=\frac{1}{2}(1-a_1)(2+a_1)$

よって　　$r-\frac{1-a_{n+1}}{1-a_n}$

$$=\frac{1}{2}\{(1-a_1)(2+a_1)-(1-a_n)(2+a_n)\}$$

⇐$1-a_{n+1}=\frac{1}{2}(a_n-1)^2(a_n+2)$ の両辺を $1-a_n \neq 0$ で割る。

$$=\frac{1}{2}(a_n{}^2-a_1{}^2+a_n-a_1)$$

$$=\frac{1}{2}(a_n-a_1)(a_n+a_1+1)^*$$

⇐$(a_n+a_1)(a_n-a_1)+(a_n-a_1)$

ここで　$a_n-a_{n+1}=a_n-\left(-\frac{1}{2}a_n{}^3+\frac{3}{2}a_n\right)$

$$=\frac{1}{2}a_n(a_n{}^2-1)<0$$

ゆえに　$a_n<a_{n+1}$

よって，$0<a_1\leqq a_n<1$ から　$r-\frac{1-a_{n+1}}{1-a_n}\geqq 0$

⇐＊において $a_n-a_1\geqq 0$, $a_n+a_1+1>0$

したがって　$1-a_{n+1}\leqq r(1-a_n)$

等号は $n=1$ のとき成り立つ。

(3) (2) を繰り返し用いて

$$0<1-a_n\leqq r(1-a_{n-1})\leqq\cdots\cdots\leqq r^{n-1}(1-a_1)$$

ここで，$0<a_1<a_2<1$ から　$0<r=\frac{1-a_2}{1-a_1}<1$

よって，$\lim_{n\to\infty}r^{n-1}(1-a_1)=0$ であるから

⇐はさみうちの原理

$$\lim_{n\to\infty}(1-a_n)=0$$

ゆえに，数列 $\{a_n\}$ は収束して　$\lim_{n\to\infty}a_n=\mathbf{1}$

参考　$\alpha=-\frac{1}{2}\alpha^3+\frac{3}{2}\alpha$ とすると　$\alpha^3-\alpha=0$

$\alpha(\alpha-1)(\alpha+1)=0$ から　$\alpha=-1,\ 0,\ 1$

$0<a_n<1$ と右のグラフから $\lim_{n\to\infty}a_n=1$ と予想できる。

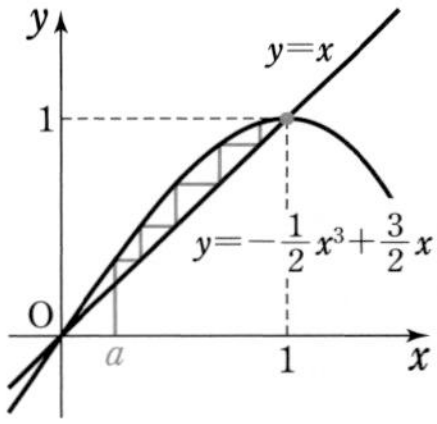

PR ③23　次の条件によって定められる数列 $\{a_n\}$ の極限を求めよ。

$a_1=1,\ a_2=3,\ 4a_{n+2}=5a_{n+1}-a_n\ \ (n=1,\ 2,\ 3,\ \cdots\cdots)$

漸化式は $a_{n+2}-a_{n+1}=\frac{1}{4}(a_{n+1}-a_n)$ と変形できる。

⇐$4x^2=5x-1$ を解くと $4x^2-5x+1=0$　$(x-1)(4x-1)=0$　よって　$x=1,\ \frac{1}{4}$

また　$a_2-a_1=3-1=2$

よって，数列 $\{a_{n+1}-a_n\}$ は初項 2，公比 $\frac{1}{4}$ の等比数列であるから　$a_{n+1}-a_n=2\left(\frac{1}{4}\right)^{n-1}$

ゆえに，$n\geqq 2$ のとき

$$a_n=a_1+\sum_{k=1}^{n-1}2\left(\frac{1}{4}\right)^{k-1}=1+2\cdot\frac{1-\left(\frac{1}{4}\right)^{n-1}}{1-\frac{1}{4}}$$

$$=1+\frac{8}{3}\left\{1-\left(\frac{1}{4}\right)^{n-1}\right\}=\frac{11}{3}-\frac{8}{3}\left(\frac{1}{4}\right)^{n-1}$$

⇐数列 $\{a_n\}$ の階差数列 $\{b_n\}$ がわかれば，$n\geqq 2$ のとき　$a_n=a_1+\sum_{k=1}^{n-1}b_k$

したがって　$\lim_{n\to\infty}a_n=\lim_{n\to\infty}\left\{\frac{11}{3}-\frac{8}{3}\left(\frac{1}{4}\right)^{n-1}\right\}=\mathbf{\frac{11}{3}}$

inf.　本問では，階差数列が導かれたから a_n が求められた。一般には，次のように漸化式を2通りに変形して a_n が求められる。

⇐1が特性方程式の解のとき。

$$a_{n+2}-a_{n+1}=\frac{1}{4}(a_{n+1}-a_n),\quad a_{n+2}-\frac{1}{4}a_{n+1}=a_{n+1}-\frac{1}{4}a_n$$

⇐2番目の式は，$a_{n+2}-\alpha a_{n+1}=\beta(a_{n+1}-\alpha a_n)$ に，$\alpha=\frac{1}{4}$，$\beta=1$ を代入したもの。

これと $a_2-a_1=2$，$a_2-\frac{1}{4}a_1=\frac{11}{4}$ から

$$a_{n+1}-a_n=2\left(\frac{1}{4}\right)^{n-1},\quad a_{n+1}-\frac{1}{4}a_n=\frac{11}{4}$$

辺々を引くと　$-\frac{3}{4}a_n=2\left(\frac{1}{4}\right)^{n-1}-\frac{11}{4}$

⇐a_{n+1} を消去。

ゆえに　$a_n=\frac{11}{3}-\frac{8}{3}\left(\frac{1}{4}\right)^{n-1}$

よって　$\lim_{n\to\infty}a_n=\boldsymbol{\frac{11}{3}}$

PR ④24

1辺の長さが1である正三角形ABCの辺BC上に点 A_1 をとる。A_1 から辺ABに垂線 A_1C_1 を引き，点 C_1 から辺ACに垂線 C_1B_1 を引き，更に点 B_1 から辺BCに垂線 B_1A_2 を引く。これを繰り返し，辺BC上に点 A_1，A_2，……，A_n，……，辺AB上に点 C_1，C_2，……，C_n，……，辺AC上に点 B_1，B_2，……，B_n，…… をとる。このとき，$BA_n=x_n$ とする。
(1)　x_n，x_{n+1} が満たす漸化式を求めよ。
(2)　極限 $\lim_{n\to\infty}x_n$ を求めよ。

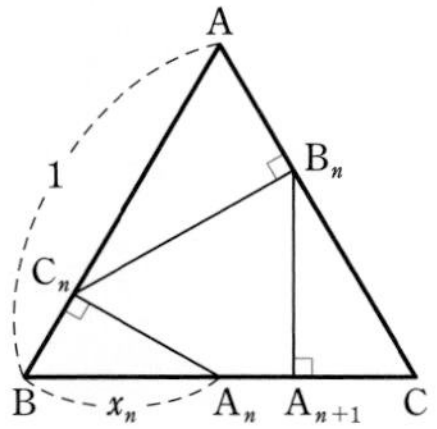

(1)　$BC_n=\frac{1}{2}BA_n=\frac{1}{2}x_n$，$AB_n=\frac{1}{2}AC_n=\frac{1}{2}\left(1-\frac{1}{2}x_n\right)$，

$CB_n=CA-AB_n=1-\frac{1}{2}\left(1-\frac{1}{2}x_n\right)=\frac{1}{2}+\frac{1}{4}x_n$，

$CA_{n+1}=\frac{1}{2}CB_n=\frac{1}{2}\left(\frac{1}{2}+\frac{1}{4}x_n\right)=\frac{1}{4}+\frac{1}{8}x_n$，

$BA_{n+1}=BC-CA_{n+1}=1-\left(\frac{1}{4}+\frac{1}{8}x_n\right)=\frac{3}{4}-\frac{1}{8}x_n$

したがって　$\boldsymbol{x_{n+1}=-\frac{1}{8}x_n+\frac{3}{4}}$

(2)　$x_{n+1}=-\frac{1}{8}x_n+\frac{3}{4}$ を変形すると

$$x_{n+1}-\frac{2}{3}=-\frac{1}{8}\left(x_n-\frac{2}{3}\right)$$

⇐特性方程式 $\alpha=-\frac{1}{8}\alpha+\frac{3}{4}$ を解くと $\alpha=\frac{2}{3}$

よって，数列 $\left\{x_n-\frac{2}{3}\right\}$ は初項 $x_1-\frac{2}{3}$，公比 $-\frac{1}{8}$ の等比数列

であり　$x_n-\frac{2}{3}=\left(-\frac{1}{8}\right)^{n-1}\left(x_1-\frac{2}{3}\right)$

ゆえに　$x_n=\left(-\frac{1}{8}\right)^{n-1}\left(x_1-\frac{2}{3}\right)+\frac{2}{3}$

よって　$\lim_{n\to\infty}x_n=\boldsymbol{\frac{2}{3}}$

⇐$\lim_{n\to\infty}\left(-\frac{1}{8}\right)^{n-1}=0$

PR ④25

三角形 ABC の頂点を移動する動点Pがある。移動の向きについては，A⟶B，B⟶C，C⟶Aを正の向き，A⟶C，C⟶B，B⟶Aを負の向きと呼ぶことにする。硬貨を投げて，表が出たらPはそのときの位置にとどまり，裏が出たときはもう１度硬貨を投げ，表なら正の向きに，裏なら負の向きに隣の頂点に移動する。この操作を１回のステップとする。動点Pは初め頂点Aにあるものとする。n 回目のステップの後にPがAにある確率を a_n とするとき，$\lim_{n\to\infty} a_n$ を求めよ。

$(n+1)$ 回目のステップの後にPがAにあるのは
[1]　n 回後にAにあり，$(n+1)$ 回後もAにある。
[2]　n 回後にBにあり，$(n+1)$ 回後にAにある。
[3]　n 回後にCにあり，$(n+1)$ 回後にAにある。
のいずれかであり，[1]～[3] は互いに排反である。
n 回後に点PがBまたはCにある確率はともに等確率であるから，それぞれにある確率は　$\dfrac{1-a_n}{2}$

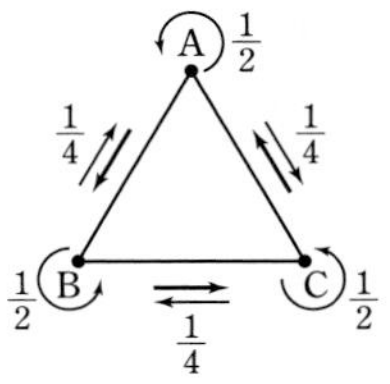

また，A→Aは表，B→Aは裏・裏，C→Aは裏・表と出る場合であるから，それぞれの確率は　$\dfrac{1}{2}$，$\dfrac{1}{4}$，$\dfrac{1}{4}$

よって　$a_{n+1}=\dfrac{1}{2}\cdot a_n+\dfrac{1}{4}\cdot\dfrac{1-a_n}{2}+\dfrac{1}{4}\cdot\dfrac{1-a_n}{2}$

ゆえに　$a_{n+1}=\dfrac{1}{4}a_n+\dfrac{1}{4}$ …… ①

① を変形すると　$a_{n+1}-\dfrac{1}{3}=\dfrac{1}{4}\left(a_n-\dfrac{1}{3}\right)$

⇦特性方程式
$\alpha=\dfrac{1}{4}\alpha+\dfrac{1}{4}$ を解くと
$\alpha=\dfrac{1}{3}$

よって，数列 $\left\{a_n-\dfrac{1}{3}\right\}$ は，初項 $a_1-\dfrac{1}{3}=\dfrac{1}{2}-\dfrac{1}{3}=\dfrac{1}{6}$，
公比 $\dfrac{1}{4}$ の等比数列であるから　$a_n-\dfrac{1}{3}=\dfrac{1}{6}\left(\dfrac{1}{4}\right)^{n-1}$

ゆえに　$\lim_{n\to\infty} a_n=\lim_{n\to\infty}\left\{\dfrac{1}{6}\left(\dfrac{1}{4}\right)^{n-1}+\dfrac{1}{3}\right\}=\boldsymbol{\dfrac{1}{3}}$

PR ②26

次の無限級数の収束，発散を調べ，収束するときはその和を求めよ。

(1)　$\dfrac{1}{3\cdot5}+\dfrac{1}{5\cdot7}+\cdots\cdots+\dfrac{1}{(2n+1)(2n+3)}+\cdots\cdots$

(2)　$\dfrac{1}{\sqrt{1}+\sqrt{4}}+\dfrac{1}{\sqrt{4}+\sqrt{7}}+\cdots\cdots+\dfrac{1}{\sqrt{3n-2}+\sqrt{3n+1}}+\cdots\cdots$

第 n 項までの部分和を S_n とする。

(1)　第 n 項は　$\dfrac{1}{(2n+1)(2n+3)}=\dfrac{1}{2}\left(\dfrac{1}{2n+1}-\dfrac{1}{2n+3}\right)$

⇦部分分数に分解する。

よって　$S_n=\dfrac{1}{2}\left\{\left(\dfrac{1}{3}-\dfrac{1}{5}\right)+\left(\dfrac{1}{5}-\dfrac{1}{7}\right)+\cdots\cdots\right.$
$\left.+\left(\dfrac{1}{2n-1}-\dfrac{1}{2n+1}\right)+\left(\dfrac{1}{2n+1}-\dfrac{1}{2n+3}\right)\right\}$
$=\dfrac{1}{2}\left(\dfrac{1}{3}-\dfrac{1}{2n+3}\right)$

⇦$n\longrightarrow\infty$ の極限をとるので，$S_n=\dfrac{n}{3(2n+3)}$ と整理しなくてよい。

ゆえに　$\lim_{n\to\infty} S_n=\lim_{n\to\infty}\frac{1}{2}\left(\frac{1}{3}-\frac{1}{2n+3}\right)=\frac{1}{6}$

⇐ $\frac{1}{2n+3}\longrightarrow 0$ $(n\longrightarrow\infty)$

したがって，この無限級数は **収束し，その和は $\frac{1}{6}$** である。

(2)　第 n 項は　$\frac{1}{\sqrt{3n-2}+\sqrt{3n+1}}$

$$=\frac{\sqrt{3n-2}-\sqrt{3n+1}}{(\sqrt{3n-2}+\sqrt{3n+1})(\sqrt{3n-2}-\sqrt{3n+1})}$$

⇐分母を有理化。

$$=\frac{\sqrt{3n-2}-\sqrt{3n+1}}{(3n-2)-(3n+1)}$$

$$=\frac{\sqrt{3n+1}-\sqrt{3n-2}}{3}$$

よって　$S_n=\frac{2-1}{3}+\frac{\sqrt{7}-2}{3}+\cdots\cdots+\frac{\sqrt{3n+1}-\sqrt{3n-2}}{3}$

$$=\frac{\sqrt{3n+1}-1}{3}$$

ゆえに　$\lim_{n\to\infty} S_n=\lim_{n\to\infty}\frac{\sqrt{3n+1}-1}{3}=\infty$

⇐ $\sqrt{3n+1}\longrightarrow\infty$ $(n\longrightarrow\infty)$

したがって，この無限級数は **発散する。**

PR ②27

無限級数 $x+\frac{x}{1+x}+\frac{x}{(1+x)^2}+\frac{x}{(1+x)^3}+\cdots\cdots$ $(x\neq-1)$ について
(1)　無限級数が収束するような実数 x の値の範囲を求めよ。
(2)　無限級数の和を $f(x)$ として，関数 $y=f(x)$ のグラフをかけ。　〔岡山理科大〕

(1)　与えられた無限級数は，初項 x，公比 $\frac{1}{1+x}$ の無限等比級数であるから，収束するための必要十分条件は

⇐ $\sum_{n=1}^{\infty} ar^{n-1}$ の収束条件は $a=0$ または $-1<r<1$

$$\left|\frac{1}{1+x}\right|<1 \quad または \quad x=0$$

$\left|\frac{1}{1+x}\right|<1$ より，$|1+x|>1$ から　$x<-2,\ 0<x$

⇐ $|1+x|>1 \iff 1+x<-1,\ 1<1+x$

よって，求める x の値の範囲は

$$\boldsymbol{x<-2,\ 0\leqq x}$$

(2)　$x<-2,\ 0<x$ のとき

$$f(x)=\frac{x}{1-\frac{1}{1+x}}=1+x$$

⇐無限等比級数 $\sum_{n=1}^{\infty} ar^{n-1}$ の和は $\frac{a}{1-r}$

$x=0$ のとき

$$f(x)=0$$

⇐初項が0のとき和は0

よって，グラフは **右図の実線部分** のようになる。

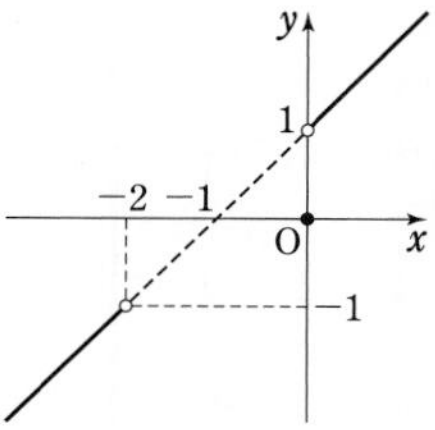

PR ③28

k を $0<k<1$ なる定数とする。xy 平面上で動点Pは原点Oを出発して，x 軸の正の向きに1だけ進み，次に y 軸の正の向きに k だけ進む。更に，x 軸の負の向きに k^2 だけ進み，次に y 軸の負の向きに k^3 だけ進む。以下このように方向を変え，方向を変えるたびに進む距離が k 倍される運動を限りなく続けるときの，点Pが近づいていく点の座標は □ である。〔東北学院大〕

点Pが近づく点の座標を $(x,\ y)$ とすると

$$x=1-k^2+k^4-k^6+\cdots\cdots$$
$$y=k-k^3+k^5-k^7+\cdots\cdots$$

x，y はともに公比 $-k^2$ の無限等比級数で表され，$0<k<1$ より $|-k^2|<1$ であるから収束する。

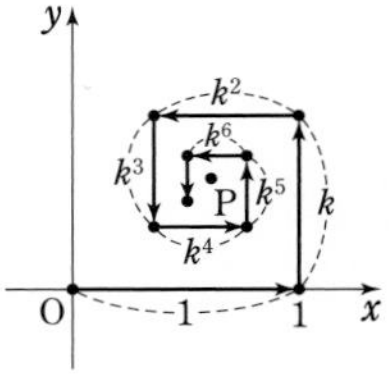

ゆえに　$x=\dfrac{1}{1-(-k^2)}=\dfrac{1}{1+k^2}$

$y=\dfrac{k}{1-(-k^2)}=\dfrac{k}{1+k^2}$

⇐ $\dfrac{(初項)}{1-(公比)}$

よって，求める点の座標は　$\left(\boldsymbol{\dfrac{1}{1+k^2},\ \dfrac{k}{1+k^2}}\right)$

PR ③29

正方形 S_n，円 C_n $(n=1,\ 2,\ \cdots\cdots)$ を次のように定める。C_n は S_n に内接し，S_{n+1} は C_n に内接する。S_1 の1辺の長さを a とするとき，円周の総和は □ である。〔工学院大〕

正方形 S_n の1辺の長さを a_n，
円 C_n の半径を r_n とすると

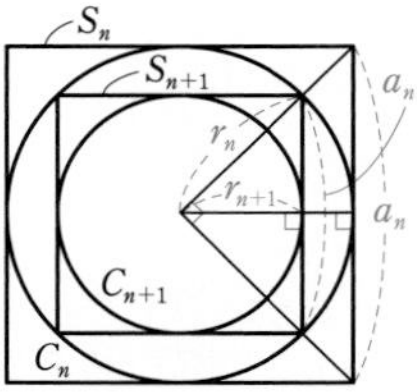

$$r_n=\frac{a_n}{2},\ \ a_{n+1}=\sqrt{2}\,r_n$$

⇐(円の直径)
=(正方形の1辺の長さ)

よって　$r_{n+1}=\dfrac{r_n}{\sqrt{2}}$

⇐ $r_{n+1}=\dfrac{a_{n+1}}{2}=\dfrac{\sqrt{2}\,r_n}{2}$

$a_1=a$ から　$r_1=\dfrac{a}{2}$

ゆえに，数列 $\{r_n\}$ は初項 $\dfrac{a}{2}$，公比 $\dfrac{1}{\sqrt{2}}$ の無限等比数列である。

したがって，円周の総和は

⇐|公比|<1 から，
円周の総和は収束する。

$$\sum_{n=1}^{\infty}2\pi r_n=2\pi\cdot\frac{\frac{a}{2}}{1-\frac{1}{\sqrt{2}}}=\frac{\sqrt{2}\,\pi a}{\sqrt{2}-1}=\boldsymbol{(2+\sqrt{2})\pi a}$$

PR ②30

次の無限級数は発散することを示せ。

(1) $1+\dfrac{2}{3}+\dfrac{3}{5}+\dfrac{4}{7}+\cdots\cdots$　　(2) $\sin\dfrac{\pi}{2}+\sin\dfrac{3}{2}\pi+\sin\dfrac{5}{2}\pi+\cdots\cdots$

(1) 第 n 項 a_n は　$a_n=\dfrac{n}{2n-1}$

よって　$\displaystyle\lim_{n\to\infty}a_n=\lim_{n\to\infty}\frac{n}{2n-1}=\lim_{n\to\infty}\frac{1}{2-\frac{1}{n}}=\frac{1}{2}\neq 0$

ゆえに，数列 $\{a_n\}$ が0に収束しないから，与えられた無限級数は発散する。

別解 第 n 項までの部分和を S_n とすると

$$S_n=1+\frac{2}{3}+\frac{3}{5}+\cdots\cdots+\frac{n}{2n-1}$$
$$>\frac{1}{2}+\frac{1}{2}+\frac{1}{2}+\cdots\cdots+\frac{1}{2}=\frac{n}{2}$$

$\lim_{n\to\infty}\frac{n}{2}=\infty$ であるから $\lim_{n\to\infty}S_n=\infty$

よって，与えられた無限級数は発散する。

⇐$n\geqq 1$ のとき $\frac{n}{2n-1}>\frac{1}{2}$

(2) 第 n 項 a_n は $a_n=\sin\frac{2n-1}{2}\pi$

ここで n が奇数のとき $\sin\frac{2n-1}{2}\pi=1$

n が偶数のとき $\sin\frac{2n-1}{2}\pi=-1$

であるから，数列 $\{a_n\}$ は振動する。

すなわち，数列 $\{a_n\}$ が 0 に収束しないから，与えられた無限級数は発散する。

(2) m を整数として
$n=2m+1$ (奇数) のとき
$\sin\frac{2n-1}{2}\pi=\sin\frac{4m+1}{2}\pi$
$=\sin\left(2m\pi+\frac{\pi}{2}\right)=\sin\frac{\pi}{2}=1$
$n=2m$ (偶数) のとき
$\sin\frac{2n-1}{2}\pi=\sin\frac{4m-1}{2}\pi$
$=\sin\left(2m\pi-\frac{\pi}{2}\right)$
$=\sin\left(-\frac{\pi}{2}\right)=-1$

PR ②31

次の無限級数の和を求めよ。

(1) $\left(1+\frac{2}{3}\right)+\left(\frac{1}{3}+\frac{2^2}{3^2}\right)+\left(\frac{1}{3^2}+\frac{2^3}{3^3}\right)+\cdots\cdots$ (2) $\frac{3^2-2}{4}+\frac{3^3-2^2}{4^2}+\frac{3^4-2^3}{4^3}+\cdots\cdots$

(1) 初項から第 n 項までの部分和を S_n とすると

$$S_n=\left(1+\frac{1}{3}+\frac{1}{3^2}+\cdots\cdots+\frac{1}{3^{n-1}}\right)+\left(\frac{2}{3}+\frac{2^2}{3^2}+\cdots\cdots+\frac{2^n}{3^n}\right)$$
$$=\frac{1-\left(\frac{1}{3}\right)^n}{1-\frac{1}{3}}+\frac{\frac{2}{3}\left\{1-\left(\frac{2}{3}\right)^n\right\}}{1-\frac{2}{3}}=\frac{3}{2}\left\{1-\left(\frac{1}{3}\right)^n\right\}+2\left\{1-\left(\frac{2}{3}\right)^n\right\}$$

⇐S_n は有限個の和であるから，左のように順序を変えて計算してもよい。

$\lim_{n\to\infty}S_n=\frac{3}{2}\cdot1+2\cdot1=\frac{7}{2}$ であるから，求める和は $\boldsymbol{\frac{7}{2}}$

⇐$n\longrightarrow\infty$ のとき $\left(\frac{1}{3}\right)^n\longrightarrow 0$, $\left(\frac{2}{3}\right)^n\longrightarrow 0$

別解 $\left(1+\frac{2}{3}\right)+\left(\frac{1}{3}+\frac{2^2}{3^2}\right)+\left(\frac{1}{3^2}+\frac{2^3}{3^3}\right)+\cdots\cdots=\sum_{n=1}^{\infty}\left(\frac{1}{3^{n-1}}+\frac{2^n}{3^n}\right)$

$\sum_{n=1}^{\infty}\frac{1}{3^{n-1}}$ は初項 1，公比 $\frac{1}{3}$ の無限等比級数であり，

$\sum_{n=1}^{\infty}\frac{2^n}{3^n}$ は初項 $\frac{2}{3}$，公比 $\frac{2}{3}$ の無限等比級数である。

公比について，$\left|\frac{1}{3}\right|<1$, $\left|\frac{2}{3}\right|<1$ であるから，これらの無限級数はともに収束して，それぞれの和は

$$\sum_{n=1}^{\infty}\frac{1}{3^{n-1}}=\frac{1}{1-\frac{1}{3}}=\frac{3}{2},\quad \sum_{n=1}^{\infty}\frac{2^n}{3^n}=\frac{\frac{2}{3}}{1-\frac{2}{3}}=2$$

よって $\sum_{n=1}^{\infty}\left(\frac{1}{3^{n-1}}+\frac{2^n}{3^n}\right)=\frac{3}{2}+2=\boldsymbol{\frac{7}{2}}$

inf. 無限等比級数の収束条件は $a=0$ または $|r|<1$
このとき和は $\frac{a}{1-r}$

⇐収束を確認する。

(2) 初項から第 n 項までの部分和を S_n とすると

$$S_n=\left(\frac{3^2}{4}+\frac{3^3}{4^2}+\frac{3^4}{4^3}+\cdots\cdots+\frac{3^{n+1}}{4^n}\right)-\left(\frac{2}{4}+\frac{2^2}{4^2}+\cdots\cdots+\frac{2^n}{4^n}\right)$$

⇐ S_n は有限個の和であるから，左のように順序を変えて計算してもよい。

$$=\frac{\frac{3^2}{4}\left\{1-\left(\frac{3}{4}\right)^n\right\}}{1-\frac{3}{4}}-\frac{\frac{1}{2}\left\{1-\left(\frac{1}{2}\right)^n\right\}}{1-\frac{1}{2}}$$

$$=9\left\{1-\left(\frac{3}{4}\right)^n\right\}-\left\{1-\left(\frac{1}{2}\right)^n\right\}$$

$\lim_{n\to\infty} S_n=9\cdot1-1=8$ であるから，求める和は　**8**

⇐ $n\longrightarrow\infty$ のとき $\left(\frac{3}{4}\right)^n\longrightarrow 0,\ \left(\frac{1}{2}\right)^n\longrightarrow 0$

別解

$$\frac{3^2-2}{4}+\frac{3^3-2^2}{4^2}+\frac{3^4-2^3}{4^3}+\cdots\cdots=\sum_{n=1}^{\infty}\frac{3^{n+1}-2^n}{4^n}$$
$$=\sum_{n=1}^{\infty}\left\{3\left(\frac{3}{4}\right)^n-\left(\frac{1}{2}\right)^n\right\}$$

$\sum_{n=1}^{\infty}3\left(\frac{3}{4}\right)^n$ は初項 $3\cdot\frac{3}{4}=\frac{9}{4}$，公比 $\frac{3}{4}$ の無限等比級数であり，

⇐「初項は 3」という間違いをしないように！

$\sum_{n=1}^{\infty}\left(\frac{1}{2}\right)^n$ は初項 $\frac{1}{2}$，公比 $\frac{1}{2}$ の無限等比級数である。

公比について，$\left|\frac{3}{4}\right|<1,\ \left|\frac{1}{2}\right|<1$ であるから，これらの無限級数はともに収束して，それぞれの和は

⇐収束を確認する。

$$\sum_{n=1}^{\infty}3\left(\frac{3}{4}\right)^n=\frac{\frac{9}{4}}{1-\frac{3}{4}}=9,\qquad \sum_{n=1}^{\infty}\left(\frac{1}{2}\right)^n=\frac{\frac{1}{2}}{1-\frac{1}{2}}=1$$

よって　$\sum_{n=1}^{\infty}\left\{3\left(\frac{3}{4}\right)^n-\left(\frac{1}{2}\right)^n\right\}=9-1=\mathbf{8}$

PR ③32

次の無限級数の和を求めよ。

(1) $\frac{1}{2}+\frac{1}{3}+\frac{1}{2^2}+\frac{1}{3^2}+\frac{1}{2^3}+\frac{1}{3^3}+\cdots\cdots$

(2) $1+\frac{1}{2}+\frac{1}{3}+\frac{1}{4}+\frac{1}{9}+\frac{1}{8}+\frac{1}{27}+\cdots\cdots$

第 n 項までの部分和を S_n とする。

(1) $S_{2n}=\frac{1}{2}+\frac{1}{3}+\frac{1}{2^2}+\frac{1}{3^2}+\frac{1}{2^3}+\frac{1}{3^3}+\cdots\cdots+\frac{1}{2^n}+\frac{1}{3^n}$

$$=\left\{\frac{1}{2}+\left(\frac{1}{2}\right)^2+\cdots\cdots+\left(\frac{1}{2}\right)^n\right\}$$
$$+\left\{\frac{1}{3}+\left(\frac{1}{3}\right)^2+\cdots\cdots+\left(\frac{1}{3}\right)^n\right\}$$

⇐初項 $\frac{1}{2}$，公比 $\frac{1}{2}$ の等比数列の和。

⇐初項 $\frac{1}{3}$，公比 $\frac{1}{3}$ の等比数列の和。

$$=\frac{1}{2}\cdot\frac{1-\left(\frac{1}{2}\right)^n}{1-\frac{1}{2}}+\frac{1}{3}\cdot\frac{1-\left(\frac{1}{3}\right)^n}{1-\frac{1}{3}}=\left(1-\frac{1}{2^n}\right)+\frac{1}{2}\left(1-\frac{1}{3^n}\right)$$

よって　$\lim_{n\to\infty}S_{2n}=1+\frac{1}{2}=\frac{3}{2}$

⇐ $\lim_{n\to\infty}\frac{1}{2^n}=0,\ \lim_{n\to\infty}\frac{1}{3^n}=0$

また $\lim_{n\to\infty} S_{2n-1}=\lim_{n\to\infty}\left(S_{2n}-\frac{1}{3^n}\right)=\frac{3}{2}$

⇐$S_{2n-1}=S_{2n}-a_{2n}$
$=S_{2n}-\frac{1}{3^n}$

$\lim_{n\to\infty} S_{2n}=\lim_{n\to\infty} S_{2n-1}=\frac{3}{2}$ であるから，求める和は $\boldsymbol{\frac{3}{2}}$

(2) $S_{2n}=1+\frac{1}{2}+\frac{1}{3}+\frac{1}{4}+\frac{1}{9}+\frac{1}{8}+\cdots\cdots+\frac{1}{3^{n-1}}+\frac{1}{2^n}$

$=\left(1+\frac{1}{3}+\frac{1}{9}+\cdots\cdots+\frac{1}{3^{n-1}}\right)$

$+\left(\frac{1}{2}+\frac{1}{4}+\frac{1}{8}+\cdots\cdots+\frac{1}{2^n}\right)$

⇐初項 1，公比 $\frac{1}{3}$ の等比数列の和。

⇐初項 $\frac{1}{2}$，公比 $\frac{1}{2}$ の等比数列の和。

$$=\frac{1-\left(\frac{1}{3}\right)^n}{1-\frac{1}{3}}+\frac{1}{2}\cdot\frac{1-\left(\frac{1}{2}\right)^n}{1-\frac{1}{2}}=\frac{3}{2}\left(1-\frac{1}{3^n}\right)+\left(1-\frac{1}{2^n}\right)$$

よって $\lim_{n\to\infty} S_{2n}=\frac{3}{2}+1=\frac{5}{2}$

また $\lim_{n\to\infty} S_{2n-1}=\lim_{n\to\infty}\left(S_{2n}-\frac{1}{2^n}\right)=\frac{5}{2}$

⇐$S_{2n-1}=S_{2n}-a_{2n}$
$=S_{2n}-\frac{1}{2^n}$

$\lim_{n\to\infty} S_{2n}=\lim_{n\to\infty} S_{2n-1}=\frac{5}{2}$ であるから，求める和は $\boldsymbol{\frac{5}{2}}$

inf. 無限級数 $a_1+b_1+a_2+b_2+\cdots\cdots+a_n+b_n+\cdots\cdots$ の和について，重要例題 32，PRACTICE 32 の無限級数は

$$(a_1+b_1)+(a_2+b_2)+\cdots\cdots+(a_n+b_n)+\cdots\cdots=\sum_{n=1}^{\infty}(a_n+b_n)$$

と同じ結果になる。しかし，例えば無限級数

$1-1+1-1+1-1+\cdots\cdots$

について，その部分和を S_n とすると，$S_{2n}=0$，$S_{2n-1}=1$ であるから $\lim_{n\to\infty} S_{2n}\neq\lim_{n\to\infty} S_{2n-1}$

⇐$S_{2n}=1-1+\cdots+1-1$
$S_{2n-1}=S_{2n}+1$

ゆえに，この無限級数は発散する。これを

[1] $1-1+1-1+1-1+\cdots\cdots$
$=(1-1)+(1-1)+(1-1)+\cdots\cdots$
$=0+0+0+\cdots\cdots$
$=0$
よって $S=0$

⇐この式が誤り。無限級数では，勝手に（ ）でくくったり，項の順序を変えてはならない。

[2] $1-1+1-1+1-1+\cdots\cdots$
$=1+(-1+1)+(-1+1)+\cdots\cdots$
$=1+0+0+\cdots\cdots=1$
よって $S=1$

[3] $S=1-1+1-1+1-1+\cdots\cdots$
$S=\quad 1-1+1-1+1-1+\cdots\cdots$
の辺々を加えて $2S=1$
よって $S=\frac{1}{2}$

などとするのは誤り。

PR ④33

二等辺三角形 ABC に図のように正方形 DEFG が内接している。
AB=AC=a, BC=2 とするとき
(1) 正方形 DEFG の面積 S_1 を求めよ。
(2) 二等辺三角形 ADG に内接する正方形 D′E′F′G′ の面積を S_2, 二等辺三角形 AD′G′ に内接する正方形の面積を S_3, 以下同様に正方形を作っていき，その面積を S_4, S_5, …… とする。このとき，無限級数 $S_1+S_2+S_3+S_4+S_5+\cdots\cdots$ の和 S_∞ を求めよ。 〔お茶の水大〕

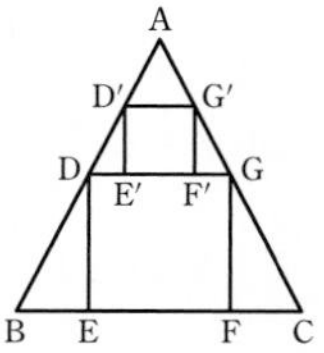

(1) 辺 BC の中点を M, DG=$2x$ とすると，$0<x<1$ であり

$$BE=1-x,\ DE=2x$$

ここで　BE：DE=BM：AM

ゆえに　$(1-x):2x=1:\sqrt{a^2-1}$

よって　$x=\dfrac{\sqrt{a^2-1}}{2+\sqrt{a^2-1}}$

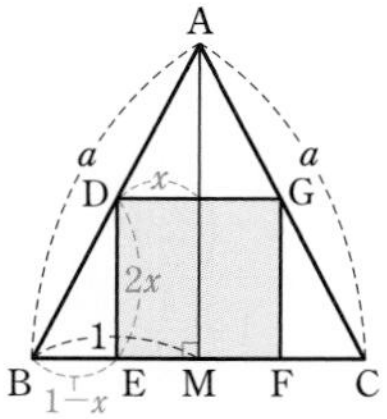

⇐$2x=(1-x)\sqrt{a^2-1}$ から $(2+\sqrt{a^2-1})x=\sqrt{a^2-1}$

したがって　$S_1=(2x)^2=\boldsymbol{\dfrac{4(a^2-1)}{(2+\sqrt{a^2-1})^2}}$

(2) △ABC と △ADG は相似で，BC：DG=1：x であるから

$$S_2=x^2S_1$$

⇐**(面積比)=(相似比)^2**

同様にして，数列 $\{S_n\}$ は初項 S_1, 公比 x^2 の無限等比数列である。

よって，$0<x^2<1$ であるから

$$S_\infty=\sum_{n=1}^{\infty}S_1(x^2)^{n-1}=\frac{S_1}{1-x^2}$$
$$=\frac{4(a^2-1)}{(2+\sqrt{a^2-1})^2}\div\left\{1-\frac{a^2-1}{(2+\sqrt{a^2-1})^2}\right\}$$
$$=\frac{4(a^2-1)}{(2+\sqrt{a^2-1})^2}\times\frac{(2+\sqrt{a^2-1})^2}{(2+\sqrt{a^2-1})^2-(a^2-1)}$$
$$=\boldsymbol{\frac{a^2-1}{1+\sqrt{a^2-1}}}$$

⇐$(2+\sqrt{a^2-1})^2-(a^2-1)$
$=4+4\sqrt{a^2-1}+(a^2-1)$
$-(a^2-1)$

PR ④34

$0<x<1$ に対して，$\dfrac{1}{x}=1+h$ とおくと，$h>0$ である。二項定理を用いて，$\dfrac{1}{x^n}>\dfrac{n(n-1)}{2}h^2$ $(n\geqq 2)$ が示されるから，$\lim\limits_{n\to\infty}nx^n=$ ア□ である。したがって，$S_n=1+2x+\cdots\cdots+nx^{n-1}$ とおくと，$\lim\limits_{n\to\infty}S_n=$ イ□ である。 〔芝浦工大〕

$n\geqq 2$ のとき

$$\frac{1}{x^n}=(1+h)^n$$
$$={}_nC_0+{}_nC_1h+{}_nC_2h^2+\cdots\cdots+{}_nC_nh^n$$
$$=1+nh+\frac{n(n-1)}{2}h^2+\cdots\cdots+h^n$$
$$>\frac{n(n-1)}{2}h^2>0$$

⇐各項はすべて正。

ゆえに　$0<x^n<\dfrac{2}{n(n-1)h^2}$

よって　$0<nx^n<\dfrac{2}{(n-1)h^2}$

ここで　$\lim_{n\to\infty}\dfrac{2}{(n-1)h^2}=0$　　⇐はさみうちの原理

したがって　$\lim_{n\to\infty}nx^n=$ ア $\mathbf{0}$

また　$S_n=1+2x+3x^2+\cdots\cdots+nx^{n-1}$

$xS_n=\quad x+2x^2+\cdots\cdots+(n-1)x^{n-1}+nx^n$

辺々を引いて

$(1-x)S_n=\underline{1+x+x^2+\cdots\cdots+x^{n-1}}-nx^n$

⇐------ の部分は，初項 1，公比 x，項数 n の等比数列の和。

$0<x<1$ であるから

$(1-x)S_n=\dfrac{1-x^n}{1-x}-nx^n$

よって　$S_n=\dfrac{1-x^n}{(1-x)^2}-\dfrac{nx^n}{1-x}$

したがって，$\lim_{n\to\infty}x^n=0$，$\lim_{n\to\infty}nx^n=0$ であるから　　⇐(ア) の結果を利用。

$$\lim_{n\to\infty}S_n=\lim_{n\to\infty}\left\{\frac{1-x^n}{(1-x)^2}-\frac{nx^n}{1-x}\right\}=\text{イ}\ \mathbf{\frac{1}{(1-x)^2}}$$

PR ②35

次の極限を求めよ。　　［(4) 防衛大］

(1) $\lim_{x\to-1}\dfrac{x^3+3x^2-2}{2x^2+x-1}$　　(2) $\lim_{x\to2}\dfrac{1}{x-2}\left(\dfrac{4}{x}-2\right)$

(3) $\lim_{x\to1}\dfrac{x-1}{\sqrt{2+x}-\sqrt{4-x}}$　　(4) $\lim_{x\to1}\dfrac{\sqrt{3x+1}-2}{\sqrt{2x-1}-1}$

(1) $\lim_{x\to-1}\dfrac{x^3+3x^2-2}{2x^2+x-1}=\lim_{x\to-1}\dfrac{(x+1)(x^2+2x-2)}{(x+1)(2x-1)}$　　⇐因数分解

$=\lim_{x\to-1}\dfrac{x^2+2x-2}{2x-1}=\dfrac{-3}{-3}=\mathbf{1}$　　⇐約分

(2) $\lim_{x\to2}\dfrac{1}{x-2}\left(\dfrac{4}{x}-2\right)=\lim_{x\to2}\left(\dfrac{1}{x-2}\cdot\dfrac{4-2x}{x}\right)$

$=\lim_{x\to2}\left\{\dfrac{1}{x-2}\cdot\dfrac{-2(x-2)}{x}\right\}$

$=\lim_{x\to2}\left(-\dfrac{2}{x}\right)=-\dfrac{2}{2}=\mathbf{-1}$

inf.　$\dfrac{0}{0}$ の不定形は 0 になる因数を約分する方針で考える。

(3) $\lim_{x\to1}\dfrac{x-1}{\sqrt{2+x}-\sqrt{4-x}}=\lim_{x\to1}\dfrac{(x-1)(\sqrt{2+x}+\sqrt{4-x})}{(2+x)-(4-x)}$　　⇐分母の有理化

$=\lim_{x\to1}\dfrac{(x-1)(\sqrt{2+x}+\sqrt{4-x})}{2(x-1)}$

$=\lim_{x\to1}\dfrac{\sqrt{2+x}+\sqrt{4-x}}{2}$

$=\dfrac{2\sqrt{3}}{2}=\mathbf{\sqrt{3}}$　　⇐約分

(4) $\displaystyle\lim_{x\to1}\frac{\sqrt{3x+1}-2}{\sqrt{2x-1}-1}$

$\displaystyle=\lim_{x\to1}\frac{(\sqrt{3x+1}-2)(\sqrt{3x+1}+2)(\sqrt{2x-1}+1)}{(\sqrt{2x-1}-1)(\sqrt{2x-1}+1)(\sqrt{3x+1}+2)}$

$\displaystyle=\lim_{x\to1}\frac{3(x-1)(\sqrt{2x-1}+1)}{2(x-1)(\sqrt{3x+1}+2)}$

$\displaystyle=\lim_{x\to1}\frac{3(\sqrt{2x-1}+1)}{2(\sqrt{3x+1}+2)}$

$=\boldsymbol{\dfrac{3}{4}}$

⇐ $\dfrac{0}{0}$ の不定形

⇐ $\sqrt{3x+1}-2$ および $\sqrt{2x-1}-1$ を有理化。

⇐約分

PR ②36

次の等式が成り立つように，定数 a，b の値を定めよ。

(1) $\displaystyle\lim_{x\to2}\frac{x^2+ax+12}{x^2-5x+6}=b$ 〔日本女子大〕 (2) $\displaystyle\lim_{x\to1}\frac{a\sqrt{x+5}-b}{x-1}=4$ 〔関東学院大〕

(1) $\displaystyle\lim_{x\to2}\frac{x^2+ax+12}{x^2-5x+6}=b$

が成り立つとする。

$\displaystyle\lim_{x\to2}(x^2-5x+6)=2^2-5\cdot2+6=0$ であるから

$\displaystyle\lim_{x\to2}(x^2+ax+12)=0$

よって，$2^2+2a+12=0$ となり $a=-8$

このとき $\displaystyle\lim_{x\to2}\frac{x^2+ax+12}{x^2-5x+6}=\lim_{x\to2}\frac{x^2-8x+12}{x^2-5x+6}$

$\displaystyle=\lim_{x\to2}\frac{(x-2)(x-6)}{(x-2)(x-3)}$

$\displaystyle=\lim_{x\to2}\frac{x-6}{x-3}=4$

ゆえに $\boldsymbol{a=-8,\ b=4}$

⇐必要条件

⇐ $x\neq2$ から分母・分子を $x-2$ で約分する。

(2) $\displaystyle\lim_{x\to1}\frac{a\sqrt{x+5}-b}{x-1}=4$ …… ①

が成り立つとする。

$\displaystyle\lim_{x\to1}(x-1)=0$ であるから $\displaystyle\lim_{x\to1}(a\sqrt{x+5}-b)=0$

よって，$\sqrt{6}\,a-b=0$ となり $b=\sqrt{6}\,a$ …… ②

このとき $\displaystyle\lim_{x\to1}\frac{a\sqrt{x+5}-b}{x-1}=\lim_{x\to1}a\cdot\frac{\sqrt{x+5}-\sqrt{6}}{x-1}$

$\displaystyle=a\times\lim_{x\to1}\frac{(x+5)-6}{(x-1)(\sqrt{x+5}+\sqrt{6})}$

$\displaystyle=a\times\lim_{x\to1}\frac{1}{\sqrt{x+5}+\sqrt{6}}=\frac{a}{2\sqrt{6}}$

$\dfrac{a}{2\sqrt{6}}=4$ のとき ① が成り立つから $\boldsymbol{a=8\sqrt{6}}$

このとき，② から $\boldsymbol{b=48}$

⇐必要条件

$\displaystyle\lim_{x\to1}(a\sqrt{x+5}-b)$

$\displaystyle=\lim_{x\to1}\left\{\frac{a\sqrt{x+5}-b}{x-1}\times(x-1)\right\}$

$=4\cdot0=0$

⇐ $x\neq1$ から分母・分子を $x-1$ で約分する。

PR ②37

次の関数について $x \longrightarrow 1-0$, $x \longrightarrow 1+0$, $x \longrightarrow 1$ のときの極限をそれぞれ調べよ。

(1) $\dfrac{x^2}{x-1}$　(2) $\dfrac{x}{(x-1)^2}$　(3) $\dfrac{|x-1|}{x^3-1}$

(1) $x<1$ のとき　$x-1<0$

$x \longrightarrow 1-0$ のとき　$x^2 \longrightarrow 1$

よって　$\displaystyle\lim_{x\to 1-0}\frac{x^2}{x-1}=-\infty$

$x>1$ のとき　$x-1>0$

$x \longrightarrow 1+0$ のとき　$x^2 \longrightarrow 1$

よって　$\displaystyle\lim_{x\to 1+0}\frac{x^2}{x-1}=\infty$

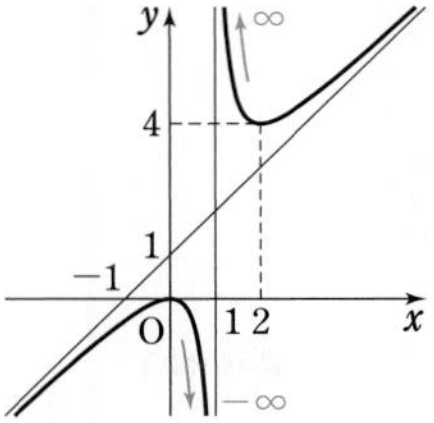

ゆえに，$x \longrightarrow 1$ のときの $\dfrac{x^2}{x-1}$ の極限はない。

inf. $y=\dfrac{x^2}{x-1}=x+1+\dfrac{1}{x-1}$ から，グラフは左の図のようになる。

⇐ $\displaystyle\lim_{x\to 1-0}f(x) \neq \lim_{x\to 1+0}f(x)$

(2) $0<x<1$ のとき　$(x-1)^2>0$, $x>0$

よって　$\displaystyle\lim_{x\to 1-0}\frac{x}{(x-1)^2}=\infty$

$x>1$ のとき　$(x-1)^2>0$, $x>0$

よって　$\displaystyle\lim_{x\to 1+0}\frac{x}{(x-1)^2}=\infty$

ゆえに　$\displaystyle\lim_{x\to 1}\frac{x}{(x-1)^2}=\infty$

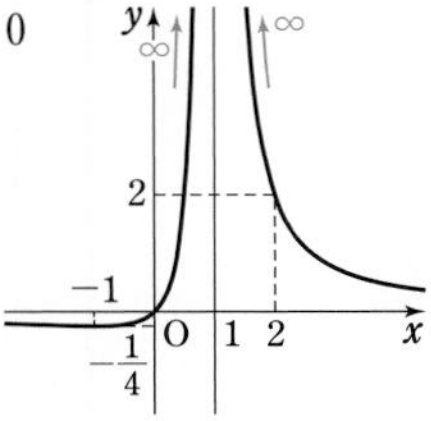

⇐ $x \longrightarrow 1\pm 0$ を考えるから，$x>0$ としてよい。

⇐左側極限と右側極限が一致。

(3) $x<1$ のとき　$x-1<0$

よって　$\displaystyle\lim_{x\to 1-0}\frac{|x-1|}{x^3-1}=\lim_{x\to 1-0}\frac{-(x-1)}{(x-1)(x^2+x+1)}$

$\displaystyle=\lim_{x\to 1-0}\frac{-1}{x^2+x+1}=-\frac{1}{3}$

⇐ $|x-1|=-(x-1)$

$x>1$ のとき　$x-1>0$

よって　$\displaystyle\lim_{x\to 1+0}\frac{|x-1|}{x^3-1}=\lim_{x\to 1+0}\frac{x-1}{(x-1)(x^2+x+1)}$

$\displaystyle=\lim_{x\to 1+0}\frac{1}{x^2+x+1}=\frac{1}{3}$

⇐ $|x-1|=x-1$

ゆえに，$x \longrightarrow 1$ のときの $\dfrac{|x-1|}{x^3-1}$ の極限はない。

⇐ $\displaystyle\lim_{x\to 1-0}f(x) \neq \lim_{x\to 1+0}f(x)$

PR ②38

次の極限を求めよ。

(1) $\displaystyle\lim_{x\to -\infty}(x^3-2x)$　(2) $\displaystyle\lim_{x\to\infty}\frac{5-2x^3}{3x+x^3}$

(3) $\displaystyle\lim_{x\to -\infty}\frac{4^x-3^x}{4^x+3^x}$　(4) $\displaystyle\lim_{x\to\infty}\{\log_2(x^2+5x)-\log_2(4x^2+1)\}$

(1) $\displaystyle\lim_{x\to -\infty}(x^3-2x)=\lim_{x\to -\infty}x^3\left(1-\frac{2}{x^2}\right)=-\infty$

⇐最高次の項 x^3 をくくり出す。

(2) $\displaystyle\lim_{x\to\infty}\frac{5-2x^3}{3x+x^3}=\lim_{x\to\infty}\frac{\frac{5}{x^3}-2}{\frac{3}{x^2}+1}=\frac{-2}{1}=-2$

⇐分母・分子を分母の最高次の項 x^3 で割る。

(3) $x=-t$ とおくと，$x\longrightarrow -\infty$ のとき $t\longrightarrow \infty$ であるから

$$\lim_{x\to-\infty}\frac{4^x-3^x}{4^x+3^x}=\lim_{t\to\infty}\frac{4^{-t}-3^{-t}}{4^{-t}+3^{-t}}=\lim_{t\to\infty}\frac{\left(\frac{1}{4}\right)^t-\left(\frac{1}{3}\right)^t}{\left(\frac{1}{4}\right)^t+\left(\frac{1}{3}\right)^t}$$

⇐ $\frac{1}{4}<\frac{1}{3}$ から，分母・分子を $\left(\frac{1}{3}\right)^t$ で割る。すなわち 3^t を掛ける。

$$=\lim_{t\to\infty}\frac{\left(\frac{3}{4}\right)^t-1}{\left(\frac{3}{4}\right)^t+1}=\frac{0-1}{0+1}=\mathbf{-1}$$

⇐ $\left|\frac{3}{4}\right|<1$ より $\left(\frac{3}{4}\right)^t\longrightarrow 0\ (t\longrightarrow\infty)$

別解 $$\lim_{x\to-\infty}\frac{4^x-3^x}{4^x+3^x}=\lim_{x\to-\infty}\frac{\left(\frac{4}{3}\right)^x-1}{\left(\frac{4}{3}\right)^x+1}=\frac{0-1}{0+1}=\mathbf{-1}$$

⇐ $\lim_{x\to-\infty}\left(\frac{4}{3}\right)^x=0$

(4) $$\lim_{x\to\infty}\{\log_2(x^2+5x)-\log_2(4x^2+1)\}=\lim_{x\to\infty}\log_2\frac{x^2+5x}{4x^2+1}$$

$$=\lim_{x\to\infty}\log_2\frac{1+\frac{5}{x}}{4+\frac{1}{x^2}}$$

⇐真数の分母・分子を x^2 で割る。

$$=\log_2\frac{1}{4}=\mathbf{-2}$$

⇐ $\log_2\frac{1}{4}=\log_2 2^{-2}$

PR ②39 次の極限を求めよ。 〔(2) 宮崎大〕

(1) $\lim_{x\to\infty}(\sqrt{x^2+2x}-\sqrt{x^2-1})$ (2) $\lim_{x\to-\infty}(\sqrt{x^2+x+1}-\sqrt{x^2+1})$

(1) $$\lim_{x\to\infty}(\sqrt{x^2+2x}-\sqrt{x^2-1})=\lim_{x\to\infty}\frac{(x^2+2x)-(x^2-1)}{\sqrt{x^2+2x}+\sqrt{x^2-1}}$$

⇐分子を有理化。

$$=\lim_{x\to\infty}\frac{2x+1}{\sqrt{x^2+2x}+\sqrt{x^2-1}}=\lim_{x\to\infty}\frac{2+\frac{1}{x}}{\sqrt{1+\frac{2}{x}}+\sqrt{1-\frac{1}{x^2}}}$$

⇐分母・分子を $x\ (>0)$ で割る。

$$=\frac{2}{1+1}=\mathbf{1}$$

(2) $x=-t$ とおくと，$x\longrightarrow -\infty$ のとき $t\longrightarrow\infty$ $(t>0)$

$$\lim_{x\to-\infty}(\sqrt{x^2+x+1}-\sqrt{x^2+1})$$

$$=\lim_{t\to\infty}(\sqrt{t^2-t+1}-\sqrt{t^2+1})$$

$$=\lim_{t\to\infty}\frac{(t^2-t+1)-(t^2+1)}{\sqrt{t^2-t+1}+\sqrt{t^2+1}}$$

$$=\lim_{t\to\infty}\frac{-t}{\sqrt{t^2-t+1}+\sqrt{t^2+1}}$$

$$=\lim_{t\to\infty}\frac{-1}{\sqrt{1-\frac{1}{t}+\frac{1}{t^2}}+\sqrt{1+\frac{1}{t^2}}}$$

⇐分母・分子を $t(>0)$ で割る。

$$=\frac{-1}{1+1}=\mathbf{-\frac{1}{2}}$$

別解 $x<0$ のとき，$\sqrt{x^2}=-x$ であるから

$$\lim_{x\to-\infty}(\sqrt{x^2+x+1}-\sqrt{x^2+1})$$
$$=\lim_{x\to-\infty}\frac{(x^2+x+1)-(x^2+1)}{\sqrt{x^2+x+1}+\sqrt{x^2+1}}$$
$$=\lim_{x\to-\infty}\frac{x}{\sqrt{x^2+x+1}+\sqrt{x^2+1}}$$
$$=\lim_{x\to-\infty}\frac{1}{-\sqrt{1+\frac{1}{x}+\frac{1}{x^2}}-\sqrt{1+\frac{1}{x^2}}}=\frac{1}{-1-1}=-\frac{1}{2}$$

⇐おき換えない解法。

⇐分子を有理化。

⇐分母・分子を $x\ (<0)$ で割る。

PR ②40 次の極限を求めよ。ただし，$[x]$ は実数 x を超えない最大の整数を表す。

(1) $\displaystyle\lim_{x\to\infty}\frac{\cos x}{x}$　　(2) $\displaystyle\lim_{x\to\infty}\frac{x+[x]}{x+1}$

(1) $0\leqq|\cos x|\leqq1$ であるから，$x>0$ のとき

$0\leqq\dfrac{|\cos x|}{x}\leqq\dfrac{1}{x}$　　よって　$0\leqq\left|\dfrac{\cos x}{x}\right|\leqq\dfrac{1}{x}$

$\displaystyle\lim_{x\to\infty}\frac{1}{x}=0$ であるから　　$\displaystyle\lim_{x\to\infty}\left|\frac{\cos x}{x}\right|=0$

よって　　$\displaystyle\lim_{x\to\infty}\frac{\cos x}{x}=\mathbf{0}$

別解 $-1\leqq\cos x\leqq1$ であるから，$x>0$ のとき

$$-\frac{1}{x}\leqq\frac{\cos x}{x}\leqq\frac{1}{x}$$

$\displaystyle\lim_{x\to\infty}\left(-\frac{1}{x}\right)=0$，$\displaystyle\lim_{x\to\infty}\frac{1}{x}=0$ であるから　　$\displaystyle\lim_{x\to\infty}\frac{\cos x}{x}=\mathbf{0}$

⇐$x\longrightarrow\infty$ であるから，$x>0$ としてよい。

⇐**はさみうちの原理**

⇐$\displaystyle\lim_{x\to\infty}|f(x)|=0 \iff \lim_{x\to\infty}f(x)=0$

⇐**はさみうちの原理**
$-\dfrac{1}{x}\longrightarrow0$，$\dfrac{1}{x}\longrightarrow0$ であるから，その間にある $\dfrac{\cos x}{x}$ も $\longrightarrow0$

(2) $[x]\leqq x<[x]+1$ であるから　　$x-1<[x]\leqq x$

ゆえに　　$2x-1<x+[x]\leqq2x$

$x>0$ のとき　　$\dfrac{2x-1}{x+1}<\dfrac{x+[x]}{x+1}\leqq\dfrac{2x}{x+1}$

ここで　　$\displaystyle\lim_{x\to\infty}\frac{2x-1}{x+1}=\lim_{x\to\infty}\frac{2-\frac{1}{x}}{1+\frac{1}{x}}=2$

$\displaystyle\lim_{x\to\infty}\frac{2x}{x+1}=\lim_{x\to\infty}\frac{2}{1+\frac{1}{x}}=2$

よって　　$\displaystyle\lim_{x\to\infty}\frac{x+[x]}{x+1}=\mathbf{2}$

⇐**はさみうちの原理**

PR ②41 次の極限を求めよ。　［(3) 摂南大 (4) 静岡理工科大 (5) 成蹊大］

(1) $\displaystyle\lim_{x\to0}\frac{1}{4x}\sin\frac{x}{5}$　　(2) $\displaystyle\lim_{x\to0}\frac{x\sin3x}{\sin^2 5x}$　　(3) $\displaystyle\lim_{x\to0}\frac{\sin(x^2)}{1-\cos x}$

(4) $\displaystyle\lim_{x\to\pi}\frac{\sin(\sin x)}{\sin x}$　　(5) $\displaystyle\lim_{x\to\frac{\pi}{4}}\frac{\sin x-\cos x}{x-\frac{\pi}{4}}$　　(6) $\displaystyle\lim_{x\to0}\frac{\sin x^\circ}{x}$

HINT (4) $\sin x=t$ とおくと $t\longrightarrow 0$
(6) 分子が x° であることに注意。

(1) $\displaystyle\lim_{x\to 0}\frac{1}{4x}\sin\frac{x}{5}=\lim_{x\to 0}\frac{1}{4\cdot 5}\cdot\frac{\sin\frac{x}{5}}{\frac{x}{5}}=\frac{1}{20}\cdot 1=\mathbf{\frac{1}{20}}$

⇐ $\frac{x}{5}$ が分母にくるように変形。

別解 $\frac{x}{5}=t$ とおくと $x\longrightarrow 0$ のとき $t\longrightarrow 0$

よって $\displaystyle\lim_{x\to 0}\frac{1}{4x}\sin\frac{x}{5}=\lim_{t\to 0}\frac{1}{4\cdot 5t}\sin t=\lim_{t\to 0}\frac{1}{20}\cdot\frac{\sin t}{t}$

$\displaystyle=\frac{1}{20}\cdot 1=\mathbf{\frac{1}{20}}$

(2) $\displaystyle\lim_{x\to 0}\frac{x\sin 3x}{\sin^2 5x}=\lim_{x\to 0}\left\{x\left(\frac{5x}{\sin 5x}\right)^2\cdot\frac{\sin 3x}{3x}\cdot\frac{3}{25x}\right\}$

$\displaystyle=\lim_{x\to 0}\left\{\left(\frac{5x}{\sin 5x}\right)^2\cdot\frac{\sin 3x}{3x}\cdot\frac{3}{25}\right\}$

$\displaystyle=1^2\cdot 1\cdot\frac{3}{25}=\mathbf{\frac{3}{25}}$

⇐ $(5x)^2\times\frac{1}{3x}=\frac{25x}{3}$ から $\frac{3}{25x}$ を掛ける。

(3) $\displaystyle\lim_{x\to 0}\frac{\sin(x^2)}{1-\cos x}=\lim_{x\to 0}\frac{\sin(x^2)(1+\cos x)}{(1-\cos x)(1+\cos x)}$

$\displaystyle=\lim_{x\to 0}\frac{\sin(x^2)(1+\cos x)}{1-\cos^2 x}$

$\displaystyle=\lim_{x\to 0}\frac{\sin(x^2)(1+\cos x)}{\sin^2 x}$

$\displaystyle=\lim_{x\to 0}\frac{\sin(x^2)}{x^2}\cdot\left(\frac{x}{\sin x}\right)^2\cdot(1+\cos x)$

$=1\cdot 1^2\cdot(1+1)=\mathbf{2}$

⇐ $1-\cos x$ は $1+\cos x$ とペアで扱う。

(4) $\sin x=t$ とおくと $x\longrightarrow\pi$ のとき $t\longrightarrow 0$

よって $\displaystyle\lim_{x\to\pi}\frac{\sin(\sin x)}{\sin x}=\lim_{t\to 0}\frac{\sin t}{t}=\mathbf{1}$

(5) $x-\frac{\pi}{4}=t$ とおくと $x\longrightarrow\frac{\pi}{4}$ のとき $t\longrightarrow 0$

また $\sin x-\cos x=\sqrt{2}\sin\left(x-\frac{\pi}{4}\right)=\sqrt{2}\sin t$

⇐三角関数の合成

よって $\displaystyle\lim_{x\to\frac{\pi}{4}}\frac{\sin x-\cos x}{x-\frac{\pi}{4}}=\lim_{t\to 0}\sqrt{2}\cdot\frac{\sin t}{t}=\sqrt{2}\cdot 1=\mathbf{\sqrt{2}}$

(6) $\displaystyle\lim_{x\to 0}\frac{\sin x^\circ}{x}=\lim_{x\to 0}\frac{\sin\frac{\pi x}{180}}{x}\overset{*}{=}\lim_{x\to 0}\frac{\pi}{180}\cdot\frac{\sin\frac{\pi x}{180}}{\frac{\pi x}{180}}$

＊$x^\circ=\frac{\pi x}{180}$（ラジアン）

$\frac{\pi x}{180}=t$ とおくと $x\longrightarrow 0$ のとき $t\longrightarrow 0$

よって $\displaystyle\lim_{x\to 0}\frac{\sin x^\circ}{x}=\lim_{t\to 0}\frac{\pi}{180}\cdot\frac{\sin t}{t}=\frac{\pi}{180}\cdot 1=\mathbf{\frac{\pi}{180}}$

PR
③**42**

点Oを中心とし，長さ $2r$ の線分ABを直径とする円の周上を動く点Pがある。△ABPの面積を S_1，扇形OPBの面積を S_2 とするとき，次の問いに答えよ。

(1) $\angle PAB=\theta\left(0<\theta<\dfrac{\pi}{2}\right)$ とするとき，S_1 と S_2 を求めよ。

(2) PがBに限りなく近づくとき，$\dfrac{S_1}{S_2}$ の極限値を求めよ。〔日本女子大〕

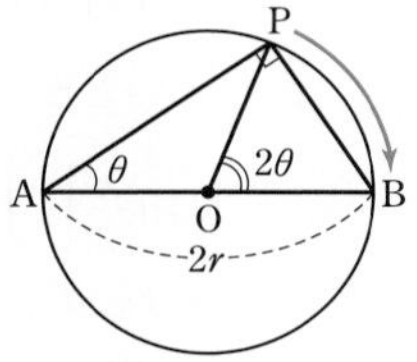

(1) 円周角の定理により

$$\angle APB=\frac{\pi}{2},\ \angle POB=2\angle PAB=2\theta$$

$AP=2r\cos\theta$，$BP=2r\sin\theta$ であるから

$$S_1=\frac{1}{2}AP\cdot BP=\frac{1}{2}\cdot 2r\cos\theta\cdot 2r\sin\theta$$
$$=2r^2\sin\theta\cos\theta=\boldsymbol{r^2\sin 2\theta}$$

また　$S_2=\dfrac{1}{2}r^2\cdot 2\theta=\boldsymbol{r^2\theta}$

⇐半径が r，中心角が θ の扇形の面積は $\dfrac{1}{2}r^2\theta$（θ はラジアン）

(2) $\dfrac{S_1}{S_2}=\dfrac{r^2\sin 2\theta}{r^2\theta}=2\cdot\dfrac{\sin 2\theta}{2\theta}$

PがBに限りなく近づくとき，$\theta\longrightarrow +0$ であるから

$$\lim_{\theta\to+0}\frac{S_1}{S_2}=2\cdot 1=\mathbf{2}$$

PR
②**43**

次の関数 $f(x)$ が，連続であるか不連続であるかを調べよ。ただし，$[x]$ は実数 x を超えない最大の整数を表す。

(1) $f(x)=\dfrac{x+1}{x^2-1}$　(2) $f(x)=\log_2|x|$　(3) $f(x)=[\sin x]$ $(0\leqq x\leqq 2\pi)$

HINT　関数の連続，不連続はその **定義域** で考える。例えば
(1) $f(x)=\dfrac{x+1}{x^2-1}$ は，$x=-1,\ 1$ でグラフが切れているが，$x=\pm 1$ は定義域に含まれないから，$x=\pm 1$ で不連続であるとはいわない。
(1) 分数関数 (2) 対数関数は，その定義域で連続である。(3) はグラフを利用。

(1) $f(x)=\dfrac{x+1}{x^2-1}$ は，$x^2-1=0$ すなわち $x=\pm 1$ のとき定義されない。

よって，関数 $f(x)$ は

$\boldsymbol{x<-1,\ -1<x<1,}$
$\boldsymbol{1<x}$ **で連続。**

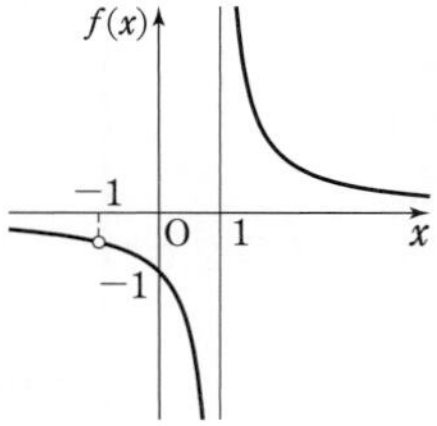

⇐$x\neq\pm 1$ のとき $f(x)=\dfrac{1}{x-1}$ である。

(2) $f(x)=\log_2|x|$ の定義域は

$$|x|>0$$

すなわち　$x<0,\ 0<x$

よって，関数 $f(x)$ は

$\boldsymbol{x<0,\ 0<x}$ **で連続。**

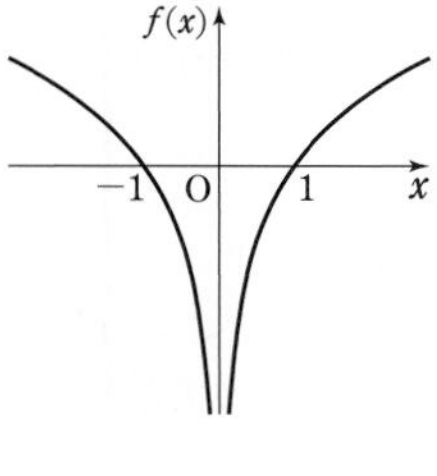

(3) $g(x)=\sin x\ (0 \leqq x \leqq 2\pi)$ のグラフは右の図のようになる。

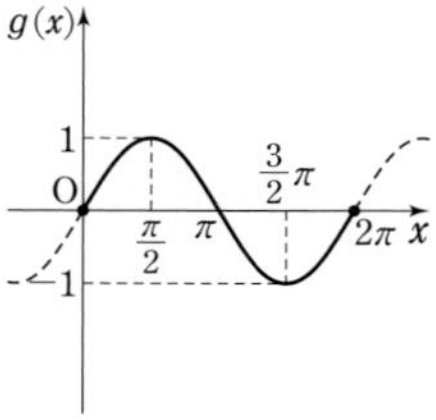

$0 \leqq x < \dfrac{\pi}{2},\ \dfrac{\pi}{2} < x \leqq \pi$ のとき

$0 \leqq \sin x < 1$ であるから

$[\sin x]=0$

$x=\dfrac{\pi}{2}$ のとき

$\left[\sin\dfrac{\pi}{2}\right]=[1]=1$

$\pi < x < 2\pi$ のとき

$-1 \leqq \sin x < 0$ であるから

$[\sin x]=-1$

$x=2\pi$ のとき

$[\sin 2\pi]=[0]=0$

ゆえに，$f(x)=[\sin x]$ のグラフは右の図のようになるから

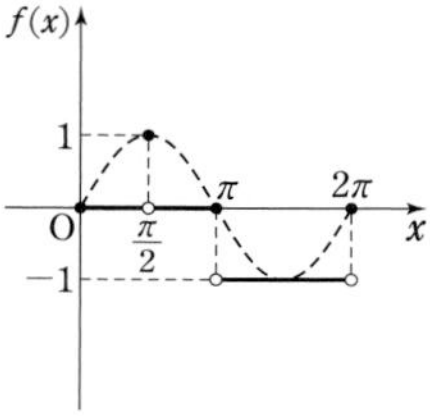

$0 \leqq x < \dfrac{\pi}{2},\ \dfrac{\pi}{2} < x < \pi,$

$\pi < x < 2\pi$ で連続；

$x=\dfrac{\pi}{2},\ \pi,\ 2\pi$ で不連続。

inf. 関数 $f(x)$ において $\lim\limits_{x \to a+0} f(x)=f(a)$ が成り立つとき，関数 $f(x)$ は $x=a$ において右側連続であるという。同様に，$\lim\limits_{x \to a-0} f(x)=f(a)$ が成り立つとき，関数 $f(x)$ は $x=a$ において左側連続であるという。

PR ②44

(1) 方程式 $x^5-2x^4+3x^3-4x+5=0$ は実数解をもつことを示せ。

(2) 次の方程式は，与えられた区間に実数解をもつことを示せ。

(ア) $\sin x=x-1\quad(0,\ \pi)$　　(イ) $20\log_{10}x-x=0\quad(1,\ 10),\ (10,\ 100)$

(1) $f(x)=x^5-2x^4+3x^3-4x+5$ とすると，$f(x)$ は閉区間 $[-2,\ 0]$ で連続で

$f(-2)=-75<0,$

$f(0)=5>0$

よって，方程式 $f(x)=0$ は $-2<x<0$ の範囲に少なくとも1つの実数解をもつ。

すなわち $f(x)=0$ は実数解をもつ。

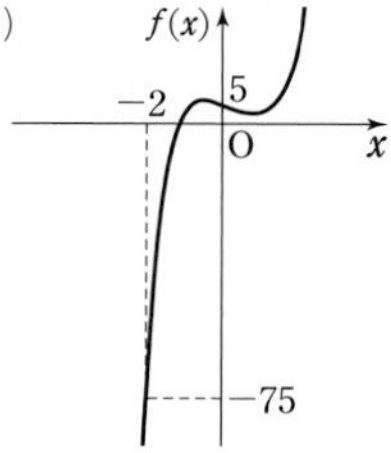

inf. 閉区間 $[-2,\ -1]$ で連続，$f(-2)=-75<0$，$f(-1)=3>0$ から，$-2<x<-1$ の範囲に少なくとも1つの実数解をもつ，と示してもよい。

(2) (ア) $f(x)=\sin x-x+1$ とすると，$f(x)$ は閉区間 $[0,\ \pi]$ で連続で

$f(0)=1>0,$

$f(\pi)=-\pi+1<0$

よって，方程式 $f(x)=0$ すなわち $\sin x=x-1$ は区間 $(0,\ \pi)$ に少なくとも1つの実数解をもつ。

⇐$y=\sin x$，$y=x-1$ は連続関数であるから，関数 $f(x)=\sin x-x+1$ も連続関数である。

(イ)　$f(x)=20\log_{10}x-x$ とすると，$f(x)$ は閉区間 $[1,\ 10]$，$[10,\ 100]$ で連続で

$f(1)=-1<0$,
$f(10)=20-10=10>0$,
$f(100)=20\times2-100=-60<0$

よって，方程式 $f(x)=0$ すなわち $20\log_{10}x-x=0$ は，区間 $(1,\ 10)$，$(10,\ 100)$ にそれぞれ少なくとも1つの実数解をもつ。

⇐$y=\log_{10}x$，$y=x$ は連続関数。

PR ③45

x は実数とする。次の無限級数が収束するとき，その和を $f(x)$ とする。関数 $y=f(x)$ のグラフをかき，その連続性について調べよ。

(1)　$x+\dfrac{x}{1+x}+\dfrac{x}{(1+x)^2}+\cdots\cdots+\dfrac{x}{(1+x)^{n-1}}+\cdots\cdots$

(2)　$x^2+\dfrac{x^2}{1+2x^2}+\dfrac{x^2}{(1+2x^2)^2}+\cdots\cdots+\dfrac{x^2}{(1+2x^2)^{n-1}}+\cdots\cdots$

(1)　この無限級数は，初項 x，公比 $\dfrac{1}{1+x}$ の無限等比級数である。収束するから

$x=0$　または

$-1<\dfrac{1}{1+x}<1$　……①

⇐初項が0または $-1<(\text{公比})<1$

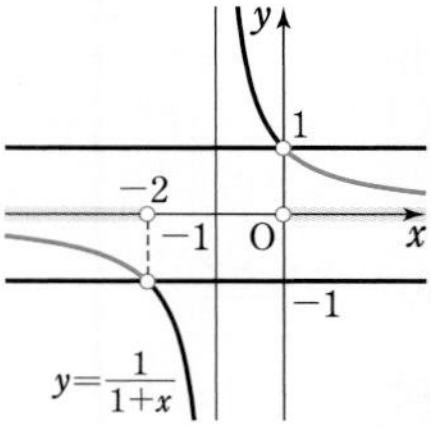

不等式①の解は，右の図から

$x<-2,\ 0<x$

⇐$y=\dfrac{1}{1+x}$ のグラフと直線 $y=1$，$y=-1$ の上下関係に注目して解く。

したがって，和は

$x=0$ のとき　$f(x)=0$

$x<-2,\ 0<x$ のとき

$$f(x)=\frac{x}{1-\dfrac{1}{1+x}}=1+x$$

ゆえに，グラフは **右の図** のようになる。

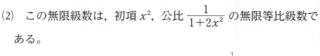

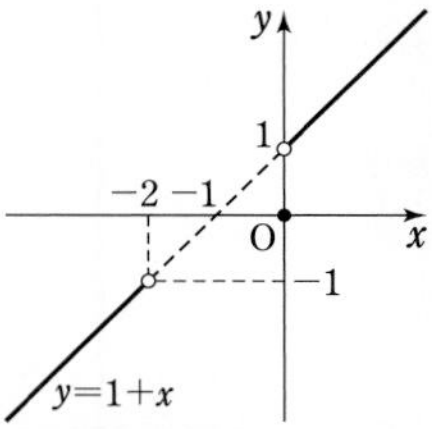

よって，　**$x<-2,\ 0<x$ で連続；$x=0$ で不連続**

inf.
(不等式①について)
$1+x\neq0$ のもとで，①の両辺に $(1+x)^2$ を掛けて
$-(1+x)^2<1+x<(1+x)^2$
$\iff \begin{cases} -(1+x)^2<1+x & \cdots\cdots ② \\ 1+x<(1+x)^2 & \cdots\cdots ③ \end{cases}$
②から　$(x+1)(x+2)>0$
ゆえに　$x<-2,\ -1<x$
③から　$x(x+1)>0$
ゆえに　$x<-1,\ 0<x$
共通範囲をとって
$x<-2,\ 0<x$
としてもよい。

(2)　この無限級数は，初項 x^2，公比 $\dfrac{1}{1+2x^2}$ の無限等比級数である。

収束するから　　$x=0$　または　$-1<\dfrac{1}{1+2x^2}<1$

$1+2x^2>0$ であるから $-1<\dfrac{1}{1+2x^2}$ は常に成り立つ。

$\dfrac{1}{1+2x^2}<1$ から　　$1<1+2x^2$

よって　　$x^2>0$　　　ゆえに　　$x\neq0$

⇐$x^2>0$ は $x=0$ 以外で成立。

したがって，和は

$x=0$ のとき　$f(x)=0$

$x\neq 0$ のとき

$$f(x)=\frac{x^2}{1-\frac{1}{1+2x^2}}=\frac{1}{2}+x^2$$

ゆえに，グラフは **右の図** のようになる。

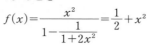

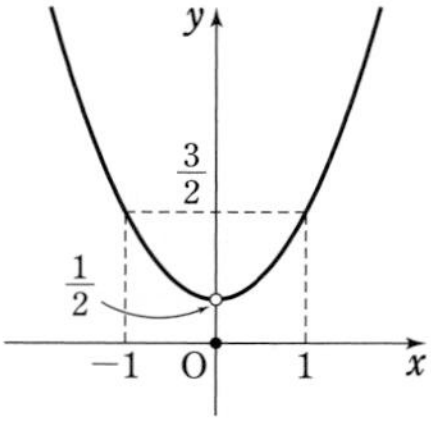

よって　　**$x<0$, $0<x$ で連続；$x=0$ で不連続**

PR ④46

(1) $f(x)=\lim_{n\to\infty}\frac{x^{2n}-x^{2n-1}+ax^2+bx}{x^{2n}+1}$ を求めよ。

(2) 上で定めた関数 $f(x)$ がすべての x について連続であるように，定数 a, b の値を定めよ。

［公立はこだて未来大］

(1) [1] **$x<-1$ のとき**

$$f(x)=\lim_{n\to\infty}\frac{1-\frac{1}{x}+\frac{a}{x^{2n-2}}+\frac{b}{x^{2n-1}}}{1+\frac{1}{x^{2n}}}=\mathbf{1-\frac{1}{x}}$$

⇐$x<-1$ のとき
$\lim_{n\to\infty}\frac{1}{x^{2n}}=\lim_{n\to\infty}\frac{1}{x^{2n-1}}$
$=\lim_{n\to\infty}\frac{1}{x^{2n-2}}=0$

[2] **$x=-1$ のとき**

$$f(-1)=\mathbf{\frac{a-b+2}{2}}$$

⇐$(-1)^{2n}=1$,
$(-1)^{2n-1}=-1$

[3] **$-1<x<1$ のとき**　　$\lim_{n\to\infty}x^n=0$ であるから

$$f(x)=\mathbf{ax^2+bx}$$

[4] **$x=1$ のとき**

$$f(1)=\mathbf{\frac{a+b}{2}}$$

[5] **$1<x$ のとき**

$$f(x)=\lim_{n\to\infty}\frac{1-\frac{1}{x}+\frac{a}{x^{2n-2}}+\frac{b}{x^{2n-1}}}{1+\frac{1}{x^{2n}}}=\mathbf{1-\frac{1}{x}}$$

(2) (1) から，すべての x について連続となるためには，$x=-1$, $x=1$ で連続であることが必要十分条件である。ここで

$$\lim_{x\to-1-0}f(x)=\lim_{x\to-1-0}\left(1-\frac{1}{x}\right)=2,$$
$$\lim_{x\to-1+0}f(x)=\lim_{x\to-1+0}(ax^2+bx)=a-b$$

⇐$x\longrightarrow -1-0$ のとき
$x<-1$ であるから
$f(x)=1-\frac{1}{x}$
$x\longrightarrow -1+0$ のとき
$-1<x<1$ であるから
$f(x)=ax^2+bx$

$x=-1$ で連続である条件は

$$\lim_{x\to-1-0}f(x)=\lim_{x\to-1+0}f(x)=f(-1)$$

よって　　$2=a-b=\frac{a-b+2}{2}$ ……①

また　$\lim_{x\to 1-0} f(x)=\lim_{x\to 1-0}(ax^2+bx)=a+b$,

$$\lim_{x\to 1+0} f(x)=\lim_{x\to 1+0}\left(1-\frac{1}{x}\right)=0$$

$x=1$ で連続である条件は

$$\lim_{x\to 1-0} f(x)=\lim_{x\to 1+0} f(x)=f(1)$$

よって　$a+b=0=\dfrac{a+b}{2}$ ……②

①，② から　$\boldsymbol{a=1,\ b=-1}$

inf.　$a=1$，$b=-1$ のとき，$y=f(x)$ のグラフは右の図のようになる。

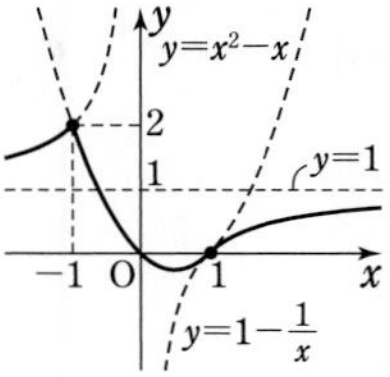

⇐$x \longrightarrow 1-0$ のとき $-1<x<1$ であるから $f(x)=ax^2+bx$
$x \longrightarrow 1+0$ のとき $x>1$ であるから $f(x)=1-\dfrac{1}{x}$

EX ②14

次の極限を求めよ。

(1) $\displaystyle\lim_{n\to\infty}\frac{1\cdot2+2\cdot3+3\cdot4+\cdots\cdots+n\cdot(n+1)}{n^3}$　　(2) $\displaystyle\lim_{n\to\infty}\frac{(n+1)^2+(n+2)^2+\cdots\cdots+(2n)^2}{1^2+2^2+\cdots\cdots+n^2}$

(1) $\displaystyle(\text{分子})=\sum_{k=1}^{n}k(k+1)=\sum_{k=1}^{n}(k^2+k)$

$\displaystyle=\frac{1}{6}n(n+1)(2n+1)+\frac{1}{2}n(n+1)$

$\displaystyle=\frac{1}{6}n(n+1)\{(2n+1)+3\}=\frac{1}{3}n(n+1)(n+2)$

よって　$\displaystyle(\text{与式})=\lim_{n\to\infty}\left\{\frac{1}{3}\cdot\frac{n(n+1)(n+2)}{n^3}\right\}$

$\displaystyle=\lim_{n\to\infty}\frac{1}{3}\left(1+\frac{1}{n}\right)\left(1+\frac{2}{n}\right)=\mathbf{\frac{1}{3}}$

⇐$\displaystyle\frac{n}{n}\left(\frac{n+1}{n}\right)\left(\frac{n+2}{n}\right)$

別解　$\displaystyle(\text{分子})=\sum_{k=1}^{n}k(k+1)$

$\displaystyle=\frac{1}{3}\sum_{k=1}^{n}\{k(k+1)(k+2)-(k-1)k(k+1)\}$

$\displaystyle=\frac{1}{3}n(n+1)(n+2)$　　(以下同様)

⇐恒等式
$3k(k+1)$
$=k(k+1)(k+2)$
$-(k-1)k(k+1)$
を利用。

(2) $\displaystyle(\text{分子})=\sum_{k=1}^{n}(n+k)^2=\sum_{k=1}^{n}(n^2+2nk+k^2)$

$\displaystyle=n^2\times n+2n\times\frac{1}{2}n(n+1)+\frac{1}{6}n(n+1)(2n+1)$

$\displaystyle=\frac{1}{6}n(6n^2+6n^2+6n+2n^2+3n+1)$

$\displaystyle=\frac{1}{6}n(14n^2+9n+1)$

$\displaystyle(\text{分母})=\sum_{k=1}^{n}k^2=\frac{1}{6}n(n+1)(2n+1)$

よって　$\displaystyle(\text{与式})=\lim_{n\to\infty}\frac{\frac{1}{6}n(14n^2+9n+1)}{\frac{1}{6}n(n+1)(2n+1)}$

$\displaystyle=\lim_{n\to\infty}\frac{14n^2+9n+1}{2n^2+3n+1}$

$\displaystyle=\lim_{n\to\infty}\frac{14+\frac{9}{n}+\frac{1}{n^2}}{2+\frac{3}{n}+\frac{1}{n^2}}=\mathbf{7}$

inf.　$14n^2+9n+1$
$=(2n+1)(7n+1)$ から
$\displaystyle(\text{与式})=\lim_{n\to\infty}\frac{(2n+1)(7n+1)}{(n+1)(2n+1)}$
$\displaystyle=\lim_{n\to\infty}\frac{7n+1}{n+1}$
としてもよい。

⇐分母の最高次の項 n^2 で，分母・分子を割る。

別解　$\displaystyle\frac{(n+1)^2+(n+2)^2+\cdots\cdots+(2n)^2}{1^2+2^2+\cdots\cdots+n^2}=\frac{\sum_{k=1}^{2n}k^2-\sum_{k=1}^{n}k^2}{\sum_{k=1}^{n}k^2}$

$\displaystyle=\frac{\frac{1}{6}\cdot2n(2n+1)(4n+1)}{\frac{1}{6}n(n+1)(2n+1)}-1=\frac{2(4n+1)}{n+1}-1$

⇐(分子)
$=1^2+2^2+\cdots\cdots+(2n)^2$
$-(1^2+2^2+\cdots\cdots+n^2)$

よって　$(与式)=\lim_{n\to\infty}\left\{\dfrac{2\left(4+\dfrac{1}{n}\right)}{1+\dfrac{1}{n}}-1\right\}=\mathbf{7}$

EX ②15

次の極限を求めよ。

(1) $\lim_{n\to\infty}(\sqrt{n^2+n}-\sqrt{n^2-n})$　　(2) $\lim_{n\to\infty}n\left(\sqrt{n^2+an+b}-n-\dfrac{a}{2}\right)$　ただし，a，b は定数

(1) $(与式)=\lim_{n\to\infty}\dfrac{(\sqrt{n^2+n}-\sqrt{n^2-n})(\sqrt{n^2+n}+\sqrt{n^2-n})}{\sqrt{n^2+n}+\sqrt{n^2-n}}$

$=\lim_{n\to\infty}\dfrac{n^2+n-(n^2-n)}{\sqrt{n^2+n}+\sqrt{n^2-n}}$

$=\lim_{n\to\infty}\dfrac{2n}{\sqrt{n^2+n}+\sqrt{n^2-n}}$

$=\lim_{n\to\infty}\dfrac{2}{\sqrt{1+\dfrac{1}{n}}+\sqrt{1-\dfrac{1}{n}}}=\mathbf{1}$

⇐ $\dfrac{\sqrt{n^2+n}-\sqrt{n^2-n}}{1}$ と考えて，分子の $\sqrt{n^2+n}-\sqrt{n^2-n}$ を有理化。

⇐分母の最高次の項とみなされる $\sqrt{n^2}$，すなわち n で，分母・分子を割る。

(2) $\lim_{n\to\infty}n\left(\sqrt{n^2+an+b}-n-\dfrac{a}{2}\right)$

$=\lim_{n\to\infty}n\left\{\sqrt{n^2+an+b}-\left(n+\dfrac{a}{2}\right)\right\}$

$=\lim_{n\to\infty}\dfrac{n\left\{n^2+an+b-\left(n+\dfrac{a}{2}\right)^2\right\}}{\sqrt{n^2+an+b}+n+\dfrac{a}{2}}$

$=\lim_{n\to\infty}\dfrac{n\left(b-\dfrac{a^2}{4}\right)}{\sqrt{n^2+an+b}+n+\dfrac{a}{2}}$

$=\lim_{n\to\infty}\dfrac{b-\dfrac{a^2}{4}}{\sqrt{1+\dfrac{a}{n}+\dfrac{b}{n^2}}+1+\dfrac{a}{2n}}=\boldsymbol{\dfrac{b}{2}-\dfrac{a^2}{8}}$

⇐有理化。
{ } 内の計算は
$n^2+an+b-n^2-an-\dfrac{a^2}{4}$
$=b-\dfrac{a^2}{4}$

⇐分母・分子を n で割る。

EX ③16

数列 $\{a_n\}$，$\{b_n\}$ について，次の事柄は正しいか。正しいものは証明し，正しくないものは，その反例をあげよ。ただし，α，β は定数とする。

(1) すべての n に対して $a_n\neq0$ とする。このとき，$\lim_{n\to\infty}\dfrac{1}{a_n}=0$ ならば，$\lim_{n\to\infty}a_n=\infty$ である。

(2) すべての n に対して $a_n\neq0$ とする。このとき，数列 $\{a_n\}$，$\{b_n\}$ がそれぞれ収束するならば，数列 $\left\{\dfrac{b_n}{a_n}\right\}$ は収束する。

(3) $\lim_{n\to\infty}a_n=\infty$，$\lim_{n\to\infty}b_n=\infty$ ならば，$\lim_{n\to\infty}(a_n-b_n)=0$ である。

(4) $\lim_{n\to\infty}a_n=\alpha$，$\lim_{n\to\infty}(a_n-b_n)=0$ ならば，$\lim_{n\to\infty}b_n=\alpha$ である。

(1) **正しくない。（反例）** $\boldsymbol{a_n=-n}$ のとき

$\lim_{n\to\infty}\dfrac{1}{a_n}=\lim_{n\to\infty}\dfrac{1}{-n}=0$ であるが　$\lim_{n\to\infty}a_n=\lim_{n\to\infty}(-n)=-\infty$

(2) **正しくない。(反例)** $\boldsymbol{a_n=\frac{1}{n^2}}$, $\boldsymbol{b_n=\frac{1}{n}}$ のとき

$\lim_{n\to\infty}a_n=\lim_{n\to\infty}\frac{1}{n^2}=0$, $\lim_{n\to\infty}b_n=\lim_{n\to\infty}\frac{1}{n}=0$ であるが

$$\lim_{n\to\infty}\frac{b_n}{a_n}=\lim_{n\to\infty}n=\infty$$

⇐数列 $\{a_n\}$, $\{b_n\}$ はそれぞれ 0 に収束するが，数列 $\left\{\frac{b_n}{a_n}\right\}$ は正の無限大に発散する。

(3) **正しくない。(反例)** $\boldsymbol{a_n=n+1}$, $\boldsymbol{b_n=n}$ のとき

$\lim_{n\to\infty}a_n=\lim_{n\to\infty}(n+1)=\infty$, $\lim_{n\to\infty}b_n=\lim_{n\to\infty}n=\infty$ であるが

$$\lim_{n\to\infty}(a_n-b_n)=\lim_{n\to\infty}1=1$$

⇐$a_n=n^2+n$, $b_n=n$ なども反例となる。

(4) **正しい。**

(証明) 仮定から
$$\lim_{n\to\infty}b_n=\lim_{n\to\infty}\{a_n-(a_n-b_n)\}$$
$$=\lim_{n\to\infty}a_n-\lim_{n\to\infty}(a_n-b_n)$$
$$=\alpha-0=\alpha$$

EX ③17

数列 $\left\{\left(\frac{x^2-3x-1}{x^2+x+1}\right)^n\right\}$ が収束するような実数 x の値の範囲を求めよ。また，そのときの極限値を求めよ。

数列 $\left\{\left(\frac{x^2-3x-1}{x^2+x+1}\right)^n\right\}$ が収束するための必要十分条件は

$$-1<\frac{x^2-3x-1}{x^2+x+1}\leqq 1$$

⇐公比は $\frac{x^2-3x-1}{x^2+x+1}$

⇐$\{r^n\}$ の収束条件は $-1<r\leqq 1$

$x^2+x+1>0$ であるから，上の不等式を変形すると

$$-(x^2+x+1)<x^2-3x-1\leqq x^2+x+1$$

⇐$x^2+x+1=\left(x+\frac{1}{2}\right)^2+\frac{3}{4}>0$

すなわち　$-(x^2+x+1)<x^2-3x-1$ ……① かつ

$x^2-3x-1\leqq x^2+x+1$ ……②

① から　$x(x-1)>0$

⇐$-x^2-x-1<x^2-3x-1$ よって　$2x^2-2x>0$

よって　$x<0$, $1<x$ ……③

② から　$2x+1\geqq 0$

⇐$4x+2\geqq 0$

よって　$x\geqq -\frac{1}{2}$ ……④

③, ④ の共通範囲をとって　$\boldsymbol{-\frac{1}{2}\leqq x<0,\ 1<x}$

また，極限値は

$-1<\frac{x^2-3x-1}{x^2+x+1}<1$ すなわち $\boldsymbol{-\frac{1}{2}<x<0,\ 1<x}$ **のとき　0**

$\frac{x^2-3x-1}{x^2+x+1}=1$ すなわち $\boldsymbol{x=-\frac{1}{2}}$ **のとき　1**

⇐極限値は，$|r|<1$ と，$r=1$ で場合分け。

⇐$x^2-3x-1=x^2+x+1$ よって　$-4x=2$

EX ③18

p を実数の定数とし，次の式で定められる数列 $\{a_n\}$ を考える。

$a_1=2$, $a_{n+1}=pa_n+2$ $(n=1,\ 2,\ 3,\ \cdots\cdots)$

数列 $\{a_n\}$ の一般項を求めよ。更に，この数列が収束するような p の値の範囲を求めよ。〔愛媛大〕

$p=1$ のとき，$a_{n+1}=a_n+2$ より，数列 $\{a_n\}$ は初項 2，公差 2 の等差数列であるから　　$a_n=2n$

$p \neq 1$ のとき，$a_{n+1}=pa_n+2$ を変形すると

$$a_{n+1}+\frac{2}{p-1}=p\left(a_n+\frac{2}{p-1}\right)$$

また　　$a_1+\dfrac{2}{p-1}=2+\dfrac{2}{p-1}=\dfrac{2p}{p-1}$

よって，数列 $\left\{a_n+\dfrac{2}{p-1}\right\}$ は初項 $\dfrac{2p}{p-1}$，公比 p の等比数列であるから　　$a_n+\dfrac{2}{p-1}=\dfrac{2p}{p-1}\cdot p^{n-1}$

ゆえに　　$a_n=\dfrac{2p^n}{p-1}-\dfrac{2}{p-1}=\dfrac{2(p^n-1)}{p-1}$

したがって，数列 $\{a_n\}$ の一般項は

$$\boldsymbol{p=1 \text{ のとき } a_n=2n,\quad p \neq 1 \text{ のとき } a_n=\frac{2(p^n-1)}{p-1}}$$

また，$p=1$ のとき　　$\lim_{n\to\infty}a_n=\lim_{n\to\infty}2n=\infty$

よって，数列 $\{a_n\}$ は収束しない。

$-1<p<1$ のとき，$\lim_{n\to\infty}p^n=0$ であるから

$$\lim_{n\to\infty}a_n=\lim_{n\to\infty}\frac{2(p^n-1)}{p-1}=\frac{2}{1-p}$$

$p>1$ のとき，$\lim_{n\to\infty}p^n=\infty$，$p-1>0$ であるから

$$\lim_{n\to\infty}a_n=\lim_{n\to\infty}\frac{2(p^n-1)}{p-1}=\infty$$

$p \leqq -1$ のとき，数列 $\{p^n\}$ は振動するから，数列 $\{a_n\}$ も振動する。

したがって，求める p の値の範囲は　　$\boldsymbol{-1<p<1}$

⇐ p の値により，場合分けをする。

⇐特性方程式 $\alpha=p\alpha+2$ から　$\alpha=-\dfrac{2}{p-1}$

⇐ $2+\dfrac{2}{p-1}=\dfrac{2(p-1)+2}{p-1}$

⇐ r^n を含む式の極限は，$r=\pm1$ を場合の分かれ目として，場合分けして考える。

2章 EX

EX ④19

座標平面上の点であって，x 座標，y 座標とも整数であるものを格子点と呼ぶ。0 以上の整数 n に対して，不等式 $|x|+|y|\leqq n$ を満たす格子点 $(x,\ y)$ の個数を a_n とおく。更に，$b_n=\sum_{k=0}^{n}a_k$ とおく。次のものを求めよ。

(1)　a_n　　(2)　b_n　　(3)　$\lim_{n\to\infty}\dfrac{b_n}{n^3}$　　〔会津大〕

(1)　不等式 $|x|+|y|\leqq n$ の表す領域は右図の斜線部分である。ただし，境界線を含む。

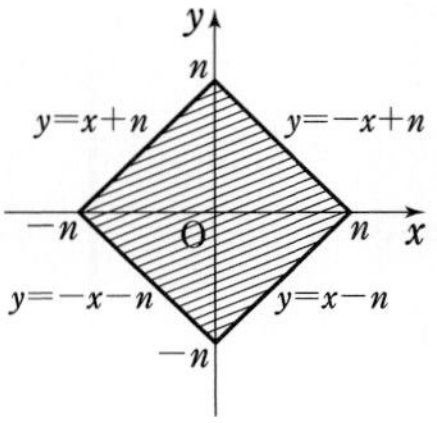

$n\geqq2$ のとき，この領域で $x>0$，$y>0$ の部分にある格子点の個数は $\sum_{k=1}^{n-1}(n-k)=n\sum_{k=1}^{n-1}1-\sum_{k=1}^{n-1}k$

$$=n(n-1)-\frac{n(n-1)}{2}=\frac{n(n-1)}{2}$$

⇐ $x\geqq0$，$y\geqq0$ のとき
　$x+y\leqq n$
$x<0$，$y\geqq0$ のとき
　$-x+y\leqq n$
$x<0$，$y<0$ のとき
　$-x-y\leqq n$
$x\geqq0$，$y<0$ のとき
　$x-y\leqq n$

よって　　$a_n=\dfrac{n(n-1)}{2}\cdot 4+4n+1$

$=2n^2+2n+1$

$a_0=1$，$a_1=5$ は，これを満たす。

よって　　$a_n=\boldsymbol{2n^2+2n+1}$

(2)　$b_n=a_0+\sum_{k=1}^{n} a_k=1+\sum_{k=1}^{n}(2k^2+2k+1)$

$=1+2\cdot\dfrac{n(n+1)(2n+1)}{6}+2\cdot\dfrac{n(n+1)}{2}+n$

$=\dfrac{n+1}{3}\{n(2n+1)+3n+3\}$

$=\boldsymbol{\dfrac{(n+1)(2n^2+4n+3)}{3}}$

(3)　$\lim_{n\to\infty}\dfrac{b_n}{n^3}=\dfrac{1}{3}\lim_{n\to\infty}\left(1+\dfrac{1}{n}\right)\left(2+\dfrac{4}{n}+\dfrac{3}{n^2}\right)=\boldsymbol{\dfrac{2}{3}}$

⇦$\dfrac{n(n-1)}{2}\cdot 4+4n+1$（4 は 4 象限分，$4n$ は軸上，1 は原点）

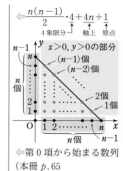

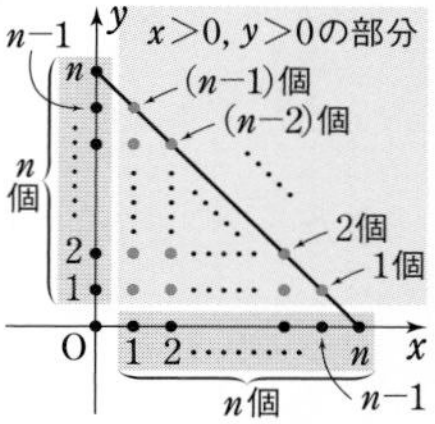

⇦第 0 項から始まる数列（本冊 $p.65$ INFORMATION 参照）。

EX ③20　$[x]$ は，実数 x に対して，$m\leqq x<m+1$ を満たす整数 m とする。このとき $\lim_{n\to\infty}\dfrac{[10^n\pi]}{10^n}$ を求めよ。

$[x]$ について　$[x]\leqq x<[x]+1$

すなわち　　$x-1<[x]\leqq x$

ゆえに　　$10^n\pi-1<[10^n\pi]\leqq 10^n\pi$

よって　　$\pi-\dfrac{1}{10^n}<\dfrac{[10^n\pi]}{10^n}\leqq\pi$

$\lim_{n\to\infty}\left(\pi-\dfrac{1}{10^n}\right)=\pi$ であるから　　$\lim_{n\to\infty}\dfrac{[10^n\pi]}{10^n}=\boldsymbol{\pi}$

inf.　例えば，$n=2$ のとき　　$\dfrac{[10^2\pi]}{10^2}=\dfrac{314}{100}=3.14$

$n=3$ のとき　　$\dfrac{[10^3\pi]}{10^3}=\dfrac{3141}{1000}=3.141$

$n=4$ のとき　　$\dfrac{[10^4\pi]}{10^4}=\dfrac{31415}{10000}=3.1415$

一般に $\dfrac{[10^n\pi]}{10^n}$ は，π の小数第 $(n+1)$ 位以下を切り捨てた値である。

⇦条件より，$[x]=m$ から　　$[x]\leqq x<[x]+1$

⇦**はさみうちの原理**

EX ④21　数列 $\{a_n\}$ は，$a_1=2$，$a_{n+1}=\sqrt{4a_n-3}$ $(n=1,\ 2,\ 3,\ \cdots\cdots)$ で定義されている。

(1)　すべての自然数 n について，不等式 $2\leqq a_n\leqq 3$ が成り立つことを証明せよ。

(2)　すべての自然数 n について，不等式 $|a_{n+1}-3|\leqq\dfrac{4}{5}|a_n-3|$ が成り立つことを証明せよ。

(3)　極限 $\lim_{n\to\infty}a_n$ を求めよ。　〔信州大〕

(1)　$2\leqq a_n\leqq 3$ …… ① とする。

[1]　$n=1$ のとき

$a_1=2$ であるから，① は成り立つ。

[2]　$n=k$ のとき，① が成り立つと仮定すると　$2\leqq a_k\leqq 3$

⇦数学的帰納法を用いて証明する。

このとき，$5\leqq 4a_k-3\leqq 9$ であるから　$\sqrt{5}\leqq\sqrt{4a_k-3}\leqq 3$

$a_{k+1}=\sqrt{4a_k-3}$ であるから　　$\sqrt{5}\leqq a_{k+1}\leqq 3$

よって，$2\leqq a_{k+1}\leqq 3$ が成り立つから，① は $n=k+1$ のときも成り立つ。

[1]，[2] から，すべての自然数 n について，① が成り立つ。

⇐$n=k+1$ のときも $2\leqq a_{k+1}\leqq 3$ すなわち $2\leqq\sqrt{4a_k-3}\leqq 3$ が成り立つことを示す。$2<\sqrt{5}$ であることに注意。

(2) $|a_{n+1}-3|=|\sqrt{4a_n-3}-3|$

$$=\left|\frac{(4a_n-3)-9}{\sqrt{4a_n-3}+3}\right|=\frac{4|a_n-3|}{\sqrt{4a_n-3}+3}\ \cdots\cdots ②$$

⇐漸化式から。

⇐分子の有理化。

ここで，(1) の結果より，$\sqrt{4a_n-3}\geqq\sqrt{4\cdot 2-3}=\sqrt{5}$ であるから　$\sqrt{4a_n-3}+3\geqq\sqrt{5}+3\geqq 5$

ゆえに　$\dfrac{4}{\sqrt{4a_n-3}+3}\leqq\dfrac{4}{5}$ ……③

⇐$\sqrt{5}+3\geqq 5$ としたのは，$\dfrac{4}{5}|a_n-3|$ を作るため。

②，③ から　$|a_{n+1}-3|=\dfrac{4|a_n-3|}{\sqrt{4a_n-3}+3}\leqq\dfrac{4}{5}|a_n-3|$

⇐$a\geqq b>0$ のとき $\dfrac{1}{a}\leqq\dfrac{1}{b}$

(3) (2) の結果から，$n\geqq 2$ のとき

$$|a_n-3|\leqq\frac{4}{5}|a_{n-1}-3|$$
$$\leqq\left(\frac{4}{5}\right)^2|a_{n-2}-3|\leqq\cdots\cdots\leqq\left(\frac{4}{5}\right)^{n-1}|a_1-3|=\left(\frac{4}{5}\right)^{n-1}$$

⇐(2) で示した不等式を繰り返し用いる。

⇐$|a_1-3|=|2-3|=1$

よって　$0\leqq|a_n-3|\leqq\left(\dfrac{4}{5}\right)^{n-1}$

ここで，$\displaystyle\lim_{n\to\infty}\left(\frac{4}{5}\right)^{n-1}=0$ であるから　$\displaystyle\lim_{n\to\infty}|a_n-3|=0$

したがって　$\displaystyle\lim_{n\to\infty}a_n=\mathbf{3}$

⇐**はさみうちの原理**

⇐$\displaystyle\lim_{n\to\infty}|x_n|=0 \iff \lim_{n\to\infty}x_n=0$

EX ④22

p，q を実数とし，数列 $\{a_n\}$，$\{b_n\}$ $(n=1,\ 2,\ 3,\ \cdots\cdots)$ を次のように定める。

$$\begin{cases} a_1=p,\ b_1=q \\ a_{n+1}=pa_n+qb_n \\ b_{n+1}=qa_n+pb_n \end{cases}$$

(1) $p=3$，$q=-2$ とする。このとき，$a_n+b_n=$ア□，$a_n-b_n=$イ□ となり $a_n=$ウ□，$b_n=$エ□ となる。

(2) $p+q=1$ とする。このとき，a_n は p を用いて，$a_n=$オ□ と表される。数列 $\{a_n\}$ が収束するための必要十分条件は カ□$<p\leqq$キ□ である。その極限値は

カ□$<p<$キ□ のとき $\displaystyle\lim_{n\to\infty}a_n=$ク□

$p=$キ□　　のとき $\displaystyle\lim_{n\to\infty}a_n=$ケ□ である。　〔近畿大〕

(1) $a_{n+1}=3a_n-2b_n$，$b_{n+1}=-2a_n+3b_n$ の

辺々を加えて　$a_{n+1}+b_{n+1}=a_n+b_n$

辺々を引いて　$a_{n+1}-b_{n+1}=5(a_n-b_n)$

よって　$a_n+b_n=a_1+b_1=3+(-2)=$ア$\mathbf{1}$

$a_n-b_n=5^{n-1}(a_1-b_1)=5^{n-1}\{3-(-2)\}=$イ$\mathbf{5^n}$

⇐$a_n+b_n=a_{n-1}+b_{n-1}=\cdots\cdots=a_1+b_1$
また，数列 $\{a_n-b_n\}$ は初項が a_1-b_1，公比が 5 の等比数列。

辺々を加えて　$2a_n=5^n+1$　　よって　$a_n=$ウ$\mathbf{\dfrac{5^n+1}{2}}$

辺々を引いて　$2b_n=-5^n+1$　　よって　$b_n=$エ$\mathbf{\dfrac{-5^n+1}{2}}$

(2) $a_{n+1}+b_{n+1}=(p+q)(a_n+b_n)=a_n+b_n$

ゆえに　$a_n+b_n=a_1+b_1=p+q=1$ …… ①

$a_{n+1}-b_{n+1}=(p-q)(a_n-b_n)=(2p-1)(a_n-b_n)$,

$a_1-b_1=p-q=2p-1$

⇐ $p+q=1$ から $p-q=p-(1-p)$ $=2p-1$

よって，数列 $\{a_n-b_n\}$ は，初項 $2p-1$，公比 $2p-1$ の等比数列である。

ゆえに　$a_n-b_n=(2p-1)^n$ …… ②

①＋② から　$2a_n=(2p-1)^n+1$

よって　$a_n=$ オ $\boldsymbol{\dfrac{(2p-1)^n+1}{2}}$

数列 $\{a_n\}$ が収束するための必要十分条件は　$-1<2p-1\leqq 1$

⇐等号に注意。

したがって　カ $\boldsymbol{0}<p\leqq$ キ $\boldsymbol{1}$

$-1<2p-1<1$ すなわち $0<p<1$ のとき　$\displaystyle\lim_{n\to\infty}a_n=$ ク $\boldsymbol{\dfrac{1}{2}}$

⇐ $\displaystyle\lim_{n\to\infty}(2p-1)^n=0$

$2p-1=1$ すなわち $p=1$ のとき　$\displaystyle\lim_{n\to\infty}a_n=$ ケ $\boldsymbol{1}$

EX ③23

1 回の試行で事象 A の起こる確率が p $(0<p<1)$ であるとする。この試行を n 回行うときに奇数回 A が起こる確率を a_n とする。

(1) a_1, a_2, a_3 を p で表せ。

(2) $n\geqq 2$ のとき，a_n を a_{n-1} と p で表せ。

(3) a_n を n と p で表せ。　(4) $\displaystyle\lim_{n\to\infty}a_n$ を求めよ。　〔佐賀大〕

(1) $\boldsymbol{a_1=p}$

$\boldsymbol{a_2}={}_2C_1\,p(1-p)=\boldsymbol{2p(1-p)}$

⇐ 2 回中 1 回起こる。

$\boldsymbol{a_3}={}_3C_1\,p(1-p)^2+{}_3C_3\,p^3(1-p)^0=3p(1-p)^2+p^3$

$=p\{3(1-p)^2+p^2\}=\boldsymbol{p(4p^2-6p+3)}$

⇐ 3 回中 1 回または 3 回起こる。

(2) n 回行うときに奇数回 A が起こるのは

[1] $(n-1)$ 回までに A が奇数回起こり，n 回目に A が起こらない

[2] $(n-1)$ 回までに A が偶数回起こり，n 回目に A が起こる

のいずれかの場合である。

⇐ a_{n-1} と a_n の関係から漸化式を作る。

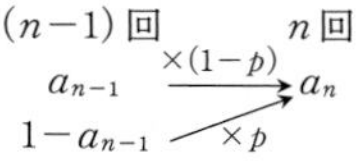

[1] の確率は　$a_{n-1}\times(1-p)$　　[2] の確率は　$(1-a_{n-1})\times p$

よって　$\boldsymbol{a_n}=(1-p)a_{n-1}+p(1-a_{n-1})$

$=\boldsymbol{(1-2p)a_{n-1}+p}$

(3) (2) の式を変形すると　$a_n-\dfrac{1}{2}=(1-2p)\left(a_{n-1}-\dfrac{1}{2}\right)$

⇐特性方程式 $\alpha=(1-2p)\alpha+p$ を解くと $\alpha=\dfrac{1}{2}$

また　$a_1-\dfrac{1}{2}=p-\dfrac{1}{2}$

よって，数列 $\left\{a_n-\dfrac{1}{2}\right\}$ は，初項 $p-\dfrac{1}{2}$，公比 $1-2p$ の等比数列である。

ゆえに　$a_n-\frac{1}{2}=\left(p-\frac{1}{2}\right)(1-2p)^{n-1}=-\frac{1}{2}(1-2p)^n$

したがって　$\boldsymbol{a_n}=\frac{1}{2}-\frac{1}{2}(1-2p)^n=\boldsymbol{\frac{1}{2}\{1-(1-2p)^n\}}$

(4)　$0<p<1$ であるから　$-1<1-2p<1$

よって　$\lim_{n\to\infty}a_n=\lim_{n\to\infty}\frac{1}{2}\{1-(1-2p)^n\}=\boldsymbol{\frac{1}{2}}$

⇐$\lim_{n\to\infty}(1-2p)^n=0$

EX ④24

数列 $\{a_n\}$ が $a_n>0$ $(n=1,\ 2,\ \cdots\cdots)$，$\lim_{n\to\infty}\frac{-5a_n+3}{2a_n+1}=-1$ を満たすとき $\lim_{n\to\infty}a_n$ を求めよ。

$\frac{-5a_n+3}{2a_n+1}=b_n$ とおくと

$$a_n(2b_n+5)=-b_n+3 \quad \cdots\cdots ①$$

① で $b_n=-\frac{5}{2}$ とすると　$a_n\cdot 0=\frac{5}{2}+3$

これは不適。

ゆえに　$2b_n+5\neq 0$

よって，① から　$a_n=\frac{-b_n+3}{2b_n+5}$

$\lim_{n\to\infty}b_n=-1$ から

$$\lim_{n\to\infty}a_n=\lim_{n\to\infty}\frac{-b_n+3}{2b_n+5}=\frac{1+3}{-2+5}=\boldsymbol{\frac{4}{3}}$$

⇐$-5a_n+3=b_n(2a_n+1)$
→ $-5a_n+3=2a_nb_n+b_n$
→ $2a_nb_n+5a_n=-b_n+3$

inf.　$\lim_{n\to\infty}a_n=\alpha$ ならば $\frac{-5\alpha+3}{2\alpha+1}=-1$ から $\alpha=\frac{4}{3}$ とできる。しかし，本問では極限値が存在するかどうかわからないので，左のように解答する。

EX ③25

次の無限級数の和を求めよ。　［(2) 芝浦工大］

(1)　$\sum_{n=2}^{\infty}\frac{\log_{10}\left(1+\frac{1}{n}\right)}{\log_{10}n\log_{10}(n+1)}$　　(2)　$\sum_{n=1}^{\infty}\frac{n}{(4n^2-1)^2}$

(1)
$$\frac{\log_{10}\left(1+\frac{1}{n}\right)}{\log_{10}n\log_{10}(n+1)}=\frac{\log_{10}\frac{n+1}{n}}{\log_{10}n\log_{10}(n+1)}$$
$$=\frac{\log_{10}(n+1)-\log_{10}n}{\log_{10}n\log_{10}(n+1)}$$
$$=\frac{1}{\log_{10}n}-\frac{1}{\log_{10}(n+1)}$$

⇐部分分数に分解する。

$S_n=\sum_{k=2}^{n}\frac{\log_{10}\left(1+\frac{1}{k}\right)}{\log_{10}k\log_{10}(k+1)}$ とすると

$$S_n=\sum_{k=2}^{n}\left\{\frac{1}{\log_{10}k}-\frac{1}{\log_{10}(k+1)}\right\}$$
$$=\left(\frac{1}{\log_{10}2}-\frac{1}{\log_{10}3}\right)+\left(\frac{1}{\log_{10}3}-\frac{1}{\log_{10}4}\right)+\cdots\cdots$$
$$+\left\{\frac{1}{\log_{10}n}-\frac{1}{\log_{10}(n+1)}\right\}$$
$$=\frac{1}{\log_{10}2}-\frac{1}{\log_{10}(n+1)}$$

CHART　まず，部分和 S_n を求める

よって，求める無限級数の和 S は

$$S=\lim_{n\to\infty}S_n=\lim_{n\to\infty}\left\{\frac{1}{\log_{10}2}-\frac{1}{\log_{10}(n+1)}\right\}=\boldsymbol{\frac{1}{\log_{10}2}}$$

⇐ $n\longrightarrow\infty$ のとき $\log_{10}(n+1)\longrightarrow\infty$

(2) $\dfrac{n}{(4n^2-1)^2}=\dfrac{n}{(2n-1)^2(2n+1)^2}=\dfrac{1}{8}\left\{\dfrac{1}{(2n-1)^2}-\dfrac{1}{(2n+1)^2}\right\}$

⇐ $(2n+1)^2-(2n-1)^2=8n$ から $\dfrac{1}{(2n-1)^2(2n+1)^2}=\dfrac{1}{8n}\left\{\dfrac{1}{(2n-1)^2}-\dfrac{1}{(2n+1)^2}\right\}$

$S_n=\displaystyle\sum_{k=1}^{n}\frac{k}{(4k^2-1)^2}$ とすると

$$\begin{aligned}S_n&=\sum_{k=1}^{n}\frac{1}{8}\left\{\frac{1}{(2k-1)^2}-\frac{1}{(2k+1)^2}\right\}\\&=\frac{1}{8}\left[\left(\frac{1}{1^2}-\frac{1}{3^2}\right)+\left(\frac{1}{3^2}-\frac{1}{5^2}\right)\right.\\&\qquad\left.+\cdots\cdots+\left\{\frac{1}{(2n-1)^2}-\frac{1}{(2n+1)^2}\right\}\right]\\&=\frac{1}{8}\left\{1-\frac{1}{(2n+1)^2}\right\}\end{aligned}$$

よって，求める無限級数の和 S は

$$S=\lim_{n\to\infty}S_n=\lim_{n\to\infty}\frac{1}{8}\left\{1-\frac{1}{(2n+1)^2}\right\}=\boldsymbol{\frac{1}{8}}$$

⇐ $\displaystyle\lim_{n\to\infty}\frac{1}{(2n+1)^2}=0$

EX ②26

次の無限級数の和を求めよ。 〔(3) 近畿大〕

(1) $\displaystyle\sum_{n=0}^{\infty}\frac{1}{3^n}$　(2) $\displaystyle\sum_{n=0}^{\infty}\frac{1}{5^n}\cos n\pi$　(3) $\displaystyle\sum_{n=0}^{\infty}\frac{1}{7^n}\sin\frac{n\pi}{2}$

(1) $\displaystyle\sum_{n=0}^{\infty}\frac{1}{3^n}=\frac{1}{1-\frac{1}{3}}=\boldsymbol{\frac{3}{2}}$

⇐初項 1，公比 $\dfrac{1}{3}$

(2) $\cos n\pi=(-1)^n$ であるから

$$\sum_{n=0}^{\infty}\frac{1}{5^n}\cos n\pi=\sum_{n=0}^{\infty}\left(-\frac{1}{5}\right)^n=\frac{1}{1+\frac{1}{5}}=\boldsymbol{\frac{5}{6}}$$

⇐初項 1，公比 $-\dfrac{1}{5}$

注意 (1)，(2) ともに，初項を間違えないように。

(3) 数列 $\left\{\dfrac{1}{7^n}\sin\dfrac{n\pi}{2}\right\}$ は

$$0,\ \frac{1}{7},\ 0,\ -\frac{1}{7^3},\ 0,\ \frac{1}{7^5},\ 0,\ -\frac{1}{7^7},\ \cdots\cdots$$

奇数番目の項はすべて 0 であるから，偶数番目の項の和が求める無限級数の和である。

ゆえに，$\displaystyle\sum_{n=0}^{\infty}\frac{1}{7^n}\sin\frac{n\pi}{2}$ は，初項 $\dfrac{1}{7}$，公比 $-\dfrac{1}{7^2}$ の無限等比級数の和と等しい。

よって　$\displaystyle\sum_{n=0}^{\infty}\frac{1}{7^n}\sin\frac{n\pi}{2}=\frac{\frac{1}{7}}{1+\frac{1}{7^2}}=\boldsymbol{\frac{7}{50}}$

EX ③27

1個のサイコロを1回目にAが投げ，2回目にBが投げ，以下，この順番でA，Bが交互にサイコロを投げる。このとき，先に1または2の目を出した者を勝者とする。
(1) 3回目にAが勝つ確率を求めよ。
(2) $(2n-1)$ 回目までにAが勝つ確率を p_n とするとき，$\lim_{n\to\infty} p_n$ を求めよ。 〔東京理科大〕

(1) 1回目，2回目は3以上の目が出て，3回目に1または2の目が出る確率であるから

$$\frac{2}{3}\times\frac{2}{3}\times\frac{1}{3}=\boldsymbol{\frac{4}{27}}$$

(2) $(2k-1)$ 回目にAが勝つのは，$(2k-2)$ 回目まで3以上の目が続いた後，$(2k-1)$ 回目に1または2の目が出る場合である。ゆえに，$(2n-1)$ 回目までにAが勝つ確率は

$$p_n=\sum_{k=1}^{n}\left(\frac{2}{3}\right)^{2k-2}\times\frac{1}{3}=\sum_{k=1}^{n}\frac{1}{3}\left(\frac{4}{9}\right)^{k-1}$$

⇐初項 $\frac{1}{3}$，公比 $\frac{4}{9}$ の等比数列の和。

よって $$\lim_{n\to\infty} p_n=\frac{\frac{1}{3}}{1-\frac{4}{9}}=\boldsymbol{\frac{3}{5}}$$

EX ③28

$0\leqq x\leqq 2\pi$ を満たす実数 x と自然数 n に対して，$S_n=\sum_{k=1}^{n}(\cos x-\sin x)^k$ と定める。数列 $\{S_n\}$ が収束する x の範囲を求め，x がその範囲にあるときに極限値 $\lim_{n\to\infty} S_n$ を求めよ。 〔名古屋工大〕

$r=\cos x-\sin x$ とおくと，$\lim_{n\to\infty} S_n$ は初項 r，公比 r の無限等比級数である。

⇐S_n は，無限等比級数 $\lim_{n\to\infty} S_n$ の部分和である。

数列 $\{S_n\}$ が収束するための必要十分条件は，$r=0$ または $-1<r<1$ であるから $-1<r<1$ …… ①

⇐$r=0$ を含む。

ここで，$r=\sqrt{2}\sin\left(x+\frac{3}{4}\pi\right)$ であるから，① より

⇐三角関数の合成

$$-1<\sqrt{2}\sin\left(x+\frac{3}{4}\pi\right)<1$$

ゆえに $$-\frac{1}{\sqrt{2}}<\sin\left(x+\frac{3}{4}\pi\right)<\frac{1}{\sqrt{2}} \quad \cdots\cdots ②$$

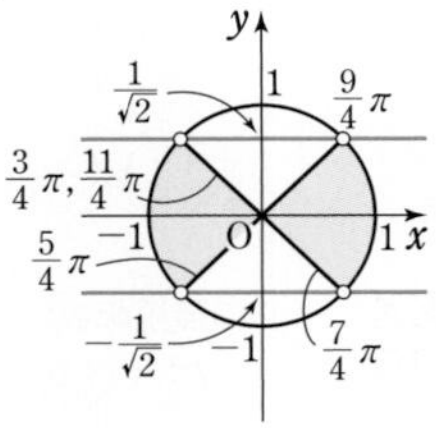

$0\leqq x\leqq 2\pi$ のとき $\frac{3}{4}\pi\leqq x+\frac{3}{4}\pi\leqq\frac{11}{4}\pi$

この範囲で ② を解くと

$$\frac{3}{4}\pi<x+\frac{3}{4}\pi<\frac{5}{4}\pi,\quad \frac{7}{4}\pi<x+\frac{3}{4}\pi<\frac{9}{4}\pi$$

よって $\boldsymbol{0<x<\frac{\pi}{2},\ \pi<x<\frac{3}{2}\pi}$

このとき $$\lim_{n\to\infty} S_n=\frac{r}{1-r}=\boldsymbol{\frac{\cos x-\sin x}{1-\cos x+\sin x}}$$

⇐$\frac{(初項)}{1-(公比)}$

EX ③29

$B_0C_0=1$，$\angle A=\theta$，$\angle B_0=90°$ の直角三角形 AB_0C_0 の内部に，正方形 $B_0B_1C_1D_1$，$B_1B_2C_2D_2$，$B_2B_3C_3D_3$，…… を限りなく作る。n 番目の正方形 $B_{n-1}B_nC_nD_n$ の 1 辺の長さを a_n，面積を S_n とすると，1 以上の各自然数 k に対し $a_k=ra_{k-1}$ が成り立つ。ただし，$a_0=1$ とする。

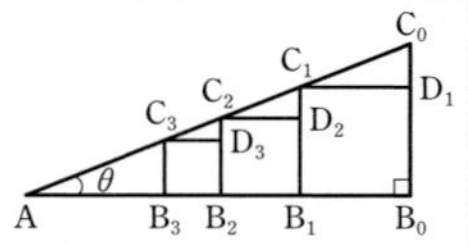

(1) r を $\tan\theta$ を使って表せ。

(2) $0<r<1$ を利用して，無限級数の和 $S_1+S_2+S_3+\cdots\cdots$ を $\tan\theta$ を使って表せ。〔大阪産大〕

HINT (1) $\triangle C_{k-1}C_kD_k$ は $\angle C_{k-1}C_kD_k=\theta$，$C_kD_k=a_k$，$C_{k-1}D_k=a_{k-1}-a_k$ の直角三角形。

(1) $\triangle C_{k-1}C_kD_k$ において

$\angle C_{k-1}D_kC_k=90°$

$\angle C_{k-1}C_kD_k=\theta$

$C_kD_k=a_k$

$C_{k-1}D_k=a_{k-1}-a_k$

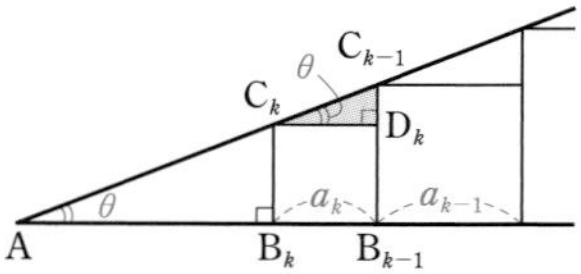

よって $\tan\theta=\dfrac{C_{k-1}D_k}{C_kD_k}=\dfrac{a_{k-1}-a_k}{a_k}$

ただし，$k=1$，2，……，$a_0=B_0C_0=1$ とする。

ゆえに $(\tan\theta+1)a_k=a_{k-1}$

$0°<\theta<90°$ であるから $\tan\theta+1>1$

よって $a_k=\dfrac{1}{\tan\theta+1}a_{k-1}$

したがって $\boldsymbol{r=\dfrac{1}{\tan\theta+1}}$

(2) $S_k=a_k{}^2=r^2a_{k-1}{}^2=r^2S_{k-1}$

よって，数列 $\{S_n\}$ は，初項 $S_1=a_1{}^2=r^2a_0{}^2=r^2$，公比 r^2 の等比数列である。

条件より，$0<r<1$ が成り立つから $0<r^2<1$

ゆえに，無限級数 $S_1+S_2+S_3+\cdots\cdots$ は収束する。

よって，(1) から

$$\boldsymbol{S_1+S_2+S_3+\cdots\cdots}=\frac{r^2}{1-r^2}=\frac{1}{(\tan\theta+1)^2-1}$$

$$=\boldsymbol{\frac{1}{\tan\theta(\tan\theta+2)}}$$

⇐ k 番目の正方形 $B_{k-1}B_kC_kD_k$ について，図をかいて考える。

⇐ $a_k\tan\theta=a_{k-1}-a_k$ $\longrightarrow a_k\tan\theta+a_k=a_{k-1}$

⇐ $a_k:a_{k-1}=r:1$ から $S_k:S_{k-1}=r^2:1^2$

⇐ $\dfrac{r^2}{1-r^2}=\dfrac{\dfrac{1}{(\tan\theta+1)^2}}{1-\dfrac{1}{(\tan\theta+1)^2}}$

EX ③30

次の無限級数の収束，発散を調べ，収束するときはその和を求めよ。

(1) $\left(\dfrac{1}{2}-\dfrac{2}{3}\right)+\left(\dfrac{2}{3}-\dfrac{3}{4}\right)+\left(\dfrac{3}{4}-\dfrac{4}{5}\right)+\cdots\cdots$

(2) $\dfrac{1}{2}-\dfrac{2}{3}+\dfrac{2}{3}-\dfrac{3}{4}+\dfrac{3}{4}-\dfrac{4}{5}+\cdots\cdots$

(3) $2-\dfrac{3}{2}+\dfrac{3}{2}-\dfrac{4}{3}+\dfrac{4}{3}-\cdots\cdots-\dfrac{n+1}{n}+\dfrac{n+1}{n}-\dfrac{n+2}{n+1}+\cdots\cdots$

第 n 項までの部分和を S_n とする。

(1) $S_n=\left(\dfrac{1}{2}-\dfrac{2}{3}\right)+\left(\dfrac{2}{3}-\dfrac{3}{4}\right)+\left(\dfrac{3}{4}-\dfrac{4}{5}\right)+\cdots\cdots$

$+\left(\dfrac{n}{n+1}-\dfrac{n+1}{n+2}\right)$

$=\dfrac{1}{2}-\dfrac{n+1}{n+2}$

ゆえに　$\lim_{n\to\infty}S_n=\lim_{n\to\infty}\left(\dfrac{1}{2}-\dfrac{n+1}{n+2}\right)=\lim_{n\to\infty}\left(\dfrac{1}{2}-\dfrac{1+\frac{1}{n}}{1+\frac{2}{n}}\right)$

$=\dfrac{1}{2}-1=-\dfrac{1}{2}$

よって，**収束** し，その和は　$\boldsymbol{-\dfrac{1}{2}}$

(2)　$S_{2n-1}=\dfrac{1}{2}+\left(-\dfrac{2}{3}+\dfrac{2}{3}\right)+\left(-\dfrac{3}{4}+\dfrac{3}{4}\right)+\cdots\cdots$

$+\left(-\dfrac{n}{n+1}+\dfrac{n}{n+1}\right)$

$=\dfrac{1}{2}$

よって　$\lim_{n\to\infty}S_{2n-1}=\dfrac{1}{2}$

また　$\lim_{n\to\infty}S_{2n}=\lim_{n\to\infty}\left(S_{2n-1}-\dfrac{n+1}{n+2}\right)$

$=\lim_{n\to\infty}\left(\dfrac{1}{2}-\dfrac{n+1}{n+2}\right)$

$=\dfrac{1}{2}-1=-\dfrac{1}{2}$

⇐ S_{2n} は S_{2n-1} を用いて表す。

⇐ $\lim_{n\to\infty}\dfrac{n+1}{n+2}=\lim_{n\to\infty}\dfrac{1+\frac{1}{n}}{1+\frac{2}{n}}=1$

$\lim_{n\to\infty}S_{2n-1}\neq\lim_{n\to\infty}S_{2n}$ であるから，**発散する**。

(3)　$S_{2n-1}=2+\left(-\dfrac{3}{2}+\dfrac{3}{2}\right)+\left(-\dfrac{4}{3}+\dfrac{4}{3}\right)+\cdots\cdots$

$+\left(-\dfrac{n+1}{n}+\dfrac{n+1}{n}\right)$

$=2$

よって　$\lim_{n\to\infty}S_{2n-1}=2$

また　$\lim_{n\to\infty}S_{2n}=\lim_{n\to\infty}\left(S_{2n-1}-\dfrac{n+2}{n+1}\right)$

$=\lim_{n\to\infty}\left(2-\dfrac{n+2}{n+1}\right)$

$=2-1=1$

⇐ S_{2n} は S_{2n-1} を用いて表す。

⇐ $\lim_{n\to\infty}\dfrac{n+2}{n+1}=\lim_{n\to\infty}\dfrac{1+\frac{2}{n}}{1+\frac{1}{n}}=1$

$\lim_{n\to\infty}S_{2n-1}\neq\lim_{n\to\infty}S_{2n}$ であるから，**発散する**。

inf.　**一般に，数列 $\{a_n\}$ が α に収束するとき，その部分数列も α に収束する。**
したがって　$a_n\longrightarrow 0$ のとき　$a_{2n-1}\longrightarrow 0$
この対偶を考えると $\{a_{2n-1}\}$ が 0 に収束しなければ，$\{a_n\}$ は 0 に収束しない。よって，無限級数 $\sum_{n=1}^{\infty}a_n$ は発散する（本冊 $p.54$ 基本事項 5 2 参照）。

⇐数列から，いくつかの項を取り除いてできる数列を **部分数列** という。

別解 (2) $a_{2n-1}=\dfrac{n}{n+1}$ から　$\lim_{n\to\infty} a_{2n-1}=1\neq 0$

$\lim_{n\to\infty} a_n$ が 0 に収束しないから無限級数は **発散する。**

(3) $a_{2n-1}=\dfrac{n+1}{n}$ から　$\lim_{n\to\infty} a_{2n-1}=1\neq 0$

$\lim_{n\to\infty} a_n$ が 0 に収束しないから無限級数は **発散する。**

⇐$\lim_{n\to\infty}\dfrac{1}{1+\dfrac{1}{n}}=1$

⇐$\lim_{n\to\infty}\left(1+\dfrac{1}{n}\right)=1$

EX ③31

n を正の整数とし，r を $r>1$ を満たす実数とする。

$$a_1r+a_2r^2+\cdots\cdots+a_nr^n=(-1)^n$$

を満たす数列 $\{a_n\}$ について

(1) a_1，a_2，a_3 を r を用いて表せ。

(2) $n\geqq 2$ のとき，a_n を r を用いて表せ。

(3) 無限級数の和 $a_1+a_2+\cdots\cdots+a_n+\cdots\cdots$ を求めよ。〔群馬大〕

(1) $n=1$ のとき　$a_1r=-1$

よって　$\boldsymbol{a_1=-\dfrac{1}{r}}$

$n=2$ のとき　$a_1r+a_2r^2=(-1)^2$

よって　$-1+a_2r^2=1$

ゆえに　$\boldsymbol{a_2=\dfrac{2}{r^2}}$

$n=3$ のとき　$a_1r+a_2r^2+a_3r^3=(-1)^3$

よって　$1+a_3r^3=-1$

ゆえに　$\boldsymbol{a_3=-\dfrac{2}{r^3}}$

⇐$a_1r=-1$

⇐$a_1r+a_2r^2=1$

(2) $n\geqq 2$ のとき

$a_1r+a_2r^2+\cdots\cdots+a_{n-1}r^{n-1}=(-1)^{n-1}$　……①

$a_1r+a_2r^2+\cdots\cdots+a_{n-1}r^{n-1}+a_nr^n=(-1)^n$　……②

②−① から　$a_nr^n=(-1)^n-(-1)^{n-1}$

よって　$\boldsymbol{a_n}=\dfrac{(-1)^n+(-1)^n}{r^n}=\dfrac{2(-1)^n}{r^n}$

$\boldsymbol{=2\left(-\dfrac{1}{r}\right)^n}$

⇐$-(-1)^{n-1}$
$=(-1)\cdot(-1)^{n-1}$
$=(-1)^n$

(3) $r>1$ であるから　$-1<-\dfrac{1}{r}<0$

よって　$a_1+(a_2+a_3+\cdots\cdots+a_n+\cdots\cdots)$

$=-\dfrac{1}{r}+\dfrac{\dfrac{2}{r^2}}{1-\left(-\dfrac{1}{r}\right)}$

$=-\dfrac{1}{r}+\dfrac{2}{r(r+1)}$

$\boldsymbol{=\dfrac{-r+1}{r(r+1)}}$

⇐(2) から，(　) 内は初項が $a_2=\dfrac{2}{r^2}$，公比が $-\dfrac{1}{r}$ の無限等比級数。

EX ③32

原点をOとする座標平面において，点 P_0 を原点Oとし，点 P_n と $\overrightarrow{r_n}$ を

$$\overrightarrow{r_n}=\overrightarrow{P_{n-1}P_n}=\left(\frac{1}{2^{n-1}}\cos\frac{(n-1)\pi}{2},\ \frac{1}{2^{n-1}}\sin\frac{(n-1)\pi}{2}\right)\ (n=1,\ 2,\ 3,\ \cdots\cdots)$$

によって順次定める。

(1) $\overrightarrow{r_1}$，$\overrightarrow{r_2}$ を求めよ。

(2) $\overrightarrow{r_n}=(x_n,\ y_n)$ $(n=1,\ 2,\ 3,\ \cdots\cdots)$ とする。$k=1,\ 2,\ 3,\ \cdots\cdots$ に対し

(ア) x_{2k+1} を x_{2k-1} で表せ。また，x_{2k} を求めよ。

(イ) y_{2k+2} を y_{2k} で表せ。また，y_{2k-1} を求めよ。

(3) $n\longrightarrow\infty$ のとき，点 P_n が限りなく近づく点の座標を求めよ。〔類 金沢工大〕

(1) $\overrightarrow{r_1}=(\cos 0,\ \sin 0)=\mathbf{(1,\ 0)}$

$\overrightarrow{r_2}=\left(\frac{1}{2}\cos\frac{\pi}{2},\ \frac{1}{2}\sin\frac{\pi}{2}\right)=\left(\mathbf{0},\ \mathbf{\frac{1}{2}}\right)$

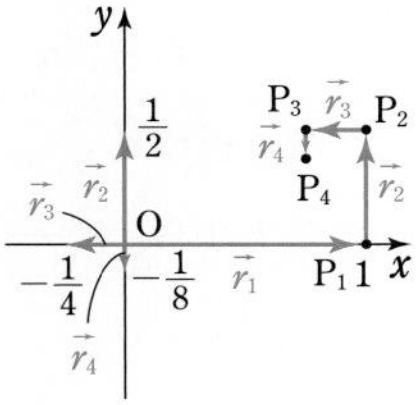

(2) (ア) $x_{2k+1}=\frac{1}{2^{2k}}\cos k\pi$，$x_{2k-1}=\frac{1}{2^{2k-2}}\cos(k-1)\pi$

$\cos(k-1)\pi=-\cos k\pi$ であるから

$$x_{2k-1}=-2^2\cdot\frac{1}{2^{2k}}\cos k\pi=-4x_{2k+1}$$

よって　$\boldsymbol{x_{2k+1}=-\frac{1}{4}x_{2k-1}}$

また　$x_{2k}=\frac{1}{2^{2k-1}}\cos\frac{(2k-1)\pi}{2}$

$2k-1$ は奇数であるから　$\cos\frac{(2k-1)\pi}{2}=0$

ゆえに　$\boldsymbol{x_{2k}=0}$

⇐ n が偶数のとき，$x_n=0$ である。

(イ) $y_{2k+2}=\frac{1}{2^{2k+1}}\sin\frac{(2k+1)\pi}{2}$，$y_{2k}=\frac{1}{2^{2k-1}}\sin\frac{(2k-1)\pi}{2}$

$\sin\frac{(2k-1)\pi}{2}=-\sin\frac{(2k+1)\pi}{2}$ であるから

$$y_{2k}=-2^2\cdot\frac{1}{2^{2k+1}}\sin\frac{(2k+1)\pi}{2}=-4y_{2k+2}$$

よって　$\boldsymbol{y_{2k+2}=-\frac{1}{4}y_{2k}}$

また　$y_{2k-1}=\frac{1}{2^{2k-2}}\sin(k-1)\pi$

$k-1$ は整数であるから　$\sin(k-1)\pi=0$

ゆえに　$\boldsymbol{y_{2k-1}=0}$

⇐ n が奇数のとき，$y_n=0$ である。

(3) (2) から

$\overrightarrow{OP_{2n}}=\overrightarrow{r_1}+\overrightarrow{r_2}+\overrightarrow{r_3}+\overrightarrow{r_4}+\cdots\cdots+\overrightarrow{r_{2n-1}}+\overrightarrow{r_{2n}}$

$=(1,\ 0)+\left(0,\ \frac{1}{2}\right)+\left(-\frac{1}{4},\ 0\right)+\left(0,\ -\frac{1}{8}\right)$

$\quad+\cdots\cdots+\left(\left(-\frac{1}{4}\right)^{n-1},\ 0\right)+\left(0,\ \frac{1}{2}\left(-\frac{1}{4}\right)^{n-1}\right)$

$=\left(1-\frac{1}{4}+\cdots\cdots+\left(-\frac{1}{4}\right)^{n-1},\ \frac{1}{2}-\frac{1}{8}+\cdots\cdots+\frac{1}{2}\left(-\frac{1}{4}\right)^{n-1}\right)$

$\left|-\frac{1}{4}\right|<1$ であるから，$n\longrightarrow\infty$ のとき，点 P_{2n} は

⇐ $\overrightarrow{OP_{2n}}$ と $\overrightarrow{OP_{2n+1}}$ を分けて考える。

点$\left(\dfrac{1}{1-\left(-\dfrac{1}{4}\right)},\ \dfrac{\dfrac{1}{2}}{1-\left(-\dfrac{1}{4}\right)}\right)$, すなわち点$\left(\dfrac{4}{5},\ \dfrac{2}{5}\right)$に限りなく近づく。

⇐各成分は $\dfrac{(初項)}{1-(公比)}$

また　$\overrightarrow{OP_{2n+1}}=\overrightarrow{OP_{2n}}+\overrightarrow{r_{2n+1}}=\overrightarrow{OP_{2n}}+\left(\left(-\dfrac{1}{4}\right)^n,\ 0\right)$

$=\left(1-\dfrac{1}{4}+\cdots\cdots+\left(-\dfrac{1}{4}\right)^n,\ \dfrac{1}{2}-\dfrac{1}{8}+\cdots\cdots+\dfrac{1}{2}\left(-\dfrac{1}{4}\right)^{n-1}\right)$

であるから, $n\longrightarrow\infty$ のとき, 点 P_{2n+1} は点$\left(\dfrac{4}{5},\ \dfrac{2}{5}\right)$に限りなく近づく。

⇐$\lim_{n\to\infty}\overrightarrow{OP_{2n}}=\lim_{n\to\infty}\overrightarrow{OP_{2n+1}}=\left(\dfrac{4}{5},\ \dfrac{2}{5}\right)$ が示された。

以上から, $n\longrightarrow\infty$ のとき, 点 P_n は点$\left(\boldsymbol{\dfrac{4}{5}},\ \boldsymbol{\dfrac{2}{5}}\right)$に限りなく近づく。

EX ④33

(1) $\displaystyle\sum_{k=1}^{2^n}\frac{1}{k}\geqq\frac{n}{2}+1$ を証明せよ。

(2) 無限級数 $1+\dfrac{1}{2}+\dfrac{1}{3}+\cdots\cdots+\dfrac{1}{n}+\cdots\cdots$ は発散することを証明せよ。

(1) $\displaystyle\sum_{k=1}^{2^n}\frac{1}{k}\geqq\frac{n}{2}+1$ ……① とする。

⇐数学的帰納法。

[1] $n=1$ のとき

$$\sum_{k=1}^{2}\frac{1}{k}=1+\frac{1}{2}=\frac{1}{2}+1$$

よって, ① は成り立つ。

[2] $n=m$ のとき ① が成り立つと仮定すると

$$\sum_{k=1}^{2^m}\frac{1}{k}\geqq\frac{m}{2}+1$$

このとき

$$\sum_{k=1}^{2^{m+1}}\frac{1}{k}=\sum_{k=1}^{2^m}\frac{1}{k}+\sum_{k=2^m+1}^{2^{m+1}}\frac{1}{k}$$

$$\geqq\left(\frac{m}{2}+1\right)+\frac{1}{2^m+1}+\frac{1}{2^m+2}+\cdots\cdots+\frac{1}{2^{m+1}}$$

⇐$\dfrac{1}{2^{m+1}}=\dfrac{1}{2^m+2^m}$

$$>\frac{m}{2}+1+\frac{1}{2^{m+1}}+\frac{1}{2^{m+1}}+\cdots\cdots+\frac{1}{2^{m+1}}$$

⇐$\dfrac{1}{2^{m+1}}$ が 2^m 個ある。

$$=\frac{m}{2}+1+\frac{1}{2^{m+1}}\times2^m=\frac{m+1}{2}+1$$

よって, $n=m+1$ のときも ① は成り立つ。

[1], [2] から, すべての自然数 n について ① は成り立つ。

(2) $S_n=\displaystyle\sum_{k=1}^{n}\frac{1}{k}$ とする。

$n\geqq2^m$ とすると, (1) から　$S_n\geqq S_{2^m}=\displaystyle\sum_{k=1}^{2^m}\frac{1}{k}\geqq\frac{m}{2}+1$

ここで，$m \longrightarrow \infty$ のとき $n \longrightarrow \infty$ で $\lim_{m\to\infty}\left(\frac{m}{2}+1\right)=\infty$

よって $\lim_{n\to\infty} S_n=\infty$

したがって，$1+\frac{1}{2}+\frac{1}{3}+\cdots\cdots+\frac{1}{n}+\cdots\cdots$ は発散する。

⇐ $a_n \leqq b_n$（n は自然数）で $\lim_{n\to\infty} a_n=\infty$ ならば $\lim_{n\to\infty} b_n=\infty$

参考 (2) は次のように考えている。

$$1+\frac{1}{2}+\frac{1}{3}+\frac{1}{4}+\frac{1}{5}+\frac{1}{6}+\frac{1}{7}+\frac{1}{8}+\frac{1}{9}+\cdots\cdots+\frac{1}{16}+\cdots\cdots$$

$$>1+\frac{1}{2}+\frac{1}{4}+\frac{1}{4}+\frac{1}{8}+\frac{1}{8}+\frac{1}{8}+\frac{1}{8}+\frac{1}{16}+\cdots\cdots+\frac{1}{16}+\cdots\cdots$$

$$=1+\frac{1}{2}\quad+\frac{1}{2}\quad+\frac{1}{2}\quad+\frac{1}{2}\quad+\cdots\cdots$$

inf. 本冊 $p.54$ 基本事項 5 の解説で，その逆が成り立たない例として

例 数列 $\left\{\frac{1}{n}\right\}$ について，$\lim_{n\to\infty}\frac{1}{n}=0$ であるが $\sum_{n=1}^{\infty}\frac{1}{n}$ は正の無限大に発散する。

をあげたが，上記はその証明の 1 つである。

EX ④34

1 辺の長さ 1 の正四面体の 4 つの頂点を A_0，B_0，C_0，D_0 とする。この正四面体の各面 $\triangle A_0B_0C_0$，$\triangle A_0B_0D_0$，$\triangle A_0C_0D_0$，$\triangle B_0C_0D_0$ の重心をそれぞれ D_1，C_1，B_1，A_1 とする。正四面体 $A_1B_1C_1D_1$ についても，同じように各面の重心をとり，それを D_2，C_2，B_2，A_2 として，正四面体 $A_2B_2C_2D_2$ を作る。以下同じように正四面体 $A_nB_nC_nD_n$（$n=3, 4, 5, \cdots\cdots$）を作り，その体積を V_n とする。このとき，次の問いに答えよ。

(1) V_0 を求めよ。 (2) V_1 を求めよ。

(3) 極限 $\lim_{n\to\infty}(V_0+V_1+V_2+\cdots\cdots+V_n)$ の値を求めよ。 〔青山学院大〕

(1) 正四面体 $A_0B_0C_0D_0$ の高さを h_0 とし，辺 B_0C_0 の中点を M_0 とする。

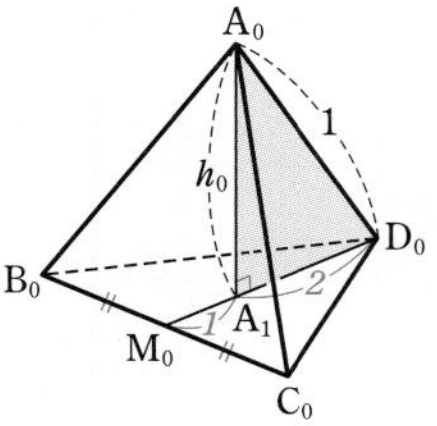

$$A_1D_0=\frac{2}{3}D_0M_0=\frac{2}{3}\cdot\sqrt{3}\,B_0M_0$$
$$=\frac{1}{\sqrt{3}}$$

⇐ A_1 は $\triangle B_0C_0D_0$ の重心。

$A_0A_1 \perp A_1D_0$ であるから

$$h_0=\sqrt{1^2-\left(\frac{1}{\sqrt{3}}\right)^2}=\sqrt{1-\frac{1}{3}}=\sqrt{\frac{2}{3}}$$

⇐ $h_0=\sqrt{A_0D_0{}^2-A_1D_0{}^2}$

よって $V_0=\frac{1}{3}\cdot\frac{\sqrt{3}}{4}\cdot\sqrt{\frac{2}{3}}=\boldsymbol{\frac{\sqrt{2}}{12}}$

⇐ $\triangle B_0C_0D_0=\frac{1}{2}\cdot 1\cdot\frac{\sqrt{3}}{2}=\frac{\sqrt{3}}{4}$

(2) 辺 C_0D_0 の中点を N_0 とする。

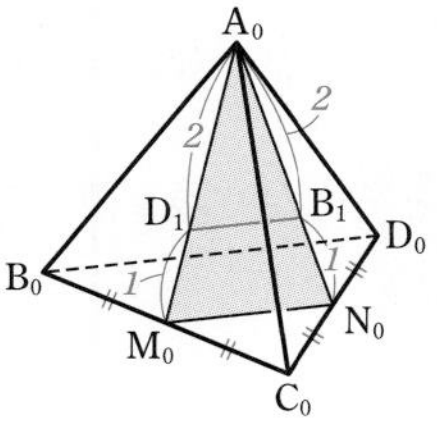

$\frac{A_0D_1}{A_0M_0}=\frac{A_0B_1}{A_0N_0}=\frac{2}{3}$ から

⇐ B_1，D_1 は $\triangle A_0C_0D_0$，$\triangle A_0B_0C_0$ の重心。

$$B_1D_1=\frac{2}{3}M_0N_0=\frac{2}{3}\cdot\frac{1}{2}B_0D_0$$
$$=\frac{1}{3}B_0D_0$$

ゆえに，2 つの正四面体 $A_1B_1C_1D_1$ と $A_0B_0C_0D_0$ の相似比は $1:3$

よって　$V_1=\left(\frac{1}{3}\right)^3V_0=\frac{1}{27}\cdot\frac{\sqrt{2}}{12}=\frac{\sqrt{2}}{324}$

⇐(体積比)＝(相似比)^3

(3)　(2) より，$V_k=\left\{\left(\frac{1}{3}\right)^3\right\}^kV_0=\frac{\sqrt{2}}{12}\left(\frac{1}{27}\right)^k$ であるから

$$\lim_{n\to\infty}\sum_{k=0}^{n}V_k=\sum_{n=1}^{\infty}\frac{\sqrt{2}}{12}\left(\frac{1}{27}\right)^{n-1}=\frac{\frac{\sqrt{2}}{12}}{1-\frac{1}{27}}=\frac{9\sqrt{2}}{104}$$

EX ②35

次の極限を求めよ。　［(1) 京都産大，(2) 東京電機大］

(1) $\lim_{x\to1}\frac{\sqrt[3]{x}-1}{x-1}$　　(2) $\lim_{x\to0}\frac{\sqrt{x^2-x+1}-1}{\sqrt{1+x}-\sqrt{1-x}}$

(1)
$$\lim_{x\to1}\frac{\sqrt[3]{x}-1}{x-1}=\lim_{x\to1}\frac{\sqrt[3]{x}-1}{(\sqrt[3]{x}-1)(\sqrt[3]{x^2}+\sqrt[3]{x}+1)}$$
$$=\lim_{x\to1}\frac{1}{\sqrt[3]{x^2}+\sqrt[3]{x}+1}=\frac{1}{1+1+1}=\frac{1}{3}$$

⇐$x-1=(\sqrt[3]{x})^3-1^3=(\sqrt[3]{x}-1)(\sqrt[3]{x^2}+\sqrt[3]{x}+1)$

別解
$$\frac{\sqrt[3]{x}-1}{x-1}=\frac{(\sqrt[3]{x}-1)(\sqrt[3]{x^2}+\sqrt[3]{x}+1)}{(x-1)(\sqrt[3]{x^2}+\sqrt[3]{x}+1)}$$
$$=\frac{x-1}{(x-1)(\sqrt[3]{x^2}+\sqrt[3]{x}+1)}=\frac{1}{\sqrt[3]{x^2}+\sqrt[3]{x}+1}$$

(以下，同様)

⇐分子の有理化
$(a-b)(a^2+ab+b^2)=a^3-b^3$

(2)
$$\lim_{x\to0}\frac{\sqrt{x^2-x+1}-1}{\sqrt{1+x}-\sqrt{1-x}}$$
$$=\lim_{x\to0}\frac{\{(x^2-x+1)-1\}(\sqrt{1+x}+\sqrt{1-x})}{\{(1+x)-(1-x)\}(\sqrt{x^2-x+1}+1)}$$
$$=\lim_{x\to0}\frac{(x^2-x)(\sqrt{1+x}+\sqrt{1-x})}{2x(\sqrt{x^2-x+1}+1)}$$
$$=\lim_{x\to0}\frac{x(x-1)(\sqrt{1+x}+\sqrt{1-x})}{2x(\sqrt{x^2-x+1}+1)}$$
$$=\lim_{x\to0}\frac{(x-1)(\sqrt{1+x}+\sqrt{1-x})}{2(\sqrt{x^2-x+1}+1)}=\frac{-2}{4}=-\frac{1}{2}$$

⇐$\sqrt{x^2-x+1}-1$ および $\sqrt{1+x}-\sqrt{1-x}$ を有理化。

⇐約分

EX ③36

(1) $\lim_{x\to0}\frac{\sqrt{1+x}-(a+bx)}{x^2}$ が有限な値となるように定数 a，b の値を定め，極限値を求めよ。

(2) $\lim_{x\to0}\frac{x\sin x}{a+b\cos x}=1$ が成り立つように定数 a，b の値を定めよ。

(1) $\lim_{x\to0}\frac{\sqrt{1+x}-(a+bx)}{x^2}$ が有限な値になるとする。

$\lim_{x\to0}x^2=0$ であるから　$\lim_{x\to0}\{\sqrt{1+x}-(a+bx)\}=0$

よって　$1-a=0$

ゆえに　$a=1$

このとき

⇐**必要条件**
$\lim_{x\to0}\{\sqrt{1+x}-(a+bx)\}=\lim_{x\to0}\frac{\sqrt{1+x}-(a+bx)}{x^2}\cdot x^2=$(有限な値)$\times0=0$

$$\lim_{x\to 0}\frac{\sqrt{1+x}-(1+bx)}{x^2}=\lim_{x\to 0}\frac{(1+x)-(1+bx)^2}{x^2(\sqrt{1+x}+1+bx)}$$

$$=\lim_{x\to 0}\frac{1-2b-b^2x}{x(\sqrt{1+x}+1+bx)} \quad \cdots\cdots ①$$

⇦分子の有理化
(分子)
$=1+x-1-2bx-b^2x^2$
$=x-2bx-b^2x^2$
$=x(1-2b-b^2x)$

$\lim_{x\to 0} x(\sqrt{1+x}+1+bx)=0$ であるから

$$\lim_{x\to 0}(1-2b-b^2x)=0$$

⇦必要条件

よって　$1-2b=0$

ゆえに　$b=\frac{1}{2}$

このとき，① から

$$\lim_{x\to 0}\frac{-\frac{1}{4}}{\sqrt{1+x}+1+\frac{1}{2}x}=\frac{-\frac{1}{4}}{2}=-\frac{1}{8}$$

以上から　**$a=1$，$b=\frac{1}{2}$ のとき極限値 $-\frac{1}{8}$**

(2)　$\lim_{x\to 0}\frac{x\sin x}{a+b\cos x}=1$ ……① が成り立つとする。

$\lim_{x\to 0} x\sin x=0$ であるから　$\lim_{x\to 0}(a+b\cos x)=0$

⇦必要条件
$\lim_{x\to 0}(a+b\cos x)$
$=\lim_{x\to 0}\frac{a+b\cos x}{x\sin x}\cdot x\sin x$
$=1\cdot 0=0$

よって，$a+b=0$ となり　$b=-a$ ……②

このとき

$$\lim_{x\to 0}\frac{x\sin x}{a+b\cos x}=\lim_{x\to 0}\frac{x\sin x}{a-a\cos x}$$

$$=\lim_{x\to 0}\frac{x\sin x}{a(1-\cos x)}=\lim_{x\to 0}\frac{x\sin x(1+\cos x)}{a(1-\cos^2 x)}$$

$$=\lim_{x\to 0}\frac{x(1+\cos x)}{a\sin x}=\lim_{x\to 0}\frac{1+\cos x}{a}\cdot\frac{x}{\sin x}$$

$$=\frac{2}{a}\cdot 1=\frac{2}{a}$$

⇦ $1-\cos x$ は $1+\cos x$ とペアで扱う。

$\frac{2}{a}=1$ のとき ① が成り立つから　**$a=2$**

このとき，② から　**$b=-2$**

EX ②37

次の極限を求めよ。　〔(1) 愛媛大，(2) 職能開発大〕

(1)　$\lim_{x\to 3+0}\frac{9-x^2}{\sqrt{(3-x)^2}}$　　(2)　$\lim_{x\to\infty}\left\{\frac{1}{2}\log_3 x+\log_3(\sqrt{3x+1}-\sqrt{3x-1})\right\}$

(1)　$$\lim_{x\to 3+0}\frac{9-x^2}{\sqrt{(3-x)^2}}=\lim_{x\to 3+0}\frac{(3-x)(3+x)}{|3-x|}$$

$$=\lim_{x\to 3+0}\left\{\frac{(3-x)(3+x)}{-(3-x)}\right\}$$

$$=\lim_{x\to 3+0}\{-(3+x)\}=\mathbf{-6}$$

⇦$\sqrt{A^2}=|A|$

⇦$x\longrightarrow 3+0$ のとき，$3-x<0$ から $|3-x|=-(3-x)$

(2) $\frac{1}{2}\log_3 x+\log_3(\sqrt{3x+1}-\sqrt{3x-1})$

$=\log_3\sqrt{x}(\sqrt{3x+1}-\sqrt{3x-1})$

$=\log_3\frac{\sqrt{x}\{(3x+1)-(3x-1)\}}{\sqrt{3x+1}+\sqrt{3x-1}}$

$=\log_3\frac{2\sqrt{x}}{\sqrt{3x+1}+\sqrt{3x-1}}$

よって　(与式)$=\lim_{x\to\infty}\log_3\frac{2\sqrt{x}}{\sqrt{3x+1}+\sqrt{3x-1}}$

$=\lim_{x\to\infty}\log_3\frac{2}{\sqrt{3+\frac{1}{x}}+\sqrt{3-\frac{1}{x}}}$

$=\log_3\frac{1}{\sqrt{3}}=\log_3 3^{-\frac{1}{2}}=-\mathbf{\frac{1}{2}}$

⇐$\log_a M+\log_a N=\log_a MN$

⇐$\frac{\sqrt{3x+1}-\sqrt{3x-1}}{1}$ と考えて，分子を有理化。

⇐分母・分子を $\sqrt{x}$ で割る。

EX ②38

次の極限を求めよ。

(1) $\lim_{t\to 2\pi}\frac{\sin t}{t^2-4\pi^2}$ 〔東京電機大〕　(2) $\lim_{x\to 0}\frac{1-\cos 2x}{x\tan\frac{x}{2}}$ 〔大阪工大〕

(3) $\lim_{x\to 0}\frac{\sin\left(\sin\frac{x}{\pi}\right)}{x}$ 〔関西大〕　(4) $\lim_{x\to -0}\frac{\sqrt{1-\cos x}}{x}$

HINT (1) $t-2\pi=x$ とおく。
(2) 2倍角の公式利用。 別解 $1-\cos 2x$ は $1+\cos 2x$ とペアで。
(3) $x\longrightarrow 0$ のとき　$\sin\frac{x}{\pi}\longrightarrow 0$　$\sin\frac{x}{\pi}=t$ とおく。
(4) 半角の公式利用。 別解 $1-\cos x$ は $1+\cos x$ とペアで。

(1) $t-2\pi=x$ とおくと　$t\longrightarrow 2\pi$ のとき　$x\longrightarrow 0$

よって　$\lim_{t\to 2\pi}\frac{\sin t}{t^2-4\pi^2}=\lim_{x\to 0}\frac{\sin(x+2\pi)}{(x+2\pi)^2-4\pi^2}=\lim_{x\to 0}\frac{\sin x}{x^2+4\pi x}$

$=\lim_{x\to 0}\frac{\sin x}{x}\cdot\frac{1}{x+4\pi}=1\cdot\frac{1}{0+4\pi}=\mathbf{\frac{1}{4\pi}}$

⇐$\lim_{x\to 0}\frac{\sin x}{x}=1$

(2) $\lim_{x\to 0}\frac{1-\cos 2x}{x\tan\frac{x}{2}}=\lim_{x\to 0}\frac{2\sin^2 x}{x\cdot\frac{\sin\frac{x}{2}}{\cos\frac{x}{2}}}=2\lim_{x\to 0}\frac{\sin x}{x}\cdot\frac{\sin x}{\frac{\sin\frac{x}{2}}{\cos\frac{x}{2}}}$

$=2\lim_{x\to 0}\frac{\sin x}{x}\cdot\frac{2\sin\frac{x}{2}\cos\frac{x}{2}}{\frac{\sin\frac{x}{2}}{\cos\frac{x}{2}}}$

$=4\lim_{x\to 0}\frac{\sin x}{x}\cdot\cos^2\frac{x}{2}=4\cdot 1\cdot 1^2=\mathbf{4}$

⇐半角の公式から
$1-\cos 2x=2\sin^2 x$
2倍角の公式から
$\sin x=\sin 2\cdot\frac{x}{2}$
$=2\sin\frac{x}{2}\cos\frac{x}{2}$

別解 $\displaystyle\lim_{x\to 0}\frac{1-\cos 2x}{x\tan\frac{x}{2}}=\lim_{x\to 0}\frac{(1-\cos 2x)(1+\cos 2x)\cos\frac{x}{2}}{x\sin\frac{x}{2}(1+\cos 2x)}$

$\displaystyle=\lim_{x\to 0}\frac{\sin^2 2x}{(2x)^2}\cdot\frac{\frac{x}{2}}{\sin\frac{x}{2}}\cdot\frac{\cos\frac{x}{2}}{1+\cos 2x}\cdot\frac{(2x)^2}{x\cdot\frac{x}{2}}$

$\displaystyle=1^2\cdot 1\cdot\frac{1}{2}\cdot\frac{4}{\frac{1}{2}}=\mathbf{4}$

⇐$1-\cos 2x$ は $1+\cos 2x$ とペアで。

⇐$\dfrac{\sin\square}{\square}$ の形を作る。

(3) $\displaystyle\frac{\sin\left(\sin\frac{x}{\pi}\right)}{x}=\frac{\sin\left(\sin\frac{x}{\pi}\right)}{\sin\frac{x}{\pi}}\cdot\frac{\sin\frac{x}{\pi}}{\frac{x}{\pi}}\cdot\frac{1}{\pi}$

ここで，$\sin\frac{x}{\pi}=t$ とおくと，$x\longrightarrow 0$ のとき $t\longrightarrow 0$ である。

⇐$\sin 0=0$

よって $\displaystyle\lim_{x\to 0}\frac{\sin\left(\sin\frac{x}{\pi}\right)}{\sin\frac{x}{\pi}}=\lim_{t\to 0}\frac{\sin t}{t}=1$

また，$x\longrightarrow 0$ のとき $\frac{x}{\pi}\longrightarrow 0$ から $\displaystyle\lim_{x\to 0}\frac{\sin\frac{x}{\pi}}{\frac{x}{\pi}}=1$

⇐$\frac{x}{\pi}=u$ とおくと $\displaystyle\lim_{u\to 0}\frac{\sin u}{u}=1$

ゆえに (与式)$=1\cdot 1\cdot\dfrac{1}{\pi}=\boldsymbol{\dfrac{1}{\pi}}$

(4) $\displaystyle\sqrt{1-\cos x}=\sqrt{2\sin^2\frac{x}{2}}=\sqrt{2}\left|\sin\frac{x}{2}\right|$

⇐半角の公式

$x\longrightarrow -0$ であるから $x<0$

$x<0$ の範囲で 0 に十分近いところでは $\sin\frac{x}{2}<0$

よって $\displaystyle\lim_{x\to -0}\frac{\sqrt{1-\cos x}}{x}=\lim_{x\to -0}\frac{\sqrt{2}\left|\sin\frac{x}{2}\right|}{x}$

$\displaystyle=\lim_{x\to -0}\frac{-\sqrt{2}\sin\frac{x}{2}}{x}=\lim_{x\to -0}\left(-\frac{\sqrt{2}}{2}\right)\cdot\frac{\sin\frac{x}{2}}{\frac{x}{2}}$

$\displaystyle=-\frac{\sqrt{2}}{2}\cdot 1=\boldsymbol{-\frac{\sqrt{2}}{2}}$

⇐**$A<0$ のとき $\sqrt{A^2}=|A|=-A$**

別解 $\displaystyle\lim_{x\to -0}\frac{\sqrt{1-\cos x}}{x}=\lim_{x\to -0}\frac{\sqrt{(1-\cos x)(1+\cos x)}}{x\sqrt{1+\cos x}}$

$\displaystyle=\lim_{x\to -0}\frac{|\sin x|}{x\sqrt{1+\cos x}}=\lim_{x\to -0}\frac{-\sin x}{x\sqrt{1+\cos x}}$

$\displaystyle=\lim_{x\to -0}\frac{\sin x}{x}\cdot\frac{-1}{\sqrt{1+\cos x}}$

$\displaystyle=1\cdot\frac{-1}{\sqrt{2}}=\boldsymbol{-\frac{\sqrt{2}}{2}}$

⇐$x\longrightarrow -0$ であるから $-\frac{\pi}{2}<x<0$ と考えてよい。このとき，$\sin x<0$ であるから $|\sin x|=-\sin x$

EX ②39 $f(0)=-\frac{1}{2}$, $f\left(\frac{1}{3}\right)=\frac{1}{2}$, $f\left(\frac{1}{2}\right)=\frac{1}{3}$, $f\left(\frac{2}{3}\right)=\frac{3}{4}$, $f\left(\frac{3}{4}\right)=\frac{4}{5}$, $f(1)=\frac{5}{6}$ で，$f(x)$ が連続のとき，$f(x)-x=0$ は $0\leqq x\leqq 1$ に少なくとも何個の実数解をもつか。〔東北学院大〕

HINT $g(x)=f(x)-x$ として，$g(0)$，$g\left(\frac{1}{3}\right)$，…… の符号から，**中間値の定理** を利用。

$g(x)=f(x)-x$ とすると，$g(x)$ は閉区間 $[0,\ 1]$ で連続で

$$g(0)=-\frac{1}{2}-0<0,\quad g\left(\frac{1}{3}\right)=\frac{1}{2}-\frac{1}{3}>0,$$

$$g\left(\frac{1}{2}\right)=\frac{1}{3}-\frac{1}{2}<0,\quad g\left(\frac{2}{3}\right)=\frac{3}{4}-\frac{2}{3}>0,$$

$$g\left(\frac{3}{4}\right)=\frac{4}{5}-\frac{3}{4}>0,\quad g(1)=\frac{5}{6}-1<0$$

よって，方程式 $g(x)=0$ すなわち $f(x)-x=0$ となる実数解 x が

$$\left(0,\ \frac{1}{3}\right),\ \left(\frac{1}{3},\ \frac{1}{2}\right),\ \left(\frac{1}{2},\ \frac{2}{3}\right),\ \left(\frac{3}{4},\ 1\right)$$

の各区間で少なくとも 1 つ存在する。

したがって，$0\leqq x\leqq 1$ に少なくとも **4 個** の実数解をもつ。

⇐$y=f(x)$，$y=x$ は連続関数。

EX ③40 次の 2 つの性質をもつ多項式 $f(x)$ を定めよ。

$$\lim_{x\to\infty}\frac{f(x)}{x^2-1}=1,\ \lim_{x\to 1}\frac{f(x)}{x^2-1}=1$$

〔法政大〕

極限値 $\lim_{x\to\infty}\frac{f(x)}{x^2-1}$ が存在するから，$f(x)$ は 2 次以下の多項式である。

したがって，$f(x)=ax^2+bx+c$ とおける。

このとき $$\lim_{x\to\infty}\frac{f(x)}{x^2-1}=\lim_{x\to\infty}\frac{a+\frac{b}{x}+\frac{c}{x^2}}{1-\frac{1}{x^2}}=a$$

よって，条件から　$a=1$

⇐$\lim_{x\to\infty}\frac{f(x)}{x^2-1}=1$ から。

ゆえに　$f(x)=x^2+bx+c$

条件 $\lim_{x\to 1}\frac{f(x)}{x^2-1}=1$ から　$\lim_{x\to 1}f(x)=0$

よって　$1+b+c=0$　したがって　$c=-1-b$

ゆえに　$f(x)=x^2+bx-1-b$

このとき $$\lim_{x\to 1}\frac{f(x)}{x^2-1}=\lim_{x\to 1}\frac{x^2+bx-1-b}{x^2-1}$$
$$=\lim_{x\to 1}\frac{(x-1)(x+1+b)}{(x+1)(x-1)}$$
$$=\lim_{x\to 1}\frac{x+1+b}{x+1}=\frac{2+b}{2}$$

よって，条件から　$\frac{2+b}{2}=1$

⇐$\lim_{x\to 1}\frac{f(x)}{x^2-1}=1$ から。

ゆえに　$b=0$　　したがって　$c=-1$

以上により　$\boldsymbol{f(x)=x^2-1}$

EX ④41　定数 a, b に対して, $\displaystyle\lim_{x\to\infty}\{\sqrt{4x^2+5x+6}-(ax+b)\}=0$ が成り立つとき, $(a,\ b)=$□ である。〔関西大〕

$\displaystyle\lim_{x\to\infty}\{\sqrt{4x^2+5x+6}-(ax+b)\}=0$ …… ①　とする。

$a\leqq 0$ のとき

$$\lim_{x\to\infty}\{\sqrt{4x^2+5x+6}-(ax+b)\}=\infty$$

であるから, ① は成り立たない。

⇐$a<0$ のとき $-(ax+b)\longrightarrow\infty$
$a=0$ のとき $-(ax+b)\longrightarrow -b$

$a>0$ のとき

$$\lim_{x\to\infty}\{\sqrt{4x^2+5x+6}-(ax+b)\}$$

⇐$\infty-\infty$ の不定形。

$$=\lim_{x\to\infty}\frac{4x^2+5x+6-(ax+b)^2}{\sqrt{4x^2+5x+6}+(ax+b)}$$

⇐分子の有理化。

$$=\lim_{x\to\infty}\frac{(4-a^2)x^2+(5-2ab)x+6-b^2}{\sqrt{4x^2+5x+6}+ax+b}$$

$$=\lim_{x\to\infty}\frac{(4-a^2)x+(5-2ab)+\dfrac{6-b^2}{x}}{\sqrt{4+\dfrac{5}{x}+\dfrac{6}{x^2}}+a+\dfrac{b}{x}}$$

⇐分母の最高次の項 x で, 分母・分子を割る。

ここで　$\displaystyle\lim_{x\to\infty}\left(\sqrt{4+\frac{5}{x}+\frac{6}{x^2}}+a+\frac{b}{x}\right)=2+a$

$a>0$ より, $2+a\neq 0$ であるから, ① が成り立つとき

$$\lim_{x\to\infty}\left\{(4-a^2)x+(5-2ab)+\frac{6-b^2}{x}\right\}=0$$

⇐分母は 0 でない値に収束するから, ① が成り立つとき, 分子は 0 に収束する。

よって　$4-a^2=0$ …… ②,　$5-2ab=0$ …… ③

⇐$4-a^2>0$ ならば ∞ に, $4-a^2<0$ ならば $-\infty$ に発散する。よって $4-a^2=0$

② から　$a=\pm 2$

$a>0$ から　$a=2$

これを ③ に代入すると　$5-2\cdot 2b=0$

ゆえに　$b=\dfrac{5}{4}$

よって　$(a,\ b)=\left(\boldsymbol{2},\ \boldsymbol{\dfrac{5}{4}}\right)$

inf.　$x\longrightarrow\infty$ のとき, $\sqrt{4x^2+5x+6}-\left(2x+\dfrac{5}{4}\right)\longrightarrow 0$ であることがわかる。これは, 曲線 $y=\sqrt{4x^2+5x+6}$ (双曲線) の漸近線の 1 つが直線 $y=2x+\dfrac{5}{4}$ であることを示している。

漸近線の求め方については, 第 4 章で学習する。

EX ③42

(1) 極限 $\lim_{x\to\infty}(2^x+3^x)^{\frac{1}{x}}$ を求めよ。

(2) 極限 $\lim_{x\to\infty}\log_x(x^a+x^b)$ を求めよ。 [(2) 類 早稲田大]

(1) $(2^x+3^x)^{\frac{1}{x}}=\left[3^x\left\{\left(\frac{2}{3}\right)^x+1\right\}\right]^{\frac{1}{x}}=3\left\{\left(\frac{2}{3}\right)^x+1\right\}^{\frac{1}{x}}$

$x\longrightarrow\infty$ を考えるから，$x>1$ としてよい。

このとき　$0<\frac{1}{x}<1$

また，$1<\left(\frac{2}{3}\right)^x+1$ であるから

$$\left\{\left(\frac{2}{3}\right)^x+1\right\}^0<\left\{\left(\frac{2}{3}\right)^x+1\right\}^{\frac{1}{x}}<\left\{\left(\frac{2}{3}\right)^x+1\right\}^1$$

よって　$1<\left\{\left(\frac{2}{3}\right)^x+1\right\}^{\frac{1}{x}}<\left(\frac{2}{3}\right)^x+1$

⇐$a\neq 0$ のとき $\boldsymbol{a^0=1}$

$\lim_{x\to\infty}\left\{\left(\frac{2}{3}\right)^x+1\right\}=1$ であるから　$\lim_{x\to\infty}\left\{\left(\frac{2}{3}\right)^x+1\right\}^{\frac{1}{x}}=1$

⇐**はさみうちの原理**

したがって　$\lim_{x\to\infty}(2^x+3^x)^{\frac{1}{x}}=3\lim_{x\to\infty}\left\{\left(\frac{2}{3}\right)^x+1\right\}^{\frac{1}{x}}=\mathbf{3}$

別解 1　$\log_3(2^x+3^x)^{\frac{1}{x}}=\frac{1}{x}\log_3(2^x+3^x)$

⇐ 3 を底とする対数をとって考える。

$=\frac{1}{x}\log_3\left[3^x\left\{\left(\frac{2}{3}\right)^x+1\right\}\right]$

⇐3^x でくくる。

$=\frac{1}{x}\left[\log_3 3^x+\log_3\left\{\left(\frac{2}{3}\right)^x+1\right\}\right]$

$=1+\frac{1}{x}\log_3\left\{\left(\frac{2}{3}\right)^x+1\right\}$

$\lim_{x\to\infty}\frac{1}{x}\log_3\left\{\left(\frac{2}{3}\right)^x+1\right\}=0$ であるから

⇐$x\longrightarrow\infty$ のとき $\frac{1}{x}\longrightarrow 0$，$\left(\frac{2}{3}\right)^x\longrightarrow 0$

$\lim_{x\to\infty}\log_3(2^x+3^x)^{\frac{1}{x}}=1$

よって　$\lim_{x\to\infty}(2^x+3^x)^{\frac{1}{x}}=\mathbf{3}$

別解 2　$(2^x+3^x)^{\frac{1}{x}}=3\left\{\left(\frac{2}{3}\right)^x+1\right\}^{\frac{1}{x}}$

$\lim_{x\to\infty}\left(\frac{2}{3}\right)^x=0$，$\lim_{x\to\infty}\frac{1}{x}=0$ であるから

$\lim_{x\to\infty}(2^x+3^x)^{\frac{1}{x}}=\lim_{x\to\infty}3\left\{\left(\frac{2}{3}\right)^x+1\right\}^{\frac{1}{x}}$

$=3(0+1)^0=3\cdot 1=\mathbf{3}$

(2) $x\longrightarrow\infty$ を考えるから，$x>1$ としてよい。

$\boldsymbol{a<b}$ のとき　$x^b<x^a+x^b<x^b+x^b=2x^b$

⇐$0<x^a<x^b$

ゆえに　$b<\log_x(x^a+x^b)<\log_x 2+b$

ここで　$\lim_{x\to\infty}(\log_x 2+b)=\lim_{x\to\infty}\left(\frac{1}{\log_2 x}+b\right)=b$

⇐$\log_x 2=\frac{1}{\log_2 x}$　$\lim_{x\to\infty}\log_2 x=\infty$

よって　$\lim_{x\to\infty}\log_x(x^a+x^b)=\boldsymbol{b}$

$\boldsymbol{a>b}$ **のとき**　同様にして

$\lim_{x\to\infty}\log_x(x^a+x^b)=\boldsymbol{a}$

$\boldsymbol{a=b}$ **のとき**

$$\lim_{x\to\infty}\log_x(x^a+x^b)=\lim_{x\to\infty}\log_x 2x^a$$

$$=\lim_{x\to\infty}(\log_x 2+a)=\boldsymbol{a}$$

⇐$x^b=x^a$

別解　（前半）$x\longrightarrow\infty$ を考えるから，$x>1$ としてよい。

$\boldsymbol{a<b}$ **のとき**

$$\log_x(x^a+x^b)=\log_x x^b(1+x^{a-b})$$

$$=b+\log_x\left(1+\frac{1}{x^{b-a}}\right)$$

⇐x^b でくくる。

⇐$\log_x x^b$ $+\log_x(1+x^{a-b})$

ここで　$\log_x\left(1+\frac{1}{x^{b-a}}\right)=\frac{\log_{10}\left(1+\frac{1}{x^{b-a}}\right)}{\log_{10}x}$

⇐底の変換公式

$b-a>0$ であるから　$\lim_{x\to\infty}\frac{1}{x^{b-a}}=0$

よって　$\lim_{x\to\infty}\log_{10}\left(1+\frac{1}{x^{b-a}}\right)=\log_{10}1=0$

また　$\lim_{x\to\infty}\frac{1}{\log_{10}x}=0$

⇐$\lim_{x\to\infty}\log_{10}x=\infty$

ゆえに　$\lim_{x\to\infty}\log_x\left(1+\frac{1}{x^{b-a}}\right)=0$

よって　$\lim_{x\to\infty}\log_x(x^a+x^b)=\boldsymbol{b}$

$\boldsymbol{a>b}$ **のとき**　同様にして

$\lim_{x\to\infty}\log_x(x^a+x^b)=\boldsymbol{a}$

EX ④43

xy 平面上の3点 O(0, 0)，A(1, 0)，B(0, 1) を頂点とする △OAB を点Oの周りに θ ラジアン回転させ，得られる三角形を △OA′B′ とする。ただし，$0<\theta<\frac{\pi}{2}$ とし，回転の向きは時計の針の回る向きと反対とする。△OA′B′ の $x\geqq0$, $y\geqq0$ の部分の面積を $S(\theta)$ とするとき，次の問いに答えよ。

(1)　$S(\theta)$ を θ で表せ。　　(2)　$\lim_{\theta\to\frac{\pi}{2}}\frac{S(\theta)}{\frac{\pi}{2}-\theta}$ を求めよ。　〔武蔵工大〕

(1)　点 A′，B′ の座標は

A′$(\cos\theta,\ \sin\theta)$,

B′$\left(\cos\left(\frac{\pi}{2}+\theta\right),\ \sin\left(\frac{\pi}{2}+\theta\right)\right)$

すなわち　B′$(-\sin\theta,\ \cos\theta)$

直線 A′B′ の方程式は

$$y-\sin\theta=\frac{\cos\theta-\sin\theta}{-\sin\theta-\cos\theta}(x-\cos\theta)$$

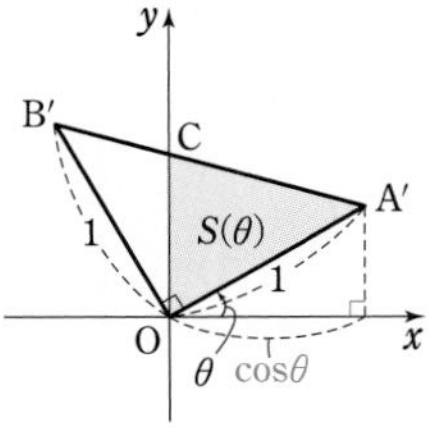

2章 EX

ゆえに

$$y=\frac{\sin\theta-\cos\theta}{\sin\theta+\cos\theta}x+\frac{1}{\sin\theta+\cos\theta}$$

よって，y 切片は　$\dfrac{1}{\sin\theta+\cos\theta}$

直線 A′B′ と y 軸の交点をCとすると，$\mathrm{OC}=\dfrac{1}{\sin\theta+\cos\theta}$ である。$S(\theta)$ は線分 OC を底辺とする △OA′C の面積で，その高さは A′ の x 座標，すなわち $\cos\theta$ に等しい。

したがって

$$\boldsymbol{S(\theta)}=\frac{1}{2}\cdot\frac{1}{\sin\theta+\cos\theta}\cdot\cos\theta$$
$$=\boldsymbol{\frac{\cos\theta}{2(\sin\theta+\cos\theta)}}$$

⇐ $\dfrac{\cos\theta-\sin\theta}{-\sin\theta-\cos\theta}(-\cos\theta)+\sin\theta$
$=\dfrac{\cos^2\theta-\sin\theta\cos\theta}{\sin\theta+\cos\theta}+\dfrac{\cos\theta\sin\theta+\sin^2\theta}{\sin\theta+\cos\theta}$
$=\dfrac{\cos^2\theta+\sin^2\theta}{\sin\theta+\cos\theta}$
$=\dfrac{1}{\sin\theta+\cos\theta}$

(2)　$\dfrac{\pi}{2}-\theta=t$ とおくと

$$\cos\theta=\cos\left(\frac{\pi}{2}-t\right)=\sin t,$$
$$\sin\theta=\sin\left(\frac{\pi}{2}-t\right)=\cos t$$

$\theta\longrightarrow\dfrac{\pi}{2}$ のとき $t\longrightarrow 0$ であるから

$$\lim_{\theta\to\frac{\pi}{2}}\frac{S(\theta)}{\frac{\pi}{2}-\theta}=\lim_{t\to 0}\frac{1}{t}\cdot\frac{\sin t}{2(\cos t+\sin t)}$$
$$=\lim_{t\to 0}\frac{\sin t}{t}\cdot\frac{1}{2(\cos t+\sin t)}$$
$$=1\cdot\frac{1}{2(1+0)}=\boldsymbol{\frac{1}{2}}$$

参考　右の図のような台形 ABCD において，AD$=a$，BC$=b$ とする。線分 AB を $m:n$ に内分する点Eをとり，E を通り AD に平行な直線と CD の交点をFとすると

$$\mathrm{EF}=\frac{na+mb}{m+n}$$

が成り立つ。

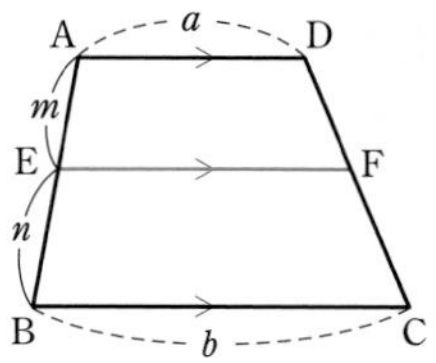

証明　直線 BD と直線 EF の交点をPとし，EP$=x$，FP$=y$ とおくと，△BEP∽△BAD から

$$n:x=(n+m):a$$

よって　$x=\dfrac{na}{m+n}$

同様に，△DPF∽△DBC から　$m:y=(m+n):b$

よって　$y=\dfrac{mb}{m+n}$

ゆえに　$\mathrm{EF}=x+y=\dfrac{na}{m+n}+\dfrac{mb}{m+n}=\dfrac{na+mb}{m+n}$

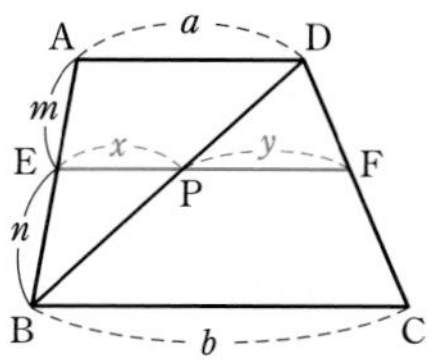

この 参考 の結果を利用すると

$$\mathrm{OC}=\frac{\sin\theta\cdot\sin\theta+\cos\theta\cdot\cos\theta}{\cos\theta+\sin\theta}$$
$$=\frac{1}{\sin\theta+\cos\theta}$$

と求めることができる。

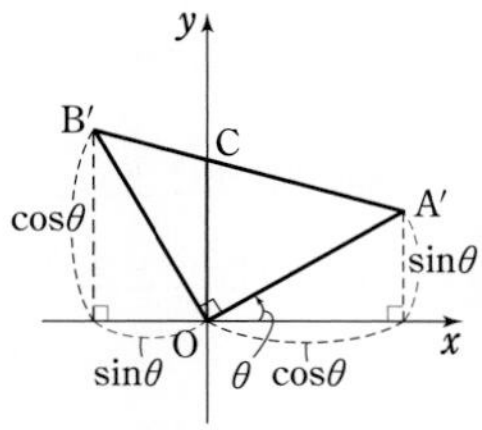

EX ④44

O を原点とする xy 平面の第 1 象限に $\mathrm{OP}_1=1$ を満たす点 $\mathrm{P}_1(x_1,\ y_1)$ をとる。このとき，線分 OP_1 と x 軸とのなす角を θ $\left(0<\theta<\frac{\pi}{2}\right)$ とする。点 $(0,\ x_1)$ を中心とする半径 x_1 の円と，線分 OP_1 との交点を $\mathrm{P}_2(x_2,\ y_2)\ (x_2>0)$ とする。次に，点 $(0,\ x_2)$ を中心とする半径 x_2 の円と，線分 OP_1 との交点を $\mathrm{P}_3(x_3,\ y_3)\ (x_3>0)$ とする。以下同様にして，点 $\mathrm{P}_n(x_n,\ y_n)\ (x_n>0)$，$(n=1,\ 2,\ \cdots\cdots)$ を定める。

(1) x_2 を θ を用いて表せ。　　(2) x_n を θ を用いて表せ。

(3) $\theta\neq\frac{\pi}{4}$ のとき，極限値 $\displaystyle\lim_{n\to\infty}\sum_{k=1}^{n}x_k$ を求めよ。

(4) (3)で得られた値を $f(\theta)$ とおく。$\displaystyle\lim_{\theta\to\frac{\pi}{4}+0}f(\theta)$ および $\displaystyle\lim_{\theta\to\frac{\pi}{2}-0}f(\theta)$ を求め，$f(\theta)=1$ を満たす θ が区間 $\frac{\pi}{4}<\theta<\frac{\pi}{2}$ の中に少なくとも 1 つあることを示せ。　〔東京農工大〕

(1) 右図から

$$\mathrm{OP}_2=2x_1\sin\theta=2\cos\theta\sin\theta$$
$$=\sin 2\theta$$

よって

$$\boldsymbol{x_2=\mathrm{OP}_2\cos\theta=\cos\theta\sin2\theta}$$

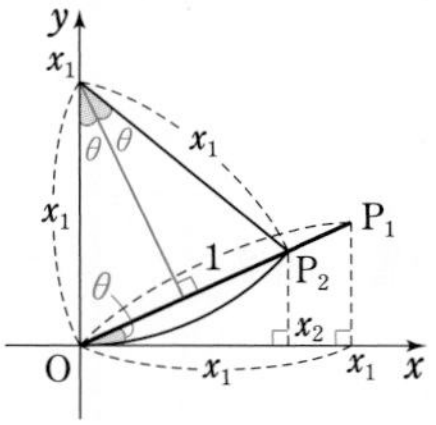

⇐$\mathrm{OP}_1=1$ から $x_1=\cos\theta$

(2) (1) と同様に

$$x_{n+1}=\mathrm{OP}_{n+1}\cos\theta=2x_n\sin\theta\cos\theta$$
$$=x_n\sin2\theta$$

よって　$\boldsymbol{x_n=x_1\sin^{n-1}2\theta=\cos\theta\sin^{n-1}2\theta}$

⇐公比 $\sin2\theta$

(3) $\displaystyle\lim_{n\to\infty}\sum_{k=1}^{n}x_k$ は初項 $\cos\theta$，公比 $\sin2\theta$ の無限等比級数で，$\theta\neq\frac{\pi}{4}$，$0<\theta<\frac{\pi}{2}$ より $|\sin2\theta|<1$ であるから収束する。

よって　$\displaystyle\lim_{n\to\infty}\sum_{k=1}^{n}x_k=\sum_{n=1}^{\infty}x_n=\boldsymbol{\frac{\cos\theta}{1-\sin2\theta}}$

⇐**無限等比級数**
$\displaystyle\sum_{n=1}^{\infty}ar^{n-1}$
$a\neq0$，$|r|<1$ のとき
和は $\frac{a}{1-r}$

(4) $\displaystyle\lim_{\theta\to\frac{\pi}{4}+0}\cos\theta=\frac{1}{\sqrt{2}}$，$\theta\longrightarrow\frac{\pi}{4}+0$ のとき $1-\sin2\theta\longrightarrow+0$

から　$\displaystyle\boldsymbol{\lim_{\theta\to\frac{\pi}{4}+0}f(\theta)=\infty}$

$\theta\longrightarrow\frac{\pi}{2}-0$ のとき $\cos\theta\longrightarrow+0$，$\displaystyle\lim_{\theta\to\frac{\pi}{2}-0}(1-\sin2\theta)=1$

から　$\displaystyle\boldsymbol{\lim_{\theta\to\frac{\pi}{2}-0}f(\theta)=0}$

ここで，$f(\theta)$ は $\frac{\pi}{4}<\theta<\frac{\pi}{2}$ において連続であるから，中間値の定理により，$f(\theta)=1$ を満たす θ が区間 $\frac{\pi}{4}<\theta<\frac{\pi}{2}$ の中に少なくとも1つある。

EX ④45

k を自然数とする。級数 $\sum_{n=1}^{\infty}\{(\cos x)^{n-1}-(\cos x)^{n+k-1}\}$ がすべての実数 x に対して収束するとき，級数の和を $f(x)$ とする。
(1) k の条件を求めよ。
(2) 関数 $f(x)$ は $x=0$ で連続でないことを示せ。　〔東京学芸大〕

(1) $\sum_{n=1}^{\infty}\{(\cos x)^{n-1}-(\cos x)^{n+k-1}\}=\sum_{n=1}^{\infty}\{1-(\cos x)^{k}\}(\cos x)^{n-1}$

ゆえに，この級数は，初項 $1-(\cos x)^k=1-\cos^k x$，公比 $\cos x$ の無限等比級数である。

よって，級数が収束するための条件は

$1-\cos^k x=0$ …… ①　または　$-1<\cos x<1$ …… ②

n は整数とする。

[1] $x\neq n\pi$ のとき，② が満たされるから，この級数は k の値に関係なく収束する。

[2] $x=n\pi$ のとき　$\cos x=\pm 1$

このとき，② を満たさないから，級数が収束するためには，① を満たさなければならない。

(i) $x=2m\pi$ (m は整数) のとき　$\cos x=1$

このとき，k の値に関係なく ① は成り立つから，級数は 0 に収束する。

(ii) $x=(2m+1)\pi$ (m は整数) のとき　$\cos x=-1$

$1-(-1)^k=0$ となるのは，k が偶数のときである。

以上から，すべての実数 x に対して級数が収束するための条件は，**k が偶数** であることである。

(2) $x=0$ のとき　$1-\cos^k x=0$

ゆえに　$f(0)=0$

$x\neq 0$ のとき，$x=0$ の近くでは　$0<\cos x<1$

よって，級数は収束し，その和は

$$f(x)=\frac{1-\cos^k x}{1-\cos x}$$
$$=1+\cos x+\cos^2 x+\cdots\cdots+\cos^{k-1}x$$

ゆえに　$\lim_{x\to 0}f(x)=k>0$

よって　$\lim_{x\to 0}f(x)\neq f(0)$

したがって，関数 $f(x)$ は $x=0$ で連続でない。

⇐無限等比級数 $\sum_{n=1}^{\infty}ar^{n-1}$ の収束条件 $a=0$ または $|r|<1$

⇐整数 n が偶数の場合と奇数の場合に分ける。

⇐[1] と [2] の共通範囲。

⇐初項 0 のとき和は 0

⇐|公比|<1

⇐$1-\cos^k x$
$=(1-\cos x)(1+\cos x+\cos^2 x+\cdots\cdots+\cos^{k-1}x)$

PR ②47

次の関数は $x=0$ で連続であるか。また，$x=0$ で微分可能であるか。

(1)　$f(x)=\begin{cases} x^3+7 & (x\geqq 0) \\ x+7 & (x<0) \end{cases}$　　(2)　$f(x)=\begin{cases} \sin x & (x\geqq 0) \\ \dfrac{1}{2}x^2+x & (x<0) \end{cases}$

(1)　$\displaystyle\lim_{x\to+0}f(x)=\lim_{x\to+0}(x^3+7)=7$，$\displaystyle\lim_{x\to-0}f(x)=\lim_{x\to-0}(x+7)=7$

ゆえに　$\displaystyle\lim_{x\to 0}f(x)=7$

また　$f(0)=0^3+7=7$

よって　$\displaystyle\lim_{x\to 0}f(x)=f(0)$

したがって，$f(x)$ は **$x=0$ で連続である。**

次に，$h\neq 0$ のとき

$$\lim_{h\to+0}\frac{f(0+h)-f(0)}{h}=\lim_{h\to+0}\frac{(h^3+7)-7}{h}=\lim_{h\to+0}h^2=0$$

$$\lim_{h\to-0}\frac{f(0+h)-f(0)}{h}=\lim_{h\to-0}\frac{(h+7)-7}{h}=\lim_{h\to-0}1=1$$

よって　$\displaystyle\lim_{h\to+0}\frac{f(0+h)-f(0)}{h}\neq\lim_{h\to-0}\frac{f(0+h)-f(0)}{h}$

ゆえに，$f'(0)$ は存在しない。

したがって，$f(x)$ は **$x=0$ で微分可能でない。**

(2)　$\displaystyle\lim_{x\to+0}f(x)=\lim_{x\to+0}\sin x=0$，$\displaystyle\lim_{x\to-0}f(x)=\lim_{x\to-0}\left(\frac{1}{2}x^2+x\right)=0$

ゆえに　$\displaystyle\lim_{x\to 0}f(x)=0$

また　$f(0)=\sin 0=0$

よって　$\displaystyle\lim_{x\to 0}f(x)=f(0)$

したがって，$f(x)$ は **$x=0$ で連続である。**

次に，$h\neq 0$ のとき

$$\lim_{h\to+0}\frac{f(0+h)-f(0)}{h}=\lim_{h\to+0}\frac{\sin h-0}{h}=\lim_{h\to+0}\frac{\sin h}{h}=1$$

$$\lim_{h\to-0}\frac{f(0+h)-f(0)}{h}=\lim_{h\to-0}\frac{\frac{1}{2}h^2+h-0}{h}=\lim_{h\to-0}\left(\frac{1}{2}h+1\right)=1$$

よって　$\displaystyle\lim_{h\to+0}\frac{f(0+h)-f(0)}{h}=\lim_{h\to-0}\frac{f(0+h)-f(0)}{h}=1$

ゆえに，$f'(0)$ が存在する。

したがって，$f(x)$ は **$x=0$ で微分可能である。**

⇐連続性は $\displaystyle\lim_{x\to 0}f(x)=f(0)$ であるかどうかを調べる。

⇐微分可能性は $\displaystyle\lim_{h\to 0}\frac{f(0+h)-f(0)}{h}$ が存在するかどうかを $h\longrightarrow+0$，$h\longrightarrow-0$ に分けて調べる。

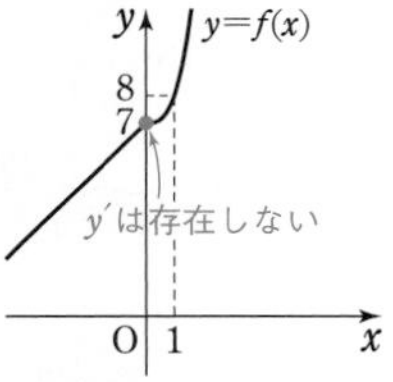

⇐連続性は $\displaystyle\lim_{x\to 0}f(x)=f(0)$ であるかどうかを調べる。

⇐$x=0$ で微分可能かどうかを $h\longrightarrow+0$，$h\longrightarrow-0$ に分けて調べる。

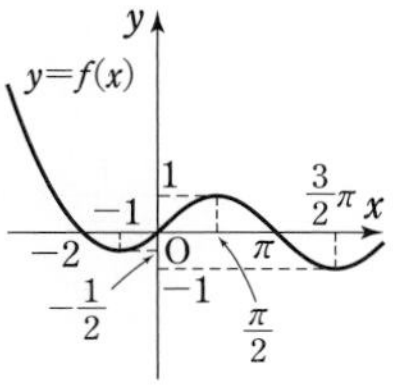

⇐すなわち $f'(0)=1$

PR ②48

次の関数の導関数を，定義に従って求めよ。

(1) $y=\dfrac{1}{x^2}$　　(2) $y=\sqrt{x^2+1}$

(1) $y'=\lim\limits_{h\to 0}\dfrac{\dfrac{1}{(x+h)^2}-\dfrac{1}{x^2}}{h}=\lim\limits_{h\to 0}\dfrac{1}{h}\cdot\dfrac{-h(2x+h)}{x^2(x+h)^2}$

$=\lim\limits_{h\to 0}\left\{-\dfrac{2x+h}{x^2(x+h)^2}\right\}=-\dfrac{2x}{x^2\cdot x^2}$

$=-\dfrac{\mathbf{2}}{\boldsymbol{x}^3}$

⇦ $\dfrac{1}{(x+h)^2}-\dfrac{1}{x^2}=\dfrac{x^2-(x+h)^2}{x^2(x+h)^2}=\dfrac{-2xh-h^2}{x^2(x+h)^2}$

(2) $y'=\lim\limits_{h\to 0}\dfrac{\sqrt{(x+h)^2+1}-\sqrt{x^2+1}}{h}$

$=\lim\limits_{h\to 0}\dfrac{\{(x+h)^2+1\}-(x^2+1)}{h\{\sqrt{(x+h)^2+1}+\sqrt{x^2+1}\}}$

$=\lim\limits_{h\to 0}\dfrac{h(2x+h)}{h\{\sqrt{(x+h)^2+1}+\sqrt{x^2+1}\}}$

$=\lim\limits_{h\to 0}\dfrac{2x+h}{\sqrt{(x+h)^2+1}+\sqrt{x^2+1}}$

$=\dfrac{2x}{\sqrt{x^2+1}+\sqrt{x^2+1}}=\dfrac{\boldsymbol{x}}{\sqrt{\boldsymbol{x}^2+\mathbf{1}}}$

⇦分母・分子に $\sqrt{(x+h)^2+1}+\sqrt{x^2+1}$ を掛けて分子の有理化。

⇦ h を約分。

PR ②49

次の関数を微分せよ。

(1) $y=3x^5-2x^3+1$　　(2) $y=(x^2-x+1)(2x^3-3)$　　(3) $y=\dfrac{x+1}{x-1}$

(4) $y=\dfrac{1-x^3}{1+x^6}$　　(5) $y=\dfrac{x+2}{x^3+8}$　　(6) $y=\dfrac{5x^3-4x^2+1}{x^3}$

(1) $y'=3\cdot 5x^4-2\cdot 3x^2=\mathbf{15}\boldsymbol{x}^4-\mathbf{6}\boldsymbol{x}^2$

⇦ $(x^n)'=nx^{n-1}$

(2) $y'=(x^2-x+1)'(2x^3-3)+(x^2-x+1)(2x^3-3)'$

$=(2x-1)(2x^3-3)+(x^2-x+1)\cdot 6x^2$

$=(4x^4-2x^3-6x+3)+(6x^4-6x^3+6x^2)$

$=\mathbf{10}\boldsymbol{x}^4-\mathbf{8}\boldsymbol{x}^3+\mathbf{6}\boldsymbol{x}^2-\mathbf{6}\boldsymbol{x}+\mathbf{3}$

⇦ $(fg)'=f'g+fg'$
$f(x)=x^2-x+1$
$g(x)=2x^3-3$

(3) $y'=\dfrac{(x+1)'(x-1)-(x+1)(x-1)'}{(x-1)^2}$

$=\dfrac{(x-1)-(x+1)}{(x-1)^2}=-\dfrac{\mathbf{2}}{(\boldsymbol{x}-\mathbf{1})^2}$

⇦ $\left(\dfrac{f}{g}\right)'=\dfrac{f'g-fg'}{g^2}$
$f(x)=x+1$
$g(x)=x-1$

別解　$y=\dfrac{x+1}{x-1}=1+\dfrac{2}{x-1}$ であるから　$y'=-\dfrac{\mathbf{2}}{(\boldsymbol{x}-\mathbf{1})^2}$

⇦分子の次数を下げる。

(4) $y'=\dfrac{(1-x^3)'(1+x^6)-(1-x^3)(1+x^6)'}{(1+x^6)^2}$

$=\dfrac{-3x^2(1+x^6)-(1-x^3)\cdot 6x^5}{(1+x^6)^2}$

$=\dfrac{3x^2\{-(1+x^6)-2x^3(1-x^3)\}}{(1+x^6)^2}$

$=\dfrac{\mathbf{3}\boldsymbol{x}^2(\boldsymbol{x}^6-\mathbf{2}\boldsymbol{x}^3-\mathbf{1})}{(\mathbf{1}+\boldsymbol{x}^6)^2}$

⇦ $\left(\dfrac{f}{g}\right)'=\dfrac{f'g-fg'}{g^2}$

⇦(分子) $=3x^2\times(-1-x^6-2x^3+2x^6)$

(5) $y=\dfrac{x+2}{(x+2)(x^2-2x+4)}=\dfrac{1}{x^2-2x+4}$ であるから

$y'=-\dfrac{(x^2-2x+4)'}{(x^2-2x+4)^2}=-\dfrac{2x-2}{(x^2-2x+4)^2}$

$=-\dfrac{\mathbf{2(x-1)}}{\mathbf{(x^2-2x+4)^2}}$

⇐約分してから微分。

(6) $y=5-\dfrac{4}{x}+\dfrac{1}{x^3}$ であるから

$y'=\dfrac{\mathbf{4}}{\mathbf{x^2}}-\dfrac{\mathbf{3}}{\mathbf{x^4}}$ $\left(\dfrac{\mathbf{4x^2-3}}{\mathbf{x^4}}\right.$ でもよい$\left.\right)$

(6) $\left(\dfrac{1}{x}\right)'=(x^{-1})'$
$=-x^{-2}=-\dfrac{1}{x^2}$
$\left(\dfrac{1}{x^3}\right)'=(x^{-3})'$
$=-3x^{-4}=-\dfrac{3}{x^4}$

3章 PR

PR ②50

次の関数を微分せよ。

(1) $y=(x^2-2x-4)^3$　(2) $y=\{(x-1)(x^2+2)\}^4$　(3) $y=\dfrac{1}{(x^2+1)^3}$

(4) $y=\dfrac{(x+1)(x-3)}{(x-5)^3}$　(5) $y=\left(\dfrac{x}{x^2+1}\right)^4$

(1) $y'=3(x^2-2x-4)^2(x^2-2x-4)'$

$=3(x^2-2x-4)^2(2x-2)$

$=\mathbf{6(x-1)(x^2-2x-4)^2}$

⇐$u=x^2-2x-4$ とすると　$y=u^3$
よって　$y'=3u^2\cdot\dfrac{du}{dx}$

(2) $y'=4\{(x-1)(x^2+2)\}^3\{(x-1)(x^2+2)\}'$

$=4\{(x-1)(x^2+2)\}^3\{1\cdot(x^2+2)+(x-1)\cdot 2x\}$

$=\mathbf{4(x-1)^3(x^2+2)^3(3x^2-2x+2)}$

⇐$u=(x-1)(x^2+2)$ とすると　$y=u^4$
よって　$y'=4u^3\cdot\dfrac{du}{dx}$

(3) $y'=-\dfrac{\{(x^2+1)^3\}'}{\{(x^2+1)^3\}^2}$

$=-\dfrac{3(x^2+1)^2(x^2+1)'}{(x^2+1)^6}$

$=-\dfrac{\mathbf{6x}}{\mathbf{(x^2+1)^4}}$

⇐$v=(x^2+1)^3$ とすると
$y=\dfrac{1}{v}$
よって　$y'=-\dfrac{v'}{v^2}$

別解　$y=\dfrac{1}{(x^2+1)^3}=(x^2+1)^{-3}$ と変形できるから

$y'=-3(x^2+1)^{-4}\cdot(x^2+1)'$

$=-3(x^2+1)^{-4}\cdot 2x$

$=-\dfrac{\mathbf{6x}}{\mathbf{(x^2+1)^4}}$

⇐$u=x^2+1$ とすると
$y=u^{-3}$
よって　$y'=-3u^{-4}\cdot\dfrac{du}{dx}$

(4) $y'=\dfrac{\{(x+1)(x-3)\}'(x-5)^3-(x+1)(x-3)\{(x-5)^3\}'}{\{(x-5)^3\}^2}$

$=\dfrac{\{1\cdot(x-3)+(x+1)\cdot 1\}(x-5)^3-(x+1)(x-3)\cdot 3(x-5)^2\cdot 1}{(x-5)^6}$

$=\dfrac{(x-5)^2\{(2x-2)(x-5)-3(x+1)(x-3)\}}{(x-5)^6}$

$=\dfrac{(2x^2-12x+10)-(3x^2-6x-9)}{(x-5)^4}$

$=\dfrac{\mathbf{-x^2-6x+19}}{\mathbf{(x-5)^4}}$

⇐$\left(\dfrac{f}{g}\right)'=\dfrac{f'g-fg'}{g^2}$

⇐$(fg)'=f'g+fg'$
$(u^n)'=nu^{n-1}u'$

⇐共通因数でくくる。

(5) $y'=4\left(\dfrac{x}{x^2+1}\right)^3\left(\dfrac{x}{x^2+1}\right)'$

$=4\cdot\dfrac{x^3}{(x^2+1)^3}\cdot\dfrac{1\cdot(x^2+1)-x\cdot 2x}{(x^2+1)^2}$

$=\dfrac{4x^3(1-x^2)}{(x^2+1)^5}=-\boldsymbol{\dfrac{4x^3(x+1)(x-1)}{(x^2+1)^5}}$

⇦$u=\dfrac{x}{x^2+1}$ とすると $y=u^4$ よって $y'=4u^3\cdot\dfrac{du}{dx}$

PR ②51

関数 $x=y^2-y+1\ \left(y>\dfrac{1}{2}\right)$ について，$\dfrac{dy}{dx}$ を x の関数で表せ。

HINT y を x の式で表すには，2 次方程式の解の公式を利用する。

$x=y^2-y+1$ を y について微分すると　$\dfrac{dx}{dy}=2y-1$

よって，$y\neq\dfrac{1}{2}$ から　$\dfrac{dy}{dx}=\dfrac{1}{\dfrac{dx}{dy}}=\dfrac{1}{2y-1}$　……①

⇦$y>\dfrac{1}{2}$ より $y\neq\dfrac{1}{2}$

一方，$y^2-y+1-x=0$ と変形できるから

$y=\dfrac{-(-1)\pm\sqrt{(-1)^2-4(1-x)}}{2}=\dfrac{1\pm\sqrt{4x-3}}{2}$

⇦解の公式を利用。

$y>\dfrac{1}{2}$ であるから　$y=\dfrac{1+\sqrt{4x-3}}{2}$

⇦$y=\dfrac{1-\sqrt{4x-3}}{2}$ は $y<\dfrac{1}{2}$ となるから不適。

① に代入して　$\boldsymbol{\dfrac{dy}{dx}}=\dfrac{1}{1+\sqrt{4x-3}-1}=\boldsymbol{\dfrac{1}{\sqrt{4x-3}}}$

別解 1　$y>\dfrac{1}{2}$ であるから　$y=\dfrac{1+\sqrt{4x-3}}{2}$

したがって　$\boldsymbol{\dfrac{dy}{dx}}=\left(\dfrac{1+\sqrt{4x-3}}{2}\right)'=\dfrac{1}{2}\{(4x-3)^{\frac{1}{2}}\}'$

$=\dfrac{1}{2}\cdot\dfrac{1}{2}(4x-3)^{-\frac{1}{2}}\cdot 4=\boldsymbol{\dfrac{1}{\sqrt{4x-3}}}$

⇦$u=\sqrt{4x-3}$ とすると $y=\dfrac{1}{2}+\dfrac{1}{2}u$ よって $\dfrac{dy}{dx}=\dfrac{1}{2}\cdot\dfrac{du}{dx}$

別解 2　$x=y^2-y+1\ \left(y>\dfrac{1}{2}\right)$ の両辺を x について微分すると

$1=2y\dfrac{dy}{dx}-\dfrac{dy}{dx}$　すなわち　$(2y-1)\dfrac{dy}{dx}=1$

よって，$y\neq\dfrac{1}{2}$ から　$\dfrac{dy}{dx}=\dfrac{1}{2y-1}$　以下，同じ。

⇦右辺も x で微分するから，合成関数の微分より $\dfrac{d}{dx}y^2=\dfrac{d}{dy}y^2\cdot\dfrac{dy}{dx}$ などとなる。

PR ②52

次の関数を微分せよ。　［(3) 信州大］

(1) $y=x^2\sqrt{x}$　(2) $y=\dfrac{1}{\sqrt[3]{x^2}}\ (x>0)$　(3) $y=x^3\sqrt{1+x^2}$

(1) $y=x^{2+\frac{1}{2}}=x^{\frac{5}{2}}$ であるから

$y'=\dfrac{5}{2}x^{\frac{5}{2}-1}=\dfrac{5}{2}x^{\frac{3}{2}}=\boldsymbol{\dfrac{5}{2}x\sqrt{x}}$

⇦$x^{\frac{3}{2}}=x^{1+\frac{1}{2}}=x\sqrt{x}$

(2) $y'=\left(\dfrac{1}{\sqrt[3]{x^2}}\right)'=(x^{-\frac{2}{3}})'=-\dfrac{2}{3}x^{-\frac{2}{3}-1}$

$=-\dfrac{2}{3}x^{-\frac{5}{3}}=\boldsymbol{-\dfrac{2}{3x\sqrt[3]{x^2}}}$

⇦$x^{-\frac{5}{3}}=\dfrac{1}{\sqrt[3]{x^3\cdot x^2}}=\dfrac{1}{x\sqrt[3]{x^2}}$

参考　$x<0$ のときは次のように導関数を求めることができる。
$x<0$ のとき，$-x>0$ であるから

$$y=\frac{1}{\sqrt[3]{x^2}}=\frac{1}{\sqrt[3]{(-x)^2}}=(-x)^{-\frac{2}{3}}$$

よって　$y'=-\frac{2}{3}(-x)^{-\frac{2}{3}-1}\cdot(-x)'=\frac{2}{3}(-x)^{-\frac{5}{3}}=\frac{2}{3\sqrt[3]{(-x)^5}}$

$$=\frac{2}{3(-x)\sqrt[3]{(-x)^2}}=-\frac{2}{3x\sqrt[3]{x^2}}$$

これから，$x>0$ のときと一致するが，常にこのような扱いができるとは限らないので注意が必要である。

⇦ r が実数のとき，a^r は $a>0$ で定義されている。

⇦合成関数の微分法を利用。$(-x)'$ を忘れないように。

別解　$y=\frac{1}{\sqrt[3]{x^2}}$ の両辺を 3 乗すると　$y^3=\frac{1}{x^2}$

両辺を x について微分すると

$3y^2\cdot\frac{dy}{dx}=-\frac{2}{x^3}$　　よって　$\frac{dy}{dx}=-\frac{2}{3x^3y^2}$

$y=\frac{1}{\sqrt[3]{x^2}}$ を代入して　$\frac{dy}{dx}=-\frac{2}{3x^3\left(\frac{1}{\sqrt[3]{x^2}}\right)^2}=-\boldsymbol{\frac{2}{3x\sqrt[3]{x^2}}}$

⇦この 別解 の方法であれば，$x>0$，$x<0$ の場合分けは必要ない。

⇦左辺は合成関数の微分法を利用。
$\frac{d}{dx}y^3=\frac{d}{dy}y^3\cdot\frac{dy}{dx}$

(3)　$(\sqrt{1+x^2})'=\{(1+x^2)^{\frac{1}{2}}\}'$

$$=\frac{1}{2}(1+x^2)^{\frac{1}{2}-1}(1+x^2)'$$

$$=\frac{1}{2}(1+x^2)^{-\frac{1}{2}}\cdot 2x=\frac{x}{\sqrt{1+x^2}}$$

よって　$y'=(x^3)'\sqrt{1+x^2}+x^3(\sqrt{1+x^2})'$

$$=3x^2\sqrt{1+x^2}+\frac{x^4}{\sqrt{1+x^2}}$$

$$=\frac{3x^2(1+x^2)+x^4}{\sqrt{1+x^2}}=\boldsymbol{\frac{4x^4+3x^2}{\sqrt{1+x^2}}}$$

⇦ $u=1+x^2$ とすると
$(u^{\frac{1}{2}})'=\frac{1}{2}u^{-\frac{1}{2}}\cdot\frac{du}{dx}$

⇦ $(fg)'=f'g+fg'$

PR ③53　$f(x)=ax^{n+1}+bx^n+1$（n は自然数）が $(x-1)^2$ で割り切れるように，定数 a，b を n で表せ。
〔類　岡山理科大〕

$f(x)$ が $(x-1)^2$ で割り切れるためには，x についての多項式 $Q(x)$ を用いて

$$ax^{n+1}+bx^n+1=(x-1)^2Q(x)\quad\cdots\cdots①$$

と表されればよい。両辺を x で微分して

$$(n+1)ax^n+nbx^{n-1}=2(x-1)Q(x)+(x-1)^2Q'(x)\quad\cdots\cdots②$$

①，② に $x=1$ を代入して

$$a+b+1=0\quad\cdots\cdots③$$

$$(n+1)a+nb=0\quad\cdots\cdots④$$

④−③×n から　$\boldsymbol{a=n}$

これを ③ に代入して　$\boldsymbol{b=-n-1}$

⇦右辺は積の微分法を利用。
$(fg)'=f'g+fg'$

3章 PR

inf. 本冊基本例題 53 の INFORMATION にある

x の多項式 $f(x)$ が $(x-a)^2$ で割り切れる $\iff$ $f(a)=f'(a)=0$

を用いると，次のようになる。

$f(x)$ が $(x-1)^2$ で割り切れるための条件は

$f(1)=0$ かつ $f'(1)=0$

ここで $f(x)=ax^{n+1}+bx^n+1$

$f'(x)=(n+1)ax^n+nbx^{n-1}$

$f(1)=0$ から $a+b+1=0$

$f'(1)=0$ から $(n+1)a+nb=0$ （以下，解答と同じ）

PR ③54

a は定数とし，関数 $f(x)$ は $x=a$ で微分可能とする。このとき，次の極限を a，$f'(a)$ などを用いて表せ。

(1) $\displaystyle\lim_{h\to 0}\frac{f(a+3h)-f(a+h)}{h}$ (2) $\displaystyle\lim_{x\to a}\frac{a^2f(x)-x^2f(a)}{x-a}$

(1) $\displaystyle\lim_{h\to 0}\frac{f(a+3h)-f(a+h)}{h}$

$\displaystyle=\lim_{h\to 0}\frac{f(a+3h)-f(a)-\{f(a+h)-f(a)\}}{h}$

$\displaystyle=\lim_{h\to 0}\left\{3\cdot\frac{f(a+3h)-f(a)}{3h}-\frac{f(a+h)-f(a)}{h}\right\}$

$\displaystyle=3\lim_{h\to 0}\frac{f(a+3h)-f(a)}{3h}-\lim_{h\to 0}\frac{f(a+h)-f(a)}{h}$

$=3f'(a)-f'(a)=\boldsymbol{2f'(a)}$

(2) $\displaystyle\lim_{x\to a}\frac{a^2f(x)-x^2f(a)}{x-a}$

$\displaystyle=\lim_{x\to a}\frac{a^2\{f(x)-f(a)\}+a^2f(a)-x^2f(a)}{x-a}$

$\displaystyle=\lim_{x\to a}\frac{a^2\{f(x)-f(a)\}-(x+a)(x-a)f(a)}{x-a}$

$\displaystyle=\lim_{x\to a}\left\{a^2\cdot\frac{f(x)-f(a)}{x-a}-(x+a)f(a)\right\}$

$\displaystyle=a^2\lim_{x\to a}\frac{f(x)-f(a)}{x-a}-f(a)\lim_{x\to a}(x+a)$

$=\boldsymbol{a^2f'(a)-2af(a)}$

別解 $x-a=h$ とおくと，$x\longrightarrow a$ のとき $h\longrightarrow 0$ であるから

$\displaystyle\lim_{x\to a}\frac{a^2f(x)-x^2f(a)}{x-a}=\lim_{h\to 0}\frac{a^2f(a+h)-(a+h)^2f(a)}{h}$

$\displaystyle=\lim_{h\to 0}\frac{a^2\{f(a+h)-f(a)\}-2ahf(a)-h^2f(a)}{h}$

$\displaystyle=\lim_{h\to 0}\left\{a^2\cdot\frac{f(a+h)-f(a)}{h}-2af(a)-hf(a)\right\}$

$=\boldsymbol{a^2f'(a)-2af(a)}$

⇐ $\displaystyle\lim_{■\to 0}\frac{f(□+■)-f(□)}{■}$ の形を作るように式変形。

⇐ $\displaystyle\lim_{h\to 0}\frac{f(a+h)-f(a)}{h}=f'(a)$

⇐ $\displaystyle\lim_{■\to □}\frac{f(■)-f(□)}{■-□}$ の形を作るように式変形。

⇐ $\displaystyle\lim_{x\to a}\frac{f(x)-f(a)}{x-a}=f'(a)$

⇐ $x=a+h$

⇐ $\displaystyle\lim_{h\to 0}\frac{f(a+h)-f(a)}{h}=f'(a)$

PR ④55

$x>1$ のとき $f(x)=\dfrac{ax+b}{x+1}$，$x\leqq 1$ のとき $f(x)=x^2+1$ である関数 $f(x)$ が，$x=1$ で微分係数をもつとき，定数 a，b の値を求めよ。〔防衛大〕

関数 $f(x)$ が $x=1$ で微分係数をもつとき，$f(x)$ は $x=1$ で連続である。よって

$$\lim_{x\to1+0}\frac{ax+b}{x+1}=\lim_{x\to1-0}(x^2+1)=f(1)$$

ここで，$\displaystyle\lim_{x\to1+0}\frac{ax+b}{x+1}=\frac{a+b}{2}$，

$\displaystyle\lim_{x\to1-0}(x^2+1)=f(1)=2$ であるから

$\dfrac{a+b}{2}=2$　　よって　　$a+b=4$ …… ①

また　$$\lim_{h\to+0}\frac{f(1+h)-f(1)}{h}=\lim_{h\to+0}\frac{\dfrac{a(1+h)+b}{(1+h)+1}-(1^2+1)}{h}$$

$$=\lim_{h\to+0}\frac{a+ah+b-2(2+h)}{h(2+h)}=\lim_{h\to+0}\frac{(a-2)h+a+b-4}{h(2+h)}$$

$$=\lim_{h\to+0}\frac{a-2}{2+h}=\frac{a-2}{2}$$

$$\lim_{h\to-0}\frac{f(1+h)-f(1)}{h}=\lim_{h\to-0}\frac{(1+h)^2+1-(1^2+1)}{h}$$

$$=\lim_{h\to-0}\frac{h^2+2h}{h}=\lim_{h\to-0}(h+2)=2$$

したがって，$f'(1)$ が存在する条件は　$\dfrac{a-2}{2}=2$

よって　　$\boldsymbol{a=6}$

このとき，① から　　$\boldsymbol{b=-2}$

⇐微分係数をもつ ⟹ 連続
逆は成り立たない。
$x=1$ で連続であることから，a と b の関係式を導く。

⇐**必要条件**

⇐右側微分係数

⇐① から $a+b-4=0$

⇐左側微分係数

⇐$\displaystyle\lim_{h\to+0}\frac{f(1+h)-f(1)}{h}=\lim_{h\to-0}\frac{f(1+h)-f(1)}{h}$

⇐**必要十分条件**

PR ②56

次の関数を微分せよ。ただし，a は定数とする。

(1) $y=2x-\cos x$　(2) $y=\sin x^2-\tan x$　(3) $y=x^2\sin(3x+5)$

(4) $y=\sin^3(2x+1)$　(5) $y=\dfrac{1}{\sqrt{\tan x}}$　(6) $y=\sin ax\cdot\cos ax$

〔(3) 琉球大　(4) 北見工大　(5) 東京電機大　(6) 富山大〕

(1) $y'=2\cdot1-(-\sin x)=\boldsymbol{2+\sin x}$

(2) $y'=(\cos x^2)\cdot(x^2)'-\dfrac{1}{\cos^2 x}=\boldsymbol{2x\cos x^2-\dfrac{1}{\cos^2 x}}$

(3) $y'=(x^2)'\sin(3x+5)+x^2\{\sin(3x+5)\}'$

$=2x\sin(3x+5)+x^2\{\cos(3x+5)\}\cdot(3x+5)'$

$=\boldsymbol{2x\sin(3x+5)+3x^2\cos(3x+5)}$

(4) $y'=3\sin^2(2x+1)\{\sin(2x+1)\}'$

$=3\sin^2(2x+1)\cdot2\cos(2x+1)$

$=\boldsymbol{6\sin^2(2x+1)\cos(2x+1)}$

⇐$(fg)'=f'g+fg'$

⇐$\{\sin(ax+b)\}'=a\cos(ax+b)$

⇐$(u^n)'=nu^{n-1}\cdot u'$

⇐$\{\sin(ax+b)\}'=a\cos(ax+b)$

3章 PR

(5) $y'=-\frac{1}{2}(\tan x)^{-\frac{1}{2}-1}(\tan x)'$

$=-\frac{1}{2}\cdot\frac{1}{(\tan x)^{\frac{3}{2}}}\cdot\frac{1}{\cos^2 x}$

$=-\frac{1}{2}\cdot\frac{1}{\left(\frac{\sin x}{\cos x}\right)^{\frac{3}{2}}}\cdot\frac{1}{\cos^2 x}$

$=-\boldsymbol{\frac{1}{2\sqrt{\sin^3 x\cos x}}}$

⇐$y=(\tan x)^{-\frac{1}{2}}$ から。

⇐$\tan x=\frac{\sin x}{\cos x}$

(6) $y'=(\sin ax)'\cos ax+\sin ax(\cos ax)'$

$=a\cos ax\cdot\cos ax+\sin ax(-a\sin ax)$

$=a\cos^2 ax-a\sin^2 ax$

$=\boldsymbol{a\cos 2ax}$

⇐$(fg)'=f'g+fg'$

⇐$\cos^2\theta-\sin^2\theta=\cos 2\theta$

別解 $y=\sin ax\cdot\cos ax=\frac{1}{2}\sin 2ax$ であるから

$y'=\frac{1}{2}(\cos 2ax)(2ax)'=\boldsymbol{a\cos 2ax}$

⇐$\sin 2\theta=2\sin\theta\cos\theta$

⇐$\{f(u)\}'=f'(u)\cdot u'$

PR ②57

次の関数を微分せよ。 [(2) 類 信州大]

(1) $y=\log(x^3+1)$　(2) $y=\sqrt[3]{x+1}\log_{10}x$

(3) $y=\log|\tan x|$　(4) $y=\log\frac{1+\sin x}{1-\sin x}$

(1) $y'=\frac{(x^3+1)'}{x^3+1}=\boldsymbol{\frac{3x^2}{x^3+1}}$

⇐$(\log f(x))'=\frac{f'(x)}{f(x)}$

(2) $y=(x+1)^{\frac{1}{3}}\log_{10}x$ であるから

$y'=\{(x+1)^{\frac{1}{3}}\}'\log_{10}x+(x+1)^{\frac{1}{3}}(\log_{10}x)'$

$=\frac{1}{3}(x+1)^{-\frac{2}{3}}\log_{10}x+\frac{(x+1)^{\frac{1}{3}}}{x\log 10}$

$=\frac{\log_{10}x}{3\sqrt[3]{(x+1)^2}}+\frac{\sqrt[3]{x+1}}{x\log 10}$

$=\frac{x\log_{10}x\log 10+3(x+1)}{3x\sqrt[3]{(x+1)^2}\log 10}=\boldsymbol{\frac{x\log x+3(x+1)}{3x\sqrt[3]{(x+1)^2}\log 10}}$

⇐$(fg)'=f'g+fg'$

⇐$\log_{10}x\log 10$
$=\frac{\log x}{\log 10}\cdot\log 10=\log x$

(3) $y'=\frac{1}{\tan x}(\tan x)'=\frac{1}{\tan x}\cdot\frac{1}{\cos^2 x}$

$=\frac{1}{\frac{\sin x}{\cos x}\cdot\cos^2 x}=\boldsymbol{\frac{1}{\sin x\cos x}}$

⇐$y'=\frac{2}{\sin 2x}$ としてもよい。

(4) $y=\log(1+\sin x)-\log(1-\sin x)$ であるから

$y'=\frac{1}{1+\sin x}(1+\sin x)'-\frac{1}{1-\sin x}(1-\sin x)'$

$=\frac{\cos x}{1+\sin x}-\frac{-\cos x}{1-\sin x}=\frac{\cos x\{(1-\sin x)+(1+\sin x)\}}{(1+\sin x)(1-\sin x)}$

$=\frac{2\cos x}{\cos^2 x}=\boldsymbol{\frac{2}{\cos x}}$

⇐$\log\frac{M}{N}=\log M-\log N$

別解　$y'=\dfrac{1}{\dfrac{1+\sin x}{1-\sin x}}\left(\dfrac{1+\sin x}{1-\sin x}\right)'$

$=\dfrac{1-\sin x}{1+\sin x}\cdot\dfrac{\cos x(1-\sin x)-(1+\sin x)(-\cos x)}{(1-\sin x)^2}$

$=\dfrac{2\cos x}{(1+\sin x)(1-\sin x)}=\dfrac{2\cos x}{\cos^2 x}=\boldsymbol{\dfrac{2}{\cos x}}$

⇐ $\left(\dfrac{f}{g}\right)'=\dfrac{f'g-fg'}{g^2}$

PR ②58　次の関数を微分せよ。
(1) $y=\sqrt[3]{x^2(x+1)}$　　(2) $y=x^{\log x}$ $(x>0)$

(1) 両辺の絶対値の自然対数をとると

$\log|y|=\log|\sqrt[3]{x^2(x+1)}|$

$=\dfrac{1}{3}\log|x^2(x+1)|$

$=\dfrac{2}{3}\log|x|+\dfrac{1}{3}\log|x+1|$

⇐ $\dfrac{1}{3}\log(|x|^2|x+1|)$ $=\dfrac{1}{3}(2\log|x|$ $+\log|x+1|)$

両辺を x で微分すると

$\dfrac{y'}{y}=\dfrac{2}{3}\cdot\dfrac{1}{x}+\dfrac{1}{3}\cdot\dfrac{1}{x+1}\cdot(x+1)'$

$=\dfrac{2}{3x}+\dfrac{1}{3(x+1)}=\dfrac{2(x+1)+x}{3x(x+1)}$

$=\dfrac{3x+2}{3x(x+1)}$

よって　$y'=\sqrt[3]{x^2(x+1)}\cdot\dfrac{3x+2}{3x(x+1)}$

$=\boldsymbol{\dfrac{3x+2}{3\sqrt[3]{x(x+1)^2}}}$

⇐ $\dfrac{\sqrt[3]{x^2(x+1)}}{x(x+1)}$ $=\sqrt[3]{\dfrac{x^2(x+1)}{x^3(x+1)^3}}$ $=\dfrac{1}{\sqrt[3]{x(x+1)^2}}$

(2) $x>0$ であるから　$y>0$

よって，両辺の自然対数をとると

$\log y=(\log x)^2$

⇐ $\log x^{\log x}=\log x\cdot\log x$ $=(\log x)^2$

両辺を x で微分すると

$\dfrac{y'}{y}=2\log x\cdot(\log x)'=2(\log x)\cdot\dfrac{1}{x}=\dfrac{2\log x}{x}$

ゆえに　$y'=y\cdot\dfrac{2\log x}{x}=x^{\log x}\cdot\dfrac{2\log x}{x}$

$=\boldsymbol{2x^{\log x-1}\log x}$

PR ②59　次の関数を微分せよ。
(1) $y=x^3e^{-x}$　　(2) $y=2^{\sin x}$　〔北見工大〕
(3) $y=e^{3x}\sin 2x$　〔近畿大〕　(4) $y=e^{\frac{1}{x}}$　〔関西大〕

(1) $y'=(x^3)'e^{-x}+x^3(e^{-x})'$

$=3x^2e^{-x}+x^3e^{-x}\cdot(-x)'$

$=\boldsymbol{x^2(3-x)e^{-x}}$

⇐ $(fg)'=f'g+fg'$

(2) $y'=2^{\sin x}\log 2\cdot(\sin x)'$
$=\mathbf{2^{\sin x}\cos x\log 2}$

⇦$(a^u)'=a^u\log a\cdot u'$

(3) $y'=(e^{3x})'\sin 2x+e^{3x}(\sin 2x)'$
$=e^{3x}\cdot(3x)'\sin 2x+e^{3x}(\cos 2x)(2x)'$
$=\boldsymbol{e^{3x}(3\sin 2x+2\cos 2x)}$

⇦$(fg)'=f'g+fg'$
$(\sin x)'=\cos x$

(4) $y'=e^{\frac{1}{x}}\cdot\left(\dfrac{1}{x}\right)'=e^{\frac{1}{x}}\cdot\left(-\dfrac{1}{x^2}\right)=\boldsymbol{-\dfrac{e^{\frac{1}{x}}}{x^2}}$

⇦$(e^u)'=e^u\cdot u'$

PR ③60

$\displaystyle\lim_{h\to 0}(1+h)^{\frac{1}{h}}=e$ であることを用いて，次の極限を求めよ。

(1) $\displaystyle\lim_{x\to\infty}\left(1-\frac{3}{x}\right)^x$ (2) $\displaystyle\lim_{x\to 0}\frac{\log_2(1+x)}{x}$ 〔会津大〕

(3) $\displaystyle\lim_{x\to\infty}\left(\frac{x}{x+1}\right)^x$ (4) $\displaystyle\lim_{x\to\infty}x\{\log(2x+1)-\log 2x\}$

(1) $-\dfrac{3}{x}=h$ とおくと $x=-\dfrac{3}{h}$

⇦おき換え

また，$x\longrightarrow\infty$ のとき $h\longrightarrow -0$ であるから

$$\lim_{x\to\infty}\left(1-\frac{3}{x}\right)^x=\lim_{h\to -0}(1+h)^{-\frac{3}{h}}=\lim_{h\to -0}\{(1+h)^{\frac{1}{h}}\}^{-3}$$
$$=\boldsymbol{e^{-3}}\quad\left(\boldsymbol{\frac{1}{e^3}}\text{ でもよい}\right)$$

⇦$\displaystyle\lim_{h\to -0}(1+h)^{\frac{1}{h}}=e$

(2) $$\lim_{x\to 0}\frac{\log_2(1+x)}{x}=\lim_{x\to 0}\frac{1}{x}\log_2(1+x)=\lim_{x\to 0}\log_2(1+x)^{\frac{1}{x}}$$
$$=\log_2 e=\boldsymbol{\frac{1}{\log 2}}$$

⇦$k\log_a M=\log_a M^k$

⇦$\log_a b=\dfrac{1}{\log_b a}$

(3) $$\lim_{x\to\infty}\left(\frac{x}{x+1}\right)^x=\lim_{x\to\infty}\left(\frac{1}{1+\frac{1}{x}}\right)^x=\lim_{x\to\infty}\frac{1}{\left(1+\frac{1}{x}\right)^x}$$

⇦分母・分子を x で割る。

$\dfrac{1}{x}=h$ とおくと $x=\dfrac{1}{h}$

また，$x\longrightarrow\infty$ のとき $h\longrightarrow +0$ であるから

$$\lim_{x\to\infty}\frac{1}{\left(1+\frac{1}{x}\right)^x}=\lim_{h\to +0}\frac{1}{(1+h)^{\frac{1}{h}}}=\frac{1}{e}$$

ゆえに $\displaystyle\lim_{x\to\infty}\left(\frac{x}{x+1}\right)^x=\boldsymbol{\frac{1}{e}}$

⇦$\displaystyle\lim_{x\to\infty}\left(1+\frac{1}{x}\right)^x=e$ から，ただちに
$\displaystyle\lim_{x\to\infty}\frac{1}{\left(1+\frac{1}{x}\right)^x}=\frac{1}{e}$
としてもよい。

(4) $$x\{\log(2x+1)-\log 2x\}=x\log\frac{2x+1}{2x}$$
$$=\log\left(1+\frac{1}{2x}\right)^x$$
$$=\frac{1}{2}\log\left(1+\frac{1}{2x}\right)^{2x}\quad\cdots\cdots(*)$$

$\dfrac{1}{2x}=h$ とおくと $2x=\dfrac{1}{h}$

⇦$\log M-\log N=\log\dfrac{M}{N}$
(＊)は，$x\longrightarrow\infty$ のとき $2x\longrightarrow\infty$ であるから，ただちに
$\displaystyle\lim_{x\to\infty}\frac{1}{2}\log\left(1+\frac{1}{2x}\right)^{2x}$
$=\dfrac{1}{2}\log e=\dfrac{1}{2}$
としてもよい。

また，$x \longrightarrow \infty$ のとき $h \longrightarrow +0$ であるから

$$\lim_{x\to\infty} x\{\log(2x+1)-\log 2x\}=\frac{1}{2}\lim_{x\to\infty}\log\left(1+\frac{1}{2x}\right)^{2x}$$
$$=\frac{1}{2}\lim_{h\to+0}\log(1+h)^{\frac{1}{h}}$$
$$=\frac{1}{2}\log e=\mathbf{\frac{1}{2}}$$

PR ③61

次の極限を求めよ。

(1) $\displaystyle\lim_{x\to 0}\frac{2^x-1}{x}$　(2) $\displaystyle\lim_{x\to 2}\frac{1}{x-2}\log\frac{x}{2}$　〔京都産大〕

(3) $\displaystyle\lim_{x\to 0}\frac{e^x-e^{-x}}{x}$　〔東京理科大〕　(4) $\displaystyle\lim_{x\to 0}\frac{e^{x^2}-1}{1-\cos x}$

(1) $f(x)=2^x$ とすると

$$\lim_{x\to 0}\frac{2^x-1}{x}=\lim_{x\to 0}\frac{f(x)-f(0)}{x-0}=f'(0)$$

⇐$1=2^0=f(0)$

$f'(x)=2^x\log 2$ であるから　$f'(0)=\log 2$

よって　$\displaystyle\lim_{x\to 0}\frac{2^x-1}{x}=\mathbf{\log 2}$

別解　$2^x-1=t$ とおくと　$x=\log_2(1+t)$

また，$x \longrightarrow 0$ のとき $t \longrightarrow 0$ であるから

$$\lim_{x\to 0}\frac{2^x-1}{x}=\lim_{t\to 0}\frac{t}{\log_2(1+t)}=\lim_{t\to 0}\frac{1}{\frac{1}{t}\log_2(1+t)}$$
$$=\lim_{t\to 0}\frac{1}{\log_2(1+t)^{\frac{1}{t}}}=\frac{1}{\log_2 e}=\mathbf{\log 2}$$

⇐$\log_a b=\dfrac{1}{\log_b a}$

(2) $f(x)=\log x$ とすると

$$\lim_{x\to 2}\frac{1}{x-2}\log\frac{x}{2}=\lim_{x\to 2}\frac{\log x-\log 2}{x-2}$$
$$=\lim_{x\to 2}\frac{f(x)-f(2)}{x-2}$$
$$=f'(2)$$

⇐$\log\dfrac{M}{N}=\log M-\log N$

$f'(x)=\dfrac{1}{x}$ であるから　$f'(2)=\dfrac{1}{2}$

よって　$\displaystyle\lim_{x\to 2}\frac{1}{x-2}\log\frac{x}{2}=\mathbf{\frac{1}{2}}$

(3) $f(x)=e^x-e^{-x}$ とすると，$f(0)=e^0-e^{-0}=0$ であるから

$$\lim_{x\to 0}\frac{e^x-e^{-x}}{x}=\lim_{x\to 0}\frac{f(x)-f(0)}{x-0}=f'(0)$$

⇐$0=f(0)$

$f'(x)=e^x-e^{-x}(-x)'=e^x+e^{-x}$ であるから

⇐$(e^x)'=e^x$

$f'(0)=e^0+e^{-0}=2$

よって　$\displaystyle\lim_{x\to 0}\frac{e^x-e^{-x}}{x}=\mathbf{2}$

別解 $\lim_{x\to 0}\frac{e^x-e^{-x}}{x}=\lim_{x\to 0}\frac{(e^x-e^{-x})e^x}{xe^x}=\lim_{x\to 0}\frac{e^{2x}-1}{xe^x}$

$=\lim_{x\to 0}\frac{e^{2x}-1}{2x}\cdot\frac{2}{e^x}=\lim_{x\to 0}\frac{e^{2x}-1}{2x}\cdot\lim_{x\to 0}\frac{2}{e^x}$

$=1\cdot\frac{2}{1}=\mathbf{2}$

⇐ $\lim_{t\to 0}\frac{e^t-1}{t}=1$ を利用。$x\longrightarrow 0$ のとき $2x\longrightarrow 0$ (重要例題 61 (1) 参照)

(4) $\frac{e^{x^2}-1}{1-\cos x}=(1+\cos x)\cdot\frac{e^{x^2}-1}{1-\cos^2 x}$

$=(1+\cos x)\cdot\frac{e^{x^2}-1}{\sin^2 x}$

$=(1+\cos x)\cdot\frac{x^2}{\sin^2 x}\cdot\frac{e^{x^2}-1}{x^2}$

よって　$\lim_{x\to 0}\frac{e^{x^2}-1}{1-\cos x}=\lim_{x\to 0}(1+\cos x)\left(\frac{x}{\sin x}\right)^2\cdot\frac{e^{x^2}-1}{x^2}$

$=(1+1)\cdot 1^2\cdot 1=\mathbf{2}$

⇐ $1+\cos x$ と $1-\cos x$ はペアで使う。

⇐ $\lim_{x\to 0}\frac{x}{\sin x}=1$, $\lim_{x\to 0}\frac{e^x-1}{x}=1$ が使える形に変形。$x\longrightarrow 0$ のとき $x^2\longrightarrow 0$

PR ②62

$y=e^{-x}\sin x$ のとき，$y''+$ア□$y'+$イ□$y=0$ である。〔法政大〕

$y=e^{-x}\sin x$ であるから

$y'=-e^{-x}\sin x+e^{-x}\cos x=e^{-x}(-\sin x+\cos x)$

$y''=-e^{-x}(-\sin x+\cos x)+e^{-x}(-\cos x-\sin x)$

$=-2e^{-x}\cos x$

⇐ $(e^{-x})'\sin x+e^{-x}(\sin x)'$

⇐ $(e^{-x})'(-\sin x+\cos x)+e^{-x}(-\sin x+\cos x)'$

$y''+ay'+by=0$ とすると，これらを代入して

$-2e^{-x}\cos x+ae^{-x}(-\sin x+\cos x)+be^{-x}\sin x=0$

$e^{-x}\neq 0$ であるから

$-2\cos x+a(-\sin x+\cos x)+b\sin x=0$ ……①

① が x の恒等式であるから，$x=0$ を代入して　$-2+a=0$

⇐数値代入法

また，$x=\frac{\pi}{2}$ を代入して　$-a+b=0$

これを解いて　$a=2$, $b=2$

このとき　(① の左辺)

$=-2\cos x+2(-\sin x+\cos x)+2\sin x$

$=0=$(① の右辺)

⇐逆の確認。

したがって　$a=$ア**2**，$b=$イ**2**

別解 $y=e^{-x}\sin x$ であるから

$y'=-e^{-x}\sin x+e^{-x}\cos x=-y+e^{-x}\cos x$

$y''=-y'-e^{-x}\cos x-e^{-x}\sin x$

$=-y'-(y'+y)-y$

⇐ $y'=-y+e^{-x}\cos x$ から $e^{-x}\cos x=y'+y$

整理して　$y''+2y'+2y=0$

よって　$a=$ア**2**，$b=$イ**2**

PR ③63

次の関数の第 n 次導関数を求めよ。ただし，a は定数とする。

(1) $y=xe^{ax}$　　(2) $y=\sin ax$

(1)　$y'=e^{ax}+axe^{ax}=(1+ax)e^{ax}$　…… ①

$y''=ae^{ax}+a(1+ax)e^{ax}=a(2+ax)e^{ax}$

$y'''=a\{ae^{ax}+a(2+ax)e^{ax}\}=a^2(3+ax)e^{ax}$

よって，$y^{(n)}=a^{n-1}(n+ax)e^{ax}$ …… Ⓐ と推測される。

Ⓐ を，数学的帰納法によって証明する。

[1]　$n=1$ のとき　　① から Ⓐ は成り立つ。

[2]　$n=k$ のとき Ⓐ が成り立つと仮定すると

$$y^{(k)}=a^{k-1}(k+ax)e^{ax}$$

$n=k+1$ のとき

$$\begin{aligned}y^{(k+1)}&=\{y^{(k)}\}'=\{a^{k-1}(k+ax)e^{ax}\}'\\&=a^{k-1}\{ae^{ax}+a(k+ax)e^{ax}\}\\&=a^{k-1}\cdot a(1+k+ax)e^{ax}\\&=a^k\{(k+1)+ax\}e^{ax}\end{aligned}$$

⇐$y^{(k+1)}=\{y^{(k)}\}'$

よって，$n=k+1$ のときにも Ⓐ は成り立つ。

[1]，[2] から，すべての自然数 n について Ⓐ は成り立つ。

ゆえに　　$\boldsymbol{y^{(n)}=a^{n-1}(n+ax)e^{ax}}$

(2)　$y'=a\cos ax=a\sin\left(ax+\frac{\pi}{2}\right)$　…… ①

⇐$(\sin u)'=\cos u\cdot u'$，$\sin\left(\theta+\frac{\pi}{2}\right)=\cos\theta$

$$\begin{aligned}y''&=a^2\cos\left(ax+\frac{\pi}{2}\right)=a^2\sin\left(ax+\frac{\pi}{2}+\frac{\pi}{2}\right)\\&=a^2\sin\left(ax+2\cdot\frac{\pi}{2}\right)\end{aligned}$$

$$\begin{aligned}y'''&=a^3\cos\left(ax+2\cdot\frac{\pi}{2}\right)=a^3\sin\left(ax+2\cdot\frac{\pi}{2}+\frac{\pi}{2}\right)\\&=a^3\sin\left(ax+3\cdot\frac{\pi}{2}\right)\end{aligned}$$

よって，$y^{(n)}=a^n\sin\left(ax+\frac{n\pi}{2}\right)$ …… Ⓐ と推測される。

Ⓐ を，数学的帰納法によって証明する。

[1]　$n=1$ のとき　　① から Ⓐ は成り立つ。

[2]　$n=k$ のとき Ⓐ が成り立つと仮定すると

$$y^{(k)}=a^k\sin\left(ax+\frac{k\pi}{2}\right)$$

$n=k+1$ のとき

$$\begin{aligned}y^{(k+1)}&=\{y^{(k)}\}'=\left\{a^k\sin\left(ax+\frac{k\pi}{2}\right)\right\}'\\&=a^k\cdot a\cos\left(ax+\frac{k\pi}{2}\right)\\&=a^{k+1}\sin\left(ax+\frac{k\pi}{2}+\frac{\pi}{2}\right)\\&=a^{k+1}\sin\left\{ax+\frac{(k+1)\pi}{2}\right\}\end{aligned}$$

⇐$y^{(k+1)}=\{y^{(k)}\}'$，$\sin\left(\theta+\frac{\pi}{2}\right)=\cos\theta$

よって，$n=k+1$ のときにも Ⓐ は成り立つ。

[1]，[2] から，すべての自然数 n について Ⓐ は成り立つ。

ゆえに　$\boldsymbol{y^{(n)}=a^n\sin\left(ax+\frac{n\pi}{2}\right)}$

PR ②64

次の方程式で定められる x の関数 y について，$\frac{dy}{dx}$ を求めよ。

(1)　$y^2=2x$　　(2)　$4x^2-y^2-4x+5=0$　　(3)　$\sqrt{x}+\sqrt{y}=1$

(1)　$y^2=2x$ の両辺を x で微分すると　$2y\cdot\frac{dy}{dx}=2$

よって，$y\neq0$ のとき　$\boldsymbol{\frac{dy}{dx}}=\frac{2}{2y}=\boldsymbol{\frac{1}{y}}$

(2)　$4x^2-y^2-4x+5=0$ の両辺を x で微分すると

$$8x-2y\cdot\frac{dy}{dx}-4=0$$

よって　$y\cdot\frac{dy}{dx}=4x-2$

$y^2=4x^2-4x+5=4\left(x-\frac{1}{2}\right)^2+4>0$ から　$y\neq0$

ゆえに　$\boldsymbol{\frac{dy}{dx}=\frac{4x-2}{y}}$

(3)　$x\neq0$, $y\neq0$ のとき，$\sqrt{x}+\sqrt{y}=1$ の両辺を x で微分すると

$$\frac{1}{2\sqrt{x}}+\frac{1}{2\sqrt{y}}\cdot\frac{dy}{dx}=0$$

よって　$\frac{1}{\sqrt{y}}\cdot\frac{dy}{dx}=-\frac{1}{\sqrt{x}}$

ゆえに　$\boldsymbol{\frac{dy}{dx}}=-\frac{\sqrt{y}}{\sqrt{x}}=\boldsymbol{-\sqrt{\frac{y}{x}}}$

⇐ $\frac{d}{dx}y^2=\frac{d}{dy}y^2\cdot\frac{dy}{dx}$

⇐ $y=0$ すなわち $x=0$ のとき $\frac{dy}{dx}$ は存在しない。

⇐ $\frac{d}{dx}\sqrt{y}=\frac{d}{dy}\sqrt{y}\cdot\frac{dy}{dx}$

PR ②65

次の関数について，$\frac{dy}{dx}$ を求めよ。ただし，(1) は θ の関数，(2) は t の関数として表せ。

(1)　$x=a\cos^3\theta$, $y=a\sin^3\theta$ $(a>0)$　　(2)　$x=\frac{1+t^2}{1-t^2}$, $y=\frac{2t}{1-t^2}$

(1)　$\frac{dx}{d\theta}=3a\cos^2\theta(\cos\theta)'=-3a\sin\theta\cos^2\theta$

$\frac{dy}{d\theta}=3a\sin^2\theta(\sin\theta)'=3a\sin^2\theta\cos\theta$

よって，$\theta\neq\frac{\pi}{2}+n\pi$（$n$ は整数）のとき

$$\boldsymbol{\frac{dy}{dx}}=\frac{\frac{dy}{d\theta}}{\frac{dx}{d\theta}}=\frac{3a\sin^2\theta\cos\theta}{-3a\sin\theta\cos^2\theta}$$

$$=-\frac{\sin\theta}{\cos\theta}=\boldsymbol{-\tan\theta}$$

⇐ $(u^3)'=3u^2u'$, $(\cos\theta)'=-\sin\theta$, $(\sin\theta)'=\cos\theta$

inf.　(1)の媒介変数表示が表す曲線を **アステロイド** という。グラフは下図。

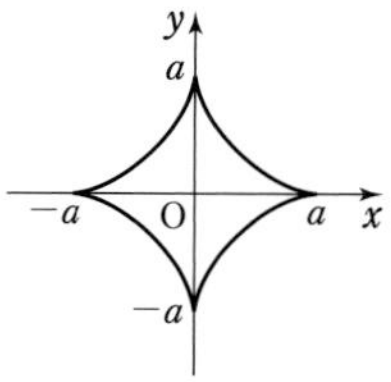

(2)　$t \neq \pm 1$ のとき

$$\frac{dx}{dt}=\frac{2t(1-t^2)-(1+t^2)\cdot(-2t)}{(1-t^2)^2}=\frac{4t}{(1-t^2)^2}$$

$$\frac{dy}{dt}=\frac{2(1-t^2)-2t\cdot(-2t)}{(1-t^2)^2}=\frac{2(1+t^2)}{(1-t^2)^2}$$

よって，$t \neq 0$，$t \neq \pm 1$ のとき

$$\boldsymbol{\frac{dy}{dx}}=\frac{\frac{dy}{dt}}{\frac{dx}{dt}}=\frac{\frac{2(1+t^2)}{(1-t^2)^2}}{\frac{4t}{(1-t^2)^2}}=\boldsymbol{\frac{1+t^2}{2t}}$$

PR ③66

(1)　$y=\sin x\ \left(0<x<\frac{\pi}{2}\right)$ の逆関数を $y=g(x)$ とするとき，$g'(x)$ を x の式で表せ。

(2)　$x=1-\sin t$，$y=t-\cos t$ のとき，$\frac{d^2y}{dx^2}$ を t の式で表せ。

(1)　$0<x<\frac{\pi}{2}$ のとき　　$0<\sin x<1$

よって，$y=g(x)$ において，$0<x<1$，$0<y<\frac{\pi}{2}$ であり，

$x=\sin y$ が成り立つ。

⇐ $y=f^{-1}(x) \iff x=f(y)$

ゆえに　　$g'(x)=\frac{dy}{dx}=\frac{1}{\frac{dx}{dy}}$

$$=\frac{1}{\frac{d}{dy}\sin y}=\frac{1}{\cos y}$$

⇐ $\frac{dx}{dy}$ の x を $\sin y$ とおく。

ここで　　$\cos^2 y=1-\sin^2 y=1-x^2$

$0<x<1$，$0<y<\frac{\pi}{2}$ であるから　　$1-x^2>0$，$\cos y>0$

よって　　$\cos y=\sqrt{1-x^2}$

したがって　　$\boldsymbol{g'(x)=\frac{1}{\sqrt{1-x^2}}}$

⇐ $1-x^2>0$ から $1-x^2 \neq 0$

(2)　$\frac{dx}{dt}=-\cos t$，$\frac{dy}{dt}=1+\sin t$

よって，$\cos t \neq 0$ のとき　　$\frac{dy}{dx}=\frac{\frac{dy}{dt}}{\frac{dx}{dt}}=-\frac{1+\sin t}{\cos t}$

ゆえに　　$\boldsymbol{\frac{d^2y}{dx^2}}=\frac{d}{dx}\left(\frac{dy}{dx}\right)=\frac{d}{dx}\left(-\frac{1+\sin t}{\cos t}\right)$

⇐ $\frac{dy}{dx}$ を x で微分。

$$=\frac{d}{dt}\left(-\frac{1+\sin t}{\cos t}\right)\cdot\frac{dt}{dx}$$

⇐合成関数の微分。

$$=-\frac{\cos^2 t+(1+\sin t)\sin t}{\cos^2 t}\cdot\left(-\frac{1}{\cos t}\right)$$

⇐ $\frac{dt}{dx}=\frac{1}{\frac{dx}{dt}}$

$$=\boldsymbol{\frac{1+\sin t}{\cos^3 t}}$$

EX ②46

$x \neq 0$ のとき $f(x)=\dfrac{x}{1+2^{\frac{1}{x}}}$，$x=0$ のとき $f(x)=0$ である関数は，$x=0$ で連続であるが微分可能ではないことを証明せよ。

$\dfrac{1}{x}=t$ とおくと，$x \longrightarrow +0$ のとき　$t \longrightarrow \infty$

よって　$\displaystyle\lim_{x\to+0} 2^{\frac{1}{x}}=\lim_{t\to\infty} 2^t=\infty$　…… ①

ゆえに　$\displaystyle\lim_{x\to+0} f(x)=\lim_{x\to+0}\frac{x}{1+2^{\frac{1}{x}}}=0$　…… ②

$\dfrac{1}{x}=t$ とおくと，$x \longrightarrow -0$ のとき　$t \longrightarrow -\infty$

よって　$\displaystyle\lim_{x\to-0} 2^{\frac{1}{x}}=\lim_{t\to-\infty} 2^t=0$　…… ③

ゆえに　$\displaystyle\lim_{x\to-0} f(x)=\lim_{x\to-0}\frac{x}{1+2^{\frac{1}{x}}}=0$　…… ④

②，④ から　$\displaystyle\lim_{x\to 0} f(x)=0$

一方，$f(0)=0$ であるから　$\displaystyle\lim_{x\to 0} f(x)=f(0)$

よって，$f(x)$ は $x=0$ で連続である。

次に，$h \neq 0$ のとき

$$\frac{f(0+h)-f(0)}{h}=\frac{1}{h}\cdot\left(\frac{h}{1+2^{\frac{1}{h}}}-0\right)=\frac{1}{1+2^{\frac{1}{h}}}$$

ゆえに，①，③ を用いると

$$\lim_{h\to+0}\frac{f(0+h)-f(0)}{h}=\lim_{h\to+0}\frac{1}{1+2^{\frac{1}{h}}}=0$$

$$\lim_{h\to-0}\frac{f(0+h)-f(0)}{h}=\lim_{h\to-0}\frac{1}{1+2^{\frac{1}{h}}}=1$$

$\displaystyle\lim_{h\to+0}\frac{f(0+h)-f(0)}{h} \neq \lim_{h\to-0}\frac{f(0+h)-f(0)}{h}$ であるから，$f'(0)$ は存在しない。

よって，$f(x)$ は $x=0$ で微分可能ではない。

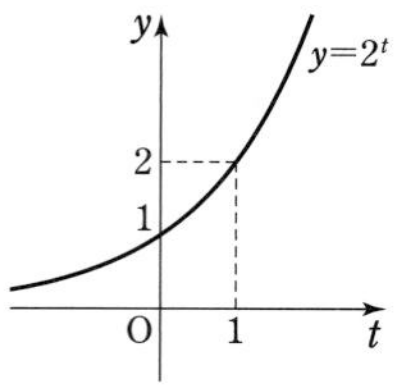

CHART
$f(x)$ が $x=a$ で連続 $\Longleftrightarrow \displaystyle\lim_{x\to a} f(x)=f(a)$

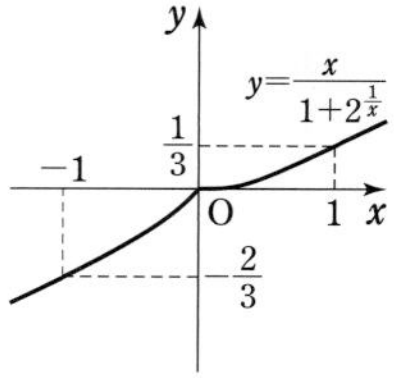

CHART
$f(x)$ が $x=a$ で微分可能 $\Longleftrightarrow f'(a)$ が存在

EX ③47

(1) u，v，w が x の関数で微分可能であるとき，次の公式を証明せよ。

$$(uvw)'=u'vw+uv'w+uvw'$$

(2) 上の公式を用いて，次の関数を微分せよ。

(ア) $y=(x+1)(x-2)(x-3)$　　(イ) $y=(x^2-1)(x^2+2)(x-2)$

HINT (1) $uvw=(uv)w$ とみて，積の微分を繰り返し用いる。

(1) $(uvw)'=\{(uv)w\}'$
$=(uv)'w+(uv)w'$
$=(u'v+uv')w+uvw'$
$=u'vw+uv'w+uvw'$

⇐ $uv=z$ とおくと
$(uvw)'=(zw)'$
$=z'w+zw'$

(2) (ア) $y'=(x+1)'(x-2)(x-3)+(x+1)(x-2)'(x-3)$
$+(x+1)(x-2)(x-3)'$

$=(x-2)(x-3)+(x+1)(x-3)+(x+1)(x-2)$

$=\mathbf{3x^2-8x+1}$

(イ) $y'=(x^2-1)'(x^2+2)(x-2)+(x^2-1)(x^2+2)'(x-2)$
$+(x^2-1)(x^2+2)(x-2)'$

$=2x(x^2+2)(x-2)+(x^2-1)\cdot 2x\cdot(x-2)$
$+(x^2-1)(x^2+2)$

$=\mathbf{5x^4-8x^3+3x^2-4x-2}$

⇦ $y'=x^2-5x+6$
$+x^2-2x-3$
$+x^2-x-2$

⇦ $y'=2x^4-4x^3+4x^2$
$-8x+2x^4-4x^3-2x^2$
$+4x+x^4+x^2-2$

EX ②48

次の関数を微分せよ。

(1) $y=(x^2-2)^3$　　(2) $y=(1+x)^3(3-2x)^4$

(3) $y=\sqrt{\dfrac{x+1}{x-3}}$　　(4) $y=\dfrac{\sqrt{x+1}-\sqrt{x-1}}{\sqrt{x+1}+\sqrt{x-1}}$

HINT (4) まず，分母を有理化。

(1) $y'=3(x^2-2)^2(x^2-2)'$

$=3(x^2-2)^2\cdot 2x=\mathbf{6x(x^2-2)^2}$

⇦ $(u^n)'=nu^{n-1}\cdot u'$

(2) $y'=\{(1+x)^3\}'(3-2x)^4+(1+x)^3\{(3-2x)^4\}'$

$=3(1+x)^2\cdot(1+x)'\cdot(3-2x)^4$
$+(1+x)^3\cdot 4(3-2x)^3\cdot(3-2x)'$

$=3(1+x)^2\cdot(3-2x)^4+(1+x)^3\cdot 4(3-2x)^3\cdot(-2)$

$=(1+x)^2(3-2x)^3\{3(3-2x)-8(1+x)\}$

$=\mathbf{(x+1)^2(2x-3)^3(14x-1)}$

⇦ $(fg)'=f'g+fg'$

⇦合成関数の微分

inf. $y=(x+1)^3(2x-3)^4$ と計算してもよい。

(3) $y'=\left\{\left(\dfrac{x+1}{x-3}\right)^{\frac{1}{2}}\right\}'$

$=\dfrac{1}{2}\left(\dfrac{x+1}{x-3}\right)^{\frac{1}{2}-1}\cdot\left(\dfrac{x+1}{x-3}\right)'$

$=\dfrac{1}{2}\left(\dfrac{x+1}{x-3}\right)^{-\frac{1}{2}}\cdot\dfrac{1\cdot(x-3)-(x+1)\cdot 1}{(x-3)^2}$

$=\dfrac{1}{2}\left(\dfrac{x-3}{x+1}\right)^{\frac{1}{2}}\left\{-\dfrac{4}{(x-3)^2}\right\}$

$=-\dfrac{4}{2}\sqrt{\dfrac{x-3}{x+1}\cdot\dfrac{1}{(x-3)^4}}$

$=\mathbf{-\dfrac{2}{\sqrt{(x+1)(x-3)^3}}}$

⇦合成関数の微分

⇦ $\left(\dfrac{f}{g}\right)'=\dfrac{f'g-fg'}{g^2}$

(4) $y=\dfrac{(\sqrt{x+1}-\sqrt{x-1})^2}{(\sqrt{x+1}+\sqrt{x-1})(\sqrt{x+1}-\sqrt{x-1})}$

$=\dfrac{x+1+x-1-2\sqrt{(x+1)(x-1)}}{(x+1)-(x-1)}$

$=\dfrac{2x-2\sqrt{x^2-1}}{2}=x-\sqrt{x^2-1}$

$=x-(x^2-1)^{\frac{1}{2}}$

よって　$y'=1-\dfrac{1}{2}(x^2-1)^{-\frac{1}{2}}\cdot(x^2-1)'=\mathbf{1-\dfrac{x}{\sqrt{x^2-1}}}$

⇦分母を有理化。

⇦合成関数の微分

EX ③49

次の関数は $x=0$ で連続であるが微分可能ではないことを示せ。

$$f(x)=\begin{cases} 0 & (x=0) \\ x\sin\frac{1}{x} & (x\neq 0) \end{cases}$$

$x\neq 0$ のとき，$0\leqq\left|\sin\frac{1}{x}\right|\leqq 1$ であるから

$$0\leqq\left|x\sin\frac{1}{x}\right|=|x|\left|\sin\frac{1}{x}\right|\leqq|x|$$

$\lim_{x\to 0}|x|=0$ であるから　$\lim_{x\to 0}\left|x\sin\frac{1}{x}\right|=0$

よって　$\lim_{x\to 0}x\sin\frac{1}{x}=0$

また　$f(0)=0$

ゆえに　$\lim_{x\to 0}f(x)=f(0)$

よって，$f(x)$ は $x=0$ で連続である。

また，$h\neq 0$ のとき

$$\frac{f(0+h)-f(0)}{h}=\frac{h\sin\frac{1}{h}-0}{h}=\sin\frac{1}{h}$$

$h\longrightarrow 0$ のとき，$\sin\frac{1}{h}$ は -1 と 1 の間のすべての値を繰り返しとる。

ゆえに，$f'(0)$ は存在しないから，$f(x)$ は $x=0$ で微分可能でない。

参考　$\lim_{x\to 0}f(x)=0$ は次のように示してもよい。

$x\neq 0$ のとき　$-1\leqq\sin\frac{1}{x}\leqq 1$

$x>0$ のとき　$-x\leqq x\sin\frac{1}{x}\leqq x$

$\lim_{x\to +0}(-x)=0$，$\lim_{x\to +0}x=0$ であるから

$$\lim_{x\to +0}x\sin\frac{1}{x}=0 \quad \cdots\cdots ①$$

同様に，$x<0$ のとき　$x\leqq x\sin\frac{1}{x}\leqq -x$

$\lim_{x\to -0}x=0$，$\lim_{x\to -0}(-x)=0$ であるから

$$\lim_{x\to -0}x\sin\frac{1}{x}=0 \quad \cdots\cdots ②$$

①，② から　$\lim_{x\to 0}x\sin\frac{1}{x}=0$

⇐ $x=0$ で連続かどうかを調べる。

⇐ 各辺に $|x|>0$ を掛ける。

⇐ **はさみうちの原理**

⇐ $\lim_{x\to a}|f(x)|=0 \iff \lim_{x\to a}f(x)=0$

⇐ $x=0$ で微分可能かどうかを調べる。

⇐ $-1\leqq\sin\theta\leqq 1$

⇐ 各辺に $x>0$ を掛ける。

⇐ **はさみうちの原理**

⇐ 各辺に $x<0$ を掛けると不等号の向きは逆。

⇐ **はさみうちの原理**

⇐ (右側極限)＝(左側極限)

EX ③50

$f(x)=\dfrac{1}{1+x^2}$ のとき，$\displaystyle\lim_{x\to 0}\frac{f(3x)-f(\sin x)}{x}=$ ア□ $f'(0)=$ イ□ である。

$$\frac{f(3x)-f(\sin x)}{x}=\frac{f(3x)-f(0)+f(0)^{*}-f(\sin x)}{x}$$
$$=\frac{f(3x)-f(0)}{x}-\frac{f(\sin x)-f(0)}{x}$$
$$=3\cdot\frac{f(3x)-f(0)}{3x}-\frac{f(\sin x)-f(0)}{\sin x}\cdot\frac{\sin x}{x}$$

⇐ $f'(□)=\displaystyle\lim_{■\to□}\frac{f(■)-f(□)}{■-□}$ が使える式に変形する。
＊ のように，$f(0)$ が出てくるように工夫。

よって　$\displaystyle\lim_{x\to 0}\frac{f(3x)-f(\sin x)}{x}$

$$=3\lim_{x\to 0}\frac{f(3x)-f(0)}{3x-0}-\lim_{x\to 0}\frac{f(\sin x)-f(0)}{\sin x-0}\cdot\frac{\sin x}{x}$$
$$=3f'(0)-f'(0)\cdot 1={}^{ア}\mathbf{2}f'(0)$$

⇐ $\displaystyle\lim_{x\to 0}\frac{\sin x}{x}=1$

$f'(x)=-\dfrac{(1+x^2)'}{(1+x^2)^2}=-\dfrac{2x}{(1+x^2)^2}$ であるから

⇐ $\left(\dfrac{1}{g}\right)'=-\dfrac{g'}{g^2}$

$$f'(0)=-\frac{2\cdot 0}{(1+0^2)^2}=0$$

よって　$\displaystyle\lim_{x\to 0}\frac{f(3x)-f(\sin x)}{x}=2f'(0)=2\cdot 0={}^{イ}\mathbf{0}$

inf.　$\dfrac{f(3x)-f(0)}{3x}$ は $\displaystyle\lim_{x\to 0}\frac{f(0+3x)-f(0)}{3x}=f'(0)$ のように考えて計算してもよい $\left(\dfrac{f(\sin x)-f(0)}{\sin x}\text{ も同様}\right)$。

EX ③51

(1) $x\neq 1$ のとき，和 $1+x+x^2+\cdots\cdots+x^n$ を求めよ。
(2) (1)で求めた結果を x の関数とみて微分することにより，$x\neq 1$ のとき，和 $1+2x+3x^2+\cdots\cdots+nx^{n-1}$ を求めよ。　〔類 東北学院大〕

(1) $1+x+x^2+\cdots\cdots+x^n$ は初項1，公比 x，項数 $(n+1)$ の等比数列の和であるから，$x\neq 1$ より

$$1+x+x^2+\cdots\cdots+x^n=\mathbf{\frac{1-x^{n+1}}{1-x}}\quad\cdots\cdots①$$

⇐初項 a，公比 $r\,(r\neq 1)$，項数 n の等比数列の和は $\dfrac{a(1-r^n)}{1-r}$

(2) ① の両辺を x の関数とみて微分すると

(左辺)$=1+2x+3x^2+\cdots\cdots+nx^{n-1}$

(右辺)$=\left(\dfrac{1-x^{n+1}}{1-x}\right)'$

$$=\frac{(1-x^{n+1})'(1-x)-(1-x^{n+1})(1-x)'}{(1-x)^2}$$
$$=\frac{-(n+1)x^n(1-x)-(1-x^{n+1})\cdot(-1)}{(1-x)^2}$$
$$=\frac{nx^{n+1}-(n+1)x^n+1}{(1-x)^2}$$

⇐ $\left(\dfrac{f}{g}\right)'=\dfrac{f'g-fg'}{g^2}$

⇐分子 $=(n+1)x^{n+1}-(n+1)x^n-x^{n+1}+1=nx^{n+1}-(n+1)x^n+1$

よって

$$1+2x+3x^2+\cdots\cdots+nx^{n-1}=\mathbf{\frac{nx^{n+1}-(n+1)x^n+1}{(1-x)^2}}$$

EX ④52

すべての実数 x の値において微分可能な関数 $f(x)$ は次の 2 つの条件を満たすものとする。

(A) すべての実数 x, y に対して $f(x+y)=f(x)+f(y)+8xy$

(B) $f'(0)=3$

ここで，$f'(a)$ は関数 $f(x)$ の $x=a$ における微分係数である。

(1) $f(0)=$ ア□　(2) $\displaystyle\lim_{y\to 0}\frac{f(y)}{y}=$ イ□

(3) $f'(1)=$ ウ□　(4) $f'(-1)=-$ エ□　〔類 東京理科大〕

(1) $f(x+y)=f(x)+f(y)+8xy$ …… ① とする。

① に $x=y=0$ を代入すると　$f(0)=f(0)+f(0)+0$

よって　$f(0)=$ ア$\mathbf{0}$

(2) $f(0)=0$ であるから

$$\lim_{y\to 0}\frac{f(y)}{y}=\lim_{y\to 0}\frac{f(0+y)-f(0)}{y}=f'(0)$$

⇐ $\displaystyle\lim_{y\to 0}\frac{f(a+y)-f(a)}{y}=f'(a)$

(B) から　$\displaystyle\lim_{y\to 0}\frac{f(y)}{y}=$ イ$\mathbf{3}$

(3) ① に $x=1$ を代入すると　$f(1+y)=f(1)+f(y)+8y$

よって　$f(1+y)-f(1)=f(y)+8y$

ゆえに　$\displaystyle f'(1)=\lim_{y\to 0}\frac{f(1+y)-f(1)}{y}=\lim_{y\to 0}\frac{f(y)+8y}{y}$

$\displaystyle =\lim_{y\to 0}\frac{f(y)}{y}+8=3+8=$ ウ$\mathbf{11}$

⇐ $\displaystyle\lim_{y\to 0}\frac{f(y)}{y}=3$

(4) ① に $x=-1$ を代入すると

$f(-1+y)=f(-1)+f(y)-8y$

よって　$f(-1+y)-f(-1)=f(y)-8y$

ゆえに　$\displaystyle f'(-1)=\lim_{y\to 0}\frac{f(-1+y)-f(-1)}{y}$

$\displaystyle =\lim_{y\to 0}\frac{f(y)-8y}{y}=\lim_{y\to 0}\frac{f(y)}{y}-8$

$=3-8=-$ エ$\mathbf{5}$

⇐ $\displaystyle\lim_{y\to 0}\frac{f(y)}{y}=3$

EX ②53

次の関数を微分せよ。

(1) $y=e^{-x}\cos x$　(2) $y=\log(x+\sqrt{x^2+1})$

(3) $\displaystyle y=\log\frac{1+\sin x}{\cos x}$　〔大阪工大〕　(4) $y=e^{\sin 2x}\tan x$　〔岡山理科大〕

(5) $\displaystyle y=\frac{(x+1)^2}{(x+2)^3(x+3)^4}$　(6) $y=x^{\sin x}$　$(x>0)$　〔信州大〕

(1) $y'=(e^{-x})'\cos x+e^{-x}(\cos x)'$

$=e^{-x}(-x)'\cos x+e^{-x}(-\sin x)$

$=\boldsymbol{-e^{-x}(\sin x+\cos x)}$

⇐ $(fg)'=f'g+fg'$

⇐ $(e^u)'=e^u\cdot u'$

(2) $\displaystyle y'=\frac{1}{x+\sqrt{x^2+1}}(x+\sqrt{x^2+1})'$

$\displaystyle =\frac{1}{x+\sqrt{x^2+1}}\left(1+\frac{2x}{2\sqrt{x^2+1}}\right)$

$\displaystyle =\frac{1}{x+\sqrt{x^2+1}}\cdot\frac{\sqrt{x^2+1}+x}{\sqrt{x^2+1}}=\boldsymbol{\frac{1}{\sqrt{x^2+1}}}$

⇐ $\displaystyle(\log u)'=\frac{1}{u}\cdot u'$

⇐ $(\sqrt{x^2+1})'=\{(x^2+1)^{\frac{1}{2}}\}'$
$\displaystyle =\frac{1}{2}(x^2+1)^{-\frac{1}{2}}(x^2+1)'$

(3)　$y=\log(1+\sin x)-\log\cos x$
であるから

$$y'=\frac{(1+\sin x)'}{1+\sin x}-\frac{(\cos x)'}{\cos x}$$
$$=\frac{\cos x}{1+\sin x}+\frac{\sin x}{\cos x}$$
$$=\frac{\cos^2 x+\sin x(1+\sin x)}{(1+\sin x)\cos x}$$
$$=\frac{\cos^2 x+\sin x+\sin^2 x}{(1+\sin x)\cos x}$$
$$=\frac{1+\sin x}{(1+\sin x)\cos x}$$
$$=\boldsymbol{\frac{1}{\cos x}}$$

⇐$\log\frac{M}{N}=\log M-\log N$

⇐$(\log u)'=\frac{u'}{u}$

⇐$\sin^2 x+\cos^2 x=1$

inf.
$y'=\frac{1}{\frac{1+\sin x}{\cos x}}\cdot\left(\frac{1+\sin x}{\cos x}\right)'$
と計算してもよい。

(4)　$y'=(e^{\sin 2x})'\tan x+e^{\sin 2x}(\tan x)'$

$$=e^{\sin 2x}\cdot 2\cos 2x\cdot\tan x+e^{\sin 2x}\cdot\frac{1}{\cos^2 x}$$
$$=\boldsymbol{e^{\sin 2x}\left(2\cos 2x\tan x+\frac{1}{\cos^2 x}\right)}$$

⇐$(fg)'=f'g+fg'$

⇐$(e^u)'=e^u\cdot u'$

(5)　両辺の絶対値の自然対数をとると

$$\log|y|=\log\left|\frac{(x+1)^2}{(x+2)^3(x+3)^4}\right|$$
$$=2\log|x+1|-3\log|x+2|-4\log|x+3|$$

両辺を x で微分すると

$$\frac{y'}{y}=\frac{2}{x+1}-\frac{3}{x+2}-\frac{4}{x+3}$$
$$=\frac{2(x+2)(x+3)-3(x+1)(x+3)-4(x+1)(x+2)}{(x+1)(x+2)(x+3)}$$
$$=-\frac{5x^2+14x+5}{(x+1)(x+2)(x+3)}$$

よって　　$y'=\frac{(x+1)^2}{(x+2)^3(x+3)^4}\left\{-\frac{5x^2+14x+5}{(x+1)(x+2)(x+3)}\right\}$

$$=\boldsymbol{-\frac{(x+1)(5x^2+14x+5)}{(x+2)^4(x+3)^5}}$$

⇐(分子)
$=2x^2+10x+12$
$\quad-(3x^2+12x+9)$
$\quad-(4x^2+12x+8)$
$=-5x^2-14x-5$

(6)　$x>0$ であるから　　$y>0$
よって，両辺の自然対数をとると

$$\log y=\log x^{\sin x}$$

すなわち　$\log y=\sin x\log x$

両辺を x で微分すると　　$\frac{y'}{y}=\cos x\log x+\frac{\sin x}{x}$

よって　　$y'=y\left(\cos x\log x+\frac{\sin x}{x}\right)$

$$=\boldsymbol{x^{\sin x}\left(\cos x\log x+\frac{\sin x}{x}\right)}$$

⇐$(fg)'=f'g+fg'$

別解　$y=e^{\log x^{\sin x}}=e^{\sin x\log x}$

⇐$b=a^{\log_a b}$ から。

3章
EX

よって　$y'=e^{\sin x\log x}(\sin x\log x)'$

$=\boldsymbol{x^{\sin x}\left(\cos x\log x+\frac{\sin x}{x}\right)}$

⇐$e^{\log x}=x$

EX ③54

定数 a, b, c に対して $f(x)=(ax^2+bx+c)e^{-x}$ とする。すべての実数 x に対して $f'(x)=f(x)+xe^{-x}$ を満たすとき，a, b, c を求めよ。〔横浜市大〕

$f'(x)=(ax^2+bx+c)'e^{-x}+(ax^2+bx+c)(e^{-x})'$

$=(2ax+b)e^{-x}-(ax^2+bx+c)e^{-x}$

$=\{-ax^2+(2a-b)x+(b-c)\}e^{-x}$

⇐$(fg)'=f'g+fg'$

また　$f(x)+xe^{-x}=\{ax^2+(b+1)x+c\}e^{-x}$

$f'(x)=f(x)+xe^{-x}$ であるから，係数を比較して

⇐x についての恒等式。

$-a=a$, $2a-b=b+1$, $b-c=c$

よって　$\boldsymbol{a=0,\ b=-\frac{1}{2},\ c=-\frac{1}{4}}$

EX ③55

$\sqrt{1+e^x}=t$ とおいて，$y=\log\frac{\sqrt{1+e^x}-1}{\sqrt{1+e^x}+1}$ を微分せよ。

$\sqrt{1+e^x}=t$ とおくと　$y=\log\frac{t-1}{t+1}$

一方，$1+e^x>1$ であるから　$t>1$

よって，$y=\log(t-1)-\log(t+1)$ と変形できる。

⇐微分しやすいように変形する。

ゆえに　$\frac{dy}{dt}=\frac{(t-1)'}{t-1}-\frac{(t+1)'}{t+1}=\frac{1}{t-1}-\frac{1}{t+1}$

$=\frac{t+1-(t-1)}{(t-1)(t+1)}=\frac{2}{t^2-1}$

$\sqrt{1+e^x}=t$ の両辺を 2 乗すると

$t^2=1+e^x$　すなわち　$t^2-1=e^x$

よって　$\frac{dy}{dt}=\frac{2}{e^x}$

また　$\frac{dt}{dx}=(\sqrt{1+e^x})'=\frac{e^x}{2\sqrt{1+e^x}}$

したがって　$\frac{dy}{dx}=\frac{dy}{dt}\cdot\frac{dt}{dx}=\frac{2}{e^x}\cdot\frac{e^x}{2\sqrt{1+e^x}}$

⇐合成関数の微分

$=\boldsymbol{\frac{1}{\sqrt{1+e^x}}}$

EX ④56

次の極限を求めよ。ただし，$a>0$ とする。

(1) $\lim_{x\to 0}\frac{1-\cos 2x}{x\log(1+x)}$

(2) $\lim_{x\to\frac{1}{4}}\frac{\tan(\pi x)-1}{4x-1}$ 〔立教大〕

(3) $\lim_{x\to a}\frac{a^2\sin^2 x-x^2\sin^2 a}{x-a}$ 〔立教大〕

(4) $\lim_{h\to 0}\frac{e^{(h+1)^2}-e^{h^2+1}}{h}$ 〔法政大〕

(1) $1-\cos 2x=2\sin^2 x$ であるから

⇐2 倍角の公式

$\lim_{x\to 0}\frac{1-\cos 2x}{x\log(1+x)}=\lim_{x\to 0}\frac{2\sin^2 x}{x\log(1+x)}$

$$=\lim_{x\to0}2\left(\frac{\sin x}{x}\right)^2\cdot\frac{1}{\frac{1}{x}\log(1+x)}$$

⇦分母の変形を工夫。

$$=2\lim_{x\to0}\left(\frac{\sin x}{x}\right)^2\cdot\frac{1}{\log(1+x)^{\frac{1}{x}}}$$

⇦ $\lim_{x\to0}\frac{\sin x}{x}=1$
$\lim_{x\to0}(1+x)^{\frac{1}{x}}=e$

$$=2\cdot1^2\cdot\frac{1}{\log e}=\mathbf{2}$$

(2)　$f(x)=\tan(\pi x)$ とすると

$$\lim_{x\to\frac{1}{4}}\frac{\tan(\pi x)-1}{4x-1}=\lim_{x\to\frac{1}{4}}\frac{1}{4}\cdot\frac{f(x)-f\left(\frac{1}{4}\right)}{x-\frac{1}{4}}=\frac{1}{4}f'\left(\frac{1}{4}\right)$$

⇦ $1=\tan\frac{\pi}{4}=f\left(\frac{1}{4}\right)$

$f'(x)=\dfrac{\pi}{\cos^2(\pi x)}$ であるから　$f'\left(\dfrac{1}{4}\right)=\dfrac{\pi}{\cos^2\frac{\pi}{4}}=2\pi$

よって　$\displaystyle\lim_{x\to\frac{1}{4}}\frac{\tan(\pi x)-1}{4x-1}=\frac{1}{4}\cdot2\pi=\boldsymbol{\frac{\pi}{2}}$

(3)　$\displaystyle\lim_{x\to a}\frac{a^2\sin^2x-x^2\sin^2a}{x-a}$

$$=\lim_{x\to a}\frac{(a\sin x+x\sin a)(a\sin x-x\sin a)}{x-a}$$

$$=\lim_{x\to a}(a\sin x+x\sin a)\cdot\frac{a\sin x-a\sin a+a\sin a-x\sin a}{x-a}$$

⇦(分子)
$=a(\sin x-\sin a)$
$-(x-a)\sin a$

$$=\lim_{x\to a}(a\sin x+x\sin a)\left(a\cdot\frac{\sin x-\sin a}{x-a}-\sin a\right)$$

$f(x)=\sin x$ とすると

$$\lim_{x\to a}\frac{\sin x-\sin a}{x-a}=\lim_{x\to a}\frac{f(x)-f(a)}{x-a}=f'(a)$$

⇦微分係数の定義

$f'(x)=\cos x$ であるから　$f'(a)=\cos a$

よって　$\displaystyle\lim_{x\to a}\frac{a^2\sin^2x-x^2\sin^2a}{x-a}$

$$=\boldsymbol{2a\sin a(a\cos a-\sin a)}$$

別解 1　$\displaystyle\lim_{x\to a}\frac{a^2\sin^2x-x^2\sin^2a}{x-a}$

$$=\lim_{x\to a}\frac{a^2\sin^2x-a^2\sin^2a+a^2\sin^2a-x^2\sin^2a}{x-a}$$

$$=\lim_{x\to a}\frac{a^2(\sin^2x-\sin^2a)-(x^2-a^2)\sin^2a}{x-a}$$

$$=\lim_{x\to a}\left\{a^2\cdot\frac{\sin^2x-\sin^2a}{x-a}-(x+a)\sin^2a\right\}$$

$f(x)=\sin^2x$ とすると

$$\lim_{x\to a}\frac{\sin^2x-\sin^2a}{x-a}=\lim_{x\to a}\frac{f(x)-f(a)}{x-a}=f'(a)$$

⇦微分係数の定義

$f'(x)=2\sin x\cos x$ であるから　$f'(a)=2\sin a\cos a$

よって　$\displaystyle\lim_{x\to a}\frac{a^2\sin^2x-x^2\sin^2a}{x-a}$

$=2a^2\sin a\cos a-2a\sin^2 a$

$=\boldsymbol{2a\sin a(a\cos a-\sin a)}$

別解 2　$x-a=h$ とおくと，$x\longrightarrow a$ のとき $h\longrightarrow 0$ であるから

$$\lim_{x\to a}\frac{a^2\sin^2x-x^2\sin^2a}{x-a}=\lim_{h\to 0}\frac{a^2\sin^2(a+h)-(a+h)^2\sin^2a}{h}$$

⇐$x=a+h$

ここで

(分子)

$=\{a\sin(a+h)+(a+h)\sin a\}\{a\sin(a+h)-(a+h)\sin a\}$

$=\{a\sin(a+h)+(a+h)\sin a\}[a\{\sin(a+h)-\sin a\}-h\sin a]$

したがって

(与式)

$$=\lim_{h\to 0}\frac{\{a\sin(a+h)+(a+h)\sin a\}[a\{\sin(a+h)-\sin a\}-h\sin a]}{h}$$

$$=\lim_{h\to 0}\{a\sin(a+h)+(a+h)\sin a\}\left\{a\cdot\frac{\sin(a+h)-\sin a}{h}-\sin a\right\}$$

⇐$\displaystyle\lim_{h\to 0}\frac{\sin(a+h)-\sin a}{h}=\cos a$

$=\boldsymbol{2a\sin a(a\cos a-\sin a)}$

(4)　$f(x)=e^{(x+1)^2}-e^{x^2+1}$ とすると

$f(0)=e^1-e^1=0$

よって　$\displaystyle\lim_{h\to 0}\frac{e^{(h+1)^2}-e^{h^2+1}}{h}=\lim_{h\to 0}\frac{f(h)-f(0)}{h}=f'(0)$

⇐微分係数の定義

$f'(x)=(2x+2)e^{(x+1)^2}-2xe^{x^2+1}$ であるから

⇐$(e^u)'=e^u\cdot u'$

$f'(0)=2e^1-0=2e$

ゆえに　$\displaystyle\lim_{h\to 0}\frac{e^{(h+1)^2}-e^{h^2+1}}{h}=\boldsymbol{2e}$

別解　$\displaystyle\lim_{h\to 0}\frac{e^{(h+1)^2}-e^{h^2+1}}{h}=\lim_{h\to 0}e^{h^2+1}\cdot\frac{e^{2h}-1}{h}$

⇐$e^{(h+1)^2}=e^{h^2+2h+1}=e^{h^2+1}\cdot e^{2h}$

$\displaystyle=\lim_{h\to 0}2e^{h^2+1}\cdot\frac{e^{2h}-1}{2h}$

⇐$\displaystyle\lim_{t\to 0}\frac{e^t-1}{t}=1$

$=2e\cdot 1=\boldsymbol{2e}$

EX ⑤57

関数 $f(x)$ はすべての実数 s，t に対して $f(s+t)=f(s)e^t+f(t)e^s$ を満たし，更に $x=0$ で微分可能で $f'(0)=1$ とする。

(1)　$f(0)$ を求めよ。　　(2)　$\displaystyle\lim_{h\to 0}\frac{f(h)}{h}$ を求めよ。

(3)　関数 $f(x)$ はすべての x で微分可能であることを，微分の定義に従って示せ。更に $f'(x)$ を $f(x)$ を用いて表せ。

(4)　関数 $g(x)$ を $g(x)=f(x)e^{-x}$ で定める。$g'(x)$ を計算して，関数 $f(x)$ を求めよ。

〔東京理科大〕

(1)　$f(s+t)=f(s)e^t+f(t)e^s$ に $s=t=0$ を代入して

$f(0)=2f(0)$　　よって　$f(0)=\boldsymbol{0}$

⇐$e^0=1$

(2)　(1) から　$\displaystyle\lim_{h\to 0}\frac{f(h)}{h}=\lim_{h\to 0}\frac{f(h)-f(0)}{h}=f'(0)=\boldsymbol{1}$

⇐微分係数の定義

(3) $\lim_{h\to 0}\frac{f(x+h)-f(x)}{h}=\lim_{h\to 0}\frac{f(x)e^h+f(h)e^x-f(x)}{h}$

$=f(x)\lim_{h\to 0}\frac{e^h-1}{h}+e^x\lim_{h\to 0}\frac{f(h)}{h}$

$\lim_{h\to 0}\frac{e^h-1}{h}=1$，(2) より $\lim_{h\to 0}\frac{f(h)}{h}=1$ であるから

⇐ $\lim_{t\to 0}\frac{e^t-1}{t}=1$

$$\lim_{h\to 0}\frac{f(x+h)-f(x)}{h}=f(x)+e^x$$

よって，$f(x)$ はすべての x で微分可能である。

また　　$\boldsymbol{f'(x)=f(x)+e^x}$

(4) $g(x)=f(x)e^{-x}$ であるから，(3) より

$\boldsymbol{g'(x)}=f'(x)e^{-x}-f(x)e^{-x}$

$=\{f'(x)-f(x)\}e^{-x}$

⇐ $f'(x)-f(x)=e^x$

$=e^x\cdot e^{-x}=\boldsymbol{1}$

ゆえに　　$g(x)=\int dx=x+C$　（C は積分定数）

$g(0)=f(0)\cdot 1=0$ から　　$C=0$

⇐ $f(0)=0$

よって　　$g(x)=x$

したがって，$f(x)e^{-x}=x$ から　　$\boldsymbol{f(x)=xe^x}$

EX ②58　関数 $y=xe^{ax}$ が $y''+4y'+4y=0$ を満たすとき，定数 a の値を求めよ。

$y=xe^{ax}$ から

$y'=1\cdot e^{ax}+x\cdot ae^{ax}=(ax+1)e^{ax}$

⇐ $(fg)'=f'g+fg'$

$y''=ae^{ax}+(ax+1)\cdot ae^{ax}=(a^2x+2a)e^{ax}$

よって　　$y''+4y'+4y$

$=(a^2x+2a)e^{ax}+4(ax+1)e^{ax}+4xe^{ax}$

$=\{(a^2+4a+4)x+2a+4\}e^{ax}$

⇐ $\{(a+2)^2x+2(a+2)\}e^{ax}$

$=(a+2)\{(a+2)x+2\}e^{ax}$

ゆえに　　$(a+2)\{(a+2)x+2\}e^{ax}=0$

これが x についての恒等式であるから　　$\boldsymbol{a=-2}$

別解　$y'=1\cdot e^{ax}+x\cdot ae^{ax}=e^{ax}+ay$

$y''=ae^{ax}+ay'=a(y'-ay)+ay'$

⇐ $y'=e^{ax}+ay$ から $e^{ax}=y'-ay$

整理して　　$y''-2ay'+a^2y=0$

したがって　　$-2a=4$　かつ　$a^2=4$

これを解いて　$\boldsymbol{a=-2}$

EX ②59　$y=\log x$ のとき，$y^{(n)}=(-1)^{n-1}\cdot\frac{(n-1)!}{x^n}$ であることを証明せよ。

$y^{(n)}=(-1)^{n-1}\cdot\frac{(n-1)!}{x^n}$ …… ① とする。

[1] $n=1$ のとき　　$y'=(\log x)'=\frac{1}{x}$

一方　　$(-1)^{1-1}\cdot\dfrac{(1-1)!}{x^1}=\dfrac{1}{x}$

⇐$0!=1$

よって，① は成り立つ。

[2]　$n=k$ のとき ① が成り立つと仮定すると

$$y^{(k)}=(-1)^{k-1}\cdot\frac{(k-1)!}{x^k}$$

$n=k+1$ のとき

$$y^{(k+1)}=\{y^{(k)}\}'=\left\{(-1)^{k-1}\cdot\frac{(k-1)!}{x^k}\right\}'$$
$$=(-1)^{k-1}\cdot(k-1)!\cdot(-k)\cdot x^{-k-1}$$
$$=(-1)^k\cdot\frac{k!}{x^{k+1}}$$

⇐$-k=(-1)\cdot k$ とみて $(-1)^{k-1}\cdot(-1)=(-1)^k$，$(k-1)!\cdot k=k!$

よって，$n=k+1$ のときにも ① は成り立つ。

[1]，[2] から，すべての自然数 n について ① は成り立つ。

EX ②60

次の関数について，$\dfrac{dy}{dx}$ を求めよ。

(1) $x^{\frac{1}{3}}+y^{\frac{1}{3}}=a^{\frac{1}{3}}$ $(a>0)$　　(2) $x=\dfrac{e^t+e^{-t}}{2}$，$y=\dfrac{e^t-e^{-t}}{2}$

(3) $\begin{cases}x=a(\cos t+t\sin t)\\ y=a(\sin t-t\cos t)\end{cases}$ （a は 0 でない定数）

(1) $x^{\frac{1}{3}}+y^{\frac{1}{3}}=a^{\frac{1}{3}}$ の両辺を x で微分すると

$$\frac{1}{3}x^{-\frac{2}{3}}+\frac{1}{3}y^{-\frac{2}{3}}\cdot\frac{dy}{dx}=0$$

⇐$\dfrac{d}{dx}y^{\frac{1}{3}}=\dfrac{d}{dy}y^{\frac{1}{3}}\cdot\dfrac{dy}{dx}$

よって，$x\neq0$ のとき　$\boldsymbol{\dfrac{dy}{dx}}=-\dfrac{x^{-\frac{2}{3}}}{y^{-\frac{2}{3}}}=-\dfrac{y^{\frac{2}{3}}}{x^{\frac{2}{3}}}\boldsymbol{=-\sqrt[3]{\left(\dfrac{y}{x}\right)^2}}$

(2) $\dfrac{dx}{dt}=\dfrac{e^t+e^{-t}\cdot(-1)}{2}=\dfrac{e^t-e^{-t}}{2}=y$

$\dfrac{dy}{dt}=\dfrac{e^t-e^{-t}\cdot(-1)}{2}=\dfrac{e^t+e^{-t}}{2}=x$

よって，$y\neq0$ のとき　$\boldsymbol{\dfrac{dy}{dx}}=\dfrac{\frac{dy}{dt}}{\frac{dx}{dt}}\boldsymbol{=\dfrac{x}{y}}$

⇐結果は必ずしも t の式で表さなくてもよい。

(3) $\dfrac{dx}{dt}=a(-\sin t+1\cdot\sin t+t\cos t)=at\cos t$

$\dfrac{dy}{dt}=a[\cos t-\{1\cdot\cos t+t(-\sin t)\}]=at\sin t$

よって，$t\neq\dfrac{\pi}{2}+n\pi$ （n は整数）のとき

$$\boldsymbol{\frac{dy}{dx}}=\frac{\frac{dy}{dt}}{\frac{dx}{dt}}=\frac{at\sin t}{at\cos t}=\frac{\sin t}{\cos t}\boldsymbol{=\tan t}$$

EX ③61　$x^2-y^2=a^2$ のとき，$\dfrac{d^2y}{dx^2}$ を x と y を用いて表せ。ただし，a は定数とする。

$x^2-y^2=a^2$ の両辺を x で微分すると

$$2x-2y\cdot\frac{dy}{dx}=0$$

よって，$y\neq0$ のとき　$\dfrac{dy}{dx}=\dfrac{x}{y}$

更に，この両辺を x で微分すると

$$\frac{d^2y}{dx^2}=\frac{d}{dx}\left(\frac{x}{y}\right)$$

ここで　$\dfrac{d}{dx}\left(\dfrac{x}{y}\right)=\dfrac{1\cdot y-x\cdot\dfrac{dy}{dx}}{y^2}=\dfrac{y-x\cdot\dfrac{x}{y}}{y^2}=\dfrac{y^2-x^2}{y^3}$

ゆえに　$\boldsymbol{\dfrac{d^2y}{dx^2}=\dfrac{y^2-x^2}{y^3}}$

⇐ $y=0$ のとき $\dfrac{dy}{dx}$ は存在しない。

⇐ $\dfrac{d^2y}{dx^2}=\dfrac{d}{dx}\left(\dfrac{dy}{dx}\right)$

⇐ $\left(\dfrac{f}{g}\right)'=\dfrac{f'g-fg'}{g^2}$

EX ④62　x の多項式 $f(x)$ が $xf''(x)+(1-x)f'(x)+3f(x)=0$，$f(0)=1$ を満たすとき，$f(x)$ を求めよ。
［類　神戸大］

$f(x)$ は定数 0 ではないから，$f(x)$ の次数を n（n は 0 以上の整数）とする。

$n=0$ すなわち $f(x)=a$（a は 0 でない定数）のとき

　$f'(x)=0$，$f''(x)=0$ より，条件の第１式から　$f(x)=0$

　これは，仮定 $a\neq0$ に反するから，不適。

$n\geqq1$ のとき

　$f(x)$ の最高次の項を ax^n $(a\neq0)$ とすると，$f'(x)$ の最高次の項は　nax^{n-1}

　よって，条件の第１式の左辺の最高次の項は，

　$-xf'(x)+3f(x)$ の最高次の項となるから

$$-x\cdot nax^{n-1}+3ax^n=(3-n)ax^n$$

　ゆえに　$(3-n)ax^n=0$

　$a\neq0$ であるから　$n=3$

したがって，$f(x)$ の次数は 3 であることが必要である。

このとき，$f(0)=1$ から，$f(x)=ax^3+bx^2+cx+1$ とおける。

$$f'(x)=3ax^2+2bx+c,\quad f''(x)=6ax+2b$$

これらを条件の第１式に代入して

$$x(6ax+2b)+(1-x)(3ax^2+2bx+c)+3(ax^3+bx^2+cx+1)=0$$

整理して　$(9a+b)x^2+(4b+2c)x+c+3=0$

よって　$9a+b=0$，$4b+2c=0$，$c+3=0$

ゆえに　$a=-\dfrac{1}{6}$，$b=\dfrac{3}{2}$，$c=-3$

したがって　$\boldsymbol{f(x)=-\dfrac{1}{6}x^3+\dfrac{3}{2}x^2-3x+1}$

⇐ $f(0)=1$ から $f(x)$ は定数 0 ではない。

⇐ $3f(x)=0$

⇐ 第１式の左辺のうち，$-xf'(x)+3f(x)$ の次数は n 以下，$xf''(x)+f'(x)$ の次数は $(n-1)$ 以下。

⇐ $Ax^2+Bx+C=0$ が x の恒等式 $\iff A=B=C=0$

EX ④63 関数 $f(x)$ の逆関数を $g(x)$ とし，$f(x)$，$g(x)$ は2回微分可能とする。$f(1)=2$，$f'(1)=2$，$f''(1)=3$ のとき，$g''(2)$ の値を求めよ。 〔防衛医大〕

$y=g(x)$ とすると，$f(x)$ は $g(x)$ の逆関数であるから

$$x=f(y)$$

よって $\dfrac{dx}{dy}=f'(y)$

ゆえに $g'(x)=\dfrac{d}{dx}g(x)=\dfrac{dy}{dx}=\dfrac{1}{\dfrac{dx}{dy}}=\dfrac{1}{f'(y)}$

$$g''(x)=\frac{d}{dx}g'(x)=\frac{d}{dy}\left\{\frac{1}{f'(y)}\right\}\frac{dy}{dx}$$

$$=-\frac{f''(y)}{\{f'(y)\}^2}\cdot\frac{1}{f'(y)}$$

$$=-\frac{f''(y)}{\{f'(y)\}^3}$$

$f(1)=2$ から $g(2)=1$

すなわち $x=2$ のとき $y=1$

よって $g''(2)=-\dfrac{f''(1)}{\{f'(1)\}^3}=-\dfrac{3}{2^3}=\boldsymbol{-\dfrac{3}{8}}$

⇐合成関数の微分

⇐$\dfrac{dy}{dx}=\dfrac{1}{f'(y)}$

⇐$b=f(a)$ $\Longleftrightarrow$ $a=f^{-1}(b)$

EX ⑤64 $f(x)=x^3e^x$ とする。
(1) $f'(x)$ を求めよ。
(2) 定数 a_n，b_n，c_n により
$$f^{(n)}(x)=(x^3+a_nx^2+b_nx+c_n)e^x \ (n=1,\ 2,\ 3,\ \cdots\cdots)$$
と表すとき，a_{n+1} を a_n で，また，b_{n+1} を a_n および b_n で表せ。
(3) (2)で定めた数列 $\{a_n\}$，$\{b_n\}$ の一般項を求めよ。 〔大同工大〕

(1) $f(x)=x^3e^x$ から

$$f'(x)=3x^2e^x+x^3e^x=\boldsymbol{(x^3+3x^2)e^x}$$

⇐$(fg)'=f'g+fg'$

(2) $f^{(n)}(x)=(x^3+a_nx^2+b_nx+c_n)e^x$ の両辺を x で微分すると

$$f^{(n+1)}(x)=(3x^2+2a_nx+b_n)e^x+(x^3+a_nx^2+b_nx+c_n)e^x$$
$$=\{x^3+(a_n+3)x^2+(2a_n+b_n)x+(b_n+c_n)\}e^x$$

⇐$f^{(n+1)}(x)=\{f^{(n)}(x)\}'$

一方，$f^{(n)}(x)$ の n を $n+1$ におき換えると

$$f^{(n+1)}(x)=(x^3+a_{n+1}x^2+b_{n+1}x+c_{n+1})e^x$$

よって，係数を比較して

$$\boldsymbol{a_{n+1}=a_n+3,\quad b_{n+1}=2a_n+b_n}$$

⇐更に $c_{n+1}=b_n+c_n$ も成り立つ。

(3) (2)から $f'(x)=(x^3+a_1x^2+b_1x+c_1)e^x$

一方，(1)から $f'(x)=(x^3+3x^2)e^x$

よって $a_1=3$，$b_1=0$

(2)から，数列 $\{a_n\}$ は，初項3，公差3の等差数列で

$$\boldsymbol{a_n}=3+3(n-1)=\boldsymbol{3n}$$

これと(2)から $b_{n+1}-b_n=2a_n=6n$

⇐数列 $\{b_n\}$ の階差数列

$n \geqq 2$ のとき

$$b_n = b_1 + \sum_{k=1}^{n-1} 6k = 0 + 6 \cdot \frac{1}{2}(n-1)n$$

$$= 3n(n-1)$$

これは，$n=1$ のときも成り立つ。

よって　　$\boldsymbol{b_n = 3n(n-1)}$

⇐ $\sum_{k=1}^{n} k = \frac{1}{2}n(n+1)$

PR ②67

(1) 次の曲線上の点Aにおける接線と法線の方程式を求めよ。

(ア) $y=e^{-x}-1$, A$(-1,\ e-1)$ 〔類 神奈川工科大〕

(イ) $y=\dfrac{x}{2x+1}$, A$\left(1,\ \dfrac{1}{3}\right)$ 〔東京電機大〕

(2) 曲線 $y=\tan x$ $\left(0\leqq x<\dfrac{\pi}{2}\right)$ に接し，傾きが4である直線の方程式を求めよ。

〔類 東京電機大〕

(1) (ア) $f(x)=e^{-x}-1$ とすると $f'(x)=e^{-x}(-x)'=-e^{-x}$

であるから $f'(-1)=-e$

よって，**接線の方程式は**

$y-(e-1)=-e\{x-(-1)\}$

すなわち $\boldsymbol{y=-ex-1}$

また，**法線の方程式は**

$y-(e-1)=-\dfrac{1}{-e}\{x-(-1)\}$

すなわち $\boldsymbol{y=\dfrac{x}{e}+\dfrac{1}{e}+e-1}$

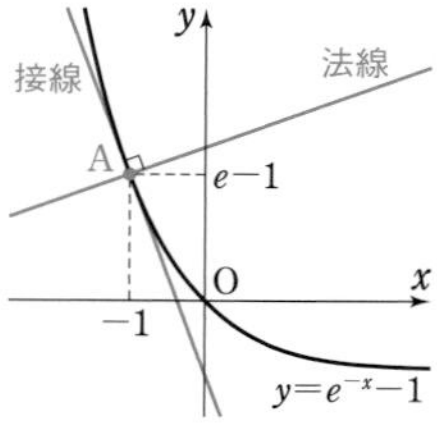

⇐**接線の方程式**
$\boldsymbol{y-f(a)=f'(a)(x-a)}$

⇐**法線の方程式**
$\boldsymbol{y-f(a)=-\dfrac{1}{f'(a)}(x-a)}$

(イ) $f(x)=\dfrac{x}{2x+1}$ とすると

$$f'(x)=\frac{1\cdot(2x+1)-x\cdot 2}{(2x+1)^2}=\frac{1}{(2x+1)^2}$$

であるから $f'(1)=\dfrac{1}{(2\cdot1+1)^2}=\dfrac{1}{9}$

よって，**接線の方程式は** $y-\dfrac{1}{3}=\dfrac{1}{9}(x-1)$

すなわち $\boldsymbol{y=\dfrac{1}{9}x+\dfrac{2}{9}}$

また，**法線の方程式は**

$y-\dfrac{1}{3}=-\dfrac{1}{\frac{1}{9}}(x-1)$

すなわち $\boldsymbol{y=-9x+\dfrac{28}{3}}$

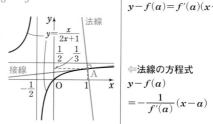

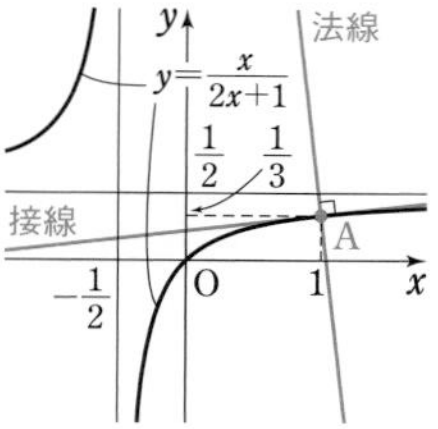

⇐$\left(\dfrac{f}{g}\right)'=\dfrac{f'g-fg'}{g^2}$

⇐**接線の方程式**
$\boldsymbol{y-f(a)=f'(a)(x-a)}$

⇐**法線の方程式**
$\boldsymbol{y-f(a)=-\dfrac{1}{f'(a)}(x-a)}$

(2) $y=\tan x$ を微分すると $y'=\dfrac{1}{\cos^2 x}$

ここで，接点の x 座標を a とすると，接線の傾きが4であるから $\dfrac{1}{\cos^2 a}=4$

$0<a<\dfrac{\pi}{2}$ の範囲でこれを解くと $a=\dfrac{\pi}{3}$

ゆえに，求める接線の方程式は

$y-\tan\dfrac{\pi}{3}=4\left(x-\dfrac{\pi}{3}\right)$

整理して $\boldsymbol{y=4x+\sqrt{3}-\dfrac{4}{3}\pi}$

⇐$\cos^2 a=\dfrac{1}{4}$ から $\cos a=\pm\dfrac{1}{2}$

⇐**接線の方程式**
$\boldsymbol{y-f(a)=f'(a)(x-a)}$

⇐$\tan\dfrac{\pi}{3}=\sqrt{3}$

PR ②68 次の曲線に，与えられた点から引いた接線の方程式と接点の座標を求めよ。

(1) $y=\sqrt{x}$，$(-2,\ 0)$　　(2) $y=\dfrac{1}{x}+2$，$(1,\ -1)$

(1) $f(x)=\sqrt{x}$ とすると　$f'(x)=\dfrac{1}{2\sqrt{x}}$

ここで，接点の座標を $(a,\ \sqrt{a})$ とすると，接線の方程式は

$$y-\sqrt{a}=\frac{1}{2\sqrt{a}}(x-a)$$

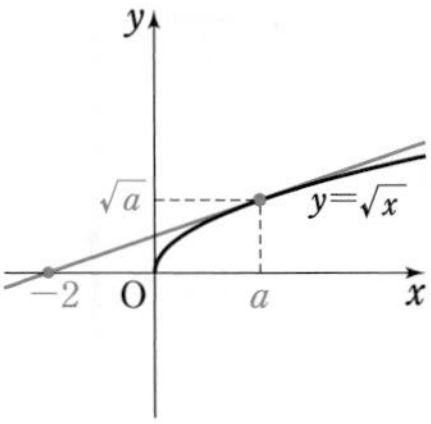

⇦接線の方程式 $y-f(a)=f'(a)(x-a)$

すなわち　$y=\dfrac{1}{2\sqrt{a}}x+\dfrac{\sqrt{a}}{2}$　…①

この直線が点 $(-2,\ 0)$ を通るから

$0=\dfrac{1}{2\sqrt{a}}\cdot(-2)+\dfrac{\sqrt{a}}{2}$　　ゆえに　$a=2$

よって，求める**接線の方程式は**，① から

$$\boldsymbol{y=\frac{\sqrt{2}}{4}x+\frac{\sqrt{2}}{2}}$$

⇦$a=2$ を ① に代入。

また，**接点の座標は**　$\boldsymbol{(2,\ \sqrt{2})}$

(2) $f(x)=\dfrac{1}{x}+2$ とすると

$$f'(x)=-\frac{1}{x^2}$$

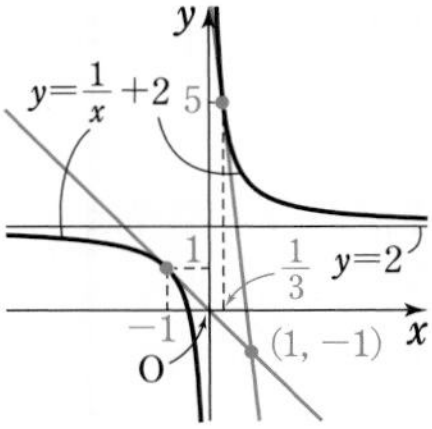

ここで，接点の座標を $\left(a,\ \dfrac{1}{a}+2\right)$ とすると，接線の方程式は

$$y-\left(\frac{1}{a}+2\right)=-\frac{1}{a^2}(x-a)$$

⇦接線の方程式 $y-f(a)=f'(a)(x-a)$

すなわち　$y=-\dfrac{1}{a^2}x+\dfrac{2}{a}+2$　……①

この直線が点 $(1,\ -1)$ を通るから

$$-1=-\frac{1}{a^2}\cdot 1+\frac{2}{a}+2$$

両辺に a^2 を掛けて整理すると　$3a^2+2a-1=0$

よって　$(a+1)(3a-1)=0$　　ゆえに　$a=-1,\ \dfrac{1}{3}$

よって，求める接線の方程式と接点の座標は，① から

$a=-1$ のとき　$\boldsymbol{y=-x,\ (-1,\ 1)}$

$a=\dfrac{1}{3}$ のとき　$\boldsymbol{y=-9x+8,\ \left(\dfrac{1}{3},\ 5\right)}$

⇦$a=-1,\ \dfrac{1}{3}$ それぞれの接線の方程式と接点の座標を答える。

PR ②69 次の曲線上の点Aにおける接線の方程式を求めよ。　〔(1) 類 近畿大〕

(1) $\dfrac{x^2}{16}+\dfrac{y^2}{25}=1$，$A\left(\sqrt{7},\ \dfrac{15}{4}\right)$　　(2) $2x^2-y^2=1$，$A(1,\ 1)$

(3) $3y^2=4x$，$A(6,\ -2\sqrt{2})$

4章 PR

(1) $\dfrac{x^2}{16}+\dfrac{y^2}{25}=1$ の両辺を x で微分すると

$$\frac{2x}{16}+\frac{2y}{25}\cdot y'=0$$

よって，$y\neq0$ のとき　$y'=-\dfrac{25x}{16y}$

ゆえに，点Aにおける接線の傾きは

$$-\frac{25\cdot\sqrt{7}}{16\cdot\frac{15}{4}}=-\frac{5\sqrt{7}}{12}$$

したがって，求める接線の方程式は

$$y-\frac{15}{4}=-\frac{5\sqrt{7}}{12}(x-\sqrt{7})$$

すなわち　$\boldsymbol{y=-\dfrac{5\sqrt{7}}{12}x+\dfrac{20}{3}}$

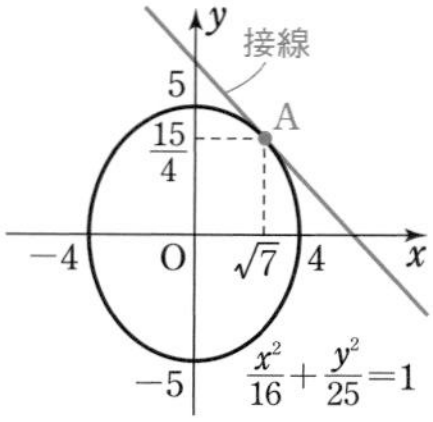

⇦この曲線は楕円。

⇦$\dfrac{d}{dx}y^2=\dfrac{d}{dy}y^2\cdot\dfrac{dy}{dx}$

⇦$y=0$ のとき y' は存在しないが，接線は存在する（直線 $x=\pm4$）。

⇦y' の式に $x=\sqrt{7}$，$y=\dfrac{15}{4}$ を代入。

⇦点 $(x_1,\ y_1)$ を通り，傾き m の直線の方程式は　$y-y_1=m(x-x_1)$

(2) $2x^2-y^2=1$ の両辺を x で微分すると

$$4x-2yy'=0$$

よって，$y\neq0$ のとき　$y'=\dfrac{2x}{y}$

ゆえに，点Aにおける接線の傾きは

$$\frac{2\cdot1}{1}=2$$

したがって，求める接線の方程式は

$$y-1=2(x-1)$$

すなわち　$\boldsymbol{y=2x-1}$

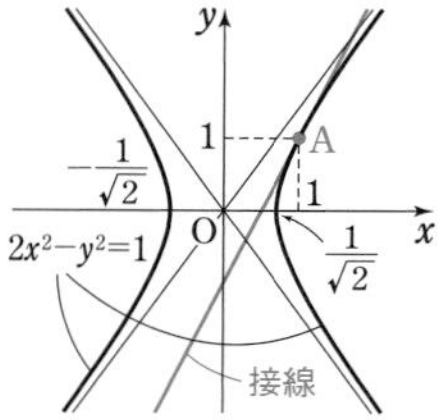

⇦この曲線は双曲線。

⇦$\dfrac{d}{dx}y^2=\dfrac{d}{dy}y^2\cdot\dfrac{dy}{dx}$

⇦$y=0$ のとき y' は存在しないが，接線は存在する $\left(直線\ x=\pm\dfrac{1}{\sqrt{2}}\right)$。

⇦y' の式に $x=1$，$y=1$ を代入。

(3) $3y^2=4x$ の両辺を x で微分すると

$$6yy'=4$$

よって，$y\neq0$ のとき　$y'=\dfrac{2}{3y}$

ゆえに，点Aにおける接線の傾きは

$$\frac{2}{3(-2\sqrt{2})}=-\frac{\sqrt{2}}{6}$$

したがって，求める接線の方程式は

$$y-(-2\sqrt{2})=-\frac{\sqrt{2}}{6}(x-6)$$

すなわち　$\boldsymbol{y=-\dfrac{\sqrt{2}}{6}x-\sqrt{2}}$

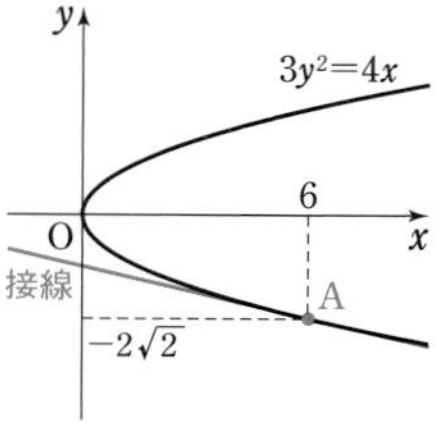

⇦この曲線は放物線。

⇦$\dfrac{d}{dx}y^2=\dfrac{d}{dy}y^2\cdot\dfrac{dy}{dx}$

⇦$y=0$ のとき y' は存在しないが，接線は存在する（直線 $x=0$）。

⇦y' の式に $y=-2\sqrt{2}$ を代入。

inf.　方程式を標準形に直してから，本冊 $p.121$ STEP UP にある公式を用いて接線の方程式を求めてもよい。

(1) $\dfrac{\sqrt{7}x}{16}+\dfrac{\frac{15}{4}y}{25}=1$　すなわち　$\boldsymbol{y=-\dfrac{5\sqrt{7}}{12}x+\dfrac{20}{3}}$

(2) $2\cdot1\cdot x-1\cdot y=1$　すなわち　$\boldsymbol{y=2x-1}$

(3) $3y^2=4x$ を変形すると　$y^2=4\cdot\dfrac{1}{3}\cdot x$

⇦曲線の方程式の x^2 の部分を x_1x に，y^2 の部分を y_1y に，$2x$ の部分を $x+x_1$ におき換える。

よって，求める接線の方程式は

$$-2\sqrt{2}\cdot y=2\cdot\frac{1}{3}(x+6)$$

すなわち　$\boldsymbol{y=-\frac{\sqrt{2}}{6}x-\sqrt{2}}$

PR ③70　次の曲線について，(　) に指定された t の値に対応する点における接線の方程式を求めよ。

(1) $\begin{cases} x=2t \\ y=3t^2+1 \end{cases}$ $(t=1)$　　(2) $\begin{cases} x=\cos 2t \\ y=\sin t+1 \end{cases}$ $\left(t=-\frac{\pi}{6}\right)$

(1) $\dfrac{dx}{dt}=2$，$\dfrac{dy}{dt}=6t$

よって　$\dfrac{dy}{dx}=\dfrac{\frac{dy}{dt}}{\frac{dx}{dt}}=\dfrac{6t}{2}=3t$

ゆえに，$t=1$ の点における接線の傾きは　$3\cdot 1=3$

また，$t=1$ のとき　$x=2\cdot 1=2$，$y=3\cdot 1^2+1=4$

したがって，求める接線の方程式は　$y-4=3(x-2)$

すなわち　$\boldsymbol{y=3x-2}$

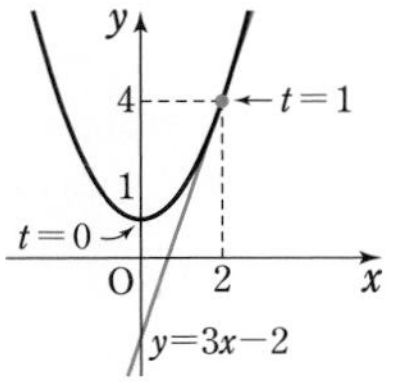

別解　$\begin{cases} x=2t & \cdots\cdots ① \\ y=3t^2+1 & \cdots\cdots ② \end{cases}$

① から　$t=\dfrac{x}{2}$

これを ② に代入して t を消去すると　$y=\dfrac{3}{4}x^2+1$

接点の座標は　$(2,\ 4)$

$y'=\dfrac{3}{2}x$ であるから，接線の傾きは　3

よって，求める接線の方程式は　$y-4=3(x-2)$

ゆえに　$\boldsymbol{y=3x-2}$

(2) $\dfrac{dx}{dt}=(-\sin 2t)\cdot 2=-2\sin 2t$，$\dfrac{dy}{dt}=\cos t$

よって　$\dfrac{dy}{dx}=\dfrac{\frac{dy}{dt}}{\frac{dx}{dt}}=\dfrac{\cos t}{-2\sin 2t}$

$$=-\frac{\cos t}{2\cdot 2\sin t\cos t}=-\frac{1}{4\sin t}$$

ゆえに，$t=-\dfrac{\pi}{6}$ の点における接線の傾きは

$$-\frac{1}{4\sin\left(-\frac{\pi}{6}\right)}=-\frac{1}{4\cdot\left(-\frac{1}{2}\right)}=\frac{1}{2}$$

inf. (2)
$\begin{cases} x=\cos 2t & \cdots\cdots ① \\ y=\sin t+1 & \cdots\cdots ② \end{cases}$
① から
$x=1-2\sin^2 t$ ……③
② から
$\sin t=y-1$ ……④
④ を ③ に代入して変形すると

$(y-1)^2=-\dfrac{1}{2}(x-1)$
$(-1\leqq x\leqq 1)$

これから y' を求めるには，y について解くか，陰関数の微分法を用いる必要があるので煩雑。媒介変数のまま微分する方がスムーズ。

また，$t=-\frac{\pi}{6}$ のとき

$$x=\cos\left(-\frac{\pi}{3}\right)=\frac{1}{2},$$

$$y=\sin\left(-\frac{\pi}{6}\right)+1=-\frac{1}{2}+1=\frac{1}{2}$$

したがって，求める接線の方程式は

$$y-\frac{1}{2}=\frac{1}{2}\left(x-\frac{1}{2}\right)$$

すなわち　$\boldsymbol{y=\frac{1}{2}x+\frac{1}{4}}$

PR ③71　ある直線が 2 つの曲線 $y=ax^2$ と $y=\log x$ に同じ点で接するとき，定数 a の値とその接線の方程式を求めよ。　〔類 東京電機大〕

$f(x)=ax^2$，$g(x)=\log x$ とすると

$$f'(x)=2ax,\ g'(x)=\frac{1}{x}$$

共有点をPとし，その x 座標を p とすると，点Pにおいて共通の接線をもつための条件は

⇐$g(x)=\log x$ の定義域は $x>0$　ゆえに　$p>0$

$$f(p)=g(p) \quad かつ \quad f'(p)=g'(p)$$

よって　$ap^2=\log p$　…… ①

$2ap=\frac{1}{p}$　…… ②

② から　$ap^2=\frac{1}{2}$　…… ③

③ を ① に代入して　$\frac{1}{2}=\log p$

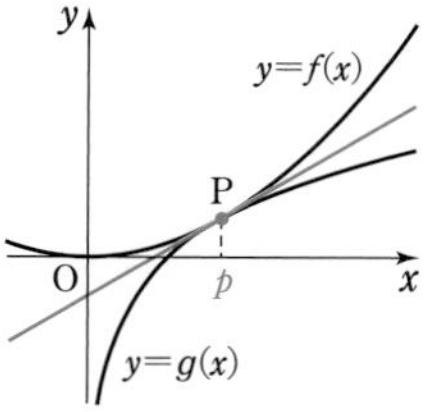

ゆえに　$p=e^{\frac{1}{2}}$

⇐$p>0$ を満たす。

したがって，③ から　$\boldsymbol{a}=\frac{1}{2(e^{\frac{1}{2}})^2}=\boldsymbol{\frac{1}{2e}}$

また，接点の座標は　$\left(e^{\frac{1}{2}},\ \frac{1}{2}\right)$

⇐$f(x)=\frac{1}{2e}x^2$ から

$f(e^{\frac{1}{2}})=\frac{1}{2e}(e^{\frac{1}{2}})^2=\frac{1}{2e}\cdot e=\frac{1}{2}$

接線の傾きは　$2\cdot\frac{1}{2e}\cdot e^{\frac{1}{2}}=e^{-\frac{1}{2}}$

よって，求める接線の方程式は

$$y-\frac{1}{2}=e^{-\frac{1}{2}}(x-e^{\frac{1}{2}})$$

⇐接線の方程式
$y-f(p)=f'(p)(x-p)$

すなわち　$\boldsymbol{y=e^{-\frac{1}{2}}x-\frac{1}{2}}$

PR ③72　2つの曲線 $y=-x^2$, $y=\dfrac{1}{x}$ の両方に接する直線の方程式を求めよ。

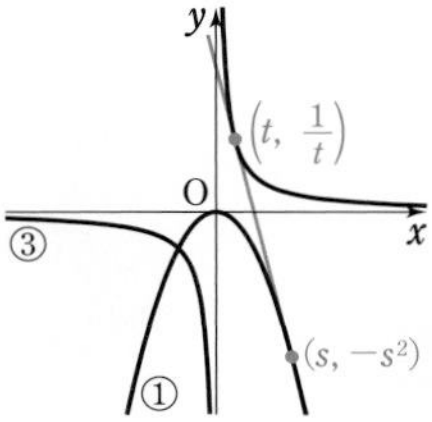

$y=-x^2$ …… ① から　　$y'=-2x$

よって，曲線 ① 上の点 $(s,\ -s^2)$ における接線の方程式は

$$y-(-s^2)=-2s(x-s)$$

すなわち　　$y=-2sx+s^2$　…… ②

また，$y=\dfrac{1}{x}$ …… ③ から　　$y'=-\dfrac{1}{x^2}$

よって，曲線 ③ 上の点 $\left(t,\ \dfrac{1}{t}\right)$ における接線の方程式は

$$y-\frac{1}{t}=-\frac{1}{t^2}(x-t)$$

すなわち　　$y=-\dfrac{1}{t^2}x+\dfrac{2}{t}$　…… ④

直線 ②, ④ が一致するための条件は

$$-2s=-\frac{1}{t^2}\ \cdots\cdots ⑤,\qquad s^2=\frac{2}{t}\ \cdots\cdots ⑥$$

⇐②, ④ の傾きと y 切片がそれぞれ一致。

⑤ から　　$s=\dfrac{1}{2t^2}$　　これを ⑥ に代入して　　$\dfrac{1}{4t^4}=\dfrac{2}{t}$

ゆえに　　$8t^3-1=0$　　よって　　$(2t-1)(4t^2+2t+1)=0$

t は実数であるから　　$t=\dfrac{1}{2}$

これを ④ に代入して，求める直線の方程式は

$y=-4x+4$

別解　(曲線 ③ の接線 ④ を先に求めた上で)

① と ④ から y を消去して　　$x^2-\dfrac{1}{t^2}x+\dfrac{2}{t}=0$

この 2 次方程式の判別式を D とすると

$$D=\left(-\frac{1}{t^2}\right)^2-4\cdot\frac{2}{t}=\frac{1}{t^4}-\frac{8}{t}$$

① と ④ が接するから，$D=0$ として

$$\frac{1}{t^4}-\frac{8}{t}=0\qquad すなわち\qquad 8t^3-1=0$$

よって　　$(2t-1)(4t^2+2t+1)=0$

t は実数であるから　　$t=\dfrac{1}{2}$

これを ④ に代入して，求める直線の方程式は

$y=-4x+4$

⇐接する ⟺ $D=0$ を用いる解法。
曲線 ① の接線 ② を先に求めた場合は，② と ③ から
$\dfrac{1}{x}=-2sx+s^2$
両辺に x を掛けて整理すると
$2sx^2-s^2x+1=0$
この 2 次方程式の判別式を調べてもよい。

PR ①73　次の関数 $f(x)$ と区間について，平均値の定理の条件を満たす c の値を求めよ。

(1)　$f(x)=2x^2-3$　$[a,\ b]$　　(2)　$f(x)=e^{-x}$　$[0,\ 1]$

(3)　$f(x)=\dfrac{1}{x}$　$[2,\ 4]$　　(4)　$f(x)=\sin x$　$[0,\ 2\pi]$

(1) $f(x)=2x^2-3$ は，区間 $[a,\ b]$ で連続，区間 $(a,\ b)$ で微分可能であり　$f'(x)=4x$

ここで　$\dfrac{f(b)-f(a)}{b-a}=\dfrac{(2b^2-3)-(2a^2-3)}{b-a}$

$=\dfrac{2(b+a)(b-a)}{b-a}=2(b+a)$

$f'(c)=4c$

$\dfrac{f(b)-f(a)}{b-a}=f'(c)$，$a<c<b$ を満たす c の値は，

$2(b+a)=4c$ から　$\boldsymbol{c=\dfrac{a+b}{2}}$

(2) $f(x)=e^{-x}$ は，区間 $[0,\ 1]$ で連続，区間 $(0,\ 1)$ で微分可能であり　$f'(x)=-e^{-x}$

$\dfrac{f(1)-f(0)}{1-0}=f'(c)$，$0<c<1$ を満たす c の値は，

$e^{-1}-1=-e^{-c}$ から　$\dfrac{1}{e^c}=1-\dfrac{1}{e}$

ゆえに　$e^c=\dfrac{e}{e-1}$

したがって　$c=\log\dfrac{e}{e-1}=\boldsymbol{1-\log(e-1)}$

(3) $f(x)=\dfrac{1}{x}$ は，区間 $[2,\ 4]$ で連続，区間 $(2,\ 4)$ で微分可能であり　$f'(x)=-\dfrac{1}{x^2}$

$\dfrac{f(4)-f(2)}{4-2}=f'(c)$，$2<c<4$ を満たす c の値は，

$\dfrac{\frac{1}{4}-\frac{1}{2}}{2}=-\dfrac{1}{c^2}$ から　$c^2=8$

これを解いて　$c=\pm2\sqrt{2}$

$2<c<4$ であるから　$\boldsymbol{c=2\sqrt{2}}$

(4) $f(x)=\sin x$ は，区間 $[0,\ 2\pi]$ で連続，区間 $(0,\ 2\pi)$ で微分可能であり　$f'(x)=\cos x$

$\dfrac{f(2\pi)-f(0)}{2\pi-0}=f'(c)$，$0<c<2\pi$ を満たす c の値は，

$0=\cos c$ から

$\boldsymbol{c=\dfrac{\pi}{2},\ \dfrac{3}{2}\pi}$

⇐「区間 $[a,\ b]$ で微分可能」または「すべての実数 x について微分可能」と述べてもよい。

⇐ $a<c<b$ を満たす。

⇐ $\dfrac{1}{e}-1=-\dfrac{1}{e^c}$

⇐ $\dfrac{1}{e^c}=\dfrac{e-1}{e}$

⇐ $2<e<3$ であるから
$1<e-1<2<e$
よって
$0<\log(e-1)<1$
したがって
$0<1-\log(e-1)<1$
すなわち $0<c<1$ を満たす。

⇐ $-\dfrac{1}{8}=-\dfrac{1}{c^2}$

⇐条件を満たすものを答える。

(4)　$\cos c=0$ から
$c=\dfrac{\pi}{2}+n\pi$
（n は整数）
このうち，$0<c<2\pi$ であるものを答える。

inf.　(4) のように，平均値の定理を満たす c の値は，区間の取り方によっては 2 つ以上存在することがある。平均値の定理は c の値が存在することを保証しているので，(1), (2) のように c の値がただ 1 つ得られる場合は，$a<c<b$ を確認する必要はないが，(4) のように複数求まる場合 $\left(c=\dfrac{\pi}{2}+n\pi\ (n \text{ は整数})\right)$ は確認が必要である。

PR ②74

平均値の定理を用いて，次のことを証明せよ。

(1) $a<b$ のとき　$e^a(b-a)<e^b-e^a<e^b(b-a)$

(2) $0<a<b$ のとき　$1-\dfrac{a}{b}<\log\dfrac{b}{a}<\dfrac{b}{a}-1$　〔類 群馬大〕

(3) $a>0$ のとき　$\dfrac{1}{a+1}<\dfrac{\log(a+1)}{a}<1$

(1) $f(x)=e^x$ とすると，$f(x)$ は常に微分可能であり

$$f'(x)=e^x$$

区間 $[a,\ b]$ において，平均値の定理を用いると

$$\frac{e^b-e^a}{b-a}=e^c \quad \cdots\cdots ①$$

$$a<c<b \quad \cdots\cdots ②$$

を満たす実数 c が存在する。

関数 $f'(x)=e^x$ は常に増加するから，② より

$$e^a<e^c<e^b$$

これに ① を代入して　$e^a<\dfrac{e^b-e^a}{b-a}<e^b$

各辺に正の数 $b-a$ を掛けて

$$e^a(b-a)<e^b-e^a<e^b(b-a)$$

(2) $f(x)=\log x$ とすると，$f(x)$ は $x>0$ で微分可能であり

$$f'(x)=\frac{1}{x}$$

区間 $[a,\ b]$ において，平均値の定理を用いると

$$\frac{\log b-\log a}{b-a}=\frac{1}{c} \quad \cdots\cdots ①$$

$$a<c<b \quad \cdots\cdots ②$$

を満たす実数 c が存在する。

$a,\ b,\ c$ は正の数であるから，② より　$\dfrac{1}{b}<\dfrac{1}{c}<\dfrac{1}{a}$

これに ① を代入して　$\dfrac{1}{b}<\dfrac{\log b-\log a}{b-a}<\dfrac{1}{a}$

$b-a>0$ であるから　$\dfrac{b-a}{b}<\log b-\log a<\dfrac{b-a}{a}$

したがって　$1-\dfrac{a}{b}<\log\dfrac{b}{a}<\dfrac{b}{a}-1$

(3) $f(x)=\log x$ とすると，$f(x)$ は $x>0$ で微分可能であり

$$f'(x)=\frac{1}{x}$$

区間 $[1,\ a+1]$ において，平均値の定理を用いると

$$\frac{\log(a+1)-\log 1}{(a+1)-1}=\frac{1}{c} \quad \cdots\cdots ①$$

$$1<c<a+1 \quad \cdots\cdots ②$$

を満たす実数 c が存在する。

② から　$\dfrac{1}{a+1}<\dfrac{1}{c}<1$

⇐平均値の定理 $\dfrac{f(b)-f(a)}{b-a}=f'(c)$，$a<c<b$ が適用できるための **条件を忘れずに述べる。**
本問はすべての実数 x で微分可能であるから，すべての実数 x で連続。

⇐$0<p<q$ のとき $\dfrac{1}{q}<\dfrac{1}{p}$

⇐各辺に $b-a(>0)$ を掛けた。

⇐$a>0$ であるから $1<a+1$

⇐$0<p<q$ のとき $\dfrac{1}{q}<\dfrac{1}{p}$

これに ① を代入して　$\dfrac{1}{a+1}<\dfrac{\log(a+1)}{a}<1$

PR ④75

平均値の定理を用いて，次の極限を求めよ。

(1) $\lim\limits_{x\to\infty} x\{\log(2x+1)-\log 2x\}$　　(2) $\lim\limits_{x\to 0}\dfrac{e^{\sin x}-e^x}{\sin x - x}$

(1) 真数条件から　$x>0$

$f(x)=\log x$ とすると，$f(x)$ は $x>0$ で微分可能であり

$$f'(x)=\frac{1}{x}$$

$x>0$ のとき，$0<2x<2x+1$ であるから，区間 $[2x,\ 2x+1]$ において，平均値の定理を用いると

$$\frac{\log(2x+1)-\log 2x}{(2x+1)-2x}=\frac{1}{c} \quad \cdots\cdots ①$$

$$2x<c<2x+1 \quad \cdots\cdots ②$$

を満たす実数 c が存在する。

① の両辺に x を掛けて

$$x\{\log(2x+1)-\log 2x\}=\frac{x}{c} \quad \cdots\cdots ③$$

$2x>0$ と ② から　$\dfrac{1}{2x+1}<\dfrac{1}{c}<\dfrac{1}{2x}$

各辺に $x>0$ を掛けて　$\dfrac{x}{2x+1}<\dfrac{x}{c}<\dfrac{1}{2}$

$\lim\limits_{x\to\infty}\dfrac{x}{2x+1}=\lim\limits_{x\to\infty}\dfrac{1}{2+\dfrac{1}{x}}=\dfrac{1}{2}$ であるから　$\lim\limits_{x\to\infty}\dfrac{x}{c}=\dfrac{1}{2}$

よって，③ から

$$\lim_{x\to\infty} x\{\log(2x+1)-\log 2x\}=\lim_{x\to\infty}\frac{x}{c}=\boldsymbol{\frac{1}{2}}$$

(2) $x \longrightarrow 0$ であるから，$-\dfrac{\pi}{2}<x<\dfrac{\pi}{2}$ としてよい。

$f(x)=e^x$ とすると，$f(x)$ はすべての実数 x で微分可能であり　$f'(x)=e^x$

[1] $x \longrightarrow +0$ のとき，$0<x<\dfrac{\pi}{2}$ としてよい。

このとき　$0<\sin x<x$

区間 $[\sin x,\ x]$ において，平均値の定理を用いると

$$\frac{e^x-e^{\sin x}}{x-\sin x}=e^c,\ \sin x<c<x$$

を満たす実数 c が存在する。

$\lim\limits_{x\to+0}\sin x=0$，$\lim\limits_{x\to+0} x=0$ であるから　$\lim\limits_{x\to+0} c=0$

よって　$\lim\limits_{x\to+0}\dfrac{e^{\sin x}-e^x}{\sin x - x}=\lim\limits_{x\to+0}\dfrac{e^x-e^{\sin x}}{x-\sin x}$

$$=\lim_{x\to+0} e^c=e^0=1$$

⇐$2x+1>0$ かつ $x>0$

⇐平均値の定理が適用できるための条件を忘れずに示しておく。

⇐$f(x)$ は区間 $[2x,\ 2x+1]$ で連続で，区間 $(2x,\ 2x+1)$ で微分可能。

⇐$0<a<b$ のとき $\dfrac{1}{b}<\dfrac{1}{a}$

⇐**はさみうちの原理**

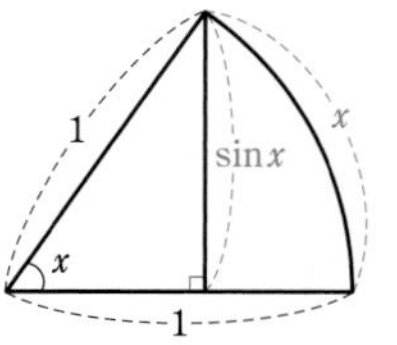

⇐上の図から $0<x<\dfrac{\pi}{2}$ のとき　$0<\sin x<x$

⇐**はさみうちの原理**

[2]　$x \longrightarrow -0$ のとき，$-\dfrac{\pi}{2}<x<0$ としてよい。

このとき　　$x<\sin x<0$

区間 $[x,\ \sin x]$ において，平均値の定理を用いると

$$\frac{e^{\sin x}-e^x}{\sin x-x}=e^c,\ \ x<c<\sin x$$

を満たす実数 c が存在する。

$\lim\limits_{x\to-0}x=0$，$\lim\limits_{x\to-0}\sin x=0$ であるから　　$\lim\limits_{x\to-0}c=0$

よって　　$\lim\limits_{x\to-0}\dfrac{e^{\sin x}-e^x}{\sin x-x}=\lim\limits_{x\to-0}e^c=e^0=1$

[1]，[2] から　　$\lim\limits_{x\to0}\dfrac{e^{\sin x}-e^x}{\sin x-x}=\mathbf{1}$

inf.　次のように，絶対値をとって考えてもよい。

平均値の定理から

$$\left|\frac{e^x-e^{\sin x}}{x-\sin x}\right|=|e^c|=e^c,$$

c は x と $\sin x$ の間の実数

を満たす c が存在する。

$\lim\limits_{x\to0}x=0$，$\lim\limits_{x\to0}\sin x=0$ であるから　　$\lim\limits_{x\to0}e^c=e^0=1$

したがって　　$\lim\limits_{x\to0}\left|\dfrac{e^x-e^{\sin x}}{x-\sin x}\right|=1$

$x>0$ のとき，$0<\sin x<x$ から　　$e^{\sin x}<e^x$

$x<0$ のとき，$x<\sin x<0$ から　　$e^x<e^{\sin x}$

よって，いずれの場合も $\dfrac{e^x-e^{\sin x}}{x-\sin x}>0$ であるから

$$\lim_{x\to0}\frac{e^x-e^{\sin x}}{x-\sin x}=1$$

ゆえに　　$\lim\limits_{x\to0}\dfrac{e^{\sin x}-e^x}{\sin x-x}=\lim\limits_{x\to0}\dfrac{e^x-e^{\sin x}}{x-\sin x}=\mathbf{1}$

⇐[1] と同様に考える。

⇐**はさみうちの原理**

⇐左側極限と右側極限が一致。

⇐$e^c>0$

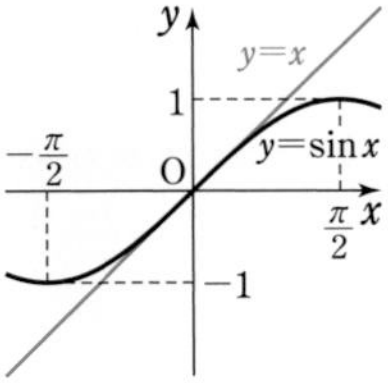

4章
PR

問題　ロピタルの定理を用いて，次の極限を求めよ。

(本冊 p.129)

(1)　$\lim\limits_{x\to1}\dfrac{x^3-1}{2x^2-3x+1}$　(2)　$\lim\limits_{x\to1}\dfrac{\sin\pi x}{x-1}$　(3)　$\lim\limits_{x\to0}\dfrac{x-\tan x}{x^3}$

(4)　$\lim\limits_{x\to\infty}x(1-e^{\frac{1}{x}})$　(5)　$\lim\limits_{x\to+0}x\log x$

(1)　$\lim\limits_{x\to1}\dfrac{x^3-1}{2x^2-3x+1}=\lim\limits_{x\to1}\dfrac{(x^3-1)'}{(2x^2-3x+1)'}=\lim\limits_{x\to1}\dfrac{3x^2}{4x-3}$

$$=\frac{3}{4-3}=\mathbf{3}$$

(2)　$\lim\limits_{x\to1}\dfrac{\sin\pi x}{x-1}=\lim\limits_{x\to1}\dfrac{(\sin\pi x)'}{(x-1)'}=\lim\limits_{x\to1}\dfrac{(\cos\pi x)\cdot\pi}{1}$

$$=\pi\cos\pi=\boldsymbol{-\pi}$$

⇐$\lim\limits_{x\to1}(x^3-1)=0$
$\lim\limits_{x\to1}(2x^2-3x+1)=0$

⇐$\lim\limits_{x\to1}\sin\pi x=0$
$\lim\limits_{x\to1}(x-1)=0$

(3) $\displaystyle\lim_{x\to 0}\frac{x-\tan x}{x^3}=\lim_{x\to 0}\frac{(x-\tan x)'}{(x^3)'}=\lim_{x\to 0}\frac{1-\frac{1}{\cos^2 x}}{3x^2}$

$\displaystyle=\lim_{x\to 0}\frac{\cos^2 x-1}{3x^2\cos^2 x}=\lim_{x\to 0}\frac{-\sin^2 x}{3x^2\cos^2 x}$

$\displaystyle=-\frac{1}{3}\lim_{x\to 0}\left(\frac{\sin x}{x}\right)^2\cdot\frac{1}{\cos^2 x}$

$\displaystyle=-\frac{1}{3}\cdot 1^2\cdot\frac{1}{\cos^2 0}=\mathbf{-\frac{1}{3}}$

⇐$\displaystyle\lim_{x\to 0}(x-\tan x)=0$
$\displaystyle\lim_{x\to 0}x^3=0$

⇐$\displaystyle\lim_{x\to 0}\frac{\sin x}{x}=1$

(4) $\displaystyle\lim_{x\to\infty}x(1-e^{\frac{1}{x}})=\lim_{x\to\infty}\frac{1-e^{\frac{1}{x}}}{\frac{1}{x}}=\lim_{x\to\infty}\frac{(1-e^{\frac{1}{x}})'}{\left(\frac{1}{x}\right)'}$

$\displaystyle=\lim_{x\to\infty}\frac{-e^{\frac{1}{x}}\left(-\frac{1}{x^2}\right)}{-\frac{1}{x^2}}=\lim_{x\to\infty}(-e^{\frac{1}{x}})$

$=-e^0=\mathbf{-1}$

⇐$\displaystyle\lim_{x\to\infty}(1-e^{\frac{1}{x}})=0$
$\displaystyle\lim_{x\to\infty}\frac{1}{x}=0$

⇐$\displaystyle(e^{\frac{1}{x}})'=e^{\frac{1}{x}}\left(\frac{1}{x}\right)'$

⇐$x\longrightarrow\infty$ のとき
$\displaystyle\frac{1}{x}\longrightarrow 0$

(5) $\displaystyle\lim_{x\to +0}x\log x=\lim_{x\to +0}\frac{\log x}{\frac{1}{x}}=\lim_{x\to +0}\frac{(\log x)'}{\left(\frac{1}{x}\right)'}$

$\displaystyle=\lim_{x\to +0}\frac{\frac{1}{x}}{-\frac{1}{x^2}}=\lim_{x\to +0}(-x)=\mathbf{0}$

⇐$\displaystyle\lim_{x\to +0}\log x=-\infty$
$\displaystyle\lim_{x\to +0}\frac{1}{x}=\infty$

PR
②76

次の関数の極値を求めよ。

(1) $y=\dfrac{1}{x^2+x+1}$　(2) $y=\dfrac{3x-1}{x^3+1}$　(3) $y=xe^{-x^2}$

(4) $y=|x-1|e^x$　(5) $y=(1-\sin x)\cos x$ $(0\leqq x\leqq 2\pi)$

(1) $x^2+x+1=\left(x+\dfrac{1}{2}\right)^2+\dfrac{3}{4}>0$ であるから，関数 y の定義域は実数全体である。

$$y'=-\frac{2x+1}{(x^2+x+1)^2}$$

⇐$\displaystyle\left(\frac{1}{g}\right)'=-\frac{g'}{g^2}$

$y'=0$ とすると

$x=-\dfrac{1}{2}$

y の増減表は右のようになる。

x	$\cdots$	$-\frac{1}{2}$	$\cdots$
y'	$+$	0	$-$
y	↗	極大 $\frac{4}{3}$	↘

よって，y は

$x=-\dfrac{1}{2}$ **で極大値** $\dfrac{4}{3}$ をとる。

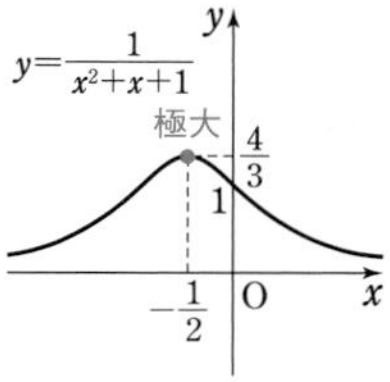

⇐極小値はなし。

(2) 関数 y の定義域は $x\neq -1$ である。

⇐(分母)$\neq 0$

$$y'=\frac{3(x^3+1)-(3x-1)\cdot 3x^2}{(x^3+1)^2}=\frac{-3(2x^3-x^2-1)}{(x^3+1)^2}$$

$$=\frac{-3(x-1)(2x^2+x+1)}{(x^3+1)^2}$$

⇐$\displaystyle\left(\frac{f}{g}\right)'=\frac{f'g-fg'}{g^2}$

⇐分子は因数定理を用いて因数分解する。

$2x^2+x+1=2\left(x+\frac{1}{4}\right)^2+\frac{7}{8}>0$ であるから，

$y'=0$ とすると　$x=1$

y の増減表は次のようになる。

x	$\cdots$	-1	$\cdots$	1	$\cdots$
y'	$+$		$+$	0	$-$
y	↗		↗	極大 1	↘

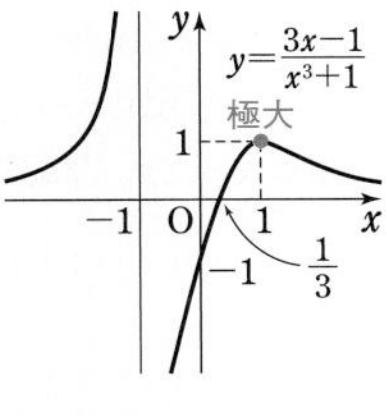

よって，y は **$x=1$ で極大値 1** をとる。

⇐極小値はなし。

(3)　関数 y の定義域は実数全体である。

$$y'=1\cdot e^{-x^2}+xe^{-x^2}(-2x)=(1-2x^2)e^{-x^2}$$
$$=-2\left(x+\frac{1}{\sqrt{2}}\right)\left(x-\frac{1}{\sqrt{2}}\right)e^{-x^2}$$

⇐$(fg)'=f'g+fg'$

$y'=0$ とすると　$x=\pm\frac{1}{\sqrt{2}}$

y の増減表は次のようになる。

x	$\cdots$	$-\frac{1}{\sqrt{2}}$	$\cdots$	$\frac{1}{\sqrt{2}}$	$\cdots$
y'	$-$	0	$+$	0	$-$
y	↘	極小 $-\frac{1}{\sqrt{2e}}$	↗	極大 $\frac{1}{\sqrt{2e}}$	↘

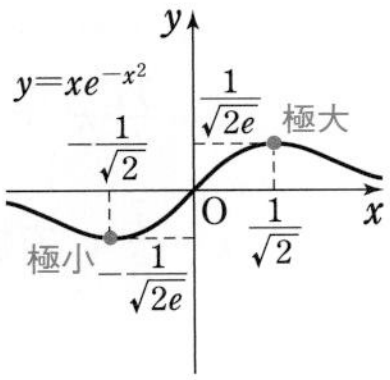

よって，y は

$x=-\frac{1}{\sqrt{2}}$ で極小値 $-\frac{1}{\sqrt{2e}}$，$x=\frac{1}{\sqrt{2}}$ で極大値 $\frac{1}{\sqrt{2e}}$

をとる。

(4)　関数 y の定義域は実数全体である。

⇐絶対値　場合に分ける

$x\geqq1$ のとき　$y=(x-1)e^x$

　$x>1$ において　$y'=e^x+(x-1)e^x=xe^x$

⇐$(fg)'=f'g+fg'$

　よって，$x>1$ では，常に　$y'>0$

$x<1$ のとき　$y=-(x-1)e^x$

　$x<1$ において　$y'=-e^x-(x-1)e^x=-xe^x$

inf.　関数 y は $x=1$ のとき微分可能でない。

　$y'=0$ とすると　$x=0$

ゆえに，y の増減表は次のようになる。

x	$\cdots$	0	$\cdots$	1	$\cdots$
y'	$+$	0	$-$		$+$
y	↗	極大 1	↘	極小 0	↗

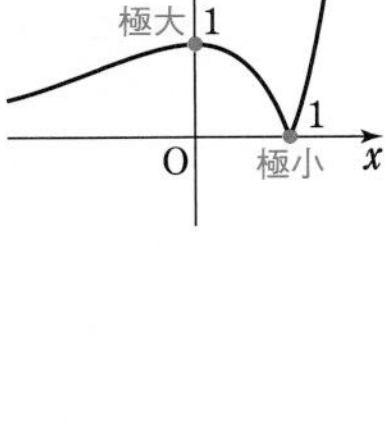

よって，y は **$x=0$ で極大値 1**，

$x=1$ で極小値 0 をとる。

(5) $y' = -\cos x \cdot \cos x + (1-\sin x)(-\sin x)$

$= -(1-\sin^2 x) - \sin x + \sin^2 x$

$= 2\sin^2 x - \sin x - 1$

$= (\sin x - 1)(2\sin x + 1)$

$0 < x < 2\pi$ の範囲で $y'=0$ とすると

$\sin x - 1 = 0$ から　　$x = \frac{\pi}{2}$

$2\sin x + 1 = 0$ から　　$x = \frac{7}{6}\pi,\ \frac{11}{6}\pi$

⇐$\sin x = -\frac{1}{2}$

ゆえに，y の増減表は次のようになる。

x	0	…	$\frac{\pi}{2}$	…	$\frac{7}{6}\pi$	…	$\frac{11}{6}\pi$	…	2π
y'	／	−	0	−	0	+	0	−	／
y	1	↘	0	↘	極小 $-\frac{3\sqrt{3}}{4}$	↗	極大 $\frac{3\sqrt{3}}{4}$	↘	1

⇐y' の符号は，常に $\sin x - 1 \leqq 0$ であることを意識すると調べやすい。
また，$x = \frac{\pi}{2}$ のとき $y'=0$ であるが，$x = \frac{\pi}{2}$ で極値をとらない。

よって，y は

$x = \frac{11}{6}\pi$ で極大値 $\frac{3\sqrt{3}}{4}$，

$x = \frac{7}{6}\pi$ で極小値 $-\frac{3\sqrt{3}}{4}$

をとる。

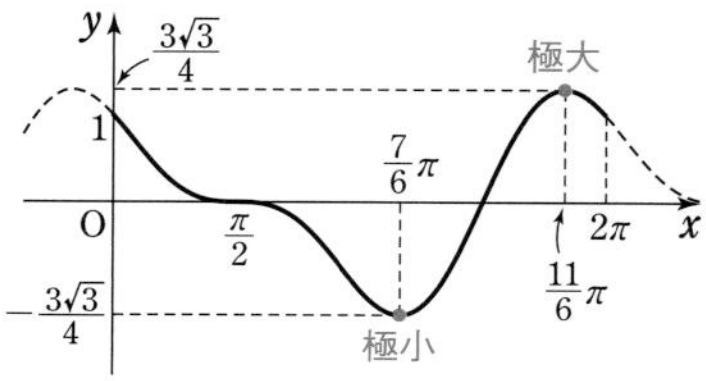

PR ②77　関数 $f(x) = \frac{ax+b}{x^2+1}$ が $x = \sqrt{3}$ で極大値 $\frac{1}{2}$ をとるように，定数 a，b の値を定めよ。

$x^2+1>0$ から，$f(x)$ の定義域は実数全体である。

$$f'(x) = \frac{a(x^2+1) - (ax+b)\cdot 2x}{(x^2+1)^2}$$

$$= -\frac{ax^2+2bx-a}{(x^2+1)^2}$$

⇐$\left(\frac{f}{g}\right)' = \frac{f'g - fg'}{g^2}$

$f(x)$ は $x = \sqrt{3}$ で微分可能であるから，$f(x)$ が $x = \sqrt{3}$ で極大値 $\frac{1}{2}$ をとるならば

$$f'(\sqrt{3}) = 0,\ f(\sqrt{3}) = \frac{1}{2}$$

⇐**必要条件**

$f'(\sqrt{3}) = 0$ から　　$a + \sqrt{3}b = 0$　……①

⇐$a\cdot 3 + 2b\cdot\sqrt{3} - a = 0$

$f(\sqrt{3}) = \frac{1}{2}$ から　　$\sqrt{3}a + b = 2$　……②

⇐$\frac{a\cdot\sqrt{3}+b}{3+1} = \frac{1}{2}$

①，② を解いて　　$a = \sqrt{3}$，$b = -1$

逆に，$a=\sqrt{3}$，$b=-1$ のとき

$$f(x)=\frac{\sqrt{3}x-1}{x^2+1},$$

$$f'(x)=-\frac{\sqrt{3}x^2-2x-\sqrt{3}}{(x^2+1)^2}=-\frac{(x-\sqrt{3})(\sqrt{3}x+1)}{(x^2+1)^2}$$

$f'(x)=0$ とすると

$$x=\sqrt{3},\ -\frac{1}{\sqrt{3}}$$

$f(x)$ の増減表は右のようになり，確かに $x=\sqrt{3}$ で極大値 $\frac{1}{2}$ をとる。

x	$\cdots$	$-\frac{1}{\sqrt{3}}$	$\cdots$	$\sqrt{3}$	$\cdots$
$f'(x)$	$-$	0	$+$	0	$-$
$f(x)$	↘	極小	↗	極大 $\frac{1}{2}$	↘

したがって　　$\boldsymbol{a=\sqrt{3}}$，$\boldsymbol{b=-1}$

⇐求めた a，b が **十分条件であることを確認。**

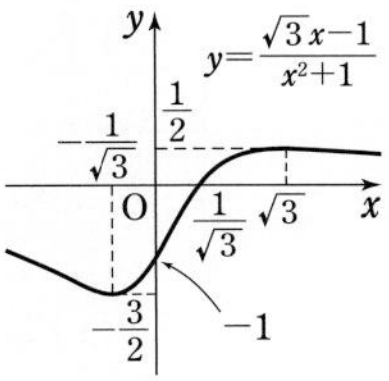

4章 PR

PR ②78

次の関数の最大値，最小値を求めよ。　〔(2) 関西大〕

(1)　$f(x)=-9x^4+8x^3+6x^2$　$\left(-\frac{1}{3}\leqq x\leqq 2\right)$

(2)　$f(x)=2\cos x+\sin 2x$　$(-\pi\leqq x\leqq \pi)$

(1)　$f'(x)=-36x^3+24x^2+12x=-12x(3x^2-2x-1)$
$=-12x(x-1)(3x+1)$

$-\frac{1}{3}<x<2$ の範囲で $f'(x)=0$ とすると　　$x=0,\ 1$

$-\frac{1}{3}\leqq x\leqq 2$ における $f(x)$ の増減表は次のようになる。

x	$-\frac{1}{3}$	$\cdots$	0	$\cdots$	1	$\cdots$	2
$f'(x)$	／	$-$	0	$+$	0	$-$	／
$f(x)$	$\frac{7}{27}$	↘	極小 0	↗	極大 5	↘	-56

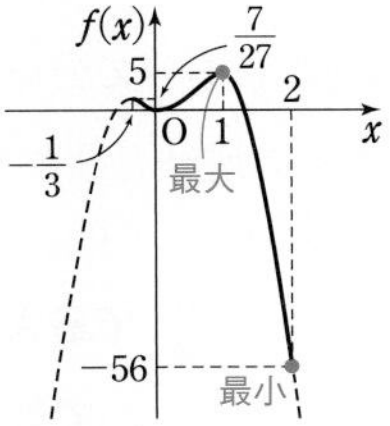

ここで　$\frac{7}{27}<5$，　また　$-56<0$

⇐極値と端の値を比較。

ゆえに，$f(x)$ は **$x=1$ で最大値 5，**
$x=2$ で最小値 -56 をとる。

(2)　$f'(x)=-2\sin x+2\cos 2x$
$=-2\sin x+2(1-2\sin^2 x)$
$=-2(2\sin^2 x+\sin x-1)$
$=-2(\sin x+1)(2\sin x-1)$

⇐$\cos 2x=1-2\sin^2 x$

$f'(x)=0$ とすると　　$\sin x=-1,\ \frac{1}{2}$

$-\pi<x<\pi$ であるから　　$x=-\frac{\pi}{2},\ \frac{\pi}{6},\ \frac{5}{6}\pi$

$-\pi \leqq x \leqq \pi$ における $f(x)$ の増減表は次のようになる。

x	$-\pi$	$\cdots$	$-\frac{\pi}{2}$	$\cdots$	$\frac{\pi}{6}$	$\cdots$	$\frac{5}{6}\pi$	$\cdots$	π
$f'(x)$		$+$	0	$+$	0	$-$	0	$+$	
$f(x)$	-2	↗	0	↗	極大 $\frac{3\sqrt{3}}{2}$	↘	極小 $-\frac{3\sqrt{3}}{2}$	↗	-2

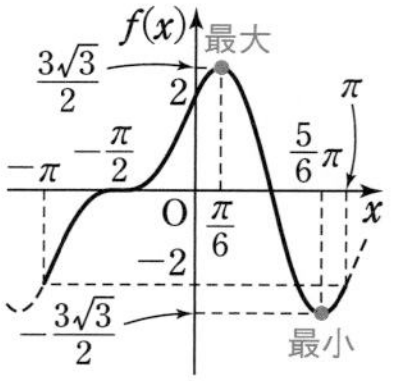

ここで　$-\frac{3\sqrt{3}}{2} < -2 < \frac{3\sqrt{3}}{2}$

⇐極値と端の値を比較。

ゆえに，$f(x)$ は $\boldsymbol{x=\frac{\pi}{6}}$ **で最大値** $\boldsymbol{\frac{3\sqrt{3}}{2}}$，

$\boldsymbol{x=\frac{5}{6}\pi}$ **で最小値** $\boldsymbol{-\frac{3\sqrt{3}}{2}}$ をとる。

PR ②79　次の関数の最大値，最小値を求めよ。
(1)　$y=\sqrt{x-1}+\sqrt{2-x}$　〔東京電機大〕　(2)　$y=x\log x-2x$　〔類 京都産大〕

(1)　関数 y の定義域は，$x-1 \geqq 0$，$2-x \geqq 0$ から　$1 \leqq x \leqq 2$
$1<x<2$ のとき

$$y'=\frac{1}{2\sqrt{x-1}}+\frac{-1}{2\sqrt{2-x}}=\frac{\sqrt{2-x}-\sqrt{x-1}}{2\sqrt{x-1}\sqrt{2-x}}$$

$$=\frac{2-x-(x-1)}{2\sqrt{x-1}\sqrt{2-x}(\sqrt{2-x}+\sqrt{x-1})}$$

⇐分子を有理化。

$$=\frac{3-2x}{2\sqrt{x-1}\sqrt{2-x}(\sqrt{2-x}+\sqrt{x-1})} \quad \cdots\cdots ①$$

⇐$\sqrt{x-1}>0$，$\sqrt{2-x}>0$

① において分母は正であるから，$y'=0$ とすると　$x=\frac{3}{2}$

y の増減表は右のようになる。

x	1	$\cdots$	$\frac{3}{2}$	$\cdots$	2
y'		$+$	0	$-$	
y	1	↗	極大 $\sqrt{2}$	↘	1

よって，y は

$\boldsymbol{x=\frac{3}{2}}$ **で最大値** $\boldsymbol{\sqrt{2}}$，

$\boldsymbol{x=1,\ 2}$ **で最小値 1** をとる。

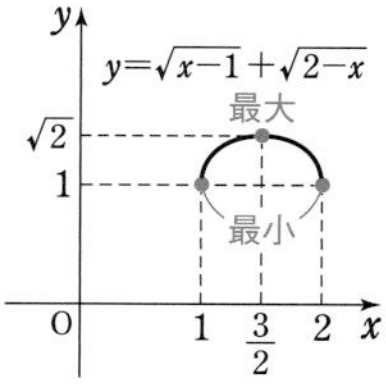

(2)　関数 y の定義域は $x>0$ である。

⇐$\log x$ の真数条件から。

$$y'=1\cdot\log x+x\cdot\frac{1}{x}-2=\log x-1$$

$y'=0$ とすると　$\log x=1$
ゆえに　$x=e$
y の増減表は右のようになる。

x	0	$\cdots$	e	$\cdots$
y'		$-$	0	$+$
y		↘	極小 $-e$	↗

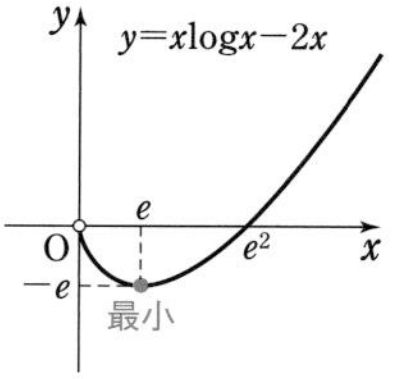

ここで

$$\lim_{x\to\infty} y=\lim_{x\to\infty} x(\log x-2)=\infty$$

⇐$\lim_{x\to\infty}(\log x-2)=\infty$

よって，y は $\boldsymbol{x=e}$ **で最小値** $\boldsymbol{-e}$ をとる。
また，**最大値はない。**

inf. $\lim_{x\to+0} y$ について
本冊 $p.129$ ロピタルの定理 **問題** (5) から　　$\lim_{x\to+0} x\log x=0$
よって　　$\lim_{x\to+0} y=\lim_{x\to+0}(x\log x-2x)=0$

inf. $\lim_{x\to\infty} y=\infty$ から，$\lim_{x\to+0} y$ の値に関係なく最大値はない。

PR ③80 関数 $f(x)=\dfrac{a\sin x}{\cos x+2}$ $(0\leqq x\leqq\pi)$ の最大値が $\sqrt{3}$ となるように定数 a の値を定めよ。〔信州大〕

$$f'(x)=\frac{a\{\cos x(\cos x+2)-\sin x(-\sin x)\}}{(\cos x+2)^2}$$
$$=\frac{a(2\cos x+1)}{(\cos x+2)^2}$$

⇐ $\left(\dfrac{f}{g}\right)'=\dfrac{f'g-fg'}{g^2}$

[1]　$a=0$ のとき
常に $f(x)=0$ であるから，最大値が $\sqrt{3}$ にならない。
よって，不適。

[2]　$a>0$ のとき
$f'(x)=0$ とすると　　$\cos x=-\dfrac{1}{2}$
$0<x<\pi$ であるから　　$x=\dfrac{2}{3}\pi$
$0\leqq x\leqq\pi$ における $f(x)$ の増減表は右のようになり，$x=\dfrac{2}{3}\pi$ で極大かつ最大となる。

x	0	$\cdots$	$\frac{2}{3}\pi$	$\cdots$	π
$f'(x)$	／	$+$	0	$-$	／
$f(x)$	0	↗	極大	↘	0

ゆえに，最大値は
$$f\left(\frac{2}{3}\pi\right)=\frac{\frac{\sqrt{3}}{2}a}{-\frac{1}{2}+2}=\frac{\sqrt{3}}{3}a$$
よって　　$\dfrac{\sqrt{3}}{3}a=\sqrt{3}$
したがって　　$a=3$　　　これは $a>0$ を満たす。

⇐条件を確認する。

[3]　$a<0$ のとき
$0\leqq x\leqq\pi$ における $f(x)$ の増減表は右のようになる。
ゆえに，最大値は
$f(0)=f(\pi)=0$
よって，不適。

x	0	$\cdots$	$\frac{2}{3}\pi$	$\cdots$	π
$f'(x)$	／	$-$	0	$+$	／
$f(x)$	0	↘	極小	↗	0

⇐最大になりうるのは $x=0$ または $x=\pi$ のとき。

[1]，[2]，[3] から　　$\boldsymbol{a=3}$

PR ③81 AB＝AC＝1 である二等辺三角形 ABC に内接する円の面積を最大にする底辺の長さを求めよ。〔類 東京理科大〕

HINT　底辺 BC$=2x$ とする。BC$=x$ とするよりも計算しやすい。

AB＝AC＝1 の二等辺三角形において，内接円の半径を r，底辺 BC の長さを $2x$ とする。

$|1-1|<2x<1+1$ から　　$0<x<1$

⇐a，b，c が三角形の 3 辺である条件 $|b-c|<a<b+c$

△ABC の面積を 2 通りに表すと

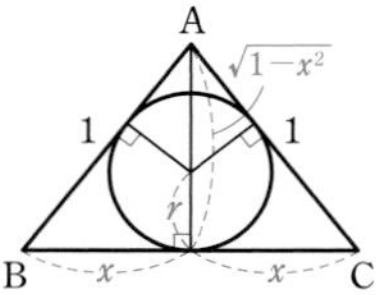

$$\triangle ABC=\frac{1}{2}\cdot 2x\sqrt{1-x^2},$$

$$\triangle ABC=\frac{1}{2}(1+1+2x)r$$

⇐面積の公式 $S=\frac{1}{2}(a+b+c)r$

よって，$x\sqrt{1-x^2}=(1+x)r$ から

$$r=\frac{x\sqrt{1-x^2}}{1+x}$$

このとき，内接円の面積は πr^2 であるから，$f(x)=r^2$ とすると

⇐円の面積 πr^2 の最大・最小 ⟺ r^2 の最大・最小

$$f(x)=r^2=\frac{x^2(1-x^2)}{(1+x)^2}=\frac{x^2(1-x)}{1+x}=\frac{x^2-x^3}{1+x}$$

$$f'(x)=\frac{(2x-3x^2)(1+x)-(x^2-x^3)}{(1+x)^2}=-\frac{2x(x^2+x-1)}{(1+x)^2}$$

$f'(x)=0$ とすると，$0<x<1$ から　　$x=\frac{\sqrt{5}-1}{2}$

$0<x<1$ における $f(x)$ の増減表は右のようになるから，r^2 は $x=\frac{\sqrt{5}-1}{2}$ のとき最大となる。

x	0	…	$\frac{\sqrt{5}-1}{2}$	…	1
$f'(x)$	／	＋	0	－	／
$f(x)$	／	↗	極大	↘	／

このとき，円の面積 πr^2 も最大となるから，求める底辺の長さは

$$2x=\sqrt{5}-1$$

⇐x のままで答えないように！

inf.（$A=2\theta$ として解く方法）
$A=2\theta$ とすると BC$=2\sin\theta$ で，
$\triangle ABC=\frac{1}{2}\cdot1\cdot1\cdot\sin2\theta$
$\triangle ABC=\frac{1}{2}(1+1+2\sin\theta)r$
から　$r=\frac{\sin2\theta}{2(1+\sin\theta)}$
r は $\sin\theta=\frac{\sqrt{5}-1}{2}$ のとき最大となる。

PR ②82　次の曲線の凹凸を調べ，変曲点があれば求めよ。
(1)　$y=3x^5-5x^4-5x+3$　　(2)　$y=\log(1+x^2)$　　(3)　$y=xe^x$

以下，表において ⌒ は上に凸，⌣ は下に凸を表す。

(1)　$y'=15x^4-20x^3-5$

$y''=60x^3-60x^2$
$=60x^2(x-1)$

$y''=0$ とすると　　$x=0,\ 1$

y'' の符号と曲線の凹凸は右の表のようになる。

x	…	0	…	1	…
y''	－	0	－	0	＋
y	⌒	3	⌒	変曲点 －4	⌣

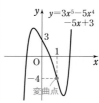

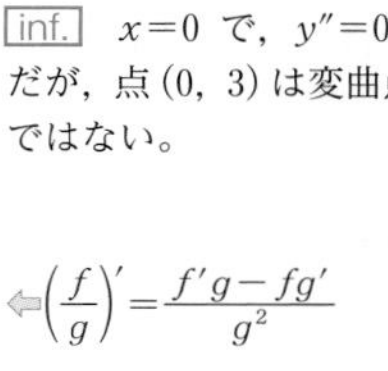

よって　　**$x<0$，$0<x<1$ で上に凸；$1<x$ で下に凸**
変曲点は　点 $(1,\ -4)$

inf.　$x=0$ で，$y''=0$ だが，点 $(0,\ 3)$ は変曲点ではない。

(2)　$y'=\frac{2x}{1+x^2}$

$$y''=2\cdot\frac{1\cdot(1+x^2)-x\cdot2x}{(1+x^2)^2}=-\frac{2(x+1)(x-1)}{(1+x^2)^2}$$

⇐$\left(\frac{f}{g}\right)'=\frac{f'g-fg'}{g^2}$

$y''=0$ とすると
　$x=-1,\ 1$
y'' の符号と曲線の凹凸は右の表のようになる。

x	$\cdots$	-1	$\cdots$	1	$\cdots$
y''	$-$	0	$+$	0	$-$
y	⌒	変曲点 $\log 2$	⌣	変曲点 $\log 2$	⌒

よって
　$x<-1,\ 1<x$ で上に凸；$-1<x<1$ で下に凸
　変曲点は　点 $(-1,\ \log 2),\ (1,\ \log 2)$

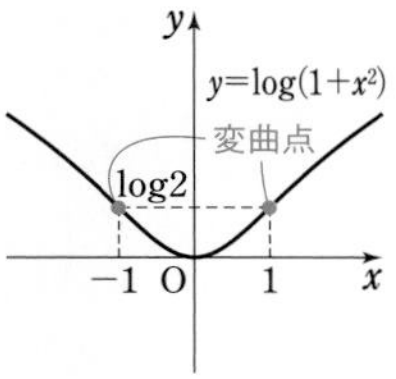

(3)　$y'=e^x+xe^x=(x+1)e^x$
　$y''=e^x+(x+1)e^x=(x+2)e^x$
$y''=0$ とすると　　$x=-2$
y'' の符号と曲線の凹凸は右の表のようになる。

x	$\cdots$	-2	$\cdots$
y''	$-$	0	$+$
y	⌒	変曲点 $-2e^{-2}$	⌣

⇦$(fg)'=f'g+fg'$

よって
　$x<-2$ で上に凸；$-2<x$ で下に凸
　変曲点は　点 $(-2,\ -2e^{-2})$

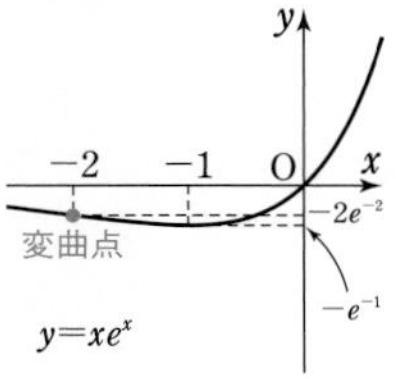

4章
PR

PR ②83　次の関数の増減，グラフの凹凸を調べてグラフの概形をかけ。
(1)　$y=\dfrac{1}{4}x^4+\dfrac{1}{3}x^3-8x^2-16x$　　(2)　$y=x-\sqrt{x-1}\quad(x\geqq 1)$

(1)　$y'=x^3+x^2-16x-16=(x+1)(x+4)(x-4)$
　$y''=3x^2+2x-16=(3x+8)(x-2)$
$y'=0$ とすると　　$x=-1,\ \pm 4$
$y''=0$ とすると　　$x=-\dfrac{8}{3},\ 2$
$y',\ y''$ の符号を調べて，y の関数の増減，グラフの凹凸を表にすると次のようになる。

x	$\cdots$	-4	$\cdots$	$-\frac{8}{3}$	$\cdots$	-1	$\cdots$	2	$\cdots$	4	$\cdots$
y'	$-$	0	$+$	$+$	$+$	0	$-$	$-$	$-$	0	$+$
y''	$+$	$+$	$+$	0	$-$	$-$	$-$	0	$+$	$+$	$+$
y	↘	極小	↗	変曲点	↗	極大	↘	変曲点	↘	極小	↗

ゆえに，y は
　$x=-4$ で極小値 $-\dfrac{64}{3}$，$x=-1$ で極大値 $\dfrac{95}{12}$，
　$x=4$ で極小値 $-\dfrac{320}{3}$
をとる。
また，変曲点は　点 $\left(-\dfrac{8}{3},\ -\dfrac{640}{81}\right),\ \left(2,\ -\dfrac{172}{3}\right)$
よって，グラフの概形は **右図** のようになる。

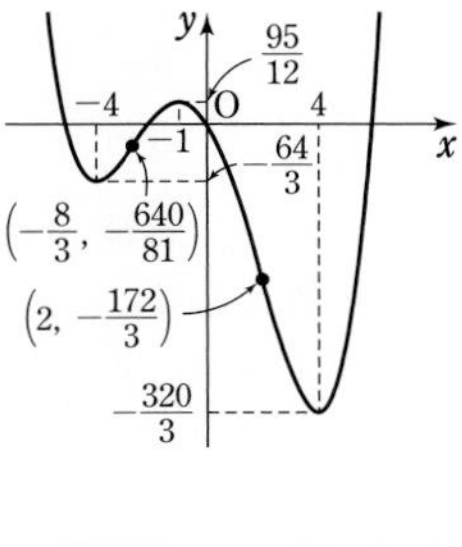

(2) $x>1$ のとき

$$y'=1-\frac{1}{2\sqrt{x-1}}=\frac{2\sqrt{x-1}-1}{2\sqrt{x-1}}$$

$$y''=-\frac{1}{2}\cdot\left(-\frac{1}{2}\right)\frac{1}{(x-1)^{\frac{3}{2}}}=\frac{1}{4\sqrt{(x-1)^3}}$$

⇐ y'' は y' を $y'=1-\frac{1}{2}(x-1)^{-\frac{1}{2}}$ とみて微分。

$y'=0$ とすると　　$2\sqrt{x-1}=1$ ……①

両辺を 2 乗すると　　$4(x-1)=1$

よって　　$x=\frac{5}{4}$

これは ① を満たす。

y', y'' の符号を調べて，y の関数の増減，グラフの凹凸を表にすると右のようになる。

x	1	…	$\frac{5}{4}$	…
y'	/	$-$	0	$+$
y''	/	$+$	$+$	$+$
y	1	↘(下に凸)	極小	↗(下に凸)

ゆえに，y は $x=\frac{5}{4}$ で

極小値 $\frac{5}{4}-\sqrt{\frac{5}{4}-1}=\frac{3}{4}$ をとる。

よって，グラフの概形は **右図** のようになる。

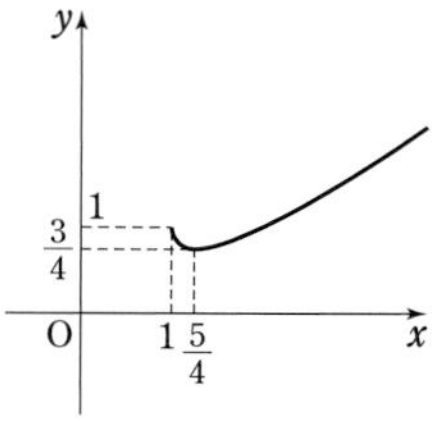

PR ②84 次の関数の増減，グラフの凹凸，漸近線を調べて，グラフの概形をかけ。

(1) $y=x-\frac{1}{x}$　　(2) $y=\frac{x}{x^2+1}$　　(3) $y=e^{-\frac{x^2}{4}}$

(1) 関数 y の定義域は　　$x \neq 0$

⇐(分母)$\neq 0$

$$y'=1-\frac{-1}{x^2}=1+\frac{1}{x^2}$$

⇐ $y'>0$

$$y''=-\frac{2}{x^3}$$

よって，y の増減，グラフの凹凸は右の表のようになる。

x	…	0	…
y'	$+$	/	$+$
y''	$+$	/	$-$
y	↗(下に凸)	/	↗(上に凸)

また　　$\lim_{x\to -0} y=\infty$,　$\lim_{x\to +0} y=-\infty$

⇐ $\lim_{x\to -0}\frac{1}{x}=-\infty$, $\lim_{x\to +0}\frac{1}{x}=\infty$

ゆえに，**直線 $x=0$** (y 軸) はこの曲線の漸近線である。

更に　　$\lim_{x\to\infty}(y-x)=0$

$\lim_{x\to-\infty}(y-x)=0$

⇐ $\lim_{x\to\pm\infty}\left(-\frac{1}{x}\right)=0$

よって，**直線 $y=x$** もこの曲線の漸近線である。

以上から，グラフの概形は **右図** のようになる。

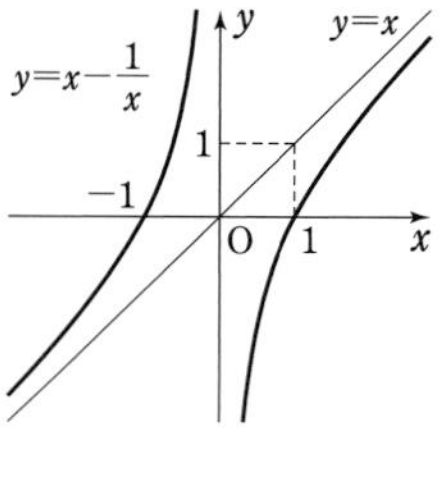

(2)　$y'=\dfrac{1\cdot(x^2+1)-x\cdot 2x}{(x^2+1)^2}=\dfrac{1-x^2}{(x^2+1)^2}=-\dfrac{(x+1)(x-1)}{(x^2+1)^2}$

$y''=\dfrac{-2x(x^2+1)^2-(1-x^2)\cdot 2(x^2+1)\cdot 2x}{(x^2+1)^4}$

$=\dfrac{-2x(x^2+1)-4x(1-x^2)}{(x^2+1)^3}=\dfrac{2x(x^2-3)}{(x^2+1)^3}$

$=\dfrac{2x(x+\sqrt{3})(x-\sqrt{3})}{(x^2+1)^3}$

$y'=0$ とすると　　$x=-1,\ 1$

$y''=0$ とすると　　$x=0,\ -\sqrt{3},\ \sqrt{3}$

よって，y の増減，グラフの凹凸は次の表のようになる。

inf.　(1), (2) の関数は奇関数であり，そのグラフは原点に関して対称である。よって，(1) では $x>0$，(2) では $x\geqq 0$ の場合のグラフをかき，対称性を利用して残りの部分のグラフをかき加えてもよい。

x	$\cdots$	$-\sqrt{3}$	$\cdots$	-1	$\cdots$	0	$\cdots$	1	$\cdots$	$\sqrt{3}$	$\cdots$
y'	$-$	$-$	$-$	0	$+$	$+$	$+$	0	$-$	$-$	$-$
y''	$-$	0	$+$	$+$	$+$	0	$-$	$-$	$-$	0	$+$
y	↘	変曲点 $-\dfrac{\sqrt{3}}{4}$	↘	極小 $-\dfrac{1}{2}$	↗	変曲点 0	↗	極大 $\dfrac{1}{2}$	↘	変曲点 $\dfrac{\sqrt{3}}{4}$	↘

また　　$\displaystyle\lim_{x\to\infty}y=\lim_{x\to\infty}\dfrac{\frac{1}{x}}{1+\frac{1}{x^2}}=0$

⇐ $\dfrac{x}{x^2+1}$ の分母・分子を x^2 で割る。

同様に　$\displaystyle\lim_{x\to-\infty}y=0$

ゆえに，**直線 $y=0$**（x 軸）はこの曲線の漸近線である。

よって，グラフの概形は **右図** のようになる。

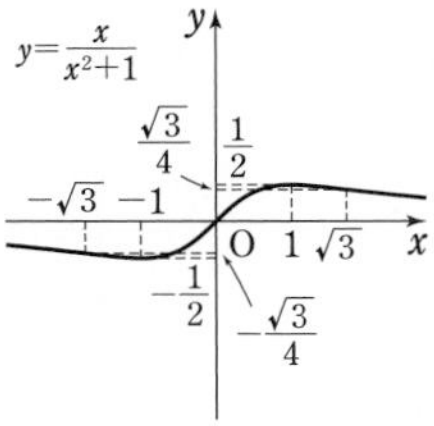

(3)　$y'=e^{-\frac{x^2}{4}}\left(-\dfrac{x^2}{4}\right)'=-\dfrac{x}{2}e^{-\frac{x^2}{4}}$

⇐合成関数の微分

$y''=-\dfrac{1}{2}\left\{1\cdot e^{-\frac{x^2}{4}}+x\cdot\left(-\dfrac{x}{2}e^{-\frac{x^2}{4}}\right)\right\}=-\dfrac{1}{4}(2-x^2)e^{-\frac{x^2}{4}}$

⇐ $(fg)'=f'g+fg'$

$=\dfrac{1}{4}(x+\sqrt{2})(x-\sqrt{2})e^{-\frac{x^2}{4}}$

$y'=0$ とすると　　$x=0$

⇐ $e^{-\frac{x^2}{4}}>0$

$y''=0$ とすると　　$x=-\sqrt{2},\ \sqrt{2}$

よって，y の増減，グラフの凹凸は次の表のようになる。

x	$\cdots$	$-\sqrt{2}$	$\cdots$	0	$\cdots$	$\sqrt{2}$	$\cdots$
y'	$+$	$+$	$+$	0	$-$	$-$	$-$
y''	$+$	0	$-$	$-$	$-$	0	$+$
y	↗	変曲点 $\dfrac{1}{\sqrt{e}}$	↗	極大 1	↘	変曲点 $\dfrac{1}{\sqrt{e}}$	↘

また　　$\lim_{x\to\infty} y = \lim_{x\to\infty} \dfrac{1}{e^{\frac{x^2}{4}}} = 0$

同様に　$\lim_{x\to-\infty} y = 0$

ゆえに，**直線 $y=0$**（x 軸）はこの曲線の漸近線である。

よって，グラフの概形は **右図** のようになる。

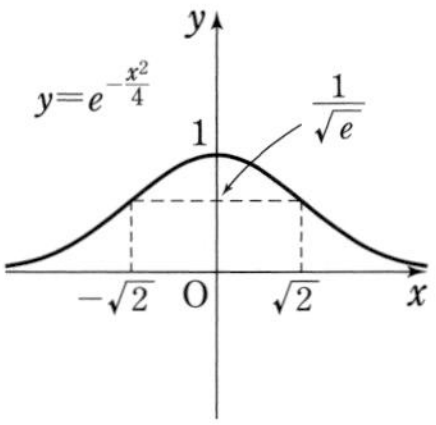

inf. (3) の関数は偶関数であるから，そのグラフは y 軸に関して対称である。したがって，$x \geqq 0$ のグラフをかき，対称性を利用して $x \leqq 0$ の部分のグラフをかき加えてもよい。

PR ②85 第 2 次導関数を利用して，次の関数の極値を求めよ。

(1) $y=(\log x)^2$　　(2) $y=xe^{-\frac{x^2}{2}}$　　(3) $y=x-2+\sqrt{4-x^2}$

(1) $f(x)=(\log x)^2$ とする。

関数 $f(x)$ の定義域は　$x>0$　　⇐(真数)>0

$x>0$ のとき　$f'(x)=2(\log x)\cdot\dfrac{1}{x}=\dfrac{2\log x}{x}$　　⇐合成関数の微分

$$f''(x)=2\cdot\frac{\frac{1}{x}\cdot x-(\log x)\cdot 1}{x^2}=\frac{2(1-\log x)}{x^2}$$

⇐$x>0$ において，y'' は連続関数。

$f'(x)=0$ とすると　$\log x=0$　　ゆえに　$x=1$

$f''(1)=2(1-\log 1)=2>0$ であるから　　⇐$\log 1=0$

$x=1$ で極小値 $f(1)=(\log 1)^2=$**0** をとる。　　⇐極大値はない。

(2) $f(x)=xe^{-\frac{x^2}{2}}$ とする。

$$f'(x)=1\cdot e^{-\frac{x^2}{2}}+xe^{-\frac{x^2}{2}}(-x)=(1-x^2)e^{-\frac{x^2}{2}}$$
$$=-(x+1)(x-1)e^{-\frac{x^2}{2}}$$
$$f''(x)=-2xe^{-\frac{x^2}{2}}+(1-x^2)e^{-\frac{x^2}{2}}(-x)$$
$$=(x^3-3x)e^{-\frac{x^2}{2}}$$

$f'(x)=0$ とすると　$x=\pm 1$

$f''(1)=(1-3)e^{-\frac{1}{2}}=-\dfrac{2}{\sqrt{e}}<0$,

$f''(-1)=(-1+3)e^{-\frac{1}{2}}=\dfrac{2}{\sqrt{e}}>0$ であるから

$x=1$ で極大値 $f(1)=1\cdot e^{-\frac{1}{2}}=\boldsymbol{\dfrac{1}{\sqrt{e}}}$,

$x=-1$ で極小値 $f(-1)=(-1)e^{-\frac{1}{2}}=\boldsymbol{-\dfrac{1}{\sqrt{e}}}$ をとる。

inf.

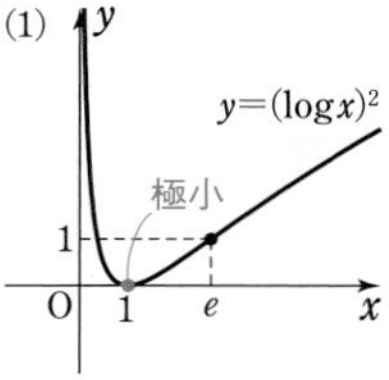

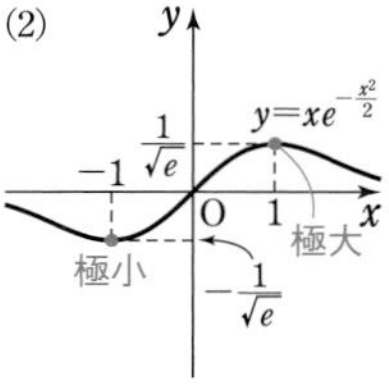

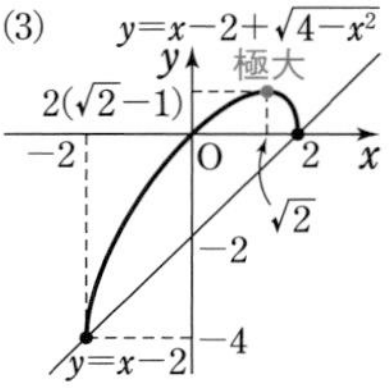

(3) $f(x)=x-2+\sqrt{4-x^2}$ とする。

関数 $f(x)$ の定義域は　$-2 \leqq x \leqq 2$

$-2<x<2$ のとき

$$f'(x)=1+\frac{-2x}{2\sqrt{4-x^2}}=1-\frac{x}{\sqrt{4-x^2}}$$

$$f''(x)=-\frac{1\cdot\sqrt{4-x^2}-x\cdot\frac{-2x}{2\sqrt{4-x^2}}}{4-x^2}=-\frac{4}{\sqrt{(4-x^2)^3}}$$

⇐$-2<x<2$ において，y'' は連続関数。

$f'(x)=0$ とすると　$\dfrac{x}{\sqrt{4-x^2}}=1$ ……①

ゆえに　$\sqrt{4-x^2}=x$

両辺を2乗すると　$4-x^2=x^2$

よって　$x^2=2$　　したがって　$x=\pm\sqrt{2}$

このうち，①を満たすものは　$x=\sqrt{2}$

⇦①から　$x>0$

$f''(\sqrt{2})=-\dfrac{4}{2\sqrt{2}}=-\sqrt{2}<0$ であるから

$x=\sqrt{2}$ で極大値 $f(\sqrt{2})=\sqrt{2}-2+\sqrt{4-2}$

$=\mathbf{2(\sqrt{2}-1)}$　をとる。

PR ③86

$f(x)=\log\dfrac{x+a}{3a-x}$ $(a>0)$ とする。$y=f(x)$ のグラフはその変曲点に関して対称であることを示せ。

真数の条件から　$\dfrac{x+a}{3a-x}>0$

両辺に $(3a-x)^2>0$ を掛けて　$(x+a)(3a-x)>0$

よって　$(x+a)(x-3a)<0$

⇦分母と分子で場合分けをするより，両辺に $(3a-x)^2$ を掛けて求める方がらく。

$a>0$ であるから，$f(x)$ の定義域は　$-a<x<3a$

ゆえに　$f(x)=\log(x+a)-\log(3a-x)$

⇦$-a<x<3a$ であるから　$x+a>0$，$3a-x>0$

$f'(x)=\dfrac{1}{x+a}-\dfrac{-1}{3a-x}=\dfrac{1}{x+a}+\dfrac{1}{3a-x}$

$f''(x)=-\dfrac{1}{(x+a)^2}-\dfrac{-1}{(3a-x)^2}$

$=\dfrac{-(3a-x)^2+(x+a)^2}{(x+a)^2(3a-x)^2}=\dfrac{8a(x-a)}{(x+a)^2(3a-x)^2}$

$f''(x)=0$ とすると　$x=a$

よって，$y=f(x)$ のグラフの凹凸は右の表のようになり，変曲点をPとすると

x	$-a$	…	a	…	$3a$
$f''(x)$	／	$-$	0	$+$	／
$f(x)$	／	上に凸	0	下に凸	／

P$(a,\ 0)$

⇦$f(a)=\log 2a-\log 2a$
$=0$

次に，$y=f(x)$ のグラフを x 軸方向に $-a$ だけ平行移動したグラフを表す関数を $g(x)$ とすると

⇦この平行移動により，点Pは原点へ移る。

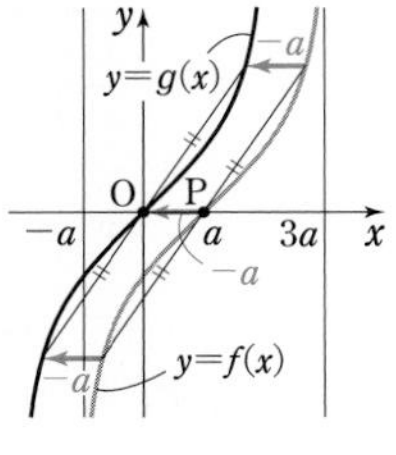

$g(x)=\log\dfrac{\{x-(-a)\}+a}{3a-\{x-(-a)\}}=\log\dfrac{x+2a}{2a-x}$

ここで　$g(-x)=\log\dfrac{-x+2a}{2a-(-x)}=\log\left(\dfrac{x+2a}{2a-x}\right)^{-1}$

$=-\log\dfrac{x+2a}{2a-x}=-g(x)$

ゆえに，$y=g(x)$ のグラフは原点に関して対称である。

よって，$y=f(x)$ のグラフは変曲点Pに関して対称である。

別解 (変曲点を求めるまでは同じ)

曲線 $y=f(x)$ 上の任意の点を $Q(s,\ t)$，変曲点Pに関して Qと対称な点を $Q'(u,\ v)$ とすると

$$\frac{s+u}{2}=a,\quad \frac{t+v}{2}=0$$

よって $\begin{cases} s=2a-u \\ t=-v \end{cases}$ …… ①

$Q(s,\ t)$ は曲線 $y=f(x)$ 上にあるから

$$t=f(s)\quad すなわち\quad t=\log\frac{s+a}{3a-s}$$

① を代入すると $\quad -v=\log\dfrac{(2a-u)+a}{3a-(2a-u)}$

ゆえに $\quad v=-\log\dfrac{3a-u}{a+u}=\log\dfrac{a+u}{3a-u}=f(u)$

よって，点 Q' は曲線 $y=f(x)$ 上にある。

したがって，$y=f(x)$ のグラフは変曲点Pに関して対称である。

inf. 点 $(x,\ y)$ を点 $(p,\ q)$ に関して対称に移動した点の座標は $(2p-x,\ 2q-y)$

⇦ $-\log_a M=\log_a\dfrac{1}{M}$

PR ③87 関数 $y=x-\sqrt{10-x^2}$ の増減，極値を調べて，そのグラフの概形をかけ (凹凸は調べなくてよい)。

定義域は $10-x^2\geqq 0$ から $\quad -\sqrt{10}\leqq x\leqq\sqrt{10}$

$-\sqrt{10}<x<\sqrt{10}$ のとき

$$y'=1-\frac{-2x}{2\sqrt{10-x^2}}=1+\frac{x}{\sqrt{10-x^2}}$$
$$=\frac{\sqrt{10-x^2}+x}{\sqrt{10-x^2}}$$

$y'=0$ とすると，$\sqrt{10-x^2}+x=0$ から

$$\sqrt{10-x^2}=-x \quad\cdots\cdots ①$$

両辺を 2 乗して $\quad 10-x^2=x^2 \quad$ すなわち $\quad x^2=5$

① より $x\leqq 0$ であるから $\quad x=-\sqrt{5}$

y の増減表は次のようになる。

x	$-\sqrt{10}$	$\cdots$	$-\sqrt{5}$	$\cdots$	$\sqrt{10}$
y'		$-$	0	$+$	
y	$-\sqrt{10}$	↘	極小 $-2\sqrt{5}$	↗	$\sqrt{10}$

よって，y は，$x=-\sqrt{5}$ で極小値 $-2\sqrt{5}$ をとる。

したがって，グラフの概形は **右図** のようになる。

⇦ ($\sqrt{\ }$ の中) $\geqq 0$

⇦ $(\sqrt{f(x)})'=\dfrac{f'(x)}{2\sqrt{f(x)}}$

⇦ ① の左辺は 0 以上であるから (右辺) $=-x\geqq 0$ すなわち $\quad x\leqq 0$

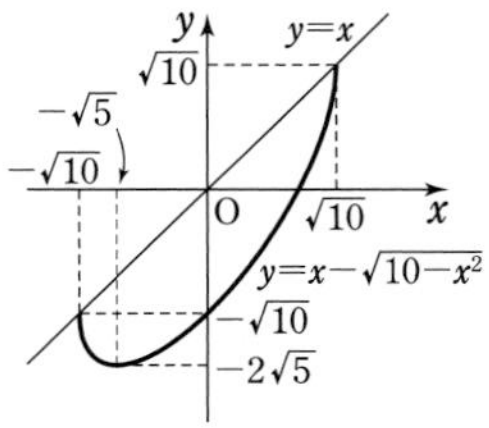

PR ④88

次の方程式が定める x の関数 y のグラフの概形をかけ (凹凸も調べよ)。
(1) $4x^2-y^2=x^4$　　(2) $\sqrt[3]{x^2}+\sqrt[3]{y^2}=1$

(1) $4x^2-y^2=x^4$ を変形すると　$y^2=x^2(4-x^2)$
$y^2\geqq 0$ であるから　$x^2(4-x^2)\geqq 0$
よって　$-2\leqq x\leqq 2$
x を $-x$ に, y を $-y$ におき換えても $y^2=x^2(4-x^2)$ は成り立つから, グラフは x 軸および y 軸, 原点に関して対称である。
$y=\pm\sqrt{x^2(4-x^2)}$ であるから, グラフは $y=x\sqrt{4-x^2}$ と $y=-x\sqrt{4-x^2}$ のグラフを合わせたものである。
まず, 関数 $y=x\sqrt{4-x^2}$ $(0\leqq x\leqq 2)$ ……① のグラフについて考える。
$y=0$ のとき, $0\leqq x\leqq 2$ から　$x=0,\ 2$
ゆえに, 原点 $(0,\ 0)$ と点 $(2,\ 0)$ を通る。
$0\leqq x<2$ のとき

$$y'=1\cdot\sqrt{4-x^2}+x\cdot\frac{-2x}{2\sqrt{4-x^2}}=\frac{4-x^2-x^2}{\sqrt{4-x^2}}$$
$$=\frac{4-2x^2}{\sqrt{4-x^2}}=-\frac{2(x+\sqrt{2})(x-\sqrt{2})}{\sqrt{4-x^2}}$$
$$y''=\frac{-4x\sqrt{4-x^2}-(4-2x^2)\cdot\dfrac{-2x}{2\sqrt{4-x^2}}}{4-x^2}$$
$$=\frac{-4x(4-x^2)+x(4-2x^2)}{(4-x^2)\sqrt{4-x^2}}=\frac{2x(x^2-6)}{\sqrt{(4-x^2)^3}}$$

$y'=0$ とすると　$x=\sqrt{2}$
よって, 関数 ① の増減, グラフの凹凸は, 次の表のようになる。

x	0	…	$\sqrt{2}$	…	2
y'	+	+	0	−	／
y''	0	−	−	−	／
y	0	↗	極大 2	↘	0

〔図1〕
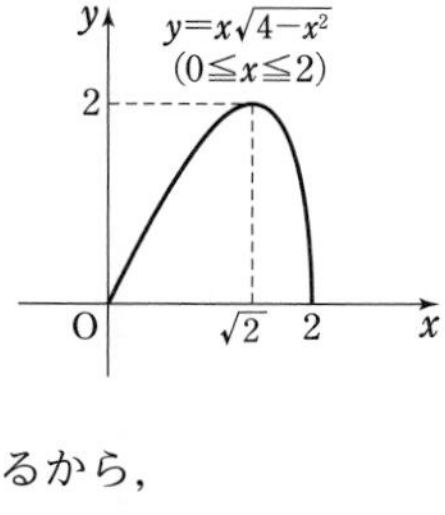

更に, $\displaystyle\lim_{x\to+0}y'=2$, $\displaystyle\lim_{x\to 2-0}y'=-\infty$ であるから,
関数 ① のグラフの概形は〔図 1〕のようになる。
したがって, 求めるグラフの概形は〔図 1〕のグラフを x 軸, y 軸, 原点に関してそれぞれ対称移動したものと〔図 1〕のグラフを合わせたもので, **〔図 2〕** のようになる。

〔図2〕
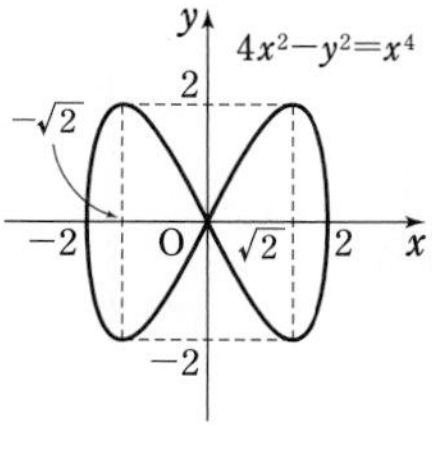

⇐$x^2\geqq 0$ から　$4-x^2\geqq 0$

inf.　y 軸に関して対称から, $-2\leqq x\leqq 2$ のうち, $0\leqq x\leqq 2$ を調べればよい。

⇐$0<x<2$ のとき $y''<0$

⇐$0\leqq x<2$ から。

⇐$y=x\sqrt{4-x^2}$ の $-2\leqq x\leqq 0$ のグラフは $y=x\sqrt{4-x^2}$ の $0\leqq x\leqq 2$ の部分を原点に関して対称に移動したもの。

4章
PR

inf. **y' の極限**

定義域の端点のグラフの形状をより詳しく調べるために y' の極限すなわち曲線の傾きの極限を調べることがある。

例えば PRACTICE 88 (1) では $\lim_{x \to 2-0} y' = -\infty$ を調べないと $x \longrightarrow 2-0$ のときのグラフが

[1]　x 軸に垂直

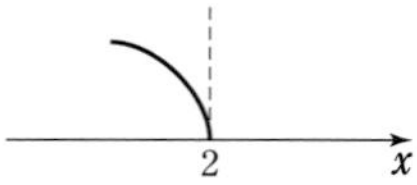

[2]　斜め

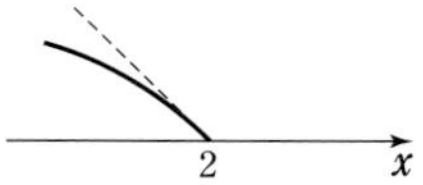

のいずれになるかが判断がつかない。

$\lim_{x \to +0} y' = 2$ についても同様の理由により調べている。

(2)　$\sqrt[3]{y^2} \geqq 0$ であるから　　$1 - \sqrt[3]{x^2} \geqq 0$

⇐ $\sqrt[3]{x^2} \leqq 1$ から　$x^2 \leqq 1$

ゆえに　　$-1 \leqq x \leqq 1$

x を $-x$ に，y を $-y$ におき換えても $\sqrt[3]{x^2} + \sqrt[3]{y^2} = 1$ は成り立つから，グラフは x 軸，y 軸および原点に関して対称である。

まず，関数 $\sqrt[3]{x^2} + \sqrt[3]{y^2} = 1$ …… ① の $x \geqq 0$，$y \geqq 0$ の部分にあるものについて考える。

$x=0$ のとき　　$y=1$　　　$y=0$ のとき　　$x=1$

⇐ $x=0$ のとき　$\sqrt[3]{y^2}=1$
よって　$y^2=1$
$y \geqq 0$ から　$y=1$

よって，点 (0, 1), (1, 0) を通る。

$x>0$，$y>0$ のとき，① の両辺を x で微分すると

$$\frac{2}{3}x^{-\frac{1}{3}} + \frac{2}{3}y^{-\frac{1}{3}}y' = 0$$

⇐ $\dfrac{d}{dx}\sqrt[3]{y^2} = \dfrac{d}{dy}y^{\frac{2}{3}} \cdot \dfrac{dy}{dx}$

ゆえに　　$y^{-\frac{1}{3}}y' = -x^{-\frac{1}{3}}$

よって　　$y' = -\dfrac{y^{\frac{1}{3}}}{x^{\frac{1}{3}}} = -\left(\dfrac{y}{x}\right)^{\frac{1}{3}}$　…… ②

$\dfrac{y}{x} > 0$ であるから　　$y' < 0$

また，② を x で微分すると

$$\begin{aligned} y'' &= -\frac{1}{3}\left(\frac{y}{x}\right)^{-\frac{2}{3}} \cdot \frac{d}{dx}\left(\frac{y}{x}\right) \\ &= -\frac{1}{3}\left(\frac{x}{y}\right)^{\frac{2}{3}} \cdot \frac{y'x - y \cdot 1}{x^2} \\ &= -\frac{1}{3}x^{-\frac{4}{3}}y^{-\frac{2}{3}}\left\{-\left(\frac{y}{x}\right)^{\frac{1}{3}}x - y\right\} \\ &= \frac{1}{3}x^{-\frac{4}{3}}y^{-\frac{2}{3}} \cdot y^{\frac{1}{3}}(x^{\frac{2}{3}} + y^{\frac{2}{3}}) \\ &= \frac{1}{3x^{\frac{4}{3}}y^{\frac{1}{3}}} > 0 \end{aligned}$$

⇐ ② を代入。

⇐ $x^{\frac{2}{3}} + y^{\frac{2}{3}} = 1$

ゆえに，$x \geqq 0$，$y \geqq 0$ における関数 ① の増減，グラフの凹凸は，次の表のようになる。

x	0	$\cdots$	1
y'	／	$-$	／
y''	／	$+$	／
y	1	↘	0

また，$x \longrightarrow 0$ のとき $y \longrightarrow 1$，
$x \longrightarrow 1$ のとき $y \longrightarrow 0$ であるから，
② より

$$\lim_{x\to+0} y' = -\infty, \quad \lim_{x\to1-0} y' = 0$$

よって，$x \geqq 0$，$y \geqq 0$ における ① のグラフの概形は〔図1〕のようになる。
したがって，求めるグラフの概形は，〔図1〕のグラフを x 軸，y 軸，原点に関してそれぞれ対称移動したものと〔図1〕のグラフを合わせたもので，〔**図2**〕のようになる。

〔図1〕

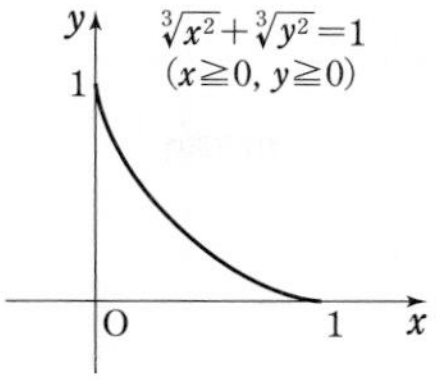

〔図2〕

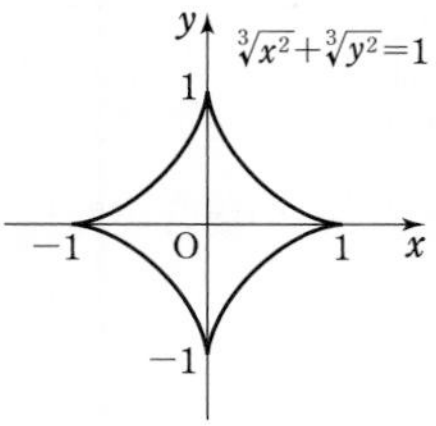

inf. (2)の曲線を **アステロイド** という（本冊 $p.153$ STEP UP 参照）。

4章 PR

PR ④89　曲線 $\begin{cases} x = \sin\theta \\ y = \cos 3\theta \end{cases}$ $(-\pi \leqq \theta \leqq \pi)$ の概形をかけ（凹凸は調べなくてよい）。

$\theta = \alpha$ $(0 \leqq \alpha \leqq \pi)$ に対応する点の座標を $(x,\ y)$ とすると

$$x = \sin\alpha, \quad y = \cos 3\alpha$$

ここで，$\theta = -\alpha$ $(-\pi \leqq -\alpha \leqq 0)$ に対応する点 $(x',\ y')$ は

$$x' = \sin(-\alpha) = -\sin\alpha = -x$$
$$y' = \cos(-3\alpha) = \cos 3\alpha = y$$

点 $(x,\ y)$ と点 $(x',\ y')$ は y 軸に関して対称な点であるから，曲線の $0 \leqq \theta \leqq \pi$ に対応する部分と $-\pi \leqq \theta \leqq 0$ に対応する部分は，y 軸に関して対称であることがわかる。
したがって，まずは $0 \leqq \theta \leqq \pi$ …… ① の範囲で考える。

⇦まず，対称性について考察する。

$$\frac{dx}{d\theta} = \cos\theta, \quad \frac{dy}{d\theta} = -3\sin 3\theta$$

① の範囲で

$\dfrac{dx}{d\theta} = 0$ を満たす θ の値は　　$\theta = \dfrac{\pi}{2}$

$\dfrac{dy}{d\theta} = 0$ を満たす θ の値は，$\sin 3\theta = 0$ $(0 \leqq 3\theta \leqq 3\pi)$ から

$$3\theta = 0,\ \pi,\ 2\pi,\ 3\pi \quad \text{すなわち} \quad \theta = 0,\ \frac{\pi}{3},\ \frac{2}{3}\pi,\ \pi$$

よって，① の範囲における点 $(x,\ y)$ の動きは次の表のようになる。

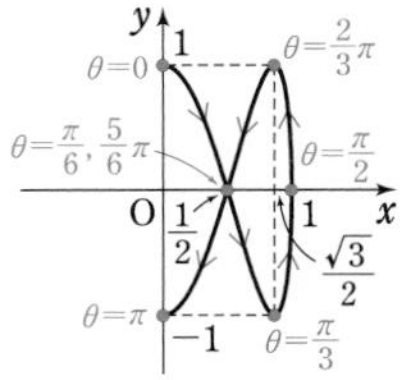

θ	0	…	$\frac{\pi}{3}$	…	$\frac{\pi}{2}$	…	$\frac{2}{3}\pi$	…	π
$\frac{dx}{d\theta}$	＋	＋	＋	＋	0	−	−	−	−
x	0	→	$\frac{\sqrt{3}}{2}$	→	1	←	$\frac{\sqrt{3}}{2}$	←	0
$\frac{dy}{d\theta}$	0	−	0	＋	＋	＋	0	−	0
y	1	↓	−1	↑	0	↑	1	↓	−1
(グラフ)		↘		↗		↖		↙	

また，① の範囲で $y=0$ となるのは，

$\theta=\frac{\pi}{2}$ の他に $\theta=\frac{\pi}{6},\ \frac{5}{6}\pi$ の場合があり

$\theta=\frac{\pi}{6},\ \frac{5}{6}\pi$ のとき　　$(x,\ y)=\left(\frac{1}{2},\ 0\right)$

よって，対称性を考えると，曲線の概形は，**右図** のようになる。

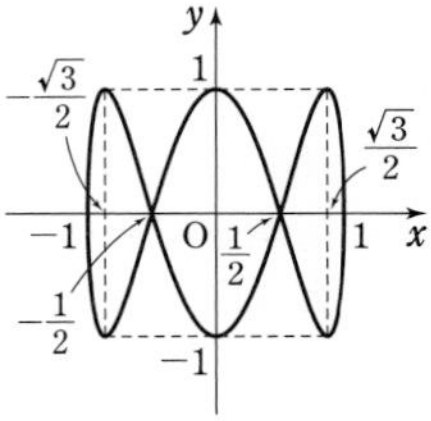

問題
(本冊 $p.152$)　関数 $y=\frac{(x+1)^3}{x^2}$ の増減，グラフの凹凸，漸近線を調べて，グラフの概形をかけ。

補足　以下の 1 ～ 6 は，本冊 $p.152$ まとめ で解説した内容との対応を示している。

$y=\frac{(x+1)^3}{x^2}$ から定義域は $x\neq 0$ であり，周期性はない。…… 1，2

$x\neq 0$ であるから y 軸との共有点はない。また，$y=0$ とすると $x=-1$ であるから，x 軸との共有点の座標は $(-1,\ 0)$ のみである。…… 6

$$y'=\frac{3(x+1)^2\cdot x^2-(x+1)^3\cdot 2x}{(x^2)^2}$$

$$=\frac{(x+1)^2\{3x-2(x+1)\}}{x^3}$$

$$=\frac{(x+1)^2(x-2)}{x^3}$$

⇐x^3 は $x=0$ の前後で符号変化する。

$$y''=\frac{\{2(x+1)(x-2)+(x+1)^2\cdot 1\}\cdot x^3-(x+1)^2(x-2)\cdot 3x^2}{(x^3)^2}$$

$$=\frac{(x+1)\{2(x-2)+(x+1)\}x-3(x+1)^2(x-2)}{x^4}$$

$$=\frac{(x+1)\{x(3x-3)-3(x+1)(x-2)\}}{x^4}$$

$$=\frac{6(x+1)}{x^4}$$

⇐x^4 は $x=0$ の前後で符号変化しない。

よって，y の増減とグラフの凹凸は右のようになる。これから

$x=2$ のとき極小値 $\dfrac{27}{4}$，

極大値はない

変曲点の座標は $(-1,\ 0)$

となる。…… 3，4

x	$\cdots$	-1	$\cdots$	0	$\cdots$	2	$\cdots$
y'	$+$	0	$+$		$-$	0	$+$
y''	$-$	0	$+$		$+$	$+$	$+$
y	↗	変曲点 0	↗		↘	極小 $\dfrac{27}{4}$	↗

次に　$\displaystyle\lim_{x\to\pm\infty} y=\lim_{x\to\pm\infty}\frac{x^3+3x^2+3x+1}{x^2}$

$\displaystyle=\lim_{x\to\pm\infty}\left(x+3+\frac{3}{x}+\frac{1}{x^2}\right)=\pm\infty$（複号同順）

$x\longrightarrow +0$ のとき，$x^2\longrightarrow +0$，$(x+1)^2\longrightarrow 1$ から

$$\lim_{x\to+0} y=\lim_{x\to+0}\frac{(x+1)^2}{x^2}=\infty$$

$x\longrightarrow -0$ のとき，同様に　$\displaystyle\lim_{x\to-0} y=\infty$

したがって，漸近線は y 軸（直線 $x=0$）

また　$\displaystyle\lim_{x\to\infty}\frac{y}{x}=\lim_{x\to\infty}\left(1+\frac{1}{x}\right)^3=1^3=1$

$$\lim_{x\to\infty}(y-x)=\lim_{x\to\infty}\left(3+\frac{3}{x}+\frac{1}{x^2}\right)=3$$

同様に　$\displaystyle\lim_{x\to-\infty}\frac{y}{x}=1$，$\displaystyle\lim_{x\to-\infty}(y-x)=3$

ゆえに，直線 $y=x+3$ も漸近線である。…… 5

以上から，グラフの概形は **右図** のようになる。

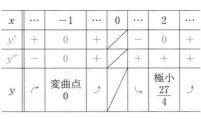

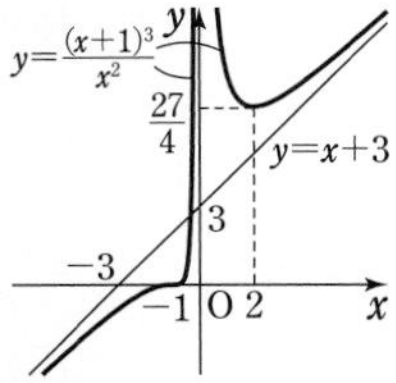

PR ④90　関数 $f(x)=a\sin x+b\cos x+x$ が極値をもつように，定数 a，b の条件を定めよ。

$a=b=0$ とすると　$f(x)=x$

この関数は単調に増加するから，$f(x)$ は極値をもたない。

したがって，a，b のうち少なくとも1つは0でない。

$$f'(x)=a\cos x-b\sin x+1$$
$$=-(b\sin x-a\cos x)+1$$
$$=-\sqrt{a^2+b^2}\sin(x+\alpha)+1$$

⇦$a\neq0$ または $b\neq0$ であるから，三角関数の合成を利用。

ただし　$\cos\alpha=\dfrac{b}{\sqrt{a^2+b^2}}$，$\sin\alpha=-\dfrac{a}{\sqrt{a^2+b^2}}$

$-1\leqq\sin(x+\alpha)\leqq1$ であるから

$$-\sqrt{a^2+b^2}\leqq-\sqrt{a^2+b^2}\sin(x+\alpha)\leqq\sqrt{a^2+b^2}$$

ここで，$\sqrt{a^2+b^2}\leqq1$ と仮定する。

$-\sqrt{a^2+b^2}\geqq-1$，$\sqrt{a^2+b^2}\leqq1$ であるから

$$-1\leqq-\sqrt{a^2+b^2}\sin(x+\alpha)\leqq1$$

各辺に1を加えて　$0\leqq f'(x)\leqq2$

よって，$f'(x)\geqq0$ となるから $f(x)$ は極値をもたない。

したがって，$\sqrt{a^2+b^2}>1$ でなければならない。
逆に，$\sqrt{a^2+b^2}>1$ ならば，曲線 $y=\sqrt{a^2+b^2}\sin(x+\alpha)$ と直線 $y=1$ は交点をもち，その交点の前後で $f'(x)$ の符号が変わる。
よって，$f(x)$ は極値をもつ。
ゆえに，求める条件は

$$\sqrt{a^2+b^2}>1$$

すなわち　　$\boldsymbol{a^2+b^2>1}$

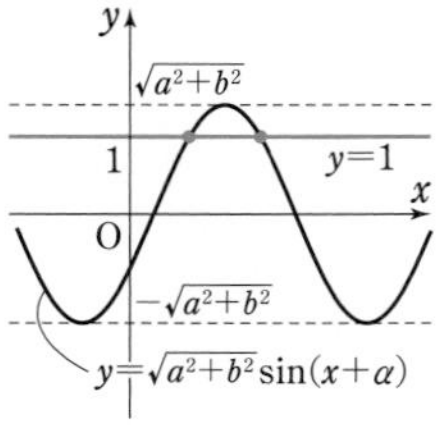

⇦必要条件

⇦十分条件

PR
④91

体積が $\dfrac{\sqrt{2}}{3}\pi$ の直円錐において，直円錐の側面積の最小値を求めよ。ただし直円錐とは，底面の円の中心と頂点とを結ぶ直線が，底面に垂直である円錐のことである。　〔札幌医大〕

直円錐の底面の円の半径を r，高さを h，母線の長さを l とすると

$$l=\sqrt{r^2+h^2},\ r>0,\ h>0$$

この直円錐の体積が $\dfrac{\sqrt{2}}{3}\pi$ であるから

$$\frac{1}{3}\pi hr^2=\frac{\sqrt{2}}{3}\pi$$

よって　　$h=\dfrac{\sqrt{2}}{r^2}$

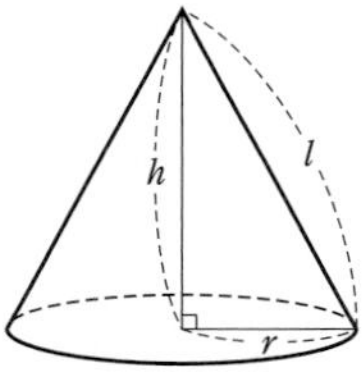

また，この直円錐の側面は右の図のような扇形で，その面積を S とすると

$$S=\frac{1}{2}\cdot l\cdot 2\pi r=\pi lr=\pi r\sqrt{r^2+h^2}$$

$$=\pi r\sqrt{r^2+\frac{2}{r^4}}=\pi\sqrt{r^4+\frac{2}{r^2}}$$

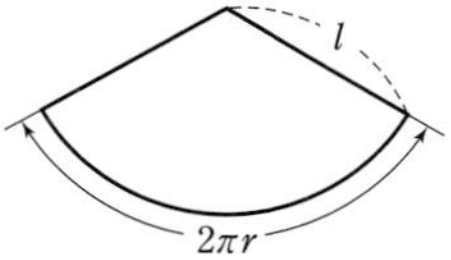

$r^2=x$ とおくと　　$S=\pi\sqrt{x^2+\dfrac{2}{x}},\ x>0$

$f(x)=x^2+\dfrac{2}{x}$ とすると

$$f'(x)=2x-\frac{2}{x^2}=\frac{2(x^3-1)}{x^2}=\frac{2(x-1)(x^2+x+1)}{x^2}$$

$f'(x)=0$ とすると　　$x=1$
$x>0$ における $f(x)$ の増減表は右のようになり，$f(x)$ は $x=1$ で最小値 3 をとる。
$f(x)>0$ であるから，$f(x)$ が最小となるとき，S も最小となる。
よって，S は**最小値** $\boldsymbol{\sqrt{3}\pi}$ をとる。

x	0	…	1	…
$f'(x)$	／	−	0	+
$f(x)$	／	↘	極小 3	↗

inf. 最初から体積 V を変数 1 文字で表すことは難しい。体積を求めるために必要な値を複数の文字を使って表し，条件から文字を減らす。

⇦体積の条件から高さ h，母線の長さ l を底面の半径 r を用いて表す。

⇦半径 R，弧の長さ L の扇形の面積 S は

$$S=\frac{1}{2}RL$$

inf. $g(r)=r^4+\dfrac{2}{r^2}$ として，$g'(r)=4r^3-\dfrac{4}{r^3}$
$=\dfrac{4(r+1)(r-1)}{r^3}$
$\times(r^2+r+1)(r^2-r+1)$
と r のままでも増減表はかけるが，$r^2=x$ として，次数を下げたほうが計算はらく。

⇦面積は 3 ではないことに注意。

PR ②92
(1) $x>0$ のとき，$2x-x^2<\log(1+x)^2<2x$ が成り立つことを示せ。
(2) $x>a$（a は定数）のとき，$x-a>\sin^2x-\sin^2a$ が成り立つことを示せ。

(1) $f(x)=\log(1+x)^2-(2x-x^2)$ とすると

$$f'(x)=2\cdot\frac{1}{1+x}-(2-2x)=2\left(\frac{1}{1+x}+x-1\right)$$
$$=2\cdot\frac{1+x^2-1}{1+x}=\frac{2x^2}{1+x}$$

⇐ $f(x)=2\log(1+x)-(2x-x^2)$

$x>0$ のとき　$f'(x)>0$
よって，$f(x)$ は $x\geqq0$ で増加する。
ゆえに，$x>0$ のとき　$f(x)>f(0)=0$
したがって，$x>0$ のとき　$2x-x^2<\log(1+x)^2$　…… ①
次に，$g(x)=2x-\log(1+x)^2$ とすると

⇐ $g(x)=2x-2\log(1+x)$

$$g'(x)=2-2\cdot\frac{1}{1+x}=2\left(1-\frac{1}{1+x}\right)=\frac{2x}{1+x}$$

$x>0$ のとき　$g'(x)>0$
よって，$g(x)$ は $x\geqq0$ で増加する。
ゆえに，$x>0$ のとき　$g(x)>g(0)=0$
したがって，$x>0$ のとき　$\log(1+x)^2<2x$　…… ②
①，② から，$x>0$ のとき

$$2x-x^2<\log(1+x)^2<2x$$

(2) $f(x)=x-a-(\sin^2x-\sin^2a)$ とすると

$$f'(x)=1-2\sin x\cdot\cos x=1-\sin2x$$

⇐ $1-\sin2x\geqq0$

ここで，$2x=\dfrac{\pi}{2}+2n\pi$ すなわち $x=\dfrac{\pi}{4}+n\pi$（n は整数）のとき $f'(x)=0$ となり，他の x については　$f'(x)>0$

⇐ $2x=\dfrac{\pi}{2}+2n\pi$ のとき $\sin2x=1$

よって，$f(x)$ は $x\geqq a$ で増加する。
ゆえに，$x>a$ のとき　$f(x)>f(a)=0$
したがって，$x>a$ のとき　$x-a>\sin^2x-\sin^2a$

⇐ $f(a)=a-a-(\sin^2a-\sin^2a)=0$

PR ③93
$x>0$ のとき，$e^x>x^2$ が成り立つことを示せ。

$f(x)=e^x-x^2$ とすると

$$f'(x)=e^x-2x,\ f''(x)=e^x-2$$

⇐ $f''(x)=0$ とすると，$e^x=2$ から　$x=\log2$

$x>0$ における $f'(x)$ の増減表は右のようになり，$x=\log2$ で極小かつ最小となる。

x	0	…	$\log2$	…
$f''(x)$	／	$-$	0	$+$
$f'(x)$		↘	極小	↗

$$f'(\log2)=2-2\log2$$
$$=2\log\frac{e}{2}>0$$

⇐ $e^{\log2}=2$

⇐ $\dfrac{e}{2}>1$ から。

よって，$x>0$ のとき　$f'(x)\geqq f'(\log2)>0$
ゆえに，$f(x)$ は $x\geqq0$ で増加する。
よって，$x>0$ のとき　$f(x)>f(0)=1>0$
したがって　$e^x>x^2$

PR ③94

(1) $0<x<\pi$ のとき，不等式 $x\cos x<\sin x$ が成り立つことを示せ。

(2) (1)の結果を用いて $\lim_{x\to+0}\frac{x-\sin x}{x^2}$ を求めよ。 〔類 岐阜薬大〕

(1) $f(x)=\sin x-x\cos x$ とすると

$$f'(x)=\cos x-(\cos x-x\sin x)=x\sin x$$

よって，$0<x<\pi$ のとき $f'(x)>0$ であるから，$f(x)$ は $0\leqq x\leqq\pi$ で増加する。

ゆえに，$0<x<\pi$ のとき　$f(x)>f(0)=0$

したがって，$0<x<\pi$ のとき　$x\cos x<\sin x$

(2) (1)の結果から，$0<x<\pi$ のとき

$$x-\sin x<x-x\cos x$$

⇐$-\sin x<-x\cos x$ の両辺に x を加えた。

このとき $x>\sin x$，$x^2>0$ であることから

$$0<\frac{x-\sin x}{x^2}<\frac{x-x\cos x}{x^2}$$

$\frac{x-x\cos x}{x^2}=\frac{1-\cos x}{x}=\frac{\sin x}{x}\cdot\frac{\sin x}{1+\cos x}$ であり，

$\lim_{x\to+0}\frac{\sin x}{x}\cdot\frac{\sin x}{1+\cos x}=1\cdot\frac{0}{1+1}=0$ であるから

$$\lim_{x\to+0}\frac{x-\sin x}{x^2}=\mathbf{0}$$

⇐はさみうちの原理

PR ②95

3次方程式 $x^3-kx+2=0$（k は定数）の異なる実数解の個数を求めよ。 〔類 山口大〕

$x=0$ は解ではないから　$x\neq0$

⇐この断り書きは重要。$x=0$ は方程式を満たさない。

方程式の両辺を x で割って変形すると　$x^2+\frac{2}{x}=k$

$f(x)=x^2+\frac{2}{x}$ とすると

$$f'(x)=2x-\frac{2}{x^2}=\frac{2(x^3-1)}{x^2}=\frac{2(x-1)(x^2+x+1)}{x^2}$$

⇐$x^2+x+1=\left(x+\frac{1}{2}\right)^2+\frac{3}{4}>0$

$f'(x)=0$ とすると　$x=1$

よって，$f(x)$ の増減表は次のようになる。

x	$\cdots$	0	$\cdots$	1	$\cdots$
$f'(x)$	$-$	／	$-$	0	$+$
$f(x)$	↘	／	↘	極小 3	↗

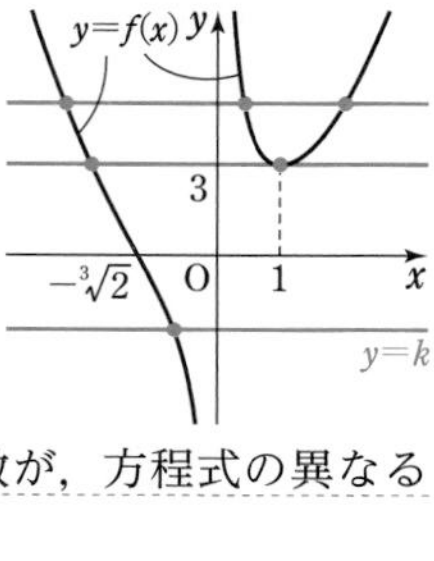

また $\lim_{x\to\infty}f(x)=\infty$，$\lim_{x\to-\infty}f(x)=\infty$

$\lim_{x\to+0}f(x)=\infty$，$\lim_{x\to-0}f(x)=-\infty$

よって，$y=f(x)$ のグラフは右の図のようになる。

このグラフと直線 $y=a$ の共有点の個数が，方程式の異なる実数解の個数と一致するから

⇐直線 $y=k$ を上下に動かして，共有点の個数を調べる。

$k<3$ のとき1個, $k=3$ のとき2個, $k>3$ のとき3個

inf. 解答では, 曲線 $f(x)=x^2+\dfrac{2}{x}$ を固定し, 直線 $y=k$ を動かして共有点の個数を調べた。
この問題の場合, $f(x)=x^3-kx+2$ とすると, これは3次関数のグラフであるから, 数学IIの範囲で, グラフと x 軸の共有点の個数を調べることができる。しかし, 曲線 $y=f(x)$ は k の値によって形を変えるため, 図形のイメージをつかみにくい。

別解 (数学IIの範囲での解法)
$f(x)=x^3-kx+2$ とすると　$f'(x)=3x^2-k$

[1] $k\leqq 0$ のとき

$f'(x)\geqq 0$ であるから, $f(x)$ は増加する。

⇐ $-k\geqq 0$

よって, 曲線 $y=f(x)$ と x 軸の共有点は1個。

[2] $k>0$ のとき

$$f'(x)=3\left(x+\sqrt{\frac{k}{3}}\right)\left(x-\sqrt{\frac{k}{3}}\right)$$

$f'(x)=0$ とすると　$x=\pm\sqrt{\dfrac{k}{3}}$

x	$\cdots$	$-\sqrt{\frac{k}{3}}$	$\cdots$	$\sqrt{\frac{k}{3}}$	$\cdots$
$f'(x)$	+	0	−	0	+
$f(x)$	↗	極大	↘	極小	↗

ゆえに, $f(x)$ の増減表は右のようになるから, $f(x)$ の

極大値は　$f\left(-\sqrt{\dfrac{k}{3}}\right)=-\dfrac{k}{3}\sqrt{\dfrac{k}{3}}+k\sqrt{\dfrac{k}{3}}+2=\dfrac{2}{3}k\sqrt{\dfrac{k}{3}}+2$

極小値は　$f\left(\sqrt{\dfrac{k}{3}}\right)=\dfrac{k}{3}\sqrt{\dfrac{k}{3}}-k\sqrt{\dfrac{k}{3}}+2=-\dfrac{2}{3}k\sqrt{\dfrac{k}{3}}+2$

ここで　$f\left(\sqrt{\dfrac{k}{3}}\right)f\left(-\sqrt{\dfrac{k}{3}}\right)=4-\dfrac{4}{9}k^2\cdot\dfrac{k}{3}=-\dfrac{4}{27}(k^3-27)$

$$=-\frac{4}{27}(k-3)(k^2+3k+9)$$

⇐ $k^2+3k+9=\left(k+\dfrac{3}{2}\right)^2+\dfrac{27}{4}>0$

$k>0$ であるから, 曲線 $y=f(x)$ と x 軸の共有点は

$f\left(\sqrt{\dfrac{k}{3}}\right)f\left(-\sqrt{\dfrac{k}{3}}\right)>0$

⇐極大値と極小値が同符号

すなわち　$0<k<3$ のとき　　1個

$f\left(\sqrt{\dfrac{k}{3}}\right)f\left(-\sqrt{\dfrac{k}{3}}\right)=0$

⇐極大値と極小値の一方が0

すなわち　$k=3$ のとき　　2個

$f\left(\sqrt{\dfrac{k}{3}}\right)f\left(-\sqrt{\dfrac{k}{3}}\right)<0$

⇐極大値と極小値が異符号

すなわち　$k>3$ のとき　　3個

[1], [2] から, 曲線 $y=f(x)$ と x 軸との共有点の個数が, 方程式の異なる実数解の個数と一致するから

$k<3$ のとき1個, $k=3$ のとき2個, $k>3$ のとき3個

4章 PR

PR ④96 $e<a<b$ のとき，不等式 $a^b>b^a$ が成り立つことを証明せよ。 〔類 長崎大〕

不等式 $a^b>b^a$ の両辺の自然対数をとると $\log a^b>\log b^a$

よって $b\log a>a\log b$

$0<a<b$ から，不等式の両辺を $ab\,(>0)$ で割ると

$$\frac{\log a}{a}>\frac{\log b}{b} \quad \cdots\cdots ①$$

ここで，$f(x)=\dfrac{\log x}{x}$ とすると

$$f'(x)=\frac{\frac{1}{x}\cdot x-\log x\cdot 1}{x^2}=\frac{1-\log x}{x^2}$$

$x>e$ のとき，$x^2>0$，$1-\log x<0$ であるから $f'(x)<0$

よって，$f(x)$ は $x\geqq e$ で単調に減少する。

ゆえに，$e<a<b$ のとき $\dfrac{\log a}{a}>\dfrac{\log b}{b}$

すなわち，不等式 ① が成り立つから $a^b>b^a$

⇦指数の形のままでは，a，b を分離できないので，対数を利用する。

⇦不等式 ① が成り立つことを証明する。

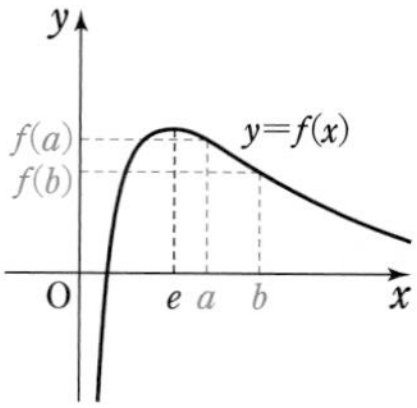

PR ④97 a を正の定数とする。不等式 $a^x\geqq x$ が任意の正の実数 x に対して成り立つような a の値の範囲を求めよ。 〔神戸大〕

$x>0$ のとき，不等式 $a^x\geqq x$ の両辺の自然対数をとると

$x\log a\geqq\log x$ よって $\log a\geqq\dfrac{\log x}{x}$

この不等式は，与えられた不等式と同値である。

$f(x)=\dfrac{\log x}{x}$ とすると

$$f'(x)=\frac{\frac{1}{x}\cdot x-\log x}{x^2}=\frac{1-\log x}{x^2}$$

$f'(x)=0$ とすると $\log x=1$

これを解いて $x=e$

$x>0$ における $f(x)$ の増減表は右のようになる。

x	0	$\cdots$	e	$\cdots$
$f'(x)$	／	$+$	0	$-$
$f(x)$	／	↗	極大	↘

ゆえに，$f(x)$ は $x=e$ で極大かつ最大で最大値は $\dfrac{1}{e}$ である。

任意の正の実数 x に対して不等式が成り立つための必要十分条件は，$\log a$ の値が $f(x)$ の最大値と等しいか，または最大値より大きいことであるから

$$\log a\geqq\frac{1}{e}$$

よって $\boldsymbol{a\geqq e^{\frac{1}{e}}}$

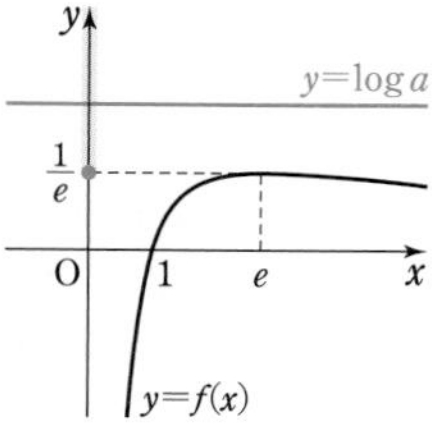

⇦$a>0$ から $a^x>0$

⇦$\log a^x=x\log a$

⇦$\left(\dfrac{f}{g}\right)'=\dfrac{f'g-fg'}{g^2}$

⇦$f(e)=\dfrac{\log e}{e}$

PR ③98　$f(x)=-\log x$ とする。実数 a に対して，点 $(a,\ 0)$ を通る曲線 $y=f(x)$ の接線の本数を求めよ。ただし，$\lim_{x\to+0} x\log x=0$ を用いてもよい。

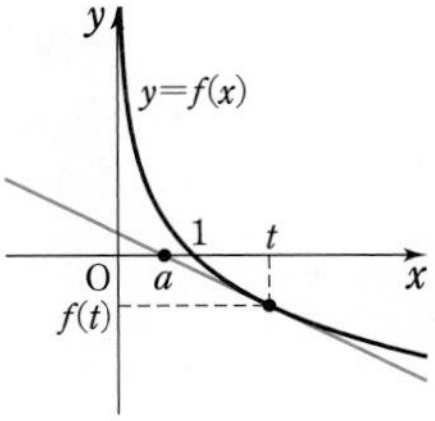

$f(x)=-\log x$ から　　$f'(x)=-\dfrac{1}{x}$

よって，曲線 $y=f(x)$ 上の点 $(t,\ f(t))$ における接線の方程式は　　$y-(-\log t)=-\dfrac{1}{t}(x-t)$

すなわち　　$y=-\dfrac{1}{t}x-\log t+1$

この接線が点 $(a,\ 0)$ を通るとき　　$0=-\dfrac{1}{t}a-\log t+1$

したがって　　$a=t(1-\log t)$

ここで，$g(t)=t(1-\log t)$ とすると

$$g'(t)=1-\log t+t\cdot\left(-\frac{1}{t}\right)=-\log t$$

$g'(t)=0$ とすると　　$t=1$

$g(t)$ の増減表は右のようになる。

t	0	$\cdots$	1	$\cdots$
$g'(t)$	／	$+$	0	$-$
$g(t)$	／	↗	1	↘

また，

$$\lim_{t\to\infty} g(t)=\lim_{t\to\infty} t(1-\log t)=-\infty,$$

$$\lim_{t\to+0} g(t)=\lim_{t\to+0}(t-t\log t)=0$$

ゆえに，$y=g(t)$ のグラフの概形は右の図のようになる。

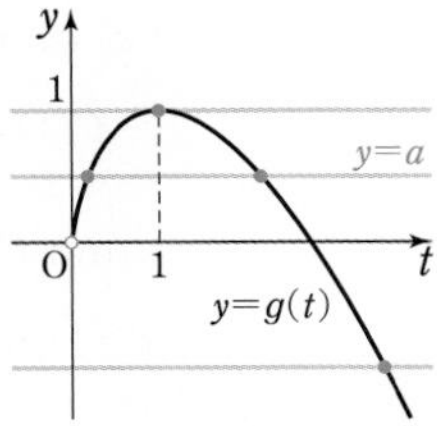

$y=-\log x$ のグラフから，接点が異なれば接線も異なる。

よって，$a=g(t)$ を満たす実数解の個数が，接線の本数に一致するから，求める接線の本数は

$a>1$ のとき 0 本；
$a=1$，$a\leqq 0$ のとき 1 本；
$0<a<1$ のとき 2 本

PR ④99
(1) 関数 $f(x)=x^{\frac{1}{x}}$ $(x>0)$ の極値を求めよ。
(2) $e^3>3^e$ であることを証明せよ。

(1) $x>0$ であるから，$f(x)>0$ である。

$f(x)=x^{\frac{1}{x}}$ の両辺の自然対数をとると　　⇐対数微分法

$$\log f(x)=\frac{1}{x}\log x$$

両辺を x で微分すると

$$\frac{f'(x)}{f(x)}=-\frac{1}{x^2}\log x+\frac{1}{x}\cdot\frac{1}{x}=\frac{1-\log x}{x^2}$$

⇐ $\dfrac{d}{dx}\log f(x)=\dfrac{f'(x)}{f(x)}$
$\dfrac{d}{dx}\left(\dfrac{1}{x}\log x\right)$
$=\left(\dfrac{1}{x}\right)'\log x+\dfrac{1}{x}(\log x)'$

よって　　$f'(x)=f(x)\cdot\dfrac{1-\log x}{x^2}=x^{\frac{1}{x}-2}(1-\log x)$

$f'(x)=0$ とすると，$1-\log x=0$ から

$x=e$

⇐ $x^{\frac{1}{x}-2}\neq 0$

ゆえに，$f(x)$ の増減表は右のようになる。

x	0	$\cdots$	e	$\cdots$
$f'(x)$	／	$+$	0	$-$
$f(x)$	／	↗	$e^{\frac{1}{e}}$	↘

よって，$f(x)$ は

$x=e$ で極大値 $e^{\frac{1}{e}}$ をとる。

(2) (1)から，関数 $f(x)$ は $x\geqq e$ で減少する。

$e<3$ であるから　$f(e)>f(3)$

よって　$e^{\frac{1}{e}}>3^{\frac{1}{3}}$

ゆえに　$e^3>3^e$

⇐両辺を $3e$ 乗した。

PR ⑤100

(1) $x\geqq 1$ のとき，$x\log x\geqq(x-1)\log(x+1)$ が成り立つことを示せ。
(2) 自然数 n に対して，$(n!)^2\geqq n^n$ が成り立つことを示せ。　〔名古屋市大〕

(1) $f(x)=x\log x-(x-1)\log(x+1)$ とすると

$$f'(x)=\log x+x\cdot\frac{1}{x}-\left\{\log(x+1)+(x-1)\cdot\frac{1}{x+1}\right\}$$

$$=\log x-\log(x+1)+\frac{2}{x+1}$$

⇐$\dfrac{x-1}{x+1}=1+\dfrac{-2}{x+1}$ と変形して計算するとスムーズ。

$$f''(x)=\frac{1}{x}-\frac{1}{x+1}-\frac{2}{(x+1)^2}=\frac{1-x}{x(x+1)^2}$$

⇐$\dfrac{(x+1)^2-x(x+1)-2x}{x(x+1)^2}$

よって，$x>1$ のとき　$f''(x)<0$

ゆえに，$f'(x)$ は $x\geqq 1$ で減少する。

更に，$f'(x)$ は $x\geqq 1$ において連続であり

$$f'(1)=-\log 2+1=\log\frac{e}{2}>0$$

⇐$e=2.7\cdots$ から $\dfrac{e}{2}>1$

$$\lim_{x\to\infty}f'(x)=\lim_{x\to\infty}\left(\log\frac{x}{x+1}+\frac{2}{x+1}\right)=0$$

⇐$\displaystyle\lim_{x\to\infty}\log\frac{x}{x+1}$
$\displaystyle=\lim_{x\to\infty}\log\frac{1}{1+\frac{1}{x}}$
$=\log 1=0$

よって，$x>1$ のとき　$f'(x)>0$

ゆえに，$f(x)$ は $x\geqq 1$ で増加し，$f(1)=0$ であるから，$x\geqq 1$ のとき $f(x)\geqq 0$ が成り立つ。

すなわち　$x\geqq 1$ のとき　$x\log x\geqq(x-1)\log(x+1)$

⇐等号が成り立つのは $x=1$ のとき。

(2) $(n!)^2\geqq n^n$ ……① とする。

⇐**数学的帰納法**

[1] $n=1$ のとき　$(1!)^2=1$，$1^1=1$

①の両辺がともに1となるから，$n=1$ のとき不等式①は成り立つ。

[2] $n=k$ のとき

不等式①が成り立つと仮定すると　$(k!)^2\geqq k^k$

$n=k+1$ のときについて

$$\{(k+1)!\}^2=(k!)^2(k+1)^2\geqq k^k(k+1)^2 \quad \cdots\cdots ②$$

⇐＿＿は $(k!)^2\geqq k^k$ の両辺に $(k+1)^2>0$ を掛けたもの。

一方，$k\geqq 1$ であるから，(1)で証明した不等式において，$x=k$ とおくと

$$k\log k\geqq(k-1)\log(k+1)$$

よって　$\log k^k\geqq\log(k+1)^{k-1}$

ゆえに　$k^k\geqq(k+1)^{k-1}$

⇐$\log a\geqq\log b\iff a\geqq b$

よって

$$\underline{k^k(k+1)^2 \geqq (k+1)^{k-1}(k+1)^2} = (k+1)^{k+1} \quad \cdots\cdots ③$$

②，③ から　　$\{(k+1)!\}^2 \geqq (k+1)^{k+1}$

したがって，$n=k+1$ のときも不等式 ① は成り立つ。

[1]，[2] から，すべての自然数 n に対して ① は成り立つ。

⇐ ＿＿ は $k^k \geqq (k+1)^{k-1}$ の両辺に $(k+1)^2>0$ を掛けたもの。

PR ②101 数直線上を運動する点Pの時刻 t における位置 x が $x=-2t^3+3t^2+8$ $(t \geqq 0)$ で与えられている。Pが原点Oから正の方向に最も離れるときの速度と加速度を求めよ。

時刻 t における点Pの速度を v，加速度を α とする。

$$v=\frac{dx}{dt}=-6t^2+6t=-6t(t-1)$$

$\dfrac{dx}{dt}=0$ とすると　　$t=0,\ 1$

$t \geqq 0$ であるから，速度 v の符号と位置 x の関係を表にまとめると，右のようになる。

t	0	…	1	…
v	0	＋	0	－
x	8	↗	9	↘

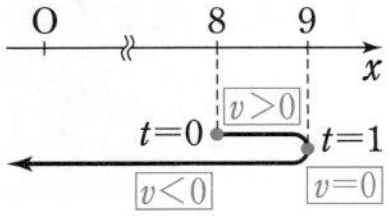

したがって，$t=1$ のとき点Pは原点Oから正の方向に最も離れる。

また，このときの **速度は**　　$\boldsymbol{v=0}$

更に　　$\alpha=\dfrac{dv}{dt}=-12t+6$

⇐ $\dfrac{dv}{dt}=\dfrac{d^2x}{dt^2}$

$t=1$ のときの **加速度は**　　$\boldsymbol{\alpha=-6}$

PR ②102 座標平面上を運動する点Pの座標 $(x,\ y)$ が，時刻 t の関数として $x=\dfrac{1}{2}\sin 2t,\ y=\sqrt{2}\cos t$ で表されるとき，P の速度ベクトル $\vec{v}$，加速度ベクトル $\vec{\alpha}$，$|\vec{v}|$ の最小値を求めよ。

$$\frac{dx}{dt}=\cos 2t,\quad \frac{dy}{dt}=-\sqrt{2}\sin t$$

よって　　$\boldsymbol{\vec{v}=(\cos 2t,\ -\sqrt{2}\sin t)}$　……①

⇐ $\vec{v}=\left(\dfrac{dx}{dt},\ \dfrac{dy}{dt}\right)$

また　　$\dfrac{d^2x}{dt^2}=\dfrac{d}{dt}\left(\dfrac{dx}{dt}\right)=(\cos 2t)'=-2\sin 2t,$

$$\frac{d^2y}{dt^2}=\frac{d}{dt}\left(\frac{dy}{dt}\right)=(-\sqrt{2}\sin t)'=-\sqrt{2}\cos t$$

ゆえに　　$\boldsymbol{\vec{\alpha}=(-2\sin 2t,\ -\sqrt{2}\cos t)}$

⇐ $\vec{\alpha}=\left(\dfrac{d^2x}{dt^2},\ \dfrac{d^2y}{dt^2}\right)$

次に，① から

$$\begin{aligned}|\vec{v}|^2&=(\cos 2t)^2+(-\sqrt{2}\sin t)^2\\&=\cos^2 2t+2\sin^2 t=(1-2\sin^2 t)^2+2\sin^2 t\\&=4\sin^4 t-2\sin^2 t+1\end{aligned}$$

⇐ $|\vec{v}|=\sqrt{\left(\dfrac{dx}{dt}\right)^2+\left(\dfrac{dy}{dt}\right)^2}$

ここで，$\sin^2 t=s$ とおくと

$$|\vec{v}|^2=4s^2-2s+1=4\left(s-\frac{1}{4}\right)^2+\frac{3}{4}$$

$0 \leqq s \leqq 1$ であるから，$s=\dfrac{1}{4}$ のとき $|\vec{v}|^2$ は最小値 $\dfrac{3}{4}$ をとる。
$|\vec{v}| \geqq 0$ であるから，このとき $|\vec{v}|$ も最小となる。
したがって，**$|\vec{v}|$ の最小値は** $\quad \sqrt{\dfrac{3}{4}}=\boldsymbol{\dfrac{\sqrt{3}}{2}}$

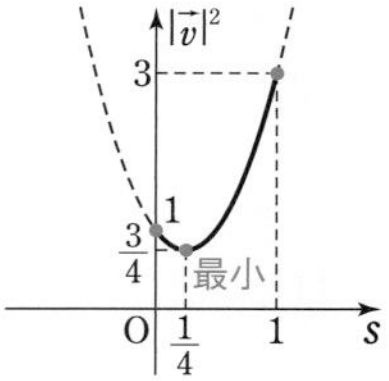

PR ②103 座標平面上を運動する点Pの座標 $(x,\ y)$ が，時刻 t の関数として $x=\omega t-\sin\omega t$, $y=1-\cos\omega t$ で表されるとき，点Pの速さを求めよ。また，点Pが最も速く動くときの速さを求めよ。

$$\frac{dx}{dt}=\omega-(\cos\omega t)\cdot\omega=\omega(1-\cos\omega t)$$
$$\frac{dy}{dt}=-(-\sin\omega t)\cdot\omega=\omega\sin\omega t$$

よって，**点Pの速さは**

$$\begin{aligned}\sqrt{\left(\frac{dx}{dt}\right)^2+\left(\frac{dy}{dt}\right)^2}&=\sqrt{\omega^2(1-\cos\omega t)^2+\omega^2\sin^2\omega t}\\&=\sqrt{\omega^2\{1-2\cos\omega t+(\cos^2\omega t+\sin^2\omega t)\}}\\&=\sqrt{2\omega^2(1-\cos\omega t)}\\&=\sqrt{2\omega^2\cdot 2\sin^2\frac{\omega t}{2}}\\&=\boldsymbol{2|\omega|\left|\sin\frac{\omega t}{2}\right|}\end{aligned}$$

⇐ $\cos^2\omega t+\sin^2\omega t=1$

⇐ 半角の公式を利用。

⇐ $\sqrt{a^2b^2}=|a||b|$

ここで，$0 \leqq \left|\sin\dfrac{\omega t}{2}\right| \leqq 1$ であるから，$\left|\sin\dfrac{\omega t}{2}\right|=1$ のとき点Pの速さは最大となり，最大値は $\quad 2|\omega|\cdot 1=\boldsymbol{2|\omega|}$

PR ③104 水面から 30 m の高さで水面に垂直な岸壁の上から，長さ 58 m の綱で船を引き寄せる。4 m/s の速さで綱をたぐるとき，2 秒後の船の速さを求めよ。

綱を引き始めてから t 秒後の，船と岸壁との水平距離を s m，岸壁の頂上と船との距離を x m とすると，s，x は t の関数で，次の関係式が成り立つ。

$$x^2=s^2+30^2 \quad \cdots\cdots ①$$

① の両辺を t で微分すると

$$2x\cdot\frac{dx}{dt}=2s\cdot\frac{ds}{dt}$$

⇐ $\dfrac{d}{dt}s^2=\dfrac{d}{ds}s^2\cdot\dfrac{ds}{dt}$

すなわち

$$x\cdot\frac{dx}{dt}=s\cdot\frac{ds}{dt} \quad \cdots\cdots ②$$

2 秒後において $\quad x=58-4\cdot 2=50$
ゆえに，① から $\quad s^2=50^2-30^2=1600$
$s>0$ であるから $\quad s=40$

条件から　$\dfrac{dx}{dt}=-4$

これらの数値を ② に代入すると

$$50\cdot(-4)=40\cdot\dfrac{ds}{dt}$$

よって　$\dfrac{ds}{dt}=-5$

したがって，2 秒後の船の速さは

$$\left|\dfrac{ds}{dt}\right|=|-5|=\mathbf{5\ (m/s)}$$

⇦綱はたぐるから，$\dfrac{dx}{dt}$ の符号は－であることに注意する。

⇦(速さ)＝|速度|

PR ②105

(1) $x\fallingdotseq 0$ のとき，次の関数について，1 次の近似式を作れ。

(ア) $\dfrac{1}{2+x}$　(イ) $\sqrt{1-x}$　(ウ) $\sin x$　(エ) $\tan\left(\dfrac{x}{2}-\dfrac{\pi}{4}\right)$

(2) 次の値の近似値を，1 次の近似式を用いて，小数第 3 位まで求めよ。ただし，$\sqrt{3}=1.732$，$\pi=3.142$ とする。

(ア) $\cos 61^\circ$　(イ) $\tan 29^\circ$　(ウ) $\sqrt{50}$　(エ) $\sqrt[3]{997}$

(1) (ア) $f(x)=\dfrac{1}{x}$ とすると　$f'(x)=-\dfrac{1}{x^2}$

よって　$f(2)=\dfrac{1}{2}$，$f'(2)=-\dfrac{1}{4}$

ゆえに，$x\fallingdotseq 0$ のとき

$$\boldsymbol{\frac{1}{2+x}}\fallingdotseq f(2)+f'(2)x=\boldsymbol{\frac{1}{2}-\frac{x}{4}}$$

(イ) $f(x)=\sqrt{x}$ とすると　$f'(x)=\dfrac{1}{2\sqrt{x}}$

よって　$f(1)=1$，$f'(1)=\dfrac{1}{2}$

$\sqrt{1-x}=\sqrt{1+(-x)}=f(1+(-x))$ であるから，$x\fallingdotseq 0$ のとき　$\boldsymbol{\sqrt{1-x}}\fallingdotseq f(1)+f'(1)\cdot(-x)=\boldsymbol{1-\frac{x}{2}}$

(ウ) $f(x)=\sin x$ とすると　$f'(x)=\cos x$

よって　$f(0)=0$，$f'(0)=1$

ゆえに，$x\fallingdotseq 0$ のとき

$$\boldsymbol{\sin x}\fallingdotseq f(0)+f'(0)x=\boldsymbol{x}$$

(エ) $f(x)=\tan x$ とすると　$f'(x)=\dfrac{1}{\cos^2 x}$

よって　$f\left(-\dfrac{\pi}{4}\right)=-1$，$f'\left(-\dfrac{\pi}{4}\right)=2$

$x\fallingdotseq 0$ のとき $\dfrac{x}{2}\fallingdotseq 0$ であるから

$$\boldsymbol{\tan\left(\frac{x}{2}-\frac{\pi}{4}\right)}=f\left(-\frac{\pi}{4}+\frac{x}{2}\right)$$
$$\fallingdotseq f\left(-\frac{\pi}{4}\right)+f'\left(-\frac{\pi}{4}\right)\cdot\frac{x}{2}$$
$$=\boldsymbol{-1+x}$$

(1) 別解　本冊 $p.175$ CHART&SOLUTION 2 の方針

(ア) $f(x)=\dfrac{1}{2+x}$ とすると $f'(x)=-\dfrac{1}{(2+x)^2}$

$f(0)=\dfrac{1}{2}$，$f'(0)=-\dfrac{1}{4}$

よって　$f(x)\fallingdotseq\boldsymbol{\frac{1}{2}-\frac{x}{4}}$

(イ) $f(x)=\sqrt{1-x}$ とすると　$f'(x)=\dfrac{-1}{2\sqrt{1-x}}$

$f(0)=1$，$f'(0)=-\dfrac{1}{2}$

よって　$f(x)\fallingdotseq\boldsymbol{1-\frac{x}{2}}$

(ウ) 1 で $a=0$ となり，2 と同じになる。

(エ) $f(x)=\tan\left(\dfrac{x}{2}-\dfrac{\pi}{4}\right)$ とすると

$f'(x)=\dfrac{1}{2\cos^2\left(\dfrac{x}{2}-\dfrac{\pi}{4}\right)}$

$f(0)=-1$，$f'(0)=1$

よって　$f(x)\fallingdotseq\boldsymbol{-1+x}$

inf.　(ウ) $x\fallingdotseq 0$ のとき $\sin x\fallingdotseq x$ であることは $\displaystyle\lim_{x\to 0}\frac{\sin x}{x}=1$ からもわかる。

(2) (ア) $\cos 61^\circ = \cos(60^\circ + 1^\circ) = \cos\left(\dfrac{\pi}{3} + \dfrac{\pi}{180}\right)$

$f(x) = \cos x$ とすると　$f'(x) = -\sin x$

よって　$f\left(\dfrac{\pi}{3}\right) = \dfrac{1}{2}$, $f'\left(\dfrac{\pi}{3}\right) = -\dfrac{\sqrt{3}}{2}$

ゆえに　$\cos 61^\circ = f\left(\dfrac{\pi}{3} + \dfrac{\pi}{180}\right) \fallingdotseq f\left(\dfrac{\pi}{3}\right) + f'\left(\dfrac{\pi}{3}\right) \cdot \dfrac{\pi}{180}$

$= \dfrac{1}{2} - \dfrac{\sqrt{3}}{2} \cdot \dfrac{\pi}{180} = 0.5 - \dfrac{1.732 \times 3.142}{360}$

$\fallingdotseq 0.5000 - 0.0151 = 0.4849 \fallingdotseq \mathbf{0.485}$

(イ) $\tan 29^\circ = \tan(30^\circ - 1^\circ) = \tan\left(\dfrac{\pi}{6} - \dfrac{\pi}{180}\right)$

$f(x) = \tan x$ とすると　$f'(x) = \dfrac{1}{\cos^2 x}$

よって　$f\left(\dfrac{\pi}{6}\right) = \dfrac{1}{\sqrt{3}}$, $f'\left(\dfrac{\pi}{6}\right) = \left(\dfrac{2}{\sqrt{3}}\right)^2 = \dfrac{4}{3}$

ゆえに　$\tan 29^\circ = f\left(\dfrac{\pi}{6} - \dfrac{\pi}{180}\right)$

$\fallingdotseq f\left(\dfrac{\pi}{6}\right) + f'\left(\dfrac{\pi}{6}\right) \cdot \left(-\dfrac{\pi}{180}\right)$

$= \dfrac{1}{\sqrt{3}} + \dfrac{4}{3}\left(-\dfrac{\pi}{180}\right) = \dfrac{\sqrt{3}}{3} - \dfrac{\pi}{135}$

$= \dfrac{1.732}{3} - \dfrac{3.142}{135} \fallingdotseq 0.5773 - 0.0233$

$= \mathbf{0.554}$

(ウ) $\sqrt{50} = \sqrt{49+1} = 7\sqrt{1 + \dfrac{1}{49}}$

$f(x) = \sqrt{x}$ とすると　$f'(x) = \dfrac{1}{2\sqrt{x}}$

よって　$f(1) = 1$, $f'(1) = \dfrac{1}{2}$

ゆえに　$\sqrt{1 + \dfrac{1}{49}} = f\left(1 + \dfrac{1}{49}\right) \fallingdotseq f(1) + f'(1) \cdot \dfrac{1}{49}$

$= 1 + \dfrac{1}{2} \cdot \dfrac{1}{49} = 1 + \dfrac{1}{98}$

よって　$\sqrt{50} \fallingdotseq 7\left(1 + \dfrac{1}{98}\right) = 7 + \dfrac{1}{14} \fallingdotseq \mathbf{7.071}$

(エ) $\sqrt[3]{997} = \sqrt[3]{1000 - 3} = \sqrt[3]{1000(1 - 0.003)}$

$= 10\{1 + (-0.003)\}^{\frac{1}{3}}$

$f(x) = x^{\frac{1}{3}}$ とすると　$f'(x) = \dfrac{1}{3}x^{-\frac{2}{3}}$

よって　$f(1) = 1$, $f'(1) = \dfrac{1}{3}$

ゆえに　$\{1 + (-0.003)\}^{\frac{1}{3}} = f(1 + (-0.003))$

(2) 別解　2の方針

(ア) $f(x) = \cos\left(\dfrac{\pi}{3} + x\right)$ とすると

$f'(x) = -\sin\left(\dfrac{\pi}{3} + x\right)$

$f(0) = \dfrac{1}{2}$, $f'(0) = -\dfrac{\sqrt{3}}{2}$

よって

$\cos\left(\dfrac{\pi}{3} + \dfrac{\pi}{180}\right) = f\left(\dfrac{\pi}{180}\right)$

$\fallingdotseq f(0) + f'(0) \cdot \dfrac{\pi}{180}$

(イ) $f(x) = \tan\left(\dfrac{\pi}{6} - x\right)$ とすると

$f'(x) = -\dfrac{1}{\cos^2\left(\dfrac{\pi}{6} - x\right)}$

$f(0) = \dfrac{1}{\sqrt{3}}$, $f'(0) = -\dfrac{4}{3}$

よって

$\tan\left(\dfrac{\pi}{6} - \dfrac{\pi}{180}\right) = f\left(\dfrac{\pi}{180}\right)$

$\fallingdotseq f(0) + f'(0) \cdot \dfrac{\pi}{180}$

(ウ) $f(x) = \sqrt{1+x}$ とすると　$f'(x) = \dfrac{1}{2\sqrt{1+x}}$

$f(0) = 1$, $f'(0) = \dfrac{1}{2}$

よって　$7\sqrt{1 + \dfrac{1}{49}}$

$= 7f\left(\dfrac{1}{49}\right)$

$\fallingdotseq 7\left\{f(0) + f'(0) \cdot \dfrac{1}{49}\right\}$

(エ) $f(x) = (1+x)^{\frac{1}{3}}$ とすると

$f'(x) = \dfrac{1}{3}(1+x)^{-\frac{2}{3}}$

$f(0) = 1$, $f'(0) = \dfrac{1}{3}$

よって

$10\{1 + (-0.003)\}^{\frac{1}{3}}$

$= 10f(-0.003)$

$\fallingdotseq 10\{f(0)$

$+ f'(0) \cdot (-0.003)\}$

$\fallingdotseq f(1)+f'(1)\cdot(-0.003)$

$=1+\dfrac{1}{3}\cdot(-0.003)=0.999$

よって　$\sqrt[3]{997}\fallingdotseq 10\times 0.999=\mathbf{9.990}$

PR ③106 1辺が 5 cm の立方体の各辺の長さを，すべて 0.02 cm ずつ小さくすると，立方体の表面積および体積はそれぞれ，どれだけ減少するか。小数第2位まで求めよ。

1辺の長さが x cm の立方体の表面積を S cm²，体積を V cm³ とすると

$S=6x^2,\ V=x^3$

よって　$S'=12x,\ V'=3x^2$

$\Delta x\fallingdotseq 0$ のとき

$\Delta S\fallingdotseq S'\Delta x=12x\cdot\Delta x$

$\Delta V\fallingdotseq V'\Delta x=3x^2\cdot\Delta x$

$x=5,\ \Delta x=-0.02$ とすると

$\Delta S\fallingdotseq 12\cdot 5\cdot(-0.02)=-1.20$

$\Delta V\fallingdotseq 3\cdot 5^2\cdot(-0.02)=-1.50$

よって，**表面積は約 1.20 cm²，体積は約 1.50 cm³** 減少する。

⇦5 cm に対して，0.02 cm は十分小さいと考えてよい。

PR ③107 表面積が 4π cm²/s の一定の割合で増加している球がある。半径が 10 cm になった瞬間において，以下のものを求めよ。
(1) 半径の増加する速度　(2) 体積の増加する速度　〔工学院大〕

t 秒後の表面積を S cm² とすると

$$\frac{dS}{dt}=4\pi\,(\mathrm{cm^2/s})\quad\cdots\cdots ①$$

(1) t 秒後の球の半径を r cm とすると　$S=4\pi r^2$

両辺を t で微分して　$\dfrac{dS}{dt}=8\pi r\cdot\dfrac{dr}{dt}$

ゆえに　$\dfrac{dr}{dt}=\dfrac{dS}{dt}\cdot\dfrac{1}{8\pi r}$

① から　$\dfrac{dr}{dt}=4\pi\cdot\dfrac{1}{8\pi r}=\dfrac{1}{2r}$

求める速度は，$r=10$ を代入して　$\boldsymbol{\dfrac{1}{20}}$ **cm/s**

別解　$S=4\pi t$ と $S=4\pi r^2$ から
$t=r^2$
両辺を t で微分して
$1=2r\cdot\dfrac{dr}{dt}$
よって　$\dfrac{dr}{dt}=\dfrac{1}{2r}$
ゆえに　$\boldsymbol{\dfrac{1}{20}}$ **cm/s**

(2) t 秒後の球の体積を V cm³ とすると　$V=\dfrac{4}{3}\pi r^3$

両辺を t で微分して　$\dfrac{dV}{dt}=4\pi r^2\cdot\dfrac{dr}{dt}$

$r=10$ のときの半径の増加する速度は，(1) より $\dfrac{dr}{dt}=\dfrac{1}{20}$

であるから

$$\frac{dV}{dt}=4\pi\cdot 10^2\cdot\frac{1}{20}=20\pi$$

よって，求める速度は　$\boldsymbol{20\pi}$ **cm³/s**

EX ②65

(1) 曲線 $y=\log(\log x)$ の $x=e^2$ における接線の方程式を求めよ。
(2) 曲線 $2x^2-2xy+y^2=5$ 上の点 $(1,\ 3)$ における接線の方程式を求めよ。 〔東京理科大〕
(3) t を媒介変数として，$\begin{cases} x=e^t \\ y=e^{-t^2} \end{cases}$ で表される曲線を C とする。
曲線 C 上の $t=1$ に対応する点における接線の方程式を求めよ。 〔類 東京理科大〕

(1) $f(x)=\log(\log x)$ とすると　$f'(x)=\dfrac{1}{\log x}\cdot\dfrac{1}{x}=\dfrac{1}{x\log x}$

よって　$f'(e^2)=\dfrac{1}{e^2\log e^2}=\dfrac{1}{2e^2}$

また　$f(e^2)=\log(\log e^2)=\log 2$

求める接線の方程式は　$y-\log 2=\dfrac{1}{2e^2}(x-e^2)$

すなわち　$\boldsymbol{y=\dfrac{1}{2e^2}x-\dfrac{1}{2}+\log 2}$

(2) $2x^2-2xy+y^2=5$ の両辺を x で微分すると

$$4x-2(y+xy')+2yy'=0$$

よって，$y\neq x$ のとき　$y'=\dfrac{y-2x}{y-x}$

点 $(1,\ 3)$ における接線の傾きは　$\dfrac{3-2\cdot 1}{3-1}=\dfrac{1}{2}$

求める接線の方程式は　$y-3=\dfrac{1}{2}(x-1)$

すなわち　$\boldsymbol{y=\dfrac{1}{2}x+\dfrac{5}{2}}$

(3) $\dfrac{dx}{dt}=e^t$，$\dfrac{dy}{dt}=-2te^{-t^2}$　　$\dfrac{dx}{dt}=e^t>0$ であるから

$$\frac{dy}{dx}=\frac{\frac{dy}{dt}}{\frac{dx}{dt}}=\frac{-2te^{-t^2}}{e^t}=-2te^{-t^2-t}$$

$t=1$ のとき　$x=e$，$y=\dfrac{1}{e}$，$\dfrac{dy}{dx}=-2e^{-2}=-\dfrac{2}{e^2}$

求める接線の方程式は　$y-\dfrac{1}{e}=-\dfrac{2}{e^2}(x-e)$

すなわち　$\boldsymbol{y=-\dfrac{2}{e^2}x+\dfrac{3}{e}}$

⇐$\{\log(\log x)\}'=\dfrac{(\log x)'}{\log x}=\dfrac{1}{x\log x}$

⇐接線の方程式
$y-f(a)=f'(a)(x-a)$

⇐$4x-2y+(2y-2x)y'=0$
から $(y-x)y'=y-2x$

⇐$t=1$ のとき
$\dfrac{dy}{dx}=-2\cdot 1\cdot e^{-1^2-1}$
$=-2e^{-2}$

EX ②66

2つの曲線 $y=x^2+ax+b$，$y=\dfrac{c}{x}+2$ は，点 $(2,\ 3)$ で交わり，この点における接線は互いに直交するという。定数 a，b，c の値を求めよ。

$f(x)=x^2+ax+b$，$g(x)=\dfrac{c}{x}+2$ とする。

曲線 $y=f(x)$，$y=g(x)$ は点 $(2,\ 3)$ を通るから

$$f(2)=3,\quad g(2)=3$$

$f(2)=3$ から　$2^2+a\cdot 2+b=3$

⇐点 $(2,\ 3)$ で交わる
⟶ ともに，点 $(2,\ 3)$ を通る。

よって　$2a+b=-1$ ……①

$g(2)=3$ から　$\dfrac{c}{2}+2=3$　これを解いて　$\boldsymbol{c=2}$

また　$f'(x)=2x+a$，$g'(x)=-\dfrac{c}{x^2}$

点 $(2,\ 3)$ において，$y=f(x)$，$y=g(x)$ の接線は座標軸に平行でなく，互いに直交するから

$$f'(2)g'(2)=-1$$

ゆえに　$(2\cdot2+a)\left(-\dfrac{c}{2^2}\right)=-1$

$c=2$ を代入してこれを解くと　$\boldsymbol{a=-2}$

よって，① から　$\boldsymbol{b=3}$

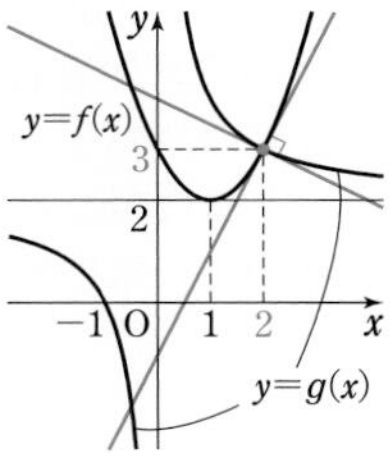

EX ③67

(1)　曲線 $y=\dfrac{1}{2}(e^x+e^{-x})$ 上の点Pにおける接線の傾きが1になるとき，点Pの y 座標を求めよ。〔法政大〕

(2)　曲線 $y=x\cos x$ の接線で，原点を通るものをすべて求めよ。〔武蔵工大〕

(1)　$y'=\dfrac{1}{2}\{e^x+e^{-x}(-1)\}=\dfrac{1}{2}(e^x-e^{-x})$

$\mathrm{P}\left(a,\ \dfrac{1}{2}(e^a+e^{-a})\right)$ とすると，点Pにおける接線の傾きは

$$\frac{1}{2}(e^a-e^{-a})$$

これが1に等しいとき　$\dfrac{1}{2}(e^a-e^{-a})=1$

両辺に $2e^a$ を掛けて整理すると

$$(e^a)^2-2e^a-1=0$$

よって　$e^a=-(-1)\pm\sqrt{(-1)^2-1\cdot(-1)}$
$=1\pm\sqrt{2}$

$e^a>0$ であるから　$e^a=1+\sqrt{2}$

ゆえに　$e^{-a}=\dfrac{1}{\sqrt{2}+1}=\sqrt{2}-1$

したがって，点Pの y 座標は

$$\frac{1}{2}(e^a+e^{-a})=\frac{1}{2}\{(1+\sqrt{2})+(\sqrt{2}-1)\}=\boldsymbol{\sqrt{2}}$$

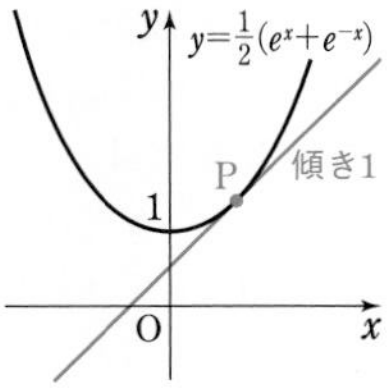

⇐ $e^a=X$ とおくと
$X^2-2X-1=0$
この2次方程式を解くと
$X=1\pm\sqrt{2}$

(2)　$y'=\cos x-x\sin x$

求める接線の接点の座標を $(a,\ a\cos a)$ とすると，接線の方程式は

$$y-a\cos a$$
$$=(\cos a-a\sin a)(x-a)$$

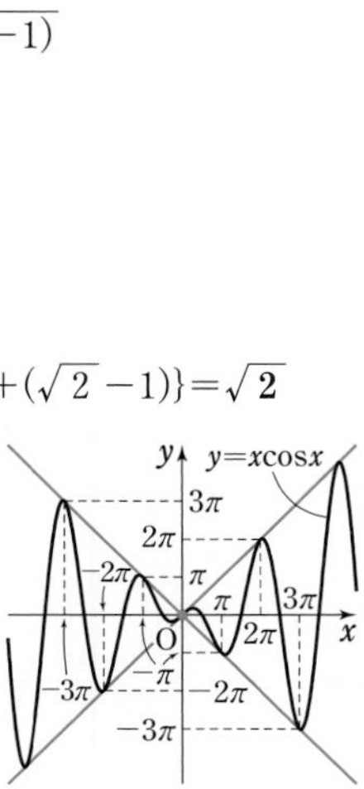

⇐ $(fg)'=f'g+fg'$

⇐ $y-f(a)$
$=f'(a)(x-a)$

すなわち

$y=(\cos a-a\sin a)x+a^2\sin a$ ……①

この直線が点 (0, 0) を通るから　$0=a^2\sin a$

ゆえに　$a=0$　または　$\sin a=0$

すなわち　$a=n\pi$ (n は整数)

このとき, ① は　$y=(\cos n\pi)x$

n が偶数のとき　$\cos n\pi=1$

n が奇数のとき　$\cos n\pi=-1$

よって, 求める接線の方程式は　$\boldsymbol{y=x}$, $\boldsymbol{y=-x}$

⇦$a=n\pi$ は $a=0$ を含む。

EX ④68

原点を P_1, 曲線 $y=e^x$ 上の点 (0, 1) を Q_1 とし, 以下順に, この曲線上の点 Q_{n-1} における接線と x 軸との交点 $(x_n, 0)$ を P_n, 曲線上の点 (x_n, e^{x_n}) を Q_n とする ($n=2, 3, 4, \cdots\cdots$)。

$x_n=$ ア□ であり, 三角形 $P_nQ_nP_{n+1}$ の面積を S_n とすると $\sum_{n=1}^{\infty}S_n=$ イ□ である。　〔中央大〕

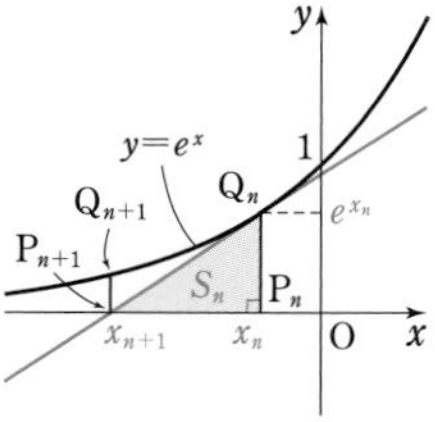

$y=e^x$ を微分すると　$y'=e^x$

ゆえに, 点 $Q_n(x_n, e^{x_n})$ における接線の方程式は

$$y-e^{x_n}=e^{x_n}(x-x_n)$$

すなわち　$y=e^{x_n}x+(1-x_n)e^{x_n}$

$y=0$ とすると

$$0=e^{x_n}x+(1-x_n)e^{x_n}$$

$e^{x_n}\neq 0$ であるから　$x=x_n-1$

よって　$P_{n+1}(x_n-1, 0)$

ゆえに, $x_{n+1}=x_n-1$, $x_1=0$ であるから, 数列 $\{x_n\}$ は初項 0, 公差 -1 の等差数列である。

よって　$x_n=0+(n-1)\cdot(-1)=$ ア $\boldsymbol{1-n}$

また　$S_n=\frac{1}{2}\cdot P_{n+1}P_n\cdot P_nQ_n=\frac{1}{2}(x_n-x_{n+1})e^{x_n}$

$$=\frac{1}{2}\cdot 1\cdot e^{1-n}=\frac{1}{2}e^{1-n}=\frac{1}{2}\left(\frac{1}{e}\right)^{n-1}$$

ゆえに, $\sum_{n=1}^{\infty}S_n$ は初項 $\frac{1}{2}$, 公比 $\frac{1}{e}$ の無限等比級数で,

$\left|\frac{1}{e}\right|<1$ であるから収束する。

したがって　$\sum_{n=1}^{\infty}S_n=\dfrac{\frac{1}{2}}{1-\frac{1}{e}}=$ イ $\boldsymbol{\dfrac{e}{2(e-1)}}$

⇦接線の方程式
$y-f(a)=f'(a)(x-a)$

⇦点 P_{n+1} の x 座標。

⇦x_{n+1} は点 P_{n+1} の x 座標。

⇦**初項 a, 公差 d の等差数列の一般項は**
$\boldsymbol{a+(n-1)d}$

⇦$e^{1-n}=e^{-(n-1)}$
$=\left(\frac{1}{e}\right)^{n-1}$

⇦**無限等比級数**
$\sum_{n=1}^{\infty}ar^{n-1}=\dfrac{a}{1-r}$

EX ④69

曲線 $\sqrt[3]{x}+\sqrt[3]{y}=1\ (x\geqq 0,\ y\geqq 0)$ の概形は右図のようになる。この曲線上の点で座標軸上にはない点Pにおける接線が x 軸，y 軸と交わる点をそれぞれ A，B とするとき，OA+OB の最小値を求めよ。ただし，O は原点とする。　〔類 筑波大〕

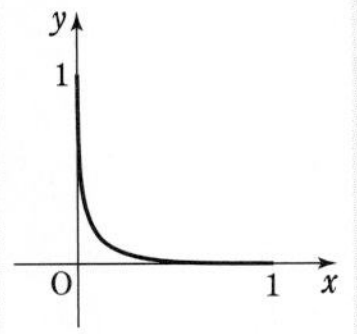

$\sqrt[3]{x}+\sqrt[3]{y}=1$ の両辺を x で微分すると

$$\frac{1}{3}\cdot\frac{1}{\sqrt[3]{x^2}}+\frac{1}{3}\cdot\frac{1}{\sqrt[3]{y^2}}\cdot y'=0$$

⇐ $\dfrac{d}{dx}\sqrt[3]{y}=\dfrac{d}{dy}\sqrt[3]{y}\cdot\dfrac{dy}{dx}$

よって，$x\neq 0$ のとき　$y'=-\sqrt[3]{\left(\dfrac{y}{x}\right)^2}$

⇐点Pは座標軸上にはないから $x\neq 0$ として考える。

曲線上の点 $P(x_1,\ y_1)\ (0<x_1<1,\ 0<y_1<1)$ における接線の方程式は

$$y-y_1=-\sqrt[3]{\left(\frac{y_1}{x_1}\right)^2}(x-x_1)$$

⇐接線の方程式 $y-f(a)=f'(a)(x-a)$

すなわち　$y=-\sqrt[3]{\left(\dfrac{y_1}{x_1}\right)^2}(x-x_1)+y_1$　…… ①

① に $y=0$ を代入すると

⇐ x 軸との交点を求める。

$$0=-\sqrt[3]{\left(\frac{y_1}{x_1}\right)^2}(x-x_1)+y_1$$

ゆえに　$x-x_1=y_1\sqrt[3]{\left(\dfrac{x_1}{y_1}\right)^2}$

⇐ $y_1\sqrt[3]{\dfrac{1}{{y_1}^2}}=\sqrt[3]{y_1}$

よって　$x=x_1+\sqrt[3]{{x_1}^2}\ \sqrt[3]{y_1}=\sqrt[3]{{x_1}^2}(\sqrt[3]{x_1}+\sqrt[3]{y_1})$

$=\sqrt[3]{{x_1}^2}\cdot 1=\sqrt[3]{{x_1}^2}$

⇐ $\sqrt[3]{x_1}+\sqrt[3]{y_1}=1$

ゆえに　$A(\sqrt[3]{{x_1}^2},\ 0)$

また，① に $x=0$ を代入すると

⇐ y 軸との交点を求める。

$$y=-\sqrt[3]{\left(\frac{y_1}{x_1}\right)^2}\cdot(-x_1)+y_1=\sqrt[3]{{y_1}^2}\ \sqrt[3]{x_1}+y_1$$

⇐ $x_1\sqrt[3]{\dfrac{1}{{x_1}^2}}=\sqrt[3]{x_1}$

$$=\sqrt[3]{{y_1}^2}(\sqrt[3]{x_1}+\sqrt[3]{y_1})=\sqrt[3]{{y_1}^2}$$

⇐ $\sqrt[3]{x_1}+\sqrt[3]{y_1}=1$

よって　$B(0,\ \sqrt[3]{{y_1}^2})$

したがって　$OA+OB=\sqrt[3]{{x_1}^2}+\sqrt[3]{{y_1}^2}$

ここで，$\sqrt[3]{x_1}+\sqrt[3]{y_1}=1$ から　$\sqrt[3]{y_1}=1-\sqrt[3]{x_1}$

ゆえに　$OA+OB=\sqrt[3]{{x_1}^2}+(1-\sqrt[3]{x_1})^2$

$=2\sqrt[3]{{x_1}^2}-2\sqrt[3]{x_1}+1$

$=2\left(\sqrt[3]{x_1}-\dfrac{1}{2}\right)^2+\dfrac{1}{2}$

⇐ $\sqrt[3]{x_1}=t$ とすると $\sqrt[3]{{x_1}^2}=(\sqrt[3]{x_1})^2=t^2$ から　OA+OB $=2t^2-2t+1$ $=2\left(t-\dfrac{1}{2}\right)^2+\dfrac{1}{2}$

$0<x_1<1$ であるから　$0<\sqrt[3]{x_1}<1$

したがって，$\sqrt[3]{x_1}=\dfrac{1}{2}$ すなわち $x_1=\dfrac{1}{8}$ のとき最小となり，

⇐ $x_1=y_1=\dfrac{1}{8}$

最小値は　$\boldsymbol{\dfrac{1}{2}}$

EX ④70 極限 $\lim_{x\to 0}\dfrac{\sin x-\sin(\sin x)}{\sin x-x}$ を求めよ。 〔類 芝浦工大〕

$x\longrightarrow 0$ であるから，$-\dfrac{\pi}{2}<x<\dfrac{\pi}{2}$ としてよい。

$f(x)=\sin x$ とすると，$f(x)$ はすべての実数 x で微分可能であり　$f'(x)=\cos x$

[1]　$x\longrightarrow +0$ のとき，$0<x<\dfrac{\pi}{2}$ としてよい。

このとき　$0<\sin x<x$

区間 $[\sin x,\ x]$ において，平均値の定理を用いると

$$\frac{f(x)-f(\sin x)}{x-\sin x}=\cos c,\ \sin x<c<x$$

を満たす実数 c が存在する。

$\lim_{x\to+0}\sin x=0$，$\lim_{x\to+0}x=0$ であるから　$\lim_{x\to+0}c=0$

よって

$$\lim_{x\to+0}\frac{\sin x-\sin(\sin x)}{\sin x-x}=\lim_{x\to+0}\left\{-\frac{\sin x-\sin(\sin x)}{x-\sin x}\right\}$$
$$=\lim_{x\to+0}(-\cos c)$$
$$=-\cos 0=-1$$

[2]　$x\longrightarrow -0$ のとき，$-\dfrac{\pi}{2}<x<0$ としてよい。

このとき　$x<\sin x<0$

区間 $[x,\ \sin x]$ において，平均値の定理を用いると

$$\frac{f(\sin x)-f(x)}{\sin x-x}=\cos c,\ x<c<\sin x$$

を満たす実数 c が存在する。

$\lim_{x\to-0}x=0$，$\lim_{x\to-0}\sin x=0$ であるから　$\lim_{x\to-0}c=0$

よって

$$\lim_{x\to-0}\frac{\sin x-\sin(\sin x)}{\sin x-x}=\lim_{x\to-0}\left\{-\frac{\sin(\sin x)-\sin x}{\sin x-x}\right\}$$
$$=\lim_{x\to-0}(-\cos c)$$
$$=-\cos 0=-1$$

[1]，[2] から　$\lim_{x\to 0}\dfrac{\sin x-\sin(\sin x)}{\sin x-x}=\mathbf{-1}$

別解　(解答の 3 行目までは同じ)

平均値の定理から

$$\left|\frac{\sin x-\sin(\sin x)}{x-\sin x}\right|=|\cos c|=\cos c,$$

c は x と $\sin x$ の間の実数

を満たす c が存在する。

$\lim_{x\to 0}x=0$，$\lim_{x\to 0}\sin x=0$ であるから　$\lim_{x\to 0}\cos x=\cos 0=1$

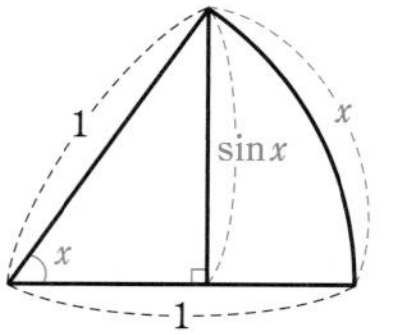

⇦上の図から $0<x<\dfrac{\pi}{2}$ のとき　$0<\sin x<x$

⇦はさみうちの原理

⇦$\lim_{x\to+0}\left\{-\dfrac{f(x)-f(\sin x)}{x-\sin x}\right\}$ の形になっている。

⇦はさみうちの原理

⇦$\lim_{x\to-0}\left\{-\dfrac{f(\sin x)-f(x)}{\sin x-x}\right\}$ の形になっている。

⇦左側極限と右側極限が一致。

⇦$-\dfrac{\pi}{2}<x<\dfrac{\pi}{2}$ のとき　$\cos x>0$

したがって　$\displaystyle\lim_{x\to0}\left|\frac{\sin x-\sin(\sin x)}{x-\sin x}\right|=1$

$x>0$ のとき，$0<\sin x<x<\dfrac{\pi}{2}$ から

$\sin(\sin x)<\sin x$

したがって　$x-\sin x>0$，$\sin x-\sin(\sin x)>0$

ゆえに　$\dfrac{\sin x-\sin(\sin x)}{x-\sin x}>0$　…… ①

$x<0$ のとき，$-\dfrac{\pi}{2}<x<\sin x<0$ から

$\sin x<\sin(\sin x)$

したがって　$x-\sin x<0$，$\sin x-\sin(\sin x)<0$

ゆえに　$\dfrac{\sin x-\sin(\sin x)}{x-\sin x}>0$　…… ②

①，② より，いずれの場合も $\dfrac{\sin x-\sin(\sin x)}{x-\sin x}>0$ である

から　$\displaystyle\lim_{x\to0}\frac{\sin x-\sin(\sin x)}{x-\sin x}=1$

よって　$\displaystyle\lim_{x\to0}\frac{\sin x-\sin(\sin x)}{\sin x-x}$

$\displaystyle=\lim_{x\to0}\left\{-\frac{\sin x-\sin(\sin x)}{x-\sin x}\right\}=\mathbf{-1}$

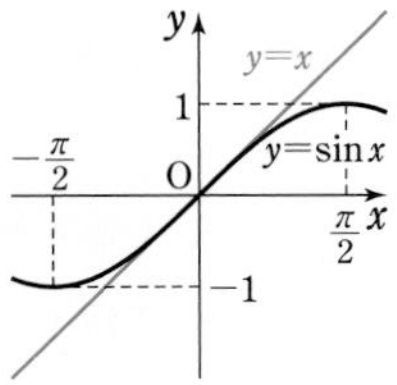

⇐ $-\dfrac{\pi}{2}<\theta_1<\theta_2<\dfrac{\pi}{2}$ のとき　$\sin\theta_1<\sin\theta_2$

4章 EX

EX ②71

次の関数の極値を求めよ。　[(1), (3) 日本女子大]

(1) $y=\dfrac{2x+1}{x^2+2}$　(2) $y=|x|e^{-x}$　(3) $y=\sin^3x+\cos^3x$

(1) $y'=\dfrac{2(x^2+2)-(2x+1)\cdot2x}{(x^2+2)^2}$

$=\dfrac{-2(x+2)(x-1)}{(x^2+2)^2}$

⇐ $\left(\dfrac{f}{g}\right)'=\dfrac{f'g-fg'}{g^2}$

$y'=0$ とすると

$x=-2$，1

y の増減表は右のようになる。

x	$\cdots$	-2	$\cdots$	1	$\cdots$
y'	$-$	0	$+$	0	$-$
y	↘	極小 $-\dfrac{1}{2}$	↗	極大 1	↘

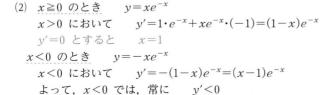

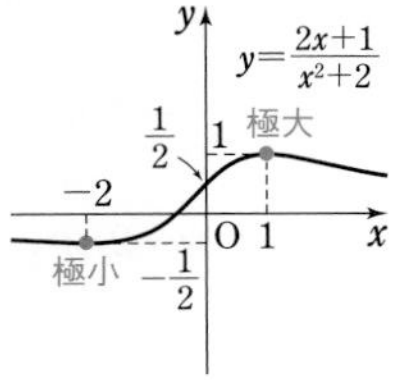

ゆえに

$x=1$ で極大値 1，

$x=-2$ で極小値 $-\dfrac{1}{2}$ をとる。

(2) $x\geqq0$ のとき　$y=xe^{-x}$

$x>0$ において　$y'=1\cdot e^{-x}+xe^{-x}\cdot(-1)=(1-x)e^{-x}$

⇐ $(fg)'=f'g+fg'$

$y'=0$ とすると　$x=1$

$x<0$ のとき　$y=-xe^{-x}$

$x<0$ において　$y'=-(1-x)e^{-x}=(x-1)e^{-x}$

よって，$x<0$ では，常に　$y'<0$

⇐ $x-1<0$，$e^{-x}>0$ から。

関数 y は $x=0$ のとき微分可能でない。

以上から，y の増減表は右のようになる。

ゆえに

x	$\cdots$	0	$\cdots$	1	$\cdots$
y'	$-$		$+$	0	$-$
y	↘	極小 0	↗	極大 $\frac{1}{e}$	↘

$x=1$ で極大値 $\frac{1}{e}$,

$x=0$ で極小値 0

をとる。

⇦ $x=0$ で y は微分可能ではないが，極値をとる。

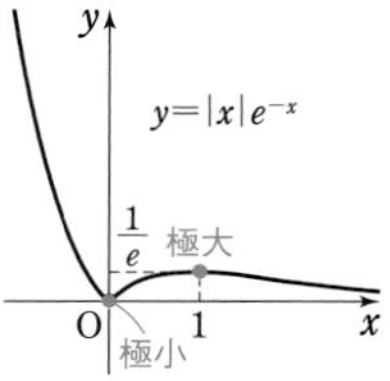

(3) $y'=3\sin^2 x\cos x-3\cos^2 x\sin x$

$=3\sin x\cos x(\sin x-\cos x)$

$=\frac{3\sqrt{2}}{2}\sin 2x\sin\left(x-\frac{\pi}{4}\right)$

⇦ 2倍角の公式，三角関数の合成を利用。

$0\leqq x\leqq 2\pi$ において，$y'=0$ とすると

$\sin 2x=0$ のとき　　$x=0,\ \frac{\pi}{2},\ \pi,\ \frac{3}{2}\pi,\ 2\pi$

$\sin\left(x-\frac{\pi}{4}\right)=0$ のとき　　$x=\frac{\pi}{4},\ \frac{5}{4}\pi$

⇦ $0\leqq 2x\leqq 4\pi$ から $2x=0,\ \pi,\ 2\pi,\ 3\pi,\ 4\pi$

⇦ $-\frac{\pi}{4}\leqq x-\frac{\pi}{4}\leqq\frac{7}{4}\pi$ から $x-\frac{\pi}{4}=0,\ \pi$

よって，$0\leqq x\leqq 2\pi$ における y の増減表は次のようになる。

x	0	$\cdots$	$\frac{\pi}{4}$	$\cdots$	$\frac{\pi}{2}$	$\cdots$	π	$\cdots$	$\frac{5}{4}\pi$	$\cdots$	$\frac{3}{2}\pi$	$\cdots$	2π
y'	0	$-$	0	$+$	0	$-$	0	$+$	0	$-$	0	$+$	0
y	極大 1	↘	極小 $\frac{1}{\sqrt{2}}$	↗	極大 1	↘	極小 -1	↗	極大 $-\frac{1}{\sqrt{2}}$	↘	極小 -1	↗	極大 1

関数 y は周期 2π の周期関数であるから，

n を整数として

$x=2n\pi,\ \frac{\pi}{2}+2n\pi$ で極大値 1,

$x=\frac{5}{4}\pi+2n\pi$ で極大値 $-\frac{1}{\sqrt{2}}$,

$x=\frac{\pi}{4}+2n\pi$ で極小値 $\frac{1}{\sqrt{2}}$,

$x=\pi+2n\pi,\ \frac{3}{2}\pi+2n\pi$ で極小値 -1 をとる。

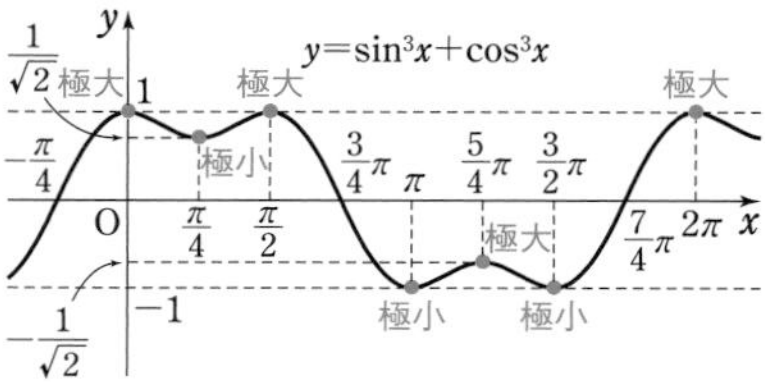

EX
②**72**

次の関数の最大値，最小値を求めよ。

(1) $f(x)=\frac{x}{4}+\frac{1}{x+1}$ $(0\leqq x\leqq 4)$

(2) $f(\theta)=(1-\cos\theta)\sin\theta$ $(0\leqq\theta\leqq\pi)$ 〔武蔵工大〕

(3) $f(x)=\frac{\log x}{x^n}$ ただし，n は正の整数

(1) $f'(x)=\frac{1}{4}-\frac{1}{(x+1)^2}=\frac{(x-1)(x+3)}{4(x+1)^2}$

$0<x<4$ において，$f'(x)=0$ とすると　　$x=1$

$0 \leqq x \leqq 4$ における $f(x)$ の増減表は次のようになる。

x	0	$\cdots$	1	$\cdots$	4
$f'(x)$	／	$-$	0	$+$	／
$f(x)$	1	↘	極小 $\frac{3}{4}$	↗	$\frac{6}{5}$

よって，$f(x)$ は

$x=4$ で最大値 $\frac{6}{5}$,

$x=1$ で最小値 $\frac{3}{4}$　をとる。

(2)　$f'(\theta)=\sin^2\theta+(1-\cos\theta)\cos\theta$

$=1-\cos^2\theta+\cos\theta-\cos^2\theta$

$=-2\cos^2\theta+\cos\theta+1$

$=-(\cos\theta-1)(2\cos\theta+1)$

$f'(\theta)=0$ とすると　　$\cos\theta=1,\ -\frac{1}{2}$

$0<\theta<\pi$ の範囲で解くと　　$\theta=\frac{2}{3}\pi$

$0 \leqq \theta \leqq \pi$ における $f(\theta)$ の増減表は次のようになる。

θ	0	$\cdots$	$\frac{2}{3}\pi$	$\cdots$	π
$f'(\theta)$	／	$+$	0	$-$	／
$f(\theta)$	0	↗	極大 $\frac{3\sqrt{3}}{4}$	↘	0

よって，$f(\theta)$ は

$\theta=\frac{2}{3}\pi$ で最大値 $\frac{3\sqrt{3}}{4}$,

$\theta=0,\ \pi$ で最小値 0 をとる。

(3)　関数 $f(x)$ の定義域は　　$x>0$

$$f'(x)=\frac{x^{n-1}-nx^{n-1}\log x}{x^{2n}}=\frac{1-n\log x}{x^{n+1}}$$

$x>0$ において，$f'(x)=0$ とすると　　$x=e^{\frac{1}{n}}$

$x>0$ における $f(x)$ の増減表は右のようになる。

x	0	$\cdots$	$e^{\frac{1}{n}}$	$\cdots$
$f'(x)$	／	$+$	0	$-$
$f(x)$	／	↗	極大 $\frac{1}{ne}$	↘

よって，$f(x)$ は **$x=e^{\frac{1}{n}}$ で最大値 $\frac{1}{ne}$** をとる。

また，**最小値はない。**

⇐$(x-1)(x+3)=0$ から $x=1,\ -3$

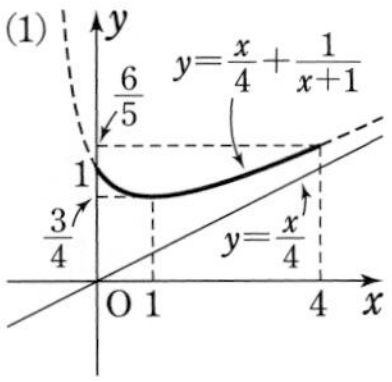

⇐$f(0)<f(4)$

⇐極小かつ最小。

⇐$(fg)'=f'g+fg'$

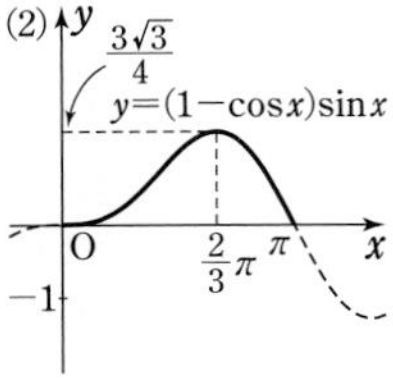

⇐極大かつ最大。

⇐(真数)>0 から。

⇐$\left(\frac{f}{g}\right)'=\frac{f'g-fg'}{g^2}$

⇐$\log x=\frac{1}{n}$ から。

inf. (3) の $f(x)$ に最小値はないが，$\lim_{x\to+0} f(x)=-\infty$ から，その値域は $f(x)\leqq\frac{1}{ne}$ である。また，ロピタルの定理 (本冊 p.129 参照) を利用すると

$$\lim_{x\to\infty}\frac{\log x}{x^n}=\lim_{x\to\infty}\frac{(\log x)'}{(x^n)'}=\lim_{x\to\infty}\frac{\frac{1}{x}}{nx^{n-1}}=\lim_{x\to\infty}\frac{1}{nx^n}=0$$

よって　$\lim_{x\to\infty} f(x)=0$　(本冊 p.162 まとめ も参照。)

EX ③73

曲線 $y=\frac{1}{x}$ 上の第1象限の点 $\left(p,\ \frac{1}{p}\right)$ における接線を ℓ，$y=-\frac{1}{x}$ 上の点 $(-1,\ 1)$ における接線を m とする。ℓ と x 軸との交点をA，m と x 軸との交点をB，ℓ と m との交点をCとする。
(1) ℓ と m の方程式をそれぞれ求めよ。
(2) A，B，Cの座標をそれぞれ求めよ。
(3) 三角形 ABC の面積の最大値を求めよ。〔東京電機大〕

(1) $y=\frac{1}{x}$ のとき $y'=-\frac{1}{x^2}$ であるから，**ℓ の方程式は**

$$y-\frac{1}{p}=-\frac{1}{p^2}(x-p)$$

⇐接線の方程式 $y-f(p)=f'(p)(x-p)$

すなわち　$\boldsymbol{y=-\frac{1}{p^2}x+\frac{2}{p}}$　……①

$y=-\frac{1}{x}$ のとき $y'=\frac{1}{x^2}$ であるから，**m の方程式は**

$$y-1=\frac{1}{1}(x+1)$$

すなわち　$\boldsymbol{y=x+2}$　……②

(2) ① において，$y=0$ とすると　$x=2p$

⇐$0=-\frac{1}{p^2}x+\frac{2}{p}$

よって，**A の座標は　$(2p,\ 0)$**

② において，$y=0$ とすると　$x=-2$

⇐$0=x+2$

よって，**B の座標は　$(-2,\ 0)$**

①，② を連立させて　$-\frac{1}{p^2}x+\frac{2}{p}=x+2$

整理すると　$(p^2+1)x=2p-2p^2$

これを解いて　$x=\frac{-2p^2+2p}{p^2+1}$

② に代入して　$y=\frac{-2p^2+2p}{p^2+1}+2=\frac{2p+2}{p^2+1}$

よって，**C の座標は　$\left(\frac{2p(1-p)}{p^2+1},\ \frac{2(p+1)}{p^2+1}\right)$**

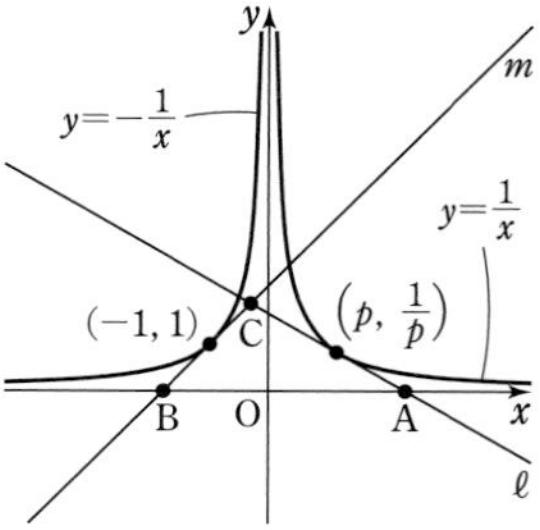

(3) △ABC の頂点Cから x 軸に垂線 CH を下ろす。
△ABC の面積を S とすると

$$S=\frac{1}{2}\mathrm{AB}\cdot\mathrm{CH}=\frac{1}{2}\{2p-(-2)\}\frac{2(p+1)}{p^2+1}$$
$$=\frac{2(p^2+2p+1)}{p^2+1}=2+\frac{4p}{p^2+1}$$

$$S'=\frac{4(p^2+1)-4p\cdot 2p}{(p^2+1)^2}=-\frac{4(p+1)(p-1)}{(p^2+1)^2}$$

⇐$\left(\dfrac{f}{g}\right)'=\dfrac{f'g-fg'}{g^2}$

$p>0$ において，$S'=0$ とすると　$p=1$

⇐点 $\left(p,\ \dfrac{1}{p}\right)$ は第1象限の点であるから　$p>0$

$p>0$ における S の増減表は右のようになる。

p	0	$\cdots$	1	$\cdots$
S'	／	$+$	0	$-$
S	／	↗	極大 4	↘

よって，△ABC の面積は
$p=1$ で最大値 4 をとる。

別解　$S=2+\dfrac{4p}{p^2+1}=2+\dfrac{4}{p+\dfrac{1}{p}}$

$p>0$ であるから，相加平均と相乗平均の大小関係により

$$p+\frac{1}{p}\geqq 2\sqrt{p\cdot\frac{1}{p}}=2$$

⇐$a>0$，$b>0$ のとき $a+b\geqq 2\sqrt{ab}$ 等号が成立するのは $a=b$ のとき

等号成立は $p=\dfrac{1}{p}$ すなわち $p=1$ のときである。

よって　　$S\leqq 2+\dfrac{4}{2}=4$

したがって，△ABC の面積は **$p=1$ で最大値 4** をとる。

4章 EX

EX ③74

次の関数の増減，グラフの凹凸，漸近線を調べて，グラフの概形をかけ。

(1)　$y=(x-1)\sqrt{x+2}$　　(2)　$y=x+\cos x$　$(0\leqq x\leqq 2\pi)$

(3)　$y=\dfrac{x-1}{x^2}$　〔弘前大〕　(4)　$y=3x-\sqrt{x^2-1}$

(1)　関数 y の定義域は $x+2\geqq 0$ から $x\geqq -2$ である。

⇐($\sqrt{\quad}$ の中)$\geqq 0$

$$y'=1\cdot\sqrt{x+2}+(x-1)\cdot\frac{1}{2\sqrt{x+2}}$$

⇐$(fg)'=f'g+fg'$

$$=\frac{2(x+2)+x-1}{2\sqrt{x+2}}=\frac{3(x+1)}{2\sqrt{x+2}}$$

$$y''=\frac{3}{2}\cdot\frac{1\cdot\sqrt{x+2}-(x+1)\cdot\dfrac{1}{2\sqrt{x+2}}}{x+2}$$

⇐$\left(\dfrac{f}{g}\right)'=\dfrac{f'g-fg'}{g^2}$

$$=\frac{3}{2}\cdot\frac{2(x+2)-(x+1)}{2(x+2)\sqrt{x+2}}$$

$$=\frac{3(x+3)}{4\sqrt{(x+2)^3}}$$

⇐$x>-2$ のとき $y''>0$

x	-2	$\cdots$	-1	$\cdots$
y'	／	$-$	0	$+$
y''	／	$+$	$+$	$+$
y	0	↘(下に凸)	極小 -2	↗(下に凸)

$y'=0$ とすると　　$x=-1$

ゆえに，y の増減，グラフの凹凸は右の表のようになる。

また　$\displaystyle\lim_{x\to -2+0} y'=-\infty$

⇐$\displaystyle\lim_{x\to -2+0}\frac{1}{\sqrt{x+2}}=\infty$ から。

よって，求めるグラフの概形は **右図** のようになる。

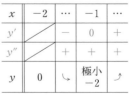

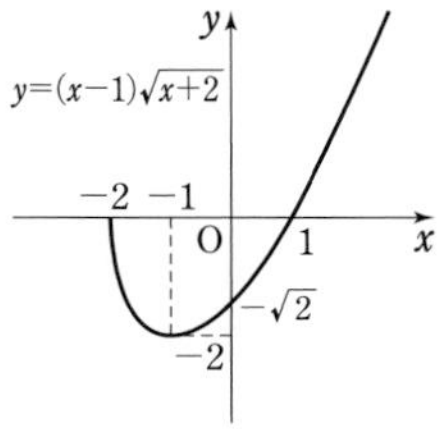

(2)　$y'=1-\sin x$，$y''=-\cos x$

$y'=0$ とすると　　$\sin x=1$

$0<x<2\pi$ であるから　　$x=\dfrac{\pi}{2}$

$0<x<2\pi$ のとき　　$y'\geqq 0$

$y''=0$ とすると　　$\cos x=0$

$0<x<2\pi$ であるから　　$x=\dfrac{\pi}{2},\ \dfrac{3}{2}\pi$

ゆえに，y の増減，グラフの凹凸は次の表のようになる。

x	0	$\cdots$	$\dfrac{\pi}{2}$	$\cdots$	$\dfrac{3}{2}\pi$	$\cdots$	2π
y'	／	$+$	0	$+$	$+$	$+$	／
y''	／	$-$	0	$+$	0	$-$	／
y	1	↗	変曲点 $\dfrac{\pi}{2}$	↗	変曲点 $\dfrac{3}{2}\pi$	↗	$2\pi+1$

よって，求めるグラフの概形は **右図** のようになる。

⇐ $-1\leqq\sin x\leqq 1$ から $0\leqq 1-\sin x\leqq 2$

⇐ $0<x<\dfrac{\pi}{2},\ \dfrac{3}{2}\pi<x<2\pi$ のとき $\cos x>0$，$\dfrac{\pi}{2}<x<\dfrac{3}{2}\pi$ のとき $\cos x<0$ に注意して y'' の符号を調べる。

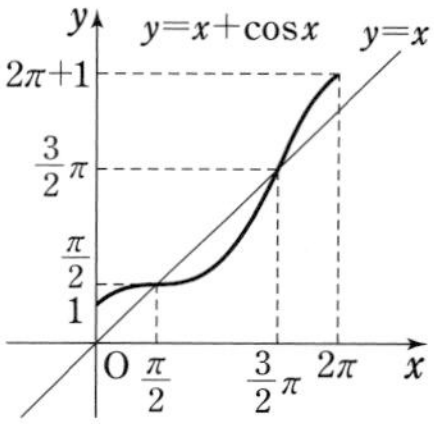

(3)　関数 y の定義域は $x\neq 0$ である。

$y=\dfrac{1}{x}-\dfrac{1}{x^2}$ であるから

$$y'=-\frac{1}{x^2}+\frac{2}{x^3}=\frac{2-x}{x^3}$$

$$y''=\frac{2}{x^3}-\frac{6}{x^4}=\frac{2(x-3)}{x^4}$$

$y'=0$ とすると　　$x=2$

$y''=0$ とすると　　$x=3$

y の増減，グラフの凹凸は次の表のようになる。

x	$\cdots$	0	$\cdots$	2	$\cdots$	3	$\cdots$
y'	$-$	／	$+$	0	$-$	$-$	$-$
y''	$-$	／	$-$	$-$	$-$	0	$+$
y	↘	／	↗	極大 $\dfrac{1}{4}$	↘	変曲点 $\dfrac{2}{9}$	↘

また　　$\displaystyle\lim_{x\to+0}y=\lim_{x\to-0}y=-\infty$

　　　　$\displaystyle\lim_{x\to\infty}y=\lim_{x\to-\infty}y=0$

ゆえに，直線 $x=0$，$y=0$ は漸近線である。

更に，$y=0$ とすると　　$x=1$

よって，グラフの概形は **右図** のようになる。

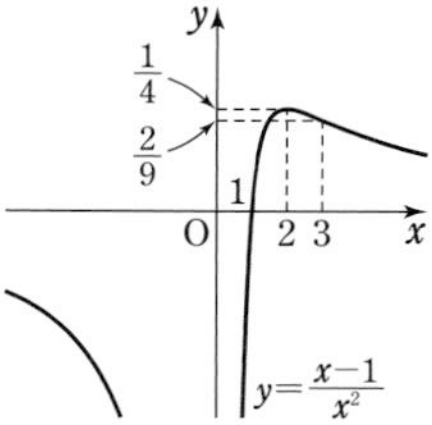

⇐(分母)$\neq 0$

⇐ $(x^{-1}-x^{-2})'=-x^{-2}+2x^{-3}$

⇐ y' は，分母の符号に注意する。

⇐ $\displaystyle\lim_{x\to\pm 0}\frac{x-1}{x^2}=-\infty$

⇐ $\displaystyle\lim_{x\to\pm\infty}\left(\frac{1}{x}-\frac{1}{x^2}\right)=0$

(4)　関数 y の定義域は $x^2-1\geqq 0$ から
$x\leqq -1,\ 1\leqq x$ である。

$$y'=3-\frac{2x}{2\sqrt{x^2-1}}=\frac{3\sqrt{x^2-1}-x}{\sqrt{x^2-1}}$$

$$y''=-\frac{1\cdot\sqrt{x^2-1}-x\cdot\dfrac{2x}{2\sqrt{x^2-1}}}{(\sqrt{x^2-1})^2}=\frac{1}{\sqrt{(x^2-1)^3}}$$

$y'=0$ とすると　$3\sqrt{x^2-1}=x$ ……①
① の両辺を2乗すると　$9(x^2-1)=x^2$

よって　$x^2=\dfrac{9}{8}$

ゆえに　$x=\pm\dfrac{3\sqrt{2}}{4}$

このうち，① を満たすものは　$x=\dfrac{3\sqrt{2}}{4}$

よって，y の増減，グラフの凹凸は右の表のようになる。

x	$\cdots$	-1	╳	1	$\cdots$	$\dfrac{3\sqrt{2}}{4}$	$\cdots$
y'	$+$	╱	╳	╱	$-$	0	$+$
y''	$+$	╱	╳	╱	$+$	$+$	$+$
y	⤴	-3	╳	3	⤵	極小 $2\sqrt{2}$	⤴

また　$\displaystyle\lim_{x\to -1-0}y'=\infty,\ \lim_{x\to 1+0}y'=-\infty$

更に，グラフの漸近線を考えると
[1]　$x\longrightarrow\infty$ のとき

$$\lim_{x\to\infty}\frac{y}{x}=\lim_{x\to\infty}\left(3-\sqrt{1-\frac{1}{x^2}}\right)=3-1=2$$

$$\lim_{x\to\infty}(y-2x)=\lim_{x\to\infty}(x-\sqrt{x^2-1})=\lim_{x\to\infty}\frac{x^2-(x^2-1)}{x+\sqrt{x^2-1}}$$

$$=\lim_{x\to\infty}\frac{1}{x+\sqrt{x^2-1}}=0$$

ゆえに，直線 $y=2x$ は漸近線である。
[2]　$x\longrightarrow -\infty$ のとき，$t=-x$ とおくと　$t\longrightarrow\infty$

$$\lim_{x\to-\infty}\frac{y}{x}=\lim_{t\to\infty}\frac{-(3t+\sqrt{t^2-1})}{-t}=\lim_{t\to\infty}\left(3+\sqrt{1-\frac{1}{t^2}}\right)$$

$$=3+1=4$$

$$\lim_{x\to-\infty}(y-4x)=\lim_{x\to-\infty}(-x-\sqrt{x^2-1})$$

$$=\lim_{t\to\infty}(t-\sqrt{t^2-1})$$

$$=\lim_{t\to\infty}\frac{t^2-(t^2-1)}{t+\sqrt{t^2-1}}$$

$$=\lim_{t\to\infty}\frac{1}{t+\sqrt{t^2-1}}=0$$

ゆえに，直線 $y=4x$ は漸近線である。
以上により，求めるグラフの概形は **右図** のようになる。

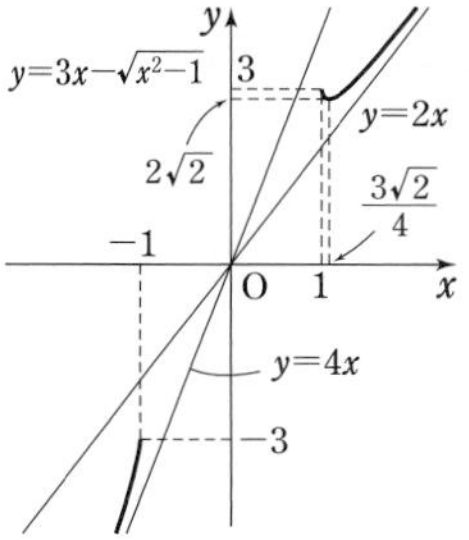

⇦($\sqrt{}$ の中)$\geqq 0$

⇦$y'=3-\dfrac{x}{\sqrt{x^2-1}}$ を微分。
$x<-1,\ 1<x$ において
$y''>0$ である。

⇦**直線 $y=ax+b$ が曲線 $y=f(x)$ の漸近線**
$\Longleftrightarrow a=\displaystyle\lim_{x\to\pm\infty}\frac{f(x)}{x},$
$b=\displaystyle\lim_{x\to\pm\infty}\{f(x)-ax\}$

EX ③75

関数 $f(x)=\dfrac{2x^2+x-2}{x^2+x-2}$ について，次のものを求めよ。

(1) 関数 $f(x)$ の極値

(2) 曲線 $y=f(x)$ の漸近線

(3) 曲線 $y=f(x)$ と直線 $y=k$ が1点だけを共有するときの k の値 〔福島大〕

(1) $x^2+x-2=(x-1)(x+2)$ であるから，$f(x)$ の定義域は

$x\neq1,\ x\neq-2$

⇐(分母)$\neq0$

$$f'(x)=\frac{(4x+1)(x^2+x-2)-(2x^2+x-2)(2x+1)}{(x^2+x-2)^2}$$

$$=\frac{x^2-4x}{\{(x-1)(x+2)\}^2}=\frac{x(x-4)}{(x-1)^2(x+2)^2}$$

⇐$\left(\dfrac{f}{g}\right)'=\dfrac{f'g-fg'}{g^2}$

$f'(x)=0$ とすると　$x=0,\ 4$

$f(x)$ の増減表は次のようになる。

x	$\cdots$	-2	$\cdots$	0	$\cdots$	1	$\cdots$	4	$\cdots$
$f'(x)$	+	／	+	0	−	／	−	0	+
$f(x)$	↗	／	↗	極大 1	↘	／	↘	極小 $\dfrac{17}{9}$	↗

したがって，$f(x)$ は

$x=0$ で極大値 1,

$x=4$ で極小値 $\dfrac{17}{9}$ をとる。

(2) $\displaystyle\lim_{x\to-2-0}f(x)=\infty,\ \lim_{x\to-2+0}f(x)=-\infty$

よって，直線 $x=-2$ は漸近線である。

$\displaystyle\lim_{x\to1-0}f(x)=-\infty,\ \lim_{x\to1+0}f(x)=\infty$

よって，直線 $x=1$ は漸近線である。

⇐$\displaystyle\lim_{x\to-2-0}\frac{1}{(x-1)(x+2)}=\infty$

$\displaystyle\lim_{x\to-2+0}\frac{1}{(x-1)(x+2)}=-\infty$

⇐$\displaystyle\lim_{x\to1-0}\frac{1}{(x-1)(x+2)}=-\infty$

$\displaystyle\lim_{x\to1+0}\frac{1}{(x-1)(x+2)}=\infty$

また　$\displaystyle\lim_{x\to\infty}f(x)=\lim_{x\to\infty}\frac{2+\frac{1}{x}-\frac{2}{x^2}}{1+\frac{1}{x}-\frac{2}{x^2}}=2$

同様に　$\displaystyle\lim_{x\to-\infty}f(x)=2$

よって，直線 $y=2$ は漸近線である。

ゆえに，漸近線は **直線 $x=-2$，$x=1$，$y=2$** の3本である。

(3) (1)，(2) から，曲線 $y=f(x)$ の概形は右の図のようになる。

よって，直線 $y=k$ と曲線 $y=f(x)$ が1点だけを共有するのは **$k=1,\ \dfrac{17}{9},\ 2$** のときである。

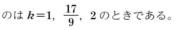

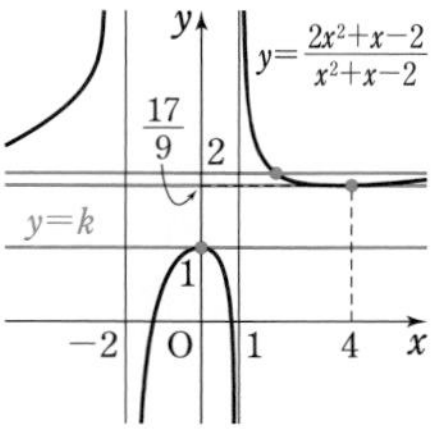

⇐直線 $y=k$ を，上下に動かしながら1個の共有点をもつ k の値を求める。

別解　$x^2+x-2\neq0$ から　$(x+2)(x-1)\neq0$

すなわち　$x\neq-2,\ 1$　……①

⇐(分母)$\neq0$

このとき，$\dfrac{2x^2+x-2}{x^2+x-2}=k$ とおき，分母を払うと

$$2x^2+x-2=k(x^2+x-2)$$

整理して　$(k-2)x^2+(k-1)x-2(k-1)=0$　…… ②

曲線 $y=f(x)$ と直線 $y=k$ が1点だけを共有するためには，x についての方程式 ② がただ1つの実数解をもてばよい。

[1]　$k=2$ のとき

② は1次方程式 $x-2=0$ となり　$x=2$

これは ① を満たす。

[2]　$k\neq 2$ のとき，② の判別式を D とすると，ただ1つの解をもつためには $D=0$ であればよい。

$$D=(k-1)^2-4\cdot(k-2)\cdot\{-2(k-1)\}$$
$$=(k-1)\{(k-1)+8(k-2)\}$$
$$=(k-1)(9k-17)$$

⇦$D=b^2-4ac$

よって，$(k-1)(9k-17)=0$ から　$k=1,\ \dfrac{17}{9}$

このとき，② の解は，$x=-\dfrac{k-1}{2(k-2)}$ であるから

⇦2次方程式 $ax^2+bx+c=0$ の重解は $x=-\dfrac{b}{2a}$

$k=1$ のとき　$x=0$

$k=\dfrac{17}{9}$ のとき　$x=-\dfrac{\dfrac{17}{9}-1}{2\left(\dfrac{17}{9}-2\right)}=4$

いずれの場合も ① を満たす。

よって，求める k の値は　$\boldsymbol{k=1,\ \dfrac{17}{9},\ 2}$

4章 EX

EX ④76

$x>1$ で定義される2つの関数 $f(x)=(\log x)\cdot\log(\log x)$ と $g(x)=(\log x)^{\log x}$ を考える。導関数 $f'(x)$ と $g'(x)$ を求めると，$f'(x)=$ ア□，$g'(x)=$ イ□ である。また，$g(x)$ の最小値は ウ□ である。〔南山大〕

HINT　(イ)　対数微分法を利用。

$$f'(x)=\frac{1}{x}\log(\log x)+\log x\cdot\frac{1}{\log x}\cdot\frac{1}{x}$$
$$=^{ア}\boldsymbol{\frac{\log(\log x)+1}{x}}$$

⇦$(fg)'=f'g+fg'$

$x>1$ であるから　$\log x>0$　よって　$g(x)>0$

$g(x)=(\log x)^{\log x}$ の両辺の自然対数をとると

⇦対数微分法

$$\log g(x)=\log(\log x)^{\log x}$$

$\log(\log x)^{\log x}=(\log x)\cdot\log(\log x)=f(x)$ であるから

$$\log g(x)=f(x)$$

両辺を x で微分すると　$\dfrac{g'(x)}{g(x)}=f'(x)$

よって　$g'(x)=g(x)f'(x)=$ イ $\boldsymbol{\dfrac{(\log x)^{\log x}\{\log(\log x)+1\}}{x}}$

$g'(x)=0$ とすると　　$\log(\log x)+1=0$

ゆえに，$\log(\log x)=-1$ から　　$\log x=e^{-1}=\dfrac{1}{e}$

よって　　$x=e^{\frac{1}{e}}$

$g(x)$ の増減表は次のようになる。

x	1	…	$e^{\frac{1}{e}}$	…
$g'(x)$		$-$	0	$+$
$g(x)$		↘	極小	↗

したがって，$x=e^{\frac{1}{e}}$ のとき $g(x)$ は極小かつ最小となり，最小値 $g(e^{\frac{1}{e}})=$ ウ $\left(\dfrac{1}{e}\right)^{\frac{1}{e}}$ をとる。

⇐$1<x<e^{\frac{1}{e}}$ のとき
$0<\log x<\dfrac{1}{e}$ から
$\log(\log x)<-1$
よって　$g'(x)<0$
$e^{\frac{1}{e}}<x$ のとき
$\dfrac{1}{e}<\log x$ から
$-1<\log(\log x)$
よって　$g'(x)>0$

EX ③77　$1\leqq x\leqq 2$ の範囲で，x の関数 $f(x)=ax^2+(2a-1)x-\log x$ $(a>0)$ の最小値を求めよ。　〔芝浦工大〕

$$f'(x)=2ax+(2a-1)-\frac{1}{x}=\frac{2ax^2+(2a-1)x-1}{x}=\frac{(x+1)(2ax-1)}{x}$$

⇐
$$\begin{array}{ccc} 1 & & 1 \longrightarrow 2a \\ 2a & \times & -1 \longrightarrow -1 \\ \hline 2a & & -1 \quad 2a-1 \end{array}$$

$f'(x)=0$ とすると　　$x=-1,\ \dfrac{1}{2a}$

⇐$-1<\dfrac{1}{2a}$ に注意。

ここで，$x=-1$ は $1\leqq x\leqq 2$ の範囲にはない。

[1]　$\dfrac{1}{2a}\leqq 1$ すなわち $a\geqq\dfrac{1}{2}$ のとき

$f(x)$ の増減表は右のようになる。

x	1	…	2
$f'(x)$		$+$	
$f(x)$	最小	↗	

よって，$f(x)$ は $x=1$ で最小値

$f(1)=a+(2a-1)-\log 1$
$=3a-1$

をとる。

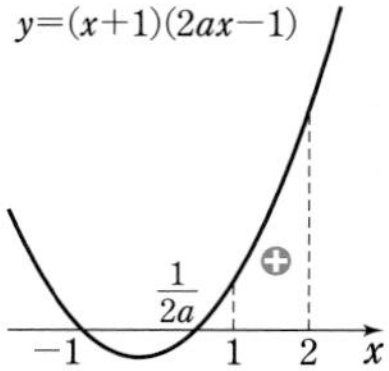

[2]　$1<\dfrac{1}{2a}<2$ すなわち $\dfrac{1}{4}<a<\dfrac{1}{2}$ のとき

⇐$1<\dfrac{1}{2a}<2$ から
$2<\dfrac{1}{a}<4$
よって　$\dfrac{1}{4}<a<\dfrac{1}{2}$

$f(x)$ の増減表は右のようになる。

x	1	…	$\dfrac{1}{2a}$	…	2
$f'(x)$		$-$	0	$+$	
$f(x)$		↘	最小	↗	

よって，$f(x)$ は $x=\dfrac{1}{2a}$ で最小値

$$f\left(\frac{1}{2a}\right)=\frac{1}{4a}+(2a-1)\cdot\frac{1}{2a}-\log\frac{1}{2a}=-\frac{1}{4a}+\log 2a+1$$

をとる。

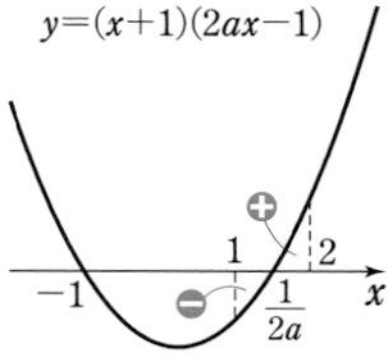

[3]　$2 \leqq \dfrac{1}{2a}$ すなわち $0 < a \leqq \dfrac{1}{4}$ のとき

$f(x)$ の増減表は右のようになる。

よって，$f(x)$ は $x=2$ で最小値

$$f(2)=4a+(2a-1)\cdot 2-\log 2$$
$$=8a-\log 2-2$$

をとる。

x	1	$\cdots$	2
$f'(x)$		$-$	
$f(x)$		↘	最小

⇐$a>0$ に注意。

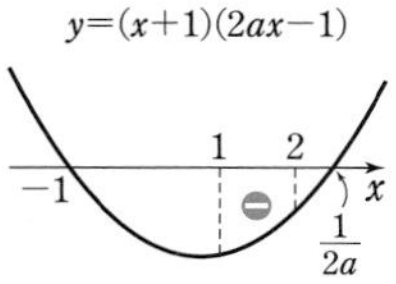

以上から

$0 < a \leqq \dfrac{1}{4}$ のとき，$x=2$ で最小値 $8a-\log 2-2$；

$\dfrac{1}{4} < a < \dfrac{1}{2}$ のとき，$x=\dfrac{1}{2a}$ で最小値 $-\dfrac{1}{4a}+\log 2a+1$；

$\dfrac{1}{2} \leqq a$ のとき，$x=1$ で最小値 $3a-1$　をとる。

EX ④78

a，b は定数で，$a>0$ とする。関数 $f(x)=\dfrac{x-b}{x^2+a}$ の最大値が $\dfrac{1}{6}$，最小値が $-\dfrac{1}{2}$ であるとき，a，b のそれぞれの値を求めよ。　〔弘前大〕

$$f'(x)=\frac{1\cdot(x^2+a)-(x-b)\cdot 2x}{(x^2+a)^2}=-\frac{x^2-2bx-a}{(x^2+a)^2}$$

⇐$\left(\dfrac{f}{g}\right)'=\dfrac{f'g-fg'}{g^2}$

$f'(x)=0$ とすると　　$x^2-2bx-a=0$　……①

ここで，2次方程式①の判別式をDとすると

$$\frac{D}{4}=(-b)^2-1\cdot(-a)=b^2+a$$

$b^2 \geqq 0$，$a>0$ であるから　　$D>0$

ゆえに，2次方程式①は異なる2つの実数解 α，β $(\alpha<\beta)$ をもつ。

このとき，$f'(x)=-\dfrac{(x-\alpha)(x-\beta)}{(x^2+a)^2}$ であり，$f'(x)=0$ の解は $x=\alpha$，β である。

よって，$f(x)$ の増減表は右のようになる。

x	$\cdots$	α	$\cdots$	β	$\cdots$
$f'(x)$	$-$	0	$+$	0	$-$
$f(x)$	↘	極小	↗	極大	↘

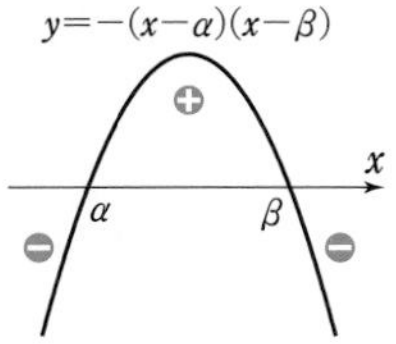

また，$\displaystyle\lim_{x\to\pm\infty} f(x)=\lim_{x\to\pm\infty}\frac{\frac{1}{x}-\frac{b}{x^2}}{1+\frac{a}{x^2}}=0$ であるから，$f(x)$ は

⇐$\displaystyle\lim_{x\to\pm\infty}\frac{1}{x}=0, \lim_{x\to\pm\infty}\frac{1}{x^2}=0$ から。

$x=\beta$ のとき　最大値 $f(\beta)=\dfrac{\beta-b}{\beta^2+a}$

$x=\alpha$ のとき　最小値 $f(\alpha)=\dfrac{\alpha-b}{\alpha^2+a}$　　をとる。

$f(x)$ の最大値が $\frac{1}{6}$，最小値が $-\frac{1}{2}$ であるから

$$\frac{\beta-b}{\beta^2+a}=\frac{1}{6},\quad \frac{\alpha-b}{\alpha^2+a}=-\frac{1}{2}$$

すなわち　$6\beta-6b=\beta^2+a$　…… ②

$2\alpha-2b=-\alpha^2-a$　…… ③

一方，２次方程式 ① において解と係数の関係から

$\alpha+\beta=2b$，$\alpha\beta=-a$

すなわち　$a=-\alpha\beta$　…… ④，　$2b=\alpha+\beta$　…… ⑤

④，⑤ を ② に代入すると　$6\beta-3(\alpha+\beta)=\beta^2-\alpha\beta$

よって　$3(\beta-\alpha)=\beta(\beta-\alpha)$

$\beta-\alpha\neq0$ であるから　$\beta=3$

④，⑤ を ③ に代入すると　$2\alpha-(\alpha+\beta)=-\alpha^2-(-\alpha\beta)$

よって　$\alpha-\beta=-\alpha(\alpha-\beta)$

$\alpha-\beta\neq0$ であるから　$\alpha=-1$

$\alpha=-1$，$\beta=3$ を ④，⑤ に代入して

$$\boldsymbol{a}=-(-1)\cdot3=\mathbf{3},\quad \boldsymbol{b}=\frac{-1+3}{2}=\mathbf{1}$$

⇦$Ax^2+Bx+C=0$ $(A\neq0)$ の２つの解を α，β とすると $\alpha+\beta=-\frac{B}{A}$，$\alpha\beta=\frac{C}{A}$

⇦$\alpha\neq\beta$ から $\beta-\alpha\neq0$

⇦$\alpha\neq\beta$ から $\alpha-\beta\neq0$

EX ④79 １辺の長さが１の正三角形 OAB の２辺 OA，OB 上にそれぞれ点 P，Q がある。三角形 OPQ の面積が三角形 OAB の面積のちょうど半分になるとき，長さ PQ のとりうる値の範囲を求めよ。　〔東京都立大〕

OP$=s$，OQ$=t$ とすると

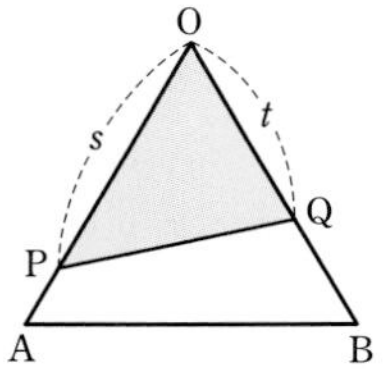

$$\triangle\text{OAB}=\frac{1}{2}\cdot1\cdot1\cdot\sin\frac{\pi}{3}=\frac{\sqrt{3}}{4}$$

$$\triangle\text{OPQ}=\frac{1}{2}st\sin\frac{\pi}{3}=\frac{\sqrt{3}}{4}st$$

$\triangle\text{OPQ}=\frac{1}{2}\triangle\text{OAB}$ のとき

$\frac{\sqrt{3}}{4}st=\frac{\sqrt{3}}{8}$　　よって　$t=\frac{1}{2s}$

ここで，$t\leqq1$ から　$\frac{1}{2s}\leqq1$　　よって　$\frac{1}{2}\leqq s\leqq1$

$\text{PQ}^2=f(s)$ とすると，余弦定理から

$$f(s)=s^2+t^2-2st\cos\frac{\pi}{3}=s^2+\frac{1}{4s^2}-\frac{1}{2}$$

s で微分して

$$f'(s)=2s-\frac{1}{2s^3}=\frac{(2s^2+1)(\sqrt{2}s+1)(\sqrt{2}s-1)}{2s^3}$$

$f'(s)=0$ とすると，$\frac{1}{2}<s<1$ であるから　$s=\frac{1}{\sqrt{2}}$

⇦三角形の面積

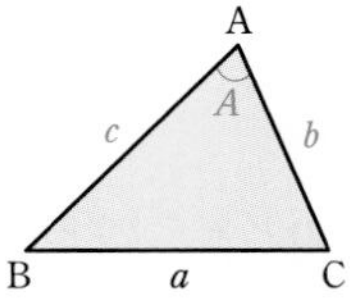

$S=\frac{1}{2}bc\sin A$

⇦$t^2=\left(\frac{1}{2s}\right)^2$，$st=\frac{1}{2}$

⇦(分子)$=4s^4-1$
$=(2s^2+1)(2s^2-1)$

ゆえに，$f(s)$ の増減表は右のようになる。

s	$\frac{1}{2}$	$\cdots$	$\frac{1}{\sqrt{2}}$	$\cdots$	1
$f'(s)$		$-$	0	$+$	
$f(s)$	$\frac{3}{4}$	↘	極小 $\frac{1}{2}$	↗	$\frac{3}{4}$

増減表から　$\frac{1}{2} \leqq f(s) \leqq \frac{3}{4}$

よって　$\boldsymbol{\frac{\sqrt{2}}{2} \leqq \mathrm{PQ} \leqq \frac{\sqrt{3}}{2}}$

⇐$\mathrm{PQ}=\sqrt{f(s)}$

EX ③80

(1)　関数 $f(x)=\frac{e^{kx}}{x^2+1}$ $(k>0)$ が極値をもつとき，k のとりうる値の範囲を求めよ。〔名城大〕

(2)　曲線 $y=(x^2+ax+3)e^x$ が変曲点をもつように，定数 a の値の範囲を定めよ。また，そのときの変曲点は何個できるか。

(3)　a を実数とする。関数 $f(x)=ax+\cos x+\frac{1}{2}\sin 2x$ が極値をもたないように，a の値の範囲を定めよ。〔神戸大〕

(1)　$f'(x)=\frac{ke^{kx}(x^2+1)-e^{kx}\cdot 2x}{(x^2+1)^2}=\frac{e^{kx}(kx^2-2x+k)}{(x^2+1)^2}$

⇐$\left(\frac{f}{g}\right)'=\frac{f'g-fg'}{g^2}$

$e^{kx}>0$，$x^2+1>0$ であるから，$g(x)=kx^2-2x+k$ $(k>0)$ とすると，$f(x)$ が極値をもつ条件は，$f'(x)=0$ が実数解をもち，その前後で $f'(x)$ の符号が変わること，すなわち

$g(x)=0$ が実数解をもち，その前後で $g(x)$ の符号が変わることである。

⇐これは，2次方程式 $g(x)=0$ が異なる2つの実数解をもつことと同値。

2次方程式 $g(x)=0$ の判別式を D とすると，$g(x)=0$ が異なる2つの実数解をもつための条件は　$D>0$

ここで　$\frac{D}{4}=1-k^2$

$D>0$ から　$1-k^2>0$　ゆえに　$k^2<1$

$k>0$ であるから　$\boldsymbol{0<k<1}$

(2)　$y'=(2x+a)e^x+(x^2+ax+3)e^x$

$\quad=\{x^2+(a+2)x+a+3\}e^x$

⇐$(fg)'=f'g+fg'$

$y''=(2x+a+2)e^x+\{x^2+(a+2)x+a+3\}e^x$

$\quad=\{x^2+(a+4)x+2a+5\}e^x$

$e^x>0$ であるから，$f(x)=x^2+(a+4)x+2a+5$ とすると，与えられた曲線が変曲点をもつ条件は，$y''=0$ が実数解をもち，その前後で y'' の符号が変わること，すなわち $f(x)=0$ が実数解をもち，その前後で $f(x)$ の符号が変わることである。

⇐これは，2次方程式 $f(x)=0$ が異なる2つの実数解をもつことと同値。

2次方程式 $f(x)=0$ の判別式を D とすると，$f(x)=0$ が異なる2つの実数解をもつための条件は　$D>0$

ここで　$D=(a+4)^2-4(2a+5)=a^2-4$

$D>0$ から　$a^2-4>0$　ゆえに　$(a+2)(a-2)>0$

したがって　$\boldsymbol{a<-2,\ 2<a}$

このとき，与えられた曲線は **2個** の変曲点をもつ。

(3)　$f'(x)=a-\sin x+\frac{1}{2}\cdot 2\cos 2x=a-\sin x+(1-2\sin^2 x)$

$=-2\sin^2 x-\sin x+a+1$

$f(x)$ が極値をもたないための条件は，すべての x について，

$f'(x)\geqq 0$　または　$f'(x)\leqq 0$

が成り立つことである。

すなわち，すべての x について，

$2\sin^2 x+\sin x-1\leqq a$　または　$2\sin^2 x+\sin x-1\geqq a$

が成り立つことである。

$g(x)=2\sin^2 x+\sin x-1$ とすると

$$g(x)=2\left(\sin^2 x+\frac{1}{2}\sin x\right)-1=2\left(\sin x+\frac{1}{4}\right)^2-\frac{9}{8}$$

$-1\leqq\sin x\leqq 1$ であるから，$g(x)$ は

$\sin x=-\frac{1}{4}$ で最小値 $-\frac{9}{8}$，$\sin x=1$ で最大値 2

をとる。

よって　$-\frac{9}{8}\leqq g(x)\leqq 2$

したがって，求める a の値の範囲は　$\boldsymbol{a\leqq-\frac{9}{8},\ 2\leqq a}$

⇐2倍角の公式を利用して，$f'(x)$ を $\sin x$ の2次式にする。

⇐$f'(x)$ の符号の変化が起こらない。

⇐$\sin x=t$ とおくと $g(x)=2\left(t+\frac{1}{4}\right)^2-\frac{9}{8}$

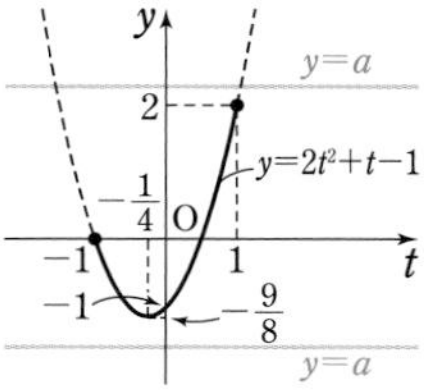

EX ⑤81

空間の3点を A(−1, 0, 1)，P(cosθ, sinθ, 0)，Q(−cosθ, −sinθ, 0) ($0\leqq\theta\leqq 2\pi$) とし，点Aから直線PQへ下ろした垂線の足をHとする。

(1)　θ が $0\leqq\theta\leqq 2\pi$ の範囲で動くとき，Hの軌跡の方程式を求めよ。

(2)　θ が $0\leqq\theta\leqq 2\pi$ の範囲で動くとき，△APQ の周の長さ l の最大値を求めよ。　〔中央大〕

(1)　2点P，Qは原点Oに関して対称であるから

$\overrightarrow{OH}=t\overrightarrow{OP}$

$=(t\cos\theta,\ t\sin\theta,\ 0)$

と表すことができる。このとき

$\overrightarrow{AH}=\overrightarrow{OH}-\overrightarrow{OA}$

$=(t\cos\theta+1,\ t\sin\theta,\ -1)$

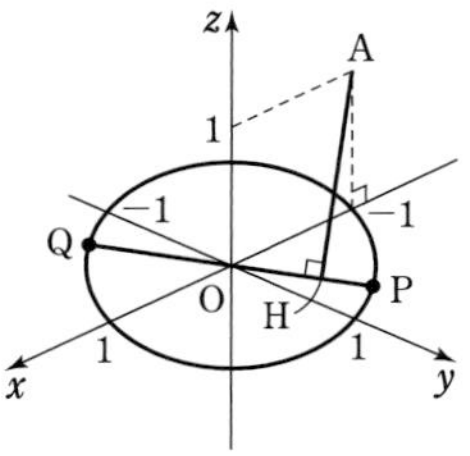

$\overrightarrow{OH}\perp\overrightarrow{AH}$ であるから

$\overrightarrow{OH}\cdot\overrightarrow{AH}=t\cos\theta(t\cos\theta+1)+t^2\sin^2\theta$

$=t^2(\sin^2\theta+\cos^2\theta)+t\cos\theta$

$=t^2+t\cos\theta=t(t+\cos\theta)=0$

ここで，$t=0$ は $t=-\cos\theta$ に含まれるから　$t=-\cos\theta$

Hの座標は　$x=-\cos^2\theta=-\frac{\cos 2\theta+1}{2}$

$y=-\sin\theta\cos\theta=-\frac{\sin 2\theta}{2}$

$z=0$

⇐$\vec{a}\neq\vec{0}$，$\vec{b}\neq\vec{0}$ のとき $\vec{a}\perp\vec{b}\Longleftrightarrow\vec{a}\cdot\vec{b}=0$

⇐2倍角の公式 $\cos 2\theta=2\cos^2\theta-1$ $\sin 2\theta=2\sin\theta\cos\theta$

$\sin^2 2\theta+\cos^2 2\theta=1$ から　　$(-2y)^2+(-2x-1)^2=1$

よって，H の軌跡の方程式は　$\left(\boldsymbol{x}+\dfrac{1}{2}\right)^2+\boldsymbol{y}^2=\dfrac{1}{4}$，$\boldsymbol{z}=0$

⇐xy 平面上の円。

(2)　$l=\mathrm{AP}+\mathrm{AQ}+\mathrm{PQ}$

$=\sqrt{(\cos\theta+1)^2+\sin^2\theta+1}+\sqrt{(-\cos\theta+1)^2+\sin^2\theta+1}$
$+\sqrt{(2\cos\theta)^2+(2\sin\theta)^2}$

$=\sqrt{3+2\cos\theta}+\sqrt{3-2\cos\theta}+2$

⇐$\sin^2\theta+\cos^2\theta=1$

$\cos\theta=x\ (-1\leqq x\leqq 1)$ とおくと

$l=\sqrt{3+2x}+\sqrt{3-2x}+2$

$l'=\dfrac{1}{\sqrt{3+2x}}-\dfrac{1}{\sqrt{3-2x}}=\dfrac{\sqrt{3-2x}-\sqrt{3+2x}}{\sqrt{3+2x}\sqrt{3-2x}}$

$=\dfrac{-4x}{\sqrt{3+2x}\sqrt{3-2x}(\sqrt{3+2x}+\sqrt{3-2x})}$

⇐分子の有理化。

$-1<x<1$ において，$l'=0$ とすると　　$x=0$

$-1\leqq x\leqq 1$ における l の増減表は右のようになる。

x	-1	$\cdots$	0	$\cdots$	1
l'	／	$+$	0	$-$	／
l		↗	極大	↘	

よって，l は $x=\cos\theta=0$

すなわち

$\boldsymbol{\theta=\dfrac{\pi}{2},\ \dfrac{3}{2}\pi}$ **で最大値** $\boldsymbol{2\sqrt{3}+2}$ をとる。

EX ③82　$0\leqq x\leqq\dfrac{\pi}{3}$ において，不等式 $\dfrac{x^2}{2}\leqq\log\dfrac{1}{\cos x}\leqq x^2$ を証明せよ。

$f(x)=\log\dfrac{1}{\cos x}-\dfrac{x^2}{2}=-\log\cos x-\dfrac{x^2}{2}$ とすると

⇐$\log\dfrac{1}{M}=-\log M$

$f'(x)=-\dfrac{(\cos x)'}{\cos x}-x=\tan x-x$

⇐$\dfrac{\sin x}{\cos x}=\tan x$

$f''(x)=\dfrac{1}{\cos^2 x}-1=\tan^2 x$

⇐$1+\tan^2 x=\dfrac{1}{\cos^2 x}$

よって，$0\leqq x\leqq\dfrac{\pi}{3}$ のとき　　$f''(x)\geqq 0$

ゆえに，$f'(x)$ はこの区間で増加し　　$f'(x)\geqq f'(0)=0$

よって，$f(x)$ はこの区間で増加し　　$f(x)\geqq f(0)=0$

したがって

$\log\dfrac{1}{\cos x}-\dfrac{x^2}{2}\geqq 0$　すなわち　$\dfrac{x^2}{2}\leqq\log\dfrac{1}{\cos x}$

⇐等号成立は $x=0$ のとき。

次に，$g(x)=x^2-\log\dfrac{1}{\cos x}=x^2+\log\cos x$ とすると

$g'(x)=2x-\tan x$,

$g''(x)=2-\dfrac{1}{\cos^2 x}=1-\tan^2 x=(1+\tan x)(1-\tan x)$

⇐$\dfrac{1}{\cos^2 x}=1+\tan^2 x$

$0<x<\dfrac{\pi}{3}$ のとき，$0\leqq\tan x\leqq\sqrt{3}$ であるから，

4章 EX

$g''(x)=0$ となるのは，$1-\tan x=0$ より　　$x=\dfrac{\pi}{4}$

$0\leqq x\leqq\dfrac{\pi}{3}$ における $g'(x)$ の増減表は，次のようになる。

x	0	$\cdots$	$\dfrac{\pi}{4}$	$\cdots$	$\dfrac{\pi}{3}$
$g''(x)$	／	$+$	0	$-$	／
$g'(x)$	0	↗	極大	↘	$\dfrac{2}{3}\pi-\sqrt{3}$

$g'\left(\dfrac{\pi}{3}\right)=\dfrac{2}{3}\pi-\sqrt{3}>0$ であるから，最小値は　　$g'(0)=0$

⇦$\pi>3$ であるから $\dfrac{2}{3}\pi>2>\sqrt{3}$

よって，$0\leqq x\leqq\dfrac{\pi}{3}$ のとき　　$g'(x)\geqq 0$

ゆえに，$g(x)$ はこの区間で増加し　　$g(x)\geqq g(0)=0$

したがって　　$x^2-\log\dfrac{1}{\cos x}\geqq 0$　すなわち　$\log\dfrac{1}{\cos x}\leqq x^2$

⇦等号成立は $x=0$ のとき。

以上から　　$\dfrac{x^2}{2}\leqq\log\dfrac{1}{\cos x}\leqq x^2$

EX ③83

(1)　$x\geqq 0$ のとき，不等式 $x-\dfrac{x^3}{6}\leqq\sin x\leqq x$ を証明せよ。

(2)　k を定数とする。(1) の結果を用いて $\displaystyle\lim_{x\to+0}\left(\frac{1}{\sin x}-\frac{1}{x+kx^2}\right)$ を求めよ。

(1)　$f(x)=x-\sin x$ とすると　　$f'(x)=1-\cos x\geqq 0$

⇦$-1\leqq\cos x\leqq 1$

よって，$x\geqq 0$ のとき，$f(x)$ は増加する。

ゆえに，$x\geqq 0$ のとき　　$f(x)\geqq f(0)$

⇦等号成立は $x=0$ のとき。

$f(0)=0$ であるから，$x\geqq 0$ のとき　　$f(x)\geqq 0$　……①

よって　　$x\geqq\sin x$

次に，$g(x)=\sin x-\left(x-\dfrac{1}{6}x^3\right)$ とすると

$$g'(x)=\cos x-\left(1-\frac{1}{2}x^2\right)$$

$$g''(x)=-\sin x+x=f(x)$$

① より，$x\geqq 0$ のとき $g''(x)\geqq 0$ であるから，$g'(x)$ は $x\geqq 0$ で増加し　　$g'(x)\geqq g'(0)$

$g'(0)=0$ であるから，$x\geqq 0$ のとき　　$g'(x)\geqq 0$

ゆえに，$g(x)$ は $x\geqq 0$ で増加し　　$g(x)\geqq g(0)$

$g(0)=0$ であるから，$x\geqq 0$ のとき　　$g(x)\geqq 0$

したがって　　$\sin x\geqq x-\dfrac{1}{6}x^3$

以上から　　$x-\dfrac{x^3}{6}\leqq\sin x\leqq x$

(2)　$x \longrightarrow +0$ について考えるから，x は十分小さい正の実数としてよい。このとき，$x-\dfrac{x^3}{6}=x\left(1-\dfrac{x^2}{6}\right)>0$ と (1) の結果から　$\dfrac{1}{x} \leqq \dfrac{1}{\sin x} \leqq \dfrac{1}{x-\dfrac{1}{6}x^3}$

⇐$0<x<\sqrt{6}$ のとき $x-\dfrac{x^3}{6}=-\dfrac{x(x+\sqrt{6})(x-\sqrt{6})}{6}>0$

したがって

$$\frac{1}{x}-\frac{1}{x+kx^2} \leqq \frac{1}{\sin x}-\frac{1}{x+kx^2} \leqq \frac{1}{x-\dfrac{1}{6}x^3}-\frac{1}{x+kx^2}$$

⇐ ＿＿の極限を求めるから，＿＿を不等式ではさむ。

ここで

$$\lim_{x\to+0}\left(\frac{1}{x}-\frac{1}{x+kx^2}\right)=\lim_{x\to+0}\frac{kx^2}{x(x+kx^2)}=\lim_{x\to+0}\frac{k}{1+kx}=k$$

$$\lim_{x\to+0}\left(\frac{1}{x-\dfrac{1}{6}x^3}-\frac{1}{x+kx^2}\right)=\lim_{x\to+0}\frac{kx^2+\dfrac{1}{6}x^3}{\left(x-\dfrac{1}{6}x^3\right)(x+kx^2)}$$

$$=\lim_{x\to+0}\frac{k+\dfrac{1}{6}x}{\left(1-\dfrac{1}{6}x^2\right)(1+kx)}=k$$

よって　$\displaystyle\lim_{x\to+0}\left(\frac{1}{\sin x}-\frac{1}{x+kx^2}\right)=\boldsymbol{k}$

⇐**はさみうちの原理**

4章 EX

EX ③84

関数 $f(x)=\dfrac{x^3}{x^2-2}$ について，次の問いに答えよ。

(1)　導関数 $f'(x)$ を求めよ。

(2)　関数 $y=f(x)$ のグラフの概形をかけ。

(3)　k を定数とするとき，x についての方程式 $x^3-kx^2+2k=0$ の異なる実数解の個数を調べよ。　〔名城大〕

(1)　$\boldsymbol{f'(x)}=\dfrac{3x^2(x^2-2)-x^3\cdot 2x}{(x^2-2)^2}=\dfrac{\boldsymbol{x^4-6x^2}}{\boldsymbol{(x^2-2)^2}}$

(2)　$f(x)$ の定義域は，$x=\pm\sqrt{2}$ を除く実数全体である。

⇐(分母)$\neq 0$

(1) から　$f'(x)=\dfrac{x^2(x^2-6)}{(x^2-2)^2}=\dfrac{x^2(x+\sqrt{6})(x-\sqrt{6})}{(x^2-2)^2}$

$x \neq \pm\sqrt{2}$ で $f'(x)=0$ とすると　$x=0,\ \pm\sqrt{6}$

$x \neq \pm\sqrt{2}$ における $f(x)$ の増減表は次のようになる。

x	…	$-\sqrt{6}$	…	$-\sqrt{2}$	…	0	…	$\sqrt{2}$	…	$\sqrt{6}$	…
$f'(x)$	＋	0	－	／	－	0	－	／	－	0	＋
$f(x)$	↗	極大	↘	／	↘	0	↘	／	↘	極小	↗

ここで　$f(\sqrt{6})=\dfrac{3\sqrt{6}}{2}$，$f(-\sqrt{6})=-\dfrac{3\sqrt{6}}{2}$，

$$\lim_{x\to\infty}f(x)=\lim_{x\to\infty}\frac{x}{1-\dfrac{2}{x^2}}=\infty,$$

また，$x=-t$ とおくと

$$\lim_{x\to-\infty}f(x)=\lim_{t\to\infty}\left(-\frac{t^3}{t^2-2}\right)=\lim_{t\to\infty}\left(-\frac{t}{1-\frac{2}{t^2}}\right)=-\infty,$$

$$\lim_{x\to\sqrt{2}+0}f(x)=\infty,\quad \lim_{x\to\sqrt{2}-0}f(x)=-\infty,$$

$$\lim_{x\to-\sqrt{2}+0}f(x)=\infty,\quad \lim_{x\to-\sqrt{2}-0}f(x)=-\infty$$

よって，$y=f(x)$ のグラフの概形は **右図** のようになる。

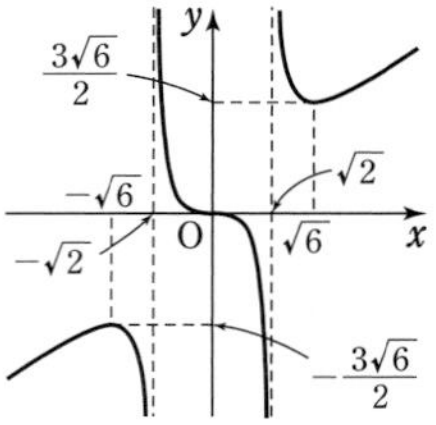

(3) 方程式 $x^3-kx^2+2k=0$ は $x=\pm\sqrt{2}$ を解にもたない。

⇐この断り書きは重要。

$x\neq\pm\sqrt{2}$ のとき，方程式を変形すると　$\frac{x^3}{x^2-2}=k$

方程式 $x^3-kx^2+2k=0$ の異なる実数解の個数は，曲線 $y=f(x)$ と直線 $y=k$ の共有点の個数と一致するから，(2) のグラフより

⇐直線 $y=k$ を上下に動かして，共有点の個数を調べる。

$\boldsymbol{k<-\frac{3\sqrt{6}}{2},\ \frac{3\sqrt{6}}{2}<k}$ **のとき　3個**

$\boldsymbol{k=\pm\frac{3\sqrt{6}}{2}}$ **のとき　2個**

$\boldsymbol{-\frac{3\sqrt{6}}{2}<k<\frac{3\sqrt{6}}{2}}$ **のとき　1個**

EX
④**85**

次の不等式が成り立つことを証明せよ。

(1) $x>0$ のとき　$\frac{1}{x}\log(1+x)>1+\log\frac{2}{x+2}$

(2) nが正の整数のとき　$e-\left(1+\frac{1}{n}\right)^n<\frac{e}{2n+1}$　〔学習院大〕

(1) 与えられた不等式の両辺に $x\,(>0)$ を掛けて

$$\log(1+x)>x+x\log\frac{2}{x+2}$$

この不等式は，与えられた不等式と同値である。

$f(x)=\log(1+x)-x-x\log\frac{2}{x+2}$ とする。

$$f(x)=\log(1+x)-x-x\{\log2-\log(x+2)\}$$
$$=\log(1+x)+x\log(x+2)-(1+\log2)x$$

と変形できるから

$$f'(x)=\frac{1}{1+x}+1\cdot\log(x+2)+x\cdot\frac{1}{x+2}-(1+\log2)$$
$$=\frac{1}{1+x}+\log(x+2)+\left(1-\frac{2}{x+2}\right)-(1+\log2)$$
$$=\frac{1}{1+x}-\frac{2}{x+2}+\log(x+2)-\log2$$

$$f''(x)=-\frac{1}{(1+x)^2}+\frac{2}{(x+2)^2}+\frac{1}{x+2}$$
$$=\frac{-(x+2)^2+2(x+1)^2+(x+1)^2(x+2)}{(x+1)^2(x+2)^2}$$

inf.　$f(x)=\frac{1}{x}\log(1+x)-\left(1+\log\frac{2}{x+2}\right)$ とすると
$f'(x)=-\frac{1}{x^2}\log(1+x)+\frac{1}{x(1+x)}+\frac{1}{x+2}$
となるが，これでは $f'(x)$ の符号を調べにくい。
更に $f''(x)$ を求めてもうまくいかない。

$$=\frac{x(x^2+5x+5)}{(x+1)^2(x+2)^2}$$

$x>0$ のとき　$f''(x)>0$

ゆえに，$x\geqq 0$ で $f'(x)$ は増加し

$$f'(0)=1-1+\log 2-\log 2=0$$

よって，$x>0$ のとき　$f'(x)>0$

ゆえに，$x\geqq 0$ で $f(x)$ は増加し

$$f(0)=\log 1=0$$

よって，$x>0$ のとき　$f(x)>0$

すなわち，$x>0$ のとき　$\log(1+x)>x+x\log\frac{2}{x+2}$

両辺を $x\,(>0)$ で割ると　$\frac{1}{x}\log(1+x)>1+\log\frac{2}{x+2}$

⇦(分子)$=$
$-x^2-4x-4$
$+2x^2+4x+2$
$+x^3+2x^2+x$
$+2x^2+4x+2$
$=x^3+5x^2+5x$

(2)　(1) で証明した不等式において $x=\frac{1}{n}$ とおくと

$$n\log\left(1+\frac{1}{n}\right)>1+\log\frac{2n}{2n+1}$$

⇦$\log\frac{2}{\frac{1}{n}+2}=\log\frac{2n}{2n+1}$

ゆえに　$\log\left(1+\frac{1}{n}\right)^n>\log\frac{e\cdot 2n}{2n+1}$

よって　$\left(1+\frac{1}{n}\right)^n>\frac{2ne}{2n+1}$

⇦底 e は 1 より大きい。

ここで，$\frac{2n}{2n+1}=1-\frac{1}{2n+1}$ であるから

$$\left(1+\frac{1}{n}\right)^n>e\left(1-\frac{1}{2n+1}\right)$$

ゆえに　$\left(1+\frac{1}{n}\right)^n>e-\frac{e}{2n+1}$

したがって　$e-\left(1+\frac{1}{n}\right)^n<\frac{e}{2n+1}$

EX ④86　k を実数の定数とする。方程式 $4\cos^2x+3\sin x-k\cos x-3=0$ の $-\pi<x\leqq\pi$ における解の個数を求めよ。〔静岡大〕

$$4\cos^2x+3\sin x-k\cos x-3=0\ (-\pi<x\leqq\pi)\quad\cdots\cdots ①$$

とする。$x=-\frac{\pi}{2}$ は ① の解ではない。

また，$x=\frac{\pi}{2}$ は k の値にかかわらず ① の解である。

⇦$x=-\frac{\pi}{2}$ を方程式に代入すると
$4\cdot 0^2+3(-1)$
$-k\cdot 0-3=0$
すなわち，$-6=0$ となり，不適。

$x\neq\pm\frac{\pi}{2}$ のとき，① から

$$k=4\cos x+\frac{3(\sin x-1)}{\cos x}$$

$f(x)=4\cos x+\frac{3(\sin x-1)}{\cos x}$ とすると

$$f'(x)=-4\sin x+3\cdot\frac{\cos x\cdot\cos x-(\sin x-1)(-\sin x)}{\cos^2x}$$

⇦$\left(\frac{f}{g}\right)'=\frac{f'g-fg'}{g^2}$

$=-4\sin x+\dfrac{3(1-\sin x)}{\cos^2 x}=-4\sin x+\dfrac{3}{\sin x+1}$

$=-\dfrac{4\sin^2 x+4\sin x-3}{\sin x+1}$

$=-\dfrac{(2\sin x-1)(2\sin x+3)}{\sin x+1}$

⇐$\cos^2 x=1-\sin^2 x$ $=(1+\sin x)(1-\sin x)$

$-\pi<x<\pi$ のとき，$-1<\sin x<1$ であるから，$f'(x)=0$ となるのは，$2\sin x-1=0$ より　$x=\dfrac{\pi}{6},\ \dfrac{5}{6}\pi$

⇐$x \neq \pm\dfrac{\pi}{2}$

⇐$2\sin x+3>1$

よって，$f(x)$ の増減表は次のようになる。

x	$-\pi$	$\cdots$	$-\dfrac{\pi}{2}$	$\cdots$	$\dfrac{\pi}{6}$	$\cdots$	$\dfrac{\pi}{2}$	$\cdots$	$\dfrac{5}{6}\pi$	$\cdots$	π
$f'(x)$		$+$		$+$	0	$-$		$-$	0	$+$	
$f(x)$		↗		↗	極大 $\sqrt{3}$	↘		↘	極小 $-\sqrt{3}$	↗	-1

また　$\displaystyle\lim_{x\to-\pi+0} f(x)=-1$,

$\displaystyle\lim_{x\to-\frac{\pi}{2}-0} f(x)=\infty$,　$\displaystyle\lim_{x\to-\frac{\pi}{2}+0} f(x)=-\infty$

ここで　$f(x)=4\cos x+\dfrac{3(\sin x-1)}{\cos x}$

$=4\cos x+\dfrac{3(\sin^2 x-1)}{\cos x(\sin x+1)}$

$=4\cos x-\dfrac{3\cos x}{\sin x+1}$

⇐$x \longrightarrow \dfrac{\pi}{2}$ のとき $\dfrac{3(\sin x-1)}{\cos x}$ は $\dfrac{0}{0}$ の不定形。

ゆえに　$\displaystyle\lim_{x\to\frac{\pi}{2}} f(x)=0$

よって，$y=f(x)$ のグラフは右の図のようになる。
ゆえに，求める実数解の個数は，$y=f(x)$ のグラフと直線 $y=k$ の共有点の個数に，解 $x=\dfrac{\pi}{2}$ の 1 個を加えて

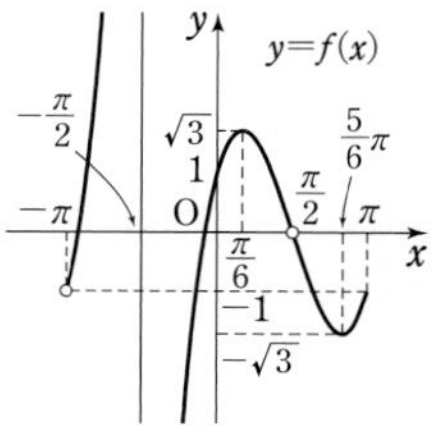

$k<-\sqrt{3}$ のとき 2 個,　　$k=-\sqrt{3}$ のとき 3 個,
$-\sqrt{3}<k<0$ のとき 4 個,　$k=0$ のとき 3 個,
$0<k<\sqrt{3}$ のとき 4 個,　　$k=\sqrt{3}$ のとき 3 個,
$\sqrt{3}<k$ のとき 2 個

inf.　**$k<-\sqrt{3}$, $\sqrt{3}<k$ のとき 2 個,**
$k=0$, $\pm\sqrt{3}$ のとき 3 個,
$-\sqrt{3}<k<0$, $0<k<\sqrt{3}$ のとき 4 個
のように，解の個数でまとめて答えてもよい。

EX
④**87**　$(\sqrt{5})^{\sqrt{7}}$ と $(\sqrt{7})^{\sqrt{5}}$ の大小を比較せよ。必要ならば $2.7<e$ を用いてもよい。

〔類　京都府医大〕

HINT　$F(a,\ b)$ と $F(b,\ a)$ の比較であるから，変形によって $f(a)$ と $f(b)$ の比較にもち込む。

$(\sqrt{5})^{\sqrt{7}}$, $(\sqrt{7})^{\sqrt{5}}$ をそれぞれ $\dfrac{1}{\sqrt{5}\sqrt{7}}$ 乗すると

$$\{(\sqrt{5})^{\sqrt{7}}\}^{\frac{1}{\sqrt{5}\sqrt{7}}}=(\sqrt{5})^{\frac{1}{\sqrt{5}}},\ \{(\sqrt{7})^{\sqrt{5}}\}^{\frac{1}{\sqrt{5}\sqrt{7}}}=(\sqrt{7})^{\frac{1}{\sqrt{7}}}$$

更にそれぞれの自然対数をとると

$$\log(\sqrt{5})^{\frac{1}{\sqrt{5}}}=\frac{\log\sqrt{5}}{\sqrt{5}},\ \log(\sqrt{7})^{\frac{1}{\sqrt{7}}}=\frac{\log\sqrt{7}}{\sqrt{7}}$$

よって，$(\sqrt{5})^{\sqrt{7}}$, $(\sqrt{7})^{\sqrt{5}}$ の大小は，$\dfrac{\log\sqrt{5}}{\sqrt{5}}$ と $\dfrac{\log\sqrt{7}}{\sqrt{7}}$ の大小に一致する。

ここで，$f(x)=\dfrac{\log x}{x}$ $(x>0)$ とすると

$$f'(x)=\frac{\frac{1}{x}\cdot x-\log x}{x^2}=\frac{1-\log x}{x^2}$$

$f'(x)=0$ とすると　$x=e$

よって，$f(x)$ の増減表は右のようになる。

x	0	$\cdots$	e	$\cdots$
$f'(x)$	/	$+$	0	$-$
$f(x)$	/	$\nearrow$	極大 $\frac{1}{e}$	$\searrow$

ゆえに，$f(x)$ は $0<x\leqq e$ の範囲で単調に増加する。

$2.7^2=7.29$ であり，$5<7<7.29$ から

$$\sqrt{5}<\sqrt{7}<2.7<e$$

よって　　$f(\sqrt{5})<f(\sqrt{7})$

すなわち　　$\dfrac{\log\sqrt{5}}{\sqrt{5}}<\dfrac{\log\sqrt{7}}{\sqrt{7}}$

したがって　　$\boldsymbol{(\sqrt{5})^{\sqrt{7}}<(\sqrt{7})^{\sqrt{5}}}$

⇐指数の形のままでは，5と7を分離できない。

inf. $\displaystyle\lim_{x\to\infty}\frac{\log x}{x}=0$ については基本例題 94，p.162 まとめ 参照。

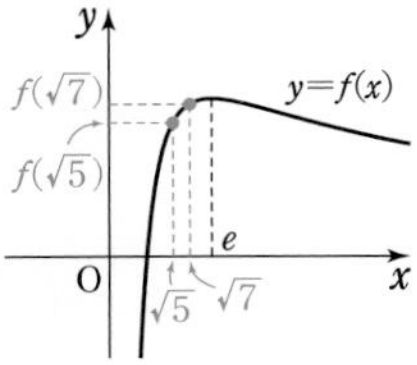

⇐上のグラフからもわかるように，$a<b\leqq e$ のとき $f(a)<f(b)$，$e\leqq a<b$ のとき $f(a)>f(b)$ であるから，$\sqrt{5}<\sqrt{7}<e$ の確認が必要。

EX ③88

(1) 関数 $f(x)=\dfrac{1}{x}\log(1+x)$ を微分せよ。

(2) $0<x<y$ のとき $\dfrac{1}{x}\log(1+x)>\dfrac{1}{y}\log(1+y)$ が成り立つことを示せ。

(3) $\left(\dfrac{1}{11}\right)^{\frac{1}{10}}$, $\left(\dfrac{1}{13}\right)^{\frac{1}{12}}$, $\left(\dfrac{1}{15}\right)^{\frac{1}{14}}$ を大きい方から順に並べよ。　〔愛媛大〕

(1) $$\boldsymbol{f'(x)}=\frac{\frac{1}{1+x}\cdot x-\log(1+x)}{x^2}=\boldsymbol{\frac{x-(1+x)\log(1+x)}{x^2(1+x)}}$$

(2) $g(x)=x-(1+x)\log(1+x)$ とすると，$x>0$ のとき，$x^2(1+x)>0$ であるから，$f'(x)$ と $g(x)$ の符号は一致する。

$$g'(x)=1-\{\log(1+x)+1\}=-\log(1+x)$$

$x>0$ のとき，$\log(1+x)>0$ であるから　　$g'(x)<0$

よって，$g(x)$ は $x>0$ で減少し　　$g(x)<g(0)$

$g(0)=0$ であるから，$x>0$ のとき　　$g(x)<0$

すなわち　　$f'(x)<0$

よって，$f(x)$ は $x>0$ で減少するから，$0<x<y$ のとき

⇐$\{(1+x)\log(1+x)\}'$
$=(1+x)'\log(1+x)$
$+(1+x)\{\log(1+x)\}'$

$f(x)>f(y)$ すなわち $\dfrac{1}{x}\log(1+x)>\dfrac{1}{y}\log(1+y)$

(3) $a=\left(\dfrac{1}{11}\right)^{\frac{1}{10}}$, $b=\left(\dfrac{1}{13}\right)^{\frac{1}{12}}$, $c=\left(\dfrac{1}{15}\right)^{\frac{1}{14}}$ とおくと

$$\log a=\frac{1}{10}\cdot(-\log 11)=-f(10)$$

$$\log b=\frac{1}{12}\cdot(-\log 13)=-f(12)$$

$$\log c=\frac{1}{14}\cdot(-\log 15)=-f(14)$$

(2)の結果から　$f(10)>f(12)>f(14)>0$

⇐ $f(x)$ は単調減少。

したがって　$-f(10)<-f(12)<-f(14)$

すなわち　$\log a<\log b<\log c$

ゆえに，底 $e>1$ から　$a<b<c$

よって，大きい方から順に　$\boldsymbol{\left(\dfrac{1}{15}\right)^{\frac{1}{14}}}$, $\boldsymbol{\left(\dfrac{1}{13}\right)^{\frac{1}{12}}}$, $\boldsymbol{\left(\dfrac{1}{11}\right)^{\frac{1}{10}}}$

EX ②89 xy 平面上の動点 P(x, y) の時刻 t における位置が $x=2\sin t$, $y=\cos 2t$ であるとき，点Pの速度の大きさの最大値はいくらか。〔防衛医大〕

$\dfrac{dx}{dt}=2\cos t$, $\dfrac{dy}{dt}=-2\sin 2t$ であるから，時刻 t における速度を $\vec{v}$ とすると

$$|\vec{v}|^2=\left(\frac{dx}{dt}\right)^2+\left(\frac{dy}{dt}\right)^2=4\cos^2 t+4\sin^2 2t$$

⇐ $\sin 2t=2\sin t\cos t$

$$=4\cos^2 t+16\sin^2 t\cos^2 t=4\cos^2 t(1+4\sin^2 t)$$

ここで，$\sin^2 t=X$ とおくと

⇐ $\cos^2 t=1-\sin^2 t$
$=1-X$

$$|\vec{v}|^2=4(1-X)(1+4X)=4(-4X^2+3X+1)$$

$$=4\left\{-4\left(X-\frac{3}{8}\right)^2+\frac{25}{16}\right\}$$

inf. $\cos^2 t=X$ とおいて，$|\vec{v}|^2$ を求めることもできる。

$0\leqq X\leqq 1$ であるから，$X=\dfrac{3}{8}$ のとき $|\vec{v}|^2$ は最大値 $4\cdot\dfrac{25}{16}=\dfrac{25}{4}$ をとる。

$|\vec{v}|\geqq 0$ であるから，このとき $|\vec{v}|$ も最大となる。

したがって最大値は　$\sqrt{\dfrac{25}{4}}=\boldsymbol{\dfrac{5}{2}}$

別解 （解答の3行目までは同じ。）

$$|\vec{v}|^2=4\cos^2 t+4\sin^2 2t=4\cdot\frac{1+\cos 2t}{2}+4(1-\cos^2 2t)$$

⇐ $\cos^2\dfrac{\theta}{2}=\dfrac{1+\cos\theta}{2}$
$\sin^2\theta=1-\cos^2\theta$

$$=-4\cos^2 2t+2\cos 2t+6$$

$$=-4\left(\cos 2t-\frac{1}{4}\right)^2+\frac{25}{4}$$

$-1\leqq\cos 2t\leqq 1$ から，$\cos 2t=\dfrac{1}{4}$ のとき $|\vec{v}|^2$ は最大値 $\dfrac{25}{4}$ をとる。（以下，解答と同じ。）

EX
③90

動点Pの座標 $(x,\ y)$ が時刻 t の関数として，$x=e^t\cos t$，$y=e^t\sin t$ で表されるとき，速度 $\vec{v}$ の大きさと加速度 $\vec{\alpha}$ の大きさを求めよ。また，速度ベクトル $\vec{v}$ と位置ベクトル $\overrightarrow{\mathrm{OP}}$ とのなす角 $\theta\ (0\leqq\theta\leqq\pi)$ を求めよ。　〔類　武蔵工大〕

$\dfrac{dx}{dt}=e^t\cos t-e^t\sin t,\quad \dfrac{dy}{dt}=e^t\sin t+e^t\cos t$

よって　$\vec{v}=(e^t(\cos t-\sin t),\ e^t(\sin t+\cos t))$　　⇐$\vec{v}=\left(\dfrac{dx}{dt},\ \dfrac{dy}{dt}\right)$

ゆえに　$|\vec{v}|=\sqrt{e^{2t}(\cos t-\sin t)^2+e^{2t}(\sin t+\cos t)^2}$　　⇐$|\vec{v}|=\sqrt{\left(\dfrac{dx}{dt}\right)^2+\left(\dfrac{dy}{dt}\right)^2}$

$=\sqrt{2e^{2t}(\sin^2 t+\cos^2 t)}=\boldsymbol{\sqrt{2}\,e^t}$

また　$\dfrac{d^2x}{dt^2}=e^t(\cos t-\sin t)+e^t(-\sin t-\cos t)=-2e^t\sin t$

$\dfrac{d^2y}{dt^2}=e^t(\sin t+\cos t)+e^t(\cos t-\sin t)=2e^t\cos t$

よって　$|\vec{\alpha}|=\sqrt{(-2e^t\sin t)^2+(2e^t\cos t)^2}$　　⇐$|\vec{\alpha}|=\sqrt{\left(\dfrac{d^2x}{dt^2}\right)^2+\left(\dfrac{d^2y}{dt^2}\right)^2}$

$=\sqrt{4e^{2t}(\sin^2 t+\cos^2 t)}=\boldsymbol{2e^t}$

$\overrightarrow{\mathrm{OP}}=(e^t\cos t,\ e^t\sin t)$ であるから　　⇐$\overrightarrow{\mathrm{OP}}=(x,\ y)$

$|\overrightarrow{\mathrm{OP}}|=\sqrt{e^{2t}\cos^2 t+e^{2t}\sin^2 t}=e^t$　　⇐$\sqrt{e^{2t}(\cos^2 t+\sin^2 t)}$，$\cos^2 t+\sin^2 t=1$

$\vec{v}\cdot\overrightarrow{\mathrm{OP}}=e^t(\cos t-\sin t)e^t\cos t+e^t(\sin t+\cos t)e^t\sin t$

$=e^{2t}(\cos^2 t+\sin^2 t)=e^{2t}$

したがって　$\cos\theta=\dfrac{\vec{v}\cdot\overrightarrow{\mathrm{OP}}}{|\vec{v}||\overrightarrow{\mathrm{OP}}|}=\dfrac{e^{2t}}{\sqrt{2}\,e^t\cdot e^t}=\dfrac{1}{\sqrt{2}}$

$0\leqq\theta\leqq\pi$ であるから　$\boldsymbol{\theta=\dfrac{\pi}{4}}$

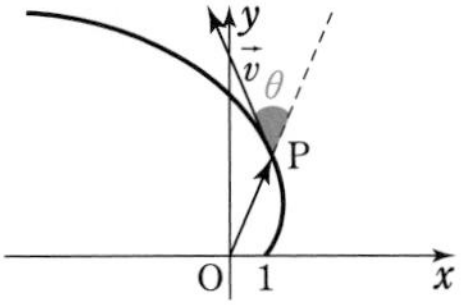

EX
③91

(1) $\displaystyle\lim_{x\to0}\frac{1+ax-\sqrt{1+x}}{x^2}=\frac{1}{8}$ が成り立つように定数 a の値を定めよ。

(2) (1)の結果を用いて，$x\fallingdotseq0$ のとき，$\sqrt{1+x}$ の近似式を作れ。また，その近似式を利用して $\sqrt{102}$ の近似値を求めよ。

(1) $\displaystyle\lim_{x\to0}\frac{1+ax-\sqrt{1+x}}{x^2}=\lim_{x\to0}\frac{(1+ax)^2-(1+x)}{x^2(1+ax+\sqrt{1+x})}$　　⇐分子の有理化。

$\displaystyle=\lim_{x\to0}\frac{x(a^2x+2a-1)}{x^2(1+ax+\sqrt{1+x})}$

$\displaystyle=\lim_{x\to0}\frac{a^2x+2a-1}{x(1+ax+\sqrt{1+x})}$　……①

$\displaystyle\lim_{x\to0}x(1+ax+\sqrt{1+x})=0$ であるから

$\displaystyle\lim_{x\to0}(a^2x+2a-1)=0$　　⇐**必要条件**

よって　$2a-1=0$　　これを解いて　$a=\dfrac{1}{2}$

逆に，このとき ① から　　⇐求めた $a=\dfrac{1}{2}$ が十分条件であることを確認。

$$\lim_{x\to0}\frac{\dfrac{x}{4}+2\cdot\dfrac{1}{2}-1}{x\left(1+\dfrac{x}{2}+\sqrt{1+x}\right)}=\lim_{x\to0}\frac{1}{4\left(1+\dfrac{x}{2}+\sqrt{1+x}\right)}=\frac{1}{8}$$

4章 EX

ゆえに，与式は成り立つ。

したがって　　$a=\mathbf{\dfrac{1}{2}}$

(2)　(1) から，$x \fallingdotseq 0$ のとき

$$\frac{1+\frac{1}{2}x-\sqrt{1+x}}{x^2} \fallingdotseq \frac{1}{8}$$

よって　　$1+\dfrac{1}{2}x-\sqrt{1+x} \fallingdotseq \dfrac{1}{8}x^2$

ゆえに，$\sqrt{1+x}$ の近似式は

$$\boldsymbol{\sqrt{1+x} \fallingdotseq 1+\frac{1}{2}x-\frac{1}{8}x^2} \quad \cdots\cdots ②$$

⇐2次の近似式
一般に，$|x|$ が十分小さいとき
$$\boldsymbol{f(x) \fallingdotseq f(0)+f'(0)x+\frac{1}{2}f''(0)x^2}$$

また　　$\sqrt{102}=\sqrt{100+2}=\sqrt{100\left(1+\dfrac{1}{50}\right)}$

$$=10\sqrt{1+\frac{1}{50}} \quad \cdots\cdots ③$$

近似式 ② において，$x=\dfrac{1}{50}$ とおくと

$$\sqrt{1+\frac{1}{50}} \fallingdotseq 1+\frac{1}{2}\cdot\frac{1}{50}-\frac{1}{8}\cdot\left(\frac{1}{50}\right)^2=\frac{20199}{20000}$$

⇐通分すると $\dfrac{20000+200-1}{20000}$

これを ③ に代入すると

$$\sqrt{102} \fallingdotseq 10\cdot\frac{20199}{20000}=\frac{20199}{2000}=\mathbf{10.0995}$$

⇐$\sqrt{102}=10.099504\cdots$

EX ③92

x 軸上の点 $\mathrm{P}(\alpha,\ 0)$ に点Qを次のように対応させる。
曲線 $y=\sin x$ 上のPと同じ x 座標をもつ点 $(\alpha,\ \sin\alpha)$ におけるこの曲線の法線と x 軸との交点をQとする。

(1)　点Qの座標を求めよ。

(2)　点Pが x 軸上を原点 $(0,\ 0)$ から点 $(\pi,\ 0)$ に向かって毎秒 π の速さで移動するとき，点Qの t 秒後の速さ $v(t)$ を求めよ。

(3)　$\displaystyle\lim_{t\to\frac{1}{2}}\frac{v(t)}{\left(t-\frac{1}{2}\right)^2}$ を求めよ。　〔東京学芸大〕

(1)　$y'=\cos x$ であるから，点 $(\alpha,\ \sin\alpha)$ における法線の方程式は，n を整数として

$\alpha=\dfrac{\pi}{2}+n\pi$ のとき　　$x=\dfrac{\pi}{2}+n\pi$

$\alpha \neq \dfrac{\pi}{2}+n\pi$ のとき　　$y-\sin\alpha=-\dfrac{1}{\cos\alpha}(x-\alpha)$

よって，点Qの x 座標は

$\alpha=\dfrac{\pi}{2}+n\pi$ のとき　　$x=\dfrac{\pi}{2}+n\pi$　$\cdots\cdots$ ①

$\alpha \neq \dfrac{\pi}{2}+n\pi$ のとき　　$0-\sin\alpha=-\dfrac{1}{\cos\alpha}(x-\alpha)$ から

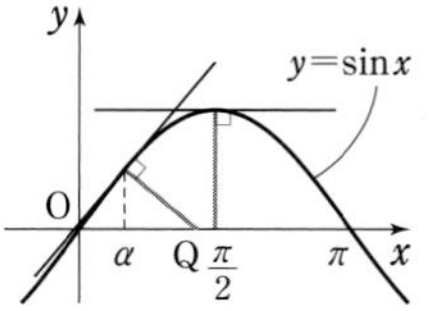

⇐曲線 $y=f(x)$ 上の点 $(\alpha,\ f(\alpha))$ における法線の方程式は
$$y-f(\alpha)=-\frac{1}{f'(\alpha)}(x-\alpha)$$
$[f'(\alpha) \neq 0]$

$$x=\alpha+\sin\alpha\cos\alpha=\alpha+\frac{1}{2}\sin 2\alpha \quad \cdots\cdots ②$$

② で $\alpha=\frac{\pi}{2}+n\pi$ とおくと　$x=\alpha+\frac{1}{2}\cdot 0=\alpha$

⇐$2\alpha=\pi+2n\pi$

したがって　$x=\frac{\pi}{2}+n\pi$

ゆえに，① は ② に含まれる。

よって，点Qの座標は　$\left(\boldsymbol{\alpha+\frac{1}{2}\sin 2\alpha,\ 0}\right)$

(2)　$\mathrm{P}(\pi t,\ 0)$ と表されるから，$\mathrm{Q}(X,\ 0)$ とすると

$$X=\pi t+\frac{1}{2}\sin 2\pi t$$

よって　$\boldsymbol{v(t)=\frac{dX}{dt}=\pi(1+\cos 2\pi t)}$

(3)　(2) の結果から　$\displaystyle\lim_{t\to\frac{1}{2}}\frac{v(t)}{\left(t-\frac{1}{2}\right)^2}=\pi\lim_{t\to\frac{1}{2}}\frac{1+\cos 2\pi t}{\left(t-\frac{1}{2}\right)^2}$

$t-\frac{1}{2}=\theta$ とおくと

⇐$t=\theta+\frac{1}{2}$

$$1+\cos 2\pi t=1+\cos(\pi+2\pi\theta)=1-\cos 2\pi\theta$$

$2\pi t=2\pi\left(\frac{1}{2}+\theta\right)$
$=\pi+2\pi\theta$

$t\longrightarrow\frac{1}{2}$ のとき $\theta\longrightarrow 0$ であるから

$$\begin{aligned}(\text{与式})&=\pi\lim_{\theta\to 0}\frac{1-\cos 2\pi\theta}{\theta^2}\\&=\pi\lim_{\theta\to 0}\frac{1-\cos^2 2\pi\theta}{\theta^2(1+\cos 2\pi\theta)}\\&=\pi\lim_{\theta\to 0}4\pi^2\left(\frac{\sin 2\pi\theta}{2\pi\theta}\right)^2\cdot\frac{1}{1+\cos 2\pi\theta}\\&=\boldsymbol{2\pi^3}\end{aligned}$$

⇐$\displaystyle\lim_{x\to 0}\frac{\sin x}{x}=1$

EX ④93　xy 平面上を動く点 $\mathrm{P}(x,\ y)$ の時刻 t における座標を $x=5\cos t$，$y=4\sin t$ とし，速度を $\vec{v}$ とする。2 点 $\mathrm{A}(3,\ 0)$，$\mathrm{B}(-3,\ 0)$ をとるとき，$\angle\mathrm{APB}$ の 2 等分線は $\vec{v}$ に垂直であることを証明せよ。　〔類 山形大〕

$\frac{dx}{dt}=-5\sin t$，$\frac{dy}{dt}=4\cos t$ であるから

$$\vec{v}=(-5\sin t,\ 4\cos t)$$

また，$\angle\mathrm{APB}$ の 2 等分線に平行なベクトルは $\dfrac{\overrightarrow{\mathrm{PA}}}{|\overrightarrow{\mathrm{PA}}|}+\dfrac{\overrightarrow{\mathrm{PB}}}{|\overrightarrow{\mathrm{PB}}|}$ で表される。

⇐$\overrightarrow{\mathrm{PA}}$，$\overrightarrow{\mathrm{PB}}$ と同じ向きの単位ベクトルが $\dfrac{\overrightarrow{\mathrm{PA}}}{|\overrightarrow{\mathrm{PA}}|}$，$\dfrac{\overrightarrow{\mathrm{PB}}}{|\overrightarrow{\mathrm{PB}}|}$ であり，その和は $\angle\mathrm{APB}$ の 2 等分線に平行なベクトルになる（数学B）。

$\overrightarrow{\mathrm{PA}}=(3-5\cos t,\ -4\sin t)$，$\overrightarrow{\mathrm{PB}}=(-3-5\cos t,\ -4\sin t)$ であるから

$$\begin{aligned}\overrightarrow{\mathrm{PA}}\cdot\vec{v}&=(3-5\cos t)(-5\sin t)+(-4\sin t)\cdot 4\cos t\\&=-15\sin t+9\sin t\cos t\\&=-3(5-3\cos t)\sin t\end{aligned}$$

$$\overrightarrow{PB}\cdot\vec{v}=(-3-5\cos t)(-5\sin t)+(-4\sin t)\cdot 4\cos t$$
$$=15\sin t+9\sin t\cos t$$
$$=3(5+3\cos t)\sin t$$
$$|\overrightarrow{PA}|^2=(3-5\cos t)^2+(-4\sin t)^2$$
$$=9-30\cos t+25\cos^2 t+16\sin^2 t$$
$$=9-30\cos t+25\cos^2 t+16(1-\cos^2 t)$$
$$=25-30\cos t+9\cos^2 t$$
$$=(5-3\cos t)^2$$
$$|\overrightarrow{PB}|^2=(-3-5\cos t)^2+(-4\sin t)^2$$
$$=9+30\cos t+25\cos^2 t+16\sin^2 t$$
$$=9+30\cos t+25\cos^2 t+16(1-\cos^2 t)$$
$$=25+30\cos t+9\cos^2 t$$
$$=(5+3\cos t)^2$$

$5-3\cos t>0$，$5+3\cos t>0$ であるから

$$|\overrightarrow{PA}|=5-3\cos t,\ |\overrightarrow{PB}|=5+3\cos t$$

ゆえに

$$\left(\frac{\overrightarrow{PA}}{|\overrightarrow{PA}|}+\frac{\overrightarrow{PB}}{|\overrightarrow{PB}|}\right)\cdot\vec{v}=\frac{\overrightarrow{PA}\cdot\vec{v}}{|\overrightarrow{PA}|}+\frac{\overrightarrow{PB}\cdot\vec{v}}{|\overrightarrow{PB}|}$$
$$=\frac{-3(5-3\cos t)\sin t}{5-3\cos t}+\frac{3(5+3\cos t)\sin t}{5+3\cos t}$$
$$=-3\sin t+3\sin t=0$$

したがって，∠APB の 2 等分線に平行なベクトルは $\vec{v}$ に垂直である。すなわち，∠APB の 2 等分線は $\vec{v}$ に垂直である。

inf. 点Pの軌跡は楕円 $\dfrac{x^2}{25}+\dfrac{y^2}{16}=1$ であり，2 点 A，B はその焦点である（数学C）。

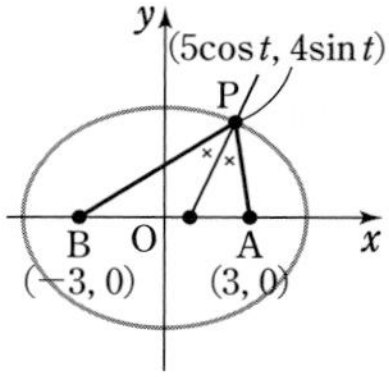

⇐ $\vec{a}\neq\vec{0}$，$\vec{b}\neq\vec{0}$ のとき $\vec{a}\cdot\vec{b}=0 \iff \vec{a}\perp\vec{b}$

PR ①108

次の不定積分を求めよ。

(1) $\int\frac{x^4-x^3+x-1}{x^2}dx$　(2) $\int\frac{(\sqrt[3]{x}-1)^2}{\sqrt{x}}dx$　(3) $\int\frac{3+\cos^3 x}{\cos^2 x}dx$

(4) $\int\frac{1}{\tan^2 x}dx$　(5) $\int\left(2e^x-\frac{3}{x}\right)dx$

注意　**本書では，以後断りのない限り，C は積分定数を表すものとする。**

(1) $\int\frac{x^4-x^3+x-1}{x^2}dx=\int\left(x^2-x+\frac{1}{x}-\frac{1}{x^2}\right)dx$

$=\int x^2dx-\int x\,dx+\int\frac{dx}{x}-\int x^{-2}dx$

$=\boldsymbol{\frac{x^3}{3}-\frac{x^2}{2}+\log|x|+\frac{1}{x}+C}$

(2) $\int\frac{(\sqrt[3]{x}-1)^2}{\sqrt{x}}dx=\int\frac{x^{\frac{2}{3}}-2x^{\frac{1}{3}}+1}{x^{\frac{1}{2}}}dx$

$=\int(x^{\frac{1}{6}}-2x^{-\frac{1}{6}}+x^{-\frac{1}{2}})\,dx$

$=\int x^{\frac{1}{6}}dx-2\int x^{-\frac{1}{6}}dx+\int x^{-\frac{1}{2}}dx$

$=\frac{6}{7}x^{\frac{7}{6}}-2\cdot\frac{6}{5}x^{\frac{5}{6}}+2x^{\frac{1}{2}}+C$

$=\boldsymbol{\frac{6}{7}x\sqrt[6]{x}-\frac{12}{5}\sqrt[6]{x^5}+2\sqrt{x}+C}$

⇐計算結果は与えられた式の形（本問では根号の形）に合わせておくことが多い。

(3) $\int\frac{3+\cos^3 x}{\cos^2 x}dx=\int\left(\frac{3}{\cos^2 x}+\cos x\right)dx$

$=3\int\frac{dx}{\cos^2 x}+\int\cos x\,dx$

$=\boldsymbol{3\tan x+\sin x+C}$

(4) $\int\frac{1}{\tan^2 x}dx=\int\frac{\cos^2 x}{\sin^2 x}dx=\int\frac{1-\sin^2 x}{\sin^2 x}dx$

⇐$\sin^2 x+\cos^2 x=1$

$=\int\left(\frac{1}{\sin^2 x}-1\right)dx=\int\frac{dx}{\sin^2 x}-\int dx$

$=\boldsymbol{-\frac{1}{\tan x}-x+C}$

⇐$\int\frac{dx}{\sin^2 x}=-\frac{1}{\tan x}+C$

(5) $\int\left(2e^x-\frac{3}{x}\right)dx=2\int e^x dx-3\int\frac{dx}{x}=\boldsymbol{2e^x-3\log|x|+C}$

PR ①109

次の不定積分を求めよ。

(1) $\int\frac{1}{(2x+3)^3}dx$　(2) $\int\sqrt[4]{(2-3x)^3}\,dx$　(3) $\int\frac{1}{e^{3x-1}}dx$　(4) $\int\frac{1}{\cos^2(2-4x)}dx$

(1) $\int\frac{1}{(2x+3)^3}dx=\int(2x+3)^{-3}dx$

$=\frac{1}{2}\cdot\left(-\frac{1}{2}\right)(2x+3)^{-2}+C$

⇐$\frac{1}{2}$ を忘れずに掛ける。

$=\boldsymbol{-\frac{1}{4(2x+3)^2}+C}$

(2) $\displaystyle\int\sqrt[4]{(2-3x)^3}\,dx=\int(2-3x)^{\frac{3}{4}}dx$

$\displaystyle=\frac{1}{-3}\cdot\frac{4}{7}(2-3x)^{\frac{7}{4}}+C$

$\displaystyle=-\frac{4}{21}(2-3x)\sqrt[4]{(2-3x)^3}+C$

(3) $\displaystyle\int\frac{1}{e^{3x-1}}dx=\int e^{-3x+1}dx=-\frac{1}{3}e^{-3x+1}+C$

(4) $\displaystyle\int\frac{1}{\cos^2(2-4x)}dx=-\frac{1}{4}\tan(2-4x)+C$

(2) x の係数 -3 に注意。マイナス「－」を落とさないように！

⇐ $(2-3x)^{\frac{7}{4}}=(2-3x)\cdot(2-3x)^{\frac{3}{4}}$

PR ②110

次の不定積分を求めよ。

(1) $\displaystyle\int\frac{x-1}{(2x+1)^2}dx$ (2) $\displaystyle\int\frac{9x}{\sqrt{3x-1}}dx$ (3) $\displaystyle\int x\sqrt{x-2}\,dx$

(1) $2x+1=t$ とおくと $x=\dfrac{t-1}{2},\ dx=\dfrac{1}{2}dt$

よって $\displaystyle\int\frac{x-1}{(2x+1)^2}dx=\int\frac{\frac{t-1}{2}-1}{t^2}\cdot\frac{1}{2}dt$

$\displaystyle=\frac{1}{4}\int\left(\frac{1}{t}-\frac{3}{t^2}\right)dt$

$\displaystyle=\frac{1}{4}\left(\log|t|+\frac{3}{t}\right)+C$

$\displaystyle=\frac{1}{4}\left(\log|2x+1|+\frac{3}{2x+1}\right)+C$

⇐ $\dfrac{dx}{dt}=\dfrac{1}{2}$ から。

⇐ $\dfrac{\frac{t-1}{2}-1}{t^2}\cdot\dfrac{1}{2}=\dfrac{\frac{t-3}{2}}{2t^2}=\dfrac{1}{4}\cdot\dfrac{t-3}{t^2}=\dfrac{1}{4}\left(\dfrac{1}{t}-\dfrac{3}{t^2}\right)$

⇐ t を x の式に戻す。

(2) $\sqrt{3x-1}=t$ とおくと $3x-1=t^2$

よって $x=\dfrac{t^2+1}{3},\ dx=\dfrac{2}{3}t\,dt$

ゆえに $\displaystyle\int\frac{9x}{\sqrt{3x-1}}dx=\int\frac{9\cdot\frac{t^2+1}{3}}{t}\cdot\frac{2}{3}t\,dt=2\int(t^2+1)\,dt$

$\displaystyle=2\left(\frac{t^3}{3}+t\right)+C=\frac{2}{3}t(t^2+3)+C$

$\displaystyle=\frac{2}{3}(3x+2)\sqrt{3x-1}+C$

⇐丸ごと置換

⇐ $\dfrac{dx}{dt}=\dfrac{2}{3}t$ から。

⇐ $t^2+3=(3x-1)+3=3x+2$

別解 $3x-1=t$ とおくと $x=\dfrac{t+1}{3},\ dx=\dfrac{1}{3}dt$

よって $\displaystyle\int\frac{9x}{\sqrt{3x-1}}dx=\int\frac{3(t+1)}{\sqrt{t}}\cdot\frac{1}{3}dt=\int\left(t^{\frac{1}{2}}+t^{-\frac{1}{2}}\right)dt$

$\displaystyle=\frac{2}{3}t^{\frac{3}{2}}+2t^{\frac{1}{2}}+C=\frac{2}{3}t^{\frac{1}{2}}(t+3)+C$

$\displaystyle=\frac{2}{3}(3x+2)\sqrt{3x-1}+C$

⇐ $\dfrac{dx}{dt}=\dfrac{1}{3}$ から。

⇐ $t+3=(3x-1)+3=3x+2$

(3) $\sqrt{x-2}=t$ とおくと $x-2=t^2$

よって $x=t^2+2,\ dx=2t\,dt$

⇐丸ごと置換

⇐ $\dfrac{dx}{dt}=2t$ から。

ゆえに　$\int x\sqrt{x-2}\,dx=\int(t^2+2)\cdot t\cdot 2t\,dt=2\int(t^4+2t^2)\,dt$

$=2\left(\frac{t^5}{5}+\frac{2}{3}t^3\right)+C=\frac{2}{15}t^3(3t^2+10)+C$

$=\boldsymbol{\frac{2}{15}(3x+4)(x-2)\sqrt{x-2}+C}$

⇐$3t^2+10=3(x-2)+10$
$=3x+4$,
$t^3=(x-2)\sqrt{x-2}$

別解　$x-2=t$ とおくと　$x=t+2$, $dx=dt$

⇐$\frac{dx}{dt}=1$ から。

よって　$\int x\sqrt{x-2}\,dx=\int(t+2)\sqrt{t}\,dt=\int\left(t^{\frac{3}{2}}+2t^{\frac{1}{2}}\right)dt$

$=\frac{2}{5}t^{\frac{5}{2}}+2\cdot\frac{2}{3}t^{\frac{3}{2}}+C=\frac{2}{15}t^{\frac{3}{2}}(3t+10)+C$

$=\boldsymbol{\frac{2}{15}(3x+4)(x-2)\sqrt{x-2}+C}$

⇐$3t+10=3(x-2)+10$
$=3x+4$
$t^{\frac{3}{2}}=t\sqrt{t}$
$=(x-2)\sqrt{x-2}$

5章
PR

PR
②**111**

次の不定積分を求めよ。　〔(4) 信州大　(6) 東京電機大〕

(1) $\int(2x+1)(x^2+x-2)^3dx$　(2) $\int\frac{2x+3}{\sqrt{x^2+3x-4}}dx$　(3) $\int x\cos(1+x^2)\,dx$

(4) $\int e^x(e^x+1)^2dx$　(5) $\int\frac{\tan x}{\cos x}dx$　(6) $\int\frac{1-\tan x}{1+\tan x}dx$

(1) $x^2+x-2=u$ とおくと, $(2x+1)\,dx=du$ であるから

$\int(2x+1)(x^2+x-2)^3dx=\int u^3du=\frac{1}{4}u^4+C$

$=\boldsymbol{\frac{1}{4}(x^2+x-2)^4+C}$

(2) $x^2+3x-4=u$ とおくと, $(2x+3)\,dx=du$ であるから

$\int\frac{2x+3}{\sqrt{x^2+3x-4}}dx=\int\frac{1}{\sqrt{u}}du=\int u^{-\frac{1}{2}}du$

$=2u^{\frac{1}{2}}+C=\boldsymbol{2\sqrt{x^2+3x-4}+C}$

⇐$\int u^{-\frac{1}{2}}du$
$=\frac{1}{-\frac{1}{2}+1}\cdot u^{-\frac{1}{2}+1}+C$

(3) $1+x^2=u$ とおくと, $2x\,dx=du$ であるから

⇐$x\,dx=\frac{1}{2}du$

$\int x\cos(1+x^2)\,dx=\frac{1}{2}\int\cos u\,du=\frac{1}{2}\sin u+C$

$=\boldsymbol{\frac{1}{2}\sin(1+x^2)+C}$

(4) $e^x+1=u$ とおくと, $e^xdx=du$ であるから

$\int e^x(e^x+1)^2dx=\int u^2du=\frac{1}{3}u^3+C$

$=\boldsymbol{\frac{1}{3}(e^x+1)^3+C}$

(5) $\cos x=u$ とおくと, $-\sin x\,dx=du$ であるから

⇐$\sin x\,dx=-du$

$\int\frac{\tan x}{\cos x}dx=\int\frac{\sin x}{\cos^2x}dx=-\int\frac{1}{u^2}du$

⇐$\tan x=\frac{\sin x}{\cos x}$

$=-\int u^{-2}du=\frac{1}{u}+C$

$=\boldsymbol{\frac{1}{\cos x}+C}$

⇐$\int\frac{1}{u^2}du=\int u^{-2}du$
$=\frac{u^{-2+1}}{-2+1}+C$
$=-u^{-1}+C$

(6) $\dfrac{1-\tan x}{1+\tan x}$ の分母・分子に $\cos x$ を掛けると

$$\frac{\cos x-\cos x\tan x}{\cos x+\cos x\tan x}=\frac{\cos x-\sin x}{\cos x+\sin x}$$

また $\cos x-\sin x=(\sin x+\cos x)'$

よって $\displaystyle\int\frac{1-\tan x}{1+\tan x}dx=\int\frac{(\cos x+\sin x)'}{\cos x+\sin x}dx$

$$=\log|\cos x+\sin x|+C$$

別解 $\cos x+\sin x=u$ とおくと $(-\sin x+\cos x)dx=du$

よって $\displaystyle\int\frac{1-\tan x}{1+\tan x}dx=\int\frac{\cos x-\sin x}{\cos x+\sin x}dx$

$$=\int\frac{1}{u}du=\log|u|+C=\log|\cos x+\sin x|+C$$

⇐ $\cos x\tan x=\cos x\cdot\dfrac{\sin x}{\cos x}=\sin x$

PR ②112 次の不定積分を求めよ。

(1) $\displaystyle\int x\sin 2x\,dx$ (2) $\displaystyle\int\frac{x}{\cos^2 x}dx$ (3) $\displaystyle\int\frac{1}{2\sqrt{x}}\log x\,dx$ (4) $\displaystyle\int(2x+1)e^{-x}dx$

(1) $\displaystyle\int x\sin 2x\,dx=\int x\left(-\frac{1}{2}\cos 2x\right)'dx$

$$=x\left(-\frac{1}{2}\cos 2x\right)-\int 1\cdot\left(-\frac{1}{2}\cos 2x\right)dx$$

$$=-\frac{1}{2}x\cos 2x+\frac{1}{2}\int\cos 2x\,dx$$

$$=-\frac{1}{2}x\cos 2x+\frac{1}{4}\sin 2x+C$$

(1) 微分して簡単になるのは x
$f=x$, $g'=\sin 2x$ とする。

(2) $\displaystyle\int\frac{x}{\cos^2 x}dx=\int x(\tan x)'dx=x\tan x-\int 1\cdot\tan x\,dx$

$$=x\tan x+\int\frac{(\cos x)'}{\cos x}dx$$

$$=x\tan x+\log|\cos x|+C$$

(2) 微分して簡単になるのは x
$f=x$, $g'=\dfrac{1}{\cos^2 x}$ とする。

(3) $\displaystyle\int\frac{1}{2\sqrt{x}}\log x\,dx=\int(\log x)(\sqrt{x})'dx$

$$=(\log x)\sqrt{x}-\int\frac{1}{x}\cdot\sqrt{x}\,dx$$

$$=\sqrt{x}\log x-\int\frac{1}{\sqrt{x}}dx$$

$$=\sqrt{x}\log x-2\sqrt{x}+C$$

$$=\sqrt{x}(\log x-2)+C$$

(3) 微分して簡単になるのは $\log x$，積分しやすいのは $\dfrac{1}{2\sqrt{x}}$
$f=\log x$, $g'=\dfrac{1}{2\sqrt{x}}$ とする。

(4) $\displaystyle\int(2x+1)e^{-x}dx=\int(2x+1)(-e^{-x})'dx$

$$=(2x+1)(-e^{-x})-\int 2(-e^{-x})dx$$

$$=-(2x+1)e^{-x}+2\int e^{-x}dx$$

$$=-(2x+1)e^{-x}-2e^{-x}+C$$

$$=-(2x+3)e^{-x}+C$$

(4) 微分して簡単になるのは $2x+1$
$f=2x+1$, $g'=e^{-x}$ とする。

PR ③**113**

次の不定積分を求めよ。
(1) $\int x^2\sin x\,dx$　(2) $\int x^2e^{2x}dx$　(3) $\int(\log x)^2dx$

(1) $\int x^2\sin x\,dx=\int x^2(-\cos x)'\,dx$

$=x^2(-\cos x)-\int 2x(-\cos x)\,dx$

$=-x^2\cos x+2\int x\cos x\,dx$

$=-x^2\cos x+2\int x(\sin x)'\,dx$

$=-x^2\cos x+2\left(x\sin x-\int 1\cdot\sin x\,dx\right)$

$=-x^2\cos x+2(x\sin x+\cos x)+C$

$=\boldsymbol{-x^2\cos x+2x\sin x+2\cos x+C}$

(1) まず，微分して簡単になるのは x^2
更に $\int x\cos x\,dx$ について，微分して簡単になるのは x
⇐部分積分法

(2) $\int x^2e^{2x}dx=\int x^2\left(\frac{1}{2}e^{2x}\right)'dx$

$=x^2\cdot\frac{1}{2}e^{2x}-\int 2x\cdot\frac{1}{2}e^{2x}dx$

$=\frac{1}{2}x^2e^{2x}-\int xe^{2x}dx$

$=\frac{1}{2}x^2e^{2x}-\int x\left(\frac{1}{2}e^{2x}\right)'dx$

$=\frac{1}{2}x^2e^{2x}-\left(x\cdot\frac{1}{2}e^{2x}-\int 1\cdot\frac{1}{2}e^{2x}dx\right)$

$=\frac{1}{2}x^2e^{2x}-\frac{1}{2}xe^{2x}+\frac{1}{4}e^{2x}+C$

$=\boldsymbol{\frac{1}{4}(2x^2-2x+1)e^{2x}+C}$

(2) 微分して簡単になるのは x^2
更に $\int xe^{2x}dx$ について，微分して簡単になるのは x
⇐部分積分法

(3) $\int(\log x)^2dx=\int(\log x)^2\cdot(x)'\,dx$

$=(\log x)^2\cdot x-\int 2\log x\cdot\frac{1}{x}\cdot x\,dx$

$=x(\log x)^2-2\int\log x\,dx$ ……①

ここで　$\int\log x\,dx=\int\log x\cdot(x)'\,dx$

$=(\log x)x-\int\frac{1}{x}\cdot x\,dx$

$=x\log x-x+C_1$ ……②

② を ① に代入すると

$\int(\log x)^2dx=x(\log x)^2-2(x\log x-x+C_1)$

$=\boldsymbol{x(\log x)^2-2x\log x+2x+C}$

(3) まず，$(\log x)^2\cdot 1$ で積分しやすいのは 1
更に $\int\log x\,dx$ について，$\log x=\log x\cdot 1$ で積分しやすいのは 1
⇐$\int\log x\,dx=x\log x-x+C$ は公式として用いてもよい。
⇐C_1 は積分定数。積分定数は最後にまとめて C とするため，ここでは C_1 としている。
⇐$-2C_1=C$ とおく。

5章 PR

PR ②114

次の不定積分を求めよ。

(1) $\displaystyle\int\frac{x^2+x}{x-1}dx$　　(2) $\displaystyle\int\frac{x}{x^2+x-6}dx$

(1) $\displaystyle\int\frac{x^2+x}{x-1}dx=\int\frac{(x-1)(x+2)+2}{x-1}dx$

$\displaystyle=\int\left(x+2+\frac{2}{x-1}\right)dx$

$\displaystyle=\boldsymbol{\frac{1}{2}x^2+2x+2\log|x-1|+C}$

⇦分子の次数を下げる
x^2+x を $x-1$ で割った商は $x+2$，余りは2

(2) 分母を因数分解し

$$\frac{x}{(x+3)(x-2)}=\frac{a}{x+3}+\frac{b}{x-2}$$

⇦部分分数に分解する

とおいて，両辺に $(x+3)(x-2)$ を掛けると

$$x=a(x-2)+b(x+3)$$

整理して　$(a+b-1)x-2a+3b=0$

これが x についての恒等式である条件は

$$a+b-1=0,\ -2a+3b=0$$

⇦$x=2,\ -3$ を代入して，$a,\ b$ の値を求めてもよい。(数値代入法)

これを解いて　$a=\dfrac{3}{5},\ b=\dfrac{2}{5}$

⇦(第1式)×2＋(第2式) から
$5b-2=0$

よって　$\displaystyle\int\frac{x}{x^2+x-6}dx=\frac{1}{5}\int\left(\frac{3}{x+3}+\frac{2}{x-2}\right)dx$

$\displaystyle=\frac{1}{5}(3\log|x+3|+2\log|x-2|)+C$

$\displaystyle=\boldsymbol{\frac{1}{5}\log|x+3|^3(x-2)^2+C}$

⇦$|x-2|^2=(x-2)^2$

PR ③115

次の不定積分を求めよ。

(1) $\displaystyle\int\frac{x}{\sqrt{x+2}-\sqrt{2}}dx$　　(2) $\displaystyle\int\frac{x+1}{x\sqrt{2x+1}}dx$　　(3) $\displaystyle\int\frac{2x}{\sqrt{x^2+1}-x}dx$

(1) $\displaystyle\int\frac{x}{\sqrt{x+2}-\sqrt{2}}dx=\int\frac{x(\sqrt{x+2}+\sqrt{2})}{(x+2)-2}dx$

⇦分母を有理化

$\displaystyle=\int(\sqrt{x+2}+\sqrt{2})dx$

$\displaystyle=\boldsymbol{\frac{2}{3}(x+2)\sqrt{x+2}+\sqrt{2}x+C}$

⇦$\displaystyle\int(x+2)^{\frac{1}{2}}dx$
$\displaystyle=\frac{2}{3}(x+2)^{\frac{3}{2}}+C$

(2) $\sqrt{2x+1}=t$ とおくと　$x=\dfrac{t^2-1}{2},\ dx=t\,dt$

⇦無理式は丸ごと置換

よって　$\displaystyle\int\frac{x+1}{x\sqrt{2x+1}}dx=\int\frac{\frac{t^2-1}{2}+1}{\frac{t^2-1}{2}\cdot t}\cdot t\,dt$

$\displaystyle=\int\frac{t^2-1+2}{t^2-1}dt=\int\frac{t^2+1}{t^2-1}dt$

$\displaystyle=\int\left(1+\frac{2}{t^2-1}\right)dt$

inf.
$2x+1=t$ とおくと
$\displaystyle\int\frac{x+1}{x\sqrt{2x+1}}dx$
$\displaystyle=\int\frac{\frac{t-1}{2}+1}{\frac{t-1}{2}\cdot\sqrt{t}}\cdot\frac{1}{2}dt$
$\displaystyle=\frac{1}{2}\int\frac{t+1}{(t-1)\sqrt{t}}dt$
となり，計算が煩雑。

$$=\int\left(1+\frac{1}{t-1}-\frac{1}{t+1}\right)dt$$
$$=t+\log|t-1|-\log|t+1|+C$$
$$=t+\log\left|\frac{t-1}{t+1}\right|+C$$
$$=\sqrt{2x+1}+\log\frac{|\sqrt{2x+1}-1|}{\sqrt{2x+1}+1}+C$$

⇐$\sqrt{2x+1}+1>0$ であるから，分母の絶対値は不要。

(3)　$I=\int\frac{2x}{\sqrt{x^2+1}-x}dx$ とする。

$$I=\int\frac{2x(\sqrt{x^2+1}+x)}{(x^2+1)-x^2}dx$$
$$=\int 2x\sqrt{x^2+1}\,dx+2\int x^2dx$$

⇐分母を有理化

ここで，$x^2+1=t$ とおくと　$2x\,dx=dt$

よって　$I=\int\sqrt{t}\,dt+2\int x^2dx$

$$=\frac{2}{3}t\sqrt{t}+\frac{2}{3}x^3+C$$
$$=\frac{2}{3}(x^2+1)\sqrt{x^2+1}+\frac{2}{3}x^3+C$$

⇐$\int t^{\frac{1}{2}}dt=\frac{2}{3}t^{\frac{3}{2}}+C$

PR ②116　次の不定積分を求めよ。

(1) $\int\frac{\sin^2x}{1+\cos x}dx$　(2) $\int\cos 4x\cos 2x\,dx$　(3) $\int\sin 3x\sin 2x\,dx$

(4) $\int\cos^4x\,dx$　(5) $\int\sin^3x\cos^3x\,dx$　(6) $\int\left(\tan x+\frac{1}{\tan x}\right)^2dx$

(1)　$\int\frac{\sin^2x}{1+\cos x}dx=\int\frac{1-\cos^2x}{1+\cos x}dx=\int(1-\cos x)\,dx$

$$=x-\sin x+C$$

⇐$1-\cos^2x$
$=(1+\cos x)(1-\cos x)$

(2)　$\int\cos 4x\cos 2x\,dx=\frac{1}{2}\int(\cos 6x+\cos 2x)\,dx$

$$=\frac{1}{2}\left(\frac{1}{6}\sin 6x+\frac{1}{2}\sin 2x\right)+C$$
$$=\frac{1}{12}\sin 6x+\frac{1}{4}\sin 2x+C$$

⇐**積 ⟶ 和の公式**
$\cos\alpha\cos\beta$
$=\frac{1}{2}\{\cos(\alpha+\beta)+\cos(\alpha-\beta)\}$

(3)　$\int\sin 3x\sin 2x\,dx=-\frac{1}{2}\int(\cos 5x-\cos x)\,dx$

$$=-\frac{1}{2}\left(\frac{1}{5}\sin 5x-\sin x\right)+C$$
$$=-\frac{1}{10}\sin 5x+\frac{1}{2}\sin x+C$$

⇐**積 ⟶ 和の公式**
$\sin\alpha\sin\beta$
$=-\frac{1}{2}\{\cos(\alpha+\beta)-\cos(\alpha-\beta)\}$

別解　$\int\sin 3x\sin 2x\,dx=\int(3\sin x-4\sin^3x)\cdot 2\sin x\cos x\,dx$

ここで，$\sin x=t$ とおくと　$\cos x\,dx=dt$

よって　$\int\sin 3x\sin 2x\,dx=2\int t(3t-4t^3)\,dt$

⇐**3倍角の公式**
$\sin 3x=3\sin x-4\sin^3x$
$\int(\sin の式)\cos x\,dx$ の形にする。

$$=2\int(3t^2-4t^4)\,dt$$
$$=2\left(t^3-\frac{4}{5}t^5\right)+C$$
$$=\mathbf{2\sin^3 x-\frac{8}{5}\sin^5 x+C}$$

(4) $\cos^4 x=(\cos^2 x)^2=\left\{\frac{1}{2}(1+\cos 2x)\right\}^2$

$$=\frac{1}{4}(1+2\cos 2x+\cos^2 2x)$$
$$=\frac{1}{4}\left\{1+2\cos 2x+\frac{1}{2}(1+\cos 4x)\right\}$$
$$=\frac{3}{8}+\frac{1}{2}\cos 2x+\frac{1}{8}\cos 4x$$

よって　$\int\cos^4 x\,dx=\int\left(\frac{3}{8}+\frac{1}{2}\cos 2x+\frac{1}{8}\cos 4x\right)dx$

$$=\mathbf{\frac{3}{8}x+\frac{1}{4}\sin 2x+\frac{1}{32}\sin 4x+C}$$

inf.　$\cos^n x$ の不定積分については，PRACTICE 122 (1) も参照。ただし，答えの表し方は1通りではないので，左で求めた形と違う形で求められる場合もある。

(5) $\sin^3 x\cos^3 x=\frac{1}{8}(2\sin x\cos x)^3=\frac{1}{8}\sin^3 2x$

$$=\frac{1}{8}\cdot\frac{1}{4}(3\sin 2x-\sin 6x)$$
$$=\frac{1}{32}(3\sin 2x-\sin 6x)$$

よって

$$\int\sin^3 x\cos^3 x\,dx=\frac{1}{32}\int(3\sin 2x-\sin 6x)\,dx$$
$$=\frac{1}{32}\left(-\frac{3}{2}\cos 2x+\frac{1}{6}\cos 6x\right)+C$$
$$=\mathbf{\frac{1}{192}\cos 6x-\frac{3}{64}\cos 2x+C}$$

⇐ $2\sin x\cos x=\sin 2x$

⇐ **3倍角の公式**
$\sin 3x=3\sin x-4\sin^3 x$
から　$\sin^3 x$
$=\frac{1}{4}(3\sin x-\sin 3x)$

別解　$\int\sin^3 x\cos^3 x\,dx=\int\sin^3 x(1-\sin^2 x)\cos x\,dx$

ここで，$\sin x=t$ とおくと　$\cos x\,dx=dt$

よって　$\int\sin^3 x\cos^3 x\,dx=\int t^3(1-t^2)\,dt=\int(t^3-t^5)\,dt$

$$=\frac{1}{4}t^4-\frac{1}{6}t^6+C=\mathbf{\frac{1}{4}\sin^4 x-\frac{1}{6}\sin^6 x+C}$$

⇐ $\cos^3 x=\cos^2 x\cos x$
$=(1-\sin^2 x)\cos x$
$\int(\sin の式)\cos x\,dx$
の形にする。

(6) $\left(\tan x+\frac{1}{\tan x}\right)^2=\tan^2 x+2+\frac{1}{\tan^2 x}$

$$=(1+\tan^2 x)+\left(1+\frac{1}{\tan^2 x}\right)$$
$$=\frac{1}{\cos^2 x}+\frac{1}{\sin^2 x}$$

よって　$\int\left(\tan x+\frac{1}{\tan x}\right)^2 dx=\int\left(\frac{1}{\cos^2 x}+\frac{1}{\sin^2 x}\right)dx$

$$=\mathbf{\tan x-\frac{1}{\tan x}+C}$$

⇐ $\int\frac{dx}{\cos^2 x}=\tan x+C$
$\int\frac{dx}{\sin^2 x}=-\frac{1}{\tan x}+C$

PR ②117

次の不定積分を求めよ。 〔(2) 関西学院大〕

(1) $\int \sin x \cos^5 x\,dx$　(2) $\int \dfrac{\sin x \cos x}{2+\cos x}dx$　(3) $\int \cos^3 2x\,dx$

(4) $\int (\cos x+\sin^2 x)\sin x\,dx$　(5) $\int \dfrac{\tan^2 x}{\cos^2 x}dx$

(1) $\cos x=t$ とおくと，$-\sin x\,dx=dt$ であるから

$$\int \sin x\cos^5 x\,dx=-\int t^5 dt=-\frac{t^6}{6}+C$$
$$=\boldsymbol{-\frac{1}{6}\cos^6 x+C}$$

(2) $\cos x=t$ とおくと，$-\sin x\,dx=dt$ であるから

$$\int\frac{\sin x\cos x}{2+\cos x}dx=\int\frac{-t}{2+t}dt$$
$$=\int\left(\frac{2}{2+t}-1\right)dt$$
$$=2\log|2+t|-t+C$$
$$=\boldsymbol{2\log(2+\cos x)-\cos x+C}$$

inf. $2+\cos x=t$ と丸ごと置換すると

(与式)$=\int\dfrac{-(t-2)}{t}dt$

$=\int\left(\dfrac{2}{t}-1\right)dt$

⇐$2+\cos x>0$

(3) $\cos^3 2x=(1-\sin^2 2x)\cos 2x$

$\sin 2x=t$ とおくと，$2\cos 2x\,dx=dt$ であるから

$$\int\cos^3 2x\,dx=\int(1-\sin^2 2x)\cos 2x\,dx$$
$$=\int(1-t^2)\cdot\frac{1}{2}dt=\frac{t}{2}-\frac{t^3}{6}+C$$
$$=\boldsymbol{\frac{1}{2}\sin 2x-\frac{1}{6}\sin^3 2x+C}$$

別解　$\cos^3 2x=\dfrac{1}{4}(3\cos 2x+\cos 6x)$ であるから

$$\int\cos^3 2x\,dx=\frac{1}{4}\int(3\cos 2x+\cos 6x)\,dx$$
$$=\frac{1}{4}\left(\frac{3}{2}\sin 2x+\frac{1}{6}\sin 6x\right)+C$$
$$=\boldsymbol{\frac{3}{8}\sin 2x+\frac{1}{24}\sin 6x+C}$$

inf. (3)の 別解 は一見すると結果が異なるように見えるが，3倍角の公式　$\sin 3\theta$

$=3\sin\theta-4\sin^3\theta$ により

$\dfrac{3}{8}\sin 2x+\dfrac{1}{24}\sin 6x+C$

$=\dfrac{3}{8}\sin 2x+\dfrac{1}{24}(3\sin 2x$

$-4\sin^3 2x)+C$

$=\dfrac{1}{2}\sin 2x-\dfrac{1}{6}\sin^3 2x$

$+C$

となり，一致していることがわかる。

(4) $\cos x=t$ とおくと，$-\sin x\,dx=dt$ であるから

$$\int(\cos x+\sin^2 x)\sin x\,dx$$
$$=\int(\cos x+1-\cos^2 x)\sin x\,dx$$
$$=-\int(t+1-t^2)\,dt=\int(t^2-t-1)\,dt$$
$$=\frac{t^3}{3}-\frac{t^2}{2}-t+C$$
$$=\boldsymbol{\frac{1}{3}\cos^3 x-\frac{1}{2}\cos^2 x-\cos x+C}$$

別解 (与式)

$=\cos x\sin x+\sin^3 x$

$=\dfrac{1}{2}\sin 2x$

$+\dfrac{1}{4}(3\sin x-\sin 3x)$

から，不定積分は

$\boldsymbol{-\dfrac{1}{4}\cos 2x-\dfrac{3}{4}\cos x}$

$\boldsymbol{+\dfrac{1}{12}\cos 3x+C}$

(5) $\tan x=t$ とおくと，$\dfrac{dx}{\cos^2 x}=dt$ であるから

$$\int\frac{\tan^2 x}{\cos^2 x}dx=\int t^2dt=\frac{t^3}{3}+C=\frac{1}{3}\tan^3 x+C$$

PR ③118

次の不定積分を求めよ。 [(1) 信州大 (3) 愛知工大]

(1) $\int\frac{1}{x(\log x)^2}dx$ (2) $\int\frac{\sqrt{\log x}}{x}dx$ (3) $\int\frac{1}{e^x+2}dx$ (4) $\int\frac{e^{3x}}{\sqrt{e^x+1}}dx$

(1) $\log x=t$ とおくと，$\frac{1}{x}dx=dt$ であるから

$$\int\frac{1}{x(\log x)^2}dx=\int\frac{1}{t^2}dt=-\frac{1}{t}+C=-\frac{1}{\log x}+C$$

⇐$\int t^{-2}dt=-t^{-1}+C$

(2) $\log x=t$ とおくと，$\frac{1}{x}dx=dt$ であるから

$$\int\frac{\sqrt{\log x}}{x}dx=\int\sqrt{t}\,dt=\frac{2}{3}t\sqrt{t}+C$$

$$=\frac{2}{3}\log x\sqrt{\log x}+C$$

⇐$\int t^{\frac{1}{2}}dt=\frac{2}{3}t^{\frac{3}{2}}+C$

(3) $e^x=t$ とおくと，$x=\log t$，$dx=\frac{1}{t}dt$ であるから

$$\int\frac{1}{e^x+2}dx=\int\frac{1}{t+2}\cdot\frac{1}{t}dt=\int\frac{1}{2}\left(\frac{1}{t}-\frac{1}{t+2}\right)dt$$

⇐部分分数に分解する。

$$=\frac{1}{2}(\log|t|-\log|t+2|)+C$$

$$=\frac{1}{2}x-\frac{1}{2}\log(e^x+2)+C$$

⇐$e^x+2>0$

別解 $e^x+2=t$ とおくと，$x=\log(t-2)$，$dx=\frac{1}{t-2}dt$ であるから

⇐**丸ごと置換**。何を t とおくかで，計算の手数が変わる場合が多い。(3)はどちらでもよい。

$$\int\frac{1}{e^x+2}dx=\int\frac{1}{t}\cdot\frac{1}{t-2}dt=\int\frac{1}{2}\left(\frac{1}{t-2}-\frac{1}{t}\right)dt$$

$$=\frac{1}{2}(\log|t-2|-\log|t|)+C$$

$$=\frac{1}{2}x-\frac{1}{2}\log(e^x+2)+C$$

⇐$e^x+2>0$

(4) $\sqrt{e^x+1}=t$ とおくと，$e^x+1=t^2$ であるから

⇐**丸ごと置換**

$e^x=t^2-1$，$e^xdx=2t\,dt$

よって $$\int\frac{e^{3x}}{\sqrt{e^x+1}}dx=\int\frac{(t^2-1)^2}{t}\cdot 2t\,dt$$

⇐$\int\frac{e^{2x}}{\sqrt{e^x+1}}\cdot e^xdx$

$$=2\int(t^4-2t^2+1)dt$$

$$=2\left(\frac{1}{5}t^5-\frac{2}{3}t^3+t\right)+C$$

$$=\frac{2}{15}t(3t^4-10t^2+15)+C$$

⇐$3(e^x+1)^2-10(e^x+1)+15$

$$=\frac{2}{15}(3e^{2x}-4e^x+8)\sqrt{e^x+1}+C$$

PR ②119

(1) $x>0$ で定義された関数 $f(x)$ は $f'(x)=ax-\dfrac{1}{x}$ (a は定数), $f(1)=a$, $f(e)=0$ を満たすとする。$f(x)$ を求めよ。 〔名城大〕

(2) 曲線 $y=f(x)$ 上の点 $(x,\ y)$ における接線の傾きが 2^x であり，かつ，この曲線が原点を通るとき，$f(x)$ を求めよ。ただし，$f(x)$ は微分可能とする。

(1) 条件から　$f(x)=\displaystyle\int\left(ax-\frac{1}{x}\right)dx=\frac{a}{2}x^2-\log x+C$

⇐ $x>0$ から $|x|=x$

よって　$f(1)=\dfrac{a}{2}+C=a$　…… ①

$f(e)=\dfrac{a}{2}e^2-1+C=0$　…… ②

① から　$C=\dfrac{a}{2}$　　これを ② に代入して

$\dfrac{a}{2}(e^2+1)-1=0$　　すなわち　$a=\dfrac{2}{e^2+1}$

ゆえに　$C=\dfrac{1}{e^2+1}$

よって　$\boldsymbol{f(x)}=\dfrac{x^2}{e^2+1}-\log x+\dfrac{1}{e^2+1}$

$=\boldsymbol{\dfrac{x^2+1}{e^2+1}-\log x}$

(2) $f'(x)=2^x$ から

$f(x)=\displaystyle\int 2^x dx=\frac{2^x}{\log 2}+C$

⇐ $a>0$, $a\neq 1$ のとき $\displaystyle\int a^x dx=\frac{a^x}{\log a}+C$

曲線が原点 $(0,\ 0)$ を通るから　$0=\dfrac{2^0}{\log 2}+C$

⇐曲線 $y=f(x)$ が点 $(a,\ b)$ を通る $\Longleftrightarrow b=f(a)$

ゆえに　$C=-\dfrac{1}{\log 2}$

よって　$\boldsymbol{f(x)=\dfrac{1}{\log 2}(2^x-1)}$

PR ③120

次の不定積分を求めよ。

(1) $\displaystyle\int\sin^5 x\,dx$　　(2) $\displaystyle\int\tan^3 x\,dx$　　(3) $\displaystyle\int\cos^6 x\,dx$

(1) $\cos x=t$ とおくと，$-\sin x\,dx=dt$ であるから

$\displaystyle\int\sin^5 x\,dx=\int(1-\cos^2 x)^2\sin x\,dx=\int(1-t^2)^2(-1)\,dt$

$\displaystyle=-\int(t^4-2t^2+1)\,dt=-\frac{t^5}{5}+\frac{2}{3}t^3-t+C$

$=\boldsymbol{-\dfrac{1}{5}\cos^5 x+\dfrac{2}{3}\cos^3 x-\cos x+C}$

(2) $\tan^3 x=\dfrac{\sin^3 x}{\cos^3 x}=\dfrac{1-\cos^2 x}{\cos^3 x}\cdot\sin x$

⇐ $\sin^3 x=\sin^2 x\cdot\sin x=(1-\cos^2 x)\sin x$

$\cos x=t$ とおくと，$-\sin x\,dx=dt$ であるから

$\displaystyle\int\tan^3 x\,dx=\int\frac{1-t^2}{t^3}(-1)\,dt=\int\left(\frac{1}{t}-\frac{1}{t^3}\right)dt$

$$=\log|t|+\frac{1}{2t^2}+C=\boldsymbol{\log|\cos x|+\frac{1}{2\cos^2 x}+C}$$

$$\left(\begin{aligned}&=\log|\cos x|+\frac{1}{2}(1+\tan^2 x)+C\\&=\log|\cos x|+\frac{1}{2}\tan^2 x+C_1 \quad \text{でもよい。}\end{aligned}\right)$$

⇐ $\frac{1}{2}+C=C_1$ とおく。

別解 $\int\tan^3 x\,dx=\int\tan x\left(\frac{1}{\cos^2 x}-1\right)dx$

$$=\int\tan x(\tan x)'\,dx+\int\frac{(\cos x)'}{\cos x}dx$$

$$=\boldsymbol{\frac{1}{2}\tan^2 x+\log|\cos x|+C}$$

(3) $\cos^6 x=(\cos^3 x)^2=\left\{\frac{1}{4}(3\cos x+\cos 3x)\right\}^2$

$$=\frac{1}{16}(9\cos^2 x+6\cos x\cos 3x+\cos^2 3x)$$

$$=\frac{9}{32}(1+\cos 2x)+\frac{3}{16}(\cos 4x+\cos 2x)$$

$$+\frac{1}{32}(1+\cos 6x) \quad \text{であるから}$$

$$\int\cos^6 x\,dx=\frac{1}{32}\int(10+15\cos 2x+6\cos 4x+\cos 6x)\,dx$$

$$=\boldsymbol{\frac{5}{16}x+\frac{15}{64}\sin 2x+\frac{3}{64}\sin 4x+\frac{1}{192}\sin 6x+C}$$

(3) $\cos 3x=-3\cos x+4\cos^3 x$, $\cos 2x=2\cos^2 x-1$, $\cos\alpha\cos\beta=\frac{1}{2}\{\cos(\alpha+\beta)+\cos(\alpha-\beta)\}$ を利用。

PR ③121 $I=\int(e^x+e^{-x})\sin x\,dx$, $J=\int(e^x-e^{-x})\cos x\,dx$ であるとき，等式 $I=(e^x-e^{-x})\sin x-J$, $J=(e^x+e^{-x})\cos x+I$ が成り立つことを証明し，I, J を求めよ。

$$I=\int(e^x-e^{-x})'\sin x\,dx$$

$$=(e^x-e^{-x})\sin x-\int(e^x-e^{-x})\cos x\,dx$$

$$=(e^x-e^{-x})\sin x-J \quad \cdots\cdots ①$$

⇐部分積分法

$$J=\int(e^x+e^{-x})'\cos x\,dx$$

$$=(e^x+e^{-x})\cos x+\int(e^x+e^{-x})\sin x\,dx$$

$$=(e^x+e^{-x})\cos x+I \quad \cdots\cdots ②$$

⇐部分積分法

が成り立つ。

② を ① に代入して

$$I=(e^x-e^{-x})\sin x-(e^x+e^{-x})\cos x-I$$

⇐①，② を I，J の連立方程式と考える。

よって，積分定数も考えて

$$\boldsymbol{I=\frac{1}{2}\{e^x(\sin x-\cos x)-e^{-x}(\sin x+\cos x)\}+C_1}$$

また，① を ② に代入して

$J=(e^x+e^{-x})\cos x+(e^x-e^{-x})\sin x-J$

ゆえに，積分定数も考えて

$$\boldsymbol{J=\frac{1}{2}\{e^x(\sin x+\cos x)-e^{-x}(\sin x-\cos x)\}+C_2}$$

PR ④122

n は2以上の整数とする。次の等式が成り立つことを証明せよ。ただし，$\cos^0 x=1$，$\tan^0 x=1$ とする。

(1) $\displaystyle\int\cos^n x\,dx=\frac{1}{n}\left\{\sin x\cos^{n-1}x+(n-1)\int\cos^{n-2}x\,dx\right\}$

(2) $\displaystyle\int\tan^n x\,dx=\frac{1}{n-1}\tan^{n-1}x-\int\tan^{n-2}x\,dx$

(1) $\displaystyle\int\cos^n x\,dx=\int\cos^{n-1}x\cos x\,dx$

$\displaystyle=\int\cos^{n-1}x(\sin x)'\,dx$　　⇐部分積分法

$\displaystyle=\sin x\cos^{n-1}x+(n-1)\int\sin^2 x\cos^{n-2}x\,dx$

$\displaystyle=\sin x\cos^{n-1}x+(n-1)\int(1-\cos^2 x)\cos^{n-2}x\,dx$　　⇐$\sin^2 x=1-\cos^2 x$

$\displaystyle=\sin x\cos^{n-1}x+(n-1)\left(\int\cos^{n-2}x\,dx-\int\cos^n x\,dx\right)$　　⇐同形出現

よって

$$\int\cos^n x\,dx=\frac{1}{n}\left\{\sin x\cos^{n-1}x+(n-1)\int\cos^{n-2}x\,dx\right\}$$

(2) $\displaystyle\int\tan^n x\,dx=\int\tan^{n-2}x\left(\frac{1}{\cos^2 x}-1\right)dx$

$\displaystyle=\int\tan^{n-2}x\cdot\frac{1}{\cos^2 x}dx-\int\tan^{n-2}x\,dx$

$\tan x=t$ とおくと　　$\dfrac{1}{\cos^2 x}dx=dt$

よって

$$\int\tan^n x\,dx=\int t^{n-2}dt-\int\tan^{n-2}x\,dx$$

$$=\frac{t^{n-1}}{n-1}-\int\tan^{n-2}x\,dx$$

$$=\frac{1}{n-1}\tan^{n-1}x-\int\tan^{n-2}x\,dx$$　　⇐ t を $\tan x$ に戻す。

PR ④123

(1) 不定積分 $\displaystyle\int\frac{1}{\sqrt{x^2+2x+2}}dx$ を $\sqrt{x^2+a}+x=t$ （a は定数）の置換により求めよ。

(2) (1)の結果を利用して，不定積分 $\displaystyle\int\sqrt{x^2+2x+2}\,dx$ を求めよ。

HINT　まず，$\sqrt{x^2+2x+2}$ を $\sqrt{x^2+a}$ の形に変形する。

(1) $\displaystyle\int\frac{1}{\sqrt{x^2+2x+2}}dx=\int\frac{1}{\sqrt{(x+1)^2+1}}dx$

$x+1=u$ とおくと　　$dx=du$

よって　$\displaystyle\int\frac{1}{\sqrt{x^2+2x+2}}dx=\int\frac{1}{\sqrt{u^2+1}}du$

$\sqrt{u^2+1}+u=t$ とおくと　$\displaystyle\left(\frac{u}{\sqrt{u^2+1}}+1\right)du=dt$

ゆえに，$\displaystyle\frac{u+\sqrt{u^2+1}}{\sqrt{u^2+1}}du=dt$ から　$\displaystyle\frac{1}{\sqrt{u^2+1}}du=\frac{1}{t}dt$

よって　$\displaystyle\int\frac{1}{\sqrt{u^2+1}}du=\int\frac{1}{t}dt=\log|t|+C$

ここで，$\sqrt{u^2+1}>|u|$ であるから

$t=\sqrt{u^2+1}+u>0$

ゆえに　$\displaystyle\int\frac{1}{\sqrt{u^2+1}}du=\log(\sqrt{u^2+1}+u)+C$

すなわち　$\displaystyle\int\frac{1}{\sqrt{x^2+2x+2}}dx=\boldsymbol{\log(\sqrt{x^2+2x+2}+x+1)+C}$

⇐$\displaystyle(\sqrt{u^2+1})'=\frac{(u^2+1)'}{2\sqrt{u^2+1}}$

⇐$u+\sqrt{u^2+1}=t$ から $\displaystyle\frac{t}{\sqrt{u^2+1}}du=dt$ よって $\displaystyle\frac{1}{\sqrt{u^2+1}}du=\frac{1}{t}dt$

(2)　$\displaystyle\int\sqrt{x^2+2x+2}\,dx=\int\sqrt{(x+1)^2+1}\,dx$

$x+1=u$ とおくと　$dx=du$

よって　$\displaystyle\int\sqrt{x^2+2x+2}\,dx=\int\sqrt{u^2+1}\,du$

$$\begin{aligned}\int\sqrt{u^2+1}\,du&=\int(u)'\sqrt{u^2+1}\,du\\&=u\sqrt{u^2+1}-\int\frac{u^2}{\sqrt{u^2+1}}du\\&=u\sqrt{u^2+1}-\int\frac{(u^2+1)-1}{\sqrt{u^2+1}}du\\&=u\sqrt{u^2+1}-\int\sqrt{u^2+1}\,du+\int\frac{1}{\sqrt{u^2+1}}du\end{aligned}$$

⇐部分積分法

⇐同形出現

ゆえに，$\displaystyle 2\int\sqrt{u^2+1}\,du=u\sqrt{u^2+1}+\int\frac{1}{\sqrt{u^2+1}}du$ から

$$\int\sqrt{u^2+1}\,du=\frac{1}{2}\left(u\sqrt{u^2+1}+\int\frac{1}{\sqrt{u^2+1}}du\right)$$

したがって，(1)の結果を利用して

$$\int\sqrt{x^2+2x+2}\,dx$$
$$=\boldsymbol{\frac{1}{2}\{(x+1)\sqrt{x^2+2x+2}+\log(\sqrt{x^2+2x+2}+x+1)\}+C}$$

⇐ $\displaystyle\int\frac{1}{\sqrt{u^2+1}}du$ に(1)の結果を利用。

PR ④124　$\tan\dfrac{x}{2}=t$ とおくことにより，不定積分 $\displaystyle\int\frac{5}{3\sin x+4\cos x}dx$ を求めよ。　〔類 埼玉大〕

$\tan\dfrac{x}{2}=t$ とおくと

$$\sin x=2\sin\frac{x}{2}\cos\frac{x}{2}=2\tan\frac{x}{2}\cos^2\frac{x}{2}$$

$$=2\tan\frac{x}{2}\cdot\frac{1}{1+\tan^2\frac{x}{2}}=\frac{2t}{1+t^2},$$

$$\cos x=2\cos^2\frac{x}{2}-1=2\cdot\frac{1}{1+t^2}-1=\frac{1-t^2}{1+t^2}$$

また，$\frac{1}{\cos^2\frac{x}{2}}\cdot\frac{1}{2}dx=dt$ から　　$dx=\frac{2}{1+\tan^2\frac{x}{2}}dt$

⇐ $\frac{dt}{dx}=\frac{1}{\cos^2\frac{x}{2}}\cdot\frac{1}{2}$ から。

すなわち　　$dx=\frac{2}{1+t^2}dt$

$$3\sin x+4\cos x=3\cdot\frac{2t}{1+t^2}+4\cdot\frac{1-t^2}{1+t^2}=-2\cdot\frac{2t^2-3t-2}{1+t^2}$$

であるから

$$\int\frac{5}{3\sin x+4\cos x}dx=-\frac{5}{2}\int\frac{1+t^2}{2t^2-3t-2}\cdot\frac{2}{1+t^2}dt$$

$$=-5\int\frac{dt}{(t-2)(2t+1)}=-5\cdot\frac{1}{5}\int\left(\frac{1}{t-2}-\frac{2}{2t+1}\right)dt$$

$$=-(\log|t-2|-\log|2t+1|)+C$$

$$=\log\left|\frac{2t+1}{t-2}\right|+C=\boldsymbol{\log\left|\frac{2\tan\frac{x}{2}+1}{\tan\frac{x}{2}-2}\right|+C}$$

⇐ $\frac{1}{(t-2)(2t+1)}$ $=\frac{a}{t-2}+\frac{b}{2t+1}$ とすると $a=\frac{1}{5}$，$b=-\frac{2}{5}$

補足　本冊 p.199 三角関数の積分の置換積分

次のような置換により，x の三角関数の積分を，t の分数関数の積分で表すことができる。

[1]　$\int f(\sin x,\ \cos x,\ \tan x)dx$ において，$\tan\frac{x}{2}=t$ とおくと

$$\sin x=2\sin\frac{x}{2}\cos\frac{x}{2}=2\tan\frac{x}{2}\cos^2\frac{x}{2}=2\tan\frac{x}{2}\cdot\frac{1}{1+\tan^2\frac{x}{2}}=\boldsymbol{\frac{2t}{1+t^2}}$$

$$\cos x=2\cos^2\frac{x}{2}-1=2\cdot\frac{1}{1+\tan^2\frac{x}{2}}-1=\frac{2}{1+t^2}-1=\boldsymbol{\frac{1-t^2}{1+t^2}}$$

$$\tan x=\frac{2\tan\frac{x}{2}}{1-\tan^2\frac{x}{2}}=\boldsymbol{\frac{2t}{1-t^2}}$$

$\left(\tan x=\frac{\sin x}{\cos x}=\frac{\frac{2t}{1+t^2}}{\frac{1-t^2}{1+t^2}}=\frac{2t}{1-t^2}\right.$ としてもよい。$\left.\right)$

$\frac{dt}{dx}=\frac{1}{\cos^2\frac{x}{2}}\cdot\frac{1}{2}=\frac{1}{2}\left(1+\tan^2\frac{x}{2}\right)=\frac{1+t^2}{2}$ から　　$\boldsymbol{dx=\frac{2}{1+t^2}dt}$

以上から

$$\boldsymbol{\int f(\sin x,\ \cos x,\ \tan x)dx=\int f\left(\frac{2t}{1+t^2},\ \frac{1-t^2}{1+t^2},\ \frac{2t}{1-t^2}\right)\cdot\frac{2}{1+t^2}dt}$$

5章 PR

また，$\sin^2 x$，$\cos^2 x$，$\tan x$ の関数は，次のように $\tan x=t$ の置換でも，t の分数関数で表すことができる。

[2] $\int f(\sin^2 x,\ \cos^2 x,\ \tan x)dx$ において，$\tan x=t$ とおくと

$$\boldsymbol{\sin^2 x}=1-\cos^2 x=1-\frac{1}{1+\tan^2 x}=1-\frac{1}{1+t^2}=\boldsymbol{\frac{t^2}{1+t^2}}$$

$$\boldsymbol{\cos^2 x}=\frac{1}{1+\tan^2 x}=\boldsymbol{\frac{1}{1+t^2}}$$

$$\frac{dt}{dx}=\frac{1}{\cos^2 x}=1+\tan^2 x=1+t^2 \text{ から } \qquad \boldsymbol{dx=\frac{1}{1+t^2}dt}$$

以上から

$$\boldsymbol{\int f(\sin^2 x,\ \cos^2 x,\ \tan x)dx=\int f\left(\frac{t^2}{1+t^2},\ \frac{1}{1+t^2},\ t\right)\cdot\frac{1}{1+t^2}dt}$$

[2] の方法の置換積分については EXERCISES 97 も参照。

PR ①125

次の定積分を求めよ。

(1) $\int_1^3 \frac{(x^2-1)^2}{x^4}dx$ (2) $\int_1^3 \frac{dx}{x^2-4x}$ (3) $\int_0^1 \frac{x^2+2}{x+2}dx$ 〔信州大〕

(4) $\int_0^1 (e^{2x}-e^{-x})^2 dx$ (5) $\int_0^{2\pi} \cos^4 x\,dx$ (6) $\int_{\frac{\pi}{6}}^{\frac{\pi}{2}} \sin x \sin 3x\,dx$ 〔中央大〕

(1) $\int_1^3 \frac{(x^2-1)^2}{x^4}dx=\int_1^3\left(1-\frac{2}{x^2}+\frac{1}{x^4}\right)dx=\left[x+\frac{2}{x}-\frac{1}{3x^3}\right]_1^3$

$=\left(3+\frac{2}{3}-\frac{1}{81}\right)-\left(1+2-\frac{1}{3}\right)=\boldsymbol{\frac{80}{81}}$

⇦ $1-\frac{1}{81}=\frac{80}{81}$

(2) $\frac{1}{x^2-4x}=\frac{1}{x(x-4)}=\frac{1}{4}\left(\frac{1}{x-4}-\frac{1}{x}\right)$ であるから

⇦部分分数に分解する。

$\int_1^3 \frac{dx}{x^2-4x}=\frac{1}{4}\int_1^3\left(\frac{1}{x-4}-\frac{1}{x}\right)dx=\frac{1}{4}\left[\log\left|\frac{x-4}{x}\right|\right]_1^3$

⇦ $\log|x-4|-\log|x|=\log\left|\frac{x-4}{x}\right|$

$=\frac{1}{4}\left(\log\frac{1}{3}-\log 3\right)$

⇦ $\log\frac{1}{3}=\log 3^{-1}=-\log 3$

$=\boldsymbol{-\frac{1}{2}\log 3}$

(3) $\int_0^1 \frac{x^2+2}{x+2}dx=\int_0^1 \frac{(x+2)(x-2)+6}{x+2}dx$

⇦ x^2+2 を $x+2$ で割ると，商は $x-2$，余りは 6

$=\int_0^1\left(x-2+\frac{6}{x+2}\right)dx$

$=\left[\frac{1}{2}x^2-2x+6\log(x+2)\right]_0^1$

⇦積分区間で $x+2>0$

$=\frac{1}{2}-2+6\log 3-6\log 2$

$=\boldsymbol{-\frac{3}{2}+6\log\frac{3}{2}}$

(4) $\int_0^1 (e^{2x}-e^{-x})^2 dx=\int_0^1 (e^{4x}-2e^x+e^{-2x})dx$

$=\left[\frac{1}{4}e^{4x}-2e^x-\frac{1}{2}e^{-2x}\right]_0^1$

$$=\left(\frac{1}{4}e^4-2e-\frac{1}{2}e^{-2}\right)-\left(\frac{1}{4}-2-\frac{1}{2}\right)$$
$$=\boldsymbol{\frac{1}{4}e^4-2e-\frac{1}{2e^2}+\frac{9}{4}}$$

(5)　$\cos^4 x=\left(\dfrac{1+\cos 2x}{2}\right)^2=\dfrac{1}{4}\left(1+2\cos 2x+\dfrac{1+\cos 4x}{2}\right)$

$$=\frac{3}{8}+\frac{\cos 2x}{2}+\frac{\cos 4x}{8}$$

であるから

$$\int_0^{2\pi}\cos^4 x\,dx=\int_0^{2\pi}\left(\frac{3}{8}+\frac{\cos 2x}{2}+\frac{\cos 4x}{8}\right)dx$$
$$=\left[\frac{3}{8}x+\frac{\sin 2x}{4}+\frac{\sin 4x}{32}\right]_0^{2\pi}$$
$$=\frac{3}{8}\cdot 2\pi=\boldsymbol{\frac{3}{4}\pi}$$

⇐$\cos^2 2x=\dfrac{1+\cos 2\cdot 2x}{2}=\dfrac{1+\cos 4x}{2}$

(6)　$\displaystyle\int_{\frac{\pi}{6}}^{\frac{\pi}{2}}\sin x\sin 3x\,dx=\int_{\frac{\pi}{6}}^{\frac{\pi}{2}}\sin 3x\sin x\,dx$

$$=-\frac{1}{2}\int_{\frac{\pi}{6}}^{\frac{\pi}{2}}(\cos 4x-\cos 2x)\,dx$$
$$=\frac{1}{2}\int_{\frac{\pi}{6}}^{\frac{\pi}{2}}(\cos 2x-\cos 4x)\,dx$$
$$=\frac{1}{2}\left[\frac{1}{2}\sin 2x-\frac{1}{4}\sin 4x\right]_{\frac{\pi}{6}}^{\frac{\pi}{2}}$$
$$=0-\frac{1}{2}\left(\frac{1}{2}\cdot\frac{\sqrt{3}}{2}-\frac{1}{4}\cdot\frac{\sqrt{3}}{2}\right)=\boldsymbol{-\frac{\sqrt{3}}{16}}$$

⇐**$\sin\alpha\sin\beta=-\dfrac{1}{2}\{\cos(\alpha+\beta)-\cos(\alpha-\beta)\}$**

5章 PR

PR ②126　次の定積分を求めよ。

(1)　$\displaystyle\int_{\frac{1}{e}}^{e}|\log x|\,dx$　　(2)　$\displaystyle\int_{-2}^{3}\sqrt{|x-2|}\,dx$

(1)　$\log x=0$ とすると　　$x=1$

$\dfrac{1}{e}\leqq x\leqq 1$ のとき，$\log x\leqq 0$ から　　$|\log x|=-\log x$

$1\leqq x\leqq e$ のとき，$\log x\geqq 0$ から　　$|\log x|=\log x$

また　　$\displaystyle\int\log x\,dx=\int(x)'\log x\,dx=x\log x-\int x\cdot\frac{1}{x}\,dx$

$$=x\log x-\int dx$$
$$=x\log x-x+C$$

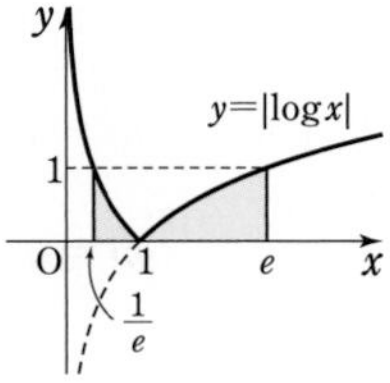

よって

$$\int_{\frac{1}{e}}^{e}|\log x|\,dx=\int_{\frac{1}{e}}^{1}(-\log x)\,dx+\int_1^e\log x\,dx$$
$$=-\Big[x\log x-x\Big]_{\frac{1}{e}}^{1}+\Big[x\log x-x\Big]_1^e$$

⇐**$\int\log x\,dx=x\log x-x+C$** は公式的に利用してもよい。

$$=-\left(-1+\frac{2}{e}\right)+1=\mathbf{2-\frac{2}{e}}$$

(2) $-2\leqq x\leqq 2$ のとき　$|x-2|=-(x-2)=2-x$

$2\leqq x\leqq 3$ のとき　$|x-2|=x-2$

よって　$\displaystyle\int_{-2}^{3}\sqrt{|x-2|}\,dx=\int_{-2}^{2}\sqrt{2-x}\,dx+\int_{2}^{3}\sqrt{x-2}\,dx$

$$=\left[-\frac{2}{3}(2-x)^{\frac{3}{2}}\right]_{-2}^{2}+\left[\frac{2}{3}(x-2)^{\frac{3}{2}}\right]_{2}^{3}$$

$$=\frac{2}{3}\cdot 4^{\frac{3}{2}}+\frac{2}{3}\cdot 1^{\frac{3}{2}}=\mathbf{6}$$

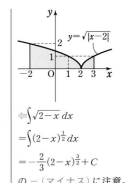

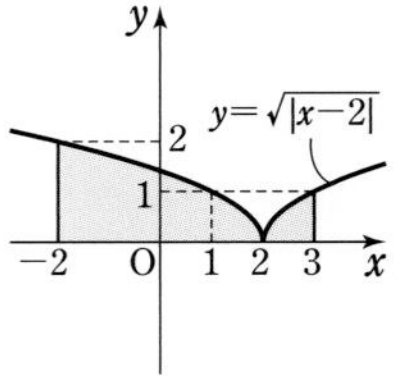

⇐$\displaystyle\int\sqrt{2-x}\,dx$
$\displaystyle=\int(2-x)^{\frac{1}{2}}dx$
$\displaystyle=-\frac{2}{3}(2-x)^{\frac{3}{2}}+C$
の －（マイナス）に注意。

PR ③127

m, n が自然数のとき，定積分 $I=\displaystyle\int_0^{2\pi}\cos mx\cos nx\,dx$ を求めよ。〔類 北海道大〕

$\cos mx\cos nx=\dfrac{1}{2}\{\cos(m+n)x+\cos(m-n)x\}$ から

$$I=\frac{1}{2}\int_0^{2\pi}\{\cos(m+n)x+\cos(m-n)x\}dx$$

$$=\frac{1}{2}\left\{\int_0^{2\pi}\cos(m+n)x\,dx+\int_0^{2\pi}\cos(m-n)x\,dx\right\}$$

⇐$\cos\alpha\cos\beta=\dfrac{1}{2}\{\cos(\alpha+\beta)+\cos(\alpha-\beta)\}$

m, n は自然数であるから　$m+n\neq 0$

よって　$\displaystyle\int_0^{2\pi}\cos(m+n)x\,dx=\left[\frac{1}{m+n}\sin(m+n)x\right]_0^{2\pi}=0$

⇐k が整数のとき $\sin 2\pi k=0$

次に，$\displaystyle\int_0^{2\pi}\cos(m-n)x\,dx$ について

[1] $m-n\neq 0$ すなわち $m\neq n$ のとき

$$\int_0^{2\pi}\cos(m-n)x\,dx=\left[\frac{1}{m-n}\sin(m-n)x\right]_0^{2\pi}=0$$

[2] $m-n=0$ すなわち $m=n$ のとき

$$\int_0^{2\pi}\cos(m-n)x\,dx=\int_0^{2\pi}1\cdot dx=\Big[x\Big]_0^{2\pi}=2\pi$$

⇐$\cos 0=1$

以上から，$\boldsymbol{m\neq n}$ **のとき**　$I=\dfrac{1}{2}(0+0)=\mathbf{0}$

$\boldsymbol{m=n}$ **のとき**　$I=\dfrac{1}{2}(0+2\pi)=\boldsymbol{\pi}$

PR ②128

次の定積分を求めよ。

(1) $\displaystyle\int_0^1\frac{x}{\sqrt{2-x^2}}dx$　(2) $\displaystyle\int_1^e 5^{\log x}dx$〔横浜国大〕

(3) $\displaystyle\int_0^{\frac{\pi}{2}}\frac{\sin 2x}{3+\cos^2 x}dx$〔青山学院大〕　(4) $\displaystyle\int_0^{\frac{\pi}{2}}\sin^2 x\cos^3 x\,dx$〔青山学院大〕

(1) $\sqrt{2-x^2}=t$ とおくと，$2-x^2=t^2$ から　$-2x\,dx=2t\,dt$

⇐**丸ごと置換**

よって　$x\,dx=-t\,dt$

x と t の対応は右のようになる。

x	$0 \longrightarrow 1$
t	$\sqrt{2} \longrightarrow 1$

ゆえに　$\displaystyle\int_0^1 \frac{x}{\sqrt{2-x^2}}dx=\int_{\sqrt{2}}^1 \frac{-t}{t}dt$

$\displaystyle=\int_1^{\sqrt{2}} dt=\Big[t\Big]_1^{\sqrt{2}}=\boldsymbol{\sqrt{2}-1}$

⇐$\displaystyle\int_b^a f(x)\,dx=-\int_a^b f(x)\,dx$

別解　$2-x^2=t$ とおくと　$-2x\,dx=dt$

よって　$x\,dx=-\dfrac{1}{2}dt$

x と t の対応は右のようになる。

x	$0 \longrightarrow 1$
t	$2 \longrightarrow 1$

ゆえに　$\displaystyle\int_0^1 \frac{x}{\sqrt{2-x^2}}dx=\int_2^1 t^{-\frac{1}{2}}\left(-\frac{1}{2}\right)dt=\frac{1}{2}\int_1^2 t^{-\frac{1}{2}}dt$

$\displaystyle=\frac{1}{2}\Big[2\sqrt{t}\Big]_1^2=\boldsymbol{\sqrt{2}-1}$

⇐$\dfrac{1}{\sqrt{2-x^2}}=\dfrac{1}{\sqrt{t}}=t^{-\frac{1}{2}}$

(2)　$\log x=t$ とおくと　$x=e^t$

よって　$dx=e^t dt$

x と t の対応は右のようになる。

x	$1 \longrightarrow e$
t	$0 \longrightarrow 1$

ゆえに　$\displaystyle\int_1^e 5^{\log x}dx=\int_0^1 5^t e^t dt=\int_0^1 (5e)^t dt$

$\displaystyle=\left[\frac{(5e)^t}{\log 5e}\right]_0^1=\boldsymbol{\frac{5e-1}{\log 5+1}}$

⇐$\log 5e=\log 5+\log e=\log 5+1$

(3)　$3+\cos^2 x=t$ とおくと　$-2\sin x\cos x\,dx=dt$

よって　$\sin 2x\,dx=-dt$

x と t の対応は右のようになる。

x	$0 \longrightarrow \frac{\pi}{2}$
t	$4 \longrightarrow 3$

ゆえに　$\displaystyle\int_0^{\frac{\pi}{2}} \frac{\sin 2x}{3+\cos^2 x}dx=\int_4^3 \frac{1}{t}(-1)\,dt$

$\displaystyle=\int_3^4 \frac{1}{t}dt=\Big[\log t\Big]_3^4$

$\displaystyle=\log 4-\log 3=\boldsymbol{\log\frac{4}{3}}$

別解　$\dfrac{\sin 2x}{3+\cos^2 x}=-\dfrac{(3+\cos^2 x)'}{3+\cos^2 x}$　から

(与式)$\displaystyle=-\Big[\log(3+\cos^2 x)\Big]_0^{\frac{\pi}{2}}$

$=-\log 3+\log 4=\boldsymbol{\log\dfrac{4}{3}}$

(4)　$\sin^2 x\cos^3 x=\sin^2 x(1-\sin^2 x)\cos x$

$\sin x=t$ とおくと　$\cos x\,dx=dt$

x と t の対応は右のようになる。

x	$0 \longrightarrow \frac{\pi}{2}$
t	$0 \longrightarrow 1$

よって　$\displaystyle\int_0^{\frac{\pi}{2}} \sin^2 x\cos^3 x\,dx=\int_0^1 t^2(1-t^2)\,dt$

$\displaystyle=\left[\frac{t^3}{3}-\frac{t^5}{5}\right]_0^1=\frac{1}{3}-\frac{1}{5}=\boldsymbol{\frac{2}{15}}$

PR ②129　次の定積分を求めよ。

(1) $\displaystyle\int_{-1}^{\frac{\sqrt{3}}{2}} \sqrt{1-x^2}\,dx$　(2) $\displaystyle\int_0^2 \frac{dx}{\sqrt{16-x^2}}$　(3) $\displaystyle\int_0^{\frac{1}{2}} \frac{x^2}{\sqrt{1-x^2}}dx$

(1)　$x=\sin\theta$ とおくと

$dx=\cos\theta\,d\theta$

x と θ の対応は右のようにとれる。

x	$-1 \longrightarrow \frac{\sqrt{3}}{2}$
θ	$-\frac{\pi}{2} \longrightarrow \frac{\pi}{3}$

CHART　$\sqrt{a^2-x^2}$ には　$x=a\sin\theta$ とおく

$-\frac{\pi}{2} \leqq \theta \leqq \frac{\pi}{3}$ のとき，$\cos\theta \geqq 0$ であるから

$$\sqrt{1-x^2}=\sqrt{1-\sin^2\theta}=\sqrt{\cos^2\theta}=\cos\theta$$

よって $\displaystyle\int_{-1}^{\frac{\sqrt{3}}{2}}\sqrt{1-x^2}\,dx=\int_{-\frac{\pi}{2}}^{\frac{\pi}{3}}\cos\theta\cdot\cos\theta\,d\theta$

$$=\frac{1}{2}\int_{-\frac{\pi}{2}}^{\frac{\pi}{3}}(1+\cos 2\theta)\,d\theta$$

$$=\frac{1}{2}\left[\theta+\frac{\sin 2\theta}{2}\right]_{-\frac{\pi}{2}}^{\frac{\pi}{3}}$$

$$=\boldsymbol{\frac{5}{12}\pi+\frac{\sqrt{3}}{8}}$$

inf. (1) 定積分の値は，図の赤い部分の面積で

$\frac{1}{2}\cdot 1^2\cdot\frac{5}{6}\pi+\frac{1}{2}\cdot\frac{\sqrt{3}}{2}\cdot\frac{1}{2}$

$=\boldsymbol{\frac{5}{12}\pi+\frac{\sqrt{3}}{8}}$

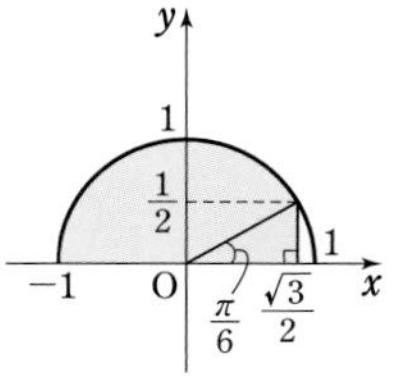

(2) $x=4\sin\theta$ とおくと

$$dx=4\cos\theta\,d\theta$$

x と θ の対応は右のようにとれる。

x	$0 \longrightarrow 2$
θ	$0 \longrightarrow \frac{\pi}{6}$

$0 \leqq \theta \leqq \frac{\pi}{6}$ のとき，$\cos\theta>0$ であるから

$$\sqrt{16-x^2}=\sqrt{16(1-\sin^2\theta)}=\sqrt{16\cos^2\theta}=4\cos\theta$$

よって $\displaystyle\int_0^2\frac{dx}{\sqrt{16-x^2}}=\int_0^{\frac{\pi}{6}}\frac{4\cos\theta}{4\cos\theta}\,d\theta=\int_0^{\frac{\pi}{6}}d\theta=\Big[\theta\Big]_0^{\frac{\pi}{6}}=\boldsymbol{\frac{\pi}{6}}$

(3) $x=\sin\theta$ とおくと

$$dx=\cos\theta\,d\theta$$

x と θ の対応は右のようにとれる。

x	$0 \longrightarrow \frac{1}{2}$
θ	$0 \longrightarrow \frac{\pi}{6}$

$0 \leqq \theta \leqq \frac{\pi}{6}$ のとき，$\cos\theta>0$ であるから

$$\sqrt{1-x^2}=\sqrt{1-\sin^2\theta}=\sqrt{\cos^2\theta}=\cos\theta$$

よって $\displaystyle\int_0^{\frac{1}{2}}\frac{x^2}{\sqrt{1-x^2}}\,dx=\int_0^{\frac{\pi}{6}}\frac{\sin^2\theta}{\cos\theta}\cdot\cos\theta\,d\theta$

$$=\int_0^{\frac{\pi}{6}}\sin^2\theta\,d\theta=\int_0^{\frac{\pi}{6}}\frac{1-\cos 2\theta}{2}\,d\theta$$

⇐$\cos 2\theta=1-2\sin^2\theta$

$$=\frac{1}{2}\left[\theta-\frac{1}{2}\sin 2\theta\right]_0^{\frac{\pi}{6}}=\frac{1}{2}\left(\frac{\pi}{6}-\frac{\sqrt{3}}{4}\right)$$

$$=\boldsymbol{\frac{\pi}{12}-\frac{\sqrt{3}}{8}}$$

PR ②130

次の定積分を求めよ。

(1) $\displaystyle\int_{-1}^{\sqrt{3}}\frac{dx}{x^2+1}$　　(2) $\displaystyle\int_0^1\frac{dx}{x^2+x+1}$

(1) $x=\tan\theta$ とおくと　$dx=\dfrac{1}{\cos^2\theta}\,d\theta$

x と θ の対応は右のようにとれる。

x	$-1 \longrightarrow \sqrt{3}$
θ	$-\frac{\pi}{4} \longrightarrow \frac{\pi}{3}$

よって $\displaystyle\int_{-1}^{\sqrt{3}}\frac{dx}{x^2+1}$

CHART $\dfrac{1}{x^2+a^2}$ には $x=a\tan\theta$ とおく

$$=\int_{-\frac{\pi}{4}}^{\frac{\pi}{3}}\frac{1}{\tan^2\theta+1}\cdot\frac{1}{\cos^2\theta}d\theta=\int_{-\frac{\pi}{4}}^{\frac{\pi}{3}}d\theta$$

$$=\Big[\theta\Big]_{-\frac{\pi}{4}}^{\frac{\pi}{3}}=\frac{\pi}{3}-\left(-\frac{\pi}{4}\right)=\mathbf{\frac{7}{12}\pi}$$

⇐ $1+\tan^2\theta=\dfrac{1}{\cos^2\theta}$

(2)　$x^2+x+1=\left(x+\dfrac{1}{2}\right)^2+\dfrac{3}{4}$ であるから，

$x+\dfrac{1}{2}=\dfrac{\sqrt{3}}{2}\tan\theta$ とおくと

$$dx=\frac{\sqrt{3}}{2\cos^2\theta}d\theta$$

x と θ の対応は右のようにとれる。

x	$0 \longrightarrow 1$
θ	$\frac{\pi}{6} \longrightarrow \frac{\pi}{3}$

⇐ $x=0$ のとき
$\tan\theta=\dfrac{1}{\sqrt{3}}$
$x=1$ のとき
$\tan\theta=\sqrt{3}$

よって　$$\int_0^1\frac{dx}{x^2+x+1}=\int_0^1\frac{dx}{\left(x+\frac{1}{2}\right)^2+\frac{3}{4}}$$

$$=\int_{\frac{\pi}{6}}^{\frac{\pi}{3}}\frac{1}{\frac{3}{4}(\tan^2\theta+1)}\cdot\frac{\sqrt{3}}{2\cos^2\theta}d\theta=\int_{\frac{\pi}{6}}^{\frac{\pi}{3}}\frac{2\sqrt{3}}{3}d\theta$$

$$=\frac{2\sqrt{3}}{3}\Big[\theta\Big]_{\frac{\pi}{6}}^{\frac{\pi}{3}}=\frac{2\sqrt{3}}{3}\left(\frac{\pi}{3}-\frac{\pi}{6}\right)=\mathbf{\frac{\sqrt{3}}{9}\pi}$$

5章
PR

PR ①131

次の定積分を求めよ。

(1) $\displaystyle\int_{-a}^{a}x^3\sqrt{a^2-x^2}\,dx$　　(2) $\displaystyle\int_{-\pi}^{\pi}\cos x\sin^3x\,dx$

(3) $\displaystyle\int_{-\frac{\pi}{4}}^{\frac{\pi}{4}}\sin^4x\cos x\,dx$　　(4) $\displaystyle\int_{-1}^{1}(e^x-e^{-x}-1)\,dx$

(1)　$f(x)=x^3\sqrt{a^2-x^2}$ とすると

$$f(-x)=(-x)^3\sqrt{a^2-(-x)^2}=-x^3\sqrt{a^2-x^2}$$
$$=-f(x)$$

よって，$f(x)$ は奇関数であるから

$$\int_{-a}^{a}x^3\sqrt{a^2-x^2}\,dx=\mathbf{0}$$

inf.　関数 $f(x)$ が
偶関数
$\iff f(-x)=f(x)$
奇関数
$\iff f(-x)=-f(x)$

(2)　$f(x)=\cos x\sin^3x$ とすると

$$f(-x)=\cos(-x)\sin^3(-x)=-\cos x\sin^3x$$
$$=-f(x)$$

よって，$f(x)$ は奇関数であるから

$$\int_{-\pi}^{\pi}\cos x\sin^3x\,dx=\mathbf{0}$$

⇐ $\cos(-x)=\cos x$,
$\sin(-x)=-\sin x$

(3)　$f(x)=\sin^4x\cos x$ とすると

$$f(-x)=\sin^4(-x)\cos(-x)=\sin^4x\cos x$$
$$=f(x)$$

よって，$f(x)$ は偶関数である。

$I=\displaystyle\int_{-\frac{\pi}{4}}^{\frac{\pi}{4}}\sin^4x\cos x\,dx$ とすると

(3)　文字のおき換えを省略して　(与式)
$=2\displaystyle\int_0^{\frac{\pi}{4}}\sin^4x(\sin x)'\,dx$
$=2\left[\dfrac{1}{5}\sin^5x\right]_0^{\frac{\pi}{4}}$
のように計算してもよい。

$$I=2\int_0^{\frac{\pi}{4}}\sin^4 x\cos x\,dx$$

$\sin x=t$ とおくと　$\cos x\,dx=dt$

x と t の対応は右のようになる。

x	$0\longrightarrow\frac{\pi}{4}$
t	$0\longrightarrow\frac{1}{\sqrt{2}}$

ゆえに　$I=2\int_0^{\frac{1}{\sqrt{2}}}t^4dt=2\left[\frac{t^5}{5}\right]_0^{\frac{1}{\sqrt{2}}}$

$$=\frac{2}{5}\cdot\frac{1}{4\sqrt{2}}=\mathbf{\frac{1}{10\sqrt{2}}}$$

⇐ $\frac{\sqrt{2}}{20}$ でもよい。

(4) $\int_{-1}^1(e^x-e^{-x}-1)\,dx=\int_{-1}^1(e^x-e^{-x})\,dx-\int_{-1}^1 dx$

$f(x)=e^x-e^{-x}$ とすると

$$f(-x)=e^{-x}-e^{-(-x)}=-(e^x-e^{-x})$$
$$=-f(x)$$

よって，$f(x)$ は奇関数であるから

$$\int_{-1}^1(e^x-e^{-x})\,dx=0$$

したがって

$$\int_{-1}^1(e^x-e^{-x}-1)\,dx=-\int_{-1}^1 dx=-\left[x\right]_{-1}^1=\mathbf{-2}$$

inf.　e^x，e^{-x} それぞれは偶関数でも奇関数でもないが，
e^x+e^{-x} は偶関数
e^x-e^{-x} は奇関数
である。

PR ②132　次の定積分を求めよ。

(1) $\int_0^1(1-x)e^xdx$　〔摂南大〕　(2) $\int_1^e(x-1)\log x\,dx$　〔東京電機大〕

(3) $\int_0^1 xe^{-2x}dx$　〔横浜国大〕　(4) $\int_0^{\pi}x\cos\frac{x+\pi}{4}dx$　〔愛媛大〕

(1) $\int_0^1(1-x)e^xdx=\int_0^1(1-x)(e^x)'\,dx$

$$=\left[(1-x)e^x\right]_0^1-\int_0^1(-1)\cdot e^xdx$$
$$=-1+\int_0^1 e^xdx=-1+\left[e^x\right]_0^1$$
$$=-1+e-1=\mathbf{e-2}$$

⇐微分して簡単になるのは $1-x\longrightarrow f=1-x$，$g'=e^x$ とする。

(2) $\int_1^e(x-1)\log x\,dx=\int_1^e\left(\frac{x^2}{2}-x\right)'\log x\,dx$

$$=\left[\left(\frac{x^2}{2}-x\right)\log x\right]_1^e-\int_1^e\left(\frac{x^2}{2}-x\right)\cdot\frac{1}{x}\,dx$$
$$=\left(\frac{e^2}{2}-e\right)-\int_1^e\left(\frac{x}{2}-1\right)dx$$
$$=\left(\frac{e^2}{2}-e\right)-\left[\frac{x^2}{4}-x\right]_1^e$$
$$=\left(\frac{e^2}{2}-e\right)-\left\{\left(\frac{e^2}{4}-e\right)+\frac{3}{4}\right\}=\mathbf{\frac{e^2-3}{4}}$$

⇐微分して簡単になるのは $\log x$，積分しやすいのは $x-1$
$\longrightarrow f=\log x$，$g'=x-1$
とする。

(3) $\int_0^1 xe^{-2x}dx=\int_0^1 x\left(-\frac{1}{2}e^{-2x}\right)'dx$

$$=\left[x\left(-\frac{1}{2}e^{-2x}\right)\right]_0^1-\int_0^1 1\cdot\left(-\frac{1}{2}e^{-2x}\right)dx$$

⇐ $f=x$，$g'=e^{-2x}$ とする。

$=-\frac{1}{2}e^{-2}-\frac{1}{4}\left[e^{-2x}\right]_0^1$

$=-\frac{1}{2}e^{-2}-\frac{1}{4}e^{-2}+\frac{1}{4}$

$=-\frac{3}{4}e^{-2}+\frac{1}{4}=\boldsymbol{-\frac{3}{4e^2}+\frac{1}{4}}$

(4) $\int_0^\pi x\cos\frac{x+\pi}{4}dx=\int_0^\pi x\left(4\sin\frac{x+\pi}{4}\right)'dx$

$=\left[4x\sin\frac{x+\pi}{4}\right]_0^\pi-4\int_0^\pi 1\cdot\left(\sin\frac{x+\pi}{4}\right)dx$

$=4\pi\sin\frac{\pi}{2}+16\left[\cos\frac{x+\pi}{4}\right]_0^\pi$

$=4\pi+16\left(\cos\frac{\pi}{2}-\cos\frac{\pi}{4}\right)=\boldsymbol{4\pi-8\sqrt{2}}$

⇐ $f=x$, $g'=\cos\frac{x+\pi}{4}$ とする。

5章 PR

PR ③133

次の定積分を求めよ。
(1) $\int_{-1}^1(1-x^2)e^{-2x}dx$ 〔横浜国大〕 (2) $\int_0^\pi e^{-x}\cos x\,dx$

(1) $\int_{-1}^1(1-x^2)e^{-2x}dx=\int_{-1}^1(1-x^2)\left(-\frac{1}{2}e^{-2x}\right)'dx$

$=\left[(1-x^2)\left(-\frac{1}{2}e^{-2x}\right)\right]_{-1}^1-\int_{-1}^1(-2x)\left(-\frac{1}{2}e^{-2x}\right)dx$

$=-\int_{-1}^1 xe^{-2x}dx=-\int_{-1}^1 x\left(-\frac{1}{2}e^{-2x}\right)'dx$

$=-\left\{\left[x\left(-\frac{1}{2}e^{-2x}\right)\right]_{-1}^1-\int_{-1}^1 1\cdot\left(-\frac{1}{2}e^{-2x}\right)dx\right\}$

$=\frac{e^{-2}+e^2}{2}-\frac{1}{2}\int_{-1}^1 e^{-2x}dx$

$=\frac{e^{-2}+e^2}{2}+\frac{1}{4}\left[e^{-2x}\right]_{-1}^1$

$=\boldsymbol{\frac{1}{4}e^2+\frac{3}{4e^2}}$

⇐微分して簡単になるのは $1-x^2\longrightarrow f=1-x^2$, $g'=e^{-2x}$ とする。

⇐ $\left[(1-x^2)\left(-\frac{1}{2}e^{-2x}\right)\right]_{-1}^1=0$

⇐ 2回目の部分積分

(2) $I=\int_0^\pi e^{-x}\cos x\,dx$ とすると

$I=\int_0^\pi e^{-x}\cos x\,dx=\int_0^\pi(-e^{-x})'\cos x\,dx$

$=\left[-e^{-x}\cos x\right]_0^\pi-\int_0^\pi(-e^{-x})(-\sin x)dx$

$=e^{-\pi}+1-\int_0^\pi(-e^{-x})'\sin x\,dx$

$=e^{-\pi}+1-\left\{\left[-e^{-x}\sin x\right]_0^\pi-\int_0^\pi(-e^{-x})\cos x\,dx\right\}$

$=e^{-\pi}+1+0-\int_0^\pi e^{-x}\cos x\,dx$

$=e^{-\pi}+1-I$

よって　$I=\boldsymbol{\frac{e^{-\pi}+1}{2}}$

⇐ $e^{-x}=(-e^{-x})'$
符号に注意。

⇐ 2回目の部分積分

⇐同形出現

別解 $I=\int_0^{\pi}e^{-x}\cos x\,dx=\int_0^{\pi}e^{-x}(\sin x)'\,dx$ ⇐部分積分法

$=\left[e^{-x}\sin x\right]_0^{\pi}-\int_0^{\pi}(-e^{-x})\sin x\,dx$ ⇐$(e^{-x})'=-e^{-x}$

$=0+\int_0^{\pi}e^{-x}\sin x\,dx=\int_0^{\pi}e^{-x}(-\cos x)'\,dx$

$=\left[e^{-x}(-\cos x)\right]_0^{\pi}-\int_0^{\pi}(-e^{-x})(-\cos x)\,dx$ ⇐2回目の部分積分

$=e^{-\pi}+1-\int_0^{\pi}e^{-x}\cos x\,dx$ ⇐同形出現

$=e^{-\pi}+1-I$

よって　$I=\dfrac{e^{-\pi}+1}{2}$

PR ④134

$f(x)$ が $0\leqq x\leqq 1$ で連続な関数であるとき $\int_0^{\pi}xf(\sin x)\,dx=\dfrac{\pi}{2}\int_0^{\pi}f(\sin x)\,dx$ が成立することを示し，これを用いて定積分 $\int_0^{\pi}\dfrac{x\sin x}{3+\sin^2 x}\,dx$ を求めよ。〔信州大〕

$I=\int_0^{\pi}xf(\sin x)\,dx$ とする。

$x=\pi-t$ とおくと　$dx=(-1)\,dt$

x と t の対応は右のようになる。

x	$0\longrightarrow\pi$
t	$\pi\longrightarrow 0$

よって　$I=\int_{\pi}^{0}(\pi-t)f(\sin(\pi-t))\cdot(-1)\,dt$

$=\int_0^{\pi}(\pi-t)f(\sin t)\,dt$ ⇐$\sin(\pi-t)=\sin t$

$=\pi\int_0^{\pi}f(\sin t)\,dt-\int_0^{\pi}tf(\sin t)\,dt$

$=\pi\int_0^{\pi}f(\sin x)\,dx-\int_0^{\pi}xf(\sin x)\,dx$ ⇐t を x におき換えても定積分は同じ。

$=\pi\int_0^{\pi}f(\sin x)\,dx-I$ ⇐**同形出現**。移項して $2I=\pi\int_0^{\pi}f(\sin x)\,dx$

よって　$I=\dfrac{\pi}{2}\int_0^{\pi}f(\sin x)\,dx$

$f(\sin x)=\dfrac{\sin x}{3+\sin^2 x}$ とすると，$0\leqq x\leqq\pi$ で $f(\sin x)$ は連続であるから ⇐$0\leqq x\leqq\pi$ では $0\leqq\sin x\leqq 1$

$I=\dfrac{\pi}{2}\int_0^{\pi}\dfrac{\sin x}{3+\sin^2 x}\,dx$

$\cos x=t$ とおくと　$-\sin x\,dx=dt$

x と t の対応は右のようになる。

x	$0\longrightarrow\pi$
t	$1\longrightarrow -1$

$I=\dfrac{\pi}{2}\int_1^{-1}\dfrac{1}{3+(1-t^2)}\cdot(-1)\,dt=\dfrac{\pi}{2}\int_{-1}^{1}\dfrac{dt}{4-t^2}$ ⇐$\dfrac{1}{4-t^2}$ は偶関数。

$=\pi\int_0^1\dfrac{dt}{4-t^2}=\dfrac{\pi}{4}\int_0^1\left(\dfrac{1}{2-t}+\dfrac{1}{2+t}\right)dt$ ⇐部分分数に分解する。

$=\dfrac{\pi}{4}\left[-\log(2-t)+\log(2+t)\right]_0^1$ ⇐$0\leqq t\leqq 1$ において $2-t>0$，$2+t>0$

$=\dfrac{\pi}{4}\left[\log\dfrac{2+t}{2-t}\right]_0^1=\dfrac{\pi}{4}(\log 3-\log 1)=\boldsymbol{\dfrac{\pi}{4}\log 3}$

PR ④135　$\dfrac{\pi}{2}-x=t$ とおいて，$\displaystyle\int_0^{\frac{\pi}{2}}\left(\frac{x\sin x}{1+\cos x}+\frac{x\cos x}{1+\sin x}\right)dx$ を求めよ。

$I=\displaystyle\int_0^{\frac{\pi}{2}}\left(\frac{x\sin x}{1+\cos x}+\frac{x\cos x}{1+\sin x}\right)dx$ とする。

$\dfrac{\pi}{2}-x=t$ とおくと　　$(-1)dx=dt$

x と t の対応は右のようになる。

x	$0\longrightarrow\dfrac{\pi}{2}$
t	$\dfrac{\pi}{2}\longrightarrow 0$

$\sin x=\sin\left(\dfrac{\pi}{2}-t\right)=\cos t,$

$\cos x=\cos\left(\dfrac{\pi}{2}-t\right)=\sin t$ であるから

$$I=\int_0^{\frac{\pi}{2}}x\left(\frac{\sin x}{1+\cos x}+\frac{\cos x}{1+\sin x}\right)dx$$
$$=\int_{\frac{\pi}{2}}^0\left(\frac{\pi}{2}-t\right)\left(\frac{\cos t}{1+\sin t}+\frac{\sin t}{1+\cos t}\right)\cdot(-1)\,dt$$
$$=\frac{\pi}{2}\int_0^{\frac{\pi}{2}}\left(\frac{\cos t}{1+\sin t}+\frac{\sin t}{1+\cos t}\right)dt$$
$$-\int_0^{\frac{\pi}{2}}t\left(\frac{\cos t}{1+\sin t}+\frac{\sin t}{1+\cos t}\right)dt$$
$$=\frac{\pi}{2}\int_0^{\frac{\pi}{2}}\left(\frac{\cos x}{1+\sin x}+\frac{\sin x}{1+\cos x}\right)dx-I$$

⇐ $-\displaystyle\int_a^b f(x)\,dx=\int_b^a f(x)\,dx$

⇐**同形出現。**
t を x におき換えても定積分は同じ。

よって　$I=\dfrac{\pi}{4}\displaystyle\int_0^{\frac{\pi}{2}}\left(\frac{\cos x}{1+\sin x}+\frac{\sin x}{1+\cos x}\right)dx$

$$=\frac{\pi}{4}\int_0^{\frac{\pi}{2}}\left\{\frac{(1+\sin x)'}{1+\sin x}-\frac{(1+\cos x)'}{1+\cos x}\right\}dx$$
$$=\frac{\pi}{4}\Big[\log(1+\sin x)-\log(1+\cos x)\Big]_0^{\frac{\pi}{2}}$$
$$=\frac{\pi}{4}(\log 2+\log 2)=\boldsymbol{\frac{\pi}{2}\log 2}$$

⇐ $\displaystyle\int\frac{g'(x)}{g(x)}dx=\log|g(x)|+C,$
$0<x<\dfrac{\pi}{2}$ のとき
$1+\sin x>0,$
$1+\cos x>0$

PR ④136　$I_n=\displaystyle\int_0^{\frac{\pi}{2}}\sin^n x\,dx$（$n$ は1以上の整数）とする。

(1)　次の等式が成り立つことを証明せよ。

$I_1=1$，$n\geqq 2$ のとき　$I_{2n-1}=\dfrac{2n-2}{2n-1}\cdot\dfrac{2n-4}{2n-3}\cdot\cdots\cdots\cdot\dfrac{4}{5}\cdot\dfrac{2}{3}\cdot 1$

(2)　(1) を利用して，次の定積分を求めよ。

(ア)　$\displaystyle\int_0^{\frac{\pi}{2}}\sin^7 x\,dx$　　　(イ)　$\displaystyle\int_0^{\frac{\pi}{2}}\sin^3 x\cos^2 x\,dx$

HINT　(1)　I_{2n-1} と I_{2n-3} の関係式を求める。

(1)　$n=1$ のとき，$I_1=\displaystyle\int_0^{\frac{\pi}{2}}\sin x\,dx=\Big[-\cos x\Big]_0^{\frac{\pi}{2}}=1$ であるから成り立つ。

$n \geqq 2$ のとき

$$I_{2n-1}=\int_0^{\frac{\pi}{2}}\sin^{2n-1}x\,dx=\int_0^{\frac{\pi}{2}}\sin^{2n-2}x\sin x\,dx$$

$$=\int_0^{\frac{\pi}{2}}\sin^{2n-2}x(-\cos x)'\,dx$$ ⇦部分積分法

$$=\Big[\sin^{2n-2}x(-\cos x)\Big]_0^{\frac{\pi}{2}}-\int_0^{\frac{\pi}{2}}(2n-2)\sin^{2n-3}x\cos x\cdot(-\cos x)\,dx$$

$$=0+(2n-2)\int_0^{\frac{\pi}{2}}\sin^{2n-3}x(1-\sin^2 x)\,dx$$ ⇦$\cos^2 x=1-\sin^2 x$

$$=(2n-2)\left(\int_0^{\frac{\pi}{2}}\sin^{2n-3}x\,dx-\int_0^{\frac{\pi}{2}}\sin^{2n-1}x\,dx\right)$$ ⇦同形出現

$$=(2n-2)(I_{2n-3}-I_{2n-1})$$

よって　$(2n-1)I_{2n-1}=(2n-2)I_{2n-3}$ ⇦I_{2n-1} と I_{2n-3} の関係式が求められた。

これから

$$I_{2n-1}=\frac{2n-2}{2n-1}I_{2n-3}=\frac{2n-2}{2n-1}\cdot\frac{2n-4}{2n-3}I_{2n-5}=\cdots\cdots$$

$$=\frac{2n-2}{2n-1}\cdot\frac{2n-4}{2n-3}\cdot\cdots\cdots\cdot\frac{4}{5}\cdot\frac{2}{3}\cdot I_1$$

$$=\frac{2n-2}{2n-1}\cdot\frac{2n-4}{2n-3}\cdot\cdots\cdots\cdot\frac{4}{5}\cdot\frac{2}{3}\cdot 1\ \ (n\geqq 2)$$

⇦$I_{2n-1}=\frac{2n-2}{2n-1}I_{2n-3}$, ……, $I_3=\frac{2}{3}I_1$ を順々に代入する。

ゆえに，与えられた式は成り立つ。

(2) (ア) $\int_0^{\frac{\pi}{2}}\sin^7 x\,dx=I_7=\frac{6}{7}\cdot\frac{4}{5}\cdot\frac{2}{3}\cdot 1=\mathbf{\frac{16}{35}}$

(イ) $\int_0^{\frac{\pi}{2}}\sin^3 x\cos^2 x\,dx=\int_0^{\frac{\pi}{2}}\sin^3 x(1-\sin^2 x)\,dx=I_3-I_5$ ⇦$\cos^2 x=1-\sin^2 x$

$$=\frac{2}{3}\cdot 1-\frac{4}{5}\cdot\frac{2}{3}\cdot 1=\mathbf{\frac{2}{15}}$$

inf.　本冊重要例題 136 の INFORMATION 3 の $I_n=\frac{n-1}{n}I_{n-2}$ は，本問と同様に部分積分すると得られる。なお，$I_n=\frac{n-1}{n}I_{n-2}$ で n を $2n$ でおき換えると $I_{2n}=\frac{2n-1}{2n}I_{2n-2}$（重要例題 136 で示した），$n$ を $2n-1$ でおき換えると $I_{2n-1}=\frac{2n-2}{2n-1}I_{2n-3}$（PRACTICE 136 で示した）となる。

PR ②137

次の関数を x で微分せよ。

(1) $\int_0^x x\sqrt{t}\,dt\ (x>0)$　(2) $\int_x^{2x+1}\frac{1}{t^2+1}dt$　〔類 筑波大〕

(3) $\int_{-x}^{\sqrt{x}}t\cos t\,dt$　〔明星大〕　(4) $\int_0^x (x-t)^2\sin t\,dt$　〔類 東京女子大〕

(1) $f(x)=\int_0^x x\sqrt{t}\,dt$ とすると　$f(x)=x\int_0^x\sqrt{t}\,dt$ ⇦x は定数とみて，定積分の前に出す。

x で微分すると

$$f'(x)=(x)'\int_0^x\sqrt{t}\,dt+x\left(\frac{d}{dx}\int_0^x\sqrt{t}\,dt\right)$$

$$=\int_0^x\sqrt{t}\,dt+x\sqrt{x}=\left[\frac{2}{3}t^{\frac{3}{2}}\right]_0^x+x\sqrt{x}$$

$$=\frac{2}{3}x\sqrt{x}+x\sqrt{x}=\boldsymbol{\frac{5}{3}x\sqrt{x}}$$

⇐$(fg)'=f'g+fg'$

⇐$x^{\frac{3}{2}}=x\cdot x^{\frac{1}{2}}$

(2)　$F'(t)=\dfrac{1}{t^2+1}$ とすると

$$\int_x^{2x+1}\frac{1}{t^2+1}dt=\Big[F(t)\Big]_x^{2x+1}=F(2x+1)-F(x)$$

よって　$\dfrac{d}{dx}\displaystyle\int_x^{2x+1}\frac{1}{t^2+1}dt=\frac{d}{dx}\{F(2x+1)-F(x)\}$

$$=F'(2x+1)\cdot(2x+1)'-F'(x)$$

$$=\frac{2}{(2x+1)^2+1}-\frac{1}{x^2+1}$$

$$=-\boldsymbol{\frac{x(x+2)}{(2x^2+2x+1)(x^2+1)}}$$

⇐$\{F(u)\}'=F'(u)\cdot u'$

別解　$\dfrac{d}{dx}\displaystyle\int_x^{2x+1}\frac{1}{t^2+1}dt=\frac{1}{(2x+1)^2+1}\cdot(2x+1)'-\frac{1}{x^2+1}\cdot(x)'$

$$=\frac{2}{4x^2+4x+2}-\frac{1}{x^2+1}$$

$$=-\boldsymbol{\frac{x(x+2)}{(2x^2+2x+1)(x^2+1)}}$$

⇐$\boldsymbol{\dfrac{d}{dx}\displaystyle\int_{h(x)}^{g(x)}f(t)\,dt}$
$\boldsymbol{=f(g(x))g'(x)}$
$\boldsymbol{-f(h(x))h'(x)}$

(3)　$F'(t)=t\cos t$ とすると

$$\int_{-x}^{\sqrt{x}}t\cos t\,dt=\Big[F(t)\Big]_{-x}^{\sqrt{x}}=F(\sqrt{x})-F(-x)$$

よって　$\dfrac{d}{dx}\displaystyle\int_{-x}^{\sqrt{x}}t\cos t\,dt=\frac{d}{dx}\{F(\sqrt{x})-F(-x)\}$

$$=F'(\sqrt{x})\cdot(\sqrt{x})'-F'(-x)\cdot(-x)'$$

$$=\sqrt{x}\cos\sqrt{x}\cdot\frac{1}{2\sqrt{x}}-(-x)\cos(-x)\cdot(-1)$$

$$=\boldsymbol{\frac{1}{2}\cos\sqrt{x}-x\cos x}$$

⇐$\{F(u)\}'=F'(u)\cdot u'$

⇐$\cos(-x)=\cos x$

別解　$\dfrac{d}{dx}\displaystyle\int_{-x}^{\sqrt{x}}t\cos t\,dt$

$$=\sqrt{x}\cos\sqrt{x}\cdot(\sqrt{x})'-(-x)\cos(-x)\cdot(-x)'$$

$$=\sqrt{x}\cos\sqrt{x}\cdot\frac{1}{2\sqrt{x}}+x\cos x\cdot(-1)$$

$$=\boldsymbol{\frac{1}{2}\cos\sqrt{x}-x\cos x}$$

⇐$\boldsymbol{\dfrac{d}{dx}\displaystyle\int_{h(x)}^{g(x)}f(t)\,dt}$
$\boldsymbol{=f(g(x))g'(x)}$
$\boldsymbol{-f(h(x))h'(x)}$

(4)　$f(x)=\displaystyle\int_0^x(x-t)^2\sin t\,dt$ とすると

$$f(x)=x^2\int_0^x\sin t\,dt-2x\int_0^x t\sin t\,dt+\int_0^x t^2\sin t\,dt$$

⇐x は定数とみて，定積分の前に出す。

5章 PR

x で微分すると

$$f'(x)=(x^2)'\int_0^x \sin t\,dt+x^2\left(\frac{d}{dx}\int_0^x \sin t\,dt\right)$$
$$-(2x)'\int_0^x t\sin t\,dt-2x\left(\frac{d}{dx}\int_0^x t\sin t\,dt\right)$$
$$+\frac{d}{dx}\int_0^x t^2\sin t\,dt$$
$$=2x\int_0^x \sin t\,dt+x^2\sin x$$
$$-2\int_0^x t\sin t\,dt-2x(x\sin x)+x^2\sin x$$
$$=2x\Big[-\cos t\Big]_0^x-2\left(\Big[-t\cos t\Big]_0^x+\int_0^x \cos t\,dt\right)$$
$$=-2x\cos x+2x+2x\cos x-2\Big[\sin t\Big]_0^x$$
$$=\boldsymbol{2x-2\sin x}$$

⇦$(fg)'=f'g+fg'$

⇦$\int_0^x t\sin t\,dt$ に部分積分法を適用。

PR ③138 関数 $f(x)=\int_{\frac{\pi}{3}}^x (t-x)\sin t\,dt\ \left(-\frac{\pi}{2}<x<\frac{\pi}{2}\right)$ の極値を求めよ。

$f(x)=\int_{\frac{\pi}{3}}^x (t-x)\sin t\,dt=\int_{\frac{\pi}{3}}^x t\sin t\,dt-x\int_{\frac{\pi}{3}}^x \sin t\,dt$ であるから

$$f'(x)=\frac{d}{dx}\int_{\frac{\pi}{3}}^x t\sin t\,dt-\left\{(x)'\int_{\frac{\pi}{3}}^x \sin t\,dt+x\left(\frac{d}{dx}\int_{\frac{\pi}{3}}^x \sin t\,dt\right)\right\}$$
$$=x\sin x-\left(\int_{\frac{\pi}{3}}^x \sin t\,dt+x\sin x\right)$$
$$=\Big[\cos t\Big]_{\frac{\pi}{3}}^x=\cos x-\frac{1}{2}\quad \cdots\cdots ①$$

⇦x は定数とみて，定積分の前に出す。

⇦$(fg)'=f'g+fg'$

⇦$\boldsymbol{\frac{d}{dx}\int_a^x f(t)\,dt=f(x)}$

$-\frac{\pi}{2}<x<\frac{\pi}{2}$ において，$f'(x)=0$ とすると　$x=\pm\frac{\pi}{3}$

よって，$-\frac{\pi}{2}<x<\frac{\pi}{2}$ における $f(x)$ の増減表は右のようになる。

x	$-\frac{\pi}{2}$	…	$-\frac{\pi}{3}$	…	$\frac{\pi}{3}$	…	$\frac{\pi}{2}$
$f'(x)$	／	－	0	＋	0	－	／
$f(x)$	／	↘	極小	↗	極大	↘	／

ここで，① から

$$f(x)=\int\left(\cos x-\frac{1}{2}\right)dx$$
$$=\sin x-\frac{1}{2}x+C\quad \cdots\cdots ②$$

⇦与えられた関数（定積分）を計算するより，① を利用した方が早い。

また　$f\left(\frac{\pi}{3}\right)=\int_{\frac{\pi}{3}}^{\frac{\pi}{3}}\left(t-\frac{\pi}{3}\right)\sin t\,dt=0$

⇦与えられた関数に $x=\frac{\pi}{3}$ を代入。

ゆえに，② から　$\sin\frac{\pi}{3}-\frac{1}{2}\cdot\frac{\pi}{3}+C=0$

よって　$C=\frac{\pi}{6}-\frac{\sqrt{3}}{2}$

したがって　$f(x)=\sin x-\frac{1}{2}x+\frac{\pi}{6}-\frac{\sqrt{3}}{2}$

ゆえに　$f\left(-\frac{\pi}{3}\right)=\sin\left(-\frac{\pi}{3}\right)-\frac{1}{2}\left(-\frac{\pi}{3}\right)+\frac{\pi}{6}-\frac{\sqrt{3}}{2}$

$=\frac{\pi}{3}-\sqrt{3}$

以上から，$f(x)$ は

$x=\frac{\pi}{3}$ で極大値 0，$x=-\frac{\pi}{3}$ で極小値 $\frac{\pi}{3}-\sqrt{3}$

をとる。

PR ②139

次の等式を満たす関数 $f(x)$ を求めよ。

(1)　$f(x)=x^2+\int_0^1 f(t)e^t dt$　〔武蔵工大〕

(2)　$f(x)=\sin x-\int_0^{\frac{\pi}{3}}\left\{f(t)-\frac{\pi}{3}\right\}\sin t\,dt$　〔愛媛大〕

(3)　$f(x)=e^x\int_0^1\{f(t)\}^2 dt$　〔武蔵工大〕

(1)　$\int_0^1 f(t)e^t dt=a$ とおくと　$f(x)=x^2+a$

よって　$\int_0^1 f(t)e^t dt=\int_0^1 (t^2+a)e^t dt$

$=\left[(t^2+a)e^t\right]_0^1-\int_0^1 2te^t dt$

$=(1+a)e-a-\left[2te^t\right]_0^1+\int_0^1 2e^t dt$

$=(e-1)a+e-2e+\left[2e^t\right]_0^1$

$=(e-1)a-e+2e-2$

$=(e-1)a+e-2$

ゆえに　$(e-1)a+e-2=a$　　よって　$a=-1$

したがって　**$f(x)=x^2-1$**

⇐$\int_0^1 f(t)e^t dt$ は定数。

⇐$\int_0^1 (t^2+a)(e^t)'\,dt$，$\int_0^1 2t(e^t)'\,dt$ にそれぞれ部分積分法を適用。

⇐$(e-2)a=-(e-2)$，$e-2\neq 0$

(2)　$\int_0^{\frac{\pi}{3}}\left\{f(t)-\frac{\pi}{3}\right\}\sin t\,dt=a$ とおくと　$f(x)=\sin x-a$

よって　$\int_0^{\frac{\pi}{3}}\left\{f(t)-\frac{\pi}{3}\right\}\sin t\,dt$

$=\int_0^{\frac{\pi}{3}}\left(\sin t-a-\frac{\pi}{3}\right)\sin t\,dt$

$=\int_0^{\frac{\pi}{3}}\left\{\sin^2 t-\left(a+\frac{\pi}{3}\right)\sin t\right\}dt$

$=\int_0^{\frac{\pi}{3}}\frac{1-\cos 2t}{2}dt-\left(a+\frac{\pi}{3}\right)\left[-\cos t\right]_0^{\frac{\pi}{3}}$

$=\frac{1}{2}\left[t-\frac{1}{2}\sin 2t\right]_0^{\frac{\pi}{3}}-\left(a+\frac{\pi}{3}\right)\cdot\frac{1}{2}$

$=\frac{1}{2}\left\{\left(\frac{\pi}{3}-\frac{\sqrt{3}}{4}\right)-\left(a+\frac{\pi}{3}\right)\right\}=-\frac{a}{2}-\frac{\sqrt{3}}{8}$

⇐$\int_0^{\frac{\pi}{3}}\left\{f(t)-\frac{\pi}{3}\right\}\sin t\,dt$ は定数。

⇐$\sin^2 t=\frac{1-\cos 2t}{2}$

⇐$\left[-\cos t\right]_0^{\frac{\pi}{3}}=-\frac{1}{2}-(-1)=\frac{1}{2}$

ゆえに　$-\frac{a}{2}-\frac{\sqrt{3}}{8}=a$　　よって　$a=-\frac{\sqrt{3}}{12}$

⇐ $\frac{3}{2}a=-\frac{\sqrt{3}}{8}$

したがって　$\boldsymbol{f(x)=\sin x+\frac{\sqrt{3}}{12}}$

(3) $\int_0^1\{f(t)\}^2dt=a$ とおくと　$f(x)=ae^x$

⇐ $\int_0^1\{f(t)\}^2dt$ は定数。

よって　$\int_0^1\{f(t)\}^2dt=\int_0^1(ae^t)^2dt=a^2\int_0^1e^{2t}dt$

$$=a^2\left[\frac{1}{2}e^{2t}\right]_0^1=\frac{a^2}{2}(e^2-1)$$

ゆえに　$\frac{a^2}{2}(e^2-1)=a$　すなわち　$a\left(\frac{e^2-1}{2}\cdot a-1\right)=0$

よって　$a=0$　または　$a=\frac{2}{e^2-1}$

⇐ $e^2-1\neq 0$

したがって　$\boldsymbol{f(x)=0}$　**または**　$\boldsymbol{f(x)=\frac{2}{e^2-1}e^x}$

PR ③140

連続な関数 $f(x)$ が $\int_a^x(x-t)f(t)\,dt=2\sin x-x+b$ $\left(a,\ b \text{ は定数で，} 0\leqq a\leqq\frac{\pi}{2}\right)$ を満たすとする。次のものを求めよ。

(1) $\int_a^x f(t)\,dt$　　(2) $f(x)$　　(3) 定数 a，b の値　〔類 岩手大〕

$\int_a^x(x-t)f(t)\,dt=2\sin x-x+b$ ……①　とする。

(1) ① から　$x\int_a^x f(t)\,dt-\int_a^x tf(t)\,dt=2\sin x-x+b$

両辺を x で微分すると

$$\left\{\int_a^x f(t)\,dt+xf(x)\right\}-xf(x)=2\cos x-1$$

⇐ $\frac{d}{dx}\left\{x\int_a^x f(t)\,dt\right\}$
$=(x)'\int_a^x f(t)\,dt$
$+x\frac{d}{dx}\left\{\int_a^x f(t)\,dt\right\}$

よって　$\boldsymbol{\int_a^x f(t)\,dt=2\cos x-1}$ ……②

(2) ② の両辺を x で微分すると　$\boldsymbol{f(x)=-2\sin x}$

(3) ② において，$x=a$ を代入すると　$0=2\cos a-1$

⇐ $\int_a^a f(t)\,dt=0$

すなわち　$\cos a=\frac{1}{2}$

$0\leqq a\leqq\frac{\pi}{2}$ であるから　$\boldsymbol{a=\frac{\pi}{3}}$

また，① において，$x=a$ を代入すると

⇐ $\int_a^a(x-t)f(t)\,dt=0$

$0=2\sin a-a+b$

すなわち　$b=a-2\sin a$

よって　$\boldsymbol{b}=\frac{\pi}{3}-2\sin\frac{\pi}{3}\boldsymbol{=\frac{\pi}{3}-\sqrt{3}}$

⇐ $a=\frac{\pi}{3}$ を代入。

PR ③141

定積分 $\int_0^1(\sqrt{1-x}-ax+1)^2dx$（$a$ は定数）を最小とする a の値を求めよ。　〔神奈川大〕

$(\sqrt{1-x}-ax+1)^2$
$=1-x+a^2x^2+1-2ax\sqrt{1-x}-2ax+2\sqrt{1-x}$
$=2-(1+2a)x+a^2x^2-2ax\sqrt{1-x}+2\sqrt{1-x}$

⇐$(p+q+r)^2=p^2+q^2+r^2+2pq+2qr+2rp$

よって　$\displaystyle\int_0^1(\sqrt{1-x}-ax+1)^2dx$

$\displaystyle=\int_0^1 2\,dx-(1+2a)\int_0^1 x\,dx+a^2\int_0^1 x^2dx$
$\displaystyle-2a\int_0^1 x\sqrt{1-x}\,dx+2\int_0^1\sqrt{1-x}\,dx$

⇐$\displaystyle\int_0^1 2\,dx=\Big[2x\Big]_0^1=2$, $\displaystyle\int_0^1 x\,dx=\left[\frac{x^2}{2}\right]_0^1=\frac{1}{2}$, $\displaystyle\int_0^1 x^2dx=\left[\frac{x^3}{3}\right]_0^1=\frac{1}{3}$

$\sqrt{1-x}=t$ とおくと　$x=1-t^2$, $dx=-2t\,dt$
x と t の対応は右のようになる。ゆえに

x	$0\longrightarrow1$
t	$1\longrightarrow0$

$\displaystyle\int_0^1 x\sqrt{1-x}\,dx=\int_1^0(1-t^2)t\cdot(-2t)\,dt$
$\displaystyle=2\int_0^1(t^2-t^4)\,dt=2\left[\frac{t^3}{3}-\frac{t^5}{5}\right]_0^1=\frac{4}{15}$

$\displaystyle\int_0^1\sqrt{1-x}\,dx=\left[-\frac{2}{3}\sqrt{(1-x)^3}\right]_0^1=\frac{2}{3}$

よって　$\displaystyle\int_0^1(\sqrt{1-x}-ax+1)^2dx$

$\displaystyle=2-\frac{1+2a}{2}+\frac{1}{3}a^2-\frac{8}{15}a+\frac{4}{3}$
$\displaystyle=\frac{1}{3}a^2-\frac{23}{15}a+\frac{17}{6}=\frac{1}{3}\left(a^2-\frac{23}{5}a\right)+\frac{17}{6}$
$\displaystyle=\frac{1}{3}\left(a-\frac{23}{10}\right)^2+\frac{107}{100}$

⇐a の2次式を **平方完成** する。

したがって，$\boldsymbol{a=\frac{23}{10}}$ で最小値をとる。

PR ④142

実数 $a>0$ について，$\displaystyle I(a)=\int_1^e|\log ax|\,dx$ とする。$I(a)$ の最小値，およびそのときの a の値を求めよ。　〔類　北海道大〕

$\log ax=0$ とすると　$ax=1$　すなわち　$x=\dfrac{1}{a}$

積分区間は $1\leqq x\leqq e$ であるから，$\dfrac{1}{a}\leqq1$, $1<\dfrac{1}{a}<e$, $e\leqq\dfrac{1}{a}$ の場合に分けて考える。

⇐重要例題142と異なり，場合分けの境目である $x=\dfrac{1}{a}$ が常に積分区間内にあるわけではない。
⟶ 場合分けが必要。

また　$\displaystyle\int\log ax\,dx=\int(\log x+\log a)\,dx$
$=x\log x-x+x\log a+C$

ここで，$F(x)=x\log x-x+x\log a$ とする。

[1]　$\dfrac{1}{a}\leqq1$ すなわち $a\geqq1$ のとき

$1\leqq x\leqq e$ で $\log ax\geqq0$ であるから

$\displaystyle I(a)=\int_1^e\log ax\,dx=\Big[F(x)\Big]_1^e=(e-1)\log a+1$

⇐$F(e)=e-e+e\log a=e\log a$
$F(1)=-1+\log a$

$I'(a)=\dfrac{e-1}{a}>0$ であるから，$I(a)$ は増加する。

[2]　$1<\frac{1}{a}<e$ すなわち $\frac{1}{e}<a<1$ のとき

$1\leqq x\leqq\frac{1}{a}$ で $\log ax\leqq 0$，$\frac{1}{a}\leqq x\leqq e$ で $\log ax\geqq 0$ であるから

$I(a)=\int_1^{\frac{1}{a}}(-\log ax)\,dx+\int_{\frac{1}{a}}^{e}\log ax\,dx=-\Big[F(x)\Big]_1^{\frac{1}{a}}+\Big[F(x)\Big]_{\frac{1}{a}}^{e}$

$=-2F\left(\frac{1}{a}\right)+F(1)+F(e)=(e+1)\log a+\frac{2}{a}-1$

⇦$F\left(\frac{1}{a}\right)$
$=\frac{1}{a}\log\frac{1}{a}-\frac{1}{a}+\frac{1}{a}\log a$
$=-\frac{1}{a}\log a-\frac{1}{a}+\frac{1}{a}\log a$
$=-\frac{1}{a}$

ゆえに　$I'(a)=\frac{e+1}{a}-\frac{2}{a^2}=\frac{(e+1)a-2}{a^2}$

$I'(a)=0$ とすると

$a=\frac{2}{e+1}$

これは $\frac{1}{e}<a<1$ を満たす。

a	$\frac{1}{e}$	$\cdots$	$\frac{2}{e+1}$	$\cdots$	1
$I'(a)$		$-$	0	$+$	
$I(a)$		↘	極小	↗	

よって，$I(a)$ の増減表は右上のようになる。

[3]　$\frac{1}{a}\geqq e$ すなわち $0<a\leqq\frac{1}{e}$ のとき

$1\leqq x\leqq e$ で $\log ax\leqq 0$ であるから

$I(a)=\int_1^e(-\log ax)\,dx=(1-e)\log a-1$

⇦[1] の符号を変えたもの。

$I'(a)=\frac{1-e}{a}<0$ であるから，$I(a)$ は減少する。

[1]，[2]，[3] から，$I(a)$ は

$\boldsymbol{a=\frac{2}{e+1}}$ **で最小値** $I\left(\frac{2}{e+1}\right)=\boldsymbol{(e+1)\log\frac{2}{e+1}+e}$

をとる。

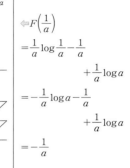

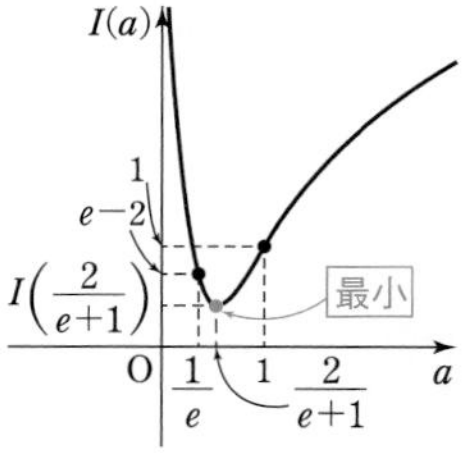

PR ④143

次の極限を求めよ。

(1) $\lim_{x\to 0}\frac{1}{x}\int_0^x 2te^{t^2}dt$　［類 香川大］　(2) $\lim_{x\to 1}\frac{1}{x-1}\int_1^x\frac{1}{\sqrt{t^2+1}}dt$　［東京電機大］

(1)　$f(x)=\int_0^x 2te^{t^2}dt$ とすると　$f'(x)=2xe^{x^2}$

⇦$\frac{d}{dx}\int_a^x g(t)\,dt=g(x)$

また，$f(0)=0$ であるから

⇦$\int_a^a g(t)\,dt=0$

$\lim_{x\to 0}\frac{1}{x}\int_0^x 2te^{t^2}dt=\lim_{x\to 0}\frac{f(x)-f(0)}{x-0}=f'(0)=\boldsymbol{0}$

⇦$\lim_{x\to a}\frac{f(x)-f(a)}{x-a}=f'(a)$

(2)　$f(x)=\int_1^x\frac{1}{\sqrt{t^2+1}}dt$ とすると　$f'(x)=\frac{1}{\sqrt{x^2+1}}$

また，$f(1)=0$ であるから

$\lim_{x\to 1}\frac{1}{x-1}\int_1^x\frac{1}{\sqrt{t^2+1}}dt=\lim_{x\to 1}\frac{f(x)-f(1)}{x-1}=f'(1)=\boldsymbol{\frac{1}{\sqrt{2}}}$

⇦$f'(1)=\frac{1}{\sqrt{1^2+1}}$

PR
②**144**

次の極限値を求めよ。

(1) $\displaystyle\lim_{n\to\infty}\frac{1}{n\sqrt{n}}(\sqrt{2}+\sqrt{4}+\cdots\cdots+\sqrt{2n})$ 〔芝浦工大〕 (2) $\displaystyle\lim_{n\to\infty}\frac{\pi}{n}\sum_{k=1}^{n}\cos\frac{k\pi}{2n}$

(3) $\displaystyle\lim_{n\to\infty}\left(\frac{1}{n^2+1^2}+\frac{2}{n^2+2^2}+\frac{3}{n^2+3^2}+\cdots\cdots+\frac{n}{n^2+n^2}\right)$ 〔日本女子大〕

(4) $\displaystyle\lim_{n\to\infty}\left(\frac{n+1}{n^2}\log\frac{n+1}{n}+\frac{n+2}{n^2}\log\frac{n+2}{n}+\cdots\cdots+\frac{n+n}{n^2}\log\frac{n+n}{n}\right)$ 〔日本女子大〕

(1) (与式)$\displaystyle=\lim_{n\to\infty}\frac{\sqrt{2}}{n}\left(\sqrt{\frac{1}{n}}+\sqrt{\frac{2}{n}}+\cdots\cdots+\sqrt{\frac{n}{n}}\right)$

$\displaystyle=\sqrt{2}\lim_{n\to\infty}\frac{1}{n}\sum_{k=1}^{n}\sqrt{\frac{k}{n}}$

$\displaystyle=\sqrt{2}\int_0^1\sqrt{x}\,dx$

$\displaystyle=\frac{2\sqrt{2}}{3}\left[\sqrt{x^3}\right]_0^1$

$\displaystyle=\boldsymbol{\frac{2\sqrt{2}}{3}}$

(1)
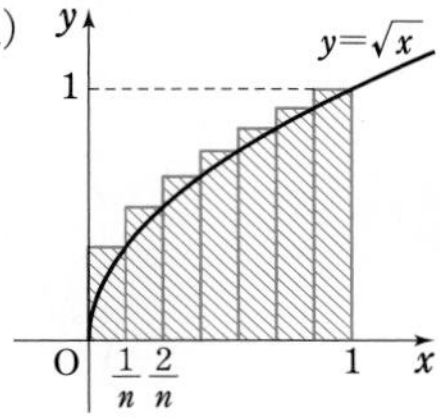

(2) (与式)$\displaystyle=\pi\lim_{n\to\infty}\frac{1}{n}\sum_{k=1}^{n}\cos\left(\frac{\pi}{2}\cdot\frac{k}{n}\right)$

$\displaystyle=\pi\int_0^1\cos\frac{\pi}{2}x\,dx$

$\displaystyle=2\left[\sin\frac{\pi}{2}x\right]_0^1=\boldsymbol{2}$

(2)
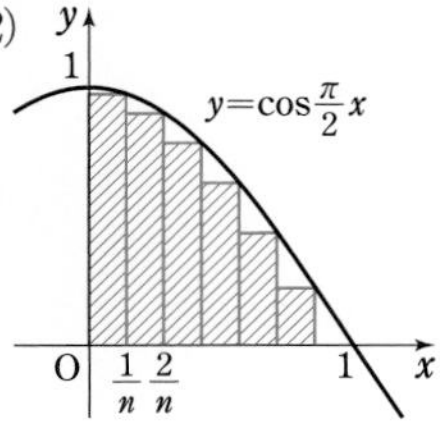

(3) (与式)$\displaystyle=\lim_{n\to\infty}\sum_{k=1}^{n}\frac{k}{n^2+k^2}=\lim_{n\to\infty}\sum_{k=1}^{n}\frac{\frac{k}{n^2}}{\frac{n^2+k^2}{n^2}}$

⇐分母・分子を n^2 で割る。

$\displaystyle=\lim_{n\to\infty}\frac{1}{n}\sum_{k=1}^{n}\frac{\frac{k}{n}}{1+\left(\frac{k}{n}\right)^2}=\int_0^1\frac{x}{1+x^2}\,dx$

⇐$f(x)=\dfrac{x}{1+x^2}$

$\displaystyle=\frac{1}{2}\int_0^1\frac{(1+x^2)'}{1+x^2}\,dx=\frac{1}{2}\left[\log(1+x^2)\right]_0^1$

$\displaystyle=\boldsymbol{\frac{1}{2}\log 2}$

(4) (与式)$\displaystyle=\lim_{n\to\infty}\sum_{k=1}^{n}\frac{n+k}{n^2}\log\frac{n+k}{n}$

$\displaystyle=\lim_{n\to\infty}\frac{1}{n}\sum_{k=1}^{n}\left(1+\frac{k}{n}\right)\log\left(1+\frac{k}{n}\right)$

$\displaystyle=\int_0^1(1+x)\log(1+x)\,dx$

⇐$f(x)=(1+x)\log(1+x)$

$\displaystyle=\left[\frac{(1+x)^2}{2}\log(1+x)\right]_0^1-\int_0^1\frac{1+x}{2}\,dx$

⇐**部分積分法**

$\displaystyle=2\log 2-\left[\frac{(x+1)^2}{4}\right]_0^1=2\log 2-\left(1-\frac{1}{4}\right)$

$\displaystyle=\boldsymbol{2\log 2-\frac{3}{4}}$

PR ②145

(1) 定積分 $\int_0^{\frac{1}{\sqrt{2}}}\frac{1}{\sqrt{1-x^2}}dx$ の値を求めよ。

(2) n を 2 以上の自然数とするとき，次の不等式が成り立つことを示せ。

$$\frac{1}{\sqrt{2}}\leqq\int_0^{\frac{1}{\sqrt{2}}}\frac{1}{\sqrt{1-x^n}}dx\leqq\frac{\pi}{4}$$

(1) $x=\sin\theta$ とおくと　$dx=\cos\theta d\theta$

x と θ の対応は右のようにとれる。

x	$0\longrightarrow\frac{1}{\sqrt{2}}$
θ	$0\longrightarrow\frac{\pi}{4}$

$0\leqq\theta\leqq\frac{\pi}{4}$ で，$\cos\theta>0$ であるから

$$\sqrt{1-x^2}=\sqrt{1-\sin^2\theta}=\sqrt{\cos^2\theta}=|\cos\theta|=\cos\theta$$

よって　$\int_0^{\frac{1}{\sqrt{2}}}\frac{1}{\sqrt{1-x^2}}dx=\int_0^{\frac{\pi}{4}}\frac{\cos\theta}{\cos\theta}d\theta=\int_0^{\frac{\pi}{4}}d\theta=\boldsymbol{\frac{\pi}{4}}$

CHART $\sqrt{a^2-x^2}$ には $x=a\sin\theta$ とおく

(2) $0\leqq x\leqq\frac{1}{\sqrt{2}}$ のとき　$0\leqq x^n\leqq x^2$

⇐ $0\leqq x<1$ のとき $n\geqq2 \Longrightarrow x^n\leqq x^2$

よって　$(1-x^n)-(1-x^2)=x^2-x^n\geqq0$

ゆえに　$1-x^n\geqq1-x^2$　すなわち　$\sqrt{1-x^n}\geqq\sqrt{1-x^2}>0$

よって　$1\leqq\frac{1}{\sqrt{1-x^n}}\leqq\frac{1}{\sqrt{1-x^2}}$

ゆえに　$\int_0^{\frac{1}{\sqrt{2}}}dx\leqq\int_0^{\frac{1}{\sqrt{2}}}\frac{1}{\sqrt{1-x^n}}dx\leqq\int_0^{\frac{1}{\sqrt{2}}}\frac{1}{\sqrt{1-x^2}}dx$

⇐ $\int_0^{\frac{1}{\sqrt{2}}}dx=\Big[x\Big]_0^{\frac{1}{\sqrt{2}}}=\frac{1}{\sqrt{2}}$

(1) の結果から　$\frac{1}{\sqrt{2}}\leqq\int_0^{\frac{1}{\sqrt{2}}}\frac{1}{\sqrt{1-x^n}}dx\leqq\frac{\pi}{4}$

PR ③146

不等式 $\frac{1}{n}+\log n\leqq\sum_{k=1}^{n}\frac{1}{k}\leqq1+\log n$ を証明せよ。

自然数 k に対して，$k\leqq x\leqq k+1$ のとき

$$\frac{1}{k+1}\leqq\frac{1}{x}\leqq\frac{1}{k}$$

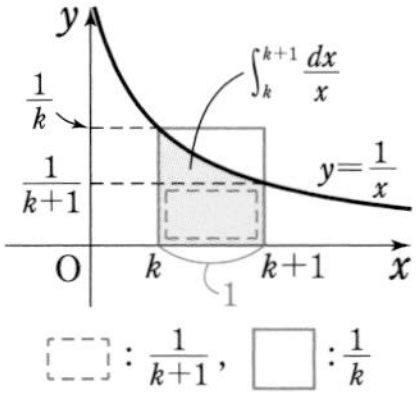

常には $\frac{1}{k+1}=\frac{1}{x}$ または $\frac{1}{x}=\frac{1}{k}$ でないから

$$\int_k^{k+1}\frac{1}{k+1}dx<\int_k^{k+1}\frac{1}{x}dx<\int_k^{k+1}\frac{1}{k}dx$$

よって　$\frac{1}{k+1}<\int_k^{k+1}\frac{1}{x}dx<\frac{1}{k}$

⇐ $\int_k^{k+1}\frac{1}{k+1}dx=\frac{1}{k+1}\int_k^{k+1}dx$ $\int_k^{k+1}\frac{1}{k}dx=\frac{1}{k}\int_k^{k+1}dx$ また $\int_k^{k+1}dx=1$

$k=1,\ 2,\ 3,\ \cdots\cdots,\ n-1$ として辺々を加えると，$n\geqq2$ のとき

$$\sum_{k=1}^{n-1}\frac{1}{k+1}<\sum_{k=1}^{n-1}\int_k^{k+1}\frac{1}{x}dx<\sum_{k=1}^{n-1}\frac{1}{k}$$

ここで　$\sum_{k=1}^{n-1}\frac{1}{k+1}=\frac{1}{2}+\frac{1}{3}+\cdots\cdots+\frac{1}{n}$

$$\sum_{k=1}^{n-1}\int_k^{k+1}\frac{1}{x}dx=\int_1^n\frac{1}{x}dx=\Big[\log x\Big]_1^n=\log n$$

⇐ $\int_1^2+\int_2^3+\cdots\cdots+\int_{n-1}^n=\int_1^n$

したがって　$\frac{1}{2}+\frac{1}{3}+\cdots\cdots+\frac{1}{n}<\log n$

この不等式の両辺に1を加えると

$$1+\frac{1}{2}+\frac{1}{3}+\cdots\cdots+\frac{1}{n}<1+\log n$$

すなわち　$\sum_{k=1}^{n}\frac{1}{k}<1+\log n$　……①

また　$\sum_{k=1}^{n-1}\frac{1}{k}=1+\frac{1}{2}+\frac{1}{3}+\cdots\cdots+\frac{1}{n-1}$

したがって　$\log n<1+\frac{1}{2}+\frac{1}{3}+\cdots\cdots+\frac{1}{n-1}$

この不等式の両辺に $\frac{1}{n}$ を加えると

$$\frac{1}{n}+\log n<1+\frac{1}{2}+\frac{1}{3}+\cdots\cdots+\frac{1}{n-1}+\frac{1}{n}$$

すなわち　$\frac{1}{n}+\log n<\sum_{k=1}^{n}\frac{1}{k}$　……②

①，②から　$\frac{1}{n}+\log n<\sum_{k=1}^{n}\frac{1}{k}<1+\log n$

$n=1$ のとき　$\frac{1}{1}+\log 1=1$，$\sum_{k=1}^{1}\frac{1}{k}=1$，$1+\log 1=1$

⇐①，②は $n\geqq 2$ のとき成り立つ不等式。

したがって，すべての自然数に対して

$$\frac{1}{n}+\log n\leqq\sum_{k=1}^{n}\frac{1}{k}\leqq 1+\log n$$

別解　$n\geqq 2$ のとき

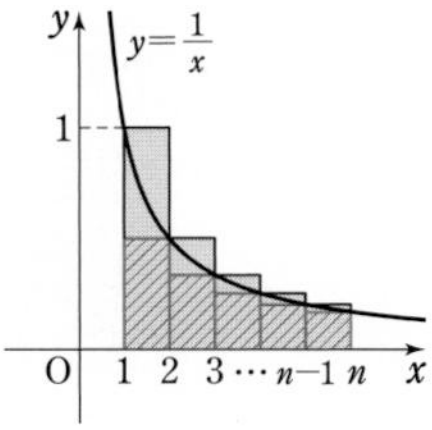

$y=\frac{1}{x}$ のグラフを考えると，右の図のようになる。

図の階段状の小さい方の長方形の面積の和を S_1，大きい方の長方形の面積の和を S_2 とすると

$$S_1=\sum_{k=2}^{n}\frac{1}{k},\quad S_2=\sum_{k=1}^{n-1}\frac{1}{k}$$

また，$S=\int_1^n\frac{1}{x}dx=\Big[\log x\Big]_1^n=\log n$ とすると，図から

$$S_1<S<S_2$$

ゆえに　$\sum_{k=2}^{n}\frac{1}{k}<\log n<\sum_{k=1}^{n-1}\frac{1}{k}$

⇐$\sum_{k=2}^{n}\frac{1}{k}<\log n$ から $\sum_{k=1}^{n}\frac{1}{k}<1+\log n$，$\log n<\sum_{k=1}^{n-1}\frac{1}{k}$ から $\log n+\frac{1}{n}<\sum_{k=1}^{n}\frac{1}{k}$

よって　$\frac{1}{n}+\log n<\sum_{k=1}^{n}\frac{1}{k}<1+\log n$　……①

$n=1$ のとき，①の各辺はすべて1となり，等号が成り立つ。

したがって，自然数 n について

$$\frac{1}{n}+\log n\leqq\sum_{k=1}^{n}\frac{1}{k}\leqq 1+\log n$$

PR ③147

次の極限値を求めよ。

(1) $\lim_{n\to\infty}\frac{1}{n}\left\{\left(\frac{1}{n}\right)^2+\left(\frac{2}{n}\right)^2+\left(\frac{3}{n}\right)^2+\cdots\cdots+\left(\frac{3n}{n}\right)^2\right\}$　〔摂南大〕

(2) $\lim_{n\to\infty}\frac{1}{n}\sum_{k=n+1}^{2n}\frac{n+1}{n+k}$　〔類 東京理科大〕

5章 PR

求める極限値を S とする。

(1)　$S_n=\dfrac{1}{n}\left\{\left(\dfrac{1}{n}\right)^2+\left(\dfrac{2}{n}\right)^2+\cdots\cdots+\left(\dfrac{3n}{n}\right)^2\right\}$ とすると

$$S_n=\frac{1}{n}\sum_{k=1}^{3n}\left(\frac{k}{n}\right)^2$$

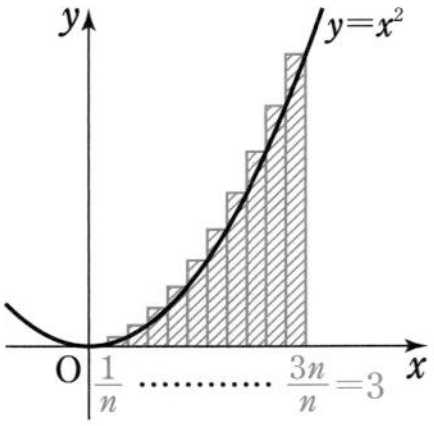

S_n は右の図の斜線部分の長方形の面積の和を表すから

$$S=\lim_{n\to\infty}S_n=\lim_{n\to\infty}\frac{1}{n}\sum_{k=1}^{3n}\left(\frac{k}{n}\right)^2$$

$$=\int_0^3 x^2dx=\left[\frac{x^3}{3}\right]_0^3=\mathbf{9}$$

⇦ $f(x)=x^2$

(2)　$S_n=\dfrac{1}{n}\displaystyle\sum_{k=n+1}^{2n}\dfrac{n+1}{n+k}$ とすると

$$S_n=\frac{1}{n}\sum_{k=n+1}^{2n}\frac{1+\frac{1}{n}}{1+\frac{k}{n}}$$

$$=\left(1+\frac{1}{n}\right)\cdot\frac{1}{n}\sum_{k=n+1}^{2n}\frac{1}{1+\frac{k}{n}}$$

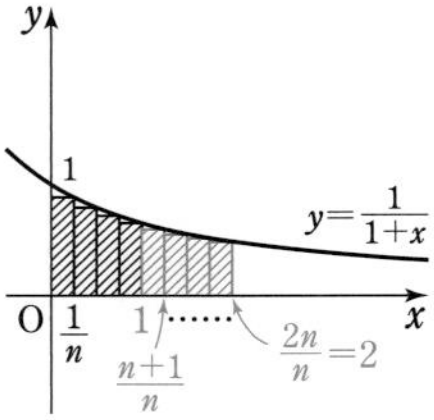

$\dfrac{1}{n}\displaystyle\sum_{k=n+1}^{2n}\dfrac{1}{1+\frac{k}{n}}$ は右の図の赤い斜線部分の長方形の面積の和を表すから

⇦ $f(x)=\dfrac{1}{1+x}$

$$S=\lim_{n\to\infty}S_n=\lim_{n\to\infty}\left(1+\frac{1}{n}\right)\cdot\frac{1}{n}\sum_{k=n+1}^{2n}\frac{1}{1+\frac{k}{n}}$$

$$=1\cdot\int_1^2\frac{1}{1+x}dx=\Big[\log(1+x)\Big]_1^2=\mathbf{\log\frac{3}{2}}$$

⇦ $\displaystyle\lim_{n\to\infty}\left(1+\frac{1}{n}\right)=1$

別解 **1**　$S_n=\dfrac{1}{n}\displaystyle\sum_{k=n+1}^{2n}\dfrac{n+1}{n+k}$ とすると

$$S_n=\frac{1}{n}\left(\frac{n+1}{2n+1}+\frac{n+1}{2n+2}+\cdots\cdots+\frac{n+1}{2n+n}\right)$$

$$=\frac{1}{n}\sum_{k=1}^{n}\frac{n+1}{2n+k}=\frac{1}{n}\sum_{k=1}^{n}\frac{1+\frac{1}{n}}{2+\frac{k}{n}}$$

$$=\left(1+\frac{1}{n}\right)\cdot\frac{1}{n}\sum_{k=1}^{n}\frac{1}{2+\frac{k}{n}}$$

S_n は右の図の長方形の斜線部分の和を表すから

⇦ $f(x)=\dfrac{1}{2+x}$

$$S=\lim_{n\to\infty}S_n$$

$$=\lim_{n\to\infty}\left(1+\frac{1}{n}\right)\cdot\frac{1}{n}\sum_{k=1}^{n}\frac{1}{2+\frac{k}{n}}$$

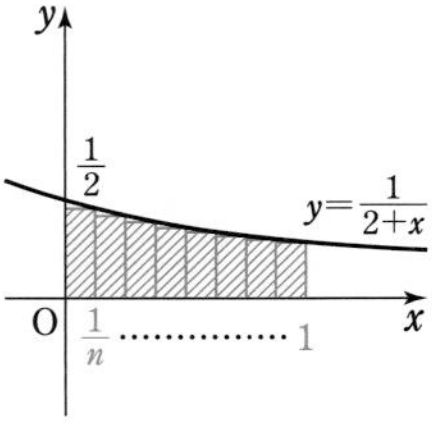

$=1\cdot\int_0^1 \frac{1}{2+x}dx$

$=\Big[\log(2+x)\Big]_0^1=\mathbf{log}\,\frac{\mathbf{3}}{\mathbf{2}}$

⇐ $\lim_{n\to\infty}\left(1+\frac{1}{n}\right)=1$

別解 2　$S=\lim_{n\to\infty}\frac{1}{n}\sum_{k=n+1}^{2n}\frac{n+1}{n+k}=\lim_{n\to\infty}\frac{1}{n}\sum_{k=n+1}^{2n}\frac{1+\frac{1}{n}}{1+\frac{k}{n}}$

$=\lim_{n\to\infty}\left(1+\frac{1}{n}\right)\cdot\frac{1}{n}\sum_{k=n+1}^{2n}\frac{1}{1+\frac{k}{n}}$

$=\lim_{n\to\infty}\left(1+\frac{1}{n}\right)\left(\frac{1}{n}\sum_{k=1}^{2n}\frac{1}{1+\frac{k}{n}}-\frac{1}{n}\sum_{k=1}^{n}\frac{1}{1+\frac{k}{n}}\right)$

$=1\cdot\left(\int_0^2\frac{1}{1+x}dx-\int_0^1\frac{1}{1+x}dx\right)$

⇐ $\lim_{n\to\infty}\left(1+\frac{1}{n}\right)=1$

$=\Big[\log(1+x)\Big]_0^2-\Big[\log(1+x)\Big]_0^1=\log 3-\log 2$

$=\mathbf{log}\,\frac{\mathbf{3}}{\mathbf{2}}$

PR ④148

(1)　$f(t)$ と $g(t)$ を t の関数とする。x と p を実数とするとき，$\int_{-1}^{x}\{f(t)+pg(t)\}^2dt$ の性質を用いて，次の不等式を導け。

$$\left\{\int_{-1}^{x}f(t)g(t)\,dt\right\}^2\leqq\left(\int_{-1}^{x}\{f(t)\}^2dt\right)\left(\int_{-1}^{x}\{g(t)\}^2dt\right)$$

(2)　(1) を利用して，

$$\left\{-\frac{1}{\pi}(x+1)\cos\pi x+\frac{1}{\pi^2}\sin\pi x\right\}^2\leqq\frac{1}{3}(x+1)^3\left(\frac{x+1}{2}-\frac{1}{4\pi}\sin 2\pi x\right)$$ を示せ。

(1)　常に $g(t)=0$ の場合

不等式の両辺はともに 0 となり，不等式が成り立つ。

ある t で $g(t)\neq 0$ の場合

p を任意の実数とすると　$\{f(t)+pg(t)\}^2\geqq 0$

[1]　$x>-1$ のとき

$\int_{-1}^{x}\{f(t)+pg(t)\}^2dt\geqq 0$ から

⇐ $a<b$，$F(t)\geqq 0$ のとき $\int_a^b F(t)\,dt\geqq 0$

$$p^2\int_{-1}^{x}\{g(t)\}^2dt+2p\int_{-1}^{x}f(t)g(t)\,dt+\int_{-1}^{x}\{f(t)\}^2dt\geqq 0 \quad\cdots\cdots ①$$

$\int_{-1}^{x}\{g(t)\}^2dt>0$ であるから，p についての 2 次不等式 ① が常に成り立つ条件は，(左辺)$=0$ とした 2 次方程式について判別式を D_1 とすると　$D_1\leqq 0$

$\frac{D_1}{4}=\left\{\int_{-1}^{x}f(t)g(t)\,dt\right\}^2-\int_{-1}^{x}\{f(t)\}^2dt\cdot\int_{-1}^{x}\{g(t)\}^2dt$ であるから，不等式が成り立つ。

[2]　$x=-1$ のとき

不等式の両辺はともに0となり，不等式が成り立つ。

[3]　$x<-1$ のとき

$\int_{-1}^{x}\{f(t)+pg(t)\}^2dt\leqq 0$ から

$$p^2\int_{-1}^{x}\{g(t)\}^2dt+2p\int_{-1}^{x}f(t)g(t)\,dt+\int_{-1}^{x}\{f(t)\}^2dt\leqq 0 \quad \cdots\cdots ②$$

$\int_{-1}^{x}\{g(t)\}^2dt<0$ であるから，p についての2次不等式②が常に成り立つ条件は，(左辺)$=0$ とした2次方程式について判別式を D_2 とすると　$D_2\leqq 0$

$\dfrac{D_2}{4}=\left\{\int_{-1}^{x}f(t)g(t)dt\right\}^2-\int_{-1}^{x}\{f(t)\}^2dt\cdot\int_{-1}^{x}\{g(t)\}^2dt$ であるから，不等式が成り立つ。

以上から，不等式が成り立つ。

⇐ $\int_{-1}^{-1}F(t)\,dt=0$

⇐ $a>b$，$F(t)\geqq 0$ のとき $\int_a^b F(t)\,dt\leqq 0$

(2)　$\int_{-1}^{x}f(t)g(t)\,dt=-\dfrac{1}{\pi}(x+1)\cos\pi x+\dfrac{1}{\pi^2}\sin\pi x$ とする。

両辺を x について微分して

$$f(x)g(x)=-\frac{1}{\pi}\cos\pi x+(x+1)\sin\pi x+\frac{1}{\pi}\cos\pi x$$
$$=(x+1)\sin\pi x$$

ここで，$f(t)=t+1$，$g(t)=\sin\pi t$ とすると

$$\int_{-1}^{x}\{f(t)\}^2dt=\int_{-1}^{x}(t+1)^2dt=\left[\frac{1}{3}(t+1)^3\right]_{-1}^{x}$$
$$=\frac{1}{3}(x+1)^3$$

$$\int_{-1}^{x}\{g(t)\}^2dt=\int_{-1}^{x}\sin^2\pi t\,dt=\int_{-1}^{x}\frac{1-\cos 2\pi t}{2}dt$$
$$=\left[\frac{t}{2}-\frac{1}{4\pi}\sin 2\pi t\right]_{-1}^{x}=\frac{x}{2}-\frac{1}{4\pi}\sin 2\pi x+\frac{1}{2}$$
$$=\frac{x+1}{2}-\frac{1}{4\pi}\sin 2\pi x$$

CHART

(1)は(2)のヒント

(1)の結果を利用するために

(左辺)$=\left\{\int_{-1}^{x}f(t)g(t)\,dt\right\}^2$ とする。

よって，(1)から

$$\left\{-\frac{1}{\pi}(x+1)\cos\pi x+\frac{1}{\pi^2}\sin\pi x\right\}^2\leqq\frac{1}{3}(x+1)^3\left(\frac{x+1}{2}-\frac{1}{4\pi}\sin 2\pi x\right)$$

PR ④149　曲線 $y=\sqrt{4-x}$ を C とする。$t\,(2\leqq t\leqq 3)$ に対して，曲線 C 上の点 $(t,\ \sqrt{4-t})$ と原点，点 $(t,\ 0)$ の3点を頂点とする三角形の面積を $S(t)$ とする。区間 $[2,\ 3]$ を n 等分し，その端点と分点を小さい方から順に $t_0=2$，t_1，t_2，……，t_{n-1}，$t_n=3$ とするとき，極限値 $\displaystyle\lim_{n\to\infty}\frac{1}{n}\sum_{k=1}^{n}S(t_k)$ を求めよ。

〔類　茨城大〕

$$S(t)=\frac{1}{2}\cdot t\cdot\sqrt{4-t}=\frac{1}{2}t\sqrt{4-t}$$

$\dfrac{t_n-t_0}{n}=\dfrac{1}{n}$ より，$t_k=2+\dfrac{k}{n}$ $(k=0,\ 1,\ 2,\ \cdots\cdots,\ n)$ と表すことができるから

$$S(t_k)=\frac{1}{2}t_k\sqrt{4-t_k}=\frac{1}{2}\left(2+\frac{k}{n}\right)\sqrt{4-\left(2+\frac{k}{n}\right)}$$

$$=\frac{1}{2}\left(2+\frac{k}{n}\right)\sqrt{2-\frac{k}{n}}\quad (k=0,\ 1,\ 2,\ \cdots\cdots,\ n)$$

よって　$\displaystyle\lim_{n\to\infty}\frac{1}{n}\sum_{k=1}^{n}S(t_k)=\lim_{n\to\infty}\frac{1}{n}\sum_{k=1}^{n}\frac{1}{2}\left(2+\frac{k}{n}\right)\sqrt{2-\frac{k}{n}}$

$$=\frac{1}{2}\int_0^1(2+x)\sqrt{2-x}\,dx$$

ここで，$\sqrt{2-x}=u$ とおくと

$$x=2-u^2,\ dx=-2u\,du$$

x と u の対応は右のようになる。

x	$0\longrightarrow 1$
u	$\sqrt{2}\longrightarrow 1$

ゆえに　$\displaystyle\lim_{n\to\infty}\frac{1}{n}\sum_{k=1}^{n}S(t_k)=\frac{1}{2}\int_{\sqrt{2}}^{1}(4-u^2)u\cdot(-2u)\,du$

$$=\int_1^{\sqrt{2}}(4u^2-u^4)\,du$$

$$=\left[\frac{4}{3}u^3-\frac{1}{5}u^5\right]_1^{\sqrt{2}}=\mathbf{\frac{28\sqrt{2}-17}{15}}$$

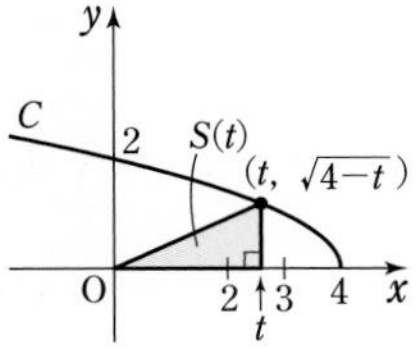

⇐$\displaystyle\lim_{n\to\infty}\frac{1}{n}\sum_{k=1}^{n}f\left(\frac{k}{n}\right)=\int_0^1 f(x)\,dx$

ここでは，$f(x)=(2+x)\sqrt{2-x}$ とする。

PR ⑤150

自然数 $n=1,\ 2,\ 3,\ \cdots\cdots$ に対して，$I_n=\displaystyle\int_0^1\frac{x^n}{1+x}dx$ とする。

(1) I_1 を求めよ。更に，すべての自然数 n に対して，$I_n+I_{n+1}=\dfrac{1}{n+1}$ が成り立つことを示せ。

(2) 不等式 $\dfrac{1}{2(n+1)}\leqq I_n\leqq\dfrac{1}{n+1}$ が成り立つことを示せ。

(3) これらの結果を使って，$\log 2=\displaystyle\lim_{n\to\infty}\sum_{k=1}^{n}\frac{(-1)^{k-1}}{k}$ が成り立つことを示せ。　〔琉球大〕

(1) $\displaystyle I_1=\int_0^1\frac{x}{1+x}dx=\int_0^1\left(1-\frac{1}{1+x}\right)dx$

$$=\Big[x-\log(1+x)\Big]_0^1=\mathbf{1-\log 2}$$

$$I_n+I_{n+1}=\int_0^1\left(\frac{x^n}{1+x}+\frac{x^{n+1}}{1+x}\right)dx=\int_0^1\frac{x^n(1+x)}{1+x}dx$$

$$=\int_0^1 x^n dx=\left[\frac{1}{n+1}x^{n+1}\right]_0^1$$

$$=\frac{1}{n+1}$$

⇐$\dfrac{x}{1+x}=\dfrac{(1+x)-1}{1+x}$

⇐$\dfrac{x^n(1+x)}{1+x}=x^n$

(2) $0\leqq x\leqq 1$ のとき　$1\leqq 1+x\leqq 2$

よって　$\dfrac{1}{2}\leqq\dfrac{1}{1+x}\leqq 1$

ゆえに　$\dfrac{x^n}{2}\leqq\dfrac{x^n}{1+x}\leqq x^n$

⇐$x^n\geqq 0$

よって　$\displaystyle\int_0^1 \frac{x^n}{2}dx \leqq \int_0^1 \frac{x^n}{1+x}dx \leqq \int_0^1 x^n dx$

ここで　$\displaystyle\int_0^1 \frac{x^n}{2}dx = \left[\frac{x^{n+1}}{2(n+1)}\right]_0^1 = \frac{1}{2(n+1)}$,

$$\int_0^1 x^n dx = \left[\frac{x^{n+1}}{n+1}\right]_0^1 = \frac{1}{n+1}$$

したがって　$\displaystyle\frac{1}{2(n+1)} \leqq I_n \leqq \frac{1}{n+1}$

(3)　(1) より，$1=\log 2+I_1$，$\displaystyle\frac{1}{n+1}=I_n+I_{n+1}$ であるから

$$\sum_{k=1}^{n} \frac{(-1)^{k-1}}{k} = \frac{1}{1} - \frac{1}{2} + \frac{1}{3} - \frac{1}{4} + \cdots\cdots + \frac{(-1)^{n-1}}{n}$$

$$= (\log 2 + I_1) - (I_1 + I_2) + (I_2 + I_3) - (I_3 + I_4) + \cdots\cdots + (-1)^{n-1}(I_{n-1} + I_n)$$

$$= \log 2 + (-1)^{n-1} I_n$$

(2) において　$\displaystyle\lim_{n\to\infty} \frac{1}{2(n+1)} = \lim_{n\to\infty} \frac{1}{n+1} = 0$

よって，$\displaystyle\lim_{n\to\infty} I_n = 0$ であるから

$$\lim_{n\to\infty} \sum_{k=1}^{n} \frac{(-1)^{k-1}}{k} = \log 2$$

⇦はさみうちの原理

EX ③94

次の不定積分を求めよ。

(1) $\int \frac{x}{(1+x^2)^3}dx$　(2) $\int \frac{2x+1}{x^2(x+1)}dx$

(3) $\int (x+1)^2 \log x\,dx$　〔日本女子大〕　(4) $\int \frac{1}{e^x-e^{-x}}dx$　〔信州大〕

(5) $\int e^{\sin x}\sin 2x\,dx$　(6) $\int e^{\sqrt{x}}dx$　〔広島市大〕

(1) $1+x^2=t$ とおくと，$2x\,dx=dt$ であるから

$$\int \frac{x}{(1+x^2)^3}dx=\int \frac{1}{t^3}\cdot\frac{1}{2}dt=\frac{1}{2}\left(-\frac{1}{2t^2}\right)+C$$

$$=-\frac{1}{4t^2}+C=\boldsymbol{-\frac{1}{4(1+x^2)^2}+C}$$

⇐ $x\,dx=\frac{1}{2}dt$

⇐ $\int \frac{1}{t^3}dt=\int t^{-3}dt$
$=\frac{1}{-3+1}t^{-3+1}+C$

(2) $$\frac{2x+1}{x^2(x+1)}=\frac{a}{x}+\frac{b}{x^2}+\frac{c}{x+1}$$

とおいて，両辺に $x^2(x+1)$ を掛けると

$$2x+1=ax(x+1)+b(x+1)+cx^2$$

整理して　$(a+c)x^2+(a+b-2)x+b-1=0$

これが x についての恒等式である条件は

$$a+c=0,\ a+b-2=0,\ b-1=0$$

これを解いて　$b=1,\ a=1,\ c=-1$

よって　$$\int \frac{2x+1}{x^2(x+1)}dx=\int\left(\frac{1}{x}+\frac{1}{x^2}-\frac{1}{x+1}\right)dx$$

$$=\log|x|-\frac{1}{x}-\log|x+1|+C$$

$$=\boldsymbol{\log\left|\frac{x}{x+1}\right|-\frac{1}{x}+C}$$

inf. $\frac{ax+b}{x^2}+\frac{c}{x+1}$ とおいて，部分分数に分解してもよいが，その場合
$\frac{ax+b}{x^2}=\frac{a}{x}+\frac{b}{x^2}$
であるから，初めから解答のようにおいて係数を決定する。

⇐ $\log M-\log N=\log\frac{M}{N}$

(3) $$\int (x+1)^2\log x\,dx=\int\left\{\frac{(x+1)^3}{3}\right\}'\log x\,dx$$

$$=\frac{(x+1)^3}{3}\log x-\int\frac{(x+1)^3}{3x}dx$$

$$=\frac{(x+1)^3}{3}\log x-\int\left(\frac{x^2}{3}+x+1+\frac{1}{3x}\right)dx$$

$$=\frac{(x+1)^3}{3}\log x-\frac{x^3}{9}-\frac{x^2}{2}-x-\frac{1}{3}\log x+C$$

$$=\boldsymbol{\frac{x(x^2+3x+3)}{3}\log x-\frac{x^3}{9}-\frac{x^2}{2}-x+C}$$

(3) 被積分関数に $\log x$ を含んでいるから，$x>0$ である。

(4) $e^x=t$ とおくと　$e^x dx=dt$

⇐**置換積分法**

また，$\frac{1}{e^x-e^{-x}}=\frac{e^x}{(e^x-e^{-x})e^x}=\frac{e^x}{e^{2x}-1}$ であるから

$$\int\frac{dx}{e^x-e^{-x}}=\int\frac{e^x}{e^{2x}-1}dx=\int\frac{1}{t^2-1}dt$$

$$=\frac{1}{2}\int\left(\frac{1}{t-1}-\frac{1}{t+1}\right)dt$$

⇐部分分数に分解する。

$$=\frac{1}{2}(\log|t-1|-\log|t+1|)+C$$

5章 EX

$$=\frac{1}{2}\log\left|\frac{t-1}{t+1}\right|+C$$

$$=\boldsymbol{\frac{1}{2}\log\frac{|e^x-1|}{e^x+1}+C}$$

⇐ $e^x+1>0$

(5) $\displaystyle\int e^{\sin x}\sin 2x\,dx=2\int e^{\sin x}\sin x\cos x\,dx$

⇐ 2倍角の公式

$\sin x=t$ とおくと，$\cos x\,dx=dt$ であるから

⇐**置換積分法**

$$\int e^{\sin x}\sin 2x\,dx=2\int te^t dt=2\int t(e^t)'\,dt$$

⇐**部分積分法**

$$=2\left(te^t-\int e^t dt\right)=2(te^t-e^t)+C$$

$$=2e^t(t-1)+C=\boldsymbol{2e^{\sin x}(\sin x-1)+C}$$

(6) $\sqrt{x}=t$ とおくと，$x=t^2$，$dx=2t\,dt$ であるから

⇐**置換積分法**

$$\int e^{\sqrt{x}}dx=\int e^t\cdot 2t\,dt=2\int (e^t)'\cdot t\,dt$$

⇐**部分積分法**

$$=2\left(te^t-\int e^t dt\right)=2(te^t-e^t)+C$$

$$=2e^t(t-1)+C=\boldsymbol{2e^{\sqrt{x}}(\sqrt{x}-1)+C}$$

EX ③95

次の不定積分を求めよ。

(1) $\displaystyle\int\frac{1}{\cos^4 x}dx$ (2) $\displaystyle\int\tan^4 x\,dx$ (3) $\displaystyle\int\frac{\cos^2 x}{1-\cos x}dx$

(1) $\displaystyle\frac{1}{\cos^4 x}=(\tan^2 x+1)\cdot\frac{1}{\cos^2 x}$

⇐ $\displaystyle\frac{1}{\cos^2 x}=\tan^2 x+1$

$\tan x=t$ とおくと，$\displaystyle\frac{1}{\cos^2 x}dx=dt$ であるから

$$\int\frac{1}{\cos^4 x}dx=\int(\tan^2 x+1)\cdot\frac{1}{\cos^2 x}dx$$

$$=\int(t^2+1)\,dt=\frac{1}{3}t^3+t+C$$

$$=\boldsymbol{\frac{1}{3}\tan^3 x+\tan x+C}$$

(2) $\displaystyle\tan^4 x=\tan^2 x\left(\frac{1}{\cos^2 x}-1\right)$

⇐ $\displaystyle\tan^2 x=\frac{1}{\cos^2 x}-1$

$\tan x=t$ とおくと，$\displaystyle\frac{1}{\cos^2 x}dx=dt$ であるから

$$\int\tan^4 x\,dx=\int\tan^2 x\left(\frac{1}{\cos^2 x}-1\right)dx$$

$$=\int\tan^2 x\cdot\frac{1}{\cos^2 x}dx-\int\left(\frac{1}{\cos^2 x}-1\right)dx$$

$$=\int t^2 dt-\tan x+x=\frac{1}{3}t^3-\tan x+x+C$$

$$=\boldsymbol{\frac{1}{3}\tan^3 x-\tan x+x+C}$$

(3) $\dfrac{\cos^2 x}{1-\cos x}=-1-\cos x+\dfrac{1}{1-\cos x}$,

$\dfrac{1}{1-\cos x}=\dfrac{1+\cos x}{(1-\cos x)(1+\cos x)}=\dfrac{1}{\sin^2 x}+\dfrac{\cos x}{\sin^2 x}$

よって

$$\int\frac{\cos^2 x}{1-\cos x}dx=\int\left(-1-\cos x+\frac{1}{\sin^2 x}+\frac{\cos x}{\sin^2 x}\right)dx$$
$$=\int\left(-1-\cos x+\frac{1}{\sin^2 x}\right)dx+\int\frac{\cos x}{\sin^2 x}dx$$

ここで，$\sin x=t$ とおくと　$\cos x\,dx=dt$

$$\int\frac{\cos x}{\sin^2 x}dx=\int\frac{1}{t^2}dt=-\frac{1}{t}+C_1=-\frac{1}{\sin x}+C_1$$

ゆえに

$$\int\frac{\cos^2 x}{1-\cos x}dx=\boldsymbol{-x-\sin x-\frac{1}{\tan x}-\frac{1}{\sin x}+C}$$

⇐ $\dfrac{c^2}{1-c}=\dfrac{1-1+c^2}{1-c}$ $=\dfrac{1-(1-c)(1+c)}{1-c}$ $=-1-c+\dfrac{1}{1-c}$

⇐ $f(\sin x)\cos x$ **の形。**

EX ③96　不定積分 $\int(\cos x)e^{ax}dx$ を求めよ。　〔信州大〕

$I=\int(\cos x)e^{ax}dx$ とおく。

$$I=\int e^{ax}\cos x\,dx=\int e^{ax}(\sin x)'\,dx$$
$$=e^{ax}\sin x-\int(e^{ax})'\sin x\,dx$$
$$=e^{ax}\sin x-a\int e^{ax}\sin x\,dx$$
$$=e^{ax}\sin x-a\int e^{ax}(-\cos x)'\,dx$$
$$=e^{ax}\sin x-a\left\{-e^{ax}\cos x+\int(e^{ax})'\cos x\,dx\right\}$$
$$=e^{ax}\sin x+ae^{ax}\cos x-a^2\int e^{ax}\cos x\,dx$$
$$=e^{ax}(\sin x+a\cos x)-a^2 I$$

よって　$(a^2+1)I=e^{ax}(\sin x+a\cos x)+C_1$

ゆえに　$I=\boldsymbol{\dfrac{1}{a^2+1}e^{ax}(\sin x+a\cos x)+C}$

⇐**部分積分法**

⇐**部分積分法**

⇐**同形出現**

⇐積分定数も考える。

⇐$\dfrac{C_1}{a^2+1}=C$ とおく。

別解　$I=\int(\cos x)e^{ax}dx$，$J=\int(\sin x)e^{ax}dx$ とする。

$$I=\int e^{ax}(\sin x)'\,dx=e^{ax}\sin x-a\int e^{ax}\sin x\,dx$$
$$=e^{ax}\sin x-aJ$$

したがって　$I+aJ=e^{ax}\sin x$　…… ①

$$J=\int e^{ax}(-\cos x)'\,dx=-e^{ax}\cos x+a\int e^{ax}\cos x\,dx$$
$$=-e^{ax}\cos x+aI$$

したがって　$aI-J=e^{ax}\cos x$　…… ②

CHART
sin, cos はペアで考える

①，② から J を消去して

$$(a^2+1)I=e^{ax}\sin x+ae^{ax}\cos x$$

⇦①＋②×a

よって，積分定数も考えて

$$I=\frac{1}{a^2+1}e^{ax}(\sin x+a\cos x)+C$$

参考　①，② から I を消去すると

$$(a^2+1)J=ae^{ax}\sin x-e^{ax}\cos x$$

⇦①×a－②

よって，積分定数も考えて

$$J=\frac{1}{a^2+1}e^{ax}(a\sin x-\cos x)+C_2$$

EX ④97

n を自然数とする。

(1) $t=\tan x$ と置換することで，不定積分 $\int\frac{dx}{\sin x\cos x}$ を求めよ。

(2) 関数 $\frac{1}{\sin x\cos^{n+1}x}$ の導関数を求めよ。

(3) 部分積分法を用いて

$$\int\frac{dx}{\sin x\cos^n x}=-\frac{1}{(n+1)\cos^{n+1}x}+\int\frac{dx}{\sin x\cos^{n+2}x}$$

が成り立つことを証明せよ。　［類 横浜市大］

(1) $t=\tan x$ とすると　$dt=\frac{dx}{\cos^2 x}$

よって　$\int\frac{dx}{\sin x\cos x}=\int\frac{1}{\tan x}\cdot\frac{dx}{\cos^2 x}$

$$=\int\frac{dt}{t}=\log|t|+C$$

$$=\log|\tan x|+C$$

⇦$\frac{1}{\sin x\cos x}=\frac{\cos x}{\sin x\cos^2 x}=\frac{\cos x}{\sin x}\cdot\frac{1}{\cos^2 x}$

(2) $\left(\frac{1}{\sin x\cos^{n+1}x}\right)'$

$$=-\frac{\cos x\cos^{n+1}x+\sin x(n+1)\cos^n x(-\sin x)}{(\sin x\cos^{n+1}x)^2}$$

$$=-\frac{\cos^{n+2}x-(n+1)\sin^2 x\cos^n x}{\sin^2 x\cos^{2n+2}x}$$

$$=-\frac{1}{\sin^2 x\cos^n x}+\frac{n+1}{\cos^{n+2}x}$$

⇦$\left(\frac{1}{g}\right)'=-\frac{g'}{g^2}$

(3) (2) から

$$\left(\frac{1}{\sin x\cos^n x}\right)'=-\frac{1}{\sin^2 x\cos^{n-1}x}+\frac{n}{\cos^{n+1}x}\quad\cdots\cdots ①$$

($n=1$ のときも成り立つ)

⇦(2) の結果に $n=n-1$ を代入すると $n\geqq 2$ で等式が成立。$n=1$ でも成り立つことの確認が必要。

であることを利用して

$$\int\frac{dx}{\sin x\cos^{n+2}x}=\int(\tan x)'\frac{dx}{\sin x\cos^n x}$$

⇦部分積分法を利用。

$$=\frac{\tan x}{\sin x\cos^n x}-\int\tan x\left(-\frac{1}{\sin^2 x\cos^{n-1}x}+\frac{n}{\cos^{n+1}x}\right)dx$$

⇦① を利用。

$$=\frac{1}{\cos^{n+1}x}+\int\frac{dx}{\sin x\cos^n x}-n\int\frac{\sin x}{\cos^{n+2}x}dx$$

$$=\frac{1}{\cos^{n+1}x}+\int\frac{dx}{\sin x\cos^n x}-\frac{n}{n+1}\cdot\frac{1}{\cos^{n+1}x}$$

$$=\frac{1}{(n+1)\cos^{n+1}x}+\int\frac{dx}{\sin x\cos^n x}$$

したがって

$$\int\frac{dx}{\sin x\cos^n x}=-\frac{1}{(n+1)\cos^{n+1}x}+\int\frac{dx}{\sin x\cos^{n+2}x}$$

⇐ ＿＿ は置換積分。

$\cos x=t$ とおくと $-\sin x\,dx=dt$ から

$n\int\frac{\sin x\,dt}{\cos^{n+2}x}=n\int\frac{-dt}{t^{n+2}}$

$=\frac{n}{n+1}\cdot\frac{1}{t^{n+1}}$

EX ⑤98

実数全体で定義された微分可能な関数 $f(x)$ が，次の2つの条件 (A), (B) を満たしている。

(A)　すべての x について，$f(x)>0$ である。

(B)　すべての x, y について，$f(x+y)=f(x)f(y)e^{-xy}$ が成り立つ。

(1)　$f(0)=1$ を示せ。

(2)　$g(x)=\log f(x)$ とする。このとき，$g'(x)=f'(0)-x$ が成り立つことを示せ。

(3)　$f'(0)=2$ となるような $f(x)$ を求めよ。　〔筑波大〕

(1)　$f(x+y)=f(x)f(y)e^{-xy}$ に $x=y=0$ を代入すると

$$f(0)=\{f(0)\}^2$$

$f(0)>0$ であるから　　$f(0)=1$

(2)　$f(x+y)>0$, $f(x)>0$, $f(y)>0$ であるから，

$f(x+y)=f(x)f(y)e^{-xy}$ において，両辺の自然対数をとると

$$\log f(x+y)=\log f(x)+\log f(y)-xy$$

$g(x)=\log f(x)$ から　　$g(x+y)=g(x)+g(y)-xy$

よって　　$g'(x)=\lim_{h\to 0}\frac{g(x+h)-g(x)}{h}=\lim_{h\to 0}\left\{\frac{g(h)}{h}-x\right\}$

ここで，$f(0)=1$ から　　$g(0)=\log f(0)=0$

また，$g'(x)=\frac{f'(x)}{f(x)}$ から　　$g'(0)=f'(0)$

ゆえに　　$\lim_{h\to 0}\frac{g(h)}{h}=\lim_{h\to 0}\frac{g(h)-g(0)}{h}=g'(0)=f'(0)$

したがって　　$g'(x)=f'(0)-x$

(3)　$f'(0)=2$ のとき，(2) から　　$g'(x)=2-x$

よって　　$g(x)=\int(2-x)\,dx=2x-\frac{x^2}{2}+C$

$g(0)=0$ であるから　　$C=0$

ゆえに　　$g(x)=2x-\frac{x^2}{2}$

したがって　　$\boldsymbol{f(x)}=e^{g(x)}=\boldsymbol{e^{2x-\frac{x^2}{2}}}$

⇐ $e^0=1$

⇐ $g(x+h)=g(x)+g(h)-xh$

⇐ $\{\log f(x)\}'=\frac{f'(x)}{f(x)}$

⇐積分は微分の逆演算

⇐初期条件は $g(0)=0$

⇐ $g(x)=\log f(x)$ から $f(x)=e^{g(x)}$

5章 EX

EX ②99

次の定積分を求めよ。　〔(3) 信州大〕

(1)　$\int_0^1\sqrt{e^{1-t}}\,dt$　　(2)　$\int_{-\frac{\pi}{3}}^{\frac{\pi}{3}}\tan^2 x\,dx$　　(3)　$\int_0^{\pi}\sqrt{1-\cos x}\,dx$

(1) $\int_0^1\sqrt{e^{1-t}}\,dt=\int_0^1 e^{\frac{1-t}{2}}dt=\left[-2e^{\frac{1-t}{2}}\right]_0^1$

$=-2(e^0-e^{\frac{1}{2}})=\mathbf{2(\sqrt{e}-1)}$

(2) $\int_{-\frac{\pi}{3}}^{\frac{\pi}{3}}\tan^2 x\,dx=\int_{-\frac{\pi}{3}}^{\frac{\pi}{3}}\left(\frac{1}{\cos^2 x}-1\right)dx=\left[\tan x-x\right]_{-\frac{\pi}{3}}^{\frac{\pi}{3}}$

$=\left(\sqrt{3}-\frac{\pi}{3}\right)-\left(-\sqrt{3}+\frac{\pi}{3}\right)$

$=\mathbf{2\left(\sqrt{3}-\frac{\pi}{3}\right)}$

⇦$\tan^2 x=\frac{1}{\cos^2 x}-1$
$\int\frac{dx}{\cos^2 x}=\tan x+C$
なお，$\tan^2 x$ は偶関数であるから，$2\int_0^{\frac{\pi}{3}}\tan^2 x\,dx$ として計算してもよい。

(3) $0\leqq x\leqq\pi$ のとき，$\sin\frac{x}{2}\geqq 0$ であるから

$\sqrt{1-\cos x}=\sqrt{2\cdot\frac{1-\cos x}{2}}=\sqrt{2\sin^2\frac{x}{2}}=\sqrt{2}\sin\frac{x}{2}$

⇦半角の公式

よって　$\int_0^{\pi}\sqrt{1-\cos x}\,dx=\int_0^{\pi}\sqrt{2}\sin\frac{x}{2}dx$

$=\left[-2\sqrt{2}\cos\frac{x}{2}\right]_0^{\pi}$

$=-2\sqrt{2}(0-1)=\mathbf{2\sqrt{2}}$

EX ③100

(1) 定積分 $\int_0^1\frac{2x+1}{(x+1)^2(x-2)}dx$ を求めよ。〔中央大〕

(2) $\frac{d}{dx}\left\{\frac{(Ax+B)e^x}{x^2+4x+6}\right\}=\frac{x^3e^x}{(x^2+4x+6)^2}$ が成り立つような定数 A と B が存在することを示し，定積分 $\int_0^3\frac{x^3e^x}{(x^2+4x+6)^2}dx$ を求めよ。〔姫路工大〕

(1) $\frac{2x+1}{(x+1)^2(x-2)}=\frac{a}{x+1}+\frac{b}{(x+1)^2}+\frac{c}{x-2}$

とおいて，両辺に $(x+1)^2(x-2)$ を掛けると

$2x+1=a(x+1)(x-2)+b(x-2)+c(x+1)^2$

これを整理して

$(a+c)x^2+(-a+b+2c-2)x+(-2a-2b+c-1)=0$

これが x についての恒等式である条件は

$a+c=0,\ -a+b+2c-2=0,\ -2a-2b+c-1=0$

これを解いて　$a=-\frac{5}{9},\ b=\frac{1}{3},\ c=\frac{5}{9}$

⇦分母の $(x+1)^2$ は $(x+1)$ と $(x+1)^2$ に分解する。
⇦$x=-1,\ 0,\ 2$ を代入して，$a,\ b,\ c$ の値を求めてもよい。(数値代入法)
⇦係数比較法

よって　$\int_0^1\frac{2x+1}{(x+1)^2(x-2)}dx$

$=\int_0^1\left\{-\frac{5}{9}\cdot\frac{1}{x+1}+\frac{1}{3}\cdot\frac{1}{(x+1)^2}+\frac{5}{9}\cdot\frac{1}{x-2}\right\}dx$

$=\left[-\frac{5}{9}\log|x+1|-\frac{1}{3}\cdot\frac{1}{x+1}+\frac{5}{9}\log|x-2|\right]_0^1$

$=\left(-\frac{5}{9}\log 2-\frac{1}{6}\right)-\left(-\frac{1}{3}+\frac{5}{9}\log 2\right)$

$=\mathbf{\frac{1}{6}-\frac{10}{9}\log 2}$

⇦部分分数に分解する。

(2)　$\dfrac{d}{dx}\left\{\dfrac{(Ax+B)e^x}{x^2+4x+6}\right\}$ の分母は　　$(x^2+4x+6)^2$

⇐ $\left(\dfrac{f}{g}\right)'=\dfrac{f'g-fg'}{g^2}$

分子は

$$\{(Ax+B)e^x\}'(x^2+4x+6)-(Ax+B)e^x(x^2+4x+6)'$$
$$=\{Ae^x+(Ax+B)e^x\}(x^2+4x+6)-(Ax+B)e^x(2x+4)$$
$$=e^x\{(Ax+A+B)(x^2+4x+6)-(Ax+B)(2x+4)\}$$
$$=e^x\{Ax^3+(3A+B)x^2+(6A+2B)x+6A+2B\}$$

よって

$$x^3e^x=e^x\{Ax^3+(3A+B)x^2+(6A+2B)x+6A+2B\}$$

これが x についての恒等式である条件は

$$A=1,\ 3A+B=0,\ 6A+2B=0$$

⇐第1式と第2式から $A=1$, $B=-3$ が求められ，これらは第3式を満たす。

これを解いて　　$A=1$, $B=-3$

ゆえに，与式を満たすような定数 A, B が存在する。

このとき

$$\int_0^3\frac{x^3e^x}{(x^2+4x+6)^2}dx=\left[\frac{(x-3)e^x}{x^2+4x+6}\right]_0^3$$
$$=0-\left(-\frac{3e^0}{6}\right)=\boldsymbol{\frac{1}{2}}$$

EX ③101

(1)　定積分 $\displaystyle\int_0^{\frac{\pi}{2}}\left|\cos x-\frac{1}{2}\right|dx$ を求めよ。　〔琉球大〕

(2)　定積分 $\displaystyle\int_0^{\pi}|\sin x-\sqrt{3}\cos x|dx$ を求めよ。

(3)　$0<x<\pi$ において，$\sin x+\sin 2x=0$ を満たす x を求めよ。また，定積分 $\displaystyle\int_0^{\pi}|\sin x+\sin 2x|dx$ を求めよ。

(1)　$0\leqq x\leqq\dfrac{\pi}{3}$ のとき　　$\left|\cos x-\dfrac{1}{2}\right|=\cos x-\dfrac{1}{2}$

$\dfrac{\pi}{3}\leqq x\leqq\dfrac{\pi}{2}$ のとき　　$\left|\cos x-\dfrac{1}{2}\right|=-\left(\cos x-\dfrac{1}{2}\right)$

⇐ $\cos x=\dfrac{1}{2}$ となる x は，積分区間では　$x=\dfrac{\pi}{3}$

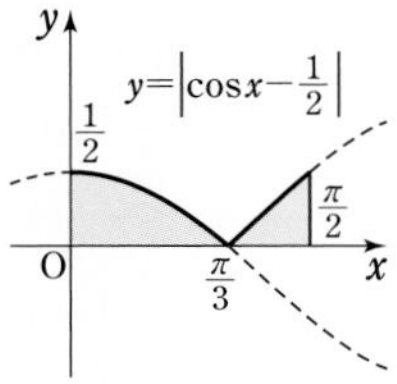

よって　　$\displaystyle\int_0^{\frac{\pi}{2}}\left|\cos x-\frac{1}{2}\right|dx$

$$=\int_0^{\frac{\pi}{3}}\left(\cos x-\frac{1}{2}\right)dx-\int_{\frac{\pi}{3}}^{\frac{\pi}{2}}\left(\cos x-\frac{1}{2}\right)dx$$
$$=\left[\sin x-\frac{1}{2}x\right]_0^{\frac{\pi}{3}}-\left[\sin x-\frac{1}{2}x\right]_{\frac{\pi}{3}}^{\frac{\pi}{2}}$$
$$=2\left(\sin\frac{\pi}{3}-\frac{1}{2}\cdot\frac{\pi}{3}\right)-\left(\sin\frac{\pi}{2}-\frac{1}{2}\cdot\frac{\pi}{2}\right)$$
$$=2\left(\frac{\sqrt{3}}{2}-\frac{\pi}{6}\right)-\left(1-\frac{\pi}{4}\right)$$
$$=\boldsymbol{\sqrt{3}-1-\frac{\pi}{12}}$$

⇐ $F(x)=\sin x-\dfrac{1}{2}x$ とすると $2F\left(\dfrac{\pi}{3}\right)-F(0)-F\left(\dfrac{\pi}{2}\right)$ また，$F(0)=0$

(2)　$\sin x-\sqrt{3}\cos x=2\sin\left(x-\dfrac{\pi}{3}\right)$

⇐三角関数の合成

$0 \leqq x \leqq \dfrac{\pi}{3}$ のとき　$\left|2\sin\left(x-\dfrac{\pi}{3}\right)\right|=-2\sin\left(x-\dfrac{\pi}{3}\right)$

$\dfrac{\pi}{3} \leqq x \leqq \pi$ のとき　$\left|2\sin\left(x-\dfrac{\pi}{3}\right)\right|=2\sin\left(x-\dfrac{\pi}{3}\right)$

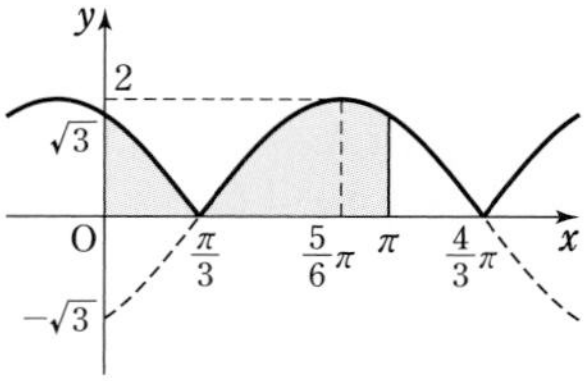

よって　$\displaystyle\int_0^{\pi}|\sin x-\sqrt{3}\cos x|dx$

$\displaystyle=\int_0^{\pi}\left|2\sin\left(x-\frac{\pi}{3}\right)\right|dx$

$\displaystyle=-2\int_0^{\frac{\pi}{3}}\sin\left(x-\frac{\pi}{3}\right)dx+2\int_{\frac{\pi}{3}}^{\pi}\sin\left(x-\frac{\pi}{3}\right)dx$

$\displaystyle=2\left[\cos\left(x-\frac{\pi}{3}\right)\right]_0^{\frac{\pi}{3}}-2\left[\cos\left(x-\frac{\pi}{3}\right)\right]_{\frac{\pi}{3}}^{\pi}$

$\displaystyle=2\left\{2\cos 0-\cos\left(-\frac{\pi}{3}\right)-\cos\frac{2}{3}\pi\right\}$

$\displaystyle=2\left\{2\cdot 1-\frac{1}{2}-\left(-\frac{1}{2}\right)\right\}=\mathbf{4}$

⇐$F(x)=\cos\left(x-\dfrac{\pi}{3}\right)$ とすると $\left[F(x)\right]_0^{\frac{\pi}{3}}-\left[F(x)\right]_{\frac{\pi}{3}}^{\pi}=2F\left(\dfrac{\pi}{3}\right)-F(0)-F(\pi)$

inf.　関数 $\sin x$ の周期性を利用すると，一般に

$\displaystyle\int_0^{\pi}|\sin(x+\alpha)|dx=\int_0^{\pi}|\sin x|dx=\int_0^{\pi}\sin x\,dx$

であることが右の図からわかる。これを利用して

$\displaystyle I=2\int_0^{\pi}\left|\sin\left(x-\frac{\pi}{3}\right)\right|dx=2\int_0^{\pi}\sin x\,dx=4$

と計算する方法もある。

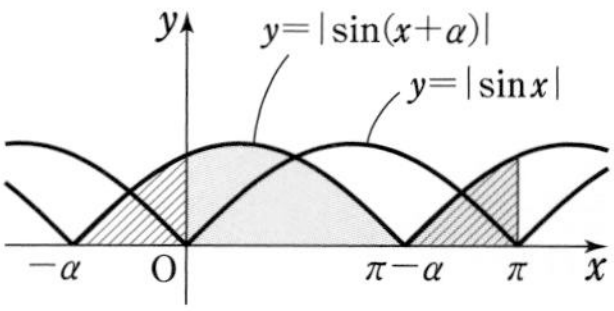

(3)　$\sin x+\sin 2x=0$ から　$\sin x+2\sin x\cos x=0$

よって　$\sin x(1+2\cos x)=0$

⇐$\sin 2x=2\sin x\cos x$

$0<x<\pi$ より，$\sin x \neq 0$ であるから　$\cos x=-\dfrac{1}{2}$

⇐$1+2\cos x=0$

これを解いて　$\boldsymbol{x=\dfrac{2}{3}\pi}$

$0 \leqq x \leqq \dfrac{2}{3}\pi$ のとき，$\sin x+\sin 2x \geqq 0$ から

$|\sin x+\sin 2x|=\sin x+\sin 2x$

$\dfrac{2}{3}\pi \leqq x \leqq \pi$ のとき，$\sin x+\sin 2x \leqq 0$ から

$|\sin x+\sin 2x|=-(\sin x+\sin 2x)$

ゆえに　$\displaystyle\int_0^{\pi}|\sin x+\sin 2x|dx$

$\displaystyle=\int_0^{\frac{2}{3}\pi}(\sin x+\sin 2x)dx-\int_{\frac{2}{3}\pi}^{\pi}(\sin x+\sin 2x)dx$

$\displaystyle=-\left[\cos x+\frac{\cos 2x}{2}\right]_0^{\frac{2}{3}\pi}+\left[\cos x+\frac{\cos 2x}{2}\right]_{\frac{2}{3}\pi}^{\pi}$

$\displaystyle=-2\left(\cos\frac{2}{3}\pi+\frac{1}{2}\cos\frac{4}{3}\pi\right)+\left(\cos 0+\frac{1}{2}\cos 0\right)$

⇐$F(x)=\cos x+\dfrac{\cos 2x}{2}$ とすると

$$+\left(\cos\pi+\frac{1}{2}\cos 2\pi\right)$$
$$=-2\left(-\frac{1}{2}-\frac{1}{4}\right)+\left(1+\frac{1}{2}\right)+\left(-1+\frac{1}{2}\right)$$
$$=\mathbf{\frac{5}{2}}$$

$-2F\left(\frac{2}{3}\pi\right)+F(0)$
$+F(\pi)$

EX ③102

$I=\int_0^{\frac{\pi}{6}}\frac{\cos x}{\sqrt{3}\cos x+\sin x}dx$, $J=\int_0^{\frac{\pi}{6}}\frac{\sin x}{\sqrt{3}\cos x+\sin x}dx$ とするとき，$\sqrt{3}I+J=$ ア□ である。

また，$I-\sqrt{3}J=\Big[\log$ イ□$\Big]_0^{\frac{\pi}{6}}=$ ウ□ となる。ゆえに，$I=$ エ□ である。　〔類　玉川大〕

$$\sqrt{3}I+J=\int_0^{\frac{\pi}{6}}\frac{\sqrt{3}\cos x+\sin x}{\sqrt{3}\cos x+\sin x}dx=\int_0^{\frac{\pi}{6}}dx=\Big[x\Big]_0^{\frac{\pi}{6}}={}^{ア}\,\mathbf{\frac{\pi}{6}}$$

$$I-\sqrt{3}J=\int_0^{\frac{\pi}{6}}\frac{\cos x-\sqrt{3}\sin x}{\sqrt{3}\cos x+\sin x}dx=\int_0^{\frac{\pi}{6}}\frac{(\sqrt{3}\cos x+\sin x)'}{\sqrt{3}\cos x+\sin x}dx$$
$$=\Big[\log{}^{イ}(\sqrt{3}\cos x+\sin x)\Big]_0^{\frac{\pi}{6}}=\log\left(\frac{3}{2}+\frac{1}{2}\right)-\log\sqrt{3}$$
$$=\log 2-\log\sqrt{3}={}^{ウ}\,\mathbf{\log\frac{2}{\sqrt{3}}}$$

⇐$\int\frac{f'(x)}{f(x)}dx$
$=\log|f(x)|+C$
$0\leqq x\leqq\frac{\pi}{6}$ では
$\sqrt{3}\cos x+\sin x>0$

また，$\sqrt{3}I+J=\frac{\pi}{6}$ から　　$3I+\sqrt{3}J=\frac{\sqrt{3}}{6}\pi$

これと $I-\sqrt{3}J=\log\frac{2}{\sqrt{3}}$ から

$$I={}^{エ}\,\mathbf{\frac{1}{4}\left(\frac{\sqrt{3}}{6}\pi+\log\frac{2}{\sqrt{3}}\right)}$$

⇐$4I=\frac{\sqrt{3}}{6}\pi+\log\frac{2}{\sqrt{3}}$

EX ④103

N を自然数とし，関数 $f(x)$ を $f(x)=\sum_{k=1}^{N}\cos(2k\pi x)$ と定める。

(1)　m，n を整数とするとき，$\int_0^{2\pi}\cos(mx)\cos(nx)dx$ を求めよ。

(2)　$\int_0^1\cos(4\pi x)f(x)dx$ を求めよ。　〔類　滋賀大〕

(1)　$I=\int_0^{2\pi}\cos(mx)\cos(nx)dx$ とすると

$$I=\int_0^{2\pi}\frac{1}{2}\{\cos(m+n)x+\cos(m-n)x\}dx$$

⇐積 ⟶ 和の公式

$m+n=0$ のとき　$\int_0^{2\pi}\cos(m+n)x\,dx=\int_0^{2\pi}dx=2\pi$

$m+n\neq 0$ のとき　$\int_0^{2\pi}\cos(m+n)x\,dx=\left[\frac{\sin(m+n)x}{m+n}\right]_0^{2\pi}=0$

$m-n=0$ のとき　$\int_0^{2\pi}\cos(m-n)x\,dx=\int_0^{2\pi}dx=2\pi$

$m-n\neq 0$ のとき　$\int_0^{2\pi}\cos(m-n)x\,dx=\left[\frac{\sin(m-n)x}{m-n}\right]_0^{2\pi}=0$

したがって

⇐m，n は整数から，
$m+n=0$，$m+n\neq 0$
$m-n=0$，$m-n\neq 0$
それぞれの場合について，定積分の値を別々に求めておく。それらの結果を組み合わせて，I の値を求める。

[1] $m+n=0$ かつ $m-n=0$ すなわち $\boldsymbol{m=n=0}$ のとき

$$I=\frac{1}{2}(2\pi+2\pi)=\boldsymbol{2\pi}$$

[2] $m+n=0$ かつ $m-n\neq0$ すなわち $\boldsymbol{m\neq0}$ かつ $\boldsymbol{m=-n}$ のとき

$$I=\frac{1}{2}(2\pi+0)=\boldsymbol{\pi}$$

[3] $m+n\neq0$ かつ $m-n=0$ すなわち $\boldsymbol{m=n\neq0}$ のとき

$$I=\frac{1}{2}(0+2\pi)=\boldsymbol{\pi}$$

[4] $m+n\neq0$ かつ $m-n\neq0$ すなわち $\boldsymbol{m\neq\pm n}$ のとき

$$I=\frac{1}{2}(0+0)=\boldsymbol{0}$$

(2) $\displaystyle\int_0^1\cos(4\pi x)f(x)\,dx=\int_0^1\cos(4\pi x)\sum_{k=1}^{N}\cos(2k\pi x)\,dx$

$2\pi x=t$ とおくと　$dx=\frac{1}{2\pi}dt$

x と t の対応は右のようになる。

x	$0\longrightarrow1$
t	$0\longrightarrow2\pi$

⇦(1)の結果が使えるように積分範囲をそろえる。

よって　$\displaystyle\int_0^1\cos(4\pi x)\sum_{k=1}^{N}\cos(2k\pi x)\,dx$

$$=\int_0^{2\pi}\cos(2t)\sum_{k=1}^{N}\cos(kt)\frac{1}{2\pi}dt$$

$$=\frac{1}{2\pi}\int_0^{2\pi}\cos(2t)\{\cos t+\cos(2t)+\cos(3t)+\cdots\cdots+\cos(Nt)\}dt$$

ここで，$k\neq2$ のとき(1)の[4]に適するから

$$\frac{1}{2\pi}\int_0^{2\pi}\cos2t\cos kt\,dt=0$$

$k=2$ のとき(1)の[3]に適するから

$$\frac{1}{2\pi}\int_0^{2\pi}\cos2t\cos2t\,dt=\frac{\pi}{2\pi}=\frac{1}{2}$$

したがって　$\displaystyle\int_0^1\cos(4\pi x)\sum_{k=1}^{N}\cos(2k\pi x)\,dx=\boldsymbol{\frac{1}{2}}$

EX ②104

次の定積分を求めよ。

(1) $\displaystyle\int_1^4\frac{dx}{\sqrt{3-\sqrt{x}}}$　〔横浜国大〕　(2) $\displaystyle\int_e^{e^e}\frac{\log(\log x)}{x\log x}dx$　〔慶応大〕

(3) $\displaystyle\int_0^1\frac{dx}{2+3e^x+e^{2x}}$　〔東京理科大〕

(1) $\sqrt{3-\sqrt{x}}=t$ とおくと，$3-\sqrt{x}=t^2$ から　$\sqrt{x}=3-t^2$

⇦丸ごと置換

両辺を 2 乗して　$x=(3-t^2)^2$

よって　$dx=2(3-t^2)\cdot(-2t)\,dt$

ゆえに　$dx=-4t(3-t^2)\,dt$

x と t の対応は右のようになる。

x	$1\longrightarrow4$
t	$\sqrt{2}\longrightarrow1$

よって $\displaystyle\int_1^4 \frac{dx}{\sqrt{3-\sqrt{x}}}=\int_{\sqrt{2}}^1 \frac{-4t(3-t^2)}{t}dt$

$\displaystyle=\int_1^{\sqrt{2}}(12-4t^2)\,dt=\left[12t-\frac{4}{3}t^3\right]_1^{\sqrt{2}}$

$\displaystyle=\left(12\sqrt{2}-\frac{8\sqrt{2}}{3}\right)-\left(12-\frac{4}{3}\right)$

$\displaystyle=\boldsymbol{\frac{28\sqrt{2}}{3}-\frac{32}{3}}$

⇐ $\displaystyle-\int_a^b f(x)\,dx=\int_b^a f(x)\,dx$

別解 $3-\sqrt{x}=t$ とおくと $x=(3-t)^2$

⇐ $\sqrt{x}=3-t$ から。

よって $dx=-2(3-t)\,dt$

x と t の対応は右のようになる。

x	$1 \longrightarrow 4$
t	$2 \longrightarrow 1$

ゆえに $\displaystyle\int_1^4 \frac{dx}{\sqrt{3-\sqrt{x}}}=\int_2^1 \frac{-2(3-t)}{\sqrt{t}}dt$

$\displaystyle=\int_1^2(6t^{-\frac{1}{2}}-2t^{\frac{1}{2}})\,dt=\left[12t^{\frac{1}{2}}-\frac{4}{3}t^{\frac{3}{2}}\right]_1^2$

$\displaystyle=\boldsymbol{\frac{28\sqrt{2}}{3}-\frac{32}{3}}$

(2) $\log(\log x)=t$ とおくと

⇐丸ごと置換
$\log(\log e)=\log 1=0$,
$\log(\log e^e)=\log e=1$

$\displaystyle\frac{1}{\log x}\cdot\frac{1}{x}dx=dt$

x と t の対応は右のようになる。

x	$e \longrightarrow e^e$
t	$0 \longrightarrow 1$

よって $\displaystyle\int_e^{e^e}\frac{\log(\log x)}{x\log x}dx=\int_0^1 t\,dt=\left[\frac{t^2}{2}\right]_0^1=\boldsymbol{\frac{1}{2}}$

別解 $\log x=t$ とおくと，$x=e^t$ から

$dx=e^t dt$

x と t の対応は右のようになる。

x	$e \longrightarrow e^e$
t	$1 \longrightarrow e$

ゆえに $\displaystyle\int_e^{e^e}\frac{\log(\log x)}{x\log x}dx=\int_1^e \frac{\log t}{e^t\cdot t}\cdot e^t dt$

$\displaystyle=\int_1^e \frac{\log t}{t}dt=\int_1^e \log t(\log t)'\,dt$

$\displaystyle=\left[\frac{1}{2}(\log t)^2\right]_1^e=\boldsymbol{\frac{1}{2}}$

(3) $e^x=t$ とおくと $x=\log t$

⇐ $e^x>0$ から $t>0$

よって $\displaystyle dx=\frac{1}{t}dt$

x と t の対応は右のようになる。

x	$0 \longrightarrow 1$
t	$1 \longrightarrow e$

ゆえに $\displaystyle\int_0^1 \frac{dx}{2+3e^x+e^{2x}}$

$\displaystyle=\int_1^e \frac{1}{2+3t+t^2}\cdot\frac{1}{t}dt=\int_1^e \frac{1}{t(t+1)(t+2)}dt$

$\displaystyle=\frac{1}{2}\int_1^e\left\{\frac{1}{t(t+1)}-\frac{1}{(t+1)(t+2)}\right\}dt$

$\displaystyle=\frac{1}{2}\int_1^e\left\{\left(\frac{1}{t}-\frac{1}{t+1}\right)-\left(\frac{1}{t+1}-\frac{1}{t+2}\right)\right\}dt$

⇐部分分数に分解する。
$\displaystyle\frac{1}{t(t+1)(t+2)}=\frac{a}{t}+\frac{b}{t+1}+\frac{c}{t+2}$
とおいて，恒等式の考えから求めてもよい。

5章 EX

$=\dfrac{1}{2}\displaystyle\int_1^e\left(\dfrac{1}{t}-\dfrac{2}{t+1}+\dfrac{1}{t+2}\right)dt$

$=\dfrac{1}{2}\Big[\log t-2\log(t+1)+\log(t+2)\Big]_1^e$

$=\dfrac{1}{2}\left[\log\dfrac{t(t+2)}{(t+1)^2}\right]_1^e=\dfrac{1}{2}\left\{\log\dfrac{e(e+2)}{(e+1)^2}-\log\dfrac{3}{4}\right\}$

$=\boldsymbol{\dfrac{1}{2}\log\dfrac{4e(e+2)}{3(e+1)^2}}$

EX ③105

次の定積分を求めよ。

(1) $\displaystyle\int_0^1\frac{x+1}{(x^2+1)^2}dx$ 〔横浜国大〕 (2) $\displaystyle\int_0^{\frac{1}{2}}x^2\sqrt{1-x^2}\,dx$ 〔横浜国大〕 (3) $\displaystyle\int_0^{\frac{\pi}{2}}x^2\cos^2x\,dx$ 〔立教大〕

(1) $x=\tan\theta$ とおくと $dx=\dfrac{1}{\cos^2\theta}d\theta$

x と θ の対応は右のようにとれる。

x	$0\longrightarrow 1$
θ	$0\longrightarrow\frac{\pi}{4}$

よって $\displaystyle\int_0^1\frac{x+1}{(x^2+1)^2}dx$

$=\displaystyle\int_0^{\frac{\pi}{4}}\frac{\tan\theta+1}{(\tan^2\theta+1)^2}\cdot\frac{1}{\cos^2\theta}d\theta$

$=\displaystyle\int_0^{\frac{\pi}{4}}(\tan\theta+1)\cos^2\theta\,d\theta$

$=\displaystyle\int_0^{\frac{\pi}{4}}(\sin\theta\cos\theta+\cos^2\theta)\,d\theta$

$=\dfrac{1}{2}\displaystyle\int_0^{\frac{\pi}{4}}(\sin2\theta+1+\cos2\theta)\,d\theta$

$=\dfrac{1}{2}\left[-\dfrac{1}{2}\cos2\theta+\theta+\dfrac{1}{2}\sin2\theta\right]_0^{\frac{\pi}{4}}$

$=\boldsymbol{\dfrac{1}{2}+\dfrac{\pi}{8}}$

CHART $\dfrac{1}{x^2+a^2}$ には $x=a\tan\theta$ とおく

⇐ $\dfrac{1}{\tan^2\theta+1}=\cos^2\theta$

⇐ $\sin\theta\cos\theta=\dfrac{1}{2}\sin2\theta$, $\cos^2\theta=\dfrac{1+\cos2\theta}{2}$

(2) $x=\sin\theta$ とおくと $dx=\cos\theta\,d\theta$

x と θ の対応は右のようにとれる。

x	$0\longrightarrow\frac{1}{2}$
θ	$0\longrightarrow\frac{\pi}{6}$

$\displaystyle\int_0^{\frac{1}{2}}x^2\sqrt{1-x^2}\,dx$

$=\displaystyle\int_0^{\frac{\pi}{6}}\sin^2\theta\sqrt{1-\sin^2\theta}\cos\theta\,d\theta$

$=\displaystyle\int_0^{\frac{\pi}{6}}(\sin\theta\cos\theta)^2d\theta$

$=\dfrac{1}{4}\displaystyle\int_0^{\frac{\pi}{6}}\sin^22\theta\,d\theta=\dfrac{1}{4}\int_0^{\frac{\pi}{6}}\frac{1-\cos4\theta}{2}d\theta$

$=\dfrac{1}{8}\left[\theta-\dfrac{\sin4\theta}{4}\right]_0^{\frac{\pi}{6}}=\dfrac{1}{8}\left(\dfrac{\pi}{6}-\dfrac{1}{4}\sin\dfrac{2}{3}\pi\right)$

$=\dfrac{1}{8}\left(\dfrac{\pi}{6}-\dfrac{\sqrt{3}}{8}\right)=\boldsymbol{\dfrac{\pi}{48}-\dfrac{\sqrt{3}}{64}}$

CHART $\sqrt{a^2-x^2}$ には $x=a\sin\theta$ とおく

⇐ $\sqrt{1-\sin^2\theta}=\sqrt{\cos^2\theta}$
$\cos\theta>0$ であるから
$\sqrt{\cos^2\theta}=\cos\theta$

(3) $\displaystyle\int_0^{\frac{\pi}{2}} x^2\cos^2 x\,dx=\int_0^{\frac{\pi}{2}} x^2\left(\frac{1+\cos 2x}{2}\right)dx$

$\displaystyle=\frac{1}{2}\int_0^{\frac{\pi}{2}} x^2 dx+\frac{1}{2}\int_0^{\frac{\pi}{2}} x^2\cos 2x\,dx$

$\displaystyle=\frac{1}{2}\left[\frac{x^3}{3}\right]_0^{\frac{\pi}{2}}+\frac{1}{2}\int_0^{\frac{\pi}{2}} x^2\left(\frac{1}{2}\sin 2x\right)'dx$

$\displaystyle=\frac{1}{2}\cdot\frac{\pi^3}{24}+\frac{1}{2}\left(\left[\frac{1}{2}x^2\sin 2x\right]_0^{\frac{\pi}{2}}-\int_0^{\frac{\pi}{2}} x\sin 2x\,dx\right)$

$\displaystyle=\frac{\pi^3}{48}+\frac{1}{2}\int_0^{\frac{\pi}{2}} x\left(\frac{1}{2}\cos 2x\right)'dx$

$\displaystyle=\frac{\pi^3}{48}+\frac{1}{2}\left(\left[\frac{1}{2}x\cos 2x\right]_0^{\frac{\pi}{2}}-\frac{1}{2}\int_0^{\frac{\pi}{2}}\cos 2x\,dx\right)$

$\displaystyle=\frac{\pi^3}{48}+\frac{1}{2}\left(-\frac{\pi}{4}-\frac{1}{2}\left[\frac{1}{2}\sin 2x\right]_0^{\frac{\pi}{2}}\right)$

$\displaystyle=\boldsymbol{\frac{\pi^3-6\pi}{48}}$

⇦まず，三角関数の次数を下げる。

⇦$\int_0^{\frac{\pi}{2}} x^2\cos 2x\,dx$ に部分積分法を適用。

⇦$\int_0^{\frac{\pi}{2}} x\sin 2x\,dx$ に部分積分法を適用。

EX ④106　定積分 $\displaystyle\int_0^1\frac{1}{x^3+8}dx$ を求めよ。

$x^3+8=(x+2)(x^2-2x+4)$ から

$$\frac{1}{x^3+8}=\frac{a}{x+2}+\frac{bx+c}{x^2-2x+4}$$

とおいて，両辺に $(x+2)(x^2-2x+4)$ を掛けると

$$1=a(x^2-2x+4)+(bx+c)(x+2)$$

これを整理して

$$(a+b)x^2+(2b+c-2a)x+4a+2c-1=0$$

これが x についての恒等式である条件は

$$a+b=0,\ 2b+c-2a=0,\ 4a+2c-1=0$$

これを解いて　$a=\dfrac{1}{12},\ b=-\dfrac{1}{12},\ c=\dfrac{1}{3}$

ゆえに　$\displaystyle\frac{1}{x^3+8}=\frac{1}{12}\cdot\frac{1}{x+2}-\frac{1}{12}\cdot\frac{x-4}{x^2-2x+4}$

$\displaystyle=\frac{1}{12}\left(\frac{1}{x+2}-\frac{1}{2}\cdot\frac{2x-2}{x^2-2x+4}+\frac{3}{x^2-2x+4}\right)$

よって

$$\int_0^1\frac{1}{x^3+8}dx=\frac{1}{12}\int_0^1\frac{1}{x+2}dx-\frac{1}{24}\int_0^1\frac{(x^2-2x+4)'}{x^2-2x+4}dx+\frac{1}{12}\int_0^1\frac{3}{x^2-2x+4}dx\quad\cdots\cdots ①$$

また　$\displaystyle\int_0^1\frac{3}{x^2-2x+4}dx=\int_0^1\frac{3}{(x-1)^2+3}dx$

⇦部分分数に分解する。

⇦$x=-2,\ 0,\ 1$ を代入して，$a,\ b,\ c$ の値を求めてもよい。
(数値代入法)

⇦係数比較法

⇦$\displaystyle\frac{x-4}{x^2-2x+4}=\frac{(x-1)-3}{x^2-2x+4}$

$x-1=\sqrt{3}\tan\theta$ とおくと　　$dx=\dfrac{\sqrt{3}}{\cos^2\theta}d\theta$

x と θ の対応は右のようにとれる。

x	$0 \longrightarrow 1$
θ	$-\frac{\pi}{6} \longrightarrow 0$

よって

$$\int_0^1 \frac{3}{x^2-2x+4}dx=\int_0^1 \frac{3}{(x-1)^2+3}dx$$
$$=\int_{-\frac{\pi}{6}}^0 \frac{1}{\tan^2\theta+1}\cdot\frac{\sqrt{3}}{\cos^2\theta}d\theta$$
$$=\sqrt{3}\int_{-\frac{\pi}{6}}^0 d\theta=\sqrt{3}\Big[\theta\Big]_{-\frac{\pi}{6}}^0$$
$$=\frac{\sqrt{3}}{6}\pi$$

ゆえに，① から

$$\int_0^1 \frac{1}{x^3+8}dx$$
$$=\frac{1}{12}\Big[\log(x+2)\Big]_0^1-\frac{1}{24}\Big[\log(x^2-2x+4)\Big]_0^1+\frac{1}{12}\cdot\frac{\sqrt{3}}{6}\pi$$
$$=\frac{1}{12}(\log3-\log2)-\frac{1}{24}(\log3-2\log2)+\frac{\sqrt{3}}{72}\pi$$
$$=\boldsymbol{\frac{1}{24}\log3+\frac{\sqrt{3}}{72}\pi}$$

CHART $\dfrac{1}{x^2+a^2}$ には $x=a\tan\theta$ とおく

⇐ $\dfrac{3}{(x-1)^2+3}=\dfrac{3}{3\tan^2\theta+3}$

⇐ $0\leqq x\leqq 1$ において $x+2>0$, $x^2-2x+4=(x-1)^2+3>0$

⇐ $\log 4=\log 2^2=2\log 2$

EX ④107

(1) 等式 $\displaystyle\int_{-1}^0 \frac{x^2}{1+e^x}dx=\int_0^1 \frac{x^2}{1+e^{-x}}dx$ を示せ。

(2) 定積分 $\displaystyle\int_{-1}^1 \frac{x^2}{1+e^x}dx$ を求めよ。

(1) $\displaystyle\int_{-1}^0 \frac{x^2}{1+e^x}dx$ において，

$x=-t$ とおくと　　$dx=-dt$

x と t の対応は右のようにとれる。

x	$-1 \longrightarrow 0$
t	$1 \longrightarrow 0$

よって　$$\int_{-1}^0 \frac{x^2}{1+e^x}dx=\int_1^0 \frac{(-t)^2}{1+e^{-t}}(-dt)=\int_0^1 \frac{t^2}{1+e^{-t}}dt$$
$$=\int_0^1 \frac{x^2}{1+e^{-x}}dx$$

(2) $$\int_{-1}^1 \frac{x^2}{1+e^x}dx=\int_{-1}^0 \frac{x^2}{1+e^x}dx+\int_0^1 \frac{x^2}{1+e^x}dx$$
$$=\int_0^1 \frac{x^2}{1+e^{-x}}dx+\int_0^1 \frac{x^2}{1+e^x}dx$$
$$=\int_0^1 \frac{x^2e^x}{e^x+1}dx+\int_0^1 \frac{x^2}{1+e^x}dx$$
$$=\int_0^1\left(\frac{x^2e^x}{1+e^x}+\frac{x^2}{1+e^x}\right)dx=\int_0^1 \frac{x^2(1+e^x)}{1+e^x}dx$$
$$=\int_0^1 x^2dx=\left[\frac{1}{3}x^3\right]_0^1=\boldsymbol{\frac{1}{3}}$$

⇐等式の左辺と右辺を見比べて，$x=-t$ とおき換える。

⇐ t を x におき換えても定積分は同じ。

⇐(1) の結果を利用するために，積分区間を分割する。

⇐ $\displaystyle\int_0^1 \frac{x^2}{1+e^{-x}}dx=\int_0^1 \frac{x^2\cdot e^x}{(1+e^{-x})e^x}dx=\int_0^1 \frac{x^2e^x}{e^x+1}dx$

EX ④108

(1) $X=\cos\left(\frac{x}{2}-\frac{\pi}{4}\right)$ とおくとき，$1+\sin x$ を X を用いて表せ。

(2) 不定積分 $\int\frac{dx}{1+\sin x}$ を求めよ。

(3) 定積分 $\int_0^{\frac{\pi}{2}}\frac{x}{1+\sin x}dx$ を求めよ。　〔類 横浜市大〕

HINT (1) 半角の公式 $\cos^2\theta=\frac{1+\cos 2\theta}{2}$ を利用する。

(1) $X^2=\cos^2\left(\frac{x}{2}-\frac{\pi}{4}\right)=\frac{1+\cos\left(x-\frac{\pi}{2}\right)}{2}=\frac{1+\sin x}{2}$

⇐$\cos(-\theta)=\cos\theta$, $\cos\left(\frac{\pi}{2}-\theta\right)=\sin\theta$

よって　$\mathbf{1+\sin x=2X^2}$

(2) 求める不定積分を I とすると，(1) から

$$I=\int\frac{dx}{1+\sin x}=\int\frac{dx}{2\cos^2\left(\frac{x}{2}-\frac{\pi}{4}\right)}$$

⇐$\frac{1}{1+\sin x}=\frac{1}{2X^2}$

$$=\frac{1}{2}\cdot 2\tan\left(\frac{x}{2}-\frac{\pi}{4}\right)+C$$

$$=\boldsymbol{\tan\left(\frac{x}{2}-\frac{\pi}{4}\right)+C}$$

(3) 求める定積分を J とすると，(2) から

$$J=\int_0^{\frac{\pi}{2}}\frac{x}{1+\sin x}dx=\int_0^{\frac{\pi}{2}}x\left\{\tan\left(\frac{x}{2}-\frac{\pi}{4}\right)\right\}'dx$$

⇐部分積分法の利用。

$$=\left[x\tan\left(\frac{x}{2}-\frac{\pi}{4}\right)\right]_0^{\frac{\pi}{2}}-\int_0^{\frac{\pi}{2}}\tan\left(\frac{x}{2}-\frac{\pi}{4}\right)dx$$

$$=-\int_0^{\frac{\pi}{2}}\tan\left(\frac{x}{2}-\frac{\pi}{4}\right)dx$$

ここで　$\int\tan\theta\,d\theta=\int\frac{\sin\theta}{\cos\theta}d\theta=\int\left\{-\frac{(\cos\theta)'}{\cos\theta}\right\}d\theta$

$=-\log|\cos\theta|+C$

⇐$\frac{(分母)'}{分母}$ の形。

⇐$\boldsymbol{\int\tan x\,dx=-\log|\cos x|+C}$ は公式として覚えておくとよい。

であるから，これを利用して

$$J=-\left[2\left\{-\log\left|\cos\left(\frac{x}{2}-\frac{\pi}{4}\right)\right|\right\}\right]_0^{\frac{\pi}{2}}$$

$$=2\left(\log 1-\log\frac{1}{\sqrt{2}}\right)=2\log\sqrt{2}$$

$$=\mathbf{\log 2}$$

EX ④109

a，b は定数，m，n は0以上の整数とし，$I(m,\ n)=\int_a^b(x-a)^m(x-b)^n dx$ とする。

(1) $I(m,\ 0)$，$I(1,\ 1)$ の値を求めよ。

(2) $I(m,\ n)$ を $I(m+1,\ n-1)$，m，n で表せ。ただし，n は自然数とする。

(3) $I(5,\ 5)$ の値を求めよ。　〔類 群馬大〕

(1) $\boldsymbol{I(m,\ 0)}=\int_a^b(x-a)^m dx=\left[\frac{(x-a)^{m+1}}{m+1}\right]_a^b=\boldsymbol{\frac{(b-a)^{m+1}}{m+1}}$

$$\boldsymbol{I(1,\ 1)}=\int_a^b(x-a)(x-b)\,dx=\int_a^b\left\{\frac{(x-a)^2}{2}\right\}'(x-b)\,dx$$

$$=\left[\frac{(x-a)^2}{2}\cdot(x-b)\right]_a^b-\int_a^b\frac{(x-a)^2}{2}\,dx$$

$$=-\left[\frac{(x-a)^3}{6}\right]_a^b=\boldsymbol{-\frac{(b-a)^3}{6}}$$

⇐数学Ⅱでも $\int_\alpha^\beta(x-\alpha)(x-\beta)\,dx=-\frac{(\beta-\alpha)^3}{6}$ を学んだ。

(2) $$\boldsymbol{I(m,\ n)}=\int_a^b(x-a)^m(x-b)^n dx$$

$$=\int_a^b\left\{\frac{(x-a)^{m+1}}{m+1}\right\}'(x-b)^n dx$$

$$=\left[\frac{1}{m+1}(x-a)^{m+1}(x-b)^n\right]_a^b-\frac{n}{m+1}\int_a^b(x-a)^{m+1}(x-b)^{n-1}dx$$

$$=\boldsymbol{-\frac{n}{m+1}I(m+1,\ n-1)}$$

(3) $$\boldsymbol{I(5,\ 5)}=-\frac{5}{6}I(6,\ 4)=-\frac{5}{6}\cdot\left(-\frac{4}{7}\right)I(7,\ 3)$$

$$=\frac{5\cdot4}{6\cdot7}\cdot\left(-\frac{3}{8}\right)I(8,\ 2)=-\frac{5\cdot4\cdot3}{6\cdot7\cdot8}\cdot\left(-\frac{2}{9}\right)I(9,\ 1)$$

$$=\frac{5\cdot4\cdot3\cdot2}{6\cdot7\cdot8\cdot9}\cdot\left(-\frac{1}{10}\right)I(10,\ 0)$$

$$=-\frac{5\cdot4\cdot3\cdot2\cdot1}{6\cdot7\cdot8\cdot9\cdot10}\cdot\frac{(b-a)^{11}}{11}=\boldsymbol{-\frac{(b-a)^{11}}{2772}}$$

⇐(2) の結果を利用して，$I(k,\ 0)$ の形を作ってから，(1) の結果を利用する。

EX ⑤110

$I_{m,n}=\int_0^{\frac{\pi}{2}}\sin^m x\cos^n x\,dx$（$m$，$n$ は 0 以上の整数）とする。

(1) $\sin^0 x=1$，$\cos^0 x=1$ とするとき，次の等式が成り立つことを証明せよ。

[1] $I_{m,n}=I_{n,m}$（$m\geqq0$，$n\geqq0$）　　[2] $I_{m,n}=\frac{n-1}{m+n}I_{m,n-2}$（$n\geqq2$）

(2) (1) の結果を利用して，定積分 $\int_0^{\frac{\pi}{2}}\sin^3 x\cos^6 x\,dx$ の値を求めよ。

(1) [1] $x=\frac{\pi}{2}-t$ とおくと　$dx=(-1)\cdot dt$

x と t の対応は右のようになる。よって

x	$0\longrightarrow\frac{\pi}{2}$
t	$\frac{\pi}{2}\longrightarrow0$

$$I_{m,n}=\int_0^{\frac{\pi}{2}}\sin^m x\cos^n x\,dx$$

$$=\int_{\frac{\pi}{2}}^0\sin^m\left(\frac{\pi}{2}-t\right)\cos^n\left(\frac{\pi}{2}-t\right)\cdot(-1)\,dt$$

$$=\int_0^{\frac{\pi}{2}}\cos^m t\sin^n t\,dt$$

$$=\int_0^{\frac{\pi}{2}}\sin^n x\cos^m x\,dx=I_{n,m}$$

⇐sin と cos を入れ替える。

[2] $n\geqq2$ とする。

$$I_{m,n}=\int_0^{\frac{\pi}{2}}(\sin^m x\cos x)\cos^{n-1}x\,dx$$
$$=\int_0^{\frac{\pi}{2}}\left(\frac{\sin^{m+1}x}{m+1}\right)'\cos^{n-1}x\,dx$$
$$=\left[\frac{\sin^{m+1}x\cos^{n-1}x}{m+1}\right]_0^{\frac{\pi}{2}}-\int_0^{\frac{\pi}{2}}\frac{\sin^{m+1}x}{m+1}\cdot(n-1)\cos^{n-2}x(-\sin x)\,dx$$
$$=\frac{n-1}{m+1}\int_0^{\frac{\pi}{2}}\sin^{m+2}x\cos^{n-2}x\,dx$$
$$=\frac{n-1}{m+1}\int_0^{\frac{\pi}{2}}\sin^m x(1-\cos^2 x)\cos^{n-2}x\,dx$$
$$=\frac{n-1}{m+1}\left(\int_0^{\frac{\pi}{2}}\sin^m x\cos^{n-2}x\,dx-\int_0^{\frac{\pi}{2}}\sin^m x\cos^n x\,dx\right)$$
$$=\frac{n-1}{m+1}(I_{m,n-2}-I_{m,n})$$

⇐示す式の右辺を見ると n の値が小さくなるから，cos の次数を下げるように部分積分する。

⇐**同形出現**

よって　$(m+1)I_{m,n}=(n-1)I_{m,n-2}-(n-1)I_{m,n}$

したがって　$I_{m,n}=\dfrac{n-1}{m+n}I_{m,n-2}$

(2) (1) の結果から

$$\int_0^{\frac{\pi}{2}}\sin^3 x\cos^6 x\,dx=I_{3,6}=I_{6,3}=\frac{2}{9}I_{6,1}$$

⇐$I_{6,3}=\dfrac{3-1}{6+3}I_{6,3-2}$

ここで　$I_{6,1}=\displaystyle\int_0^{\frac{\pi}{2}}\sin^6 x\cos x\,dx=\int_0^{\frac{\pi}{2}}\sin^6 x(\sin x)'\,dx$

$$=\left[\frac{1}{7}\sin^7 x\right]_0^{\frac{\pi}{2}}=\frac{1}{7}$$

よって　$\displaystyle\int_0^{\frac{\pi}{2}}\sin^3 x\cos^6 x\,dx=\frac{2}{9}\cdot\frac{1}{7}=\mathbf{\frac{2}{63}}$

別解　$\displaystyle\int_0^{\frac{\pi}{2}}\sin^3 x\cos^6 x\,dx=I_{3,6}=\frac{5}{9}I_{3,4}=\frac{5}{9}\cdot\frac{3}{7}I_{3,2}$

$$=\frac{5}{9}\cdot\frac{3}{7}\cdot\frac{1}{5}I_{3,0}=\frac{1}{21}I_{3,0}$$

⇐$I_{3,6}=\dfrac{6-1}{3+6}I_{3,6-2}$
$I_{3,4}=\dfrac{4-1}{3+4}I_{3,4-2}$
$I_{3,2}=\dfrac{2-1}{3+2}I_{3,2-2}$

ここで

$$I_{3,0}=I_{0,3}=\frac{2}{3}I_{0,1}=\frac{2}{3}\int_0^{\frac{\pi}{2}}\cos x\,dx=\frac{2}{3}\Big[\sin x\Big]_0^{\frac{\pi}{2}}=\frac{2}{3}$$

⇐$I_{0,3}=\dfrac{3-1}{0+3}I_{0,1}$

よって　$\displaystyle\int_0^{\frac{\pi}{2}}\sin^3 x\cos^6 x\,dx=\frac{1}{21}\cdot\frac{2}{3}=\mathbf{\frac{2}{63}}$

EX
③**111**

(1) $f(x)=\displaystyle\int_0^x(x-y)\cos y\,dy$ に対して，$f'\left(\dfrac{\pi}{2}\right)=$ $\square$ である。　〔大阪電通大〕

(2) $f(x)=\displaystyle\int_{-x}^x\frac{\cos t}{1+e^t}dt$ とするとき

[1] 導関数 $f'(x)$ を求めよ。　[2] 関数 $f(x)$ を求めよ。　〔琉球大〕

5章
EX

(1) $f(x)=\int_0^x (x-y)\cos y\,dy=x\int_0^x \cos y\,dy-\int_0^x y\cos y\,dy$

⇐ x は定数とみて，定積分の前に出す。

よって

$$f'(x)=(x)'\int_0^x \cos y\,dy+x\left(\frac{d}{dx}\int_0^x \cos y\,dy\right)-\frac{d}{dx}\int_0^x y\cos y\,dy$$

⇐ $\dfrac{d}{dx}\int_a^x f(t)\,dt=f(x)$

$$=\int_0^x \cos y\,dy+x\cos x-x\cos x=\Big[\sin y\Big]_0^x=\sin x$$

ゆえに　$f'\left(\dfrac{\pi}{2}\right)=\sin\dfrac{\pi}{2}=\mathbf{1}$

別解　$f(x)=\int_0^x (x-y)\cos y\,dy=x\int_0^x \cos y\,dy-\int_0^x y\cos y\,dy$

⇐ x は定数とみて，定積分の前に出す。

$$=x\Big[\sin y\Big]_0^x-\int_0^x y(\sin y)'\,dy$$

$$=x\sin x-\left(\Big[y\sin y\Big]_0^x-\int_0^x \sin y\,dy\right)$$

⇐**部分積分法**

$$=x\sin x-x\sin x+\Big[-\cos y\Big]_0^x=-\cos x+1$$

したがって　$f'(x)=\sin x$

よって　$f'\left(\dfrac{\pi}{2}\right)=\mathbf{1}$

(2) [1] $F'(t)=\dfrac{\cos t}{1+e^t}$ とすると

$$f(x)=\int_{-x}^x \frac{\cos t}{1+e^t}\,dt=\Big[F(t)\Big]_{-x}^x$$

$$=F(x)-F(-x)$$

よって　$\boldsymbol{f'(x)}=\{F(x)-F(-x)\}'$

$$=F'(x)-F'(-x)\cdot(-x)'$$

⇐合成関数の微分

$$=\frac{\cos x}{1+e^x}-\frac{\cos(-x)}{1+e^{-x}}\cdot(-1)$$

⇐ $\cos(-x)=\cos x$

$$=\cos x\left(\frac{1}{1+e^x}+\frac{e^x}{e^x+1}\right)$$

⇐ $\dfrac{1}{1+e^{-x}}=\dfrac{e^x}{(1+e^{-x})e^x}=\dfrac{e^x}{e^x+1}$

$$=(\cos x)\cdot 1=\boldsymbol{\cos x}$$

[2] [1] から　$f(x)=\int \cos x\,dx=\sin x+C$　…… ①

与式から　$f(0)=\int_0^0 \dfrac{\cos t}{1+e^t}\,dt=0$

⇐ $\int_a^a f(t)\,dt=0$

① から　$f(0)=\sin 0+C=C$

ゆえに　$C=0$

したがって　$\boldsymbol{f(x)=\sin x}$

別解　[1] $\boldsymbol{f'(x)}=\dfrac{d}{dx}\int_{-x}^x \dfrac{\cos t}{1+e^t}\,dt$

⇐ $\dfrac{d}{dx}\int_{h(x)}^{g(x)} f(t)\,dt=f(g(x))g'(x)-f(h(x))h'(x)$

$$=\frac{\cos x}{1+e^x}\cdot(x)'-\frac{\cos(-x)}{1+e^{-x}}\cdot(-x)'$$

$$=\frac{\cos x}{1+e^x}+\frac{\cos x}{1+e^{-x}}$$

$=\cos x\left(\dfrac{1}{1+e^x}+\dfrac{e^x}{e^x+1}\right)=(\cos x)\cdot 1$

$=\boldsymbol{\cos x}$

⇐ $\dfrac{1}{1+e^{-x}}=\dfrac{e^x}{(1+e^{-x})e^x}=\dfrac{e^x}{e^x+1}$

EX ③112　連続な関数 $f(x)$ が関係式 $f(x)=e^x\displaystyle\int_0^1\frac{1}{e^t+1}dt+\int_0^1\frac{f(t)}{e^t+1}dt$ を満たすとき，$f(x)$ を求めよ。〔京都工繊大〕

HINT　**定積分は定数** ⟶ a，b とおいて計算。

$\displaystyle\int_0^1\frac{1}{e^t+1}dt=a$，$\displaystyle\int_0^1\frac{f(t)}{e^t+1}dt=b$ とおくと　$f(x)=ae^x+b$

よって　$b=\displaystyle\int_0^1\frac{f(t)}{e^t+1}dt=\int_0^1\frac{ae^t+b}{e^t+1}dt=\int_0^1\left(a+\frac{b-a}{e^t+1}\right)dt$

$=\Big[at\Big]_0^1+(b-a)\displaystyle\int_0^1\frac{1}{e^t+1}dt=a+(b-a)a$

ゆえに　$a+(b-a)a=b$　すなわち　$(b-a)(1-a)=0$

よって　$a=b$　または　$a=1$

$e^t+1=u$ とおくと

$e^t=u-1$，$e^tdt=du$

ゆえに　$dt=\dfrac{1}{u-1}du$

t と u の対応は右のようになる。

t	$0\longrightarrow1$
u	$2\longrightarrow e+1$

よって　$a=\displaystyle\int_2^{e+1}\frac{1}{u(u-1)}du=\int_2^{e+1}\left(\frac{1}{u-1}-\frac{1}{u}\right)du$

$=\Big[\log(u-1)-\log u\Big]_2^{e+1}=\left[\log\dfrac{u-1}{u}\right]_2^{e+1}$

$=\log\dfrac{e}{e+1}-\log\dfrac{1}{2}=\log\dfrac{2e}{e+1}$

$\log\dfrac{2e}{e+1}\neq1$ であるから　$a\neq1$

ゆえに　$b=a=\log\dfrac{2e}{e+1}$

したがって　$\boldsymbol{f(x)=(e^x+1)\log\dfrac{2e}{e+1}}$

inf.　$a=\displaystyle\int_0^1\frac{1}{e^t+1}dt=\int_0^1\frac{e^{-t}}{1+e^{-t}}dt=-\int_0^1\frac{(1+e^{-t})'}{1+e^{-t}}dt=-\Big[\log(1+e^{-t})\Big]_0^1=\log\frac{2}{1+e^{-1}}=\log\frac{2e}{e+1}$

⇐ $\dfrac{2e}{e+1}\neq e$

EX ③113　$a_n=\displaystyle\int_n^{n+1}\frac{1}{x}dx$ とおくとき $\displaystyle\lim_{n\to\infty}e^{na_n}=$ □ である。〔立教大〕

$a_n=\displaystyle\int_n^{n+1}\frac{1}{x}dx=\Big[\log x\Big]_n^{n+1}$

$=\log(n+1)-\log n=\log\dfrac{n+1}{n}$

よって　$na_n=n\log\dfrac{n+1}{n}=\log\left(1+\dfrac{1}{n}\right)^n$

ゆえに　$\displaystyle\lim_{n\to\infty}e^{na_n}=\lim_{n\to\infty}\left(1+\frac{1}{n}\right)^n=\boldsymbol{e}$

CHART　**e に関する極限**

$\displaystyle\lim_{h\to0}(1+h)^{\frac{1}{h}}=e$

$\displaystyle\lim_{x\to\pm\infty}\left(1+\frac{1}{x}\right)^x=e$

⇐ $e^{\log A}=A$

EX ③114 $F(x)=\int_0^x tf(x-t)\,dt$ ならば，$F''(x)=f(x)$ となることを証明せよ。〔富山医薬大〕

$x-t=u$ とおくと　$t=x-u$，$dt=-du$

t と u の対応は右のようになる。

t	$0 \longrightarrow x$
u	$x \longrightarrow 0$

よって　$F(x)=-\int_x^0 (x-u)f(u)\,du$

$=\int_0^x (x-u)f(u)\,du$

$=x\int_0^x f(u)\,du-\int_0^x uf(u)\,du$

ゆえに

$$F'(x)=(x)'\int_0^x f(u)\,du+x\left(\frac{d}{dx}\int_0^x f(u)\,du\right)-\frac{d}{dx}\int_0^x uf(u)\,du$$

$$=\int_0^x f(u)\,du+xf(x)-xf(x)=\int_0^x f(u)\,du$$

したがって　$F''(x)=\dfrac{d}{dx}\int_0^x f(u)\,du=f(x)$

⇐ $\boldsymbol{\dfrac{d}{dx}\int_a^x f(t)\,dt=f(x)}$

EX ③115 等式 $f(x)=(2x-k)e^x+e^{-x}\int_0^x f(t)e^t dt$ が成り立つような連続関数 $f(x)$ を求めよ。ただし，k は定数である。〔類 島根医大〕

$f(x)=(2x-k)e^x+e^{-x}\int_0^x f(t)e^t dt$　……①　とする。

① の両辺を x で微分すると

$$f'(x)=2e^x+(2x-k)e^x-e^{-x}\int_0^x f(t)e^t dt+e^{-x}\cdot f(x)e^x$$

$$=(2x-k+2)e^x+f(x)-e^{-x}\int_0^x f(t)e^t dt \quad \cdots\cdots ②$$

① から　$f(x)-e^{-x}\int_0^x f(t)e^t dt=(2x-k)e^x$

これを ② に代入して

$f'(x)=(2x-k+2)e^x+(2x-k)e^x$

$=(4x-2k+2)e^x$

ゆえに　$f(x)=\int(4x-2k+2)e^x dx=\int(4x-2k+2)(e^x)'\,dx$

$=(4x-2k+2)e^x-\int 4e^x dx$

$=(4x-2k-2)e^x+C$　（C は積分定数）……③

① から　$f(0)=-k$

また，③ から　$f(0)=-2k-2+C$

よって　$-k=-2k-2+C$

ゆえに　$C=k+2$

これを ③ に代入して

$\boldsymbol{f(x)}=(4x-2k-2)e^x+k+2$

$\boldsymbol{=2(2x-k-1)e^x+k+2}$

inf. 等式の両辺に，e^x を掛けてから両辺を微分すると

$e^x f(x)+e^x f'(x)$
$=2e^{2x}+(2x-k)\cdot 2e^{2x}$
$+f(x)e^x$

よって

$e^x f'(x)=(2+4x-2k)e^{2x}$

両辺を e^x で割って

$f'(x)=(4x-2k+2)e^x$

このようにして $f'(x)$ を求めることもできる。

⇐ $e^0=1$，$\int_0^0 f(t)e^t dt=0$ であるから

$f(0)=-ke^0=-k$

EX ③116

定積分 $\int_0^1(\cos\pi x-ax-b)^2dx$ の値を最小にする定数 a，b の値，およびその最小の値を求めよ。〔弘前大〕

$$(\cos\pi x-ax-b)^2$$
$$=\cos^2\pi x+a^2x^2+b^2-2ax\cos\pi x+2abx-2b\cos\pi x$$
$$=\frac{1}{2}\cos 2\pi x+a^2x^2+2abx+b^2+\frac{1}{2}-2(ax+b)\cos\pi x$$

⇐$\cos^2\pi x=\dfrac{1+\cos 2\pi x}{2}$

ここで　$\displaystyle\int_0^1\cos 2\pi x\,dx=\left[\frac{1}{2\pi}\sin 2\pi x\right]_0^1=0,$

⇐長い式は分割して積分。

$$\int_0^1\left(a^2x^2+2abx+b^2+\frac{1}{2}\right)dx=\left[\frac{a^2}{3}x^3+abx^2+b^2x+\frac{1}{2}x\right]_0^1$$
$$=\frac{a^2}{3}+ab+b^2+\frac{1}{2},$$

$$\int_0^1(ax+b)\cos\pi x\,dx=\int_0^1(ax+b)\left(\frac{\sin\pi x}{\pi}\right)'dx$$
$$=\left[(ax+b)\frac{\sin\pi x}{\pi}\right]_0^1-\int_0^1\frac{a}{\pi}\sin\pi x\,dx$$
$$=-\frac{a}{\pi}\left[-\frac{\cos\pi x}{\pi}\right]_0^1=-\frac{2a}{\pi^2}$$

⇐**部分積分法**

⇐$\left[(ax+b)\dfrac{\sin\pi x}{\pi}\right]_0^1=0$

ゆえに

$$\int_0^1(\cos\pi x-ax-b)^2dx=\frac{a^2}{3}+ab+b^2+\frac{1}{2}-2\left(-\frac{2a}{\pi^2}\right)$$
$$=b^2+ab+\frac{a^2}{3}+\frac{4a}{\pi^2}+\frac{1}{2}$$
$$=\left(b+\frac{a}{2}\right)^2+\frac{1}{12}\left(a^2+\frac{48}{\pi^2}a\right)+\frac{1}{2}$$
$$=\left(b+\frac{a}{2}\right)^2+\frac{1}{12}\left(a+\frac{24}{\pi^2}\right)^2-\frac{48}{\pi^4}+\frac{1}{2}$$

⇐2次の係数が1である b について，まず平方完成。

⇐a について平方完成。

よって，$\boldsymbol{a=-\dfrac{24}{\pi^2}}$，$\boldsymbol{b=\dfrac{12}{\pi^2}}$ **で最小値** $\boldsymbol{-\dfrac{48}{\pi^4}+\dfrac{1}{2}}$ をとる。

⇐$b+\dfrac{a}{2}=0$，$a+\dfrac{24}{\pi^2}=0$

EX ④117

α，β は $0\leqq\alpha<\beta\leqq\dfrac{\pi}{2}$ を満たす実数とする。$\alpha\leqq t\leqq\beta$ となる t に対して，$S(t)=\displaystyle\int_\alpha^\beta|\sin x-\sin t|dx$ とする。$S(t)$ を最小にする t の値を求めよ。〔琉球大〕

$\alpha\leqq x\leqq t$ のとき　　$\sin x-\sin t\leqq 0$
$t\leqq x\leqq\beta$ のとき　　$\sin x-\sin t\geqq 0$　であるから

⇐区間 $\left[0,\ \dfrac{\pi}{2}\right]$ において $\sin x$ は増加する。

$$S(t)=\int_\alpha^\beta|\sin x-\sin t|dx$$
$$=\int_\alpha^t(\sin t-\sin x)dx+\int_t^\beta(\sin x-\sin t)dx$$
$$=\int_\alpha^t(\sin t-\sin x)dx+\int_\beta^t(\sin t-\sin x)dx$$
$$=\Big[x\sin t+\cos x\Big]_\alpha^t+\Big[x\sin t+\cos x\Big]_\beta^t$$
$$=2(t\sin t+\cos t)-(\alpha+\beta)\sin t-(\cos\alpha+\cos\beta)$$

⇐$\displaystyle\int_t^\beta f(t)dt=-\int_\beta^t f(t)dt$

⇐$\cos\alpha+\cos\beta$ は定数。

ゆえに　$S'(t)=2(\sin t+t\cos t-\sin t)-(\alpha+\beta)\cos t$

$=2\left(t-\dfrac{\alpha+\beta}{2}\right)\cos t$

$\cos t>0$ であるから，$S'(t)=0$ とすると　$t=\dfrac{\alpha+\beta}{2}$

$S(t)$ の増減表は右のようになる。

t	α	$\cdots$	$\dfrac{\alpha+\beta}{2}$	$\cdots$	β
$S'(t)$	／	$-$	0	$+$	／
$S(t)$		↘	極小	↗	

よって，$\boldsymbol{t=\dfrac{\alpha+\beta}{2}}$ で最小になる。

⇐$0\leqq\alpha<t<\beta\leqq\dfrac{\pi}{2}$ において　$\cos t>0$

EX
③**118**

次の極限値を求めよ。　[(1), (3) 岐阜大　(2) 近畿大　(4) 電通大]

(1) $\displaystyle\lim_{n\to\infty}\sum_{k=1}^{n}\frac{n}{k^2+n^2}$　(2) $\displaystyle\lim_{n\to\infty}\frac{\pi}{n}\sum_{k=1}^{n}\cos^2\frac{k\pi}{6n}$

(3) $\displaystyle\lim_{n\to\infty}\sum_{k=1}^{n}\frac{n^2}{(k+n)^2(k+2n)}$　(4) $\displaystyle\lim_{n\to\infty}\sum_{k=n+1}^{2n}\frac{n}{k^2+3kn+2n^2}$

(1) $\displaystyle\lim_{n\to\infty}\sum_{k=1}^{n}\frac{n}{k^2+n^2}=\lim_{n\to\infty}\frac{1}{n}\sum_{k=1}^{n}\frac{n^2}{k^2+n^2}=\lim_{n\to\infty}\frac{1}{n}\sum_{k=1}^{n}\frac{1}{\left(\frac{k}{n}\right)^2+1}$

$\displaystyle=\int_0^1\frac{1}{x^2+1}dx$

$x=\tan\theta$ とおくと

$\dfrac{1}{1+x^2}=\cos^2\theta,\ dx=\dfrac{1}{\cos^2\theta}d\theta$

x と θ の対応は右のようにとれる。

x	$0\longrightarrow1$
θ	$0\longrightarrow\dfrac{\pi}{4}$

CHART　$\dfrac{1}{x^2+a^2}$ には　$x=a\tan\theta$ とおく

よって　(与式)$\displaystyle=\int_0^{\frac{\pi}{4}}\cos^2\theta\cdot\frac{1}{\cos^2\theta}d\theta=\int_0^{\frac{\pi}{4}}d\theta=\Big[\theta\Big]_0^{\frac{\pi}{4}}=\boldsymbol{\frac{\pi}{4}}$

(2) $\displaystyle\lim_{n\to\infty}\frac{\pi}{n}\sum_{k=1}^{n}\cos^2\frac{k\pi}{6n}=\pi\lim_{n\to\infty}\frac{1}{n}\sum_{k=1}^{n}\cos^2\left(\frac{\pi}{6}\cdot\frac{k}{n}\right)$

$\displaystyle=\pi\int_0^1\cos^2\frac{\pi}{6}x\,dx=\pi\int_0^1\frac{1}{2}\left(1+\cos\frac{\pi}{3}x\right)dx$

$\displaystyle=\frac{\pi}{2}\left[x+\frac{3}{\pi}\sin\frac{\pi}{3}x\right]_0^1=\frac{\pi}{2}\left(1+\frac{3}{\pi}\cdot\frac{\sqrt{3}}{2}\right)=\boldsymbol{\frac{\pi}{2}+\frac{3\sqrt{3}}{4}}$

⇐半角の公式から　$\cos^2\theta=\dfrac{1+\cos2\theta}{2}$

(3) $\displaystyle\lim_{n\to\infty}\sum_{k=1}^{n}\frac{n^2}{(k+n)^2(k+2n)}=\lim_{n\to\infty}\frac{1}{n}\sum_{k=1}^{n}\frac{n^3}{(k+n)^2(k+2n)}$

$\displaystyle=\lim_{n\to\infty}\frac{1}{n}\sum_{k=1}^{n}\frac{1}{\left(\frac{k}{n}+1\right)^2\left(\frac{k}{n}+2\right)}=\int_0^1\frac{1}{(x+1)^2(x+2)}dx$

$\displaystyle=\int_0^1\frac{1}{x+1}\cdot\frac{1}{(x+1)(x+2)}dx=\int_0^1\frac{1}{x+1}\left(\frac{1}{x+1}-\frac{1}{x+2}\right)dx$

$\displaystyle=\int_0^1\left\{\frac{1}{(x+1)^2}-\frac{1}{(x+1)(x+2)}\right\}dx$

$\displaystyle=\int_0^1\left\{\frac{1}{(x+1)^2}-\left(\frac{1}{x+1}-\frac{1}{x+2}\right)\right\}dx$

$\displaystyle=\left[-\frac{1}{x+1}-\log(x+1)+\log(x+2)\right]_0^1$

⇐部分分数に分解する。
$\dfrac{1}{(x+1)^2(x+2)}$
$=\dfrac{a}{x+1}+\dfrac{b}{(x+1)^2}+\dfrac{c}{x+2}$
とおいて，恒等式の考えから求めてもよい。

$$=-\frac{1}{2}-\log 2+\log 3+1-\log 2=\boldsymbol{\frac{1}{2}+\log\frac{3}{4}}$$

(4) $\displaystyle\lim_{n\to\infty}\sum_{k=n+1}^{2n}\frac{n}{k^2+3kn+2n^2}$

$$=\lim_{n\to\infty}\sum_{k=n+1}^{2n}\frac{n}{(k+n)(k+2n)}=\lim_{n\to\infty}\sum_{k=n+1}^{2n}\left(\frac{1}{k+n}-\frac{1}{k+2n}\right)$$

⇐部分分数に分解する。

$$=\lim_{n\to\infty}\frac{1}{n}\sum_{k=n+1}^{2n}\left(\frac{1}{\frac{k}{n}+1}-\frac{1}{\frac{k}{n}+2}\right)=\int_1^2\left(\frac{1}{x+1}-\frac{1}{x+2}\right)dx$$

⇐$f(x)=\dfrac{1}{x+1}-\dfrac{1}{x+2}$
積分区間は [1, 2]

$$=\Big[\log(x+1)-\log(x+2)\Big]_1^2=\log 3-\log 4-(\log 2-\log 3)$$

$$=2\log 3-3\log 2=\boldsymbol{\log\frac{9}{8}}$$

EX ③119

(1) 不定積分 $\displaystyle\int\log\frac{1}{1+x}dx$ を求めよ。

(2) 極限 $\displaystyle\lim_{n\to\infty}\sum_{k=1}^{n}\log\left(1-\frac{k}{n+k}\right)^{\frac{1}{n}}$ を求めよ。　〔類　京都教育大〕

(1) $$\int\log\frac{1}{1+x}dx=-\int\log(1+x)\,dx$$

$$=-\int(1+x)'\log(1+x)\,dx$$

⇐**部分積分法**

$$=-\left\{(1+x)\log(1+x)-\int(1+x)\cdot\frac{1}{1+x}dx\right\}$$

$$=\boldsymbol{-(1+x)\log(1+x)+x+C}$$

(2) $$1-\frac{k}{n+k}=\frac{n}{n+k}=\frac{1}{1+\frac{k}{n}}$$

よって，(1) から

$$(\text{与式})=\lim_{n\to\infty}\frac{1}{n}\sum_{k=1}^{n}\log\left(\frac{1}{1+\frac{k}{n}}\right)=\int_0^1\log\left(\frac{1}{1+x}\right)dx$$

$$=\Big[x-(1+x)\log(1+x)\Big]_0^1=\boldsymbol{1-2\log 2}$$

EX ③120

自然数 n に対して，$2\sqrt{n+1}-2<1+\dfrac{1}{\sqrt{2}}+\dfrac{1}{\sqrt{3}}+\cdots\cdots+\dfrac{1}{\sqrt{n}}\leqq 2\sqrt{n}-1$ が成り立つことを示せ。　〔お茶の水大〕

自然数 k に対して，$k\leqq x\leqq k+1$ のとき

$$\frac{1}{\sqrt{k+1}}\leqq\frac{1}{\sqrt{x}}\leqq\frac{1}{\sqrt{k}}$$

常に $\dfrac{1}{\sqrt{k+1}}=\dfrac{1}{\sqrt{x}}$ または $\dfrac{1}{\sqrt{x}}=\dfrac{1}{\sqrt{k}}$ ではないから

$$\int_k^{k+1}\frac{dx}{\sqrt{k+1}}<\int_k^{k+1}\frac{dx}{\sqrt{x}}<\int_k^{k+1}\frac{dx}{\sqrt{k}}$$

ゆえに　　$\dfrac{1}{\sqrt{k+1}}<\displaystyle\int_k^{k+1}\frac{dx}{\sqrt{x}}<\frac{1}{\sqrt{k}}$

不等式 $\displaystyle\int_k^{k+1}\frac{dx}{\sqrt{x}}<\frac{1}{\sqrt{k}}$ で，$k=1,\ 2,\ 3,\ \cdots\cdots,\ n$ として辺々を加えると

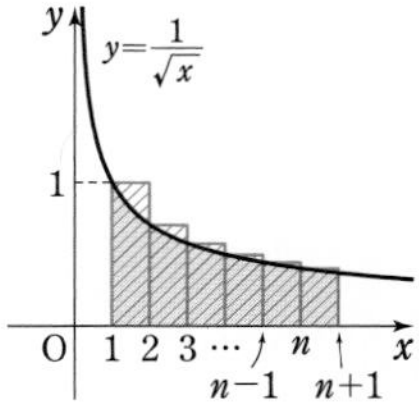

$$\sum_{k=1}^{n}\int_k^{k+1}\frac{dx}{\sqrt{x}}<\sum_{k=1}^{n}\frac{1}{\sqrt{k}}$$

$\displaystyle\sum_{k=1}^{n}\int_k^{k+1}\frac{dx}{\sqrt{x}}=\int_1^{n+1}\frac{dx}{\sqrt{x}}=\Big[2\sqrt{x}\Big]_1^{n+1}=2\sqrt{n+1}-2$ であるから

$$2\sqrt{n+1}-2<1+\frac{1}{\sqrt{2}}+\frac{1}{\sqrt{3}}+\cdots\cdots+\frac{1}{\sqrt{n}}\quad\cdots\cdots ①$$

また，不等式 $\dfrac{1}{\sqrt{k+1}}<\displaystyle\int_k^{k+1}\frac{dx}{\sqrt{x}}$ で，$k=1,\ 2,\ 3,\ \cdots\cdots,\ n-1$ として辺々を加えると，$n\geqq 2$ のとき

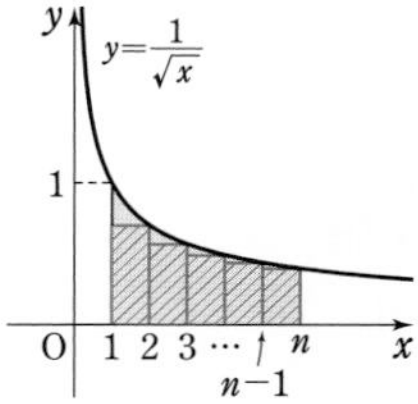

$$\sum_{k=1}^{n-1}\frac{1}{\sqrt{k+1}}<\sum_{k=1}^{n-1}\int_k^{k+1}\frac{dx}{\sqrt{x}}$$

$\displaystyle\sum_{k=1}^{n-1}\int_k^{k+1}\frac{dx}{\sqrt{x}}=\int_1^{n}\frac{dx}{\sqrt{x}}=\Big[2\sqrt{x}\Big]_1^{n}=2\sqrt{n}-2$ であるから

$$\frac{1}{\sqrt{2}}+\frac{1}{\sqrt{3}}+\cdots\cdots+\frac{1}{\sqrt{n}}<2\sqrt{n}-2$$

この不等式の両辺に 1 を加えて

$$1+\frac{1}{\sqrt{2}}+\frac{1}{\sqrt{3}}+\cdots\cdots+\frac{1}{\sqrt{n}}<2\sqrt{n}-1$$

ここで，$n=1$ のとき　　$\dfrac{1}{\sqrt{n}}=1,\ 2\sqrt{n}-1=1$

よって，自然数 n について

$$1+\frac{1}{\sqrt{2}}+\frac{1}{\sqrt{3}}+\cdots\cdots+\frac{1}{\sqrt{n}}\leqq 2\sqrt{n}-1\quad\cdots\cdots ②$$

①，② から

$$2\sqrt{n+1}-2<1+\frac{1}{\sqrt{2}}+\frac{1}{\sqrt{3}}+\cdots\cdots+\frac{1}{\sqrt{n}}\leqq 2\sqrt{n}-1$$

EX ④121

(1) $0<x<\dfrac{\pi}{2}$ のとき，$\dfrac{2}{\pi}x<\sin x$ が成り立つことを示せ。

(2) $\displaystyle\lim_{r\to\infty}r\int_0^{\frac{\pi}{2}}e^{-r^2\sin x}dx$ を求めよ。　〔琉球大〕

(1)　$f(x)=\sin x-\dfrac{2}{\pi}x$ とすると　　$f'(x)=\cos x-\dfrac{2}{\pi}$

$\cos x$ は $0\leqq x\leqq\dfrac{\pi}{2}$ で減少し

$$f'(0)=1-\frac{2}{\pi}>0,\ f'\left(\frac{\pi}{2}\right)=-\frac{2}{\pi}<0$$

⇐ $\pi>3$ から $0<\dfrac{2}{\pi}<1$

よって，$0<x<\dfrac{\pi}{2}$ の範囲に $f'(x_0)=0$ となる x_0 がただ 1

⇐**中間値の定理**

つ存在する。

ゆえに，$f(x)$ の増減表は右のようになる。

x	0	$\cdots$	x_0	$\cdots$	$\frac{\pi}{2}$
$f'(x)$	／	$+$	0	$-$	／
$f(x)$	0	↗	極大	↘	0

よって，$0<x<\frac{\pi}{2}$ のとき

$f(x)>0$

すなわち　$\frac{2}{\pi}x<\sin x$

(2) (1) から，$0<x<\frac{\pi}{2}$ のとき　$\frac{2}{\pi}x<\sin x$ ……①

$r\longrightarrow\infty$ であるから，$r>0$ とすると　$-r^2<0$

① の両辺に $-r^2$ を掛けて　$-r^2\sin x<-\frac{2r^2}{\pi}x$

ゆえに　$e^{-r^2\sin x}<e^{-\frac{2r^2}{\pi}x}$

よって　$0<\int_0^{\frac{\pi}{2}}e^{-r^2\sin x}dx<\int_0^{\frac{\pi}{2}}e^{-\frac{2r^2}{\pi}x}dx$

ここで　$\int_0^{\frac{\pi}{2}}e^{-\frac{2r^2}{\pi}x}dx=-\frac{\pi}{2r^2}\left[e^{-\frac{2r^2}{\pi}x}\right]_0^{\frac{\pi}{2}}=\frac{\pi}{2r^2}(1-e^{-r^2})$

ゆえに　$0<r\int_0^{\frac{\pi}{2}}e^{-r^2\sin x}dx<\frac{\pi}{2r}(1-e^{-r^2})$

ここで　$\lim_{r\to\infty}\frac{\pi}{2r}(1-e^{-r^2})=0$

よって　$\lim_{r\to\infty}r\int_0^{\frac{\pi}{2}}e^{-r^2\sin x}dx=\mathbf{0}$

(2) 与式の極限を直接求めることは難しいから，(1) の結果を利用して，**はさみうちの原理** を利用。

⇐$\lim_{r\to\infty}e^{-r^2}=0$

⇐**はさみうちの原理**

EX ④122

(1) $\lim_{n\to\infty}\frac{1}{n}\left(\sum_{k=n+1}^{2n}\log k-n\log n\right)=\int_1^2\log x\,dx$ を示せ。

(2) $\lim_{n\to\infty}\left\{\frac{(2n)!}{n!n^n}\right\}^{\frac{1}{n}}$ を求めよ。　〔北海道大〕

(1) $\sum_{k=n+1}^{2n}\log k-n\log n$

$=\log(n+1)+\log(n+2)+\cdots\cdots+\log(n+n)-n\log n$

$=\sum_{k=1}^{n}\log(n+k)-n\log n$

$=\sum_{k=1}^{n}\{\log(n+k)-\log n\}$

よって　(左辺)$=\lim_{n\to\infty}\frac{1}{n}\sum_{k=1}^{n}\{\log(n+k)-\log n\}$

$=\lim_{n\to\infty}\frac{1}{n}\sum_{k=1}^{n}\left\{\log\left(1+\frac{k}{n}\right)\right\}$

$=\int_0^1\log(1+x)\,dx$

ここで，$1+x=t$ とおくと　$dx=dt$

x と t の対応は右のようになる。

x	$0\longrightarrow1$
t	$1\longrightarrow2$

⇐$n\log n=\sum_{k=1}^{n}\log n$

⇐$\log(n+k)-\log n$
$=\log\frac{n+k}{n}$

ゆえに　　(左辺)$=\int_1^2 \log t\,dt=\int_1^2 \log x\,dx$

(2)　$\log\left\{\dfrac{(2n)!}{n!n^n}\right\}^{\frac{1}{n}}=\dfrac{1}{n}\left\{\log\dfrac{(2n)!}{n!}-\log n^n\right\}$

$=\dfrac{1}{n}\{\log(n+1)(n+2)\cdots\cdots(n+n)-n\log n\}$

⇐ $\dfrac{(2n)!}{n!}$ は約分。

$=\dfrac{1}{n}\left(\sum_{k=n+1}^{2n}\log k-n\log n\right)$

よって，(1) から

$\lim_{n\to\infty}\log\left\{\dfrac{(2n)!}{n!n^n}\right\}^{\frac{1}{n}}=\int_1^2 \log x\,dx=\Big[x\log x-x\Big]_1^2$

⇐ $\int\log x\,dx$
$=x\log x-x+C$

$=(2\log 2-2)-(0-1)$

$=2\log 2-1=\log\dfrac{4}{e}$

したがって　　$\lim_{n\to\infty}\left\{\dfrac{(2n)!}{n!n^n}\right\}^{\frac{1}{n}}=\boldsymbol{\dfrac{4}{e}}$

EX
⑤**123**

半径1の円に内接する正 n 角形が xy 平面上にある。1つの辺 AB が x 軸に含まれている状態から始めて，正 n 角形を図のように x 軸上をすべらないように転がし，再び点Aが x 軸に含まれる状態まで続ける。点Aが描く軌跡の長さを $L(n)$ とする。

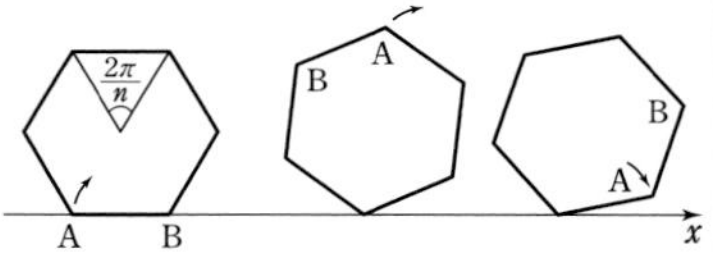

図は $n=6$ の場合

(1)　$L(6)$ を求めよ。　　(2)　$\lim_{n\to\infty}L(n)$ を求めよ。　〔北海道大〕

(1)　右図の正六角形について

AB$=1$，AC$=\sqrt{3}$，AD$=2$，
AE$=\sqrt{3}$，AF$=1$

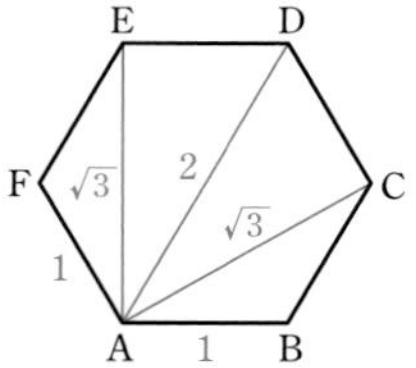

また，正六角形の1つの外角の大きさは $\dfrac{\pi}{3}$ である。

よって

$L(6)=\dfrac{\pi}{3}(1+\sqrt{3}+2+\sqrt{3}+1)=\boldsymbol{\dfrac{4+2\sqrt{3}}{3}\pi}$

⇐中心角 θ，半径 r の扇形の弧の長さは $r\theta$

(2)　右図の正 n 角形 $A_1A_2\cdots\cdots A_n$ について

$A_1A_k=2\sin\dfrac{k-1}{n}\pi$

$(k=2,\ \cdots\cdots,\ n)$

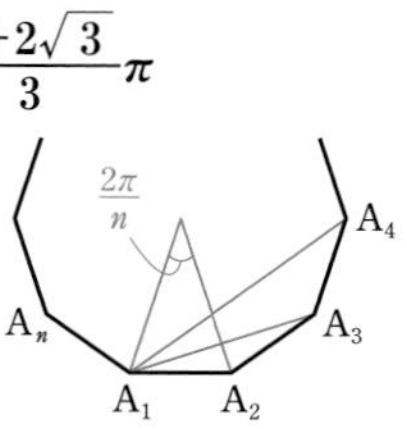

また，正 n 角形の1つの外角の大きさは $\dfrac{2\pi}{n}$ である。

$\sin\pi=0$ であるから

$L(n)=\dfrac{2\pi}{n}\sum_{k=2}^{n}2\sin\dfrac{k-1}{n}\pi$

⇐ $\sum_{k=2}^{n}f(k-1)=\sum_{k=1}^{n-1}f(k)$

$$=\frac{4\pi}{n}\sum_{k=1}^{n-1}\sin\frac{k}{n}\pi=\frac{4\pi}{n}\sum_{k=1}^{n}\sin\frac{k}{n}\pi$$

よって　$\displaystyle\lim_{n\to\infty}L(n)=\lim_{n\to\infty}4\pi\cdot\frac{1}{n}\sum_{k=1}^{n}\sin\frac{k}{n}\pi$

$$=4\pi\int_0^1\sin\pi x\,dx$$

$$=4\pi\left[-\frac{\cos\pi x}{\pi}\right]_0^1$$

$$=4(-\cos\pi+\cos 0)=\mathbf{8}$$

⇐ $\displaystyle\sum_{k=1}^{n-1}\sin\frac{k}{n}\pi$
$\displaystyle=\sum_{k=1}^{n-1}\sin\frac{k}{n}\pi+\sin\frac{n}{n}\pi$
$\displaystyle=\sum_{k=1}^{n}\sin\frac{k}{n}\pi$

inf.　$n\longrightarrow\infty$ における点Aの軌跡は，サイクロイドである（詳しくは数学Cで学習する）。

$\begin{cases}x=\theta-\sin\theta\\ y=1-\cos\theta\end{cases}$
$(0\leqq\theta\leqq2\pi)$

PR ②151

次の曲線と x 軸で囲まれた部分の面積 S を求めよ。
(1) $y=2\sin x-\sin 2x$ $(0\leqq x\leqq 2\pi)$　　(2) $y=10-9e^{-x}-e^{x}$

(1) $y=2\sin x-2\sin x\cos x=2\sin x(1-\cos x)$

⇐$\sin 2x=2\sin x\cos x$

よって，この曲線と x 軸の共有点の x 座標は，方程式 $2\sin x(1-\cos x)=0$ を解いて

$$\sin x=0,\ \cos x=1$$

$0\leqq x\leqq 2\pi$ であるから　$x=0,\ \pi,\ 2\pi$

$0<x<2\pi$ のとき　$y'=2\cos x-2\cos 2x$
$=2\cos x-2(2\cos^2 x-1)$
$=-2(2\cos x+1)(\cos x-1)$

$y'=0$ とすると　$\cos x=-\dfrac{1}{2},\ 1$

$0<x<2\pi$ であるから　$x=\dfrac{2}{3}\pi,\ \dfrac{4}{3}\pi$

y の増減表は次のようになる。

x	0	$\cdots$	$\frac{2}{3}\pi$	$\cdots$	$\frac{4}{3}\pi$	$\cdots$	2π
y'	／	$+$	0	$-$	0	$+$	／
y	0	↗	極大	↘	極小	↗	0

ゆえに，グラフは右の図のようになる。

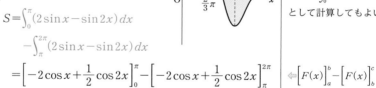

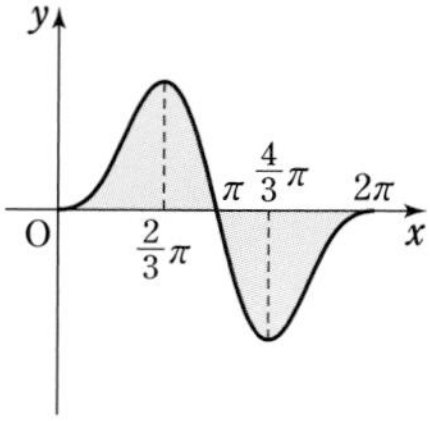

$0\leqq x\leqq \pi$ のとき　$y\geqq 0$
$\pi\leqq x\leqq 2\pi$ のとき　$y\leqq 0$

よって

$$S=\int_0^{\pi}(2\sin x-\sin 2x)\,dx-\int_{\pi}^{2\pi}(2\sin x-\sin 2x)\,dx$$

$$=\left[-2\cos x+\frac{1}{2}\cos 2x\right]_0^{\pi}-\left[-2\cos x+\frac{1}{2}\cos 2x\right]_{\pi}^{2\pi}$$

$$=2\left(2+\frac{1}{2}\right)-\left(-2+\frac{1}{2}\right)-\left(-2+\frac{1}{2}\right)=8$$

inf. $y=2\sin x(1-\cos x)$ において，$0\leqq x\leqq \pi$ のとき，$\sin x\geqq 0$，$1-\cos x\geqq 0$ より　$y\geqq 0$
$\pi\leqq x\leqq 2\pi$ のとき，$\sin x\leqq 0$，$1-\cos x\geqq 0$ より　$y\leqq 0$
と断って，面積の計算を始めてよい。
また，$f(x)=2\sin x(1-\cos x)$ とおくと
$f(\pi-x)=2\sin x(1+\cos x)$
$f(\pi+x)=-2\sin x(1+\cos x)$
から，$f(\pi+x)=-f(\pi-x)$ が成り立つ。よって，曲線は点 $(\pi,\ 0)$ に関して対称であるから
$S=2\int_0^{\pi}y\,dx$
として計算してもよい。

⇐$\left[F(x)\right]_a^b-\left[F(x)\right]_b^c=2F(b)-F(a)-F(c)$

(2) 曲線 $y=10-9e^{-x}-e^{x}$ と x 軸の共有点の x 座標は，方程式 $10-9e^{-x}-e^{x}=0$ を解いて

⇐両辺に $-e^{x}\neq 0$ を掛ける。

$$(e^{x})^2-10e^{x}+9=0$$

よって　$(e^{x}-1)(e^{x}-9)=0$　　ゆえに　$e^{x}=1,\ 9$

よって　$x=\log 1,\ \log 9$　すなわち　$x=0,\ 2\log 3$

⇐$\log 9=\log 3^2$

また　$y'=9e^{-x}-e^{x}$
$=-e^{-x}(e^{2x}-9)$
$=-e^{-x}(e^{x}+3)(e^{x}-3)$

$y'=0$ とすると　$e^{x}=3$

⇐$e^{x}>0$ から　$e^{x}+3>0$　また　$e^{-x}>0$

すなわち　$x=\log 3$

y の増減表は右のようになる。

x	$\cdots$	$\log 3$	$\cdots$
y'	$+$	0	$-$
y	↗	極大	↘

ゆえに，グラフは右の図のようになる。

$0 \leqq x \leqq 2\log 3$ のとき　　$y \geqq 0$

よって

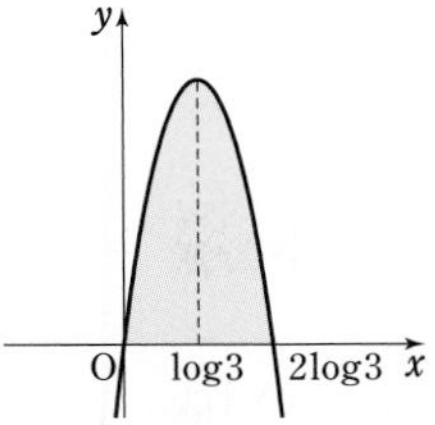

$$S=\int_0^{2\log 3}(10-9e^{-x}-e^x)\,dx$$
$$=\Big[10x+9e^{-x}-e^x\Big]_0^{2\log 3}$$
$$=(20\log 3+9e^{-2\log 3}-e^{2\log 3})-(9e^0-e^0)$$
$$=20\log 3+9\cdot\frac{1}{9}-9-8$$
$$=\mathbf{20\log 3-16}$$

⇐ $e^{\log A}=A$ から
$e^{-2\log 3}=e^{\log 3^{-2}}=3^{-2}$,
$e^{2\log 3}=e^{\log 3^2}=3^2$

PR
②**152**

次の曲線や直線によって囲まれた部分の面積 S を求めよ。
(1)　$y=\sin x$, $y=\sin 3x$ $(0 \leqq x \leqq \pi)$　　〔日本女子大〕
(2)　$y=xe^x$, $y=e^x$, y 軸

(1)　2つの曲線の共有点の x 座標は，方程式 $\sin x=\sin 3x$ の解である。

方程式を変形して

$$2\cos 2x\sin x=0$$

$0 \leqq x \leqq \pi$ であるから

$$x=0,\ \frac{\pi}{4},\ \frac{3}{4}\pi,\ \pi$$

また，2つの曲線はいずれも直線 $x=\frac{\pi}{2}$ に関して対称で，その概形は右の図のようになる。

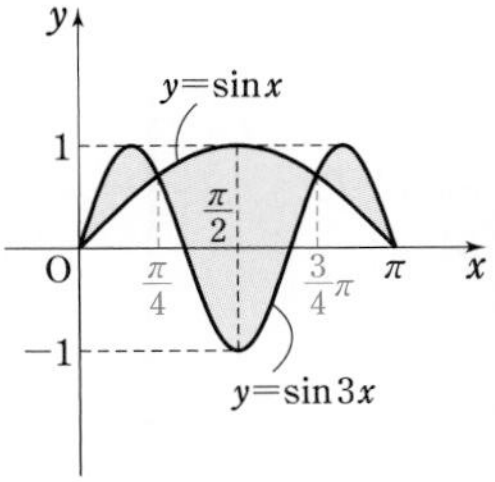

$0 \leqq x \leqq \frac{\pi}{4}$ のとき　　$\sin 3x \geqq \sin x$

$\frac{\pi}{4} \leqq x \leqq \frac{\pi}{2}$ のとき　　$\sin 3x \leqq \sin x$

よって

$$S=2\left\{\int_0^{\frac{\pi}{4}}(\sin 3x-\sin x)\,dx+\int_{\frac{\pi}{4}}^{\frac{\pi}{2}}(\sin x-\sin 3x)\,dx\right\}$$
$$=2\left\{\int_0^{\frac{\pi}{4}}(\sin 3x-\sin x)\,dx-\int_{\frac{\pi}{4}}^{\frac{\pi}{2}}(\sin 3x-\sin x)\,dx\right\}$$
$$=2\left(\left[\cos x-\frac{1}{3}\cos 3x\right]_0^{\frac{\pi}{4}}-\left[\cos x-\frac{1}{3}\cos 3x\right]_{\frac{\pi}{4}}^{\frac{\pi}{2}}\right)$$
$$=2\left\{2\left(\frac{\sqrt{2}}{2}+\frac{\sqrt{2}}{6}\right)-\left(1-\frac{1}{3}\right)-0\right\}$$
$$=\mathbf{\frac{4(2\sqrt{2}-1)}{3}}$$

⇐和⟶積の公式利用。
$\sin 3x-\sin x=0$ から
$2\cos\frac{3x+x}{2}\sin\frac{3x-x}{2}=0$
なお，3倍角の公式
$\sin 3x=3\sin x-4\sin^3 x$
を用い，方程式を
$\sin x=3\sin x-4\sin^3 x$
と変形，更に整理して
$2\sin x(2\sin^2 x-1)=0$
から　　$\sin x=0$
または　$\sin x=\pm\frac{1}{\sqrt{2}}$
を解いて x の値を求めてもよい。

⇐ $\Big[F(x)\Big]_a^b-\Big[F(x)\Big]_b^c$
$=2F(b)-F(a)-F(c)$

(2)　2つの曲線の共有点の x 座標は，方程式 $xe^x=e^x$ の解である。
方程式を変形して
$$e^x(x-1)=0$$
よって　$x=1$　　⇐$e^x>0$

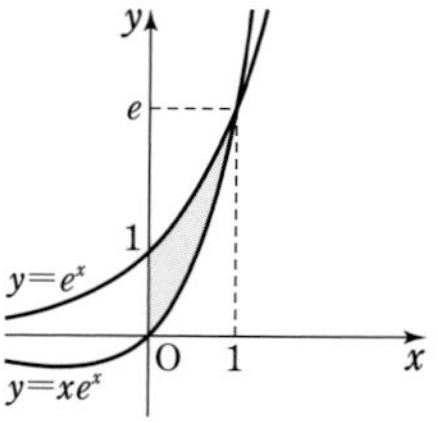

$0\leqq x\leqq 1$ のとき　$e^x\geqq xe^x$
ゆえに，グラフの概形は右の図のようになる。
よって
$$S=\int_0^1(e^x-xe^x)\,dx=\int_0^1(1-x)e^x dx$$
⇐部分積分法
$$=\Big[(1-x)e^x\Big]_0^1+\int_0^1 e^x dx=-1+\Big[e^x\Big]_0^1$$
$$=-1+e-1=\boldsymbol{e-2}$$

PR
③153

点 $(0,\ 1)$ から曲線 $C：y=e^{ax}+1$ に引いた接線を ℓ とする。ただし，$a>0$ とする。
(1)　接線 ℓ の方程式を求めよ。
(2)　曲線 C と接線 ℓ，および y 軸とで囲まれる部分の面積を求めよ。　〔類　久留米大〕

(1)　接点の座標を $(t,\ e^{at}+1)$ とする。
$y'=ae^{ax}$ から，接線の方程式は
$$y-(e^{at}+1)=ae^{at}(x-t)$$
⇐曲線 $y=f(x)$ 上の $x=t$ の点における接線の方程式は
$y-f(t)=f'(t)(x-t)$

すなわち　$y=ae^{at}x-ate^{at}+e^{at}+1$　……①
これが点 $(0,\ 1)$ を通るから　$1=-ate^{at}+e^{at}+1$
よって　$(at-1)e^{at}=0$
$e^{at}>0$，$a>0$ から　$t=\dfrac{1}{a}$
ゆえに，接線 ℓ の方程式は，① から　$\boldsymbol{y=aex+1}$
⇐$at=1$ であることを意識するとスムーズ。

(2)　C と ℓ の位置関係は，右の図のようになり，$0\leqq x\leqq\dfrac{1}{a}$ のとき
$$e^{ax}+1\geqq aex+1$$

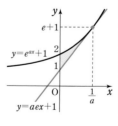

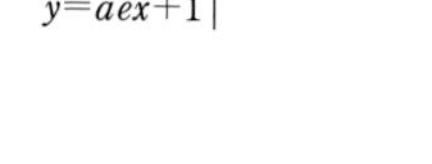

よって，求める面積 S は
$$S=\int_0^{\frac{1}{a}}\{e^{ax}+1-(aex+1)\}\,dx$$
$$=\left[\frac{1}{a}e^{ax}-\frac{1}{2}aex^2\right]_0^{\frac{1}{a}}$$
$$=\boldsymbol{\frac{e-2}{2a}}$$

PR
②154

次の曲線と直線で囲まれた部分の面積 S を求めよ。
(1)　$x=-1-y^2$，$y=-1$，$y=2$，y 軸　　(2)　$y^2=x$，$x+y-6=0$
(3)　$y=\log(1-x)$，$y=-1$，y 軸

(1)　$x=-1-y^2$ のグラフは右の図のようになる。

$-1 \leqq y \leqq 2$ のとき　　$x<0$

よって　　$S=-\int_{-1}^{2} x\,dy=\int_{-1}^{2}(1+y^2)\,dy$

$=\left[y+\frac{y^3}{3}\right]_{-1}^{2}=\left(2+\frac{8}{3}\right)-\left(-1-\frac{1}{3}\right)$

$=\mathbf{6}$

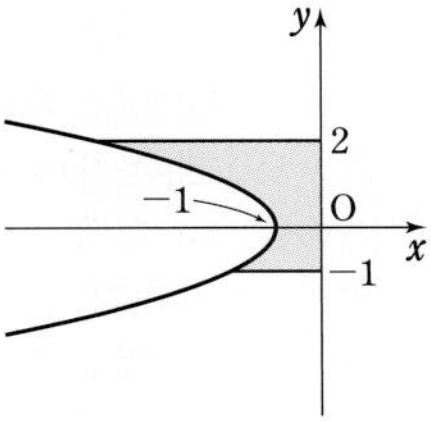

(2)　曲線 $y^2=x$ と直線 $x+y-6=0$ の共有点の y 座標は，方程式 $y^2=-y+6$ すなわち $y^2+y-6=0$ の解である。

これを解いて　　$y=2,\ -3$

グラフは右の図のようになり，

$-3 \leqq y \leqq 2$ のとき　　$-y+6 \geqq y^2$

よって　　$S=\int_{-3}^{2}\{(-y+6)-y^2\}\,dy$

$=\int_{-3}^{2}(-y^2-y+6)\,dy$

$=\left[-\frac{y^3}{3}-\frac{y^2}{2}+6y\right]_{-3}^{2}$

$=\left(-\frac{8}{3}-2+12\right)-\left(9-\frac{9}{2}-18\right)$

$=\mathbf{\frac{125}{6}}$

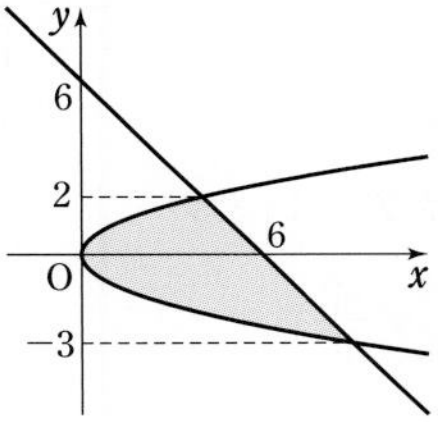

⇐$x+y-6=0$ を変形すると　　$x=-y+6$

⇐$(y-2)(y+3)=0$

別解

$S=-\int_{-3}^{2}(y-2)(y+3)\,dy$

$=\frac{1}{6}(2+3)^3=\mathbf{\frac{125}{6}}$

inf.

$\int_{\alpha}^{\beta} a(t-\alpha)(t-\beta)\,dt$

$=-\frac{a}{6}(\beta-\alpha)^3$

(3)　$\log(1-x)=\log\{-(x-1)\}$

よって，$y=\log(1-x)$ のグラフは右の図のようになる。

$-1 \leqq y \leqq 0$ のとき　　$x \geqq 0$

$y=\log(1-x)$ から　　$x=1-e^y$

ゆえに　　$S=\int_{-1}^{0}(1-e^y)\,dy$

$=\left[y-e^y\right]_{-1}^{0}=-1-(-1-e^{-1})$

$=\mathbf{\frac{1}{e}}$

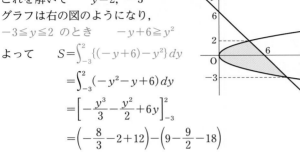

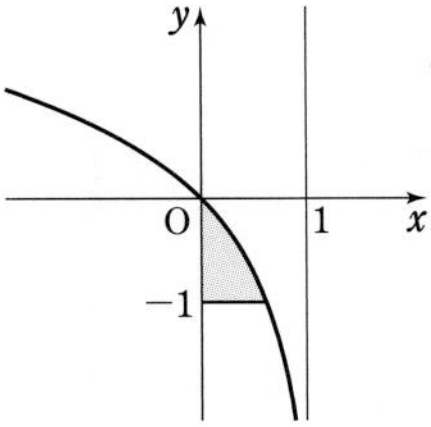

⇐$y=\log(-x)$ のグラフを x 軸方向に 1 だけ平行移動したもの。

⇐$e^y=1-x$ から。

PR
③**155**　曲線 $(x^2-2)^2+y^2=4$ で囲まれた部分の面積 S を求めよ。

$(x^2-2)^2+y^2=4$ から　　$y^2=x^2(4-x^2)$ …… ①

曲線の式で $(x,\ y)$ を $(x,\ -y)$，$(-x,\ y)$，$(-x,\ -y)$ におき換えても $(x^2-2)^2+y^2=4$ は成り立つから，この曲線は，x 軸，y 軸，原点に関して対称である。

$x \geqq 0,\ y \geqq 0$ のとき　　$y=x\sqrt{4-x^2}$　$(0 \leqq x \leqq 2)$

よって，$0<x<2$ のとき

$y'=\sqrt{4-x^2}+x\cdot\frac{-2x}{2\sqrt{4-x^2}}=\frac{4-2x^2}{\sqrt{4-x^2}}$

⇐$x^4-4x^2+4+y^2=4$

$y'=0$ とすると　$x=\pm\sqrt{2}$

y の増減表は右のようになる。

よって，曲線 ① の概形は右下の図のようになる。

曲線 ① で囲まれた部分は x 軸，y 軸，原点に関して対称であるから

$$S=4\int_0^2 x\sqrt{4-x^2}\,dx$$

$\sqrt{4-x^2}=t$ とおくと

$4-x^2=t^2$

ゆえに　$-2x\,dx=2t\,dt$

よって　$S=-4\int_2^0 t^2dt=4\int_0^2 t^2dt$

$$=4\left[\frac{t^3}{3}\right]_0^2=\mathbf{\frac{32}{3}}$$

x	0	…	$\sqrt{2}$	…	2
y'	／	+	0	−	／
y	0	↗	極大	↘	0

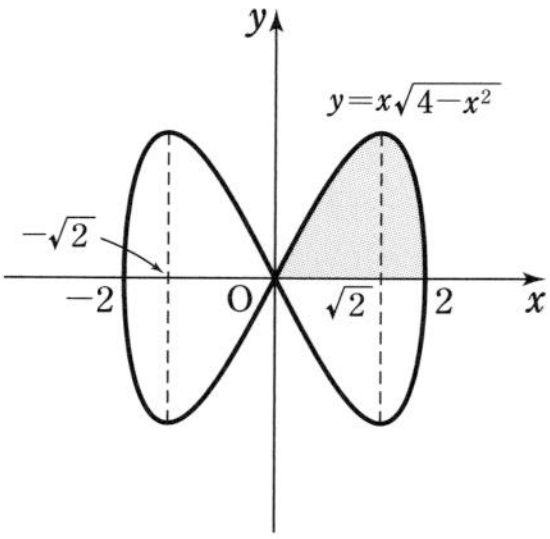

⇦$4-2x^2=0$ から
$x^2=2$

⇦目的は面積の計算であるから，曲線の概形は面積が求められる程度でよい。

⇦$\lim_{x\to 2-0} y'=-\infty$

⇦**丸ごと置換**
x と t の対応は次のようになる。

x	$0\longrightarrow 2$
t	$2\longrightarrow 0$

PR ②156

次の曲線や直線によって囲まれた部分の面積 S を求めよ。

(1) $\begin{cases} x=3t^2 \\ y=3t-t^3 \end{cases}$ $(t\geqq 0)$，x 軸　〔類 宇都宮大〕

(2) $\begin{cases} x=t-\sin t \\ y=1-\cos t \end{cases}$ $(0\leqq t\leqq \pi)$，x 軸，$x=\pi$　〔筑波大〕

(1)　$t\geqq 0$ の範囲で $y=0$ となる t の値は，

$y=-t(t+\sqrt{3})(t-\sqrt{3})$ から　$t=0,\ \sqrt{3}$

$t=0$ のとき　$x=0$，　$t=\sqrt{3}$ のとき　$x=9$

⇦x 軸との交点。

$x=3t^2$ から　$\dfrac{dx}{dt}=6t$　…… ①

$y=3t-t^3$ から　$\dfrac{dy}{dt}=3-3t^2=-3(t+1)(t-1)$

$t>0$ の範囲で $\dfrac{dy}{dt}=0$ とすると

$t=1$

よって，x，y の値の変化は右の表のようになり，$t>0$ のとき

$\dfrac{dx}{dt}>0$，$0\leqq t\leqq\sqrt{3}$ のとき

$y\geqq 0$ である。

t	0	…	1	…	$\sqrt{3}$
$\dfrac{dx}{dt}$	／	+	+	+	+
x	0	→	3	→	9
$\dfrac{dy}{dt}$	／	+	0	−	−
y	0	↑	2	↓	0

ゆえに，曲線の概形は右の図のようになる。

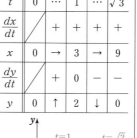

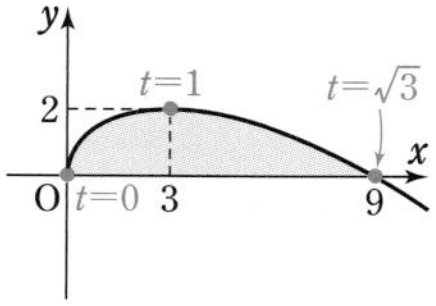

① より，$dx=6t\,dt$ であるから，求める面積 S は

$$S=\int_0^9 y\,dx=\int_0^{\sqrt{3}}(3t-t^3)\cdot 6t\,dt$$

$$=6\int_0^{\sqrt{3}}(3t^2-t^4)\,dt=6\left[t^3-\frac{t^5}{5}\right]_0^{\sqrt{3}}=\mathbf{\frac{36\sqrt{3}}{5}}$$

⇦x と t の対応は次のようになる。

x	$0\longrightarrow 9$
t	$0\longrightarrow\sqrt{3}$

(2)　$0 \leqq t \leqq \pi$ ……① の範囲で $y=0$ となる t の値は，

$\cos t=1$ から　　$t=0$

このとき　　$x=0$

$x=t-\sin t$ から

$$\frac{dx}{dt}=1-\cos t \quad \cdots\cdots ②$$

$y=1-\cos t$ から

$$\frac{dy}{dt}=\sin t$$

これから，x，y の値の変化は右のようになり，$0<t<\pi$ のとき

$\frac{dx}{dt}>0$，① のとき $y \geqq 0$ である。

t	0	…	π
$\frac{dx}{dt}$	／	+	／
x	0	→	π
$\frac{dy}{dt}$	／	+	／
y	0	↑	2

⇐ x 軸との交点。

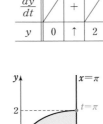

よって，曲線の概形は右の図のようになる。

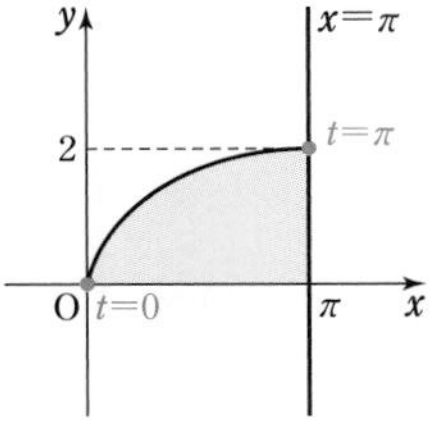

inf.　この曲線は **サイクロイド** の一部。(本冊 $p.153$ 参照)

② より，$dx=(1-\cos t)dt$ であるから，求める面積 S は

$$S=\int_0^\pi y\,dx=\int_0^\pi (1-\cos t)^2 dt$$

$$=\int_0^\pi (1-2\cos t+\cos^2 t)\,dt$$

$$=\int_0^\pi \left(1-2\cos t+\frac{1+\cos 2t}{2}\right)dt$$

$$=\left[\frac{3}{2}t-2\sin t+\frac{1}{4}\sin 2t\right]_0^\pi=\boldsymbol{\frac{3}{2}\pi}$$

⇐ x と t の対応は次のようになる。

x	$0 \longrightarrow \pi$
t	$0 \longrightarrow \pi$

6章
PR

PR ③157　$0 \leqq x \leqq \frac{\pi}{2}$ の範囲で，2 曲線 $y=\tan x$，$y=a\sin 2x$ と x 軸で囲まれた図形の面積が 1 となるように，正の実数 a の値を定めよ。〔群馬大〕

2 曲線の交点の x 座標は，方程式 $\tan x=a\sin 2x$ ……① の解である。

$x=0$ は ① の解であり，$x=\frac{\pi}{2}$ は ① の解ではない。

$0<x<\frac{\pi}{2}$ のとき，① から　　$\frac{\sin x}{\cos x}=2a\sin x\cos x$

ゆえに　　$2a\cos^2 x=1$　　　よって　　$\cos^2 x=\frac{1}{2a}$

$0<x<\frac{\pi}{2}$ であるから　　$\cos x=\frac{1}{\sqrt{2a}}$　……②

等式 ② を満たす x の値を $\alpha \left(0<\alpha<\frac{\pi}{2}\right)$ とおく。

⇐与えられた条件から $\tan\alpha=a\sin 2\alpha$ の解 α は必ず存在する。

このとき，2 曲線と x 軸で囲まれた図形の面積 S は

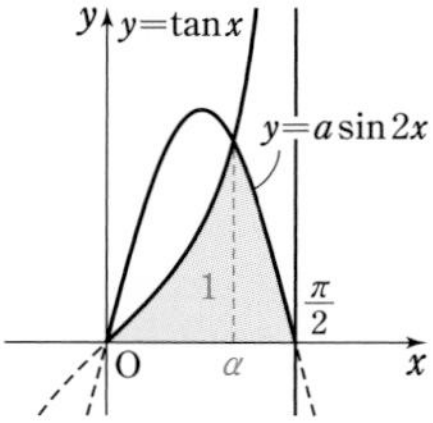

$$S=\int_0^{\alpha}\tan x\,dx+\int_{\alpha}^{\frac{\pi}{2}}a\sin 2x\,dx$$

⇐ 2 曲線の性質から $x=\alpha$ で 2 曲線の上下関係が入れ替わる。

$$=\Big[-\log(\cos x)\Big]_0^{\alpha}-\frac{a}{2}\Big[\cos 2x\Big]_{\alpha}^{\frac{\pi}{2}}$$

$$=-\log(\cos\alpha)$$

$$-\frac{a}{2}\{-1-(2\cos^2\alpha-1)\}$$

⇐ $\cos 2\alpha=2\cos^2\alpha-1$

$$=-\log\frac{1}{\sqrt{2a}}+a\left(\frac{1}{\sqrt{2a}}\right)^2=\frac{1}{2}\log 2a+\frac{1}{2}$$

⇐ $\cos\alpha=\dfrac{1}{\sqrt{2a}}$ を代入。

$S=1$ となるための条件は　$\dfrac{1}{2}\log 2a+\dfrac{1}{2}=1$

整理して　$\log 2a=1$　　ゆえに　$2a=e$

したがって　$\boldsymbol{a=\dfrac{e}{2}}$

⇐ $0<\dfrac{1}{\sqrt{2a}}=\dfrac{1}{\sqrt{e}}<1$ 確かに $x=\alpha$ は存在する。

PR ③158

a は $0<a<2$ を満たす定数とする。$0\leqq x\leqq\dfrac{\pi}{2}$ のとき，曲線 $y=\sin 2x$ と x 軸で囲まれた部分の面積を，曲線 $y=a\sin x$ が 2 等分するように a の値を定めよ。

$\sin 2x=a\sin x$ とすると　$\sin x(2\cos x-a)=0$

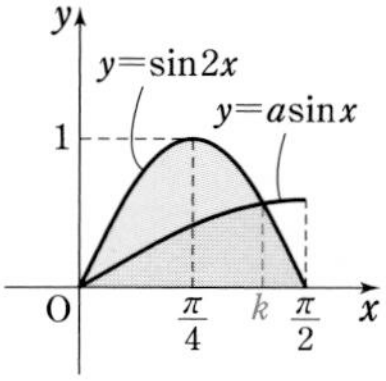

よって　$\sin x=0,\ \cos x=\dfrac{a}{2}\ (0<a<2)$

ゆえに，2 曲線の交点の x 座標は　$x=0,\ k$

ただし　$\cos k=\dfrac{a}{2}\ \left(0<k<\dfrac{\pi}{2}\right)$

曲線 $y=\sin 2x$ と x 軸で囲まれた部分の面積を S とすると

$$S=\int_0^{\frac{\pi}{2}}\sin 2x\,dx=\left[-\frac{1}{2}\cos 2x\right]_0^{\frac{\pi}{2}}=1$$

$0\leqq x\leqq k$ のとき $a\sin x\leqq\sin 2x$ であるから，2 曲線 $y=\sin 2x$ と $y=a\sin x$ で囲まれた部分の面積を S_1 とすると

$$S_1=\int_0^k(\sin 2x-a\sin x)\,dx=\left[-\frac{1}{2}\cos 2x+a\cos x\right]_0^k$$

⇐図の赤い部分の面積。

$$=\left\{-\frac{1}{2}(2\cos^2k-1)+a\cos k\right\}-\left(-\frac{1}{2}+a\right)$$

$$=-\frac{a^2}{4}+\frac{1}{2}+\frac{a^2}{2}+\frac{1}{2}-a=\frac{a^2}{4}-a+1$$

⇐ $\cos k=\dfrac{a}{2}$ を代入。

よって，$S=2S_1$ とすると　$1=2\left(\dfrac{a^2}{4}-a+1\right)$

$a^2-4a+2=0$ を解くと，$0<a<2$ であるから　$\boldsymbol{a=2-\sqrt{2}}$

⇐ $a=2\pm\sqrt{2}$

PR ③159

曲線 $C：y=xe^{-x}$ 上の点Pにおいて接線 ℓ を引く。Pの x 座標 t が $0\leqq t\leqq 1$ にあるとき，曲線 C と 3 つの直線 ℓ，$x=0$，$x=1$ で囲まれた 2 つの部分の面積の和の最小値を求めよ。

〔類　岐阜大〕

$y=xe^{-x}$

$y'=(1-x)e^{-x}$

$y'=0$ とすると　$x=1$

y の増減表は右のようになる。

x	$\cdots$	1	$\cdots$
y'	$+$	0	$-$
y	↗	極大	↘

よって，曲線 C は図のようになる。

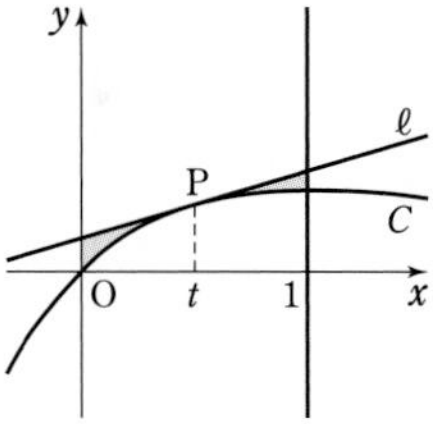

接線 ℓ の方程式は

$y-te^{-t}=(1-t)e^{-t}(x-t)$

すなわち

$y=(1-t)e^{-t}x+t^2e^{-t}$

ゆえに，条件を満たす部分の面積を $S(t)$ とすると

$$S(t)=\int_0^1\{(1-t)e^{-t}x+t^2e^{-t}-xe^{-x}\}dx$$

$$=\left[\frac{(1-t)e^{-t}}{2}x^2+t^2e^{-t}x+(x+1)e^{-x}\right]_0^1$$

$$=\frac{1}{2}(1-t)e^{-t}+t^2e^{-t}+\frac{2}{e}-1$$

$$=\frac{1}{2}(2t^2-t+1)e^{-t}+\frac{2}{e}-1$$

よって　$S'(t)=\dfrac{-2t^2+5t-2}{2}e^{-t}=-\dfrac{(t-2)(2t-1)}{2}e^{-t}$

$S'(t)=0$ とすると，$0<t<1$ から　$t=\dfrac{1}{2}$

ゆえに，$S(t)$ の増減表は右のようになる。

t	0	$\cdots$	$\frac{1}{2}$	$\cdots$	1
$S'(t)$	／	$-$	0	$+$	／
$S(t)$		↘	極小	↗	

よって，$S(t)$ は $\boldsymbol{t=\frac{1}{2}}$ **で最小値**

$$S\left(\frac{1}{2}\right)=\frac{1}{2}\left(\frac{1}{2}-\frac{1}{2}+1\right)e^{-\frac{1}{2}}+\frac{2}{e}-1=\boldsymbol{\frac{2}{e}+\frac{1}{2\sqrt{e}}-1}$$

をとる。

⇦ $\lim\limits_{x\to\infty}y=0$
$\lim\limits_{x\to-\infty}y=-\infty$

⇦ $\mathrm{P}(t,\ te^{-t})$ を通り，傾きが $(1-t)e^{-t}$

⇦ $-\int xe^{-x}dx$
$=\int x(e^{-x})'dx$
$=xe^{-x}-\int e^{-x}dx$
$=xe^{-x}+e^{-x}+C$
$=(x+1)e^{-x}+C$

⇦ $S'(t)$
$=\frac{1}{2}\{(4t-1)e^{-t}$
$-(2t^2-t+1)e^{-t}\}$

6章
PR

PR
④160　媒介変数 t によって，$x=2t+t^2$，$y=t+2t^2$ $(-2\leqq t\leqq 0)$ と表される曲線と，y 軸で囲まれた図形の面積 S を求めよ。

$\dfrac{dx}{dt}=2+2t$，$\dfrac{dy}{dt}=1+4t$

$\dfrac{dx}{dt}=0$ とすると　$t=-1$

$\dfrac{dy}{dt}=0$ とすると　$t=-\dfrac{1}{4}$

よって，右のような表が得られる。

t	-2	$\cdots$	-1	$\cdots$	$-\frac{1}{4}$	$\cdots$	0
$\frac{dx}{dt}$	／	$-$	0	$+$	$+$	$+$	／
x	0	←	-1	→	$-\frac{7}{16}$	→	0
$\frac{dy}{dt}$	／	$-$	$-$	$-$	0	$+$	／
y	6	↓	1	↓	$-\frac{1}{8}$	↑	0

⇦まず，$\dfrac{dx}{dt}=0$，$\dfrac{dy}{dt}=0$ となる t の値を求めて，$-2\leqq t\leqq 0$ における x，y の値の変化を調べることで，曲線の概形をつかむ。
なお，$-2\leqq t\leqq 0$ のとき
$x=t(2+t)\leqq 0$
よって，曲線は $x\leqq 0$ の部分にある。

ゆえに，$-2 \leqq t \leqq -\frac{1}{4}$ における x を x_1，$-\frac{1}{4} \leqq t \leqq 0$ における x を x_2 とすると

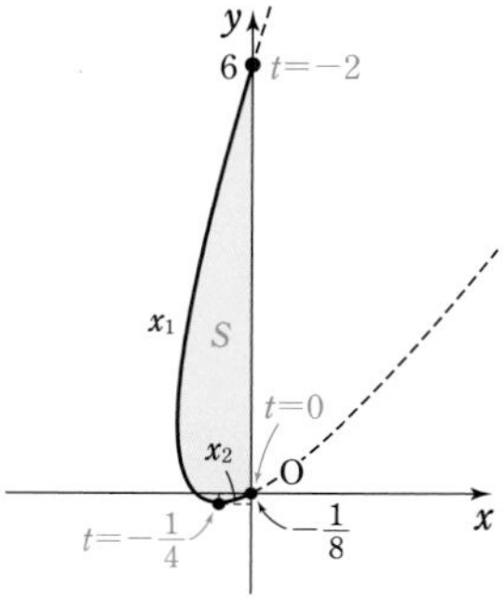

$$S=\int_{-\frac{1}{8}}^{6}(-x_1)\,dy-\int_{-\frac{1}{8}}^{0}(-x_2)\,dy$$

$$=-\int_{-\frac{1}{4}}^{-2}x\frac{dy}{dt}dt+\int_{-\frac{1}{4}}^{0}x\frac{dy}{dt}dt$$

⇐ $-\int_{-\frac{1}{4}}^{-2}=\int_{-2}^{-\frac{1}{4}}$

$$=\int_{-2}^{0}x\frac{dy}{dt}dt$$

$$=\int_{-2}^{0}(2t+t^2)(1+4t)\,dt=\int_{-2}^{0}(4t^3+9t^2+2t)\,dt$$

⇐ $x=2t+t^2$, $\frac{dy}{dt}=1+4t$ を代入。

$$=\Big[t^4+3t^3+t^2\Big]_{-2}^{0}=-(16-24+4)=\mathbf{4}$$

別解　$-2 \leqq t \leqq -1$ における y を y_1，$-1 \leqq t \leqq 0$ における y を y_2 とすると　$S=\int_{-1}^{0}(y_1-1)\,dx+\int_{-1}^{0}(1-y_2)\,dx$

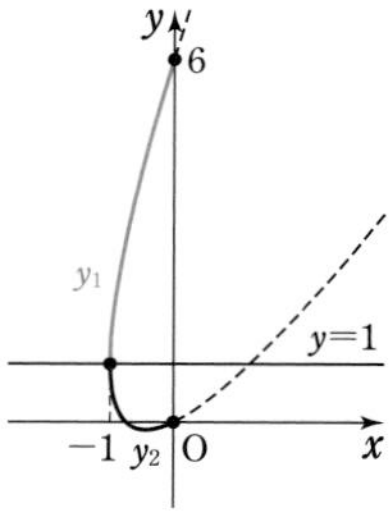

$$=\int_{-1}^{-2}(y-1)\frac{dx}{dt}dt-\int_{-1}^{0}(y-1)\frac{dx}{dt}dt$$

$$=\int_{0}^{-2}(t+2t^2-1)(2+2t)\,dt=2\int_{0}^{-2}(2t^3+3t^2-1)\,dt$$

$$=2\Big[\frac{1}{2}t^4+t^3-t\Big]_{0}^{-2}=\mathbf{4}$$

PR ④161　n は自然数とする。$(n-1)\pi \leqq x \leqq n\pi$ の範囲で，曲線 $y=x\sin x$ と x 軸によって囲まれた部分の面積を S_n とする。

(1) S_n を n の式で表せ。　(2) 無限級数 $\sum_{n=1}^{\infty}\frac{1}{S_nS_{n+1}}$ の和を求めよ。

(1) [1] n が奇数のとき

$(n-1)\pi \leqq x \leqq n\pi$ において　$\sin x \geqq 0$

⇐ $n-1$ は偶数。

よって　$S_n=\int_{(n-1)\pi}^{n\pi}x\sin x\,dx$

⇐ **部分積分法**

$$=\Big[-x\cos x\Big]_{(n-1)\pi}^{n\pi}+\int_{(n-1)\pi}^{n\pi}\cos x\,dx$$

$$=n\pi+(n-1)\pi+\Big[\sin x\Big]_{(n-1)\pi}^{n\pi}=(2n-1)\pi$$

⇐ n が奇数のとき $\cos n\pi=-1$, $\cos(n-1)\pi=1$

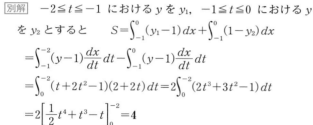

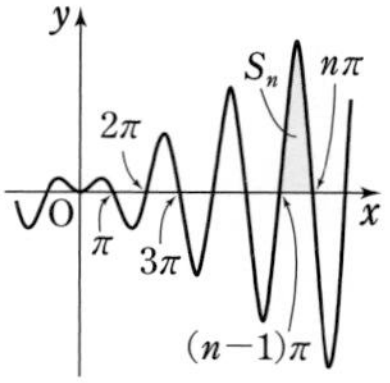

[2] n が偶数のとき

$(n-1)\pi \leqq x \leqq n\pi$ において　$\sin x \leqq 0$

よって　$S_n=-\int_{(n-1)\pi}^{n\pi}x\sin x\,dx$

$$=\Big[x\cos x\Big]_{(n-1)\pi}^{n\pi}-\int_{(n-1)\pi}^{n\pi}\cos x\,dx$$

$$=n\pi+(n-1)\pi-\Big[\sin x\Big]_{(n-1)\pi}^{n\pi}=(2n-1)\pi$$

⇐ n が偶数のとき $\cos n\pi=1$, $\cos(n-1)\pi=-1$

以上から　$\boldsymbol{S_n=(2n-1)\pi}$

(2) $\displaystyle\sum_{n=1}^{\infty}\frac{1}{S_nS_{n+1}}=\lim_{n\to\infty}\sum_{k=1}^{n}\frac{1}{S_kS_{k+1}}=\lim_{n\to\infty}\sum_{k=1}^{n}\frac{1}{(2k-1)\pi\cdot(2k+1)\pi}$

$\displaystyle=\lim_{n\to\infty}\frac{1}{2\pi^2}\sum_{k=1}^{n}\left(\frac{1}{2k-1}-\frac{1}{2k+1}\right)$　⇐部分分数に分解する。

$\displaystyle=\lim_{n\to\infty}\frac{1}{2\pi^2}\left\{\left(1-\frac{1}{3}\right)+\left(\frac{1}{3}-\frac{1}{5}\right)+\cdots\cdots+\left(\frac{1}{2n-1}-\frac{1}{2n+1}\right)\right\}$　⇐途中が消える。

$\displaystyle=\lim_{n\to\infty}\frac{1}{2\pi^2}\left(1-\frac{1}{2n+1}\right)=\boldsymbol{\frac{1}{2\pi^2}}$

PR ④162　a は1より大きい定数とする。曲線 $x^2-y^2=2$ と直線 $x=\sqrt{2}\,a$ で囲まれた図形の面積 S を，原点を中心とする $\frac{\pi}{4}$ の回転移動を考えることにより求めよ。　〔類　早稲田大〕

点 $(X,\ Y)$ を，原点を中心として $\frac{\pi}{4}$ だけ回転した点の座標を $(x,\ y)$ とすると，複素数平面上の点の回転移動を考えることにより

$$X+Yi=\left\{\cos\left(-\frac{\pi}{4}\right)+i\sin\left(-\frac{\pi}{4}\right)\right\}(x+yi)\quad\cdots\cdots①$$

が成り立つ。

⇐$X+Yi \underset{-\frac{\pi}{4}\text{回転}}{\overset{\frac{\pi}{4}\text{回転}}{\rightleftarrows}} x+yi$

① から　$X+Yi=\dfrac{1}{\sqrt{2}}(x+y)+\dfrac{1}{\sqrt{2}}(-x+y)i$

よって　$X=\dfrac{1}{\sqrt{2}}(x+y),\ Y=\dfrac{1}{\sqrt{2}}(-x+y)\quad\cdots\cdots②$　⇐複素数の相等。

点 $(X,\ Y)$ が曲線 $x^2-y^2=2$ 上にあるとすると

$X^2-Y^2=2$　すなわち　$(X+Y)(X-Y)=2$

② を代入して　$\sqrt{2}\,y\cdot\sqrt{2}\,x=2$　ゆえに　$y=\dfrac{1}{x}\quad\cdots\cdots③$

③ は曲線 $x^2-y^2=2$ を原点を中心として $\frac{\pi}{4}$ だけ回転した曲線の方程式である。

また，点 $(X,\ Y)$ が直線 $x=\sqrt{2}\,a$ 上にあるとすると

$X=\sqrt{2}\,a$　② を代入して　$\dfrac{1}{\sqrt{2}}(x+y)=\sqrt{2}\,a$

よって　$y=-x+2a\quad\cdots\cdots④$

④ は直線 $x=\sqrt{2}\,a$ を原点を中心として $\frac{\pi}{4}$ だけ回転した直線の方程式である。

⇐まず，曲線 $x^2-y^2=2$，直線 $x=\sqrt{2}\,a$ を，原点を中心として $\frac{\pi}{4}$ だけ回転した図形を求める（軌跡の考え方を利用）。

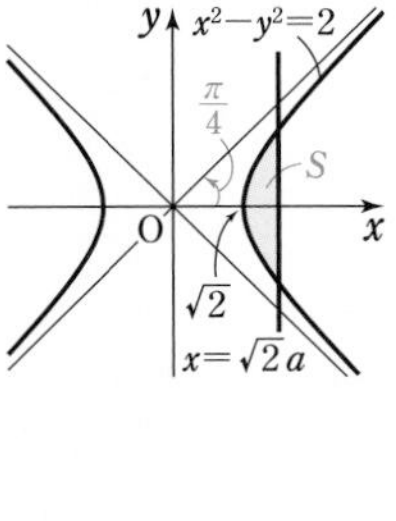

求める面積は，曲線 ③ と直線 ④ で囲まれた図形の面積 S に等しい。

③，④ から y を消去すると

$x^2-2ax+1=0$　⇐$\frac{1}{x}=-x+2a$

よって　$x=-(-a)\pm\sqrt{(-a)^2-1\cdot1}$　⇐解の公式を利用。

$=a\pm\sqrt{a^2-1}$

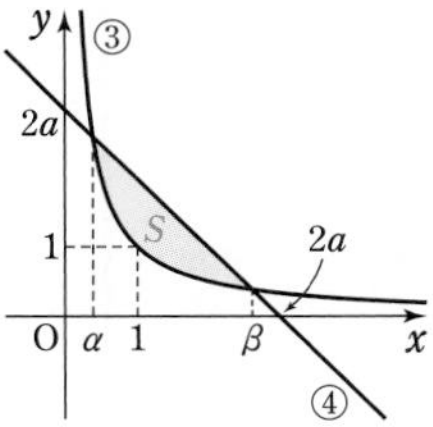

$\alpha=a-\sqrt{a^2-1}$, $\beta=a+\sqrt{a^2-1}$ とすると

$$S=\int_\alpha^\beta\left(-x+2a-\frac{1}{x}\right)dx=\left[-\frac{x^2}{2}+2ax-\log x\right]_\alpha^\beta$$

$$=-\frac{1}{2}(\beta^2-\alpha^2)+2a(\beta-\alpha)-\log\frac{\beta}{\alpha}$$

ここで，$\beta-\alpha=2\sqrt{a^2-1}$，$\beta+\alpha=2a$，$\frac{\beta}{\alpha}=(a+\sqrt{a^2-1})^2$ であるから

$$S=-\frac{1}{2}\cdot 2a\cdot 2\sqrt{a^2-1}^{\,*}+2a\cdot 2\sqrt{a^2-1}-2\log(a+\sqrt{a^2-1})$$

$$=\boldsymbol{2a\sqrt{a^2-1}-2\log(a+\sqrt{a^2-1})}$$

⇐$a>1$ から $\sqrt{a^2-1}>0$
よって　$\alpha<\beta$

⇐$\log\beta-\log\alpha=\log\frac{\beta}{\alpha}$

⇐$\frac{\beta}{\alpha}=\frac{a+\sqrt{a^2-1}}{a-\sqrt{a^2-1}}$
$=\frac{(a+\sqrt{a^2-1})^2}{a^2-(a^2-1)}$

＊$\beta^2-\alpha^2$
$=(\beta+\alpha)(\beta-\alpha)$

PR ④163

極方程式 $r=f(\theta)$ $(\alpha\leqq\theta\leqq\beta)$ で表される曲線上の点と極Oを結んだ線分が通過する領域の面積は $S=\frac{1}{2}\int_\alpha^\beta r^2d\theta$ と表される。これを用いて，極方程式 $r=1+\sin\frac{\theta}{2}$ $(0\leqq\theta\leqq\pi)$ で表される曲線 C と x 軸で囲まれる領域の面積を求めよ。

$0\leqq\theta\leqq\pi$ のとき，$0\leqq\frac{\theta}{2}\leqq\frac{\pi}{2}$ から　　$1+\sin\frac{\theta}{2}>0$

よって，曲線 C の概形は右の図のようになるから，求める面積 S は

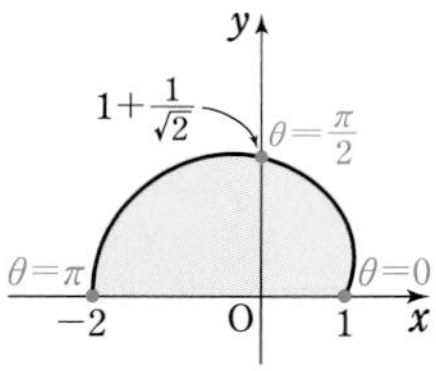

$$S=\frac{1}{2}\int_0^\pi\left(1+\sin\frac{\theta}{2}\right)^2d\theta$$

$$=\frac{1}{2}\int_0^\pi\left(1+2\sin\frac{\theta}{2}+\sin^2\frac{\theta}{2}\right)d\theta$$

$$=\frac{1}{2}\int_0^\pi\left(1+2\sin\frac{\theta}{2}+\frac{1-\cos\theta}{2}\right)d\theta$$

$$=\frac{1}{2}\left[\frac{3}{2}\theta-4\cos\frac{\theta}{2}-\frac{1}{2}\sin\theta\right]_0^\pi$$

$$=\boldsymbol{\frac{3}{4}\pi+2}$$

⇐$r>0$，$0\leqq\theta\leqq\pi$ であるから，曲線 C は x 軸およびその上側にある。

⇐$\theta=0$ のとき $r=1$，
$\theta=\frac{\pi}{2}$ のとき $r=1+\frac{1}{\sqrt{2}}$，
$\theta=\pi$ のとき $r=2$

PR ②164

関数 $y=\sin x$ $(0\leqq x\leqq\pi)$ の表す曲線上に点Pがある。点Pを通り y 軸に平行な直線が x 軸と交わる点をQとする。線分PQを1辺とする正方形を xy 平面の一方の側に垂直に作る。点Pの x 座標が0から π まで変わるとき，この正方形が通過してできる立体の体積 V を求めよ。

$\mathrm{P}(x,\ \sin x)$ とすると　　$\mathrm{PQ}=\sin x$

正方形の面積を $S(x)$ とすると

$S(x)=\mathrm{PQ}^2=\sin^2x$

よって，求める体積 V は

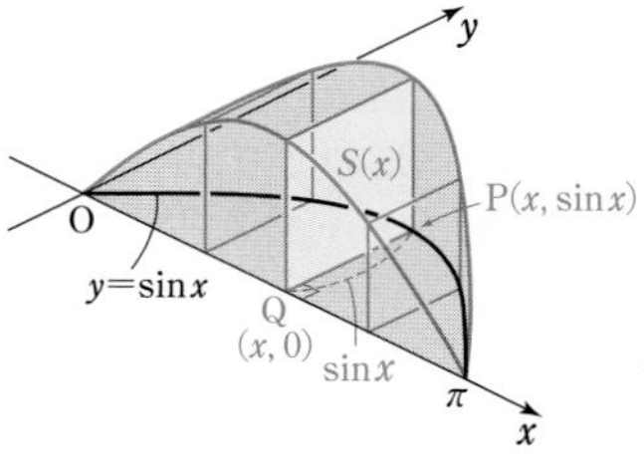

$$V=\int_0^\pi S(x)\,dx=\int_0^\pi\sin^2x\,dx=\int_0^\pi\frac{1-\cos 2x}{2}dx$$

$$=\frac{1}{2}\left[x-\frac{1}{2}\sin 2x\right]_0^\pi=\boldsymbol{\frac{\pi}{2}}$$

PR
②**165**

底面の半径 a，高さ $2a$ の直円柱を底面の直径を含み底面に垂直な平面で切って得られる半円柱がある。底面の直径を AB，上面の半円の弧の中点をCとして，3点 A，B，C を通る平面でこの半円柱を2つに分けるとき，その下側の立体の体積 V を求めよ。

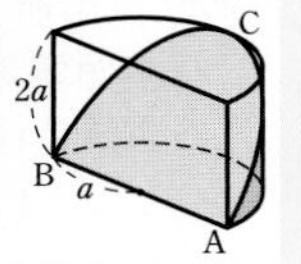

右の図のように，AB の中点Oを原点，直線 AB を x 軸にとり，線分 AB 上に点Pをとる。P を通り x 軸に垂直な平面による切り口は，$\angle Q=90°$ の直角三角形 PQR となる。

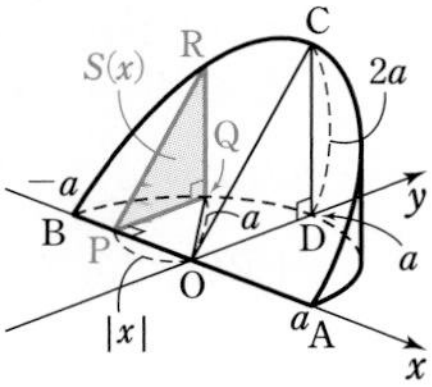

点Pの x 座標を x とすると

$$PQ=\sqrt{OQ^2-OP^2}=\sqrt{a^2-x^2}$$

また，$\triangle PQR \backsim \triangle ODC$ であるから

$$PQ:QR=OD:DC=a:2a=1:2$$

ゆえに　$QR=2PQ=2\sqrt{a^2-x^2}$

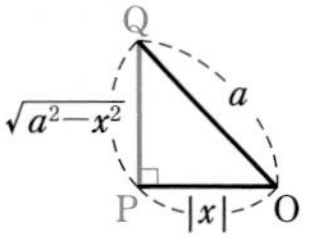

よって，$\triangle PQR$ の面積を $S(x)$ とすると

$$S(x)=\frac{1}{2}PQ\cdot QR=a^2-x^2$$

したがって，求める体積 V は

$$V=\int_{-a}^{a}(a^2-x^2)\,dx=2\int_0^a(a^2-x^2)\,dx$$

$$=2\left[a^2x-\frac{x^3}{3}\right]_0^a=\boldsymbol{\frac{4}{3}a^3}$$

⇦点PはBからAまで動くから，積分区間は
　$-a \leqq x \leqq a$

別解　右の図のように，AB の中点Oを原点，弧 AB の中点をDとして，直線 OD を y 軸にとり，線分 OD 上に点Qをとる。

Qを通り y 軸に垂直な平面による切り口は右の図のような長方形となる。

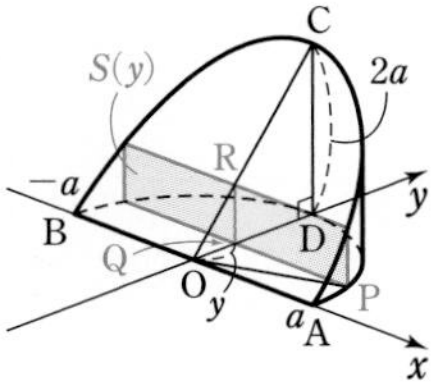

2点 P，R を図のようにとり，点Qの y 座標を y とすると

$$PQ=\sqrt{OP^2-OQ^2}=\sqrt{a^2-y^2}$$

また，$\triangle OQR \backsim \triangle ODC$ であるから

$$OQ:QR=OD:DC=a:2a=1:2$$

ゆえに　$QR=2OQ=2y$

よって，断面積を $S(y)$ とすると

$$S(y)=2PQ\cdot QR=4y\sqrt{a^2-y^2}$$

⇦長方形の縦の長さは QR，横の長さは 2PQ

したがって，求める体積 V は

$$V=\int_0^a 4y\sqrt{a^2-y^2}\,dy$$

$$=-2\int_0^a\sqrt{a^2-y^2}\,(a^2-y^2)'\,dy$$

$$=-2\left[\frac{2}{3}(a^2-y^2)^{\frac{3}{2}}\right]_0^a=-2\left\{-\frac{2}{3}(a^2)^{\frac{3}{2}}\right\}$$

$$=\boldsymbol{\frac{4}{3}a^3}$$

⇦点QはOからDまで動くから，積分区間は
　$0 \leqq y \leqq a$

6章
PR

補足 (本冊 $p.263$ ズーム UP の補足)

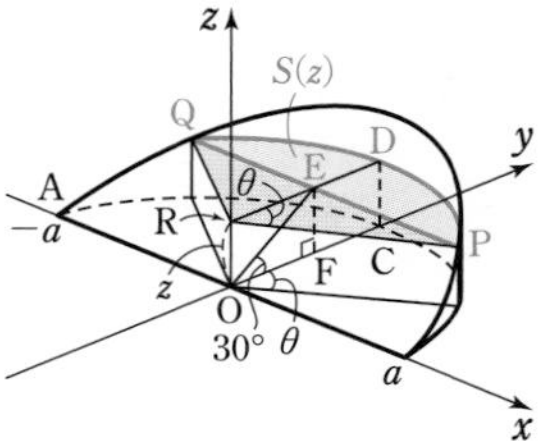

基本例題 165 について，z 軸に垂直な平面で切断する方法で体積を求める。

点 $R(0,\ 0,\ z)$ $\left(0\leqq z\leqq\dfrac{a}{\sqrt{3}}\right)$ を通り，z 軸に垂直な平面で切断したときの断面は，右の図の扇形 RPQ から △RPQ を除いた弓形の図形である。

図のように $\angle\mathrm{PRE}=\theta$ $\left(0\leqq\theta\leqq\dfrac{\pi}{2}\right)$ とすると，

$\angle\mathrm{PRQ}=2\theta$ であるから

(扇形 RPQ の面積)$=\dfrac{1}{2}a^2\cdot2\theta=a^2\theta$

(△RPQ の面積)$=\dfrac{1}{2}a^2\sin2\theta=a^2\sin\theta\cos\theta$

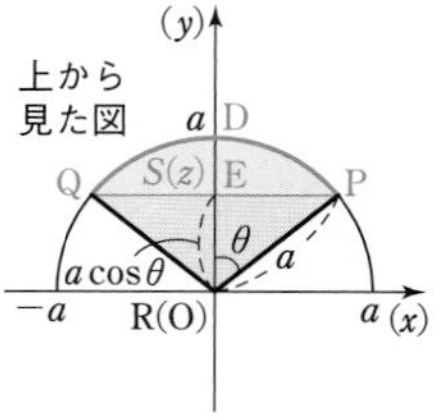

したがって，弓形の面積 $S(z)$ は

$$S(z)=a^2(\theta-\sin\theta\cos\theta)$$

また，△OEF において $\mathrm{OF}:\mathrm{FE}=\sqrt{3}:1$ であるから

$$z=\mathrm{FE}=\frac{1}{\sqrt{3}}\mathrm{OF}=\frac{1}{\sqrt{3}}\mathrm{RE}=\frac{1}{\sqrt{3}}\mathrm{PR}\cos\theta=\frac{a}{\sqrt{3}}\cos\theta$$

z	$0\longrightarrow\dfrac{a}{\sqrt{3}}$
θ	$\dfrac{\pi}{2}\longrightarrow0$

よって　$\dfrac{dz}{d\theta}=-\dfrac{a}{\sqrt{3}}\sin\theta$，$dz=-\dfrac{a}{\sqrt{3}}\sin\theta\,d\theta$

ゆえに
$$V=\int_0^{\frac{a}{\sqrt{3}}}S(z)\,dz$$
$$=\int_{\frac{\pi}{2}}^0a^2(\theta-\sin\theta\cos\theta)\left(-\frac{a}{\sqrt{3}}\sin\theta\right)d\theta$$
$$=\frac{a^3}{\sqrt{3}}\int_0^{\frac{\pi}{2}}(\theta-\sin\theta\cos\theta)\sin\theta\,d\theta$$
$$=\frac{a^3}{\sqrt{3}}\int_0^{\frac{\pi}{2}}(\theta\sin\theta-\sin^2\theta\cos\theta)\,d\theta$$

⇐置換積分法

ここで
$$\int_0^{\frac{\pi}{2}}\theta\sin\theta\,d\theta=\Big[\theta(-\cos\theta)\Big]_0^{\frac{\pi}{2}}+\int_0^{\frac{\pi}{2}}\cos\theta\,d\theta$$
$$=0+\Big[\sin\theta\Big]_0^{\frac{\pi}{2}}=1$$

⇐部分積分法

$$\int_0^{\frac{\pi}{2}}\sin^2\theta\cos\theta\,d\theta=\int_0^{\frac{\pi}{2}}\sin^2\theta(\sin\theta)'\,d\theta$$
$$=\left[\frac{1}{3}\sin^3\theta\right]_0^{\frac{\pi}{2}}=\frac{1}{3}$$

よって
$$V=\frac{a^3}{\sqrt{3}}\left(1-\frac{1}{3}\right)=\boldsymbol{\frac{2\sqrt{3}}{9}a^3}$$

このように，z 軸に垂直な平面で切断する方法でも体積を求めることはできるが，x 軸に垂直な平面で切断する方法 (基本例題 165 の解答を参照) や，y 軸に垂直な平面で切断する方法 (本冊 $p.263$ ズーム UP 参照) と比べると，計算量が多いことがわかる。体積を求める際，断面積のとり方がポイントであることがわかるだろう。

PR ②**166**

次の曲線や直線で囲まれた部分を，x 軸の周りに1回転してできる立体の体積 V を求めよ。

(1) $y=2\sin 2x$，$y=\tan x$ $\left(0\leqq x<\dfrac{\pi}{2}\right)$　　(2) $y=\cos x$ $\left(0\leqq x\leqq\dfrac{\pi}{2}\right)$，$y=-\dfrac{2}{\pi}x+1$

(1)　2曲線の交点の x 座標は $2\sin 2x=\tan x$ を解いて

$$4\sin x\cos x=\frac{\sin x}{\cos x}$$

よって　$\sin x(4\cos^2 x-1)=0$

$0\leqq x<\dfrac{\pi}{2}$ であるから　$\sin x=0$，$\cos x=\dfrac{1}{2}$

⇐$\cos x>0$

これを解いて　$x=0$，$\dfrac{\pi}{3}$

ゆえに，2曲線の位置関係は右の図のようになり，

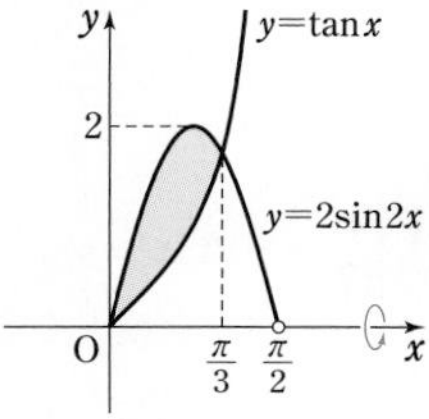

$0\leqq x\leqq\dfrac{\pi}{3}$ のとき　$2\sin 2x\geqq\tan x$

よって　$V=\pi\displaystyle\int_0^{\frac{\pi}{3}}\{(2\sin 2x)^2-\tan^2 x\}dx$

$$=\pi\int_0^{\frac{\pi}{3}}(4\sin^2 2x-\tan^2 x)dx$$

$$=\pi\int_0^{\frac{\pi}{3}}\left\{2(1-\cos 4x)-\left(\frac{1}{\cos^2 x}-1\right)\right\}dx$$

⇐$\sin^2 2x=\dfrac{1-\cos 4x}{2}$

$\tan^2 x=\dfrac{1}{\cos^2 x}-1$

$$=\pi\int_0^{\frac{\pi}{3}}\left(3-2\cos 4x-\frac{1}{\cos^2 x}\right)dx$$

$$=\pi\left[3x-\frac{1}{2}\sin 4x-\tan x\right]_0^{\frac{\pi}{3}}$$

⇐$\sin\dfrac{4}{3}\pi=-\dfrac{\sqrt{3}}{2}$

$\tan\dfrac{\pi}{3}=\sqrt{3}$

$$=\pi\left(\pi+\frac{1}{2}\cdot\frac{\sqrt{3}}{2}-\sqrt{3}\right)$$

$$=\boldsymbol{\pi\left(\pi-\frac{3\sqrt{3}}{4}\right)}$$

(2)　$0\leqq x\leqq\dfrac{\pi}{2}$ において

$$\cos x\geqq-\frac{2}{\pi}x+1\geqq 0$$

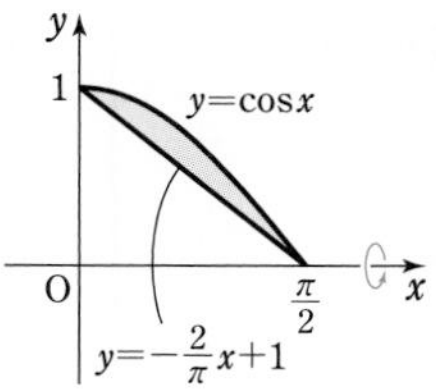

inf.　曲線と直線の交点の x 座標を求めるには，方程式を解くよりも図をかいた方が早い場合もある。

よって

$$V=\pi\int_0^{\frac{\pi}{2}}\left\{\cos^2 x-\left(-\frac{2}{\pi}x+1\right)^2\right\}dx$$

$$=\pi\int_0^{\frac{\pi}{2}}\left(\frac{1+\cos 2x}{2}-\frac{4}{\pi^2}x^2+\frac{4}{\pi}x-1\right)dx$$

$$=\pi\left[\frac{1}{4}\sin 2x-\frac{4}{3\pi^2}x^3+\frac{2}{\pi}x^2-\frac{1}{2}x\right]_0^{\frac{\pi}{2}}$$

$$=\pi\left(-\frac{\pi}{6}+\frac{\pi}{2}-\frac{\pi}{4}\right)$$

$$=\boldsymbol{\frac{\pi^2}{12}}$$

別解　曲線 $y=\cos x\left(0\leqq x\leqq\frac{\pi}{2}\right)$ と x 軸および y 軸で囲まれた部分を x 軸の周りに 1 回転してできる立体の体積を V_1 とし，底面の半径が 1，高さが $\frac{\pi}{2}$ の直円錐の体積を V_2 とすると

$$V=V_1-V_2=\pi\int_0^{\frac{\pi}{2}}\cos^2 x\,dx-\frac{1}{3}\pi\cdot1^2\cdot\frac{\pi}{2}$$

$$=\pi\int_0^{\frac{\pi}{2}}\frac{1+\cos 2x}{2}dx-\frac{\pi^2}{6}=\frac{\pi}{2}\left[x+\frac{1}{2}\sin 2x\right]_0^{\frac{\pi}{2}}-\frac{\pi^2}{6}$$

$$=\frac{\pi^2}{4}-\frac{\pi^2}{6}=\boldsymbol{\frac{\pi^2}{12}}$$

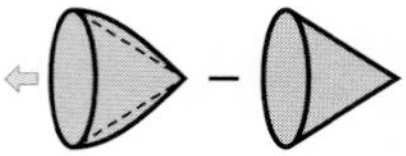

PR ③167

不等式 $-\sin x\leqq y\leqq\cos 2x$，$0\leqq x\leqq\frac{\pi}{2}$ で定められる領域を x 軸の周りに 1 回転してできる立体の体積 V を求めよ。 〔類 神戸大〕

問題の領域は，右の図の 2 曲線 $y=-\sin x$，$y=\cos 2x$ と y 軸で囲まれた部分である。

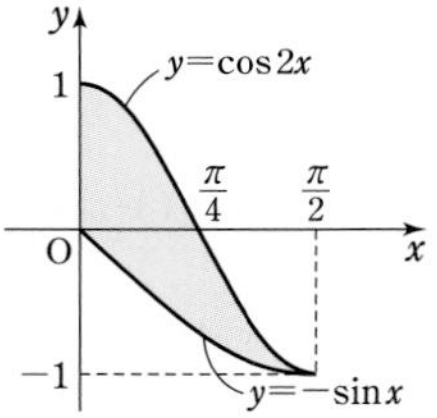

⇐ 2 曲線の交点の座標は図をかいた方が早い。

CHART 回転体では図形を回転軸の一方に集結

この領域の x 軸より下側の部分を x 軸の上側に折り返したときに新たにできる交点の x 座標は $\cos 2x=\sin x$ の解である。

よって　　$1-2\sin^2 x=\sin x$

ゆえに　　$(\sin x+1)(2\sin x-1)=0$

$0\leqq x\leqq\frac{\pi}{2}$ であるから　　$\sin x=\frac{1}{2}$

⇐ 2 倍角の公式

これを解いて　　$x=\frac{\pi}{6}$

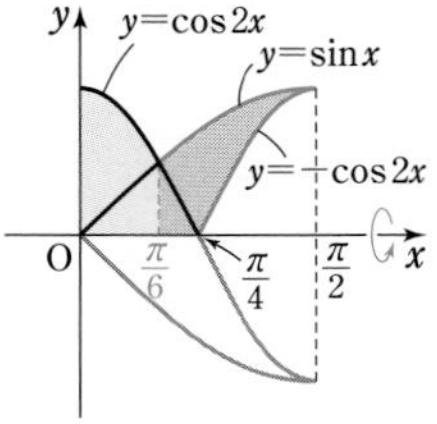

右の図から，求める体積 V は

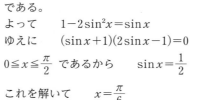

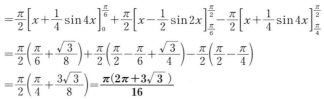

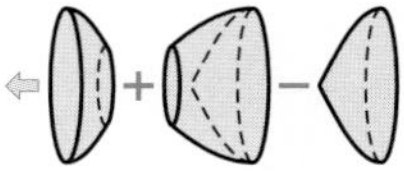

$$V=\pi\int_0^{\frac{\pi}{6}}\cos^2 2x\,dx+\pi\int_{\frac{\pi}{6}}^{\frac{\pi}{2}}\sin^2 x\,dx$$

$$-\pi\int_{\frac{\pi}{4}}^{\frac{\pi}{2}}\cos^2 2x\,dx$$

$$=\frac{\pi}{2}\int_0^{\frac{\pi}{6}}(1+\cos 4x)\,dx+\frac{\pi}{2}\int_{\frac{\pi}{6}}^{\frac{\pi}{2}}(1-\cos 2x)\,dx$$

⇐ 2 倍角の公式

$$-\frac{\pi}{2}\int_{\frac{\pi}{4}}^{\frac{\pi}{2}}(1+\cos 4x)\,dx$$

$$=\frac{\pi}{2}\left[x+\frac{1}{4}\sin 4x\right]_0^{\frac{\pi}{6}}+\frac{\pi}{2}\left[x-\frac{1}{2}\sin 2x\right]_{\frac{\pi}{6}}^{\frac{\pi}{2}}-\frac{\pi}{2}\left[x+\frac{1}{4}\sin 4x\right]_{\frac{\pi}{4}}^{\frac{\pi}{2}}$$

$$=\frac{\pi}{2}\left(\frac{\pi}{6}+\frac{\sqrt{3}}{8}\right)+\frac{\pi}{2}\left(\frac{\pi}{2}-\frac{\pi}{6}+\frac{\sqrt{3}}{4}\right)-\frac{\pi}{2}\left(\frac{\pi}{2}-\frac{\pi}{4}\right)$$

$$=\frac{\pi}{2}\left(\frac{\pi}{4}+\frac{3\sqrt{3}}{8}\right)=\boldsymbol{\frac{\pi(2\pi+3\sqrt{3})}{16}}$$

PR ②168 次の曲線や直線で囲まれた部分を y 軸の周りに1回転してできる回転体の体積 V を求めよ。
(1) $y=\log(x^2+1)$ $(0\leqq x\leqq 1)$, $y=\log 2$, y 軸　(2) $y=e^x$, $y=e$, y 軸　[(2) 類 早稲田大]

(1) $y=\log(x^2+1)$ から　$x^2+1=e^y$
すなわち　$x^2=e^y-1$
$0\leqq x\leqq 1$ では $0\leqq y\leqq \log 2$ である。

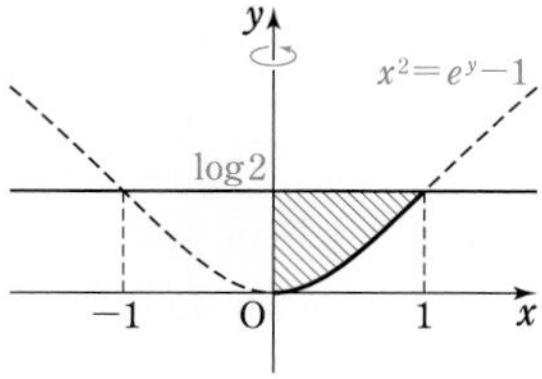

よって　$V=\pi\int_0^{\log 2}x^2dy$
$=\pi\int_0^{\log 2}(e^y-1)dy$
$=\pi\Big[e^y-y\Big]_0^{\log 2}=\pi(2-\log 2-1)$
$=\boldsymbol{(1-\log 2)\pi}$

⇐ $e^{\log 2}=2$

別解　$y=\log(x^2+1)$ から　$\dfrac{dy}{dx}=\dfrac{2x}{x^2+1}$
よって　$V=\pi\int_0^{\log 2}x^2dy=\pi\int_0^1 x^2\cdot\dfrac{2x}{x^2+1}dx$
$=\pi\int_0^1\left(2x-\dfrac{2x}{x^2+1}\right)dx$
$=\pi\Big[x^2-\log(x^2+1)\Big]_0^1=\boldsymbol{(1-\log 2)\pi}$

⇐**置換積分法**

(2) $y=e^x$ から　$x=\log y$
y 軸との交点の y 座標は $x=0$ とすると
$0=\log y$ から　$y=1$

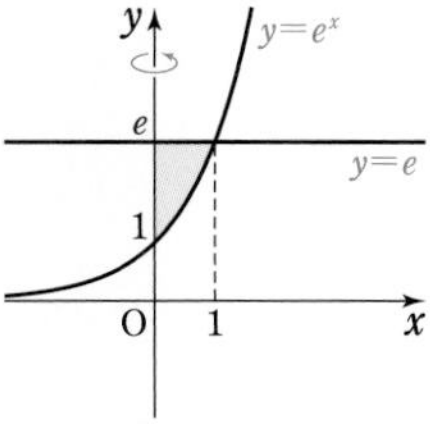

よって　$V=\pi\int_1^e(\log y)^2dy$
$=\pi\left\{\Big[y(\log y)^2\Big]_1^e-\int_1^e y\cdot\left(2\log y\cdot\dfrac{1}{y}\right)dy\right\}$
$=\pi\left(e-2\int_1^e\log y\,dy\right)=\pi\left(e-2\Big[y\log y-y\Big]_1^e\right)$
$=\boldsymbol{(e-2)\pi}$

⇐ $\int\log x\,dx$
$=x\log x-x+C$

PR ③169 (1) 曲線 $y=x^3-2x^2+3$ と x 軸, y 軸で囲まれた部分を y 軸の周りに1回転してできる立体の体積 V を求めよ。
(2) 関数 $f(x)=xe^x+\dfrac{e}{2}$ について，曲線 $y=f(x)$ と y 軸および直線 $y=f(1)$ で囲まれた図形を y 軸の周りに1回転してできる立体の体積 V を求めよ。　[(2) 類 東京理科大]

(1) $y=x^3-2x^2+3=(x+1)(x^2-3x+3)$
$x^2-3x+3=\left(x-\dfrac{3}{2}\right)^2+\dfrac{3}{4}>0$
$y'=3x^2-4x=x(3x-4)$
よって，題意の部分は右の図の赤い部分になる。
ゆえに　$V=\pi\int_0^3 x^2dy$

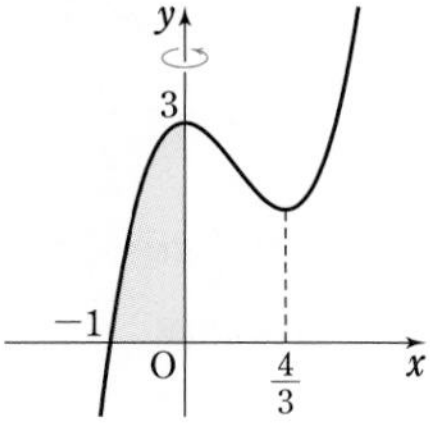

ここで，$y'=3x^2-4x$ から　$dy=(3x^2-4x)\,dx$

y と x の対応は右のようになるから

y	$0 \longrightarrow 3$
x	$-1 \longrightarrow 0$

$$V=\pi\int_0^3 x^2dy=\pi\int_{-1}^0 x^2(3x^2-4x)\,dx$$

$$=\pi\int_{-1}^0(3x^4-4x^3)\,dx=\pi\left[\frac{3}{5}x^5-x^4\right]_{-1}^0=\boldsymbol{\frac{8}{5}\pi}$$

⇐$\pi\left\{0-\left(-\frac{3}{5}-1\right)\right\}=\frac{8}{5}\pi$

別解　本冊 $p.268$ のバウムクーヘン分割を利用。

$-1\leqq x\leqq 0$ のとき $x\leqq 0$，$f(x)\geqq 0$ であるから

$$V=2\pi\int_{-1}^0(-x)y\,dx=-2\pi\int_{-1}^0 x(x^3-2x^2+3)\,dx$$

$$=-2\pi\int_{-1}^0(x^4-2x^3+3x)\,dx$$

$$=-2\pi\left[\frac{x^5}{5}-\frac{x^4}{2}+\frac{3}{2}x^2\right]_{-1}^0=\boldsymbol{\frac{8}{5}\pi}$$

(2)　$f'(x)=e^x+xe^x=(1+x)e^x$

$$\lim_{x\to\infty}f(x)=\infty,\quad \lim_{x\to-\infty}f(x)=\frac{e}{2},\quad f(1)=\frac{3}{2}e,\quad f(0)=\frac{e}{2}$$

よって，題意の部分は右の図の赤い部分になる。

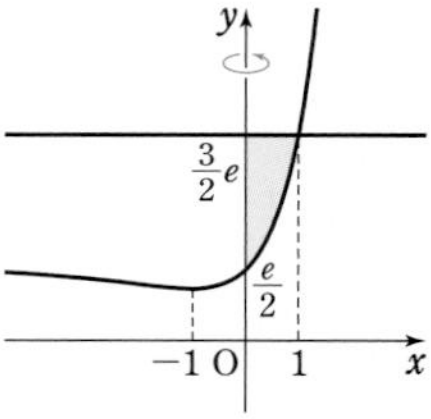

$y=f(x)$ から　$dy=f'(x)dx$

y と x の対応は右のようになるから

y	$\frac{e}{2} \longrightarrow \frac{3}{2}e$
x	$0 \longrightarrow 1$

$$V=\pi\int_{\frac{e}{2}}^{\frac{3}{2}e}x^2dy=\pi\int_0^1 x^2f'(x)\,dx$$

$$=\pi\Big[x^2f(x)\Big]_0^1-2\pi\int_0^1 xf(x)\,dx$$

⇐**部分積分法**

$$=\frac{3}{2}\pi e-2\pi\int_0^1\left(x^2e^x+\frac{e}{2}x\right)dx$$

$$=\frac{3}{2}\pi e-2\pi\int_0^1 x^2e^xdx-\pi e\int_0^1 x\,dx$$

ここで　$\displaystyle\int_0^1 x^2e^xdx=\Big[x^2e^x\Big]_0^1-2\int_0^1 xe^xdx$

⇐**部分積分法**を 2 回適用。

$$=e-2\left(\Big[xe^x\Big]_0^1-\int_0^1 e^xdx\right)=e-2\left(e-\Big[e^x\Big]_0^1\right)$$

$$=e-2\{e-(e-1)\}=e-2$$

$$\int_0^1 x\,dx=\left[\frac{x^2}{2}\right]_0^1=\frac{1}{2}$$

したがって　$V=\frac{3}{2}\pi e-2\pi(e-2)-\frac{1}{2}\pi e=\boldsymbol{\pi(4-e)}$

別解　本冊 $p.268$ のバウムクーヘン分割を利用。

$0\leqq x\leqq 1$ のとき $f(x)>0$，$f(1)=\frac{3}{2}e$ であるから

$$V=\pi\cdot 1^2\cdot\frac{3}{2}e-2\pi\int_0^1 xf(x)\,dx=\frac{3}{2}\pi e-2\pi\int_0^1 x\left(xe^x+\frac{e}{2}\right)dx$$

$$=\frac{3}{2}\pi e-2\pi\int_0^1 x^2e^xdx-\pi e\int_0^1 x\,dx$$

以下同様。

⇐半径 1，高さ $\frac{3}{2}e$ の円柱から，曲線と y 軸，x 軸および直線 $x=1$ で囲まれた部分を y 軸の周りに 1 回転した回転体の体積を引く。

問題
(本冊 p.268)

区間 $[a,\ b]\ (0 \leqq a < b)$ において $f(x) \geqq 0$ であるとき，曲線 $y=f(x)$，x 軸，直線 $x=a$，$x=b$ で囲まれた部分を y 軸の周りに1回転してできる立体の体積 V は

$$V=2\pi\int_a^b xf(x)\,dx \quad \cdots\cdots \text{Ⓐ}$$

で与えられる（バウムクーヘン分割）。
$y=\sin x\ (0 \leqq x \leqq \pi)$ と x 軸で囲まれた部分を y 軸の周りに1回転してできる立体の体積 V を公式 Ⓐ を利用しない方法と，利用する方法の2通りで求めよ。

解法1　公式 Ⓐ（バウムクーヘン分割）を利用しない方法

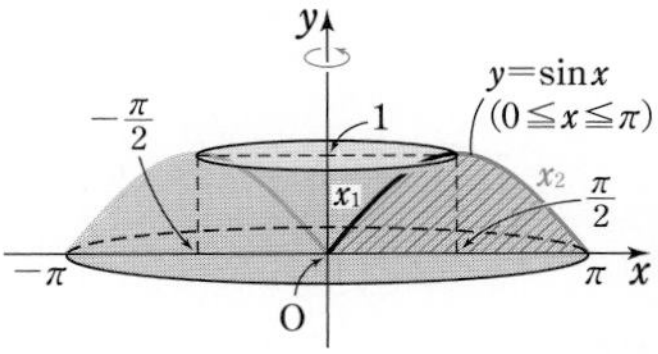

$y=\sin x\ (0 \leqq x \leqq \pi)$ のグラフの $0 \leqq x \leqq \dfrac{\pi}{2}$ の部分の x 座標を x_1 とし，$\dfrac{\pi}{2} \leqq x \leqq \pi$ の部分の x 座標を x_2 とする。
このとき，体積 V は

$$V=\pi\int_0^1 x_2{}^2\,dy-\pi\int_0^1 x_1{}^2\,dy$$

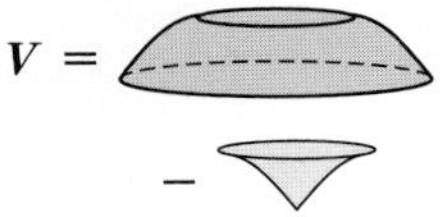

ここで，$y=\sin x$ から　$dy=\cos x\,dx$
積分区間の対応は
　x_1 については [1]，
　x_2 については [2]
のようになる。

[1]

y	$0 \longrightarrow 1$
x	$0 \longrightarrow \dfrac{\pi}{2}$

[2]

y	$0 \longrightarrow 1$
x	$\pi \longrightarrow \dfrac{\pi}{2}$

よって

$$V=\pi\int_\pi^{\frac{\pi}{2}} x^2\cos x\,dx-\pi\int_0^{\frac{\pi}{2}} x^2\cos x\,dx=-\pi\int_0^\pi x^2\cos x\,dx$$

$$=-\pi\left(\Big[x^2\sin x\Big]_0^\pi-2\int_0^\pi x\sin x\,dx\right)$$

$$=2\pi\left(\Big[-x\cos x\Big]_0^\pi+\int_0^\pi \cos x\,dx\right)=2\pi\left(\pi+\Big[\sin x\Big]_0^\pi\right)=\boldsymbol{2\pi^2}$$

解法2　公式 Ⓐ（バウムクーヘン分割）を利用する方法

$$V=2\pi\int_0^\pi x\sin x\,dx=2\pi\left(\Big[-x\cos x\Big]_0^\pi+\int_0^\pi \cos x\,dx\right)=2\pi\left(\pi+\Big[\sin x\Big]_0^\pi\right)=\boldsymbol{2\pi^2}$$

問題
(本冊 p.269)

右図の斜線部分は，$0 \leqq x \leqq \dfrac{\pi}{2}$ において，曲線 $y=\sin x$ と曲線 $y=1-\cos x$ で囲まれた図形である。

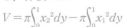

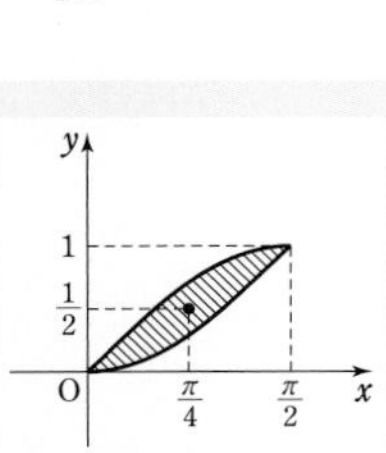

(1)　この図形の面積 S を求めよ。
(2)　この図形を x 軸の周りに1回転させたときにできる立体の体積 V を求めよ。
(3)　(1) と (2) で求めた S，V について，

$$V=S\times\left\{\text{図形の点対称の中心}\left(\frac{\pi}{4},\ \frac{1}{2}\right)\text{が1回転の間に動いた距離}\right\}$$

という関係が成り立つことを示せ。　〔類　図書館情報大〕

(1)　$S=\displaystyle\int_0^{\frac{\pi}{2}}\{\sin x-(1-\cos x)\}\,dx$

$$=\Big[-\cos x-x+\sin x\Big]_0^{\frac{\pi}{2}}=\boldsymbol{2-\frac{\pi}{2}}$$

(2) $\sin^2 x-(1-\cos x)^2=\sin^2 x-1+2\cos x-\cos^2 x$
$=2\cos x-\cos 2x-1$

⇐$\cos^2 x-\sin^2 x=\cos 2x$

よって　$V=\pi\int_0^{\frac{\pi}{2}}(2\cos x-\cos 2x-1)\,dx$

$=\pi\left[2\sin x-\frac{1}{2}\sin 2x-x\right]_0^{\frac{\pi}{2}}=\boldsymbol{\pi\left(2-\frac{\pi}{2}\right)}$

(3) 点対称の中心は，半径 $\frac{1}{2}$ の円周を描くから，その長さは

$2\times\pi\times\frac{1}{2}=\pi$

よって，$S\times\pi=\left(2-\frac{\pi}{2}\right)\pi=V$ となり，与えられた関係式を満たす。

⇐(3) で与えられた関係式を **パップス-ギュルダンの定理** という。
(本冊 $p.269$ 参照)

PR ③170

曲線 $C：x=\cos t,\ y=2\sin^3 t\ \left(0\leqq t\leqq\frac{\pi}{2}\right)$ がある。
(1) 曲線 C と x 軸および y 軸で囲まれる図形の面積を求めよ。
(2) (1) で考えた図形を y 軸の周りに 1 回転させて得られる回転体の体積を求めよ。　〔大阪工大〕

(1) $\frac{dx}{dt}=-\sin t,\ \frac{dy}{dt}=6\sin^2 t\cos t$

$y=0$ とすると　$\sin^3 t=0\ \left(0\leqq t\leqq\frac{\pi}{2}\right)$

したがって　$t=0$　　このとき　$x=1$

$x,\ y$ の増減は左下の表のようになり，曲線 C の概形は右下の図のようになる。

⇐図は，面積が求められる程度の簡単なものでよい。極値や変曲点は必要ない。

t	0	…	$\frac{\pi}{2}$
$\frac{dx}{dt}$	／	$-$	／
x	1	←	0
$\frac{dy}{dt}$	／	$+$	／
y	0	↑	2

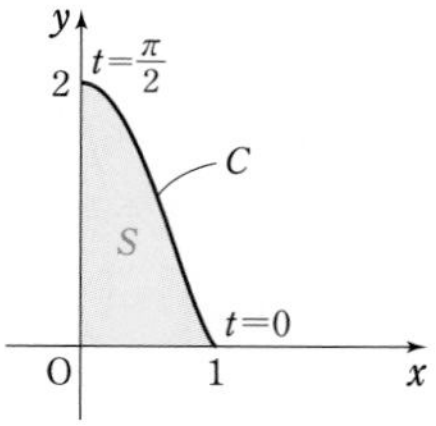

ゆえに，求める面積を S とすると，$dx=-\sin t\,dt$ から

x	$0\longrightarrow 1$
t	$\frac{\pi}{2}\longrightarrow 0$

$S=\int_0^1 y\,dx=\int_{\frac{\pi}{2}}^0 2\sin^3 t(-\sin t)\,dt$

$=\int_0^{\frac{\pi}{2}}2\sin^4 t\,dt=\int_0^{\frac{\pi}{2}}2\left(\frac{1-\cos 2t}{2}\right)^2 dt$

$=\int_0^{\frac{\pi}{2}}\left(\frac{1}{2}-\cos 2t+\frac{1}{2}\cos^2 2t\right)dt$

$=\int_0^{\frac{\pi}{2}}\left(\frac{1}{2}-\cos 2t+\frac{1}{2}\cdot\frac{1+\cos 4t}{2}\right)dt$

$=\int_0^{\frac{\pi}{2}}\left(\frac{3}{4}-\cos 2t+\frac{1}{4}\cos 4t\right)dt$

inf.　$I_n=\int_0^{\frac{\pi}{2}}\sin^n x\,dx$ とすると，

$I_{2n}=\frac{2n-1}{2n}\cdot\cdots\cdot\frac{3}{4}\cdot\frac{1}{2}\cdot\frac{\pi}{2}$

(本冊 $p.219$ 参照) から

$I_4=\frac{3}{4}\cdot\frac{1}{2}\cdot\frac{\pi}{2}=\frac{3}{16}\pi$

よって　$S=2I_4=\boldsymbol{\frac{3}{8}\pi}$

$=\left[\frac{3}{4}t-\frac{1}{2}\sin 2t+\frac{1}{16}\sin 4t\right]_0^{\frac{\pi}{2}}=\boldsymbol{\frac{3}{8}\pi}$

(2)　求める体積を V とすると，$dy=6\sin^2 t\cos t\,dt$ から

$V=\pi\int_0^2 x^2 dy=\pi\int_0^{\frac{\pi}{2}}\cos^2 t\cdot 6\sin^2 t\cos t\,dt$

$=6\pi\int_0^{\frac{\pi}{2}}(1-\sin^2 t)\cdot\sin^2 t\cos t\,dt$

$=6\pi\int_0^{\frac{\pi}{2}}(\sin^2 t-\sin^4 t)\cos t\,dt$

y	$0 \longrightarrow 2$
t	$0 \longrightarrow \frac{\pi}{2}$

$\sin t=u$ とおくと　　$\cos t\,dt=du$

よって　　$V=6\pi\int_0^1(u^2-u^4)\,du$

$=6\pi\left[\frac{u^3}{3}-\frac{u^5}{5}\right]_0^1=\boldsymbol{\frac{4}{5}\pi}$

t	$0 \longrightarrow \frac{\pi}{2}$
u	$0 \longrightarrow 1$

inf.　$\int_0^{\frac{\pi}{2}}(\sin^2 t-\sin^4 t)\times\cos t\,dt$

$=\int_0^{\frac{\pi}{2}}(\sin^2 t-\sin^4 t)\times(\sin t)'\,dt$

$=\left[\frac{\sin^3 t}{3}-\frac{\sin^5 t}{5}\right]_0^{\frac{\pi}{2}}$

$=\frac{1}{3}-\frac{1}{5}=\frac{2}{15}$

6章
PR

PR ③171　水を満たした半径2の半球形の容器がある。これを静かに角 α 傾けたとき，水面が h だけ下がり，こぼれ出た水の量と容器に残った水の量の比が 11：5 になった。h と α の値を求めよ。ただし，α は弧度法で答えよ。　　［類　筑波大］

図のように座標軸をとる。

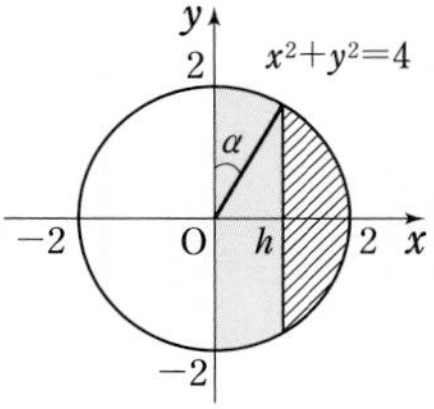

流れ出た水の量は，図の赤く塗った部分を x 軸の周りに1回転してできる回転体の体積に等しい。

その体積が全体の水の量の $\frac{11}{16}$ に等しいから

$\pi\int_0^h(\sqrt{4-x^2})^2 dx=\frac{11}{16}\left(\frac{1}{2}\cdot\frac{4}{3}\pi\cdot 2^3\right)^*$

すなわち　　$\int_0^h(4-x^2)\,dx=\frac{11}{3}$

ここで　　$\int_0^h(4-x^2)\,dx=\left[4x-\frac{x^3}{3}\right]_0^h=4h-\frac{h^3}{3}$

したがって　$4h-\frac{h^3}{3}=\frac{11}{3}$

整理して　　$h^3-12h+11=0$

ゆえに　　$(h-1)(h^2+h-11)=0$

よって　　$h=1,\ \frac{-1\pm3\sqrt{5}}{2}$

$0<h<2$ であるから　　$\boldsymbol{h=1}$

このとき　　$\boldsymbol{\alpha=\frac{\pi}{6}}$

inf.　水がこぼれ出た直後の状態は

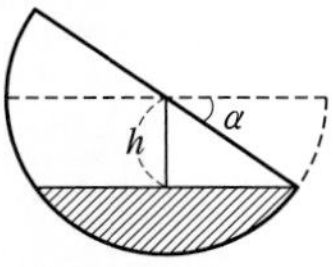

計算がしやすいように座標軸をとり，定積分によって流れ出た水の量を計算する。

＊球の体積の $\frac{1}{2}$ を考える。

⇦
1	0	−12	11	[1
	1	1	−11	
1	1	−11	0	

PR ⑤172　曲線 $C：y=x^3$ 上に2点 O(0, 0)，A(1, 1) をとる。曲線 C と線分 OA で囲まれた部分を，直線 OA の周りに1回転してできる回転体の体積 V を求めよ。

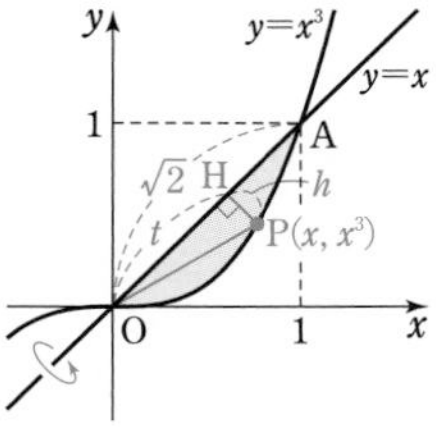

直線 OA の方程式は　　$y=x$

曲線C上の点 $\mathrm{P}(x,\ x^3)$ $(0\leqq x\leqq 1)$ から直線 OA に垂線 PH を下ろす。

$\mathrm{PH}=h$, $\mathrm{OH}=t$ とすると，$0\leqq x\leqq 1$ のとき $x\geqq x^3$ であるから

$$h=\frac{|x-x^3|}{\sqrt{1^2+(-1)^2}}=\frac{x-x^3}{\sqrt{2}}$$

⇐点 $(x_1,\ y_1)$ と直線 $ax+by+c=0$ の距離は $\dfrac{|ax_1+by_1+c|}{\sqrt{a^2+b^2}}$

直角三角形 OPH において　　$\mathrm{OH}^2=\mathrm{OP}^2-\mathrm{PH}^2$

よって　　$t^2=\mathrm{OP}^2-h^2$

$$=\{x^2+(x^3)^2\}-\left(\frac{x-x^3}{\sqrt{2}}\right)^2=\frac{(x+x^3)^2}{2}$$

⇐$(x^2+x^6)-\dfrac{x^2-2x^4+x^6}{2}$ $=\dfrac{x^2+2x^4+x^6}{2}=\dfrac{(x+x^3)^2}{2}$

$t\geqq 0$ であるから　　$t=\dfrac{x+x^3}{\sqrt{2}}$　　…… ①

$\mathrm{OA}=\sqrt{2}$ であるから，求める回転体の体積は

$$V=\pi\int_0^{\sqrt{2}} h^2 dt$$

t	$0\longrightarrow\sqrt{2}$
x	$0\longrightarrow 1$

⇐回転軸 OA に垂直な平面で切断したときの断面積は πh^2

① から　　$dt=\dfrac{1+3x^2}{\sqrt{2}}dx$

ゆえに　　$V=\pi\displaystyle\int_0^{\sqrt{2}} h^2 dt=\pi\int_0^1\left(\frac{x-x^3}{\sqrt{2}}\right)^2\cdot\frac{1+3x^2}{\sqrt{2}}dx$

$$=\frac{\pi}{2\sqrt{2}}\int_0^1(3x^8-5x^6+x^4+x^2)\,dx$$

$$=\frac{\pi}{2\sqrt{2}}\left[\frac{x^9}{3}-\frac{5}{7}x^7+\frac{x^5}{5}+\frac{x^3}{3}\right]_0^1$$

$$=\frac{\pi}{2\sqrt{2}}\cdot\frac{16}{105}=\boldsymbol{\frac{4\sqrt{2}}{105}\pi}$$

⇐$(x^2-2x^4+x^6)(1+3x^2)$ $=x^2-2x^4+x^6$ $+3x^4-6x^6+3x^8$ $=x^2+x^4-5x^6+3x^8$

PR ⑤173　rを正の実数とする。xyz 空間において，連立不等式 $x^2+y^2\leqq r^2$, $y^2+z^2\geqq r^2$, $z^2+x^2\leqq r^2$ を満たす点全体からなる立体の体積を，平面 $x=t$ $(0\leqq t\leqq r)$ による切り口を考えることにより求めよ。

平面 $x=t$ $(0\leqq t\leqq r)$ による切り口は $\begin{cases} y^2\leqq r^2-t^2 & \cdots\cdots ①\\ z^2\leqq r^2-t^2 & \cdots\cdots ②\\ y^2+z^2\geqq r^2 & \cdots\cdots ③\end{cases}$

⇐平面 $x=t$ はx軸に垂直。

で表される。①＋② と ③ から

$2r^2-2t^2\geqq r^2$　すなわち　$t^2\leqq\dfrac{r^2}{2}$

⇐①＋② は $y^2+z^2\leqq 2r^2-2t^2$

よって，切り口が存在するのは，

$0\leqq t\leqq\dfrac{r}{\sqrt{2}}$ のときである。

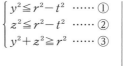

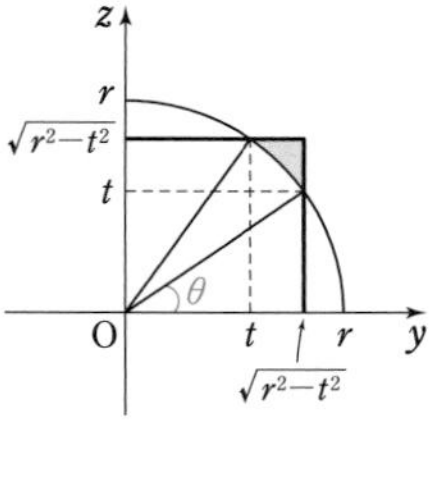

⇐① と ② で正方形の周とその内部。③ は円弧の外側と考える。

$x\geqq 0$, $y\geqq 0$, $z\geqq 0$ において考えると，切り口は右の図の赤く塗った部分になる。この面積を$S(t)$とする。また，図のようにθをとると

$$S(t)=(\sqrt{r^2-t^2})^2-2\cdot\frac{1}{2}\sqrt{r^2-t^2}\cdot t-\frac{1}{2}r^2\left(\frac{\pi}{2}-2\theta\right)$$
$$=r^2-t^2-t\sqrt{r^2-t^2}+r^2\left(\theta-\frac{\pi}{4}\right)$$

⇦半径 r，中心角 θ の扇形の面積は　$\frac{1}{2}r^2\theta$

また，$t=r\sin\theta$ であるから

$$dt=r\cos\theta\, d\theta$$

t と θ の対応は右のようになる。

t	$0 \longrightarrow \frac{r}{\sqrt{2}}$
θ	$0 \longrightarrow \frac{\pi}{4}$

よって，求める体積を V とすると

$$\frac{1}{8}V=\int_0^{\frac{r}{\sqrt{2}}}\left\{r^2-t^2-t\sqrt{r^2-t^2}+r^2\left(\theta-\frac{\pi}{4}\right)\right\}dt$$
$$=\int_0^{\frac{r}{\sqrt{2}}}\left(r^2-\frac{\pi}{4}r^2-t^2-t\sqrt{r^2-t^2}\right)dt+r^2\int_0^{\frac{r}{\sqrt{2}}}\theta\, dt$$
$$=\left[r^2\left(1-\frac{\pi}{4}\right)t-\frac{t^3}{3}+\frac{1}{3}(r^2-t^2)^{\frac{3}{2}}\right]_0^{\frac{r}{\sqrt{2}}}+r^2\int_0^{\frac{\pi}{4}}\theta r\cos\theta\, d\theta$$
$$=\frac{1}{\sqrt{2}}\left(1-\frac{\pi}{4}\right)r^3-\frac{r^3}{6\sqrt{2}}+\frac{r^3}{6\sqrt{2}}-\frac{r^3}{3}+r^3\left(\Big[\theta\sin\theta\Big]_0^{\frac{\pi}{4}}-\int_0^{\frac{\pi}{4}}\sin\theta\, d\theta\right)$$
$$=\frac{1}{\sqrt{2}}\left(1-\frac{\pi}{4}\right)r^3-\frac{r^3}{3}+r^3\left(\frac{\pi}{4}\cdot\frac{1}{\sqrt{2}}+\Big[\cos\theta\Big]_0^{\frac{\pi}{4}}\right)=r^3\left(\sqrt{2}-\frac{4}{3}\right)$$

⇦$x\geqq0$，$y\geqq0$，$z\geqq0$ の部分を考えて，最後に8倍する。

したがって　　$V=8\cdot\frac{1}{8}V=\boldsymbol{\left(8\sqrt{2}-\frac{32}{3}\right)r^3}$

6章 PR

PR ⑤174　xyz 空間において，2点 P(1, 0, 1)，Q(−1, 1, 0) を考える。線分 PQ を x 軸の周りに1回転して得られる立体を S とする。立体 S と，2つの平面 $x=1$ および $x=-1$ で囲まれる立体の体積を求めよ。　〔類 早稲田大〕

線分 PQ 上の点Aは，O を原点，s を実数として

$\overrightarrow{OA}=\overrightarrow{OP}+s\overrightarrow{PQ}$ $(0\leqq s\leqq1)$　と表され

$\overrightarrow{OA}=(1,\ 0,\ 1)+s(-2,\ 1,\ -1)=(1-2s,\ s,\ 1-s)$

⇦線分 PQ 上の点であるから　$0\leqq s\leqq1$
$\overrightarrow{PQ}=(-1-1,\ 1-0,\ 0-1)$
$=(-2,\ 1,\ -1)$

$1-2s=t$ とすると　　$s=\frac{1-t}{2}$，$1-s=\frac{1+t}{2}$

よって，線分 PQ 上の点で x 座標が t $(-1\leqq t\leqq1)$ である点Rの座標は

$$\mathrm{R}\left(t,\ \frac{1-t}{2},\ \frac{1+t}{2}\right)$$

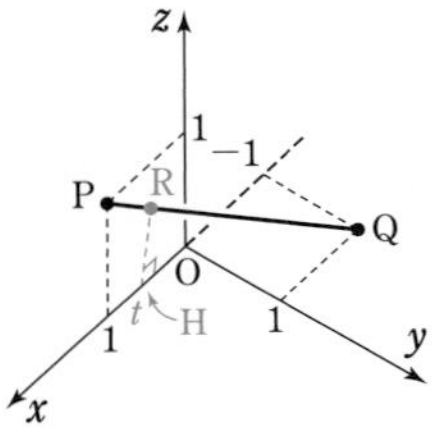

$\mathrm{H}(t,\ 0,\ 0)$ とすると，立体 S を平面 $x=t$ $(-1\leqq t\leqq1)$ で切ったときの断面は，中心が H，半径が RH の円である。

その断面積は

$$\pi\mathrm{RH}^2=\pi\left\{\left(\frac{1-t}{2}\right)^2+\left(\frac{1+t}{2}\right)^2\right\}=\frac{\pi}{2}(t^2+1)$$

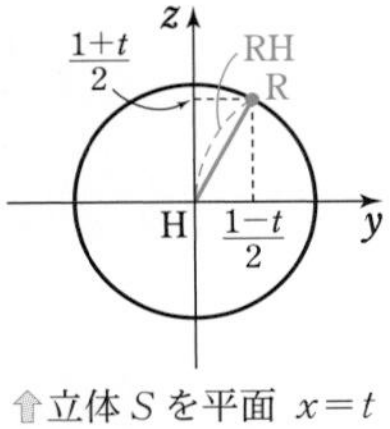

⇧立体 S を平面 $x=t$ で切ったときの断面

よって，求める体積は

$$\int_{-1}^{1}\frac{\pi}{2}(t^2+1)\,dt=\pi\int_0^1(t^2+1)\,dt=\pi\left[\frac{t^3}{3}+t\right]_0^1=\boldsymbol{\frac{4}{3}\pi}$$

PR ②175 x 軸上を動く 2 点 P，Q が同時に原点を出発して，t 秒後の速度はそれぞれ $\sin\pi t$，$2\sin 2\pi t$ (cm/s) である。
(1) 出発してから 2 点が重なるのは何秒後か。
(2) 出発してから初めて 2 点が重なるまでに Q が動いた道のりを求めよ。

(1) t 秒後の P，Q の座標を，それぞれ x_1，x_2 とすると，$t=0$ のとき $x_1=0$，$x_2=0$ である。

また $\dfrac{dx_1}{dt}=\sin\pi t$，$\dfrac{dx_2}{dt}=2\sin 2\pi t$

よって

$$x_1=\int_0^t \sin\pi t\,dt=\frac{1}{\pi}\Big[-\cos\pi t\Big]_0^t=\frac{1}{\pi}(1-\cos\pi t)$$

$$x_2=\int_0^t 2\sin 2\pi t\,dt=2\cdot\frac{1}{2\pi}\Big[-\cos 2\pi t\Big]_0^t=\frac{1}{\pi}(1-\cos 2\pi t)$$

2 点が重なる条件は $x_1=x_2$ であるから

$$\cos\pi t=\cos 2\pi t$$

すなわち $\cos 2\pi t-\cos\pi t=0$

ゆえに $2\cos^2\pi t-\cos\pi t-1=0$ ⇦ 2 倍角の公式

よって $(\cos\pi t-1)(2\cos\pi t+1)=0$

これを解いて $\cos\pi t=1,\ -\dfrac{1}{2}$

ゆえに $\pi t=\dfrac{2}{3}n\pi$

すなわち $t=\dfrac{2}{3}n$ $(n=1,\ 2,\ \cdots\cdots)$

したがって **$\dfrac{2}{3}n$ 秒後 ($n=1$, 2, ……)**

⇦ $\cos\pi t=1,\ -\dfrac{1}{2}$ となるのは下の図から
$\pi t=\dfrac{2}{3}n\pi$

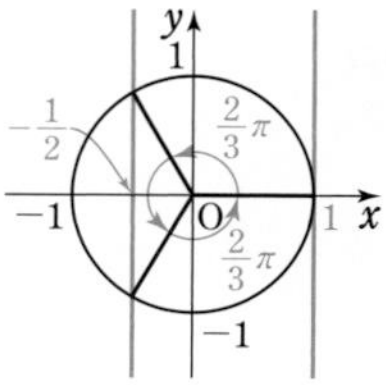

(2) 初めて重なるのは $t=\dfrac{2}{3}$ のときで，Q が動いた道のりを s とすると

$$s=\int_0^{\frac{2}{3}}|2\sin 2\pi t|\,dt$$

$$=\int_0^{\frac{1}{2}}2\sin 2\pi t\,dt-\int_{\frac{1}{2}}^{\frac{2}{3}}2\sin 2\pi t\,dt$$

$$=2\cdot\frac{1}{2\pi}\left(\Big[-\cos 2\pi t\Big]_0^{\frac{1}{2}}-\Big[-\cos 2\pi t\Big]_{\frac{1}{2}}^{\frac{2}{3}}\right)$$

$$=\frac{1}{\pi}\left\{(1+1)-\left(\frac{1}{2}-1\right)\right\}$$

$$=\boldsymbol{\frac{5}{2\pi}}\ \textbf{(cm)}$$

⇦ $0\leqq t\leqq\dfrac{1}{2}$ のとき
$2\sin 2\pi t\geqq 0$
$\dfrac{1}{2}\leqq t\leqq\dfrac{2}{3}$ のとき
$2\sin 2\pi t\leqq 0$

PR ②176

xy 平面上を運動する点Pの時刻 t における座標が $x=\frac{1}{2}t^2-4t$, $y=-\frac{1}{3}t^3+4t^2-16t$ であるとする。このとき，加速度の大きさが最小となる時刻 T を求めよ。また，この T に対して $t=0$ から $t=T$ までの間に点Pが動く道のり s を求めよ。

$\frac{dx}{dt}=t-4$, $\frac{dy}{dt}=-t^2+8t-16=-(t-4)^2$,

$\frac{d^2x}{dt^2}=1$, $\frac{d^2y}{dt^2}=-2t+8$

よって，加速度の大きさは

$$\sqrt{\left(\frac{d^2x}{dt^2}\right)^2+\left(\frac{d^2y}{dt^2}\right)^2}=\sqrt{1+(-2t+8)^2}=\sqrt{4(t-4)^2+1}$$

⇐$\sqrt{\quad}$ の中を平方完成。

したがって，$t=4$ のとき最小となるから　　$\boldsymbol{T=4}$

また，求める道のり s は

$$s=\int_0^4\sqrt{\left(\frac{dx}{dt}\right)^2+\left(\frac{dy}{dt}\right)^2}\,dt=\int_0^4\sqrt{(t-4)^2+(t-4)^4}\,dt$$

$$=\int_0^4\sqrt{(t-4)^2\{1+(t-4)^2\}}\,dt=\int_0^4(4-t)\sqrt{t^2-8t+17}\,dt$$

⇐$0\leqq t\leqq 4$ において $4-t\geqq 0$

ここで，$\sqrt{t^2-8t+17}=u$ とおくと

$t^2-8t+17=u^2$ から　　$(2t-8)\,dt=2u\,du$

よって　　$(4-t)\,dt=-u\,du$

t	$0\longrightarrow 4$
u	$\sqrt{17}\longrightarrow 1$

ゆえに　　$\boldsymbol{s}=\int_{\sqrt{17}}^1 u(-u)\,du=-\int_{\sqrt{17}}^1 u^2du$

$$=\int_1^{\sqrt{17}}u^2du=\left[\frac{u^3}{3}\right]_1^{\sqrt{17}}=\boldsymbol{\frac{17\sqrt{17}-1}{3}}$$

PR ②177

次の曲線の長さ L を求めよ。

(1) $\begin{cases}x=e^t\cos t\\ y=e^t\sin t\end{cases}\left(0\leqq t\leqq\frac{\pi}{2}\right)$　〔類 横浜国大〕　(2) $y=\frac{x^3}{3}+\frac{1}{4x}$ $(1\leqq x\leqq 3)$

(1) $\frac{dx}{dt}=e^t(\cos t-\sin t)$, $\frac{dy}{dt}=e^t(\sin t+\cos t)$

よって

$$\left(\frac{dx}{dt}\right)^2+\left(\frac{dy}{dt}\right)^2=e^{2t}\{(\cos t-\sin t)^2+(\sin t+\cos t)^2\}$$

$$=e^{2t}\cdot 2(\sin^2t+\cos^2t)=2e^{2t}$$

⇐$\sin^2t+\cos^2t=1$

ゆえに　　$L=\int_0^{\frac{\pi}{2}}\sqrt{2e^{2t}}\,dt=\sqrt{2}\int_0^{\frac{\pi}{2}}e^tdt=\sqrt{2}\Big[e^t\Big]_0^{\frac{\pi}{2}}$

$$=\boldsymbol{\sqrt{2}\,(e^{\frac{\pi}{2}}-1)}$$

(2) $y'=x^2-\frac{1}{4x^2}$

よって　　$1+y'^2=1+\left(x^2-\frac{1}{4x^2}\right)^2=\left(x^2+\frac{1}{4x^2}\right)^2$

⇐$1+\left(x^4-\frac{1}{2}+\frac{1}{16x^4}\right)$
$=x^4+\frac{1}{2}+\frac{1}{16x^4}$

ゆえに　　$L=\int_1^3\left(x^2+\frac{1}{4x^2}\right)dx=\left[\frac{x^3}{3}-\frac{1}{4x}\right]_1^3=\boldsymbol{\frac{53}{6}}$

PR ⑤178 Cを，原点を中心とする単位円とする。長さ 2π のひもの一端を点 $\mathrm{A}(1,\ 0)$ に固定し，他の一端Pは初め $\mathrm{P_0}(1,\ 2\pi)$ に置く。この状態から，ひもをぴんと伸ばしたままPを反時計回りに動かしてCに巻きつけるとき，Pが$\mathrm{P_0}$から出発してAに到達するまでに描く曲線の長さを求めよ。
〔東京電機大〕

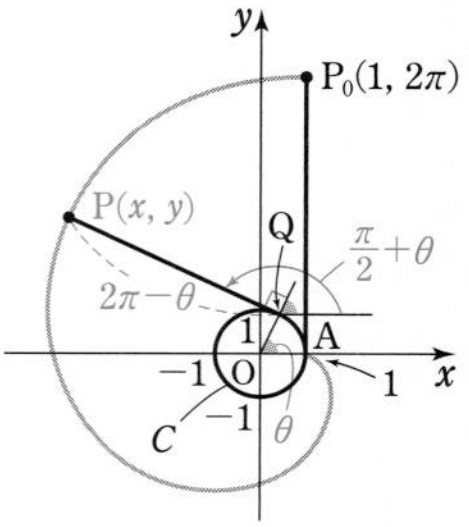

円Cに中心角θだけ巻きつけたときのPの位置を $\mathrm{P}(x,\ y)$，ひもと円Cの接点を $\mathrm{Q}(\cos\theta,\ \sin\theta)$ $(0\leqq\theta\leqq2\pi)$ とすると

$$\mathrm{PQ}=2\pi-\overset{\frown}{\mathrm{AQ}}=2\pi-\theta$$

$\overrightarrow{\mathrm{QP}}$ の，x軸の正の向きからの角は $\dfrac{\pi}{2}+\theta$ であるから

$$\overrightarrow{\mathrm{QP}}=\left((2\pi-\theta)\cos\left(\frac{\pi}{2}+\theta\right),\ (2\pi-\theta)\sin\left(\frac{\pi}{2}+\theta\right)\right)$$
$$=(-(2\pi-\theta)\sin\theta,\ (2\pi-\theta)\cos\theta)$$

よって　$(x,\ y)=\overrightarrow{\mathrm{OP}}=\overrightarrow{\mathrm{OQ}}+\overrightarrow{\mathrm{QP}}$
$$=(\cos\theta-(2\pi-\theta)\sin\theta,\ \sin\theta+(2\pi-\theta)\cos\theta)$$

ゆえに
$$\frac{dx}{d\theta}=-\sin\theta-\{-\sin\theta+(2\pi-\theta)\cos\theta\}$$
$$=-(2\pi-\theta)\cos\theta$$
$$\frac{dy}{d\theta}=\cos\theta+\{-\cos\theta-(2\pi-\theta)\sin\theta\}$$
$$=-(2\pi-\theta)\sin\theta$$

したがって
$$\sqrt{\left(\frac{dx}{d\theta}\right)^2+\left(\frac{dy}{d\theta}\right)^2}=\sqrt{(2\pi-\theta)^2(\cos^2\theta+\sin^2\theta)}$$
$$=2\pi-\theta\ \ (0\leqq\theta\leqq2\pi)$$

よって，求める曲線の長さは
$$\int_0^{2\pi}(2\pi-\theta)\,d\theta=\left[2\pi\theta-\frac{\theta^2}{2}\right]_0^{2\pi}$$
$$=4\pi^2-2\pi^2=\boldsymbol{2\pi^2}$$

inf. この曲線は**インボリュート曲線，円の伸開線**と呼ばれ，歯車の歯の形の一部に使われている。

PR ④179 関数 $f(x)$ を $f(x)=\begin{cases}0 & (0\leqq x<1)\\ \log x & (1\leqq x)\end{cases}$ と定める。曲線 $y=f(x)$ をy軸の周りに1回転して容器を作る。この容器に単位時間あたりaの割合で水を静かに注ぐ。水を注ぎ始めてから時間tだけ経過したときに，水面の高さがh，水面の半径がr，水面の面積がS，水の体積がVになったとする。

(1) Vをhを用いて表せ。

(2) h，r，Sの時間tに関する変化率 $\dfrac{dh}{dt}$，$\dfrac{dr}{dt}$，$\dfrac{dS}{dt}$ をそれぞれa，hを用いて表せ。〔香川大〕

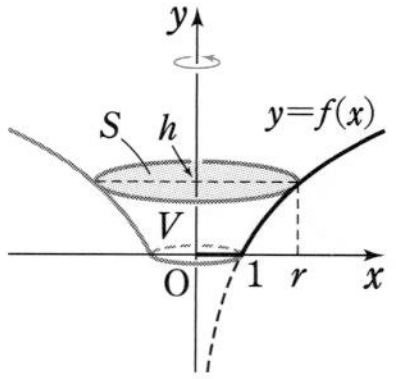

(1) $x\geqq1$ に対して $y=\log x$ から　$x=e^y$

よって
$$V=\int_0^h\pi x^2dy=\pi\int_0^h e^{2y}dy$$
$$=\pi\left[\frac{1}{2}e^{2y}\right]_0^h$$
$$=\boldsymbol{\frac{\pi}{2}(e^{2h}-1)}$$

(2)　(1)から　$\dfrac{dV}{dt}=\pi\cdot\dfrac{d}{dh}\displaystyle\int_0^h e^{2y}dy\cdot\dfrac{dh}{dt}=\pi e^{2h}\dfrac{dh}{dt}$

⇐ $\dfrac{dV}{dt}=\dfrac{dV}{dh}\cdot\dfrac{dh}{dt}$

条件から　$\dfrac{dV}{dt}=a$　　よって　$\boldsymbol{\dfrac{dh}{dt}=\dfrac{a}{\pi e^{2h}}}$

$r=e^h$ から　$\boldsymbol{\dfrac{dr}{dt}}=\dfrac{d}{dh}e^h\cdot\dfrac{dh}{dt}=e^h\dfrac{dh}{dt}$

$=e^h\dfrac{a}{\pi e^{2h}}=\boldsymbol{\dfrac{a}{\pi e^h}}$

⇐ $\dfrac{dr}{dt}=\dfrac{dr}{dh}\cdot\dfrac{dh}{dt}$

$S=\pi r^2$ から　$\boldsymbol{\dfrac{dS}{dt}}=\pi\dfrac{d}{dr}r^2\cdot\dfrac{dr}{dt}$

$=2\pi r\dfrac{dr}{dt}=2\pi e^h\dfrac{a}{\pi e^h}=\boldsymbol{2a}$

⇐ $\dfrac{dS}{dt}=\dfrac{dS}{dr}\cdot\dfrac{dr}{dt}$

PR ③180

次の微分方程式を解け。

(1)　$x^2y'=1$　　(2)　$y'=4xy^2$　　(3)　$y'=y\cos x$

(1)　$x\neq0$ であるから　$y'=\dfrac{1}{x^2}$

⇐ $x=0$ とすると方程式が成り立たない。

両辺を x で積分して

$$\boldsymbol{y}=\int\frac{1}{x^2}dx=\boldsymbol{-\frac{1}{x}+C}$$，**C は任意の定数**

(2)　[1]　定数関数 $y=0$ は明らかに解である。

⇐ $y=0$ のとき $y'=0$ から $y'=4xy^2$ は成り立つ。

[2]　$y\neq0$ のとき，方程式を変形して　$\dfrac{1}{y^2}\cdot\dfrac{dy}{dx}=4x$

両辺を x で積分して　$\displaystyle\int\frac{1}{y^2}\cdot\frac{dy}{dx}dx=\int4x\,dx$

すなわち　$\displaystyle\int\frac{dy}{y^2}=4\int x\,dx$

よって　$-\dfrac{1}{y}=2x^2+C$　　すなわち　$y=-\dfrac{1}{2x^2+C}$

したがって，求める解は

$$\boldsymbol{y=0,\ y=-\frac{1}{2x^2+C}}$$，**C は任意の定数**

(3)　[1]　定数関数 $y=0$ は明らかに解である。

⇐ $y=0$ のとき $y'=0$ から $y'=y\cos x$ は成り立つ。

[2]　$y\neq0$ のとき，方程式を変形して　$\dfrac{1}{y}\cdot\dfrac{dy}{dx}=\cos x$

両辺を x で積分して　$\displaystyle\int\frac{1}{y}\cdot\frac{dy}{dx}dx=\int\cos x\,dx$

すなわち　$\displaystyle\int\frac{dy}{y}=\int\cos x\,dx$

よって　$\log|y|=\sin x+C_1$，C_1 は任意の定数

ゆえに　$y=\pm e^{\sin x+C_1}=\pm e^{C_1}e^{\sin x}$

ここで，$\pm e^{C_1}=C$ とおくと，$C\neq0$ であるから

$y=Ce^{\sin x}$，C は 0 以外の任意の定数

[2]において $C=0$ とすると，[1]の解 $y=0$ が得られる。

したがって，求める解は

$$y=Ce^{\sin x},\ C \text{ は任意の定数}$$

PR ③181 点(1, 1)を通る曲線 C 上の点をPとする。点Pにおける曲線 C の接線と，点Pを通り x 軸に垂直な直線，および x 軸で囲まれる三角形の面積が，点Pの位置にかかわらず常に $\frac{1}{2}$ となるとき，曲線 C の方程式を求めよ。

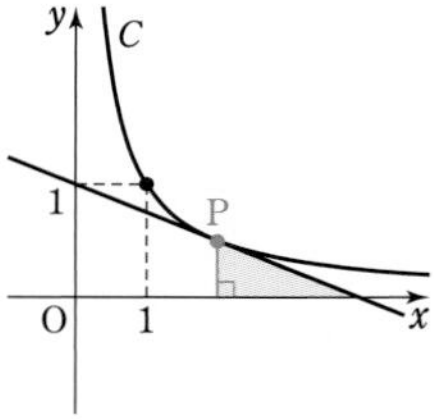

曲線 C の方程式を $y=f(x)$ とし，$\mathrm{P}(x_1,\ f(x_1))$ とする。

$f'(x_1)\neq 0$ であるから，点Pにおける接線 $y-f(x_1)=f'(x_1)(x-x_1)$ と x 軸との交点の座標は

$$\left(x_1-\frac{f(x_1)}{f'(x_1)},\ 0\right)$$

⇐ $f'(x_1)=0$ とすると，題意の三角形ができない。

よって，題意の三角形の面積は

$$\frac{1}{2}\left|-\frac{f(x_1)}{f'(x_1)}\right||f(x_1)|=\frac{1}{2}$$

⇐底辺 $\left|\left\{x_1-\frac{f(x_1)}{f'(x_1)}\right\}-x_1\right|$，高さ $|f(x_1)|$

ゆえに　$\{f(x_1)\}^2=\pm f'(x_1)$

これが任意の x_1 について成り立つから，曲線 C の方程式は，微分方程式 $y^2=\pm y'$ を満たす。

[1]　定数関数 $y=0$ は，点(1, 1)を通らないから不適。

[2]　$y\neq 0$ のとき，方程式を変形して

$$\frac{y'}{y^2}=\pm 1 \qquad \text{よって} \qquad \int\frac{dy}{y^2}=\pm\int dx$$

ゆえに　$-\frac{1}{y}=\pm x+A$　（A は任意の定数）

曲線 C は点(1, 1)を通るから

⇐初期条件から A を決定。

CHART　曲線 $y=f(x)$ が点 $(a,\ b)$ を通る $\Longleftrightarrow b=f(a)$

$-\frac{1}{y}=x+A$ に $x=1,\ y=1$ を代入すると　$A=-2$

$-\frac{1}{y}=-x+A$ に $x=1,\ y=1$ を代入すると　$A=0$

よって，求める方程式は　$\boldsymbol{y=-\frac{1}{x-2},\ y=\frac{1}{x}}$

EX ②124

2つの曲線 C_1：$y=2\sin x-\tan x \left(0\leqq x<\dfrac{\pi}{2}\right)$，$C_2$：$y=2\cos x-1 \left(0\leqq x<\dfrac{\pi}{2}\right)$ について

(1) C_1 と C_2 の共有点の座標を求めよ。

(2) C_1 と C_2 で囲まれた図形の面積を求めよ。　〔類 青山学院大〕

(1) 2つの曲線の共有点の x 座標は，方程式

$$2\sin x-\tan x=2\cos x-1$$

の解である。方程式を変形して

$$2\sin x-\frac{\sin x}{\cos x}=2\cos x-1$$

両辺に $\cos x$ を掛けて

$$2\sin x\cos x-\sin x=2\cos^2 x-\cos x$$

よって　$\sin x(2\cos x-1)-\cos x(2\cos x-1)=0$

ゆえに　$(2\cos x-1)(\sin x-\cos x)=0$

よって　$\cos x=\dfrac{1}{2}$ または $\sin x=\cos x$

$0\leqq x<\dfrac{\pi}{2}$ であるから，$\cos x=\dfrac{1}{2}$ のとき　$x=\dfrac{\pi}{3}$

$\sin x=\cos x$ すなわち $\tan x=1$ のとき　$x=\dfrac{\pi}{4}$

$x=\dfrac{\pi}{3}$ のとき $y=0$，　$x=\dfrac{\pi}{4}$ のとき $y=\sqrt{2}-1$

ゆえに，C_1 と C_2 の共有点の座標は

$$\boldsymbol{\left(\frac{\pi}{3},\ 0\right),\ \left(\frac{\pi}{4},\ \sqrt{2}-1\right)}$$

(2) (1)より，C_1 と C_2 の共有点は2個であるから，囲まれた図形は $\dfrac{\pi}{4}\leqq x\leqq\dfrac{\pi}{3}$ の範囲にある。

$\dfrac{\pi}{4}\leqq x\leqq\dfrac{\pi}{3}$ のとき，$\cos x>0$ であるから

$$(2\sin x-\tan x)-(2\cos x-1)$$
$$=\frac{1}{\cos x}(2\cos x-1)(\sin x-\cos x)\geqq 0$$

すなわち，$\dfrac{\pi}{4}\leqq x\leqq\dfrac{\pi}{3}$ のとき　$2\sin x-\tan x\geqq 2\cos x-1$

よって，求める面積は

$$\int_{\frac{\pi}{4}}^{\frac{\pi}{3}}\{2\sin x-\tan x-(2\cos x-1)\}\,dx$$
$$=\int_{\frac{\pi}{4}}^{\frac{\pi}{3}}(2\sin x-\tan x-2\cos x+1)\,dx$$
$$=\Big[-2\cos x+\log|\cos x|-2\sin x+x\Big]_{\frac{\pi}{4}}^{\frac{\pi}{3}}$$
$$=\boldsymbol{\frac{\pi}{12}-\frac{1}{2}\log 2+2\sqrt{2}-\sqrt{3}-1}$$

⇐$2\sin x-\tan x$ $=\tan x(2\cos x-1)$ と変形して因数分解してもよい。

⇐$\sin x=\cos x$ の両辺を $\cos x$ で割ると $\tan x=1$

⇐グラフはかきにくいから，不等式で2つの曲線の位置関係を調べる。

⇐$\displaystyle\int\tan x\,dx=-\int\frac{(\cos x)'}{\cos x}dx=-\log|\cos x|+C$

6章 EX

EX ③125

(1) xy 平面上の $y=\frac{1}{x}$, $y=ax$, $y=bx$ のグラフで囲まれた部分の面積 S を求めよ。ただし, $x>0$, $a>b>0$ とする。〔信州大〕

(2) 曲線 $\sqrt[3]{x}+\sqrt[3]{y}=1$ $(x\geqq 0,\ y\geqq 0)$ と x 軸, y 軸で囲まれた部分の面積 S を求めよ。

(1) 曲線 $y=\frac{1}{x}$ と $y=ax$ の共有点の x 座標は, 方程式

$\frac{1}{x}=ax$ から　　$x^2=\frac{1}{a}$

$x>0$, $a>0$ であるから　　$x=\frac{1}{\sqrt{a}}$

このとき　　$y=\sqrt{a}$

同様にして, 曲線 $y=\frac{1}{x}$ と $y=bx$ の共有点の x 座標, y 座標は

$$x=\frac{1}{\sqrt{b}},\ y=\sqrt{b}$$

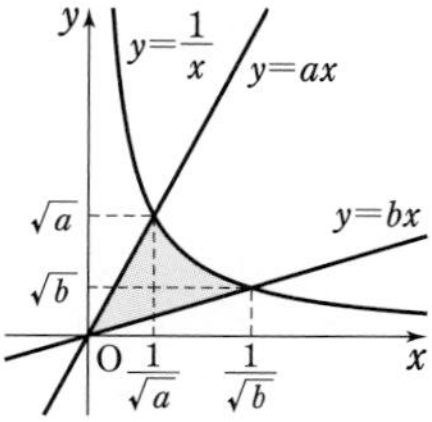

よって, グラフの概形は図のようになる。

ゆえに　　$S=\frac{1}{2}\cdot\frac{1}{\sqrt{a}}\cdot\sqrt{a}+\int_{\frac{1}{\sqrt{a}}}^{\frac{1}{\sqrt{b}}}\frac{dx}{x}-\frac{1}{2}\cdot\frac{1}{\sqrt{b}}\cdot\sqrt{b}$

$=\frac{1}{2}+\Big[\log x\Big]_{\frac{1}{\sqrt{a}}}^{\frac{1}{\sqrt{b}}}-\frac{1}{2}=\log\frac{1}{\sqrt{b}}-\log\frac{1}{\sqrt{a}}$

$=\log\sqrt{\frac{a}{b}}=\boldsymbol{\frac{1}{2}\log\frac{a}{b}}$

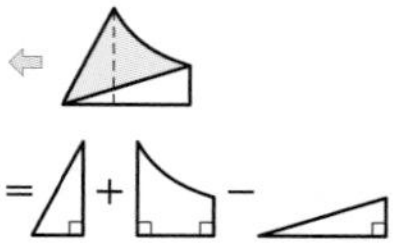

(2) $\sqrt[3]{x}+\sqrt[3]{y}=1$ から　　$\sqrt[3]{y}=1-\sqrt[3]{x}$

両辺を3乗して　　$y=(1-\sqrt[3]{x})^3$

$y\geqq 0$ から　　$1-\sqrt[3]{x}\geqq 0$

よって, $x\geqq 0$ から　　$0\leqq x\leqq 1$

曲線 $y=(1-\sqrt[3]{x})^3$ と x 軸との共有点の x 座標は, 方程式 $(1-\sqrt[3]{x})^3=0$ を解いて　　$x=1$

また　　$y'=-\frac{(1-\sqrt[3]{x})^2}{\sqrt[3]{x^2}}$

増減表とグラフは右のようになる。

x	0	$\cdots$	1
y'	／	$-$	／
y	1	↘	0

CHART
$y=$(x の式) と変形したグラフを考える

⇐$y'=3(1-\sqrt[3]{x})^2\times\left(-\frac{1}{3\sqrt[3]{x^2}}\right)$

よって

$S=\int_0^1(1-\sqrt[3]{x})^3dx$

$=\int_0^1(1-3\sqrt[3]{x}+3\sqrt[3]{x^2}-x)\,dx$

$=\left[x-\frac{9}{4}\sqrt[3]{x^4}+\frac{9}{5}\sqrt[3]{x^5}-\frac{1}{2}x^2\right]_0^1$

$=1-\frac{9}{4}+\frac{9}{5}-\frac{1}{2}=\boldsymbol{\frac{1}{20}}$

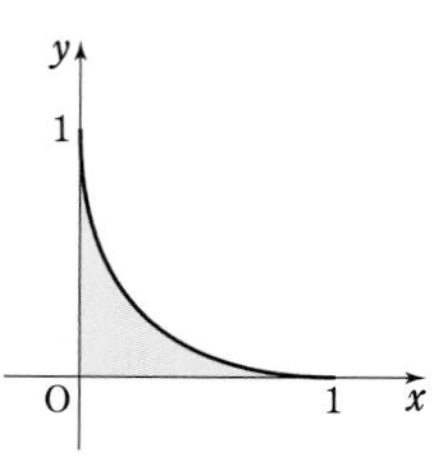

inf. 面積の計算が目的であるから, x 軸との共有点を求めたら, $0\leqq x\leqq 1$ で常に $y\geqq 0$ であることを断って, グラフをかかずに面積の計算を始めてよい。

EX ③126

(1) 関数 $f(x)=xe^{-2x}$ の極値と曲線 $y=f(x)$ の変曲点の座標を求めよ。
(2) 曲線 $y=f(x)$ 上の変曲点における接線，曲線 $y=f(x)$ および直線 $x=3$ で囲まれた部分の面積 S を求めよ。　〔類　日本女子大〕

(1) $f'(x)=e^{-2x}+x\cdot(-2)e^{-2x}=(1-2x)e^{-2x}$

$f'(x)=0$ とすると　$x=\dfrac{1}{2}$

また　$f''(x)=-2e^{-2x}+(1-2x)\cdot(-2)e^{-2x}=4(x-1)e^{-2x}$

$f''(x)=0$ とすると　$x=1$

ゆえに，$f(x)$ の増減およびグラフの凹凸は右のようになる。

x	$\cdots$	$\frac{1}{2}$	$\cdots$	1	$\cdots$
$f'(x)$	$+$	0	$-$	$-$	$-$
$f''(x)$	$-$	$-$	$-$	0	$+$
$f(x)$	↗	極大 $\frac{1}{2e}$	↘	変曲点 $\frac{1}{e^2}$	↘

よって，$f(x)$ は $\boldsymbol{x=\dfrac{1}{2}}$ で**極大値** $\boldsymbol{\dfrac{1}{2e}}$ をとる。

また，曲線 $y=f(x)$ の**変曲点の座標は** $\boldsymbol{\left(1,\ \dfrac{1}{e^2}\right)}$ である。

⇐$(fg)'=f'g+fg'$

⇐$f'\left(\dfrac{1}{2}\right)=0$，$f''\left(\dfrac{1}{2}\right)=-2e^{-1}<0$ から，$x=\dfrac{1}{2}$ で極大値をとる，と判定してもよい。

(2) (1)より，$f'(1)=-\dfrac{1}{e^2}$ であるから，変曲点 $\left(1,\ \dfrac{1}{e^2}\right)$ における接線の方程式は　$y-\dfrac{1}{e^2}=-\dfrac{1}{e^2}(x-1)$

すなわち　$y=-\dfrac{1}{e^2}x+\dfrac{2}{e^2}$

よって，曲線 $y=f(x)$，変曲点 $\left(1,\ \dfrac{1}{e^2}\right)$ における接線および直線 $x=3$ の位置関係は，右の図のようになる。

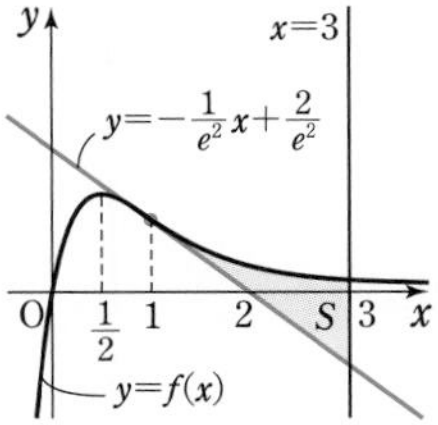

$1\leqq x\leqq 3$ のとき，

$xe^{-2x}\geqq -\dfrac{1}{e^2}x+\dfrac{2}{e^2}$ であるから，

求める面積 S は

$$S=\int_1^3\left\{xe^{-2x}-\left(-\frac{1}{e^2}x+\frac{2}{e^2}\right)\right\}dx$$
$$=\int_1^3 xe^{-2x}dx+\int_1^3\left(\frac{1}{e^2}x-\frac{2}{e^2}\right)dx$$
$$=\left[-\frac{1}{2}xe^{-2x}\right]_1^3+\int_1^3\frac{1}{2}e^{-2x}dx+\left[\frac{1}{2e^2}x^2-\frac{2}{e^2}x\right]_1^3$$
$$=-\frac{3}{2e^6}+\frac{1}{2e^2}+\left[-\frac{1}{4}e^{-2x}\right]_1^3+0$$
$$=-\frac{3}{2e^6}+\frac{1}{2e^2}-\frac{1}{4e^6}+\frac{1}{4e^2}=\boldsymbol{\frac{3e^4-7}{4e^6}}$$

⇐部分積分法

6章 EX

EX ③127

媒介変数 t によって表される座標平面上の次の曲線を考える。

$x=t-\sin t,\ y=\cos t$

ここで，t は $0\leqq t\leqq 2\pi$ という範囲を動くものとする。これは，右図のような曲線である。

(1) この曲線と x 軸との交点の x 座標の値を求めよ。

(2) この曲線と x 軸および 2 直線 $x=0$，$x=2\pi$ で囲まれた 3 つの部分の面積の和を求めよ。〔北見工大〕

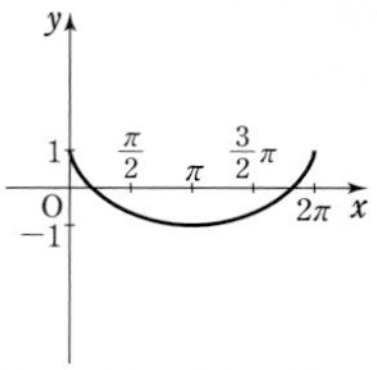

(1) $y=0$ とすると　$\cos t=0$

$0\leqq t\leqq 2\pi$ であるから　$t=\dfrac{\pi}{2},\ \dfrac{3}{2}\pi$

このとき　$\boldsymbol{x=\dfrac{\pi}{2}-1,\ \dfrac{3}{2}\pi+1}$

⇐ x 軸との交点。

(2) 図から，この曲線は直線 $x=\pi$ に関して対称である。

$x=t-\sin t$ から

$dx=(1-\cos t)dt$

x と t の対応は右のようになる。

x	$0\longrightarrow \dfrac{\pi}{2}-1\longrightarrow \pi$
t	$0\longrightarrow \dfrac{\pi}{2}\longrightarrow \pi$

よって，求める面積の和 S は

$$S=2\left(\int_0^{\frac{\pi}{2}-1}y\,dx-\int_{\frac{\pi}{2}-1}^{\pi}y\,dx\right)$$

$$=2\left\{\int_0^{\frac{\pi}{2}}\cos t(1-\cos t)\,dt-\int_{\frac{\pi}{2}}^{\pi}\cos t(1-\cos t)\,dt\right\}$$

$$=2\left\{\int_0^{\frac{\pi}{2}}\left(\cos t-\frac{1+\cos 2t}{2}\right)dt-\int_{\frac{\pi}{2}}^{\pi}\left(\cos t-\frac{1+\cos 2t}{2}\right)dt\right\}$$

⇐ $\cos^2 t=\dfrac{1+\cos 2t}{2}$

$$=2\left(\left[\sin t-\frac{t}{2}-\frac{\sin 2t}{4}\right]_0^{\frac{\pi}{2}}-\left[\sin t-\frac{t}{2}-\frac{\sin 2t}{4}\right]_{\frac{\pi}{2}}^{\pi}\right)$$

⇐ $\Big[F(x)\Big]_a^b-\Big[F(x)\Big]_b^c$ $=2F(b)-F(a)-F(c)$

$$=2\left\{2\left(1-\frac{\pi}{4}\right)-\left(-\frac{\pi}{2}\right)\right\}=\boldsymbol{4}$$

inf. この曲線が，直線 $x=\pi$ に関して対称であることは，次のように示すこともできる。

$x=f(t)$，$y=g(t)$ とし，$0\leqq s\leqq \pi$ に対し $t=\pi-s$ に対応する点を P，$t=\pi+s$ に対応する点を Q とする。

$f(\pi-s)=(\pi-s)-\sin(\pi-s)=\pi-s-\sin s$

$f(\pi+s)=(\pi+s)-\sin(\pi+s)=\pi+s+\sin s$

よって，$f(\pi-s)+f(\pi+s)=2\pi$ であるから　$\dfrac{1}{2}\{f(\pi-s)+f(\pi+s)\}=\pi$

また　$g(\pi-s)=\cos(\pi-s)=-\cos s$

$g(\pi+s)=\cos(\pi+s)=-\cos s$

ゆえに　$g(\pi-s)=g(\pi+s)$

よって，点 P と点 Q の中点の x 座標が π で，点 P と点 Q の y 座標が等しいから，点 P と点 Q は直線 $x=\pi$ に関して対称な位置にある。したがって，$0\leqq s\leqq \pi$ のとき，点 P は $0\leqq t\leqq \pi$ の点に対応する部分を動くから，曲線は直線 $x=\pi$ に関して対称である。

EX ③128

$0 \leqq x \leqq 2\pi$ における $y=\sin x$ のグラフを C_1，$y=2\cos x$ のグラフを C_2 とする。
(1) C_1 と C_2 の概形を同じ座標平面上にかけ（C_1 と C_2 の交点の座標は求めなくてよい）。
(2) C_1 と C_2 のすべての交点の y 座標を求めよ（x 座標は求めなくてよい）。
(3) $0 \leqq x \leqq 2\pi$ において，C_1，C_2，2 直線 $x=0$，$x=2\pi$ で囲まれた 3 つの部分の面積の和を求めよ。

(1) 〔図〕

(1)
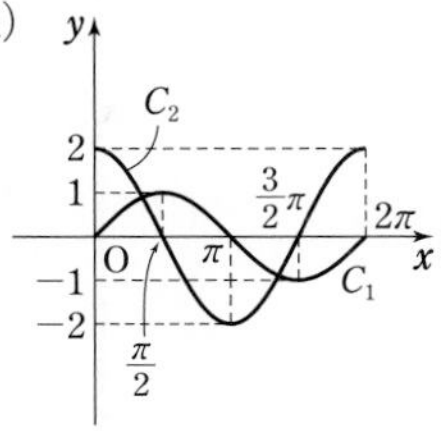

(2) $y=\sin x$，$y=2\cos x$ から
$$\sin x=2\cos x$$
$\sin^2 x+\cos^2 x=1$ であるから
$$4\cos^2 x+\cos^2 x=1$$
すなわち　$\cos^2 x=\dfrac{1}{5}$

よって　$\boldsymbol{y=2\cos x=\pm\dfrac{2}{\sqrt{5}}}$

(3) (1) のグラフから，$\sin x=2\cos x$ の解は $0<x<\dfrac{\pi}{2}$，$\pi<x<\dfrac{3}{2}\pi$ の範囲に 1 つずつあり，それぞれの解を α，β とする。

⇦(1) で求めたグラフを活用する。

このとき　$\sin\alpha=2\cos\alpha=\dfrac{2}{\sqrt{5}}$，$\sin\beta=2\cos\beta=-\dfrac{2}{\sqrt{5}}$

⇦(2) から。

また，$\sin\alpha=-\sin\beta$，$\cos\alpha=-\cos\beta$ であるから
$$\beta=\alpha+\pi$$

⇦$\sin x=2\cos x$ から
$\tan x=2$
$\tan x$ の周期は π であるから，$\beta=\alpha+\pi$ と考えることもできる。

よって，C_1 と C_2 の交点の座標は $\alpha\left(0<\alpha<\dfrac{\pi}{2}\right)$ を用いると，$\left(\alpha,\ \dfrac{2}{\sqrt{5}}\right)$，$\left(\alpha+\pi,\ -\dfrac{2}{\sqrt{5}}\right)$ と表される。

ただし　$\sin\alpha=\dfrac{2}{\sqrt{5}}$，$\cos\alpha=\dfrac{1}{\sqrt{5}}$

したがって
$$S=\int_0^{\alpha}(2\cos x-\sin x)\,dx+\int_{\alpha}^{\alpha+\pi}(\sin x-2\cos x)\,dx+\int_{\alpha+\pi}^{2\pi}(2\cos x-\sin x)\,dx$$
$$=\Big[2\sin x+\cos x\Big]_0^{\alpha}+\Big[-\cos x-2\sin x\Big]_{\alpha}^{\alpha+\pi}+\Big[2\sin x+\cos x\Big]_{\alpha+\pi}^{2\pi}$$
$$=8\sin\alpha+4\cos\alpha$$
$$=\frac{16}{\sqrt{5}}+\frac{4}{\sqrt{5}}=\boldsymbol{4\sqrt{5}}$$

EX ③129 2 つの楕円 $x^2+\dfrac{y^2}{3}=1$, $\dfrac{x^2}{3}+y^2=1$ で囲まれる共通部分の面積を求めよ。 〔山口大〕

$x^2+\dfrac{y^2}{3}=1$ から $\quad y^2=3-3x^2 \quad \cdots\cdots$ ①

① を $\dfrac{x^2}{3}+y^2=1$ に代入して $\quad x^2=\dfrac{3}{4}$

⇐ $\dfrac{x^2}{3}+(3-3x^2)=1$ から $-\dfrac{8}{3}x^2=-2$

よって $\quad x=\pm\dfrac{\sqrt{3}}{2}$

それぞれ，① に代入すると 2 つの楕円の交点は

$$\left(\frac{\sqrt{3}}{2},\ \frac{\sqrt{3}}{2}\right),\ \left(\frac{\sqrt{3}}{2},\ -\frac{\sqrt{3}}{2}\right),$$
$$\left(-\frac{\sqrt{3}}{2},\ \frac{\sqrt{3}}{2}\right),\ \left(-\frac{\sqrt{3}}{2},\ -\frac{\sqrt{3}}{2}\right)$$

求める部分は x 軸，y 軸，および直線 $y=x$ に関して対称であるから，図の斜線部分の面積を S とすると，求める面積は $\quad 8S$

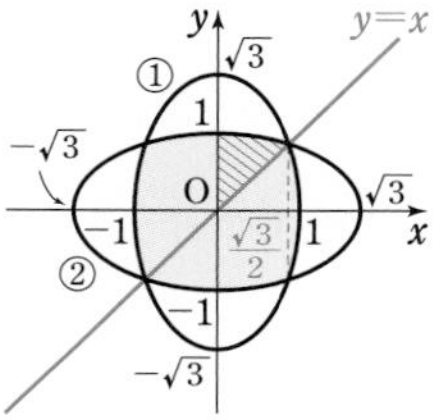

⇐① : $x^2+\dfrac{y^2}{3}=1$

② : $\dfrac{x^2}{3}+y^2=1$

$\dfrac{x^2}{3}+y^2=1$ において，$y\geqq 0$ とすると

$$y=\sqrt{1-\frac{x^2}{3}}$$

ゆえに $\quad S=\displaystyle\int_0^{\frac{\sqrt{3}}{2}}\sqrt{1-\frac{x^2}{3}}\,dx-\frac{1}{2}\left(\frac{\sqrt{3}}{2}\right)^2$

⇐ 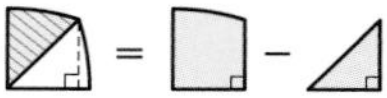

ここで $\quad \displaystyle\int_0^{\frac{\sqrt{3}}{2}}\sqrt{1-\frac{x^2}{3}}\,dx=\frac{1}{\sqrt{3}}\int_0^{\frac{\sqrt{3}}{2}}\sqrt{3-x^2}\,dx$

$\displaystyle\int_0^{\frac{\sqrt{3}}{2}}\sqrt{3-x^2}\,dx$ は図の赤い部分の面積に等しいから，これを求めて

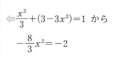

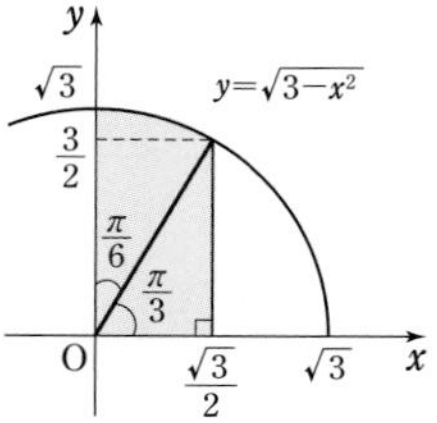

$$\frac{1}{2}\cdot(\sqrt{3})^2\cdot\frac{\pi}{6}+\frac{1}{2}\cdot\frac{\sqrt{3}}{2}\cdot\frac{3}{2}$$
$$=\frac{\pi}{4}+\frac{3\sqrt{3}}{8}$$

⇐半径 r，中心角 θ の扇形の面積は $\dfrac{1}{2}r^2\theta$

よって $\quad S=\dfrac{1}{\sqrt{3}}\left(\dfrac{\pi}{4}+\dfrac{3\sqrt{3}}{8}\right)-\dfrac{3}{8}=\dfrac{\sqrt{3}}{12}\pi$

したがって，求める面積は

$$8S=8\cdot\frac{\sqrt{3}}{12}\pi=\boldsymbol{\frac{2\sqrt{3}}{3}\pi}$$

EX ④130

座標平面上で，t を媒介変数として表される曲線

$$C: x=a\cos t,\ y=b\sin t\ (a>0,\ b>0,\ 0\leqq t\leqq 2\pi)$$

について，次の各問いに答えよ。

(1) x，y の満たす関係式を求めよ。

(2) $0\leqq x\leqq a\cos\theta\left(0<\theta<\dfrac{\pi}{2}\right)$ において，曲線 C，y 軸および直線 $x=a\cos\theta$ によって囲まれる部分の面積 $S(\theta)$ を求めよ。

(3) 極限値 $\displaystyle\lim_{\theta\to\frac{\pi}{2}-0}\frac{S(\theta)}{\frac{\pi}{2}-\theta}$ を求めよ。〔宮崎大〕

(1) $x=a\cos t$，$y=b\sin t$，

$\sin^2 t+\cos^2 t=1$ から　$\boldsymbol{\dfrac{x^2}{a^2}+\dfrac{y^2}{b^2}=1}$

⇐$\cos t=\dfrac{x}{a}$，$\sin t=\dfrac{y}{b}$

(2) $y=\pm b\sqrt{1-\dfrac{x^2}{a^2}}$ から

⇐題意の部分は x 軸に関して対称。

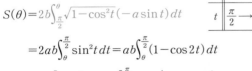

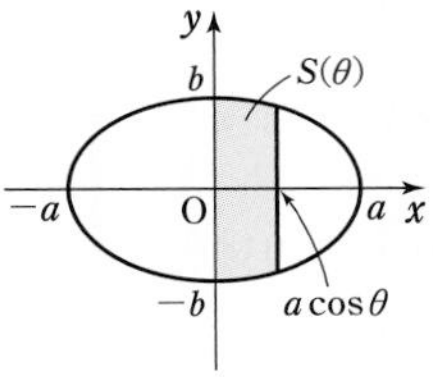

$$S(\theta)=2b\int_0^{a\cos\theta}\sqrt{1-\frac{x^2}{a^2}}\,dx$$

$x=a\cos t$ から　$dx=-a\sin t\,dt$

よって

x	$0\longrightarrow a\cos\theta$
t	$\dfrac{\pi}{2}\longrightarrow\quad\theta$

$$S(\theta)=2b\int_{\frac{\pi}{2}}^{\theta}\sqrt{1-\cos^2 t}\,(-a\sin t)\,dt$$

$$=2ab\int_{\theta}^{\frac{\pi}{2}}\sin^2 t\,dt=ab\int_{\theta}^{\frac{\pi}{2}}(1-\cos 2t)\,dt$$

⇐$0<\theta\leqq t\leqq\dfrac{\pi}{2}$ において　$\sin\theta>0$

$$=ab\left[t-\frac{1}{2}\sin 2t\right]_{\theta}^{\frac{\pi}{2}}=\boldsymbol{ab\left(\frac{\pi}{2}-\theta+\frac{1}{2}\sin 2\theta\right)}$$

(3)
$$\lim_{\theta\to\frac{\pi}{2}-0}\frac{S(\theta)}{\frac{\pi}{2}-\theta}=\lim_{\theta\to\frac{\pi}{2}-0}\frac{2ab\left(\frac{\pi}{2}-\theta+\frac{1}{2}\sin 2\theta\right)}{2\left(\frac{\pi}{2}-\theta\right)}$$

$$=ab\left(1+\lim_{\theta\to\frac{\pi}{2}-0}\frac{\sin 2\theta}{\pi-2\theta}\right)$$

$$=ab\left\{1+\lim_{\theta\to\frac{\pi}{2}-0}\frac{\sin(\pi-2\theta)}{\pi-2\theta}\right\}$$

$$=ab(1+1)=\boldsymbol{2ab}$$

⇐$\pi-2\theta=u$ とおくと
$\theta\longrightarrow\dfrac{\pi}{2}-0$ のとき
$u\longrightarrow+0$，
$\displaystyle\lim_{u\to+0}\frac{\sin u}{u}=1$

EX ③131

k を正の数とする。2つの曲線 $C_1: y=k\cos x$，$C_2: y=\sin x$ を考える。C_1 と C_2 は $0\leqq x\leqq 2\pi$ の範囲に交点が2つあり，それらの x 座標をそれぞれ α，$\beta\ (\alpha<\beta)$ とする。区間 $\alpha\leqq x\leqq\beta$ において，2つの曲線 C_1，C_2 で囲まれた図形を D とし，その面積を S とする。更に D のうち，$y\geqq 0$ の部分の面積を S_1，$y\leqq 0$ の部分の面積を S_2 とする。

(1) $\cos\alpha$，$\sin\alpha$，$\cos\beta$，$\sin\beta$ をそれぞれ k を用いて表せ。

(2) S を k を用いて表せ。

(3) $3S_1=S_2$ となるように k の値を定めよ。〔類 茨城大〕

(1) 曲線 C_1 と C_2 の交点の x 座標は $k\cos x=\sin x$ の解である。

$k\cos x=\sin x$ から　$\sin x-k\cos x=0$

よって　$\sqrt{1+k^2}\sin(x+\gamma)=0$　すなわち　$\sin(x+\gamma)=0$

ただし，$\sin\gamma=-\dfrac{k}{\sqrt{1+k^2}}$，$\cos\gamma=\dfrac{1}{\sqrt{1+k^2}}$，$-\dfrac{\pi}{2}<\gamma<0$ である。

$0\leqq x\leqq 2\pi$ のとき　$\gamma\leqq x+\gamma\leqq 2\pi+\gamma$

よって　$x+\gamma=0,\ \pi$　ゆえに　$x=-\gamma,\ \pi-\gamma$

$\alpha<\beta$ であるから　$\alpha=-\gamma,\ \beta=\pi-\gamma$

したがって　$\boldsymbol{\cos\alpha}=\cos(-\gamma)=\cos\gamma=\boldsymbol{\dfrac{1}{\sqrt{1+k^2}}}$,

$\boldsymbol{\sin\alpha}=\sin(-\gamma)=-\sin\gamma=\boldsymbol{\dfrac{k}{\sqrt{1+k^2}}}$,

$\boldsymbol{\cos\beta}=\cos(\pi-\gamma)=-\cos\gamma=\boldsymbol{-\dfrac{1}{\sqrt{1+k^2}}}$,

$\boldsymbol{\sin\beta}=\sin(\pi-\gamma)=\sin\gamma=\boldsymbol{-\dfrac{k}{\sqrt{1+k^2}}}$

⇦三角関数の合成。

⇦$k>0$ から $\sin\gamma<0$，$\cos\gamma>0$

⇦$-\dfrac{\pi}{2}<\gamma<0$ から $\dfrac{3}{2}\pi<2\pi+\gamma<2\pi$

(2)　S は右の図の赤い部分の面積であるから

$$S=\int_\alpha^\beta(\sin x-k\cos x)\,dx=\Big[-\cos x-k\sin x\Big]_\alpha^\beta$$
$$=-\cos\beta-k\sin\beta+\cos\alpha+k\sin\alpha$$

(1) から

$$\boldsymbol{S}=\frac{1}{\sqrt{1+k^2}}+\frac{k^2}{\sqrt{1+k^2}}+\frac{1}{\sqrt{1+k^2}}+\frac{k^2}{\sqrt{1+k^2}}$$
$$=\boldsymbol{2\sqrt{1+k^2}}$$

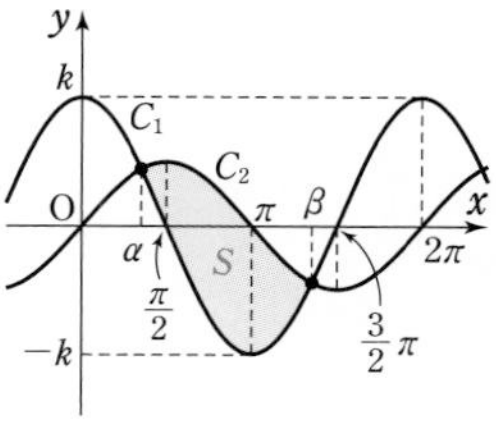

(3)　$S_1+S_2=S$ であるから，$3S_1=S_2$ となるための条件は
$S=4S_1$

ここで　$S_1=\displaystyle\int_\alpha^\pi\sin x\,dx-\int_\alpha^{\frac{\pi}{2}}k\cos x\,dx$

$$=\Big[-\cos x\Big]_\alpha^\pi-\Big[k\sin x\Big]_\alpha^{\frac{\pi}{2}}$$
$$=1+\cos\alpha-(k-k\sin\alpha)$$
$$=1+\frac{1}{\sqrt{1+k^2}}-k+\frac{k^2}{\sqrt{1+k^2}}$$
$$=1-k+\sqrt{1+k^2}$$

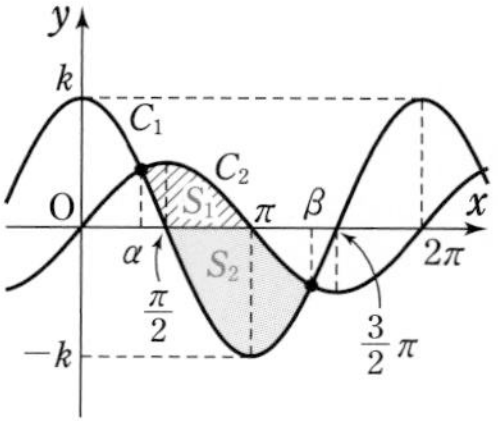

よって，$S=4S_1$ から　$2\sqrt{1+k^2}=4(1-k+\sqrt{1+k^2})$

すなわち　$2(k-1)=\sqrt{1+k^2}$　……①

右辺は正であるから，左辺も正である。

ゆえに　$k>1$

このとき，① の両辺を 2 乗すると　$4(k-1)^2=1+k^2$

よって　$3k^2-8k+3=0$　これを解いて　$k=\dfrac{4\pm\sqrt{7}}{3}$

$k>1$ であるから　$\boldsymbol{k=\dfrac{4+\sqrt{7}}{3}}$

⇦k に関する方程式に帰着。

⇦方程式を 2 乗して解く場合，同値関係が崩れないように条件を確認すること。

EX ⑤132

次の問いに答えよ。

(1)　不定積分 $\int e^{-x}\sin x\,dx$ を求めよ。

(2)　$n=0,\ 1,\ 2,\ \cdots\cdots$ に対し，$2n\pi \leqq x \leqq (2n+1)\pi$ の範囲で，x 軸と曲線 $y=e^{-x}\sin x$ で囲まれる図形の面積を S_n とする。S_n を n で表せ。

(3)　(2)で求めた S_n について $\sum_{n=0}^{\infty} S_n$ を求めよ。

(1)　$\int e^{-x}\sin x\,dx = -e^{-x}\sin x + \int e^{-x}\cos x\,dx$　⇦**部分積分法**

$= -e^{-x}\sin x - e^{-x}\cos x + \int e^{-x}(-\sin x)\,dx$

$= -e^{-x}(\sin x + \cos x) - \int e^{-x}\sin x\,dx$　⇦**同形出現**

積分定数も考えて

$$\int e^{-x}\sin x\,dx = \boldsymbol{-\frac{1}{2}e^{-x}(\sin x + \cos x) + C}$$

(2)　$2n\pi \leqq x \leqq (2n+1)\pi$ において，$y \geqq 0$ である。

ゆえに

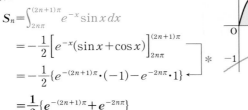

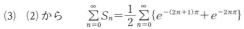

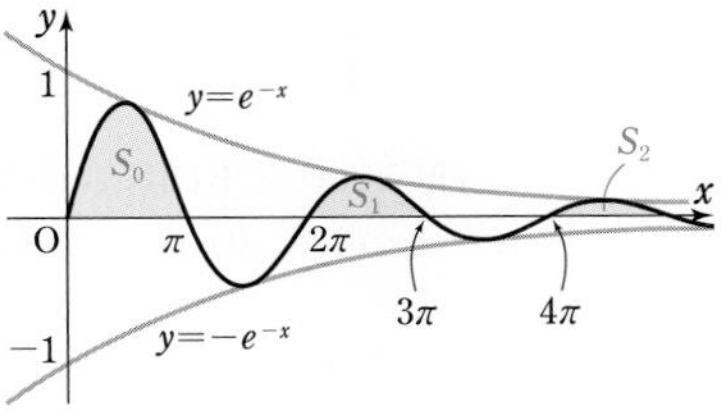

$$S_n = \int_{2n\pi}^{(2n+1)\pi} e^{-x}\sin x\,dx$$

$$= -\frac{1}{2}\Big[e^{-x}(\sin x + \cos x)\Big]_{2n\pi}^{(2n+1)\pi}$$

$$= -\frac{1}{2}\{e^{-(2n+1)\pi}\cdot(-1) - e^{-2n\pi}\cdot 1\} \quad *$$

$$= \boldsymbol{\frac{1}{2}\{e^{-(2n+1)\pi} + e^{-2n\pi}\}}$$

＊$\sin(2n+1)\pi=0$，$\cos(2n+1)\pi=-1$，$\sin 2n\pi=0$，$\cos 2n\pi=1$

(3)　(2)から　$\sum_{n=0}^{\infty} S_n = \frac{1}{2}\sum_{n=0}^{\infty}\{e^{-(2n+1)\pi} + e^{-2n\pi}\}$

ここで，$\sum_{n=0}^{\infty} e^{-(2n+1)\pi}$ は初項 $e^{-\pi}$，公比 $e^{-2\pi}$ の無限等比級数，

$\sum_{n=0}^{\infty} e^{-2n\pi}$ は初項1，公比 $e^{-2\pi}$ の無限等比級数である。

$0 < e^{-2\pi} < 1$ であるから，これらの無限等比級数は収束する。

ゆえに　$\sum_{n=0}^{\infty} S_n = \frac{1}{2}\left\{\sum_{n=0}^{\infty} e^{-(2n+1)\pi} + \sum_{n=0}^{\infty} e^{-2n\pi}\right\}$

$$= \frac{1}{2}\left(\frac{e^{-\pi}}{1-e^{-2\pi}} + \frac{1}{1-e^{-2\pi}}\right)$$

$$= \frac{1}{2}\cdot\frac{1+e^{-\pi}}{1-e^{-2\pi}} = \frac{1}{2}\cdot\frac{1}{1-e^{-\pi}}$$

$$= \boldsymbol{\frac{e^{\pi}}{2(e^{\pi}-1)}}$$

⇦ $\frac{1+e^{-\pi}}{1-e^{-2\pi}} = \frac{1+e^{-\pi}}{(1+e^{-\pi})(1-e^{-\pi})}$

EX ②133 座標空間において，2つの不等式 $x^2+y^2\leqq 1$，$0\leqq z\leqq 3$ を同時に満たす円柱がある。y 軸を含み xy 平面と $\frac{\pi}{4}$ の角度をなし，点 $(1,\ 0,\ 1)$ を通る平面でこの円柱を2つの立体に分けるとき，点 $(1,\ 0,\ 0)$ を含む立体の体積 V を求めよ。〔類 立命館大〕

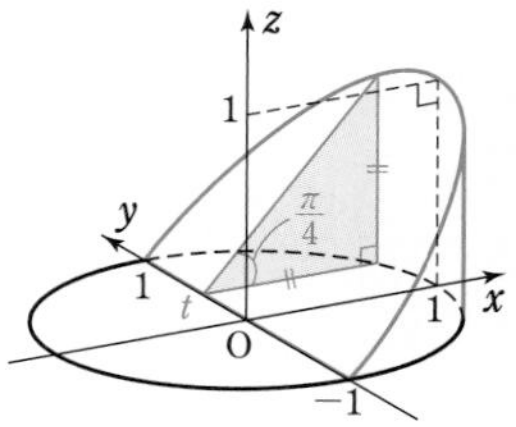

底面は原点を中心とする半径1の円である。直径のある y 軸上の点 $(0,\ t,\ 0)$ $(-1\leqq t\leqq 1)$ を通り y 軸に垂直な平面による切り口は直角二等辺三角形である。
その直角二等辺三角形の面積は

$$\frac{1}{2}\sqrt{1-t^2}\cdot\sqrt{1-t^2}=\frac{1}{2}(1-t^2)$$

したがって，求める体積 V は

$$V=\int_{-1}^{1}\frac{1}{2}(1-t^2)\,dt$$
$$=\frac{1}{2}\cdot 2\int_0^1(1-t^2)\,dt$$
$$=\left[t-\frac{t^3}{3}\right]_0^1=\mathbf{\frac{2}{3}}$$

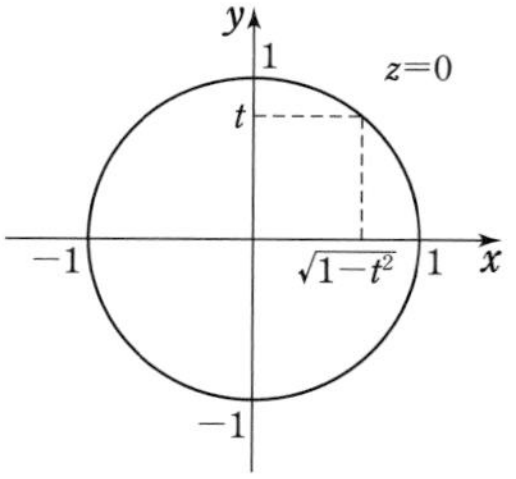

別解 （x 軸に垂直な平面による切り口を考える解法）
x 軸上の点 $(t,\ 0,\ 0)$ $(0\leqq t\leqq 1)$ を通り x 軸に垂直な平面による切り口は長方形である。
その長方形の面積は

$$t\cdot 2\sqrt{1-t^2}=2t\sqrt{1-t^2}$$

したがって，求める体積 V は

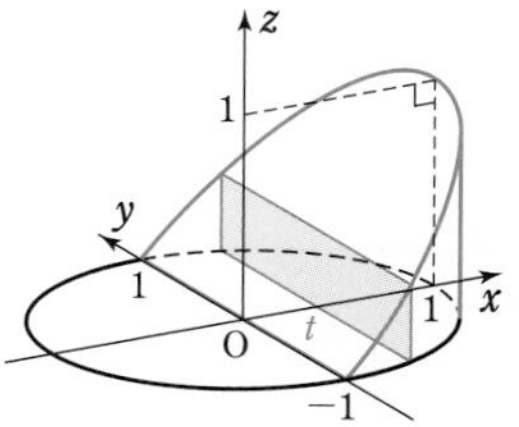

$$V=\int_0^1 2t\sqrt{1-t^2}\,dt \quad \cdots\cdots ①$$
$$=-\int_0^1(1-t^2)^{\frac{1}{2}}(1-t^2)'\,dt$$
$$=-\left[\frac{2}{3}(1-t^2)^{\frac{3}{2}}\right]_0^1=\mathbf{\frac{2}{3}}$$

注意 定積分①は次のように置換積分法を利用して計算してもよい。

$\sqrt{1-t^2}=u$ とおくと　$1-t^2=u^2$
よって　$-2t\,dt=2u\,du$
ゆえに　$V=\int_1^0 u(-2u)\,du$
$$=2\int_0^1 u^2\,du$$
$$=2\left[\frac{u^3}{3}\right]_0^1=\mathbf{\frac{2}{3}}$$

t	$0\longrightarrow 1$
u	$1\longrightarrow 0$

inf. 断面積を求める際に，どの平面で切るかによって計算量が異なる場合がある。この問題の場合は y 軸に垂直な平面で切った方が計算量が少ない。本冊 $p.263$ のズームUPも参照。

EX ③134　$\alpha>0$ とする。2つの曲線 $y=x^{\alpha}$ と $y=x^{2\alpha}\ (x\geqq 0)$ で囲まれる図形を D とする。α を $\alpha>0$ の範囲で動かすとき，D を x 軸の周りに1回転させてできる立体の体積 V の最大値を求めよ。
〔類　名古屋市大〕

$x^{\alpha}=x^{2\alpha}$ とすると　　$x^{2\alpha}-x^{\alpha}=x^{\alpha}(x^{\alpha}-1)=0$

$\alpha>0$，$x\geqq 0$ から　　$x=0,\ 1$

$0<x<1$ のとき，$0<x^{\alpha}<1$ から　　$x^{\alpha}(x^{\alpha}-1)<0$

ゆえに，$x^{\alpha}>x^{2\alpha}>0$ であるから

$$V=\pi\int_0^1\{(x^{\alpha})^2-(x^{2\alpha})^2\}dx$$
$$=\pi\left[\frac{x^{2\alpha+1}}{2\alpha+1}-\frac{x^{4\alpha+1}}{4\alpha+1}\right]_0^1$$
$$=\pi\left(\frac{1}{2\alpha+1}-\frac{1}{4\alpha+1}\right)$$
$$\frac{dV}{d\alpha}=\pi\left\{-\frac{2}{(2\alpha+1)^2}+\frac{4}{(4\alpha+1)^2}\right\}$$
$$=-\frac{2\pi(8\alpha^2-1)}{(2\alpha+1)^2(4\alpha+1)^2}$$
$$=-\frac{16\pi\left(\alpha+\frac{\sqrt{2}}{4}\right)\left(\alpha-\frac{\sqrt{2}}{4}\right)}{(2\alpha+1)^2(4\alpha+1)^2}$$

$\dfrac{dV}{d\alpha}=0$ とすると　　$\alpha=\dfrac{\sqrt{2}}{4}$

増減表から，V はこのとき極大かつ最大となる。

よって，V は

$\alpha=\dfrac{\sqrt{2}}{4}$ で最大値 $\pi\left(\dfrac{2}{\sqrt{2}+2}-\dfrac{1}{\sqrt{2}+1}\right)=\boldsymbol{(3-2\sqrt{2})\pi}$

をとる。

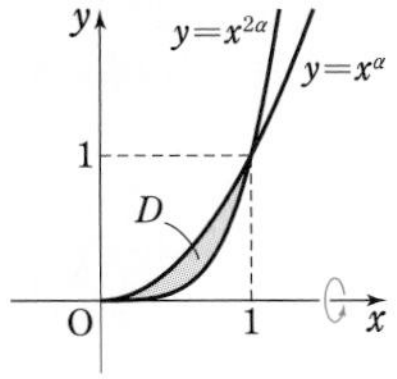

α	0	…	$\frac{\sqrt{2}}{4}$	…
$\frac{dV}{d\alpha}$	／	＋	0	－
V	／	↗	極大	↘

EX ③135　正の実数 a に対し，曲線 $y=e^{ax}$ を C とする。原点を通る直線 ℓ が曲線 C に点Pで接している。C，ℓ および y 軸で囲まれた図形を D とする。
(1)　点Pの座標を a を用いて表せ。
(2)　D を y 軸の周りに1回転してできる回転体の体積が 2π のとき，a の値を求めよ。
〔類　東京電機大〕

(1)　$y=e^{ax}$ から　　$y'=ae^{ax}$

接点Pの座標を $(t,\ e^{at})$ とすると，接線 ℓ の方程式は

$y-e^{at}=ae^{at}(x-t)$　　⇐$y-f(t)=f'(t)(x-t)$

ℓ は原点を通るから　　$-e^{at}=ae^{at}\cdot(-t)$　　⇐$1=at$

$e^{at}\neq 0$，$a>0$ であるから　　$t=\dfrac{1}{a}$

このとき，$e^{at}=e$ であるから，点Pの座標は　　$\boldsymbol{\left(\dfrac{1}{a},\ e\right)}$

(2) Dは右の図の赤い部分である。

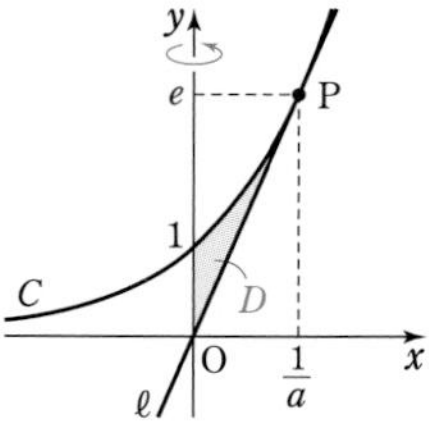

また，$y=e^{ax}$ から　$x=\frac{1}{a}\log y$

⇦$\log y=ax$ から。

Dをy軸の周りに1回転してできる立体の体積をVとすると

$$V=\underset{\sim\sim\sim}{\frac{1}{3}\pi\left(\frac{1}{a}\right)^2e}-\pi\int_1^e x^2dy$$

⇦〰は底面の半径$\frac{1}{a}$，高さeの直円錐の体積。

$$=\frac{\pi e}{3a^2}-\frac{\pi}{a^2}\int_1^e(\log y)^2dy$$

ここで　$\int_1^e(\log y)^2dy=\Big[y(\log y)^2\Big]_1^e-\int_1^e y\cdot 2\log y\cdot\frac{1}{y}dy$

⇦$(\log y)^2=(y)'(\log y)^2$とみて，部分積分法。

$$=e-2\int_1^e\log y\,dy$$

$$=e-2\Big[y\log y-y\Big]_1^e$$

$$=e-2$$

⇦$\int\log x\,dx$
$=x\log x-x+C$

ゆえに　$V=\frac{\pi e}{3a^2}-\frac{\pi}{a^2}(e-2)=\frac{2(3-e)}{3a^2}\pi$

$V=2\pi$ とすると　$\frac{2(3-e)}{3a^2}\pi=2\pi$

よって　$a^2=\frac{3-e}{3}$

$a>0$ であるから　$\boldsymbol{a=\sqrt{\frac{3-e}{3}}}$

EX ②136

a，bは正の実数とする。放物線 $C：y=ax^2$，y軸，直線 $y=ab^2$ で囲まれる領域A，および放物線C，x軸，直線 $x=b$ で囲まれる領域Bがある。領域Aをy軸の周りに1回転させてできる回転体と領域Bをx軸の周りに1回転させてできる回転体の体積が等しいとき，aとbの間に成り立つ関係を求めよ。

領域Aをy軸の周りに1回転させてできる回転体の体積をV_A，領域Bをx軸の周りに1回転させてできる回転体の体積をV_Bとする。

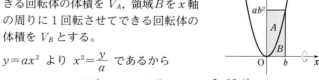

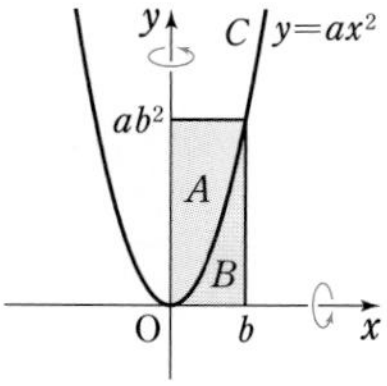

$y=ax^2$ より $x^2=\frac{y}{a}$ であるから

$$V_A=\pi\int_0^{ab^2}x^2dy=\pi\int_0^{ab^2}\frac{y}{a}dy=\frac{\pi}{a}\left[\frac{y^2}{2}\right]_0^{ab^2}=\frac{\pi}{2}ab^4$$

⇦$dy=2ax\,dx$ から
$V_A=\pi\int_0^b x^2\cdot 2ax\,dx$
$=2\pi a\left[\frac{x^4}{4}\right]_0^b=\frac{\pi}{2}ab^4$
としてもよい。

また　$V_B=\pi\int_0^b y^2dx=\pi\int_0^b(ax^2)^2dx=\pi a^2\left[\frac{x^5}{5}\right]_0^b=\frac{\pi}{5}a^2b^5$

$V_A=V_B$ から　$\frac{\pi}{2}ab^4=\frac{\pi}{5}a^2b^5$

よって　$\boldsymbol{ab=\frac{5}{2}}$

EX ③137

座標平面上の2つの放物線 $y=4-x^2$ と $y=ax^2$ $(a>0)$ について
(1) 2つの放物線 $y=4-x^2$ と $y=ax^2$ および x 軸で囲まれた図形を y 軸の周りに1回転してできる回転体の体積 V_1 を求めよ。
(2) 2つの放物線 $y=4-x^2$ と $y=ax^2$ で囲まれた図形を y 軸の周りに1回転してできる回転体の体積を V_2 とする。$V_1=V_2$ のとき，a の値を求めよ。〔類 信州大〕

(1) 2つの放物線 $y=4-x^2$ と $y=ax^2$ の交点の y 座標は $4-y=\dfrac{y}{a}$ の解である。これを解くと　$y=\dfrac{4a}{a+1}$

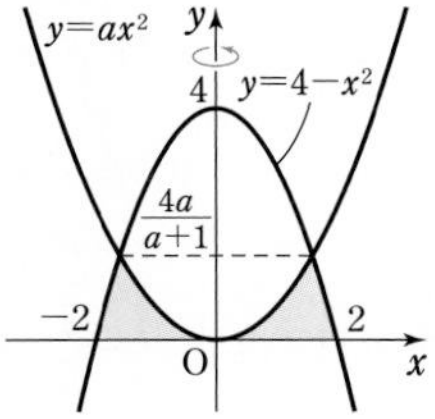

よって　$V_1=\pi\displaystyle\int_0^{\frac{4a}{a+1}}\left(4-y-\frac{y}{a}\right)dy=\pi\int_0^{\frac{4a}{a+1}}\left(4-\frac{a+1}{a}y\right)dy$

$=\pi\left[4y-\dfrac{a+1}{2a}y^2\right]_0^{\frac{4a}{a+1}}=\pi\left(\dfrac{16a}{a+1}-\dfrac{8a}{a+1}\right)$

$=\boldsymbol{\dfrac{8a}{a+1}\pi}$

(2) 放物線 $y=4-x^2$ と x 軸で囲まれた図形を y 軸の周りに1回転してできる回転体の体積を V とすると，$V_1=V_2$ のとき　$V=V_1+V_2=2V_1$

⇐ V_2 を計算する必要がない。

ここで　$V=\pi\displaystyle\int_0^4(4-y)\,dy=\pi\left[4y-\frac{1}{2}y^2\right]_0^4=8\pi$

(1) から　$2V_1=\dfrac{16a}{a+1}\pi$

よって，$8\pi=\dfrac{16a}{a+1}\pi$ から　$1=\dfrac{2a}{a+1}$

ゆえに　$\boldsymbol{a=1}$

EX ④138

正の定数 t について，xy 平面上の曲線 $y=\log x$ と x 軸および2直線 $x=t$，$x=t+\dfrac{3}{2}$ で囲まれた図形を，x 軸の周りに1回転してできる立体の体積を $V(t)$ とする。
(1) $t>0$ において $V(t)$ が最小になる t の値を求めよ。
(2) $t>0$ における $V(t)$ の最小値を求めよ。

(1) $V(t)=\pi\displaystyle\int_t^{t+\frac{3}{2}}(\log x)^2dx$ から

$V'(t)=\pi\left\{\log\left(t+\dfrac{3}{2}\right)\right\}^2-\pi(\log t)^2$

⇐ $\dfrac{d}{dt}\displaystyle\int_{h(t)}^{g(t)}f(x)\,dx=f(g(t))g'(t)-f(h(t))h'(t)$

$=\pi\left\{\log\left(t+\dfrac{3}{2}\right)+\log t\right\}\left\{\log\left(t+\dfrac{3}{2}\right)-\log t\right\}$

$=\pi\log\left(t^2+\dfrac{3}{2}t\right)\times\log\left(1+\dfrac{3}{2t}\right)$

$t>0$ のとき，$1+\dfrac{3}{2t}>1$ であるから　$\log\left(1+\dfrac{3}{2t}\right)>0$

$V'(t)=0$ とすると　$t^2+\dfrac{3}{2}t=1$

⇐ $2t^2+3t-2=0$

ゆえに　$(t+2)(2t-1)=0$

$t>0$ の範囲では　$t=\dfrac{1}{2}$

よって，$t>0$ における $V(t)$ の増減表は右のようになる。

t	0	…	$\frac{1}{2}$	…
$V'(t)$	／	$-$	0	$+$
$V(t)$	／	↘	極小	↗

したがって，$\boldsymbol{t=\frac{1}{2}}$ のとき $V(t)$ は極小かつ最小となる。

(2) 不定積分 $\int(\log x)^2dx$ を計算すると

$$\int(\log x)^2dx=x(\log x)^2-\int x\cdot 2(\log x)\cdot\frac{1}{x}dx$$
$$=x(\log x)^2-2x\log x+2x+C$$

⇦部分積分法を2回適用。
$\int\log x\,dx=x\log x-x+C$

$V(t)$ は $t=\frac{1}{2}$ のとき最小となるから，最小値は

$$V\left(\frac{1}{2}\right)=\pi\int_{\frac{1}{2}}^{2}(\log x)^2dx$$
$$=\pi\Big[x(\log x)^2-2x\log x+2x\Big]_{\frac{1}{2}}^{2}$$
$$=\boldsymbol{\pi\left\{\frac{3}{2}(\log 2)^2-5\log 2+3\right\}}$$

EX ④139

$0\leqq x\leqq\pi$ において，2曲線 $y=\sin\left|x-\frac{\pi}{2}\right|$, $y=\cos 2x$ で囲まれた図形を D とする。
(1) D の面積を求めよ。
(2) D を x 軸の周りに1回転させてできる回転体の体積 V を求めよ。 〔名古屋工大〕

(1) $y=\sin\left|x-\frac{\pi}{2}\right|$

$$=\begin{cases}\sin\left(\frac{\pi}{2}-x\right)=\cos x & \left(0\leqq x\leqq\frac{\pi}{2}\text{ のとき}\right)\\ \sin\left(x-\frac{\pi}{2}\right)=-\cos x & \left(\frac{\pi}{2}<x\leqq\pi\text{ のとき}\right)\end{cases}$$

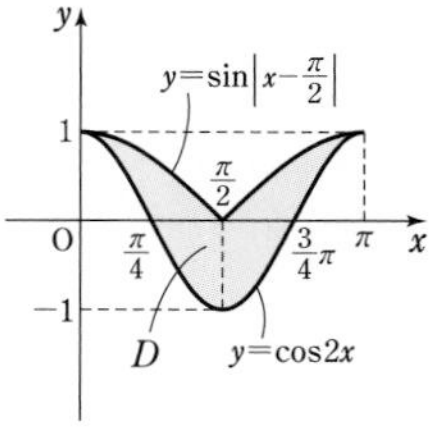

よって，図形 D は右の図の赤い部分で，直線 $x=\frac{\pi}{2}$ に関して対称である。ゆえに，D の面積を S とすると

$$S=2\int_0^{\frac{\pi}{2}}(\cos x-\cos 2x)dx=\Big[2\sin x-\sin 2x\Big]_0^{\frac{\pi}{2}}=\boldsymbol{2}$$

(2) D の x 軸より下側の部分を x 軸の上側に折り返したときに，$0\leqq x\leqq\frac{\pi}{2}$ の範囲に新たにできる交点の x 座標は，

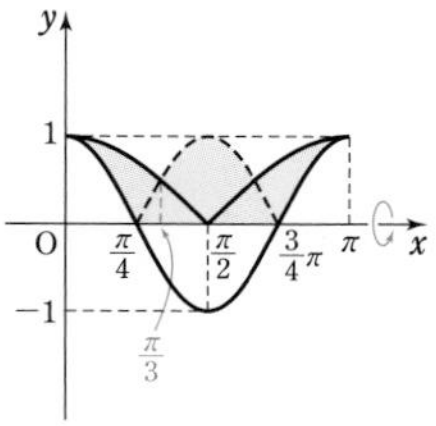

⇦回転体を一方に集結したときの交点を求める。
$\cos 2x=2\cos^2x-1$

$$\cos x=-\cos 2x$$

の解である。

よって　$2\cos^2x+\cos x-1=0$

ゆえに　$(2\cos x-1)(\cos x+1)=0$

$0 \leqq x \leqq \frac{\pi}{2}$ のとき，$\cos x+1>0$ から

$$\cos x=\frac{1}{2} \qquad よって \qquad x=\frac{\pi}{3}$$

ゆえに，図の赤い部分を x 軸の周りに1回転させると考えてよい。

図の赤い部分は，直線 $x=\frac{\pi}{2}$ に関して対称であるから

$$V=2\pi\left(\int_0^{\frac{\pi}{3}}\cos^2 x\,dx-\int_0^{\frac{\pi}{4}}\cos^2 2x\,dx+\int_{\frac{\pi}{3}}^{\frac{\pi}{2}}\cos^2 2x\,dx\right)$$

$$=\pi\left\{\int_0^{\frac{\pi}{3}}(1+\cos 2x)\,dx-\int_0^{\frac{\pi}{4}}(1+\cos 4x)\,dx+\int_{\frac{\pi}{3}}^{\frac{\pi}{2}}(1+\cos 4x)\,dx\right\}$$

⇦半角の公式

$$=\pi\left(\left[x+\frac{1}{2}\sin 2x\right]_0^{\frac{\pi}{3}}-\left[x+\frac{1}{4}\sin 4x\right]_0^{\frac{\pi}{4}}+\left[x+\frac{1}{4}\sin 4x\right]_{\frac{\pi}{3}}^{\frac{\pi}{2}}\right)$$

$$=\pi\left\{\left(\frac{\pi}{3}+\frac{\sqrt{3}}{4}\right)-\frac{\pi}{4}+\left(\frac{\pi}{2}-\frac{\pi}{3}+\frac{\sqrt{3}}{8}\right)\right\}$$

$$=\pi\left(\frac{\pi}{4}+\frac{3\sqrt{3}}{8}\right)=\boldsymbol{\frac{\pi}{8}(2\pi+3\sqrt{3})}$$

6章
EX

EX ④140

座標平面上の曲線 C を，媒介変数 $0 \leqq t \leqq 1$ を用いて $\begin{cases} x=1-t^2 \\ y=t-t^3 \end{cases}$ と定める。

(1)　曲線 C の概形をかけ。

(2)　曲線 C と x 軸で囲まれた部分が，y 軸の周りに1回転してできる回転体の体積を求めよ。

［神戸大］

(1)　$\frac{dx}{dt}=-2t$，$\frac{dy}{dt}=1-3t^2$ から，

$0<t<1$ のとき　$\frac{dx}{dt}<0$

$\frac{dy}{dt}=0$ とすると，$3t^2=1$ から

$$t=\frac{1}{\sqrt{3}}$$

ゆえに，右のような表が得られる。

よって，曲線 C の概形は **右下の図** のようになる。

t	0	$\cdots$	$\frac{1}{\sqrt{3}}$	$\cdots$	1
$\frac{dx}{dt}$	／	$-$	$-$	$-$	／
x	1	$\leftarrow$	$\frac{2}{3}$	$\leftarrow$	0
$\frac{dy}{dt}$	／	$+$	0	$-$	／
y	0	$\uparrow$	$\frac{2\sqrt{3}}{9}$	$\downarrow$	0
(x, y)	$(1, 0)$	$\nwarrow$	$\left(\frac{2}{3}, \frac{2\sqrt{3}}{9}\right)$	$\swarrow$	$(0, 0)$

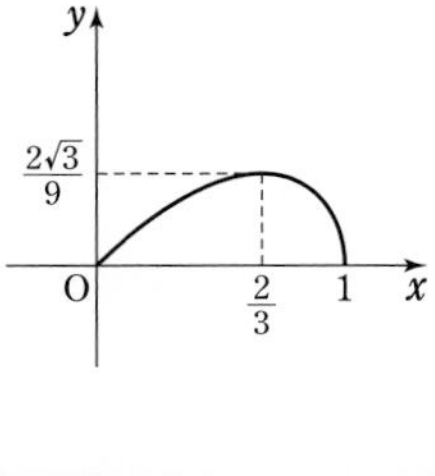

(2)　$0 \leqq t \leqq \frac{1}{\sqrt{3}}$ における x を x_1，

$\frac{1}{\sqrt{3}} \leqq t \leqq 1$ における x を x_2

とすると，求める体積 V は

$$V=\underbrace{\pi\int_0^{\frac{2\sqrt{3}}{9}}x_1^2\,dy}_{①}-\underbrace{\pi\int_0^{\frac{2\sqrt{3}}{9}}x_2^2\,dy}_{②}$$

ここで　　$dy=(1-3t^2)\,dt$

また，(1) の x，y の値の変化の表から

$$V=\pi\int_0^{\frac{1}{\sqrt{3}}}(1-t^2)^2(1-3t^2)\,dt-\pi\int_1^{\frac{1}{\sqrt{3}}}(1-t^2)^2(1-3t^2)\,dt$$

$$=\pi\int_0^1(1-t^2)^2(1-3t^2)\,dt$$

$$=\pi\int_0^1(1-5t^2+7t^4-3t^6)\,dt$$

$$=\pi\left[t-\frac{5}{3}t^3+\frac{7}{5}t^5-\frac{3}{7}t^7\right]_0^1$$

$$=\boldsymbol{\frac{32}{105}\pi}$$

⇐ $-\int_c^b=\int_b^c$

$\int_a^b+\int_b^c=\int_a^c$

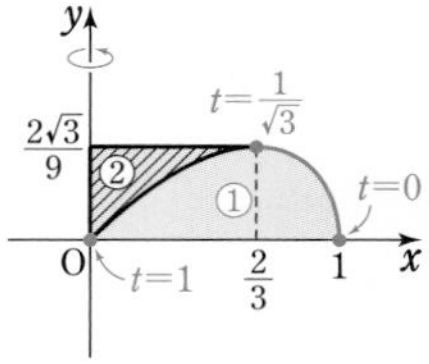

別解　バウムクーヘン分割（本冊 $p.268$ STEP UP 参照）を利用すると，求める体積 V は

$$V=2\pi\int_0^1 xy\,dx=2\pi\int_1^0(1-t^2)(t-t^3)(-2t)\,dt$$

$$=4\pi\int_0^1(t^6-2t^4+t^2)\,dt=4\pi\left[\frac{t^7}{7}-\frac{2}{5}t^5+\frac{t^3}{3}\right]_0^1$$

$$=\boldsymbol{\frac{32}{105}\pi}$$

EX ⑤141

xy 平面上の $x\geqq 0$ の範囲で，直線 $y=x$ と曲線 $y=x^n$ $(n=2,\ 3,\ 4,\ \cdots\cdots)$ により囲まれる部分を D とする。D を直線 $y=x$ の周りに回転してできる回転体の体積を V_n とするとき

(1) V_n を求めよ。　　(2) $\lim_{n\to\infty} V_n$ を求めよ。　　［横浜国大］

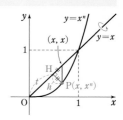

(1) 図のように，曲線 $y=x^n$ 上の点 $\mathrm{P}(x,\ x^n)$ $(0\leqq x\leqq 1)$ から直線 $y=x$ に垂線 PH を引き，

$\mathrm{PH}=h$，$\mathrm{OH}=t$ $(0\leqq t\leqq\sqrt{2})$

とする。

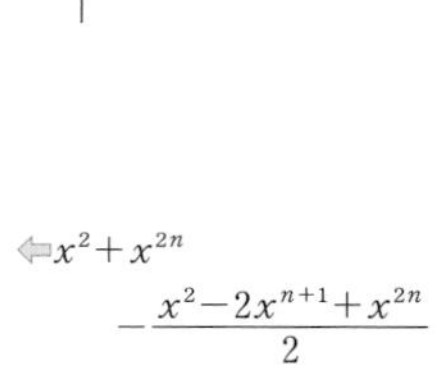

点 $\mathrm{P}(x,\ x^n)$ は直線 $y=x$ の下側にあるから

$x^n<x$　　すなわち　　$x-x^n>0$

よって　　$h=\dfrac{|x-x^n|}{\sqrt{1^2+(-1)^2}}=\dfrac{x-x^n}{\sqrt{2}}$

また，直角三角形 OPH において　　$\mathrm{OH}^2=\mathrm{OP}^2-\mathrm{PH}^2$

ゆえに　　$t^2=(x^2+x^{2n})-h^2=x^2+x^{2n}-\dfrac{(x-x^n)^2}{2}$

$=\dfrac{(x+x^n)^2}{2}$

⇐ $x^2+x^{2n}-\dfrac{x^2-2x^{n+1}+x^{2n}}{2}=\dfrac{x^2+2x^{n+1}+x^{2n}}{2}=\dfrac{(x+x^n)^2}{2}$

よって　　$t=\dfrac{x+x^n}{\sqrt{2}}$

ゆえに　　$dt=\dfrac{1+nx^{n-1}}{\sqrt{2}}\,dx$

t と x の対応は右のようになる。

t	$0\longrightarrow\sqrt{2}$
x	$0\longrightarrow 1$

よって，求める体積 V_n は

$$V_n=\pi\int_0^{\sqrt{2}}h^2dt=\pi\int_0^1\frac{(x-x^n)^2}{2}\cdot\frac{1+nx^{n-1}}{\sqrt{2}}dx$$
$$=\frac{\pi}{2\sqrt{2}}\int_0^1(x^2-2x^{n+1}+x^{2n})(1+nx^{n-1})dx$$
$$=\frac{\pi}{2\sqrt{2}}\int_0^1\{x^2+(n-2)x^{n+1}+(1-2n)x^{2n}+nx^{3n-1}\}dx$$
$$=\frac{\pi}{2\sqrt{2}}\left[\frac{x^3}{3}+\frac{n-2}{n+2}x^{n+2}+\frac{1-2n}{2n+1}x^{2n+1}+\frac{x^{3n}}{3}\right]_0^1$$
$$=\frac{\pi}{2\sqrt{2}}\left(\frac{1}{3}+\frac{n-2}{n+2}+\frac{1-2n}{2n+1}+\frac{1}{3}\right)$$
$$=\frac{\pi}{2\sqrt{2}}\left\{\frac{2}{3}-\frac{6n}{(n+2)(2n+1)}\right\}$$
$$=\frac{\pi}{2\sqrt{2}}\cdot\frac{4n^2-8n+4}{3(n+2)(2n+1)}=\boldsymbol{\frac{\sqrt{2}(n-1)^2}{3(n+2)(2n+1)}\pi}$$

(2)　(1) から　$\lim_{n\to\infty}V_n=\lim_{n\to\infty}\frac{\sqrt{2}(n-1)^2}{3(n+2)(2n+1)}\pi$

$$=\lim_{n\to\infty}\frac{\sqrt{2}\left(1-\frac{1}{n}\right)^2}{3\left(1+\frac{2}{n}\right)\left(2+\frac{1}{n}\right)}\pi=\boldsymbol{\frac{\sqrt{2}}{6}\pi}$$

⇦直線 $y=x$ に沿って $0\leqq t\leqq\sqrt{2}$ の範囲で積分する。変数を x に変換して定積分の値を求める。

inf.　$n\longrightarrow\infty$ のとき $y=x^n$ $(0\leqq x\leqq1)$ は折れ線 $y=0$ $(0\leqq x\leqq1)$, $x=1$ $(0\leqq y\leqq1)$ に限りなく近づく。
よって，$\lim_{n\to\infty}V_n$ は 3 点 (0, 0), (1, 0), (1, 1) を頂点とする直角三角形を直線 $y=x$ の周りに回転してできる回転体の体積，すなわち
$\frac{1}{3}\cdot\pi\left(\frac{\sqrt{2}}{2}\right)^2\cdot\frac{\sqrt{2}}{2}\times2=\frac{\sqrt{2}}{6}\pi$
と等しくなる。

6章
EX

EX ⑤142

(1)　平面で，辺の長さが 4 の正方形の辺に沿って，半径 r $(r\leqq1)$ の円の中心が 1 周するとき，この円が通過する部分の面積 $S(r)$ を求めよ。
(2)　空間で，辺の長さが 4 の正方形の辺に沿って，半径 1 の球の中心が 1 周するとき，この球が通過する部分の体積 V を求めよ。　〔滋賀医大〕

(1)　円が通過する部分は右の図のようになる。
4 つの角の四分円は合わせて 1 つの円になる。
よって　$S(r)=4^2-(4-2r)^2+4\cdot4r+\pi r^2$
$=\boldsymbol{32r+(\pi-4)r^2}$

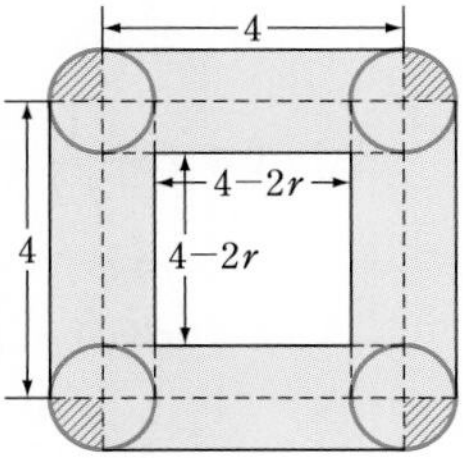

(2)　正方形を xy 平面上に置いて，球が通過する部分を平面 $z=t$ $(-1\leqq t\leqq1)$ で切ったときの断面積を $f(t)$ とする。
球の切断面である円の半径を r とすると，$t^2+r^2=1$ であるから，$f(t)$ は (1) の結果の式において
$r=\sqrt{1-t^2}$ $(-1\leqq t\leqq1)$
としたものである。
$f(-t)=f(t)$ であるから，求める体積 V は

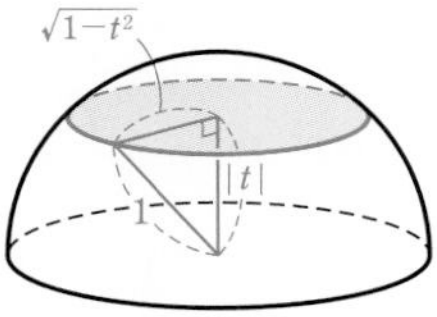

$$V=\int_{-1}^1f(t)dt=2\int_0^1f(t)dt$$
$$=2\int_0^1\{32\sqrt{1-t^2}+(\pi-4)(1-t^2)\}dt$$
$$=64\int_0^1\sqrt{1-t^2}\,dt+2(\pi-4)\int_0^1(1-t^2)dt$$

$$=64\cdot\frac{\pi}{4}+2(\pi-4)\left[t-\frac{t^3}{3}\right]_0^1$$

$$=16\pi+\frac{4}{3}(\pi-4)=\boldsymbol{\frac{52\pi-16}{3}}$$

inf. 切断面の赤い円が(1)のように通過する領域を考え，$-1\leqq t\leqq 1$ で t の値を変化させる。

EX ⑤143 xyz 空間内に 2 点 $\mathrm{P}(u,\ u,\ 0)$，$\mathrm{Q}(u,\ 0,\ \sqrt{1-u^2})$ を考える。u が 0 から 1 まで動くとき，線分 PQ が通過してできる曲面を S とする。
(1) 点 $(u,\ 0,\ 0)$ $(0\leqq u\leqq 1)$ と線分 PQ の距離を求めよ。
(2) 曲面 S を x 軸の周りに 1 回転させて得られる立体の体積 V を求めよ。〔東北大〕

(1) 平面 $x=u$ で曲面 S を切ったときの断面は，右の図のようになる。点 $\mathrm{O}'(u,\ 0,\ 0)$ と線分 PQ の距離を l とし，$\triangle\mathrm{PQO}'$ の面積を考えると，$\mathrm{PQ}=1$ であるから

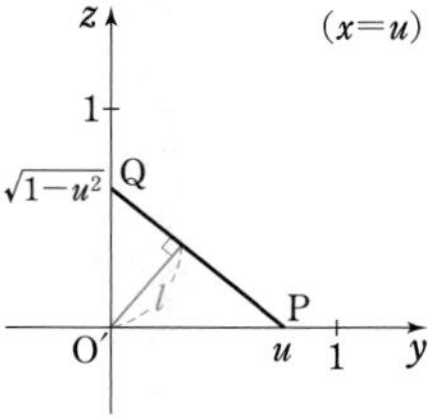

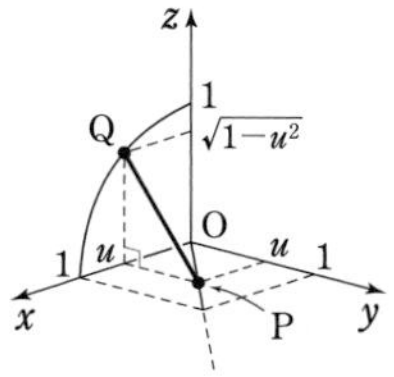

$$\frac{1}{2}\cdot 1\cdot l=\frac{1}{2}u\sqrt{1-u^2}$$

よって　$l=\boldsymbol{u\sqrt{1-u^2}}$

⇦$\mathrm{PQ}=\sqrt{u^2+(\sqrt{1-u^2})^2}=1$

別解　平面 $x=u$ 上における直線 PQ の方程式は

$$\frac{y}{u}+\frac{z}{\sqrt{1-u^2}}=1$$

すなわち　$\sqrt{1-u^2}\,y+uz-u\sqrt{1-u^2}=0$

ゆえに，点 $\mathrm{O}'(u,\ 0,\ 0)$ と直線 PQ の距離は

$$\frac{|-u\sqrt{1-u^2}|}{\sqrt{(1-u^2)+u^2}}=\boldsymbol{u\sqrt{1-u^2}}$$

⇦xy 平面上で，x 切片が a，y 切片が b である直線の方程式は $\dfrac{x}{a}+\dfrac{y}{b}=1$

(2) 曲面 S の平面 $x=u$ での切り口を考える。

$u=\sqrt{1-u^2}$ のとき　$u=\dfrac{1}{\sqrt{2}}$

[1] $0\leqq u\leqq\dfrac{1}{\sqrt{2}}$ のとき

$\sqrt{1-u^2}\geqq u$ であるから，切り口の面積は

$$\pi\{(\sqrt{1-u^2})^2-(u\sqrt{1-u^2})^2\}=\pi(u^4-2u^2+1)$$

[1]

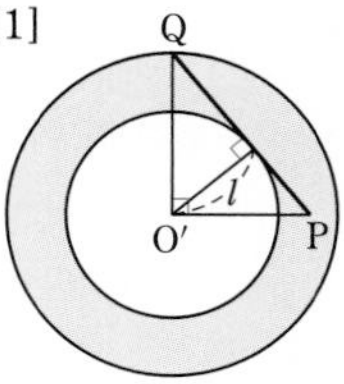

⇦$\mathrm{O'Q}\geqq\mathrm{O'P}\geqq l$

⇦$\pi(\mathrm{O'Q}^2-l^2)$

[2] $\dfrac{1}{\sqrt{2}}\leqq u\leqq 1$ のとき

$\sqrt{1-u^2}\leqq u$ であるから，切り口の面積は

$$\pi\{u^2-(u\sqrt{1-u^2})^2\}=\pi u^4$$

⇦$\mathrm{O'P}\geqq\mathrm{O'Q}\geqq l$

⇦$\pi(\mathrm{O'P}^2-l^2)$

[2]

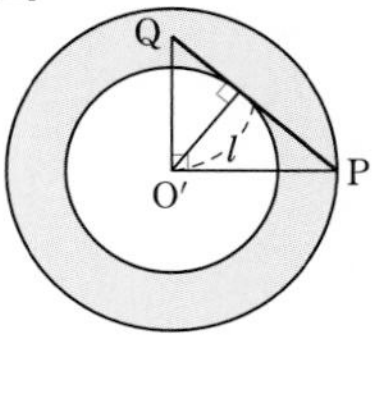

[1]，[2] から

$$V=\pi\int_0^{\frac{1}{\sqrt{2}}}(u^4-2u^2+1)\,du+\pi\int_{\frac{1}{\sqrt{2}}}^1 u^4\,du$$

$$=\pi\left[\frac{u^5}{5}-\frac{2}{3}u^3+u\right]_0^{\frac{1}{\sqrt{2}}}+\pi\left[\frac{u^5}{5}\right]_{\frac{1}{\sqrt{2}}}^1$$

$$=\pi\left(\frac{\sqrt{2}}{40}-\frac{\sqrt{2}}{6}+\frac{\sqrt{2}}{2}\right)+\pi\left(\frac{1}{5}-\frac{\sqrt{2}}{40}\right)$$

$$=\left(\frac{1}{5}+\frac{\sqrt{2}}{3}\right)\pi$$

EX ③144

座標平面上を動く点Pの座標 $(x,\ y)$ が時刻 t (t はすべての実数値をとる) を用いて $x=6e^t$, $y=e^{3t}+3e^{-t}$ で与えられている。

(1) 与えられた式から t を消去して，x と y の満たす方程式 $y=f(x)$ を導け。

(2) 点Pの軌跡を図示せよ。

(3) 時刻 t での点Pの速度 $\vec{v}$ を求めよ。

(4) 時刻 $t=0$ から $t=3$ までに点Pの動く道のりを求めよ。

(1) $x=6e^t>0$, $e^t=\dfrac{x}{6}$ から

$$\boldsymbol{y}=\left(\frac{x}{6}\right)^3+3\cdot\frac{6}{x}=\boldsymbol{\frac{x^3}{216}+\frac{18}{x}}\ \ (\boldsymbol{x>0})$$

(2) $y'=\dfrac{x^2}{72}-\dfrac{18}{x^2}=\dfrac{x^4-36^2}{72x^2}$

$$=\frac{(x^2+36)(x+6)(x-6)}{72x^2}$$

$y'=0$ とすると，$x>0$ であるから　　$x=6$

よって，増減表は次のようになる。

x	0	$\cdots$	6	$\cdots$
y'	／	$-$	0	$+$
y		↘	極小 4	↗

$y=f(x)$ とすると

$$\lim_{x\to\infty}f(x)=\infty,$$

$$\lim_{x\to+0}f(x)=\infty$$

ゆえに，点Pの軌跡は **右図** のようになる。

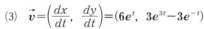

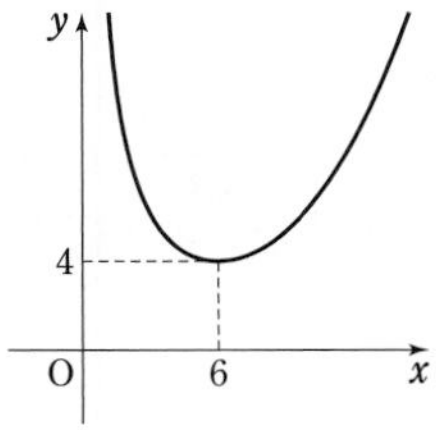

(3) $\boldsymbol{\vec{v}}=\left(\dfrac{dx}{dt},\ \dfrac{dy}{dt}\right)=\boldsymbol{(6e^t,\ 3e^{3t}-3e^{-t})}$

(4) (3) から，求める道のりは

$$\int_0^3\sqrt{\left(\frac{dx}{dt}\right)^2+\left(\frac{dy}{dt}\right)^2}\,dt=\int_0^3\sqrt{9\{4e^{2t}+(e^{3t}-e^{-t})^2\}}\,dt$$

$$=3\int_0^3\sqrt{(e^{3t}+e^{-t})^2}\,dt$$

$$=3\int_0^3(e^{3t}+e^{-t})\,dt$$

$$=\Big[e^{3t}-3e^{-t}\Big]_0^3$$

$$=\boldsymbol{e^9-3e^{-3}+2}$$

別解 $\sqrt{1+\{f'(x)\}^2}$

$$=\sqrt{1+\left(\frac{x^4-36^2}{72x^2}\right)^2}$$

$$=\sqrt{\left(\frac{x^4+36^2}{72x^2}\right)^2}$$

$$=\frac{x^2}{72}+\frac{18}{x^2}$$

よって $\displaystyle\int_6^{6e^3}\left(\frac{x^2}{72}+\frac{18}{x^2}\right)dx$

$$=\left[\frac{x^3}{216}-\frac{18}{x}\right]_6^{6e^3}$$

$$=\boldsymbol{e^9-3e^{-3}+2}$$

6章
EX

EX ③145

次の微分方程式を解け。

(1) $y^2-y-y'=0$　　(2) $3xy'=(3-x)y$

(1) 方程式を変形して　$y'=y(y-1)$

[1] 定数関数 $y=0$ は明らかに解である。

[2] 定数関数 $y=1$ は明らかに解である。

[3] $y\neq0$，$y\neq1$ のとき　$\dfrac{y'}{y(y-1)}=1$

よって　$\displaystyle\int\frac{dy}{y(y-1)}=\int dx$

すなわち　$\displaystyle\int\left(\frac{1}{y-1}-\frac{1}{y}\right)dy=\int dx$

ゆえに　$\log|y-1|-\log|y|=x+C_1$，C_1 は任意の定数

すなわち　$\log\left|\dfrac{y-1}{y}\right|=x+C_1$

よって　$\dfrac{y-1}{y}=\pm e^{x+C_1}=\pm e^{C_1}e^x$

ここで，$\pm e^{C_1}=C$ とおくと，$C\neq0$ であり

$\dfrac{y-1}{y}=Ce^x$ から

$$y=\frac{1}{1-Ce^x}，C \text{ は } 0 \text{ 以外の任意の定数}$$

[3] において $C=0$ とすると，[2] の解 $y=1$ が得られる。
したがって，求める解は

$$\boldsymbol{y=0,\ y=\frac{1}{1-Ce^x}}，\textbf{C は任意の定数}$$

(2) [1] 定数関数 $y=0$ は明らかに解である。

[2] $y\neq0$ のとき

$$\frac{y'}{y}=\frac{3-x}{3x}$$

すなわち　$\dfrac{y'}{y}=\dfrac{1}{x}-\dfrac{1}{3}$

よって　$\displaystyle\int\frac{dy}{y}=\int\left(\frac{1}{x}-\frac{1}{3}\right)dx$

ゆえに　$\log|y|=\log|x|-\dfrac{x}{3}+C_1$，$C_1$ は任意の定数

すなわち　$\log\left|\dfrac{y}{x}\right|=-\dfrac{x}{3}+C_1$

よって　$\dfrac{y}{x}=\pm e^{-\frac{x}{3}+C_1}=\pm e^{C_1}e^{-\frac{x}{3}}$

ここで，$\pm e^{C_1}=C$ とおくと，$C\neq0$ であり

$$y=Cxe^{-\frac{x}{3}}，C \text{ は } 0 \text{ 以外の任意の定数}$$

[2] において $C=0$ とすると，[1] の解 $y=0$ が得られる。
したがって，求める解は

$$\boldsymbol{y=Cxe^{-\frac{x}{3}}}，\textbf{C は任意の定数}$$

⇐$y=0$ のとき $y'=0$

⇐$y=1$ のとき $y'=0$

⇐部分分数に分解する。

⇐$y-1=Ce^xy$ から $(1-Ce^x)y=1$

⇐$y=0$ のとき $y'=0$

⇐$x=0$ とすると $0=3y$ となり不適。よって　$x\neq0$

EX ⑤146

xy 平面上に原点Oを中心とする半径1の円 C がある。半径 $\frac{1}{n}$（n は自然数）の円 C_n が，C に外接しながら滑ることなく反時計回りに転がるとき，C_n 上の点Pの軌跡を考える。ただし，最初Pは点A(1, 0)に一致していたとする。

(1) Oを端点とし C_n の中心を通る半直線が，x 軸の正の向きとなす角が θ となるときのPの座標を n と θ で表せ。

(2) Pが初めてAに戻るまでのPの軌跡の長さ l_n を求めよ。

(3) (2)で求めた l_n に対し，$\lim_{n\to\infty} l_n$ を求めよ。　〔横浜国大〕

(1) 円 C_n の中心をB，円 C と C_n の接点をQとする。

$\angle AOB=\theta$ のとき

$\overrightarrow{OB}=\left(1+\frac{1}{n}\right)(\cos\theta,\ \sin\theta)$

また，$\overset{\frown}{AQ}=\overset{\frown}{PQ}$ から

$\angle QBP=n\theta$

ゆえに，$\overrightarrow{BP}$ が x 軸の正の向きとなす角は

$\theta+\pi+n\theta=(n+1)\theta+\pi$

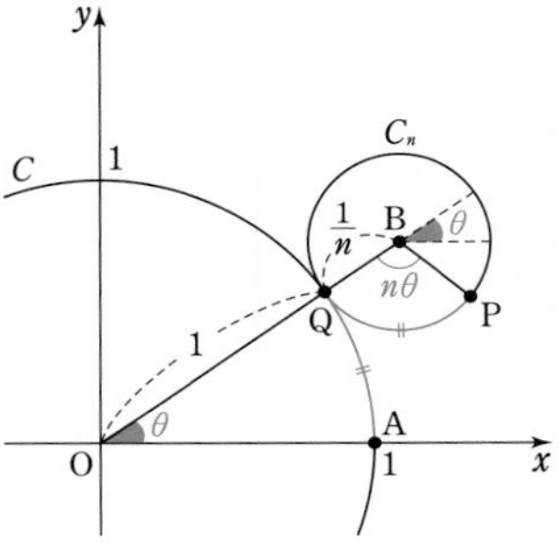

inf. 点Pの軌跡を**エピサイクロイド**という（詳しくは「チャート式解法と演習数学C」第4章を参照）。

⇐半径 r，中心角 θ の円弧の長さは $r\theta$ であるから $\overset{\frown}{AQ}=1\cdot\theta$，$\overset{\frown}{PQ}=\frac{1}{n}\angle QBP$

よって　$\overrightarrow{BP}=\frac{1}{n}(\cos\{(n+1)\theta+\pi\},\ \sin\{(n+1)\theta+\pi\})$

$=-\frac{1}{n}(\cos(n+1)\theta,\ \sin(n+1)\theta)$

⇐ $\begin{cases}\sin(\theta+\pi)=-\sin\theta\\ \cos(\theta+\pi)=-\cos\theta\end{cases}$

ゆえに　$\overrightarrow{OP}=\overrightarrow{OB}+\overrightarrow{BP}$

$=\left(1+\frac{1}{n}\right)(\cos\theta,\ \sin\theta)$

$-\frac{1}{n}(\cos(n+1)\theta,\ \sin(n+1)\theta)$

したがって，点Pの座標は

$$\left(\boldsymbol{\frac{n+1}{n}\cos\theta-\frac{1}{n}\cos(n+1)\theta,\ \frac{n+1}{n}\sin\theta-\frac{1}{n}\sin(n+1)\theta}\right)$$

(2) 点Pが初めてAに戻るのは $\theta=2\pi$ のときである。

⇐ C の円周は C_n の円周の n 倍あるから，Pは C と n 回接する。

P$(x,\ y)$ とすると　$x=\frac{n+1}{n}\cos\theta-\frac{1}{n}\cos(n+1)\theta$

$y=\frac{n+1}{n}\sin\theta-\frac{1}{n}\sin(n+1)\theta$

よって　$\frac{dx}{d\theta}=-\frac{n+1}{n}\sin\theta+\frac{n+1}{n}\sin(n+1)\theta$

$\frac{dy}{d\theta}=\frac{n+1}{n}\cos\theta-\frac{n+1}{n}\cos(n+1)\theta$

ゆえに　$\left(\frac{dx}{d\theta}\right)^2+\left(\frac{dy}{d\theta}\right)^2$

$=\left(\frac{n+1}{n}\right)^2[\{-\sin\theta+\sin(n+1)\theta\}^2+\{\cos\theta-\cos(n+1)\theta\}^2]$

⇐ $\sin^2(n+1)\theta+\cos^2(n+1)\theta=1$

$=2\left(\frac{n+1}{n}\right)^2[1-\{\cos\theta\cos(n+1)\theta+\sin\theta\sin(n+1)\theta\}]$

⇐ $\cos\alpha\cos\beta+\sin\alpha\sin\beta=\cos(\alpha-\beta)$

$=2\left(\dfrac{n+1}{n}\right)^2(1-\cos n\theta)=4\left(\dfrac{n+1}{n}\right)^2\sin^2\dfrac{n\theta}{2}$

⇐$1-\cos\alpha=2\sin^2\dfrac{\alpha}{2}$

よって

$$l_n=\int_0^{2\pi}\sqrt{\left(\frac{dx}{d\theta}\right)^2+\left(\frac{dy}{d\theta}\right)^2}\,d\theta$$
$$=\frac{2(n+1)}{n}\int_0^{2\pi}\left|\sin\frac{n\theta}{2}\right|d\theta$$

$\dfrac{n\theta}{2}=t$ とおくと　　$d\theta=\dfrac{2}{n}dt$

θ	$0\longrightarrow 2\pi$
t	$0\longrightarrow n\pi$

したがって

$$l_n=\frac{2(n+1)}{n}\int_0^{n\pi}|\sin t|\cdot\frac{2}{n}dt$$
$$=\frac{4(n+1)}{n}\int_0^{\pi}\sin t\,dt$$
$$=\frac{4(n+1)}{n}\Big[-\cos t\Big]_0^{\pi}$$
$$=\frac{\mathbf{8(n+1)}}{\mathbf{n}}$$

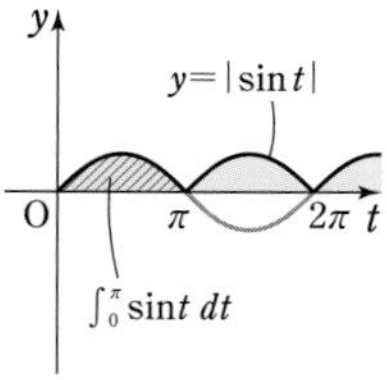

⇐$\displaystyle\int_0^{n\pi}|\sin t|dt$
$\displaystyle=n\int_0^{\pi}\sin t\,dt$
$y=|\sin t|$ の周期は π

(3)　$\displaystyle\lim_{n\to\infty}l_n=\lim_{n\to\infty}8\left(1+\frac{1}{n}\right)=\mathbf{8}$

EX
④**147**

xy 平面を水平にとり，xz 平面において関数 $z=f(x)$ を

$$f(x)=\begin{cases}0 & (0\leqq x\leqq 1)\\ x^2-1 & (1\leqq x\leqq 3)\end{cases}$$

で定義する。曲線 $z=f(x)$ を z 軸の周りに回転してできる容器について考える。ただし，この容器に関する長さの単位は cm である。この容器に毎秒 $\pi\,\mathrm{cm}^3$ の割合で水を注ぐとき，次の問いに答えよ。

(1)　注水し始めてからこの容器がいっぱいになるまでの時間は ア□ 秒である。

(2)　注水し始めてから 4 秒後の水面が上昇する速さは イ□ cm/秒 である。

(3)　注水し始めてから 4 秒後の水面の半径が増大する速さは ウ□ cm/秒 である。

底面から水面までの高さが h cm のときの水の体積 V は

$$V=\pi\int_0^h x^2dz=\pi\int_0^h(z+1)\,dz$$
$$=\pi\left[\frac{1}{2}z^2+z\right]_0^h=\left(\frac{1}{2}h^2+h\right)\pi$$

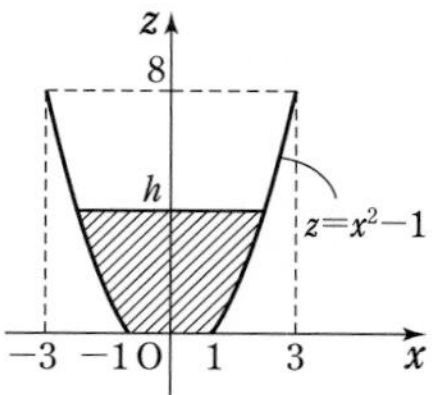

したがって，水を注水し始めてから，t 秒後の底面から水面までの高さが h cm であったとすると

$$\pi t=\left(\frac{1}{2}h^2+h\right)\pi$$

⇐毎秒 $\pi\,\mathrm{cm}^3$

ゆえに　　$t=\dfrac{1}{2}h^2+h$　……①

(1)　容器がいっぱいになるのは $h=8$ のときであるから

$$t=\frac{1}{2}\cdot 8^2+8=40$$

よって，注水し始めてからこの容器がいっぱいになるまでの

時間は　　ア**40** 秒

(2)　① の両辺を h で微分すると　　$\dfrac{dt}{dh}=h+1$

したがって　　$\dfrac{dh}{dt}=\dfrac{1}{\dfrac{dt}{dh}}=\dfrac{1}{h+1}$

また，① において，$t=4$ とすると　　$4=\dfrac{1}{2}h^2+h$

すなわち　　$h^2+2h-8=0$

これを解いて　　$h=-4,\ 2$

$0<h<8$ であるから　　$h=2$

ゆえに，求める速さは　　$\dfrac{1}{2+1}=$ イ$\mathbf{\dfrac{1}{3}}$ (cm/秒)

(3)　底面から水面までの高さが h のときの水面の半径を r とすると　　$h=r^2-1$　…… ②

② の両辺を r で微分すると　　$\dfrac{dh}{dr}=2r$

よって　　$\dfrac{dr}{dt}=\dfrac{dr}{dh}\cdot\dfrac{dh}{dt}=\dfrac{1}{2r}\cdot\dfrac{1}{h+1}$

(2) より，$t=4$ のとき $h=2$ であるから，② に代入して

$2=r^2-1$

$r>0$ であるから　　$r=\sqrt{3}$

ゆえに，求める速さは　　$\dfrac{1}{2\sqrt{3}}\cdot\dfrac{1}{3}=$ ウ$\mathbf{\dfrac{\sqrt{3}}{18}}$ (cm/秒)

⇐ $\dfrac{dh}{dt}$ を，h を用いて表すことができた。以下，$t=4$ のときの h の値を求める。

⇐「4 秒後の水面の半径が増大する速さ」すなわち「$t=4$ のときの $\left|\dfrac{dr}{dt}\right|$」の値を求める。

6章 EX

EX ⑤148　$f'(x)=g(x)$，$g'(x)=f(x)$，$f(0)=1$，$g(0)=0$ を満たす関数 $f(x)$，$g(x)$ を求めよ。

$f(x)+g(x)=u$，$f(x)-g(x)=v$ とする。

条件から　　$f'(x)+g'(x)=g(x)+f(x)$

$f'(x)-g'(x)=g(x)-f(x)$

よって　　$u'=u$，$v'=-v$　…… ①

微分方程式 $y'=ky\ (k\neq0)$ を解くと

[1]　定数関数 $y=0$ は明らかに解である。

[2]　$y\neq0$ のとき，$\dfrac{y'}{y}=k$ から　　$\displaystyle\int\frac{dy}{y}=k\int dx$

ゆえに　　$\log|y|=kx+C_1$，C_1 は任意の定数

よって　　$y=\pm e^{kx+C_1}=\pm e^{C_1}e^{kx}$

ここで，$\pm e^{C_1}=C$ とおくと，$C\neq0$ であり

$y=Ce^{kx}$，C は 0 以外の任意の定数

[2] において $C=0$ とすると，[1] の解 $y=0$ が得られる。

したがって　　$y=Ce^{kx}$，C は任意の定数

① を満たす関数 u，v は

$u=C_2e^x$，$v=C_3e^{-x}$

⇐微分方程式 $y'=ky$ の解は　$y=Ce^{kx}$
この形はよく現れるから公式として使ってもよい。

と表される。ここで，条件から

$x=0$ のとき　$u=f(0)+g(0)=1+0=1$

ゆえに　$C_2=1$

$x=0$ のとき　$v=f(0)-g(0)=1-0=1$

ゆえに　$C_3=1$

よって　$u=f(x)+g(x)=e^x$

$v=f(x)-g(x)=e^{-x}$

これを解いて　$\boldsymbol{f(x)=\dfrac{e^x+e^{-x}}{2}}$，$\boldsymbol{g(x)=\dfrac{e^x-e^{-x}}{2}}$

⇐初期条件から C_2，C_3 を決定。

⇐$C_2e^0=1$

⇐$C_3e^0=1$

PRACTICE, EXERCISES の解答（数学C）

注意 ・PRACTICE，EXERCISES の全問題文と解答例を掲載した。
・必要に応じて，HINT として，解答の前に問題の解法の手がかりや方針を示した。
また，inf. として，補足事項や注意事項を示したところもある。
・主にに本冊の CHART＆SOLUTION，CHART＆THINKING に対応した箇所を赤字で示した。

PR ①1 右の図で与えられた3つのベクトル $\vec{a}$，$\vec{b}$，$\vec{c}$ について，次のベクトルを図示せよ。
(1) $\vec{a}+\vec{c}$　(2) $-3\vec{c}$
(3) $-\vec{a}+3\vec{b}-2\vec{c}$

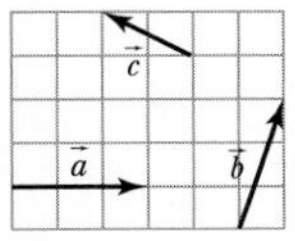

(1)～(3)〔図〕

(1)

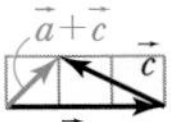

(2)

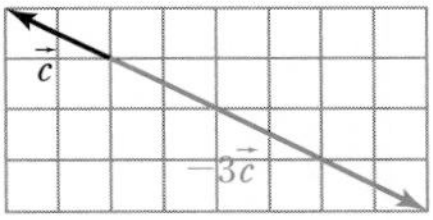

(3)

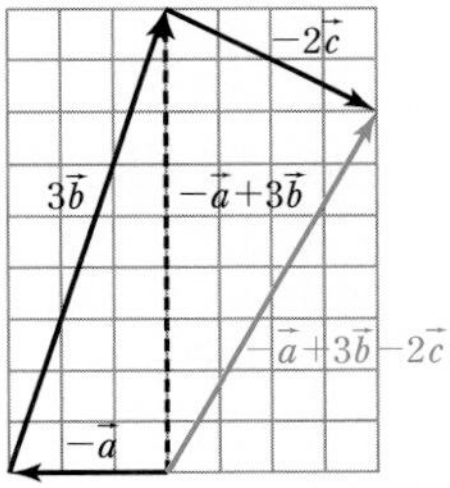

(3) $-\vec{a}$ は，$\vec{a}$ と反対の向きで，大きさが等しい。$(-\vec{a}+3\vec{b})+(-2\vec{c})$ として考える。$(-\vec{a}+3\vec{b})$ の終点に $(-2\vec{c})$ の始点を重ねる。

参考 (1) は次のように図示してもよい。

(1)

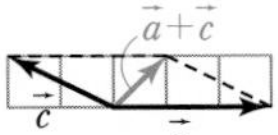

PR ①2 次の等式が成り立つことを証明せよ。
$$\overrightarrow{AB}+\overrightarrow{DC}+\overrightarrow{EF}=\overrightarrow{DB}+\overrightarrow{EC}+\overrightarrow{AF}$$

$\overrightarrow{AB}+\overrightarrow{DC}+\overrightarrow{EF}-(\overrightarrow{DB}+\overrightarrow{EC}+\overrightarrow{AF})$
$=\overrightarrow{AB}+\overrightarrow{DC}+\overrightarrow{EF}-\overrightarrow{DB}-\overrightarrow{EC}-\overrightarrow{AF}$
$=\overrightarrow{AB}+\overrightarrow{DC}+\overrightarrow{EF}+\overrightarrow{BD}+\overrightarrow{CE}+\overrightarrow{FA}$
$=(\overrightarrow{AB}+\overrightarrow{BD})+(\overrightarrow{DC}+\overrightarrow{CE})+(\overrightarrow{EF}+\overrightarrow{FA})$
$=\overrightarrow{AD}+\overrightarrow{DE}+\overrightarrow{EA}=(\overrightarrow{AD}+\overrightarrow{DE})+\overrightarrow{EA}$
$=\overrightarrow{AE}+\overrightarrow{EA}=\overrightarrow{AA}=\vec{0}$

よって　$\overrightarrow{AB}+\overrightarrow{DC}+\overrightarrow{EF}=\overrightarrow{DB}+\overrightarrow{EC}+\overrightarrow{AF}$

⇐(左辺)－(右辺)
⇐向き変え $-\overrightarrow{DB}=\overrightarrow{BD}$ など。
⇐合成 $\mathbf{A}\square+\square\mathbf{B}=\overrightarrow{\mathbf{AB}}$
⇐$\overrightarrow{PP}=\vec{0}$

別解 $\overrightarrow{AB}+\overrightarrow{DC}+\overrightarrow{EF}-(\overrightarrow{DB}+\overrightarrow{EC}+\overrightarrow{AF})$
$=(\overrightarrow{AB}-\overrightarrow{AF})+(\overrightarrow{DC}-\overrightarrow{DB})+(\overrightarrow{EF}-\overrightarrow{EC})$
$=(\overrightarrow{FB}+\overrightarrow{BC})+\overrightarrow{CF}=\overrightarrow{FC}+\overrightarrow{CF}=\overrightarrow{FF}=\vec{0}$

よって　$\overrightarrow{AB}+\overrightarrow{DC}+\overrightarrow{EF}=\overrightarrow{DB}+\overrightarrow{EC}+\overrightarrow{AF}$

⇐$\overrightarrow{\square B}-\overrightarrow{\square A}=\overrightarrow{AB}$

PR ②3

(1) $\frac{1}{3}(\vec{a}-2\vec{b})-\frac{1}{2}(-\vec{a}+3\vec{b})$ を簡単にせよ。

(2) (ア) $2(\vec{x}-3\vec{a})+3(\vec{x}-2\vec{b})=\vec{0}$ を満たす $\vec{x}$ を，$\vec{a}$，$\vec{b}$ を用いて表せ。

(イ) $3\vec{x}+2\vec{y}=\vec{a}$，$2\vec{x}-3\vec{y}=\vec{b}$ を満たす $\vec{x}$，$\vec{y}$ を，$\vec{a}$，$\vec{b}$ を用いて表せ。

(1) $\frac{1}{3}(\vec{a}-2\vec{b})-\frac{1}{2}(-\vec{a}+3\vec{b})=\frac{1}{3}\vec{a}-\frac{2}{3}\vec{b}+\frac{1}{2}\vec{a}-\frac{3}{2}\vec{b}$

$=\left(\frac{1}{3}+\frac{1}{2}\right)\vec{a}+\left(-\frac{2}{3}-\frac{3}{2}\right)\vec{b}$

$=\boldsymbol{\frac{5}{6}\vec{a}-\frac{13}{6}\vec{b}}$

⇐$\frac{1}{3}(a-2b)-\frac{1}{2}(-a+3b)$ を整理する要領で。

(2) (ア) 与式から　$2\vec{x}-6\vec{a}+3\vec{x}-6\vec{b}=\vec{0}$

ゆえに　$5\vec{x}=6\vec{a}+6\vec{b}$　　よって　$\boldsymbol{\vec{x}=\frac{6}{5}\vec{a}+\frac{6}{5}\vec{b}}$

⇐x の方程式 $2(x-3a)+3(x-2b)=0$ を解く要領で。

(イ) $3\vec{x}+2\vec{y}=\vec{a}$ ……①，$2\vec{x}-3\vec{y}=\vec{b}$ ……② とする。

①×3+②×2 から　$13\vec{x}=3\vec{a}+2\vec{b}$

よって　$\boldsymbol{\vec{x}=\frac{3}{13}\vec{a}+\frac{2}{13}\vec{b}}$

①×2−②×3 から　$13\vec{y}=2\vec{a}-3\vec{b}$

ゆえに　$\boldsymbol{\vec{y}=\frac{2}{13}\vec{a}-\frac{3}{13}\vec{b}}$

⇐x，y の連立方程式 $\begin{cases}3x+2y=a\\2x-3y=b\end{cases}$ を解く要領で。

PR ②4

(1) $\overrightarrow{OA}=2\vec{a}$，$\overrightarrow{OB}=3\vec{b}$，$\overrightarrow{OP}=5\vec{a}-4\vec{b}$，$\overrightarrow{OQ}=\vec{a}+2\vec{b}$ であるとき，$\overrightarrow{PQ}/\!/\overrightarrow{AB}$ であることを示せ。ただし，$2\vec{a}\neq3\vec{b}$ とする。

(2) $|\vec{a}|=10$ のとき，$\vec{a}$ と平行で大きさが 4 であるベクトルを求めよ。

(1) $\overrightarrow{AB}=\overrightarrow{OB}-\overrightarrow{OA}=3\vec{b}-2\vec{a}$ ……①

$\overrightarrow{PQ}=\overrightarrow{OQ}-\overrightarrow{OP}$

$=(\vec{a}+2\vec{b})-(5\vec{a}-4\vec{b})$

$=-4\vec{a}+6\vec{b}$

$=2(3\vec{b}-2\vec{a})$ ……②

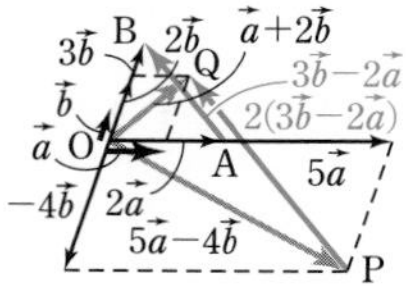

①，② から　$\overrightarrow{PQ}=2\overrightarrow{AB}$

また　$\overrightarrow{PQ}\neq\vec{0}$，$\overrightarrow{AB}\neq\vec{0}$

よって　$\overrightarrow{PQ}/\!/\overrightarrow{AB}$

⇐$\overrightarrow{AB}$ を分割。

⇐$\overrightarrow{PQ}$ を分割。

⇐$2\vec{a}\neq3\vec{b}$ であるから $3\vec{b}-2\vec{a}\neq\vec{0}$

(2) $\vec{a}$ と平行な単位ベクトルは，$\frac{\vec{a}}{|\vec{a}|}$ と $-\frac{\vec{a}}{|\vec{a}|}$ であり，$|\vec{a}|=10$

であるから　$\frac{\vec{a}}{10}$，$-\frac{\vec{a}}{10}$

よって，$\vec{a}$ と平行で大きさが 4 であるベクトルは

$4\times\frac{\vec{a}}{10}=\boldsymbol{\frac{2}{5}\vec{a}}$，$4\times\left(-\frac{\vec{a}}{10}\right)=\boldsymbol{-\frac{2}{5}\vec{a}}$

⇐単位ベクトルを 4 倍する。

PR ②5

正六角形 ABCDEF において，辺 CD の中点を Q とし，辺 BC の中点を R とする。$\overrightarrow{AB}=\vec{a}$，$\overrightarrow{AF}=\vec{b}$ とするとき，次のベクトルを $\vec{a}$，$\vec{b}$ を用いて表せ。

(1) $\overrightarrow{FE}$　(2) $\overrightarrow{AC}$　(3) $\overrightarrow{AQ}$　(4) $\overrightarrow{RQ}$

この正六角形の対角線 AD，BE，CF の交点をOとする。

(1)　$\overrightarrow{\mathbf{FE}}=\overrightarrow{\mathrm{FO}}+\overrightarrow{\mathrm{OE}}=\boldsymbol{\vec{a}}+\boldsymbol{\vec{b}}$

(2)　$\overrightarrow{\mathbf{AC}}=\overrightarrow{\mathrm{AB}}+\overrightarrow{\mathrm{BC}}=\overrightarrow{\mathrm{AB}}+\overrightarrow{\mathrm{FE}}$

$=\vec{a}+(\vec{a}+\vec{b})=\boldsymbol{2\vec{a}+\vec{b}}$

(3)　$\overrightarrow{\mathbf{AQ}}=\overrightarrow{\mathrm{AD}}+\overrightarrow{\mathrm{DQ}}$

$=2\overrightarrow{\mathrm{AO}}+\frac{1}{2}\overrightarrow{\mathrm{DC}}$

$=2(\vec{a}+\vec{b})+\frac{1}{2}(-\vec{b})$

$=\boldsymbol{2\vec{a}+\frac{3}{2}\vec{b}}$

(4)　$\overrightarrow{\mathbf{RQ}}=\overrightarrow{\mathrm{RC}}+\overrightarrow{\mathrm{CQ}}=\frac{1}{2}\overrightarrow{\mathrm{BC}}+\frac{1}{2}\overrightarrow{\mathrm{CD}}$

$=\frac{1}{2}(\vec{a}+\vec{b})+\frac{1}{2}\vec{b}=\boldsymbol{\frac{1}{2}\vec{a}+\vec{b}}$

別解　$\overrightarrow{\mathbf{RQ}}=\overrightarrow{\mathrm{AQ}}-\overrightarrow{\mathrm{AR}}=\overrightarrow{\mathrm{AQ}}-(\overrightarrow{\mathrm{AB}}+\overrightarrow{\mathrm{BR}})$

$=\overrightarrow{\mathrm{AQ}}-\overrightarrow{\mathrm{AB}}-\frac{1}{2}\overrightarrow{\mathrm{FE}}=\left(2\vec{a}+\frac{3}{2}\vec{b}\right)-\vec{a}-\frac{1}{2}(\vec{a}+\vec{b})$

$=\boldsymbol{\frac{1}{2}\vec{a}+\vec{b}}$

(1), (2)

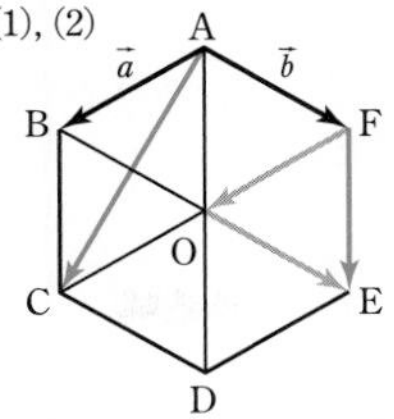

(3), (4)

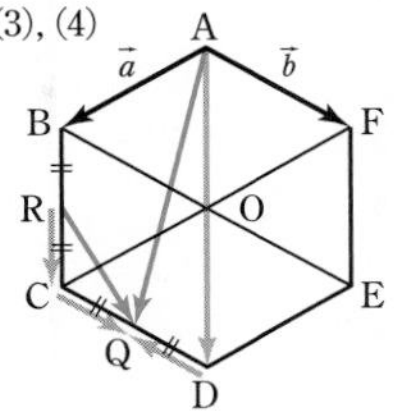

⇦しりとりで分割。
$\overrightarrow{\mathrm{FO}}=\overrightarrow{\mathrm{AB}}$，$\overrightarrow{\mathrm{OE}}=\overrightarrow{\mathrm{AF}}$

⇦(1) を利用。
$\overrightarrow{\mathrm{AC}}=\overrightarrow{\mathrm{AF}}+\overrightarrow{\mathrm{FO}}+\overrightarrow{\mathrm{OC}}$
$=\vec{b}+\vec{a}+\vec{a}$
として求めてもよい。

⇦$\overrightarrow{\mathrm{AO}}=\overrightarrow{\mathrm{AB}}+\overrightarrow{\mathrm{BO}}$
$=\overrightarrow{\mathrm{AB}}+\overrightarrow{\mathrm{AF}}$

⇦$\overrightarrow{\mathrm{AQ}}=\overrightarrow{\mathrm{AB}}+\overrightarrow{\mathrm{BC}}+\overrightarrow{\mathrm{CQ}}$
$=\overrightarrow{\mathrm{AB}}+\overrightarrow{\mathrm{FE}}+\frac{1}{2}\overrightarrow{\mathrm{AF}}$
として求めてもよい。

⇦$\overrightarrow{\mathrm{BC}}=\overrightarrow{\mathrm{FE}}$，$\overrightarrow{\mathrm{CD}}=\overrightarrow{\mathrm{AF}}$

⇦(1)，(3) の結果を利用。

PR ②6

(1)　$\vec{a}=(3,\ 2)$，$\vec{b}=(0,\ -1)$ のとき，$\vec{c}=(6,\ 1)$ を $\vec{a}$ と $\vec{b}$ で表せ。　[(1) 湘南工科大]

(2)　$\vec{a}=(-1,\ 2)$，$\vec{b}=(-5,\ -6)$ のとき，$\vec{c}=\left(\frac{5}{2},\ -7\right)$ を $\vec{a}$ と $\vec{b}$ で表せ。

(1)　$\vec{c}=s\vec{a}+t\vec{b}$ (s，t は実数)

とすると

$(6,\ 1)=s(3,\ 2)+t(0,\ -1)$

$=(3s,\ 2s-t)$

よって　$6=3s$，$1=2s-t$

この連立方程式を解くと

$s=2$，$t=3$

ゆえに　$\boldsymbol{\vec{c}=2\vec{a}+3\vec{b}}$

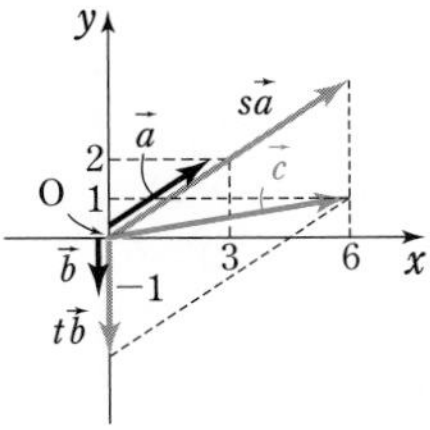

⇦対応する成分が等しい。

(2)　$\vec{c}=s\vec{a}+t\vec{b}$ (s，t は実数)

とすると

$\left(\frac{5}{2},\ -7\right)$

$=s(-1,\ 2)+t(-5,\ -6)$

$=(-s-5t,\ 2s-6t)$

よって　$\frac{5}{2}=-s-5t$，$-7=2s-6t$

この連立方程式を解くと　$s=-\frac{25}{8}$，$t=\frac{1}{8}$

ゆえに　$\boldsymbol{\vec{c}=-\frac{25}{8}\vec{a}+\frac{1}{8}\vec{b}}$

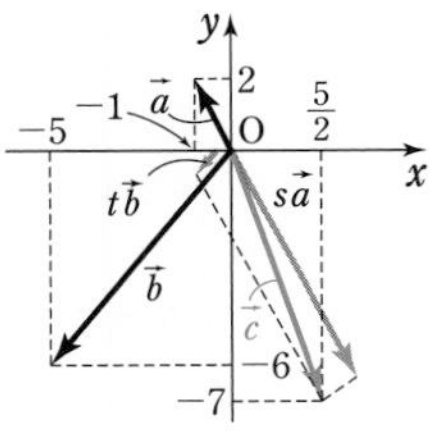

⇦対応する成分が等しい。

PR ③7

(1) 2つのベクトル$\vec{x}$, $\vec{y}$において, $\vec{x}+2\vec{y}=(-2,\ -4)$, $2\vec{x}+\vec{y}=(5,\ -2)$ のとき, $\vec{x}$と$\vec{y}$を求めよ。

(2) $\vec{a}=(2,\ -1)$, $\vec{b}=(3,\ 11)$ とする。2つの等式 $2\vec{x}-\vec{y}=\vec{a}+\vec{b}$, $-\vec{x}+2\vec{y}=3\vec{a}-\vec{b}$ を満たす$\vec{x}$, $\vec{y}$を成分で表せ。

(1) $\vec{x}+2\vec{y}=(-2,\ -4)$ …… ①, $2\vec{x}+\vec{y}=(5,\ -2)$ …… ②

②×2−① から　$3\vec{x}=2(5,\ -2)-(-2,\ -4)=(12,\ 0)$

よって　$\boldsymbol{\vec{x}}=\frac{1}{3}(12,\ 0)=\boldsymbol{(4,\ 0)}$

ゆえに, ② から

$\boldsymbol{\vec{y}}=-2\vec{x}+(5,\ -2)=-2(4,\ 0)+(5,\ -2)$

$=\boldsymbol{(-3,\ -2)}$

(2) $2\vec{x}-\vec{y}=\vec{a}+\vec{b}$ …… ①, $-\vec{x}+2\vec{y}=3\vec{a}-\vec{b}$ …… ②

①×2+② から　$3\vec{x}=5\vec{a}+\vec{b}$

よって

$\boldsymbol{\vec{x}}=\frac{1}{3}(5\vec{a}+\vec{b})=\frac{1}{3}\{5(2,\ -1)+(3,\ 11)\}=\boldsymbol{\left(\frac{13}{3},\ 2\right)}$

ゆえに, ① から　$\boldsymbol{\vec{y}}=2\vec{x}-\vec{a}-\vec{b}=2\left(\frac{13}{3},\ 2\right)-(2,\ -1)-(3,\ 11)=\boldsymbol{\left(\frac{11}{3},\ -6\right)}$

⇐$\vec{y}$を消去。

別解　①+② から
$3(\vec{x}+\vec{y})=(3,\ -6)$
よって
$\vec{x}+\vec{y}=(1,\ -2)$ …… ③
②−③ から $\boldsymbol{\vec{x}=(4,\ 0)}$
①−③ から
$\boldsymbol{\vec{y}=(-3,\ -2)}$

⇐$\vec{y}$を消去。

PR ②8

(1) 2つのベクトル $\vec{a}=(-3,\ 2)$, $\vec{b}=(5t+3,\ -t+5)$ が平行になるように, tの値を定めよ。

(2) $\vec{a}=(x,\ -1)$, $\vec{b}=(2,\ -3)$ について, $\vec{b}-\vec{a}$と$\vec{a}+3\vec{b}$が平行になるように, xの値を定めよ。

(1) $\vec{a}\neq\vec{0}$, $\vec{b}\neq\vec{0}$ であるから, $\vec{a}/\!/\vec{b}$ になるのは, $\vec{b}=k\vec{a}$ となる実数kが存在するときである。

$(5t+3,\ -t+5)=(-3k,\ 2k)$ から

$5t+3=-3k$ …… ①,

$-t+5=2k$ …… ②

①×2+②×3 から　$7t+21=0$

よって　$\boldsymbol{t=-3}$　このとき　$k=4$

別解　$\vec{a}\neq\vec{0}$, $\vec{b}\neq\vec{0}$ であるから, $\vec{a}/\!/\vec{b}$ になるための条件は

$(-3)\times(-t+5)-2\times(5t+3)=0$

よって　$3t-15-10t-6=0$

ゆえに　$-7t-21=0$　したがって　$\boldsymbol{t=-3}$

(2) $\vec{b}-\vec{a}=(2,\ -3)-(x,\ -1)=(2-x,\ -2)$

$\vec{a}+3\vec{b}=(x,\ -1)+3(2,\ -3)=(x+6,\ -10)$

$\vec{b}-\vec{a}\neq\vec{0}$, $\vec{a}+3\vec{b}\neq\vec{0}$ であるから, $(\vec{b}-\vec{a})/\!/(\vec{a}+3\vec{b})$ になるのは, $\vec{a}+3\vec{b}=k(\vec{b}-\vec{a})$ となる実数kが存在するときである。

よって　$(x+6,\ -10)=k(2-x,\ -2)$

ゆえに　$x+6=k(2-x)$ …… ①, $-10=-2k$ …… ②

② から　$k=5$　① に代入して　$x+6=5(2-x)$

これを解くと　$\boldsymbol{x=\frac{2}{3}}$

⇐$5t+3=0$ かつ $-t+5=0$ となるtはないから
$\vec{b}\neq\vec{0}$

⇐x成分, y成分がそれぞれ等しい。

⇐①, ② から, tの値が決まればkの値も定まるので, kの値は必ずしも求めなくてもよい。

⇐$a_1b_2-a_2b_1=0$

⇐$\vec{b}-\vec{a}$ のy成分は $-2\neq0$, $\vec{a}+3\vec{b}$ のy成分は $-10\neq0$

⇐x成分, y成分がそれぞれ等しい。

別解　$\vec{b}-\vec{a}=(2-x,\ -2)\neq\vec{0}$, $\vec{a}+3\vec{b}=(x+6,\ -10)\neq\vec{0}$ であるから，$(\vec{b}-\vec{a})/\!/(\vec{a}+3\vec{b})$ になるための条件は

$$(2-x)\times(-10)-(-2)\times(x+6)=0$$

⇦$a_1b_2-a_2b_1=0$

よって　$-20+10x+2x+12=0$

ゆえに　$12x-8=0$

したがって　$\boldsymbol{x=\frac{2}{3}}$

PR ②9　4点 A$(-2,\ 3)$, B$(2,\ x)$, C$(8,\ 2)$, D$(y,\ 7)$ を頂点とする四角形 ABCD が平行四辺形になるように，x, y の値を定めよ。また，このとき，平行四辺形 ABCD の対角線の交点をEとして，線分 BE の長さを求めよ。

四角形 ABCD が平行四辺形になるのは，$\overrightarrow{AD}=\overrightarrow{BC}$ のときであるから

$$(y-(-2),\ 7-3)=(8-2,\ 2-x)$$

よって　$y+2=6,\ 4=2-x$

したがって　$\boldsymbol{x=-2,\ y=4}$

また，$\overrightarrow{BD}=(4-2,\ 7-(-2))=(2,\ 9)$ から

$$|\overrightarrow{BD}|=\sqrt{2^2+9^2}=\sqrt{85}$$

したがって　$\mathbf{BE}=\frac{1}{2}|\overrightarrow{BD}|=\boldsymbol{\frac{\sqrt{85}}{2}}$

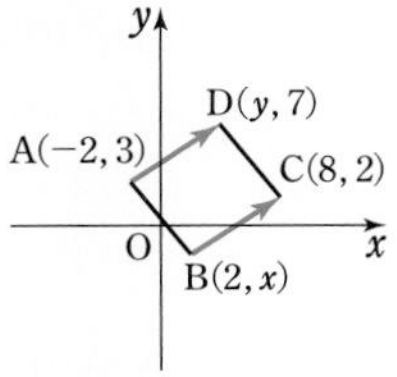

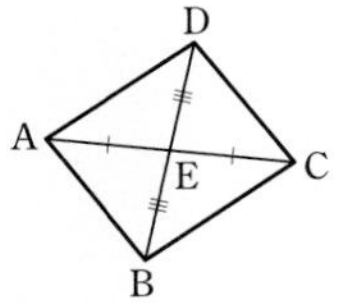

別解　対角線 AC, BD の中点が一致することから

点 $\left(\frac{-2+8}{2},\ \frac{3+2}{2}\right)$ と点 $\left(\frac{2+y}{2},\ \frac{x+7}{2}\right)$ が一致する。

⇦$3=\frac{2+y}{2}$, $\frac{5}{2}=\frac{x+7}{2}$

よって　$\boldsymbol{x=-2,\ y=4}$

(以下，同様。)

PR ③10　2つのベクトル $\vec{a}=(11,\ -2)$ と $\vec{b}=(-4,\ 3)$ に対して $\vec{c}=\vec{a}+t\vec{b}$ とおく。実数 t が変化するとき，$|\vec{c}|$ の最小値は ア□，そのときの t の値は イ□ である。〔摂南大〕

$$\vec{c}=\vec{a}+t\vec{b}=(11,\ -2)+t(-4,\ 3)$$
$$=(11-4t,\ -2+3t)$$

よって　$|\vec{c}|^2=(11-4t)^2+(-2+3t)^2$
$=25t^2-100t+125$
$=25(t-2)^2+25$

⇦$25t^2-100t+125$
$=25(t^2-4t)+125$
$=25\{(t-2)^2-2^2\}+125$
$=25(t-2)^2-25\cdot 2^2+125$

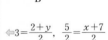

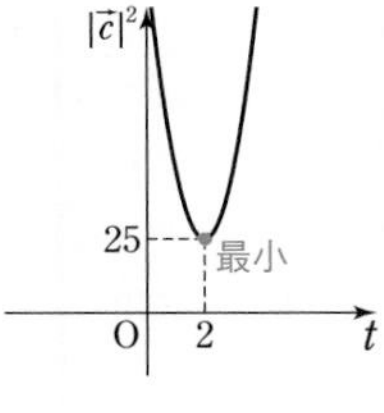

ゆえに，$|\vec{c}|^2$ は $t=2$ のとき最小値 25 をとる。

$|\vec{c}|\geqq 0$ であるから，このとき $|\vec{c}|$ も最小となる。

⇦この断りは重要。

したがって，$|\vec{c}|$ は $t=$ イ$\mathbf{2}$ のとき最小値 $\sqrt{25}=$ ア$\mathbf{5}$ をとる。

PR ②11

△ABC において，$AB=\sqrt{2}$，$BC=\sqrt{3}+1$，$CA=2$，$\angle B=45^\circ$，$\angle C=30^\circ$ であるとき，次の内積を求めよ。

(1) $\overrightarrow{BA}\cdot\overrightarrow{BC}$　(2) $\overrightarrow{CA}\cdot\overrightarrow{CB}$　(3) $\overrightarrow{AB}\cdot\overrightarrow{BC}$　(4) $\overrightarrow{BC}\cdot\overrightarrow{CA}$

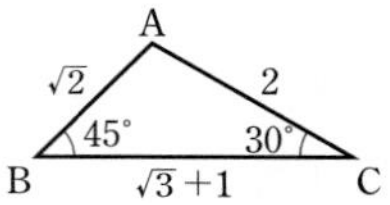

(1) $\overrightarrow{BA}$ と $\overrightarrow{BC}$ のなす角は 45° であるから

$$\overrightarrow{BA}\cdot\overrightarrow{BC}=|\overrightarrow{BA}||\overrightarrow{BC}|\cos 45^\circ$$
$$=\sqrt{2}\times(\sqrt{3}+1)\times\frac{1}{\sqrt{2}}$$
$$=\boldsymbol{\sqrt{3}+1}$$

(2) $\overrightarrow{CA}$ と $\overrightarrow{CB}$ のなす角は 30° であるから

$$\overrightarrow{CA}\cdot\overrightarrow{CB}=|\overrightarrow{CA}||\overrightarrow{CB}|\cos 30^\circ$$
$$=2\times(\sqrt{3}+1)\times\frac{\sqrt{3}}{2}$$
$$=\boldsymbol{3+\sqrt{3}}$$

(3) $\overrightarrow{AB}$ と $\overrightarrow{BC}$ のなす角は，$180^\circ-45^\circ$ すなわち 135° である。

したがって　$\overrightarrow{AB}\cdot\overrightarrow{BC}=|\overrightarrow{AB}||\overrightarrow{BC}|\cos 135^\circ$

$$=\sqrt{2}\times(\sqrt{3}+1)\times\left(-\frac{1}{\sqrt{2}}\right)$$
$$=\boldsymbol{-\sqrt{3}-1}$$

(3) 始点をBにそろえる。

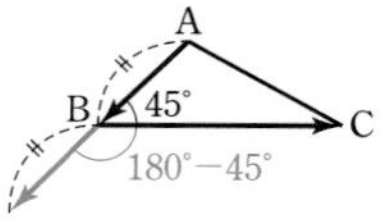

(4) $\overrightarrow{BC}$ と $\overrightarrow{CA}$ のなす角は，$180^\circ-30^\circ$ すなわち 150° である。

したがって　$\overrightarrow{BC}\cdot\overrightarrow{CA}=|\overrightarrow{BC}||\overrightarrow{CA}|\cos 150^\circ$

$$=(\sqrt{3}+1)\times2\times\left(-\frac{\sqrt{3}}{2}\right)$$
$$=\boldsymbol{-3-\sqrt{3}}$$

(4) 始点をCにそろえる。

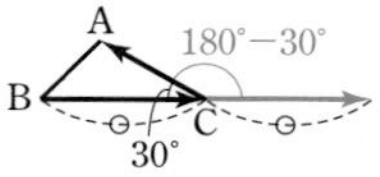

PR ②12

(1) $\vec{a}=(\sqrt{6},\ \sqrt{2})$，$\vec{b}=(1,\ \sqrt{3})$ のとき，$\vec{a}$，$\vec{b}$ の内積と，そのなす角 θ を求めよ。

(2) $\vec{a}=(2,\ 4)$，$\vec{b}=(2,\ -6)$ のとき，$\vec{a}$，$\vec{b}$ の内積と，そのなす角 θ を求めよ。

(3) 3 点 $A(-3,\ 4)$，$B(2\sqrt{3}-2,\ \sqrt{3}+2)$，$C(-4,\ 6)$ について，$\overrightarrow{AB}$，$\overrightarrow{AC}$ の内積と，そのなす角 θ を求めよ。

(1) $\vec{a}\cdot\vec{b}=\sqrt{6}\times1+\sqrt{2}\times\sqrt{3}=\boldsymbol{2\sqrt{6}}$

また　$|\vec{a}|=\sqrt{(\sqrt{6})^2+(\sqrt{2})^2}=\sqrt{8}=2\sqrt{2}$

$|\vec{b}|=\sqrt{1^2+(\sqrt{3})^2}=2$

よって　$\cos\theta=\dfrac{\vec{a}\cdot\vec{b}}{|\vec{a}||\vec{b}|}=\dfrac{2\sqrt{6}}{2\sqrt{2}\times2}=\dfrac{\sqrt{3}}{2}$

$0^\circ\leqq\theta\leqq180^\circ$ であるから　$\boldsymbol{\theta=30^\circ}$

(2) $\vec{a}\cdot\vec{b}=2\times2+4\times(-6)=\boldsymbol{-20}$

また　$|\vec{a}|=\sqrt{2^2+4^2}=\sqrt{20}=2\sqrt{5}$

$|\vec{b}|=\sqrt{2^2+(-6)^2}=\sqrt{40}=2\sqrt{10}$

よって　$\cos\theta=\dfrac{\vec{a}\cdot\vec{b}}{|\vec{a}||\vec{b}|}=\dfrac{-20}{2\sqrt{5}\times2\sqrt{10}}=-\dfrac{1}{\sqrt{2}}$

$0^\circ\leqq\theta\leqq180^\circ$ であるから　$\boldsymbol{\theta=135^\circ}$

$\vec{a}=(a_1,\ a_2)$，
$\vec{b}=(b_1,\ b_2)$ のとき
$\vec{a}\cdot\vec{b}=a_1b_1+a_2b_2$
$\cos\theta=\dfrac{\vec{a}\cdot\vec{b}}{|\vec{a}||\vec{b}|}$

(3) $\overrightarrow{AB}=(2\sqrt{3}-2-(-3),\ \sqrt{3}+2-4)=(2\sqrt{3}+1,\ \sqrt{3}-2)$
$\overrightarrow{AC}=(-4-(-3),\ 6-4)=(-1,\ 2)$

よって　$\overrightarrow{\mathbf{AB}}\cdot\overrightarrow{\mathbf{AC}}=(2\sqrt{3}+1)\times(-1)+(\sqrt{3}-2)\times2=\mathbf{-5}$

また　$|\overrightarrow{AB}|=\sqrt{(2\sqrt{3}+1)^2+(\sqrt{3}-2)^2}=\sqrt{20}=2\sqrt{5}$
$|\overrightarrow{AC}|=\sqrt{(-1)^2+2^2}=\sqrt{5}$

ゆえに　$\cos\theta=\dfrac{\overrightarrow{AB}\cdot\overrightarrow{AC}}{|\overrightarrow{AB}||\overrightarrow{AC}|}=\dfrac{-5}{2\sqrt{5}\times\sqrt{5}}=-\dfrac{1}{2}$

$0^\circ\leqq\theta\leqq180^\circ$ であるから　$\boldsymbol{\theta=120^\circ}$

PR ③13

(1) $\overrightarrow{OA}=(x,\ 1)$, $\overrightarrow{OB}=(2,\ 1)$ について，$\overrightarrow{OA}$, $\overrightarrow{OB}$ のなす角が 45° であるとき，x の値を求めよ。

(2) $\vec{a}=(2,\ -1)$, $\vec{b}=(m,\ n)$ について，$|\vec{b}|=2\sqrt{5}$ であり，$\vec{a}$ と $\vec{b}$ のなす角は 60° である。このとき，m, n の値を求めよ。

(1) $\overrightarrow{OA}\cdot\overrightarrow{OB}=x\times2+1\times1=2x+1$
⇐成分による表現。

$|\overrightarrow{OA}|=\sqrt{x^2+1^2}=\sqrt{x^2+1}$, $|\overrightarrow{OB}|=\sqrt{2^2+1^2}=\sqrt{5}$

$\overrightarrow{OA}\cdot\overrightarrow{OB}=|\overrightarrow{OA}||\overrightarrow{OB}|\cos45^\circ$ から

$$2x+1=\sqrt{x^2+1}\sqrt{5}\times\frac{1}{\sqrt{2}}\quad\cdots\cdots①$$

① の両辺を2乗して整理すると　$3x^2+8x-3=0$

よって　$(x+3)(3x-1)=0$　ゆえに　$x=-3,\ \dfrac{1}{3}$

ここで，① より，$2x+1>0$ であるから　$x>-\dfrac{1}{2}$

⇐ $\sqrt{x^2+1}>0$ であるから，① の右辺は正。よって，① の左辺も正であり $2x+1>0$

ゆえに　$\boldsymbol{x=\dfrac{1}{3}}$

(2) $|\vec{b}|=2\sqrt{5}$ から　$|\vec{b}|^2=20$

よって　$m^2+n^2=20\quad\cdots\cdots①$

$|\vec{a}|=\sqrt{2^2+(-1)^2}=\sqrt{5}$ であるから

$$\vec{a}\cdot\vec{b}=|\vec{a}||\vec{b}|\cos60^\circ=\sqrt{5}\times2\sqrt{5}\times\frac{1}{2}=5$$

⇐定義による表現。

また，$\vec{a}\cdot\vec{b}=2\times m+(-1)\times n=2m-n$ であるから
⇐成分による表現。

$2m-n=5$

ゆえに　$n=2m-5\quad\cdots\cdots②$

② を ① に代入すると　$m^2+(2m-5)^2=20$

整理すると　$5m^2-20m+5=0$

よって　$m^2-4m+1=0$

これを解くと　$m=2\pm\sqrt{3}$

② から　$m=2+\sqrt{3}$ のとき　$n=-1+2\sqrt{3}$
⇐ $2(2+\sqrt{3})-5=-1+2\sqrt{3}$

$m=2-\sqrt{3}$ のとき　$n=-1-2\sqrt{3}$
⇐ $2(2-\sqrt{3})-5=-1-2\sqrt{3}$

したがって

$$(\boldsymbol{m},\ \boldsymbol{n})=(\mathbf{2+\sqrt{3}},\ \mathbf{-1+2\sqrt{3}}),\ (\mathbf{2-\sqrt{3}},\ \mathbf{-1-2\sqrt{3}})$$

PR ②14

(1)　2つのベクトル $\vec{a}=(x+1,\ x)$, $\vec{b}=(x,\ x-2)$ が垂直になるような x の値を求めよ。
(2)　ベクトル $\vec{a}=(1,\ -3)$ に垂直である単位ベクトルを求めよ。

(1)　$\vec{a}\neq\vec{0}$, $\vec{b}\neq\vec{0}$ から，$\vec{a}\perp\vec{b}$ であるための条件は

$\vec{a}\cdot\vec{b}=0$

(1)　$(x+1,\ x)\neq\vec{0}$, $(x,\ x-2)\neq\vec{0}$ である。

ここで　$\vec{a}\cdot\vec{b}=(x+1)\times x+x\times(x-2)$

$=x(2x-1)$

よって　$x(2x-1)=0$

ゆえに　$\boldsymbol{x=0,\ \dfrac{1}{2}}$

(2)　$\vec{a}$ に垂直な単位ベクトルを $\vec{u}=(s,\ t)$ とする。

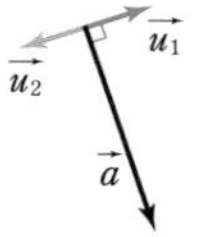

$\vec{a}\perp\vec{u}$ であるから　$\vec{a}\cdot\vec{u}=0$

よって　$1\times s+(-3)\times t=0$

ゆえに　$s=3t$ ……①

また，$|\vec{u}|=1$ であるから　$s^2+t^2=1$ ……②

$\vec{u_1}=\left(\dfrac{3}{\sqrt{10}},\ \dfrac{1}{\sqrt{10}}\right)$

$\vec{u_2}=\left(-\dfrac{3}{\sqrt{10}},\ -\dfrac{1}{\sqrt{10}}\right)$

① を ② に代入すると　$(3t)^2+t^2=1$

整理すると　$10t^2=1$

よって　$t=\pm\dfrac{1}{\sqrt{10}}$

① から　$s=\pm\dfrac{3}{\sqrt{10}}$ (複号同順)

したがって，$\vec{a}$ に垂直な単位ベクトルは

$$\boldsymbol{\left(\dfrac{3}{\sqrt{10}},\ \dfrac{1}{\sqrt{10}}\right),\ \left(-\dfrac{3}{\sqrt{10}},\ -\dfrac{1}{\sqrt{10}}\right)}$$

別解　$\vec{a}=(1,\ -3)$ に垂直な単位ベクトルは

$$\frac{1}{|\vec{a}|}(3,\ 1),\ -\frac{1}{|\vec{a}|}(3,\ 1)$$

⇦基本例題 14 (2) の 別解 参照。

$|\vec{a}|=\sqrt{10}$ から

$$\boldsymbol{\left(\dfrac{3}{\sqrt{10}},\ \dfrac{1}{\sqrt{10}}\right),\ \left(-\dfrac{3}{\sqrt{10}},\ -\dfrac{1}{\sqrt{10}}\right)}$$

PR ②15

(1)　等式 $\left|\dfrac{1}{2}\vec{a}-\dfrac{1}{3}\vec{b}\right|^2+\left|\dfrac{1}{2}\vec{a}+\dfrac{1}{3}\vec{b}\right|^2=\dfrac{1}{2}|\vec{a}|^2+\dfrac{2}{9}|\vec{b}|^2$ を証明せよ。
(2)　$|\vec{a}|=1$, $|\vec{b}|=1$ で，$-3\vec{a}+2\vec{b}$ と $\vec{a}+4\vec{b}$ が垂直であるとき，$\vec{a}$ と $\vec{b}$ のなす角 θ を求めよ。

(1)　(左辺)$=\left|\dfrac{1}{2}\vec{a}-\dfrac{1}{3}\vec{b}\right|^2+\left|\dfrac{1}{2}\vec{a}+\dfrac{1}{3}\vec{b}\right|^2$

⇦$\left(\dfrac{1}{2}a-\dfrac{1}{3}b\right)^2+\left(\dfrac{1}{2}a+\dfrac{1}{3}b\right)^2$ と同じように計算。

$$=\left(\frac{1}{2}\vec{a}-\frac{1}{3}\vec{b}\right)\cdot\left(\frac{1}{2}\vec{a}-\frac{1}{3}\vec{b}\right)+\left(\frac{1}{2}\vec{a}+\frac{1}{3}\vec{b}\right)\cdot\left(\frac{1}{2}\vec{a}+\frac{1}{3}\vec{b}\right)$$

$$=\frac{1}{4}|\vec{a}|^2-\frac{1}{3}\vec{a}\cdot\vec{b}+\frac{1}{9}|\vec{b}|^2+\frac{1}{4}|\vec{a}|^2+\frac{1}{3}\vec{a}\cdot\vec{b}+\frac{1}{9}|\vec{b}|^2$$

$$=\frac{1}{2}|\vec{a}|^2+\frac{2}{9}|\vec{b}|^2=(\text{右辺})$$

よって　$\left|\dfrac{1}{2}\vec{a}-\dfrac{1}{3}\vec{b}\right|^2+\left|\dfrac{1}{2}\vec{a}+\dfrac{1}{3}\vec{b}\right|^2=\dfrac{1}{2}|\vec{a}|^2+\dfrac{2}{9}|\vec{b}|^2$

(2) $(-3\vec{a}+2\vec{b})\perp(\vec{a}+4\vec{b})$ であるから

$$(-3\vec{a}+2\vec{b})\cdot(\vec{a}+4\vec{b})=0$$

⇦(内積)=0

よって　$-3|\vec{a}|^2-10\vec{a}\cdot\vec{b}+8|\vec{b}|^2=0$

$|\vec{a}|=|\vec{b}|=1$ を代入して

$$-3\times1^2-10\vec{a}\cdot\vec{b}+8\times1^2=0$$

ゆえに　$\vec{a}\cdot\vec{b}=\dfrac{1}{2}$

したがって　$\cos\theta=\dfrac{\vec{a}\cdot\vec{b}}{|\vec{a}||\vec{b}|}=\dfrac{1}{2}$

$0^\circ\leqq\theta\leqq180^\circ$ であるから　$\boldsymbol{\theta=60^\circ}$

PR ②16

(1) $|\vec{a}|=2$, $|\vec{b}|=3$ で $\vec{a}$ と $\vec{b}$ のなす角が 120° であるとき，$|3\vec{a}-\vec{b}|$ を求めよ。
(2) $|\vec{a}|=|\vec{a}-2\vec{b}|=2$, $|\vec{b}|=1$ のとき，$|2\vec{a}+3\vec{b}|$ を求めよ。

(1) $\vec{a}\cdot\vec{b}=|\vec{a}||\vec{b}|\cos120^\circ$

$$=2\times3\times\left(-\frac{1}{2}\right)$$

$$=-3$$

よって　$|3\vec{a}-\vec{b}|^2=(3\vec{a}-\vec{b})\cdot(3\vec{a}-\vec{b})$

$$=9|\vec{a}|^2-6\vec{a}\cdot\vec{b}+|\vec{b}|^2$$

$$=9\times2^2-6\times(-3)+3^2$$

$$=63$$

⇦$(3a-b)^2$
$=9a^2-6ab+b^2$
と同じように計算。

$|3\vec{a}-\vec{b}|\geqq0$ であるから

$$|3\vec{a}-\vec{b}|=\sqrt{63}=\boldsymbol{3\sqrt{7}}$$

⇦$\sqrt{63}=3\sqrt{7}$

(2) $|\vec{a}-2\vec{b}|^2=(\vec{a}-2\vec{b})\cdot(\vec{a}-2\vec{b})$

$$=|\vec{a}|^2-4\vec{a}\cdot\vec{b}+4|\vec{b}|^2$$

⇦$(a-2b)^2$
$=a^2-4ab+4b^2$
と同じように計算。

$|\vec{a}|=2$, $|\vec{b}|=1$, $|\vec{a}-2\vec{b}|=2$ であるから

$$2^2=2^2-4\vec{a}\cdot\vec{b}+4\times1^2$$

よって　$\vec{a}\cdot\vec{b}=1$

ゆえに　$|2\vec{a}+3\vec{b}|^2=(2\vec{a}+3\vec{b})\cdot(2\vec{a}+3\vec{b})$

$$=4|\vec{a}|^2+12\vec{a}\cdot\vec{b}+9|\vec{b}|^2$$

$$=4\times2^2+12\times1+9\times1^2$$

$$=37$$

⇦$(2a+3b)^2$
$=4a^2+12ab+9b^2$
と同じように計算。

$|2\vec{a}+3\vec{b}|\geqq0$ であるから

$$|2\vec{a}+3\vec{b}|=\boldsymbol{\sqrt{37}}$$

PR ③17

(1) $|\vec{a}|=4$, $|\vec{b}|=\sqrt{3}$, $|2\vec{a}-5\vec{b}|=\sqrt{19}$ のとき，$\vec{a}$，$\vec{b}$ のなす角 θ を求めよ。
(2) $|\vec{a}|=3$, $|\vec{b}|=2$, $|\vec{a}-2\vec{b}|=\sqrt{17}$ のとき，$\vec{a}+\vec{b}$ と $\vec{a}+t\vec{b}$ が垂直であるような実数 t の値を求めよ。

(1) $|2\vec{a}-5\vec{b}|^2=4|\vec{a}|^2-20\vec{a}\cdot\vec{b}+25|\vec{b}|^2$
$=4\times4^2-20\vec{a}\cdot\vec{b}+25\times(\sqrt{3})^2$
$=139-20\vec{a}\cdot\vec{b}$

$|2\vec{a}-5\vec{b}|^2=19$ であるから
$139-20\vec{a}\cdot\vec{b}=19$

よって　$\vec{a}\cdot\vec{b}=6$

したがって　$\cos\theta=\dfrac{\vec{a}\cdot\vec{b}}{|\vec{a}||\vec{b}|}=\dfrac{6}{4\times\sqrt{3}}=\dfrac{\sqrt{3}}{2}$

$0°\leqq\theta\leqq180°$ であるから　$\boldsymbol{\theta=30°}$

inf.　$2\vec{a}=\overrightarrow{OA}$，$5\vec{b}=\overrightarrow{OB}$ とすると $OA=8$，$OB=5\sqrt{3}$
$AB=|\overrightarrow{AB}|=|5\vec{b}-2\vec{a}|=|2\vec{a}-5\vec{b}|=\sqrt{19}$
$2\vec{a}$ と $5\vec{b}$ のなす角は θ であるから，△OAB に余弦定理を適用すると
$\cos\theta=\dfrac{8^2+(5\sqrt{3})^2-(\sqrt{19})^2}{2\times8\times5\sqrt{3}}$

(2) $|\vec{a}-2\vec{b}|^2=|\vec{a}|^2-4\vec{a}\cdot\vec{b}+4|\vec{b}|^2$
$=3^2-4\vec{a}\cdot\vec{b}+4\times2^2=25-4\vec{a}\cdot\vec{b}$

$|\vec{a}-2\vec{b}|^2=17$ であるから　$25-4\vec{a}\cdot\vec{b}=17$

よって　$\vec{a}\cdot\vec{b}=2$　……①

また，$(\vec{a}+\vec{b})\perp(\vec{a}+t\vec{b})$ から　$(\vec{a}+\vec{b})\cdot(\vec{a}+t\vec{b})=0$

すなわち　$|\vec{a}|^2+(1+t)\vec{a}\cdot\vec{b}+t|\vec{b}|^2=0$

① から　$3^2+(1+t)\times2+t\times2^2=0$

ゆえに　$\boldsymbol{t=-\dfrac{11}{6}}$

⇐$|\vec{a}-2\vec{b}|=\sqrt{17}$ は $|\vec{a}-2\vec{b}|^2=(\sqrt{17})^2$ として扱う。

⇐(内積)=0

PR ③18

ベクトル $\vec{a}$，$\vec{b}$ について，$|\vec{a}|=2$，$|\vec{b}|=1$，$|\vec{a}+3\vec{b}|=3$ とする。このとき，内積 $\vec{a}\cdot\vec{b}$ の値は $\vec{a}\cdot\vec{b}=$ ア[　] である。また t が実数全体を動くとき $|\vec{a}+t\vec{b}|$ の最小値は イ[　] である。
〔慶応大〕

(ア) $|\vec{a}+3\vec{b}|=3$ の両辺を2乗して　$|\vec{a}|^2+6\vec{a}\cdot\vec{b}+9|\vec{b}|^2=9$

$|\vec{a}|=2$，$|\vec{b}|=1$ を代入して　$2^2+6\vec{a}\cdot\vec{b}+9\times1^2=9$

よって　$\vec{a}\cdot\vec{b}=$ ア $\boldsymbol{-\dfrac{2}{3}}$

(イ) $|\vec{a}+t\vec{b}|^2=|\vec{a}|^2+2t\vec{a}\cdot\vec{b}+t^2|\vec{b}|^2$
$=2^2+2t\times\left(-\dfrac{2}{3}\right)+t^2\times1^2$
$=t^2-\dfrac{4}{3}t+4$
$=\left(t-\dfrac{2}{3}\right)^2+\dfrac{32}{9}$

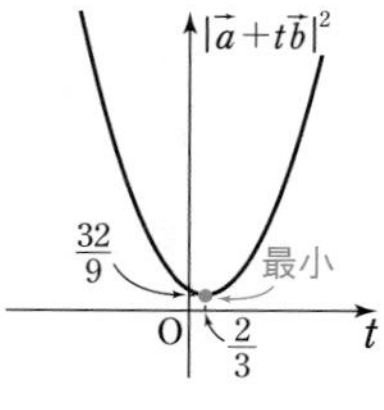

⇐$t^2-\dfrac{4}{3}t+4=\left(t-\dfrac{2}{3}\right)^2-\left(\dfrac{2}{3}\right)^2+4$

よって，$|\vec{a}+t\vec{b}|^2$ は $t=\dfrac{2}{3}$ のとき最小値 $\dfrac{32}{9}$ をとる。

$|\vec{a}+t\vec{b}|\geqq0$ であるから，このとき $|\vec{a}+t\vec{b}|$ も最小となる。

したがって，$|\vec{a}+t\vec{b}|$ は $t=\dfrac{2}{3}$ のとき最小値 $\sqrt{\dfrac{32}{9}}=$ イ $\boldsymbol{\dfrac{4\sqrt{2}}{3}}$ をとる。

PR ③19

(1) △OAB において，$|\overrightarrow{OA}|=2\sqrt{3}$，$|\overrightarrow{OB}|=5$，$\overrightarrow{OA}\cdot\overrightarrow{OB}=-15$ のとき，△OAB の面積 S を求めよ。
(2) 3 点 O(0, 0)，A(1, 2)，B(3, 4) を頂点とする △OAB の面積 S を求めよ。
(3) 3 点 P(2, 8)，Q(0, −2)，R(6, 4) を頂点とする △PQR の面積 S を求めよ。

(1) $\overrightarrow{OA}=\vec{a}$，$\overrightarrow{OB}=\vec{b}$ とすると

$|\vec{a}|=2\sqrt{3}$，$|\vec{b}|=5$，$\vec{a}\cdot\vec{b}=-15$

よって　$S=\frac{1}{2}\sqrt{(2\sqrt{3})^2\times5^2-(-15)^2}=\frac{1}{2}\sqrt{75}=\boldsymbol{\frac{5\sqrt{3}}{2}}$

(2) $\overrightarrow{OA}=\vec{a}$，$\overrightarrow{OB}=\vec{b}$ とすると

$\vec{a}=(1,\ 2)$，$\vec{b}=(3,\ 4)$

よって　$S=\frac{1}{2}|1\times4-2\times3|=\frac{1}{2}|-2|=\boldsymbol{1}$

別解　$|\vec{a}|^2=1^2+2^2=5$，$|\vec{b}|^2=3^2+4^2=25$，
$\vec{a}\cdot\vec{b}=1\times3+2\times4=11$

よって　$S=\frac{1}{2}\sqrt{5\times25-11^2}=\frac{1}{2}\sqrt{4}=\boldsymbol{1}$

(3) $\overrightarrow{PQ}=(0-2,\ -2-8)=(-2,\ -10)$，
$\overrightarrow{PR}=(6-2,\ 4-8)=(4,\ -4)$
であるから

$S=\frac{1}{2}|(-2)\times(-4)-(-10)\times4|=\frac{1}{2}|48|=\boldsymbol{24}$

別解　$\overrightarrow{PQ}=(-2,\ -10)$，$\overrightarrow{PR}=(4,\ -4)$ であるから
$|\overrightarrow{PQ}|^2=(-2)^2+(-10)^2=104$，$|\overrightarrow{PR}|^2=4^2+(-4)^2=32$，
$\overrightarrow{PQ}\cdot\overrightarrow{PR}=(-2)\times4+(-10)\times(-4)=32$

よって　$S=\frac{1}{2}\sqrt{|\overrightarrow{PQ}|^2|\overrightarrow{PR}|^2-(\overrightarrow{PQ}\cdot\overrightarrow{PR})^2}$
$=\frac{1}{2}\sqrt{104\times32-32^2}=\boldsymbol{24}$

三角形の面積
△OAB において，
$\overrightarrow{OA}=\vec{a}=(a_1,\ a_2)$
$\overrightarrow{OB}=\vec{b}=(b_1,\ b_2)$
とすると
△OAB の面積 S は
$\boldsymbol{S=\frac{1}{2}\sqrt{|\vec{a}|^2|\vec{b}|^2-(\vec{a}\cdot\vec{b})^2}}$
$\boldsymbol{=\frac{1}{2}|a_1b_2-a_2b_1|}$

⇐ 3 点 P，Q，R はいずれも O(0, 0) ではないから，P を始点としたベクトルを考える。

(3) 別解 の最後は
$\frac{1}{2}\sqrt{104\times32-32^2}$
$=\frac{1}{2}\sqrt{32\times(104-32)}$
$=\frac{1}{2}\sqrt{32\times72}$
$=\frac{1}{2}\sqrt{2^5\times2^3\times3^2}$
と考えるとよい。

PR ③20

不等式 $|3\vec{a}+2\vec{b}|\leqq3|\vec{a}|+2|\vec{b}|$ を証明せよ。

$(3|\vec{a}|+2|\vec{b}|)^2-|3\vec{a}+2\vec{b}|^2$
$=9|\vec{a}|^2+12|\vec{a}||\vec{b}|+4|\vec{b}|^2-(9|\vec{a}|^2+12\vec{a}\cdot\vec{b}+4|\vec{b}|^2)$
$=12(|\vec{a}||\vec{b}|-\vec{a}\cdot\vec{b})\geqq0$

よって　$|3\vec{a}+2\vec{b}|^2\leqq(3|\vec{a}|+2|\vec{b}|)^2$

$3|\vec{a}|+2|\vec{b}|\geqq0$，$|3\vec{a}+2\vec{b}|\geqq0$ であるから

$|3\vec{a}+2\vec{b}|\leqq3|\vec{a}|+2|\vec{b}|$

参考　重要例題 20 (1) で証明した不等式 $|\vec{a}||\vec{b}|\geqq|\vec{a}\cdot\vec{b}|$ の両辺を 2 乗すると　$|\vec{a}|^2|\vec{b}|^2\geqq|\vec{a}\cdot\vec{b}|^2$
ここで，$\vec{a}=(a,\ b)$，$\vec{b}=(x,\ y)$ とすると
$\boldsymbol{(a^2+b^2)(x^2+y^2)\geqq(ax+by)^2}$
(等号は $ay=bx$ のとき成り立つ)
この不等式を**コーシー・シュワルツの不等式**という。

⇐ $|\vec{a}||\vec{b}|\geqq\vec{a}\cdot\vec{b}$
重要例題 20 (1) 参照。

⇐ $A\geqq0$，$B\geqq0$ のとき
$A\leqq B \iff A^2\leqq B^2$

PR ④21 $|\vec{a}|=2$, $|\vec{b}|=1$, $|\vec{a}-\vec{b}|=\sqrt{3}$ とするとき，$|k\vec{a}+t\vec{b}|\geqq 2$ がすべての実数 t に対して成り立つような実数 k の値の範囲を求めよ。

$|\vec{a}-\vec{b}|=\sqrt{3}$ の両辺を 2 乗して　$|\vec{a}|^2-2\vec{a}\cdot\vec{b}+|\vec{b}|^2=3$

$|\vec{a}|=2$, $|\vec{b}|=1$ を代入して　$2^2-2\vec{a}\cdot\vec{b}+1^2=3$

よって　$\vec{a}\cdot\vec{b}=1$

ゆえに　$|k\vec{a}+t\vec{b}|^2=k^2|\vec{a}|^2+2kt\vec{a}\cdot\vec{b}+t^2|\vec{b}|^2$

$=k^2\times 2^2+2kt\times 1+t^2\times 1^2$

$=4k^2+2kt+t^2$　…… ①

$|k\vec{a}+t\vec{b}|\geqq 0$ であるから，$|k\vec{a}+t\vec{b}|\geqq 2$ は

$|k\vec{a}+t\vec{b}|^2\geqq 4$ …… ② と同値である。

よって，①，② から　$4k^2+2kt+t^2\geqq 4$

すなわち　$t^2+2kt+4k^2-4\geqq 0$ …… ③

③ がすべての実数 t に対して成り立つための条件は，t の 2 次方程式 $t^2+2kt+4k^2-4=0$ の判別式を D とすると，t^2 の係数は正であるから　$D\leqq 0$

ここで　$\dfrac{D}{4}=k^2-1\times(4k^2-4)=-3k^2+4$

よって　$-3k^2+4\leqq 0$　ゆえに　$k^2-\dfrac{4}{3}\geqq 0$

したがって　$\boldsymbol{k\leqq -\dfrac{2}{\sqrt{3}},\ \dfrac{2}{\sqrt{3}}\leqq k}$

CHART $|\vec{p}|$ は $|\vec{p}|^2$ として扱う

⇐ $A\geqq 0$, $B\geqq 0$ のとき $A\geqq B \iff A^2\geqq B^2$

⇐ k は定数と考える。

⇐ t^2 の係数 >0, $D\leqq 0$

⇐ $\left(k+\dfrac{2}{\sqrt{3}}\right)\left(k-\dfrac{2}{\sqrt{3}}\right)\geqq 0$

PR ④22 実数 x, y, a, b が条件 $x^2+y^2=1$ および $a^2+b^2=2$ を満たすとき，$ax+by$ の最大値，最小値を求めよ。

Oを原点とする。

$x^2+y^2=1$ を満たす x, y に対して

$\overrightarrow{OP}=(x,\ y)$ とし，

$a^2+b^2=2$ を満たす a, b に対して

$\overrightarrow{OQ}=(a,\ b)$ とする。

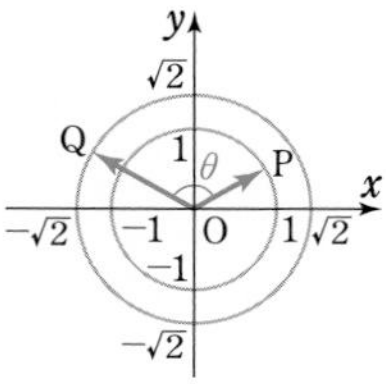

$\overrightarrow{OP}$, $\overrightarrow{OQ}$ のなす角を θ とすると

$\overrightarrow{OP}\cdot\overrightarrow{OQ}=|\overrightarrow{OP}||\overrightarrow{OQ}|\cos\theta$

よって　$ax+by=1\times\sqrt{2}\times\cos\theta$

$0^\circ\leqq\theta\leqq 180^\circ$ より，$-1\leqq\cos\theta\leqq 1$ であるから

$-\sqrt{2}\leqq ax+by\leqq\sqrt{2}$

ゆえに　$ax+by$ の **最大値は $\sqrt{2}$，最小値は $-\sqrt{2}$**

別解　コーシー・シュワルツの不等式から

$(a^2+b^2)(x^2+y^2)\geqq(ax+by)^2$

よって　$2\geqq(ax+by)^2$

ゆえに　$-\sqrt{2}\leqq ax+by\leqq\sqrt{2}$

等号が成り立つのは $ay=bx$ のときである。

よって　$ax+by$ の **最大値は $\sqrt{2}$，最小値は $-\sqrt{2}$**

⇐ $|\overrightarrow{OP}|=\sqrt{x^2+y^2}=1$, $|\overrightarrow{OQ}|=\sqrt{a^2+b^2}=\sqrt{2}$

⇐ すなわち，$\theta=0^\circ$ のとき最大値，$\theta=180^\circ$ のとき最小値をとる。

inf. **コーシー・シュワルツの不等式** については，PR 20 の 参考 を参照。

PR ②23

3点 $\mathrm{A}(\vec{a})$, $\mathrm{B}(\vec{b})$, $\mathrm{C}(\vec{c})$ を頂点とする △ABC の辺 BC を 2：1 に外分する点を D，辺 AB の中点を E とする。線分 ED を 1：2 に内分する点を F，△AEF の重心を G とするとき，点 F，G の位置ベクトルを $\vec{a}$，$\vec{b}$，$\vec{c}$ を用いて表せ。

3点 D，E，F の位置ベクトルを，それぞれ $\vec{d}$，$\vec{e}$，$\vec{f}$ とすると

$$\vec{d}=\frac{-\vec{b}+2\vec{c}}{2-1}=-\vec{b}+2\vec{c}$$

⇐点 D は辺 BC を 2：1 に**外分**する点。

$$\vec{e}=\frac{\vec{a}+\vec{b}}{2}=\frac{1}{2}\vec{a}+\frac{1}{2}\vec{b}$$

⇐点 E は辺 AB の中点。

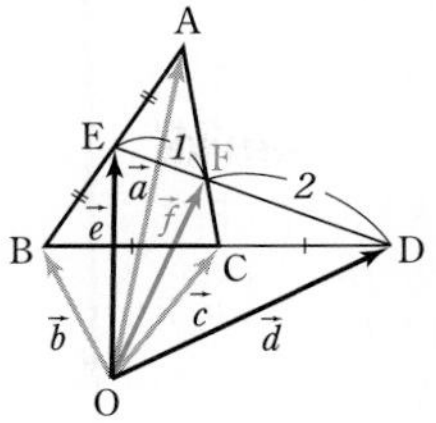

よって

$$\vec{f}=\frac{2\vec{e}+\vec{d}}{1+2}=\frac{(\vec{a}+\vec{b})+(-\vec{b}+2\vec{c})}{3}$$

$$=\boldsymbol{\frac{1}{3}\vec{a}+\frac{2}{3}\vec{c}}$$

⇐点 F は線分 ED を 1：2 に**内分**する点。

inf. 点 F は辺 AC を 2：1 に内分する点になっている。

また，点 G の位置ベクトルを $\vec{g}$ とすると

$$\vec{g}=\frac{\vec{a}+\vec{e}+\vec{f}}{3}$$

$$=\frac{1}{3}\left\{\vec{a}+\left(\frac{1}{2}\vec{a}+\frac{1}{2}\vec{b}\right)+\left(\frac{1}{3}\vec{a}+\frac{2}{3}\vec{c}\right)\right\}$$

$$=\boldsymbol{\frac{11}{18}\vec{a}+\frac{1}{6}\vec{b}+\frac{2}{9}\vec{c}}$$

⇐△AEF の重心の位置ベクトルは $\dfrac{\vec{a}+\vec{e}+\vec{f}}{3}$

PR ②24

三角形 ABC の内部に点 P がある。AP と辺 BC の交点を Q とするとき，BQ：QC＝1：2，AP：PQ＝3：4 であるなら，等式 $4\overrightarrow{\mathrm{PA}}+2\overrightarrow{\mathrm{PB}}+\overrightarrow{\mathrm{PC}}=\vec{0}$ が成り立つことを証明せよ。

5点 A，B，C，P，Q の位置ベクトルを，それぞれ $\vec{a}$，$\vec{b}$，$\vec{c}$，$\vec{p}$，$\vec{q}$ とすると

⇐1（位置ベクトル）の方針

$$\vec{p}=\frac{4\vec{a}+3\vec{q}}{3+4},\quad \vec{q}=\frac{2\vec{b}+\vec{c}}{1+2}$$

よって　$\vec{p}=\dfrac{4\vec{a}+2\vec{b}+\vec{c}}{7}$

⇐$3\vec{q}=2\vec{b}+\vec{c}$

ゆえに　$4\overrightarrow{\mathrm{PA}}+2\overrightarrow{\mathrm{PB}}+\overrightarrow{\mathrm{PC}}=4(\vec{a}-\vec{p})+2(\vec{b}-\vec{p})+(\vec{c}-\vec{p})$

⇐$\overrightarrow{\mathrm{PA}}=\vec{a}-\vec{p}$ など。

$$=4\vec{a}+2\vec{b}+\vec{c}-7\vec{p}=4\vec{a}+2\vec{b}+\vec{c}-7\times\frac{4\vec{a}+2\vec{b}+\vec{c}}{7}=\vec{0}$$

別解　$\overrightarrow{\mathrm{AB}}=\vec{b}$，$\overrightarrow{\mathrm{AC}}=\vec{c}$ とすると

⇐2（始点を A）の方針

$$\overrightarrow{\mathrm{AQ}}=\frac{2\vec{b}+\vec{c}}{1+2}=\frac{2}{3}\vec{b}+\frac{1}{3}\vec{c},$$

$$\overrightarrow{\mathrm{AP}}=\frac{3}{7}\overrightarrow{\mathrm{AQ}}=\frac{2}{7}\vec{b}+\frac{1}{7}\vec{c}$$

⇐$\overrightarrow{\mathrm{AP}}=\dfrac{3}{7}\left(\dfrac{2}{3}\vec{b}+\dfrac{1}{3}\vec{c}\right)$

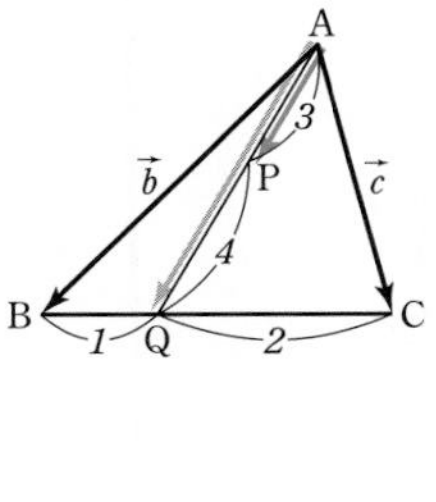

ゆえに

$$4\overrightarrow{\mathrm{PA}}+2\overrightarrow{\mathrm{PB}}+\overrightarrow{\mathrm{PC}}$$

$$=-4\overrightarrow{\mathrm{AP}}+2(\overrightarrow{\mathrm{AB}}-\overrightarrow{\mathrm{AP}})+(\overrightarrow{\mathrm{AC}}-\overrightarrow{\mathrm{AP}})$$

⇐始点を A にそろえる。

$$=-7\overrightarrow{\mathrm{AP}}+2\overrightarrow{\mathrm{AB}}+\overrightarrow{\mathrm{AC}}$$

$$=-7\left(\frac{2}{7}\vec{b}+\frac{1}{7}\vec{c}\right)+2\vec{b}+\vec{c}=\vec{0}$$

PR ②25 3点 $A(\vec{a})$, $B(\vec{b})$, $C(\vec{c})$ を頂点とする △ABC において，AB=6，BC=8，CA=7 である。また，∠B の二等分線と辺 AC の交点をDとする。
(1) 点Dの位置ベクトルを $\vec{d}$ とするとき，$\vec{d}$ を $\vec{a}$，$\vec{c}$ で表せ。
(2) △ABC の内心 I の位置ベクトルを $\vec{i}$ とするとき，$\vec{i}$ を $\vec{a}$，$\vec{b}$，$\vec{c}$ で表せ。

(1) BD は ∠B の二等分線であるから

$$CD:DA=BC:BA$$
$$=8:6=4:3$$

⇐角の二等分線と線分比。

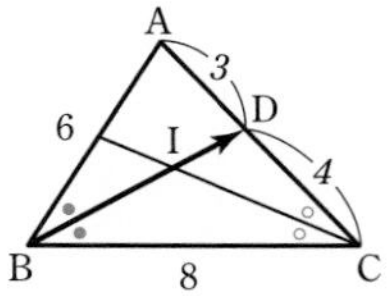

よって $\vec{d}=\dfrac{3\vec{c}+4\vec{a}}{4+3}=\boldsymbol{\dfrac{4}{7}\vec{a}+\dfrac{3}{7}\vec{c}}$

(2) △ABC の内心 I は線分 BD 上にあり，CI は ∠C を2等分するから

$$BI:ID=CB:CD$$

(1) より，$CD=\dfrac{4}{4+3}CA=\dfrac{4}{7}\times7=4$ であるから

⇐CD：DA=4：3

$$BI:ID=8:4=2:1$$

よって $\vec{i}=\dfrac{\vec{b}+2\vec{d}}{2+1}=\dfrac{\vec{b}+2\vec{d}}{3}$

(1) から $\vec{i}=\dfrac{1}{3}\left\{\vec{b}+2\left(\dfrac{4}{7}\vec{a}+\dfrac{3}{7}\vec{c}\right)\right\}=\boldsymbol{\dfrac{8}{21}\vec{a}+\dfrac{1}{3}\vec{b}+\dfrac{2}{7}\vec{c}}$

本冊 p.328 INFORMATION 内心の位置ベクトルの証明

$A(\vec{a})$, $B(\vec{b})$, $C(\vec{c})$ を頂点とする △ABC において，BC=l，CA=m，AB=n であるとき，△ABC の内心 $I(\vec{i})$ は $\boldsymbol{\vec{i}=\dfrac{l\vec{a}+m\vec{b}+n\vec{c}}{l+m+n}}$ と表される。

証明 ∠A の二等分線と辺 BC の交点をDとすると

$$BD:DC=AB:AC=n:m$$

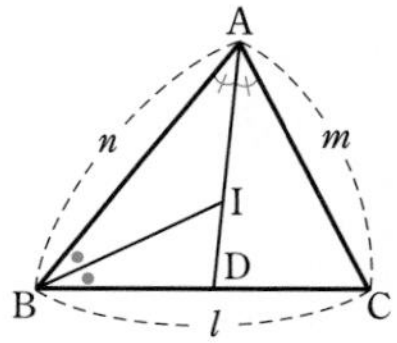

よって，点Dの位置ベクトルを $\vec{d}$ とすると

$$\vec{d}=\frac{m\vec{b}+n\vec{c}}{n+m}\quad\cdots\cdots①$$

また，BC=l であるから

$$BD=\frac{n}{n+m}BC=\frac{nl}{n+m}$$

∠B の二等分線と AD の交点が △ABC の内心 I である。

よって $AI:ID=BA:BD=n:\dfrac{nl}{n+m}=(n+m):l$

ゆえに，① から

$$\vec{i}=\frac{l\vec{a}+(n+m)\vec{d}}{(n+m)+l}=\frac{1}{l+m+n}\left\{l\vec{a}+(n+m)\frac{m\vec{b}+n\vec{c}}{n+m}\right\}$$
$$=\frac{l\vec{a}+m\vec{b}+n\vec{c}}{l+m+n}$$

PR ③26 三角形 ABC と点Pがあり，$2\overrightarrow{PA}+6\overrightarrow{PB}+5\overrightarrow{PC}=\vec{0}$ を満たしている。
(1) 点Pの位置をいえ。
(2) 面積比 △PBC：△PCA：△PAB を求めよ。

(1) 等式から

$$-2\overrightarrow{AP}+6(\overrightarrow{AB}-\overrightarrow{AP})+5(\overrightarrow{AC}-\overrightarrow{AP})=\vec{0}$$

⇦差の形に分割。

よって　$\overrightarrow{AP}=\dfrac{6\overrightarrow{AB}+5\overrightarrow{AC}}{13}$

$=\dfrac{11}{13}\times\dfrac{6\overrightarrow{AB}+5\overrightarrow{AC}}{11}$

⇦$6\overrightarrow{AB}+5\overrightarrow{AC}$ において，$\overrightarrow{AB}$，$\overrightarrow{AC}$ の係数の和は
$6+5=11$
よって
$\overrightarrow{AP}=k\left(\dfrac{6\overrightarrow{AB}+5\overrightarrow{AC}}{11}\right)$
の形に変形する。

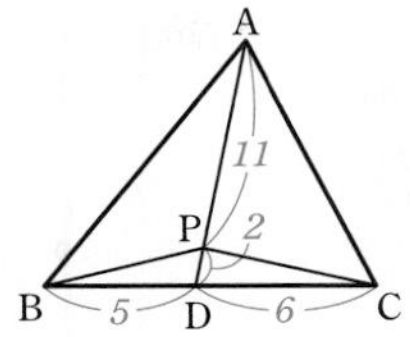

ここで，$\overrightarrow{AD}=\dfrac{6\overrightarrow{AB}+5\overrightarrow{AC}}{11}$ とおくと，
点Dは線分 BC を 5：6 に内分する点であり

$$\overrightarrow{AP}=\frac{11}{13}\overrightarrow{AD}$$

よって　AP：PD＝11：2
ゆえに，点Pは，**線分 BC を 5：6 に内分する点をDとしたとき，線分 AD を 11：2 に内分する点** である。

⇦点Dの位置の説明を含めて解答とする。

(2) △ABC の面積を S とすると

$$\triangle PBC=\frac{2}{11+2}\triangle ABC=\frac{2}{13}S,$$

$$\triangle PCA=\frac{11}{11+2}\triangle ADC=\frac{11}{13}\times\frac{6}{5+6}\triangle ABC=\frac{6}{13}S,$$

$$\triangle PAB=\frac{11}{11+2}\triangle ABD=\frac{11}{13}\times\frac{5}{5+6}\triangle ABC=\frac{5}{13}S$$

⇦**三角形の面積比**
「等高なら底辺の比」
「等底なら高さの比」
を利用する。

よって　△PBC：△PCA：△PAB

$$=\frac{2}{13}S:\frac{6}{13}S:\frac{5}{13}S$$

$$=\mathbf{2:6:5}$$

補足　基本例題 26 の inf. の証明は同様の計算で次のようにすればよい。

(1) $-a\overrightarrow{AP}+b(\overrightarrow{AB}-\overrightarrow{AP})+c(\overrightarrow{AC}-\overrightarrow{AP})=\vec{0}$ から
$(a+b+c)\overrightarrow{AP}=b\overrightarrow{AB}+c\overrightarrow{AC}$

⇦差の形に分割。

ゆえに

$$\overrightarrow{AP}=\frac{1}{a+b+c}(b\overrightarrow{AB}+c\overrightarrow{AC})$$

$$=\frac{c+b}{a+b+c}\times\frac{b\overrightarrow{AB}+c\overrightarrow{AC}}{c+b}$$

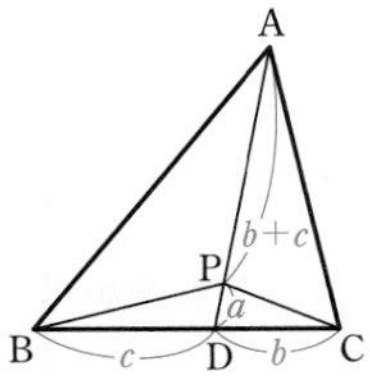

よって，辺 BC を $c:b$ に内分する点をDとすると

⇦$\overrightarrow{AD}=\dfrac{b\overrightarrow{AB}+c\overrightarrow{AC}}{c+b}$

$$\overrightarrow{AP}=\frac{b+c}{a+b+c}\overrightarrow{AD}$$

したがって，点Pは線分 AD を $(b+c):a$ に内分する点であるから **点Pは △ABC の内部にある。**

⇦$(b+c):\{(a+b+c)-(b+c)\}$

(2) $\triangle\mathrm{ABC}=S$ とおくと

$$\triangle\mathrm{PBC}=\frac{a}{a+b+c}S,$$

$$\triangle\mathrm{PCA}=\frac{b+c}{a+b+c}\triangle\mathrm{ADC}=\frac{b+c}{a+b+c}\times\frac{b}{b+c}\triangle\mathrm{ABC}=\frac{b}{a+b+c}S,$$

$$\triangle\mathrm{PAB}=\frac{b+c}{a+b+c}\triangle\mathrm{ABD}=\frac{b+c}{a+b+c}\times\frac{c}{b+c}\triangle\mathrm{ABC}=\frac{c}{a+b+c}S$$

したがって **△PBC：△PCA：△PAB**

$$=\frac{a}{a+b+c}S:\frac{b}{a+b+c}S:\frac{c}{a+b+c}S=\boldsymbol{a:b:c}$$

PR ②27

正六角形 OPQRST において $\overrightarrow{\mathrm{OP}}=\vec{p}$, $\overrightarrow{\mathrm{OQ}}=\vec{q}$ とする。
(1) $\overrightarrow{\mathrm{OR}}$, $\overrightarrow{\mathrm{OS}}$, $\overrightarrow{\mathrm{OT}}$ を，それぞれ $\vec{p}$, $\vec{q}$ を用いて表せ。
(2) △OQS の重心 $\mathrm{G_1}$ と △PRT の重心 $\mathrm{G_2}$ は一致することを証明せよ。

(1) $\overrightarrow{\mathrm{OR}}=2\overrightarrow{\mathrm{PQ}}=2(\overrightarrow{\mathrm{OQ}}-\overrightarrow{\mathrm{OP}})$
$\quad=\boldsymbol{2\vec{q}-2\vec{p}}$
$\overrightarrow{\mathrm{OS}}=\overrightarrow{\mathrm{OR}}+\overrightarrow{\mathrm{RS}}=\overrightarrow{\mathrm{OR}}-\overrightarrow{\mathrm{OP}}$
$\quad=2\vec{q}-2\vec{p}-\vec{p}$
$\quad=\boldsymbol{2\vec{q}-3\vec{p}}$
$\overrightarrow{\mathrm{OT}}=\overrightarrow{\mathrm{QR}}=\overrightarrow{\mathrm{OR}}-\overrightarrow{\mathrm{OQ}}=2\vec{q}-2\vec{p}-\vec{q}$
$\quad=\boldsymbol{\vec{q}-2\vec{p}}$

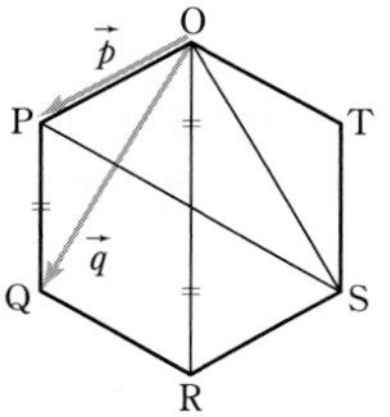

(2) $\overrightarrow{\mathrm{OG_1}}=\dfrac{\overrightarrow{\mathrm{OQ}}+\overrightarrow{\mathrm{OS}}}{3}=\dfrac{1}{3}(\vec{q}+2\vec{q}-3\vec{p})=\vec{q}-\vec{p}$

$\overrightarrow{\mathrm{OG_2}}=\dfrac{\overrightarrow{\mathrm{OP}}+\overrightarrow{\mathrm{OR}}+\overrightarrow{\mathrm{OT}}}{3}=\dfrac{1}{3}(\vec{p}+2\vec{q}-2\vec{p}+\vec{q}-2\vec{p})$
$\quad=\vec{q}-\vec{p}$

よって $\overrightarrow{\mathrm{OG_1}}=\overrightarrow{\mathrm{OG_2}}$
したがって，点 $\mathrm{G_1}$ と点 $\mathrm{G_2}$ は一致する。

HINT (2) **△ABC の重心 G ⟶ $\overrightarrow{\mathrm{OG}}$ $=\dfrac{1}{3}(\overrightarrow{\mathrm{OA}}+\overrightarrow{\mathrm{OB}}+\overrightarrow{\mathrm{OC}})$**

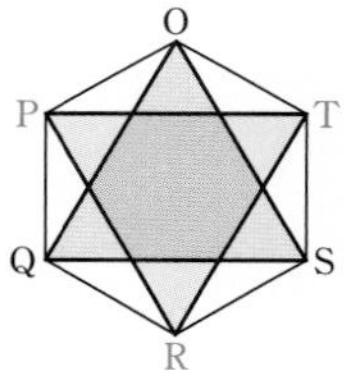

⇐$\mathrm{G_1}$, $\mathrm{G_2}$ の位置ベクトルが一致。

PR ②28

平行四辺形 ABCD において，対角線 BD を 9：10 に内分する点を P，辺 AB を 3：2 に内分する点を Q，線分 QD を 1：2 に内分する点を R とするとき，3 点 C，P，R は一直線上にあることを証明せよ。

$\overrightarrow{\mathrm{CB}}=\vec{b}$, $\overrightarrow{\mathrm{CD}}=\vec{d}$ とすると

$\overrightarrow{\mathrm{CP}}=\dfrac{10\vec{b}+9\vec{d}}{9+10}$ …… ①

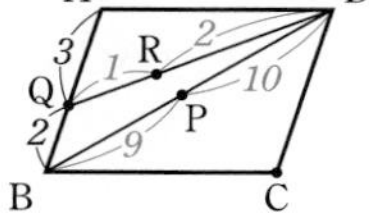

$\overrightarrow{\mathrm{CQ}}=\overrightarrow{\mathrm{CB}}+\overrightarrow{\mathrm{BQ}}=\vec{b}+\dfrac{2}{5}\vec{d}$ であるから

$$\overrightarrow{\mathrm{CR}}=\frac{2\overrightarrow{\mathrm{CQ}}+\overrightarrow{\mathrm{CD}}}{1+2}=\frac{2\left(\vec{b}+\frac{2}{5}\vec{d}\right)+\vec{d}}{3}=\frac{10\vec{b}+9\vec{d}}{15} \quad\cdots\cdots ②$$

①，② から $\overrightarrow{\mathrm{CR}}=\dfrac{19}{15}\overrightarrow{\mathrm{CP}}$

よって，3 点 C，P，R は一直線上にある。

⇐$\overrightarrow{\mathrm{CP}}$, $\overrightarrow{\mathrm{CR}}$ について考えるから，頂点Cを始点とするベクトル $\overrightarrow{\mathrm{CB}}=\vec{b}$, $\overrightarrow{\mathrm{CD}}=\vec{d}$ を用いて $\overrightarrow{\mathrm{CP}}$, $\overrightarrow{\mathrm{CR}}$ を表す。

⇐$10\vec{b}+9\vec{d}=19\overrightarrow{\mathrm{CP}}$ から $\overrightarrow{\mathrm{CR}}=\dfrac{1}{15}\times 19\overrightarrow{\mathrm{CP}}$

PR ②29

△OAB において，辺 OA を 2：3 に内分する点をC，辺 OB を 4：5 に内分する点をDとする。線分 AD と BC の交点をPとし，直線 OP と辺 AB との交点をQとする。$\overrightarrow{OA}=\vec{a}$，$\overrightarrow{OB}=\vec{b}$ とするとき，$\overrightarrow{OP}$，$\overrightarrow{OQ}$ をそれぞれ $\vec{a}$，$\vec{b}$ を用いて表せ。〔類　近畿大〕

AP：PD$=s:(1-s)$，BP：PC$=t:(1-t)$ とすると

$\overrightarrow{OP}=(1-s)\overrightarrow{OA}+s\overrightarrow{OD}$

$=(1-s)\vec{a}+\frac{4}{9}s\vec{b}$ ……①

$\overrightarrow{OP}=(1-t)\overrightarrow{OB}+t\overrightarrow{OC}$

$=\frac{2}{5}t\vec{a}+(1-t)\vec{b}$ ……②

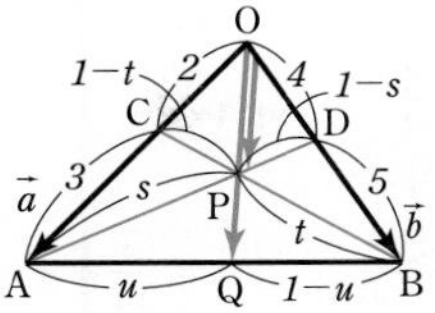

⇐$\overrightarrow{OD}=\frac{4}{9}\overrightarrow{OB}=\frac{4}{9}\vec{b}$

⇐$\overrightarrow{OC}=\frac{2}{5}\overrightarrow{OA}=\frac{2}{5}\vec{a}$

①，② から　　$(1-s)\vec{a}+\frac{4}{9}s\vec{b}=\frac{2}{5}t\vec{a}+(1-t)\vec{b}$

$\vec{a}\neq\vec{0}$，$\vec{b}\neq\vec{0}$，$\vec{a}\not\parallel\vec{b}$ であるから　　$1-s=\frac{2}{5}t$，$\frac{4}{9}s=1-t$

⇐ ＿＿＿ の断りを必ず明記する。

これを解くと　　$s=\frac{27}{37}$，$t=\frac{25}{37}$

ゆえに　　$\overrightarrow{\mathbf{OP}}=\frac{\mathbf{10}}{\mathbf{37}}\vec{a}+\frac{\mathbf{12}}{\mathbf{37}}\vec{b}$

また，AQ：QB$=u:(1-u)$ とすると

$\overrightarrow{OQ}=(1-u)\vec{a}+u\vec{b}$ ……③

また，点Qは直線 OP 上にあるから，$\overrightarrow{OQ}=k\overrightarrow{OP}$（$k$ は実数）とすると，(1) より

⇐3 点 O，P，Q が一直線上にある条件。

$\overrightarrow{OQ}=k\left(\frac{10}{37}\vec{a}+\frac{12}{37}\vec{b}\right)=\frac{10}{37}k\vec{a}+\frac{12}{37}k\vec{b}$ ……④

③，④ から　　$(1-u)\vec{a}+u\vec{b}=\frac{10}{37}k\vec{a}+\frac{12}{37}k\vec{b}$

⇐この式の $\vec{a}$，$\vec{b}$ の係数を比較する。

$\vec{a}\neq\vec{0}$，$\vec{b}\neq\vec{0}$，$\vec{a}\not\parallel\vec{b}$ であるから　　$1-u=\frac{10}{37}k$，$u=\frac{12}{37}k$

これを解くと　　$k=\frac{37}{22}$，$u=\frac{6}{11}$

ゆえに　　$\overrightarrow{\mathbf{OQ}}=\frac{\mathbf{5}}{\mathbf{11}}\vec{a}+\frac{\mathbf{6}}{\mathbf{11}}\vec{b}$

別解 1　**（メネラウスの定理，チェバの定理を用いる解法）**

△OAD と直線 BC について，メネラウスの定理により

⇐メネラウスの定理，チェバの定理は数学Aの「図形の性質」で学ぶ。本冊 $p.334$ も参照。

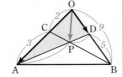

$\frac{OC}{CA}\cdot\frac{AP}{PD}\cdot\frac{DB}{BO}=1$

よって　　$\frac{2}{3}\cdot\frac{AP}{PD}\cdot\frac{5}{9}=1$

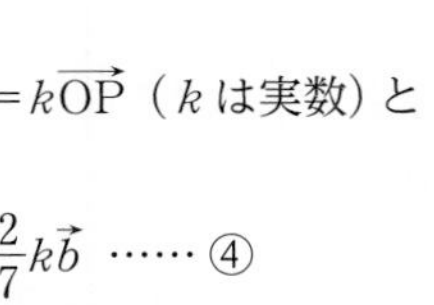

ゆえに　　$\frac{AP}{PD}=\frac{27}{10}$

よって　　AP：PD$=27:10$

ゆえに　　$\overrightarrow{\mathbf{OP}}=\frac{10\overrightarrow{OA}+27\overrightarrow{OD}}{27+10}=\frac{1}{37}\left(10\vec{a}+27\times\frac{4}{9}\vec{b}\right)$

$=\frac{\mathbf{10}}{\mathbf{37}}\vec{a}+\frac{\mathbf{12}}{\mathbf{37}}\vec{b}$

⇐Pは線分 AD を 27：10 に内分する点。

△OAB においてチェバの定理により

$$\frac{OC}{CA}\cdot\frac{AQ}{QB}\cdot\frac{BD}{DO}=1$$

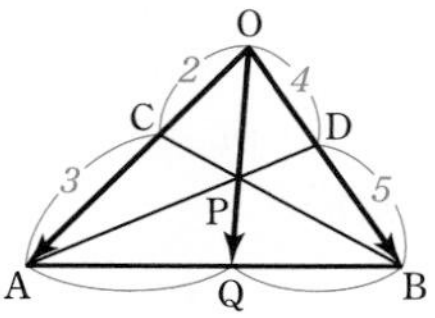

よって　$\frac{2}{3}\cdot\frac{AQ}{QB}\cdot\frac{5}{4}=1$

ゆえに　$\frac{AQ}{QB}=\frac{6}{5}$

よって　AQ：QB＝6：5

ゆえに　$\overrightarrow{OQ}=\frac{5\overrightarrow{OA}+6\overrightarrow{OB}}{6+5}=\frac{5}{11}\vec{a}+\frac{6}{11}\vec{b}$

⇦Q は辺 AB を 6：5 に内分する点。

別解 2　**(「係数の和が 1」を使う解法)**

$\overrightarrow{OP}=x\vec{a}+y\vec{b}$ (x，y は実数) とする。

$\vec{b}=\frac{9}{4}\overrightarrow{OD}$ から　$\overrightarrow{OP}=x\vec{a}+y\left(\frac{9}{4}\overrightarrow{OD}\right)=x\overrightarrow{OA}+\frac{9}{4}y\overrightarrow{OD}$

点Pは直線 AD 上にあるから　$x+\frac{9}{4}y=1$ …… ①

$\vec{a}=\frac{5}{2}\overrightarrow{OC}$ から　$\overrightarrow{OP}=x\left(\frac{5}{2}\overrightarrow{OC}\right)+y\vec{b}=\frac{5}{2}x\overrightarrow{OC}+y\overrightarrow{OB}$

点Pは直線 BC 上にあるから　$\frac{5}{2}x+y=1$ …… ②

⇦異なる 2 点 A($\vec{a}$)，B($\vec{b}$) を通る直線のベクトル方程式
$\vec{p}=s\vec{a}+t\vec{b}$，$s+t=1$
を利用する。
(本冊 $p.343$ 基本事項 1 参照。)

①，② を解くと　$x=\frac{10}{37}$，$y=\frac{12}{37}$

よって　$\overrightarrow{OP}=\frac{10}{37}\vec{a}+\frac{12}{37}\vec{b}$

また，3 点 O，P，Q は一直線上にあるから，

$\overrightarrow{OQ}=k\overrightarrow{OP}=\frac{10}{37}k\vec{a}+\frac{12}{37}k\vec{b}$ (k は実数) とおく。

点Qは直線 AB 上にあるから

$\frac{10}{37}k+\frac{12}{37}k=1$　　よって　$k=\frac{37}{22}$

ゆえに　$\overrightarrow{OQ}=\frac{5}{11}\vec{a}+\frac{6}{11}\vec{b}$

PR ③30

三角形 OAB において，OA＝6，OB＝5，AB＝4 である。辺 OA を 5：3 に内分する点を C，辺 OB を t：$(1-t)$ に内分する点をDとし，辺 BC と辺 AD の交点をHとする。$\vec{a}=\overrightarrow{OA}$，$\vec{b}=\overrightarrow{OB}$ とするとき，次の問いに答えよ。

(1) $\vec{a}\cdot\vec{b}$ の値を求めよ。
(2) $\vec{a}\perp\overrightarrow{BC}$ であることを示せ。
(3) $\vec{b}\perp\overrightarrow{AD}$ となるときの t の値を求めよ。
(4) $\vec{b}\perp\overrightarrow{AD}$ であるとき，$\overrightarrow{OH}\perp\overrightarrow{AB}$ となることを示せ。　〔高知大〕

(1) $|\vec{b}-\vec{a}|=4$ から　$|\vec{b}-\vec{a}|^2=4^2$

よって　$|\vec{b}|^2-2\vec{a}\cdot\vec{b}+|\vec{a}|^2=16$

$|\vec{a}|=6$，$|\vec{b}|=5$ から　$5^2-2\vec{a}\cdot\vec{b}+6^2=16$

ゆえに　$\vec{a}\cdot\vec{b}=\frac{45}{2}$

⇦$AB=|\overrightarrow{AB}|=|\vec{b}-\vec{a}|$

⇦$-2\vec{a}\cdot\vec{b}=-45$

別解　余弦定理により

$\cos\angle AOB=\dfrac{6^2+5^2-4^2}{2\cdot 6\cdot 5}=\dfrac{3}{4}$

よって　$\boldsymbol{\vec{a}\cdot\vec{b}}=|\vec{a}||\vec{b}|\cos\angle AOB=6\times 5\times\dfrac{3}{4}=\boldsymbol{\dfrac{45}{2}}$

⇐△ABC において，AB$=c$，BC$=a$，CA$=b$ とするとき $\cos C=\dfrac{a^2+b^2-c^2}{2ab}$

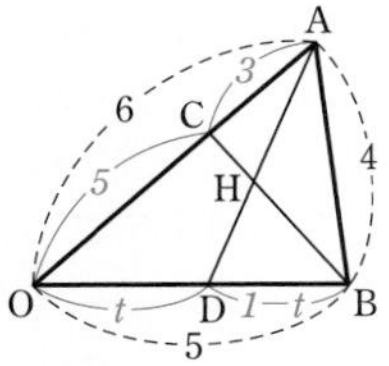

(2)　$\overrightarrow{BC}=\overrightarrow{OC}-\overrightarrow{OB}=\dfrac{5}{8}\vec{a}-\vec{b}$ であるから

$\vec{a}\cdot\overrightarrow{BC}=\vec{a}\cdot\left(\dfrac{5}{8}\vec{a}-\vec{b}\right)=\dfrac{5}{8}|\vec{a}|^2-\vec{a}\cdot\vec{b}$

$=\dfrac{5}{8}\times 6^2-\dfrac{45}{2}=\dfrac{45}{2}-\dfrac{45}{2}=0$

したがって　$\vec{a}\perp\overrightarrow{BC}$

⇐$\vec{a}\neq\vec{0}$，$\overrightarrow{BC}\neq\vec{0}$

(3)　$\overrightarrow{AD}=\overrightarrow{OD}-\overrightarrow{OA}=t\vec{b}-\vec{a}$ であるから

$\vec{b}\cdot\overrightarrow{AD}=\vec{b}\cdot(t\vec{b}-\vec{a})=t|\vec{b}|^2-\vec{a}\cdot\vec{b}=t\times 5^2-\dfrac{45}{2}=\dfrac{5}{2}(10t-9)$

$\vec{b}\perp\overrightarrow{AD}$ のとき，$\vec{b}\cdot\overrightarrow{AD}=0$ であるから

$\dfrac{5}{2}(10t-9)=0$

よって　$\boldsymbol{t=\dfrac{9}{10}}$

(4)　(2) より，$\vec{a}\perp\overrightarrow{BH}$ であるから　$\vec{a}\cdot\overrightarrow{BH}=0$

よって　$\vec{a}\cdot(\overrightarrow{OH}-\vec{b})=0$

ゆえに　$\overrightarrow{OH}\cdot\vec{a}=\vec{a}\cdot\vec{b}$　…… ①

$\vec{b}\perp\overrightarrow{AD}$ のとき，$\vec{b}\perp\overrightarrow{AH}$ であるから　$\vec{b}\cdot\overrightarrow{AH}=0$

よって　$\vec{b}\cdot(\overrightarrow{OH}-\vec{a})=0$

ゆえに　$\overrightarrow{OH}\cdot\vec{b}=\vec{a}\cdot\vec{b}$　…… ②

①，② から　$\overrightarrow{OH}\cdot\overrightarrow{AB}=\overrightarrow{OH}\cdot(\vec{b}-\vec{a})=\overrightarrow{OH}\cdot\vec{b}-\overrightarrow{OH}\cdot\vec{a}$

$=\vec{a}\cdot\vec{b}-\vec{a}\cdot\vec{b}=0$

したがって　$\overrightarrow{OH}\perp\overrightarrow{AB}$

⇐$\overrightarrow{OH}\neq\vec{0}$，$\overrightarrow{AB}\neq\vec{0}$

PR ③31　△ABC において，辺 BC を 1：3 に内分する点をDとするとき，等式 $3AB^2+AC^2=4(AD^2+3BD^2)$ が成り立つことを証明せよ。

$\overrightarrow{AB}=\vec{b}$，$\overrightarrow{AC}=\vec{c}$ とすると

$\overrightarrow{AD}=\dfrac{3\vec{b}+\vec{c}}{1+3}=\dfrac{3}{4}\vec{b}+\dfrac{1}{4}\vec{c}$，$\overrightarrow{BD}=\dfrac{1}{4}\overrightarrow{BC}=-\dfrac{1}{4}\vec{b}+\dfrac{1}{4}\vec{c}$

⇐$\overrightarrow{BC}=\vec{c}-\vec{b}$

よって　$4(AD^2+3BD^2)=4|\overrightarrow{AD}|^2+12|\overrightarrow{BD}|^2$

$=4\left|\dfrac{3}{4}\vec{b}+\dfrac{1}{4}\vec{c}\right|^2+12\left|-\dfrac{1}{4}\vec{b}+\dfrac{1}{4}\vec{c}\right|^2$

$=4\left(\dfrac{9}{16}|\vec{b}|^2+\dfrac{3}{8}\vec{b}\cdot\vec{c}+\dfrac{1}{16}|\vec{c}|^2\right)+12\left(\dfrac{1}{16}|\vec{b}|^2-\dfrac{1}{8}\vec{b}\cdot\vec{c}+\dfrac{1}{16}|\vec{c}|^2\right)$

$=3|\vec{b}|^2+|\vec{c}|^2$

$=3AB^2+AC^2$

⇐$\left|\dfrac{3}{4}\vec{b}+\dfrac{1}{4}\vec{c}\right|^2=\left(\dfrac{1}{4}|3\vec{b}+\vec{c}|\right)^2=\dfrac{1}{16}(9|\vec{b}|^2+6\vec{b}\cdot\vec{c}+|\vec{c}|^2)$ と計算してもよい。

PR ④32 △OAB において，OA=7，OB=5，AB=8 とし，垂心をHとする。また，$\overrightarrow{\mathrm{OA}}=\vec{a}$，$\overrightarrow{\mathrm{OB}}=\vec{b}$ とする。
(1) 内積 $\vec{a}\cdot\vec{b}$ を求めよ。 (2) $\overrightarrow{\mathrm{OH}}$ を $\vec{a}$，$\vec{b}$ を用いて表せ。

(1) $|\overrightarrow{\mathrm{AB}}|^2=|\vec{b}-\vec{a}|^2=|\vec{b}|^2-2\vec{a}\cdot\vec{b}+|\vec{a}|^2$
$|\overrightarrow{\mathrm{AB}}|=8$，$|\vec{a}|=7$，$|\vec{b}|=5$ であるから
$8^2=5^2-2\vec{a}\cdot\vec{b}+7^2$ よって **$\vec{a}\cdot\vec{b}=5$**

⇐ $2\vec{a}\cdot\vec{b}=10$

(2) $\overrightarrow{\mathrm{OH}}=s\vec{a}+t\vec{b}$ (s，t は実数) とする。
Hは垂心であるから $\overrightarrow{\mathrm{OA}}\perp\overrightarrow{\mathrm{BH}}$
よって $\overrightarrow{\mathrm{OA}}\cdot\overrightarrow{\mathrm{BH}}=0$
ゆえに $\vec{a}\cdot\{s\vec{a}+(t-1)\vec{b}\}=0$
よって $s|\vec{a}|^2+(t-1)\vec{a}\cdot\vec{b}=0$
$|\vec{a}|=7$，$\vec{a}\cdot\vec{b}=5$ であるから $49s+5(t-1)=0$
ゆえに $49s+5t-5=0$ …… ①
また，$\overrightarrow{\mathrm{OB}}\perp\overrightarrow{\mathrm{AH}}$ から $\overrightarrow{\mathrm{OB}}\cdot\overrightarrow{\mathrm{AH}}=0$
ゆえに $\vec{b}\cdot\{(s-1)\vec{a}+t\vec{b}\}=0$
よって $(s-1)\vec{a}\cdot\vec{b}+t|\vec{b}|^2=0$
$|\vec{b}|=5$，$\vec{a}\cdot\vec{b}=5$ であるから $5(s-1)+25t=0$
ゆえに $s+5t-1=0$ …… ②
①，② を解くと $s=\dfrac{1}{12}$，$t=\dfrac{11}{60}$
よって **$\overrightarrow{\mathrm{OH}}=\dfrac{1}{12}\vec{a}+\dfrac{11}{60}\vec{b}$**

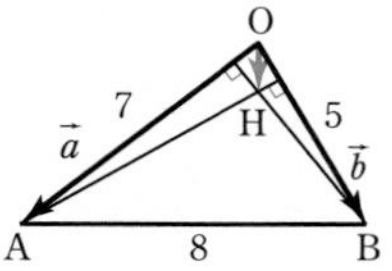

⇐(内積)=0
⇐ $\overrightarrow{\mathrm{BH}}=\overrightarrow{\mathrm{OH}}-\overrightarrow{\mathrm{OB}}$
$=s\vec{a}+t\vec{b}-\vec{b}$

⇐(内積)=0
⇐ $\overrightarrow{\mathrm{AH}}=\overrightarrow{\mathrm{OH}}-\overrightarrow{\mathrm{OA}}$
$=s\vec{a}+t\vec{b}-\vec{a}$

別解 (正射影ベクトルを用いる解法。本冊 $p.339$ 参照。)
点Aから辺 OB に垂線 AP を，点Bから辺 OA に垂線 BQ を下ろすと
$$\overrightarrow{\mathrm{OP}}=\frac{\vec{a}\cdot\vec{b}}{|\vec{b}|^2}\vec{b}=\frac{1}{5}\vec{b},\ \overrightarrow{\mathrm{OQ}}=\frac{\vec{a}\cdot\vec{b}}{|\vec{a}|^2}\vec{a}=\frac{5}{49}\vec{a}\ \cdots\cdots (*)$$
AH：HP$=s:(1-s)$ とすると
$$\overrightarrow{\mathrm{OH}}=(1-s)\overrightarrow{\mathrm{OA}}+s\overrightarrow{\mathrm{OP}}=(1-s)\vec{a}+\frac{1}{5}s\vec{b}\ \cdots\cdots ①$$
BH：HQ$=t:(1-t)$ とすると
$$\overrightarrow{\mathrm{OH}}=(1-t)\overrightarrow{\mathrm{OB}}+t\overrightarrow{\mathrm{OQ}}=\frac{5}{49}t\vec{a}+(1-t)\vec{b}\ \cdots\cdots ②$$
①，② から $(1-s)\vec{a}+\dfrac{1}{5}s\vec{b}=\dfrac{5}{49}t\vec{a}+(1-t)\vec{b}$

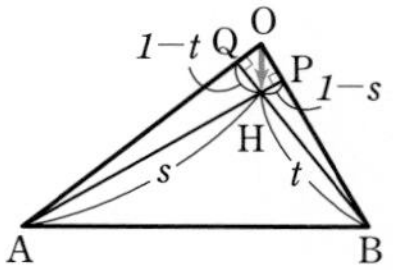

$\vec{a}\neq\vec{0}$，$\vec{b}\neq\vec{0}$，$\vec{a}\not\parallel\vec{b}$ であるから $1-s=\dfrac{5}{49}t$，$\dfrac{1}{5}s=1-t$
これを解くと $s=\dfrac{11}{12}$，$t=\dfrac{49}{60}$
よって **$\overrightarrow{\mathrm{OH}}=\dfrac{1}{12}\vec{a}+\dfrac{11}{60}\vec{b}$**

参考 ((*) 以降でメネラウスの定理を用いる解法)
(*) から OP：PB=1：4，OQ：QA=5：44

△OAP と直線 BQ について，メネラウスの定理により

$$\frac{OQ}{QA}\cdot\frac{AH}{HP}\cdot\frac{PB}{BO}=1$$

よって　$\frac{5}{44}\cdot\frac{AH}{HP}\cdot\frac{4}{5}=1$　　ゆえに　$\frac{AH}{HP}=11$

よって　AH：HP＝11：1

ゆえに　$\overrightarrow{OH}=\frac{\overrightarrow{OA}+11\overrightarrow{OP}}{11+1}=\boldsymbol{\frac{1}{12}\vec{a}+\frac{11}{60}\vec{b}}$

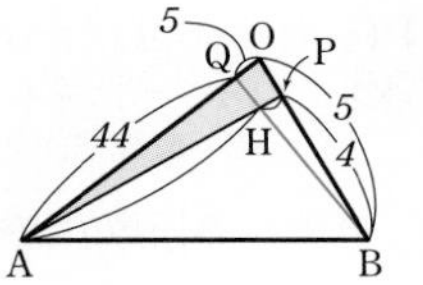

⇐$\overrightarrow{OP}=\frac{1}{5}\vec{b}$

PR ④33 次の等式を満たす △ABC は，どんな形の三角形か。

$$\overrightarrow{AB}\cdot\overrightarrow{AB}=\overrightarrow{AB}\cdot\overrightarrow{AC}+\overrightarrow{BA}\cdot\overrightarrow{BC}+\overrightarrow{CA}\cdot\overrightarrow{CB}$$

等式を変形すると

$\overrightarrow{AB}\cdot\overrightarrow{AC}-\overrightarrow{AB}\cdot\overrightarrow{BC}+\overrightarrow{AC}\cdot\overrightarrow{BC}-\overrightarrow{AB}\cdot\overrightarrow{AB}=0$

⇐始点をAまたはBにそろえる。

この等式の左辺について

(左辺)$=(\overrightarrow{AB}\cdot\overrightarrow{AC}+\overrightarrow{AC}\cdot\overrightarrow{BC})-(\overrightarrow{AB}\cdot\overrightarrow{BC}+\overrightarrow{AB}\cdot\overrightarrow{AB})$

$=\overrightarrow{AC}\cdot(\overrightarrow{AB}+\overrightarrow{BC})-\overrightarrow{AB}\cdot(\overrightarrow{AB}+\overrightarrow{BC})$

⇐$\overrightarrow{AC}$，$\overrightarrow{AB}$ でくくる。

$=\overrightarrow{AC}\cdot\overrightarrow{AC}-\overrightarrow{AB}\cdot\overrightarrow{AC}$

$=\overrightarrow{AC}\cdot(\overrightarrow{AC}-\overrightarrow{AB})=\overrightarrow{AC}\cdot\overrightarrow{BC}$

⇐$\overrightarrow{AC}$ でくくる。

よって　$\overrightarrow{AC}\cdot\overrightarrow{BC}=0$

$\overrightarrow{AC}\neq\vec{0}$，$\overrightarrow{BC}\neq\vec{0}$ であるから　$\overrightarrow{AC}\perp\overrightarrow{BC}$

したがって　AC⊥BC

ゆえに，△ABC は，**∠C＝90° の直角三角形** である。

別解　$\overrightarrow{AB}\cdot\overrightarrow{AB}=\overrightarrow{AB}\cdot(\overrightarrow{AC}+\overrightarrow{CB})+\overrightarrow{CA}\cdot\overrightarrow{CB}$

$=\overrightarrow{AB}\cdot\overrightarrow{AB}+\overrightarrow{CA}\cdot\overrightarrow{CB}$

⇐等式の右辺において，$\overrightarrow{AB}\cdot\overrightarrow{AC}+\overrightarrow{BA}\cdot\overrightarrow{BC}=\overrightarrow{AB}\cdot\overrightarrow{AC}-\overrightarrow{AB}\cdot(-\overrightarrow{CB})$ と変形する。

よって　$\overrightarrow{CA}\cdot\overrightarrow{CB}=0$

$\overrightarrow{CA}\neq\vec{0}$，$\overrightarrow{CB}\neq\vec{0}$ であるから　$\overrightarrow{CA}\perp\overrightarrow{CB}$

したがって　CA⊥CB

ゆえに，△ABC は，**∠C＝90° の直角三角形** である。

PR ①34 次の直線の媒介変数表示を，媒介変数を t として求めよ。また，t を消去した式で表せ。

(1)　点 A(3, 1) を通り，ベクトル $\vec{d}=(1,\ -2)$ に平行な直線

(2)　2点 A(3, 6)，B(0, 2) を通る直線

直線上の任意の点を P$(x,\ y)$，t を媒介変数とする。

(1)　$(x,\ y)=(3,\ 1)+t(1,\ -2)=(3+t,\ 1-2t)$

⇐$\vec{p}=\vec{a}+t\vec{d}$ に $\vec{p}=(x,\ y)$，$\vec{a}=(3,\ 1)$，$\vec{d}=(1,\ -2)$ を代入。

よって，媒介変数表示は　$\begin{cases}\boldsymbol{x=3+t} & \cdots\cdots ① \\ \boldsymbol{y=1-2t} & \cdots\cdots ②\end{cases}$

①×2＋② から　$2x+y=7$

⇐ t を消去。

よって　$\boldsymbol{2x+y-7=0}$

(2)　$(x,\ y)=(1-t)(3,\ 6)+t(0,\ 2)=(3-3t,\ 6-4t)$

⇐$\vec{p}=(1-t)\vec{a}+t\vec{b}$ に $\vec{p}=(x,\ y)$，$\vec{a}=(3,\ 6)$，$\vec{b}=(0,\ 2)$ を代入。

よって，媒介変数表示は　$\begin{cases}\boldsymbol{x=3-3t} & \cdots\cdots ① \\ \boldsymbol{y=6-4t} & \cdots\cdots ②\end{cases}$

①×4－②×3 から　$4x-3y=-6$

⇐ t を消去。

よって　$\boldsymbol{4x-3y+6=0}$

PR ②35 △OAB において，辺 OA の中点をC，辺 OB を 1：3 に外分する点をDとする。$\overrightarrow{OA}=\vec{a}$，$\overrightarrow{OB}=\vec{b}$ とするとき，次の直線のベクトル方程式を求めよ。
(1) 直線 CD　　(2) Aを通り，CD に平行な直線

直線上の任意の点を $P(\vec{p})$，t を媒介変数とする。

(1) $\overrightarrow{OC}=\frac{1}{2}\vec{a}$，$\overrightarrow{OD}=-\frac{1}{2}\vec{b}$ であるから，

求める直線のベクトル方程式は

$$\vec{p}=(1-t)\overrightarrow{OC}+t\overrightarrow{OD}$$
$$=\frac{1}{2}(1-t)\vec{a}-\frac{1}{2}t\vec{b}$$

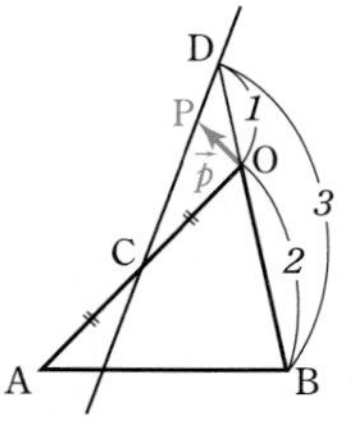

⇦$\vec{p}=t\overrightarrow{OC}+(1-t)\overrightarrow{OD}$ としてもよい。

(2) $\overrightarrow{CD}=\overrightarrow{OD}-\overrightarrow{OC}$
$$=-\frac{1}{2}\vec{b}-\frac{1}{2}\vec{a}$$

⇦まず，方向ベクトルを求める。

よって，求める直線のベクトル方程式は

$$\vec{p}=\overrightarrow{OA}+t\overrightarrow{CD}$$
$$=\vec{a}+t\left(-\frac{1}{2}\vec{b}-\frac{1}{2}\vec{a}\right)$$
$$=\left(1-\frac{1}{2}t\right)\vec{a}-\frac{1}{2}t\vec{b}$$

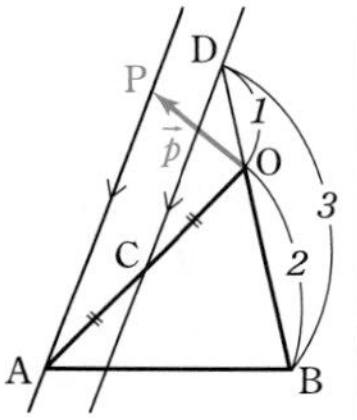

inf. $t=2s$ として，$\vec{p}=(1-s)\vec{a}-s\vec{b}$ と表してもよい。

PR ②36 △OAB において，辺 OA を 3：2 に内分する点をC，線分 BC を 4：3 に内分する点をDとし，直線 OD と辺 AB の交点をEとする。次のベクトルを $\overrightarrow{OA}$，$\overrightarrow{OB}$ を用いて表せ。
(1) $\overrightarrow{OD}$　　(2) $\overrightarrow{OE}$

(1) BD：DC＝4：3 であるから

$$\overrightarrow{OD}=\frac{3\overrightarrow{OB}+4\overrightarrow{OC}}{4+3}$$
$$=\frac{1}{7}\left(3\overrightarrow{OB}+\frac{12}{5}\overrightarrow{OA}\right)$$
$$=\frac{12}{35}\overrightarrow{OA}+\frac{3}{7}\overrightarrow{OB}$$

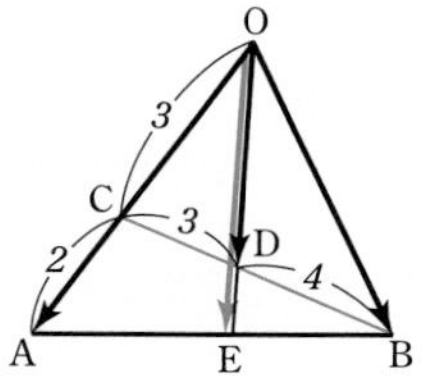

⇦$\overrightarrow{OC}=\frac{3}{5}\overrightarrow{OA}$

(2) 点Eは直線 OD 上にあるから，

$\overrightarrow{OE}=k\overrightarrow{OD}$（$k$ は実数）とすると，

⇦3点O，D，Eは一直線上にある。

(1) から　$\overrightarrow{OE}=k\left(\frac{12}{35}\overrightarrow{OA}+\frac{3}{7}\overrightarrow{OB}\right)$

$$=\frac{12}{35}k\overrightarrow{OA}+\frac{3}{7}k\overrightarrow{OB}\quad\cdots\cdots①$$

点Eは直線 AB 上にあるから　$\frac{12}{35}k+\frac{3}{7}k=1$

⇦$\overrightarrow{OE}=s\overrightarrow{OA}+t\overrightarrow{OB}$，$s+t=1$（係数の和が1）

よって　$\frac{27}{35}k=1$　　ゆえに　$k=\frac{35}{27}$

① に代入して　$\overrightarrow{OE}=\frac{4}{9}\overrightarrow{OA}+\frac{5}{9}\overrightarrow{OB}$

⇦点Eは辺 AB を 5：4 に内分する。

PR ②37

△OAB において，次の式を満たす点Pの存在範囲を求めよ。

(1) $\overrightarrow{OP}=s\overrightarrow{OA}+t\overrightarrow{OB}$，$s+t=\frac{1}{3}$，$s\geqq 0$，$t\geqq 0$

(2) $\overrightarrow{OP}=s\overrightarrow{OA}+t\overrightarrow{OB}$，$3s+2t=4$，$s\geqq 0$，$t\geqq 0$

(1) $s+t=\frac{1}{3}$ から　$3s+3t=1$

また　$\overrightarrow{OP}=s\overrightarrow{OA}+t\overrightarrow{OB}$

$=3s\left(\frac{1}{3}\overrightarrow{OA}\right)+3t\left(\frac{1}{3}\overrightarrow{OB}\right)$

ここで，$3s=s'$，$3t=t'$ とおくと

$\overrightarrow{OP}=s'\left(\frac{1}{3}\overrightarrow{OA}\right)+t'\left(\frac{1}{3}\overrightarrow{OB}\right)$,

$s'+t'=1$，$s'\geqq 0$，$t'\geqq 0$

よって，$\boldsymbol{\frac{1}{3}\overrightarrow{OA}=\overrightarrow{OA'}}$，$\boldsymbol{\frac{1}{3}\overrightarrow{OB}=\overrightarrow{OB'}}$ **となる点 A′，B′ をとると**，点Pの存在範囲は **線分 A′B′** である。

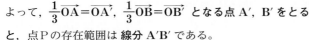

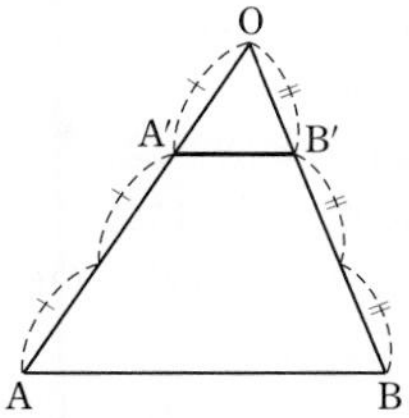

$\overrightarrow{OP}=●\overrightarrow{OA'}+▲\overrightarrow{OB'}$
$●+▲=1$，$●\geqq 0$，$▲\geqq 0$
この形を意識して変形する。

(2) $3s+2t=4$ から　$\frac{3}{4}s+\frac{1}{2}t=1$

また　$\overrightarrow{OP}=s\overrightarrow{OA}+t\overrightarrow{OB}$

$=\frac{3}{4}s\left(\frac{4}{3}\overrightarrow{OA}\right)+\frac{1}{2}t(2\overrightarrow{OB})$

ここで，$\frac{3}{4}s=s'$，$\frac{1}{2}t=t'$ とおくと

$\overrightarrow{OP}=s'\left(\frac{4}{3}\overrightarrow{OA}\right)+t'(2\overrightarrow{OB})$,

$s'+t'=1$，$s'\geqq 0$，$t'\geqq 0$

よって，$\boldsymbol{\frac{4}{3}\overrightarrow{OA}=\overrightarrow{OA'}}$，$\boldsymbol{2\overrightarrow{OB}=\overrightarrow{OB'}}$ **となる点 A′，B′ をとると**，点Pの存在範囲は **線分 A′B′** である。

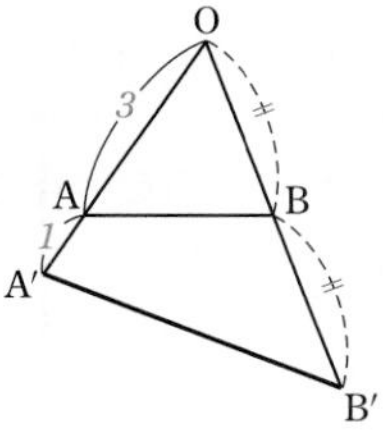

$\overrightarrow{OP}=●\overrightarrow{OA'}+▲\overrightarrow{OB'}$
$●+▲=1$，$●\geqq 0$，$▲\geqq 0$
この形を意識して変形する。

PR ③38

△OAB において，次の式を満たす点Pの存在範囲を求めよ。

(1) $\overrightarrow{OP}=s\overrightarrow{OA}+t\overrightarrow{OB}$，$0\leqq s+t\leqq 4$，$s\geqq 0$，$t\geqq 0$

(2) $\overrightarrow{OP}=s\overrightarrow{OA}+t\overrightarrow{OB}$，$2\leqq s\leqq 3$，$0\leqq t\leqq 2$

(1) $0\leqq s+t\leqq 4$ から　$0\leqq\frac{s}{4}+\frac{t}{4}\leqq 1$

また　$\overrightarrow{OP}=s\overrightarrow{OA}+t\overrightarrow{OB}$

$=\frac{s}{4}(4\overrightarrow{OA})+\frac{t}{4}(4\overrightarrow{OB})$

ここで，$\frac{s}{4}=s'$，$\frac{t}{4}=t'$ とおくと

$\overrightarrow{OP}=s'(4\overrightarrow{OA})+t'(4\overrightarrow{OB})$,

$0\leqq s'+t'\leqq 1$，$s'\geqq 0$，$t'\geqq 0$

よって，$\boldsymbol{4\overrightarrow{OA}=\overrightarrow{OA'}}$，$\boldsymbol{4\overrightarrow{OB}=\overrightarrow{OB'}}$ **となる点 A′，B′ をとると**，点Pの存在範囲は **△OA′B′ の周および内部** である。

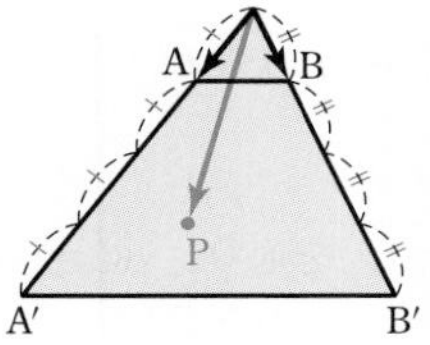

$\overrightarrow{OP}=●\overrightarrow{OA'}+▲\overrightarrow{OB'}$
$0\leqq ●+▲\leqq 1$,
$●\geqq 0$，$▲\geqq 0$
この形を意識して変形する。

⇦△OAB の周，内部
$\vec{p}=s\vec{a}+t\vec{b}$，$0\leqq s+t\leqq 1$,
$s\geqq 0$，$t\geqq 0$ が基本。

(2) s を固定して，$\overrightarrow{OC'}=s\overrightarrow{OA}$ とすると　$\overrightarrow{OP}=\overrightarrow{OC'}+t\overrightarrow{OB}$

⇐ s と t は無関係に動く。

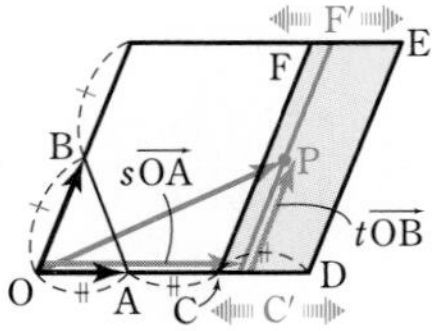

ここで，t を $0\leqq t\leqq 2$ の範囲で変化させると，点Pは右の図の線分 C'F' 上を動く。ただし，$\overrightarrow{OF'}=\overrightarrow{OC'}+2\overrightarrow{OB}$ である。

次に，s を $2\leqq s\leqq 3$ の範囲で変化させると，線分 C'F' は図の線分 CF から DE まで平行に動く。

ただし，$\overrightarrow{OC}=2\overrightarrow{OA}$，$\overrightarrow{OD}=3\overrightarrow{OA}$，$\overrightarrow{OF}=2\overrightarrow{OA}+2\overrightarrow{OB}$，$\overrightarrow{OE}=3\overrightarrow{OA}+2\overrightarrow{OB}$ である。

よって，$\mathbf{2\overrightarrow{OA}=\overrightarrow{OC}}$，$\mathbf{3\overrightarrow{OA}=\overrightarrow{OD}}$，$\mathbf{3\overrightarrow{OA}+2\overrightarrow{OB}=\overrightarrow{OE}}$，$\mathbf{2\overrightarrow{OA}+2\overrightarrow{OB}=\overrightarrow{OF}}$ **となる点 C，D，E，F をとると**，点Pの存在範囲は **平行四辺形 CDEF の周および内部** である。

別解　$0\leqq s-2\leqq 1$，$0\leqq \dfrac{t}{2}\leqq 1$ から，$s-2=s'$，$\dfrac{t}{2}=t'$ とすると

⇐$0\leqq$ ● $\leqq 1$ の形を作る。

$$\overrightarrow{OP}=(s'+2)\overrightarrow{OA}+2t'\overrightarrow{OB}$$
$$=\{s'\overrightarrow{OA}+t'(2\overrightarrow{OB})\}+2\overrightarrow{OA}$$

⇐$s=s'+2$，$t=2t'$

⇐ $+2\overrightarrow{OA}$ の部分は後で考える。

ここで，$\overrightarrow{OQ}=s'\overrightarrow{OA}+t'(2\overrightarrow{OB})$ とおくと，

$0\leqq s'\leqq 1$，$0\leqq t'\leqq 1$ から，点Qの存在範囲は平行四辺形 OANM の周および内部である。

ただし，$\overrightarrow{OM}=2\overrightarrow{OB}$，$\overrightarrow{ON}=\overrightarrow{OA}+2\overrightarrow{OB}$ である。

$$\overrightarrow{OP}=\overrightarrow{OQ}+2\overrightarrow{OA}$$

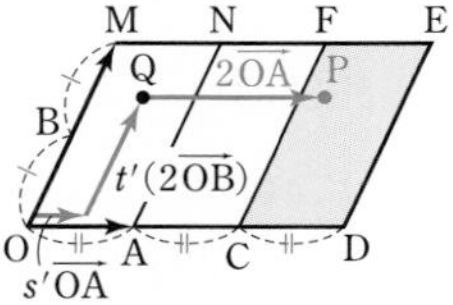

であるから，点Pの存在範囲は，平行四辺形 OANM の周および内部を $2\overrightarrow{OA}$ だけ平行移動したものである。

⇐点Qの存在範囲全体を $2\overrightarrow{OA}$ だけ平行移動したものが点Pの存在範囲となる。

よって，$\mathbf{2\overrightarrow{OA}=\overrightarrow{OC}}$，$\mathbf{3\overrightarrow{OA}=\overrightarrow{OD}}$，$\mathbf{3\overrightarrow{OA}+2\overrightarrow{OB}=\overrightarrow{OE}}$，$\mathbf{2\overrightarrow{OA}+2\overrightarrow{OB}=\overrightarrow{OF}}$ **となる点 C，D，E，F をとると**，点Pの存在範囲は **平行四辺形 CDEF の周および内部** である。

PR ②39

(1)　3点 A(1, 2)，B(2, 3)，C(−1, 2) について，点Aを通り，BC に垂直な直線の方程式を求めよ。

(2)　2直線 $x-2y+3=0$，$6x-2y-5=0$ のなす鋭角 α を求めよ。

(1)　求める直線は，点Aを通り，$\overrightarrow{BC}=(-3,\ -1)$ に垂直な直線であるから，直線上の点を P$(x,\ y)$ とすると

$$\overrightarrow{BC}\cdot\overrightarrow{AP}=0$$

$\overrightarrow{AP}=(x-1,\ y-2)$ であるから

$$-3(x-1)-(y-2)=0$$

すなわち　$\mathbf{3x+y-5=0}$

inf.　点 A$(x_1,\ y_1)$ を通り，$\vec{n}=(a,\ b)$ が法線ベクトルである直線の方程式は $a(x-x_1)+b(y-y_1)=0$

(2)　2直線 $x-2y+3=0$, $6x-2y-5=0$ の法線ベクトルは，それぞれ $\vec{m}=(1,\ -2)$, $\vec{n}=(6,\ -2)$ とおける。
$\vec{m}$, $\vec{n}$ のなす角を $\theta(0°\leqq\theta\leqq180°)$ とすると

$$\cos\theta=\frac{\vec{m}\cdot\vec{n}}{|\vec{m}||\vec{n}|}=\frac{10}{\sqrt{5}\times2\sqrt{10}}=\frac{1}{\sqrt{2}}$$

$0°\leqq\theta\leqq180°$ であるから　　$\theta=45°$
したがって　　$\boldsymbol{\alpha=\theta=45°}$

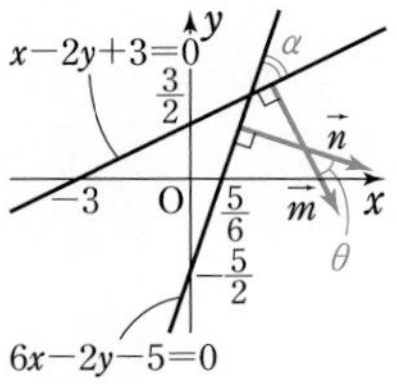

PR ③40　点A$(-1,\ 2)$ から直線 $x-3y+2=0$ に垂線を引き，この直線との交点をHとする。点Hの座標と線分AHの長さをベクトルを用いて求めよ。

$\mathrm{H}(s,\ t)$ とすると　　$\overrightarrow{\mathrm{AH}}=(s+1,\ t-2)$
直線 $x-3y+2=0$ の法線ベクトルを $\vec{n}=(1,\ -3)$ とすると
$\overrightarrow{\mathrm{AH}}/\!/\vec{n}$
よって，$\overrightarrow{\mathrm{AH}}=k\vec{n}$ となる実数 k が存在する。
したがって　　$s+1=k$, $t-2=-3k$
ゆえに　　$s=k-1$ …… ①，$t=-3k+2$ …… ②
また　　$s-3t+2=0$
これに ①，② を代入して整理すると　　$10k-5=0$
したがって　　$k=\frac{1}{2}$
①，② から　　$s=-\frac{1}{2}$, $t=\frac{1}{2}$
よって　　$\mathbf{H}\left(-\frac{1}{2},\ \frac{1}{2}\right)$
$|\overrightarrow{\mathrm{AH}}|=\left|\frac{1}{2}\vec{n}\right|$ から

$$\mathrm{AH}=|\overrightarrow{\mathrm{AH}}|=\frac{1}{2}\sqrt{1^2+(-3)^2}=\frac{\sqrt{10}}{2}$$

⇐$\overrightarrow{\mathrm{AH}}/\!/\vec{n}\iff$
$(s+1)\times(-3)-(t-2)\times1=0$
を用いてもよい。

⇐Hは直線 $x-3y+2=0$ 上の点。

inf.　点と直線の距離の公式（本冊 $p.354$ 参照）を用いると
$\mathrm{AH}=\frac{|-1-3\times2+2|}{\sqrt{1^2+(-3)^2}}$
$=\frac{\sqrt{10}}{2}$

PR ③41　(1)　平面上の異なる2つの定点A，Bと任意の点Pに対し，ベクトル方程式 $|3\overrightarrow{\mathrm{OA}}+2\overrightarrow{\mathrm{OB}}-5\overrightarrow{\mathrm{OP}}|=5$ はどのような図形を表すか。
(2)　平面上に点Pと△ABCがある。条件 $2\overrightarrow{\mathrm{PA}}\cdot\overrightarrow{\mathrm{PB}}=3\overrightarrow{\mathrm{PA}}\cdot\overrightarrow{\mathrm{PC}}$ を満たす点Pの集合を求めよ。

(1)　$|3\overrightarrow{\mathrm{OA}}+2\overrightarrow{\mathrm{OB}}-5\overrightarrow{\mathrm{OP}}|=5$ を変形すると

$$5\left|\overrightarrow{\mathrm{OP}}-\frac{3\overrightarrow{\mathrm{OA}}+2\overrightarrow{\mathrm{OB}}}{5}\right|=5$$

すなわち　$\left|\overrightarrow{\mathrm{OP}}-\frac{3\overrightarrow{\mathrm{OA}}+2\overrightarrow{\mathrm{OB}}}{5}\right|=1$

よって，**線分ABを 2：3 に内分する点を中心とする半径1の円** を表す。

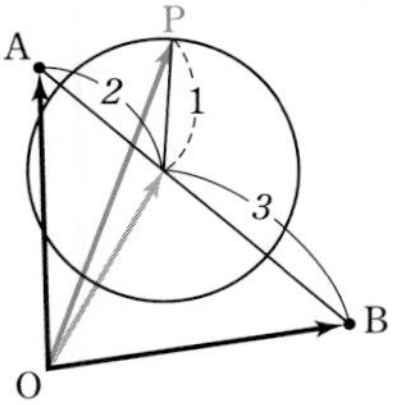

(2)　与式から　　$2\overrightarrow{\mathrm{PA}}\cdot\overrightarrow{\mathrm{PB}}-3\overrightarrow{\mathrm{PA}}\cdot\overrightarrow{\mathrm{PC}}=0$
したがって　　$\overrightarrow{\mathrm{PA}}\cdot(2\overrightarrow{\mathrm{PB}}-3\overrightarrow{\mathrm{PC}})=0$
よって　　$\overrightarrow{\mathrm{PA}}\cdot(-2\overrightarrow{\mathrm{PB}}+3\overrightarrow{\mathrm{PC}})=0$

HINT　(2)　線分ABを $m:n$ に外分する点をCとすると
$\overrightarrow{\mathrm{OC}}=\frac{-n\overrightarrow{\mathrm{OA}}+m\overrightarrow{\mathrm{OB}}}{m-n}$
または
$\overrightarrow{\mathrm{OC}}=\frac{n\overrightarrow{\mathrm{OA}}-m\overrightarrow{\mathrm{OB}}}{-m+n}$

ゆえに　$\overrightarrow{PA}\cdot\left(\dfrac{-2\overrightarrow{PB}+3\overrightarrow{PC}}{3-2}\right)=0$

辺 BC を 3：2 に外分する点を D とすると

$\overrightarrow{PA}=\vec{0}$ または $\overrightarrow{PD}=\vec{0}$ または $\overrightarrow{PA}\perp\overrightarrow{PD}$

⇐$\overrightarrow{PA}\cdot\overrightarrow{PD}=0$

よって，点Pの集合は，**線分 AD を直径とする円** である。

PR ③42

2点 A(6, 6)，B(0, −2) を直径の両端とする円を C とする。
(1) 点 $P_0(-1,\ 5)$ は円 C 上の点であることを，ベクトルを用いて示せ。
(2) 点 P_0 における円 C の接線の方程式を，ベクトルを用いて求めよ。

(1) $\overrightarrow{AP_0}=(-1-6,\ 5-6)=(-7,\ -1)$

$\overrightarrow{BP_0}=(-1-0,\ 5-(-2))=(-1,\ 7)$

よって　$\overrightarrow{AP_0}\cdot\overrightarrow{BP_0}=(-7)\times(-1)+(-1)\times7=0$

$\overrightarrow{AP_0}\neq\vec{0}$，$\overrightarrow{BP_0}\neq\vec{0}$ であるから　$\overrightarrow{AP_0}\perp\overrightarrow{BP_0}$

すなわち　$\angle AP_0B=90^\circ$

⇐直径に対する円周角は 90°

したがって，点 P_0 は円 C 上の点である。

(2) 円の中心をCとすると　C(3, 2)

⇐Cは線分 AB の中点。

点 P_0 における円 C の接線上の任意の点 $P(x,\ y)$ に対して

$\overrightarrow{CP_0}\cdot\overrightarrow{P_0P}=0$ …… ①

$\overrightarrow{CP_0}=(-1-3,\ 5-2)=(-4,\ 3)$,

$\overrightarrow{P_0P}=(x-(-1),\ y-5)=(x+1,\ y-5)$

⇐$P=P_0$ なら $\overrightarrow{P_0P}=0$
$P\neq P_0$ なら $\overrightarrow{CP_0}\perp\overrightarrow{P_0P}$
① は円 C 上の点 P_0 における接線のベクトル方程式である。
$(\vec{p_0}-\vec{c})\cdot(\vec{p}-\vec{p_0})=0$ と表してもよい。

であるから，① より

$-4(x+1)+3(y-5)=0$

したがって，点 P_0 における円 C の接線の方程式は

$\boldsymbol{4x-3y+19=0}$

(本冊 *p*.356 基本例題 42 INFORMATION の証明)

円 $(x-a)^2+(y-b)^2=r^2$ $(r>0)$ 上の点 $(x_0,\ y_0)$ における接線の方程式は

$$(x_0-a)(x-a)+(y_0-b)(y-b)=r^2$$

証明　$C(a,\ b)$，$P_0(x_0,\ y_0)$ とし，点 P_0 における接線上の任意の点を $P(x,\ y)$ とする。

$\overrightarrow{CP_0}$ は，接線の法線ベクトル。

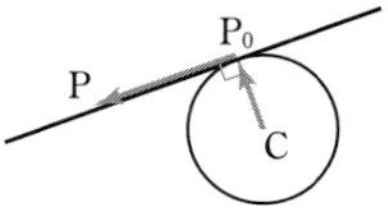

接線のベクトル方程式は

$\overrightarrow{CP_0}\cdot\overrightarrow{P_0P}=0$

左辺を変形して　$\overrightarrow{CP_0}\cdot(\overrightarrow{CP}-\overrightarrow{CP_0})=0$

すなわち　$\overrightarrow{CP_0}\cdot\overrightarrow{CP}=|\overrightarrow{CP_0}|^2$ …… ①

$\overrightarrow{CP_0}=(x_0-a,\ y_0-b)$，$\overrightarrow{CP}=(x-a,\ y-b)$，$|\overrightarrow{CP_0}|=r$ であるから，接線の方程式は，① より

$$(x_0-a)(x-a)+(y_0-b)(y-b)=r^2$$

PR ④43

△OAB において，次の式を満たす点Pの存在範囲を求めよ。
(1) $\overrightarrow{OP}=s\overrightarrow{OA}+t\overrightarrow{OB}$，$1\leqq s+2t\leqq2$，$s\geqq0$，$t\geqq0$
(2) $\overrightarrow{OP}=s\overrightarrow{OA}+(s-t)\overrightarrow{OB}$，$0\leqq s\leqq1$，$0\leqq t\leqq1$

(1)　$s+2t=k$ として固定する。このとき，$\dfrac{s}{k}+\dfrac{2t}{k}=1$ であるから，

$k\overrightarrow{OA}=\overrightarrow{OA'}$，$\dfrac{k}{2}\overrightarrow{OB}=\overrightarrow{OB'}$，$\dfrac{s}{k}=s'$，

$\dfrac{2t}{k}=t'$ とすると

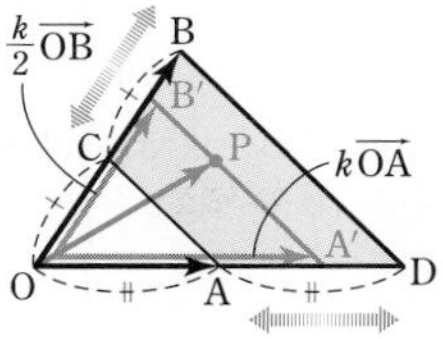

$\overrightarrow{OP}=s'\overrightarrow{OA'}+t'\overrightarrow{OB'}$，$s'+t'=1$，$s'\geqq 0$，$t'\geqq 0$

よって，点Pは線分 A′B′ 上を動く。

次に，$1\leqq k\leqq 2$ の範囲で k を変化させると，線分 A′B′ は図の線分 AC から DB まで平行に動く。

ただし，$\overrightarrow{OC}=\dfrac{1}{2}\overrightarrow{OB}$，$\overrightarrow{OD}=2\overrightarrow{OA}$ である。

よって，$\boldsymbol{\dfrac{1}{2}\overrightarrow{OB}=\overrightarrow{OC}}$，$\boldsymbol{2\overrightarrow{OA}=\overrightarrow{OD}}$ **となる点C，Dをとると，**

点Pの存在範囲は **台形 ADBC の周および内部** である。

(2)　$\overrightarrow{OP}=s(\overrightarrow{OA}+\overrightarrow{OB})+t(-\overrightarrow{OB})$

$\overrightarrow{OA}+\overrightarrow{OB}=\overrightarrow{OC}$，$-\overrightarrow{OB}=\overrightarrow{OD}$ とすると

$\overrightarrow{OP}=s\overrightarrow{OC}+t\overrightarrow{OD}$，

$0\leqq s\leqq 1$，$0\leqq t\leqq 1$

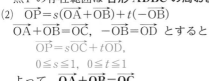

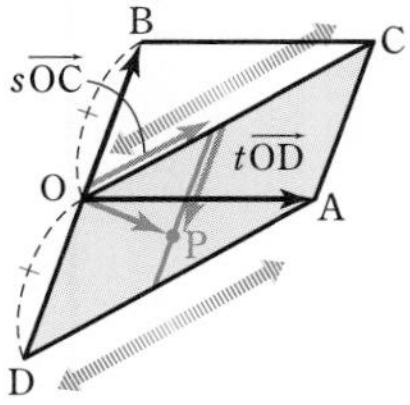

よって，$\boldsymbol{\overrightarrow{OA}+\overrightarrow{OB}=\overrightarrow{OC}}$，

$\boldsymbol{-\overrightarrow{OB}=\overrightarrow{OD}}$ **となる点C，Dをとると，** 点Pの存在範囲は **平行四辺形 ODAC の周および内部** である。

⇐$1\leqq k\leqq 2$

⇐$\overrightarrow{OP}=\dfrac{s}{k}(k\overrightarrow{OA})+\dfrac{2t}{k}\left(\dfrac{k}{2}\overrightarrow{OB}\right)$

⇐$\overrightarrow{BD}=2\overrightarrow{CA}$ から CA∥BD

⇐$\overrightarrow{OC}+\overrightarrow{OD}=\overrightarrow{OA}+\overrightarrow{OB}-\overrightarrow{OB}=\overrightarrow{OA}$ である。

PR ④44

平面上に，異なる2定点O，Aと，線分OAを直径とする円 C を考える。また，円 C 上に点Bをとり，$\overrightarrow{OA}=\vec{a}$，$\overrightarrow{OB}=\vec{b}$ とする。

(1)　この平面上で，$\overrightarrow{OP}\cdot\overrightarrow{AP}+\overrightarrow{AP}\cdot\overrightarrow{BP}+\overrightarrow{BP}\cdot\overrightarrow{OP}=0$ を満たす点Pの全体よりなる円の中心をD，半径を r とする。$\overrightarrow{OD}$ および r を，$\vec{a}$ と $\vec{b}$ を用いて表せ。

(2)　(1)において，点Bが円 C 上を動くとき，点Dはどんな図形を描くか。　〔岡山大〕

(1)　$\overrightarrow{OP}=\vec{p}$ とすると，与えられた等式は

$\vec{p}\cdot(\vec{p}-\vec{a})+(\vec{p}-\vec{a})\cdot(\vec{p}-\vec{b})+(\vec{p}-\vec{b})\cdot\vec{p}=0$

したがって

$|\vec{p}|^2-\vec{p}\cdot\vec{a}+|\vec{p}|^2-\vec{p}\cdot\vec{a}-\vec{p}\cdot\vec{b}+\vec{a}\cdot\vec{b}+|\vec{p}|^2-\vec{b}\cdot\vec{p}=0$

整理すると　$3|\vec{p}|^2-2(\vec{a}+\vec{b})\cdot\vec{p}+\vec{a}\cdot\vec{b}=0$ …… ①

$$3|\vec{p}|^2-2(\vec{a}+\vec{b})\cdot\vec{p}+\vec{a}\cdot\vec{b}$$
$$=3\left|\vec{p}-\frac{\vec{a}+\vec{b}}{3}\right|^2-\frac{|\vec{a}+\vec{b}|^2}{3}+\vec{a}\cdot\vec{b}$$
$$=3\left|\vec{p}-\frac{\vec{a}+\vec{b}}{3}\right|^2-\frac{|\vec{a}+\vec{b}|^2-3\vec{a}\cdot\vec{b}}{3}$$

と変形できるから，① より

$$3\left|\vec{p}-\frac{\vec{a}+\vec{b}}{3}\right|^2=\frac{|\vec{a}+\vec{b}|^2-3\vec{a}\cdot\vec{b}}{3}$$

HINT　(1)　Bは線分OAを直径とする円周上の点であるから，OB⊥AB が成り立つ。

⇐$3p^2-2(a+b)p+ab=3\left(p-\dfrac{a+b}{3}\right)^2-3\times\dfrac{(a+b)^2}{9}+ab$ と同じように変形。

ゆえに　$\left|\vec{p}-\dfrac{\vec{a}+\vec{b}}{3}\right|^2=\dfrac{|\vec{a}|^2-\vec{a}\cdot\vec{b}+|\vec{b}|^2}{9}$ ……②

ここで，$\overrightarrow{\mathrm{OB}}=\vec{0}$ または $\overrightarrow{\mathrm{AB}}=\vec{0}$ または $\overrightarrow{\mathrm{OB}}\perp\overrightarrow{\mathrm{AB}}$ であるから

$\vec{b}\cdot(\vec{b}-\vec{a})=0$　　よって　$|\vec{b}|^2-\vec{a}\cdot\vec{b}=0$

② に代入して　$\left|\vec{p}-\dfrac{\vec{a}+\vec{b}}{3}\right|^2=\dfrac{|\vec{a}|^2}{9}$

よって　$\left|\vec{p}-\dfrac{\vec{a}+\vec{b}}{3}\right|=\dfrac{|\vec{a}|}{3}$　　ゆえに　$\boldsymbol{\overrightarrow{\mathrm{OD}}=\dfrac{\vec{a}+\vec{b}}{3},\ r=\dfrac{|\vec{a}|}{3}}$

(2)　点Bは円 C 上にあるから　$\left|\vec{b}-\dfrac{\vec{a}}{2}\right|=\dfrac{|\vec{a}|}{2}$ ……③

(1) の結果から　$\vec{b}=3\overrightarrow{\mathrm{OD}}-\vec{a}$

これを ③ に代入して　$\left|3\overrightarrow{\mathrm{OD}}-\dfrac{3}{2}\vec{a}\right|=\dfrac{|\vec{a}|}{2}$

すなわち　$\left|\overrightarrow{\mathrm{OD}}-\dfrac{\vec{a}}{2}\right|=\dfrac{|\vec{a}|}{6}$

ゆえに，点Dは，**線分 OA の中点を中心とし，半径 $\dfrac{1}{6}$OA の円** を描く。

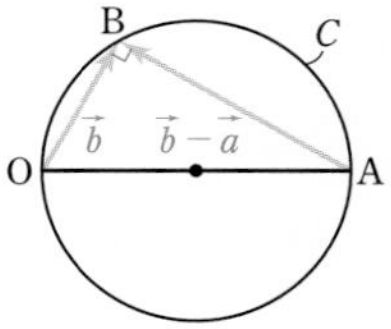

⇐点Dは△OABの重心である。

⇐円 C は，線分 OA を直径とする円であるから，円 C の中心は線分 OA の中点，半径は $\dfrac{1}{2}$OA

EX ②1

(1) $\vec{x}=3\vec{a}-\vec{b}+2\vec{c}$, $\vec{y}=2\vec{a}+5\vec{b}-\vec{c}$ のとき, $7(2\vec{x}-3\vec{y})-5(3\vec{x}-5\vec{y})$ を $\vec{a}$, $\vec{b}$, $\vec{c}$ を用いて表せ。
(2) $2\vec{x}+5\vec{y}=\vec{a}$, $3\vec{x}-2\vec{y}=\vec{b}$ を満たす $\vec{x}$, $\vec{y}$ を $\vec{a}$, $\vec{b}$ を用いて表せ。

CHART　ベクトルの演算　数式と同じように計算

(1) $7(2\vec{x}-3\vec{y})-5(3\vec{x}-5\vec{y})$
$=14\vec{x}-21\vec{y}-15\vec{x}+25\vec{y}=-\vec{x}+4\vec{y}$
$=-(3\vec{a}-\vec{b}+2\vec{c})+4(2\vec{a}+5\vec{b}-\vec{c})=\boldsymbol{5\vec{a}+21\vec{b}-6\vec{c}}$

(2) $2\vec{x}+5\vec{y}=\vec{a}$ ……①, $3\vec{x}-2\vec{y}=\vec{b}$ ……② とする。
①×2+②×5 から　$19\vec{x}=2\vec{a}+5\vec{b}$
したがって　$\boldsymbol{\vec{x}=\frac{2}{19}\vec{a}+\frac{5}{19}\vec{b}}$
①×3−②×2 から　$19\vec{y}=3\vec{a}-2\vec{b}$
したがって　$\boldsymbol{\vec{y}=\frac{3}{19}\vec{a}-\frac{2}{19}\vec{b}}$

⇐まず, 与式を整理する(いきなり $\vec{x}$, $\vec{y}$ を代入しない)。

(2) x, y の連立方程式
$\begin{cases}2x+5y=a\\3x-2y=b\end{cases}$
を解く要領で。

EX ③2

$(2\vec{a}+3\vec{b})/\!/(\vec{a}-4\vec{b})$, $\vec{a}\neq\vec{0}$, $\vec{b}\neq\vec{0}$ のとき, $\vec{a}/\!/\vec{b}$ であることを示せ。

$(2\vec{a}+3\vec{b})/\!/(\vec{a}-4\vec{b})$ であるから, k を実数として,
$2\vec{a}+3\vec{b}=k(\vec{a}-4\vec{b})$ と表される。
よって　$(k-2)\vec{a}=(4k+3)\vec{b}$ ……①
$k-2=0$ とすると　$k=2$
このとき, ① は $\vec{0}=11\vec{b}$ となり, $\vec{b}\neq\vec{0}$ に反する。
ゆえに　$k-2\neq0$
よって, ① から　$\vec{a}=\frac{4k+3}{k-2}\vec{b}$
したがって　$\vec{a}/\!/\vec{b}$

HINT
$\vec{p}\neq\vec{0}$, $\vec{q}\neq\vec{0}$ のとき
$\vec{p}/\!/\vec{q}$
⟺
$\vec{p}=k\vec{q}$ となる実数 k がある。

⇐$\frac{4k+3}{k-2}=k'$ とおくと $\vec{a}=k'\vec{b}$ と表される。

EX ②3

AD∦BC である四角形 ABCD の辺 AB, CD の中点をそれぞれ P, Q とし, $\overrightarrow{AD}=\vec{a}$, $\overrightarrow{BC}=\vec{b}$, $\overrightarrow{BD}=\vec{c}$ とする。
(1) $\overrightarrow{BQ}$ を $\vec{b}$, $\vec{c}$ を用いて表せ。　(2) $\overrightarrow{PQ}$ を $\vec{a}$, $\vec{b}$ を用いて表せ。

(1) $\overrightarrow{CD}=\overrightarrow{BD}-\overrightarrow{BC}=\vec{c}-\vec{b}$ であるから
$\boldsymbol{\overrightarrow{BQ}}=\overrightarrow{BC}+\overrightarrow{CQ}=\overrightarrow{BC}+\frac{1}{2}\overrightarrow{CD}$
$=\vec{b}+\frac{1}{2}(\vec{c}-\vec{b})$
$=\boldsymbol{\frac{1}{2}\vec{b}+\frac{1}{2}\vec{c}}$

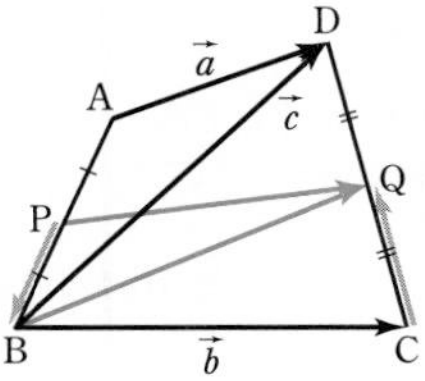

(2) $\overrightarrow{AB}=\overrightarrow{DB}-\overrightarrow{DA}=-\vec{c}+\vec{a}$ であるから
$\boldsymbol{\overrightarrow{PQ}}=\overrightarrow{PB}+\overrightarrow{BQ}=\frac{1}{2}\overrightarrow{AB}+\overrightarrow{BQ}$
$=\frac{1}{2}(-\vec{c}+\vec{a})+\frac{1}{2}\vec{b}+\frac{1}{2}\vec{c}$
$=\boldsymbol{\frac{1}{2}\vec{a}+\frac{1}{2}\vec{b}}$

⇐$\overrightarrow{CD}=\overrightarrow{\square D}-\overrightarrow{\square C}$

⇐$\overrightarrow{BQ}$ をしりとりで分割。
$\overrightarrow{BQ}=\overrightarrow{B\square}+\overrightarrow{\square Q}$

⇐$\overrightarrow{PQ}$ をしりとりで分割。
$\overrightarrow{PQ}=\overrightarrow{P\square}+\overrightarrow{\square Q}$
$\overrightarrow{PQ}=\overrightarrow{BQ}-\overrightarrow{BP}$ (差の形に分割) としてもよい。

EX ②4

(1) 平行四辺形 ABCD の辺 AB を 2：1 に内分する点をEとし，BD と EC の交点をFとするとき，$\overrightarrow{AF}$ を $\overrightarrow{AB}$ と $\overrightarrow{AD}$ を用いて表せ。〔東京電機大〕

(2) 正六角形 ABCDEF において，$\overrightarrow{FB}$ を $\overrightarrow{AB}$，$\overrightarrow{AC}$ を用いて表せ。〔類 立教大〕

(1) △BEF と △DCF において

∠BEF＝∠DCF

∠EBF＝∠CDF

よって　△BEF∽△DCF

ゆえに　BF：FD＝BE：DC

＝BE：AB＝1：3

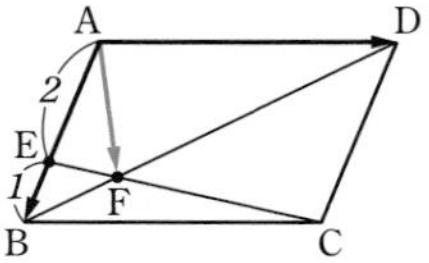

⇦錯角が等しい。

⇦2 組の角がそれぞれ等しい。

したがって　$\overrightarrow{\mathbf{AF}}=\overrightarrow{AB}+\overrightarrow{BF}=\overrightarrow{AB}+\frac{1}{4}\overrightarrow{BD}$

$=\overrightarrow{AB}+\frac{1}{4}(\overrightarrow{AD}-\overrightarrow{AB})=\boldsymbol{\frac{3}{4}\overrightarrow{AB}+\frac{1}{4}\overrightarrow{AD}}$

⇦しりとりで分割。

⇦差の形に分割。
$\overrightarrow{BD}=\overrightarrow{AD}-\overrightarrow{AB}$

(2) $\overrightarrow{\mathbf{FB}}=\overrightarrow{AB}-\overrightarrow{AF}$

$=\overrightarrow{AB}-(\overrightarrow{AC}+\overrightarrow{CF})$

$=\overrightarrow{AB}-\overrightarrow{AC}-\overrightarrow{CF}$

$=\overrightarrow{AB}-\overrightarrow{AC}-(-2\overrightarrow{AB})$

$\boldsymbol{=3\overrightarrow{AB}-\overrightarrow{AC}}$

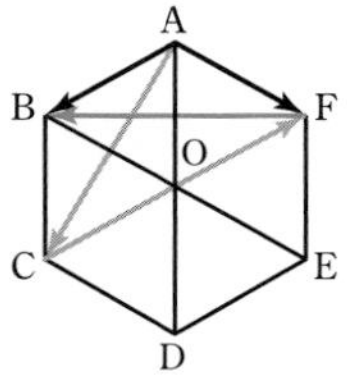

⇦まず，$\overrightarrow{FB}$ を差の形に分割し，始点をAにそろえる。更に，$\overrightarrow{AF}$ をしりとりの形に分割する。

EX ③5

互いに平行ではない 2 つのベクトル $\vec{a}$，$\vec{b}$（ただし，$\vec{a}\neq\vec{0}$，$\vec{b}\neq\vec{0}$ とする）があって，これらが $s(\vec{a}+3\vec{b})+t(-2\vec{a}+\vec{b})=-5\vec{a}-\vec{b}$ を満たすとき，実数 s，t の値を求めよ。

(左辺)$=(s-2t)\vec{a}+(3s+t)\vec{b}$

よって　$(s-2t)\vec{a}+(3s+t)\vec{b}=-5\vec{a}-\vec{b}$

$\vec{a}\neq\vec{0}$，$\vec{b}\neq\vec{0}$，$\vec{a}\not\parallel\vec{b}$ であるから　$s-2t=-5$，$3s+t=-1$

この連立方程式を解くと　$\boldsymbol{s=-1}$，$\boldsymbol{t=2}$

HINT　$\vec{a}\neq\vec{0}$，$\vec{b}\neq\vec{0}$，$\vec{a}\not\parallel\vec{b}$ のとき
$\boldsymbol{k\vec{a}+l\vec{b}=m\vec{a}+n\vec{b}}$
$\Longleftrightarrow$ $\boldsymbol{k=m}$，$\boldsymbol{l=n}$

EX ④6

平面上に 1 辺の長さが 1 の正五角形があり，その頂点を順に A，B，C，D，E とする。次の問いに答えよ。

(1) 辺 BC と線分 AD は平行であることを示せ。

(2) 線分 AC と線分 BD の交点をFとする。四角形 AFDE はどのような形であるか，その名称と理由を答えよ。

(3) 線分 AF と線分 CF の長さの比を求めよ。

(4) $\overrightarrow{AB}=\vec{a}$，$\overrightarrow{BC}=\vec{b}$ とするとき，$\overrightarrow{CD}$ を $\vec{a}$ と $\vec{b}$ で表せ。〔鳥取大〕

(1) 正五角形の外接円を考える。

$\overset{\frown}{AB}=\overset{\frown}{CD}$ から，円周角の定理により

∠ACB＝∠CAD

したがって，錯角が等しいから，辺 BC と線分 AD は平行である。

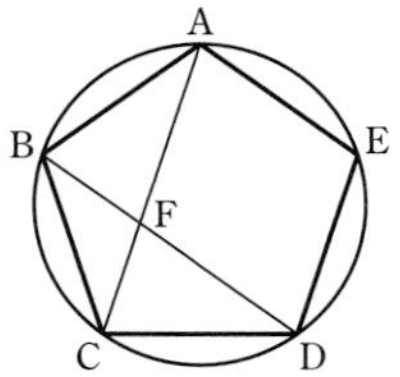

(2) (1)と同様に考えると

$\overset{\frown}{AB}=\overset{\frown}{DE}$ から　BD // AE

⇦∠AEB＝∠DBE

$\overset{\frown}{AE}=\overset{\frown}{CD}$ から　　AC∥ED

よって，**四角形 AFDE は平行四辺形** である。また，

AE=ED であるから，**四角形 AFDE はひし形** である。

(3)　CF$=x$ とする。(2)の結果から　AF=AE=1

よって　　AD=AC=AF+FC$=1+x$

(1)の結果を用いると　　△BCF∽△DAF

ゆえに　　AF：CF=AD：CB

よって　　$1:x=(1+x):1$

ゆえに　　$x(1+x)=1$　　　よって　　$x^2+x-1=0$

$x>0$ であるから　　$x=\dfrac{-1+\sqrt{5}}{2}$

したがって　　**AF：CF$=1:\dfrac{\sqrt{5}-1}{2}$**

(4)　$AD=AC=1+\dfrac{\sqrt{5}-1}{2}=\dfrac{\sqrt{5}+1}{2}$

BC∥AD，BC=1 であるから

$$\overrightarrow{AD}=\frac{AD}{BC}\overrightarrow{BC}=\frac{\sqrt{5}+1}{2}\vec{b}$$

したがって　　$\overrightarrow{CD}=\overrightarrow{AD}-\overrightarrow{AC}=\dfrac{\sqrt{5}+1}{2}\vec{b}-(\vec{a}+\vec{b})$

$$=-\vec{a}+\frac{\sqrt{5}-1}{2}\vec{b}$$

⇦∠ACE=∠CED

⇦(1)から
∠ACB=∠CAD
また ∠BFC=∠DFA

⇦$\overrightarrow{BC}$∥$\overrightarrow{AD}$

⇦差の形。

EX ②7　ベクトル $\vec{a}=(1,\ -2)$，$\vec{b}=(1,\ 1)$ に対し，ベクトル $t\vec{a}+\vec{b}$ の大きさが $\sqrt{5}$ となる t の値を求めよ。

$t\vec{a}+\vec{b}=t(1,\ -2)+(1,\ 1)=(t+1,\ -2t+1)$ から

$$|t\vec{a}+\vec{b}|^2=(t+1)^2+(-2t+1)^2=5t^2-2t+2$$

$|t\vec{a}+\vec{b}|^2=(\sqrt{5})^2=5$ であるから　$5t^2-2t+2=5$

よって　　$5t^2-2t-3=0$　　　ゆえに　　$(5t+3)(t-1)=0$

したがって　　$\boldsymbol{t=-\dfrac{3}{5},\ 1}$

CHART
$|\vec{p}|$ は $|\vec{p}|^2$ として扱う
ベクトルの大きさは，2乗して考えると平方根がでてこないので扱いやすい。

EX ②8　$\vec{a}=(1,\ 1)$，$\vec{b}=(1,\ 3)$ とする。
(1)　$\vec{c}=(-4,\ 3)$ を $k\vec{a}+l\vec{b}$（k，l は実数）の形に表せ。
(2)　$\vec{x}+2\vec{y}=\vec{a}$，$\vec{x}-3\vec{y}=\vec{b}$ を満たす $\vec{x}$，$\vec{y}$ を成分で表せ。

(1)　$\vec{c}=k\vec{a}+l\vec{b}$ とすると

$$(-4,\ 3)=k(1,\ 1)+l(1,\ 3)=(k+l,\ k+3l)$$

よって　　$-4=k+l,\ 3=k+3l$

これを解いて　　$k=-\dfrac{15}{2},\ l=\dfrac{7}{2}$

したがって　　$\vec{c}=-\dfrac{15}{2}\vec{a}+\dfrac{7}{2}\vec{b}$

⇦対応する成分が等しい。

(2) $\vec{x}+2\vec{y}=\vec{a}$ …… ①, $\vec{x}-3\vec{y}=\vec{b}$ …… ② とする。

①×3+②×2 から $5\vec{x}=3\vec{a}+2\vec{b}$

よって

$$\vec{x}=\frac{1}{5}(3\vec{a}+2\vec{b})=\frac{1}{5}\{3(1,\ 1)+2(1,\ 3)\}=\left(\mathbf{1},\ \frac{\mathbf{9}}{\mathbf{5}}\right)$$

また, ①−② から $5\vec{y}=\vec{a}-\vec{b}$

ゆえに

$$\vec{y}=\frac{1}{5}(\vec{a}-\vec{b})=\frac{1}{5}\{(1,\ 1)-(1,\ 3)\}=\left(\mathbf{0},\ -\frac{\mathbf{2}}{\mathbf{5}}\right)$$

⇐x, y の連立方程式 $\begin{cases} x+2y=a \\ x-3y=b \end{cases}$ を解く要領で。

EX ③9 平面ベクトル $\vec{a}=(1,\ 3)$, $\vec{b}=(2,\ 8)$, $\vec{c}=(x,\ y)$ がある。$\vec{c}$ は $2\vec{a}+\vec{b}$ に平行で, $|\vec{c}|=\sqrt{53}$ である。このとき, x, y の値を求めよ。 〔岩手大〕

$2\vec{a}+\vec{b}=2(1,\ 3)+(2,\ 8)=(4,\ 14)$

$\vec{c}\neq\vec{0}$, $2\vec{a}+\vec{b}\neq\vec{0}$ であるから, $\vec{c}\,/\!/\,2\vec{a}+\vec{b}$ のとき,

$\vec{c}=k(2\vec{a}+\vec{b})$ …… ① となる実数 k が存在する。

ここで $|2\vec{a}+\vec{b}|=\sqrt{4^2+14^2}=2\sqrt{53}$

① から $|\vec{c}|=|k||2\vec{a}+\vec{b}|$

よって $\sqrt{53}=|k|\cdot2\sqrt{53}$ したがって $|k|=\dfrac{1}{2}$

ゆえに $k=\pm\dfrac{1}{2}$

$k=\dfrac{1}{2}$ のとき $\vec{c}=\dfrac{1}{2}(4,\ 14)=(2,\ 7)$

$k=-\dfrac{1}{2}$ のとき $\vec{c}=-\dfrac{1}{2}(4,\ 14)=(-2,\ -7)$

よって $(\boldsymbol{x},\ \boldsymbol{y})=(\mathbf{2},\ \mathbf{7}),\ (\mathbf{-2},\ \mathbf{-7})$

⇐$|\vec{c}|\neq0$ から $\vec{c}\neq\vec{0}$

⇐$2\vec{a}+\vec{b}=2(2,\ 7)$ から $|2\vec{a}+\vec{b}|=2\sqrt{2^2+7^2}$ としてもよい。

⇐$|x|=c$ $(c>0)$ のとき $x=\pm c$

別解 $2\vec{a}+\vec{b}=2(1,\ 3)+(2,\ 8)=(4,\ 14)$

$\vec{c}\neq\vec{0}$, $2\vec{a}+\vec{b}\neq\vec{0}$ であるから, $\vec{c}=(x,\ y)$ と $2\vec{a}+\vec{b}$ が平行であるとき

$x\times14-y\times4=0$ ゆえに $y=\dfrac{7}{2}x$ …… ②

$|\vec{c}|=\sqrt{53}$ から $x^2+y^2=53$

② を代入して $x^2+\left(\dfrac{7}{2}x\right)^2=53$

よって $x^2=4$ ゆえに $x=\pm2$

$x=2$ のとき $y=\dfrac{7}{2}\cdot2=7$

$x=-2$ のとき $y=\dfrac{7}{2}\cdot(-2)=-7$

よって $(\boldsymbol{x},\ \boldsymbol{y})=(\mathbf{2},\ \mathbf{7}),\ (\mathbf{-2},\ \mathbf{-7})$

⇐$(a_1,\ a_2)\neq(0,\ 0)$, $(b_1,\ b_2)\neq(0,\ 0)$ のとき $(a_1,\ a_2)\,/\!/\,(b_1,\ b_2)$ $\iff$ $a_1b_2-a_2b_1=0$

EX ③10 $\vec{a}=(2,\ 3)$, $\vec{b}=(1,\ -1)$, $\vec{t}=\vec{a}+k\vec{b}$ とする。$-2\leqq k\leqq 2$ のとき，$|\vec{t}|$ の最大値および最小値を求めよ。〔東京電機大〕

$\vec{t}=(2,\ 3)+k(1,\ -1)=(k+2,\ -k+3)$

よって　$|\vec{t}|^2=(k+2)^2+(-k+3)^2$

$=2k^2-2k+13=2\left(k-\frac{1}{2}\right)^2+\frac{25}{2}$

$|\vec{t}|\geqq 0$ であるから，$|\vec{t}|^2$ が最大のとき $|\vec{t}|$ も最大となり，$|\vec{t}|^2$ が最小のとき $|\vec{t}|$ も最小となる。

ゆえに，$-2\leqq k\leqq 2$ のとき，$|\vec{t}|$ は

$k=-2$ で最大値　$\sqrt{25}=5$,

$k=\frac{1}{2}$ で最小値　$\sqrt{\frac{25}{2}}=\frac{5\sqrt{2}}{2}$ をとる。

$f(k)=2\left(k-\frac{1}{2}\right)^2+\frac{25}{2}$ $(-2\leqq k\leqq 2)$ のグラフ

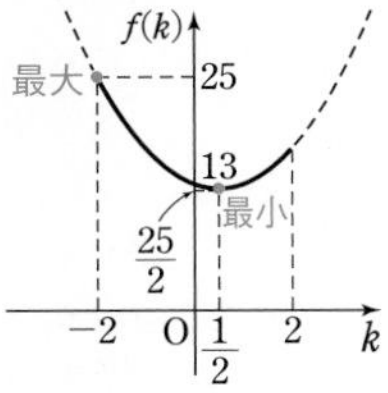

EX ③11 座標平面上に3定点A，B，Cと動点Pがあって，$\overrightarrow{AB}=(3,\ 1)$，$\overrightarrow{BC}=(1,\ 2)$ であり，$\overrightarrow{AP}$ が実数 t を用いて $\overrightarrow{AP}=(2t,\ 3t)$ と表されるとき

(1) $\overrightarrow{PB}$，$\overrightarrow{PC}$ を求めよ。

(2) $\overrightarrow{PC}$ が $\overrightarrow{AB}$ と平行であるときの t の値を求めよ。

(3) $\overrightarrow{PA}$ と $\overrightarrow{PB}$ の大きさが等しいときの t の値を求めよ。〔新潟大〕

(1) $\overrightarrow{PB}=\overrightarrow{AB}-\overrightarrow{AP}=(3,\ 1)-(2t,\ 3t)$

$\boldsymbol{=(3-2t,\ 1-3t)}$

⇐差の形に分割。

$\overrightarrow{PC}=\overrightarrow{PB}+\overrightarrow{BC}=(3-2t,\ 1-3t)+(1,\ 2)$

$\boldsymbol{=(4-2t,\ 3-3t)}$

⇐しりとりで分割。

(2) $\overrightarrow{PC}\neq\vec{0}$，$\overrightarrow{AB}\neq\vec{0}$ であるから，$\overrightarrow{PC}\parallel\overrightarrow{AB}$ になるのは，$\overrightarrow{PC}=k\overrightarrow{AB}$ となる実数 k が存在するときである。

$(4-2t,\ 3-3t)=(3k,\ k)$ から

$4-2t=3k$，$3-3t=k$　　k を消去して　　$7t=5$

ゆえに　　$\boldsymbol{t=\frac{5}{7}}$　　このとき　　$k=\frac{6}{7}$

別解　$\overrightarrow{PC}\parallel\overrightarrow{AB}\iff(4-2t)\times1-(3-3t)\times3=0$
整理すると　$7t-5=0$
よって　　$t=\frac{5}{7}$

(3) $|\overrightarrow{PA}|=|\overrightarrow{PB}|$ のとき　　$|\overrightarrow{PA}|^2=|\overrightarrow{PB}|^2$

ゆえに　　$(2t)^2+(3t)^2=(3-2t)^2+(1-3t)^2$

⇐$|\overrightarrow{PA}|^2=|\overrightarrow{AP}|^2$

よって　　$13t^2=10-18t+13t^2$

整理すると　$9t-5=0$　　ゆえに　　$\boldsymbol{t=\frac{5}{9}}$

EX ③12 3点P(1，2)，Q(3，−2)，R(4，1) を頂点とする平行四辺形の第4の頂点Sの座標を求めよ。

求める第4の頂点Sの座標を $(x,\ y)$ とする。

[1] 四角形PQRSが平行四辺形となるための条件は

$\overrightarrow{PS}=\overrightarrow{QR}$

$\overrightarrow{PS}=(x-1,\ y-2)$，$\overrightarrow{QR}=(1,\ 3)$ であるから

$x-1=1$，$y-2=3$

よって　$x=2$，$y=5$　　ゆえに　**S(2，5)**

CHART　四角形ABCDが平行四辺形 $\iff\overrightarrow{AD}=\overrightarrow{BC}$

[2] 四角形 PQSR が平行四辺形となるための条件は

$\overrightarrow{PR}=\overrightarrow{QS}$

$\overrightarrow{PR}=(3,\ -1)$, $\overrightarrow{QS}=(x-3,\ y+2)$ であるから

$x-3=3,\ y+2=-1$

よって $x=6,\ y=-3$ ゆえに **S(6, −3)**

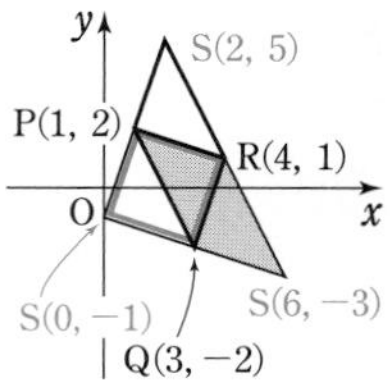

[3] 四角形 PSQR が平行四辺形となるための条件は

$\overrightarrow{PR}=\overrightarrow{SQ}$

$\overrightarrow{PR}=(3,\ -1)$, $\overrightarrow{SQ}=(3-x,\ -2-y)$ であるから

$3-x=3,\ -2-y=-1$

よって $x=0,\ y=-1$ ゆえに **S(0, −1)**

別解 [1] 対角線 PR, QS の中点が一致することから,

点$\left(\dfrac{1+4}{2},\ \dfrac{2+1}{2}\right)$と点$\left(\dfrac{3+x}{2},\ \dfrac{-2+y}{2}\right)$が一致する。

よって $x=2,\ y=5$ したがって **S(2, 5)**

[2], [3] も同様にして求められる。

⇐対角線がそれぞれの中点で交わる。

⇐$\dfrac{5}{2}=\dfrac{3+x}{2}$, $\dfrac{3}{2}=\dfrac{-2+y}{2}$

EX ②13

1 辺の長さが 1 の正六角形 ABCDEF がある。このとき，内積 $\overrightarrow{AC}\cdot\overrightarrow{AD}$ を求めよ。〔中央大〕

対角線 AD と BE の交点を O とし，$\overrightarrow{AO}=\vec{a}$, $\overrightarrow{AB}=\vec{b}$ とすると

$\overrightarrow{AC}=\overrightarrow{AO}+\overrightarrow{OC}=\vec{a}+\vec{b}$,

$\overrightarrow{AD}=2\vec{a}$

よって $\overrightarrow{AC}\cdot\overrightarrow{AD}=(\vec{a}+\vec{b})\cdot 2\vec{a}$

$=2|\vec{a}|^2+2\vec{a}\cdot\vec{b}$

$=2\cdot 1^2+2\times 1\cdot 1\cdot\cos 60°$

$=2+2\times\dfrac{1}{2}=\mathbf{3}$

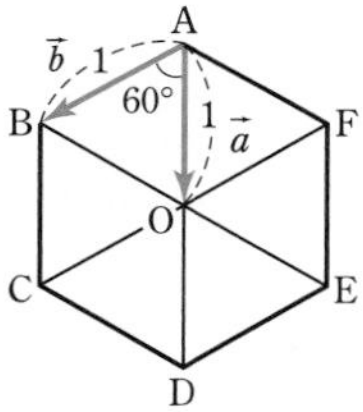

⇐$\overrightarrow{OC}=\overrightarrow{AB}=\vec{b}$

⇐$|\vec{a}|=1$, $|\vec{b}|=1$, $\vec{a}$, $\vec{b}$ のなす角は 60°

EX ③14

2 つのベクトル $\vec{a}=(1,\ t)$ と $\vec{b}=\left(1,\ \dfrac{t}{3}\right)$ のなす角が 30° であるとき，t の値を求めよ。ただし，$t>0$ とする。〔岩手大〕

$\vec{a}\cdot\vec{b}=1+\dfrac{t^2}{3}$, $|\vec{a}|=\sqrt{1+t^2}$, $|\vec{b}|=\sqrt{1+\dfrac{t^2}{9}}$

$\vec{a}\cdot\vec{b}=|\vec{a}||\vec{b}|\cos 30°$ から

$1+\dfrac{t^2}{3}=\sqrt{1+t^2}\cdot\sqrt{1+\dfrac{t^2}{9}}\cdot\dfrac{\sqrt{3}}{2}$

両辺は正であるから，2 乗して整理すると

$t^4-6t^2+9=0$

ゆえに $(t^2-3)^2=0$

よって $t^2=3$

$t>0$ であるから $t=\sqrt{\mathbf{3}}$

⇐(成分による表現) =(定義による表現)

⇐$a>0$, $b>0$ のとき $a=b \iff a^2=b^2$

⇐$\left(1+\dfrac{t^2}{3}\right)^2=(1+t^2)\left(1+\dfrac{t^2}{9}\right)\cdot\dfrac{3}{4}$ を展開して整理する。

EX ②15

2つのベクトル $\vec{a}=(-1,\ 2)$, $\vec{b}=(x,\ 1)$ について
(1) $2\vec{a}-3\vec{b}$ と $\vec{a}+2\vec{b}$ が垂直になるように x の値を定めよ。
(2) $2\vec{a}-3\vec{b}$ と $\vec{a}+2\vec{b}$ が平行になるように x の値を定めよ。

(1) $2\vec{a}-3\vec{b}=2(-1,\ 2)-3(x,\ 1)=(-2-3x,\ 1)$
$\vec{a}+2\vec{b}=(-1,\ 2)+2(x,\ 1)=(-1+2x,\ 4)$
$2\vec{a}-3\vec{b}\neq\vec{0}$, $\vec{a}+2\vec{b}\neq\vec{0}$ から，$(2\vec{a}-3\vec{b})\perp(\vec{a}+2\vec{b})$ であるための条件は
$(2\vec{a}-3\vec{b})\cdot(\vec{a}+2\vec{b})=0$
よって　$(-2-3x)\times(-1+2x)+1\times4=0$
整理すると　$6x^2+x-6=0$
ゆえに　$\boldsymbol{x=\dfrac{-1\pm\sqrt{145}}{12}}$

(2) $(2\vec{a}-3\vec{b})\parallel(\vec{a}+2\vec{b})$ であるための条件は
$(-2-3x)\times4-1\times(-1+2x)=0$
よって　$-14x-7=0$
ゆえに　$\boldsymbol{x=-\dfrac{1}{2}}$

⇐$2\vec{a}-3\vec{b}\neq\vec{0}$, $\vec{a}+2\vec{b}\neq\vec{0}$

⇐$\vec{a}\neq\vec{0}$, $\vec{b}\neq\vec{0}$, $\vec{a}=(a_1,\ a_2)$, $\vec{b}=(b_1,\ b_2)$ とする。
$\vec{a}\perp\vec{b}\iff\vec{a}\cdot\vec{b}=0$
$\iff a_1b_1+a_2b_2=0$

⇐$\vec{a}\neq\vec{0}$, $\vec{b}\neq\vec{0}$, $\vec{a}=(a_1,\ a_2)$, $\vec{b}=(b_1,\ b_2)$ とする。
$\vec{a}\parallel\vec{b}\iff a_1b_2-a_2b_1=0$

EX ③16

ともに零ベクトルでない2つのベクトル $\vec{a}$, $\vec{b}$ が $3|\vec{a}|=|\vec{b}|$ であり，$3\vec{a}-2\vec{b}$ と $15\vec{a}+4\vec{b}$ が垂直であるとき，$\vec{a}$, $\vec{b}$ のなす角 $\theta\ (0^\circ\leqq\theta\leqq180^\circ)$ を求めよ。　〔長崎大〕

$\vec{a}$, $\vec{b}$ はともに零ベクトルでないから
$|\vec{a}|\neq0$, $|\vec{b}|\neq0$ …… ①
$3|\vec{a}|=|\vec{b}|$ …… ②　の両辺を2乗すると
$9|\vec{a}|^2=|\vec{b}|^2$ …… ②′
$3\vec{a}-2\vec{b}$ と $15\vec{a}+4\vec{b}$ が垂直であるから
$(3\vec{a}-2\vec{b})\cdot(15\vec{a}+4\vec{b})=0$
ゆえに　$45|\vec{a}|^2-18\vec{a}\cdot\vec{b}-8|\vec{b}|^2=0$
②′ を代入して
$45|\vec{a}|^2-18\vec{a}\cdot\vec{b}-72|\vec{a}|^2=0$
よって　$\vec{a}\cdot\vec{b}=-\dfrac{3}{2}|\vec{a}|^2$ …… ③
$\vec{a}\cdot\vec{b}=|\vec{a}||\vec{b}|\cos\theta$ であるから，①，②，③ より
$$\cos\theta=\frac{\vec{a}\cdot\vec{b}}{|\vec{a}||\vec{b}|}=\frac{-\frac{3}{2}|\vec{a}|^2}{|\vec{a}|\times3|\vec{a}|}=-\frac{1}{2}$$
$0^\circ\leqq\theta\leqq180^\circ$ であるから　$\boldsymbol{\theta=120^\circ}$

CHART
ベクトルの垂直
(内積)$=0$

⇐$(3a-2b)(15a+4b)$ を展開する要領で計算する。$\vec{a}^2$ でなく $|\vec{a}|^2$, $\vec{a}\vec{b}$ でなく $\vec{a}\cdot\vec{b}$ と書くことに注意。

EX ③17

2つのベクトル $\vec{a}$, $\vec{b}$ が $|\vec{a}+\vec{b}|=4$, $|\vec{a}-\vec{b}|=3$ を満たすとき
(1) $\vec{a}\cdot\vec{b}$ を求めよ。
(2) $|\sqrt{3}\vec{a}+\vec{b}|^2+|\vec{a}-\sqrt{3}\vec{b}|^2$ を求めよ。
(3) t を実数とするとき，$|t\vec{a}+\vec{b}|^2+|\vec{a}+t\vec{b}|^2$ の最小値と，そのときの t の値を求めよ。
〔類　北海道薬大〕

(1) $|\vec{a}+\vec{b}|=4$ から　$|\vec{a}+\vec{b}|^2=16$

また　$|\vec{a}+\vec{b}|^2=|\vec{a}|^2+2\vec{a}\cdot\vec{b}+|\vec{b}|^2$

よって　$|\vec{a}|^2+2\vec{a}\cdot\vec{b}+|\vec{b}|^2=16$　…… ①

$|\vec{a}-\vec{b}|=3$ から　$|\vec{a}-\vec{b}|^2=9$

また　$|\vec{a}-\vec{b}|^2=|\vec{a}|^2-2\vec{a}\cdot\vec{b}+|\vec{b}|^2$

よって　$|\vec{a}|^2-2\vec{a}\cdot\vec{b}+|\vec{b}|^2=9$　…… ②

①－② から　$4\vec{a}\cdot\vec{b}=7$

したがって　$\vec{a}\cdot\vec{b}=\dfrac{7}{4}$　…… ③

(2) $|\sqrt{3}\vec{a}+\vec{b}|^2+|\vec{a}-\sqrt{3}\vec{b}|^2$

$=3|\vec{a}|^2+2\sqrt{3}\vec{a}\cdot\vec{b}+|\vec{b}|^2+|\vec{a}|^2-2\sqrt{3}\vec{a}\cdot\vec{b}+3|\vec{b}|^2$

$=4(|\vec{a}|^2+|\vec{b}|^2)$

ここで，①＋② から　$2(|\vec{a}|^2+|\vec{b}|^2)=25$

したがって　$|\vec{a}|^2+|\vec{b}|^2=\dfrac{25}{2}$　…… ④

よって　$|\sqrt{3}\vec{a}+\vec{b}|^2+|\vec{a}-\sqrt{3}\vec{b}|^2=4\times\dfrac{25}{2}=\mathbf{50}$

(3) $|t\vec{a}+\vec{b}|^2+|\vec{a}+t\vec{b}|^2$

$=t^2|\vec{a}|^2+2t\vec{a}\cdot\vec{b}+|\vec{b}|^2+|\vec{a}|^2+2t\vec{a}\cdot\vec{b}+t^2|\vec{b}|^2$

$=(|\vec{a}|^2+|\vec{b}|^2)t^2+4t\vec{a}\cdot\vec{b}+(|\vec{a}|^2+|\vec{b}|^2)$

これに ③，④ を代入して

$$|t\vec{a}+\vec{b}|^2+|\vec{a}+t\vec{b}|^2=\frac{25}{2}t^2+7t+\frac{25}{2}=\frac{25}{2}\left(t+\frac{7}{25}\right)^2+\frac{288}{25}$$

よって，$|t\vec{a}+\vec{b}|^2+|\vec{a}+t\vec{b}|^2$ は，$\boldsymbol{t=-\dfrac{7}{25}}$ のとき **最小値** $\boldsymbol{\dfrac{288}{25}}$ をとる。

CHART　$|\vec{p}|$ は $|\vec{p}|^2=\vec{p}\cdot\vec{p}$ として扱う

⇐$|\vec{a}|^2$，$|\vec{b}|^2$ を消去。

⇐平方完成する。

EX ③18　△OAB において，$|\overrightarrow{OA}|=3$，$|\overrightarrow{OB}|=1$ である。また，点C は $\overrightarrow{OC}=\overrightarrow{OA}+2\overrightarrow{OB}$，$|\overrightarrow{OC}|=\sqrt{7}$ を満たす。

(1) 内積 $\overrightarrow{OA}\cdot\overrightarrow{OB}$ を求めよ。　(2) △OAB の面積を求めよ。

(1) $\overrightarrow{OC}=\overrightarrow{OA}+2\overrightarrow{OB}$ から

$$|\overrightarrow{OC}|^2=|\overrightarrow{OA}+2\overrightarrow{OB}|^2=|\overrightarrow{OA}|^2+4\overrightarrow{OA}\cdot\overrightarrow{OB}+4|\overrightarrow{OB}|^2$$

$|\overrightarrow{OA}|=3$，$|\overrightarrow{OB}|=1$，$|\overrightarrow{OC}|=\sqrt{7}$ であるから

$$(\sqrt{7})^2=3^2+4\overrightarrow{OA}\cdot\overrightarrow{OB}+4\times1^2$$

よって　$\overrightarrow{OA}\cdot\overrightarrow{OB}=\boldsymbol{-\dfrac{3}{2}}$

(2) $\triangle OAB=\dfrac{1}{2}\sqrt{|\overrightarrow{OA}|^2|\overrightarrow{OB}|^2-(\overrightarrow{OA}\cdot\overrightarrow{OB})^2}$

$$=\frac{1}{2}\sqrt{3^2\times1^2-\left(-\frac{3}{2}\right)^2}=\boldsymbol{\frac{3\sqrt{3}}{4}}$$

CHART　$|\vec{p}|$ は $|\vec{p}|^2=\vec{p}\cdot\vec{p}$ として扱う

⇐三角形の面積公式を利用。

別解　$\angle AOB=\theta$ とすると

$$\cos\theta=\frac{\overrightarrow{OA}\cdot\overrightarrow{OB}}{|\overrightarrow{OA}||\overrightarrow{OB}|}=\frac{-\frac{3}{2}}{3\times1}=-\frac{1}{2}$$

$0°\leqq\theta\leqq180°$ であるから　　$\theta=120°$

ゆえに

$$\triangle OAB=\frac{1}{2}|\overrightarrow{OA}||\overrightarrow{OB}|\sin\theta=\frac{1}{2}\times3\times1\times\frac{\sqrt{3}}{2}=\mathbf{\frac{3\sqrt{3}}{4}}$$

⇐なす角を求める解法。

EX ④19

$\vec{0}$ でない2つのベクトル $\vec{a}$ と $\vec{b}$ において $\vec{a}+2\vec{b}$ と $\vec{a}-2\vec{b}$ が垂直で，$|\vec{a}+2\vec{b}|=2|\vec{b}|$ とする。
(1) $\vec{a}$ と $\vec{b}$ のなす角 θ $(0°\leqq\theta\leqq180°)$ を求めよ。
(2) $|\vec{a}|=1$ のとき，$\left|t\vec{a}+\frac{1}{t}\vec{b}\right|$ $(t>0)$ の最小値を求めよ。　〔群馬大〕

(1) $\vec{a}+2\vec{b}$ と $\vec{a}-2\vec{b}$ が垂直であるから

$$(\vec{a}+2\vec{b})\cdot(\vec{a}-2\vec{b})=0$$

よって　　$|\vec{a}|^2-4|\vec{b}|^2=0$

$|\vec{a}|>0$，$|\vec{b}|>0$ であるから　　$|\vec{a}|=2|\vec{b}|$ …… ①

また，$|\vec{a}+2\vec{b}|=2|\vec{b}|$ から　　$|\vec{a}+2\vec{b}|^2=4|\vec{b}|^2$

ゆえに　　$|\vec{a}|^2+4\vec{a}\cdot\vec{b}+4|\vec{b}|^2=4|\vec{b}|^2$

よって　　$|\vec{a}|^2+4|\vec{a}||\vec{b}|\cos\theta=0$

$|\vec{a}|\neq0$，$|\vec{b}|\neq0$ であるから　　$\cos\theta=-\dfrac{|\vec{a}|}{4|\vec{b}|}$

ゆえに，① から　　$\cos\theta=-\dfrac{2|\vec{b}|}{4|\vec{b}|}=-\dfrac{1}{2}$

$0°\leqq\theta\leqq180°$ であるから　　$\boldsymbol{\theta=120°}$

CHART
ベクトルの垂直
(内積)＝0

⇐$4|\vec{a}||\vec{b}|\cos\theta=-|\vec{a}|^2$ の両辺を $4|\vec{a}||\vec{b}|$ $(\neq0)$ で割る。

(2) $\left|t\vec{a}+\frac{1}{t}\vec{b}\right|^2=t^2|\vec{a}|^2+2\vec{a}\cdot\vec{b}+\frac{1}{t^2}|\vec{b}|^2$

$|\vec{a}|=1$，① から

$$\left|t\vec{a}+\frac{1}{t}\vec{b}\right|^2=t^2\times1^2+2\times1\times\frac{1}{2}\times\left(-\frac{1}{2}\right)+\frac{1}{t^2}\times\left(\frac{1}{2}\right)^2$$
$$=t^2-\frac{1}{2}+\frac{1}{4t^2}=\left(t^2+\frac{1}{4t^2}\right)-\frac{1}{2}$$

⇐$|\vec{b}|=\frac{1}{2}$，
$\vec{a}\cdot\vec{b}=|\vec{a}||\vec{b}|\cos120°$

$t>0$ より，$t^2>0$，$\dfrac{1}{4t^2}>0$ であるから，

(相加平均)≧(相乗平均) により

$$\left(t^2+\frac{1}{4t^2}\right)-\frac{1}{2}\geqq2\sqrt{t^2\times\frac{1}{4t^2}}-\frac{1}{2}=1-\frac{1}{2}=\frac{1}{2}$$

等号は $t^2=\dfrac{1}{4t^2}$ すなわち $t=\dfrac{1}{\sqrt{2}}$ のとき成り立つ。

$\left|t\vec{a}+\frac{1}{t}\vec{b}\right|\geqq0$ であるから，$\left|t\vec{a}+\frac{1}{t}\vec{b}\right|^2$ が最小となるとき，

$\left|t\vec{a}+\frac{1}{t}\vec{b}\right|$ も最小となる。

よって，$\left|t\vec{a}+\frac{1}{t}\vec{b}\right|$ は $\boldsymbol{t=\frac{1}{\sqrt{2}}}$ **のとき 最小値** $\boldsymbol{\frac{1}{\sqrt{2}}}$ をとる。

⇐相加平均と相乗平均の大小関係（数学Ⅱ）
$\boldsymbol{a>0}$，$\boldsymbol{b>0}$ **のとき**
$\boldsymbol{\frac{a+b}{2}\geqq\sqrt{ab}}$
等号が成り立つのは $a=b$ のときである。

EX ③20 △ABC について，$\overrightarrow{AB}$，$\overrightarrow{BC}$，$\overrightarrow{CA}$ に関する内積を，それぞれ $\overrightarrow{AB}\cdot\overrightarrow{BC}=x$，$\overrightarrow{BC}\cdot\overrightarrow{CA}=y$，$\overrightarrow{CA}\cdot\overrightarrow{AB}=z$ とおく。△ABC の面積を x，y，z を使って表せ。 〔類 大分大〕

$\overrightarrow{AB}=\vec{b}$，$\overrightarrow{AC}=\vec{c}$ とおくと　$\overrightarrow{BC}=\overrightarrow{AC}-\overrightarrow{AB}=\vec{c}-\vec{b}$

内積の条件から

$$\vec{b}\cdot(\vec{c}-\vec{b})=x,\ (\vec{c}-\vec{b})\cdot(-\vec{c})=y,\ (-\vec{c})\cdot\vec{b}=z$$

よって　$\vec{b}\cdot\vec{c}=-z$，$|\vec{b}|^2=-(x+z)$，$|\vec{c}|^2=-(y+z)$

したがって

$$\triangle ABC=\frac{1}{2}\sqrt{|\vec{b}|^2|\vec{c}|^2-(\vec{b}\cdot\vec{c})^2}$$
$$=\frac{1}{2}\sqrt{\{-(x+z)\}\times\{-(y+z)\}-(-z)^2}$$
$$=\boldsymbol{\frac{1}{2}\sqrt{xy+yz+zx}}$$

HINT　△ABC の面積
$\overrightarrow{AB}=\vec{p}$，$\overrightarrow{AC}=\vec{q}$ とするとき
△ABC
$=\frac{1}{2}\sqrt{|\vec{p}|^2|\vec{q}|^2-(\vec{p}\cdot\vec{q})^2}$

EX ④21 平面上のベクトル $\vec{a}$，$\vec{b}$ が $|2\vec{a}+\vec{b}|=2$，$|3\vec{a}-5\vec{b}|=1$ を満たすように動くとき，$|\vec{a}+\vec{b}|$ のとりうる値の範囲を求めよ。 〔類 名城大〕

$2\vec{a}+\vec{b}=\vec{p}$ …… ①，$3\vec{a}-5\vec{b}=\vec{q}$ …… ②　とする。

①×5+②　から　$13\vec{a}=5\vec{p}+\vec{q}$

よって　$\vec{a}=\frac{5}{13}\vec{p}+\frac{1}{13}\vec{q}$

①×3−②×2　から　$13\vec{b}=3\vec{p}-2\vec{q}$

よって　$\vec{b}=\frac{3}{13}\vec{p}-\frac{2}{13}\vec{q}$

ゆえに　$\vec{a}+\vec{b}=\frac{8}{13}\vec{p}-\frac{1}{13}\vec{q}$

よって　$|\vec{a}+\vec{b}|^2=\left|\frac{8}{13}\vec{p}-\frac{1}{13}\vec{q}\right|^2$

$$=\frac{1}{13^2}(64|\vec{p}|^2-16\vec{p}\cdot\vec{q}+|\vec{q}|^2)$$

$\vec{p}$，$\vec{q}$ のなす角を θ ($0°\leqq\theta\leqq180°$) とすると

$$|\vec{a}+\vec{b}|^2=\frac{1}{13^2}(64\times2^2-16\times2\times1\times\cos\theta+1^2)$$
$$=\frac{1}{13^2}(257-32\cos\theta)$$

$-1\leqq\cos\theta\leqq1$ であるから　$\frac{225}{13^2}\leqq|\vec{a}+\vec{b}|^2\leqq\frac{289}{13^2}$

$|\vec{a}+\vec{b}|\geqq0$ であるから　$\boldsymbol{\frac{15}{13}\leqq|\vec{a}+\vec{b}|\leqq\frac{17}{13}}$

CHART
$|\vec{p}|$ は $|\vec{p}|^2=\vec{p}\cdot\vec{p}$ として扱う

⇐ $\vec{p}\cdot\vec{q}=|\vec{p}||\vec{q}|\cos\theta$，$|\vec{p}|=2$，$|\vec{q}|=1$

CHART
$A\geqq0$，$B\geqq0$ のとき
$A\leqq B \iff A^2\leqq B^2$

EX ④22 2つのベクトル $\vec{a}$，$\vec{b}$ は $|\vec{a}|=2$，$|\vec{b}|=3$，$|\vec{a}+\vec{b}|=4$ を満たすとする。$P=|\vec{a}+t\vec{b}|$ の値を最小にする実数 t の値は ア□ であり，そのときのPの最小値は イ□ である。また，すべての実数 t に対して $|k\vec{a}+t\vec{b}|>1$ が成り立つとき，実数kのとりうる値の範囲は ウ□ である。 〔類 北里大〕

$|\vec{a}+\vec{b}|=4$ より $|\vec{a}+\vec{b}|^2=16$ であるから　$|\vec{a}|^2+2\vec{a}\cdot\vec{b}+|\vec{b}|^2=16$

ここで，$|\vec{a}|^2=4$，$|\vec{b}|^2=9$ であるから　　$\vec{a}\cdot\vec{b}=\dfrac{3}{2}$

$P=|\vec{a}+t\vec{b}|$ から

$$P^2=|\vec{a}|^2+2t\vec{a}\cdot\vec{b}+t^2|\vec{b}|^2=4+2t\cdot\frac{3}{2}+t^2\cdot 9$$

$$=9t^2+3t+4=9\left(t+\frac{1}{6}\right)^2+\frac{15}{4}$$

よって，P^2 は $t=-\dfrac{1}{6}$ のとき最小値 $\dfrac{15}{4}$ をとる。

$P\geqq 0$ であるから，このときPも最小となる。

したがって，P は $t=$ ア $-\dfrac{\mathbf{1}}{\mathbf{6}}$ のとき最小値 $\sqrt{\dfrac{15}{4}}=$ イ $\dfrac{\sqrt{\mathbf{15}}}{\mathbf{2}}$ をとる。

また，$|k\vec{a}+t\vec{b}|\geqq 0$ であるから，$|k\vec{a}+t\vec{b}|>1$ は

$|k\vec{a}+t\vec{b}|^2>1$　……①　と同値である。

ここで　　$|k\vec{a}+t\vec{b}|^2=k^2|\vec{a}|^2+2kt\vec{a}\cdot\vec{b}+t^2|\vec{b}|^2$

$$=4k^2+3kt+9t^2$$

よって，① から　　$4k^2+3kt+9t^2>1$

すなわち　　$9t^2+3kt+4k^2-1>0$　……②

② がすべての実数 t に対して成り立つための条件は，t の 2 次方程式 $9t^2+3kt+4k^2-1=0$ の判別式をDとすると，t^2 の係数は正であるから　　$D<0$

ここで　　$D=(3k)^2-4\cdot 9(4k^2-1)=-135k^2+36$

よって　　$-135k^2+36<0$　　ゆえに　　$k^2-\dfrac{4}{15}>0$

したがって　　ウ $\boldsymbol{k<-\dfrac{2\sqrt{15}}{15},\ \dfrac{2\sqrt{15}}{15}<k}$

CHART $|\vec{p}|$ は $|\vec{p}|^2=\vec{p}\cdot\vec{p}$ として扱う

⇐平方完成する。

⇐**この断りは重要。**

⇐$A\geqq 0$，$B\geqq 0$ のとき $A>B \iff A^2>B^2$

⇐$|\vec{a}|^2=4$，$|\vec{b}|^2=9$，$\vec{a}\cdot\vec{b}=\dfrac{3}{2}$ を代入。

⇐問題の不等式の条件は ② がすべての実数 t に対して成り立つこと。

⇐$D<0$ が条件。

⇐$\left(k+\sqrt{\dfrac{4}{15}}\right)\left(k-\sqrt{\dfrac{4}{15}}\right)>0$

EX ④23

平面上の点 $(a,\ b)$ は円 $x^2+y^2-100=0$ 上を動き，点 $(c,\ d)$ は円 $x^2+y^2-6x-8y+24=0$ 上を動くものとする。

(1)　$ac+bd=0$ を満たす $(a,\ b)$ と $(c,\ d)$ の例を 1 組あげよ。

(2)　$ac+bd$ の最大値を求めよ。　〔埼玉大〕

C_1：$x^2+y^2-100=0$，C_2：$x^2+y^2-6x-8y+24=0$ とおく。

円 C_1 の方程式を変形すると　　$x^2+y^2=10^2$

よって，円 C_1 は中心が原点で半径が 10 の円である。

円 C_2 の方程式を変形すると　　$(x-3)^2+(y-4)^2=1^2$

よって，円 C_2 は中心が $(3,\ 4)$ で半径が 1 の円である。

また，円 C_1 上の点 $(a,\ b)$ をP，円 C_2 上の点 $(c,\ d)$ をQとおく。

(1)　$\overrightarrow{\mathrm{OP}}=(a,\ b)$，$\overrightarrow{\mathrm{OQ}}=(c,\ d)$ であるから

$$ac+bd=\overrightarrow{\mathrm{OP}}\cdot\overrightarrow{\mathrm{OQ}}$$

$ac+bd=0$ のとき，$\overrightarrow{\mathrm{OP}}\cdot\overrightarrow{\mathrm{OQ}}=0$ から　　$\angle\mathrm{POQ}=90^\circ$

⇐$\overrightarrow{\mathrm{OP}}\neq\vec{0}$，$\overrightarrow{\mathrm{OQ}}\neq\vec{0}$

点 (3, 3) は円 C_2 上の点であり，Q(3, 3) とすると

$$\angle QOx=45^\circ$$

$\angle POQ=90^\circ$ となるのは，例えば右の図のように点Pが第4象限にあり，$\angle POx=45^\circ$ となるときである。

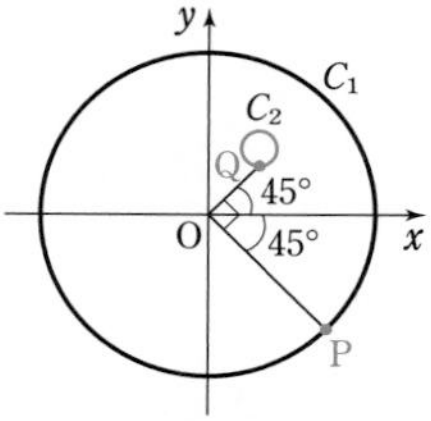

このとき

$$a=\mathrm{OP}\cos 45^\circ=10\cdot\frac{1}{\sqrt{2}}=5\sqrt{2}$$

$$b=-\mathrm{OP}\sin 45^\circ=-10\cdot\frac{1}{\sqrt{2}}$$

$$=-5\sqrt{2}$$

したがって

$$(\boldsymbol{a},\ \boldsymbol{b})=(\mathbf{5\sqrt{2}},\ \mathbf{-5\sqrt{2}}),\ (\boldsymbol{c},\ \boldsymbol{d})=(\mathbf{3},\ \mathbf{3})$$

⇐条件を満たす組は他にも考えられる。例えば，Q(2, 4) とすると，$\overrightarrow{OQ}$ に垂直なベクトルの1つが (2, −1) であることから $(a,\ b)=(4\sqrt{5},\ -2\sqrt{5})$, $(c,\ d)=(2,\ 4)$ も答えの例となることがわかる。

⇐ a はPの x 座標。

⇐ b はPの y 座標。

(2) $\angle POQ=\theta$ とおくと

$$ac+bd=\overrightarrow{OP}\cdot\overrightarrow{OQ}$$

$$=|\overrightarrow{OP}||\overrightarrow{OQ}|\cos\theta$$

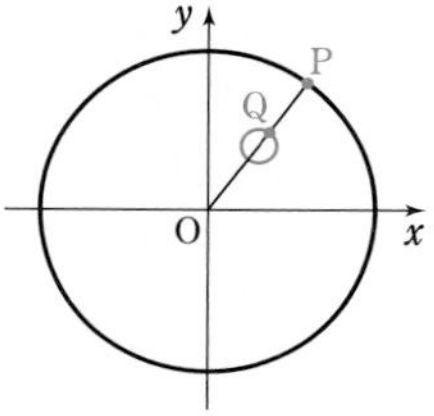

点Pのとり方によらず，常に

$$|\overrightarrow{OP}|=10$$

円 C_2 の中心をCとすると

$$|\overrightarrow{OQ}|\leqq|\overrightarrow{OC}|+|\overrightarrow{CQ}|$$

$$=5+1=6$$

⇐三角不等式。
$|\overrightarrow{OC}|=\sqrt{3^2+4^2}=5$

すなわち，$|\overrightarrow{OQ}|$ の最大値は　6

また，$\cos\theta$ は $\theta=0^\circ$ のとき最大値1をとる。

よって，O, Q, P が一直線上にあり，かつ $|\overrightarrow{OQ}|=6$ のとき $ac+bd$ は最大となり，最大値は　$10\cdot 6\cdot 1=\mathbf{60}$

EX ③24

△OAB において，OA=3, OB=4, AB=2 である。∠AOB の二等分線と辺 AB との交点をCとし，∠OAB の二等分線と線分 OC との交点を I とする。また，辺 AO を 1：4 に外分する点をDとする。

(1) $\overrightarrow{OI}$ を $\overrightarrow{OA}$，$\overrightarrow{OB}$ を用いて表せ。　(2) 内積 $\overrightarrow{OA}\cdot\overrightarrow{OB}$ の値を求めよ。

(3) △ADI の面積を求めよ。　〔芝浦工大〕

(1) OC は ∠AOB の二等分線であるから

$$\mathrm{AC}:\mathrm{CB}=\mathrm{OA}:\mathrm{OB}=3:4$$

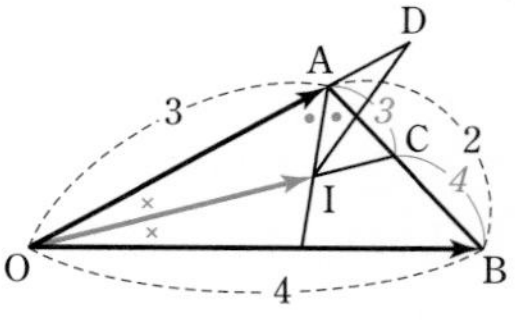

よって　$$\overrightarrow{OC}=\frac{4\overrightarrow{OA}+3\overrightarrow{OB}}{3+4}$$

$$=\frac{4}{7}\overrightarrow{OA}+\frac{3}{7}\overrightarrow{OB}$$

また　$$\mathrm{AC}=2\times\frac{3}{3+4}=\frac{6}{7}$$

AI は ∠OAC の二等分線であるから

$$\mathrm{OI}:\mathrm{IC}=\mathrm{AO}:\mathrm{AC}=3:\frac{6}{7}=7:2$$

よって　$\overrightarrow{\mathbf{OI}}=\frac{7}{7+2}\overrightarrow{OC}=\frac{7}{9}\left(\frac{4}{7}\overrightarrow{OA}+\frac{3}{7}\overrightarrow{OB}\right)$

$=\frac{\mathbf{4}}{\mathbf{9}}\overrightarrow{\mathbf{OA}}+\frac{\mathbf{1}}{\mathbf{3}}\overrightarrow{\mathbf{OB}}$

(2)　$|\overrightarrow{AB}|^2=|\overrightarrow{OB}-\overrightarrow{OA}|^2=|\overrightarrow{OA}|^2-2\overrightarrow{OA}\cdot\overrightarrow{OB}+|\overrightarrow{OB}|^2$

$|\overrightarrow{AB}|^2=4$, $|\overrightarrow{OA}|^2=9$, $|\overrightarrow{OB}|^2=16$ であるから

$4=9-2\overrightarrow{OA}\cdot\overrightarrow{OB}+16$

したがって　$\overrightarrow{OA}\cdot\overrightarrow{OB}=\frac{\mathbf{21}}{\mathbf{2}}$

⇦△OAB において余弦定理を用いて，
$AB^2=OA^2+OB^2-2\cdot OA\cdot OB\cdot\cos\angle AOB$
から
$|\overrightarrow{AB}|^2=|\overrightarrow{OA}|^2+|\overrightarrow{OB}|^2-2\overrightarrow{OA}\cdot\overrightarrow{OB}$
としてもよい。

(3)　$\triangle OAB=\frac{1}{2}\sqrt{|\overrightarrow{OA}|^2|\overrightarrow{OB}|^2-(\overrightarrow{OA}\cdot\overrightarrow{OB})^2}$

$=\frac{1}{2}\sqrt{9\cdot16-\left(\frac{21}{2}\right)^2}=\frac{3\sqrt{15}}{4}$

⇦$\frac{1}{2}\cdot\frac{3}{2}\sqrt{4^2\cdot2^2-7^2}$
$=\frac{3}{4}\sqrt{(8+7)(8-7)}$

$\triangle OAI=\frac{7}{9}\triangle OAC=\frac{7}{9}\cdot\frac{3}{7}\triangle OAB=\frac{1}{3}\cdot\frac{3\sqrt{15}}{4}=\frac{\sqrt{15}}{4}$

OA：AD＝3：1 であるから，求める △ADI の面積は

$\triangle ADI=\frac{1}{3}\triangle OAI=\frac{1}{3}\cdot\frac{\sqrt{15}}{4}=\frac{\sqrt{\mathbf{15}}}{\mathbf{12}}$

EX
③**25**
△ABC の周囲の長さが 36，△ABC に内接する円の半径が 3 であるとする。点Qが $6\overrightarrow{AQ}+3\overrightarrow{BQ}+2\overrightarrow{CQ}=\vec{0}$ を満たすとき，△QBC の面積を求めよ。　〔名古屋市大〕

$6\overrightarrow{AQ}+3\overrightarrow{BQ}+2\overrightarrow{CQ}=\vec{0}$ を変形すると

$6\overrightarrow{AQ}+3(\overrightarrow{AQ}-\overrightarrow{AB})+2(\overrightarrow{AQ}-\overrightarrow{AC})=\vec{0}$

⇦始点をAにそろえる。

ゆえに　$\overrightarrow{AQ}=\frac{1}{11}(3\overrightarrow{AB}+2\overrightarrow{AC})$

⇦$11\overrightarrow{AQ}=3\overrightarrow{AB}+2\overrightarrow{AC}$

$=\frac{5}{11}\times\frac{3\overrightarrow{AB}+2\overrightarrow{AC}}{5}$

⇦2＋3＝5

ここで，$\overrightarrow{AD}=\frac{3\overrightarrow{AB}+2\overrightarrow{AC}}{5}$ とおくと，点Dは線分 BC を 2：3 に内分する点であり　$\overrightarrow{AQ}=\frac{5}{11}\overrightarrow{AD}$

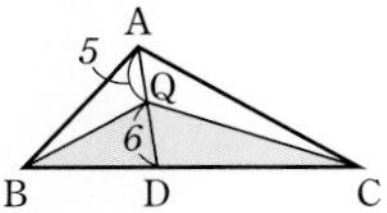

△ABD：△QBD
＝△ADC：△QDC
＝11：6

よって　AQ：QD＝5：6

したがって　$\triangle QBC=\frac{6}{11}\triangle ABC$　……①

また，△ABC の内接円の半径が 3 であるから

$\triangle ABC=\frac{1}{2}\times3\times(BC+CA+AB)=\frac{1}{2}\times3\times36=54$

⇦△ABC の内接円の半径を r とすると
$\triangle ABC=\frac{1}{2}r(a+b+c)$

① に代入して　$\triangle QBC=\frac{6}{11}\times54=\frac{\mathbf{324}}{\mathbf{11}}$

EX ③26

AD∥BC, BC=2AD である四角形 ABCD がある。点 P, Q が
$$\overrightarrow{PA}+2\overrightarrow{PB}+3\overrightarrow{PC}=\vec{0},\ \overrightarrow{QA}+\overrightarrow{QC}+\overrightarrow{QD}=\vec{0}$$
を満たすとき，次の問いに答えよ。
(1) AB と PQ が平行であることを示せ。
(2) 3点 P, Q, D が一直線上にあることを示せ。 〔滋賀大〕

HINT
(1) $\overrightarrow{PQ}=k\overrightarrow{AB}$
(2) $\overrightarrow{PD}=k\overrightarrow{PQ}$
となる実数 k が存在することを示す。

点 A, B, C, D, P, Q の位置ベクトルをそれぞれ $\vec{a}$, $\vec{b}$, $\vec{c}$, $\vec{d}$, $\vec{p}$, $\vec{q}$ とする。AD∥BC, BC=2AD であるから
$$\overrightarrow{BC}=2\overrightarrow{AD} \quad すなわち \quad \vec{c}-\vec{b}=2(\vec{d}-\vec{a})$$
よって　$\vec{c}=\vec{b}+2\vec{d}-2\vec{a}$

$\overrightarrow{PA}+2\overrightarrow{PB}+3\overrightarrow{PC}=\vec{0}$ から
$$(\vec{a}-\vec{p})+2(\vec{b}-\vec{p})+3(\vec{c}-\vec{p})=\vec{0}$$
よって　$\vec{p}=\frac{1}{6}(\vec{a}+2\vec{b}+3\vec{c})$

$\overrightarrow{QA}+\overrightarrow{QC}+\overrightarrow{QD}=\vec{0}$ から
$$(\vec{a}-\vec{q})+(\vec{c}-\vec{q})+(\vec{d}-\vec{q})=\vec{0}$$
よって　$\vec{q}=\frac{1}{3}(\vec{a}+\vec{c}+\vec{d})$

(1) $\overrightarrow{PQ}=\vec{q}-\vec{p}=\frac{1}{3}(\vec{a}+\vec{c}+\vec{d})-\frac{1}{6}(\vec{a}+2\vec{b}+3\vec{c})$　⇐$\overrightarrow{PQ}$ を $\overrightarrow{AB}$ で表す。

$=\frac{1}{6}(\vec{a}-2\vec{b}-\vec{c}+2\vec{d})$

$=\frac{1}{6}\{\vec{a}-2\vec{b}-(\vec{b}+2\vec{d}-2\vec{a})+2\vec{d}\}$　⇐$\vec{c}=\vec{b}+2\vec{d}-2\vec{a}$

$=\frac{1}{2}(\vec{a}-\vec{b})=-\frac{1}{2}\overrightarrow{AB}$　⇐$\frac{1}{6}(3\vec{a}-3\vec{b})$

よって，$\overrightarrow{PQ}=-\frac{1}{2}\overrightarrow{AB}$ であるから　PQ∥AB

(2) $\overrightarrow{PD}=\vec{d}-\vec{p}=\vec{d}-\frac{1}{6}(\vec{a}+2\vec{b}+3\vec{c})$　⇐$\overrightarrow{PD}$ を $\overrightarrow{AB}$ で表す。

$=\frac{1}{6}(-\vec{a}-2\vec{b}-3\vec{c}+6\vec{d})$

$=\frac{1}{6}\{-\vec{a}-2\vec{b}-3(\vec{b}+2\vec{d}-2\vec{a})+6\vec{d}\}$

$=\frac{5}{6}(\vec{a}-\vec{b})=-\frac{5}{6}\overrightarrow{AB}$

(1) より $\overrightarrow{AB}=-2\overrightarrow{PQ}$ であるから　$\overrightarrow{PD}=\frac{5}{3}\overrightarrow{PQ}$　⇐$\overrightarrow{PD}=-\frac{5}{6}(-2\overrightarrow{PQ})$

よって，3点 P, Q, D は一直線上にある。

EX ③27

$0<k<1$, $0<l<1$ とする。鋭角三角形 OAB の辺 OA を $k:(1-k)$ に内分する点を P，辺 OB を $l:(1-l)$ に内分する点を Q，AQ と BP の交点を R とおく。$\overrightarrow{OA}=\vec{a}$, $\overrightarrow{OB}=\vec{b}$ とする。
(1) $\overrightarrow{OP}$, $\overrightarrow{OQ}$ をそれぞれ $\vec{a}$, $\vec{b}$ を用いて表せ。
(2) $\overrightarrow{OR}$ を $\vec{a}$, $\vec{b}$ を用いて表せ。 〔類 高知大〕

(1) $\overrightarrow{\mathbf{OP}}=\boldsymbol{k}\vec{\boldsymbol{a}}$, $\overrightarrow{\mathbf{OQ}}=\boldsymbol{l}\vec{\boldsymbol{b}}$

(2) AR：RQ$=s:(1-s)$,

BR：RP$=t:(1-t)$ とすると

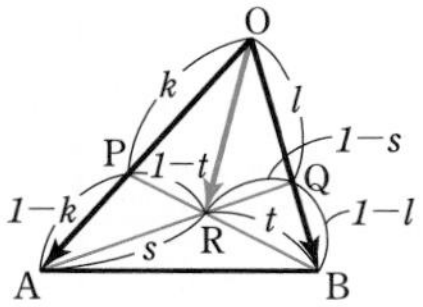

$\overrightarrow{OR}=(1-s)\overrightarrow{OA}+s\overrightarrow{OQ}$
$=(1-s)\vec{a}+ls\vec{b}$
$\overrightarrow{OR}=t\overrightarrow{OP}+(1-t)\overrightarrow{OB}$
$=kt\vec{a}+(1-t)\vec{b}$

⇦$\overrightarrow{OR}$ を2通りに表す。

よって　$(1-s)\vec{a}+ls\vec{b}=kt\vec{a}+(1-t)\vec{b}$

$\vec{a}\neq\vec{0}$, $\vec{b}\neq\vec{0}$, $\vec{a}\not\parallel\vec{b}$ であるから

⇦**この断りは重要。**

$1-s=kt$ …… ①, $ls=1-t$ …… ②

① から　$s=1-kt$ …… ③

③ を ② に代入して整理すると　$(1-kl)t=1-l$

$0<kl<1$ であるから　$1-kl\neq0$

⇦ $0<k<1$, $0<l<1$ から　$0<kl<1$

ゆえに　$t=\dfrac{1-l}{1-kl}$

したがって　$\overrightarrow{\mathbf{OR}}=\dfrac{\boldsymbol{k(1-l)}}{\boldsymbol{1-kl}}\vec{\boldsymbol{a}}+\dfrac{\boldsymbol{l(1-k)}}{\boldsymbol{1-kl}}\vec{\boldsymbol{b}}$

⇦$\overrightarrow{OR}=kt\vec{a}+(1-t)\vec{b}$ に $t=\dfrac{1-l}{1-kl}$ を代入する。
s の値は求めなくてもよいが, ③ から
$s=\dfrac{1-k}{1-kl}$

別解　△OAQ と直線 BP について, メネラウスの定理により

$\dfrac{OP}{PA}\cdot\dfrac{AR}{RQ}\cdot\dfrac{QB}{BO}=1$

よって　$\dfrac{k}{1-k}\cdot\dfrac{AR}{RQ}\cdot\dfrac{1-l}{1}=1$

ゆえに　$\dfrac{AR}{RQ}=\dfrac{1-k}{k(1-l)}$

すなわち　AR：RQ$=(1-k):k(1-l)$

よって　$\overrightarrow{\mathbf{OR}}=\dfrac{k(1-l)\overrightarrow{OA}+(1-k)\overrightarrow{OQ}}{1-k+k(1-l)}$

$=\dfrac{\boldsymbol{k(1-l)}}{\boldsymbol{1-kl}}\vec{\boldsymbol{a}}+\dfrac{\boldsymbol{l(1-k)}}{\boldsymbol{1-kl}}\vec{\boldsymbol{b}}$

EX ③28

三角形 ABC の外接円の中心をDとし, 点Aと異なる点Eは $\overrightarrow{DA}+\overrightarrow{DB}+\overrightarrow{DC}=\overrightarrow{DE}$ を満たすとする。また, 頂点Aと辺 BC の中点を通る直線が頂点Bと辺 CA の中点を通る直線と交わる点をFとする。

(1) $\overrightarrow{AF}+\overrightarrow{BF}+\overrightarrow{CF}=\vec{0}$ が成り立つことを示せ。
(2) 直線 AE は直線 BC と垂直に交わることを示せ。
(3) 点Eと点Fが異なるとき, 線分の長さの比 DF：EF を求めよ。
(4) 点Eと点Fが等しいとき, 辺の長さの比 AB：AC を求めよ。

(1) 点Fは △ABC の重心であるから　$\overrightarrow{AF}=\dfrac{\overrightarrow{AB}+\overrightarrow{AC}}{3}$

よって　$\overrightarrow{AF}+\overrightarrow{BF}+\overrightarrow{CF}=\overrightarrow{AF}+(\overrightarrow{AF}-\overrightarrow{AB})+(\overrightarrow{AF}-\overrightarrow{AC})$

⇦始点をAにそろえる。

$=3\overrightarrow{AF}-\overrightarrow{AB}-\overrightarrow{AC}$
$=3\cdot\dfrac{\overrightarrow{AB}+\overrightarrow{AC}}{3}-\overrightarrow{AB}-\overrightarrow{AC}$
$=\vec{0}$

(2) $\overrightarrow{AE}\cdot\overrightarrow{BC}=(\overrightarrow{DE}-\overrightarrow{DA})\cdot(\overrightarrow{DC}-\overrightarrow{DB})$

$=(\overrightarrow{DA}+\overrightarrow{DB}+\overrightarrow{DC}-\overrightarrow{DA})\cdot(\overrightarrow{DC}-\overrightarrow{DB})$

$=(\overrightarrow{DB}+\overrightarrow{DC})\cdot(\overrightarrow{DC}-\overrightarrow{DB})$

$=|\overrightarrow{DC}|^2-|\overrightarrow{DB}|^2$

点Dは△ABCの外心であるから　$|\overrightarrow{DB}|=|\overrightarrow{DC}|$

よって　$|\overrightarrow{DC}|^2-|\overrightarrow{DB}|^2=0$　　ゆえに　$\overrightarrow{AE}\cdot\overrightarrow{BC}=0$

$\overrightarrow{AE}\neq\vec{0}$, $\overrightarrow{BC}\neq\vec{0}$ から AE⊥BC，すなわち直線AEは直線BCと垂直に交わる。

CHART
垂直　内積利用
⇐問題で与えられた等式を利用するため，始点をDにそろえる。

(3) (1)より，$\overrightarrow{AF}+\overrightarrow{BF}+\overrightarrow{CF}=\vec{0}$ であるから

$(\overrightarrow{DF}-\overrightarrow{DA})+(\overrightarrow{DF}-\overrightarrow{DB})+(\overrightarrow{DF}-\overrightarrow{DC})=\vec{0}$

ゆえに　$3\overrightarrow{DF}=\overrightarrow{DA}+\overrightarrow{DB}+\overrightarrow{DC}$

よって　$3\overrightarrow{DF}=\overrightarrow{DE}$

したがって　DF：EF＝1：(3−1)＝**1：2**

inf. 同様に BE⊥AC，CE⊥AB が証明できるから，点Eは△ABCの垂心である。

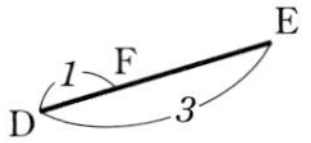

(4) 点Eと点Fが等しいとき，点Eは△ABCの重心であるから，直線AEは辺BCの中点を通る。

また，(2)から，AE⊥BC である。

よって，直線AEは，辺BCの垂直二等分線となる。

したがって，△ABCは AB＝AC の二等辺三角形である。

よって　AB：AC＝**1：1**

EX
③**29**

点Oを中心とする円を考える。この円の円周上に3点A，B，Cがあって，$\overrightarrow{OA}+\overrightarrow{OB}+\overrightarrow{OC}=\vec{0}$ を満たしている。このとき，三角形ABCは正三角形であることを証明せよ。

円の半径を r $(r>0)$ とすると　$|\overrightarrow{OA}|=|\overrightarrow{OB}|=|\overrightarrow{OC}|=r$

$\overrightarrow{OA}+\overrightarrow{OB}+\overrightarrow{OC}=\vec{0}$ から　$\overrightarrow{OA}+\overrightarrow{OB}=-\overrightarrow{OC}$

よって　$|\overrightarrow{OA}+\overrightarrow{OB}|^2=|-\overrightarrow{OC}|^2$

すなわち　$|\overrightarrow{OA}|^2+2\overrightarrow{OA}\cdot\overrightarrow{OB}+|\overrightarrow{OB}|^2=|\overrightarrow{OC}|^2$

ゆえに　$r^2+2\overrightarrow{OA}\cdot\overrightarrow{OB}+r^2=r^2$

したがって　$\overrightarrow{OA}\cdot\overrightarrow{OB}=-\dfrac{r^2}{2}$

このとき　$|\overrightarrow{AB}|^2=|\overrightarrow{OB}-\overrightarrow{OA}|^2=|\overrightarrow{OB}|^2-2\overrightarrow{OA}\cdot\overrightarrow{OB}+|\overrightarrow{OA}|^2$

$=r^2-2\left(-\dfrac{r^2}{2}\right)+r^2=3r^2$

$|\overrightarrow{AB}|>0$ であるから　$|\overrightarrow{AB}|=\sqrt{3}\,r$

同様にして　$|\overrightarrow{BC}|=|\overrightarrow{CA}|=\sqrt{3}\,r$

ゆえに　AB＝BC＝CA

よって，三角形ABCは正三角形である。

HINT 正三角形であることを証明するには，次のどちらかを示せばよい。
[1] 3辺の長さが等しい
[2] 3つの内角が等しい
ここでは[1]を示す。

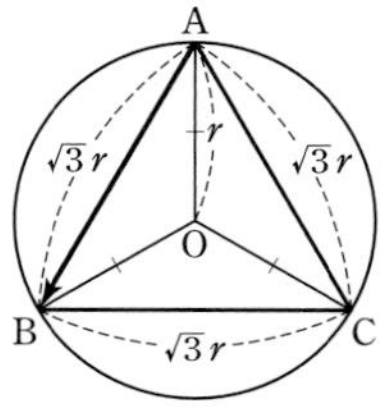

別解　$\left(\overrightarrow{OA}\cdot\overrightarrow{OB}=-\dfrac{r^2}{2}\right.$ を求めた後の別解$\left.\right)$

$\overrightarrow{OA}$ と $\overrightarrow{OB}$ のなす角を θ とすると，OA＝OB＝r から

$r^2\cos\theta=-\dfrac{r^2}{2}$

よって　$\cos\theta=-\dfrac{1}{2}$

別解 は[2]を示す方針。

⇐$\overrightarrow{OA}\cdot\overrightarrow{OB}=|\overrightarrow{OA}||\overrightarrow{OB}|\cos\theta$

$0° \leqq \theta \leqq 180°$ であるから　　$\theta = 120°$

ゆえに　　$\angle BCA = 60°$

同様に　　$\angle CAB = \angle ABC = 60°$

よって，三角形 ABC は正三角形である。

⇦弧 ABに対して
θ…中心角
$\angle BCA$…円周角

EX ④30　$BC = a$，$CA = b$，$AB = c$ である △ABC と点Pについて，Pが △ABC の内心のとき，$a\overrightarrow{PA} + b\overrightarrow{PB} + c\overrightarrow{PC} = \vec{0}$ が成り立つことを証明せよ。

直線 AP と辺 BC の交点をDとする。

$BD : DC = AB : AC = c : b$ であるから

$$\overrightarrow{PD} = \frac{b\overrightarrow{PB} + c\overrightarrow{PC}}{c+b} \quad \cdots\cdots ①$$

⇦始点をPにする。

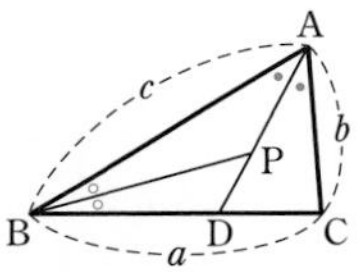

また　$DP : PA = BD : BA$

$$= \frac{c}{b+c}BC : BA$$

$$= \frac{ac}{b+c} : c$$

$$= a : (b+c)$$

よって，① から

$$\overrightarrow{PA} = \frac{b+c}{a}\overrightarrow{DP} = \frac{b+c}{a}\left(-\frac{b\overrightarrow{PB} + c\overrightarrow{PC}}{b+c}\right)$$

$$= -\frac{b\overrightarrow{PB} + c\overrightarrow{PC}}{a}$$

したがって，$a\overrightarrow{PA} + b\overrightarrow{PB} + c\overrightarrow{PC} = \vec{0}$ が成り立つ。

EX ⑤31　一直線上にない3点 A，B，C の位置ベクトルをそれぞれ $\vec{a}$，$\vec{b}$，$\vec{c}$ とする。$0 < t < 1$ を満たす実数 t に対して，△ABC の辺 BC，CA，AB を $t : (1-t)$ に内分する点をそれぞれ D，E，F とする。また，線分 BE と CF の交点をG，線分 CF と AD の交点をH，線分 AD と BE の交点を I とする。

(1)　実数 x，y，z が $x+y+z=0$，$x\vec{a} + y\vec{b} + z\vec{c} = \vec{0}$ を満たすとき，$x=y=z=0$ となることを示せ。

(2)　点Gの位置ベクトル $\vec{g}$ を $\vec{a}$，$\vec{b}$，$\vec{c}$，t で表せ。

(3)　3点 G，H，I が一致するような t の値を求めよ。　〔類 東北大〕

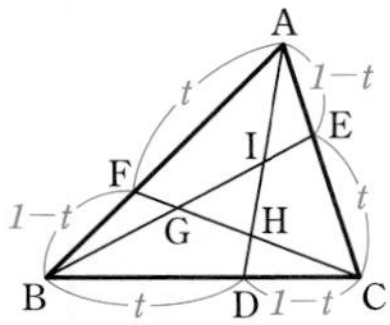

HINT　(3)　GとHが一致するとして t の値を求め，そのとき I も一致することを示す。

(1)　$x+y+z=0$ と $x\vec{a} + y\vec{b} + z\vec{c} = \vec{0}$ から

$$x\vec{a} + y\vec{b} - (x+y)\vec{c} = \vec{0}$$

$$x(\vec{a} - \vec{c}) + y(\vec{b} - \vec{c}) = \vec{0}$$

$$x\overrightarrow{CA} + y\overrightarrow{CB} = \vec{0}$$

$\overrightarrow{CA} \neq \vec{0}$，$\overrightarrow{CB} \neq \vec{0}$，$\overrightarrow{CA} \not\parallel \overrightarrow{CB}$ であるから

⇦この断りを必ず明記する。

$$x = 0, \quad y = 0$$

よって，$z = -(x+y)$ により　　$z = 0$

(2)　$BG : GE = s : (1-s)$ とすると

$$\overrightarrow{AG} = (1-s)\overrightarrow{AB} + s\overrightarrow{AE}$$

$$= (1-s)\overrightarrow{AB} + s(1-t)\overrightarrow{AC} \quad \cdots\cdots ①$$

CG：GF$=u:(1-u)$ とすると

$$\overrightarrow{AG}=(1-u)\overrightarrow{AC}+u\overrightarrow{AF}$$
$$=ut\overrightarrow{AB}+(1-u)\overrightarrow{AC} \quad \cdots\cdots ②$$

⇦$\overrightarrow{AG}$ を2通りに表す。

①，② から

$$(1-s)\overrightarrow{AB}+s(1-t)\overrightarrow{AC}=ut\overrightarrow{AB}+(1-u)\overrightarrow{AC}$$

$\overrightarrow{AB}\neq\vec{0}$，$\overrightarrow{AC}\neq\vec{0}$，$\overrightarrow{AB}\not\parallel\overrightarrow{AC}$ であるから

$$1-s=ut,\ s(1-t)=1-u$$

⇦係数比較。

これを解くと　$s=\dfrac{-t+1}{1-t+t^2}$，$u=\dfrac{t}{1-t+t^2}$

⇦$1-t+t^2\neq0$

よって　$\overrightarrow{AG}=\dfrac{t^2}{1-t+t^2}\overrightarrow{AB}+\dfrac{(1-t)^2}{1-t+t^2}\overrightarrow{AC}$

ゆえに　$\vec{g}-\vec{a}=\dfrac{t^2}{1-t+t^2}(\vec{b}-\vec{a})+\dfrac{(1-t)^2}{1-t+t^2}(\vec{c}-\vec{a})$

したがって　$\boldsymbol{\vec{g}=\dfrac{t(1-t)}{1-t+t^2}\vec{a}+\dfrac{t^2}{1-t+t^2}\vec{b}+\dfrac{(1-t)^2}{1-t+t^2}\vec{c}}$

別解 1　（メネラウスの定理を用いる解法）

△ABE と直線 CF について，メネラウスの定理により

$$\frac{AF}{FB}\cdot\frac{BG}{GE}\cdot\frac{EC}{CA}=1$$

すなわち　$\dfrac{t}{1-t}\cdot\dfrac{BG}{GE}\cdot\dfrac{t}{1}=1$

よって　BG：GE$=(1-t):t^2$

したがって，点Eの位置ベクトルを $\vec{e}$ とすると

$$\vec{g}=\frac{t^2\vec{b}+(1-t)\vec{e}}{(1-t)+t^2}=\frac{t^2\vec{b}+(1-t)\{t\vec{a}+(1-t)\vec{c}\}}{1-t+t^2}$$

⇦$1-t+t^2\neq0$

$$\boldsymbol{=\frac{t(1-t)}{1-t+t^2}\vec{a}+\frac{t^2}{1-t+t^2}\vec{b}+\frac{(1-t)^2}{1-t+t^2}\vec{c}}$$

別解 2　（「係数の和が1」を用いる解法）

⇦本冊の基本例題 36 を参照。

BG：GE$=s:(1-s)$ とすると

$$\overrightarrow{AG}=(1-s)\overrightarrow{AB}+s\overrightarrow{AE}=\frac{1-s}{t}\overrightarrow{AF}+s(1-t)\overrightarrow{AC}$$

点Gは線分 CF 上にあるから　$\dfrac{1-s}{t}+s(1-t)=1$

両辺に t を掛けると　$1-s+s(t-t^2)=t$

整理すると　$(-1+t-t^2)s=t-1$

よって　$s=\dfrac{1-t}{1-t+t^2}$

$\overrightarrow{AG}=(1-s)\overrightarrow{AB}+s(1-t)\overrightarrow{AC}$ であるから

$$\vec{g}-\vec{a}=\frac{t^2}{1-t+t^2}(\vec{b}-\vec{a})+\frac{(1-t)^2}{1-t+t^2}(\vec{c}-\vec{a})$$

したがって　$\boldsymbol{\vec{g}=\dfrac{t(1-t)}{1-t+t^2}\vec{a}+\dfrac{t^2}{1-t+t^2}\vec{b}+\dfrac{(1-t)^2}{1-t+t^2}\vec{c}}$

(3)　点Hの位置ベクトルを $\vec{h}$ とすると，(2) と同様にして

$$\vec{h}=\frac{(1-t)^2}{1-t+t^2}\vec{a}+\frac{t(1-t)}{1-t+t^2}\vec{b}+\frac{t^2}{1-t+t^2}\vec{c}$$

GとHが一致するから　$\vec{g}=\vec{h}$

よって　$\{t(1-t)-(1-t)^2\}\vec{a}+\{t^2-t(1-t)\}\vec{b}+\{(1-t)^2-t^2\}\vec{c}=\vec{0}$

ゆえに　$(-2t^2+3t-1)\vec{a}+(2t^2-t)\vec{b}+(1-2t)\vec{c}=\vec{0}$

ここで，$(-2t^2+3t-1)+(2t^2-t)+(1-2t)=0$ が成り立つから，(1) で示したことにより

$-2t^2+3t-1=0$ …… ①，$2t^2-t=0$ …… ②，

$1-2t=0$ …… ③

③ から　$t=\frac{1}{2}$

$t=\frac{1}{2}$ は ①，② をともに満たし，$t=\frac{1}{2}$ 以外の値は ③ を満たさない。

したがって　$t=\frac{1}{2}$

このとき，AD，BE，CF は中線となり，3点G，H，Iは△ABC の重心となるから，確かに一致する。

よって，求める t の値は　$\boldsymbol{t=\frac{1}{2}}$

CHART　点の一致は位置ベクトルの一致で示す

⇐(1) の条件を満たすから，(1) の結果が利用できる。

⇐Iも一致することを確認する。

EX ④32　三角形OABにおいて OA=4，OB=5，AB=6 とする。三角形OABの外心をHとするとき，$\overrightarrow{OH}$ を $\overrightarrow{OA}$，$\overrightarrow{OB}$ を用いて表せ。　〔類 早稲田大〕

$\overrightarrow{OA}=\vec{a}$，$\overrightarrow{OB}=\vec{b}$ とする。

辺OA，辺OBの中点をそれぞれM，Nとする。

ただし，三角形OABは直角三角形ではないから，点HはM，Nと一致しない。

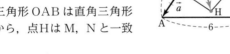

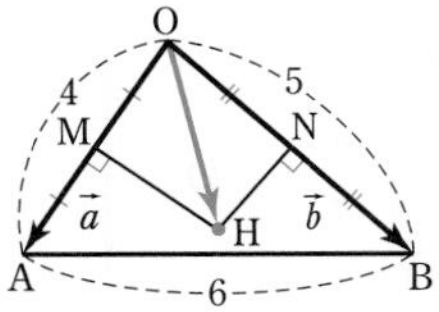

Hは三角形OABの外心であるから

OA⊥MH，OB⊥NH

$\overrightarrow{OH}=s\vec{a}+t\vec{b}$ (s，t は実数) とする。

OA⊥MH より，$\overrightarrow{OA}\cdot\overrightarrow{MH}=0$ であるから

$\vec{a}\cdot(\overrightarrow{OH}-\overrightarrow{OM})=0$

よって　$\vec{a}\cdot\left\{\left(s-\frac{1}{2}\right)\vec{a}+t\vec{b}\right\}=0$

ゆえに　$\left(s-\frac{1}{2}\right)|\vec{a}|^2+t\vec{a}\cdot\vec{b}=0$ …… ①

OB⊥NH より，$\overrightarrow{OB}\cdot\overrightarrow{NH}=0$ であるから

$\vec{b}\cdot(\overrightarrow{OH}-\overrightarrow{ON})=0$

よって　$\vec{b}\cdot\left\{s\vec{a}+\left(t-\frac{1}{2}\right)\vec{b}\right\}=0$

ゆえに　$s\vec{a}\cdot\vec{b}+\left(t-\frac{1}{2}\right)|\vec{b}|^2=0$ …… ②

HINT　三角形の外心は各辺の垂直二等分線の交点。

参考　直角三角形の外心は斜辺の中点の位置にある。例えば ∠A=90° のときHはNと一致する。

⇐$\overrightarrow{OM}=\frac{1}{2}\vec{a}$

⇐$\overrightarrow{ON}=\frac{1}{2}\vec{b}$

ここで　$|\overrightarrow{AB}|^2=|\overrightarrow{OB}-\overrightarrow{OA}|^2=|\vec{b}|^2-2\vec{a}\cdot\vec{b}+|\vec{a}|^2$

よって　$6^2=5^2-2\vec{a}\cdot\vec{b}+4^2$

⇐$|\overrightarrow{AB}|=6$，$|\vec{a}|=4$，$|\vec{b}|=5$

ゆえに　$\vec{a}\cdot\vec{b}=\dfrac{5}{2}$

よって，① から　$\left(s-\dfrac{1}{2}\right)\times 4^2+t\times\dfrac{5}{2}=0$

整理すると　$32s+5t=16$　…… ③

また，② から　$s\times\dfrac{5}{2}+\left(t-\dfrac{1}{2}\right)\times 5^2=0$

整理すると　$s+10t=5$　…… ④

③，④ を解くと　$s=\dfrac{3}{7}$，$t=\dfrac{16}{35}$

したがって　$\boldsymbol{\overrightarrow{OH}=\dfrac{3}{7}\overrightarrow{OA}+\dfrac{16}{35}\overrightarrow{OB}}$

別解　(正射影ベクトルを用いる解法。本冊 $p.339$ 参照。)

$\angle HOM<90°$，$\angle HON<90°$

であるから

$\overrightarrow{OM}\cdot\overrightarrow{OH}=OM^2=2^2$，

$\overrightarrow{ON}\cdot\overrightarrow{OH}=ON^2=\left(\dfrac{5}{2}\right)^2$

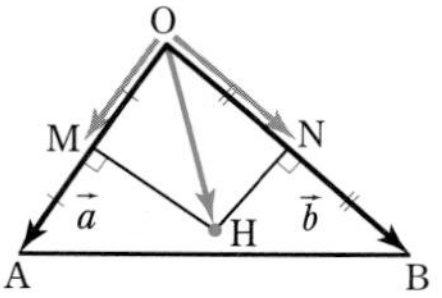

⇐$\angle HOM=\theta$ とすると，$|\overrightarrow{OH}|\cos\theta=|\overrightarrow{OM}|$ であるから
$\overrightarrow{OM}\cdot\overrightarrow{OH}$
$=|\overrightarrow{OM}||\overrightarrow{OH}|\cos\theta$
$=|\overrightarrow{OM}|^2=OM^2$
また，M は線分 OA の中点であるから
$OM=\dfrac{1}{2}OA$
点 N についても同様。

$\overrightarrow{OH}=s\overrightarrow{OA}+t\overrightarrow{OB}$ (s，t は実数)

とすると，$\overrightarrow{OM}\cdot\overrightarrow{OH}=4$ から

$s\overrightarrow{OM}\cdot\overrightarrow{OA}+t\overrightarrow{OM}\cdot\overrightarrow{OB}=4$

$\overrightarrow{OM}=\dfrac{1}{2}\overrightarrow{OA}$ であるから

$\dfrac{s}{2}|\overrightarrow{OA}|^2+\dfrac{t}{2}\overrightarrow{OA}\cdot\overrightarrow{OB}=4$　…… ①

また，$\overrightarrow{ON}\cdot\overrightarrow{OH}=\left(\dfrac{5}{2}\right)^2$ から

$s\overrightarrow{ON}\cdot\overrightarrow{OA}+t\overrightarrow{ON}\cdot\overrightarrow{OB}=\dfrac{25}{4}$

$\overrightarrow{ON}=\dfrac{1}{2}\overrightarrow{OB}$ であるから

$\dfrac{s}{2}\overrightarrow{OA}\cdot\overrightarrow{OB}+\dfrac{t}{2}|\overrightarrow{OB}|^2=\dfrac{25}{4}$　…… ②

ここで，$|\overrightarrow{AB}|^2=|\overrightarrow{OB}|^2-2\overrightarrow{OA}\cdot\overrightarrow{OB}+|\overrightarrow{OA}|^2$ から

$6^2=5^2-2\overrightarrow{OA}\cdot\overrightarrow{OB}+4^2$

⇐$|\overrightarrow{OA}|=4$，$|\overrightarrow{OB}|=5$，$|\overrightarrow{AB}|=6$

よって　$\overrightarrow{OA}\cdot\overrightarrow{OB}=\dfrac{5}{2}$

ゆえに，①，② に代入して整理すると

$32s+5t=16$，$s+10t=5$

これを解いて　$s=\dfrac{3}{7}$，$t=\dfrac{16}{35}$

したがって　$\boldsymbol{\overrightarrow{OH}=\dfrac{3}{7}\overrightarrow{OA}+\dfrac{16}{35}\overrightarrow{OB}}$

EX ④33

四角形 ABCD と点Oがあり，$\overrightarrow{OA}=\vec{a}$，$\overrightarrow{OB}=\vec{b}$，$\overrightarrow{OC}=\vec{c}$，$\overrightarrow{OD}=\vec{d}$ とおく。$\vec{a}+\vec{c}=\vec{b}+\vec{d}$ かつ $\vec{a}\cdot\vec{c}=\vec{b}\cdot\vec{d}$ のとき，この四角形の形を調べよ。〔類 学習院大〕

HINT　四角形の形状問題においても，三角形のときと同様に，
2辺ずつの長さの関係，2辺のなす角 を調べる。

$\vec{a}+\vec{c}=\vec{b}+\vec{d}$ ……①，$\vec{a}\cdot\vec{c}=\vec{b}\cdot\vec{d}$ ……② とする。

① から　$\vec{d}-\vec{a}=\vec{c}-\vec{b}$

よって，$\overrightarrow{AD}=\overrightarrow{BC}$ となるから，四角形 ABCD は平行四辺形である。

① から　$\vec{d}=\vec{a}-\vec{b}+\vec{c}$　　⇐$\vec{d}$ を消去する方針。

これを ② に代入して　$\vec{a}\cdot\vec{c}=\vec{b}\cdot(\vec{a}-\vec{b}+\vec{c})$

ゆえに　$\vec{a}\cdot(\vec{c}-\vec{b})-\vec{b}\cdot(\vec{c}-\vec{b})=0$

したがって　$(\vec{a}-\vec{b})\cdot(\vec{c}-\vec{b})=0$

すなわち　$\overrightarrow{BA}\cdot\overrightarrow{BC}=0$

⇐$ac-b(a-b+c)$ を因数分解するように変形する。$ac-b(a-b+c)=0$ から $a(c-b)-b(c-b)=0$

$\overrightarrow{BA}\neq\vec{0}$，$\overrightarrow{BC}\neq\vec{0}$ であるから　BA⊥BC

したがって　∠B=90°

四角形 ABCD は平行四辺形であるから，∠B=90° より，∠A=∠C=∠D=90° が導かれる。

⇐∠A=180°−∠B，∠C=180°−∠B

よって，四角形 ABCD は **長方形** である。

別解　四角形 ABCD が平行四辺形であることを次のように示してもよい。$\vec{a}+\vec{c}=\vec{b}+\vec{d}$ から　$\dfrac{\vec{a}+\vec{c}}{2}=\dfrac{\vec{b}+\vec{d}}{2}$

よって，対角線 AC，BD の中点が一致するから，四角形 ABCD は平行四辺形である。

EX ④34

平面上で点Oを中心とした半径1の円周上に相異なる2点 A，B をとる。点 O，A，B は一直線上にないものとする。$\vec{a}=\overrightarrow{OA}$，$\vec{b}=\overrightarrow{OB}$ とし，$\vec{a}$ と $\vec{b}$ の内積を α とおく。$0<t<1$ に対して，線分 AB を $t:(1-t)$ に内分する点をCとする。点 P，Q を

$$\overrightarrow{OP}=2\overrightarrow{OA}+\overrightarrow{OC},\ \overrightarrow{OQ}=\overrightarrow{OB}+\overrightarrow{OC}$$

となるようにとり，直線 OQ と直線 AB の交点をDとする。

(1) $\overrightarrow{OD}$ を求めよ。

(2) 三角形 OAD の面積を t と α を用いて表せ。

(3) $\overrightarrow{OP}$ と $\overrightarrow{OQ}$ が直交するような t の値がただ1つ存在するための必要十分条件を α を用いて表せ。〔名古屋工大〕

(1) $\overrightarrow{OC}=(1-t)\overrightarrow{OA}+t\overrightarrow{OB}=(1-t)\vec{a}+t\vec{b}$ であるから

$$\overrightarrow{OQ}=\overrightarrow{OB}+\overrightarrow{OC}=\vec{b}+(1-t)\vec{a}+t\vec{b}=(1-t)\vec{a}+(1+t)\vec{b}$$

Dは平行四辺形 OCQB の対角線の交点であるから　⇐Dは対角線 BC と対角線 OQ の交点。

$$\overrightarrow{OD}=\frac{1}{2}\overrightarrow{OQ}=\frac{1}{2}\{(1-t)\vec{a}+(1+t)\vec{b}\}=\boldsymbol{\frac{1-t}{2}\vec{a}+\frac{1+t}{2}\vec{b}}$$

(2) $$\triangle OAD=\frac{1+t}{2}\triangle OAB=\frac{1+t}{2}\times\frac{1}{2}\sqrt{|\vec{a}|^2|\vec{b}|^2-(\vec{a}\cdot\vec{b})^2}$$

$$=\boldsymbol{\frac{1+t}{4}\sqrt{1-\alpha^2}}$$

⇐△OAD：△OAB =AD：AB =(AC+CD)：AB $=\left(t+\dfrac{1-t}{2}\right)：1$

(3) $\overrightarrow{OP}=2\vec{a}+(1-t)\vec{a}+t\vec{b}=(3-t)\vec{a}+t\vec{b}$

$\overrightarrow{OP}\perp\overrightarrow{OQ}$ より $\overrightarrow{OP}\cdot\overrightarrow{OQ}=0$ であるから

$\{(3-t)\vec{a}+t\vec{b}\}\cdot\{(1-t)\vec{a}+(1+t)\vec{b}\}=0$

よって　$(3-t)(1-t)|\vec{a}|^2$

$+\{(3-t)(1+t)+t(1-t)\}\vec{a}\cdot\vec{b}+t(1+t)|\vec{b}|^2=0$

$|\vec{a}|=|\vec{b}|=1$，$\vec{a}\cdot\vec{b}=\alpha$ であるから

$(3-t)(1-t)+\{(3-t)(1+t)+t(1-t)\}\alpha+t(1+t)=0$

ゆえに　$2t^2-3t+3+(-2t^2+3t+3)\alpha=0$

t について整理すると

$2(1-\alpha)t^2-3(1-\alpha)t+3(1+\alpha)=0$

この方程式が $0<t<1$ において，ただ1つの解をもてばよい。

3点O，A，Bは一直線上にないから　$-1<\alpha<1$

$f(t)=2(1-\alpha)t^2-3(1-\alpha)t+3(1+\alpha)$ とおく。

$y=f(t)$ のグラフは，下に凸の放物線で，軸は直線 $t=\frac{3}{4}$

また　$f(0)=3(1+\alpha)>0$

よって，求める条件は

$f\left(\frac{3}{4}\right)=0$　または　$f(1)\leqq 0$

$f\left(\frac{3}{4}\right)=0$ のとき　$2(1-\alpha)\left(\frac{3}{4}\right)^2-3(1-\alpha)\cdot\frac{3}{4}+3(1+\alpha)=0$

ゆえに　$\alpha=-\frac{5}{11}$　($-1<\alpha<1$ に適する。)

$f(1)\leqq 0$ のとき　$2(1-\alpha)-3(1-\alpha)+3(1+\alpha)\leqq 0$

整理すると　$\alpha\leqq-\frac{1}{2}$

$-1<\alpha<1$ であるから　$-1<\alpha\leqq-\frac{1}{2}$

以上から　$\boldsymbol{\alpha=-\frac{5}{11}}$ **または** $\boldsymbol{-1<\alpha\leqq-\frac{1}{2}}$

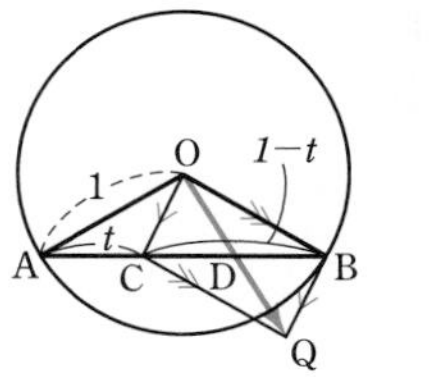

⇐$-1<\alpha<1$ であるから，$f(t)$ は2次式。

⇐$f(t)=2(1-\alpha)\times\left(t-\frac{3}{4}\right)^2+\frac{33}{8}\alpha+\frac{15}{8}$

⇐$y=f(t)$ のグラフは，$f\left(\frac{3}{4}\right)=0$ のとき x 軸と接し，$f(1)\leqq 0$ のとき x 軸と $0<t<1$ において1点で交わる。

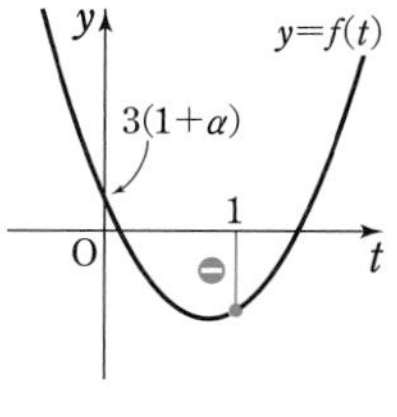

EX ③35　Oを原点とするとき，ベクトル $\overrightarrow{OA}=\vec{a}$，$\overrightarrow{OB}=\vec{b}$ のなす角の二等分線のベクトル方程式は，t を変数として，$\vec{p}=t\left(\frac{\vec{a}}{|\vec{a}|}+\frac{\vec{b}}{|\vec{b}|}\right)$ で表されることを証明せよ。

$\frac{\vec{a}}{|\vec{a}|}$，$\frac{\vec{b}}{|\vec{b}|}$ は単位ベクトルであるから

$\overrightarrow{OA'}=\frac{\vec{a}}{|\vec{a}|}$，$\overrightarrow{OB'}=\frac{\vec{b}}{|\vec{b}|}$ とすると，

△OA′B′ は二等辺三角形となる。

∠A′OB′ の二等分線は底辺 A′B′ の中点を通るから，原点と辺A′B′ の中点を通る直線のベクトル方程式は

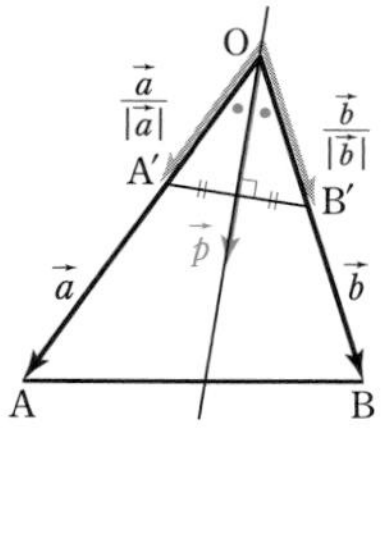

HINT　$\frac{\vec{a}}{|\vec{a}|}$，$\frac{\vec{b}}{|\vec{b}|}$ はともに **単位ベクトル**。二等辺三角形の頂角の二等分線は，底辺を垂直に2等分することを利用する。

⇐底辺 A′B′ の中点をMとすると

$\overrightarrow{OM}=\frac{\overrightarrow{OA'}+\overrightarrow{OB'}}{2}$

$$\vec{p}=t'\times\frac{1}{2}\left(\frac{\vec{a}}{|\vec{a}|}+\frac{\vec{b}}{|\vec{b}|}\right)\quad (t' は実数) \cdots\cdots ①$$

と表される。

よって，$\overrightarrow{OA}$ と $\overrightarrow{OB}$ のなす角の二等分線のベクトル方程式は，

① で $\frac{t'}{2}=t$ とおくと，

$$\vec{p}=t\left(\frac{\vec{a}}{|\vec{a}|}+\frac{\vec{b}}{|\vec{b}|}\right)\quad (t は実数)$$ と表される。

⇐$\vec{p}=t'\overrightarrow{OM}$

EX ③36

三角形OABで，辺OAを2：1に内分する点をL，辺OBの中点をM，辺ABを2：3に内分する点をNとする。線分LMとONの交点をPとする。$\vec{a}=\overrightarrow{OA}$，$\vec{b}=\overrightarrow{OB}$ とするとき，$\overrightarrow{ON}$ と $\overrightarrow{OP}$ を $\vec{a}$，$\vec{b}$ を用いて表せ。〔琉球大〕

AN：NB=2：3 であるから　$\overrightarrow{\mathbf{ON}}=\frac{3\vec{a}+2\vec{b}}{2+3}=\boldsymbol{\frac{3}{5}\vec{a}+\frac{2}{5}\vec{b}}$

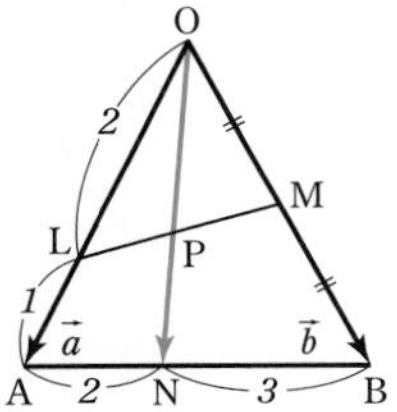

点Pは直線ON上にあるから，$\overrightarrow{OP}=k\overrightarrow{ON}$（$k$ は実数）とすると

$$\overrightarrow{OP}=k\left(\frac{3}{5}\vec{a}+\frac{2}{5}\vec{b}\right)=\frac{3}{5}k\vec{a}+\frac{2}{5}k\vec{b}\quad\cdots\cdots ①$$

ここで，$\overrightarrow{OL}=\frac{2}{3}\vec{a}$，$\overrightarrow{OM}=\frac{1}{2}\vec{b}$ であるから

$$\vec{a}=\frac{3}{2}\overrightarrow{OL},\quad \vec{b}=2\overrightarrow{OM}$$

これらを ① に代入して　$\overrightarrow{OP}=\frac{9}{10}k\overrightarrow{OL}+\frac{4}{5}k\overrightarrow{OM}$

⇐$\overrightarrow{OP}$ を $\overrightarrow{OL}$ と $\overrightarrow{OM}$ で表す。

点Pは直線LM上にあるから　$\frac{9}{10}k+\frac{4}{5}k=1$

⇐「係数の和が1」の利用。

よって　$k=\frac{10}{17}$

ゆえに，① から　$\overrightarrow{\mathbf{OP}}=\boldsymbol{\frac{6}{17}\vec{a}+\frac{4}{17}\vec{b}}$

EX ③37

O(0, 0)，A(2, 4)，B(−2, 2)とする。実数 s，t が次の条件を満たしながら変化するとき，$\overrightarrow{OP}=s\overrightarrow{OA}+t\overrightarrow{OB}$ を満たす点Pの存在範囲を図示せよ。

(1) $s=0$，$t\geqq 0$　　(2) $s+4t=2$　　(3) $2s+t\leqq\frac{1}{2}$，$s\geqq 0$，$t\geqq 0$

(1)　$s=0$ であるから

$\overrightarrow{OP}=t\overrightarrow{OB}$ $(t\geqq 0)$

よって，点Pの存在範囲は **半直線OB** である。〔図〕

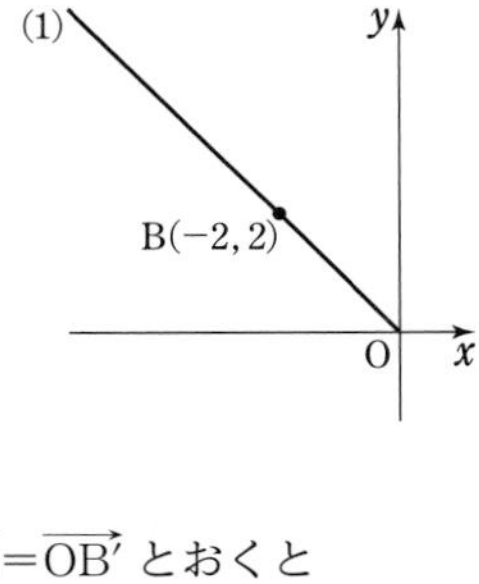

(2)　$s+4t=2$ から　$\frac{s}{2}+2t=1$

⇐両辺を2で割って =1 の形に

$$\overrightarrow{OP}=\frac{s}{2}(2\overrightarrow{OA})+2t\left(\frac{1}{2}\overrightarrow{OB}\right)$$

$\frac{s}{2}=s'$，$2t=t'$，$2\overrightarrow{OA}=\overrightarrow{OA'}$，$\frac{1}{2}\overrightarrow{OB}=\overrightarrow{OB'}$ とおくと

$$\overrightarrow{OP}=s'\overrightarrow{OA'}+t'\overrightarrow{OB'},\quad s'+t'=1$$

⇐$\overrightarrow{OA'}=2\overrightarrow{OA}=(4,\ 8)$
$\overrightarrow{OB'}=\frac{1}{2}\overrightarrow{OB}=(-1,\ 1)$

よって，**A′(4, 8)，B′(−1, 1) とすると**，点Pの存在範囲は**直線 A′B′** である。〔図〕

(3) $2s+t\leqq\dfrac{1}{2}$ から　　$4s+2t\leqq1$

⇦両辺を2倍して ≦1 の形に

$$\overrightarrow{\mathrm{OP}}=4s\left(\frac{1}{4}\overrightarrow{\mathrm{OA}}\right)+2t\left(\frac{1}{2}\overrightarrow{\mathrm{OB}}\right)$$

$4s=s'$，$2t=t'$，$\dfrac{1}{4}\overrightarrow{\mathrm{OA}}=\overrightarrow{\mathrm{OA'}}$，$\dfrac{1}{2}\overrightarrow{\mathrm{OB}}=\overrightarrow{\mathrm{OB'}}$ とおくと

$$\overrightarrow{\mathrm{OP}}=s'\overrightarrow{\mathrm{OA'}}+t'\overrightarrow{\mathrm{OB'}},\quad s'+t'\leqq1,\quad s'\geqq0,\quad t'\geqq0$$

⇦$\overrightarrow{\mathrm{OA'}}=\dfrac{1}{4}\overrightarrow{\mathrm{OA}}=\left(\dfrac{1}{2},\ 1\right)$
$\overrightarrow{\mathrm{OB'}}=\dfrac{1}{2}\overrightarrow{\mathrm{OB}}=(-1,\ 1)$

よって，**A′$\left(\dfrac{1}{2},\ 1\right)$，B′(−1, 1) とすると**，点Pの存在範囲は**△OA′B′ の周および内部** である。〔図〕

(2)

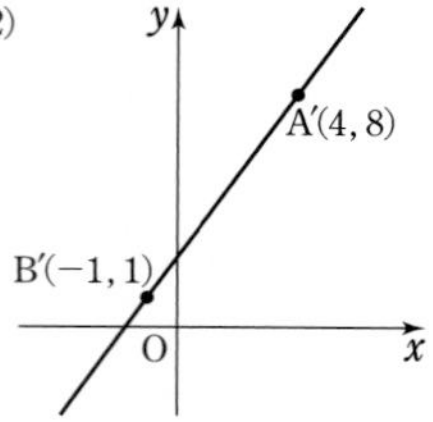

(3)

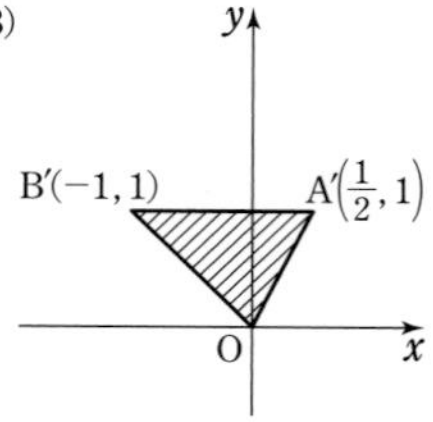

EX ③38　平面上に三角形ABCがある。実数 k に対して，点Pが $\overrightarrow{\mathrm{PA}}+\overrightarrow{\mathrm{PC}}=k\overrightarrow{\mathrm{AB}}$ を満たすとする。点Pが三角形ABCの内部(辺上を含まない)にあるような k の値の範囲を求めよ。　〔福井県大〕

$\overrightarrow{\mathrm{PA}}+\overrightarrow{\mathrm{PC}}=k\overrightarrow{\mathrm{AB}}$ から　　$-\overrightarrow{\mathrm{AP}}+\overrightarrow{\mathrm{AC}}-\overrightarrow{\mathrm{AP}}=k\overrightarrow{\mathrm{AB}}$

⇦始点をAにそろえる。

よって　　$\overrightarrow{\mathrm{AP}}=-\dfrac{k}{2}\overrightarrow{\mathrm{AB}}+\dfrac{1}{2}\overrightarrow{\mathrm{AC}}$

点Pが△ABCの内部(辺上を含まない)にあるための条件は

$$-\frac{k}{2}+\frac{1}{2}<1 \text{ かつ } -\frac{k}{2}>0$$

⇦内部であるから等号は含まない。

よって　　$-1<k$ かつ $k<0$　　　したがって　　$\boldsymbol{-1<k<0}$

EX ③39　△ABCにおいて AC=BC とする。$\overrightarrow{\mathrm{CA}}=\vec{a}$，$\overrightarrow{\mathrm{CB}}=\vec{b}$，$\overrightarrow{\mathrm{CP}}=\vec{p}$ とし，t を任意の実数とすると $\vec{p}=\dfrac{1}{2}\vec{a}+t(\vec{a}+\vec{b})$ は，辺ACの中点を通り，辺ABに垂直な直線を表すベクトル方程式であることを示せ。

$\vec{p}=\dfrac{1}{2}\vec{a}+t(\vec{a}+\vec{b})$ …… ①

⇦$\dfrac{1}{2}\vec{a}=\overrightarrow{\mathrm{CD}}$ とすると，Dは辺ACの中点。

は，辺ACの中点を通り，ベクトル $\vec{a}+\vec{b}$ に平行な直線のベクトル方程式である。

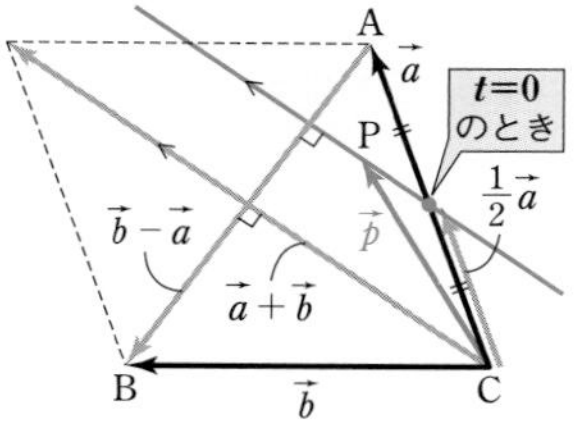

ここで　　$\overrightarrow{\mathrm{AB}}=\vec{b}-\vec{a}$

また

$$(\vec{a}+\vec{b})\cdot(\vec{b}-\vec{a})=|\vec{b}|^2-|\vec{a}|^2=0$$

⇦AC=BC から $|\vec{a}|=|\vec{b}|$

よって　　$(\vec{a}+\vec{b})\perp\overrightarrow{\mathrm{AB}}$

ゆえに，① は辺ACの中点を通り，辺ABに垂直な直線を表す。

EX ③40

平面上に定点 A($\vec{a}$), B($\vec{b}$) があり，$|\vec{a}-\vec{b}|=5$, $|\vec{a}|=3$, $|\vec{b}|=6$ を満たしているとき，次の問いに答えよ。

(1) 内積 $\vec{a}\cdot\vec{b}$ を求めよ。

(2) 点 P($\vec{p}$) に関するベクトル方程式 $|\vec{p}-\vec{a}+\vec{b}|=|2\vec{a}+\vec{b}|$ で表される円の中心の位置ベクトルと半径を求めよ。

(3) 点 P($\vec{p}$) に関するベクトル方程式 $(\vec{p}-\vec{a})\cdot(2\vec{p}-\vec{b})=0$ で表される円の中心の位置ベクトルと半径を求めよ。

〔東北学院大〕

(1) $|\vec{a}-\vec{b}|^2=|\vec{a}|^2-2\vec{a}\cdot\vec{b}+|\vec{b}|^2$

ここで，$|\vec{a}-\vec{b}|=5$, $|\vec{a}|=3$, $|\vec{b}|=6$ であるから

$25=9-2\vec{a}\cdot\vec{b}+36$　　よって　　$\boldsymbol{\vec{a}\cdot\vec{b}=10}$

(2) $|2\vec{a}+\vec{b}|^2=4|\vec{a}|^2+4\vec{a}\cdot\vec{b}+|\vec{b}|^2=4\times9+4\times10+36=112$

よって　　$|2\vec{a}+\vec{b}|=\sqrt{112}=4\sqrt{7}$

したがって，ベクトル方程式は　　$|\vec{p}-(\vec{a}-\vec{b})|=4\sqrt{7}$

⇐$|\vec{p}-\vec{a}+\vec{b}|=|\vec{p}-(\vec{a}-\vec{b})|$

よって，**円の中心の位置ベクトルは $\vec{a}-\vec{b}$，半径は $4\sqrt{7}$** である。

(3) $(\vec{p}-\vec{a})\cdot(2\vec{p}-\vec{b})=0$ から　　$2|\vec{p}|^2-(2\vec{a}+\vec{b})\cdot\vec{p}+\vec{a}\cdot\vec{b}=0$

$\vec{a}\cdot\vec{b}=10$ であるから　　$|\vec{p}|^2-\dfrac{2\vec{a}+\vec{b}}{2}\cdot\vec{p}+5=0$

⇐$|\vec{p}|^2-2\left(\dfrac{2\vec{a}+\vec{b}}{4}\right)\cdot\vec{p}+\left|\dfrac{2\vec{a}+\vec{b}}{4}\right|^2-\left|\dfrac{2\vec{a}+\vec{b}}{4}\right|^2+5=0$

よって　　$\left|\vec{p}-\dfrac{2\vec{a}+\vec{b}}{4}\right|^2=\left|\dfrac{2\vec{a}+\vec{b}}{4}\right|^2-5$

(2) より $\left|\dfrac{2\vec{a}+\vec{b}}{4}\right|^2-5=\left(\dfrac{4\sqrt{7}}{4}\right)^2-5=2$ であるから，ベクトル方程式は　　$\left|\vec{p}-\dfrac{2\vec{a}+\vec{b}}{4}\right|=\sqrt{2}$

よって，**円の中心の位置ベクトルは $\dfrac{2\vec{a}+\vec{b}}{4}$，半径は $\sqrt{2}$** である。

別解　$(\vec{p}-\vec{a})\cdot(2\vec{p}-\vec{b})=0$ から

$$(\vec{p}-\vec{a})\cdot\left(\vec{p}-\frac{\vec{b}}{2}\right)=0$$

したがって，点Pは A($\vec{a}$), B′$\left(\dfrac{\vec{b}}{2}\right)$ を結んだ線分を直径とする円周上にある。

⇐AP⊥B′P

円の中心の位置ベクトルは　　$\dfrac{1}{2}\left(\vec{a}+\dfrac{\vec{b}}{2}\right)=\boldsymbol{\dfrac{2\vec{a}+\vec{b}}{4}}$

(半径)$^2=\left|\dfrac{2\vec{a}+\vec{b}}{4}-\dfrac{\vec{b}}{2}\right|^2=\left|\dfrac{2\vec{a}-\vec{b}}{4}\right|^2=\dfrac{4|\vec{a}|^2-4\vec{a}\cdot\vec{b}+|\vec{b}|^2}{16}$

$=\dfrac{4\cdot3^2-4\cdot10+6^2}{16}=2$

よって，**半径は　$\sqrt{2}$**

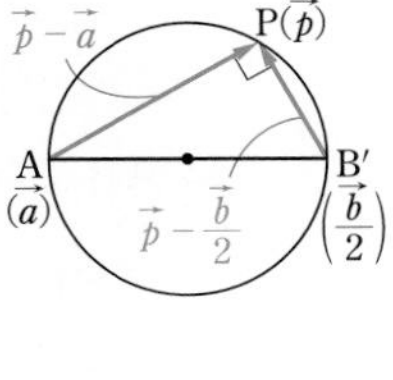

EX ③41 Oを原点とする座標平面上に，半径 r，中心の位置ベクトル $\overrightarrow{OA}$ の円 C を考え，その円周上の点Pの位置ベクトルを $\overrightarrow{OP}$ とする。また，円 C の外部に点Bを考え，その位置ベクトルを $\overrightarrow{OB}$ とする。更に，点Bと点Pの中点をQ，その位置ベクトルを $\overrightarrow{OQ}$，点Pが円周上を動くとき点Qが描く図形を D とする。

(1) 円 C を表すベクトル方程式を求めよ。

(2) 図形 D を表すベクトル方程式を求めよ。〔山梨大〕

HINT (2) まず，$\overrightarrow{OQ}$ を $\overrightarrow{OP}$，$\overrightarrow{OB}$ を用いて表す。

(1) $|\overrightarrow{AP}|=r$

また，$\overrightarrow{AP}=\overrightarrow{OP}-\overrightarrow{OA}$ であるから

$|\overrightarrow{OP}-\overrightarrow{OA}|=r$

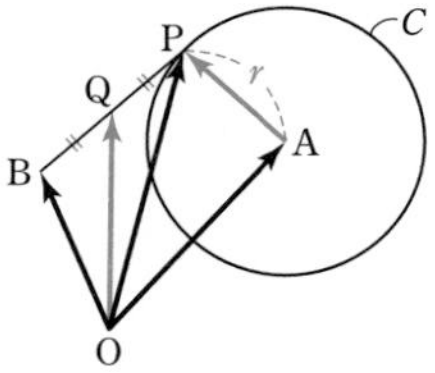

⇐図からすぐにわかる。

(2) $\overrightarrow{OQ}=\frac{1}{2}(\overrightarrow{OP}+\overrightarrow{OB})$ から

$\overrightarrow{OP}=2\overrightarrow{OQ}-\overrightarrow{OB}$

これを(1)の結果に代入すると

$|2\overrightarrow{OQ}-\overrightarrow{OB}-\overrightarrow{OA}|=r$

ゆえに $\left|\overrightarrow{OQ}-\frac{1}{2}(\overrightarrow{OA}+\overrightarrow{OB})\right|=\frac{r}{2}$

⇐線分ABの中点を中心とし，半径 $\frac{r}{2}$ の円を描く。

別解 $\overrightarrow{OQ}=\frac{1}{2}(\overrightarrow{OP}+\overrightarrow{OB})=\frac{1}{2}(\overrightarrow{OA}+\overrightarrow{AP}+\overrightarrow{OB})$

よって $\overrightarrow{OQ}-\frac{1}{2}(\overrightarrow{OA}+\overrightarrow{OB})=\frac{1}{2}\overrightarrow{AP}$

ゆえに $\left|\overrightarrow{OQ}-\frac{1}{2}(\overrightarrow{OA}+\overrightarrow{OB})\right|=\frac{r}{2}$

⇐$\left|\frac{1}{2}\overrightarrow{AP}\right|=\frac{1}{2}|\overrightarrow{AP}|=\frac{r}{2}$

EX ③42 平面上に△OABがあり，OA=5，OB=8，AB=7 とする。s，t を実数として，点Pを $\overrightarrow{OP}=s\overrightarrow{OA}+t\overrightarrow{OB}$ で定める。

(1) △OABの面積 S を求めよ。

(2) $s\geqq 0$，$t\geqq 0$，$1\leqq s+t\leqq 2$ のとき，点Pの存在範囲の面積を T とする。面積比 $S:T$ を求めよ。〔類 摂南大〕

(1) $|\overrightarrow{AB}|^2=|\overrightarrow{OB}-\overrightarrow{OA}|^2=|\overrightarrow{OA}|^2-2\overrightarrow{OA}\cdot\overrightarrow{OB}+|\overrightarrow{OB}|^2$

$|\overrightarrow{AB}|^2=49$，$|\overrightarrow{OA}|^2=25$，$|\overrightarrow{OB}|^2=64$ であるから

$49=25-2\overrightarrow{OA}\cdot\overrightarrow{OB}+64$ ゆえに $\overrightarrow{OA}\cdot\overrightarrow{OB}=20$

CHART $|\vec{p}|$ は $|\vec{p}|^2=\vec{p}\cdot\vec{p}$ として扱う

よって $S=\frac{1}{2}\sqrt{|\overrightarrow{OA}|^2|\overrightarrow{OB}|^2-(\overrightarrow{OA}\cdot\overrightarrow{OB})^2}$

$=\frac{1}{2}\sqrt{25\cdot 64-20^2}=10\sqrt{3}$

⇐$\frac{1}{2}\cdot 5\cdot 4\sqrt{2^2-1}$

別解 △OABにおいて余弦定理により

$\cos\angle AOB=\frac{5^2+8^2-7^2}{2\cdot 5\cdot 8}=\frac{1}{2}$

ゆえに $\angle AOB=60^\circ$

よって $S=\frac{1}{2}\cdot OA\cdot OB\cdot\sin\angle AOB=\frac{1}{2}\cdot 5\cdot 8\cdot\frac{\sqrt{3}}{2}$

$=10\sqrt{3}$

(2)　$s+t=k$ として固定する。

このとき，$\dfrac{s}{k}+\dfrac{t}{k}=1$ であるから，

$k\overrightarrow{\mathrm{OA}}=\overrightarrow{\mathrm{OA'}}$，$k\overrightarrow{\mathrm{OB}}=\overrightarrow{\mathrm{OB'}}$，$\dfrac{s}{k}=s'$，$\dfrac{t}{k}=t'$ とすると

$$\overrightarrow{\mathrm{OP}}=s'\overrightarrow{\mathrm{OA'}}+t'\overrightarrow{\mathrm{OB'}},\ s'+t'=1,\ s'\geqq 0,\ t'\geqq 0$$

よって，点Pは線分 A′B′ 上を動く。

次に，$1\leqq k\leqq 2$ の範囲で k を変化させると，線分 A′B′ は右図の線分 AB から CD まで平行に動く。

ただし，$\overrightarrow{\mathrm{OC}}=2\overrightarrow{\mathrm{OA}}$，$\overrightarrow{\mathrm{OD}}=2\overrightarrow{\mathrm{OB}}$ である。

よって，点Pの存在範囲は台形 ACDB の周および内部である。

△OAB∽△OCD であり，その相似比は 1：2 であるから，面積 T は

$$T=\triangle\mathrm{OCD}-\triangle\mathrm{OAB}=2^2\triangle\mathrm{OAB}-\triangle\mathrm{OAB}$$
$$=3\triangle\mathrm{OAB}=3S$$

よって，求める面積比は　　$S：T=$**1：3**

⇐$1\leqq k\leqq 2$

⇐$\overrightarrow{\mathrm{OP}}=\dfrac{s}{k}(k\overrightarrow{\mathrm{OA}})+\dfrac{t}{k}(k\overrightarrow{\mathrm{OB}})$

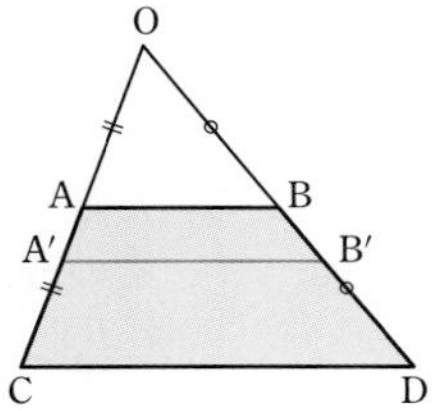

EX ③43　△ABC を1辺の長さが1の正三角形とする。△ABC を含む平面上の点Pが $\overrightarrow{\mathrm{AP}}\cdot\overrightarrow{\mathrm{BP}}-\overrightarrow{\mathrm{BP}}\cdot\overrightarrow{\mathrm{CP}}+\overrightarrow{\mathrm{CP}}\cdot\overrightarrow{\mathrm{AP}}=0$ を満たして動くとき，Pが描く図形を求めよ。　〔埼玉大〕

$\overrightarrow{\mathrm{AB}}=\vec{b}$，$\overrightarrow{\mathrm{AC}}=\vec{c}$，$\overrightarrow{\mathrm{AP}}=\vec{p}$ とすると，条件の等式から

$$\vec{p}\cdot(\vec{p}-\vec{b})-(\vec{p}-\vec{b})\cdot(\vec{p}-\vec{c})+(\vec{p}-\vec{c})\cdot\vec{p}=0$$

整理すると　　$|\vec{p}|^2-\vec{b}\cdot\vec{c}=0$

ここで，$\vec{b}\cdot\vec{c}=1\times1\times\cos 60^\circ=\dfrac{1}{2}$ であるから　　$|\vec{p}|^2=\dfrac{1}{2}$

ゆえに　　$|\vec{p}|=\dfrac{\sqrt{2}}{2}$　　　すなわち　　$|\overrightarrow{\mathrm{AP}}|=\dfrac{\sqrt{2}}{2}$

したがって，Pが描く図形は，**Aを中心とする半径 $\dfrac{\sqrt{2}}{2}$ の円**である。

⇐Aを始点とする位置ベクトルで表す。

⇐$|\vec{b}|=|\vec{c}|=1$

別解　A(0, 0)，B(1, 0)，$\mathrm{C}\left(\dfrac{1}{2},\ \dfrac{\sqrt{3}}{2}\right)$，P$(x,\ y)$ とおくと，Pが満たす等式から

$$x(x-1)+y^2-(x-1)\left(x-\frac{1}{2}\right)-y\left(y-\frac{\sqrt{3}}{2}\right)$$
$$+\left(x-\frac{1}{2}\right)x+\left(y-\frac{\sqrt{3}}{2}\right)y=0$$

整理すると　　$x^2+y^2=\dfrac{1}{2}$

したがって，Pが描く図形は，**Aを中心とする半径 $\dfrac{\sqrt{2}}{2}$ の円**である。

⇐△ABC が正三角形になるように，座標を設定する。

⇐$\overrightarrow{\mathrm{AP}}=(x,\ y)$，$\overrightarrow{\mathrm{BP}}=(x-1,\ y)$，$\overrightarrow{\mathrm{CP}}=\left(x-\dfrac{1}{2},\ y-\dfrac{\sqrt{3}}{2}\right)$

EX ⑤44

原点をOとする。x 軸上に定点 $A(k,\ 0)$ $(k>0)$ がある。いま，平面上に動点Pを $\overrightarrow{OP}\neq\vec{0}$，$\overrightarrow{OP}\cdot(\overrightarrow{OA}-\overrightarrow{OP})=0$，$0^\circ\leqq\angle POA<90^\circ$ となるようにとるとき

(1) 点 $P(x,\ y)$ の軌跡の方程式を x，y を用いて表せ。

(2) $|\overrightarrow{OP}||\overrightarrow{OA}-\overrightarrow{OP}|$ の最大値とこのときの $\angle POA$ を求めよ。〔埼玉工大〕

HINT (2) △POA について考える。$|\overrightarrow{OP}|$，$|\overrightarrow{OA}-\overrightarrow{OP}|$ すなわち $|\overrightarrow{PA}|$ を $|\overrightarrow{OA}|$ を用いて表す。

(1) $\overrightarrow{OP}\cdot(\overrightarrow{OA}-\overrightarrow{OP})=0$ から　$\overrightarrow{OP}\cdot\overrightarrow{PA}=0$

$\overrightarrow{OP}\neq\vec{0}$，$0^\circ\leqq\angle POA<90^\circ$ であるから

$(\overrightarrow{PA}\neq\vec{0}$ かつ $\overrightarrow{OP}\perp\overrightarrow{PA})$ または $\overrightarrow{PA}=\vec{0}$

したがって，点Pの軌跡は2点O，Aを直径の両端とする円である。ただし，$\overrightarrow{OP}\neq\vec{0}$ であるから，原点を除く。

⇦中心は線分OAの中点，半径は $\frac{1}{2}OA$

よって，その方程式は

$$\left(x-\frac{k}{2}\right)^2+y^2=\left(\frac{k}{2}\right)^2\ (x\neq0)$$

(2) $\angle POA=\theta$ とすると

$$|\overrightarrow{OP}|=|\overrightarrow{OA}|\cos\theta=k\cos\theta$$
$$|\overrightarrow{OA}-\overrightarrow{OP}|=|\overrightarrow{PA}|=|\overrightarrow{OA}|\sin\theta=k\sin\theta$$

よって　$|\overrightarrow{OP}||\overrightarrow{OA}-\overrightarrow{OP}|=k^2\sin\theta\cos\theta=\dfrac{k^2}{2}\sin2\theta$

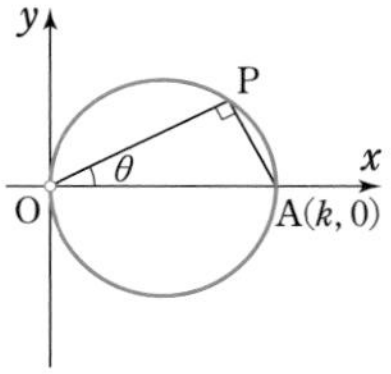

$0^\circ\leqq\theta<90^\circ$ であるから　$0^\circ\leqq2\theta<180^\circ$

この範囲において，$\sin2\theta$ は $2\theta=90^\circ$，すなわち $\theta=45^\circ$ のとき最大値1をとる。

⇦$0^\circ\leqq2\theta<180^\circ$ のとき $0\leqq\sin2\theta\leqq1$

ゆえに，求める **最大値は $\dfrac{k^2}{2}$**　このとき　**$\angle POA=45^\circ$**

EX ④45

Oを原点，$A(2,\ 1)$，$B(1,\ 2)$，$\overrightarrow{OP}=s\overrightarrow{OA}+t\overrightarrow{OB}$ (s，t は実数) とする。s，t が次の関係を満たしながら変化するとき，点Pの描く図形を図示せよ。

(1) $1\leqq s\leqq2$，$0\leqq t\leqq1$　(2) $1\leqq s+t\leqq2$，$s\geqq0$，$t\geqq0$

(1) s を固定するとき，$s\overrightarrow{OA}=\overrightarrow{OQ}$，$s\overrightarrow{OA}+\overrightarrow{OB}=\overrightarrow{OR}$ とおくと，点Pは図の線分QR上を動く。

⇦$t=0$ のとき点Pは点Qと一致し，$t=1$ のとき点Pは点Rと一致する。

更に，s を $1\leqq s\leqq2$ の範囲で動かすと，点Qは図の線分AA′上を動く。

ゆえに，求める図形は図の赤く塗りつぶした部分。ただし，境界線を含む。〔**図**〕

(2) $s+t=k$ として固定する。このとき，$\dfrac{s}{k}+\dfrac{t}{k}=1$ であるから，$k\overrightarrow{OA}=\overrightarrow{OQ}$，$k\overrightarrow{OB}=\overrightarrow{OR}$ とおいて

⇦$s+t=k$ の両辺を k で割って，$=1$ に導く。

$$\overrightarrow{OP}=\frac{s}{k}\overrightarrow{OQ}+\frac{t}{k}\overrightarrow{OR},\quad \frac{s}{k}+\frac{t}{k}=1,\quad \frac{s}{k}\geqq0,\quad \frac{t}{k}\geqq0$$

よって，点Pは図の線分QR上を動く。

更に，k を $1\leqq k\leqq2$ の範囲で動かすと，点Qは図の線分AA′上を動く。

ゆえに，求める図形は図の赤く塗りつぶした部分。ただし，境界線を含む。〔図〕

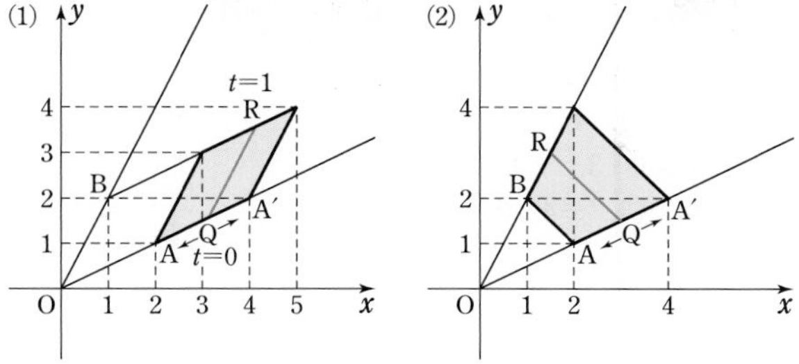

別解　P$(x,\ y)$ とおくと，$\overrightarrow{\mathrm{OP}}=(x,\ y)$ であるから，$\overrightarrow{\mathrm{OP}}=s\overrightarrow{\mathrm{OA}}+t\overrightarrow{\mathrm{OB}}$ を成分で表すと

$$\begin{aligned}(x,\ y)&=s(2,\ 1)+t(1,\ 2)\\&=(2s+t,\ s+2t)\end{aligned}$$

よって　$\begin{cases}x=2s+t\\y=s+2t\end{cases}$

⇐s，t の連立方程式を解く要領で求める。

これを s，t について解くと

$$s=\frac{2}{3}x-\frac{1}{3}y,\quad t=-\frac{1}{3}x+\frac{2}{3}y$$

(1)　$\begin{cases}1\leqq\dfrac{2}{3}x-\dfrac{1}{3}y\leqq 2\\[2mm]0\leqq-\dfrac{1}{3}x+\dfrac{2}{3}y\leqq 1\end{cases}$　ゆえに　$\begin{cases}3\leqq 2x-y\leqq 6\\0\leqq -x+2y\leqq 3\end{cases}$

⇐$\begin{cases}1\leqq s\leqq 2\\0\leqq t\leqq 1\end{cases}$ に代入。

よって，求める図形は図の赤く塗りつぶした部分。ただし，境界線を含む。〔図〕

(2)　$\begin{cases}1\leqq\dfrac{1}{3}x+\dfrac{1}{3}y\leqq 2\\[2mm]\dfrac{2}{3}x-\dfrac{1}{3}y\geqq 0\\[2mm]-\dfrac{1}{3}x+\dfrac{2}{3}y\geqq 0\end{cases}$　ゆえに　$\begin{cases}3\leqq x+y\leqq 6\\2x-y\geqq 0\\-x+2y\geqq 0\end{cases}$

⇐$\begin{cases}1\leqq s+t\leqq 2\\s\geqq 0\\t\geqq 0\end{cases}$ に代入。

よって，求める図形は図の赤く塗りつぶした部分。ただし，境界線を含む。〔図〕

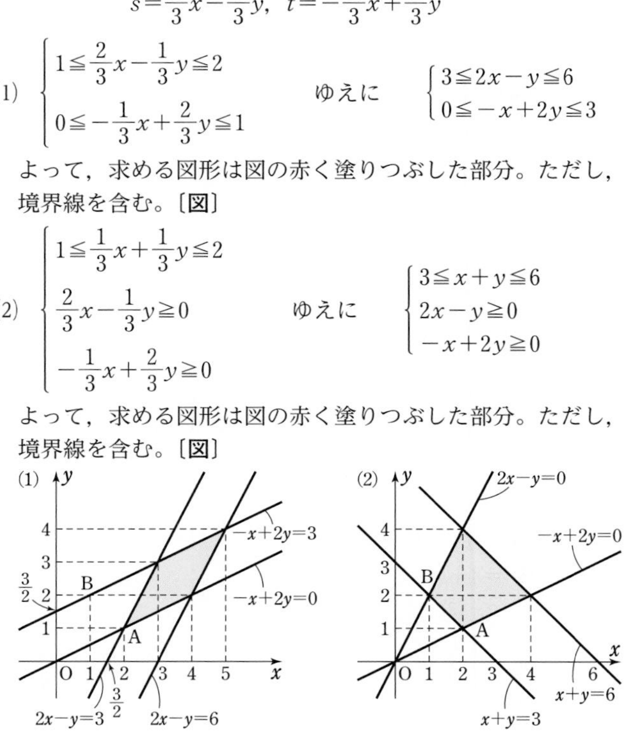

PR ①45

(1) 点P(2, 3, −1) から xy 平面，yz 平面，zx 平面に垂線を下ろし，各平面との交点を，それぞれ A，B，C とするとき，3点 A，B，C の座標を求めよ。
(2) 点Q(−3, 4, 2) と (ア) xy 平面　(イ) yz 平面　(ウ) zx 平面　(エ) x 軸　(オ) y 軸　(カ) z 軸　(キ) 原点　に関して対称な点の座標をそれぞれ求めよ。

(1) **A(2, 3, 0), B(0, 3, −1), C(2, 0, −1)**

(2) (ア) **(−3, 4, −2)**　(イ) **(3, 4, 2)**
(ウ) **(−3, −4, 2)**　(エ) **(−3, −4, −2)**
(オ) **(3, 4, −2)**　(カ) **(3, −4, 2)**
(キ) **(3, −4, −2)**

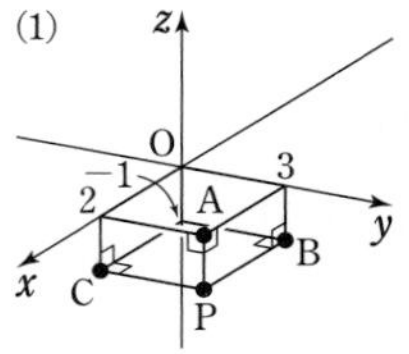

inf.　**点P(a, b, c) と対称な点**

座標平面に関して対称な点は
xy 平面：(a, b, $-c$)，yz 平面：($-a$, b, c)，zx 平面：(a, $-b$, c)
座標軸に関して対称な点は
x 軸：(a, $-b$, $-c$)，y 軸：($-a$, b, $-c$)，z 軸：($-a$, $-b$, c)
原点に関して対称な点は　($-a$, $-b$, $-c$)

PR ②46

3点 A(3, 0, −2)，B(−1, 2, 3)，C(2, 1, 0) について
(1) 2点 A，B から等距離にある y 軸上の点Pの座標を求めよ。
(2) 3点 A，B，C から等距離にある yz 平面上の点Qの座標を求めよ。

(1) P(0, y, 0) とすると，AP=BP から　$AP^2=BP^2$

⇐ y 軸上の点 ⟶ x 座標と z 座標が **0**

よって　$(0-3)^2+(y-0)^2+\{0-(-2)\}^2$
$=\{0-(-1)\}^2+(y-2)^2+(0-3)^2$

整理すると　$1-4y=0$　ゆえに　$y=\dfrac{1}{4}$

⇐ $9+y^2+4$
$=1+(y-2)^2+9$

したがって　$\mathbf{P\left(0,\ \dfrac{1}{4},\ 0\right)}$

(2) Q(0, y, z) とする。条件から　AQ=BQ=CQ

⇐ yz 平面上の点 ⟶ x 座標が **0**

AQ=BQ から　$AQ^2=BQ^2$
よって　$(0-3)^2+y^2+\{z-(-2)\}^2$
$=\{0-(-1)\}^2+(y-2)^2+(z-3)^2$
ゆえに　$9+y^2+(z+2)^2=1+(y-2)^2+(z-3)^2$
整理すると　$4y+10z=1$　…… ①
AQ=CQ から　$AQ^2=CQ^2$

⇐ $BQ^2=CQ^2$ とすると
$2y+6z-9=0$

よって　$(0-3)^2+y^2+\{z-(-2)\}^2$
$=(0-2)^2+(y-1)^2+z^2$
ゆえに　$9+y^2+(z+2)^2=4+(y-1)^2+z^2$
整理すると　$y+2z=-4$　…… ②
①，② を解いて　$y=-21$，$z=\dfrac{17}{2}$

⇐ ② から　$y=-2z-4$
これを ① に代入して
$4(-2z-4)+10z=1$

したがって　$\mathbf{Q\left(0,\ -21,\ \dfrac{17}{2}\right)}$

PR ②47

平行六面体 ABCD-EFGH において，$\overrightarrow{AB}=\vec{a}$，$\overrightarrow{AD}=\vec{b}$，$\overrightarrow{AE}=\vec{c}$ とする。
(1) $\overrightarrow{AH}$，$\overrightarrow{CE}$ を，それぞれ $\vec{a}$，$\vec{b}$，$\vec{c}$ を用いて表せ。
(2) 等式 $\overrightarrow{AG}+\overrightarrow{BH}+\overrightarrow{CE}+\overrightarrow{DF}=4\overrightarrow{AE}$ が成り立つことを証明せよ。
(3) 等式 $3\overrightarrow{BH}+2\overrightarrow{DF}=2\overrightarrow{AG}+3\overrightarrow{CE}+2\overrightarrow{BC}$ が成り立つことを証明せよ。

(1) $\overrightarrow{AH}=\overrightarrow{AD}+\overrightarrow{DH}=\overrightarrow{AD}+\overrightarrow{AE}$
$\quad=\vec{b}+\vec{c}$

⇐$\overrightarrow{DH}=\overrightarrow{AE}$

$\overrightarrow{CE}=\overrightarrow{CD}+\overrightarrow{DA}+\overrightarrow{AE}=-\overrightarrow{AB}-\overrightarrow{AD}+\overrightarrow{AE}$
$\quad=-\vec{a}-\vec{b}+\vec{c}$

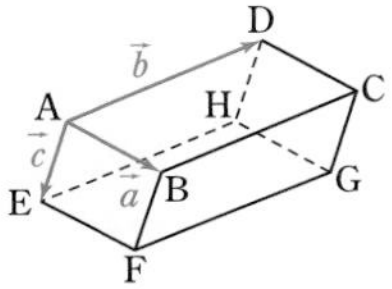

(2) $\overrightarrow{AG}=\overrightarrow{AB}+\overrightarrow{BC}+\overrightarrow{CG}=\overrightarrow{AB}+\overrightarrow{AD}+\overrightarrow{AE}$
$\quad=\vec{a}+\vec{b}+\vec{c}$

$\overrightarrow{BH}=\overrightarrow{BA}+\overrightarrow{AD}+\overrightarrow{DH}=-\overrightarrow{AB}+\overrightarrow{AD}+\overrightarrow{AE}$
$\quad=-\vec{a}+\vec{b}+\vec{c}$

$\overrightarrow{DF}=\overrightarrow{DC}+\overrightarrow{CB}+\overrightarrow{BF}=\overrightarrow{AB}-\overrightarrow{AD}+\overrightarrow{AE}$
$\quad=\vec{a}-\vec{b}+\vec{c}$

また，(1) から　　$\overrightarrow{CE}=-\vec{a}-\vec{b}+\vec{c}$

ゆえに　$\overrightarrow{AG}+\overrightarrow{BH}+\overrightarrow{CE}+\overrightarrow{DF}$
$=(\vec{a}+\vec{b}+\vec{c})+(-\vec{a}+\vec{b}+\vec{c})+(-\vec{a}-\vec{b}+\vec{c})$
$\quad+(\vec{a}-\vec{b}+\vec{c})$
$=4\vec{c}$

よって　　$\overrightarrow{AG}+\overrightarrow{BH}+\overrightarrow{CE}+\overrightarrow{DF}=4\overrightarrow{AE}$

⇐$4\vec{c}=4\overrightarrow{AE}$

別解　$\overrightarrow{BF}=\overrightarrow{AE}$，$\overrightarrow{CG}=\overrightarrow{AE}$，$\overrightarrow{DH}=\overrightarrow{AE}$ であるから
$\overrightarrow{AG}+\overrightarrow{BH}+\overrightarrow{CE}+\overrightarrow{DF}-4\overrightarrow{AE}$
$=(\overrightarrow{AG}-\overrightarrow{AE})+(\overrightarrow{BH}-\overrightarrow{AE})+(\overrightarrow{CE}-\overrightarrow{AE})+(\overrightarrow{DF}-\overrightarrow{AE})$
$=(\overrightarrow{AG}-\overrightarrow{AE})+(\overrightarrow{BH}-\overrightarrow{BF})+(\overrightarrow{CE}-\overrightarrow{CG})+(\overrightarrow{DF}-\overrightarrow{DH})$
$=\overrightarrow{EG}+\overrightarrow{FH}+\overrightarrow{GE}+\overrightarrow{HF}$
$=(\overrightarrow{EG}+\overrightarrow{GE})+(\overrightarrow{FH}+\overrightarrow{HF})$
$=\vec{0}$

よって　　$\overrightarrow{AG}+\overrightarrow{BH}+\overrightarrow{CE}+\overrightarrow{DF}=4\overrightarrow{AE}$

⇐$A-B=0$ から $A=B$ を証明する。

⇐$4\overrightarrow{AE}$
$=\overrightarrow{AE}+\overrightarrow{AE}+\overrightarrow{AE}+\overrightarrow{AE}$
として考える。また
$\overrightarrow{A\square}-\overrightarrow{A\triangle}=\overrightarrow{\triangle\square}$ など。

(3) (2) から
$3\overrightarrow{BH}+2\overrightarrow{DF}=3(-\vec{a}+\vec{b}+\vec{c})+2(\vec{a}-\vec{b}+\vec{c})$
$\qquad=(-3+2)\vec{a}+(3-2)\vec{b}+(3+2)\vec{c}$
$\qquad=-\vec{a}+\vec{b}+5\vec{c}$

CHART
ベクトルの演算
数式と同じように計算

また　$2\overrightarrow{AG}+3\overrightarrow{CE}+2\overrightarrow{BC}$
$=2(\vec{a}+\vec{b}+\vec{c})+3(-\vec{a}-\vec{b}+\vec{c})+2\vec{b}$
$=(2-3)\vec{a}+(2-3+2)\vec{b}+(2+3)\vec{c}$
$=-\vec{a}+\vec{b}+5\vec{c}$

⇐$\overrightarrow{BC}=\overrightarrow{AD}=\vec{b}$

したがって　$3\overrightarrow{BH}+2\overrightarrow{DF}=2\overrightarrow{AG}+3\overrightarrow{CE}+2\overrightarrow{BC}$

inf. $3\overrightarrow{BH}+2\overrightarrow{DF}$
$-(2\overrightarrow{AG}+3\overrightarrow{CE}+2\overrightarrow{BC})$
$=\vec{0}$ を示してもよい。

PR ②48

$\vec{a}=(1,\ 2,\ -5)$, $\vec{b}=(2,\ 3,\ 1)$, $\vec{c}=(-1,\ 0,\ 1)$ であるとき，次のベクトルを，それぞれ $s\vec{a}+t\vec{b}+u\vec{c}$（$s$, t, u は実数）の形に表せ。

(1) $\vec{d}=(1,\ 5,\ -2)$　　(2) $\vec{e}=(3,\ 4,\ 7)$

$s\vec{a}+t\vec{b}+u\vec{c}=s(1,\ 2,\ -5)+t(2,\ 3,\ 1)+u(-1,\ 0,\ 1)$
$=(s+2t-u,\ 2s+3t,\ -5s+t+u)$

(1) $\vec{d}=s\vec{a}+t\vec{b}+u\vec{c}$ とすると

$(1,\ 5,\ -2)=(s+2t-u,\ 2s+3t,\ -5s+t+u)$

よって　$s+2t-u=1$ ……①　⇐ x 成分が等しい。

$2s+3t=5$ ……②　⇐ y 成分が等しい。

$-5s+t+u=-2$ ……③　⇐ z 成分が等しい。

①+③ から　$-4s+3t=-1$ ……④

②−④ から　$6s=6$　ゆえに　$s=1$

よって，④ から　$t=1$　更に，① から　$u=2$　⇐ $s=1$ と ② から，$t=1$ を求めてもよい。

したがって　$\vec{d}=\vec{a}+\vec{b}+2\vec{c}$

(2) $\vec{e}=s\vec{a}+t\vec{b}+u\vec{c}$ とすると

$(3,\ 4,\ 7)=(s+2t-u,\ 2s+3t,\ -5s+t+u)$

ゆえに　$s+2t-u=3$ ……⑤

$2s+3t=4$ ……⑥

$-5s+t+u=7$ ……⑦

⑤+⑦ から　$-4s+3t=10$ ……⑧

⑥−⑧ から　$6s=-6$　よって　$s=-1$

ゆえに，⑧ から　$t=2$　更に，⑤ から　$u=0$　⇐ $s=-1$ と ⑥ から，$t=2$ を求めてもよい。

したがって　$\vec{e}=-\vec{a}+2\vec{b}$

PR ②49

4 点 A(1, 2, −1)，B(3, 5, 3)，C(5, 0, 1)，D(a, b, c) を頂点とする四角形 ABDC が平行四辺形になるように，a, b, c の値を定めよ。また，このとき，平行四辺形 ABDC の隣り合う 2 辺の長さと対角線の長さを，それぞれ求めよ。

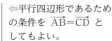

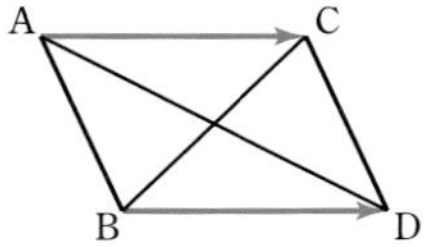

四角形 ABDC が平行四辺形になるのは $\overrightarrow{AC}=\overrightarrow{BD}$ のときであるから　⇐平行四辺形であるための条件を $\overrightarrow{AB}=\overrightarrow{CD}$ としてもよい。

$(5-1,\ 0-2,\ 1-(-1))$
$=(a-3,\ b-5,\ c-3)$

よって　$4=a-3$, $-2=b-5$, $2=c-3$　⇐成分を比較する。

ゆえに　$\boldsymbol{a=7,\ b=3,\ c=5}$　⇐D(7, 3, 5)

また　$|\overrightarrow{AB}|=\sqrt{(3-1)^2+(5-2)^2+\{3-(-1)\}^2}$
$=\sqrt{2^2+3^2+4^2}=\sqrt{29}$

$|\overrightarrow{BD}|=\sqrt{4^2+(-2)^2+2^2}=2\sqrt{6}$　⇐AB，BD が隣り合う辺。

よって，**隣り合う 2 辺の長さは　$\sqrt{29}$，$2\sqrt{6}$**

対角線の長さは $|\overrightarrow{AD}|$，$|\overrightarrow{BC}|$ である。

$|\overrightarrow{AD}|=\sqrt{(7-1)^2+(3-2)^2+\{5-(-1)\}^2}$
$=\sqrt{6^2+1^2+6^2}=\sqrt{73}$

$|\overrightarrow{BC}|=\sqrt{(5-3)^2+(0-5)^2+(1-3)^2}$
$=\sqrt{2^2+(-5)^2+(-2)^2}=\sqrt{33}$

したがって，**対角線の長さは　$\sqrt{73}$，$\sqrt{33}$**

別解　(平行四辺形になるための条件「2本の対角線の中点が一致する」を利用する解法)

対角線 AD の中点は　$\left(\frac{1+a}{2},\ \frac{2+b}{2},\ \frac{-1+c}{2}\right)$

対角線 BC の中点は　$\left(\frac{3+5}{2},\ \frac{5+0}{2},\ \frac{3+1}{2}\right)$

この2点が一致するとき

$$\frac{1+a}{2}=4,\ \frac{2+b}{2}=\frac{5}{2},\ \frac{-1+c}{2}=2$$

よって　**$a=7$，$b=3$，$c=5$**　(以下同じ)

⇐中点の座標に関しては本冊 $p.398$ 基本事項 1 を参照。

PR ③50　$\vec{a}=(1,\ -1,\ 2)$，$\vec{b}=(1,\ 1,\ -1)$ とする。$\vec{a}+t\vec{b}$ (t は実数) の大きさの最小値とそのときの t の値を求めよ。〔北見工大〕

$\vec{a}+t\vec{b}=(1,\ -1,\ 2)+t(1,\ 1,\ -1)$
$=(1+t,\ -1+t,\ 2-t)$

よって　$|\vec{a}+t\vec{b}|^2=(1+t)^2+(-1+t)^2+(2-t)^2$
$=1+2t+t^2+1-2t+t^2+4-4t+t^2$
$=3t^2-4t+6$
$=3\left(t-\frac{2}{3}\right)^2+\frac{14}{3}$

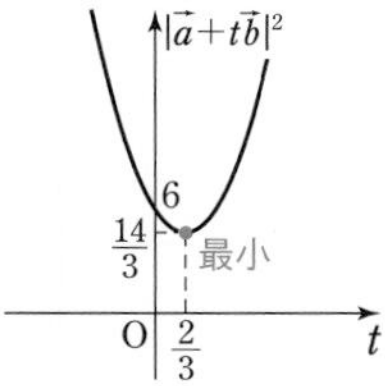

ゆえに，$|\vec{a}+t\vec{b}|^2$ は $t=\frac{2}{3}$ のとき最小値 $\frac{14}{3}$ をとる。

$|\vec{a}+t\vec{b}|\geqq 0$ であるから，このとき $|\vec{a}+t\vec{b}|$ も最小となる。

したがって，$|\vec{a}+t\vec{b}|$ は **$t=\frac{2}{3}$ のとき最小値 $\sqrt{\frac{14}{3}}=\frac{\sqrt{42}}{3}$** をとる。

CHART
$|\vec{a}+t\vec{b}|$ の最小値
$|\vec{a}+t\vec{b}|^2$ の最小値を考える

⇐$3\left(t^2-\frac{4}{3}t\right)+6$
$=3\left\{\left(t-\frac{2}{3}\right)^2-\left(\frac{2}{3}\right)^2\right\}+6$
$=3\left(t-\frac{2}{3}\right)^2-3\left(\frac{2}{3}\right)^2+6$

⇐**この断りは重要。**

PR ②51　(1) AB=1，AD=$\sqrt{3}$，AE=1 の直方体 ABCD-EFGH について，内積 $\overrightarrow{AE}\cdot\overrightarrow{CF}$ を求めよ。
(2) $\vec{a}=(2,\ -3,\ -1)$，$\vec{b}=(-1,\ -2,\ -3)$ の内積となす角 θ を求めよ。

(1) $\overrightarrow{AE}=\overrightarrow{CG}$ であり，$\overrightarrow{CG}$ と $\overrightarrow{CF}$ のなす角は 60°，$|\overrightarrow{CG}|=1$，$|\overrightarrow{CF}|=2$ であるから

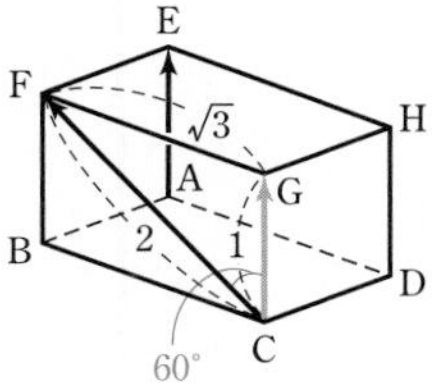

$\overrightarrow{AE}\cdot\overrightarrow{CF}=\overrightarrow{CG}\cdot\overrightarrow{CF}$
$=|\overrightarrow{CG}||\overrightarrow{CF}|\cos 60°$
$=1\times 2\times\frac{1}{2}=\mathbf{1}$

⇐始点をCにそろえた。

(2) 内積は $\vec{a}\cdot\vec{b}=2\times(-1)+(-3)\times(-2)+(-1)\times(-3)=\mathbf{7}$

また $\cos\theta=\dfrac{\vec{a}\cdot\vec{b}}{|\vec{a}||\vec{b}|}$

$=\dfrac{7}{\sqrt{2^2+(-3)^2+(-1)^2}\sqrt{(-1)^2+(-2)^2+(-3)^2}}$

$=\dfrac{7}{14}=\dfrac{1}{2}$

$0^\circ\leqq\theta\leqq180^\circ$ であるから　$\boldsymbol{\theta=60^\circ}$

PR ②52 座標空間に4点O(0, 0, 0), A(3, −2, −1), B(1, 1, 1), C(−1, 4, 2) がある。$\overrightarrow{OA}$, $\overrightarrow{BC}$ のどちらにも垂直で大きさが $3\sqrt{3}$ であるベクトル $\vec{p}$ を求めよ。〔類 慶応大〕

$\vec{p}=(x,\ y,\ z)$ とする。

$\overrightarrow{OA}\perp\vec{p}$ より $\overrightarrow{OA}\cdot\vec{p}=0$ であるから

$3x-2y-z=0$ ……①

⇐垂直 ⟹ (内積)=0

$\overrightarrow{BC}\perp\vec{p}$ から $\overrightarrow{BC}\cdot\vec{p}=0$

$\overrightarrow{BC}=(-2,\ 3,\ 1)$ であるから

$-2x+3y+z=0$ ……②

$|\vec{p}|^2=(3\sqrt{3})^2$ であるから

$x^2+y^2+z^2=27$ ……③

⇐$|\vec{p}|^2=x^2+y^2+z^2$

①, ② から, y, z を x で表すと　$y=-x,\ z=5x$

これらを ③ に代入すると　$x^2+(-x)^2+(5x)^2=27$

整理すると　$27x^2=27$　すなわち　$x=\pm1$

$x=1$ のとき　$y=-1,\ z=5$

$x=-1$ のとき　$y=1,\ z=-5$

したがって　$\boldsymbol{\vec{p}=(1,\ -1,\ 5),\ (-1,\ 1,\ -5)}$

答えは, $\boldsymbol{\vec{p}=(\pm1,\ \mp1,\ \pm5)}$ **(複号同順)** と書いてもよい。

PR ③53 (1) 3点A(5, 4, 7), B(3, 4, 5), C(1, 2, 1) について, ∠ABC=θ とおく。ただし, $0^\circ<\theta<180^\circ$ とする。このとき, θ および △ABC の面積を求めよ。

(2) 空間の3点O(0, 0, 0), A(1, 2, p), B(3, 0, −4) について

(ア) [HINT] の公式を用いて, △OAB の面積を p で表せ。

(イ) △OAB の面積が $5\sqrt{2}$ で, $p>0$ のとき, p の値を求めよ。〔(2) 類 立教大〕

[HINT] $\overrightarrow{PQ}=\vec{x}$, $\overrightarrow{PR}=\vec{y}$ のとき, △PQR の面積は $\dfrac{1}{2}\sqrt{|\vec{x}|^2|\vec{y}|^2-(\vec{x}\cdot\vec{y})^2}$

(1) $\overrightarrow{BA}=(2,\ 0,\ 2)$, $\overrightarrow{BC}=(-2,\ -2,\ -4)$ であるから

$|\overrightarrow{BA}|=\sqrt{2^2+0^2+2^2}=2\sqrt{2}$

$|\overrightarrow{BC}|=\sqrt{(-2)^2+(-2)^2+(-4)^2}=2\sqrt{6}$

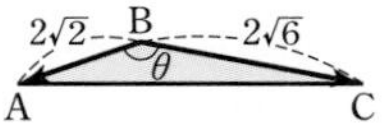

また　$\overrightarrow{BA}\cdot\overrightarrow{BC}=2\times(-2)+0\times(-2)+2\times(-4)=-12$

ゆえに　$\cos\theta=\dfrac{\overrightarrow{BA}\cdot\overrightarrow{BC}}{|\overrightarrow{BA}||\overrightarrow{BC}|}=\dfrac{-12}{2\sqrt{2}\times2\sqrt{6}}=-\dfrac{\sqrt{3}}{2}$

$0^\circ<\theta<180^\circ$ であるから　$\boldsymbol{\theta=150^\circ}$

△ABC の面積を S とおくと

[HINT] の公式を用いると

$S=\dfrac{1}{2}\sqrt{8\times24-144}$

$=\dfrac{1}{2}\times4\sqrt{3}=\mathbf{2\sqrt{3}}$

$S=\frac{1}{2}|\overrightarrow{BA}||\overrightarrow{BC}|\sin 150°=\frac{1}{2}\times 2\sqrt{2}\times 2\sqrt{6}\times\frac{1}{2}=\mathbf{2\sqrt{3}}$

(2)　(ア)　$\overrightarrow{OA}=(1,\ 2,\ p)$，$\overrightarrow{OB}=(3,\ 0,\ -4)$ であるから

$|\overrightarrow{OA}|=\sqrt{1^2+2^2+p^2}=\sqrt{p^2+5}$

$|\overrightarrow{OB}|=\sqrt{3^2+0^2+(-4)^2}=5$

また　$\overrightarrow{OA}\cdot\overrightarrow{OB}=1\times 3+2\times 0+p\times(-4)=-4p+3$

△OAB の面積を S とすると

$S=\frac{1}{2}\sqrt{|\overrightarrow{OA}|^2|\overrightarrow{OB}|^2-(\overrightarrow{OA}\cdot\overrightarrow{OB})^2}$

$=\frac{1}{2}\sqrt{25(p^2+5)-(-4p+3)^2}$

$=\mathbf{\frac{1}{2}\sqrt{9p^2+24p+116}}$

(イ)　条件から　$\frac{1}{2}\sqrt{9p^2+24p+116}=5\sqrt{2}$

両辺を２乗して整理すると　$3p^2+8p-28=0$

ゆえに　$(p-2)(3p+14)=0$

これを解くと　$p=2,\ -\frac{14}{3}$

$p>0$ であるから　$\mathbf{p=2}$

⇐ HINT の公式を利用。

⇐ $25p^2+125$
$-(16p^2-24p+9)$
$=9p^2+24p+116$

⇐ $9p^2+24p+116=200$ から。

PR
③54

(1)　$\vec{a}=(-4,\ \sqrt{2},\ 0)$ と $\vec{b}=(\sqrt{2},\ p,\ -1)$ $(p>0)$ のなす角が 120° であるとき，p の値を求めよ。
(2)　(1) の $\vec{b}$ と y 軸の正の向きのなす角 θ を求めよ。

(1)　$\vec{a}\cdot\vec{b}=(-4)\times\sqrt{2}+\sqrt{2}\times p+0\times(-1)=\sqrt{2}(p-4)$

$|\vec{a}|=\sqrt{(-4)^2+(\sqrt{2})^2+0^2}=3\sqrt{2}$

$|\vec{b}|=\sqrt{(\sqrt{2})^2+p^2+(-1)^2}=\sqrt{p^2+3}$

$\vec{a}\cdot\vec{b}=|\vec{a}||\vec{b}|\cos 120°$ から

$\sqrt{2}(p-4)=3\sqrt{2}\times\sqrt{p^2+3}\times\left(-\frac{1}{2}\right)$

すなわち　$p-4=-\frac{3}{2}\sqrt{p^2+3}$　…… ①

① の両辺を２乗して整理すると　$5p^2+32p-37=0$

よって　$(p-1)(5p+37)=0$

ゆえに　$p=1,\ -\frac{37}{5}$

$p>0$ であるから　$\mathbf{p=1}$　これは ① を満たす。

(2)　y 軸の正の向きと同じ向きのベクトルの１つは

$\vec{e_2}=(0,\ 1,\ 0)$

(1) より，$|\vec{b}|=2$ であり，$\vec{b}\cdot\vec{e_2}=1$，$|\vec{e_2}|=1$ であるから

$\cos\theta=\frac{\vec{b}\cdot\vec{e_2}}{|\vec{b}||\vec{e_2}|}=\frac{1}{2\times 1}=\frac{1}{2}$

$0°\leqq\theta\leqq 180°$ であるから　$\mathbf{\theta=60°}$

⇐内積の成分による表現。

⇐(① の右辺)<0 より $p-4<0$ であるから $p<4$

⇐$\vec{b}$ と $\vec{e_2}$ の内積は，$\vec{b}$ の y 成分となる。

PR ②55

空間内に同一平面上にない4点O，A，B，Cがある。$\overrightarrow{OA}=\vec{a}$，$\overrightarrow{OB}=\vec{b}$，$\overrightarrow{OC}=\vec{c}$ とおき，D，Eは $\overrightarrow{OD}=\vec{a}+\vec{b}$，$\overrightarrow{OE}=\vec{a}+\vec{c}$ を満たす点とする。

(1) △ODEの重心をGとおくとき，$\overrightarrow{OG}$ を $\vec{a}$，$\vec{b}$，$\vec{c}$ を用いて表せ。

(2) P，Q，Rはそれぞれ $3\overrightarrow{AG}=\overrightarrow{AP}$，$3\overrightarrow{DG}=\overrightarrow{DQ}$，$3\overrightarrow{EG}=\overrightarrow{ER}$ を満たす点とする。このとき，$\overrightarrow{OP}$，$\overrightarrow{OQ}$，$\overrightarrow{OR}$ を $\vec{a}$，$\vec{b}$，$\vec{c}$ を用いて表せ。

(3) O，B，Cはそれぞれ線分QR，PR，PQの中点であることを示せ。〔山形大〕

(1) $\overrightarrow{OG}=\frac{1}{3}(\overrightarrow{OD}+\overrightarrow{OE})=\frac{1}{3}(\vec{a}+\vec{b}+\vec{a}+\vec{c})=\boldsymbol{\frac{1}{3}(2\vec{a}+\vec{b}+\vec{c})}$

(2) $\overrightarrow{AP}=3\overrightarrow{AG}$ から　$\overrightarrow{OP}-\overrightarrow{OA}=3(\overrightarrow{OG}-\overrightarrow{OA})$

よって　$\overrightarrow{OP}=-2\overrightarrow{OA}+3\overrightarrow{OG}$

$=-2\vec{a}+(2\vec{a}+\vec{b}+\vec{c})=\boldsymbol{\vec{b}+\vec{c}}$

$\overrightarrow{DQ}=3\overrightarrow{DG}$ から　$\overrightarrow{OQ}-\overrightarrow{OD}=3(\overrightarrow{OG}-\overrightarrow{OD})$

よって　$\overrightarrow{OQ}=-2\overrightarrow{OD}+3\overrightarrow{OG}$

$=-2(\vec{a}+\vec{b})+(2\vec{a}+\vec{b}+\vec{c})=\boldsymbol{-\vec{b}+\vec{c}}$

$\overrightarrow{ER}=3\overrightarrow{EG}$ から　$\overrightarrow{OR}-\overrightarrow{OE}=3(\overrightarrow{OG}-\overrightarrow{OE})$

よって　$\overrightarrow{OR}=-2\overrightarrow{OE}+3\overrightarrow{OG}$

$=-2(\vec{a}+\vec{c})+(2\vec{a}+\vec{b}+\vec{c})=\boldsymbol{\vec{b}-\vec{c}}$

(3) 線分QR，PR，PQの中点をそれぞれL，M，Nとすると

$\overrightarrow{OL}=\frac{1}{2}(\overrightarrow{OQ}+\overrightarrow{OR})=\frac{1}{2}(-\vec{b}+\vec{c}+\vec{b}-\vec{c})=\vec{0}$

すなわち　$\overrightarrow{OL}=\overrightarrow{OO}$

よって，線分QRの中点は点Oと一致する。

また　$\overrightarrow{OM}=\frac{1}{2}(\overrightarrow{OP}+\overrightarrow{OR})=\frac{1}{2}(\vec{b}+\vec{c}+\vec{b}-\vec{c})=\vec{b}$

すなわち　$\overrightarrow{OM}=\overrightarrow{OB}$

よって，線分PRの中点は点Bと一致する。

また　$\overrightarrow{ON}=\frac{1}{2}(\overrightarrow{OP}+\overrightarrow{OQ})=\frac{1}{2}(\vec{b}+\vec{c}-\vec{b}+\vec{c})=\vec{c}$

すなわち　$\overrightarrow{ON}=\overrightarrow{OC}$

よって，線分PQの中点は点Cと一致する。

⇦△ABCの重心のOに関する位置ベクトルは $\dfrac{\overrightarrow{OA}+\overrightarrow{OB}+\overrightarrow{OC}}{3}$

⇦$3\overrightarrow{OG}=3\times\frac{1}{3}(2\vec{a}+\vec{b}+\vec{c})$

⇦線分ABの中点の位置ベクトルは $\dfrac{\overrightarrow{OA}+\overrightarrow{OB}}{2}$

⇦共点条件は，位置ベクトルの一致で示す。

PR ②56

平行六面体ABCD-EFGHで△BDE，△CHFの重心をそれぞれP，Qとするとき，4点A，P，Q，Gが一直線上にあることを証明せよ。

$\overrightarrow{AB}=\vec{b}$，$\overrightarrow{AD}=\vec{d}$，$\overrightarrow{AE}=\vec{e}$ とする。

Pは△BDEの重心であるから

$\overrightarrow{AP}=\dfrac{\overrightarrow{AB}+\overrightarrow{AD}+\overrightarrow{AE}}{3}$

$=\frac{1}{3}(\vec{b}+\vec{d}+\vec{e})$ ……①

また　$\overrightarrow{AC}=\overrightarrow{AB}+\overrightarrow{AD}=\vec{b}+\vec{d}$，

$\overrightarrow{AH}=\overrightarrow{AD}+\overrightarrow{AE}=\vec{d}+\vec{e}$，

$\overrightarrow{AF}=\overrightarrow{AB}+\overrightarrow{AE}=\vec{b}+\vec{e}$

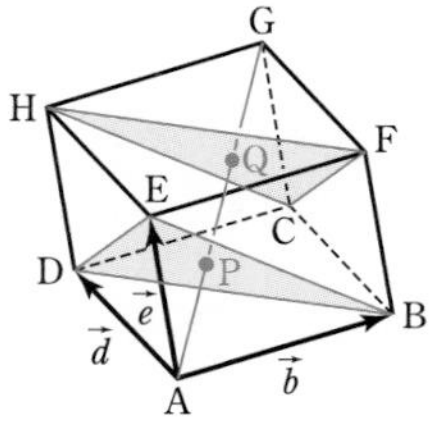

CHART
共線は実数倍

Q，Gが直線AP上にあることを示したい。
⟶ $\overrightarrow{AQ}=k\overrightarrow{AP}$，$\overrightarrow{AG}=k'\overrightarrow{AP}$ となる実数 k，k' があることを示す。

⇦平行六面体の各面は，平行四辺形である。

Q は △CHF の重心であるから

$$\overrightarrow{AQ}=\frac{\overrightarrow{AC}+\overrightarrow{AH}+\overrightarrow{AF}}{3}=\frac{\vec{b}+\vec{d}+\vec{d}+\vec{e}+\vec{b}+\vec{e}}{3}$$

$$=\frac{2\vec{b}+2\vec{d}+2\vec{e}}{3}=\frac{2}{3}(\vec{b}+\vec{d}+\vec{e}) \quad \cdots\cdots ②$$

更に　$\overrightarrow{AG}=\overrightarrow{AB}+\overrightarrow{BC}+\overrightarrow{CG}=\overrightarrow{AB}+\overrightarrow{AD}+\overrightarrow{AE}$

$$=\vec{b}+\vec{d}+\vec{e} \quad \cdots\cdots ③$$

①, ② から　$\overrightarrow{AQ}=2\overrightarrow{AP}$　　①, ③ から　$\overrightarrow{AG}=3\overrightarrow{AP}$

したがって, 4点 A, P, Q, G は一直線上にある。

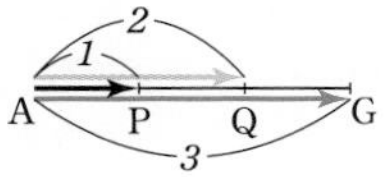

PR ③57

四面体 OABC の辺 AB, BC, CA を 3:2, 2:3, 1:4 に内分する点を, それぞれ D, E, F とする。CD と EF の交点を H とし, $\overrightarrow{OA}=\vec{a}$, $\overrightarrow{OB}=\vec{b}$, $\overrightarrow{OC}=\vec{c}$ とする。このとき, ベクトル $\overrightarrow{OH}$ を $\vec{a}$, $\vec{b}$, $\vec{c}$ を用いて表せ。

条件から　$\overrightarrow{OD}=\frac{2\overrightarrow{OA}+3\overrightarrow{OB}}{3+2}=\frac{2}{5}\vec{a}+\frac{3}{5}\vec{b}$　　⇦AD : DB=3 : 2

$\overrightarrow{OE}=\frac{3\overrightarrow{OB}+2\overrightarrow{OC}}{2+3}=\frac{3}{5}\vec{b}+\frac{2}{5}\vec{c}$　　⇦BE : EC=2 : 3

$\overrightarrow{OF}=\frac{4\overrightarrow{OC}+\overrightarrow{OA}}{1+4}=\frac{4}{5}\vec{c}+\frac{1}{5}\vec{a}$　　⇦CF : FA=1 : 4

CH : HD=s : $(1-s)$ とすると

$$\overrightarrow{OH}=(1-s)\overrightarrow{OC}+s\overrightarrow{OD}$$

$$=(1-s)\vec{c}+s\left(\frac{2}{5}\vec{a}+\frac{3}{5}\vec{b}\right)$$

$$=\frac{2s}{5}\vec{a}+\frac{3s}{5}\vec{b}+(1-s)\vec{c} \quad \cdots\cdots ①$$

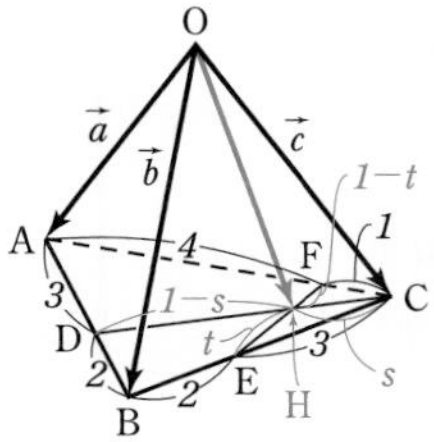

⇦H は直線 CD 上にあるから, $\overrightarrow{CH}=k\overrightarrow{CD}$ として考えてもよい。
$\overrightarrow{CH}=k\overrightarrow{CD}$ を変形すると
$\overrightarrow{OH}=(1-k)\overrightarrow{OC}+k\overrightarrow{OD}$
となり, 解答と同じ式になる。

⇦点Hを, 線分 EF を t : $(1-t)$ に内分する点として考える。

また, EH : HF=t : $(1-t)$ とすると

$$\overrightarrow{OH}=(1-t)\overrightarrow{OE}+t\overrightarrow{OF}$$

$$=(1-t)\left(\frac{3}{5}\vec{b}+\frac{2}{5}\vec{c}\right)+t\left(\frac{4}{5}\vec{c}+\frac{1}{5}\vec{a}\right)$$

$$=\frac{t}{5}\vec{a}+\frac{3(1-t)}{5}\vec{b}+\frac{2(1+t)}{5}\vec{c} \quad \cdots\cdots ②$$

①, ② から

$$\frac{2s}{5}\vec{a}+\frac{3s}{5}\vec{b}+(1-s)\vec{c}=\frac{t}{5}\vec{a}+\frac{3(1-t)}{5}\vec{b}+\frac{2(1+t)}{5}\vec{c}$$

4点 O, A, B, C は同じ平面上にないから　　⇦**この断りは重要。**

$$\frac{2s}{5}=\frac{t}{5},\quad \frac{3s}{5}=\frac{3(1-t)}{5},\quad 1-s=\frac{2(1+t)}{5}$$

⇦$\vec{a}$, $\vec{b}$, $\vec{c}$ の係数を比較する。

よって　　$2s=t$, $s=1-t$, $5(1-s)=2(1+t)$

$2s=t$ と $s=1-t$ を連立して解くと　　$s=\frac{1}{3}$, $t=\frac{2}{3}$

これは, $5(1-s)=2(1+t)$ を満たす。　　⇦この確認を忘れないように。

したがって　　$\boldsymbol{\overrightarrow{OH}=\frac{2}{15}\vec{a}+\frac{1}{5}\vec{b}+\frac{2}{3}\vec{c}}$

PR ②58 3点 A(1, 1, 0), B(3, 4, 5), C(1, 3, 6) の定める平面 ABC 上に点 P(4, 5, z) があるとき，z の値を求めよ。

$\overrightarrow{CP}=(3,\ 2,\ z-6)$，$\overrightarrow{CA}=(0,\ -2,\ -6)$，$\overrightarrow{CB}=(2,\ 1,\ -1)$
に対して $\overrightarrow{CP}=s\overrightarrow{CA}+t\overrightarrow{CB}$ となる実数 s，t があるから

$$(3,\ 2,\ z-6)=s(0,\ -2,\ -6)+t(2,\ 1,\ -1)$$

すなわち　$(3,\ 2,\ z-6)=(2t,\ -2s+t,\ -6s-t)$

よって　$3=2t$ ……①，$2=-2s+t$ ……②，
$z-6=-6s-t$ ……③

⇦対応する成分が等しい。

①，② を解くと　$s=-\dfrac{1}{4}$，$t=\dfrac{3}{2}$

⇦z を含まない ① と ② から，まず s，t を求める。

③ に代入して　$z-6=-6\times\left(-\dfrac{1}{4}\right)-\dfrac{3}{2}=0$

したがって　$\boldsymbol{z=6}$

別解　原点をOとし，$\overrightarrow{OP}=\vec{p}$，$\overrightarrow{OA}=\vec{a}$，$\overrightarrow{OB}=\vec{b}$，$\overrightarrow{OC}=\vec{c}$ とする。点Pが平面 ABC 上にあるための条件は，

$$\vec{p}=s\vec{a}+t\vec{b}+u\vec{c},\quad s+t+u=1$$

となる実数 s，t，u があることである。ゆえに

⇦$s+t+u=1$ を忘れないように。

$$(4,\ 5,\ z)=s(1,\ 1,\ 0)+t(3,\ 4,\ 5)+u(1,\ 3,\ 6)$$

よって　$(4,\ 5,\ z)=(s+3t+u,\ s+4t+3u,\ 5t+6u)$

ゆえに　$s+3t+u=4$ ……①
$s+4t+3u=5$ ……②
$5t+6u=z$ ……③

また　$s+t+u=1$ ……④

①，②，④ を解いて　$s=-\dfrac{1}{4}$，$t=\dfrac{3}{2}$，$u=-\dfrac{1}{4}$

⇦①，②，④ から s，t，u を求め，③ に代入する。

よって，③ から　$\boldsymbol{z}=5\times\dfrac{3}{2}+6\times\left(-\dfrac{1}{4}\right)=\boldsymbol{6}$

PR ③59 四面体 OABC において，辺 AB の中点をP，線分 PC を 2：1 に内分する点をQとする。また，辺 OA を 3：2 に内分する点をD，辺 OB を 2：1 に内分する点をE，辺 OC を 1：2 に内分する点をFとする。平面 DEF と線分 OQ の交点をRとするとき，OR：OQ を求めよ。

$$\overrightarrow{OQ}=\frac{\overrightarrow{OP}+2\overrightarrow{OC}}{2+1}$$
$$=\frac{1}{3}\left(\frac{\overrightarrow{OA}+\overrightarrow{OB}}{2}\right)+\frac{2}{3}\overrightarrow{OC}$$
$$=\frac{1}{6}\overrightarrow{OA}+\frac{1}{6}\overrightarrow{OB}+\frac{2}{3}\overrightarrow{OC}$$

⇦PQ：QC=2：1
Pは AB の中点。

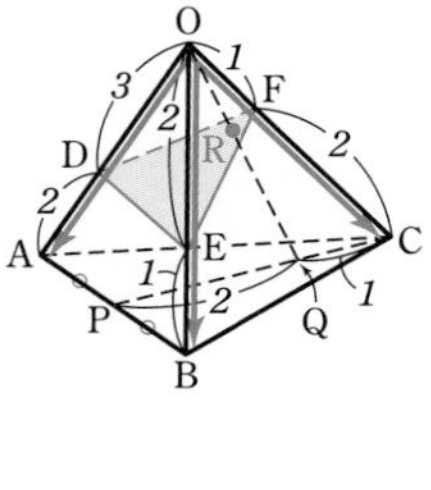

点Rは線分 OQ 上にあるから，
$\overrightarrow{OR}=k\overrightarrow{OQ}$ （k は実数）とすると

$$\overrightarrow{OR}=k\overrightarrow{OQ}=k\left(\frac{1}{6}\overrightarrow{OA}+\frac{1}{6}\overrightarrow{OB}+\frac{2}{3}\overrightarrow{OC}\right)$$
$$=\frac{1}{6}k\overrightarrow{OA}+\frac{1}{6}k\overrightarrow{OB}+\frac{2}{3}k\overrightarrow{OC}\quad\cdots\cdots(*)$$

$\overrightarrow{OD}=\frac{3}{5}\overrightarrow{OA}$, $\overrightarrow{OE}=\frac{2}{3}\overrightarrow{OB}$, $\overrightarrow{OF}=\frac{1}{3}\overrightarrow{OC}$ であるから

$$\overrightarrow{OR}=\frac{1}{6}k\left(\frac{5}{3}\overrightarrow{OD}\right)+\frac{1}{6}k\left(\frac{3}{2}\overrightarrow{OE}\right)+\frac{2}{3}k(3\overrightarrow{OF})$$
$$=\frac{5}{18}k\overrightarrow{OD}+\frac{1}{4}k\overrightarrow{OE}+2k\overrightarrow{OF} \quad \cdots\cdots (**)$$

⇐点Rは平面DEF上にあるから，$\overrightarrow{OR}$ を $\overrightarrow{OD}$，$\overrightarrow{OE}$，$\overrightarrow{OF}$ で表す。

点Rは平面DEF上にあるから　$\frac{5}{18}k+\frac{1}{4}k+2k=1$

⇐(係数の和)=1

よって　$\frac{91}{36}k=1$　ゆえに　$k=\frac{36}{91}$

したがって　**OR：OQ**$=\frac{36}{91}$：1=**36：91**

⇐OR：OQ=k：1

別解 1　($\overrightarrow{OR}$ を $\overrightarrow{OA}$，$\overrightarrow{OB}$，$\overrightarrow{OC}$ で2通りに表す解法)

[(*)までは同じ。]

点Rは平面DEF上にあるから，s，t，u を実数として

$$\overrightarrow{OR}=s\overrightarrow{OD}+t\overrightarrow{OE}+u\overrightarrow{OF},\ s+t+u=1$$

と表される。

ここで，$\overrightarrow{OD}=\frac{3}{5}\overrightarrow{OA}$，$\overrightarrow{OE}=\frac{2}{3}\overrightarrow{OB}$，$\overrightarrow{OF}=\frac{1}{3}\overrightarrow{OC}$ であるから

$$\overrightarrow{OR}=\frac{3}{5}s\overrightarrow{OA}+\frac{2}{3}t\overrightarrow{OB}+\frac{1}{3}u\overrightarrow{OC} \quad \cdots\cdots ①$$

⇐点Pが平面ABC上にある
⟺ $\overrightarrow{OP}=s\overrightarrow{OA}+t\overrightarrow{OB}+u\overrightarrow{OC}$,
$s+t+u=1$
これを点Rと平面DEFに適用する。

(*)，①から

$$\frac{1}{6}k\overrightarrow{OA}+\frac{1}{6}k\overrightarrow{OB}+\frac{2}{3}k\overrightarrow{OC}=\frac{3}{5}s\overrightarrow{OA}+\frac{2}{3}t\overrightarrow{OB}+\frac{1}{3}u\overrightarrow{OC}$$

4点O，A，B，Cは同じ平面上にないから

⇐**この断りは重要。**

$$\frac{1}{6}k=\frac{3}{5}s,\ \frac{1}{6}k=\frac{2}{3}t,\ \frac{2}{3}k=\frac{1}{3}u$$

ゆえに　$s=\frac{5}{18}k$，$t=\frac{1}{4}k$，$u=2k$

これらを $s+t+u=1$ に代入して　$\frac{5}{18}k+\frac{1}{4}k+2k=1$

よって　$k=\frac{36}{91}$　(以下同じ。)

別解 2　($\overrightarrow{OR}$ を $\overrightarrow{OD}$，$\overrightarrow{OE}$，$\overrightarrow{OF}$ で2通りに表す解法)

[(**)までは同じ。]

点Rは平面DEF上にあるから，s，t を実数として

$$\overrightarrow{DR}=s\overrightarrow{DE}+t\overrightarrow{DF}$$

と表される。

⇐**共面条件**
点Pが平面ABC上にある
⟺ $\overrightarrow{CP}=s\overrightarrow{CA}+t\overrightarrow{CB}$
となる実数，s，t がある

ゆえに　$\overrightarrow{OR}-\overrightarrow{OD}=s(\overrightarrow{OE}-\overrightarrow{OD})+t(\overrightarrow{OF}-\overrightarrow{OD})$

よって　$\overrightarrow{OR}=(1-s-t)\overrightarrow{OD}+s\overrightarrow{OE}+t\overrightarrow{OF}$　$\cdots\cdots$ ②

(**)，②から

$$\frac{5}{18}k\overrightarrow{OD}+\frac{1}{4}k\overrightarrow{OE}+2k\overrightarrow{OF}=(1-s-t)\overrightarrow{OD}+s\overrightarrow{OE}+t\overrightarrow{OF}$$

4点O，D，E，Fは同じ平面上にないから

⇐**この断りは重要。**

$\frac{5}{18}k=1-s-t,\ \frac{1}{4}k=s,\ 2k=t$

ゆえに　$\frac{5}{18}k=1-\frac{1}{4}k-2k$

よって　$k=\frac{36}{91}$　（以下同じ。）

PR ③60 原点をOとし，A(2, 0, 0)，B(0, 4, 0)，C(0, 0, 3) とする。原点から3点A，B，Cを含む平面に垂線OHを下ろしたとき，次のものを求めよ。

(1) 点Hの座標　(2) △ABC の面積

HINT (2) 四面体OABCの体積 V を次のように2通りに表す。

$$V=\frac{1}{3}\triangle OAB\times OC=\frac{1}{3}\triangle ABC\times OH$$

三角形の面積公式 $\triangle ABC=\frac{1}{2}\sqrt{|\overrightarrow{AB}|^2|\overrightarrow{AC}|^2-(\overrightarrow{AB}\cdot\overrightarrow{AC})^2}$ を利用してもよい（別解 参照）。

(1) 点Hは平面ABC上にあるから，s，t，u を実数として

$\overrightarrow{OH}=s\overrightarrow{OA}+t\overrightarrow{OB}+u\overrightarrow{OC},\ s+t+u=1$

と表される。

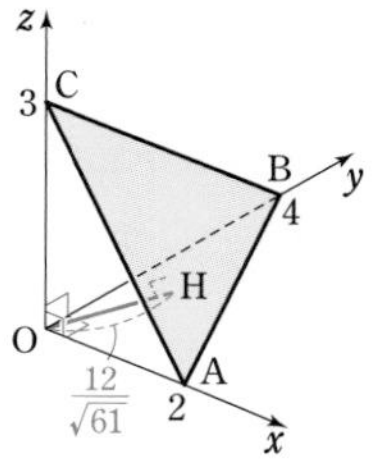

よって　$\overrightarrow{OH}=s(2,\ 0,\ 0)+t(0,\ 4,\ 0)+u(0,\ 0,\ 3)$

$=(2s,\ 4t,\ 3u)$

また　$\overrightarrow{AB}=(-2,\ 4,\ 0)$，$\overrightarrow{AC}=(-2,\ 0,\ 3)$

OH⊥(平面ABC) であるから

$\overrightarrow{OH}\perp\overrightarrow{AB},\ \overrightarrow{OH}\perp\overrightarrow{AC}$

よって，$\overrightarrow{OH}\cdot\overrightarrow{AB}=0$ から

$2s\times(-2)+4t\times4+3u\times0=0$

すなわち　$-4s+16t=0$　…… ①

また，$\overrightarrow{OH}\cdot\overrightarrow{AC}=0$ から

$2s\times(-2)+4t\times0+3u\times3=0$

すなわち　$-4s+9u=0$　…… ②

①，② から　$t=\frac{s}{4},\ u=\frac{4}{9}s$

$s+t+u=1$ に代入して

$s+\frac{s}{4}+\frac{4}{9}s=1$

よって　$s=\frac{36}{61}$

ゆえに　$t=\frac{9}{61},\ u=\frac{16}{61}$

このとき　$\overrightarrow{OH}=\left(\frac{72}{61},\ \frac{36}{61},\ \frac{48}{61}\right)$

したがって　$\mathbf{H}\left(\frac{72}{61},\ \frac{36}{61},\ \frac{48}{61}\right)$

(2)　四面体 OABC の体積を V とすると

$$V=\frac{1}{3}\triangle \mathrm{OAB}\times \mathrm{OC}$$

$$=\frac{1}{3}\times\frac{1}{2}\times 2\times 4\times 3=4 \quad \cdots\cdots ③$$

また　$V=\frac{1}{3}\triangle \mathrm{ABC}\times \mathrm{OH} \quad \cdots\cdots ④$

ここで，$\overrightarrow{\mathrm{OH}}=\frac{12}{61}(6,\ 3,\ 4)$ であるから

$$\mathrm{OH}=|\overrightarrow{\mathrm{OH}}|=\frac{12}{61}\sqrt{6^2+3^2+4^2}=\frac{12}{\sqrt{61}}$$

よって，③，④ から

$$4=\frac{1}{3}\triangle \mathrm{ABC}\times\frac{12}{\sqrt{61}}$$

したがって　$\triangle \mathrm{ABC}=\boldsymbol{\sqrt{61}}$

別解　$\overrightarrow{\mathrm{AB}}=(-2,\ 4,\ 0)$，$\overrightarrow{\mathrm{AC}}=(-2,\ 0,\ 3)$ であるから

$$|\overrightarrow{\mathrm{AB}}|^2=20,\ |\overrightarrow{\mathrm{AC}}|^2=13,\ \overrightarrow{\mathrm{AB}}\cdot\overrightarrow{\mathrm{AC}}=4$$

よって　$\triangle \mathrm{ABC}=\frac{1}{2}\sqrt{|\overrightarrow{\mathrm{AB}}|^2|\overrightarrow{\mathrm{AC}}|^2-(\overrightarrow{\mathrm{AB}}\cdot\overrightarrow{\mathrm{AC}})^2}$

$$=\frac{1}{2}\sqrt{20\times 13-16}$$

$$=\boldsymbol{\sqrt{61}}$$

⇐V を2通りに表す。③は △OAB を底面，OC を高さとみたときの体積，④は △ABC を底面，OH を高さとみたときの体積である。

⇐ベクトルによる三角形の面積公式を用いた解法。(1)で $\overrightarrow{\mathrm{AB}}$，$\overrightarrow{\mathrm{AC}}$ を求めているので，それを利用する。

2章
PR

PR ③61　1辺の長さが2の正四面体 ABCD において，辺 AD，BC の中点を，それぞれ E，F とする。
(1)　EF⊥BC が成り立つことを証明せよ。
(2)　△ABC の重心をGとするとき，線分 EG の長さを求めよ。

$\overrightarrow{\mathrm{AB}}=\vec{b}$，$\overrightarrow{\mathrm{AC}}=\vec{c}$，$\overrightarrow{\mathrm{AD}}=\vec{d}$ とする。

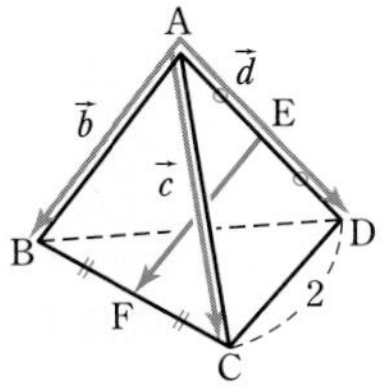

(1)　$\overrightarrow{\mathrm{EF}}=\overrightarrow{\mathrm{AF}}-\overrightarrow{\mathrm{AE}}=\frac{\vec{b}+\vec{c}}{2}-\frac{1}{2}\vec{d}$

$$=\frac{1}{2}(\vec{b}+\vec{c}-\vec{d})$$

$$\overrightarrow{\mathrm{BC}}=\overrightarrow{\mathrm{AC}}-\overrightarrow{\mathrm{AB}}$$

$$=\vec{c}-\vec{b}$$

よって　$\overrightarrow{\mathrm{EF}}\cdot\overrightarrow{\mathrm{BC}}=\frac{1}{2}(\vec{b}+\vec{c}-\vec{d})\cdot(\vec{c}-\vec{b})$

$$=\frac{1}{2}(\vec{b}\cdot\vec{c}-|\vec{b}|^2+|\vec{c}|^2-\vec{c}\cdot\vec{b}-\vec{d}\cdot\vec{c}+\vec{d}\cdot\vec{b})$$

$$=\frac{1}{2}(-|\vec{b}|^2+|\vec{c}|^2-|\vec{d}||\vec{c}|\cos 60^\circ+|\vec{d}||\vec{b}|\cos 60^\circ)$$

$$=\frac{1}{2}\left(-2^2+2^2-2\times 2\times\frac{1}{2}+2\times 2\times\frac{1}{2}\right)$$

$$=0$$

$\overrightarrow{\mathrm{EF}}\neq\vec{0}$，$\overrightarrow{\mathrm{BC}}\neq\vec{0}$ より $\overrightarrow{\mathrm{EF}}\perp\overrightarrow{\mathrm{BC}}$ であるから　EF⊥BC

⇐$\vec{d}$ と $\vec{c}$，$\vec{d}$ と $\vec{b}$ のなす角はともに 60°

⇐$|\vec{b}|=|\vec{c}|=|\vec{d}|=2$，$\cos 60^\circ=\frac{1}{2}$

(2) $\overrightarrow{EG}=\overrightarrow{AG}-\overrightarrow{AE}=\dfrac{\vec{b}+\vec{c}}{3}-\dfrac{1}{2}\vec{d}=\dfrac{1}{6}(2\vec{b}+2\vec{c}-3\vec{d})$

よって　$|\overrightarrow{EG}|^2=\left|\dfrac{1}{6}(2\vec{b}+2\vec{c}-3\vec{d})\right|^2=\dfrac{1}{36}|2\vec{b}+2\vec{c}-3\vec{d}|^2$

$=\dfrac{1}{36}(4|\vec{b}|^2+4|\vec{c}|^2+9|\vec{d}|^2+8\vec{b}\cdot\vec{c}-12\vec{c}\cdot\vec{d}-12\vec{d}\cdot\vec{b})$

$=\dfrac{1}{36}(4\times2^2+4\times2^2+9\times2^2+8\times2-12\times2-12\times2)$

$=\dfrac{1}{36}(16+16+36+16-24-24)=\dfrac{1}{36}\times36=1$

$|\overrightarrow{EG}|\geqq0$ であるから　　$\mathrm{EG}=|\overrightarrow{EG}|=\mathbf{1}$

⇐$\overrightarrow{AG}=\dfrac{\overrightarrow{AA}+\overrightarrow{AB}+\overrightarrow{AC}}{3}$

⇐$(x+y+z)^2$
$=x^2+y^2+z^2$
$+2xy+2yz+2zx$
と同じように計算。

⇐$|\vec{b}|=|\vec{c}|=|\vec{d}|=2$,
$\vec{b}\cdot\vec{c}=\vec{c}\cdot\vec{d}=\vec{d}\cdot\vec{b}$
$=2\times2\times\cos60^\circ=2$

PR ③62　四面体OABCと点Pについて $7\overrightarrow{OP}+2\overrightarrow{AP}+4\overrightarrow{BP}+5\overrightarrow{CP}=\vec{0}$ が成り立つ。
(1) 点Pはどのような位置にあるか。
(2) 四面体OABC, PABCの体積をそれぞれ V_1, V_2 とするとき, $V_1:V_2$ を求めよ。

(1) $7\overrightarrow{OP}+2\overrightarrow{AP}+4\overrightarrow{BP}+5\overrightarrow{CP}=\vec{0}$ から

$7\overrightarrow{OP}+2(\overrightarrow{OP}-\overrightarrow{OA})+4(\overrightarrow{OP}-\overrightarrow{OB})+5(\overrightarrow{OP}-\overrightarrow{OC})=\vec{0}$

ゆえに　　$18\overrightarrow{OP}=2\overrightarrow{OA}+4\overrightarrow{OB}+5\overrightarrow{OC}$

よって　　$\overrightarrow{OP}=\dfrac{1}{18}(2\overrightarrow{OA}+4\overrightarrow{OB}+5\overrightarrow{OC})$

線分BCを5：4に内分する点をDとすると

$\overrightarrow{OP}=\dfrac{1}{18}\left(2\overrightarrow{OA}+9\times\dfrac{4\overrightarrow{OB}+5\overrightarrow{OC}}{9}\right)$

$=\dfrac{1}{18}(2\overrightarrow{OA}+9\overrightarrow{OD})$

線分ADを9：2に内分する点をEとすると

$\overrightarrow{OP}=\dfrac{1}{18}\times11\times\dfrac{2\overrightarrow{OA}+9\overrightarrow{OD}}{11}$

$=\dfrac{11}{18}\overrightarrow{OE}$

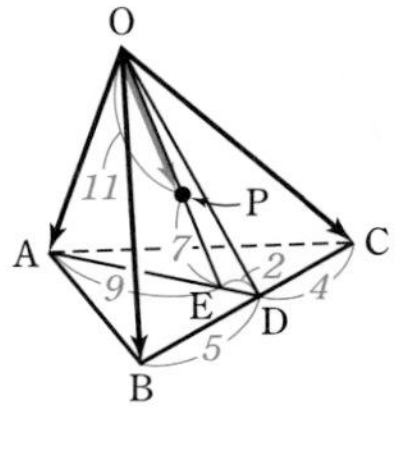

したがって, 点Pは, **線分BCを5：4に内分する点をD, 線分ADを9：2に内分する点をEとすると, 線分OEを11：7に内分する点**である。

(2) 四面体OABCの底面を△ABC, 高さを h_1, 四面体PABCの底面を△ABC, 高さを h_2 とすると

$V_1:V_2=h_1:h_2=\mathrm{OE}:\mathrm{PE}$

ゆえに, (1)から

$\boldsymbol{V_1:V_2=18:7}$

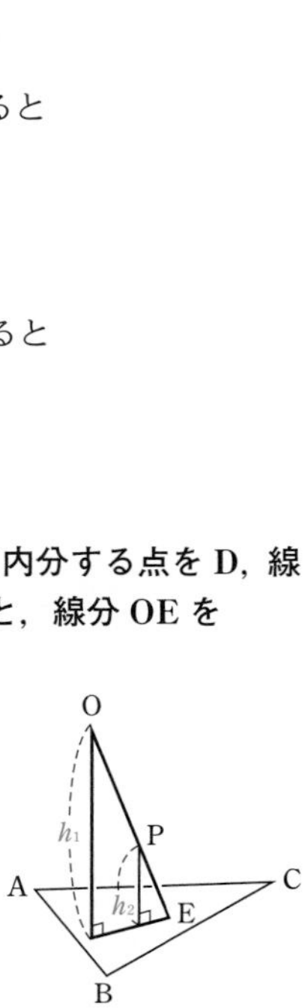

⇐V_1, V_2 は底面が同じであるから, $V_1:V_2$ は, 高さの比になる。

PR ④63　∠AOB＝∠AOC＝60°, ∠BOC＝90°, OB＝OC＝1, OA＝2 である四面体OABCにおいて, 頂点Oから平面ABCに垂線OHを下ろす。垂線OHの長さを求めよ。

$\overrightarrow{OA}=\vec{a}$, $\overrightarrow{OB}=\vec{b}$, $\overrightarrow{OC}=\vec{c}$ とする。

点Hは平面 ABC 上にあるから，s, t, u を実数として

$$\overrightarrow{OH}=s\vec{a}+t\vec{b}+u\vec{c},\quad s+t+u=1$$

と表される。OH⊥(平面 ABC) から

$$\overrightarrow{OH}\perp\overrightarrow{AB},\quad \overrightarrow{OH}\perp\overrightarrow{AC}$$

よって　$(s\vec{a}+t\vec{b}+u\vec{c})\cdot(\vec{b}-\vec{a})=0$　…… ①

　　　　$(s\vec{a}+t\vec{b}+u\vec{c})\cdot(\vec{c}-\vec{a})=0$　…… ②

ここで　$|\vec{a}|^2=4$, $|\vec{b}|^2=|\vec{c}|^2=1$,

　　　　$\vec{a}\cdot\vec{b}=\vec{c}\cdot\vec{a}=2\times1\times\cos60^\circ=1$, $\vec{b}\cdot\vec{c}=0$

① から　$-s|\vec{a}|^2+t|\vec{b}|^2+(s-t)\vec{a}\cdot\vec{b}+u\vec{b}\cdot\vec{c}-u\vec{c}\cdot\vec{a}=0$

ゆえに　$3s+u=0$　…… ③

② から　$-s|\vec{a}|^2+u|\vec{c}|^2+(s-u)\vec{c}\cdot\vec{a}+t\vec{b}\cdot\vec{c}-t\vec{a}\cdot\vec{b}=0$

よって　$3s+t=0$　…… ④

③, ④ および $s+t+u=1$ を解いて

$$s=-\frac{1}{5},\quad t=\frac{3}{5},\quad u=\frac{3}{5}$$

ゆえに　$\overrightarrow{OH}=-\frac{1}{5}\vec{a}+\frac{3}{5}\vec{b}+\frac{3}{5}\vec{c}$

よって　$|\overrightarrow{OH}|^2=\frac{1}{25}|-\vec{a}+3\vec{b}+3\vec{c}|^2$

$$=\frac{1}{25}(|\vec{a}|^2+9|\vec{b}|^2+9|\vec{c}|^2-6\vec{a}\cdot\vec{b}+18\vec{b}\cdot\vec{c}-6\vec{c}\cdot\vec{a})$$

$$=\frac{1}{25}(4+9\times1+9\times1-6\times1+18\times0-6\times1)=\frac{2}{5}$$

$|\overrightarrow{OH}|\geqq0$ であるから

$$\mathrm{OH}=|\overrightarrow{OH}|=\sqrt{\frac{2}{5}}=\boldsymbol{\frac{\sqrt{10}}{5}}$$

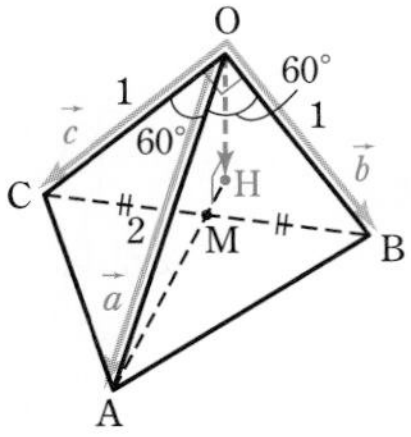

inf. 辺 BC の中点をMとすると

$\overrightarrow{OH}=-\frac{1}{5}\vec{a}+\frac{6}{5}\cdot\frac{\vec{b}+\vec{c}}{2}$

$=-\frac{1}{5}\overrightarrow{OA}+\frac{6}{5}\overrightarrow{OM}$

$=\frac{-\overrightarrow{OA}+6\overrightarrow{OM}}{6-1}$

よって，Hは線分 AM を 6：1 に外分する点である。

PR ①64

3点 A(−3, 0, 4), B(x, y, z), C(5, −1, 2) について，次の条件を満たす x, y, z の値を求めよ。

(1) 線分 AB を 1：2 に内分する点の座標が (−1, 1, 3)

(2) 線分 AB を 3：4 に外分する点の座標が (−3, −6, 4)

(3) △ABC の重心の座標が (1, 1, 3)

(1) $\left(\frac{2\times(-3)+1\times x}{1+2},\ \frac{2\times0+1\times y}{1+2},\ \frac{2\times4+1\times z}{1+2}\right)$

すなわち　$\left(\frac{-6+x}{3},\ \frac{y}{3},\ \frac{8+z}{3}\right)$

この座標が (−1, 1, 3) に等しい。

よって　$\boldsymbol{x=3,\ y=3,\ z=1}$

(2) $\left(\frac{4\times(-3)+(-3)\times x}{-3+4},\ \frac{4\times0+(-3)\times y}{-3+4},\ \frac{4\times4+(-3)\times z}{-3+4}\right)$

すなわち　$(-12-3x,\ -3y,\ 16-3z)$

この座標が (−3, −6, 4) に等しい。

よって　$\boldsymbol{x=-3,\ y=2,\ z=4}$

別解 (1) P(−1, 1, 3) とすると，B は線分 AP を 3：2 に外分する点である。よって

$\boldsymbol{x}=\frac{-2\times(-3)+3\times(-1)}{3-2}$

$\boldsymbol{=3}$

$\boldsymbol{y}=\frac{-2\times0+3\times1}{3-2}\boldsymbol{=3}$

$\boldsymbol{z}=\frac{-2\times4+3\times3}{3-2}\boldsymbol{=1}$

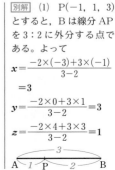

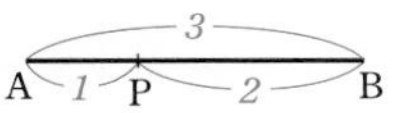

(3) $\left(\dfrac{-3+x+5}{3},\ \dfrac{0+y+(-1)}{3},\ \dfrac{4+z+2}{3}\right)$

すなわち $\left(\dfrac{x+2}{3},\ \dfrac{y-1}{3},\ \dfrac{z+6}{3}\right)$

この座標が (1, 1, 3) に等しい。

よって　$\boldsymbol{x=1,\ y=4,\ z=3}$

PR ①65

(1) 点 A(−2, 1, 0) を通り，yz 平面に平行な平面の方程式を求めよ。
(2) 点 B(3, 2, −4) を通り，zx 平面に平行な平面の方程式を求めよ。
(3) 点 C(0, 3, −2) を通り，z 軸に垂直な平面の方程式を求めよ。

(1) $\boldsymbol{x=-2}$　(2) $\boldsymbol{y=2}$

(3) z 軸に垂直な平面は，xy 平面に平行であるから，求める平面の方程式は　$\boldsymbol{z=-2}$

PR ②66

次の球面の方程式を求めよ。
(1) 点 A(3, 0, 2) を中心とし，点 B(1, $\sqrt{5}$, 4) を通る球面
(2) 2 点 A(−1, 1, 2)，B(5, 7, −4) を直径の両端とする球面
(3) 点 (2, −3, 1) を中心とし，zx 平面に接する球面

(1) $AB=\sqrt{(1-3)^2+(\sqrt{5}-0)^2+(4-2)^2}=\sqrt{13}$　⇦半径

よって，求める球面の方程式は

$$(x-3)^2+(y-0)^2+(z-2)^2=(\sqrt{13})^2$$

ゆえに　$\boldsymbol{(x-3)^2+y^2+(z-2)^2=13}$

(2) 線分 AB の中点 M が球面の中心であるから

$$M\left(\frac{-1+5}{2},\ \frac{1+7}{2},\ \frac{2+(-4)}{2}\right)$$

すなわち　M(2, 4, −1)

また　$AM=\sqrt{\{2-(-1)\}^2+(4-1)^2+(-1-2)^2}=3\sqrt{3}$

よって，求める球面の方程式は

$$(x-2)^2+(y-4)^2+\{z-(-1)\}^2=(3\sqrt{3})^2$$

ゆえに　$\boldsymbol{(x-2)^2+(y-4)^2+(z+1)^2=27}$

(2)

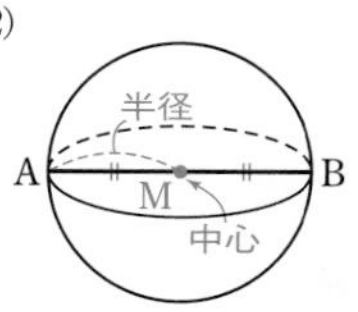

別解　球面上の点を P(x, y, z) とし，A($\vec{a}$)，B($\vec{b}$)，P($\vec{p}$) とすると　$\vec{p}-\vec{a}=(x+1,\ y-1,\ z-2)$，
$\vec{p}-\vec{b}=(x-5,\ y-7,\ z+4)$

よって　$(x+1)(x-5)+(y-1)(y-7)+(z-2)(z+4)=0$

整理すると　$\boldsymbol{(x-2)^2+(y-4)^2+(z+1)^2=27}$

⇦A($\vec{a}$)，B($\vec{b}$) とし，線分 AB を直径とする球面のベクトル方程式は
$(\vec{p}-\vec{a})\cdot(\vec{p}-\vec{b})=0$

inf.　解答は次のように簡潔に書いてもよい。

球面上の点を P(x, y, z) とすると

$\overrightarrow{AP}=(x+1,\ y-1,\ z-2)$，$\overrightarrow{BP}=(x-5,\ y-7,\ z+4)$

$\overrightarrow{AP}\cdot\overrightarrow{BP}=0$ から

$(x+1)(x-5)+(y-1)(y-7)+(z-2)(z+4)=0$

よって　$\boldsymbol{(x-2)^2+(y-4)^2+(z+1)^2=27}$

(3)　中心の y 座標が -3 であるから，球面の半径は 3 となる。
よって，求める球面の方程式は

$$(x-2)^2+\{y-(-3)\}^2+(z-1)^2=3^2$$

ゆえに　$\boldsymbol{(x-2)^2+(y+3)^2+(z-1)^2=9}$

(3)
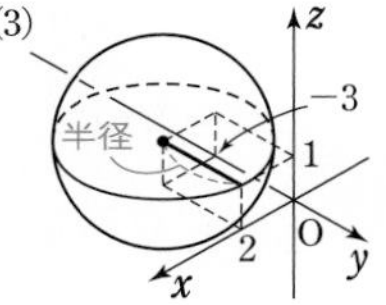

2章
PR

PR ②67

(1)　中心が $(-1,\ 3,\ 2)$，半径が 5 の球面が xy 平面，yz 平面，zx 平面と交わってできる図形の方程式をそれぞれ求めよ。
(2)　中心が $(1,\ -2,\ 3a)$，半径が $\sqrt{13}$ の球面が xy 平面と交わってできる円の半径が 2 であるという。a の値を求めよ。また，この円の中心の座標を求めよ。

(1)　中心が $(-1,\ 3,\ 2)$，半径が 5 の球面の方程式は

$$(x+1)^2+(y-3)^2+(z-2)^2=5^2$$

球面が xy 平面と交わってできる図形の方程式は

$$(x+1)^2+(y-3)^2+(0-2)^2=5^2,\quad z=0$$

すなわち　$\boldsymbol{(x+1)^2+(y-3)^2=21,\ z=0}$

球面が yz 平面と交わってできる図形の方程式は

$$(0+1)^2+(y-3)^2+(z-2)^2=5^2,\quad x=0$$

すなわち　$\boldsymbol{(y-3)^2+(z-2)^2=24,\ x=0}$

球面が zx 平面と交わってできる図形の方程式は

$$(x+1)^2+(0-3)^2+(z-2)^2=5^2,\quad y=0$$

すなわち　$\boldsymbol{(x+1)^2+(z-2)^2=16,\ y=0}$

⇐xy 平面 ⟶ $z=0$
⇐上の方程式に $z=0$ を代入。
⇐yz 平面 ⟶ $x=0$
⇐上の方程式に $x=0$ を代入。
⇐zx 平面 ⟶ $y=0$
⇐上の方程式に $y=0$ を代入。

(2)　中心が $(1,\ -2,\ 3a)$，半径が $\sqrt{13}$ の球面の方程式は

$$(x-1)^2+(y+2)^2+(z-3a)^2=13$$

この球面と xy 平面が交わってできる図形の方程式は

$$(x-1)^2+(y+2)^2+(0-3a)^2=13,\quad z=0$$

すなわち　$(x-1)^2+(y+2)^2=13-9a^2,\ z=0$
これは，$13-9a^2>0$ のとき，xy 平面上で **中心 $(1,\ -2,\ 0)$**，半径 $\sqrt{13-9a^2}$ の円を表す。その半径が 2 であるから

$13-9a^2=2^2$　　ゆえに　$\boldsymbol{a=\pm1}$

注意　(1)の答えでは，それぞれ $z=0$，$x=0$，$y=0$ を忘れないように。

別解　球の中心と xy 平面の距離は $|3a|$ である。
よって，三平方の定理から　$|3a|^2+2^2=(\sqrt{13})^2$
ゆえに　$9a^2=9$
よって　$\boldsymbol{a=\pm1}$

PR ③68

(1)　点 A$(2,\ -1,\ 0)$ を通り，$\vec{d}=(-2,\ 1,\ 2)$ に平行な直線 ℓ に，原点Oから垂線 OH を下ろす。点 H の座標を求めよ。
(2)　2 点 A$(3,\ 1,\ -1)$，B$(-2,\ -3,\ 2)$ を通る直線と，xy 平面，yz 平面，zx 平面との交点の座標をそれぞれ求めよ。

(1)　点 H は直線 ℓ 上にあるから，t を媒介変数とすると

$$\overrightarrow{OH}=\overrightarrow{OA}+t\vec{d}$$

と表される。
ここで，$\overrightarrow{OA}=(2,\ -1,\ 0)$，$\vec{d}=(-2,\ 1,\ 2)$ であるから

$$\overrightarrow{OH}=(2,\ -1,\ 0)+t(-2,\ 1,\ 2)$$
$$=(2-2t,\ -1+t,\ 2t)$$

また，OH は直線 ℓ への垂線であるから　$\overrightarrow{OH}\perp\vec{d}$
よって　$\overrightarrow{OH}\cdot\vec{d}=0$

ゆえに　$(2-2t)\times(-2)+(-1+t)\times1+2t\times2=0$

これを解いて　$t=\frac{5}{9}$

このとき　$\overrightarrow{OH}=\left(\frac{8}{9},\ -\frac{4}{9},\ \frac{10}{9}\right)$

したがって，点Hの座標は　$\left(\frac{8}{9},\ -\frac{4}{9},\ \frac{10}{9}\right)$

⇐整理すると
$-5+9t=0$

(2) 直線AB上の点をP$(x,\ y,\ z)$，tを媒介変数とすると

$\overrightarrow{OP}=(1-t)\overrightarrow{OA}+t\overrightarrow{OB}$
$=(3-5t,\ 1-4t,\ -1+3t)$

⇐$\overrightarrow{OP}=\overrightarrow{OA}+t\overrightarrow{AB}$ としてもよい。

点Pがxy平面上にあるとき，Pのz座標は0であるから
$-1+3t=0$

よって　$t=\frac{1}{3}$　　このとき　$\overrightarrow{OP}=\left(\frac{4}{3},\ -\frac{1}{3},\ 0\right)$

したがって，**xy平面との交点の座標は**　$\left(\frac{4}{3},\ -\frac{1}{3},\ 0\right)$

点Pがyz平面上にあるとき，Pのx座標は0であるから
$3-5t=0$

よって　$t=\frac{3}{5}$　　このとき　$\overrightarrow{OP}=\left(0,\ -\frac{7}{5},\ \frac{4}{5}\right)$

したがって，**yz平面との交点の座標は**　$\left(0,\ -\frac{7}{5},\ \frac{4}{5}\right)$

点Pがzx平面上にあるとき，Pのy座標は0であるから
$1-4t=0$

よって　$t=\frac{1}{4}$　　このとき　$\overrightarrow{OP}=\left(\frac{7}{4},\ 0,\ -\frac{1}{4}\right)$

したがって，**zx平面との交点の座標は**　$\left(\frac{7}{4},\ 0,\ -\frac{1}{4}\right)$

PR ③69

(1) 方程式 $x^2+y^2+z^2-x-4y+3z+4=0$ はどんな図形を表すか。

(2) 4点O(0, 0, 0)，A(0, 2, 3)，B(1, 0, 3)，C(1, 2, 0) を通る球面の中心の座標と半径を求めよ。　[(2) 類 九州大]

(1) $\left\{x^2-x+\left(\frac{1}{2}\right)^2\right\}+(y^2-4y+2^2)+\left\{z^2+3z+\left(\frac{3}{2}\right)^2\right\}$
$=-4+\left(\frac{1}{2}\right)^2+2^2+\left(\frac{3}{2}\right)^2$

ゆえに　$\left(x-\frac{1}{2}\right)^2+(y-2)^2+\left(z+\frac{3}{2}\right)^2=\frac{5}{2}$

したがって　**中心$\left(\frac{1}{2},\ 2,\ -\frac{3}{2}\right)$，半径$\frac{\sqrt{10}}{2}$の球面**

HINT　球面の方程式(一般形)について，$x^2+y^2+z^2+Ax+By+Cz+D=0$ (ただし $A^2+B^2+C^2>4D$) は $(x-a)^2+(y-b)^2+(z-c)^2=r^2$ の形に変形できる。

⇐$\sqrt{\frac{5}{2}}=\frac{\sqrt{5}}{\sqrt{2}}=\frac{\sqrt{10}}{2}$

(2) 球面の方程式を $x^2+y^2+z^2+Ax+By+Cz+D=0$ とすると　$D=0$，$13+2B+3C+D=0$，
$10+A+3C+D=0$，$5+A+2B+D=0$

ゆえに　$A=-1$，$B=-2$，$C=-3$

したがって，球面の方程式は

⇐4点のx座標，y座標，z座標をそれぞれ代入する。

$$x^2+y^2+z^2-x-2y-3z=0$$

これを変形して

$$\left\{x^2-x+\left(\frac{1}{2}\right)^2\right\}+(y^2-2y+1^2)+\left\{z^2-3z+\left(\frac{3}{2}\right)^2\right\}$$

$$=\left(\frac{1}{2}\right)^2+1^2+\left(\frac{3}{2}\right)^2$$

⇐x, y, z の2次式をそれぞれ平方完成する。

よって　$\left(x-\frac{1}{2}\right)^2+(y-1)^2+\left(z-\frac{3}{2}\right)^2=\frac{7}{2}$

ゆえに　**中心の座標は** $\left(\frac{1}{2},\ 1,\ \frac{3}{2}\right)$, **半径は** $\sqrt{\frac{7}{2}}=\frac{\sqrt{14}}{2}$

別解　中心の座標を D$(a,\ b,\ c)$ とすると,

OD＝AD, OD＝BD, OD＝CD から

⇐中心と4点までの距離が等しい。

$$a^2+b^2+c^2=a^2+(b-2)^2+(c-3)^2$$

$$a^2+b^2+c^2=(a-1)^2+b^2+(c-3)^2$$

$$a^2+b^2+c^2=(a-1)^2+(b-2)^2+c^2$$

したがって　$4b+6c=13$, $a+3c=5$, $2a+4b=5$

⇐a^2, b^2, c^2 の項は消える。

これを解いて　$a=\frac{1}{2}$, $b=1$, $c=\frac{3}{2}$

よって，**中心の座標は**　$\left(\frac{1}{2},\ 1,\ \frac{3}{2}\right)$

また，**半径は**

$$\sqrt{\left(\frac{1}{2}-0\right)^2+(1-0)^2+\left(\frac{3}{2}-0\right)^2}=\sqrt{\frac{14}{4}}=\frac{\sqrt{14}}{2}$$

⇐OD の長さ。

PR ③70

次の3点の定める平面を α とする。点 P$(x,\ y,\ z)$ が α 上にあるとき，x, y, z が満たす関係式を求めよ。

(1)　(1, 2, 4), (−2, 0, 3), (4, 5, −2)

(2)　(2, 0, 0), (0, 3, 0), (0, 0, 4)

(1)　平面 α の法線ベクトルを $\vec{n}=(a,\ b,\ c)$ $(\vec{n}\neq\vec{0})$ とする。

A(1, 2, 4), B(−2, 0, 3), C(4, 5, −2) とすると

$$\overrightarrow{AB}=(-3,\ -2,\ -1),\ \overrightarrow{AC}=(3,\ 3,\ -6)$$

$\vec{n}\perp\overrightarrow{AB}$ であるから　$\vec{n}\cdot\overrightarrow{AB}=0$

⇐法線ベクトルは平面 α 上の直線に垂直。

よって　$-3a-2b-c=0$　…… ①

$\vec{n}\perp\overrightarrow{AC}$ であるから　$\vec{n}\cdot\overrightarrow{AC}=0$

ゆえに　$3a+3b-6c=0$　…… ②

①, ② から　$a=-5c$, $b=7c$

よって　$\vec{n}=c(-5,\ 7,\ 1)$

$\vec{n}\neq\vec{0}$ であるから，$c=1$ として　$\vec{n}=(-5,\ 7,\ 1)$

⇐$\vec{n}\neq\vec{0}$ であれば，c はどの値でもよい。

点Pは平面 α 上にあるから　$\vec{n}\cdot\overrightarrow{AP}=0$

$\overrightarrow{AP}=(x-1,\ y-2,\ z-4)$ であるから

$$-5(x-1)+7(y-2)+(z-4)=0$$

したがって　$\mathbf{5x-7y-z+13=0}$

別解 1　原点をOとする。点Pは平面α上にあるから，s，t，uを実数として

$$\overrightarrow{OP}=s\overrightarrow{OA}+t\overrightarrow{OB}+u\overrightarrow{OC},\ s+t+u=1$$

と表される。

よって　$(x,\ y,\ z)=s(1,\ 2,\ 4)+t(-2,\ 0,\ 3)+u(4,\ 5,\ -2)$

$=(s-2t+4u,\ 2s+5u,\ 4s+3t-2u)$

ゆえに　$x=s-2t+4u$，$y=2s+5u$，$z=4s+3t-2u$

s，t，uについて解くと　$s=\frac{1}{39}(15x-8y+10z)$，

$t=\frac{1}{39}(-24x+18y-3z)$，$u=\frac{1}{39}(-6x+11y-4z)$

$s+t+u=1$ に代入して整理すると　$\boldsymbol{5x-7y-z+13=0}$

⇐平面αのベクトル方程式。

⇐平面αの媒介変数表示。

⇐s，t，uの連立方程式を解く。

別解 2　平面の方程式を $ax+by+cz+d=0$ とする。

点$(1,\ 2,\ 4)$を通るから　$a+2b+4c+d=0$　……①

点$(-2,\ 0,\ 3)$を通るから　$-2a+3c+d=0$　……②

点$(4,\ 5,\ -2)$を通るから　$4a+5b-2c+d=0$　……③

①，②，③から　$a=-5c$，$b=7c$，$d=-13c$

よって　$-5cx+7cy+cz-13c=0$

$c\neq 0$ としてよいから　$\boldsymbol{5x-7y-z+13=0}$

点Pが平面α上にあるとき，この式を満たすから，これが求める関係式である。

inf.　**平面の方程式は**
$\boldsymbol{ax+by+cz+d=0}$
ただし
$(a,\ b,\ c)\neq(0,\ 0,\ 0)$
(本冊 $p.410$ STEP UP参照。)

⇐$c=0$ のとき，$a=b=d=0$ となり，x，y，zの関係式にならない。

(2)　平面αの法線ベクトルを $\vec{n}=(a,\ b,\ c)$ $(\vec{n}\neq\vec{0})$ とする。

A$(2,\ 0,\ 0)$，B$(0,\ 3,\ 0)$，C$(0,\ 0,\ 4)$とすると

$$\overrightarrow{AB}=(-2,\ 3,\ 0),\ \overrightarrow{AC}=(-2,\ 0,\ 4)$$

$\vec{n}\perp\overrightarrow{AB}$ であるから　$\vec{n}\cdot\overrightarrow{AB}=0$

よって　$-2a+3b=0$　……①

$\vec{n}\perp\overrightarrow{AC}$ であるから　$\vec{n}\cdot\overrightarrow{AC}=0$

ゆえに　$-2a+4c=0$　……②

①から　$b=\frac{2}{3}a$

②から　$c=\frac{1}{2}a$

よって　$\vec{n}=a\left(1,\ \frac{2}{3},\ \frac{1}{2}\right)$

$\vec{n}\neq\vec{0}$ であるから，$a=6$ として　$\vec{n}=(6,\ 4,\ 3)$

点Pは平面α上にあるから　$\vec{n}\cdot\overrightarrow{AP}=0$

$\overrightarrow{AP}=(x-2,\ y,\ z)$ であるから

$$6(x-2)+4y+3z=0$$

したがって　$\boldsymbol{6x+4y+3z-12=0}$

別解 2　平面の方程式を
$ax+by+cz+d=0$
……①　とする。
3点$(2,\ 0,\ 0)$，$(0,\ 3,\ 0)$，$(0,\ 0,\ 4)$がこの平面上にあるから

$\begin{cases} 2a+d=0 & \cdots\cdots ② \\ 3b+d=0 & \cdots\cdots ③ \\ 4c+d=0 & \cdots\cdots ④ \end{cases}$

②から　$a=-\frac{1}{2}d$

③から　$b=-\frac{1}{3}d$

④から　$c=-\frac{1}{4}d$

ゆえに，平面の方程式は，①から

$-\frac{1}{2}dx-\frac{1}{3}dy-\frac{1}{4}dz+d=0$

$d\neq 0$ としてよいから

$\boldsymbol{6x+4y+3z-12=0}$

点Pが平面α上にあるとき，この式を満たすから，これが求める関係式である。

別解 1　原点をOとする。点Pは平面α上にあるから，s，t，uを実数として

$$\overrightarrow{OP}=s\overrightarrow{OA}+t\overrightarrow{OB}+u\overrightarrow{OC},\ s+t+u=1$$

と表される。

よって　$(x, y, z)=s(2, 0, 0)+t(0, 3, 0)+u(0, 0, 4)$
$=(2s, 3t, 4u)$
ゆえに　$x=2s, y=3t, z=4u$
すなわち　$s=\dfrac{x}{2}, t=\dfrac{y}{3}, u=\dfrac{z}{4}$
$s+t+u=1$ に代入して整理すると
$$\boldsymbol{6x+4y+3z-12=0}$$

inf.　3点 $(a, 0, 0)$, $(0, b, 0)$, $(0, 0, c)$ $(abc \neq 0)$ を通る平面の方程式は
$$\frac{x}{a}+\frac{y}{b}+\frac{z}{c}=1$$

PR ③71

(1) 直線 $\ell:(x, y, z)=(-5, 3, 3)+s(1, -2, 2)$ と直線 $m:(x, y, z)=(0, 3, 2)+t(3, 4, -5)$ の交点の座標を求めよ。
(2) 2点 A$(2, 4, 0)$, B$(0, -5, 6)$ を通る直線 ℓ と，点 $(0, 2, 0)$ を中心とする半径2の球面との共有点の座標を求めよ。

(1) $\ell: x=-5+s, y=3-2s, z=3+2s$
$m: x=3t, y=3+4t, z=2-5t$
2直線 ℓ, m が交わるとき，
$-5+s=3t$ …①, $3-2s=3+4t$ …②, $3+2s=2-5t$ …③
を同時に満たす実数 s, t が存在する。
①, ② を解いて　$s=2, t=-1$　これは ③ を満たす。
よって，求める交点の座標は
$$\boldsymbol{(-3, -1, 7)}$$

⇦下線の確認は重要。

⇦ ℓ または m の媒介変数表示の式に $s=2$ または $t=-1$ を代入する。

(2) t を媒介変数とすると，直線 ℓ の媒介変数表示は
$$(x, y, z)=(1-t)(2, 4, 0)+t(0, -5, 6)$$
すなわち　$x=2-2t, y=4-9t, z=6t$ ……①
点 $(0, 2, 0)$ を中心とする半径2の球面の方程式は
$x^2+(y-2)^2+z^2=4$ ……②
① を ② に代入すると
$$(2-2t)^2+(2-9t)^2+(6t)^2=4$$
整理すると　$121t^2-44t+4=0$
すなわち　$(11t-2)^2=0$
ゆえに　$t=\dfrac{2}{11}$
よって，共有点の座標は
$$\boldsymbol{\left(\frac{18}{11}, \frac{26}{11}, \frac{12}{11}\right)}$$

⇦解が1つであるから，共有点は1つである。

PR ④72

2点 A$(1, 1, -1)$, B$(0, 2, 1)$ を通る直線を ℓ，2点 C$(2, 1, 1)$, D$(3, 0, 2)$ を通る直線を m とする。
(1) ℓ と m は交わらないことを示せ。
(2) ℓ 上の点Pと m 上の点Qの距離 PQ の最小値を求めよ。

(1) s を媒介変数とすると，直線 ℓ の媒介変数表示は
$$(x, y, z)=(1-s)(1, 1, -1)+s(0, 2, 1)$$
すなわち　$\ell: x=1-s, y=1+s, z=-1+2s$ ……①

⇦ $\vec{p}=(1-s)\vec{a}+s\vec{b}$ ただし，A$(\vec{a})$, B$(\vec{b})$。

また，t を媒介変数とすると，直線 m の媒介変数表示は

$$(x,\ y,\ z)=(1-t)(2,\ 1,\ 1)+t(3,\ 0,\ 2)$$

すなわち　$m : x=2+t,\ y=1-t,\ z=1+t$　……②

ℓ と m が交わるとすると，①，② から

$$1-s=2+t,\ 1+s=1-t,\ -1+2s=1+t$$

これらを同時に満たす s，t は存在しない。

よって，ℓ と m は交わらない。

⇦$\vec{p}=(1-t)\vec{c}+t\vec{d}$
ただし，$C(\vec{c})$，$D(\vec{d})$。

⇦第 2 式から $s=-t$
第 1 式に代入すると
$1=2$ となり不適。

(2)　(1) から $P(1-s,\ 1+s,\ -1+2s)$，$Q(2+t,\ 1-t,\ 1+t)$ とおける。

よって　$PQ^2=(1+t+s)^2+(-t-s)^2+(2+t-2s)^2$
$=6s^2-6s+3t^2+6t+5$
$=6\left(s-\frac{1}{2}\right)^2+3(t+1)^2+\frac{1}{2}$

⇦平方完成する。

ゆえに，PQ^2 は $s=\frac{1}{2}$ かつ $t=-1$ すなわち $\mathbf{P\left(\frac{1}{2},\ \frac{3}{2},\ 0\right)}$，$\mathbf{Q(1,\ 2,\ 0)}$ **のとき** 最小値 $\frac{1}{2}$ をとる。$PQ>0$ であるから，このとき PQ は **最小値** $\sqrt{\frac{1}{2}}=\mathbf{\frac{\sqrt{2}}{2}}$ をとる。

⇦$s-\frac{1}{2}=0$ かつ
$t+1=0$ のとき最小。

PR ④73

点 $P(-2,\ 3,\ 1)$ を通り，$\vec{d}=(2,\ 1,\ -3)$ に平行な直線を ℓ とする。
(1)　直線 ℓ と xy 平面の交点Aの座標を求めよ。
(2)　点Pから xy 平面に垂線 PH を下ろしたときの，点Hの座標を求めよ。
(3)　直線 ℓ と xy 平面のなす鋭角を θ とするとき，$\cos\theta$ の値を求めよ。

(1)　Oを原点とする。点Aは直線 ℓ 上の点であるから

$$\overrightarrow{OA}=\overrightarrow{OP}+t\vec{d}$$
$$=(-2+2t,\ 3+t,\ 1-3t)$$

と表される。ただし，t は実数である。

点Aは xy 平面上にあるから，Aの z 座標は 0 である。

よって　$1-3t=0$

ゆえに　$t=\frac{1}{3}$

このとき　$\overrightarrow{OA}=\left(-\frac{4}{3},\ \frac{10}{3},\ 0\right)$

よって，求める座標は

$$\mathbf{A\left(-\frac{4}{3},\ \frac{10}{3},\ 0\right)}$$

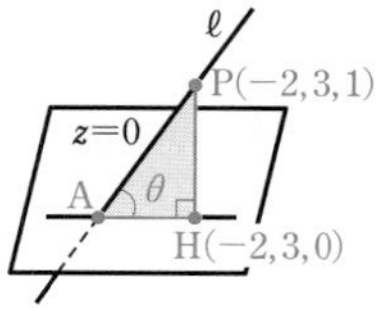

(2)　点Pから xy 平面に垂線を下ろすと，z 座標が 0 になるから　$\mathbf{H(-2,\ 3,\ 0)}$

⇦xy 平面上の点は，
z 座標が 0 である。

(3)　$AH=\sqrt{\left\{-2-\left(-\frac{4}{3}\right)\right\}^2+\left(3-\frac{10}{3}\right)^2+0^2}=\frac{\sqrt{5}}{3}$，

$AP=\sqrt{\left\{-2-\left(-\frac{4}{3}\right)\right\}^2+\left(3-\frac{10}{3}\right)^2+(1-0)^2}=\frac{\sqrt{14}}{3}$

であるから　　$\cos\theta=\dfrac{\text{AH}}{\text{AP}}=\dfrac{\sqrt{5}}{3}\div\dfrac{\sqrt{14}}{3}=\dfrac{\sqrt{70}}{14}$

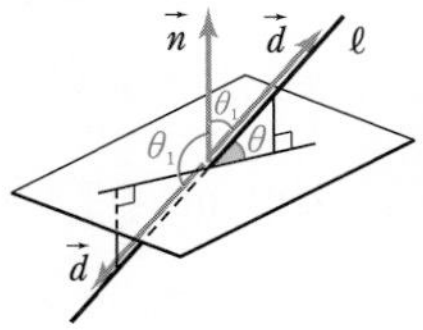

別解　xy 平面は $\vec{n}=(0,\ 0,\ 1)$ に垂直で，直線 ℓ は $\vec{d}=(2,\ 1,\ -3)$ に平行である。

$\vec{n}$ と $\vec{d}$ のなす角を θ_1 とすると

$$\cos\theta_1=\frac{\vec{n}\cdot\vec{d}}{|\vec{n}||\vec{d}|}=\frac{-3}{1\times\sqrt{14}}=-\frac{3}{\sqrt{14}}$$

$\cos\theta_1<0$ であるから，$90^\circ<\theta_1<180^\circ$ である。

このとき　$\theta=\theta_1-90^\circ$

ゆえに　$\cos\theta=\cos(\theta_1-90^\circ)=\sin\theta_1$

$$=\sqrt{1-\cos^2\theta_1}=\sqrt{1-\left(-\frac{3}{\sqrt{14}}\right)^2}$$

$$=\frac{\sqrt{70}}{14}$$

⇐図から，$\theta=90^\circ-\theta_1$ または $\theta=\theta_1-90^\circ$ である。$\cos\theta_1$ の符号から，θ_1 は鈍角であり，$\theta=\theta_1-90^\circ$ である。

inf.　一般に，直線 ℓ と平面 α に対し，ℓ 上の各点から α 上へ垂線を下ろしたときの，α 上の点の集合を **直線 ℓ の平面 α 上への正射影** という。直線 ℓ と平面 α のなす角は，その正射影と ℓ のなす角である。

PR ③74

点 A(2, −4, 3) とする。
(1) 点Aを通り，$\vec{n}=(1,\ -3,\ -5)$ に垂直な平面の方程式を求めよ。
(2) 平面 $\alpha : x-y-2z+1=0$ に平行で，点Aを通る平面を β とする。平面 β と点 P(1, −4, 2) の距離を求めよ。

(1)　A(2, −4, 3) を通り，$\vec{n}=(1,\ -3,\ -5)$ に垂直な平面の方程式は

$$(x-2)+(-3)\{y-(-4)\}+(-5)(z-3)=0$$

よって　　$\boldsymbol{x-3y-5z+1=0}$

(2)　平面 α はベクトル $\vec{n}=(1,\ -1,\ -2)$ に垂直な平面で，平面 β は α と平行であるから，平面 β は $\vec{n}$ に垂直な平面である。

また，平面 β は A(2, −4, 3) を通るから，平面 β の方程式は　$(x-2)+(-1)\{y-(-4)\}+(-2)(z-3)=0$

よって　　$x-y-2z=0$

ゆえに，求める距離は

$$\frac{|1-(-4)-2\times2|}{\sqrt{1^2+(-1)^2+(-2)^2}}=\frac{|1|}{\sqrt{6}}=\frac{\sqrt{6}}{6}$$

⇐平面 α の方程式の x, y, z の係数を順に並べたものが $\vec{n}$ である。

⇐点と平面の距離。

補足　補充例題 74 の 別解

(1)　平面上の点を P$(x,\ y,\ z)$ とする。$\vec{n}\neq\vec{0}$ から

$$\vec{n}\perp\overrightarrow{\text{AP}}\ \text{または}\ \overrightarrow{\text{AP}}=\vec{0}$$

よって　　$\vec{n}\cdot\overrightarrow{\text{AP}}=0$

$\overrightarrow{\text{AP}}=(x+1,\ y-3,\ z+2)$ であるから

$$4\times(x+1)+(-1)\times(y-3)+3\times(z+2)=0$$

ゆえに　　$\boldsymbol{4x-y+3z+13=0}$

⇐平面の方程式の公式や，点と平面の距離の公式を用いない解法。特に，(2) は計算量が多く大変。

(2) 平面αの法線ベクトルを $\vec{n}=(a,\ b,\ c)\ (\neq\vec{0})$ とする。

⇦αとβは平行であるから，αの法線ベクトルを求める。

また，平面α上の異なる3点 $X\left(\frac{7}{2},\ 0,\ 0\right)$，$Y(0,\ -7,\ 0)$，$Z\left(0,\ 0,\ \frac{7}{2}\right)$ をとる。

このとき，$\vec{n}\perp\overrightarrow{XY}$，$\vec{n}\perp\overrightarrow{XZ}$ であるから

$$\vec{n}\cdot\overrightarrow{XY}=0,\ \vec{n}\cdot\overrightarrow{XZ}=0$$

$\vec{n}\cdot\overrightarrow{XY}=0$ から　$a\times\left(-\frac{7}{2}\right)+b\times(-7)+c\times 0=0$

よって　$b=-\frac{a}{2}$

$\vec{n}\cdot\overrightarrow{XZ}=0$ から　$a\times\left(-\frac{7}{2}\right)+b\times 0+c\times\frac{7}{2}=0$

ゆえに　$c=a$

よって　$\vec{n}=a\left(1,\ -\frac{1}{2},\ 1\right)$

$\vec{n}\neq\vec{0}$ であるから，$a=2$ として　$\vec{n}=(2,\ -1,\ 2)$

この$\vec{n}$は平面βに垂直なベクトルであるから，平面β上の点を$Q(x,\ y,\ z)$とすると　$\vec{n}\cdot\overrightarrow{AQ}=0$

ゆえに　$2\times\{x-(-1)\}+(-1)\times(y-3)+2\times\{z-(-2)\}=0$

よって　$2x-y+2z+9=0$　……①

また，点$B(-1,\ -5,\ 3)$を通り，$\vec{n}=(2,\ -1,\ 2)$ に平行な直線ℓは，tを媒介変数とすると

⇦$\vec{n}$は平面βに垂直であるから，直線ℓと平面βは垂直に交わる。よって，直線ℓと平面βの交点をHとすると，$|\overrightarrow{BH}|$が求める距離である。

$$(x,\ y,\ z)=(-1,\ -5,\ 3)+t(2,\ -1,\ 2)$$
$$=(-1+2t,\ -5-t,\ 3+2t)\quad\cdots\cdots ②$$

② を ① に代入して

$$2\times(-1+2t)-(-5-t)+2\times(3+2t)+9=0$$

よって　$9t+18=0$　　ゆえに　$t=-2$

直線ℓと平面βの交点をHとすると，② で $t=0$ のとき点B，$t=-2$ のとき点H を表すから

$$\overrightarrow{BH}=\overrightarrow{OH}-\overrightarrow{OB}=(-2)(2,\ -1,\ 2)$$

求める距離は$|\overrightarrow{BH}|$であるから

$$|\overrightarrow{BH}|=|-2|\times\sqrt{2^2+(-1)^2+2^2}=2\times3=\mathbf{6}$$

PR ③75

(1) 次の直線の方程式を求めよ。ただし，媒介変数を用いずに表せ。

(ア) 点$(5,\ 7,\ -3)$を通り，$\vec{d}=(1,\ 5,\ -4)$ に平行な直線

(イ) 2点$A(1,\ 2,\ 3)$，$B(-3,\ -1,\ 4)$を通る直線

(2) 直線 $\frac{x+3}{2}=\frac{y-1}{-4}=\frac{z+2}{3}$ と平面 $2x+y-3z-4=0$ の交点の座標を求めよ。

(1) (ア) 求める直線の方程式は　$x-5=\frac{y-7}{5}=\frac{z-(-3)}{-4}$

よって　$\boldsymbol{x-5=\frac{y-7}{5}=\frac{z+3}{-4}}$

別解　$(x,\ y,\ z)=(5,\ 7,\ -3)+t(1,\ 5,\ -4)$ から
$x=5+t$ …… ①，$y=7+5t$ …… ②，
$z=-3-4t$ …… ③

⇐公式を用いない解法。

①，②，③ から　$t=x-5$，$t=\dfrac{y-7}{5}$，$t=\dfrac{z+3}{-4}$

⇐それぞれを $t=$…… の形に表す。

よって　$\boldsymbol{x-5=\dfrac{y-7}{5}=\dfrac{z+3}{-4}}$

(イ)　$\overrightarrow{\mathrm{AB}}=(-3-1,\ -1-2,\ 4-3)$
$=(-4,\ -3,\ 1)$

⇐まず，方向ベクトルを求める。

求める直線は，点Aを通り $\overrightarrow{\mathrm{AB}}$ に平行な直線であるから，その方程式は

$$\frac{x-1}{-4}=\frac{y-2}{-3}=\frac{z-3}{1}$$

よって　$\boldsymbol{\dfrac{x-1}{-4}=\dfrac{y-2}{-3}=z-3}$

inf.　空間における直線の方程式の表し方は１通りとは限らない。例えば，(1)(イ)で，点Bを通り $\overrightarrow{\mathrm{AB}}$ に平行な直線として求めると $\boldsymbol{\dfrac{x+3}{-4}=\dfrac{y+1}{-3}=z-4}$ となるが，これも正しい答えである。

別解　$(x,\ y,\ z)=(1-t)(1,\ 2,\ 3)+t(-3,\ -1,\ 4)$ から
$x=1-4t$ …… ①，$y=2-3t$ …… ②，
$z=3+t$ …… ③

⇐公式を用いない解法。$\vec{p}=(1-t)\vec{a}+t\vec{b}$ に代入する。

①，②，③ から　$t=\dfrac{x-1}{-4}$，$t=\dfrac{y-2}{-3}$，$t=z-3$

よって　$\boldsymbol{\dfrac{x-1}{-4}=\dfrac{y-2}{-3}=z-3}$

(2)　$\dfrac{x+3}{2}=\dfrac{y-1}{-4}=\dfrac{z+2}{3}=t$ とおくと

⇐比例式は文字でおく。

$x=2t-3$，$y=-4t+1$，$z=3t-2$ …… ①

⇐直線を媒介変数表示の形にする。

これを $2x+y-3z-4=0$ に代入すると
$$2(2t-3)+(-4t+1)-3(3t-2)-4=0$$

よって　$-9t-3=0$　ゆえに　$t=-\dfrac{1}{3}$

① に代入して　$x=-\dfrac{11}{3}$，$y=\dfrac{7}{3}$，$z=-3$

よって，求める座標は　$\boldsymbol{\left(-\dfrac{11}{3},\ \dfrac{7}{3},\ -3\right)}$

EX ②46 点Oを原点とする空間に，3点 A(1, 2, 0)，B(0, 2, 3)，C(1, 0, 3) がある。このとき，四面体 OABC の体積を求めよ。〔群馬大〕

右の図のように，D(1, 0, 0)，E(0, 2, 0)，F(0, 0, 3)，G(1, 2, 3) とする。
このとき，四面体 COAD，四面体 BOAE，四面体 OBCF，四面体 ABCG の体積はすべて

$$\frac{1}{3}\cdot\frac{1}{2}\cdot1\cdot2\cdot3=1$$

よって，求める体積は

$$1\cdot2\cdot3-4\cdot1=\mathbf{2}$$

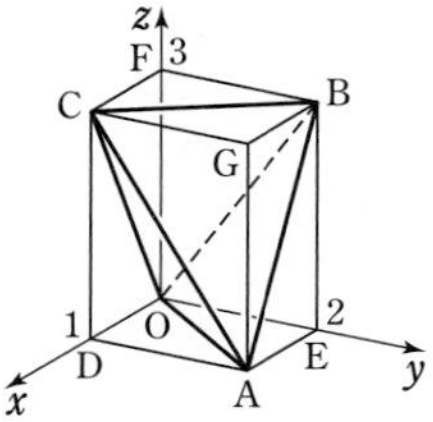

HINT 四面体 OABC を含む直方体について考える。その直方体の体積から，余分な四面体（4つある）の体積を引く。

⇐底面積が $\frac{1}{2}\cdot1\cdot2$，高さが 3

EX ②47 空間において，3点 A(5, 0, 1)，B(4, 2, 0)，C(0, 1, 5) を頂点とする三角形 ABC がある。
(1) 線分 AB，BC，CA の長さを求めよ。
(2) 三角形 ABC の面積 S を求めよ。〔類 長崎大〕

(1) $\mathbf{AB}=\sqrt{(4-5)^2+(2-0)^2+(0-1)^2}=\boldsymbol{\sqrt{6}}$

$\mathbf{BC}=\sqrt{(0-4)^2+(1-2)^2+(5-0)^2}=\boldsymbol{\sqrt{42}}$

$\mathbf{CA}=\sqrt{(5-0)^2+(0-1)^2+(1-5)^2}=\boldsymbol{\sqrt{42}}$

(2) (1) より，CA=CB であるから，
辺 AB の中点をDとすると

CD⊥AB

よって $\mathrm{CD}=\sqrt{(\sqrt{42})^2-\left(\frac{\sqrt{6}}{2}\right)^2}$

$=\frac{9}{\sqrt{2}}$

ゆえに $S=\frac{1}{2}\mathrm{AB}\cdot\mathrm{CD}$

$=\frac{1}{2}\cdot\sqrt{6}\cdot\frac{9}{\sqrt{2}}=\boldsymbol{\frac{9\sqrt{3}}{2}}$

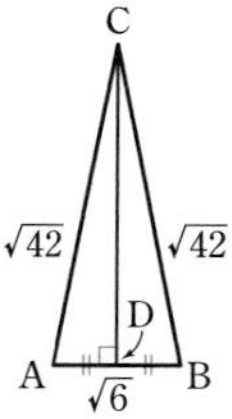

2点 A(a_1, a_2, a_3)，B(b_1, b_2, b_3) に対し
AB= $\sqrt{(b_1-a_1)^2+(b_2-a_2)^2+(b_3-a_3)^2}$

⇐△CAD≡△CBD

⇐$\mathrm{CD}=\sqrt{\mathrm{CA}^2-\mathrm{AD}^2}$

別解 $\overrightarrow{\mathrm{CA}}=(5,\ -1,\ -4)$，$\overrightarrow{\mathrm{CB}}=(4,\ 1,\ -5)$
であるから

$\overrightarrow{\mathrm{CA}}\cdot\overrightarrow{\mathrm{CB}}=5\times4+(-1)\times1+(-4)\times(-5)$
$=39$

よって $S=\frac{1}{2}\sqrt{|\overrightarrow{\mathrm{CA}}|^2|\overrightarrow{\mathrm{CB}}|^2-(\overrightarrow{\mathrm{CA}}\cdot\overrightarrow{\mathrm{CB}})^2}$

$=\frac{1}{2}\sqrt{42^2-39^2}=\boldsymbol{\frac{9\sqrt{3}}{2}}$

別解は，本冊 p.376 INFORMATION の三角形の面積公式を使った解法。

EX ②48

四面体 ABCD において，次の等式が成り立つことを示せ。

(1) $\overrightarrow{AB}+\overrightarrow{BD}+\overrightarrow{DC}+\overrightarrow{CA}=\vec{0}$

(2) $\overrightarrow{BC}-\overrightarrow{DA}=\overrightarrow{AC}-\overrightarrow{DB}$

(1) $\overrightarrow{AB}+\overrightarrow{BD}+\overrightarrow{DC}+\overrightarrow{CA}=(\overrightarrow{AB}+\overrightarrow{BD})+(\overrightarrow{DC}+\overrightarrow{CA})$

$=\overrightarrow{AD}+\overrightarrow{DA}$

$=\overrightarrow{AA}=\vec{0}$

(2) $(\overrightarrow{BC}-\overrightarrow{DA})-(\overrightarrow{AC}-\overrightarrow{DB})=\overrightarrow{BC}-\overrightarrow{AC}-(\overrightarrow{DA}-\overrightarrow{DB})$

$=\overrightarrow{BC}+\overrightarrow{CA}-(\overrightarrow{DA}+\overrightarrow{BD})$

$=\overrightarrow{BA}-\overrightarrow{BA}=\vec{0}$

よって　$\overrightarrow{BC}-\overrightarrow{DA}=\overrightarrow{AC}-\overrightarrow{DB}$

別解　$\overrightarrow{BC}-\overrightarrow{DA}=(\overrightarrow{AC}-\overrightarrow{AB})-(\overrightarrow{BA}-\overrightarrow{BD})$

$=\overrightarrow{AC}-\overrightarrow{AB}+\overrightarrow{AB}-\overrightarrow{DB}$

$=\overrightarrow{AC}-\overrightarrow{DB}$

合成，分割，向き換え を利用。
$\overrightarrow{\mathbf{A}\square}+\overrightarrow{\square\mathbf{B}}=\overrightarrow{\mathbf{AB}}$,
$\overrightarrow{\mathbf{AB}}=\overrightarrow{\mathbf{A}\square}+\overrightarrow{\square\mathbf{B}}$,
$\overrightarrow{\mathbf{AB}}=\overrightarrow{\square\mathbf{B}}-\overrightarrow{\square\mathbf{A}}$,
$\overrightarrow{\mathbf{BA}}=-\overrightarrow{\mathbf{AB}}$

⇦(左辺)−(右辺)$=\vec{0}$ を示す。

⇦左辺を変形して右辺を導く。

EX ③49

同じ平面上にない異なる 4 点 O，A，B，C があり，2 点 P，Q に対し $\overrightarrow{OP}=\overrightarrow{OA}-\overrightarrow{OB}$，$\overrightarrow{OQ}=-5\overrightarrow{OC}$ のとき，$k\overrightarrow{OP}+\overrightarrow{OQ}=-3\overrightarrow{OA}+3\overrightarrow{OB}+l\overrightarrow{OC}$ を満たす実数 k，l の値を求めよ。

$k\overrightarrow{OP}+\overrightarrow{OQ}=-3\overrightarrow{OA}+3\overrightarrow{OB}+l\overrightarrow{OC}$ から

$k(\overrightarrow{OA}-\overrightarrow{OB})-5\overrightarrow{OC}=-3\overrightarrow{OA}+3\overrightarrow{OB}+l\overrightarrow{OC}$

よって　$k\overrightarrow{OA}-k\overrightarrow{OB}-5\overrightarrow{OC}=-3\overrightarrow{OA}+3\overrightarrow{OB}+l\overrightarrow{OC}$

4 点 O，A，B，C は同じ平面上にないから

$k=-3$，$-k=3$，$-5=l$

ゆえに　$\boldsymbol{k=-3}$，$\boldsymbol{l=-5}$

HINT　4 点 O，A，B，C が同じ平面上にないとき
$s\overrightarrow{OA}+t\overrightarrow{OB}+u\overrightarrow{OC}=s'\overrightarrow{OA}+t'\overrightarrow{OB}+u'\overrightarrow{OC}$
$\Longleftrightarrow$
$s=s'$，$t=t'$，$u=u'$

EX ③50

3 点 A(2，−1，3)，B(5，2，3)，C(2，2，0) について

(1) 3 点 A，B，C を頂点とする三角形は正三角形であることを示せ。

(2) 正四面体の 3 つの頂点が A，B，C であるとき，第 4 の頂点 D の座標を求めよ。

(1) $AB=\sqrt{(5-2)^2+\{2-(-1)\}^2+(3-3)^2}=\sqrt{18}=3\sqrt{2}$

$BC=\sqrt{(2-5)^2+(2-2)^2+(0-3)^2}=\sqrt{18}=3\sqrt{2}$

$CA=\sqrt{(2-2)^2+(-1-2)^2+(3-0)^2}=\sqrt{18}=3\sqrt{2}$

$AB=BC=CA$ であるから，△ABC は正三角形である。

(2) D の座標を $(x,\ y,\ z)$ とする。

(1) から，正四面体の 1 辺の長さは $3\sqrt{2}$ である。

ゆえに　$AD=BD=CD=3\sqrt{2}$

すなわち　$AD^2=BD^2=CD^2=18$

$AD^2=18$ から　$(x-2)^2+(y+1)^2+(z-3)^2=18$

よって　$x^2+y^2+z^2-4x+2y-6z=4$ …… ①

$BD^2=18$ から　$(x-5)^2+(y-2)^2+(z-3)^2=18$

よって　$x^2+y^2+z^2-10x-4y-6z=-20$ …… ②

$CD^2=18$ から　$(x-2)^2+(y-2)^2+z^2=18$

よって　$x^2+y^2+z^2-4x-4y=10$ …… ③

HINT　(2) 正四面体の 1 辺の長さは (1) で求めた正三角形の 1 辺の長さ。

⇦未知数は x，y，z の 3 個
⟶ 少なくとも 3 個の方程式が必要
⟶ x，y，z の方程式 ①，②，③ を解く。

①−② から　$x+y=4$　　よって　$y=4-x$
③−② から　$x+z=5$　　よって　$z=5-x$
これらを ① に代入して
$$x^2+(4-x)^2+(5-x)^2-4x+2(4-x)-6(5-x)=4$$
展開して整理すると　$x^2-6x+5=0$
ゆえに　$(x-1)(x-5)=0$　　よって　$x=1,\ 5$
$x=1$ のとき　$y=3,\ z=4$
$x=5$ のとき　$y=-1,\ z=0$
したがって，頂点Dの座標は　**(1, 3, 4), (5, −1, 0)**

⇦$x^2+(16-8x+x^2)+(25-10x+x^2)-4x+8-2x-30+6x=4$

EX ③51

平行六面体 ABCD-EFGH において，$\overrightarrow{AC}=\vec{p}$，$\overrightarrow{AF}=\vec{q}$，$\overrightarrow{AH}=\vec{r}$ とするとき，$\overrightarrow{AB}$，$\overrightarrow{AD}$，$\overrightarrow{AE}$，$\overrightarrow{AG}$ を，それぞれ $\vec{p}$，$\vec{q}$，$\vec{r}$ を用いて表せ。

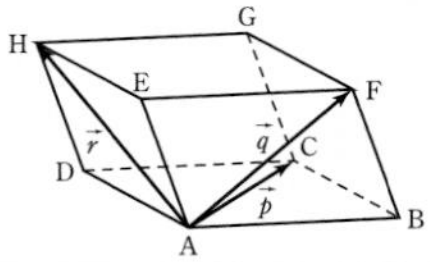

$\overrightarrow{AB}=\vec{x}$，$\overrightarrow{AD}=\vec{y}$，$\overrightarrow{AE}=\vec{z}$ とすると，
$$\overrightarrow{AC}=\overrightarrow{AB}+\overrightarrow{AD},\ \overrightarrow{AF}=\overrightarrow{AB}+\overrightarrow{AE},\ \overrightarrow{AH}=\overrightarrow{AE}+\overrightarrow{AD}$$
であるから
$\vec{x}+\vec{y}=\vec{p}$　…… ①，　$\vec{z}+\vec{x}=\vec{q}$　…… ②
$\vec{y}+\vec{z}=\vec{r}$　…… ③

⇦x，y，z の連立方程式 $x+y=p$，$z+x=q$，$y+z=r$ を解く要領で。

①+②+③ から　$\vec{x}+\vec{y}+\vec{z}=\dfrac{1}{2}(\vec{p}+\vec{q}+\vec{r})$　…… ④

④ と ③ から　$\vec{x}=\dfrac{1}{2}(\vec{p}+\vec{q}+\vec{r})-\vec{r}=\dfrac{1}{2}(\vec{p}+\vec{q}-\vec{r})$

④ と ② から　$\vec{y}=\dfrac{1}{2}(\vec{p}+\vec{q}+\vec{r})-\vec{q}=\dfrac{1}{2}(\vec{p}-\vec{q}+\vec{r})$

④ と ① から　$\vec{z}=\dfrac{1}{2}(\vec{p}+\vec{q}+\vec{r})-\vec{p}=\dfrac{1}{2}(-\vec{p}+\vec{q}+\vec{r})$

また，④ から
$$\overrightarrow{AG}=\vec{x}+\vec{y}+\vec{z}=\frac{1}{2}(\vec{p}+\vec{q}+\vec{r})$$

⇦$\overrightarrow{AG}$ を $\overrightarrow{AC}+\overrightarrow{CG}$ と分割して求めてもよい。

以上から　$\boldsymbol{\overrightarrow{AB}=\dfrac{1}{2}(\vec{p}+\vec{q}-\vec{r})}$，$\boldsymbol{\overrightarrow{AD}=\dfrac{1}{2}(\vec{p}-\vec{q}+\vec{r})}$，
$\boldsymbol{\overrightarrow{AE}=\dfrac{1}{2}(-\vec{p}+\vec{q}+\vec{r})}$，$\boldsymbol{\overrightarrow{AG}=\dfrac{1}{2}(\vec{p}+\vec{q}+\vec{r})}$

EX ②52

$\vec{e_1}=(1,\ 0,\ 0)$，$\vec{e_2}=(0,\ 1,\ 0)$，$\vec{e_3}=(0,\ 0,\ 1)$ とし，$\vec{a}=\left(0,\ \dfrac{1}{2},\ \dfrac{1}{2}\right)$，$\vec{b}=\left(\dfrac{1}{2},\ 0,\ \dfrac{1}{2}\right)$，$\vec{c}=\left(\dfrac{1}{2},\ \dfrac{1}{2},\ 0\right)$ とするとき，$\vec{e_1}$，$\vec{e_2}$，$\vec{e_3}$ をそれぞれ $\vec{a}$，$\vec{b}$，$\vec{c}$ を用いて表せ。また，$\vec{d}=(3,\ 4,\ 5)$ を $\vec{a}$，$\vec{b}$，$\vec{c}$ を用いて表せ。　〔近畿大〕

HINT　(前半)　$\vec{a}$，$\vec{b}$，$\vec{c}$ をそれぞれ $\vec{e_1}$，$\vec{e_2}$，$\vec{e_3}$ を用いて表して，$\vec{e_1}$，$\vec{e_2}$，$\vec{e_3}$ について解く。
(後半)　$\vec{d}$ を $\vec{e_1}$，$\vec{e_2}$，$\vec{e_3}$ を用いて表し，前半の結果を代入する。

$\vec{a}$，$\vec{b}$，$\vec{c}$ をそれぞれ $\vec{e_1}$，$\vec{e_2}$，$\vec{e_3}$ を用いて表すと

$$\vec{a}=\frac{1}{2}\vec{e_2}+\frac{1}{2}\vec{e_3} \quad \cdots\cdots ①$$

$$\vec{b}=\frac{1}{2}\vec{e_1}+\frac{1}{2}\vec{e_3} \quad \cdots\cdots ②$$

$$\vec{c}=\frac{1}{2}\vec{e_1}+\frac{1}{2}\vec{e_2} \quad \cdots\cdots ③$$

②＋③－① から　$\boldsymbol{\vec{e_1}=-\vec{a}+\vec{b}+\vec{c}}$

③＋①－② から　$\boldsymbol{\vec{e_2}=\vec{a}-\vec{b}+\vec{c}}$

①＋②－③ から　$\boldsymbol{\vec{e_3}=\vec{a}+\vec{b}-\vec{c}}$

また　$\vec{d}=3\vec{e_1}+4\vec{e_2}+5\vec{e_3}$

$=3(-\vec{a}+\vec{b}+\vec{c})+4(\vec{a}-\vec{b}+\vec{c})+5(\vec{a}+\vec{b}-\vec{c})$

$\boldsymbol{=6\vec{a}+4\vec{b}+2\vec{c}}$

⇐ $\vec{a}=(a_1,\ a_2,\ a_3)$ のとき $\vec{a}=a_1\vec{e_1}+a_2\vec{e_2}+a_3\vec{e_3}$
なお，$\vec{e_1}=(1,\ 0,\ 0)$，$\vec{e_2}=(0,\ 1,\ 0)$，$\vec{e_3}=(0,\ 0,\ 1)$ は，空間における **基本ベクトル** である。

別解　$\vec{e_1}$，$\vec{e_2}$，$\vec{e_3}$ を，$\vec{a}$，$\vec{b}$，$\vec{c}$ を用いて表すとき，次のようにして考えてもよい。

①×2 から　$\vec{e_2}+\vec{e_3}=2\vec{a}$ …… ①′

②×2 から　$\vec{e_1}+\vec{e_3}=2\vec{b}$ …… ②′

③×2 から　$\vec{e_1}+\vec{e_2}=2\vec{c}$ …… ③′

①′＋②′＋③′ から　$2(\vec{e_1}+\vec{e_2}+\vec{e_3})=2(\vec{a}+\vec{b}+\vec{c})$

よって　$\vec{e_1}+\vec{e_2}+\vec{e_3}=\vec{a}+\vec{b}+\vec{c}$ …… ④

④－①′ から　$\boldsymbol{\vec{e_1}=-\vec{a}+\vec{b}+\vec{c}}$

④－②′ から　$\boldsymbol{\vec{e_2}=\vec{a}-\vec{b}+\vec{c}}$

④－③′ から　$\boldsymbol{\vec{e_3}=\vec{a}+\vec{b}-\vec{c}}$

この問題では，左の 別解 のように $\vec{e_1}+\vec{e_2}+\vec{e_3}$ を $\vec{a}$，$\vec{b}$，$\vec{c}$ を用いて表すと考えやすい。

EX ②53

4 点 A(1, －2, －3)，B(2, 1, 1)，C(－1, －3, 2)，D(3, －4, －1) がある。線分 AB，AC，AD を 3 辺にもつ平行六面体の他の頂点の座標を求めよ。〔類 防衛大〕

Oを原点とし，平行六面体を ABEC-DFGH とする。

ここで　$\overrightarrow{AB}=(1,\ 3,\ 4)$，
$\overrightarrow{AC}=(-2,\ -1,\ 5)$，
$\overrightarrow{AD}=(2,\ -2,\ 2)$

平行六面体の各面は平行四辺形であるから

$\overrightarrow{OE}=\overrightarrow{OA}+\overrightarrow{AE}=\overrightarrow{OA}+\overrightarrow{AB}+\overrightarrow{AC}$
$=(0,\ 0,\ 6)$

$\overrightarrow{OF}=\overrightarrow{OA}+\overrightarrow{AF}=\overrightarrow{OA}+\overrightarrow{AB}+\overrightarrow{AD}$
$=(4,\ -1,\ 3)$

よって　$\overrightarrow{OG}=\overrightarrow{OE}+\overrightarrow{EG}=\overrightarrow{OE}+\overrightarrow{AD}=(2,\ -2,\ 8)$

また　$\overrightarrow{OH}=\overrightarrow{OA}+\overrightarrow{AH}=\overrightarrow{OA}+\overrightarrow{AC}+\overrightarrow{AD}=(1,\ -5,\ 4)$

したがって，他の頂点の座標は

(0, 0, 6)，(4, −1, 3)，(2, −2, 8)，(1, −5, 4)

HINT　平行六面体を ABEC-DFGH とおいて，原点Oを始点とする点 E，F，G，H の位置ベクトルを求める。

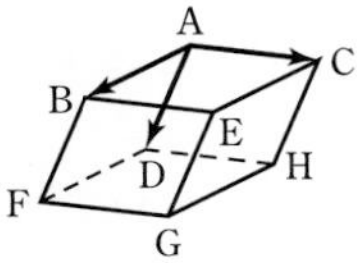

⇐ $\overrightarrow{OG}=\overrightarrow{OA}+\overrightarrow{AG}$
$=\overrightarrow{OA}+\overrightarrow{AB}+\overrightarrow{BE}+\overrightarrow{EG}$
$=\overrightarrow{OA}+\overrightarrow{AB}+\overrightarrow{AC}+\overrightarrow{AD}$
としてもよい。

2章 EX

EX ③54 $\vec{a}=(0,\ 1,\ 2)$，$\vec{b}=(2,\ 4,\ 6)$ とする。$-1\leqq t\leqq 1$ である実数 t に対し $\vec{x}=\vec{a}+t\vec{b}$ の大きさが最大，最小になるときの $\vec{x}$ を，それぞれ求めよ。

$\vec{x}=\vec{a}+t\vec{b}=(0,\ 1,\ 2)+t(2,\ 4,\ 6)$
$=(2t,\ 4t+1,\ 6t+2)$ …… ①

よって
$|\vec{x}|^2=(2t)^2+(4t+1)^2+(6t+2)^2$
$=56t^2+32t+5$
$=56\left(t+\dfrac{2}{7}\right)^2+\dfrac{3}{7}$

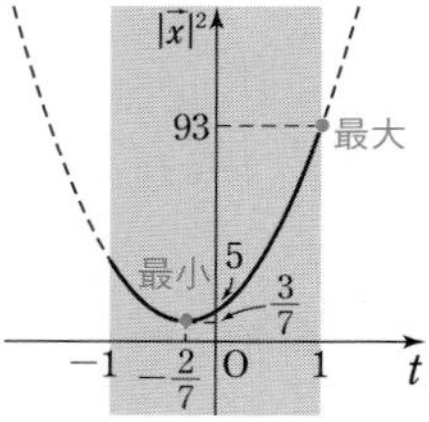

$-1\leqq t\leqq 1$ の範囲において，$|\vec{x}|^2$ は，
$t=1$ のとき最大値 93 をとり，
$t=-\dfrac{2}{7}$ のとき最小値 $\dfrac{3}{7}$ をとる。
$|\vec{x}|\geqq 0$ であるから，$|\vec{x}|^2$ が最大となるとき $|\vec{x}|$ も最大となり，$|\vec{x}|^2$ が最小となるとき $|\vec{x}|$ も最小となる。
したがって，① から，$|\vec{x}|$ が

最大になるとき $\vec{x}=(2,\ 5,\ 8)$，

最小になるとき $\vec{x}=\left(-\dfrac{4}{7},\ -\dfrac{1}{7},\ \dfrac{2}{7}\right)$

CHART
$|\vec{a}+t\vec{b}|$ の最大値・最小値
$|\vec{a}+t\vec{b}|^2$ の最大値・最小値を考える

⇐$56t^2+32t+5$
$=56\left(t^2+\dfrac{32}{56}t\right)+5$
$=56\left(t+\dfrac{2}{7}\right)^2-56\left(\dfrac{2}{7}\right)^2+5$

EX ②55 $\vec{a}=(1,\ 2,\ -3)$，$\vec{b}=(-1,\ 2,\ 1)$，$\vec{c}=(-1,\ 6,\ x)$，$\vec{d}=(l,\ m,\ n)$ とする。ただし，$\vec{d}$ は $\vec{a}$，$\vec{b}$ および $\vec{c}$ のどれにも垂直な単位ベクトルで，$lmn>0$ である。
(1) m の値を求めよ。　　(2) x の値を求めよ。
(3) $\vec{c}$ を $\vec{a}$ と $\vec{b}$ を用いて表せ。 〔成蹊大〕

(1) $\vec{d}\perp\vec{a}$ より $\vec{d}\cdot\vec{a}=0$ であるから
$l+2m-3n=0$ …… ①
$\vec{d}\perp\vec{b}$ より $\vec{d}\cdot\vec{b}=0$ であるから
$-l+2m+n=0$ …… ②
$|\vec{d}|^2=1$ であるから
$l^2+m^2+n^2=1$ …… ③
①，② から，l，n を m で表すと　$l=4m$，$n=2m$
これらを ③ に代入すると　$(4m)^2+m^2+(2m)^2=1$
整理すると　$21m^2=1$
また，$lmn=8m^3>0$ であるから　$m>0$
したがって　$\boldsymbol{m=\dfrac{1}{\sqrt{21}}}$

(2) $\vec{d}\perp\vec{c}$ より $\vec{d}\cdot\vec{c}=0$ であるから
$-l+6m+nx=0$
(1) より，$l=4m$，$n=2m$ であるから
$2m+2mx=0$
よって　$2m(x+1)=0$
$m>0$ であるから　$\boldsymbol{x=-1}$

CHART
垂直　内積＝0 を利用

⇐$\vec{d}$ は単位ベクトルであるから，大きさは 1

⇐①＋② から
$4m-2n=0$
更に，$n=2m$ を ① に代入する。

(3)　$\vec{c}=s\vec{a}+t\vec{b}$ とすると

$$(-1,\ 6,\ -1)=s(1,\ 2,\ -3)+t(-1,\ 2,\ 1)$$
$$=(s-t,\ 2s+2t,\ -3s+t)$$

よって　$s-t=-1,\ 2s+2t=6,\ -3s+t=-1$

$s-t=-1$ と $2s+2t=6$ を連立して解くと　$s=1,\ t=2$

$s=1,\ t=2$ は，$-3s+t=-1$ を満たす。

したがって　$\boldsymbol{\vec{c}=\vec{a}+2\vec{b}}$

⇐方程式の数が変数の数より多いときは，得られた解が残りの方程式を満たすことを確認する。

EX ③56

3点 A(2, 0, 0), B(12, 5, 10), C(p, 1, 8) がある。
内積 $\overrightarrow{AB}\cdot\overrightarrow{AC}=45$ であるとき，$p=$ ア□ となる。このとき，AC の長さは イ□，△ABC の面積は ウ□ となる。また，$p=$ ア□ のとき，3点 A，B，C から等距離にある zx 平面上の点 Q の座標は エ□ である。　〔立命館大〕

$\overrightarrow{AB}=(10,\ 5,\ 10)$，$\overrightarrow{AC}=(p-2,\ 1,\ 8)$ であるから

$$\overrightarrow{AB}\cdot\overrightarrow{AC}=10(p-2)+5\times1+10\times8=10p+65$$

$\overrightarrow{AB}\cdot\overrightarrow{AC}=45$ であるとき　$10p+65=45$　　よって　$p=$ ア $\boldsymbol{-2}$

このとき，$\overrightarrow{AC}=(-4,\ 1,\ 8)$ であるから

$$AC=|\overrightarrow{AC}|=\sqrt{(-4)^2+1^2+8^2}=\text{イ}\ \boldsymbol{9}$$

また，$|\overrightarrow{AB}|^2=10^2+5^2+10^2=15^2$ から，△ABC の面積は

$$\frac{1}{2}\sqrt{|\overrightarrow{AB}|^2|\overrightarrow{AC}|^2-(\overrightarrow{AB}\cdot\overrightarrow{AC})^2}=\frac{1}{2}\sqrt{15^2\times9^2-45^2}$$
$$=\text{ウ}\ \boldsymbol{45\sqrt{2}}$$

⇐$\frac{1}{2}\sqrt{15^2\times9^2-(15\times3)^2}$
$=\frac{1}{2}\sqrt{15^2\times3^2(9-1)}$

Q(x, 0, z) とする。条件から　AQ=BQ=CQ

⇐点Qは zx 平面上にあるから，y 座標は0とする。

AQ=BQ から　$AQ^2=BQ^2$

よって　$(x-2)^2+z^2=(x-12)^2+(-5)^2+(z-10)^2$

整理すると　$4x+4z=53$　…… ①

AQ=CQ から　$AQ^2=CQ^2$

⇐$BQ^2=CQ^2$ を計算してもよいが，AQ^2 を含む方が計算がラク。

よって　$(x-2)^2+z^2=(x+2)^2+(-1)^2+(z-8)^2$

整理すると　$-8x+16z=65$　…… ②

①，② を解いて　$x=\frac{49}{8},\ z=\frac{57}{8}$

よって，点Qの座標は　エ $\boldsymbol{\left(\frac{49}{8},\ 0,\ \frac{57}{8}\right)}$

EX ②57

$\vec{e_1}$, $\vec{e_2}$, $\vec{e_3}$ を，それぞれ x 軸，y 軸，z 軸に関する基本ベクトルとし，ベクトル $\vec{a}=\left(-\frac{3}{\sqrt{2}},\ -\frac{3}{2},\ \frac{3}{2}\right)$ と $\vec{e_1}$, $\vec{e_2}$, $\vec{e_3}$ のなす角を，それぞれ α, β, γ とする。

(1)　$\cos\alpha$, $\cos\beta$, $\cos\gamma$ の値を求めよ。　　(2)　α, β, γ を求めよ。

(1)　$|\vec{a}|=\sqrt{\left(-\frac{3}{\sqrt{2}}\right)^2+\left(-\frac{3}{2}\right)^2+\left(\frac{3}{2}\right)^2}$

$$=\sqrt{\frac{9}{2}+\frac{9}{4}+\frac{9}{4}}=3$$

よって

HINT
$\vec{e_1}=(1,\ 0,\ 0)$,
$\vec{e_2}=(0,\ 1,\ 0)$,
$\vec{e_3}=(0,\ 0,\ 1)$,
$|\vec{e_1}|=|\vec{e_2}|=|\vec{e_3}|=1$

$$\cos\alpha=\frac{\vec{a}\cdot\vec{e_1}}{|\vec{a}||\vec{e_1}|}=\frac{-\frac{3}{\sqrt{2}}}{3\cdot 1}=-\frac{1}{\sqrt{2}}$$

⇐$\vec{a}\cdot\vec{e_1}$ は $\vec{a}$ の x 成分となる。

$$\cos\beta=\frac{\vec{a}\cdot\vec{e_2}}{|\vec{a}||\vec{e_2}|}=\frac{-\frac{3}{2}}{3\cdot 1}=-\frac{1}{2}$$

$$\cos\gamma=\frac{\vec{a}\cdot\vec{e_3}}{|\vec{a}||\vec{e_3}|}=\frac{\frac{3}{2}}{3\cdot 1}=\frac{1}{2}$$

⇐$\cos\alpha$, $\cos\beta$, $\cos\gamma$ を $\vec{a}$ の **方向余弦** という。

(2) $\cos\alpha=-\frac{1}{\sqrt{2}}$, $0°\leqq\alpha\leqq180°$ から　$\boldsymbol{\alpha=135°}$

$\cos\beta=-\frac{1}{2}$, $0°\leqq\beta\leqq180°$ から　$\boldsymbol{\beta=120°}$

$\cos\gamma=\frac{1}{2}$, $0°\leqq\gamma\leqq180°$ から　$\boldsymbol{\gamma=60°}$

EX ③58　$\vec{a}=(3,\ 4,\ 5)$, $\vec{b}=(7,\ 1,\ 0)$ のとき，$\vec{a}+t\vec{b}$ と $\vec{b}+t\vec{a}$ のなす角が $120°$ となるような実数 t の値を求めよ。

$\vec{a}+t\vec{b}=(3+7t,\ 4+t,\ 5)$, $\vec{b}+t\vec{a}=(7+3t,\ 1+4t,\ 5t)$ であるから

$$(\vec{a}+t\vec{b})\cdot(\vec{b}+t\vec{a})$$
$$=(3+7t)(7+3t)+(4+t)(1+4t)+5\times5t$$
$$=25t^2+100t+25=25(t^2+4t+1)$$
$$|\vec{a}+t\vec{b}|=\sqrt{(3+7t)^2+(4+t)^2+5^2}$$
$$=\sqrt{50t^2+50t+50}$$
$$=5\sqrt{2}\sqrt{t^2+t+1}$$
$$|\vec{b}+t\vec{a}|=\sqrt{(7+3t)^2+(1+4t)^2+(5t)^2}$$
$$=\sqrt{50t^2+50t+50}$$
$$=5\sqrt{2}\sqrt{t^2+t+1}$$

HINT　まず，内積 $(\vec{a}+t\vec{b})\cdot(\vec{b}+t\vec{a})$, $|\vec{a}+t\vec{b}|$, $|\vec{b}+t\vec{a}|$ を t で表す。

$\vec{a}+t\vec{b}$ と $\vec{b}+t\vec{a}$ のなす角が $120°$ となるための条件は

$$(\vec{a}+t\vec{b})\cdot(\vec{b}+t\vec{a})=|\vec{a}+t\vec{b}||\vec{b}+t\vec{a}|\cos120°$$

すなわち　$25(t^2+4t+1)=(5\sqrt{2}\sqrt{t^2+t+1})^2\times\left(-\frac{1}{2}\right)$

⇐(成分による表現)＝(定義による表現)

ゆえに　$t^2+4t+1=-(t^2+t+1)$

よって　$2t^2+5t+2=0$　　ゆえに　$(t+2)(2t+1)=0$

よって　$\boldsymbol{t=-2,\ -\frac{1}{2}}$

EX ③59　空間内に3点 A$(1,\ -1,\ 1)$, B$(-1,\ 2,\ 2)$, C$(2,\ -1,\ -1)$ がある。このとき，ベクトル $\vec{r}=\overrightarrow{OA}+x\overrightarrow{AB}+y\overrightarrow{AC}$ の大きさの最小値を求めよ。〔信州大〕

$\overrightarrow{AB}=(-2,\ 3,\ 1)$, $\overrightarrow{AC}=(1,\ 0,\ -2)$ であるから

$$\vec{r}=\overrightarrow{OA}+x\overrightarrow{AB}+y\overrightarrow{AC}$$
$$=(1,\ -1,\ 1)+x(-2,\ 3,\ 1)+y(1,\ 0,\ -2)$$
$$=(1-2x+y,\ -1+3x,\ 1+x-2y)$$

よって　$|\vec{r}|^2$

$=(1-2x+y)^2+(-1+3x)^2+(1+x-2y)^2$

$=(1+4x^2+y^2-4x-4xy+2y)+(1-6x+9x^2)$

$\qquad+(1+x^2+4y^2+2x-4xy-4y)$

$=14x^2-8xy+5y^2-8x-2y+3$

$=14x^2-8(y+1)x+5y^2-2y+3$

$=14\left\{x-\frac{2}{7}(y+1)\right\}^2+\frac{27}{7}y^2-\frac{30}{7}y+\frac{13}{7}$

$=14\left\{x-\frac{2}{7}(y+1)\right\}^2+\frac{27}{7}\left(y-\frac{5}{9}\right)^2+\frac{2}{3}$

よって，$x-\frac{2}{7}(y+1)=0$，$y-\frac{5}{9}=0$ のとき $|\vec{r}|^2$ は最小値をとる。

$x-\frac{2}{7}(y+1)=0$，$y-\frac{5}{9}=0$ から　　$x=\frac{4}{9}$，$y=\frac{5}{9}$

したがって，$\vec{r}$ の大きさは，

$x=\frac{4}{9}$，$y=\frac{5}{9}$ のとき最小値 $\sqrt{\frac{2}{3}}=\frac{\sqrt{6}}{3}$ をとる。

⇐$14x^2-8(y+1)x+5y^2-2y+3$
$=14\left\{x-\frac{2}{7}(y+1)\right\}^2-14\left\{\frac{2}{7}(y+1)\right\}^2+5y^2-2y+3$

EX ④60

$\overrightarrow{OP}=(2\cos t,\ 2\sin t,\ 1)$，$\overrightarrow{OQ}=(-\sin 3t,\ \cos 3t,\ -1)$ とする。ただし，$-180°\leqq t\leqq 180°$，O は原点とする。
(1)　点Pと点Qの距離が最小となる t と，そのときの点Pの座標を求めよ。
(2)　$\overrightarrow{OP}$ と $\overrightarrow{OQ}$ のなす角が 0° 以上 90° 以下となる t の範囲を求めよ。　〔北海道大〕

(1)　$\overrightarrow{PQ}=\overrightarrow{OQ}-\overrightarrow{OP}=(-\sin 3t-2\cos t,\ \cos 3t-2\sin t,\ -2)$

よって

$|\overrightarrow{PQ}|^2=(-\sin 3t-2\cos t)^2+(\cos 3t-2\sin t)^2+(-2)^2$

$=\sin^2 3t+4\sin 3t\cos t+4\cos^2 t$

$\quad+\cos^2 3t-4\cos 3t\sin t+4\sin^2 t+4$

$=4(\sin 3t\cos t-\cos 3t\sin t)+9$

$=4\sin(3t-t)+9=4\sin 2t+9$

$-180°\leqq t\leqq 180°$ であるから　$-360°\leqq 2t\leqq 360°$　……①

ゆえに　　$-1\leqq\sin 2t\leqq 1$

よって，$|\overrightarrow{PQ}|^2$ は $\sin 2t=-1$ のとき最小になる。

$|\overrightarrow{PQ}|\geqq 0$ であるから，このとき $|\overrightarrow{PQ}|$ も最小になる。

① の範囲で $\sin 2t=-1$ を解くと　　$2t=-90°$，$270°$

ゆえに　　$t=-45°$，$135°$

したがって，求める t の値と点Pの座標は

$t=-45°$ のとき　$P(\sqrt{2},\ -\sqrt{2},\ 1)$

$t=135°$ のとき　$P(-\sqrt{2},\ \sqrt{2},\ 1)$

(2)　$\overrightarrow{OP}$ と $\overrightarrow{OQ}$ のなす角を θ とすると

$\overrightarrow{OP}\cdot\overrightarrow{OQ}=|\overrightarrow{OP}||\overrightarrow{OQ}|\cos\theta$

$0°\leqq\theta\leqq 90°$ となるための条件は　　$\cos\theta\geqq 0$

HINT　(1)　$|\overrightarrow{PQ}|^2$ の最小値を求める。

⇐$\sin^2 3t+\cos^2 3t=1$，$\sin^2 t+\cos^2 t=1$

⇐三角関数の加法定理
$\sin(\alpha-\beta)$
$=\sin\alpha\cos\beta-\cos\alpha\sin\beta$

よって，$\overrightarrow{OP}\cdot\overrightarrow{OQ}\geqq 0$ となる t の範囲を求めればよい。
ここで

$$\overrightarrow{OP}\cdot\overrightarrow{OQ}=2\cos t\times(-\sin 3t)+2\sin t\times\cos 3t+1\times(-1)$$
$$=-2(\sin 3t\cos t-\cos 3t\sin t)-1$$
$$=-2\sin(3t-t)-1$$
$$=-2\sin 2t-1$$

$\overrightarrow{OP}\cdot\overrightarrow{OQ}\geqq 0$ から　$-2\sin 2t-1\geqq 0$

ゆえに　$\sin 2t\leqq -\frac{1}{2}$

① から　$-150^\circ\leqq 2t\leqq -30^\circ$，$210^\circ\leqq 2t\leqq 330^\circ$

よって　$\boldsymbol{-75^\circ\leqq t\leqq -15^\circ}$，$\boldsymbol{105^\circ\leqq t\leqq 165^\circ}$

⇐ $|\overrightarrow{OP}|>0$，$|\overrightarrow{OQ}|>0$ であるから
$\cos\theta\geqq 0$
⟺
$|\overrightarrow{OP}||\overrightarrow{OQ}|\cos\theta\geqq 0$

EX ④61

座標空間に点 A(1，1，1)，点 B(−1，2，3) がある。
(1)　2 点 A，B と，xy 平面上の動点 P に対して，AP+PB の最小値を求めよ。
(2)　2 点 A，B と点 C(t，−1，4) について，△ABC の面積 $S(t)$ の最小値を求めよ。

(1)　2 点 A，B は，z 座標がともに正であるから，xy 平面に関して同じ側にある。
xy 平面に関して点 A と対称な点を A′ とすると

$$AP+PB=A'P+PB$$

A′P+PB が最小になるのは，3 点 A′，P，B が 1 つの直線上にあるときである。
A′(1，1，−1) であるから

$$A'B=\sqrt{(-1-1)^2+(2-1)^2+\{3-(-1)\}^2}=\sqrt{21}$$

よって，求める最小値は　$\boldsymbol{\sqrt{21}}$

(2)　$\overrightarrow{AB}=(-2,\ 1,\ 2)$，$\overrightarrow{AC}=(t-1,\ -2,\ 3)$ であるから

$$|\overrightarrow{AB}|^2=(-2)^2+1^2+2^2=9$$
$$|\overrightarrow{AC}|^2=(t-1)^2+(-2)^2+3^2=t^2-2t+14$$
$$\overrightarrow{AB}\cdot\overrightarrow{AC}=-2(t-1)+1\times(-2)+2\times 3=-2t+6$$

よって

$$S(t)=\frac{1}{2}\sqrt{|\overrightarrow{AB}|^2|\overrightarrow{AC}|^2-(\overrightarrow{AB}\cdot\overrightarrow{AC})^2}$$
$$=\frac{1}{2}\sqrt{9(t^2-2t+14)-(-2t+6)^2}$$
$$=\frac{1}{2}\sqrt{5t^2+6t+90}$$
$$=\frac{1}{2}\sqrt{5\left(t+\frac{3}{5}\right)^2+\frac{441}{5}}$$

ゆえに，$\boldsymbol{t=-\frac{3}{5}}$ **のとき最小値** $\boldsymbol{\frac{21\sqrt{5}}{10}}$ をとる。

HINT　折れ線の長さの最小値を考えるとき，折れ線を 1 本の線分にのばす。

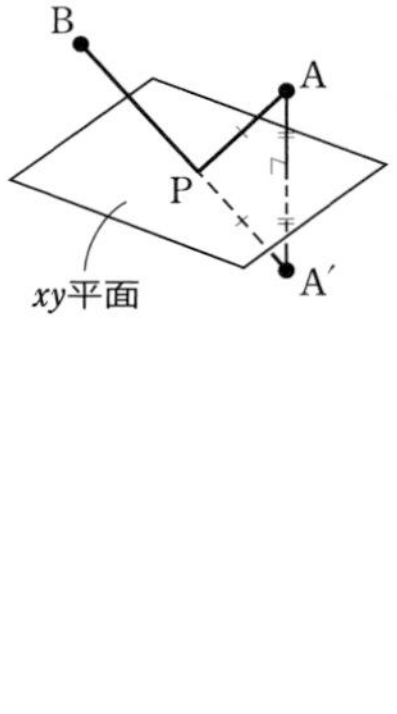

⇐ $\frac{1}{2}\sqrt{\frac{441}{5}}=\frac{1}{2}\cdot\frac{21}{\sqrt{5}}$

EX ②62　四面体ABCDにおいて，△BCDの重心をEとし，線分AEを3：1に内分する点をGとする。このとき，等式 $\overrightarrow{AG}+\overrightarrow{BG}+\overrightarrow{CG}+\overrightarrow{DG}=\vec{0}$ が成り立つことを証明せよ。

点Oに関する点A，B，C，D，E，Gの位置ベクトルを，それぞれ $\vec{a}$，$\vec{b}$，$\vec{c}$，$\vec{d}$，$\vec{e}$，$\vec{g}$ とする。

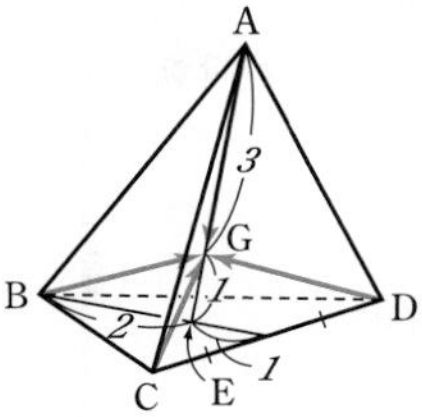

△BCDの重心がE，線分AEを3：1に内分する点がGであるから

$$\vec{e}=\frac{\vec{b}+\vec{c}+\vec{d}}{3}$$

$$\vec{g}=\frac{1\times\vec{a}+3\times\vec{e}}{3+1}=\frac{\vec{a}+\vec{b}+\vec{c}+\vec{d}}{4}$$

ゆえに　$\overrightarrow{AG}+\overrightarrow{BG}+\overrightarrow{CG}+\overrightarrow{DG}$

$=(\vec{g}-\vec{a})+(\vec{g}-\vec{b})+(\vec{g}-\vec{c})+(\vec{g}-\vec{d})$

$=4\vec{g}-(\vec{a}+\vec{b}+\vec{c}+\vec{d})=\vec{0}$

inf.　この問題の点Gを**四面体の重心**という。基本例題55も参照。

⇐重心の位置ベクトル

⇐$\overrightarrow{AG}=\overrightarrow{OG}-\overrightarrow{OA}$
他も同じように差の形に分割する。

EX ②63　四面体ABCDにおいて，辺AB，CB，CD，ADを $t:(1-t)$ $[0<t<1]$ に内分する点を，それぞれP，Q，R，Sとする。
(1)　四角形PQRSは平行四辺形であることを示せ。
(2)　AC⊥BD ならば，四角形PQRSは長方形であることを示せ。

(1)　$\overrightarrow{PS}=\overrightarrow{AS}-\overrightarrow{AP}$

$=t\overrightarrow{AD}-t\overrightarrow{AB}$

$=t\overrightarrow{BD}$

$\overrightarrow{QR}=\overrightarrow{AR}-\overrightarrow{AQ}$

$=(1-t)\overrightarrow{AC}+t\overrightarrow{AD}$

$\quad-\{t\overrightarrow{AB}+(1-t)\overrightarrow{AC}\}$

$=t\overrightarrow{AD}-t\overrightarrow{AB}$

$=t\overrightarrow{BD}$

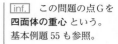

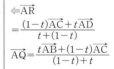

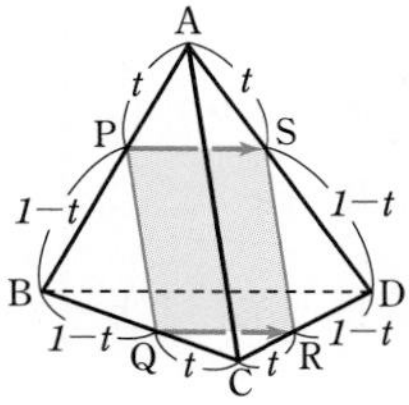

したがって　$\overrightarrow{PS}=\overrightarrow{QR}$

よって，四角形PQRSは平行四辺形である。

(2)　$\overrightarrow{PQ}=\overrightarrow{AQ}-\overrightarrow{AP}=\{t\overrightarrow{AB}+(1-t)\overrightarrow{AC}\}-t\overrightarrow{AB}$

$=(1-t)\overrightarrow{AC}$

また，(1)から　$\overrightarrow{PS}=t\overrightarrow{BD}$

AC⊥BD から　$\overrightarrow{AC}\cdot\overrightarrow{BD}=0$

ゆえに　$\overrightarrow{PQ}\cdot\overrightarrow{PS}=(1-t)\overrightarrow{AC}\cdot t\overrightarrow{BD}$

$=t(1-t)\overrightarrow{AC}\cdot\overrightarrow{BD}$

$=0$

$\overrightarrow{PQ}\neq\vec{0}$，$\overrightarrow{PS}\neq\vec{0}$ であるから　$\overrightarrow{PQ}\perp\overrightarrow{PS}$

すなわち　PQ⊥PS

四角形PQRSは平行四辺形であり，かつPQ⊥PSであるから，四角形PQRSは長方形である。

⇐$\overrightarrow{AR}=\dfrac{(1-t)\overrightarrow{AC}+t\overrightarrow{AD}}{t+(1-t)}$

$\overrightarrow{AQ}=\dfrac{t\overrightarrow{AB}+(1-t)\overrightarrow{AC}}{(1-t)+t}$

⇐$\overrightarrow{PS}\neq\vec{0}$，$\overrightarrow{QR}\neq\vec{0}$ のとき，次のことが成り立つ。
$\overrightarrow{PS}=\overrightarrow{QR}$ のとき
PS∥QR，PS=QR

⇐(1)から

⇐平行四辺形の隣り合う2辺が垂直ならば，長方形となる。

EX ③64 四面体OABCにおいて，辺OAを1：2に内分する点をD，線分BDを5：3に内分する点をE，線分CEを3：1に内分する点をF，直線OFと平面ABCの交点をPとする。$\overrightarrow{OA}=\vec{a}$，$\overrightarrow{OB}=\vec{b}$，$\overrightarrow{OC}=\vec{c}$ とするとき

(1) $\overrightarrow{OP}$ を $\vec{a}$，$\vec{b}$，$\vec{c}$ を用いて表せ。　(2) OF：FP を求めよ。

(1) 条件から

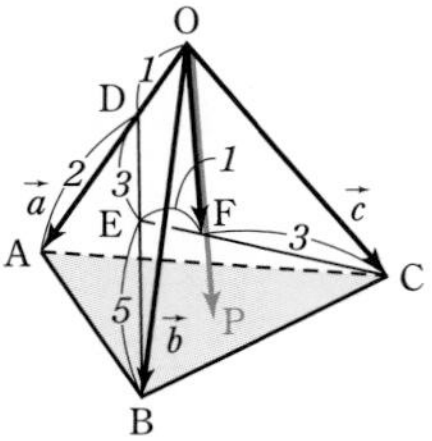

$$\overrightarrow{OD}=\frac{1}{3}\vec{a}$$

$$\overrightarrow{OE}=\frac{3\overrightarrow{OB}+5\overrightarrow{OD}}{5+3}$$

$$=\frac{1}{8}\left(3\vec{b}+\frac{5}{3}\vec{a}\right)=\frac{5}{24}\vec{a}+\frac{3}{8}\vec{b}$$

⇦BE：ED＝5：3

$$\overrightarrow{OF}=\frac{\overrightarrow{OC}+3\overrightarrow{OE}}{3+1}$$

⇦CF：FE＝3：1

$$=\frac{1}{4}\left\{\vec{c}+3\left(\frac{5}{24}\vec{a}+\frac{3}{8}\vec{b}\right)\right\}=\frac{5}{32}\vec{a}+\frac{9}{32}\vec{b}+\frac{1}{4}\vec{c}$$

点Pは直線OF上にあるから，$\overrightarrow{OP}=k\overrightarrow{OF}$（$k$ は実数）とすると　$\overrightarrow{OP}=\frac{5}{32}k\vec{a}+\frac{9}{32}k\vec{b}+\frac{1}{4}k\vec{c}$

CHART
共線は実数倍

また，点Pは平面ABC上にあるから

$\frac{5}{32}k+\frac{9}{32}k+\frac{1}{4}k=1$　　ゆえに　$k=\frac{16}{11}$

⇦点Pが平面ABC上にある条件
$\overrightarrow{\mathbf{OP}}$
$=s\overrightarrow{\mathbf{OA}}+t\overrightarrow{\mathbf{OB}}+u\overrightarrow{\mathbf{OC}}$,
$s+t+u=1$
(係数の和が1)

よって　$\overrightarrow{\mathbf{OP}}=\frac{\mathbf{5}}{\mathbf{22}}\vec{\boldsymbol{a}}+\frac{\mathbf{9}}{\mathbf{22}}\vec{\boldsymbol{b}}+\frac{\mathbf{4}}{\mathbf{11}}\vec{\boldsymbol{c}}$

(2) (1)から　$\overrightarrow{OP}=\frac{16}{11}\overrightarrow{OF}$

ゆえに　OF：OP＝11：16　　よって　**OF：FP＝11：5**

EX ③65 1辺の長さが1の正四面体PABCにおいて，辺PA，BC，PB，ACの中点をそれぞれK，L，M，Nとする。線分KL，MNの中点をそれぞれQ，Rとし，△ABCの重心をGとする。また，$\overrightarrow{PA}=\vec{a}$，$\overrightarrow{PB}=\vec{b}$，$\overrightarrow{PC}=\vec{c}$ とおく。

(1) $\overrightarrow{PQ}$，$\overrightarrow{PR}$ を $\vec{a}$，$\vec{b}$，$\vec{c}$ を用いて表し，点QとRが一致することを示せ。

(2) 3点P，Q，Gが同一直線上にあることを示せ。また，PQ：QG を求めよ。

(3) PG⊥AB を示せ。　〔大分大〕

(1) $\overrightarrow{PK}=\frac{1}{2}\overrightarrow{PA}=\frac{1}{2}\vec{a}$，$\overrightarrow{PL}=\frac{\overrightarrow{PB}+\overrightarrow{PC}}{2}=\frac{\vec{b}+\vec{c}}{2}$

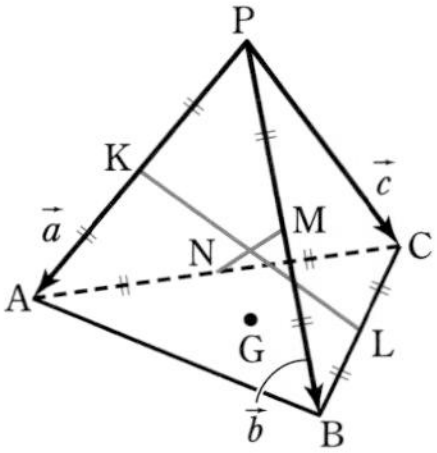

$\overrightarrow{PM}=\frac{1}{2}\overrightarrow{PB}=\frac{1}{2}\vec{b}$，$\overrightarrow{PN}=\frac{\overrightarrow{PA}+\overrightarrow{PC}}{2}=\frac{\vec{a}+\vec{c}}{2}$

ゆえに　$\overrightarrow{\mathbf{PQ}}=\frac{\overrightarrow{PK}+\overrightarrow{PL}}{2}=\frac{1}{2}\left(\frac{1}{2}\vec{a}+\frac{\vec{b}+\vec{c}}{2}\right)$

$$=\frac{\mathbf{1}}{\mathbf{4}}(\vec{\boldsymbol{a}}+\vec{\boldsymbol{b}}+\vec{\boldsymbol{c}})\quad\cdots\cdots ①$$

$\overrightarrow{\mathbf{PR}}=\frac{\overrightarrow{PM}+\overrightarrow{PN}}{2}=\frac{1}{2}\left(\frac{1}{2}\vec{b}+\frac{\vec{a}+\vec{c}}{2}\right)$

⇦線分ABの中点の位置ベクトルは　$\frac{\vec{a}+\vec{b}}{2}$

$$=\frac{\mathbf{1}}{\mathbf{4}}(\vec{\boldsymbol{a}}+\vec{\boldsymbol{b}}+\vec{\boldsymbol{c}})$$

よって，$\overrightarrow{PQ}=\overrightarrow{PR}$ となり，点Qと点Rは一致する。

⇐共点条件
$\overrightarrow{OP}=\overrightarrow{OQ} \iff$
2点P，Qは一致する。

(2) $\overrightarrow{PG}=\dfrac{\overrightarrow{PA}+\overrightarrow{PB}+\overrightarrow{PC}}{3}=\dfrac{\vec{a}+\vec{b}+\vec{c}}{3}$

よって　$\vec{a}+\vec{b}+\vec{c}=3\overrightarrow{PG}$

これを①に代入すると　$\overrightarrow{PQ}=\dfrac{1}{4}\times3\overrightarrow{PG}=\dfrac{3}{4}\overrightarrow{PG}$　……②

ゆえに，3点P，Q，Gは同一直線上にある。

また，②から　**PQ：QG＝3：1**

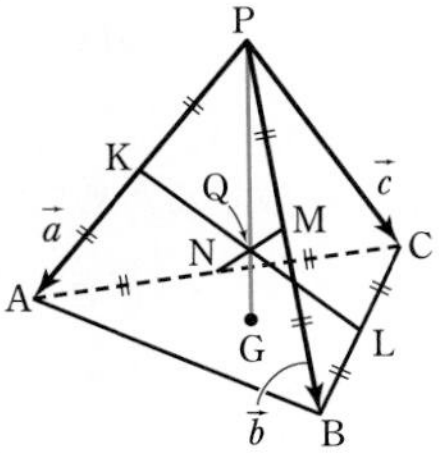

(3) $\overrightarrow{AB}=\overrightarrow{PB}-\overrightarrow{PA}=\vec{b}-\vec{a}$ であるから

$$\overrightarrow{PG}\cdot\overrightarrow{AB}=\left\{\frac{1}{3}(\vec{a}+\vec{b}+\vec{c})\right\}\cdot(\vec{b}-\vec{a})$$
$$=\frac{1}{3}(\vec{a}\cdot\vec{b}+\vec{b}\cdot\vec{b}+\vec{c}\cdot\vec{b}-\vec{a}\cdot\vec{a}-\vec{b}\cdot\vec{a}-\vec{c}\cdot\vec{a})$$
$$=\frac{1}{3}(|\vec{b}|^2-|\vec{a}|^2+\vec{c}\cdot\vec{b}-\vec{c}\cdot\vec{a})$$
$$=\frac{1}{3}(1^2-1^2+1\cdot1\cdot\cos60^\circ-1\cdot1\cdot\cos60^\circ)=0$$

⇐正四面体PABCの4つの面はいずれも1辺の長さが1の正三角形。ゆえに，$\vec{c}$ と $\vec{b}$，$\vec{c}$ と $\vec{a}$ のなす角はともに60°。

$\overrightarrow{PG}\neq\vec{0}$，$\overrightarrow{AB}\neq\vec{0}$ より $\overrightarrow{PG}\perp\overrightarrow{AB}$ であるから　PG⊥AB

EX
③**66**

直方体の隣り合う3辺をOA，OB，OCとし，$\overrightarrow{OD}=\overrightarrow{OA}+\overrightarrow{OB}+\overrightarrow{OC}$ を満たす頂点をDとする。線分ODが平面ABCと直交するとき，この直方体は立方体であることを証明せよ。
〔東京学芸大〕

OD⊥(平面ABC) であるから

OD⊥AB，OD⊥AC

⇐AB，ACは平面ABC上の2直線。

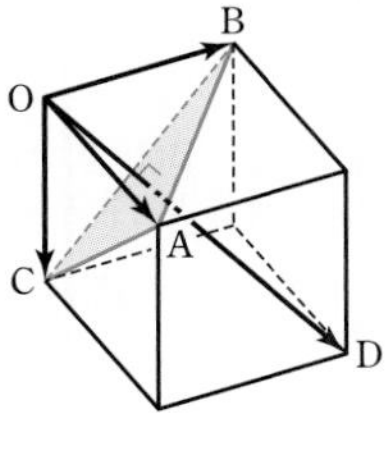

ゆえに　$\overrightarrow{OD}\cdot\overrightarrow{AB}=0$，$\overrightarrow{OD}\cdot\overrightarrow{AC}=0$

$\overrightarrow{OD}=\overrightarrow{OA}+\overrightarrow{OB}+\overrightarrow{OC}$ であるから，

$\overrightarrow{OD}\cdot\overrightarrow{AB}=0$ より

$(\overrightarrow{OA}+\overrightarrow{OB}+\overrightarrow{OC})\cdot(\overrightarrow{OB}-\overrightarrow{OA})=0$　……①

ここで，OA⊥OB，OB⊥OC，OC⊥OA

⇐直方体の性質。

であるから　$\overrightarrow{OA}\cdot\overrightarrow{OB}=\overrightarrow{OB}\cdot\overrightarrow{OC}=\overrightarrow{OC}\cdot\overrightarrow{OA}=0$

よって，①は $|\overrightarrow{OB}|^2-|\overrightarrow{OA}|^2=0$ となる。

ゆえに　$|\overrightarrow{OA}|=|\overrightarrow{OB}|$　……②

同様にして，$\overrightarrow{OD}\cdot\overrightarrow{AC}=0$ から　$|\overrightarrow{OA}|=|\overrightarrow{OC}|$　……③

⇐$\overrightarrow{OD}\cdot\overrightarrow{AC}=0$ に $\overrightarrow{OD}=\overrightarrow{OA}+\overrightarrow{OB}+\overrightarrow{OC}$，$\overrightarrow{AC}=\overrightarrow{OC}-\overrightarrow{OA}$ を代入。

②，③から　OA＝OB＝OC

したがって，隣り合う3辺の長さが等しいから，この直方体は立方体である。

EX
③**67**

空間内に四面体ABCDがある。辺ABの中点をM，辺CDの中点をNとする。t を0でない実数とし，点Gを $\overrightarrow{GA}+\overrightarrow{GB}+(t-2)\overrightarrow{GC}+t\overrightarrow{GD}=\vec{0}$ を満たす点とする。

(1) $\overrightarrow{DG}$ を $\overrightarrow{DA}$，$\overrightarrow{DB}$，$\overrightarrow{DC}$ で表せ。　(2) 点Gは点Nと一致しないことを示せ。

(3) 直線NGと直線MCは平行であることを示せ。
〔東北大〕

(1) $\overrightarrow{GA}+\overrightarrow{GB}+(t-2)\overrightarrow{GC}+t\overrightarrow{GD}=\vec{0}$ から

$(\overrightarrow{DA}-\overrightarrow{DG})+(\overrightarrow{DB}-\overrightarrow{DG})+(t-2)(\overrightarrow{DC}-\overrightarrow{DG})-t\overrightarrow{DG}=\vec{0}$

⇐始点をDにそろえる。

よって　$2t\overrightarrow{DG}=\overrightarrow{DA}+\overrightarrow{DB}+(t-2)\overrightarrow{DC}$

$t\neq 0$ であるから　$\boldsymbol{\overrightarrow{DG}=\frac{1}{2t}\overrightarrow{DA}+\frac{1}{2t}\overrightarrow{DB}+\frac{t-2}{2t}\overrightarrow{DC}}$　…… ①

(2) 点Nは辺CDの中点であるから　$\overrightarrow{DN}=\frac{1}{2}\overrightarrow{DC}$　…… ②

4点A，B，C，Dは同じ平面上にないから，点Gが点Nと一致するための条件は，①，② より

$\frac{1}{2t}=0$ かつ $\frac{t-2}{2t}=\frac{1}{2}$

これらを満たす実数 t は存在しないから，点Gは点Nと一致しない。

(3) ①，② から

$$\overrightarrow{NG}=\overrightarrow{DG}-\overrightarrow{DN}=\frac{1}{2t}\overrightarrow{DA}+\frac{1}{2t}\overrightarrow{DB}+\frac{t-2}{2t}\overrightarrow{DC}-\frac{1}{2}\overrightarrow{DC}$$
$$=\frac{1}{2t}\overrightarrow{DA}+\frac{1}{2t}\overrightarrow{DB}-\frac{1}{t}\overrightarrow{DC}$$

また　$\overrightarrow{MC}=\overrightarrow{DC}-\overrightarrow{DM}=\overrightarrow{DC}-\frac{\overrightarrow{DA}+\overrightarrow{DB}}{2}$

$$=-\frac{1}{2}\overrightarrow{DA}-\frac{1}{2}\overrightarrow{DB}+\overrightarrow{DC}$$

ゆえに　$\overrightarrow{MC}=-t\overrightarrow{NG}$

$t\neq 0$，$\overrightarrow{MC}\neq\vec{0}$ であり，(2) より $\overrightarrow{NG}\neq\vec{0}$ であるから，直線NGと直線MCは平行である。

⇐ 1次独立である $\vec{a}$，$\vec{b}$，$\vec{c}$ に対し，任意のベクトル $\vec{p}$ は $\vec{p}=s\vec{a}+t\vec{b}+u\vec{c}$ の形にただ1通りに表される。

⇐ $\frac{1}{2t}=0$ を満たす実数 t は存在しない。

⇐ $\overrightarrow{DA}$，$\overrightarrow{DB}$，$\overrightarrow{DC}$ だけで表す。

⇐ 点Gと点Nは一致しないから　$\overrightarrow{NG}\neq\vec{0}$

EX ④68 座標空間に4点A(2，1，0)，B(1，0，1)，C(0，1，2)，D(1，3，7)がある。3点A，B，Cを通る平面に関して点Dと対称な点をEとするとき，点Eの座標を求めよ。〔京都大〕

点Dから平面ABCに下ろした垂線の足をHとする。

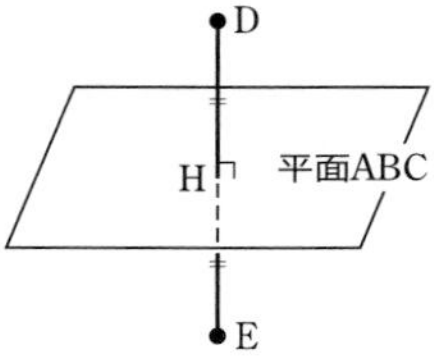

Hは平面ABC上にあるから

$\overrightarrow{DH}=s\overrightarrow{DA}+t\overrightarrow{DB}+u\overrightarrow{DC}$，

$s+t+u=1$　…… ①

と表される。

$\overrightarrow{DA}=(1,\ -2,\ -7)$，$\overrightarrow{DB}=(0,\ -3,\ -6)$，

$\overrightarrow{DC}=(-1,\ -2,\ -5)$ であるから

$\overrightarrow{DH}=s(1,\ -2,\ -7)+t(0,\ -3,\ -6)+u(-1,\ -2,\ -5)$

$=(s-u,\ -2s-3t-2u,\ -7s-6t-5u)$

DHは平面ABCに垂直であるから　$\overrightarrow{DH}\perp\overrightarrow{AB}$，$\overrightarrow{DH}\perp\overrightarrow{AC}$

ゆえに　$\overrightarrow{DH}\cdot\overrightarrow{AB}=0$　…… ②，$\overrightarrow{DH}\cdot\overrightarrow{AC}=0$　…… ③

$\overrightarrow{AB}=(-1,\ -1,\ 1)$ であるから，② より

$(s-u)\times(-1)+(-2s-3t-2u)\times(-1)+(-7s-6t-5u)\times 1=0$

よって　$6s+3t+2u=0$　…… ④

$\overrightarrow{AC}=(-2,\ 0,\ 2)$ であるから，③ より

$(s-u)\times(-2)+(-2s-3t-2u)\times 0+(-7s-6t-5u)\times 2=0$

HINT　点Dから平面ABCに下ろした垂線の足をHとすると，Hは線分DEの中点である。
よって　$\overrightarrow{DE}=2\overrightarrow{DH}$
$\overrightarrow{DH}$ の成分は，「Hが平面ABC上にある」，「DH⊥平面ABC」から求めることができる。

inf.　「$\overrightarrow{DH}=s\overrightarrow{DA}+t\overrightarrow{DB}+u\overrightarrow{DC}$，$s+t+u=1$」の代わりに，「$\overrightarrow{AH}=s\overrightarrow{AB}+t\overrightarrow{AC}$」として考えてもよい。その場合，$\overrightarrow{DH}=\overrightarrow{DA}+\overrightarrow{AH}$ として $\overrightarrow{DH}$ の成分を s，t を用いて表す。

よって　$4s+3t+2u=0$　……⑤

①，④，⑤から　$s=0$，$t=-2$，$u=3$

したがって　$\overrightarrow{DH}=(-3,\ 0,\ -3)$

原点をOとすると

$$\overrightarrow{OE}=\overrightarrow{OD}+\overrightarrow{DE}=\overrightarrow{OD}+2\overrightarrow{DH}$$
$$=(1,\ 3,\ 7)+2(-3,\ 0,\ -3)$$
$$=(-5,\ 3,\ 1)$$

ゆえに，点Eの座標は　$\mathbf{(-5,\ 3,\ 1)}$

別解　3点 A，B，C を通る平面の方程式を $ax+by+cz+d=0$ とする。

点Aを通るから　$2a+b+d=0$　……①

点Bを通るから　$a+c+d=0$　……②

点Cを通るから　$b+2c+d=0$　……③

①，②，③から　$a=c$，$b=0$，$d=-2c$

よって　$cx+cz-2c=0$

ここで，$c=0$ とすると (左辺)$=0$ となり，平面を表さない。

ゆえに，$c\neq0$ であり，平面 ABC の方程式は　$x+z-2=0$

よって，平面 ABC の法線ベクトルの１つは　$(1,\ 0,\ 1)$

点Dから平面 ABC に垂線 DH を下ろすと，k を実数として

$$\overrightarrow{DH}=k(1,\ 0,\ 1)$$

ゆえに，原点をOとすると

$$\overrightarrow{OH}=\overrightarrow{OD}+\overrightarrow{DH}=(1,\ 3,\ 7)+(k,\ 0,\ k)$$
$$=(k+1,\ 3,\ k+7)$$

点Hは平面 ABC 上の点であるから

$$(k+1)+(k+7)-2=0$$

よって　$k=-3$

ゆえに　$\overrightarrow{OE}=\overrightarrow{OD}+2\overrightarrow{DH}=(1,\ 3,\ 7)+2(-3,\ 0,\ -3)$
$$=(-5,\ 3,\ 1)$$

よって　$\mathbf{E(-5,\ 3,\ 1)}$

⇦平面の方程式の一般形は
$ax+by+cz+d=0$
ただし
$(a,\ b,\ c)\neq(0,\ 0,\ 0)$
本冊 $p.410$ STEP UP 参照。

⇦平面：$ax+by+cz+d=0$ の法線ベクトルの１つは $(a,\ b,\ c)$

⇦$x+z-2=0$ に $x=k+1$，$z=k+7$ を代入する。

EX ④69　正四面体 ABCD の辺 AB，CD の中点をそれぞれ M，N とし，線分 MN の中点を G，$\angle AGB$ を θ とする。このとき，$\cos\theta$ の値を求めよ。〔熊本大〕

正四面体の１辺の長さを $4a$ とし，$\overrightarrow{AB}=4\vec{b}$，$\overrightarrow{AC}=4\vec{c}$，$\overrightarrow{AD}=4\vec{d}$ とすると

$$\overrightarrow{AN}=\frac{1}{2}(4\vec{c}+4\vec{d})=2(\vec{c}+\vec{d})$$

$$\overrightarrow{AM}=\frac{1}{2}\overrightarrow{AB}=2\vec{b}$$

$$\overrightarrow{AG}=\frac{1}{2}(\overrightarrow{AM}+\overrightarrow{AN})$$
$$=\frac{1}{2}\{2\vec{b}+2(\vec{c}+\vec{d})\}$$
$$=\vec{b}+\vec{c}+\vec{d}$$

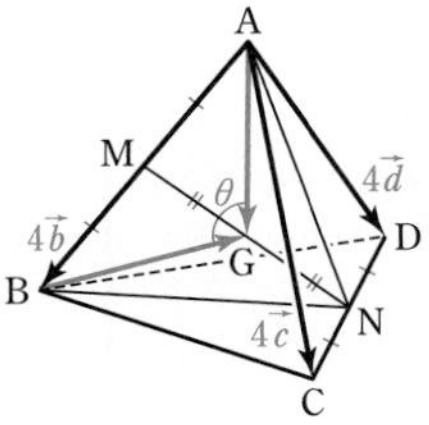

inf.　中点や分点に関する問題において，
$\overrightarrow{AB}=k\vec{b}$（$k$ は定数）
などと表すと，分数の計算が少なくなり，見通しよく計算できる場合がある。そのため，本問では正四面体の１辺の長さを $4a$，$\overrightarrow{AB}=4\vec{b}$ などとした。

$\overrightarrow{BG}=\overrightarrow{AG}-\overrightarrow{AB}$
$=(\vec{b}+\vec{c}+\vec{d})-4\vec{b}$
$=-3\vec{b}+\vec{c}+\vec{d}$

$|\vec{b}|=|\vec{c}|=|\vec{d}|=\dfrac{4a}{4}=a$, $\vec{b}\cdot\vec{c}=\vec{c}\cdot\vec{d}=\vec{d}\cdot\vec{b}=a^2\cos 60°$

⇐正四面体の各面はすべて合同な正三角形である。よって，$\vec{b}$ と $\vec{c}$，$\vec{c}$ と $\vec{d}$，$\vec{d}$ と $\vec{b}$ のなす角はすべて 60° である。

であるから

$|\overrightarrow{GA}|^2=\overrightarrow{AG}\cdot\overrightarrow{AG}$
$=(\vec{b}+\vec{c}+\vec{d})\cdot(\vec{b}+\vec{c}+\vec{d})$
$=|\vec{b}|^2+|\vec{c}|^2+|\vec{d}|^2+2(\vec{b}\cdot\vec{c}+\vec{c}\cdot\vec{d}+\vec{d}\cdot\vec{b})$
$=3a^2+2\times 3a^2\cos 60°$
$=6a^2$

⇐$(b+c+d)^2$ を展開するように計算。

$\overrightarrow{GA}\cdot\overrightarrow{GB}=\overrightarrow{AG}\cdot\overrightarrow{BG}$
$=(\vec{b}+\vec{c}+\vec{d})\cdot(-3\vec{b}+\vec{c}+\vec{d})$
$=-3|\vec{b}|^2+|\vec{c}|^2+|\vec{d}|^2-2\vec{b}\cdot\vec{c}+2\vec{c}\cdot\vec{d}-2\vec{d}\cdot\vec{b}$
$=-a^2-2a^2\cos 60°$
$=-2a^2$

直線 MN は辺 AB の垂直二等分線であるから

GA=GB　すなわち　$|\overrightarrow{GA}|=|\overrightarrow{GB}|$

⇐AN=BN=$2\sqrt{3}\,a$
ゆえに，△NAB は二等辺三角形であるから
MN⊥AB

したがって

$$\cos\theta=\frac{\overrightarrow{GA}\cdot\overrightarrow{GB}}{|\overrightarrow{GA}||\overrightarrow{GB}|}=\frac{\overrightarrow{GA}\cdot\overrightarrow{GB}}{|\overrightarrow{GA}|^2}$$
$$=\frac{-2a^2}{6a^2}=\boldsymbol{-\frac{1}{3}}$$

inf.　正四面体の1辺の長さを $4a$ とすると

AN=BN=$2\sqrt{3}\,a$

△AMN は，∠AMN=90° の直角三角形であるから

MN=$\sqrt{\mathrm{AN}^2-\mathrm{AM}^2}$
$=\sqrt{12a^2-4a^2}=2\sqrt{2}\,a$

⇐図形の特徴(正四面体)を利用すると，線分 AG，BG の長さはらくに導かれる。

G は線分 MN の中点であるから

MG=$\sqrt{2}\,a$

よって　AG=$\sqrt{\mathrm{AM}^2+\mathrm{MG}^2}$
$=\sqrt{4a^2+2a^2}=\sqrt{6}\,a$

⇐△AMG は直角三角形。

また，$\cos\theta=-\dfrac{1}{3}$ のとき，θ の値は約 109.5° である。

EX ⑤70

1辺の長さが1である正四面体の頂点を O，A，B，C とする。
(1)　O を原点に，A を (1, 0, 0) に重ね，B を xy 平面上に，C を $x>0$，$y>0$，$z>0$ の部分におく。頂点 B，C の座標を求めよ。
(2)　$\overrightarrow{OA}$ と $\overrightarrow{OB}$，および $\overrightarrow{OB}$ と $\overrightarrow{OC}$ のなす角を，それぞれ2等分する2つのベクトルのなす角を θ とするとき，$\cos\theta$ の値を求めよ。　〔室蘭工大〕

HINT　(1)　正四面体の各辺の長さをもとに式を作る。線分の長さは2乗の形で扱う。

(1)　B$(a,\ b,\ 0)$ とする。

また，$c,\ d,\ e$ を正の数とし，C$(c,\ d,\ e)$ とすると

$$\overrightarrow{OA}\cdot\overrightarrow{OB}=a,\ \overrightarrow{OB}\cdot\overrightarrow{OC}=ac+bd,\ \overrightarrow{OC}\cdot\overrightarrow{OA}=c$$

正四面体の1辺の長さは1であるから

$$|\overrightarrow{OA}|=|\overrightarrow{OB}|=|\overrightarrow{OC}|=|\overrightarrow{AB}|=|\overrightarrow{BC}|=|\overrightarrow{CA}|=1 \quad \cdots\cdots ①$$

ここで

$$|\overrightarrow{OB}|^2=a^2+b^2 \quad \cdots\cdots ②$$

$$|\overrightarrow{OC}|^2=c^2+d^2+e^2 \quad \cdots\cdots ③$$

$$\begin{aligned}|\overrightarrow{AB}|^2&=|\overrightarrow{OB}-\overrightarrow{OA}|^2\\&=|\overrightarrow{OB}|^2-2\overrightarrow{OB}\cdot\overrightarrow{OA}+|\overrightarrow{OA}|^2\\&=1-2a+1=2(1-a) \quad \cdots\cdots ④\end{aligned}$$

$$\begin{aligned}|\overrightarrow{BC}|^2&=|\overrightarrow{OC}-\overrightarrow{OB}|^2=|\overrightarrow{OC}|^2-2\overrightarrow{OC}\cdot\overrightarrow{OB}+|\overrightarrow{OB}|^2\\&=1-2(ac+bd)+1\\&=2(1-ac-bd) \quad \cdots\cdots ⑤\end{aligned}$$

$$\begin{aligned}|\overrightarrow{CA}|^2&=|\overrightarrow{OA}-\overrightarrow{OC}|^2=|\overrightarrow{OA}|^2-2\overrightarrow{OA}\cdot\overrightarrow{OC}+|\overrightarrow{OC}|^2\\&=1-2c+1=2(1-c) \quad \cdots\cdots ⑥\end{aligned}$$

①，④，⑥ から　　$a=c=\dfrac{1}{2}$

このとき，①，②，③，⑤ から

$$\begin{cases} b^2=\dfrac{3}{4} & \cdots\cdots ⑦\\ d^2+e^2=\dfrac{3}{4} & \cdots\cdots ⑧\\ bd=\dfrac{1}{4} & \cdots\cdots ⑨\end{cases}$$

$d>0$ であるから，⑨ より　　$b>0$

ゆえに，⑦ から　　$b=\dfrac{\sqrt{3}}{2}$

よって，⑨ から　　$d=\dfrac{\sqrt{3}}{6}$

ゆえに，⑧，$e>0$ から　　$e=\dfrac{\sqrt{6}}{3}$

よって　　**B**$\left(\dfrac{1}{2},\ \dfrac{\sqrt{3}}{2},\ 0\right)$，**C**$\left(\dfrac{1}{2},\ \dfrac{\sqrt{3}}{6},\ \dfrac{\sqrt{6}}{3}\right)$

別解　正四面体OABCの1辺の長さは1であるから

$$\overrightarrow{OA}\cdot\overrightarrow{OB}=\overrightarrow{OB}\cdot\overrightarrow{OC}=\overrightarrow{OC}\cdot\overrightarrow{OA}=1\times1\times\cos60^\circ=\frac{1}{2}$$

ここで，B$(a,\ b,\ 0)$ とする。

また，$c,\ d,\ e$ を正の数とし，C$(c,\ d,\ e)$ とする。

よって　　$\overrightarrow{OA}\cdot\overrightarrow{OB}=a,\ \overrightarrow{OB}\cdot\overrightarrow{OC}=ac+bd,\ \overrightarrow{OC}\cdot\overrightarrow{OA}=c$

ゆえに　　$a=c=\dfrac{1}{2}$ ($c>0$ を満たしている)，$ac+bd=\dfrac{1}{2}$

よって　　$bd=\dfrac{1}{4}$　　　$d>0$ であるから　　$b>0$

inf.　図形的に考えると次のようになる。

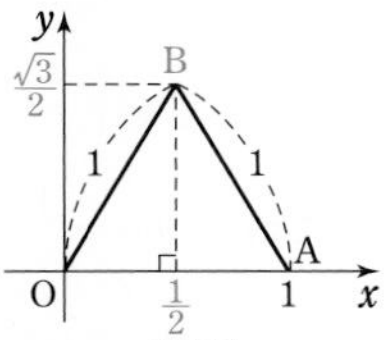

[図1]

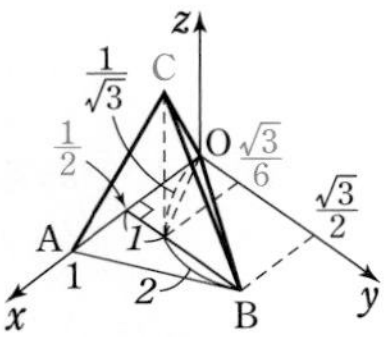

[図2]

[図2] において，点Cの x 座標，y 座標は △OAB の重心の x 座標，y 座標に等しい。また，Cの z 座標は三平方の定理により

$$\sqrt{1^2-\left(\frac{1}{\sqrt{3}}\right)^2}=\frac{\sqrt{6}}{3}$$

⇐△OAB，△OBC，△OCA は，1辺の長さが1の正三角形。

$|\overrightarrow{OB}|^2=1$ であるから　$a^2+b^2=1$

$a=\dfrac{1}{2}$ を代入して　$b^2=\dfrac{3}{4}$

$b>0$ であるから　$b=\dfrac{\sqrt{3}}{2}$

これを $bd=\dfrac{1}{4}$ に代入して

$$\frac{\sqrt{3}}{2}d=\frac{1}{4}$$

ゆえに　$d=\dfrac{1}{2\sqrt{3}}=\dfrac{\sqrt{3}}{6}$

$|\overrightarrow{OC}|^2=1$ であるから

$$c^2+d^2+e^2=1$$

$c=\dfrac{1}{2}$, $d=\dfrac{\sqrt{3}}{6}$ を代入して

$$e^2=\frac{2}{3}$$

$e>0$ であるから

$$e=\frac{\sqrt{2}}{\sqrt{3}}=\frac{\sqrt{6}}{3}$$

よって　$\mathbf{B}\left(\dfrac{1}{2},\ \dfrac{\sqrt{3}}{2},\ 0\right)$, $\mathbf{C}\left(\dfrac{1}{2},\ \dfrac{\sqrt{3}}{6},\ \dfrac{\sqrt{6}}{3}\right)$

(2)　2辺 AB, BC の中点をそれぞれ M, N とすると

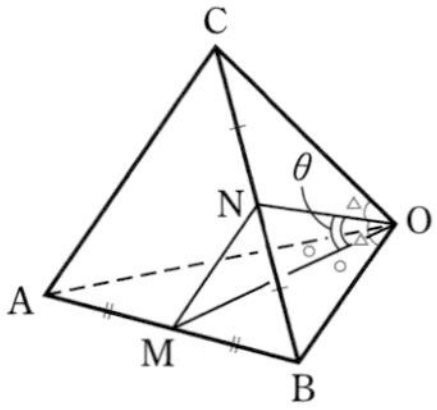

$$\mathrm{OM}=\mathrm{ON}=\frac{\sqrt{3}}{2}$$

中点連結定理から

$$\mathrm{MN}=\frac{1}{2}\mathrm{AC}=\frac{1}{2}$$

よって，余弦定理から

$$\cos\theta=\frac{\left(\frac{\sqrt{3}}{2}\right)^2+\left(\frac{\sqrt{3}}{2}\right)^2-\left(\frac{1}{2}\right)^2}{2\times\frac{\sqrt{3}}{2}\times\frac{\sqrt{3}}{2}}$$

$$=\frac{5}{6}$$

⇐**中点連結定理**
△BAC において，辺 BA, BC の中点をそれぞれ M, N とすると
MN∥AC, $\mathrm{MN}=\dfrac{1}{2}\mathrm{AC}$

EX ②71

(1)　点 A(1, −2, 3) に関して，点 P(−3, 4, 1) と対称な点の座標を求めよ。

(2)　A(1, 1, 4), B(−1, 1, 2), C(x, y, z), D(1, 3, 2) を頂点とする四面体において，△BCD の重心Gと点Aを結ぶ線分 AG を 3：1 に内分する点の座標が (0, 2, 3) のとき，x, y, z の値を求めよ。

HINT　(1)　求める点と点Pを結ぶ線分の中点がAとなる。

(1)　求める点の座標を $(x,\ y,\ z)$ とすると

$$\frac{-3+x}{2}=1,\quad \frac{4+y}{2}=-2,\quad \frac{1+z}{2}=3$$

よって　　$x=5,\ y=-8,\ z=5$

ゆえに，求める点の座標は

$$\boldsymbol{(5,\ -8,\ 5)}$$

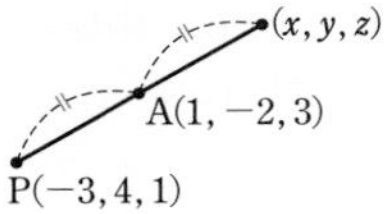

(2)　G は △BCD の重心であるから

$$G\left(\frac{-1+x+1}{3},\ \frac{1+y+3}{3},\ \frac{2+z+2}{3}\right)$$

すなわち　$G\left(\dfrac{x}{3},\ \dfrac{y+4}{3},\ \dfrac{z+4}{3}\right)$

よって，線分 AG を 3：1 に内分する点の座標は

$$\left(\frac{1+x}{4},\ \frac{1+(y+4)}{4},\ \frac{4+(z+4)}{4}\right)$$

この座標が $(0,\ 2,\ 3)$ に等しい。

ゆえに　　$\boldsymbol{x=-1,\ y=3,\ z=4}$

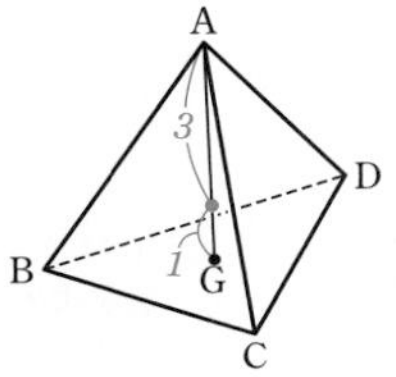

inf.　点 $(0,\ 2,\ 3)$ は四面体 ABCD の重心である。

EX ③72　次の球面の方程式を求めよ。

(1)　中心が $(-3,\ 1,\ 3)$ で，2 つの座標平面に接する球面

(2)　点 $(-2,\ 2,\ 4)$ を通り，3 つの座標平面に接する球面

(3)　中心が y 軸上にあり，2 点 $(2,\ 2,\ 4)$，$(1,\ 1,\ 2)$ を通る球面

CHART　球面の方程式　半径と中心で決定

(1)　中心の x 座標が -3 より，中心から yz 平面までの距離は $|-3|=3$ である。
同様にして，中心から zx 平面までの距離は 1，xy 平面までの距離は 3 である。
よって，求める球面は yz 平面と xy 平面に接し，半径は 3 である。
ゆえに，球面の方程式は

$$\boldsymbol{(x+3)^2+(y-1)^2+(z-3)^2=9}$$

⇦半径は，中心から xy 平面までの距離。

(2)　求める球面の半径を $r\ (r>0)$ とすると，点 $(-2,\ 2,\ 4)$ を通ることから，球面の中心は $(-r,\ r,\ r)$ とおける。
よって，球面の方程式は

$$(x+r)^2+(y-r)^2+(z-r)^2=r^2$$

点 $(-2,\ 2,\ 4)$ を通ることから

$$(-2+r)^2+(2-r)^2+(4-r)^2=r^2$$

整理すると　　$(r-2)(r-6)=0$

ゆえに　　　　$r=2,\ 6$

したがって，求める球面の方程式は

$$\boldsymbol{(x+2)^2+(y-2)^2+(z-2)^2=4,}$$
$$\boldsymbol{(x+6)^2+(y-6)^2+(z-6)^2=36}$$

⇦求める球面が 3 つの座標平面に接するから，中心の座標の候補は
$(\pm r,\ \pm r,\ \pm r)$
（ただし，複号任意）
となる。
また，点 $(-2,\ 2,\ 4)$ を通るから，球面上の点および中心において
$(x$ 座標$)\leqq 0$，$(y$ 座標$)\geqq 0$，$(z$ 座標$)\geqq 0$

(3) 中心の座標を $(0,\ b,\ 0)$，半径を r $(r>0)$ とすると球面の方程式は　$x^2+(y-b)^2+z^2=r^2$

2点 $(2,\ 2,\ 4)$，$(1,\ 1,\ 2)$ を通ることから

$$2^2+(2-b)^2+4^2=r^2,\ 1^2+(1-b)^2+2^2=r^2$$

この2式から r^2 を消去すると　$b=9$

このとき　$r^2=69$

よって，求める球面の方程式は

$$\boldsymbol{x^2+(y-9)^2+z^2=69}$$

⇐$4+4-4b+b^2+16$ $=1+1-2b+b^2+4$ から　$2b=18$

EX ③73

(1) 中心が $(2,\ -3,\ 4)$，半径が r の球面が xy 平面と交わってできる円の半径が3であるという。r の値を求めよ。

(2) 中心が $(-1,\ 5,\ 3)$，半径が4の球面が平面 $x=1$ と交わってできる円の中心の座標と半径を求めよ。

(3) 中心が $(1,\ -3,\ 2)$，原点を通る球面が平面 $z=k$ と交わってできる円の半径が $\sqrt{5}$ であるという。k の値を求めよ。

(1) 球面の方程式は　$(x-2)^2+(y+3)^2+(z-4)^2=r^2$ $(r>0)$

この球面が xy 平面と交わってできる図形の方程式は

$$(x-2)^2+(y+3)^2=r^2-16,\ z=0$$

これは，$r^2-16>0$ のとき，xy 平面上で半径が $\sqrt{r^2-16}$ の円を表す。

その半径が3であるから　$r^2-16=9$

よって　$r^2=25$　$r>0$ であるから　$\boldsymbol{r=5}$

(1) $(x-2)^2+(y+3)^2+(z-4)^2=r^2$ に $z=0$ を代入。

別解　球の中心と xy 平面の距離は4である。よって　$4^2+3^2=r^2$　$r>0$ であるから　$\boldsymbol{r=5}$

(2) 球面の方程式は　$(x+1)^2+(y-5)^2+(z-3)^2=4^2$

この球面が平面 $x=1$ と交わってできる図形の方程式は

$$(y-5)^2+(z-3)^2=12,\ x=1$$

よって　**中心の座標は $(1,\ 5,\ 3)$，半径は $2\sqrt{3}$**

⇐$\sqrt{12}=2\sqrt{3}$

(3) 球面の半径 r は，中心 $(1,\ -3,\ 2)$ と原点との距離に等しいから　$r^2=1^2+(-3)^2+2^2=14$

したがって，球面の方程式は

$$(x-1)^2+(y+3)^2+(z-2)^2=14$$

ゆえに，球面と平面 $z=k$ が交わってできる図形の方程式は

$$(x-1)^2+(y+3)^2+(k-2)^2=14,\ z=k$$

⇐$z=k$ を代入。

よって　$(x-1)^2+(y+3)^2=14-(k-2)^2,\ z=k$

これは，$14-(k-2)^2>0$ のとき，平面 $z=k$ 上で，半径 $\sqrt{14-(k-2)^2}$ の円を表す。

その半径が $\sqrt{5}$ であるから　$14-(k-2)^2=(\sqrt{5})^2$

ゆえに　$(k-2)^2=9$

よって　$k-2=\pm3$

したがって　$\boldsymbol{k=-1,\ 5}$

EX ③74

空間の4点 A(1, 2, 3), B(2, 3, 1), C(3, 1, 2), D(1, 1, 1) に対し，2点A, Bを通る直線を ℓ，2点C, Dを通る直線を m とする。
(1) ℓ, m のベクトル方程式を求めよ。
(2) ℓ と m のどちらにも直交する直線を n とするとき，ℓ と n の交点Eの座標および m と n の交点Fの座標を求めよ。 〔旭川医大〕

(1) ℓ 上の任意の点を $P(\vec{p})$，m 上の任意の点を $Q(\vec{q})$ とする。
ℓ の方向ベクトルは　$\overrightarrow{AB}=(1,\ 1,\ -2)$
m の方向ベクトルは　$\overrightarrow{DC}=(2,\ 0,\ 1)$
よって，s, t を実数とすると
ℓ のベクトル方程式は
$$\vec{p}=(1,\ 2,\ 3)+s(1,\ 1,\ -2)$$
⇐これを答としてもよい。
すなわち　$\boldsymbol{x=1+s,\ y=2+s,\ z=3-2s}$
m のベクトル方程式は
$$\vec{q}=(3,\ 1,\ 2)+t(2,\ 0,\ 1)$$
⇐これを答としてもよい。
すなわち　$\boldsymbol{x=3+2t,\ y=1,\ z=2+t}$

inf.　線分EFの長さが2直線 ℓ, m の最短距離を表す。$|\overrightarrow{EF}|^2$ を s_0, t_0 の2次式で表し，平方完成する方針でもよい（重要例題72参照）。

(2) 点Eの座標を $(s_0+1,\ s_0+2,\ -2s_0+3)$，点Fの座標を $(2t_0+3,\ 1,\ t_0+2)$ とする。
直線 n の方向ベクトルは，
$\overrightarrow{FE}=(s_0-2t_0-2,\ s_0+1,\ -2s_0-t_0+1)$ である。
ℓ と n が直交するから
$$1\times(s_0-2t_0-2)+1\times(s_0+1)-2\times(-2s_0-t_0+1)=0$$
⇐$\overrightarrow{AB}\cdot\overrightarrow{FE}=0$
整理すると　$6s_0-3=0$　ゆえに　$s_0=\dfrac{1}{2}$
したがって，**点Eの座標は**　$\boldsymbol{\left(\dfrac{3}{2},\ \dfrac{5}{2},\ 2\right)}$
m と n が直交するから
$$2\times(s_0-2t_0-2)+0\times(s_0+1)+1\times(-2s_0-t_0+1)=0$$
⇐$\overrightarrow{DC}\cdot\overrightarrow{FE}=0$
整理すると　$-5t_0-3=0$　ゆえに　$t_0=-\dfrac{3}{5}$
したがって，**点Fの座標は**　$\boldsymbol{\left(\dfrac{9}{5},\ 1,\ \dfrac{7}{5}\right)}$

EX ④75

(1) xy 平面上の3点 O(0, 0), A(2, 1), B(1, 2) を通る円の方程式を求めよ。
(2) t が実数全体を動くとき，xyz 空間内の点 $(t+2,\ t+2,\ t)$ がつくる直線を ℓ とする。3点 O(0, 0, 0), A′(2, 1, 0), B′(1, 2, 0) を通り，中心を $C(a,\ b,\ c)$ とする球面 S が直線 ℓ と共有点をもつとき，a, b, c の満たす条件を求めよ。 〔北海道大〕

(1) 求める円の方程式を $x^2+y^2+lx+my+n=0$ とおく。
3点 (0, 0), (2, 1), (1, 2) を通るから
$$n=0,\quad 2l+m+n+5=0,\quad l+2m+n+5=0$$
⇐$n=0$ から $2l+m+5=0$, $l+2m+5=0$
これを解くと　$l=-\dfrac{5}{3}$, $m=-\dfrac{5}{3}$, $n=0$
ゆえに，求める円の方程式は
$$\boldsymbol{x^2+y^2-\frac{5}{3}x-\frac{5}{3}y=0}$$

(2)　3 点 O，A′，B′ は xy 平面上にあるから，球面 S と xy 平面の共有点がつくる図形は O，A′，B′ を通る円である。

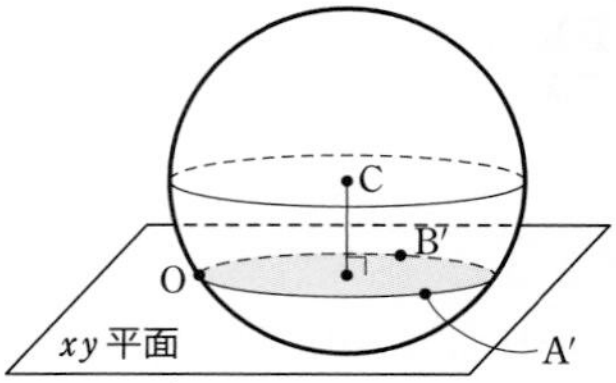

この円を表す方程式は，(1) より

$$x^2+y^2-\frac{5}{3}x-\frac{5}{3}y=0,\ z=0$$

すなわち　$\left(x-\frac{5}{6}\right)^2+\left(y-\frac{5}{6}\right)^2=\frac{25}{18},\ z=0$

⇦$z=0$ を忘れないように。

よって，円の中心の座標は　$\left(\frac{5}{6},\ \frac{5}{6},\ 0\right)$

球の中心 C$(a,\ b,\ c)$ から xy 平面に下ろした垂線は，この円の中心 $\left(\frac{5}{6},\ \frac{5}{6},\ 0\right)$ を通る。よって，点 C と円の中心の x 座標，y 座標は等しく　$a=\frac{5}{6},\ b=\frac{5}{6}$

また，球面 S の半径は

$$\text{OC}=\sqrt{\left(\frac{5}{6}\right)^2+\left(\frac{5}{6}\right)^2+c^2}=\sqrt{c^2+\frac{25}{18}}$$

よって，球面 S の方程式は

$$\left(x-\frac{5}{6}\right)^2+\left(y-\frac{5}{6}\right)^2+(z-c)^2=c^2+\frac{25}{18}$$

⇦$\left(\sqrt{c^2+\frac{25}{18}}\right)^2=c^2+\frac{25}{18}$

点 $(t+2,\ t+2,\ t)$ が球面 S 上にあるとき

$$\left(t+2-\frac{5}{6}\right)^2+\left(t+2-\frac{5}{6}\right)^2+(t-c)^2=c^2+\frac{25}{18}$$

⇦球面の方程式に $x=t+2,\ y=t+2,\ z=t$ を代入。

すなわち　$9t^2-2(3c-7)t+4=0$　……①

直線 ℓ が球面 S と共有点をもつための必要十分条件は，t の 2 次方程式 ① が実数解をもつことである。

① の判別式を D とすると

$$\frac{D}{4}=(3c-7)^2-9\cdot4=9c^2-42c+13=(3c-1)(3c-13)$$

$D\geqq0$ であるから　$(3c-1)(3c-13)\geqq0$

よって　$c\leqq\frac{1}{3},\ \frac{13}{3}\leqq c$

したがって，$a,\ b,\ c$ の満たすべき条件は

$$\boldsymbol{a=b=\frac{5}{6}}\ \textbf{かつ}\ \left(\boldsymbol{c\leqq\frac{1}{3}}\ \textbf{または}\ \boldsymbol{\frac{13}{3}\leqq c}\right)$$

PR ①76

複素数平面上において，２点 α，β が右の図のように与えられているとき，次の点を図示せよ。

(1)　$\alpha+\beta$　　(2)　$-\alpha+\beta$　　(3)　-2β

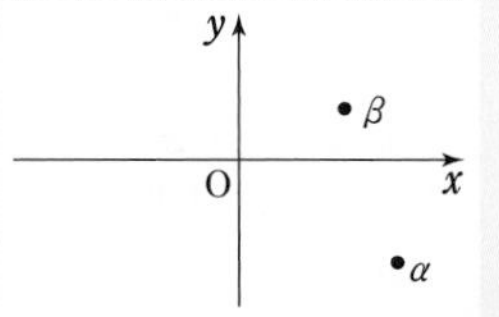

(1) から (3) の各点は，右図のようになる。

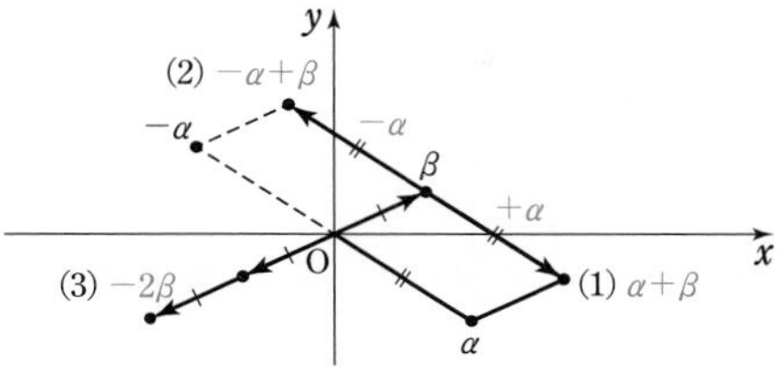

⇦点 $-\alpha$ は点 α と原点に関して対称な点であることを利用して
$-\alpha+\beta=\beta+(-\alpha)$
と考え，原点Oを点 $-\alpha$ に移す平行移動を点 β に行う。

PR ②77

$\alpha=x+4i$，$\beta=6+6xi$ とする。２点 A(α)，B(β) と原点Oが一直線上にあるとき，実数 x の値を求めよ。

３点 O，A，B が一直線上にあるとき $\beta=k\alpha$ を満たす実数 k がある。

$6+6xi=k(x+4i)$ から　　$6+6xi=kx+4ki$

x，k は実数であるから，$6x$，kx，$4k$ は実数である。　⇦この断り書きは重要。

したがって　　$6=kx$ …… ①，$6x=4k$ …… ②

② から　　$k=\dfrac{6}{4}x$　　① に代入すると　　$6=\dfrac{6}{4}x\cdot x$

ゆえに　　$x^2=4$　　よって　　$\boldsymbol{x=\pm 2}$

また　　$k=\pm 3$

⇦複素数の相等
a，b，c，d が実数で，$a+bi=c+di$ ならば
$a=c$（実部） かつ $b=d$（虚部）

PR ②78

(1)　複素数 z が，$z-3\overline{z}=2+20i$ を満たすとき，共役複素数の性質を利用して，z を求めよ。

(2)　a，b，c は実数とする。５次方程式 $ax^5+bx^2+c=0$ が虚数 α を解にもつとき，共役複素数 $\overline{\alpha}$ も解にもつことを示せ。

(1)　$z-3\overline{z}=2+20i$ …… ① とする。

① の両辺の共役複素数を考えると

$\overline{z-3\overline{z}}=\overline{2+20i}$

よって　　$\overline{z}-3\overline{\overline{z}}=2-20i$　　⇦共役複素数の性質を利用。

ゆえに　　$\overline{z}-3z=2-20i$

すなわち　$-3z+\overline{z}=2-20i$ …… ②

①＋②×3 から　　$-8z=8-40i$

ゆえに　　$\boldsymbol{z=-1+5i}$

α，β を複素数とすると
$\overline{\alpha+\beta}=\overline{\alpha}+\overline{\beta}$
更に，k を実数とすると
$\overline{k\alpha}=k\overline{\alpha}$，$\overline{\overline{\alpha}}=\alpha$

inf.　「共役複素数の性質を利用して」という条件がない場合，(1) は次のように解くことができる。

$z=a+bi$（a，b は実数）とおくと　　⇦「a，b は実数」の断りは重要。

$a+bi-3(a-bi)=2+20i$

整理して　　$-2a+4bi=2+20i$

$-2a$, $4b$ は実数であるから　$-2a=2$ かつ $4b=20$

したがって　$a=-1$, $b=5$

よって　$\boldsymbol{z=-1+5i}$

(2)　5次方程式 $ax^5+bx^2+c=0$ が虚数 α を解にもつから

$a\alpha^5+b\alpha^2+c=0$ が成り立つ。

両辺の共役複素数を考えると

$\overline{a\alpha^5+b\alpha^2+c}=\overline{0}$

よって　$\overline{a\alpha^5}+\overline{b\alpha^2}+\overline{c}=0$

ゆえに　$a\overline{\alpha^5}+b\overline{\alpha^2}+c=0$

すなわち　$a(\overline{\alpha})^5+b(\overline{\alpha})^2+c=0$

これは, $x=\overline{\alpha}$ が5次方程式 $ax^5+bx^2+c=0$ の解であることを示している。

よって, 5次方程式 $ax^5+bx^2+c=0$ が虚数 α を解にもつとき, 共役複素数 $\overline{\alpha}$ も解にもつ。

⇐a, b, c, d が実数で, $a+bi=c+di$ ならば $a=c$ かつ $b=d$

⇐$x=\alpha$ が解 $\Longleftrightarrow$ α を代入すると成り立つ。

⇐a, b, c は実数であるから $\overline{a}=a$, $\overline{b}=b$, $\overline{c}=c$, $\overline{0}=0$

また　$\overline{\alpha^n}=(\overline{\alpha})^n$

PR ③79

(1)　$z\overline{z}=1$ のとき, $z+\dfrac{1}{z}$ は実数であることを示せ。　〔類 琉球大〕

(2)　z^3 が実数でない複素数 z に対して, $z^3-(\overline{z})^3$ は純虚数であることを示せ。

(1)　$z\neq0$ であるから, $z\overline{z}=1$ より　$\overline{z}=\dfrac{1}{z}$

$w=z+\dfrac{1}{z}$ とする。

両辺の共役複素数を考えると

$\overline{w}=\overline{z+\dfrac{1}{z}}$

ここで　(右辺)$=\overline{z}+\overline{\left(\dfrac{1}{z}\right)}=\overline{z}+\dfrac{1}{\overline{z}}=\dfrac{1}{z}+z=w$

したがって, $\overline{w}=w$ であるから, $z+\dfrac{1}{z}$ は実数である。

(2)　$v=z^3-(\overline{z})^3$ とする。

z^3 が実数ではないから　$\overline{z^3}\neq z^3$

よって　$(\overline{z})^3\neq z^3$　ゆえに　$z^3-(\overline{z})^3\neq0$

すなわち　$v\neq0$

$v=z^3-(\overline{z})^3$ の両辺の共役複素数を考えると

$\overline{v}=\overline{z^3-(\overline{z})^3}$

ここで　(右辺)$=\overline{z^3}-\overline{(\overline{z})^3}=(\overline{z})^3-(\overline{\overline{z}})^3$

$=-z^3+(\overline{z})^3=-v$

したがって, $\overline{v}=-v$ かつ $v\neq0$ であるから, $z^3-(\overline{z})^3$ は純虚数である。

⇐$z=0$ とすると, $0=1$ となるから不合理である。よって　$z\neq0$

⇐共役複素数の性質を利用。

α, β を複素数とすると $\overline{\alpha+\beta}=\overline{\alpha}+\overline{\beta}$

⇐z^3 が実数 $\Longleftrightarrow$ $\overline{z^3}=z^3$ であるから, z^3 が実数でない $\Longleftrightarrow$ $\overline{z^3}\neq z^3$

PR ②80

3点 A$(-2-2i)$, B$(5-3i)$, C$(2+6i)$ について, 次の点を表す複素数を求めよ。

(1)　2点A, Bから等距離にある虚軸上の点P

(2)　3点A, B, Cから等距離にある点Q

(1)　P(ki)（k は実数）とすると

$$AP^2=|ki-(-2-2i)|^2=|2+(k+2)i|^2$$
$$=2^2+(k+2)^2=k^2+4k+8$$
$$BP^2=|ki-(5-3i)|^2=|(-5)+(k+3)i|^2$$
$$=(-5)^2+(k+3)^2=k^2+6k+34$$

AP=BP より $AP^2=BP^2$ であるから

$$k^2+4k+8=k^2+6k+34$$

これを解いて　$k=-13$

したがって，点Pを表す複素数は　$\boldsymbol{-13i}$

⇦「k は実数」の断りは重要。

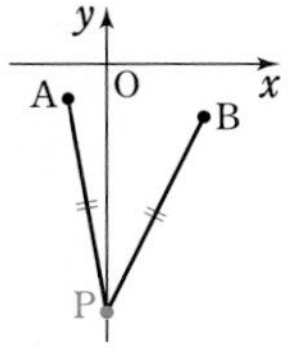

(2)　Q($a+bi$)（a，b は実数）とすると

$$AQ^2=|(a+bi)-(-2-2i)|^2=|(a+2)+(b+2)i|^2$$
$$=(a+2)^2+(b+2)^2$$
$$BQ^2=|(a+bi)-(5-3i)|^2=|(a-5)+(b+3)i|^2$$
$$=(a-5)^2+(b+3)^2$$
$$CQ^2=|(a+bi)-(2+6i)|^2=|(a-2)+(b-6)i|^2$$
$$=(a-2)^2+(b-6)^2$$

AQ=BQ より $AQ^2=BQ^2$ であるから

$$(a+2)^2+(b+2)^2=(a-5)^2+(b+3)^2$$

整理すると　$7a-b=13$ …… ①

BQ=CQ より $BQ^2=CQ^2$ であるから

$$(a-5)^2+(b+3)^2=(a-2)^2+(b-6)^2$$

整理すると　$a-3b=-1$ …… ②

①，② を解くと　$a=2$，$b=1$

したがって，点Qを表す複素数は　$\boldsymbol{2+i}$

⇦「a，b は実数」の断りは重要。

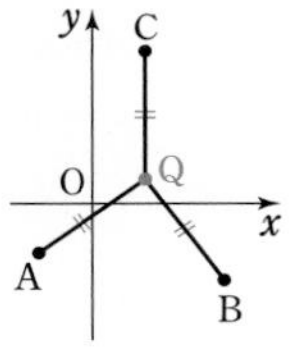

inf.　点Qは複素数平面上で △ABC の外心である。

PR ③81　$|z|=5$ かつ $|z+5|=2\sqrt{5}$ を満たす複素数 z について，次の値を求めよ。
(1)　$z\overline{z}$　　(2)　$z+\overline{z}$　　(3)　z

(1)　$z\overline{z}=|z|^2=5^2=\boldsymbol{25}$

(2)　$|z+5|=2\sqrt{5}$ から　$|z+5|^2=20$

よって　$(z+5)\overline{(z+5)}=20$　　⇦$|z+5|^2=(z+5)\overline{(z+5)}$

すなわち　$(z+5)(\overline{z}+5)=20$　　⇦$\overline{z+5}=\overline{z}+\overline{5}=\overline{z}+5$

展開すると　$z\overline{z}+5z+5\overline{z}+25=20$

$z\overline{z}=25$ を代入して整理すると　$5(z+\overline{z})=-30$

よって　$\boldsymbol{z+\overline{z}=-6}$

(3)　$z\neq 0$ であるから，(1) の結果より　$\overline{z}=\dfrac{25}{z}$　　⇦$|z|=5$ から　$z\neq 0$

これを (2) の結果に代入して　$z+\dfrac{25}{z}=-6$

両辺に z を掛けて整理すると　$z^2+6z+25=0$

よって　$z=-3\pm\sqrt{3^2-1\cdot 25}=-3\pm 4i$　　⇦解の公式の利用

したがって　$\boldsymbol{z=-3+4i,\ -3-4i}$

別解 1　$z=a+bi$ (a, b は実数) とおく。

$\overline{z}=a-bi$ であるから　$z+\overline{z}=a+bi+(a-bi)=2a$

(2) より，$z+\overline{z}=-6$ であるから　$a=-3$

また，$|z|=5$ であるから　$a^2+b^2=25$

$a=-3$ を代入して　$b^2=16$　よって　$b=\pm 4$

したがって　$\boldsymbol{z=-3+4i,\ -3-4i}$

別解 2　$z+\overline{z}=-6$, $z\overline{z}=25$ から 2 数 z, $\overline{z}$ は 2 次方程式

$$t^2+6t+25=0$$

の解である。これを解いて　$t=-3\pm 4i$

すなわち　$\boldsymbol{z=-3+4i,\ -3-4i}$

⇐「a, b は実数」の断りは重要。

⇐$2a=-6$

⇐$|z|^2=a^2+b^2$

⇐解の公式を用いて
$t=-3\pm\sqrt{3^2-1\cdot 25}$
$=-3\pm\sqrt{-16}$

PR
③**82**

α, β は複素数とする。

(1) $|\alpha|=|\beta|=1$, $\alpha-\beta+1=0$ のとき，$\alpha\beta$, $\dfrac{\alpha}{\beta}+\dfrac{\beta}{\alpha}$ の値を求めよ。

(2) $|\alpha|=|\beta|=|\alpha-\beta|=1$ のとき，$|2\beta-\alpha|$ の値を求めよ。

(1) $|\alpha|^2=1^2$ から　$\alpha\overline{\alpha}=1$　ゆえに　$\overline{\alpha}=\dfrac{1}{\alpha}$ ……①

$|\beta|^2=1^2$ から　$\beta\overline{\beta}=1$　ゆえに　$\overline{\beta}=\dfrac{1}{\beta}$ ……②

$\alpha-\beta+1=0$ の両辺の共役複素数を考えると

$\overline{\alpha-\beta+1}=\overline{0}$　すなわち　$\overline{\alpha}-\overline{\beta}+1=0$

①，② を代入して　$\dfrac{1}{\alpha}-\dfrac{1}{\beta}+1=0$

ゆえに　$\beta-\alpha+\alpha\beta=0$

よって　$\alpha\beta=\alpha-\beta$

$\alpha-\beta=-1$ であるから

$\boldsymbol{\alpha\beta=-1}$

また　$\dfrac{\boldsymbol{\alpha}}{\boldsymbol{\beta}}+\dfrac{\boldsymbol{\beta}}{\boldsymbol{\alpha}}=\dfrac{\alpha^2+\beta^2}{\alpha\beta}=\dfrac{(\alpha-\beta)^2+2\alpha\beta}{\alpha\beta}$

$=\dfrac{(-1)^2+2\cdot(-1)}{-1}=\boldsymbol{1}$

(2) $|\alpha-\beta|^2=(\alpha-\beta)(\overline{\alpha-\beta})=(\alpha-\beta)(\overline{\alpha}-\overline{\beta})$

$=\alpha\overline{\alpha}-\alpha\overline{\beta}-\overline{\alpha}\beta+\beta\overline{\beta}$

$=|\alpha|^2-\alpha\overline{\beta}-\overline{\alpha}\beta+|\beta|^2$

条件より，$|\alpha|^2=|\beta|^2=|\alpha-\beta|^2=1$ であるから

$1=1-\alpha\overline{\beta}-\overline{\alpha}\beta+1$

ゆえに　$\alpha\overline{\beta}+\overline{\alpha}\beta=1$

よって　$|2\beta-\alpha|^2=(2\beta-\alpha)(\overline{2\beta-\alpha})$

$=(2\beta-\alpha)(2\overline{\beta}-\overline{\alpha})$

$=4\beta\overline{\beta}-2\overline{\alpha}\beta-2\alpha\overline{\beta}+\alpha\overline{\alpha}$

$=4|\beta|^2-2(\alpha\overline{\beta}+\overline{\alpha}\beta)+|\alpha|^2$

$=4\cdot 1^2-2\cdot 1+1^2=3$

したがって　$\boldsymbol{|2\beta-\alpha|=\sqrt{3}}$

⇐$\alpha\overline{\alpha}=|\alpha|^2$

⇐$\beta\overline{\beta}=|\beta|^2$

⇐$\overline{\alpha+\beta}=\overline{\alpha}+\overline{\beta}$,
$\overline{\alpha-\beta}=\overline{\alpha}-\overline{\beta}$

⇐両辺に $\alpha\beta$ を掛ける。

⇐条件 $\alpha-\beta+1=0$ から。

⇐$\alpha-\beta$ と $\alpha\beta$ で表す。

⇐$|z|^2=z\overline{z}$,
$\overline{\alpha-\beta}=\overline{\alpha}-\overline{\beta}$

⇐$|z|^2=z\overline{z}$

⇐$\alpha\overline{\beta}+\overline{\alpha}\beta=1$ を代入。

PR ④83 $z+\dfrac{4}{z}$ が実数であり，かつ $|z-2|=2$ であるような複素数 z を求めよ。 〔一橋大〕

$z+\dfrac{4}{z}\ (z\neq 0)$ は実数であるから　$\overline{z+\dfrac{4}{z}}=z+\dfrac{4}{z}$

ここで，$\overline{z+\dfrac{4}{z}}=\overline{z}+\overline{\left(\dfrac{4}{z}\right)}=\overline{z}+\dfrac{4}{\overline{z}}$ から

$$\overline{z}+\frac{4}{\overline{z}}=z+\frac{4}{z}$$

両辺に $z\overline{z}$ を掛けて　$\overline{z}|z|^2+4z=z|z|^2+4\overline{z}$

したがって　$z|z|^2-\overline{z}|z|^2-4z+4\overline{z}=0$

$$(\text{左辺})=(z-\overline{z})|z|^2-4(z-\overline{z})=(z-\overline{z})(|z|^2-4)$$
$$=(z-\overline{z})(|z|-2)(|z|+2)$$

よって　$(z-\overline{z})(|z|-2)(|z|+2)=0$

ゆえに　$z=\overline{z}$　または　$|z|=2$

[1]　$z=\overline{z}$ のとき

z は実数である。よって，$|z-2|=2$ から　$z-2=\pm 2$

ゆえに　$z=0,\ 4$　　$z\neq 0$ であるから　$z=4$

[2]　$|z|=2$ のとき

$|z-2|=2$ から　$|z-2|^2=4$

ゆえに　$(z-2)\overline{(z-2)}=4$

すなわち　$(z-2)(\overline{z}-2)=4$

展開すると　$z\overline{z}-2z-2\overline{z}+4=4$

よって　$|z|^2-2(z+\overline{z})=0$

$|z|=2$ から　$z+\overline{z}=2$ ……(＊)

ここで，$|z|=2$ から　$|z|^2=4$　　ゆえに　$z\overline{z}=4$

$z+\overline{z}=2$ のとき，$z\overline{z}=4$ から，2 数 z，$\overline{z}$ は 2 次方程式

$t^2-2t+4=0$ の解である。よって　$t=1\pm\sqrt{3}\,i$

[1]，[2] から　$\boldsymbol{z=4,\ 1\pm\sqrt{3}\,i}$

inf.　$z=a+bi$（a，b は実数）……① とおくと

$\overline{z}=a-bi$ ……② である。

①＋② から　$z+\overline{z}=2a$　　①－② から　$z-\overline{z}=2bi$

よって，z の実部 a，虚部 b は z と $\overline{z}$ を用いて，

$a=\dfrac{1}{2}(z+\overline{z})$，$b=\dfrac{1}{2i}(z-\overline{z})$ と表せる。

すなわち，z と $\overline{z}$ の和がわかれば z の実部，差がわかれば虚部を求めることができる。

本問の [2] では，(＊) より，z の実部が 1 である。

$|z|=2$ であるから，z の虚部は　$\pm\sqrt{2^2-1^2}=\pm\sqrt{3}$

よって，$z=1\pm\sqrt{3}\,i$ と求めることができる。

⇐ α が実数 $\Longleftrightarrow$ $\overline{\alpha}=\alpha$

⇐ $\overline{\alpha+\beta}=\overline{\alpha}+\overline{\beta}$

⇐ 両辺に $z\overline{z}$ すなわち $|z|^2$ を掛ける。

⇐ $|z|>0$ から　$|z|+2\neq 0$

⇐ z が実数であるとき $z-2$ も実数。

⇐ $|z-2|^2=(z-2)\overline{(z-2)}$

⇐ $2^2-2(z+\overline{z})=0$

⇐ 解の公式により
$t=-(-1)\pm\sqrt{(-1)^2-1\cdot 4}$
$=1\pm\sqrt{-3}$

⇐ 複素数 z の実部 a は
$a=\dfrac{1}{2}(z+\overline{z})$

PR ①84 次の複素数を極形式で表せ。ただし，偏角 θ の範囲は $0\leqq\theta<2\pi$ とする。

(1) $2\left(\sin\frac{\pi}{3}+i\cos\frac{\pi}{3}\right)$　　(2) $z=\cos\frac{12}{7}\pi+i\sin\frac{12}{7}\pi$ のとき　$-3z$

(1) $\boldsymbol{2\left(\sin\frac{\pi}{3}+i\cos\frac{\pi}{3}\right)}$

$=2\left(\frac{\sqrt{3}}{2}+\frac{1}{2}i\right)$

$\boldsymbol{=2\left(\cos\frac{\pi}{6}+i\sin\frac{\pi}{6}\right)}$

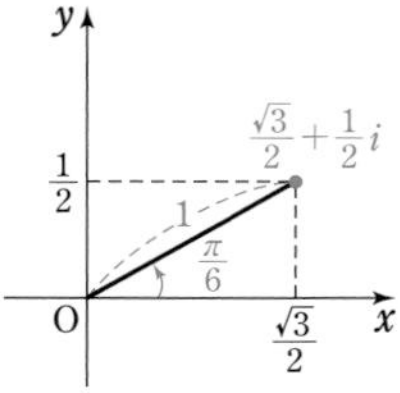

別解　$\boldsymbol{2\left(\sin\frac{\pi}{3}+i\cos\frac{\pi}{3}\right)}$

$=2\left\{\cos\left(\frac{\pi}{2}-\frac{\pi}{3}\right)+i\sin\left(\frac{\pi}{2}-\frac{\pi}{3}\right)\right\}$

$\boldsymbol{=2\left(\cos\frac{\pi}{6}+i\sin\frac{\pi}{6}\right)}$

⇐$\cos\left(\frac{\pi}{2}-\theta\right)=\sin\theta$
$\sin\left(\frac{\pi}{2}-\theta\right)=\cos\theta$

(2) z の絶対値は　$\sqrt{\cos^2\frac{12}{7}\pi+\sin^2\frac{12}{7}\pi}=1$，　偏角は $\frac{12}{7}\pi$

点 $-3z$ は，点 z を原点に関して対称移動し，原点からの距離を 3 倍した点である。

よって，$-3z$ の絶対値は 3，偏角は　$\frac{12}{7}\pi-\pi=\frac{5}{7}\pi$

したがって　$\boldsymbol{-3z=3\left(\cos\frac{5}{7}\pi+i\sin\frac{5}{7}\pi\right)}$

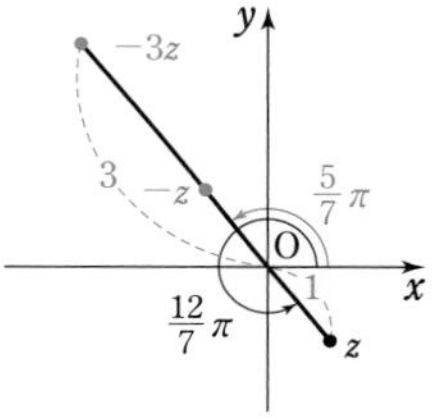

PR ①85 $\alpha=-2+2i$，$\beta=-3-3\sqrt{3}\,i$ とする。ただし，偏角は $0\leqq\theta<2\pi$ とする。

(1) $\alpha\beta$，$\frac{\alpha}{\beta}$ をそれぞれ極形式で表せ。　　(2) $\arg\alpha^3$，$\left|\frac{\alpha^3}{\beta}\right|$ をそれぞれ求めよ。

(1) α，β をそれぞれ極形式で表すと

$\alpha=2\sqrt{2}\left(\cos\frac{3}{4}\pi+i\sin\frac{3}{4}\pi\right)$，

$\beta=6\left(\cos\frac{4}{3}\pi+i\sin\frac{4}{3}\pi\right)$

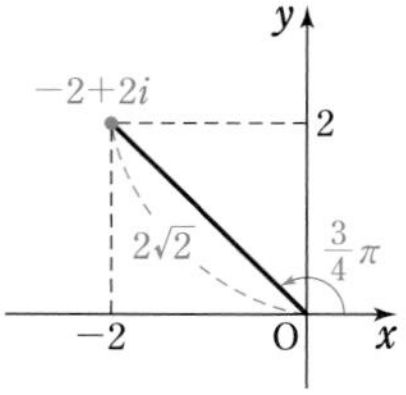

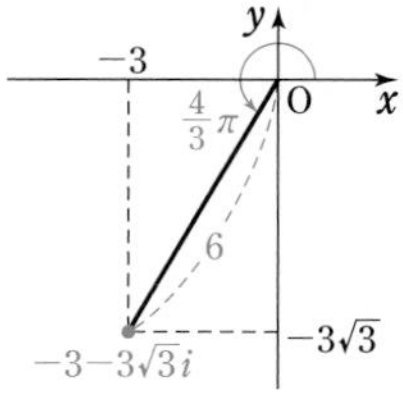

よって

$\boldsymbol{\alpha\beta}=2\sqrt{2}\cdot6\left\{\cos\left(\frac{3}{4}\pi+\frac{4}{3}\pi\right)+i\sin\left(\frac{3}{4}\pi+\frac{4}{3}\pi\right)\right\}$

$=12\sqrt{2}\left(\cos\frac{25}{12}\pi+i\sin\frac{25}{12}\pi\right)$

$\boldsymbol{=12\sqrt{2}\left(\cos\frac{\pi}{12}+i\sin\frac{\pi}{12}\right)}$，

$\boldsymbol{\frac{\alpha}{\beta}}=\frac{2\sqrt{2}}{6}\left\{\cos\left(\frac{3}{4}\pi-\frac{4}{3}\pi\right)+i\sin\left(\frac{3}{4}\pi-\frac{4}{3}\pi\right)\right\}$

⇐$\frac{3}{4}\pi+\frac{4}{3}\pi=\frac{25}{12}\pi$

⇐偏角 θ が $0\leqq\theta<2\pi$ を満たすように変形する。
$\frac{25}{12}\pi-2\pi=\frac{\pi}{12}$

⇐$\frac{3}{4}\pi-\frac{4}{3}\pi=-\frac{7}{12}\pi$

$=\dfrac{\sqrt{2}}{3}\left\{\cos\left(-\dfrac{7}{12}\pi\right)+i\sin\left(-\dfrac{7}{12}\pi\right)\right\}$

$=\dfrac{\sqrt{2}}{3}\left(\cos\dfrac{17}{12}\pi+i\sin\dfrac{17}{12}\pi\right)$

⇐偏角 θ が $0\leqq\theta<2\pi$ を満たすように変形する。
$-\dfrac{7}{12}\pi+2\pi=\dfrac{17}{12}\pi$

(2)　(1) より $\arg\alpha=\dfrac{3}{4}\pi$ であるから　　$\arg\alpha^3=3\arg\alpha=\dfrac{9}{4}\pi$

⇐$\arg\alpha^3=\arg(\alpha\cdot\alpha\cdot\alpha)$
$=3\arg\alpha$

$\dfrac{9}{4}\pi-2\pi=\dfrac{\pi}{4}$ から　　$\boldsymbol{\arg\alpha^3=\dfrac{\pi}{4}}$

⇐偏角 θ が $0\leqq\theta<2\pi$ を満たすように変形する。

(1) より $|\alpha|=2\sqrt{2}$，$|\beta|=6$ であるから

$\left|\dfrac{\alpha^3}{\beta}\right|=\dfrac{|\alpha^3|}{|\beta|}=\dfrac{|\alpha|^3}{|\beta|}=\dfrac{16\sqrt{2}}{6}=\dfrac{8\sqrt{2}}{3}$

3章
PR

PR ②86

$1+i$，$\sqrt{3}+i$ を極形式で表すことにより，$\cos\dfrac{5}{12}\pi$，$\sin\dfrac{5}{12}\pi$ の値をそれぞれ求めよ。

$1+i$，$\sqrt{3}+i$ をそれぞれ極形式で表すと

$1+i=\sqrt{2}\left(\dfrac{1}{\sqrt{2}}+\dfrac{1}{\sqrt{2}}i\right)=\sqrt{2}\left(\cos\dfrac{\pi}{4}+i\sin\dfrac{\pi}{4}\right)$

$\sqrt{3}+i=2\left(\dfrac{\sqrt{3}}{2}+\dfrac{1}{2}i\right)=2\left(\cos\dfrac{\pi}{6}+i\sin\dfrac{\pi}{6}\right)$

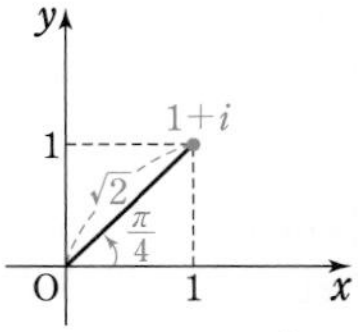

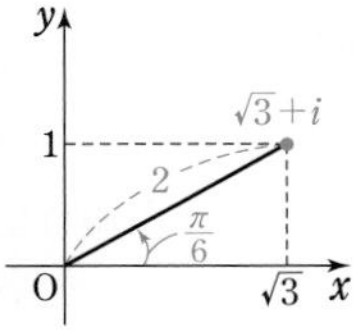

ゆえに　$(1+i)(\sqrt{3}+i)=\sqrt{2}\cdot2\left\{\cos\left(\dfrac{\pi}{4}+\dfrac{\pi}{6}\right)+i\sin\left(\dfrac{\pi}{4}+\dfrac{\pi}{6}\right)\right\}$

$=2\sqrt{2}\left(\cos\dfrac{5}{12}\pi+i\sin\dfrac{5}{12}\pi\right)$ …… ①

⇐極形式の形。

また　$(1+i)(\sqrt{3}+i)=\sqrt{3}-1+(\sqrt{3}+1)i$ …… ②

⇐$a+bi$ の形。

よって，①，② から

$2\sqrt{2}\cos\dfrac{5}{12}\pi=\sqrt{3}-1$，$2\sqrt{2}\sin\dfrac{5}{12}\pi=\sqrt{3}+1$

⇐①，② の実部どうし，虚部どうしがそれぞれ等しい。

したがって

$\boldsymbol{\cos\dfrac{5}{12}\pi}=\dfrac{\sqrt{3}-1}{2\sqrt{2}}=\boldsymbol{\dfrac{\sqrt{6}-\sqrt{2}}{4}}$，

$\boldsymbol{\sin\dfrac{5}{12}\pi}=\dfrac{\sqrt{3}+1}{2\sqrt{2}}=\boldsymbol{\dfrac{\sqrt{6}+\sqrt{2}}{4}}$

PR ②87

$z=4-2i$ とする。

(1)　点 z を原点を中心として $-\dfrac{\pi}{2}$ だけ回転した点を表す複素数 w_1 を求めよ。

(2)　点 z を原点を中心として $\dfrac{\pi}{3}$ だけ回転し，原点からの距離を $\dfrac{1}{2}$ 倍した点を表す複素数 w_2 を求めよ。

(1)　$w_1=\left\{\cos\left(-\dfrac{\pi}{2}\right)+i\sin\left(-\dfrac{\pi}{2}\right)\right\}z$

$=(-i)(4-2i)$

$\boldsymbol{=-2-4i}$

⇐絶対値が 1 で，偏角が $-\dfrac{\pi}{2}$ の複素数を z に掛ける。

(2) $\boldsymbol{w}_2=\frac{1}{2}\left(\cos\frac{\pi}{3}+i\sin\frac{\pi}{3}\right)z$

$=\frac{1}{2}\left(\frac{1}{2}+\frac{\sqrt{3}}{2}i\right)(4-2i)$

$=\left(\boldsymbol{1+\frac{\sqrt{3}}{2}}\right)+\left(\boldsymbol{-\frac{1}{2}+\sqrt{3}}\right)\boldsymbol{i}$

⇦絶対値が $\frac{1}{2}$ で，偏角が $\frac{\pi}{3}$ の複素数を z に掛ける。

inf. 上の問題において，原点をO，P(z)，Q(w_1)，R(w_2) とすると，△OPQ は $\angle\mathrm{POQ}=\frac{\pi}{2}$，OP＝OQ から直角二等辺三角形であることがわかる。

△OPR は $\angle\mathrm{POR}=\frac{\pi}{3}$，OP：OR＝2：1 から，$\angle\mathrm{ORP}=\frac{\pi}{2}$，$\angle\mathrm{POR}=\frac{\pi}{3}$，$\angle\mathrm{OPR}=\frac{\pi}{6}$ の直角三角形であることがわかる。

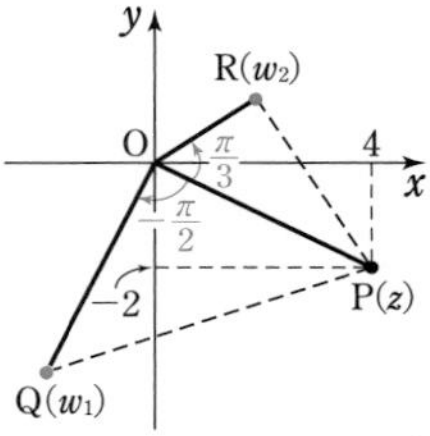

PR ③88

$\alpha=2+i$，$\beta=4+5i$ とする。点 β を，点 α を中心として $\frac{\pi}{4}$ だけ回転した点を表す複素数 γ を求めよ。

点 α が原点Oに移るような平行移動で，点 β，γ がそれぞれ β'，γ' に移るとすると

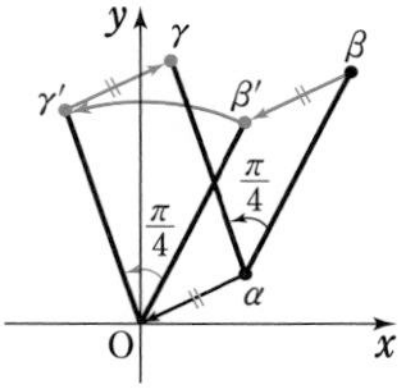

$\beta'=\beta-\alpha$

$=(4+5i)-(2+i)$

$=2+4i$

$\gamma'=\gamma-\alpha$

⇦[1] $-\alpha$ の平行移動。

点 γ' は，点 β' を原点Oを中心として $\frac{\pi}{4}$ だけ回転した点であるから

$\gamma'=\left(\cos\frac{\pi}{4}+i\sin\frac{\pi}{4}\right)(2+4i)$

$=\left(\frac{\sqrt{2}}{2}+\frac{\sqrt{2}}{2}i\right)(2+4i)$

$=-\sqrt{2}+3\sqrt{2}\,i$

⇦[2] 原点を中心とした $\frac{\pi}{4}$ の回転移動。

よって　$\boldsymbol{\gamma}=\gamma'+\alpha$

$=-\sqrt{2}+3\sqrt{2}\,i+(2+i)$

$=\boldsymbol{2-\sqrt{2}+(1+3\sqrt{2})i}$

⇦[3] 元に戻す $+\alpha$ の平行移動。

inf. 基本例題 88 の INFORMATION で扱った式を上の問題に適用すると，以下のようになる。

$\gamma=\left(\cos\frac{\pi}{4}+i\sin\frac{\pi}{4}\right)\{(4+5i)-(2+i)\}+(2+i)$

$=\left(\frac{\sqrt{2}}{2}+\frac{\sqrt{2}}{2}i\right)(2+4i)+(2+i)$

$=2-\sqrt{2}+(1+3\sqrt{2})i$

⇦点 β を点 α を中心として θ だけ回転した点を表す複素数 γ は
$\boldsymbol{\gamma}=(\cos\boldsymbol{\theta}+\boldsymbol{i}\sin\boldsymbol{\theta})\times(\boldsymbol{\beta}-\boldsymbol{\alpha})+\boldsymbol{\alpha}$

PR ③89

原点をOとする。
(1)　A$(5-\sqrt{3}i)$ とする。△OAB が正三角形となるような点Bを表す複素数 w を求めよ。
(2)　A$(-1+2i)$ とする。△OAB が直角二等辺三角形となるような点Bを表す複素数 β を求めよ。
[(1) 類　千葉工大]

HINT　(2)　例題と異なり，等しい2辺を示していないので，OA=OB，AO=AB，BO=BA の場合に分けて考える。

(1)　点Bは，点Aを原点Oを中心として $\dfrac{\pi}{3}$ または $-\dfrac{\pi}{3}$ だけ回転した点である。

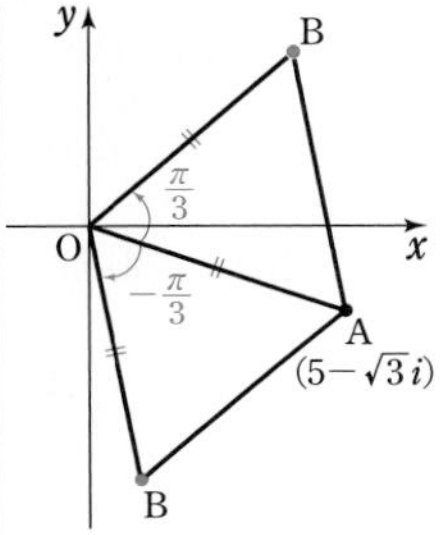

[1]　$\dfrac{\pi}{3}$ だけ回転した場合

$$w=\left(\cos\frac{\pi}{3}+i\sin\frac{\pi}{3}\right)(5-\sqrt{3}i)$$
$$=\left(\frac{1}{2}+\frac{\sqrt{3}}{2}i\right)(5-\sqrt{3}i)=\mathbf{4+2\sqrt{3}\,i}$$

[2]　$-\dfrac{\pi}{3}$ だけ回転した場合

$$w=\left\{\cos\left(-\frac{\pi}{3}\right)+i\sin\left(-\frac{\pi}{3}\right)\right\}(5-\sqrt{3}i)$$
$$=\left(\frac{1}{2}-\frac{\sqrt{3}}{2}i\right)(5-\sqrt{3}i)=\mathbf{1-3\sqrt{3}\,i}$$

(2)　[1]　OA=OB の直角二等辺三角形の場合

点Bは，点Aを原点Oを中心として $\dfrac{\pi}{2}$ または $-\dfrac{\pi}{2}$ だけ回転した点であるから

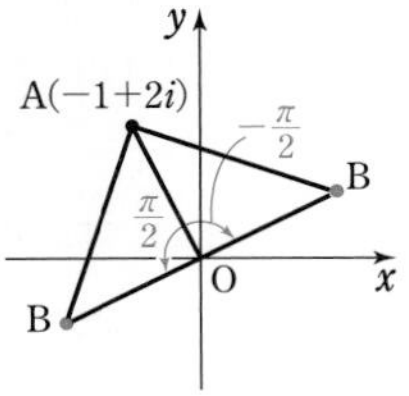

$$\beta=\left\{\cos\left(\pm\frac{\pi}{2}\right)+i\sin\left(\pm\frac{\pi}{2}\right)\right\}(-1+2i)$$
$$=\pm i(-1+2i)=\mp 2\mp i$$
（複号はすべて同順。以下同様）

よって　　$\boldsymbol{\beta=-2-i,\ 2+i}$

[2]　AO=AB の直角二等辺三角形の場合

点Bは，点Aを原点Oを中心として $\dfrac{\pi}{4}$ または $-\dfrac{\pi}{4}$ だけ回転し，原点からの距離を $\sqrt{2}$ 倍した点であるから

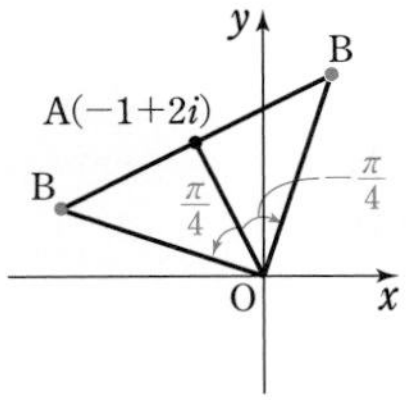

$$\beta=\sqrt{2}\left\{\cos\left(\pm\frac{\pi}{4}\right)+i\sin\left(\pm\frac{\pi}{4}\right)\right\}(-1+2i)$$
$$=\sqrt{2}\left(\frac{1}{\sqrt{2}}\pm\frac{1}{\sqrt{2}}i\right)(-1+2i)$$
$$=\mathbf{-3+i,\ 1+3i}$$

別解　点Bは，原点Oを点Aを中心として $\dfrac{\pi}{2}$ または $-\dfrac{\pi}{2}$ だけ回転した点である。点Aが原点に移るような平行移動で，点O，Bがそれぞれ点O′，B′に移るとすると

O′$(1-2i)$，B′$(\beta-(-1+2i))$

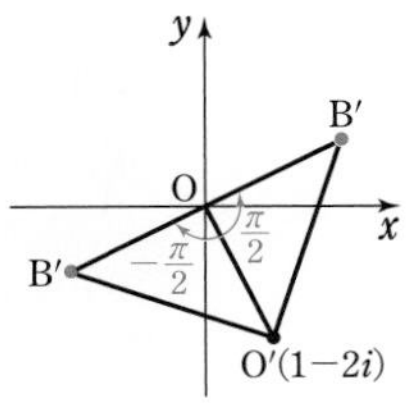

点 B′ は，点 O′ を原点Oを中心として $\frac{\pi}{2}$ または $-\frac{\pi}{2}$ だけ回転した点であるから

$$\beta-(-1+2i)=\left\{\cos\left(\pm\frac{\pi}{2}\right)+i\sin\left(\pm\frac{\pi}{2}\right)\right\}(1-2i)$$
$$=\pm i(1-2i)=\pm 2\pm i$$

よって　**$\beta=-3+i,\ 1+3i$**

[3]　BO＝BA の直角二等辺三角形の場合

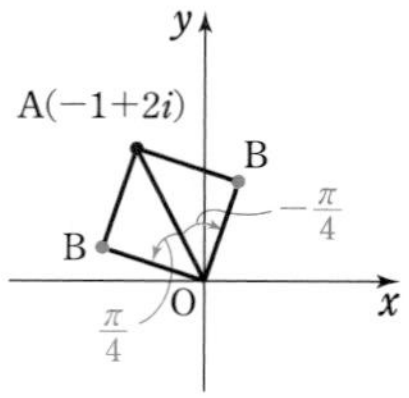

点Bは，点Aを原点Oを中心として $\frac{\pi}{4}$ または $-\frac{\pi}{4}$ だけ回転し，原点からの距離を $\frac{1}{\sqrt{2}}$ 倍した点であるから

$$\beta=\frac{1}{\sqrt{2}}\left\{\cos\left(\pm\frac{\pi}{4}\right)+i\sin\left(\pm\frac{\pi}{4}\right)\right\}(-1+2i)$$
$$=\frac{1}{\sqrt{2}}\left(\frac{1}{\sqrt{2}}\pm\frac{1}{\sqrt{2}}i\right)(-1+2i)$$
$$=-\frac{3}{2}+\frac{i}{2},\ \frac{1}{2}+\frac{3}{2}i$$

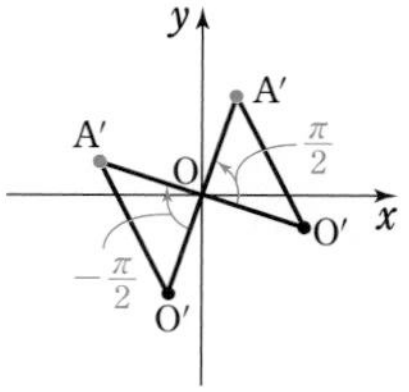

別解　点Aは，原点Oを点Bを中心として $\frac{\pi}{2}$ または $-\frac{\pi}{2}$ だけ回転した点である。
点Bが原点に移るような平行移動で，点O，A がそれぞれ点 O′，A′ に移るとすると

$$O'(-\beta),\ A'((-1+2i)-\beta)$$

点 A′ は，点 O′ を原点Oを中心として $\frac{\pi}{2}$ または $-\frac{\pi}{2}$ だけ回転した点であるから

$$(-1+2i)-\beta=\left\{\cos\left(\pm\frac{\pi}{2}\right)+i\sin\left(\pm\frac{\pi}{2}\right)\right\}(-\beta)$$
$$=\pm i(-\beta)$$

よって　**$\beta=-\frac{3}{2}+\frac{i}{2},\ \frac{1}{2}+\frac{3}{2}i$**

PR ①90　次の複素数の値を求めよ。

(1)　$(\sqrt{3}-i)^4$　　(2)　$\left(\frac{2}{-1+i}\right)^{-6}$　　(3)　$\left(\frac{-\sqrt{6}+\sqrt{2}i}{4}\right)^8$

(1)　$\sqrt{3}-i=2\left\{\cos\left(-\frac{\pi}{6}\right)+i\sin\left(-\frac{\pi}{6}\right)\right\}$

から

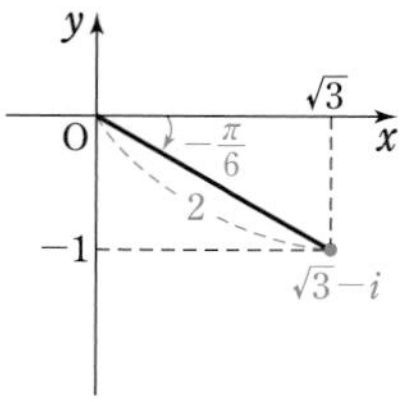

$$(\sqrt{3}-i)^4$$
$$=2^4\left\{\cos\left(-\frac{\pi}{6}\right)+i\sin\left(-\frac{\pi}{6}\right)\right\}^4$$
$$=16\left\{\cos\left(-\frac{2}{3}\pi\right)+i\sin\left(-\frac{2}{3}\pi\right)\right\}$$
$$=-8-8\sqrt{3}i$$

⇦ $4\times\left(-\frac{\pi}{6}\right)=-\frac{2}{3}\pi$

(2)　$-1+i=\sqrt{2}\left(\cos\frac{3}{4}\pi+i\sin\frac{3}{4}\pi\right)$

から

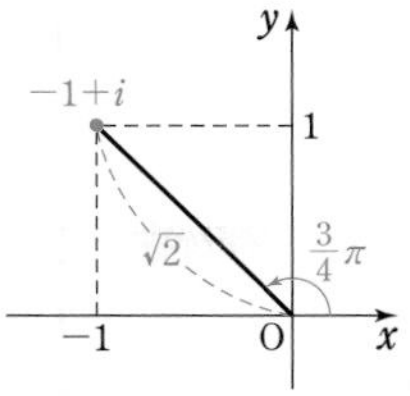

$$\left(\frac{\mathbf{2}}{\mathbf{-1+i}}\right)^{-6}=\left(\frac{-1+i}{2}\right)^{6}$$

$$=\frac{1}{2^6}(\sqrt{2})^6\left(\cos\frac{3}{4}\pi+i\sin\frac{3}{4}\pi\right)^6$$

$$=\frac{1}{(\sqrt{2})^6}\left(\cos\frac{9}{2}\pi+i\sin\frac{9}{2}\pi\right)$$

⇐$6\times\frac{3}{4}\pi=\frac{9}{2}\pi$

$$=\frac{1}{2^3}\left(\cos\frac{\pi}{2}+i\sin\frac{\pi}{2}\right)=\boldsymbol{\frac{1}{8}i}$$

⇐$\frac{9}{2}\pi=\frac{\pi}{2}+4\pi$

(3)　$\frac{-\sqrt{6}+\sqrt{2}\,i}{4}=\frac{\sqrt{2}}{2}\left(-\frac{\sqrt{3}}{2}+\frac{1}{2}i\right)$

$=\frac{\sqrt{2}}{2}\left(\cos\frac{5}{6}\pi+i\sin\frac{5}{6}\pi\right)$

から

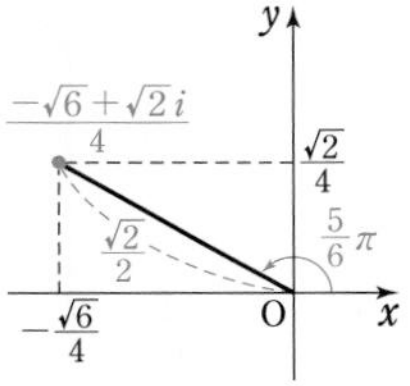

$$\left(\frac{\mathbf{-\sqrt{6}+\sqrt{2}\,i}}{\mathbf{4}}\right)^8$$

$$=\left(\frac{\sqrt{2}}{2}\right)^8\left(\cos\frac{5}{6}\pi+i\sin\frac{5}{6}\pi\right)^8$$

$$=\frac{1}{2^4}\left(\cos\frac{20}{3}\pi+i\sin\frac{20}{3}\pi\right)$$

⇐$8\times\frac{5}{6}\pi=\frac{20}{3}\pi$

$$=\frac{1}{16}\left(\cos\frac{2}{3}\pi+i\sin\frac{2}{3}\pi\right)$$

⇐$\frac{20}{3}\pi=\frac{2}{3}\pi+6\pi$

$$=\boldsymbol{-\frac{1}{32}+\frac{\sqrt{3}}{32}i}$$

PR ③91　複素数 $z=\frac{-1+i}{1+\sqrt{3}\,i}$ について，z^n が実数となるような最小の正の整数 n を求めよ。

$-1+i$，$1+\sqrt{3}\,i$ をそれぞれ極形式で表すと　$-1+i=\sqrt{2}\left(\cos\frac{3}{4}\pi+i\sin\frac{3}{4}\pi\right)$,

$1+\sqrt{3}\,i=2\left(\cos\frac{\pi}{3}+i\sin\frac{\pi}{3}\right)$

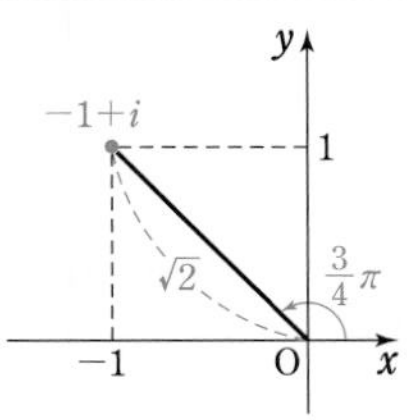

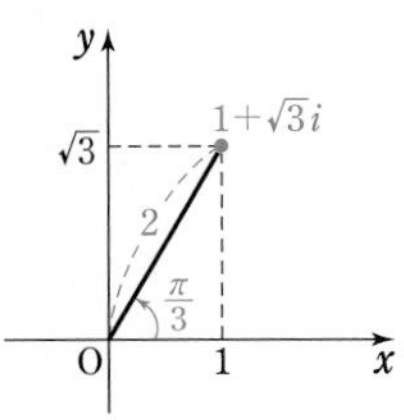

よって　$z=\frac{\sqrt{2}}{2}\left\{\cos\left(\frac{3}{4}\pi-\frac{\pi}{3}\right)+i\sin\left(\frac{3}{4}\pi-\frac{\pi}{3}\right)\right\}$

⇐$\frac{3}{4}\pi-\frac{\pi}{3}=\frac{5}{12}\pi$

$=\frac{\sqrt{2}}{2}\left(\cos\frac{5}{12}\pi+i\sin\frac{5}{12}\pi\right)$

ゆえに　$z^n=\left(\frac{\sqrt{2}}{2}\right)^n\left(\cos\frac{5}{12}\pi+i\sin\frac{5}{12}\pi\right)^n$

$=\left(\frac{\sqrt{2}}{2}\right)^n\left(\cos\frac{5}{12}n\pi+i\sin\frac{5}{12}n\pi\right)$

⇐ド・モアブルの定理

z^n が実数となるとき　$\sin\frac{5}{12}n\pi=0$

ゆえに　$\frac{5}{12}n\pi=m\pi$（m は整数）　よって　$n=\frac{12}{5}m$

したがって，n が最小の正の整数となるのは $m=5$ のときであるから　$\boldsymbol{n=12}$

⇐$\sin\theta=0$ の解は $\theta=k\pi$（k は整数）

PR ③92　複素数 z が $z+\frac{1}{z}=\sqrt{3}$ を満たすとき，$z^{10}+\frac{1}{z^{10}}$ の値を求めよ。〔京都産大〕

$z+\frac{1}{z}=\sqrt{3}$ から　$z^2-\sqrt{3}z+1=0$

⇐両辺に z を掛けて整理。

これを解いて　$z=\frac{-(-\sqrt{3})\pm\sqrt{(-\sqrt{3})^2-4\cdot1\cdot1}}{2}$

⇐解の公式を利用。

$=\frac{\sqrt{3}\pm i}{2}=\frac{\sqrt{3}}{2}\pm\frac{1}{2}i$

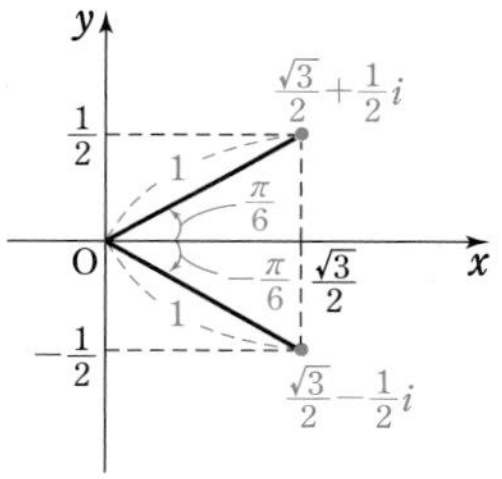

それぞれ極形式で表すと

$$z=\frac{\sqrt{3}}{2}+\frac{1}{2}i=\cos\frac{\pi}{6}+i\sin\frac{\pi}{6}$$

$$z=\frac{\sqrt{3}}{2}-\frac{1}{2}i=\cos\left(-\frac{\pi}{6}\right)+i\sin\left(-\frac{\pi}{6}\right)$$

[1]　$z=\frac{\sqrt{3}}{2}+\frac{1}{2}i$ のとき

$$z^{10}=\left(\cos\frac{\pi}{6}+i\sin\frac{\pi}{6}\right)^{10}=\cos\frac{5}{3}\pi+i\sin\frac{5}{3}\pi$$

⇐$10\times\frac{\pi}{6}=\frac{5}{3}\pi$

$$=\frac{1}{2}-\frac{\sqrt{3}}{2}i$$

また　$\frac{1}{z^{10}}=(z^{10})^{-1}=\left(\cos\frac{5}{3}\pi+i\sin\frac{5}{3}\pi\right)^{-1}$

$$=\cos\left(-\frac{5}{3}\pi\right)+i\sin\left(-\frac{5}{3}\pi\right)=\frac{1}{2}+\frac{\sqrt{3}}{2}i$$

よって　$z^{10}+\frac{1}{z^{10}}=\left(\frac{1}{2}-\frac{\sqrt{3}}{2}i\right)+\left(\frac{1}{2}+\frac{\sqrt{3}}{2}i\right)=1$

[2]　$z=\frac{\sqrt{3}}{2}-\frac{1}{2}i$ のとき

$$z^{10}=\left\{\cos\left(-\frac{\pi}{6}\right)+i\sin\left(-\frac{\pi}{6}\right)\right\}^{10}$$

$$=\cos\left(-\frac{5}{3}\pi\right)+i\sin\left(-\frac{5}{3}\pi\right)=\frac{1}{2}+\frac{\sqrt{3}}{2}i$$

⇐$10\times\left(-\frac{\pi}{6}\right)=-\frac{5}{3}\pi$

また　$\frac{1}{z^{10}}=(z^{10})^{-1}=\left\{\cos\left(-\frac{5}{3}\pi\right)+i\sin\left(-\frac{5}{3}\pi\right)\right\}^{-1}$

$$=\cos\frac{5}{3}\pi+i\sin\frac{5}{3}\pi=\frac{1}{2}-\frac{\sqrt{3}}{2}i$$

よって　$z^{10}+\frac{1}{z^{10}}=\left(\frac{1}{2}+\frac{\sqrt{3}}{2}i\right)+\left(\frac{1}{2}-\frac{\sqrt{3}}{2}i\right)=1$

以上から　$\boldsymbol{z^{10}+\frac{1}{z^{10}}=1}$

別解　条件から

$$z^2+\frac{1}{z^2}=\left(z+\frac{1}{z}\right)^2-2z\cdot\frac{1}{z}=(\sqrt{3})^2-2=1,$$

$$z^3+\frac{1}{z^3}=\left(z+\frac{1}{z}\right)^3-3z\cdot\frac{1}{z}\left(z+\frac{1}{z}\right)=(\sqrt{3})^3-3\cdot\sqrt{3}=0$$

⇐ z と $\frac{1}{z}$ の対称式とみる解答。

ゆえに　$z^5+\frac{1}{z^5}=\left(z^3+\frac{1}{z^3}\right)\left(z^2+\frac{1}{z^2}\right)-z^2\cdot\frac{1}{z^2}\left(z+\frac{1}{z}\right)$

$$=0\cdot1-\sqrt{3}=-\sqrt{3}$$

⇐ $\alpha^5+\beta^5=(\alpha^3+\beta^3)(\alpha^2+\beta^2)-\alpha^2\beta^2(\alpha+\beta)$

よって　$\boldsymbol{z^{10}+\frac{1}{z^{10}}}=\left(z^5+\frac{1}{z^5}\right)^2-2z^5\cdot\frac{1}{z^5}=(-\sqrt{3})^2-2=\mathbf{1}$

3章
PR

PR ②93　極形式を用いて，次の方程式を解け。
(1)　$z^6=1$　　(2)　$z^8=1$

(1)　$z^6=1$ から　$|z|^6=1$　　よって　$|z|=1$

⇐ $r=1$

したがって，z の極形式を $z=\cos\theta+i\sin\theta$ $(0\leqq\theta<2\pi)$ とすると　$z^6=\cos6\theta+i\sin6\theta$

⇐ド・モアブルの定理

また，1 を極形式で表すと　$1=\cos0+i\sin0$

よって，方程式は　$\cos6\theta+i\sin6\theta=\cos0+i\sin0$

両辺の偏角を比較すると

$6\theta=0+2k\pi$（k は整数）　すなわち　$\theta=\frac{k\pi}{3}$

⇐ $6\theta=0$ だけではない。$+2k\pi$ を忘れずに！

よって　$z=\cos\frac{k\pi}{3}+i\sin\frac{k\pi}{3}$ …… ①

inf.　$z^6=1$ の解を複素数平面上に図示すると，次図のようになる。
解を表す点 z_0，z_1，z_2，z_3，z_4，z_5 は単位円に内接する正六角形の頂点である。

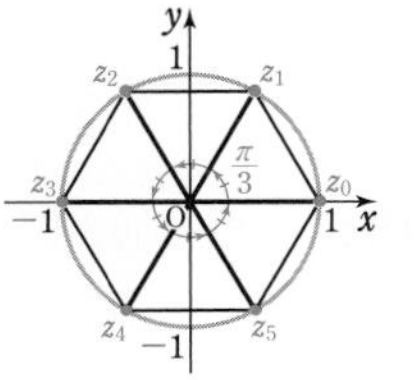

$0\leqq\theta<2\pi$ の範囲では　$k=0$，1，2，3，4，5

① で $k=0$，1，2，3，4，5 としたときの z をそれぞれ z_0，z_1，z_2，z_3，z_4，z_5 とすると

$$z_0=\cos0+i\sin0=1,$$

$$z_1=\cos\frac{\pi}{3}+i\sin\frac{\pi}{3}=\frac{1}{2}+\frac{\sqrt{3}}{2}i,$$

$$z_2=\cos\frac{2}{3}\pi+i\sin\frac{2}{3}\pi=-\frac{1}{2}+\frac{\sqrt{3}}{2}i,$$

$$z_3=\cos\pi+i\sin\pi=-1,$$

$$z_4=\cos\frac{4}{3}\pi+i\sin\frac{4}{3}\pi=-\frac{1}{2}-\frac{\sqrt{3}}{2}i,$$

$$z_5=\cos\frac{5}{3}\pi+i\sin\frac{5}{3}\pi=\frac{1}{2}-\frac{\sqrt{3}}{2}i$$

したがって，求める解は

$$\boldsymbol{z=\pm1,\ \pm\frac{1}{2}\pm\frac{\sqrt{3}}{2}i}\ \textbf{（複号任意）}$$

⇐ $\pm\frac{1}{2}\pm\frac{\sqrt{3}}{2}i$ は複号同順ではなく，複号任意である。4 通りの値を示している。

(2)　$z^8=1$ から　$|z|^8=1$　　よって　$|z|=1$

したがって，z の極形式を　$z=\cos\theta+i\sin\theta$ $(0\leqq\theta<2\pi)$ とすると　$z^8=\cos8\theta+i\sin8\theta$

また，1を極形式で表すと　$1=\cos 0+i\sin 0$
よって，方程式は　$\cos 8\theta+i\sin 8\theta=\cos 0+i\sin 0$
両辺の偏角を比較すると

$$8\theta=0+2k\pi \ (k \text{ は整数})$$

すなわち　$\theta=\dfrac{k\pi}{4}$

よって　$z=\cos\dfrac{k\pi}{4}+i\sin\dfrac{k\pi}{4}$ ……②

$0\leqq\theta<2\pi$ の範囲では　$k=0,\ 1,\ 2,\ 3,\ 4,\ 5,\ 6,\ 7$
②で $k=0,\ 1,\ 2,\ 3,\ 4,\ 5,\ 6,\ 7$ としたときの z をそれぞれ $z_0,\ z_1,\ z_2,\ z_3,\ z_4,\ z_5,\ z_6,\ z_7$ とすると

$$z_0=\cos 0+i\sin 0=1,$$
$$z_1=\cos\frac{\pi}{4}+i\sin\frac{\pi}{4}=\frac{1}{\sqrt{2}}+\frac{1}{\sqrt{2}}i,$$
$$z_2=\cos\frac{\pi}{2}+i\sin\frac{\pi}{2}=i,$$
$$z_3=\cos\frac{3}{4}\pi+i\sin\frac{3}{4}\pi=-\frac{1}{\sqrt{2}}+\frac{1}{\sqrt{2}}i,$$
$$z_4=\cos\pi+i\sin\pi=-1,$$
$$z_5=\cos\frac{5}{4}\pi+i\sin\frac{5}{4}\pi=-\frac{1}{\sqrt{2}}-\frac{1}{\sqrt{2}}i,$$
$$z_6=\cos\frac{3}{2}\pi+i\sin\frac{3}{2}\pi=-i,$$
$$z_7=\cos\frac{7}{4}\pi+i\sin\frac{7}{4}\pi=\frac{1}{\sqrt{2}}-\frac{1}{\sqrt{2}}i$$

したがって，求める解は

$$\boldsymbol{z=\pm 1,\ \pm\frac{1}{\sqrt{2}}\pm\frac{1}{\sqrt{2}}i}\ \textbf{(複号任意)},\ \boldsymbol{\pm i}$$

⇦$8\theta=0$ だけではない。$+2k\pi$ を忘れずに！

inf.　$z^8=1$ の解を複素数平面上に図示すると，下図のようになる。
解を表す点 $z_0,\ z_1,\ z_2,\ z_3,\ z_4,\ z_5,\ z_6,\ z_7$ は単位円に接する正八角形の頂点である。

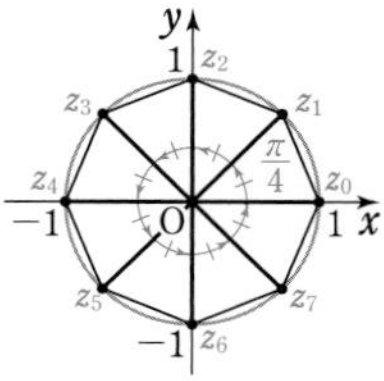

⇦ $\pm\dfrac{1}{\sqrt{2}}\pm\dfrac{1}{\sqrt{2}}i$ は複号同順ではなく，複号任意である。4通りの値を示している。

PR ③94 次の方程式を解け。　〔(1) 東北学院大〕
(1) $z^3=8i$　　(2) $z^2=2(1+\sqrt{3}i)$

(1) z の極形式を $z=r(\cos\theta+i\sin\theta)$ $(r>0,\ 0\leqq\theta<2\pi)$ とすると

$$z^3=r^3(\cos 3\theta+i\sin 3\theta)$$

⇦ド・モアブルの定理

また，$8i$ を極形式で表すと

$$8i=8\left(\cos\frac{\pi}{2}+i\sin\frac{\pi}{2}\right)$$

よって，方程式は

$$r^3(\cos 3\theta+i\sin 3\theta)=8\left(\cos\frac{\pi}{2}+i\sin\frac{\pi}{2}\right)$$

両辺の絶対値と偏角を比較すると

$$r^3=8,\ 3\theta=\frac{\pi}{2}+2k\pi\ (k \text{ は整数})$$

⇦ $3\theta=\frac{\pi}{2}$ だけではない。$+2k\pi$ を忘れずに！

$r>0$ であるから　　$r=2$　　　また　　$\theta=\frac{\pi}{6}+\frac{2k\pi}{3}$

よって　　$z=2\left\{\cos\left(\frac{\pi}{6}+\frac{2k\pi}{3}\right)+i\sin\left(\frac{\pi}{6}+\frac{2k\pi}{3}\right)\right\}$ ……①

$0\leqq\theta<2\pi$ の範囲では　　$k=0,\ 1,\ 2$

① で $k=0,\ 1,\ 2$ としたときの z をそれぞれ $z_0,\ z_1,\ z_2$ とすると

$$z_0=2\left(\cos\frac{\pi}{6}+i\sin\frac{\pi}{6}\right)=\sqrt{3}+i,$$

$$z_1=2\left(\cos\frac{5}{6}\pi+i\sin\frac{5}{6}\pi\right)=-\sqrt{3}+i,$$

$$z_2=2\left(\cos\frac{3}{2}\pi+i\sin\frac{3}{2}\pi\right)=-2i$$

したがって，求める解は　　$\boldsymbol{z=\pm\sqrt{3}+i,\ -2i}$

inf.　点 z_0 ~ z_2 を複素数平面上に図示すると下図のようになる。
解を表す点 $z_0,\ z_1,\ z_2$ は原点を中心とする半径 2 の円に内接する正三角形の頂点である。

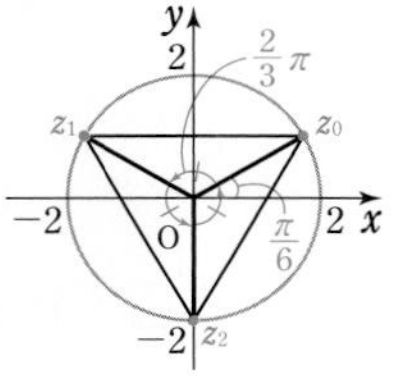

(2)　z の極形式を $z=r(\cos\theta+i\sin\theta)$ $(r>0,\ 0\leqq\theta<2\pi)$ とすると

$$z^2=r^2(\cos 2\theta+i\sin 2\theta)$$

⇦ド・モアブルの定理

また，$2(1+\sqrt{3}i)$ を極形式で表すと

$$2(1+\sqrt{3}i)=4\left(\cos\frac{\pi}{3}+i\sin\frac{\pi}{3}\right)$$

よって，方程式は

$$r^2(\cos 2\theta+i\sin 2\theta)=4\left(\cos\frac{\pi}{3}+i\sin\frac{\pi}{3}\right)$$

両辺の絶対値と偏角を比較すると

$$r^2=4,\ 2\theta=\frac{\pi}{3}+2k\pi\ (k \text{ は整数})$$

⇦ $2\theta=\frac{\pi}{3}$ だけではない。$+2k\pi$ を忘れずに！

$r>0$ であるから　　$r=2$　　　また　　$\theta=\frac{\pi}{6}+k\pi$

よって　　$z=2\left\{\cos\left(\frac{\pi}{6}+k\pi\right)+i\sin\left(\frac{\pi}{6}+k\pi\right)\right\}$ ……②

$0\leqq\theta<2\pi$ の範囲では　　$k=0,\ 1$

② で $k=0,\ 1$ としたときの z をそれぞれ $z_0,\ z_1$ とすると

$$z_0=2\left(\cos\frac{\pi}{6}+i\sin\frac{\pi}{6}\right)=\sqrt{3}+i,$$

$$z_1=2\left(\cos\frac{7}{6}\pi+i\sin\frac{7}{6}\pi\right)=-\sqrt{3}-i$$

したがって，求める解は　　$\boldsymbol{z=\pm(\sqrt{3}+i)}$

inf.　点 $z_0,\ z_1$ を複素数平面上に図示すると次図のようになる。$z_1=-z_0$ である。

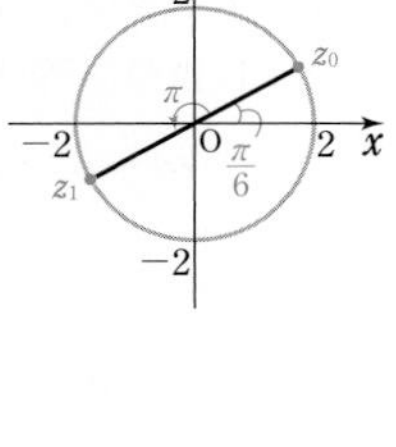

3章 PR

PR ④95

$\alpha=\cos\frac{2\pi}{5}+i\sin\frac{2\pi}{5}$ のとき，次の式の値を求めよ。

(1) α^5　　(2) $\frac{1}{1-\alpha}+\frac{1}{1-\alpha^2}+\frac{1}{1-\alpha^3}+\frac{1}{1-\alpha^4}$

(1) $\boldsymbol{\alpha^5}=\left(\cos\frac{2\pi}{5}+i\sin\frac{2\pi}{5}\right)^5=\cos 2\pi+i\sin 2\pi=\mathbf{1}$

⇦ド・モアブルの定理

(2) $\frac{1}{1-\alpha}+\frac{1}{1-\alpha^4}=\frac{1}{1-\alpha}+\frac{\alpha}{\alpha-\alpha^5}$

$=\frac{1}{1-\alpha}+\frac{\alpha}{\alpha-1}=\frac{1-\alpha}{1-\alpha}=1$

⇦$\alpha^5=1$ を利用するために，$\frac{1}{1-\alpha^4}$ の分母・分子に α を掛ける。

$\frac{1}{1-\alpha^2}+\frac{1}{1-\alpha^3}=\frac{1}{1-\alpha^2}+\frac{\alpha^2}{\alpha^2-\alpha^5}$

$=\frac{1}{1-\alpha^2}+\frac{\alpha^2}{\alpha^2-1}=\frac{1-\alpha^2}{1-\alpha^2}=1$

⇦$\alpha^5=1$ を利用するために，$\frac{1}{1-\alpha^3}$ の分母・分子に α^2 を掛ける。

したがって　(与式)$=1+1=\mathbf{2}$

別解　$\frac{1}{1-\alpha}+\frac{1}{1-\alpha^4}=\frac{1-\alpha^4+1-\alpha}{(1-\alpha)(1-\alpha^4)}$

⇦通分

$=\frac{2-\alpha-\alpha^4}{1-\alpha-\alpha^4+\alpha^5}$

⇦分母を展開して $\alpha^5=1$ を代入。

$=\frac{2-\alpha-\alpha^4}{2-\alpha-\alpha^4}=1$

同様にして　$\frac{1}{1-\alpha^2}+\frac{1}{1-\alpha^3}=1$

したがって　(与式)$=1+1=\mathbf{2}$

PR ④96

複素数 α を $\alpha=\cos\frac{2\pi}{7}+i\sin\frac{2\pi}{7}$ とおく。

(1) $\alpha^6+\alpha^5+\alpha^4+\alpha^3+\alpha^2+\alpha$ の値を求めよ。

(2) $t=\alpha+\overline{\alpha}$ とおくとき，t^3+t^2-2t の値を求めよ。　［類 九州大］

(1) ド・モアブルの定理から

$\alpha^7=\left(\cos\frac{2\pi}{7}+i\sin\frac{2\pi}{7}\right)^7=\cos 2\pi+i\sin 2\pi=1$ ……①

$\alpha^7-1=0$ であるから

⇦$x^n-1=(x-1)\times(x^{n-1}+x^{n-2}+\cdots\cdots+1)$

$(\alpha-1)(\alpha^6+\alpha^5+\alpha^4+\alpha^3+\alpha^2+\alpha+1)=0$

$\alpha\neq1$ であるから　$\alpha^6+\alpha^5+\alpha^4+\alpha^3+\alpha^2+\alpha+1=0$

よって　$\boldsymbol{\alpha^6+\alpha^5+\alpha^4+\alpha^3+\alpha^2+\alpha=-1}$

別解　(① までは同じ)

$\alpha\neq1$ より，等比数列の和の公式から

$\boldsymbol{\alpha^6+\alpha^5+\alpha^4+\alpha^3+\alpha^2+\alpha}=\frac{\alpha(1-\alpha^6)}{1-\alpha}=\frac{\alpha-\alpha^7}{1-\alpha}$

⇦初項 α，公比 α，項数 6 の等比数列の和。

$=\frac{\alpha-1}{1-\alpha}=\mathbf{-1}$

(2) $\alpha^7=1$ から　$|\alpha|^7=1$　よって　$|\alpha|=1$

ゆえに　$|\alpha|^2=1$　すなわち　$\alpha\overline{\alpha}=1$　よって　$\overline{\alpha}=\frac{1}{\alpha}$

⇦$\alpha\overline{\alpha}=|\alpha|^2$

したがって，$t=\alpha+\overline{\alpha}$ から

$$\boldsymbol{t^3+t^2-2t}=(\alpha+\overline{\alpha})^3+(\alpha+\overline{\alpha})^2-2(\alpha+\overline{\alpha})$$
$$=\left(\alpha+\frac{1}{\alpha}\right)^3+\left(\alpha+\frac{1}{\alpha}\right)^2-2\left(\alpha+\frac{1}{\alpha}\right)$$
$$=\alpha^3+3\alpha+\frac{3}{\alpha}+\frac{1}{\alpha^3}+\alpha^2+2+\frac{1}{\alpha^2}-2\alpha-\frac{2}{\alpha}$$
$$=\frac{\alpha^6+\alpha^5+\alpha^4+2\alpha^3+\alpha^2+\alpha+1}{\alpha^3}$$
$$=\frac{(\alpha^6+\alpha^5+\alpha^4+\alpha^3+\alpha^2+\alpha)+\alpha^3+1}{\alpha^3}$$
$$=\frac{-1+\alpha^3+1}{\alpha^3}=\boldsymbol{1}$$

⇐(1) の結果から $\alpha^6+\alpha^5+\alpha^4+\alpha^3+\alpha^2+\alpha=-1$

3章 PR

PR ④97

次の複素数を極形式で表せ。ただし，偏角 θ は $0\leqq\theta<2\pi$ とする。

(1) $z=-\cos\alpha+i\sin\alpha\ (0\leqq\alpha<\pi)$　　(2) $z=\sin\alpha-i\cos\alpha\ \left(0\leqq\alpha<\frac{\pi}{2}\right)$

HINT (1) 実部の符号を入れ替えるために $\cos(\pi\pm\theta)=-\cos\theta$ を利用。
$\sin(\pi\pm\theta)=\mp\sin\theta$（複号同順）であるから，虚部の符号が変わらない $\pi-\theta$ の利用を考える。

(2) $\cos\left(\frac{\pi}{2}-\alpha\right)=\sin\alpha$，$\cos(-\theta)=\cos\theta$ から　$\sin\theta=\cos\left(\theta-\frac{\pi}{2}\right)$
$\sin\left(\frac{\pi}{2}-\alpha\right)=\cos\alpha$，$\sin(-\theta)=-\sin\theta$ から　$-\cos\theta=\sin\left(\theta-\frac{\pi}{2}\right)$
これの利用を考える。

(1) $|z|=\sqrt{(-\cos\alpha)^2+(\sin\alpha)^2}=1$

⇐ z の絶対値は 1 。

また，$-\cos\alpha=\cos(\pi-\alpha)$，$\sin\alpha=\sin(\pi-\alpha)$ であるから

$$-\cos\alpha+i\sin\alpha=\boldsymbol{\cos(\pi-\alpha)+i\sin(\pi-\alpha)}\ \cdots\cdots ①$$

$0\leqq\alpha<\pi$ より，$0<\pi-\alpha\leqq\pi$ であるから，① は求める極形式である。

(2) $|z|=\sqrt{(\sin\alpha)^2+(-\cos\alpha)^2}=1$

⇐ z の絶対値は 1 。

また，$\sin\alpha=\cos\left(\alpha-\frac{\pi}{2}\right)$，$-\cos\alpha=\sin\left(\alpha-\frac{\pi}{2}\right)$ であるから

$$\sin\alpha-i\cos\alpha=\cos\left(\alpha-\frac{\pi}{2}\right)+i\sin\left(\alpha-\frac{\pi}{2}\right)$$
$$=\boldsymbol{\cos\left(\alpha+\frac{3}{2}\pi\right)+i\sin\left(\alpha+\frac{3}{2}\pi\right)}\ \cdots\cdots ②$$

⇐ $\alpha-\frac{\pi}{2}$ は偏角 θ の条件 $0\leqq\theta<2\pi$ を満たさない。

$0\leqq\alpha<\frac{\pi}{2}$ より，$\frac{3}{2}\pi\leqq\alpha+\frac{3}{2}\pi<2\pi$ であるから，② は求める極形式である。

別解　$z_0=\cos\alpha+i\sin\alpha$ とおく。

(1) $z=-(\cos\alpha-i\sin\alpha)=-\overline{z_0}$ より，z と z_0 は虚軸に関して対称であるから，z の絶対値は 1，　偏角は　$\pi-\alpha$
よって　$z=\boldsymbol{\cos(\pi-\alpha)+i\sin(\pi-\alpha)}$

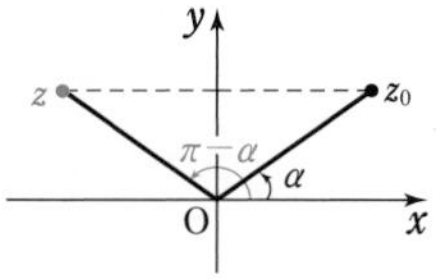

(2) $z=-i(\cos\alpha+i\sin\alpha)=-iz_0$ より，z は z_0 を原点Oを中心として $-\frac{\pi}{2}$ だけ回転した点であるから，z の絶対値は 1，

偏角は　$\alpha+\frac{3}{2}\pi$

よって　$z=\boldsymbol{\cos\left(\alpha+\frac{3}{2}\pi\right)+i\sin\left(\alpha+\frac{3}{2}\pi\right)}$

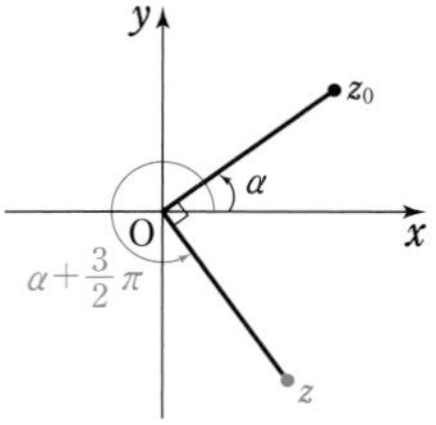

PR ④98

次の複素数の数列を考える。$\begin{cases} z_1=1 \\ z_{n+1}=\frac{1}{2}(1+i)z_n+\frac{1}{2} \quad (n=1,\ 2,\ 3,\ \cdots\cdots) \end{cases}$

(1) $z_{n+1}-\alpha=\frac{1}{2}(1+i)(z_n-\alpha)$ となる定数 α の値を求めよ。

(2) z_{17} を求めよ。　〔類 福島大〕

(1) $z_{n+1}-\alpha=\frac{1}{2}(1+i)(z_n-\alpha)$ から

$$z_{n+1}=\frac{1}{2}(1+i)z_n+\frac{1-i}{2}\alpha$$

よって　$\frac{1-i}{2}\alpha=\frac{1}{2}$

ゆえに　$\boldsymbol{\alpha}=\frac{1}{1-i}=\boldsymbol{\frac{1+i}{2}}$

⇐(1)の式は与えられた漸化式と，漸化式で z_{n+1} と z_n を α とおいた式（特性方程式）の差をとったもの。

$$z_{n+1}=\frac{1}{2}(1+i)z_n+\frac{1}{2}$$
$$-)\quad \alpha=\frac{1}{2}(1+i)\alpha+\frac{1}{2}$$
$$z_{n+1}-\alpha=\frac{1}{2}(1+i)(z_n-\alpha)$$

(2) (1)より，数列 $\{z_n-\alpha\}$ は初項 $z_1-\alpha$，公比 $\frac{1}{2}(1+i)$ の等比数列であるから　$z_n-\alpha=\left\{\frac{1}{2}(1+i)\right\}^{n-1}(z_1-\alpha)$

よって　$z_n=\left\{\frac{1}{2}(1+i)\right\}^{n-1}(1-\alpha)+\alpha$

⇐α のまましばらく計算を進めた方がスムーズ。

ゆえに　$z_{17}=\left\{\frac{1}{2}(1+i)\right\}^{16}(1-\alpha)+\alpha$

$\frac{1}{2}(1+i)$ を極形式で表すと

$$\frac{1}{2}(1+i)=\frac{1}{\sqrt{2}}\left(\cos\frac{\pi}{4}+i\sin\frac{\pi}{4}\right)$$

よって　$\boldsymbol{z_{17}}=\left(\frac{1}{\sqrt{2}}\right)^{16}\left(\cos\frac{\pi}{4}+i\sin\frac{\pi}{4}\right)^{16}(1-\alpha)+\alpha$

$$=\frac{1}{2^8}(\cos 4\pi+i\sin 4\pi)\left(\frac{1}{2}-\frac{i}{2}\right)+\frac{1}{2}+\frac{i}{2}$$

$$=\frac{1}{2^8}\cdot 1\cdot\left(\frac{1}{2}-\frac{i}{2}\right)+\frac{1}{2}+\frac{i}{2}$$

$$=\boldsymbol{\frac{257+255i}{512}}$$

⇐ド・モアブルの定理
$\left(\frac{1}{\sqrt{2}}\right)^{16}=\left(\frac{1}{2^{\frac{1}{2}}}\right)^{16}=\frac{1}{2^8}$

PR ①99

3点 A$(-6i)$，B$(2-4i)$，C$(7+3i)$ について，次の点を表す複素数を求めよ。
(1) 線分 AB を 2：1 に内分する点P　(2) 線分 BC を 3：2 に外分する点Q
(3) 平行四辺形 ADBC の頂点D　(4) △ABC の重心G

(1) 点Pを表す複素数は

$$\frac{1\cdot(-6i)+2(2-4i)}{2+1}=\boldsymbol{\frac{4-14i}{3}}$$

⇐内分点の公式で $m=2$，$n=1$

(2) 点Qを表す複素数は

$$\frac{-2(2-4i)+3(7+3i)}{3-2}=\boldsymbol{17+17i}$$

⇐**3：2 に外分** ⟶ **3：(−2) に内分**と考えるとよい。

(3) 点D(z) とすると，線分 AB と線分 CD の中点が一致するから

$$\frac{(-6i)+(2-4i)}{2}=\frac{(7+3i)+z}{2}$$

ゆえに　$2-10i=7+3i+z$　よって　$z=\boldsymbol{-5-13i}$

⇐2本の対角線が互いに他を2等分する。

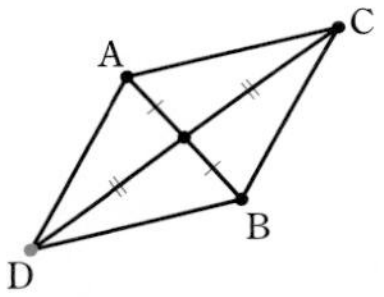

別解　$(2-4i)-(7+3i)=-5-7i$　⇐$\overrightarrow{CB}=\overrightarrow{OB}-\overrightarrow{OC}$

ゆえに　$z=(-6i)+(-5-7i)$　⇐$\overrightarrow{OD}=\overrightarrow{OA}+\overrightarrow{AD}=\overrightarrow{OA}+\overrightarrow{CB}$

$=\boldsymbol{-5-13i}$

(4) 重心Gを表す複素数は

$$\frac{(-6i)+(2-4i)+(7+3i)}{3}=\frac{9-7i}{3}=\boldsymbol{3-\frac{7}{3}i}$$

PR ②100

次の方程式・不等式を満たす点 z 全体の集合は，どのような図形か。
(1) $|2z+4|=|2iz+1|$　(2) $(3z+i)(3\overline{z}-i)=9$
(3) $z-\overline{z}=2i$　(4) $|z+2i|<3$

(1) $|2z+4|=|2(z+2)|=2|z+2|$

$|2iz+1|=|i(2z-i)|=|i||2z-i|$

$=|2z-i|$

$=2\left|z-\dfrac{i}{2}\right|$

であるから，方程式は　$|z-(-2)|=\left|z-\dfrac{i}{2}\right|$

したがって　**2点 -2，$\dfrac{i}{2}$ を結ぶ線分の垂直二等分線**

⇐$|z-\alpha|=|z-\beta|$ を満たす点 z 全体の集合は **2点 α，β を結ぶ線分の垂直二等分線**

(2) 方程式から　$(3z+i)\overline{(3z+i)}=9$

ゆえに　$|3z+i|^2=3^2$

⇐$\alpha\overline{\alpha}=|\alpha|^2$

よって　$|3z+i|=3$　すなわち　$\left|z-\left(-\dfrac{i}{3}\right)\right|=1$

したがって　**点 $-\dfrac{i}{3}$ を中心とする半径1の円**

⇐$|z-\alpha|=r$ $(r>0)$ を満たす点 z 全体の集合は **点 α を中心とする半径 r の円**

(3) $z=x+yi$ (x，y は実数) とすると $\overline{z}=x-yi$ であるから

$x+yi-(x-yi)=2i$　よって　$y=1$

⇐$2yi=2i$

ゆえに　$z=x+i$

⇐x は任意の実数

したがって　**点 i を通り，虚軸に垂直な直線**

別解　$z-\overline{z}=2i$ から　　$\dfrac{z-\overline{z}}{2i}=1$

すなわち　(z の虚部)$=1$

よって　　**点 i を通り，虚軸に垂直な直線**

⇐ $z=x+yi$ (x，y は実数) とすると
$\overline{z}=x-yi$
よって　$z-\overline{z}=2yi$
ゆえに，z の虚部は
$y=\dfrac{z-\overline{z}}{2i}$

(4)　$|z+2i|<3$ から　　$|z-(-2i)|<3$

よって　　**点 $-2i$ を中心とする半径 3 の円の内部**

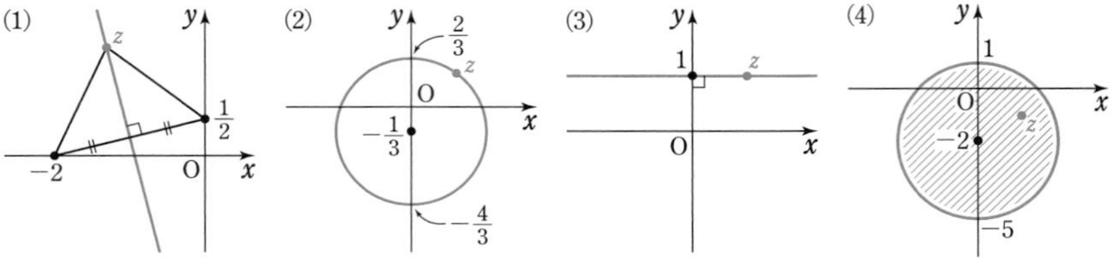

PR ②101

次の方程式を満たす点 z 全体の集合は，どのような図形か。
$$|z-3i|=2|z+3|$$

$|z-3i|=2|z+3|$ の両辺を 2 乗して

$$|z-3i|^2=2^2|z+3|^2$$

よって　　$(z-3i)\overline{(z-3i)}=4(z+3)\overline{(z+3)}$

⇐ $|\alpha|^2=\alpha\overline{\alpha}$

ゆえに　　$(z-3i)(\overline{z}+3i)=4(z+3)(\overline{z}+3)$

⇐ $\overline{z-3i}=\overline{z}-\overline{3i}=\overline{z}+3i$

両辺を展開すると

$$z\overline{z}+3iz-3i\overline{z}+9=4z\overline{z}+12z+12\overline{z}+36$$

⇐ $3z\overline{z}+(12-3i)z+(12+3i)\overline{z}+27=0$

整理して　　$z\overline{z}+(4-i)z+(4+i)\overline{z}+9=0$

よって　　$(z+4+i)(\overline{z}+4-i)-8=0$

⇐ $z\overline{z}+\alpha z+\beta\overline{z}=(z+\beta)(\overline{z}+\alpha)-\alpha\beta$

ゆえに　　$(z+4+i)\overline{(z+4+i)}=8$

すなわち　　$|z+4+i|^2=8$

⇐ $\alpha\overline{\alpha}=|\alpha|^2$

したがって　$|z+4+i|=2\sqrt{2}$

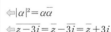

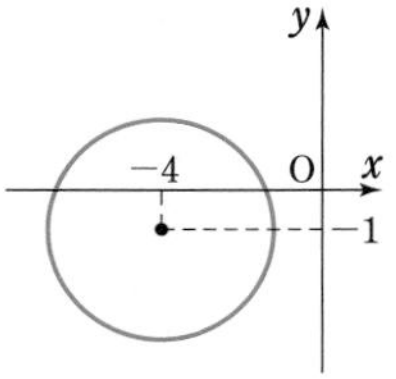

よって，点 z 全体の集合は

点 $-4-i$ を中心とする半径 $2\sqrt{2}$ の円

別解 1　$z=x+yi$ (x，y は実数) とすると

$$|z-3i|^2=|x+(y-3)i|^2=x^2+(y-3)^2$$
$$|z+3|^2=|(x+3)+yi|^2=(x+3)^2+y^2$$

⇐ a，b が実数のとき $|a+bi|=\sqrt{a^2+b^2}$

これらを $|z-3i|^2=\{2|z+3|\}^2$ に代入すると

$$x^2+(y-3)^2=4\{(x+3)^2+y^2\}$$

展開して　　$x^2+y^2-6y+9=4x^2+24x+36+4y^2$

⇐ $3x^2+24x+3y^2+6y+27=0$

すなわち　　$x^2+8x+y^2+2y+9=0$

⇐ $(x+4)^2-4^2+(y+1)^2-1^2+9=0$

変形すると　　$(x+4)^2+(y+1)^2=8$

これは，座標平面上で，点 $(-4,\ -1)$ を中心とする半径 $2\sqrt{2}$ の円を表す。

よって，複素数平面上の点 z 全体の集合は

点 $-4-i$ を中心とする半径 $2\sqrt{2}$ の円

別解 2　A($3i$), B(-3), P(z) とすると，$|z-3i|=2|z+3|$ から

$\mathrm{AP}=2\mathrm{BP}$

よって　$\mathrm{AP}:\mathrm{BP}=2:1$

線分 AB を $2:1$ に内分する点を C(α)，外分する点を D(β) とすると，点P全体は，2点 C，D を直径の両端とする円である。

$$\alpha=\frac{1\cdot 3i+2(-3)}{2+1}=-2+i$$

$$\beta=\frac{-1\cdot 3i+2(-3)}{2-1}=-6-3i$$

ゆえに，点 z 全体は

2点 $-2+i$，$-6-3i$ を直径の両端とする円

⇦$|z-3i|$ は2点A，P間の距離，$|z+3|$ は2点B，P間の距離を表す。

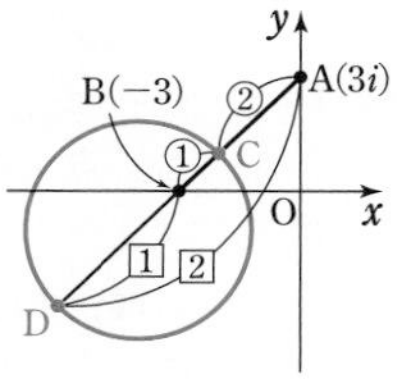

⇦このような答え方でもよい。

PR ③102

点 z が次の図形上を動くとき，$w=(-\sqrt{3}+i)z+1+i$ で表される点 w は，どのような図形を描くか。

(1)　点 $-1+\sqrt{3}i$ を中心とする半径 $\frac{1}{2}$ の円

(2)　2点2，$1+\sqrt{3}i$ を結ぶ線分の垂直二等分線

$w=(-\sqrt{3}+i)z+1+i$ から　$(-\sqrt{3}+i)z=w-(1+i)$

よって　$z=\dfrac{w-(1+i)}{-\sqrt{3}+i}$ …… ①

⇦z について解く。

(1)　点 z は点 $-1+\sqrt{3}i$ を中心とする半径 $\frac{1}{2}$ の円上を動くから　$|z+1-\sqrt{3}i|=\dfrac{1}{2}$

① を代入すると　$\left|\dfrac{w-(1+i)}{-\sqrt{3}+i}+1-\sqrt{3}i\right|=\dfrac{1}{2}$

ここで　$\dfrac{w-(1+i)}{-\sqrt{3}+i}+1-\sqrt{3}i$

$$=\frac{w-1-i+(1-\sqrt{3}i)(-\sqrt{3}+i)}{-\sqrt{3}+i}$$

$$=\frac{w-(1-3i)}{-\sqrt{3}+i}$$

よって　$\left|\dfrac{w-(1-3i)}{-\sqrt{3}+i}\right|=\dfrac{1}{2}$

すなわち　$\dfrac{|w-(1-3i)|}{|-\sqrt{3}+i|}=\dfrac{1}{2}$

$|-\sqrt{3}+i|=2$ であるから

$|w-(1-3i)|=1$

よって，点 w は **点 $1-3i$ を中心とする半径1の円** を描く。

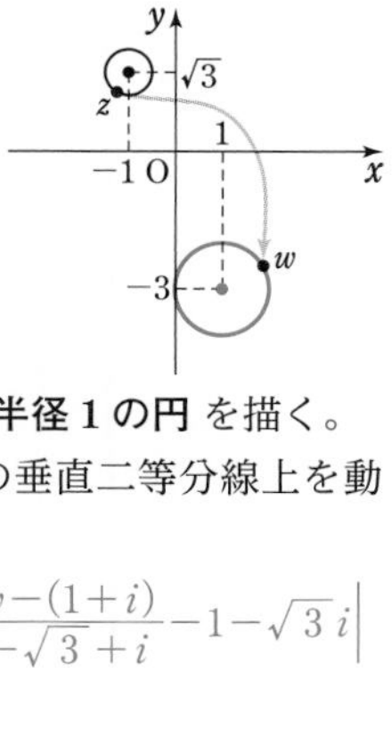

⇦点 α を中心とする半径 r の円は　$|z-\alpha|=r$

なお，$|z-(-1+\sqrt{3}i)|$
$=|z+1-\sqrt{3}i|$
としているのは，後の計算で符号ミスをしないようにするため。

⇦$\left|\dfrac{\alpha}{\beta}\right|=\dfrac{|\alpha|}{|\beta|}$

⇦$|-\sqrt{3}+i|$
$=\sqrt{(-\sqrt{3})^2+1^2}=2$

(2)　点 z は2点2，$1+\sqrt{3}i$ を結ぶ線分の垂直二等分線上を動くから　$|z-2|=|z-1-\sqrt{3}i|$

① を代入すると　$\left|\dfrac{w-(1+i)}{-\sqrt{3}+i}-2\right|=\left|\dfrac{w-(1+i)}{-\sqrt{3}+i}-1-\sqrt{3}i\right|$

⇦2点 α，β を結ぶ線分の垂直二等分線は
$|z-\alpha|=|z-\beta|$

すなわち　$\left|\dfrac{w-(1-2\sqrt{3}+3i)}{-\sqrt{3}+i}\right|=\left|\dfrac{w-(1-2\sqrt{3}-i)}{-\sqrt{3}+i}\right|$

ゆえに　$|w-(1-2\sqrt{3}+3i)|=|w-(1-2\sqrt{3}-i)|$

よって，点wは2点$1-2\sqrt{3}+3i$，$1-2\sqrt{3}-i$を結ぶ線分の垂直二等分線，すなわち，**点 i を通り，虚軸に垂直な直線** を描く。

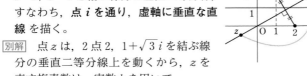

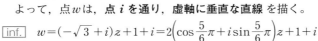

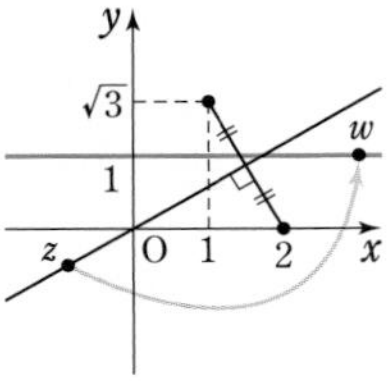

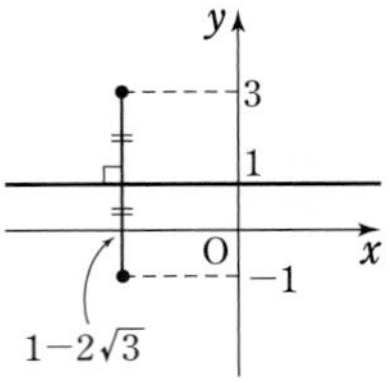

⇐点zが動く垂直二等分線は，原点と2点2，$1+\sqrt{3}i$を結ぶ線分の中点を通る。

別解　点zは，2点2，$1+\sqrt{3}i$を結ぶ線分の垂直二等分線上を動くから，zを表す複素数は，実数kを用いて

$$z=k\left(\frac{2+1+\sqrt{3}i}{2}\right)\quad すなわち\quad z=\frac{\sqrt{3}}{2}k(\sqrt{3}+i)$$

と表される。

ここで，$\dfrac{\sqrt{3}}{2}k=l$ とおくと，lは実数で　$z=l(\sqrt{3}+i)$

これを $w=(-\sqrt{3}+i)z+1+i$ に代入すると

$$w=(-\sqrt{3}+i)\cdot l(\sqrt{3}+i)+1+i$$
$$=-4l+1+i$$

wの実部はすべての実数値をとり，虚部は常に1である。

よって，点wは，**点 i を通り，虚軸に垂直な直線** を描く。

inf.　$w=(-\sqrt{3}+i)z+1+i=2\left(\cos\dfrac{5}{6}\pi+i\sin\dfrac{5}{6}\pi\right)z+1+i$

であるから，点wは，点zに対して，次の[1]，[2]，[3]の順に回転・拡大・平行移動を行うと得られる。

[1]　原点を中心として $\dfrac{5}{6}\pi$ だけ回転 ⟶ 点zが点$\left(\cos\dfrac{5}{6}\pi+i\sin\dfrac{5}{6}\pi\right)z\,(=z_1)$に。

[2]　原点からの距離を2倍に拡大 ⟶ 点z_1が点$2z_1\,(=z_2)$に。

[3]　実軸方向に1，虚軸方向に1だけ平行移動 ⟶ 点z_2が点$z_2+1+i\,(=w)$に。

PR
③**103**

点zが次の図形上を動くとき，$w=\dfrac{1}{z}$ で表される点wはどのような図形を描くか。

(1)　原点を中心とする半径3の円　　(2)　点$\dfrac{i}{2}$を通り，虚軸に垂直な直線

$w=\dfrac{1}{z}$ から　$wz=1$

$w\neq 0$ であるから　$z=\dfrac{1}{w}$ ……①

⇐$w=\dfrac{1}{z}$ の式の形からもわかるように，$w=0$ となるようなzは存在しない。

(1)　点zは原点を中心とする半径3の円上を動くから

$|z|=3$

①を代入すると　$\left|\dfrac{1}{w}\right|=3$　　ゆえに　$|w|=\dfrac{1}{3}$

よって，点wは **原点を中心とする半径 $\dfrac{1}{3}$ の円** を描く。

(2)　点 z は 2 点 0, i を結ぶ線分の垂直二等分線上を動くから
$|z|=|z-i|$

① を代入すると　$\left|\dfrac{1}{w}\right|=\left|\dfrac{1}{w}-i\right|$

両辺に $|w|$ を掛けて　$|1-wi|=1$

よって　$|i||-i-w|=1$

ゆえに　$|w+i|=1$

よって，点 w は **点 $-i$ を中心とする半径 1 の円** を描く。

ただし，$w\neq 0$ であるから，原点は除く。

⇦| |内の w の係数を 1 にする。

⇦除外点に注意。

別解　z の虚部は $\dfrac{1}{2}$ であるから　$\dfrac{z-\overline{z}}{2i}=\dfrac{1}{2}$

すなわち　$z-\overline{z}=i$ ……②

また，① から　$\overline{z}=\dfrac{1}{\overline{w}}$ ……③

①，③ を ② に代入すると　$\dfrac{1}{w}-\dfrac{1}{\overline{w}}=i$

両辺に $w\overline{w}$ を掛けて　$\overline{w}-w=iw\overline{w}$

両辺に i を掛けて　$i\overline{w}-iw=-w\overline{w}$

よって　$w\overline{w}-iw+i\overline{w}=0$

ゆえに　$(w+i)(\overline{w}-i)+i^2=0$

よって　$(w+i)\overline{(w+i)}=1$

ゆえに　$|w+i|^2=1$　すなわち　$|w+i|=1$

よって，点 w は **点 $-i$ を中心とする半径 1 の円** を描く。

ただし，$w\neq 0$ であるから，原点は除く。

⇦$z=x+yi$ (x, y は実数) とすると　$\overline{z}=x-yi$
よって　$z-\overline{z}=2yi$
ゆえに，z の虚部は
$y=\dfrac{z-\overline{z}}{2i}$

⇦$w\overline{w}$ の係数を 1 にする。

⇦$w\overline{w}+\alpha w+\beta\overline{w}$
$=(w+\beta)(\overline{w}+\alpha)-\alpha\beta$

⇦$\alpha\overline{\alpha}=|\alpha|^2$

⇦除外点に注意。

PR ③104　複素数 z が $|z-i|=1$ を満たすとき，$|z+\sqrt{3}|$ の最大値および最小値と，そのときの z の値をそれぞれ求めよ。

$|z-i|=1$ であるから，点 P(z) は点 C(i) を中心とする半径 1 の円周上の点である。

$|z+\sqrt{3}|=|z-(-\sqrt{3})|$ から，点 A($-\sqrt{3}$) とすると，$|z+\sqrt{3}|$ は 2 点 A，P の距離である。

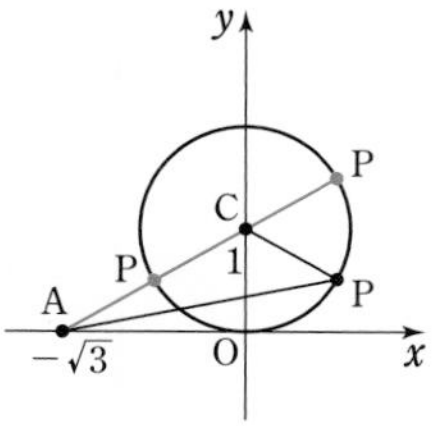

よって，$|z+\sqrt{3}|$ が最大となるのは，右図から，3 点 A，C，P がこの順で一直線上にあるときである。

よって，求める **最大値** は

$$\mathrm{AC}+\mathrm{CP}=|i-(-\sqrt{3})|+1=|\sqrt{3}+i|+1$$
$$=\sqrt{(\sqrt{3})^2+1^2}+1=2+1=\mathbf{3}$$

このとき，点 P は線分 AC を 3：1 に外分する点であるから，最大となるときの z の値は

⇦複素数 z が $|z-\alpha|=r$ を満たすとき，点 z は中心が点 α，半径 r の円周上に存在する。

⇦点 P を円周上の点とすると　AC＋CP≧AP
等号が成り立つとき，AP は最大となる。

⇦(線分 AC の長さ)
＋(円の半径)

$$z=\frac{-1\cdot(-\sqrt{3})+3\cdot i}{3-1}=\frac{\sqrt{3}}{2}+\frac{3}{2}i$$

⇐2点 $A(\alpha)$, $B(\beta)$ について，線分 AB を $m:n$ に外分する点を表す複素数は $\dfrac{-n\alpha+m\beta}{m-n}$

また，$|z+\sqrt{3}|$ が最小となるのは，図から，3点 A，P，C がこの順で一直線上にあるときである。

よって，求める **最小値** は　　AC－CP＝2－1＝**1**

⇐(線分 AC の長さ)－(円の半径)

このとき，点Pは線分 AC の中点であるから，最小となるときの z の値は　　$z=\dfrac{-\sqrt{3}+i}{2}=-\dfrac{\sqrt{3}}{2}+\dfrac{1}{2}i$

⇐2点 $A(\alpha)$, $B(\beta)$ について，線分 AB の中点を表す複素数は $\dfrac{\alpha+\beta}{2}$

PR ②105

(1) 複素数平面上の3点 $A(-1+2i)$, $B(2+i)$, $C(1-2i)$ に対し，$\angle BAC$ の大きさを求めよ。

(2) $\alpha=2+i$, $\beta=3+2i$, $\gamma=a+3i$ とし，複素数平面上で3点を $A(\alpha)$, $B(\beta)$, $C(\gamma)$ とする。ただし，a は実数の定数とする。

(ア) 3点 A，B，C が一直線上にあるように a の値を定めよ。

(イ) 2直線 AB，AC が垂直であるように a の値を定めよ。

(1) $\alpha=-1+2i$, $\beta=2+i$, $\gamma=1-2i$ とすると

$$\frac{\gamma-\alpha}{\beta-\alpha}=\frac{(1-2i)-(-1+2i)}{(2+i)-(-1+2i)}=\frac{2-4i}{3-i}$$

$$=\frac{(2-4i)(3+i)}{(3-i)(3+i)}=\frac{10-10i}{10}=1-i$$

⇐分母の実数化

$$=\sqrt{2}\left\{\cos\left(-\frac{\pi}{4}\right)+i\sin\left(-\frac{\pi}{4}\right)\right\}$$

⇐極形式で表す。

したがって　　$\angle\mathbf{BAC}=\left|-\dfrac{\pi}{4}\right|=\boldsymbol{\dfrac{\pi}{4}}$

⇐$\angle BAC=\left|\arg\dfrac{\gamma-\alpha}{\beta-\alpha}\right|$

(2) $$\frac{\gamma-\alpha}{\beta-\alpha}=\frac{(a+3i)-(2+i)}{(3+2i)-(2+i)}=\frac{(a-2)+2i}{1+i}$$

$$=\frac{\{(a-2)+2i\}(1-i)}{(1+i)(1-i)}=\frac{a+(4-a)i}{2}\ \cdots\cdots ①$$

(ア) 3点 A，B，C が一直線上にあるための条件は，① が実数となることであるから　　$4-a=0$

よって　　$\boldsymbol{a=4}$

⇐$z=x+yi$ (x, y は実数) において
$y=0 \Longrightarrow z$ は実数
$x=0$ かつ $y\neq0 \Longrightarrow z$ は純虚数

(イ) 2直線 AB，AC が垂直であるための条件は，① が純虚数となることであるから　　$a=0$ かつ $4-a\neq0$

よって　　$\boldsymbol{a=0}$

⇐$4-a\neq0$ を満たす。

PR ③106

複素数平面上の3点 $A(\alpha)$, $B(\beta)$, $C(\gamma)$ を頂点とする △ABC について，次の等式が成り立つとき，△ABC はどのような三角形か。

(1) $\beta(1-i)=\alpha-\gamma i$　　(2) $2(\alpha-\beta)=(1+\sqrt{3}i)(\gamma-\beta)$

(3) $(\alpha-\beta)(3+\sqrt{3}i)=4(\gamma-\beta)$

3点 A，B，C は三角形の頂点であるから，$\alpha-\beta\neq0$, $\gamma-\beta\neq0$ である。

(1)　$\beta(1-i)=\alpha-\gamma i$ から　　$(\gamma-\beta)i=\alpha-\beta$

ゆえに　　$\dfrac{\alpha-\beta}{\gamma-\beta}=i$

よって，$\left|\dfrac{\alpha-\beta}{\gamma-\beta}\right|=\dfrac{|\alpha-\beta|}{|\gamma-\beta|}=\dfrac{\text{BA}}{\text{BC}}$ から　　$\dfrac{\text{BA}}{\text{BC}}=1$

ゆえに　　BA＝BC

また，$\dfrac{\alpha-\beta}{\gamma-\beta}$ は純虚数であるから　　$\angle\text{CBA}=\dfrac{\pi}{2}$

ゆえに，△ABC は **BA＝BC の直角二等辺三角形** である。

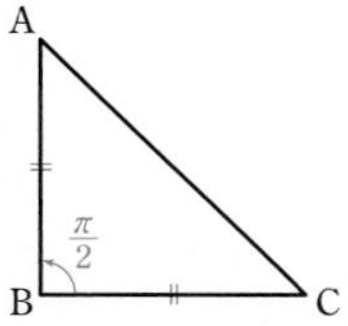

⇐$\angle\text{B}=\dfrac{\pi}{2}$ **の直角二等辺三角形** と答えてもよい。

(2)　$2(\alpha-\beta)=(1+\sqrt{3}\,i)(\gamma-\beta)$ から

$$\frac{\alpha-\beta}{\gamma-\beta}=\frac{1}{2}(1+\sqrt{3}\,i)=\cos\frac{\pi}{3}+i\sin\frac{\pi}{3}$$

よって，$\left|\dfrac{\alpha-\beta}{\gamma-\beta}\right|=\dfrac{|\alpha-\beta|}{|\gamma-\beta|}=\dfrac{\text{BA}}{\text{BC}}$ から　　$\dfrac{\text{BA}}{\text{BC}}=1$

ゆえに　　BA＝BC

また，$\arg\dfrac{\alpha-\beta}{\gamma-\beta}=\dfrac{\pi}{3}$ から　　$\angle\text{CBA}=\dfrac{\pi}{3}$

ゆえに，△ABC は **正三角形** である。

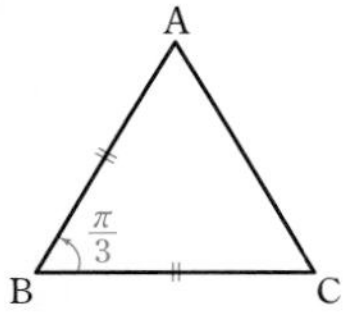

(3)　$(\alpha-\beta)(3+\sqrt{3}\,i)=4(\gamma-\beta)$ から

$$\frac{\gamma-\beta}{\alpha-\beta}=\frac{1}{4}(3+\sqrt{3}\,i)=\frac{\sqrt{3}}{2}\left(\cos\frac{\pi}{6}+i\sin\frac{\pi}{6}\right)$$

よって，$\left|\dfrac{\gamma-\beta}{\alpha-\beta}\right|=\dfrac{|\gamma-\beta|}{|\alpha-\beta|}=\dfrac{\text{BC}}{\text{BA}}$ から　　$\dfrac{\text{BC}}{\text{BA}}=\dfrac{\sqrt{3}}{2}$

ゆえに　　BA：BC＝2：$\sqrt{3}$

また，$\arg\dfrac{\gamma-\beta}{\alpha-\beta}=\dfrac{\pi}{6}$ から　　$\angle\text{ABC}=\dfrac{\pi}{6}$

ゆえに，△ABC は $\angle\mathbf{A}=\dfrac{\pi}{3}$，$\angle\mathbf{B}=\dfrac{\pi}{6}$，$\angle\mathbf{C}=\dfrac{\pi}{2}$ **の直角三角形** である。

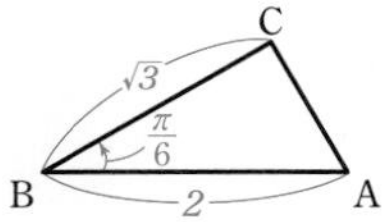

PR ③107　3点 O(0)，A(α)，B(β) を頂点とする △OAB について，次の等式が成り立つとき，△OAB はどのような三角形か。

(1)　$3\alpha^2+\beta^2=0$　　　(2)　$2\alpha^2-2\alpha\beta+\beta^2=0$

(1)　$\alpha\neq0$ より $\alpha^2\neq0$ であるから，等式 $3\alpha^2+\beta^2=0$ の両辺を α^2 で割ると　　$3+\left(\dfrac{\beta}{\alpha}\right)^2=0$　すなわち　$\left(\dfrac{\beta}{\alpha}\right)^2=-3$

したがって

$$\frac{\beta}{\alpha}=\pm\sqrt{3}\,i=\sqrt{3}\cdot(\pm i)=\sqrt{3}\left\{\cos\left(\pm\frac{\pi}{2}\right)+i\sin\left(\pm\frac{\pi}{2}\right)\right\}$$

（複号同順）

$\left|\dfrac{\beta}{\alpha}\right|=\dfrac{|\beta|}{|\alpha|}=\dfrac{\text{OB}}{\text{OA}}$ から　　$\dfrac{\text{OB}}{\text{OA}}=\sqrt{3}$

よって　　OA：OB＝1：$\sqrt{3}$

⇐$\beta^2=-3\alpha^2$ から $\beta=\pm\sqrt{3}\,i\alpha$
ゆえに　$\dfrac{\beta}{\alpha}=\pm\sqrt{3}\,i$
としてもよい。

また，$\dfrac{\beta}{\alpha}$ は純虚数であるから　　$\angle\mathrm{AOB}=\dfrac{\pi}{2}$

ゆえに，$\triangle\mathrm{OAB}$ は **$\angle\mathrm{O}=\dfrac{\pi}{2}$，$\angle\mathrm{A}=\dfrac{\pi}{3}$，$\angle\mathrm{B}=\dfrac{\pi}{6}$ の直角三角形** である。

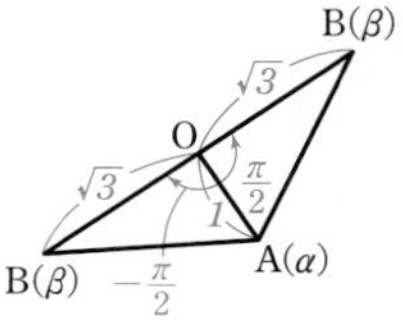

(2)　$\alpha\neq0$ より $\alpha^2\neq0$ であるから，等式 $2\alpha^2-2\alpha\beta+\beta^2=0$ の両辺を α^2 で割ると　　$2-2\cdot\dfrac{\beta}{\alpha}+\left(\dfrac{\beta}{\alpha}\right)^2=0$

すなわち　　$\left(\dfrac{\beta}{\alpha}\right)^2-2\cdot\dfrac{\beta}{\alpha}+2=0$

$\dfrac{\beta}{\alpha}$ について解くと　　$\dfrac{\beta}{\alpha}=-(-1)\pm\sqrt{(-1)^2-1\cdot2}=1\pm i$

$$=\sqrt{2}\left\{\cos\left(\pm\frac{\pi}{4}\right)+i\sin\left(\pm\frac{\pi}{4}\right)\right\}$$

（複号同順）

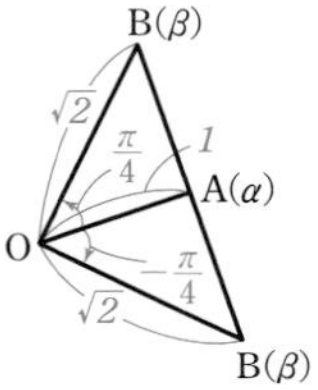

$\left|\dfrac{\beta}{\alpha}\right|=\dfrac{|\beta|}{|\alpha|}=\dfrac{\mathrm{OB}}{\mathrm{OA}}$ から　　$\dfrac{\mathrm{OB}}{\mathrm{OA}}=\sqrt{2}$

よって　　$\mathrm{OA}:\mathrm{OB}=1:\sqrt{2}$

また，$\arg\dfrac{\beta}{\alpha}=\pm\dfrac{\pi}{4}$ から　　$\angle\mathrm{AOB}=\dfrac{\pi}{4}$

ゆえに，$\triangle\mathrm{OAB}$ は **AO＝AB の直角二等辺三角形** である。

⇦ **$\angle\mathrm{A}=\dfrac{\pi}{2}$ の直角二等辺三角形** と答えてもよい。

PR ③108　$\alpha=\dfrac{1}{2}+\dfrac{\sqrt{3}}{6}i$ とし，複素数 1，α に対応する複素数平面上の点をそれぞれ P，Q とすると，直線 PQ は複素数 β を用いて，方程式 $\beta z+\overline{\beta}\,\overline{z}+1=0$ で表される。この β を求めよ。〔類 早稲田大〕

点 z が直線 PQ 上にあるとき，$\dfrac{z-1}{\alpha-1}$ は実数であるから

$\overline{\left(\dfrac{z-1}{\alpha-1}\right)}=\dfrac{z-1}{\alpha-1}$　すなわち　$\dfrac{\overline{z}-1}{\overline{\alpha}-1}=\dfrac{z-1}{\alpha-1}$

⇦ z が実数 $\Longleftrightarrow$ $\overline{z}=z$

両辺に $(\overline{\alpha}-1)(\alpha-1)$ を掛けて

$$(\alpha-1)(\overline{z}-1)=(\overline{\alpha}-1)(z-1)$$

整理して　$(1-\overline{\alpha})z+(\alpha-1)\overline{z}-(\alpha-\overline{\alpha})=0$

$\alpha=\dfrac{1}{2}+\dfrac{\sqrt{3}}{6}i$ を代入すると

$$\left(\frac{1}{2}+\frac{\sqrt{3}}{6}i\right)z+\left(-\frac{1}{2}+\frac{\sqrt{3}}{6}i\right)\overline{z}-\frac{\sqrt{3}}{3}i=0$$

⇦ $1-\overline{\alpha}$
$=1-\overline{\left(\dfrac{1}{2}+\dfrac{\sqrt{3}}{6}i\right)}$
$=\dfrac{1}{2}+\dfrac{\sqrt{3}}{6}i$

両辺に $\sqrt{3}\,i$ を掛けて

$$\left(-\frac{1}{2}+\frac{\sqrt{3}}{2}i\right)z+\left(-\frac{1}{2}-\frac{\sqrt{3}}{2}i\right)\overline{z}+1=0$$

⇦定数項を 1 にする。

$\overline{-\dfrac{1}{2}+\dfrac{\sqrt{3}}{2}i}=-\dfrac{1}{2}-\dfrac{\sqrt{3}}{2}i$ であるから　　$\boldsymbol{\beta=-\dfrac{1}{2}+\dfrac{\sqrt{3}}{2}i}$

PR ④109

-1 と異なる複素数 z に対し，複素数 w を $w=\dfrac{z}{z+1}$ で定める。
(1) 点 z が原点を中心とする半径 1 の円上を動くとき，点 w の描く図形を求めよ。
(2) 点 z が虚軸上を動くとき，点 w の描く図形を求めよ。 〔類 新潟大〕

$w=\dfrac{z}{z+1}$ から　$w(z+1)=z$

⇐「$w=$」の式を「$z=$」の式に変形する。

ゆえに　$(1-w)z=w$

ここで，$w=1$ とすると，$0=1$ となり不合理である。

⇐$1-w=0$ の可能性があるから，直ちに $1-w$ で割ってはいけない。

よって，$w\neq1$ であるから　$z=\dfrac{w}{1-w}$ ……①

(1) 点 z は原点を中心とする半径 1 の円上を動くから　$|z|=1$

⇐z の条件式。

① を代入すると　$\left|\dfrac{w}{1-w}\right|=1$

ゆえに　$\dfrac{|w|}{|1-w|}=1$

⇐$\left|\dfrac{\alpha}{\beta}\right|=\dfrac{|\alpha|}{|\beta|}$

よって　$|w|=|w-1|$

したがって，点 w は **点 0 と点 1 を結ぶ線分の垂直二等分線** を描く。

(2) 点 z が虚軸上を動くとき　$z+\overline{z}=0$

⇐$z=bi$ (b は実数) から $z+\overline{z}=bi-bi=0$

① を代入すると　$\dfrac{w}{1-w}+\overline{\left(\dfrac{w}{1-w}\right)}=0$

ゆえに　$\dfrac{w}{1-w}+\dfrac{\overline{w}}{1-\overline{w}}=0$

両辺に $(1-w)(1-\overline{w})$ を掛けて

$w(1-\overline{w})+\overline{w}(1-w)=0$

整理して　$2w\overline{w}-w-\overline{w}=0$

よって　$w\overline{w}-\dfrac{1}{2}w-\dfrac{1}{2}\overline{w}=0$

⇐$w\overline{w}$ の係数を 1 にする。

ゆえに　$\left(w-\dfrac{1}{2}\right)\left(\overline{w}-\dfrac{1}{2}\right)-\dfrac{1}{4}=0$

⇐$w\overline{w}+aw+b\overline{w}=(w+b)(\overline{w}+a)-ab$

よって　$\left(w-\dfrac{1}{2}\right)\overline{\left(w-\dfrac{1}{2}\right)}=\dfrac{1}{4}$

ゆえに　$\left|w-\dfrac{1}{2}\right|^2=\left(\dfrac{1}{2}\right)^2$　すなわち　$\left|w-\dfrac{1}{2}\right|=\dfrac{1}{2}$

⇐$\alpha\overline{\alpha}=|\alpha|^2$

したがって，点 w は **点 $\dfrac{1}{2}$ を中心とする半径 $\dfrac{1}{2}$ の円** を描く。

ただし，$w\neq1$ であるから，点 1 を除く。

⇐除外点に注意。

PR ④110

複素数 z の実部を $\mathrm{Re}\,z$ で表す。このとき，次の領域を複素数平面上に図示せよ。
(1) $|z|>1$ かつ $\mathrm{Re}\,z<\dfrac{1}{2}$ を満たす点 z の領域
(2) $w=\dfrac{1}{z}$ とする。点 z が (1) で求めた領域を動くとき，点 w が動く領域

(1) $|z|>1$ の表す領域は，原点を中心とする半径 1 の円の外部である。

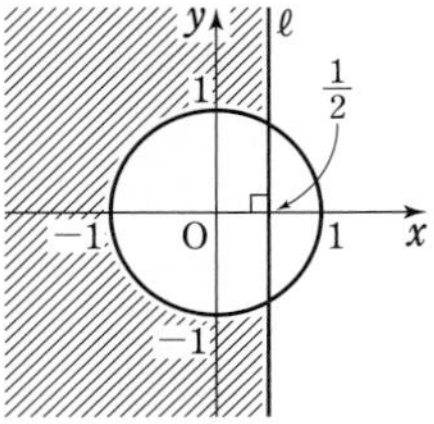

また，$\mathrm{Re}z<\frac{1}{2}$ の表す領域は，点 $\frac{1}{2}$ を通り実軸に垂直な直線 ℓ の左側である。

よって，求める領域は **右図の斜線部分。ただし，境界線を含まない。**

(2)　$w=\frac{1}{z}$ から　　$wz=1$

⇦ $w=\frac{1}{z}$ の式の形からもわかるように，$w=0$ となるような z は存在しない。

$w\neq0$ であるから　　$z=\frac{1}{w}$ …… ①

直線 ℓ は 2 点 O(0)，A(1) を結ぶ線分の垂直二等分線であり，直線 ℓ の左側の部分にある点を P(z) とすると，OP＜AP

すなわち $|z|<|z-1|$ が成り立つ。

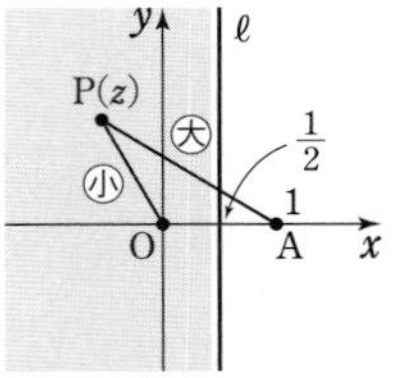

よって，(1) で求めた領域は，$|z|>1$ かつ $|z|<|z-1|$ と表される。

① を $|z|>1$ に代入すると　　$\left|\frac{1}{w}\right|>1$

ゆえに　　$|w|<1$ …… ②

① を $|z|<|z-1|$ に代入すると　　$\left|\frac{1}{w}\right|<\left|\frac{1}{w}-1\right|$

よって　　$\frac{1}{|w|}<\frac{|1-w|}{|w|}$

ゆえに　　$|w-1|>1$ …… ③

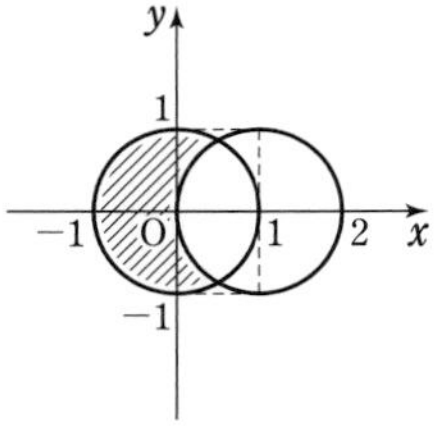

よって，求める領域は ②，③ それぞれが表す領域の共通部分で，**右図の斜線部分。ただし，境界線を含まない。**

inf.　③ は次のように導くこともできる。

$\mathrm{Re}z<\frac{1}{2}$ から

$\frac{z+\overline{z}}{2}<\frac{1}{2}$

すなわち　$z+\overline{z}<1$

よって　$\frac{1}{w}+\frac{1}{\overline{w}}<1$

ゆえに　$w\overline{w}-w-\overline{w}>0$

ゆえに　$(w-1)(\overline{w}-1)>1$

よって　$(w-1)\overline{(w-1)}>1$

ゆえに　$|w-1|^2>1$

これから　$|w-1|>1$

別解　(1)　$z=x+yi$ (x，y は実数) とすると

$|z|^2>1^2$ から　　$x^2+y^2>1$ …… ①

$\mathrm{Re}z<\frac{1}{2}$ から　　$x<\frac{1}{2}$　　…… ②

⇦ $\mathrm{Re}z=x$

①，② それぞれが表す領域の共通部分を図示する。(図省略)

(2)　$w=x+yi$ (x，y は実数) とする。

$w=\frac{1}{z}$ から　　$wz=1$

$w\neq0$ であるから　　$z=\frac{1}{w}$

また　　$(x,\ y)\neq(0,\ 0)$

このとき　　$z=\frac{1}{w}=\frac{1}{x+yi}=\frac{x-yi}{x^2+y^2}$

⇦分母の実数化。

$|z|^2>1^2$ から　　$\frac{x^2+y^2}{(x^2+y^2)^2}>1$

ゆえに　　$x^2+y^2<1$ …… ③

$\mathrm{Re}z<\frac{1}{2}$ から　$z+\bar{z}<1$

⇐ $\frac{z+\bar{z}}{2}<\frac{1}{2}$

よって　$\frac{x-yi}{x^2+y^2}+\frac{x+yi}{x^2+y^2}<1$　すなわち　$\frac{2x}{x^2+y^2}<1$

ゆえに　$x^2+y^2>2x$　すなわち　$(x-1)^2+y^2>1$ …… ④

⇐ $(x,\ y)\neq(0,\ 0)$ から $x^2+y^2>0$

③, ④ それぞれが表す領域の共通部分を図示する。(図省略)

PR ③111　線分 AB 上(ただし，両端を除く)に1点Oをとり，線分 AO, OB をそれぞれ1辺とする正方形 AOCD と正方形 OBEF を，線分 AB の同じ側に作る。このとき，複素数平面を利用して，AF⊥BC であることを証明せよ。

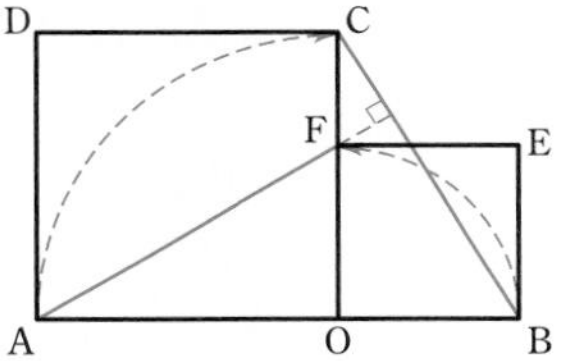

複素数平面上で，点Oを原点，A(α)，B(β) とすると 2点C，F は，2点A，B をそれぞれ原点Oを中心として $-\frac{\pi}{2}$，$\frac{\pi}{2}$ だけ回転した点である。

よって，C(u)，F(v) とすると

$$u=-i\cdot\alpha=-\alpha i,\ v=i\cdot\beta=\beta i$$

また　$\frac{u-\beta}{v-\alpha}=\frac{-\alpha i-\beta}{\beta i-\alpha}=\frac{-\alpha i+i^2\beta}{-\alpha+\beta i}$

$$=\frac{i(-\alpha+\beta i)}{-\alpha+\beta i}=i$$

⇐AF，BC の垂直条件を考えるので，複素数 $\frac{u-\beta}{v-\alpha}$ を調べる。

よって，$\frac{u-\beta}{v-\alpha}$ は純虚数であるから　AF⊥BC

注意　正方形 AOCD と正方形 OBEF を，線分 AB の下側に作った場合，2点C，F は2点A，B をそれぞれ原点Oを中心として $\frac{\pi}{2}$，$-\frac{\pi}{2}$ だけ回転した点である。この場合も解答と同様に AF⊥BC を証明することができる。

PR ④112　異なる3点 O(0)，A(α)，B(β) を頂点とする △OAB の内心を P(z) とする。このとき，z は等式 $z=\frac{|\beta|\alpha+|\alpha|\beta}{|\alpha|+|\beta|+|\beta-\alpha|}$ を満たすことを示せ。

OA$=|\alpha|=a$，OB$=|\beta|=b$，AB$=|\beta-\alpha|=c$ とおく。

また，∠AOB の二等分線と辺 AB の交点を D(w) とする。

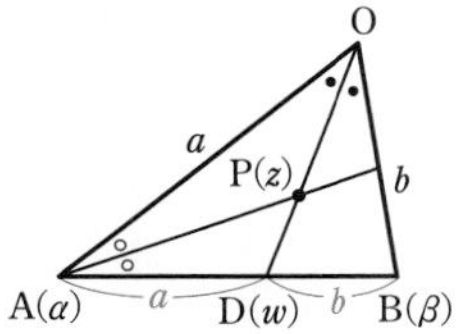

AD : DB＝OA : OB＝a : b

⇐角の二等分線の定理。

であるから　$w=\frac{b\alpha+a\beta}{a+b}$

P は ∠OAB の二等分線と OD の交点であるから

OP : PD＝OA : AD

$=a:\left(\frac{a}{a+b}\cdot c\right)$

$=(a+b):c$

ゆえに　OP : OD＝$(a+b):(a+b+c)$

⇐これより，P は線分 OD を $(a+b):c$ に内分する点であるから $z=\frac{c\cdot0+(a+b)w}{a+b+c}$ としてもよい。

よって　$z=\dfrac{a+b}{a+b+c}w=\dfrac{a+b}{a+b+c}\cdot\dfrac{b\alpha+a\beta}{a+b}$

$=\dfrac{b\alpha+a\beta}{a+b+c}$

すなわち　$z=\dfrac{|\beta|\alpha+|\alpha|\beta}{|\alpha|+|\beta|+|\beta-\alpha|}$

PR ④113

複素数平面上で原点Oから実軸上を 2 進んだ点を P_0 とする。次に，P_0 を中心として進んできた方向に対して $\dfrac{\pi}{3}$ 回転して向きを変え，1 進んだ点を P_1 とする。以下同様に，P_n に到達した後，進んできた方向に対して $\dfrac{\pi}{3}$ 回転してから前回進んだ距離の $\dfrac{1}{2}$ 倍進んで到達した点を P_{n+1} とする。点 P_8 が表す複素数を求めよ。

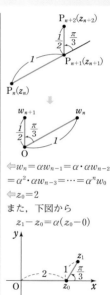

n を 0 以上の整数，P_n を表す複素数を z_n とし，

$$w_n=z_{n+1}-z_n$$

とする。

点 w_{n+1} は，点 w_n を原点を中心として $\dfrac{\pi}{3}$ だけ回転し，原点からの距離を $\dfrac{1}{2}$ 倍した点であるから，

$$\frac{1}{2}\left(\cos\frac{\pi}{3}+i\sin\frac{\pi}{3}\right)=\alpha$$

とおくと　$w_{n+1}=\alpha w_n$

よって　$w_n=\alpha^n w_0$

ここで　$w_0=z_1-z_0=\alpha z_0=2\alpha$　…… ①

ゆえに　$w_n=\alpha^n\cdot 2\alpha$　すなわち　$z_{n+1}-z_n=2\alpha^{n+1}$

また，① から　$z_1=2\alpha+z_0=2(\alpha+1)$

よって　$z_8=z_1+\displaystyle\sum_{k=1}^{7}2\alpha^{k+1}=2(\alpha+1)+\frac{2\alpha^2(1-\alpha^7)}{1-\alpha}$

$=\dfrac{2(1-\alpha^9)}{1-\alpha}$

ここで　$\alpha^9=\left(\dfrac{1}{2}\right)^9\left\{\cos\left(\dfrac{\pi}{3}\times 9\right)+i\sin\left(\dfrac{\pi}{3}\times 9\right)\right\}$

$=\left(\dfrac{1}{2}\right)^9(\cos 3\pi+i\sin 3\pi)=-\dfrac{1}{2^9}$

よって　$z_8=\dfrac{2\left\{1-\left(-\dfrac{1}{2^9}\right)\right\}}{1-\dfrac{1}{2}\left(\dfrac{1}{2}+\dfrac{\sqrt{3}}{2}i\right)}=\dfrac{2\{2^9+1\}}{2^9}\cdot\dfrac{4}{3-\sqrt{3}\,i}$

$=\dfrac{2^9+1}{2^6}\cdot\dfrac{3+\sqrt{3}\,i}{(3-\sqrt{3}\,i)(3+\sqrt{3}\,i)}=\dfrac{513}{64}\cdot\dfrac{3+\sqrt{3}\,i}{12}$

$=\dfrac{171(3+\sqrt{3}\,i)}{256}$

したがって，P_8 が表す複素数は　$\boldsymbol{\dfrac{513}{256}+\dfrac{171\sqrt{3}}{256}i}$

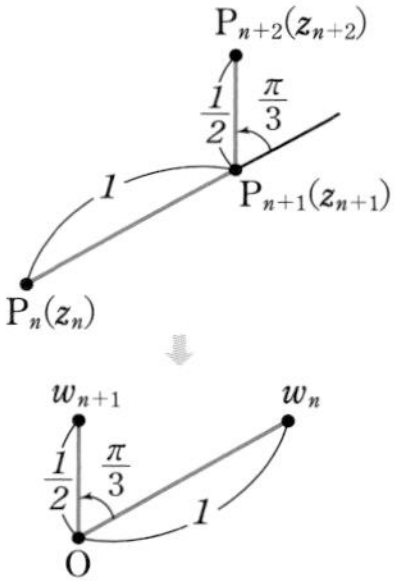

⇦ $w_n=\alpha w_{n-1}=\alpha\cdot\alpha w_{n-2}$
$=\alpha^2\cdot\alpha w_{n-3}=\cdots=\alpha^n w_0$

⇦ $z_0=2$

また，下図から
$z_1-z_0=\alpha(z_0-0)$

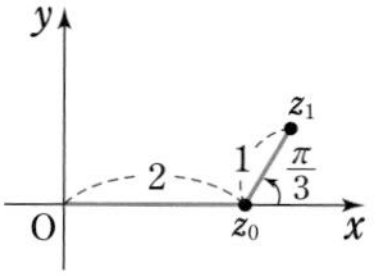

EX ②76

a, b は実数とし，$z=a+bi$ とするとき，次の式を z と $\overline{z}$ を用いて表せ。
(1) a　(2) b　(3) $a-b$　(4) a^2-b^2

$z=a+bi$ から　$\overline{z}=a-bi$

(1) $z+\overline{z}=2a$ であるから　$\boldsymbol{a=\frac{1}{2}z+\frac{1}{2}\overline{z}}$

(2) $z-\overline{z}=2bi$ であるから

$$b=\frac{1}{2i}(z-\overline{z})=-\frac{i}{2}(z-\overline{z})=\boldsymbol{-\frac{1}{2}iz+\frac{1}{2}i\overline{z}}$$

⇐ $\frac{1}{2i}=\frac{i}{2i\cdot i}=-\frac{i}{2}$

(3) (1), (2) から　$\boldsymbol{a-b}=\left(\frac{1}{2}z+\frac{1}{2}\overline{z}\right)-\left(-\frac{1}{2}iz+\frac{1}{2}i\overline{z}\right)$

$$=\boldsymbol{\frac{1}{2}(1+i)z+\frac{1}{2}(1-i)\overline{z}}$$

(4) $z^2=a^2+2abi-b^2$　…… ①
$(\overline{z})^2=a^2-2abi-b^2$　…… ②
①+② から　$z^2+(\overline{z})^2=2(a^2-b^2)$
したがって　$\boldsymbol{a^2-b^2=\frac{1}{2}z^2+\frac{1}{2}(\overline{z})^2}$

別解　$a+b=\frac{1}{2}\{(z+\overline{z})-i(z-\overline{z})\}$,

$a-b=\frac{1}{2}\{(z+\overline{z})+i(z-\overline{z})\}$

⇐ $a^2-b^2=(a+b)(a-b)$ の利用。左のように式をまとめないと計算が煩雑である。

よって

$$\boldsymbol{a^2-b^2}=(a+b)(a-b)$$
$$=\frac{1}{4}\{(z+\overline{z})-i(z-\overline{z})\}\{(z+\overline{z})+i(z-\overline{z})\}$$
$$=\frac{1}{4}\{(z+\overline{z})^2+(z-\overline{z})^2\}=\frac{1}{2}\{z^2+(\overline{z})^2\}$$
$$=\boldsymbol{\frac{1}{2}z^2+\frac{1}{2}(\overline{z})^2}$$

⇐ $(z+\overline{z})^2-i^2(z-\overline{z})^2$
$=(z+\overline{z})^2+(z-\overline{z})^2$
$=2\{z^2+(\overline{z})^2\}$

EX ②77

複素数 z が $z^2=-3+4i$ を満たすとき z の絶対値は ア□ であり，z の共役複素数 $\overline{z}$ を z を用いて表すと $\overline{z}=\frac{イ□}{z}$ である（ただし i は虚数単位）。また，$(z+\overline{z})^2$ の値は ウ□ である。
〔関西学院大〕

$z^2=-3+4i$ から　$|z^2|=\sqrt{(-3)^2+4^2}=5$
よって，$|z|^2=|z^2|=5$ であるから
$|z|=$ ア$\boldsymbol{\sqrt{5}}$

⇐ $|z|$ を求めるために，$|z|^2$ を考える。

$|z|^2=5$ から　$z\overline{z}=5$

⇐ $|z|^2=z\overline{z}$

ゆえに　$\overline{z}=\frac{イ\boldsymbol{5}}{z}$

また　$(z+\overline{z})^2=z^2+2z\overline{z}+(\overline{z})^2=z^2+2|z|^2+\overline{z^2}$
$=-3+4i+2\cdot5+(-3-4i)=$ ウ$\boldsymbol{4}$

⇐ $(\overline{z})^2=\overline{z}\,\overline{z}=\overline{zz}=\overline{z^2}$
一般に　$(\overline{z})^n=\overline{z^n}$

EX ②78 a, b は実数とし，3次方程式 $x^3+ax^2+bx+1=0$ が虚数解 α をもつとする。このとき，α の共役複素数 $\overline{\alpha}$ もこの方程式の解になることを示せ。また，3つ目の解 β，および係数 a，b を α，$\overline{\alpha}$ を用いて表せ。〔類 防衛医大〕

3次方程式 $x^3+ax^2+bx+1=0$ …… ① が $x=\alpha$ を解にもつから $\alpha^3+a\alpha^2+b\alpha+1=0$ が成り立つ。

両辺の共役複素数を考えると

$$\overline{\alpha^3+a\alpha^2+b\alpha+1}=\overline{0}$$

よって　$\overline{\alpha^3}+\overline{a\alpha^2}+\overline{b\alpha}+\overline{1}=0$

ゆえに　$\overline{\alpha^3}+a\overline{\alpha^2}+b\overline{\alpha}+1=0$

すなわち　$(\overline{\alpha})^3+a(\overline{\alpha})^2+b\overline{\alpha}+1=0$

これは，$x=\overline{\alpha}$ が3次方程式 ① の解であることを示している。

また，① の解は α，$\overline{\alpha}$，β であるから，解と係数の関係により

$\alpha+\overline{\alpha}+\beta=-a$ …… ②，$\alpha\overline{\alpha}+\overline{\alpha}\beta+\beta\alpha=b$ …… ③，

$\alpha\overline{\alpha}\beta=-1$ …… ④

$\alpha\neq0$ であるから，④ より　$\boldsymbol{\beta=-\dfrac{1}{\alpha\overline{\alpha}}}$

② から　$\boldsymbol{a}=-\beta-(\alpha+\overline{\alpha})=\boldsymbol{\dfrac{1}{\alpha\overline{\alpha}}-(\alpha+\overline{\alpha})}$

③ から　$\boldsymbol{b}=\alpha\overline{\alpha}+\beta(\alpha+\overline{\alpha})=\boldsymbol{\alpha\overline{\alpha}-\dfrac{\alpha+\overline{\alpha}}{\alpha\overline{\alpha}}}$

⇦ $x=\alpha$ が解 $\iff$ α を代入すると成り立つ。

⇦ a, b は実数であるから $\overline{a}=a$, $\overline{b}=b$
また　$\overline{\alpha^n}=(\overline{\alpha})^n$

⇦ 3次方程式 $px^3+qx^2+rx+s=0$ の解を α, β, γ とすると
$\alpha+\beta+\gamma=-\dfrac{q}{p}$,
$\alpha\beta+\beta\gamma+\gamma\alpha=\dfrac{r}{p}$,
$\alpha\beta\gamma=-\dfrac{s}{p}$

EX ③79 $|z|=|w|=1$，$zw\neq1$ を満たす複素数 z，w に対して，$\dfrac{z-w}{1-zw}$ は実数であることを証明せよ。

$|z|^2=1^2$ から　$z\overline{z}=1$　よって　$\overline{z}=\dfrac{1}{z}$

$|w|^2=1^2$ から　$w\overline{w}=1$　よって　$\overline{w}=\dfrac{1}{w}$

$$\overline{\left(\frac{z-w}{1-zw}\right)}=\frac{\overline{z-w}}{\overline{1-zw}}=\frac{\overline{z}-\overline{w}}{1-\overline{z}\,\overline{w}}=\frac{\dfrac{1}{z}-\dfrac{1}{w}}{1-\dfrac{1}{z}\cdot\dfrac{1}{w}}$$

$$=\frac{w-z}{zw-1}=\frac{z-w}{1-zw}$$

$\overline{\left(\dfrac{z-w}{1-zw}\right)}=\dfrac{z-w}{1-zw}$ であるから，$\dfrac{z-w}{1-zw}$ は実数である。

⇦ $|z|^2=z\overline{z}$

⇦ $|w|^2=w\overline{w}$

⇦ $\overline{\left(\dfrac{\alpha}{\beta}\right)}=\dfrac{\overline{\alpha}}{\overline{\beta}}$, $\overline{\alpha+\beta}=\overline{\alpha}+\overline{\beta}$

⇦ $\overline{\alpha}=\alpha \iff \alpha$ は実数

EX ③80 虚数 z について，$z+\dfrac{1}{z}$ が実数であるとき，$|z|$ を求めよ。

$z+\dfrac{1}{z}$ は実数であるから　$\overline{z+\dfrac{1}{z}}=z+\dfrac{1}{z}$

よって　$\overline{z}+\dfrac{1}{\overline{z}}=z+\dfrac{1}{z}$

両辺に $z\overline{z}$ を掛けると　$\overline{z}(z\overline{z})+z=z(z\overline{z})+\overline{z}$

⇦ z が実数 $\iff$ $\overline{z}=z$

⇦ $\overline{z+\dfrac{1}{z}}=\overline{z}+\overline{\left(\dfrac{1}{z}\right)}=\overline{z}+\dfrac{1}{\overline{z}}$

ゆえに　$\overline{z}|z|^2+z-z|z|^2-\overline{z}=0$

よって　$(\overline{z}-z)(|z|^2-1)=0$

z は虚数であるから　$z\neq\overline{z}$　すなわち　$\overline{z}-z\neq 0$

ゆえに　$|z|^2-1=0$　すなわち　$|z|^2=1$

よって　$|z|=\mathbf{1}$

⇐ $|z|^2(\overline{z}-z)-(\overline{z}-z)=0$

別解　$z=a+bi$（a, b は実数）とおくと，

$$\frac{1}{z}=\frac{1}{a+bi}=\frac{1\cdot(a-bi)}{(a+bi)(a-bi)}=\frac{a-bi}{a^2+b^2}$$

$$=\frac{a}{a^2+b^2}-\frac{bi}{a^2+b^2}$$

⇐分母の実数化。

よって　$z+\frac{1}{z}=a+bi+\frac{a}{a^2+b^2}-\frac{bi}{a^2+b^2}$

$$=\left(a+\frac{a}{a^2+b^2}\right)+\left(b-\frac{b}{a^2+b^2}\right)i$$

$z+\frac{1}{z}$ は実数であるから　$b-\frac{b}{a^2+b^2}=0$

⇐(虚部)$=0$

これを整理すると　$b(a^2+b^2-1)=0$

z は虚数であるから　$b\neq 0$

⇐ z が虚数 $\Longleftrightarrow$ z の（虚部）$\neq 0$

ゆえに　$a^2+b^2-1=0$　すなわち　$a^2+b^2=1$

よって　$|z|=\mathbf{1}$

⇐ $|z|=\sqrt{a^2+b^2}$

3章 EX

EX ③81　複素数 z が $|z-1|=|z+i|$, $2|z-i|=|z+2i|$ をともに満たすとき，z の値を求めよ。〔日本女子大〕

$z=a+bi$（a, b は実数）とする。

⇐「a, b は実数」の断りは重要。

$|z-1|=|z+i|$ から　$|(a-1)+bi|=|a+(b+1)i|$

ゆえに　$(a-1)^2+b^2=a^2+(b+1)^2$

⇐ x, y が実数のとき $|x+yi|=\sqrt{x^2+y^2}$

整理して　$a+b=0$ …… ①

同様に，$2|z-i|=|z+2i|$ から　$2|a+(b-1)i|=|a+(b+2)i|$

ゆえに　$4\{a^2+(b-1)^2\}=a^2+(b+2)^2$

整理して　$a^2+b^2-4b=0$ …… ②

inf.　この問題は，別解のように z, $\overline{z}$ の形で進めるよりも $z=a+bi$ とした方が早い。

① から　$a=-b$ …… ③

② に代入して　$b(b-2)=0$　よって　$b=0$, 2

⇐ $(-b)^2+b^2-4b=0$ から　$b^2-2b=0$

ゆえに，③ から　$(a, b)=(0, 0), (-2, 2)$

よって　$\boldsymbol{z=0,\ -2+2i}$

別解　$|z-1|=|z+i|$ から　$|z-1|^2=|z+i|^2$

ゆえに　$(z-1)\overline{(z-1)}=(z+i)\overline{(z+i)}$

よって　$(z-1)(\overline{z}-1)=(z+i)(\overline{z}-i)$

⇐ $\overline{z-1}=\overline{z}-1$, $\overline{z+i}=\overline{z}+\overline{i}=\overline{z}+(-i)$

ゆえに　$z\overline{z}-z-\overline{z}+1=z\overline{z}-iz+i\overline{z}+1$

よって　$(i-1)z=(1+i)\overline{z}$

したがって　$\overline{z}=\frac{i-1}{1+i}z=\frac{(i-1)(1-i)}{(1+i)(1-i)}z=iz$ …… ①

⇐ $\frac{i-1}{1+i}=\frac{(i-1)(1-i)}{(1+i)(1-i)}=\frac{-i^2-1+2i}{1-i^2}=\frac{2i}{2}=i$

また，$2|z-i|=|z+2i|$ から　$4|z-i|^2=|z+2i|^2$

ゆえに　$4(z-i)\overline{(z-i)}=(z+2i)\overline{(z+2i)}$

よって　$4(z-i)(\overline{z}+i)=(z+2i)(\overline{z}-2i)$

① を代入して　$4(z-i)(iz+i)=(z+2i)(iz-2i)$

両辺を i で割ると　$4(z-i)(z+1)=(z+2i)(z-2)$

よって　$4(z^2+z-iz-i)=z^2-2z+2iz-4i$

ゆえに　$3z^2+6z-6iz=0$

よって　$z(z+2-2i)=0$

したがって　$\boldsymbol{z=0,\ -2+2i}$

⇐ $\overline{z-i}=\overline{z}-\overline{i}=\overline{z}-(-i)$
$\overline{z+2i}=\overline{z}+\overline{2i}$
$=\overline{z}+2(-i)$

EX
④**82**

絶対値が1より小さい複素数 α, β に対して，不等式 $\left|\dfrac{\alpha-\beta}{1-\overline{\alpha}\beta}\right|<1$ が成り立つことを示せ。
ただし，$\overline{\alpha}$ は α の共役複素数を表す。　〔学習院大〕

$$|1-\overline{\alpha}\beta|^2-|\alpha-\beta|^2=(1-\overline{\alpha}\beta)\overline{(1-\overline{\alpha}\beta)}-(\alpha-\beta)\overline{(\alpha-\beta)}$$
$$=(1-\overline{\alpha}\beta)(1-\alpha\overline{\beta})-(\alpha-\beta)(\overline{\alpha}-\overline{\beta})$$
$$=1-\alpha\overline{\beta}-\overline{\alpha}\beta+\alpha\overline{\alpha}\beta\overline{\beta}-(\alpha\overline{\alpha}-\alpha\overline{\beta}-\overline{\alpha}\beta+\beta\overline{\beta})$$
$$=1-\alpha\overline{\alpha}-\beta\overline{\beta}+\alpha\overline{\alpha}\beta\overline{\beta}=(1-\alpha\overline{\alpha})(1-\beta\overline{\beta})$$
$$=(1-|\alpha|^2)(1-|\beta|^2)$$

条件より，$|\alpha|<1$, $|\beta|<1$ であるから

$(1-|\alpha|^2)(1-|\beta|^2)>0$

よって　$|1-\overline{\alpha}\beta|^2>|\alpha-\beta|^2$

ゆえに　$|1-\overline{\alpha}\beta|>|\alpha-\beta|$

両辺を $|1-\overline{\alpha}\beta|$ (>0) で割ると　$1>\dfrac{|\alpha-\beta|}{|1-\overline{\alpha}\beta|}$

したがって　$\left|\dfrac{\alpha-\beta}{1-\overline{\alpha}\beta}\right|<1$

⇐ $\dfrac{|B|}{|A|}<1$ を示すには，$A\neq0$ かつ $|B|<|A|$ を示せばよい。更に，両辺正から $|A|^2-|B|^2>0$ を示せばよい。

⇐ $|\alpha|<1$ であるから
$|\overline{\alpha}|<1$
これと $|\beta|<1$ から
$|\overline{\alpha}||\beta|<1$
よって　$1-|\overline{\alpha}\beta|>0$
ゆえに　$|1-\overline{\alpha}\beta|>0$

EX
②**83**

i を虚数単位とし，$\alpha=\sqrt{3}+i$, $\beta=(\sqrt{3}-1)+(\sqrt{3}+1)i$ とおく。このとき，$\dfrac{\beta}{\alpha}$ の偏角は ア[　] であり，β の偏角は イ[　] である。ただし，複素数 z の偏角 θ は，$0\leqq\theta<2\pi$ の範囲で考える。　〔関西大〕

$$\frac{\beta}{\alpha}=\frac{(\sqrt{3}-1)+(\sqrt{3}+1)i}{\sqrt{3}+i}$$
$$=\frac{\{(\sqrt{3}-1)+(\sqrt{3}+1)i\}(\sqrt{3}-i)}{(\sqrt{3}+i)(\sqrt{3}-i)}$$
$$=\frac{(3-\sqrt{3})-(\sqrt{3}-1)i+(3+\sqrt{3})i+(\sqrt{3}+1)}{4}$$
$$=\frac{4+4i}{4}=1+i=\sqrt{2}\left(\cos\frac{\pi}{4}+i\sin\frac{\pi}{4}\right)$$

よって，$\dfrac{\beta}{\alpha}$ の偏角は　$\arg\dfrac{\beta}{\alpha}=$ ア $\boldsymbol{\dfrac{\pi}{4}}$

⇐まずは，分母の実数化。

⇐極形式で表す。

また，$\alpha=2\left(\cos\dfrac{\pi}{6}+i\sin\dfrac{\pi}{6}\right)$ であるから　　$\arg\alpha=\dfrac{\pi}{6}$

よって，β の偏角は　　$\arg\beta=\arg\left(\dfrac{\beta}{\alpha}\cdot\alpha\right)=\arg\dfrac{\beta}{\alpha}+\arg\alpha$

$$=\frac{\pi}{4}+\frac{\pi}{6}={}^{イ}\,\boldsymbol{\frac{5}{12}\pi}$$

⇐ $\arg zw=\arg z+\arg w$

EX ③84

(1) 点 A(2, 1) を，原点を中心として $\dfrac{\pi}{3}$ だけ回転した点Bの座標を求めよ。

(2) 点 A(2, 1) を，点Pを中心として $\dfrac{\pi}{3}$ だけ回転した点の座標は $\mathrm{Q}\left(\dfrac{3}{2}-\dfrac{3\sqrt{3}}{2},\ -\dfrac{1}{2}+\dfrac{\sqrt{3}}{2}\right)$ であった。点Pの座標を求めよ。〔類　佐賀大〕

(1) 複素数平面上で，点 $2+i$ を原点を中心として $\dfrac{\pi}{3}$ だけ回転した点を表す複素数は

$$\left(\cos\frac{\pi}{3}+i\sin\frac{\pi}{3}\right)(2+i)=\left(\frac{1}{2}+\frac{\sqrt{3}}{2}i\right)(2+i)$$
$$=\left(1-\frac{\sqrt{3}}{2}\right)+\left(\frac{1}{2}+\sqrt{3}\right)i$$

よって，点Bの座標は　　$\boldsymbol{\left(1-\dfrac{\sqrt{3}}{2},\ \dfrac{1}{2}+\sqrt{3}\right)}$

(2) 複素数平面上で，A，P，Q を表す複素数を，それぞれ α，β，γ とすると点 γ は，点 α を点 β を中心として $\dfrac{\pi}{3}$ だけ回転した点であるから

$$\gamma=\left(\cos\frac{\pi}{3}+i\sin\frac{\pi}{3}\right)(\alpha-\beta)+\beta$$
$$=\frac{1+\sqrt{3}\,i}{2}(\alpha-\beta)+\beta=\frac{1+\sqrt{3}\,i}{2}\alpha+\frac{1-\sqrt{3}\,i}{2}\beta$$

よって　　$\dfrac{1-\sqrt{3}\,i}{2}\beta=\gamma-\dfrac{1+\sqrt{3}\,i}{2}\alpha$

$$=\frac{3-3\sqrt{3}}{2}+\frac{-1+\sqrt{3}}{2}i-\frac{1+\sqrt{3}\,i}{2}(2+i)$$
$$=\frac{1-2\sqrt{3}}{2}-\frac{2+\sqrt{3}}{2}i$$

ゆえに　　$(1-\sqrt{3}\,i)\beta=1-2\sqrt{3}-(2+\sqrt{3})i$

よって　　$\beta=\dfrac{1-2\sqrt{3}-(2+\sqrt{3})i}{1-\sqrt{3}\,i}$

$$=\frac{\{1-2\sqrt{3}-(2+\sqrt{3})i\}(1+\sqrt{3}\,i)}{(1-\sqrt{3}\,i)(1+\sqrt{3}\,i)}$$
$$=\frac{4-8i}{4}=1-2i$$

したがって，点Pの座標は　　$\boldsymbol{(1,\ -2)}$

⇐回転移動を扱う場合，複素数平面で考えた方がスムーズ。
点 z を，原点を中心として θ だけ回転した点
$(\cos\theta+i\sin\theta)z$

⇐複素数平面で求めた点を座標平面に戻す。
$a+bi \Longleftrightarrow (a,\ b)$

⇐本冊 p. 435 INFORMATION 参照。

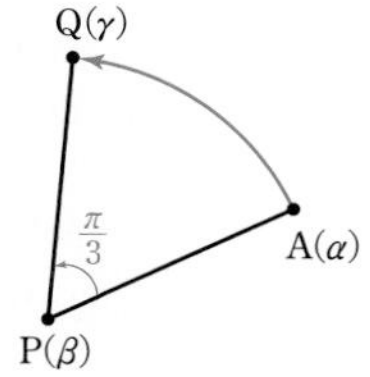

EX ③85 複素数平面上で，$-1+2i$，$3+i$ を表す点をそれぞれ A，B とするとき，線分 AB を1辺とする正方形 ABCD の頂点 C，D を表す複素数を求めよ。

点 $C(\gamma)$，$D(\delta)$ とする。点Dは，点Bを点Aを中心として $\pm\frac{\pi}{2}$ だけ回転した点である。

点Aが原点に移るような平行移動で，点 B，D がそれぞれ点 B′，D′ に移るとすると　　$B'(4-i)$，$D'(\delta-(-1+2i))$

点 D′ は，点 B′ を原点Oを中心として $\pm\frac{\pi}{2}$ だけ回転した点であるから

$$\delta-(-1+2i)=\left\{\cos\left(\pm\frac{\pi}{2}\right)+i\sin\left(\pm\frac{\pi}{2}\right)\right\}(4-i)$$
$$=\pm i(4-i)$$
$$=\pm(1+4i)\quad\text{(複号同順)}$$

よって　　$\delta=\pm(1+4i)+(-1+2i)=6i,\ -2-2i$

また，点Cは，点Aが点Bに移るような平行移動

$3+i-(-1+2i)$　すなわち　$4-i$

で点Dが移る点である。

よって　　$\gamma=\delta+4-i$

したがって，$\delta=6i$ のとき　　$\gamma=4+5i$

$\delta=-2-2i$ のとき　　$\gamma=2-3i$

ゆえに　　**C(4+5i)，D(6i)　または　C(2−3i)，D(−2−2i)**

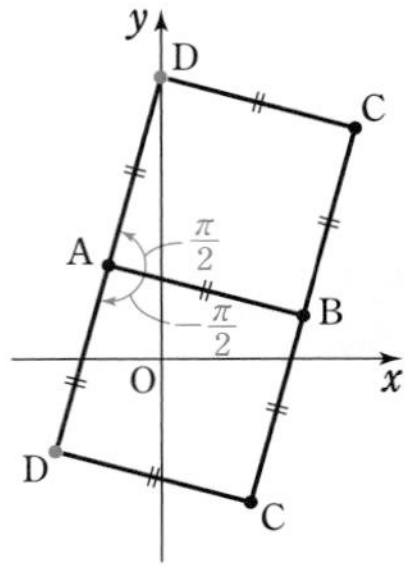

⇐ベクトルを用いて考えると，$\overrightarrow{DC}=\overrightarrow{AB}$ から
$\overrightarrow{OC}=\overrightarrow{OD}+\overrightarrow{AB}$
$=\overrightarrow{OD}+\overrightarrow{OB}-\overrightarrow{OA}$

EX ②86 ド・モアブルの定理を用いて，次の等式を証明せよ。
(1) $\sin 2\theta=2\sin\theta\cos\theta$，$\cos 2\theta=\cos^2\theta-\sin^2\theta$
(2) $\sin 3\theta=3\sin\theta-4\sin^3\theta$，$\cos 3\theta=4\cos^3\theta-3\cos\theta$

(1)　ド・モアブルの定理により

$$(\cos\theta+i\sin\theta)^2=\cos 2\theta+i\sin 2\theta \quad \cdots\cdots ①$$

また　　$(\cos\theta+i\sin\theta)^2$

$$=\cos^2\theta+2i\sin\theta\cos\theta+i^2\sin^2\theta$$
$$=(\cos^2\theta-\sin^2\theta)+i(2\sin\theta\cos\theta) \quad \cdots\cdots ②$$

⇐$(a+b)^2=a^2+2ab+b^2$

① と ② の実部と虚部を比較して

$\sin 2\theta=2\sin\theta\cos\theta$，$\cos 2\theta=\cos^2\theta-\sin^2\theta$

(2)　ド・モアブルの定理により

$$(\cos\theta+i\sin\theta)^3=\cos 3\theta+i\sin 3\theta \quad \cdots\cdots ③$$

また

$(\cos\theta+i\sin\theta)^3$

$$=\cos^3\theta+3\cos^2\theta\cdot i\sin\theta+3\cos\theta\cdot i^2\sin^2\theta+i^3\sin^3\theta$$
$$=\cos^3\theta-3\cos\theta\sin^2\theta+3i\sin\theta\cos^2\theta-i\sin^3\theta$$
$$=\cos^3\theta-3\cos\theta(1-\cos^2\theta)+3i\sin\theta(1-\sin^2\theta)-i\sin^3\theta$$
$$=(4\cos^3\theta-3\cos\theta)+i(3\sin\theta-4\sin^3\theta) \quad \cdots\cdots ④$$

⇐$(a+b)^3$
$=a^3+3a^2b+3ab^2+b^3$

③ と ④ の実部と虚部を比較して

$\sin 3\theta=3\sin\theta-4\sin^3\theta$，$\cos 3\theta=4\cos^3\theta-3\cos\theta$

EX ③87

次の計算をせよ。

$\dfrac{2+\sqrt{3}-i}{2+\sqrt{3}+i}=$ ア□，$\left(\dfrac{2+\sqrt{3}-i}{2+\sqrt{3}+i}\right)^3=$ イ□，$\left(\dfrac{2+\sqrt{3}-i}{2+\sqrt{3}+i}\right)^{2024}=$ ウ□

(ア) $\dfrac{2+\sqrt{3}-i}{2+\sqrt{3}+i}=\dfrac{(2+\sqrt{3}-i)^2}{(2+\sqrt{3})^2-i^2}$

$=\dfrac{(2+\sqrt{3})^2-2(2+\sqrt{3})i+i^2}{8+4\sqrt{3}}$

$=\dfrac{2\sqrt{3}(2+\sqrt{3})-2(2+\sqrt{3})i}{4(2+\sqrt{3})}$

$=\boldsymbol{\dfrac{\sqrt{3}}{2}-\dfrac{1}{2}i}$

⇦まずは，分母の実数化。

(イ) $\alpha=\dfrac{2+\sqrt{3}-i}{2+\sqrt{3}+i}$ とおくと，(ア)から　$\alpha=\dfrac{\sqrt{3}}{2}-\dfrac{1}{2}i$

α を極形式で表すと　$\alpha=\cos\left(-\dfrac{\pi}{6}\right)+i\sin\left(-\dfrac{\pi}{6}\right)$

⇦$\dfrac{11}{6}\pi$ とせずに，$-\dfrac{\pi}{6}$ とした方が計算がスムーズ。

よって　$\alpha^3=\left\{\cos\left(-\dfrac{\pi}{6}\right)+i\sin\left(-\dfrac{\pi}{6}\right)\right\}^3$

$=\cos\left(-\dfrac{\pi}{2}\right)+i\sin\left(-\dfrac{\pi}{2}\right)=\boldsymbol{-i}$

⇦$3\times\left(-\dfrac{\pi}{6}\right)=-\dfrac{\pi}{2}$

(ウ) $\alpha^{2024}=(\alpha^3)^{674}\cdot\alpha^2=(-i)^{674}\cdot\alpha^2$

$=(-i)^{4\times168+2}\cdot\alpha^2=-\alpha^2$

$=-\left\{\cos\left(-\dfrac{\pi}{3}\right)+i\sin\left(-\dfrac{\pi}{3}\right)\right\}$

$=\boldsymbol{-\dfrac{1}{2}+\dfrac{\sqrt{3}}{2}i}$

⇦$2024=3\times674+2$

⇦$(-i)^{4k}=1,\ (-i)^2=-1$
　$674=4\times168+2$

⇦ド・モアブルの定理

EX ③88

複素数 z が $|z|=1$ を満たすとき，$\left|z^3-\dfrac{1}{z^3}\right|$ の最大値は ア□ である。また，最大値をとるときの z のうち，$0<\arg z<\dfrac{\pi}{2}$ を満たすものの偏角は，$\arg z=$ イ□ である。〔立教大〕

$|z|=1$ から，$z=\cos\theta+i\sin\theta$ $(0\leqq\theta<2\pi)$ とする。

$z^3=(\cos\theta+i\sin\theta)^3=\cos3\theta+i\sin3\theta$

⇦ド・モアブルの定理

$\dfrac{1}{z^3}=z^{-3}=(\cos\theta+i\sin\theta)^{-3}=\cos(-3\theta)+i\sin(-3\theta)$

$=\cos3\theta-i\sin3\theta$

したがって

$\left|z^3-\dfrac{1}{z^3}\right|=|(\cos3\theta+i\sin3\theta)-(\cos3\theta-i\sin3\theta)|$

$=|2i\sin3\theta|=2|\sin3\theta|$

$0\leqq\theta<2\pi$ より $0\leqq3\theta<6\pi$ であるから　$0\leqq2|\sin3\theta|\leqq2$

⇦$0\leqq|\sin3\theta|\leqq1$

よって，$\left|z^3-\dfrac{1}{z^3}\right|$ の最大値は　ア**2**

最大値をとるときの z は $\sin3\theta=\pm1$ を満たすから，
$0\leqq3\theta<6\pi$ より

$3\theta=\dfrac{2k+1}{2}\pi\quad(k=0,\ 1,\ \cdots\cdots,\ 5)$

すなわち　$\theta=\dfrac{2k+1}{6}\pi$

$\arg z=\theta$ であるから，最大値をとるとき，$0<\arg z<\dfrac{\pi}{2}$ を満たすのは，$k=0$ のときで，このとき　$\theta=\dfrac{\pi}{6}$

よって　$\arg z=$ イ $\boldsymbol{\dfrac{\pi}{6}}$

⇐$3\theta=\dfrac{\pi}{2},\ \dfrac{3}{2}\pi,\ \cdots,\ \dfrac{11}{2}\pi$ のように，θ の値を具体的に求めてもよい。

⇐$0<\dfrac{2k+1}{6}\pi<\dfrac{\pi}{2}$ とすると　$0<2k+1<3$

ゆえに　$-\dfrac{1}{2}<k<1$

EX ③89 $P=\left(\dfrac{-1+\sqrt{3}i}{2}\right)^n+\left(\dfrac{-1-\sqrt{3}i}{2}\right)^n$ の値を求めよ。ただし，n は正の整数とする。

$\dfrac{-1+\sqrt{3}i}{2}$，$\dfrac{-1-\sqrt{3}i}{2}$ を極形式で表すと

$$\dfrac{-1+\sqrt{3}i}{2}=\cos\dfrac{2}{3}\pi+i\sin\dfrac{2}{3}\pi,$$
$$\dfrac{-1-\sqrt{3}i}{2}=\cos\left(-\dfrac{2}{3}\pi\right)+i\sin\left(-\dfrac{2}{3}\pi\right)$$

⇐n 乗の問題では，偏角 θ を $-\pi<\theta\leqq\pi$ の範囲にとる方が処理しやすい。

よって

$$\begin{aligned}P&=\left(\dfrac{-1+\sqrt{3}i}{2}\right)^n+\left(\dfrac{-1-\sqrt{3}i}{2}\right)^n\\&=\left(\cos\dfrac{2}{3}\pi+i\sin\dfrac{2}{3}\pi\right)^n+\left\{\cos\left(-\dfrac{2}{3}\pi\right)+i\sin\left(-\dfrac{2}{3}\pi\right)\right\}^n\\&=\cos\dfrac{2}{3}n\pi+i\sin\dfrac{2}{3}n\pi+\cos\left(-\dfrac{2}{3}n\pi\right)+i\sin\left(-\dfrac{2}{3}n\pi\right)\\&=\cos\dfrac{2}{3}n\pi+i\sin\dfrac{2}{3}n\pi+\cos\dfrac{2}{3}n\pi-i\sin\dfrac{2}{3}n\pi\\&=2\cos\dfrac{2}{3}n\pi\end{aligned}$$

⇐$\sin(-\theta)=-\sin\theta$
　$\cos(-\theta)=\cos\theta$

⇐ここで終わりにしないこと。

m を正の整数として

[1]　$n=3m-2$ のとき

$$P=2\cos\dfrac{2}{3}(3m-2)\pi=2\cos\left(2m\pi-\dfrac{4}{3}\pi\right)$$
$$=2\cos\left(-\dfrac{4}{3}\pi\right)=2\cdot\left(-\dfrac{1}{2}\right)=-1$$

⇐$\cos\left(-\dfrac{4}{3}\pi\right)=\cos\dfrac{2}{3}\pi$

[2]　$n=3m-1$ のとき

$$P=2\cos\dfrac{2}{3}(3m-1)\pi=2\cos\left(2m\pi-\dfrac{2}{3}\pi\right)$$
$$=2\cos\left(-\dfrac{2}{3}\pi\right)=2\cdot\left(-\dfrac{1}{2}\right)=-1$$

⇐$\cos\left(-\dfrac{2}{3}\pi\right)=\cos\dfrac{4}{3}\pi$

[3]　$n=3m$　のとき

$$P=2\cos\dfrac{2}{3}\cdot3m\pi=2\cos2m\pi=2\cdot1=2$$

したがって　**n が 3 の倍数のとき 2，3 の倍数でないとき -1**

EX ④90　等式 $(i-\sqrt{3})^m=(1+i)^n$ を満たす自然数 m, n のうち, m が最小となるときの m, n の値を求めよ。ただし, i は虚数単位である。〔九州大〕

$$i-\sqrt{3}=2\left(-\frac{\sqrt{3}}{2}+\frac{1}{2}i\right)=2\left(\cos\frac{5}{6}\pi+i\sin\frac{5}{6}\pi\right)$$

$$1+i=\sqrt{2}\left(\frac{1}{\sqrt{2}}+\frac{1}{\sqrt{2}}i\right)=\sqrt{2}\left(\cos\frac{\pi}{4}+i\sin\frac{\pi}{4}\right)$$

であるから

$$(i-\sqrt{3})^m=2^m\left(\cos\frac{5m}{6}\pi+i\sin\frac{5m}{6}\pi\right)$$

⇐ド・モアブルの定理

$$(1+i)^n=2^{\frac{n}{2}}\left(\cos\frac{n}{4}\pi+i\sin\frac{n}{4}\pi\right)$$

⇐$(\sqrt{2})^n=(2^{\frac{1}{2}})^n=2^{\frac{n}{2}}$

等式 $(i-\sqrt{3})^m=(1+i)^n$ の両辺の絶対値と偏角を比較して

$2^m=2^{\frac{n}{2}}$ …… ①

$\frac{5m}{6}\pi=\frac{n}{4}\pi+2k\pi$　（k は整数） …… ②

① から　　$n=2m$

これを ② に代入して　　$\frac{5m}{6}\pi=\frac{m}{2}\pi+2k\pi$

よって　　$m=6k$

⇐$5m\pi=3m\pi+12k\pi$
よって　$2m\pi=12k\pi$

この等式を満たす自然数 m で最小のものは $\boldsymbol{m=6}$ である。

これを $n=2m$ に代入して　　$\boldsymbol{n}=2\cdot6=\boldsymbol{12}$

EX ④91　$\alpha=\frac{\sqrt{3}}{2}+\frac{1}{2}i$, $\beta=\frac{1}{2}+\frac{\sqrt{3}}{2}i$ とする。また, $\gamma_n=\alpha^n+\beta^n$ $(n=1,\ 2,\ \cdots\cdots,\ 12)$ とおく。

(1)　γ_3 の値を求めよ。　　(2)　$\sum_{n=1}^{12}\gamma_n$ の値を求めよ。

(3)　p, q を自然数とし, $p+q=12$ を満たすならば, γ_p と γ_q は共役複素数になることを証明せよ。〔立命館大〕

(1)　$$\alpha=\frac{\sqrt{3}}{2}+\frac{1}{2}i=\cos\frac{\pi}{6}+i\sin\frac{\pi}{6}$$

⇐極形式で表す。

$$\beta=\frac{1}{2}+\frac{\sqrt{3}}{2}i=\cos\frac{\pi}{3}+i\sin\frac{\pi}{3}$$

よって　　$\boldsymbol{\gamma_3}=\alpha^3+\beta^3$

$$=\left(\cos\frac{\pi}{6}+i\sin\frac{\pi}{6}\right)^3+\left(\cos\frac{\pi}{3}+i\sin\frac{\pi}{3}\right)^3$$

$$=\left(\cos\frac{\pi}{2}+i\sin\frac{\pi}{2}\right)+(\cos\pi+i\sin\pi)=\boldsymbol{i-1}$$

⇐ド・モアブルの定理

(2)　$\alpha^{12}=1$ から

$$(\alpha-1)(\alpha^{11}+\alpha^{10}+\cdots+\alpha^2+\alpha+1)=0$$

$\alpha\neq1$ であるから

$$\alpha^{11}+\alpha^{10}+\cdots\cdots+\alpha^2+\alpha+1=0$$

同様にして, $\beta^{12}=1$, $\beta\neq1$ から

$$\beta^{11}+\beta^{10}+\cdots\cdots+\beta^2+\beta+1=0$$

(2) 別解　等比数列の和の公式を用いる。

$\sum_{n=1}^{12}\boldsymbol{\gamma_n}=\sum_{n=1}^{12}(\alpha^n+\beta^n)$

$=\frac{\alpha(1-\alpha^{12})}{1-\alpha}+\frac{\beta(1-\beta^{12})}{1-\beta}$

$\boldsymbol{=0}$

$$\sum_{n=1}^{12}\boldsymbol{\gamma}_n=\sum_{n=1}^{12}(\alpha^n+\beta^n)$$
$$=(\alpha+\alpha^2+\alpha^3+\cdots\cdots+\alpha^{11}+\alpha^{12})+(\beta+\beta^2+\beta^3+\cdots\cdots+\beta^{11}+\beta^{12})$$
$$=\alpha(1+\alpha+\alpha^2+\cdots\cdots+\alpha^{10}+\alpha^{11})+\beta(1+\beta+\beta^2+\cdots\cdots+\beta^{10}+\beta^{11})$$
$$=\alpha\cdot 0+\beta\cdot 0=\mathbf{0}$$

(3)　$|\alpha|=1$, $|\beta|=1$ から　　$\alpha\overline{\alpha}=|\alpha|^2=1$, $\beta\overline{\beta}=|\beta|^2=1$

よって　　$\overline{\alpha}=\dfrac{1}{\alpha}$, $\overline{\beta}=\dfrac{1}{\beta}$

ここで　　$\overline{\gamma_q}=\overline{\alpha^q+\beta^q}=(\overline{\alpha})^q+(\overline{\beta})^q$

$$=\left(\frac{1}{\alpha}\right)^q+\left(\frac{1}{\beta}\right)^q=\frac{1}{\alpha^q}+\frac{1}{\beta^q}$$
$$=\frac{1}{\alpha^{12-p}}+\frac{1}{\beta^{12-p}}=\frac{\alpha^p}{\alpha^{12}}+\frac{\beta^p}{\beta^{12}}$$
$$=\alpha^p+\beta^p=\gamma_p$$

よって，γ_p と γ_q は共役な複素数である。

⇐共役複素数の性質
$\overline{\alpha+\beta}=\overline{\alpha}+\overline{\beta}$,
$\overline{\alpha\beta}=\overline{\alpha}\,\overline{\beta}$

⇐$p+q=12$ より
$q=12-p$

EX
⑤92

次の複素数を極形式で表せ。ただし，偏角 θ は $0\leqq\theta<2\pi$ とする。
　　$1+\cos\alpha+i\sin\alpha$　$(0\leqq\alpha<\pi)$

$1+\cos\alpha=2\cos^2\dfrac{\alpha}{2}$, $\sin\alpha=2\sin\dfrac{\alpha}{2}\cos\dfrac{\alpha}{2}$ であるから

$$\mathbf{1+\cos\alpha+i\sin\alpha}=2\cos^2\frac{\alpha}{2}+2i\sin\frac{\alpha}{2}\cos\frac{\alpha}{2}$$
$$=\mathbf{2\cos\frac{\alpha}{2}\left(\cos\frac{\alpha}{2}+i\sin\frac{\alpha}{2}\right)}\ \cdots\cdots ①$$

$0\leqq\alpha<\pi$ より，$0\leqq\dfrac{\alpha}{2}<\dfrac{\pi}{2}$, $2\cos\dfrac{\alpha}{2}>0$ であるから，① は求める極形式である。

⇐半角の公式
$\cos^2\dfrac{\alpha}{2}=\dfrac{1+\cos\alpha}{2}$ から
$1+\cos\alpha=2\cos^2\dfrac{\alpha}{2}$
2倍角の公式
$\sin 2\alpha=2\sin\alpha\cos\alpha$ から
$\sin\alpha=2\sin\dfrac{\alpha}{2}\cos\dfrac{\alpha}{2}$

別解　与えられた複素数を z とし，$z_0=\cos\alpha+i\sin\alpha$ とすると　　$z=1+\cos\alpha+i\sin\alpha=z_0+1$

したがって，点 z は，点 z_0 を実軸方向に 1 だけ平行移動した点である。

ここで，$z=r(\cos\theta+i\sin\theta)$ $(r>0,\ 0\leqq\theta<2\pi)$ とすると

$$r=\sqrt{(1+\cos\alpha)^2+\sin^2\alpha}$$
$$=\sqrt{2(1+\cos\alpha)}=\sqrt{4\cos^2\frac{\alpha}{2}}$$

$0\leqq\alpha<\pi$ より　$0\leqq\dfrac{\alpha}{2}<\dfrac{\pi}{2}$ であるから　　$\cos\dfrac{\alpha}{2}>0$

ゆえに　　$r=2\cos\dfrac{\alpha}{2}$

よって　　$2\cos\dfrac{\alpha}{2}(\cos\theta+i\sin\theta)=1+\cos\alpha+i\sin\alpha$

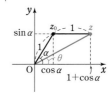

ゆえに　$\cos\theta=\dfrac{1+\cos\alpha}{2\cos\dfrac{\alpha}{2}}=\dfrac{2\cos^2\dfrac{\alpha}{2}}{2\cos\dfrac{\alpha}{2}}=\cos\dfrac{\alpha}{2}$

$\sin\theta=\dfrac{\sin\alpha}{2\cos\dfrac{\alpha}{2}}=\dfrac{2\sin\dfrac{\alpha}{2}\cos\dfrac{\alpha}{2}}{2\cos\dfrac{\alpha}{2}}=\sin\dfrac{\alpha}{2}$

したがって　$\arg z=\theta=\dfrac{\alpha}{2}$

よって　$\boldsymbol{1+\cos\alpha+i\sin\alpha=2\cos\dfrac{\alpha}{2}\left(\cos\dfrac{\alpha}{2}+i\sin\dfrac{\alpha}{2}\right)}$

⇐実部と虚部を比較すると
$2\cos\dfrac{\alpha}{2}\cos\theta=1+\cos\alpha$,
$2\cos\dfrac{\alpha}{2}\sin\theta=\sin\alpha$

EX ⑤93

次の漸化式で定義される複素数の数列

$$z_1=1,\ z_{n+1}=\frac{1+\sqrt{3}\,i}{2}z_n+1\ (n=1,\ 2,\ \cdots\cdots)$$

を考える。ただし，i は虚数単位である。

(1)　z_2，z_3 を求めよ。

(2)　上の漸化式を $z_{n+1}-\alpha=\dfrac{1+\sqrt{3}\,i}{2}(z_n-\alpha)$ と表したとき，複素数 α を求めよ。

(3)　一般項 z_n を求めよ。

(4)　$z_n=-\dfrac{1-\sqrt{3}\,i}{2}$ となるような自然数 n をすべて求めよ。　〔北海道大〕

(1)　$\boldsymbol{z_2}=\dfrac{1+\sqrt{3}\,i}{2}z_1+1=\dfrac{1+\sqrt{3}\,i}{2}\cdot1+1=\boldsymbol{\dfrac{3+\sqrt{3}\,i}{2}}$,

$\boldsymbol{z_3}=\dfrac{1+\sqrt{3}\,i}{2}z_2+1=\dfrac{1+\sqrt{3}\,i}{2}\cdot\dfrac{3+\sqrt{3}\,i}{2}+1$

$=\dfrac{3+\sqrt{3}\,i+3\sqrt{3}\,i-3}{4}+1=\boldsymbol{1+\sqrt{3}\,i}$

(2)　$z_{n+1}-\alpha=\dfrac{1+\sqrt{3}\,i}{2}(z_n-\alpha)$ から

$z_{n+1}=\dfrac{1+\sqrt{3}\,i}{2}z_n+\dfrac{1-\sqrt{3}\,i}{2}\alpha$

よって　$\dfrac{1-\sqrt{3}\,i}{2}\alpha=1$

ゆえに　$\boldsymbol{\alpha}=\dfrac{2}{1-\sqrt{3}\,i}=\boldsymbol{\dfrac{1+\sqrt{3}\,i}{2}}$

⇐(2)の式は与えられた漸化式と，漸化式で z_{n+1} と z_n を α とおいた式(特性方程式)の差をとったもの。

$$\begin{array}{rl} & z_{n+1}=\dfrac{1+\sqrt{3}\,i}{2}z_n+1 \\ -) & \alpha=\dfrac{1+\sqrt{3}\,i}{2}\alpha+1 \\ \hline & z_{n+1}-\alpha=\dfrac{1+\sqrt{3}\,i}{2}(z_n-\alpha)\end{array}$$

(3)　(2)より，数列 $\{z_n-\alpha\}$ は初項 $z_1-\alpha$，公比 $\dfrac{1+\sqrt{3}\,i}{2}$ の等比数列であるから　$z_n-\alpha=(z_1-\alpha)\left(\dfrac{1+\sqrt{3}\,i}{2}\right)^{n-1}$

よって　$\boldsymbol{z_n}=\left(1-\dfrac{1+\sqrt{3}\,i}{2}\right)\left(\dfrac{1+\sqrt{3}\,i}{2}\right)^{n-1}+\dfrac{1+\sqrt{3}\,i}{2}$

$=\boldsymbol{\dfrac{1-\sqrt{3}\,i}{2}\left(\dfrac{1+\sqrt{3}\,i}{2}\right)^{n-1}+\dfrac{1+\sqrt{3}\,i}{2}}$

(4) $z_n=-\dfrac{1-\sqrt{3}i}{2}$ から

$$\frac{1-\sqrt{3}i}{2}\left(\frac{1+\sqrt{3}i}{2}\right)^{n-1}+\frac{1+\sqrt{3}i}{2}=-\frac{1-\sqrt{3}i}{2}$$

整理すると $\dfrac{1-\sqrt{3}i}{2}\left(\dfrac{1+\sqrt{3}i}{2}\right)^{n-1}=-1$

ここで $\dfrac{1-\sqrt{3}i}{2}=\cos\left(-\dfrac{\pi}{3}\right)+i\sin\left(-\dfrac{\pi}{3}\right)$,

$\dfrac{1+\sqrt{3}i}{2}=\cos\dfrac{\pi}{3}+i\sin\dfrac{\pi}{3}$

よって

$$\frac{1-\sqrt{3}i}{2}\left(\frac{1+\sqrt{3}i}{2}\right)^{n-1}$$
$$=\cos\left\{-\frac{\pi}{3}+\frac{\pi}{3}\times(n-1)\right\}+i\sin\left\{-\frac{\pi}{3}+\frac{\pi}{3}\times(n-1)\right\}$$

⇐ド・モアブルの定理

また，-1 を極形式で表すと $-1=\cos\pi+i\sin\pi$

よって，方程式は

$$\cos\left\{-\frac{\pi}{3}+\frac{\pi}{3}(n-1)\right\}+i\sin\left\{-\frac{\pi}{3}+\frac{\pi}{3}(n-1)\right\}$$
$$=\cos\pi+i\sin\pi$$

両辺の偏角を比較すると

$$-\frac{\pi}{3}+\frac{\pi}{3}(n-1)=\pi+2k\pi \quad (k \text{ は整数})$$

⇐$-1+(n-1)=3+6k$

ゆえに $n=6k+5$

n は自然数であるから **$n=6k+5$（k は 0 以上の整数）**

EX ②94

c を実数とする。x についての 2 次方程式
$x^2+(3-2c)x+c^2+5=0$
が 2 つの解 α, β をもつとする。複素数平面上の 3 点 α, β, c^2 が三角形の 3 頂点になり，その三角形の重心は 0 であるという。c を求めよ。

解と係数の関係から $\alpha+\beta=2c-3$ ……①

また，条件から $\dfrac{\alpha+\beta+c^2}{3}=0$

⇐三角形の重心が原点。

① を代入して $c^2+2c-3=0$ よって $(c-1)(c+3)=0$

ゆえに $c=1, -3$

[1] $c=1$ のとき，2 次方程式は $x^2+x+6=0$

これを解いて $x=\dfrac{-1\pm\sqrt{23}i}{2}$

よって，α, β は互いに共役な異なる複素数である。

ゆえに，3 点 α, β, c^2 は三角形の 3 頂点となるから，適する。

⇐求めた c の値に対して，3 点 α, β, c^2 が三角形の 3 頂点となるかどうかを確認。

⇐c^2 は実軸上の点で，2 点 α, β を結ぶ直線上にない。

[2] $c=-3$ のとき，2 次方程式は $x^2+9x+14=0$

よって $(x+2)(x+7)=0$ ゆえに $x=-2, -7$

よって，3 点 α, β, c^2 は実軸上にあるから，不適。

⇐ 3 点 α, β, c^2 は一直線上。

[1]，[2] から **$c=1$**

EX ③95

複素数平面上の３点 A(α)，W(w)，Z(z) は原点 O(0) と異なり，$\alpha=-\frac{1}{2}+\frac{\sqrt{3}}{2}i$，$w=(1+\alpha)z+1+\overline{\alpha}$ とする。２直線 OW，OZ が垂直であるとき，次の問いに答えよ。

(1) $|z-\alpha|$ の値を求めよ。

(2) △OAZ が直角三角形になるときの複素数 z を求めよ。　〔類　山形大〕

(1) $w\neq0$，$z\neq0$ であり，２直線 OW，OZ は垂直であるから，$\frac{w-0}{z-0}$ は純虚数である。

⇦ α が純虚数 ⟺ $\alpha+\overline{\alpha}=0$ かつ $\alpha\neq0$
条件から，$w\neq0$，$z\neq0$ であるから $\frac{w}{z}\neq0$

ゆえに　$\overline{\left(\frac{w}{z}\right)}+\frac{w}{z}=0$　すなわち　$\frac{\overline{w}}{\overline{z}}+\frac{w}{z}=0$

両辺に $z\overline{z}$ を掛けて　$z\overline{w}+\overline{z}w=0$ ……①

ここで，$1+\alpha=\frac{1}{2}+\frac{\sqrt{3}}{2}i=-\overline{\alpha}$ であるから

⇦点 α と点 $1+\alpha$ は虚軸に関して対称である。

$$w=(1+\alpha)z+1+\overline{\alpha}$$
$$=-\overline{\alpha}z+1-(1+\alpha)=-\overline{\alpha}z-\alpha$$

$w=-\overline{\alpha}z-\alpha$，$\overline{w}=-\alpha\overline{z}-\overline{\alpha}$ を ① に代入して

$$z(\alpha\overline{z}+\overline{\alpha})+\overline{z}(\overline{\alpha}z+\alpha)=0$$
$$\alpha|z|^2+\overline{\alpha}z+\overline{\alpha}|z|^2+\alpha\overline{z}=0$$

ゆえに　$(\alpha+\overline{\alpha})|z|^2+\overline{\alpha}z+\alpha\overline{z}=0$

$\alpha+\overline{\alpha}=-1$ であるから　$|z|^2-\overline{\alpha}z-\alpha\overline{z}=0$

$|\alpha|^2=1$ であるから　$|z|^2-\overline{\alpha}z-\alpha\overline{z}+|\alpha|^2=1$

よって　$(z-\alpha)(\overline{z}-\overline{\alpha})=1$　すなわち　$(z-\alpha)\overline{(z-\alpha)}=1$

⇦ $\alpha\overline{\alpha}=|\alpha|^2$

ゆえに　$|z-\alpha|^2=1$　すなわち　$\boldsymbol{|z-\alpha|=1}$

(2) (1)の結果から，点Zは，点Aを中心とする半径１の円上のうち，原点Oを除く部分を動く。

⇦ $z\neq0$ に注意。

したがって，右の図から，△OAZ が直角三角形となるのは，$\angle\mathrm{OAZ}=\frac{\pi}{2}$ のときである。

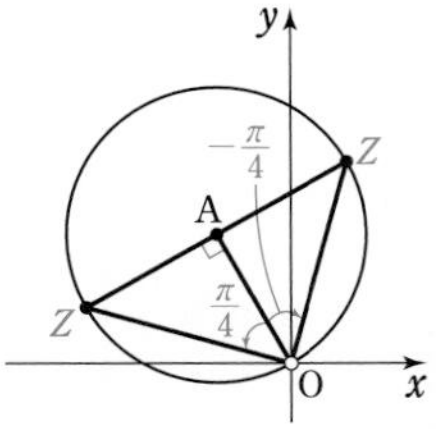

OA：OZ$=1:\sqrt{2}$ であるから，点Zは，点Aを点Oを中心として $\pm\frac{\pi}{4}$ だけ回転し，原点からの距離を $\sqrt{2}$ 倍した点である。

⇦△OAZ は直角二等辺三角形になると考えられる。

別解　点Zは，点Oを点Aを中心として $\pm\frac{\pi}{2}$ だけ回転した点であるから
$\boldsymbol{z}=\pm i(0-\alpha)+\alpha$
$=(1\mp i)\alpha$
$=(1\mp i)\left(-\frac{1}{2}+\frac{\sqrt{3}}{2}i\right)$
$=\boldsymbol{\frac{-1\pm\sqrt{3}}{2}+\frac{\sqrt{3}\pm1}{2}i}$
（複号同順）

よって　$\boldsymbol{z}=\sqrt{2}\left\{\cos\left(\pm\frac{\pi}{4}\right)+i\sin\left(\pm\frac{\pi}{4}\right)\right\}\alpha$

$$=\sqrt{2}\left(\frac{1}{\sqrt{2}}\pm\frac{1}{\sqrt{2}}i\right)\left(-\frac{1}{2}+\frac{\sqrt{3}}{2}i\right)$$
$$=(1\pm i)\left(-\frac{1}{2}+\frac{\sqrt{3}}{2}i\right)$$
$$=\boldsymbol{-\frac{1\pm\sqrt{3}}{2}+\frac{\mp1+\sqrt{3}}{2}i}$$　**（複号同順）**

EX ③96

(1) $z+\frac{1}{z}$ が実数となるような複素数 z が表す複素数平面上の点全体は，どのような図形を表すか。

(2) $z+\frac{1}{z}$ が実数となる複素数 z と，$\left|w-\left(\frac{8}{3}+2i\right)\right|=\frac{2}{3}$ を満たす複素数 w について，$|z-w|$ の最小値を求めよ。〔類 名古屋工大〕

(1) $z+\frac{1}{z}$ が実数であるための条件は

$\overline{z+\frac{1}{z}}=z+\frac{1}{z}$ すなわち $\overline{z}+\frac{1}{\overline{z}}=z+\frac{1}{z}$

両辺に $z\overline{z}$ $(=|z|^2)$ を掛けて $\overline{z}|z|^2+z=z|z|^2+\overline{z}$

ゆえに $|z|^2(z-\overline{z})-(z-\overline{z})=0$

よって $(z-\overline{z})(|z|^2-1)=0$

したがって $z-\overline{z}=0$ または $|z|^2-1=0$

すなわち $\overline{z}=z$ または $|z|=1$

ゆえに z は実数 または $|z|=1$

よって，$z+\frac{1}{z}$ が実数となるような複素数 z が表す複素数平面上の点全体は **実軸および原点を中心とする半径1の円** である。**ただし，原点を除く。**

(2) $\mathrm{A}\left(\frac{8}{3}+2i\right)$ とすると，点 w は点Aを中心とする半径 $\frac{2}{3}$ の円上にある。また，$|z-w|$ は2点 z，w の距離を表す。

(1)から，点 z は，原点を除いた実軸上 または 原点を中心とする半径1の円上にある。

[1] 点 z が原点を除いた実軸上にあるとき

$|z-w|$ が最小となるのは，点 z，w が右の図の位置にあるときである。このとき

$$|z-w|=2-\frac{2}{3}=\frac{4}{3}$$

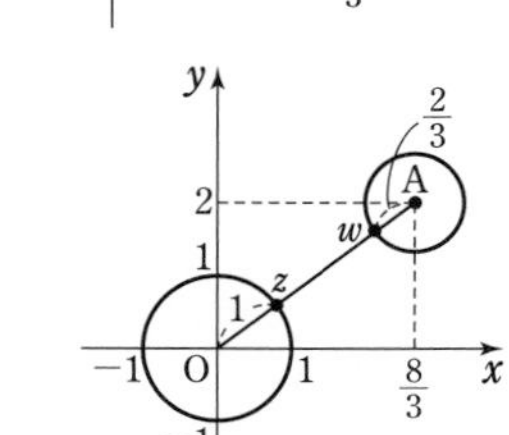

[2] z が原点を中心とする半径1の円上にあるとき

$|z-w|$ が最小となるのは，点 z，w が線分OA上にあるときである。

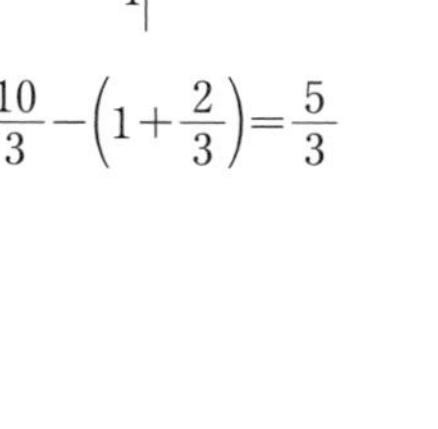

$$\mathrm{OA}=\sqrt{\left(\frac{8}{3}\right)^2+2^2}=\sqrt{\frac{100}{9}}=\frac{10}{3}$$

であるから，このとき $|z-w|=\frac{10}{3}-\left(1+\frac{2}{3}\right)=\frac{5}{3}$

[1]，[2] から，$|z-w|$ の最小値は $\mathbf{\frac{4}{3}}$

⇐ α が実数 $\Longleftrightarrow$ $\overline{\alpha}=\alpha$

⇐ $z(\overline{z})^2+z=z^2\overline{z}+\overline{z}$

⇐ 除外点に注意。$\frac{1}{z}$ を考えているから，$z\neq0$ である。

⇐ 点Aと実軸の最短距離は，点Aから実軸に下ろした垂線の長さに等しい。

⇐ 2点 z，w が2つの円の中心を結ぶ線分上にあるとき。

EX ③97

i を虚数単位とし，k を実数とする。$\alpha=-1+i$ であり，点 z は複素数平面上で原点を中心とする単位円上を動く。

(1) $w_1=\dfrac{\alpha+z}{i}$ とする。点 w_1 が描く図形を求めよ。

(2) w_2 は等式 $w_2\overline{\alpha}-\overline{w_2}\alpha+ki=0$ を満たす。点 w_2 の軌跡が，(1)で求めた点 w_1 の軌跡と共有点をもつ場合の k の最大値を求めよ。　〔類　鳥取大〕

(1) 点 z は原点を中心とする単位円上を動くから

$|z|=1$ ……①

$w_1=\dfrac{\alpha+z}{i}$ から　$z=iw_1-\alpha$

これを①に代入すると　$|iw_1-\alpha|=1$

ゆえに　$\left|i\left(w_1-\dfrac{\alpha}{i}\right)\right|=1$　すなわち　$|i|\left|w_1-\dfrac{\alpha}{i}\right|=1$

よって　$\left|w_1-\dfrac{\alpha}{i}\right|=1$

$\dfrac{\alpha}{i}=\dfrac{-1+i}{i}=1+i$ であるから　$|w_1-(1+i)|=1$

よって，点 w_1 は **点 $1+i$ を中心とする半径1の円** を描く。

⇦ z を w_1 の式で表し，z の条件式に代入。

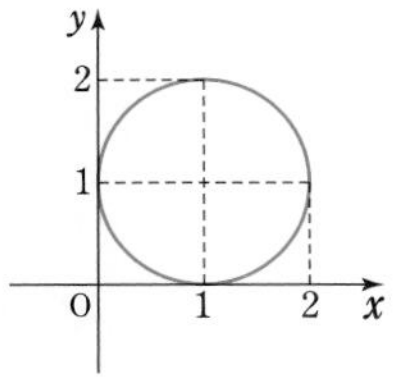

(2) $w_2=x+yi$ (x, y は実数) とする。これを

$w_2\overline{\alpha}-\overline{w_2}\alpha+ki=0$

に代入すると　$(x+yi)(-1-i)-(x-yi)(-1+i)+ki=0$

整理すると　$(2x+2y-k)i=0$

すなわち　$2x+2y-k=0$

よって，xy 平面上で円 $(x-1)^2+(y-1)^2=1$ と直線 $2x+2y-k=0$ が共有点をもつような実数 k の最大値を求めればよい。

共有点をもつ条件は　$\dfrac{|2\cdot1+2\cdot1-k|}{\sqrt{2^2+2^2}}\leqq1$

ゆえに　$|k-4|\leqq2\sqrt{2}$

すなわち　$-2\sqrt{2}\leqq k-4\leqq2\sqrt{2}$

よって　$4-2\sqrt{2}\leqq k\leqq4+2\sqrt{2}$

したがって，求める k の最大値は　**$4+2\sqrt{2}$**

⇦点 w_2 の描く図形（軌跡）は直線である。

⇦ xy 平面上では，点 w_1 の描く円の中心は $(1,\ 1)$ である。

⇦点と直線の距離の公式。円の中心 $(1,\ 1)$ と直線の距離が円の半径以下，すなわち1以下であるとき円と直線は共有点をもつ。

EX ③98

互いに異なる3つの複素数 α, β, γ の間に，
等式 $\alpha^3-3\alpha^2\beta+3\alpha\beta^2-\beta^3=8(\beta^3-3\beta^2\gamma+3\beta\gamma^2-\gamma^3)$ が成り立つとする。

(1) $\dfrac{\alpha-\beta}{\gamma-\beta}$ を求めよ。

(2) 3点 α, β, γ が一直線上にないとき，それらを頂点とする三角形はどのような三角形か。　〔神戸大〕

(1) 等式の両辺を変形すると　$(\alpha-\beta)^3=8(\beta-\gamma)^3$

すなわち　$(\alpha-\beta)^3=-8(\gamma-\beta)^3$

$\beta\neq\gamma$ であるから　$\left(\dfrac{\alpha-\beta}{\gamma-\beta}\right)^3=-8$

⇦ $a^3-3a^2b+3ab^2-b^3=(a-b)^3$

$\dfrac{\alpha-\beta}{\gamma-\beta}=z$ とおくと　　$z^3=-8$　　ゆえに　$z^3+8=0$

よって　　$(z+2)(z^2-2z+4)=0$

これを解いて　　$z=-2,\ 1\pm\sqrt{3}\,i$

したがって　　$\boldsymbol{\dfrac{\alpha-\beta}{\gamma-\beta}=-2,\ 1\pm\sqrt{3}\,i}$

⇐$z+2=0$ または $z^2-2z+4=0$

(2)　3点A，B，Cが一直線上にないことから，$\dfrac{\alpha-\beta}{\gamma-\beta}$ は実数ではない。ゆえに　$\dfrac{\alpha-\beta}{\gamma-\beta}=1\pm\sqrt{3}\,i$

極形式で表すと　$\dfrac{\alpha-\beta}{\gamma-\beta}=2\left\{\cos\left(\pm\dfrac{\pi}{3}\right)+i\sin\left(\pm\dfrac{\pi}{3}\right)\right\}$

（複号同順）

よって，$\left|\dfrac{\alpha-\beta}{\gamma-\beta}\right|=\dfrac{|\alpha-\beta|}{|\gamma-\beta|}=\dfrac{\mathrm{BA}}{\mathrm{BC}}$ から　　$\dfrac{\mathrm{BA}}{\mathrm{BC}}=2$

ゆえに　BA：BC＝2：1

また，$\arg\dfrac{\alpha-\beta}{\gamma-\beta}=\pm\dfrac{\pi}{3}$ から　　$\angle\mathrm{CBA}=\dfrac{\pi}{3}$

よって，△ABC は $\boldsymbol{\angle \mathrm{A}=\dfrac{\pi}{6},\ \angle \mathrm{B}=\dfrac{\pi}{3},\ \angle \mathrm{C}=\dfrac{\pi}{2}}$ **の直角三角形** である。

⇐$\dfrac{\alpha-\beta}{\gamma-\beta}$ が実数のとき3点 α，β，γ は一直線上にある。

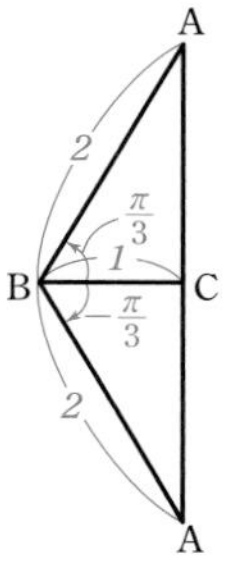

EX ③99　複素数の偏角 θ はすべて $0\leqq\theta<2\pi$ とする。$\alpha=2\sqrt{2}(1+i)$ とし，等式 $|z-\alpha|=2$ を満たす複素数 z を考える。
(1)　$|z|$ の最大値を求めよ。
(2)　z の中で偏角が最大となるものを β とおくとき，β の値，β の偏角を求めよ。
(3)　$1\leqq n\leqq100$ の範囲で，β^n が実数になる整数 n の個数を求めよ。　〔類 センター試験〕

(1)　A(α) とすると，方程式 $|z-\alpha|=2$ を満たす点 z 全体の集合は，点Aを中心とする，半径2の円である。よって，3点O，A，z がこの順で一直線上にあるとき $|z|$ は最大となり，その最大値は

$\mathrm{OA}+2=2\sqrt{2}\cdot\sqrt{1^2+1^2}+2$
$=4+2=\boldsymbol{6}$

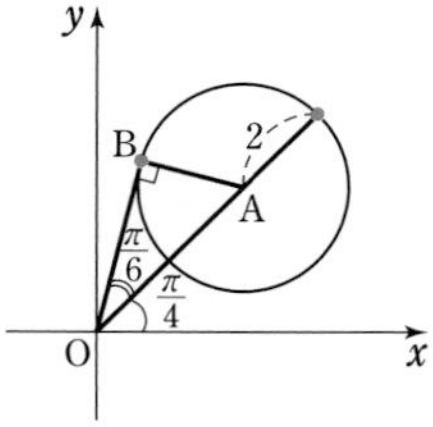

⇐$|z|$ は原点と点 z の距離。円周上の点で，原点からの距離が最大になる点を図から判断する。

(2)　点 β は，原点Oを通る接線と円 $|z-\alpha|=2$ との接点のうち，偏角が大きい方の点である。B(β) とすると，△OAB において，OA＝4，AB＝2，$\angle\mathrm{B}=\dfrac{\pi}{2}$ から △OAB は内角が $\dfrac{\pi}{6}$，$\dfrac{\pi}{3}$，$\dfrac{\pi}{2}$ の直角三角形である。

α を極形式で表すと

$\alpha=2\sqrt{2}(1+i)=2\sqrt{2}\cdot\sqrt{2}\left(\cos\frac{\pi}{4}+i\sin\frac{\pi}{4}\right)$

$=4\left(\cos\frac{\pi}{4}+i\sin\frac{\pi}{4}\right)$

$\arg\alpha=\frac{\pi}{4}$ であるから　　$\boldsymbol{\arg\beta=\frac{\pi}{4}+\frac{\pi}{6}=\frac{5}{12}\pi}$

また，$\frac{\beta}{\alpha}=\frac{\sqrt{3}}{2}\left(\cos\frac{\pi}{6}+i\sin\frac{\pi}{6}\right)$ から

$\beta=\frac{\sqrt{3}}{2}\left(\cos\frac{\pi}{6}+i\sin\frac{\pi}{6}\right)\alpha$

$=\frac{\sqrt{3}}{2}\left(\frac{\sqrt{3}}{2}+\frac{1}{2}i\right)\{2\sqrt{2}(1+i)\}$

$=\boldsymbol{\frac{3\sqrt{2}-\sqrt{6}}{2}+\frac{3\sqrt{2}+\sqrt{6}}{2}i}$

⇦ $\frac{5}{12}\pi$ の三角比の値がわからないので点 β を表す複素数は，計算によって求める。

(3)　$\arg\beta^n=\frac{5}{12}n\pi$ であるから，β^n が実数になるのは

$\sin\frac{5}{12}n\pi=0$ のときである。

すなわち　　$\frac{5}{12}n\pi=m\pi$（m は正の整数）

$\frac{5}{12}n=m$ を満たす最小の正の整数 n は　　$n=12$

$100=12\times8+4$ から，求める整数 n の個数は　　**8 個**

⇦ β^n が実数となる
$\Longrightarrow$ 点 β^n が実軸上にある
$\Longrightarrow$ $\sin\frac{5}{12}n\pi=0$

EX
③**100**

0 でない複素数 $z=x+yi$ について，$z+\frac{4}{z}$ が実数で，更に不等式 $2\leqq z+\frac{4}{z}\leqq5$ を満たすとき，点 $(x,\ y)$ が存在する範囲を xy 座標平面上に図示せよ。　　〔類　関西大〕

$z=r(\cos\theta+i\sin\theta)$（$r>0,\ 0\leqq\theta<2\pi$）とすると

$z+\frac{4}{z}=r(\cos\theta+i\sin\theta)+\frac{4}{r}\{\cos(-\theta)+i\sin(-\theta)\}$

$=r(\cos\theta+i\sin\theta)+\frac{4}{r}(\cos\theta-i\sin\theta)$

$=\left(r+\frac{4}{r}\right)\cos\theta+i\left(r-\frac{4}{r}\right)\sin\theta$

$z+\frac{4}{z}$ は実数であるから　　$\left(r-\frac{4}{r}\right)\sin\theta=0$

⇦(虚部)$=0$

ゆえに　　$r-\frac{4}{r}=0$　または　$\sin\theta=0$

[1]　$r-\frac{4}{r}=0$ のとき，分母を払って　　$r^2-4=0$

ゆえに　　$r=\pm2$　　　$r>0$ であるから　　$r=2$

このとき　　$z+\frac{4}{z}=4\cos\theta$

$2\leqq z+\frac{4}{z}\leqq5$ から　　$2\leqq4\cos\theta\leqq5$

ゆえに　$\frac{1}{2} \leqq \cos\theta \leqq \frac{5}{4}$

また，$0 \leqq \theta < 2\pi$ では $-1 \leqq \cos\theta \leqq 1$ であるから

$$\frac{1}{2} \leqq \cos\theta \leqq 1$$

よって　$z = 2(\cos\theta + i\sin\theta)$　$\left(0 \leqq \theta \leqq \frac{\pi}{3},\ \frac{5}{3}\pi \leqq \theta < 2\pi\right)$

⇐z の絶対値は 2 であり，$0 \leqq \theta < 2\pi$ で偏角は $0 \leqq \theta \leqq \frac{\pi}{3}$，$\frac{5}{3}\pi \leqq \theta < 2\pi$ の範囲にある。$-\pi \leqq \theta < \pi$ として，$-\frac{\pi}{3} \leqq \theta \leqq \frac{\pi}{3}$ の範囲と考えてもよい。

したがって，点 z は，原点を中心とする半径 2 の円で，

中心角 $0 \leqq \theta \leqq \frac{\pi}{3}$，$\frac{5}{3}\pi \leqq \theta < 2\pi$ の円弧上にある。

[2]　$\sin\theta = 0$ のとき，$0 \leqq \theta < 2\pi$ から　$\theta = 0,\ \pi$

(i)　$\theta = 0$ のとき　$z = r$

$z + \frac{4}{z} = r + \frac{4}{r}$ と不等式から　$2 \leqq r + \frac{4}{r} \leqq 5$

各辺に r を掛けて　$2r \leqq r^2 + 4 \leqq 5r$

$2r \leqq r^2 + 4$ から　$r^2 - 2r + 4 \geqq 0$

ゆえに　$(r-1)^2 + 3 \geqq 0$

これは常に成り立つ。

$r^2 + 4 \leqq 5r$ から　$r^2 - 5r + 4 \leqq 0$

ゆえに　$(r-1)(r-4) \leqq 0$　　よって　$1 \leqq r \leqq 4$

したがって，$2r \leqq r^2 + 4 \leqq 5r$ の解は　$1 \leqq r \leqq 4$

ゆえに，点 z は実軸上の点 1 と点 4 を結ぶ線分上にある。

(ii)　$\theta = \pi$ のとき　$z = -r$

$z + \frac{4}{z} = -r - \frac{4}{r} < 0$

これは $2 \leqq z + \frac{4}{z} \leqq 5$ を満たさない。

よって，$\theta = \pi$ は不適。

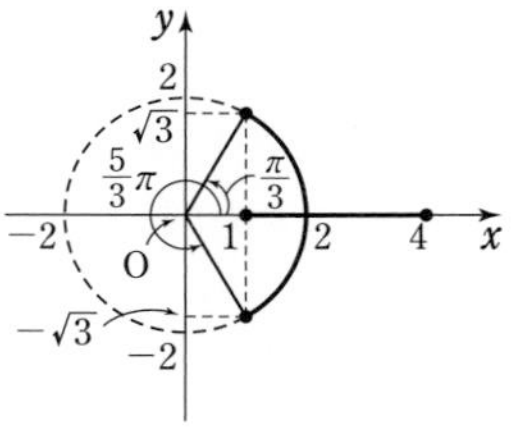

以上から，点 $(x,\ y)$ が存在する範囲は，**右図の太線部分** である。

別解　$z + \frac{4}{z} = x + yi + \frac{4}{x+yi} = x + yi + \frac{4(x-yi)}{(x+yi)(x-yi)}$

⇐分母の実数化。

$$= \frac{(x+yi)(x^2+y^2) + 4(x-yi)}{x^2+y^2}$$

$$= \frac{x(x^2+y^2+4) + y(x^2+y^2-4)i}{x^2+y^2}$$

$z + \frac{4}{z}$ は実数であるから　$\frac{y(x^2+y^2-4)}{x^2+y^2} = 0$

⇐(虚部)$=0$

よって　$y = 0$　または　$x^2 + y^2 = 4$

[1]　$y = 0$ のとき　$z = x$

⇐$z = r(\cos\theta + i\sin\theta)$ として解いたときの [2] の場合分けと同じ。つまり $\sin\theta = 0$ のときである。

ゆえに　$z + \frac{4}{z} = x + \frac{4}{x}$

不等式から　$2 \leqq x + \frac{4}{x} \leqq 5$

(i)　$x>0$ のとき，各辺に x を掛けて　$2x \leqq x^2+4 \leqq 5x$

$2x \leqq x^2+4$ から　　$x^2-2x+4 \geqq 0$

ゆえに　　$(x-1)^2+3 \geqq 0$　　　これは常に成り立つ。

$x^2+4 \leqq 5x$ から　　$x^2-5x+4 \leqq 0$

ゆえに　　$(x-1)(x-4) \leqq 0$　　　よって　　$1 \leqq x \leqq 4$

したがって，$2x \leqq x^2+4 \leqq 5x$ の解は　　$1 \leqq x \leqq 4$

(ii)　$x<0$ のとき　　$z+\dfrac{4}{z}=x+\dfrac{4}{x}<0$

これは $2 \leqq z+\dfrac{4}{z} \leqq 5$ を満たさない。

したがって，[1] のとき　　$z=x$　$(1 \leqq x \leqq 4)$

[2]　$x^2+y^2=4$ のとき

$$z+\frac{4}{z}=\frac{x(x^2+y^2+4)}{x^2+y^2}=\frac{x(4+4)}{4}=2x$$

不等式から　　$2 \leqq 2x \leqq 5$　すなわち　$1 \leqq x \leqq \dfrac{5}{2}$ ……①

また，$y^2=4-x^2 \geqq 0$ から　　$x^2-4 \leqq 0$

ゆえに　　$-2 \leqq x \leqq 2$　　① との共通範囲は　　$1 \leqq x \leqq 2$

以上から，点 $(x,\ y)$ が存在する範囲は，
x 軸上の $1 \leqq x \leqq 4$ の部分 または 円 $x^2+y^2=4$ の
$1 \leqq x \leqq 2$ の部分 (図省略)

⇦$z=r(\cos\theta+i\sin\theta)$ として解いたときの [1] の場合分けと同じ。つまり $r=2$ のときである。

EX ③101

複素数 z が $|z| \leqq 1$ を満たすとする。$w=z-\sqrt{2}$ で表される複素数 w について，次の問いに答えよ。
(1)　複素数平面上で，点 w はどのような図形を描くか。図示せよ。
(2)　w^2 の絶対値を r，偏角を θ とするとき，r と θ の範囲をそれぞれ求めよ。ただし，$0 \leqq \theta < 2\pi$ とする。　〔類　東京学芸大〕

(1)　$w=z-\sqrt{2}$ から　　$z=w+\sqrt{2}$

$|z| \leqq 1$ に代入すると　　$|w+\sqrt{2}| \leqq 1$

ゆえに，点 w は点 $-\sqrt{2}$ を中心とする半径 1 の円周およびその内部を描く。

よって，点 w の描く図形は，**右図の斜線部分** のようになる。
ただし，境界線を含む。

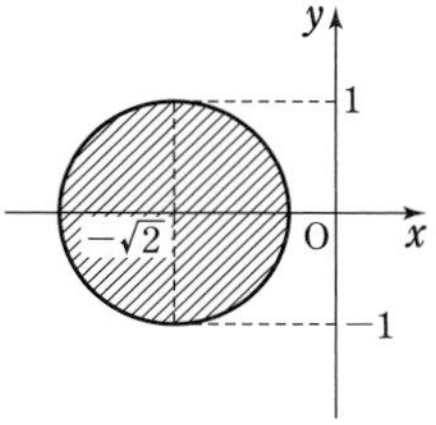

⇦単位円を実軸方向に $-\sqrt{2}$ だけ平行移動したもの。

(2)　$w=R(\cos\alpha+i\sin\alpha)$
$(R>0,\ 0 \leqq \alpha < 2\pi)$ とする。
また，右図のように，3 点 A，B，C をとる。
右図から，$|w|=R$ は
$w=-\sqrt{2}-1$ で最大，
$w=-\sqrt{2}+1$ で最小となり，

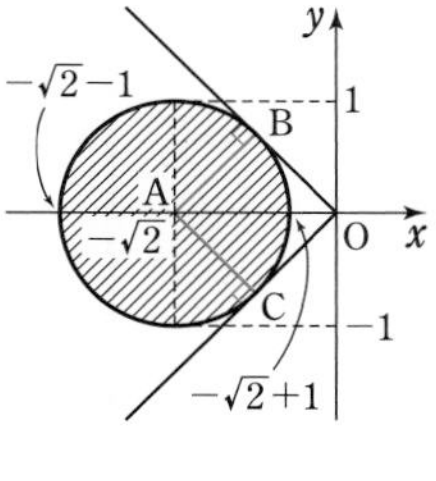

⇦R は原点 O と円の周および内部の点との距離を表すから
$\sqrt{2}-1 \leqq R \leqq \sqrt{2}+1$

$w=-\sqrt{2}-1$ のとき

$$R=|-\sqrt{2}-1|=\sqrt{2}+1$$

$w=-\sqrt{2}+1$ のとき

$$R=|-\sqrt{2}+1|=\sqrt{2}-1$$

ゆえに　$\sqrt{2}-1\leqq|w|\leqq\sqrt{2}+1$

$OA=\sqrt{2}$，$AB=1$，$\angle ABO=\dfrac{\pi}{2}$ から　$\angle AOB=\dfrac{\pi}{4}$

⇐△OAB は線分 OA を斜辺とする直角二等辺三角形。

同様にして　$\angle AOC=\dfrac{\pi}{4}$

以上から　$\sqrt{2}-1\leqq R\leqq\sqrt{2}+1$　……①

$\dfrac{3}{4}\pi\leqq\alpha\leqq\dfrac{5}{4}\pi$　……②

⇐$\angle xOB\leqq\alpha\leqq\angle xOC$

$w^2=R^2(\cos\alpha+i\sin\alpha)^2=R^2(\cos2\alpha+i\sin2\alpha)$ であるから

$r=|w^2|=R^2$，$\theta=\arg w^2=2\alpha+2n\pi$　（n は整数）

① から　$(\sqrt{2}-1)^2\leqq R^2\leqq(\sqrt{2}+1)^2$

すなわち　$\boldsymbol{3-2\sqrt{2}\leqq r\leqq3+2\sqrt{2}}$

次に，② から　$2\cdot\dfrac{3}{4}\pi+2n\pi\leqq2\alpha+2n\pi\leqq2\cdot\dfrac{5}{4}\pi+2n\pi$

$0\leqq\theta<2\pi$ で考えるから $n=-1$ として　$-\dfrac{\pi}{2}\leqq\theta\leqq\dfrac{\pi}{2}$

$n=0$ として　$\dfrac{3}{2}\pi\leqq\theta\leqq\dfrac{5}{2}\pi$

$0\leqq\theta<2\pi$ との共通範囲は　$\boldsymbol{0\leqq\theta\leqq\dfrac{\pi}{2},\ \dfrac{3}{2}\pi\leqq\theta<2\pi}$

EX ③102

複素数平面上の 4 点 A(α)，B(β)，C(γ)，D(δ) を頂点とする四角形 ABCD を考える。ただし，四角形 ABCD は，すべての内角が 180° より小さい四角形（凸四角形）であるとする。また，四角形 ABCD の頂点は反時計回りに A，B，C，D の順に並んでいるとする。四角形 ABCD の外側に，4 辺 AB，BC，CD，DA をそれぞれ斜辺とする直角二等辺三角形 APB，BQC，CRD，DSA を作る。

(1) 点Pを表す複素数を求めよ。

(2) 四角形 PQRS が平行四辺形であるための必要十分条件は，四角形 ABCD がどのような四角形であることか答えよ。

(3) 四角形 PQRS が平行四辺形であるならば，四角形 PQRS は正方形であることを示せ。

P(p)，Q(q)，R(r)，S(s) とする。

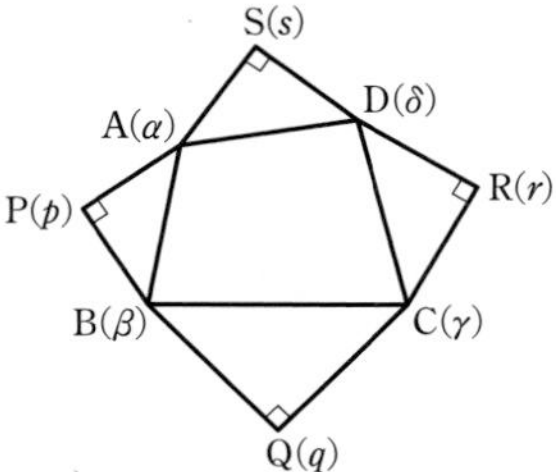

(1) 点Pは，点Aを点Bを中心として $\dfrac{\pi}{4}$ だけ回転し，B との距離を $\dfrac{1}{\sqrt{2}}$ 倍した点である。

⇐$\angle PAB=\dfrac{\pi}{4}$，$AP:AB=1:\sqrt{2}$

したがって

$$p=\frac{1}{\sqrt{2}}\left(\cos\frac{\pi}{4}+i\sin\frac{\pi}{4}\right)(\alpha-\beta)+\beta$$

⇐本冊 $p.435$ INFORMATION 参照。

よって　$p=\dfrac{1+i}{2}(\alpha-\beta)+\beta=\boldsymbol{\dfrac{1+i}{2}\alpha+\dfrac{1-i}{2}\beta}$

(2) (1) と同様に考えると

$$q=\frac{1+i}{2}\beta+\frac{1-i}{2}\gamma,\quad r=\frac{1+i}{2}\gamma+\frac{1-i}{2}\delta,$$

$$s=\frac{1+i}{2}\delta+\frac{1-i}{2}\alpha$$

したがって

四角形 PQRS が平行四辺形

$\iff p-q=s-r$

$\iff \left(\frac{1+i}{2}\alpha+\frac{1-i}{2}\beta\right)-\left(\frac{1+i}{2}\beta+\frac{1-i}{2}\gamma\right)$

$=\left(\frac{1+i}{2}\delta+\frac{1-i}{2}\alpha\right)-\left(\frac{1+i}{2}\gamma+\frac{1-i}{2}\delta\right)$

$\iff (1+i)\alpha-2i\beta-(1-i)\gamma=2i\delta+(1-i)\alpha-(1+i)\gamma$

$\iff 2i\alpha-2i\beta=2i\delta-2i\gamma$

$\iff \alpha-\beta=\delta-\gamma$

$\iff$ 四角形 ABCD が平行四辺形

よって，四角形 PQRS が平行四辺形であるための必要十分条件は，四角形 ABCD が **平行四辺形** であることである。

⇐ベクトルで考えると $\overrightarrow{QP}=\overrightarrow{RS}$

⇐ベクトルで考えると $\overrightarrow{BA}=\overrightarrow{CD}$

(3) 四角形 PQRS が平行四辺形であるならば，(2) から

$$\alpha-\beta=\delta-\gamma$$

すなわち　$\delta=\alpha-\beta+\gamma$ …… ①

ここで，(2) の計算から

$$p-q=\frac{1}{2}\{(1+i)\alpha-2i\beta-(1-i)\gamma\}\ \cdots\cdots ②$$

また　$r-q=\left(\frac{1+i}{2}\gamma+\frac{1-i}{2}\delta\right)-\left(\frac{1+i}{2}\beta+\frac{1-i}{2}\gamma\right)$

$=\frac{1}{2}\{2i\gamma+(1-i)\delta-(1+i)\beta\}$

したがって，① から

$$r-q=\frac{1}{2}\{2i\gamma+(1-i)(\alpha-\beta+\gamma)-(1+i)\beta\}$$

$$=\frac{1}{2}\{(-i+1)\alpha-2\beta+(i+1)\gamma\}\ \cdots\cdots ③$$

②，③ から　$p-q=(r-q)i$ …… ④

よって，$|p-q|=|(r-q)i|$ であるから

$$|p-q|=|r-q|$$

すなわち　QP=QR …… ⑤

また，$r\neq q$ であるから，④ より　$\frac{p-q}{r-q}=i$

ゆえに，$\frac{p-q}{r-q}$ は純虚数であるから　$\angle PQR=\frac{\pi}{2}$ …… ⑥

⑤，⑥ から，四角形 PQRS が平行四辺形ならば，四角形 PQRS は正方形である。

⇐(2) から　$p-q=s-r$ $\iff \alpha-\beta=\delta-\gamma$

⇐$|i|=1$

⇐垂直 $\iff$ 純虚数

EX ④103

複素数平面上で，$z_0=2(\cos\theta+i\sin\theta)$ $\left(0<\theta<\dfrac{\pi}{2}\right)$，$z_1=\dfrac{1-\sqrt{3}\,i}{4}z_0$，$z_2=-\dfrac{1}{z_0}$ を表す点を，それぞれ P_0，P_1，P_2 とする。
(1) z_1 を極形式で表せ。　(2) z_2 を極形式で表せ。
(3) 原点 O，P_0，P_1，P_2 の 4 点が同一円周上にあるときの z_0 の値を求めよ。〔岡山大〕

(1) $z_1=\dfrac{1-\sqrt{3}\,i}{4}\cdot 2(\cos\theta+i\sin\theta)$

$=\left(\dfrac{1}{2}-\dfrac{\sqrt{3}}{2}i\right)(\cos\theta+i\sin\theta)$

$=\left\{\cos\left(-\dfrac{\pi}{3}\right)+i\sin\left(-\dfrac{\pi}{3}\right)\right\}(\cos\theta+i\sin\theta)$ …… ①

$=\boldsymbol{\cos\left(\theta-\dfrac{\pi}{3}\right)+i\sin\left(\theta-\dfrac{\pi}{3}\right)}$

⇦$\dfrac{1-\sqrt{3}\,i}{4}\cdot 2$ を極形式にする。

(2) $z_2=-\dfrac{1}{2}\cdot\dfrac{1}{\cos\theta+i\sin\theta}$

$=-\dfrac{1}{2}(\cos\theta-i\sin\theta)$

$=\dfrac{1}{2}(-\cos\theta+i\sin\theta)$

$=\boldsymbol{\dfrac{1}{2}\{\cos(\pi-\theta)+i\sin(\pi-\theta)\}}$

inf. $-\cos\theta+i\sin\theta=\cos(\pi-\theta)+i\sin(\pi-\theta)$ の変形は PRACTICE 97 (1) 参照。
$\cos(\pi-\theta)=-\cos\theta$，$\sin(\pi-\theta)=\sin\theta$

(3) ① から　$z_1=\dfrac{1}{2}\left\{\cos\left(-\dfrac{\pi}{3}\right)+i\sin\left(-\dfrac{\pi}{3}\right)\right\}z_0$

また　$OP_0=2$

よって　$OP_1=1$，$\angle P_1OP_0=\dfrac{\pi}{3}$

ゆえに　$\angle P_0P_1O=\dfrac{\pi}{2}$

よって，$z_2\neq 0$，$z_2\neq z_0$ であるから，4 点 O，P_0，P_1，P_2 が同一円周上にあるのは，$\angle OP_2P_0=\dfrac{\pi}{2}$ のとき，

すなわち $\dfrac{z_0-z_2}{0-z_2}$ が純虚数のときである。

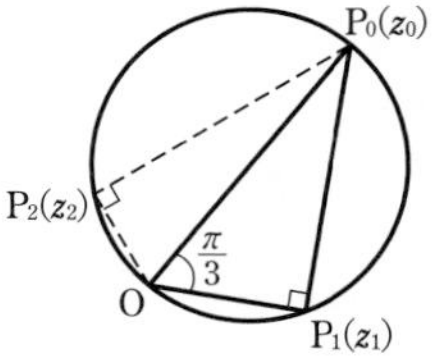

$$\frac{z_0-z_2}{0-z_2}=\frac{z_0+\dfrac{1}{z_0}}{\dfrac{1}{z_0}}=z_0{}^2+1=4(\cos 2\theta+i\sin 2\theta)+1$$

$=(4\cos 2\theta+1)+i\cdot 4\sin 2\theta$

⇦ド・モアブルの定理

$4\cos 2\theta+1=0$ から　$4(2\cos^2\theta-1)+1=0$

⇦$z_0{}^2+1$ が純虚数から (実部)$=0$

よって　$\cos^2\theta=\dfrac{3}{8}$

$0<\theta<\dfrac{\pi}{2}$ であるから　$\cos\theta>0$，$\sin\theta>0$

よって　$\cos\theta=\sqrt{\dfrac{3}{8}}=\dfrac{\sqrt{6}}{4}$，

$$\sin\theta=\sqrt{1-\frac{3}{8}}=\sqrt{\frac{5}{8}}=\frac{\sqrt{10}}{4}$$

このとき　$4\sin 2\theta=8\sin\theta\cos\theta=8\cdot\frac{\sqrt{10}}{4}\cdot\frac{\sqrt{6}}{4}\neq 0$

⇐(虚部)$\neq 0$ の確認。

したがって　$z_0=2\left(\frac{\sqrt{6}}{4}+\frac{\sqrt{10}}{4}i\right)=\boldsymbol{\frac{\sqrt{6}}{2}+\frac{\sqrt{10}}{2}i}$

PR ①114

(1) 放物線 $y^2=7x$ の焦点，準線を求めよ。また，その概形をかけ。
(2) 焦点が点 $(0,\ -1)$，準線が直線 $y=1$ の放物線の方程式を求めよ。

(1) $y^2=4\cdot\frac{7}{4}x$ から

焦点は点 $\left(\frac{7}{4},\ 0\right)$,

準線は 直線 $x=-\frac{7}{4}$

概形は**右図**。

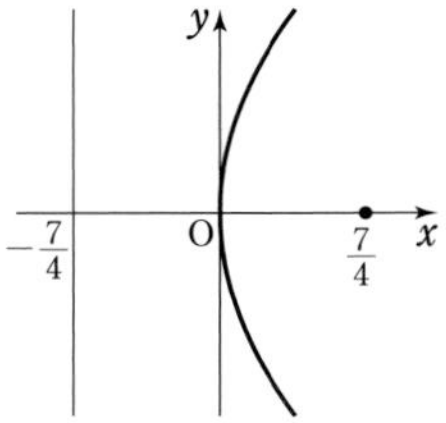

⇐ $p=\frac{7}{4}$

(2) $x^2=4py$ に $p=-1$ を代入して

$x^2=-4y$

⇐焦点が **y 軸** 上にある。

PR ③115

円 $(x-3)^2+y^2=1$ に外接し，直線 $x=-2$ にも接するような円の中心の軌跡を求めよ。

円 $(x-3)^2+y^2=1$ を C_1 とし，円 C_1 の中心をAとする。
また，円 C_1 と外接し，直線 $x=-2$ にも接する円を C_2 とする。
円 C_2 の中心を $P(x,\ y)$ とし，点Pから直線 $x=-2$ に下ろした垂線を PH とすると　　$PH=|x+2|$

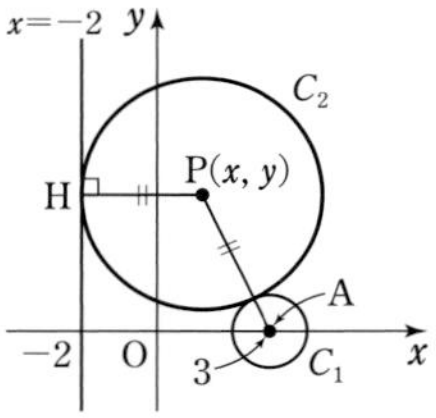

右の図より $x>-2$ であるから　　$PH=x+2$
2つの円 C_1，C_2 が外接するから

$AP=PH+1$

⇐中心間の距離
=半径の和

よって　　$\sqrt{(x-3)^2+y^2}=x+3$
両辺を2乗して　　$(x-3)^2+y^2=(x+3)^2$

⇐ $x+3>0$ であるから両辺を2乗しても同値。

ゆえに　　$y^2=12x$
したがって，求める軌跡は　　**放物線** $y^2=12x$

PR ①116

次の楕円の長軸・短軸の長さ，焦点を求めよ。また，その概形をかけ。
(1) $\frac{x^2}{4}+\frac{y^2}{8}=1$　　(2) $3x^2+5y^2=30$

(1) $\frac{x^2}{2^2}+\frac{y^2}{(2\sqrt{2})^2}=1$ であるから

⇐ $2<2\sqrt{2}$ であるから **y 軸** 上に焦点をもつ楕円。

長軸の長さは　　$2\cdot2\sqrt{2}=4\sqrt{2}$
短軸の長さは　　$2\cdot2=4$
$\sqrt{(2\sqrt{2})^2-2^2}=2$ から，**焦点は2点**
$(0,\ 2)$，$(0,\ -2)$ であり，
概形は **右図**。

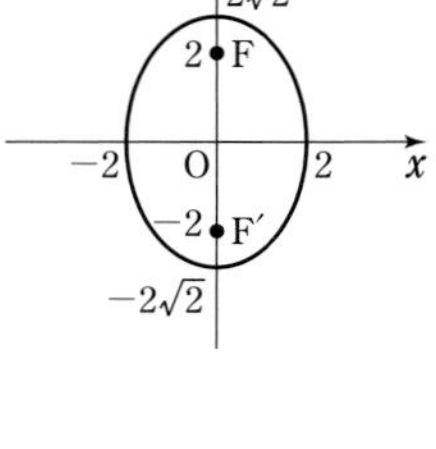

(2) $3x^2+5y^2=30$ を変形すると，

⇐両辺を30で割って $f(x,\ y)=1$ の形にする。

$\dfrac{x^2}{(\sqrt{10})^2}+\dfrac{y^2}{(\sqrt{6})^2}=1$ であるから

長軸の長さは　$2\cdot\sqrt{10}=\mathbf{2\sqrt{10}}$

短軸の長さは　$2\cdot\sqrt{6}=\mathbf{2\sqrt{6}}$

$\sqrt{(\sqrt{10})^2-(\sqrt{6})^2}=2$ から，**焦点は**

2 点 (2，0)，(−2，0) であり，

概形は **右図**。

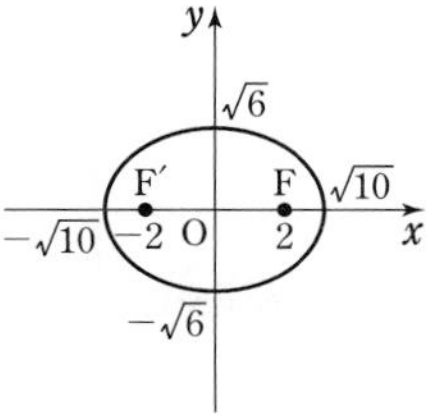

⇐$\sqrt{10}>\sqrt{6}$ であるから **x 軸** 上に焦点をもつ楕円。

PR ②117　2 点 $(2\sqrt{2},\ 0)$，$(-2\sqrt{2},\ 0)$ を焦点とし，焦点からの距離の和が 6 である楕円の方程式を求めよ。

2 点 $(2\sqrt{2},\ 0)$，$(-2\sqrt{2},\ 0)$ を焦点とする楕円の方程式は

$$\frac{x^2}{a^2}+\frac{y^2}{b^2}=1\ (a>b>0)$$

⇐焦点が **x 軸** 上にあるから　$a>b$

と表される。焦点からの距離の和が 6 であるから

$2a=6$　　よって　$a=3$，$a^2=9$

焦点の座標から　$\sqrt{a^2-b^2}=2\sqrt{2}$

ゆえに　$b^2=a^2-(2\sqrt{2})^2=9-8=1$

よって，求める楕円の方程式は　$\boldsymbol{\dfrac{x^2}{9}+y^2=1}$

別解　$F(2\sqrt{2},\ 0)$，$F'(-2\sqrt{2},\ 0)$，楕円上の点を $P(x,\ y)$ とする。$PF+PF'=6$ であるから

⇐2 点 F，F′ は焦点であるから　$PF+PF'=6$

$$\sqrt{(x-2\sqrt{2})^2+y^2}+\sqrt{(x+2\sqrt{2})^2+y^2}=6$$

よって　$\sqrt{(x-2\sqrt{2})^2+y^2}=6-\sqrt{(x+2\sqrt{2})^2+y^2}$

⇐$\sqrt{■}+\sqrt{□}=●$ の両辺を 2 乗すると計算が煩雑。

両辺を 2 乗すると　$(x-2\sqrt{2})^2+y^2=36-12\sqrt{(x+2\sqrt{2})^2+y^2}+(x+2\sqrt{2})^2+y^2$

整理して　$3\sqrt{(x+2\sqrt{2})^2+y^2}=2\sqrt{2}x+9$

更に，両辺を 2 乗して　$9\{(x+2\sqrt{2})^2+y^2\}=(2\sqrt{2}x+9)^2$

⇐$9x^2+36\sqrt{2}x+72+9y^2=8x^2+36\sqrt{2}x+81$

整理して　$x^2+9y^2=9$

ゆえに，求める楕円の方程式は　$\boldsymbol{\dfrac{x^2}{9}+y^2=1}$

PR ②118　円 $x^2+y^2=4$ を y 軸をもとにして x 軸方向に $\dfrac{5}{2}$ 倍に拡大した曲線の方程式を求めよ。

円上に点 $Q(s,\ t)$ をとり，Q が移る点を $P(x,\ y)$ とすると

$$x=\frac{5}{2}s,\quad y=t$$

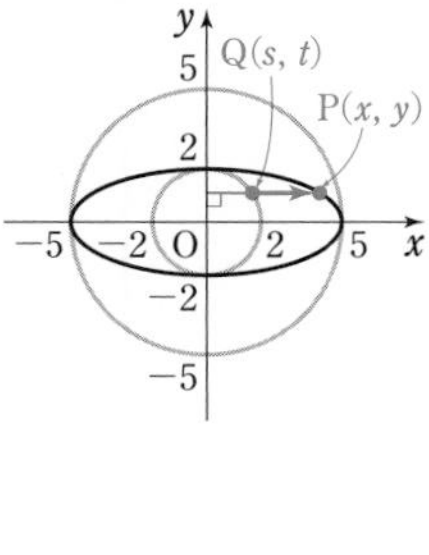

ゆえに　$s=\dfrac{2}{5}x$，$t=y$

$s^2+t^2=4$ であるから　$\left(\dfrac{2}{5}x\right)^2+y^2=4$

⇐s，t を消去。

よって　$\boldsymbol{\dfrac{x^2}{25}+\dfrac{y^2}{4}=1}$

⇐楕円を表す。

PR ②119

長さが3の線分ABの端点Aはx軸上を，端点Bはy軸上を動くとき，線分ABを1：2に外分する点Pの軌跡を求めよ。

2点A，Bの座標を，それぞれ$(s,\ 0)$，$(0,\ t)$とすると，

$AB^2=3^2$ であるから　　$s^2+t^2=3^2$ ……①

点Pの座標を$(x,\ y)$とすると，点Pは線分ABを1：2に外分するから

$$x=2s,\ y=-t$$

ゆえに　　$s=\frac{1}{2}x,\ t=-y$

これらを①に代入すると　　$\left(\frac{1}{2}x\right)^2+(-y)^2=3^2$

すなわち　$\frac{x^2}{6^2}+\frac{y^2}{3^2}=1$

よって，点Pの軌跡は，**楕円 $\frac{x^2}{36}+\frac{y^2}{9}=1$** である。

⇐$x=\frac{-2\cdot s+1\cdot 0}{1-2}$，$y=\frac{-2\cdot 0+1\cdot t}{1-2}$

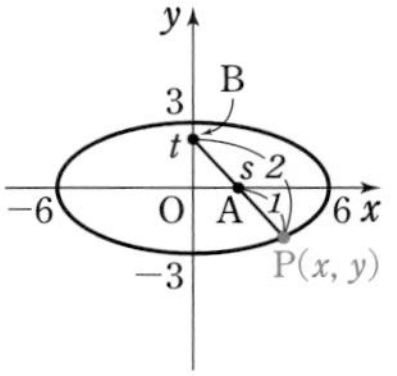

PR ①120

次の双曲線の頂点と焦点，および漸近線を求めよ。また，その概形をかけ。

(1)　$\frac{x^2}{4}-\frac{y^2}{4}=1$　　　　(2)　$25x^2-9y^2=-225$

(1)　$\frac{x^2}{2^2}-\frac{y^2}{2^2}=1$ であるから，**頂点は**

2点 (2,　0)，(−2,　0)

$\sqrt{2^2+2^2}=2\sqrt{2}$ であるから，**焦点は**

2点 $(2\sqrt{2},\ 0)$，$(-2\sqrt{2},\ 0)$

また，**漸近線は2直線 $y=\pm x$**

概形は **右図**。

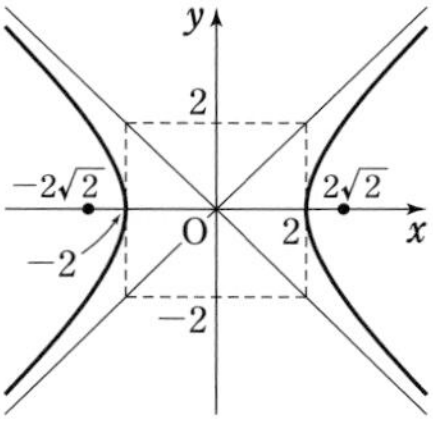

⇐右辺が1であるから **x軸上** に焦点をもつ双曲線。

⇐グラフは，まず漸近線をかくとよい。

⇐$\frac{x}{2}-\frac{y}{2}=0$，$\frac{x}{2}+\frac{y}{2}=0$ すなわち $x-y=0$，$x+y=0$ でもよい。

(2)　$25x^2-9y^2=-225$ を変形して　　$\frac{x^2}{3^2}-\frac{y^2}{5^2}=-1$

よって，**頂点は**

2点 (0,　5)，(0,　−5)

$\sqrt{3^2+5^2}=\sqrt{34}$ であるから，**焦点は**

2点 $(0,\ \sqrt{34})$，$(0,\ -\sqrt{34})$

また，**漸近線は2直線 $y=\pm\frac{5}{3}x$**

概形は **右図**。

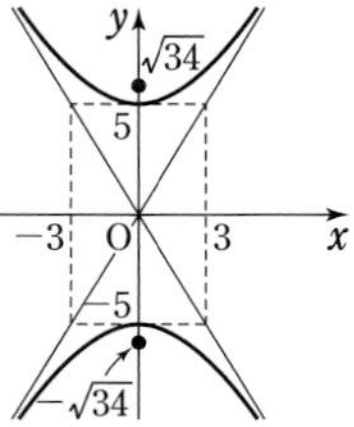

⇐右辺が −1 であるから **y軸上** に焦点をもつ双曲線。

⇐グラフは，まず漸近線をかくとよい。

⇐$\frac{x}{3}-\frac{y}{5}=0$，$\frac{x}{3}+\frac{y}{5}=0$ でもよい。

inf.　2次曲線は，円錐をその頂点を通らない平面で切った切り口の曲線として現れることが知られている。このことから，2次曲線を **円錐曲線** ということもある。また，円と楕円は，直円柱をその軸と交わる平面で切った切り口の曲線でもある。

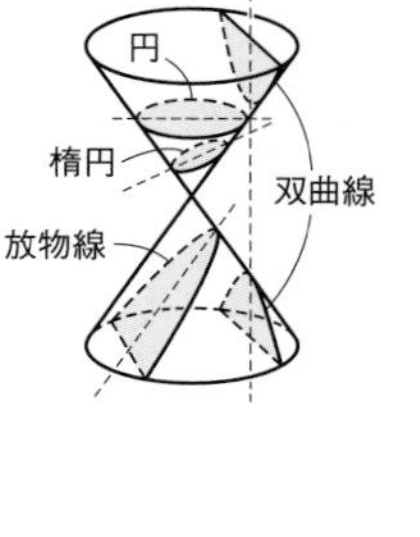

PR ②121

(1)　2点 $(0,\ 5)$, $(0,\ -5)$ を焦点とし，焦点からの距離の差が8である双曲線の方程式を求めよ。

(2)　2直線 $y=\frac{\sqrt{7}}{3}x$, $y=-\frac{\sqrt{7}}{3}x$ を漸近線にもち，2点 $(0,\ 4)$, $(0,\ -4)$ を焦点とする双曲線の方程式を求めよ。

(1)　2点 $(0,\ 5)$, $(0,\ -5)$ を焦点とする双曲線の方程式は

$$\frac{x^2}{a^2}-\frac{y^2}{b^2}=-1\ (a>0,\ b>0)$$

と表される。焦点からの距離の差が8であるから

$$2b=8$$

よって　$b=4$, $b^2=16$

焦点の座標から　$\sqrt{a^2+b^2}=5$

ゆえに　$a^2=5^2-b^2=25-16=9$

よって，求める双曲線の方程式は　$\boldsymbol{\frac{x^2}{9}-\frac{y^2}{16}=-1}$

⇐焦点が $\boldsymbol{y}$ 軸 上にあるから　$\frac{x^2}{a^2}-\frac{y^2}{b^2}=-1$

⇐焦点は2点 $(0,\ \sqrt{a^2+b^2})$, $(0,\ -\sqrt{a^2+b^2})$

別解　$F(0,\ 5)$, $F'(0,\ -5)$，双曲線上の点を $P(x,\ y)$ とする。$|PF-PF'|=8$ であるから

$$\left|\sqrt{x^2+(y-5)^2}-\sqrt{x^2+(y+5)^2}\right|=8$$

よって　$\sqrt{x^2+(y-5)^2}-\sqrt{x^2+(y+5)^2}=\pm 8$

すなわち　$\sqrt{x^2+(y-5)^2}=\sqrt{x^2+(y+5)^2}\pm 8$

（以下，複号同順）

両辺を2乗すると

$$x^2+(y-5)^2=x^2+(y+5)^2\pm 16\sqrt{x^2+(y+5)^2}+64$$

整理して　$\pm 4\sqrt{x^2+(y+5)^2}=-(5y+16)$

更に，両辺を2乗して　$16\{x^2+(y+5)^2\}=(5y+16)^2$

整理して　$16x^2-9y^2=-144$

ゆえに，求める双曲線の方程式は　$\boldsymbol{\frac{x^2}{9}-\frac{y^2}{16}=-1}$

⇐2点F, F′は焦点であるから　$|PF-PF'|=8$

⇐$\sqrt{■}-\sqrt{□}=●$ の両辺を2乗すると計算が煩雑。

⇐$16x^2+16y^2+160y+400=25y^2+160y+256$

(2)　2点 $(0,\ 4)$, $(0,\ -4)$ を焦点とする双曲線の方程式は

$$\frac{x^2}{a^2}-\frac{y^2}{b^2}=-1\ (a>0,\ b>0)$$

と表される。漸近線の傾きが $\pm\frac{\sqrt{7}}{3}$ であるから

$$\frac{b}{a}=\frac{\sqrt{7}}{3}\quad すなわち\quad b=\frac{\sqrt{7}}{3}a\ \cdots\cdots ①$$

焦点の座標から　$\sqrt{a^2+b^2}=4\ \cdots\cdots ②$

①, ② から　$a^2+\left(\frac{\sqrt{7}}{3}a\right)^2=4^2$

ゆえに　$a^2=9$, $b^2=7$

よって，求める双曲線の方程式は　$\boldsymbol{\frac{x^2}{9}-\frac{y^2}{7}=-1}$

⇐焦点が $\boldsymbol{y}$ 軸 上にあるから　$\frac{x^2}{a^2}-\frac{y^2}{b^2}=-1$

⇐漸近線の方程式は $y=\pm\frac{b}{a}x$

⇐②から　$a^2+b^2=4^2$ ① を代入して $\frac{16}{9}a^2=16$

PR
②**122**

(1) 楕円 $12x^2+3y^2=36$ を x 軸方向に 1，y 軸方向に -2 だけ平行移動した楕円の方程式を求めよ。また，焦点の座標を求めよ。

(2) 次の曲線の焦点の座標を求め，概形をかけ。

(ア) $25x^2-4y^2+100x-24y-36=0$　　(イ) $y^2-4x-2y-7=0$

(ウ) $4x^2+9y^2-8x+36y+4=0$

(1) $12(x-1)^2+3\{y-(-2)\}^2=36$ から

$$12(x-1)^2+3(y+2)^2=36$$

すなわち $\boldsymbol{\dfrac{(x-1)^2}{3}+\dfrac{(y+2)^2}{12}=1}$

楕円 $\dfrac{x^2}{3}+\dfrac{y^2}{12}=1$ の焦点の座標は $(0,\ 3)$，$(0,\ -3)$ であるから，これを x 軸方向に 1，y 軸方向に -2 だけ平行移動して，求める焦点の座標は　2 点 $\boldsymbol{(1,\ 1)}$，$\boldsymbol{(1,\ -5)}$

⇦ x を $\boldsymbol{x-1}$，y を $\boldsymbol{y-(-2)}$ におき換える。

⇦ $\sqrt{b^2-a^2}=\sqrt{12-3}=3$

⇦点 $(x,\ y)$ を x 軸方向に p，y 軸方向に q だけ平行移動した点の座標は $(x+p,\ y+q)$

(2) (ア) 与えられた方程式を変形すると

$$25(x^2+4x+2^2)-25\cdot2^2-4(y^2+6y+3^2)+4\cdot3^2-36=0$$

よって　$25(x+2)^2-4(y+3)^2=100$

ゆえに　$\dfrac{(x+2)^2}{4}-\dfrac{(y+3)^2}{25}=1$

よって，与えられた曲線は，双曲線 $\dfrac{x^2}{4}-\dfrac{y^2}{25}=1$ を x 軸方向に -2，y 軸方向に -3 だけ平行移動した双曲線である。

ゆえに，焦点は

2 点 $\boldsymbol{(\sqrt{29}-2,\ -3)}$，

$\boldsymbol{(-\sqrt{29}-2,\ -3)}$

双曲線 $\dfrac{(x+2)^2}{4}-\dfrac{(y+3)^2}{25}=1$ の中心は $(-2,\ -3)$，漸近線は $y=\pm\dfrac{5}{2}(x+2)-3$ で，概形は **右図** のようになる。

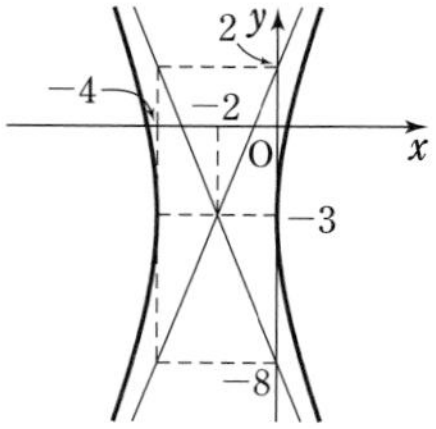

⇦双曲線 $\dfrac{x^2}{4}-\dfrac{y^2}{25}=1$ について
焦点 $(\sqrt{29},\ 0)$，$(-\sqrt{29},\ 0)$
中心 $(0,\ 0)$
漸近線 $y=\pm\dfrac{5}{2}x$

(イ) 与えられた方程式を変形すると

$$y^2-2y+1^2-1^2-4x-7=0$$

よって　$(y-1)^2=4x+8$

ゆえに　$(y-1)^2=4(x+2)$

よって，与えられた曲線は，放物線 $y^2=4x$ を x 軸方向に -2，y 軸方向に 1 だけ平行移動した放物線である。

ゆえに，焦点は　点 $\boldsymbol{(-1,\ 1)}$

放物線 $(y-1)^2=4(x+2)$ の頂点は $(-2,\ 1)$，軸は $y=1$ で，概形は **右図** のようになる。

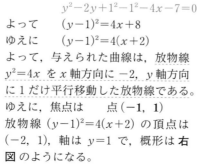

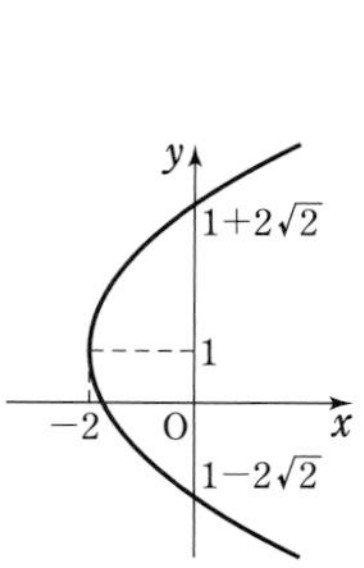

⇦放物線 $y^2=4x$ について
焦点 $(1,\ 0)$
頂点 $(0,\ 0)$
軸 $y=0$

(ウ) 与えられた方程式を変形すると

$$4(x^2-2x+1^2)-4\cdot1^2+9(y^2+4y+2^2)-9\cdot2^2+4=0$$

よって　　$4(x-1)^2+9(y+2)^2=36$

ゆえに　　$\dfrac{(x-1)^2}{9}+\dfrac{(y+2)^2}{4}=1$

よって，与えられた曲線は，楕円 $\dfrac{x^2}{9}+\dfrac{y^2}{4}=1$ を x 軸方向に1，y 軸方向に -2 だけ平行移動した楕円である。

ゆえに，焦点は

2点 $(\sqrt{5}+1,\ -2)$, $(-\sqrt{5}+1,\ -2)$

楕円 $\dfrac{(x-1)^2}{9}+\dfrac{(y+2)^2}{4}=1$ の中心は $(1,\ -2)$ で，概形は **右図** のようになる。

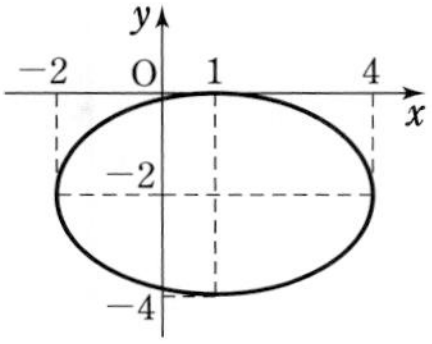

⇦楕円 $\dfrac{x^2}{9}+\dfrac{y^2}{4}=1$ について
焦点 $(\sqrt{5},\ 0)$, $(-\sqrt{5},\ 0)$
中心 $(0,\ 0)$

4章
PR

PR ③123

双曲線 $x^2-\dfrac{y^2}{2}=1$ 上の点Pと点$(0,\ 3)$の距離を最小にするPの座標と，そのときの距離を求めよ。

$A(0,\ 3)$，$P(s,\ t)$ とする。

Pは双曲線 $x^2-\dfrac{y^2}{2}=1$ 上の点であるから　　$s^2-\dfrac{t^2}{2}=1$ …… ①

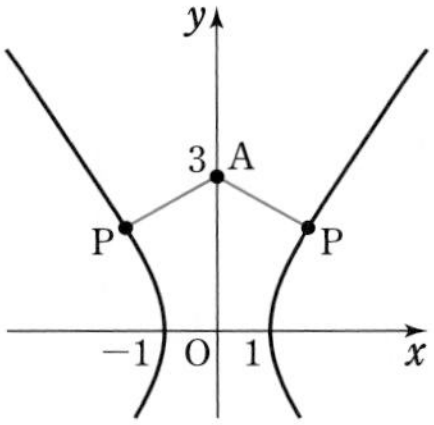

よって　　$s^2=1+\dfrac{t^2}{2}$

したがって

$$AP^2=s^2+(t-3)^2=1+\frac{t^2}{2}+(t-3)^2$$

$$=\frac{3}{2}t^2-6t+10=\frac{3}{2}(t-2)^2+4$$

よって，AP^2 は $t=2$ のとき最小値4をとる。

$AP\geqq 0$ であるから，AP^2 が最小のとき，AP も最小となる。

$t=2$ のとき，① から　　$s^2=3$

ゆえに　　$s=\pm\sqrt{3}$

よって，**$P(-\sqrt{3},\ 2)$ または $P(\sqrt{3},\ 2)$** のとき最小となり，そのときの **距離は**　　$\sqrt{4}=$ **2**

⇦2次関数の最大・最小は $y=a(x-p)^2+q$ の形に変形して考える。

PR ④124

曲線 $x^2-2\sqrt{3}xy+3y^2+6\sqrt{3}x-10y+12=0$ を，原点を中心として $-\dfrac{\pi}{6}$ だけ回転した曲線の方程式を求め，それを図示せよ。

点 $P(X,\ Y)$ を曲線 $x^2-2\sqrt{3}xy+3y^2+6\sqrt{3}x-10y+12=0$ 上の点とすると

$$X^2-2\sqrt{3}XY+3Y^2+6\sqrt{3}X-10Y+12=0 \quad \cdots\cdots ①$$

また，点 P$(X,\ Y)$ を，原点を中心として $-\dfrac{\pi}{6}$ だけ回転した点を Q$(x,\ y)$ とする。

複素数平面上において，点 Q$(x+yi)$ を原点を中心として $\dfrac{\pi}{6}$ だけ回転した点が P$(X+Yi)$ であるから

$$X+Yi=\left(\cos\frac{\pi}{6}+i\sin\frac{\pi}{6}\right)(x+yi)=\left(\frac{\sqrt{3}}{2}+\frac{1}{2}i\right)(x+yi)$$
$$=\left(\frac{\sqrt{3}}{2}x-\frac{1}{2}y\right)+\left(\frac{1}{2}x+\frac{\sqrt{3}}{2}y\right)i$$

⇐ $\cos\dfrac{\pi}{6}=\dfrac{\sqrt{3}}{2}$, $\sin\dfrac{\pi}{6}=\dfrac{1}{2}$

よって　$X=\dfrac{1}{2}(\sqrt{3}x-y)$, $Y=\dfrac{1}{2}(x+\sqrt{3}y)$

これらを ① に代入して

$$\frac{1}{4}(\sqrt{3}x-y)^2-\frac{2\sqrt{3}}{4}(\sqrt{3}x-y)(x+\sqrt{3}y)$$
$$+\frac{3}{4}(x+\sqrt{3}y)^2+\frac{6\sqrt{3}}{2}(\sqrt{3}x-y)$$
$$-\frac{10}{2}(x+\sqrt{3}y)+12=0$$

展開すると

$$\frac{3}{4}x^2-\frac{\sqrt{3}}{2}xy+\frac{1}{4}y^2-\frac{3}{2}x^2-\sqrt{3}xy+\frac{3}{2}y^2$$
$$+\frac{3}{4}x^2+\frac{3\sqrt{3}}{2}xy+\frac{9}{4}y^2+9x-3\sqrt{3}y$$
$$-5x-5\sqrt{3}y+12=0$$

整理すると　$y^2+x-2\sqrt{3}y+3=0$

ゆえに　$\boldsymbol{(y-\sqrt{3})^2=-x}$

⇐ $y^2-2\sqrt{3}y+3=-x$

よって，この方程式は，放物線 $y^2=-x$ を y 軸方向に $\sqrt{3}$ だけ平行移動した曲線を表す。

すなわち，頂点 $(0,\ \sqrt{3})$ の放物線で，**右図** のようになる。

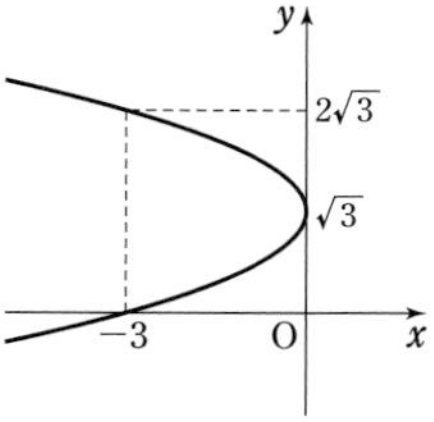

inf.　本冊 $p.489$ 重要例題 124 (1) の 別解

三角関数の加法定理を利用する。

動径 OQ が x 軸の正の向きとなす角を α とすると，動径 OP が x 軸の正の向きとなす角は $\alpha-\theta$ である。

また，OP$=$OQ$=r$ とすると　$x=r\cos\alpha$, $y=r\sin\alpha$

よって　$X=r\cos(\alpha-\theta)=r\cos\alpha\cos\theta+r\sin\alpha\sin\theta$
$=x\cos\theta+y\sin\theta$

$Y=r\sin(\alpha-\theta)=r\sin\alpha\cos\theta-r\cos\alpha\sin\theta$
$=-x\sin\theta+y\cos\theta$

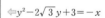

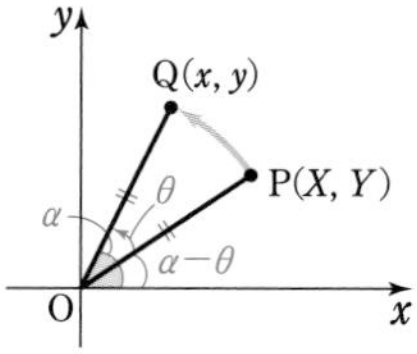

inf.　2次曲線の一般形は

$$ax^2+bxy+cy^2+dx+ey+f=0$$

であり，この方程式が2次曲線を表すとき，次のように分類される。

$a=c,\ b=0 \iff$ 円
$b^2-4ac<0 \iff$ 楕円
$b^2-4ac>0 \iff$ 双曲線
$b^2-4ac=0 \iff$ 放物線

PR ④125 複素数 $z=x+yi$（x, y は実数，i は虚数単位）が次の条件を満たすとき，x, y の満たす方程式を求めよ。また，その方程式が表す図形の概形を xy 平面上に図示せよ。
(1) $|z-4i|+|z+4i|=10$　　(2) $(z+\overline{z})^2=2(1+|z|^2)$　　[(1) 芝浦工大]

(1) P(z), F($4i$), F′($-4i$) とすると
$|z-4i|=\mathrm{PF},\ |z+4i|=|z-(-4i)|=\mathrm{PF'}$
よって　$\mathrm{PF}+\mathrm{PF'}=10$
したがって，点Pの軌跡は2点F, F′を焦点とする楕円である。
ゆえに，xy 平面上において求める楕円の方程式は
$\dfrac{x^2}{a^2}+\dfrac{y^2}{b^2}=1\ (b>a>0)$
と表される。距離の和が10であるから　$2b=10$
よって　$b=5,\ b^2=25$
2点F, F′を焦点とするから　$\sqrt{b^2-a^2}=4$
ゆえに　$a^2=b^2-4^2=25-16=9$
よって，求める x, y の満たす方程式は　$\boldsymbol{\dfrac{x^2}{9}+\dfrac{y^2}{25}=1}$
概形は **右図** のようになる。

⇐A(α), B(β) のとき AB$=|\beta-\alpha|$

⇐2定点からの距離の和が一定 ⟶ 楕円

⇐焦点が **y 軸** 上で中心が原点

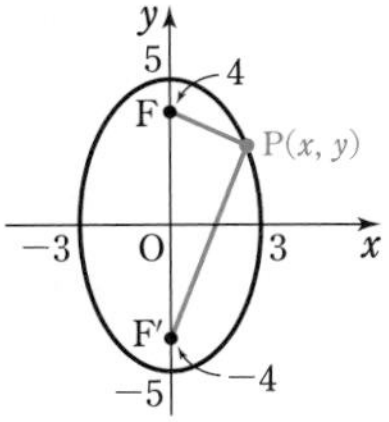

別解　$z=x+yi$ を条件式に代入して
$|x+yi-4i|+|x+yi+4i|=10$
すなわち　$|x+(y-4)i|+|x+(y+4)i|=10$
ゆえに　$\sqrt{x^2+(y-4)^2}+\sqrt{x^2+(y+4)^2}=10$
よって　$\sqrt{x^2+(y-4)^2}=10-\sqrt{x^2+(y+4)^2}$
両辺を2乗すると　$x^2+(y-4)^2=100-20\sqrt{x^2+(y+4)^2}+x^2+(y+4)^2$
整理して　$5\sqrt{x^2+(y+4)^2}=4y+25$
更に，両辺を2乗して　$25\{x^2+(y+4)^2\}=(4y+25)^2$
整理して　$25x^2+9y^2=225$
よって，求める x, y の方程式は　$\boldsymbol{\dfrac{x^2}{9}+\dfrac{y^2}{25}=1}$（図示略）

⇐a, b が実数のとき $|a+bi|=\sqrt{a^2+b^2}$

⇐$25x^2+25y^2+200y+400=16y^2+200y+625$

(2) $z=x+yi$ を条件式に代入すると
$(x+yi+x-yi)^2=2(1+x^2+y^2)$
よって　$(2x)^2=2(1+x^2+y^2)$
ゆえに　$2x^2=1+x^2+y^2$
よって，x, y の満たす方程式は　$\boldsymbol{x^2-y^2=1}$
概形は **右図** のようになる。

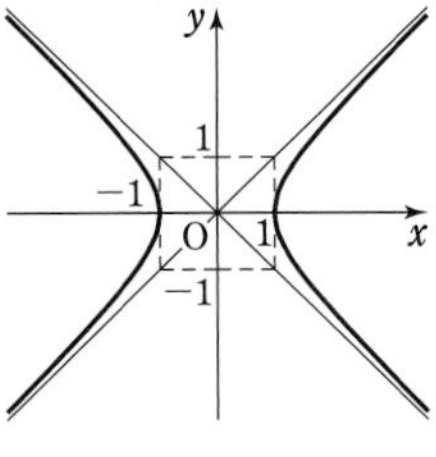

PR ②126 次の 2 次曲線と直線は共有点をもつか。共有点をもつ場合には，交点・接点の別とその点の座標を求めよ。

(1) $9x^2+4y^2=36$，$x-y=3$　　(2) $y^2=-4x$，$y=2x-3$

(3) $x^2-4y^2=-1$，$x+2y=3$　　(4) $3x^2+y^2=12$，$x-y=4$

(1) $9x^2+4y^2=36$ …… ①

$x-y=3$ から　$y=x-3$ …… ②

⇦ y を消去する。

② を ① に代入すると

$9x^2+4(x-3)^2=36$

よって　$x(13x-24)=0$

ゆえに　$x=0,\ \dfrac{24}{13}$

② から　$x=0$ のとき　$y=-3$,

$x=\dfrac{24}{13}$ のとき　$y=-\dfrac{15}{13}$

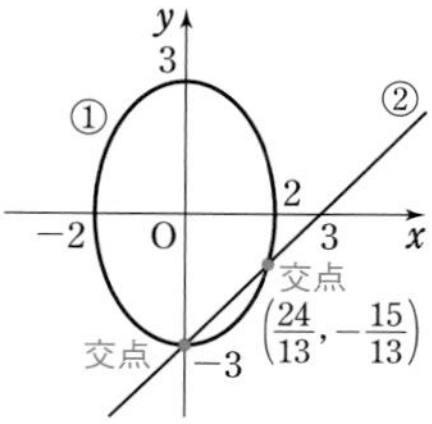

したがって，**2 つの交点 (0，−3)，$\left(\dfrac{24}{13},\ -\dfrac{15}{13}\right)$** をもつ。

(2) $y^2=-4x$ …… ①，$y=2x-3$ …… ②

⇦ y を消去する。

② を ① に代入すると　$(2x-3)^2=-4x$

整理すると　$4x^2-8x+9=0$

この 2 次方程式の判別式を D とすると

$$\frac{D}{4}=(-4)^2-4\cdot 9=-20<0$$

⇦ $D<0$ であるから，実数解をもたない。

よって，**共有点をもたない。**

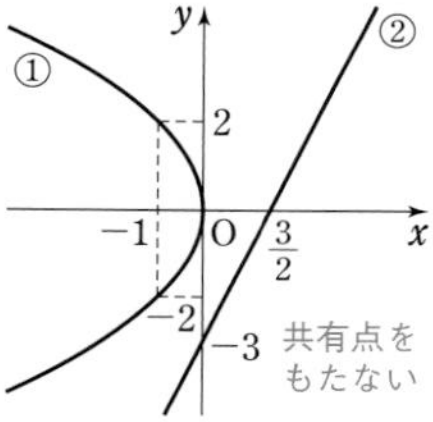

(3) $x^2-4y^2=-1$ …… ①

$x+2y=3$ から　$x=-2y+3$ …… ②

⇦計算しやすいように，x を消去する。$y=-\dfrac{1}{2}x+\dfrac{3}{2}$ を ① に代入すると，計算が煩雑。

② を ① に代入すると

$(-2y+3)^2-4y^2=-1$

よって　$-12y+10=0$

ゆえに　$y=\dfrac{5}{6}$　② から　$x=\dfrac{4}{3}$

したがって，**1 つの交点 $\left(\dfrac{4}{3},\ \dfrac{5}{6}\right)$** をもつ。

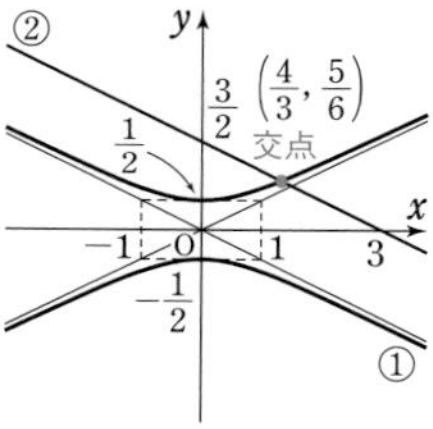

(4) $3x^2+y^2=12$ …… ①

$x-y=4$ から　$y=x-4$ …… ②

⇦ y を消去する。

② を ① に代入すると

$3x^2+(x-4)^2=12$

よって　$4x^2-8x+4=0$

ゆえに　$(x-1)^2=0$

よって　$x=1$

② から　$y=-3$

したがって，**接点 (1，−3)** をもつ。

⇦ $x=1$ は重解であるから，点 (1，−3) は**接点**となる。

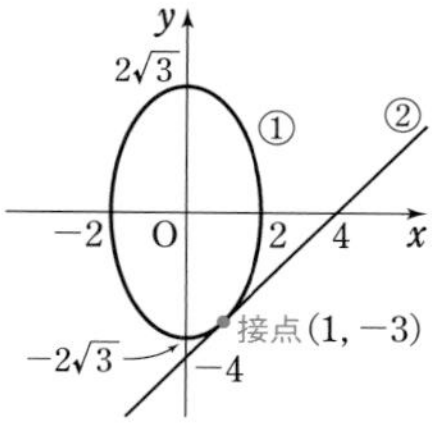

PR ③127　曲線 $3x^2+12ax+4y^2=0$ と，直線 $x+2y=6$ の共有点の個数を調べよ。

$x+2y=6$ から　　$2y=-x+6$ …… ①

① を $3x^2+12ax+4y^2=0$ …… ② に代入すると

$$3x^2+12ax+(-x+6)^2=0$$

整理すると　　$x^2+3(a-1)x+9=0$ …… ③

よって，2 次方程式 ③ の判別式を D とすると

$$D=\{3(a-1)\}^2-4\cdot1\cdot9$$
$$=9(a^2-2a-3)$$
$$=9(a+1)(a-3)$$

曲線 ② と直線 ① の共有点の個数は，2 次方程式 ③ の実数解の個数と一致する。したがって

$D>0$　すなわち　$a<-1,\ 3<a$ のとき

　　① と ② は異なる 2 点で交わる

$D=0$　すなわち　$a=-1,\ 3$ のとき

　　① と ② は 1 点で接する

$D<0$　すなわち　$-1<a<3$ のとき

　　① と ② の共有点はない

よって　　**$a<-1,\ 3<a$ のとき 2 個，**

　　$a=-1,\ 3$ のとき 1 個，

　　$-1<a<3$ のとき 0 個

inf.　$3x^2+12ax+4y^2=0$ から

$$3\{x^2+4ax+(2a)^2\}-3(2a)^2+4y^2=0$$

ゆえに　　$3(x+2a)^2+4y^2=12a^2$

$a\neq0$ のとき　　$\dfrac{(x+2a)^2}{(2a)^2}+\dfrac{y^2}{(\sqrt{3}a)^2}=1$

これは，楕円を表す。

この楕円は，中心が $(-2a,\ 0)$ で原点を通る。

よって，図のように直線 ① に接する楕円が境目になって，共有点の個数が変わる。

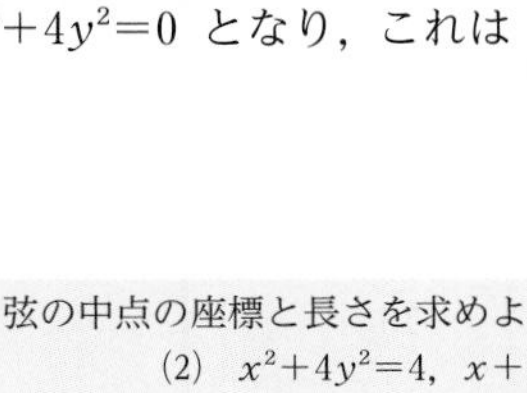

$a=0$ のとき，曲線の方程式は $3x^2+4y^2=0$ となり，これは点 $(0,\ 0)$ を表す。

⇐$x=6-2y$ として x を消去してもよいが，$4y^2=(2y)^2$ に着目して，y を消去した方がスムーズ。

⇐$D>0 \iff$ 異なる 2 つの実数解をもつ

⇐$D=0 \iff$ 重解をもつ

⇐$D<0 \iff$ 実数解をもたない

⇐両辺を $12a^2$ で割る。

⇐$2a\neq0,\ \sqrt{3}a\neq0$

⇐$3x^2+4y^2=0$ を満たす実数 $x,\ y$ は $x=y=0$

PR ③128　次の 2 次曲線と直線が交わってできる弦の中点の座標と長さを求めよ。

(1)　$y^2=8x,\ x-y=3$　　(2)　$x^2+4y^2=4,\ x+3y=1$

(3)　$x^2-2y^2=1,\ 2x-y=3$

(1)　$y^2=8x$ …… ①，$x-y=3$ …… ② とする。

① と ② の 2 つの交点を $\mathrm{P}(x_1,\ y_1)$，$\mathrm{Q}(x_2,\ y_2)$ とする。

② から　　$y=x-3$

これを ① に代入して，y を消去すると

$$x^2-14x+9=0 \quad \cdots\cdots ③$$

⇦$(x-3)^2=8x$

x_1，x_2 は 2 次方程式 ③ の異なる 2 つの実数解である。

⇦$\dfrac{D}{4}=(-7)^2-1\cdot 9=40>0$

ここで，③ において，解と係数の関係から

$$x_1+x_2=14 \quad \cdots\cdots ④,\quad x_1x_2=9 \quad \cdots\cdots ⑤$$

⇦$x_1+x_2=-\dfrac{-14}{1}$

線分 PQ の中点の座標は　$\left(\dfrac{x_1+x_2}{2},\ \dfrac{x_1+x_2}{2}-3\right)$

⇦線分 PQ の中点は直線 $y=x-3$ 上にある。

④ を代入して　**(7, 4)**

また　$PQ^2=(x_2-x_1)^2+(y_2-y_1)^2=(x_2-x_1)^2+(x_2-x_1)^2$

$=2(x_2-x_1)^2=2\{(x_1+x_2)^2-4x_1x_2\}$

⇦$y_2-y_1=(x_2-3)-(x_1-3)=x_2-x_1$

④，⑤ を代入して　$PQ^2=2(14^2-4\cdot 9)=320$

したがって　$PQ=\boldsymbol{8\sqrt{5}}$

inf.　本冊 $p.496$ INFORMATION 参照。

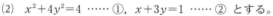

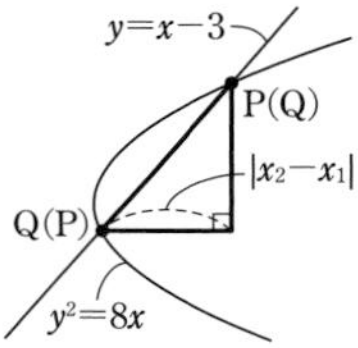

直線 $y=x-3$ の傾きが 1 であるから

$$PQ=\sqrt{1^2+1^2}|x_2-x_1|$$

⇦直角二等辺三角形

④，⑤ から

$$(x_2-x_1)^2=(x_1+x_2)^2-4x_1x_2=160$$

よって　$PQ=\sqrt{2}\cdot\sqrt{160}=\boldsymbol{8\sqrt{5}}$

(2)　$x^2+4y^2=4 \quad \cdots\cdots ①$，$x+3y=1 \quad \cdots\cdots ②$ とする。

① と ② の 2 つの交点を $P(x_1,\ y_1)$，$Q(x_2,\ y_2)$ とする。

② から　$x=1-3y$

⇦計算しやすいように，$\boldsymbol{x}$ を消去する。

これを ① に代入して，x を消去すると

$$13y^2-6y-3=0 \quad \cdots\cdots ③$$

⇦$(1-3y)^2+4y^2=4$

y_1，y_2 は 2 次方程式 ③ の異なる 2 つの実数解である。

⇦$\dfrac{D}{4}=(-3)^2-13\cdot(-3)=48>0$

ここで，③ において，解と係数の関係から

$$y_1+y_2=\frac{6}{13} \quad \cdots\cdots ④,\quad y_1y_2=-\frac{3}{13} \quad \cdots\cdots ⑤$$

⇦$y_1+y_2=-\dfrac{-6}{13}$

線分 PQ の中点の座標は　$\left(1-3\cdot\dfrac{y_1+y_2}{2},\ \dfrac{y_1+y_2}{2}\right)$

⇦線分 PQ の中点は直線 $x=1-3y$ 上にある。

④ を代入して　$\boldsymbol{\left(\dfrac{4}{13},\ \dfrac{3}{13}\right)}$

また　$PQ^2=(x_2-x_1)^2+(y_2-y_1)^2=9(y_2-y_1)^2+(y_2-y_1)^2$

$=10(y_2-y_1)^2=10\{(y_1+y_2)^2-4y_1y_2\}$

⇦$x_2-x_1=(1-3y_2)-(1-3y_1)=-3(y_2-y_1)$

④，⑤ を代入して　$PQ^2=10\left\{\left(\dfrac{6}{13}\right)^2-4\cdot\left(-\dfrac{3}{13}\right)\right\}=\dfrac{1920}{169}$

したがって　$PQ=\boldsymbol{\dfrac{8\sqrt{30}}{13}}$

(3)　$x^2-2y^2=1 \quad \cdots\cdots ①$，$2x-y=3 \quad \cdots\cdots ②$ とする。

① と ② の 2 つの交点を $P(x_1,\ y_1)$，$Q(x_2,\ y_2)$ とする。

② から　$y=2x-3$

これを ① に代入して，y を消去すると

$7x^2-24x+19=0$ ……③

x_1, x_2 は2次方程式③の異なる2つの実数解である。

ここで，③において，解と係数の関係から

$x_1+x_2=\frac{24}{7}$ ……④，$x_1x_2=\frac{19}{7}$ ……⑤

線分PQの中点の座標は　$\left(\frac{x_1+x_2}{2},\ 2\cdot\frac{x_1+x_2}{2}-3\right)$

④を代入して　$\left(\boldsymbol{\frac{12}{7}},\ \boldsymbol{\frac{3}{7}}\right)$

また　$PQ^2=(x_2-x_1)^2+(y_2-y_1)^2=(x_2-x_1)^2+4(x_2-x_1)^2$

$=5(x_2-x_1)^2=5\{(x_1+x_2)^2-4x_1x_2\}$

④，⑤を代入して　$PQ^2=5\left\{\left(\frac{24}{7}\right)^2-4\cdot\frac{19}{7}\right\}=\frac{220}{49}$

したがって　$\boldsymbol{PQ=\frac{2\sqrt{55}}{7}}$

⇐$x^2-2(2x-3)^2=1$

⇐$\frac{D}{4}=(-12)^2-7\cdot19$
$=11>0$

⇐$x_1+x_2=-\frac{-24}{7}$

⇐線分PQの中点は直線 $y=2x-3$ 上にある。

⇐y_2-y_1
$=(2x_2-3)-(2x_1-3)$
$=2(x_2-x_1)$

4章 PR

PR ③129

双曲線 $x^2-3y^2=3$ と直線 $y=x+k$ がある。
(1) 双曲線と直線が異なる2点で交わるような，定数 k の値の範囲を求めよ。
(2) 双曲線が直線から切り取る線分の中点の軌跡を求めよ。

(1) $y=x+k$ を $x^2-3y^2=3$ に代入して　$x^2-3(x+k)^2=3$

ゆえに　$2x^2+6kx+3k^2+3=0$ ……①

双曲線と直線が異なる2点で交わるから，2次方程式①の判別式を D とすると　$D>0$

ここで　$\frac{D}{4}=(3k)^2-2(3k^2+3)$

$=3k^2-6=3(k+\sqrt{2})(k-\sqrt{2})$

よって　$\boldsymbol{k<-\sqrt{2},\ \sqrt{2}<k}$

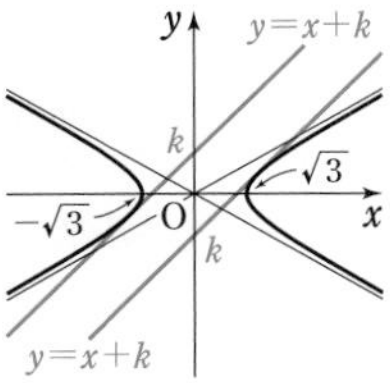

(2) k が(1)で求めた範囲にあるとき，方程式①は異なる2つの実数解 α, β をもち，これらは，双曲線が直線から切り取る線分の端点の x 座標である。

ここで，線分の中点の座標を $(x,\ y)$ とすると，①において，解と係数の関係から

$x=\frac{\alpha+\beta}{2}=-\frac{3}{2}k$ ……②

$y=x+k=-\frac{3}{2}k+k=-\frac{k}{2}$ ……③

③から　$k=-2y$

これを②に代入すると　$x=3y$

(1)と②から　$x<-\frac{3\sqrt{2}}{2},\ \frac{3\sqrt{2}}{2}<x$

したがって，求める軌跡は

直線 $y=\frac{1}{3}x$ の $x<-\frac{3\sqrt{2}}{2},\ \frac{3\sqrt{2}}{2}<x$ の部分

CHART
弦の中点の軌跡
解と係数の関係を利用

⇐$\alpha+\beta=-3k$

⇐中点 $(x,\ y)$ は直線 $y=x+k$ 上にある。

⇐$-\frac{2}{3}x<-\sqrt{2}$,
$\sqrt{2}<-\frac{2}{3}x$

PR ③130 点A(1, 4) から双曲線 $4x^2-y^2=4$ に引いた接線の方程式を求めよ。また，その接点の座標を求めよ。

$4x^2-y^2=4$ ……① とする。

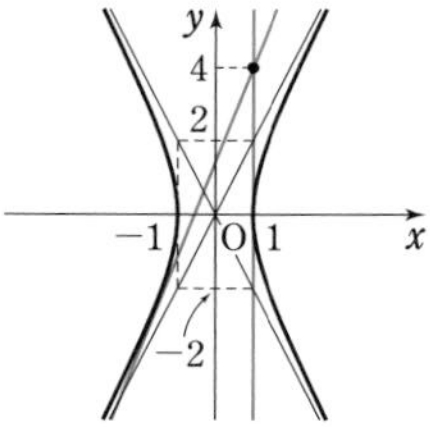

方針 1 点Aを通る接線のうち，x 軸に垂直なものの方程式は $x=1$ であり，その接点の座標は (1, 0) である。

x 軸に垂直ではない接線の傾きを m とすると，接線の方程式は

$y=m(x-1)+4$ ……②

② を ① に代入すると

$4x^2-\{m(x-1)+4\}^2=4$

整理すると

$(4-m^2)x^2+2m(m-4)x-m^2+8m-20=0$ ……③

$m=\pm2$ のとき，直線 ② は双曲線の漸近線 $y=\pm2x$（複号同順）と平行で，接線ではない。よって　$m\neq\pm2$

このとき，2 次方程式 ③ の判別式を D とすると

$\frac{D}{4}=\{m(m-4)\}^2-(4-m^2)(-m^2+8m-20)$

$=-32m+80=-16(2m-5)$

直線 ② が双曲線 ① に接する条件は，$D=0$ から　$m=\frac{5}{2}$

よって，接線の方程式は　$y=\frac{5}{2}x+\frac{3}{2}$ ……④

$m=\frac{5}{2}$ を ③ に代入して　$-\frac{9}{4}x^2-\frac{15}{2}x-\frac{25}{4}=0$

ゆえに　$9x^2+30x+25=0$　よって　$(3x+5)^2=0$

すなわち　$x=-\frac{5}{3}$　④ から　$y=-\frac{8}{3}$

したがって，接線の方程式と接点の座標は

接線の方程式が $x=1$ のとき　接点 (1, 0)

接線の方程式が $y=\frac{5}{2}x+\frac{3}{2}$ のとき　接点 $\left(-\frac{5}{3},\ -\frac{8}{3}\right)$

方針 2 接点の座標を $P(x_1,\ y_1)$ とすると，点Pは双曲線 ① 上の点であるから　$4x_1{}^2-y_1{}^2=4$ ……②

双曲線 ① 上の点Pにおける接線の方程式は

$4x_1x-y_1y=4$ ……③

点Aを通るから　$4x_1\cdot1-y_1\cdot4=4$

よって　$y_1=x_1-1$ ……④

これを ② に代入すると　$4x_1{}^2-(x_1-1)^2=4$

ゆえに　$3x_1{}^2+2x_1-5=0$

よって　$(x_1-1)(3x_1+5)=0$

ゆえに　$x_1=1,\ -\frac{5}{3}$

---

inf. 点 (1, 4) を通る直線のうち，x 軸に垂直な直線（$x=1$）は双曲線の接線である。そのことを確認後，点 (1, 4) を通る直線のうち，x 軸に垂直でないものを ② の形で表す。

⇐接線は点 (1, 4) を通る。

⇐このとき $4-m^2\neq0$

inf. 接線の方程式を傾き m の直線とおいて判別式を使う解法は，次の(ア)～(ウ)の点で注意が必要。
(ア) x 軸に垂直な直線は表せない。
(イ) 判別式の計算が煩雑な場合がある。
(ウ) 接点を改めて求めなければならない。

⇐2 次方程式 $ax^2+bx+c=0$ が重解をもつとき，その重解は $x=-\frac{b}{2a}$
よって，$m=\frac{5}{2}$ を $x=-\frac{2m(m-4)}{2(4-m^2)}$ に代入してもよい。

⇐$x_1x-\frac{y_1y}{4}=1$

$x_1=1$ のとき，④ から　　$y_1=0$

このとき，接線の方程式は ③ から　　$4x=4$

すなわち　　$x=1$

$x_1=-\dfrac{5}{3}$ のとき，④ から　　$y_1=-\dfrac{8}{3}$

このとき，接線の方程式は ③ から　　$-\dfrac{20}{3}x+\dfrac{8}{3}y=4$

すなわち　　$y=\dfrac{5}{2}x+\dfrac{3}{2}$

したがって，接線の方程式と接点の座標は

接線の方程式が $x=1$ のとき　接点 $(1,\ 0)$

接線の方程式が $y=\dfrac{5}{2}x+\dfrac{3}{2}$ のとき　接点 $\left(-\dfrac{5}{3},\ -\dfrac{8}{3}\right)$

PR ③131

双曲線 $\dfrac{x^2}{16}-\dfrac{y^2}{9}=1$ 上の点 $\mathrm{P}(x_1,\ y_1)$ における接線は，点 P と 2 つの焦点 F，F′ とを結んでできる ∠FPF′ を 2 等分することを証明せよ。ただし，$x_1>0$，$y_1>0$ とする。

HINT　接線と x 軸の交点を T とすると，接線が ∠FPF′ を 2 等分 ⟺ FT : F′T=PF : PF′

$\sqrt{4^2+3^2}=5$ であるから，双曲線

$\dfrac{x^2}{4^2}-\dfrac{y^2}{3^2}=1$ の焦点は

$\mathrm{F}(5,\ 0)$，$\mathrm{F}'(-5,\ 0)$

点 P における接線の方程式は

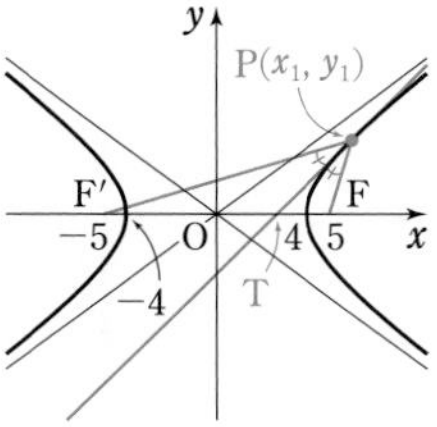

$\dfrac{x_1x}{16}-\dfrac{y_1y}{9}=1$ …… ①

⇦双曲線 $\dfrac{x^2}{a^2}-\dfrac{y^2}{b^2}=1$ 上の点 $(x_1,\ y_1)$ における接線の方程式は
$$\boldsymbol{\frac{x_1x}{a^2}-\frac{y_1y}{b^2}=1}$$

① で $y=0$ とすると　　$x=\dfrac{16}{x_1}$

接線 ① と x 軸との交点を T とすると

$$\mathrm{FT}:\mathrm{F'T}=\left(5-\frac{16}{x_1}\right):\left(\frac{16}{x_1}+5\right)$$
$$=(5x_1-16):(5x_1+16) \text{ …… ②}$$

また，点 P は双曲線 $\dfrac{x^2}{16}-\dfrac{y^2}{9}=1$ 上にあるから

$$\frac{{x_1}^2}{16}-\frac{{y_1}^2}{9}=1,\ x_1>4$$

⇦$x_1>0$，$y_1>0$ であるから，図より　$x_1>4$

ゆえに　　${y_1}^2=\dfrac{9({x_1}^2-16)}{16}$

よって　　$\mathrm{PF}=\sqrt{(x_1-5)^2+{y_1}^2}$

$$=\sqrt{(x_1-5)^2+\frac{9({x_1}^2-16)}{16}}$$
$$=\sqrt{\frac{1}{16}(25{x_1}^2-160x_1+256)}$$
$$=\frac{1}{4}(5x_1-16)$$

⇦$x_1>4$ から
$5x_1-16>0$

$$\mathrm{PF}'=\sqrt{(x_1+5)^2+y_1{}^2}$$
$$=\sqrt{(x_1+5)^2+\frac{9(x_1{}^2-16)}{16}}$$
$$=\sqrt{\frac{1}{16}(25x_1{}^2+160x_1+256)}$$
$$=\frac{1}{4}(5x_1+16)$$

ゆえに　　PF：PF$'$$=(5x_1-16)：(5x_1+16)$ …… ③

②, ③ から　　PF：PF$'$=FT：F$'$T

よって，点 $\mathrm{P}(x_1,\ y_1)$ における接線は ∠FPF$'$ を 2 等分する。

⇐PF$'$−PF=8 から
PF$'$=PF+8
$=\frac{1}{4}(5x_1-16)+8$
としてもよい。

⇐$x_1>4$ から
$5x_1+16>0$

PR
②**132**
次の条件を満たす点Pの軌跡を求めよ。
(1)　点 F(9, 0) と直線 $x=4$ からの距離の比が 3：2 であるような点P
(2)　点 F(6, 0) と直線 $x=2$ からの距離が等しい点P

点Pの座標を $(x,\ y)$ とする。

(1)　$\mathrm{PF}=\sqrt{(x-9)^2+y^2}$

点Pから直線 $x=4$ に下ろした垂線を PH とすると
$\mathrm{PH}=|x-4|$

PF：PH=3：2 であるから　　3PH=2PF

ゆえに　　$9\mathrm{PH}^2=4\mathrm{PF}^2$

よって　　$9(x-4)^2=4\{(x-9)^2+y^2\}$

ゆえに　　$5x^2-4y^2=180$

したがって，点Pの軌跡は　　**双曲線** $\boldsymbol{\frac{x^2}{36}-\frac{y^2}{45}=1}$

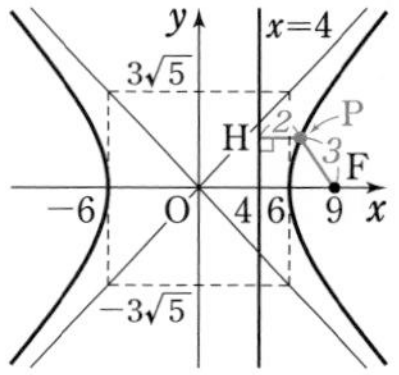

inf.　離心率は $\frac{3}{2}$
$\frac{3}{2}>1$ であるから，P の軌跡は双曲線である。

(2)　$\mathrm{PF}=\sqrt{(x-6)^2+y^2}$

点Pから直線 $x=2$ に下ろした垂線を PH とすると
$\mathrm{PH}=|x-2|$

PF=PH であるから　　$\mathrm{PF}^2=\mathrm{PH}^2$

よって　　$(x-6)^2+y^2=(x-2)^2$

ゆえに　　$y^2=8x-32$

したがって，点Pの軌跡は　　**放物線** $\boldsymbol{y^2=8(x-4)}$

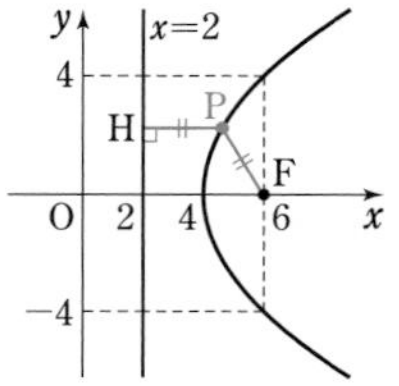

inf.　離心率は 1 であるから，P の軌跡は放物線である。

PR
④**133**
放物線 $y=x^2+k$ が双曲線 $x^2-4y^2=4$ と異なる 4 点で交わるための定数 k の値の範囲を求めよ。

$y=x^2+k$, $x^2-4y^2=4$ から x を消去すると　　$(y-k)-4y^2=4$

よって　　$4y^2-y+(k+4)=0$ …… ①

$x^2=y-k\geqq 0$ から　　$y\geqq k$

放物線 $y=x^2+k$ と双曲線 $x^2-4y^2=4$ は y 軸に関して対称であるから，2 つの曲線が異なる 4 点で交わる条件は，

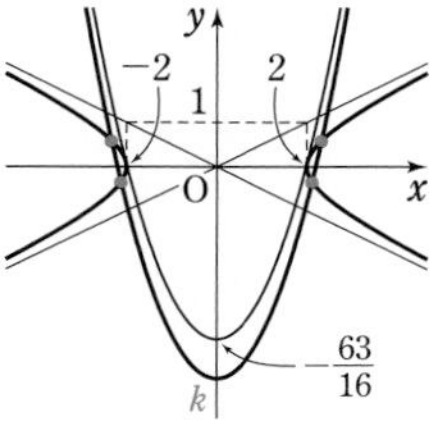

①が $y>k$ において異なる2つの実数解をもつことである。
よって，①の判別式をD，左辺を$f(y)$とすると，次のことが同時に成り立つ。

[1]　$D>0$
[2]　放物線 $z=f(y)$ の軸が $y>k$ の範囲にある
[3]　$f(k)>0$

[1]　$D=(-1)^2-4\cdot4(k+4)=-16k-63$

$D>0$ から　　$k<-\dfrac{63}{16}$ ……②

[2]　軸は直線 $y=\dfrac{1}{8}$ であるから　　$k<\dfrac{1}{8}$ ……③

[3]　$f(k)=4k^2+4$　　$f(k)>0$ は常に成り立つ。

②，③の共通範囲を求めて　　$\boldsymbol{k<-\dfrac{63}{16}}$

⇐$y>k$ である①の解1つに対して，交点は2つ定まる。
⇐$z=f(y)$ とすると

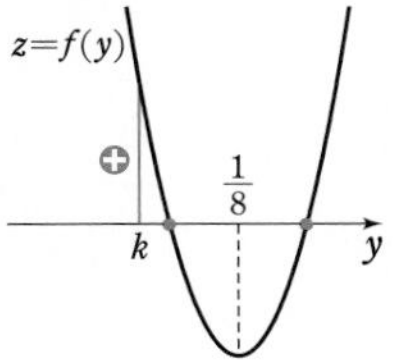

別解　$y=x^2+k$，$x^2-4y^2=4$ からyを消去すると
$$x^2-4(x^2+k)^2=4$$
よって　　$4x^4+(8k-1)x^2+4(k^2+1)=0$ ……①
$x^2=t$ とおくと，$x^2=4y^2+4\geqq4$ から　　$t\geqq4$
①から　　$4t^2+(8k-1)t+4(k^2+1)=0$ ……②
①が異なる4つの実数解をもつためには，$t\geqq4$ において，②が異なる2つの実数解をもてばよい。
したがって，②の判別式をD，左辺を$g(t)$とすると，次のことが同時に成り立つ。

[1]　$D>0$
[2]　放物線 $z=g(t)$ の軸が $t>4$ の範囲にある
[3]　$g(4)\geqq0$

[1]　$D=(8k-1)^2-4\cdot4\cdot4(k^2+1)=-16k-63$

$D>0$ から　　$k<-\dfrac{63}{16}$ ……③

[2]　軸は直線 $t=-\dfrac{8k-1}{8}$ であるから　　$-\dfrac{8k-1}{8}>4$

ゆえに　　$k<-\dfrac{31}{8}$ ……④

[3]　$g(4)=64+4(8k-1)+4(k^2+1)=4(k+4)^2$
$g(4)\geqq0$ は常に成り立つ。

③，④の共通範囲を求めて　　$\boldsymbol{k<-\dfrac{63}{16}}$

⇐$t\geqq4$ である②の解1つに対して，異なる2つのxが定まる。
⇐$z=g(t)$ とすると

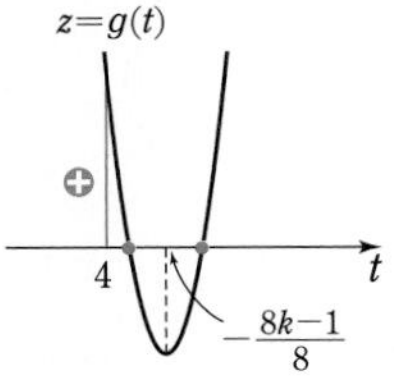

⇐$-\dfrac{31}{8}=-\dfrac{62}{16}>-\dfrac{63}{16}$

PR ④134　楕円 $\dfrac{x^2}{3}+y^2=1$ ……① と，直線 $x+\sqrt{3}\,y=3\sqrt{3}$ ……② について
(1)　直線②に平行な，楕円①の接線の方程式を求めよ。
(2)　楕円①上の点Pと直線②の距離の最大値Mと最小値mを求めよ。

(1)　求める接線の方程式は $x+\sqrt{3}\,y=k$ と表される。
$x=k-\sqrt{3}\,y$ を①に代入して整理すると

⇐求める接線は直線②に平行。

$$6y^2-2\sqrt{3}ky+k^2-3=0$$

この y の 2 次方程式の判別式を D とすると

$$\frac{D}{4}=(-\sqrt{3}k)^2-6(k^2-3)=-3k^2+18$$
$$=-3(k^2-6)$$

$D=0$ から　　$k=\pm\sqrt{6}$

したがって，求める接線の方程式は

$$\boldsymbol{x+\sqrt{3}y=\sqrt{6},\ x+\sqrt{3}y=-\sqrt{6}}$$

CHART
2 次曲線の接線
接点 ⟺ 重解
⟶ 判別式 $D=0$

別解　楕円 ① 上の点 P$(a,\ b)$ における接線の方程式は

$$\frac{a}{3}x+by=1$$

これが直線 ② に平行であるから　　$\frac{a}{3}\cdot\sqrt{3}-1\cdot b=0$

ゆえに　　$a=\sqrt{3}b$

ここで，点 P は楕円 ① 上にあるから　　$\frac{a^2}{3}+b^2=1$

よって　　$2b^2=1$　　　ゆえに　　$b=\pm\frac{\sqrt{2}}{2}$

$b=\frac{\sqrt{2}}{2}$ のとき，$a=\frac{\sqrt{6}}{2}$ であり，接線の方程式は

$$\frac{\sqrt{6}}{6}x+\frac{\sqrt{2}}{2}y=1\quad \text{すなわち}\quad x+\sqrt{3}y=\sqrt{6}$$

$b=-\frac{\sqrt{2}}{2}$ のとき，$a=-\frac{\sqrt{6}}{2}$ であり，接線の方程式は

$$-\frac{\sqrt{6}}{6}x-\frac{\sqrt{2}}{2}y=1\quad \text{すなわち}\quad x+\sqrt{3}y=-\sqrt{6}$$

よって，求める接線の方程式は

$$\boldsymbol{x+\sqrt{3}y=\sqrt{6},\ x+\sqrt{3}y=-\sqrt{6}}$$

⇐ 2 直線
$\boldsymbol{a_1x+b_1y+c_1=0}$,
$\boldsymbol{a_2x+b_2y+c_2=0}$ が平行 ⟺ $\boldsymbol{a_1b_2-a_2b_1=0}$

(2)　図から，接線 $x+\sqrt{3}y=-\sqrt{6}$ 上の点 $(-\sqrt{6},\ 0)$ と直線 ② の距離が M であり，接線 $x+\sqrt{3}y=\sqrt{6}$ 上の点 $(\sqrt{6},\ 0)$ と直線 ② の距離が m である。

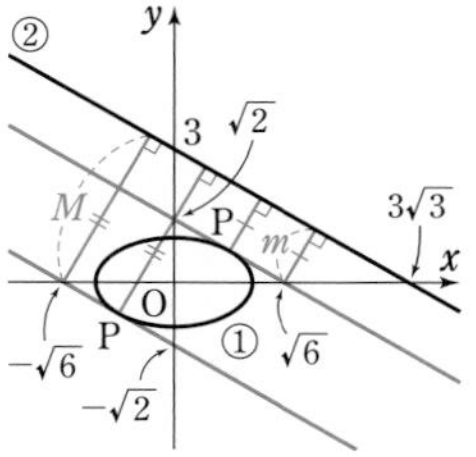

点 $(-\sqrt{6},\ 0)$ と直線 ② の距離が M に等しいから

$$\boldsymbol{M}=\frac{|-\sqrt{6}+\sqrt{3}\cdot 0-3\sqrt{3}|}{\sqrt{1^2+(\sqrt{3})^2}}$$
$$=\boldsymbol{\frac{3\sqrt{3}+\sqrt{6}}{2}}$$

⇐直線 $x+\sqrt{3}y=-\sqrt{6}$ と直線 ② は平行である。よって，直線 $x+\sqrt{3}y=-\sqrt{6}$ 上のどの点を選んでも，その点と直線 ② の距離は一定である。

点 $(\sqrt{6},\ 0)$ と直線 ② の距離が m に等しいから

$$\boldsymbol{m}=\frac{|\sqrt{6}+\sqrt{3}\cdot 0-3\sqrt{3}|}{\sqrt{1^2+(\sqrt{3})^2}}=\boldsymbol{\frac{3\sqrt{3}-\sqrt{6}}{2}}$$

⇐$(3\sqrt{3})^2>(\sqrt{6})^2$ から
$3\sqrt{3}>\sqrt{6}$

PR
⑤**135**

$a>0$, $b>0$ とする。楕円 $\dfrac{x^2}{a^2}+\dfrac{y^2}{b^2}=1$ の外部の点Pから，この楕円に引いた 2 本の接線が直交するとき，次の設問に答えよ。
(1)　2 つの接線が x 軸または y 軸に平行になる点Pの座標を求めよ。
(2)　点Pの軌跡を求めよ。　〔類 広島修道大〕

(1)　$a>0$, $b>0$, 楕円 $\dfrac{x^2}{a^2}+\dfrac{y^2}{b^2}=1$ の外部の点Pは，条件から右図の 4 点。よって，点Pの座標は

$(\pm a,\ \pm b)$（複号任意）

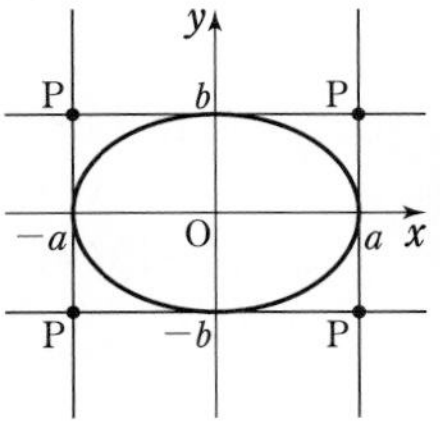

(2)　(1)で求めた点以外の点Pの座標を $(X,\ Y)$ とする。
このとき　$X\neq\pm a$
点Pを通る傾き m の直線の方程式は　$y=m(x-X)+Y$
これを楕円の方程式に代入して y を消去すると

$$\frac{x^2}{a^2}+\frac{\{mx+(Y-mX)\}^2}{b^2}=1$$

整理すると
$(a^2m^2+b^2)x^2+2a^2m(Y-mX)x+a^2\{(Y-mX)^2-b^2\}=0$

⇐$(Y-mX)^2$ のまま計算すると，判別式の計算がスムーズになる。

この 2 次方程式の判別式を D とすると

$$\frac{D}{4}=\{a^2m(Y-mX)\}^2-(a^2m^2+b^2)\cdot a^2\{(Y-mX)^2-b^2\}$$
$$=a^2\{a^2m^2(Y-mX)^2-a^2m^2(Y-mX)^2+a^2b^2m^2-b^2(Y-mX)^2+b^4\}$$
$$=-a^2b^2\{(X^2-a^2)m^2-2XYm+Y^2-b^2\}$$

$D=0$ から　$(X^2-a^2)m^2-2XYm+Y^2-b^2=0$ …… ①

⇐$a>0$, $b>0$

m の 2 次方程式 ① の 2 つの解を α, β とすると　$\alpha\beta=-1$

⇐直交 ⟺ 傾きの積が -1
① の 2 つの実数解 α, β が点Pから引いた 2 本の接線の傾きを表す。

解と係数の関係から　$\alpha\beta=\dfrac{Y^2-b^2}{X^2-a^2}$

ゆえに　$\dfrac{Y^2-b^2}{X^2-a^2}=-1$　すなわち　$Y^2-b^2=-(X^2-a^2)$

よって　$X^2+Y^2=a^2+b^2$ $(X\neq\pm a)$
(1)から，$(X,\ Y)=(\pm a,\ \pm b)$（複号任意）のときも，$X^2+Y^2=a^2+b^2$ が成り立つ。
以上から，求める軌跡は　**円 $x^2+y^2=a^2+b^2$**

inf.　一般に，放物線，楕円，双曲線の曲線外の点から引いた 2 本の接線が垂直となる点の軌跡は次のようになることが知られている。ただし，[3] では $a^2>b^2$ とする。

[1]　放物線
準線：$x=-p$

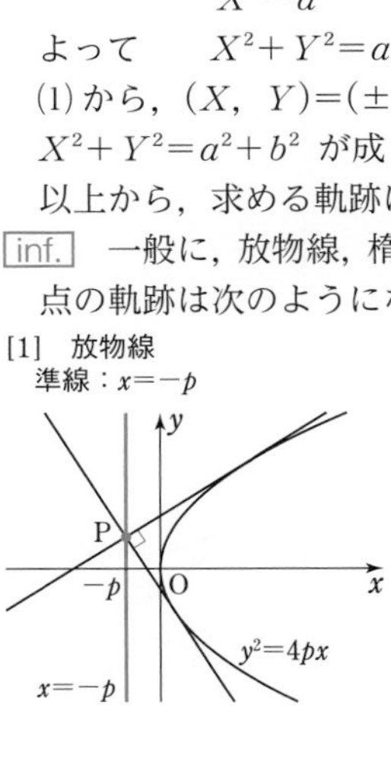

[2]　楕円
準円：$x^2+y^2=a^2+b^2$

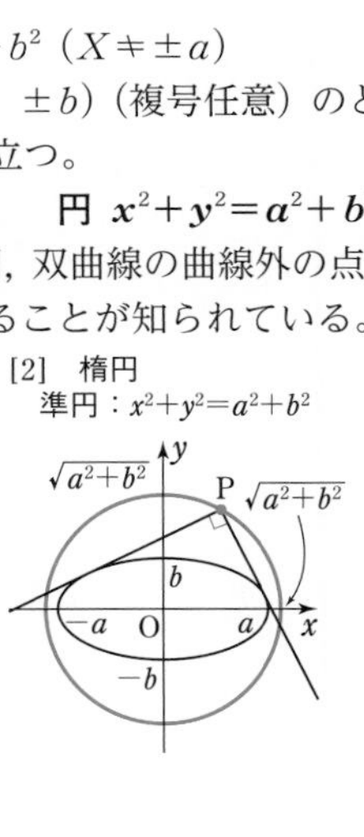

[3]　双曲線
準円：$x^2+y^2=a^2-b^2$

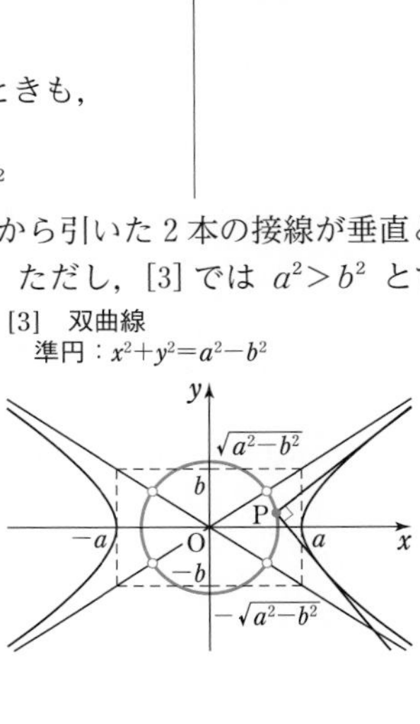

PR ①136

θ, t は媒介変数とする。
次の式で表される図形はどのような曲線を描くか。

(1) $\begin{cases} x=\sin\theta+\cos\theta \\ y=\sin\theta\cos\theta \end{cases}$ $(0\leqq\theta\leqq\pi)$　　(2) $x=\dfrac{1}{2}(3^t+3^{-t})$, $y=\dfrac{1}{2}(3^t-3^{-t})$

HINT (1) 定義域は三角関数の合成によって求める。
(2) $3^t\cdot3^{-t}=1$ を利用して，t を消去する。

(1) $x=\sin\theta+\cos\theta$ の両辺を 2 乗し，整理すると

$$x^2=1+2\sin\theta\cos\theta$$

これに $\sin\theta\cos\theta=y$ を代入すると　$x^2=1+2y$

ゆえに　$y=\dfrac{1}{2}x^2-\dfrac{1}{2}$

$\sin\theta+\cos\theta=\sqrt{2}\sin\left(\theta+\dfrac{\pi}{4}\right)$ であるから，$0\leqq\theta\leqq\pi$ のとき

$$-1\leqq\sin\theta+\cos\theta\leqq\sqrt{2}$$

よって　**放物線 $y=\dfrac{1}{2}x^2-\dfrac{1}{2}$ の $-1\leqq x\leqq\sqrt{2}$ の部分**

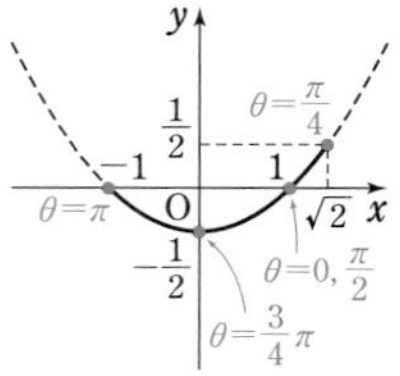

⇦ $\dfrac{\pi}{4}\leqq\theta+\dfrac{\pi}{4}\leqq\dfrac{5}{4}\pi$ から $-\dfrac{1}{\sqrt{2}}\leqq\sin\left(\theta+\dfrac{\pi}{4}\right)\leqq1$

(2) $x=\dfrac{1}{2}(3^t+3^{-t})$ …… ①，$y=\dfrac{1}{2}(3^t-3^{-t})$ …… ②

①+② から　$x+y=3^t$　　①−② から　$x-y=3^{-t}$

ゆえに　$(x+y)(x-y)=3^t\cdot3^{-t}$

よって　$x^2-y^2=1$

$3^t>0$, $3^{-t}>0$ であるから，相加平均と相乗平均の大小関係

により　$x=\dfrac{1}{2}(3^t+3^{-t})\geqq\sqrt{3^t\cdot3^{-t}}=1$

ゆえに　**双曲線 $x^2-y^2=1$ の $x\geqq1$ の部分**

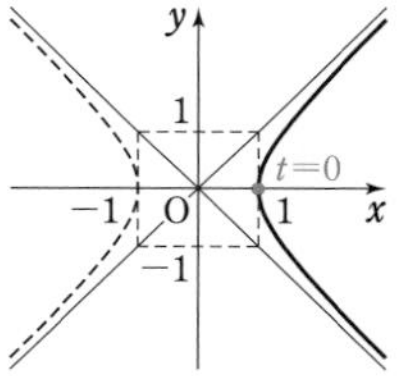

⇦「≧」の等号は，$3^t=3^{-t}$ すなわち $t=0$ のとき成り立つ。

PR ②137

θ は媒介変数とする。次の式で表される図形はどのような曲線を描くか。

(1) $x=2\cos\theta+3$, $y=3\sin\theta-2$　　(2) $x=2\tan\theta-1$, $y=\dfrac{\sqrt{2}}{\cos\theta}+2$

(1) $x=2\cos\theta+3$ から　$\cos\theta=\dfrac{x-3}{2}$ …… ①

$y=3\sin\theta-2$ から　$\sin\theta=\dfrac{y+2}{3}$ …… ②

①，② を $\sin^2\theta+\cos^2\theta=1$ に代入して

$$\left(\frac{y+2}{3}\right)^2+\left(\frac{x-3}{2}\right)^2=1$$

よって　**楕円 $\dfrac{(x-3)^2}{4}+\dfrac{(y+2)^2}{9}=1$**

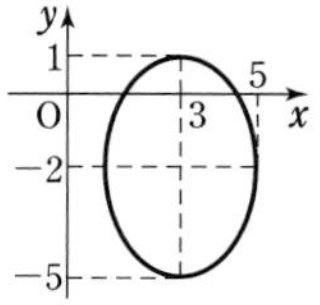

⇦θ を消去。

(2) $x=2\tan\theta-1$ から　$\tan\theta=\dfrac{x+1}{2}$ …… ①

$y=\dfrac{\sqrt{2}}{\cos\theta}+2$ から　$\dfrac{1}{\cos\theta}=\dfrac{y-2}{\sqrt{2}}$ …… ②

①，② を $1+\tan^2\theta=\dfrac{1}{\cos^2\theta}$ に代入して

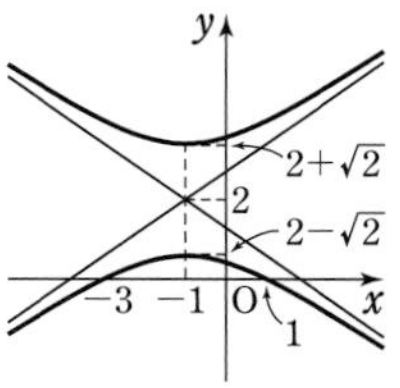

$$1+\left(\frac{x+1}{2}\right)^2=\left(\frac{y-2}{\sqrt{2}}\right)^2$$

よって　　**双曲線 $\boldsymbol{\frac{(x+1)^2}{4}-\frac{(y-2)^2}{2}=-1}$**

⇐θ を消去。

PR ③138　t は媒介変数とする。$x=\frac{1+t^2}{1-t^2}$，$y=\frac{4t}{1-t^2}$ で表される図形はどのような曲線を描くか。

HINT　分数式で表されている場合は，除外点があることが多いので，**要注意**。

$x=\frac{1+t^2}{1-t^2}$ から　　$(1-t^2)x=1+t^2$

よって　　$(x+1)t^2=x-1$

$x\neq-1$ であるから　　$t^2=\frac{x-1}{x+1}$ …… ①

また，$y=\frac{4t}{1-t^2}$ から

$$t=\frac{1-t^2}{4}y=\frac{y}{4}\left(1-\frac{x-1}{x+1}\right)=\frac{y}{4}\cdot\frac{2}{x+1}$$

$$=\frac{y}{2(x+1)} \quad \cdots\cdots ②$$

①，② から t を消去して　　$\left\{\frac{y}{2(x+1)}\right\}^2=\frac{x-1}{x+1}$

ゆえに　　$4x^2-y^2=4$

よって　　**双曲線 $\boldsymbol{x^2-\frac{y^2}{4}=1}$**

　　　　ただし，点 $(-1,\ 0)$ を除く。

⇐$(x+1)t^2=x-1$ に $x=-1$ を代入すると $0=-2$ となり不合理である。

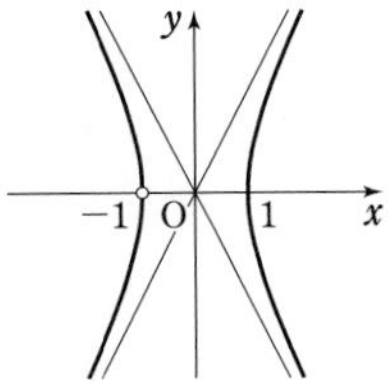

⇐双曲線の方程式に $x=-1$ を代入すると $y=0$

別解　$x=\frac{1+t^2}{1-t^2}$ から

$$x=-1+\frac{2}{1-t^2} \quad すなわち \quad \frac{1}{1-t^2}=\frac{x+1}{2}$$

$y=\frac{4t}{1-t^2}$ から　　$\frac{t}{1-t^2}=\frac{y}{4}$

$\left(\frac{1}{1-t^2}\right)^2-\left(\frac{t}{1-t^2}\right)^2=\frac{1}{1-t^2}$ が成り立つから

$$\left(\frac{x+1}{2}\right)^2-\left(\frac{y}{4}\right)^2=\frac{x+1}{2}$$

ゆえに　　$4x^2-y^2=4$

すなわち　$x^2-\frac{y^2}{4}=1$

また，$x=-1+\frac{2}{1-t^2}$ から　　$x<-1$，$1\leqq x$

よって　　**双曲線 $\boldsymbol{x^2-\frac{y^2}{4}=1}$**

　　　　ただし，点 $(-1,\ 0)$ を除く。

⇐分母に注目すると $\left(\frac{1}{1-t^2}\right)^2-\left(\frac{t}{1-t^2}\right)^2=\frac{1}{1-t^2}$
よって，この式に代入できるように，x，y の式を変形する。

⇐$1-t^2\leqq1$
$1-t^2<0$ のとき $\frac{1}{1-t^2}<0$,
$0<1-t^2\leqq1$ のとき $\frac{1}{1-t^2}\geqq1$

PR ②139

円 $x^2+y^2=4$ の周上を点 $\mathrm{P}(x,\ y)$ が動くとき，座標が $\left(\dfrac{x^2}{2}-y^2+3,\ \dfrac{5}{2}xy-1\right)$ である点Qはどのような曲線上を動くか。

$x^2+y^2=4$ から $x=2\cos\theta,\ y=2\sin\theta\ \ (0\leqq\theta<2\pi)$ と表される。
Qの座標を $(X,\ Y)$ とすると

$$X=\frac{x^2}{2}-y^2+3$$
$$=2\cos^2\theta-4\sin^2\theta+3=5-6\sin^2\theta$$
$$=3\cos2\theta+2$$
$$Y=\frac{5}{2}xy-1=10\sin\theta\cos\theta-1$$
$$=5\sin2\theta-1$$

よって　$\cos2\theta=\dfrac{X-2}{3},\ \sin2\theta=\dfrac{Y+1}{5}$

ゆえに　$\left(\dfrac{X-2}{3}\right)^2+\left(\dfrac{Y+1}{5}\right)^2=1$

$0\leqq2\theta<4\pi$ であるから，点Qは，**楕円 $\boldsymbol{\dfrac{(x-2)^2}{9}+\dfrac{(y+1)^2}{25}=1}$** の周上を動く。

⇦円の媒介変数表示。

⇦$\cos^2\theta=1-\sin^2\theta$

⇦$\sin^2\theta=\dfrac{1-\cos2\theta}{2}$

⇦$2\sin\theta\cos\theta=\sin2\theta$

⇦$\cos^2 2\theta+\sin^2 2\theta=1$

inf.　Pが円上を1周するとき，Qは楕円上を2周する。

PR ③140

$x,\ y$ が $\dfrac{x^2}{24}+\dfrac{y^2}{4}=1$ を満たす実数のとき，$x^2+6\sqrt{2}xy-6y^2$ の最小値とそのときの $x,\ y$ の値を求めよ。

楕円 $\dfrac{x^2}{24}+\dfrac{y^2}{4}=1$ 上の点 $(x,\ y)$ は，

$$x=2\sqrt{6}\cos\theta,\ y=2\sin\theta\ \ (0\leqq\theta<2\pi)$$

と表されるから

$$x^2+6\sqrt{2}xy-6y^2$$
$$=(2\sqrt{6}\cos\theta)^2+6\sqrt{2}\cdot2\sqrt{6}\cos\theta\cdot2\sin\theta-6(2\sin\theta)^2$$
$$=24\cos^2\theta+48\sqrt{3}\sin\theta\cos\theta-24\sin^2\theta$$
$$=24(\cos^2\theta-\sin^2\theta+2\sqrt{3}\sin\theta\cos\theta)$$
$$=24(\sqrt{3}\sin2\theta+\cos2\theta)$$
$$=48\sin\left(2\theta+\frac{\pi}{6}\right)$$

$0\leqq\theta<2\pi$ であるから　$\dfrac{\pi}{6}\leqq2\theta+\dfrac{\pi}{6}<4\pi+\dfrac{\pi}{6}$

よって　$-1\leqq\sin\left(2\theta+\dfrac{\pi}{6}\right)\leqq1$

ゆえに，$x^2+6\sqrt{2}xy-6y^2$ は $\sin\left(2\theta+\dfrac{\pi}{6}\right)=-1$ のとき最小となり，最小値は -48 である。

$\sin\left(2\theta+\dfrac{\pi}{6}\right)=-1,\ \dfrac{\pi}{6}\leqq2\theta+\dfrac{\pi}{6}<4\pi+\dfrac{\pi}{6}$ から

⇦$\dfrac{x^2}{(2\sqrt{6})^2}+\dfrac{y^2}{2^2}=1$

⇦$\sin\theta,\ \cos\theta$ の2次の**同次式**(どの項も次数が同じである式)は，次の公式を用いて，2θ の三角関数で表される。
$\cos^2\theta=\dfrac{1+\cos2\theta}{2}$，
$\sin^2\theta=\dfrac{1-\cos2\theta}{2}$，
$\cos^2\theta-\sin^2\theta=\cos2\theta$，
$\sin\theta\cos\theta=\dfrac{1}{2}\sin2\theta$

$$2\theta+\frac{\pi}{6}=\frac{3}{2}\pi,\ \frac{7}{2}\pi$$

よって　$\theta=\frac{2}{3}\pi,\ \frac{5}{3}\pi$

$\theta=\frac{2}{3}\pi$ のとき　$x=-\sqrt{6},\ y=\sqrt{3}$

$\theta=\frac{5}{3}\pi$ のとき　$x=\sqrt{6},\ y=-\sqrt{3}$

ゆえに，**最小値は -48** で，そのときの x，y の値は

$$(\boldsymbol{x},\ \boldsymbol{y})=(-\sqrt{6},\ \sqrt{3}),\ (\sqrt{6},\ -\sqrt{3})$$

⇦$x=2\sqrt{6}\cos\frac{2}{3}\pi$,
$y=2\sin\frac{2}{3}\pi$

PR ④141

座標平面上の円 $C:x^2+y^2=9$ の内側を半径1の円 D が滑らずに転がる。時刻 t において D は点 $(3\cos t,\ 3\sin t)$ で C に接しているとする。時刻 $t=0$ において点 $(3,\ 0)$ にあった D 上の点Pの時刻 t における座標 $(x(t),\ y(t))$ を求めよ。ただし，$0\leqq t\leqq\frac{2}{3}\pi$ とする。　［早稲田大］

A(3, 0)，T$(3\cos t,\ 3\sin t)$ とする。
円 D の中心をQとすると，
$\overset{\frown}{\mathrm{PT}}=\overset{\frown}{\mathrm{AT}}=3t$，PQ=1 から
$\angle\mathrm{TQP}=3t$
よって，半直線QPの x 軸の正方向からの回転角は　$t-3t=-2t$
ゆえに

$$\overrightarrow{\mathrm{QP}}=(\cos(-2t),\ \sin(-2t))=(\cos 2t,\ -\sin 2t)$$

また　$\overrightarrow{\mathrm{OQ}}=(2\cos t,\ 2\sin t)$

$\overrightarrow{\mathrm{OP}}=\overrightarrow{\mathrm{OQ}}+\overrightarrow{\mathrm{QP}}$ であるから

$$(\boldsymbol{x(t)},\ \boldsymbol{y(t)})=(\boldsymbol{2\cos t+\cos 2t},\ \boldsymbol{2\sin t-\sin 2t})$$

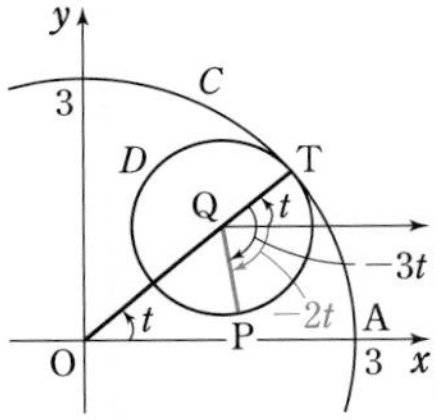

inf.　$0\leqq t\leqq\frac{2}{3}\pi$ のとき，点Pの描く曲線は下の図のようになる。

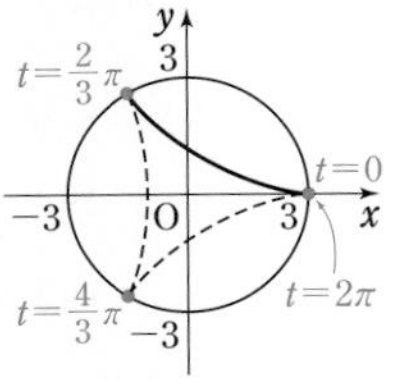

上の曲線を **デルトイド** という。

PR ①142

(1)　次の極座標の点A，Bの直交座標を求めよ。

$$\mathrm{A}\left(4,\ \frac{5}{4}\pi\right),\ \mathrm{B}\left(3,\ -\frac{\pi}{2}\right)$$

(2)　次の直交座標の点C，Dの極座標 $(r,\ \theta)$ $[0\leqq\theta<2\pi]$ を求めよ。

$$\mathrm{C}\left(\frac{\sqrt{2}}{2},\ -\frac{\sqrt{2}}{2}\right),\ \mathrm{D}(-2,\ -2\sqrt{3})$$

(1)　$x=4\cos\frac{5}{4}\pi=-2\sqrt{2}$，$y=4\sin\frac{5}{4}\pi=-2\sqrt{2}$

よって　$\mathbf{A}(\boldsymbol{-2\sqrt{2}},\ \boldsymbol{-2\sqrt{2}})$

$x=3\cos\left(-\frac{\pi}{2}\right)=0$，$y=3\sin\left(-\frac{\pi}{2}\right)=-3$

よって　$\mathbf{B}(\mathbf{0},\ \mathbf{-3})$

(2)　$r=\sqrt{\left(\frac{\sqrt{2}}{2}\right)^2+\left(-\frac{\sqrt{2}}{2}\right)^2}=1$

また　$\cos\theta=\frac{\sqrt{2}}{2}$，$\sin\theta=-\frac{\sqrt{2}}{2}$

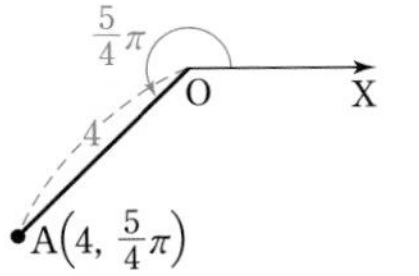

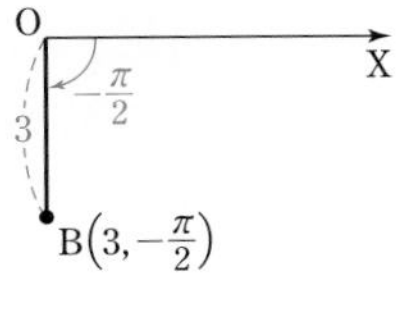

$0 \leqq \theta < 2\pi$ から　$\theta = \dfrac{7}{4}\pi$

よって　$\mathbf{C}\left(\mathbf{1},\ \dfrac{\mathbf{7}}{\mathbf{4}}\boldsymbol{\pi}\right)$

$r = \sqrt{(-2)^2 + (-2\sqrt{3})^2} = 4$

また　$\cos\theta = \dfrac{-2}{4} = -\dfrac{1}{2}$，$\sin\theta = \dfrac{-2\sqrt{3}}{4} = -\dfrac{\sqrt{3}}{2}$

$0 \leqq \theta < 2\pi$ から　$\theta = \dfrac{4}{3}\pi$

よって　$\mathbf{D}\left(\mathbf{4},\ \dfrac{\mathbf{4}}{\mathbf{3}}\boldsymbol{\pi}\right)$

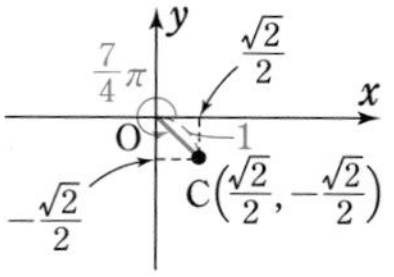

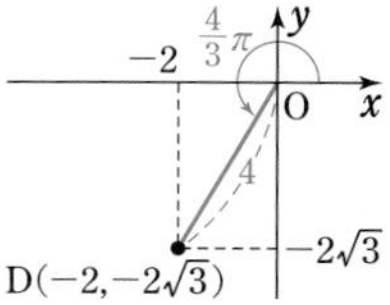

PR
③**143**

Oを極とし，極座標に関して2点 $P\left(3,\ \dfrac{5}{12}\pi\right)$，$Q\left(2,\ \dfrac{3}{4}\pi\right)$ がある。
(1)　2点P，Q間の距離を求めよ。　　(2)　△OPQ の面積を求めよ。

△OPQ において

$OP = 3$，$OQ = 2$，

$\angle POQ = \dfrac{3}{4}\pi - \dfrac{5}{12}\pi = \dfrac{\pi}{3}$

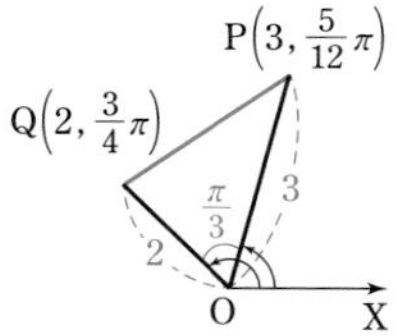

(1)　余弦定理により

$$PQ^2 = 3^2 + 2^2 - 2 \cdot 3 \cdot 2\cos\frac{\pi}{3} = 7$$

⇐$PQ^2 = OP^2 + OQ^2 - 2OP \cdot OQ\cos\angle POQ$

ゆえに　$PQ = \sqrt{\mathbf{7}}$

(2)　$\triangle OPQ = \dfrac{1}{2} \cdot 3 \cdot 2\sin\dfrac{\pi}{3} = \dfrac{\mathbf{3\sqrt{3}}}{\mathbf{2}}$

PR
②**144**

次の直交座標に関する方程式を，極方程式で表せ。
(1)　$x + y + 2 = 0$　　(2)　$x^2 + y^2 - 4y = 0$　　(3)　$x^2 - y^2 = -4$

(1)　$x + y + 2 = 0$ に $x = r\cos\theta$，$y = r\sin\theta$ を代入すると

$r(\cos\theta + \sin\theta) = -2$

⇐$r\cos\theta + r\sin\theta + 2 = 0$

すなわち　$r(-\cos\theta - \sin\theta) = 2$

ゆえに　$r\left\{\cos\theta \cdot \left(-\dfrac{1}{\sqrt{2}}\right) + \sin\theta \cdot \left(-\dfrac{1}{\sqrt{2}}\right)\right\} = \sqrt{2}$

⇐$\dfrac{-1}{\sqrt{(-1)^2 + (-1)^2}} = -\dfrac{1}{\sqrt{2}}$

よって，求める極方程式は　$\boldsymbol{r\cos\left(\theta - \dfrac{5}{4}\pi\right) = \sqrt{2}}$

(2)　$x^2 + y^2 - 4y = 0$ に $x^2 + y^2 = r^2$，$y = r\sin\theta$ を代入すると

$r(r - 4\sin\theta) = 0$

⇐$r^2 - 4r\sin\theta = 0$

ゆえに　$r = 0$　または　$r = 4\sin\theta$

$r = 0$ は極を表し，$r = 4\sin\theta$ は極 $(0,\ 0)$ を通る。

⇐極Oの極座標は $(0,\ \theta)$
θ は任意の数。

よって，求める極方程式は　$\boldsymbol{r = 4\sin\theta}$

(3)　$x^2 - y^2 = -4$ に $x = r\cos\theta$，$y = r\sin\theta$ を代入すると

$r^2(\cos^2\theta - \sin^2\theta) = -4$

ゆえに　　$r^2\cos 2\theta=-4$

よって，求める極方程式は　　$\boldsymbol{r^2\cos 2\theta=-4}$

⇐2倍角の公式。

PR ②145　次の極方程式を，直交座標に関する方程式で表し，xy 平面上に図示せよ。

(1)　$r^2(7\cos^2\theta+9)=144$　　(2)　$r=2\cos\left(\theta-\dfrac{\pi}{3}\right)$　　〔(1) 奈良教育大〕

(1)　$7(r\cos\theta)^2+9r^2=144$

$r\cos\theta=x$，$r^2=x^2+y^2$ を代入すると

$$7x^2+9(x^2+y^2)=144$$

よって　　$16x^2+9y^2=144$

ゆえに　　$\boldsymbol{\dfrac{x^2}{9}+\dfrac{y^2}{16}=1}$，**右図**

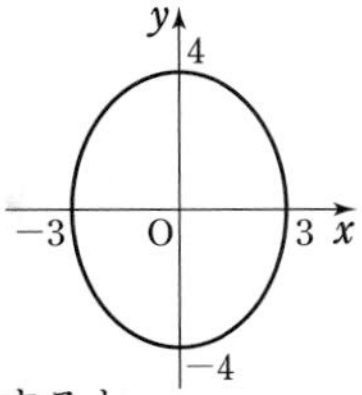

⇐$r\cos\theta$，r^2 の形を作る。

(2)　極方程式の右辺を加法定理を用いて展開すると

$$r=2\left(\cos\theta\cos\frac{\pi}{3}+\sin\theta\sin\frac{\pi}{3}\right)$$

すなわち　$r=\cos\theta+\sqrt{3}\sin\theta$

両辺に r を掛けると

$$r^2=r\cos\theta+\sqrt{3}\,r\sin\theta$$

$r^2=x^2+y^2$，$r\cos\theta=x$，$r\sin\theta=y$ を代入すると

$$\boldsymbol{x^2+y^2-x-\sqrt{3}\,y=0}$$

これを変形して

$$\left(x-\frac{1}{2}\right)^2+\left(y-\frac{\sqrt{3}}{2}\right)^2=1$$

ゆえに，**右図**。

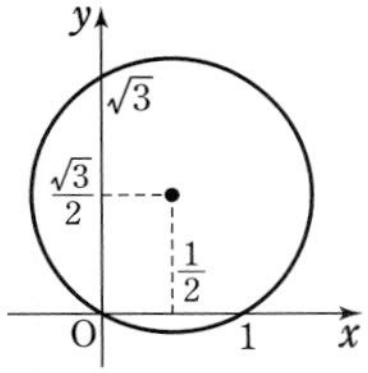

⇐$\cos(\alpha-\beta)$
$=\cos\alpha\cos\beta$
$+\sin\alpha\sin\beta$

inf.　$(x,\ y)=(0,\ 0)$ となるのは，$r=0$ $\left(\theta=\dfrac{5}{6}\pi\right)$ のときである。

別解　$r=2\cos\left(\theta-\dfrac{\pi}{3}\right)$ ……① を

変形して　　$r=2\cdot1\cdot\cos\left(\theta-\dfrac{\pi}{3}\right)$

よって，極方程式①は $\mathrm{C}\left(1,\ \dfrac{\pi}{3}\right)$ を中心とし，半径1の円を表す。

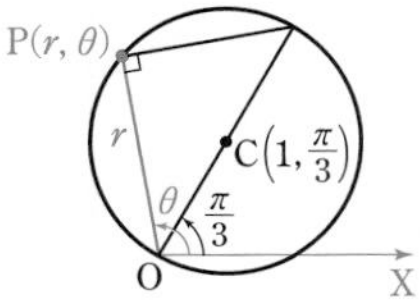

$\mathrm{C}\left(1,\ \dfrac{\pi}{3}\right)$ を直交座標で表すと

$$\mathrm{C}\left(1\cdot\cos\frac{\pi}{3},\ 1\cdot\sin\frac{\pi}{3}\right)$$

すなわち　$\mathrm{C}\left(\dfrac{1}{2},\ \dfrac{\sqrt{3}}{2}\right)$

ゆえに，極方程式①を直交座標に関する方程式で表すと

$$\boldsymbol{\left(x-\frac{1}{2}\right)^2+\left(y-\frac{\sqrt{3}}{2}\right)^2=1}\quad(図示略)$$

⇐極方程式が表す曲線上の点を $\mathrm{P}(r,\ \theta)$ とすると図のようになる。

⇐$r=2a\cos(\theta-\alpha)$ は，中心 $(a,\ \alpha)$，半径が a の円を表す。

⇐中心 $\left(\dfrac{1}{2},\ \dfrac{\sqrt{3}}{2}\right)$，半径1の円。

PR ③146 Oを極とする極座標において，次の円，直線の極方程式を求めよ。

(1) 極Oと点 $A\left(4,\ \frac{\pi}{3}\right)$ を直径の両端とする円

(2) 中心が $C\left(6,\ \frac{\pi}{4}\right)$，半径4の円　(3) 点 $A\left(\sqrt{3},\ \frac{\pi}{6}\right)$ を通り，OA に垂直な直線

(1) 円周上の点を $P(r,\ \theta)$ とする。
線分 OA はこの円の直径であるから　$\angle OPA=\frac{\pi}{2}$

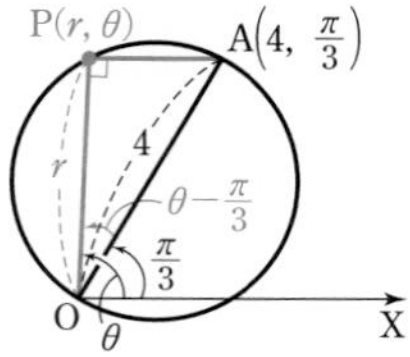

⇦$\angle OPA=\frac{\pi}{2}$ で常に一定。

ゆえに　$OP=OA\cos\angle AOP$
$=OA\cos\left|\theta-\frac{\pi}{3}\right|$

⇦$\angle AOP=\frac{\pi}{3}-\theta$ の場合もある。

よって，求める極方程式は

$$\boldsymbol{r=4\cos\left(\theta-\frac{\pi}{3}\right)}$$

⇦$\cos\left|\theta-\frac{\pi}{3}\right|=\cos\left\{\pm\left(\theta-\frac{\pi}{3}\right)\right\}=\cos\left(\theta-\frac{\pi}{3}\right)$

(2) 円周上の点を $P(r,\ \theta)$ とする。
$\triangle OCP$ において余弦定理から

$$CP^2=OP^2+OC^2-2OP\cdot OC\cos\angle COP$$

$CP=4$，$OP=r$，$OC=6$，

⇦$CP=4$ で常に一定。

$\angle COP=\left|\theta-\frac{\pi}{4}\right|$ であるから

⇦$\angle COP=\frac{\pi}{4}-\theta$ の場合もある。

$$4^2=r^2+6^2-2\cdot r\cdot 6\cos\left|\theta-\frac{\pi}{4}\right|$$

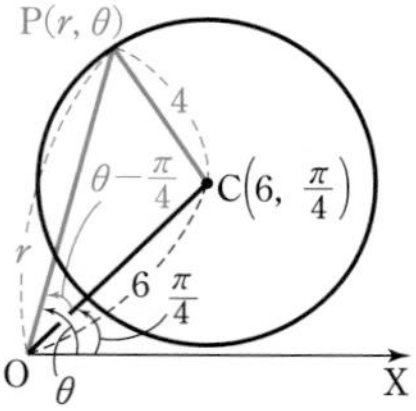

よって，求める極方程式は

$$\boldsymbol{r^2-12r\cos\left(\theta-\frac{\pi}{4}\right)+20=0}\ (*)$$

⇦(*) $\cos\left|\theta-\frac{\pi}{4}\right|=\cos\left\{\pm\left(\theta-\frac{\pi}{4}\right)\right\}=\cos\left(\theta-\frac{\pi}{4}\right)$

(3) 直線上の点を $P(r,\ \theta)$ とする。

$\angle OAP=\frac{\pi}{2}$ から

⇦$\angle OAP=\frac{\pi}{2}$ で常に一定。

$OA=OP\cos\angle AOP$
$=OP\cos\left|\theta-\frac{\pi}{6}\right|$

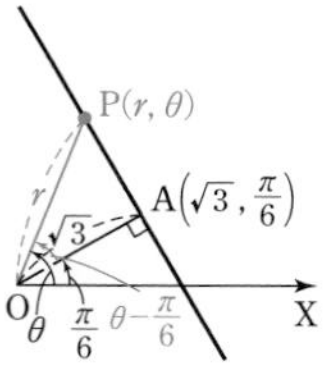

⇦$\angle AOP=\frac{\pi}{6}-\theta$ の場合もある。

よって，求める極方程式は　$\boldsymbol{r\cos\left(\theta-\frac{\pi}{6}\right)=\sqrt{3}}$

⇦$\cos\left|\theta-\frac{\pi}{6}\right|=\cos\left\{\pm\left(\theta-\frac{\pi}{6}\right)\right\}=\cos\left(\theta-\frac{\pi}{6}\right)$

別解　それぞれ直交座標で考える。

(1) $4\cos\frac{\pi}{3}=2$，$4\sin\frac{\pi}{3}=2\sqrt{3}$ であるから，点Aの座標は $(2,\ 2\sqrt{3})$ である。よって，中心が点 $(1,\ \sqrt{3})$ で，半径が2の円であるから，その方程式は　$(x-1)^2+(y-\sqrt{3})^2=2^2$

⇦中心の極座標 $\left(2,\ \frac{\pi}{3}\right)$

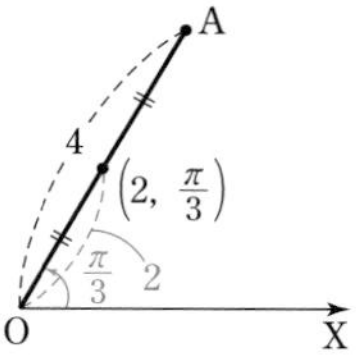

展開して　$(x^2+y^2)-2x-2\sqrt{3}y=0$
$x^2+y^2=r^2$，$x=r\cos\theta$，$y=r\sin\theta$ を代入して
$r^2-2r\cos\theta-2\sqrt{3}r\sin\theta=0$
ゆえに　$r(r-2\cos\theta-2\sqrt{3}\sin\theta)=0$
よって

$r=0$　または　$r-2\cos\theta-2\sqrt{3}\sin\theta=0$ …… ①
① を変形して

$$r=2(\cos\theta+\sqrt{3}\sin\theta)$$
$$=4\cos\left(\theta-\frac{\pi}{3}\right)$$

$r=0$ は上式に含まれるから，求める極方程式は

$$\boldsymbol{r=4\cos\left(\theta-\frac{\pi}{3}\right)}$$

⇦$\cos\theta+\sqrt{3}\sin\theta$
$=2\left(\cos\theta\cos\frac{\pi}{3}+\sin\theta\sin\frac{\pi}{3}\right)$
$=2\cos\left(\theta-\frac{\pi}{3}\right)$

4章
PR

(2)　$6\cos\frac{\pi}{4}=3\sqrt{2}$，$6\sin\frac{\pi}{4}=3\sqrt{2}$ であるから，中心の座標は　$(3\sqrt{2},\ 3\sqrt{2})$
よって，方程式は　$(x-3\sqrt{2})^2+(y-3\sqrt{2})^2=4^2$
展開して　$(x^2+y^2)-6\sqrt{2}x-6\sqrt{2}y+20=0$
$x^2+y^2=r^2$，$x=r\cos\theta$，$y=r\sin\theta$ を代入して

$$r^2-6\sqrt{2}r\cos\theta-6\sqrt{2}r\sin\theta+20=0$$

ゆえに　$r^2-6\sqrt{2}r(\cos\theta+\sin\theta)+20=0$
よって，求める極方程式は

$$\boldsymbol{r^2-12r\cos\left(\theta-\frac{\pi}{4}\right)+20=0}$$

⇦半径は 4

⇦$\cos\theta+\sin\theta$
$=\sqrt{2}\left(\cos\theta\cos\frac{\pi}{4}+\sin\theta\sin\frac{\pi}{4}\right)$
$=\sqrt{2}\cos\left(\theta-\frac{\pi}{4}\right)$

(3)　$\sqrt{3}\cos\frac{\pi}{6}=\frac{3}{2}$，$\sqrt{3}\sin\frac{\pi}{6}=\frac{\sqrt{3}}{2}$ であるから，点Aの座標は　$\left(\frac{3}{2},\ \frac{\sqrt{3}}{2}\right)$
ゆえに，直線 OA の傾きは $\frac{1}{\sqrt{3}}$ であるから，求める直線の傾きは $-\sqrt{3}$ である。
よって，方程式は

$$y-\frac{\sqrt{3}}{2}=-\sqrt{3}\left(x-\frac{3}{2}\right)$$

すなわち　$\sqrt{3}x+y=2\sqrt{3}$
$x=r\cos\theta$，$y=r\sin\theta$ を代入して

$$\sqrt{3}r\cos\theta+r\sin\theta=2\sqrt{3}$$

よって，求める極方程式は

$$\boldsymbol{r\cos\left(\theta-\frac{\pi}{6}\right)=\sqrt{3}}$$

⇦求める直線の傾きを a とすると　$\frac{1}{\sqrt{3}}a=-1$
よって　$a=-\sqrt{3}$

⇦$\sqrt{3}\cos\theta+\sin\theta$
$=2\left(\cos\theta\cos\frac{\pi}{6}+\sin\theta\sin\frac{\pi}{6}\right)$
$=2\cos\left(\theta-\frac{\pi}{6}\right)$

PR ③147　極方程式 $r=\frac{\sqrt{6}}{2+\sqrt{6}\cos\theta}$ の表す曲線を，直交座標に関する方程式で表し，その概形を図示せよ。

$r=\frac{\sqrt{6}}{2+\sqrt{6}\cos\theta}$ から　$2r=\sqrt{6}-\sqrt{6}r\cos\theta$
$r\cos\theta=x$ を代入すると　$2r=\sqrt{6}-\sqrt{6}x$

両辺を2乗すると

$$4r^2=6-12x+6x^2$$

$r^2=x^2+y^2$ を代入して

$$x^2-6x-2y^2+3=0$$

ゆえに　$(x-3)^2-2y^2=6$

よって　$\boldsymbol{\dfrac{(x-3)^2}{6}-\dfrac{y^2}{3}=1}$，**右図**

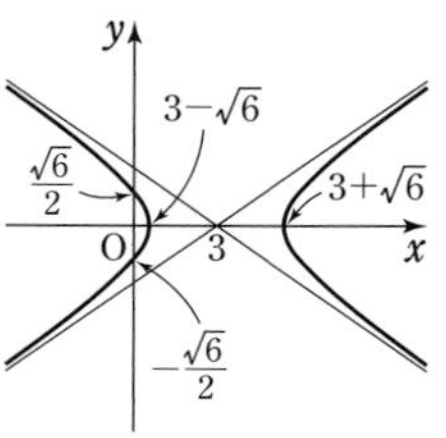

PR ③148

極座標が $\left(1,\ \dfrac{\pi}{2}\right)$ である点を通り，始線OXに平行な直線 ℓ 上に点Pをとり，点Qを△OPQが正三角形となるように定める。ただし，△OPQの頂点O，P，Qはこの順で時計回りに並んでいるものとする。

(1)　点Pが直線 ℓ 上を動くとき，点Qの軌跡を極方程式で表せ。

(2)　(1)で求めた極方程式を直交座標についての方程式で表せ。

(1)　点Pの極座標を $(s,\ \alpha)$，点Qの極座標を $(r,\ \theta)$ とする。

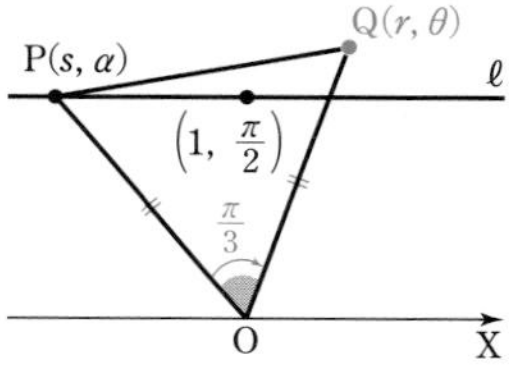

点Pは直線 ℓ 上にあるから

$$s\sin\alpha=1 \quad \cdots\cdots ①$$

△OPQは正三角形で，3点O，P，Qはこの順で時計回りに並ぶから　$\mathrm{OQ}=\mathrm{OP}$，$\angle\mathrm{POQ}=\dfrac{\pi}{3}$

よって　$(r,\ \theta)=\left(s,\ \alpha-\dfrac{\pi}{3}\right)$

ゆえに　$(s,\ \alpha)=\left(r,\ \theta+\dfrac{\pi}{3}\right)$

①から　$r\sin\left(\theta+\dfrac{\pi}{3}\right)=1$　　⇦s，α を消去する。

よって，点Qの軌跡の極方程式は　$\boldsymbol{r\sin\left(\theta+\dfrac{\pi}{3}\right)=1}$

(2)　(1)から，極方程式の左辺を加法定理を用いて展開すると

$$r\left(\sin\theta\cos\frac{\pi}{3}+\cos\theta\sin\frac{\pi}{3}\right)=1$$

⇦$\sin(\alpha+\beta)=\sin\alpha\cos\beta+\cos\alpha\sin\beta$

すなわち　$\dfrac{1}{2}r\sin\theta+\dfrac{\sqrt{3}}{2}r\cos\theta=1$

$r\cos\theta=x$，$r\sin\theta=y$ を代入すると　$\dfrac{1}{2}y+\dfrac{\sqrt{3}}{2}x=1$

よって，求める方程式は　$\boldsymbol{\sqrt{3}x+y=2}$

PR ③149

$a>0$ とする。極方程式 $r=a(1+\cos\theta)$ $(0\leqq\theta<2\pi)$ で表される曲線 K (**心臓形，カージオイド**) について，次の問いに答えよ。

(1)　曲線 K は直線 $\theta=0$ に関して対称であることを示せ。

(2)　曲線 C：$r=a\cos\theta$ はどんな曲線か。

(3)　$0\leqq\theta_1\leqq\pi$ である任意の θ_1 に対し，直線 $\theta=\theta_1$ と曲線 C および曲線 K との交点を考えることにより，曲線 K の概形をかけ。

HINT　(1)　$f(\theta)=a(1+\cos\theta)$ として，$f(-\theta)=f(\theta)$ を示す。
(3)　極方程式を $r=a\cos\theta+a$ として考える。

(1)　$f(\theta)=a(1+\cos\theta)$ とすると

$$f(-\theta)=a\{1+\cos(-\theta)\}=a(1+\cos\theta)=f(\theta)$$

よって，点 $(r,\ \theta)$ が曲線 K 上にあるとき，点 $(r,\ -\theta)$ も曲線 K 上にある。
ゆえに，K は直線 $\theta=0$ に関して対称である。

(2)　**点 $\left(\frac{a}{2},\ 0\right)$ を中心とし，半径 $\frac{a}{2}$ の円**

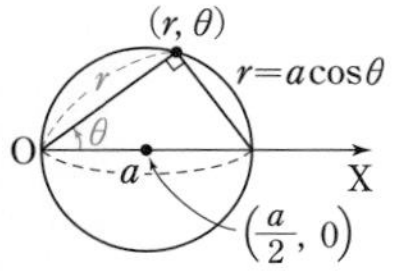

(3)　曲線 K の極方程式を変形して

$$r=a\cos\theta+a \quad \cdots\cdots ①$$

ここで，$0\leqq\theta_1\leqq\pi$ である任意の θ_1 に対し，直線 $\theta=\theta_1$ と円 C との交点（極Oを除く）を $Q(a\cos\theta_1,\ \theta_1)$ とする。
ここで，点Pを次のように定める。

[1]　$0\leqq\theta_1<\frac{\pi}{2}$ のとき

点Qから，$\overrightarrow{OQ}$ の方向に a だけ延長した点。

[2]　$\frac{\pi}{2}<\theta_1\leqq\pi$ のとき

点Qから，$-\overrightarrow{OQ}$ の方向に a だけ延長した点。

[3]　$\theta_1=\frac{\pi}{2}$ のとき　　$P\left(a,\ \frac{\pi}{2}\right)$

[2]　$\frac{\pi}{2}<\theta_1\leqq\pi$ のとき

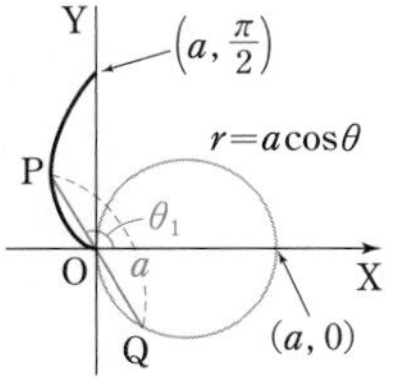

⇦図の直線 OY は，極を通り始線に垂直な直線。

このとき，Pの座標は

$P(a\cos\theta_1+a,\ \theta_1)$

よって，① から，点Pは曲線 K 上の点である。
したがって，(1) より，θ_1 が $0\leqq\theta_1<2\pi$ の範囲で変わるとき曲線 K の概形は **右図** のようになる。

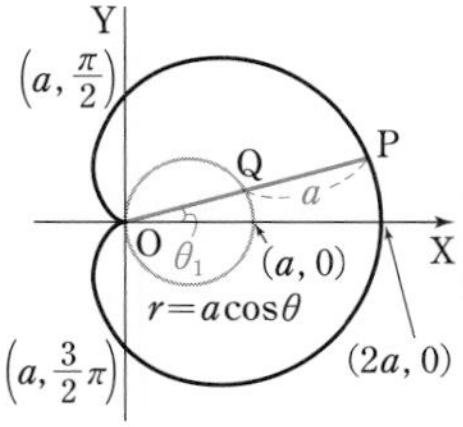

PR ④150　Oを中心とする楕円の1つの焦点をFとする。この楕円上の4点をP，Q，R，Sとするとき，次のことを証明せよ。
(1)　$\angle POQ=\frac{\pi}{2}$ のとき　$\frac{1}{OP^2}+\frac{1}{OQ^2}$　は一定
(2)　焦点Fを極とする楕円の極方程式を　$r(1+e\cos\theta)=l$ $(0<e<1,\ l>0)$ とする。弦PQ，RS が，焦点Fを通り直交しているとき　$\frac{1}{PF\cdot QF}+\frac{1}{RF\cdot SF}$　は一定

(1)　楕円の直交座標による方程式を

$$\frac{x^2}{a^2}+\frac{y^2}{b^2}=1 \ (a>0,\ b>0)$$

とする。

$\angle POQ=\frac{\pi}{2}$ であるから，O を極とすると，P，Q の極座標は

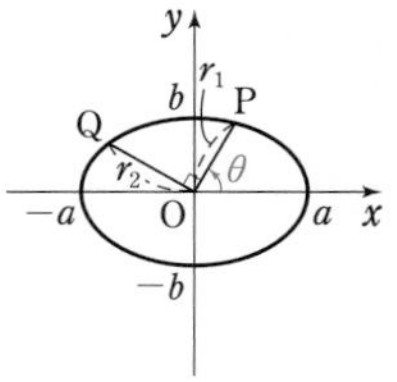

$$\mathrm{P}(r_1,\ \theta),\ \mathrm{Q}\left(r_2,\ \theta+\frac{\pi}{2}\right)$$

と表される。ただし，$r_1>0$，$r_2>0$ とする。

よって，P，Q の直交座標は

$$\mathrm{P}(r_1\cos\theta,\ r_1\sin\theta)$$

$$\mathrm{Q}\left(r_2\cos\left(\theta+\frac{\pi}{2}\right),\ r_2\sin\left(\theta+\frac{\pi}{2}\right)\right)$$

ゆえに　$\mathrm{Q}(-r_2\sin\theta,\ r_2\cos\theta)$

⇐ $\cos\left(\theta+\frac{\pi}{2}\right)=-\sin\theta$，$\sin\left(\theta+\frac{\pi}{2}\right)=\cos\theta$

点 P は楕円上にあるから

$$\frac{r_1{}^2\cos^2\theta}{a^2}+\frac{r_1{}^2\sin^2\theta}{b^2}=1$$

よって　$r_1{}^2\left(\frac{\cos^2\theta}{a^2}+\frac{\sin^2\theta}{b^2}\right)=1$

⇐ $r_1{}^2$ $(=\mathrm{OP}^2)$ について整理する。

点 Q は楕円上にあるから

$$\frac{r_2{}^2\sin^2\theta}{a^2}+\frac{r_2{}^2\cos^2\theta}{b^2}=1$$

ゆえに　$r_2{}^2\left(\frac{\sin^2\theta}{a^2}+\frac{\cos^2\theta}{b^2}\right)=1$

⇐ $r_2{}^2$ $(=\mathrm{OQ}^2)$ について整理する。

よって　$\frac{1}{\mathrm{OP}^2}+\frac{1}{\mathrm{OQ}^2}$

$$=\frac{1}{r_1{}^2}+\frac{1}{r_2{}^2}$$

$$=\left(\frac{\cos^2\theta}{a^2}+\frac{\sin^2\theta}{b^2}\right)+\left(\frac{\sin^2\theta}{a^2}+\frac{\cos^2\theta}{b^2}\right)$$

$$=\frac{1}{a^2}(\sin^2\theta+\cos^2\theta)+\frac{1}{b^2}(\sin^2\theta+\cos^2\theta)$$

$$=\frac{1}{a^2}+\frac{1}{b^2}\ (\text{一定})$$

(2)　$r(1+e\cos\theta)=l$ $(0<e<1,\ l>0)$ …… ① とする。

PQ⊥RS であるから

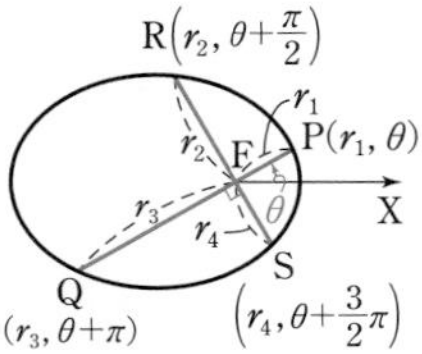

$$\mathrm{P}(r_1,\ \theta),\ \mathrm{R}\left(r_2,\ \theta+\frac{\pi}{2}\right),$$

$$\mathrm{Q}(r_3,\ \theta+\pi),\ \mathrm{S}\left(r_4,\ \theta+\frac{3}{2}\pi\right)$$

と表される。ただし，$r_1>0$，$r_2>0$，$r_3>0$，$r_4>0$ とする。

2 点 P，Q は楕円 ① 上にあるから

$$\mathrm{PF}=r_1=\frac{l}{1+e\cos\theta}$$

$$\mathrm{QF}=r_3=\frac{l}{1+e\cos(\theta+\pi)}$$

ここで　$\cos(\theta+\pi)=-\cos\theta$

ゆえに　$\frac{1}{\mathrm{PF}}=\frac{1+e\cos\theta}{l}$，$\frac{1}{\mathrm{QF}}=\frac{1-e\cos\theta}{l}$

よって　$\dfrac{1}{\mathrm{PF}\cdot\mathrm{QF}}=\dfrac{1}{\mathrm{PF}}\cdot\dfrac{1}{\mathrm{QF}}=\dfrac{1-e^2\cos^2\theta}{l^2}$ ……②

2点R，Sは楕円①上にあるから

$$\mathrm{RF}=r_2=\frac{l}{1+e\cos\left(\theta+\frac{\pi}{2}\right)}$$

$$\mathrm{SF}=r_4=\frac{l}{1+e\cos\left(\theta+\frac{3}{2}\pi\right)}$$

ここで　$\cos\left(\theta+\dfrac{\pi}{2}\right)=-\sin\theta$，$\cos\left(\theta+\dfrac{3}{2}\pi\right)=\sin\theta$

よって　$\dfrac{1}{\mathrm{RF}}=\dfrac{1-e\sin\theta}{l}$，$\dfrac{1}{\mathrm{SF}}=\dfrac{1+e\sin\theta}{l}$

ゆえに　$\dfrac{1}{\mathrm{RF}\cdot\mathrm{SF}}=\dfrac{1}{\mathrm{RF}}\cdot\dfrac{1}{\mathrm{SF}}=\dfrac{1-e^2\sin^2\theta}{l^2}$ ……③

⇦②の右辺でθの代わりに$\theta+\dfrac{\pi}{2}$とおいても求められる。

②，③から

$$\frac{1}{\mathrm{PF}\cdot\mathrm{QF}}+\frac{1}{\mathrm{RF}\cdot\mathrm{SF}}=\frac{2-e^2(\cos^2\theta+\sin^2\theta)}{l^2}=\frac{2-e^2}{l^2}\ \text{（一定）}$$

inf.　極方程式①は $r=\dfrac{ea}{1+e\cos\theta}$ において，$0<e<1$，$l=ea>0$ とした式である。本冊 $p.519$ 基本事項 5 参照。

EX ②104

(1) 中心は原点で，長軸は x 軸上，短軸は y 軸上にあり，2 点 $(-4,\ 0)$，$(2,\ \sqrt{3})$ を通る楕円の方程式を求めよ。

(2) 中心が原点で，焦点が x 軸上にあり，2 点 $\left(\frac{5}{2},\ -3\right)$，$(4,\ 4\sqrt{3})$ を通る双曲線の方程式を求めよ。

(3) 直交する漸近線をもつ双曲線を直角双曲線という。中心が原点，1 つの焦点が $(0,\ 4)$ である直角双曲線の方程式を求めよ。

(1) 中心が原点で，長軸が x 軸上，短軸が y 軸上にある楕円の方程式は $\frac{x^2}{a^2}+\frac{y^2}{b^2}=1\ (a>b>0)$ と表される。

点 $(-4,\ 0)$ を通るから

$$\frac{16}{a^2}=1 \quad \cdots\cdots ①$$

⇦ $\frac{(-4)^2}{a^2}+\frac{0^2}{b^2}=1$

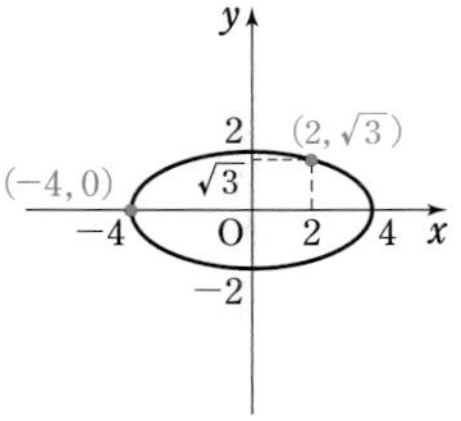

点 $(2,\ \sqrt{3})$ を通るから

$$\frac{4}{a^2}+\frac{3}{b^2}=1 \quad \cdots\cdots ②$$

⇦ $\frac{2^2}{a^2}+\frac{(\sqrt{3})^2}{b^2}=1$

① から　$a^2=16$

よって，② から　$b^2=4$

⇦ $\frac{3}{b^2}=\frac{3}{4}$

したがって，求める楕円の方程式は　$\boldsymbol{\frac{x^2}{16}+\frac{y^2}{4}=1}$

(2) 中心が原点で，焦点が x 軸上にあるから，双曲線の方程式は $\frac{x^2}{a^2}-\frac{y^2}{b^2}=1\ (a>0,\ b>0)$ と表される。

点 $\left(\frac{5}{2},\ -3\right)$ を通るから　$\frac{25}{4a^2}-\frac{9}{b^2}=1 \quad \cdots\cdots ①$

点 $(4,\ 4\sqrt{3})$ を通るから　$\frac{16}{a^2}-\frac{48}{b^2}=1 \quad \cdots\cdots ②$

①×16−②×3 から　$\frac{52}{a^2}=13$

⇦連立方程式 ①，② から，$\frac{1}{b^2}$ の項を消去する。

よって　$a^2=4$　　ゆえに，② から　$b^2=16$

よって，求める双曲線の方程式は　$\boldsymbol{\frac{x^2}{4}-\frac{y^2}{16}=1}$

(3) 中心が原点，1 つの焦点が $(0,\ 4)$ であるから，双曲線の方程式は $\frac{x^2}{a^2}-\frac{y^2}{b^2}=-1\ (a>0,\ b>0)$ と表される。

⇦焦点が y 軸上にあり，中心が原点にある双曲線。

このとき，漸近線は　$y=\pm\frac{b}{a}x$

漸近線が直交するから　$\frac{b}{a}\cdot\left(-\frac{b}{a}\right)=-1$

⇦**直交**
⟺ 傾きの積が −1

ゆえに　$b^2=a^2 \quad \cdots\cdots ①$

焦点の 1 つが $(0,\ 4)$ であるから　$\sqrt{a^2+b^2}=4$

⇦焦点の座標は $(0,\ \pm\sqrt{a^2+b^2})$

① を代入して　$2a^2=4^2$

よって　$a^2=8$　　① から　$b^2=8$

ゆえに，求める直角双曲線の方程式は　$\boldsymbol{\frac{x^2}{8}-\frac{y^2}{8}=-1}$

EX ②105 双曲線 $x^2-2y^2=-4$ を，点 $(-3,\ 1)$ に関して対称に移動して得られる曲線の方程式を求めよ。

双曲線 $x^2-2y^2=-4$ 上の任意の点を $\mathrm{P}(s,\ t)$ とする。
また，点 $(-3,\ 1)$ に関してPと対称な点を $\mathrm{Q}(x,\ y)$ とする。
線分PQの中点の座標が $(-3,\ 1)$ であるから

$$\frac{s+x}{2}=-3,\quad \frac{t+y}{2}=1$$

ゆえに　$s=-x-6,\ t=-y+2$ ……①
Pは，双曲線 $x^2-2y^2=-4$ 上にあるから，①より

$$(-x-6)^2-2(-y+2)^2=-4$$

すなわち　$(x+6)^2-2(y-2)^2=-4$
したがって，求める曲線の方程式は

$$\boldsymbol{\frac{(x+6)^2}{4}-\frac{(y-2)^2}{2}=-1}$$

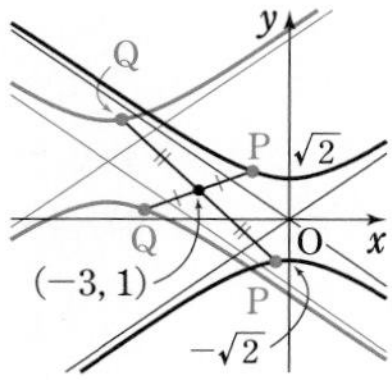

⇐ $s^2-2t^2=-4$

⇐これは双曲線を表す。

EX ③106 $a>0$ とする。放物線 $y=x^2$ と $ax=y^2+by$ が焦点を共有するとき，定数 $a,\ b$ の値を求めよ。

HINT　放物線 $ax=y^2+by$ は，どのような放物線（標準形）をどのように平行移動したものかを考える。そして，放物線 $ax=y^2+by$ の焦点を求める。

$y=x^2$ を変形して　$x^2=4\cdot\frac{1}{4}y$

ゆえに，放物線 $y=x^2$ について　焦点 $\left(0,\ \frac{1}{4}\right)$

$ax=y^2+by$ ……① を変形して

$$y^2+by+\left(\frac{b}{2}\right)^2=ax+\left(\frac{b}{2}\right)^2$$

よって　$\left(y+\frac{b}{2}\right)^2=4\cdot\frac{a}{4}\left(x+\frac{b^2}{4a}\right)$

⇐ $(y-s)^2=4p(x-t)$ の形にする。

この式で表される曲線は，放物線 $y^2=4\cdot\frac{a}{4}x$ を x 軸方向に $-\frac{b^2}{4a}$，y 軸方向に $-\frac{b}{2}$ だけ平行移動した放物線である。

ゆえに，放物線①について　焦点 $\left(\frac{a}{4}-\frac{b^2}{4a},\ -\frac{b}{2}\right)$

⇐放物線 $y^2=4\cdot\frac{a}{4}x$ の焦点は $\left(\frac{a}{4},\ 0\right)$

2つの放物線が焦点を共有するための条件は

$$\frac{a}{4}-\frac{b^2}{4a}=0\ \cdots\cdots②,\quad -\frac{b}{2}=\frac{1}{4}\ \cdots\cdots③$$

③から　$\boldsymbol{b=-\frac{1}{2}}$

②に代入して　$\frac{a}{4}-\frac{1}{16a}=0$

よって　$4a^2=1$

$a>0$ であるから　$\boldsymbol{a=\frac{1}{2}}$

4章 EX

EX ③107 2 点 $(-5,\ 2)$，$(1,\ 2)$ からの距離の和が 10 である点の軌跡を求めよ。

軌跡は，2 点 $(-5,\ 2)$，$(1,\ 2)$ を焦点とする，中心 $(-2,\ 2)$ の楕円。2 点 $(-5,\ 2)$，$(1,\ 2)$ を x 軸方向に 2，y 軸方向に -2 だけ平行移動すると　$(-3,\ 0)$，$(3,\ 0)$

⇐2 定点からの距離の和が一定 ⟶ 楕円

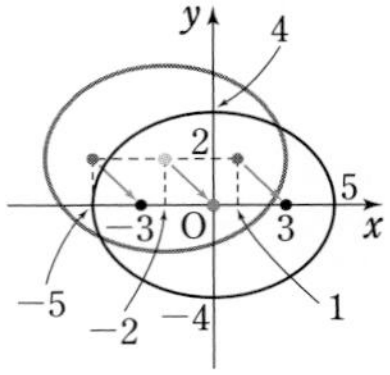

2 点 $(-3,\ 0)$，$(3,\ 0)$ を焦点とする楕円の方程式は

$$\frac{x^2}{a^2}+\frac{y^2}{b^2}=1\ (a>b>0)\ \cdots\cdots ①$$

と表されて，焦点からの距離の和が 10 であるから

$2a=10$　　よって　$a=5,\ a^2=25$

焦点の座標から，$\sqrt{a^2-b^2}=3$ であるから

$$b^2=a^2-3^2=25-9=16$$

よって，① は　$\dfrac{x^2}{25}+\dfrac{y^2}{16}=1$

ゆえに，求める軌跡は　**楕円 $\dfrac{(x+2)^2}{25}+\dfrac{(y-2)^2}{16}=1$**

⇐楕円 $\dfrac{x^2}{25}+\dfrac{y^2}{16}=1$ を x 軸方向に -2，y 軸方向に 2 だけ平行移動する。

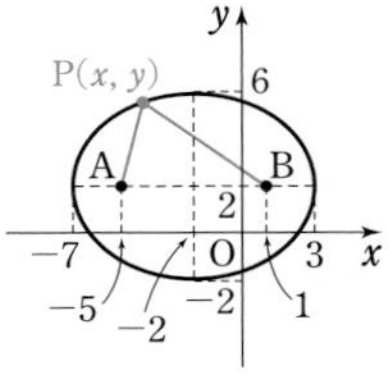

別解　A$(-5,\ 2)$，B$(1,\ 2)$，軌跡上の点を P$(x,\ y)$ とする。

AP+BP=10 であるから

$$\sqrt{(x+5)^2+(y-2)^2}+\sqrt{(x-1)^2+(y-2)^2}=10$$

よって　$\sqrt{(x+5)^2+(y-2)^2}=10-\sqrt{(x-1)^2+(y-2)^2}$

両辺を 2 乗すると

$$(x+5)^2+(y-2)^2$$
$$=100-20\sqrt{(x-1)^2+(y-2)^2}+(x-1)^2+(y-2)^2$$

整理して　$5\sqrt{(x-1)^2+(y-2)^2}=-3x+19$

更に，両辺を 2 乗すると

$$25\{(x-1)^2+(y-2)^2\}=(-3x+19)^2$$

整理して　$16x^2+64x-336+25(y-2)^2=0$

⇐$(y-2)^2$ を展開しないで式を整理する。

すなわち　$16(x+2)^2+25(y-2)^2=400$

ゆえに，求める軌跡は　**楕円 $\dfrac{(x+2)^2}{25}+\dfrac{(y-2)^2}{16}=1$**

EX ③108 放物線 $y^2=4x$ 上の点Pと，定点 A$(a,\ 0)$ の距離の最小値を求めよ。ただし，a は定数とする。

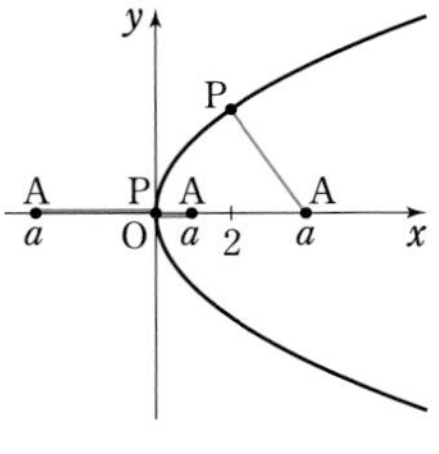

Pは放物線 $y^2=4x$ 上の点であるから，P$(s,\ t)$ とすると　$t^2=4s$

ゆえに　$AP^2=(s-a)^2+t^2$

$=(s-a)^2+4s$

$=s^2-2(a-2)s+a^2$

$=\{s-(a-2)\}^2+4a-4$

⇐AP^2 の最小値について考える。

⇐s の 2 次関数とみて，平方完成。

$s=\dfrac{t^2}{4}\geqq 0$ であるから

⇐軸の位置で場合分け。

[1]　$a-2\leqq 0$ すなわち $a\leqq 2$ のとき

AP^2 は $s=0$ のとき最小で，最小値は　a^2

⇐s は 0 以上の値しかとらないので，$a-2\leqq 0$ のとき，$s-(a-2)\geqq 0$

[2]　$0<a-2$ すなわち $a>2$ のとき

AP^2 は $s=a-2$ のとき最小で，最小値は　$4a-4$

$a>2$ から　$4a-4>0$

$AP \geqq 0$ であるから，AP^2 が最小のとき，AP も最小となる。

以上から　**$a \leqq 2$ のとき　最小値 $|a|$**

$a>2$ のとき　最小値 $2\sqrt{a-1}$

⇐$\sqrt{a^2}=|a|$

EX ③109

方程式 $2x^2-8x+y^2-6y+11=0$ が表す2次曲線を C_1 とする。〔類 名城大〕

(1) C_1 の焦点の座標を求め，概形をかけ。

(2) a, b, c $(c>0)$ を定数とし，方程式 $(x-a)^2-\dfrac{(y-b)^2}{c^2}=1$ が表す双曲線を C_2 とする。C_1 の2つの焦点と C_2 の2つの焦点が正方形の4つの頂点となるとき，a, b, c の値を求めよ。

(1)　$2x^2-8x+y^2-6y+11=0$ を変形すると

$$2(x^2-4x+2^2)-2\cdot 2^2+(y^2-6y+3^2)-3^2+11=0$$

よって　$2(x-2)^2+(y-3)^2=6$

ゆえに　$C_1:\dfrac{(x-2)^2}{3}+\dfrac{(y-3)^2}{6}=1$

よって，C_1 は楕円 $\dfrac{x^2}{3}+\dfrac{y^2}{6}=1$ を x 軸方向に2，y 軸方向に3だけ平行移動した楕円である。

ゆえに，焦点は

2点 **$(2,\ \sqrt{3}+3)$,**

$(2,\ -\sqrt{3}+3)$

C_1 の中心は $(2,\ 3)$ で，概形は **右図** のようになる。

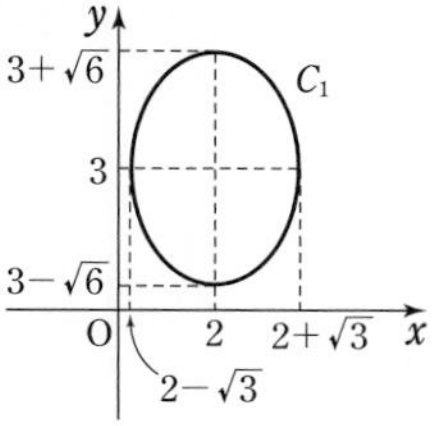

⇐楕円 $\dfrac{x^2}{3}+\dfrac{y^2}{6}=1$ について
焦点 $(0,\ \sqrt{3})$, $(0,\ -\sqrt{3})$
中心 $(0,\ 0)$

(2)　C_2 は双曲線 $x^2-\dfrac{y^2}{c^2}=1$ を x 軸方向に a，y 軸方向に b だけ平行移動した双曲線である。

ゆえに，C_2 の焦点の座標は　$(\pm\sqrt{1+c^2}+a,\ b)$

C_1 の焦点をそれぞれ　$F_1(2,\ 3+\sqrt{3})$, $F_2(2,\ 3-\sqrt{3})$,

C_2 の焦点をそれぞれ　$G_1(\sqrt{1+c^2}+a,\ b)$,

$G_2(-\sqrt{1+c^2}+a,\ b)$ とする。

$F_1F_2 \perp G_1G_2$ であるから，4点 F_1, F_2, G_1, G_2 が正方形の4つの頂点となるとき，線分 F_1F_2, G_1G_2 は対角線である。

線分 F_1F_2 の中点 $(2,\ 3)$ と線分 G_1G_2 の中点 $(a,\ b)$ が一致するから　**$a=2$, $b=3$**

また，$F_1F_2=G_1G_2$ であるから，$F_1F_2=2\sqrt{3}$,

$G_1G_2=2\sqrt{1+c^2}$ より

$2\sqrt{3}=2\sqrt{1+c^2}$　すなわち　$c^2=2$

$c>0$ から　**$c=\sqrt{2}$**

⇐双曲線 $x^2-\dfrac{y^2}{c^2}=1$ について
焦点 $(\sqrt{1+c^2},\ 0)$, $(-\sqrt{1+c^2},\ 0)$

⇐$F_1F_2 /\!/ y$ 軸, $G_1G_2 /\!/ x$ 軸

⇐正方形の2本の対角線の中点は一致する。また，対角線の長さは等しい。

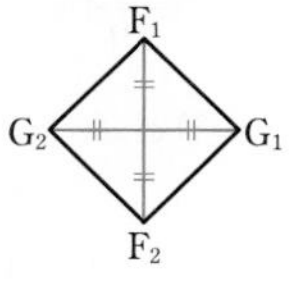

EX ④110 双曲線上の任意の点Pから2つの漸近線に垂線PQ，PRを引くと，線分の長さの積PQ・PRは一定であることを証明せよ。

HINT 双曲線の方程式を，標準形 $\dfrac{x^2}{a^2}-\dfrac{y^2}{b^2}=1$ で表すと計算がスムーズ。

双曲線の方程式を $\dfrac{x^2}{a^2}-\dfrac{y^2}{b^2}=1$ $(a>0,\ b>0)$ とする。

このとき，漸近線は　$y=\pm\dfrac{b}{a}x$

すなわち　$bx-ay=0,\ bx+ay=0$

$P(x_1,\ y_1)$ とすると　$\dfrac{{x_1}^2}{a^2}-\dfrac{{y_1}^2}{b^2}=1$ ……①

また　$PQ\cdot PR=\dfrac{|bx_1-ay_1|}{\sqrt{b^2+a^2}}\cdot\dfrac{|bx_1+ay_1|}{\sqrt{b^2+a^2}}$

$=\dfrac{|b^2{x_1}^2-a^2{y_1}^2|}{a^2+b^2}$

① から　$b^2{x_1}^2-a^2{y_1}^2=a^2b^2$

よって　$PQ\cdot PR=\dfrac{|a^2b^2|}{a^2+b^2}=\dfrac{a^2b^2}{a^2+b^2}$ （一定）

inf. 楕円上にあって長軸，短軸上にない点Pと短軸の両端を通る2本の直線が，長軸またはその延長と交わる点をQ，Rとする。このとき，楕円の中心をOとすると，OQ，ORの積は一定であることが知られている。

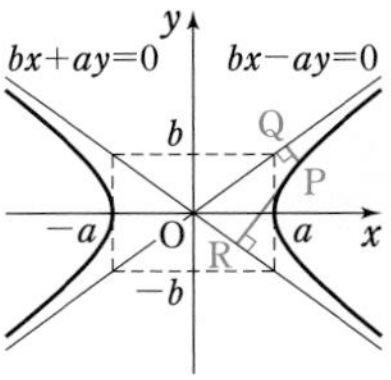

⇦直線 $px+qy+r=0$ と点 $(x_1,\ y_1)$ の距離は $\dfrac{|px_1+qy_1+r|}{\sqrt{p^2+q^2}}$

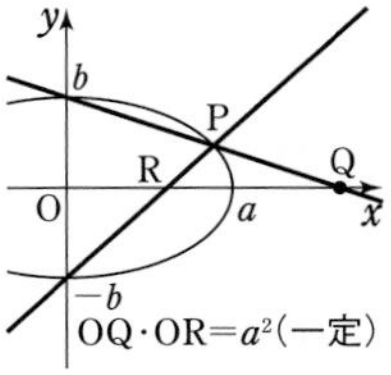

EX ③111 座標平面上の2点 $A(x,\ y)$，$B(xy^2-2y,\ 2x+y^3)$ について，点Aが楕円 $\dfrac{x^2}{3}+y^2=1$ 上を動くとき，内積 $\overrightarrow{OA}\cdot\overrightarrow{OB}$ の最大値を求めよ。ただし，Oは原点である。〔武蔵工大〕

HINT $\overrightarrow{OA}\cdot\overrightarrow{OB}=(x,\ y$ の式$)$ から y を消去した式を x^2 の2次式(複2次式)とみて，$y=a(x^2-p)^2+q$ の形に変形する。最大値を求める際は x の値の範囲に注意する。

$y^2=1-\dfrac{x^2}{3}$，$y^2\geqq 0$ であるから　$3-x^2\geqq 0$

よって　$0\leqq x^2\leqq 3$ ……①

ここで　$\overrightarrow{OA}\cdot\overrightarrow{OB}=x(xy^2-2y)+y(2x+y^3)=x^2y^2+y^4$

$=x^2\left(1-\dfrac{x^2}{3}\right)+\left(1-\dfrac{x^2}{3}\right)^2=-\dfrac{2}{9}x^4+\dfrac{1}{3}x^2+1$

$=-\dfrac{2}{9}\left(x^2-\dfrac{3}{4}\right)^2+\dfrac{9}{8}$

⇦$y=a(x^2-p)^2+q$ の形に変形。

① から，$-\dfrac{2}{9}\left(x^2-\dfrac{3}{4}\right)^2+\dfrac{9}{8}$ は $x^2=\dfrac{3}{4}$ で最大値をとる。

$x^2=\dfrac{3}{4}$ のとき　$y^2=1-\dfrac{x^2}{3}=\dfrac{3}{4}$

ゆえに，$(x,\ y)=\left(\pm\dfrac{\sqrt{3}}{2},\ \pm\dfrac{\sqrt{3}}{2}\right)$ (複号任意) で最大値 $\boldsymbol{\dfrac{9}{8}}$ をとる。

別解　点 $A(x,\ y)$ は楕円 $\dfrac{x^2}{3}+y^2=1$ 上にあるから

$$x=\sqrt{3}\cos\theta,\ y=\sin\theta\ (0\leqq\theta<2\pi)$$

とおける。このとき

$$xy^2-2y=\sqrt{3}\cos\theta\sin^2\theta-2\sin\theta$$
$$2x+y^3=2\sqrt{3}\cos\theta+\sin^3\theta$$

したがって

$$\begin{aligned}\overrightarrow{OA}\cdot\overrightarrow{OB}&=\sqrt{3}\cos\theta(\sqrt{3}\cos\theta\sin^2\theta-2\sin\theta)\\&\quad+\sin\theta(2\sqrt{3}\cos\theta+\sin^3\theta)\\&=3\cos^2\theta\sin^2\theta+\sin^4\theta\\&=3(1-\sin^2\theta)\sin^2\theta+\sin^4\theta\\&=-2\sin^4\theta+3\sin^2\theta\\&=-2\left(\sin^2\theta-\frac{3}{4}\right)^2+\frac{9}{8}\end{aligned}$$

$0\leqq\sin^2\theta\leqq1$ から，$\sin^2\theta=\dfrac{3}{4}$ すなわち $\sin\theta=\pm\dfrac{\sqrt{3}}{2}$ のとき最大値をとる。

$\sin\theta=\pm\dfrac{\sqrt{3}}{2}$ のとき　　$\cos\theta=\pm\sqrt{1-\sin^2\theta}=\pm\dfrac{1}{2}$

ゆえに，$(x,\ y)=\left(\pm\dfrac{\sqrt{3}}{2},\ \pm\dfrac{\sqrt{3}}{2}\right)$（複号任意）で最大値 $\dfrac{9}{8}$ をとる。

⇐楕円の媒介変数表示。

⇐$-1\leqq\sin\theta\leqq1$ から $0\leqq\sin^2\theta\leqq1$

⇐$x=\sqrt{3}\cos\theta=\sqrt{3}\left(\pm\dfrac{1}{2}\right)=\pm\dfrac{\sqrt{3}}{2}$

EX ④112

平面上に，点 $A(1,\ 0)$ を通り傾き m_1 の直線 ℓ_1 と点 $B(-1,\ 0)$ を通り傾き m_2 の直線 ℓ_2 とがある。2直線 ℓ_1，ℓ_2 が $m_1m_2=k$，$k\neq0$ を満たしながら動くとき，ℓ_1 と ℓ_2 の交点の軌跡を求めよ。
〔類　秋田大〕

直線 ℓ_1 は傾き m_1 で点 $A(1,\ 0)$ を通るから，その方程式は
$$y=m_1(x-1)$$
直線 ℓ_2 は傾き m_2 で点 $B(-1,\ 0)$ を通るから，その方程式は
$$y=m_2(x+1)$$
ℓ_1 と ℓ_2 の交点を $P(X,\ Y)$ とすると

点Pは直線 ℓ_1 上にあるから　　$Y=m_1(X-1)$ ……①

点Pは直線 ℓ_2 上にあるから　　$Y=m_2(X+1)$ ……②

$X=1$ のとき，① から　　$Y=0$

$X=1$，$Y=0$ を ② に代入すると　　$0=2m_2$

ゆえに　　$m_2=0$

よって，$k=m_1m_2=0$ となり，$k\neq0$ に矛盾。

また，$X=-1$ のとき，② から　　$Y=0$

$X=-1$，$Y=0$ を ① に代入すると　　$0=-2m_1$

ゆえに　　$m_1=0$

よって，$k=m_1m_2=0$ となり，$k\neq0$ に矛盾。

ゆえに，$X\neq\pm1$ であるから，①，② より

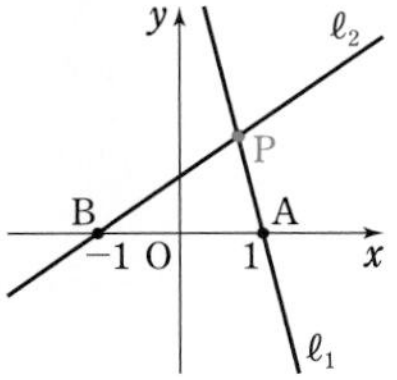

$m_1=\frac{Y}{X-1}$，$m_2=\frac{Y}{X+1}$

よって　$\frac{Y}{X-1}\cdot\frac{Y}{X+1}=k$　　⇦$m_1m_2=k$

ゆえに　$X^2-\frac{Y^2}{k}=1$　　⇦標準形にする。

したがって，ℓ_1 と ℓ_2 の交点の軌跡は

$k>0$ のとき　双曲線 $x^2-\frac{y^2}{k}=1$ $(x\neq\pm1)$

$k<0$ のとき　楕円 $x^2+\frac{y^2}{-k}=1$ $(x\neq\pm1)$

⇦特に $k=-1$ のとき円 $x^2+y^2=1$ $(x\neq\pm1)$

EX ②113 点 $(2,\ 0)$ を通る傾きが m の直線と楕円 $4x^2+y^2=1$ が，異なる 2 点で交わるとき，m の値の範囲を求めよ。

点 $(2,\ 0)$ を通る傾きが m の直線の方程式は

$y=m(x-2)$ …… ①

これと楕円の方程式 $4x^2+y^2=1$ から y を消去すると

$4x^2+\{m(x-2)\}^2=1$

よって　$4x^2+m^2(x^2-4x+4)=1$

ゆえに　$(m^2+4)x^2-4m^2x+4m^2-1=0$ …… ②

2 次方程式 ② の判別式を D とすると

$\frac{D}{4}=(-2m^2)^2-(m^2+4)(4m^2-1)$

$=-15m^2+4$

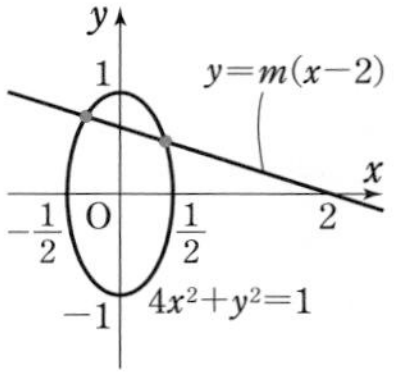

楕円 $4x^2+y^2=1$ と直線 ① の共有点の個数は，2 次方程式 ② の実数解の個数と一致する。

したがって，楕円 $4x^2+y^2=1$ と直線 ① が異なる 2 点で交わるとき，② が異なる 2 つの実数解をもつから　$D>0$

よって　$m^2-\frac{4}{15}<0$

したがって，m の値の範囲は　**$-\frac{2}{\sqrt{15}}<m<\frac{2}{\sqrt{15}}$**

EX ③114 直線 $y=2x+k$ が楕円 $4x^2+9y^2=36$ によって切り取られる線分の長さが 4 となるとき，定数 k の値と線分の中点の座標を求めよ。

$4x^2+9y^2=36$ …… ①，$y=2x+k$ …… ② とする。

楕円 ① と直線 ② の異なる 2 つの交点を $P(x_1,\ y_1)$，$Q(x_2,\ y_2)$ とする。

①，② から y を消去して

$4x^2+9(2x+k)^2=36$

ゆえに　$40x^2+36kx+9k^2-36=0$ …… ③

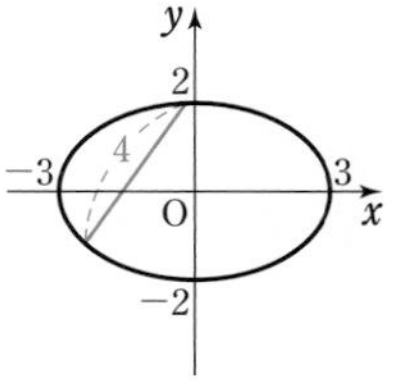

2 次方程式 ③ の判別式を D とすると

$$\frac{D}{4}=(18k)^2-40(9k^2-36)=-36(k^2-40)$$

③ が異なる2つの実数解 x_1, x_2 をもつから, $D>0$ より

$$k^2-40<0$$

よって　$-2\sqrt{10}<k<2\sqrt{10}$ …… ④

また, ③ において, 解と係数の関係から

$$x_1+x_2=-\frac{9}{10}k \quad \cdots\cdots ⑤,$$

$$x_1x_2=\frac{9k^2-36}{40} \quad \cdots\cdots ⑥$$

ゆえに　$PQ^2=(x_2-x_1)^2+(y_2-y_1)^2$

$=(x_2-x_1)^2+\{2x_2+k-(2x_1+k)\}^2$

$=(x_2-x_1)^2+\{2(x_2-x_1)\}^2$

$=5(x_2-x_1)^2$

$=5\{(x_1+x_2)^2-4x_1x_2\}$

⑤, ⑥ を代入して

$$PQ^2=5\left\{\left(-\frac{9}{10}k\right)^2-4\cdot\frac{9k^2-36}{40}\right\}$$

$$=5\cdot\frac{81k^2-90k^2+360}{100}=\frac{9}{20}(40-k^2)$$

$PQ=4$ であるから　$\frac{9}{20}(40-k^2)=16$

よって　$k^2=\frac{40}{9}$　　ゆえに　$k=\pm\frac{2\sqrt{10}}{3}$

これは ④ を満たす。

また, 切り取られる線分の中点の座標は

$$\left(\frac{x_1+x_2}{2},\ 2\cdot\frac{x_1+x_2}{2}+k\right)$$

$\boldsymbol{k=\frac{2\sqrt{10}}{3}}$ **のとき**, ⑤ から　$x_1+x_2=-\frac{3\sqrt{10}}{5}$

このとき, **中点の座標は**　$\boldsymbol{\left(-\frac{3\sqrt{10}}{10},\ \frac{\sqrt{10}}{15}\right)}$

$\boldsymbol{k=-\frac{2\sqrt{10}}{3}}$ **のとき**, ⑤ から　$x_1+x_2=\frac{3\sqrt{10}}{5}$

このとき, **中点の座標は**　$\boldsymbol{\left(\frac{3\sqrt{10}}{10},\ -\frac{\sqrt{10}}{15}\right)}$

inf.　$PQ=\sqrt{1+2^2}|x_2-x_1|$ としてもよい。

⇐ 2点P, Qは直線 ② 上にあるから
$y_1=2x_1+k$, $y_2=2x_2+k$

⇐ $(x_2-x_1)^2$
$=x_2^2-2x_2x_1+x_1^2$
$=x_1^2+2x_1x_2+x_2^2-4x_1x_2$
$=(x_1+x_2)^2-4x_1x_2$

⇐切り取られる線分の長さは4である。

⇐切り取られる線分の中点は, 直線 $y=2x+k$ 上にある。

EX ③115

楕円 $C:\frac{x^2}{4}+y^2=1$ について

(1)　C 上の点 $(a,\ b)$ における接線の方程式を a, b を用いて表せ。

(2)　y 軸上の点 $P(0,\ t)$ (ただし, $t>1$) から C へ引いた2本の接線と x 軸との交点の x 座標を t を用いて表せ。

(3)　(2)の2本の接線と x 軸で囲まれた三角形が, 正三角形になるときの t の値と, その正三角形の面積を求めよ。　〔東京電機大〕

(1) $\boldsymbol{\frac{ax}{4}+by=1}$ …… ①

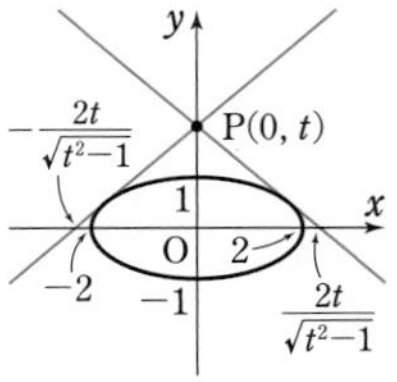

(2) 接線 ① が点 P(0, t) を通るとき　　$bt=1$

よって　　$b=\frac{1}{t}$ …… ②

また，点 $(a,\ b)$ は楕円 C 上の点であるから

$$\frac{a^2}{4}+b^2=1 \text{ …… ③}$$

②，③ から　　$\frac{a^2}{4}+\frac{1}{t^2}=1$

ゆえに　　$a^2=4\left(1-\frac{1}{t^2}\right)=\frac{4(t^2-1)}{t^2}$

ここで，$t>1$ であるから　　$t^2-1>0$

よって　　$a=\pm\frac{2\sqrt{t^2-1}}{t}$ …… ④

接線 ① と x 軸との交点の x 座標は，① で $y=0$ として

$$x=\frac{4}{a}$$

⇐④ から　$a\neq0$

ゆえに，④ から，求める x 座標は

$$\pm\frac{4t}{2\sqrt{t^2-1}}\quad \text{すなわち}\quad \boldsymbol{\pm\frac{2t}{\sqrt{t^2-1}}}$$

(3) $\frac{t}{\frac{2t}{\sqrt{t^2-1}}}=\tan60^\circ$ であるから　　$\frac{\sqrt{t^2-1}}{2}=\sqrt{3}$

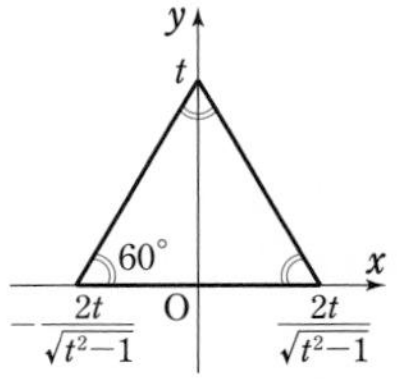

両辺を 2 乗して　　$\frac{t^2-1}{4}=3$　　よって　　$t^2=13$

$t>1$ であるから　　$\boldsymbol{t=\sqrt{13}}$

このときの正三角形の面積は

$$\frac{1}{2}\cdot2\cdot\frac{2\sqrt{13}}{\sqrt{13-1}}\cdot\sqrt{13}=\boldsymbol{\frac{13}{\sqrt{3}}}$$

EX
③**116**

放物線 $y=x^2$ と楕円 $x^2+\frac{y^2}{5}=1$ の共通接線の方程式を求めよ。

$y=x^2$ …… ①，$x^2+\frac{y^2}{5}=1$ …… ② とする。

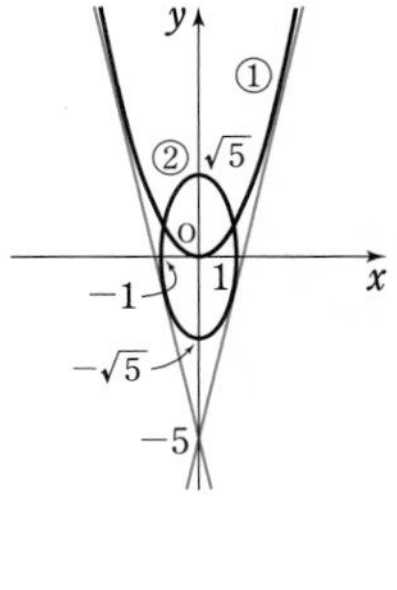

放物線 ① と楕円 ② の共通接線は x 軸に垂直でないから，その方程式は

$$y=mx+n \text{ …… ③}$$

と表される。

①，③ から y を消去して　　$x^2=mx+n$

ゆえに　　$x^2-mx-n=0$

この 2 次方程式の判別式を D_1 とすると

$$D_1=(-m)^2-4\cdot1\cdot(-n)=m^2+4n$$

直線 ③ が放物線 ① と接するとき，$D_1=0$ から

$$m^2+4n=0 \quad \cdots\cdots ④$$

また，②，③ から y を消去して

$$x^2+\frac{(mx+n)^2}{5}=1$$

よって　$5x^2+m^2x^2+2mnx+n^2-5=0$

ゆえに　$(m^2+5)x^2+2mnx+n^2-5=0$

この 2 次方程式の判別式を D_2 とすると

⇐$m^2+5>0$

$$\frac{D_2}{4}=(mn)^2-(m^2+5)(n^2-5)$$
$$=5(m^2-n^2+5)$$

直線 ③ が楕円 ② と接するとき，$D_2=0$ から

$$m^2-n^2+5=0 \quad \cdots\cdots ⑤$$

④，⑤ から m を消去して　$n^2+4n-5=0$

⇐④−⑤ から。

よって　$(n-1)(n+5)=0$

ゆえに　$n=1,\ -5$

④ より，$n\leqq 0$ であるから　$n=-5$

⇐$4n=-m^2\leqq 0$

よって，④ から　$m^2=-4\cdot(-5)=20$

ゆえに　$m=\pm 2\sqrt{5}$

したがって，求める共通接線の方程式は

$$\boldsymbol{y=2\sqrt{5}x-5,\ y=-2\sqrt{5}x-5}$$

別解　$y=x^2 \cdots\cdots ①$，$x^2+\dfrac{y^2}{5}=1 \cdots\cdots ②$ とする。

楕円 ② 上の点 $(x_1,\ y_1)$ における接線の方程式は

$$x_1x+\frac{y_1y}{5}=1 \quad \cdots\cdots ③$$

⇐楕円 ② 上の点 $(x_1,\ y_1)$ における接線が放物線 ① と接する，として考える。

① と ③ から y を消去して

$$y_1x^2+5x_1x-5=0$$

この 2 次方程式の判別式を D とすると

$$D=(5x_1)^2-4\cdot y_1\cdot(-5)=5(5x_1{}^2+4y_1)$$

⇐$y_1=0$ のとき，③ は x 軸に垂直な直線となるから，放物線 ① の接線ではない。よって　$y_1\neq 0$

直線 ③ が放物線 ① と接するとき，$D=0$ から

$$5x_1{}^2+4y_1=0 \quad \cdots\cdots ④$$

また，点 $(x_1,\ y_1)$ は楕円 ② 上の点であるから

$$x_1{}^2+\frac{y_1{}^2}{5}=1 \quad \cdots\cdots ⑤$$

④，⑤ から x_1 を消去して　$y_1{}^2-4y_1-5=0$

⇐$-\dfrac{4}{5}y_1+\dfrac{y_1{}^2}{5}=1$

よって　$(y_1+1)(y_1-5)=0$

ゆえに　$y_1=-1,\ 5$

④ より，$y_1\leqq 0$ であるから　$y_1=-1$

⇐④ から
$y_1=-\dfrac{5}{4}x_1{}^2\leqq 0$

よって，④ から　$x_1{}^2=\dfrac{4}{5}$

ゆえに　$x_1=\pm\dfrac{2}{\sqrt{5}}$

$x_1=\dfrac{2}{\sqrt{5}}$, $y_1=-1$ を ③ に代入して

$$\frac{2}{\sqrt{5}}x-\frac{1}{5}y=1 \text{ すなわち } y=2\sqrt{5}x-5$$

$x_1=-\dfrac{2}{\sqrt{5}}$, $y_1=-1$ を ③ に代入して

$$-\frac{2}{\sqrt{5}}x-\frac{1}{5}y=1 \text{ すなわち } y=-2\sqrt{5}x-5$$

したがって，求める共通接線の方程式は

$$\boldsymbol{y=2\sqrt{5}x-5,\ y=-2\sqrt{5}x-5}$$

EX ②117 $a>0$ とし，点 $\mathrm{P}(x,\ y)$ は，y 軸からの距離 d_1 と点 $(2,\ 0)$ からの距離 d_2 が $ad_1=d_2$ を満たすものとする。a が次の値のとき，点 $\mathrm{P}(x,\ y)$ の軌跡を求めよ。〔札幌医大〕

(1) $a=\dfrac{1}{2}$　　(2) $a=1$　　(3) $a=2$

$ad_1=d_2$ の両辺を 2 乗すると　$a^2d_1{}^2=d_2{}^2$

$d_1=|x|$, $d_2=\sqrt{(x-2)^2+y^2}$ であるから

$$a^2x^2=(x-2)^2+y^2 \quad \cdots\cdots ①$$

⇐ $|x|^2=x^2$

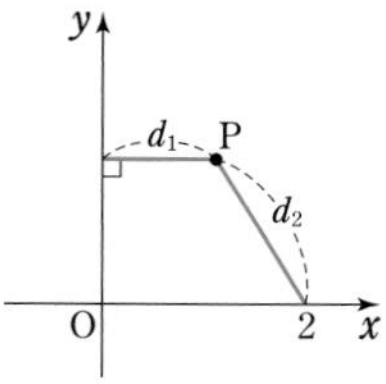

(1) $a=\dfrac{1}{2}$ を ① に代入すると

$$\left(\frac{1}{2}\right)^2x^2=(x-2)^2+y^2$$

よって　$\dfrac{3}{4}x^2-4x+4+y^2=0$

ゆえに　$\dfrac{3}{4}\left(x-\dfrac{8}{3}\right)^2+y^2=\dfrac{4}{3}$

よって，点Pの軌跡は　**楕円** $\boldsymbol{\dfrac{\left(x-\frac{8}{3}\right)^2}{\frac{16}{9}}+\dfrac{y^2}{\frac{4}{3}}=1}$

inf. 離心率は $\dfrac{1}{2}$
$0<\dfrac{1}{2}<1$ であるから，Pの軌跡は楕円である。

(2) $a=1$ を ① に代入すると

$1^2\cdot x^2=(x-2)^2+y^2$　　ゆえに　$x=\dfrac{1}{4}y^2+1$

よって，点Pの軌跡は　**放物線** $\boldsymbol{x=\dfrac{1}{4}y^2+1}$

inf. 離心率は 1 であるから，Pの軌跡は放物線である。

(3) $a=2$ を ① に代入すると

$2^2\cdot x^2=(x-2)^2+y^2$　　よって　$3x^2+4x-4-y^2=0$

ゆえに　$3\left(x+\dfrac{2}{3}\right)^2-y^2=\dfrac{16}{3}$

よって，点Pの軌跡は　**双曲線** $\boldsymbol{\dfrac{\left(x+\frac{2}{3}\right)^2}{\frac{16}{9}}-\dfrac{y^2}{\frac{16}{3}}=1}$

inf. 離心率は 2
$2>1$ であるから，Pの軌跡は双曲線である。

EX ③118 双曲線 C：$\dfrac{x^2}{a^2}-\dfrac{y^2}{b^2}=1$ $(a>0,\ b>0)$ の上に点 $\mathrm{P}(x_1,\ y_1)$ をとる。ただし，$x_1>a$ とする。点PにおけるCの接線と2直線 $x=a$ および $x=-a$ の交点をそれぞれ Q，R とする。線分 QR を直径とする円はCの2つの焦点を通ることを示せ。〔弘前大〕

点 $\mathrm{P}(x_1,\ y_1)$ における接線の方程式は

$$\frac{x_1x}{a^2}-\frac{y_1y}{b^2}=1 \quad \cdots\cdots ①$$

また，$x_1>a$ であるから　$y_1\neq 0$

① に $x=a$ を代入すると

$$\frac{x_1}{a}-\frac{y_1y}{b^2}=1$$

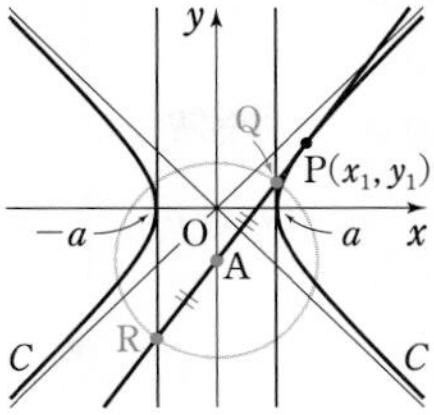

$y_1\neq 0$ であるから　$y=\dfrac{b^2x_1}{ay_1}-\dfrac{b^2}{y_1}$

⇐交点Qの y 座標。

① に $x=-a$ を代入すると　$-\dfrac{x_1}{a}-\dfrac{y_1y}{b^2}=1$

$y_1\neq 0$ であるから　$y=-\dfrac{b^2x_1}{ay_1}-\dfrac{b^2}{y_1}$

⇐交点Rの y 座標。

よって　$\mathrm{Q}\left(a,\ \dfrac{b^2x_1}{ay_1}-\dfrac{b^2}{y_1}\right)$，$\mathrm{R}\left(-a,\ -\dfrac{b^2x_1}{ay_1}-\dfrac{b^2}{y_1}\right)$

$\dfrac{1}{2}\left\{\left(\dfrac{b^2x_1}{ay_1}-\dfrac{b^2}{y_1}\right)+\left(-\dfrac{b^2x_1}{ay_1}-\dfrac{b^2}{y_1}\right)\right\}=-\dfrac{b^2}{y_1}$ であるから，線分 QR の中点をAとすると　$\mathrm{A}\left(0,\ -\dfrac{b^2}{y_1}\right)$

また　$\mathrm{AQ}^2=a^2+\dfrac{b^4{x_1}^2}{a^2{y_1}^2}$

ゆえに，線分 QR を直径とする円の方程式は

$$x^2+\left(y+\frac{b^2}{y_1}\right)^2=a^2+\frac{b^4{x_1}^2}{a^2{y_1}^2} \quad \cdots\cdots ②$$

⇐円の中心はAであり，(円の半径)＝AQ である。

双曲線Cの2つの焦点は　$(\sqrt{a^2+b^2},\ 0)$，$(-\sqrt{a^2+b^2},\ 0)$

② の左辺に $x=\sqrt{a^2+b^2}$，$y=0$ を代入すると　$a^2+b^2+\dfrac{b^4}{{y_1}^2}$

ここで，点Pは双曲線C上の点であるから　$\dfrac{{x_1}^2}{a^2}-\dfrac{{y_1}^2}{b^2}=1$

よって　$a^2+b^2+\dfrac{b^4}{{y_1}^2}=a^2+\dfrac{b^4}{{y_1}^2}\left(\dfrac{{y_1}^2}{b^2}+1\right)=a^2+\dfrac{b^4{x_1}^2}{a^2{y_1}^2}$

⇐$\dfrac{{x_1}^2}{a^2}-\dfrac{{y_1}^2}{b^2}=1$ から $\dfrac{{y_1}^2}{b^2}+1=\dfrac{{x_1}^2}{a^2}$

したがって，点 $(\sqrt{a^2+b^2},\ 0)$ は円 ② 上にある。
また，円 ② は y 軸に関して対称であるから，
点 $(-\sqrt{a^2+b^2},\ 0)$ も円 ② 上にある。

EX ④119 原点Oにおいて直交する2直線と放物線 $y^2=4px$ $(p>0)$ との交点のうち，原点O以外の2つの交点をP，Qとするとき，直線PQは常に x 軸上の定点を通ることを示せ。

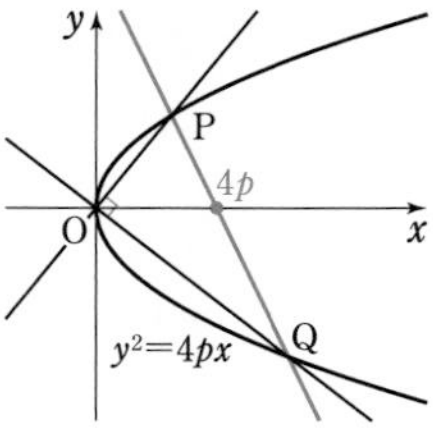

原点O以外で放物線と2直線は交点をもつから，2直線の方程式は $x=0$ でも $y=0$ でもない。
よって，直交する2直線の方程式は

$$y=mx,\ y=-\frac{1}{m}x\ (m\neq 0)$$

と表される。

⇐軸に垂直でない，**直交する2直線の傾きの積は -1** である。

$y=mx$，$y^2=4px$ から y を消去して　$m^2x^2=4px$

ゆえに，$x\neq 0$ のとき　$x=\dfrac{4p}{m^2}$

⇐原点O以外の交点の x 座標。

$y=-\dfrac{1}{m}x$，$y^2=4px$ から y を消去して　$\dfrac{1}{m^2}x^2=4px$

よって，$x\neq 0$ のとき　$x=4pm^2$

⇐原点O以外の交点の x 座標。

$P\left(\dfrac{4p}{m^2},\ \dfrac{4p}{m}\right)$，$Q(4pm^2,\ -4pm)$ ……① とする。

⇐2点P，Qの定め方から，この2点は異なる2点である。

[1]　P，Qの x 座標が一致するとき

$$\frac{4p}{m^2}=4pm^2$$

ゆえに　$m^4-1=0$

⇐$p>0$

よって　$(m^2+1)(m^2-1)=0$

$m^2+1>0$ であるから　$m=\pm 1$

①から，P，Qの x 座標は，ともに $x=4p$ となる。

ゆえに，直線PQは定点 $(4p,\ 0)$ を通る。

⇐直線PQの方程式は $x=4p$

[2]　P, Qの x 座標が一致しないときすなわち $m\neq\pm 1$ のとき

①から，直線PQの方程式は

$$y=\frac{-4pm-\dfrac{4p}{m}}{4pm^2-\dfrac{4p}{m^2}}\left(x-\frac{4p}{m^2}\right)+\frac{4p}{m}$$

⇐$x_1\neq x_2$ のとき，2点 $(x_1,\ y_1)$，$(x_2,\ y_2)$ を通る直線の方程式は
$$\boldsymbol{y=\frac{y_2-y_1}{x_2-x_1}(x-x_1)+y_1}$$

ゆえに　$y=\dfrac{-m(m^2+1)}{m^4-1}\left(x-\dfrac{4p}{m^2}\right)+\dfrac{4p}{m}$

⇐$\dfrac{-m(m^2+1)}{m^4-1}=\dfrac{-m(m^2+1)}{(m^2+1)(m^2-1)}=\dfrac{-m}{m^2-1}$

よって　$y=\dfrac{-m}{m^2-1}\cdot\dfrac{m^2x-4p}{m^2}+\dfrac{4p}{m}$

ゆえに　$y=\dfrac{-m^2x+4p+4pm^2-4p}{m(m^2-1)}$

すなわち　$y=-\dfrac{m}{m^2-1}(x-4p)$

よって，直線PQは定点 $(4p,\ 0)$ を通る。

[1]，[2]により，直線PQは常に x 軸上の定点 $(4p,\ 0)$ を通る。

別解　(①を求めた後の別解)

①から，直線PQの方程式は

$$\left(-4pm-\frac{4p}{m}\right)\left(x-\frac{4p}{m^2}\right)-\left(4pm^2-\frac{4p}{m^2}\right)\left(y-\frac{4p}{m}\right)=0$$

よって

$$\left(-m-\frac{1}{m}\right)\left(x-\frac{4p}{m^2}\right)-\left(m^2-\frac{1}{m^2}\right)\left(y-\frac{4p}{m}\right)=0$$

ゆえに

$$\left(m+\frac{1}{m}\right)\left\{-x+\frac{4p}{m^2}-\left(m-\frac{1}{m}\right)\left(y-\frac{4p}{m}\right)\right\}=0$$

$m+\frac{1}{m}=\frac{m^2+1}{m}\neq 0$ であるから

$$-x-\left(m-\frac{1}{m}\right)y+4p=0$$

よって，直線 PQ は常に x 軸上の定点 $(4p,\ 0)$ を通る。

⇐異なる 2 点 $(x_1,\ y_1)$，$(x_2,\ y_2)$ を通る直線の方程式は
$\boldsymbol{(y_2-y_1)(x-x_1)-(x_2-x_1)(y-y_1)=0}$

⇐$m+\frac{1}{m}\neq 0$ について，
$m>0$ のとき $m+\frac{1}{m}>0$，
$m<0$ のとき $m+\frac{1}{m}<0$
と分けて示してもよい。

EX ④120

$a>0$，$b>0$ とする。点Pが円 $x^2+y^2=a^2$ の周上を動くとき，Pの y 座標だけを $\frac{b}{a}$ 倍した点Qの軌跡を C_1 とする。k を定数として，直線 $y=x+k$ に関して C_1 と対称な曲線を C_2 とする。
(1) C_1 を表す方程式を求めよ。　(2) C_2 を表す方程式を求めよ。
(3) 直線 $y=x+k$ と C_2 が共有点をもたないとき，k の値の範囲を求めよ。　〔室蘭工大〕

(1) $\mathrm{P}(s,\ t)$，$\mathrm{Q}(x,\ y)$ とすると　$x=s$，$y=\frac{b}{a}t$

ゆえに　$s=x$，$t=\frac{a}{b}y$

$s^2+t^2=a^2$ であるから　$x^2+\left(\frac{a}{b}y\right)^2=a^2$

⇐s，t を消去。

よって，C_1 の方程式は　$\boldsymbol{\frac{x^2}{a^2}+\frac{y^2}{b^2}=1}$

(2) $\mathrm{Q}(s,\ t)$ とし，直線 $y=x+k$ に関して点Qと対称な点を $\mathrm{R}(x,\ y)$ とする。

線分 QR の中点 $\left(\frac{s+x}{2},\ \frac{t+y}{2}\right)$ は直線 $y=x+k$ 上にあるから　$\frac{t+y}{2}=\frac{s+x}{2}+k$

ゆえに　$s-t=-x+y-2k$ …… ①

また，線分 QR は直線 $y=x+k$ に垂直であるから

$$\frac{y-t}{x-s}=-1$$

⇐直交 ⟺ 傾きの積が -1

よって　$s+t=x+y$ …… ②

①，② から　$s=y-k$，$t=x+k$

Qは C_1 上の点であるから　$\frac{(y-k)^2}{a^2}+\frac{(x+k)^2}{b^2}=1$

したがって，C_2 の方程式は　$\boldsymbol{\frac{(x+k)^2}{b^2}+\frac{(y-k)^2}{a^2}=1}$

(3)　$y=x+k$ と C_2 の方程式から y を消去すると

$$\frac{(x+k)^2}{b^2}+\frac{(x+k-k)^2}{a^2}=1 \quad \cdots\cdots ③$$

直線 $y=x+k$ と C_2 が共有点をもたない条件は ③ が実数解をもたないことである。

③ を変形して　$(a^2+b^2)x^2+2a^2kx+a^2(k^2-b^2)=0$

この 2 次方程式の判別式を D とすると

$$\frac{D}{4}=(a^2k)^2-(a^2+b^2)\cdot a^2(k^2-b^2)$$
$$=a^2b^2(a^2+b^2-k^2)$$

$D<0$ から　$a^2+b^2-k^2<0$

$a^2+b^2>0$ であるから　$\boldsymbol{k<-\sqrt{a^2+b^2},\ \sqrt{a^2+b^2}<k}$

⇐ x について整理。
⇐ $a^2+b^2>0$
⇐ $D<0$
⟺ 実数解をもたない

EX ④121

直線 $\ell: y=-2x+10$ と楕円 $C: \frac{x^2}{4}+\frac{y^2}{a^2}=1$ を考える。ただし，a は正の数とする。

(1)　楕円 C の接線で直線 ℓ に平行なものの方程式を求めよ。

(2)　点Pが楕円 C 上を動くとき，点Pと直線 ℓ との距離の最小値が $\sqrt{5}$ になるように a の値を定めよ。

(1)　求める方程式を $y=-2x+b$ とする。

$\frac{x^2}{4}+\frac{y^2}{a^2}=1$ に代入して整理すると

$$(a^2+16)x^2-16bx+4(b^2-a^2)=0$$

この 2 次方程式の判別式を D とすると

$$\frac{D}{4}=(-8b)^2-4(a^2+16)(b^2-a^2)$$
$$=4a^2(a^2-b^2+16)$$

$D=0$，$a>0$ から　$a^2-b^2+16=0$

すなわち　$b^2=a^2+16$

よって　$b=\pm\sqrt{a^2+16}$

ゆえに，求める接線の方程式は

$$\boldsymbol{y=-2x+\sqrt{a^2+16},\ y=-2x-\sqrt{a^2+16}}$$

⇐ $\frac{x^2}{4}+\frac{(-2x+b)^2}{a^2}=1$
⇐ 接する ⟺ $D=0$

(2)　題意から図のようになる。

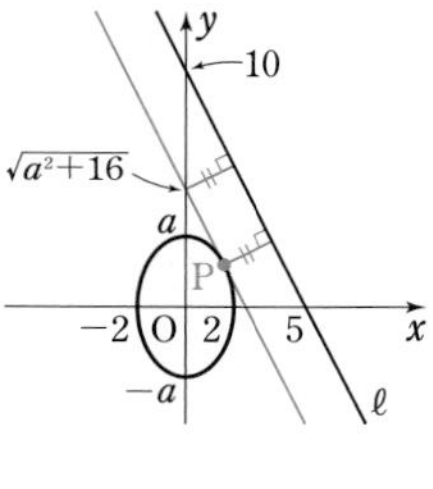

$y=-2x+\sqrt{a^2+16}$ 上の点 $(0,\ \sqrt{a^2+16})$ と直線 ℓ との距離が $\sqrt{5}$ であればよいから

$$\sqrt{5}=\frac{|\sqrt{a^2+16}-10|}{\sqrt{2^2+1^2}}$$

図から　$\sqrt{a^2+16}<10$

よって　$\sqrt{5}=\frac{10-\sqrt{a^2+16}}{\sqrt{5}}$

ゆえに　$a^2=9$

$a>0$ であるから　$\boldsymbol{a=3}$

⇐ $\ell: 2x+y-10=0$

EX
④**122**

Oを原点とする座標平面における曲線 $C:\dfrac{x^2}{4}+y^2=1$ 上に，点 $\mathrm{P}\left(1,\ \dfrac{\sqrt{3}}{2}\right)$ をとる。

(1)　Cの接線で直線 OP に平行なものをすべて求めよ。

(2)　点QがC上を動くとき，△OPQ の面積の最大値と，最大値を与えるQの座標をすべて求めよ。
〔岡山大〕

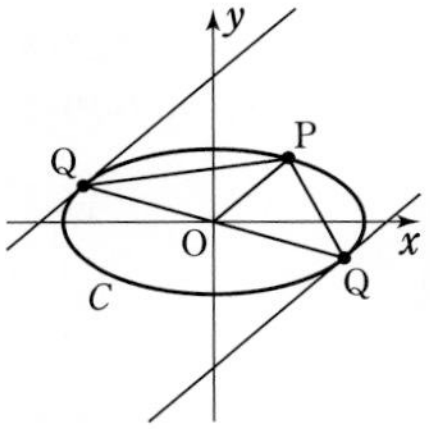

(1)　接点の座標を $(a,\ b)$ とすると，接線の方程式は

$$\frac{ax}{4}+by=1 \quad \cdots\cdots ①$$

直線 OP の傾きは　$\dfrac{\sqrt{3}}{2}$

よって，直線 ① が直線 OP に平行であるための条件は

$$-\frac{a}{4b}=\frac{\sqrt{3}}{2}$$

すなわち　$a=-2\sqrt{3}\,b$ ……②

接点 $(a,\ b)$ は曲線C上の点であるから

$$\frac{a^2}{4}+b^2=1 \quad \cdots\cdots ③$$

②，③ を連立させて解くと

$$(a,\ b)=\left(\sqrt{3},\ -\frac{1}{2}\right),\ \left(-\sqrt{3},\ \frac{1}{2}\right)$$

よって，求める直線は

$$\boldsymbol{\sqrt{3}\,x-2y=4,\ -\sqrt{3}\,x+2y=4}$$

(2)　線分 OP を △OPQ の底辺と考えると，高さは点Qと直線 OP の距離dに等しい。
△OPQ の面積が最大になるのは，dが最大のときであり，そのとき，Qは(1)で求めた接線の接点に一致する。

Qの座標が $\left(\sqrt{3},\ -\dfrac{1}{2}\right)$ のとき，△OPQ の面積は

$$\frac{1}{2}\left|1\cdot\left(-\frac{1}{2}\right)-\sqrt{3}\cdot\frac{\sqrt{3}}{2}\right|=1$$

⇐O(0, 0)，$\mathrm{P}(x_1,\ y_1)$，$\mathrm{Q}(x_2,\ y_2)$ のとき
$\triangle\mathrm{OPQ}=\dfrac{1}{2}|x_1y_2-x_2y_1|$

Qの座標が $\left(-\sqrt{3},\ \dfrac{1}{2}\right)$ のとき，△OPQ の面積は上で求めた値と等しいから　1

よって，△OPQ の面積の最大値は **1** である。
また，それを与えるQの座標は

$$\boldsymbol{\left(\sqrt{3},\ -\frac{1}{2}\right),\ \left(-\sqrt{3},\ \frac{1}{2}\right)}$$

別解　(1)　直線 OP の傾きは　$\dfrac{\sqrt{3}}{2}$

よって，求める接線の方程式は $y=\dfrac{\sqrt{3}}{2}x+k$ と表せる。

$\dfrac{x^2}{4}+y^2=1$ に代入して整理すると

$$x^2+\sqrt{3}\,kx+k^2-1=0$$

この2次方程式の判別式をDとすると

$$D=(\sqrt{3}k)^2-4(k^2-1)=-(k+2)(k-2)$$

$D=0$ から　　$k=\pm 2$

よって，求める直線は　　$\boldsymbol{y=\frac{\sqrt{3}}{2}x\pm 2}$

(2) （Qのx座標の求め方）

接点のx座標は $x^2\pm 2\sqrt{3}x+3=0$ の重解であるから

$$x=-\frac{\pm 2\sqrt{3}}{2}=\mp\sqrt{3}\ \text{（複号同順）}$$

⇦2次方程式 $ax^2+bx+c=0$ の重解は $x=-\frac{b}{2a}$

EX ④123

放物線 $C: y=x^2$ 上の異なる2点$\mathrm{P}(t,\ t^2)$，$\mathrm{Q}(s,\ s^2)$ $(s<t)$ における接線の交点を$\mathrm{R}(X,\ Y)$とする。

(1) X，Yをt，sを用いて表せ。

(2) 点P，Qが $\angle\mathrm{PRQ}=\frac{\pi}{4}$ を満たしながらC上を動くとき，点Rは双曲線上を動くことを示し，かつ，その双曲線の方程式を求めよ。 ［筑波大］

(1) $y=x^2$ から　　$y'=2x$

放物線 $y=x^2$ 上の異なる2点$\mathrm{P}(t,\ t^2)$，$\mathrm{Q}(s,\ s^2)$における接線の方程式は，それぞれ

$$y=2tx-t^2 \ \cdots\cdots ①,\qquad y=2sx-s^2 \ \cdots\cdots ②$$

①，②からyを消去すると　　$2tx-t^2=2sx-s^2$

よって　　$2(t-s)x=(t-s)(t+s)$

$t-s\neq 0$ から　　$x=\frac{s+t}{2}$

このとき，①から　　$y=st$

ゆえに　　$\boldsymbol{X=\frac{s+t}{2},\ Y=st}$

inf. 左の計算からもわかるように，原点を頂点とする放物線 $y=x^2$ の2本の接線の交点の座標は，接点のx座標を$x=\alpha$，βとすると$\left(\frac{\alpha+\beta}{2},\ \alpha\beta\right)$となる。

(2) 直線PR，QRとx軸の正の向きとのなす角をそれぞれα，βとすると

$$\tan\alpha=2t,\ \tan\beta=2s$$

$\beta-\alpha=\frac{\pi}{4}$ であるから　　$\tan(\beta-\alpha)=1$

ここで

$$\tan(\beta-\alpha)=\frac{\tan\beta-\tan\alpha}{1+\tan\beta\tan\alpha}=\frac{2s-2t}{1+2s\cdot 2t}$$

よって，$\frac{2s-2t}{1+4st}=1$ から　　$2(s-t)=1+4st \ \cdots\cdots ③$

$s<t$ であるから　　$1+4st<0 \ \cdots\cdots ④$

③，④と(1)で求めた式から，s，tを消去する。

③から　　$\{2(s-t)\}^2=(1+4st)^2$

左辺を変形すると　　$4(s+t)^2-16st=(1+4st)^2$

(1)より，$s+t=2X$，$st=Y$ であるから

$$4(2X)^2-16Y=(1+4Y)^2$$

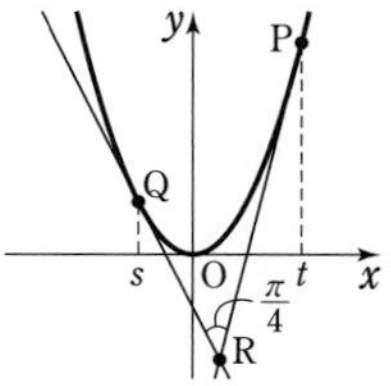

⇦基本対称式$\begin{cases} s+t \\ st \end{cases}$で表すために2乗する。

整理して　$2X^2-2\left(Y+\frac{3}{4}\right)^2=-1$

また，④と $st=Y$ から　　$Y<-\frac{1}{4}$

したがって，点Rは双曲線

$\boldsymbol{2x^2-2\left(y+\frac{3}{4}\right)^2=-1\ \left(y<-\frac{1}{4}\right)}$ 上を動く。

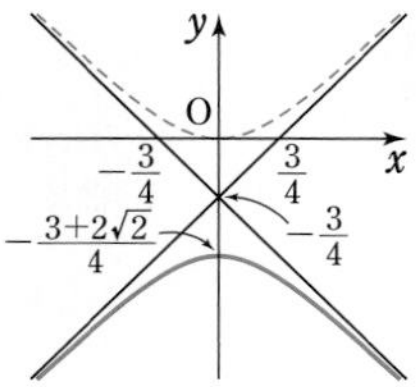

EX ④124

楕円 $Ax^2+By^2=1$ に，この楕円外の点 $\mathrm{P}(x_0,\ y_0)$ から引いた2本の接線の2つの接点をQ，Rとする。次のことを示せ。

(1)　直線QRの方程式は $Ax_0x+By_0y=1$ である。

(2)　楕円 $Ax^2+By^2=1$ 外にあって，直線QR上にある点Sからこの楕円に引いた2本の接線の2つの接点を通る直線 ℓ は，点Pを通る。

HINT　直線の方程式を $F(x,\ y)=0$ とすると，次の関係が成り立つ。
$F(a,\ b)=0 \Longleftrightarrow$ 点 $(a,\ b)$ は直線 $F(x,\ y)=0$ 上にある。

(1)　$\mathrm{Q}(x_1,\ y_1)$，$\mathrm{R}(x_2,\ y_2)$ とする。

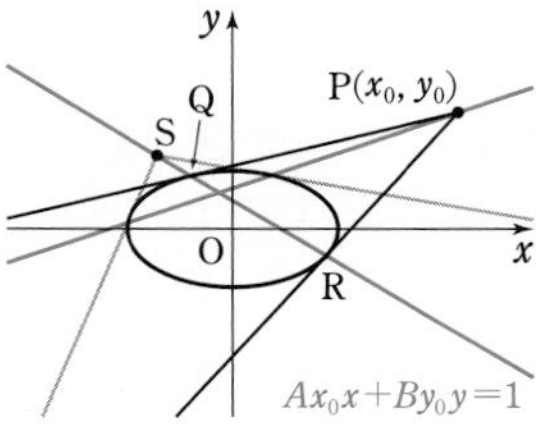

点Qにおける楕円の接線の方程式は

$Ax_1x+By_1y=1$ …… ①

点Rにおける楕円の接線の方程式は

$Ax_2x+By_2y=1$ …… ②

直線①は点 $\mathrm{P}(x_0,\ y_0)$ を通るから

$Ax_1x_0+By_1y_0=1$ …… ③

直線②は点 $\mathrm{P}(x_0,\ y_0)$ を通るから

$Ax_2x_0+By_2y_0=1$ …… ④

③，④から，直線 $Ax_0x+By_0y=1$ は2点 $\mathrm{Q}(x_1,\ y_1)$，$\mathrm{R}(x_2,\ y_2)$ を通る。

QとRは異なる2点であるから，直線QRの方程式は

$Ax_0x+By_0y=1$

⇐異なる2点を通る直線の方程式は1通りである。

(2)　$\mathrm{S}(x_3,\ y_3)$ とすると，(1)により，直線 ℓ の方程式は

$Ax_3x+By_3y=1$ …… ⑤

一方，点Sは直線QR上にあるから，(1)により

$Ax_0x_3+By_0y_3=1$ …… ⑥

⇐直線QRの方程式において，
$x_0 \longrightarrow x_3$，$y_0 \longrightarrow y_3$
とする。

⑤，⑥から，直線 ℓ は点 $\mathrm{P}(x_0,\ y_0)$ を通る。

inf.　この問題は，双曲線 $Ax^2+By^2=1$ としても成り立つ。また，同様なことは，一般の2次曲線についても成り立つことが知られている。

EX ②125

媒介変数 t を用いて $x=3\left(t+\frac{1}{t}\right)+1$，$y=t-\frac{1}{t}$ と表される曲線は双曲線である。
(1) この双曲線について，中心と頂点，および漸近線を求めよ。
(2) この曲線の概形をかけ。 〔東北学院大〕

(1) $x=3\left(t+\frac{1}{t}\right)+1$ から $\quad t+\frac{1}{t}=\frac{x-1}{3}$ …… ①

また，$t-\frac{1}{t}=y$ …… ② とする。

①＋② から $\quad 2t=\frac{x-1+3y}{3}$

①－② から $\quad \frac{2}{t}=\frac{x-1-3y}{3}$

$2t\times\frac{2}{t}=4$ から $\quad (x-1+3y)(x-1-3y)=36$

よって $\quad (x-1)^2-9y^2=36$

ゆえに $\quad \frac{(x-1)^2}{36}-\frac{y^2}{4}=1$

この式で表される双曲線は，双曲線 $\frac{x^2}{6^2}-\frac{y^2}{2^2}=1$ を x 軸方向に1だけ平行移動したものである。
したがって

中心は 点 $(0+1,\ 0)$ すなわち 点 $\boldsymbol{(1,\ 0)}$
頂点は 2点 $(6+1,\ 0)$，$(-6+1,\ 0)$
すなわち 2点 $\boldsymbol{(7,\ 0)}$，$\boldsymbol{(-5,\ 0)}$
漸近線は 2直線 $y=\pm\frac{1}{3}(x-1)$
すなわち 2直線 $\boldsymbol{y=\frac{1}{3}x-\frac{1}{3}}$，$\boldsymbol{y=-\frac{1}{3}x+\frac{1}{3}}$

(2) 〔図〕

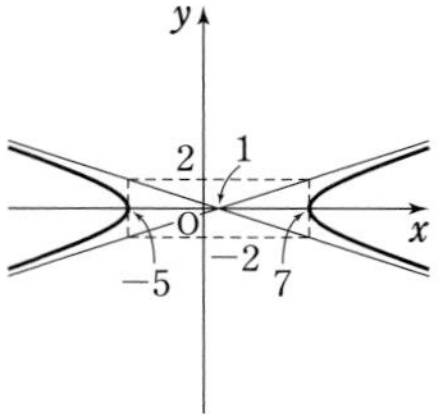

⇐$2t=(x,\ y$ の式$)$

⇐$\frac{2}{t}=(x,\ y$ の式$)$

⇐双曲線 $\frac{x^2}{6^2}-\frac{y^2}{2^2}=1$
中心 $(0,\ 0)$，
頂点 $(6,\ 0)$，$(-6,\ 0)$
漸近線 $y=\pm\frac{1}{3}x$

EX ③126

a を正の定数とする。媒介変数表示

$$x=a(1+\sin 2\theta),\ y=\sqrt{2}\,a(\cos\theta-\sin\theta)\quad\left(-\frac{\pi}{4}\leqq\theta\leqq\frac{\pi}{4}\right)$$

で表される曲線を C とする。θ を消去して，x と y の方程式を求め，曲線 C を図示せよ。 〔類 兵庫県大〕

$y=\sqrt{2}\,a(\cos\theta-\sin\theta)$ の両辺を2乗すると

$\quad y^2=2a^2(\cos^2\theta-2\cos\theta\sin\theta+\sin^2\theta)$

ゆえに $\quad y^2=2a^2(1-\sin 2\theta)$ …… ①

⇐$\sin^2\theta+\cos^2\theta=1$，
$2\sin\theta\cos\theta=\sin 2\theta$

$a>0$, $x=a(1+\sin 2\theta)$ から　　$\sin 2\theta=\dfrac{x}{a}-1$ ……②

② を ① に代入して　　$y^2=2a^2\left\{1-\left(\dfrac{x}{a}-1\right)\right\}$

ゆえに　$y^2=-2ax+4a^2$　　　$a>0$ から　$\boldsymbol{x=-\dfrac{1}{2a}y^2+2a}$

また　　$y=\sqrt{2}\,a\cdot\sqrt{2}\sin\left(\theta+\dfrac{3}{4}\pi\right)=2a\sin\left(\theta+\dfrac{3}{4}\pi\right)$

⇦ y の変域を調べる。三角関数の合成により
$\cos\theta-\sin\theta$
$=\sqrt{2}\sin\left(\theta+\dfrac{3}{4}\pi\right)$

$a>0$ であり，$-\dfrac{\pi}{4}\leqq\theta\leqq\dfrac{\pi}{4}$ のとき

$\dfrac{\pi}{2}\leqq\theta+\dfrac{3}{4}\pi\leqq\pi$ であるから

$0\leqq y\leqq 2a$

⇦ $\dfrac{\pi}{2}\leqq\theta+\dfrac{3}{4}\pi\leqq\pi$ のとき
$0\leqq\sin\left(\theta+\dfrac{3}{4}\pi\right)\leqq 1$

したがって，曲線 C は放物線

$x=-\dfrac{1}{2a}y^2+2a$ の $0\leqq y\leqq 2a$ の

部分であり，その概形は **右図** のようになる。

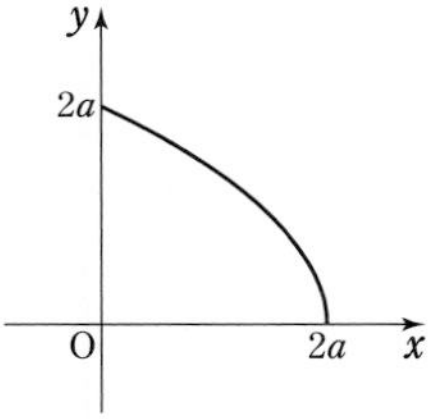

4章 EX

EX ③127　$x=\dfrac{1+4t+t^2}{1+t^2}$，$y=\dfrac{3+t^2}{1+t^2}$ で媒介変数表示された曲線 C を x，y の方程式で表せ。　〔鳥取大〕

$x=\dfrac{1+4t+t^2}{1+t^2}=1+\dfrac{4t}{1+t^2}$ から　　$\dfrac{t}{1+t^2}=\dfrac{x-1}{4}$

$y=\dfrac{3+t^2}{1+t^2}=1+\dfrac{2}{1+t^2}$ から　　$\dfrac{1}{1+t^2}=\dfrac{y-1}{2}$ ……(＊)

よって　　$\dfrac{y-1}{2}\times t=\dfrac{x-1}{4}$

$\dfrac{1}{1+t^2}\neq 0$ から　　$\dfrac{y-1}{2}\neq 0$　　　よって　　$y\neq 1$

⇦ $1+t^2\geqq 1$

ゆえに　　$t=\dfrac{x-1}{2(y-1)}$

これを $\dfrac{1}{1+t^2}=\dfrac{y-1}{2}$ に代入して t を消去すると

$$\frac{1}{1+\left\{\dfrac{x-1}{2(y-1)}\right\}^2}=\frac{y-1}{2}$$

整理すると　　$(x-1)^2+4(y-2)^2=4$

したがって，曲線 C の方程式は

$\boldsymbol{\dfrac{(x-1)^2}{4}+(y-2)^2=1}$　**ただし，点 (1，1) を除く。**

⇦ 曲線の方程式に $y=1$ を代入すると $x=1$

別解　((＊) までは解答と同じ。)

$\left(\dfrac{t}{1+t^2}\right)^2+\left(\dfrac{1}{1+t^2}\right)^2=\dfrac{1}{1+t^2}$ が成り立つから

$$\left(\frac{x-1}{4}\right)^2+\left(\frac{y-1}{2}\right)^2=\frac{y-1}{2}$$

ゆえに　　$(x-1)^2+4(y-2)^2=4$

よって　$\dfrac{(x-1)^2}{4}+(y-2)^2=1$

また，$y=1+\dfrac{2}{1+t^2}$ から　$1<y\leqq 3$

したがって，曲線 C の方程式は

$$\boldsymbol{\frac{(x-1)^2}{4}+(y-2)^2=1}$$ **ただし，点 (1, 1) を除く。**

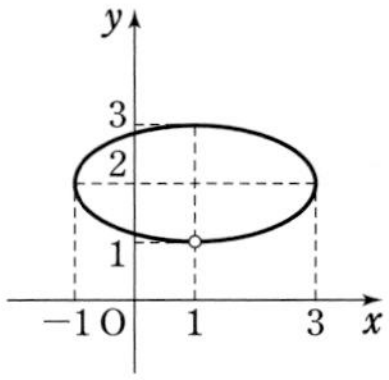

EX ③128　x，y が $x^2+4y^2=16$ を満たす実数のとき，$x^2+4\sqrt{3}xy-4y^2$ の最大値・最小値とそのときの x，y の値を求めよ。

楕円 $x^2+4y^2=16$ 上の点 $(x,\ y)$ は，

⇐ $\dfrac{x^2}{4^2}+\dfrac{y^2}{2^2}=1$

$$x=4\cos\theta,\ y=2\sin\theta\quad(0\leqq\theta<2\pi)$$

と表されるから

$$\begin{aligned}x^2+4\sqrt{3}xy-4y^2&=16\cos^2\theta+32\sqrt{3}\cos\theta\sin\theta-16\sin^2\theta\\&=16(\cos^2\theta-\sin^2\theta+2\sqrt{3}\sin\theta\cos\theta)\\&=16(\cos 2\theta+\sqrt{3}\sin 2\theta)\\&=32\sin\left(2\theta+\frac{\pi}{6}\right)\end{aligned}$$

⇐ $\cos^2\theta-\sin^2\theta=\cos 2\theta$
$2\sin\theta\cos\theta=\sin 2\theta$

$0\leqq\theta<2\pi$ であるから　$\dfrac{\pi}{6}\leqq 2\theta+\dfrac{\pi}{6}<4\pi+\dfrac{\pi}{6}$

⇐ $0\leqq 2\theta<4\pi$

よって　$-1\leqq\sin\left(2\theta+\dfrac{\pi}{6}\right)\leqq 1$

ゆえに，$x^2+4\sqrt{3}xy-4y^2$ は $\sin\left(2\theta+\dfrac{\pi}{6}\right)=1$ のとき最大となり，最大値は 32，$\sin\left(2\theta+\dfrac{\pi}{6}\right)=-1$ のとき最小となり，最小値は -32 である。

[1]　最大値をとるとき

$\sin\left(2\theta+\dfrac{\pi}{6}\right)=1$，$\dfrac{\pi}{6}\leqq 2\theta+\dfrac{\pi}{6}<4\pi+\dfrac{\pi}{6}$ から

$$2\theta+\frac{\pi}{6}=\frac{\pi}{2},\ \frac{5}{2}\pi$$

よって　$\theta=\dfrac{\pi}{6},\ \dfrac{7}{6}\pi$

$\theta=\dfrac{\pi}{6}$ のとき　$x=2\sqrt{3}$，$y=1$

⇐ $x=4\cos\dfrac{\pi}{6}$，
$y=2\sin\dfrac{\pi}{6}$

$\theta=\dfrac{7}{6}\pi$ のとき　$x=-2\sqrt{3}$，$y=-1$

[2]　最小値をとるとき

$\sin\left(2\theta+\dfrac{\pi}{6}\right)=-1$，$\dfrac{\pi}{6}\leqq 2\theta+\dfrac{\pi}{6}<4\pi+\dfrac{\pi}{6}$ から

$$2\theta+\frac{\pi}{6}=\frac{3}{2}\pi,\ \frac{7}{2}\pi$$

よって　$\theta=\dfrac{2}{3}\pi,\ \dfrac{5}{3}\pi$

$\theta=\dfrac{2}{3}\pi$ のとき　　$x=-2,\ y=\sqrt{3}$

$\theta=\dfrac{5}{3}\pi$ のとき　　$x=2,\ y=-\sqrt{3}$

ゆえに，$(\boldsymbol{x},\ \boldsymbol{y})=(2\sqrt{3},\ 1),\ (-2\sqrt{3},\ -1)$ **で最大値 32，**
　　　$(\boldsymbol{x},\ \boldsymbol{y})=(-2,\ \sqrt{3}),\ (2,\ -\sqrt{3})$ **で最小値 −32**
をとる。

EX ③129

$\begin{cases} x\cos^2 t=2(\cos^4 t+1) \\ y\cos t=\cos^2 t+1 \end{cases}$ のとき，次の問いに答えよ。

(1)　y と x の関係式を求めよ。

(2)　t が 0 から π まで動くとき，点 $(x,\ y)$ が描く図形を求めよ。

(1)　$x\cos^2 t=2(\cos^4 t+1)$ ……①，$y\cos t=\cos^2 t+1$ ……② とする。
① において，$\cos t=0$ とすると，(左辺)$=0$，(右辺)$=2$ となり，不適。よって　　$\cos t \neq 0$

ゆえに，① の両辺を $\cos^2 t$ で割って　　$x=2\left(\cos^2 t+\dfrac{1}{\cos^2 t}\right)$

⇐ $\cos^2 t \neq 0$

また，② の両辺を $\cos t$ で割って　　$y=\cos t+\dfrac{1}{\cos t}$

よって　　$x=2\left\{\left(\cos t+\dfrac{1}{\cos t}\right)^2-2\right\}$

⇐ $a^2+b^2=(a+b)^2-2ab$

ゆえに　　$\boldsymbol{y^2=\dfrac{1}{2}x+2}$

(2)　$0 \leqq t \leqq \pi$ のとき，$-1 \leqq \cos t \leqq 1$（ただし $\cos t \neq 0$）である。
$\cos^2 t>0$ であるから，相加平均と相乗平均の大小関係より

$$x=2\left(\cos^2 t+\frac{1}{\cos^2 t}\right) \geqq 2\cdot 2\sqrt{\cos^2 t\cdot\frac{1}{\cos^2 t}}=4$$

⇐等号が成立するのは，$\cos^2 t=\dfrac{1}{\cos^2 t}$ すなわち $\cos t=\pm 1$ のときであるから　　$t=0,\ \pi$

よって　　$x \geqq 4$

ゆえに，**放物線** $\boldsymbol{y^2=\dfrac{1}{2}x+2}$ **の** $\boldsymbol{x \geqq 4}$ **の部分** を描く。

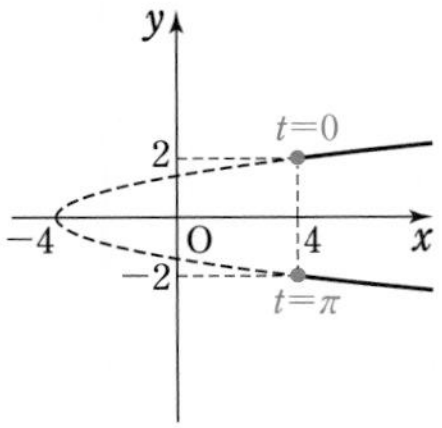

EX ④130

楕円 $x^2+\dfrac{y^2}{3}=1$ を原点Oの周りに $\dfrac{\pi}{4}$ だけ回転して得られる曲線を C とする。点 $(x,\ y)$ が曲線 C 上を動くとき，$k=x+2y$ の最大値を求めよ。　〔類 高知大〕

楕円 $x^2+\dfrac{y^2}{3}=1$ の媒介変数表示は

$$x=\cos\theta,\ y=\sqrt{3}\sin\theta$$

ただし，$0 \leqq \theta < 2\pi$ とする。

⇐このとき，楕円上の点 $(x,\ y)$ に対して，θ の値は1つ定まる。

ここで，複素数平面上の点の回転を考えて

$$\left(\cos\frac{\pi}{4}+i\sin\frac{\pi}{4}\right)(\cos\theta+\sqrt{3}\,i\sin\theta)$$
$$=\left(\frac{\sqrt{2}}{2}+\frac{\sqrt{2}}{2}i\right)(\cos\theta+\sqrt{3}\,i\sin\theta)$$
$$=\left(\frac{\sqrt{2}}{2}\cos\theta-\frac{\sqrt{6}}{2}\sin\theta\right)+\left(\frac{\sqrt{2}}{2}\cos\theta+\frac{\sqrt{6}}{2}\sin\theta\right)i$$

よって，点 $(\cos\theta,\ \sqrt{3}\sin\theta)$ を原点Oの周りに $\frac{\pi}{4}$ だけ回転した点の x 座標，y 座標は

$$x=\frac{\sqrt{2}}{2}\cos\theta-\frac{\sqrt{6}}{2}\sin\theta,\ \ y=\frac{\sqrt{2}}{2}\cos\theta+\frac{\sqrt{6}}{2}\sin\theta$$

⇐曲線 C 上の点 $(x,\ y)$ の媒介変数表示。

ゆえに　$k=x+2y=\frac{3\sqrt{2}}{2}\cos\theta+\frac{\sqrt{6}}{2}\sin\theta$

ここで　$\frac{3\sqrt{2}}{2}\cos\theta+\frac{\sqrt{6}}{2}\sin\theta=\sqrt{6}\sin\left(\theta+\frac{\pi}{3}\right)$

⇐三角関数の合成。

よって　$k=\sqrt{6}\sin\left(\theta+\frac{\pi}{3}\right)$

$0\leqq\theta<2\pi$ であるから　$\frac{\pi}{3}\leqq\theta+\frac{\pi}{3}<2\pi+\frac{\pi}{3}$

ゆえに　$-1\leqq\sin\left(\theta+\frac{\pi}{3}\right)\leqq1$

よって　$-\sqrt{6}\leqq\sqrt{6}\sin\left(\theta+\frac{\pi}{3}\right)\leqq\sqrt{6}$

すなわち　$-\sqrt{6}\leqq k\leqq\sqrt{6}$

したがって，k の最大値は $\boldsymbol{\sqrt{6}}$ である。

⇐このとき　$\theta=\frac{\pi}{6}$

EX ④131　半径2の円板が x 軸上を正の方向に滑らずに回転するとき，円板上の点Pの描く曲線 C を考える。円板の中心の最初の位置を $(0,\ 2)$，点Pの最初の位置を $(0,\ 1)$ とし，円板がその中心の周りに回転した角を θ とするとき，点Pの座標を θ を用いて表せ。　〔類　お茶の水大〕

円板がその中心の周りに角 θ だけ回転したときの中心をR，円板上の点で最初に原点Oにあった点が移った点をQ，Rから x 軸に引いた垂線をRHとすると　$\mathrm{OH}=\widehat{\mathrm{QH}}=2\theta$

⇐中心角 θ，半径 r の弧の長さ　$l=r\theta$

よって　$\mathrm{H}(2\theta,\ 0)$，$\mathrm{R}(2\theta,\ 2)$

$\overrightarrow{\mathrm{RP}}$ の x 軸の正方向からの回転角を α とすると

$$\alpha=\frac{3}{2}\pi-\theta$$

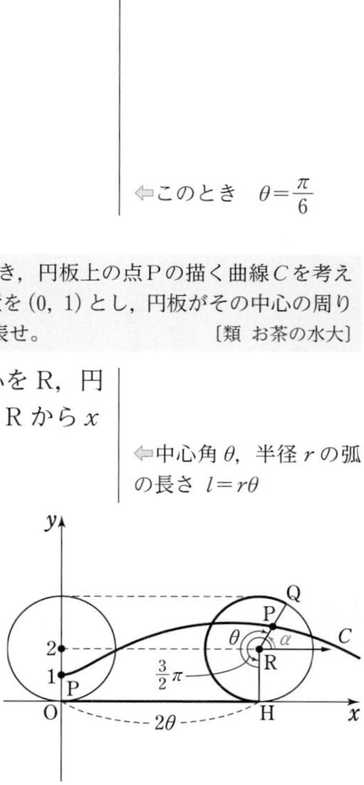

また，$|\overrightarrow{\mathrm{RP}}|=1$ であるから

$$\overrightarrow{\mathrm{RP}}=\left(\cos\left(\frac{3}{2}\pi-\theta\right),\ \sin\left(\frac{3}{2}\pi-\theta\right)\right)$$
$$=(-\sin\theta,\ -\cos\theta)$$

よって

$$\overrightarrow{\mathrm{OP}}=\overrightarrow{\mathrm{OR}}+\overrightarrow{\mathrm{RP}}=(2\theta,\ 2)+(-\sin\theta,\ -\cos\theta)$$
$$=(2\theta-\sin\theta,\ 2-\cos\theta)$$

ゆえに，点Pの座標は　$\boldsymbol{(2\theta-\sin\theta,\ 2-\cos\theta)}$

EX ③132

極座標で表された3点 $A\left(4,\ -\frac{\pi}{3}\right)$，$B\left(3,\ \frac{\pi}{3}\right)$，$C\left(2,\ \frac{3}{4}\pi\right)$ を頂点とする三角形ABCの面積を求めよ。

HINT　△OAB，△OBC，△OCA に分けて考える。

$A\left(4,\ -\frac{\pi}{3}\right)$ から　$A\left(4,\ -\frac{\pi}{3}+2\pi\right)$　すなわち　$A\left(4,\ \frac{5}{3}\pi\right)$

⇐$(r,\ \theta)$ と $(r,\ \theta+2\pi)$ は同じ点を表す。

△ABC を図示すると，右の図のようになる。

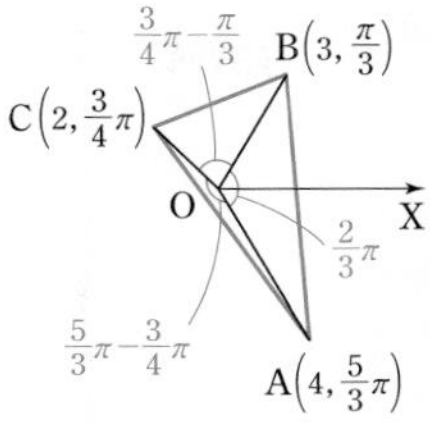

ゆえに

$$\triangle OAB=\frac{1}{2}OA\cdot OB\sin\angle AOB$$
$$=\frac{1}{2}\cdot4\cdot3\sin\frac{2}{3}\pi=6\times\frac{\sqrt{3}}{2}$$
$$=3\sqrt{3}$$

$$\triangle OBC=\frac{1}{2}OB\cdot OC\sin\angle BOC=\frac{1}{2}\cdot3\cdot2\sin\left(\frac{3}{4}\pi-\frac{\pi}{3}\right)$$
$$=3\left(\sin\frac{3}{4}\pi\cos\frac{\pi}{3}-\cos\frac{3}{4}\pi\sin\frac{\pi}{3}\right)$$
$$=3\left\{\frac{\sqrt{2}}{2}\cdot\frac{1}{2}-\left(-\frac{\sqrt{2}}{2}\right)\cdot\frac{\sqrt{3}}{2}\right\}=\frac{3(\sqrt{2}+\sqrt{6})}{4}$$

$$\triangle OCA=\frac{1}{2}OC\cdot OA\sin\angle COA$$
$$=\frac{1}{2}\cdot2\cdot4\sin\left(\frac{5}{3}\pi-\frac{3}{4}\pi\right)$$
$$=4\left(\sin\frac{5}{3}\pi\cos\frac{3}{4}\pi-\cos\frac{5}{3}\pi\sin\frac{3}{4}\pi\right)$$
$$=4\left\{\left(-\frac{\sqrt{3}}{2}\right)\left(-\frac{\sqrt{2}}{2}\right)-\frac{1}{2}\cdot\frac{\sqrt{2}}{2}\right\}$$
$$=\sqrt{6}-\sqrt{2}$$

よって　$\triangle ABC=3\sqrt{3}+\frac{3(\sqrt{2}+\sqrt{6})}{4}+\sqrt{6}-\sqrt{2}$

$$=\boldsymbol{\frac{-\sqrt{2}+12\sqrt{3}+7\sqrt{6}}{4}}$$

別解　3点の座標を直交座標に直してから，面積を求めてもよい。
3点の直交座標は
$A(2,\ -2\sqrt{3})$
$B\left(\frac{3}{2},\ \frac{3\sqrt{3}}{2}\right)$
$C(-\sqrt{2},\ \sqrt{2})$
点Aが原点Oに移るように平行移動すると，その平行移動によって，2点B，Cはそれぞれ，
点 $\left(-\frac{1}{2},\ \frac{7\sqrt{3}}{2}\right)$，点 $(-2-\sqrt{2},\ \sqrt{2}+2\sqrt{3})$ に移る。
平行移動しても面積は変わらないので，三角形ABCの面積は
$$\frac{1}{2}\left|-\frac{1}{2}\times(\sqrt{2}+2\sqrt{3})-\frac{7\sqrt{3}}{2}\times(-2-\sqrt{2})\right|$$
$$=\boldsymbol{\frac{-\sqrt{2}+12\sqrt{3}+7\sqrt{6}}{4}}$$

EX ②133

$\frac{\pi}{2}\leqq\theta\leqq\frac{3}{4}\pi$ のとき，極方程式 $r=2(\cos\theta+\sin\theta)$ の表す曲線の長さを求めよ。〔防衛大〕

$r=2(\cos\theta+\sin\theta)$ の両辺を r 倍して

$$r^2=2r\cos\theta+2r\sin\theta$$

⇐$r\cos\theta$，$r\sin\theta$ の形を作る。

$r^2=x^2+y^2$，$r\cos\theta=x$，$r\sin\theta=y$ を代入して

$$x^2+y^2=2x+2y$$

すなわち　$(x-1)^2+(y-1)^2=2$

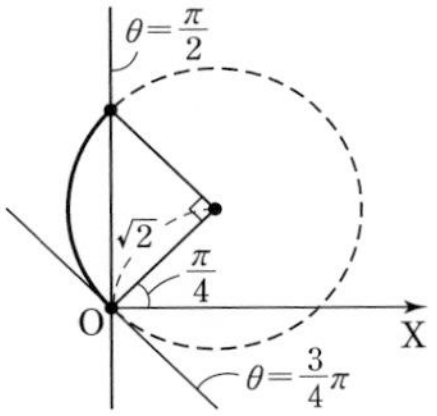

$\frac{\pi}{2}\leqq\theta\leqq\frac{3}{4}\pi$ より，曲線は右の図の太

い実線部分のようになるから，求める曲線の長さは

$$\sqrt{2}\times\frac{\pi}{2}=\frac{\sqrt{2}}{2}\pi$$

別解　$r=2(\cos\theta+\sin\theta)$ から　　$r=2\sqrt{2}\cos\left(\theta-\frac{\pi}{4}\right)$

よって，極方程式 $r=2(\cos\theta+\sin\theta)$ は

中心が $\left(\sqrt{2},\ \frac{\pi}{4}\right)$，半径 $\sqrt{2}$

の円を表す。

以下同様。

⇐cos で合成　または sin で合成後変形。

$r=2\sqrt{2}\sin\left(\theta+\frac{\pi}{4}\right)$

$=2\sqrt{2}\sin\left\{\frac{\pi}{2}+\left(\theta-\frac{\pi}{4}\right)\right\}$

$=2\sqrt{2}\cos\left(\theta-\frac{\pi}{4}\right)$

EX ③134

極座標が (1, 0) である点を A，極座標が $\left(\sqrt{3},\ \frac{\pi}{2}\right)$ である点をBとする。このとき，極Oを通り，線分 AB に垂直な直線 ℓ の極方程式は ア□ である。また，a を正の定数とし，極方程式 $r=a\cos\theta$ で表される曲線が直線 AB と接するとき，a の値は イ□ である。〔北里大〕

直線 ℓ は，極Oを通り，始線とのなす角が $\frac{\pi}{6}$ の直線であるから，求める極方程式は　ア $\boldsymbol{\theta=\frac{\pi}{6}}$

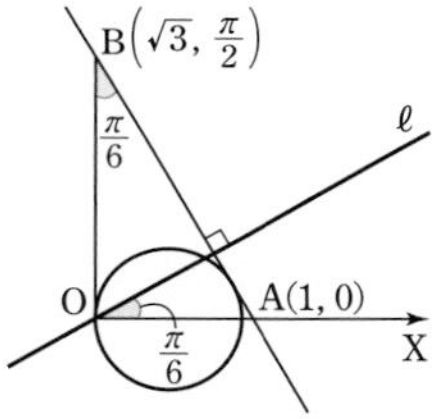

$r=a\cos\theta=2\cdot\frac{a}{2}\cos\theta$ であるから，

この極方程式は，点 $\left(\frac{a}{2},\ 0\right)$ を中心とする半径 $\frac{a}{2}$ の円を表す。……(＊)

⇐直角三角形 OAB において，

OA：OB$=1:\sqrt{3}$ であるから

$\angle$OBA$=\frac{\pi}{6}$

⇐**円の極方程式**

中心 $(a,\ 0)$，半径 a の円は　$r=2a\cos\theta$

円の中心を C，円と直線 AB の接点をDとすると

$$\text{CA}=1-\frac{a}{2},\quad \text{CD}=\frac{a}{2}$$

直角三角形 CAD において，CA：CD$=2:\sqrt{3}$ であるから

$\left(1-\frac{a}{2}\right):\frac{a}{2}=2:\sqrt{3}$　　ゆえに　$a=\sqrt{3}-\frac{\sqrt{3}}{2}a$

よって　$a=$ イ $\boldsymbol{-6+4\sqrt{3}}$

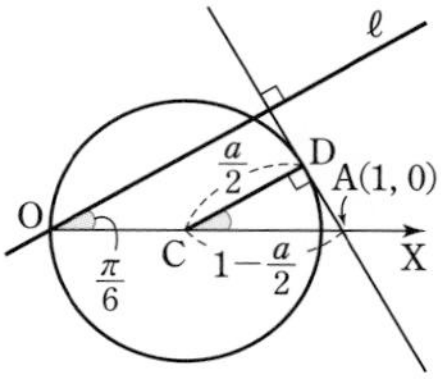

別解　(＊)までは上と同じ。

直交座標における直線 AB の方程式は

$y=-\sqrt{3}x+\sqrt{3}$　すなわち　$\sqrt{3}x+y-\sqrt{3}=0$

円が直線 AB と接するから　$\frac{a}{2}=\frac{\left|\sqrt{3}\cdot\frac{a}{2}+1\cdot0-\sqrt{3}\right|}{\sqrt{3+1}}$

よって　$2a=\sqrt{3}|a-2|$

両辺を 2 乗して整理すると　$a^2+12a-12=0$

$a>0$ から　$a=$ イ $\boldsymbol{-6+4\sqrt{3}}$

⇐直交座標で考える。

⇐円と直線が接するとき (半径)$=$(中心と直線の距離)

円の中心は，直交座標でも $\left(\frac{a}{2},\ 0\right)$ である。

EX ③135

極方程式 $r=\dfrac{2}{2+\cos\theta}$ で与えられる図形と，等式 $|z|+\left|z+\dfrac{4}{3}\right|=\dfrac{8}{3}$ を満たす複素数 z で与えられる図形は同じであることを示し，この図形の概形をかけ。〔山形大〕

$r=\dfrac{2}{2+\cos\theta}$ から　$2r=2-r\cos\theta$

$r\cos\theta=x$ を代入して

$2r=2-x$

両辺を2乗して　$4r^2=(2-x)^2$

$r^2=x^2+y^2$ を代入して

$4(x^2+y^2)=x^2-4x+4$

展開して整理すると　$\dfrac{\left(x+\dfrac{2}{3}\right)^2}{\left(\dfrac{4}{3}\right)^2}+\dfrac{y^2}{\left(\dfrac{2}{\sqrt{3}}\right)^2}=1$

これは $\dfrac{x^2}{\left(\dfrac{4}{3}\right)^2}+\dfrac{y^2}{\left(\dfrac{2}{\sqrt{3}}\right)^2}=1$ すなわち，原点を中心とし，焦点が2点 $\left(\dfrac{2}{3},\ 0\right)$，$\left(-\dfrac{2}{3},\ 0\right)$，長軸の長さが $\dfrac{8}{3}$ の楕円を x 軸方向に $-\dfrac{2}{3}$ だけ平行移動した楕円である。

すなわち，2点 $(0,\ 0)$，$\left(-\dfrac{4}{3},\ 0\right)$ を焦点とし，長軸の長さが $\dfrac{8}{3}$ である楕円を表す。

また，$|z|+\left|z+\dfrac{4}{3}\right|=\dfrac{8}{3}$ を変形すると

$|z-0|+\left|z-\left(-\dfrac{4}{3}\right)\right|=\dfrac{8}{3}$

これは，点 z が複素数平面上の2点 0，$-\dfrac{4}{3}$ からの距離の和が $\dfrac{8}{3}$ である点が描く図形上にあることを表す。

よって，xy 平面上においては，2点 $(0,\ 0)$，$\left(-\dfrac{4}{3},\ 0\right)$ を焦点とし，長軸の長さが $\dfrac{8}{3}$ である楕円を表す。

よって，極方程式 $r=\dfrac{2}{2+\cos\theta}$ で与えられる図形と，等式 $|z|+\left|z+\dfrac{4}{3}\right|=\dfrac{8}{3}$ を満たす複素数 z で与えられる図形は同じである。概形は **右図**。

⇐ $r\cos\theta=x$，$r\sin\theta=y$，$r^2=x^2+y^2$

⇐ $\dfrac{x^2}{a^2}+\dfrac{y^2}{b^2}=1$ $(a>b)$ とすると，楕円の焦点 $F(\sqrt{a^2-b^2},\ 0)$，$F'(-\sqrt{a^2-b^2},\ 0)$ 長軸の長さ $2a$

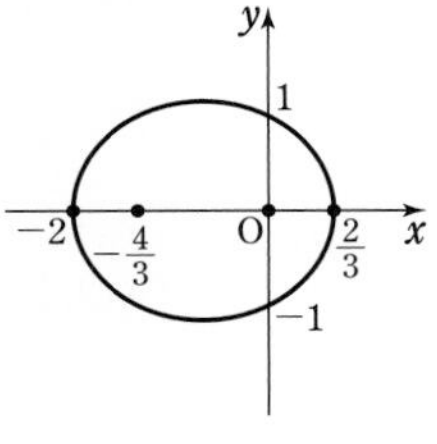

EX ③136 点Aの極座標を $(2,\ 0)$，極Oと点Aを結ぶ線分を直径とする円 C の周上の任意の点をQとする。点Qにおける円 C の接線に極Oから下ろした垂線の足をPとする。点Pの極座標を $(r,\ \theta)$ とするとき，その軌跡の極方程式を求めよ。ただし，$0 \leqq \theta < \pi$ とする。

円 C の中心をCとすると，その極座標は $(1,\ 0)$ である。

[1]　$0 < \theta < \dfrac{\pi}{2}$ のとき

中心Cから直線 OP に下ろした垂線の足をHとすると

$\mathrm{OC}=\mathrm{CQ}=\mathrm{HP}=1$

$\angle \mathrm{COH}=\theta$，$\mathrm{OH}=\cos\theta$ から

$\mathrm{OP}=\mathrm{HP}+\mathrm{OH}=1+\cos\theta$

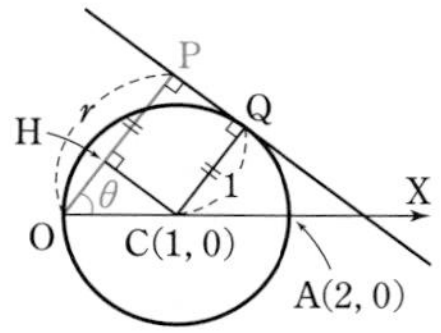

[2]　$\dfrac{\pi}{2} < \theta < \pi$ のとき

[1] と同様にして，$\angle \mathrm{COH}=\pi-\theta$，

$\mathrm{OH}=\cos(\pi-\theta)=-\cos\theta$ から

$\mathrm{OP}=\mathrm{HP}-\mathrm{OH}=1+\cos\theta$

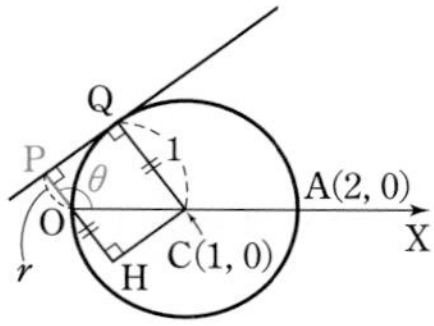

[3]　$\theta=0$ のとき

このとき，PはAに一致して　$\mathrm{OP}=2$

よって，$\mathrm{OP}=1+\cos\theta$ を満たす。

[4]　$\theta=\dfrac{\pi}{2}$ のとき

このとき，$\mathrm{OP}=\mathrm{CQ}=1$ であるから，$\mathrm{OP}=1+\cos\theta$ を満たす。

ゆえに，点Pの軌跡の極方程式は

$$\boldsymbol{r=1+\cos\theta}$$

⇐ $r=1+\cos\theta$ で表される曲線は，**カージオイド**である。
(PRACTICE 149 参照)

EX ④137 $a>0$ を定数として，極方程式 $r=a(1+\cos\theta)$ により表される曲線 C_a を考える。
点Pが曲線 C_a 上を動くとき，極座標が $(2a,\ 0)$ の点とPとの距離の最大値を求めよ。

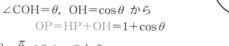

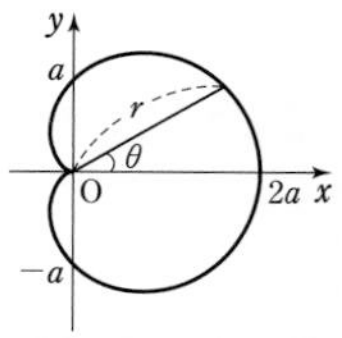

$\mathrm{A}(2a,\ 0)$，$\mathrm{P}(r,\ \theta)$ とすると，A，P の直交座標は

$\mathrm{A}(2a,\ 0)$，$\mathrm{P}(r\cos\theta,\ r\sin\theta)$

$r=a(1+\cos\theta)$ であるから

$$\begin{aligned}\mathrm{AP}^2&=(r\cos\theta-2a)^2+(r\sin\theta)^2=r^2-4ar\cos\theta+4a^2\\&=a^2(1+\cos\theta)^2-4a^2\cos\theta(1+\cos\theta)+4a^2\\&=-3a^2\cos^2\theta-2a^2\cos\theta+5a^2\\&=-3a^2\left(\cos^2\theta+\frac{2}{3}\cos\theta\right)+5a^2\end{aligned}$$

⇐ $r=a(1+\cos\theta)$

$$= -3a^2\left(\cos\theta + \frac{1}{3}\right)^2 + \frac{16}{3}a^2$$

ゆえに，$-1 \leqq \cos\theta \leqq 1$ の範囲において，$\cos\theta = -\dfrac{1}{3}$ のとき，AP^2 は最大となる。

$AP \geqq 0$ であるから，AP^2 が最大のとき，AP も最大となる。

したがって，AP の最大値は　$\sqrt{\dfrac{16}{3}a^2} = \dfrac{\mathbf{4}}{\sqrt{\mathbf{3}}}\boldsymbol{a}$

inf.　「$AP^2 = r^2 - 4ar\cos\theta + 4a^2$」は，次のようにして，△OAP に余弦定理を適用しても導くことができる。

$$AP^2 = OA^2 + OP^2 - 2OA \cdot OP\cos\angle AOP$$
$$= (2a)^2 + r^2 - 2 \cdot 2a \cdot r\cos\theta$$
$$= 4a^2 + r^2 - 4ar\cos\theta$$

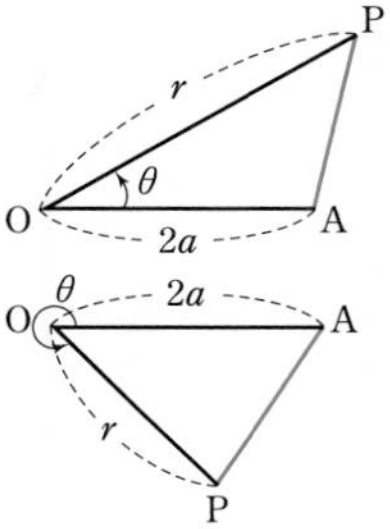

⇐$-3a^2\left(\cos\theta + \frac{1}{3}\right)^2 + 3a^2 \cdot \left(\frac{1}{3}\right)^2 + 5a^2$

⇐$a > 0$

⇐$\cos\theta = \cos(2\pi - \theta)$ であるから，$\pi < \theta < 2\pi$ の場合も含めて $\cos\angle AOP = \cos\theta$ となる。

4章
EX

Research＆Work
（問題に挑戦）
数学Ⅲの解答

R&W (問題に挑戦) 1

a を $0<a<\frac{\pi}{2}$ を満たす定数とし，方程式

$$x(1-\cos x)=\sin(x+a) \quad \cdots\cdots ①$$

について考える。

(1) n を自然数とし，$f(x)=x(1-\cos x)-\sin(x+a)$ とする。

このとき，$2n\pi<x<2n\pi+\frac{\pi}{2}$ における，関数 $f(x)$ のグラフの概形は [ア] である。

よって，方程式 ① は $2n\pi<x<2n\pi+\frac{\pi}{2}$ においてただ 1 つの実数解をもつ。

[ア] に当てはまる最も適当なものを，次の ⓪ ～ ③ のうちから 1 つ選べ。

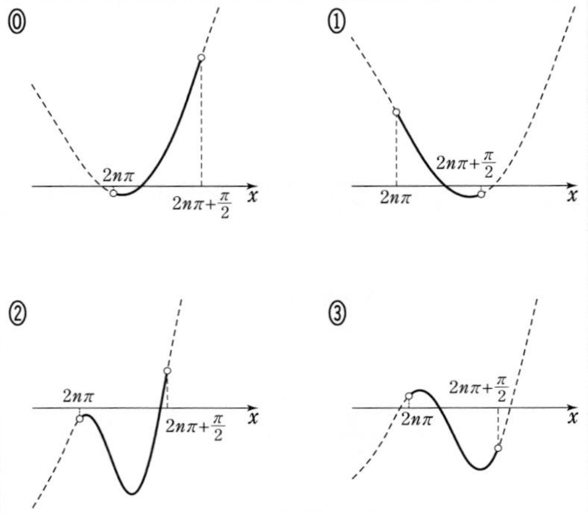

(2) (1) の実数解を x_n とするとき，極限 $\lim_{n\to\infty}(x_n-2n\pi)$ を求めよう。

$y_n=x_n-2n\pi$ とすると　　$x_n=y_n+2n\pi$

x_n は ① の解であるから　　$x_n(1-\cos x_n)=\sin(x_n+a)$

よって　　$(y_n+2n\pi)(1-\cos y_n)=\sin(y_n+a)$ …… ②

② において，$\sin(y_n+a)\leqq 1$，$2n\pi<y_n+2n\pi$ を用いることにより

$$\lim_{n\to\infty}(1-\cos y_n)=\boxed{イ}$$

ゆえに　　$\lim_{n\to\infty}(x_n-2n\pi)=\boxed{ウ}$

(3) 次に，極限 $\lim_{n\to\infty}n(x_n-2n\pi)^2$ を求めよう。

② の両辺を $1-\cos y_n$ で割ると

$$y_n+2n\pi=\frac{\sin(y_n+a)}{1-\cos y_n}$$

ゆえに　　$n=\frac{\sin(y_n+a)}{2\pi(1-\cos y_n)}-\frac{y_n}{2\pi}$

よって　　$\lim_{n\to\infty}ny_n{}^2=\boxed{エ}$　すなわち　$\lim_{n\to\infty}n(x_n-2n\pi)^2=\boxed{エ}$

[エ] の解答群

⓪ $\frac{\sin a}{2\pi}$	① $\frac{\sin a}{\pi}$	② $\frac{2\sin a}{\pi}$
③ $\frac{\cos a}{2\pi}$	④ $\frac{\cos a}{\pi}$	⑤ $\frac{2\cos a}{\pi}$
⑥ $\frac{1}{2\pi}$	⑦ $\frac{1}{\pi}$	⑧ $\frac{2}{\pi}$

(1)　$f(x)=x(1-\cos x)-\sin(x+a)$ とすると

$$f'(x)=1-\cos x+x\sin x-\cos(x+a),$$
$$f''(x)=2\sin x+x\cos x+\sin(x+a)$$

本問を解くために欠かせない三角関数の公式
$\sin(x+2n\pi)=\sin x$
$\cos(x+2n\pi)=\cos x$
$\sin\left(\frac{\pi}{2}+x\right)=\cos x$
$\cos\left(\frac{\pi}{2}+x\right)=-\sin x$

$0<a<\frac{\pi}{2}$，$2n\pi<x<2n\pi+\frac{\pi}{2}$ のとき，$\sin x>0$，$x\cos x>0$，$\sin(x+a)>0$ であるから　$f''(x)>0$

よって，$2n\pi<x<2n\pi+\frac{\pi}{2}$ で $f'(x)$ は増加し

$$f'(2n\pi)<f'(x)<f'\left(2n\pi+\frac{\pi}{2}\right)$$

ここで　$f'(2n\pi)=1-1+2n\pi\cdot0-\cos a=-\cos a<0,$

$$f'\left(2n\pi+\frac{\pi}{2}\right)=1-0+\left(2n\pi+\frac{\pi}{2}\right)\cdot1-\cos\left(\frac{\pi}{2}+a\right)$$
$$=2n\pi+\frac{\pi}{2}+1+\sin a>0$$

⇦$0<a<\frac{\pi}{2}$ から $-1<-\cos a<0$

⇦$0<\sin a<1$

ゆえに，$2n\pi<x<2n\pi+\frac{\pi}{2}$ において，$f'(x)=0$ を満たす x がただ１つ存在する。その値を α とすると，$2n\pi<x<2n\pi+\frac{\pi}{2}$ における $f(x)$ の増減表は次のようになる。

x	$2n\pi$	$\cdots$	α	$\cdots$	$2n\pi+\frac{\pi}{2}$
$f'(x)$	／	$-$	0	$+$	／
$f(x)$	／	↘	極小	↗	／

ここで　$f(2n\pi)=2n\pi\cdot0-\sin a=-\sin a<0,$

$$f\left(2n\pi+\frac{\pi}{2}\right)=\left(2n\pi+\frac{\pi}{2}\right)\cdot1-\sin\left(\frac{\pi}{2}+a\right)$$
$$=2n\pi+\frac{\pi}{2}-\cos a>0$$

⇦$2n\pi+\frac{\pi}{2}>1>\cos a$

よって，$2n\pi<x<2n\pi+\frac{\pi}{2}$ における関数 $f(x)$ のグラフの概形は右図のようになる。（ア⓪）

このグラフと x 軸の共有点の個数は，方程式 ① の実数解の個数と一致するから，① は $2n\pi<x<2n\pi+\frac{\pi}{2}$ においてただ１つの実数解をもつ。

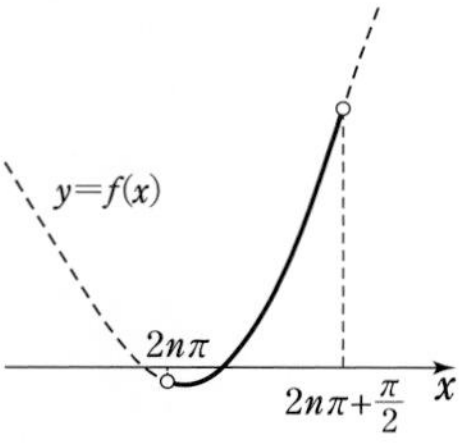

(2)　$y_n=x_n-2n\pi$ とすると　　$x_n=y_n+2n\pi$

x_n は ① の実数解であるから　　$x_n(1-\cos x_n)=\sin(x_n+a)$

よって　　$(y_n+2n\pi)(1-\cos y_n)=\sin(y_n+a)$　…… ②

$\sin(y_n+a)\leqq1$ であるから

$$(y_n+2n\pi)(1-\cos y_n)\leqq1 \quad\cdots\cdots ③$$

また，$2n\pi<x_n<2n\pi+\frac{\pi}{2}$ より，$0<y_n<\frac{\pi}{2}$ であるから

$$1-\cos y_n>0$$

⇦$2n\pi<x_n<2n\pi+\frac{\pi}{2}$ から　$0<x_n-2n\pi<\frac{\pi}{2}$ ゆえに　$0<y_n<\frac{\pi}{2}$

よって，$2n\pi<y_n+2n\pi$ から

$$2n\pi(1-\cos y_n)<(y_n+2n\pi)(1-\cos y_n)$$

ゆえに，③ から　$2n\pi(1-\cos y_n)<1$

よって　$0<1-\cos y_n<\dfrac{1}{2n\pi}$

$\displaystyle\lim_{n\to\infty}\frac{1}{2n\pi}=0$ であるから　$\displaystyle\lim_{n\to\infty}(1-\cos y_n)={}^{イ}\mathbf{0}$

⇐はさみうちの原理

よって　$\displaystyle\lim_{n\to\infty}\cos y_n=1$

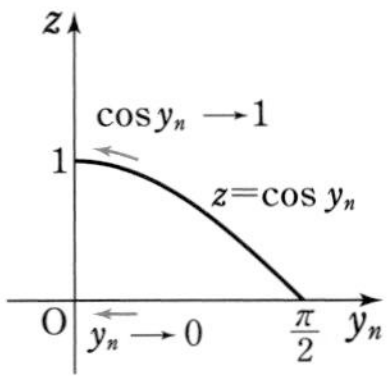

$\cos x$ は連続関数であり，$0<y_n<\dfrac{\pi}{2}$ であるから

$$\lim_{n\to\infty}y_n=0 \quad \cdots\cdots ④$$

ゆえに　$\displaystyle\lim_{n\to\infty}(x_n-2n\pi)={}^{ウ}\mathbf{0}$

(3)　② の両辺を $1-\cos y_n$ で割ると

$$y_n+2n\pi=\frac{\sin(y_n+a)}{1-\cos y_n}$$

⇐$1-\cos y_n>0$

よって　$n=\dfrac{\sin(y_n+a)}{2\pi(1-\cos y_n)}-\dfrac{y_n}{2\pi}$

ゆえに

$$\begin{aligned}ny_n{}^2&=\frac{y_n{}^2\sin(y_n+a)}{2\pi(1-\cos y_n)}-\frac{y_n{}^3}{2\pi}\\&=\frac{y_n{}^2(1+\cos y_n)\sin(y_n+a)}{2\pi(1-\cos^2 y_n)}-\frac{y_n{}^3}{2\pi}\\&=\frac{y_n{}^2(1+\cos y_n)\sin(y_n+a)}{2\pi\sin^2 y_n}-\frac{y_n{}^3}{2\pi}\\&=\frac{(1+\cos y_n)\sin(y_n+a)}{2\pi\left(\dfrac{\sin y_n}{y_n}\right)^2}-\frac{y_n{}^3}{2\pi}\end{aligned}$$

⇐$\sin^2x+\cos^2x=1$

④ から　$\displaystyle\lim_{n\to\infty}\frac{\sin y_n}{y_n}=1$

⇐$\displaystyle\lim_{x\to0}\frac{\sin x}{x}=1$

よって　$\displaystyle\lim_{n\to\infty}ny_n{}^2=\frac{(1+1)\sin a}{2\pi\cdot1^2}-0=\frac{\sin a}{\pi}$　（^{エ}①）

すなわち　$\displaystyle\lim_{n\to\infty}n(x_n-2n\pi)^2=\frac{\sin a}{\pi}$

R&W (問題に挑戦) 2

座標空間内で，

O(0, 0, 0)，A(1, 0, 0)，B(1, 1, 0)，C(0, 1, 0)，
D(0, 0, 1)，E(1, 0, 1)，F(1, 1, 1)，G(0, 1, 1)

を頂点にもつ立方体を考える。

この立方体を対角線 OF の周りに1回転させてできる回転体Kの体積を求めよう。

(1) 辺 OD 上の点 P(0, 0, p) ($0<p\leqq1$) から直線 OF へ垂線 PH を下ろす。

このとき，点Hの座標は

$$\mathrm{H}\left(\frac{p}{\boxed{\text{ア}}},\ \frac{p}{\boxed{\text{ア}}},\ \frac{p}{\boxed{\text{ア}}}\right)$$

線分 PH の長さは　$\mathrm{PH}=\dfrac{\sqrt{\boxed{\text{イ}}}}{\boxed{\text{ウ}}}p$

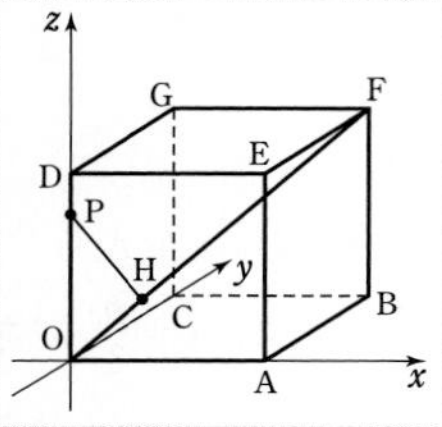

(2) 辺 DE 上の点 Q(q, 0, 1) ($0\leqq q\leqq1$) から直線 OF へ垂線 QI を下ろす。

このとき，点 I の座標は

$$\mathrm{I}\left(\frac{q+\boxed{\text{エ}}}{\boxed{\text{オ}}},\ \frac{q+\boxed{\text{エ}}}{\boxed{\text{オ}}},\ \frac{q+\boxed{\text{エ}}}{\boxed{\text{オ}}}\right)$$

線分 QI の長さは

$$\mathrm{QI}=\frac{\sqrt{\boxed{\text{カ}}(q^2-q+\boxed{\text{キ}})}}{\boxed{\text{ク}}}$$

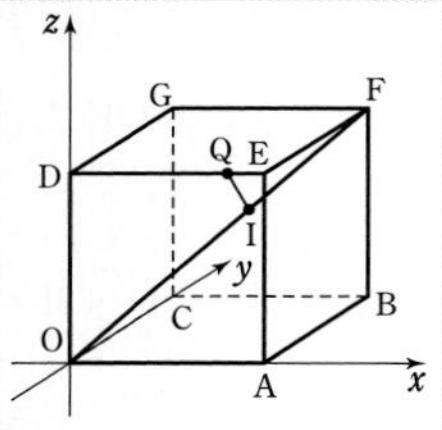

(3) 原点Oから点F方向へ線分 OF 上を距離 u ($0\leqq u\leqq\sqrt{3}$) だけ進んだ点をUとする。

点Uを通り直線 OF に垂直な平面でKを切ったときの断面の円の半径 r を，u の関数として表そう。

ここで，点D，E から直線 OF へ下ろした垂線を，それぞれ DS，ET とする。

[1] $0\leqq \mathrm{OU}\leqq \mathrm{OS}$ のとき

Uを通り OF に垂直な平面で立方体を切断したときの断面上で，点Uからの距離が最大になるのは点Pであるから

$r=\mathrm{PU}$

よって　$r=\sqrt{\boxed{\text{ケ}}}u$

[2] $\mathrm{OS}\leqq \mathrm{OU}\leqq \mathrm{OT}$ のとき

[1] と同様に立方体を切断したときの断面上で，点Uからの距離が最大になるのは点Qであるから　$r=\mathrm{QU}$

よって　$r=\sqrt{\boxed{\text{コ}}(u^2-\sqrt{\boxed{\text{サ}}}u+\boxed{\text{シ}})}$

[3] $\mathrm{OT}\leqq \mathrm{OU}\leqq \mathrm{OF}$ のとき

回転体Kが，線分 OF の中点を通り OF に垂直な平面に関して対称な図形であることから，[1] の結果を利用して

$r=\sqrt{\boxed{\text{ケ}}}(\sqrt{\boxed{\text{ス}}}-u)$

(4) (3) から，回転体Kの体積を V とすると

$$V=\frac{\sqrt{\boxed{\text{セ}}}}{\boxed{\text{ソ}}}\pi$$

(1)　H は直線 OF 上の点であるから，s を実数として

$$\overrightarrow{\mathrm{OH}}=s\overrightarrow{\mathrm{OF}}=(s,\ s,\ s)$$

⇐ $\overrightarrow{\mathrm{OF}}=(1,\ 1,\ 1)$

と表される。$\overrightarrow{\mathrm{PH}}\perp\overrightarrow{\mathrm{OF}}$ であるから

$$\overrightarrow{\mathrm{PH}}\cdot\overrightarrow{\mathrm{OF}}=0$$

ここで
$$\begin{aligned}\overrightarrow{\mathrm{PH}}\cdot\overrightarrow{\mathrm{OF}}&=(\overrightarrow{\mathrm{OH}}-\overrightarrow{\mathrm{OP}})\cdot\overrightarrow{\mathrm{OF}}\\&=(s\overrightarrow{\mathrm{OF}}-\overrightarrow{\mathrm{OP}})\cdot\overrightarrow{\mathrm{OF}}\\&=s|\overrightarrow{\mathrm{OF}}|^2-\overrightarrow{\mathrm{OP}}\cdot\overrightarrow{\mathrm{OF}}\\&=s(1^2+1^2+1^2)-(0\cdot1+0\cdot1+p\cdot1)\\&=3s-p\end{aligned}$$

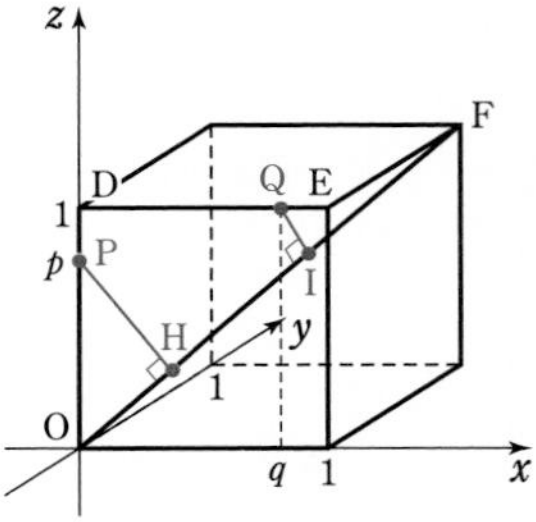

$\overrightarrow{\mathrm{PH}}\cdot\overrightarrow{\mathrm{OF}}=0$ から　　$3s-p=0$

ゆえに，$s=\dfrac{p}{3}$ であるから　　$\mathrm{H}\left(\dfrac{p}{{}^{\text{ア}}\mathbf{3}},\ \dfrac{p}{3},\ \dfrac{p}{3}\right)$　…… ①

また　　$\mathrm{PH}=\sqrt{\left(\dfrac{p}{3}-0\right)^2+\left(\dfrac{p}{3}-0\right)^2+\left(\dfrac{p}{3}-p\right)^2}$

$$=\frac{\sqrt{{}^{\text{イ}}\mathbf{6}}}{{}^{\text{ウ}}\mathbf{3}}p\quad\cdots\cdots②$$

⇐ 2 点 $\mathrm{A}(a_1,\ a_2,\ a_3)$，$\mathrm{B}(b_1,\ b_2,\ b_3)$ に対し
$\mathrm{AB}=\sqrt{(b_1-a_1)^2+(b_2-a_2)^2+(b_3-a_3)^2}$

(2)　I は直線 OF 上の点であるから，t を実数として

$$\overrightarrow{\mathrm{OI}}=t\overrightarrow{\mathrm{OF}}=(t,\ t,\ t)$$

と表される。$\overrightarrow{\mathrm{QI}}\perp\overrightarrow{\mathrm{OF}}$ であるから　　$\overrightarrow{\mathrm{QI}}\cdot\overrightarrow{\mathrm{OF}}=0$

ここで
$$\begin{aligned}\overrightarrow{\mathrm{QI}}\cdot\overrightarrow{\mathrm{OF}}&=(\overrightarrow{\mathrm{OI}}-\overrightarrow{\mathrm{OQ}})\cdot\overrightarrow{\mathrm{OF}}=(t\overrightarrow{\mathrm{OF}}-\overrightarrow{\mathrm{OQ}})\cdot\overrightarrow{\mathrm{OF}}\\&=t|\overrightarrow{\mathrm{OF}}|^2-\overrightarrow{\mathrm{OQ}}\cdot\overrightarrow{\mathrm{OF}}=3t-(q\cdot1+0\cdot1+1\cdot1)\\&=3t-(q+1)\end{aligned}$$

$\overrightarrow{\mathrm{QI}}\cdot\overrightarrow{\mathrm{OF}}=0$ から　　$3t-(q+1)=0$

ゆえに，$t=\dfrac{q+1}{3}$ であるから　$\mathrm{I}\left(\dfrac{q+{}^{\text{エ}}\mathbf{1}}{{}^{\text{オ}}\mathbf{3}},\ \dfrac{q+1}{3},\ \dfrac{q+1}{3}\right)$　…… ③

また　　$\mathrm{QI}=\sqrt{\left(\dfrac{q+1}{3}-q\right)^2+\left(\dfrac{q+1}{3}-0\right)^2+\left(\dfrac{q+1}{3}-1\right)^2}$

$$=\frac{\sqrt{(2q-1)^2+(q+1)^2+(2-q)^2}}{3}$$

$$=\frac{\sqrt{{}^{\text{カ}}\mathbf{6}(q^2-q+{}^{\text{キ}}\mathbf{1})}}{{}^{\text{ク}}\mathbf{3}}\quad\cdots\cdots④$$

(3)　点 P が D に一致するとき，① において $p=1$ であるから，H の座標は　　$\left(\dfrac{1}{3},\ \dfrac{1}{3},\ \dfrac{1}{3}\right)$

この点が S であるから　　$\mathrm{OS}=\dfrac{\sqrt{3}}{3}$

点 Q が E に一致するとき，③ において $q=1$ であるから，I の座標は　　$\left(\dfrac{2}{3},\ \dfrac{2}{3},\ \dfrac{2}{3}\right)$

この点が T であるから　　$\mathrm{OT}=\dfrac{2\sqrt{3}}{3}$

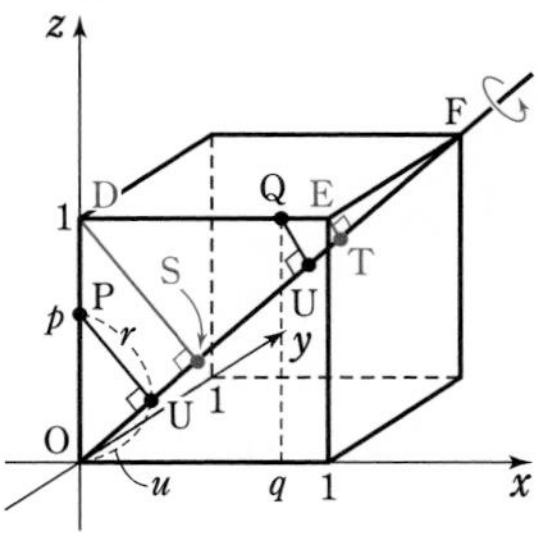

[1]　$0\leqq\mathrm{OU}\leqq\mathrm{OS}$　すなわち　$0\leqq u\leqq\dfrac{\sqrt{3}}{3}$ のとき

U を通り OF に垂直な平面で立方体を切断したときの断面上で，点 U からの距離が最大になるのは点 P であるから

$$r=\mathrm{PU}$$

ここで，① から　$\mathrm{OH}=\dfrac{\sqrt{3}}{3}p$

⇦OH $=\sqrt{\left(\dfrac{p}{3}\right)^2+\left(\dfrac{p}{3}\right)^2+\left(\dfrac{p}{3}\right)^2}$

点 H が U と一致するとき $\mathrm{OH}=u$ であるから

$$\frac{\sqrt{3}}{3}p=u \quad \text{すなわち} \quad p=\sqrt{3}\,u$$

このとき，② から　$\mathrm{PU}=\mathrm{PH}=\dfrac{\sqrt{6}}{3}\cdot\sqrt{3}\,u=\sqrt{2}\,u$

⇦② に $p=\sqrt{3}\,u$ を代入。

よって　$r=\mathrm{PU}=\sqrt{{}^{\text{ケ}}\mathbf{2}}\,u$

[2]　$\mathrm{OS}\leqq\mathrm{OU}\leqq\mathrm{OT}$　すなわち　$\dfrac{\sqrt{3}}{3}\leqq u\leqq\dfrac{2\sqrt{3}}{3}$ のとき

[1] と同様に立方体を切断したときの断面上で，点 U からの距離が最大になるのは点 Q であるから　$r=\mathrm{QU}$

ここで，③ から　$\mathrm{OI}=\dfrac{\sqrt{3}\,(q+1)}{3}$

⇦OI $=\sqrt{\left(\dfrac{q+1}{3}\right)^2+\left(\dfrac{q+1}{3}\right)^2+\left(\dfrac{q+1}{3}\right)^2}$

点 I が U と一致するとき $\mathrm{OI}=u$ であるから

$$\frac{\sqrt{3}\,(q+1)}{3}=u \quad \text{すなわち} \quad q=\sqrt{3}\,u-1$$

このとき，④ から

$$\mathrm{QU}=\mathrm{QI}=\frac{\sqrt{6\{(\sqrt{3}\,u-1)^2-(\sqrt{3}\,u-1)+1\}}}{3}$$
$$=\sqrt{2(u^2-\sqrt{3}\,u+1)}$$

⇦④ に $q=\sqrt{3}\,u-1$ を代入。

よって　$r=\mathrm{QU}=\sqrt{{}^{\text{コ}}\mathbf{2}(u^2-\sqrt{{}^{\text{サ}}\mathbf{3}}\,u+{}^{\text{シ}}\mathbf{1})}$

[3]　$\mathrm{OT}\leqq\mathrm{OU}\leqq\mathrm{OF}$　すなわち　$\dfrac{2\sqrt{3}}{3}\leqq u\leqq\sqrt{3}$ のとき

回転体 K が，線分 OF の中点を通り OF に垂直な平面に関して対称な図形であることから，[1] において u を $\sqrt{3}-u$ でおき換えて　$r=\sqrt{2}\,(\sqrt{{}^{\text{ス}}\mathbf{3}}-u)$

(4)　(3) から，求める体積を V とすると

$$V=\pi\int_0^{\frac{\sqrt{3}}{3}}2u^2du+\pi\int_{\frac{\sqrt{3}}{3}}^{\frac{2\sqrt{3}}{3}}2(u^2-\sqrt{3}\,u+1)\,du+\pi\int_{\frac{2\sqrt{3}}{3}}^{\sqrt{3}}2(\sqrt{3}-u)^2du$$
$$=2\cdot2\pi\int_0^{\frac{\sqrt{3}}{3}}u^2du+2\cdot2\pi\int_{\frac{\sqrt{3}}{3}}^{\frac{\sqrt{3}}{2}}\left\{\left(u-\frac{\sqrt{3}}{2}\right)^2+\frac{1}{4}\right\}du$$
$$=4\pi\left[\frac{u^3}{3}\right]_0^{\frac{\sqrt{3}}{3}}+4\pi\left[\frac{1}{3}\left(u-\frac{\sqrt{3}}{2}\right)^3+\frac{1}{4}u\right]_{\frac{\sqrt{3}}{3}}^{\frac{\sqrt{3}}{2}}$$
$$=4\pi\cdot\frac{1}{3}\cdot\left(\frac{1}{\sqrt{3}}\right)^3+4\pi\cdot\left\{\frac{1}{3}\cdot\left(\frac{\sqrt{3}}{6}\right)^3+\frac{1}{4}\left(\frac{\sqrt{3}}{2}-\frac{\sqrt{3}}{3}\right)\right\}$$
$$=\frac{\sqrt{{}^{\text{セ}}\mathbf{3}}}{{}^{\text{ソ}}\mathbf{3}}\pi$$

⇦ ～～ の部分は，$u=\sqrt{3}-t$ とおくことにより，- - - の部分と一致することがわかる。
—— の部分は，積分区間が放物線の軸に関して対称であることを利用する。

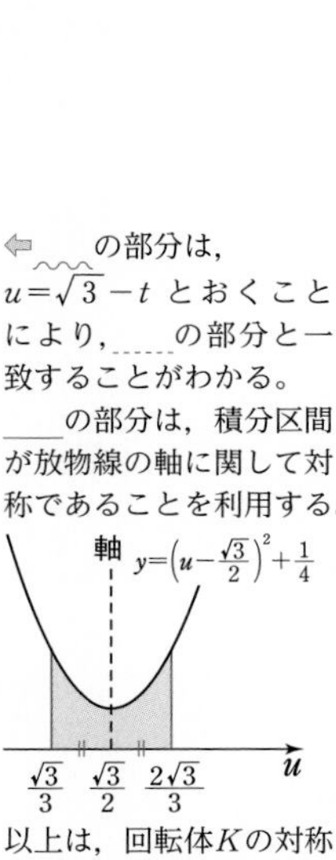

以上は，回転体 K の対称性からもわかる。

Research&Work
（問題に挑戦）
数学Ｃの解答

R&W (問題に挑戦) 1

平面上に，OA=8，OB=7，AB=9 である△OAB と点Pがあり，$\overrightarrow{OP}$ が，$\overrightarrow{OP}=s\overrightarrow{OA}+t\overrightarrow{OB}$（$s$，$t$ は実数）……① と表されているとする。

(1) $|\overrightarrow{OA}|=8$，$|\overrightarrow{OB}|=7$，$|\overrightarrow{AB}|=9$ から　　$\overrightarrow{OA}\cdot\overrightarrow{OB}=$ **アイ**

このことを利用すると，△OAB の面積 S は $S=$ **ウエ** $\sqrt{\text{オ}}$ と求められる。

(2) s，t が

$$s\geqq0,\ t\geqq0,\ s+3t\leqq3 \quad\cdots\cdots ②$$

を満たしながら動くとする。このときの点Pの存在範囲の面積 T を S を用いて表したい。次のような新しい座標平面を用いる方法によって考えてみよう。

直線OA，OB を座標軸とし，辺OA，辺OB の長さを1目盛りとした座標平面を，新しい座標平面と呼ぶこととする。

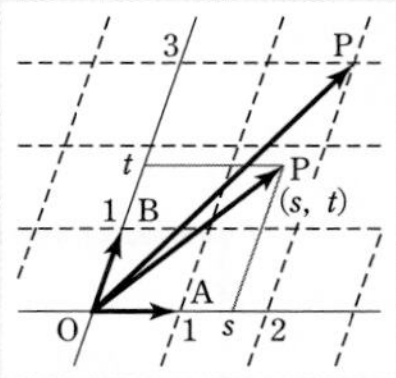

例えば，① に対し，$s=2$，$t=3$ のとき

$$\overrightarrow{OP}=2\overrightarrow{OA}+3\overrightarrow{OB}$$

を満たす点Pの座標は (2, 3) となる。つまり，① を満たす点Pの座標は $(s,\ t)$ と表される。新しい座標平面上において，s，t の1次方程式は直線を表すから，新しい座標平面上に直線 $s=0$，$t=0$，$s+3t=3$ をかくことにより，連立不等式 ② を満たす点Pの存在範囲を図示すると，図 **カ** の影をつけた部分のようになる。ただし，境界線を含む。また，A_3，B_3 はそれぞれ $3\overrightarrow{OA}=\overrightarrow{OA_3}$，$3\overrightarrow{OB}=\overrightarrow{OB_3}$ を満たす点である。よって，$T=$ **キ** S である。

カ に当てはまるものを，次の⓪～③のうちから1つ選べ。

⓪

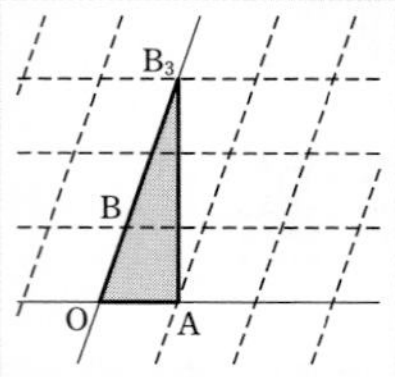

①

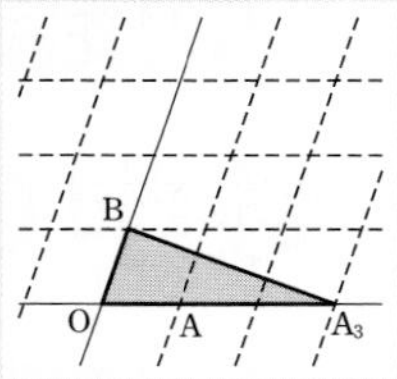

②

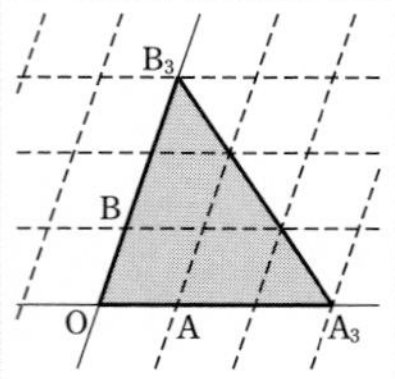

③

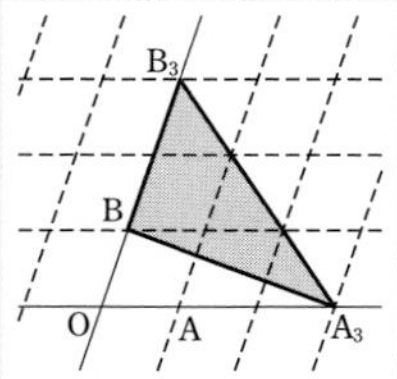

(3) s，t が

$$s\geqq0,\ t\geqq0,\ s+3t\leqq3,\ 1\leqq2s+t\leqq2 \quad\cdots\cdots ③$$

を満たしながら動くとする。このときの点Pの存在範囲の面積 U を求めたい。

連立不等式 ③ を，次の (i)，(ii) のように分けて考える。

(i) $s\geqq0$，$t\geqq0$，$s+3t\leqq3$　　(ii) $s\geqq0$，$t\geqq0$，$1\leqq2s+t\leqq2$

連立不等式 (ii) を満たす点Pの存在範囲を新しい座標平面上に図示すると，図 **ク** の影をつけた部分のようになる。ただし，境界線を含む。また，A_1，B_1 はそれぞれ $\frac{1}{2}\overrightarrow{OA}=\overrightarrow{OA_1}$，$\frac{1}{2}\overrightarrow{OB}=\overrightarrow{OB_1}$ を満たす点であり，A_2，B_2 はそれぞれ $2\overrightarrow{OA}=\overrightarrow{OA_2}$，$2\overrightarrow{OB}=\overrightarrow{OB_2}$ を満たす点である。

求める面積 U は，(i) と (ii) の共通部分の面積であるから　　$U=\dfrac{\text{ケ}}{\text{コサ}}S$

よって　　$U=\dfrac{\text{シス}\sqrt{\text{セ}}}{\text{ソ}}$

ク に当てはまるものを，次の⓪～③のうちから1つ選べ。

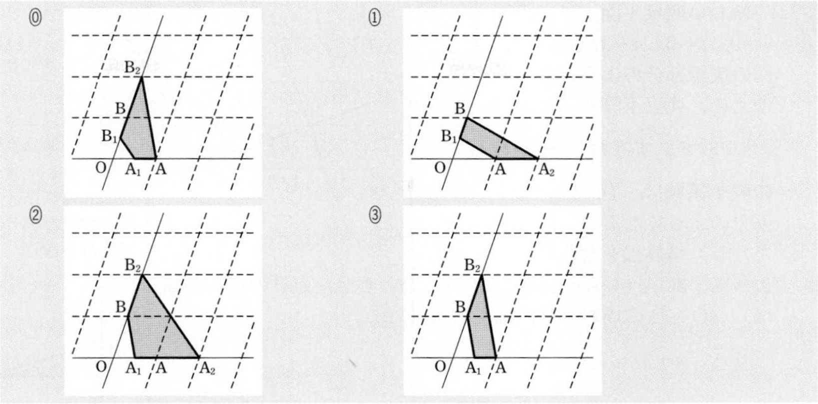

(1) $|\overrightarrow{AB}|=9$ から　　$|\overrightarrow{OB}-\overrightarrow{OA}|^2=9^2$

ゆえに　$|\overrightarrow{OB}|^2-2\overrightarrow{OA}\cdot\overrightarrow{OB}+|\overrightarrow{OA}|^2=81$

$|\overrightarrow{OA}|=8$, $|\overrightarrow{OB}|=7$ を代入して

$$7^2-2\overrightarrow{OA}\cdot\overrightarrow{OB}+8^2=81$$

よって　　$\overrightarrow{OA}\cdot\overrightarrow{OB}={}^{アイ}\mathbf{16}$

したがって，△OAB の面積は

$$S=\frac{1}{2}\sqrt{|\overrightarrow{OA}|^2|\overrightarrow{OB}|^2-(\overrightarrow{OA}\cdot\overrightarrow{OB})^2}$$
$$=\frac{1}{2}\sqrt{8^2\cdot7^2-16^2}$$
$$=\frac{1}{2}\sqrt{8^2(7^2-2^2)}$$
$$=\frac{8}{2}\cdot3\sqrt{5}$$
$$={}^{ウエ}\mathbf{12}\sqrt{{}^{オ}\mathbf{5}}$$

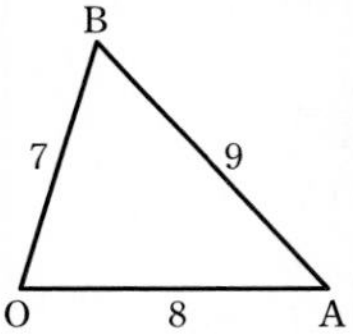

⇐$(b-a)^2=b^2-2ab+a^2$ と同じ要領。

別解 1　∠AOB$=\theta$ とおくと，余弦定理により

$$\cos\theta=\frac{7^2+8^2-9^2}{2\cdot7\cdot8}=\frac{2}{7}$$

$0°<\theta<180°$ であるから

$$\sin\theta=\sqrt{1-\cos^2\theta}=\frac{3\sqrt{5}}{7}$$

よって　　$S=\frac{1}{2}\mathrm{OA}\cdot\mathrm{OB}\sin\theta$

$$=\frac{1}{2}\cdot8\cdot7\cdot\frac{3\sqrt{5}}{7}$$
$$={}^{ウエ}\mathbf{12}\sqrt{{}^{オ}\mathbf{5}}$$

別解 2　ヘロンの公式を利用する。

$s=\frac{8+7+9}{2}=12$ から

$$S=\sqrt{12\,(12-8)(12-7)(12-9)}$$
$$=\sqrt{12\cdot4\cdot5\cdot3}={}^{ウエ}\mathbf{12}\sqrt{{}^{オ}\mathbf{5}}$$

⇐三角形の 3 辺の長さを a, b, c とすると，三角形の面積 S は

$S=\sqrt{s(s-a)(s-b)(s-c)}$

ただし　$s=\frac{a+b+c}{2}$

(2)　新しい座標平面上に，直線 $s=0$，$t=0$，$s+3t=3$ をかくと，図の実線部分のようになる。
ゆえに，連立不等式 $s \geqq 0$，$t \geqq 0$，
$s+3t \leqq 3$ すなわち $\dfrac{s}{3}+t \leqq 1$
の表す領域は，右の図の影をつけた部分のようになる。
ただし，境界線を含む。

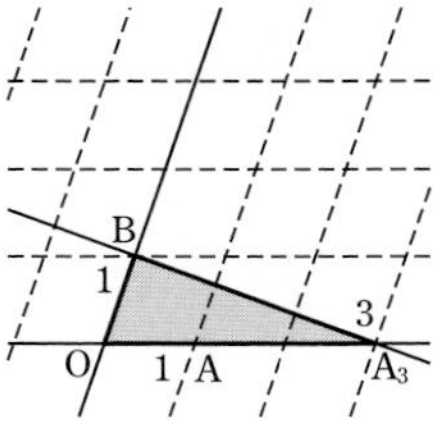

⇐直線 OA，OB が座標軸となり，$|\overrightarrow{OA}|=8$，$|\overrightarrow{OB}|=7$ を1目盛りとしている。
なお，直交座標平面上において，連立不等式 $x \geqq 0$，$y \geqq 0$，$x+3y \leqq 3$ の表す領域は，下の図の影をつけた部分。ただし，境界線を含む。

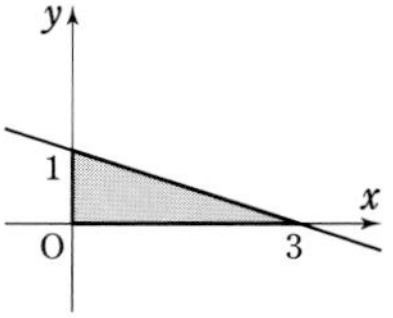

よって，$3\overrightarrow{OA}=\overrightarrow{OA_3}$ を満たす点 A_3 をとると，点Pの存在範囲は，$\triangle OA_3B$ の周および内部である（カ①）。

参考　$s+3t \leqq 3$ から　$\dfrac{s}{3}+t \leqq 1$

⇐参考では，ベクトル利用による解法を示す。

また　$\overrightarrow{OP}=\dfrac{s}{3}(3\overrightarrow{OA})+t\overrightarrow{OB}$

$3\overrightarrow{OA}=\overrightarrow{OA_3}$，$\dfrac{s}{3}=s'$ とすると

$\overrightarrow{OP}=s'\overrightarrow{OA_3}+t\overrightarrow{OB}$，

$s' \geqq 0$，$t \geqq 0$，$s'+t \leqq 1$

よって，点Pの存在範囲は，$\triangle OA_3B$ の周および内部である。

$\triangle OAB$ と $\triangle OA_3B$ は高さが等しく，底辺の長さの比について，$OA : OA_3=1 : 3$ であるから

$S : T=1 : 3$

したがって　$T=$ キ$\mathbf{3}S$

⇐斜交座標では，1目盛りの長さが1，座標軸のなす角が90°とは限らないから，直接面積を計算しようとするとミスをしやすい。よって，ここでは面積比を利用する。

(3)　新しい座標平面上に，直線 $s=0$，$t=0$，$2s+t=1$，$2s+t=2$ をかくと，図の実線部分のようになる。
ゆえに，連立不等式 $s \geqq 0$，$t \geqq 0$，
$1 \leqq 2s+t \leqq 2$ すなわち $\begin{cases} 2s+t \geqq 1 \\ s+\dfrac{t}{2} \leqq 1 \end{cases}$
の表す領域は，右の図の影をつけた部分のようになる。ただし，境界線を含む。

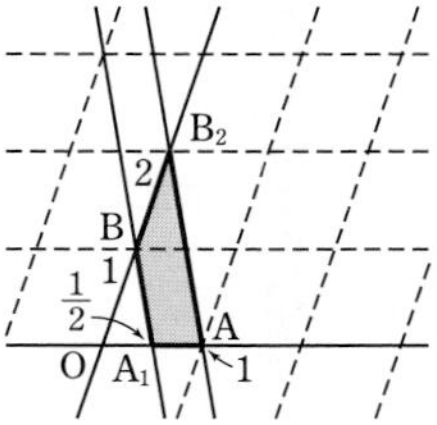

⇐直交座標平面上で，連立不等式 $x \geqq 0$，$y \geqq 0$，$1 \leqq 2x+y \leqq 2$ の表す領域は，下の図の影をつけた部分。ただし，境界線を含む。

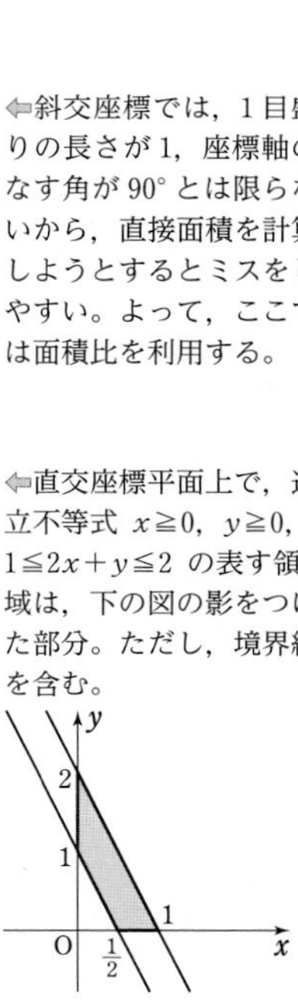

よって，$\dfrac{1}{2}\overrightarrow{OA}=\overrightarrow{OA_1}$，$2\overrightarrow{OB}=\overrightarrow{OB_2}$ を満たす点 A_1，B_2 をとると，点Pの存在範囲は，四角形 AB_2BA_1 の周および内部である（ク③）。

参考　$2s+t \geqq 1$ と $\overrightarrow{OP}=2s\left(\dfrac{1}{2}\overrightarrow{OA}\right)+t\overrightarrow{OB}$ から，

$\dfrac{1}{2}\overrightarrow{OA}=\overrightarrow{OA_1}$，$2s=s'$ とすると

$\overrightarrow{OP}=s'\overrightarrow{OA_1}+t\overrightarrow{OB}$，

$s' \geqq 0$，$t \geqq 0$，$s'+t \geqq 1$

このとき，点Pの存在範囲は，$\triangle OA_1B$ の外部で $\angle A_1OB$

内にある部分である。ただし，境界線を含む。 …… Ⓐ

次に，$2s+t\leqq 2$ から　　$s+\dfrac{t}{2}\leqq 1$

また　　$\overrightarrow{\mathrm{OP}}=s\overrightarrow{\mathrm{OA}}+\dfrac{t}{2}(2\overrightarrow{\mathrm{OB}})$

$2\overrightarrow{\mathrm{OB}}=\overrightarrow{\mathrm{OB_2}}$，$\dfrac{t}{2}=t'$ とすると

$\overrightarrow{\mathrm{OP}}=s\overrightarrow{\mathrm{OA}}+t'\overrightarrow{\mathrm{OB_2}}$，

$s\geqq 0$，$t'\geqq 0$，$s+t'\leqq 1$

このとき，点Pの存在範囲は，$\triangle \mathrm{OAB_2}$ の周および内部である。 …… Ⓑ

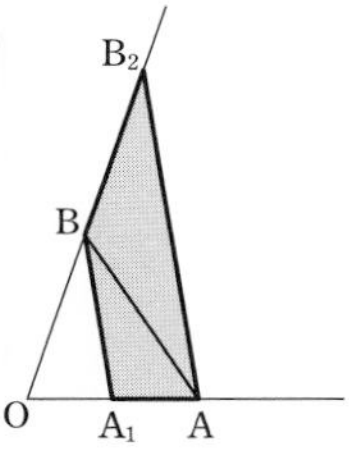

よって，(ii) の点Pの存在範囲は，Ⓐ と Ⓑ の共通部分であるから，右の図の影をつけた部分のようになる。ただし，境界線を含む。

連立不等式 ③ を満たす点Pの存在範囲は，(i) と (ii) の存在範囲の共通部分であるから，図示すると，右の図の影をつけた部分のようになる。ただし，境界線を含む。ここで，直線 $\mathrm{AB_2}$，$\mathrm{A_3B}$ の交点をCとすると，四角形 $\mathrm{ACBA_1}$ の面積が求める面積 U である。

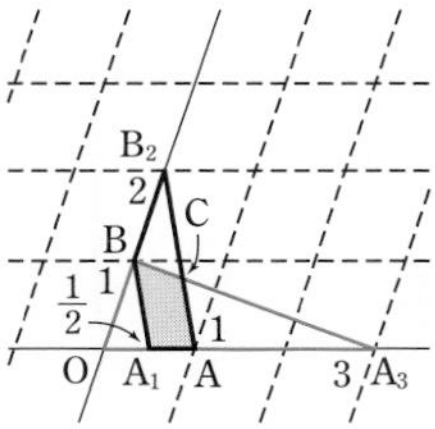

面積 U について

$$U=\triangle \mathrm{A_1A_3B}-\triangle \mathrm{AA_3C} \quad \cdots\cdots ④$$

$\mathrm{OA_1 : OA = OB : OB_2} = 1:2$

であるから

$\mathrm{A_1B /\!/ AB_2}$ すなわち $\mathrm{A_1B /\!/ AC}$

ゆえに　　$\triangle \mathrm{AA_3C} \backsim \triangle \mathrm{A_1A_3B}$

また，相似比は

$$\mathrm{AA_3 : A_1A_3} = (3-1) : \left(3-\frac{1}{2}\right) = 4:5$$

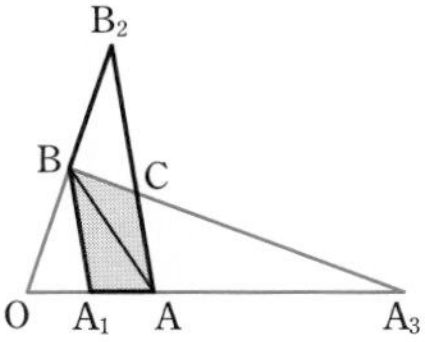

よって　　$\triangle \mathrm{AA_3C} : \triangle \mathrm{A_1A_3B} = 4^2 : 5^2 = 16:25$

ゆえに　　$\triangle \mathrm{AA_3C} = \dfrac{16}{25}\triangle \mathrm{A_1A_3B}$ …… ⑤

ここで　　$\triangle \mathrm{OAB} : \triangle \mathrm{A_1A_3B} = \mathrm{OA : A_1A_3}$

$$=1:\left(3-\frac{1}{2}\right)=2:5$$

よって　　$\triangle \mathrm{A_1A_3B} = \dfrac{5}{2}\triangle \mathrm{OAB} = \dfrac{5}{2}S$

⑤ に代入して

$$\triangle \mathrm{AA_3C} = \frac{16}{25}\cdot\frac{5}{2}S = \frac{8}{5}S$$

Ⓐ，Ⓑ の存在範囲は，それぞれ下の図の影をつけた部分。ただし，境界線を含む。

Ⓐ

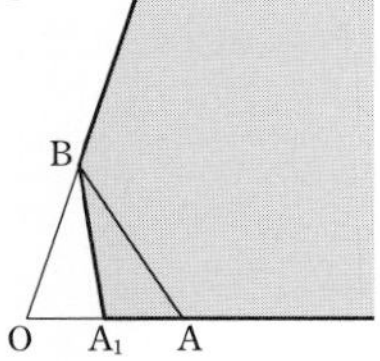

Ⓑ

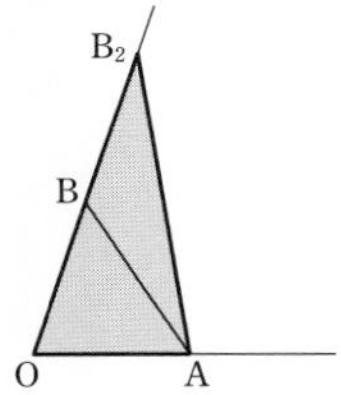

⇦直交座標平面上で，連立不等式 $x\geqq 0$，$y\geqq 0$，$x+3y\leqq 3$，$1\leqq 2x+y\leqq 2$ の表す領域は，下の図の影をつけた部分。ただし，境界線を含む。

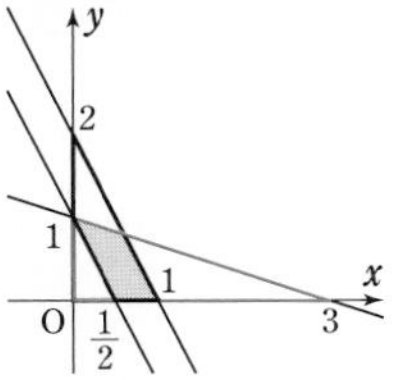

⇦平行線と線分の比の性質。

⇦相似な図形の面積比 **(相似比)²**

⇦**三角形の面積比**
等高ならば底辺の比
$\triangle \mathrm{OAB}$ と $\triangle \mathrm{A_1A_3B}$ の高さは同じであるから，それぞれの三角形の底辺の長さの比が面積比となる。

したがって，④ から

$$U=\frac{5}{2}S-\frac{8}{5}S=\frac{^{ケ}\mathbf{9}}{^{コサ}\mathbf{10}}S$$

(1) の結果を代入して

$$U=\frac{9}{10}S=\frac{9}{10}\cdot 12\sqrt{5}=\frac{^{シス}\mathbf{54}\sqrt{^{セ}\mathbf{5}}}{^{ソ}\mathbf{5}}$$

R&W (問題に挑戦) 2

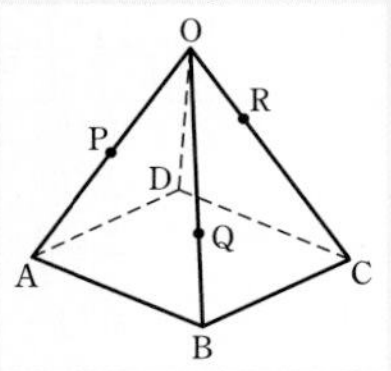

正方形 ABCD を底面とする正四角錐 O-ABCD において，$\overrightarrow{\mathrm{OA}}=\vec{a}$，$\overrightarrow{\mathrm{OB}}=\vec{b}$，$\overrightarrow{\mathrm{OC}}=\vec{c}$，$\overrightarrow{\mathrm{OD}}=\vec{d}$ とする。
また，辺 OA の中点を P，辺 OB を $q:(1-q)\ (0<q<1)$ に内分する点を Q，辺 OC を 1：2 に内分する点を R とする。

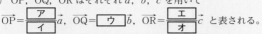

(1) $\overrightarrow{\mathrm{OP}}$，$\overrightarrow{\mathrm{OQ}}$，$\overrightarrow{\mathrm{OR}}$ はそれぞれ $\vec{a}$，$\vec{b}$，$\vec{c}$ を用いて

$\overrightarrow{\mathrm{OP}}=\dfrac{\boxed{\text{ア}}}{\boxed{\text{イ}}}\vec{a}$，$\overrightarrow{\mathrm{OQ}}=\boxed{\text{ウ}}\,\vec{b}$，$\overrightarrow{\mathrm{OR}}=\dfrac{\boxed{\text{エ}}}{\boxed{\text{オ}}}\vec{c}$ と表される。

また，$\vec{d}$ を $\vec{a}$，$\vec{b}$，$\vec{c}$ を用いて表すと，$\vec{d}=\boxed{\text{カ}}$ となる。

$\boxed{\text{ウ}}$，$\boxed{\text{カ}}$ に当てはまるものを，次の解答群から1つずつ選べ。

$\boxed{\text{ウ}}$ **の解答群**

⓪ q　① $-q$　② $(1-q)$　③ $(q-1)$　④ $\dfrac{q}{1+q}$　⑤ $\dfrac{1-q}{1+q}$

$\boxed{\text{カ}}$ **の解答群**

⓪ $\vec{a}+\vec{b}+\vec{c}$　① $\vec{a}+\vec{b}-\vec{c}$　② $\vec{a}-\vec{b}+\vec{c}$　③ $-\vec{a}+\vec{b}+\vec{c}$
④ $\vec{a}-\vec{b}-\vec{c}$　⑤ $-\vec{a}+\vec{b}-\vec{c}$　⑥ $-\vec{a}-\vec{b}+\vec{c}$　⑦ $-\vec{a}-\vec{b}-\vec{c}$

(2) 平面 PQR と直線 OD が交わるとき，その交点を X とする。

$q=\dfrac{2}{3}$ のとき，点 X が辺 OD に対してどのような位置にあるのかを調べよう。

(i) $\overrightarrow{\mathrm{OX}}=k\vec{d}$ (k は実数) とおき，次の **方針 1** または **方針 2** を用いて k の値を求める。

方針 1

点 X は平面 PQR 上にあることから，実数 α，β を用いて
$$\overrightarrow{\mathrm{PX}}=\alpha\overrightarrow{\mathrm{PQ}}+\beta\overrightarrow{\mathrm{PR}}$$
と表される。よって，$\overrightarrow{\mathrm{OX}}$ を $\vec{a}$，$\vec{b}$，$\vec{c}$ と実数 α，β を用いて表すと，
$\overrightarrow{\mathrm{OX}}=\boxed{\text{キ}}\,\vec{a}+\boxed{\text{ク}}\,\vec{b}+\boxed{\text{ケ}}\,\vec{c}$ となる。
また，$\overrightarrow{\mathrm{OX}}=k\vec{d}=k(\boxed{\text{カ}})$ であることから，$\overrightarrow{\mathrm{OX}}$ は $\vec{a}$，$\vec{b}$，$\vec{c}$ と実数 k を用いて表すこともできる。
この 2 通りの表現を用いて，k の値を求める。

方針 2

$\overrightarrow{\mathrm{OX}}=k\vec{d}=k(\boxed{\text{カ}})$ であることから，$\overrightarrow{\mathrm{OX}}$ を $\overrightarrow{\mathrm{OP}}$，$\overrightarrow{\mathrm{OQ}}$，$\overrightarrow{\mathrm{OR}}$ と実数 α'，β'，γ' を用いて
$\overrightarrow{\mathrm{OX}}=\alpha'\overrightarrow{\mathrm{OP}}+\beta'\overrightarrow{\mathrm{OQ}}+\gamma'\overrightarrow{\mathrm{OR}}$ と表すと
$\alpha'=\boxed{\text{コ}}\,k$，$\beta'=\dfrac{\boxed{\text{サシ}}}{\boxed{\text{ス}}}k$，$\gamma'=\boxed{\text{セ}}\,k$ となる。
点 X は平面 PQR 上にあるから，$\alpha'+\beta'+\gamma'=\boxed{\text{ソ}}$ が成り立つ。
この等式を用いて k の値を求める。

$\boxed{\text{キ}}$～$\boxed{\text{ケ}}$ に当てはまるものを，次の解答群から1つずつ選べ。

$\boxed{\text{キ}}$～$\boxed{\text{ケ}}$ **の解答群**（同じものを繰り返し選んでもよい。）

⓪ $\dfrac{1}{2}\alpha$　① $\dfrac{1}{3}\alpha$　② $\dfrac{2}{3}\alpha$　③ $\dfrac{1}{2}\beta$　④ $\dfrac{1}{3}\beta$　⑤ $\dfrac{2}{3}\beta$

⑥ $\dfrac{1-\alpha-\beta}{2}$　⑦ $\dfrac{1-\alpha-\beta}{3}$　⑧ $\dfrac{2(1-\alpha-\beta)}{3}$

(ii) **方針 1** または **方針 2** を用いて，k の値を求めると，$k=\dfrac{\boxed{\text{タ}}}{\boxed{\text{チ}}}$ である。

よって，点 X は辺 OD を $\boxed{\text{ツ}}:\boxed{\text{テ}}$ に内分する位置にあることがわかる。

(3) 平面 PQR が直線 OD と交わるとき，$\overrightarrow{\mathrm{OX}}=x\vec{d}$ (x は実数) とおくと，x は q を用いて

$x=\dfrac{q}{\boxed{\text{ト}}\,q-\boxed{\text{ナ}}}$ と表される。

(4) 平面 PQR と辺 OD について，次のようになる。

$q=\dfrac{1}{4}$ のとき，平面 PQR は $\boxed{\text{ニ}}$。 $q=\dfrac{1}{5}$ のとき，平面 PQR は $\boxed{\text{ヌ}}$。

$q=\dfrac{1}{6}$ のとき，平面 PQR は $\boxed{\text{ネ}}$。

[ニ]～[ネ]に当てはまるものを，次の解答群から1つずつ選べ。
[ニ]～[ネ]**の解答群**（同じものを繰り返し選んでもよい。）

⓪ 辺 OD と点Oで交わる	① 辺 OD と点Dで交わる
② 辺 OD（両端を除く）と交わる	③ 辺 OD のOを越える延長と交わる
④ 辺 OD のDを越える延長と交わる	⑤ 直線 OD と平行である

(1) 点Pは辺OAの中点，点Qは辺OBを $q:(1-q)$ $(0<q<1)$ に内分する点，点Rは辺OCを1：2に内分する点であるから

$$\overrightarrow{OP}=\frac{^{\text{ア}}\mathbf{1}}{^{\text{イ}}\mathbf{2}}\vec{a},$$

$$\overrightarrow{OQ}=\frac{q}{q+(1-q)}\vec{b}=q\vec{b}\ (^{\text{ウ}}⓪),$$

$$\overrightarrow{OR}=\frac{^{\text{エ}}\mathbf{1}}{^{\text{オ}}\mathbf{3}}\vec{c}$$

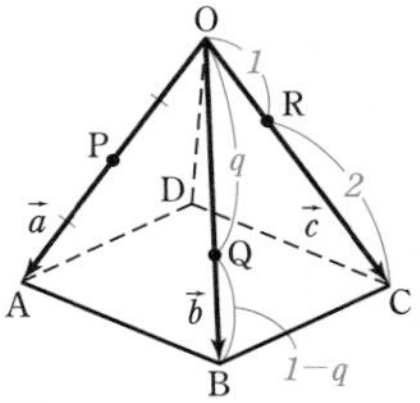

参考 正四角錐は，底面が正方形で，側面がすべて合同な二等辺三角形である角錐のこと。

また，底面ABCDは正方形であるから

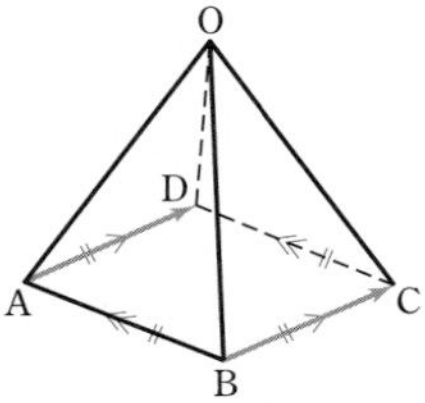

$$\overrightarrow{AD}=\overrightarrow{BC}$$

ゆえに　$\vec{d}-\vec{a}=\vec{c}-\vec{b}$

したがって　$\vec{d}=\vec{a}-\vec{b}+\vec{c}$　（^{カ}②）

⇐四角形ABCDが平行四辺形 $\iff$ $\overrightarrow{AD}=\overrightarrow{BC}$

(2) $q=\dfrac{2}{3}$ のとき　$\overrightarrow{OQ}=\dfrac{2}{3}\vec{b}$

(i) 点Xは直線OD上にあるから，$\overrightarrow{OX}=k\vec{d}$（$k$ は実数）とおく。

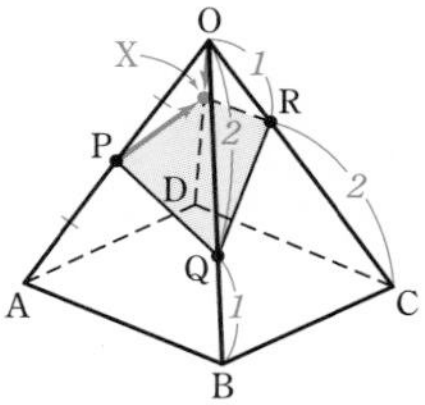

方針1 について。点Xは平面PQR上にあることから，実数 α，β を用いて，$\overrightarrow{PX}=\alpha\overrightarrow{PQ}+\beta\overrightarrow{PR}$ と表される。

よって　$\overrightarrow{OX}-\overrightarrow{OP}=\alpha(\overrightarrow{OQ}-\overrightarrow{OP})+\beta(\overrightarrow{OR}-\overrightarrow{OP})$

ゆえに　$\overrightarrow{OX}=(1-\alpha-\beta)\overrightarrow{OP}+\alpha\overrightarrow{OQ}+\beta\overrightarrow{OR}$

$$=(1-\alpha-\beta)\cdot\frac{1}{2}\vec{a}+\alpha\cdot\frac{2}{3}\vec{b}+\beta\cdot\frac{1}{3}\vec{c}$$

$$=\frac{1-\alpha-\beta}{2}\vec{a}+\frac{2}{3}\alpha\vec{b}+\frac{1}{3}\beta\vec{c}\quad\cdots\cdots ①$$

よって　（キ）⑥　（ク）②　（ケ）④

3点A，B，Cが一直線上にないとき
点Pが平面ABC上にある
$\iff$ $\overrightarrow{CP}=s\overrightarrow{CA}+t\overrightarrow{CB}$ となる実数 s，t がある
$\iff$ $\overrightarrow{OP}=s\overrightarrow{OA}+t\overrightarrow{OB}+u\overrightarrow{OC}$，$s+t+u=1$ となる実数 s，t，u がある

方針2 について。$\overrightarrow{OP}=\dfrac{1}{2}\vec{a}$，$\overrightarrow{OQ}=\dfrac{2}{3}\vec{b}$，$\overrightarrow{OR}=\dfrac{1}{3}\vec{c}$ から

$$\vec{a}=2\overrightarrow{OP},\ \vec{b}=\frac{3}{2}\overrightarrow{OQ},\ \vec{c}=3\overrightarrow{OR}$$

ゆえに　$\overrightarrow{OX}=k\vec{d}=k(\vec{a}-\vec{b}+\vec{c})$

$$=k\vec{a}-k\vec{b}+k\vec{c}$$

$$=2k\overrightarrow{OP}-\frac{3}{2}k\overrightarrow{OQ}+3k\overrightarrow{OR}$$

⇐(1)から $\vec{d}=\vec{a}-\vec{b}+\vec{c}$

よって　$\alpha'={}^{\text{コ}}\mathbf{2}k$，$\beta'=\dfrac{^{\text{サシ}}\mathbf{-3}}{^{\text{ス}}\mathbf{2}}k$，$\gamma'={}^{\text{セ}}\mathbf{3}k$　$\cdots\cdots$ ②

点Xは平面PQR上にあるから，
$\overrightarrow{OX}=\alpha'\overrightarrow{OP}+\beta'\overrightarrow{OQ}+\gamma'\overrightarrow{OR}$ と表されるとき，
$\alpha'+\beta'+\gamma'={}^{\text{ソ}}\mathbf{1}$　$\cdots\cdots$ ③　が成り立つ。

⇐(係数の和)＝1

(ii) **方針1** による解法。

$$\overrightarrow{OX}=k\vec{d}=k(\vec{a}-\vec{b}+\vec{c})=k\vec{a}-k\vec{b}+k\vec{c}\quad\cdots\cdots ④$$

4点O，A，B，C は同じ平面上にないから，①，④ より

$$\frac{1-\alpha-\beta}{2}=k,\ \frac{2}{3}\alpha=-k,\ \frac{1}{3}\beta=k$$

これを解くと　$k=$ タ**2**/チ**7** $\left(\alpha=-\frac{3}{7},\ \beta=\frac{6}{7}\right)$ ①

方針 2 による解法。② を ③ に代入して

$$2k-\frac{3}{2}k+3k=1 \qquad よって \qquad k=\frac{{}^{タ}\mathbf{2}}{{}^{チ}\mathbf{7}}$$

$\left(このとき，② から\quad \alpha'=\frac{4}{7},\ \beta'=-\frac{3}{7},\ \gamma'=\frac{6}{7}\right)$

ゆえに　$\overrightarrow{OX}=\frac{2}{7}\vec{d}$

よって，点 X は辺 OD を ツ**2**：テ**5** に内分する位置にある。

① 問われているのは k の値だけであるが，求めた k の値に対して実数 α，β が確かに定まることを確認してもよい。

⇦ここでは，**方針 1** より **方針 2** の方がらくに解ける。

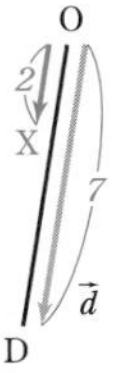

(3)　(2) と同様にして x を q で表す。

(2) の **方針 2** を用いると，$\overrightarrow{OP}=\frac{1}{2}\vec{a}$，$\overrightarrow{OQ}=q\vec{b}$，$\overrightarrow{OR}=\frac{1}{3}\vec{c}$ より，

$\vec{a}=2\overrightarrow{OP}$，$\vec{b}=\frac{1}{q}\overrightarrow{OQ}$，$\vec{c}=3\overrightarrow{OR}$ であるから

$$\begin{aligned}\overrightarrow{OX}&=x\vec{d}=x(\vec{a}-\vec{b}+\vec{c})\\&=x\vec{a}-x\vec{b}+x\vec{c}\\&=2x\overrightarrow{OP}-\frac{1}{q}x\overrightarrow{OQ}+3x\overrightarrow{OR}\end{aligned}$$

点 X は平面 PQR 上にあるから　$2x-\frac{1}{q}x+3x=1$

よって　$\frac{5q-1}{q}x=1$　…… ⑤

$q=\frac{1}{5}$ とすると，$0\cdot x=1$ となり，⑤ を満たす x は存在しない。

ゆえに，$q\neq\frac{1}{5}$ であるから

$$x=\frac{q}{{}^{ト}\mathbf{5}q-{}^{ナ}\mathbf{1}}\quad\cdots\cdots ⑥$$

⇦(2)(i) の **方針 2** とまったく同様(ここでも **方針 2** の方が計算量は少なくてすむ)。$q=\frac{2}{3}$ としていた部分を文字 q のまま進める。

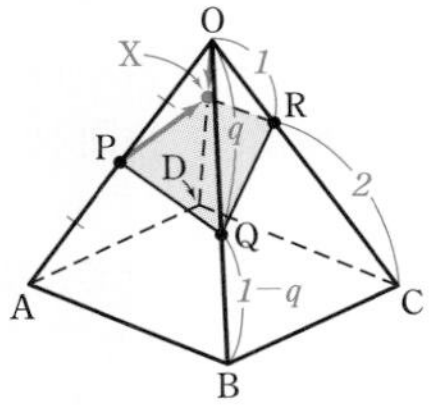

⇦$q=\frac{1}{5}$ のときは，平面 PQR と直線 OD の交点が存在しないことになる。⟶ (4) の ヌ に関連。

別解　(2) の **方針 1** を用いると，次のようになる。

点 X は平面 PQR 上にあることから，実数 α，β を用いて

$$\overrightarrow{PX}=\alpha\overrightarrow{PQ}+\beta\overrightarrow{PR}$$

と表される。

よって　$\overrightarrow{OX}-\overrightarrow{OP}=\alpha(\overrightarrow{OQ}-\overrightarrow{OP})+\beta(\overrightarrow{OR}-\overrightarrow{OP})$

ゆえに

$$\begin{aligned}\overrightarrow{OX}&=(1-\alpha-\beta)\overrightarrow{OP}+\alpha\overrightarrow{OQ}+\beta\overrightarrow{OR}\\&=(1-\alpha-\beta)\cdot\frac{1}{2}\vec{a}+\alpha q\vec{b}+\beta\cdot\frac{1}{3}\vec{c}\\&=\frac{1-\alpha-\beta}{2}\vec{a}+q\alpha\vec{b}+\frac{1}{3}\beta\vec{c}\end{aligned}$$

⇦(2)(i) の **方針 1** とまったく同様。$q=\frac{2}{3}$ としていた部分を文字 q のまま進める。

また

$$\begin{aligned}\overrightarrow{OX}&=x\vec{d}=x(\vec{a}-\vec{b}+\vec{c})\\&=x\vec{a}-x\vec{b}+x\vec{c}\end{aligned}$$

4点O，A，B，C は同じ平面上にないから

$$\frac{1-\alpha-\beta}{2}=x,\ q\alpha=-x,\ \frac{1}{3}\beta=x$$

⇦$\overrightarrow{OX}$ が $\vec{a}$，$\vec{b}$，$\vec{c}$ で2通りに表されたので，係数を比較。

$q\alpha=-x$ から　$\alpha=-\dfrac{x}{q}$　　$\dfrac{1}{3}\beta=x$ から　$\beta=3x$

これらを $\dfrac{1-\alpha-\beta}{2}=x$ に代入して整理すると

⇐ $1+\dfrac{x}{q}-3x=2x$

$$\frac{5q-1}{q}x=1 \quad \cdots\cdots ⑦$$

$q=\dfrac{1}{5}$ とすると，$0\cdot x=1$ となり，⑦ を満たす x は存在しない。ゆえに，$q\neq\dfrac{1}{5}$ であるから　$x=\dfrac{q}{{}^{\text{ト}}\mathbf{5}q-{}^{\text{ナ}}\mathbf{1}}$

このとき　$\alpha=-\dfrac{1}{5q-1}$，$\beta=\dfrac{3q}{5q-1}$

(4)　$q=\dfrac{1}{4}$ のとき，⑥ から　$x=\dfrac{\frac{1}{4}}{5\cdot\frac{1}{4}-1}=1$

よって　$\overrightarrow{\mathrm{OX}}=\vec{d}$　すなわち　$\overrightarrow{\mathrm{OX}}=\overrightarrow{\mathrm{OD}}$

ゆえに，点 X は点 D と一致するから　（ニ）　**①**

（平面 PQR は辺 OD と点 D で交わる。）

$q=\dfrac{1}{5}$ のとき，(3) より $2x-\dfrac{1}{q}x+3x=1$ を満たす x の値は存在しない。

よって，直線 OD と平面 PQR の交点 X は存在しない。

ゆえに，平面 PQR は直線 OD と平行である。①　（ヌ）　**⑤**

$q=\dfrac{1}{6}$ のとき，⑥ から　$x=\dfrac{\frac{1}{6}}{5\cdot\frac{1}{6}-1}=-1$

よって　$\overrightarrow{\mathrm{OX}}=-\vec{d}=-\overrightarrow{\mathrm{OD}}$

ゆえに，点 X は辺 OD の O を越える延長上にあるから

（ネ）　**③**

（平面 PQR は辺 OD の O を越える延長と交わる。）

① 平面と直線の位置関係は，次の [1]～[3] のいずれかである。

[1]　直線が平面に含まれる

[2]　1 点で交わる

[3]　平行

[1]，[2] は起こらないから，[3] の関係となる。

点 X は辺 OD を 1：2 に外分する位置にある。

R&W (問題に挑戦) 3

複素数 z_n $(n=1,\ 2,\ 3,\ \cdots\cdots)$ が次の式を満たしている。

$$z_1=1$$

$$z_nz_{n+1}=\frac{1}{2}\left(\frac{1+\sqrt{3}\,i}{2}\right)^{n-1}\ (n=1,\ 2,\ 3,\ \cdots\cdots)\quad \cdots\cdots①$$

(1) ① において，$n=1$ のとき　$z_1z_2=\dfrac{1}{2}\left(\dfrac{1+\sqrt{3}\,i}{2}\right)^0$

$z_1=1$ であるから　$z_2=\dfrac{1}{2}$

また，① において，$n=2$ のとき　$z_2z_3=\dfrac{1}{2}\left(\dfrac{1+\sqrt{3}\,i}{2}\right)$

よって　$z_3=\boxed{\text{ア}}$

同様に，z_4，z_5 の値を求めると　$z_4=\boxed{\text{イ}}$，　$z_5=\boxed{\text{ウ}}$

$\boxed{\text{ア}}$～$\boxed{\text{ウ}}$ **の解答群**（同じものを繰り返し選んでもよい。）

⓪ 0　① $\dfrac{1}{2}$　② 1　③ $\dfrac{1+\sqrt{3}\,i}{4}$　④ $\dfrac{1+\sqrt{3}\,i}{2}$

⑤ $\dfrac{-1+\sqrt{3}\,i}{4}$　⑥ $\dfrac{-1+\sqrt{3}\,i}{2}$　⑦ $\dfrac{1-\sqrt{3}\,i}{4}$　⑧ $\dfrac{1-\sqrt{3}\,i}{2}$

(2) O を原点とする複素数平面で，z_1，z_2，z_3，z_4，z_5 を表す点を，それぞれ A，B，C，D，E とする。次の⓪～⑤のうち，正しいものは $\boxed{\text{エ}}$ と $\boxed{\text{オ}}$ である。

$\boxed{\text{エ}}$，$\boxed{\text{オ}}$ **の解答群**（解答の順序は問わない。）

⓪ △ABC は正三角形である。　① △BCD は正三角形である。

② △OCE は直角三角形である。　③ △BCE は直角三角形である。

④ 四角形 ABDC は平行四辺形である。　⑤ 四角形 AOEC は平行四辺形である。

(3) z_n を n の式で表そう。

① において n を $n+1$ とすると　$z_{n+1}z_{n+2}=\dfrac{1}{2}\left(\dfrac{1+\sqrt{3}\,i}{2}\right)^n$　……②

①，② から，z_{n+2} を z_n で表すと　$z_{n+2}=\boxed{\text{カ}}\,z_n$

[1] n が奇数のとき

$n=2m-1$ $(m=1,\ 2,\ 3,\ \cdots\cdots)$ とおくと　$z_{2(m+1)-1}=\boxed{\text{カ}}\,z_{2m-1}$

よって　$z_n=z_{2m-1}=\left(\boxed{\text{カ}}\right)^{\boxed{\text{キ}}}$

[2] n が偶数のとき

$n=2m$ $(m=1,\ 2,\ 3,\ \cdots\cdots)$ とおくと　$z_{2(m+1)}=\boxed{\text{カ}}\,z_{2m}$

よって　$z_n=z_{2m}=\dfrac{1}{\boxed{\text{ク}}}\left(\boxed{\text{カ}}\right)^{\boxed{\text{ケ}}}$

$\boxed{\text{カ}}$ **の解答群**

⓪ $\dfrac{1+\sqrt{3}\,i}{4}$　① $\dfrac{1+\sqrt{3}\,i}{2}$　② $\dfrac{-1+\sqrt{3}\,i}{4}$　③ $\dfrac{-1+\sqrt{3}\,i}{2}$

④ $\dfrac{1-\sqrt{3}\,i}{4}$　⑤ $\dfrac{1-\sqrt{3}\,i}{2}$　⑥ $\dfrac{-1-\sqrt{3}\,i}{4}$　⑦ $\dfrac{-1-\sqrt{3}\,i}{2}$

$\boxed{\text{キ}}$，$\boxed{\text{ケ}}$ **の解答群**（同じものを繰り返し選んでもよい。）

⓪ $n-1$　① n　② $n+1$　③ $\dfrac{n-1}{2}$

④ $\dfrac{n}{2}$　⑤ $\dfrac{n+1}{2}$　⑥ $\dfrac{n}{2}-1$　⑦ $\dfrac{n}{2}+1$

(4) $n=1,\ 2,\ 3,\ \cdots\cdots$ について，複素数平面上で z_n を表す点を図示していくと，複素数平面上には全部で $\boxed{\text{コサ}}$ 個の点が描かれる。ただし，同じ位置にある点は 1 個と数えるものとする。

(5) $\displaystyle\sum_{n=1}^{1010}z_n$ の値を求めよう。$\alpha=\dfrac{1+\sqrt{3}\,i}{2}$ とおくと，$\alpha^6=\boxed{\text{シ}}$，$\alpha\neq1$ であるから

$$1+\alpha+\alpha^2+\alpha^3+\alpha^4+\alpha^5=\boxed{\text{ス}}$$

1010 を $\boxed{\text{コサ}}$ で割った余りに着目することにより，$\displaystyle\sum_{n=1}^{1010}z_n$ の値を求めると

$$\sum_{n=1}^{1010}z_n=\frac{\boxed{\text{セ}}}{\boxed{\text{ソ}}}$$

(1)　① において，$n=2$ のとき　$z_2z_3=\frac{1}{2}\left(\frac{1+\sqrt{3}\,i}{2}\right)$

$z_2=\frac{1}{2}$ から　$z_3=\frac{1+\sqrt{3}\,i}{2}$　（ア ④）

⇐ $z_2=\frac{1}{2}$ で両辺を割る。

同様に，$n=3$ のとき　$z_3z_4=\frac{1}{2}\left(\frac{1+\sqrt{3}\,i}{2}\right)^2$

よって　$z_4=\frac{1}{2}\left(\frac{1+\sqrt{3}\,i}{2}\right)=\frac{1+\sqrt{3}\,i}{4}$　（イ ③）

⇐ $z_3=\frac{1+\sqrt{3}\,i}{2}$ で両辺を割る。

また，$n=4$ のとき　$z_4z_5=\frac{1}{2}\left(\frac{1+\sqrt{3}\,i}{2}\right)^3$

よって　$z_5=\left(\frac{1+\sqrt{3}\,i}{2}\right)^2=\frac{-1+\sqrt{3}\,i}{2}$　（ウ ⑥）

⇐ $z_4=\frac{1}{2}\left(\frac{1+\sqrt{3}\,i}{2}\right)$ で両辺を割る。

⇐ $\left(\frac{1+\sqrt{3}\,i}{2}\right)^2=\frac{1+2\sqrt{3}\,i+3i^2}{4}=\frac{-2+2\sqrt{3}\,i}{4}$

(2)　$z_3=\cos\frac{\pi}{3}+i\sin\frac{\pi}{3}$

$z_4=\frac{1}{2}\left(\frac{1+\sqrt{3}\,i}{2}\right)=\frac{1}{2}\left(\cos\frac{\pi}{3}+i\sin\frac{\pi}{3}\right)$

$z_5=\cos\frac{2}{3}\pi+i\sin\frac{2}{3}\pi$

よって，点 A，B，C，D，E は右図のように表される。

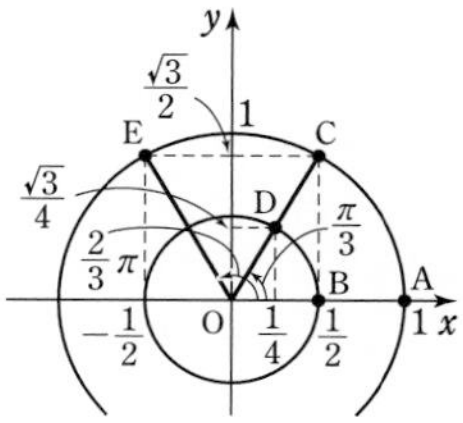

⓪　図から，△ABC は $\angle ABC=\frac{\pi}{2}$ の直角三角形である。
　よって，正しくない。

①　図から　$BC=\frac{\sqrt{3}}{2}$，$CD=\frac{1}{2}$
　ゆえに，△BCD は正三角形でない。よって，正しくない。

②　図から　$OC=OE=1$，$\angle COE=\frac{\pi}{3}$
　ゆえに，△OCE は正三角形である。よって，正しくない。

③　図から　$\angle BCE=\frac{\pi}{2}$
　ゆえに，△BCE は直角三角形である。よって，正しい。

④　図から　AB$\not\parallel$CD
　ゆえに，四角形 ABDC は平行四辺形でない。よって，正しくない。

⑤　$z_1+z_5=1+\frac{-1+\sqrt{3}\,i}{2}=\frac{1+\sqrt{3}\,i}{2}=z_3$
　ゆえに，四角形 AOEC は平行四辺形である。よって，正しい。

⇐ AO=OE=EC=CA=1 から四角形 AOEC はひし形である。このことから判断してもよい。

以上から，正しいものは　エ ③，オ ⑤　（または エ ⑤，オ ③）

(3)　① において n を $n+1$ とすると

$$z_{n+1}z_{n+2}=\frac{1}{2}\left(\frac{1+\sqrt{3}\,i}{2}\right)^n \quad \cdots\cdots ②$$

すべての自然数 n に対して，$z_n\neq 0$ であることに注意して

$$z_{n+1}=\frac{1}{2}\left(\frac{1+\sqrt{3}\,i}{2}\right)^{n-1}\times\frac{1}{z_n}$$

$$z_{n+2}=\frac{1}{2}\left(\frac{1+\sqrt{3}\,i}{2}\right)^{n}\times\frac{1}{z_{n+1}}$$

⇐ ① の右辺について $\frac{1}{2}\left(\frac{1+\sqrt{3}\,i}{2}\right)^{n-1}\neq 0$
よって，すべての n に対し　$z_nz_{n+1}\neq 0$
ゆえに　$z_n\neq 0$

よって

$$z_{n+2}=\frac{1}{2}\left(\frac{1+\sqrt{3}\,i}{2}\right)^n\times\frac{1}{\frac{1}{2}\left(\frac{1+\sqrt{3}\,i}{2}\right)^{n-1}\times\frac{1}{z_n}}$$

$$=\frac{1+\sqrt{3}\,i}{2}z_n \quad \cdots\cdots ③ \quad (^{カ}①)$$

[1]　n が奇数のとき

$n=2m-1$ $(m=1,\ 2,\ 3,\ \cdots\cdots)$ とおくと，③ から

$$z_{2(m+1)-1}=\frac{1+\sqrt{3}\,i}{2}z_{2m-1}$$

⇦$z_{2m-1}=a_m$ とおくと $a_{m+1}=\dfrac{1+\sqrt{3}\,i}{2}a_m$ このようにすると，等比数列であることがわかりやすい。

よって，数列 $\{z_{2m-1}\}$ は初項 $z_1=1$，公比 $\dfrac{1+\sqrt{3}\,i}{2}$ の等比数列であるから　　$z_{2m-1}=\left(\dfrac{1+\sqrt{3}\,i}{2}\right)^{m-1}$

$m=\dfrac{n+1}{2}$ から　$z_n=z_{2m-1}=\left(\dfrac{1+\sqrt{3}\,i}{2}\right)^{\frac{n-1}{2}}$　$\cdots\cdots$ ④　$(^{キ}③)$

⇦$n=2m-1$ から $m=\dfrac{n+1}{2}$

[2]　n が偶数のとき

$n=2m$ $(m=1,\ 2,\ 3,\ \cdots\cdots)$ とおくと，③ から

$$z_{2(m+1)}=\frac{1+\sqrt{3}\,i}{2}z_{2m}$$

⇦$z_{2m}=b_m$ とおくと $b_{m+1}=\dfrac{1+\sqrt{3}\,i}{2}b_m$

よって，数列 $\{z_{2m}\}$ は初項 $z_2=\dfrac{1}{2}$，公比 $\dfrac{1+\sqrt{3}\,i}{2}$ の等比数列であるから　　$z_{2m}=\dfrac{1}{2}\left(\dfrac{1+\sqrt{3}\,i}{2}\right)^{m-1}$

$m=\dfrac{n}{2}$ から　　$z_n=z_{2m}=\dfrac{1}{^{ク}\mathbf{2}}\left(\dfrac{1+\sqrt{3}\,i}{2}\right)^{\frac{n}{2}-1}$　$\cdots\cdots$ ⑤　$(^{ケ}⑥)$

⇦$n=2m$ から $m=\dfrac{n}{2}$

(4)　③ から　　$z_{n+2}=\left(\cos\dfrac{\pi}{3}+i\sin\dfrac{\pi}{3}\right)z_n$

よって，点 z_{n+2} は，点 z_n を原点Oを中心として $\dfrac{\pi}{3}$ だけ回転した点である。

ゆえに，点 z_1，z_2 から点 z_{11}，z_{12} まで順に点を図示すると，右図のようになる。

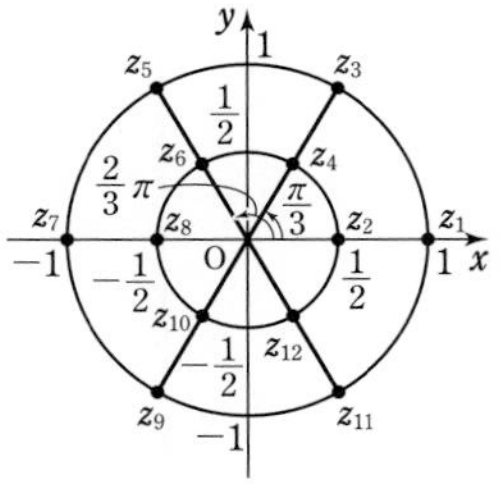

⇦点 z_1，$\cdots\cdots$，z_5 の位置は (2) で求めているので，点 z_6 から始めてもよい。

また，図より，$z_{13}=z_1$，$z_{14}=z_2$ であるから，すべての自然数 n に対し，$z_{n+12}=z_n$　$\cdots\cdots$ ⑥ が成り立つ。

よって，13 以上の n に対し，点 z_n は，点 z_1，z_2，$\cdots\cdots$，z_{12} のうちいずれかと一致する。

したがって，求める点の個数は，^{コサ}**12** 個である。

⇦$z_1=z_{13}=z_{25}=\cdots\cdots$，$z_2=z_{14}=z_{26}=\cdots\cdots$，$z_3=z_{15}=z_{27}=\cdots\cdots$，$z_4=z_{16}=z_{28}=\cdots\cdots$，$\cdots\cdots$

(5)　$\alpha=\dfrac{1+\sqrt{3}\,i}{2}$ とおくと

$$\alpha^6=\left(\frac{1+\sqrt{3}\,i}{2}\right)^6=\left(\cos\frac{\pi}{3}+i\sin\frac{\pi}{3}\right)^6=\cos 2\pi+i\sin 2\pi={}^{シ}\mathbf{1}$$

⇦極形式で表し，ド・モアブルの定理を適用。

よって　　$\alpha^6-1=0$

ゆえに　$(\alpha-1)(1+\alpha+\alpha^2+\alpha^3+\alpha^4+\alpha^5)=0$

$\alpha \neq 1$ であるから　$1+\alpha+\alpha^2+\alpha^3+\alpha^4+\alpha^5={}^{ス}\mathbf{0}$　…… ⑦

よって，④ から　$z_1+z_3+z_5+z_7+z_9+z_{11}=0$　…… ⑧

⑦ の両辺に $\frac{1}{2}$ を掛けると　$\frac{1}{2}(1+\alpha+\alpha^2+\alpha^3+\alpha^4+\alpha^5)=0$

よって，⑤ から　$z_2+z_4+z_6+z_8+z_{10}+z_{12}=0$　…… ⑨

⑥，⑧，⑨ から　$\sum_{h=1}^{12} z_{12j+h}=0$　（j は 0 以上の整数）

$1010=84\times12+2$ であるから

$$\sum_{n=1}^{1010} z_n=\sum_{n=1}^{1008} z_n+z_{1009}+z_{1010}=z_1+z_2=1+\frac{1}{2}=\frac{{}^{セ}\mathbf{3}}{{}^{ソ}\mathbf{2}}$$

⇐ n が奇数のとき，④ から　$z_n=\alpha^{\frac{n-1}{2}}$
n が偶数のとき，⑤ から
$z_n=\frac{1}{2}\alpha^{\frac{n}{2}-1}$

⇐ $z_1+z_2+\cdots+z_{12}=0$，
$z_{13}+z_{14}+\cdots+z_{24}=0$，
$z_{25}+z_{26}+\cdots+z_{36}=0$，
……

⇐ $z_{1009}=z_{84\times12+1}=z_1$，
$z_{1010}=z_{84\times12+2}=z_2$

R&W (問題に挑戦) 4

〔1〕 a, b, c, d, f を実数とし，x, y の方程式

$$ax^2+by^2+cx+dy+f=0$$

について，この方程式が表す座標平面上の図形をコンピュータソフトを用いて表示させる。ただし，このコンピュータソフトでは a, b, c, d, f の値は十分に広い範囲で変化させられるものとする。

図 1

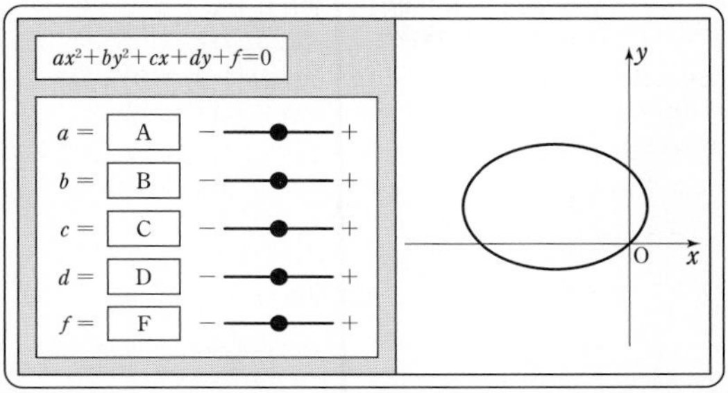

(1) a, d, f の値を $a=2$, $d=-10$, $f=0$ とし，更に，b, c にある値をそれぞれ入れたところ，図 1 のような楕円が表示された。このときの b, c の値の組み合わせとして最も適当なものは，次の⓪～⑦のうち [ア] である。

[ア] の解答群

⓪ $b=1$, $c=9$　① $b=1$, $c=-9$　② $b=-1$, $c=9$
③ $b=-1$, $c=-9$　④ $b=4$, $c=9$　⑤ $b=4$, $c=-9$
⑥ $b=-4$, $c=9$　⑦ $b=-4$, $c=-9$

(2) 係数 a, b, d, f は(1)のときの値のまま変えずに，係数 c の値だけを変化させたとき，座標平面上には [イ]。また，係数 a, c, d, f は(1)のときの値のまま変えずに，係数 b の値だけを $b \geqq 0$ の範囲で変化させたとき，座標平面上には [ウ]。

[イ], [ウ] の解答群（同じものを繰り返し選んでもよい。）

⓪ つねに楕円のみが現れ，円は現れない
① 楕円，円が現れ，他の図形は現れない
② 楕円，円，放物線が現れ，他の図形は現れない
③ 楕円，円，双曲線が現れ，他の図形は現れない
④ 楕円，円，双曲線，放物線が現れ，他の図形は現れない
⑤ 楕円，円，双曲線，放物線が現れ，また他の図形が現れることもある

〔2〕 次に，x, y の 2 次方程式が xy の項を含む場合を考えよう。

a, b, c, f を実数とし，x, y の方程式

$$ax^2+bxy+cy^2+f=0$$

について，この方程式が表す座標平面上の図形をコンピュータソフトを用いて表示させる。ただし，このコンピュータソフトでは a, b, c, f の値は十分に広い範囲で変化させられるものとする。また，a, b, c, f にある値を入力したとき，楕円が表示される場合は，図 2 のように楕円の長軸と短軸も表示されるものとする。

図 2

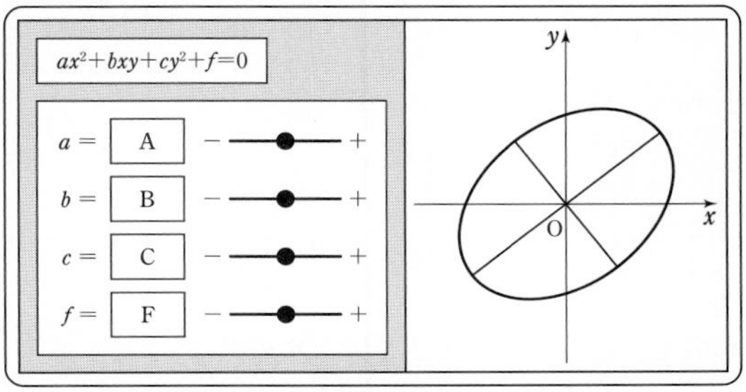

a, b, c, fの値を $a=2$, $b=1$, $c=2$, $f=-15$ とすると，原点Oを中心とし，長軸と短軸が座標軸と重ならない楕円が表示された。この楕円をCとする。また，楕円Cを，原点を中心として角$\theta\left(0<\theta\leqq\dfrac{\pi}{2}\right)$だけ回転して得られる楕円を$D$とする。楕円$D$の長軸と短軸が座標軸に重なるとき，$D$の方程式の係数$a$, b, c, fの値を求めよう。
楕円 $C:2x^2+xy+2y^2-15=0$ を，原点を中心として角θだけ回転したとき，C上の点$\mathrm{P}(X,\ Y)$が点$\mathrm{Q}(x,\ y)$に移るとする。このとき，X, Yはx, y, θにより，
$X=x\cos\theta+y\sin\theta$, $Y=-x\sin\theta+y\cos\theta$ ……① と表すことができる。
また，点PはC上にあるから　　$2X^2+XY+2Y^2-15=0$ ……②
①, ② から求めたx, yの関係式が楕円Dの方程式である。この方程式において，xyの項の係数が0になるとき，方程式は $Ax^2+By^2=1$ の形になるから，Dの長軸と短軸は座標軸と重なる。このとき　　$\theta=\dfrac{\pi}{\boxed{\text{エ}}}$
以上から，求めるa, b, c, fの値の組み合わせの1つは

$$a=\frac{1}{\boxed{\text{オカ}}},\quad b=0,\quad c=\frac{1}{\boxed{\text{キ}}},\quad f=-1$$

であることがわかる。

［1］ (1) $a=2$, $d=-10$, $f=0$ のとき，方程式は
$2x^2+by^2+cx-10y=0$ ……①
図1に表示されている楕円について，x軸との交点，y軸との交点，長軸がx軸に平行であることに注目する。
① において $y=0$ とすると
$2x^2+cx=0$　すなわち　$x(2x+c)=0$
図1の楕円は，x軸との交点のx座標が0と負の値であるから　$-\dfrac{c}{2}<0$　　よって　　$c>0$
① において $x=0$ とすると
$by^2-10y=0$　すなわち　$y(by-10)=0$
図1の楕円は，y軸との交点のy座標が0と正の値であるから，$b\neq0$ であることに注意して
$\dfrac{10}{b}>0$　　よって　　$b>0$
① を変形すると　　$2\left(x+\dfrac{c}{4}\right)^2+b\left(y-\dfrac{5}{b}\right)^2=\dfrac{c^2}{8}+\dfrac{25}{b}$
$b>0$ であるから　　$\dfrac{c^2}{8}+\dfrac{25}{b}>0$ ……②
ゆえに　　$\dfrac{\left(x+\dfrac{c}{4}\right)^2}{\dfrac{1}{2}\left(\dfrac{c^2}{8}+\dfrac{25}{b}\right)}+\dfrac{\left(y-\dfrac{5}{b}\right)^2}{\dfrac{1}{b}\left(\dfrac{c^2}{8}+\dfrac{25}{b}\right)}=1$ ……(＊)
楕円の長軸はx軸に平行であるから
$$\frac{1}{2}\left(\frac{c^2}{8}+\frac{25}{b}\right)>\frac{1}{b}\left(\frac{c^2}{8}+\frac{25}{b}\right)$$
② から　　$\dfrac{1}{2}>\dfrac{1}{b}$　　ゆえに　　$b>2$
以上から　　$b>2$, $c>0$
⓪～⑦の中で，これらの不等式を満たすものは
④　$b=4$, $c=9$　だけである。(ア④)

⇦x軸との交点について調べるために $y=0$ を代入する。

⇦y軸との交点について調べるために $x=0$ を代入する。

⇦$b=0$ とするとy軸との交点が2つあることに反する。

⇦両辺を $\dfrac{c^2}{8}+\dfrac{25}{b}$ で割るために，$\dfrac{c^2}{8}+\dfrac{25}{b}$ が0でないことを確認。

⇦楕円 $\dfrac{x^2}{a^2}+\dfrac{y^2}{b^2}=1$ において，$a>b$ のとき，長軸はx軸に平行である。すなわち，横に長い楕円となる。

(2) $a=2$, $b=4$, $d=-10$, $f=0$ のとき，方程式は

$$2x^2+4y^2+cx-10y=0$$

整理すると $\dfrac{\left(x+\dfrac{c}{4}\right)^2}{\dfrac{1}{2}\left(\dfrac{c^2}{8}+\dfrac{25}{4}\right)}+\dfrac{\left(y-\dfrac{5}{4}\right)^2}{\dfrac{1}{4}\left(\dfrac{c^2}{8}+\dfrac{25}{4}\right)}=1$ ……③

⇦(＊)で，$b=4$ とすればよい。

$\dfrac{1}{2}\left(\dfrac{c^2}{8}+\dfrac{25}{4}\right)>0$, $\dfrac{1}{4}\left(\dfrac{c^2}{8}+\dfrac{25}{4}\right)>0$,

$\dfrac{1}{2}\left(\dfrac{c^2}{8}+\dfrac{25}{4}\right)\neq\dfrac{1}{4}\left(\dfrac{c^2}{8}+\dfrac{25}{4}\right)$ であるから，③ は楕円を表す。

(イ⓪)

また，$a=2$, $c=9$, $d=-10$, $f=0$ のとき，方程式は

$$2x^2+by^2+9x-10y=0 \quad \cdots\cdots ④$$

[1] $b=0$ のとき

④ に $b=0$ を代入して整理すると $y=\dfrac{1}{5}x^2+\dfrac{9}{10}x$

この方程式が表す曲線は放物線である。

[2] $b>0$ のとき

④ を整理すると

$$\frac{\left(x+\frac{9}{4}\right)^2}{\frac{1}{2}\left(\frac{81}{8}+\frac{25}{b}\right)}+\frac{\left(y-\frac{5}{b}\right)^2}{\frac{1}{b}\left(\frac{81}{8}+\frac{25}{b}\right)}=1 \quad \cdots\cdots ⑤$$

⇦(＊)で，$c=9$ とすればよい。

(i) $b=2$ のとき

⇦⑤ の左辺の各項の分母が等しい場合と，そうでない場合で分けて考える。

⑤ に $b=2$ を代入して整理すると

$$\left(x+\frac{9}{4}\right)^2+\left(y-\frac{5}{2}\right)^2=\frac{181}{16}$$

この方程式が表す曲線は円である。

(ii) $b\neq2$ すなわち $0<b<2$, $2<b$ のとき

⑤ において，$\dfrac{1}{2}\left(\dfrac{81}{8}+\dfrac{25}{b}\right)>0$, $\dfrac{1}{b}\left(\dfrac{81}{8}+\dfrac{25}{b}\right)>0$,

$\dfrac{1}{2}\left(\dfrac{81}{8}+\dfrac{25}{b}\right)\neq\dfrac{1}{b}\left(\dfrac{81}{8}+\dfrac{25}{b}\right)$ であるから，

この方程式が表す曲線は楕円である。

以上から，b の値だけを $b\geqq0$ の範囲で変化させたとき，座標平面上には楕円，円，放物線が現れ，他の図形は現れない。

(ウ②)

[2] $X=x\cos\theta+y\sin\theta$, $Y=-x\sin\theta+y\cos\theta$ ……①

$2X^2+XY+2Y^2-15=0$ ……②

⇦① の求め方は，数学C重要例題 124 を参照。

① を ② に代入すると

$$2(x\cos\theta+y\sin\theta)^2+(x\cos\theta+y\sin\theta)(-x\sin\theta+y\cos\theta)$$
$$+2(-x\sin\theta+y\cos\theta)^2-15=0$$

展開して整理すると

$$(2\cos^2\theta-\sin\theta\cos\theta+2\sin^2\theta)x^2+(\cos^2\theta-\sin^2\theta)xy$$
$$+(2\sin^2\theta+\sin\theta\cos\theta+2\cos^2\theta)y^2=15$$

⇦$\sin^2\theta+\cos^2\theta=1$

2 倍角の公式

$\sin2\theta=2\sin\theta\cos\theta$

$\cos2\theta=\cos^2\theta-\sin^2\theta$

よって

$$\left(2-\frac{\sin 2\theta}{2}\right)x^2+\cos 2\theta xy+\left(2+\frac{\sin 2\theta}{2}\right)y^2=15 \quad \cdots\cdots ③$$

xy の項の係数が 0 になるとき　　$\cos 2\theta=0$

条件より，$0<2\theta \leqq \pi$ であるから　　$2\theta=\frac{\pi}{2}$

よって　　$\theta=\frac{\pi}{{}^{エ}\mathbf{4}}$

これを ③ に代入すると　　$\left(2-\frac{1}{2}\right)x^2+\left(2+\frac{1}{2}\right)y^2=15$

よって　　$\frac{x^2}{10}+\frac{y^2}{6}=1$

ゆえに，求める a，b，c，f の値の組み合わせの 1 つは

$$a=\frac{1}{{}^{オカ}\mathbf{10}},\ b=0,\ c=\frac{1}{{}^{キ}\mathbf{6}},\ f=-1$$

inf.　曲線 E：$ax^2+bxy+cy^2=h$ $(b \neq 0)$ を，原点を中心として角 θ だけ回転する場合を考えてみよう。このとき，E 上の点 $\mathrm{P}(X,\ Y)$ が点 $\mathrm{Q}(x,\ y)$ に移るとすると，上の解答と同様，X，Y は ① のように表される。

また，点 P は E 上にあるから　　$aX^2+bXY+cY^2=h$

これに ① を代入すると

$$a(x\cos\theta+y\sin\theta)^2+b(x\cos\theta+y\sin\theta)(-x\sin\theta+y\cos\theta)$$
$$+c(-x\sin\theta+y\cos\theta)^2=h$$

整理すると　　$(a\cos^2\theta-b\sin\theta\cos\theta+c\sin^2\theta)x^2$

$$+\{2(a-c)\sin\theta\cos\theta+b(\cos^2\theta-\sin^2\theta)\}xy$$
$$+(a\sin^2\theta+b\sin\theta\cos\theta+c\cos^2\theta)y^2=h$$

xy の項の係数が 0 になるとき　　$2(a-c)\sin\theta\cos\theta+b(\cos^2\theta-\sin^2\theta)=0$

すなわち　　$(a-c)\sin 2\theta+b\cos 2\theta=0$

$b \neq 0$ から　$a=c$ のとき　$\cos 2\theta=0$

$-\pi<2\theta \leqq \pi$ とすると，$2\theta=\pm\frac{\pi}{2}$ から　$\theta=\pm\frac{\pi}{4}$

$a \neq c$ のとき　$\tan 2\theta=\frac{b}{c-a}$

よって　[1]　$a=c$，$b \neq 0$ のとき　　$\theta=\pm\frac{\pi}{4}$

[2]　$a \neq c$，$b \neq 0$ のとき　　$\tan 2\theta=\frac{b}{c-a}$ を満たす角 θ

のように θ をとると，原点を中心とする角 θ の回転により，曲線 E の xy の項を消すことができる。

※解答・解説は数研出版株式会社が作成したものです。

発行所
数研出版株式会社

〒101-0052 東京都千代田区神田小川町２丁目３番地３
〔振替〕00140-4-118431
〒604-0861 京都市中京区烏丸通竹屋町上る大倉町205番地
〔電話〕代表(075)231-0161
ホームページ https://www.chart.co.jp
印刷 寿印刷株式会社
乱丁本・落丁本はお取り替えします。 230901